中国农业可持续发展研究

上 册

《中国农业可持续发展研究》项目组 著

中国农业科学技术出版社

图书在版编目（CIP）数据

中国农业可持续发展研究 /《中国农业可持续发展研究》项目组著 . — 北京：中国农业科学技术出版社，2017.8

ISBN 978-7-5116-2896-1

Ⅰ . ①中…　Ⅱ . ①中…　Ⅲ . ①农业可持续发展—研究—中国　Ⅳ . ① F323

中国版本图书馆 CIP 数据核字（2016）第 305764 号

责任编辑　于建慧　崔改泵
责任校对　李向荣　马广洋

出 版 者　中国农业科学技术出版社
北京市中关村南大街 12 号　邮编：100081
电　　话　（010）82109708（编辑室）（010）82109702（发行部）
（010）82109702（读者服务部）
传　　真　（010）82106629
网　　址　http：//www.castp.cn
经 销 者　各地新华书店
印 刷 者　北京富泰印刷有限责任公司
开　　本　889mm × 1 194mm　1/16
印　　张　68.5
字　　数　1825 千字
版　　次　2017 年 8 月第 1 版　2017 年 8 月第 1 次印刷
定　　价　320. 00 元（上、下册）

《中国农业可持续发展研究》

指 导 委 员 会

主　　任　余欣荣
副 主 任　张合成
委　　员　周应华　刘北桦　张　辉　陈章全　王道龙

项　目　组

组　　长　刘北桦　王道龙
副 组 长　霍剑波　罗其友　陈世雄
主要成员　詹　玲　高明杰　刘　洋　唐鹏钦　金书秦
马力阳　张　萌

前言
PREFACE

21 世纪以来，我国农业农村经济发展成就显著，但也付出了巨大代价，存在着隐忧。农业资源约束日益趋紧、农业面源污染加重、农业生态系统退化，传统的农业发展方式已难以为继，农业可持续发展面临重大挑战。我们必须立足世情、国情、农情，大力推进农业可持续发展战略，加快转变农业发展方式，全面推进农业资源永续利用和农业环境治理、生态保护建设，加快步入可持续发展轨道。

可持续发展是指能同时满足当代人和后代人需要的发展。它是在世界经济快速增长同时面临人口、资源、环境等重大危机双重背景下，为化解人类发展与环境冲突难题而提出的新发展理念。农业可持续发展则是可持续发展思想在农业领域的体现。农业可持续发展是 20 世纪 80 年代中期以来受到世界各国普遍关注、并被付诸实施的一种新的农业发展理论和战略。目前，世界各国都在积极探讨和践行农业可持续发展的战略与措施。1994 年 3 月，国务院第 16 次常委会议通过的《中国 21 世纪议程》指出：农业和农村的可持续发展，是中国可持续发展的根本保证和优先领域。中国的农业和农村要摆脱困境，必须走可持续发展道路。2015 年 9 月，中共中央、国务院印发了《生态文明体制改革总体方案》，要求以建设美丽中国为目标，以正确处理发展与保护关系为核心，解决生态环境领域突出问题为导向，以保障国家生态安全，推动形成人与自然和谐发展的现代化建设新格局。以可持续发展理论为指导，采用权威数据支撑，重点分析资源环境承载能力、产业布局、发展模式、适度规模和政策措施等农业可持续发展的关键问题，系统探讨构建我国未来农业可持续发展战略与路径，是新时期扎实推进中国特色新型现代农业和美丽中国建设的基础性工作。

2014年，农业部全国农业资源区划办公室组织开展农业可持续发展调研活动，启动了“农业可持续发展研究”工作。其中，国家层面的研究由中国农业科学院农业资源与农业区划研究所主持承担，省级层面的研究由各省（自治区、直辖市）农业资源区划办（所）、高校和科研院所等有关单位具体承担。研究工作历时两年，项目组做了大量深入调查研究工作，形成了一个全国农业可持续发展研究总报告、31个省级及新疆生产建设兵团农业可持续发展研究分报告，经过总结整理，将相关研究成果汇编形成了《中国农业可持续发展研究》一书。本书阐述了农业可持续发展的由来、概念与内涵，分析了农业可持续发展的资源保障能力和存在主要问题，系统评价了农业可持续发展能力的时空差异及其变化趋势，科学测算了现有技术经济条件下农业自然资源可承载的适度农业活动规模，提出了不同类型地区农业发展模式优化方向及其相关配套保障措施，为全国及地区转方式调结构、推进农业供给侧结构性改革和实施可持续发展战略提供了重要的科学依据，具有重要学术价值和广泛应用前景。希望本书的出版能为优化农业可持续发展空间布局，推动我国农业生态文明建设，实现生产、生态与生活协调发展提供参考和借鉴。

在项目实施过程中，中国工程院唐华俊院士、国务院发展研究中心的谷树忠研究员、中国农业大学陈阜教授、中国农业科学院农业资源与农业区划研究所姜文来研究员和尹昌斌研究员等院士专家贡献了大量建设性意见，在此一并表示诚挚的谢意！

《中国农业可持续发展研究》项目组

2016年7月28日北京

目 录
CONTENTS

全国农业可持续发展研究

摘要：本研究重点从供给角度系统分析我国资源压力、产业布局、发展方式、适度规模和政策措施等农业可持续发展的关键问题。主要结果与结论如下。

（1）我国农业可持续发展的自然和社会资源约束不断强化　耕地资源相对稀缺，有限的耕地资源承受着来自城镇化建设和粮食生产等多方面的压力，持续开发利用面临着后备耕地资源不足、中低产田比重大、耕地环境问题凸显等突出问题；人均水资源严重短缺，农业生产可持续发展面临着农业供水减少、水资源地区分布不均、水土资源不相匹配等水资源环境问题；随着工业化、城镇化和农业现代化进程的不断加快，农村就业总人数和第一产业就业总人数也相应减少，农业劳动力供求矛盾加剧、劳动力低素质化等问题日益突出；农业化学品的大量使用导致的面源污染以及农产品的农药残留等负外部性因素已经演变成为危及农业可持续发展的关键性问题。

（2）我国农业可持续发展的科技资源潜力巨大　科技的发展必将成为我国农业可持续发展的主要突破口之一。近年来，我国农业科技创新的供给增长迅速，自主研发突破不断，农业科技贡献率由20世纪70年代的不足30%逐年提高到2013年的55.2%。目前，我国农业科技投入占农业总产值的比例仍然很低，2013年仅为0.65%，相对于1%的国际平均水平仍有很大增长潜力。

（3）我国农业可持续发展能力逐步提高主要源自经济可持续性和社会可持续性的贡献　从全国来看，2000—2013年，我国农业可持续发展能力在逐步提高，综合可持续指数从0.41上升到0.49，这种增长主要来自经济可持续性和社会可持续性提高的贡献。农业经济方面，得益于我国整体经济发展的良好势头，农业劳动生产率、土地生产率和农民收入在近10年增长迅速，因此，全国农业经济可持续性逐年增强，农业经济可持续指数从2000年的0.15提高到2013年的0.46。农业社会方面，尽管城乡收入差距有扩大趋势，但人均食物占有量、农村居民受教育水平以及公路密度的提高使得农业社会可持续性也有所增强，社会可持续指数从2000年的0.28增加到2013年的

课题主持单位：中国农业科学院农业资源与农业区划研究所

课 题 主 持 人：刘北桦、陈世雄、罗其友

课 题 组 成 员：高明杰、刘洋、唐曲、张萌、王秀芬、唐鹏钦、马力阳、杨亚东、张涵宇、伊热谷、陶陶

0.38。农业生态可持续性和环境可持续性近10年来基本维持稳定。值得一提的是，环境层面，化肥负荷和农药负荷有所加重，但由于农村能源使用效率的迅速提高，使得农业环境可持续性维持稳定。

（4）建立我国农业可持续发展区划系统　依据农业可持续发展理念和原则，应用定量化方法，提出了包括3个一级区和9个二级区的全国农业可持续发展区划方案，并对各区域基本特点和影响农业可持续发展的重要因素进行了分析，提出了各区农业发展方式优化与调整方向。

（5）我国农业总体产出在适度规模范围内　全国平均单位耕地面积粮食产出适度规模为每年9.59t/hm^2，考虑复种指数因素，折合单位播种面积粮食产出适度规模为每年7.32t/hm^2，比2013年的全国粮食单产5.38t/hm^{2}高出36%。就全国来看，我国2010年耕地资源年粮食产出适度规模承载力为6.12亿t，预测2030年我国全部耕地资源年粮食产出适度规模承载力为7.11亿t，2050年我国全部耕地资源年粮食产出适度规模承载力为7.69亿t。

一、农业可持续发展的由来

（一）可持续发展与可持续农业

可持续发展是在世界快速增长同时面临人口、资源、环境等重大危机双重背景下，为化解人类发展与环境冲突难题而提出的新发展理念。可持续农业则是可持续发展思想在农业领域的体现。

1. 可持续发展

（1）可持续发展的提出　“过去未工业化的年代，每年的春天都有着数以百计的鸟儿于天空翱翔，或于树丛中间鸣唱着悦耳的歌声。然而现在因为大量使用DDT等杀虫剂，导致鸟儿不再飞翔、鸣唱……我们还能在春天时听到鸟儿的歌声吗？”这是雷切尔·卡森的《寂静的春天》中的一段话。该书发表于1962年，是一本撰写环境的科普读物，它标志着人类首次关注环境问题。它那惊世骇俗的关于农药危害人类环境的预言，不仅受到与之利害攸关的生产与经济部门的猛烈抨击，而且也强烈震撼了社会广大民众。

1968年，在罗马成立的罗马俱乐部，是关于未来学研究的国际性民间学术团体，也是一个研讨全球问题的全球智囊组织。它将全球看成一个整体，提出了各种全球性问题相互影响、相互作用的全球系统观点；它极力倡导从全球入手解决人类重大问题的思想方法；它应用世界动态模型从事复杂的定量研究。这些新观点、新思想和新方法，表明了人类已经开始站在崭新的、全球的角度来认识人、社会和自然的相互关系。它所提出的全球性问题和它所开辟的全球问题研究领域，标志着人类已经开始综合地运用各种科学知识，来解决那些最复杂并属于最高层次的问题。

1972年，罗马俱乐部发布了第一个研究报告《增长的极限》，提出经济增长不可能无限持续下去。这篇报告的初衷是向世人表达一种对人类未来的关切。“我们希望这本书会引起许多研究领域和许多国家中其他人们的兴趣，提高他们的眼界，扩大他们所关心问题的空间和时间范围，和我们一起来了解一个伟大的过渡时期，并为这过渡做好准备——从增长过渡到全球均衡”，在此报告中明确提出了“持续增长”和“合理持久的均衡发展”。

同一年，在瑞典首都斯德哥尔摩召开的联合国人类环境会议上，世界各国政要就当代环境问题共同探讨了保护全球环境战略，会议通过了《联合国人类环境会议宣言》和《人类环境行动计划》，会议在以下几个方面达成了共识：① 由于科学技术的迅速发展，人类能在空前规模上改造和利用环境。人类环境的两个方面，即天然和人为的两个方面，对于人类的幸福和享受基本人权，甚至生存权利本身，都是必不可少的。② 保护和改善人类环境是关系全世界各国人民的幸福和经济发展的重要问题，也是全世界各国人民的迫切希望和各国政府的责任。③ 在现代，如果人类明智地改造环境，可以给各国人民带来利益和提高生活质量；如果使用不当，就会给人类和人类环境造成无法估量的损害。④ 在发展中国家，环境问题大半是由于发展不足造成的，因此，必须致力于发展工作；在工业化的国家里，环境问题一般是同工业化和技术发展有关。⑤ 人口的自然增长不断给保护环境带来一些问题，但采用适当的政策和措施则可以解决。⑥ 我们在解决世界各地的行动时，必须更审慎地考虑它们对环境造成的影响。为现代人和子孙后代保护和改善人类环境，已成为人类一个紧迫的目标。这个目标将同争取和平和全世界的经济与社会发展两个基本目标共同和协调实现。⑦ 为实现这一环境目标，要求个人、团体以及企业和各级机关承担责任，大家共同努力。各级政府应承担最大的责任。国与国之间应进行广泛合作，国际组织应采取行动，以谋求共同的利益。会议呼吁各国政府和人民为着全体人民和他们的子孙后代的利益而做出共同的努力。

国际自然保护联盟（IUCN），创立于 1948 年，是目前世界上最久也是最大的全球性环保组织，旨在影响、鼓励及协助全球各地的社会，保护自然的完整性与多样性，并确保在使用自然资源上的公平及生态上的可持续发展。联盟及下属的所有机构都致力于满足并解决各国、各群体和居民的需求，并将其作为联盟的首要行动准则。如此一来才能更好地使国家、群体和居民肩负起对未来长期性自然保护目标的责任。

1980 年，该组织提出世界自然保护战略，要把环境保护与经济发展很好地结合起来，要合理地利用生物圈，使其既能满足当代人的利益，又能实现保持潜力以满足子孙后代的持久需求，该思想成为可持续发展概念形成的基础。

1987 年 2 月，在日本东京召开第八次世界环境与发展大会上通过了关于人类未来的《我们共同的未来》的报告，报告在集中分析了全球人口、粮食、物种和遗传资源、能源、工业和人类居住等方面的情况，并系统探讨了人类面临的一系列重大经济、社会和环境问题之后，明确地提出了 3 个观点：① 环境危机、能源危机和发展危机不可分割；② 地球的资源和能源远不能满足人类发展的需要；③ 必须为当代人和下代人的利益改变发展模式。报告首次提出了“可持续发展”的概念和模式，称“可持续发展是指既满足当代人的需要，又不损害后代人满足其需要的能力的发展”。

（2）可持续发展的概念与内涵　可持续发展是指能同时满足当代人和后代人需要的发展。可持续发展定义包含两个基本要素或两个关键组成部分：“需要”和对需要的“限制”。满足需要，首先是要满足贫困人民的基本需要。对需要的限制主要是指对未来环境需要的能力构成危害的限制，这种能力一旦被突破，必将危及支持地球生命的自然系统的大气、水体、土壤和生物。决定两个基本要素的关键性因素是：① 收入再分配以保证不会为了短期生存需要而被迫耗尽自然资源；② 降低对遭受自然灾害和农产品价格暴跌等损害的脆弱性，尤其是穷人；③ 普遍提供可持续生存的基本条件，例如卫生、教育、水和新鲜空气，保护和满足社会最脆弱人群的基本需要，为全体人民，特别是为贫困人民提供发展的平等机会和选择自由。

从全球普遍认可的概念中，可以看出可持续发展的基本内涵如下：

① 共同发展。地球是一个复杂的巨系统，每个国家或地区都是这个巨系统不可分割的子系统。系统的最根本特征是其整体性，每个子系统都和其他子系统相互联系并发生作用，只要一个系统发生问题，就会直接或间接影响到其他系统的紊乱，甚至会诱发系统的整体突变，这在地球生态系统

中表现最为突出。因此，可持续发展追求的是整体发展和协调发展，即共同发展。

② 协调发展。协调发展包括经济、社会、环境三大系统的整体协调，也包括世界、国家和地区 3 个空间层面的协调，还包括一个国家或地区经济与人口、资源、环境、社会以及内部各个阶层的协调，可持续发展源于协调发展。

③ 公平发展。世界经济的发展呈现出因水平差异而表现出来的层次性，这是发展过程中始终存在的问题。但是这种发展水平的层次性若因不公平、不平等而引发或加剧，就会因为局部而上升到整体，并最终影响到整个世界的可持续发展。可持续发展思想的公平发展包含两个维度：一是时间维度上的公平，当代人的发展不能以损害后代人的发展能力为代价；二是空间维度上的公平，一个国家或地区的发展不能以损害其他国家或地区的发展能力为代价。

④ 高效发展。公平和效率是可持续发展的两个轮子。可持续发展的效率不同于经济学的效率，可持续发展的效率既包括经济意义上的效率，也包含着自然资源和环境损益的成分。因此，这里的高效发展是指经济、社会、资源、环境、人口等协调下的高效率发展。

⑤ 多维发展。人类社会的发展表现出全球化的趋势，但是不同国家与地区的发展水平不同，而且不同国家与地区又有着异质性的文化、体制、地理环境、国际环境等发展背景。此外，可持续发展又是一个综合性、全球性的概念，要考虑到不同地域实体的可接受性，其自身包含了多样性、多模式的多维度选择的内涵。因此，在可持续发展这个全球性目标的约束和指导下，各国与各地区在实施可持续发展战略时，应该从国情或区情出发，走符合本国或本区实际的、多样性、多模式的可持续发展道路。

在具体内容方面，可持续发展涉及可持续经济、可持续生态和可持续社会三方面的协调统一，要求人类在发展中讲究经济效益、关注生态和谐和追求社会公平，最终达到人的全面发展。这表明，可持续发展虽然缘起于环境保护问题，但作为一个指导人类走向 21 世纪的发展理论，它已经超越了单纯的环境保护。它将环境问题与发展问题有机地结合起来，已经成为一个有关社会经济发展的全面性战略。

在经济可持续发展方面：可持续发展鼓励经济增长而不是以环境保护为名取消经济增长，因为经济发展是国家实力和社会财富的基础。但可持续发展不仅重视经济增长的数量，更追求经济发展的质量。可持续发展要求改变传统的以“高投入、高消耗、高污染”为特征的生产模式和消费模式，实施清洁生产和文明消费，以提高经济活动中的效益、节约资源和减少废物。从某种角度上，可以说集约型的经济增长方式就是可持续发展在经济方面的体现。

在生态可持续发展方面：可持续发展要求经济建设和社会发展要与自然承载能力相协调。发展的同时必须保护和改善地球生态环境，保证以可持续的方式使用自然资源和生态环境，使人类的发展控制在地球承载能力之内。因此，可持续发展强调了发展是有限制的，没有限制就没有发展的持续。生态可持续发展同样强调环境保护，但不同于以往将环境保护与社会发展对立的做法，可持续发展要求通过转变发展模式，从人类发展的源头、从根本上解决环境问题。

在社会可持续发展方面：可持续发展强调社会公平是环境保护得以实现的机制和目标。可持续发展指出，世界各国的发展阶段可以不同，发展的具体目标也各不相同，但发展的本质应包括改善人类生活质量，提高人类健康水平，创造一个保障人们平等、自由、教育、人权和免受暴力的社会环境。这就是说，在人类可持续发展系统中，经济可持续是基础，生态可持续是条件，社会可持续才是目的。21 世纪人类应该共同追求的是以人为本位的自然—经济—社会复合系统的持续、稳定、健康发展。

2. 可持续农业

（1）可持续农业概念　可持续农业实质上是可持续发展思想在农业领域的运用。可持续农业的概念到20世纪80年代中期才逐渐被公认。鉴于世界人口不断增加，化学农药对环境造成的污染日益严重，全面机械化对资源消耗加剧，水源质量下降，水土流失严重等问题和生态退化问题，为了寻求对策，在“可持续发展”思想指导下，提出了可持续农业这种新型的农业生产模式。

1987年，美国内布拉斯加州合作推广系统给予的定义为：“持续农业系统是一种经营战略的结果，它帮助生产者选择杂交种和品种、土壤肥力对策、轮作、病虫害防治、耕作法和作物顺序，其目的在于降低成本，减少对环境压力并提供生产与盈利的持续发展”；同年，世界环境与发展委员会提出“2000年，转向持续农业的全球政策”。

1988年，美国农业部和环境保护署对农业可持续发展提出如下定义：“所谓农业可持续发展，是指应用当地固有的技术，为长期达到以下目标，力求植物和家畜生产构成一个综合的生产体系”，这些目标是：① 满足人们食物和衣料的需要；② 提高农业生产所依赖的环境和自然资源质量；③ 对不可再生资源和农场内可利用的物料最有效地利用，同时在适当场合下对生物循环和自然管理方法进行综合调控；④ 维护农业生产主体的经济活力；⑤ 提高农民和全社会总体的生活质量。

1990年10月，美国国会通过的《食品与农业贸易保护法案》（简称1990年农业法）对可持续农业下了如下定义：“可持续农业是一种因地制宜的动植物综合生产系统。在一个相当长的时期内能满足人类对食品和纤维的需要；提高和保护农业经济赖以维持的自然资源和环境质量；最充分地利用非再生资源和农场劳动力，在适当的情况下综合利用自然生态周期和控制手段；保护农业生产的经济活力；提高农民和全社会的生活质量。”

联合国粮农组织（FAO，1991）对可持续农业和农村发展概念（SARD）提出的定义是：“可持续农业是一种旨在管理和保护自然资源基础，调整技术和机制变化的方向，以确保获得可持续满足当代及今后世世代代人们的需要，能保护和维护土地、水、植物和动物遗传资源，不造成环境退化，同时在技术上适当，经济上可行，而且社会能够接受的农业。”这种概念也是迄今为止最广为人们所接受的。

虽然说，可持续农业的概念在历史上有诸多版本甚至存在一定细节上的争议，但是无论哪一种定义在以下几个方面都达成了共识：都强调不能以牺牲子孙后代的生存发展权益作为换取当今发展的代价；都同意把可持续农业作为一个过程，而不是主要当作一种目标或者模式；都要求同时兼顾可持续农业的经济、社会和生态三方面效益。

以SARD来看，可持续农业具有以下几个方面的内涵：①可持续农业强调不能以牺牲子孙后代的生存发展权益作为换取当代发展的代价；② 可持续农业要求兼顾经济的、社会的和生态的效益，正确处理人类与自然的关系，农业和农村发展维护一个健全的资源和环境基础；不因为要保护环境和维护资源而牺牲较高的生产目标和农业竞争力；不会引起诸如环境污染和生态条件恶化等社会问题，以及能够实现社会的公正性，不引起区域间、个人间收入的过大差距。

可持续农业是可持续发展的基本内涵与核心理念在农业领域的延伸和体现。如果说可持续发展旨在谋求人与自然之间的和谐统一与协调发展，强调资源与环境对经济社会发展的约束，那么可持续农业则是在可持续发展战略基础上发展起来的，以农业资源的合理利用和农业生态环境的有效保护为目标的高效、低耗及低污染的现代农业发展模式。尽管由于认识的局限和学科背景的差异等原因，关于农业可持续发展的内涵、发展模式等曾经产生过学术上的分歧和争议，但总体目标是一致的。可持续农业的总目标是实现农村经济效益、社会效益与生态效益统一的高效持续发展。

可持续发展理论、农业系统理论、农业控制理论、循环经济理论等理论共同构成了可持续农业的理论基础。可持续发展理论为农业可持续发展提供了最直接和最重要的理论依据。现代发展是现代社会的生态、经济与社会诸领域的全面发展，是生态、经济与社会3种可持续性相互联系和共同组成的一个可持续发展整体系统。在可持续发展整体系统中，是以生态可持续性为基础，以经济可持续性为主导，以社会可持续性为动力与保证。从系统论的角度看，农业是由生物、资源、经济和技术等四大要素组合而成的具有开放性和不稳定性的多层次复合系统，其核心是由自然生态系统与社会经济系统耦合而成的农业发展系统。农业控制理论强调在农业实践中对资源的开发利用速度、规模及其方式加以适度控制。循环经济理论则注重资源的保护、节约和循环利用，以提高农业发展的可持续性。

（2）可持续农业行动　可持续农业是20世纪80年代中期以来受到世界各国普遍关注、并被付诸实施的一种新的农业发展理论和战略。目前世界各国都在积极探讨和践行可持续农业发展的战略与措施。

1985年，美国加利福尼亚州议会通过的《可持续农业教育法》中率先提出了“可持续农业”的新构想，并很快得到了有关国际组织和国家政府的响应。

1988年，联合国粮农组织在荷兰丹波召开的国际农业与问题大会，向全球发出了《关于可持续农业和农村发展的丹波宣言和行动纲领》，提出发展中国家是“可持续农业与农村发展”的新战略，阐明了持续农业和农村发展的基本目标与要求及行动计划。

1989年，联合国粮农组织通过了有关可持续发展的第3/39号决议，在1991年4月在荷兰召开的农业与环境国际会议中形成了可持续农业和农村发展的《登博斯宣言》，并且正式采用了“可持续农业”这一词汇，从此可持续农业这一思潮在全球范围内形成。

1991年9月，联合国总部成立了世界可持续农业协会（WSAA），这些工作对于世界各国可持续农业观念的形成、发展和行动都具有巨大推动作用。

1992年6月，世界环境与发展委员会在巴西召开的联合国环境与发展大会通过了《21世纪议程》，在更高层次和更大范围内提出了可持续发展是全球社会经济发展的战略，把农业和农村的可持续发展作为可持续发展的根本保证和优先领域。

1994年3月，我国国务院第16次常委会议通过了《中国21世纪议程》，并强调指出，农业和农村的可持续发展，是中国可持续发展的根本保证和优先领域。中国的农业和农村要摆脱困境，必须走可持续发展道路。

1996年，中国环境与发展国际合作委员会就如何迎接中国农业可持续性的挑战，提出了建议。

1996年11月，联合国粮农组织罗马世界粮食首脑会议进一步明确了可持续农业发展的技术和要点。

1997年6月，在德国布朗瑞哥专门召开了国际可持续农业会议，是对全球可持续农业理论的系统总结和发展。

2015年5月28日，我国农业部等8部委联合发布《全国农业可持续发展规划（2015—2030年）》，这是指导未来15年我国农业可持续发展的纲领性文件。

（二）推进农业可持续发展的挑战与机遇

1. 挑战

进入21世纪以来，我国农业农村经济发展成就显著，但同时也为此付出了代价，存在着隐忧。农业资源过度开发、农业投入品过量使用、地下水超采以及农业内外源污染相互叠加等带来的一系列问题日益凸显，特别是农业资源的约束日益趋紧，一些地方农业面源污染在加重，农业的生态系统在退化，农业发展可持续性面临重大挑战。

（1）资源约束硬化　人多地少水缺，水土空间匹配性差。耕地数量减少，全国年均建设占耕地约 480 万亩，新补充的耕地质量不高，守住 18 亿亩[①]耕地红线的压力越来越大。耕地质量下降，黑土层变薄、土壤酸化、耕作层变浅等问题凸显。水资源短缺、时空分布不均，利用率不高。目前，农田灌溉水有效利用系数比发达国家平均水平低 0.2，华北地下水超采严重，“北粮南运”不断加大北方地区水资源压力。我国粮食等主要农产品需求刚性增长，水土资源越绷越紧，确保国家粮食安全和主要农产品有效供给与资源约束的矛盾日益尖锐。

（2）环境污染加重　我国耕地面积不到世界的 1/10，年化肥施用总量却占世界的 1/3，单位耕地面积化肥投放量是美国的 1.7 倍。农业面源污染加剧，化肥和农药利用率为 30% 和 33% 左右，低于发达国家 20~30 个百分点。设施农业和规模化养殖场疫病风险和药品投入增大，土体、水体污染严重。农膜用量 130 万 t，回收率不足 60%。年排放畜禽粪污 38 亿 t，有效处理 42%。农村垃圾、污水处理严重不足。农业农村环境污染加重的态势，直接影响了农产品质量安全。

（3）生态系统退化　全国森林覆盖率 20.4%，不及世界平均的 2/3，人均森林面积仅为世界的 23%。90% 天然草原沙化退化，北方草原平均超载率在 36% 以上。水土流失面积 295 万 km^2，年均土壤侵蚀量 45 亿 t，淤积库容 16.2 亿 m^3。沙化土地 173 万 km^2，石漠化面积 12 万 km^2。天然沼泽和湖泊面积萎缩，生态服务功能弱化。全国年均地下水超采 215 亿 m^3，超采区面积 23 万 km^2。生物多样性受到严重威胁，濒危物种增多。生态系统退化，生态保育型农业发展面临诸多挑战。

（4）农耕文化衰落　随着城镇化的不断推进，作为农耕文化传承和文化基因保存载体的村庄整体归并，村落整体消失；随着农民住进水泥森林似的大楼，人们交往沟通逐渐被隔绝淡化，乡土文化和乡土气息丧失了存活的土壤；随着青壮年农民进城打工并接受城市文化，农民逐步终结，农耕文化传承的受体断裂；工业文明对农耕文化的取代也造成了农耕文化的衰退。

总之，我国拼资源、牺牲环境的传统农业发展模式难以为继，因此必须立足世情、国情、农情，研究制定我国农业可持续发展战略，改变发展方式，抢抓机遇，应对挑战，全面推进美丽乡村、富裕农民和现代农业建设，加快步入可持续发展轨道。

2. 机遇

当前，我国推进农业可持续发展面临前所未有的历史机遇。一是农业可持续发展的共识日益广泛。党的十八大将生态文明建设纳入“五位一体”的总体布局，为农业可持续发展指明了方向。全社会对资源安全、生态安全和农产品质量安全高度关注，绿色发展、循环发展、低碳发展理念深入人心，为农业可持续发展集聚了社会共识。二是农业可持续发展的物质基础日益雄厚。我国综合国力和财政实力不断增强，强农惠农富农政策力度持续加大，粮食等主要农产品连年增产，利用“两种资源、两个市场”弥补国内农业资源不足的能力不断提高，为农业转方式、调结构提供了战略空间和物质保障。三是农业可持续发展的科技支撑日益坚实。传统农业技术精华广泛传承，现代生物技术、信息技术、新材料和先进装备等日新月异、广泛应用，生态农业、循环农业等技术模式不断集成创新，为农业可持续发展提供有力的技术支撑。四是农业可持续发展的制度保障日益完善。随着农村改革和生态文明体制改革稳步推进，法律法规体系不断健全，治理能力不断提升，将为农业可持续发展注入活力、提供保障。

① 注：1 亩 ≈ 667m^2。全书同。

二、农业可持续发展的自然资源环境条件分析

（一）土地资源

1. 农用土地及利用现状

（1）农用土地规模与结构　2013 年，全国农用地 96.9 253 亿亩，其中耕地 20.2 745 亿亩，占国土总面积的 14.08%；林地 37.9 881 亿亩，占国土总面积的 26.38%；牧草地 32.9 271 亿亩，占国土总面积的 22.87%；建设用地 5.6 185 亿亩，其中城镇村及工矿用地 4.5 911 亿亩。

我国地势西高东低，呈阶梯状分布。从海拔 500m 以下的东部广大平原、丘陵，到西部海拔 1000m 以上的山地、高原和盆地，山地多于平原。东部和东北地区以平原和低山丘陵为主，聚集着我国大部分商品粮基地；西部地区以山地、高原为主。全国山地约占国土总面积的 33%，丘陵占 10%，高原占 26%，盆地占 19%，平原仅占 12%。全国约有 1/3 的农业人口和耕地分布在山区。因此，我国农牧业生产的土地条件相对较差。

耕地是农业的基本生产要素。我国耕地资源相对稀缺，2013 年年末人均耕地 1.49 亩，不足世界平均水平的 1/3，仅相当于美国的 1/8，印度的 1/2，却以全球 8%的耕地生产了全球 21% 的粮食、22% 的水果和 52% 的蔬菜，供养全球 19%的人口。有限的耕地资源面临着来自城镇化建设和粮食生产等多方面的压力，经济发展与耕地保护之间的矛盾日益突出。

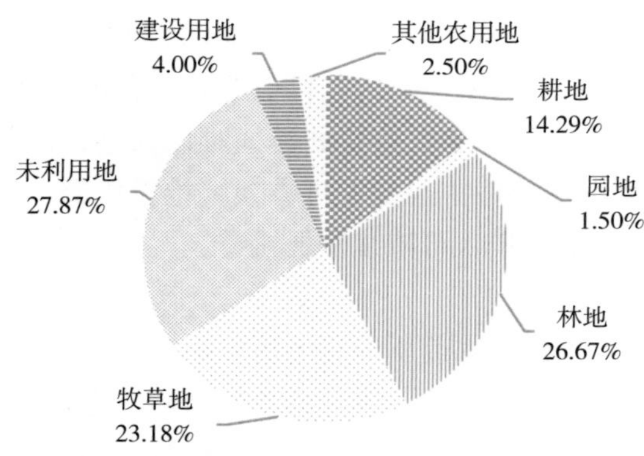

图 2–1　2013 年全国土地利用现状

资料来源：2014 年《中国国土资源公报》

（2）耕地土壤肥力　土壤养分、土壤理化性状是耕地土壤肥力的重要标志。其中，土壤有机质是衡量土壤肥力的重要指标之一，是土壤的重要组成部分，它不仅是植物营养的重要来源，也是微生物生活和活动的能源，与土壤的发生演变、肥力水平和诸多属性密切相关，而且对于土壤结构的形成、熟化，改善土壤物理性质，调节水肥气热状况也起着重要作用。土壤全氮是作物生长发育所必需的营养元素之一，也是农业生产中影响作物产量的最主要养分限制因子，全氮的含量与有机质含量呈正相关；土壤有效磷是土壤中可被植物吸收的磷组分，是反映土壤磷素养分供应水平高低的指标；土壤中的速效钾、缓效钾都是作物生长发育过程中所必需的营养元素，与作物的生理代

谢、抗逆及品质的改善密切相关，被认为是品质元素，速效钾可以被当季作物吸收利用，缓效钾是速效钾的贮备库，判断土壤供钾能力应综合考虑土壤速效钾和土壤缓效钾两项指标；土壤 pH 则会直接影响作物生长和对肥料的吸收利用等，过酸或过碱土壤都不利于大部分农作物正常生长，导致作物减产、品质下降。有机质、全氮、有效磷、速效钾、缓效钾和 pH 的变化，是衡量土壤肥力变化的重要依据。

根据国家耕地土壤长期定位监测，2013 年，全国土壤有机质平均含量 24.1g/kg。其中，水田为 30.7g/kg，旱地 / 水浇地为 20.7g/kg。1988—1997 年，全国土壤有机质含量基本稳定；1998—2003 年，总体变化不显著；2004—2013 年，从 22.6g/kg 上升至 24.1g/kg，年均上升 0.15g/kg。

2013 年，全国各区域土壤有机质含量由低到高分别为华北区 16.5g/kg，西北区 18.5g/kg，长三角区 22.5g/kg，西南区 25.7g/kg，东北区 29.1g/kg，长江中下游区 29.8g/kg，华南区 32.5g/kg。其中，长三角区、西南区和华南区土壤有机质含量近年来在稳定中略有下降，其余区域则呈上升趋势。

2013 年，全国土壤全氮平均含量为 1.46g/kg，近年来呈小幅波动状态。其中，水田为 1.84g/kg，旱地 / 水浇地为 1.22g/kg。2013 年全国土壤有效磷平均含量为 25.8mg/kg，2008 年以来呈上升趋势。其中，水田为 20.3mg/kg，旱地 / 水浇地为 28.1mg/kg。2013 年全国土壤速效钾平均含量为 126.0mg/kg，2011 年后有所提高。其中，水田为 89.7mg/kg，旱地 / 水浇地为 146.9mg/kg。2013 年全国土壤缓效钾平均含量为 594mg/kg，2004 年至今上下波动。其中，水田为 379.2mg/kg，旱地 / 水浇地为 702.3mg/kg。2013 年全国及其水田、旱地 / 水浇地土壤 pH 值变幅均在 3.8~8.9。2004—2013 年，土壤 pH 值 4.5~5.5 和 pH 值 5.5~6.5 的比例分别下降了 7.2 个和 4.2 个百分点；pH 值 6.5~7.5 和 pH 值 7.5~8.5 的比例分别上升了 2.1 个和 10.5 个百分点。

（3）土地生产率　2000 年，我国农林牧渔业总产值 24 915.8 亿元，2013 年达到 96 995.3 亿元，增长了 3.89 倍，年均增加 5 544.58 亿元（图 2–2）。虽然 2000—2013 年我国第一产业对 GDP 贡献率上下波动较为频繁，但近几年基本稳定在 3%~6%（图 2–3），说明我国产业结构趋于合理。从单位面积产值来看，2001 年我国耕地单位面积产值为 755.63 元 / 亩，2013 年达到 2 540.57 元/亩，增长了 3.36 倍（图 2–4）。

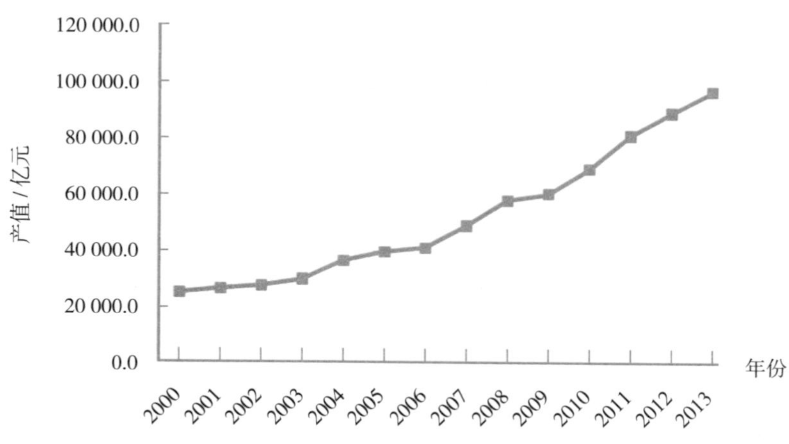

图 2–2　2000—2013 年我国农林牧渔业总产值

数据来源：2014 年《中国统计年鉴》

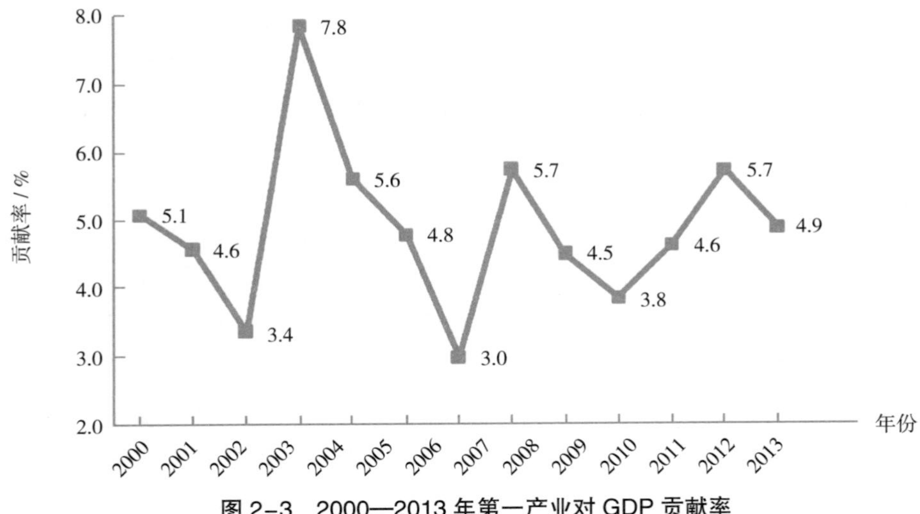

图 2-3　2000—2013 年第一产业对 GDP 贡献率

数据来源：2014 年《中国统计年鉴》

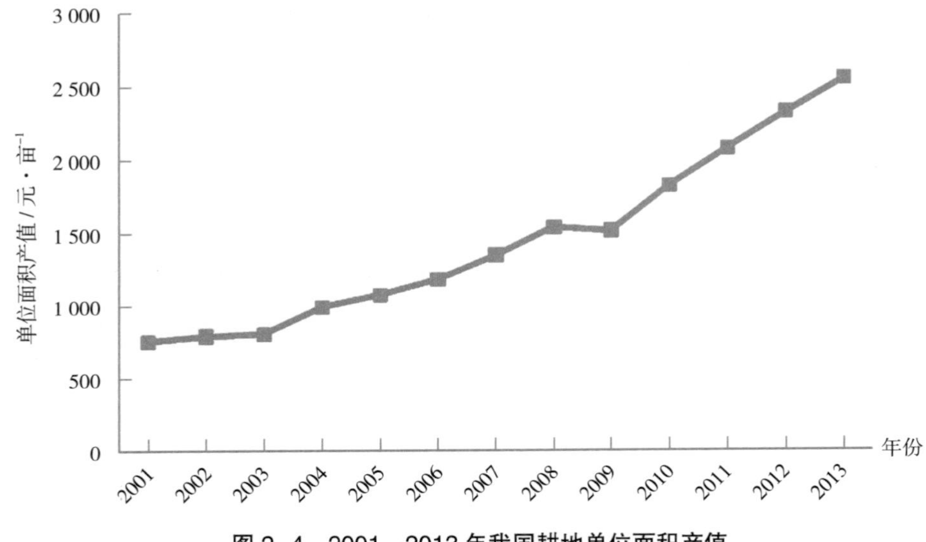

图 2-4　2001—2013 年我国耕地单位面积产值

数据来源：2014 年《中国统计年鉴》数据计算而得

2. 农业可持续发展面临的土地资源环境问题

（1）耕地面积下降压力大，后备资源不足　全国新增建设用地占用耕地年均约 480 万亩，被占用耕地的土壤耕作层资源浪费严重，占补平衡补充耕地质量不高，守住 18 亿亩耕地红线的压力越来越大。2001—2008 年，我国耕地面积不断减少，但减少速度逐渐放缓，根据《关于第二次全国土地调查主要数据成果的公报》，截至 2009 年 12 月 31 日全国共有耕地 20.31 亿亩，较 2008 年增加了 2.05 亿亩。2009—2013 年，我国耕地面积保持在 20.30 亿亩左右基本不变（图 2-5）。

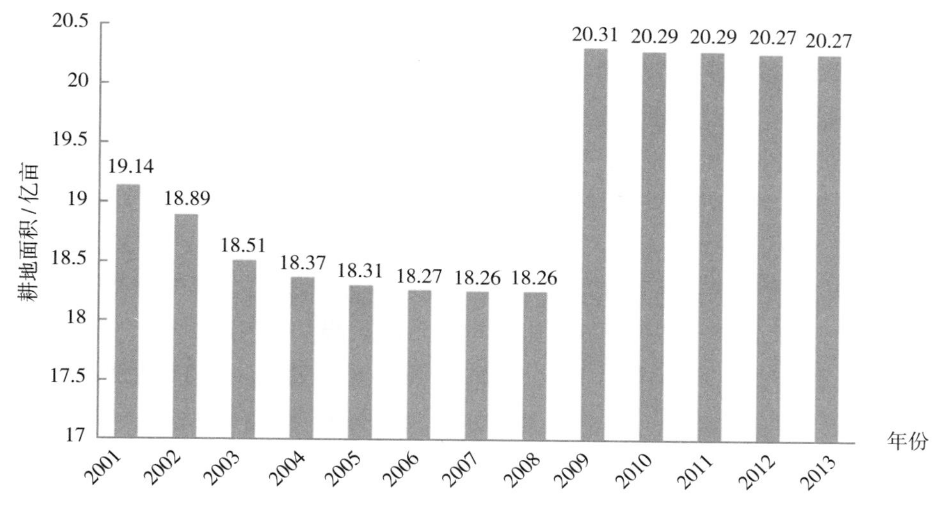

图 2-5　2001—2013 年全国耕地面积变化情况

数据来源：2001—2014 年《中国国土资源公报》

2013 年，全国因建设占用、灾毁、生态退耕、农业结构调整等原因减少耕地面积 532.05 万亩，通过土地整治、农业结构调整等增加耕地面积 539.4 万亩，年内净增加耕地面积 7.35 万亩（图 2-6）。2014 年土地整治总规模 4 517.25 万亩，通过土地整治新增耕地 383.4 万亩。国土资源部落实中央“严守耕地保护红线，划定永久基本农田”的要求，按照城镇由大到小、空间由近及远、耕地质量由优到劣的顺序，稳定有序推动各地永久基本农田划定工作，已经开展了 106 个重点城市周边永久基本农田划定的分析评估工作，初步形成了 106 个重点城市周边永久基本农田划定潜力分析评估结果。

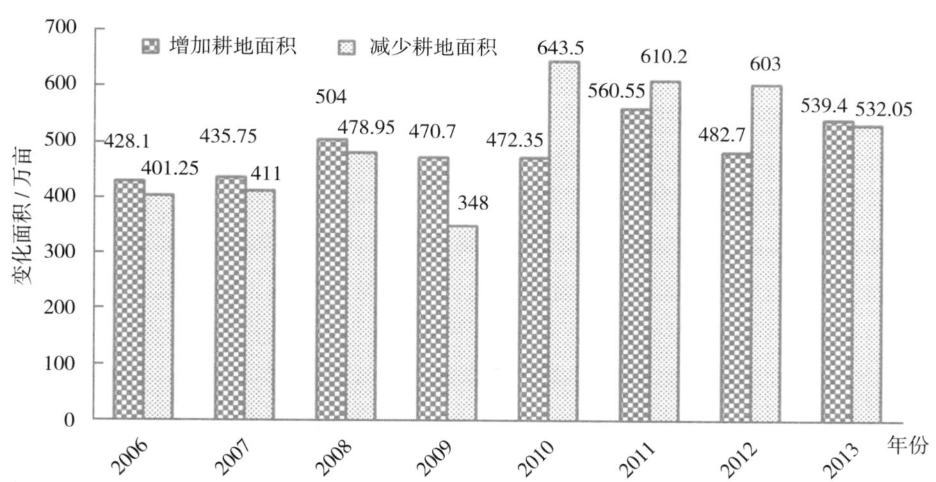

图 2-6　2006—2013 年耕地增减变化情况

数据来源：2006—2014 年《中国国土资源公报》

我国后备土地资源潜力不足，尤其是耕地后备资源不足。目前，我国土地资源已利用的达到 100 亿亩左右，占国土总面积的 2/3，还有 1/3 土地是难以利用的沙漠、戈壁、冰川以及永久积雪、石山、裸地等。据有关方面统计，我国目前还有土地后备资源 18.8 亿亩，但其中可供开垦种植农作物和牧草的宜农荒地仅约5亿亩，而其中宜耕荒地资源只有2.04亿亩，且大多集中在西北干旱半干旱地区。按60%的复垦率计算，可增加耕地1.22亿亩，根据现有的开垦能力，今后15年最多开发0.80亿亩，且投入大、周期长、短期内难以见效。我国新一轮退耕还林还草政策已全面启动，25°以上的陡坡耕地约为0.90亿亩，要亟待退耕，10°~25°以上的坡耕地为1.88亿亩，要逐步退耕，因此，可以开发利用的后备耕地资源极其有限。

（2）中低产田比重大、耕地环境问题凸显　中低产田比重大。目前我国耕地基础地力对粮食产量的贡献率仅为50%，欧美国家粮食产量70%~80%靠基础地力，20%~30%靠水肥投入，较欧美等发达国家低20~30个百分点。根据《中国国土资源公报》（2014），全国耕地划分为15个等级，1等耕地质量最好，15等耕地质量最差。1~4等、5~8等、9~12等、13~15等耕地分别划为优等地、高等地、中等地、低等地。第二次全国土地调查的耕地质量等别成果显示，全国耕地平均质量等别位于9.96等，总体偏低。其中，优等地面积0.577 9亿亩，占全国耕地评定总面积的2.9%；高等地面积5.379 3亿亩，占全国耕地评定总面积的26.5%；中等地面积为10.724 0亿亩，占全国耕地评定总面积的52.9%；低等地面积为13.579 7亿亩，占全国耕地评定总面积的17.7%。总体来看，我国现有耕地中，中低产田占耕地总面积的70%（图2-7）。

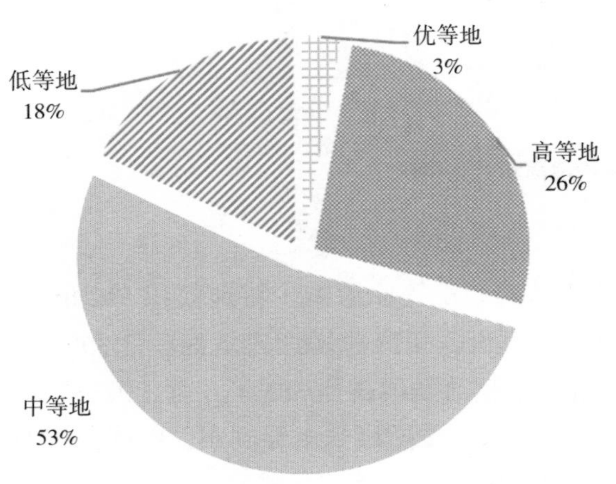

图2-7　全国耕地质量各等别面积所占比例

数据来源：2006—2014年《中国国土资源公报》

土壤污染加剧。工业“三废”和城市生活等外源污染向农业农村扩散，镉、汞、砷等重金属不断向农产品产地环境渗透，全国土壤主要污染物点位超标率为16.1%。农业内源性污染严重，化肥、农药利用率不足1/3，农膜回收率不足2/3，畜禽粪污有效处理率不到一半，秸秆焚烧现象严重。农村垃圾、污水处理严重不足。农业农村环境污染加重的态势，直接影响了农产品质量安全。目前，全国受矿区污染耕地3 000万亩，石油污染耕地约7 500万亩，固体废弃物堆放污染约75万亩，“工业三废”污染近1.5亿亩，污灌农田近5 000万亩。每年有50万t农膜残留在耕地里，在15~20cm的土层形成不透水、不透气的难降解层，对耕地质量构成巨大威胁。全国每年因重金属污染而减产粮食达1 000多万t。土壤污染从原来的单一无机或有机污染扩展到多元、复合污染，污染类型多样化、污染途径多样化和污染原因复杂化。

水土流失严重。生态系统退化明显，据农业部统计，全国因水土流失、贫瘠化、次生盐渍化、酸化导致耕地退化面积已占总面积的40%以上。2011年年底，我国土壤侵蚀总面积为294.91万km^2，占国土总面积的30.72%，其中，水力侵蚀129.32万km^2，风力侵蚀165.59万km^2，同时大规模开发建设导致的人为水土流失问题仍十分突出。严重的水土流失，是我国生态恶化的集中反映，威胁国家生态安全、饮水安全、防洪安全和粮食安全，制约山丘区经济社会发展，影响全社会的农业可持续发展。2013年，我国水土流失治理面积为16.033 5亿亩，分别比2000年和2010年增加了32.03%和0.08%，累计综合治理小流域7万多条，实施封育保护80多万km^2。1991年《中华人民共和国水土保持法》颁布实施以来，全国累计有38万个生产建设项目制定并实施了水土保持方案，防治水土流失面积超过15万km^2。目前《全国水土保持规划（2015—2030）》已获国务院批复同意，这是我国水土流失防治进程中的一个重要里程碑，是今后一个时期我国水土保持工作的发展蓝图和重要依据。

黑土层变薄、土壤酸化、耕作层变浅。农业部资料表明：开垦 20 年后东北黑土的土壤有机质含量下降 1/3，开垦 40 年后减少到原来的 1/2 左右，开垦 70~80 年的黑土有机质下降 2/3。2014 年，东北黑土层厚度已由开垦初期的 80~100cm 下降到 20~30cm，黑土区耕地有机质平均含量 26.7g/kg，与 30 年前相比减少了 12g/kg，降幅高达 31%；华北平原耕层厚度 15~19cm，比适宜的 22cm 浅 3~7cm；南方土壤酸化问题突出，农业部 2014 年测土配方施肥数据显示，南方 14 省（区、市）土壤 pH 值小于 6.5 的比例由 30 年前的 52% 扩大到 65%，土壤 pH 值小于 5.5 的比例由 20% 扩大到 40%，土壤 pH 值小于 4.5 的比例由 1% 扩大到 4%；西北地区耕地盐渍化面积达 3 亿亩，占全国的 60%，其中，耕地次生盐渍化面积 2 100 万亩，占全国的 70%。

（二）水资源

1. 农业水资源及利用现状

（1）水资源概况　水是生命之源，水资源的供给能力直接制约着农业发展，维系着农业生态系统安全。据《中国统计年鉴》（2014）及《中国水资源公报》（2014），2014 年全国水资源总量为 27 266.9 亿 m^3，居世界第六位，比常年偏少 1.6%；全国总供水量 6 095 亿 m^3，占当年水资源总量的 22.4%；全国人均水资源量仅为 1 993.46m^3，不足世界 1/4。地下水与地表水资源不重复量为 1 003.0 亿 m^3，占地下水资源的 12.9%（地下水资源量的 87.1% 与地表水资源量重复）。全国外流河流域面积总计 61.51 万 km^2，主要是长江、黑龙江及绥芬河、黄河、珠江及沿海诸河、雅鲁藏布江及藏南诸河等，内陆河流域面积总计 33.56 万 km^2，主要是塔里木内陆河、羌塘内陆河和河西内陆河等。从水资源分区看，北方 6 区水资源总量 4 658.5 亿 m^3，比常年值偏少 11.6%，占全国的 17.1%；南方 4 区水资源总量 22 608.4 亿 m^3，比常年值偏多 0.7%，占全国的 82.9%。从行政分区看，东部地区水资源总量 5 332.3 亿 m^3，比常年值偏少 3.5%，占全国的 19.6%；中部地区水资源总量 6 768.8 亿 m^3，比常年值偏多 0.5%，占全国的 24.8%；西部地区水资源总量 15 165.8 亿 m^3，比常年值偏少 1.8%，占全国的 55.6%。全国水资源总量占降水总量 45.2%，平均单位面积产水量为 28.8 万 m^3/km^2。2014 年，对全国 601 座大型水库和 3310 座中型水库进行统计，水库年末蓄水总量 3 749.1 亿 m^3，比年初蓄水总量增加 229.2 亿 m^3。其中，大型水库年末需水量 3 351.3 亿 m^3，比年初增加 234.9 亿 m^3；中型水库年末需水量 397.8 亿 m^3，比年初减少 5.7 亿 m^3。

（2）农业用水量　2014 年，全国总用水量 6 095 亿 m^3，其中农业用水总量 3 870.33 亿 m^3，占 63.50%。从农业用水总量上看，2000—2011 年我国农业用水总量上下波动频繁，但总量上升并不明显，2011 年比 2000 年农业用水总量减少了 39.9 亿 m^3；2011—2014 年我国农业用水总量呈现上升趋势，年均增长 45.3 亿 m^3。从农业用水占全国用水比例上看，2000—2011 年该比例基本呈逐年下降，2011—2014 年则呈现回升趋势，由 2011 年 61.30% 升至 2014 年 63.50%，但仍然明显低于 2000 年 68.82% 的比例（图 2-8）。

（3）农业用水有效利用率　截至 2013 年年底，我国的节水灌溉工程面积已达 4.07 亿亩，有效灌溉面积达 9.52 亿亩（图 2-9），其中，节水灌溉工程面积约占有效灌溉面积的 43%；低压管道输水灌溉、喷灌和微灌等高效节水灌溉面积为 2.14 亿亩，约占有效灌溉面积的 22%；共有灌区 7 710 处，分别比 2000 年和 2010 年增长了 35.67% 和 33.04%，其中 49.5 万亩以上灌区 180 处，30~49.5 万亩灌区 290 处；共有水库 97 721 座，分别比 2000 年和 2010 年增加了 14.80% 和

11.21%，其中大型、中型和小型水库所占比例分别为 0.70%、3.86% 和 95.44%；水库库容量为 8 298 亿 m^3，分别比 2000 年和 2010 年增加了 60.07% 和 15.86%，其中大型、中型和小型水库库容量所占比例分别为 78.68%、12.90% 和 8.42%；除涝面积为 3.29 亿亩，分别比 2000 年和 2010 年增加了 4.55% 和 1.16%；建成小型农田水利工程 2 000 多万处。2012 年年底，我国旱涝保收面积达到 6 580 万亩。

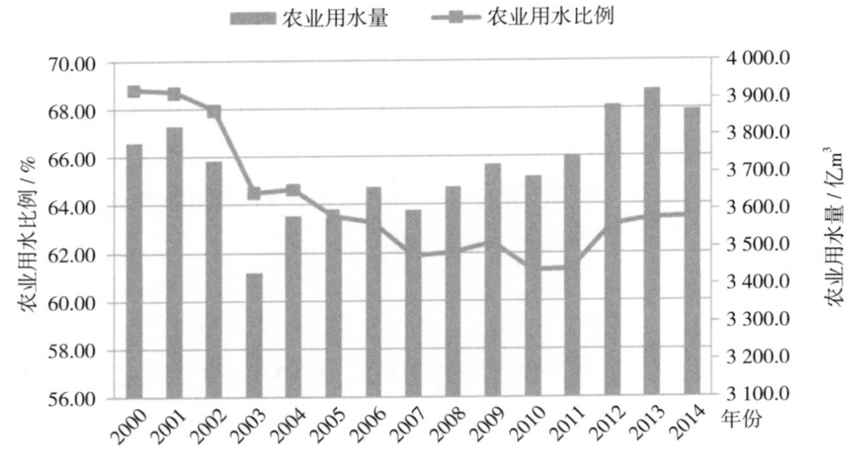

图 2-8　2000—2013 年我国农业用水量及农业用水比例

数据来源：据 2014 年《中国统计年鉴》数据及整理计算而得

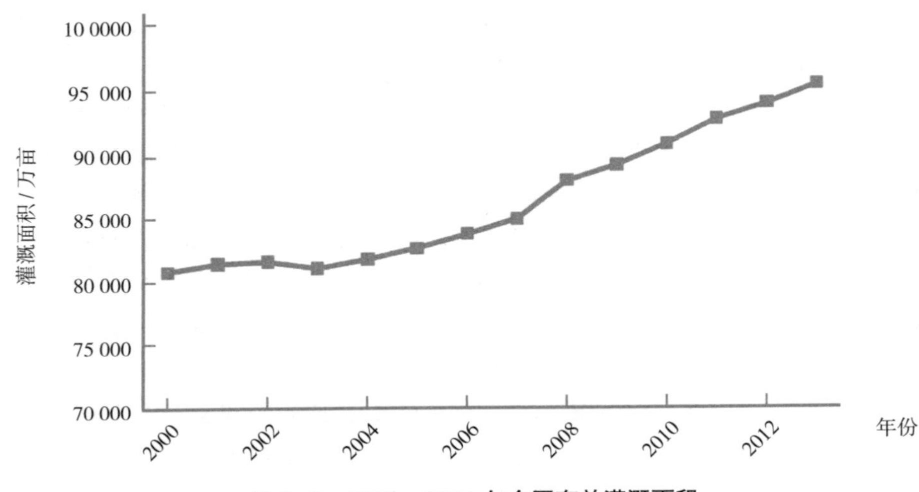

图 2-9　2000—2013 年全国有效灌溉面积

数据来源：2014 年《中国统计年鉴》

根据统计，大水漫灌每亩地用水约为 400m^3，喷灌为 200m^3，滴灌为 100m^3，因此节水灌溉节约了水资源。2000 年以来，我国农田亩均灌溉用水量由 420m^3 下降到 361m^3，农田灌溉水有效利用系数由 0.43 提高到 0.53，农田灌溉用水量占全社会用水总量的比例从 63% 降低到 55%，亩均增产粮食 10%~40%，高效节水灌溉实现了水肥药一体化，提高了肥料、农药使用效率，取得了良好的经济效益、社会效益和生态效益，促进了现代农业和节水产业发展。世界发达国家农业用水占全社会用水比重大约是 40%，发展中国家是 60%~65%，我国是 55%，所以下一步我国将加大农业灌溉节水力度，农田灌溉用水占全社会的比重会继续下降。

2. 农业可持续发展面临的水资源环境问题

（1）农业供水减少，区域性缺水严重　2014 年，全国水资源总量 27 266.9 亿 m^3，居世界第六位，全国年均缺水量高达 500 多亿 m^3。缺水，已是不争的事实。过度的开发利用、不均的资源分配、粗放的用水方式，又使得我国的水资源危机进一步恶化。水利部数据显示，当前，我国水资源开发利用已逼近红线，海河、黄河、辽河流域的水资源开发利用率达 106%、82%、76%，西北内陆河流开发利用已接近甚至超出水资源承载能力（图 2-10）。

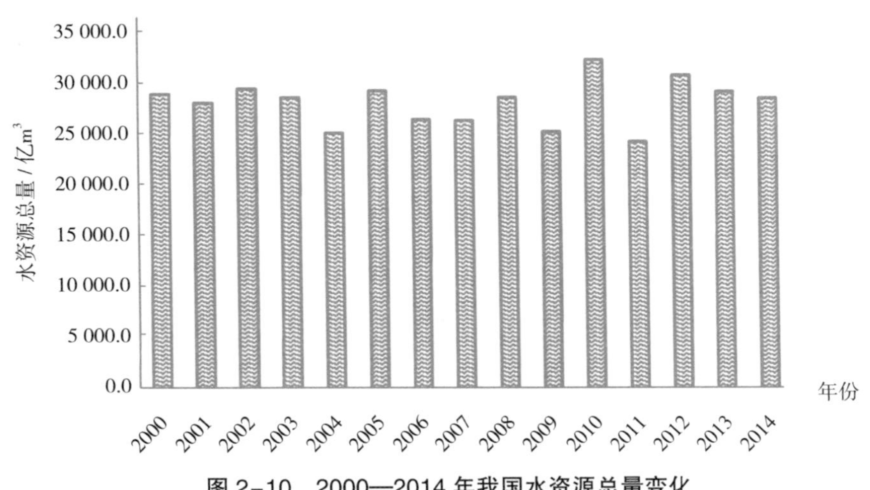

图 2-10　2000—2014 年我国水资源总量变化

数据来源：2014 年《中国统计年鉴》

我国水资源地区分布不均，水土资源不相匹配。长江流域及其以南地区国土面积只占全国的 36.5%，其水资源量占全国的 83%；淮河流域及其以北地区的国土面积占全国的 63.5%，其水资源量仅占全国水资源总量的 17%。年内年际分配不匀，旱涝灾害频繁。大部分地区年内连续 4 个月降水量占全年的 70% 以上，连续丰水或连续枯水较为常见。

按照国际公认的标准，人均水资源低于 3 000m^3 为轻度缺水；人均水资源低于 2 000m^3 为中度缺水；人均水资源低于 1 000m^3 为重度缺水；人均水资源低于 500m^3 为极度缺水。2014 年我国人均水资源量仅为 1 993.46m^3，处于中度缺水；全国 16 个省（区、市）人均水资源量（不包括过境水）低于严重缺水线，有 6 个省、区（宁夏、河北、山东、河南、山西、江苏）人均水资源量低于 500m^3，为极度缺水地区。

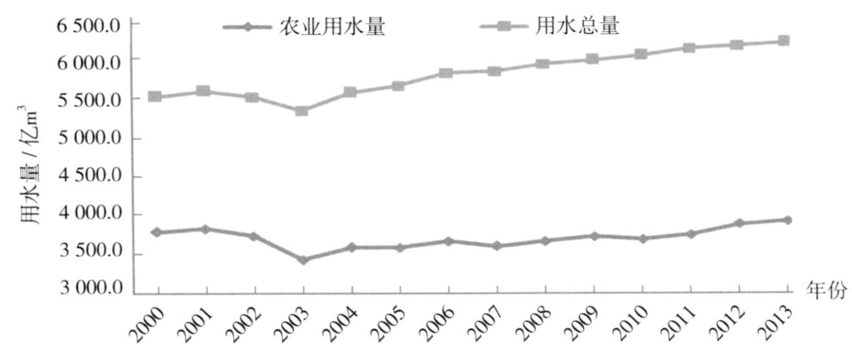

图 2-11　2000—2013 年我国用水总量和农业用水量对比

数据来源：2014 年《中国统计年鉴》

由图 2-11 看出，2000—2013 年，我国农业用水量变化趋势与用水总量变化趋势基本一致，但是近年来农业用水量增长速度略慢于用水总量的增长速度，说明农业节水确实取得了一定的进展。

（2）水质地区差异大，呈现东低西高格局　2014 年，全国 202 个地级市开展了地下水水质监测工作，监测点总数为 4 896 个，其中，国家级监测点 1 000 个。依据《地下水质量标准》（GB/T 14848—93），评价结果为水质呈优良级的监测点 529 个，占监测点总数的 10.8%；水质呈良好级的监测点 1 266 个，占 25.9%；水质呈较好级的监测点 90 个，占 18%；水质呈较差级的监测点 221 个，占 45.4%；水质呈极差级的监测点 790 个，占 16.1%。主要超标组分为总硬度、溶解性总固体、铁、锰、“三氮”（亚硝酸盐氮、硝酸盐氮和氨氮）、氟化物、硫酸盐等，个别监测点水质存在砷、铅、六价铬、镉等重（类）金属超标现象（图 2-12）。

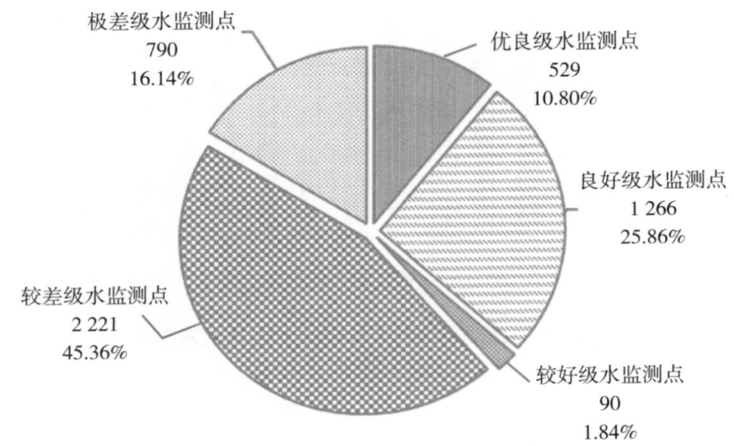

图 2-12　2014 年全国地下水监测点水质状况

数据来源：2014 年《中国国土资源公报》

与 2013 年相比，有连续监测数据的水质监测点总数为 4 501 个，分布在 195 个城市，其中水质综合变化呈稳定趋势的监测点有 2 941 个，占监测点总数的 65.3%；呈变好趋势的监测点有 751 个，占 16.7%；呈变差趋势的监测点有 809 个，占 18.0%。总体来看，2014 年，在全国有连续监测数据的水质监测点中，地下水水质综合变化趋势以稳定为主，呈变好趋势和变差趋势的监测点比例相当。

根据《中国环境状况公报》和《中国水资源公报》，2014 年，长江、黄河、珠江、松花江、淮河、海河、辽河等七大流域和浙闽片河流、西北诸河、西南诸河等十大流域水质监测断面中，Ⅰ～Ⅲ类水质断面占比 71.2%，其中，Ⅰ类水质断面占 2.8%，同比 2013 年上升 1.0%；Ⅱ类占 36.9%，同比 2013 年下降 0.8%；Ⅲ类占 31.5%，同比 2013 年下降 0.7%；Ⅳ类占 15.0%，同比 2013 年上升 0.5%；Ⅴ类占 4.8%，劣Ⅴ类占 9.0%，同比 2013 年均持平。主要污染指标为化学需氧量、五日生化需氧量和总磷。2001—2014 年，十大流域总体水质明显好转，Ⅰ～Ⅲ类水质断面比例上升 32.7%，劣Ⅴ类水质断面比例下降 21.2%。

2014 年，对全国 21.6 万 km 的河流水质状况进行了评价，全国Ⅰ类水河长占评价河长的 5.9%，Ⅱ类水河长占 43.5%，Ⅲ类水河长占 23.4%，Ⅳ类水河长占 10.8%，Ⅴ类水河长占 4.7%，劣Ⅴ类水河长占 11.7%，水质状况总体为中。从水资源分区看，西南诸河区、西北诸河区水质为优，珠江区、长江区、东南诸河区水质为良，松花江区、黄河区、辽河区、淮河区水质为中，海河区水质为劣。从行政分区看（不含长江干流、黄河干流），西部地区的河流水质好于中部地区，中部地区好于东部地区，东部地区水质相对较差。

2014 年，对全国开发利用程度较高和面积较大的 121 个主要湖泊共 2.9 万 km^2 水面进行了水质评价，全年总体水质为Ⅰ ~ Ⅲ类的湖泊有 39 个，Ⅳ ~ Ⅴ类湖泊 57 个，劣Ⅴ类湖泊 25 个，分别占评价湖泊总数的 32.2%、47.1% 和 20.7%。对上述湖泊进行营养状态评价，大部分湖泊处于富营养状态。处于中营养状态的湖泊有 28 个，占评价湖泊总数的 23.1%；处于富营养状态的湖泊有 93 个，占评价湖泊总数的 76.9%。

2014 年，对全国 247 座大型水库、393 座中型水库及 21 座小型水库，共 661 座主要水库进行了水质评价。全年总体水质为Ⅰ ~ Ⅲ类水库有 534 座，Ⅳ ~ Ⅴ类水库 97 座，劣Ⅴ类水库 30 座，分别占评价水库总数的 80.8%、14.7% 和 4.5%。对 635 座水库的营养状态进行评价，处于中营养状态的水库有 398 座，占评价水库总数的 62.7%；处于富营养状态的水库 237 座，占评价水库总数的 37.3%。

2013 年，我国废水排放总量是 695.44 亿 t，废水中主要污染指标排放量为化学需氧量 2 352.72 万 t，氨氮 245.72 万 t，总氮 448.10 万 t，总磷 48.73 万 t，石油类 1.838 5 万 t，挥发酚 1 277.3t，铅 76.112t，汞 0.916 5t，镉 18.436t，六价铬 58.292t，总铬 163.118t，砷 112.230t。2001—2013 年，我国废水排放总量从 2001 年的 433 亿 t 增长到 2013 年的 695 亿 t，13 年间增加了 262 亿 t，平均每年多排放了 20.15 亿 t 废水，平均年增长率 4.65%。我国废水污染源主要分为工业源、农业源、城镇生活源，以及少量的集中式污染设施排放源，其中城镇生活源污水排放量的增加是我国废水排放量增加的主要原因。

（三）气候资源

1. 气候要素变化趋势

气候是人类赖以生存的自然环境，也是经济社会可持续发展的重要基础资源。气候资源决定了农业生产所需的光、热、水、气等资源，气候变化趋势对农业生产有着重要的影响。

我国气候的主要特征可以概括为两个主要方面，一是气候类型复杂多变，二是大陆性季风气候显著。气候是自然环境中最活跃的因素之一，其类型的形成受地理纬度、地形、海陆分布等因素的强烈影响和制约，同时还与水文特征、生物群落、土壤类型等环境因子有着千丝万缕的联系。我国地域辽阔，南北纵跨纬度近 50°，具有热带、亚热带和温带等多种热量带。同时，海陆兼备，海陆热力差异突出。从东南沿海往西北内陆，气候的大陆性特征逐渐增加，依次出现湿润、半湿润、半干旱、干旱的气候区。同时，我国是世界上季风气候最发达的区域之一。冬季受亚洲高压的控制，盛行寒冷、干燥的偏北陆风，夏季则受西北太平洋副热带高压的控制，盛行由海上来的潮湿温暖的偏南气流，温湿多雨。

（1）气温　根据全国 591 个气象观测站的数据绘制图 2-13，图 2-15 和图 2-17。从图 2-13 可以看出，2010 年，全国平均气温 11.73℃，相比 1961 年（11.31℃）上升了 0.42℃。1961—2010 年全国平均气温 11.25℃，其中，1961—1990 年全国平均气温 10.94℃，这期间全国气温上下波动频繁，但气温峰值没有超过 1961 年的全国平均温度；1990—2010 年全国平均气温 11.72℃，这期间全国气温在波动中缓慢上升，峰值为 1998 年 12.33℃，其次为 2006 年 12.09℃。总体来看，全国平均气温的确是有一定的变暖趋势。气候变暖影响着农业、水资源和生态环境等许多方面。尤其是对气候条件依赖性强的农业生产活动而言，气候变化对农作物产量、布局、结构都产生影响。

根据《中国气象年鉴（2014）》和《中国统计年鉴（2014）》资料，绘制图 2-14，图 2-16 和图 2-18。

由图 2-14 看出，因为我国跨纬度较大，南北方气温差异也较大。《中国气候公报（2014）》指出，2014 年全国平均气温较常年（1981—2010 年平均值）偏高 0.5℃，与 1999 年并列为 1961 年以来第六暖年；全年除 2 月、8 月和 12 月气温较常年同期偏低外，其余各月均偏高，其中 1 月偏高 1.6℃、3 月偏高 1.2℃；四季气温较常年同期均偏高；全国平均高温（日最高气温≥ 35℃）日数为 9 天，较常年（8 天）偏多 1 天，较 2013 年（11 天）偏少 2 天；全国平均≥ 10℃活动积温（作物生长季积温）为 4 865℃ · d，较常年（4 730℃ · d）偏多 135℃ · d。全国六大区域（东北、华北、西北、长江中下游、华南和西南）气温均偏高，其中华北偏高 1.0℃，西北偏高 0.5℃。从空间分布看，全国大部地区气温偏高或接近常年，其中华北中东部及山东大部、内蒙古中部、辽宁东南部、青海东南部等地偏高 1~2℃。全国有 30 个省（区、市）气温较常年偏高，其中天津偏高 1.4℃，山东偏高 1.3℃，北京偏高 1.2℃，河北偏高 1.1℃，4 省气温均为 1961 年以来历史最高。

（2）降水量　从图 2-15 可以看出，2010 年全国平均降水量 894.13mm，相比 1961 年（872.49mm）增加了 21.64mm。1961—2010 年全国平均降水量 810.84mm，历年平均降水量围绕平

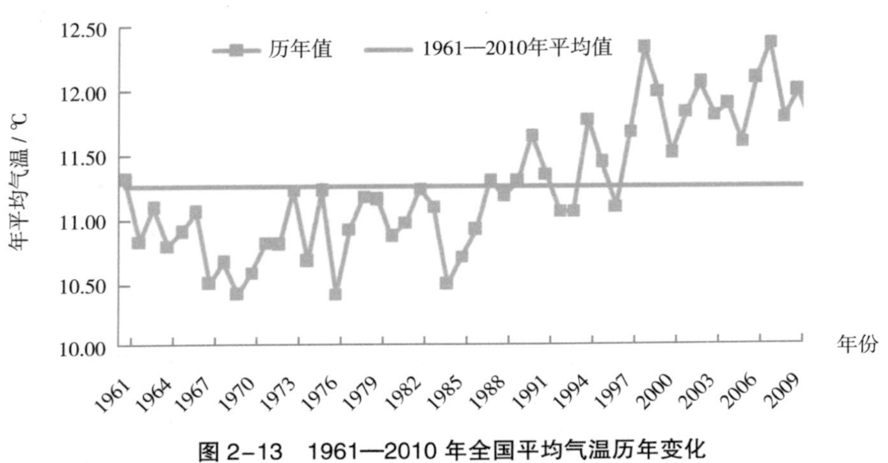

图 2-13　1961—2010 年全国平均气温历年变化

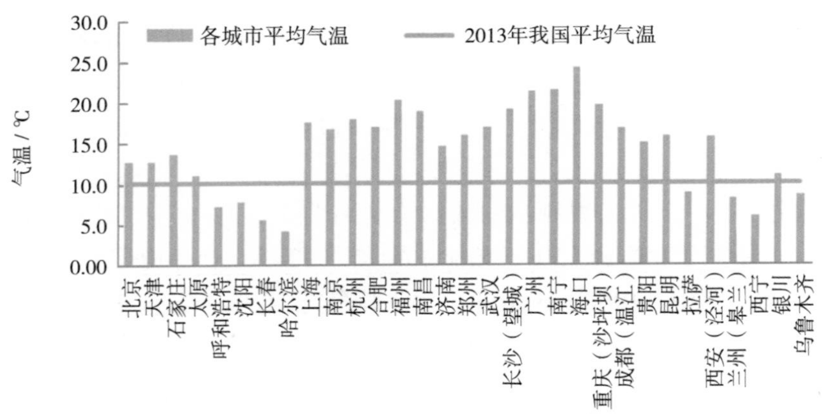

图 2-14　2013 年全国主要城市平均气温

数据来源：《中国统计年鉴》（2014 年）

均值上下波动，年际变化相对较小，峰值为 1973 年 922.06mm，其次是 1998 年 908.65mm 和 2010 年 894.13mm，谷值是 1986 年 745.46mm，其次是 2004 年 746.96mm 和 2009 年 750.50mm。

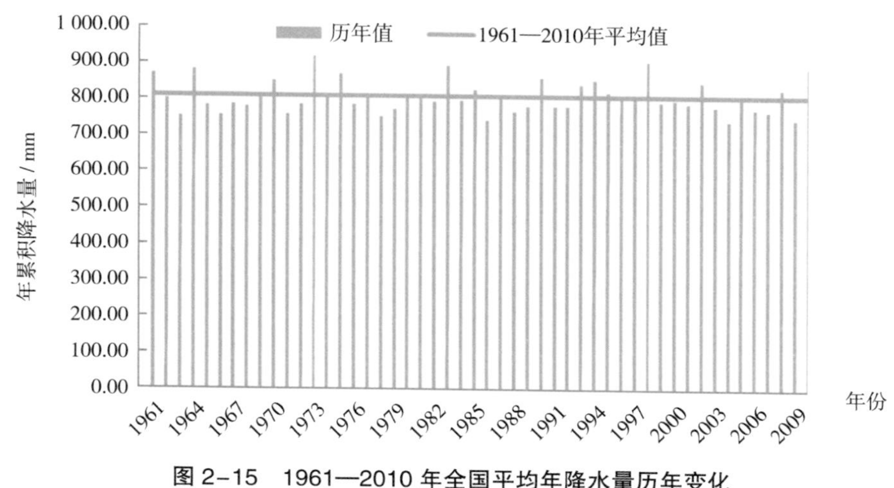

图 2-15　1961—2010 年全国平均年降水量历年变化

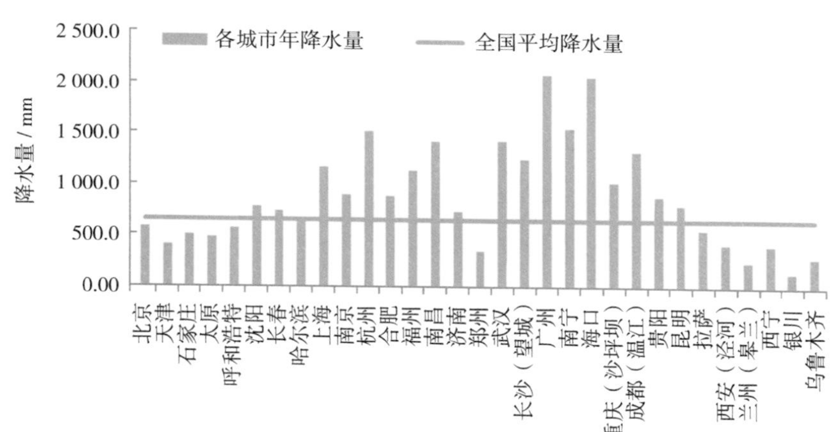

图 2-16　2013 年全国主要城市年均降水量

数据来源：《中国统计年鉴》（2014 年）

从图 2-16 可以看出，全国降水分布不均，我国南方大部分城市降水量为 1 000~2 000mm，局部超过 2 000mm，西南部分地区、北方和西北大部分城市降水量则低于全国平均降水量，西南、北方内陆城市年累积降水量有 500~1 000mm，西北内陆部分城市甚至不足 100mm。《中国气候公报》显示，2014 年全国平均降水量接近常年，比 2013 年偏少 3%。降水阶段性变化大，1 月、7 月、10 月和 12 月偏少，其中 1 月偏少 58%，12 月偏少 25%；2 月、5 月、9 月和 11 月偏多，其中 9 月偏多 24%，11 月偏多 20%；3 月、4 月、6 月和 8 月接近常年同期。冬、春、夏三季降水量均接近常年，秋季较常年同期偏多 12%；降水区域差异明显，辽河为 1961 年以来最少；全国平均降水量（日降水量≥ 0.1mm）日数为 100 天，较常年偏少 9 天；暴雨日数较常年偏多 5%。

（3）日照时数　从图 2-17 可以看出，2010 年全国日照时数为 2 182.59h，比 1961 年（2 314.59 小时）减少了 132 小时。1961—2010 年，全国平均日照时数 2 299.27 小时，其中 1961—

1980 年期间全国平均日照时数 2 378.90 小时，这期间全国日照时数上下波动频繁，但基本都高于 1961—2010 年全国平均日照时数，1980 年基本回落到 1961 年的日照时数；1980—2010 年期间全国平均日照时数 2 246.19 小时，除去 1986 年和 2004 年其余年份日照时数都低于 1961—2010 年全国平均日照时数。

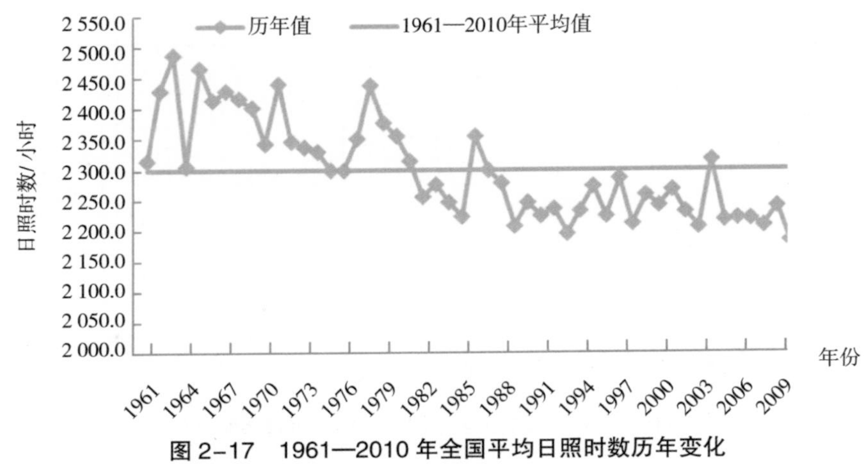

图 2-17　1961—2010 年全国平均日照时数历年变化

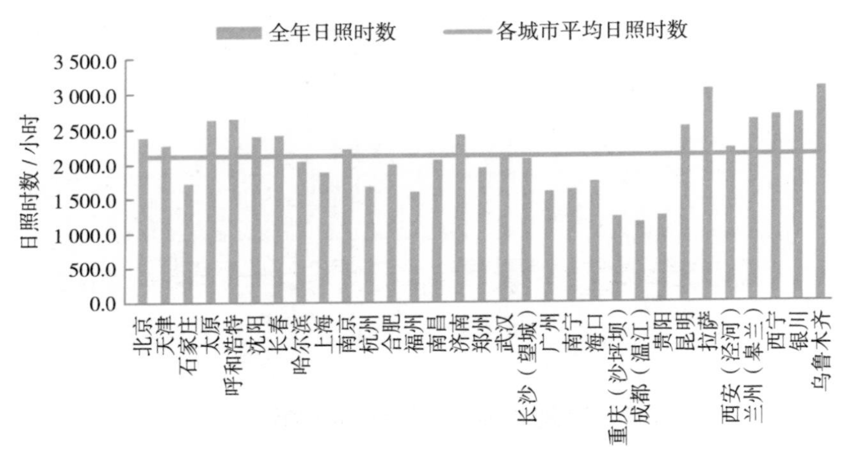

图 2-18　2013 年全国主要城市平均日照时数

数据来源：《中国统计年鉴》（2014 年）

《中国气候公报》（2014）显示，2013 年北方大部及西南中西部、华南中东部等地日照时数一般有 1 500~2 500 小时。新疆大部、内蒙古大部、甘肃西北部、青海西北部、西藏西部等地超过 2 500 小时；江南中西部、江汉大部以及广西大部等地为 1 000~1 500 小时，西南地区东北部部分地区不足 1 000 小时。与常年相比，除云南中部日照时数偏多 100~200 小时外，全国其余大部地区日照时数偏少或接近常年，北方大部、江淮、江汉、江南北部与西部、西南地区大部偏少 200~400 小时，其中，黑龙江大部、吉林大部、河北西南部、甘肃、青海大部、内蒙古西北部、陕西中部等地偏少 400 小时以上。四季日照均偏少。

2. 气候变化对农业的影响

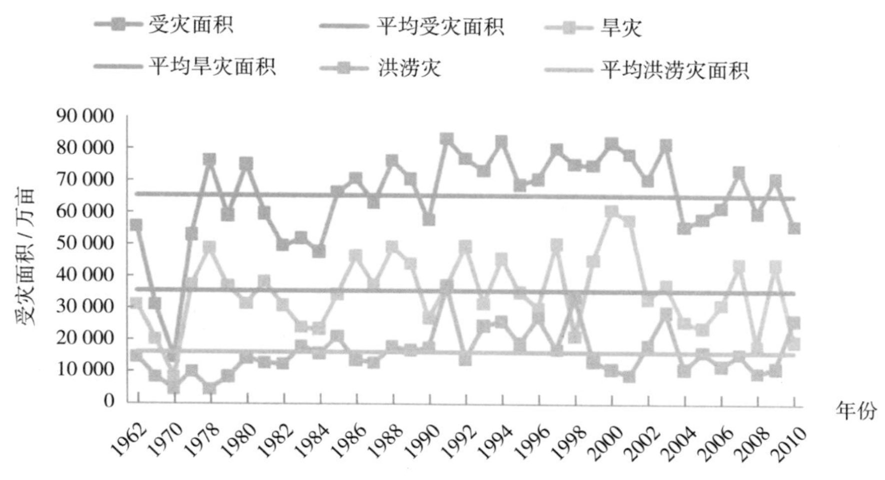

图 2-19　1962—2010 年全国受灾面积

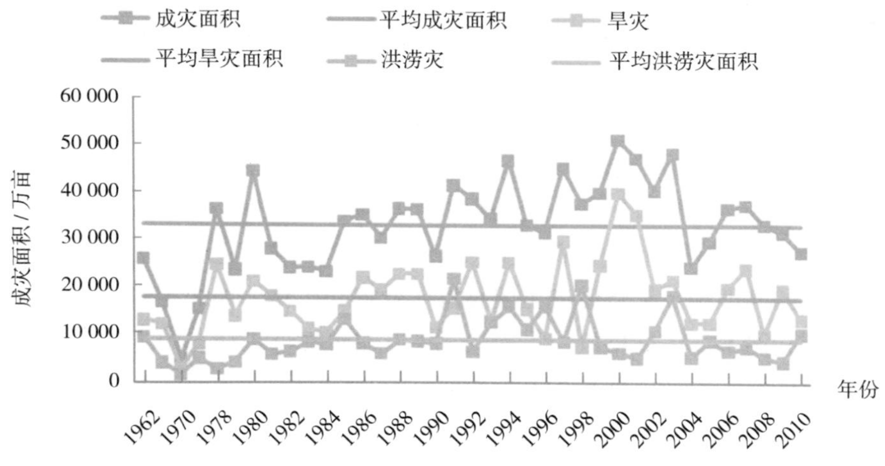

图 2-20　1962—2010 年全国成灾面积

数据来源:《中国农村统计年鉴》(2014 年)

由图 2-19 可以看出，1962—2010 年间，1978—1990 年全国受灾面积围绕 1962—2010 年平均受灾面积上下波动，1991—2003 年全国受灾面积一直处于平均受灾面积之上，2004—2010 年则在波动中有所下降；全国旱灾面积则基本一直在平均旱灾面积上下波动；洪涝灾害受灾面积则在波动中呈上升趋势。由图 2-20 可以看出，成灾面积变动趋势与受灾面积基本保持一致。

气候变暖对农业生产有利也有弊。有利的方面表现为：气候变暖为作物增产提供较为丰富的热量资源，作物生长的有效积温增加，生育期延长，可促进植物生长发育，减少早霜冻的危害，对调整农作物品种结构，增加产量十分有利；气候变暖使得本地区无霜期延长，复种指数也有相应提高，会提高农业的土地利用效率。而有弊的方面表现在：气候变暖使早春植物提前返青，有可能受到较严重晚霜冻和春季干旱的威胁。同时，冬季气候变暖会有利于病虫越冬、繁殖，从而加重了病虫害对农业生产的危害程度，导致农药使用量增加，不仅会提高农业生产成本，还会造成农药残留污染，危害人体健康以及生态环境。

气候变化容易造成极端天气气候事件明显增加，水资源时空分布失衡的情况更加突出，使高温、旱涝、霜冻、大风等农业气象灾害的发生概率加大，农业生产环境和条件恶化，农业生产的自然风险不断加大，增加农业生产的不稳定性，造成农作物和经济的产量产生波动，直接影响粮食生产安全。

降水量也是影响农业生产的一个重要因素。不同作物和品种在不同生长发育阶段对水分的要求不同，若水分季节分配刚好满足作物需要，就会促进其生长发育，获得丰产，若分配不均则会发生旱涝，抑制作物生长发育，导致减产。

日照时数同样影响农业生产。农作物生长发育离不开光照，而日照时间的长短则制约很多作物的开花、休眠、地下贮藏器官的形成过程。日照时数减少会导致作物生长期间光照不足，影响作物和物种的多样性，影响作物的产量和品质；光照强度过弱，往往会阻碍作物的发育速度，导致延迟开花结果，最终会使作物产量产生波动。

近 50 年来，中国年平均气温升高，以冬季和春季增温最为明显，降水量呈微弱增加趋势，日照时数呈显著下降趋势。

气候变化对农业物候的影响主要表现为春季物候期提前，秋季物候期推迟，作物生长期相对延长，因而越冬作物种植北界和多熟制北界明显北移。1981 年以来，冬小麦种植北界不同程度北移西扩，东北地区玉米中、晚熟品种潜在界限不同程度北移。华北地区喜温作物生育期延长，种植面积逐渐扩大；西北地区负积温减少，为冬小麦安全越冬及种植界限北移西扩提供了有利的气候条件，这些变化可能带来提高单位面积粮食生产能力和增加农作物种植面积的潜力。

过去 50 年来，东北、华北和西南地区全年降水量呈减少趋势，我国北方地区水资源脆弱性持续加剧，未来农业水资源量将日益短缺，灌溉农田面积将显著减少。

气候变化通过改变土壤条件而影响农田生态系统过程。气候变化将影响土壤养分储量保持及其有效性。华北和东北的升温和干旱将促进土壤有机质分解和矿化，加快土壤中养分的流失，直接影响土壤有机碳的蓄积和温室气体的排放。气候变化下升温可能促进病原菌、害虫和杂草的生长发育和生殖，提高越冬存活率，向高纬度和高海拔扩散。

三、农业可持续发展的社会资源条件分析

（一）农业劳动力

劳动力是产业发展过程中最具有能动性的因素，是提高劳动生产率、促进产业发展的直接要素。据《中国统计年鉴》(2014) 和《中国农村统计年鉴》(2014)，截至 2013 年年末，中国人口总数 13.61 亿人，其中乡村人口数 6.27 亿人，占全国总人口的 46.27%，农村就业总人数 3.87 亿人，第一产业就业总人数 2.42 亿人，占农村就业总人数的 63.81%，分别比 2000 年变化了 7.36%，–22.11%，–20.84%，–31.42%（表 3–1）。由此可见，随着工业化、城镇化和农业现代化进程的不断加快，乡村人口数量逐渐减少，农村就业总人数和第一产业就业总人数也相应减少，并且第一产业就业总人数的减少速度快于农村就业总人数的减少速度。

表 3-1　2000—2013 年人口变化　（单位：万人）

	2000 年	2005 年	2010 年	2011 年	2012 年	2013 年
年末总人口	126 743	130 756	134 091	134 735	135 404	136 072
乡村人口数	80 837	74 544	67 113	65 656	64 222	62 961
农村就业总人数	48 934	46 258	41 418	40 506	39 602	38 737
第一产业就业人数	36 043	33 442	27 931	26 594	25 773	24 171

数据来源：2014 年《中国统计年鉴》和 2014 年《中国农村统计年鉴》

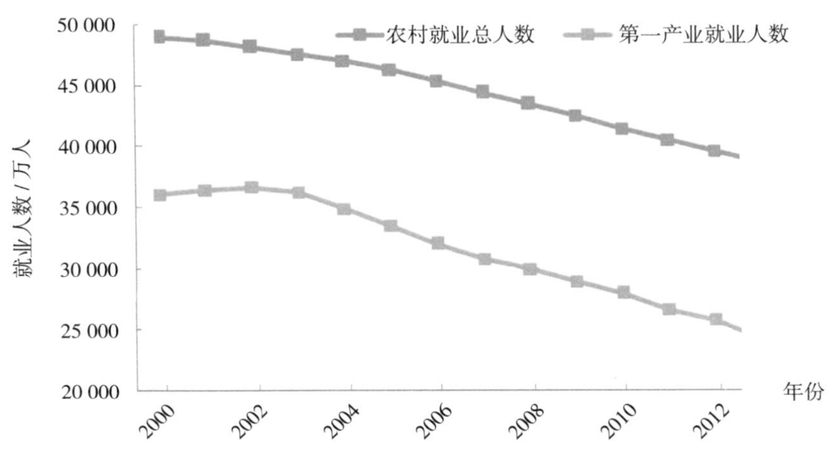

图 3-1　农村就业总人数与农林牧渔业就业总人数变化

数据来源：2014 年《中国统计年鉴》和 2014 年《中国农村统计年鉴》

1. 农村劳动力转移现状特点

中国农村劳动力转移问题不仅关系到农村稳定、农业发展、农民致富等社会经济问题，而且也关系到改革、发展、稳定等社会问题以及政治问题。我国农村劳动力转移主要呈现以下现状特点。

表 3-2　2008—2014 年农民工规模　（单位：万人）

指标	2008 年	2009 年	2010 年	2011 年	2012 年	2013 年	2014 年
农民工总量	22 542	22 978	24 223	25 278	26 261	26 894	27 395
年增长率（%）		1.9	5.4	4.4	3.9	2.4	1.9
外出农民工	14 041	14 533	15 335	15 863	16 336	16 610	16 821
住户中外出农民工	11 182	11 567	12 264	12 584	12 961	13 085	13 243
举家外出农民工	2 859	2 966	3 071	3 279	3 375	3 525	3 578
本地农民工	8 501	8 445	8 888	9 415	9 925	10 284	10 574

数据来源：2014 年《全国农民工监测调查报告》

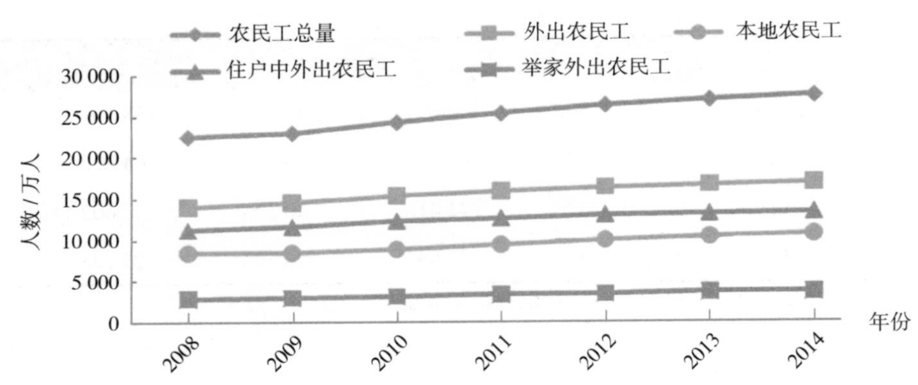

图 3-2　2008—2014 年农民工规模

数据来源：2014 年《全国农民工监测调查报告》

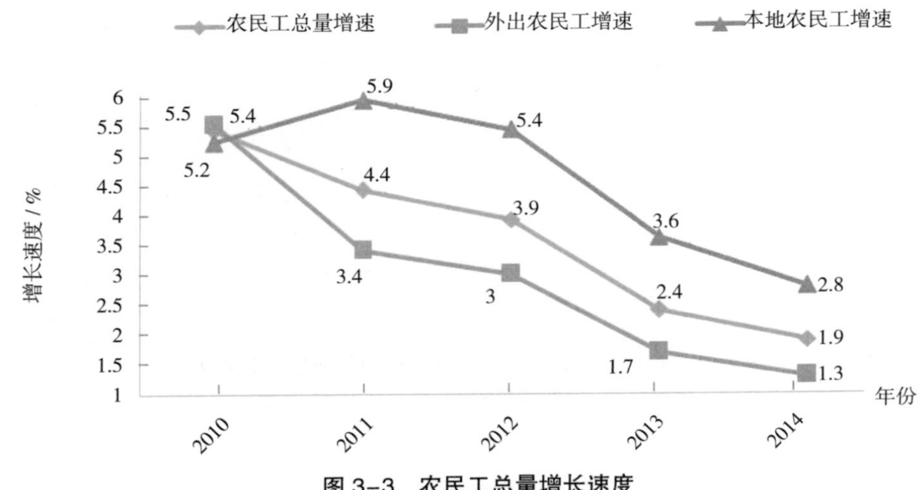

图 3-3　农民工总量增长速度

数据来源：2014 年《全国农民工监测调查报告》

（1）农村劳动力转移数量不断增长，转移速度逐渐放缓　2014 年，全国农民工监测调查报告显示，2014 年全国农民工总量达 2.74 亿人，比 2013 年增加 501 万人，增长 1.9%，其中，外出农民工 1.68 亿人，增加 211 万人，增长 1.3%；本地农民工 1.06 亿人，增加 290 万人，增长 2.8%。根据表 3-2，图 3-2 及图 3-3 可以看出，2010 年以来，我国农民工总量增速持续回落。2011、2012、2013 和 2014 年农民工总量增速分别比上一年回落 1.0、0.5、1.5 和 0.5 个百分点。2011、2012、2013 和 2014 年外出农民工人数增速分别比上一年回落 2.1、0.4、1.3 和 0.4 个百分点。近 3 年本地农民工人数增速也逐年回落，但增长速度快于外出农民工增长速度。可能有 3 个原因导致全国农村劳动力增加幅度渐趋缓慢，一是不断下降的人口出生率和自然增长率，二是城镇化水平的迅速提高，三是部分地区已经基本完成了农村劳动力的转移。

（2）年龄结构主要以 40 岁以下青壮年为主　调查资料显示（表 3-3），40 岁以下农民工所占比重不断下降，由 2010 年的 65.9% 下降到 2014 年的 56.5%，农民工平均年龄也由 35.5 岁上升到 38.3 岁。男性多于女性，2014 年男性农民工占 67.0%，女性占 33.0%。其中，外出农民工中男性占 69.0%，女性占 31.0%；本地农民工中男性占 65.1%，女性占 34.9%。但近年来举家外出务工趋势明显增强，2014 年举家外出农民工 3 578 万人，比 2013 年增加 53 万人，增长 1.5%。收入结构方面，工资性收入占农村转移劳动力收入的比重逐年提高。2014 年外出农民工人均月收入 2 864 元，比 2013 年增加 255 元，增长 9.8%；人均月生活消费支出 944 元，比 2013 年增加 52 元，增长 5.8%（表 3-4）。

表 3-3　农民工年龄构成

（单位：%）

	2010 年	2011 年	2012 年	2013 年	2014 年
16~20 岁	6.5	6.3	4.9	4.7	3.5
21~30 岁	35.9	32.7	31.9	30.8	30.2
31~40 岁	23.5	22.7	22.5	22.9	22.8
41~50 岁	21.2	24.0	25.6	26.4	26.4
50 岁以上	12.9	14.3	15.1	15.2	17.1

数据来源：2014 年《全国农民工监测调查报告》

表 3-4　农民工文化程度构成

（单位：%）

	农民工合计		外出农民工		本地农民工	
	2013 年	2014 年	2013 年	2014 年	2013 年	2014 年
未上过学	1.2	1.1	0.9	0.9	1.6	1.6
小学	15.4	14.8	11.9	11.5	18.9	18.1
初中	60.6	60.3	62.8	61.6	58.4	58.9
高中	16.1	16.5	16.2	16.7	16.0	16.2
大专及以上	6.7	7.3	8.2	9.3	5.1	5.2

数据来源：2014 年《全国农民工监测调查报告》

（3）农村转移劳动力受教育水平以初中为主，近年来先培训后转移的劳动力数量增多　2014 年接受过技能培训的农民工占 34.8%，接受过非农业职业技能培训的占 32.0%，接受过农业技能培训的占 9.5%，农业和非农业职业技能培训都参加过的占 6.8%，分别比 2013 年提高 2.1%、1.1%、0.2% 和 0.4%。

2014 年农民工在第一、第二、第三产业中从业的比重分别是 0.5%、56.6% 和 42.9%，分别比 2013 年变化 -0.1%、-0.2% 和 0.3%。由于农村转移劳动力自身素质的约束，以往外出劳动力大多集中在建筑业、矿产开采业、服务业以及技术含量较低的加工制造业等劳动时间长、强度大、技术要求低的产业，转移层次偏低。但是近年来政府大力开展“农村劳动力培训阳光工程”、新型职业农民培育试点等农民工就业技能培训、岗位技能提升培训和创业培训，推广订单式培训、定向培训、定岗培训等培训模式，增强了培训的针对性和有效性；推进了建筑工地农民工业余学校建设，对农民工上岗前进行引导培训。加上农村转移劳动力的整体受教育水平有所提高，很大部分进城务工人员已经具有一技之长，我国农村转移劳动力由开始时单纯的“卖苦力”转向技术、管理、资本劳动领域。

（4）劳动力转移输出地域广泛，各地均有不同程度的劳动力转移　从就业流向看，2014 年外出农民工中有 7 867 万人跨省流动，8 954 万人省内流动，分别占总数的 46.8% 和 53.2%。东部地区外出农民工主要是省内流动，中部地区主要是跨省流动，西部地区跨省流动和省内流动农民工总量相近。2014 年跨省流动农民工有 77% 流入地级以上大城市，省内流动农民工有 53.9% 流入地级以上大城市。因此，经济发达的东部沿海地区及中西部省会城市、直辖市仍然是主要的劳动力转移目的地，但城镇化的普及以及农民乡土观念的影响，较大的地级市和家乡附近的城镇逐渐吸引了大量务工人员，尤其是西部地区就地转移加快。

表 3–5 2014 年外出农民工地区分布及构成

按输出地分	外出农民工总量（万人）			构成（%）		
	外出农民工	跨省流动	省内流动	外出农民工	跨省流动	省内流动
合计	16 821	7 867	8 954	100.0	46.8	53.2
东部地区	5 001	916	4 085	100.0	18.3	81.7
中部地区	6 467	4 064	2 403	100.0	62.8	37.2
西部地区	5 353	2 887	2 466	100.0	53.9	46.1

数据来源：2014 年《全国农民工监测调查报告》

表 3–6 2014 年外出农民工流向地区分布及构成

	合计	直辖市	省会城市	地级市	小城镇	其他
外出农民工总量（万人）	16 821	1 359	3 774	5 752	5 864	72
其中：跨省流动	7 867	1 107	1 783	3 163	1 742	72
省内乡外流动	8 954	252	1 991	2 589	4 122	0
外出农民工构成（%）	100.0	8.1	22.4	34.2	34.9	0.4
其中：跨省流动	100.0	14.1	22.7	40.2	22.1	0.9
省内乡外流动	100.0	2.8	22.2	28.9	46.1	0.0

数据来源：2014 年《全国农民工监测调查报告》

转移方式以自发性为主，在当前农村劳动力市场还不发达的情况下，农村劳动力主要以“三缘关系”带动为主，即家庭成员带领，亲朋好友介绍，本地外出人员的示范，以及自行外出“闯世界”等方式。从总体上看，有组织外出打工的比重还太小，离劳务输出产业化经营目标还相差很远。同时，劳动力转移具有“兼业性”和“候鸟性”特点。劳动力的主体仍然保留着土地承包权。劳动力的主要劳动时间和大部分精力消耗在从事非农的相关产业，仅在农忙时节回乡参与农业生产，兼业时间的长短因家庭劳动力的多寡与劳动收入高低而有所不同。但随着举家外出农户的增多，部分劳动力逐渐由“兼业型”和“候鸟式”转移转化为“全职型”和“迁徙式”转移。

2. 农业可持续发展面临的劳动力资源问题

（1）农业劳动力供求矛盾加剧，地区转移不平衡　在劳动力供给方面，虽然农业劳动力转移步伐有所放缓，但是第一产业就业人数及所占农村就业总人数的比重仍逐渐下降，据《中国统计年鉴》（2014）和《中国农村统计年鉴》（2014），2000 年第一产业就业人数 36 043 万人，占农村就业人数的 73.7%，2013 年第一产业就业人数则为 2 4171 万人，所占比重为 62.4%。从事农林牧渔业农民中有 69.4% 在 40 岁以上，41.1% 在 50 岁以上；39.3% 为小学及以下文化水平，52.3% 为初中及文化水平，6.6% 为高中文化水平。在劳动力需求方面，实现农业可持续发展，亟须一大批高素质的青壮年劳动力，这与目前农业劳动力的“3899”部队供给现状相差较远。2013 年，我国 34 岁以下劳动力总劳动力比重约为占 21.4%，预计到 2020 年仅为 12.1%，“青壮年劳动力荒”将成为常态。

中国农村劳动力转移总量基本稳定，但各地区转移数量差异较大。河南、山东等人口大省尚存在大量农村剩余劳动力。统计结果表明，山东省目前至少有上千万的剩余劳动力等待转移，而部分中西部及农业比较效益相对较低的省份自治区如内蒙古则存在劳动力转移过度问题。

（2）劳动力老龄化、妇女化、低素质化　有调查显示，农村劳动力流出每增长1%，农业劳动力老龄化就会上升0.067%。随着大量农业劳动力的转移，农村大量年轻人外出务工、经商，势必带来农业劳动力老龄化、妇女化、低素质化等问题，农村劳动力素质结构性下降趋势明显，影响着农业的可持续发展。一方面，老年劳动力和妇女劳动力在体能上的弱势，无法承担繁重的农业劳动，容易造成农业粗放经营，使得农村土地撂荒和变相撂荒的现象比较严重，降低了农业生产率。另一方面，相对较低的文化水平，对新品种、新技术的接受能力较低，不利于现代农业科技的推广和普及，加剧了培养新型农民、配套跟进新型农业社会化服务的难度。同时，随着农业人口老龄化的加剧，赡养老人的比重也随之提高，农民个人负担将不断加重，使得农业投资相对缩小。

（3）优质人才流失　科学技术是第一生产力，知识是人类进步的阶梯。因此在现代化农业的建设中，需要高素质、高技能的人才作为创新建设的主力军，但目前我国农村地区却十分缺乏高素质、高技能的人才。2013年我国有2.4亿农业从业人员，但是劳动生产率仅为世界的64%，从事农林牧渔业农民中大专及以上教育水平的仅0.75%，34岁以下劳动力占总劳动力比重约为21.4%。

近些年来，由于国家越来越重视人才在经济发展中的作用，大学招生不断增加，大学不断扩招给农村学生提供了更多外出读书的机会，再加上国家出台了不少上大学优惠政策，农村学生中学毕业后有更多机会接受更高层次的教育，使得农村外出读书的年轻人越来越多，这部分学生大部分都不会再回农村从事农业劳动，大大降低了年轻农业劳动力储备，又由于国家采取的不平衡经济发展战略，使得沿海和城镇地区经济社会发展加快，城乡产业、报酬差距不断拉大，诱使越来越多的农村劳动力外出务工，进一步加快了农村青年劳动力流出，加剧了农业老龄化。

农业较低的比较效益和农村相对不够完善的制度环境使农业农村流失了大量高素质人才。农业的发展必须要有必要的人才支撑，农业人才流失是农业现代化进程中不可忽视的一个问题，目前农村转移出去的劳动力往往是农业中的主要生产者，特别是拥有一定的技术和文化的青壮年劳动力，不少村成了人才和青壮年劳动力的空壳村。大量高素质劳动力的单向流出，将会进一步加剧劳动力布局的结构失衡，拉大农业与非农业之间、城市与农村之间、发达地区与落后地区之间的现代化差距，不利于农业的可持续发展，不利于和谐社会的建设。

（4）劳动力转移的外部制度环境不成熟　农村劳动力的转移需要宽松的政策环境，但是就全国范围来说，我国的户籍制度等一系列的制度还存在很大的缺陷，从而影响了劳动力的有序转移。我国正处在市场经济形成初期，劳动力、资金等生产要素符合市场经济规律的流动和组合制度尚未完全形成，劳动力在国民经济行业和地域下的合理配置还不能得到真正有效实现。目前的户籍制度、粮油供应制度不再是影响劳动力向城镇转移的主要障碍，但是还存在对农民进城的各种隐性歧视政策，出现了一些不利于劳动力转移的新情况、新问题。如农民工的医疗、养老、工伤保险及工资、福利等方面，增加了农村劳动力转移的成本和求职风险，挫伤了农村劳动力向外转移的积极性。根据2014年全国农民工监测调查报告，到2014年年底，农民工“五险一金”的参保率分别为：工伤保险26.2%、医疗保险17.6%、养老保险16.7%、失业保险10.5%、生育保险7.8%、住房公积金5.5%，比2013年分别提高1.2、0.5、0.5、0.7、0.6和0.5个百分点。外出农民工和本地农民工“五险一金”的参保率均有提高。外出农民工在工伤、医疗、住房公积金方面的参保率高于本地农民工，在养老、失业和生育方面的参保率低于本地农民工。虽然中央继续加大农民工工作力度，国务院农民工工作领导小组研究制定了新的综合性政策措施，提高最低工资标准，完善农民工公共服务，保障农民工劳动报酬权益，推动农民工就业规模和质量稳步上升，但是我国农村劳动力转移工作仍然任重道远。

（二）农业科技

2012 年，中共中央国务院一号文件（以下简称中央一号文件）明确指出“实现农业持续稳定发展，长期确保农产品有效供给，根本出路在科技”。科学技术是第一生产力，农业科技是充分合理地利用资源，改善现有农业生产技术装备水平，提高农业经济效益的有力途径，是农业发展的根本出路。

1. 农业科技发展现状特点

（1）科技创新进展明显　2007 年，农业部和财政部联合启动实施了 50 个农产品的现代农业产业技术体系建设工作，2013 年该体系建设取得了显著成绩。筛选和培育了一大批高产、优质、多抗的粮油新品种，在高产优质高效栽培关键技术领域取得明显进展，形成多种技术规程，制定多项病虫害综合防控关键技术规程，研制了适应不同经济作物不同生产环境的轻便型、省力化的农机装备多套，开展了高效人工配合饲料研发等，为我国粮食产量“十一连增”奠定了坚实基础。

近年来，我国农业科技创新的供给增长迅速，自主研发突破不断，许多农业科技创新成果达到国际先进水平，农业科技创新的整体水平与国外先进水平的差距不断缩小；农业科技创新的供给主体不断扩大，政府的一元化供给状况被打破。

（2）科技投入平稳增加　据《中国农业统计年鉴》(2014)，2012 年国家“三农”支出 12 387.6 亿元，是 2000 年支出数额的 10 倍；农业支出占财政支出的 9.8%，由图 3-4 可看出，自 2004 年中央一号文件实施以来，2005—2008 年农业支出占财政支出的比重快速增加，2008—2012 年平稳缓慢增加。2013 年，中央继续加大农机购置补贴支持力度，全年安排中央财政补助资金 217.548 亿元，全国农机总动力达 10.4 亿 kW，比上年增长 1.31%；落实中央农村水利投资 57.61 亿元，比上年增长 17.9%；安排农业综合开发资金 328.5 亿元，比上年增加 38.5 亿元；农业基本建设投资 241.76 亿元。

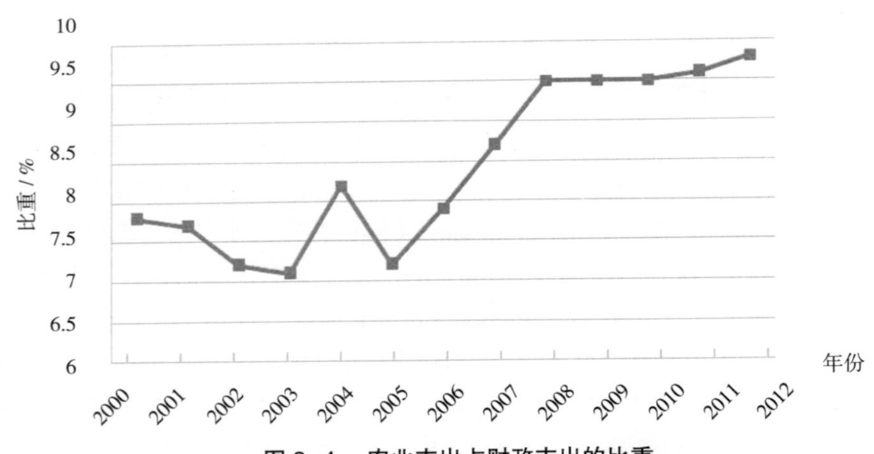

图 3-4　农业支出占财政支出的比重

数据来源：历年《中国统计年鉴》和《中国农村统计年鉴》

2013 年，我国农业科技投入仅占农业总产值的 0.65%，不仅低于 1% 的国际平均水平，而且远低于发达国家 2% 以上的水平。联合国粮农组织报告指出："世界各国农业研究投资占农业总产比重的平均值约为 1% 以上，而发达国家一般为 2%，北美等国家高达 3%。" 一般认为，只有当农业科研投资占农业总产值比重达到 2% 左右时，才能使农业与国民经济其他部门的发展相协调。

（3）成果转化增速较快　2013 年，我国农业科技贡献率达 55.2%，由 20 世纪 70 年代的不足 30% 逐年提高，至 2010 年提高到 52%，近年来增速逐渐放缓，但仍大大低于发达国家的水平，目标是到 2020 年农业科技进步贡献率达到 60% 以上，2013 年，我国主要农作物耕种收综合机械化水平为 59.5%，但面临着农机装备结构不合理、农机农艺和信息技术融合不够紧密、农业机械化公共服务能力不强等挑战，目标是到 2020 年达到 68% 以上；2013 年我国农用机械总动力 10.39 亿kW；2013 年有效灌溉面积 9.521 0 亿亩，农田灌溉技术落后，漫灌方式仍然普遍存在，农业灌溉用水有效利用率较低，造成农业耕地效益低、水资源严重浪费；2011 年，我国农业科技成果占全国科技成果总数的比重不足 10%，科技成果转化率不到四成，一般认为我国农业科技成果的推广率为 30%~40%，推广度约为 20%。

表 3-7　2010—2013 年我国农业科技贡献率　（单位：%）

年份	2010 年	2011 年	2012 年	2013 年
农业科技贡献率	52	53.5	54.5	55.2

数据来源：历年新闻报道

（4）人才队伍不断壮大　建立了以杰出青年、中青年科技创新领军人才、"千人计划""两院"院士等为梯队的农业科技人才培养和创新团队体系，不断吸纳优秀农业人才；做好农业引智工作，2013 年下达 34 个引进国外技术和管理人才项目；累计举办农村实用人才带头人和大学生村官示范培训班 88 期，继续实施"万名农技推广骨干人才培养计划"，培训 3 000 多名基层农机人员，农村实用人才大幅增加，农技推广人才队伍素质不断提升。

2013 年，中央财政投入资金 11 亿元，安排示范性培训任务 316 万人，培训新型农民 112 万人。培训工作紧紧围绕新型职业农民培育和现代农业发展需求，探索采取"案例教学 + 模拟训练""学校授课 + 基地实习""田间培训 + 生产指导"等不同培训形式，扩大农业创业培训规模，强化现代农业和新农村建设人才支撑，大力提升农民综合素质和从业技能，扩宽了农民增收渠道，取得了显著成效。

省部共建农业大学，继续加大对涉农高校的经费投入，提升高校人才培养、科学研究、社会服务和文化传承创新能力，促进农科教、产学研结合，促进农业高等教育与区域现代农业发展的融合，与我国社会主义新农村的融合。

（5）地区间农业科技发展现状差异较大　仅从农业科技贡献率来看，全国各县（市、区）农业科技发展现状差距较大，各地农业科技贡献率从 10%~80% 不等。对于自身经济较为发达的地区及部分具有国家、地区农业相关政策优惠、支持倾斜的示范县、示范区等，一般农业科技投入相对较为充足，科技资源较为丰富，科技水平较高，对区域内其他地区的科技发展具有很强的带动和辐射作用，同时在吸引区外的外资、科技等方面处于更加有利的位置。而部分自身经济不够发达又相对缺少政策扶持的地区，农业科技发展水平则相对落后，发展速度缓慢，存在着农业科研改革体制滞后、科技投入不足、科研人才缺乏、科研成果较少等问题，无法形成科技和人力资源的良性循环。

2. 农业可持续发展面临的农业科技问题

(1) 农业科技成果供需失衡　从农业科技的供给来看，农业研究主要集中在产品领域，尤其偏向粮棉等主要农产品，而在生产环节上，则过分偏重于农业产中技术，对于产前、产后环节则重视不够。推动农业发展的农业科技进步主要有机械型技术进步和生物型技术进步两种，而两者在实际推动我国粮食综合生产能力中作出的贡献却相差甚远。生物化学型技术投入一直占主要比重，该投入变动对产量变动的影响平均达到 86%，而机械型投入变动对产量变动的影响平均只有 18%，所以 1978—2011 年中国粮食生产过程中生物化学型投入对产量贡献程度更高，即生物化学型的技术占主导作用。

(2) 农业科技成果转化率仍需提高　我国农业科技发展过程中的成果总量很大，但是真正运用于生产并产生实际经济效益的科技成果并不多，主要由于农业科技成果与生产相脱节，成果转化所需的技术难以配套，推广经费缺乏。我国目前的农业科技成果转化率仅为四成左右，高产出低转化，在一定程度上造成有限农业科技资源的浪费，阻碍农业科技的发展和成果水平的提高。因此，需针对目前的实际情况继续加大农业科技成果转化力度。

(3) 农业技术推广工作有待加强　一方面推广结构不合理，重视以化肥、农药、机械等为代表的现代工业技术的推广，而以良种、生物发酵利用等为代表的生物技术有机结合配套使用不够。另一方面农业技术推广服务上的“最后一公里”问题依然存在，加上部分地区农民科技素质相对较低，习惯于传统的刀耕火种，对新事物的接受过程较为缓慢，为农业新技术推广增加了难度。因此，要积极探索“项目 + 基地 + 企业”“科研院所 + 高校 + 生产单位 + 龙头企业”等现代农业技术集成与示范转化模式，并进一步加大基层农技推广体系改革与建设力度。

(4) 科研资源分散，协作能力较弱　我国虽有数量较多的农业科研和教学机构，但相互之间缺乏有效的资源整合与联合共享机制，研究力量相对分散，制约了农业科技创新水平和能力的提高。主要表现在：一是现有科研院所隶属关系不同，管理体制、机制不同，各科研院所之间既没有职能的划分，也缺乏分工协作的机制，力量分散，有限的科研资源得不到有效整合，科研机构之间难以形成合力；二是受地域和行业局限，科研院所条块分割、重复研究，造成人、财、物浪费；三是科研、开发与生产相互脱节，造成农业技术创新过程不畅，许多成果没有转化为现实生产力。2013 年我国农业科技对农业生产的贡献率为 55.2%，同世界上的发达国家农业科技对农业生产的贡献率都在 80% 相比，还有很大差距，农业生产经营所亟需的技术服务得不到满足。

此外，农村高新技术运用的制度环境尚未建立，农业高新技术运用所需的价格制度、税收制度、金融制度和市场制度等一系列内在保障机制尚未健全。

（三）农业化学品投入

随着现代农业的发展，农业生产过程中化学品的投入已经成农业发展的重要投入要素。然而，农业化学品的大量使用在带来经济效益的同时，也产生了明显的负外部性。对化肥、农药、农膜等的评价应客观公正，既要正视流失污染的严重现实，又不能草木皆兵，更不能因噎废食，以免影响理性决策。

1. 农业化学品投入现状特点

(1) 农业化学品的大量投入　据《中国统计年鉴》(2014)，2013 年中国化肥施用量（折纯量）达 5 911.9 万 t，约占世界化肥用量的 1/3，比 2000 年增加了 42.58%，播面亩施用量 23.94kg，2000—2013 年化肥施用量基本呈现均匀增长趋势，年均增速 3.28%；农药使用量为 180.2 万 t，比 2000 年增加了40.83%，播面亩用量0.73kg，2010年以来农药使用量增速变缓，因为随着农药科学的发展，越来越多的农药剂型在市场上出现，大大提高了病虫害防治的效率。化肥、农药利用率不足1/3。

（2）肥料投入结构不平衡　我国化肥投入结构失衡，氮、磷、钾肥投入比例不协调，氮肥和磷肥的投入过量，钾肥的投入相对过少，有机肥在施肥中的份额逐年下降。由图3-5可以看出，近年来氮肥和磷肥施用量增长速度放缓，钾肥和复合肥施用量增长速度加快，明显快于前两者的增长速度，尤其是复合肥施用量。尽管近年来氮肥和磷肥的使用比例在逐年缓慢减少，钾肥和复合肥的使用比例在逐年增加，但施用结构仍然存在很大的问题。

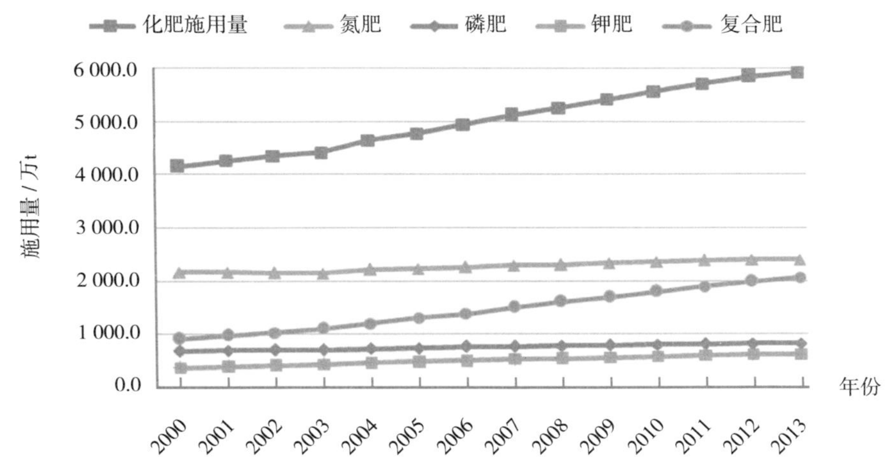

图3-5　2000—2013全国化肥施用量

数据来源：2014年《中国农村统计年鉴》

（3）农膜残留　现代农业生产中农膜已被广泛应用，大棚蔬菜、马铃薯、花生等都普遍使用农膜。如图3-6，2013年农膜使用量达249.3万t，比2000年增长了88.69%；地膜使用量达136.2万t，比2000年增长了88.64%；地膜覆盖面积为2.648 6亿亩，比2000年增加了66.19%。超薄农膜的大量使用，容易破损，造成碎片残留，回收难度大，同时残膜回收再利用技术和机制欠缺，我国农膜回收率不足2/3。

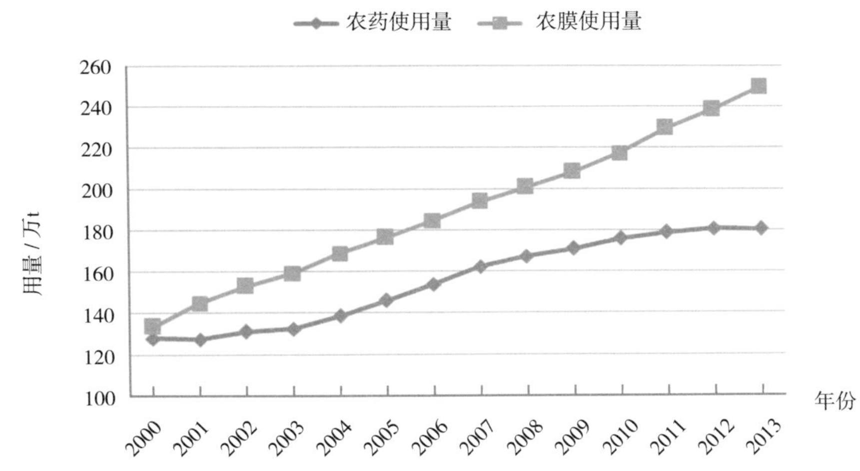

图3-6　2000—2013我国农药和农膜使用量

数据来源：2014年《中国农村统计年鉴》

（4）测土施肥技术不断普及　我国从 20 世纪 90 年代引进测土配方施肥技术，逐年普及和深化，2005—2014 年中央财政累计投入 78 亿元，支持农民科学施肥，施配方肥，已经累计为 1.9 亿农户提供测土配方施肥服务，技术推广面积 14 亿亩次，累计减少不合理施肥 1 000 多万 t。

2. 农业对化学品投入的依赖性分析

在我国经济发展过程中，面临着耕地减少且人口增加的严峻考验，而在诸多影响粮食产量的因素中，施用化肥是最快、最有效、最重要的增产措施。适量的化学品投入可以有效抑制病虫害，提高植物抗逆性，增加作物单产。化肥是中国解决粮食问题的历史功臣，是中国提升环境质量的重要手段，是中国现代高效农业发展必备的武器。FAO 指出，19 世纪化肥的增产贡献率在 40%~60%，如果不施用化肥，农作物产量会减产 40%~50%。国家土壤肥力监测结果表明，施用化肥对粮食产量的贡献率平均为 57.8%。国际公认的亩化肥施用安全上限是 15kg，我国化肥亩施用量 23.94kg（2013 年）已经远远超过该上限。化肥的过量施用以及氮、磷、钾肥的施用比例不科学，引发了土壤板结、生产力下降；同时，其贡献率逐渐降低，目前化肥中能被作物有效吸收的比例仅为 35% 左右，化肥利用率低，使化肥营养成分通过渗漏和地表径流大大流失，引发水体污染和富营养化，造成了一定程度的面源污染，氨氮硝化排放的大量温室气体还对空气造成了污染。

测土配方施肥技术改变了粗放施肥方式，实现各种养分平衡供应，既满足了作物生长需求，又提高了化肥的有效利用率，是一项增产节肥、节支增收的技术措施。预计到 2020 年全国测土配方施肥技术推广覆盖率达到 90% 以上，化肥利用率提高到 40%，扩大使用有机肥、生物肥料和绿肥种植，努力实现化肥施用量零增长。

我国农药使用方面主要存在两方面问题。一是农药用量过度，利用率低。2013 年全国农药使用量 180.2 万 t，亩用量 0.736kg，远高于发达国家的农药用量水平，农药利用率仅为 20%~30%，平均约有 80% 的农药直接进入环境。其次，农药使用技术落后，安全意识差。农药用法和用量不科学，施药过程不规范，施药器械和方法落后，用药剂量和次数不断增加，农民缺乏农药安全施用知识，滥用乱用高毒剧毒农药，用完的农药瓶、袋弃置于沟渠边、池塘旁，污染水体。因此，要大力推广高效、低毒、低残留农药、生物农药和先进施药机械，推进病虫害统防统治和绿色防控，到 2020 年全国农作物病虫害统防统治覆盖率达到 40%，努力实现农药施用量零增长。在农药使用量大的农产品优势区，建设一批农药包装废弃物回收站和无害化处理站，建立农药包装废弃物处置和危害管理平台。

塑料薄膜对于农业生产的巨大作用，主要表现为以下 3 点：一是改善了作物生长环境。塑料薄膜能够充分利用太阳能的热能资源，又能保持土壤和薄膜以内空气的湿度，改善了农作物生长环境的小气候，因此能够促进作物生长，缩短其生长期，促使产量增加，并使有些作物的品质得到改善。地膜覆盖栽培，一般可使农作物增产 30%~50%，对粮食作物、油料、棉花等作物增产稳定、可靠；用塑料大棚生产蔬菜，一般增产 50% 以上，塑料日光温室蔬菜栽培，一般可增产 80%。二是有利于增强抗灾能力。塑料棚室和地膜覆盖可以有效地抗御低温、冷害、霜冻风雪和雨灾。塑料遮阴网能遮强光、降高温，防治冰雹等对农作物的危害，为夏季作物提供了良好的防护。三是节约灌溉用水，缓解淡水资源紧缺的状况。地膜覆盖以其防蒸发、防渗、保墒、贮水等的特殊功能，使麦田灌水定额减少，达到了节水目的。农膜的增产增收效果明显。在高温多雨的南方地区，可抗早春低温，防止土壤流失。农膜增产效果一般可达 30%~50%，甚至高达 80%~100%。农膜还可以提高作物的品质，如西瓜的糖度可提高 1 倍。

农膜的推广使用，对农作物生产的产量、品质及上市时间的控制产生了巨大的功效。现在，农膜已经成为部分地区农民增产增收的重要手段。农膜的大量使用带来了巨大的经济效益，但也给农田土壤带来了严重的“白色污染”。2013 年，全国地膜使用量达 136.2 万 t，地膜覆盖面积达 2.6486 亿亩。大多数地膜很容易破损，造成碎片残留且不易回收，使用后往往直接废弃于田间地头未回收处理。地膜属于有机高分子聚合物，在土壤中难以降解，残留于土壤中会破坏耕层结构，影响土壤通气和水肥传导。因此，在农膜覆盖量大、残膜问题突出的地区，应加快推广使用加厚地膜和可降解农膜，集成示范推广农田残膜捡拾、回收相关技术，建设废旧地膜回收网点和再利用加工厂。

四、农业可持续发展的能力评价

（一）农业可持续发展的目标

联合国粮农组织（1991）将可持续农业定义为：“管理和保护自然资源基础，调整技术和制度的变化方向，以便达到并持续满足当前和未来人类的需求。这种（在农业、林业和渔业部门）可持续发展能够保护土地、水和动植物资源，不会造成环境退化，同时是技术上可行、经济上有活力、社会上能够广泛接受的。”这一定义于 1992 年被联合国里约环境与发展大会采纳并得到 178 个政府的认可。基于这一定义，可持续农业的三个核心目标包括：通过保持自给自足和自力更生之间适当的、可持续的平衡以实现食物安全；保障农村地区就业和创收，尤其是消除贫困；保护自然资源和环境。

1994 年 3 月，国务院第 16 次常委会议通过了《中国 21 世纪议程》，根据我国实际情况提出了农业和农村可持续发展目标，即“保持农业生产率稳定增长，提高食物生产和保障食物安全，发展农村经济，增加农民收入，改变农村贫困落后状况，保护和改善农业生态环境，合理、永续地利用自然资源，特别是生物资源和可再生能源，以满足逐年增长的国民经济发展和人民生活的需要”。

（二）农业可持续发展的评价指标和方法

1. 评价指标体系的构建

按照农业可持续发展概念内涵，其评价指标体系的构建将从经济、社会、生态和环境四个维度进行。

（1）指标选取原则

——科学性：指标具有清晰明确的定义，能够科学衡量农业可持续发展所涉及的重要内容和问题。

——独立性：指标的选择应具有代表性和独立性，尽量减少各项指标之间的信息交叉和重复计算。

——可行性：指标可测量，并且有准确、稳定的数据来源用以计算指标。

（2）指标体系设置

Hayati，Ranjbar，和 Karami（2011）总结了 1991 年以来大量相关文献中提出的建立可持续评价指标体系在社会、经济、环境三方面应关注的重点。其中，社会类指标的评估重点包括：居民受教育水平、住房条件、继续教育水平、居民营养 / 健康水平、决策水平、农村生活质量、工作和生活条件、公众参与、社会公平。经济类指标的评估重点包括：作物平均产量、投入成本、非农业收入、农业收入、经济效率、利润率、农民工资水平、就业机会、市场化率、土地所有权、土壤管理。生态类指标的评估重点包括：水资源管理水平，农药、除草剂和杀真菌剂的使用，绿肥使用，物质投入及投入品的使用效率，物质产出水平，作物多样性，休耕水平，轮作情况，替代作物使用，耕作模式，气候条件变化趋势，化肥使用，保护性耕作，控制土壤侵蚀，土壤微生物量，能源，覆盖物，地下水位，作物蛋白质水平，综合虫害管理。

国内学者从 20 世纪 90 年代以来对可持续农业指标体系也进行了广泛研究（周海林，1999；姜文来，罗其友，2000；吴国庆，2001；虎陈霞，傅伯杰，陈利顶，2005；孟素英，崔建升，张瑞华，2014）。

在已有文献研究的基础上，结合专家意见，构建了农业可持续发展评价指标体系见表 4–1。该指标体系由经济、社会、生态和环境四个系统层构成。其中，经济系统包括农业劳动生产率、农业土地生产率和农村居民人均纯收入 3 个指标，以综合反映农业劳动者和土地生产效率，以及农村居民平均收入水平。社会系统包括人均食物占有量、农村劳动力文化程度、公路密度和城乡收入比 4 个指标，其中，农村劳动力文化程度以及公路密度反映了农民科技文化程度状况以及农村与外界社会的联系紧密程度，对现代农业社会可持续性尤其关键。生态系统包括农村人均耕地面积、土壤有机质含量、复种指数、农田旱涝保收率和林草覆盖率 5 个指标，综合反映了区域耕地资源丰裕状况、自然肥力高低、利用强度，以及农业抵抗自然灾害的能力。环境系统包括化肥、农药、农膜、畜禽粪便负荷以及农村能源使用效率 5 个指标。

表 4–1 农业可持续发展评价指标体系

目标层	系统层	变量层	计算方法	指标解释
农业可持续发展 A	经济 B_1	农业劳动生产率 C_{11}	农业总产值 / 农业劳动力（万元 / 人）	每个农业劳动者在单位时间内生产的农产品产值，反映农业劳动者生产效率水平
		农业土地生产率 C_{12}	粮食总产量 / 耕地面积（kg/ 亩）	单位面积农产品产量，综合反映土地生产力水平
		农村居民人均纯收入 C_{13}	统计数据（元 / 人）	反映农村居民收入的平均水平
	社会 B_2	人均食物占有量 C_{21}	粮食人均占有量 + 肉类人均占有量 ×3（kg/ 人）	用区域粮食和肉类总产量与总人口的比值表示，反映农业生产对人们最基本消费需求的满足程度
		农村劳动力文化程度 C_{22}	统计数据（%）	用受教育程度高中以上农村劳动力比例表示，反映农民科技文化程度状况
		公路密度 C_{23}	公路里程 / 土地面积（km/km^2）	反映区域基础设施条件
		城乡收入比 C_{24}	统计数据（农村居民 =1）	反映城乡收入差距

续表

目标层	系统层	变量层	计算方法	指标解释
农业可持续发展 A	生态 B_3	农村人均耕地面积 C_{31}	耕地面积 / 农村人口（亩 / 人）	反映区域耕地资源丰裕状况
		土壤有机质含量 C_{32}	各省汇报数据和耕地质量监测数据（%）	反映土壤自然肥力高低
		复种指数 C_{33}	总播种面积 / 耕地面积（%）	用农作物总播种面积与耕地面积之比表示，反映耕地利用强度
		农田旱涝保收率 C_{34}	旱涝保收面积 / 耕地面积（%）	耕地中旱涝保收面积占总耕地面积的比例，反映农业抵抗自然灾害的能力
		林草覆盖率 C_{35}	（林地面积 + 草地面积）/ 国土面积（%）	指林地和草地面积与土地总面积之比
	环境 B_4	化肥负荷 C_{41}	化肥施用纯量 / 耕地面积（kg/ 亩）	用单位耕地面积化肥施用量表示
		农药负荷 C_{42}	农药用量 / 耕地面积（kg/ 亩）	用单位耕地面积农药施用量表示
		农膜负荷 C_{43}	农膜用量 / 耕地面积（kg/ 亩）	用单位耕地面积农膜施用量表示
		畜禽粪便负荷 C_{44}	畜禽粪便 / 农用地面积（kg/ 亩）	用单位面积农用地畜禽粪便猪粪当量表示
		能源使用效率 C_{45}	农林牧渔业总产值 / 农用柴油使用量（万元 /t）	用万元农林牧渔业总产值能源消费量表示

2. 指标标准化处理

由于不同指标的衡量单位不统一，在进行指标加总前有必要对各指标进行标准化处理。本报告考虑使用离差标准化方法（min-max）对指标进行标准化处理。

对于正向指标（指标越大表示越可持续），其标准化公式为：

$$I=\frac{I_0-I_{min}}{I_{max}-I_{min}}$$

式中，I 为标准化后的指标值，I_0 为实际观测到的指标值，I_{max} 和 I_{max} 分别为该指标的最小值和最大值。

对于负向指标（指标越小表示越可持续），其标准化公式则为：

$$I=\frac{I_0-I_{max}}{I_{min}-I_{max}}$$

最终经过标准化的指标值域位于 0 和 1 之间，其中 I=0 代表最不可持续状态，I=1 代表最可持续状态。

3. 指标权重确定

指标权重代表了各项指标的相对重要性，在农业可持续发展评价中非常关键。OECD-JRC（2008）介绍了若干种常见的指标权重确定方法，本报告将主要考虑层次分析法（AHP，Analytic Hierarchy Process）。

层次分析法最初被设计用于多因素决策问题（Saaty，1980），之后被广泛用于处理多因子权重问题。这一方法首先将决策问题分为若干有相互联系的有序层次，基于多方专家的价值判断对每个层次内的各项指标进行两两比较，进而实现对每项指标的权重赋值。利用层次分析法确定指标权重虽然具有一定的主观性，但同时也使得可持续发展指标权重很好地反映了不断变化的社会偏好。

我们分别对系统层四个指标（经济、社会、生态、环境）以及每个系统层内各变量层指标构建两两比较判断矩阵，请专家用1~9标度法填写各指标的相对重要性，进而采用规范列平均法（和法）对判断矩阵进行权重计算，最后取各专家意见平均值得到各指标权重（表4-2至表4-6）。

表4-2　系统层指标权重

系统层	权重
经济 B_1	0.2
社会 B_2	0.15
生态 B_3	0.4
环境 B_4	0.25

表4-3　经济层变量指标权重

变量层	权重
农业劳动生产率 C_{11}	0.5
农业土地生产率 C_{12}	0.2
农村居民人均纯收入 C_{13}	0.3

表4-4　社会层变量指标权重

变量层	权重
人均食物占有量 C_{21}	0.53
农村劳动力文化程度 C_{22}	0.14
公路密度 C_{23}	0.13
城乡收入比 C_{24}	0.2

表4-5　生态层变量指标权重

变量层	权重
农村人均耕地面积 C_{31}	0.13
土壤有机质含量 C_{32}	0.25
复种指数 C_{33}	0.2
农田旱涝保收率 C_{34}	0.17
林草覆盖率 C_{35}	0.25

表 4-6　环境层变量指标权重

变量层	权重
化肥负荷 C_{35}	0.16
农药负荷 C_{36}	0.24
农膜负荷 C_{37}	0.24
畜禽粪便负荷 C_{38}	0.2
能源使用效率 C_{310}	0.16

4. 指标加总方法

在获得了各项指标标准化值和权重后，本研究采用以下加权平均法对这些指标进行综合量化，以得到某地区农业可持续发展能力评价的最终结果：

$$S=\sum_{i=1}^{4} w_i\left(\sum_{j} w_{ij}\cdot I_{ij}\right)$$

式中，i=1，2，3，4 分别代表了经济、社会、生态和环境 4 个评估维度，j 代表各维度内的不同指标；I_{ij} 为维度 i 下标准化后的指标 j 的值；w_{ij} 为不同指标的权重；w_i 为各维度的权重；S 为某地区农业可持续指数。

（三）农业可持续发展能力评价结果和分析

1. 全国农业可持续发展能力变化趋势分析

总体来看，2000—2013 年，我国农业可持续发展能力在逐步提高，综合可持续指数从 0.41 增长到 0.49，这种增长主要来自经济可持续性和社会可持续性提高的贡献。农业经济方面，得益于我国整体经济发展的良好势头，农业劳动生产率、土地生产率和农民收入在近 10 年增长迅速，因此，全国农业经济可持续性逐年增强，农业经济可持续指数从 2000 年的 0.15 提高到 2013 年的 0.46。农业社会方面，尽管城乡收入差距有扩大趋势，但人均食物占有量、农村居民教育水平以及公路密度的提高使得农业社会可持续性也有所增强，社会可持续指数从 2000 年的 0.28 增加到 2013 年的 0.38。农业生态可持续性和环境可持续性近 10 年来基本维持稳定。值得一提的是，环境层面，化肥负荷和农药负荷有所加重，但由于农村能源使用效率的迅速提高，使得农业环境可持续性维持稳定。详见图 4-1。

2. 农业可持续发展能力的时空特征及其成因分析

（1）农业可持续指数地区差异显著　按照 2000 年、2005 年、2010 年和 2013 年 4 年平均可持续指数将各地区分为低可持续（可持续指数小于 0.3）、中可持续（可持续指数位于 0.3 和 0.6 之间）和高可持续（可持续指数大于 0.6）三类。图 4-2、图 4-3、图 4-4、图 4-5、图 4-6 分别显示了各地区 4 年平均农业经济、社会、生态、环境和综合可持续指数计算结果。从农业经济可持续来看，除了上海农业经济高度可持续外，其余省区均为低可持续或中可持续；尤其是甘肃、广西、贵州、宁夏、青海、山西、陕西、西藏、云南等西部省区，其农业经济可持续发展指标小于 0.2。各省区农业社会可持续指数和生态可持续指数均小于 0.6，属于低可持续或中可持续；而农业环境可持续性较好，各省区该指标均为 0.4 以上。总体而言，各省区农业综合可持续指数均位于 0.4~0.6，属于中可持续水平。

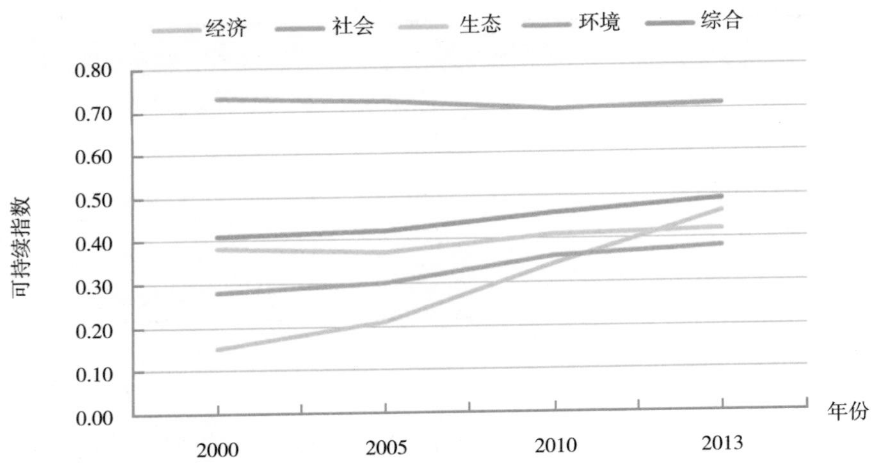

图 4-1　2000—2013 年全国农业可持续指数

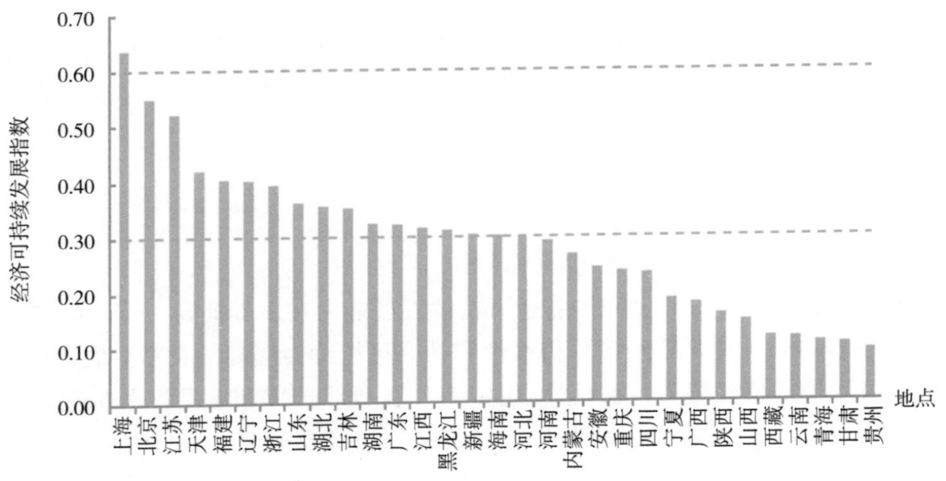

图 4-2　各地区 4 年平均农业经济可持续指数

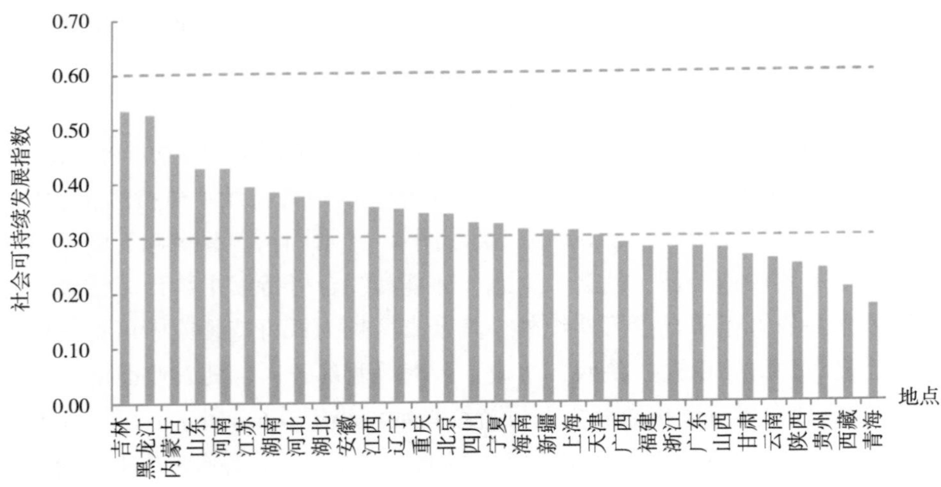

图 4-3　各地区 4 年平均农业社会可持续指数

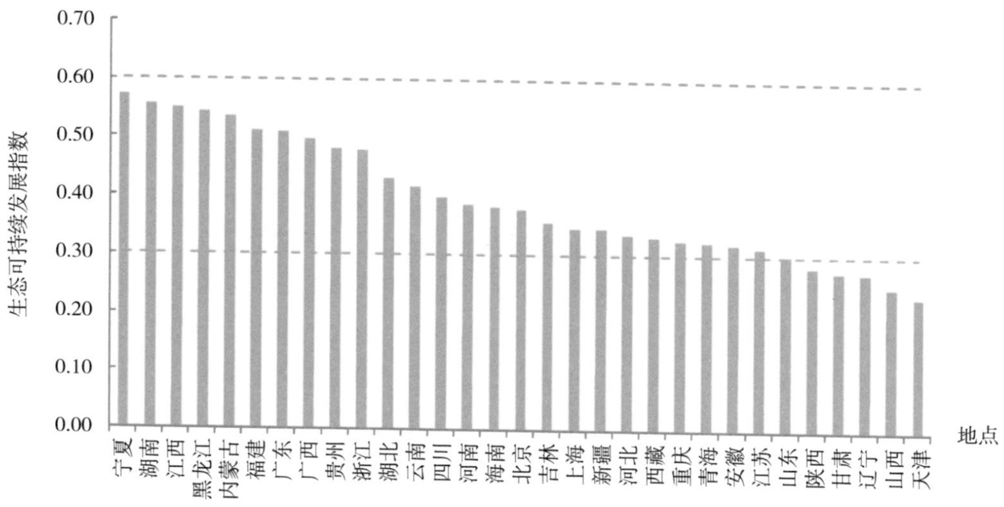

图 4-4　各地区 4 年平均农业生态可持续指数

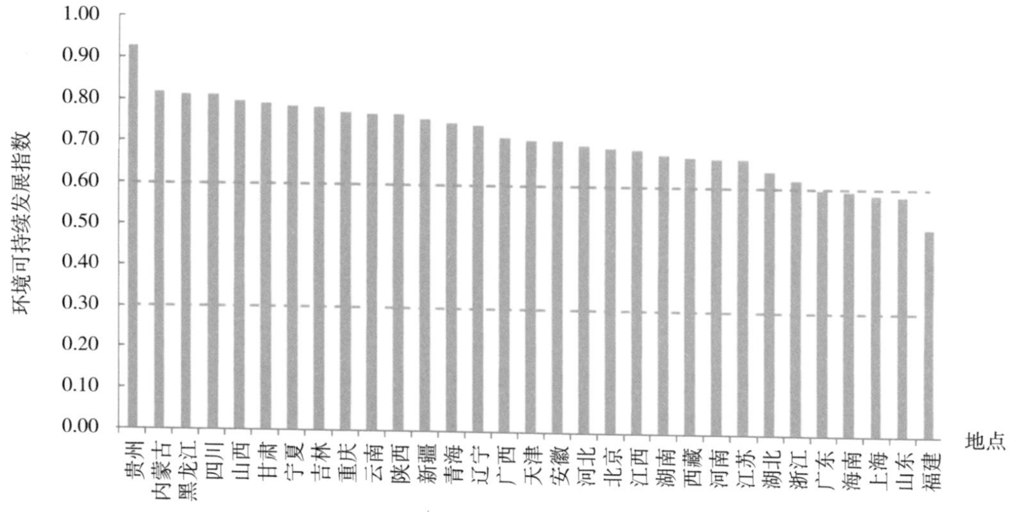

图 4-5　各地区 4 年平均农业环境可持续指数

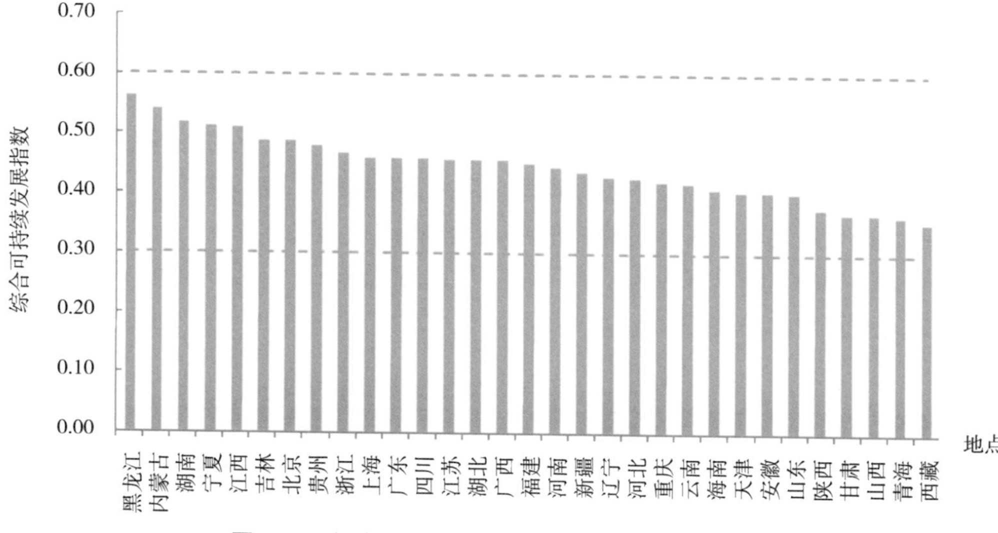

图 4-6　各地区 4 年平均农业综合可持续指数

（2）地区农业可持续指数变化类型多样　根据各省4年各项指标的变化趋势，我们可以将其可持续发展类型分为趋好型、稳定型和恶化型三类。首先，所有地区的农业经济可持续指数均呈现逐年增长趋势，属于趋好型农业经济可持续发展类型，其中，黑龙江、吉林、辽宁、江苏、上海和湖北增长趋势最为迅速。其次，农业社会可持续性方面，甘肃、福建、广东、海南、浙江、上海、广西、青海、北京、宁夏、天津、陕西为稳定型，其余省区为趋好型，其中，内蒙古、吉林、黑龙江3省（区）增长最为迅速。第三，农业生态可持续性方面，黑龙江、上海、浙江、海南、山东、西藏和福建属于恶化型，其恶化的主要原因是土壤有机质在近10多年来显著减少；北京、河南、山西、辽宁、青海、江西、安徽、江苏、吉林、陕西、河北、甘肃、新疆、云南、湖北和内蒙古属于稳定型，其余湖南、四川、贵州、广东、广西、宁夏和重庆属于趋好型。第四，农业环境可持续恶化比较明显，海南、西藏、广东、甘肃、陕西、河南、福建、江西、吉林、天津、云南、宁夏、内蒙古、安徽、湖北、广西、浙江、新疆、辽宁、湖南、四川、青海、湖北、黑龙江和山西的农业环境可持续指数均呈下降趋势，其恶化主要原因为化肥和农药等投入品负荷加重；重庆、贵州、江苏、北京和上海的农业环境可持续发展属于稳定型；仅山东的该项指标有明显提高，属于趋好型。总体而言，2000年以来全国各省区的农业综合可持续发展呈现出较为稳定的趋势。

五、农业可持续发展的区域布局

（一）农业可持续发展区划的原则、目标和指标

1. 农业可持续发展系统

农业可持续发展就是在对人类有意义的时间尺度内，满足区域当代人需求的同时，不能损害、剥夺后代和其他区域生存发展的能力，将“资源—农业—环境”复合系统引向更加和谐、有效的状态。它的三大基本特征是：

（1）时间性　指资源利用在时间维上的持续性。即无退化的农业资源利用方式，强调当代人不能剥夺后代人本应享有的同等发展和消费的机会。

（2）空间性　指资源利用在空间维上的持续性。区域农业资源开发利用和发展不应损害其他区域生存发展的能力，并要求区域间资源环境共建共享。

（3）效率性　指资源利用在效率维上的高效性。即“低耗、高效”的农业资源利用方式，它以技术进步为支撑，优化资源配置，最大限度地降低单位产出的农业资源消耗量和环境代价，不断提高农业资源的产出效率和社会经济支撑能力，维护农业持续发展的资源和环境基础。

为了全面准确地描述农业可持续发展系统，我们将该系统划分为3个层次，最高层次是农业可持续发展水平，第二层初步分解为生态、环境、资源、经济、社会5个截面，第三层次是对第二层次各截面的进一步分解和描述（表5-1）。

表5-1　农业可持续发展系统因子分析

生态压力	环境压力	资源禀赋	经济条件	社会条件
石漠化比例	土壤污染比例	人均耕地面积	农村居民人均纯收入	人口密度
风沙比例	化肥施用强度	非农用地比例	人均财政支农支出	基尼系数

续表

生态压力	环境压力	资源禀赋	经济条件	社会条件
水土流失比例	农膜施用强度	多年平均降水量	有效灌溉面积比重	恩格尔系数
盐碱化耕地比例	农药施用强度	≥ 10℃积温	亩均耕地农机总动力	公路密度
草原退化比例	畜禽粪便负荷	产水模数	粮食单产	千人专业技术人员数
		土壤有机质含量	劳均农业总产值	农村劳动力中初中以上文化程度比重
			土地流转率	
			规模化养殖所占比重	
			秸秆综合利用率	
			农田灌溉水有效利用率	

2. 区划目的与原则

农业可持续发展分区研究以可持续理论和区划理论为指导，根据农业自然资源环境条件、社会资源条件与农业发展可持续性水平的区域差异，以县级行政区为基本单元，综合分析本地区农业可持续发展的基本条件及非持续因素的地域空间分布特征，应用主成分分析或聚类分析等定量方法，进行农业可持续发展分区，以期为现代农业可持续发展空间决策提供科学依据。

根据上述分区目的，提出农业可持续发展分区原则如下：

——农业发展的资源环境具有相对一致性；

——农业发展的结构方式具有相对一致性；

——农业发展的短板因子具有相对一致性；

——农业发展的重大措施具有相对一致性；

——以县级行政区作为分区的基本单元，参考相关分区成果，综合确定分区界线。

3. 区划指标体系

（1）指标体系设置原则　指标系统构建是类型分区研究过程当中基础又重要的工作，它关系到最终分区结果的科学性。指标系统构建的基本依据：

① 代表性。指标对农业可持续发展类型的影响具有明确意义。

② 系统性。指标构成要反映农业可持续发展特征形成要素的主要方面。

③ 变异性。如果选入了地域空间变异过小的指标会给分区带来困难，一般地讲，在一组指标中地域空间变异系数大的指标对类型分区具有更重要的意义，因此可把变异系数的大小作为指标选择的依据。

④ 独立性。分区指标不是越多越好，如果过多地选入了相关密切的指标不仅不利于揭示类型特征，还会产生认识上的偏差。严格地讲，指标系统中应排除相关密切的指标，只有选用相互独立的指标才能获得最优的分区方案。因此，进行分区之前需作指标间的相关性检验，剔除相关系数大的一些指标，保留分辨性强和独立性强的指标。

⑤ 可能性。一些对类型区划分有一定价值，但缺乏数据支持的指标变量，则考虑用意义等同的指标代替。

（2）指标体系　农业可持续发展指标体系由 5 个指标组、共 22 项指标组成（表 5–2）。

5-2　农业可持续发展区划指标体系

一级指标	二级指标	单位	极性
生态压力指标组（Z_1）	石漠化比例 X_1	%	-
	风沙比例 X_2	%	-
	水土流失比例 X_3	%	-
	盐碱化耕地比例 X_4	%	-
	草原退化比例 X_5	%	-
环境压力指标组（Z_2）	化肥施用强度 X_6	kg/ 亩	-
	农膜使用强度 X_7	kg/ 亩	-
	农药使用强度 X_8	kg/ 亩	-
	畜禽粪便负荷 X_9	kg/ 亩	-
资源禀赋指标组（Z_3）	人均耕地面积 X_{10}	亩	+
	土壤有机质含量 X_{11}	%	+
	多年平均降水量 X_{12}	mm	+
	≥ 10℃积温 X_{13}	℃	+
经济可持续指标组（Z_4）	粮食单产 X_{14}	kg/ 亩	+
	劳均农业总产值 X_{15}	万元 / 人	+
	农村居民人均纯收入 X_{16}	元	+
	人均财政支农支出 X_{17}	元	+
	有效灌溉面积比重 X_{18}	%	+
	亩均耕地农机总动力 X_{19}	kW	+
社会可持续发展指标组（Z_5）	人口密度 X_{20}	人 /km^2	-
	城乡收入比 X_{21}	-	-
	公路密度 X_{22}	km/ 百 km^2	+

① 生态指标组

X_1——石漠化面积比例（%）；

X_2——沙化面积比例（%）；

X_3——水土流失面积（%）；

X_4——盐渍化面积比例（%）；

X_5——草原退化面积比例（%）。

② 环境指标组

X_6——化肥施用强度（kg/ 亩），指亩均耕地化肥使用量；

X_7——农膜使用强度（kg/ 亩），指亩均耕地农膜使用量；

X_8——农药使用强度（kg/ 亩），指亩均耕地农药使用量；

X_9——畜禽粪尿承载量（kg/ 亩），指亩均农用地畜禽粪尿承载量（g），计算公式如下：

$$畜禽粪尿承载量=\frac{畜禽饲养量 \times 饲养期 \times 日排池系数}{农用地面积}$$

畜禽粪尿及其污染物排泄系数见表 5-3。

表 5-3　畜禽粪尿及其污染物排泄系数

畜禽种类	粪尿排泄量（kg/d）	污染物排泄量				
		COD（g/d）	BOD（g/d）	NH_3-N（g/d）	总 P（g/d）	总 N（g/d）
牛	30	680	530.6	69	27.6	167.4
羊	2.38	11.02	9.76	1.9	5.140 8	24.133 2
猪	5.3	133.7	130.56	10.82	8.536	22.65
家禽	0.125	5.709 5	4.824	0.338 8	0.725 2	1.305 4

③ 资源指标组

X_{10}——人均耕地面积（亩）；

X_{11}——土壤有机质含量（%）；

X_{12}——多年平均降水量（mm）；

X_{13}——稳定通过 10℃积温（℃）。

④ 经济指标组

X_{14}——粮食单产（kg/ 亩）；

X_{15}——劳均农业总产值（万元 / 人），指农林牧渔业总产值与农林牧渔业劳动力之比；

X_{16}——农村居民人均纯收入（元）；

X_{17}——人均财政支出（元）；

X_{18}——有效灌溉面积占比（%），指有效灌溉面积占耕地面积比例；

X_{19}——亩均耕地农机总动力（kW）。

⑤ 社会指标组

X_{20}——人口密度（人 /km^2）；

X_{21}——城乡收入比，指城市居民人均可支配收入 / 农村居民人均纯收入；

X_{22}——公路密度（%），指村级以上公路里程数占国土面积之比。

（二）农业可持续发展影响因素区域差异分析

1. 生态约束

生态约束主要是指区域自身自然条件对农业生产的制约，尤其是与农牧业生产相关的水土流失、荒漠化、草原退化、盐碱化等问题，其空间差异见图 5-1。

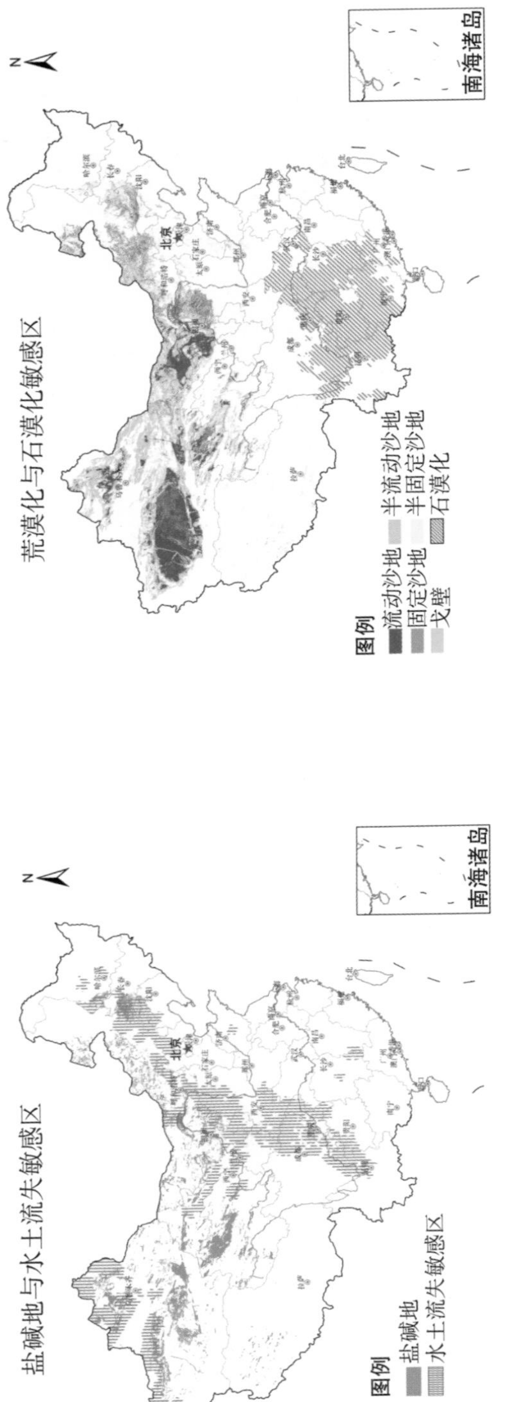

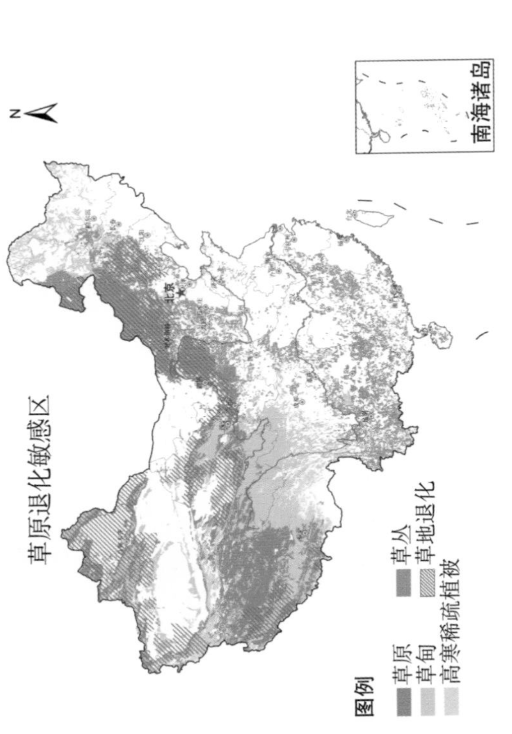

图 5-1　生态制约因素分布

2. 环境压力

环境压力主要指人类活动对农业造成的用地、用水压力以及环境污染压力等，如化肥农药的不合理使用造成的农业面源污染、秸秆等废弃物不合理利用造成的大气污染、规模化养殖业快速发展导致的畜禽粪便污染、城市化工业化扩张对农业用地的挤压、工矿废渣废料及农药过度使用造成的重金属污染等问题。亩均化肥、农药、农膜和畜禽粪尿承载量等环境压力因素空间差异见图 5-2（A）~（E）。

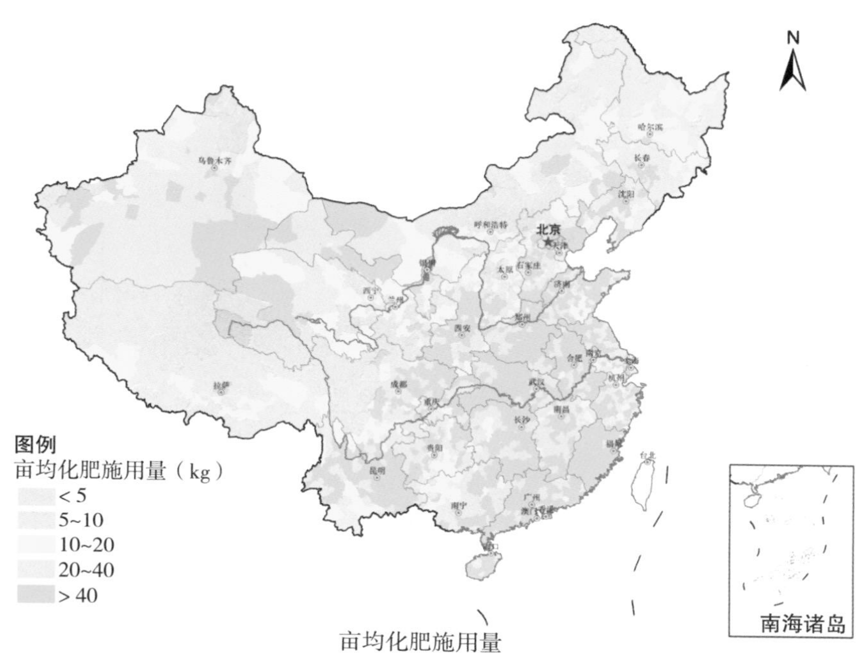

图 5-2　环境压力因子分析（A）

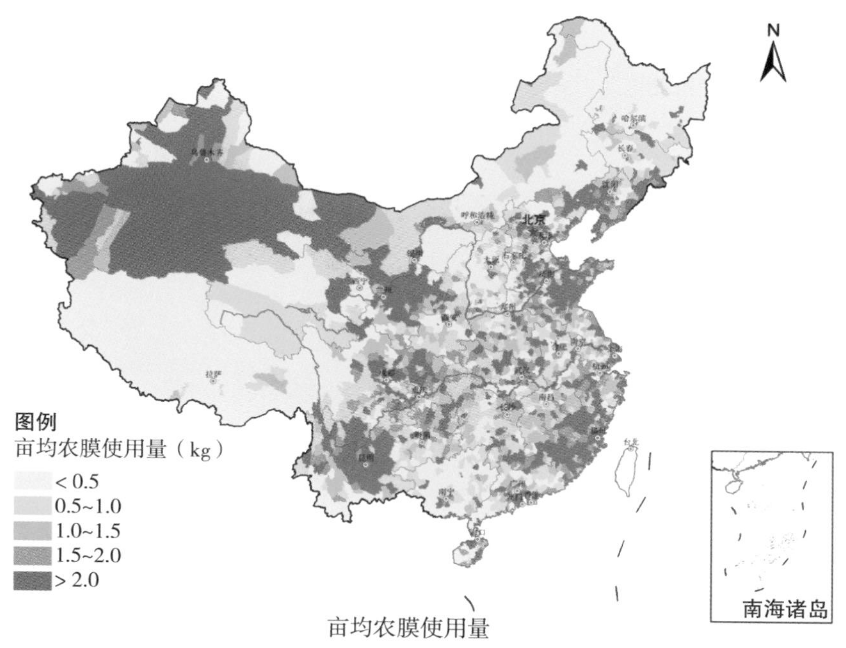

图 5-2　环境压力因子分析（B）

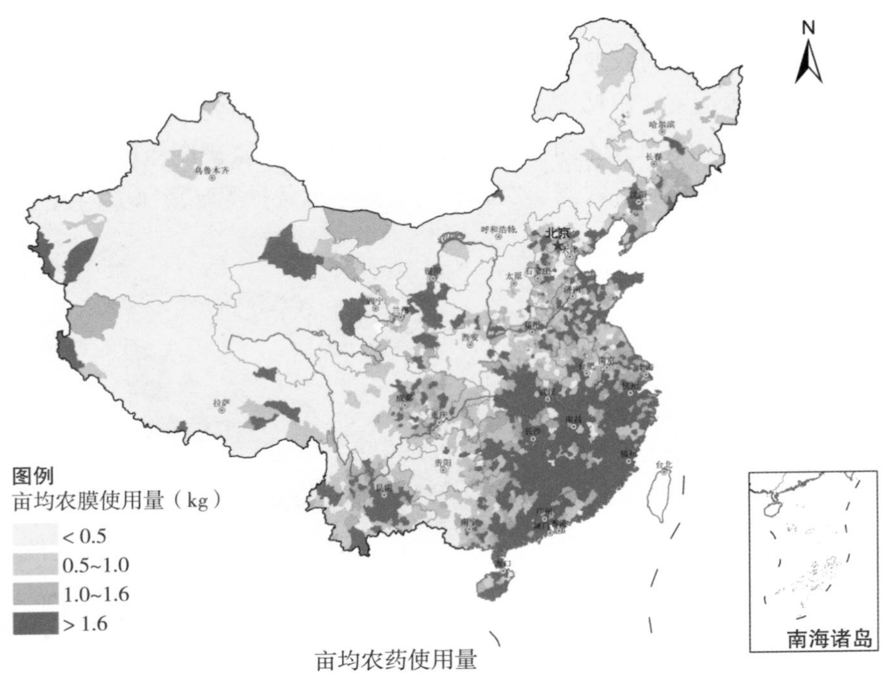

图 5-2　环境压力因子分析（C）

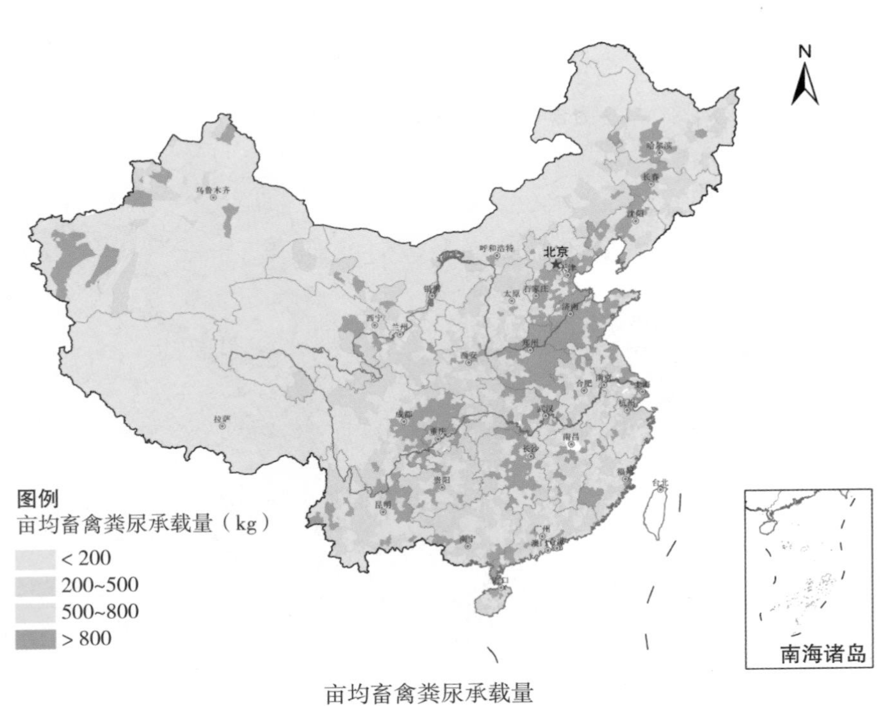

图 5-2　环境压力因子分析（D）

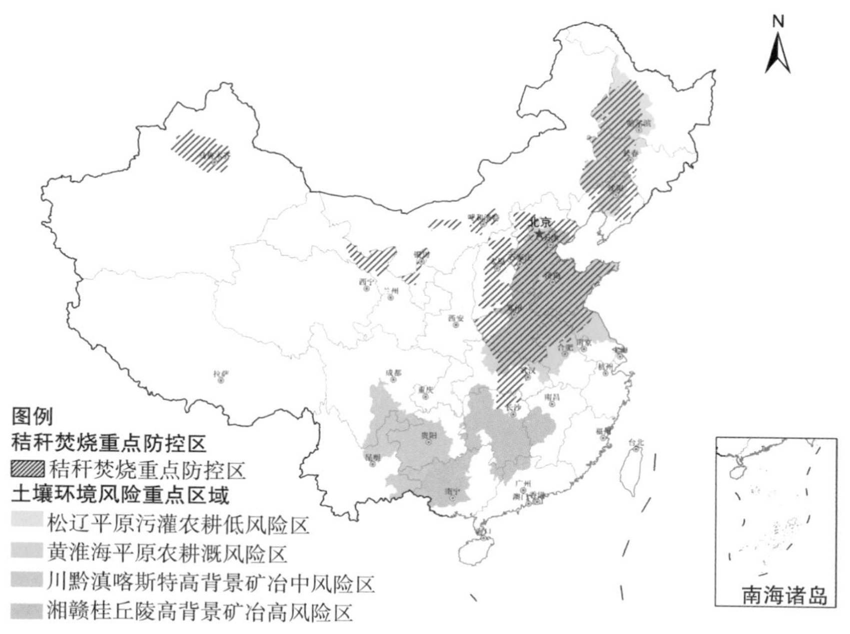

秸秆焚烧与土壤环境风险

图 5-2　环境压力因子分析（E）

3. 资源禀赋

资源禀赋是指决定区域农业可持续发展能力的自然本底系统。其中，人均耕地、土壤有机质含量、降水量、≥ 10℃活动积温等资源禀赋因素的空间差异见图 5-3（A）~（E）。

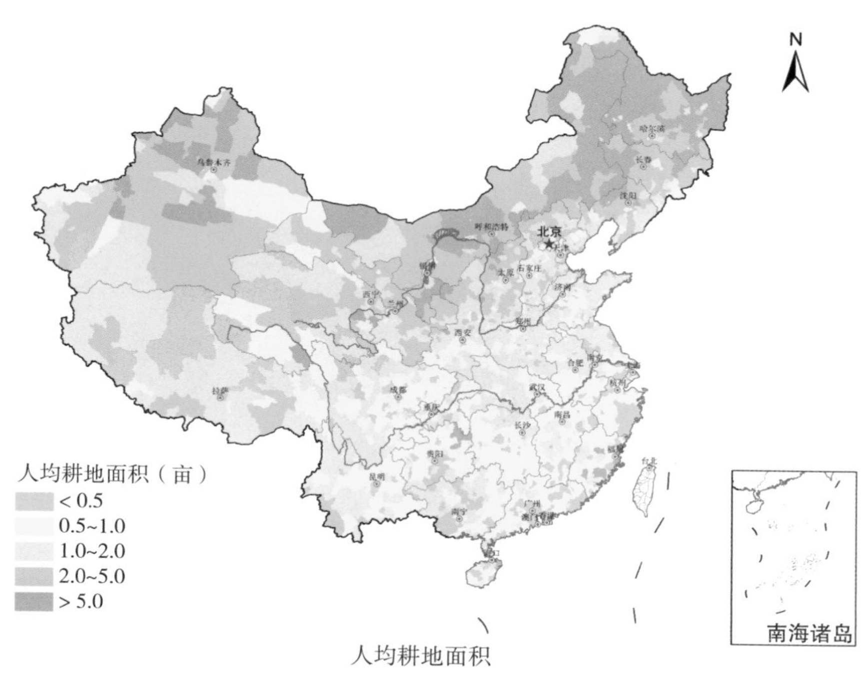

人均耕地面积

图 5-3　资源禀赋状况（A）

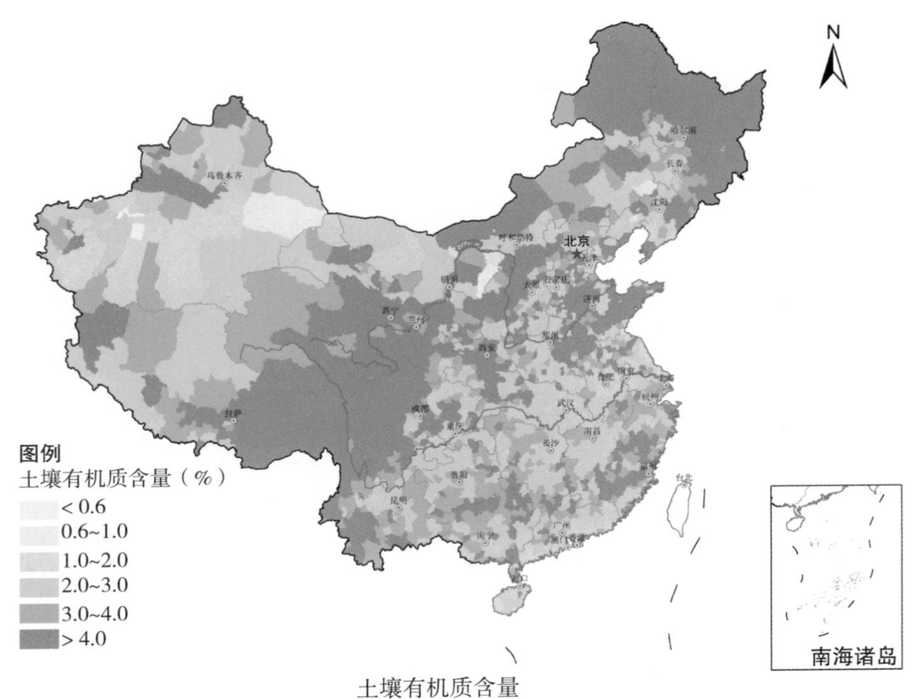

图 5-3　资源禀赋状况（B）

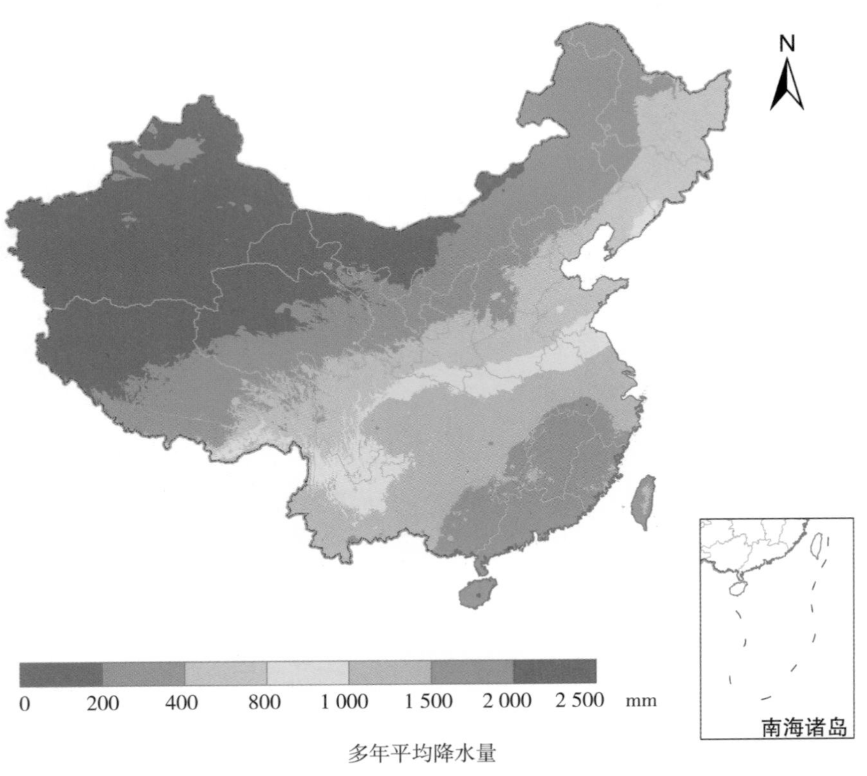

图 5-3　资源禀赋状况（C）

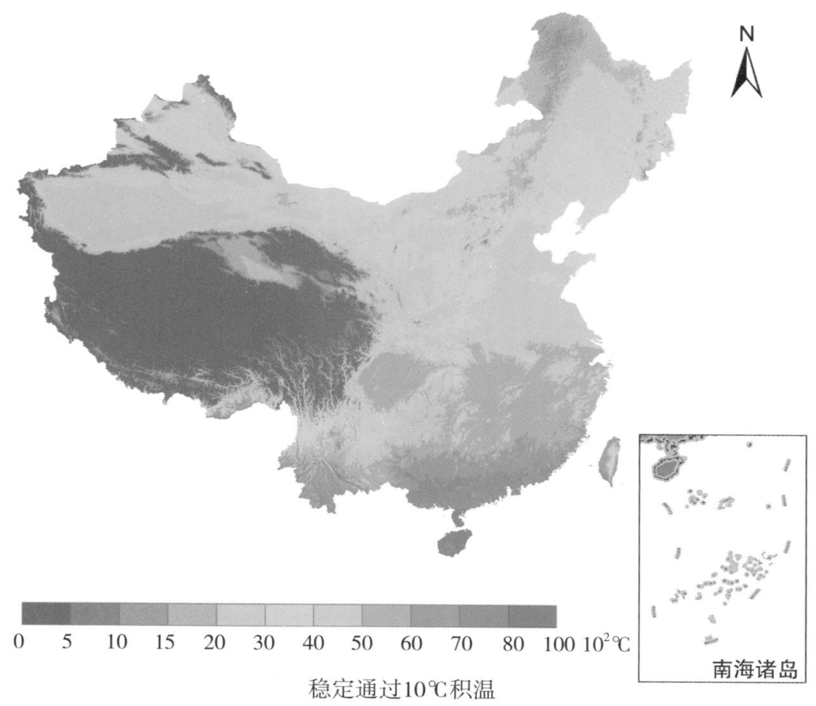

图 5-3 资源禀赋状况（D）

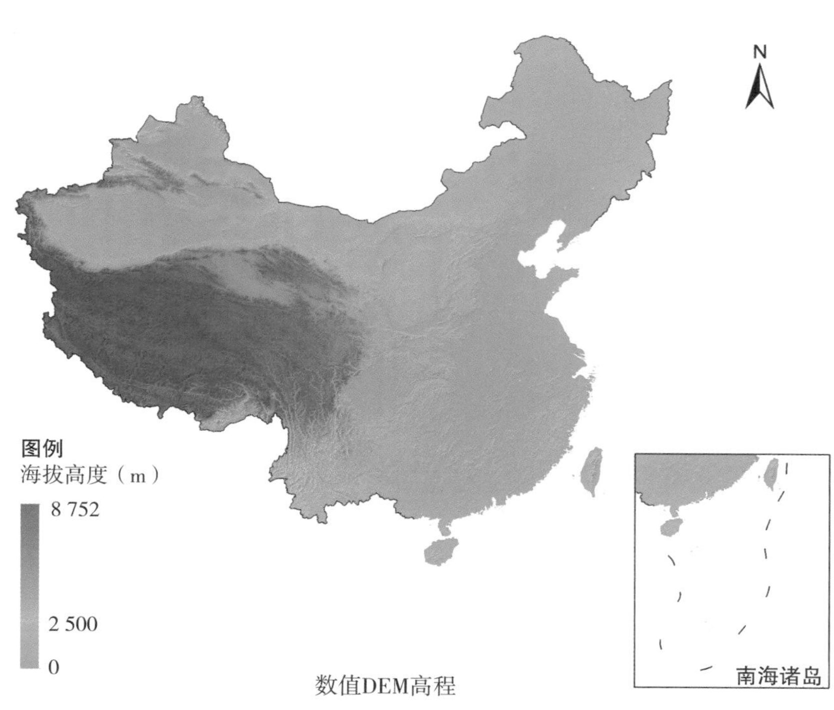

图 5-3 资源禀赋状况（E）

4. 经济条件

经济条件是指影响区域农业可持续发展的经济支撑系统，主要包括农村居民人均纯收入、人均财政支出、有效灌溉面积占比、亩均耕地拥有农机总动力、粮食单产、劳均农业总产值等。其空间差异见图 5–4（A）~（F）。

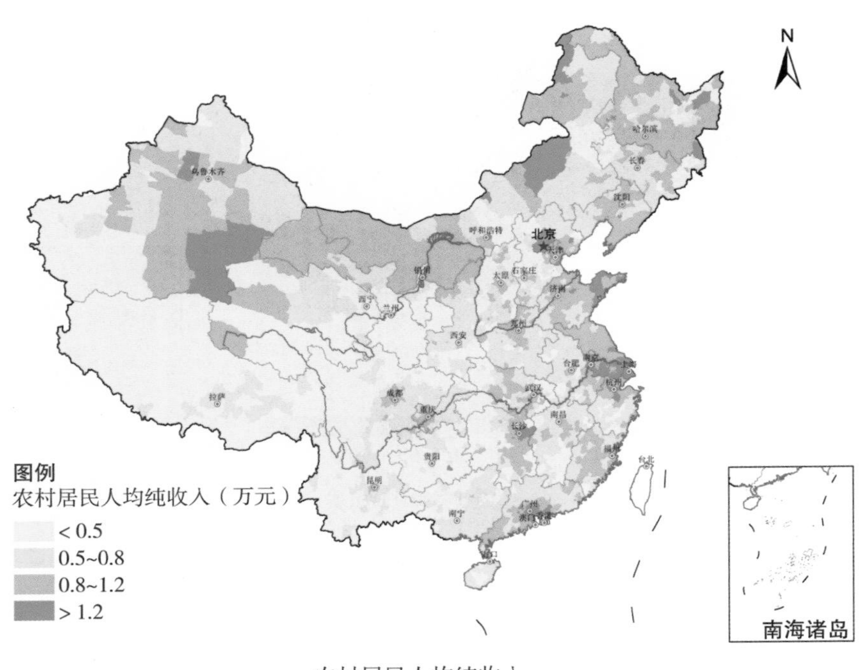

农村居民人均纯收入

图 5–4　社会条件状况（A）

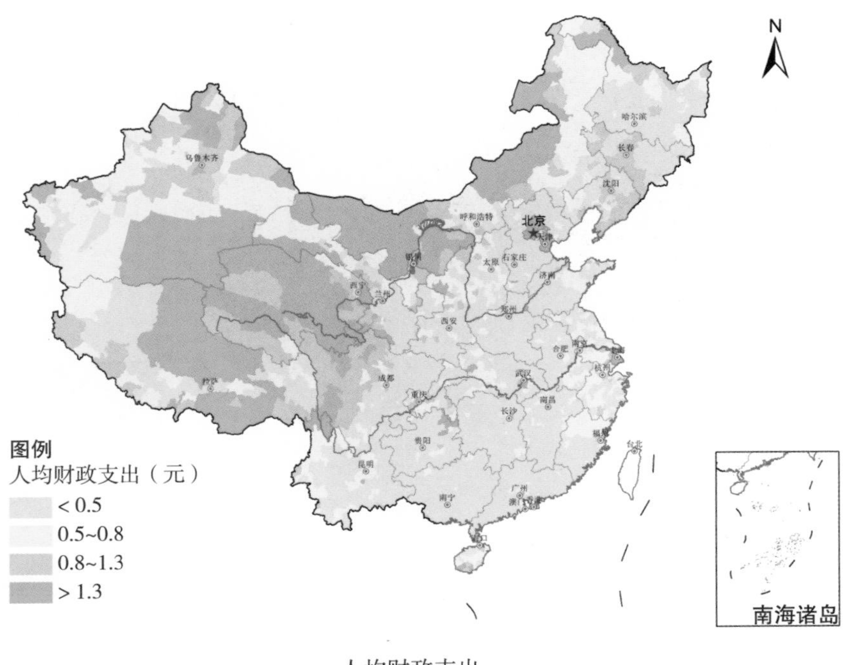

人均财政支出

图 5–4　社会条件状况（B）

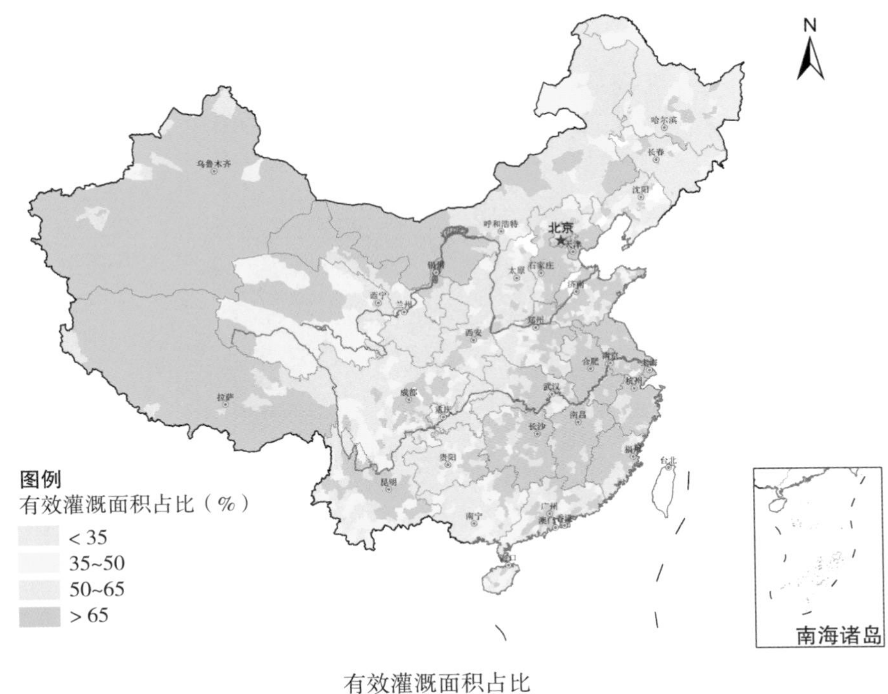

有效灌溉面积占比

图 5-4　社会条件状况（C）

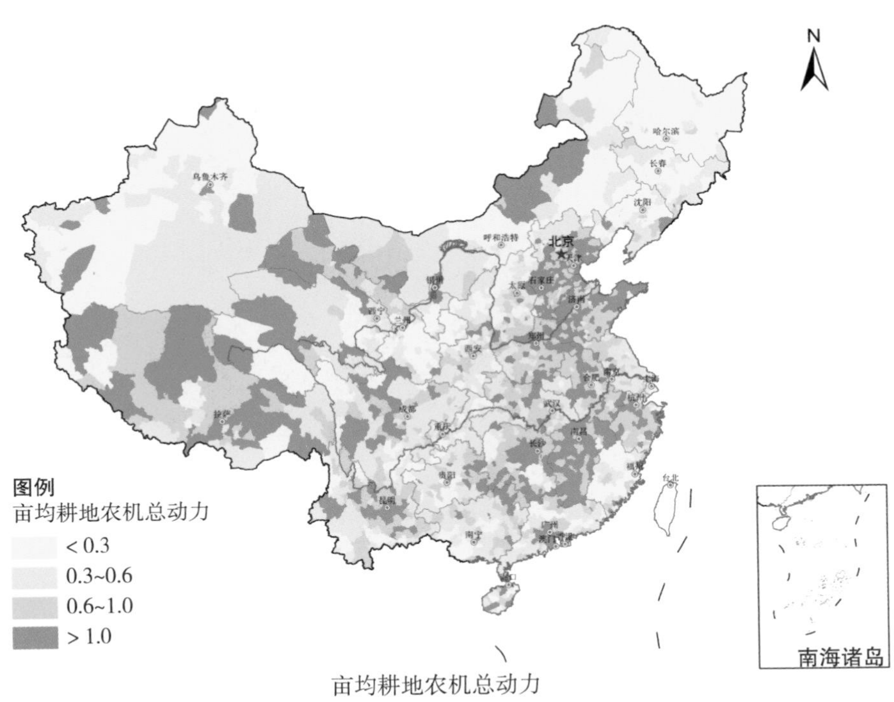

亩均耕地农机总动力

图 5-4　社会条件状况（D）

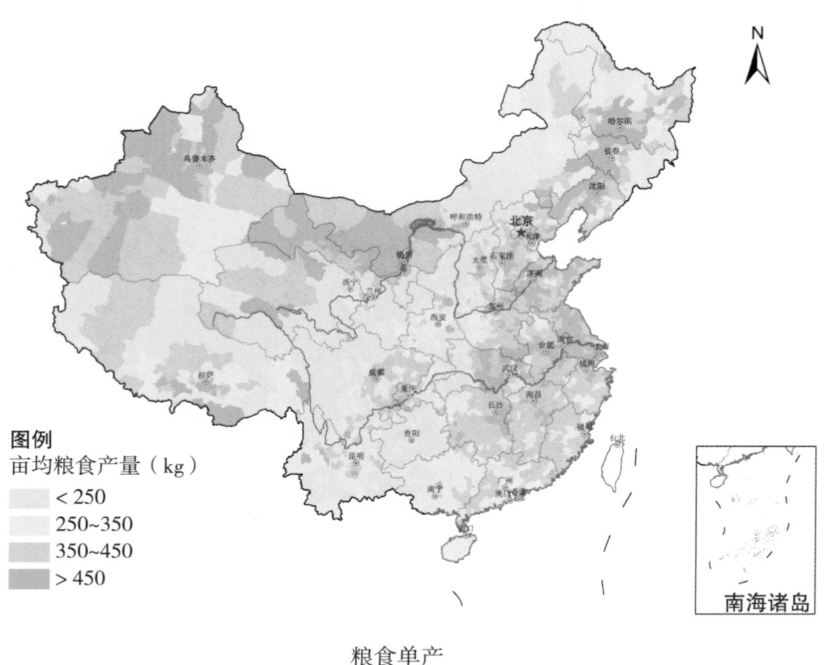

粮食单产

图 5-4　社会条件状况（E）

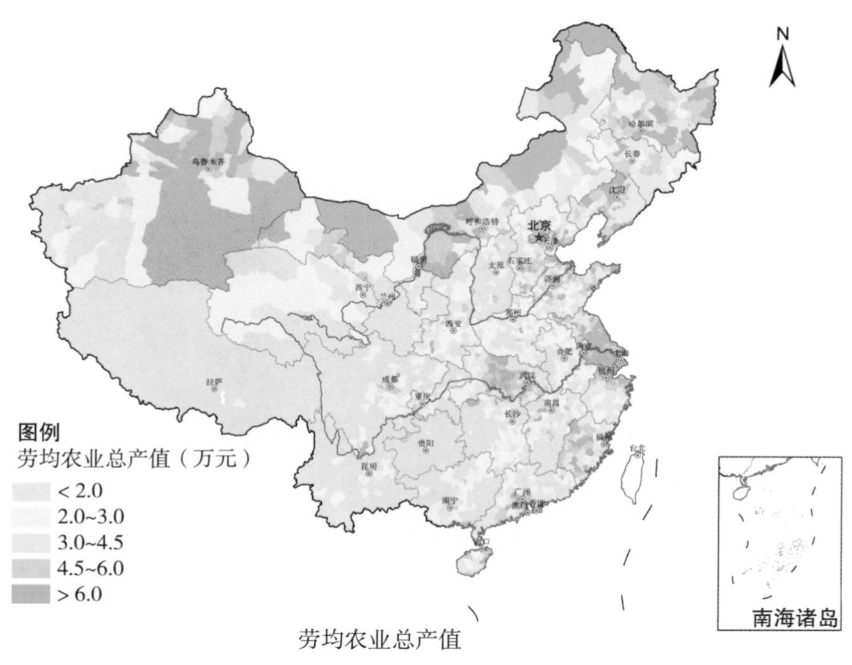

劳均农业总产值

图 5-4　社会条件状况（F）

5. 社会条件

社会条件是指影响区域农业可持续发展的社会支撑系统，包括人口密度、城乡收入比、公路密度。其空间差异见图 5-5（A）~（C）。

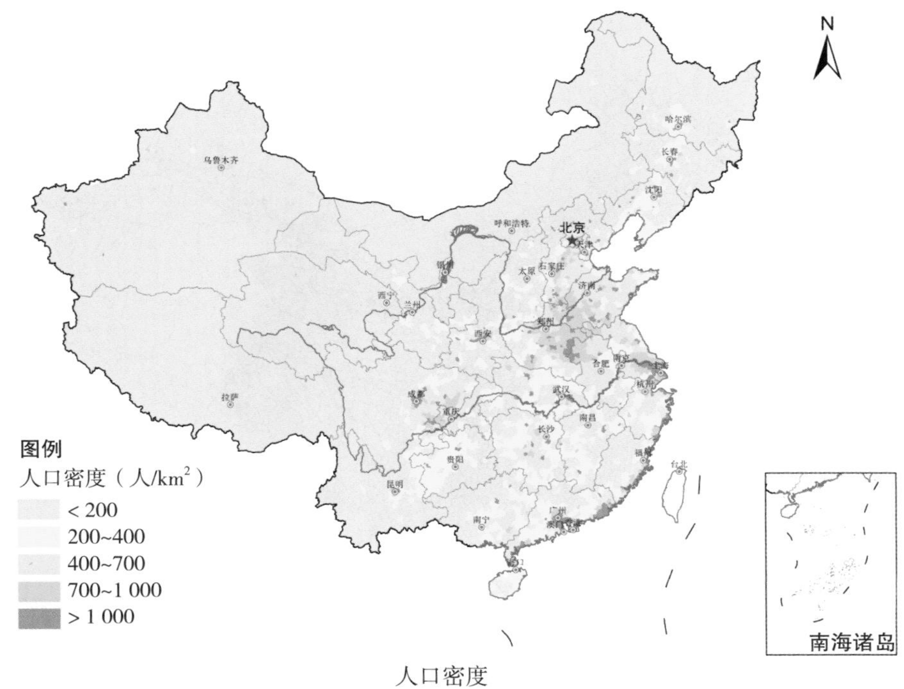

人口密度

图 5–5　社会条件（A）

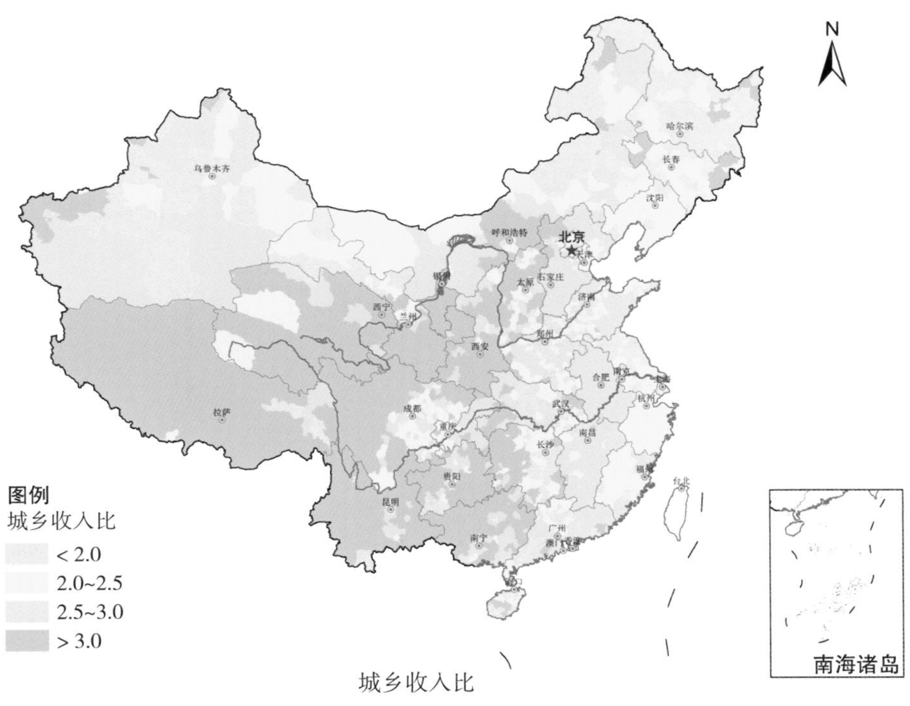

城乡收入比

图 5–5　社会条件（B）

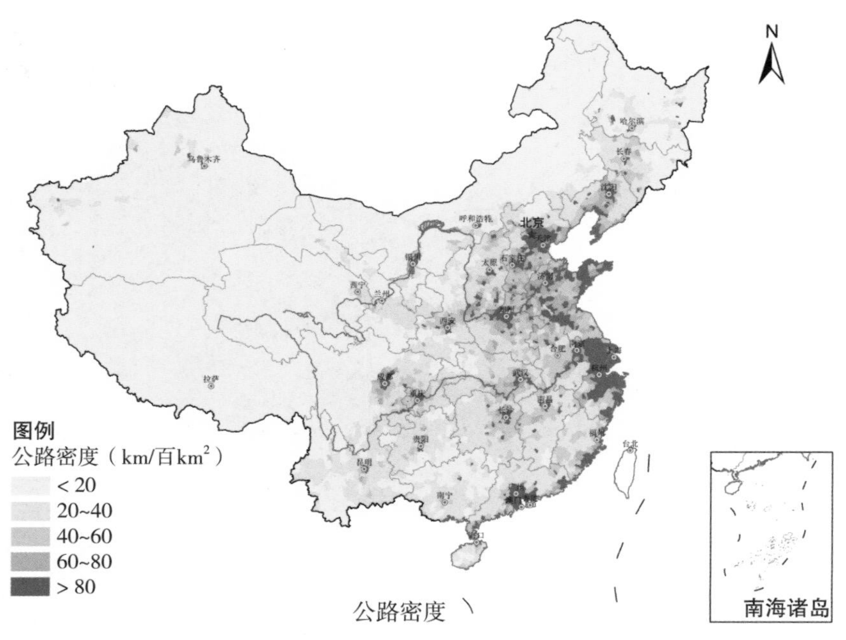

图 5-5 社会条件（C）

（三）农业可持续发展区划方法与区划方案

1. 区划方法

（1）指标正向化及无量纲处理

在决策矩阵 $X=(x_{ij})_{m\times n}$ 中，对于正向指标：

$$x'_{ij}=\frac{x_{ij}-\min\limits_{1\leqslant i\leqslant m}x_{ij}}{\max\limits_{1\leqslant i\leqslant m}x_{ij}-\min\limits_{1\leqslant i\leqslant m}x_{ij}}\quad(1\leqslant i\leqslant m,1\leqslant j\leqslant n)$$

对于逆向指标：

$$x'_{ij}=\frac{\max\limits_{1\leqslant i\leqslant m}x_{ij}-x_{ij}}{\max\limits_{1\leqslant i\leqslant m}x_{ij}-\min\limits_{1\leqslant i\leqslant m}x_{ij}}\quad(1\leqslant i\leqslant m,1\leqslant j\leqslant n)$$

矩阵 $x'=(x')_{m\times n}$ 为指标正向化和无量纲处理后的矩阵。

（2）指标提取

应用主成分分析方法对 22 项原始指标进行重组、综合，产生了具有严格独立意义的功能指标——主成分 12 项，承载原始指标 78.38%的信息量（表 5-4）。主成分功能含义如下：

表 5-4 方差解释

主成分	特征根	信息量（%）	累计信息量（%）
F_1	3.73	16.94	16.94
F_2	3.05	13.86	30.79
F_3	1.69	7.70	38.50
F_4	1.38	6.29	44.79
F_5	1.33	6.04	50.83
F_6	1.08	4.90	55.73

（续表）

主成分	特征根	信息量（%）	累计信息量（%）
F_7	1.03	4.67	60.40
F_8	0.91	4.12	64.52
F_9	0.81	3.69	68.21
F_{10}	0.78	3.54	71.75
F_{11}	0.74	3.36	75.11
F_{12}	0.72	3.27	78.38

F_1——反映劳动生产率和农业投入；
F_2——反映生态环境压力程度；
F_3——反映水热自然资源禀赋；
F_4——反映农业水利保障能力；
F_5——反映畜禽粪尿承载能力；
F_6——反映农业机械化程度；
F_7——反映农膜使用量；
F_8——反映人地压力；
F_9——反映化肥和农药使用量；
F_{10}——反映土壤有机质含量；
F_{11}——反映土地水土流失程度；
F_{12}——反映土地石漠化程度。

表 5-5　初始因子载荷阵

指标	F_1	F_2	F_3	F_4	F_5	F_6
X_1	0.009 0	0.503 7	0.295 7	−0.169 7	−0.225 0	0.171 8
X_2	0.328 2	−0.600 8	0.495 4	−0.082 4	−0.071 5	0.033 0
X_3	0.379 3	0.040 1	0.212 7	−0.085 7	0.029 8	0.448 9
X_4	0.265 6	−0.488 4	0.440 9	−0.162 9	−0.098 2	0.080 8
X_5	0.378 5	−0.495 6	0.436 8	−0.070 6	−0.060 5	0.074 3
X_6	−0.481 9	0.106 4	0.335 1	−0.008 2	0.229 3	0.139 5
X_7	−0.300 6	−0.161 2	0.224 7	0.375 0	0.186 3	0.258 9
X_8	−0.509 9	0.069 1	0.309 8	0.176 2	0.027 8	−0.132 4
X_9	−0.391 8	0.019 4	−0.101 9	−0.262 9	0.535 4	0.264 5
X_{10}	−0.475 7	0.282 3	0.234 5	0.400 6	0.031 6	0.034 8
X_{11}	−0.366 3	−0.096 8	0.304 3	−0.188 5	−0.410 4	0.007 7
X_{12}	0.472 4	−0.493 2	−0.123 8	0.221 8	0.386 6	0.160 5
X_{13}	0.601 8	−0.391 1	−0.234 5	0.329 2	0.258 5	0.018 6
X_{14}	0.480 2	0.459 5	−0.020 5	0.248 9	−0.289 8	0.034 3
X_{15}	0.353 1	0.585 3	0.222 7	0.155 1	0.158 0	0.033 6
X_{16}	0.553 2	0.533 9	0.281 3	0.000 9	0.231 3	−0.029 0
X_{17}	−0.240 1	0.428 0	0.020 6	−0.450 7	0.355 0	0.208 6
X_{18}	0.464 5	0.273 9	−0.332 4	−0.057 2	−0.175 8	0.197 1
X_{19}	0.380 3	0.033 8	−0.243 3	−0.444 1	−0.191 3	0.189 8
X_{20}	−0.158 2	−0.021 2	−0.104 4	0.196 6	−0.237 6	0.664 8
X_{21}	0.418 1	0.516 5	0.215 1	0.334 1	−0.048 5	0.011 9
X_{22}	0.547 3	0.234 5	0.296 7	−0.275 5	0.288 4	−0.263 9

（续表）

指标	F_7	F_8	F_9	F_{10}	F_{11}	F_{12}
X_1	0.012 3	0.255 2	0.135 3	−0.507 1	0.097 2	0.077 1
X_2	−0.056 1	−0.074 3	0.046 3	−0.122 5	−0.008 0	−0.009 7
X_3	0.361 0	0.311 2	−0.398 7	0.210 9	−0.243 3	−0.204 7
X_4	−0.059 3	−0.079 0	0.194 3	−0.102 9	0.061 6	−0.117 5
X_5	0.004 7	−0.054 5	−0.181 9	0.000 9	−0.076 3	−0.008 3
X_6	0.167 1	−0.103 6	−0.001 9	0.021 0	−0.268 6	0.616 7
X_7	0.361 1	0.180 5	0.480 0	0.116 9	0.279 8	−0.159 4
X_8	0.406 8	−0.311 2	−0.028 2	0.149 9	0.106 1	0.015 5
X_9	−0.173 5	0.253 9	0.050 6	−0.246 7	−0.033 5	−0.010 1
X_{10}	−0.218 3	0.256 2	−0.128 2	0.056 0	−0.019 2	0.006 6
X_{11}	−0.262 9	0.222 3	−0.207 0	0.249 1	0.432 7	0.237 3
X_{12}	−0.108 3	0.090 1	−0.084 4	−0.015 3	0.197 5	0.208 3
X_{13}	−0.052 8	0.032 4	−0.072 6	0.016 0	0.130 9	0.177 3
X_{14}	0.206 6	0.006 0	−0.030 5	−0.156 7	−0.029 9	0.032 3
X_{15}	−0.228 7	−0.081 7	−0.088 7	0.103 0	0.217 8	−0.109 3
X_{16}	−0.183 8	−0.125 4	0.117 1	0.134 3	0.028 6	0.032 4
X_{17}	0.004 5	−0.228 5	−0.146 1	0.120 2	0.217 0	−0.159 6
X_{18}	0.374 6	−0.058 1	−0.107 5	−0.128 6	0.320 2	0.221 0
X_{19}	−0.023 3	0.138 2	0.419 2	0.423 8	−0.100 1	0.161 6
X_{20}	−0.283 2	−0.519 8	0.036 1	−0.059 8	−0.059 7	−0.016 2
X_{21}	−0.201 1	0.109 5	0.143 8	0.128 8	−0.200 5	0.042 5
X_{22}	0.119 0	−0.148 1	0.054 5	−0.071 3	0.031 0	0.064 2

（3）功能指标值计算　依据上述12项主成分对应的特征向量构成的线性方程组，计算全国各县级行政单元的各项功能指标值，以此作为全国农业可持续发展分区的基础。

2. 区划方案

（1）指标的空间聚类　本研究属于大样本聚类问题，采用逐步判别聚类完成全国农业可持续发展类型指标的空间聚类（图5–12）。逐步判别聚类法的主要步骤：

——在定性研究的基础上，将样本粗分为K类，并计算每一粗分类的聚类中心；

——计算各样本到聚类中心的距离，根据用欧氏距离构造的判别函数，逐个将所有样本点归入与其距离最近的聚类中心；

——计算新一轮的每一类聚类中心，如果新的聚类中心与上一次的聚类中心重合，则聚类完成，否则回到第二步。

图 5-6　聚类分区初始结果

（2）聚类与分区系统　数量指标聚类结果是全国农业可持续发展区划的基本依据，除此以外，还综合考虑区位、地貌等因素的作用，进行区域类比，以调整、确定分区界线。本研究将全国农业可持续发展划分为 3 个一级区，9 个二级区（表 5-6 和图 5-7）。

表 5-6　全国农业可持续发展区划方案

一级区	二级区
Ⅰ优化发展区	Ⅰ 1 东北区，Ⅰ 2 黄淮海区，Ⅰ 3 长江中下游及华南区
Ⅱ适度发展区	Ⅱ 1 西北区，Ⅱ 2 内蒙古及长城沿线区，Ⅱ 3 黄土高原区，Ⅱ 4 西南区
Ⅲ保护发展区	Ⅲ 1 青藏高原区，Ⅲ 2 海洋渔业区

图 5–7 全国农业可持续发展区划

（四）区域农业可持续发展方式设计

1. 优化发展区

区域特点 包括东北区、黄淮海区、长江中下游区及华南区。土地面积 260 万 km^2，占全国的 27.52%；耕地面积 7 816.96 万 hm^2，占全国的 65.86%；人均耕地面积 1.32 亩。总人口 88 609.7 万人，占全国的 67.32%，其中，乡村人口 64 596.4 万人，人口密度 340.79 人 /km^2。本区地势平坦，土地肥沃，水热条件也较为匹配，平原面积比重大，利于大规模农业机械化，是我国农业生产的精华，农业基础设施较好，耕地灌溉面积比例大，垦殖指数和粮食单产在全国均居首位。本区是我国大宗农产品主产区，生产了全国 73.7% 粮食、63.0% 棉花、90.5% 花生、71.0% 的蔬菜、60.4% 水果，肉类产量占全国的 36.2%，其中，生猪存栏量占全国 63.9%，家禽存栏量占全国 76.7%。

非持续性因素 区域内人口密度高，人均占有土地面积、耕地面积少，现有资源压力和环境压力较大。

发展方式优化与调整 坚持生产优先、兼顾生态、种养结合，在确保粮食等主要农产品综合生产能力稳步提高的前提下，保护好农业资源和生态环境，实现生产稳定发展、资源永续利用、生态环境友好。

各二级区农业可持续发展方式：

（1）东北区

区域特点 本区包括黑龙江、吉林、辽宁（除朝阳地区外）三省及内蒙古东北部大兴安岭地区，共 271 个县。土地面积 120.93 万 km^2，占全国的 10.06%；耕地面积 2 230.02 万 hm^2，占全国 18.79%，人均耕地面积 3.53 亩。总人口 9471.24 万人，占全国的 7.20%，其中乡村人口 5 321.32 万人，人口密度 99.6 人 /km^2。本区热量条件虽略差（大部分地区≥ 10℃积温不到 3 000℃），生长期短（无霜期仅 120~200 天），但土地肥沃，水资源较为丰富，人均耕地多，耕地平整连片，利于大规模农业机械化作业。

本区是全国粮食主产区和商品粮外调区，也是玉米、大豆、稻谷等全国大宗农产品供给基地。粮食产量 12 994.41 万 t，占全国 19.78%，人均粮食占有量 1 372.0kg，其中玉米产量占全国 36.39%，大豆产量占全国 50.54%，水稻产量占全国 19.78%。主要经济作物甜菜产量占全国 29.54%。牛奶和蚕茧产量占全国 15.86% 和 12.45%。

非持续性因素 大规模农业开垦和不合理耕作方式造成东北黑土区水土流失严重，水土流失面积达占国土面积 25% 以上，土层变薄，肥力下降。在三江平原区，水稻面积不断扩大，造成湿地面积不断压缩，过度用水特别是地下水乱采导致河流断流和地下水补给量减少、地下水局部污染严重、生态环境恶化、土地盐碱荒漠化发展速度较快；在松辽平原等粮食主产区，秸秆焚烧和不合理处理造成大气和水体的次生污染；在农牧交错区，风沙干旱，草原“三化”不断扩大，草地生产力不断下降。

发展方式优化与调整 推进水土流失治理工程，因地制宜采取修建梯田、地埂植物带、改垄、水土保持林、封禁治理等措施，加大治理水土流失工作力度。实施测土配方施肥、深松整地、秸秆粉碎还田、施用有机肥，发挥东北地区种植大豆的传统优势，推行玉米 / 大豆轮作或小麦 / 大豆轮作等生态友好型耕作制度。在农牧交错区，推广农牧结合、粮草兼顾、生态循环的种养模式，积极发展粮豆轮作和“粮改饲”生产，扩大青贮玉米和苜蓿等牧草生产；在三江平原区，控制水稻面积，改井灌为渠灌，限制地下水开采。

（2）黄淮海区

区域特点 本区位于长城以南、太行山以西、淮河以北，包括北京市大部（除延庆区外）、天津市、河北省河南省大部、山东省和安徽、江苏两省北部，共 466 个区（县）。土地面积 44.0 万km^2，占全国的 4.66%；耕地面积 2 143.39 万 hm^2，占全国 18.06%，人均耕地面积 1.10 亩。总人口 29 296.38 万人，占全国的 22.26%，其中乡村人口 22512.78 万人，人口密度 665.76 人 /km^2。本区是全国最大的冲积平原，3/4 以上土地为平原，地势平坦，土层深厚，利于大范围机械化。≥ 10℃活动积温 4 000~4 500℃，无霜期 175~220d，年降水量 500~800mm，可以一年两熟或两年三熟。

本区垦殖历史悠久，农业基础设施较好，是我国重要的大宗农产品供给基地，小麦、棉花、花生、蔬菜等作物种植面积均居全国之首，大豆、水果、谷子、高粱、猪肉、奶类等产量在全国占有重要位置。粮食产量 17476.72 万 t，占全国 26.60%，人均粮食占有量 596.55kg，其中小麦产量占全国 81.63%，玉米产量占全国 28.07%，大豆产量占全国 17.69%。主要经济作物花生产量占全国 52.93%，蔬菜产量（含菜用瓜）占全国 35.08%，苹果产量占 37.48%。生猪存栏量 1 1534.06 万头，占全国 20.22%，家禽存栏量占全国 30.42%；肉类、牛奶和禽蛋产量分别占全国 11.98%、21.70% 和 24.02%。

非持续性因素 在平原地区，地下水超采严重，形成了大范围的沉积“漏斗”，地面沉降、地裂等地质问题频现，灌溉水利用率低，节水灌溉率不到 40%，每立方米水的粮食生产能力只有 1.2kg，农业生产和水资源短缺矛盾日益突出。在滨海地区，地下水长期超采引起海水入侵。在粮食主产区，农药化肥过度使用，尤其是在蔬菜瓜果种植业的土壤中实施剧毒农药消灭土壤中病菌等情况较为突出，农药利用率不到30%，亩均化肥施用量比全国平均高出40%以上，导致土壤和地下水污染严重；秸秆焚烧和不合理处置造成次生污染；地膜残留破坏土壤结构，地膜残留量一般在每亩4kg以上，最高已达11kg；畜禽废弃物综合利用率偏低，畜禽粪尿超负荷。在京津冀、郑州、济南等大城市近郊区，城市化扩张压力较大。

发展方式优化与调整 实施秸秆综合利用，推广秸秆“五化”（肥料化、饲料化、基料化、原料化、能源化）利用技术，提高秸秆综合利用率。推广农田氮磷控源减排、农药减施替代等措施，加大农作物病虫害绿色防控和专业化统防统治力度。改革耕作制度，提高科学施肥水平，推广配方施肥，鼓励以秸秆还田、种植绿肥、施用有机肥等方式增加有机肥投入。在畜禽养殖密集区域，推广应用粪尿分离、干湿分离，采取发展沼气、就近农田消纳、固体粪便生产有机肥等措施，实现粪污减量化和资源化利用，提高养殖废弃物综合利用率。综合治理华北地区地表水和地下水过度利用问题，因地制宜调整种植结构，适度压减高度依赖灌溉的作物种植，推行农业节水和深松耕、保护性耕作。

（3）长江中下游区及华南区

区域特点 本区位于淮河以南、鄂西—雪峰山以东，包括河南安徽江苏南部、湖北湖南广西中西部、江西上海浙江福建广州海南全部，共825个区县。土地面积120.93万km^2，占全国的12.80%；耕地面积3 443.55万hm^2，占全国29.01%，人均耕地面积1.04亩。总人口49 842.10万人，占全国的37.86%，其中乡村人口36 762.38万人，人口密度412.15人/km^2。本区气候温暖湿润，水网密布，水热资源丰富，≥10℃活动积温4 500~6 500℃，年降水量800mm以上，可一年两熟至三熟，素有“鱼米之乡”之称，是一个人多地少、农业生产水平较高、农林渔业也较为发达的地区。

平原区和盆地丘陵区是粮食、经济作物、林特产品、淡水水产等全国大宗农产品供给区。粮食产量占全国粮食总产量的27.33%，其中水稻产量占全国62.80%，花生占全国27.39%，油菜占全国53.08%，麻类产量占41.85%，甘蔗产量占51.68%，蔬菜产量占30.05%，茶叶产量占50.64%，柑橘产量占全国60.93%。生猪存栏量占全国34.45%，家禽存栏量占全国35.77%，肉类产量占全国17.42%，水产品产量占全国64.90%。

非持续性因素 在河网地区，围海造田、填塘种粮，水域面积不断缩减；江河湖泊受工业污水、农药化肥等污染胁迫，化肥有效利用率仅为30%~40%，2/3以上的氮肥和70%左右的磷肥残留在土壤或水体中，畜禽粪便不合理处置，加剧了水体污染，在浙江221个省控断面中Ⅲ类以下水质断面达到36.2%；工业废渣废水和农药化肥过度施用，导致土壤重金属污染严重，据浙江省地质调查院调查，浙江中度以上土壤重金属污染面积分别占调查面积的达到10.65%；建闸筑坝，阻断鱼类回游；长三角、珠三角、武汉、长沙等大城市不断扩大，加剧了用地矛盾。总的来看，本地区是一个环境污染特别是农业面源污染胁迫强、城市化用地压力大的地区。

发展方式优化与调整 科学施用化肥农药，增施有机肥，实施秸秆还田，种植绿肥，推广应用杀虫灯、性诱剂、赤眼蜂、白僵菌等病虫害绿色防控技术，减少化肥、农药对农田和水域的污染。在人口密集区域和水网密集区适当减少生猪养殖规模，推广健康养殖，加快畜禽粪污资源化利用和无害化处理。加强耕地重金属污染治理，严控工矿业污染排放，适度退耕还林还草，因地制宜种植耐瘠抗旱抗逆等特色作物，减轻重金属污染对农业生产的影响。加强渔业资源保护，发展滤食性、草食性净水鱼类，加大标准化池塘改造，推广水产健康养殖，积极开展增殖放流，发展稻田养鱼。

2. 适度发展区

区域特点 包括西北内陆区、内蒙古及长城沿线区、黄土高原区、西南区。土地面积467.2万km^2，占全国的49.45%；耕地面积3 977.0万hm^2，占全国的33.51%；人均耕地面积1.41亩。总人口42 263.32万人，占全国的32.11%，其中乡村人口32 018.46万人，人口密度90.46人/km^2。本区农业资源禀赋条件仅次于优化发展区，农业特色鲜明，农业生产具有一定潜力，但又受到各种因素的制约。北部地区（西北内陆、内蒙古及长城沿线、黄土高原）地处干旱、半干旱地带，地广人稀，光热条件较好，但土地沙漠化和水土流失严重，干旱缺水、广种薄收。南部地区（西南区）地处水热条件较好，但地形零碎、山地丘陵面积大，人多地少，地形和土壤障碍是制约农业发展的主要因子。

本区是我国肉类、牛奶、棉花等大宗农产品的主产区。粮食产量占全国的26.0%，人均粮食占有量404kg。其中，玉米产量占全国31.8%，油菜产量占40.1%，甜菜产量占69.0%，烟叶产量占65.8%，水果产量占39.5%。肉类产量占全国肉类产量的63.4%，牛奶占56.8%，禽蛋占51.3%，牛和羊的存栏量分别占全国存栏量的40.0%和55.2%。

非持续性因素 干旱和风沙等自然灾害频繁，土地盐碱渍化、草原退化、沙化现象严重。生态脆弱，水土配置错位，资源性和工程性缺水并重，资源环境承载力有限，农业基础设施相对薄弱。牧区超载放牧，草场重用轻养，农区耕作粗放，农业资源利用效率低。

发展方式优化与调整 要坚持保护与发展并重，立足资源环境禀赋，发挥优势、扬长避短，适度挖掘潜力、集约节约、有序利用，提高资源利用率。

各二级区农业可持续发展方式：

（1）西北内陆区

区域特点 本区包括新疆全部、甘肃中北部和内蒙古西部，共148个区（县）。土地面积226.94万km^2，占全国24.02%；耕地面积530.54万hm^2，占全国4.47%，人均耕地2.68亩。总人口2 967.19万人，占全国2.25%，其中，乡村人口1 761.58万人，人口密度13.07人/km^2。本区地广人稀，光热资源丰富，深居内陆，气候干旱。≥10℃活动积温3 000~4 000℃，无霜期100~200d，年降水量普遍小于250mm，一年一熟或两年熟。

本区降雨稀少，以绿洲灌溉农业和荒漠牧业为主，是全国优质特色瓜果集中产区和农作物优良品种繁育基地，三大棉花生产带之一，最大甜菜产区，重要的区域性商品粮生产基地和重要的草原牧区。粮食产量2 192.36万t，占全国3.34%，其中谷物、玉米、小麦产量分别占全国3.62%、2.69%和4.63%；棉花总产量220.29万t，占全国32.47%；甜菜总产量占全国35.76%；瓜果类总产量占全国8.98%；大牲畜年末存栏数占全国10.07%，其中羊年末存栏数占全国18.50%；牛奶产量占全国7.16%。

非持续性因素 本区属中温带至暖温带极端干旱的荒漠、半荒漠地带，土地荒漠化、沙漠化威胁严重，风沙面积比重达50.76%，农业生态环境脆弱。随着牧区牲畜存栏头数不断增加，部分地区严重超载，草原生态失调，草地资源退化明显。低产田占比较大，土地盐碱化加剧，盐碱化面积比重达3.48%。部分地区地下水超采。地下水位大幅下降，农业用水没有保障。农田地膜残留，长期积累，破坏土壤结构，降低土壤肥力，影响施肥和作物根系生长，阻塞水分养分，产量下降。

发展方式优化与调整 在西北内陆区，重点建设西北旱作区农牧业可持续发展试验示范区。在绿洲农业区，大力发展高效节水灌溉，大力推广渠道防渗、管道输水等综合节水技术，提高农业高效节水技术水平；坚守地下水资源管理红线，实施地表水过度利用和地下水超采综合治理。建立农膜回收利用机制，逐步实现基本回收利用。巩固国家商品棉和区域性商品粮生产基地建设，建立棉花全程机械化推广基地，推广应用机械化采收及清理加工技术设备。在草原牧区，继续实施水土保持、沙化治理、盐渍化治理、西北防护林建设、退耕还林还草、退牧还草、草原生态保护等一批重大工程，加大保护治理力度，在发展中保护、在保护中发展，促进水、土、种等农业资源永续利用，农业环境保护水平持续提高，农业生态系统自我修复能力持续提升。

（2）内蒙古及长城沿线区

区域特点 本区包括内蒙古北部草原牧区、东部平原农区、中部农牧交错带和河北山西陕西三省北部、辽宁东部等长城沿线农牧林区，共 294 个区县。土地面积 78.95 万 km^2，占全国 8.36%；耕地面积 982.97 万 hm^2，占全国 8.28%，人均耕地 3.58 亩。总人口 4 123.05 万人，占全国的 3.13%，其中，乡村人口 2 726.17 万人，人口密度 52.23 人 /km^2。本区拥有全国最佳的天然牧场之一，牧草地面积占全国的 22.61%，农业以牧为主。≥ 10℃活动积温 3 000℃左右，无霜期 80~150d，年降水量 100~500mm，一年一熟。

本区草场辽阔，草质优良，牧业条件优于种植业，是我国重要的畜牧业生产基地，我国三大奶业基地之一。大牲畜年末存栏数 1 465.84 万头，占全国 8.58%；牛奶产量 1 070.74t，占全国 20.34%；羊年末存栏数 5 091.87 万头，占全国 16.06%；羊毛产量 346.94 万 t，占全国 13.56%。种植业主要分布在东部平原及水土条件较适宜的沟谷洼地，人均耕地面积处于全国九大区域首位，但土地生产力不高，粮食单产水平低于全国平均单产水平，粮食作物播种面积占全国 5.41%，粮食作物总产量占全国 4.13%；甜菜播种面积占全国 8.21%，总产量占全国 31.47%；玉米、谷物、大豆、糖类和油料总产量分别占全国 8.58%、4.05%、2.82%、2.79% 和 2.56%。

非持续性因素 本区是我国重要的草原牧区，但草场退化严重，干旱、多风加剧了土地沙漠化，风沙面积比重达到 37.81%，是我国荒漠化和沙化土地最为集中、危害最为严重的地区之一，荒漠化和沙化土地面积大、分布广、类型多、代表性强。由于严重的沙化和水土流失，表面沃土被侵蚀，地力锐减而撂荒，被撂荒的垦地又极易风蚀沙化，农业生态环境脆弱。

发展方式优化与调整 在内蒙古及长城沿线区，以土地沙漠化治理、生态环境恢复为核心，强化生态保障功能。在草原牧区，坚持基本草原保护制度，继续实施退牧还草工程，采取围栏封育、刺线围栏封育等措施，保护天然草场；推进草原改良和人工种草，加速草原植被恢复，提高植被盖度，恢复草原生态。在平原种植区，着力推进节水灌溉和土壤改良工程；解决节水灌溉装备水平差、灌溉方式粗放、水资源利用效率低等突出问题，优化用水布局，调整用水结构；结合中低产田改造工程、沃土肥田建设工程，科学施肥，地力培肥，提高地力；推进秸秆能源化、肥料化、基料化、饲料化和工业原料化“五化”综合利用。在农牧交错带，大力发展种、养、加循环农业发展模式，推进农牧业循环与生态治理相结合模式，利用复垦回填等措施调整土地利用结构，防治坡耕地的水土流失问题，实现生态环境改善与农业生产能力提高的双赢目标。

（3）黄土高原区

区域特点 本区位于太行山以西、青海省日月山以东，秦岭以北、长城以南，包括山西省大部分地区，陕西中部，宁夏南部，甘肃中部以及河南北部等，共 259 个区县。土地面积 40.72 万 km^2，占全国 4.31%；耕地面积 952.39 万 hm^2，占全国 8.02%，人均耕地 1.55 亩。总人口 9 193.18 万人，占全国总人口总数的 6.98%；其中乡村人口 6 946.97 万人，人口密度 225.77 人 / km^2。本区位于我国第二级阶梯，属于黄土地貌，土层深厚，地表千沟万壑，以旱作生产为主。≥ 10℃活动积温 3 000~3 500℃，无霜期 120~200d，年降水量 400~600mm，一年两熟或两年三熟。

本区光温条件优越，是我国西部主要农区之一，小麦和马铃薯集中产区之一；优质瓜果业发展快，是我国第二大苹果产区，最大的猕猴桃产区，优质梨、枣集中产区；主要的中药材种植区。粮食作物总产量 3 310.49 万 t，占全国 5.04%，小麦、谷物、玉米、油料和油菜籽产量分别占全国 11.44%、5.01%、8.44%、3.92% 和 4.66%；水果产量 2 066.17 万 t，占全国 14.11%，苹果产量 1 747.06 万 t，占全国 46.78%；肉类总产量 8 873.50 万 t，占全国 47.49%，其中，猪肉、禽蛋、牛奶和羊毛产量分别占全国 57.89%、41.55%、25.81% 和 11.86%。

非持续性因素 本区地势起伏大，地面坡陡，地表破碎，黄土质地疏松，加上夏季暴雨集中，森林砍伐，植被破坏，加速了水土流失，造成土壤养分流失，肥力下降，土地承载能力减弱，土地的生产力水平低，劳均农业总产值低于全国平均水平。而农田高强度的施用化肥，以及重金属通过灌溉、施肥、大气沉降等方式进入农田土壤环境，造成农田土壤环境污染严重，加剧了生态环境的脆弱性。

发展方式优化与调整 在黄土高原区，重点建设西北旱作区农业可持续发展试验示范区。在汾渭平原、渭北陇东等水土流失相对较轻、农业生产条件优越区，优化农作物种植结构，以压夏扩秋为调整方向，以推广覆膜技术为载体，适当调减小麦种植面积，提高小麦单产，扩大雨热同季的玉米、马铃薯等秋熟作物和牧草种植面积；推广测土配方施肥技术，增施有机肥；支持畜禽养殖场标准化改造和畜禽粪污综合利用，加强病死动物无害化处理设施建设；推进秸秆综合化利用工程；逐步建立起农业生产力与资源环境承载力相匹配的农业生产新格局，实现生态效益、社会效益与经济效益的有机结合。在水土流失易发地区、生态脆弱区，严格执行退耕还林还草，适度控制放牧强度，适当发展林果生产。通过采取围栏封育、飞播改良、人工种草、禁牧休牧等措施，使沙化草原得到有效治理，改良天然草地，建设人工草地，加大农业生态建设力度，修复农业生态系统功能。

（4）西南区

区域特点 本区北起黄土高原，南到云贵高原，包括陕西和甘肃两省南部、四川中东部、重庆和贵州两省全部、湖南和湖北两省西部、云南广西两省中北部等，共 538 个区县。土地面积 120.62 万 km^2，占全国 12.77%；耕地面积 1 511.13 万 hm^2，占全国 12.73%，人均耕地 0.87 亩；总人口 25 979.90 万人，占全国总人口总数的 19.74%，其中，乡村人口 20 583.74 万人，人口密度 215.38 人 /km^2。本区地形结构复杂，以山地为主，立体农业特色突出。≥ 10℃活动积温 5 000~6 000℃，无霜期 210~340d，年降水量 800~1 600mm，一年两熟。

本区地处亚热带，光热水资源丰富，是全国重要的油、糖、茶、果、茧产区；生物资源丰富多样，是我国动植物资源品种最丰区；草地面积广阔，发展草食性畜牧业的潜力大，是全国三大生猪生产带。南部是国家橡胶、甘蔗及其他热带作物供给基地，是全国最大优质烟草、最大薯类生产带；人口较多的丘陵山地地区承担部分区域内粮食供给功能，主要为稻米、玉米，是全国第三大玉米生产带。粮食产量 8 859.51 万 t，占全国 13.48%，谷物、稻谷、玉米和大豆产量分别占全国 12.07%、16.06%、13.26% 和 9.70%；油料、糖类、茶叶、水果和蚕茧产量分别占全国 17.40%、43.66%、38.55%、19.60% 和 32.97%；烟叶产量占全国 47.83%；大牲畜年末存栏 3 296.24 万头，占全国 19.30%，其中猪和牛年末存栏分别占全国 28.94% 和 22.39%。

非持续性因素 本区是全球面积最大、岩溶发育最强烈的典型生态脆弱区，植被锐减、水土流失、土壤侵蚀、基岩裸露、土壤贫瘠，石漠化分布广、面积大、威胁严重，有 307 个石漠化县，占比达 57.06%。坡耕地比重大，不利于机械化经营，陡坡开垦难以控制，进一步加剧了水土流失。酸雨沉降，对农林业以及水体带来严重危害。

发展方式优化与调整 在西南地区，重点建设石漠化治理农业可持续发展试验示范区。坚持以水土流失综合治理为核心，以提高水土资源的永续利用率为目的，把石漠化治理与退耕还林、水土保持等生态工程有机结合进行综合防治。对于尚未发生石漠化的地区，保持现状，预防潜在石漠化的恶化演变；对于具有自然恢复能力的地区，进行封山育林和辅助技术措施，使其逐步向良性发展；对于自我恢复能力较弱的石漠化程度较强的地区，通过人工途径恢复和重建，控制人为因素产生新的石漠化现象。在高山区和半山区以林为主，发展水土保持林、水源涵养林和经济林；在丘陵和河谷平坝区以种植业为主，发挥光温资源丰富、生产类型多样、种植模式灵活的优势，采取间作套作，提高复种指数，稳定水稻、小麦生产，发展再生稻，扩种马铃薯，发展高山夏秋冷凉特色农作物生产。鼓励人工种草，合理开发利用草地资源，发展生态畜牧业。生态保护中发展特色农业，实现生态效益和经济效益相统一。

3. 保护发展区

区域特点 包括青藏区和海洋渔业区。其中，陆域面积 217.6 万 km^2，海域总面积 300 万 km^2。本区在生态保护与建设方面具有特殊重要的战略地位。青藏区是我国大江大河的发源地和重要的生态安全屏障，海洋渔业区具有农产品供给、生态保护、维护国家海洋权益等多方面功能。

非持续性因素 青藏高原区农业经营粗放，生产水平低，靠天养畜，过度放牧，造成草原严重的沙化和退化。海洋渔业区渔业资源衰退、水域环境污染等问题突出。

发展方式优化与调整 要坚持保护优先、限制开发，适度发展生态产业和特色产业，让草原、海洋等资源得到休养生息，促进生态系统良性循环。

各二级区农业可持续发展方式：

（1）青藏高原区

区域特点 本区包括西藏全部、青海大部和四川中西部，共 143 个区县。土地面积 217.55 万km^2，占全国 23.03%；耕地面积 74.96 万 hm^2，占全国 0.63%，人均耕地 1.48 亩。总人口 760.25 万人，占全国 0.58%，其中，乡村人口 616.76 万人，人口密度 3.49 人 /km^2。本区拥有我国最大的高原，牧场和天然森林广布，天然草场占全区土地面积的 60%，平整开阔，牧草丰富。≥ 10℃活动积温 1 000~2 000℃，无霜期 100~200d，年降水量 400~600mm，一年一熟。

本区高寒是主要特点，光能资源丰富，大部分地区热量不足，区内农业发展受高寒、干旱和缺氧的严重限制，是我国以放牧畜牧业为主的一个区域，主产藏绵羊和牦牛，粮食以青稞为主。大牲畜年末存栏数 2 008.90 万头，占全国 11.76%，其中牛和猪 11.31% 和 9.39%。交通闭塞，公路密度低，限制了商品农业的发展。

非持续性因素 本区气候寒冷干燥，热量不足，因此草原生态环境恶劣，植物生长期短、生长量低，牧草质量较差，载畜能力低，加上草原鼠害虫害减少了草地的有效利用面积，以及过度放牧等，造成草原严重的沙化和退化。

发展方式优化与调整 在青藏高原区，重点建设青藏高原草地生态畜牧业可持续发展试验示范区。以牧为主，牧农林综合发展，提高放牧畜牧业生产水平。保护基本口粮田，稳定青稞等高原特色粮油作物种植面积，提高粮食自给水平，确保区域口粮安全，适度发展马铃薯、油菜、设施蔬菜等产品生产。在农区大力发展人工草地建设，种草养畜，农牧结合。继续大力开展大范围的退牧还草、禁牧封育等，进一步落实完善草场承包经营责任制，减少牲畜存栏头数，严格实行以草定畜、合理轮牧、生态修复等措施，恢复植被、遏制草场沙化。按土地条件积极营造薪炭林，适当发展用材林，增加森林面积，全力加快造林绿化步伐，改善生态环境质量。对稀疏灌丛草地及河谷水土流失和风沙危害严重地段因地制宜综合治理，生物措施与工程措施相结合，建设综合防护林体系。

（2）海洋渔业区

区域特点　本区位于我国东部和南部，自北而南分别与辽宁、河北、天津、山东、江苏、上海、浙江、福建、广东、广西、海南等11个省（区、市）相接，北至辽东湾、南至南沙群岛，包括渤海、黄海、东海、南海以及台湾以东太平洋西部等五大海域，海域总面积300万 km^2，发展海洋渔业有着得天独厚的优势。改革开放以来，海洋渔业快速发展，结构不断优化，海水产品产量大幅增长。2013年全国海水产品产量3 138.23万t，占水产品总产量的50.86%，海水养殖面积231.56万 hm^2，比2010年增长11.3%。海洋渔业已成为我国现代农业和海洋经济的重要组成部分。

非持续因素　近30年来，捕捞渔船数量快速增加，使捕捞强度远远大于资源再生能力，近海渔业资源过度捕捞，许多海洋鱼类种群已被充分利用，有的甚至已经枯竭。海洋环境灾害频发，每年仅赤潮就发生二三十起，直接经济损失数亿至数十亿元。此外，海洋开发秩序混乱，海洋渔业发展方式仍然粗放，设施装备条件较差，有害渔具渔法和非法电毒炸等非法捕捞行为时有发生，近岸海域污染和生态环境恶化，也制约了海洋渔业的可持续发展。

发展方式优化与调整　坚持生态优先、养捕结合和控制近海、拓展外海、发展远洋的生产方针，加强海洋渔业资源和生态环境保护。转变海洋渔业发展方式，调整海洋渔业生产结构和布局，加快建设现代渔业产业体系。合理开发利用海洋渔业资源，严格控制并逐步减轻捕捞强度，限制海洋捕捞机动渔船数量和功率，加强禁渔期监管，积极推进从事捕捞作业的渔民转产转业。加强海洋渔业资源环境保护，开展水生生物资源增殖和环境修复，发展海洋牧场，改善海洋生态环境，不断提升海洋渔业可持续发展能力。严格控制陆源污染物向水体排放，对重点海域排污实施总量控制。

六、农业可持续发展的适度规模分析

种植业是以土地为重要生产资料，利用绿色植物，通过光合作用把自然界中的二氧化碳、水和矿物质合成有机物质，同时，把太阳能转化为化学能贮藏在有机物质中。它是一切以植物产品为食品的物质来源，也是人类生命活动的物质基础。因此，在农业生产大系统中，尤以种植业与农业资源环境的关系最为密切。种植业对农业资源的利用方式和农业环境产生的影响，直接决定了农业可持续发展的水平。

在我国农业发展的历程中，粮食生产一直是农业生产的重中之重，20年来其播种面积占农作物总播种面积的比例基本围绕70%的水平上下波动，是农业资源利用最主要的生产方式。本研究以粮食为研究对象，探讨农业可持续发展的适度规模问题（图6-1）。

（一）适度规模的概念

1.微观尺度的适度规模

适度规模的概念由“规模经济”或者“规模报酬”衍生而来，在技术不变的条件下，规模报酬会随着生产规模的变化而处于不同的变化阶段。一般生产规模较小时，扩大生产规模会导致规模报酬递增；生产规模达到适度规模，扩大生产规模会导致规模报酬不变；超过适度规模，扩大生产规模会导致规模报酬递减。具体来说，适度规模即最优规模，是指在一定的适合的环境和社会经济条件下，各生产要素（土地、劳动力、资金、设备、经营管理、信息等）的最优组合和有效运行，取

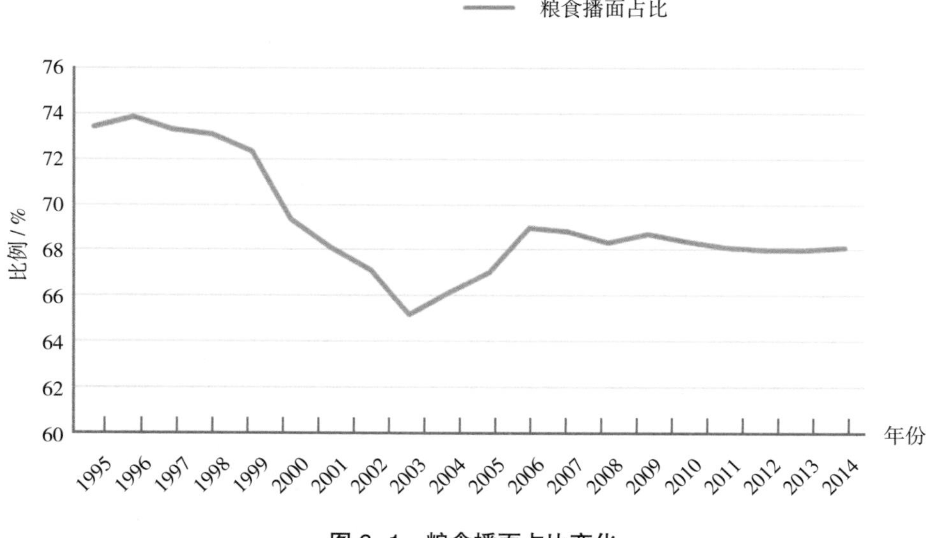

图 6-1　粮食播面占比变化

得最佳的经济效益。传统的适度规模的研究主要集中在农户农地规模经营决策行为、农地规模经营效率、农地集中方式等微观尺度领域。

2. 宏观尺度的适度规模

随着农业生产对资源环境开发利用程度的不断加深，出现了农业资源过度开发、农业投入品过量使用、地下水超采以及农业内外源污染相互叠加等带来的一系列问题，农业可持续发展面临重大挑战。人们逐渐认识到，仅仅从经济效益角度出发考虑农户层面微观尺度的适度规模问题是远远不够的，农业产出并非越大越好，从国家或区域等宏观尺度研究资源的合理配置和开发强度、适度产出规模等问题更是迫在眉睫。

宏观尺度的适度规模与可持续发展紧密相关，其内涵可以理解为，在一定的经济技术条件下，基于区域农业自然资源禀赋可持续利用、农业生态环境良性循环的特定农产品最优产出规模。从目前的研究成果来看，侧重于国家或区域宏观尺度研究农业资源环境合理开发利用的研究主题主要集中于资源环境承载力。“承载力”（Carrying Capacity，或者 Bearing Capacity）一词原为物理力学中的一个物理量，指物体在不产生任何破坏时所能承受的最大负荷。承载力最初被引进区域系统是在生态学中的应用，一般被定义为“某一生境所能支持的某一物种的最大数量”。从其概念可以看出，农业资源环境承载力研究的主要是资源环境与人口之间的关系，而对于链接二者的农产品产出这一环节关注较少。本研究借助承载力的概念，对农业资源的农产品（粮食）产出适度规模进行研究。

（二）单位面积粮食产出适度规模

粮食生产过程是以土地资源为载体，通过粮食作物生长对气候资源、水资源和肥料资源等农业资源的吸收、利用和转化的过程。粮食生产能力大小取决于“作物—光—温—水—土”资源要素的耦合状态与功能。因此，本研究采用农业生态区域法（AEZ）在依次对县域水稻、玉米和小麦三大粮食作物的光合生产潜力、光温生产潜力、水分（降水、灌水）生产潜力进行了估算，在此基础上，利用土地有效系数对水分生产潜力进行订正得到耕地粮食生产潜力，即单位耕地面积粮食产出适度规模。

1. 农业资源粮食生产适度规模计算模型

在应用农业生态区域法（AEZ）对县域各种作物生产潜力进行计算的基础上，再考虑区域作物种植结构就可以得到区域耕地粮食加权平均承载力，即本研究定义的适度规模，订正公式如下：

$$Y_c=\sum_{i=1}^{3}P_i\cdot\frac{R_i}{R}$$

式中，Y_C 为某县域耕地资源粮食产出适度规模（kg/hm²·a）；P_i 为县域内第 i 种粮食作物的土地生产潜力（kg/hm²·a）；R_i 为该县第 i 种粮食作物的播种面积，R 为所有粮食作物播种面积，作物播种面积由县域 2009—2011 年 3 年数据均值代表。

2. 单位耕地面积粮食生产潜力

（1）光合生产潜力　选择小麦、玉米、水稻三大主要粮食作物，其中小麦分为冬小麦和春小麦，玉米分为春玉米和夏玉米，水稻分为早稻、中稻、晚稻和一季稻。利用光合生产潜力计算模型进行运算得到 8 种作物的光合生产潜力。结果显示，光合生产潜力地域之间差异显著，整体上呈现由东南向西北递减的空间分布格局，且在东北、内蒙古及长城沿线一带出现一个低值区。县域光合生产潜力全国平均值为 65.6t/hm²·a。粮食光合生产潜力高于 90t/hm²·a 的县域主要分布于中国南方光热条件较好的云贵高原、南岭山地、四川盆地周围山地的部分县域，这部分地区的耕地面积仅占全国耕地总面积的 4.7%；华南、江南、长江中下游、四川盆地、云贵高原以及淮北平原、山东丘陵等地大部分县域光合生产潜力介于 75~90t/hm²·a，是全国粮食光合生产潜力的次高值区，这部分地区的耕地面积之和约占到全国耕地总面积的 27.8%；藏南高原谷地、川滇高原的西部、华北平原大部以及汾渭谷地等区大部分县域单元的光合生产潜力在 60~75t/hm²·a，耕地面积约占全国耕地总面积的 23.5%；黄土高原大部分县域、河西走廊、南疆山地以及横断山地的大部分县域单元光合生产潜力介于 45~60t/hm²·a，耕地面积约占全国耕地总面积的 26.5%，为全国县域粮食光合生产潜力较低的区域；全国县域光合生产潜力最低的区域主要位于东北以及内蒙古和长城沿线地区，这些地区大部分县域光热条件较差，作物种植以一年一熟为主，大部分县域的光合生产潜力低于 45t/hm²·a，为全国粮食光合生产潜力的低值区，这部分县域的耕地面积之和约占全国耕地总面积的 17.5%。

（2）光温生产潜力　利用光温生产潜力计算模型进行运算得到 8 种作物的光合潜力，结果显示，整体而言，中国县域粮食光温生产潜力具有从东南向西北逐渐递减的空间分布规律。长江以南的长江中下游地区、江南地区以及华南地区为我国热量条件最好的区域，基本上可以满足作物一年三熟的热量条件，该区因此成为我国粮食光温生产潜力最高的区域。在该区域内，光温生产潜力超过 25t/hm²·a 县域的耕地面积之和约占到全国耕地总面积的 10.1%；豫南鄂北山地、四川盆地以及云贵高原东北部的滇东北山地区为全国粮食光温生产潜力的次高值区，其潜力值大体分布在 20~25t/hm²·a，这部分县域的耕地面积之和约占到全国耕地总面积的 16.7%；黄淮海平原地区的大部、四川盆地周围山地以及川滇高原的大部分地区，大于 10℃年有效积温大体在 4 500~5 000℃，基本上可以满足作物两年三熟至一年两熟的需求，这些地区大部分县域光温生产潜力在 15~20t/hm²·a，处于全国平均水平，其县域的耕地面积之和约占到全国耕地总面积的 25.4%；东北地区的大部、内蒙古东部及长城沿线区以及新疆大部，作物的主要茬口以一年一熟为主，县域光温生产潜力在 10~15t/hm²·a，为全国粮食光温生产潜力较低的地区，这部分县域的耕地面积之和约占到全国耕地总面积的35.9%；青藏高原大部分地区以及东北的大小兴安岭等地，为作物生长温度限制性较强的区域。该区大多数县域光温生产潜力小于10t/hm^2·a，为全国粮食光温生产潜力最低的地区，这部分县域的耕地面积之和约占到全国耕地总面积的11.9%。中国县域光温生产潜力平均值为17.4t/hm^2·a。

(3) 水分生产潜力

降水生产潜力：利用降水水分订正系数对光温生产潜力进行订正，得到没有人工投入影响的作物和区域降水生产潜力。结果显示，降水生产潜力县域空间分异规律十分明显，整体上呈现由东南向西北逐渐降低的趋势。县域降水生产潜力的空间分布特征与我国降水的分布规律表现出较强的相关性。高值区主要分布在年降水量1 600mm以上的华南及江南部分地区，这部分地区降水生产潜力大都在25t/hm^2·a以上，这些县域的耕地面积之和约占到全国耕地总面积的7.9%；全国降水生产潜力的次高值区主要分布在长江中下游、四川盆地以及云贵高原的部分县域单元，这些县域潜力值大多在15~25t/hm^2·a，其耕地面积之和约占到全国耕地总面积的29.4%。内蒙古及长城沿线地区和西北地区是我国年降水量最小的区域，大部分地区年降水量小于200mm，因此，降水对这些区域的衰减作用非常大，这些区域的降水生产潜力大多在5t/hm^2·a以下，这部分县域的耕地面积之和约占到全国耕地总面积的13.1%。

水资源生产潜力：利用农业水资源水分订正系数对光温生产潜力进行订正，得到作物和区域水资源生产潜力。灌溉水影响下的水资源生产潜力县域之间差异较降水生产潜力有所减弱，但空间分异规律仍十分明显，依旧整体上呈东南向西北降低的趋势，但与降水生产潜力不同的是水资源生产潜力的最低值不出现在西北区，而是出现在内蒙古及长城沿线区、黄土高原区和横断山区一线。水资源生产潜力的高值区仍主要分布华南及江南部分地区，水资源生产潜力大于25t/hm^2·a以上县域的耕地面积之和约占到全国耕地总面积的9.7%。考虑灌溉的影响，全国水资源生产潜力小于5t/hm^2·a的县域单元较降水生产潜力有明显减少，且空间分布也不同，水资源生产潜力小于5t/hm^2·a的县域主要位于内蒙古自治区北部灌溉水平较低的地区，这些县域的耕地面积之和仅占到全国耕地总面积的4.8%。西北地区是以灌溉为主的地区，灌溉对农业生产发展具有举足轻重的作用，大部分地区水资源生产潜力达9t/hm^2·a以上，较降水生产潜力的增幅在1~474倍，可见在西北区灌溉对粮食生产潜力的影响较大。

(4) 土地生产潜力　利用计算得到的土地有效系数对水资源生产潜力进行订正得到作物和区域的土地生产潜力。由于土地生产潜力是在水资源生产潜力的基础上进一步衰减的结果，因而其大体趋势与水资源潜力一致，表现为东南向西北降低的趋势，在内蒙古及长城沿线区、黄土高原区和横断山区一线出现一条低值带。长江中下游、江南以及华南地区为我国农业自然资源禀赋较好的区域，该区因此成为我国土地生产潜力最高的地区，这些区域的土地生产潜力多大于15t/hm^2·a。其中土地生产潜力大于20t/hm^2·a的县域较少，其耕地面积之和仅占到全国耕地总面积的3.3%；土地生产潜力值位于15~20t/hm^2·a的县域除分布在华南、江南、长江中下游区外，在四川盆地和云贵高原区也有分布，这部分县域的耕地面积之和约占到全国耕地总面积的19.7%。而黄淮海平原、东北地区以及川滇高原的大部分地区县域土地生产潜力位于7.5~15t/hm^2·a，这部分县域的耕地面积之和约占到全国耕地总面积的53.4%。土地生产潜力较低的区域主要位于内蒙古及长城沿线地区、黄土高原地区以及横断山区，年土地生产潜力低于5t/hm^2·a，这部分县域的耕地面积之和约占到全国耕地总面积的11.7%。

3. 单位面积粮食产出适度规模

为了将耕地的粮食生产潜力概念上升到区域尺度，进而引出区域粮食产出适度规模，以农业地区为统计单元，对单位耕地面积的粮食生产潜力按农业可持续发展区划方案的不同地区进行整理，得出各区域单位面积的粮食产出适度规模，全国平均单位耕地面积粮食产出适度规模为 $9.59t/hm^2 \cdot a$（表 6-1）。

表 6-1　区域土地生产潜力

（单位：$kg/hm^2 \cdot a$）

农业地区名称	单位耕地面积粮食产出适度规模	单位播种面积粮食产出适度规模
东北区	8 241.83	8 021.32
黄淮海区	8 877.15	4 996.51
长江中下游及华南区	15 502.70	6 498.19
西北区	5 775.95	5 222.19
内蒙古及长城沿线区	3 686.59	4 003.27
黄土高原区	4 025.01	3 419.52
西南区	12 290.67	5 590.92
青藏高原区	5 439.82	4 778.09
全国总计	9 590.6	7 321.07

（三）全国耕地资源粮食产出适度规模

1. 测算模型

全国耕地资源粮食产出适度规模取决于单位面积耕地资源粮食产出适度规模与耕地资源的数量，同时又受复种指数和种植结构变化的影响，因此构建如下耕地资源粮食产出适度规模测算模型：

$$P_{rt}=ab_tY_{r0}\cdot A_{rt}$$

其中，$a=CI_t/CI_0$，$b=R_t/R_0$

式中，P_{rt} 为 t 时期区域耕地资源粮食产出适度规模，Y_{r0} 为基期单位面积耕地资源粮食生产承载力，A_{rt} 为 t 时期区域耕地资源总量，b_t 为粮食播面占比，a 为复种指数调整系数，CI_t 为目标期时间 t 的复种指数，CI_0 为基期的复种指数。

2. 耕地保有量预测

（1）我国耕地面积年度系列数据的历史反推　新中国成立以来，我国耕地统计数据有 6 套统计资料可稽：一是国家统计局的《中国统计年鉴》，其统计年度延续至 1995 年；二是国家统计局农村社会经济调查司的《中国农村统计年鉴》，其统计年度延续至 1996 年；三是农业部的《中国农业统计资料》，其统计年度延续至 1996 年；四是前国家土地管理局的《全国土地管理统计资料》，其统计年度始于 1987 年，止于 1995 年；五是前国家土地管理局的《中国土地年鉴》，其统计年度始于 1993 年，止于 1996 年；六是国土资源部的《中国国土资源年鉴》，其统计年度始于 1999 年至今。

对于前 3 套统计数据，虽然其时序性很强，延续时间也较长，但从 20 世纪 70 年代以来一直比实际偏小，资料本身也注明了这点。对于后 3 套统计数据虽然都先后由国家土地管理部门发布，并能基本反映或较好地反映我国的实有耕地面积，但在 1995 年以前和 1996 年以后所参照的基础数据不同，前后两套数据不衔接，形成断层。

国土资源部（1997 年以前为国家土地管理局）自 1986 年以后每年公布中国耕地增减的统计资料，另外，《中国统计年鉴》以及《中国农村统计年鉴》也有相应的资料（表 6–2），可以看出，三者耕地减少面积基本相近，但净减少面积却相差甚远，国家土地管理局统计的年均减少面积远远大于其他两者。

表 6–2　1986—1995 年中国耕地面积增减情况　（单位：万亩）

年份	国家土地管理局数据			《中国统计年鉴》数据			《中国农村统计年鉴》数据		
	年内减少耕地	年内增加耕地	净减少耕地	年内减少耕地	年内增加耕地	净减少耕地	年内减少耕地	年内增加耕地	净减少耕地
1986	1 662.0	729.0	933.0	1 662.0	729.0	933.0			
1987	1 315.5	573.0	742.5	1 227.0	715.5	511.5	1 227.0	714.0	513.0
1988	1 014.0	558.0	456.0	967.5	717.0	250.5	967.5	676.5	291.0
1989	625.5	582.0	43.5	777.0	678.0	99.0	777.0	667.5	109.5
1990	519.0	669.0	−150.0	700.5	726.0	−25.5	700.5	726.0	−25.5
1991	672.0	637.5	34.5	732.0	703.5	28.5	732.0	703.5	28.5
1992	1 063.5	618.0	442.5	1 108.5	766.5	342.0	1 108.5	766.5	342.0
1993	937.5	453.0	484.5	1 098.0	912.0	186.0	1 098.0	612.0	486.0
1994	1 177.5	520.5	657.0	1 063.5	771.0	292.5	1 063.5	771.0	292.5
1995	1 197.0	583.5	613.5	931.5	1 027.5	−96.0	931.5	1030.5	−99.0
合计	10 183.5	5 926.5	4 258.5	10 266.0	7 444.5	2 821.5	8 604.0	6 667.5	1 936.5
平均	1 018.5	592.5	426.0	1026.0	744.0	282.0	955.5	741.0	214.5

对于 1986—1996 年的耕地面积，本研究以 1996 年全国土地详查结果为基数，通过国土资源部公布的中国耕地面积增减的统计资料逐年反推得到。一来是因为国土资源部的数据历来被认为是该方面的权威数据，另据田光进、庄大方等利用 20 世纪 80 年代末与 90 年代末期遥感影像对中国耕地动态变化的研究，10 年中中国耕地面积约减少 $324 \times 10^4 hm^2$，该数据与国土资源部的统计数据比较接近。1996 年以后我国实有耕地面积以国土资源部公布数据为准，一并列入表 6–3。

表 6–3　1986 年以来国土资源部耕地统计面积　（单位：亿亩）

年份	1986	1987	1988	1989	1990	1991	1992	1993	1994	1995	1996	1997	1998	1999
面积	19.87	19.79	19.75	19.74	19.76	19.76	19.71	19.66	19.60	19.54	19.51	19.49	19.45	19.38
年份	2000	2001	2002	2003	2004	2005	2006	2007	2008	2009	2010	2011	2012	
面积	19.24	19.14	18.89	18.51	18.37	18.31	18.27	18.26	18.31	18.35	18.40	18.44	18.51	

资料来源：1986—1995 年我国实有耕地面积以 1996 年的数据为基数，根据原国家土地管理局 1987—1995 年《全国土地管理统计资料》和 1997 年《中国土地年鉴》中的耕地面积变化数根据推算；1996—2005 年以后的数据引自国土资源部 1999 年以来的《中国国土资源年鉴》；2006 年以后数据引自历年《中国国土资源公报》

（2）基于年变化率概率分布的耕地保有量预测　任何事物的发展变化都有其历史规律可循，分析 1986 年以来我国耕地保有量历年变化率的绝对值可以发现（表 6–4），大部分年份都在 0.5% 以下，只有 2000—2004 年 5 个年份高出该值，尤其是 2002 和 2003 年分别达到了 1.32% 和 2.01%，按照统计学理论，在做具体分析时，这些年份可以作为极值年份排除在外。

表 6-4 我国耕地保有量年变化率

（单位：%）

年份	1987	1988	1989	1990	1991	1992	1993	1994	1995	1996	1997	1998	1999
变化率	−0.37	−0.23	−0.02	0.08	−0.02	−0.22	−0.25	−0.33	−0.31	−0.16	−0.10	−0.20	−0.34
年份	2000	2001	2002	2003	2004	2005	2006	2007	2008	2009	2010	2011	2012
变化率	−0.74	−0.49	−1.32	−2.01	−0.77	−0.30	−0.25	−0.03	0.26	0.22	0.31	0.19	0.38

从 1987—2012 年我国耕地面积年际变化率的分布图（图 6-2）来看，我国耕地资源保有量年变化率以 2003 年为中心点和转折点大致呈对称分布。2008 年，国务院印发第三版《全国土地利用总体规划纲要（2006—2020 年）》，其中提出了我国耕地 18 亿亩的红线，其后我国耕地面积开始呈现正增长，并以每年 0.2% 以上的水平递增。在不远的将来，2050 年之前将我国耕地资源保有量的年均减少率控制在 0.2% 左右的水平是可行的，按此水平对我国的耕地资源保有量做出预测，结果见表 6-5。

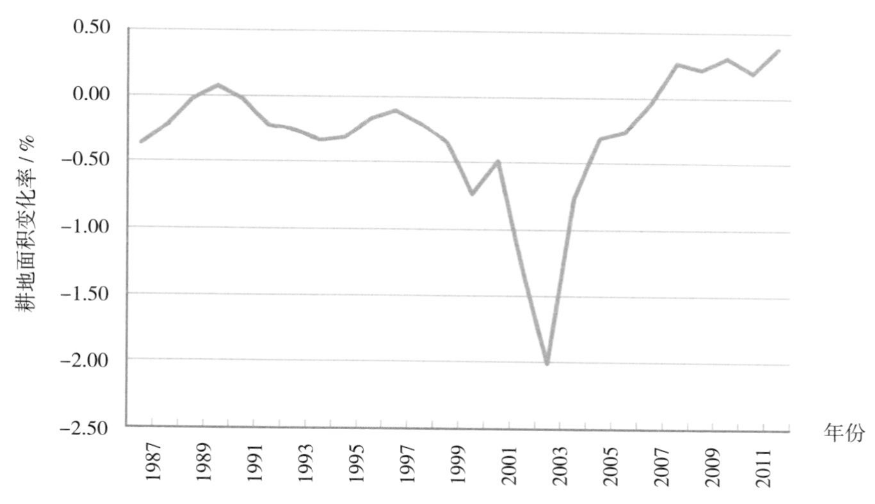

图 6-2 我国耕地资源保有量年减少率分布

表 6-5 年均递减率为 0.2% 时我国耕地资源保有量预测值

（单位：亿亩）

年份	2012	2030	2050
预测值	18.51	19.19	19.97

表 6-5 列出了以 2012 年为基期，我国耕地资源保有量年均递减率为 0.2% 时的预测结果，2030 年我国耕地资源保有量为 19.19 亿亩，2050 年达到 20 亿亩的水平。

综合我国耕地资源保有量历史变化，国家对耕地的保护政策以及预测数据与规划目标的契合程度等各方面因素，本研究认为以年均递减率为 0.2% 预测的我国耕地资源保有量比较切合实际。

3. 复种指数调整系数

复种指数的高低受区域热量、土壤、水分、肥料、劳动力和科学技术水平等条件的制约。热量条件好、无霜期长、总积温高、水分充足是提高复种指数的基础。经济的发展和农业科学技术水平的提高则为复种指数的提高创造了条件。我国农业生产复种指数呈稳定提高的趋势，从 1986 年的 108.9% 上升到 2012 年的 132.4%，统计分析发现，复种指数是时间序列的线性函数，且高度相关（图 6–3）。

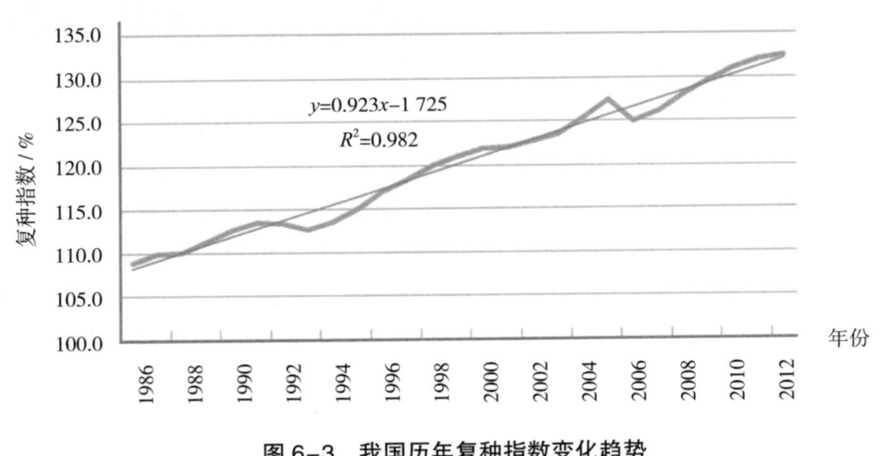

图 6–3　我国历年复种指数变化趋势

随着全球气候变化导致的我国平均气温的不断升高，以及经济发展水平和农业科学技术水平的不断提高，预计我国复种指数将延续不断提高的趋势。通过对复种指数变化率的分析发现，除极个别年份外，复种指数年际变化率均在 0~1.5% 的区间波动，且波幅稳定。因此，依据此趋势，预测 2030 年全国复种指数为 151%，但随后趋势会有所减缓，预计 2050 年达到 160% 的水平后将趋于稳定。因此，相对于基期 2012 年，2013 年的复种指数调整系数为 1.14，2050 年为 1.20（图 6–4）。

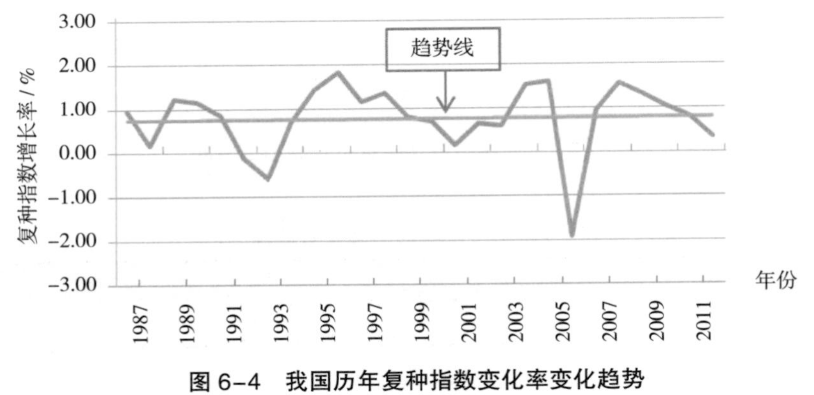

图 6–4　我国历年复种指数变化率变化趋势

4. 粮食播面占比预测

我国粮食播种面积占农作物总播种面积的比例一直处于下降趋势，由 1986 年的 76.9% 下降到 2012 年的 68.1%，其变化趋势基本符合时间序列的对数函数。依据粮食播种面积占比与时间建立的对数函数，推测 2030 年我国粮食播种面积占比为 66.05%，2050 年为 64.64%（图 6–5）。

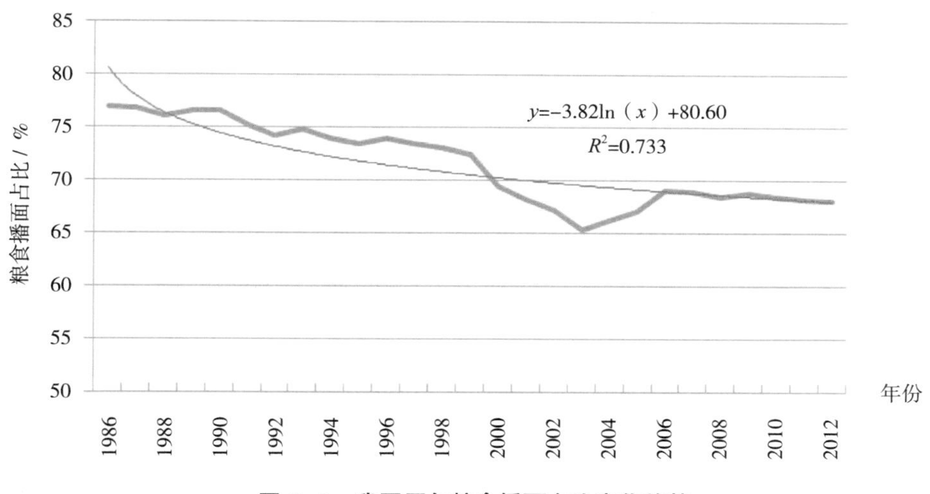

图 6–5　我国历年粮食播面占比变化趋势

5. 全国耕地资源粮食产出适度规模测算

根据前文计算的区域单位耕地面积粮食产出适度规模，预测的耕地面积、复种指数调整系数以及粮食播面占比预测值，计算全国耕地资源粮食产出适度规模，过程见表 6–6。我国基期单位面积耕地粮食产出适度规模为 639kg/ 亩，折合每年每亩播种面积为 488kg，全国耕地资源年粮食产出适度规模为 6.12 亿 t，对应 2030 年我国全部耕地资源年粮食产出适度规模为 7.11 亿 t，2050 年我国全部耕地资源年粮食产出适度规模为 7.69 亿 t。

表 6–6　我国耕地资源粮食产出适度规模

指标	基期（2010 年水平）	2030 年	2050 年
耕地面积（万 hm^2）	12 266.7	12 793.3	13 313.3
粮食播面占比（%）	68.1	66.05	64.64
复种指数调整系数	1.00	1.15	1.22
全国耕地资源粮食产出适度规模（亿 t）	6.12	7.11	7.69

七、推进农业可持续发展的重大措施

农业可持续发展是一项系统工程，涉及优化农业生产方式、创新农业生产技术、限制农业活动规模、人工修复生态环境和规范引导农业经营主体行为等方面，需要统筹采取工程、技术、管理、政策和法律等综合措施予以推进。

（一）工程措施

围绕农业可持续发展的关键短板组织实施一批重大工程项目，主要包括资源保育、环境治理和生态修复等农业资源和生态环境休养生息项目。

（1）资源保育项目　加强耕地质量建设，采取深耕深松、保护性耕作、秸秆还田、增施有机肥、种植绿肥等土壤改良方式，增加土壤有机质，恢复和培育土壤微生物群落，构建养分健康循环通道，提升土壤肥力。优化农业布局，逐步建立起农业生产力与资源环境承载力相匹配的农业生产新格局，调整种养业结构，促进种养循环、农牧结合、农林结合，探索建立粮豆轮作、粮经轮作、粮饲轮作、水旱轮作等耕地轮作制。开展土地整治、中低产田改造，建设田间灌排沟渠及机井、节水灌溉、小型集雨蓄水、积肥设施等基础设施，修建农田道路、农田防护林、输配电设施，推广应用先进适用耕作技术，建设高标准农田。以小流域为单元，以水源保护为中心，配套修建塘坝窖池，配合实施沟道整治和小型蓄水保土工程，加强生态清洁小流域建设。在地表水和地下水资源过度开发地区，退减灌溉面积，调整种植结构，减少高耗水作物种植面积，进一步加大节水力度。在具备条件的地区，可适度采取地表水替代地下水灌溉。建设农业资源监测网络体系与农业资源环境大数据中心，推动农业资源数据共建共享。

（2）环境治理项目　在养殖污染重点区，按照干湿分离、雨污分流、种养结合的思路，建设一批畜禽粪污原地收集储存转运、固体粪便集中堆肥或能源化利用、污水高效生物处理等设施和有机肥加工厂。推广测土配方施肥技术，增施有机肥，推广高效肥和化肥深施、种肥同播等技术，开展沟渠整理，清挖淤泥，加固边坡，合理配置水生植物群落，配置格栅和透水坝，实现平缓型农田氮磷净化。建设坡耕地生物拦截带和径流集蓄再利用设施，实现坡耕地氮磷拦截再利用。推进病虫害专业化统防统治和绿色防控，推广高效低毒农药和高效植保机械，实现农药减量控害。在问题突出的地区加快推广使用加厚地膜和可降解农膜，集成示范推广农田残膜捡拾、回收相关技术，建设废旧地膜回收网点和再利用加工厂。配置秸秆还田深翻、秸秆粉碎、捡拾、打包等机械，建立健全秸秆收储运体系，实施秸秆机械还田、青黄贮饲料化利用和秸秆能源化利用。建设生活污水、垃圾、粪便等处理和利用设施设备，保护农村饮用水水源地，推进农村省柴节煤炉灶炕升级换代，推广清洁炉灶，采取连片整治的推进方式，综合治理农村环境。

（3）生态修复项目　在符合条件的25°以上坡耕地、严重沙化耕地和重要水源地15°~25°坡耕地，实施退耕还林还草，按照适地适树的原则，积极发展木本粮油。开展草原自然保护区建设和南方草地综合治理，建设草原灾害监测预警、防灾物资保障及指挥体系等基础设施。开展防沙治沙建设，保护现有植被，合理调配生态用水，固定流动和半流动沙丘。在石漠化严重地区开展农村能源建设和易地扶贫搬迁，控制人为因素产生新的石漠化现象。继续强化湿地保护与管理，建设国际重要湿地、国家重要湿地、湿地自然保护区、湿地公园以及湿地多用途管理区。在淡水渔业区，推进水产养殖污染减排，升级改造养殖池塘，改扩建工厂化循环水养殖设施。在海洋渔业区，建设人工鱼礁、海藻场、海草床等基础设施，发展深水网箱养殖。在水源涵养区，综合运用截污治污、河湖清淤、生物控制等，整治生态河道和农村沟塘，改造渠化河道，推进水生态修复。开展水生生物资源环境调查监测和增殖放流。

（二）技术措施

（1）编制科学规划　加强农业资源环境合理开发利用研究，分析资源环境开发利用现状、变化趋势以及存在的主要问题，各地区根据资源环境情况，按照国家总体规划，科学编制地区农业可持续发展规划，调整优化农业生产布局，推进农产品向适宜区发展，提高资源开发利用效率，提高农业综合生产能力。要在农业可持续发展规划基础上，完善农业资源环境保护与建设规划、农业科技发展规划等专项规划，健全规划体系，推进规划实施。加强规划修订和监督检查工作，针对发展中遇到的新问题，建立规划的修订和完善机制，使规划与经济社会发展更加协调一致，取得更好的效果。加强规划落实和执行情况的监督检查，切实保证规划指标、任务的完成。

（2）创新科技体制机制 加强农业可持续发展的科技工作，在种业创新、耕地地力提升、化学肥料农药减施、高效节水、农田生态、农业废弃物资源化利用、环境治理、气候变化、草原生态保护、渔业水域生态环境修复等方面推动协同攻关，组织实施好相关重大科技项目和重大工程。创新农业科研组织方式，建立全国农业科技协同创新联盟，依托国家农业科技园区及其联盟，进一步整合科研院所、高校、企业的资源和力量。健全农业科技创新的绩效评价和激励机制。充分利用市场机制，吸引社会资本、资源参与农业可持续发展科技创新。

（3）加快成果转化 建立科技成果转化交易平台，按照利益共享、风险共担的原则，积极探索“项目＋基地＋企业”“科研院所＋高校＋生产单位＋龙头企业”等现代农业技术集成与示范转化模式。进一步加大基层农技推广体系改革与建设力度。创新科技成果评价机制，按照规定对于在农业可持续发展领域有突出贡献的技术人才给予奖励。

（4）强化人才培养 依托农业科研、推广项目和人才培训工程，加强资源环境保护领域农业科技人才队伍建设。充分利用农业高等教育、农民职业教育等培训渠道，培养农村环境监测、生态修复等方面的技能型人才。在新型职业农民培育及农村实用人才带头人示范培训中，强化农业可持续发展的理念和实用技术培训，为农业可持续发展提供坚实的人才保障。

（5）加强国际合作 借助多双边和区域合作机制，通过“走出去、请进来”相结合的办法，加强国内农业资源环境与生态等方面的农业科技交流合作，学习和借鉴发达国家的先进经验和技术，加大国外先进环境治理技术的引进、消化、吸收和再创新力度，缩短在这些领域与世界的差距，促进全国可持续农业的健康快速发展。

（三）管理措施

（1）树立节能减排理念 引导全社会树立勤俭节约、保护生态环境的观念，改变不合理的消费和生活方式。发展低碳经济，践行科学发展。加大宣传力度，倡导科学健康的膳食结构，减少食物浪费。鼓励企业和农户增强节能减排意识，按照减量化和资源化的要求，降低能源消耗，减少污染排放，充分利用农业废弃物，自觉履行绿色发展、建设节约型社会的责任。

（2）合理利用国外资源 依据国内资源环境承载力、生产潜能和农产品需求，确定合理的自给率目标和农产品进口优先序，合理安排进口品种和数量，把握好进口节奏，保持国内市场稳定，缓解国内农业资源环境压力。加强进口农产品检验检疫和质量监督管理，完善农业产业损害风险评估机制，积极参与国际与区域农业政策以及农业国际标准制定。

（3）健全资源市场化配置机制 建立健全农业资源有偿使用和生态补偿机制。推进农业水价改革，制定水权转让、交易制度，建立合理的农业水价形成机制，推行阶梯水价，引导节约用水。建立农业碳汇交易制度，促进低碳发展。培育从事农业废弃物资源化利用和农业环境污染治理的专业化企业和组织，探索建立第三方治理模式，实现市场化有偿服务。

（4）建立社会监督机制 发挥新闻媒体的宣传和监督作用，保障对农业生态环境的知情权、参与权和监督权，广泛动员公众、非政府组织参与保护与监督。逐步推行农业生态环境公告制度，健全农业环境污染举报制度，广泛接受社会公众的监督。

（5）完善政绩考核评价体系 创建农业可持续发展的评价指标体系，将耕地红线、资源利用与节约、环境治理、生态保护纳入地方各级政府绩效考核范围。对领导干部实行自然资源资产离任审计，建立生态破坏和环境污染责任终身追究制度和目标责任制，为农业可持续发展提供保障。

（6）积极培育新型经营主体 坚持和完善农村基本经营制度，坚持农民家庭经营主体地位，引导土地经营权规范有序流转，支持种养大户、家庭农场、农民合作社、产业化龙头企业等新型经营主体发展，推进多种形式适度规模经营。现阶段，对土地经营规模相当于当地户均承包地面积10~15倍，务农收入相当于当地二三产业务工收入的给予重点支持。积极稳妥地推进农村土地制度改革，允许农民以土地经营权入股发展农业产业化经营。

（7）培育和支持各类农民中介组织　政府通过行业协会联系广大农户，是市场经济国家通行的做法。随着《农民专业合作组织法》的颁布实施，农民专业合作组织法人地位的确立以及扶持政策的逐步落实，各类农民专业合作经济组织将有更大的发展，成为农业与农村经济的主要组织形式。建议加大对农业专业协会等经济合作组织的引导和扶持力度，使其职责明确，功能完善，与国际接轨。农业专业协会应在坚持农民自愿的前提下，按照“民办、民管、民受益”的原则，发挥农户和市场之间的桥梁作用，按照市场经济的规则进行运作，进而扩大专业基地建设，为下一步农业产业化的形成奠定基础。

（四）政策措施

（1）加强组织领导　农业的可持续发展是一项涉及农业资源有效利用，减少生产过程中污染排放或对其他环境要素产生影响，增强农业经济实效，实施生态良性循环的可持续发展模式。不仅涉及当前，而且顾及长远，不仅顾及农业产品的生产（经济效益），也要关顾生态环境的改善，更要兼顾人口发展的大问题。由此，必须加强组织领导，建立起强有力的由农业综合部门组织协调、涉农部门各负其责的农业工作领导体制和工作机制。树立全局的观点，从推进农业可持续发展的实际出发，建立部门间快速、高效的工作协调机制。针对农业生产、生态环境改善、循环农业建设、农业资源的保护等方面进行统一协调。增强其发展的系统性和宏观性。避免在发展过程中走资源过度消耗、危及生态环境的路子，强调循环农业的有效发展，增强其市场适应性和经济有效性。

（2）发挥导向作用　积极运用价格、税收、信贷、投资等经济杠杆和必要的行政手段，支持、鼓励发展那些资源含量低、科技含量高、对生态环境负面影响小，有利于利用资源、保护资源与环境的产业和产品。限制发展那些浪费资源、污染环境的产业和产品。改革和完善经济考核指标体系，把保护和合理开发利用资源与环境，提高社会效益、生态效益与经济效益作为考核地方经济和社会发展的重要指标和考核干部的重要内容。

（3）加大投入力度　健全农业可持续发展投入保障体系，推动投资方向由生产领域向生产与生态并重转变，投资重点向保障国家粮食安全和主要农产品供给、推进农业可持续发展倾斜。充分发挥市场配置资源的决定性作用，鼓励引导金融资本、社会资本投向农业资源利用、环境治理和生态保护等领域，构建多元化投入机制。完善财政等激励政策，落实税收政策，推行第三方运行管理、政府购买服务、成立农村环保合作社等方式，引导各方力量投向农村资源环境保护领域。将农业环境问题治理列入利用外资、发行企业债券的重点领域，扩大资金来源渠道。切实提高资金管理和使用效益，健全完善监督检查、绩效评价和问责机制。

（4）健全政策体系　健全财政政策、投资政策、产业政策、土地政策、农业政策、科技政策和环境政策等，完善扶持政策体系。坚持把“三农”作为财政支出优先保障领域，加大农业可持续投入；积极对接国家对农业的转移支付政策，加大对限制开发区域的转移支付力度，发挥转移支付制度在农业发展中的引导与支持保障作用；按照财权与事权相匹配的原则，逐步下放财权于农业主产区各县（市）。细化投资领域，积极引导工商资本有序进入农业主产区，逐步增加投资强度。加快农业产业结构调整，合理布局限制开发区域农业产业，强化限制开发区域产业规划，大力支持循环农业、节约型农业、生态友好型农业发展。统筹城乡区域用地，制定分类管理的土地政策。

（5）完善扶持政策　继续实施并健全完善草原生态保护补助奖励、测土配方施肥、耕地质量保护与提升、农作物病虫害专业化统防统治和绿色防控、农机具购置补贴、动物疫病防控、病死畜禽无害化处理补助、农产品产地初加工补助等政策。研究实施精准补贴等措施，推进农业水价综合改革。建立健全农业资源生态修复保护政策。支持优化粮饲种植结构，开展青贮玉米和苜蓿种植、粮豆粮草轮作；支持秸秆还田、深耕深松、生物炭改良土壤、积造施用有机肥、种植绿肥；支持推广使用高标准农膜，开展农膜和农药包装废弃物回收再利用。继续开展渔业增殖放流，落实好公益林补偿政策，完善森林、湿地、水土保持等生态补偿制度。建立健全江河源头区、重要水源地、重要水生态修复治理区和蓄滞洪区生态补偿机制。完善优质安全农产品认证和农产品质量安全检验制度，推进农产品质量安全信息追溯平台建设。

（五）法律措施

（1）完善相关法律法规和标准　对已有的法律，如《中华人民共和国农业法》《中华人民共和国农业技术推广法》等，进一步细化，明确各项支持政策的力度、支持标准和条件、支持方式、投入资金来源等具体内容，为具体的政策措施提供可操作的依据。针对土壤污染防治法以及耕地质量保护、黑土地保护、农药管理、肥料管理、基本草原保护、农业环境监测、农田废旧地膜综合治理、农产品产地安全管理、农业野生植物保护等，研究制定专门法律法规，强化法制保障。完善农业和农村节能减排法规体系，健全农业各产业节能规范、节能减排标准体系。制修订耕地质量、土壤环境质量、农用地膜、饲料添加剂重金属含量等标准，为生态环境保护与建设提供依据。完善并实施环境技术政策，提高能源和资源利用效率，减少污染物的排放，保护农村生态环境。鼓励工业企业在进行技术改造时，采用先进的技术和清洁生产工艺，提高资源、能源的利用率。对企业严重污染环境的落后工艺和设备实行限期淘汰。鼓励农资生产企业开发无毒、无害或低毒、低害的农药产品。

（2）建立完善农业生态补偿机制和产权制度　建立完善的农业生态环境监测与安全评估技术和标准体系，形成国家级、省级、市级、保护区等多层次农业生态环境监测体系；采用遥感和地面监测等现代技术手段建立生态环境数据库，建立生态环境安全评价及预警预报系统。健全农业生态补偿管理体系，合理构建我国农业生态补偿机制。强化农业资源环境的社会所有权，建立维护社会利益的排他性产权制度；通过市场运作和竞争的方式实现环境、资源的使用权，确保生态、经济、社会效益的同步增长；理顺与环境产权关联的各种权益，建立环境外部效应的补偿和投入机制。

（3）探索建立农业再保险保障体系　认真汲取国际农业保险发展的成功经验和总结中国农业保险经营教训，用全新的思想和理念，立足“三农”实际，探索和创建一个适应未来全国农业和农村经济发展需要的农业、农村经济保障机制及运作方式，积极开发新险种，重视防灾防损和人才培养工作，提高农业保险经营管理水平，建立完备的农业再保险保障体系，进一步为农业、农民和农村经济协调发展提供系统全面的风险保障，为全国的农业和农村保险保障体系探索出一条新的道路。

（4）加大执法与监督力度　健全执法队伍，整合执法力量，改善执法条件，加大执法力度。严格监管所有污染物的排放，依法严厉查处破坏生态、污染环境等环境违法行为。落实农业资源保护、环境治理和生态保护等各类法律法规，加强跨行政区资源环境合作执法和部门联动执法，依法严惩农业资源环境违法行为。开展相关法律法规执行效果的监测与督察，健全重大环境事件和污染事故责任追究制度及损害赔偿制度。

参考文献

毕于运，郑振源 . 2000. 建国以来中国实有耕地面积增减变化分析 [J]. 资源科学，22（2）：8–12.

蔡玉梅，张文新，刘彦随 . 2007. 中国耕地需求量的多目标预测与分析 [J]. 资源科学，29（4）：134–138.

陈百明 .2002. 未来中国的农业资源综合生产能力与食物保障 [J]. 地理研究，21（3）：294–303.

陈百明 . 2001. 中国土地资源生产能力及人口承载力研究 [M]. 北京：中国人民大学出版社 .

傅泽强，蔡运龙，杨友孝 . 2001. 中国粮食安全与耕地资源变化的相关分析 [J]. 自然资源学报，16（4）：313–319.

国务院政策研究室，农业部《中国农业综合生产能力研究》课题组 . 1993. 中国农业综合生产能力研究 [M]. 北京：中国农业出版社 .

郝向勇 . 2013. 我国农村剩余劳动力转移问题研究 [D]. 济南：山东财经大学 .

何毓蓉，周红艺 . 2004. 四川省耕地地力生产潜力及承载力研究 [J]. 地理科学，24（1）：20–25.

姜群鸥 . 2008. 基于 AEZ 模型的中国农业生产力的估算及其对耕地利用变化的响应 [D]. 长沙：中南大学 .

刘京生 . 2006. 构建多层次农业再保险保障体系 [J]. 中国金融（11）：53.

罗其友，唐华俊 . 1999. 农业基本资源可持续利用的区域调控研究 [J]. 经济地理，22（2）：30–34.

罗其友，唐华俊 . 2001. 农业水土资源高效持续配置战略 [J]. 资源科学，23（2）：42–45.

覃玲玲，周兴 . 2011. 基于生态承载力的产业布局与结构优化研究 [J]. 安徽农业科学，39（16）：9822–9826.

唐金成，黄兰迪 . 2006. 论如何加快发展我国的农业保险 [J]. 广西大学学报（哲学社会科学版），28（5）：9–12.

战金艳，余瑞，石庆玲 . 2013. 基于农业生态地带模型的中国粮食产能动态评估 [J]. 中国人口·资源与环境，23（10）：102–109.

周江洪 . 2011. 中国农村剩余劳动力转移研究 [D]. 武汉：武汉大学 .

周延礼 . 2012. 我国农业保险的成绩、问题及未来发展 [J]. 保险研究（5）：3–9.

附表1　全国农业可持续发展区划范围

区域	省（区、市）	区县
东北区	内蒙古	阿荣旗，莫旗，鄂伦春旗，牙克石市，扎兰屯市，额尔古纳市，根河市
	辽宁	沈阳市市辖区，辽中县，康平县，法库县，新民市，大连市市辖区，瓦房店市，普兰店市，庄河市，鞍山市市辖区，台安县，岫岩县，海城市，抚顺市市辖区，抚顺县，新宾县，清原县，本溪市市辖区，本溪县，桓仁县，丹东市市辖区，宽甸县，东港市，凤城市，锦州市市辖区，黑山县，义县，凌海市，北镇市，营口市市辖区，盖州市，大石桥市，阜新市市辖区，阜新县，彰武县，辽阳市市辖区，辽阳县，灯塔市，盘锦市市辖区，大洼县，盘山县，铁岭市市辖区，铁岭县，西丰县，昌图县，调兵山市，开原市，葫芦岛市市辖区，绥中县，兴城市
	吉林	长春市市辖区，农安县，九台市，榆树市，德惠市，吉林市市辖区，永吉县，蛟河市，桦甸市，舒兰市，磐石市，四平市梨树县，伊通县，公主岭市，双辽市，辽源市市辖区，东丰县，东辽县，通化市市辖区，通化县，辉南县，柳河县，梅河口市，集安市，白山市市辖区，抚松县，靖宇县，长白朝鲜族自治县，临江市，松宁江区，前郭县，长岭县，乾安县，扶余县，洮北区，镇赉县，通榆县，洮南市，大安市，延吉市，图们市，敦化市，珲春市，龙井市，和龙市，汪清县，安图县
	黑龙江	哈尔滨市市辖区，依兰县，方正县，宾县，巴彦县，木兰县，通河县，延寿县，双城市，尚志市，五常市，齐齐哈尔市市辖区，龙江县，依安县，泰来县，甘南县，富裕县，克山县，克东县，拜泉县，讷河市，鸡西市市辖区，鸡东县，虎林市，密山市，鹤岗市市辖区，萝北县，绥滨县，双鸭山市市辖区，集贤县，友谊县，宝清县，饶河县，大庆市市辖区，肇州县，肇源县，林甸县，杜尔伯特县，伊春市市辖区，嘉荫县，铁力市，佳木斯市市辖区，桦南县，桦川县，汤原县，抚远县，同江市，富锦市，七台河市市辖区，勃利县，牡丹江市市辖区，东宁县，林口县，绥芬河市，海林市，宁安市，穆棱市，爱辉区，嫩江县，逊克县，孙吴县，北安市，五大连池市，北林区，望奎县，兰西县，青冈县，庆安县，明水县，绥棱县，安达市，肇东市，海伦市，呼玛县，塔河县，漠河县
黄淮海区	北京	北京市市辖区，门头沟区，房山区，通州区，顺义区，昌平区，大兴区，怀柔区，平谷区，密云县
	天津	天津市市辖区，滨海新区，宁河县，静海县，蓟县
	河北	石家庄市市辖区，正定县，栾城县，行唐县，高邑县，深泽县，赞皇县，无极县，元氏县，赵县，辛集市，藁城市，晋州市，新乐市，鹿泉市，唐山市市辖区，滦县，滦南县，乐亭县，迁西县，玉田县，唐海县，遵化市，迁安市，秦皇岛市市辖区，昌黎县，抚宁县，卢龙县，峰峰矿区，邯郸县，临漳县，成安县，大名县，磁县，肥乡县，永年县，邱县，鸡泽县，广平县，馆陶县，魏县，曲周县，武安市，邢台县，临城县，内邱县，柏乡县，隆尧县，任县，南和县，宁晋县，巨鹿县，新河县，广宗县，平乡县，威县，清河县，临西县，南宫市，沙河市，保定市市辖区，满城县，清苑县，涞水县，徐水县，定兴县，唐县，高阳县，容城县，望都县，安新县，易县，曲阳县，蠡县，顺平县，博野县，雄县，涿州市，定州市，安国市，高碑店市，沧州市市辖区，沧县，青县，东光县，海兴县，盐山县，肃宁县，南皮县，吴桥县，献县，孟村县，泊头市，任丘市，黄骅市，河间市，廊坊市市辖区，固安县，永清县，香河县，大城县，文安县，大厂县，霸州市，三河市，桃城区，枣强县，武邑县，武强县，饶阳县，安平县，故城县，景县，阜城县，冀州市，深州市

（续表）

区域	省（区、市）	区县
黄淮海区	江苏	徐州市市辖区，丰县，沛县，铜山县，睢宁县，新沂市，邳州市，连云港市市辖区，赣榆县，东海县，灌云县，灌南县，淮安市市辖区，涟水县，响水县，滨海县，阜宁县，宿迁市市辖区，沭阳县，泗阳县，泗洪县
	安徽	蚌埠市市辖区，怀远县，五河县，固镇县，淮南市市辖区，凤台县，淮北市市辖区，濉溪县，阜阳市市辖区，临泉县，太和县，阜南县，颍上县，界首市，埇桥区，砀山县，萧县，灵璧县，泗县，谯城区，涡阳县，蒙城县，利辛县
	山东	济南市市辖区，平阴县，济阳县，商河县，章丘市，青岛市市辖区，胶州市，即墨市，平度市，胶南市，莱西市，淄博市市辖区，桓台县，高青县，沂源县，枣庄市市辖区，滕州市，东营市市辖区，垦利县，利津县，广饶县，烟台市市辖区，龙口市，莱阳市，莱州市，蓬莱市，招远市，栖霞市，海阳市，潍坊市市辖区，临朐县，昌乐县，青州市，诸城市，寿光市，安丘市，高密市，昌邑市，任城区，微山县，鱼台县，金乡县，嘉祥县，汶上县，泗水县，梁山县，曲阜市，兖州市，邹城市，泰安市市辖区，宁阳县，东平县，新泰市，肥城市，威海市市辖区，文登市，荣成市，乳山市，日照市市辖区，五莲县，莒县，莱芜市市辖区，临沂市市辖区，沂南县，郯城县，沂水县，苍山县，费县，平邑县，莒南县，蒙阴县，临沭县，德城区，陵县，宁津县，庆云县，临邑县，齐河县，平原县，夏津县，武城县，乐陵市，禹城市，东昌府区，阳谷县，莘县，茌平县，东阿县，冠县，高唐县，临清市，滨城区，惠民县，阳信县，无棣县，沾化县，博兴县，邹平县，牡丹区，曹县，单县，成武县，巨野县，郓城县，鄄城县，定陶县，东明县
	河南	郑州市市辖区，中牟县，荥阳市，新郑市，巩义市，新密市，登封市，开封市市辖区，杞县，通许县，尉氏县，开封县，兰考县，平顶山市市辖区，宝丰县，叶县，郏县，舞钢市，安阳市市辖区，安阳县，汤阴县，滑县，内黄县，林州市，鹤壁市市辖区，浚县，淇县，新乡市市辖区，新乡县，获嘉县，原阳县，延津县，封丘县，长垣县，卫辉市，辉县市，焦作市市辖区，修武县，博爱县，武陟县，温县，沁阳市，华龙区，清丰县，南乐县，范县，台前县，濮阳县，魏都区，许昌县，鄢陵县，襄城县，禹州市，长葛市，漯河市市辖区，舞阳县，临颍县，商丘市市辖区，民权县，睢县，宁陵县，柘城县，虞城县，夏邑县，永城市，淮滨县，息县，川汇区，扶沟县，西华县，商水县，沈丘县，郸城县，淮阳县，太康县，鹿邑县，项城市，驿城区，西平县，上蔡县，平舆县，正阳县，确山县，泌阳县，汝南县，遂平县，新蔡县
长江中下游及华南区	上海	上海市市辖区，崇明县
	江苏	南京市市辖区，溧水县，高淳县，无锡市市辖区，江阴市，宜兴市，常州市市辖区，溧阳市，金坛市，苏州市市辖区，常熟市，张家港市，昆山市，吴江市，太仓市，南通市市辖区，海安县，如东县，启东市，如皋市，海门市，洪泽县，盱眙县，金湖县，盐城市市辖区，射阳县，建湖县，东台市，大丰市，扬州市市辖区，宝应县，仪征市，高邮市，江都市，镇江市市辖区，丹阳市，扬中市，句容市，泰州市市辖区，兴化市，靖江市，泰兴市，姜堰市
	浙江	杭州市市辖区，桐庐县，淳安县，建德市，富阳市，临安市，宁波市市辖区，象山县，宁海县，余姚市，慈溪市，奉化市，温州市市辖区，永嘉县，平阳县，苍南县，文成县，泰顺县，瑞安市，乐清市，嘉兴市市辖区，嘉善县，海盐县，海宁市，平湖市，桐乡市，湖州市市辖区，德清县，长兴县，安吉县，绍兴市市辖区，绍兴县，新昌县，诸暨市，上虞市，嵊州市，金华市市辖区，武义县，浦江县，磐安县，兰溪市，义乌市，东阳市，永康市，衢州市市辖区，常山县，开化县，龙游县，江山市，舟山市市辖区，台州市市辖区，玉环县，三门县，天台县，仙居县，温岭市，临海市，丽水市市辖区，青田县，缙云县，遂昌县，松阳县，云和县，庆元县，景宁县，龙泉市

（续表）

区域	省（区、市）	区县
长江中下游及华南区	安徽	芜湖市市辖区，芜湖县，繁昌县，南陵县，无为县，淮南市市辖区，马鞍山市市辖区，当涂县，含山县，和县，铜陵市市辖区，铜陵县，安庆市市辖区，怀宁县，枞阳县，潜山县，太湖县，宿松县，望江县，岳西县，桐城市，黄山市市辖区，歙县，休宁县，黟县，祁门县，滁州市市辖区，来安县，全椒县，定远县，凤阳县，天长市，明光市，居巢区，六安市市辖区，寿县，霍邱县，舒城县，金寨县，霍山县，池州市市辖区，东至县，石台县，青阳县，宣州区，郎溪县，广德县，泾县，绩溪县，旌德县，宁国市
	福建	福州市市辖区，闽侯县，连江县，罗源县，闽清县，永泰县，平潭县，福清市，长乐市，厦门市市辖区，莆田市市辖区，仙游县，三明市市辖区，明溪县，清流县，宁化县，大田县，尤溪县，沙县，将乐县，泰宁县，建宁县，永安市，泉州市市辖区，惠安县，安溪县，永春县，德化县，金门县，石狮市，晋江市，南安市，漳州市市辖区，云霄县，漳浦县，诏安县，长泰县，东山县，南靖县，平和县，华安县，龙海市，延平区，顺昌县，浦城县，光泽县，松溪县，政和县，邵武市，武夷山市，建瓯市，建阳市，新罗区，长汀县，永定县，上杭县，武平县，连城县，漳平市，蕉城区，霞浦县，古田县，屏南县，寿宁县，周宁县，柘荣县，福安市，福鼎市
	江西	南昌市市辖区，南昌县，新建县，安义县，进贤县，景德镇市市辖区，浮梁县，乐平市，萍乡市市辖区，莲花县，上栗县，芦溪县，九江市市辖区，九江县，武宁县，修水县，永修县，德安县，星子县，都昌县，湖口县，彭泽县，瑞昌市，新余市市辖区，分宜县，鹰潭市市辖区，余江县，贵溪市，赣州市市辖区，赣县，信丰县，大余县，上犹县，崇义县，安远县，龙南县，定南县，全南县，宁都县，于都县，兴国县，会昌县，寻乌县，石城县，瑞金市，南康市，吉安市市辖区，吉安县，吉水县，峡江县，新干县，永丰县，泰和县，遂川县，万安县，安福县，永新县，井冈山市，宜春市市辖区，奉新县，万载县，上高县，宜丰县，靖安县，铜鼓县，丰城市，樟树市，高安市，抚州市市辖区，南城县，黎川县，南丰县，崇仁县，乐安县，宜黄县，金溪县，资溪县，东乡县，广昌县，上饶市市辖区，上饶县，广丰县，玉山县，铅山县，横峰县，弋阳县，余干县，鄱阳县，万年县，婺源县，德兴市
	河南	南阳市市辖区，南召县，方城县，镇平县，内乡县，社旗县，唐河县，新野县，桐柏县，西峡县，淅川县，邓州市，信阳市市辖区，罗山县，光山县，新县，商城县，固始县，潢川县
	湖北	武汉市市辖区，黄石市市辖区，阳新县，大冶市，当阳市，枝江市，襄阳市市辖区，老河口市，枣阳市，宜城市，鄂州市市辖区，荆门市市辖区，京山县，沙洋县，钟祥市，孝感市市辖区，孝昌县，大悟县，云梦县，应城市，安陆市，汉川市，荆州市市辖区，公安县，监利县，江陵县，石首市，洪湖市，松滋市，黄冈市市辖区，团风县，红安县，罗田县，英山县，浠水县，蕲春县，黄梅县，麻城市，武穴市，咸宁市市辖区，嘉鱼县，通城县，崇阳县，通山县，赤壁市，随州市市辖区，广水市，仙桃市，潜江市，天门市
	湖南	长沙市市辖区，长沙县，望城县，宁乡县，浏阳市，株洲市市辖区，株洲县，攸县，茶陵县，炎陵县，醴陵市，湘潭市市辖区，湘潭县，湘乡市，韶山市，衡阳市市辖区，衡阳县，衡南县，衡山县，衡东县，祁东县，耒阳市，常宁市，邵阳市市辖区，邵东县，新邵县，邵阳县，隆回县，洞口县，新宁县，武冈市，岳阳市市辖区，岳阳县，华容县，湘阴县，平江县，汨罗市，临湘市，常德市市辖区，安乡县，汉寿县，澧县，临澧县，桃源县，津市市，益阳市市辖区，南县，桃江县，安化县，沅江市，郴州市市辖区，桂阳县，宜章县，永兴县，嘉禾县，临武县，汝城县，桂东县，安仁县，资兴市，永州市市辖区，祁阳县，东安县，双牌县，道县，江永县，宁远县，蓝山县，新田县，江华县，娄底市市辖区，双峰县，新化县，冷水江市，涟源市

（续表）

区域	省（区、市）	区县
长江中下游及华南区	广东	广州市市辖区，增城市，从化市，韶关市市辖区，始兴县，仁化县，翁源县，乳源县，新丰县，乐昌市，南雄市，深圳市市辖区，珠海市市辖区，汕头市市辖区，南澳县，佛山市市辖区，江门市市辖区，台山市，开平市，鹤山市，恩平市，湛江市市辖区，遂溪县，徐闻县，廉江市，雷州市，吴川市，茂名市市辖区，电白县，高州市，化州市，信宜市，肇庆市市辖区，广宁县，怀集县，封开县，德庆县，高要市，四会市，惠州市市辖区，博罗县，惠东县，龙门县，梅州市市辖区，梅县，大埔县，丰顺县，五华县，平远县，蕉岭县，兴宁市，汕尾市市辖区，海丰县，陆河县，陆丰市，河源市市辖区，紫金县，龙川县，连平县，和平县，东源县，阳江市市辖区，阳西县，阳东县，阳春市，清远市市辖区，佛冈县，阳山县，连山县，连南县，清新县，英德市，连州市，东莞市，中山市，潮州市市辖区，潮安县，饶平县，揭阳市市辖区，揭东县，揭西县，惠来县，普宁市，云浮市市辖区，新兴县，郁南县，云安县，罗定市
	广西	南宁市市辖区，宾阳县，横县，柳州市市辖区，柳江县，柳城县，鹿寨县，融安县，融水县，三江县，桂林市市辖区，阳朔县，临桂县，灵川县，全州县，兴安县，永福县，灌阳县，龙胜县，资源县，平乐县，荔浦县，恭城县，梧州市市辖区，苍梧县，藤县，蒙山县，岑溪市，北海市市辖区，合浦县，防城港市市辖区，上思县，东兴市，钦州市市辖区，灵山县，浦北县，贵港市市辖区，平南县，桂平市，玉林市市辖区，容县，陆川县，博白县，兴业县，北流市，贺州市市辖区，昭平县，钟山县，富川县，罗城县，宜州市，来宾市市辖区，忻城县，象州县，武宣县，金秀县，合山市
	海南	海口市市辖区，三亚市，五指山市，琼海市，儋州市，文昌市，万宁市，东方市，定安县，屯昌县，澄迈县，临高县，白沙县，昌江县，乐东县，陵水县，保亭县，琼中县
西北区	内蒙古	乌海市市辖区，鄂托克前旗，鄂托克旗，杭锦旗，乌审旗，临河区，五原县，磴口县，乌前旗，乌中旗，乌后旗，杭锦后旗，阿拉善左旗，阿拉善右旗，额济纳旗
	甘肃	嘉峪关市，金川区，永昌县，景泰县，凉州区，民勤县，古浪县，甘州区，肃南县，民乐县，临泽县，高台县，山丹县，肃州区，金塔县，瓜州县，肃北县，阿克塞县，玉门市，敦煌市
	宁夏	银川市市辖区，永宁县，贺兰县，灵武市，大武口区，惠农区，平罗县，利通区，青铜峡市，沙坡头区，中宁县
	新疆	乌鲁木齐市市辖区，乌鲁木齐县，克拉玛依市市辖区，高昌区，鄯善县，托克逊县，哈密市，巴里坤县，伊吾县，昌吉市，阜康市，呼图壁县，玛纳斯县，奇台县，吉木萨尔县，木垒县，博博乐市，精河县，温泉县，库尔勒市，轮台县，尉犁县，若羌县，且末县，焉耆县，和静县，和硕县，博湖县，阿克苏市，温宿县，库车县，沙雅县，新和县，拜城县，乌什县，阿瓦提县，柯坪县，阿图什市，阿克陶县，阿合奇县，乌恰县，喀什市，疏附县，疏勒县，英吉沙县，泽普县，莎车县，叶城县，麦盖提县，岳普湖县，伽师县，巴楚县，塔什库尔干县，和田市，和田县，墨玉县，皮山县，洛浦县，策勒县，于田县，民丰县，伊宁市，奎屯市，伊宁县，察布查尔县，霍城县，巩留县，新源县，昭苏县，特克斯县，尼勒克县，塔城市，乌苏市，额敏县，沙湾县，托里县，裕民县，和布克赛尔县，阿勒泰市，布尔津县，富蕴县，福海县，哈巴河县，青河县，吉木乃县，石河子市，阿拉尔市，图木舒克市，五家渠市
内蒙古及长城沿线区	北京	延庆县
	河北	青龙县，涞源县，张家口市市辖区，宣化县，张北县，康保县，沽源县，尚义县，蔚县，阳原县，怀安县，万全县，怀来县，涿鹿县，赤城县，崇礼县，承德市市辖区，承德县，兴隆县，平泉县，滦平县，隆化县，丰宁县，宽城县，围场县

（续表）

区域	省（区、市）	区县
内蒙古及长城沿线区	山西	娄烦县，大同市市辖区，阳高县，天镇县，广灵县，灵丘县，浑源县，左云县，大同县，朔州市市辖区，山阴县，应县，右玉县，怀仁县，宁武县，静乐县，神池县，五寨县，岢岚县，偏关县，岚县，方山县
	内蒙古	呼和浩特市市辖区，土默特左旗，托克托县，和林格尔县，清水河县，武川县，包头市市辖区，土默特右旗，固阳县，达茂旗，赤峰市市辖区，阿鲁科尔沁旗，巴林左旗，巴林右旗，林西县，克什克腾旗，翁牛特旗，喀喇沁旗，宁城县，敖汉旗，通辽市市辖区，科左中旗，科左后旗，开鲁县，库伦旗，奈曼旗，扎鲁特旗，霍林郭勒市，鄂尔多斯市市辖区，达拉特旗，准格尔旗，伊金霍洛旗，呼伦贝尔市市辖区，鄂温克旗，陈巴尔虎旗，新巴尔虎左旗，新巴尔虎右旗，满洲里市，集宁区，卓资县，化德县，商都县，兴和县，凉城县，察右前旗，察右中旗，察右后旗，四子王旗，丰镇市，乌兰浩特市，阿尔山市，科右前旗，科右中旗，扎赉特旗，突泉县，二连浩特市，锡林浩特市，阿巴嘎旗，苏尼特左旗，苏尼特右旗，东乌珠穆沁旗，西乌珠穆沁旗，太仆寺旗，镶黄旗，正镶白旗，正蓝旗，多伦县
	辽宁	朝阳市市辖区，朝阳县，建平县，喀喇沁左翼县，北票市，凌源市，建昌县
	陕西	榆阳区，神木县，府谷县，横山县，靖边县，定边县，盐池县，同心县
	宁夏	盐池县，同心县
黄土高原区	河北	井陉矿区，井陉县，灵寿县，平山县，涉县，阜平县
	山西	太原市市辖区，清徐县，阳曲县，古交市，阳泉市市辖区，平定县，盂县，长治县，襄垣县，屯留县，平顺县，黎城县，壶关县，长子县，武乡县，沁县，沁源县，潞城市，沁水县，阳城县，陵川县，泽州县，高平市，晋中市市辖区，榆社县，左权县，和顺县，昔阳县，寿阳县，太谷县，祁县，平遥县，灵石县，介休市，运城市市辖区，临猗县，万荣县，闻喜县，稷山县，新绛县，绛县，垣曲县，夏县，平陆县，芮城县，永济市，河津市，忻州市市辖区，定襄县，五台县，代县，繁峙县，河曲县，保德县，原平市，临汾市市辖区，曲沃县，翼城县，襄汾县，洪洞县，古县，安泽县，浮山县，吉县，乡宁县，大宁县，隰县，永和县，蒲县，汾西县，侯马市，霍州市，吕梁市市辖区，文水县，交城县，兴县，临县，柳林县，石楼县，中阳县，交口县，孝义市，汾阳市
	河南	洛阳市市辖区，孟津县，新安县，栾川县，嵩县，汝阳县，宜阳县，洛宁县，伊川县，偃师市，鲁山县，汝州市，孟州市，三门峡市市辖区，渑池县，陕县，卢氏县，义马市，灵宝市，济源市
	陕西	西安市市辖区，蓝田县，周至县，户县，高陵县，铜川市市辖区，宜君县，宝鸡市市辖区，凤翔县，岐山县，扶风县，眉县，陇县，千阳县，麟游县，咸阳市市辖区，三原县，泾阳县，乾县，礼泉县，永寿县，彬县，长武县，旬邑县，淳化县，武功县，兴平市，渭南市市辖区，华县，潼关县，大荔县，合阳县，澄城县，蒲城县，白水县，富平县，韩城市，华阴市，延安市市辖区，延长县，延川县，子长县，安塞县，志丹县，吴起县，甘泉县，富县，洛川县，宜川县，黄龙县，黄陵县，绥德县，米脂县，佳县，吴堡县，清涧县，子洲县
	甘肃	兰州市市辖区，永登县，皋兰县，榆中县，白银市市辖区，靖远县，会宁县，天水市市辖区，清水县，秦安县，甘谷县，武山县，张家川县，平凉市市辖区，泾川县，灵台县，崇信县，华亭县，庄浪县，静宁县，庆阳市市辖区，庆城县，环县，华池县，合水县，正宁县，宁县，镇原县，定西市市辖区，通渭县，陇西县，渭源县，临洮县，漳县，岷县，临夏市，临夏县，康乐县，永靖县，广河县，和政县，东乡县，积石山县
	青海	西宁市市辖区，大通县，湟中县，湟源县，海平安县，民和县，乐都县，互助县，化隆县，循化县，同仁县，尖扎县，贵德县
	宁夏	原州区，西吉县，隆德县，泾源县，彭阳县，海原县

（续表）

区域	省（区、市）	区县
西南区	湖北	十堰市市辖区，郧县，郧西县，竹山县，竹溪县，房县，丹江口市，宜昌市市辖区，远安县，兴山县，秭归县，长阳县，五峰县，宜都市，南漳县，谷城县，保康县，恩施市，利川市，建始县，巴东县，宣恩县，咸丰县，来凤县，鹤峰县，神农架林区
	湖南	石门县，张家界市市辖区，慈利县，桑植县，怀化市市辖区，中方县，沅陵县，辰溪县，溆浦县，会同县，麻阳县，新晃县，芷江县，靖州县，通道县，洪江市，吉首市，泸溪县，凤凰县，花垣县，保靖县，古丈县，永顺县，龙山县
	广西	南宁市市辖区，武鸣县，隆安县，马山县，上林县，百色市市辖区，田阳县，田东县，平果县，德保县，靖西县，那坡县，凌云县，乐业县，田林县，西林县，隆林县，河池市市辖区，南丹县，天峨县，凤山县，东兰县，环江县，巴马县，都安县，大化县，崇左市市辖区，扶绥县，宁明县，龙州县，大新县，天等县，凭祥市
	重庆	重庆市市辖区，綦江县，潼南县，铜梁县，大足县，荣昌县，璧山县，梁平县，城口县，丰都县，垫江县，武隆县，忠县，开县，云阳县，奉节县，巫山县，巫溪县，石柱县，秀山县，酉阳县，彭水县
	四川	成都市市辖区，金堂县，双流县，郫县，大邑县，蒲江县，新津县，都江堰市，彭州市，邛崃市，崇州市，自贡市市辖区，荣县，富顺县，攀枝花市市辖区，米易县，盐边县，泸州市市辖区，泸县，合江县，叙永县，古蔺县，德阳市市辖区，中江县，罗江县，广汉市，什邡市，绵竹市，绵阳市市辖区，三台县，盐亭县，安县，梓潼县，北川县，平武县，江油市，广元市市辖区，旺苍县，青川县，剑阁县，苍溪县，遂宁市市辖区，蓬溪县，射洪县，大英县，内江市市辖区，威远县，资中县，隆昌县，乐山市市辖区，犍为县，井研县，夹江县，沐川县，峨边县，马边县，峨眉山市，南充市市辖区，南部县，营山县，蓬安县，仪陇县，西充县，阆中市，眉山市市辖区，仁寿县，彭山县，洪雅县，丹棱县，青神县，宜宾市市辖区，宜宾县，南溪县，江安县，长宁县，高县，珙县，筠连县，兴文县，屏山县，广安市市辖区，岳池县，武胜县，邻水县，华蓥市，达州市市辖区，达县，宣汉县，开江县，大竹县，渠县，万源市，雅安市市辖区，名山县，荥经县，汉源县，石棉县，天全县，芦山县，宝兴县，巴中市市辖区，通江县，南江县，平昌县，资阳市市辖区，安岳县，乐至县，简阳市，泸定县，西昌市，盐源县，德昌县，会理县，会东县，宁南县，普格县，布拖县，金阳县，昭觉县，喜德县，冕宁县，越西县，甘洛县，美姑县，雷波县
	贵州	贵阳市市辖区，开阳县，息烽县，修文县，清镇市，六盘水市市辖区，水城县，盘县，遵义市市辖区，遵义县，桐梓县，绥阳县，正安县，道真县，务川县，凤冈县，湄潭县，余庆县，习水县，赤水市，仁怀市，安顺市市辖区，平坝县，普定县，镇宁县，关岭县，紫云县，毕节市，大方县，黔西县，金沙县，织金县，纳雍县，威宁县，赫章县，铜仁市，江口县，玉屏县，石阡县，思南县，印江县，德江县，沿河县，松桃县，万山特区，兴义市，兴仁县，普安县，晴隆县，贞丰县，望谟县，册亨县，安龙县，凯里市，黄平县，施秉县，三穗县，镇远县，岑巩县，天柱县，锦屏县，剑河县，台江县，黎平县，榕江县，从江县，雷山县，麻江县，丹寨县，都匀市，福泉市，荔波县，贵定县，瓮安县，独山县，平塘县，罗甸县，长顺县，龙里县，惠水县，三都县

（续表）

区域	省（区、市）	区县
西南区	云南	昆明市市辖区，呈贡县，晋宁县，富民县，宜良县，石林县，嵩明县，禄劝县，寻甸县，安宁市，曲靖市市辖区，马龙县，陆良县，师宗县，罗平县，富源县，会泽县，沾益县，宣威市，玉溪市市辖区，江川县，澄江县，通海县，华宁县，易门县，峨山县，新平县，元江县，保山市市辖区，施甸县，腾冲县，龙陵县，昌宁县，昭通市市辖区，鲁甸县，巧家县，盐津县，大关县，永善县，绥江县，镇雄县，彝良县，威信县，水富县，丽江市市辖区，玉龙县，永胜县，华坪县，宁蒗县，普洱市市辖区，宁洱县，墨江县，景东县，景谷县，镇沅县，江城治县，孟连县，澜沧县，西盟县，临沧市市辖区，凤庆县，云县，永德县，镇康县，双江县，耿马县，沧源县，楚雄市，双柏县，牟定县，南华县，姚安县，大姚县，永仁县，元谋县，武定县，禄丰县，个旧市，开远市，蒙自县，屏边县，建水县，石屏县，弥勒县，泸西县，元阳县，红河县，金平县，绿春县，河口县，文山县，砚山县，西畴县，麻栗坡县，马关县，丘北县，广南县，富宁县，景洪市，勐海县，勐腊县，大理市，漾濞县，祥云县，宾川县，弥渡县，南涧县，巍山县，永平县，云龙县，洱源县，剑川县，鹤庆县，瑞丽市，潞西市，梁河县，盈江县，陇川县，泸水县，福贡县，兰坪县
	陕西	凤县，太白县，汉中市市辖区，南郑县，城固县，洋县，西乡县，勉县，宁强县，略阳县，镇巴县，留坝县，佛坪县，安康市市辖区，汉阴县，石泉县，宁陕县，紫阳县，岚皋县，平利县，镇坪县，旬阳县，白河县，商洛市市辖区，洛南县，丹凤县，商南县，山阳县，镇安县，柞水县
	甘肃	武都区，成县，文县，宕昌县，康县，西和县，礼县，徽县，两当县
青藏高原区	四川	汶川县，理县，茂县，松潘县，九寨沟县，金川县，小金县，黑水县，马尔康县，壤塘县，阿坝县，若尔盖县，红原县，康定县，丹巴县，九龙县，雅江县，道孚县，炉霍县，甘孜县，新龙县，德格县，白玉县，石渠县，色达县，理塘县，巴塘县，乡城县，稻城县，得荣县，木里县
	云南	贡山县，香格里拉县，德钦县，维西县
	西藏	城关区，林周县，当雄县，尼木县，曲水县，堆龙德庆县，达孜县，墨竹工卡县，昌都县，江达县，贡觉县，类乌齐县，丁青县，察雅县，八宿县，左贡县，芒康县，洛隆县，边坝县，山南地区乃东县，扎囊县，贡嘎县，桑日县，琼结县，曲松县，措美县，洛扎县，加查县，隆子县，错那县，浪卡子县，喀则市，南木林县，江孜县，定日县，萨迦县，拉孜县，昂仁县，谢通门县，白朗县，仁布县，康马县，定结县，仲巴县，亚东县，吉隆县，聂拉木县，萨嘎县，岗巴县，那曲县，嘉黎县，比如县，聂荣县，安多县，申扎县，索县，班戈县，巴青县，尼玛县，普兰县，札达县，噶尔县，日土县，革吉县，改则县，措勤县，林芝县，工布江达县，米林县，墨脱县，波密县，察隅县，朗县
	甘肃	天祝县，合作市，临潭县，卓尼县，舟曲县，迭部县，玛曲县，碌曲县，夏河县
	青海	门源县，祁连县，海晏县，刚察县，泽库县，河南县，共和县，同德县，兴海县，贵南县，玛沁县，班玛县，甘德县，达日县，久治县，玛多县，玉树县，杂多县，称多县，治多县，囊谦县，曲麻莱县，格尔木市，德令哈市，乌兰县，都兰县，天峻县

北京市农业可持续发展研究

摘要：随着北京城市化的飞速发展，农用地资源和水资源紧缺、气候干暖化、农业污染使得农业可持续发展面临挑战。通过综合评价发现，随着首都经济与社会的快速发展，农业投入不断增加，农业科技不断进步，对资源环境的保护意识不断提高以及保护措施不断完善，2006—2013 年北京农业的可持续发展能力呈持续增强趋势。采用生态足迹法剖析北京种植业和养殖业资源开发情况可知，2006—2013 年，北京种植业和养殖业生态足迹总体上均呈下降趋势，种植业单产提高或维持主要依赖化石能源消耗的增加，饲料生产水平和饲养水平的提高是促成畜牧业发展的主要驱动力，年降水量变化是种植业和畜牧业生态足迹变化的重要影响因素之一。在土地资源既定情况下，农业水资源多寡决定种植业和养殖业合理规模的大小。采用聚类分析法，依据农业可持续发展水平，可将 13 个区（县）归为三类，结合各自自然资源、社会经济发展条件，围绕建设国际一流的和谐宜居之都目标，各类型区要调整农业产业结构，大力发展都市型现代农业、节水农业和休闲农业。目前，区域农业可持续发展典型模式有沟域生态经济模式、观光休闲生态农业模式和美丽智慧乡村发展模式。为促进本地区未来农业可持续发展，还应从工程、技术、政策、法律、培训交流等多方面开展一系列的保障措施。

一、农业可持续发展的自然资源环境条件分析

（一）土地资源

1. 农业土地资源及利用现状

根据 2014 年北京土地变更调查统计（表 1–1），全市耕地面积为 219 948.76hm^2，占全市土地

课题主持单位：北京市农村经济研究中心资源区划处
课 题 主 持 人：冯建国
课 题 组 成 员：李轶冰、张燕、薛正旗

总面积的 13.41%。其中，73.38% 的耕地集中在大兴区（18.56%）、通州区（15.26%）、顺义区（15.31%）、延庆区（12.88%）和房山区（11.37%）五区。

2014 年全市有林地面积 737 542.89hm^2，位居全市土地利用类型之首，占全市土地总面积的 44.96%。其中 71.68% 的林地集中在怀柔区（22.06%）、延庆县（18.37%）、密云县（17.63%）和门头沟区（13.62%）四区。

2014 年全市有园地面积 135 103.71hm^2，占全市土地总面积的 8.23%。其中 73.06% 的园地集中在密云区（21.71%）、平谷区（17.33%）、怀柔区（13.08%）、房山区（11.63%）和昌平区（9.31%）五区。

2014 年全市有草地面积为 85 139.49hm^2，占全市土地总面积的 5.19%。其中 80.49% 的草地集中在房山区（53.50%）和门头沟区（26.99%）两区。

表 1-1　2014 年北京市主要农业用地类型情况　　（单位：hm^2）

区县名称	耕地	园地	林地	草地
北京市	219 948.76	135 103.71	737 542.89	85 139.49
朝阳区	2563.77	667.84	3 596.95	12.18
丰台区	2 138.88	7 59.02	4 216.76	79.11
石景山区	66.58	65.45	2 362.83	6.94
海淀区	2 031.15	2 557.20	10 440.92	47.25
门头沟区	872.99	5 180.15	100 448.61	22 980.74
房山区	25 004.15	15 708.77	60 614.73	45 547.54
通州区	33 570.48	3 473.88	7 840.77	120.40
顺义区	33 673.67	4 938.54	15 202.60	1 746.66
昌平区	11 625.20	12 581.59	63 286.29	1 444.50
大兴区	40 813.78	81 21.72	6 436.76	328.76
怀柔区	10 038.73	17 670.96	162 684.11	1 647.50
平谷区	11 737.26	23 411.53	34 866.56	6 116.04
密云县	17 478.51	29 327.68	130 044.47	2 317.65
延庆县	28 333.61	10 639.38	135 500.53	27 44.22

资料来源：北京市国土资源局 2014 年土地利用现状调查汇总数据

2. 农业可持续发展面临的土地资源环境问题

（1）土地资源数量　土地是最基本的农业生产资料。近年来，由于城市化和工业化的飞速发展，北京郊区土地资源日趋减少。虽然北京在“在保护中开发，在开发中保护”耕地保护基本方针指导下，开展了以保护和改善生态环境为前提，以提高农业综合生产能力为出发点的土地复垦工作，但由于北京市可供农业开发利用的后备土地资源不足，仅占全市总面积的 4%，且质量不高，主要分布在永定河沿岸及延庆盆地，开发利用难度很大。

根据 2015 年 4 月初的北京农业工作会议，市委、市政府已经明确本市农业用地是 157 万亩（10.47 万 hm^2）。其中，80 万亩（5.33 万 hm^2）粮田、70 万亩（4.67 万 hm^2）菜田、2 万亩（0.13 万 hm^2）畜禽养殖场占地、5 万亩（0.33 万 hm^2）渔业养殖水面。粮田中，包括 30 万亩（2 万 hm^2）旱作田、30 万亩（2 万 hm^2）籽种田、20 万亩（1.33 万 hm^2）景观田。

（2）土地资源质量　耕地资源的减少意味着耕地利用强度的增加，由此导致的农产品品质下降和环境质量问题也成为都市现代农业发展速度的制约因素。在耕地数量减少的同时，优等耕地在总耕地中的比例缩小，耕地总体质量在下降。

（二）水资源

1. 农业水资源及利用现状

根据 2001—2013 年水资源统计分析（表 1-2），北京市全年用水总量平均 35.5 亿 m^3，其中，农业用水曾是北京第一用水大户，但由于近年来各业竞争，农业用水量占总用水量的比重不断下降，其所占比例已经由 2001 年的 44.7% 下降至 2013 年的 25.0%。北京农业用水主要依靠地下水，使得郊区地下水大量超采，由此引起一系列诸如地面沉降、地面塌陷等环境地质问题。据北京市水务局监测点数据分析，超采区平均地下水位埋深 34m 以上。

表 1-2　2001—2013 年北京水资源情况　　（单位：亿 m^3）

项目	2001 年	2002 年	2003 年	2004 年	2005 年	2006 年	2007 年	2008 年	2009 年	2010 年	2011 年	2012 年	2013 年
全年水资源总量	19.2	16.1	18.4	21.4	23.2	22.1	23.8	34.2	21.8	23.1	26.8	39.5	24.8
地表水资源量	7.8	5.3	6.1	8.2	7.6	6.7	7.6	12.8	6.8	7.2	9.2	18.0	9.4
地下水资源量	15.7	14.7	14.8	16.5	15.6	15.4	16.2	21.4	15.1	15.9	17.6	21.6	15.4
人均水资源（m^3）	139.7	114.7	127.8	145.1	153.1	140.6	145.3	198.5	120.3	120.8	134.7	193.3	118.6
全年供水总量	38.9	34.6	35.8	34.6	34.5	34.3	34.8	35.1	35.5	35.2	36.0	35.9	36.4
地表水	11.7	10.4	8.3	5.7	6.4	5.7	5.0	4.7	3.8	3.9	4.8	4.4	3.9
地下水	27.2	24.2	25.4	26.8	23.1	22.2	21.6	20.5	19.7	19.1	18.8	18.3	17.9
再生水			2.1	2.0	2.6	3.6	5.0	6.0	6.5	6.8	7.0	7.5	8.0
南水北调								0.7	2.6	2.6	2.6	2.8	3.5
应急供水					2.5	2.8	3.2	3.2	2.9	2.9	2.7	2.9	3.0
农业用水	17.4	15.5	13.8	13.5	13.2	12.8	12.4	12.0	12.0	11.4	10.9	9.3	9.1
工业用水	9.2	7.5	8.4	7.7	6.8	6.2	5.8	5.2	5.2	5.1	5.0	4.9	5.1
生活用水	12.0	10.8	13.0	12.8	13.4	13.7	13.9	14.7	14.7	14.8	15.6	16.0	16.2
环境用水	0.3	0.8	0.6	0.6	1.1	1.6	2.7	3.2	3.6	4.0	4.5	5.7	5.9
入境水量	5.29	2.6	4.18	6.32	4.59	4.25	3.45	5.35	3.03	4.33	4.71	5.82	7.07
出境水量	7.35	6.24	7.91	9.14	8.48	7.38	7.42	10.08	8.23	8.29	12.09	18.5	15.44

资料来源：2014 年《北京统计年鉴》；出、入境水量来源于历年《北京水资源公报》

近 20 多年来，北京节水农业工作成效显著，发展了诸多形式的节水灌溉工程、集雨工程、中水利用工程等，农业灌溉用水有效利用系数已提高至 0.7，位列全国第二。根据 2014 年北京市能耗水耗公报，2014 年全市农业用水量为 8.2 亿 m^3。南水北调水进京后，北京将进一步减少地下水开采。目前正在加大种植结构调整，综合推进各项农业用水节水措施，力争 2020 年全市农业用新水量降到 5 亿 m^3 左右，实现蔬菜、粮经、畜牧、水产四大领域全面节水生产。在农村用水方面，将在农村地区建立人均用水总量控制、计量收费、超计划用水加价的制度，因地制宜对农村供水设施进行改造，逐步实现城乡供水的统筹管理与服务。

2. 农业可持续发展面临的水资源环境问题

（1）水资源数量　北京市多年平均（1956—2000 年）降水量 585mm，形成地表水资源量 17.7 亿m^3，地下水资源量 25.6 亿 m^3（扣除地表地下水重复量后地下水资源量 19.7 亿 m^3）水资源总量 37.4 亿m^3。多年平均地表水入境水量 21.1 亿 m^3，出境水量 19.5 亿 m^3。

2001—2013 年平均降水量为 501mm，形成地表水资源量 8.66 亿 m^3，地下水资源量 16.60 亿m^3，水资源总量 24.19 亿 m^3；平均地表水入境水量 4.69 亿 m^3，出境水量 9.73 亿 m^3。

与多年平均相比，2001 年以后，平均降水量、地表水资源、地下水资源、水资源总量、出入境水量均大幅下降，北京的缺水程度进一步恶化。与此同时，人口却快速增长，生活用水成为北京用水第一大户。伴随着北京城市扩张和气候变化，上游地区用水增加和降水减少的叠加，北京水资源来水量减少，加剧了水资源供需矛盾。

2001—2013 年，北京水资源缺口平均达 14.72 亿 m^3。为了改变中国南涝北旱和北方地区水资源严重短缺局面，国家实施了南水北调工程。中线工程京石段，即石家庄至北京段已于 2008 年年底通水运行，调水量逐渐增加。2014 年 12 月 27 日，南水北调中线一期工程总干渠终点团城湖明渠开闸放水，北京市南水北调工程正式通水。据悉，南水北调工程每年将为北京送来 10.5 亿 m^3 清水。

（2）水资源质量　北京市水环境污染严重。根据北京市 2014 年水环境监测，全市地表水水质总体稳定，其中，集中式地表水引用水质符合国家引用水源水质标准，地表水水质空间差异明显，上游水质状况总体好于下游，下游河道水污染严重的局面未根本改变。

监测的五大水系 94 条有水河流中，Ⅱ类、Ⅲ类水质河长占监测总长度（2 274.6km）的 44.9%；Ⅳ类、Ⅴ类水质河长占监测总长度的 7.3%；劣Ⅴ类水质河长占监测总长度的 45.8%，主要污染指标为生化需氧量、化学需氧量和氨氮等，污染类型属有机污染型。五大水系中，潮白河水系水质最好，永定河系和蓟运河次之；大清河系和北运河系水质总体较差。

监测的 22 个有水湖泊中，Ⅱ类、Ⅲ类水质湖泊占监测水面面积（720 万 m^2）的 6.4%，Ⅳ类、Ⅴ类水质湖泊占监测水面面积的 53.6%，劣Ⅴ类水质湖泊占监测水面面积的 40.0%。主要污染指标为化学需氧量、总磷和生化需氧量等。全市湖泊富营养化现象仍较严重，大部分处于轻度富营养至重度富营养状态。

监测的 16 座有水水库，平均总蓄水量 16.5 亿 m^3，Ⅱ类、Ⅲ类水质水库占监测总库容的 84.1%，Ⅳ类水质水库占监测总库容的 15.9%。主要污染指标为化学需氧量和总磷。

（三）气候资源

1. 气候要素变化趋势

气候变化背景下，北京农业气候资源总体表现为辐射资源减少，热量资源显著增加，降水显著减少。

根据北京地区 1958—2010 年太阳辐射资料，北京地区太阳总辐射量的月变化曲线呈单峰型，月平均最大值出现在 5 月，最小值出现在 12 月；近 53 年来，北京年太阳总辐射量变化呈波动下降趋势，平均每 10 年下降 235MJ/m^2；北京地区总辐射量与总云量的变化存在明显的不同步，而与

资料来源：《2014 年北京环境状况公报》

能见度的变化趋势基本一致，说明云量不是造成北京地区地面太阳辐射变化的主要原因，这种变化可能和城市大气清洁程度相关。

北京的气温在波动中增暖，尤其冬季气温呈显著增暖趋势，而降水呈显著减少趋势。根据北京平原 14 个气象站监测资料统计分析，1959—2011 年平均温度增加了 1.2℃，1959—1998 年平均降水量为 613mm，1999—2011 年平均降水量为 500mm，仅占 1998 年之前平均值的 82%。

北京属于季风气候，年内降水分配不均，主要集中在夏季，占全年降水的 75%，6—9 月降水量往往集中在几次暴雨或连阴雨中，降低了该时期降水的有效性；同时，各年降水量也极不稳定，年际变化大，系统分析 1950—2012 年降水量资料，北京市旱灾频发且多呈现连续性，年降水量与汛期降水量具有明显下降趋势，非汛期降水量具有微弱的上升趋势，各月中 2、7、8 月降水量下降趋势显著。

2. 气候变化对农业的影响

农业是受气候变化影响最大、最直接的产业部门，尤其是作为农业主体的作物生产。由于气候变暖，从地温单要素看，春玉米的适宜春播期近 50 年来提早了 6~7 天，对玉米早播和争取更多热量有利，春玉米生长期内的有效积温呈现增长趋势，平原春玉米的灌浆期延长了 6~7 天。

北京地区属于“一季有余，两季不足”的地区，小麦玉米一年两熟种植制度中，突出的问题是夏玉米热量条件不足。由于积温增加，北京小麦和玉米两茬平播积温不足的现象有所缓解。温度提高对小麦和玉米生产有利，玉米产量提高大于小麦，但降水减少对小麦生产不利，降水进一步减少时，对玉米生产也不利。近十几年来，随着北京干旱加剧，北京市提出退出小麦等高耗水作物，代之以需水与天然降水基本同步的玉米单季种植。

二、农业可持续发展的社会资源条件分析

（一）农业劳动力

1. 农村劳动力转移现状特点

根据北京市第二次全国农业普查结果，2006 年年末，农村劳动力资源总量 390.48 万人，其中，男性占 54.16%。农村从业人员 316.87 万人，占农村劳动力资源总量的 81.15%。农村外出从业劳动力 50.77 万人，其中，男性占 65.21%。

近年来，北京户籍的行政村从业人员外出从业“离土不离乡”，向乡外县内转移的最多，占 52.49%，其次向县外市内转移，达 46.46%，只有 1% 流向市外。

从转移的产业分布看，以转移到第三产业的劳动力居多，占 67.40%，其中居民服务业及其他服务业吸收了 22.01% 总从业人员，成为吸收农村转移劳动力最强行业；在第二产业从业的占 31.35%，其中制造业和交通运输业吸纳农村劳动力能力最强。

北京市农村劳动力转移一直以男性为主。2006 年转移的男性农村劳动力占总转移量的 65.21%；转移的女性农村劳动力主要流向第三产业，占女性转移劳动力的 75.45%。

农村转移劳动力的年龄分布更趋于年轻化。截至 2006 年年底，北京农村外出从业劳动力中，20 岁及以下占 7.21%，21~30 岁占 39.06%，31~40 岁占 28.03%，41~50 岁占 19.73%，50 岁以上占 5.97%。

农村转移劳动力文化素质普遍偏低，仍以初、高中文化程度为主，其中初中文化程度占50.70%，高中文化程度占34.25%，而大专及以上文化程度占10.70%，小学文化程度占4.10%，文盲占0.25%。

从外出就业时间看，82.7%的外出从业时间在10个月以上，8.9%的外出从业时间在7~9个月，6.9%的外出从业时间在4~6个月，1.5%外出从业时间在3个月以下，表明绝大多数外出从业人员拥有相对稳定的工作。

2. 农业可持续发展面临的劳动力资源问题

（1）农村劳动力总体文化素质不高　根据《2014年北京农村年鉴》，农业劳动力中，初中学历最多，占72.9%；其次是高中学历，占12.5%；第三是小学及以下占8.5%；大专学历占1.7%；本科及以上学历占0.3%。

（2）农村劳动力就近就业特征明显　根据《2014年北京农村年鉴》，就业所在地为本村、本乡镇、本区县、本市的分别占就业劳动力总数的43%、15.6%、24.7%、16.2%，即本县地域范围内就业的占已经就业人数的83.3%。缺乏外来人才，尤其是高质量人才的输入。

（3）农村劳动力中中青年流失较多，多出外打工。

（4）农业从业人数不断减少，其所占全部从业人员比例也不断下降，从1978年的28.3%下降至2012年的5.2%。

（二）农业科技

1. 农业科技发展现状特点

北京市作为全国政治、经济、文化和科技中心，聚集有多所农业高校和农业科研机构，是农业知识密集区，有着极为丰富的农业科技资源。从科技创新和转化应用两方面看，主要表现在科研机构齐全，科研基础设施完备，科技人员众多，科研资金投入充足，科技成果水平较高，政府农技推广体系健全等方面。这些宝贵的科技资源是构建北京农业技术创新、知识创新体系的基础，是进行新的农业科技革命的有利条件。近年来，北京通过深化科技体制改革，推动农业科技创新，打造农业高端产业，深化科技成果惠民，有力推动了都市型现代农业建设，农业现代化水平位居全国前列。

据测算，1990—1998年、1999—2007年、1990—2011年三个时期北京市农业科技贡献率分别为63.4%、77.0%、68.0%；其中，农业劳动生产率和土地生产率的增长都以依靠物质投入为主，但科技进步对两者生产率提高的作用在逐渐加强，其与物耗投入贡献的差距在缩小，北京农业目前仍处于外延式增长阶段，但以出现向依靠科技进步等为主的内涵式发展模式转变的良好趋势。

2. 农业可持续发展面临的农业科技问题

（1）适应市场经济的农业科技创新体系尚未完善。

（2）农业科技与经济结合相互脱节，能转化应用于北京农业生产的科技成果不多。

（3）基层农业技术人员科技、文化素质较低。高学历和高职称的技术人员多集中在市级单位，从市级到乡镇，农技人员文化素质和技术能力下降明显，制约北京郊区农业现代化的进程。

（4）北京农业科研组织机构协调能力差。主要表现为信息沟通不够，协作攻关少，总体优势发挥不突出。

（5）农业科研资金的筹措和分配无序化状态严重。一是农业科研资金的经费内容和筹措渠道比较杂乱；二是在农业科研资金的分配上，缺乏正式而透明的农业科研重点的确立机制。

（6）农业科技资源配置不合理，产前、产后科技力量十分薄弱。

（7）农业科技成果缺乏知识产权保护。

（8）北京缺乏农业科技成果的交易技术市场。

（三）农业化学品投入

1. 农业化学品投入现状特点

增施化肥是北京市作物产量提高的最主要措施之一，因此，化肥用量不断增加。尽管近十几年来，化肥使用总量有所下降，但由于耕地面积呈现快速下降趋势，单位面积上的化肥施用水平实际上仍呈上升趋势（图 2-1）。从肥料施用结构看，偏重使用氮磷肥料，存在着重化肥、轻有机肥，重氮磷肥、轻钾肥，重大量元素、轻中微量元素的现象，在提高果蔬产量和生长速度的同时，也造成了口味的下降和土壤环境的污染。

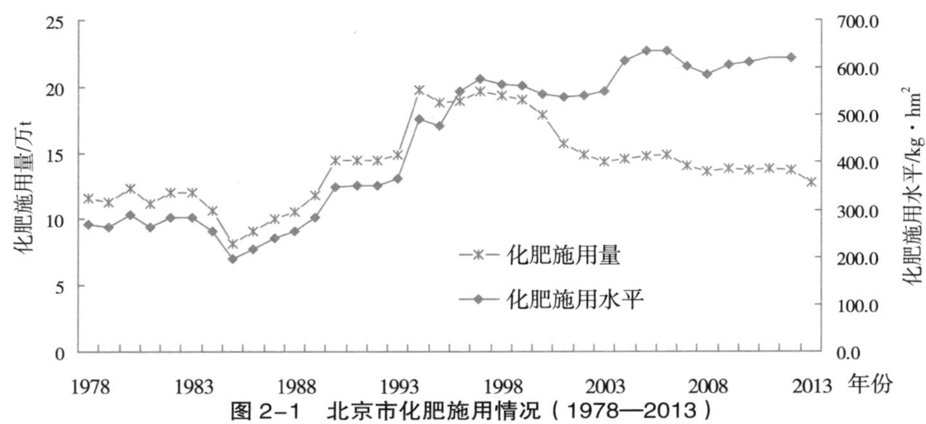

图 2-1　北京市化肥施用情况（1978—2013）

数据来源：2014 年《北京统计年鉴》

从统计数据看，北京市的农药使用量在 1995 年为 1.3 万 t，之后开始大幅下降，从 1998 年趋于平缓下降，从 2007 年至今，维持在 0.4 万 t；单位耕地面积上农药使用量变化趋势与之基本一致，在 2002—2006 年的短暂回升后趋于稳定。北京市近 20 年来的农膜使用量波动较大，目前维持在 1.3 万 t 左右（图 2-2）。

2. 农业对化学品投入的依赖性分析

据联合国粮农组织研究统计，化肥对农作物的增产作用占 60%；如果不施用化肥，农作物产量会减产 40%~50%；国家土壤肥力监测结果表明，施用化肥对粮食产量的贡献率平均为 57.8%。国际公认的化肥施用安全上限是 225kg/hm^2，北京市化肥施用水平早已经远远超过该上限。北京市从 2006 年开始在京郊 9 个区县逐步实施了测土配方施肥全覆盖工程，提高了农资经销商技术服务能力，促进了农民科学施肥观念的逐步形成。

随着农药科学的发展，越来越多的农药剂型在市场上出现，大大提高了病虫害防治的效率。北京郊区农业生产中，大田的用户大多会使用杀虫剂和除草剂；果园种植品种更易受病菌侵染，因此果园农户使用杀虫剂和杀菌剂多一些；由于温室独特的环境特别适合病菌生存，因此温室农户主要使用杀菌类农药。大部分农户在选择农药时会依据植保技术人员的指导，避免了买药的盲目性，也提高了病虫害防治效率。

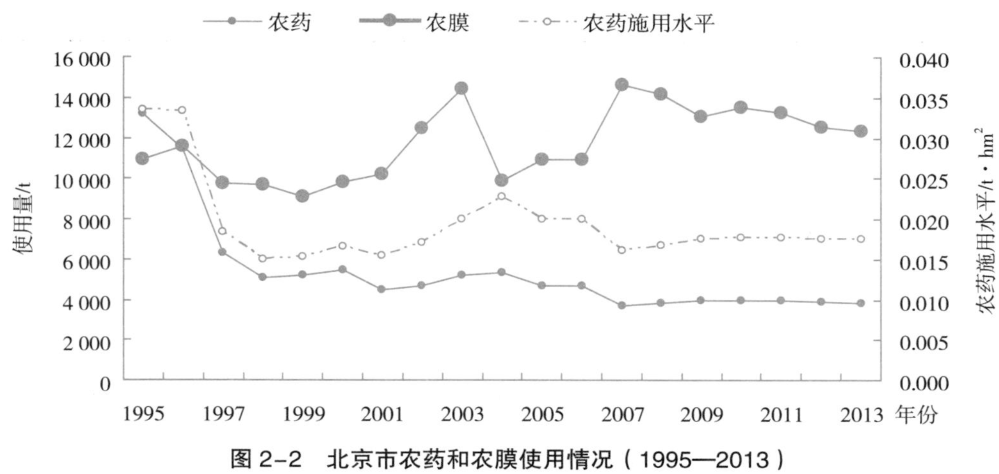

图 2-2　北京市农药和农膜使用情况（1995—2013）

数据来源：《中国农村统计年鉴汇编 1949—2004》，2005—2014 年《中国农村统计年鉴》

化肥和农药总投入不断增加，农业化学品使用存在过量投入、投入结构失衡和施肥施药技术落后等问题，农业化学投入品的过量使用造成的环境污染问题正不断加剧，农业面源污染排放对污染总量的贡献率不断上升。

三、农业发展可持续性分析

（一）农业发展可持续性评价指标体系构建

1. 指标体系构建指导原则

可持续发展评价指标体系的建立应遵循以下原则。

（1）科学性原则　选择能够反映区域农业可持续发展的内涵和目标实现程度的指标要素。

（2）系统性原则　农业可持续发展是生态、经济和社会相协调的发展，因此建立的评价指标体系应包括这三方面。

（3）区域特色原则　区域农业可持续发展指标体系应能充分反映不同区域的特色。

（4）可操作性原则　指标的选择应考虑到指标的量化及数据采集难易程度和可靠性，选择有代表性的综合指标和主要指标。

（5）动态性原则　可持续发展能力是评价一个区域内一定时间范围内的发展能力，因此，在指标的构建上必须考虑时间尺度上的问题，即考虑指标的动态特征。

2. 指标体系构建基本原则

在可持续发展理论框架下，结合国内外相关研究，采用理论分析法、频度统计法和专家咨询法等，遵循建立指标体系的一般原则，从生态、经济和社会三个方面选择了 13 个具体指标，构成北京市农业可持续发展评价的一般性指标体系（表 3-1）。

表 3-1　北京市农业可持续发展评价指标体系

一级指标（相对权重）	二级指标（相对权重）	单位	权重
生态可持续性指标（0.50）	林木绿化率（0.236）	%	0.1 179
	人均耕地面积（0.136）	hm^2/ 万人	0.0 681
	单位农业产值用水量（0.340）	m^3/ 元	0.1 701
	单位耕地面积化肥施用量（0.101）	吨 /hm^2	0.0 505
	单位耕地面积农药施用量（0.101）	吨 /hm^2	0.0 505
	复种指数（0.086）	%	0.0 429
经济可持续性指标（0.25）	农民人均纯收入（0.46）	元 / 人	0.1 150
	劳均一产增加值（0.32）	万元 / 人	0.0 797
	土地产出率（0.22）	万元 /hm^2	0.0 553
社会可持续性指标（0.25）	农村固定资产投资（0.36）	万元	0.0 910
	农机化水平（0.23）	%	0.0 565
	农村信息化指数（0.28）	台	0.0 712
	农业从业比率（0.13）	%	0.0 313

3. 指标体系及指标解释

生态可持续是北京农业可持续发展的资源环境基础。在这一级指标下设 6 个二级指标，分别是林木绿化率、人均耕地面积（耕地面积 / 农村常住人口）、单位农业产值用水量（农业用水 / 农业总产值）、单位耕地面积化肥施用量、单位耕地面积农药施用量和复种指数。

经济可持续是北京农业可持续发展的核心。在这一级指标下设 3 个二级指标，分别是：农民人均纯收入、劳均一产增加值（一产增加值 / 一产从业人数）和土地产出率（单位耕地面积上的产值）。

社会可持续是北京农业可持续发展的保障。在这一级指标下设 4 个二级指标，分别为农村固定资产投资、农机化水平（采用机耕、机播、机收面积比例的平均值）、农村信息化指数（百户农户拥有计算机数量）、农业从业比率（农林牧副渔从业人数占总从业人数比例）。

（二）农业发展可持续性评价方法

采用多目标线性加权函数法，也称综合评价法对第 t 年度的可持续发展指数（K_t）进行计算。其表达式为：

$$K_t = \sum_{i=1}^{13} P_i C_i$$

式中，P_i 是第 i 项指标的权重；C_i 为第 i 项指标无量纲化处理后的值。K 是一个介于 0 和 1 之间的数，其值越接近 1，表明农业可持续发展能力越强。

（三）农业发展可持续性评价

1. 数据标准化处理

鉴于各指标的单位不同，不具有可比性，所以要进行无量纲化处理。采用极差法对指标进行无量纲化处理，其中效益型指标和成本型指标计算公式如下：

效益型指标 $Y_{it}=(X_{it}-\min\{X_{it}\})/(\max\{X_{it}\}-\min\{X_{it}\})$

成本型指标 $Y_{it}=1-(X_{it}-\min\{X_{it}\})/(\max\{X_{it}\}-\min\{X_{it}\})$

2. 指标权重确定

指标权重准确与否在很大程度上影响评价的科学性和正确性。本研究中，一级目标指标主要依据实践经验和主观判断来确定权重；二级目标指标权重通过层次分析法确定。

3. 评价结果分析

将北京 2006—2013 年的农业可持续发展能力进行综合评价，结果见图 3-1。通过本评价方法能清楚看到北京农业可持续发展能力的变化趋势，即北京农业的可持续发展能力呈持续增强趋势。表明近年来，随着首都经济与社会的快速发展，农业投入不断增加，农业科技不断进步，对资源环境的保护意识不断提高以及保护措施不断完善，北京农业的可持续发展能力也逐步增强。

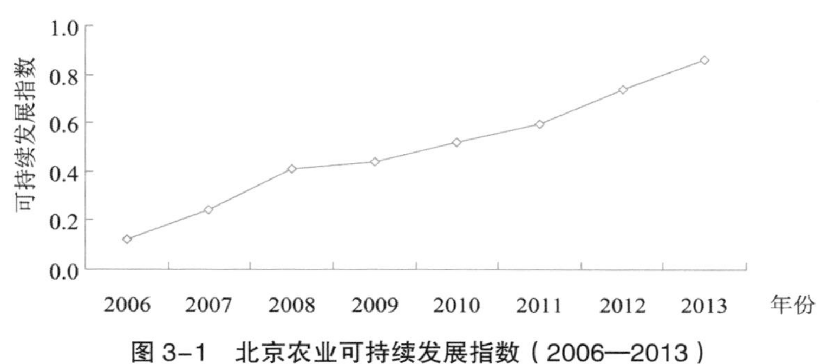

图 3-1 北京农业可持续发展指数（2006—2013）

四、农业可持续发展的适度规模分析

（一）种植业资源合理开发强度分析

本研究采用生态足迹法评价北京种植业资源开发强度。种植业生态足迹是指农产品生产过程中所消耗资源或排放废弃物占用的具有生态生产力的土地面积。

1. 种植业生态足迹测算

种植业生态足迹计算包括

（1）直接占用部分，如耕地和水域等。

（2）间接占用部分，如农药、化肥、农膜、农用机械、柴油、电等生产占用的资源，通过折算转化成生产上述产品所需的物质与能量或消纳排放废气物的化石能源用地面积。根据该定义，其计算公式为：

种植业生态足迹=耕地足迹+水足迹+能源足迹=耕地均衡因子×耕地面积+水资源用地均衡因子×水域面积+化石能源用地均衡因子×化石能源用地面积

表 4-1　2006—2013 年北京种植业农产品产量及资源消耗账户

	2006 年	2007 年	2008 年	2009 年	2010 年	2011 年	2012 年	2013 年
产量（万 t）	491.8	483.2	483.0	478.6	454.7	458.1	429.3	393.9
耕地（万 hm^2）	23.3	23.2	23.2	22.7	22.4	22.2	22.1	22.1
氮肥（万 t）	7.8	7.2	7.0	7.0	6.9	6.8	6.5	6.9
磷肥（万 t）	1.2	1.1	1.0	0.9	0.9	0.9	0.8	0.7
钾肥（万 t）	0.6	0.7	0.7	0.7	0.7	0.7	0.7	0.7
复合肥（万 t）	5.2	5.0	5.0	5.2	5.2	5.4	5.7	5.4
农药（t）	4 669	3 735	3 869	3 981	3 972	3 936	3 879	3 864
农膜（t）	10 920	14 615	14 199	13 055	13 539	13 268	12 549	12 356
钢材（万 t）	0.12	0.11	0.11	0.11	0.11	0.10	0.10	0.09
柴油（万 t）	2.7	1.9	1.9	2.3	1.8	1.8	1.6	1.6
电力（万 t）	5.3	5.7	5.7	7.3	7.9	7.7	7.6	7.5
用水（亿 m^3）	9.6	9.3	9.0	9.0	8.6	8.2	7.0	6.8

注：（1）钢材计算见表 4-2。

（2）种植业用水量采用“农业用水量 ×75%”来估算。

（3）肥料、农药、农膜数据来自历年《中国农村统计年鉴》。

（4）其余数据来自历年《北京统计年鉴》。

（5）其中电力和柴油按照农林牧副渔产值比例分配，电力单位是万 t 标准煤。

表 4-2　2006—2013 年北京种植业主要农机消费钢材情况　　（单位：万 t）

	重量（t/ 台）	2006 年	2007 年	2008 年	2009 年	2010 年	2011 年	2012 年	2013 年
大中型拖拉机	4.4	3.59	3.13	2.74	3.10	3.28	3.51	2.94	2.56
小型拖拉机	2	5.87	5.77	2.43	2.53	2.37	2.10	1.31	0.44
机引农具	1	2.53	2.39	2.18	2.19	2.19	2.07	1.86	1.30
机动喷雾器	0.012	0.02	0.02	0.02	0.02	0.02	0.02	0.03	0.02
联合收割机	4	0.93	0.77	0.65	0.66	0.75	0.78	0.78	0.78
机动脱粒机	0.1	0.06	0.05	0.05	0.05	0.05	0.04	0.04	0.04
排灌用动力机械	0.026	0.12	0.11	0.11	0.11	0.11	0.10	0.10	0.09

注：（1）各种农机所消费钢材 = 农机数量（台）× 单台重量（t/ 台）×0.9；因农机所用材料 90% 以上为钢材，故选用系数为 0.9 进行估算。

（2）各种农机数量来源于历年《北京统计年鉴》。

（3）各种农机单台重量查自网售各种农机资料。

在计算中，耕地直接转换成耕地面积。种植业用水量除以平均水体高低即为水域面积，水体高度为北京水资源总量与国土面积之比。化肥、农膜和钢材通过携带能源转化成 CO_2 当量，再根据 1hm^2 林地每年可吸收 5.2t CO_2 以及 1hm^2 林地每年可吸纳 1 000 亿 J 化石燃料排放的 CO_2 将以上几类转化成化石能源用地面积。农药按照能值密度和能地比转化成化石能源用地。柴油和电力根据热力当量和全球平均能源足迹直接转化成化石能源用地。

表 4-3　各种生产资料转化为化石能源用地情况　（单位：万 hm^2）

	氮肥	磷肥	钾肥	复合肥	农膜	钢材	农药	柴油	电力
2006 年	10.22	0.17	0.05	2.89	1.86	11.06	0.65	1.26	2.03
2007 年	9.43	0.16	0.06	2.78	2.49	10.32	0.52	0.86	2.16
2008 年	9.17	0.14	0.06	2.78	2.42	6.90	0.54	0.87	2.18
2009 年	9.17	0.13	0.06	2.89	2.22	7.30	0.55	1.04	2.78
2010 年	9.04	0.13	0.06	2.89	2.30	7.40	0.55	0.84	3.02
2011 年	8.91	0.13	0.06	3.00	2.26	7.27	0.55	0.83	2.92
2012 年	8.52	0.12	0.06	3.17	2.14	5.95	0.54	0.75	2.90
2013 年	9.04	0.10	0.06	3.00	2.10	4.41	0.54	0.72	2.86

2. 种植业生态足迹结果分析

从图 4-1 和 4-2 可以看出，由于不同研究系统的土地均衡因子取值不同（表 4-4），造成结果的绝对值有一定差异，但年际变化趋势基本一致。鉴于北京公顷是基于北京的土地平均生产力为标准，更能反映出北京的土地生产力和社会经济发展特征，故分析主要依照北京公顷计算结果。

表 4-4　不同系统的各类土地均衡因子取值

	耕地	水域面积	化石能源用地
北京公顷	1.03	0.48	0.60
国家公顷	2.25	0.03	0.21
全球公顷	2.80	0.20	1.10
WWF-2002	2.11	0.35	1.35

注：北京公顷数据来自刘其承，李文华，2010《基于净初级生产力的中国各地生态足迹均衡因子测算》

2006—2013 年，北京种植业生态足迹总体呈波动下降趋势，其中，2006—2008 年持续下降，2009 年回升，之后至 2012 年持续下降，2013 年又有所回升（图 4-1）。单位重量农产品生态足迹的变化趋势与之大体一致，但在下降阶段幅度略小，而 2013 年上升幅度略高（图 4-2 和图 4-3、图 4-4）。在 4 种均衡因子取值系统下，全球公顷和 WWF-2002 高度一致，北京公顷和国家公顷比较接近，但国家公顷的变化最平缓。

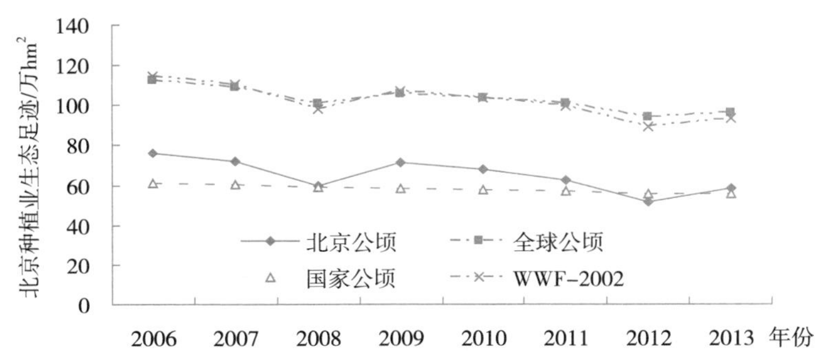

图 4-1　2006—2013 年北京种植业生态足迹

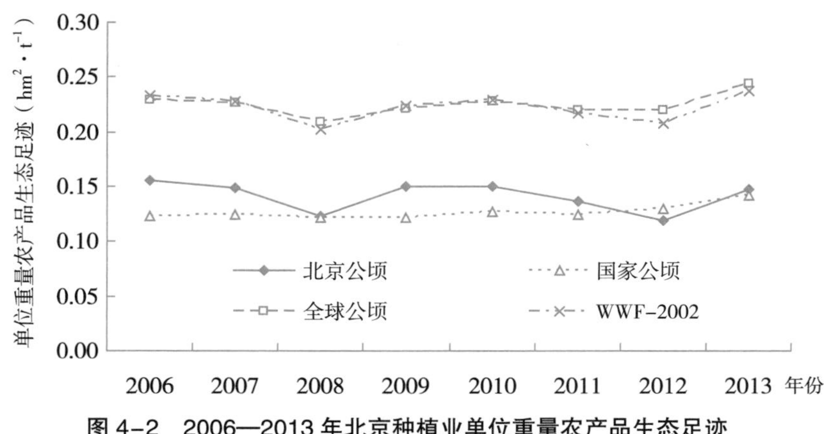

图 4-2 2006—2013 年北京种植业单位重量农产品生态足迹

从生态足迹构成看，北京种植业生态足迹的主要两大成分是水足迹（27%~45%，平均 39%）和耕地足迹（31%~44%，平均 36%），每当降水量较上年度大幅增加时，水足迹的比例就会低于耕地足迹（2011 年除外，图 4-4），其余年份则是水足迹大于耕地足迹；其次是能源足迹，比例大概为 22%~28%，平均 24%（图 4-3）。

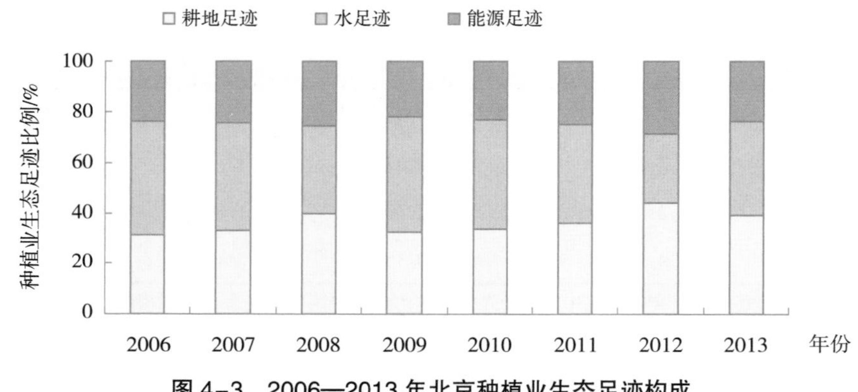

图 4-3 2006—2013 年北京种植业生态足迹构成

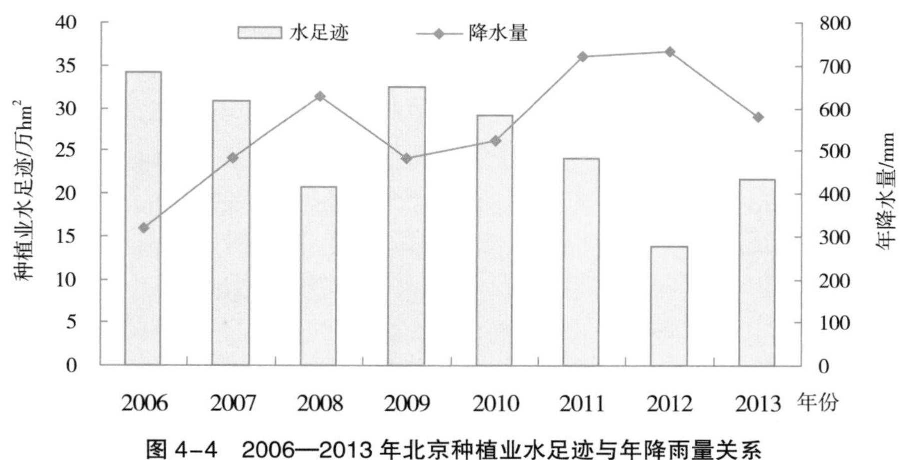

图 4-4 2006—2013 年北京种植业水足迹与年降雨量关系

2006—2013 年间，种植业水足迹和单位重量农产品水足迹的变化趋势完全一致（图 4-5），并与种植业生态足迹的变化趋势完全吻合，表明水足迹变化是生态足迹变化的主要影响因素。

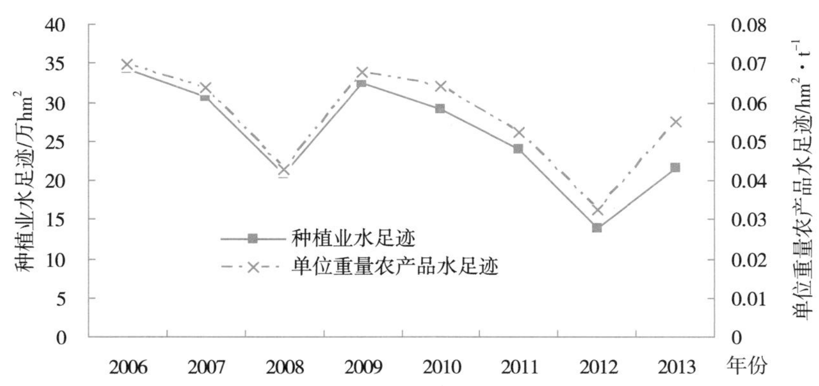

图 4-5　2006—2013 年北京种植业水足迹与单位重量农产品水足迹变化趋势

种植业耕地足迹在 2006—2013 年间呈现平稳缓慢下降，但单位重量农产品耕地足迹却呈现平稳缓慢上升趋势（图 4-6），表明地力有下降趋势。

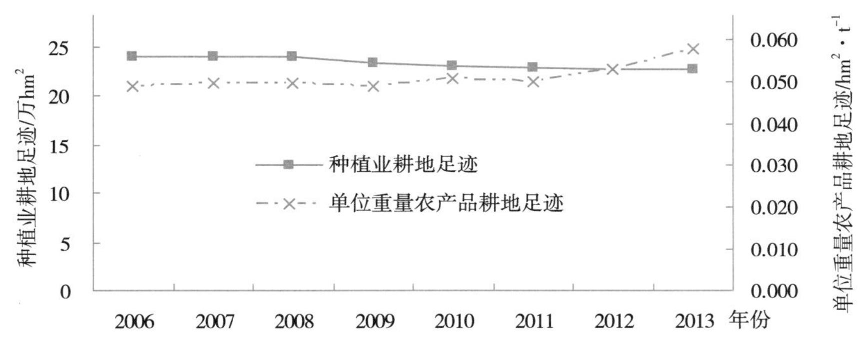

图 4-6　2006—2013 年北京种植业耕地足迹与单位重量农产品耕地足迹变化趋势

2006—2013 年间，种植业能源足迹总体呈下降趋势，但单位重量农产品能源足迹在 2006—2008 年为下降趋势，2009 年后基本呈上升趋势（图 4-7），表明单产提高或维持伴随着化石能源消耗的增加。

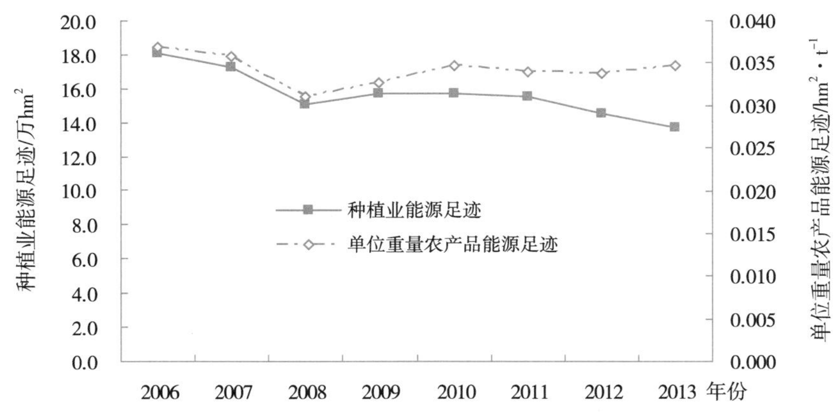

图 4-7　2006—2013 年北京种植业能源足迹与单位重量农产品能源足迹变化趋势

综上，以北京公顷计算，北京种植业生态足迹由2006年的76.3万hm^2降至2012年的51.2万hm^2和2013年的58.1万hm^2；单位重量农产品生态足迹由2006年的0.155hm^2/t降至2012年的0.119hm^2/t和2013年的0.147hm^2/t。水足迹、耕地足迹和能源足迹是种植业生态足迹的三大主要成分，平均分别约为39%、36%和24%。年降水量变化是水足迹变化的主要驱动因子，是种植业生态足迹变化的主要影响因素，一般越干旱的年份，水足迹和生态足迹越大。从耕地足迹和能源足迹分析可知，耕地地力有所下降，种植业单产提高或维持主要依赖化石能源消耗的增加。

（二）养殖业资源合理开发强度分析

本研究采用生态足迹法评价北京养殖业资源开发强度。养殖业生态足迹是指生产满足畜牧业现有生产水平的所有投入及消纳其生产代谢产生废弃物（如化石燃料燃烧所产生的）所需占用的生物生产性土地面积。

1. 养殖业生态足迹测算

本研究采用的资源投入主要包括饲料、养殖场建设用地、燃料、电、水、畜牧业机械等。畜牧的生态足迹主要是牧草和饲料，牧草归结为草地；玉米、大麦、高粱或稻谷是我国饲料的主要原料，可归于可耕地；其余原料如豆饼、麦麸、草粉、鱼粉、骨粉等，大多为其他产品的副产品或废弃物，在饲料足迹中可以忽略不计。猪肉、禽肉、禽蛋的生态生产性土地为可耕地，本研究中以玉米作为饲料进行计算，1kg猪肉和鸡蛋的粮食消耗量分别为1.72 797kg和1.6 855kg；牛肉、羊肉、牛奶的生态生产性土地为可耕地及牧草地，其中牛肉、羊肉和牛奶产量来自饲料与牧草比例分别为86∶14、57∶43和72∶28，1kg牛肉、羊肉和牛奶的粮食消耗量分别为0.596kg、0.652kg和0.379 3kg，1kg牛肉、羊肉和牛奶的草地平均产出量分别为4.997kg/hm^2、9.06kg/hm^2、38.176kg/hm^2。据此，计算北京2006—2013年主要畜牧产品的可耕地和牧草地占用（图4-5和图4-6）。

表4-5 2006—2013年北京主要畜牧品种生产状况

		2006年	2007年	2008年	2009年	2010年	2011年	2012年	2013年
存栏	牛（万头）	19.46	23.12	23.02	22.06	20.69	21.09	21.36	20.35
	猪（万头）	144.56	168.18	179.82	186.57	183.13	179.34	187.39	189.23
	羊（万只）	70.77	78.88	73.20	67.36	60.63	57.77	58.07	59.47
	产蛋鸡（万只）	1 000.50	1 412.65	1 377.06	1 358.82	1 382.24	1 448.16	1 569.60	1 628.83
	肉鸡（万只）	903.50	977.20	882.05	945.47	941.20	834.61	685.10	582.57
出栏	牛（万头）	16.90	15.64	11.90	11.69	11.09	11.40	11.88	11.24
	猪（万头）	281.50	288.56	292.69	314.04	311.93	312.20	306.11	314.39
	羊（万只）	126.10	117.39	89.98	86.73	86.44	78.62	71.80	70.77
畜产品	牛肉（万t）	3.0	2.8	2.1	2.1	2.0	2.1	2.17	2.05
	猪肉（万t）	21.9	22.4	22.3	24.1	24.1	24.2	23.94	24.63
	羊肉（万t）	2.0	1.9	1.5	1.4	1.4	1.3	1.21	1.20
	牛奶（万t）	61.9	62.2	66.4	67.4	64.1	64.0	65.05	61.46
	禽蛋（万t）	15.2	15.6	15.2	15.4	15.1	15.1	15.24	17.50

资料来源：2007—2014年《北京统计年鉴》

表 4-6　2006—2013 年北京主要畜牧产品的耕地和牧草地占用　（单位：万 hm^2）

	2006 年	2007 年	2008 年	2009 年	2010 年	2011 年	2012 年	2013 年	土地类型
猪肉	7.1	7.0	6.4	7.0	7.4	6.5	6.5	6.5	
禽蛋	4.8	4.8	4.3	4.4	4.5	4.0	4.1	4.5	
牛肉	0.3	0.3	0.2	0.2	0.2	0.2	0.2	0.2	
羊肉	0.1	0.1	0.1	0.1	0.1	0.1	0.1	0.1	
牛奶	3.1	3.1	3.0	3.1	3.1	2.7	2.8	2.6	
小计	15.4	15.3	14.0	14.7	15.3	13.4	13.6	13.8	可耕地
牛肉	84.1	78.4	59.6	58.5	57.2	58.8	60.8	57.4	
羊肉	94.9	90.2	68.9	66.6	66.4	61.4	57.4	57.0	
牛奶	454.0	456.2	487.0	494.3	470.1	469.2	477.1	450.8	
小计	633.0	624.8	615.5	619.4	593.6	589.4	595.3	565.2	牧草地

养殖场建设用地（表 4-7）根据一头猪占地 $2m^2$、一头牛占地 $4m^2$、一头羊占地 $0.75m^2$、一只鸡占地 $0.075m^2$ 的标准计算。

表 4-7　2006—2013 年北京主要畜牧品种的建设用地占用　（单位：hm^2）

品种	2006 年	2007 年	2008 年	2009 年	2010 年	2011 年	2012 年	2013 年
牛	67.6	62.6	47.6	46.8	44.4	45.6	47.5	45.0
猪	563.0	577.1	585.4	628.1	623.9	624.4	612.2	628.8
羊	94.6	88.0	67.5	65.0	64.8	59.0	53.9	53.1
蛋鸡	74.7	105.5	102.8	101.5	103.2	108.1	117.2	121.6
肉鸡	67.5	73.0	65.9	70.6	70.3	62.3	51.2	43.5
小计	867.3	906.2	869.2	911.9	906.5	899.4	881.9	891.9

畜产品生产深刻影响区域水资源系统，畜产品生产过程中需要多种水资源，牲畜除了直接饮水和清洗等服务用水外，其食用的饲料生产更是需要大量的水资源。牲畜消费的饲料产品生产所需要水量通常是直接饮水量的几十倍甚至数百倍之多。畜产品生产对区域用水量的影响主要通过其全生产链形成的虚拟水量来体现。根据全球平均数据，1kg 牛肉、羊肉、猪肉、家禽和蛋类产品的虚拟水含量分别为 $15.977m^3$、$6.082m^3$、$5.906m^3$、$2.828m^3$ 和 $4.657m^3$。据此计算北京主要畜牧产品的虚拟水含量及水域面积占用结果见表 4-8。

表 4-8　2006—2013 年北京主要畜牧品种的虚拟水含量及水域面积占用

	2006 年	2007 年	2008 年	2009 年	2010 年	2011 年	2012 年	2013 年
牛肉虚拟水含量（m^3）	4.8	4.5	3.4	3.3	3.3	3.4	3.5	3.3
羊肉虚拟水含量（m^3）	1.2	1.2	0.9	0.9	0.9	0.8	0.7	0.7
猪肉虚拟水含量（m^3）	12.9	13.2	13.2	14.2	14.2	14.3	14.1	14.5
禽蛋虚拟水含量（m^3）	7.1	7.3	7.1	7.2	7.1	7.1	7.1	8.1
小计	26.0	26.1	24.6	25.6	25.4	25.5	25.4	26.7
水域面积（万 hm^2）	193.2	180.1	117.8	192.4	180.4	156.0	105.7	176.6

畜牧机械所用钢材、柴油和电力计算方法同种植业，柴油和电力投入，按照每年农林牧副渔产

值比例分配（图 4-9）。

表 4-9　2006—2013 年北京主要畜牧业机械、柴油和电力的化石能源用地占用

	2006 年	2007 年	2008 年	2009 年	2010 年	2011 年	2012 年	2013 年
机动挤奶器（台）	795	815	1257	1214	1146	1049	1293	1727
机动挤奶器（t，0.1t/ 台）	42.93	44.01	67.9	65.6	61.9	56.6	69.8	93.3
饲料粉碎机（台）	5 174	5 211	5 580	4 820	4 825	4 416	4 368	3 912
饲料粉碎机（t，0.5t/ 台）	2 328.3	2 344.95	2 511.0	2 169.0	2 171.3	1 987.2	1 965.6	1 760.4
钢材（万 hm^2）	0.200	0.201	0.217	0.188	0.188	0.172	0.172	0.156
柴油（万 hm^2）	1.266	0.908	0.955	0.972	0.762	0.823	0.698	0.657
电力（万 hm^2）	2.042	2.286	2.393	2.587	2.736	2.906	2.691	2.594
化石能源用地（万 hm^2）	3.507	3.395	3.566	3.747	3.687	3.902	3.560	3.408

2. 养殖业生态足迹结果分析

2006—2013 年，北京畜牧业生态足迹总体呈波动下降趋势，其中，2006—2008 年持续下降，2009 年回升，之后至 2012 年持续下降，2013 年又有所回升（图 4-8）。单位重量畜产品生态足迹的变化趋势与之一致（图 4-9）。在四种均衡因子系统下，全球公顷和 WWF-2002 高度一致，北京公顷比之略高，国家公顷结果最低且变化趋势最平稳。本研究仍采用北京公顷进行分析。

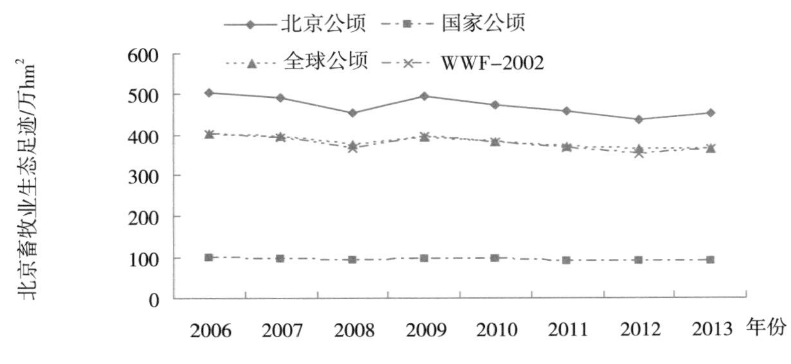

图 4-8　2006—2013 年北京畜牧业生态足迹

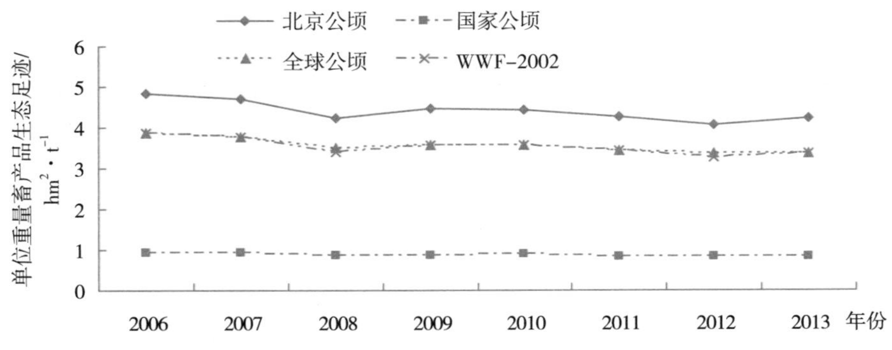

图 4-9　2006—2013 年北京单位重量畜产品生态足迹

从生态足迹构成看，2006—2013 年间北京畜牧业生态足迹主要是牧草地足迹，占 77.61%~84.63%，平均 79.82%；其次是水足迹，占 11.63%~18.78%，平均 16.54%，同样表现为年降水量增大，水足迹（图 4-11）及其比例降低；第三是耕地足迹，占 3.03%~3.34%，平均 3.16%；第四是能源足迹，占 0.41%~0.51%，平均 0.46%；最后是建设用地足迹仅占 0.02%（图 4-10）。

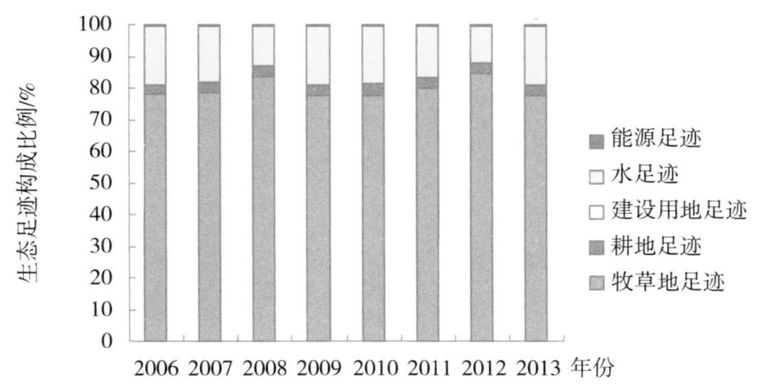

图 4-10 2006—2013 年北京畜牧业生态足迹构成

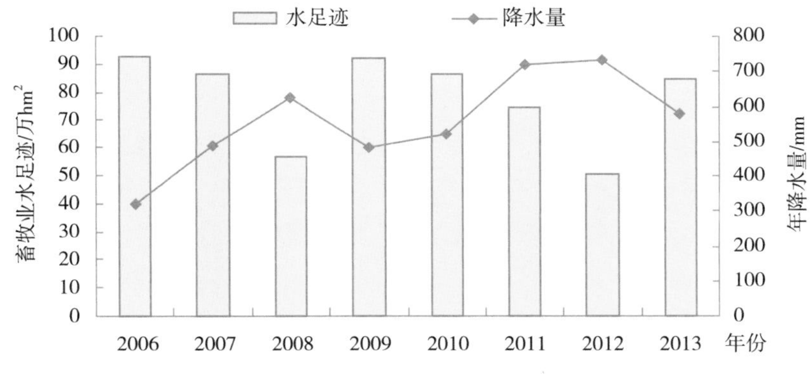

图 4-11 2006—2013 年北京畜牧业水足迹与降水量关系

2006—2013 年间，畜牧业牧草地足迹呈快速波动下降趋势，仅在 2009 年和 2012 年有所提高，后迅速下降；而单位重量畜产品的牧草地足迹则基本呈现连续下降趋势（图 4-12），表明饲料生产水

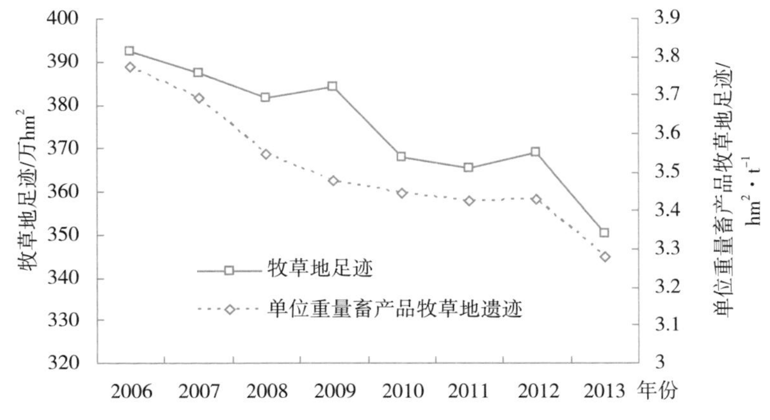

图 4-12 2006—2013 年北京畜牧业牧草地足迹与单位重量畜产品牧草地足迹变化

平和饲养水平的提高是促成畜牧业牧草地足迹下降的主要驱动力，进而促成畜牧业生态足迹的下降。

2006—2013 年间，畜牧业水足迹和单位重量畜产品水足迹的变化趋势基本一致（图 4-13），并与畜牧业生态足迹的变化趋势基本吻合，表明年降水量变化可以影响牧草生产，同时影响水足迹变化（图 4-14），是畜牧业生态足迹变化的主要影响因素之一。

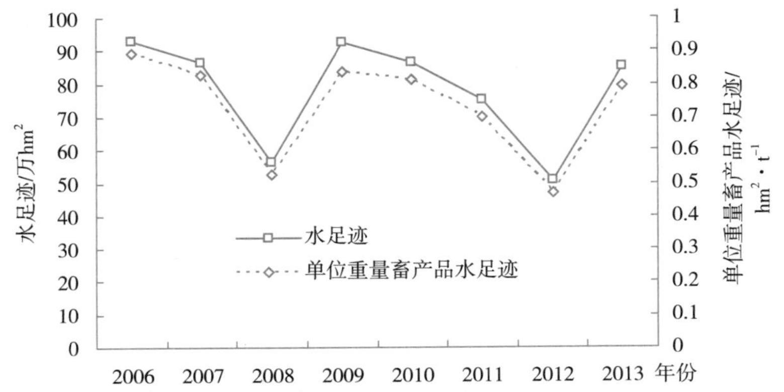

图 4-13　2006—2013 年北京畜牧业水足迹与单位重量畜产品水足迹变化

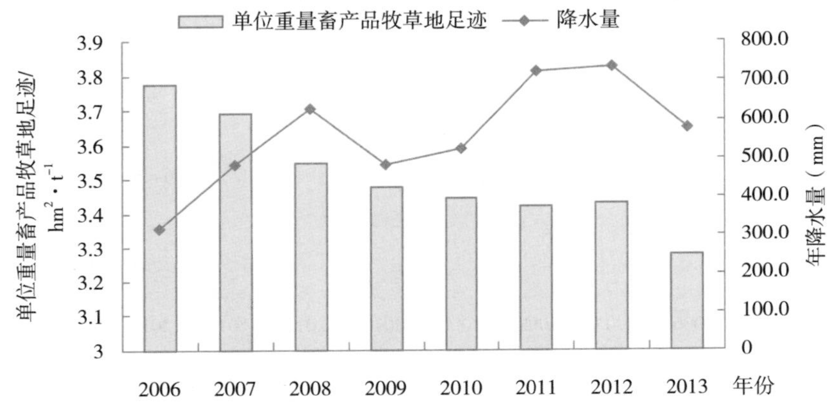

图 4-14　2006—2013 年北京单位重量畜产品牧草地足迹与年降水量变化关系

2006—2013 年间，畜牧业耕地足迹和单位重量畜产品耕地足迹的变化趋势基本一致（图 4-15），并与畜牧业生态足迹的总体变化趋势一致，表明年降水量变化可以影响耕地生产，同时影

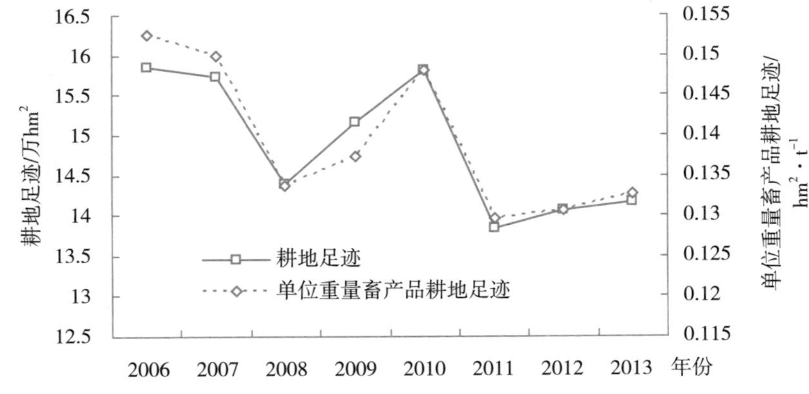

图 4-15　2006—2013 年北京畜牧业耕地足迹与单位重量畜产品耕地足迹变化

响耕地足迹变化（图 4–16）。

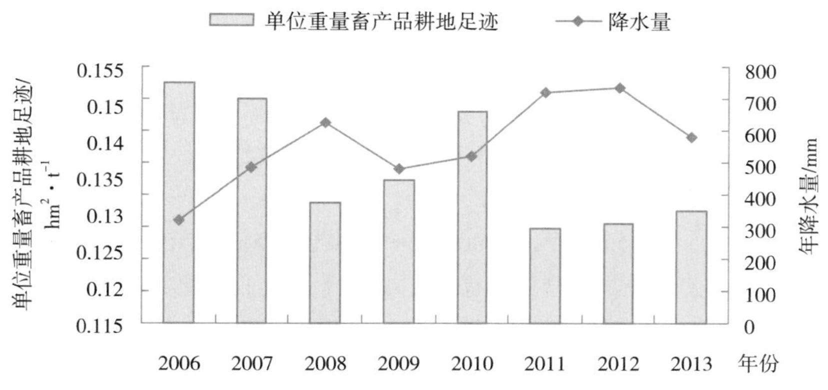

图 4–16　2006—2013 年北京单位重量畜产品耕地足迹与年降水量变化关系

综上，以北京公顷计算，北京畜牧业生态足迹由 2006 年的 503.3 万 hm^2 降至 2012 年的 436.1 万 hm^2 和 2013 年的 451.5 万 hm^2；单位重量畜产品生态足迹由 2006 年的 4.84hm^2/t 降至 2012 年的 4.05hm^2/t 和 2013 年的 4.23hm^2/t。牧草地足迹、水足迹和耕地足迹是畜牧业生态足迹的三大主要成分，平均分别约为 80.0%、16.5% 和 3.2%。饲料生产水平和饲养水平的提高，是牧草地足迹和畜牧业生态足迹下降的主要驱动力。年降水量变化可以影响牧草和耕地生产，从而影响牧草地足迹和耕地足迹变化，同时影响水足迹变化，是畜牧业生态足迹变化的重要影响因素之一；一般来说，年降水量大的年份，水足迹、牧草地足迹和耕地足迹均会变小，越干旱的年份，畜牧业生态足迹越大。

（三）种植业和养殖业合理生产规模

本研究采用线性规划法确定种植业和养殖业合理生产规模，并考虑农牧结合问题，故整体做线性规划。由于猪肉在北京肉产品中占较大比例，因此，本研究中肉产品主要基于猪肉进行计算。

1. 目标函数

鉴于考虑到种植业和养殖业从业人员的经济效益最大化，因此目标函数设为总产值最大。

$$P=C_{粮}\cdot X_{粮}+C_{蔬}\cdot X_{蔬}+C_{肉}\cdot X_{肉}+C_{奶}\cdot X_{奶}\rightarrow \text{Max}$$

式中，$X_{粮}$、$X_{蔬}$、$X_{肉}$、$X_{奶}$为各决策变量，分别为粮食规划面积、蔬菜规划面积（hm^2）、肉畜规划数量（头，只）、奶牛规划数量（头），$C_{粮}$、$C_{蔬}$、$C_{肉}$、$C_{奶}$分别为作物每公顷纯利润或畜禽单位养殖数量的纯利润（元 / 头）。根据全国农产品成本收益资料汇编，2013 年，粮食平均净利润约为 1 094 元 /hm^2，大中城市蔬菜平均净利润 42 784 元 /hm^2，规模生猪平均净利润 103.91 元 / 头，北京规模奶牛净利润约为 7 000 元 / 头。因此，目标函数为：

$$P=1\,094X_{粮}+42\,784X_{蔬}+103.9X_{肉}+7\,000X_{奶}$$

2. 约束条件

（1）面积或数量约束　根据北京市农业系统农业结构调整工作部署，调整后，到 2020 年，北京粮经作物耕地面积由 2013 年的 170 万亩减至 80 万亩，菜田面积由 2013 年的 59 万亩增至 70 万亩；稳定奶牛存栏量 14 万头；调减生猪年出栏量 1/3 至 200 万头。

$$X_{粮} \leqslant 800\,000/15$$
$$X_{蔬} \leqslant 700\,000/15$$
$$X_{肉} \leqslant 2\,000\,000$$
$$X_{奶} \leqslant 140\,000$$

（2）水分约束　根据北京市农业系统农业结构调整工作部署，力争到2020年，农业用水量减少至5亿 m^3。据研究，蔬菜耗水系数约为5 300m^3/hm^2，粮食作物耗水系数为5 000m^3/hm^2。种植业用水约占农业用水量的70%。

$$5\,000X_{粮}+5\,300X_{蔬} \leqslant 500\,000\,000 \times 70\%$$

（3）农牧结合约束　关于农牧结合的考虑，主要基于畜牧业粪便为耕地提供肥料。

综合考虑北京各种作物的产量、北京耕地需肥量、复种指数等，推荐粮食作物用地的粪肥氮施用量为220kg/hm^2·年，蔬菜地粪肥氮施用量为400kg/hm^2·年。参考各国研究资料，奶牛、猪平均每头粪便年产氮量分别为78.88kg和7.81kg。粪肥氮有效利用率以60%计。

$$(78.88X_{奶}+7.81X_{肉}) \times 60\% \leqslant 224X_{粮}+400X_{蔬}$$

（4）饲料约束　据研究，2010年以来，我国规模化养殖出栏生猪（重110kg/头）平均每头饲料粮投入为238kg，2006—2013年北京粮食平均单产为5 513kg/hm^2。则饲料的约束方程为：

$$5\,513X_{粮}-238X_{肉}>0$$

运行LINGO11.0，得到本线性规划的最优解为：$X_{粮}$=20 534hm^2，$X_{蔬}$=46 666hm^2，$X_{肉}$=475 646头，$X_{奶}$=140 000头（图4-17）。即综合考虑北京的农业用水约束、面积约束、种植业

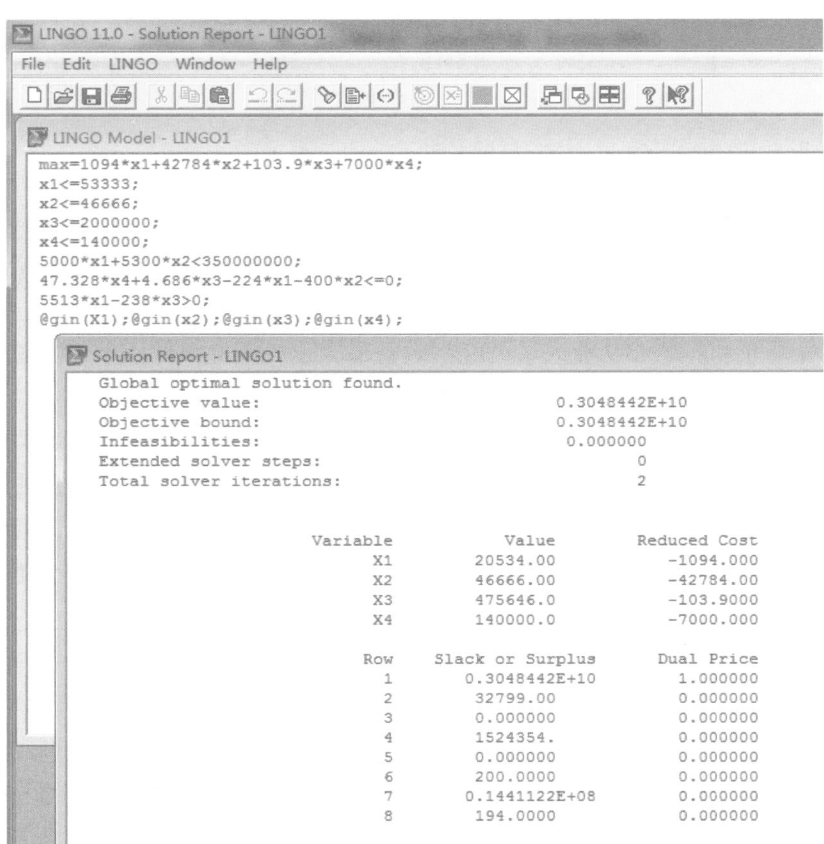

图4-17　北京种植业和养殖业线性规划LINGO运行结果（水分约束5亿 m^3 时）

和养殖业的结合问题，作物生产为养殖业提供饲料来源，畜牧养殖产生的粪肥通过无害化处理为种植业提供养分，粮食种植规模为 20 534hm^2（30.8 万亩），蔬菜种植规模 46 666hm^2（70 万亩），养猪 47.6 万头，奶头 14 万头。

如果水分约束更改为农业用水 7 亿 m^3，则最优解为：$X_{粮}$=48 534hm^2（72.8 万亩），$X_{蔬}$=46 666hm^2（70 万亩），$X_{肉}$=1 124 235 头，$X_{奶}$=140 000 头（图 4-18）。可见，在北京，发展农业的主要限制因素是水分，因此，北京必须发展节水农业才能实现农业的可持续发展。

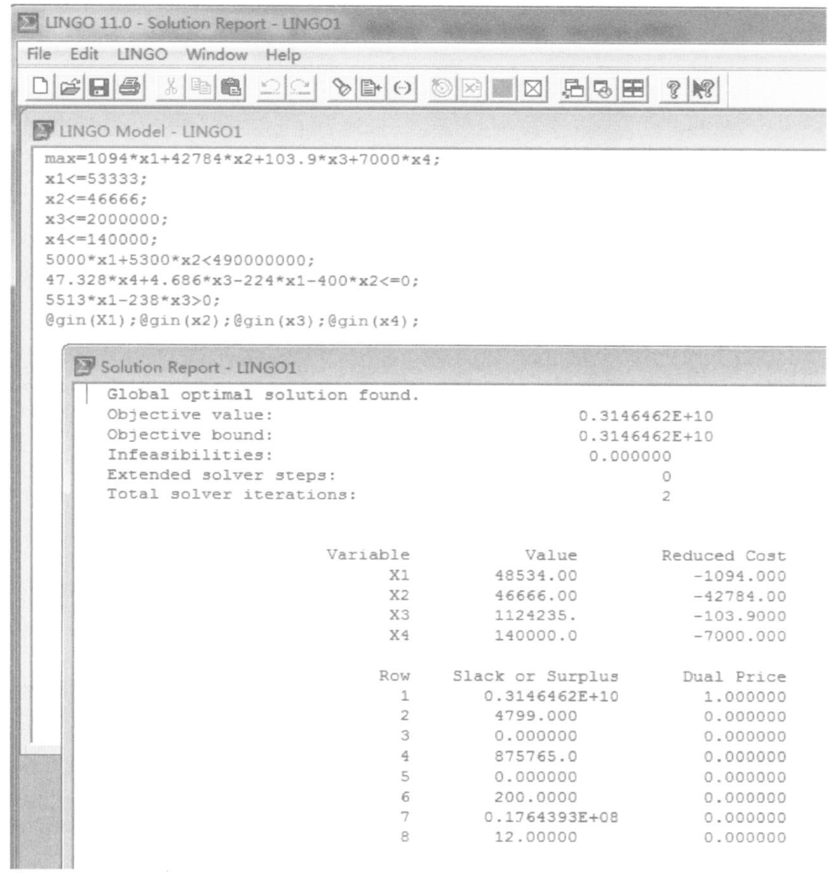

图 4-18　北京种植业和养殖业线性规划 LINGO 运行结果（水分约束 7 亿 m^3 时）

五、农业可持续发展的区域布局与典型模式

（一）农业可持续发展的区域差异分析

1. 农业基本生产条件区域差异分析

朝阳区、丰台区、海淀区作为城市功能扩展区，与其他远郊区县相比，农用地资源较为匮乏（表 5-1）、常住农业人口和农业从业人员较少（表 5-2），农业规模较小。

房山区、通州区、顺义区、大兴区、延庆县耕地面积较多，门头沟区由于特殊的自然地理条件，耕地面积最少；房山区和门头沟区的草地面积最为丰富，林地和园地主要分布在生态涵养发展区，如怀柔区、密云县、延庆县等（表 5–1）。

表 5–1　2012 年北京主要农业用地类型的面积比例　（单位：%）

	耕地	园地	林地	草地	水域及水利设施
朝阳区	1.24	0.53	0.50	0.01	2.77
丰台区	1.02	0.57	0.59	0.10	1.56
海淀区	0.95	1.92	1.44	0.06	2.12
房山区	11.43	11.47	8.21	53.42	8.91
通州区	15.43	2.61	1.09	0.15	11.07
顺义区	15.39	3.65	2.08	2.09	9.79
昌平区	5.36	9.28	8.59	1.79	5.33
大兴区	18.62	6.02	0.89	0.42	8.36
门头沟区	0.35	3.95	13.56	26.89	1.99
怀柔区	4.59	13.00	22.03	1.83	6.16
平谷区	5.38	17.15	4.72	7.16	5.10
密云县	7.46	21.99	17.63	2.74	28.32
延庆县	12.75	7.82	18.34	3.34	8.12

资料来源：北京市统计局

各区县常住人口分别与北京市区县功能划分十分明显。通州区、顺义区、房山区、大兴区、昌平区作为城市发展新区，常住人口相对较多，常住农业人口和农业从业人员在全市居于前列。而怀柔区、平谷区、门头沟区、密云县、延庆县常住人口最少，农业从业人员数量相对较多（表 5–2）。

表 5–2　2012 年各区县人口情况

区县	常住人口（万人）	常住人口密度（人/km^2）	常住乡村人口（万人）	乡镇及行政村常住户数（万户）	乡镇及行政村常住人口（万人）	乡镇及行政村从业人员（万人）	乡镇及行政村农林牧渔业从业人员（万人）
朝阳区	384.1	8 440	0.7	31.5	80.7	49.9	0.6
丰台区	226.1	7 394	1.3	12.6	36.0	22.9	1.2
海淀区	357.6	8 302	7.0	14.8	40.7	24.0	1.2
房山区	101.0	508	31.4	24.6	56.4	29.6	7.3
通州区	132.6	1 463	47.5	25.8	70.5	39.7	6.4
顺义区	98.3	964	43.3	20.6	57.3	31.9	4.1
昌平区	188.9	1 406	36.4	20.0	61.5	38.9	4.0
大兴区	150.7	1 454	45.4	19.2	63.3	39.4	8.8
门头沟区	30.3	209	4.3	4.1	8.9	4.6	1.0
怀柔区	38.2	180	11.9	9.1	22.9	12.5	3.9
平谷区	42.2	444	19.2	11.0	31.4	17.8	5.7
密云县	47.6	214	21.2	12.6	31.5	18.2	7.3
延庆县	31.6	158	16.0	9.3	21.4	12.2	4.9

资料来源：北京市统计局

大兴区、通州区、顺义区、房山区农业规模较大，农业机械总动力、化肥施用量、农村投资等都位于全市前列（表 5-3）。

表 5-3　2012 年北京市各区县生产条件

区县	农业机械总动力（万 kW）	化肥施用量（折纯量）（t）	农村用电量（万 kW/h）	第一产业用电（万 kW/h）	有效灌溉面积（千 hm^2）	农村投资（亿元）
朝阳区	1.0	319.3	76 342.1	4 797	3.41	34.1
丰台区	5.3	124.1	45 426.1	6 256	1.45	6.7
海淀区	8.2	1 120.3	31 713.5	14 918	0.87	5.8
房山区	31.2	13 374.1	45 477.4	23 623	19.17	99.6
通州区	25.7	27 321.3	58 437.5	27 967	27.81	88.0
顺义区	37.8	24 302.4	42 604.5	26 440	28.46	46.8
昌平区	6.9	3 882.3	55 057.6	19 697	5.74	22.8
大兴区	36.8	32 016.6	32 912.5	26 028	37.08	111.8
门头沟区	2.0	132.7	8 087.2	1 947	0.13	36.7
怀柔区	15.1	4 846.8	16 981.8	6 900	7.07	24.0
平谷区	27.0	8 753.8	31 787.8	10 588	10.15	54.1
密云县	23.8	7 203.4	18 286.9	6 314	5.85	59.2
延庆县	20.2	13 309.9	10 005.9	5 635	12.05	20.1

资料来源：北京市统计局

2. 农业可持续发展制约因素区域差异分布

北京市农业可持续发展的制约因素有很多，自然因素、社会因素及人力资源因素。

朝阳区、丰台区、海淀区基本上属于繁华都市圈，农业用地匮乏，农业从业人口较少。通州区、顺义区、房山区、大兴区、昌平区农业规模相对较大，而且离城区较近，近年来，大力发展都市型现代农业，调整农业产业结构，一、二、三产相融合，其可持续发展制约因素主要是来自于生态环境的恶化及农业从业人员素质。一方面是化肥、农药的施用及农村地区生活垃圾、生活污水的无序排放；另一方面是农业从业人员总体素质偏低，无法适应现代化科技及都市型现代农业的要求。

门头沟区、怀柔区、平谷区、密云县、延庆县属于生态涵养区，是北京的生态屏障和水源保护地，是保证北京可持续发展的支撑区域，也是北京市民休闲游憩的理想空间。该区域生态质量良好、自然资源丰富，但工业基础薄弱，产业发展空间相对较小。该区域可持续发展的制约因素主要来自农业投资缺乏和农业从业人员数量不足。

（二）农业可持续发展区划方案

参考北京农业可持续发展评价指标体系，以及掌握的北京各区县的相关数据，构建了北京农业可持续发展区划方案的指标体系，其中生态指标（表 5-4）包含林木绿化率、人均耕地面积、化肥施用水平、耕地有效灌溉率、可吸入颗粒物年均浓度值、复种指数和人均住房面积；经济指标（表 5-5）包含人均纯收入、人均农业 GDP、土地产出率、单位机械动力产值和农业观光园人均收入；社会指标（表 5-6）包含信息化指数（采用农村百户拥有家用计算机数量表示）、农村固定资产投资、农业从业比例、恩格尔系数和设施农业播种面积占农作物播种总面积比例。运行 SPSS19.0，采用 Q 型聚类分析法对 13 个区县农业可持续发展水平进行分类。

表 5-4　各区县农业可持续发展的生态指标

编号	区县名称	林木绿化率（%）	人均耕地面积（km^2/万人）	化肥施用水平（t/km^2）	耕地有效灌溉率（%）	可吸入颗粒物年均浓度值（$\mu g/m^3$）	复种指数（%）	人均住房面积（m^2）
1	朝阳区	23.3	0.3	9.2	124.9	114	28.8	78.78
2	丰台区	39.7	0.6	4.1	64.4	113	36.4	38.76
3	海淀区	42.6	0.5	23.7	41.5	114	68.9	59.23
4	房山区	56.5	4.5	32.6	75.9	122	130.6	43.97
5	通州区	27.2	4.8	72.5	81.6	119	128.8	49.82
6	顺义区	28.3	5.9	62.3	83.7	98	148.8	45.00
7	昌平区	64.1	1.9	15.8	48.5	97	65.1	57.40
8	大兴区	26.7	6.5	64.8	90.2	124	148.9	55.97
9	门头沟区	60.1	0.9	2.1	17.2	109	405.4	37.53
10	怀柔区	76.4	4.4	17.3	69.8	87	116.3	42.93
11	平谷区	68.1	3.8	24.7	85.4	98	146.7	43.07
12	密云县	66.7	5.2	15.5	35.5	85	151.9	34.97
13	延庆县	66.1	13.2	34.2	42.8	82	91.9	35.60

资料来源：北京市统计局，2012 年数据

表 5-5　各区县农业可持续发展的经济指标

编号	区县名称	人均纯收入（元）	人均农业 GDP（元 / 人）	土地产出率（万元 /km^2）	单位机械动力产值（元 /kW）	农业观光园人均收入（万元 / 人）
1	朝阳区	22 152	194	481	47 183	20.1
2	丰台区	18 502	323	396	6 527	3.2
3	海淀区	22 364	495	335	6 956	2.9
4	房山区	15 192	2 815	301	14 907	5.3
5	通州区	15 936	2 748	944	20 024	6.8
6	顺义区	15 960	4 390	1 057	17 858	5.7
7	昌平区	14 971	1 498	277	37 687	7.4
8	大兴区	15 329	3 232	871	14 888	1.8
9	门头沟区	15 715	2 195	41	26 762	4.9
10	怀柔区	14 585	3 244	97	12 657	6.5
11	平谷区	15 067	5 323	494	14 682	2.8
12	密云县	14 590	5 846	226	19 134	12.0
13	延庆县	14 078	4 912	136	12 358	4.2

资料来源：北京市统计局，2012 年数据

表 5-6　各区县农业可持续发展的社会指标

编号	区县名称	农村百户拥有家用计算机数量（台）	农村固定资产投资（亿元）	农业从业比例（%）	恩格尔系数（%）	设施农业播种面积占农作物播种总面积比例（%）
1	朝阳区	100.0	34.1	1.3	31.70	34.68
2	丰台区	97.0	6.7	5.3	34.41	37.52
3	海淀区	93.0	5.8	5.0	32.40	41.78
4	房山区	60.0	99.6	24.7	29.66	7.77
5	通州区	76.0	88.0	16.1	40.86	15.91
6	顺义区	60.0	46.8	12.9	33.34	11.88
7	昌平区	71.0	22.8	10.3	32.18	19.67
8	大兴区	75.0	111.8	22.2	36.98	24.25
9	门头沟区	55.0	36.7	21.2	36.58	1.04
10	怀柔区	38.0	24.0	31.0	31.72	3.98
11	平谷区	58.0	54.1	32.0	28.24	9.36
12	密云县	37.0	59.2	40.1	31.27	7.34
13	延庆县	40.0	20.1	39.8	34.71	2.77

资料来源：北京市统计局，2012 年数据

从聚类分析结果树状图（图 5-1）可知，北京各区县农业可持续发展水平大体可以分为三大类。

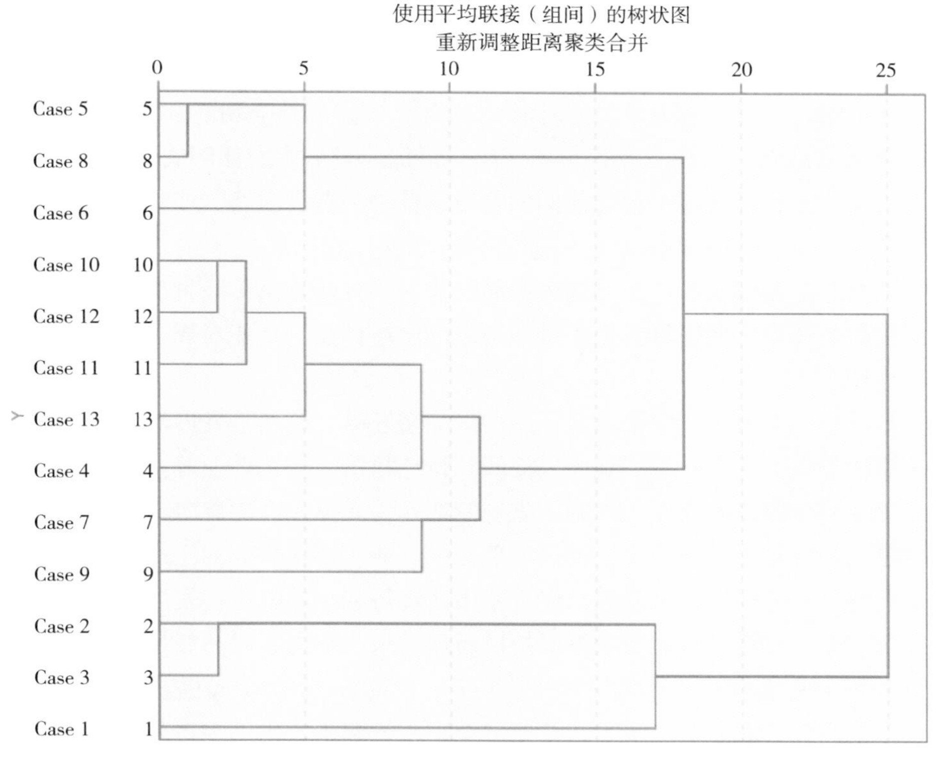

图 5-1　北京各区县农业可持续发展水平聚类分析结果（1-13 编号具体见以上各表格）

（1）丰台区（case2）、海淀区（case3）和朝阳区（case3）为一类，三者中又以丰台区和海淀区水平更为接近。这3个区县农用地面积、农业从业比例、农业在GDP中比例最小，但农业信息化程度、设施农业比例、人均纯收入等在全市中相对较高。

（2）通州区（case5）、大兴区（case8）和顺义区（case6）为第二类，其中通州区和大兴区水平非常接近。这3个区县的耕地面积在全市排在前3，相应地，化肥施用水平、耕地有效灌溉率、土地产出率和农业用电量均居于全市前列；设施农业比例略低于第一类；林木绿化率非常接近并较低，为27%~28%。

（3）其余区县可以归为第三类，其中怀柔区（case10）和密云县（case12）水平最接近，其次是平谷区（case11）与两者水平较接近，再次水平接近的分别为延庆县（case13）、房山区（case4），门头沟区（case9）和昌平区（case7）水平接近。这些区县中，大部分含有山区或浅山区，林木绿化率较高，北京市的生态涵养区就分布其中5个区县，生态质量较好，资源丰富，是保证北京可持续发展的支撑区域，也是北京市民休闲游憩的理想空间，农业观光园人均收入或民俗旅游收入较高。

（三）区域农业可持续发展的功能定位与目标

按照党中央、国务院对北京市发展规划的指示精神，以首都整体发展规划为依据，结合北京的自然资源、社会经济发展条件，围绕建设国际一流的和谐宜居之都目标，北京农业要调整农业产业结构，大力发展节水农业、休闲农业和都市型现代农业。

朝阳区、丰台区、海淀区农业可持续发展重点要以现代服务业为支撑，高新技术产业为补充，绿色产业和都市型现代农业为特色。高新技术作为农业可持续发展的推动力，生产科技含量高的产品，采用集约管理的经营方式，引导高端生产要素向农村地区布局，提高土地产出效率。打造都市型现代农业示范区、优质农产品物流和特色养殖区。促进农民稳定就业，提高农民生活品质。

通州区、大兴区、顺义区农业可持续发展重点是节水农业、体验农业、设施农业、旅游农业、教育农业和家庭农园。培育和强化农业的生产、服务、生态和社会功能；农业要进一步扩大领域，与二产融合，大力发展农产品加工业；与三产融合，加速发展旅游休闲农业和农产品物流配送业。以高、中收入阶层为主目标群体，针对他们的物质、精神消费需求及其变化趋势，结合自身的资源优势及环境承载力；以效益为中心，农民致富为目标；以农产品的科技、文化、加工、绿色四个附加值最大化为核心，调整农业产业结构和产品结构。不仅能提供多品种的安全、绿色、优质农产品，为都市居民提供休闲、度假等有益于身心健康的旅游产品，还能对周边乃至全国农业质量升级的带动与示范作用。

怀柔区、昌平区、平谷区、门头沟区、房山区、密云县、延庆县发展沟域经济、休闲农业和乡村旅游。整合旅游景点、人文景观、观光采摘园、特色村落、特色产业等沟域资源，进一步加快产业结构调整，逐步构建以高效农业为基础、先进制造业为支撑、高端旅游为品牌、新兴产业为引领的现代产业体系。加快旅游品牌建设，打造绿色休闲产业。突出农业的生产、生活、生态功能，促进传统种养业向特色农业经济转型升级，促进了山区经济和生态的协调发展。

总之，北京农业的可持续发展要始终坚持以市场需求为导向，以高新技术为推动力，力争在成为资本、知识和技术密集型的现代集约可持续农业。同时，“四个全面提升”多管齐下保证农业节水可持续。一是全面提升农业节水水平，按照“地下水管起来、雨洪水蓄起来、再生水用起来”的原则，不断提高用水效率，实现农业高效节水灌溉设施全覆盖，尝试用市场机制、价格杠杆调节农业用水；二是全面提升“菜篮子”保障水平，调结构必须稳定“菜篮子”自给率，不能把“菜篮子”调没了，“果盘子”调少了；三是全面提升现代种业发展水平，重点围绕农作物、畜禽、水产、林果四大种业，打造全国种业创新中心、交流交易中心和企业聚集中心，建设好“种业之都”；四是全面提升生态建设水平，继续大力发展现代林业，平原地区森林覆盖率提高到 30% 以上。

（四）区域农业可持续发展典型模式推广

1. 沟域生态经济模式

沟域生态经济是北京独创的符合大城市山区的一种经济发展模式，是以山区自然沟域为单元，以其范围内的产业资源、自然资源、人文遗迹为基础，通过对山水林田路村和产业发展的统一规划、有序打造，实现产业发展与生态环境相和谐、一、二、三产业相融合、点线面相协调，带动区域发展，达到提升生态、致富农民和服务首都的一种山区经济发展模式。沟域生态经济模式坚持生态优先、顶层规划、突出特色和产业融合的原则，融合了农民增收、农民主体和科学规划等建设重点，培育了符合现代社会需要的新型农民、新型农业和新型农村。在经过连续几年探索、试点和建设，北京沟域经济总结出 6 种沟域经济模式。

（1）文化创意先导　通过整合资源，引入文化元素，形成文化创意引导的产业模式，通过创新思维改变人们现有的消费理念、方式和途径，依托自然、历史、文化资源开发文化创意产业，从而打造新的经济增长点。如长城国际文化村，依托长城景区，引进西方休闲文化和经营理念，面向外国游客，北旮旯瓦厂酒店住宿费用达 800 美元。密云汤河沟域“紫海香堤”，以“浪漫香花，山水长城”为定位，以现有汤河农业和村庄人员为基础，以生态农业、花草种植为基地，以周边的水域环境和错落有致的山体为依托，建设成集养生、度假、休闲旅游为一体的香草庄园。

（2）龙头景区带动　以有名气、有规模的自然景区或人文景区为依托，加快推进旅游项目建设，提升休闲旅游业发展水平和产业培育层次，进而对周边村庄或者农户旅游发展形成带动。如密云司马台雾灵山国际休闲度假区，依托古北水镇，带动司马台新村等周边村庄乡村酒店旅游发展。房山区以十渡景区为龙头打造“十渡山水文化休闲走廊”，通过对已有乡村旅游资源的提升与整合利用，发挥其与周边优质景点的连动作用，融合当地文化，打造一个品牌化的乡村旅游示范带，带动周边产业兴起和农民致富。

（3）自然风光引导　依托与生俱来的山水生态，进行科学规划、包装打造，发展生态休闲旅游，如怀柔白河湾依托白河湿地，按照“回归自然、崇尚自然、养生自然”的理念，打造“养生福地、休闲胜地”，在搬迁新村发展生态休闲旅游。

（4）特色产业发展　在沟域内利用已有的特色支柱产业资源或者因地制宜地发展某一种特色种养、加工等特色行业，注入科技、绿色、健康内涵，配套发展环境友好型生态产业，作为主导产业，进行产业延伸，从而提升产业整体竞争力，带动农民就业增收，如密云酒乡之路，依托张裕爱斐特城堡，发展葡萄采摘园 14 个，面积达 7 000 亩，形成了一、二、三产业融合的模式。

（5）民俗文化展示　该类型沟域往往有浓厚的宗教、民族或民俗文化底蕴，依托传统民居、宗教寺庙、革命遗址等人文景观，通过深度挖掘，以民俗旅游、文化旅游和红色旅游为主。如门头沟爨柏沟依托爨底下等明清古村落，发展民俗体验，实地写生等产业。门头沟区田庄国际化沟域，红色资源富集，打造成国际化沟域红色记忆旅游的重点区域。

（6）生态修复切入　往往处于矿山地区，矿山关闭后，进行生态修复和产业转型。如妙峰山玫瑰谷在关闭“一黑一白”矿山之后，实施系列生态修复工程，发展玫瑰、樱桃等花果产业，初步探索出了陇上高新技术产业园土地利用模式。

2. 观光休闲生态农业模式

20 世纪 80 年代末至今，北京郊区观光休闲生态农业的发展经历了 20 多个年头。近几年来，在需求拉动、供给推动、政策引导的合力作用下，休闲农业从小到大，从点到面，逐步发展起来，成为都市型现代农业的重要组成部分。目前，北京市的观光休闲生态农业园区主要分为以下 6 种类型。

（1）观光采摘园　观光采摘园是以生产绿色和特色农产品，如园艺作物、花卉、果品等，并依托农业生产空间，为游客提供观光、采摘、农产品销售的场所。一般情况下，观光采摘园不提供住宿，配套的服务设施也比较少，如门头沟的北京龙凤岭种植园、密云的天葡庄园等。

（2）休闲农庄　休闲农庄是在乡土特色基础上，以农业休闲为主要功能，有明确的地域范围、独立的经营主体及一定的接待服务设施的乡村区域。休闲农庄一般规模较大、生态环境优美，配套设施齐全，融农业观光、体验、休闲、度假和会议等多种形态为一体。人们在休闲农庄能享受优美的乡村生态环境，品尝绿色无公害、时鲜优质的农产品，参与丰富多彩的乡村民俗、采摘、垂钓等农事活动。

（3）农业主题公园　按照公园的经营思路，把农业生产场所、农产品消费场所和休闲旅游场所相结合，以特定的主题进行整体设计，创造出具有农业特色的休闲、体验空间，兼具休闲娱乐和科普教育的多重功能，以满足不同层次和年龄的游客游憩需求的一种现代公园类型，如北京世界花卉大观园、北京鹿世界主题公园等。

（4）乡村酒店　一般地理位置上位于城市郊区或乡村，将农业景观、生态景观、田园景观与住宿、餐饮设施结合起来，具有休闲、娱乐、教育、餐饮、住宿等多种功能，能够为游客提供乡村休闲体验的接待服务场所。乡村酒店是在乡村家庭旅馆、农家乐基础上发展起来的，介于农家乐和星级酒店之间的一种新的乡村旅游住宿产品，既有农家乐的良好生态环境，又在一定程度上有星级酒店的良好服务设施和服务质量。

（5）都市型现代农业园区　依托都市的经济辐射和市场需求，将农业生产用地以园区空间的形式进行整合，引入现代农业技术和现代农业设施，采用先进的组织和管理方式，进行高效运作，并有一定规模的集约化农业园，从而获得较高的经济效益、生态效益和社会效益，促进农业可持续发展。

（6）休闲农业聚集区　具有较强竞争力的区域特色休闲农业产业集聚发展区，或依托农业生产，以休闲项目、休闲设施为主体，由密切相关的休闲农业园区及其他相应机构构成的规模化区域。休闲农业集聚区的各休闲要素、业态之间松散连接，以农业休闲与乡村旅游为主要功能，对外形成相对统一的形象与特色。

北京观光休闲生态农业的发展得益于“五个坚持”：一是坚持以市民需求为导向，休闲农业的经营内容、经营方式、营销手段等必须与时俱进，必须贴近市民的需求；二是坚持以产业发展为基础，要以农业为基础，以农村为单元，以乡土文化为主线，按照生产、生活、生态相统一的要求，把农业、农产品加工业、农村服务业等联结起来；三是坚持以机制创新为动力，通过创新体制机制，统筹城乡资源；四是坚持以培育特色为手段，一区一色，一村一品；五是坚持以增加农民收入为落脚点，凡是农民能得到实惠的事情，农民就会积极参与和支持。

3. 美丽智慧乡村发展模式

北京市平谷区西柏店村是 2014 年北京市农村经济研究中心和平谷区政府共同打造的美丽智慧

乡村，先后吸引了市委书记郭金龙、市长王安顺、国务院副总理汪洋等前来调研，各级领导对西柏店的发展模式均加以肯定。

西柏店村以生态大棚特色种植和养殖为主导产业，基本实现了家家有基地、户户有产业的循环农业产业链。西柏店村集美丽与智慧于一身，不仅有生活污水景观化处理、沼气综合利用等先进的生态手段，还引入信息手段，通过物联网技术、3S 技术、条码技术，结合手机 APP、传感器、无线网络覆盖等，将全村“网罗”在一个整合的智能控制系统中，这些现代化的技术让西柏店村的生产生活实现了质的飞跃。菊花产业不仅实现温室管理现代化、农业生产科普化，而且农业产品商品化都非常有特色。在菊花大棚内，通过基于物联网技术应用的智能设备，可以随时用手机演示农产品溯源系统、生长环境监测系统、智能喷灌系统等，远程监控棚内温湿度、光照、二氧化碳等数据。

2015 年，北京市农村经济研究中心特别邀请了专家团队，来帮助西柏店村进行从里到外的全新包装，不仅改善村容村貌，挖掘文化资源，提升整体外在形象，还要将农村内置金融体制引入西柏店村，通过农村内部资金互助盘活村内资产，提升资源价值，为西柏店村的可持续发展助力。

西柏店村具有北方村庄的代表性，具有极强的复制性。美丽智慧乡村的发展模式，就是使农村在产业发展的基础上，村容更美好，农民更舒适。将高新技术引入农业，构建“接二连三”的农业全产业链，提高农业现代化水平在食用菊花示范棚中，对传统温室改造，适应游客行走参观；生产模式更新，拓展农业观光效果；智能设备应用，传统农业转变为现代农业，使农业与旅游业不断融合，吸引了众多市民前来参观品尝菊花宴，农产品转变为旅游产品、旅游商品，增加了附加值，带动了广大农户增收。

六、促进农业可持续发展的重大措施

（一）工程措施

1. 开展农村地区“减煤换煤、清洁空气”行动

推进传统村落保护。推进山区建设工作。推进生态环境建设。强化节能减排工作。组织农业基础节能工程，淘汰落后农业机械及装备。实施农业清洁生产工程，推进农业标准化生产，应用节肥节药节水技术，推广生态养殖技术。

2. 继续抓好大尺度森林和森林廊道建设，做好森林和绿地湿地的管护工作

协同推进京津风沙源治理、三北防护林等重点项目建设，整体构建区域生态环境屏障。加强植树造林，修复生态环境。

3. 加强水源头防控和保护，继续推进重点河段水环境综合整治和水系连通工程建设

推进密云水库水源保护，实施围网和库滨带建设工程，加大水源地农业面源污染防控。加快推进“三环水系”建设，推进区县水系连通及循环利用工程和南水北调与五大水系连通等工程，推动清河老河湾雨洪湿地公园建设、榆林庄水质净化工程建设、通州延芳淀湿地建设，着力构建流域相济、多线联络、多层循环、生态健康的水网体系。

4. 加大“海绵城市”和农村雨洪利用工程建设

农村雨洪利用工程与管理从雨水利用、景观配置、洪涝控制、水土保持、面源污染治理五个方

面进行，在集蓄和利用雨水的同时，妥善解决农村地区的面源污染、山区水土流失以及农业区整体的环境改善等突出问题。

（二）技术措施

1. 建立农田质量动态监测系统，定期动态监控农田数量变化、质量变化，严控土地流失和污染，确保农业生产基础的稳定

严格审批农村建设用地，杜绝一切违法用地行为，控制一户多宅现象，促进农村建设用地集约利用；对企业用地进行依法审批，支持环境友好型、资源节约型企业落户山区。

2. 继续推行节水灌溉技术

重视水资源的科学管理，节约用水，提高水资源利用率，避免季节性干旱，提高农作物产量。大力推广农村地区废弃物综合利用技术，对农村地区的生活垃圾和生活污水进行科学处理，同时对生产性废弃物如秸秆、畜禽粪便等进行回收再利用。一方面改善农村地区环境污染现状，提升农民生活幸福指数，另一方面，增加土壤有机质，减轻土壤板结，增加土壤肥力。

（三）政策措施

1. 在北京山区积极推进农村土地信托流转的先行先试

相对于传统的流转方式，土地信托流转有利于强化区域产业发展的前瞻性、公共资源配置的引领性和统筹城乡发展的战略性，更好地整合区域资源，更好地提供信息沟通、法律咨询、纠纷调处等方面的便利服务。

2. 加大生态补偿与财政转移支付力度

目前北京市现行的转移支付方式，基本上是以纵向转移为主，包括自上而下的补助和自下而上的上缴；横向转移不仅量少，也未正规化、制度化。从类型上看，主要归为两类：一类是财力性转移支付，主要侧重于促进各地方政府提供基本公共服务能力的均等化；另一类是专项转移支付，主要对落实科学发展观，统筹城乡、区域协调发展，构建和谐社会的生态环保建设、创建新型农村合作医疗制度及农村公共卫生制度等方面。一方面通过减少农民总量，使农民个体增加转移支付的拥有量，另一方面通过对区县财政转移支付制度的完善，着力推进公共服务均等化，加大均等化转移支付的数量，完善计算公式，提高政府和社会对“三农”转移支付的提供水平。

3. 引入民间资本，加大融资力度

引导大型旅游企业参与休闲观光项目的开发和经营，引导社会资金投向休闲观光农业，促进休闲观光农业的跨越式发展。鼓励发展各类为“三农”提供服务的中介组织。鼓励依法建立区域性担保基金或担保机构，解决农户和农村中小企业贷款担保难问题。

4. 加快农村金融创新

一是加快新型农村金融组织发展。进一步放宽农村金融市场准入条件，扩大试点范围，增加试点数量，重点发展适合农村特点的农民合作金融组织。二是制定专门的农村金融扶持政策。对农村信用社、村镇银行和农村资金互助合作社等农村金融机构实行差别存款准备金政策。对发放农业贷款的金融机构或农业贷款借款人给予财政贴息。实行符合“三农”特点的监管标准。中央银行对于从事农村金融的机构和组织，在再贷款方面，给予利率、期限等优惠，帮助其融通所需资金。三是强化政策性、商业性金融机构支农责任。进一步明确政策性金融的功能定位，扩大政策性金融支农的服务范围，提高政策性金融支农的力度，将农业和农村基础设施建设等方面纳入政策性金融服务

的范围。

5. 培育和支持各类农民中介组织

政府通过行业协会联系广大农户，是市场经济国家通行的做法。随着《农民专业合作组织法》的颁布实施，农民专业合作组织法人地位的确立，以及扶持政策的逐步落实，各类农民专业合作经济组织将有更大的发展，将成为农业与农村经济的主要组织形式。建议加大对农业专业协会等经济合作组织的引导和扶持力度，使其职责明确，功能完善，与国际接轨。农业专业协会应在坚持农民自愿的前提下，按照“民办、民管、民受益”的原则，发挥农户和市场之间的桥梁作用，按照市场经济的规则进行运作，进而扩大专业基地建设，为下一步农业产业化的形成奠定基础。

（四）法律措施

1. 制定和完善有关农业可持续发展的法律法规

结合北京市农业和农村经济发展实际，按照推进依法行政、增强依法执政能力的总体要求，健全农业法律、法规体系，不断增强农业部门依法行政能力，提高农业行政执法水平。积极推动动植物疫病防治、农业支持保护、农业资源保护等方面的立法工作，加强配套规章制度建设，提高农业立法质量。在农业可持续发展方面实现有法可依、有章可循。

2. 探索建立农业保险保障体系

认真汲取国际农业保险发展的成功经验和总结中国农业保险经营教训，用全新的思想和理念，探索和创建一个适应未来北京农业和农村经济发展需要的农业、农村经济保障机制及运作方式，并积极开展试点试验，为中国的农业和农村保险保障体系探索出一条新的道路。

（五）培训和交流

1. 加大宣传和培训力度

通过宣传、教育和培训等手段，让社会各界及各级政府，特别是广大农民和农业工作者充分了解可持续发展的理念及其重要性。在思维方式上转变人们的传统思想观念，树立生态思维方式；在文化上弘扬儒家文化和谐的道德意识；在教育上采取思想教育和法制教育相结合。

2. 扩大国际合作与交流

在农业可持续发展方面，一些发达国家的成功经验值得我们借鉴，他们先污染再治理的一些沉痛教训值得我们思考。通过在农业可持续发展方面加强国际交流与合作，有利于学习和掌握发达国家的先进经验和技术，缩短在这些领域与世界的差距，促进北京市可持续农业的健康快速发展。

参考文献

程延年 . 1994. 气候变化对北京地区小麦玉米两熟种植制度的影响 [J]. 华北农学报，9（1）：18–24.

叶彩华，栾庆祖，胡宝昆，等 . 2010. 北京农业气候资源变化特征及其对不同种植模式玉米各生育期的影响 [J]. 自然资源学报，25（8）：1351–1364.

陈俊红，王爱玲 . 2011. 北京农业可持续发展指标体系研究 [J]. 中国农学通报，27（11）：135–139.

李永坤，丁晓洁 . 2013. 北京市降水量变化特征 [J]. 北京水务（2）：9–12.

刘鸣达，赵曦，沈屏，等 . 2010. 基于生态足迹方法的沈阳地区种植业生产资源消耗评价 [J]. 生态学杂志，29（7）：1427-1431.

刘某承，李文华．2010. 基于净初级生产力的中国各地生态足迹均衡因子测算 [J]. 生态与农村环境学报，26（5）：401-406.

刘旭，蔺雪芹，王岱，等．2014. 北京市县域都市农业可持续发展综合评价研究 [J]. 首都师范大学学报（自然科学版），35（6）：75-81.

孟素英，崔建升，张瑞华．2014. 农业可持续发展评价指标体系分析评价 [J]. 河北科技大学学报，35（5）：487-496.

曲明山，郭宁，刘彬，等．2010. 北京市测土配方施肥实施效果评价及发展建议 [J]. 中国农机推广，26（8）：34-36.

史亚军，黄映晖．2007. 北京农业科技现状分析与发展 [J]. 北京农业（6）：1-4.

宋振伟，张卫健，陈阜．2010. 北京市农业水资源供需状况及优化利用研究 [J]. 节水灌溉（3）：30-34.

陶在朴．2003. 生态包袱与生态足迹 [M]. 北京：经济科学出版社．

田贵良，吴茜．2014. 居民畜产品消费增长对农业用水量的影响 [J]. 中国人口·资源与环境，24（5）：109-115.

王超，闫子双．2014. 北京地区农药及植保机具使用情况调查 [J]. 农机科技推广（4）：44-46.

王丽亚，郭海朋．2015. 连续干旱对北京平原区地下水的影响 [J]. 水文地质工程地质，42（1）：1-6.

文长存，陈俊红．2013. 北京农业科技进步及其对生产要素作用研究 [J]. 广东农业科学（10）：215-219.

谢鸿宇，陈贤生，杨木壮，等．2009. 中国单位畜牧产品生态足迹分析 [J]. 生态学报，29（6）：3264-3270.

徐中民，程国栋，张志强．2001. 生态足迹法：可持续定量研究的新方法——以张掖地区 1995 年的生态足迹计算为例 [J]. 生态学报，21（9）：1484-1493.

闫丽珍，成升魁，闵庆文．2006. 基于生态足迹方法的玉米——味精生态农业及产业系统分析 [J]. 农业工程学报，22（9）：48-52.

郑晶，蔡金琼，林瑜．2012. 广东省生猪养殖的生态足迹研究 [J]. 中国人口·资源与环境，22（11）：166-169.

郑祚芳，张秀丽．2013. 北京地区地面太阳辐射长期演变特征 [J]. 太阳能学报，34（10）：1829-1834.

Niccolucci V，Galli A，Kitze J，et al. 2008. Ecological footprint analysis applied to the production of two Italianwines[J]. AgricultureEcosystemsandEnvironment，128：162-166.

天津市农业可持续发展研究

一、天津市农业可持续发展的自然资源现状分析

（一）土地资源

1. 用地规模

根据最新天津市统计资料调查数据显示，2012 年天津市农用地面积 7 061.73km^2（1 059.25 万亩），占全市土地总面积的 59.3%，其中耕地 4 392.78km^2（658.9 万亩），占全市土地总面积的 36.9%。2006 年以来天津市农用地规模及构成，详见表 1–1。

表 1–1　2006—2012 年天津市农用地规模　（单位：km^2）

年份	农用地	耕地	园地	林地	牧草地	其他农用地
2006	7 067.18	4 452.55	371.23	367.17	6.04	1 870.19
2007	6 992.10	4 436.90	363.00	363.00	6.10	1 823.10
2008	6 926.70	4 410.90	354.30	360.70	6.10	1 794.70
2009	7 220.16	4 471.77	316.40	565.53		1 866.46
2010	7 153.29	4 437.04	312.28	561.80		1 842.17
2011	7 097.65	4 407.46	308.77	558.17		1 823.25
2012	7 061.73	4 392.78	306.71	555.86		1 806.39

资料来源：2007—2013 年《天津市统计年鉴》

课题主持单位：天津市农业资源区划办公室、天津市农村经济与区划研究所

课 题 主 持 人：张蕾

课 题 组 成 员：秦静、崔凯、陈琼、黄学群、陈鹏、郁滨赫、冯利民

报 告 审 定 人：高雨成、李瑾

2. 土壤肥力

天津市土壤因受气候、地貌、植被、成土母质及人为因素影响，形成棕壤土、褐土、潮土、水稻土、湿土、盐土 6 个土类，17 个亚类、55 个土属、459 个土种。其中，潮土面积最大，占总土地面积的 72%，有机质含量在 1.2%~1.9%，全氮 0.06%~0.15%，全磷 0.13%~0.14%，全钾 2.2%~2.6%。按一般评价标准，该类型土壤肥力属中等偏下水平。据全市部分区县点验显示，土壤有机质含量变化，详见表 1-2。

表 1-2 各区县土壤有机质含量变化（单位：%）

区县 \ 年份	2000	2005	2010	2011	2012
北辰区	1.60	1.70	1.80	1.80	1.90
武清区			1.81	1.87	1.89
宝坻区	1.25	1.69	1.49	1.52	1.87
宁河区	1.59	1.60	1.63	1.64	1.64
静海区	1.32	1.49	1.81	1.84	1.88
蓟　县	1.20	1.30	1.50	1.60	1.70

资料来源：各区县农业基础数据调查

（二）水资源

根据天津市水资源公报数据显示，2013 年天津市水资源总量 14.64 亿 m^3，地表水资源量 10.8亿 m^3，地下水资源量 5.01 亿 m^3。总用水量 25.17 亿 m^3，其中农业用水量 14.44 亿 m^3。

1. 地表水资源

（1）河流水系　天津地处海河流域下游，河网密布，洼淀众多。海河上游支流众多，长度在 10km 以上的河流达 300 多条。这些大小河流汇集成中游的永定河、北运河、大清河、子牙河和南运河五大河流。这五大河流的尾闾即是海河，统称海河水系。流经本市的行洪河道有 19 条，长度 1 095.1km；排沥河道 79 条，总长 1 363.4km。全市境内河流分属海河流域的北三河水系（蓟运河、潮白河、北运河）、永定河水系、大清河水系、子牙河系、海河干流水系、黑龙港运东水系和漳卫南运河水系。

（2）水库蓄水　天津共有大中型水库 14 座，其中：大型水库 3 座，蓄水能力 9.15 亿 m^3；中型水库 11 座，蓄水能力 2.78 亿 m^3。2012 年全市大型水库年末蓄水总量 6.22 亿 m^3，比年初蓄水总量增加 0.58 亿 m^3；中型水库年末蓄水总量 1.81 亿 m^3，比年初蓄水量增加 0.09 亿 m^3。2013 年全市 14 座大、中型水库年末蓄水量 7.13 亿 m^3，比年初蓄水量减少 0.90 亿 m^3。

2. 地下水资源

天津市地下水资源分布不均匀，蓟县、宝坻和宁河等北部地区为全淡水区，人口密度小，地下水资源丰富，水质优良；中部和东南沿海有咸水分布区，人口密度大，地下水资源比较短缺。自 20 世纪 70 年代以来，深层地下水长期过量开采，地下水位大幅度下降，已经出现了许多规模不等的区域性降落漏斗，导致地面下沉。并且，由于地下水的长期超采，造成地下水咸水板下移，深层水水质有咸化趋势。同时，过量的开采加速地表水的下渗，地表水体中的污染物渗入地下，破坏了地下水水质。

（三）气候资源

天津地处北温带，位于中纬度亚欧大陆东岸，属温带季风性气候，四季分明，春季多风，干旱少雨；夏季炎热，雨水集中；秋季气爽，冷暖适中；冬季寒冷，干燥少雪。

1. 光照

天津地区太阳辐射年总量平均为 4 935MJ/m²，具有丰富的太阳能资源。太阳总辐射的年际变化大，最多与最少的年份相差 2 174MJ/m²，多达年平均的 44%。

天津地区年可照时数约 4 436 小时，各季节变化较大，春季最多，冬季最少。6—7 月可照时数最长，每月达 450 小时；11 月至翌年 2 月可照时数最短，每月约 300 小时。天津市各区县年平均实照时数为 2 471~2 769 小时，沿海地区日照最丰富（塘沽、汉沽），低洼地区的宝坻区日照最少。

2. 温度

天津年平均气温约为 14℃，呈现由北向南逐渐升高的趋势，其中，天津市区和塘沽的温度最高，城市热岛效应明显，地势低洼的宝坻区温度最低。天津各月的平均气温成单峰型分布，其中 7 月最高，月平均温度在 28℃左右，历史最高温度为 41.6℃；1 月最低，平均在 -4℃ ~-2℃，历史最低温度是 -17.8℃。

3. 降水

天津降雨总量不足，且降雨的时空分布不均，年际、月际和地区之间存在很大的差别。从年际上看，2012 年降水量 850.3mL，几乎是 2013 年的两倍。从行政区看，多年平均降水量以北部的蓟县最多，而南部由于处在华北地区旱槽的北部边缘地带，降雨偏少。从季节上看，冬、秋、春三季降雨很少，降雨集中在 6 月中下旬至 8 月中下旬的夏季，全年几乎 2/3 的降雨都集中在这时。

4. 风能

天津地区受季风环流影响，属温带季风性气候，季节变化较大。风向随季节变化明显，冬季盛行西北风，夏季盛行东南风，春、秋季节以西南风或东南风为主，在季节交替时，风向多变。天津市风能资源较丰富，年平均风速 3.7m/s，全年有效风速（3~20m/s）出现时间为 4 533h，有效风能功率密度年均 71.3w/m²，年风能总量平均为 647.8 千瓦时 /m²。

二、天津市农业可持续发展的社会资源条件分析

（一）农村劳动力条件分析

1. 农业劳动力数量及分布

根据 2010—2013 年《天津统计年鉴》资料显示，天津农业劳动力数量呈现逐年下降的趋势。2013 年，天津农林牧渔业从业人员 68.99 万人，占社会从业人员总数的 8.1%，占乡村从业人员总数的 37.6%，比 2010 年减少 4.86 万人，同比分别下降 2% 和 2.8%。详见表 2-1。

从农村居民家庭情况看，农村户均劳动力数量呈现逐年减少趋势，平均每个劳动力负担人口逐年增加。2013 年，农村常住人口户均劳动力 2.25 人，比 2010 年减少 0.13 人，其中，整劳动力 1.4 人，半劳动力 0.85 人，平均每个劳动力负担人口 1.46 人，比 2010 年增加 0.05 人。

表 2-1　天津市 2010—2013 年农村劳动力现状　（单位：万人、%）

年份	农林牧渔业从业人员（万人）	农林牧渔业从业人员占社会从业人员比重（%）	乡村从业人员（万人）	农林牧渔业从业人员占乡村从业人员比重（%）
2010	73.85	10.1	183.00	40.4
2011	73.18	9.6	182.92	40.0
2012	71.23	8.9	181.85	39.2
2013	68.99	8.1	183.58	37.6

资料来源：《天津统计年鉴》（2014）

2. 农村劳动力教育培训现状

（1）农村劳动力文化程度　2010—2013 年《天津统计年鉴》资料显示，农村劳动力整体文化程度有所提高，天津农村劳动力初中学历及以上文化程度占绝大多数。2013 年，每百个劳动力中初中及以上文化程度的农村劳动力 80.97 人，其中，大专及以上 5.50 人，同比 2010 年，大专及以上学历的农村劳动力增加 1.77 人。

（2）农民培训现状　“十二五”期间，为落实《天津农民教育培训条例》，进一步深化农民教育培训工作，在充分调研的基础上，天津制订了“十二五”农民教育培训规划和年度计划，保证了农民教育培训工作有力有序顺利实施。截至 2014 年年底，全市农民已有 70 907 人取得初、中级职业资格证书，有 3 216 人取得高级职业资格证书；有 14 404 人取得学历教育证书（其中大专 8 213 人，中专 6 481 人）；有 1 900 人被认定为新型职业农民。通过培训，培养了一大批有文化、懂技术、会经营、善管理的新型职业农民和高素质的农村实用人才，为天津现代都市型农业可持续发展和新农村建设提供了人力资源保障。

3. 农村劳动力转移特点

根据国家统计局天津调查总队农村住户抽样调查数据，2012 年，天津市农村从业劳动力中，从事第一产业的占 26.9%，从事第二、第三产业的分别占 42.0% 和 31.1%，即 73.1% 的农村劳动力转向从事第二、第三产业，实现了劳动力转移。总体上看，天津农村劳动力转移主要有以下几个特点。

（1）中青年劳动力是转移的主力军　在实现转移的农村劳动力中，25 周岁及以下占 13.5%；26~35 周岁占 18.5%；36~45 周岁占 29.2%；46~55 周岁占 24.9%；55 周岁以上占 13.9%。45 周岁及以下的中青年超过六成，成为农村劳动力转移的主力军。

相比第一产业，从事第二、第三产业对劳动力素质的要求更高，工作强度大、专业技能强，中青年劳动力具有较强优势。调查显示，在从事第二、第三产业的中青年农村劳动力中，小学以下文化程度占 7.5%；初中文化程度占 68.9%；高中及以上文化程度占 23.6%。初中以上文化程度合计 92.5%，比 45 周岁以上从事第二、第三产业的农村劳动力高出 15.1 个百分点。

（2）转移行业呈多元化　农村劳动力转移行业呈现出多元化趋势，但仍以制造业为主。数据显示，制造业从业者占全部农村转移劳动力的 49.5%；居民服务和其他服务业占 17.5%；批发和零售业、建筑业和交通运输、仓储和邮政业分别占 7.6%、7.3% 和 6.9%。

（3）九成就业集中在本市　在从事二、三产业的农村劳动力中，从业地区主要在乡镇内的占 89.7%，在乡外县内的占 5.1%，在县外市内的占 3.8%，在市外的仅占 1.4%，即 98.6% 的转移劳动力均在全市范围内实现了转移就业。同时，有近九成劳动力是未出本乡镇就实现了转移就业，体现出就业区域以本乡地域为主的特点。主要是由于本市是东部沿海城市，经济发展程度较高，供农民就业的企业载体较多，农民不必远行就可实现非农就业；同时，鉴于天津的地缘优势，也使多数农民不愿外出打工。

（4）兼职就业者占一定比例　调查资料显示，25.9% 的农村劳动力是打工务农两不误，不管是“亦工亦农”或是“农忙务农，农闲务工”，兼职就业是天津市部分劳动力从业的主要方式。兼职就业提高了农村劳动力的时间效率，增加了收入，并保障了正常的农业生产活动。

4. 农业可持续发展面临的劳动力资源问题

（1）农村劳动力思想观念亟须加快转变　农村地区受长期自然经济的影响，大多数农村劳动力小农意识浓厚，思想保守，满足于现状和眼前利益，缺乏较强的成就动机，商品意识淡薄，缺乏经营观念。农民弃耕厌耕思想严重，使部分农地抛荒，或因经营管理较为粗放，致使土地产出较低。农村劳动力亟须打破固有传统封闭思想观念的束缚，逐步树立与新时代现代农业可持续发展相适应的新思想和新观念，并随着产业发展的深入快速增强。

（2）农村劳动力技能水平亟待持续提升　虽然农村劳动力文化程度有所提高，但从整体发展来看，农村劳动力综合素质以及技能水平仍较低，与可持续农业发展的要求不相适应。特别是随着大量有一定文化的农村青壮年劳动力向城镇和第二、第三产业转移，从事农业生产的多数为文化水平更低的中老年和病残弱群体，严重制约了现代农业的发展，农村劳动力综合技能亟待持续提升。

（二）农业科技条件分析

1. 农业科技发展现状特点

（1）科技创新支撑现代农业发展　“十二五”期间，天津在农作物新品种选育、新技术新品种新设施研发、农产品贮藏加工及农村生态环境建设等领域取得了重要的成果，共获得市级以上各种科技奖励 98 项，保持了在全国蔬菜、作物育种领域的优势地位，实现了信息技术创新的突破。“十二五”期间，天津重点筛选了 100 个新品种、100 项新技术向全市广大农民进行推广。组织 2 392 位专业技术人员实施了 162 项市农业科技成果转化与推广项目，共推广新品种 978 个、新技术 504 项，建立科技示范户 8 270 户，取得社会经济效益约 15.7 亿元。

（2）科技合作助推高新技术产业发展　“十二五”期间，天津与国家级科研院校（简称“四院两校”）合作，有 500 余位专家来津共同实施了 85 项农业科技合作项目，在天津设施农业等 7 个领域共引进新品种 394 个、新技术 188 项，开发新产品 56 项，带动农户 4 万多户，取得了 5 亿多元的经济和社会效益。完成项目中有 5 项获得天津市科技进步奖，有力推动了天津农业科技进步。建成了天津渤海水产研究所暨中国水产科学研究院渤海水产研究中心、天津中农大转基因棉花技术工程中心。在水产养殖先进传感与智能处理关键技术、优秀种质奶牛培育技术集成与推广应用、猪重要病毒性疾病分子诊断等领域取得了一批领先的合作成果，带动了全市高新技术产业发展。

（3）基层农业技术推广体系建设得到加强　“十二五”期间，为落实国家和天津加强基层农业技术推广体系建设的要求，重点开展 116 个乡镇级基层农技推广机构的条件能力建设，修缮了办公用房，购置了检测化验、培训设备和交通工具，显著提高了机构的服务能力。为支持农技人员开展技术服务工作，“十二五”期间，农业部共支持天津 3 400 万元中央财政资金，实施了 113 个基层农技推广补助项目。项目以建立“专家 + 技术指导员 + 科技示范户 + 辐射带动户”为主要模式，围绕种植业、畜牧、水产、农机等行业，共确定了 17 个主导产业，推广 75 个主推品种和 89 项主推技术，新增经济效益 2.6 亿元。围绕项目实施，开展了基层农技推广特岗计划，评选了最美农技员，建设了覆盖全市农业技术推广机构的网络书屋，激发了农技推广机构的活力。

(4) 农业科技基础设施平台建设稳步推进 “十二五”期间，天津滨海国际花卉、天津滨海茶淀葡萄、天津滨海生态农业、天津北辰梦得奶牛等滨海农业科技园区取得重要进展。扶持了杂交粳稻、蔬菜、奶牛、种猪、转基因棉、脱毒马铃薯、肉羊、冷水鱼等一批农业种业基地建设。加强了农业科技创新平台的建设，其中国家保鲜工程技术中心获批农业部农产品贮藏保鲜重点实验室，天津天隆农业科技有限公司获批农业部杂交粳稻遗传育种重点实验室等，有力地发挥了科技引领作用。

2. 农业可持续发展面临的农业科技问题

(1) 加快转变农业发展方式对科技提出新要求 当前，农业发展中长期存在的“一高两低三制约”矛盾越来越严重。主要表现在粮食的种植比例偏高，农业规模化、组织化程度低，农产品附加值低，资源要素、价格成本、生态环境制约越来越明显。调整优化农业结构，破解各种要素制约的核心是科技支撑，尤其是在经济发展进入“新常态”下，财政一般预算增速持续回落，靠持续增加投入困难较大，必须走创新驱动、科技强农之路。

(2) 提高农产品质量安全对科技提出新需求 农产品质量安全是关系农产品消费安全、农产品贸易安全、农产品市场秩序的重大问题。总量平衡、品种多样、安全可靠和营养丰富的农产品生产必须依靠科技。适应城乡居民食物与营养水平的不断提高，通过引进、消化、吸收、创新、自主研发和推广应用，构建农产品安全生产技术体系、质量标准体系、检验检测体系和可追溯体系，提高安全食品生产能力和持续供给能力对科技的新需求。

(3) 加强生态环境建设对农业科技提出新挑战 建设生态宜居城市是一项长期而艰巨的任务，改善农村生态环境，建设生态高地是生态城市建设的关键。目前天津城镇化进程加快，农产品消费需求日益增加，人增地减趋势难以逆转，资源紧缺的矛盾更加突出，而依靠科技进步是保障农村可持续发展的根本措施，迫切需要集成先进适用技术和高新技术，构建全市环境友好型和资源节约型现代农业技术体系，加快开发节水、节地、节能技术和绿色农业技术，为天津农业可持续发展和宜居生态城市建设作出新贡献。

三、天津农业可持续发展综合评价

（一）基于 DPSIR 模型的天津农业可持续发展指标体系设计

农业可持续发展的内涵是在满足当代人口需求的同时，不能损害、剥夺后代生存发展的能力，将“资源—人口—农业—环境”复合系统引向更加和谐、有效的状态。因此，农业可持续发展应立足于发展生产、优化资源利用与保护环境，以经济、生态、社会效益的统一为目标，不能以牺牲一种效益为代价来换取另一种效益。

农业可持续发展分析涉及资源利用、环境保护、经济发展等问题，如何将资源科学、环境科学、社会科学等相关学科有效地综合在一起，则需要一个能够把复杂问题分解、简化，又能够把分解的各个部分有效综合的指导方法。DPSIR 概念模型有助于理解影响农业系统中各因素的作用过程以及彼此之间的因果关系，为农业可持续发展分析提供了较好的研究思路。

天津农业可持续发展指标体系的构建

(1) 评价指标的选取原则 指标体系设计是农业可持续发展评价的基础，指标选取合适与否、

数据易得与否、指标概念模型是否合理完善，都直接决定着评价结果的准确性。基于 DPSIR 模型的天津农业可持续评价指标的选取遵循科学性和实用性相统一、系统性与层次性相统一、完备性和独立性相统一、动态性与稳定性相统一的 4 项基本原则。

（2）指标的选取　本研究基于 DPSIR 模型原理采用自上而下、逐层分解的方法，从 3 个层次对天津市农业可持续发展水平建立评价指标体系。其中，第一层次为目标层，以综合评价天津农业可持续发展水平为目标；第二层为系统层，即 DPSIR 模型五大系统，包括驱动力系统（D）、压力系统（P）、状态系统（S）、影响系统（I）、响应系统（R）；第三层次为指标层，即具体的基础指标。该指标体系涵盖了 33 项指标，涉及资源、环境、人口、经济和社会等各个方面，既符合国务院颁布的《全国农业可持续发展规划（2015—2030 年）》中的指导要求，又充分考虑了天津市农业的发展现状，能够对其可持续发展问题进行科学评价。本研究所构建的天津农业可持续发展评价指标体系及其权重情况，如表 3-1 所示。

表 3-1　基于 DPSIR 模型的天津农业可持续发展评价指标体系

目标层	系统层	权重	指标层		计量单位
	驱动力系统（D）	0.2 284	D1	人均农业增加值	元 / 人
			D2	农业生产资料价格指数	%
			D3	恩格尔系数	元 / 元
			D4	人口自然增长率	‰
			D5	城镇化率	%
	压力系统（P）	0.2 028	P1	万元农业增加值水耗	m^3/ 万元
			P2	万元农业增加值能耗	t 标准煤 / 万元
			P3	万元农业增加值电耗	kw・h/ 万元
			P4	农业水资源开发利用率	—
			P5	资源（水和土地资源）竞争指数	—
			P6	城乡居民人均收入差距指数	—
	状态系统（S）	0.2 246	S1	耕垦指数	%
			S2	耕地亩均农业用水资源量	m^3/ 亩
			S3	自然灾害成灾率	%
			S4	林木绿化率	%
			S5	复种指数	—
			S6	农业土地生产率	万元 / 亩
			S7	农业劳动生产率	万元 / 人
			S8	农村居民人均可支配收入	元
			S9	单位面积化肥施用量	kg/ 亩
			S10	单位面积农药使用量	kg/ 亩
	影响系统（I）	0.1 394	I1	农村人均耕地面积	亩 / 人
			I2	单位面积粮食产量	kg/ 亩
			I3	人均粮食占有量	kg/ 人
			I4	人均肉类占有量	kg/ 人
			I5	人均蔬菜占有量	kg/ 人

（续表）

目标层	系统层	权重	指标层		计量单位
天津农业可持续发展水平	响应系统（R）	0.2 049	R1	地方财政科技拨款支出占比	%
			R2	地方财政农林水事务支出占比	%
			R3	地方财政环境保护支出占比	%
			R4	劳动力素质	—
			R5	水土流失治理率（治理面积比重）	%
			R6	节水灌溉面积比重	%
			R7	农田水利化程度	%

（二）天津农业可持续发展评价模型与方法

基于 DPSIR 模型的天津农业可持续发展综合评价指标体系中涉及的基础指标多达 33 个，由于指标体系中不确定因素大，且其权值错综复杂，一般多采用层次分析法、主成分分析法、模糊综合评价法进行评价。因此，在借鉴相关文献并征询有关专家意见的基础上，计算得出系统层对综合指标层的权重影响，然后采用主成分分析法分别计算五大系统层的可持续发展指数，最后得出综合指标值。

1. 数据收集和指标标准化

评价指标体系中具体涉及的 33 个基础指标、7 年的原始数据主要是通过查阅 2008—2014 年《天津统计年鉴》《天津调查年鉴》《天津科技统计年鉴》以及天津市统计信息网等相关文件所计算整理得到。

由于本研究构建的评价指标体系，既有定量指标，也有定性指标，且各指标具有不同的属性和单位，无法用统一的标准进行度量，难以直接进行比较。因此，本研究采用 Z-Score 法将所有指标数据通过标准化转化成标准值为 0，方差为 1 的无量纲数值，该标准化过程会在 SPSS 分析过程中自动进行。

2. 综合评价

综合评价是在指标权重分配和指标标准化的基础上进行的，用天津农业可持续发展综合指数（TASDI）评估天津农业的可持续发展状况和水平，即：

$$TASDI=\sum_{A=1}^{n} W_A U_A，A=D，P，S，I，R$$

式中，TASDI 表示天津农业可持续发展综合指数，其数值的高低反映天津市农业可持续发展的能力强弱和水平高低；W_A 表示 A 系统层对综合指数层的权重（表 3-1），U_A 是 A 系统层 U 值。

（三）天津市农业可持续发展评价结果分析

1. 各子系统可持续发展评价结果分析

（1）驱动力子系统可持续发展指数（UD）分析　运用 SPSS 软件对天津市农业驱动力子系统所包含的 5 个基础指标进行主成分分析处理。

依据贡献率大于 85% 的原则，共提取 2 个主成分，且其总方差贡献率累计为 86.36%。即选择第一主成分与第二主成分进行计算，其中，第一主成分的总方差贡献率为 67.289%，第二主成分总贡献率为 19.071%。然后，提取其成分矩阵。

利用主成分载荷矩阵中的数据除以主成分对应的特征值开平方根便得到两个主成分中每个指标所对应的系数，进而可得到驱动力子系统主成分表达式如下：

$$F_1=0.53ZD_1-0.36ZD_2-0.49ZD_3+0.27ZD_4+0.53ZD_5$$

$$F_2=-0.15ZD_1-0.18ZD_2+0.43ZD_3+0.87ZD_4-0.02ZD_5$$

式中，ZD_i（i=1，2，…，5）为驱动力系统下各个指标运用 SPSS 软件以 Z-Score 法计算得出的标准化数据，$\frac{\lambda_1}{\lambda_1+\lambda_2}$、$\frac{\lambda_2}{\lambda_1+\lambda_2}$表示以每个主成分所对应的特征值占所提取主成分总的特征值之和的比例作为权重来计算驱动力系统值。计算得出主成分 F_1 与 F_2，然后将其代入 $U_D=\frac{\lambda_1}{\lambda_1+\lambda_2}F_1+\frac{\lambda_2}{\lambda_1+\lambda_2}F_2$ 最后得出天津市农业驱动力子系统可持续发展指数 UD。由计算结果可观察到，2007—2013 年天津市农业驱动力子系统可持续发展值 UD 数总体呈逐年上升趋势，从 2007 年的 -1.862 3 上升至 2013 年的 1.704 7，表明天津市农业驱动力系统发展良好，促进其可持续能力良性发展。具体而言，驱动力子系统共包括 5 个基础指标，主要为经济类指标，其中，人均农业 GDP、城镇化率指标近年一直快速增长，而恩格尔系数则一直呈下降趋势，表明天津市农村社会经济发展水平稳步提升，城镇化速度加快，经济规模日益壮大。

由于五个子系统的计算方式和运算过程基本相同，下文将不再对压力子系统、状态子系统、影响子系统以及响应子系统的运算过程进行赘述，仅给出其相关运算结果。

（2）压力子系统可持续发展指数（UP）分析　对天津农业压力子系统所包含的 6 个基础指标进行主成分分析处理。依据贡献率大于 85% 的原则，共提取 2 个主成分，且其总方差贡献率累计为 92.417%。即选择第一主成分与第二主成分进行计算，其中，第一主成分的总方差贡献率为 80.804%，第二主成分总贡献率为 11.613%。

由计算结果可知，2007—2013 年天津市农业压力子系统 UP 值呈逐年下降趋势，从 2007 年的 3.7186 下降至 2013 年的 -1.677，下降趋势明显，说明天津市农业系统发展承受的压力在逐渐减小，从而对天津农业可持续发展的阻碍也较小。具体来看，天津市农业压力子系统从资源能源消耗强度以及其他行业对农业的资源竞争指数两个角度选取了 6 个基础指标。其中，反映资源能源消耗的万元农业 GDP 水耗、电耗和能耗呈逐年下降趋势，说明天津农业以资源消耗为主的粗放型增长的方式在逐渐改变，而反映第二、第三产业与农业在资源利用上竞争的水土资源竞争指数以及城乡居民人均收入差距指数有上升趋势，但幅度不大，因而总体导致了压力子系统值呈下降趋势。

（3）状态子系统可持续发展指数（US）分析　对天津农业状态子系统所包含的 10 个基础指标进行主成分分析处理，得到结果。依据贡献率大于 85% 的原则，共提取 3 个主成分，且其总方差贡献率累计为 89.176%。即选择第一主成分、第二主成分和第三主成分进行计算，其中，第一主成分的总方差贡献率为 68.47%，第二主成分总贡献率为 10.809%，第三主成分总贡献率为 9.897%。

由计算结果可观察到，2007—2013 年天津农业状态子系统可持续发展指数（US）一直呈增长的趋势，从 2007 年的 -3.185 1 上升到 2013 年的 2.469 1，这表明尽管在现有驱动力与压力之下，由资源状态、农业生产效率和管理水平、农村人口生活水平和农业环境状况等方面所具体表征的天津农业社会、资源与环境等状态子系统仍有逐渐提高之势。具体而言，天津农业状态子系统共有 10 个基础指标，其中，反映资源状态的耕地亩均农业用水资源量、林木绿化率等指标大体呈上升趋势，反映农业生产效率和管理水平的复种指数、农业土地生产率、农业劳动生产率指标逐年上升，反映农村人口生活水平的农村人均可支配收入指标也快速增长，而反映农业系统环境现状的单位面积化肥、农药承载量指标则较为稳定且略有下降的趋势。正是由于这些基础指标，才使得天津农业状态子系统指标值逐年上升，说明在经济社会快速发展、城市扩张、资源消耗、资源竞争等压力下，天津市农业系统下社会、资源与环境等状态子系统发展良好，这与近年天津市为大力发展现代都市农业制定的各种政策和推行举措是分不开的。

（4）影响子系统可持续发展指数（UI）分析　对影响子系统所包含的 5 个基础指标进行主成分分析处理。依据贡献率大于 85% 的原则，共提取 2 个主成分，且其总方差贡献率累计为 93.919%。即选择第一主成分与第二主成分进行计算，其中，第一主成分的总方差贡献率为 79.273%，第二主成分总贡献率为 14.646%。

2007—2013 年天津市农业影响子系统可持续发展指数（UI）呈现持续上升的态势，从 2007 年的 -3.0343 增长至 2013 年的 1.367 3。表明天津市农业可持续发展系统状态对于资源环境、生态系统以及社会经济发展质量等方面产生的变更能力相对较强，实现自我修复能力较好。

（5）响应子系统可持续发展指数（UR）分析　对天津农业响应子系统所包含的 7 个基础指标进行主成分分析处理。依据贡献率大于 85% 的原则，共提取 3 个主成分，且其总方差贡献率累计为 91.8%。即选择第一主成分、第二主成分和第三主成分进行计算，其中，第一主成分的总方差贡献率为 46.996%，第二主成分总贡献率为 29.019%，第三主成分总贡献率为 15.784%。

表 3-2　响应子系统主成分及综合得分值

年份	F_1	F_2	F_3	UR
2007	-1.087 2	-2.029 4	-1.068 1	-1.381 7
2008	-0.925 2	-1.048 3	-0.360 5	-0.867 0
2009	-1.752 5	0.221 9	1.728 6	-0.529 8
2010	-0.894 2	0.667 5	0.471 8	-0.165 7
2011	0.426 6	1.934 8	-0.472 3	0.748 7
2012	0.615 8	1.309 6	-1.118 7	0.536 8
2013	3.616 7	-1.056 2	0.819 2	1.658 7

由表 3-2 可以观察到，2007—2013 年天津市农业响应子系统值 UR 总体呈上升趋势，从 2007 年的 -1.3817 上升至 1.6587，表明天津市对于目前的经济增长、社会发展、资源消耗、环境污染等方面的调整能力较强，农业可持续发展对外界的压力调节机制较为完善。具体而言，天津农业响应子系统主要包括 7 个基础指标，主要反映人类在促进农业可持续发展过程中所采用的对策，其中水土流失、节水灌溉、农田水利方面取得了阶段性成效，2007—2013 年间，水土流失治理率逐年上升，节水灌溉面积比重和农田水利化比重也一直上升，仅近 1~2 年有所下降。虽然近年来天津市对于农业、科技和环境保护的经费投入显著增加（科技投入占比、环境支出占比、农业投资水平呈上升趋势），但比重太小，投入水平明显不足，还有很大的提升空间。

2. 天津市农业可持续发展水平综合指数（TASDI）分析

本研究采用线性加权法计算天津农业可持续发展水平综合指数 TASDI。其中，TASDI 值越小，表明其农业可持续发展水平越低；值越大，表明农业可持续发展水平就越高。具体运用式 3.3，可计算得到 2007—2013 年天津市农业可持续发展综合评价值，结果如表 3-3 和图 3-1 所示。

表 3–3　天津农业可持续评价综合指标及各分指标评价值

年份	UD	UP	Us	UI	UR	TASDI
2007	−1.862 3	3.718 6	−3.185 1	−3.034 3	−1.381 7	−1.0 927
2008	−1.969 6	0.715 3	−1.365 0	−1.449 1	−0.867 0	−0.9 910
2009	−0.112 1	0.637 3	−1.087 4	−0.197 1	−0.529 8	−0.2 766
2010	0.345 2	−0.322 7	0.063 3	1.171 1	−0.165 7	0.1 569
2011	0.475 4	−1.346 2	1.075 0	0.743 1	0.748 7	0.3 340
2012	1.418 6	−1.725 3	2.030 2	1.398 9	0.536 8	0.7 351
2013	1.704 7	−1.677 0	2.469 1	1.367 3	1.658 7	1.1 343

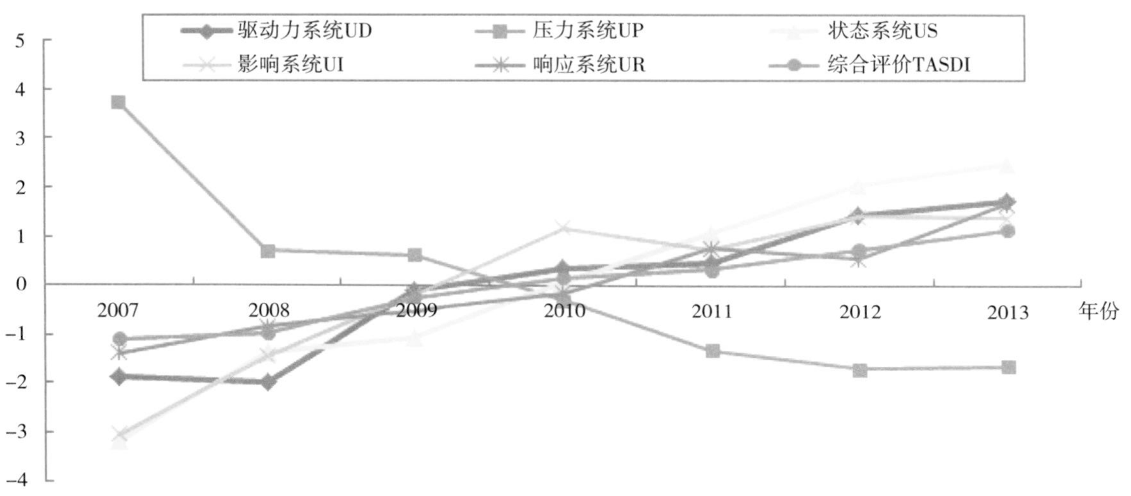

图 3–1　2007—2013 年天津市农业可持续发展评价结果趋势

从评价结果可以看出，有些评价分值为负值，但这并不意味着评价对象为负增长或者是趋势不好，评价分值是正值或者是负值只是表明它是大于还是小于从 2007—2013 年评价区间的平均值，因为评价分值的平均值为零，是由于在评价计算过程中对原始数据进行了标准化处理。一个子系统相对其他子系统的评价分值越大，说明它的发展趋势越好；反之，其发展趋势越差。

根据上述测算结果，对天津市农业可持续发展能力分析如下：

（1）2007—2013 年天津市农业可持续发展能力综合得分逐年增加，由 2007 年的 −1.092 7 增加到 2013 年的 1.134 3，农业可持续发展能力总体有了明显提高。

（2）从评价得分情况看，在 DPSIR 模型的 5 个系统中，发展状况和趋势最好的是天津农业状态子系统，其次是压力子系统，再次是影响子系统，驱动力子系统排在第四位，响应子系统排在最后。这说明：一是驱动力因素处在相对较差的位置，天津农业可持续发展的驱动力（经济发展和社会发展动力）不足。二是制约天津农业可持续发展的最重要因素是天津农业的响应子系统，表明为实现并促进天津农业的可持续发展，必须采取相应措施，加大农业投资强度和农业科研的投入，转变农业生产发展方式，合理开发利用农业资源，保护和改善农业生态环境。三是天津农业压力子系统和状态子系统发展相对较稳定，基本呈稳步上升趋势。四是尽管天津农业可持续发展系统的 5 个子系统发展还不均衡，但天津农业可持续发展总体上呈明显稳步上升态势。

四、天津市农业可持续发展的适度规模分析

（一）农业资源合理开发强度分析

1. 耕地资源开发

天津耕地资源相对较少，有限的耕地是制约农业生产的主要因素之一。尤其是近些年来，随着天津人口不断增加和城市化、工业化进程不断加快，耕地资源更显不足。据 2013 年《天津统计年鉴》数据，天津年末实有常用耕地面积由 1995 年的 42.61 万 hm^2 减少到 2013 年的 39.25 万 hm^2；人均耕地面积则由 1995 年的 0.045hm^2 下降到 2013 年的 0.027hm^2，年均递减 2.3%（图 4-1）。人口、耕地逆向发展，势必对潜力有限的耕地资源造成长期持久压力。

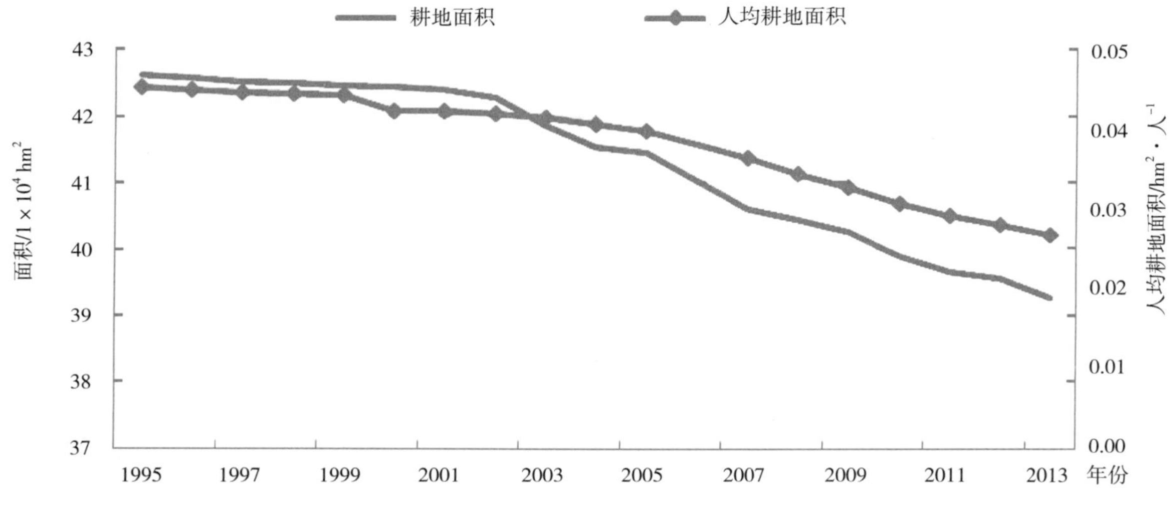

图 4-1　天津市 1995—2013 年间耕地面积变化

根据《天津市土地利用总体规划》（2006—2020 年），除滨海新区、津南区和蓟县以外，2013 年其他区县已经突破 2020 年耕地保有量的约束指标。从 2010 年的情况对比来看，预计随着城镇化的快速扩张，耕地减少的趋势将继续。虽然各地不断调整土地利用规模和目标，并且通过复垦等方式增加耕地，但是耕地总体减少给农业生产带来的影响不可忽视，农业土地资源束缚逐步显现。此外，从自然条件看，除北部小部分低山、丘陵外，天津市大部分为低缓的滨海平原和洼地，受盐碱、干旱、洪涝、沙化等自然条件的限制以及不合理灌溉等人为因素的影响，部分灌溉区耕地土壤次生盐碱化严重，耕地自然肥力不高。这些都说明农业土地资源的利用和承载力已经接近饱和，对于今后土地合理利用、适度开发和农田整理等提出了更高的要求。

表 4-1　2020 年天津市各类用地分解平衡　（单位：hm^2）

行政名称	2020 年耕地保有量	2010 年		2013 年	
		耕地面积	差值	耕地面积	差值
天津市	437 300	398 800	−38 500	392 500	−44 800
滨海新区	17 598	20 621.5	3 023.5	20 383	2 785
东丽区	9 987.5	9 893	−94.5	9 359	−628.5
西青区	18 146.6	14 190	−3 956.6	13 699	−4 447.6
津南区	11 578.5	14 140	2 561.5	13 740	2 161.5
北辰区	18 880.7	18 431	−449.7	18 431	−449.7
宁河县	63 285.5	38 666	−24 619.5	38 665	−24 620.5
武清区	92 397.4	87 989	−4 408.4	85 602	−6 795.4
静海县	81 352.8	64 615	−16 737.8	62 455	−18 897.8
宝坻区	76 536.9	76 114	−422.9	76 114	−422.9
蓟县	47 536.0	53 940	6 404	53 939	6 403

2. 水资源利用

随着经济的发展和人口的增加，天津水体状况不容乐观。一是水资源供需矛盾（资源性短缺）。2013 年天津水资源总量为 14.64 亿 m^3，还不足 2012 年的 50%①，人均水资源 145.82m^3，而国际公认的极度缺水警戒线为人均 500m^3；同年，我国人均水资源②为 2 059.7m^3，天津人均水资源不足全国人均水资源平均水平的 1/10。此外，天津生态用水极其匮乏，农业用水量大，多年来一直占总供用水量的 50% 以上，2013 年天津总用水量 23.8 亿 $m^3$③，其中农业用水 12.17 亿 m^3，占 51.13%。

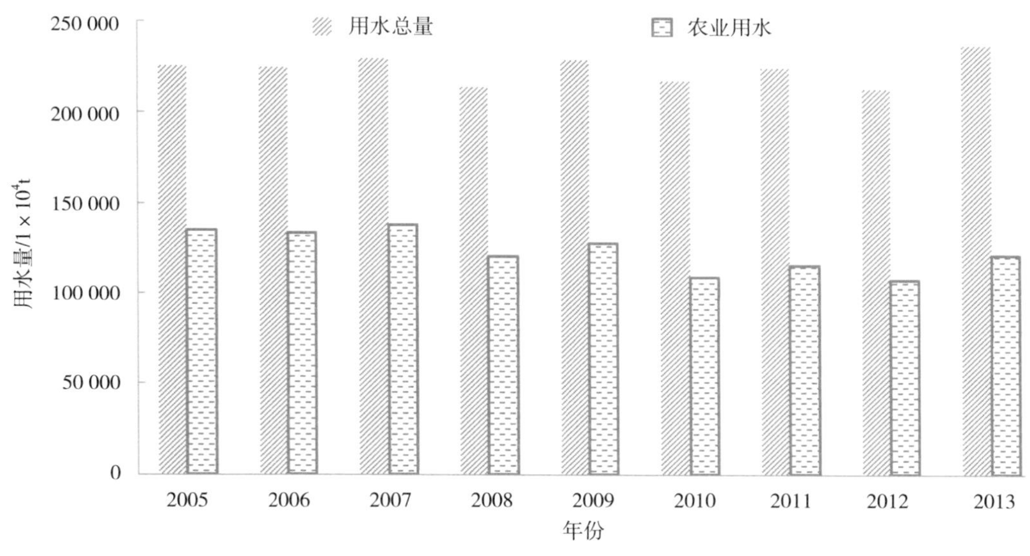

图 4-2　2005—2013 年天津市农业用水情况

① 数据出自《天津统计年鉴 2014》
② 数据出自《中国统计年鉴 2014》
③ 数据出自《天津统计年鉴 2014》

水资源利用率低，浪费严重，一定程度上加剧了水资源供需矛盾。二是水体污染较为突出（污染性短缺）。受农业面源污染的影响，天津地表水污染相对较重。根据化学需氧量计算的排放量，2013年天津市农业水污染排放为10.99万t①，占全市需氧排放总量的49.6%。据《天津市环境状况公报》，2013年不符合农业灌溉水标准的劣V类河长占57.5%，较2009年的40.4%增加了17.1%；地表水污染严重，无疑也加剧了水资源短缺问题。

3. 农业投入强度

农业投入主要以化肥、农药、农膜等为主进行分析。2013年天津市化肥施用量（按折纯量计算）已达24.3万t，单位耕地面积化肥施用量达620.13kg/hm^2，农药施用量达9.27kg/hm^2，化肥施用强度比同年全国平均水平高出134.42kg/hm^2，更远高于国家推荐的生态示范区施肥标准250kg/hm^{2}和发达国家设定的安全水平值225kg/hm^2。由于施用方式、施用时间以及施用量的不合理，直接导致农药化肥的利用率偏低（氮肥利用率仅为30%~35%，磷肥利用率为10%~20%，钾肥利用率为35%~50%，农药仅20% ~30%）。大部分通过土壤淋溶、地表径流以及大气挥发等形式，进入土壤、大气、水体中，进而造成大量的资源、能源浪费和农业面源污染。此外，设施农业的迅速发展使得天津农膜使用量不断增加，2013年农膜使用总量达12 901t，单位耕地面积农膜使用量32.86kg/hm^2，高于全国20.48kg/hm^{2}的平均水平。根据对天津主要农业区县的调查，除小麦、玉米等粮食作物外，蔬菜、棉花等经济作物也普遍使用农膜，2013年地膜覆盖面积达77 499hm^2，占耕地面积的19.74%，仅设施蔬菜一项，年耗费农膜量已达1万t以上。大量未处理的农膜残片积留在农田中，影响了土壤结构、农田机械耕作、正常的农业生产灌溉和农作物生长。

4. 农业产出污染

农业污染可分为农业投入和产出两方面。农业产出污染的原因包括粗放的经营管理方式、资源的不合理利用、生产技术的落后等，造成农业耕地、水资源等的严重浪费，反映了目前农业资源投入产出的不合理，以及农业资源承载力已接近警戒线。产出污染主要以畜禽养殖粪便污染进行分析。

近年来，天津畜禽养殖业发展迅猛，2013年，天津出栏的生猪达381.68万头，奶牛存栏15.11万头，畜牧业产值约占天津农业总产值的1/4，但由于畜禽养殖业环境管理滞后于养殖产业的发展及缺乏较为完善的环境管理手段，养殖规模的不断扩大带来严重的畜禽粪便污染问题。例如，2013年全年天津畜禽粪便产量达883.95万t，为工业固体废弃物的55.11%，其中，牛（肉牛、奶牛）产生粪便量最多，生猪其次。

畜禽粪便污染范围广、持续时间长的特点还造成大量的养分流失，根据《中国有机肥料养分志》提供的畜禽粪便养分含量系数，测算2013年天津市畜禽粪便所含氮、磷、钾养分含量，2013年含氮磷钾总量就达8.39万t，同年全市化肥施用总量（折纯）24.3万t，如能完全利用这些畜禽养殖粪便资源，则可减少约30%以上化肥用量。从单位面积耕地负荷量来看，2013年天津市畜禽粪便耕地平均负荷量为22.52kg/hm^2，氮、磷纯养分耕地平均负荷分别为109.95kg/hm^2、40.75kg/hm^2。欧盟畜禽粪便的还田限量值为35t/hm^2，耕地粪便氮养分负荷量标准为170kg/hm^2，耕地粪便磷养分负荷量标准为35kg/hm^2。参考欧盟标准，天津市耕地畜禽粪便、氮养分负荷量没有超标，但磷养分负荷量超标，而部分区县氮、磷养分耕地平均负荷量已经全部超标。说明天津市畜禽养殖业已呈现养殖过载问题，从生态环境保护角度来看耕地资源的承载力接近极限，畜牧业有

① 数据出自《天津统计年鉴2014》

待向集约方式转变。

综上，无论是从土地、水资源等农业生产投入，还是从畜禽养殖业带来的产出污染来看，目前天津市农业资源承载力已经接近极限，而随着人口增加和农村城市化进程，人口消费对于农产品产量的需求压力并未减小，伴随着资源有效利用率低和环境污染问题的双重压力，农业发展和农村环境的总体形势不容乐观。因此必须转变农业发展方式，调整优化农业产业结构，沿着天津市减粮、增菜、增林果、增水产品“一减三增”的思路，大力推行低排量、低能耗的种养殖模式，实现畜牧养殖集约化经营管理，乃是当务之急。

（二）适度规模分析与发展重点

1. 规模效率分析

从投入产出效率的视角对规模效益进行分析，本研究拟采用数据包络分析法（DEA），该方法的原理主要是通过保持决策单元（Decision Making Unit，DMU）的投入、产出指标的权重系数为优化变量，借助于数学规划和统计数据确定相对有效的生产前沿面，将各个决策单元投影到 DEA 的生产前沿面上，并通过比较决策单元偏离 DEA 前沿面的程度来评价它们的相对有效性。采用此方法，首先对天津市 2004—2013 年十年间农业产值投入产出进行总体分析，其次针对 2013 年进行分行业具体分析。

对天津市 2004—2013 年十年间农业生产投入产出的整体效率进行评价，将每个年份视作决策单元（DMU），假设有 m 种投入变量和 s 种产出变量，X_{ij} 表示第 j 个年份的第 i 种投入的总量，Y_{rj} 表示第 j 个年份的第 r 种产出的总量。这样，第 j 个年份的投入可表示为 $X_j=(x_{1j}, x_{2j}, \cdots, x_{mj})T$，产出可表示为 $Y_j=(y_{1j}, y_{2j}, \cdots, y_{sj})T$。令 V 为投入向量 X 的权系数向量，U 为产出向量 Y 的权系数向量，以第 j 个年份的效率评价为目标函数，以全部单元的效率指数为约束，得到最优化 C^2R 模型，并通过 Charnes-Cooper 变换，获得线性规划模型：

$$\begin{cases} \min\left[\theta-\varepsilon(\sum_{j=1}^{m}s^{-}+\sum_{j=1}^{r}s^{+})\right]=v_d(\varepsilon) \\ s.t. \\ \sum_{j=1}^{9}x_j\lambda_j+s^{-}=\theta x_0 \\ \sum_{j=1}^{9}y_j\lambda_j-s^{+}=y_0 \\ \lambda_j\geqslant 0 \\ s^{+}\geqslant 0, s^{-}\geqslant 0 \end{cases}$$

θ 值越大，DEA 的相对有效性越高。本文通过投入导向的可变规模报酬（VRS）模型运算得到决策单元的效率值，最优效率值为 1，否则决策单元的效率有所损失。

本报告采用天津市 2004—2013 年的农林牧渔业产值和中间消耗品投入的数据，研究其 10 年间的投入产出效率水平并进行比较评价，评估模型的输入输出指标体系，如表 4-2。因为包括了中间消耗，所以产出方面采用农林牧渔总产值指标，操作运算中用生产总值指数中第一产业指数进行折算，中间消耗价值用生产者购进价格指数中农副产品类指数折算。

表 4-2　天津农业投入产出指标[①]

变量	名称	单位
产出变量		
Y	农林牧渔总产值	万元
投入变量		
X_1	农业中间消耗	万元
X_2	林业中间消耗	万元
X_3	牧业中间消耗	万元
X_4	渔业中间消耗	万元

运用 DEAP2.1 软件，将投入产出指标的相关数据带入求解，经过计算分析得到天津市 2004—2013 年农林牧渔业投入产出的效率评价结果（表 4-3）。

表 4-3　天津农林牧渔产值投入产出效率评价结果

年份	综合效率	纯技术效率	规模效率	规模报酬情况
2004	0.943	1	0.943	irs
2005	0.873	0.917	0.952	irs
2006	0.802	0.934	0.859	irs
2007	0.838	1	0.838	irs
2008	0.853	0.946	0.901	irs
2009	0.747	0.843	0.887	irs
2010	0.883	0.928	0.951	irs
2011	1	1	1	–
2012	0.924	1	0.924	drs
2013	0.909	1	0.909	drs

注：综合效率 = 纯技术效率 × 规模效率，irs 表示规模递增，drs 表示规模报酬递减，– 表示规模不变

整体来看，2004—2011 年处于总规模报酬递增阶段，该期间投入的持续增加提高了总体效率水平，而 2011 年之后处于总规模报酬递减区间，主要体现在规模效率上，表示其规模已经达到一定的水平，一味增加投入将会降低边际报酬。从 2011 年至今的实际来看，经历了 2005 年以来农业投资力度显著增加的时期，投入增加带来的边际效益在递减，农业投资的产出效率有待提高。说明 2011 年起农业已经进入转变发展方式，调整产业结构的拐点，即投入增加的同时需进行相应产业结构的调整和转变，才能实现农业发展的规模报酬不断增加，因此调整产业结构的力度还有待加强。从效率分解来看，2011 年的综合效率，纯技术效率和规模效率都是 1，表明该年份投入产出水平最为合理，2004 年、2007 年、2011 年、2012 年、2013 年的纯技术效率为 1，说明这几个年份的产出水平从技术增长来看最优。而 10 个年份中仅有 3 个年份出现技术效率大于规模效率的情况，且除了 2011 年以外都存在规模效率不足（<1），说明规模效率成为天津市投入产出效率不足的主要原因，证实了调整农业产业规模对于实现产出增加的重要意义。综上，针对目前这种规模效率不足情况，应注重在现有规模基础上调整产业结构，合理分配投资，在产业规模方面优化投入结构和

① 数据出自 2006—2014 年《天津调查年鉴》

转变发展重点，以提高规模效率。

进一步对于规模效率的影响因素和作用程度进行分析。采用 Tobit 模型方法。因为针对部分离散分布的因变量，Tobit 模型能够实现对于 [0，1] 截尾数据的处理，考虑到 DEA 计算出的效率值是截尾数据，直接用 OLS 方法所得估计量是有偏和不一致的，因此采用 Tobit 模型进行最大似然函数估计。模型如下：

$$y_i^* = \alpha + \sum_{i=1}^{n} \beta_i x_i^* + \varepsilon_i$$

定义 y_i 为 DEA 模型得到 i 年份的规模效率水平，y_i^* 是潜变量，满足计量模型的经典假设，x_i 是效率值影响因素。当 y_i^* 大于 0 时，因变量取实际观测值，当 y_i^* 小于 0 时，因变量受限制取 0 值。

x_i 为可能影响规模效率水平的变量，本研究选取 x_1 为耕地面积（万亩）；x_2 为林地和果园面积（万亩）；x_3 为水产养殖面积（万亩）；x_4 为机械总动力（万 kW）；x_5 为化肥投入（万 t）；x_6 为一产从业人员（万人）；x_7 为一产固定资产投资（亿元）；x_8 为农林水事务支出（亿元）。数据来源于《新中国 60 年农业发展统计汇编》《中国统计年鉴》《中国农村统计年鉴》《天津统计年鉴》《天津调查年鉴》，在进入模型前进行对数处理。由于 x_7（一产固定资产投资）和 x_8（农林水事务支出）两项指标加入后模型显著性下降，其自身显著性差，因此剔除，采用最大似然法回归结果。

除变量 x_6 外均通过 1% 显著性检验，可认为模型结果符合实际，拟合程度较高。从结果看，耕地面积的影响为负向，变相为变化量 1%，则引起效率 2% 的减少，说明耕地资源投入过多并未带来应有产出，存在土地资源浪费情况，在转变农业发展方式背景下，需考虑减少粗放型的粮食种植面积；林果面积 x_2 的提高对于规模效率有正向作用，应适当增加面积，这与全市“一减三增”的发展战略一致；水产养殖面积 x_3 负向影响但作用程度有限，应适度减少面积，并保证产量，提高健康水产养殖的集约化水平；机械总动力水平 x_4 的影响为正，且作用程度最为明显，其变化量 1%，则引起效率 2.77% 的提高，说明机械化显著提高了产出效率，应继续结合不同产业特点予以使用和推广，并加大对机械化应用的补贴和扶持；化肥 x_5 已经对效率产生负向影响，说明在土地承载能力有限情况下已经投入过度，与前文分析一致，从农业可持续发展的角度看应适度减少化肥投入；农村劳动力 x_6 的影响虽然为负，但不显著，说明农村尚有一定规模的剩余劳动力，应加快农业劳动力的城镇化转移。

本研究从定量分析手段出发阐明了提高规模效率的实证原因，以及在保障农业可持续发展中调节投入结构，特别是减少化肥使用的重要意义。同时结果很好地论证了目前天津市实施“一减三增”的合理性。

2. 种植业适度规模与发展重点

根据天津市农委重点项目《天津现代都市型农业发展“十三五”规划研究》，粮食种植面积由 2014 年的 518.7 万亩减少到 2020 年的 380 万亩，经济作物种植面积由 2014 年的 249.8 万亩增加到 2020 年的 380 万亩，届时粮经比由 2014 年的 1 : 0.5 达到 1 : 1。本研究提出到 2020 年，在完成天津农业资源可持续利用与生态环境保护目标的基础上，通过加大实施现代都市型种植业建设，实现优化结构和提升拓展。结合定量分析，设定种植业规模指标如表 4–4。

表 4-4　天津市种植业规模目标设定

指标	2014 年现状	2020 年目标	增减变化
粮食播种面积（万亩）	518.7	400	−118.7
蔬菜播种面积（万亩）	135	150	+15
水果种植面积（万亩）	50	60	+10
农业设施面积（万亩）	55.6	60	+4.4
化肥使用量折纯（万 t）	24.3	≤ 24	≤ −0.3

设定目标中粮食占耕地面积稳定不低于 300 万亩，播种面积稳定在 400 万亩，其中，小麦稳定在 130 万亩，玉米稳定在 240 万亩，水稻稳定在 30 万亩，年总产量稳定在 150 万 t，自给率保持在 30% 左右；蔬菜占地面积稳定在 100 万亩，播种面积达到 150 万亩，年总产量 500 万 t，自给率达到 118%；水果种植面积达到 60 万亩，水果产量达到 35 万 t，自给率达到 55%。

建设规模化种植、标准化生产、制度化管理和信息化监管的“放心菜基地”60 万亩，年产优质“放心菜”250 万 t，占蔬菜总产量的 50% 以上；对 20 万亩以新型节能日光温室为重点的现代化种植业设施进行基础设施、专用技术、质量安全、配套设施提升，提高设施蔬菜生产水平和周年供应能力，满足全市人民对地产优质蔬菜的质量与数量需求。

优质水果基地稳定在 60 万亩，主要位于蓟县、武清、静海、滨海新区等，以万亩为单元重点打造苹果、梨、桃、鲜枣和葡萄 5 个传统优势品种标准化示范基地；同时积极发展甜樱桃、蓝莓、树莓等新品种和设施果品栽培，满足市场对果品的多样化需求。

在现有及规划建设的 30 万亩现代农业示范园基础上，完善和建设 20 个现代农业示范园区。坚持规模化发展、标准化建设和产业化带动。积极探索新型土地经营管理模式，鼓励土地向种植大户，专业合作社、农业公司等各类农业经营企业集中，在远郊 5 个主要农业区县探索建设土地规模化经营创新城乡一体试验点，提高农业生产经营的规模化水平。

3. 养殖业适度规模与发展重点

（1）畜牧养殖业　到 2020 年，畜牧业生产结构和区域布局进一步优化，综合生产能力显著增强，规模化、标准化、产业化程度进一步提高。畜牧业向资源节约型、技术密集型和环境友好型转变。建设国内一流的现代畜牧业产业园区 13 个，按照现代都市型畜牧业标准化建设要求，对 200 个规模养殖场进行改造提升，带动 55 个畜禽养殖基地发展，畜禽规模化养殖比重达到生猪 95%、奶牛 100%、蛋鸡 90%、肉鸡 95%，无公害畜禽养殖比率由 2014 年 78.2% 达到 85% 以上，主要畜禽良种覆盖率达 98% 以上，规模化畜禽养殖粪污综合利用率达 90%。发展农牧、林牧等复合生态农业生产模式，建设 30 万亩全株饲料玉米基地和 10 万亩优质苜蓿基地，实现农牧有机结合。

全市涉及畜牧养殖的区县划分为环城协调发展区和远郊综合发展区，按照生产相对集中原则，打造 55 个养殖基地，形成东北、中部、西南 3 条现代畜禽产业带。环城协调发展区主要包括东丽、西青、津南、北辰 4 个环城区以及滨海新区汉沽。以生猪、奶牛、肉鸡为主，除北辰奶牛养殖规模较大外，其他区县各种畜禽养殖规模整体较小。该区域未来将控制养殖规模，总量逐步减少，对已有项目进行提升改造，养殖畜种以生猪、奶牛、肉鸡养殖为主。远郊综合发展区主要包括蓟县、宝坻、武清、宁河、静海、滨海新区大港以及农垦。该区域主要以生猪、奶牛、肉鸡、蛋鸡为主，并积极发展肉牛、肉羊、长毛兔等草食动物，进一步促进产业升级，大力发展畜禽良种产业，向标准化规模养殖、生态养殖和特色养殖等方向转变，提高综合生产能力。

（2）水产养殖业　进一步调整水产养殖生产布局，到 2020 年，水产养殖面积稳定在 60 万亩以上，其中，淡水养殖面积稳定在54万亩，海水养殖面积稳定在6万亩，水产品供给能力稳定在45万t左右。控制养殖规模和密度，推广健康生态养殖模式，继续开展健康养殖示范场建设，扩大示范带动规模，建设35个水产品生产基地、45个设施渔业示范区和6个渔业产业园区。保护和改善养殖水域生态环境，保障水产品质量安全，科学合理利用天津水产种质资源，鼓励并促进养殖渔民推广、采用集约化和规模化养殖、生态健康养殖等新模式。

五、天津市农业可持续发展区域布局与典型模式

（一）农业可持续发展分区指标选取

1. 样点选取

由于农业可持续发展的复杂性以及生态环境的多样性，不论进行哪一级划分，在建立数学模型时都不可能将所有的单元都参与定量计算，而只能选择资料较齐全可靠、代表性较强且分布适宜的单元作为代表样点进行数据处理，这样不仅避免了那些类型似是而非、界线模棱两可的单元的干扰，而且又可以减少大量的计算。天津有农业区县10个，区县下面包括若干个乡镇。根据农业经济发展水平，平原、山区、海滨的地理位置特征以及光、热、水、土等自然资源的不同组合，较均匀地选择了10个区县单元作为一级农业可持续发展区划的代表样点。

2. 区划指标体系的建立

以蓟县、宝坻区、武清区、宁河区、北辰区、津南区、西青区、东丽区、静海区、滨海新区10个有农业区县作为分区单元，在借鉴大量已有相关研究成果的基础上，结合天津农村社会经济发展的实际，咨询相关专家及实践探讨，综合考虑数据的可获取性，经过多轮筛选，从自然条件、生态条件、社会经济条件3个方面构建19个指标。详见表5-1。

表5-1　天津农业可持续发展分区指标

类别	指标	单位
自然条件	年太阳辐射	$kcal/cm^2$·年
	日照时间	h
	≥10℃积温	℃
	降水量	mm
	水域面积比重	%
	无霜期	d
生态条件	耕地面积	hm^2
	园林地面积	hm^2
	牧草地面积	hm^2
	渔业养殖面积	hm^2
	林木覆盖率	hm^2
	生态用地率	hm^2
	绿色农业面积	hm^2

（续表）

类别	指标	单位
社会经济条件	农林牧渔业总产值	万元
	第一产业增加值占地区生产总值比重	%
	农民人均纯收入	元
	乡村劳动力	人
	劳动生产率	元 / 人
	土地产出率	元 /hm²

（二）系统聚类法定量分区

综合主导因素定性分析和系统聚类定量分析结果，可将天津农业可持续发展建设区分成三类区、四类区、五类区、六类区，结果如图5-1所示。考虑到10个有农业区县依山傍海、平洼相间、水网密布、城乡交错的地域特征，蓟县有山区，北辰区、津南区、西青区、东丽区四区紧邻中心城区，宁河区、宝坻区、武清区和静海区虽然在地域上被隔开，但4区县自然条件、社会经济条件、农业发展方向等基本一致，故将天津农业可持续发展区域布局分为4类，分别为蓟县农业可持续发展建设区、远郊农业可持续发展建设区（宝坻区、武清区、宁河区、静海区）、环城农业可持续发展建设区（西青区、北辰区、东丽区、津南区）、滨海农业可持续发展建设区（滨海新区），如图5-1所示。

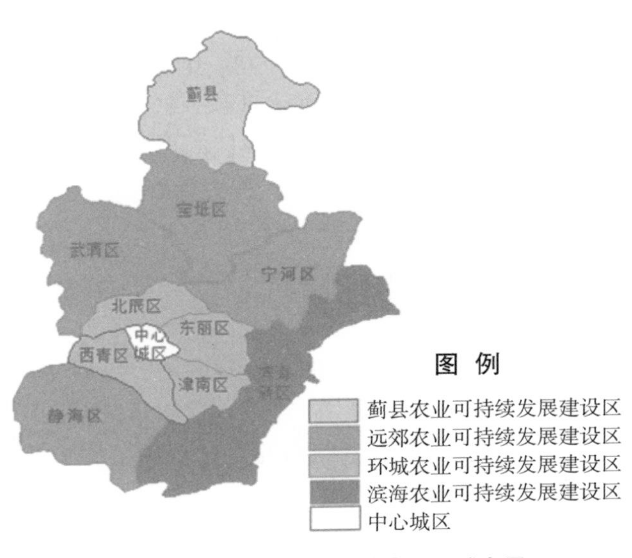

图5-1 天津农业可持续发展区域布局

（三）区域布局特征及发展模式

1. 蓟县农业可持续发展建设区

（1）区域特征

① 资源基础：该区分布在天津市最北部的蓟县，行政区域面积1 590km^2，是天津辖区内唯一的山区和重要的水源涵养地。境内土地总面积的2/3为山区和库区，有山有水，有平原有洼地；土地资源类型多样，土壤以棕壤土和褐土为主，多数通透性好，适耕性强；生态植被茂密，林地面积较多，占全市总林地面积的69.33%，耕地资源较少，面积仅占全市总耕地面积的12.28%。农村城镇化水平较低，农业人口占总人口的比例达81.43%，农民人均可支配收入14 338元，低于全市平均水平1 067元，农业开发潜力较大。

② 生态特点：该区具有良好的生态环境和丰富的旅游资源，历来是天津名特优产品生产基地和旅游胜地，被誉为天津的后花园。境内降水量充沛，山清水秀，空气清新，水质优良，气候宜人；名胜古迹众多，自然风景秀丽，有盘山、长城、古城、翠屏湖、中上元古界、八仙山原始次生

林等风景区和自然保护区。地貌多样、地势倾斜的结构造成水土、植被、光和热的垂直分异和水平分异，也因此形成了多层次、立体结构的生态环境条件，加之与外省市相邻边界较长，具有发展立体农业的边际优势。

③ 产业结构：2013 年，该区实现第一产业增加值 28.71 亿元，占地区生产总值比重为 9.18%；农林牧渔业总产值[①]55.55 亿元，占全市 10 个有农业区县农林牧渔业总产值的 14.57%；农林牧渔业产值结构为 52.72：0.99：40.46：5.83（图 5-2），以种植业和畜牧业为主。农业劳动生产率较低，为 20 290 元 / 人；农作物播种面积中，粮食作物所占比重较高，土地产出率 28 063 元 /hm^2，相对于本区丰富的农业资源而言，仍存有很大潜力。

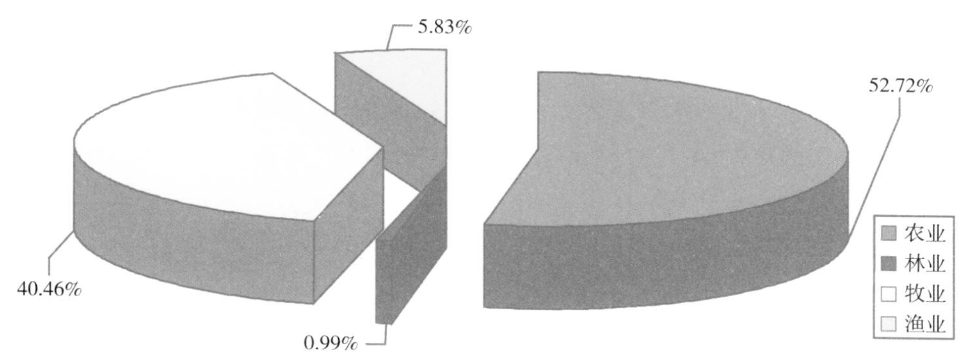

图 5-2　2013 年蓟县农业可持续发展建设区农林牧渔业产值结构

④ 产业特色：该区自然条件优越，农业资源丰富，生产多种果品，被授予全国首家绿色食品示范区和全国生态示范县。农产品以粮食和蔬菜为主，其次为肉类、禽蛋、水果、水产品和牛奶（图 5-3）。2013 年，蓟县粮食、蔬菜、水果、肉类、禽蛋、奶类和水产品占全市生产总产量的比例分别为 21.64%、9.63%、17.98%、17.73%、27%、3.72% 和 7.2%。目前，蓟县已形成以禽蛋、畜产品、蔬菜、果品、粮食、水产等为主的多个系列绿色食品基地。家禽种类众多，有骡、马、驴、牛、羊、猪、鸡、鸭、鹅、兔等；粮食作物主要以小麦、玉米、水稻及豆类为主；经济作物有花生、芝麻、棉花；果类主要有苹果、柿子、梨、红果、板栗、核桃等；还有众多的蔬菜作物、瓜类作物、花卉及各种用材林木等。绿色食品生产一直处于全市领先地位。

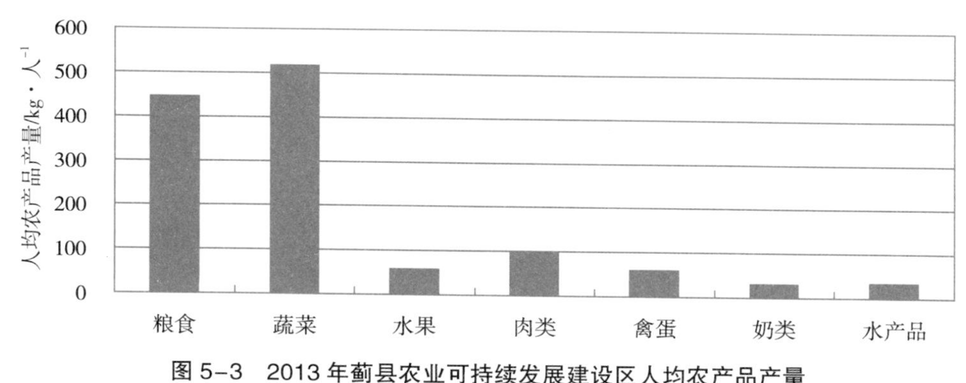

图 5-3　2013 年蓟县农业可持续发展建设区人均农产品产量

① 因农林牧渔业总产值缺少 2013 年数据，这里统一为 2012 年数据。

（2）定位与方向

① 总体定位：调整优化产业发展空间布局，培育绿色主导产业，扶持生态示范基地，规范旅游观光项目；围绕现代农业“节水、节肥、节药”系统推广节水滴灌和肥水一体化等工程，在农田带、山区带、湖滨带、湿地带推广集约型、节约型特色作物和优质果品现代农业发展模式；依托自然生态和历史文化资源，与京冀联合规划，开发农业游精品线路，打造京津冀都市圈独具特色的休闲农业旅游品牌，构建生态农业、绿色农业和智慧农业共同发展的产业体系，打造可持续发展产业链，实现农业跨域式发展。

② 发展方向：积极抢抓京津冀协同发展机遇，不断完善产品准入机制、节水补偿机制和技术服务推广体系，实行产品、技术、服务标准化定制化管理模式，不断提高产业的规范化管理水平。一是按照“养眼、润肺、舒心”的要求，北部农业建设要强化生态保育功能，巩固绿色果品的供给功能，突出观光旅游功能，拓展农业的生态观光示范服务功能；二是中西部农业建设要充分利用耕地资源优势，积极开发果品、蔬菜无公害农产品、绿色农产品和有机农产品等生态产品，提供优质、高效、安全、环保的农产品；三是南部农业建设要调整优化农业内部结构，建立起粮、经、饲三元种植结构体系，建设与自然条件相适应的粮、鱼、肉、蛋、禽农业生态系统，提高综合经济效益；四是东部农业建设要结合于桥水库水源地保护，因地制宜地大力发展生态经济，重点发展林果业，防止面源污染，重点保护水体生态环境。

（3）发展途径及模式

①因地制宜，合理开发利用荒山和荒地：利用荒山、荒地等资源发展生物质原料作物种植，建立林牧、林农、林草结合的复合生态系统，加强畜禽粪便的综合开发利用，形成节能、降耗的农业发展模式，推动节水绿色农业发展。在小于 3° 的山间平地上选择山地杂粮品种，开发杂粮有机食品；3° ~7° 的缓坡地突出发展瓜类、粮食、果品等绿色生态食品；7° ~15° 的缓坡地大力发展以梨、桃、杏等采摘果品为主观光采摘园；15° ~25° 的坡地增加园地和林地面积，建立生产发展与环境改善相结合的生态果园；大于 25° 的坡地实施生态林建设工程，提高林地质量和水土保持能力。

② 调整产业结构，提高农产品质量和经济效益：按照全市“一减三增”的思路，结合山地、林地、水域等优势自然资源，使产业结构由以粮为主的分布格局逐步向以菜、鱼、果、畜禽等基地建设为重点的方向调整；通过农林、农牧、农渔复合农业生产方式，实施高标准农田工程，大力发展生态种植业、绿色林果业、高效养殖业及观光旅游业，开发绿色食品，拓展农业功能，参与市场竞争。

③ 加快优势畜产品基地建设，建设标准化生态养殖示范小区：按照布局科学化、养殖规模化、管理规范化、生产标准化、经营产业化、产品优质化的要求，建设肉牛羊绿色饲养基地，引导农民饲养绿色畜禽，加大生态床养殖、立体复式种养殖等适用技术推广力度，强化饲草料加工体系和市场体系建设；发展集约化、规模化家禽养殖和林地散养，建设规模化、标准化肉鸡、蛋鸡等养殖场。

④ 推行生态养殖技术，实现渔业可持续发展：改善池塘养殖条件，推行生态养殖技术，开展无公害绿色水产品生产，突出改造提升渔业精品生产功能，打造生态高效渔业养殖区，形成以保护生态环境为前提，集养殖、垂钓、休闲、度假为一体的生态渔业产业链。重点打造于桥水库绿色农业产业带，在水库南岸、东岸和南部平原地区，建设农业观光旅游、农产品冷链物流加工、高效设施农业的有机农业全产业链项目。

⑤ 拓展生活休闲功能，形成独具特色的生态旅游：把农业作为调节生态、改善环境的生态工程，统筹产业布局、农业发展和生态环保，特别是搞好京津冀生态过渡带建设。坚持规划先行、合理布局、有序开发的原则，加强与京冀旅游资源的对接与合作，依托特色农业资源、独有乡村文

化、独特民族风情，开创休闲、度假、体验的活动空间，串联农业生产和生活休闲、农业景观和农村空间，促进农业与旅游业相结合，发展集观光、度假、体验、推广、示范、娱乐、健身等于一体的新型农业产业形态和消费业态。

2. 远郊农业可持续发展建设区

（1）区域特征

① 资源基础：该区分布在天津市远郊地区，包括宁河区、宝坻区、武清区和静海区，这 4 个区县行政区划面积 5 470km^2，是天津市 4 个农业建设区中面积最大，人口最多的区域。该区农用地资源较为丰富，以生产大宗农产品为主，是天津主要农产品生产基地。根据 4 区县所处的位置不同，该区又可分为南北两翼，其中，北翼包括宝坻区、武清区和宁河区，南翼包括静海县。北翼 3 个区县地势大致西北高，东南略低，南翼静海县地势大致西南高，东北略低。境内宁河区、静海区和宝坻区有一定的牧草地分布，土壤以潮土、沼泽土、水稻土和盐化湿潮土为主，性状较好，土质肥沃，适宜耕作，耕地面积最多，占全市总耕地面积的 59.83%，渔业养殖面积较大，占全市渔业养殖总面积的 50.20%[①]，发展空间优势明显。该区人口较多，农业人口占总人口的 76.83%，农村城镇化水平相对较低，农民人均可支配收入较低。

② 生态特点：该区环境优美，生态景观较为自然，风光秀丽，空气清新，境内林带成荫，田园隽秀，农业绿色空间较为广阔。静海林海、青龙湾固沙林、青南万亩生态林、青北森林公园等是该区主要的生态林地资源，农田防护林营造的田成方、林成网、路相通、沟相连的建设景观，形成了层次多样、结构合理、功能完备的城乡生态网络。此外，该区低洼处洼淀较多，以七里海、大黄堡、团泊洼、黄庄洼为主的湿地资源营造了温泉名城、生态水乡、湿地特色等生态景观，人文生态景观十分丰富，有非物质文化遗产、文化古迹等，湿地、林地、农田、地热等特殊资源，为发展生态旅游观光提供了优越的条件。

③ 产业结构：2013 年该区实现第一产业增加值 117.76 亿元，占地区生产总值比重为 5.41%；农林牧渔业总产值 237.68 亿元[②]，占全市 10 个有农业区县农林牧渔业总产值的 62.34%；农林牧渔业产值结构为 55.28：2.12：32.96：9.64（图 5-4），以种植业和畜牧业为主。该区农业劳动力较多，存在部分荒地和低产地，洼地和盐碱地土地产出率不高，农业劳动生产率和土地产出率也较低，分别为 25 447 元 / 人和 24 769 元 /hm^2，但农业生产在该区经济发展中占有重要的地位，同时也担负着为市民提供农产品的主要功能。

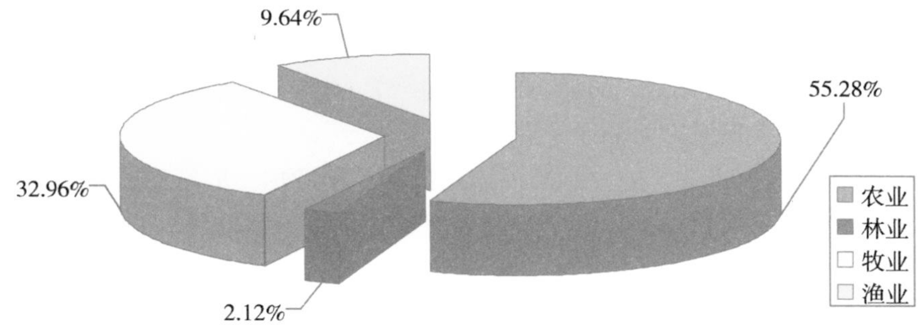

图 5-4　2013 年远郊农业可持续发展建设区农林牧渔业产值结构

① 渔业养殖面积因缺少分区县 2013 年数据，采用的是 2012 年数据。

② 农林牧渔业总产值为 2012 年数据。

④ 产业特色：该区是天津主要农产品生产基地（图 5-5）。2013 年，该区粮食、蔬菜、水果、肉类、禽蛋、奶类和水产品总产量占全市生产总产量的比例分别为 70.73%、66.07%、46.85%、58%、58.45%、69.63%和 49.97%。其中，宁河区是优质小站稻、棉花和商品粮生产基地县和全国无公害农产品生产基地示范县，打造了小站稻、无公害蔬菜、棉花、生猪、奶牛、肉鸡、长毛兔、水产品八大优势产品基地，培育了津沽小站米、天河种猪、换新观赏鱼、七里海河蟹等一批市级以上农产品品牌；武清区培育了奶牛、无公害蔬菜两大主导产业，被授予国家现代农业示范区、全国产粮大县称号；宝坻区为我国北方重要的粮棉生产基地，经济作物中的“三辣”（五叶齐大葱、红皮大蒜、天鹰椒）驰名中外，大新现代农业示范园被国家绿化委员会认定为绿色蔬菜生产基地；静海区更是加大农业种植结构调整力度，林海循环经济区被评为天津市首个国家级绿色农业示范区，引进了林地食用菌种植模式，为农民增收致富开辟了新途径。总之，远郊农业可持续发展建设区农业生产经营规模较大，发展空间和潜力较大。

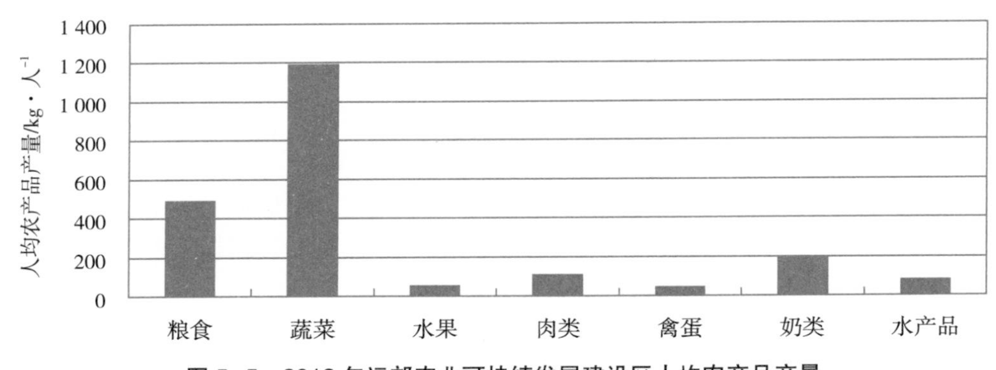

图 5-5　2013 年远郊农业可持续发展建设区人均农产品产量

（2）定位与方向

① 总体定位：坚持生态引领、低碳支撑、循环驱动、绿色崛起的战略选择，按照“绿色、高效、特色”的要求，提高规模化经营水平和能力，加速耕地流转，转变发展方式，走资源高效利用之路，大力推广水肥一体化技术，实现水分和养分的综合协调和一体化管理，提高水肥利用效率，减少资源浪费，减轻环境污染，实现增产增效；转型升级农业增长方式，推进农业专业化、规模化、标准化、集约化生产、产业化经营，大力发展节水农业、绿色农业、高效农业，增强高产、高效、低耗、无污染、无公害的农产品和生态产品供给功能；着重发展需求收入弹性高、高附加值的优势绿色农产品及其加工业，打造商品粮、商品菜和奶类农产品供应基地及肉、蛋、果等农产品深加工基地，丰富京津冀“菜篮子、奶瓶子、花盆子、鱼盘子”。

② 发展方向：一是加大投入，建立水肥一体化技术补贴专项，固定投资渠道，提高补贴比例；与此同时，建立全方位、多层次、高标准的水肥一体化技术试验示范展示网络，增加示范区域，扩大示范规模。二是以果蔬、肉禽和水产品作为主导产业，大力发展高效农业，确保安全农产品有效供给，建立规模化、专业化种植与养殖业复合系统，实现植物性生产、动物转化、微生物循环、系列加工增值，促进物质循环利用，减少废弃物排放。三是建立现代农业服务体系，建设一批特色鲜明的现代农业园区和农业旅游景点。四是发展农产品保鲜、精深加工以及生物农药、生物饲料、生物肥料等绿色加工，延伸产业链条，提升综合效益。

（3）发展途径及模式

① 加强现代农业技术研发转化，提高高效农产品比例：根据土壤类型与功能调整土地利用方式和结构，采用先进的耕作技术以及轮、间、套作种植方式和饲养方法，推行生态有机生产模式；依托科研院所不断更新改造蔬菜、水果、名特优新畜禽养殖相关的生态技术，因地制宜引进先进、适用的作物栽培技术和优良品种；重点建设绿色蔬菜、食用菌、奶牛、肉牛、生猪、肉羊、肉鸡、蛋鸡等优势农产品示范基地，引导农民发展绿色农业，全面开发无公害、绿色、有机食品及现代种业，提高绿色农产品的比例。

② 建立农林牧渔复合的生态系统，提高资源综合利用率：按照循环经济减量化、资源化思想，采用绿色种养技术，科学、合理地选择种养殖品种、规模、生态链，优化畜禽品种结构，大力开发食草畜禽等生态产品，新建、改扩建一批良种繁育场，建设蔬菜、水稻、淡水水产品、种猪、奶牛等绿色种业基地；建设循环农业示范园，充分利用水、土、光、热资源，推广粮经果、粮经饲、农牧渔苇、粮果蔬、渔牧结合等复合模式；通过畜粪堆肥、秸秆还田、沼气等生态模式，减少农业面源污染，提高农业废弃物综合利用率，实现生态系统良性循环。

③ 充分发挥区域生态环境优势，发展农业观光旅游业：合理开发区域生态资源优势，充分利用荒水荒滩，开发生态休闲渔业；以人与自然和谐发展为主题，以保护和改善生态环境为核心理念，以绿化和美化生存空间为具体要求，强化对农田、水源、湿地等自然资源的保护，保持现代农业资源的自然美感，彰显农业生态服务功能；找准农业生态游的切入点，以辽阔气魄的大景、养生休闲、民俗文化和大型主题旅游活动为主要吸引力，努力构建自然生态之美，发展休闲观光农业，打造集旅游、休闲、餐饮、文化、科普、娱乐为一体的农业新兴产业，开创京津冀绿色发展和旅游一体化新格局。

④ 以现代科学技术为依托，发展农产品加工业：在调整农业生产模式的同时，进行农业综合开发，将农业的产前、产中、产后各环节结成完整的产业链条，进行产业化经营。围绕粮食、蔬菜、畜禽、牛奶等特色优势农产品，大力发展食品加工业；从种养殖、保鲜、加工及相关技术入手，引进先进加工技术和设备，发展劳动密集型农产品深加工和精深加工，培育资源主导型加工企业集群，引导农业集中连片、特色化发展；形成具有一定规模的无公害、绿色、有机农产品产业化基地，实现农产品加工增值，进一步提高农业社会经济效益。

3. 环城农业可持续发展建设区

（1）区域特征

① 资源基础：该区分布在天津中心市区周围的环城地区，与天津中心市区地域上相互交错，距离市中心最近，包括东丽区、西青区、津南区和北辰区，行政区划面积 1 925km^2。该区人口密度较大，土地平坦，土壤分布大致由西向东随地势变化由普通潮土为主递变为盐化潮土为主，宜于农业发展；耕地面积占全市总耕地面积的 12.57%，渔业养殖面积占全市渔业养殖总面积的 24.18%[①]，土地开发利用程度较高，后备耕地资源不足。该区农村城镇化水平仅次于滨海新区，农业人口占总人口的 55.79%，城市化水平较高，非农产业发达，农民人均可支配收入最高。该区地理位置优越，都市化特征明显，现代化气息浓厚，发展农业的经济基础较好。

② 生态特点：该区是中心城区内部绿化带，地势低平，西高东低，境内河渠稠密，洼淀众多，生态旅游资源较为丰富，包括以天嘉湖、东丽湖、鸭淀水库、永金水库、北运河等为主的生态水域

① 渔业养殖面积为 2012 年数据。

资源，以小站练兵、崇文尚武、天穆清真、杨柳青年画、赶大营、葛沽宝辇等为主的民俗文化资源，以及以现代农业园区、休闲度假庄园和花卉交易市场众多农业园区为主的特色农产品资源。该区特殊的区位优势和资源基础，为发展休闲观光农业、节庆会展农业和社区支持农业提供了优越便利条件。

③ 产业结构：2013 年该区实现第一产业增加值 31.91 亿元，占地区生产总值的比重仅为 1.12%；农林牧渔业总产值 64.08 亿元，占全市 10 个有农业区县农林牧渔业总产值的 16.81%[①]；农林牧渔业产值结构为 48.42：0.70：29.03：21.85（图 5-6），以高效种植业、生态养殖业、休闲观光农业为主，产业结构不断优化。与其他农业建设区相比，该区基础设施更好地接受城市公共资源的延伸和覆盖，农民易于利用市区先进的科技文教设施，在获取先进农业科学技术和市场信息方面更加便利；该区农业劳动生产率 43 283 元 / 人，土地产出率 31736 元 /hm^2，分别高于远郊农业发展区 17 836 元 / 人和 6 967 元 /hm^2。

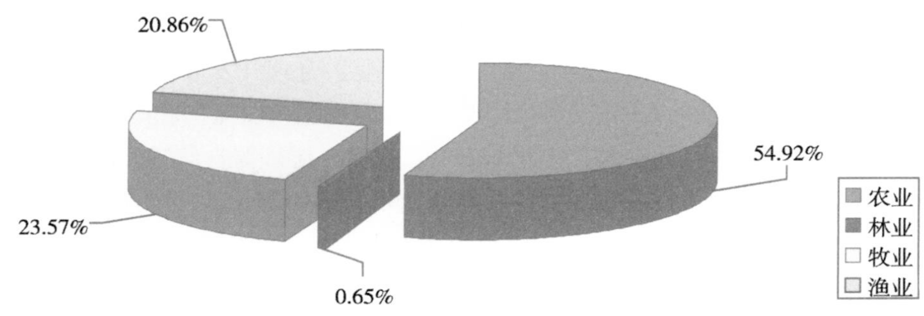

图 5-6　2013 年环城农业可持续发展建设区农林牧渔业产值结构

④ 产业特色：该区农业产业类型多样，特色明显，是天津市主要的精品农产品与农业休闲养生产品生产、加工和销售基地。2013 年该区粮食、蔬菜、水果、肉类、禽蛋、奶类和水产品总产量占全市生产总产量的比例分别为 4.93%、22.32%、16.96%、13.24%、11.41%、23.46% 和 18.02%。农业以蔬菜、食用菌、花卉、观赏鱼、淡水鱼生产为主（图 5-7），已经形成园艺产业、农产品物流和观光农业为主的发展格局。金钟农产品批发市场、西青区曹庄花卉市场已成为北方具有重要影响力的蔬菜、花卉集散中心，津南区国家农业科技园区、东丽区滨海国家农业科技园区、

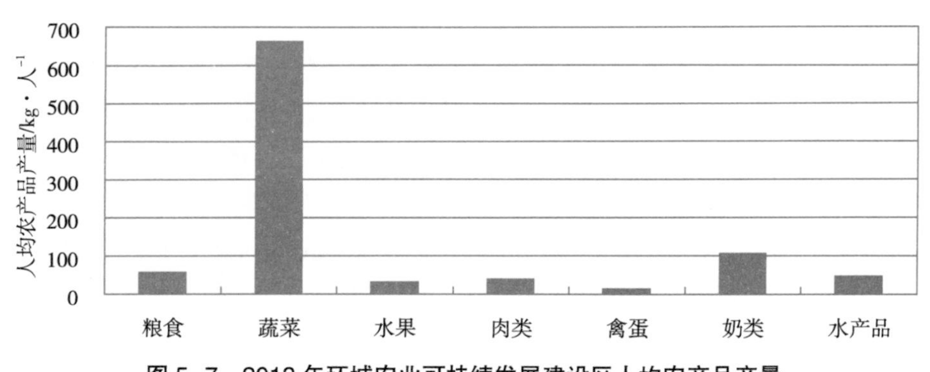

图 5-7　2013 年环城农业可持续发展建设区人均农产品产量

① 农林牧渔业总产值为 2012 年数据。

西青区水高庄园、西青区第六埠农业示范园、北辰区龙顺庄园等休闲农业旅游景点，成为辐射带动全市现代农业发展的重要力量。

（2）定位与方向

① 总体定位：按照“高效、畅通、安全”的要求，坚持“绿色精品、生态高效、休闲观光、文化创意”发展定位，立足天津、对接京冀，建设与城市发展相协调的蔬菜、瓜果、牛奶、水产等鲜活农产品供应基地、农产品物流中心区和观光休闲渔业基地；巩固农业精品生产功能，强化农业高新技术孵化培育、示范带动、服务辐射等服务功能，发展农产品集散、中转、配送、流通加工、物流信息服务、物流咨询与培训、电子商务及其配套服务，围绕城市居民生活需要，培育一批质量保障、文化传承、功能多样的绿色农产品、农产品交易中心和休闲观光服务产品；加强农业物联网在水肥一体化中的应用，通过农业物联网技术的推广，实现对灌溉、施肥的定时、定量控制，节水节肥节电，减小劳动强度，降低人力投入。

② 发展方向：一是重点发展高效设施农业和农产品直供直销，建立安全蔬果产业化基地，充分发挥农田的生态服务功能，形成生态环境保护带、生态隔离带效应，支撑京津冀城市群绿色发展，利用天津交通、港口、贸易中心优势，发挥市场桥梁和纽带作用，建设功能完善、配套齐全的综合性农产品物流中心区，为区域现代农业发展搭建合作平台；二是逐步降低畜牧业份额，严格控制新建畜禽养殖场；三是发展健康水产业，规范池塘生态养殖，扶持工厂化水产养殖基地建设；四是结合物联网技术，着力建设一批规模较大、经营规范、效益显著、特色明显的集约型、观光型现代农业示范园区，通过智能化培育、产品质量的流程化监管和便捷的信息传送，促进农业与二三产业深度融合，发挥典型示范带动作用。

（3）发展途径及模式

① 加强对农田投入品管理力度，扶持引导现代农业精品做大做强：合理使用化肥、农药、农膜，围绕蔬菜、花卉、食用菌、小站稻、淡水产品等优势农产品建设，以新品种、新技术、新装备等“三新”技术和模式创新为抓手，积极开展现代农业精品科技提升行动，发展优势农产品的苗种繁育、设施化生产为主的高科技农业，在做优质量的基础上做好精品农产品的品牌打造，大力发展地理标志和证明商标精品农产品，打响绿色品牌、生态品牌、精品品牌。

② 调整畜禽养殖的空间格局，促进畜牧业与生态环境和谐发展：合理调整畜禽养殖布局，限制畜牧业发展，现有的畜禽场逐步分期分批关闭、搬迁；现有的畜禽场在一定时间内全部完成畜禽粪便综合治理，取消散养户，适当建设集约化、标准化管理和产业化经营的高标准生态畜禽养殖园区，保护区域生态环境。

③ 充分利用资源优势，发展生态渔业、观赏渔业和休闲渔业：以发展生态、高效渔业为目标，倡导节水、节地、节能等资源循环利用生产方式，促进渔业由生产型向质量型转变；发展水面养鱼、水边垂钓、岸上餐饮娱乐、设施渔业展示、渔文化传承等，推进绿色生态健康水产养殖全产业链建设。

④ 通过规划、设计与施工，大力发展以农业和农村为载体的旅游业：严守生态用地红线和海洋生态红线，秉持绿色低碳循环发展理念，合理保持农业生产空间，加快发展农业新业态，积极拓展农业生态休闲观光功能；采取大集中、小分散的布局，充分利用农业风光资源，大力发展休闲观光农业，以旅游引导生产，加强人工对自然的修饰，以文化创意的特色、精美别致的小景、休闲设施和科普教育为主要吸引力，积极发展集精品生产、餐饮娱乐、休闲体验、生态观光、绿色教育、文化创意等多功能为一体的休闲旅游综合体，推动现代农业多业态发展和多功能建设。

4. 滨海农业可持续发展建设区

(1) 区域特征

① 资源基础：该区分布在天津滨海新区，行政区域面积 2 270km^2，面积仅次于远郊农业建设区。该区水域滩涂广阔，有大量的盐碱荒地和一定面积的牧草地，后备土地资源较多，土壤以滨海盐土为主，肥力不高；耕地面积较少，仅占全市耕地面积的 4.64%；渔业养殖面积较大，占全市渔业养殖面积的 20.08%。该区工业化、城镇化水平居全市有农业区县之首，农业人口占总人口的比例仅为 17.69%，农民人均可支配收入 15 525 元，高于全市平均水平 120 元。滨海新区开发开放对现代都市型农业的带动作用明显，农业的多业态发展和多功能建设初步显现。

② 生态特点：该区区位优势独特，河湖水网密布，洼淀池塘众多，海域滩涂密布，为海水养殖、海洋牧场提供了便利条件。盐生草甸植被呈带状分布在滨海前缘，贝壳堤及湿地生态自然景观特色造就了优美的自然环境；众多人工湖泊和类型多样的自然湿地，形成了独特的“河、海、湖”自然生态系统。良好的自然环境拥有丰富的生物种类，野生动物包括鸟类、兽类、两栖类、爬行类、鱼类等物种，是天津鸟类、鱼类资源最丰富的生物多样区。该区林木覆盖率较低，土壤盐碱、土质黏重、地下水位过高，植树造林难度较大，但有着大量可供开发利用的盐碱荒地；此外，在农业领域应用广泛的太阳能、风能、地热较为丰富，为发展农业旅游创造了得天独厚的条件。

③ 产业结构：该区农业所占比重较低，2013 年，该区实现第一产业增加值 9.38 亿元，仅占地区生产总值的 0.13%；农林牧渔业总产值 23.93 亿元，占全市 10 个有农业区县农林牧渔业总产值的 6.28%[①]；农林牧渔业产值结构为 29.62：0.16：25.20：45.01（图 5-8），以渔业、种植业为主，渔业在该区农业发展中占有十分显著的地位。该区农业劳动生产率 28 020 元 / 人，种植业发展水平不高，土地产出率 14709 元 /hm^2。加快农业的科技化、园区化、设施化、生态化、功能化、产业化、组织化发展，以滨海农业科技园区和农业产业聚集区为主要形式的现代都市型农业结构和区域布局已基本形成。

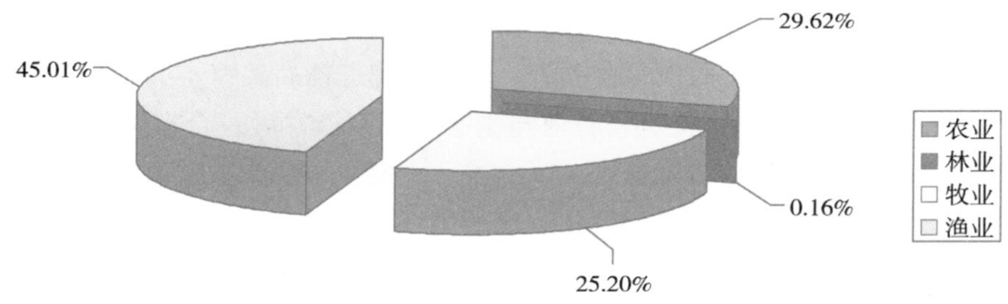

图 5-8　2013 年滨海农业可持续发展建设区农林牧渔业产值结构

④ 产业特色：农产品以果蔬、粮食、水产品为主（图 5-9）。2013 年，该区粮食、蔬菜、水果、肉类、禽蛋、奶类和水产品总产量占全市生产总产量的比例分别为 2.81%、1.98%、19.58%、5.45%、1.58%、2.37% 和 22.78%，已形成海水养殖、优质葡萄和冬枣种植三大特色农业产业。此外，农业休闲与生态观光功能日益明显，依托葡萄、冬枣、水产养殖和海洋渔业捕捞等产业发展起来的集农业种植、养殖、观光、休闲于一体的滨海休闲旅游已成为该区农业发展的一大特色，滨海农业科技园区、滨海耐盐碱植物科技园区、滨海葡萄科技园区、诺恩渔业生态科技园、崔庄皇家

① 农林牧渔业总产值为 2012 年数据。

枣园等一批休闲农业园区以及农（渔）家乐休闲旅游点，已经成为全市重要的休闲观光农业和乡村旅游景点。

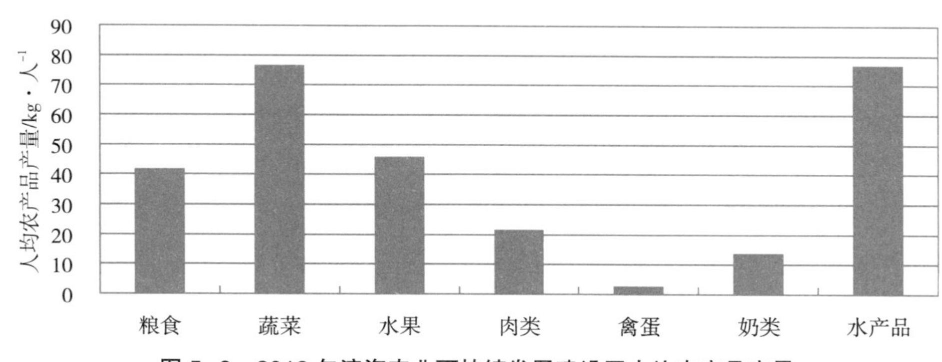

图 5-9　2013 年滨海农业可持续发展建设区人均农产品产量

（2）定位与方向

① 总体定位：按照“创新、高端、前瞻”的要求，推动天津农业向高端化发展。以天津未来科技城、滨海新区农业科技园区和天津农业科技创新基地为载体，促进新技术、新产品发展，提高农业高新技术产品比重；积极支持生物技术、信息技术、航天技术、新能源技术、新材料技术、海洋技术和生态技术等在农业领域的广泛应用，大力发展抗旱效节水农业、种源农业、生物农业、海洋农业，加快发展生物种业、肥料、饲料、疫苗等高新产业；创新新技术、新产品、新工艺等先进实用技术成果推广模式，扩大智慧农业示范效应；把天津现代都市型农业打造成融合科技创新、示范推广、技术培训于一体的农业高新技术产业示范区，引领带动天津现代农业实现跨越发展。

② 发展方向：一是提升滨海农业科技园区和现代农业产业聚集区功能，加快现代农业产业转型，试验研发绿色、高效、节水农业技术，通过废弃物循环利用和生物物理防治等措施，发展节能、节水、生态、环保的高效生态种养业；二是实施生态修复和保护工程，依靠渔业生态修复技术体系发展海水养殖业，加速实现海洋渔业外向型生产；三是围绕海珍品、玫瑰香葡萄、冬枣、花卉、食用菌、观赏鱼，精心打造农业旅游基地，做绿滩涂荒郊；四是建立苗木良种繁育基地，形成立体化种养体系；五是利用资源优势，吸收国内外先进技术，建立生态工程、生物工程和盐碱地治理等循环高效农业试验平台。

（3）发展途径及模式

① 修复退化土地，提高资源利用效率，实现农业多功能统一：修复退化土地，通过生物工程措施保护修复和保护农业资源。开展土地综合治理，实行立体农业模式，搞好农、林、果、鱼并举，突出农业生态特色，改善农业生态环境；搞好土、肥、水、药等农业资源的高效利用，在智能温室、日光温室中推广有机基质栽培技术等高效发展模式，发展节约、集约、生态型农业；通过提供特色美食、农事活动体验、生态空间享受等不同的旅游农业产品，构建富有特色的产品体系，营造优美、舒适的生态环境。

② 开发利用盐碱荒地，发展有利于生态保护的农业旅游：采取生物措施进行盐碱地综合治理，有计划地对荒碱地进行开发整治，培育可治理盐碱地的高耐盐的经济林、薪炭林及牧草等植物新品种，改善海岸带生态环境，营造由农田防护林、滨海风景林组成的盐碱地森林景观，建立盐碱地生物旅游景区；开发盐田风光、风力发电等景观，把该区逐步打造成为海滨自然生态和民俗文化特色有机融合的休闲旅游度假目的地。

③ 合理利用海洋资源，保护海洋生态：进一步优化渔业结构和区域布局，合理利用海洋资源发展生态渔业和循环水工厂化养殖，采用先进的生物工程技术和水处理技术，整治养殖水域环境，净化养殖水体；加强海洋生物的保护和利用，修复水产资源，实施浅海生态鱼礁示范工程，发展科学的捕捞业、生态健康的养殖业、高效的加工业、繁荣的流通业、兴旺的休闲渔业，保证水产品质量安全，优化产业体系，保护海洋生态环境。

④推广立体循环农业模式，提高土地利用率：依托绿化苗木基地，利用林下的遮阳环境，采用露天与拱棚相结合的模式生产食用菌，废弃菌渣作为肥料可为树木提供养分，促进林木的生长，建立起林菌立体种植体系。在适宜地区适当发展林下土鸡散养，家禽粪便可作为优质的有机肥料返回林地，建立起林禽立体种养体系，建设粪污综合利用系统。

⑤ 依靠科技进步，打造高效现代农业的窗口：加强与京冀科技协作和对接，围绕天津农业主导产业技术需求和优势领域，吸引资金、技术、人才和管理经验，规划建设农业高新科技产业带，创建农业高新技术创新战略联盟，建立农业创新示范基地、特色产业科技园区、重大关键技术及装备研究开发中心，培育一批星火科技示范带，组建一批产业研发中心或科技传播站，共同研发或对科技成果进行转化，形成一批现代农业研究开发成果，促进技术密集的高效农业发展，努力打造高科技、高效益、高水平和市场竞争力强的现代农业试验基地。

六、天津市农业可持续发展的保障措施

（一）加强组织领导

成立由天津市主管领导任组长，市农委、环保、发改委、规划、国土、水务、财政、金融、税务、科技、旅游、技术监督等相关部门为成员单位的天津农业可持续发展领导小组，有农业的区县成立相应的机构，形成强有力的领导体系，对天津农业可持续发展工作进行指导、协调和督查。领导小组主要负责申请财政支农资金、重大问题决策、重点项目审批以及相关政策制定等，区县相应的组织机构负责制定农业可持续发展的配套政策和具体任务，分级管理、上下联动共同推进天津市农业可持续发展。加强各涉农部门协调与分工，将农业环境保护及可持续发展纳入部门考核目标，依标管理，确保责任到位，措施到位，投入到位。

大力培育适应市场竞争机制的农业龙头企业、农民合作社、专业大户、家庭农场等，将分散的农民组织起来，推进多种形式适度规模经营。将分散的土地集中起来，便于落实农业可持续发展的各项补贴政策和重点工程，在保障农民利益的同时，推动农业实现可持续发展。

加强农业项目及工程管理，建立健全种植业、养殖业、休闲农业等环境影响评价联动机制，特别是在全市农业结构“一减三增”，大力发展绿色生态农业、高效节水农业、休闲农业的大背景下，必须严格履行环境影响评价程序，对区县镇各级农林牧渔、休闲农业建设项目水域、湿地资源开发利用项目，都要把主要污染物排放总量控制指标作为农业发展和配套项目审批的前置条件。

（二）强化科技支撑

创新农业科研组织方式，建立全市农业科技协同创新联盟，依托国家级农业科技园区及其联盟，进一步整合科研院所、高校、企业的资源和力量。健全农业科技创新的绩效评价和激励机制。

充分利用市场机制，吸引社会资本、资源参与农业可持续发展科技创新。建立科技成果转化交易平台，按照利益共享、风险共担的原则，积极探索“项目＋基地＋企业”“科研院所＋高校＋生产单位＋龙头企业”等现代农业技术集成与示范转化模式。进一步加大基层农技推广体系改革与建设力度。创新科技成果评价机制，按照规定对于在农业可持续发展领域有突出贡献的技术人才给予奖励。

瞄准环境友好型农业产业体系的科技需求，充分利用高等院校、科研院所、科技型企业的创新资源，加大农田生态修复、农业废弃资源利用、农业高效节水等方面的研究和相关技术产品开发，重点加快以综合处理农业有机废弃物、养殖粪污等为主料的腐熟剂、堆肥接种剂、微生物添加剂的规模化生产；开展天敌昆虫筛选、饲养、规模化繁育、释放技术开发，实现丽蚜小蜂、捕食螨、蠋蝽、秽蝇等优良天敌昆虫的工厂化生产；研究开发高性能生物环保材料和生物制剂，开展污水高效处理菌剂、生物膜、污泥减量化菌剂等生物制剂的开发和推广应用；加快生态系统修复专用植物材料、制剂和装备的研发与规模化应用。组织实施农业可持续发展重大工程，提高抗逆新品种、昆虫外激素和天敌、节水灌溉设施设备、缓释肥料、生物可降解地膜、绿色生长调节剂的应用普及率，实现经济效益和环境保护双重目标。利用农业信息网络专家系统、农业数据库及模拟技术、农业资源遥感技术等信息技术提高农业资源利用效率。

强化人才培养。依托农业科研、推广项目和人才培训工程，加强资源环境保护领域农业科技人才队伍建设。充分利用农业高等教育、农民职业教育等培训渠道，培养农村环境监测、生态修复等方面的技能型人才。在新型职业农民培育及农村实用人才带头人示范培训中，强化农业可持续发展的理念和实用技术培训，为农业可持续发展提供坚实的人才保障。

（三）完善扶持政策

综合运用财税、投资、信贷、价格等政策措施，以天津市农业可持续发展专项资金为引导，调节和引导农业投资主体的经营行为，建立自觉节约资源和保护环境的激励约束机制。允许农民以土地经营权入股发展农业产业化经营，围绕发展休闲农业、生态农业、循环农业，鼓励农村专业合作组织或相关企业投入基础设施建设和参与运营管理，对土地经营规模相当于当地户均承包地面积10~15倍，务农收入相当于当地二、三产业务工收入的给予重点支持。瞄准农业良种繁育体系、农业信息和市场体系、农产品质量安全体系、动植物防疫检疫体系、农业资源与生态保护体系，加大投入及补贴力度，并出台促进各体系协调发展的相关政策细则。进一步完善重点农田和村庄水污染防治专项资金管理办法，加强农村生活垃圾和污水处理设施建设，推动环境保护基础设施和服务向农村、小城镇延伸。通过资金投入和税收优惠政策鼓励工业企业保护农业环境，市财政设立专项资金，对涉及水资源保护、农业农村环境治理、农业生态保护修复、试验示范等农业可持续发展的重大工程项目给予扶持；对利用废水、废气、废渣等废弃物作为原料进行生产的减征或免征所得税；对实施农村污染源治理项目的企业，实行税收优惠，低息或无息绿色专项贷款等。

健全农业可持续发展投入保障体系，把农业生态环境保护、农产品质量安全等公益性支出列入各级县、乡镇财政年度预算，适时增加同级建设经费安排。鼓励引导金融资本、社会资本投资重点向农业资源利用、环境治理和生态保护等农业可持续发展领域转移。推行第三方运行管理、政府购买服务、成立农村环保合作社等方式，加大对农业和农村中小型水利、环保基础设施的投资，推进保护性耕作和农作物秸秆综合利用，稳定和提高耕地的生产能力，并引导各方力量投向农业、农村资源环境保护领域。将农业环境治理列入利用外资、发行企业债券的重点领域，扩大资金来源渠道。切实提高资金管理和使用效益，健全完善监督检查、绩效评价和问责机制。

建立健全农业资源有偿使用和生态补偿机制。推进农业水价改革，制定水权转让、交易制度，推行阶梯水价，引导节约用水。建立农业碳汇交易制度，促进低碳发展。探索建立第三方治理模式，实现市场化有偿服务。完善森林、湿地、水土保持等生态补偿制度。建立健全重要水源地、重要水生态修复治理区和蓄滞洪区生态补偿机制。立足现代都市型农业所提供的生态服务价值，分项目制定生态补偿实施办法，将基本农田、水源地、生态湿地、生态公益林等区域作为转移支付的重点，积极探索政府和社会公众共同设立补偿基金的模式，建立多元化的生态建设和保护资金。开展地下水超采漏斗区综合治理、湿地生态效益补偿和退耕还湿试点，通过财政奖补、结构调整等综合措施，保证修复区农民总体收入水平不降低。继续开展渔业增殖放流，落实好公益林补偿政策。

继续实施并健全完善农业可持续发展的各项补贴等政策。根据本市现代都市型农业的特点，在现有的粮食良种补贴的基础上，增加补贴的强度和规模，并逐步向林果、花卉、水产以及部分畜禽品种延伸，形成规范运作的农业良种补贴制度。推广测土配方施肥、安全用药、旱作节水等适用技术，对农户秸秆还田、深耕深松、生物炭土壤改良、施用有机肥、种植绿肥等给予奖励；启动高效缓释肥补贴试点和低毒低残留农药补贴试点，启动农膜和残膜回收再利用试点，继续对规模养殖场畜禽粪便资源化利用进行补贴。严格控制渔业捕捞强度，继续实施增殖放流和水产养殖生态环境修复补助政策。

（四）健全法律法规

建立可持续农业法律保障体系。结合天津都市型现代农业发展要求，研究制修订土壤污染防治、耕地质量保护、农药管理、肥料管理、湿地保护、农业环境监测、农田废旧地膜综合治理、农产品产地安全管理、农业野生植物保护等法规规章，参照已有法律法规，出台适合天津农业可持续发展的系列法律法规，细化土壤污染、生态保护、农业环境监测等法规条例。完善农业和农村节能减排法规体系，健全农业各产业节能规范、节能减排标准体系。制修订耕地质量、土壤环境质量、农用地膜、饲料添加剂重金属含量等标准，为生态环境保护与建设提供依据。

落实最严格的耕地保护制度、节约集约用地制度、水资源管理制度、环境保护制度，强化监督考核和激励约束；加强对土壤肥力、水土流失，环境污染和自然灾害的监测和预警，特别是重点农业区域的相关监测和预警；积极开展对耕地、水资源、林地、湿地、野生生物、沿海滩涂等的监测和预警，建立农业资源安全预警和信息系统工作的报告制度；完善水资源保护条例，倡导节水灌溉、集雨灌溉、利用微咸水、工业及生活污水的达标回收水灌溉等措施，提高水资源利用率。

加大执法监督力度。健全执法队伍，整合执法力量，改善执法条件。落实农业资源保护、环境治理和生态保护等各类法律法规，加强跨行政区资源环境合作执法和部门联动执法，依法严惩农业资源环境违法行为。开展相关法律法规执行效果监测与督察，健全重大环境事件和污染事故责任追究制度及损害赔偿制度。

（五）落实监督监管

完善全市各区县合作监管机制，建立区域公共监测和综合治理平台，针对影响农业、农村生态环境的面源、点源污染源，加快农业环境保护管理网络建设，对水、土、气、肥、药、膜、重金属等要素，增加监测项目，提高监测频率，确保土壤环境、水环境、大气环境质量达到安全农产品生产要求。选择典型区县，规范评价方法、完善程序，开展农业生态修复及环境优化综合测评，围绕农业发展水平、农产品质量安全水平、绿色产品供给水平、生态涵养保护水平、可持续发展水平等方面选取考核评价指标，进行监测分析，科学评价发展水平，为推动全市农业可持续发展提供科学依据。

夯实农产品质量安全可追溯机制。发挥各区县农产品质量安全检测中心的作用，建立全市主要农产品生产管理档案制度，健全产地认定、产品认证与标准管理、档案管理有机结合的农产品质量安全可追溯体系。建立蔬菜、果品、水产等鲜活农产品生产管理系统及与超市对接的质量追溯系统，实现生产记录可存储、产品流向可追踪、贮存信息可查询；完善农产品全程质量监控制度，为重点乡镇、基地、企业配备快速检测仪器，配合做好绿色、有机农产品质量管理和检测工作，确保农产品检测合格率保持在 98% 以上。

建立社会监督机制。发挥新闻媒体的宣传和监督作用，保障对农业生态环境的知情权、参与权和监督权，广泛动员公众、非政府组织参与保护与监督。逐步推行农业生态环境公告制度，健全农业环境污染举报制度，广泛接受社会公众的监督。树立节能减排理念。引导全社会树立勤俭节约、保护生态环境的观念，改变不合理的消费和生活方式。增强节能减排意识，按照减量化和资源化的要求，降低能源消耗，减少污染排放，充分利用农业废弃物，自觉履行绿色发展、建设节约型社会的责任。

参考文献

白福臣，赖晓红，肖灿夫 .2015. 海洋经济可持续发展综合评价模型与实证研究 [J]. 科技管理研究（3）：59–86.

范雅丽 . 2014. 浅析绿色消费与农业可持续发展 [J]. 中国农业信息（1）：190.

何云燕 .2014. 天津市基于生态安全性分析的耕地后备资源评价 [J]. 城市建设理论研究：电子版（29）：不详 .

黄学群，李瑾，陈丽娜，等 .2007. 天津建设农产品加工专业园区的若干思考 [J]. 农业科技管理（6）：27–30.

金志庚，阳树英，欧阳锴 .2011. 近郊和远郊生态农业旅游规划的差异 [J]. Journal of Landscape Research（12）：66–70.

李树德，李瑾 .2004. 天津农业可持续发展能力评价研究 [J]. 中国农业资源与区划（2）：33–37.

李树德，李瑾，黄学群，等 . 2008. 天津沿海都市型现代农业功能区划及发展重点研究 [J]. 中国农业资源与区划（3）：36–41.

刘旭，蔺雪芹，王岱，等 . 2014. 北京市县域都市农业可持续发展综合评价研究 [J]. 首都师范大学学报（自然科学版）(6)：75–81.

卢萍 . 2014. 我国农业可持续发展的瓶颈及出路探析 [J]. 理论探讨（6）：85–88.

倪慧 .2014. 生态文明视角下哈尼梯田农业可持续发展的理念与路径 [J]. 世界农业（11）：156–159.

潘丹，应瑞瑶 .2013. 中国农业生态效率评价方法与实证——基于非期望产出的 SBM 模型分析 [J]. 生态学报，33（12）：3837–3845.

潘洁，肖辉，陆文龙 . 2014. 天津市畜禽养殖粪便产生量估算及耕地负载初步评估 [J]. 山西农业科学，42（5）：517–520.

屈志光，陈光炬，刘甜 . 2014. 农业生态资本效率测度及其影响因素分析 [J]. 中国地质大学学报（社会科学版）（7）：81–87.

中华人民共和国农业部 .2015. 全国农业可持续发展规划（2015—2030 年）[R]. http://lroa.gov.cn/zwllm/ghjh/201505/t20150527_462003/.htm.

山世英 . 2002. 山东农业可持续发展指标体系及其能力评价 [J]. 农业技术经济（4）：47–50.

上海市环境保护局 .2005. 畜禽养殖污染防治：现代畜牧业发展之基石 [J]. 中国家禽（16）：6–7.

邵超峰，鞠美庭 . 2010. 基于 DPSIR 模型的低碳城市指标体系研究 [J]. 生态经济（10）：95–99.

盛国勇，陈池波 .2013. 我国农业可持续发展与制度创新互动机制探析 [J]. 经济研究导刊（2）：11–13.

宋军令 .2012. 新乡市休闲农业 SWOT 分析及对策 [J]. 特区经济（7）：207–209.

宋小青，欧阳竹，柏林川 . 2013. 中国耕地资源开发强度及其演化阶段 [J]. 地理科学（2）：135–142.

天津市农村经济与区划研究所 .2014. 天津市农业可持续发展规划（2014—2020 年）[R].

天津市农村经济与区划研究所 .2015. 天津市科教兴农“十三五”规划 [R].

天津市统计局，国家统计局天津调查总队 . 2006. 天津统计年鉴 [M]. 中国统计出版社 .

天津市统计局，国家统计局天津调查总队 . 2007. 天津统计年鉴 [M]. 中国统计出版社 .

天津市统计局，国家统计局天津调查总队 . 2008. 天津统计年鉴 [M]. 中国统计出版社 .

天津市统计局，国家统计局天津调查总队 . 2009. 天津统计年鉴 [M]. 中国统计出版社 .

天津市统计局，国家统计局天津调查总队 . 2010. 天津统计年鉴 [M]. 中国统计出版社 .

天津市统计局，国家统计局天津调查总队 . 2011. 天津统计年鉴 [M]. 中国统计出版社 .

天津市统计局，国家统计局天津调查总队 . 2012. 天津统计年鉴 [M]. 中国统计出版社 .

天津市统计局，国家统计局天津调查总队 . 2013. 天津统计年鉴 [M]. 中国统计出版社 .

天津市统计局，国家统计局天津调查总队 . 2014. 天津统计年鉴 [M]. 中国统计出版社 .

天津市统计局，国家统计局天津调查总队 .2005. 天津统计年鉴 [M]. 中国统计出版社 .

天津市农村经济与区划研究所 .2013. 天津现代都市型农业三年实施规划（2014–2016）[R].

汪胜男 .2013. 湖南农业可持续发展的约束因素及其对策分析 [J]. 湖南农业大学学报（11）：158–160.

谢美娥，谷树忠 .2013. 新时期中国农业可持续发展的目标定位与基本思路 [J]. 中国农业资源与区划（6）：18–26.

徐建军 .2014. 我国农业环境政策与农业可持续发展 [J]. 安徽农业科学（10）：2994–2995，2997.

叶良均，法剑 . 2014. 安徽特色农业可持续发展研究 [J]. 安徽农业大学学报（社会科学版）（3）：1–8，32.

于伯化 . 2004. 基于 DPSIR 概念模型的农业可持续发展宏观分析 [J]. 中国人口·资源与环境（5）：68–72.

苑清敏，崔东军 . 2013. 基于 DPSIR 模型的天津可持续发展评价 [J]. 商业研究（3）：27–32.

张春华 . 加快农村劳动力转移促进农村经济繁荣发展 [EB/OL]. 天津统计信息网 .2013–05–13.

张慧 .2014. 陕西农业可持续发展的对策探讨 [J]. 湖南农业科学（6）：79–81.

张树俊 . 2011. 发展特色农业经济的战略思考与实现途径 [J]. 管理学刊（5）：51–57.

周泉，黄国勤，许信云，等 . 2014. 县域农业产业化可持续发展探索——以江西省余干县为例 [J]. 中国农学通报，30（20）：47–56.

朱雯吉 .2013. 天津农村劳动力转移现状分析 [J]. 合作经济与科技（3）：8–9.

河北省农业可持续发展研究

摘要： 河北省是我国的粮食主产省之一，既要面对农业资源短缺、生态环境恶化等问题，又要受到人口众多、经济欠发达、劳动力文化素质偏低、生产力水平低等因素的制约，这就决定河北省必须走可持续发展的道路。通过分析河北省可持续发展的制约因素，充分利用现有统计资料，运用生态足迹法对河北省近几年的生态足迹、生态承载力及省内万元 GDP 生态足迹进行分析，评价河北省农业可持续发展开发强度，人均生态足迹呈上升趋势，生态承载力变化不大，省内万元 GDP 呈良好趋势。列举了省内一些比较成功的农业可持续发展典型模式。结合分析的结果，最后从人口、资源环境、科技、政策体制、经济和社会发展方面提出了为进一步实施农业可持续发展战略的对策建议。

一、河北省农业发展现状

（一）自然状况

1. 地理位置

河北省位于华北平原北部及内蒙古高原东南部，土地总面积 187 693km^2，南北相距 750km，东西约 650km，大陆海岸线长 487km，管辖海域面积 72.25 万 hm^2。

2. 地形地貌

河北省地貌类型多样，地势西北高，东南低，根据地貌成因及形态特征，可分为坝上高原、山地和平原三大类型，高原、山地、丘陵、盆地、平原分别占全省土地总面积的 12.97%、37.40%、4.8%、12.10% 和 30.49%，是全国唯一兼有高原、山地、丘陵、盆地、平原、湖泊、海滨的省份。

课题主持单位： 河北省农业区划办公室

课 题 组 成 员： 史云涛、张天才、李霄汉

3. 气候环境

河北省属暖温带大陆性季风气候，冬季寒冷少雪，夏季炎热多雨，春季干旱多风，秋季天高气爽；年均气温 1~15℃；年日照时数为 200~3 100h，无霜期 120~220d，年降水从西向东约 300~750mm，降水量时空分布不均，年际变化大，自然灾害多发。

（二）农业自然资源现状及问题

1. 水资源现状及问题

河北省水资源的特点是水资源年际间、年内及地区间差异较大，入境水量逐年减少，没有过境（入境）大江大河，同时为了保证北京、天津两市的用水，水的需求量逐年增加；工业和城市用水逐年增加；水污染程度逐年加剧；地下水超量开采且污染严重。河北省河流众多，长度在 10km 以上的河流 300 余条，分属海河、滦河、辽河和内陆河四大水系，其中，海滦河流域面积占全省面积的 91%，河流径流年内分配集中，全年径流量的 80% 集中在 7—10 月。全省有大小湖泊 100 多个，其中，平原地区的白洋淀和衡水湖水资源最为丰富，坝上地区的安固里淖面积最大。

河北省 2010 年、2012 年和 2013 年全省水资源总量分别为 138.92 亿 m^3、235.53 亿 m^3 和 175.86 亿m^3，年际间水量差异较大，受年内降水量影响很大。以 2013 年为例，全省人均水资源为 307m^3，仅为全国人均的 1/7，远低于国际公认的人均 500m^3 的“极度缺水标准”。全省年均缺水 50 多亿m^3，平原地下水超采面积 66 779km^2，地下水年均超采量 59.6 亿 m^3，累计超采量达 1 500 多亿m^3，地下水位持续下降，含水层组局部疏干，地面沉降、地裂等地质问题频现，平原区浅层地下水平均深埋已由 20 世纪 60—70 年代的 2~4m，下降到 16.49m，形成地下水漏斗区 25 个，漏斗区面积超过 5 万 km^2，漏斗中心埋深最高达到 83.95m，导致黑龙港流域及丘陵旱地已接近 4 000 万亩。平原河流大多断流，重要湿地萎缩 70% 以上。河流湖淀水体污染严重，全省七大水系Ⅲ类和好于Ⅲ类水质的断面比例仅为 48.5%，河流劣Ⅴ类水质比例高达 29.2%。从近几年地面水体的主要污染物种类变化趋势和程度来看，除工业废水排放污染外，生活废水对地面水污染的危害程度逐年增大。

随着人口的增加和工农业的发展，省内的水资源日益短缺，农业用水也再进一步缩减，河北省发展了诸多形式的节水灌溉工程、集雨工程、中水利用工程等。2009 年以来，省内新增高效节水灌溉面积 1 400 多万亩，新增节水能力达 8.4 亿 m^3，农田灌溉水有效利用系数提高到了 0.662。随着《河北省山水林田湖修复规划》《河北省农业面源污染治理（2015—2018 年）行动计划》等规划的进一步实施，2018 年，全省将实现农田节水 12.8 亿 m^3，发展高效节水灌溉面积 749 万亩，节水灌溉率由 40% 提高到 70%。

2. 土地资源现状及问题

全省土地总面积 1 885.45 万 hm^2（28 281.75 万亩），其中耕地面积 9 842.03 万亩，园地 1 309.51 万亩、林地 6 948.02 万亩、草地 4 220.49 万亩、城镇村及工矿用地 2 628.78 万亩、交通运输用地 588.7 万亩、水域及水利设施用地 1 326.85 万亩、其他土地 1 417.32 万亩。划定基本农田保护面积 8 316 万亩，占耕地面积的 84.5%。省内人均耕地面积 1.4 亩，低于全国人均 1.5 亩的平均水平。按三大类划分，农用地 19 752.65 万亩，建设用地 3 016.5 万亩，未利用地 5 512.55 万亩。各设区市耕地面积前三名分别为张家口 1 375.17 万亩、沧州 1 183.53 万亩、保定 1 082.66 万亩。第二次土地调查全省耕地面积比第一次土地调查时减少 503.65 万亩，年均减少 38.74 万亩。人均耕地面积比第一次土地调查时减少 0.2 亩。调查表明，河北省人均耕地少、耕地质量总体不高、耕地后备资源不足的基本省情没有改变，耕地保护形势严峻。全省建设用地面积 3 016.5 万亩，比第一次土地调查时增加 603.28 万亩。虽然建设用地增加与经济社会发展要求总体上相适应，但城镇存在闲置和低效利用土地，村庄用地与人口逆向发展，许多地方建设用地利用粗放、效率不高。

同时，耕地面积面临巨大挑战：一是补充耕地难度加大。随着土地整治工作的进行，全省可开发耕地的后备土地资源逐渐减少，难度不断加大，土地整理和复垦增加耕地潜力有限，补充耕地的难度不断加大，即使是能够达到数量上的占补平衡，但质量很难达到被占用耕地质量。二是土地供需矛盾突出。随着京津冀都市圈、沿海产业带和冀中南重点开发区建设步伐的加快，土地需求不断加大，土地利用面临城乡建设用地"双向扩张"和耕地保护"双向挤压"，人地矛盾、耕地保护和经济社会发展的矛盾日益突出。三是生态环境需求加大。全省地貌类型多样，既是能源和矿产资源大省，又是京津冀地区重要生态屏障和重要水源地，改善耕地生态环境实现农业可持续发展任务繁重而艰巨。

河北省耕地质量也不容乐观，主要问题表现在以下几方面：一是农田养分失衡，施肥结构不合理。偏重化肥，轻视有机肥；重视氮、磷肥，轻视钾肥，忽视中微量元素施用，土壤钾素状况持续下降，中微量元素缺乏面积逐年增加。二是耕地流失现象时有发生。水土流失和土地沙化、盐碱化问题依然严重。三是外源污染加剧。全省有 576.75 万亩农田处在工矿企业周边、大中城市郊区和污灌区等外源污染风险区域，工业"三废"以及城市垃圾和污水对农田造成污染，出现了重金属污染由工矿周边区域向农区转移、由城市郊区向农村转移、由地表向地下转移、由上游向下游转移、由水土污染向食品链转移的趋势。四是面源污染加重。化肥、农药、农膜等化学投入品使用不当，秸秆、畜禽废弃物、农村生活污水、生活垃圾等处理不当或不及时，土壤中污染物富集，农田质量下降。

根据河北省正在实施的《河北省土地整治规划 2011—2020》《河北省土地利用总体规划（2006—2020 年）》等，到 2015 年建成高标准基本农田 2 420 万亩，到 2020 年，耕地保有量不低于 9 454 万亩，基本农田保护面积不低于 8 316 万亩，到 2020 年建成高标准基本农田 4 000 万亩，建设 128 个粮食万亩高产示范区、25 个棉花万亩高产示范区，15 个油料（花生）生产基地。

3. 林地资源现状及问题

河北省林地资源问题表现为森林总量不足，生态功能较弱。省内 2010、2012 和 2013 年的森林覆盖面积分别为 7 313 万亩、7 313 万亩和 7883 万亩，森林覆盖率分别是 26.00%、26.00% 和 28.00%。按照 2013 年数据计算，人均有林地面积 1.08 亩，只有全国平均水平的 1/3，森林蓄积 13 465 万 m^3，人均活立木蓄积 1.67m^3，仅占全国平均水平的 1/8。燕山、太行山区森林面积占全省的 75.6%，平原、通道、城镇、村庄林木较少，绿化质量不高，树种单一。另外，河北省森林质量也不容乐观，天然林中次生林多，林分质量不高，郁闭度低；人工林中纯林多、混交林少，单层林多、复层林少；局部林分老化退化明显；森林水源涵养、防风固沙、水土保持等生态功能亟待提升。

根据《河北省山水林田湖生态修复规划》，将进一步实施京津风沙源治理、三北防护林、太行山绿化等工程，到 2017 年，完成造林绿化 1 680 万亩，到 2020 年，完成造林绿化 2 392 万亩，森林覆盖率达到 35%。

4. 草原资源现状及问题

2013 年，河北省草原面积 7 523.64 万亩，占全省土地总面积的 26.72%。主要分布在张家口、承德两市，面积为 4 936.68 万亩，占全省草原总面积的 65.8%，其余零散分布于燕山、太行山和滨海平原地带。

河北省草原的主要生态问题：一是草原沙化、碱化、退化严重，“三化”面积已占草原总面积的 43.3%，防风固沙、水土涵养能力下降；二是自我修复能力减弱，草原灾害多发，鼠虫害为害年均面积 1489.5 万亩，占全省草原面积的 19.8%。

（三）社会资源发展现状及问题

1. 农村人口发展现状及问题

2003—2013 年，全省人口从 6 769.44 万人增长到 7 332.61 万人，其中，乡村总人口从 2003 年的 5 383.04 万人增加到 5 659.96 万人，增长 276.92 万人。人口的不断增加对农产品的供应量提出了不断扩大的要求，对农业生产造成了巨大的压力；2013 年，河北省农村家庭劳动力中平均每百人中有小学文化 21.97 人，初中文化 57.86 人，高中文化 14.01 人，大专及以上文化程度仅为 3.11 人。农民整体素质低，市场观念淡薄，缺乏推广、应用农业科学技术的应变能力，从而影响了农村经济的发展。加之临近北京、天津等发达城市，导致河北省人才外流现象严重，制约了其农业的发展。近年来，农村劳动力向城市大量转移，转移的劳动力以青壮年为主，农村从事农业劳作的多为老年人，间接阻碍了农业的发展。

2. 农村产业结构现状及问题

多年来，河北省农业产业内部结构不合理。2012 年，全省农林牧渔业总产值为 5 094.055 5 亿元，其中，农业比重为 56.43%，林、牧、渔和农林牧渔服务业分别占 1.22%、34.39%、3.34% 和 4.62%。2013 年，全省农林牧渔业总产值为 5 517.436 4 亿元，其中农业比重为 58.34%，林、牧、渔和农林牧渔服务业分别占 1.50%、32.06%、3.41% 和 4.68%。综合两年数据来看，林业、渔业等发展不平衡，农产品生产的结构不合理。同时，其农村工业结构优化度低、科技含量低，许多农副产品还停留在初级水平上。农村工业中的轻工业对农产品加工利用不足，这种工业结构内部关系是结构低水平的表现，减缓了区域经济的发展速度，从而阻碍农业的可持续发展。

3. 农民收入现状及问题

2013 年，河北省城镇居民家庭人均总收入为 22 580 元，同年，农民人均纯收入合计为 9 187.71 元，其中，家庭经营纯收入仅为 3 165.52 元。有研究预测，在未来城乡之间的收入差距还呈继续扩大的趋势，这种状况将严重打击农民从事农业劳作的积极性。

4. 农业现有制度发展现状及问题

土地的均等分配、分散经营造成了土地利用效率的低下，不利于优化配置有限的社会资源及农业技术的推广，增加了科技进步的组织难度，这势必造成农业发展的后劲不足。

土地流转制度有待进一步完善。据调查，河北省土地流转多发生在农户之间，流转后土地经营依然是以一家一户的分散经营模式为主。从流转方式看，主要以转包为主，占流转面积的 54.3%，出租、转让、互换、入股和其他方式分别占流转面积的 19.5%、10%、9.5%、1.3% 和 5.4%，使得土地流转后仍难以形成规模经营。

5. 农业装备和科技水平发展现状及问题

农业科技水平有待进一步提高，农业专业技术人员数量不足；科技体制改革步伐相对缓慢，科技贡献率不高，农业科技成果转化率和农业技术推广普及率低。由于农业科技本身对于众多的以家庭经营为主的分散农户的适应性差等问题，许多已经成熟的农业技术未能得到很好的推广应用。

2013 年，河北省农业科技进步贡献率为 56.6%。

（四）农业污染现状

1. 农业面源污染现状

2013 年，河北省农用化肥使用量达到了 331.04 万 t，与 2012 年相比增加了 0.5%；农药使用量为 8.67 万 t，与 2012 年相比增加了 2.2%；农用塑料薄膜使用量为 13.60 万 t，与 2012 年相比增加了 7.1%。农用化学品的过度使用严重危害了河北省的农业生态环境，威胁到人类的身体健康及农业的可持续发展。

2. 农业废弃物污染现状

2013 年，河北的秸秆利用量为 5 130 万 t，综合利用率为 83%，其中，肥料化利用占 44.5%，饲料化利用占 42.9%，能源化利用占 4.6%，生物化利用占 7.1%，处于全国领先水平；2013 年，全省牛出栏数量为 325.3 万头，猪出栏数量为 3 452.0 万头，羊出栏头数为 2 105.1 万只，活家禽出栏总量为 58 573.2 万，产生了大量的畜禽废弃物，同时，由于河北省畜禽废弃物综合利用率偏低，给环境带来了很大的压力。

3. 农村生活污水

随着河北省人口的增加和人民生活水平的提高，城镇的生活废水及废物也在大量增加，但由于资金、技术等原因，生活废水和废弃物处理厂的建设及容量都不能满足实际需要，未经处理的废水和废弃物的排放对水体和土壤都会有一定的影响，进而影响农业生态环境。

二、生态足迹法分析河北省农业可持续发展开发强度

（一）研究方法

1. 生态足迹

生态足迹（ecological foot print，EF）是 20 世纪 90 年代初提出的一种从生态学角度来衡量可持续发展程度的方法。生态足迹衡量是在一定的人口与经济规模条件下，人类消耗了多少用于延续其发展的自然资源，并将人类活动对生物圈的影响归纳成一个数字，即人类活动排他性占有的生物生产土地。将生态足迹同国家或区域范围内所能提供的生物生产面积相比较，能够判断一个国家或区域的生产消费活动是否处于当地的生态系统承载力范围之内。

生态足迹的计算步骤如下：

$$Ai=Ci/Yi=(Pi+Ii-Ei)/(Yi\times \mathrm{N})$$

式中，i 为消费项目的类型，Ai 为第 i 种消费项目折算的人均生态足迹分量（hm^2/ 人），Ci 为第 i 种消费项目的人均消费量，Yi 为生物生产土地生产第 i 种消费项目的世界年均产量（kg/hm^2），Pi、Ii、Ei 分别为第 i 种消费项目的年生产量、年进口量和年出口量，N 为人口数。

人均生态足迹 Ef 的计算公式为：

$$Ef=\sum ei=\sum rjAi=\sum rj(Pi+Ii-Ei)/(Yi\times N)$$

式中，Ef 为人均生态足迹（hm^2/ 人），ei 为人均生态足迹分量，rj 为均衡因子。

2. 生态承载力

生态承载力是指在不长期伤害生态系统的基础上，某个区域资源所能供养的最大人口数量。不同国家或地区的某类生物生产面积所代表的平均产量同世界平均产量的差异可用“产量因子”（Yieldfactor）表示。某类土地的产量因子是其平均生产力与世界同类土地的平均生产力的比率。将现有不同的土地类型乘以相应的均衡因子和当地的产量因子，就可得到某个国家或地区的生态承载力。

人均生态承载力的计算公式为：

$$Ec=\sum cj=\sum aj\times rj\times yj$$

式中，Ec 为人均生态承载力（hm^2/ 人），cj 为人均生态承载力分量，aj 为人均生物生产面积，rj 为均衡因子，yj 为产量因子。

3. 生态足迹中的产量因子和均衡因子

在计算生态足迹时，不同类型生产土地的产出能力不同，因此，不同地区的生产型土地不能进行简单加总和对比，需要采取产量因子来进行调整，将该地区某种类型的生态用地转换成世界平均生产力水平下的该类型土地面积，这样才可以进行对比评价研究。我国目前采用的产量分子耕地、建筑用地为 1.66，林地为 0.91，牧草地为 0.19，水域为 1.00，化石原料用地为 0（表 2-1）。

在计算生态承载力时，需要考虑两类资源消耗。一是生物资源，二是化石能源消费。根据联合国粮农组织的有关计算标准，将生物资源消费项目和化石能源消费项目折算为耕地、草地、林地、水域、建筑用地和化石能源用地 6 大类。由于这几类土地的产出能力较大，在计算时不能直接相加，需要对每种生产土地乘以其均衡因子才能够转化为统一的可计算的生物生产土地。均衡因子的取值来源于 2006 年 4 月 22 日世界自然基金会（WWF）公布的《亚太区 2005 生态足迹与自然财富报告》，其中，耕地和建筑用地为 2.8，牧草地为 0.5，林地和化石能源地为 1.1，水域为 0.2。根据世界环境发展委员会报告，生态承载力计算式应扣除 12% 生态系统中生物多样性的保护面积。

表 2-1 各类型土地因子值

土地类型	均衡因子	产出因子
耕地	2.8	1.66
建筑用地	2.8	1.66
牧草地	0.5	0.19
林地	1.1	0.91
化石能源地	1.1	0
水域	0.2	0.1

4. 河北省生态盈亏计算

生态盈亏从侧面揭示了一个地区的人口、社会发展与资源供给能力的相适应程度，因此，利用通用的生态盈亏公式对河北省 2001 年、2006 年以及 2011 年的生态盈亏状况进行计算，公式如下：

生态赤字（ED）= 生态承载力（EC）– 生态足迹（EF）

5. 省内万元 GDP 生态足迹

万元 GDP 生态足迹值越大，代表单位生产型土地的产出率越低，资源的利用效率也就越低；相反，如果万元 GDP 生态足迹较小，则说明资源利用率高。

（二）数据来源

为保证计算的科学性和准确性，本次生态足迹法计算所用数据来源于相应年份的《河北经济年鉴》《河北农村统计年鉴》以及河北省统计局官网公布的数据。

（三）计算结果

1. 生态足迹及生态承载力计算

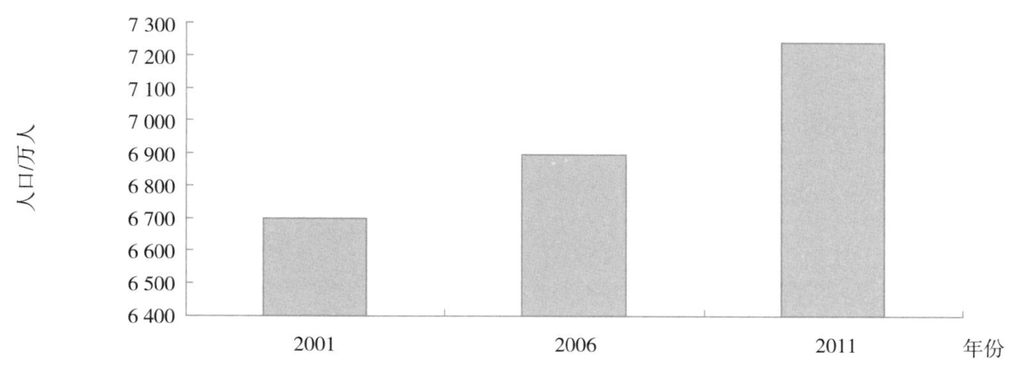

图 2-1 河北省 2001、2006、2011 年人口总数示意图

表 2-2 河北省 2001、2006、2011 年人均生态足迹

年份	耕地	草地	林地	水域	建筑用地	平衡面积	人均生态承载力
2001	0.487 7	0.585 5	0.025 4	0.048 6	0.000 2	0.803 2	1.950 6
2006	0.507 4	0.469 8	0.014 7	0.057 9	0.006 6	1.387 5	2.443 9
2011	0.532 2	0.419 3	0.008 2	0.087 2	0.003 6	1.934 2	2.984 7

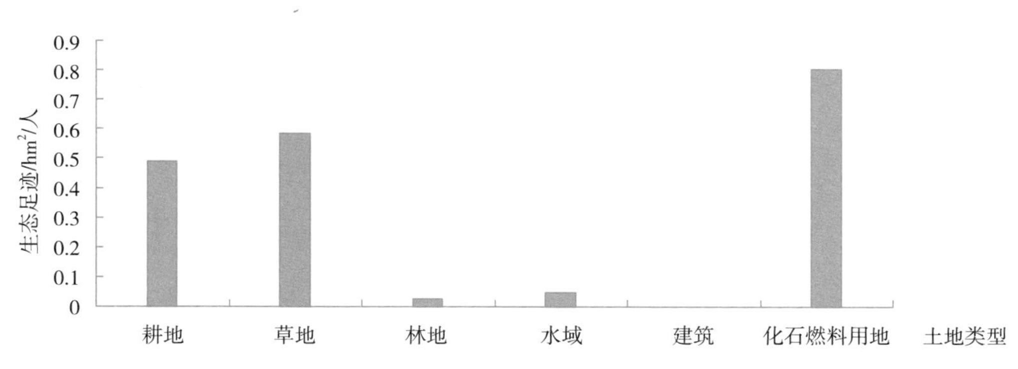

图 2-2 河北省 2001 年人均生态足迹

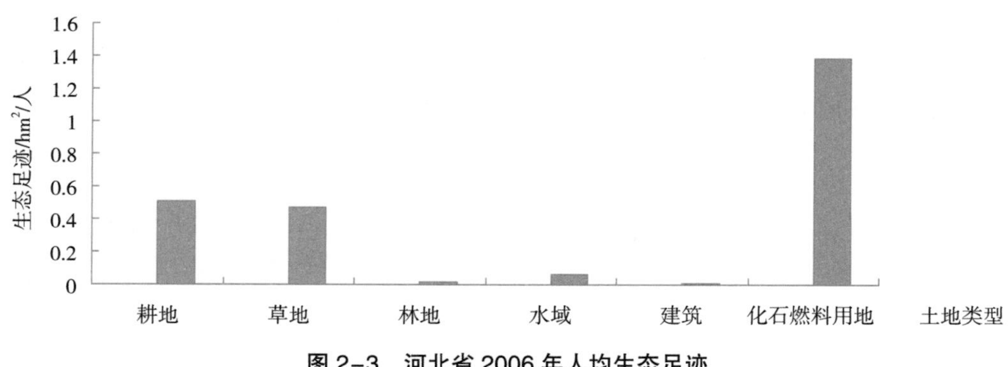

图 2-3　河北省 2006 年人均生态足迹

生态足迹/hm²/人
2.5
2
1.5
1
0.5
0
耕地
草地
林地
水域
建筑
化石燃料用地
土地类型

图 2-4　2011 年河北省人均生态足迹

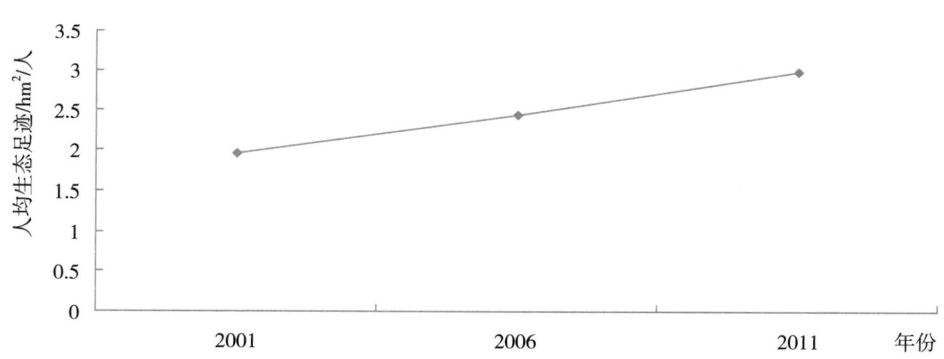

图 2-5　河北省 2001、2006、2011 年人均生态足迹变化

表 2-3　河北省 2001、2006、2011 年人均生态承载力

年份	耕地	草地	林地	水域	建筑用地	平衡面积	人均生态承载力
2001	0.431 7	0.005 8	0.111 3	0.000 4	0.111 3	0.690 7	0.607 8
2006	0.398 0	0.006 2	0.073 0	0.000 5	0.129 4	0.607 1	0.534 2
2011	0.405 5	0.004 2	0.062 1	0.000 3	0.132 2	0.604 9	0.532 3

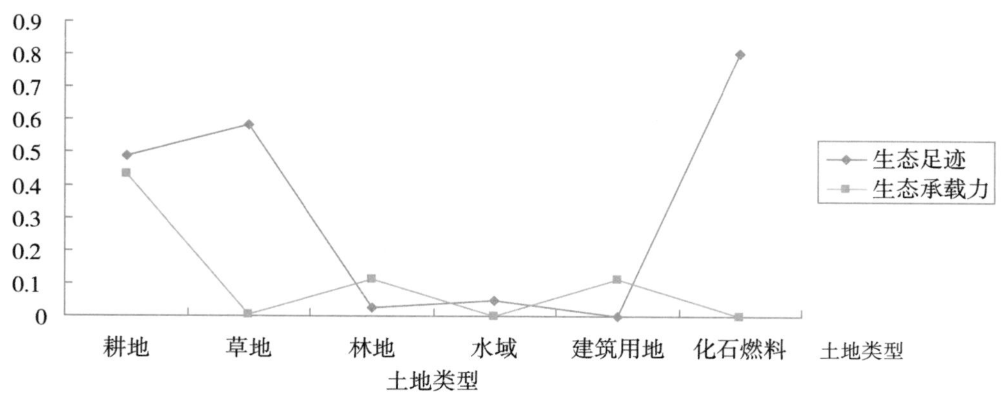

图 2-6　2001 年河北省生态足迹和生态承载力对比

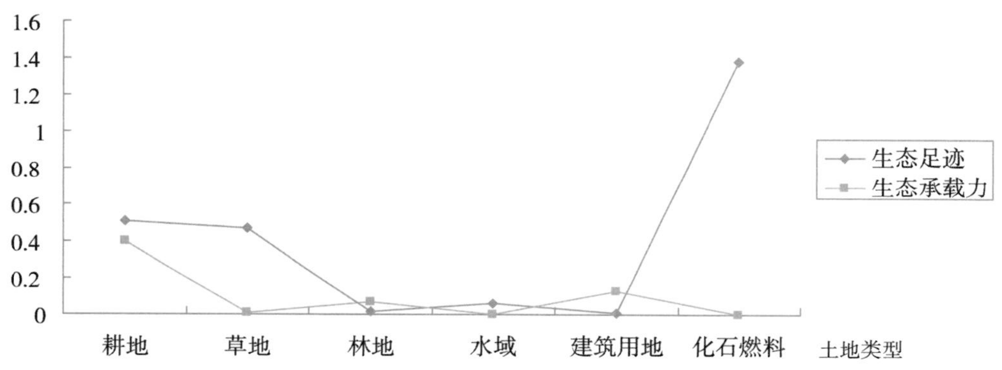

图 2-7　2006 年河北省生态足迹和生态承载力对比

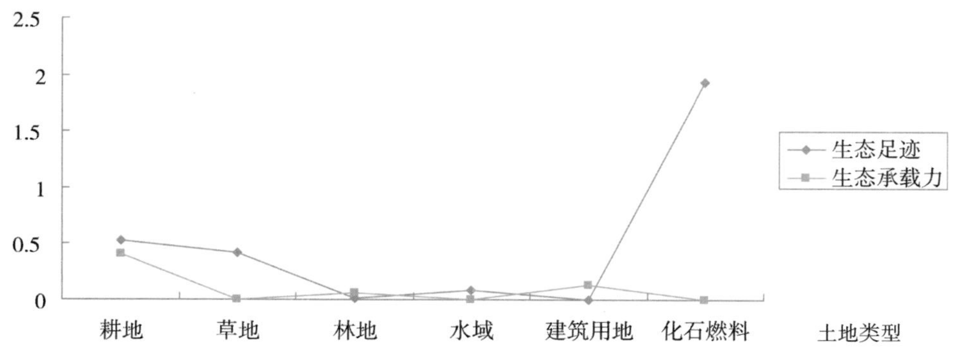

图 2-8　2011 年河北省生态足迹和生态承载力对比

2. 生态赤字 / 盈余计算

表 2-4 河北省 2001、2006、2011 年的生态赤字 / 盈余

年份	生态足迹（hm^2/ 人）	生态承载力（hm^2/ 人）	生态赤字 / 盈余（hm^2/ 人）
2001	1.950 6	0.607 8	-1.342 8
2006	2.443 9	0.534 2	-1.909 7
2011	2.984 7	0.532 3	-2.452 4

3. 省内万元 GDP 生态足迹计算

表 2-5 2001、2006、2011 年河北省万元 GDP 生态足迹

年份	生态足迹（hm^2/ 人）	省内生产总值（亿元）	万元 GDP 生态足迹（hm^2）
2001	1.950 6	5 517	2.368 6
2006	2.443 9	11 468	1.470 0
2011	2.984 7	24 561	0.879 9

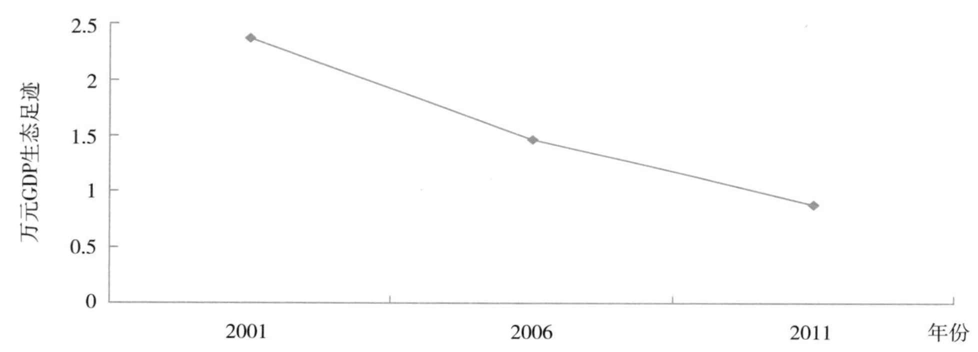

图 2-9 2001、2006、2011 年河北省万元 GDP 生态足迹变化

根据相关年份的数据和公式，计算了河北省 2001、2006 和 2011 年的生态足迹与生态承载力（表 2-2 和表 2-3）。在计算时，我们将人类的生产、生活消费大体分成了能源和生物资源。其中，能源主要包括煤炭、煤气、天然气等；生物资源消费主要包括林地、耕地、水域和草地。

由表 2-2 可见，河北省人均生态足迹由 2001 年的 1.950 6hm^2，增长到了 2011 年的 2.984 7hm^2，增长了 53.0%，年均递增 5.3%。其中，耕地、水域和化石燃料指标呈现逐年增长的趋势，草地、林地则呈现降低的趋势。在增长的指标中，化石燃料的增长速度是最快的，从 2001 年的 0.803 2hm^2 增长到了 2011 年的 1.934 2hm^2，增幅为 140.8%，这说明，河北省在这 10 年的发展当中，开采和消耗了大量的化石类能源，这也与河北省作为“资源消耗大省”和“高消耗主导产业”的特点是一致的。另外，随着人口的逐年增加，耕地的人均生态足迹也在不断增大。

在表 2-3 中，2006 年和 2011 年的人均生态承载力变化不大，但与 2001 年相比则降低了一些。

由于没有储备一定的土地用来弥补化石能源的消耗，所以其生态供给为0。

由表2-4可见，2001、2006和2011年的生态赤字分别为-1.342 8hm²/人、-1.909 7hm²/人和-2.452 4hm²/人。结合之前3年生态足迹、生态承载力的对比可知，河北省的人均生态足迹逐年扩大，人均生态承载力变化不大，所以生态赤字越来越大。总体来看，10年以来河北省在发展方面的不可持续性在增加。

由表2-5可知，河北省万元GDP生态足迹呈明显的下降趋势，从2001年的2.368 6hm²下降到了2011年的0.879 9hm²，10年期间降低了1.488 7hm²，降幅明显。这表明，虽然河北省10年来人均资源消耗量增加，造成生态足迹也在不断增加，但随着新的生产技术的不断应用、产业结构的不断调整、资源的进一步集约化利用以及节能减排工作的开展，都使得河北省万元生态足迹在降低，资源产出效率在逐年增加。

4. 总结

经过对河北省2001、2006和2011年的生态足迹的供给、需求和省内万元GDP生态足迹进行分析。可以得出以下结论。

（1）河北省内的生产生活对资源和环境的压力超过了其承载能力，且呈逐年扩大的趋势，生态承载力不能满足其生态足迹的需求，其发展处于不可持续状态；

（2）随着人口的不断增加和传统高耗能、低产出的传统产业存在，这种依靠资源开发和消耗的经济发展方式将对后期的发展造成一定影响；

（3）10年来，河北省万元GDP生态足迹在逐渐减少，说明生产技术在不断加强，产业结构在不断优化，资源利用率在不断提高，生产生活方式正在朝着集约化的方向发展；

（4）要改变这种不可持续的发展方式，必须大力发展相关科学技术，不断优化和调整产业结构，尽可能地减少化石能源的消耗，提高单位资源的产出水平。同时，还要控制好人口的增长，减少由于人口增加而给资源和环境带来的压力，合理引导人口分布和出生率，提高人口素质。

三、河北省农业可持续发展典型模式与区域布局

（一）农业可持续发展典型模式

1. 三河市农业科技园区模式

三河国家农业科技园区于1999年4月经河北省科学技术委员会批准为省级农业高新技术园区；2000年4月，国家农业综合开发办公室立项批准为国家农业综合开发高新科技示范项目区；2001年9月，国家科学技术部批准为全国首批国家农业科技园区（试点）。

三河国家农业科技园区通过引进优秀项目优化产业结构，加大科技投入力度推进转型升级，通过整合企业功能延伸产业链条已逐步发展成为集农业高新科技研发、示范、推广，绿色农产品生产、加工、销售于一体的农业科技示范基地，现已引进中外项目36个，培育了福成养牛集团、明慧养猪集团、汇福粮油、华夏畜牧有限公司、燕赵园林绿化有限公司等省级和国家级农业产业化龙头企业。

2. 辛集市龙头企业创办合作社模式

辛集市裕隆保鲜食品有限责任公司是省级重点龙头企业，以经营梨果出口为主。2007年，该

公司牵头成立了辛集市裕隆梨果专业合作社，合作社现有社员 170 人，注册资金 8 万元，其中作为龙头企业的辛集市裕隆保鲜食品有限责任公司入股 4 万元，其余由农民会员入股。同时，合作社对全体社员的果树进行清产核资、折算估价，统一核算价值，作为合作社的生产资料折价入股，重新确定了每个社员所占股份。核实后，合作社的总资产达到 335.2 万元，其中，固定资产 2.5 万元，生产资料 324.7 万元，流动资产 8 万元。合作社的果树实行社员分户种植、分户管理，农资供应、田间管理、技术指导、产品销售等合作社统一负责，产品全部由辛集市裕隆保鲜食品有限责任公司包销。产品销售收入扣除种植经营成本后，为合作社的经营收益，归合作社所有。合作社年产梨果 2 416t。2013 年，合作社拥有资产总额 443 万元，其中固定资产 14.9 万元，农业资产 324.7 万元，流动资产 103.8 万元，销售收入为 652 万元，净利润 131 万元。

3. 唐山市家峪村农业内部循环典型模式

唐山市侯家寨乡蔡家峪农业内部循环模式，采用能源生态利用，通过“酒—沼—牛”内部循环养殖模式完善农业生产过程，即“使用胺化秸秆喂牛，牛粪所产沼气供应农户，利用沼渣沼液发展种植业，通过秸秆、水资源、粪便的再利用，形成农业内部多级循环、无环境污染和带动村民共同致富的科学发展模式。

截至 2012 年 12 月底，已经完成一、二两期工程，总投资 383.41 万，铺设沼气通户管道 2.7 万 m，每 m^3 沼气收费 1.5 元，年为农户节约燃料开支 7.3 万元，节省 50% 左右的费用。

（二）农业可持续发展区域布局

1. 地下水超采地区

包括黑龙港及运东地区，以发展节水农业，保护地下水为主。此区域的农业可持续发展方向是，加强农田基本建设，改造中低产田，提高耕地质量，调整农业种植结构，发展节水型农业，合理利用浅层微咸水；强化农业面源污染治理，加强农牧结合，发展循环农业。

2. 环京津地区

本区域位于京津周边，包括涞水、怀来、赤城、丰宁、滦平、青县和兴隆等县。此区域环绕京津，区位优势明显，农业可持续发展的方向是打造京津地区优质农产品供应基地和农业休闲观光基地。

3. 坝上草原地区

本区域位于内蒙古高原的南缘，包括张家口和承德两市的张北、沽源、康保全部和尚义、丰宁、围场三县的部分区域。此区域的农业可持续发展方向重点应为划定基本草原，加强草原保护；严格控制草原过度放牧，遏制草原“三化”；以实现草蓄平衡为主，推广粮改饲和种养结合型循环农业模式。

4. 山地区

本区域包括冀北及燕山山地、冀西北间山盆地和太行山山地三部分构成，包括张家口、承德、唐山、秦皇岛、保定、石家庄、邢台、邯郸 8 个市的 55 个县（市）。本地区是京津冀重要的生态屏障地区，也是平原地区众多城市的地表水源涵养保护区。此区域的农业可持续发展方向是提高林草覆盖率，保护动植物的多样性，加快水土流失治理，增强水源涵养和水土保持功能，重点发展林果和生态旅游业，增加生态产品的输出，有效提高生态服务功能。

5. 山前平原区

本区域包括燕山以南、太行山以东的山麓平原，包括唐山、秦皇岛、廊坊、石家庄、保定、

邢台、邯郸7市60个县的全部或者部分地区。本区域是河北省人口经济密集区、经济社会发展战略区、京津冀协同发展核心区、粮食及主要农产品生产区。本区域的农业可持续发展方向是建设高标准农田，推广农业清洁生产，强化农业面源污染防控；修复污染土壤，增强农业生态环境承载力。

四、河北省农业可持续发展的思路与对策

（一）保护农业资源，优化农业结构

河北省耕地、草地和水域都有不同程度的生态赤字，且有不断加大的趋势。要实现农业可持续发展，不仅要加强对各种自然资源的保护，同时也要合理优化农业结构。

（1）强化耕地资源保护，提高土地利用效率　实行最严格的耕地保护制度，划定耕地保护红线，扩大基本农田面积。加强耕地质量建设，提高科学施肥水平，改革耕作制度，鼓励农民以秸秆还田、种植绿肥、施用有机肥等方式增加有机肥投入。规范土地流转，严防土地“非粮化”。维护排灌工程设施，改良土地，防治耕地水土流失和沙化、盐渍化。

（2）加强水资源保护　科学确立水资源开发利用控制红线和用水效率控制红线，调整农业种植结构，大力发展旱作节水农业，推广雨养农业技术和节水灌溉技术。对地表水和地下水过度利用地区开展综合治理。

（3）增强林业生态功能　以提高生态承载能力为基础，突出抓好京津保生态过渡带建设、三北防护林、平原绿化等国家造林绿化工程；启动实施天然林保护工程，重点组织实施坝上地区退化林分改造工程；加强野生动植物保护及自然保护区建设；强化森林防火、有害生物防治体系建设；严格林地用途管制和依法治林，严厉打击破坏森林资源的违法犯罪行为。

（4）优化农业产业结构　逐渐加强草地、水域和森林等资源的利用，提高人均生态足迹量，缩小生态足迹与生态承载力的差距。

（二）培育结合，提高农民素质

从生态足迹总量来看，河北省人口规模的增长是造成生态赤字的一个重要因素，快速增长的人口趋势对全省的农业可持续发展是非常不利的。能否把沉重的人口问题转化为巨大的人力资源优势，决定着河北省农业可持续发展战略的成败。一是科学控制人口数量，提高人口素质。改变人们的生产消费方式，珍惜和合理利用资源，增强生态环境保护和可持续发展意识。二是大力发展教育。加强基础教育，尤其是加大对农村教育的投入，这是把现实的人口问题转化为人力资源的有效途径。三是大力发展职业教育，培养农业实用型科技人才。职业教育是科学技术转化为现实生产力的桥梁，是实现农业可持续发展的必由之路。四是加强人才引进。完善人才引进和激励机制，吸引更多农业高端技术人才为河北省的农业可持续发展出谋划策。

（三）合理调整能源结构，开发绿色能源

河北省生态赤字的主要原因是对不可再生资源的过度开发和利用。实现可持续发展，必须调整能源结构，尽量减少对不可再生资源的开采和消耗，更多地开发和利用清洁能源（如电能、风能和

生物能等），以循环经济和节约理念为指导，不断开发和运用新技术、新产品。

（四）加强农业环境污染防治，建设环境友好型农业

（1）提高农业废弃物综合利用效率　继续实施秸秆综合利用，推广秸秆肥料化、饲料化、基料化、原料化、能源化利用技术，进一步提高秸秆综合利用率；在畜禽养殖密集区域，推广应用粪尿分离、干湿分离，采取发展沼气、就近农田消纳、固体粪便生产有机肥等措施，实现粪污减量化和资源化利用，提高养殖废弃物综合利用率。

（2）有效控制农业投入品污染　落实农田氮磷控源减排、农药减施替代等措施。加大农作物病虫害绿色防控和专业化统防统治力度，科学合理使用高效、低毒、低残留农药和先进施药机械，淘汰一批高毒、高残留用药，促进地膜和农药包装回收利用。通过适当补贴和奖励的方式，扶持建设回收网点和处理设施。加强宣传引导，加快推广加厚地膜和农药安全处置及资源化利用的技术和设备。建立农药废弃物处理和危害管理平台。

（五）加强科技创新应用，提升农业基础设施和装备水平

在生产相同产品的前提下，科技含量越高，资源的利用率也就越大，其生态足迹也就相对较小。因此，河北省面对当前严峻的形势，应该将科技进步和提升装备水平放在发展农业的重要地位，提倡技术创新，改进装备水平，减少对资源的需求和对环境的破坏。

（1）积极推进科技创新　加强农业资源和生态修复领域的科研及成果转化推广力度，在农业资源高效利用、农林生态修复、种业质量、生态安全和农产品深加工等方面开展自主创新与技术储备。加快重大关键技术攻关，培育一批具有高产、优质、多抗、广适的动植物新品种。

（2）提升农业基础设施和装备水平　以水电路气为重点，加强农田排灌溉设施建设，增加农田灌溉条件；加快农村电网改造升级，提升农村供电可靠性和供电能力；加快农村公路建设，提升农村交通运输水平；扩大农村用户沼气建设规模，提升农业废弃物综合利用水平；大力发展节种、节水、节肥、节药和环保低碳的农业机械，加快老旧、高耗能、高排放农业机械的报废更新。

（六）完善相关政策法规

完善相关政策。把实施农业可持续发展战略同法制建设结合起来，加强部门间综合协调，切实保护好农业资源和生态环境；严格执法，对污染环境、破坏生态的行为依法追究法律责任；坚持资源有偿使用，推动区域间、流域间建立横向生态补偿机制，建立健全资源有偿使用、环境综合治理、生态有效修复的农业可持续发展长效机制。

深化产权制度改革。大力推进土地确权工作，严格规定各财产利益主体的权力，形成各利益主体之间的经济和法律关系及利益约束关系，提高农民保护农业资源和生态环境的自觉性和积极性。

（七）创建农业可持续发展示范区，发挥示范区带动作用

因地制宜，在全省不同农业地区创建各具特色的示范区，努力打造资源节约、环境友好的样板区，展示农业可持续发展最新的科技成果。示范区建设以资源保护与高效利用、环境治理和生态修复为重点，转变过去“唯生产至上”的发展思路，树立农业生产与资源、生态和环境保护并重的理念，充分发挥示范带动作用，推动河北省农业可持续发展。

（八）借力京津冀协同发展，助推农业发展实现可持续化

河北省环绕京津，区位条件优越，农业自然资源丰富，在京津冀协同发展的重大国家战略中，要牢牢把握京津冀发展大势，充分利用京津两市的市场、人才及科技资源，发挥区位优势，承担好京津冀地区农产品供应保障和生态涵养保护的任务，着力发展生态农业、高效农业，实现农业发展方式的提升转变，促进农业可持续发展。

参考文献

陈春锋，王宏燕，肖笃宁，等 .2008. 基于传统生态足迹方法和能值生态足迹方法的黑龙江省可持续发展状态比较 [J]. 应用生态学报，19（11）：2544–2549.

陈恩润，高应芳 . 2012. 农业经济走可持续发展的基本策略探讨 [J]. 农业经济（9）：21–22.

陈群元，宋玉祥 . 2004. 东北地区可持续发展评价研究 [J]. 中国人口资源与环境（1）：78–83.

邓楚雄，谢炳庚，吴永兴，等 . 2010. 上海都市农业可持续发展的定量综合评价 [J]. 自然资源学报（25）：1577–1586.

邓楚雄 .2009. 上海都市农业可持续发展研究 [D]. 上海：华东师范大学 .

河北省环境保护厅 . 河北省环境状况公报 [EB/OL].http：//www.hb12369.net/hjzlzkgb/201506/P020150608297311090431.pdf 2010–2014.

河北省人民政府 . 2014. 河北经济年鉴 [M]. 北京：中国统计出版社 .

河北省统计局 .2010. 河北农村统计年鉴 [M]. 北京：中国统计出版社 .

河北省统计局 .2011. 河北农村统计年鉴 [M]. 北京：中国统计出版社 .

河北省统计局 .2012. 河北农村统计年鉴 [M]. 北京：中国统计出版社 .

河北省统计局 .2013. 河北农村统计年鉴 [M]. 北京：中国统计出版社 .

河北省统计局 .2014. 河北农村统计年鉴 [M]. 北京：中国统计出版社 .

姜文来，罗其友 . 2000. 区域农业资源可持续利用系统评价模型 [J]. 经济地理（3）：78–81.

金书秦，王军霞，宋国君，等 . 2009. 生态足迹法研究述评 [J]. 环境与可持续发展（4）：26–28.

李树德，李瑾 . 2004. 天津农业可持续发展能力评价研究 [J]. 中国农业资源与区划 25（1）：33–37.

李永东 . 2013. 农村经济合作组织与农业可持续发展 [J]. 经济学家，1（1）：102–104.

刘洋，罗其友，等 . 2010. 四川省农业水土资源承载力研究 [D]. 北京：中国农业科学院 .

刘志杰，陈克龙，赵志强，等 . 2011. 基于能值理论的西宁市生态足迹分析 [J]. 国土与自然资源研究（1）：5–7.

孙文生，李小静，张永平 . 2003. 河北省农业可持续发展的问题及对策研究 [J]. 河北农业大学学报（农林教育版），5（2）：57–59.

仲晓明 . 2007. 江苏省农业生态环境可持续发展的研究 [D]. 南京：南京林业大学 .

周鹏 . 2013. 中国西部地区生态移民可持续发展研究 [D]. 北京：中央民族大学 .

宗晓杰 . 2004. 黑龙江省农业可持续发展评价指标体系研究 [J]. 农场经济管理（6）：31–32.

Ermanno Affuso，Diane Hite. 2013. A model for sustainable land use in biofuel production：An application to the state of Alabama[J]. Energy Economics，37（1）：29–39.

Ulrike Weiland，Annegret Kindler，Ellen Banzhaf，Annemarie Ebert，Sonia Reyes–Paecke. 2010. Indicators for sustainable land use management in Santiago de Chile[J]. Ecological Indicators，11（5）：1074–1083.

山西省农业可持续发展研究

摘要： 在进行大量调查的基础上，围绕农业可持续发展的自然资源环境条件、农业社会资源条件、农业发展可持续、适度规模、区域布局与典型模式、促进农业可持续发展的重大措施6个方面进行研究。从山西省的实际情况出发，坚持生产发展与资源环境承载力相匹配，当前治理与长期保护相统一，试点先行与示范推广相统筹；坚持生态、生活、生产“三生”共赢的理念；吸收借鉴已有研究成果和先进经验，建设资源节约型、环境友好型社会，到2020年达到“一控”“两减”“三基本”的要求，即控制农业用水的总量，把化肥、农药的施用总量减下来，畜禽污染处理问题、地膜回收问题、秸秆焚烧的问题基本得到控制，走出一条适合山西省农业可持续发展的道路。

一、山西省农业可持续发展的自然资源环境条件

山西省位于黄河中游，华北西部的黄土高原地带，地处太行山之西。地形较为复杂，境内有山地、丘陵、高原、盆地、台地等多种地貌类型，整个地貌是被黄土广泛覆盖的山地型高原，大部分在海拔1 000~2 000m。省内河流有汾河，海河两大水系，境内有大小河流1 000多条，年平均水资源量约140.8亿m^3。属暖温带、温带大陆性气候，因为地形多变，高差悬殊，因而既有纬度地带性气候，又有明显的垂直变化，气温地区分布总体趋向是自南向北、自平川到山地递减。

（一）土地资源条件分析

1. 农业资源及利用现状

（1）农业用地现状　山西省土地总面积15.67万km^2，土地总面积约占全国总面积的1.63%，

课题主持单位： 山西省农业区划服务中心、山西财经大学公共管理学院

课题主持人：白锐峥

课题组主要成员： 白凤峥、刘志琴、孙文清、刘文涌、张绚、王臻臻、武效帆、鄂少卿、李辉、燕春霞

在全国各省（市、自治区）中排列第19位，相对来说，土地资源是比较丰富的。在全省农业用地中，耕地面积比重较大，全省农业用地面积9 460.3千hm^2，其中耕地面积为4 064.19千hm^2，占到了农业用地的42.95%。

全省人均耕地分布并不均匀，晋南平川、汾河谷地、上党盆地等地区，土地肥沃，交通方便，生产发达，人口稠密，人均占有耕地0.33hm^2左右；而东西山区，特别是晋西北山区人烟稀少，人均耕地一般在1.3~2hm^2。同时，土地的水、热、肥等因素组合和土地生产能力，在地域间也有很大差别。一般说来，晋南盆地和晋西黄土丘陵区土地资源丰富，而水资源缺乏；晋东南山区水资源充沛，而土地资源相对缺乏；晋西北土地广阔，而水和热量资源较差；广大山区、丘陵区，沟壑纵横，地形高差大，气温较低，水、土、热配合普遍不好。

（2）耕地总量变动情况　改革开放以来，山西省耕地面积总量不断减少。2000年全省的耕地面积为4 341.94千hm^2，2013年下降到4 064.19千hm^2，耕地资源减少277.75千hm^2，降幅6.4%，年均下降0.5%。

以大同市为例，耕地面积由2000年的365.4千hm^2，降到2013年317.5千hm^2，降幅度高达13.10%，与此同时，大同市人口却从175.987万人增长到185.21万人。耕地面积与人口数量呈现逆向发展的趋势。

（3）中低产田概况　山西省现有耕地中，坡地、中低产田面积较大。在现有耕地面积4 064.19千hm^2中，其旱地面积2 681.4千hm^2，占耕地总面积的65.98%，其中坡度在5°~25°的耕地约1 449.33千hm^2，占旱地面积的54.05%。这些耕地普遍存在着基础设施落后，抗灾能力较差，土壤肥力不足的问题，而且受矿产开采、工业生产等的影响，部分地区存在较为明显的耕地污染现象。

2. 农业可持续发展面临的土地资源环境问题

（1）耕地总量不断下降，单位耕地承载人口增大　山西省由于人口与耕地数量逆向发展，致使人均占有耕地面积越来越少，2000年以来，全省人均占有耕地由2000年的0.13hm^2减少到2013年的0.11hm^2，降幅达16.25%。2000年以来，全省人口以平均每年0.86%的速度增加，而耕地面积在每年0.51%的速度减少。虽然到2006年后耕地有所增加，但仍落后于人口的增长速度。

表1-1　山西省人均耕地现状

项目＼年份	2000	2005	2006	2007	2008	2009	2010	2011	2012	2013
耕地（千hm^2）	4 342.9	3 793.2	4 054.3	4 053.5	4 056.8	4 068.4	4 064.2	4 064.5	4 064.2	4 064
人口（万人）	3 247	3 355	3 374	3 393	3 411	3 427	3 574	3 594	3 611	3 629
耕地承载力（人/hm^2）	7.5	8.8	8.3	8.4	8.4	8.4	8.8	8.8	8.9	8.9
人均占有耕地（hm^2/人）	0.13	0.11	0.12	0.12	0.12	0.12	0.11	0.11	0.11	0.11

资料来源：《山西统计年鉴》（2001—2014）

山西省耕地变化情况大体可以分为3个阶段：2000—2005年，耕地面积从4 342千hm^2减少到3 793千hm^2，减少了549千hm^2，是一次锐减阶段；2006—2009年，耕地面积增加至4 068千hm^2，增加275千hm^2，为增长阶段；进入2010年后呈现稳定阶段。人均耕地持续减少，耕地承载量不断加重。2000—2013 年，每公顷耕地承载人口由 7.5 人增加到 8.9 人。

(2) 人均耕地资源区域分布不均衡　山西省 2013 年人均耕地面积 0.11hm^2，以人均耕地资源指标来看，全省耕地资源分布呈不均衡态势①。

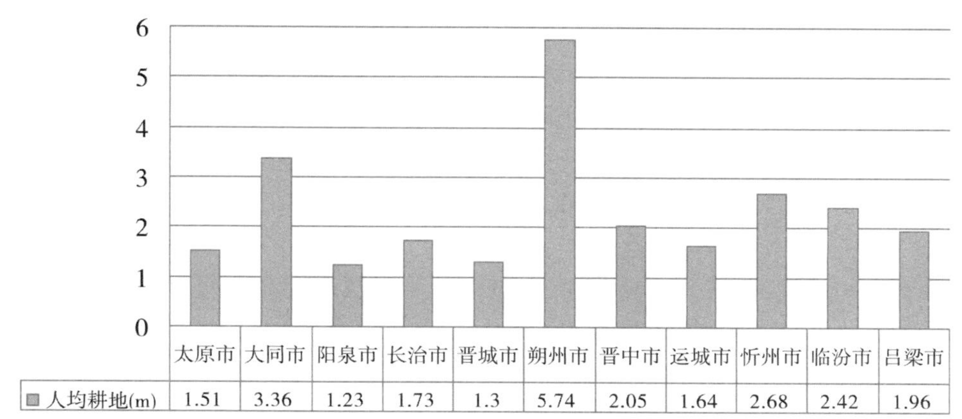

	太原市	大同市	阳泉市	长治市	晋城市	朔州市	晋中市	运城市	忻州市	临汾市	吕梁市
人均耕地(m)	1.51	3.36	1.23	1.73	1.3	5.74	2.05	1.64	2.68	2.42	1.96

图 1-1　山西省 2013 年各地人均耕地现状

从图 1-1 可看出，朔州市、大同市、忻州市人均耕地资源排在前列，该区人均耕地超过全省平均水平，但是质量差，存在着干旱、缺水、水土流失，或寒冷、低温，或土地瘠薄等多种限制因素，耕地生产能力很低，尤其是晋西、晋西北地区，粮食单产仅为全省平均水平的 50% 左右。临汾市、晋中市人均耕地资源较多，阳泉市、太原市、晋城市、吕梁市、运城市、长治市人均耕地资源低，均不足 2 亩。

(3) 耕地质量不断退化，后备资源严重不足　山西耕地资源的突出特点是水土流失严重，耕地质量差。据统计，全省水土流失面积高达 108 千 hm^2，占全省土地面积的 69.1%；耕地中，坡度在 15° 以上的坡耕地占到耕地面积的 17.6%；除中南部盆地外，耕地普遍缺磷少氮，全省土壤有机质含量小于 1%的占耕地面积的一半，土壤全氮含量小于 0.075% 的占耕地的 70% 以上，低肥力土壤占总耕地面积的 70% 左右；瘠薄坡耕地、干旱地等低产田占总耕地面积的 60% 左右，土地的生产力水平低，在全国属中等偏下水平，人均占有粮食一直在 300kg 左右徘徊，比全国平均水平低 80kg 以上。

此外，由于山西农垦历史悠久，土地开垦率高，可垦荒地很少，仅在大同、忻州、晋中盆地，约有 26.7 万 hm^2 可供开发利用的盐碱地；黄河、汾河沿岸，约有 6.7 万 hm^2 沙荒地可以开垦。耕地后备资源已经极其有限，按成垦系数 0.6 计算，只有约 20 万 hm^2 土地可以开垦耕地，耕地后备资源不足。

(二) 水资源利用分析

1. 农业水资源总量

农业水资源包括地表水、地下水、土壤水和由水的动力作用产生的水能资源。山西省在全国来说属于水资源短缺的地区，在全国各省区位居倒数第二。山西省多年来平均水资源总量 123.8

① 资料来源：2009《山西统计年鉴》，2008 年农村居民家庭生活基本情况 2100 户调查资料

亿m^3，其中，地表水资源量86.8亿m^3，地下水资源量84.0亿m^3，其中重复量为47.0亿m^3；全省水资源可利用量为83.8亿m^3，其中地表水可利用量51.9亿m^3，地下水可利用量50.0亿m^3，重复可利用量18.1亿m^3，而且山西省境内水资源蒸发量是降水量的3~5倍，降水时空分布不合理，与农作物需水期严重错位。

山西省对水资源的开发利用历史悠久，但由于受自然地理条件、社会经济发展、水资源特点和水利工程设施等因素的制约，从1949年以来大体经历了以拦蓄引水为特征的水利大发展时期，以打井配套大规模开发利用地下水为主的水资源开发时期，以更新改造、节水挖潜、加强管理、调整分配适应山西能源经济建设需要为主的水资源开发时期等三个阶段。

目前，山西省农田灌溉水利用系数0.45，就是说大约45%的灌溉引水量损失于渠系或田间的渗漏，而未用于农作物的蒸散消耗上，与全国水平相比处于中上游，和发达国家相比还有20%~25%的降水利用空间没有充分发挥作用。同时，水利基础设施薄弱，造成土壤养分的流失和水资源的浪费，直接影响了农业用水的高效利用。

2. 农业可持续发展面临的水资源环境问题

（1）水资源总量不足、人均水资源量减少　根据联合国用水标准，人均水资源拥有量低于1 700m^3的为用水紧张国家或地区，低于500m^3的为缺水国家或地区。据《山西省统计年鉴》（2013），山西水资源总量只有124.34亿m^3，其中地表水资源量为76.65亿m^3，地下水资源量94.95亿m^3，重复计算量47.27亿m^3，人均水资源拥有量仅346.03m^3，低于国际500m^3的缺水标准，属水资源最贫乏的省份之一。

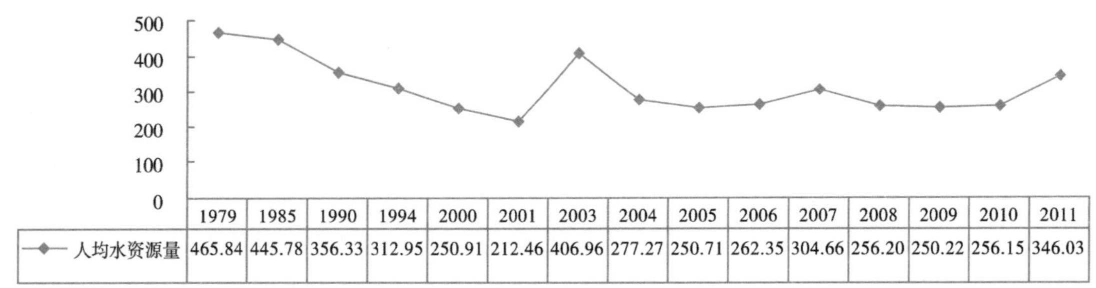

	1979	1985	1990	1994	2000	2001	2003	2004	2005	2006	2007	2008	2009	2010	2011
人均水资源量	465.84	445.78	356.33	312.95	250.91	212.46	406.96	277.27	250.71	262.35	304.66	256.20	250.22	256.15	346.03

图1-2　山西省人均水资源趋势

从图1-2中看出，1979—2012年，全省人均水资源占有量基本呈平缓下降趋势，最高年的1979年也低于国际上公认的人均500m^3的缺水警戒线，全省水资源紧缺已成为农业生产发展“瓶颈”。

（2）水资源地区间分配不均　经计算，全省各行政区水资源总量分布不均，水资源总量最多的地区是运城市，最少的地区是朔州市；产水模数最大的地区是运城市，最小的地区是大同市，两市相差14.4万m^3/km^2；人均水资源最多的地区是晋城市的600.74m^3，最少的地区是太原市的130.33m^3（图1-3）。

（3）水质污染严重　山西是全国重要的能源重化工基地，其产业特点为高耗能、高耗水工业，排污量大，水资源污染问题十分严重。农业面源污染问题也在加重，面源污染及水污染的核心畜禽养殖业占污染负荷的50%以上。污水灌溉和化肥、农药的不当或过量使用，一方面造成农作物减产、带余毒，通过食物链进入人体，危害人体健康；另一方面，有毒溶液遇降雨径流，极易随水土

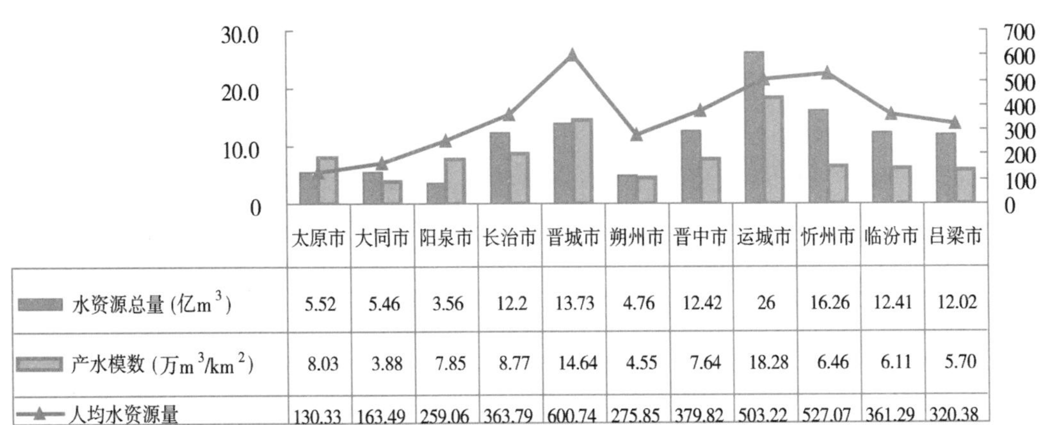

	太原市	大同市	阳泉市	长治市	晋城市	朔州市	晋中市	运城市	忻州市	临汾市	吕梁市
水资源总量（亿 m^3）	5.52	5.46	3.56	12.2	13.73	4.76	12.42	26	16.26	12.41	12.02
产水模数（万 m^3/km^2）	8.03	3.88	7.85	8.77	14.64	4.55	7.64	18.28	6.46	6.11	5.70
人均水资源量	130.33	163.49	259.06	363.79	600.74	275.85	379.82	503.22	527.07	361.29	320.38

图 1–3　山西省各行政区水资源分布状况（2011）

流失进入河渠湖库，部分还会进入地下水循环，危害农业水土环境。全省污水灌溉多集中分布在山西中部的广大盆地和大中城市近郊。一年大致消耗的 350 万 t 化肥、1.7 万 t 农药，基本都用在只占全省耕地 20%的平川地区和城郊蔬菜大棚内，使得蔬菜等农副产品中沉积了大量超标有害的汞、镉、砷、铅等重金属，农业水土环境形势严峻。

（4）水资源破坏严重　山西在大量开采煤炭的同时，对水资源破坏也非常严重。一是缺水地区长期大量超采地下水，形成大面积降落漏斗和地下水水位下降；二是煤炭开发破坏水资源。据测算，每开采 1 t 煤要破坏 2.54m^3 地下水资源，按 2012 年山西省生产 9.1 亿 t 煤估算，一年要破坏 23 亿 m^3 水资源。全省 13 个城市和 60 多个县城日缺水达 100 万 t，特别是在工矿集中、人口密集的太原、大同、阳泉、朔州等地，供水更为紧张，以致严重影响到当地经济的正常运行。

（5）水资源利用率低　受经济发展和科技水平的制约，山西的农业用水利用率低，浪费严重。据计算，山西农业灌溉水利用率目前仅在 0.45 左右，按正常要求 0.75 计，约浪费水量 30%。

（三）气候资源概况

山西省位于太行山以东，紧挨华北大平原，距海洋较远，而且又有高山阻挡，因而形成了典型的大陆型气候，属于东部季风气候区，夏秋季受海洋性暖湿气团影响，盛行东南季风，使得山西省的降雨集中于 7 月、8 月、9 月。而在冬季由于受到极地干冷气影响下雨雪稀少，气候干冷。

1. 气候要素变化趋势

农业气候资源一般来说包括光、热、水、气等气候要素。从 20 世纪 80 年代以来，全球气温不断升高，气候变化也越来越受到人们的关注，同时区域性气候研究也开始引起人们的注意，针对山西省的气候变化，研究表明有以下几种趋势。

（1）降水量的变化　山西省年降水量呈现出明显的下降趋势，降水日数明显减少，干旱和强降水事件增加。除大同，五寨年降水量增加外，全省大部分地区的降水量都减少了，主要的减少区集中于太原、榆社、长治、阳泉等地。

（2）太阳辐射的变化　太阳辐射是大气圈，生物圈中各种物理过程与生命活动的源泉，是人类生存发展所必不可少的。近年来，山西省夏秋季的太阳辐射距平都呈现了明显的下降趋势，以 1985 年为跃变点，1985 年以前表现为正距平为主，而且波动幅度较为明显，1985 年以后则以负距平为主，波动幅度不是很明显。

（3）气温变化 山西省的平均温度距平变化呈现上升趋势，1990年以前平均温度距平为-0.2℃，跃变后为0.7℃，跃变后比跃变前上升了0.9℃。跃变后的平均温度也有明显上升，主要集中于太原、原平等地，但是不同季节的年平均温度变化程度不同。

（4）极端天气增多 50年来，山西省极端高温日数增多，持续时间、强度都有增强趋势，干旱严重，冻害、突发性暴雨及洪涝灾害加重，浓雾和雾霾日数增多。据《气候变化国家评估报告》预测，未来持续性高温仍然有增多的趋势，干旱与突发性暴雨洪涝灾害并存，影响交通运输的浓雾日数有增多的趋势。

2. 气候变化对农业的影响

首先，温室效应会导致气温上升，由于气温的上升，对于热量有限的地区来说可以延长生长季节，农业区因此会大幅度北移，山地分布上界也会上移。原来由于热量不足难以用作耕地的草地，林地等就可以开垦，使得耕地面积增加，这样在农作物增加的情况下，林业产品和畜牧产品可能会下降。这对于山西省来说可能会提高部分地区，部分农作物的产量，但对于总的农产品是否增加则存在不确定因素。

其次，气候变化带来的极端气候的增多，例如干旱、风暴、热浪等。由于极端气候的增多导致山西省降水量明显减少，降水变率增大，干旱更加频繁和严重，土地荒漠化增加，耕地面积减少，洪涝灾害增加，病虫害流行，农业生产成本提高、生产不稳定性和产量波动增加。

最后，气候变化导致的气候灾害给农业生产带来的不利影响。例如由温度因子引起的热害、冻害、霜冻、热带作物寒害和低温冷害；由水分因子引起的旱灾、洪涝灾害、雪害和雹害等。这些灾害的发生，从长期看，在空间上和时间上有其规律性，从影响上看对农业资源起限制和破坏作用。过多的降水或者过少的降水都会对农业生产造成不利影响，过高的温度会导致干旱，而过低的温度又会产生寒害等。

二、农业可持续发展的社会资源条件分析

（一）农业劳动力与可持续发展

改革开放30多年来，山西省城乡人口结构、劳动力就业结构都发生了巨大的历史性变化，经济建设取得了举世瞩目的成就。这一时期，也是山西劳动力转移速度最快、规模最大、效果最为明显的时期。但农村劳动劳动力的转移，同时也带来农业劳动力资源不足的问题。

1. 山西省农村劳动力转移就业的基本情况

2000—2013年，山西省常住人口小幅上涨，2013年达到3629.8万人，年增长0.86%。在此期间，农业人口绝对规模和相对规模均呈现下降趋势，在常住人口中的比重从2000年的71.9%下降到2013年的64.3%（表2-1）。

表 2-1　2000—2013 年山西省常住人口概况

年　份	常住人口（万人）	按农业非农业分（万人）		农业人口比重（%）
		非农业人口	农业人口	
2000	3 247.80	861.84	2 334.34	71.9
2005	3 355.21	1 010.46	2 283.89	68.1
2006	3 374.35	1 047.15	2 292.73	67.9
2007	3 392.58	1 078.65	2 313.69	68.2
2008	3 410.64	1 103.50	2 319.60	68.0
2009	3 427.36	1 124.16	2 334.38	68.1
2010	3 574.11	1 144.45	2 329.18	65.2
2011	3 593.28	1 162.44	2 334.79	65.0
2012	3 610.83	1 171.99	2 326.73	64.4
2013	3 629.80	1 189.51	2 333.93	64.3

资料来源:《山西统计年鉴》2001—2014

(1) 农业劳动力资源状况　2000—2013 年，山西省农村劳动力资源量在增加，由 2000 年的 988.55 万人，增加到 1146.7 万人，年均增速 1.15%，但从事农业生产活动（第一产业）的人数和比例在不断下降，人数从 2000 年的 658.25 万人下降到 2013 年的 643.85 万人，所占的比重下降到 56.1%。农村很大一部分劳动力已经完全脱离农业生产转移到工业、建筑业（第二产业）以及服务业（第三产业），这些行业的劳动力逐年增长，年均增长分别为 3.26%、3.32%，在农村劳动力中所占的比重分别上升为 21.9%、21.9%（表 2-2）。

表 2-2　山西省农村劳动力分布　（单位：万人）

项目	2000 年		2005 年		2010 年		2013 年	
	总量	比重(%)	总量	比重(%)	总量	比重(%)	总量	比重(%)
农村劳动力资源	988.55	100.0	1 035.73	100.0	1 100.01	100.0	1 146.7	100.0
其中：第一产业	658.25	66.6	637.44	61.5	632.44	57.5	643.85	56.1
第二产业	165.67	16.8	204.61	19.8	243.67	22.2	251.28	21.9
第三产业	164.63	16.7	193.68	18.7	223.9	20.4	251.57	21.9

资料来源:《山西统计年鉴》2001—2014

(2) 农业劳动力耕地拥有状况　2000 年以来，山西省耕地资源总量略有下降，到 2013 年，全省耕地资源量为 4 064.19 千 hm^2，比 2000 年减少了 277.74 千 hm^2；播种面积同样也有所下降，2013 年为 3 782.84 千 hm^2，比 2000 年下降了 259.58 千 hm^2。

劳动力拥有经营耕地状况也呈现下降态势，农业劳动力平均拥有的耕地面积 2000 年为 0.66hm^2，2013 年为 0.63hm^2；拥有的播种面积 2000 年为 0.61hm^2，2013 年为 0.59hm^2（表 2-3）。

表 2-3 山西省农村劳动力耕地占有量

序号	项目	2000 年	2005 年	2010 年	2013 年
1	农业劳动力（万人）	658.25	637.44	632.44	643.85
2	耕地资源（千 hm^2）	4 341.93	3 793.19	4 064.18	4 064.19
3	人均耕地资源（hm^2/ 人）	0.66	0.60	0.64	0.63
4	播种面积（千 hm^2）	4 042.42	3 795.35	3 763.92	3 782.84
5	人均播种面积（hm^2/ 人）	0.61	0.60	0.60	0.59

资料来源：根据《山西统计年鉴》2001—2014

（3）农业比较劳动生产率　比较劳动生产率，即一个部门的产值同在此部门就业的劳动力比重的比率，它反映 1% 的劳动力在该部门创造的产值（或收入）比重。比较劳动生产率大致能客观地反映一个部门当年劳动生产率的高低，当一部门的比较劳动生产率低于 1，表明该部门劳动生产效率低，存在着过剩的劳动力，需要向其他部门转移。

从时间序列考察，当经济结构二元性处于加剧阶段时，农业部门的比较劳动生产率逐渐降低，非农业部门的比较劳动生产率逐渐升高；在两部门的比较劳动生产率差别达到最高点后，农业部门比较劳动生产率又转而逐渐升高，从低于 1 的方向趋于 1，非农业部门比较劳动生产率则趋于下降，从高于 1 的方向趋于 1。

从比较劳动生产率看，2000 年以来，山西农业（第一产业）比较劳动生产率一直在低位徘徊，波动区间在 0.17~0.21；第二、第三产业的比较劳动生产率均大于 1（表 2-4）。

表 2-4 三次产业比较劳动生产率

产业类别		2000 年	2005 年	2010 年	2013 年
第一产业	产值比重（%）	9.7	6.2	6	5.9
	劳动力比重（%）	46.70	42.78	37.85	35.29
	比较劳动生产率	0.21	0.14	0.16	0.17
第二产业	产值比重（%）	46.5	55.7	56.9	53.3
	劳动力比重（%）	24.90	25.71	26.27	28.15
	比较劳动生产率	1.87	2.17	2.17	1.89
第三产业	产值比重（%）	43.8	38.1	37.1	40.9
	劳动力比重（%）	28.4	31.51	35.88	36.57
	比较劳动生产率	1.54	1.21	1.03	1.12

资料来源：根据《山西统计年鉴》整理

表 2-4 显示，农业领域的比较劳动生产力始终小于 1，说明农业生产领域存在的大量的富余人员，需要向非农产业转移。从山西的产业结构分析，属于典型的重化工结构，第二产业有着比较强的吸纳劳动力的能力，第三产业也具有这一功能，但较弱。

2. 农村劳动力转移的特点

目前，山西省农村劳动力转移呈现出许多新的特点，主要表现在以下几方面：

（1）农村劳动力转移形式以“兼业型”和“候鸟式”为主　由于受到土地制度、户籍制度、当地自然和经济状况等因素的制约，山西省的农村劳动力转移主要以“兼业型”和“候鸟式”为主，即平时在外务工，农忙时则回乡务农。但随着城市化步伐的加快和城镇化的发展，近年来“全职型”和“迁徙式”流动的比重在逐渐加大，农户常年外出从业的人数越来越多，并且形成了家庭式流动和个体流动两种形式并存的外出从业形式。

总的来看，山西省的农村劳动力转移形式存在“兼业型”与“全职型”，“候鸟式”与“全职式”并存的情况，但以“兼业型”和“候鸟式”为主，并且随着举家外出的农户的增多，部分劳动力逐渐由“兼业型”和“候鸟式”转移转化为“全职型”和“迁徙式”转移。

（2）农村劳动力转移就业总量持续增长，主要以省内转移为主　从 2000—2013 年，山西省农村劳动力转移就业人数逐年增加，在农村劳动力资源中，2000 年有 330.3 万人从事非农产业，到 2013 年增至 502.85 万人，年均增加 38.68 万人。

山西省是全国的煤炭大省，全省 119 个县（市、区）有 94 个产煤县，铜、铝等矿藏也很丰富，采矿业和制造业都比较发达，劳动力的转移多以当地大型煤矿、焦化厂、砖厂等为主，即以省内转移为主。随着 2009 年山西省煤矿整合的开始，大型煤炭企业不断优化重组，同时也带动了当地的建筑业、交通运输业、餐饮业、批零贸易业等相关产业的发展。

2000—2013 年，农村劳动力在工业领域就业的人数由 114.67 万人增加到 153.2 万人，年均增长 2.25%；在建筑业就业人数由 51 万人增加到 98.08 万人，年均增长 5.16%；运输仓储领域就业人数由 53.75 万人增加到 66.9 万人，年均增长 1.7%；贸易餐饮领域就业人数由 45.98 万人增加到 99.37 万人，年均增长 6.11%（表 2–5）。

表 2–5　农村劳动力转移状况　（单位：万人）

农村劳动力转移	2000 年	2005 年	2010 年	2013 年	年增长（%）
第二产业	165.67	204.61	243.67	251.28	3.26
其中：工业	114.67	141.94	148.36	153.2	2.25
建筑业	51.00	62.67	86.31	98.08	5.16
第三产业	164.63	193.68	223.9	251.57	3.32
其中：运输仓储	53.75	62.72	64.97	66.9	1.70
贸易餐饮	45.98	61.89	89.53	99.37	6.11

资料来源：根据《山西统计年鉴》整理

（3）农村劳动力转移以青年男性为主，以省内转移为主要渠道　山西省农村劳动力转移过程中从性别比例来看，男性占 75%，其中 20~40 岁的男性约占 60%。中青年男性是农村剩余劳动力转移的主力军。

从就业结构来看，主要是采矿业和制造业，例如煤矿、焦化厂、铝厂、砖厂等；其次是建筑业、交通运输业和餐饮业等行业。

从区域看，农村劳动力转移主要为省内转移，异地转移则呈现出上升态势。据对吕梁市、长治市的一些农村调研，山西省劳动力在本省内的转移约占 85%，省外转移约占 15%，呈现以省内转移为主的状况。

表 2-6 农村劳动力就业的领域 （单位：%）

项目	2000年	2005年	2010年	2013年
第二产业	50.2	51.4	52.1	50.0
工业	34.7	35.6	31.7	30.5
建筑业	15.4	15.7	18.5	19.5
第三产业	49.8	48.6	47.9	50.0
运输仓储	16.3	15.7	13.9	13.3
贸易餐饮	13.9	15.5	19.1	19.8

资料来源：根据《山西统计年鉴》2001—2014

3. 农业可持续发展面临的劳动力资源问题

(1) 农村劳动力出现妇女化、老年化、低素质化　国家统计局所进行的2011年我国农民工调查监测报告显示，我国男性农民工占65.9%，女性占34.1%；分年龄段看，农民工以青壮年为主，16~20岁占6.3%，21~30岁占32.7%，31~40岁占22.7%，41~50岁占24.0%，50岁以上的农民工占14.3%。以上数据表明，我国外出务工的农民工以青壮年为主，同时男性农民工的比重远高于女性农民工。山西地处中部，社会经济发展相对滞后，尤其是农村经济发展落后，大量青壮年农村劳动力远离家乡外出务工，同样存在着农村青壮年劳动力流失严重的问题。

随着青壮年劳动力的流出，农业可持续发展面临的第一个问题就是劳动力的妇女化、老年化和低素质化。虽然相对于全国的农村劳动力转移而言，山西的大多数劳动力更倾向于省内转移，“兼业型”和“候鸟式”的转移也占绝大多数，但是由于已转移的劳动力所从事的工作几乎不是季节性的，不会因为农活的季节性而允许务工人员大面积请假，他们只能利用休息和节假日回乡务农，还仅限于就地转移的劳动力。对于远距离转移的人员，一部分是青壮年男性劳动力外出务工，妇女、儿童和老人留守，一部分是夫妻双方全部外出仅老人和儿童留守，等儿童到了适学年龄，再随其父母到迁入地上学，家里只剩下老人。还有一部分农村劳动力不是因为就业而转移，而是因为孩子上学举家迁入就近的县（市、乡镇），他们或者采取兼业形式或者完全不参与农业生产。

综合上述情况可以看出，青壮年劳动力，尤其是青壮年男性劳动力已经不是农业生产的主体，对于外出人员原来的农业生产活动在其外出后要么是由留守老人、妇女完全或部分在经营，其尽可能在农忙时回乡帮忙，要么采取的是将耕地出租的模式。前一种模式因为青壮年男性劳动力的不参与或少参与，再加上有可能这部分外出者的收入是其家庭的主要经济来源，有可能导致这部分土地撂荒或低产，后一种模式反倒会促进土地的规模化生产和经营，提高土地的使用率。

(2) 高素质年轻劳动力的转移导致现代农业发展后劲不足　在对一些县区的农村调查中发现，从事农业生产的劳动力中受过大专以上教育的还不到被调查人数的1%，96%的农户文化程度都在初中以下水平，少数“兼业式”的年轻劳动力在函授大专及本科还是因为所打工的单位需要，所函授的学科也和农业生产关系不大。在被调查对象中，凡是受过大专以上教育的农村青年几乎都不愿意留在农村，究其外出动机，不外乎农村收入太低。高素质年轻劳动力的流失势必会导致现代农业发展的后劲不足。

首先，现代农业发展的首要特征就是农业技术的先导性，新技术是现代农业发展的巨大引擎和推动力，而高素质年轻劳动力的流失难以满足现代农业持续发展对高素质劳动力的需求，使得新技术掌握的主体缺失。其次，发展绿色农业需要较高素质的年轻劳动力。加入WTO使得我国农产品出口面临更严峻的挑战，国外对进口农产品的质量安全和技术标准要求越来越严格，而山西省传统的农业经营方式和技术水平难以达到这些农产品质量标准，必须培养一批高素质的、懂技术的年轻劳动力来从事绿色产品的生产经营与开发。最后，年轻劳动力的流失使得现代农业生产理念缺失，获取技术方式被动。高素质年轻劳动力的流失使得农业劳动力老年化、低素质化，传统经营思想根深蒂固，固守于传统种植习惯和种植方式，现代经营理念缺失，难以掌握或不愿意接受新技术。对于全省大多数农户而言，农业生产并不是其最主要的收入来源，再加上农业生产具有弱质性、外部性及边际报酬递减的特征，受传统种植习惯影响导致种植作物单一且以粮食作物为主。

在调查中发现，农业经营组织化程度低，将近 70% 的农户没有参加任何农业合作经济组织或合作生产活动，订单式生产的农户或合作经营几乎是微乎其微，农业经营依然处于无组织、分散经营的自然状态，抵御自然和市场风险的能力差。80% 以上的农户采取传统方式种植，仅有将近 10% 的农户愿意采取新技术，并且跟风现象严重，前一年采取新技术收成不错的农户来年更容易被其他人模仿学习。高素质年轻劳动力的流失使得农业技术推广的培训变成了纸上谈兵，多数人根本不能理解科技人员的讲授，更不用说自发、自主学习。

（二）农业科技与可持续发展

1. 农业科技发展现状

新中国成立以来，山西省的农业科技发展主要经历了品种和技术两个更新时期。1970 年前后，杂交种取代了常规种，使粮食产量成倍增长。随之，栽培技术的研究应用又使粮食产量不断提高。进入 21 世纪以来，山西省的粮食产量已突破 1 000 万 t 大关。由于山西省农业科技推广力度的加大，2010 年粮食产量达到了 1 312.8 万 t，创造了历史最高纪录。这些成绩的取得都是农业科技发展的结果。

（1）农业科技进步率　科技进步有狭义和广义之分。仅包括自然科学技术进步的称为狭义的科技进步，在狭义科技进步基础上，再包括政策、经营管理和服务等社会科学技术进步的，则称为广义的科技进步。测算山西农业科技进步贡献率，采用的是广义农业科技进步对农业总产值增长率的贡献份额。

在正常年景，农业总产值的增长来自两个方面：一部分来自生产投入的增加，一部分来自科技进步带来的投入产出比的提高。因科技进步产生的总产值增长率，叫科技进步率。因此，农业科技进步率是农业总产值增长率中扣除新增投入量产生的总产值增长率之后的余额。农业科技进步率除以农业总产值增长率，就是农业科技进步贡献率。

一个时期的农业科技进步率的计算公式为：

农业科技进步率 = 农业总产值增长率 − 物质费用产出弹性 × 物质费用增长率 −
劳动力产出弹性 × 劳动力增长率 − 耕地产出弹性 × 耕地增长率

其中，物质费用、劳动力和耕地的产出弹性，在方法中，计算全国农业科技进步贡献率时分别取 0.55、0.20 和 0.25。

根据上述分析，对山西省农业领域 2000—2013 年期间的农业科技进步贡献进行测算。

① 农业总产值增长率：2000 年山西省农业总产值为 3 223 544 万元。用各年农业总产值指数和物价指数调整，把 2013 年的农业总产值折算成用 2000 年价格计算的数值，为 11 579 927 万元。这样，2000—2013 农业总产值的年增长率为 10.34%。

② 物质费用增长率：2000 年农业中间消耗费用为 1 424 980 万元。用各年中间消耗和农业生产资料物价指数调整，把 2013 年农业中间消耗费用折算成为 2000 年价格计算的数值，为 3 608 999

万元。这样，2000—2013 年农业物质费用的年增长率为 7.41%。

③ 农林牧渔劳动力增长率：2000 年农林牧渔劳动力数为 988.5 万人，2013 年为 1146.7 万人，年增长率为 1.15%。

④ 播种面积增长率：2000 年 4042.42 千 hm^2，2013 年为 3782.44 千 hm^2。2000—2013 年间播种面积是负增长，年平均减少 0.51%（即年增长率为 -0.51%）。

根据以上参数，2000—2013 农业科技进步率为：

农业科技进步率 =10.34%-0.55 × 7.41%-0.20 × 1.15%-0.25 ×（-0.51%）=6.16%

2000—2013 年农业科技进步贡献率为：6.16% ÷ 10.34%=59.6%

初步估算，山西省 2000—2013 年农业科技进步贡献率为 59.6%，略高于全国 2013 年农业科技进步贡献率 55.2% [①] 的水平。

(2) 农业科技队伍　改革开放以来，山西省各级、各部门加大对农业农村人才的培养力度，努力构建人才培训教育体系，完善人才使用、服务、评价、考核制度，优化人才成长的客观环境，人才队伍不断发展和壮大，在农业科研、农业技术推广、农业结构调整、农村劳动力就业、农民增收致富、活跃农村市场、丰富农村文化生活等方面发挥了极其重要的作用，已成为农民脱贫致富的骨干力量。

初步统计，截至 2013 年年底，山西省农村实用人才总数为 32.3 万人，占全省农村劳动力总数的 2.82%。其中生产型人才 22.8 万人，经营型人才 6.5 万人，技能带动型人才 1.6 万人，服务型人才 1.35 万人。农业科技人才 3.22 万人，其中农业科研人才 0.25 万人，省（市）农业技术推广人才 1.01 万人，基层农业技术推广人才 2.42 万人（表 2-7）。

表 2-7　2009—2013 年科技人才统计　（单位：万人）

序号	类型	2009 年	2010 年	2011 年	2012 年	2013 年
1	实用人才	20.10	22.6	25.50	28.70	32.30
1.1	生产型人才	14.00	15.8	17.90	20.20	22.80
1.2	经营人才	4.00	4.5	5.10	5.80	6.50
1.3	科技带动人才	1.30	1.4	1.50	1.50	1.60
1.4	服务型人才	0.80	0.91	1.04	1.19	1.35
2	农业科技人才	3.22	3.33	3.44	3.56	3.68
2.1	农业科研人才	0.22	0.23	0.23	0.24	0.25
2.2	省市农机推广	0.93	0.95	0.97	0.99	1.01
2.3	基层推广	2.07	2.15	2.24	2.33	2.42

资料来源：《山西统计年鉴》2010—2014

(3) 设施农业现状　山西省设施农业装备发展起步于 20 世纪 90 年代后期，2003 年开始，山西省财政厅、山西省农机局将设施农业装备列入全省农业机械化示范推广重点项目，各级农机部门紧密围绕农村产业结构调整，以大运经济带为重点，在全省范围内开始有组织地进行设施农业装备的引进、试验和示范推广工作。先后在全省建立了 18 个项目示范区，规模 4.5 万亩，涉及温室大棚 2.5 万余栋，辐射面积近 6 万多亩，形成了太原近郊、新绛县、晋城郊区等具有较大规模的示范

① 山西农民报，我国农业科技进步贡献率达 55.2%，2014-01-14

推广核心区。新绛县在示范区建设和设施农业装备开发两个方面成效突出，在全国产生一定的影响，引起周边省市的关注。随着晋中、运城、大同三市现代农业示范园区的启动，该省的设施农业发展进入了快速发展阶段。2010 年 11 月，山西省正式启动设施蔬菜百万棚行动计划，出台措施鼓励农民发展设施蔬菜。一是每年安排 2000 万元对设施蔬菜大县实行奖补，二是对贷款新建造日光温室实行一年期贴息，三是对设施蔬菜集中连片小区建设和集约化育苗场建设给予补助。据统计，山西省级财政（含部分中央资金）每年用于设施蔬菜的资金都在 1 亿元以上。同时，11 个市、54 个县也出台了专项扶持政策，市县两级财政每年用于设施蔬菜的奖补资金在 10 亿元以上。在一系列利好政策刺激下，大量社会资本涌入设施蔬菜产业。据统计，2010—2013 全省已有 100 亿元以上的社会资金投入其中。目前，全省占地 200 亩以上的设施农业园区有 903 个，其中由社会资本投资的园区就有 819 个，投入资金在 1 000 万元以上的园区 206 个。

在政策推动下，山西省设施蔬菜面积逐年增长。2008 年年底达到 115 万亩，其中，日光温室面积 38 万亩，大中小棚面积 77 万亩，设施蔬菜产量达到 476 万 t。2013 年年底，设施蔬菜面积达到 180 万亩，其中日光温室面积 70 万亩，大中小棚面积 110 万亩，设施蔬菜产量达到 810 万 t（表 2–8）。

表 2–8　设施蔬菜种植统计

序号	项目	2008 年	2009 年	2010 年	2011 年	2012 年	2013 年
1	设施蔬菜（万亩）	115	125.8	137.6	150.5	164.6	180
	日光温室（万亩）	38	42.9	48.5	54.8	61.9	70
	大中小棚	77	82.7	88.8	95.4	102.4	110
2	产量（万 t）	476	529.4	588.8	654.8	728.3	810

资料来源:《山西统计年鉴》2009—2014

目前，山西省设施蔬菜产业布局正在由原来的点状结构向板块式、规模化、专业化发展，出现了一批专业县和专业村，设施蔬菜成为农民增收重要支柱之一，设施蔬菜年亩纯收入普遍达到 2 万元以上。一些管理较好的园区，根据市场需求科学种植、合理安排茬口，大棚、温室的棚年均收入在 10 万元左右。晋中榆次区、太谷、新绛等县区积极推进蔬菜规模化种植，设施蔬菜种植效益非常突出，农民年人均蔬菜纯收入都在万元左右。

（4）农业机械化程度　山西省地处黄土高原，丘陵山区占到全省总面积的 2/3 以上，农作物种植制度多样，种植结构繁杂。近年来，山西农业机械化发展有了长足进步，已进入全面、快速推进时期。

2000 年以来，山西省共投入农机化资金约 130 亿元，其中中央和地方财政资金约 35 亿元，带动农民投入 90 亿元，农业机械化发展速度、发展质量、发展规模和发展效益同步快速增长，实现了农业机械化发展由初级阶段到中级阶段的重大跨越，农业生产方式实现由以人力畜力作业为主向以机械作业为主的历史性跨越，为农业和农村经济发展作出了积极贡献。

农机装备水平快速提升，切实改善了农业生产和农民生活条件。2013 年年底，全省农机总动力达到 3 181.30 万 kW，比 2000 年增加了 2 166.3 万 kW，平均每年递增 9.2%；农业农用拖拉机保有量达到 45.4 万台（件），其中大中型拖拉机保有量达到 10.7 万台；配套机具 70.4 万部，配套比达到 1：1.55，其中大中型拖拉机配套机具 22.1 万部，配套比 1：2.0；联合收割机保有量达到 26 988 台，机动脱粒机保有量达到 85 234 台，分别是 2000 年年底保有量的 58.3 倍和 1.4 倍。

农机化作业水平稳步提高，切实推动了传统农业向现代农业转变。2013年底，全省机耕、机播、机收水平分别达到69.0%、66.5%、45%。其中，小麦已实现全过程机械化生产；玉米耕种环节已实现机械化作业，玉米机收水平达到28.5%；薯类机收水平达到34.6%。农业生产实现了由人畜力作业为主向机械化作业为主的历史性转变。

2. 农业可持续发展面临的农业科技问题

（1）农村劳动力转移，不利于农业生产和科技推广　进城打工是目前农民致富的捷径。通过外出打工，农民有了一定的经济基础，这对新农村建设和推进确实有巨大的推动作用。但是，在农业生产和科技发展方面，由于不重视农业，重工轻农现象十分严重，目前务农劳动力年龄偏大，文化程度低于外出劳动力，不利于农业科技发展。

（2）种植经营规模小，不利于机械化耕作　农业发展的根本出路在于机械化，这是我国20世纪70年代提出的农业目标。发展机械化是解决目前务农劳动力少的最佳途径，但是种植规模小，又制约了机械化的发展，致使高科技栽培技术难以推广。但目前的农业经营体制，是以家庭为单位进行耕作。按山西省目前耕地面积和乡村户数，每户人均耕地面积约0.46hm^2，每个农业劳动力经营的耕地约为0.59hm^2。经营规模小，不利于农业机械化的推广。

（3）农技推广体系与服务水平不高，农业科技人才严重缺乏　基层农技推广基础设施落后，推广手段薄弱。山西省基层农业技术推广机构的投资建设及仪器设备的配置集中在20世纪80年代末到90年代初完成，之后很少再有集中建设和大规模财政投入，县乡两级农技推广机构原有的基础设施和仪器设备已经陈旧老化。乡镇农业技术推广站大多数已成为“三无站”，没有固定的办公用房、培训教室，没有安装办公电话和传真、无法连接互联网，没有配备照相机、交通工具和化验分析仪器等必备的农业技术推广手段；没有试验、示范基地。薄弱的基础设施决定了薄弱的服务，农业技术的推广、辐射带动能力十分有限，难以适应农业可持续发展的要求。

全省有1/3的乡镇没有农业技术推广机构，多年来形成的省、市、县、乡四级农业技术推广网络在乡镇一级出现了“网破”的现象。

全省县乡两级农技人员的结构不太合理，主要表现在4个方面：一是年龄结构不合理，30岁以下仅占实有人数的8.8%，农技推广后劲不足；二是职称结构不合理，乡镇农技推广机构仅有1名推广研究员，7名高级农艺师，基层农技人员晋升高级职称困难较大；三是县乡技术人员比例不合理，在实有人员中，县乡农技人员的比例高达6∶4，不符合农业部提出的4∶6的要求；四是非专业上岗比例较大，在技术人员中，农业专业院校毕业人员占实有人数的63.1%，1/3的人员属于非专业上岗。

（4）务农农民科技意识低，成果优势发挥受限　调查显示，在山西省忻州、晋中、吕梁、临汾、运城等地，区域条件较好的地区科技成果应用较高；丘陵山区、贫困乡村应用率低。在品种方面，两杂（高粱、玉米）优种应用率90%以上，品种的优势发挥率70%左右。小杂粮优种应用率占30%左右，自繁自种的占60%以上。丘陵山区的农民不按品种说明和要求种植，造成新成果、新技术的优势得不到充分发挥的现象较为普遍。务农农民科技意识的高低决定了农村科技发展的速度。

（三）农业化学品投入

随着农业生产的发展，农民盲目加大农业生产资料的投入，化肥、农药、地膜等农用物质的不合理和过量使用，以及畜禽粪便等农业废弃场的任意排放，造成了农业面源污染有不断加重的趋势，受污染的农田比例逐步上升，农业面源污染已成为目前水质恶化的一大威胁，同时也是导致农业生态环境恶化和资源退化的一个重要因素。

1. 农业化学品投入现状

（1）化肥　山西省化肥施用量较大，2013 年，全省氮肥施用总量 38.38 万 t，每公顷用量 319.95kg。其中，磷肥 18.67 万 t，钾肥 9.87 万 t，复合肥 54 万 t。与 2000 年相比，氮肥、磷肥用量下降，钾肥、复合肥用量上升（表 2-9）。

表 2-9　2000—2013 年化肥用量（折纯量）统计　（单位：t）

项目	2000 年	2010 年	2013 年	年均变动率（%）
化肥用量	869 882	1 103 663	1 210 196	2.6
每（公顷）用量（kg/hm^2）	215.19	298.92	319.95	
氮肥	421 919	400 203	383 819	-0.7
磷肥	197 773	199 996	186 694	-0.4
钾肥	51 448	85 069	98 695	5.1
复合肥	198 742	418 395	540 988	8.0

资料来源:《山西统计年鉴》2005—2014

（2）农药和农膜　2013 年，全省使用各种农药实物 65900.3t，较 2000 年增加 8944.6 t；平均每公顷 17.42kg，比 2000 年增加 3.3kg，高于全国平均水平。近年来，由于棉花上推广抗病抗虫杂交棉，棉花上使用农药有所减少，但水果、蔬菜病虫大发生，其用药量居高不下。

2013 年，全省使用农膜 500 多 t，较 2000 年增加 21418.3t；每公顷 用量 11.60kg，较 2000 年增加 6kg。农膜有一部分得到回收，但仍有少部分地膜残存于农田土壤中，造成耕地理化性状恶化，通透性变差，分解产生有毒物质污染土壤，已形成污染面积较大范围的污染。

表 2-10　农药、农膜用量统计

项目	2000 年	2010 年	2013 年	2013—2000 年
农药总用量（t）	56 955.7	63 802.2	65 900.3	8 944.6
农膜总用量（t）	22 468.0	38 707.8	43 886.3	21 418.3
单位面积农药用量（kg/hm^2）	14.09	17.28	17.42	3.3
单位面积地膜用量（kg/hm^2）	5.56	10.48	11.60	6.0

资料来源：根据山西省各市调研资料整理

2. 存在的问题

化肥的施用对近年来粮食增产起到了积极作用，但也让部分农民患上“化肥依赖症”。我国化肥使用总量过高，化肥过量施用将带来土壤品质性质退化，粮食减产等后果，危及粮食安全，影响我国农业的可持续发展。

（1）化肥用量超标　山西省的情况与全国基本一致，农业生产过度依赖化肥、农药等。从化肥施用的区域看，基本都用在只占全省耕地 20%的平川地区和城郊蔬菜大棚内。如果以 20% 的耕地使用化肥推算，2013 年每公顷氮肥用量到达 246.8kg，超过国际公认的上限 225kg/hm^2 的施用量。粮食、蔬菜等农副产品中沉积了大量超标有害的汞、镉、砷、铅等重金属，农业水土环境形势严峻。

(2) 农药使用不规范　实地调查显示，在农药使用过程中，“农民施药没有规则，很随意。往往根据经验”。农业部对于农药都有使用准则，但在使用过程中，准则要求用 1 瓶盖，农民往往洒 3 瓶盖，因为不放心，为了杀虫更有效。在一些监管严格的国家，农民不允许自己打农药，有专门的农药公司打药，而且需要持证上岗。

使用农药造成农业面源污染的主要表现：一是在蔬菜、果树等农作物使用禁用农药造成农药残留超标，夏、秋季发生率较高；二是施药器械和方法落后，大部分药液洒落于土壤表面，形成在土壤中农药残留；三是用后农药瓶、袋弃置于沟渠边、池塘旁或施药后雨水冲洗，部分农药污染水体。因此在土壤和水体中偶尔有残留农药检出现象。

(3) 地膜回收率不高　地膜使用，在一定程度上提高了农作物产量。但目前对地膜使用管理滞后，地膜使用后回收率低，且各地区均没有纳入管理轨道，基本没有统计数据反映地膜回收情况。地膜使用后基本由农民自行处理，在一些区域，地膜污染成为耕地的又一污染源。

三、农业发展可持续性分析

（一）农业发展可持续性评价指标体系构建

1. 指标体系构建指导思想

(1) 指导思想　从山西省的实际情况出发，依据我国对于农业可持续发展的总体要求，吸收借鉴已有研究成果和先进经验，建立一个科学完整，可操作性强，便于理解使用的反映山西省农业可持续发展状况水平的指标体系和模型。

(2) 基本要求

① 重视发展。谋发展、促发展是实现可持续性的前提，农业经济发展过程中出现的人口、资源、环境等问题必须在发展中解决。

② 注重可持续性。这要求既要考虑农业当前发展的需要，又要考虑未来发展的需要，不能以牺牲后人的资源和利益为代价来满足当代人的利益和发展。这也是全社会、全人类发展所不可忽视的重要保证。

③ 重视自然资源的永续利用和农业与农村生态环境的保护。没有资源的永续利用和良好的生态环境，农业及其他各项事业的发展无法持久进行下去。因为，自然资源的永续利用是农业经济可持续发展的基础，生态环境的保护与改善是资源永续利用的基础。只有资源、环境实现一个良好的循环过程，农业的发展才会更加顺利。

④ 关键要正确处理好经济建设与人口、资源、环境要素之间的相互关系。过去，人类在改造自然的过程中常常忽视如何正确处理人与自然的关系，最突出的问题是经济建设在与人口、资源、环境因素的作用中产生了矛盾。因此，经济的增长、人口的增长、生产方式与消费方式的建立都不应该超出资源与环境的承载能力。

⑤ 影响农业可持续发展的要素具有明显的时间性、空间性，同时，对一个地区来说，由于一些要素的时间和空间的不均衡性，存在着有与无、多与少的差别，因此需要与其他地区进行调节，

所以指标体系的设置要具有动态、指标可替代的功能。

2. 指标体系构建基本原则

（1）反映农业可持续发展的内涵　围绕农业可持续发展的系统目标。由前面的分析可知，农业可持续发展涵盖的范围很广，农业可持续发展系统，是由不同子系统相互作用、相互渗透构成的具有特定结构与功能、开放的、复杂庞大的系统。因此，应围绕农业可持续发展系统的主要目标设置指标，涉及农业与农村经济社会生活及及其环境的各个方面。

（2）实用性和可操作性相结合　指标体系的选择应考虑到指标的量化及数据采集难易程度和可靠性。选择那些有代表性的综合指标和主要指标。指标体系最终要被决策者乃至公众所使用，要反映发展的现状和趋势，为政策制定和科学管理服务，指标只有对使用者具有实用性才具有实践意义。可使用的指标体系应易于被使用者理解和接受，易于数据收集，易于量化，具有可比较性等特点。

（3）系统性与层次性相统一　指标体系是众多指标构成的一个完整的体系，它由不同层次、不同要素组成。为便于识别和比较，按照系统论原理，需要将指标体系按系统性、层次性构建。同时，指标体系应简单明了、避免重复，系统性与层次性相统一。

（4）动态性与静态性相联系　农业可持续发展是一个不断变化的过程，是动态与静态的统一。农业可持续发展指标体系也应是动态与静态的统一，既要有静态指标，也要有动态指标。

3. 指标体系及指标解释

农业可持续性评价指标是旨在评价农业自然资源、经济发展、农村社会进步的综合评价指标。

（1）选取指标　以农业可持续发展水平的综合评价为目标，用来反映区域农业可持续发展的总体特征。根据“人口系统发展水平”“经济系统发展水平”“资源系统发展水平”“环境系统发展水平”4个方面，分别反映农业发展水平及其支持能力。选择了16个具体的评价指标（表3-1）。

表3-1　农村发展可持续性衡量指标构成评价指标

人口系统	农村人口比重
	农村劳动人口比重（常住人口）
	农业劳动力转移人口（万人）
	农业劳动力平均受教育年限（年）
经济系统	地区生产总值（万元）
	第一产业增加值（万元）
	农林牧渔业总产值（万元）
	农村居民人均纯收入（元/人）
资源系统	耕地面积（万亩）
	作物播种面积（万亩）
	农业水资源用量（万 m^3）
	有效灌溉面积（万亩）
环境系统	农药使用强度（t/万亩耕地）
	每 hm^2 耕地化肥施用实物量（kg）
	水土流失面积（km^2）
	秸秆综合利用率（%）

16个指标数据主要来源于统计局、农委各专业站，以及农口的相关部门。由于一些基础数据存在不全面、不完整，有的统计指标口径不一致，统计的时点、时期不一致等问题，主要选取一些便于操作、可量化的指标进行分析。

（2）指标解释

① 人口系统指标：农村人口比重，主要用来表示农村人口数量占总人口数量的比重；农村劳动人口比重，反映农业与农村发展的负担系数；农业劳动力转移人口，是劳动力从农业、农村向除农业、农村等行业和地区转移的人口数量，反映农村城镇化进程影响以及农村劳动力收入来源的变化情况；农村劳动力人均受教育年限，主要用来表示农民的人力资本状况，农民文化水平和劳动技能的提高，一方面可以享受到城市化和工业化带来的众多非农就业机会，从而缓解人口对自然资源的压力，另一方面使农民易于接受和使用先进的农业生产工具，并增强抗风险的能力。因此，这四个指标基本上能概括农业人口系统的数量、结构、质量及其对农业发展的支持与压力的水平。

② 经济系统指标：地区生产总值，是指包括农林牧渔业在内的产值（增加值），是反映一个地区的产出水平和经济实力的综合指标；第一产业增加值，是农业劳动产出效益的度量指标之一，反映农林牧渔业的产出变化情况；农产品销售收入，反映区域内农村农产品产出商品化为农民带来的收益；农村居民人均年纯收入，是衡量农民从事各项生产活动的最终成果指标，并且收入的高低同时也会影响之后生产投入的比例。上述经济系统指标主要从农业产出水平与农民的经济收益水平等方面对农业经济系统的数量、质量、结构作了介绍。

③ 资源系统指标：资源作为农业生产的对象是农业发展的主要物质基础，它直接影响到可持续发展能力与水平。区域耕地面积，是主要衡量一个地区可用于农业生产的土地资源的丰裕程度，而由于关于土地质量（土壤质地、肥力等）方面的数据较为稀缺和难以计量，没有被纳入具体指标。作物播种面积，指实际播种或移植有农作物的面积。凡是实际种植有农作物的面积，不论种植在耕地上还是种植在非耕地上，均包括在农作物播种面积中。在播种季节基本结束后，因遭灾而重新改种和补种的农作物面积，也包括在内；农业用水资源量，反映农业中可利用的水资源量；耕地有效灌溉面积，是衡量农用土地资源利用水平的一项指标，有效灌溉面积大，耕地资源的开发和利用水平就高，优等地的比重相对就大，资源的生产能力就强。所以，概括资源系统的数量、质量、结构方面状况，基本上能反映当前我国农业发展的资源状况。

④ 环境系统指标：区域城市化和工业化会对农业的生态环境带来较大影响。使用农药是农业防治病虫害的主要措施之一，但是随着使用强度和频率的增长，对土壤及农产品具有毒害作用，会带来严重的环境和食品污染，因此农药使用强度是一个负作用的环境指标；使用化肥是农业增产的重要措施之一，同样随着单位面积土地使用量的增加，不仅增产的效果下降，而且会对土壤与地下水资源造成严重污染，所以化肥使用强度也是一个反映农业环境方面的负向指标，它与农药使用强度一起构成了农业生产对农业环境造成负面影响的人为因素；水土流失面积比例，是反映农业生态环境质量的一个指标，水土流失严重会对农业生产的物质基础造成直接损害。秸秆综合利用率，是综合利用的秸秆数量占秸秆总量的比例，反映农业生产能源替代状况，秸秆属于生物质能，具有可再生性、低污染性、分布广泛和总量丰富的特点，因此是反映农业环境方面的正指标。上述几个指标概括了农业生态环境所受的压力和质量状况，大体上能反映农业生产的环境状况。

表 3-2 山西省农业可持续性指标值

评价指标		2000 年	2010 年	2013 年
人口系统	农村人口比重（%）	71.9	65.2	64.3
	农村劳动人口比重（%）	44.7	45.5	38.1
	农业劳动力转移人口（万人）	67.75	113.96	117.46
	农业劳动力平均受教育年限（年）	7.1	7.6	8.4
经济系统	区域地区生产总值（万元）	18 457 200	92 008 600	126 022 400
	第一产业增加值（万元）	1 798 600	5 544 800	7 410 100
	农林牧渔业总产值（万元）	3 223544	10 478 483	14 470 052
	农村居民人均纯收入（元）	1 905.61	4 736.25	7 153.50
资源系统	耕地面积（千 hm^2）	4 341.94	4 064.18	4 064.19
	农作物播种面积（千 hm^2）	4 042.42	3 692.14	3 782.44
	有效灌溉面积（千 hm^2）	1 105.04	1 274.15	1 382.79
	农业水资源用量（万 m^3）	40 696.50	86 307.90	85 642.22
环境系统	农药使用强度（kg/hm^2）	14.09	17.28	17.42
	每 hm^2 耕地化肥施用量（折纯，kg/hm^2）	1 075.94	1 494.61	1 599.76
	水土流失面积（km^2）	17 440.12	5 722.77	5 637.81
	秸秆综合利用率（%）	53.33	63.36	71.57

（二）农业发展可持续性评价

1. 整体评价

从表 3-2 可知，2000—2013 年，人口和经济指标总体趋势符合可持续发展的要求。但资源及环境系统的指标不容乐观，表明山西省农业发展仍未步入清晰稳定的可持续发展轨道。整体看山西省农业可持续发展状态向好的方向发展。

2. 具体分析

（1）人口发展系统方面　农村人口比重和农村劳动力人口比重均有下降趋势，体现出山西省近年来农村人口结构上的变化，农村劳动力人口大多向非农村、非农业转移，反映出近年来山西农村城镇化进程在不断加快，加速了农村现代化脚步。另外，农业劳动力受教育年限的逐年增加也能够看出近年来农村发展过程中不仅重视对经济的刺激，更加重视人民素质的提高，为农业的可持续发展，以及实现循环经济提供不可缺少的智力保证。

（2）经济发展系统方面　第一产业在十几年中的发展较为迅速，但在产业体系中占的比重下降。农民人均收入增长明显，体现了农业可持续发展不能忽视农民生活水平的提高。

（3）资源发展系统方面　耕地面积和农作物播撒面积减少，说明耕地中用于农业种植的面积减少，这是城镇化、工业化进程所带来的负面影响，长期看不利于农业可持续发展。有效灌溉面积增加反映了农业技术水平的提高以及农业生产效率的提高。

（4）环境发展系统方面　农药、化肥使用强度增大，体现了在农业发展的过程中，农药、化肥用量增加，一定程度上对提高农作物产量有益。但不容忽视，农药化肥的污染影响在上升，不利于农业可持续发展；水土流失面积与 2000 年比下降明显，但与近些年相比仍然有增加，对水土资源不合理的开发和经营，使土壤的覆盖物遭受破坏，裸露的土壤受水力冲蚀，长期下去不利于农业发展，对农业生产的产出率有负面影响，因此，应该调整土地利用结构，实行治理与开发相结合。

四、农业可持续发展的适度规模分析

从资源永续利用角度，探讨现有技术经济条件下本地区自然资源可支撑的合理农业活动规模。所谓适度，只要在同等的生产要素条件下的经济收益比现有生产模式下经济收益要大，逐渐扩大生产规模，根据规模效应递减的原则，在现有收益和最大经济效益之间的生产规模都属于适度规模。因此，判断农业经营规模适度的标准是多层次的，多样化的，不存在一个普适性的“适度”标准。即使对于同一个标准，也会受到许多因素的影响，例如，农用土地与劳动力、资本等农业生产要素之间的稀缺性差异；农业科学技术的进步及其在农业生产过程中的应用；资本的不可分性；农业经营者的素质。

（一）种植业适度规模

1. 种植业资源合理开发强度分析

（1）耕地资源　山西省耕地资源比较缺乏，质量较差，生产率偏低。在现有技术水平和地理条件下，目前山西省农村居民人均耕地面积普遍偏小，进一步适度扩大经营规模有利于取得更多规模效益。

（2）光热资源　山西省年日照时数在 2 200~3 000 小时，作物生长期间（日温≥0℃）的光合有效辐射为 1 840~2 200MJ/m^2·年；作物活跃生长期（日温≥10℃））的光合有效辐射为 1 300~1 800MJ/m^2·年，属我国光能资源高值区范围。而山西省目前种植结构单一，耕作制度简单，设施栽培较少，光能利用率较低，因此光能利用率提升的潜力巨大。

（3）水资源　水资源总量不足、人均水资源量减少。全省水资源总量只有 124.34 亿 m^3，人均水资源拥有量仅 346.03m^3，低于国际 500m^3 的缺水标准，属水资源最贫乏的省份之一。此外，在开发过程中还存在水资源地区间分配不均，水质污染严重，水资源破坏严重，水资源利用率低等问题。

（4）劳动力资源　劳动力是生产要素中最活跃的、具有决定性的因素，从事种植业的劳动力资源的数量的多少和素质的高低将在很大程度上决定一个地区种植业的发展水平。山西省各地区中，种植业劳动力占农业劳动力的比重却高于全国平均水平，说明山西省有足够的劳动力从事种植业生产。而运城、朔州、忻州、大同和吕梁市从事种植业的劳动力占农业总人口的比重都超过了全省平均水平，说明这些地区有丰富的从事种植业的劳动力资源。

总体而言，山西省及各地区的劳动力资源在数量上比较充足，但高素质的农业技术劳动力的绝对数很少，这在很大程度上会影响山西省及各地区种植业的发展水平。

2. 粮食、蔬菜等种植产品合理生产规模

山西省粮食作物种类繁多，具有比较优势的是玉米、专用小麦、马铃薯和以谷子、燕麦、荞麦为主的小杂粮。其中，玉米的播种面积占到全省粮食播种面积的 39%，总产量占全省粮食总产的 60%；玉米加工产品多，产业链条长，增值空间大，在山西省发展玉米生产很容易形成规模优势。

（二）养殖业适度规模

1. 养殖业资源合理开发强度分析

山西省畜禽养殖业的化学需氧量、氨氮排放量分别达到 19.3 万 t、0.93 万 t，占全国畜禽养殖业排放总量的比例分别为 1.68%、1.43%。

目前养殖业存在的主要问题：一是畜禽养殖规模小，污染物集中处理难。二是污染成为部分地区水环境质量下降的重要原因，污水中含有的大量氮、磷等营养物质造成水体富营养化。三是畜禽养殖污染对土壤环境和农产品质量安全构成威胁，废弃物无序排放严重超过土地消纳能力，造成农田土壤污染。此外，畜禽饲料中添加剂中的抗生素、激素、铜、铁、铬等物质长期过量累积肥，导致土壤和水环境污染，间接影响农产品质量；四是影响人居环境质量和人体健康。上述问题严重影响了今后养殖业的发展。

2. 肉类、奶类等养殖规模

确定肉类、奶类养殖规模，应重点考虑劳动力资源及劳动者的劳动所得的期望值，其他因素对于农户来说都是间接因素或无法控制的，只有依靠市场来满足。

养殖户普遍关心肉类、奶类养殖带来的经济效益。由于农业生产体制以及市场波动的影响，目前全省养殖规模普遍较小。相对而言，生猪、奶牛、肉鸡在一些区域（规模化生猪养殖主要在晋城、长治；奶牛规模化养殖主要在朔州；肉鸡养殖主要分布在运城）有一些规模化的养殖企业存在，但从全省看，基本上仍然分散化养殖，这与养殖产业化水平低有极大的关系。

农业适度规模经营的确定受诸多因素的影响，通常与土地产出弹性、劳动力工资成正比，与劳动力产出弹性及地租成反比。规模经营效益包括经济效益、社会效益和生态效益三个层面，在发展农业适度规模经营的过程中既要追求经济效益，也要注重社会效益和生态效益，确保整体效益的最大化。

五、农业可持续发展的区域布局与典型模式

（一）农业可持续发展的区域差异分析

通过对山西省农业可持续发展的自然资源环境条件的分析以及山西省生产产品区域和行政区划的现状，参照国家农业功能区划、山西省主体功能区规划和山西省农业功能区划，将全省 11 个地市划分成四个大的区域，即晋北、晋西北、晋中南和晋东南，每个区域都存在各自的农业生产条件和农业发展的制约因素。

1. 农业基本生产条件区域差异分析

在农业基本生产条件中，资源条件是最为重要的一部分，因此这里要着重对光、热、水、农作制度、畜牧业发展基础等自然资源条件进行分析。

（1）晋北地区农业基本生产条件　晋北地区包括山西省大同市和忻州市，西北部的岢岚、五寨、偏关、神池、宁武等地。在全国气候区划中，相当于黄河流域黄土高原区的北部，是我国温带大陆性季风气候的一部分。年平均气温在 7℃以下，1 月平均气温在 -16.0~-10.0℃。冬季长达 7 个多月，极端最低气温为 -40~-30℃，右玉曾出现 -40.4℃的最低纪录。7 月平均

气温 19.0~22.5℃，极端最高气温 34~38℃，热指数 50~70℃，日平均气温 ≥ 10℃的积温 2 000~3 200℃，无霜期 100~130 天。全年太阳射量 140~145kcal/cm^2。年平均降水量 380~460mm，降水日约 80 天，主要集中在 7—8 月，约占全年总降水量的 60%。年降水量与蒸发量之比为 1：4。区内大同盆地为重半干旱区，其余地区因气温较低，蒸发稍弱，属轻半干旱。土壤主要是栗钙土，灰褐土。植被类型为温带干草原。主要农作物有莜麦、马铃薯、春小麦、谷子、玉米、高粱等，属一年一熟区。

晋北地区总体来说日照充足，年日照时数 2 800~2 900h，为山西日照时数最多的地区，是农业增产的一个有利条件。

（2）晋西北地区农业基本生产条件　本区包括黄河沿岸，从乡宁、吉县到晋西北河曲、保德、吕梁山以西的广大黄土高原。海拔高度在 800~1 400m。主要土壤为灰褐土，植被为次生灌丛草原。年平均气温 6.5~9.0℃，最热月平均气温 21.5~24.0℃，1 月平均气温 –15.0~–5.0℃，极端最高气温 34.0~39.0℃，极端最低气温 –30.0~–25.0℃，热指数 74~62℃，≥ 10℃积温 2 600~3 700℃。无霜期 145~180 天。年日照时数 2500~2800h，太阳年总辐射量 120~143kcal/cm^2。年降水量 400~500mm，7—8 月降水量占全年总降水量的 50% 左右。年大风日数南部较少为 10~20 天，北部较多为 90 天，河曲的大风日数可达 120 天以上。年雷暴日数约 50 天。主要农作物小麦、玉米、谷子、马铃薯等，一般为一年一熟制。

晋西北地区是典型的雨养农业区，根据区域资源特点，防止水土流失，保持水土，为本区农业生产可持续发展提供重要的前提保障。该区位于黄土高原边缘，土质松散、土壤肥力贫瘠，极利于农业生产。

（3）晋中南地区农业基本生产条件　本区包括临汾盆地及除中条山东段山区之外的整个运城地区，即年平均温度 12℃等值线以南的地区，由于纬度偏南，海拔较低，在 600m 以下。气温较高，热量充足，又为平川地带，农业发展悠久，是山西省最主要的棉麦产区。主要土壤为褐土，自然植被为阔叶落叶林。年平均气温 12.0~13.7℃，最热月平均气温 25.5~27.5℃，最冷月平均温度 –4.0~–3.0℃，极端最高气温 40.0~42.5℃，极端最低气温 –23.0~–19.0℃，热指数 110~120℃，≥ 10℃积温 3 900~4 600℃。平均无霜期 180~210 天。全年太阳总辐射量为 120~128kcal/cm^2，年日照时数 2 000~2 600 小时。年平均降水量 480~570mm，年降水日数 75~85 天，7—8 月降水量约占全年总降水量的 40%。年冰雹日数较少，为 1~2 天，为全省少雹区之一。

由于气候温和，水热条件较好，棉花和冬小麦为主要农作物，产量高而较稳。一般一年两熟和两年三熟制。灾害性天气主要是干旱严重，尤其是春旱，频率可达 80% 以上，夏旱较轻，也可达 50% 左右。其次是干热风严重，10 年中有 6~8 年可造成不同程度的减产。有时春霜冻对小麦生长、棉花出苗也有一定的影响。

（4）晋东南地区农业基本生产条件　包括和顺、榆社以南太岳山以东的省境东南部，海拔比晋南高，为 800~1 500m，大部为山地、丘陵和盆地。虽然纬度较低，雨量充沛，湿度大，为山西省的半湿润地区。水分与热量条件比较好。年平均气温 5.0~10.0℃，7 月平均温度 19.8~23.5℃，1 月平均温度 –10.0~–5.0℃，极端最高气温 37.0~38.0℃，极端最低气温 –33.0~–20℃，热指数 55~90℃，≥ 10℃积温大部分地区为 2 600~3 300℃，平均无霜期 120~160 天。全年日照时数 2 400~2 650 小时，太阳总辐射量 125~134kcal/cm^2・年。年平均降水量 550~670mm，全年降水日数为 90 天左右，7—8 月的降水量占全年总降水量的 50%。年平均风速为 2.0~2.4m/s，全年大风日数较少，为 5~10 天。冰雹日数 2~5 天，年雷暴日数约 40 天。

该区域主要农作物有谷子、玉米、高粱、小麦、马铃薯。一年一熟或两年三熟制。春季晚霜冻及春旱旱对农作物生长有所影响，局部地方有大风、冰雹、雷雨、洪水的危害。

2. 农业可持续发展制约因素区域差异分析

（1）晋北地区农业可持续发展的制约因素　晋北地区在资源方面存在着农业可持续发展的制约性。

由于少雨等原因，干旱为本区农业发展的限制因素之一，尤其是盆地内春旱与夏旱最为常见。秋季的早霜冻来临早，危害重，多冰雹，本区另一主要灾害性天气是低温霜冻，尤其秋霜冻危害严重，为本省重霜冻区之一，如五台山、系舟山地年降雹日数都在 3 天以上；暴雨频繁，往往造成山洪灾害。风沙灾害也较严重，年平均风速 2.0~2.8m/s，4 月风速最大，大于八级以上的大风天数较多，年平均在 30~50 天。因此这样的资源约束条件都成为晋北地区农业可持续发展的制约因素。

（2）晋西北地区农业可持续发展的制约因素　本区地面为黄土覆盖，土质松散，又加降水分配不均，自然植被破坏严重，致使水土流失严重，灾害性天气有干旱、大风、秋霜冻等。

（3）晋中南地区农业可持续发展的制约因素　汾河谷地为山西的主要农业区，区域内人口密集，土地资源紧缺。

近年来受工业发展污染的影响，汾河水质下降，区域农业受旱灾、干热风影响严重，如能改善水利条件、提高灌溉保证率，农业产量升高仍有较大空间，另外，若水资源问题解决，特色农产品、果蔬业及其加工业也是区域内的优势产业。

（4）晋东南地区农业可持续发展的制约因素　晋东南地区为山西省农业资源条件最好的地区之一，雨量较为充沛，农业资源的约束性条件主要是坡耕地多，地块小而零星，土壤肥力较低。

（二）区域农业可持续发展的功能定位与目标

基于农业可持续发展理念，结合区域特点确定各区农业的功能定位、发展目标与方向等。

1. 晋北地区农业发展的功能定位与目标

历史上晋北地区就是农牧结合带，由于地处山西省北部，地广人稀，地势平缓，草场面积较为广阔，牧业生产较为发达，距我国两大奶业企业伊利、蒙牛总部较近，发展牧业有其优势条件。因此，晋北地区农业发展的功能定位首先应该是充分发挥本地区主导产业——畜牧业的主体优势，以畜牧业为基础产业，走产业化道路，延长产业链，如奶制品加工业、毛纺织和皮革加工业、肉类食品加工业等农产品加工产业群体，将区域内畜牧业资源充分利用，提高产业经济效益，增加农民的经济收入。

其次，根据本地区特色，依托以畜牧业为源头的加工产业，奶、毛、肉各种资源有效利用，依托区域内低污染、低农药危害的先天优势，充分使用绿色有机肥料，打造晋北地区纯天然绿色食品销售品牌。积极利用肉类加工遗留的骨头，做好精饲料加工，打造绿色有机高营养饲料品牌，冲击国内外市场。提高晋北加工业产品的附加值，推动晋北经济发展。

再次，保证资源的季节合理分配，确保畜牧业生产可持续发展。由于晋北草场资源季节分布不均，晋北夏季凉爽湿润，是牧业发展的良好条件，而冬季严寒，草场资源干枯，加上近年来晋北草场出现由于过度放牧导致的退化现象。因此，可以通过晋北地区特有的跨季节“时空”循环模式，把夏季的过剩草场资源和夏季农作物收获后的秸秆加工成饲料，作为冬季牲畜的过冬草料，既能解决牲畜的冬粮问题，又能防止冬季放牧造成的草场资源不可再生的不良后果，确保晋北畜牧业的可持续发展。

2. 晋西北地区农业发展的功能定位与目标

遵循因地制宜的原则，根据晋西北两地区的自然条件和生产状况差异，区域内农业发展的功能定位应确定为以种植业为主的循环经济模式。区域内主要以马铃薯、小杂粮种植业为主，发挥其区域资源优势，发展种植业—食用菌栽培—养殖业—沼气池资源再生的循环经济模式。种植业的果实可以送入食品加工厂加工，剩余的作物秸秆放入沼气池发酵，一方面为农户提供能源，另一方面资源再生，为其他农业生产提供有机肥料。食品加工过程产生的废料送入食用菌栽培温室栽培食用菌，而食用菌的废料则是良好的养鸡肥料，鸡粪同样送入沼气池循环再生。经沼气池发酵后的沼渣富含有机质，可以肥田，补充土壤肥力，提高种植业产量。

此外，应充分利用晋西北地区的特色农产品优势，根据循环经济理念，延伸产业链，加强农产品的就地转化，做好农产品深加工，形成一系列农业产业化群体，促成完整的农业大系统循环经济目标的实现。以晋西北地区马铃薯种植、培育为基础，形成马铃薯深加工的系列产业化体系；以红枣种养、加工为基础，形成红枣良种培育、种植和深加工的系列产业化体系，以汾阳地区优良高粱品种培育与白酒酿造产业为基础，形成高粱种植基地、生产、加工、销售的酿造产业深加工产业化体系，而食品、果菜、肉类加工后的有机废物可以重新输入到饲料加工厂，经过再处理为圈养畜牧业提供饲料，牲畜食用后的粪便通过沼气池发酵生成有机肥料，为农作物、果树和蔬菜栽培提供绿色肥料，以此通过牲畜或家禽的过腹还田，形成农业—农产品加工业的系统大循环。以沿黄地区、碛口景区为主线的“黄金通道”，发展绿色农业、生态农业、休闲农业。

3. 晋中南地区农业发展的功能定位与目标

该区为山西小麦的主产区，但适于种草兴牧，发展畜牧业生产。农田实行粮草轮作，以牧为主，农牧结合。草业以豆科牧草为主，兼顾养地与饲养畜禽，通过粮草轮作，增加有机粪肥，适度加施化肥，以提高粮食单产，提高优种与作物的专用性为突破口，做到结构调整与提高质量与数量同步。特色农产品（苹果、梨、葡萄、红枣、芦笋、食用菌）和果品加工后的产品可作为该区出口创汇的重要来源，如芦笋、食用菌出口基地，葡萄酒、核桃、果汁加工出口企业都集中于本地区，而加工后的废料、果屑可以作为家庭牲畜养殖的饲料来源，牲畜的粪便送入沼气池发酵，再生的有机肥料可以肥田，补充土壤肥力。作物秸秆、棉籽和沼渣可以用来培育食用菌，另外最近发展的果木加工企业也正在兴起，使原本废弃的果木也成为一种资源，进入生产的循环圈。

本区域是山西省农业加工企业较为集中与密集的地区，龙头企业与大型出口基地均位于本区域内，利用区域内地区农作物栽培与加工的产业优势，发展高效的资源循环农业具有前导作用。

4. 晋东南地区农业发展的功能定位与目标

根据农牧结合、高效、高产的山区资源培植经济发展战略，逐步形成以提高地表覆盖率为主的绿色农业产业基地。重点开发区域内的林草资源、经济作物资源，形成农牧业结合的高效农业产业，一批高附加值的经济作物多种经营，如花椒、核桃、名贵中药材、食用菌等。区域内要实现经济的快速发展，还要在特色农产品基础上做好特色农产品深加工，形成独具特色的产业化道路。以核桃种植业为基础，开展核桃仁系列加工产业体系；以蔬菜大棚生产为基础，开展蔬菜恒温冷藏和绿色蔬菜深加工系列产业体系；以中药材栽培为基础，开展中药材加工系列产业体系；以粮食种植为基础，开展面粉、饲料加工系列产业体系；以大规模圈养牲畜为基础，开展绿色肉食品加工系列体系；以多种经济果林种植为基础，开展绿色果品加工系列产业体系等。食品、果菜、肉类加工后的有机废物可以重新输入到饲料加工厂，经过再处理为圈养畜牧业提供饲料，牲畜食用后的粪便通过沼气池发酵生成有机肥料，为农作物、果树和蔬菜栽培提供绿色肥料，以此通过牲畜或家禽的过腹还田，形成农业—农产品加工业的系统大循环。

有效利用区域内的山高谷深、纵向差异大的地形优势，发展独特的立体农业发展模式，因地制宜，充分利用各地优势资源条件，把资源利用最大化，确保区域内各地区经济效益的最大化。对区域内分山顶、山腰和山底考虑农业循环经济模式，每个模式都以保持水土、增加肥力为主导，以生态学理念，从根本上治理区域内地区水土流失和泥石流灾害，同时利用沼气池做到有机肥料还田，弥补过去水土流失造成的土壤贫瘠现象，改善农业生产硬件，确保居民生命财产安全。因地制宜，选择发展各地的优势产业，利用产业共生，发展多种关联产业，多渠道为居民创收，提高农民生活水平。

（三）区域农业可持续发展典型模式推广

系统总结各地区农业可持续发展的成功经验，剖析不同类型区农业可持续发展典型模式及其应用前景。

1. 晋北地区农业可持续发展的典型模式

晋北地区由于冬季寒冷的生产、生活缺陷，多年来，通过农业可持续发展的经验总结，逐渐形成了独具特色的发展模式，尤其是通过高新技术引入“沼气池”，在牲畜大棚中修筑沼气池，通过其温室效应或沼气灯来给牲畜取暖，解决牲畜的安全过冬问题。同时，还有利于农户的能源利用结构升级，减少环境污染。过去，晋北地区农户大多通过燃煤、燃气来做饭、取暖，但此种方式既消耗农民有限的财力，又对脆弱的晋北生态环境造成负面影响。通过引入“沼气池”，改变以往晋北地区燃煤、燃气的能源利用状况，可减少投入提高收入。

由于晋北大多数地区终年低温，要利用沼气池技术全面解决晋北低温对农业生产带来的影响，采用合理的沼气池建设技术非常重要。可以采用北方地区已经成熟的温室—牲畜圈—厕所—沼气池“四位一体”沼气池建设技术，此技术主要是针对北方低温的气候条件设计的。同时，考虑到晋北地区牛羊以放养为主，因此，晋北地区把沼气池建在牛圈或羊圈的地下，然后留一通道通往地上，方便对沼气池加料和取肥。厕所建在牲畜圈的旁边，方便对人和牲畜产生的粪便集中收集处理。牲畜圈的外边覆盖一个塑料大棚，有条件的农户可以建造玻璃大棚，一方面便于采光，另一方面可以保持牲畜圈内的温度。沼气池建在地下，与在地面建造相比本身就具备了较高的温度优势，加上日光大棚的保温作用和牲畜圈内 CO_2 温室气体产生的温室效应，可以提高沼气池周围环境的温度，满足沼气池的发酵温度，保证沼气池的正常运作，而通过在牲畜圈中增加沼气灯，也可以提高牲畜圈内的温度，为牲畜御寒。

晋北地区沼气池的模式已经在晋北地区成为典型模式，使得农业生产与农民生活联系在一起，实现了农业的可持续发展。

2. 晋西北地区农业可持续发展的典型模式

晋西北地区是典型的雨养农业区，根据区域资源特点，因地制宜以改善，维护晋西北黄土高原区破碎的生态环境，以保持水土、改良土壤结构为主体，形成了水土保持型，粮—薯类—红枣—沼气的农业可持续的发展模式。水土保持是该区的重中之重，本模式以此为主导，通过马铃薯、灌草（柠条、苜蓿等）、林木等多种植被覆盖途径，多渠道防止水土流失，保持水土，为本区农业生产可持续发展提供重要的前提保障。而多渠道改善土壤结构是本模式的另一特色。该区位于黄土高原边缘，土质松散、土壤肥力贫瘠，极利于农业生产。该模式通过因地制宜种植多种旱生、沙生作物，马铃薯、灌草、林木等多渠道改善本区的先天土壤结构不足，同时通过沼气池的资源再生，将有机肥料还田，确保土壤肥力得到及时有效的补充，改善本区土壤肥力状况。

本区地面为黄土覆盖，土质松散，又加上降水分配不均，自然植被破坏严重，致使水土流失严重，灾害性天气有干旱、大风、秋霜冻等。因此，晋西北地区形成的水土保持型，粮—薯类—红枣—沼气的农业可持续的发展模式能够有效应对农业发展的资源约束条件，同时能够为农业可持续发展提供保障，具有良好的发展前景。

3. 晋中南地区农业可持续发展的典型模式

晋中南主要为汾河谷地区域，根据其旱作农业特点，发挥蔬菜种植加工和特色型果树栽培的主导产业优势，发展麦棉种植—果蔬栽培、加工—畜牧业—沼气池资源再生—食用菌栽培的农业可持续发展模式。

农田实行粮草轮作，以牧为主，农牧结合。草业以豆科牧草为主，兼顾养地与饲养畜禽，通过粮草轮作，增加有机粪肥，适度加施化肥，以提高粮食单产，提高优种与作物的专用性为突破口，做到结构调整与提高质量与数量同步。特色农产品（苹果、梨、葡萄、红枣、芦笋、食用菌）和果品加工后的产品可作为该区出口创汇的重要来源，如芦笋、食用菌出口基地、葡萄酒、核桃、果汁加工出口企业都集中于本地区，而加工后的废料、果屑可以作为家庭牲畜养殖的饲料来源，牲畜的粪便送入沼气池发酵，再生的有机肥料可以肥田，补充土壤肥力。作物秸秆、棉籽和沼渣可以用来培育食用菌，另外最近发展的果木加工企业也正在兴起，使原本废弃的果木也成为一种资源，进入生产的循环圈。

该模式的形成使得晋中南地区农业产量的空间得到扩大，形成了特色农业、果蔬业及其他工业的优势产业。

4. 晋东南地区农业可持续发展的典型模式

晋东南地区一直以来为了实现区域内农业可持续发展目标，形成了区域内独特的立体循环农业可持续发展模式，即山顶发展林—菜—沼的循环模式，以生态林保持水土、坚固岩石为中心，间种药材，林、药共生，并利用沼气池有机肥料还田；山腰发展果—菌—牲—沼的循环模式，仍然以保持水土、坚固岩石为中心，农牧结合并确保一定的经济效益，栽培果林，林、菌、药材间种，互利共生，并利用沼气池有机肥料还田；山底则利用其优势气候、水文条件，发展果—粮—菌—沼的循环经济模式，发挥原有的商品粮基地优势，做好粮食种植，同时发展经济创收型果林（柿子、核桃、花椒、桑蚕），利用秸秆、落叶和沼气池有机肥料还田，补充土壤肥力。

具体而言，就是实施山顶种树，山腰修（梯）田，山脚建大棚的方案。山顶退耕还生态林，可栽种有涵养水源作用的乔木林、薪炭林，乔、灌、草结合。以生态林的水土保持、水源涵养、坚固岩石的生态效益为主，山坡地带退耕还经济林，适宜栽种柿子、山楂、核桃、花椒等经济价值较高的树种，树林中套种各种药材、食用菌，如黄连、党参、当归、天麻、木耳、食用菌、香菇等，林地间作食用菌，是根据食用菌需散射光和阴凉多湿环境的生理特性，而林木种植的大株行距不仅能为食用菌栽培提供生长空间，林木的树阴又能为食用菌提供阴凉潮湿的栽培环境。因此，林菌结合，能更有效、更充分地提高光能和土地资源的利用率。同时，林地间作食用菌，可以减少林地杂草，树木的枝条和作物秸秆可以作为食用菌培育的原料，而食用菌的栽培废料经处理后可作为林地肥料，增加林地肥力，实现生态的良性循环。山脚应利用其耕地面积广，雨热同期，水热条件匹配好的气候优势。依托晋城市商品粮基地优势，实现冬小麦—玉米一年两熟种植，做好大棚蔬菜种植，打造区域内商品粮菜基地。

晋东南地区的农业可持续发展模型已经比较成熟，该模式与晋东南地区丘陵地形相适应，独具特色。

六、促进农业可持续发展的重大措施

农业生产建设的最终目标是生态效益、经济效益和社会效益同步提高，促进社会经济的发展。这就要求经济、社会、生态环境等诸多方面的协调发展，走可持续发展的道路。综合分析，山西省农业发展主要面临人均耕地不足、水资源短缺，资源使用效率低、农业污染严重、农业产业结构不合理、农业投入低等问题，要解决这些问题必须要坚定不移地实施可持续农业建设。农业可持续发展是以农业资源的合理利用和农业生态环境的有效保护为目标的高效、低耗及低污染的现代农业发展模式。农业可持续发展的总目标是实现农村经济效益、社会效益与生态效益统一的高效持续发展。

（一）工程措施

1. 耕地质量建设工程

切实加强耕地保护。落实最严格耕地保护制度，加快划定永久基本农田。完善耕地保护补偿机制。开展耕地质量保护与提升行动，分区域开展退化耕地综合治理、污染耕地阻控修复、土壤肥力保护提升、耕地质量监测等建设，逐步推进重金属污染耕地治理与种植结构调整试点，全面推进建设占用耕地耕作层土壤剥离再利用。

针对不同的地理特点应用不同的治理方式，将工程措施与农艺措施紧密结合起来。以科技为先导，实行工程、农艺、生物、化学等多种技术措施综合配套，充分发挥工程建设的综合效益。在盐渍化区域，实行田、沟、渠、林、路综合治理。在西北部、东南部及中部的广大旱作区，以水土保持和基本农田建设为主攻方向，修复堤坝和地埂，平整土地，提高土壤的保水、保土、保肥能力。推广以蓄水、保水、调水、集雨、节水为主要内容的旱作农业技术，配套秸秆还田、全膜双垄沟播、增施农家肥、测土配方施肥、粮肥轮作、合理耕作等培肥措施。中南部盆地灌溉区，在输水设施较完善的大中型灌区，采取田面平整、大畦化小等田间工程措施和合理耕作培肥措施，在非充分灌溉区域或输水设施不完善区域，发展管灌、微灌，在大中城市郊区、设施农业集中区和经济作物集中种植区，推广微灌施肥新技术，建设水肥一体化高效农田。在中南部盆地节水灌溉培肥改良区、东部太行山山地丘陵集水保墒培肥区、南部低山丘陵蓄水保墒培肥区、西部吕梁山黄土高原水土保持培肥区、北部边山丘陵合理耕作培肥区建设高标准农田 1 118 万亩，中型灌区配套改造工程 15 处，改造盐碱地 100 万亩。

2. 改善农村人居环境工程

山西省作为煤炭资源大省，长期开采导致的采煤沉陷、地下水位下降，地质灾害频发、农村生态环境破坏等一系列问题日益凸显，特别是一些地方农民居住安全受到的威胁越来越严重，已经成为迫切需要解决的问题，成为改善农村人居环境必须首先面对的重要问题。推进改善农村人居环境工作，以全面建成小康社会为目标，山西省采取的四大工程措施是：大力实施以农村基础设施和公共服务为重点的完善提质工程；以采煤沉陷治理、危房改造、易地搬迁为重点的农民安居工程；以垃圾污水治理为重点的环境整治工程；以美丽乡村建设为重点的宜居示范工程。通过长期艰苦努力，全面改善农村生产生活条件。

（1）完善提质工程　坚持把基础设施建设和社会事业发展重点放在农村，进一步加大基础设施建设力度，提升公共服务水平，持续改善农村生产生活生态条件。

（2）农民安居工程　重点在采煤沉陷区治理、市场化手段推进易地搬迁上取得突破，彻底解决 64 万困难群众的安居问题。

（3）环境整治工程　在农村环境卫生整治、农村污水治理、农村改厕上加大推进力度，提高农民群众的宜居和健康水平。主要集中做好以下四方面的工作：深入推进乡村清洁工程，推进乡村污水治理，加快推进农村改厕，加强畜禽粪污治理和病死动物无害化处理。

（4）宜居示范工程　在全省启动美丽宜居示范村三级联创活动，通过省市县“三级联创”，打造一批“家园美、田园美、生态美、生活美，宜居、宜业”的美丽宜居示范村。

3. 新型职业农民培训工程

山西省将新型职业农民培训作为当前和今后几年为农民办的实事之一。要求各级政府和部门充分认识新型职业农民培育的重要性和紧迫性，加快推进新型职业农民培育工作，培养和稳定现代农业生产经营者队伍，壮大新型生产经营主体，促进现代农业发展。

（1）目标　山西省新型职业农民培育的总体目标是从 2014 年起，在继续实施百万农民素质提升工程的基础上，组织开展新型职业农民培育工作。到 2020 年，培训新型职业农民 70 万人，并逐步认定一批新型职业农民。

（2）培训对象　对参训农民的筛选确定坚持“弹性、宽松”的原则，其基本条件为：以农业为主要职业，从业稳定性较高，具有一定的专业技能并自愿参加培训的农民和新型经营主体的农业从业者。主要有以下 4 种类型。

① 生产经营型职业农民：主要指以农业为职业、占有一定的资源、具有一定的专业技能、有一定的资金投入能力、收入主要来自农业的农村劳动力。重点包括专业大户户主、家庭农场主、委托代耕户户主、产业联合体带头人、农民合作社带头人、农业企业经营管理者、现代示范园区经营管理者等为主。

② 专业技能型职业农民：主要培训对象一是在农民合作社、家庭农场、专业大户、农业企业等新型生产经营主体中较为稳定地从事农业劳动作业，具有一定专业技能的农业劳动力，如农业工人、农业雇员等。二是广大分散的农户中具有一定的农业生产经验和专业技能的农民。

③ 社会服务型职业农民：主要指在社会化服务组织中或个体直接从事农业产前、产中、产后服务，并以此为主要收入来源，具有相应服务能力的农业社会化服务人员。重点包括农村信息员、农村经纪人、农机服务人员、统防统治植保员、测土配方施肥员、村级动物防疫员、农资经营户以及为农民提供技术服务的乡土人才等农业社会化服务人员。

④ 引领带动型职业农民：主要指产业发展具备一定规模、具有一定的引领带动能力的职业农民。重点包括村组干部中产业致富带头人、回乡务农的大中专毕业生、返乡创业农民、复转军人、优秀大学生村官、科技示范户等。

围绕上述四个层次，全省组织分批次专业培训，每年培训新型职业农民 10 万人。培训要与全省农业农村中心工作、重点工程和重大项目紧密结合，与其他各类型培训工作做好衔接。

（3）培训内容　培训内容以提高农民的农业专业生产技能水平和经营管理能力为目的，主要如下。

① 专业技能提升培训：以生产经营型和专业技能型职业农民为培训对象，按产业分类开展精

细化培训。培训内容以种养生产技术、新品种推广应用、优质高产关键技术、病虫害防治、科学施肥、自然灾害防控、农产品质量安全和有关政策等相关知识为主。根据山西省特色现代农业产业发展特点，主要分玉米、小麦、设施蔬菜、干鲜果、杂粮、马铃薯、食用菌、蚕桑花药、猪、鸡、牛、羊及其他特色产业等 13 类产业进行培训。

② 农业经营管理培训：以社会服务型职业农民为培训对象，按照服务类型分类开展培训。培训内容以农业生产及管理、农产品市场营销与物流、农产品贮藏加工技术、农机操作及维修技术、农业企业、农民专业合作组织、家庭农场经营管理等相关知识为主。根据农村社会发展现状，主要分家庭农场经营管理、农资经营、农村信息管理、农产品储藏加工、农民合作社管理、农业机械操作维修、土肥一体化及肥料配方、农作物病虫害防治、动物防疫、农村经纪人、农村传统手工业、农村旅游、农业创业、农村土地纠纷调解、农业企业经营管理、农村能源与环境等 16 类专业进行培训。

③ 公共知识培训：普遍开展农村公共知识培训，内容包括农业法律法规、农村有关政策、市场理念、经营管理、大寨精神、右玉精神等。

（4）培训组织实施　项目的组织实施由省市县三级共同推进。其中，省、市两级农业主管部门主要负责开展引领带动型职业农民培育工作。通过市级推荐、省级审核的方式，在全省选择一批具备较高教学水平和实训条件的培训机构。市、县两级主要负责开展生产经营型、专业技能型、社会服务型职业农民培育工作。

由省级农业主管部门根据各地产业发展状况、农村劳动力和职业农民摸底基本情况，按照不同的标准将资金切块下达。各市农业主管部门可根据实际情况，确定市级工作重点，并负责组织开展。其余工作按照属地管理的原则，由各县组织实施。

4. 发展旱区雨养农业和节水农业工程

（1）兴建一批集雨补灌抗旱设施　选择典型区域，建设一批集雨补灌抗旱体系示范区，利用自然或人工营造集水面，如路面、坡沟、设施蔬菜棚面、塑料简易移动设施、集雨场等，通过集水系统，将降水有效聚集贮存起来，成为可调控的雨水资源。配套高效节水的灌溉设施进行灌溉，形成集雨补灌抗旱体系。

（2）推广一批旱作雨养农业和节水农业技术成果　针对区域特点和旱作雨养农业和节水农业发展需求，围绕提高降水利用率，组织开展以耕地综合治理、集雨补灌、全膜双垄沟播、膜下滴灌和水肥一体化、地膜（秸秆）覆盖聚水保墒、农艺农机一体化为主体的旱作雨养农业和节水农业技术推广应用。

（3）建设一批旱作节水农业示范区　立足于完善示范区农田基础条件，通过工程建设与农艺节水技术的组装配套，集成应用先进适用技术，打造不同类型的示范样板，建设高标准旱作节水农业核心示范区，辐射带动区域旱作节水农业发展，促进粮食增产、农业增效、农民增收。

5. 秸秆综合利用工程

秸秆作为优质的生物质能可部分替代和节约化石能源，有利于改善能源结构，减少二氧化碳排放，缓解和应对全球气候变化。同时带动相关产业加快发展，重点地区的秸秆焚烧问题基本得到解决，大气环境污染问题得到有效缓解。

（1）目标　秸秆能源化利用使得秸秆由简单的农村生活能源和牲畜饲料，拓展到肥料、饲料、基料、燃料、原料等用途；由过去传统农业领域发展到现代工业、能源领域。发生了质的变化，从农民低效燃烧发展到秸秆直燃电、秸秆沼气、秸秆固化等高效利用。秸秆工业化利用发展迅速，秸秆密度板、秸秆木塑等高附加值产品实现了产业化生产。开辟和建立秸秆多元化利用格局，同时秸秆综合利用技术取得了一定突破，秸秆沼气、秸秆固化成型燃料、秸秆密度板、秸秆木塑等综合利用工艺技术以及秸秆联合收获、粉碎、拾捡打包等机械装备得到成功应用；秸秆直燃发电技术装备基本实现国产化；秸秆清洁制浆等多项技术的应用部分实现了造纸工业污水循环利用和达标排放。通过大力推进秸秆综合利用工作，带动相关产业加快发展，解决了农村剩余劳动力就业问题，促进了农业增效和农民增收，实现了环境效益、经济效益和社会效益的多赢。

山西省在分析全省秸秆资源量和综合利用情况的基础上，围绕秸秆肥料化、饲料化、基料化、燃料化和原料化利用等领域，大力推广秸秆利用量大、技术含量高、附加值高的秸秆综合利用技术，实施一批秸秆综合利用重点工程，培育和构建符合山西省实际的秸秆综合利用模式，在全省建立起相对完善的秸秆收集、储运体系，基本形成布局合理、多元化利用的秸秆综合利用格局。

（2）重点工程

① 秸秆肥料化利用重点工程：建设项目 12 个，总投资 80 790 万元，建成投产后，年可新增消耗秸秆量约 42.8 万 t。

② 秸秆饲料化利用重点工程：秸秆饲料化利用项目 33 个，总投资 188 200 万元，项目建成投产后，年可新增消耗秸秆量约 121 万 t。

③ 秸秆基料化利用重点工程：秸秆基料化利用项目 15 个，总投资 66 320 万元，项目建成投产后，年可新增消耗秸秆量约 21.8 万 t。

④ 秸秆燃料化利用重点工程：秸秆燃料化利用项目 18 个，总投资 133 750 万元，项目建成投产后，年可新增消耗秸秆量约 135.6 万 t。

⑤ 秸秆原料化利用重点工程：秸秆原料化利用项目 19 个，总投资 187 300 万元，项目建成投产后，年可新增消耗秸秆量约 95.8 万 t。

6. 农村沼气工程

山西省从 2000 年开始第一座大型沼气工程试点，通过试点和外出多次考察，逐步认识到大型沼气工程不仅仅局限于治理养殖场的粪便污染，它还是农业循环经济产业发展的纽带，对于山西省形成“畜禽粪便变成沼气、沼肥，沼气烧水、做饭、发电，沼肥做饲料、有机肥，发展畜牧业和种植业”的循环经济产业发展链条有着十分重要的意义。

（1）小型沼气工程　建设内容：发酵池容积一般为 100m^3 左右，日产气量约 30m^3，常温发酵、地下或半地下式。适宜在粪便或秸秆资源丰富（相当于出栏 100 头以上生猪规模）、蔬菜大棚或果树种植集中的地区，按照“统一建池、集中供气、综合利用”的原则建设。根据所用原料可分为畜禽粪便原料型、秸秆原料型和混合原料型。

沼气作为农户生活用能，向 30 户以下的自然村供气；沼渣沼液应用于还田。供气方和用气方应签订有约束性的契约协议或合同，明确权责利关系。工程建设内容除发酵池外，还包括沼气供气（净化、储存、输配、计量和利用等）、沼渣沼液储存和利用等设施。根据原料种类、数量、用气户数，具体确定建设规模和内容，选择建设原料预处理池（秸秆粉碎、堆沤）、保温设施、搅拌装置等。

（2）大中型沼气工程　中型沼气池容在 300~500m^3，大型沼气池容大于等于 500m^3。常采用中温或高温发酵工艺，也可采用常温发酵。适宜具有稳定原料来源的规模化养殖场、养殖专业合作社或行政村、农产品加工企业（如酒厂、醋厂、肉联厂等）建设。其中，中型沼气向农户居住相对集中、规模在 50~200 户的行政村供气；大型、特大型沼气向规模在 200 户以上的一个或多个村集中连片供气。

建设内容：工程以“一池三建”为基本建设内容，包括原料预处理单元、沼气生产单元、沼气净化与储存单元、沼气利用单元、沼渣沼液综合利用单元等，配套建设供配电、控制、给排水、消防、避雷、道路、绿化、围墙、业务用房等设施设备。根据原料种类、数量及区域特点，科学选择厌氧消化工艺，并满足《沼气工程技术规范》（NY/T 220—2006）和《规模化畜禽养殖场沼气工程设计规范》（NY/T 222—2006）的要求。养殖场沼气工程，高浓度厌氧消化工艺模式鼓励采用 CSTR 和 HCPF 厌氧消化器，年均池容产气率≥ $0.8m^3/(m^3 \cdot d)$，挥发性固形物去除率≥ 70%；低浓度厌氧消化工艺模式鼓励采用 UASB 和 AF 厌氧消化器，要求年均池容产气率≥ $0.3m^3/(m^3 \cdot d)$，化学需氧量去除率≥ 70%。秸秆沼气工程的池容产气率应大于 $0.8m^3/(m^3 \cdot d)$，沼气热值不低于 17.0MJ/kg。鼓励采用新工艺和新技术。所有工程均应有足够的农田、园林或其他消纳所产沼渣沼液的渠道。

建设规模及布局根据各地养殖业发展情况、气候条件、地区社会经济水平、城镇化程度及本地沼气工程建设规划及全省需要集中整治改善人居环境的行政村，安排在全省标准化规模养殖小区和养殖场、农产品加工“513”工程企业及秸秆资源丰富、经济富裕的行政村建设大中小型沼气工程 4200 处，已经或即将纳入城市发展规划以及将开通城市管道煤气或天然气的城市近郊区等地区除外。重点围绕集中整治改善人居环境的行政村，晋城、长治等 10 市 26 个生猪生产基地县，吕梁、晋中等 8 市 20 个蛋鸡优势生产县、10 个肉鸡优势生产县，大同、朔州等 8 市 22 个奶牛优势生产县，忻州、朔州等 11 市 26 个肉牛优势生产县，大同、朔州、晋中等 7 市 20 个肉羊优势生产县，忻州、临汾、吕梁 3 市 11 个绒山羊优势生产县的标准化养殖小区和养殖场建设以及农产品加工“513”工程龙头企业发展大中小型沼气工程。同时，按照突出示范功能、彰显集群效应的思路，在全省选择高平市米山镇等 2 个乡镇开展大中型沼气工程示范镇建设。

7. 草地建设重点工程

（1）草地改良工程　针对天然草地当前存在的问题，针对性措施，实施围栏封育，鼠虫害防治，使草地免受人为及自然灾害的损害和侵袭，使草地生休养生息，生产、生态功能恢复，提纯复壮，去杂、除毒。

（2）人工草地建设工程　根据山西省不同区域自然气候特点，土地资源状况，草地畜牧业生产情况，选择优良牧草品种、良种良配套，建设高产、优质人工草地，豆牧草一年四季均衡供应，草地畜牧业平稳发展需要。

（3）草原保护、利用重点工程　草原保护建设利用要按照统筹规划、分类指导、突出重点、分步实施的原则，从草原生态保护建设、防灾减灾及草地开发利用三个方面，实施退牧还草工程、沙化草原治理工程、草业良种工程、草原防灾减灾工程、草原自然保护区建设工程、草地开发利用工程。

① 退牧还草工程：主要通过草原围栏、补播改良、人工种草以及禁牧、休牧、划区轮牧等措施，减轻天然草原放牧压力，恢复草原植被，促进草原生态和畜牧业协调发展。

② 沙化草原治理工程：通过采取围栏封育、飞播改良、人工种草、禁牧、休牧等措施，使沙化草原得到有效治理，生态环境明显好转，风沙天气和沙尘暴天气明显减少，从总体上遏制沙化土地的扩展趋势。

③ 草业良种工程：建设优良草种基地，初步形成较为完善的草业良种繁育体系，大幅度提高牧草良种生产能力。

④ 草原防灾减灾工程：按照草原火灾、病虫鼠害、毒害草等灾害发生的特点和规律，因害设防，分区施治，加强草原灾害监测预警体系、防灾物资保障体系及指挥体系等基础设施建设，提高灾害防治应急反应能力。

⑤ 草原自然保护区建设工程：按照草地类型、自然特点和气候规律等因素，从抢救性保护的需要出发，统筹规划，突出重点，合理确定草原自然保护区，有计划地、分期分批地建设和完善一批草原自然保护区，重点保护具有代表性的草原类型，珍稀濒危野生动植物，以及具有重要生态功能和经济科研价值的草原。

⑥ 农区草地开发利用工程：开展天然草地改良、人工种草、草田轮作等建设，保护生态环境，提高草地生产力，促进草产品加工业和草地农业发展。

8. 植保专业化统防统治体系建设工程

在全省每个乡镇建立 3~5 个（根据农业种植面积确定）乡级农作物病虫专业化防治组织，负责本乡镇病虫专业化防治。

(1) 加强专业化统防统治组织基础设施建设　每个防治组织具备 200m^2 的药械库；配备机动喷雾器 20 台，电动喷雾机 20 台，烟雾水雾两用机 50 台，担架式喷雾机 5 台，四驱自走式高杆喷雾机 2 台，轮式拖拉机后挂式喷杆喷雾机 2 台，加农炮喷雾机 1 台，运水车 2 台，农药物质运输车（5t）1 辆。

(2) 推广非化学农药防治技术，改善农业生态环境　非化学防治技术是指不使用化学农药的防治技术。全省可以推广的非化学农药防治技术主要有性诱剂诱杀技术，频振灯诱杀技术，黄、蓝板诱杀技术，糖醋液诱杀技术，防虫网技术，生物农药防治技术，放蜂技术，放螨技术，寄生菌防治技术和设施作物的生态调控技术（如增温、降温等）。通过使用这些非化学防治技术的使用，减少对农业环境化学农药的投放，从而改善农业生态环境。

(3) 推进防灾减灾体系建设，增强抵御灾害能力　农作物病虫草鼠属于植物有害生物，威胁农业生产安全，是农业三大自然灾害之一。显然仅从植保专业化统防统治一项入手不能从根本上解决农作物病虫鼠的为害，必须建立植物有害生物防灾减灾体系，来增强抵御灾害的能力。植物有害生物防灾减灾体系包括植物有害生物监测预警队伍建设，植物检疫疫情监测队伍建设，植保专业化统防统治队伍建设，重大植物有害生物灾害应急防治队伍建设，农药、器械引进与研发，农药抗性监测与治理等队伍建设，这些队伍相互支撑，从而发挥最大的抵御植物有害生物灾害的能力。

(4) 采取的关键技术措施　综合防治技术是以农业栽培防控技术为基础，广泛使用生物防治、物理防控、生态调控等非化学防治技术，辅以科学选用高效、低毒、低残留农药的化学防治技术的生态综合防治措施。它把农药使用量压低到最低，确保农产品中农药残留不超标，把病虫为害控制在经济允许水平以下，达到生产无公害农产品的要求。所以说现代综合防治是更上一层楼的病虫生态防控体系，也把它称之为绿色防控体系。其主要技术包括农业防治技术、物理防治技术、生物防治技术、生态调控技术和化学农药防治技术。

（二）政策法规措施

坚持建设资源节约型、环境友好型社会和发展循环经济，实施可持续发展战略，要坚持为可持续发展营造和提供宽松、公平的经济环境、社会环境，并逐步使之纳入规范化、法制化轨道。

1. 继续加强对农业资源的依法管理和保护

采取多种形式，不断强化各级领导和广大公众的可持续发展意识，提高各级决策者依法行政水平；增强广大公众在法律、法规指导下积极开展资源开发和进行资源有效保护的自觉意识，使整个社会逐步形成依法保护农业生态资源的良好氛围。

建立健全农业资源保护政策和农业生态补偿机制，对已有的政策法规进一步细化，促进农业环境和生态改善。将建立农业可持续发展长效机制作为三农工作的重点内容，将以解决好地少水缺的资源环境约束为导向，深入推进农业发展方式转变，以满足吃得好吃得安全为导向，大力发展优质安全农产品。推广测土配方施肥、安全用药、旱作节水等适用技术，启动高效缓释肥补贴试点，开展低毒低残留农药补贴试点，加快推进农业面源污染治理，组织开展耕地土壤与农产品重金属监测调查，启动重金属污染耕地修复和种植结构调整试点，探索建立重点污染区域生态补偿制度。

2. 加大投入力度，为农业可持续发展提供金融支持

把工作的着力点逐步转移到规划、协调、服务和监督上来，努力提高农村社会管理和公共服务水平，继续加大投入力度。按照总量持续增加、比例稳步提高的要求，不断增加“三农”投入，坚持和完善农业补贴政策。省、市、县三级地方财政每年对农业的总投入增长幅度应当高于其财政经常性收入增长幅度。预算内固定资产投资要向重大农业农村建设项目倾斜。深化农村信用社改革，明确信用社的市场定位；强化农业银行为“三农”服务的功能，完善农业发展银行的政策性功能，探索性发展农村商业银行、自然人、企业法人或社团发起的小额贷款组织等社区性金融机构；用市场化手段引导资金回流农村。为农业可持续发展提供金融支持。

3. 突出科技创新，强化科技支持

实施农业可持续发展，必须发挥科学技术的支撑作用，着重依靠科技进步，提升综合竞争能力。

实现农业持续稳定发展、长期确保农产品有效供给，靠继续消耗农业水土资源余地越来越小，靠不断增施化肥农药越来越难以为继，根本出路在科技。农业科技是确保国家粮食安全的基础支撑，是突破资源环境约束的必然选择，是加快现代农业建设的决定力量。科技创新对农业发展起着决定作用，只有通过农业科技进步，提高土地产出率、资源利用率、劳动生产率，实现增产增收、提质增收、节本增收，才能保障农业的可持续发展，资源的永续利用。农业科技将成为农业发展的强大支撑和驱动力。

4. 加强组织领导，健全机制体制

成立山西省农业可持续发展专职机构，统筹负责山西省农业可持续发展工作的组织实施。把农业可持续发展与生态环境保护作为党和政府的重要职责，列入干部考核评价体系。各有关部门和各地政府要围绕农业可持续发展提出目标任务，明确职责分工，强化协调配合，完善工作机制，研究落实相关政策，统筹协调推动重大工程的实施，开创山西省农业可持续发展新局面。

参考文献

山西省农业厅 . 2009. 山西省农业功能区划（内部）.
山西省农业厅 . 2014. 山西省农业生态环境问题与农业资源可持续利用研究（内部）.
山西省农业厅 . 2014. 山西省旱区农牧业工作方案（雨养高效节水农业）（内部）.
山西省农业厅 . 2014. 山西省改善农村人居环境规划纲要（内部）.
山西省农业厅 . 2014. 山西省秸秆综合利用实施方案（内部）.
山西省农业厅 . 2015. 山西省新型职业农民培育工作方案（内部）.

内蒙古自治区农业可持续发展研究

摘要：内蒙古人均耕地资源较多，但是耕地质量低下，且以旱地为主。除黄河沿岸可利用部分过境水外，大部分地区水资源紧缺，水土资源是制约内蒙古农业可持续发展的主要障碍因素，近年气候变暖、优质农业劳动力转移、化学品不合理过量投入等问题对农业的不利影响逐渐显现。本文综合运用多指标综合评价法、线性规划法、层次分析法和聚类分析法等定量分析方法，对内蒙古农业发展的可持续性、种养业的合理生产规模、农业可持续发展的区域布局和典型模式等问题展开了研究，主要得到了以下有价值的结论。

1. 内蒙古农业的生态可持续综合指数、农业经济的可持续因子和社会可持续性综合得分在2000年后总体呈现逐渐提高的趋势，表明在中央、地方与社会各界的高度关注与积极参与下，2000年后内蒙古农业可持续性逐渐提高。2013年耕地面积的统计数据发生较大增加，致使2013年生态可持续指数为负值，此分析结果表明，在内蒙古相对脆弱的土壤生态条件下，开垦荒地，扩大耕地面积，不利于农业的可持续发展。

2. 内蒙古粮食的合理种植规模为566.57万hm^2，蔬菜的种植规模为33.12万hm^2。奶牛的适宜养殖规模为299.6万头，羊的适宜养殖规模为5 216.4万头，肉牛的养殖规模为498.65万头，生猪的适宜养殖规模为4 189.27万头。

3. 内蒙古12个盟市农业可持续性的强弱排序为：呼伦贝尔市 > 通辽市 > 赤峰市 > 兴安盟 > 锡林郭勒盟 > 鄂尔多斯市 > 呼和浩特市 > 包头市 > 阿拉善盟 > 巴彦淖尔市 > 乌兰察布市 > 乌海市。

4. 内蒙古农业可持续性区域布局为：呼伦贝尔市为农业发展强可持续性区域；通辽市、赤峰市、鄂尔多斯市、锡林郭勒盟、兴安盟为农业发展中度可持续性区域；呼和浩特市、包头市、巴彦淖尔市、乌兰察布市、乌海市为农业发展弱可持续性区域；阿拉善盟为农业生态环境脆弱区。

课题主持单位：内蒙古自治区农业资源区划工作领导小组办公室、内蒙古自治区农业资源区划研究所

课题主持人：侯智惠

课题组成员：侯安宏、周来顺、张献文、栗林、段玉、高晓霞、乌兰、许洪滔

一、农业可持续发展的自然条件环境分析

（一）土地资源

1. 农用土地资源及利用现状

内蒙古自治区（以下简称内蒙古）土地面积 118.3 万 km^2，占全国总面积的 12.3%，是中国第三大省（区）。2012 年，内蒙古拥有耕地面积 714.9 万 hm^2，其中，旱地、水田和水浇地分别占耕地的 72%、1.1% 和 26.9%。农村居民家庭人均经营耕地面积 0.693hm^2，在 31 个省（区、市）中仅低于黑龙江省。内蒙古拥有林业用地面积 4 394.93 万 hm^2，在全国 31 个省（区、市）中排于第一位，森林面积 2 366.4 万 hm^2，人工林面积 303.91 万 hm^2，森林覆盖率 20%，活力木蓄积量 13.61 亿 m^3，森林蓄积量 11.77 亿 m^3。拥有草原总面积 7 880.448 万 hm^2，仅次于西藏自治区。可利用草原面积 6 359.1 万 hm^2，累计种草保留面积 440.899 万 hm^2。

2. 农业可持续发展面临的土地资源环境问题

（1）耕地质量差，广种薄收是内蒙古耕地利用的主要特点　全国农用地等别调查与评价结果表明（其中，1 等地为最优，15 等地为最差），内蒙古现有耕地平均利用等别为 14 等，属于全国耕地质量最差。2012 年全区农用地利用为 14 等和 15 等耕地面积为 631.22 万 hm^2，占耕地总量的 60% 以上。

（2）土地荒漠化和沙化的威胁长期存在　内蒙古是我国荒漠化和沙化土地最为集中、危害最为严重的省区之一，荒漠化和沙化土地面积大、分布广、类型多、代表性强。据第四次全国荒漠化和沙化监测统计，截至 2009 年全区荒漠化土地为 61.77 万 km^2，占自治区总土地面积的 52.2%，占全国荒漠化土地面积的 23.5%；沙化土地总面积 41.47 万 km^2，占自治区总土地面积的 35.05%，占全国沙化土地面积的 24%；具有明显沙化趋势的土地面积为 17.79 万 km^2，占自治区总土地面积的 15.04%，占全国具有明显沙化趋势土地面积的 57.2%。

（3）耕地以旱地为主，农业生产受水资源约束明显　旱地占现有内蒙古耕地面积的 72%，需要退耕还林还草的旱坡地数量大，耕地利用方式粗放，利用率和产出率低下，旱坡地亩产不足 150kg，低的只有 15kg，水资源短缺是制约其产出水平的主要因素。

（4）土壤肥力下降，粮食生产后劲不足　内蒙古生态环境脆弱，加上气候干旱化，各种灾害频繁发生，水土流失面积 27.2 万 km^2，风蚀沙化面积 74.4 万 km^2，中度以上风蚀土地面积占 36.8%，无明显沙化的旗县仅有 17 个。由于严重的沙化和水土流失，50 年来内蒙古西部黄土丘陵区耕地土壤有机质和氮、磷、钾含量下降了 20%~60%，土地生产力明显下降，重度水土流失区粮食单产仅为 600kg/hm^2。

（5）草原退化面积仍占较大比重　2012 年前后调查发现内蒙古草原沙化、退化、盐渍化面积共 4 626.03 万 hm^2，占草原面积的 61%，轻度退化面积 2 331.69 万 hm^2，占退化草原面积的 50.4%，中度退化面积 1 780.94 万 hm^2，占退化草原面积的 38.5%，重度退化面积 513.39 万 hm^2，占退化草原面积的 11.1%。

（二）水资源

1. 农业水资源及利用现状

内蒙古水资源在地区、时间的分布上很不均匀，除黄河沿岸可利用部分过境水外，大部分地区水资源紧缺，是制约内蒙古农业可持续发展的主要障碍因素。2012 年，全区地表水资源量 349.24 亿 m^3，地下水资源量 258.38 亿 m^3，扣除重复计算部分水资源总量为 510.25 亿 m^3。据国家统计局统计，2004—2012 年内蒙古人均水资源量介于 1 000~2 000m^3，2007 年人均水资源量仅为 1 232.25m^3，2012 年降水量较多，使人均水资源量达到 2 052.68m^3，而国际上认为人均水资源量 2 000m^3 为严重缺水边缘。全区年平均降水总量 3 194.3 亿 m^3，降水转化率 15.9%，其中，11.6% 转化为河川径流，4.3% 转为地下水。

2012 年，内蒙古水利工程总供水量 184.35 亿 m^3，其中地表水源供水占 48.6%，地下水源供水占 50.5%，其他供水占 0.9%。全区总用水量 184.35 亿 m^3，其中农田灌溉用水量 119.08 亿 m^3，占总用水量的 64%，林牧渔业用水量 16.28 亿 m^3，占总用水量的 9%。农田灌溉亩均毛用水量 336m^3。

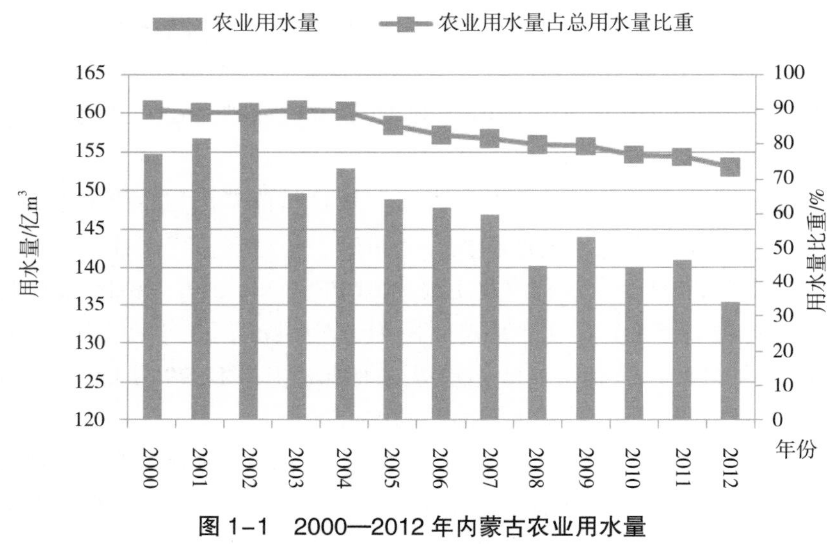

图 1-1　2000—2012 年内蒙古农业用水量

优先保障工业用水与城乡居民生活用水的原则，随着工业、生活与生态用水的增加，2000 年后内蒙古农业用水量呈下降趋势，2000 年内蒙古农业用水量为 154.71 亿 m^3，农业用水占总用水量的 89.8%，到 2012 年内蒙古农业用水量下降到 135.36 亿 m^3，比 2000 年减少了 19.35 亿 m^3，农业用水占总用水量的比重为 73.43%，比 2000 年下降了 16.37%。

2. 农业可持续发展面临的水资源问题

（1）内蒙古农业水资源量分布不均　内蒙古农业水资源量分布不均，东部 5 个盟（市）可供农业利用的水量为西部 7 个盟（市）的 300 多倍，呼伦贝尔市和兴安盟的开发利用空间均较大，而西部 7 盟（市）除了鄂尔多斯市尚有部分余水（1.8 亿 m^3）、巴彦淖尔市主要利用黄河水资源外，其他地区农业用水均十分紧张，其中包头市农业用水严重不足。从各流域农业水资源量分布来看，辽河流域农业水资源量为 5.41 亿 m^3，总量不大，但与耕地分布一致，可通过合理配置解决农业供水不足的问题，黄河流域境内农业用水缺口较大，但有黄河水的补给，可有效解决沿黄地区农业用水问题，其余流域农业水资源均有剩余，但部分地区与耕地空间分布错位，农业水资源区域平衡困难。

（2）农业水资源污染不容忽视　由于一些污染源入侵，部分水体受到污染，导致水源的利用性降低，对农业生产安全产生负面影响。2012 年内蒙古环境保护厅监测显示，全区河流水质总体评价为轻度污染。72 个监测断面中，水质达标的断面 42 个，占 58.3%，中轻度污染水质断面 22 个，占 30.6%，重度污染水质断面 8 个，占 11.1%。主要污染指标为高锰酸盐指数、化学需氧量、生化需氧量、石油类、氨氮和氟化物。2012 年，内蒙古废水中化学需氧量排放总量 88.39 万 t，其中农业源流失 / 排放量 61.92 万 t（其中畜禽养殖业 61.85 万 t），占总排放量的 70.1%。全区废水中氨氮排放总量 5.27 万 t，其中畜禽养殖业 0.9 万 t，占氨氮总排放量的 23.1%。农业规模化畜禽养殖（含养殖专业户）中化学需氧量处理利用率 83.1%，氨氮处理利用率为 56.9%。

（三）气候资源

1. 气候要素变化趋势

内蒙古气温变化以增温为主。生长季增温速率为 0.49℃ /10a，降水量整体呈减少趋势，减少速率为 –19.55mm/10a（$p<0.05$）。主要农业区≥ 10℃积温增加了 350~570℃・d，东西部农业区降水差别较大。内蒙古西部地区气候暖湿化，东北部地区气候暖干化。内蒙古荒漠草原以冬季增温最为明显，年降水量自东南向西北呈条带状逐渐减少，近 10 年来的下降尤为突出，年平均干燥度呈条带状自东南向西北逐渐递增。

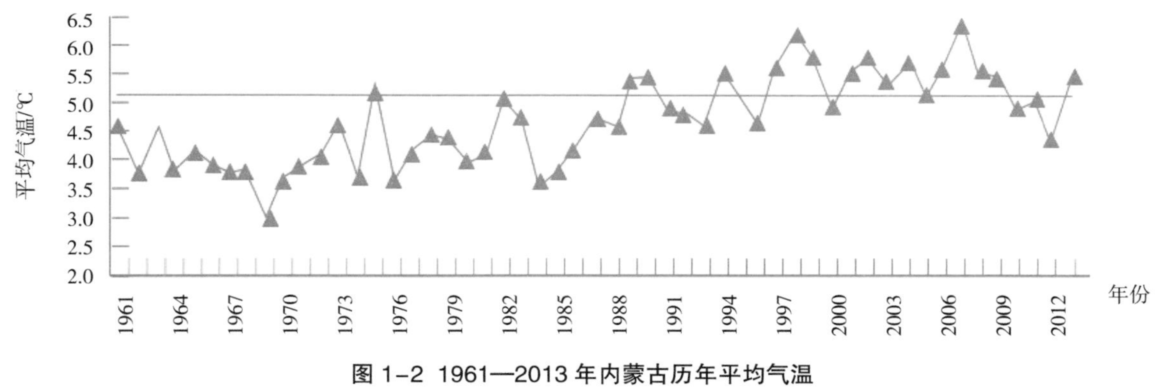

图 1–2　1961—2013 年内蒙古历年平均气温

2. 气候变化对农业的影响

气候变化对农业的影响之一表现为气候变暖导致积温增加，作物生长期延长，引起农业生产布局与结构变动。侯琼（2009）研究发现内蒙古玉米春季物候期提前，秋季物候期推后，物候期延长 10~20d。玉米种植界限向北延伸。春小麦和大豆由于温度升高全生育期缩短。马铃薯全生育期变化不明显，但可收期普遍延迟。玉米、马铃薯种植面积扩大，春小麦种植面积减少除市场因素外，也与气候变暖有关。

气候变化对农业的影响之二表现为病虫害的增加。气候变暖使植物生长季延长，昆虫繁衍的代数增加，冬温较高有利于昆虫卵和幼虫安全过冬，可能使各种病虫害出现的范围扩大，为害加剧。由图 1–3 可见，2000—2013 年内蒙古农作物受病虫害面积呈波动上升趋势。

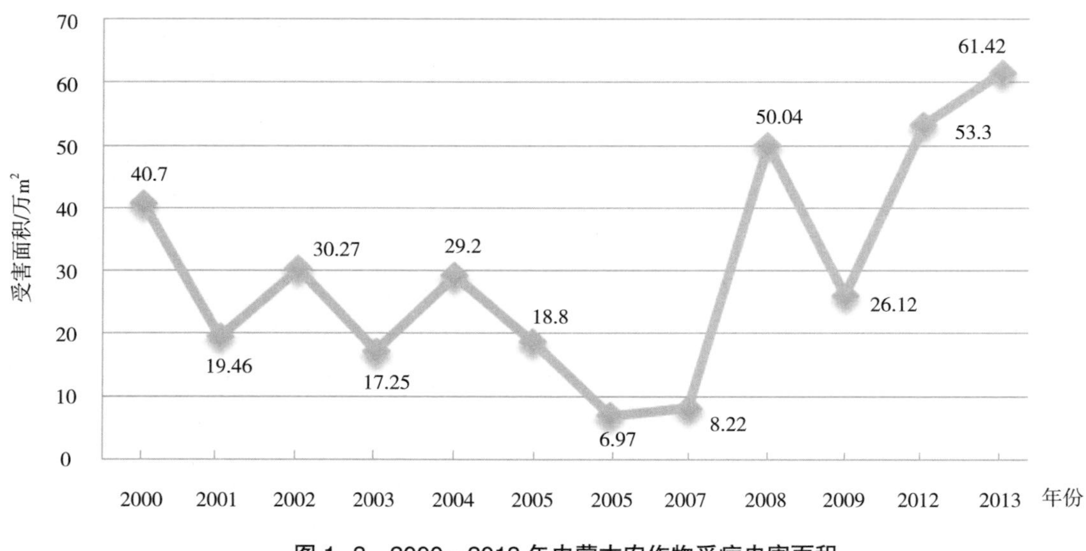

图 1-3　2000—2013 年内蒙古农作物受病虫害面积

气候变化对农业的影响之三表现为，气候变暖导致蒸发加剧，在降水增加不明显的条件下，加速了土壤干旱化程度。冬季温度升高，造成地表积雪减少，裸露期延长，春季回暖提前，土壤水分散失加快，土壤墒情下降，甚至使沙尘暴强度加大。韩芳（2013）研究发现内蒙古荒漠草原干旱化趋势加重。

气候变化对农业的影响之四表现为，气候变化导致农牧业生产的不稳定性增加，水分制约更加明显。年降水量和玉米产量的相关性明显高于温度，内蒙古荒漠草原植被生长受温度的影响较小，降水的作用较大。

二、农业可持续发展的社会资源条件

（一）农业劳动力

1. 农村劳动力转移现状特点

（1）劳动力转移规模扩大　2013 年年末内蒙古转移就业总人数为 246.33 万人，占乡村劳动力资源的 29.58%，比 2006 年农村牧区外出从业劳动力增加了 171.33 万人。

（2）外出劳动力以区内就业为主，主要从事第三产业　2013 年，全区转移的农村牧区劳动力中，省内就业和省外就业的比例分别为 82.89% 和 11.11%，与 2006 年农村劳动力转移情况相比，省外就业的比例下降了 12.21%。外出从业劳动力中第三产业就业的占 65.33%，月收入为 2 533.75 元，第二产业就业的占 32.49%，月收入为 3 574.08 元，第一产业就业的占 2.18%，月收入为 2 878.29 元。

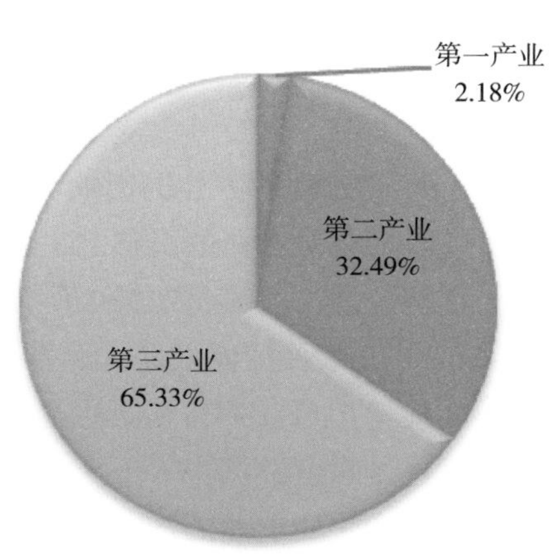

图 2-1　2013 年内蒙古外出劳动力就业结构

（3）各盟市农村劳动力转移情况差异较大　内蒙古 12 个

盟市中赤峰市和乌兰察布市农村劳动力资源存量较大，且农业资源禀赋较差，农村劳动力转移总量分列12盟市的前两位，但赤峰市农村转移劳动力占乡村劳动力资源的比重仍不足30%，乌兰察布市因临近呼和浩特市和包头市，农村劳动力转移人口占乡村劳动力资源的比重较高，达到46.82%。呼和浩特市、包头市和鄂尔多斯市构成了内蒙古最重要的经济圈和城市带，对周边的辐射带动作用较强，三地的农村劳动力流转情况较好，呼和浩特市、包头市和鄂尔多斯市农村转移劳动力占乡村劳动力资源的比重分别为50.52%、46.29%和41.56%。呼伦贝尔市、通辽市、兴安盟、锡林郭勒盟和巴彦淖尔市是内蒙古重要的农畜产品生产基地，发展农牧业的资源禀赋较好，农牧业的劳动力吸纳能力较强，农村转移劳动力占乡村劳动力资源的比重较低，分别为11.13%、20.75%、17.16%、31.50%和21.13%。乌海市和阿拉善盟农村劳动力较少，并且农业资源禀赋较差，农村转移劳动力占乡村劳动力资源的比重分别为36.91%和35.05%。

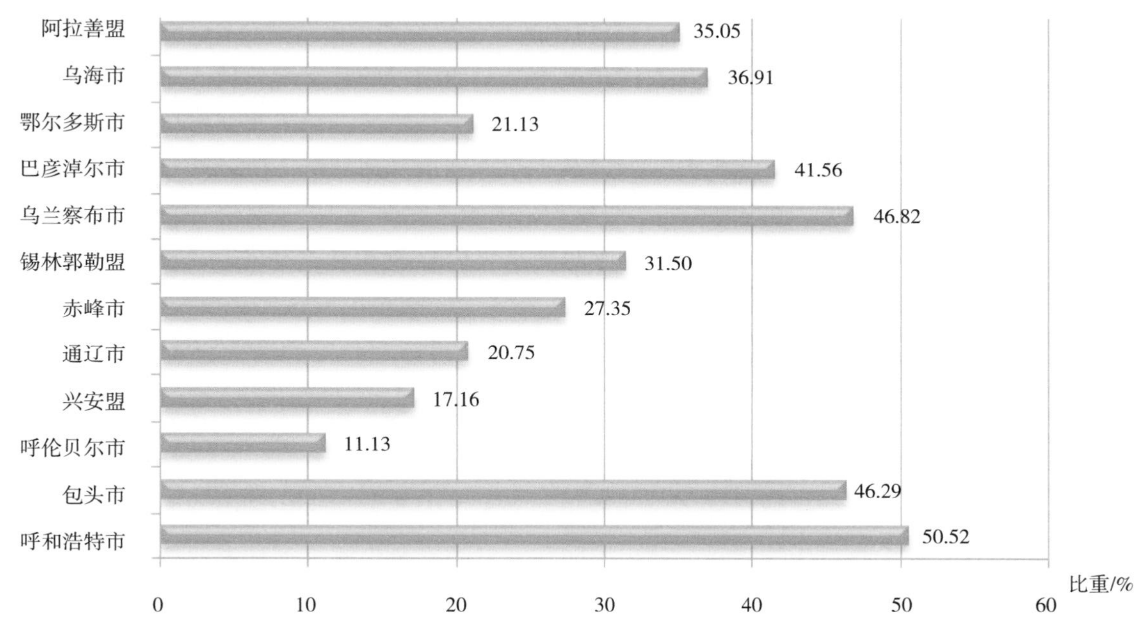

图2-2 2013年各盟市农村劳动力转移数占劳动力资源的比重

2. 农业可持续发展面临的劳动力资源问题

（1）知识型人才流失，削弱了农牧业生产发展后劲　受农业经营收入低，乡村教育水平差，农村生活单调等因素的影响，有文化、懂技术、会经营的农村劳动力外出务工，另外，由于城市对农村劳动力单纯采用“捞大鱼式”的吸收方式，吸走农村的优秀劳动力资源，留下老弱劳动力，对人才流出地——农村产生负的外部性。留守劳动力相对来说文化水平偏低、思维观念老化，对新技术接受能力差，从而会影响到科学技术的推广、普及，相应削弱了农牧业生产发展后劲，据2014年《内蒙古经济社会调查年鉴》的统计资料显示，内蒙古农村常住劳动力中初中和小学文化程度的劳动力占主体，分别占劳动力总数的52.97%和29.09%，高中及以上文化程度的仅占14.02%。

（2）青壮年劳动力流失，使贫困地区经济发展更加艰难　对贫困地区来说，农民外出打工成为脱贫致富的一条重要途径。农村劳动力转移一方面可以增加农民收入，改善农民生活，另一方面助推了农村与人口流入地的差距。青壮年劳动力是农村社会的中坚力量，也是农村劳动力流转的主体，当青壮年劳动力外出务工达到或超过极限的时候，农村社会的生产、生活甚至农村的文化和意识形态，都将出现重大的结构性变化和转型，对于农村尤其是贫困地区的农村将产生深远的负面影响。

（3）农村劳动力过量流转，影响农业可持续发展　劳动力流动主要取决于预期收入的差异，因此当外出务工的预期收入高于农业经营收入时，不只是农村剩余劳动力流转，非剩余劳动力也会发生转移，当优质农村劳动力资源无节制转移后，农业缺乏必要的劳动力保障，农业可持续发展无从谈起。

（二）农业科技

1. 农业科技现状特点

（1）农业科技供需不对称　农业科研机构是农业科技的供给主体，农民是农业科技需求的主体。首先，农业科技的供求双方对农业科技的追求目标不同，供给方追求的是科学的前瞻性，而需求主体追求的技术的实用型。其次，农业科研机构的科学研究费用由政府负担，科研项目的立项评审全部由科研领域的专家组成，很少从农民角度评判科研项目的意义与价值。第三，农业科学研究的产品不是在供需双方之间直接交换，而是由既不从事科研又不从事农业生产的政府借助第三方——农业推广机构进行推广。农业科学研究从申报、评审立项到科学研究的过程很少从农民的视角进行思考，农业科技的供给和需求无法对接是必然结果。

（2）资源节约型农业科技需求强劲　内蒙古耕地资源较为丰富，但耕地质量普遍较差，另外水资源短缺也是制约内蒙古农业持续发展的主要因素之一，受要素稀缺诱导，内蒙古将在节水灌溉技术、抑制土壤蒸发技术、抗旱耐旱品种选育技术等方面加大科技研发力度，提高水资源的集约、高效利用水平。“要把内蒙古建成我国北方重要的生态安全屏障”，需要在农林草生态修复与治理技术和土地资源高效利用技术等方面加强农业科技创新投入力度，改善森林、草原与农田的生态环境，提高农业水、土资源的可持续利用水平。

（3）农业科研机构的农业科技活动以政府投资为主　农业科研机构是内蒙古农业科技创新的主力军，承担着生物选育、作物栽培、病虫害防治、食品安全检测等多种农业科学研究与推广的任务。内蒙古农业科研机构属于公益性事业单位，经费来源主要依靠政府投资，据统计，内蒙古2013 年农业科研机构从事科技活动的收入中政府资金为 4.00 亿元，占科技活动收入的 99.9%，非政府资金所占比重仅为 1%，在我国 31 个省（区、市）中内蒙古农业科研机构科技活动收入排于第 22 位，属于比较低的水平。

（4）农业科研机构科技产出数量不断增加，但与农业科技发达省区相比差距仍很大　据全国科技进步统计监测及综合评价课题组的分析，2013 年，内蒙古科技进步环境指数为 45.07%，科技活动投入指数为 42.9%，在 31 个省（区、市）中分别排于第 18 位和 21 位，科技活动产出指数为26.78%，比 2012 年科技活动产出指数提高了 8.06%，在 31 个省（区、市）排名由第 28 位提升到第 17 位，内蒙古的整体科技创新活力增强。内蒙古农业科技创新的产出水平与以前有较大的增长，但是与农业科技发达省（区、市）相比仍有一定差距。据统计，2009 年以后内蒙古农业科研机构科研成果逐年增加，2013 年发表论文数 505 篇、国外发表科技论文 7 篇、出版专著 16 种、专利受理 31 件，专利授权 13 件，发明专利授权 10 件，有效发明专利数位 36 件，明显多于其他年份科技产出水平。但是 2013 年内蒙古农业科研机构发表科技论文数和有效发明专利数分别仅为北京的16.3% 和 3.8%，分别为山东省的 22.7% 和 5.8%，分别为江苏省的 26% 和 3.8%。将各省农科院对外科技服务情况进行对比发现，包括科技成果的示范性推广工作、为用户提供可行性报告、技术方案、建议及进行技术论证等技术咨询工作，科技培训工作等对外科技服务工作，内蒙古农牧业科学院合计为 247 人・年，仅为山西省的 21.5%，为山东省的 35%，为云南省的 38%。

2. 农业可持续发展面临的农业科技问题

（1）内蒙古农业科研机构科技活动人员少，科技创新活力不足　从事农业科技活动人员是农业科技创新的核心力量，是农业科技创新活动的主要执行者，由于工资低，人事制度僵化，内蒙古农业科研机构存在科研人员少，任务重，科技人员创新活力不足等问题。2013 年，内蒙古农业科研机构从事科技活动人员有 1834 人，其中博士 106 人、硕士 347 人，本科 766 人，大专 443 人，其他 172 人，博士和硕士研究生占科技活动人员的 24.7%。与 2011 年相比农业科技活动人员减少了 120 人。内蒙古农业科研机构科技活动人员是北京市的 43.4%，是山东省的 44%，是黑龙江省的 49.3%。

（2）内蒙古农业科研机构科技活动支出水平较低　科技创新成果的产生既要依赖于高素质的科研人员的努力工作，还要有先进的科研设备与科研手段作支撑，而内蒙古农业科研机构的现状是科技活动人员工资低，科研设备陈旧落后，较大程度上制约了农业科技成果的产出水平。2013 年内蒙古农业科研机构科技活动支出总额为 37 443.1 万元，在 31 个省（区、市）中排于第 22 位，仅为北京市农业科研机构科技活动支出的 15.14%，是浙江省的 29.5%，是黑龙江省的 34%。内蒙古农业科研机构科技活动支出中人员劳务费支出、设备购置费和其他日常支出分别占科技活动支出的 41.7%、4.5% 和 54.1%。2013 年，内蒙古农业科研机构科技活动支出中人员劳务费支出为 15 618.7 万元，平均每人劳务费支出为 6.7 万元。而上海市、北京市、江苏省农业科研机构平均每人劳务费支出分别为 13.78 万元、13.76 万元、11.23 万元。内蒙古农业科研机构科研设备支出仅为北京市的 8.6%，是浙江省的 12.1%，是黑龙江省的 15%，在我国 31 个省（区、市）中内蒙古农业科研机构科研设备支出排于第 26 位。

（3）内蒙古农业科研机构科研基础建设不足　农业科技创新不同于工业创新的是不仅需要先进的设备，优秀的科研人员，还需要大面积、适宜的科研基地作支撑，因此，农业科研基础建设也显得尤为重要。内蒙古农业科技机构 2013 年基本建设投资实际完成额为 14 627.9 万元，其中科研仪器设备投资 1 868.5 万元，科研土建工程投资为 12 713.3 万元，加强内蒙古农业科研机构科研基地建设对增加内蒙古农业科研机构的产出能力具有重要影响。

（三）农业化学品投入

随着工业化、城镇化进程的推进，农业劳动力向城镇二、三产业转移，推动农业生产方式转变，节约劳动的农业化学化和机械化的水平不断提高，化肥、农药、农膜等生产要素投入量快速增加，一方面化学品投入对农产品增产具有重要的作用，例如，化肥对粮食增产的贡献为 40%~50%。另一方面，农业化学品的大量使用产生了明显的负外部性影响。

1. 化肥使用情况

如图 2-3，内蒙古化肥施用量由 2000 年的 74.74 万 t，逐渐增加到 2013 年的 202.42 万 t，是 2000 年的 2.7 倍。国际公认化肥施用安全上限是 225kg/hm^2，内蒙古每 hm^2 耕地化肥施用量逐渐增加，2009—2012 年超出安全线，最高达到 248.06kg/hm^2，2013 年下降到 221.9kg/hm^2，略低于安全线。农作物亩均化肥施用量世界标准为 8kg，我国为 21.9kg，内蒙古为 17.62kg，低于我国的平均水平，却是世界平均水平的 2.2 倍。使用化肥可以对土壤养分起到补充作用，提高农产品产量，但是过量使用化肥，会加速土壤酸化，破坏土壤有机质，造成土壤养分比例失调，导致作物发病率升高，农产品品质下滑，另外，过量的化肥投入还会加剧土壤面源污染，最终危及农产品质量安全和百姓健康。

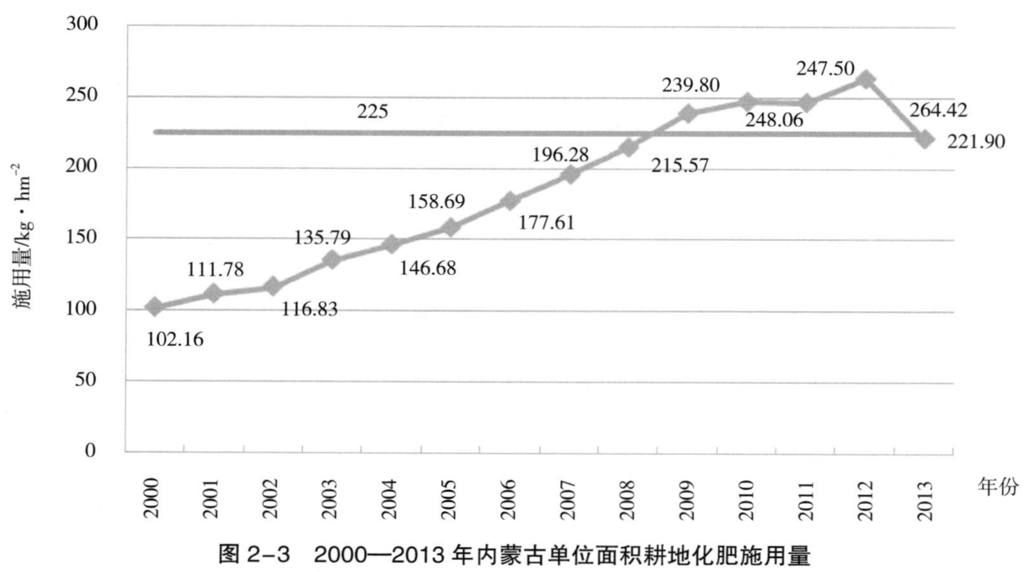

图 2-3　2000—2013 年内蒙古单位面积耕地化肥施用量

2. 农药使用情况

农药是保障农作物种植安全的农业生产资料，合理使用可以减轻农业病虫害，提高农产品产量，据估计，在中国每使用 1 元的农药，农业生产可获益 8~16 元，而过量、不合理的使用则对农药的使用者、农产品的食用者、农业生态环境和周边的生物均产生不良的影响。从 2000 年后的统计资料分析（图 2-4），内蒙古农药使用量逐渐增加，由 2000 年的 8 905t 增加到 2013 年的 31 332t，增加了 251.85%。每 hm^2 耕地的农药使用量由 2000 年的 1.22kg/hm^2，增加到 2013 年的 3.43kg/hm^2。

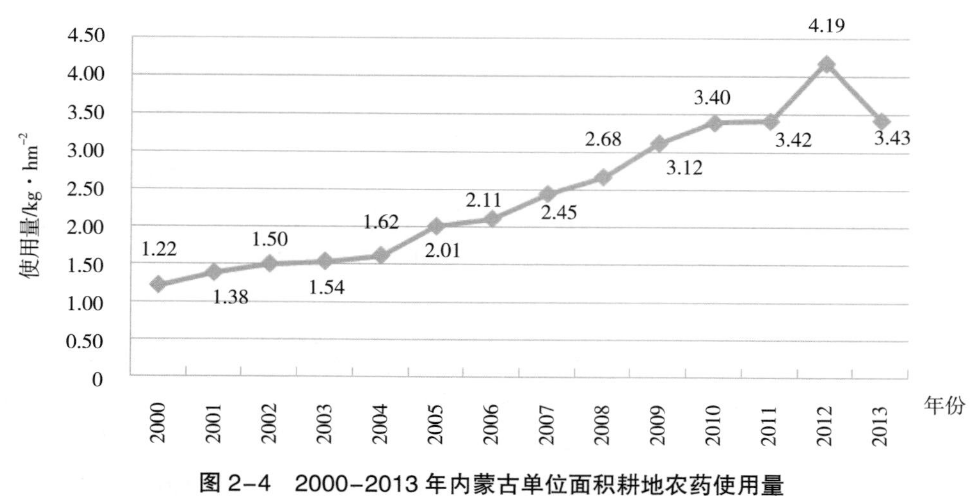

图 2-4　2000-2013 年内蒙古单位面积耕地农药使用量

3. 农膜使用情况

农膜覆盖栽培技术是1978年引入我国的一项农业增产技术，被誉为农业生产中的“白色工程”。由于地膜覆盖具有增温、保水、防虫、防草等功能，内蒙古农膜的用量持续增加，2013年内蒙古农用塑料薄膜使用量为80 822t，其中地膜使用量为61 110t，地膜覆盖面积1 153 627hm^2，占农作物总播种面积的16%，比2000年农膜使用量增加了133.68%，地膜覆盖面积增加了540 775hm^2，地膜覆盖率提高了6.5%（图2-5）。因塑料薄膜具有不溶解、不腐烂、老化破碎后难回收的特点，使用后残留在农田形成白色污染。试验研究表明，残留农膜对土壤容重、土壤含水量、土壤孔隙度、土壤透气性、透水性等均有显著影响，随着农膜残留量的增加，对农作物的减产作用增强。据第一次全国污染源普查内蒙古农业源公报显示，内蒙古地膜残留率为19.5%，地膜污染不容忽视。

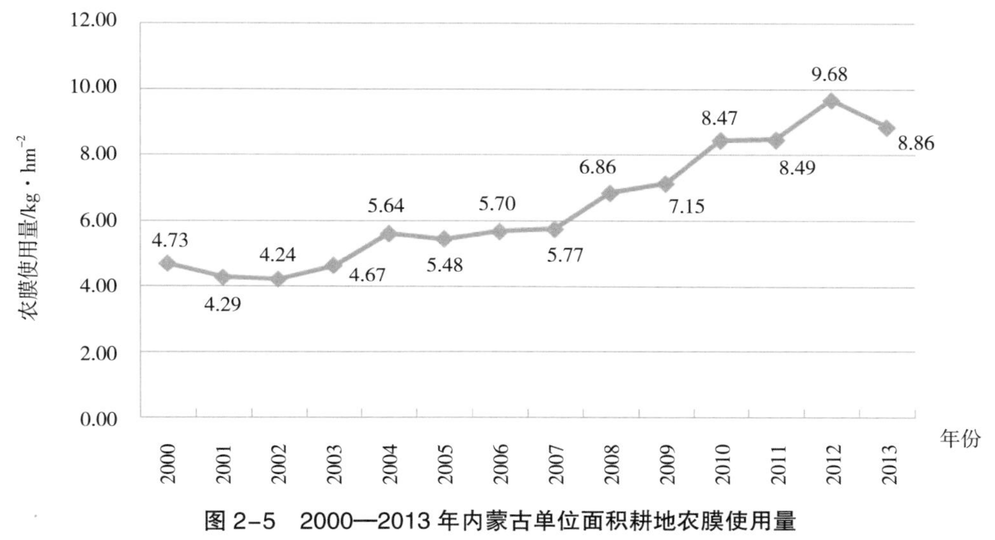

图2-5　2000—2013年内蒙古单位面积耕地农膜使用量

三、内蒙古农业发展可持续性评价

可持续发展是内蒙古农业发展的目标与必然选择，而内蒙古是否向可持续发展方向前进，能否实现这一目标，如何实现这一目标，是各级农业主管部门关注的重点。开展内蒙古农业发展可持续性评价，有助于农业管理部门、农业生产者与农产品的消费者明确影响内蒙古农业可持续发展的主要因素与农业发展状态。

（一）评价指标选择

结合内蒙古农业生产的特点以及自然资源条件和社会经济状况的实际，遵循科学性、可比性、主导性、可获得性的指标设计原则，从生态可持续性、经济可持续性和社会可持续性3个方面，选取22个评价指标作为内蒙古农业可持续发展评价指标体系（表3-1）。

表 3-1 农业可持续性评价指标

指标分类	指标	指标解释
生态可持续性指标	农村人口人均耕地面积	反映耕地资源的丰裕状况
	复种指数	反映耕地的利用强度
	土壤有机质含量	反映土壤肥力状况
	单位耕地农业用水量	反映农业水资源丰裕状况
	水资源开发利用率	反映水资源开发利用强度
	林草覆盖率	森林和草原面积占土地面积的比重
	农田旱涝保收率	反映农业抵抗自然灾害的能力
	自然灾害成灾率	反映农业自然灾害的承担状况
	水土流失面积比重	反映农业生态环境质量
	每亩耕地化肥施用量	反映单位耕地化肥负荷
	每亩耕地农药施用量	反映单位耕地农药负荷
	每亩耕地农膜使用量	反映单位耕地农膜负荷
	农膜回收率	反映农膜回收情况
	秸秆综合利用率	反映秸秆的利用情况
经济可持续性指标	农业劳动生产率	反映农业劳动者生产效率
	农业土地生产率	反映土地生产效率
	农林牧渔业总产值	反映农业产出的情况
	农牧民人均纯收入	反映农民收入情况
社会可持续发展指标	人均粮食占有量	反映人们对粮食需求的满足程度
	人均肉类占有量	反映人们对肉类需求的满足程度
	农业技术人员比重	反映农业生产中农业科技人员配备密度
	农林水事务支出所占比重	反映政府对农业的支撑力度
	农业从业人员所占比重	反映农业对农村劳动力的吸纳程度

该研究采用的数据主要来自2001—2014年的《内蒙古统计年鉴》和《内蒙古经济社会调查年鉴》，土壤有机质含量、农膜回收率、秸秆综合利用率、水土流失面积比重等4个指标数据来自内蒙古土壤肥料和节水农业工作站，水资源开发利用率和单位耕地农业用水量利用2000—2013年内蒙古水利公报中的数据计算得来。

（二）评价方法的选择

由于农业可持续发展是一项复杂的系统工程，对其进行评价不仅要有科学完整的评价指标体系，还要有科学有效的评价方法，根据农业可持续发展评价指标体系具有多维性、多目标的特点，在参考众多学者相关研究的基础上，以可持续发展理论和生态—经济—社会耦合理论为基础，采用多指标综合评价法，对内蒙古12个盟市农业资源的可持续利用水平进行评价。

（三）内蒙古生态可持续性因子分析

运用Spss19.0统计分析软件中的因子分析模块，对2000—2013年内蒙古农村人口人均耕地面积、复种指数、土壤有机质含量、单位耕地农业用水量、水资源开发利用率、林草覆盖率、农田旱涝保收面积、自然灾害成灾率、水土流失比重、每 hm^2 耕地化肥施用量、每 hm^2 耕地农药使用量、每 hm^2 耕地农膜使用量、农膜回收率等变量进行因子分析，检验变量是否适合做因子分析的方法选择 KMO 检验和 Bartlet's 检验，因子提取方法采用主成分分析法，因子载荷矩阵的旋转方法选择方差极大法，估计因子得分系数的方法采用回归分析法，运行因子分析模块，首先观察分析结果中 KMO 检验的结果，根据 Kaiser 给出的 KMO 判断标准，KMO<0.5 为不适合，0.6<KMO<0.7 为不太适合，0.7<KMO<0.8 为一般，0.8<KMO<0.9 适合，0.9<KMO 为非常适合，在尽可能多地保留原变量的基础上对变量进行调整，当对农村人口人均耕地面积、土壤有机质含量、水资源开发利用率、单位耕地农业用水量、每 hm^2 耕地化肥使用量、每 hm^2 耕地农药使用量、每 hm^2 耕地农膜使用量进行因子分析时得到 KMO 值为 0.795。巴特利特球形检验结果为 125.706，且相伴概率 Sig<0.001，两个检验结果均表明适合对上述 7 个变量进行因子分析（表 3-2）。

表 3-2　KMO and Bartlett's Test

Kaiser-Meyer-Olkin Measure of Sampling Adequacy.		0.795
Bartlett's Test of SpHericity	Approx.Chi-Square	125.706
	df	21
	Sig.	0.000

由表 3-3 知，特征值大于 1 的因子变量有两个，第一个因子描述了原有 7 个变量总方差中的 5.227，其方差贡献率为 74.67%，第二个因子描述了原变量总方差的 1.154，其方差贡献率为 16.487，通过极大方差法旋转后，第一因子的方差贡献率为 56.596%，第二因子的方差贡献率为 34.561%，两因子累计方差贡献率 91.157%，即两个因子表达了原变量组 91.157% 的信息。

表 3-3　Total Variance Explained

Component	Initial Eigenvalues			Extraction Sums of Squared Loadings			Rotation Sums of Squared Loadings		
	Total	% of Variance	Cumulative %	Total	% of Variance	Cumulative %	Total	% of Variance	Cumulative %
1	5.227	74.670	74.670	5.227	74.670	74.670	3.962	56.596	56.596
2	1.154	16.487	91.157	1.154	16.487	91.157	2.419	34.561	91.157
3	0.287	4.103	95.260						
4	0.272	3.890	99.151						
5	0.030	0.432	99.583						
6	0.019	0.266	99.849						
7	0.011	0.151	100.000						

Extraction Method：Principal Component Analysis.

方差极大法对因子载荷矩阵旋转后的结果见表 3-4。经旋转后第 1 因子在土壤有机质含量、每公顷耕地化肥施用量、每公顷耕地农药施用量和每公顷耕地农膜施用量等 4 个变量上具有较高的因子在载荷，主要反映了单位耕地农业化学品的负荷。第二个因子在农村人口人均耕地面积、水资源开发利用率、每公顷耕地农业用水量等 3 个指标上具有较高的因子载荷，主要反映了农业水土资源的数量。

表 3-4 Rotated Component Matrix[a]

	Component	
	1	2
X_1	0.607	−0.738
X_2	−0.854	0.242
X_4	−0.057	0.934
X_5	−0.498	0.826
X_7	0.969	−0.159
X_8	0.949	−0.270
X_9	0.880	−0.405

Extraction Method：Principal Component Analysis；Rotation Method：Varimax with Kaiser Normalization.

a.Rotation converged in 3 iterations.

由因子得分系数矩阵（表 3-5），可以得到下面的因子得分函数：

$$F_1=0.013X_1-0.267X_2+0.269X_5+0.339X_7+0.296X_8+0.227X_9$$

$$F_2=-0.295X_1-0.108X_2+0.596X_5+0.387X_7+0.119X_8+0.009X_9$$

表 3-5 Component Score Coefficient Matrix

	Component	
	1	2
X_1	0.013	−0.295
X_2	−0.267	−0.108
X_4	0.269	0.596
X_5	0.059	0.387
X_7	0.339	0.199
X_8	0.296	0.119
X_9	0.227	0.009

Extraction Method：Principal Component Analysis; Rotation Method：Varimax with Kaiser Normalization.

Component Scores.

以各因子的方差贡献率为权，由各因子的线性组合得到综合评价指标函数。利用函数计算得到内蒙古生态可持续性因子综合得分（表 3-6）。

$$F=(W_1F_1+W_2F_2)/(W_1+W_2)$$

式中，F 代表生态可持续性因子综合得分，W_1 和 W_2 代表两个因子的方差贡献率，F_1 和 F_2 代表两个因子的得分。

由表 3-6 可以看出，生态可持续指数在 2000—2006 年为负值，2007—2012 年为正值，2000—2012 年内蒙古农业的生态可持续综合指数总体呈现逐渐提高的趋势。由于农村人口人均耕地面积指标的因子得分系数为负值，2013 年，耕地面积的统计数据发生较大增加，致使 2013 年生态可持续指数为负值，分析结果也表明，在内蒙古相对脆弱的土壤生态条件下，开垦荒地，扩大耕地面积，不利于农业的可持续发展。

表 3-6　内蒙古农业生态可持续性评价指数

年份	第一因子得分	第二因子得分	生态可持续综合指数
2000	-1.320	0.001	-0.819
2001	-0.993	0.612	-0.384
2002	-0.970	0.853	-0.279
2003	-1.266	-0.317	-0.906
2004	-1.068	-0.308	-0.780
2005	-0.241	-0.291	-0.260
2006	-0.154	0.217	-0.013
2007	0.495	1.276	0.791
2008	0.347	0.070	0.242
2009	0.950	0.520	0.787
2010	1.199	0.435	0.909
2011	1.269	0.288	0.897
2012	1.448	-0.305	0.783
2013	0.303	-3.050	-0.968

（四）内蒙古农业经济可持续性因子分析

运用 Spss19.0 统计分析软件中的因子分析模块，对 2000—2013 年内蒙古农业劳动力生产率、农业土地生产率、农林牧渔业总产值、农牧民人均纯收入等变量进行因子分析，选择 KMO 检验和 Bartlet's 检验，检验变量是否适合做因子分析，因子提取方法采用主成分分析法，因子载荷矩阵的旋转方法选择方差极大法，估计因子得分系数的方法采用回归分析法，运行因子分析模块。

KMO 检验的结果（表 3-7），KMO 为 0.724，属于一般适合做因子分析，巴特利特球形检验结果为 180.13，且相伴概率 Sig 小于 0.001，两个检验结果均表明可以对上述 4 个变量进行因子分析。

表 3-7　KMO and Bartlett's Test

Kaiser-Meyer-Olkin Measure of Sampling Adequacy.		0.724
Bartlett's Test of SpHericity	Approx.Chi-Square	180.130
	df	6
	Sig.	0.000

因为 4 个变量相互之间的相关系数均在 0.95 以上，经因子分析 4 个指标聚为 1 个因子，此因子的方差贡献率为 99.025%（表 3-8）。由因子得分系数矩阵（表 3-9），得到因子得分函数：

$$F_3=0.249X_{14}+0.252X_{15}+0.251X_{21}+0.252X_{22}$$

由因子得分函数计算得经济可持续性因子得分（表 3-10）。

表 3-8 Total Variance Explained

Component	Initial Eigenvalues			Extraction Sums of Squared Loadings		
	Total	% of Variance	Cumulative %	Total	% of Variance	Cumulative %
1	3.961	99.025	99.025	3.961	99.025	99.025
2	0.037	0.916	99.941			
3	0.002	0.054	99.995			
4	0.000	0.005	100.000			

Extraction Method：Principal Component Analysis.

表 3-9 Component Score Coefficient Matrix

	Component
	1
X_{14}	0.249
X_{15}	0.252
X_{21}	0.251
X_{22}	0.252

Extraction Method：Principal Component Analysis; Rotation Method：Varimax with Kaiser Normalization.

Component Scores.

表 3-10 内蒙古农业经济可持续因子得分

年份	2000	2001	2002	2003	2004	2005	2006
经济可持续因子得分	-1.105	-1.089	-1.049	-0.923	-0.696	-0.526	-0.393
年份	2007	2008	2009	2010	2011	2012	2013
经济可持续因子得分	-0.090	0.273	0.353	0.703	1.219	1.579	1.744

表 3-10 表明，2000 年后内蒙古农业经济的可持续因子得分逐年增加，在 2000—2007 年经济可持续因子得分为负，2007 年后为正值，2000 年因子得分为 -1.105，到 2013 年达到 1.744，经济可持续因子涵盖了农业劳动生产率、农业土地生产率、农业总产值、农牧民人均纯收入等指标的信息，此因子得分逐渐增加，表明内蒙古农业的劳动生产率、土地生产率、总产出水平与农民收入均呈增长趋势，实现了农业发展与农民增收的双赢，内蒙古农村经济向好发展趋势明显。

（五）内蒙古社会可持续发展指数分析

运用 Spss19.0 统计分析软件中的因子分析模块，对 2000—2013 年内蒙古人均粮食产量、人均肉类产量、农业技术人才比重、农业财政支出比重、农林牧渔业从业人员占乡村劳动力资源比重等变量进行因子分析，检验几种变量是否适合做因子分析的方法选择 KMO 检验和 Bartlet's 检验，因子提取方法采用主成分分析法，因子载荷矩阵的旋转方法选择方差极大法，估计因子得分系数的方法采用会归分析法，运行因子分析模块。

首先观察分析结果中 KMO 检验的结果（表 3-11），KMO 为 0.8 属于适合做因子分析，巴特利特球形检验结果为 64.246，且相伴概率 Sig<0.001，两个检验结果均表明可以对上述 4 个变量进行因子分析。

表 3-11 KMO and Bartlett's Test

Kaiser-Meyer-Olkin Measure of Sampling Adequacy.		0.800
Bartlett's Test of Sp hericity	Approx.Chi-Square	64.246
	df	10
	Sig.	0.000

经因子分析，只有第一个因子的特征值大于 1，其方差贡献率为 80.866%（表 3-12），可以反映五个指标的主要信息。因此，选择第一因子作为社会可持续性因子，由因子得分系数矩阵，得到因子函数：

$$F_4=0.229X_{16}+0.228X_{17}+0.222X_{18}+0.188X_{19}-0.241X_{25}$$

由因子得分函数计算得经济可持续性因子得分（表 3-13）。

表 3-12 Total Variance Explained

Component	nitial Eigenvalues			Extraction Sums of Squared Loadings		
	Total	% of Variance	Cumulative %	Total	% of Variance	Cumulative %
1	4.043	80.866	80.866	4.043	80.866	80.866
2	0.595	11.904	92.770			
3	0.181	3.616	96.386			
4	0.146	2.921	99.307			
5	0.035	0.693	100.000			

Extraction Method：Principal Component Analysis.

表 3-13 Component Score Coefficient Matrix

	Component
	1
X_{16}	0.229
X_{17}	0.228
X_{18}	0.222
X_{19}	0.188
X_{25}	-0.241

Extraction Method：Principal Component Analysis; Rotation Method：Varimax with Kaiser Normalization.

Component Scores.

表 3-14 内蒙古社会可持续因子得分

	年份						
	2000	2001	2002	2003	2004	2005	2006
社会可持续发展因子得分	-1.732	-1.316	-1.404	-1.011	-0.051	0.031	0.273
	年份						
	2007	2008	2009	2010	2011	2012	2013
社会可持续发展因子得分	-0.118	0.524	0.718	0.622	1.147	1.163	1.155

由表 3-14 知，2000 年后内蒙古社会可持续性综合得分整体呈逐渐增加趋势，2000 年得分

为 -1.732，2005 年开始转变为 0.031，2007 得分为 -0.118，2013 年达到 1.155。社会可持续性因子得分情况，反映了随着政府财政支农力度不断增加，农业技术人员配备水平不断提高，农村剩余劳动力向二、三产业转移的比重不断增加，内蒙古农业生产对人们基本的农畜产品消费需求的满足程度不断提高。

（六）内蒙古农业可持续发展综合指数分析

以生产、生态、生活“三生共赢”理念为核心的农业可持续发展观，是以促进农业农村经济可持续发展为主攻方向，以保障粮食等主要农产品的有效供给和农民增收为前提，以资源环境可持续利用为原则的发展。虽然构成农业可持续性评价的指标按生态可持续、经济可持续、社会可持续三类划分得到众多专家学者的认同，但是不同地区农业资源禀赋、农业生产和社会发展水平各异，农业可持续发展的主要影响因素也各不相同，生态可持续因子、经济可持续因子和社会可持续因子的权重应该是因地制宜的。

随着一系列农业综合开发项目的实施，1992 年内蒙古首次摆脱了历史上缺粮的困境，实现粮食自给有余后，内蒙古农畜产品的供给保障能力不断增强，1994 年开始实现粮食外调，2013 年人均粮食产量 1 111.99kg，仅低于吉林省和黑龙江省。人均油料产量 63.41kg，为各省市之首。2014 年粮食结余突破 100 亿 kg。由此看内蒙古社会可持续性的约束性最弱。反映内蒙古农业经济可持续性的指标均呈向好发展，只是与农业发达省区相比，各指标还存在一定差距，经济可持续发展因子对农业可持续发展的影响表现为次弱。内蒙古的耕地较为贫瘠，水资源短缺现象较为普遍，且土地荒漠化、沙化的威胁长期存在，因此生态可持续性是制约内蒙古农业可持续发展的主要因素。鉴于各因子对农业可持续性影响程度的不同，采用德尔菲法，征求多位专家意见，汇总平均得到内蒙古生态可持续因子、经济可持续因子和社会可持续因子的权重值分别为 0.452、0.327 和 0.221。由综合因子得分函数（6），计算得到内蒙古农业可持续发展综合指数（表 3-15）。

$$F=W_1F_1+W_2F_2+W_3F_3$$

其中，F 为综合指数，W_i 为各因子的权重，F_i 为各因子得分。

结果表明，随着国家与地方政府对农业生态治理投入的力度不断加大，2000—2012 年内蒙古农业发展的可持续不断提高，2013 年耕地面积较前几年的大幅增长，致使 2013 年农业可持续性综合指数出现较大的下降，这表明，内蒙古大部分地区气候干旱少雨，土壤耕层较薄，农业生态环境比较脆弱，开荒种田需要谨慎从事，尽量避免土壤荒漠化的现象大面积重现。

表 3-15　2000—2013 年内蒙古农业可持续发展综合指数

年份	2000	2001	2002	2003	2004	2005	2006
综合指数	-1.114	-0.821	-0.780	-0.935	-0.591	-0.283	-0.074
年份	2007	2008	2009	2010	2011	2012	2013
综合指数	0.302	0.314	0.630	0.778	1.058	1.128	0.388

（七）小结

通过对 2000—2013 年内蒙古农业可持续发展情况进行多指标综合分析，评价指标体系中影响生态可持续性的因子主要有农业化学品投入和农业水土资源数量两类，经济可持续因子由农业产值、农民收入、农业土地生产率和劳动生产率等指标聚合为一个因子，社会可持续性指标由人均粮食产量、人均肉类产量、农业技术人员比重、农业劳动力比重和农业财政支出比重等指标聚为一类，生态、经济和社会可持续性因子均呈逐渐变好的趋势，其中2007年是内蒙古生态可持续性由负变正的节点，2008年是内蒙古经济和社会可持续因子由负变正的节点，此分析结果表明在中央、地方与社会各界的高度关注与积极参与下，内蒙古农业可持续性逐渐提高。

四、农业可持续发展的适度规模分析

农业是一个对自然资源和环境依赖性很强的产业。德内拉·梅多斯等（1972）警示人们全球生态约束（与资源使用和废弃物排放有关）将对21世纪的全球发展产生重要影响。内蒙古农畜产品的产出能力不断增强，在有限的耕地与水资源约束下，内蒙古农业增长的极限在那里，农畜产品的产出能力究竟达能到多大的规模，是政府部门与农业科研工作者热切希望了解的问题。但由于农业是一个非常复杂的生产系统，其产出水平受经济、社会、资源、科技等多种因素的影响，客观的分析农业资源的开发强度与合理的生产规模难度很大，因此，假设经济、社会、科技等因素对农业的影响保持不变，运用线性规划法，分析在土地资源和水资源数量约束下，内蒙古农牧业的合理生产规模。

（一）种植业适度规模

1. 种植业资源合理开发强度分析

（1）耕地资源开发利用强度　内蒙古已耕土壤资源，由于各种原因，近一半的耕地已经不宜再作农用，有的需要退耕还林还牧，有的则需要增加投入、培肥地力。按耕地的宜农等级可将内蒙古耕地分级为4个等级：一等宜农土壤面积223.25万hm^2，占全区宜农土壤资源面积的22.4%；二等宜农土壤338.55万hm^2，占全区宜农土壤资源面积的33.9%；三等宜农土壤面积288.29万hm^2，占全区宜农土壤资源面积的28.9%；四等宜农面积147.13万hm^2，占全区宜农土壤资源面积的14.8%。

（2）水资源开发利用强度　内蒙古地下水资源分布和开发利用程度不均衡，可开采量最丰富的地区是东四盟市，占可开采总量的62.6%，中西部8个盟市可开采量仅占37.4%。目前内蒙古

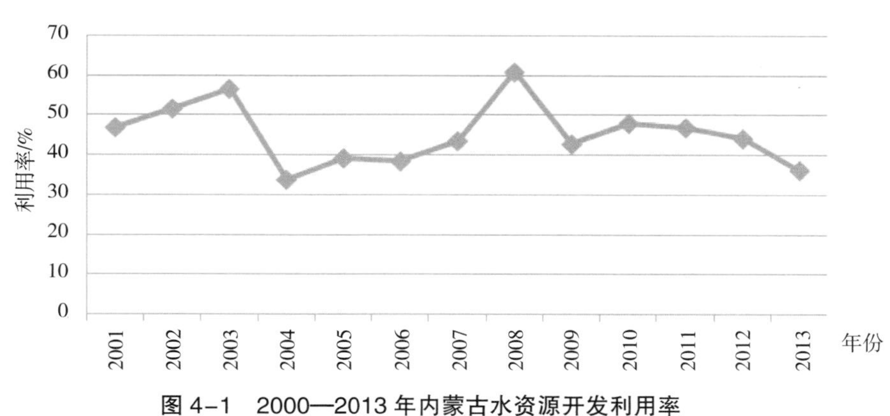

图4-1　2000—2013年内蒙古水资源开发利用率

地下水平均开采程度为40.0%，但由于开采不均衡，部分地区（地段）已严重超采，局部已形成下降漏斗。如包头市开采程度达到97.4%，呼和浩特市达到83.7%，乌兰察布市达到79.6%。其余盟市开采程度多在50.0%左右，锡林郭勒盟、呼伦贝尔市、阿拉善盟仅为10.0%左右。国际上一般认为，对河流的开发利用不能超过其水资源量的40%。从近13年的统计资料分析结果看，内蒙古水资源开发利用率有9年超过40%，2007年最高达到60.88%，2012年降水量较大，水资源开发利用率较小，为36.13%。

2. 种植业产品合理生产规模

（1）以利润最大化为种植业生产目标，以农业灌溉用水与耕地资源保有量为约束条件，运用线性规划法，估算内蒙古种植业水土资源所能支撑的粮食和蔬菜的合理生产规模。

目标函数为：

$$\text{MAX}: P=C_{粮}X_{粮}+C_{菜}X_{菜}$$

其中，$X_{粮}$和$X_{菜}$为决策变量，分别代表粮食合理种植面积和蔬菜合理种植面积，$C_{粮}$、$C_{菜}$分别为粮食和蔬菜每公顷净利润。

受价格因素与品种结构调整等因素的影响，农产品的利润年际变动较大，本文依据内蒙古成本价格调查队关于2011—2013年内蒙古粮食作物中粳稻、春小麦、玉米和大豆，以及蔬菜平均每亩净利润的统计，运用计算2011—2013年粮食的每年每亩净利润，最后将两类农作物的每亩净利润折算为每 hm^2 净利润后求3年平均值。经计算得到2011—2013年粮食和蔬菜的平均净利润分别为4 148.9元/hm^2 和51 314.95元/hm^2。因此目标函数改写为（4.3）。

$$L_{j粮}=\left(\sum_{i=1}^{4}M_{ij}X_{ij}\right)\Big/\sum_{i=1}^{4}X_{ij}$$

其中：$L_{j粮}$（j=2011、2012、2013）分别代表2011年、2012年、2013年每亩粮食的平均利润，M_{ij}（i=1、2、3、4）分别代表各年份粳稻、玉米、小麦和大豆的每亩净利润，X_{ij}（i=1、2、3、4）分别代表各年份粳稻、玉米、小麦和大豆的播种面积占粮食作物播种面积的比重。

$$\text{MAX}: P=4\,148.9X_{粮}+51\,314.95X_{菜}$$

（2）约束条件　根据《内蒙古自治区土地利用总体规划》（2006—2020），到2020年，全区耕地保有量不低于697.73万 hm^2。粮食作物播种面积稳定在566.67万 hm^2。由此得到种植业发展的耕地资源约束方程。

$$X_{粮}+X_{菜}\leqslant 6\,977\,300$$

根据内蒙古自治区行业用水定额标准DB15/T 385—2009中50%灌溉保证率下，全区水稻、玉米、小麦、大豆的土渠灌灌溉定额平均为8 200m^3/hm^2、2 000m^3/hm^2、2 000m^3/hm^2 和1 400m^3/hm^2，粮食的平均灌溉定额用玉米、小麦、大豆和水稻的播种面积占粮食作物的比重为权数进行计算，得到内蒙古粮食作物的平均灌溉定额为2095.46m^3/hm^2。黄瓜、西红柿、马铃薯、菠菜等蔬菜的地面渠灌平均灌溉定额为2 265.39m^3/hm^2。据内蒙古水利规划设计院分析，到2020年内蒙古农田灌溉配置水量约为1 262 448.69万 m^3。由此得到种植业发展的水约束方程。

$$\text{s.t.}\begin{cases}2\,095.46X_{粮}+2\,265.39X_{菜}\leqslant 12\,624\,486\,900\\ X_{粮}>5\,666\,667\\ X_{菜}\geqslant 0\end{cases}$$

运行LINGO11.0，得到本线性规划的最优解为：$X_{粮}$=566.67万 hm^2，$X_{菜}$=33.12万 hm^2（图4-2）。即综合考虑内蒙古的农业灌溉用水约束和面积约束，粮食适宜种植规模为566.67万 hm^2，

蔬菜适宜种植规模为 33.12 万 hm^2。

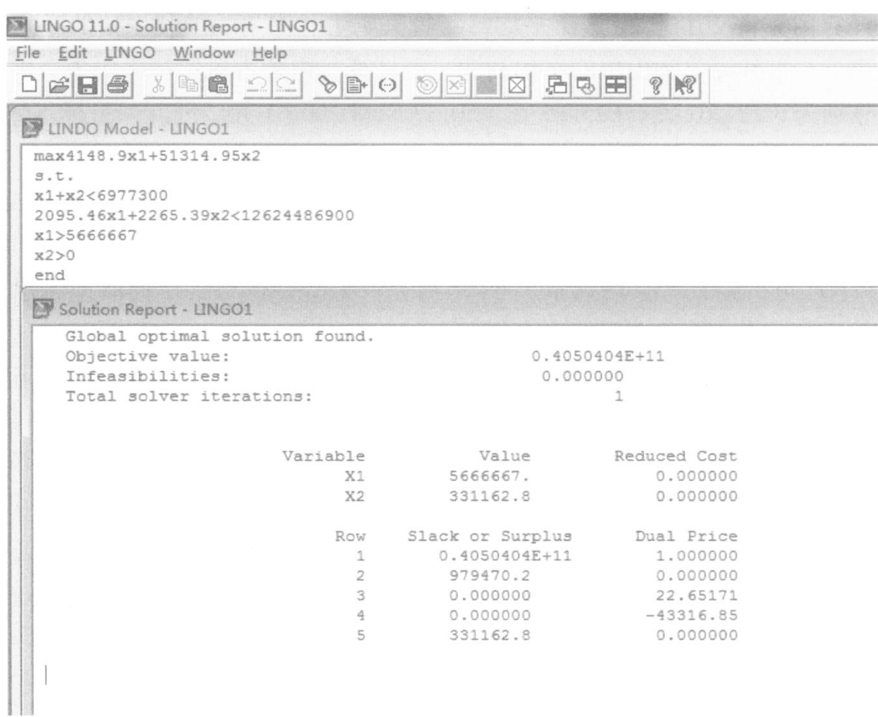

图 4-2 内蒙古种植业线性规划 LINGO 运行结果

（二）养殖业适度规模

1. 养殖业资源合理开发强度

内蒙古草原面积约 8 800 万 hm^2，是森林面积的 4 倍以上，占全区面积的 74%，占全国草场面积的 27%。为了草地植被恢复，保护草地生态环境，实现牧区经济的可持续发展，内蒙古自治区政府及农牧业部门积极响应国家号召，推行草畜平衡制度，减少牲畜数量，降低草地利用程度，施行草场利用的轮牧、禁牧、休牧政策，在草场退化严重地区实施生态移民政策，减少人为活动干扰。2013 年全区草场承包到户面积为 6 940 万 hm^2，其中围栏草场面积 2 815.83 万 hm^2，当年新增面积 114.72 万 hm^2，人工种草保有面积 460.18 万 hm^2，当年种草面积 202.01 万 hm^2，飞机播种牧草 1.41 万 hm^2。根据《2013 年内蒙古自治区草原检测报告》结果显示，2013 年，全区冷季可食饲草总储量为 3 678.88 万 t 干草，冷季适宜载畜总量为 7 663.78 万绵羊单位，其中，天然草原冷季可食牧草储量为 1 483.96 万 t 干草，适宜载畜量 3 599.13 万绵羊单位，与 2012 年相比，饲草总储量增加了 52.61 万 t 干草，冷季适宜载畜量增加了 149.57 万绵羊单位。人工草地、青贮及秸秆等折合冷季可食饲草储量为 2 194.91 万 t 干草，适宜载畜量 4 064.66 万绵羊单位。6 月末牲畜存栏数 13 407.97 万绵羊单位，冷季出栏后，全区平均牲畜超载率为 9.56%。

2. 肉类、奶类等养殖产品合理生产规模

以利润最大化为养殖业生产目标，以林牧渔业用水、草地资源载畜量、种植业对养殖业的饲料保障情况为约束条件，运用线性规划法，估算内蒙古奶牛、羊、肉牛和猪的合理养殖规模。目标函数：

$$MAXF=C_{奶牛}X_{奶牛}+C_{羊}X_{羊}+C_{肉牛}X_{肉牛}+C_{猪}X_{猪}$$

本文依据内蒙古成本价格调查队关于2011—2013年内蒙古奶牛、肉牛、羊、规模生猪每头净利润的统计，计算内蒙古2011—2013年平均每年每头奶牛、肉牛、羊和生猪的净利润，其中羊的净利润为改良绵羊、本种绵羊和山羊的平均利润。经计算，内蒙古每年每头奶牛、肉牛、羊、生猪的平均净利润分别为3 727.62元、625.15元、50.37元和290.61元。因此，目标函数改写为：

$$MAXF=3\,727.62X_{奶牛}+50.37X_{羊}+625.15X_{肉牛}+290.61X_{猪}$$

据内蒙古成本价格调查资料显示，内蒙古每头猪、奶牛、肉牛、羊的耗粮数量分别为234.44kg、1 985.09kg、18.78kg和19.54kg。2009—2013年5年内蒙古粮食平均单产为4 266.22kg，玉米产量占粮食产量的比重五年平均为69.83%，按粮食作物播种面积566.67万hm^2计算，内蒙古养殖业发展的粮食消耗约束方程如下。

$$1\,985.09X_{奶牛}+19.54X_{羊}+18.78X_{肉牛}+234.44X_{生猪}<4\,266.22\times 5\,666\,667\times 0.6\,983$$

据内蒙古成本价格调查队统计，内蒙古肉牛和羊的饲草料日消耗量分别为10kg和2kg，饲养天数均为365天。奶牛以规模化饲养为主，其饲草料以青贮玉米为主。因此内蒙古养殖业中肉牛和羊受饲草的约束较大。根据内蒙古自治区土地利用总体规划（2006—2020），到2020年，全区牧草地保有量约为6 483.53万hm^2。据2011—2013年内蒙古草原监测报告显示，全区天然草原平均干草单产分别为730.8kg/hm^2、905.4kg/hm^2和968.1kg/hm^2，3年平均干草单产为868.05kg/hm^2。因此内蒙古养殖业发展的饲草料消耗约束方程如下：

$$(2X_{羊}+10X_{肉牛})\times 365<6\,483.53\times 10\,000\times 868.05$$

当仅有耗粮约束和饲草约束时，运行LINGO11.0，得到线性规划的最优解为：$X_{奶牛}$=8 358 312头，$X_{羊}$=0，$X_{肉牛}$=15 419 260头，$X_{生猪}$=0。此结果与生产实际不相符。

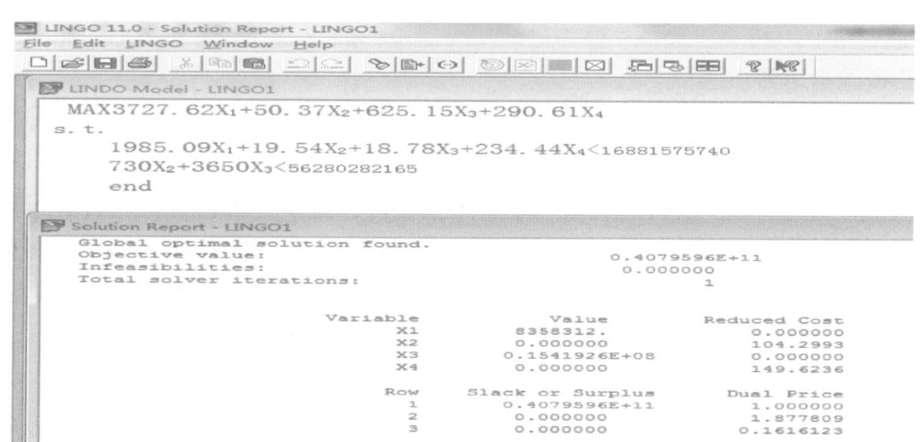

图4-3 内蒙古养殖业线性规划LINGO运行结果1

2004—2013年近10年羊和猪的年末平均存栏分别为5 216.4万头和675万头。近10年中2008年奶牛的年末存栏最多为299.6万头，2006—2013年逐渐下降。建立约束方程如下。

$$X_1<2\,996\,000$$

$$X_2>52\,164\,000$$

$$X_4>6\,750\,000$$

再运行LINGO11.0，得到线性规划的最优解为：$X_{奶牛}$=2 996 000头，$X_{羊}$=52 164 000头，$X_{肉牛}$=

4 986 455 头，$X_{生猪}$=41 892 660 头。即综合考虑内蒙古饲草与饲料约束，参照已有养殖规模，计算得到内蒙古奶牛的适宜养殖规模为 299.6 万头，羊的适宜养殖规模为 5 216.4 万头，肉牛的养殖规模为 498.65 万头，生猪的适宜养殖规模为 4 189.27 万头。

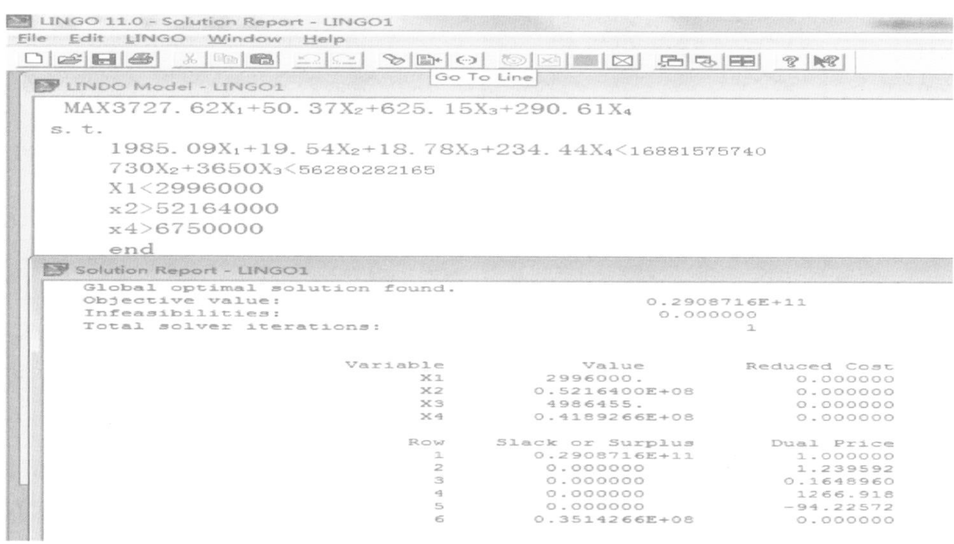

图 4-4　内蒙古养殖业线性规划 LINGO 运行结果 2

五、农业可持续发展的区域布局与典型模式

（一）农业可持续发展的区域差异分析

1. 农业基本生产条件区域差异分析

内蒙古各地区农业资源禀赋各异，实现农业可持续发展的途径各不相同，认真分析各地农业资源特点，因地制宜地制定农业发展策略，是实现内蒙古农业可持续发展之路的重要保障。

（1）耕地资源差异　呼伦贝尔市、赤峰斯、通辽市和兴安盟等东部 4 盟市的耕地资源占内蒙古耕地资源总量的 63.69%，是内蒙古重要的农畜产品生产基地，在《全国农业可持续发展规划（2015—2030 年）》中，4 个盟市被列入了优化发展区（图 5-11）。内蒙古 12 个盟市中呼伦贝尔市耕地面积的总量和农村人口人均占有量均列 12 个盟市之首，分别为 178.43 万 hm^2 和 23.65 亩 / 人。赤峰市耕地面积为 140.99 万 hm^2，仅次于呼伦贝尔市，只是其农村人口数量较大，其农村人口人均耕地面积为 5.87 亩 / 人，在 12 个盟市中仅高于乌海市。通辽市和兴安盟耕地面积分别为 135.09 万 hm^2 和 126.51 万 hm^2。呼和浩特市、包头市、锡林郭勒盟、乌兰察布市等中部 4 个盟市耕地面积占全区耕地面积的 23.43%，各盟市耕地面积分别为 56.02 万 hm^2、42.6 万 hm^2、24.25 万 hm^2、90.85 万hm^2，其中，乌兰察布市的耕地面积和农村人口人均耕地面积最多。巴彦淖尔市、鄂尔多斯市、乌海市和阿拉善盟等西部 4 个盟市耕地面积占全区的 12.88%，耕地面积分别为 70.65 万 hm^2、41.15 万 hm^2、0.83 万 hm^2 和 4.83 万 hm^2，其中巴彦淖尔市在 4 个盟市中耕地面积和农村人口人均耕地面积最大，乌海市的耕地面积与农村人口人均耕地面积在 12 个盟市中均最少。

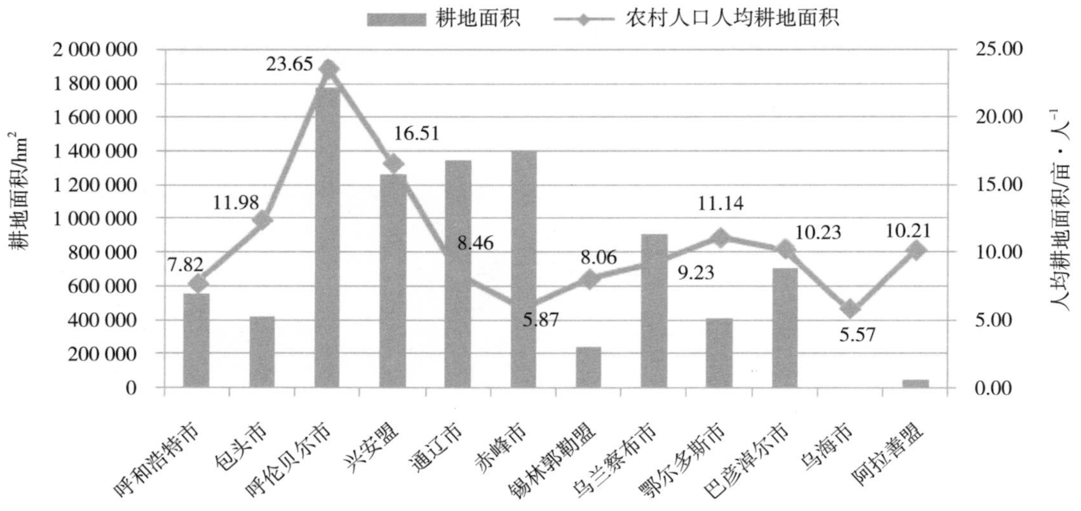

图 5-1　2013 年内蒙古各盟市耕地面积

（2）水资源差异　内蒙古水资源具有地区和时程分布不均的特点（图 5-2）。东部地区是内蒙古水资源相对丰富的地区，尤其是呼伦贝尔市水资源最为丰富，总水资源量为 730.61 亿 m^3，占全区水资源总量的 76.12%。兴安盟、通辽市和赤峰市总水资源量分别为 71.42 亿 m^3、32.71 亿 m^3 和 35.17 亿m^3，分别占全区水资源总量的 7.44%、3.41% 和 3.66%。呼和浩特市、包头市、锡林郭勒盟和乌兰察布市等中部 4 个盟市总水资源量占全区水资源总量的 6.49%，各地区总水资源量分别为 12.09 亿 m^3、7.6 亿 m^3、33.81 亿 m^3 和 8.83 亿 m^3，其中锡林郭勒盟的水资源与其他 3 个盟市相比略为丰裕，占全区水资源总量的 3.52%。鄂尔多斯市、巴彦淖尔市、乌海市和阿拉善盟等西部 4 个盟市总水资源量占全区水资源总量的 2.87%，各地区总水资源量分别为 20.43 亿 m^3、4.14 亿 m^3、0.25 亿 m^3 和 2.75 亿 m^3，其中鄂尔多斯市水资源在西部 4 个盟市中相对较为丰富，其水资源量占全区水资源总量的 2.13%。由于有黄河水流经包头市、巴彦淖尔市、乌海市和阿拉善盟等 4 个盟市的部分地区，4 个地区的总用水量超出了当地的水资源总量，水资源开发利用率分别为 134.87%、

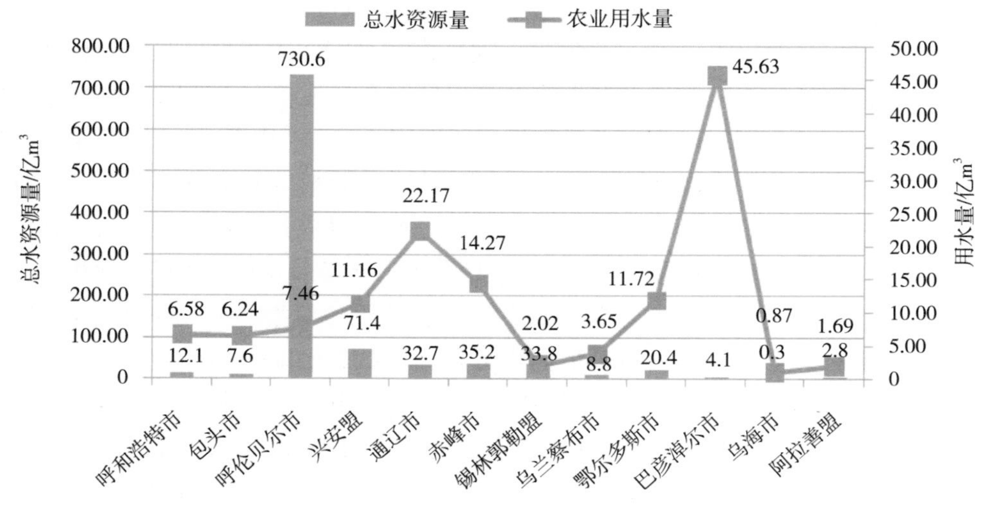

图 5-2　2013 年内蒙古 12 个盟市总水资源量与农业用水量

1 156.52%、1 248% 和 341.09%。呼伦贝尔市、兴安盟和锡林郭勒盟水资源开发利用情况比较好，其水资源开发利用率分别为 2.56%、17.78% 和 11.12%。呼和浩特市、通辽市、赤峰市、乌兰察布市、鄂尔多斯市等盟市的水资源开发率介于 50%~85%。从各盟市的农业用水量看，巴彦淖尔市以黄河水灌溉为主，农业用水量远超过其水资源总量，列于 12 个盟市之首，其农业用水量占全区农业用水量的 34.19%。农业用水量超过 10 亿 m^3 的还有通辽市、赤峰市、鄂尔多斯市和兴安盟，其农业用水量分别为 22.17 亿 m^3、14.27 亿 m^3、11.72 亿 m^3 和 11.16 亿 m^3，分别占全区农业用水量的 16.61%、10.69%、8.78% 和 8.36%。呼伦贝尔市、呼和浩特市和包头市农业用水量分别为 7.46 亿 m^3、6.58 亿 m^3 和 6.24 亿 m^3，分别占全区农业用水量的 5.59%、4.93% 和 4.68%。锡林郭勒盟、乌兰察布市、乌海市和阿拉善盟农业用水量分别占全区农业用水量的 1.51%、3.65%、0.87% 和 1.69%。

（3）草地资源差异　内蒙古从东到西，随气候带从湿润逐渐向半湿润、半干旱、干旱、极干旱带过渡，形成了草甸草原、典型草原、荒漠草原、极旱荒漠等草原类型，因此形成了内蒙古从东到西草地单产呈现逐渐减小的变化趋势（图 5-3）。2013 年呼伦贝尔市、兴安盟、通辽市和赤峰市等东部 4 个盟市草地平均干草产量分别为 1 993.65kg/hm^2、1 554.15kg/hm^2、1 571.7kg/hm^2 和 1 672.35kg/hm^2，干草总产量分别为 1 983.81 万 t、348.13 万 t、536.46 万 t 和 790.99 万 t，4 个盟市草地面积合计为 2 033.38 万 hm^2，占全区草地面积的 27.11%，干草总产量为 3 659.39 万 t，占全区干草产量的 50.4%。呼和浩特市、包头市、乌兰察布市和锡林郭勒盟等中部 4 个盟市草地平均干草单产为 683.1kg/hm^2、578.4kg/hm^2、567.75kg/hm^2 和 1 077.15kg/hm^2，干草总产量分别为 39.19 万 t、121.78 万 t、196.07 万 t 和 2 079.37 万 t，4 个盟市草地面积合计为 2 543.83 万 hm^2，占全区草地面积的 33.92%，干草总产量为 2 436.41 万 t，占全区干草产量的 33.56%。乌海市、鄂尔多斯市、巴彦淖尔市和阿拉善盟等中部 4 个盟市草地平均干草单产为 451.35kg/hm^2、942kg/hm^2、343.2kg/hm^2 和 235.8kg/hm^2，干草总产量分别为 5.78 万 t、554.7 万 t、182.83 万 t 和 421.58 万 t，4 个盟市草地面积合计为 2 922.19 万 hm^2，占全区草地面积的 38.97%，干草总产量为 1 164.89 万 t，占全区干草产量的 16.04%。内蒙古 12 个盟市中呼伦贝尔市、锡林郭勒盟和阿拉善盟 3 个盟市草

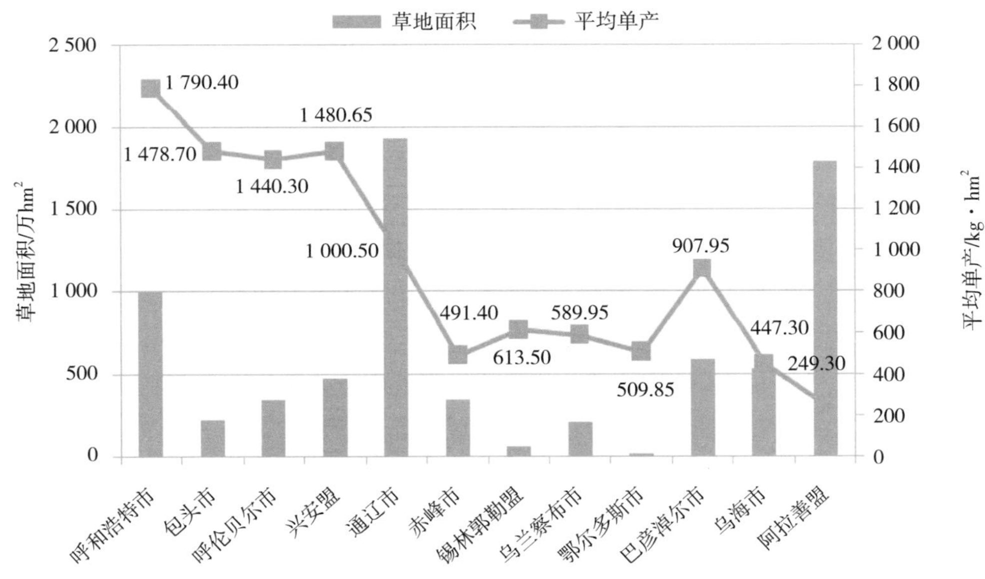

图 5-3　2013 年内蒙古各盟市草地面积与平均干草单产

地面积较大，分别位于内蒙古的东、中、西部，3 个盟市草地面积合计占全区草地面积的 62.85%，干草总产量合计占全区的 61.77%。

（4）农业劳动力资源差异　内蒙古 12 个盟市中赤峰市和通辽市的乡村劳动力资源与农林牧渔业从业人员明显高于其他盟市，赤峰市和通辽市的农林牧渔业从业人员分别为 130.33 万人和 93.28 万人，分别占当地乡村劳动力资源的 60.60% 和 69.1%。呼伦贝尔市和兴安盟的农林牧渔业从业人员分别为 46.79 万人和 51.68 万人，分别占当地乡村劳动力资源的 68.15% 和 77.24%。东部 4 个盟市农林牧渔业从业人员合计为 322.08 万人，占全区农林牧渔业从业人员的 58.52%。呼和浩特市、包头市、锡林郭勒盟和乌兰察布市等中部 4 个盟市农林牧渔业从业人员分别为 36.52 万人、20.41 万人、23.85 万人、65.26 万人，分别占当地乡村劳动力资源的 55.44%、54.9%、77.21% 和 65.31%，4 个盟市农林牧渔业从业人员合计为 146.9 万人，占全区农林牧渔业从业人员的 26.69%。鄂尔多斯市、巴彦淖尔市、乌海市和阿拉善盟等西部 4 个盟市农林牧渔业从业人员分别为 28.76 万人、47.75 万人、0.86 万人、3.96 万人，分别占当地乡村劳动力资源的 72.26%、72.73%、54.36% 和 79.12%，4 个盟市农林牧渔业从业人员合计为 81.33 万人，占全区农林牧渔业从业人员的 14.78%（图 5-4）。

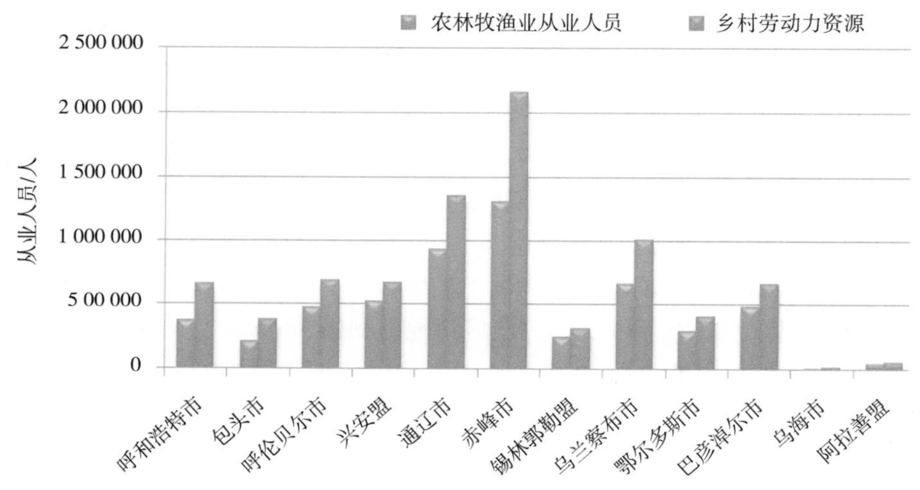

图 5-4　2013 年内蒙古 12 个盟市农业劳动力资源

（5）农业化学品投入差异　从化肥使用总量看，呼伦贝尔市、兴安盟、通辽市和赤峰市等东部 4 个盟化肥施用量要高于中西部地区，4 个盟市的化肥施用量分别为 23.37 万 t、22.82 万t、56.84 万 t、32.42 万 t，耕地化肥施用量分别为 130.95kg/hm^2、180.41kg/hm^2、420.79kg/hm^2 和 229.95kg/hm^2。呼和浩特市、包头市、锡林郭勒盟和乌兰察布市等中部 4 个盟市化肥施用量分别为 11.58 万 t、6.96 万 t、1.63 万 t、8.78 万 t，耕地化肥施用量分别为 206.26kg/hm^2、178.3kg/hm^2、67.17kg/hm^2 和 96.62kg/hm^2。鄂尔多斯市斯、巴彦淖尔市、乌海市和阿拉善盟等西部 4 个盟市化肥施用量分别为 11.58 万 t、6.96 万 t、1.63 万 t、8.78 万 t，耕地化肥施用量分别为 257.52kg/hm^2、350.97kg/hm^2、397.01kg/hm^2 和 349.92kg/hm^2（图 5-5）。

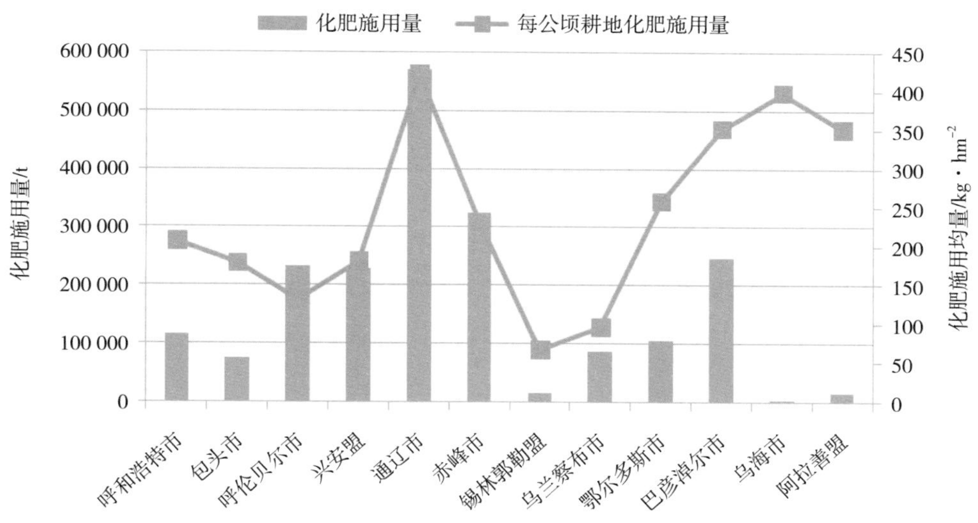

图 5-5　2013 年内蒙古 12 个盟市化肥使用情况

2013 年的统计资料显示，呼伦贝尔市、兴安盟、通辽市和赤峰市等东部 4 个盟市的农药施用总量要高于中西部地区，4 个盟市的农药施用量分别为 13 403t、2 723t、6 951t 和 2 853t，每 hm^2 耕地的农药施用量分别为 7.51kg/hm^2、2.15kg/hm^2、5.15kg/hm^2 和 2.02kg/hm^2，4 个盟市农药施用量合计占全区农药使用量的 82.23%。呼和浩特市、包头市、乌兰察布市和锡林郭勒盟等中部 4 个盟市的农药是用量分别为 445t、717t、918t 和 447t，每 hm^2 耕地的农药施用量分别为 0.79kg/hm^2、1.68kg/hm^2、1.01kg/hm^2 和 1.84kg/hm^2，4 个盟市农药使用量合计占全区农药施用量的 8.01%。鄂尔多斯市、巴彦淖尔市、乌海市和阿拉善盟等西部 4 个盟市的农药施用量分别为 1 531t、1 344t、29t 和 171t，每 hm^2 耕地的农药施用量分别为 3.72kg/hm^2、1.9kg/hm^2、3.49kg/hm^2 和 3.54kg/hm^2，4 个盟市农药使用量合计占全区农药使用量的 9.75%。从每亩耕地的农药使用量看，呼伦贝尔市、

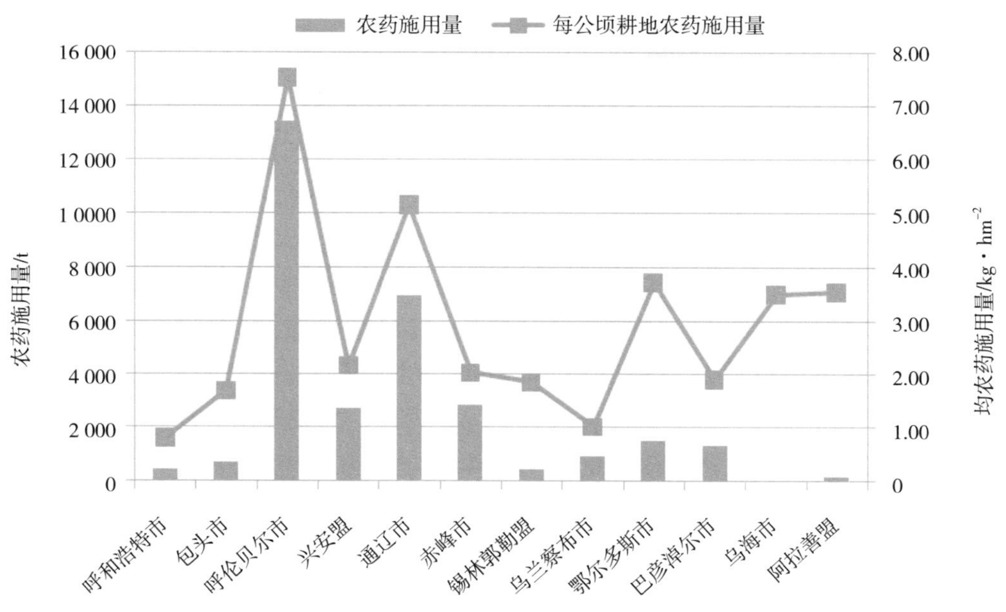

图 5-6　2013 年内蒙古 12 个盟市农药施用量

巴彦淖尔市、乌海市和阿拉善盟等地区的农药使用量要明显高于其他地区。

内蒙古 12 个盟市中赤峰市和巴彦淖尔市农膜使用量分别为 19 585t 和 19 430t，每 hm^2 耕地农膜使用量分别为 13.89kg/hm^2 和 15.67kg/hm^2，两个地区的农膜使用量合计占全区的 48.28%，明显高于其他地区的农膜使用量。呼和浩特市、通辽市和乌兰察布市的农膜使用量分别为 7 610t、9 606t 和 8 802t，每 hm^2 耕地农膜使用量分别为 13.58kg/hm^2、7.11kg/hm^2 和 9.69kg/hm^2，3 个地区的农膜使用量合计占全区的 38.19%，包头市、呼伦贝尔市、兴安盟、锡林郭勒盟、鄂尔多斯市、乌海市和阿拉善盟每 hm^2 耕地农膜使用量分别为 9.81kg/hm^2、2.77kg/hm^2、2.03kg/hm^2、4.75kg/hm^2、4.79kg/hm^2、8.91kg/hm^2 和 18.64kg/hm^2，7 个盟市农膜使用量合计占全区的 19.54%。

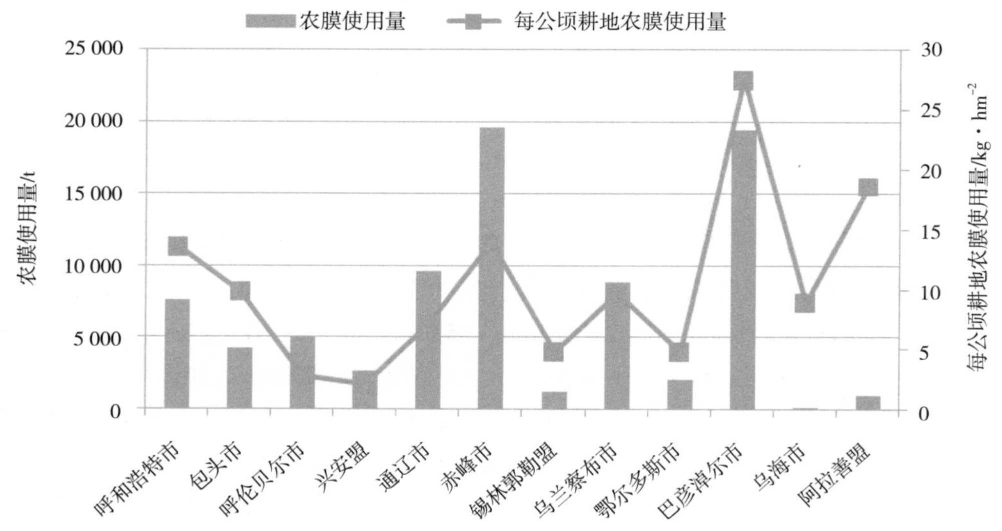

图 5-7　2013 年内蒙古 12 个盟市农膜使用量

2. 农业可持续发展制约因素区域差异分析

（1）水源污染的地区差异　水资源污染对农业生产能力、农产品质量乃至人们的身体健康均有直接的影响，是制约农业可持续发展的重要因素之一。据内蒙古水资源公报中水功能区分盟市水质检测数据显示，按全因子（pH、溶解氧、高锰酸钾指数、化学需氧量、BOD_5、氨氮、总磷、铜、锌、氟化物、砷、汞、镉、六价铬、铅、氰化物、硫化物、石油类、阴离子洗涤剂）评价，包头市、锡林郭勒盟和乌海市参与评价的水功能区河长分别为 198.7km、80km 和 25.6km，V 类以上河长所占比重达到了 100%，3 个盟市的水源污染情况堪忧。乌兰察布市、呼和浩特市和巴彦淖尔市参与评价的水功能区河长分别为 349.9km、166.5km 和 124.5km，V 类以上河长所占比重分别为 89.94%、72.97% 和 56.39%，3 个盟市的水源污染需尽快引起重视。呼伦贝尔市和鄂尔多斯市参与评价的水功能区河长分别为 1 764.4km 和 503.3km，V 类以上河长所占比重分别为 34.04% 和 35.37%，水源污染情况略轻一些，却也需要加大关注力度。兴安盟、通辽市、赤峰市、阿拉善盟参与评价的水功能区河长分别为 196.10km、421.4km、1 184.4km 和 261.8km，V 类以上河长所占比重分别为 0、5.93%、8.78% 和 6.49%，水源污染情况最轻，且也需防微杜渐。

（2）草原沙化、退化、盐渍化的差异　草原的沙化、退化、盐渍化既有人为破坏的因素，又有自然的原因，是破坏生态环境，制约畜牧业可持续发展的重要因素之一。内蒙古 12 个盟市中通辽市、赤峰市、乌兰察布市和乌海市 4 个盟市的草原三化面积占草原总面积的比重分别为 82.52%、

83.07%、88.09%、82.15%，轻度三化面积占草原总面积的比重分别为31.13%、32.03%、47.18%和50.76%，中度三化面积占草原总面积的比重分别为34.06%、40.42%、35.44%和28.82%，重度三化面积占草原总面积的比重分别为17.33%、10.62%、5.46%和2.57%。锡林郭勒盟、呼和浩特市、包头市和巴彦淖尔市草原三化面积占草原总面积的比重分别为72.22%、71.71%、77.48%和72.79%，重度三化面积占草原总面积的比重分别为5.46%、9.72%、2.13%和6.09%。兴安盟、鄂尔多斯市、呼伦贝尔市和阿拉善盟草原三化面积占草原总面积的比重分别为66.35%、66.96%、42.53%和36.01%，重度三化面积占草原总面积的比重分别为8.9%、8.63%、3.64%和7.05%。由此看，乌兰察布市草原三化面积占当地草原面积的比重最大，包头市草原轻度三化面积所占比重最大，赤峰市草原中度三化面积所占比重最大，通辽市重度三化面积所占比重最大。阿拉善盟草原三化面积占草原总面积的比重最小，包头市草原重度三化面积所占比重最小。

（3）草原超载的差异　超载过牧是制约畜牧业可持续发展的主要因素之一，由各地区草地实际载畜量与理论载畜量之比计算得到的草需平衡指数看，内蒙古12个盟市均不同程度存在草地超载过牧问题，巴彦淖尔市、阿拉善盟、呼和浩特市和赤峰市草畜平衡指数分别为3.21、2.48、2.16和2.49，属于内蒙古草原超载比较严重的地区。鄂尔多斯市、通辽市、呼伦贝尔市和包头市草畜平衡指数分别为1.83、1.81、1.7和1.56，草地实际载畜量分别超过了理论载畜量的83%、81%、70%和56%。兴安盟、锡林郭勒盟、乌兰察布市和乌海市草畜平衡指数分别为1.38、1.19、1.2和1.18，草地实际载畜量分别超过了理论载畜量的38%、19%、20%和18%。

（二）农业可持续发展区划方案

内蒙古自治区共包含101个旗（县、区）级行政区划单元，经纬度跨度较大，地形地貌各异，农业资源禀赋也各不相同，以旗县为评价单元，分析制定农业可持续发展区划方案更为科学，但是由于各旗县的水资源总量、草地三化面积、草畜平衡指数、地表水质指数等反映各地重要的农业资源数量与生态约束的指标实难获得，基于重要分析数据可得，分析评价结果可供政府部门参考借鉴的考虑，此部分以内蒙古12个盟市为评价单元，从生态可持续性、社会可持续性和经济可持续性3个方面，建立评级在指标体系，选择层次分析法和聚类分析法进行分析。

1. 评价指标选择

在综合分析相关学者研究的农业资源可持续利用水平区域评价指标体系的基础上，结合各盟市农业生产的特点以及自然资源条件和社会经济状况的实际，遵循科学性、可比性、主导性、可获得性的指标设计原则，从资源禀赋、生态约束、农业经济、社会支撑等4个方面，选取20个评价指标作为内蒙古农业可持续发展区域评价指标体系（表5-1）。

2. 评价方法的选择

对内蒙古12个盟市的农业发展可持续性进行评价，具有评价单元少，变量多的特点，通过多次采用因子分析法试评价，分析结果与现实相去甚远，解释力较弱，后改为运用层次分析法进行分析。层次分析法（Analytic Hierarchy Process）是美国数学家T L Saaty教授在20世纪70年代中期创立的一种多目标决策方法，其特点是在对复杂的决策问题的本质、影响因素及其内在关系等进行深入分析的基础上，利用较少的定量信息使决策的思维过程数学化，从而为多目标、多准则或无结构特性的复杂决策问题提供简便的决策方法。各指标权重的确定是层次分析法的重点，为尽量确保评价结果的客观合理性，我们采用德尔菲法，邀请熟悉内蒙古各盟市农业发展状况的专家对评价指标进行来两两比较，依据指标的相对重要性进行赋权，再以各位专家评价结果的平均值为各指标的权重值（表 5–1）。

表 5–1　农业可持续性区域评价指标及权重

	指标分类	权重	指标	权重
农业可持续发展综合指数	资源禀赋	0.567	耕地面积	0.187
			草原面积	0.185
			森林面积	0.142
			耕地亩均农业用水量（m^3/ 亩）	0.189
			草地单产	0.158
	生态约束	–0.274	土壤有机质含量（%）	0.139
			地表水质指数（%）	0.278
			草原三化比重（%）	0.269
			草畜平衡指数	0.234
			水资源开发利用率（%）	0.219
	农业经济	0.312	农业劳动生产率（万元 / 人）	0.157
			农业土地生产率（kg/ 亩）	0.165
			粮食产量	0.167
			肉类产量	0.167
			奶类产量	0.167
			农牧民人均纯收入	0.177
	社会支撑	0.395	农业技术人才比重（人 / 万人）	0.257
			环境污染治理完成投资总额（万元）	0.232
			草原生态治理投资（万元）	0.258
			政府农业政策支持力度	0.253

3. 内蒙古各盟市农业发展可持续性分析

首先，为消除该评价指标体系中的各指标量纲不同的影响，采用极差法，对原指标矩阵进行无纲量化处理，使各指标数据介于 0~1。

$$Y_{ij}=(X_{ij}-\min(X_j))/(\max(X_j)-\min(X_j))$$

其次，采用递阶多层次综合指数评价方法，逐级计算资源禀赋指数、生态约束指数、农业经济指数、社会支撑指数以及农业可持续发展综合指数（表 5–2）。

$$D=\sum\sum B_{ij}Y_{ij}$$

其中，D 为各类指数，B_{ij} 为各指标权重，Y_{ij} 为各指标无量纲处理后的得分。

表 5–2　内蒙古各盟市农业发展可持续性评分结果

地区	综合指数	资源禀赋指数	生态约束指数	农业经济指数	社会支撑指数
呼和浩特市	0.320 2	0.244 2	0.500 8	0.496 5	0.415 4
包头市	0.292 8	0.354 5	0.491 2	0.493 3	0.183 7
呼伦贝尔市	0.742 0	0.589 1	0.174 5	0.651 2	0.639 4
兴安盟	0.350 5	0.336 4	0.187 3	0.295 4	0.300 9
通辽市	0.459 2	0.300 3	0.348 1	0.636 3	0.470 3
赤峰市	0.427 4	0.290 2	0.519 3	0.478 9	0.647 5

（续表）

地区	综合指数	资源禀赋指数	生态约束指数	农业经济指数	社会支撑指数
锡林郭勒盟	0.349 8	0.297 6	0.341 6	0.314 8	0.446 7
乌兰察布市	0.148 2	0.198 7	0.533 7	0.156 2	0.336 8
鄂尔多斯市	0.347 0	0.189 8	0.358 7	0.406 1	0.534 0
巴彦淖尔市	0.258 6	0.299 4	0.686 6	0.405 6	0.380 9
乌海市	0.085 0	0.203 9	0.735 3	0.494 5	0.041 9
阿拉善盟	0.277 8	0.247 7	0.206 1	0.333 8	0.227 0

由表 5-2 我们可以得到 12 个盟市农业发展可持续性的排序为：

呼伦贝尔市 > 通辽市 > 赤峰市 > 兴安盟 > 锡林郭勒盟 > 鄂尔多斯市 > 呼和浩特市 > 包头市 > 阿拉善盟 > 巴彦淖尔市 > 乌兰察布市 > 乌海市

内蒙古 12 个盟市中，呼伦贝尔市资源禀赋指数、农业经济指数和社会支撑指数均得分最高，生态约束指数得分最小，综合指数得分为 0.7 420，表明其是内蒙古农业发展可持续性最好的地区。通辽市和赤峰市农业可持续性综合指数均大于 0.4，通辽市的资源禀赋与生态约束均处于中等水平，在农业经济指标组中，通辽市的农业土地生产率、粮食产量和肉类产量均列于 12 个盟市之首，因此其农业经济指数得分较高，是内蒙古重要的农畜产品生产基地。赤峰市以低山丘陵为主，是内蒙古重要的小杂粮产区，资源禀赋在 12 个盟市中处于中下等水平，生态约束指数处于中上等水平，形成其综合得分较高的因素是各级政府部门对当地生态治理的投入相对较大，为赤峰市农业可持续发展注入了活力。

兴安盟、锡林郭勒盟、鄂尔多斯市和呼和浩特市农业可持续性综合指数均在 0.3 以上，兴安盟资源禀赋相对较好，生态约束性较小，与呼伦贝尔市、赤峰市和通辽市一并被列入国家农业可持续发展规划的优化发展区，只是其农民收入在 12 个盟市中最低，对农民从事农业生产的积极性产生较为不利的影响。锡林郭勒盟以草原畜牧业为主，农业可持续性综合指数为 0.3 498，排于 12 个盟市的第五位。鄂尔多斯市综合指数为 0.347，排于第六位，位于内蒙古西部，气候干旱少雨，资源禀赋相对较差，各级政府对鄂尔多斯市的农业生态治理的投入力度仅低于赤峰市和呼伦贝尔市，恩格贝沙漠的治理取得了明显成效，成为内蒙古沙漠化防治的典范。呼和浩特市是内蒙古的首府城市，中国的乳都，牛奶产量居于 12 个盟市之首，生态约束性较强，农业经济指数仅低于呼伦贝尔市和通辽市，综合指数为 0.3 202，排于第七位。

包头市、巴彦淖尔市和阿拉善盟综合指数均在 0.2 以上，包头市的综合指数为 0.2 928，排于第八位，从地表水质指数看，包头地区的水源污染问题是制约农业可持续发展的主要因素，需从农业生态治理方面加大投资力度。巴彦淖尔市综合指数为 0.2 586，排于第九位，黄河水流经巴彦淖尔市，形成了富饶的河套平原，是内蒙古重要的粮食主产区，其生态约束指数比较的主要是由于水资源开发利用率过高引起的，在黄河灌溉不断缩减的形势下，改变大水漫灌的灌溉方式，不断提高水资源利用效率，对本地区农业可持续发展显得尤为重要。阿拉善盟综合指数为 0.2 778，排于第十位，草原面积仅低于锡林郭勒盟，耕地较少，草原以荒漠草原为主，在 12 个盟市的草原中阿拉善盟的平均干草单产最低，由于选择生态约束指标中对自然环境的约束性没有衡量指标，所以阿拉善盟的生态约束指数得分较低，但是受自然因素影响，阿拉善盟其实是内蒙古荒漠化、沙漠化威胁最严重的地区。

乌兰察布市和乌海市农业可持续性综合指数得分低于0.2，乌兰察布市综合指数得分为0.1 482，排于第十一位，位于内蒙古中部，属于农牧交错区，干旱少雨，水资源短缺是制约其农业发展的主要因素，相应的，乌兰察布市农产品生产能力较低，是形成其农业发展可持续性较低的原因。乌海市耕地面积、草原面积和森林面积均是12个盟市中最低的，由于有黄河水可以为其农业生产提供充足的灌溉条件，资源禀赋指数得分略高于乌兰察布市和鄂尔多斯市，但是由于其用水量远超出了其水资源总量，水资源开发利用率很大，是形成其生态约束指数得分较高的原因。与巴彦淖尔市相似，节约用水，提高水资源利用效率是乌海市农业可持续发展过程中的必修课。

4. 农业可持续发展区域划分

为了进一步了解内蒙古农业可持续发展的区域共性特征，借助SPSS软件，采用Q型聚类方法，对内蒙古各盟市农业发展可持续性分析结果进行聚类分析，聚类方法使用离差平方和法，按欧氏距离平方测度样本的相似性（图5-8）。聚类分析结果显示12个盟市可以分为三类：

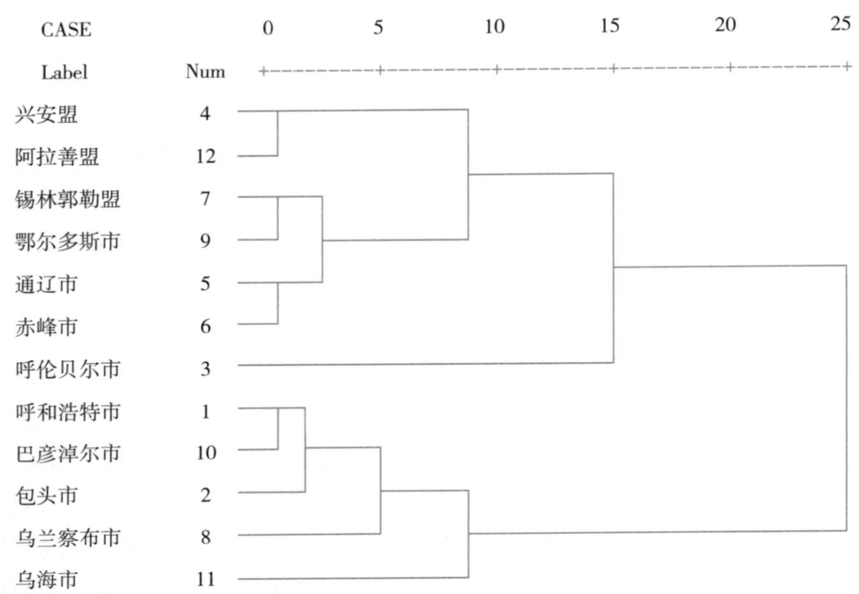

图5-8 内蒙古农业可持续性评价聚类谱系

第一类：农业发展强可持续性区域，主要包括呼伦贝尔市。

第二类：农业发展中度可持续性区域，主要包括通辽市、赤峰市、鄂尔多斯市、锡林郭勒盟、兴安盟和阿拉善盟。

第三类：农业发展弱可持续性区域，主要包括呼和浩特市、包头市、巴彦淖尔市、乌兰察布市、乌海市。

受评价指标有限的制约，阿拉盟农业生态环境脆弱性没能在可持续评价中反映出来，因此对聚类分析结果进行调整，将阿拉善盟单独设为第四类，并将其命名为农业生态环境脆弱区。

（三）区域农业可持续发展的功能定位与目标

1. 农业发展强可持续性区域

（1）功能定位　本区域是内蒙古水土条件匹配最好的地区，发展畜牧业、种植业和林业产品的条件均十分优越，具有生产有机、绿色、无公害农产品的天然优势，因此，可以将本区域的农业发展定位为有机、绿色、无公害等高端农畜产品生产基地。

（2）发展目标　培育产地品牌，把本区域打造成优质农产品的代名词。尽量减少农业生产对化肥农药的盲目依赖，通过使用有机肥和秸秆还田等保护性耕作措施，培肥地力，保护珍贵的黑土地，绝不能以牺牲资源为代价，换取农业的高产出。

2. 农业发展中度可持续性区域

（1）功能定位　本区域主要包括通辽市、赤峰市、鄂尔多斯市、锡林郭勒盟和兴安盟，本区域耕地面积占全区的51.3%，草地面积占全区的47.4%，粮食产量占全区的59.6%，肉类产量占全区62.58%，因此将其定位为内蒙古农畜产品优势供给区。

（2）发展目标　加大基本农田建设力度，从提高本区域农业资源利用效率的角度，培育本地区农畜产品产出能力持续增长，种植业与养殖业有机结合，走循环农业发展之路。

3. 农业发展弱可持续性区域

（1）功能定位　本区域主要包括呼和浩特市、包头市、巴彦淖尔市、乌兰察布市和乌海市，本区域二、三产业较发达，以需求为导向，将本区域农业发展定位为城郊型现代农业示范区域。

（2）发展目标　将本区域打造成果、蔬、水产、畜禽等鲜活农产品城市供给区，农业科研院所、大专院校与农业企业的农业科研与示范基地，以果蔬采摘、垂钓等形式为周边城市居民提供观光旅游的休闲农业区。

4. 农业生态环境脆弱区

（1）功能定位　本区域包括阿拉善盟，境内包括巴丹吉林、腾格里和乌兰布和三大沙漠统称阿拉善沙漠，沙漠总面积78 500km^2，占总土地面积的82.3%，且以每年1 000km的速度扩展蔓延。可见沙漠化影响之大。沙地由固定沙地、半固定沙地和流动沙地组成，以流动沙丘为主，防沙治沙是本区域长期不变的主题，因此将本区域功能定位为农业生态修复治理区域。

（2）发展目标　借助草原奖补等生态治理政策措施，要大力发展林草建设，先覆盖后改造，封育为主，封造结合，增加林草植被，逐渐实现植被的恢复和生态平衡的重建。

（四）区域农业可持续发展典型模式推广

1. 乌海市沙区循环农业经济模式

汉森酒业充分利用乌海市光热资源丰富，昼夜温差大，无霜期长，病虫害极少，引用黄河水灌溉，特别适合优质葡萄的生长得自然资源优势，在贺兰山北麓的乌兰布和沙漠上开辟了10万亩有机葡萄种植基地，通过陆续建设引黄灌溉工程、高效联栋温室、生猪养殖、大型沼气、有机葡萄种植、葡萄酒加工等项目，打造林、草、农相结合的治沙模式，形成了“养殖—沼气—种植—酿酒”和“农业—加工业—旅游”的循环经济模式，把沙区葡萄产业从单一的种植业发展成为集葡萄种植、生产加工、餐饮住宿、旅游观光为一体的综合性大型绿色园区。取得了非常好的经济与社会效益。此生产模式的局限性是需要大量的资金投入，实施企业化运作较为合理，不适用于家庭经营系统。

2. 阿拉善盟农牧业循环与生态治理相结合经营模式

金沙苑生态集团有限公司充分利用阿拉善盟的光热资源优势与特色生物资源优势，开展了葡萄种植基地、葡萄酒加工基地、畜牧业标准化饲养基地、梭梭林嫁接苁蓉基地、防风固沙生态林基地、优良牧草种植基地以及休闲度假生态旅游基地建设，形成种植、养殖副产品循环利用，特色作物培育与生态治理有机结合，农业生产与观光旅游互相促动的综合农业发展模式。此模式经济效益、社会效益和生态效益明显，是一项吸引企业投入生态治理的示范性经营模式。

3. 巴彦淖尔市以沼气为纽带的生态农业模式

以家庭土地资源为基础，以太阳能为动力，把沼气技术、种植技术和养殖技术有机结合起来，形成沼气池、猪舍、厕所和日光温室“四位一体”的良性循环生产模式。此模式经济投入小，且将农牧业生产与居民生活环境改善相结合，符合农民提高生活质量的需求，便于在农区推广。

4. 呼伦贝尔种、养、加循环农业发展模式

以海拉尔农垦集团为代表的饲草料种植、规模化养殖、有机肥加工、机械化种植和农畜产品深加工为一体的大型农畜产品产业化经营模式。此模式是大规模农牧业生产的典范，对资金、技术和管理要求较高，在其他地区的推广难度较大。

5. 节水农业发展模式

内蒙古是全国干旱缺水严重地区之一，水资源的高效利用是维持内蒙古农牧业持续发展的重要途径。目前已在黄河流域、嫩江流域、西辽河流域等地区，建成引进节水灌溉设施和渠系改造相结合的节水农业示范项目区 3 000 多万亩，对节水农业的发展具有示范带动作用。目前在部分水资源短缺的地区，已有农民自主购置节水灌溉设施，进行农业生产。

六、促进农业可持续发展的重大措施

（一）工程措施

1. 高标准农田建设工程

内蒙古土地面积辽阔，耕地面积达 1.37 亿亩，基本农田保护面积 9 174 万亩。同时，内蒙古气候干旱少雨，土地普遍缺水，现有耕地中有灌溉水源保证的仅占约 30%，自治区内 34 个粮食主产区的水浇地面积只有 0.23 亿亩，耕地质量总体偏低。经自治区人民政府批准印发实施的《内蒙古自治区土地整治规划（2011—2015 年）》提出，通过农田整治、宜耕后备土地资源开发、损毁土地复垦、农村居民点整治，补充耕地 82.5 万亩以上，到 2015 年内蒙古耕地整治总规模达到 2 250 万亩以上，其中建设高标准基本农田 1 137 万亩以上，到 2020 年将实现建成 3 660 亩高标准基本农田的目标，耕地质量将大幅提高。

2. 节水灌溉工程

内蒙古是全国干旱缺水严重地区之一，农牧业高效节水灌溉建设还处于较低水平，解决农牧业灌溉发展中的用水总量大、节水灌溉技术和装备水平差、灌溉方式粗放和水资源利用效率低等突出问题，必须把节水灌溉作为战略工程全面推进，优化用水布局，调整用水结构，实行最严格的水资源管理制度，在保障发展现代农牧业用水需求的基础上，为工业化、城镇化发展和生态保护留出更多的水资源，支撑经济社会全面协调可持续发展。

内蒙古自治区实施“四个千万亩”节水灌溉工程，就是到 2020 年，全区将完成以黄河流域为重点的 1 000 万亩大中型灌区节水改造，以嫩江流域为重点的 1 200 万亩旱改水节水建设，以西辽河流域为重点的 1 000 万亩井灌区配套节水改造和以东部牧区为重点的 1 000 万亩节水灌溉饲草地的节水灌溉工程建设任务。工程建成后，农牧业每年可节水 22.8 亿 m^3，全区将实现农业灌溉用水零增长，地下水超采区用水负增长，基本实现农牧业节水现代化。全区节水灌溉总规模将达到

6 000 万亩，农牧业灌溉用水总量控制在 150 亿 m^3。全区粮食总产能力将稳定在 250 亿 kg 以上，灌溉饲草地总产稳定在 105 亿 kg。

3. 农机化推进工程

农业机械不仅是农业生产的工具，且已成为实施农业科学技术的载体，成为促进农业现代化的主要手段。提高农机化发展水平是促进粮食增产、确保粮食安全的重要保障。

农机化推进工程重点在旱作基本农田里实施，主要支持大型农业机械发展，不断优化装备结构，围绕玉米、马铃薯、大豆等主要粮食作物生产，努力提高全程机械化标准作业水平。新增大型拖拉机 5.6 万台，深松机具 9 000 台，精量、免耕播种机具 2.8 万台，高性能联合收割机 3.6 万台，全区保有量分别达到 8.7 万台、1.7 万台、7.8 万台、5 000 台、4.2 万台；大型拖拉机配套比达到 1∶3，在现有基础上提高一倍；综合机械化水平达到 75%，同比提高 15 个百分点。

4. 科技创新应用工程

通过主要粮食产区区域创新中心建设、主要作物良种选育及良种繁育基地建设、主要作物高产高效栽培技术集成与示范、耕地质量建设、主要作物节水灌溉及水肥一体化技术集成研究与示范、农作物绿色防控技术研究与应用、旱作农业可持续发展关键技术集成与示范研究、科技示范培训建设等八大科学研究与示范工程，围绕当前农业科技需求的热点问题开展农业科研与示范，突破农业资源的约束，提高农业资源的可持续利用水平，提高内蒙古农业科技创新能力。

5. 生态配套工程

依托退耕还林还草工程、中低产田改造工程、沃土肥田建设工程、盐碱地治理工程等生态治理工程，按照地减粮增的原则，实现生态环境改善与农业生产能力提高的双赢目标。

（二）技术措施

1. 资源利用类技术

（1）节水农业技术　节水农业包括四个方面的内容：一是农艺节水，即农学范畴的节水，如调整农业结构、作物结构，改进作物布局，改善耕作制度（调整熟制、发展间套作等），改进耕作技术（整地、覆盖等）；二是生理节水，即植物生理范畴的节水，如培育耐旱抗逆的作物品种等；三是管理节水，即农业管理范畴的节水，包括管理措施、管理体制与机构，水价与水费政策，配水的控制与调节，节水措施的推广应用等；四是工程节水，即灌溉工程范畴的节水，包括灌溉工程的节水措施和节水灌溉技术，如精准灌溉、微喷灌、滴灌、涌泉根灌等。

（2）科学施肥技术　科学施肥技术（即“4R”养分管理策略）是通过选用正确的肥料品种、确定最佳用量、在正确的时期和合适的位置施肥的“4R”养分管理策略，并与其他最佳农艺管理措施相结合，因地制宜地指导施肥，提高肥料利用率，实现农业的可持续发展。在农户种植制度的管理上有许多目标，最佳管理策略的应用最能实现这些目标。施肥管理属于种植制度管理中比较重要的一方面，肥料最佳管理策略有助于阐述肥料最佳管理如何与农学管理相适应。

（3）地力培肥技术　地力培肥是采用先进的科技成果，通过广辟肥源，增加有机肥投入，科学施用化肥，提高肥料利用率、推广先进农耕农艺措施，调整结构，改革耕制等措施，保护自然肥力，增加人工肥力，使土壤肥力水平不断提高，确保农业持续稳定增长。

（4）土壤改良技术　土壤改良是排除或防治影响农作物生育和引起土壤退化等不利因素，改善土壤性状、提高土壤肥力，为农作物创造良好的土壤环境条件的一系列技术措施的统称。其基本途径有：① 水利土壤改良，如建立农田排灌工程，调节地下水位，改善土壤水分状况，排除和防止沼泽地和盐碱化；② 工程土壤改良，如运用平整土地，兴修梯田，引洪漫淤等工程措施改良土壤条件；③ 生物土壤改良，用各种生物途径种植绿肥、牧羊增加土壤有机质以提高土壤肥力或营造防护林等；④ 耕作土壤改良，改进耕作方法，改良土壤条件；⑤ 化学土壤改良，如施用化肥和各种土壤改良剂等提高土壤肥力，改善土壤结构等。

(5) 秸秆收集利用技术　农作物秸秆资源具有多功能性，可用作燃料、饲料、肥料、生物基料、工业原料等，与广大农民的生活和生产息息相关。高效开发和集约利用农作物秸秆资源，有利于改善农村生产生活条件，促进农业增效和农民增收，对发展循环经济，构建资源节约型社会，推进社会主义新农村建设等具有重要意义。被人们称为改善农村生产生活条件的清洁工程，建立资源节约型社会的能源工程，减轻大气污染的环境工程，优化畜牧业结构的节粮工程，提高耕地综合生产能力的沃土工程，实现农业可持续发展的生态工程，增加农民收入的富民工程。

(6) 低毒生物农药应用技术　生物农药是指利用生物活体（真菌、细菌、昆虫病毒、转基因生物、天敌等）或其代谢产物（信息素、生长素、萘乙酸钠、2，4-D 等）针对农业有害生物进行杀灭或抑制的制剂。又称天然农药，系指非化学合成，来自天然的化学物质或生命体，而具有杀菌农药和杀虫农药的作用。生物农药包括虫生病原性线虫、细菌和病毒等微生物，植物衍生物和昆虫费洛蒙等。

(7) 少耕免耕技术　① 覆盖耕作。播种前翻动土壤，使用的耕作机具包括深松机、中耕机、圆盘耙、平耙、切茬机。药物或中耕除草。② 垄耕。除施肥外，从收获到播种不翻动土壤。种子播在垄台的种床上，用平耙、圆盘开沟机、小犁或清垄机开床。残茬留于垄间表面，药物或中耕除草，中耕时重新成垄。③ 不耕。除施肥外，从收获到播种不翻动土壤。种子播在窄种床上，以小犁、清垄机、圆盘开沟机、内向铲或施耕机开床。主要以药物控制杂草，非紧迫时不中耕除草。④ 少耕。收获后残茬覆盖 15%~30% 的土壤表面的耕作制度。

2. 环境治理类技术

提出耕地重金属严重污染、农业源污染、地表水过度开发和地下水严重超采、陡坡开垦地区水土流失、草原沙化、退田还湖（湿）等方面治理技术。

(1) 耕地重金属严重污染防治技术　内蒙古区农产品主产区的重金属污染不严重，2004 年，内蒙古农牧业科学院检测中心对内蒙古自治区东部的玉米、大豆主产区和西部小麦主产区进行检测，小麦主产区的污染指数大小依次排列为：镍、砷、锌、镉、铬、铜、铅、汞，其中，镍有超标现象；大豆主产区污染指数大小依次排列为：镍、铬、砷、镉、锌、汞、铅、铜，其中镍和铬有严重超标现象；玉米主产区污染指数大小依次排列为：镍、锌、铬、镉、砷、铅、汞、铜、汞，其中镍、铬有严重超标现象。说明主要农作物生产基地的镍、铬超标较为突出。

理论上说，重金属污染土壤是可以被修复的，但完全恢复其生态功能很难。目前，世界各国针对重金属污染土壤提出的修复措施有很多种，污染土壤修复主要包括两大原理：遏制与去除两大原理。污染土壤修复主要有隔离包埋、固化稳定、热冶分离、化学稳定、电动修复、客土和翻土、土壤淋洗及生物修复等（包括植物修复），但每种措施都存在一定的应用局限性，并存在或多或少的其他问题，其中有些甚至是难以克服的技术难点。重金属一旦进入土壤，再进行修复非常困难，需要花费大量的时间和经费。

(2) 农业源污染防治技术　① 扩大测土施肥应用范围和施用面积，根据作物营养需求特性生产高质量的专用配方肥料，充分发挥配方肥在化肥减量、农田减污方面的作用。② 增施有机肥，通过施用有机肥，增加和更新土壤有机质，促进微生物繁殖，改善土壤的理化性质和生物活性，减少化肥施用量。③ 加强缓释肥的推广。缓释肥通过减缓肥料养分特别是氮素的释放速度，可将氮素利用率提高到60%以上，比一般情况高25%左右，从而可大幅减少传统施肥造成的氮素流失。④ 实施农药减施工程。推广高效低毒低残留农药和生物农药，严格禁止高毒高残留农药的使用，积极开展安全用药宣传，加强病虫害预报，减少用药频次。加快建设农作物病虫害专业化组织，实现区域统防统治。

（3）地表水过度开发和地下水严重超采防治技术　在灌区以衬砌、管灌、滴灌、喷灌、膜下灌等节水灌溉为主，在广大的旱作区域以垄膜沟植、集雨池窖、地膜（秸秆）覆盖、深耕深松、膜下滴灌、免耕栽培、生物篱、坐水种和抗旱制剂等技术为主，形成了一整套水资源高效利用技术。

（4）陡坡开垦地区水土流失防治技术　在鄂尔多斯市东南部、呼和浩特市南部、乌兰察布市南部和赤峰市东南部水蚀比较严重的区域，通过压缩农业用地，重点抓好川地、塬地、坝地、缓坡梯田的建设，扩大林草种植面积，改善天然草场的植被，复垦回填等措施调整土地利用结构，防治坡耕地的水土流失问题。

（5）草原沙化防治技术　采取围栏封育、补播改良、刺线围栏封育等措施，加速草原植被恢复，提高植被盖度，保护天然草场。加强饲草料基地建设。

（6）退田还湖（湿）等方面治理技术　内蒙古河流湿地主要集中分布在东部4个盟市，按照《内蒙古自治区湿地保护条例》，遵循保护优先、科学规划、合理利用和持续发展的原则保护湿地。

（三）政策措施

针对内蒙古自治区农业可持续发展面临的问题，结合现行的农业支持政策，构建与完善自治区农业支持政策体系，有利于实现农业可持续发展的目标。

1. 建立农业支持政策体系

针对农田保护、农业投入、良种、农药、农资生产与流通、农业保险、农产品价格稳定、农产品质量安全、农业专业合作组织、农业劳动力转移培训、贫困地区援助、灾害救助、农业生态环境保护等问题，明确各项支持政策的力度、支持标准和条件、支持方式、投入资金来源等具体内容，为具体的政策措施提供可操作的依据。

2. 加强对农业生产全程管理

借鉴国外“从田间到餐桌”一体化管理的成熟经验，强化农业管理部门对农业产业链条的管理，将保护农业、保护农民与保护农产品消费者通盘考虑。

3. 将支农资金纳入政府预算

确保有稳定的资金投入农业基础建设、农业科研与推广、对农村居民的教育和培训等领域，将提高农业可持续发展水平作为长期的目标。

（四）法律措施

制定和完善相关政策，破解资源环境约束，转变发展方式，实现农业可持续发展。

1. 执行严格的耕地保护政策

改造中低产田，建设高标准农田，大力推进高标准农田建设力度，严格按照《全国高标准农田建设总体规划》建设高标准农田，提高耕地质量和地力等级。

2. 制定和出台农田水利和节约用水方面的行政法规

逐步将农田水利建设与管理实践中行之有效的制度、做法和经验上升为法律制度。建立水价定价机制，进一步发挥农田水利建设规划对项目建设、资金整合的基础与指导作用，健全农田水利技术标准体系。

3. 健全农业科技创新的法律法规，推动农业科技创新

从稳定科研队伍，明确研究方向，保障科研经费等方面制定相关法律法规，实现农业科技创新队伍的可持续发展。农业科技人才作为第一资源比以往任何时候更显现出其重要性和稀缺性。我国农业科技人才的培养、权益保障等方面仍存在许多问题。农业科技人员在促进农业技术推广，发展农村社会经济中起着至关重要的作用。若他们的权益得不到保障会挫伤其工作的积极性，影响农村科技队伍的稳定。目前，农业科研人员权益保护面临着机构不健全、政策落实难、经济待遇差、权益保障难的问题，主要原因主要在于政府投入不足、法律供给不足、服务对象素质较低。

4. 建立健全耕地污染监管措施

加强对重金属污染治理、化肥农药生产、加厚底膜推广、农田残膜回收，畜禽粪便及农业废弃物处理利用监督管理。

5. 构建自然灾害监测预警机制

加快构建自然和生物灾害监测预警、主动防灾、灾后恢复、农民收入减损等防灾减灾体系，建立健全农业防灾减灾长效机制。

参考文献

M. 肯德尔 . 1983. 多元分析 [M]. 北京：科学出版社 .

包刚，吴琼 . 2012. 近 30 年内蒙古气温和降水量变化分析 [J]. 内蒙古师范大学学报（自然科学汉文版），6（41）：668–674.

蔡荣 . 2010. 中国人口资源与环境 [J]，20（3）：107–110.

陈家金，李丽纯，李文 . 2008. 福建省农业资源可持续利用综合评估方法研究 [J]. 中国生态农业学报，16（5）：1234–1238.

程叶青 . 2004. 农业资源可持续利用综合评价模型 [J]. 辽宁农业科学（2）：7–9.

春花 . 2014. 近 30 年内蒙古气候变化趋势及其对草原区植被覆盖变化的影响 [D]. 呼和浩特：内蒙古师范大学 .

德内拉・梅多斯，乔根・兰德斯，丹尼斯・梅多斯著 . 2013. 李涛，王智勇译 . 增长的极限 [M]. 北京：机械工业出版社 .

丁浩，荣蓉 . 2013. 基于 DEA 方法的山东省农业可持续发展能力评价 [J]. 河南科学，31（8）：1284–1287.

方凯，段峥 . 2013. 全球主要国家环境可持续性综合评估——基于碳、水、土地足迹—边界整合分析 [J]. 自然资源学报，30（4）：539–548.

国家林业局 . 2011. 中国荒漠化和沙化状况公报 http ：//www.forestry.gov.cn/.

韩芳 . 2013. 气候变化对内蒙古荒漠草原生态系统的影响 [D]. 呼和浩特：内蒙古大学 .

侯琼，郭瑞清，杨丽桃 . 2009. 内蒙古气候变化及其对主要农作物的影响 [J]. 中国农业气象，30（4）：560–564.

侯琼，乌兰巴特尔 . 2006. 内蒙古典型草原区近 40 年气候变化及其对土壤水分的影响 [J]. 气象科技，

34（1）：102-106.

黄国勤．2007. 农业可持续发展导论 [M]. 北京：中国农业出版社．

金新政，厉岩 .2001. 优序图和层次分析法在确定权重时的比较研究及应用 [J]. 中国卫生统计，18（2）：119-120.

李强，黄斐 .2015. 农村劳动力流失对农业现代化的负面效应及对策 [J]. 广西民族师范学院学报，32（1）：100-102.

李玉英．1996. 层次分析法应用浅谈 [J]. 地质技术经济管理，18（3）：22-25.

林毅夫．1992. 制度、技术与中国农业发展 [M]. 上海：三联出版社．

刘锐．2013. 当前农业生产中化学品投入使用的特点、控制措施与建议——以湖南省调研为例 [J]. 经济研究参考（43）：34-42.

刘志强，金晶，陈渊．2010. 基于 A H P 层次分析法的东北农业可持续发展能力的动态评价及分区预警 [J]. 农业系统科学与综合研究，26（2）：240-247.

罗瑞林．2013. 气候变化对内蒙古春玉米产量影响研究 [D]. 呼和浩特：内蒙古农业大学．

内蒙古国土厅．土地调查规划课题组．内蒙古自治区“十三五”时期土地节约集约利用研究 [C]. 内蒙古“十三五”规划前期重大研究课题汇编．

内蒙古自治区环境保护厅．2013. 内蒙古自治区环境状况公报．

全国科技进步统计监测及综合评价课题组 .2011. 全各国及各地区科技进步统计监测结果．http：//govinfo.nlc.gov.cn/.

盛文萍．2007. 气候变化对内蒙古草原生态系统影响的模拟研究 [D]. 北京：中国农业科学院．

孙日瑶，宋宪华．1993. 综合评价——理论、模型、应用 [M]. 银川：宁夏人民出版社．

孙修东，李宗斌，陈福民 2003. 基于人工神经网络的多指标综合评价方法研究 [J]. 郑州轻工业学学报（自然科学版），18（2）：11- 14.

王律先．1999. 我国农药工业概况及发展趋势 [J]. 农药（10）：1-8.

王明玖．2013. 张存厚内蒙古草地气候变化及对畜牧业的影响分析 [J]. 内蒙古草业，25（1）：5-8.

王宇，于文静，潘林青，等．肥越用越多地越吃越馋——我国化肥使用量占全球三成凸显“肥”之烦恼．新华社 http：//www.gov.cn/xinwen/2015-03/17/content_2835486.htm.

夏莉艳．2009. 农村劳动力流失对农村经济发展的影响及对策 [J]. 南京农业大学学报（社会科学版），9（1）：14-19.

辛俊，赵言文．2010. 安徽省农业可持续发展指标体系构建与评价 [J]. 江苏农业科学，（1）：376-379.

徐玉宏．2003. 我国农膜污染现状和防治对策 [J]. 环境科学动态（2）：9-11.

张丽，刘越．2007. 基于主成分分析的农业可持续发展实证分析———以河南省为例 [J]. 经济问题探索（4）：31-36.

赵素荣，张书荣，徐霞等．1998. 农膜残留污染研究 [J]. 农业环境与发展，57（3）：7-10.

周春华，卫新，王美青，等．2009. 浙江省农业资源可持续利用评价 [J]. 浙江农业科学（4）：641-644.

周利军，张淑花．2008. 基于熵权法的农业可持续发展评价——以绥化市为例 [J]. 资源开发与市场，24（11）：982-984.

Saaty TL. Multicriteria Decision Making. 1988.The Analytic Hierarchy Process Rsw Publication PittsburgmPA[M].

辽宁省农业可持续发展研究

摘要：本项研究从辽宁实际出发，在农业自然资源、农业生产调查分析基础上，借鉴物理学中熵值法，通过建立农业可持续发展评价指标体系、确定指标权重，进而对全省农业可持续发展状况进行综合评价。评价信息熵值越高，系统结构越均衡，差异越小，其权重也就越小，则可持续性越高；反之，系统结构越不均衡，差异越大，其权重也就越大。通过综合评价指标分析测算，辽宁省生态可持续指标所占的比重最大，达到60%左右，经济可持续指标占20%左右，社会可持续指标占20%左右。根据农业可持续发展评价指标的赋权，测算农业可持续发展综合评分，2012年评分为74.87%，据此分析资源承载力，测算农业可持续发展适度规模。在上述分析基础上，同时开展区域功能定位和发展思路研究，最终提出促进辽宁农业可持续发展的对策措施和政策建议。

一、农业可持续发展的自然资源环境条件分析

辽宁省农业自然资源较为丰富，气候温和、雨量适中，具有发展粮、油、菜、糖、果、药、烟、蚕、畜牧、水产等产品生产的优越条件。但受地势地貌等条件影响，辽宁省内区域农业自然资源差异较大，区域农业自然资源存在着组合不匹配的问题，西部地区土地资源丰富，但质量不佳，光照充足，但降水少，水资源匮乏，光热生产率不高，限制了土地资源潜力的发挥；东部地区水资源丰富，但耕地较少，光、热资源不足，限制了水资源潜力的发挥；中、南部地区，耕地质量较好，光、热、水资源适中，但由于城市集中，工业发达，人口密度大，工业与农业、城市与农村用水矛盾突出，尤其是沿海地区，缺水问题严重。因此，要提高农业生产能力，就要加强农业资源调查和开发利用研究，根据区域农业自然条件，加强农业基础设施建设，改善土水气配置状况，提高土地生产率，促进农业生产发展。

课题主持单位：辽宁省农业区划办公室、辽宁省农村经济信息站
主要完成人：刘振国、王小博、殷方升、齐志民、李志勇、冷靖

（一）农业土地资源

1. 耕地

辽宁省耕地资源相对短缺，开发利用程度高，后备资源少。据辽宁省第二次土地调查，2009年末全省耕地总量为 7 562.89 万亩，人均耕地面积 1.78 亩。耕地中水田面积 1 028.7 万亩，占全省耕地面积的 13.70%；旱田面积为 6 193.8 万亩，占耕地总面积的 82.20%；水浇地面积 273.0 万亩，占全省耕地面积的 3.60%。从耕地分布来看，全省耕地主要分布在中南部及西部地区，集中在沈阳、铁岭、朝阳、锦州、阜新、大连 6 个市，耕地总面积 5174.4 万亩，占全省耕地面积的 68.42%，其余 8 个市耕地面积为 2 388.45 万亩，占全省耕地面积的 31.58%。全省 14 市中，耕地面积最大的为沈阳市，达 1 158.59 万亩，占全省耕地面积的 15.32%；耕地面积最小的为本溪市，耕地面积仅 129.22 万亩，占全省耕地面积 1.71%（表 1–1）。

表 1–1 各市耕地面积

地区	耕地（万亩）	土地面积（hm^2）	占全省耕地（%）
全省	7 562.89	14 837 917.5	100
沈阳市	1 158.59	1 285 988.72	15.32
大连市	632.83	1 363 043.54	8.37
鞍山市	456.91	925 536.41	6.04
抚顺市	282.30	1 127 102.68	3.73
本溪市	129.22	841 393.55	1.71
丹东市	373.33	1 528 960.93	4.94
锦州市	768.22	1 003 998.87	10.16
营口市	183.10	539 979.99	2.42
阜新市	781.81	1 032 698.53	10.34
辽阳市	283.84	473 578	3.75
盘锦市	238.47	406 539.72	3.15
铁岭市	1 005.56	1 298 450.68	13.30
朝阳市	827.39	1 969 777.66	10.94
葫芦岛市	441.33	1 040 868.22	5.84

从耕地种类分布来看（表 1–2），辽宁耕地以旱地为主，主要分布于铁岭、沈阳、阜新、锦州、朝阳、大连 6 个市，盘锦市分布面积较少，只有 43.8 万亩；水田主要分布于沈阳、大连、鞍山、丹东、营口、辽阳、盘锦、铁岭 8 个市，其他 5 个市水田面积较少，沈阳市水田面积最大，为 227.55 万亩，占全市水田面积的 22.12%，水资源匮乏的朝阳市水田面积不足 0.5 万亩；水浇地主要分布于朝阳市，水浇地面积 110.4 万亩，其次分布于沈阳、大连、鞍山、锦州 4 个市，本溪市水浇地面积最小，仅 0.8 万亩左右。

表 1-2 辽宁省耕地类型构成面积统计情况 （单位：万亩、%）

名称	耕地	水田	占全省水田	水浇地	占全省水浇地	旱地	占全省旱地
全省	7 562.89	1 028.69	100.00	272.91	100.00	6 193.82	100.00
沈阳市	1 158.59	227.47	22.11	39.55	14.49	841.65	13.59
大连市	632.83	49.55	4.82	23.06	8.45	559.86	9.04
鞍山市	456.91	69.44	6.75	21.60	7.91	365.16	5.90
抚顺市	282.30	41.32	4.02	1.74	0.64	239.71	3.87
本溪市	129.22	11.64	1.13	0.81	0.30	115.78	1.87
丹东市	373.33	99.82	9.70	3.94	1.44	270.60	4.37
锦州市	768.22	54.41	5.29	33.01	12.10	679.63	10.97
营口市	183.10	73.28	7.12	7.48	2.74	102.31	1.65
阜新市	781.81	11.64	1.13	4.26	1.56	762.88	12.32
辽阳市	283.84	90.26	8.77	6.22	2.28	187.59	3.03
盘锦市	238.47	197.09	19.16	4.53	1.66	35.85	0.58
铁岭市	1 005.56	93.35	9.07	7.33	2.69	900.90	14.55
朝阳市	827.39	0.45	0.04	110.34	40.43	710.66	11.47
葫芦岛	441.33	8.96	0.87	9.04	3.31	421.24	6.80

从耕地质量条件来看，根据全省农田土壤养分监测，2009 年全省农田养分整体呈中等水平，速效磷含量相对较高，为 23.88mg/kg，达到丰富等级，碱解氮和速效钾平均含量较低，处于缺乏状态。从近几年农田土壤养分监测看，全省土壤养分含量呈现减少的趋势，全省高、中、低产田分别为 2 277.30 万亩、2 821.05 万亩、2 464.50 万亩，分别占耕地 30.11%、37.30%、32.59%。

2. 园地

根据土地详查，2009 年全省园地面积 716.63 万亩，占全省土地面积的 3.22%，主要分布于大连、朝阳、葫芦岛、营口 4 个市，4 个市园地面积 460.98 万亩，占全省 64.3%，其中，大连市园地面积为 133.15 万亩，占 18.6%；朝阳市园地面积 123.82 万亩，占 17.3%；葫芦岛市园地面积 107.34 万亩，占 15.0%；营口市园地面积 96.67 万亩，占 13.5%。此外，鞍山、丹东、锦州 3 个市园地面积较多，3 个市园地面积合计 166.81 万亩，占全省园地面积 23.3%；其他 7 个市园地面积较少，仅 88.84 万亩，占全省园地面积的 12.4%（表 1-3）。从园地构成看，辽宁园地以果园为主，面积约 696.42 万亩（不包括柞园面积），占全省园地面积的 97.18%，主要分布于南部和西部两大区域，果园面积较多的市主要有大连、营口、鞍山、丹东、葫芦岛、朝阳、锦州市，面积分别为 132.31 万亩、96.30 万亩、56.54 万亩、53.66 万亩、54.60 万亩、107.22 万亩、122.98 万亩、49.28 万亩，分别占全省果园面积的 19.00%、13.83%、8.12%、7.70%、15.40%、17.64%、7.08%，合计占全省果园面积的 88.77%，其余各市均有分布，但面积不大。辽宁省的果园主要由苹果、梨、葡萄、桃、李子、山楂、杏、草莓等果园构成，其中以苹果园所占比例最大，达到了 39.69%，其次是梨园和葡萄园，分别占到总果园面积的 29.53% 和 10.76%，其他果园占 28.88%（表 1-4）。

表 1-3　各市园地面积构成情况　（单位：万亩、%）

地区	园地面积	占全省园地面积	果园面积	占全省果园面积
全省	716.63	100.00	696.42	100
沈阳市	13.91	1.94	13.09	1.88
大连市	133.15	18.58	132.31	19.00
鞍山市	59.42	8.29	56.54	8.12
抚顺市	9.12	1.27	6.89	0.99
本溪市	11.87	1.65	5.38	0.77
丹东市	58.09	8.11	53.66	7.70
锦州市	49.30	6.88	49.29	7.08
营口市	96.67	13.49	96.31	13.83
阜新市	24.41	3.41	24.37	3.50
辽阳市	10.82	1.51	10.28	1.48
盘锦市	0.37	0.05	0.37	0.05
铁岭市	18.33	2.56	17.86	2.56
朝阳市	123.82	17.28	122.86	17.64
葫芦岛市	107.34	14.98	107.22	15.40

表 1-4　全省果园构成情况　（单位：万亩、%）

地区	苹果园		梨园		葡萄园		其他	
	面积	占全省比重	面积	占全省比重	面积	占全省比重	面积	占全省比重
全省	362.85	100.00	270.00	100.00	98.40	100.00	183.00	100.00
沈阳市	14.25	3.93	10.20	3.78	8.70	8.84	3.60	1.97
大连市	117.00	32.24	9.45	3.50	6.60	6.71	88.05	48.11
鞍山市	12.90	3.56	52.05	19.28	1.80	1.83	4.35	2.38
抚顺市	1.05	0.29	8.40	3.11	3.00	3.05	3.75	2.05
本溪市	2.85	0.79	4.35	1.61	2.10	2.13	1.80	0.98
丹东市	13.65	3.76	8.25	3.06	1.50	1.52	30.00	16.39
锦州市	22.05	6.08	45.45	16.83	25.05	25.46	6.45	3.52
营口市	40.20	11.08	12.15	4.50	13.35	13.57	5.25	2.87
阜新市	1.05	0.29	19.95	7.39	4.95	5.03	7.05	3.85
辽阳市	2.85	0.79	17.25	6.39	5.40	5.49	4.05	2.21
铁岭市	12.90	3.56	21.45	7.94	10.80	10.98	4.65	2.54
朝阳市	67.05	18.48	20.55	7.61	9.60	9.76	8.25	4.51
盘锦市	0.45	0.12	0.00	0.00	0.30	0.30	0.00	0.00
葫芦岛市	54.60	15.05	40.35	14.94	5.40	5.49	15.75	8.61

（二）水资源

1. 地表水

辽宁省境内河流众多，流域面积在 100km^2 以上的河流总数为 441 条，其中，流域面积大于 5 000km^2 的河流 16 条；流域面积在 1 000~5 000km^2 的河流 35 条；流域面积在 100~1 000km^2 的河流390条。主要河流有辽河、浑河、太子河、绕阳河、鸭绿江、大凌河、大辽河、小凌河和大洋河等。按地理位置划分，全省河流可分为以鸭绿江为主的东部诸河，以辽河水系为主的中部诸河，以大凌河流域为主的西部沿海诸河及大洋河、碧流河为主的辽东半岛诸河。根据第二次水资源调查，辽宁多年平均地表水资源量（1956—2000年）302.49亿m^3，折合径流深为207.9mm。与第一次水资源评价时期（1956—1979年）相比，多年平均年径流量减少22.21亿m^3，径流深减少15.2mm。

从年径流地区分布来看，全省年径流地区分布极不均匀，与年降水量的分布基本相应，由东部至西部递减，但区域分布的不均匀性远比降水量分布不均匀性更突出，年径流最大值超过最小值26倍，其中，鸭绿江流域年径流最大，流域内径流深分布也较均匀；黄海、渤海沿海水系和浑河、太子河水系年径流次之，区域分布不均匀，辽河流域年径流深最小。从径流年际变化来看，辽宁省年径流不仅有时丰时枯、丰枯交替的现象，更存在连续干旱或连续丰水的现象，极易形成洪涝灾害。

2. 地下水

辽宁省位于阴山纬向构造带与新华夏构造带的复合部位，辽东山地属新华夏第二隆起带，辽西山地属新华夏第三隆起带，辽河平原属新华夏一级沉降带，区域性构造控制着全省的山脉走向、河水的分布与运动，全省1980—2000年多年平均地下水资源量为124.68亿m^3，其中山丘区67.42亿m^3，平原区63.99亿m^3，山前侧向补给量2.00亿m^3，河川基流量形成的地表水体补给量4.73亿m^3，与1956—1979年时期对比，地下水资源量增加了19.28亿m^3。

从地下水的地区分布看，辽东山地由哈达岭和千山山脉组成，山势陡峻，水系发育，植被良好，侵入岩与变质岩分布广泛，构造裂隙含水，属基岩裂隙水。太子河、汎河流域及辽东半岛有岩溶裂隙水和裂隙孔隙水；辽西山地由医巫闾山、努鲁儿虎山、松岭构成，呈北东南西走向。区内植被少，冲沟发育，水土流失严重。大小凌河流域的古生态灰岩有岩溶水。在中生代盆地有孔隙裂隙水；下辽河平原地势平坦，为一断层盆地，区域基底为上第三系碎屑岩，局部是灰岩和变质岩，上部覆盖有深厚的松散堆积物，第四系孔隙水较丰富。从地下水可利用情况来看，全省地下水可开采量71.47亿m^3，其中山丘区15.91亿m^3，平原区55.56亿m^3。

3. 水资源总量

根据第二次水资源调查，辽宁省多年平均水资源总量（1956—2000年）341.79亿m^3，其中，地表水资源量302.49亿m^3，地下水资源量124.68亿m^3，地表水与地下水重复计算资源量85.38亿m^3。从流域三级区水资源情况来看，西拉木伦河及老哈河流域水资源总量为1.03亿m^3；东辽河流域水资源总量为0.61亿m^3；柳河口以上流域水资源总量为42.42亿m^3；柳河口以下流域水资源总量为17.41亿m^3；浑河流域水资源总量为28.79亿m^3；太子河及大辽河干流流域水资源总量为40.22亿m^3；浑江口以上流域水资源总量为33.56亿m^3；浑江口以下流域水资源总量为55.5亿m^3；沿黄渤海东部诸河流域水资源总量为79.08亿m^3；沿渤海西部诸河流域水资源总量为39.82亿m^3；丰满以上流域水资源总量为1.22亿m^3；滦河山区流域水资源总量为2.14亿m^3。

（三）农业气候资源

辽宁省地处中纬度，属暖温带、温带大陆性季风气候区，光能资源丰富，日照充足，温度适中，冬季长，春秋季短，雨热同季，年度变化较大，受地势地貌等自然条件影响，区域气候差异较大。

1. 光资源

辽宁省光能资源丰富，受地形和气候影响，光能资源分布区域差异较大，分布趋势大体由西向东递减，年总辐射量 4 187~8 374MJ/m^2，从年内季节变化来看，5 月太阳辐射量最大，12 月最小，年生理辐射总量 208~292MJ/m^2，东部地区约为 260MJ/m^2，北部地区约为 270MJ/m^2，南部地区约为 280MJ/m^2，西部地区约为 285MJ/m^2。全省年日照时数为 2 500 小时左右，各地日照时数 2 270~2 990 小时，日照百分率 51%~67%，大田作物生长期日照百分率 45%~63%，20 年来，年日照时数呈下降趋势，约比 20 世纪 80 年代初减少了 120 小时左右（图 1-1）。

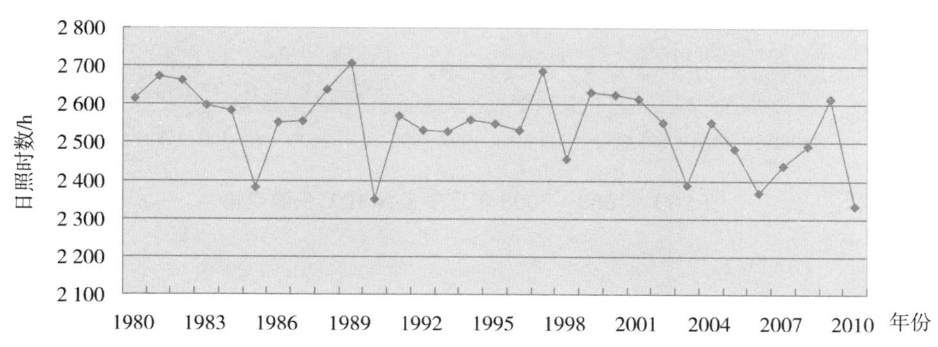

图 1-1　1980—2010 年辽宁省平均日照时数变化

2. 热量资源

辽宁平均气温时空分布主要受纬度、海陆分布、地形地势、大气环流等因素影响，全年平均气温自南向北递减，各地年平均气温在 4.6~10.3℃，高值区在辽东半岛南端，低值区分别在东部山区的新宾县和西部丘陵山区的建平县，辽河平原及大凌河流域平均温度高于东西两侧丘陵山地。全省年平均气温 9.5℃左右，中部地区和西部地区的朝阳、葫芦岛市平均气温达到 11℃左右，东部地区和西部地区的阜新市平均气温只有 8.5℃。

从平均气温年际变化来看（图 1-2），受全球气候变暖影响，20 年来，辽宁省平均气温持续增高，约比 20 世纪 80 年代增加了近 1.8℃左右。从农业界限积温来看，日平均气温≥0℃积温 4 100℃·d 左右，其中，东部和西北部丘陵山地为 3 800℃·d，辽河平原和朝阳地区为 4 100℃·d，南部的大连市为 4 300℃·d 以上；日平均气温≥5℃积温 3 800℃·d 左右，其

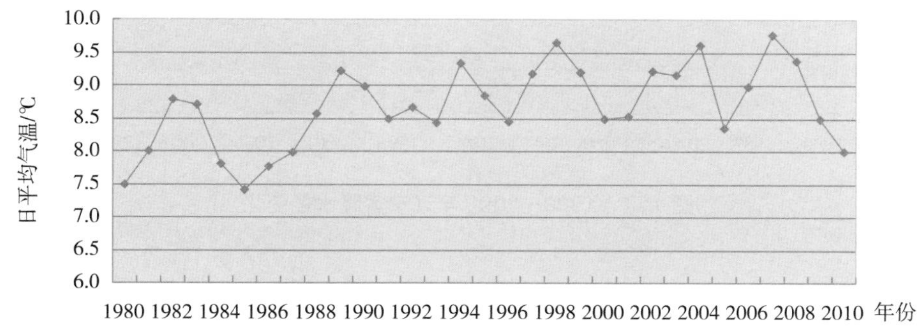

图 1-2　1980—2010 年辽宁省年平均气温变化

中，东部和西北部丘陵山地为 3 500℃·d，辽河平原和朝阳地区为 3 700℃·d，南部的大连市为 3 900℃·d；日平均气温≥ 10℃积温 3 500℃·d 左右，其中东部和西北部丘陵山地为 3 200℃·d，辽河平原和朝阳地区为 3 400℃·d，南部的大连市为 3 600℃·d 以上。

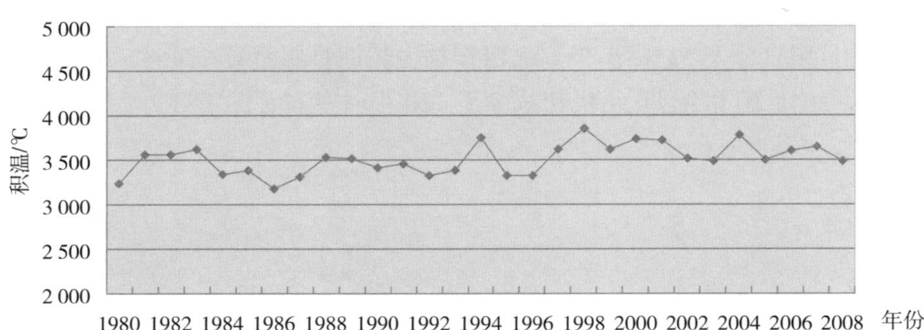

图 1-3　1980—2008 年辽宁省≥ 10℃积温变化

3. 降水

受地理位置、地形地势、气候条件影响，辽宁省各地降水量差异较大，鸭绿江下游是辽宁省降水中心，位于丹东市的宽甸地区年降水量达到 1 100mm 以上，西部地区降水较少，朝阳市建平县年降水量仅 450mm。多年平均降水量在 350~1 100mm（图 1-4），呈现自东南向西北递减趋势。从区域分布来看，东部地区的抚顺、本溪、丹东 3 个市的年降水量达到 800mm 以上，其中丹东市达到 1 000mm 以上，中部、南部和北部地区的沈阳、大连、鞍山、营口、锦州、辽阳、盘锦、铁岭 8 个市的年降水量为 600~800mm，西部地区的朝阳、阜新、葫芦岛 3 个市的降水量仅为 350~600mm。

从降水量年内分布来看，全省降水量年内分布极不均衡，5—9 月降水量占全年 80% 左右，7—8 月降水更为集中，占全年降水量的 50%~60%，雨热同季特点明显，由于春季降水量较少，极易发生春旱，影响春播。另外，全省降水年际变化较大，平均变率为 15%~20%，个别地区年际降水平均变率超过 25%，防洪抗旱任务艰巨。

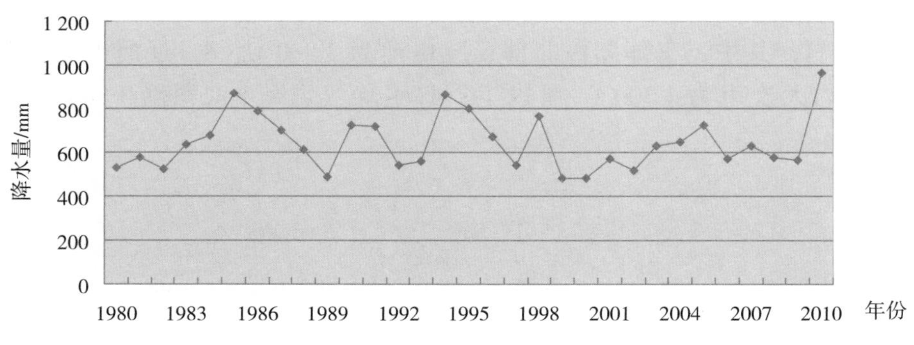

图 1-4　1980—2008 年辽宁省降水量变化

（四）总体评价

辽宁省农业资源较为丰富，气候温和、雨量适中，具有发展粮、油、菜、糖、果、药、烟、

蚕、畜牧、水产等产品生产的优越条件。同北方其他省份一样，辽宁省主要农业自然资源（土地、水、气候）存在着地区组合不匹配，差异较大问题。西部地区土地资源丰富，但质量不佳；光照充足，热量资源丰富，但降水少，水资源匮乏，光热生产率不高，限制了土地资源潜力的发挥。东部地区水资源丰富，但耕地较少，光、热资源不足，限制了水资源潜力的发挥。中、南部地区，耕地质量较好，光、热、水资源适中，但由于城市集中，工业发达，人口密度大，工业与农业、城市与农村用水矛盾突出，尤其是沿海地区，缺水问题严重。从区域农业发展来看，中部地区为辽河冲积平原，地势平坦广阔，肥水条件较好，跨温和、暖温半湿润两个气候区，光热水等农业资源配置较好，为粮、油、果、菜生产提供了有利条件，也带动了肉、蛋、奶等畜产品发展，是辽宁农业发展的重点地区。南部地区多为低山丘陵，处于暖温带东部，热量资源较为丰富、光能充足，气候条件适宜于粮食、水果等农产品生产，是我国苹果、梨、桃等水果品种的重要产区。东部山区雨量充沛，森林密布，气候冷凉湿润，耕地较少，受气候条件影响，耕地生产水平不高，农业生产要考虑耕地较少的自然特点，在稳定粮食生产的前提下，加快山区特产资源的开发利用，加快中药材、食用菌、山野菜、绒山羊、肉牛、林蛙、鹿等特色农产品发展。北部地区地处辽河平原，地势平坦，土地较为肥沃，气候适宜，处于我国黄金玉米带，是辽宁玉米、大豆等粮食产品的重点产区。西部地区土地资源较为丰富，但受水土流失、土地沙化影响，耕地质量较差，加上降水不足，土地生产能力较低，全省中低产田大多集中于此。要促进农业进一步发展，就要加强农业资源高效利用研究，根据辽宁省实际，大力发展节水农业、设施农业，努力推广测土配方施肥，全面提高农业资源开发利用效率，促进农业发展和农民增收。

二、农业可持续发展的社会资源条件分析

（一）农村人力资源

1. 农村人力资源现状

根据有关统计资料，2010 年年末，全省乡村总户数合计 722.90 万户，乡村总人口 2 327.30 万人，年末劳动力资源合计 1 364.81 万人，劳动年龄内人口合计 1 209.09 万人。乡村从业人员合计 1 208.36 万人，男劳动力合计 666.74 万人，占总劳动力的 55%，女劳动力合计 541.63 万人，占总劳动力的 45%（图 2-1）。

农林牧渔业从业人员合计 663.50 万人，占总从业人数的 54.58%，外出劳动力合计 108.56 万人，工业从业人员合计 138.60 万人，建筑业从业人员 101.7 万人，交通运输业、仓储及邮电通信业从业人员合计 51.0 万人，批发零售业、餐饮业从业人员合计 87.1 万人，其他非农行业合计 166.5 万人。从事第二产业劳动力合计 240.61 万人，占总从业人数的 19.89%，从事第三产业劳动力合计 305.60 万人，占总从业人数的 25.26%（图 2-2）。

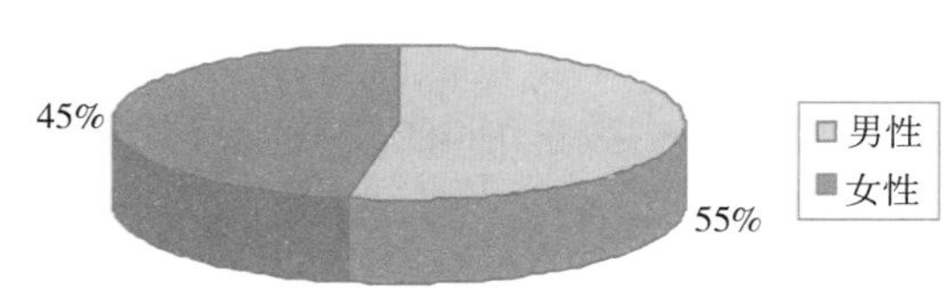

图 2-1 按性别分农村常住从业人员

根据第二次农业普查（图 2-3），20 岁以下劳动力 156.4 万人，占 10.2%；21~30 岁劳动力 255.5 万人，占 16.7%；31~40 岁劳动力 359.6 万人，占 23.5%；41~50 岁劳动力 374.1 万人，占 24.5%；51~60 岁 287.8 万人，占 18.8%；60 岁以上 96.5 万人，占 6.3%。

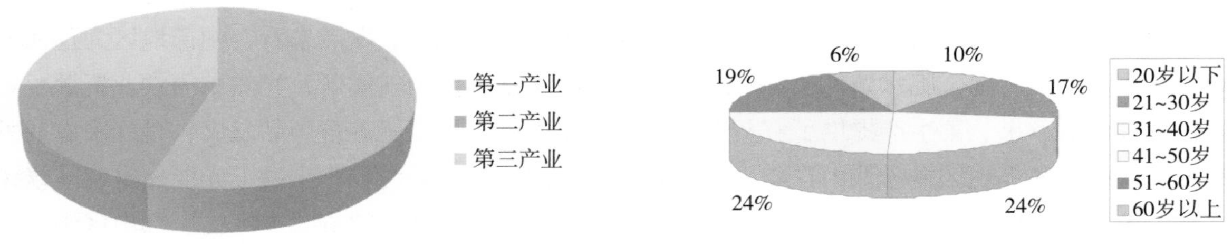

图 2-2　按三次产业分乡村从业人员

图 2-3　按年龄分农村人力资源情况

2. 农村人力资源变化趋势

根据统计（表 2-1），2010 年辽宁省乡村户数 722.9 万户，比 1990 年增加了 91.5 万户，增加幅度达到 14.49%；乡村人口 2328.2 万人，增加 55.8 万人，增加幅度达到 2.46%；乡村从业人员 1208.5 万人，增加 339.1 万人，增加幅度达到 39%，其中，第一产业从业人员 663.6 万人，增加 13.01 万人，增加幅度 2%。

表 2-1　辽宁省农村人力资源情况　（单位：万户、万人）

	1990	1995	2000	2005	2006	2007	2008	2009	2010
乡村户数	631.4	655.5	680.1	695.6	689.2	701.1	703.8	710.7	722.9
乡村人口	2 272.4	2 311.1	2 311.5	2 331.4	2 289.3	2 323.5	2 320.4	2 327.6	2 328.2
乡村从业人员	869.4	917.7	966	1 113.5	1 132.9	1 153.6	1 164.7	1 180.5	1 208.5
第一产业从业人员	650.59	650.9	651.2	686.4	680.9	669.1	662.3	661.0	663.6

3. 农村劳动者素质

随着工业化、城镇化的快速推进，农村劳动力转移继续呈明显加快趋势，农村高素质人才流失较快，尤其新生代农民工在思想、技能、生活习惯等方面均发生巨大变化，离农意识强烈，常年从事农业生产的劳动力呈现妇女化、老龄化趋势，农业劳动力素质结构性下降，对加快发展现代农业构成新挑战。

（1）农村劳动力受教育程度　根据第二次农业普查，2006 年年末，全省农村劳动力中，小学毕业以下劳动力数量为 489.1 万人，占农村劳动力总量的 32.0%；初中毕业劳动力数量为 918.3 万人，占农村劳动力总量的 60.0%；高中以上劳动力数量为 122.5 万人，占 8.0%，其中多数为高中毕业，接受大专以上专业教育程度的仅 20 万人，占农村劳动力总量的 1.3%。按农业从业人员受教育程度统计，2006 年年末，全省农业常住从业人员中，小学以下从业人员 469.3 万人，占从业人员的 33.7%；初中毕业 848.9 万人，占农村劳动力总量的 61.0%；高中以上 72.6 万人，占 5.2%，其中多数为高中毕业，大专以上专业教育程度的仅 14.0 万人，占农村劳动力总量的 1.0%（表 2-2）。

表 2-2　农村劳动者受教育程度　（单位：万人、%）

	合计	未上学	小学	初中	高中	大专以上
劳力数量	1 529.9	33.2	455.9	918.3	102.5	20.0
占比	100.0	2.2	29.8	60.0	6.7	1.3
从业人员	1 390.8	29.6	439.7	848.9	58.6	14.0
占比	100.0	2.2	31.6	61.0	4.2	1.0

(2) 农村技术人员情况　辽宁省农村人力资源素质不高，直接影响先进的农业科技成果转化应用，影响农业和农村经济的快速发展。2006 年，全省村内农业技术人员数量为 39 095 人，其中初级 3.1 万人，占 80.2%；中级 6 630 人，占 17.0%；高级 1 105 人，占 2.8%（图 2-4）。农业生产经营单位农业技术人员数量为 33 999 人，其中初级 1 8961 人，占 55.8%；中级 12 145 人，占 35.7%；高级 2 896 人，占 8.5%（图 2-5）。全省拥有 11 932 个行政村，6 127 万亩耕地，平均每个村拥有农业技术人员 3.3 人，拥有中级以上农业技术人员 0.6 人，平均每个农业技术人员负责 1 567 亩耕地。

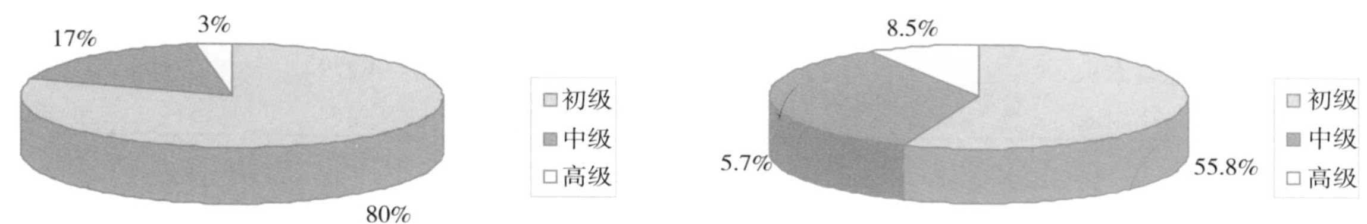

图 2-4　农村农业技术人员结构

图 2-5　生产经营单位农技人员结构

(3) 农村文化教育设施建设情况　辽宁经济水平相对较高，进入 21 世纪以来，省委省政府高度重视“三农”问题，农村各项事业取得显著成效。2006 年末，辽宁省农村有图书室、文化站的村 2 740 个，占全省行政村的 23.0%，高于全国平均水平 9.6 个百分点；有农民业余文化组织的村 2 593 个，占全省行政村的 21.8%，高于全国平均水平 6.7 个百分点；安装了有线电视的村 9 162 个，占全省行政村的 76.9%，高于全国平均水平 19.5 个百分点。农村文化教育设施建设，必将进一步推进农村教育事业，提高农民教育素质，促进农业和农村快速发展。

（二）农业科技

1. 农业科技创新

辽宁是我国科技大省，科技力量雄厚，研究机构众多，农业科技水平在全国居于领先地位。全省拥有沈阳农业大学和熊岳、铁岭农业专科高校和省级与地市级农业科研院（所）15 个，农业科技人员和农技推广人员 3.7 万多人，近年来，辽宁省承担了国家一大批重点实验室和基地项目建设。包括：国家级作物栽培实验室、国家级水稻、玉米、大豆工程技术创新中心（辽宁）、国家高粱改良中心、国家级水稻、玉米、大豆改良分中心，农业部农作物种子质检分中心，农药质检分中心、农产品质检中心、土化测试中心、农业部北方粳稻原原种繁育基地、高油大豆原原种繁育基地、有害生物天敌（赤眼蜂工厂化）繁育基地等。这些科研单位和重点实验室、工程技术中心及基地，具有非常强的创新能力和转化能力，取得了一大批科技成果，为种养业生产提供了有力的技术支撑。随着农业科技创新能力不断提升，农业领域重点实验室、工程技术中心、品种改良中心和原种基地、农业科研试验站等一批科研基地建设的迅速推进，动植物新品种选育、种养殖安全技术集成、农业生物技术产品研制、农业生物与气象灾害防控、农产品精深加工、农业资源保护与利用等领域关键技术的攻关取得大量成果，节水农业、测土配方施肥、精量播种、立体种养等一批先进适用的农业科学技术得到较好的推广和应用，农业科技贡献率、科技成果转化率和推广率稳步提升，有力地推进了现代农业建设（表 2-3）。2010 年，全省主要作物品种更新更换率达到 95.2%，农业科技贡献率达到 55%，比全国平均水平高 10 个百分点，农业科技成果转化率达到 45%。

表 2-3 “十一五”期间农业科技创新能力情况

指标名称	单位	2005	2006	2007	2008	2009	2010
主要作物良种覆盖率	%	95.4	95.8	95.9	96.4	96.6	96.7
主要作物品种更新更换率	%	92.1	92.4	92.7	92.5	94.9	95.2
农业科技成果转化率	%	42	43.5	45	46.5	48	50
农业科技贡献率	%	50	51.5	53	54	55	56
作物品种更新更换面积	万亩	3 350	3 413	3 482	3 632	3 896	4 190
测土配方施肥面积	万亩	800	1 910	3 219	4 719	5 795	6 008
现代农业科技园区	个	119	146	177	214	251	280

为进一步提高农业科技自主创新和转化应用能力，“十二五”期间，辽宁省提出要继续支持农业科技创新体系建设，努力提高农业科技创新装备水平，着力解决制约现代农业发展的重大技术问题，不断促进农业技术集成化、劳动过程机械化、生产经营信息化。不断加强丰产栽培、农田改造等技术的集成，着力提高粮食单产水平和总产水平。大力推进田间作业、设施栽培、病虫害防控等关键技术创新。按照适应农业规模化、精准化、设施化的要求，加快开发推广多功能、智能化、经济型农业机械和装备设施。2015 年，全省农业科技成果转化率达到 55%；农业科技贡献率达到 60%，主要作物良种覆盖率达到 97.2%，主要作物品种更新更换率达到 96.5%，农作物有效防治率为 95%，防治损失率下降到 5%。

2. 农业技术推广体系建设

（1）县以上农业技术推广体系建设情况　辽宁省县以上农业技术推广力量雄厚，全省省市县三级农业技术推广机构共 210 多个，从业人员 4 000 人；县以上农机科研、推广、鉴定、监理、教育培训和管理机构 350 个，形成了以县为中心、乡村为基础、农机户为主体的农机服务网络体系和农机科研、技术推广、教育培训、作业、供应、维修 6 条服务线，经营规模不断扩大，服务水平不断提高，在跨区作业方面取得了突破性进展；全省 14 个市、74 个农业县区均设有植保站，植保从业人员近 1 500 人，初步建立了农业植物保护体系框架，农业植物保护网络监测预警控制系统已覆盖全省。由于县以上农业技术推广力量雄厚，经费充足、人员稳定，促进了农业科技成果的推广和应用，加速了辽宁现代农业建设。

（2）乡镇农技推广体系建设情况　2003 年，为配合农村税费改革，全省启动了乡镇农技推广单位机构改革工作，到 2005 年年底，全省 991 个乡镇的农技推广单位的机构编制全部核定完毕。经这次改革后，除极个别县区外，大部分县区的乡镇成立了综合性的农业服务中心，统一负责农、牧、渔业等行业的技术推广服务。但由于多数乡镇农业服务中心的固定人员编制少，行政与技术推广人员混岗现象严重，同时由于大部分乡镇财力有限，无力加强机构建设，很多基层单位不但得不到业务经费、设施更新经费，甚至连人员的基本工资都没有可靠保障，致使服务能力削弱，变更机构现象不断出现，部分地区甚至撤销了农技推广机构。《国务院关于深化改革加强基层农业技术推广体系建设的意见》（国发 [2006]30 号）文件下发以来，辽宁省将乡镇农技推广机构改革的重点转移到推进完善乡镇农技推广机构改革建设上来，提出抓点带面、稳妥推进的工作思路，继续深化乡镇农技推广体系改革，并选定 13 个县（市）先行试点，2007 年起设立基层农技推广改革省补助资金每年 1 000 万元，予以重点扶持。2008 年 4 月出台了《辽宁省人民政府关于深化改革加强基层农业技术推广体系建设的实施意见》（辽政发 [2008]13 号），明确提出了乡镇级农业技术推广机构要明确公益性职能，其设置模式既可跨乡镇按行业设置也可以乡镇为单位跨行业综合设置，同时对一些幅员面积大、产业优势明显、行业发展任务重、交通不便的乡镇，也可以 1 乡（镇）建 1 个行业站。按照该文件提出的原则，省内各县区依据各自的条件，相继开始了新一轮的基层农技推广体系改革。从目前情况看，由于各地条件不同，改革进展程度也各不相同。到 2009 年底，全省有一半以上的县（市）基本完成了改革的阶段性任务，即明确了乡镇农技推广机构的设置模式、人员编制和工资渠道。但是，如果按照《意见》中提出的农技推广机构改革到位的认定标准（具有确定的办公地点、原有资产已整合、人员编制和财政经费已落实）来衡量，改革完全到位的乡镇农技推广机构比例不大。乡镇农业技术推广体系建设滞后，影响了农业科研成果转化和推广，目前辽宁省农业科研成果转化率为 45%，远远低于发达国家 80% 的水平。因此，切实加强乡镇农业技术推广体系建设，提高服务能力，促进先进的科技成果推广应用，成为省农业科技创新和服务体系建设的重要任务。

（3）农业生产经营户和农业生产经营单位农业技术推广情况

① 农业生产经营户农业技术推广情况：根据第二次农业普查，2006 年全省农业生产经营户机耕面积比重 58.5%，低于全国平均水平 0.1 个百分点；机电灌溉面积比重 15.1%，低于全国平均水平 0.1 个百分点；喷灌面积比重 15.1%，低于全国平均水平 11.6 个百分点；滴灌渗灌面积比重 0.3%，低于全国平均水平 0.5 个百分点；机播面积比重 29.9%，低于全国平均水平 0.9 个百分点；机收面积比重 0.7%，低于全国平均水平 22.6 个百分点。

② 农业生产经营单位农业技术推广情况：根据农业生产经营单位农业技术措施应用情况调查，2006 年全省农业生产经营单位机耕面积比重 50.8%，低于全国平均水平 30.9 个百分点；机电灌溉面积比重 35.7%，高于全国平均水平 10.2 个百分点；喷灌面积比重 1.9%，低于全国平均水平 0.2 个百分点；滴灌渗灌面积比重 0.7%，低于全国平均水平 0.4 个百分点；机播面积比重 10.1%，低于全国平均水平 53.3 个百分点；机收面积比重 25.0%，低于全国平均水平 29.7 个百分点。

（4）农业技术推广体系建设的主要任务　进一步加强农技推广体系建设，充实县（市）级农技人员力量，力争 5 年内在全省建设具有农业技术推广、植物疫病防控、农产品质量监管等功能的乡镇或区域性农技推广综合服务中心；要深入推进农业科技入户，建立村级农业服务站点，确保每个村至少有 1 名农技员；要继续加大科技成果转化力度，加快新技术、新品种、新材料、新工艺、新产品等科技成果的应用，努力提高科技成果转化率；要对优良品种、丰产栽培、节水灌溉、测土施肥等先进适宜技术进行大面积推广应用；要加强信息技术在农业农村的广泛应用，推进农业农村信息服务技术发展，健全农业农村科技信息服务网络，加快科技成果和信息在广大农村的扩散、传播；要加强队伍建设，创新农业技术推广体制与机制，使更多的农业科技成果和先进实用技术转化为现实生产力；要加大农民培训力度，大力发展农业职业教育，提高农业劳动力素质，积极培育懂技术、善经营、能创业的新型农民。

（三）农业化学品投入

1. 农业化学品投入现状

根据中间消耗统计，2010 年，全省农林牧渔业中间消耗总金额为 1 475.45 亿元，农业中间消耗金额为 464.80 亿元，其中肥料消耗 127.45 亿元，燃料消耗 46.89 亿元，农药消耗 15.44 亿元，农用塑料薄膜消耗 2.2 亿元；林业中间消耗金额为 34.34 亿元，其中肥料消耗 1.76 亿元，燃料消耗 2.51 亿元，农药消耗 0.93 亿元；牧业中间消耗金额为 757.2 亿元，其中燃料消耗 3.48 亿元，畜牧用药消耗 33.11 亿元；渔业中间消耗金额为 170.72 亿元，其中燃料消耗 26.1 亿元。

2010 年全省农用化肥施用量为 403.44 万 t（折纯量 140.08 万 t），其中种植业化肥施用量为 396.38 万 t，林业化肥施用量为 6.26 万 t，牧业化肥施用量为 0.24 万 t，渔业化肥施用量为 0.57 万 t。

2010 年全省氮肥施用量为 196.04 万 t（折纯量 68.32 万 t），其中种植业氮肥施用量为 192.19 万 t，林业氮肥施用量为 3.21 万 t，牧业氮肥施用量为 0.19 万 t，渔业氮肥施用量为 0.45 万 t。

2010 年全省磷肥施用量为 50.18 万 t（折纯量 11.44 万 t），其中种植业磷肥施用量为 49.27 万t，林业磷肥施用量为 0.83 万 t，牧业磷肥施用量为 0.02 万 t，渔业磷肥施用量为 0.05 万 t。

2010 年全省钾肥施用量为 29.46 万 t（折纯量 12.24 万 t），其中种植业钾肥施用量为 28.97 万t，林业钾肥施用量为 0.46 万 t，牧业钾肥施用量为 0.01 万 t，渔业钾肥施用量为 0.02 万 t。

2010 年全省复合肥施用量为 127.76 万 t（折纯量 48.08 万 t），其中种植业复合肥施用量为 125.94 万 t，林业复合肥施用量为 1.76 万 t，牧业复合肥施用量为 0.01 万 t，渔业复合肥施用量为 0.05 万 t。

2010 年全省农用塑料薄膜使用量为 12.54 万 t，其中种植业农用塑料薄膜使用量为 11.89 万 t，林业农用塑料薄膜使用量为 0.08 万 t，牧业农用塑料薄膜使用量为 0.51 万 t，渔业农用塑料薄膜使用量为 0.06 万 t。

2010 年全省地膜使用量为 3.64 万 t，其中种植业地膜使用量为 3.60 万 t，林业地膜使用量为 0.01 万 t，牧业地膜使用量为 0.02 万 t，地膜覆盖面积达 28.01 万 hm^2。

2010 年全省农用柴油使用量为 72.82 万 t，其中种植业农用柴油使用量为 35.34 万 t，林业农用柴油使用量为 1.38 万 t，牧业农用柴油使用量为 1.96 万 t，渔业农用柴油使用量为 34.14 万 t。

2010 年全省农药使用量为 5.65 万 t，其中种植业农药使用量为 5.31 万 t，林业农药使用量为 0.28 万 t，牧业农药使用量为 0.02 万 t，渔业农药使用量为 0.04 万 t。

2.2001 年以来化学品投入变化趋势

（1）肥料消耗变化趋势　2001—2009 年肥料消耗由 52.9 亿元增加到 101.4 亿元，增加了 91.7%。2002—2009 年肥料价格指数分别为 102.8%、96.4%、111.1%、117.0%、100.6%、100.9%、134.3%、94.1%，8 年价格指数为 165.2%，实际增长 16.0%。其中，农业肥料消耗由 51.9 亿元增加到 99.7 亿元，增加 92.1%，实际增加 16.3%。从化肥消耗看，2001—2009 年全省化肥消耗由 329.2 万 t 增加到 392.8 万 t，增加 19.3%；折纯量由 109.8 万 t 增加到 133.6 万 t，增加 21.7%（表 2-4）。

表 2-4 农林牧渔业肥料总消耗

年份	2001	2002	2003	2004	2005	2006	2007	2008	2009
肥料总消耗（亿元）	52.9	53.4	55.1	65.2	73.0	78.9	92.3	99.4	101.4
其中：农业（亿元）	51.9	52.5	54.0	64.1	71.7	77.6	90.8	97.7	99.7
化肥消耗（万 t）	329.2	330.8	329.3	341.2	354.2	358.5	370.1	385.5	392.8
折纯量（万 t）	109.8	111.4	112.6	117.9	119.9	121.2	127.5	128.8	133.6

（2）燃料消耗变化趋势　2001—2009 年燃料消耗由 29.3 亿元增加到 70.4 亿元，增加了 41.1 亿元，增加了 140.3%。2002—2009 年燃料价格指数分别为 98.3%、105.1%、112.1%、108.1%、104.2%、104.8%、111.5% 和 93.3%，8 年价格指数为 142.2%，实际增加 69.0%。其中农业燃料消耗由 15.5 亿元增加到 40.6 亿元，增加 161.9%，实际增加 84.3%；畜牧业燃料消耗由 1.2 亿元增加到 3.8 亿元，增加 216.7%，实际增加 122.9%；渔业燃料消耗由 11.9 亿元增加到 20.9 亿元，增加 75.6%，实际增加 23.5%；林业燃料消耗由 0.8 亿元增加到 2.4 亿元，增加 200%，实际增加 111.0%（表 2-5）。

表 2-5 农林牧渔业燃料总消耗

年份	2001	2002	2003	2004	2005	2006	2007	2008	2009
总消耗（亿元）	29.3	32.6	33.8	41.2	48.1	59.6	62.0	66.9	70.4
其中：农业（亿元）	15.5	17.0	16.7	20.5	24.2	29.3	37.0	40.4	40.6
畜牧业（亿元）	1.2	1.3	1.5	1.9	2.2	2.6	2.8	3.5	3.8
渔业（亿元）	11.9	13.3	14.7	17.9	20.5	25.9	20.4	20.6	20.9
林业（亿元）	0.8	1.0	1.0	1.0	1.2	1.7	1.8	2.3	2.4

从能源消耗来看，2001—2008 年全省农林牧渔业能源总消耗中，煤炭由 33.1 万 t 增加到 109.2 万 t，增加 229.9%，年均增加 16.1%；汽油由 24.0 万 t 增加到 40.2 万 t，增加 67.5%，年均增加 6.7%；柴油由 44.2 万 t 增加到 60.1 万 t，增加 36.0%，年均增加 3.9%；电由 20.8 亿 kW · h 增加到 22.9 亿 kW · h，增加 10.1%，年均增加 1.2%（表 2-6）。

表 2-6 农林牧渔业能源总消耗

年份	2001	2002	2003	2004	2005	2006	2007	2008
煤炭（万 t）	33.1	32.2	33.1	33.6	119.4	125.1	122.0	109.2
汽油（万 t）	24.0	25.2	25.0	25.6	35.1	38.1	40.2	40.2
柴油（万 t）	44.2	45.2	45.0	46.3	48.0	51.0	54.8	60.1
电（亿 kW · h）	20.8	17.0	16.0	18.5	19.2	23.3	25.0	22.9

（3）农药和兽药消耗变化趋势　2001—2009 年辽宁省农药和兽药消耗由 11.0 亿元增加到 43.2 亿元，增加了 292.7%。2002—2009 年价格指数 97.5%、99.6%、98.9%、102.5%、101.6%、102.0%、108.7% 和 103.1%，8 年价格指数为 114.3%，实际增加 243.6%。其中，农业农药消耗由 6.8 亿元增加到 12.1 亿元，增加 77.9%；畜牧业由 3.9 亿元增加到 30.5 亿元，增加 682.1%（表 2-7）。

表 2-7 农林牧渔业农药和兽药总消耗

年份	2001	2002	2003	2004	2005	2006	2007	2008	2009
总消耗（亿元）	11.0	11.9	14.6	17.4	19.1	19.3	24.1	41.7	43.2
其中：农业（亿元）	6.8	7.2	8.3	10.0	9.4	10.3	12.0	13.8	12.1
畜牧业（亿元）	3.9	4.3	5.9	6.8	9.3	8.5	11.6	27.2	30.5

（4）农用塑料薄膜消耗变化趋势 2001—2009 年辽宁省农用塑料薄膜消耗由 9.8 亿元增加到 18.0 亿元，增加了 83.7%。2002—2009 年价格指数分别为 104.2%、94.4%、105.8%、108.6%、103.4%、105.4%、115.1% 和 101.9%，8 年价格指数为 144.5%，实际增长 27.1%（表 2-8）。

表 2-8 辽宁省农用塑料薄膜总消耗

年份	2001	2002	2003	2004	2005	2006	2007	2008	2009
总消耗（亿元）	9.8	10.7	9.3	14.6	19.1	19.3	24.1	16.3	18.0

3. 农业生产化学品投入存在的主要问题

辽宁农业生产一直存在着化肥过量使用、利用效率低，农药残留和农用薄膜回收利用率低的问题，既造成资源能源浪费，更带来严重的生态环境问题。2000 年以来全省化肥用量年均增加 19.3%，2009 年全省化肥使用量达到 392.8 万 t，折纯 133.6 万 t，每公顷耕地化肥施用量达到 327.1kg（折纯），超出国际化肥施用安全上限（225kg/hm^2）45.4%。由于化肥过量使用、利用率低，不仅浪费资源能源，也降低了耕地土壤质量，其排放更带来严重的生态环境问题。目前，辽宁省每年流入水体的氮、磷、磷酸盐达到 4 万 t 左右，污染严重的五条河流中（辽河、浑河、太子河、大辽河、大凌河），氨氮已成为主要的污染因子之一。根据沈阳、本溪、铁岭等国家大型商品粮生产项目地级市农业生产调查，2007 年，新民市兴隆、法哈牛等乡镇种植水稻农户，平均每亩化肥使用量达到 60kg，是 2006 年全省平均水平 3 倍；本溪县清河城、高官等乡镇种植玉米农户，平均每亩化肥使用量达到 40kg，是 2006 年全省平均水平 2 倍；昌图县宝力、老城、四面城等乡镇种植玉米农户，平均每亩化肥使用量 50kg，是 2006 年全省平均水平 2.5 倍。目前化肥使用过量、利用率低的原因：一是农民为了多生产粮食，化肥越施越多，以致形成恶性循环。二是耕地养分标准区域差异，农民不知道氮、磷、钾肥的配比施用，配比不准确造成化肥施用量大、利用率低。三是有机肥用量越来越少。由于有机肥使用较麻烦，农民更倾向于使用化肥，也是化肥施用越来越多的主要原因之一。除了存在化肥使用过量之外，还存在利用效率低的问题，目前全省化肥利用率只有 30%~35%，低于先进国家 20 个百分点，若化肥利用率提高 10 个百分点，按目前使用量计算，可以节约化肥 90 万 ~100 万 t，占化肥使用量的 23%~25%。

从农药和农用塑料薄膜使用来看，目前全省化学农药年使用量 4 万 t 左右（沈阳、本溪、铁岭市调查，新民市种植水稻农户亩均施用农药 0.5kg，本溪、铁岭市种植玉米的农户亩均施用农药 0.35~1kg，平均每亩施用 0.6kg），按 2/3 残留计算，每年约有 2.7 万 t 农药进入水体、土壤和大气中；近年来，全省农用塑料薄膜使用量每年增加 2 500t 左右，目前全省农用薄膜使用量近 10 万t，回收率仅为 50% 左右，每年约有 5 万 t 农用塑料薄膜残留在环境中，由于降解缓慢，对环境影响尤为严重，是世界农业发展要解决的重大课题。

三、辽宁省农业发展可持续性评价

（一）总体思路

深入贯彻落实党的十八大和十八届三中全会精神，牢固树立生产、生态、生活“三生共赢”的理念，以转变农业发展方式为主线，以促进农业农村经济可持续发展为主攻方向，以保障粮食等主要农产品有效供给和促进农民增收为前提，以科技创新与技术推广为动力，以资源环境可持续利用为原则，借鉴历史和国际经验，深入分析全国农业可持续发展所面临的严峻挑战与已有的工作基础与条件，协调好稳定农业生产、增加农民收入和促进可持续发展的关系，平衡好生态建设、环境保护与农业生产的关系，处理好区域资源环境承载力、生产力布局与产业结构的关系，统筹好国内生产、国际贸易及农业“走出去”的关系，坚持分区分类指导，突出重点任务，谋划重大举措，切实推进农业可持续发展。

（二）基本原则

坚持因地制宜，抓好粮食生产。

坚持资源高效利用、环境保护与可持续开发相结合。

坚持政策支持，强化基础建设。

坚持科技支撑，加强技术推广体系建设。

坚持政府扶持，农民主体、社会参与。

坚持分区分类指导、重点突破。

（三）辽宁省农业可持续发展综合评价

1. 农业可持续发展指标体系的构建

本研究在中国农业科学院农业资源与农业区划所研究的基础上，并结合辽宁省实际情况及相关数据的可得性，构建了辽宁省农业可持续发展评价指标体系（表 3-1）。

农业可持续发展评价指标体系主要包括 3 个二级指标，分别为生态可持续指标 X、经济可持续性指标 Y 和社会可持续性 Z 指标。其中，自然生态环境指标中，包括了人均耕地面积（X_1）、土壤有机质含量（X_2）、复种指数（X_3）、草畜平衡指数（X_4）、耕地亩均农业用水资源量（X_5）、水资源开发利用率（X_6）、农田旱涝保收率（X_7）、亩农业化学品负荷（X_8）、农膜回收率（X_9）、水土流失面积比重（X_{10}）、秸秆综合利用率（X_{11}）、规模化养殖废弃物综合利用率（X_{12}）、林草覆盖率（X_{13}）、自然灾害成灾率（X_{14}）14 个三级指标；经济可持续性指标中，包括农业劳动生产率（Y_1）、农业土地生产率（Y_2）、农业成本利润率（Y_3）、农民组织化水平（Y_4）、农业产业化水平（Y_5）、农产品商品率（Y_6）6 个三级指标；社会可持续性指标中，包括人均食物占有量（Z_1）、农业科技化水平（Z_2）、农业劳动力受教育水平（Z_3）、农业技术人才比重（Z_4）、农业剩余劳动力转移指数（Z_5）、国家农业政策支持力度（Z_6）6 个三级指标。

表 3-1 辽宁省县域生态环境质量评价指标体系

二级指标	三级指标	含义及作用
X 生态可持续性指标	农村人口人均耕地面积（X_1）	人均占有种植各种农作物的土地面积，衡量农业可持续发展的能力
	土壤有机质含量（X_2）	反映土壤自然肥力高低
	复种指数（X_3）	反映耕地利用强度
	草畜平衡指数（X_4）	反映草地开发利用强度
	耕地亩均农业用水资源量（X_5）	反映农业水资源丰裕状况
	水资源开发利用率（X_6）	反映水资源开发利用的程度
	农田旱涝保收率（X_7）	反映农业抵抗自然灾害的能力
	亩农业化学品负荷（X_8）	反映农业化学品投入强度
	农膜回收率（X_9）	反映农膜回收效果
	水土流失面积比重（X_{10}）	反映农业生态环境质量
	秸秆综合利用率（X_{11}）	反映农业生态环境质量
	规模化养殖废弃物综合利用率（X_{12}）	反映农业生态环境质量
	林草覆盖率（X_{13}）	反映林草覆盖情况
	自然灾害成灾率（X_{14}）	反映农业自然灾害情况
Y 经济可持续性指标	农业劳动生产率（Y_1）	反映农业劳动者生产效率水平
	农业土地生产率（Y_2）	综合反映土地生产力水平
	农业成本利润率（Y_3）	反映每一元投入所创造的利润量
	农民组织化水平（Y_4）	反映农民组织化水平高低
	农业产业化水平（Y_5）	反映农业产业化经营的普遍程度
	农产品商品率（Y_6）	综合反映农产品商品化程度
Z 社会可持续性指标	人均食物占有量（Z_1）	反映农业生产对人们最基本的消费需求的满足程度
	农业科技化水平（Z_2）	反映农业科学技术转化为现实生产力的水平
	农业劳动力受教育水平（Z_3）	反映农业劳动力的基本文化素质和农业劳动力接受现代农业生产技术的能力
	农业技术人才比重（Z_4）	反映农业生产中农业科技人员配备密度
	农业剩余劳动力转移指数（Z_5）	反映农业劳动力就业对农业资源的压力
	国家农业政策支持力度（Z_6）	反映政府对“三农”问题解决的决心和力度

各指标的具体含义及计算过程如下：

农村人口人均耕地面积（X_1） 反映区域耕地资源丰裕状况。

土壤有机质含量（X_2） 反映土壤自然肥力高低。（估算）

复种指数（X_3） 该指标反映耕地利用强度，是指农作物总播种面积与耕地面积之比。

草畜平衡指数（X_4） 反映草地开发利用强度，用草地实际载畜量与理论载畜量之比表示。（草原站等草地管理部门）

耕地亩均农业用水资源量（X_5） 反映农业水资源丰裕状况。

水资源开发利用率（X_6） 指区域用水量占水资源总量的比率，反映水资源开发利用的程度。国际上一般认为，对河流的开发利用不能超过其水资源量的 40%。

农田旱涝保收率（X_7） 耕地中旱涝保收面积占总耕地面积的比例，反映农业抵抗自然灾害的能力。

亩农业化学用品负荷（X_8） 用单位耕地面积化肥施用量、单位耕地面积农药施用量表示。

农膜回收率（X_9） 用有效回收农膜的耕地面积与总覆膜耕地面积的比值表示。（估算）

水土流失面积比重（X_{10}） 用水土流失面积与国土面积之比表示，反映农业生态环境质量。

秸秆综合利用率（X_{11}） 指通过转化成饲料、能源、肥料等实际利用的秸秆量与可利用总量之比。（估算）

规模化养殖废弃物综合利用率（X_{12}） 指规模化养殖废弃物实际利用量与可利用总量之比。（估算）

林草覆盖率（X_{13}） 指林地和草地面积与土地总面积之比。

自然灾害成灾率（X_{14}） 农业自然灾害成灾面积与总播种面积的比值。

农业劳动生产率（Y_1） 指每个农业劳动者在单位时间（一年）内生产的农产品量或产值（推荐用产值），反映农业劳动者生产效率水平。

农业土地生产率（Y_2） 用单位面积农产品产量表示，综合反映土地生产力水平。

农业成本利润率（Y_3） 成本利润率是一年中的利润总额同成本总额的比率，反映每一元投入所创造的利润量。

农民组织化水平（Y_4） 用农户参与度来表示，是指参与农业产业化经营（入社农户、订单生产）农户数占辖区农户总数的比重，反映农业产业化经营的普遍程度。（估算）

农业产业化水平（Y_5） 可用农产品加工转化率表示。（估算）

农产品商品率（Y_6） 指一定时期内农业生产者出售的农产品收入占农业总产值的比重，综合反映农产品商品化程度。农产品销售收入 = 产品 1 出售比例（估算）× 产品 1 产量 × 产品 1 平均售价 + 产品 2 出售比例（估算）× 产品 2 产量 × 产品 2 平均售价 +……

人均食物占有量（Z_1） 用区域粮食或肉类（猪牛羊）总产量与总人口的比值来表示，反映农业生产对人们最基本的消费需求的满足程度。

农业科技化水平（Z_2） 可用农业科技进步贡献率来表示，反映农业科学技术转化为现实生产力的水平。

农业科技进步贡献率 = 农业科技进步率 / 农业总产值增长率

农业科技进步率 = 农业总产值增长率 − 物质费用产出弹性 × 物质费用增长率 − 劳动力产出弹性 × 劳动力增长率 − 耕地产出弹性 × 耕地增长率

其中，物质费用、劳动力和耕地的产出弹性，计算时可参考全国平均值，分别为 0.55、0.20 和 0.25。

农业劳动力受教育水平（Z_3） 用农业劳动力平均受教育年限或农业劳动者中初中及以上文化劳动人口比例来表示，反映农业劳动力的基本文化素质和农业劳动力接受现代农业生产技术的能力。

农业技术人才比重（Z_4） 即万名农业人员拥有农业科技人员数，反映农业生产中农业科技人员配备密度。

农业剩余劳动力转移指数（Z_5） 用农业劳动力实际转移数与农村剩余劳动力之比表示，反映农业劳动力就业对农业资源的压力。

国家农业政策支持力度（Z_6） 用政府对农村和农业的财政支出与 GDP 之比表示，反映政府对“三农”问题解决的决心和力度。

2. 确定农业可持续发展指标权重

由于农业可持续发展评价指标之间的权重难以得到一个确定的比例，因此本研究拟借鉴物理学中熵值的计算，采用熵值法确定生态环境质量指标权重。熵值法是一种根据各指标传输给决策者信息含量的大小来确定指标权重的方法，社会系统中信息熵的含义主要指系统状态不确定性程度的度量。信息熵值越高，系统结构越均衡，差异越小，其权重也就越小；反之，系统结构越不均衡，差异越大，其权重也就越大。根据城镇化各项指标的熵值大小，计算变异程度，确定权重，主要步骤为：

(1) 构建原始指标数据矩阵　假设有 m 个待评方案，n 项评价指标，形成原始指标数据矩阵 $X=\{x_{ij}\}m\times n$（$0\leqslant i\leqslant m$，$0\leqslant j\leqslant n$），则 x_{ij} 为第 i 个待评方案第 j 个指标的指标值。

(2) 数据标准化处理　由于各指标的量纲、数量级及指标正负取向均有差异，需对初始数据做标准化处理。

正向指标标准化方法：$X_{ij}=(X_{ij}-X_{jmin})/(X_{jmax}-X_{jmin})$

负向指标标准化方法：$X_{ij}=(X_{jmax}-X_{ij})/(X_{jmax}-X_{jmin})$

定义标准化矩阵 X_{ij}，计算第 i 个待评方案的第 j 项评价指标值的比重：$X_{ij}=x_{ij}\sum_{i=1}^{m}x_{ij}$，

(3) 计算评价指标的熵值　$e_j=-k\sum_{i=1}^{m}(X_{ij}\times\ln X_{ij})$，令 $k=1/\ln m$，（$0\leqslant e_j\leqslant 1$）

(4) 计算信息冗余度　$d_j=1-e_j$

(5) 定义评价指标的权重　$w_j=d_j/\sum_{i=1}^{n}d_j$

(6) 计算样本的评价值　第 i 个待评方案的单指标评价得分：$S_{ij}=w_j\times x_{ij}$，

第 i 个待评方案农业可持续发展水平得分：$S_j=\sum_{j=1}^{n}S_{ij}$

式中，F_{ij} 是第 i 个待评方案第 j 项指标的值，F_{jmax}、F_{jmin} 分别为第 j 个指标所在矩阵列的最大值和最小值。

3. 辽宁省农业可持续发展综合评价

根据熵值法的计算步骤，采用辽宁省 2000 年、2011 年和 2012 年 26 个指标的原始数据进行计算分析，得出各指标的权重和辽宁省农业可持续发展综合评价值（表 3-2，表 3-3）。

表 3-2　辽宁省农业可持续发展综合评价原始数据

	2000	2011	2012
1. 生态可持续性指标	—	—	—
1.1 农村人口人均耕地面积	2.50	2.62	2.56
1.2 土壤有机质含量	1.67	1.70	1.71
1.3 复种指数	1.11	1.17	1.18
1.4 草畜平衡指数	15.85	19.79	20.12
1.5 耕地亩均农业用水资源量	186.34	179.83	180.75
1.6 水资源开发利用率	56.44	61.72	56.98
1.7 农田旱涝保收率	38.51	40.03	42.29
1.8 亩农业化学用品负荷	48.99	33.64	30.97
1.9 农膜回收率	70.63	76.21	77.07

（续表）

	2000	2011	2012
1.10 水土流失面积比重	40.00	44.00	44.50
1.11 秸秆综合利用率	50.00	55.00	55.00
1.12 规模化养殖废弃物综合利用率	65.00	70.77	72.09
1.13 林草覆盖率	34.59	38.84	38.97
1.14 自然灾害成灾率	27.52	6.38	9.54
2. 经济可持续性指标	—	—	—
2.1 农业劳动生产率	17 408.36	61 749.36	71 020.92
2.2 农业土地生产率	268.91	386.17	382.02
2.3 农业成本利润率	1.08	1.16	1.20
2.4 农民组织化水平	10.67	15.93	16.18
2.5 农业产业化水平	17.01	32.42	32.44
2.6 农产品商品率	67.47	86.65	87.86
3. 社会可持续性指标	—	—	—
3.1 人均食物占有量	331.99	706.66	737.57
3.2 农业科技化水平	49.18	53.94	54.83
3.3 农业劳动力受教育水平	7.50	7.80	7.80
3.4 农业技术人才比重	5.00	6.00	6.00
3.5 农业剩余劳动力转移指数	38.64	48.32	48.76
3.6 国家农业政策支持力度	1.83	1.56	1.90

表 3-3 辽宁省农业可持续发展评价指标赋权

二级指标	三级指标	含义及作用
X 生态可持续性指标（0.6118）	农村人口人均耕地面积（0.0359）	人均占有种植各种农作物的土地面积，衡量农业可持续发展的能力
	土壤有机质含量（0.0334）	反映土壤自然肥力高低
	复种指数（0.0671）	反映耕地利用强度
	草畜平衡指数（0.0666）	反映草地开发利用强度
	耕地亩均农业用水资源量（0.0323）	反映农业水资源丰裕状况
	水资源开发利用率（0.0322）	反映水资源开发利用的程度
	农田旱涝保收率（0.0395）	反映农业抵抗自然灾害的能力
	亩农业化学品负荷（0.0565）	反映农业化学品投入强度
	农膜回收率（0.0323）	反映农膜回收效果
	水土流失面积比重（0.0869）	反映农业生态环境质量
	秸秆综合利用率（0.0321）	反映农业生态环境质量
	规模化养殖废弃物综合利用率（0.0325）	反映农业生态环境质量
	林草覆盖率（0.0321）	反映林草覆盖情况
	自然灾害成灾率（0.0323）	反映农业自然灾害情况

（续表）

二级指标	三级指标	含义及作用
Y 经济可持续性指标（0.1948）	农业劳动生产率（0.0324）	反映农业劳动者生产效率水平
	农业土地生产率（0.0321）	综合反映土地生产力水平
	农业成本利润率（0.0339）	反映每一元投入所创造的利润量
	农民组织化水平（0.0321）	反映农民组织化水平高低
	农业产业化水平（0.0321）	反映农业产业化经营的普遍程度
	农产品商品率（0.0321）	综合反映农产品商品化程度
Z 社会可持续性指标（0.1934）	人均食物占有量（0.0322）	反映农业生产对人们最基本的消费需求的满足程度
	农业科技化水平（0.0324）	反映农业科学技术转化为现实生产力的水平
	农业劳动力受教育水平（0.0321）	反映农业劳动力的基本文化素质和农业劳动力接受现代农业生产技术的能力
	农业技术人才比重（0.0320）	反映农业生产中农业科技人员配备密度
	农业剩余劳动力转移指数（0.0321）	反映农业劳动力就业对农业资源的压力
	国家农业政策支持力度（0.0326）	反映政府对“三农”问题解决的决心和力度

在上述的农业可持续发展综合评价指标体系中，生态可持续指标所占的比重最大，达到61.18%，经济可持续指标占19.48%，社会可持续指标占19.34%。在所有的三级指标中，水土流失面积比重指标所占的比重最大，达到8.69%，说明农业生态环境质量在整个评价指标体系中的重要性。其次是耕地复种指数指标，占6.71%，最小的为农业技术人才比重指标，为3.20%。

根据农业可持续发展评价指标的赋权，计算2000年、2011年和2012年辽宁省农业可持续发展综合评分。2000年辽宁省农业可持续发展综合评分为27.86%，2012年评分为74.87%，比2000年增长了47.01%。在3个二级指标中，生态可持续发展所占比重较大，将近50%，而经济可持续发展和社会可持续发展所占比重差不多。从年份比较看，生态可持续发展指标得分呈现出下降的趋势，而经济可持续发展和社会可持续发展指标的得分呈现增长的趋势（表3-4）。

表3-4　辽宁省农业可持续发展综合水平、各子系统得分及其比重　（单位：%）

年份	农业可持续发展水平	生态可持续发展		经济可持续发展		社会可持续发展	
		得分	比重	得分	比重	得分	比重
2000	27.86	25.28	90.74	0	0	2.58	9.26
2011	60.14	27.58	45.86	3.02	5.02	15.19	25.25
2012	74.87	36.16	48.30	19.37	25.87	19.34	25.83

四、辽宁省农业可持续发展的适度规模分析

（一）农业可持续发展的资源承载力分析

农业生产的基本特征决定了农业资源的重要性，本部分将从农业土地（特别是耕地资源）、水

资源和气候资源三方面分析农业可持续发展的资源承载力问题。

1. 农业土地资源与农业生产

根据《辽宁统计年鉴》，2008 年，全省农业用地面积 16 845 万亩，占土地总面积 75.84%。其中，耕地面积 6 128 万亩，占农用地总面积 36.38%，人均耕地面积 1.44 亩；林地面积 8 549 万亩，占农用地总面积 50.75%，森林覆盖率 35.13%；园地面积 896 万亩，占农用地总面积 5.32%；牧草地面积 524 万亩，占农用地总面积 3.11%；其他农用地 750 万亩，占农用地总面积 4.45%。辽宁农业土地资源相对较少，开发利用程度较高，已达到开垦极限，外延开发潜力不大，全省省级以上农业后备资源已不足 20 万亩，加上部分坡耕地退耕还草要求和建设占用，耕地资源将日趋减少，园地资源也仅能保持现有水平，农业生产主要以改善区域土地、水、气候配置条件，充分挖掘内涵潜力，提高土地产出效率为主。作为农业资源的林地和草地资源，受生态环境保护和建设要求，其主要功能已从生产功能转移到生态环境保护和建设功能。

2. 水资源与农业生产

辽宁是我国严重缺水的省份之一，人均占有水资源量 810m^3 左右，在国际标准起码需求线以下，为全国平均水平的 1/3，耕地亩均占有 600 水量 m^3 左右。受水资源短缺影响，省内水资源利用程度较高，水资源利用率和地下水利用率均远远高于全国平均水平，尤其是辽河流域，水资源利用率已达到 75% 以上，其中浑河、太河流域超过 80%，工农用水、城乡用水矛盾突出。目前，全省各类供水工程总设计供水能力 215.7 亿 m^3，受投入不足，效益衰减等因素影响，实际供水能力仅 143.8 亿 m^3，其中蓄、引、提水等地表水源工程设施供水量为 73.9 亿 m^3，占 51.4%，地下水供水量为 69.9 亿 m^3，占 48.6%。从各行业用水情况来看，辽宁省每年农业用水量 85 亿 m^3 左右，占总用水量（140 亿 m^3）的 60%，林牧业用水、工业用水、生活用水占 40%，农业用水中，水田灌溉占 85%，旱田和菜田灌溉占 15%。2008 年全省总用水量 142.78 亿 m^3，其中，农田灌溉用水量 86.13 亿 m^3，占总用水量的 60.3%；林牧渔业用水量 7.11 亿 m^3，占总用水量的 5.0%。

3. 气候与农业生产

辽宁地处欧亚大陆东岸，属于温带大陆性季风气候，具有中纬度西风带天气特色。境内雨热同季，日照丰富，积温较高，冬长夏暖，春秋季短，雨量不均，东湿西干，气象灾害频发。由于地形、地势以及距海洋远近的影响，省内各地气候差异较大。从气候对农业的影响来看，一是夏雨稳定充足，能够满足适种作物需要。全省各地全年雨量集中于夏季，其中 7 月、8 月降雨占全年降雨 50% 以上，这正是作物生长需水量最大的时期，充足的夏雨为作物生长提供了重要条件。二是热量资源较为丰富，增产潜力较大。水稻、玉米、高粱、谷子、大豆、薯类等粮食作物全生育期所需积温为 25 00~3 300℃ · d，只要选种得宜，辽宁省热量条件能够满足作物生长要求。若改革耕作技术，科学安排作物布局，可进一步挖掘热量资源，提高作物生产能力。三是光照充足，保证率大，有利于作物增产。辽宁省春播时期（4—5 月），各地日照时数 160~290 小时，日照百分率 70% 左右，利于种子发芽，幼苗生长。夏季虽然雨量集中，但连阴天少，各地日照百分率仍可达到 50% 左右，高温多照，作物能够进行旺盛的光合作用，利于成长发育。四是易发生干旱、洪涝等区域性灾害。受降水时空分布不均影响，冬春降水量较少，极易发生春旱，辽西北地区朝阳市所属的北票、朝阳、建平县北部为二年一遇重春旱（底墒雨 ≤ 40mm 和春雨 ≤ 60mm）发生区。夏季由于雨量集中，部分地区极易发展洪涝灾害，尤其是在东部山区和辽河平原地区。另外，东部山区冷凉湿润，易发生低温冷害。

（二）粮食生产适度规模分析

全省耕地面积 6 127.75 万亩，占土地总面积 27.59%，土地利用程度较高，全省土地利用率为 85.24%，两项指标均高于全国平均水平。从各地区土地资源开发利用来看，中部及东部地区土地利用率较高，沈阳、抚顺、本溪、辽阳市土地利用率均在 90% 以上，西部地区及盘锦市土地利用率低于全省平均水平，朝阳、葫芦岛、锦州土地利用率低于 80%。根据 2002 年全省土地详查，辽宁省能够形成国家级、省级耕地后备资源总量仅 155.92 万亩，其中可开垦土地 143.78 万亩，占耕地后备资源总量的 92.21%；可复垦土地 12.14 万亩，占耕地后备资源总量的 7.79%。

土地资源紧缺，开发利用水平较高，耕地后备资源总量少，补充耕地潜力有限，在目前的技术和资金条件下，耕地后备资源开发仅能够保证耕地占补平衡，并仅能维持 15~20 年的时间。作为我国装备制造业生产基地，在振兴辽宁老工业基地的进程中，建设用地还将进一步增加，到 2020 年以后，建设占用耕地与耕地保护的矛盾将进一步凸显。综合以上分析，到 2020 年，我省耕地资源开发的主要目标是补充建设占用，实现耕地总量“占补平衡”，保证全省 6 127.5 万亩的耕地总量不减少。确保全省粮食种植面积稳定在 4 500 万 ~4 550 万亩，粮食产量稳定在 200 亿 kg。

（三）水果发展适度规模分析

辽宁省是我国北方水果重点产区之一，苹果、梨和葡萄三大水果的栽培面积均居全国前列。2010 年全省水果园面积 531.4 万亩，苹果园面积 188.9 万亩，梨园面积 147.9 万亩，葡萄园面积 39.9 万亩，水果产量 521.56 万 t，苹果产量 209.48 万 t，梨产量 126.14 万 t，葡萄产量 63.43 万 t，全省果品总产值超过 100 亿元，占全省种植业总产值的 15% 以上。目前，全省果业发展区域化产业化发展格局初步形成，苹果生产以大连、营口、葫芦岛、锦州、朝阳等地区为主，梨以葫芦岛、锦州、鞍山和阜新等地为主，葡萄以锦州、营口等地为主，以辽南、辽西等区域为主，形成了若干片特色果品生产基地。

水果发展受市场价格、水果产业化程度、优势条件等诸多因素影响，但同样受市场容量、园地面积等的约束，考虑辽宁的实际情况，到 2020 年，果树栽培面积稳定在 1 000 万亩，水果总产量达到 600 万 t。良种比例占栽培总面积的 85% 以上；优质果品生产基地 200 万亩，优质果率超过 70%。贮藏能力达到 300 万 t，占总产量的 50%；加工能力达到 200 万 t，占总产量的 1/3；加工业总产值 80 亿元。龙头企业、专业合作组织带动果农 100 万户，占果农总户数的 62.5%。果品总产值达到 250 亿元。农民人均果业收入 1 500 元，果农人均收入超过 4 000 元。

（四）蔬菜发展的适度规模分析

辽宁是蔬菜大省，2009 年蔬菜播种面积 636 万亩，产量 2035 万 t，全省设施蔬菜面积常规 322.5 万亩，其中日光温室面积近 180 万亩，设施蔬菜面积和产量均为全国第一。2009 年全省设施农业产值 334 亿元，占全省蔬菜产值的 73%。全省 44 个农业县（市）的设施蔬菜超过 10 万亩。

蔬菜产业发展同样受市场容量、技术水平的约束，但是由于山东省等外省蔬菜的大量拥入，辽宁省蔬菜生产发展在供需有余、产业发展的同时，产品消费市场出现季节性产品过剩，蔬菜价格的大幅度下降。考虑到实际情况，辽宁蔬菜产业应该在稳定播种面积的基础上，向“产业化、集群化、无害化、信息化”方向发展。到 2020 年，全省蔬菜生产播种面积稳定在 1 200 万亩，总产量提高到 5 000 万 t，总产值达到 400 亿元以上，占全省农业总产值的 15%；全省设施蔬菜面积发展到 500 万亩，其中日光温室蔬菜面积发展到 350 万亩，总产值达到 350 亿元，占全省农业总产值的 12.5%。全省农民人均设施蔬菜纯收入达到 1 200 元以上。

五、辽宁省农业可持续发展区域布局

（一）农业可持续发展区划方案

地域分异规律形成了不同地区在农业可持续发展方向的侧重，同时各地区在实现农业可持续时所遇到的障碍因素也各不相同。农业发展的这种地域分异特征，是进行农业可持续发展区划的重要基础。根据国家农业区划工作成果，结合辽宁农业发展的实际状况，将辽宁省农业可持续发展区划分为四大类：辽东山区生态农业发展区、辽中南农产品集中供给区、辽西北干旱农业发展区、特大城市郊区休闲农业发展区（图 5-1）。

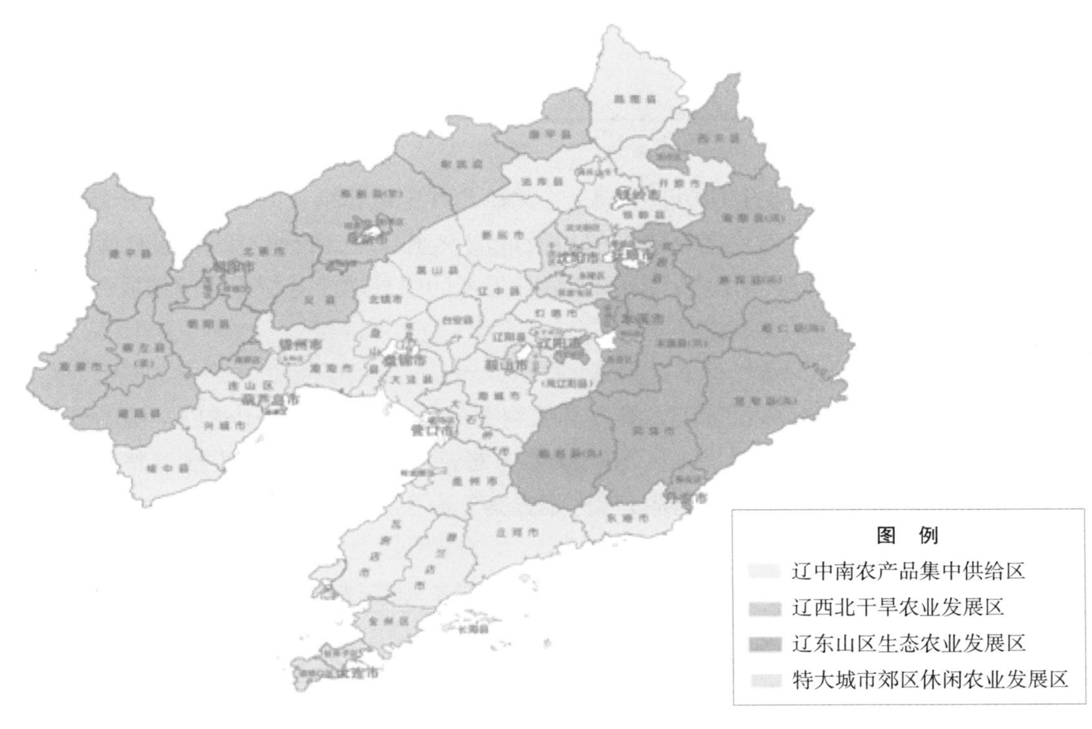

图 5-1 辽宁省农业可持续发展区划

1. 农业县（市、区）可持续发展区划的基本单元

目前，辽宁省共设 14 个地级市，17 个县级市、56 个区、19 个县和 8 个民族自治县，共 100 个县（市、区），其中，农业县（市、区）有 77 个（表 5-1）。对于面积较小（总面积低于或接近 200km²）且城市化程度较高（乡村人口比重低于或接近 10%）的本溪市平山区、阜新市海州区和太平区、盘锦市兴隆台区、铁岭市银州区共 5 个市辖区，不纳入本研究的区划范围，其余 72 个农业县（市、区）则作为本研究的区划基本单元。

表 5-1　划分农业主导功能区的基本单元

市	郊区	县级市	县	数量
沈阳市	东陵、苏家屯、沈北新区、于洪	新民市	辽中县、康平县、法库县	8
大连市	甘井子、旅顺口、金州	瓦房店市、普兰店市、庄河市、	长海县	7
鞍山市	千山	海城市	台安县、岫岩县（满）	4
抚顺市	顺城		抚顺县、新宾县（满）、清原县（满）	4
本溪市	溪湖、明山、南芬		本溪县（满）、桓仁县（满）	5
丹东市	振安	东港市、凤城市	宽甸县（满）	4
锦州市	太和	凌海市、北镇市	义县、黑山县	5
营口市	老边、鲅鱼圈	大石桥市、盖州市		4
阜新市	新邱、细河、清河门		阜新县（蒙）、彰武县	5
辽阳市	弓长岭、太子河	灯塔市	辽阳县	4
盘锦市	双台子		盘山县、大洼县	3
铁岭市	清河	调兵山市、开原市	铁岭县、西丰县、昌图县	6
朝阳市	双塔、龙城	北票市、凌源市	朝阳县、建平县、喀左县（蒙）	7
葫芦岛市	连山、南票、龙港	兴城市	绥中县、建昌县	6
合计（个）	28	17	27	72

在确定县（市、区）农业主导功能基础上，采用定性定量相结合的方法，划分全省农业主导功能区。定性方法主要依据各类农业区划成果以及区域农业自然、农业生产和农村经济社会发展状况，定量方法采用聚类分析数学模型，根据对农业发展的主导功能分析，通过选取相关指标，建立数学模型进行分区研究。

2. 农业县（市、区）可持续发展区划方案

在经过数据采集和处理后，运用聚类分析和判别分析方法，采用 SPSS13.0 版本软件进行定量计算，并通过定性分析（主要考虑未来 10~20 年的发展趋势）进行分区界线调整、孤点（奇异单元）归并等处理，最后确定农业可持续发展区划方案（表 5-2）。

表 5-2　辽宁省农业可持续发展区划方案

地级市	辽东山区生态农业发展区	辽中南农产品集中供给区	辽西北干旱农业发展区	特大城市郊区休闲农业发展区	合计
沈阳市		辽中县、法库县、新民市	康平县	苏家屯区、东陵区、沈北新区、于洪区	8
大连市		长海县、瓦房店市、普兰店市、庄河市		甘井子区、旅顺口区、金州区	7
鞍山市	岫岩县	台安县、海城市		千山区	4
抚顺市	抚顺县、新宾县、清原县			顺城区	4
本溪市	溪湖区、明山区、南芬区、本溪县、桓仁县				5

（续表）

地级市	辽东山区生态农业发展区	辽中南农产品集中供给区	辽西北干旱农业发展区	特大城市郊区休闲农业发展区	合计
丹东市	振安区、宽甸县、凤城市	东港市			4
锦州市		太和区、黑山县、北镇市、凌海市	义县		5
营口市		老边区、鲅鱼圈区、盖州市、大石桥市			4
阜新市			新邱区、细河区、清河门区、阜新县、彰武县		5
辽阳市	弓长岭区	太子河区、辽阳县、灯塔市			4
盘锦市		双台子区、大洼县、盘山县			3
铁岭市	清河区、西丰县	铁岭县、昌图县、调兵山市、开原市			6
朝阳市			双塔区、龙城区、朝阳县、建平县、喀左县、北票市、凌源市		7
葫芦岛		连山区、龙港区、绥中县、兴城市	南票区、建昌县		6
合计	15	32	16	9	72

（1）辽东山区生态农业发展区　本区位于东部地区，包括15个县（市、区），即岫岩县、抚顺县、新宾县、清原县、溪湖区、明山区、南芬区、本溪县、桓仁县、振安区、宽甸县、凤城市、弓长岭区、清河区、西丰县。从农业用地结构来看，以林为主是本区农业生产的显著特点。以林为主的绿色植被，构成了保护辽宁，特别是保护辽宁中部平原的天然绿色屏障。本区农业发展要坚持保护优先、适度开发、有选择开发，不断提高水源涵养和供给能力，更好地发挥生态屏障作用。

（2）辽中南农产品集中供给区　本区位于辽宁中南部地区，包括32个县（市、区），即辽中县、法库县、新民市、长海县、瓦房店市、普兰店市、庄河市、台安县、海城市、东港市、太和区、黑山县、北镇市、凌海市、老边区、鲅鱼圈区、盖州市、大石桥市、太子河区、辽阳县、灯塔市、双台子区、大洼县、盘山县、铁岭县、昌图县、调兵山市、开原市、连山区、龙港区、绥中县、兴城市。该区纵穿辽宁南北，横跨东西海岸，是辽宁省经济社会较为发达、农业发展水平较高的区域，也是全省农业资源禀赋较好，农业发展潜力巨大的农产品主产区。农产品供给功能是该区域农业的主导功能。以市场为导向，优化产品和品种结构，提高农业现代化水平，提升农产品供给能力，是本区农业发展的基本方向。

（3）辽西北干旱农业发展区　本区位于西北部地区，包括16个县（市、区），即康平县、义县、新邱区、细河区、清河门区、阜新县、彰武县、双塔区、龙城区、朝阳县、建平县、喀左县、北票市、凌源市、南票区、建昌县。本区地处科尔沁沙地南缘，生态环境脆弱，农业资源条件较差，农业发展水平不高，是辽宁省经济社会不发达地区。就业与生活保障功能是该区农业的主导功能，同时由于肩负着阻止科尔沁沙地南侵的重任，该区农业的生态调节功能也很重要。着眼于农产品品种和结构的调整创新，充分挖掘光、热等资源潜力，大力发展特色农业和设施农业，促进农业增效和农民增收，同时大力植树种草，建设辽西北生态屏障，是该区农业发展的基本方向。

（4）特大城市郊区休闲农业发展区　本区位于沈阳、大连、鞍山、抚顺4个特大城市郊区，包括苏家屯区、东陵区、沈北新区、于洪区、甘井子区、旅顺口区、金州区、千山区、顺城区。目前，该区域还仅仅是个雏形，但随着农业休闲观光功能的亟剧扩大，农业休闲观光功能将成为该区域农业的主导功能。在大力提升农业休闲观光功能过程中，要特别注意这一功能的有序发展，要切实防止各类主要发挥农业休闲观光功能的农业观光园区的盲目、过度和无序扩张，在数量、规模、布局和时序上都要有科学的规划。

（二）区域农业可持续发展的功能定位与目标

1. 辽东山区生态农业发展区

本区土地面积39 453km^2，占全省土地总面积的26.4%，属于山地丘陵地势，从东北向西南渐低。农业气候属于温带湿润性气候区，主要特点是春秋季短，四季分明，温度适中，雨热同季。本区水资源丰富，是全省是主要的水源供给基地和水源涵养区，主要河流有浑河、太子河、富尔江、浑江和叆河。全区水资源总量超过200亿m^3，约占全省水资源总量的60%。森林资源丰富，森林覆盖率一般在60%~82%。土地资源以林地和耕地为主。2010年全区林地面积261.1万hm^2，占土地总面积的66.2%；耕地总资源49.2万hm^2，占土地总面积的11.2%。土壤类型多为棕壤、暗棕壤区，平均土壤有机质含量为1.9%左右。

本区地处山区，人口密度较小，2010年，全区总人口471.4万人，人口密度仅为120人/km^2，为全省最低。总人口中，城镇人口182.8万人，乡村人口288.6万人，城镇化水平为38.8%，是辽宁省城镇化水平较低地区。本区属于经济欠发达地区，2010年，全区生产总值1671.8亿元，人均国内生产总值3.55万元/人，仅相当于全省77个农业县（市、区）平均水平的81.2%。生产总值中，一、二、三产业增加值分别为178.43亿元、886.86亿元、606.56亿元，三次产业增加值比为10.7：53.0：36.3，工业生产水平不高，农业生产占有一定地位。地方财政一般预算收入197.0亿元，人均地方财政一般预算收入4179元/人，低于全省77个农业县（市、区）平均水平，高于辽西北地区，居全省中下游水平。农民人均纯收入除本溪市明山区达到1万元，其他地区均在8 000元左右，低于全省77个农业县（市、区）平均水平。从农业生产来看，2010年，全区粮食播种面积33.72万hm^2，占77个农业县（市、区）10.4%，粮食产量156.9万t，占77个农业县（市、区）7.8%，粮食生产水平为全省最低的地区；蔬菜产量157.3万t，占77个农业县（市、区）6.1%；水果产量26.61万t，占77个农业县（市、区）5.2%。本区是全省肉牛、绒山羊的重要生产区，草食畜牧业较为发达，肉类产量57.94万t，占77个农业县（市、区）的10.2%；奶类产量8.8万t，占77个农业县（市、区）的6.2%；禽蛋产量21.0万t，占77个农业县（市、区）的6.0%。本区林特资源丰富，是辽宁省食用菌、山野菜、中药材、柞蚕、板栗、榛子、红松籽等产品的重要产区，在全省及至国内均具有重要地位。

本区是辽宁省最重要的水源涵养区，社会经济发展要坚持生态优先、保护为主的原则，农业发展要立足于充分发挥农业的生态调节功能，搞好天然林保护和水源涵养林建设，提高森林经营管理水平和林分质量，充分发挥林业资源的多种效益。实施绿色食品战略，建设绿色药材、水果、山野菜、食用菌、经济动物等基地，加快发展特色山地生态农业。按照生态调节功能要求，一是调整和完善林业政策，巩固集体林权改革成果，构筑新型林业生态建设体制和经营机制。二是要加强封山育林和水源涵养林建设，抓好退耕还林工程，促进农业结构调整和增加林农收入。三是要大力发展林地生态农业。

2. 辽中南农产品集中供给区

本区位于辽宁省中部和南部，土地面积 61 015.2km^2，占全省土地总面积的 41.21%。本区主要为平原地貌，东西两侧为平原向丘陵山地过渡地带。南部为下辽河平原，海拔多在 50 米以下。多年（1980—2000 年）平均水资源总量为 125 亿 m^3，占全省的 36.6%。大部分为温带半湿润气候，日照时数较充分，年平均气温 8—10℃。总体看，本区辽河中下游平原，以及辽西走廊和辽东半岛沿海平原地区，地势平坦，气候适宜、土质肥沃、垦殖系数高；平原两侧及辽西走廊和辽东半岛丘陵地区气候温暖、热量条件优越、降水量适中；沿海地区海岸线漫长，浅海及滩涂宽广，海水养殖和海洋水产资源丰富。可见本区在生产和供应粮食、水果、水产品以及以粮食为主要饲料来源的农区畜牧业产品方面，具备十分优越的农业资源条件。

2010 年，全区农作物总播种面积为 246.05 万 hm^2，占全省 77 个农业县（市、区）农作物总播种面积的 58.82%。其中，粮食作物播种面积为 194.72 万 hm^2，产量为 1 193.60 万 t，分别占全省 77 个农业县（市、区）的 58.82% 和 59.17%；油料作物播种面积 15.28 万 hm^2，产量 44.02 万t，分别占全省 77 个农业县（市、区）的 44.37% 和 44.54%；蔬菜播种面积 24.97 万 hm^2，产量 1 703.4 万 t，分别占全省 77 个农业县（市、区）的 59.04% 和 66.12%。全区果园面积 17.5 万hm^2，产量 267.0 万 t，分别占全省 77 个农业县（市、区）果园面积和产量的 55.5% 和 74.9%。肉类产量 351.32 万 t，占全省 77 个农业县（市、区）肉类总产量的 62.01%；禽蛋产量 224.47 万t，占全省 77 个农业县（市、区）禽蛋产量的 64.15%；水产品产量 400.68 万 t，占全省 77 个农业县（市、区）的 80.81%。

本区是辽宁省粮食、油料和蔬菜集中产区，农产品供给是区域农业的主导功能。因此，按照区域布局要求，合理安排农业生产，促进农产品向优势区集中，实现粮食、肉、蛋、奶、菜等主要农产品规模化、区域化生产和产业化经营，逐步建成 4 个较为完善的农产品生产和供给区，即辽河中游平原粮食、畜产品及水果、蔬菜、淡水产品生产区；下辽河平原粮食、水产品、畜产品生产区；辽西走廊水果、畜禽产品、油料、水产品生产区；辽东半岛水稻、水果、水产品、畜产品生产区。通过 4 个农产品生产和供给区建设，全面提高粮食等主要农产品生产和供给能力，促进全省农业和农村经济快速增长。

3. 辽西北干旱农业发展区

本区位于辽宁省西北部，土地面积 38 319.6km^2，占全省 25.9%。处于内蒙古高原和辽河平原的过渡地带，大部为剥蚀浅山丘陵，气候大部分地区属于半干旱地区，光热资源丰富，水资源严重匮乏，气候条件较差。温差大，日照长，辐射强，降水少，易干旱是本区最大的气候特点。

2010 年，全区农作物总播种面积 1 119 776hm^2，其中粮食作物播种面积 816 487hm^2，油料播种面积 185 570hm^2，蔬菜播种面积 101 163hm^2，分别占全省 26.77%、25.11%、53.87%、23.92%。实现粮食产量 573.56 万 t，占全省 28.43%，油料作物产量 53.14 万 t，占全省 53.76%，水果产量 88.96 万 t，占全省 17.23%，肉类产量 115.72 万 t，占全省 20.43%，蔬菜产量 482.81 万 t，占全省 18.74%。设施农业、特色种植业得到快速发展。

本区由于经济欠发达，农业在吸纳农民就业，增加农民收入中地位突出，作用明显。从吸纳农民就业方面来看，2010 年，全区乡村从业人员 263.5 万人，其中，农林牧渔业从业人员 160 万人，占乡村从业人员的 60.8%。所以，农林牧渔业仍是吸纳劳力的主要产业。从农民收入来源情况看，本区农民家庭经营农林牧渔业收入占农民人均总收入的70%左右，其中，阜新市占80%左右，朝阳市农民家庭经营农林牧渔业收入占农民人均总收入的60%左右。本区的农业在为农民提供就业和生活保障方面发挥着十分突出的作用，就业与社会保障功能应作为该区域农业的主导功能。区域农业发展必须按照为农民提供就业与生活保障的要求，加快具有比较优势的特色农产品发展，加快劳动知识密集型农业发展，尤其要加快设施农业发展，努力提高农业生产效益，提高农业吸纳劳力能力，促进农民增收。

4. 特大城市郊区休闲农业发展区

本区位于沈阳、大连、鞍山、抚顺4个特大城市郊区，土地面积5 493km^2。土地资源中森林面积218 607hm^2，约占土地面积的40.2%；年末耕地总资源217 292hm^2，约占土地面积的39.6%，常用耕地面积202 175hm^2。

2010年，全区总人口359.8万人，约占全省77个农业县（市、区）的11.0%。乡村人口164万人，占全区人口的45.6%，是农业县（市、区）城市化水平最高的地区。生产总值3 618.1亿元，约占77个农业县（市、区）的15.4%，一、二、三产业增加值分别为140.7亿元、2 490.7亿元、986.7亿元，三次产业增加值比为3.9：68.8：27.3，地方财政一般预算收入236.9万元，约占全省77个农业县（市、区）的26.5%，区域农村居民人均纯收入超过1.3万元，尤其是大连市所属的甘井子区、旅顺口区、金州区，农村居民人均纯收入超过1.8万元。本区经济发展水平和实力远超过其他农业区。

本区与大城市紧密相连，随着经济社会发展和城市化进程，满足城市居民文化生活需要，加快发展休闲观光农业是本区农业的重点和方向。因此，本区农业的主导功能是大力发展文化传承和休闲观光农业。一是利用自然或人工营造的乡村环境，向游客提供游憩场所，如田园风景观光、农业公园、乡村休闲度假地等。二是提供体验交流的场所，即通过具有参与性的乡村生活形式及特有的娱乐活动，实现城乡居民的广泛交流，如乡村传统庆典和文娱活动、农业实习旅游、乡村会员制俱乐部。三是提供农产品交易的场所，即向游客提供当地农副产品，包括产品销售、可采摘型果园、农产品直销点、乡村集市等。

（三）区域农业可持续发展经验总结

1. 彰武县节水农业发展

彰武县位于辽宁省西北部，与内蒙古科尔沁沙地相接，土地面积3 623.1km^2。现有耕地面积173万亩，人均占有耕地4.14亩。从水资源情况看，地表水径流量为2.21亿m^3，可利用地表水资源1.1亿m^3，全县多年平均水资源总量44 680万m^3；地表水资源量13 301万m^3；地下水资源量36 276万m^3。从气候条件看，彰武县地处温带季风气候区，四季分明，雨热同季，昼夜温差大，光照充足，年均降水量510mm，降雨多集中在7—8月。本区土地资源丰富，光热条件较好，但降雨量偏少，水资源相对不足，农业生产要着重解决灌溉用水问题，发展节水灌溉尤其是高效节水灌溉不仅对农业生产具有重要的作用和意义，也对当地经济社会发展和人民意义重大。

彰武县地区是辽宁省粮食生产的重要地区。2012年，全县年总人口41.3万人，其中乡村人口35.3万人，地区生产总值114.2亿元，城镇居民人均收入33 050元，农村居民人均收入8631.0元。本区尽管是省农业重点县，但生产水平不高，中低产田较多。2012年，全县农作物总播种面积272.2万亩，其中粮食播种面积148.0万亩，粮食产量83.6万t，单产282.61kg/亩。其中：水稻播种面积6.8万亩，产量3.5万t，玉米播种面积127.0万亩，产量76.5万t。此外，本区蔬菜面积12.2万亩，产量46.8万t，是西北部地区重要的蔬菜产地。要促进农业生产进一步发展，必须改变土水气配置条件，努力增加水资源有效供给，大力发展节水灌溉，提高水资源利用效率。

农业用水是彰武县用水大户，2012年全县用水总量为1.63亿m^3，其中：农业灌溉用水量9510万m^3，占58.3%；林牧渔畜用水量1 386万m^3，占8.6%；工业用水量430万m^3，占2.6%；人民生活用水量1 080万m^3，占6.6%。从水资源供求来看，大部分水资源用于农田灌溉，压缩了工业和环境用水需求。在各级政府努力下，大力推广适宜于彰武县发展的低压管灌节水灌溉技术，2012年年末，全县低压管灌节水灌溉面积达到35.36万亩，占粮食播种面积的23.6%。通过发展高效节水灌溉技术，推进了中低产田改造，提高了粮食生产能力，促进了农业发展，全县玉米单产达到602.4kg/亩。

主要经验和做法有：一是强化宣传，调动全民参与积极性。先后召开工作动员会、现场观摩会、播种现场会等专题会议20余次，举办专门培训班200余场次，印发宣传资料1.7万份。同时通过在电视台开设专栏、深入村屯与农户面对面交流等多种形式，大力宣传实施滴灌节水农业工程的重要作用，在全县上下形成了家喻户晓、人人皆知的浓厚氛围。二是强化领导，建立协调推进机制。组建了以县委、县政府主要领导任组长的节水农业工程建设领导小组，抽调涉农部门40名干部和专业技术人员组成项目实施工作组，按照部门指导、乡镇组织、村组操作、大户带动的方式，确定任务目标，强化责任落实，严格工作奖惩。各项目区均明确了县、乡、村三级责任人，特别是对集中连片的西六乡万亩花生、双庙镇万亩红干椒、前福兴地镇万亩烤烟等重点滴灌节水工程，明确由县主要领导分包，全力推进。各乡镇也相应成立了领导组织，将滴灌节水工程列入年度目标管理体系，在全县建立起上下贯通、协调一致的组织体系，切实做到了处处有人抓、事事有人管。为加快推进工程建设，坚持倒排工期、周调度、阶段总结、定期简报，并先后从省内外协调井机30台充实到工程建设中，确保了今春项目顺利实施。三是强化质量，倾力打造精品工程。结合本县实际制定了工程建设规划，选择集中连片、水源条件好、农户积极性高、增收潜力大、农机作业适宜的地块作为项目示范区，重点围绕国道101、304沿线，打造精品工程。坚持典型引路，突出西六乡、双庙镇等交通便利的6个乡镇，发展重点地块精品工程16处，着力抓实了一批专业大户和农民专业合作社，不断积累经验，形成规模化生产格局，为今后工程全面实施提供了准确依据。为解决工程建设资金短缺，避免重复投入，积极整合千亿斤粮食、土地整理、农业综合开发、保护性耕作、深松农业等项目资金2亿多元，集中财力办大事、抓精品，努力实现资金效益的最大化，目前已到位资金1亿元。为保证建设质量，在技术上以新疆天业集团为依托，每项工程坚持统一规划设计、统一整地施工、统一设备安装、统一作物品种、统一覆膜播种、统一管理运行，严把每项工程质量关。四是强化管理，确保工程发挥长效。为切实有效用好、管好工程，发挥长期效益，按照建管并重原则，加快产权制度建设，健全了工程管理体制，做到了工程有人建、有人用、有人管。第一，明确了产权责任。做到"三突出"，即，突出企业大户经营，所有设备、设施使用权归企业，并负责日常运行及维修管护，对集中连片大户经营，在规定的使用年限内所发生的费用，由大户自己承担；突出合作社经营，将设备使用权和管理权交给合作社，合作社选出主任负责日常运行及维护，所发生的费用按亩均摊；突出联户经营，以每眼井为单元，所涉及的户数为联户成员，并推选组长，由组长负责管理，所发生的运行及维护费用由联户成员按亩均摊。同时，县乡政府对管护人员给予补助。第二，健全了管理机制。制定并出台了设备使用、打井及验收、经费拨付等八项管理办法，由具体责任部门强化执行。对地埋管线、水源井、工程材料实行监理制度，明确了设计人员、施工单位、监理单位、县乡村责任，确保工程建一处、成一处、发挥效益一处。为进一步加强基层水利服务体系建设工作，彰武率先实施了乡镇水利站上归县水利局直管。

2. 辽中县测土配方施肥推广简介

辽中县位于辽宁省中部，区域面积 1 470km^2，耕地面积 115 万亩，人均 2.43 亩，比全省平均水平高 0.65 亩。从水资源和气候条件来看，本区水资源相对不足，光热条件较为丰富，多年平均降水量 694mm，可利用水资源 5.91 亿 m^3；本区属中温带、半湿润大陆性气候，多年平均日照时数 2 575 小时，平均温度 8.1℃，平均相对湿度 65%、年平均无霜期 168 天，适应水稻、玉米、大豆及各种经济作物生长。

2012 年，全县年末总人口 47.3 万人，其中乡村人口 39.1 万人，地区生产总值 404.49 亿元，城镇居民人均收入 37 172.13 元，农村居民人均收入 12 595.1 元。本区农业资源（土、水、气）配置条件较好，农业生产水平较高，是省水稻、玉米等粮食品种的重点生产区。2012 年，全县粮食作物播种面积 116.83 万亩，产量 69.09 万 t，单产 295.685kg。其中：水稻播种面积 61.27 万亩，产量 37.43 万 t；玉米播种面积 51.38 万亩，产量 30.44 万 t。此外，蔬菜面积分别为 18.47 万亩，蔬菜和水果产量为 92.16 万 t、2.99 万 t。

从 2009 年起，辽中县开展着力推进测土配方施肥工作，目前已取得巨大成效，为粮食生产发展作出了重要贡献。现有耕地 115 万亩，其中，旱田 55 万亩，水田 45 万亩，水浇地 15 万亩。2010 年，测土配方施肥应用面积即达到 100 万亩，占耕地面积的 86%；2012 年已经达到 115 万亩，实现全覆盖。

主要经验和做法：一是政府重视。制定《辽中县 2012 年测土配方施肥技术普及示范县创建工作实施方案》，召开了全县测土配方施肥工作动员大会，成立了由县长杨树、主管农业的蹇骞副县长牵头的测土配方施肥工作领导小组，统筹安排、决策测土配方施肥工作的重大事宜，加强各部门协作，建立统筹协调的领导体制和分工负责、相互协作的工作推进机制。同时成立测土配方施肥工作技术小组，提高工作执行能力，加强技术研究，促进测土配方工作落到实处。二是加强投入。加强测土配方施肥宣传、培训，结合春季备耕生产和测土配方施肥技术推广，举办了电视培训 6 次，结合新型农民培训工程，开展冬季、春季培训班，共举办县级培训班 2 次，乡级培训班 7 次，村级培训班 102 次。培训农业技术人员 115 人次，培训农民 8 600 人次，辐射带动 3 万户。每个乡镇书写墙体广告一幅，宣传测土配方施肥项目。三是作好技术推广。每乡镇制定适合本乡镇的主栽作物的施肥配方，现已指定施肥配方 22 个。指导农民施肥，发放测土配方施肥卡 5.3 万张，印发测土配方施肥在行动宣传单，把 5 年来的土壤检测数据分乡镇、村全部粘贴到全县 184 个村的公示板上，让农民能够看得见。发放宣传资料 2.5 万份。通过科普大集等形式共发放宣传单 1.5 万份，为大规模开展技术培训提供了条件，通过培训班发放 1 万份。

3. 北镇市设施农业发展经验

北镇市位于辽宁省中部，区域面积 1 694.0km^2，总人口 52.1 万人，其中乡村人口 43.9 万人。北镇市处于北半球中纬度地带，属温带半湿润季风大陆性气候，气候条件优越。年降水量 604.8mm。境内平均气温 8.2℃。全年无霜期 154~164d，日照时数为 2 871h。本区农业土地资源较为丰富，农业资源（土、水、气）配置条件较好，适合各种农作物生长。

北镇市是省粮食、蔬菜等农产品重点产区，农业生产在当地占有重要地位。北镇是我国蔬菜生产大县，设施农业发展已具有相当规模，窟窿台市场是东北及内蒙古东部最大的蔬菜批发中心。此外，北镇还是全国 40 个水果大县之一，特别是北镇市的鲜储葡萄储存量占全国的 60%。2012 年，北镇市地区生产总值 135.94 亿元，其中：第一产业增加值 45.97 亿元，占地区生产总值 33.82%；

第二产业增加值 48.52 亿元，占地区生产总值 35.69%；第三产业增加值 41.45 亿元，占地区生产总值 30.49%。第一产业增加值中，农业增加值 31.17 亿元，占第一产业增加值 67.81%；城镇居民人均收入 27 051.1 元，农村居民人均收入 11 596.0 元。从粮食生产来看，2012 年，全县粮食播种面积 101.51 万亩，产量 53.00 万 t，单产 277.045kg。其中：水稻播种面积 15.12 万亩，产量 8.62 万 t，玉米播种面积 83.13 万亩，产量 43.56 万 t。此外，蔬菜播种面积 26.67 万亩，产量 101.90 万 t，水果产量 38.46 万 t。目前，北镇已形成了山区以水果为主，平原以蔬菜、葡萄为主，洼区以水稻为主的“西果东菜、林畜覆盖”的农业生产布局。

2008 年，北镇市设施农业面积为 52 万亩，其中：温室推广面积 43 万亩，冷棚面积 9 万亩，设施蔬菜产值 30 亿元。到 2012 年，设施农业面积为 63 万亩，比 2008 年增加 11 万亩，其中：温室推广面积 58 万亩，冷棚面积 5 万亩，设施蔬菜产值达到 40 亿元。随着设施农业的快速发展，农民收入水平不断提高，农民人均纯收入中 50% 来自于设施蔬菜生产。

主要经验和做法：一是加强领导，北镇市专门成立设施蔬菜领导小组，主管农业市长任组长，相关单位为成员，办公室设在农发局，下设物资协调组、技术指导组、检查督导组。二是制定优惠政策，政府制定了中长期发展规划，政府每年都拿出 1 000 多万元扶持，各乡镇做到统一规方划块，制定了发展设施蔬菜的有关土地流转政策。三是加强技术指导，实行设施蔬菜建设跟进式技术服务，每年举办多种蔬菜技术培训班 700 多期，培训人员达 8 万多人次。四是加强投入。在省政府给予设施蔬菜发展补助基础上，市政府每年投入 300 万元以上，设立多种奖励政策，激发农民发展设施蔬菜的积极性。五是推广先进技术。蔬菜节水滴灌技术、秸秆生物反应堆技术、测土配方施肥技术、综合防治病虫害技术（包括防虫网、杀虫灯、黄板等），应用绿色食品标准化生产技术，全部应用新品种，实行土壤消毒技术。

六、促进辽宁省农业可持续发展的重大措施

（一）工程措施

1. 优化农业区域布局

（1）调整优化粮食生产布局　粮食产业要围绕全省 36 个粮食产能大县，抓好优质水稻和玉米生产。要按照辽浑太河流域粮食主产区、辽西丘陵粮食产区、辽东山地粮食产区和辽南滨海粮食产区的产业布局思路。重点抓好高产示范区建设，以点带面，扩大示范效应；要实施 66.7 万 hm^2 水稻产量提升工程，打造绿色和有机大米品牌，实施 33.3 万 hm^2 间套复种高产粮田工程；要加强农田水利、标准农田等重点工程建设，积极推进规模化、专业化粮食安全生产基地建设。此外，还要大力发展高油大豆、花生、特色杂粮、专用薯类等 4 种粮油品种，高油大豆重点在辽河平原中北部地区、南部沿海地区和西部丘陵地区的新民、辽中、康平、法库等 13 个县（市）布局发展。花生重点在辽西北地区的北镇市、黑山县、义县、阜蒙县等 13 个县发展，形成沈阳、铁岭、锦州、阜新 4 个面积超百万亩的花生生产大市，特色杂粮重点在辽西北的康平、法库、阜新、彰武等 11 个县（市）发展，专用薯类重点在辽西和辽北地区的昌图、建平、绥中、新民、庄河等 5 个县（市）发展。

（2）调整优化果、菜生产布局　蔬菜产业主要以发展设施农业为主，要坚持以优质、高效、

安全、多样化、满足城乡居民消费需求为目标，以发展日光温室为主、裸露蔬菜为辅的原则，实施好设施农业 1 000 万亩推进工程，要在改造设施、稳定面积的基础上，加强设施蔬菜标准园建设，突出特色、提高质量、增加效益。要大力发展无公害与绿色食品及有机食品，提升设施农业产业升级，保持日光温室全国领先地位。设施蔬菜布局主要选取在辽西和大中城市近郊，东部山区要发展特色型设施农业、沿海地区要发展出口型设施农业。水果要在环渤黄海湾优势水果产业带区适度向中北部延伸，在发展苹果、梨、葡萄传统果业基础上，大力发展新一代小浆果产业，以鲜食为主、加工为辅，打造绿色和有机果品品牌，加大优质水果出口基地、特色水果基地、老残果园更新改造（20 万 hm^2）、设施水果基地和标准园建设。实施 1 000 万亩名优水果开发工程，推动水果产业提质增效，实现特色果品规模化，规模果品优质化，优质果品产业化目标。

2. 加强以水利为主的农业基础设施建设工程

（1）加强大中型灌区的续建配套与节水改造　继续对庄河、东港、灯塔、营口、大洼、王石、开原、盘山、浑沙和浑蒲 10 座大型灌区进行续建配套与节水改造，到 2015 年完成大型灌区 70% 骨干工程改造任务，到 2020 年完成全部骨干工程改造任务。加快中型灌区节水配套改造，完成石佛寺灌区等 25 座重点中型灌区骨干工程改造任务，启动 1 万 ~5 万亩一般中型灌区节水改造工程。

（2）加强病险水库、大中型病险水闸除险加固和大中型灌排泵站更新改造　实施好清河水库、汤河水库和四道号水库，以及急需治理的 140 座小型病险水库除险加固工作，完成近 120 座大中型水闸除险加固任务，完成 11 座大型灌排泵站更新改造，改善涝区面积 500 万亩。

（3）加强标准农田建设　按照"田地平整肥沃、水利设施配套、田间道路畅通、林网建设适宜"的要求，先期在辽中、法库、东港、北镇、辽阳等 10 个被国家确定为高标准农田建设示范县进行建设、引导，然后在全省 36 个纳入国家粮食生产县中全面推进，到 2015 年完成 21.3 万 hm^2 标准农田建设任务，到 2020 年完成 30 万 hm^2 建设任务，36 个粮食生产县农田大多建成标准农田。

3. 加强农产品质量安全工程

（1）加快推进农业标准化示范区建设　建设蔬菜、水果标准化综合示范区 300 个，做好水稻、玉米、花生三大作物系列配套标准的制（修）订和技术集成到 2020 年，总示范区示范面积达到 1 000 万亩以上，直接带动农户 100 万户，标准化生产辐射面积达到 6 000 万亩，标准化生产面积占耕地、果园总面积的 80%。

（2）健全农产品质量安全检验检测体系　一是完善市级质检中心建设，更新市级质检中心仪器设备，增加检验检测参数，推进开展"双认证"工作。二是完善县级质检站，重点建设 38 个区位突出的县级质检站，力争全部通过"双认证"。三是乡镇检测点（站）建设。在蔬菜、水果重点生产区建设以速测为主的乡镇农残检测点（站），满足基层农产品生产者对鲜活农产品检测的需要。

（3）完善放心农资下乡进村机制　加强对经济实力强大、主导品牌突出、技术力量雄厚、社会诚信度较高的农资生产或经营企业扶持力度，在乡镇或主要农产品生产基地建设放心农资店 3 000 个，覆盖全省 90% 以上的乡镇，从源头上保证农产品的质量安全，维护农民利益。

4. 加强农业有害生物防治工程

在现有农作物病虫害预警与控制省级分中心和县级区域站、重大植物疫情阻截带监测点、农业部农药质量监督检验测试中心以及专业化统防统治示范县（区）的基础上，着力完善农业有害生物预警防控体系、农作物重大病虫害专业化防治服务体系、重大植物疫情阻截监测体系、农药质量检测检验体系。

（1）加强农业有害生物预警防控体系建设　新增 14 个市级农业有害生物预警与控制区域中

心，购置网络监测防控专用仪器设备，建立乡级测报点600个，形成覆盖全省各地及主要作物的监测预警网络。

（2）加强农作物重大病虫害专业化防治服务体系建设　在36个粮食主产县建立500个植保专业机防队提高机防队作业服务能力，维修改造农用飞机场，提高应急飞机防治能力。

（3）加强重大植物疫情阻截监测体系　建设东部沿江（朝鲜边境）地区阻截带、沿黄渤海（港口）地区阻截带、辽西北沿省界地区阻截带3条重大植物疫情阻截带建设。

（4）加强农药质量检测检验体系建设　一是完善省级农药质量监督检验测试中心。主要改造建实验室，更新仪器设备，购置用于检测农药产品中非登记成分的定性定量检验仪器，建立农药产品市场监管情况数据库和信息传递系统，建设农药田间试验基地等。二是建设14市级农药质量监督检验测试分中心。扩建500m^2实验室和装备试验台、排风设备、农药质量主要参数常规检验检测仪器、非登记成分检测仪器，加强农药产品市场监管情况数据库、信息传递系统和田间生物测定基地等建设。三是建设县区级农药质量监督检验站74个。改扩建500m^2实验室和装备试验台、排风设备、农药质量主要参数常规检验检测仪器、非登记成分检测仪器，加强农药产品市场监管情况数据库、信息传递系统和田间生物测定基地等建设。

5. 扎实开展生态环境治理工程

（1）推广测土配方施肥技术　采取整村整乡整县"整建制"方式，全面开展测土配方施肥普及行动和示范县创建活动，在技术进村入户、科学施肥到田上有新发展，切实提高技术覆盖率。将测土配方施肥与粮棉油糖高产创建和园艺作物标准园创建等活动紧密结合起来，创新方式方法，完善体制机制，带动测土配方施肥工作水平全面提高。引导肥料供销企业、农民专业合作社、科技示范户等参与测土配方施肥，积极探索"统测、统配、统供、统施"的服务模式。加快构建配方肥产供施网络，逐步形成以科学配方引导肥料生产、以连锁配送方便农民购肥、以规范服务指导农民施肥的机制。

（2）推广节水农业技术　在旱作农业区推广雨水跨季节调控、深松耕、保水剂等节水农业技术，充分利用天然降水。在精灌农业区，示范推广膜下滴灌、水肥一体化等技术，实现水肥资源的科学精确利用。在水浇地灌溉区，大力推广测墒节灌、集雨补灌等技术，提高灌溉水生产效率。在水田区，推广湿润灌溉、交替灌溉等技术，促进水肥耦合，提高肥料利用率。要加强墒情监测体系建设，完善土壤墒情监测标准站，扩大覆盖范围，实现墒情监测的自动化、标准化、可视化。

（3）大力发展高效节水灌溉　优先推进大、中型灌区等粮食主产区、严重缺水和生态环境脆弱地区、丘陵山区、半山区高效节水灌溉发展，各灌区要在渠道防渗基础上，加快发展管道输水灌溉，加快灌排工程更新改造。要积极开展平整土地，合理调整沟畦规格，推广抗旱节水种植和软管灌溉等地面灌水技术，提高田间灌溉水利用率。要在果园、设施农业等生产区，积极推广管灌、喷灌、滴灌等高效节水灌溉和水肥一体化技术。山区要大力兴建小、微水利工程，积极开展坡耕地改梯田、台地综合治理工作，搞好水土保持和生态建设，提高土壤蓄水保墒能力。

（4）实施好生态林保护和建设工程　积极实施荒山绿化工程，依托国家"三北"五期和退耕还林工程要求，大力开展人工造林，加大补植补造力度，加大清理小开荒还林、迹地更新、残次蚕场改造、疏林灌丛补植造林力度，着力增加有林地面积。到2020年，完成150万hm^2人工造林任务。继续实施辽西北边界防护林体系拓宽工程，将辽西北边界防护林工程拓宽到7~10km，有效阻止科尔沁沙地南侵，提高森林防护功能。加强沿海防护林体系建设，在目前基础上，重点加强沿海2km范围内的造林绿化，拓宽绿化宽度。要实施好公益林与天然林保护工程，禁止天然林商业性采伐，加大封山禁牧力度，全省公益林和天然林保护补偿面积达到 500 万 hm^2。

6. 改善农村人居环境工程

（1）加强农村能源建设　重点推广生物质能转化、太阳能综合利用和沼气发电等农村能源新技术，促进太阳能、生物质能、风能、水能等可再生能源得到有效利用。新增年开发节约农村能源能力 100 万 t 标准煤。新建秸秆固化示范工程 300 处、大中型秸秆沼气集中供气示范工程 40 处；积极开发太阳能资源，新增太阳能房 300 万 m^2、太阳能热水器 60 万 m^2，示范应用太阳能光伏发电、太阳灶等新产品。新建生物质气化集中供气工程 50 个，大中型沼气工程 300 处，促进养殖场废弃物减量化、无害化、资源化和生态化。推广以“一池三改”“四位一体”为主要内容的户用沼气工程 50 万户，带动农户改厨、改厕、改圈，发展沼气生态农业。推进省柴节煤炉、灶、炕升级换代，推广“吊炕”100 万铺。

（2）实施新农村绿化工程　通过对村屯居民庭院、房前屋后、企事业单位、村屯四旁、周边四荒、农田林网、河流沟渠等区域统一规划布局，实行点、线、面的整体绿化，乔、灌、花、草立体配置，达到农田林网化、村庄园林化、道路林荫化、庭院花果化，实现村、路、水、林、田一体化。2020 年前，要推进全省 10 000 个绿化示范村建设，每个村屯植树达到 2 万株以上。

（二）技术措施

1. 资源利用类技术

一是农业生物技术。重点研究主要农作物生物分子标记育种、定向杂交育种技术，建立主要农作物生物分子标记辅助育种技术体系，应用基因工程技术进行主要农作物品种生物农药、生物肥料等的研制。二是良种选育技术。重点研究种质资源收集、引进、开发、评价和利用技术，玉米、水稻、花生、大豆等主要粮油作物，传统名特优水果、小浆果、蔬菜等园艺作物及特色农产品新品种选育技术，主要农作物高光效、高水效、高肥效品种选育技术等。三是农作物高产、优质综合生产技术。重点研究不同生态区域主要农作物丰产高效栽培技术，土壤地力培肥和恢复技术，加强秸秆还田、测土配方施肥技术以及耕层调控技术、保护性耕作等先进技术的组装集成与示范。四是生物质能源开发利用技术。重点研究新型能源植物引进和新品种选育及栽培技术，农作物秸秆等加工致密成型燃料技术，农村沼气技术及设施的集成化示范应用等。五是节水农业装备与高效用水技术。重点研究新型节水农业灌溉设备创制技术，旱作农业自然降水高效利用技术，旱作节水农业精细栽培与补充灌溉技术，旱地复合型保水材料研制与应用技术等。六是病虫害可持续防控技术。重点研究病虫害的发生流行动态及致害性变异监测与预警技术，主要植物病虫害和重大突发性病虫害成灾机理及扑灭技术，新型生物农药、生物肥料研制与产业化。

2. 环境治理类技术

一是重点研究植物物种资源的有效保护技术。二是土地整治与合理利用、生态修复技术，包括土地复垦、整理以及耕地重金属严重污染、农业源污染治理技术。三是农业废弃物开发利用技术。四是地表水过度开发和地下水严重超采、陡坡开垦地区水土流失、草原沙化、退田还湖（湿）等方面治理技术。

3. 农业生态保护和建设类技术

重点研究退耕还林还草还湿、退牧还草、防沙治沙、水土保持、绿色防控等方面技术。

（三）政策措施

1. 高度重视，切实加强组织领导

农业可持续发展是全面建设小康社会和新农村建设的重要内容，是保障国家粮食和食品安全的重要举措，各级政府要充分认识农业可持续发展和我国经济社会发展的重要意义，将农业可持续发展提高到地区经济社会发展的战略高度，增强工作的紧迫性和积极性，切实把这项工作作为头等大事来抓，加强组织领导，建立相应的组织机构，统筹财政、发展和改革、农业、水利等部门，将这项工作纳入政府的议事日程，使规划的任务落实到实处。

2. 科学规划，推进农业可持续发展

要加强农业资源环境合理开发利用研究，分析资源环境开发利用现状和变化趋势以及存在的主要问题，根据资源环境情况，按照国家要求，科学编制农业可持续发展规划，调整优化农业生产布局，推进农产品向适宜区发展，提高资源开发利用效率，提高农业综合生产能力。要在农业可持续发展规划基础上，完善农业资源环境保护与建设规划、农业科技发展规划等专项规划，健全规划体系，推进规划实施。要加强规划修订和监督检查工作，针对发展中遇到的新问题，建立规划的修订和完善机制，使规划与经济社会发展更加协调一致，取得更好的效果。要加强规划落实和执行情况的监督检查，切实保证规划指标、任务的完成。

3. 政策保障，增加农业可持续投入

要制定优惠政策，强化对可持续农业发展的支持力度，吸纳社会资本进入农业资源保护与建设、大型农业基础设施建设领域，提高农业资源环境建设和保护力度，提高农业装备水平和抗风险能力，逐步建立以国家财政投入为主体，社会投资等为补充的多层次、多形式、多方面的投入体系，推进农业的持续快速发展。要努力增加财政用于农业发展、环境建设方面的支出，建立稳定的财政投入增长机制。要远近结合，有计划地实施一批水利基础设施建设、土壤改良、良种培育等重点工程，促进农业的进一步发展。

4. 推进农业科技进步，增强农业可持续发展内在动力

加强财政对农业科技的支持力度，贯彻落实国家和省有关增加财政农业科技投入的各项规定，把农业科研投入放在公共财政支持的优先位置，满足科技创新事业发展要求。加强农业技术创新体系建设，深化农业科技体制与运行机制创新，以科企共建、校企共建为载体，建立全省现代农业技术创新体系，增强创新成果的供给能力。深化农业技术服务体系改革，完善特派团、组、员和农民技术员“四位一体”的科技服务组织模式，解决农业技术推广体系重构问题，提升农业科技服务效果。积极实施科技人才战略，加快科技人才队伍建设，培养一批有文化、懂技术、善经营、会管理的农村科技带头人和农民技术员。改善农业科技条件建设，加强大型科技设施、重点实验室、工程技术研究中心、重大科学工程建设，提升农业技术创新能力。要加强国际合作与交流，增强科技产业竞争力。

5. 切实加强农业资源培育保护，为农业可持续发展提供基础条件

采取法律、行政等多种手段，切实加强对农业资源利用的监督管理。坚持资源开发与保护并重，合理开发利用农业资源，坚定实施“封山禁牧”“封山育林”等保护措施，尽可能减少和杜绝掠夺式开发利用农业资源的行为。要从数量和质量两个方面着手，培育改造农业自然资源。耕地资源、林草资源等农业自然资源的培育与保护，既要关注资源数量，又要注重资源质量，要将数量扩大、质量提高紧密结合起来。要以科学技术为先导，紧紧依靠科技进步，不断提高资源培育的科技含量，改善农业资源条件，挖掘资源利用潜力，扩大资源利用范围，不断提升农业资源培育的能力和水平。

6. 深入开展宣传，提高农民认识

农民是农业生产的主体，只有广大农民认识到农业可持续发展的重要性，才能从根本上推进农业的可持续发展。对此，要广泛深入的开展宣传活动，充分利用报刊、广播、电视等大众传媒以及互联网、手机短信、移动电视、公共交通工具、宣传公告栏等传播渠道，让广大农民了解资源环境破坏产生的恶果，加强农业资源和生态环境保护建设的重要意义以及实施农业可持续发展对策对经济社会发展和人民生活水平提高的巨大作用，切实提高农民认识，自觉参与农业可持续发展行动中。

参考文献

辽宁省统计局 . 2015. 辽宁省统计年鉴 [M]. 北京：中国统计出版社 .

辽宁省“十二五”发展规划 . 辽宁省主体功能区规划 . [2011-4-1]. //http: www.Endo.gov.cn/Artide_Show. cip? Artide ID=2731.

《全国农业可持续发展规划（2015—2030 年）》.

吉林省农业可持续发展研究

摘要： 吉林省地处东北平原地区中部，是中国粮食主产区之一，也是我国农业资源大省和优质安全农产品生产大省。农业可持续发展的优势是农业资源总量大，人均拥有量多。虽然吉林省土地资源数量有所增长但质量呈下降趋势，水资源数量和质量均下降。吉林省农业可持续发展能力综合得分从2000年的0.749 7上升到2012年的0.250 7，表明吉林省农业可持续发展水平逐年稳步提高，特别是农业经济系统和社会发展系统的可持续发展能力持续提高，对农业整体可持续发展水平的提高起到了强有力的支撑作用。根据地形的特点，可分为东部山区、半山区、中部台地平原和西部平原四大区域类型。但吉林省农业产业结构存在着过分单一的问题。全省玉米种植面积达到5 300万亩；水稻种植面积增加到1 400万亩以上；大豆种植面积稳定在500万亩；杂粮杂豆种植面积稳定在300万亩。吉林省蔬菜产业的合理生产规模为年播种面积550万亩，蔬菜总产量约为1 350万t。目前，全省作为饲料用玉米还能支撑1 000万头生猪的发展空间。吉林省家禽合理生产规模为年出栏家禽3.8亿~4.5亿只。为促进本地区未来农业可持续发展，还应从工程、技术、政策、法律、制度等多方面开展一系列的保障措施。

一、农业可持续发展的自然资源条件分析

（一）土地资源

吉林省地处松辽平原的腹部，是世界“三大黑土带”之一。土地依自然条件大致分4种类型，分别是东部长白山地宜林类型、东部低山丘陵宜林宜农类型、中部台地平原宜农类型和西平原宜牧

课题主持单位： 吉林省农业区划办公室、吉林省农业科学院
课题主持人： 夏季
课题组成员： 苏伟东、徐晓红、舒坤良、蔡红岩、周昱峰

宜农类型。

全省土地总面积为 1 911 万 hm^2。与全国总体情况相比，土地总面积约占全国的 2%，耕地占全国的 4.4% 左右，基本农田占全国的 4.4% 左右。人均耕地 4.3 亩，是全国平均水平的 2 倍多，与世界水平大致相当。

表 1–1 吉林省土地资源结构（单位：千 hm^2）

区名	总面积	耕地	林地	草地	水域	居民地	未利用地
东部	10 929.30	1 092.42	8 614.24	252.67	181.19	337.69	451.07
中部	3 490.35	1 780.06	591.66	97.66	166.55	633.81	220.62
西部	4 689.75	1 472.60	426.10	1 336.51	248.13	472.91	733.51
合计	19 109.40	4 345.06	9 632.00	1 686.84	595.86	1 444.40	1 405.20

资料来源：吉林省土地局调查资料

吉林省土地资源，在结构上表现为以农用地为主体，“三多一少”的特点：一是农用地多。农用地（包括耕地、林地、草地、农田水利用地、养殖水面等）约 1 639.32 万 hm^2，占土地总面积的 86%，高出全国平均水平 17 个百分点。二是耕地多。耕地总量占土地总面积的 30%，在全国排第 9 位。三是耕地后备资源多。全省共有 104.6 万 hm^2 未利用地可作为后备资源，其中宜农地 30.59 万 hm^2。四是建设用地少。总面积约 106.53 万 hm^2，占土地总面积的 5.5%。耕地在布局上表现出区域差异显著，大致呈现东林、中农、西牧的三大格局，东部以林地为主，占东部总面积的 81%；中部以耕地为主，占中部总面积的 61.7%；西部草地、湿地和荒地较多，占西部总面积的 36.6%。吉林省还是世界闻名的黑土带，黑土面积约 110 万 hm^2，黑土耕地约 83.2 万 hm^2，占全省耕地面积的 15%，黑土区粮食产量占全省一半以上。

1. 农业土地资源及利用现状

吉林省的农业土地资源主要是指耕地资源。目前吉林省的耕地利用现状如下：

（1）东部山区、半山区　本区总耕地面积 103.5 万 hm^2，其中，旱田面积占总耕地面积的 82%，旱田土壤主要以白浆土、暗棕壤为主，坡耕地较多，容易发生水土流失。全年降水量偏高，均在 600~900mm。东部山区地处东部山地，约占全省总面积的 42%，地处东部山地，海拔 800~1 800m。该地带中适宜林木生长，是吉林省的林业基地，以林业为主。东部半山区处于吉林省的中部，在大黑山以东，约占总土地面积 20%，海拔 250~800m。河网密集水利工程好，水热条件相对优越，土壤的肥力较高，是发展林业和农业生产的基地，也是玉米、大豆的主要产区。

（2）中部台地平原　地处中西部台地和冲积平原，约占全省总面积的 17%，海拔 160~200m。本区总耕地面积 176.0 万 hm^2，其中，旱田占总耕地面积的 87%，黑土、黑钙土分布广泛，土壤肥沃，温度略高，降水量在 500~550mm，水、热、土资源丰富。多耕地和草地，土壤有盐碱化，春季多大风，春旱频率在 50%~60%，经常出现春旱，秋吊和伏旱也时有发生。农业以生产玉米为主，此区的西侧以牧业为主，以养牛养羊为最多，是主要粮食、畜产品产地。

（3）西部平原　本区总耕地面积 184.1 万 hm^2，中低产田面积比重较大，以旱田为主，旱田面积占总耕地面积的 83%。约占全省总土地面积的 21%，该区除西北角为大兴安岭东麓低山丘陵外，绝大部分地区海拔 200m 以下。地势平坦。光热条件好，是全省热量最高的地区，本区全年降水在 400~500mm，有的县（市）甚至不足 400mm，蒸发量却是同期降水的 3 倍，且 70% 集中在夏季，春季降水只占全年降水的 11%，极易发生春旱，历史上就有“十年九春旱”之说。土壤有黑钙土、盐碱土、风沙土，土质比较瘠薄。该区是科尔沁大草原的一部分，是发展牧业生产最好的地区。

2. 农业可持续发展面临的土地资源环境问题

（1）土地资源数量　虽然吉林省农业土地资源数量近年在持续增加，人均耕地面积达到了0.29hm^2，高于全国平均水平，但是城镇化对耕地的占用趋势也在增长，因此，土地数量不会持续增加下去。例如2008—2011年，吉林省城镇化率由53.21%增加到了53.36%，仅上升了0.15个百分点，但是国家及其他基建占地导致减少的耕地2.87万hm^2，年均减少7 175hm^2，而且减少的趋势在加剧。2012年这个数据是7 730hm^2。从长远来看，城镇化的进程仍在推进，耕地资源总体减少的趋势难以扭转。

1990—2000年，10年间吉林省耕地占全国耕地面积比重从1990年的4.12%，2000年的3.11%，2010年的4.58%至2012年的5.32%。如图1-1所示，1990—2012年吉林省耕地占全国耕地比重增加了1.2%；从总体上看，全省耕地数量是呈递增状态。

有效灌溉面积增加。如图1-2为吉林省有效灌溉面积图。

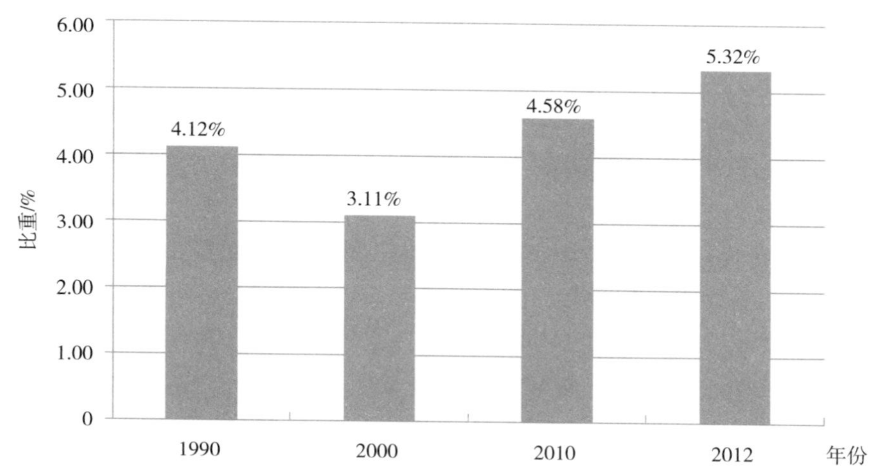

图1-1　吉林省耕地占全国耕地面积比重

资料来源：2013年《中国统计年鉴》《吉林统计年鉴》

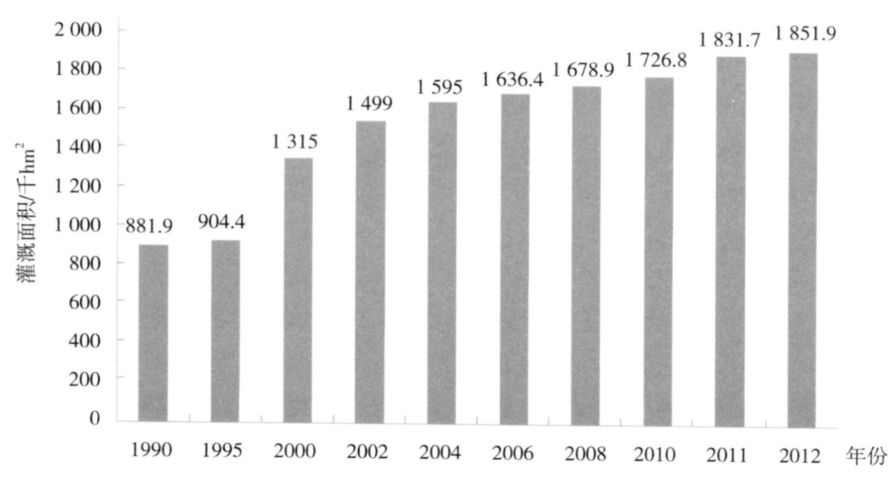

图1-2　吉林省有效灌溉面积

资料来源：《吉林统计年鉴》各年

吉林省有效灌溉面积从1990年达到881.9千hm^2，2000年达到1 315千hm^2，2010年达到1 678.9千hm^2，2012年达到1 851.9千hm^2。占耕地总面积的比例却呈下降趋势，这表明吉林省有效灌溉面积不断增加，占耕地面积的比例不断减少，体现了吉林省耕地质量得到改善。

（2）土地资源质量　吉林省耕地资源质量基础较好。吉林省主要土壤类型为黑土、黑钙土、草甸土、水稻土、新积土、暗棕壤、白浆土、沼泽土、泥炭土等11个。耕地土壤主要是黑土、黑钙土、淡黑钙土、草甸土和冲积土，土壤养分贮量较高，肥力较高，其中土质为黑土、黑钙土和草甸土的质量好的耕地约占耕地总面积的62%，土地是重要的自然资源，破坏后短期内是不可恢复的。然而近年来，由于人为超强度对土地进行掠夺，忽视土地质量建设和保护，使得全省土地资源质量下降十分明显，主要体现在如下方面。

黑土腐殖质层厚度变薄，黑土地退化严重。目前，吉林省许多黑土的风蚀水蚀十分严重，大量的水土流失，黑土腐殖质层厚度变薄。通过对吉林省一些市、县典型调查估算，黑土区水土流失面积已达到84万hm^2，占全省水土流失面积的37.9%，黑土腐殖质层厚度已由20世纪50—60年代的平均60~70cm，下降到现在的平均20~30cm，甚至更薄。目前吉林省黑土腐殖质层厚度在20~30cm面积占黑土总面积的25%左右，腐殖质层厚度小于20cm的占12%左右，完全丧失腐殖质层的占3%左右。

耕层变浅，土地蓄水能力下降。吉林省耕地大部分属于雨养农业区，农业生产主要靠天然降水，因此，土壤的蓄水能力是耕地地力的重要标志。近年来，吉林省土壤耕作层有逐渐变浅、变硬的趋势。土壤蓄水能力明显下降。据调查，吉林省耕地的耕层厚度已从20世纪80年代初的25~30cm减为20cm，而且相当一部分甚至不足20cm，有效土壤量已由每亩165 t减为75 t左右，有效土量减少50%；耕层含水量相对减少35.2%。

耕地肥力下降，农田水、肥、气、热供给能力降低。一是土壤有机质含量下降，以黑土为例，吉林省黑土的开垦前土壤表层有机质含量多在4%~6%，低于3%的比较少见，而如今多在1.5%~3%。目前黑土耕层有机质平均以每年1‰的速度下降；二是土壤理化性状恶化，土壤保水、保肥、供肥和抵御自然灾害能力都有所减弱；垄帮和犁底层硬度由5kg/cm^2剧增到35kg/cm^2以上；四是土壤养分失衡，农民多习惯于施用大量的化肥，很少用有机肥，造成了土壤养分的不平衡、化肥利用率不高和肥力普遍下降的现象。

土壤酸性成分升高，土地生态系统失衡。耕地土壤在自然气候条件下，其正常pH值为6.5左右。据相关部门对土样的化验结果表明，目前，吉林省耕地土壤的pH值正在下降，酸化严重，30年土壤酸化程度相当于在自然状态下300年的酸化程度。土壤的pH值下降，严重抑制土壤微生物的活动，有机质分解缓慢，二氧化碳产生量减少，土壤N的生物矿化和固定能力明显下降，通透性不良，使土地生态系统热量、水分失衡，保墒保水性能急剧下降，导致土地抗旱、抗涝严重降低。

水土流失严重。东中部地区由于过度垦殖，地表植被遭到破坏，水土流失现象严重。耕地土壤水土流失面积已经超过了1/3，每年流失土壤约1.5亿t。根据吉林省水土保持监测部门遥感监测调查结果，20世纪90年代末全省水土流失面积为315万hm^2，占土地总面积的16.48%。由于水土流失，每年大约有1.07亿t的土壤流入江河，流失的养分相当于25万t化肥，在一些土壤侵蚀严重的地块仅剩下表皮薄薄的一层黑土，成为“破皮黄”地，有的甚至母质裸露，成为“露黄”地和“火烧云”地。土壤养分大量流失，蓄渗水和保供肥能力大大下降。

农田基础设施较差。一是全省耕地防护林覆盖面积不足10%，防风护坡和调节农田小气候功能减弱，土壤的风蚀和水蚀加重，旱情容易发生。二是农田水利设施落后，绝大部分农田不具备抗旱能力，缺乏对频繁发生旱灾的抵御能力。全省农田水利工程配套率只有 40%，完好率 50%，机电设备完好率 50%。2011 年，吉林省农田有效灌溉面积 183.17 万 hm^2，占耕地面积的 29.7%，远低于 50.67% 的全国平均水平。

土壤污染不容忽视。一是化肥污染，每 hm^2 平均施化肥达到 800kg 以上，是国际安全标准的 3 倍以上，过多的施用化肥造成土壤板结，水体富营养化。二是农药污染，全省农药施用量已超过了 2.5 万 t，过多的施用农药造成了土壤和水体的严重污染。三是白色污染，全省目前农膜使用量已经达到 4.5 万 t，大量的残膜留在土壤中，严重破坏了土壤环境。四是大量的畜禽粪便和城市生活垃圾流入地表水和地下污染了土壤。

（二）水资源

吉林省是一个农业大省，同时也是一个水资源紧缺的省份，全省水资源总量约 399 亿 m^3，仅占全国的 1.4%。耕地面积占全国耕地面积的 5.1%，水资源和耕地资源严重不匹配。人均占有水量 1 460m^3，约占全国人均占有水量的 2/3，亩均占水量 480m^3，约占全国亩均占水量的 2/5。按国际标准来衡量，吉林省属于中度缺水地区，其中，辽源、松原属重度缺水区，长春、四平属极度缺水区，长春、四平、松原、白城市还属于生态缺水区。吉林省农业用水的比重比较大，有效灌溉面积只占耕地面积的 30% 左右，呈下降趋势。

1. 农业水资源及利用现状

从水利统计角度分析，2000 年，全省农业用水量 85.42 亿 m^3，占全省总用水量的 78.5%，农业灌溉水利用系数为 0.56 左右。图 1-3 为 2000—2012 年吉林省农业用水量占全省用水量的比重。

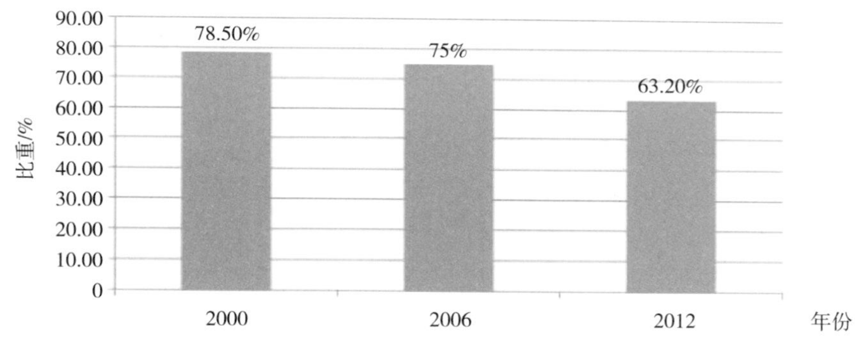

图 1-3　吉林省农业用水量占全省用水量比重

资料来源：吉林省水利局

2012 年农业用水量 82 亿 m^3，占全省总用水量的 63.2%，农业灌溉水利用系数为 0.5。1997—2002 年，农业用水占总用水量的比例大于 70%，2003—2012 年农业用水占总用水量的比例有所波动，但总体上是具有下降趋势。农业用水量的下降，主要取决于节水技术的应用、灌溉方式的改进、种植结构的调整。但自 2012 年开始，吉林省农田灌溉亩均用水量达 379.68m^3，到 2013 年达到 411.97m^3，有增加的趋势。

水资源时空分布与经济社会发展格局不相适应。吉林省基本水情是水资源总量不足，时空分布不均。人均水资源占有量、耕地亩均水资源量分别为全国平均水平的 2/3 和 2/5，属中度缺水省份。从时间上看，降水主要发生在夏秋两季（占全年的 60%~80%），降水季节过分集中，容易造成江河的特大洪水和严重枯水，甚至发生连续大水年和连续枯水年。从空间上看，长春、四平、辽源、松原经济总量占全省比重超过 65%，但都属于重度或极度缺水地区；中西部粮食主产区耕地面积约占全省总耕地面积的 80%，而当地水资源量仅占全省的 18%，水资源时空布局与全省经济社会发展格局严重不适应。

目前吉林省的地下水资源存在超采开发利用。吉林省地下水资源量为 123.6 亿 m^3，地下水资源可开采量为 79.57 亿 m^3；其中，中西部平原区地下水资源量 57.52 亿 m^3，地下水可开采量 43.38 亿 m^3，占全省总用水量的 33.4%。吉林省地下水资源开发利用率为 55.5%，其中中西部平原区地下水资源开发利用程度较高，地下水开发利用率在 70% 以上，部分市县地下水利用率达到 90% 以上，造成局部地下水超采现象，形成了地下水位降落漏斗。吉林省共存在 4 个地下水超采区，吉林省地下水超采区皆为地下水集中开发区域，超采区面积占全省总面积的 0.04%，年均超采量 16 104.52 万 m^3。在吉林省西部农业用地下水中，水田开采地下水 15.41 亿 m^3，占西部农业开采地下水总量的 49.9%，占西部农业开采地下水总量的 50.1%。其中白城市洮北区地下水超采区就是由于农业开采造成的。

吉林省水资源生态环境虽然总体良好，但趋势不断恶化。一是部分地区水土资源开发过度。吉林省中西部地区地表水和浅层地下水开发利用率达到 50% 以上，辽河流域甚至已经超过了 70%，造成地下水位下降、河流干涸；部分地区草原过牧滥垦，湖泊湿地被围垦，江河行洪滩地被侵占，破坏了生态环境，加重了水旱灾害。二是水土流失严重。全省现有水土流失面积 4.82 万 km^2，水土流失不仅导致耕地黑土层变薄、土壤肥力下降，形成 6.29 万条侵蚀沟，每年造成耕地损失约 0.7 千 hm^2，还导致河床、湖库淤积致使东部山区山洪灾害频繁发生。三是水污染严重。2008—2012 年，全省废污水排放总量不断增加，江河湖库水质受到严重威胁，致使城镇水体污染，水环境不断恶化。在 6 141.7km 的监测评价河段中，水质达Ⅲ类标准以上的河段占 57%；达Ⅳ类、Ⅴ类标准的占 22.8%；污染严重且已丧失使用功能，劣于Ⅴ类标准的河段竟达 20.2%。

2. 农业可持续发展面临的水资源环境问题

吉林省水安全问题十分突出，从水资源数量和质量分析如下：

(1) 水资源数量　一是水资源短缺严重。吉林省水资源总量不足，时空分布不均。中西部粮食主产区水资源量仅占全省的 18%。全省 51 个县级以上城市，有 21 座城市存在不同程度缺水，缺水量 1.86 亿 m^3。二是水生态损害严重。目前，中西部地区地表水和浅层地下水开发利用率达到 50% 以上，辽河流域甚至已经超过了 70%（大大超过了国际上公认的合理限度 40%），造成地下水位下降、河流干涸。三是水灾害发生频繁，新中国成立以来发生洪水 22 次，20 世纪 80 年代以来发生较大洪水 10 次。1998—2007 年 10 年间，有 6 年遭受严重旱灾，西部地区几乎是“十年十旱”，中东部地区旱情发生频次急速增加。四是年平均降水量呈减少趋势。据统计，1978—2009 年 32 年间，吉林省西部平均降水量为 388mm，中部为 585.5mm，东部为 764mm，全省平均降水量为 579mm。近 10 年，吉林省降水量逐渐减少，平均降水量为 556mm，西部降低最多为 36mm，东部降低最少为 12mm。

(2) 水资源质量　吉林省的地下水水质比较好，但仍存在着污染，另外，吉林省的地表水质量不高。地下水由于工业废水、废渣和生活污水、生活垃圾等污染物的大量排放，还有农业上化肥的大量投入，使浅层水受到不同程度的污染。吉林省境内的河流和湖库绝大多数水域达不到使用功能。全国、吉林省控地表水环境监测断面中有 10.7% 的断面劣于Ⅴ类水质标准。湖库的富营养化现象十分严重，全省参评的 6 座水库分别有 3 座处于轻度和中度富营养状态。全省评价的 74 个水功能区水质达标率仅为 13%。

（三）气候资源

吉林省位于东北地区中部，地处北半球中温带，受欧亚大陆与太平洋海陆差异影响，属于典型的温带大陆性季风气候。降水、温度等气候要素年内分布不均，全省大部分地区年平均气温为 2~6℃。全年日照 2 200~3 000 小时，年活动积温平均在 2 700~3 200℃，农业生产可以满足一季作物生长的需要。全省年降水量一般在 400~900mm，自东向西有明显的湿润、半湿润和半干旱的差异。

1. 气候要素变化趋势

气温升高。从 1956—2012 年的 57 年中，吉林省平均气温上升了 1.9℃，年平均最高气温上升了 1.0℃，年平均最低气温上升了 2.4℃。另有数据显示，2000—2009 年，吉林省平均气温比 1978—1987 年上升了 0.8℃，气温上升速度高于全国平均水平。根据国家气候中心的模拟分析结果，未来 50 年吉林省气温呈上升趋势，且变化幅度大于全国平均水平。农牧业生产将会面临着更大的自然风险。

降水减少。从 1956—2012 年的 57 年中，吉林省降水量减少了 44.8mm，近 10 年，吉林省降水量逐渐减少，平均降水量为 556mm，比 32 年平均降水量降低 23mm，以往吉林省主要是西部干旱严重，从近 10 年的数据显示，干旱发生区在不断地向东延伸。根据国家气候中心的模拟分析结果，未来 50 年吉林省降水呈下降趋势，变化幅度要大于全国平均水平。4—5 月降水量仅占全年的 13%。因此吉林省春旱发生频率很高。

自然灾害加重。吉林省在农业生主上的自然灾害较多，其中以低温冷害、干旱、洪涝、霜冻为主，其次还有冰雹及风灾。吉林省农业生产一直受干旱和洪涝灾害的困扰和威胁。近年来干旱和洪涝灾害发生的频率越来越高，危害程度越来越重。由于全球性的气候变暖和近年来西部草原的渐进式破坏，西部土地的盐碱化和沙化有加重的趋势，东部地区存在森林采育失调以及河流水域遭受污染等原因，进而使吉林省自然灾害频率增加。

2. 气候变化对农业的影响

吉林省雨养农业的局面基本没有改变，粮食产量受干旱影响波动大，农业生产抗灾能力弱。自新中国成立以来，春旱共发生 30 多次，多年平均受灾面积为 150 万 hm^2，因春旱而造成的减产达 20%~40%，夏旱和秋吊造成的减产幅度更大。近年来干旱和洪涝灾害发生的频率越来越高，危害程度越来越重。1995 年以来，吉林省旱灾、水灾发生频繁、发生的范围和影响面广，给吉林省粮食生产带来重大损失。据统计（表 1-2），1995—2012 年，农作物累计水灾受灾面积 415.8 万hm^2，平均每年受灾面积 23.10 万 hm^2、成灾面积 13.40 万 hm^2；旱灾受灾面积 2 388.70 万 hm^2，平均每年受灾面积 132.70 万 hm^2、成灾面积 79.99 万 hm^2；平均每年因极端气候事件造成粮食生产的直接损失超过 150 亿元。

表 1-2　1995—2012 年吉林省自然灾害情况

年份	受灾面积（千 hm^2）	成灾面积（千 hm^2）	成灾占受灾比重（%）	水灾			旱灾		
				受灾面积（千 hm^2）	成灾面积（千 hm^2）	成灾占受灾比重（%）	受灾面积（千 hm^2）	成灾面积（千 hm^2）	成灾占受灾比重（%）
1995	2 328.00	1 197.00	51.42	655.00	455.00	69.47	1 243.00	481.00	38.70
1996	989.60	614.00	62.05	142.90	102.70	71.87	808.70	482.00	59.60
1997	3 035.30	1 716.00	56.53	661.30	216.00	32.66	2 374.00	1 500.00	63.18
1998	1 735.00	939.00	54.12	1 097.00	647.00	58.98	141.00	41.00	29.08
1999	1 124.00	698.00	62.10	14.00	7.00	50.00	980.00	628.00	64.08
2000	3 245.00	2 584.00	79.63	53.00	37.00	69.81	3 102.00	2 490.00	80.27
2001	2 917.00	2 212.00	75.83	64.00	38.00	59.38	2 698.00	2 038.00	75.54
2002	1 426.00	768.00	53.86	189.00	136.00	71.96	862.00	389.00	45.13
2003	1 905.00	768.00	40.31	65.00	46.00	70.77	1 510.00	521.00	34.50
2004	2 549.53	967.00	37.93	105.40	56.00	53.13	2 361.53	896.00	37.94
2005	1 023.10	642.00	62.75	364.30	252.00	69.17	406.00	242.00	59.61
2006	1 051.10	847.48	80.63	133.00	63.00	47.37	701.00	618.48	88.23
2007	3 016.00	1 967.13	65.22	23.50	17.00	72.34	2 888.70	1 906.00	65.98
2008	579.70	243.98	42.09	51.70	29.45	56.96	466.00	165.00	35.41
2009	2 670.63	1 630.37	61.05	37.03	15.50	41.86	2 440.00	1 471.30	60.30
2010	896.10	563.30	62.86	373.30	265.60	71.15	349.30	225.30	64.50
2011	616.00	221.70	35.99	58.20	21.10	36.25	252.00	139.60	55.40
2012	633.00	218.30	34.49	70.40	8.00	11.36	303.80	166.00	54.64
平均	1 763.34	1 044.29	59.22	231.00	134.02	58.02	1 327.06	799.98	60.28

二、农业可持续发展的社会资源条件分析

（一）农业劳动力

吉林省拥有充足的人力资源总量，人力资源利用率达到 79.63%，排在全国第 5 位；年龄结构合理，青年、中年、老年三者之比约为 5∶14∶6。目前，吉林省有 378.1 万农民工外出打工，占农村劳动力总数的 50.51%。留守种地的农民大多是妇女和老人。

表 2-1　吉林省农业劳动力情况　（单位：万人，%）

	乡村人口	乡村从业人员	占农业人口比重	农林牧渔业从业人员	占乡村从业人员比重
2005	1 443.62	685.16	47.46	502.06	73.28
2006	1 443.31	691.90	47.94	499.80	72.24
2007	1 454.96	700.86	48.17	492.20	70.23
2008	1 460.28	711.52	48.72	491.07	69.02
2009	1 470.82	723.15	49.17	495.85	68.57
2010	1 476.02	733.78	49.71	501.85	68.39
2011	1 489.82	748.50	50.24	510.17	68.16
2012	1 491.76	751.41	50.37	503.73	67.04

资料来源：国家统计局网站

从表 2-1 可以看出，吉林省农林牧渔业劳动力占乡村劳动力的比重较高，但近些年来比重一直在降低，说明吉林省农业剩余劳动力转移速度加快。

1. 农村劳动力转移现状特点

随着吉林省工业化、城镇化快速推进，吉林省大量农村劳动力持续向外转移，不少农村出现务农劳动力老龄化和农业兼业化、副业化现象。

（1）农村劳动力转移周期短、阶段性强，兼业性　在转移到非农产业的劳动力中，多数是在不放弃家庭经营生产的前提下，寻找临时性的打工机会，农忙时回家务农，农闲时外出打工。据抽样调查资料推算，吉林省农民外出从业时间在 6 个月以上的已占全部外出从业人数的 69%，外出时间在 4~6 个月的占 19%，2~4 个月的占 10%。

（2）农村劳动力转移在行业分布上具有相对集中性　由于农村剩余劳动力自身素质的制约，吉林省外出劳动力大多集中在建筑业、矿产开采业、服务业以及技术含量较低的加工业等产业，基本上是靠出卖体力而获取劳务报酬。据抽样调查，目前吉林省农民外出从事的主要行业依次为：第一，建筑业，占全部外出人数的 24.2%；第二，住宿和餐饮业，占 18.1%；第三，居民服务和其他服务业，占 14.2%；第四，制造业，占 10.2%；第五，批发与零售贸易，占 6.9%；第六，交通运输仓储和邮电业，占 5.9%；第七，农林牧渔业，占 5.2%；第八，采矿业，占 2.3%。其中共有九成以上从事的是纯体力的劳动。

（3）农村劳动力转移半径小　吉林省农村劳动力转移表现出明显的转移流向的就地性特征。据抽样调查，在吉林省农村劳动力转移中，仅有 30% 多一点的劳动力在省外就业，其他近 70% 的劳动力是在省内的城市、县、乡镇就业。此外，在近期内打算外出务工的农民中，仍有近六成的人选择在省内打工。可见，吉林省进城务工农民的就业压力会越来越大。随着社会经济的发展，城乡间经济发展的不平衡性越发突出，城乡差别进一步拉大，造成了不同地区、不同城乡之间就业机会的不均等现象，使得农村劳力流动逐步向外扩张。

（4）青年人居多、文化水平低　从年龄结构看，外出从业人员以青年人居多，年龄主要集中 20~40 周岁，约占外出人员总数的 65%，40~50 周岁和 20 周岁以下的从业人员则相对较少。从性别上看，主要以男性为主，约占 2/3；从文化程度看，主要以初中文化及以下为主，占外出从业人数的 90% 以上，而具有高中及以上文化程度的外出人员则不及 10%。

据有关部门对全省 60 个县（市、区）228 个村民小组调查，目前吉林省有 30 多万农户举家外出，这些农户约有 70 万人常年在外从业，占全省外出从业人员的 31%。在这些举家外出的农民中，绝大多数是常年在城市或城镇从事第二、第三产业劳动，其中许多人已经成为“准市民”，但仍保留农村户籍和土地承包权。

2. 农业可持续发展面临的劳动力资源问题

吉林省农村劳动力转移继续呈加快趋势，农村高素质劳动力外流较快，加之新生代农民工在思想、技能、生活习惯等方面均发生巨大变化，离农意识强烈，从事农业生产的妇女和老人比重上升。据调查，目前从事农业生产妇女占 42%，55 岁以上的老年人占 36%，剩下的 22% 的青壮劳动力中，70% 还是兼业的。农村劳动力季节性短缺和素质结构性下降并存，一些地方农业兼业化、农村空心化、农民老龄化趋明显。

（二）农业科技

1. 农业科技发展现状特点

截至 2014 年年末，吉林省有中国科学院和中国工程院院士 22 人（不包括双聘院士）。同时，吉林省的人才培养能力较好，尤其是在基础教育和正规高等教育方面，在教育方面一直有着较大的投入，人均教育经费为 1 095.04 元 / 人，普通高校的生师比更是达到 17.72。

吉林省农业科技资源丰富，拥有多家农业科研单位和大专院校。已建成国家重点实验室 12 个，省部（吉林省与科技部）共建重点实验室 3 个，省属重点实验室 44 个，省级科技创新中心（含工程技术研究中心）100 个。2012 年度登记省级科技成果 559 项，其中有 14 项科研成果获得国家科技奖励，全年共签订技术合同 2 730 份，实现合同成交额 25.1 亿元。目前，吉林省农业科技进步贡献率达到 55% 以上，农作物耕种收综合机械化率为 65.1%，建立了以中国农业科技东北创新中心为主体的吉林省农业科技“110”管理与服务中心，组建了吉林省农业科技“110”专家服务团，开展农技咨询服务工作。通过大力实施星火计划项目，依靠科技促进农业企业发展壮大和产业化发展。先后组织实施了星火计划项目近 2 000 项，投入资金 700 多亿元，创造产值近 3 000 亿元。

吉林省共有 100 多项农业科技成果获省和国家科技进步奖。主要农作物良种普及达到 100%，超级稻新品种“吉粳 88 号”的选育和推广，使水稻产量和质量得到了大幅度提高。建设万亩粮油高产示范田 29.1 万 hm^2，一大批节本、提质、增效、节能农业技术得到推广应用。生物防螟、农田灭鼠、测土施肥、种子等离子处理、玉米覆膜滴灌等累计推广面积 0.19 亿 hm^2 次。目前，玉米综合生产技术达到国内领先水平，优质水稻品种在生产中应用已达 90% 以上。

2. 农业可持续发展面临的农业科技问题

吉林省农业可持续发展面临的农业科技问题较多，例如，缺少具有自主知识产权、抗性强、产量高、品质好、适合机械收获的作物新品种。作物病虫害防治的公益性植保体系建设和高效生物防治技术体系研发滞后，病虫害减产损失居高不下。种植结构单一，传统的作物轮作及间混套种等作物互惠互利生态栽培模式抛弃殆尽，种植结构调整存在技术“瓶颈”限制。农业废弃物资源化利用存在技术和政策瓶颈，秸秆田间焚烧和畜禽养殖废弃物随意堆放普遍，环境污染严重。农业温室气体排放问题突出。极端气候频发，适应气候变化的作物生产技术研发滞后，作物稳产丰产风险加剧。

农业技术供需脱节，推广效率低下。由于现行的农、科、教这三大系统分别隶属于不同的行政部门，各成系统，在促进科技创新中未能形成技术整体优势，产、学、研衔接不紧。推广的农业技术并不能完全符合全省农民增收致富的需求，造成技术推广与农民需求之间存在脱节。同时，由于尚未形成良好的供需信息及服务质量信息反馈机制，造成技术推广过程中的一些生产技术问题不能及时反馈到科研单位，影响了农业技术成果转化。

科研资源分散管理，协调创新机制不完善。吉林省各专业农技推广部门相对独立，存在着资源浪费，配置不够优化等问题。农民合作经济组织、农业产业化龙头企业、涉农企业与农业科研、教育、推广部门之间缺乏有效的联结机制，使得这些企业组织缺乏有效的技术指导服务，在档次、规模上还很难适应农户的多样化需求。另外，从事农业技术推广的各行为主体目标不一致，造成各种推广资源的割断，协调创新机制有待完善。

基础性研究不足，农业科技应用成效差。一是依据行政区域设置科研机构，必然导致各自为政、条块分割、重复研究的局面，其结果是造成人、财、物的极大浪费。二是应用技术研究、开发与生产脱节，产学研结合不紧密。在农业科研优先领域和重点课题的确定、组织、管理方面缺乏有效的市场导向机制，往往是重视学术价值但轻视实际生产应用价值，造成研究课题与生产需要、市场需求相脱离，影响了农业技术的实际应用效果。三是科研定位过于集中产前和产中阶段，而产后加工环节科研力量薄弱，产业链短，浪费严重，总体经济效益低。

总体上看，吉林省农业科研改革体制滞后，农业科技课题与实践、成果与生产脱节，农业自主创新能力弱。基层农业技术推广体系改革和建设不适应现代农业发展要求，科研成果的中试、熟化、示范缺乏依托，一些科技成果不能及时转化，农业发展缺乏有力的科技支撑。

（三）农业化学品投入

吉林省是粮食生产大省，这其中农业化学品的投入特别是化肥和农药的投入起了举足轻重的作用。目前，吉林省耕地施肥90%以上化肥为主。施用化肥不仅能提高土壤肥力，而且也是提高作物单位面积产量的重要措施。农药能够减少因病虫害和草害所引起的农作物产量损失，施用量也在逐年增加。然而，农业化学品的大量使用在带来经济效益的同时，也产生了明显的负外部性影响，农业面源污染问题随化肥、农药投入的增加而不断加剧（表2-2）。

1. 农业化学品投入现状特点

（1）吉林省化肥投入现状及特点　根据统计比较，吉林省化肥施用量（实物量）2000年为281.3万t、2002年为283.3万t、2004年304.7万t、2006年为317.8万t、2008年343.8万t、2010年371.7万t、2012年410.5万t。每hm^2化肥施用量从2004—2012年分别为708kg、711kg、709kg、663.48kg、685.5kg、672.56kg、666.4kg、634.8kg、634kg。长期过量施用化肥会导致土壤理化结构恶化、耕层透水透气性差、营养不平衡等，比较严重的是氮肥的过量施用会引起硝酸盐和亚硝酸盐累积，导致粮食及附属产品硝酸盐超标。

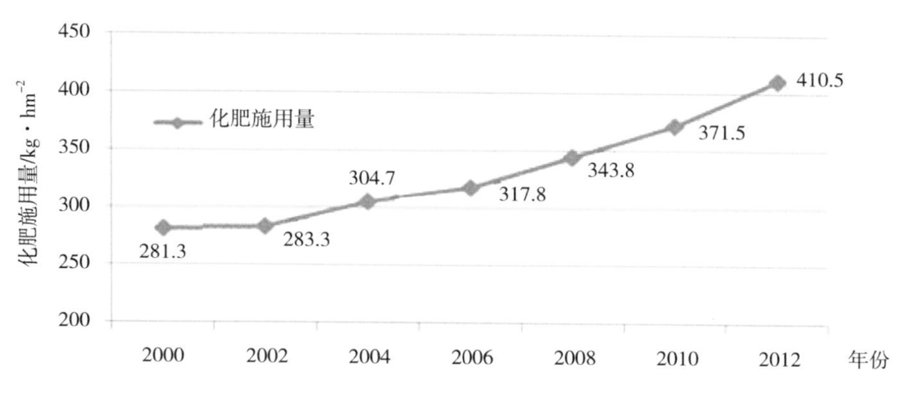

图2-1　吉林省化肥施用量（2000—2012）

资料来源：《吉林省统计年鉴》

而市场销售的各种磷肥中主要成分大部分是来自磷矿石，其中含有的多种重金属随着加工大部分存留在磷肥中，过量施用会导致土壤重金属富集危害人畜健康。并且年复一年地加重土壤质量的下降。

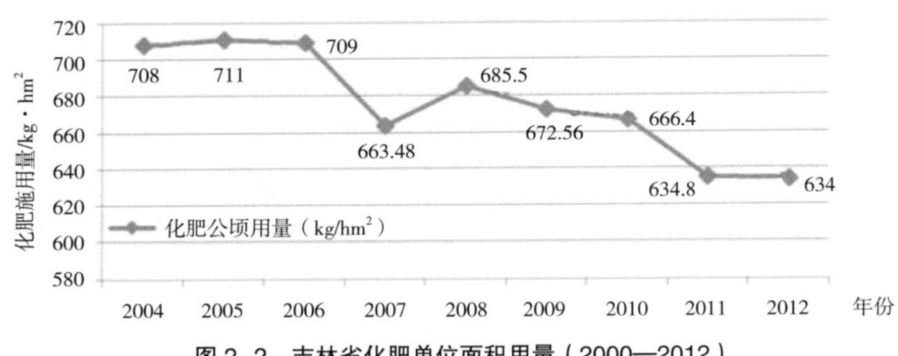

图 2-2　吉林省化肥单位面积用量（2000—2012）

资料来源:《吉林省统计年鉴》

从图 2-1，图 2-2 可以看出，吉林省化肥施用整体呈现明显增加的趋势，但在施肥强度方面呈现阶段性下降趋势。说明吉林省农业生产对环境的影响在一定程度上有所减弱，对单位面积土壤、水体等影响有所减缓。

（2）吉林省农膜投入现状及特点　目前吉林省农膜覆盖面积已扩大到 10 万 hm^2 左右，年农膜用量在 5 万 ~6 万 t，地膜残留量为 10~15kg/hm^2，残留率为 15% 以上。据测定，种子播在残膜上烂种率达 6.92%，烂芽率达 5.17%，土壤残膜达 58.5kg/hm^2 时，玉米减产 11%~23%，蔬菜减产 14.6%~59.2%。据有关专家研究，农膜的降解年限大概要 7 代人 140 多年。更重要的是，在降解农膜的过程中，会有致癌物二噁英排入空气中。土地被污染后，通过自净完全复原周期长达千年。

（3）吉林省农药投入现状及特点　中国每年农药施用量达到 120 万 t，而有效使用率仅有 40%。吉林省从 1952—2002 年近 50 年间，农药施用量由 22 吨增到 2.5 万 t，增加超过 1 000 倍。吉林省农药污染主要来自除草剂的使用。因为吉林省的大田作物以玉米为主，其病害和虫害较轻，所以使用的农药主要是玉米田除草剂，其中以阿特拉津投入量最大，其次是乙草胺等品种。每年所施的农药量除一部分被分解掉以外，剩余量的 80% 以上都残留在土壤里。有些剧毒农药极难降解，虽已禁用多年但至今在生物圈中仍有残留。农药中含有的大量重金属如汞、砷、铜等重金属，过量喷洒农药不仅会影响土壤理化性质，还会通过径流、淋溶作用进入地表、地下污染水环境，造成重金属污染，影响人类生活安全。

表 2-2　吉林省 2000—2013 年化肥、农膜、农药使用量　（单位：万 t）

年份	化肥折纯量	农膜使用量	农药使用量
2000	112.05	3.64	1.97
2001	114.06	5.15	2.41
2002	117.03	4.53	2.38
2003	122.26	4.28	2.36
2004	159.09	4.18	2.57
2005	138.10	4.17	2.89
2006	146.70	4.56	3.45
2007	154.39	4.73	3.77
2008	163.84	5.01	4.05
2009	174.18	5.20	4.24

（续表）

年份	化肥折纯量	农膜使用量	农药使用量
2010	182.80	5.26	4.28
2011	195.20	5.71	4.56
2012	206.73	5.67	5.12
2013	216.79	5.85	5.10

资料来源：国家统计局网站

2. 农业对化学品投入的依赖性分析

人们在粮食生产过程中大量施用化肥，以化肥的高投入来换取粮食的高产出，粮食增产速度远远不如化肥的增长速度。农业对化学品投入的依赖性越来越大。为增加产量或维持高产，主要靠化肥、农膜和农药等的大量投入。

从 1978—2011 年的 30 多年里，吉林省粮食由 914.7 万 t 增加到 3 171 万 t，增加了 2.47 倍，年均增幅 3.84%，而化肥施用量由 66.7 万 t 增加到 391.9 万 t，增加了 4.88 倍，年均增幅 5.51%。化肥的过量使用，使增产的边际效应开始下降。1978 年，生产 1 t 粮食，只需要施用 72.92kg 化肥，而 2011 年，生产 1 t 粮食，则需要施用 123.59kg 化肥，是 1978 年的 1.69 倍。2011 年全省平均每 hm^2 耕地施化肥达到 800kg 以上，是国际安全标准的 3 倍以上，而化肥利用率仅为 35% 左右，没有被吸收的部分则进入了生态系统，成为农业面源污染的来源。大量施用氮肥和磷肥，使土壤酸性成分飙升。过酸的土壤影响氮素及其他成分的转化和供应，科学研究表明，土壤 pH 值每下降一个单位值，土壤中重金属流活性值就会增加 10 倍，从而易产生有机酸等有毒害物质，影响作物生长发育，甚至产生毒害。

三、农业发展可持续性分析

（一）农业发展可持续性评价指标体系构建

1. 指标体系构建指导思想

以科学发展观为指导，综合考虑吉林省社会发展、农业发展、自然资源等方面的特点，以系统全面构建农业发展可持续评价指标体系为总目标，合理分配农业生态系统指标、农业经济系统指标、社会发展系统指标三大指标体系之间的权重，使三者之间保持一定的协调性，一方面确保指标体系能够充分体现保护土地、水、森林等自然资源与农业清洁生产的重要性，另一方面确保指标体系能够充分体现开发利用农业资源是为了获得并持续满足当代与后代人们需要的发展内涵。

2. 指标体系构建基本原则

科学性原则。指标体系建立在科学基础上，指标的概念和意义明确，内涵清晰，测定方法标准，指标的设置客观地度量和反映吉林省农业系统的发展现状与趋势。

重要性原则。指标体系力求简洁，尽量选有代表性的综合指标和主要指标，既保持指标体系在全国具有可比性，又使指标体系体现吉林省在农业用水资源稀缺条件下取得成绩的重要性。

层序性原则。指标体系能较全面地反映和测度被评价区域农业发展的主要特征、状况和重要目标，同时指标的组织须依据一定的逻辑规则，具有显著的层次结构性。

获得性原则。指标简洁，便于获取与量化，数据能够通过统计资料整理、调查，或直接从有关部门获得，表达方式选择大众熟悉的比重、人均占有量等方式表示。

3. 指标体系及指标解释

吉林省农业可持续发展评价指标系统由农业生态系统、农业经济系统、社会发展系统三大指标系统组成。按照上述指标选取原则，结合吉林省农业生产特点，构建吉林省农业可持续发展系统体系如下（表 3-1）：

表 3-1　吉林省农业可持续发展系统评价指标体系设计

一级指标	二级指标	三级指标
农业生态系统	耕地资源指标	农村人口人均耕地面积
		土壤有机质含量
		复种指数
		农田旱涝保收率
		水土流失面积比重
		自然灾害成灾率
	水资源指标	地表水质指数
		耕地亩均用水量
		水资源开发利用率
	农业清洁生产指标	每亩耕地面积化肥施用量
		每亩耕地面积农药搬用量
		农膜回收率
		秸秆综合利用率
		林草覆盖率
农业经济系统	农业生产率指标	农业劳动生产率
		每亩耕地面积粮食产量
		每亩耕地面积油料产量
		每亩耕地面积蔬菜产量
		每亩耕地面积水果产量
	农业投入指标	农业劳动力数量
		农民组织化水平
社会发展系统	人均食物占有量指标	人均粮食占有量
		人均肉类占有量
		人均水产品占有量
	农业科技化水平指标	农业科技进步贡献率
		农业劳动力中初中以上文化水平人口比例
	就业、财政与收入指标	农业剩余劳动力转移指数
		国家农业政策支持力度
		农村人均纯收入
		城乡收入差距系数

（二）农业发展可持续性评价方法

首先采用均值化方法进行数据标准化处理。即每一变量除以该变量的平均值，标准化后各变量的平均值均为 1，标准差为原始变量的变异系数。但是，由于农业可持续指标系统内部，分为正向影响指标和负向影响指标，正向影响指标为越大越好，负向影响指标为越小越好，因此，对于两类指标的标准化作以下处理：

正向指标：$X_i' = X_i / \bar{X}$　　负向指标：$X_i' = \bar{X} / X_i$

然后采用综合指数评价方法：$s = \sum_{i=1}^{30} W_i X_i'$

式中，s 为农业可持续指标系统得分，W_i 为各指标权重。

（三）农业发展可持续性评价

1. 数据标准化处理

与其他方法相比，数据在进行均值法处理后在消除量纲和数量级影响的同时，保留了各变量取值差异程度上的信息，差异程度越大的变量对综合分析的影响也越大。该无量纲化方法在保留原始变量变异程度信息时，并不是取决于原始变量标准差，而是原始变量的变异系数，这保证了保留变量变异程度信息的同时数据的可比性问题（表 3-2，表 3-3）。

表 3-2　吉林省农业可持续发展指标系统主要指标数据（2010—2012 年）

三级指标	单位	2000	2010	2012
农村人口人均耕地面积	亩 / 人	4.44	6.49	6.90
土壤有机质含量	%	2	2.03	2.03
复种指数	—	1.14	0.81	0.77
农田旱涝保收率	%	32.99	39.0	43.99
* 水土流失面积比重	%	25.76	25.76	25.76
* 自然灾害成灾率	%	76.86	14.67	12.21
* 地表水质指数	%	0.64	0.80	0.81
* 耕地亩均用水量	m^3	142.57	87.85	82.40
水资源开发利用率	%	32.20	41.55	28.19
* 每亩耕地面积化肥施用量	kg/ 亩	18.70	18.91	20.09
* 每亩耕地面积农药施用量	kg/ 亩	0.33	0.44	0.50
农膜回收率	%	40	45	50
秸秆综合利用率	%	50	60	75
林草覆盖率	%	42.4	43.7	43.8
农业劳动生产率	元	6 355.28	17 066.67	18 792.80
每亩耕地面积粮食产量	kg/ 亩	284.84	421.84	483.41
每亩耕地面积油料产量	kg/ 亩	95.51	154.95	201.87
每亩耕地面积蔬菜产量	kg/ 亩	1 995.85	2 929.38	2 689.41
每亩耕地面积水果产量	kg/ 亩	280.65	2 478.43	2 695.8
农业劳动力数量	万人	516.8	848.57	846.16
农民组织化水平	%	5	20	30
人均粮食占有量	kg/ 人	623.45	1 163.03	1 676.22

（续表）

三级指标	单位	2000	2010	2012
人均肉类占有量	kg/ 人	94.36	89.46	94.53
人均水产品占有量	kg/ 人	5.33	6.09	6.62
农业科技进步贡献率	%	49	54	55
农业劳动力中初中以上文化水平人口比例	%	72.55	71.53	72.48
农业剩余劳动力转移指数	%	18.6	43.87	44.68
国家农业政策支持力度	%	0.85	2.95	2.44
农村人均纯收入	元	2 022.5	7 509.95	8 598
* 城乡收入差距系数	—	2.72	2.05	2.35

注：表中标注 * 号指标为负向指标，共 7 个

表 3-3　吉林省农业可持续发展指标系统主要指标标准化数据（2010—2012 年）

三级指标	单位	2000	2010	2012
农村人口人均耕地面积	亩 / 人	0.747 1	1.092 0	1.161 0
土壤有机质含量	%	0.990 1	1.005 0	1.005 0
复种指数	—	1.257 4	0.893 4	0.849 3
农田旱涝保收率	%	0.853 3	1.008 8	1.137 9
* 水土流失面积比重	%	1.000 0	1.000 0	1.000 0
* 自然灾害成灾率	%	0.449 9	2.357 2	2.832 1
* 地表水质指数	%	1.171 9	0.937 5	0.925 9
* 耕地亩均用水量	m^3	0.731 4	1.186 9	1.265 5
水资源开发利用率	%	0.947 6	1.222 8	0.829 6
* 每亩耕地面积化肥施用量	kg/ 亩	1.028 5	1.017 1	0.957 4
* 每亩耕地面积农药施用量	kg/ 亩	1.282 8	0.962 1	0.846 7
农膜回收率	%	0.888 9	1.000 0	1.111 1
秸秆综合利用率	%	0.810 8	0.973 0	1.216 2
林草覆盖率	%	0.979 2	1.009 2	1.011 5
农业劳动生产率	元	0.451 6	1.212 8	1.335 5
每亩耕地面积粮食产量	kg/ 亩	0.718 0	1.063 4	1.218 6
每亩耕地面积油料产量	kg/ 亩	0.633 5	1.027 7	1.338 9
每亩耕地面积蔬菜产量	kg/ 亩	0.786 3	1.154 1	1.059 6
每亩耕地面积水果产量	kg/ 亩	0.154 3	1.363 1	1.482 6
农业劳动力数量	万人	0.701 1	1.151 1	1.147 8
农民组织化水平	%	0.272 7	1.090 9	1.636 4
人均粮食占有量	kg/ 人	0.540 1	1.007 6	1.452 2
人均肉类占有量	kg/ 人	1.017 0	0.964 2	1.018 8
人均水产品占有量	kg/ 人	0.886 4	1.012 7	1.100 9
农业科技进步贡献率	%	0.930 4	1.025 3	1.044 3
农业劳动力中初中以上文化水平人口比例	%	1.005 0	0.990 9	1.004 1
农业剩余劳动力转移指数	%	0.520 8	1.228 3	1.251 0
国家农业政策支持力度	%	0.408 7	1.418 3	1.173 1
农村人均纯收入	元	0.334 7	1.242 7	1.422 7
* 城乡收入差距系数	—	0.872 5	1.157 7	1.009 9

注：表中标注 * 号指标为负向指标，共 7 个

2. 指标权重确定

可持续发展评价指标体系中的指标内涵不同，对可持续发展的重要性也不同，在对其进行综合评价时，需要确定指标权重的大小，权重确定方法有专家咨询法、层次分析法、主成分分析法、灰色关联法等以及这些方法的综合应用。采用合理的方法来确定权重，能使确定的指标体系权重更符合客观实际和发展趋势。

本文采用层次分析法与专家打分法相结合的方法对系统中各指标进行打分。第一步，请 10 位专家对一级指标的权重进行赋值，各级指标权重之和为 1；第二步，请上述专家对二级指标的权重进行赋值，各子系统内部二级指标的权重之和为 1；第三步，请上述专家对三级指标的权重进行赋值，各子系统内部三级指标的权重之和为 1；第四步，将三级指标的最终权重得分进行排序，分析权重得分是否与重要性匹配，并根据专家意见再次进行调整，直至专家对结果的认可度达到 90% 以上。最终，形成三级指标权重分配表（表 3-4）。

表 3-4　吉林省农业可持续发展系统评价指标体系权重分配

一级指标	二级指标	三级指标
农业生态系统（0.5）	耕地资源指标（0.5）	农村人口人均耕地面积（0.2）
		土壤有机质含量（0.2）
		复种指数（0.1）
		农田旱涝保收率（0.2）
		水土流失面积比重（0.1）
		自然灾害成灾率（0.2）
	水资源指标（0.2）	地表水质指数（0.3）
		耕地亩均用水量（0.5）
		水资源开发利用率（0.2）
	农业清洁生产指标（0.3）	每亩耕地面积化肥施用量（0.2）
		每亩耕地面积农药搬用量（0.2）
		农膜回收率（0.2）
		秸秆综合利用率（0.2）
		林草覆盖率（0.2）
农业经济系统（0.3）	农业生产率指标（0.6）	农业劳动生产率（0.3）
		每亩耕地面积粮食产量（0.2）
		每亩耕地面积油料产量（0.1）
		每亩耕地面积蔬菜产量（0.2）
		每亩耕地面积水果产量（0.2）
	农业投入指标（0.4）	农业劳动力数量（0.4）
		农民组织化水平（0.6）
社会发展系统（0.2）	人均食物占有量指标（0.3）	人均粮食占有量（0.5）
		人均肉类占有量（0.3）
		人均水产品占有量（0.2）
	农业科技化水平指标（0.4）	农业科技进步贡献率（0.6）
		农业劳动力中初中以上文化水平人口比例（0.4）
	就业、财政与收入指标（0.3）	农业剩余劳动力转移指数（0.2）
		国家农业政策支持力度（0.3）
		农村人均纯收入（0.3）
		城乡收入差距系数（0.2）

3. 评价结果分析

根据上述数据标准化处理方法与综合指数评价方法，得出吉林省 2000 年、2010 年、2012 年这几年的农业可持续发展水平及三大子系统得分，数据见表 3–5。

表 3–5　吉林省农业可持续发展评价结果

系统得分	2000 年	2010 年	2012 年
农业生态系统	0.448 8	0.581 3	0.615 0
耕地资源指标系统	0.208 5	0.320 5	0.353 0
水资源指标系统	0.090 7	0.111 9	0.107 6
清洁生产指标系统	0.149 7	0.148 8	0.154 3
农业经济系统得分	0.148 8	0.346 7	0.404 5
农业生产率指标系统	0.095 5	0.212 9	0.231 6
农业投入指标系统	0.053 3	0.133 8	0.172 9
社会发展系统得分	0.152 1	0.253 6	0.231 2
人均食物占有量指标系统	0.045 1	0.096 2	0.075 1
农业科技化水平指标系统	0.076 8	0.080 9	0.082 3
劳动力转移、财政与收入指标系统	0.030 1	0.076 5	0.073 9
综合得分	0.749 7	1.181 6	1.250 7

（1）系统评价

① 农业生态系统：农业生态系统由耕地资源指标、水资源指标以及农业清洁生产指标三大子系统组成，该系统是农业可持续发展最重要的组成部分，系统得分越高，表示农业发展所处的生态环境改善得越好。从表 3–5 可以看出，吉林省农业生态系统得分上升很快，从 2000 年的 0.4488 先是上升到 2010 年的 0.581 3，再升到 2012 年的 0.615 0。增长步伐稳健，在三大子系统中增长幅度最快，成为吉林省农业可持续发展能力增强的重要支撑。具体地看，耕地资源系统指标得分一直在上升，说明吉林省非常重视耕地资源的保护，农业生产资源保护得力，但水资源系统指标是先升后降，说明吉林省水资源保护问题应加以重视；而清洁生产指标系统是先降升，说明 2000—2010 年吉林省农业生产环境是恶化的，但近两年有好转的趋势（图 3–1）。

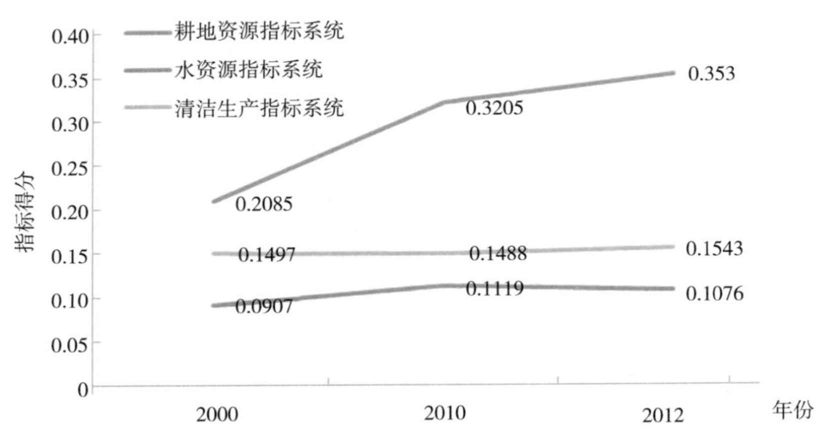

图 3–1　吉林省农业生态系统三大子系统可持续发展能力变化情况

② 农业经济系统：农业经济系统由农业生产率指标和农业投入指标两大子系统组成，其得分越高，表示农业在经济方面的可持续发展能力越高。从经济系统的得分来看，从 0.148 8 快速增长到 2010 年的 0.346 7，到 2012 年增长到 0.404 5，增长速度较快。其中，农业生产率指标得分从 2000 年的 0.095 5 增长到 2010 年的 0.212 9，再增长到 2012 年的 0.231 6。一直在上升通道中，说明吉林省的耕地生产效率和劳动力生产效率在不断提升；农业投入指标得分也处于上升中，但增长仍较缓慢（图 3-2）。

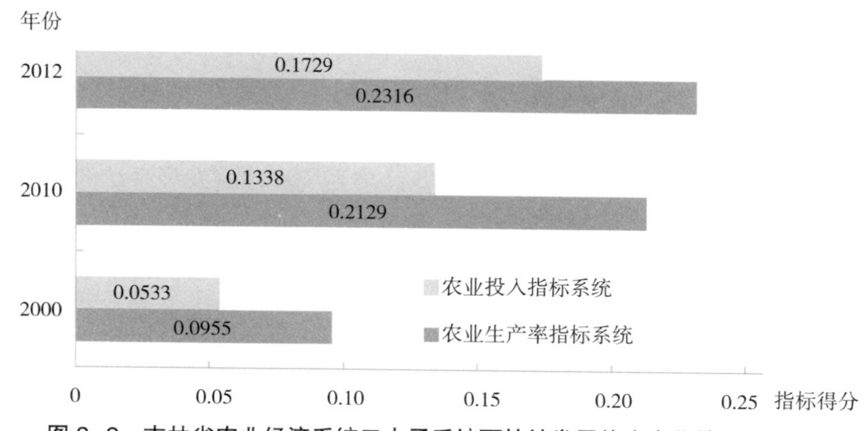

图 3-2　吉林省农业经济系统二大子系统可持续发展能力变化情况

③ 社会发展系统：社会发展系统由人均食物占有量、农业科技化水平、农业剩余劳动力转移与财政支农力度等三大子系统组成，其得分越高，表示农业发展对社会贡献越大，可持续发展能力越强。社会发展系统综合得分开始处于上升之中，从 2000 年的 0.152 1 增长到 2010 年的 0.253 6，又微降到 2012 年的 0.231 2；其中，人均食物占有量指标得分年均增长 7.87%，强有力地说明吉林省是粮食生产大省，而且是商品粮大省。农业科技化指标得分从 0.077 增长到 0.081，到 2012 年为 0.082，增长幅度不大，说明吉林省农业科技尚有提升空间。具体参见图 3-3。

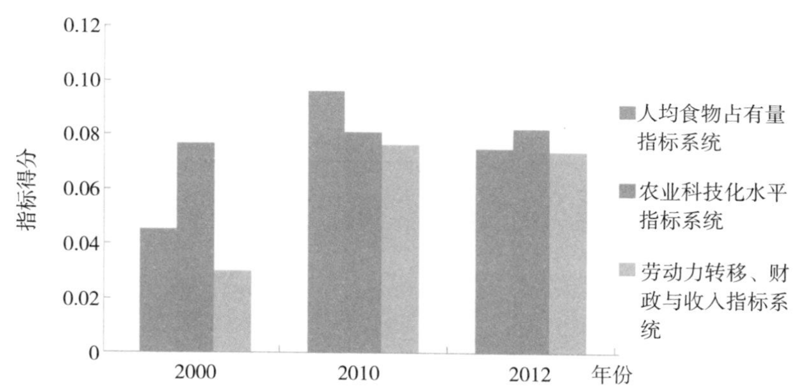

图 3-3　吉林省农业社会发展系统可持续发展能力变化情况

（2）指标评价　从三级指标得分来看，一些关键指标得分变化的差异较大，可持续发展能力喜忧参半。其中“喜”主要表现在 3 个方面：一是以人均耕地面积、土壤有机质含量、农田旱涝保收率、农膜回收率等为代表的农业生态系统指标持续向好；二是以农业劳动生产率、亩均农产品产量和农民组织化水平为代表的农业经济系统指标稳步提高；三是以农业科技进步贡献率、政府支农力度、农民收入水平为代表的社会发展系统指标显著提高，城乡居民收入差距日益缩小。“忧”也表现在3个方面：一是地表水质指数指标下降，其指标得分从2000年的0.035 2降到2010年的0.028 1，再持续降到2012年的0.027 8。说明劣质水的比重加大，水资源保护工作应该加强；二是水资源开发利用率有增长的趋势，其指标得分从2000年的0.018 9先升到2010年的0.0244 5，说明水资源利用率在下降，但到2012年这个指标又降到0.0165 9，说明水资源开发利用率上升，甚至不如2000年的水平；三是城乡居民收入开始有缩小的趋势，但又开始拉大。这3个方面都是应该警惕的农业可持续发展问题。

(3) 总体评价　综合三大子系统的得分情况，吉林省农业可持续发展能力综合得分从2000年的0.749 7上升到2000年的1.181 6，再增长到2012年的0.250 7，表明吉林省农业可持续发展水平逐年稳步提高，发展形势较为喜人，特别是农业经济系统和社会发展系统的可持续发展能力持续提高，对农业整体可持续发展水平的提高起到了强有力的支撑。但是，从社会发展系统得分来看，先是小幅上升，然后有下降的趋势，应引起重视。从单个指标的得分变化来看，虽然吉林省在农业生态环境治理、提高农业劳动力效率、提升农业科技化水平、加快农业剩余劳动力转移等方面取得了不俗的成绩，但仍面临地表水质下降、水资源开发利用过度、城乡收入差距拉大、国家农业政策支持力度减弱等问题，应引起政府相关部门的足够重视。

四、农业可持续发展的适度规模分析

(一) 种植业适度规模

1. 种植业合理开发强度分析

吉林省是农业大省，存在以玉米为内核的农业产业结构，进入20世纪90年代以来，吉林省玉米商品量、商品率、人均占有量、粮食调出量等均居全国第一位。由此吉林省农业产业结构存在着过分单一的问题。特别是近十年来，吉林省玉米种植面积单一快速增长，在吉林省农业产业结构中占有绝对的比重，经济作物发展明显不足。

表4-1　2003—2013年吉林省农作物种植结构调整情况

指标	农作物总播种面积（千 hm^2）	粮食作物（千 hm^2）	玉米（千 hm^2）	经济作物（千 hm^2）	粮经比
2003	4 716.75	4 013.75	2 627.20	703.00	5.71：1
2004	4 903.98	4 312.08	2 901.48	591.90	7.29：1
2005	4 954.12	4 294.50	2 775.20	659.62	6.51：1
2006	4 815.21	4 236.60	2 880.70	578.61	7.32：1
2007	4 943.99	4 334.69	2 853.70	609.30	7.11：1
2008	4 998.22	4 391.22	2 922.52	607.00	7.23：1
2009	5 077.54	4 427.70	2 957.20	649.84	6.81：1
2010	5 221.42	4 492.24	3 046.73	729.18	6.16：1
2011	5 222.32	4 545.05	3 134.22	677.27	6.71：1
2012	5 315.14	4 610.30	3 284.34	704.84	6.54：1
2013	5 413.06	4 789.90	3 499.09	623.16	7.69：1

资源来源:《中国统计年鉴》

造成吉林省种植业结构单一发展的主要成因：一是农民小富即安思想制约农业产业结构调整。农民每年种植省心省力的玉米，收入即可维持农村生活，而且从事养殖业或其他经济作物种植和外出打工存在一定的风险。因此，维持现状的小富即安在吉林省农民中普遍存在，思想与观念制约农业产业结构调整。二是农民受到的专业培训少，形成农业产业结构调整的“瓶颈”。吉林省在家务农的农民普遍存在基础文化素质较高但农业技能素质低的现象，一般来说农民具有某种职业技能教育是其进行产业结构调整的先决条件，有学者研究表明，农民受教育的层次与程度越低则农业产业结构越单一。三是农业生产原始结构有被强化的趋势。在市场经济中农业产业结构调整是面临很多风险的。其一是在农业外部风险预警机制、农业保险与风险防范措施均缺失的条件下，农民无法规避调整中的风险；其二是因为吉林省在农业内部农民没有集体组织可依靠，农民专业合作社发展还不健全，在风险来临时农民无所依赖。四是农业服务品供给严重缺失，形成农业产业结构调整的外部约束。在吉林省农村中除了有一些种子、农药与化肥等经营服务之外，基本上没有其他产业所需要的服务。

协调吉林省农业内部产业发展，既有利于促进粮食产品增值，也有利于增加牧业、渔业的效益。粮食生产对吉林省农业发展发挥着重要作用，影响着我国农业总体粮食生产和储存，同时，林业和牧业具有良好的农业发展潜力，因此，应根据市场需求，调整农业、林业、牧业产业结构，发挥其优势，打造精品农产品，实现规模种植、规模养殖，形成区域特色农产品生产基地。重点发展优势产业。

2. 粮食合理生产规模

吉林省优势粮食作物进一步向优势产区集聚，特点比较鲜明的区域结构已经形成：中部粮食重点发展玉米、水稻二大作物；东部粮食重点发展水稻和大豆；西部粮食生产在发展玉米、水稻生产的同时，突出优质杂粮杂豆生产。

2008 年以来，吉林省粮食作物年均播种面积逐年增加。2012 年，全省粮食作物播种面积 6 915.45 万亩（统计数据），比 2007 年增加 237.9 万亩，年均递增 1.2%。特别是玉米、水稻两高作物面积稳定增加，2012 年，玉米种植面积 4 926.51 万亩，年均递增 2.9%；水稻种植面积 1 051.78 万亩，年均递增 0.9%。大豆种植面积 344.96 万亩，年均递减 8.3%。因为比较效益低，大豆种植面积从 2009 年起逐年减少。粮食作物各品种种植比例分别为玉米 71.2%、水稻 15.2%、大豆 5%、高粱 2.7%、绿豆 2.6%、薯类（折粮）1.7%，其他作物 1.6%。

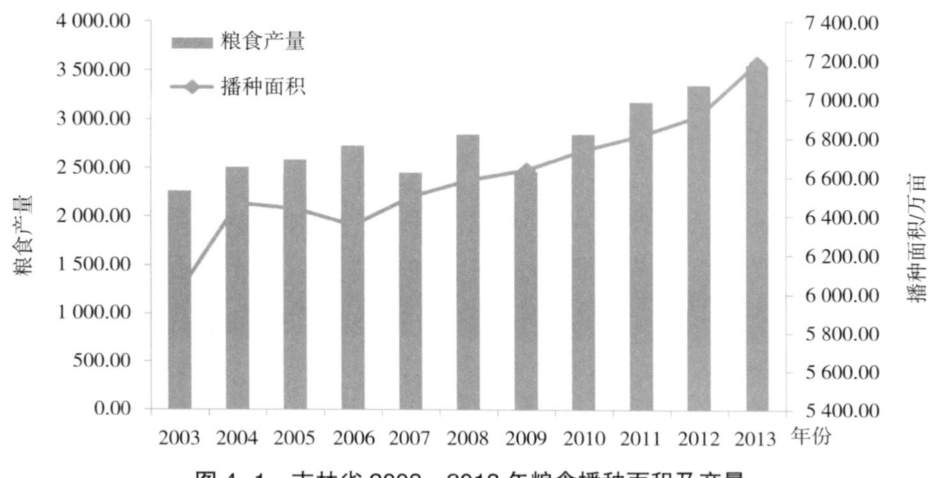

图 4-1　吉林省 2003—2013 年粮食播种面积及产量

吉林省粮食生产潜力目前看，主要有以下六个方面：一是后备耕地资源比较丰富。全省可供开发利用的后备耕地资源 104.6 万 hm^2，二是改造中低产田增产的潜力大。全省现有中低产田绝大部分在中西部易旱区，平均单产在 4 500kg/hm^2 左右，低于全省平均水平 100 多 kg。通过改造中低产田，巩固提高高产田，平均可提高单产 15%。三是在易旱区发展玉米膜下滴灌增产潜力大。西部易旱区适合搞旱田节水灌溉面积的有 139.7 万 hm^2。发展膜下滴灌平均每 hm^2 可增产粮食 3 750kg。四是粮食作物种植结构调整还有潜力。主要是扩大耐密型高产玉米种植面积还有一定空间。目前，吉林省高产耐密型玉米品种种植面积占玉米实际种植面积的 83% 左右。五是开发水田还有较大潜力。根据调查，白城市的引嫩入白、大安灌区，松原市的哈达山水利枢纽等水利工程建成后，到 2020 年可新增水田 16.7 万 hm^2。六是增产增效技术推广还有较大潜力。从可预见的未来几年看，通过努力，一个是在虫口夺粮方面，重点是生物防治玉米螟和农田统一灭鼠方面还有增产潜力。另一个是在保护性耕作等其他增产技术推广还有较大潜力。2012 年全省 8 个保护性耕作项目县 3.15 万 hm^2 玉米平均增产 741kg/hm^2。同时，水稻标准化大棚育秧、机械深松等技术还都有潜力可挖。此外，研发出比目前生产上推广应用品种增产潜力更大、具有突破性的玉米、水稻高产高抗新品种需要有一个过程，当前很难预测实现时间，新品种促进增产的潜力目前无法做出科学的判断。全省玉米种植面积达到 353.3 万 hm^2；水稻种植面积增加到 93.3 万 hm^2 以上；大豆种植面积稳定在 33.3 万 hm^2；杂粮杂豆种植面积稳定在 20 万 hm^2。

3. 蔬菜合理生产规模

蔬菜是城乡居民生活必不可少的重要农产品，保障蔬菜供给是重大的民生问题，蔬菜生产与供给必须以资源优势为基础，以市场需求为导向，因地制宜，循序发展。因此，确定蔬菜的合理生产规模必须考虑市场化背景下蔬菜产需总体发展趋势，根据资源禀赋和比较优势，来确定蔬菜的合理生产规模。

吉林省是农业大省，但是由于地理位置及气候的影响，吉林省冬季很难进行蔬菜生产，为了改善吉林省冬季蔬菜的供应状况，加快实现北方特产大省建设目标，政府制定了“百万亩棚膜蔬菜建设工程发展规划”。但省内蔬菜市场上本地菜的供应远远满足不了全省人民的需求，特别是冬季更是捉襟见肘。南菜北运在目前这个运输业极其发达的年代不再是难事，但南菜北运成本高、储藏时间长、农药使用量大的缺点正逐渐引起人们的重视。

据农业部数据显示，全国年人均蔬菜占有量为 463kg。按照这个指标，吉林省每年需要蔬菜 1 250 万 t，而我们常年蔬菜产量在 1 200 万 t 左右。如果仅从总量上看，基本能满足城乡居民的生活需求，但从上市时间上看，结构性失衡、季节性短缺问题非常突出，夏、秋两季供应有余，冬、春两季明显不足。每年 11 月到翌年 4 月成为蔬菜紧缺期，基本靠外调，缺口在 200 万 t 左右。目前全省冬季能正常生产的棚室仅有 10 多万亩，冬春蔬菜生产能力不足 40 万 t，仅能满足实际需求的 1/6（图 4–2）。

根据以上蔬菜产需总体趋势分析，以市场供需为基础，以保障城乡居民菜篮子供给为重点，同时兼顾发展蔬菜加工及其出口创汇需要，吉林省蔬菜产业的合理生产规模为年播种面积 36.7 万hm^2，蔬菜总产量约为 1 350 万 t。

（二）养殖业适度规模

畜牧养殖业的适度规模，不仅与资源状况、消费需求等密切相关，而且还要求畜禽养殖规模与周边农田的粪污消纳能力相适应，建立农牧结合的生态养殖模式，走绿色、生态、健康养殖之路。

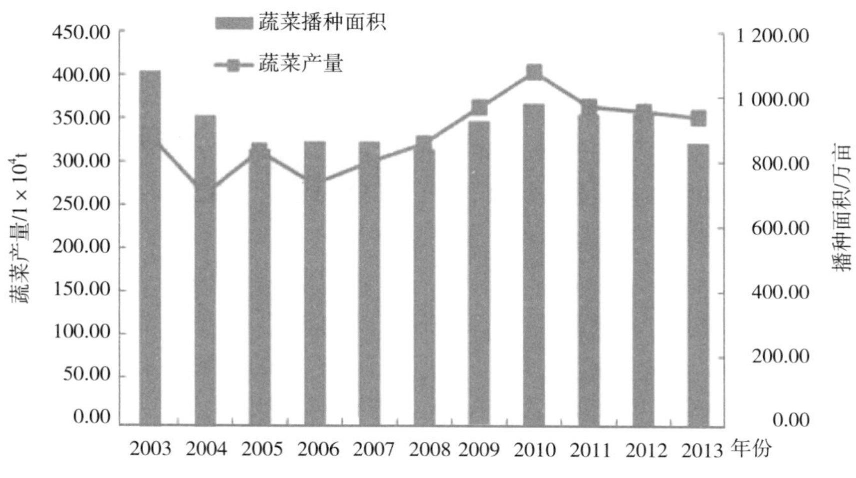

图 4-2　吉林省 2003—2013 年蔬菜播种面积及产量

1. 生猪合理生产规模

吉林省是国家生猪调出大省，是全国重要的商品猪生产基地（图 4-3），目前，年外销生猪 500 余万头；冷鲜肉销售占总生肉量的 10%；人均占有猪肉量为 48.3kg，是全国人均占有量（14.42kg）的 3.1 倍。2012 年外销调出量 666.4 万头。目前，省里共有 16 个生猪调出大县。吉林省的中部平原一直以生产生猪为主，但随着生猪产业规模扩大，生猪的主产区也在发生着变化，生猪生产中心已逐渐向东西部地区转移。吉林省生猪的流向总体可以分为对内的市场销售和对外的出口 2 种，其中生猪调出的省份主要有：浙江、内蒙古、湖北、北京、天津、山东等；出口的主要地区有：中国香港、俄罗斯、日本、韩国等。

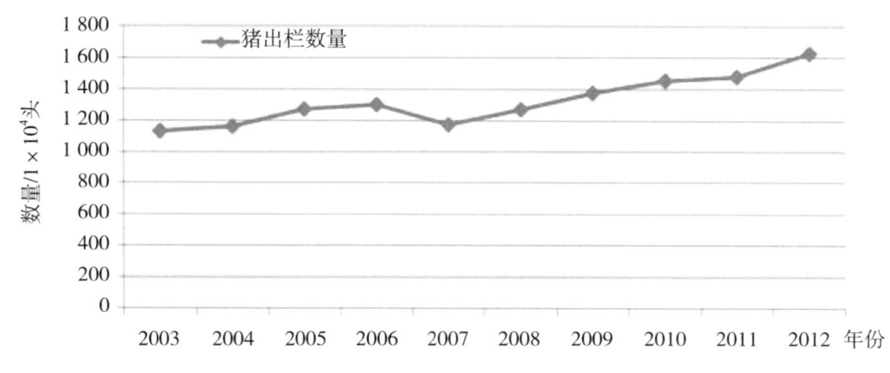

图 4-3　吉林省 2003—2012 年生猪年出栏数量

吉林省位于我国重要的粮食主产区和黄金玉米带，因此，吉林省生猪生产在饲料资源方面有着充分的优势。以猪粪污还田为基本模式，在对土壤理化特性普查的基础上，建立土壤对粪污消纳能力与养猪场粪污动态平衡调节技术体系，对猪场粪污进行资源化、高值化、减量化处理，形成种植业—养猪业良性循环的生态模式，促进养猪业的可持续发展。2012 年，吉林省的粮食总产量达到 335 亿 kg。其中，玉米产量是 293 亿 kg。据估算，目前吉林省作为饲料用玉米还能支撑 1 000 万头生猪的发展空间。

2. 家禽合理生产规模

家禽养殖业是吉林省畜牧业发展的重要支柱，近 10 多年来，家禽养殖业获得了很大的发展。自 2003 年以来，吉林省家禽出栏数呈现先增后减趋势。全省家禽出栏数由 2003 年的 44 323 万只增加到 2005 年的 47 997 万只，又阶段性地下降到 2008 年的 37 223 万只，直至 2012 年仍没有恢复到 2003 年的水平。但总的发展趋势是增长的（图 4–4）。

禽肉和禽蛋一直是居民比较喜欢的家庭消费食品，其消费未来也有一定的增长空间。预计随着吉林省畜牧业养殖品种结构进一步优化调整，家禽产业优势已经形成，具备进一步做大做强的基础。规模化的家禽养殖业会得到进一步发展，要发挥得天独厚的资源、区位和基础优势，家禽养殖业将会恢复性增长，达到或超过 2005 年的规模。因此，吉林省家禽合理生产规模为年出栏家禽 3.8 亿 ~4.5 亿只。

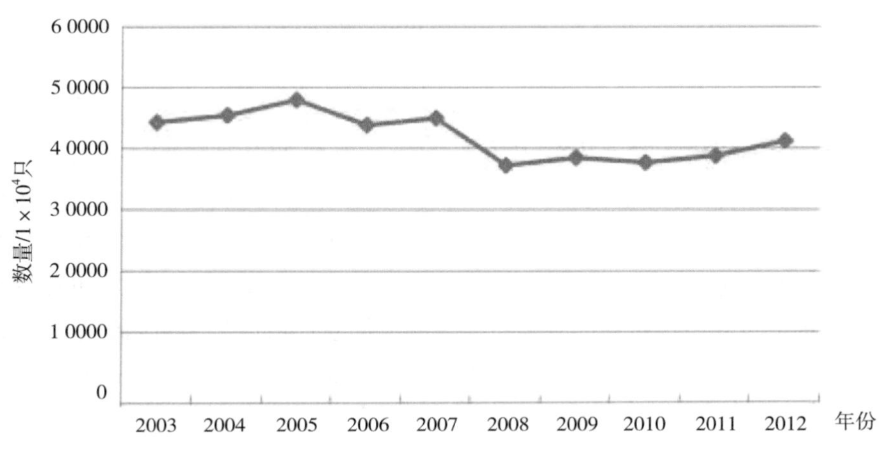

图 4–4　吉林省 2003—2012 年家禽年出栏数量

五、农业可持续发展的区域布局与典型模式

（一）农业可持续发展的区域差异分析

吉林省的生态环境类型丰富，生态条件、经济发展状况地域差异较大，根据吉林省的特点，吉林省可分为东部山区、半山区、中部台地平原和西部平原四大区域类型。

1. 农业基本生产条件区域差异分析

（1）东部长白山地宜林类型　地处东部山地，约占全省总面积的 42%，地处东部山地，海拔 800~1 800m，该地带中适宜林木生长，是吉林省的林业基地，以林业为主，其次，区内河谷、盆地适宜耕种玉米、水稻，发展副业、土特产生产。

（2）东部低山丘陵宜林宜农类型　地处吉林省中部，大黑山以东，东部中山低山以西，约占总土地面积 20%，海拔 250~800m，河网密集水利工程好，水热条件优越，土壤肥力高，是发展林业和农业生产的基地，开发次生林和抚育更新，扩大林业生产的基地，也是玉米、大豆的主要产区，适宜综合开发利用，副业以养殖发展土特产等为主。

（3）中部台地平原宜农类型　地处中西部台地和冲积平原，约占全省总面积的17%，海拔160~200m，黑土、黑钙土分布广泛，土壤肥沃，温度略高，降水量在500mm左右，水、热、土资源丰富。多耕地和草地，多春旱，土壤有盐碱化，农业以生产玉米为主，此区的西侧以牧业为主，以养牛养羊为最多，是主要粮食、畜产品产地。

（4）西部平原宜牧宜农类型　约占全省总土地面积的21%，该区除西北角为大兴安岭东麓低山丘陵外，绝大部分地区海拔200m以下，地势平坦。光热条件好，是全省热量最高的地区，年平均降水量400mm左右，全年降水量70%集中在夏秋两季，春季降水只有11%，比较少，但是蒸发量大。土壤有黑钙土、盐碱土、风沙土，土质比较瘠薄。沙丘和泡沼广泛分布，水面较多。该区是科尔沁大草原的一部分，是全省草原的主要分布区，多为禾本科、豆科牧草，是发展牧业生产最好的地区。

2. 农业可持续发展制约因素区域差异分析

（1）东部长白山地区农业可持续发展主要制约因素　吉林省东部山区海拔高，生态资源丰富，是我国主要的木材生产基地。该区域农业可持续发展的主要制约因素有：由于长期过度采伐，森林蓄积量明显减少，森林质量下降，除长白山自然保护区及局部山峰残存少部分外，全省原始林几乎消失殆尽，森林生态功能衰退。一方面，森林生物多样性锐减，大量的珍贵树种、经济植物物种和遗传基因丧失；另一方面，森林系统在保持水土和涵养水源等方面的生态功能下降，使得吉林省东中部旱涝灾害频率增加，水土流失加剧。

（2）东部低山丘陵区农业可持续发展主要制约因素　该区是宜林宜农区，光热条件好。该区域农业可持续发展的主要制约因素是：一是由于过度垦殖，地表植被遭到破坏，水土流失现象严重。据2004年第三次全国荒漠化和沙化监测数据，全省水土流失面积已达315万hm^2，占全省总面积的16.5%，中部黑土区每年因此流失1.3亿t土壤，严重的水土流失已使黑土层由20世纪50年代的50~60cm变薄至现在的20~30cm，并且已有10%的表土层变成破皮黄，土壤有机质含量也由初垦时的7%下降到3.5%左右。土壤养分大量流失，粮食因此而减产，仅此一项每年造成的经济损失就约1.2亿元。二是耕作土壤以白浆土为主，酸性强，养分缺乏，抗逆性弱，障碍因素较多，中低产田占70%以上。三是耕地分布零星，耕作方式落后，机械化程度不高。

（3）中部台地平原区农业可持续发展主要制约因素　吉林省中部地处黑土带，光热条件好，是粮食的主要生产区，中国玉米之乡坐落于此区。该区域农业可持续发展的主要制约因素：一是中部黑土区因风蚀的作用，土层变薄。农田防护林面积缩减，防风作用退化。二是农业面源污染没有得到有效控制，秸秆田间焚烧和畜禽养殖废弃物随意堆放现象普遍，环境污染严重。农村废弃物没有得到有效处理。一定程度上影响到农业可持续发展。三是畜禽养殖业污染严重。许多养殖场没有牲畜粪尿处理设施，导致液体和固体废弃物被当作有机肥施用后污染农田环境。四是中部农业生产上化肥、农药和农膜等化学品投入量偏大。

（4）西部平原区农业可持续发展主要制约因素　西部平原是全省热量最高的地区，全省草原的主要分布区，是发展牧业生产最好的地区。同时也是世界上土盐碱化最严重的地区之一。该区域农业可持续发展的主要制约因素有：一是土地盐碱化严重。目前，西部地区盐碱土地面积占吉林省西部土地总面积的28.2%，且以每年1.4%~2.5%的速度发展，严重制约着农牧业的发展。二是草原退化加快。由于过度放牧，草原退化的程度不断加重，与20世纪50年代相比，全省产草量下降了77.14%。目前吉林省西部草原已有90%以上发生退化，因受盐碱化和沙化影响，其中约有

40% 属于严重退化。近年来沙化土地面积虽然大幅减少但局部地区形势依然不容乐观。

（二）农业可持续发展区划方案

基于吉林省农业自然资源环境条件、社会资源条件与农业发展可持续性水平的区域差异，以县级行政区为基本单元，综合分析本地区农业可持续发展基本条件和主要问题的地域空间分布特征，应用聚类分析方法，把吉林省 40 个县（市、州）划分为东部长白山资源保护区、东中部水资源保护区、中部松辽平原黑土地资源保护区、西部草原湿地保护区四大功能区。

1. 东部长白山资源保护区

（1）基本概况　东部地区位于长白山脉核心区域，是调解东北气候平衡的主区域，是我国重要的森林生态功能区，是东北亚生物多样性的核心承载区。森林面积 608 万 hm^2，森林覆盖率 75%，水资源丰富，水资源总量约为 298.3 亿 m^3，约占全省水资源总量的 74.79%。属温带湿润、半湿润过渡气候。从自然资源角度来看，森林面积约占东北地区森林总面积的 1/5，草地面积约占东北地区草地总面积的 3/5，水利资源径流总量约占东北地区河川总流量的 3/5。包括通化市（不含梅河口和辉南）、白山市、延边朝鲜族自治州全境共 17 个县（市、区）（包含长白山保护开发区）。国土面积 8.7 万 km^2，占全省的 46.4%；总人口 684.91 万人，占全省的 25.35%；2013 年 GDP 达到 3 122.8 亿元，占全省的 21.7%。

（2）农业资源特征　这一区域以中低山地貌为主，土质好，但年降水量比较丰沛，属于雨养农业区域，有时会受洪涝灾害的影响，本区以林业生产为主，农作物生产在区域内并不占主导地位。

（3）农业区域分布特征　吉林省东部是我国重要的林业基地和物种基因库，野生动植物资源、水资源和矿产资源丰富。东部地区主要以开发与保护相结合，走良性循环的生态经济型、林草牧结合型、立体开发综合利用、多层次增值的道路。主要以林地为依托发展的特色动植物养殖、栽培、采集业，利用水资源优势发展的特色水稻，利用山区地貌建设的苹果梨等特色基地以及林果、中草药、土特产和农副产品加工。

2. 东中部水资源保护区

（1）基本概况　吉林省东中部半山区地处长白山山地延伸地带，属农业和自然生态系统的交错区，本区在行政区域上主要包括辽源市，吉林市的磐石、桦甸、蛟河 3 个县级市，通化市的梅河口和辉南两市县，共 8 个市县。面积约占全省总面积的 14%。在生态分区上属东中部低山丘陵次生植被生态区。地貌类型以低山、丘陵为主，森林面积较大，但大部分为天然次生林和人工林，生态经济功能脆弱。土壤类型主要为暗棕壤、白浆土、草甸土以及以这些土壤为母土发育的水稻土。其中，暗棕壤有机质和养分丰富，是林区的重要土壤资源，白浆土耕地利用面积较大，但白浆土酸性过强，通透性等水分物理差，怕旱怕涝、抗逆性弱。

（2）农业资源特征　本区耕地利用面积较小，但对中部松辽平原的商品粮基地起着天然生态屏障作用。本区无霜期较东部林区明显增长，大部分为 120~135 天，年降水量为 650~700mm，适合中早熟作物生产。松花江部分江段、东辽河上游、白山湖、红石湖、松花湖等都位于本区，中小型水库密集，地表水资源丰富，草甸土养分和水分丰富，适合农业利用，但在本区的分布面积较小。水稻土受开垦年限的制约，大部分尚不具备典型水稻土的特征。

（3）农业区域分布特征　本区是东北地区发展农业、林业和牧业的理想基地。主要产业有鹿茸等中药材保健食品添加剂的生产及加工业，山野菜及食用菌系列加工业，板栗、葡萄等水果生产及加工业，饮料加工业，水稻、大豆等农产品生产及加工业。由于处于关山区，耕地面积中山坡地、低洼地、平地各占1/3。另外，该区人口较多，交通不发达，农民的科学文化水平低，人民生活水平整体不高。

3. 中部松辽平原黑土地资源保护区

（1）基本概况　吉林省中部位于松辽平原腹地，是国家重要的黑土玉米带，包括长春、吉林、四平和辽源地区，共15个县（市），面积约占全省总面积的近30%，分别为桦甸市、双辽市、梨树县、磐石市、榆树市、蛟河市、公主岭市、农安县、伊通县、九台市、德惠市、东丰县、东辽县和永吉县。该地区在吉林省农业发展中占有重要地位。中部地区面积仅占全省的46%，但囊括了汽车、石化、农产品深加工三大支柱产业、74%的人口、75%的财政收入、85%的粮食总产量和88%的经济总量，是吉林省经济最活跃、交通最发达、产业集聚水平最高的地区。

（2）农业资源特征　吉林省中部在生态分区上属中部松辽平原生态区。地貌类型属冲积和洪积台地，地势平坦，耕地集中连片。土壤类型主要为黑土，土壤有机质和养分含量丰富，有效肥力和潜在肥力高，理化性质优越，抗逆性强。雨热同季，无霜期较长，降水量为600mm左右，是典型的雨养农区。属于雨养农业区域，是吉林省粮食主产区；中部地势平坦，土质肥沃，雨热同期，适合农作物的生长；适合玉米栽培，是我国著名的黄金玉米带，现已成为国家重要的商品粮生产基地。

（3）农业区域分布特征　吉林省中部是国家粮食主产区的主要分布地区，特别是玉米产量占到全省总产量的八成以上，而且也是国家畜牧业生产基地。中部是吉林省是耕地最多并且集中连片的地区，地势平坦，土质肥沃，素有中国的黄金玉米带之称，主要产业有玉米、特用玉米、大豆等粮食产品生产与加工业，饲料产业、有机肥料、生物农药产业和畜禽饲养与加工业。省内各主要农业科研机构也集中在这里。优越的自然条件、社会经济、文化、交通条件，使该地区发展迅速，农业现代化已经有了一个良好的开端。

4. 西部草原湿地保护区

（1）基本概况　吉林省西部地区属于北温带大陆季风气候，春季干燥多风，夏季温热多雨，秋季温差大，冬季寒冷而漫长，生态系统属于由半湿润森林草原向半干旱和沙碱化之间的过渡带，以风、沙、干、旱、碱闻名。年降水量为270~500mm，年水蒸发量为1450~2 269mm，年平均气温4.2~6.7℃。该区域总幅员面积4 167 045.6m^2，总人口818万，耕地面积为261.67万hm^2，草原面积119.46万hm^2，盐碱地面积96 900万hm^2。本区位于松嫩平原属南部，在行政区域上包括白城市全部，松原市区及所属的前郭县、长岭县、乾安县，四平市的双辽市，面积约占全省总面积的24.6%。西部地区位于科尔沁草原的东部、松嫩草原的中心、松嫩平原的西端，是典型的农牧交错区。

（2）农业资源特征　区域内资源较丰富，类型多样，是杂粮杂豆主产区和集散地。在生态分区上属西部草原湿地生态区。地表水和地下水资源丰富，有向海、莫莫格、查干湖、月亮湖大小湿地泡沼600多个，第二松花江、嫩江、洮儿河流经本区。气候干旱多风，年降水量350~500mm，蒸发大于降水，无霜期较长（130~160天），日照充足（日照时数2 500~3 000小时）。土壤类型主要为黑钙土、风沙土、草甸土、盐碱土及沼泽土等，各土壤均存在不同程度的障碍性。土地利用方式主要为农田、草原、林地和湿地等利用方式，传统产业为农业和畜牧业，属典型的农牧交错带，是吉林省花生、向日葵、绿豆、小豆、高粱、谷子等油料和杂粮作物的主产区。

（3）农业区域分布特征　西部草原辽阔，湿地面积较大，地下水和过境水资源比较丰富，地广人稀，风沙干旱，大片草原“三化”严重，年降水量较少，热量较高，经济生产以传统农牧业为主导，是吉林省畜牧业重点发展区，也是“三北”防护林重点区。同时受气候条件影响，西部适于油料作物生长。该区农业现代化水平低，存在的主要问题是农业基础脆弱，抗御自然灾害能力低，春旱、草原“三化”较重，生产结构单一，经济实力较弱，社会经济技术条件差。

（三）区域农业可持续发展的功能定位与目标

1. 东部长白山资源保护区

（1）功能定位　第一，加快农林业经济结构调整，加强山林的开发与保护治理；第二，建设特产品生产、加工基地（中药材、山野菜）；第三，发展农林结合区精品畜牧业；第四，发展矿泉水产业；第五，发展依托长白山生态旅游资源为核心的旅游业。

（2）发展目标　东部山区特产品资源丰富，有些品种生产历史较久，产量不仅在国内居首位，而且在国际市场上也享有盛名。立足本区经济特点和资源优势，开展多种经营，全面发展，建立长远的木材基地、林特产品产业基地、农林结合区优质畜牧业基地和长白山生态旅游基地，努力提高粮食和副食品供给水平，做好长白山旅游资源的保护和合理开发。建立特产品加工与出口基地，发展以人参等为主的中药材业；发展以小浆果、山野菜和食用菌等为主的特产业；发展以梅花鹿、林蛙等为主的驯化饲养业以及农林结合带优质精品畜牧业。按照市场导向，理顺产销关系，开展以加工为龙头的商品生产，实行产、加、销一条龙模式发展，形成“采、种、养、加”配套的龙形开发体系。

2. 东中部水资源保护区

（1）功能定位　第一，加强山林与水资源的开发与保护治理；第二，建设林草生态产业；第三，发展有机和绿色食品产业。

（2）发展目标　加强水源地保护和水土流失治理，推进水资源保护和合理开发。加快实施松花江流域和东辽河流域水污染防治工程，确保重要水系水体达到功能标准。抓好小流域治理和水土保持，搞好“三湖”、松花江、辽河水资源的合理开发、优化配置、高效利用和有效保护。完成松花江流域、东辽河流域、浑江流域等重点水土流失区的治理任务。合理开发林上林下资源，大力发展天然和绿色有机食品、健康滋补产业、生态旅游和木材精深加工等生态经济产业，加快草业科技攻关和技术推广应用步伐，为发展生态草业经济提供优良品种，不断提高产业化经营水平，确保人工种草旱涝保收。以无公害和绿色食品原料基地为基础，加快发展有机食品原料生产基地。在进一步完善现有生态食品销售中心建设的基础上，扩大绿色产品销售网络，在国内主要大城市以及全省各市（县）建设绿色品牌产品销售中心，提高吉林省绿色品牌产品市场占有率。

3. 中部松辽平原黑土地资源保护区

（1）功能定位　第一，加快商品粮基地建设，形成全面发展的现代化农业基地；第二，优质农区畜产品生产基地；第三，农产品加工基地；第四，农业物流中心和信息交流中心。

（2）发展目标　该区农业发展应大力普及实用技术，使科技成果变成生产力，按照市场需求，稳粮兴科，大办加工，多层次开发生产，建立发展高产稳产优质高效农业。积极推进土地流转，实现规模化经营，努力提高农业机械化程度，以便有更多的农业劳动力从事多种经营和第二、第三产业。提高经营效益，缩小农业与工商业等其他产业间比较利益的差距，并紧紧围绕粮食资源过腹转化和秸秆资源的开发利用，大力实施“粮变肉”工程，发展肉牛、奶牛、生猪、肉鸡产业，实行集约化、规模化，稳步推进标准化现代饲养小区。发挥大专院校、科研院所的优势，走产学研相结合之路。重点研究高产、优质、抗逆性强的动植物新品种，建设好农作物种子工程和畜禽育种工程以及农产品深加工技术工程。要发挥承东启西的承载和拉动作用，进一步加快产业化经营步伐，提高农民组织程度，推进机制创新，开发精深加工产品，为推进现代农业发挥先导和牵动作用。

4. 西部草原湿地保护区

（1）功能定位　第一，构建农牧结合农业产业体系；第二，建设杂粮杂豆、油料、糖料等为主的经济作物生产基地；第三，对草原退化、沙化、碱化等环境治理。

（2）发展目标　西部干旱草原区，属于经济欠发达区。应加强生态农业建设，建立起田、林、草三位一体的复合生态系统。西部耕地面积多，草地面积广，但耕地属于瘠薄易干旱地型。因此，发展西部生态农业要以保护耕地、草地为前提，调整农业的种植结构，建设有机农产品基地，增加农产品效益。依托引松入白等重要水利工程，科学合理利用地下水资源，采取井、库、站联合应用的办法改善农业灌溉水资源匮乏的状况，大力发展节水农业，抓好商品粮基地县的建设，搞好农田林网建设，并进一步支持推动，将杂粮杂豆产业、草原牧业及其深加工业发展成支柱产业。加强林业建设，实现以林护草（田），以草（田）养牧，以牧促粮。提高粮食单产，增加油料与糖料作物的种植。

（四）区域农业可持续发展典型模式推广

近年来，吉林省大力发展循环型农业、集约型农业、立体种养型农业和设施型农业，积极探索不同区域各具特色的农业可持续发展模式，取得了明显成效。

1. 循环型农业可持续发展模式

循环型农业是以农业资源的高效和循环利用为目标，以“减量化、再使用、资源化”为原则，以物质循环流动和能量梯次利用为特征的农业生产运行模式，它摒弃了传统农业的掠夺性经营方式，把农业经济发展与生态保护有机结合，是实现农业可持续发展的必然选择。发展循环农业，构建资源节约型、环境友好型生产体系，既有利于农业节能减排，减轻环境承载压力，又有利于提升农业产业发展水平，促进产业融合和农业功能拓展，推进农业转型升级。

吉林省出现得较早的循环农业可持续发展模式为“三位一体”模式，即“肉牛养殖、沼气发电及有机肥、有机蔬菜、有机水稻、玉米种植、饲草种植”的模式，它将畜禽养殖、沼气生产和有机蔬菜、有机水稻、玉米种植完美结合，三者相互依存，优势互补，构成能源生态综合利用体系，在同一块土地上实现产气与积肥同步、种植与养殖并存、能源与资源良性循环、设施农业与生态农业相结合的高产、优质、高效农业生态模式。

典型案例：双阳区“三体一体”循环农业模式

双阳区隶属于吉林省长春市的市辖区。位于吉林省中部、长春市区东南部。双阳区在2005年10月被国家正式命名为国家级生态示范区。2009年，吉林省浩鑫农牧科技有限公司坐落在双阳区齐家镇长兴村境内，交通便利，基地总规划面积44km^2；基地现有面积200万m^2。其中，山林面积40万m^2，人工湖（岛）面积10万m^2。“三位一体”循环农业基地分别为：长春市泽鑫农业发展有限公司有机高效农业日光温室蔬菜生态产业园区及有机水稻、玉米种植、饲草种植项目，温室大棚占地面积60万m^2、水稻玉米青稞、饲草种植占地面积65万m^2；长春市双阳区双泰养殖有限公司十万头优质肉牛标准化生态养殖循环经济项目占地20万m^2；长春市双阳区盛泰养殖有限公司1 000头奶牛标准化生态养殖循环经济项目占地3万m^2；长春市浩鑫新能源科技有限公司沼气发电和有机肥联产工程及饲料加工项目占地2万m^2。“三位一体”农业发展模式，将使农村地区传统方式利用的生物质能量消费明显下降，促进可再生能源的开发，增加农村能源供应量，特别是能够提供更多的清洁优质能源。利用牛的粪便为沼气提供原料，沼气池不仅为农户提供优质干净的沼气，而且可以利用沼气发酵剩余物，提高土壤肥力。可以利用沼气发电，为公司及农户提供生产生活用电，沼气可作为做饭、照明的能源。沼渣是优质有机肥，沼液可代替农药；施沼渣、喷沼液的农作物，产量高、品质好、成本低，无化学残留，成为市场上紧俏的有机食品。而原生态秸秆又是牛的饲料，利用玉米、水稻为酿酒原料产生的酒糟喂牛，经过高温消毒，与秸秆饲料掺在一起，牛吃后免疫力提升，长得壮而快，肉质鲜嫩。通过资源的循环利用和节约，实现以最少的资源消耗、最小的污染，获取最大的发展效益，减少环境污染。

2. 种养加型农业可持续发展模式

种养加型农业是多种相互协调、相互联系的种植业内部、养殖业内部或种养业之间，在空间、时间和功能上的多层次综合利用优化的高效农业结构，具有集约、高效、可持续和安全等优点。可以充分挖掘土地、光能、水源、热量等自然资源的潜力，缓解人地矛盾，提高农业资源利用率；充分利用空间和时间，通过间作、套作、混作等立体种养、混养等立体模式，大幅提高单位面积的农业产出水平；可以提高化肥、农药等利用率，缓解残留化肥、农药等对土壤环境、水环境的压力，因此，是遏制农业生态环境恶化和资源退化的有效途径。

在中国很多地方，由于追求粮食产量，对水环境的负面压力越来越大，湿地面积严重萎缩，地下水资源加速消耗，水体质量普遍下滑。对湿地的开垦表面上看是增加了耕地面积，实质上会对农业自身产生严重危害，会引发农业生态功能破坏等一系列严重问题。这在中国所有玉米产区都不同程度的存在，在玉米主产区的东北尤为显著。

位于东北地区的吉林省是中国粮食主要产区之一，人们在努力寻找和创新农业可持续发展模式，使湿地与农业不再对立，而是成为互惠互利、共同前行的伙伴，使之在粮食安全与生态安全之间达到平衡。

典型案例：东辽湿地生态农业发展模式

吉林东辽鸳鹭湖国家湿地公园位于吉林省东辽县金州乡和安石镇境内，包括金洲乡的福善村、双福村、金州村和安石镇路河村的部分区域。总面积 642 hm^2。

2012 年，世界自然基金会东北项目办公室与吉林省湿地保护管理办公室合作，在吉林松原市开展了“中国东北玉米可持续发展与湿地保护项目”的专项研究，旨在探索玉米与湿地的关联和影响，推广玉米生产新技术，推动湿地保护建设与管理，形成节约资源、减少浪费、降低污染、增产增效、可持续发展的新模式。

2013 年，中国科学院东北地理与农业生态研究所与吉林省林业厅在吉林大安牛心套保国家湿地公园建立了“湿地恢复与合理利用研究示范基地”。中国科学院科研团队从 2003 年开始，对严重退化的牛心套保芦苇湿地进行生态恢复与合理利用研究与示范，并应用生态学的生物共生与物质循环原理，建立“苇—鱼（蟹）—稻”复合生态工程模式。

恢复后的芦苇湿地和重度盐碱地改造后的水稻田可以为鱼、蟹提供饵料资源，鱼、蟹可摄食与芦苇争肥争空间的杂草和为害芦苇的害虫，其粪便可增加肥源，摄食活动又可疏松土壤，促进芦苇地下茎发育繁殖，从而提高芦苇的质量与产量。而且苇田中大量的沉水植物还为鱼、蟹提供良好的繁殖、避敌场所。在项目的示范过程中，已取得良好的经济和社会效益。芦苇湿地利用面积达

4 000hm^2，鱼、蟹年销售收入超 500 万元，极大提高了苇场职工和农民的收入和生活质量。为使湿地与农业高度融合，湿地公园开发了湿地农业观光、蟹田米、龙虾米等生态产品，开展了绿色渔业养殖。这些项目共安置农民就业 150 人，年增加农民收入 450 万元，加上流转土地增加的收入，仅湿地保护建设一项，就增加农民收入 1 065 万元。近年来，吉林东辽湿地公园探索走出了一条湿地保护与生态农业和谐发展的新路子。

3. 设施农业可持续发展模式

设施型农业以工业化装备和标准化、安全生产技术为基础，通过推广运用现代生物技术、信息技术和工程技术，培育农业生物技术产业、生物质能产业、信息产业，推动产业技术的交叉融合，大幅度提高农业劳动生产率和土地生产率，降低物耗、能耗和污染排放，实现农业可持续发展。该模式注重对新品种、新技术和新设施的推广应用，要求和现代农业设施、工厂化环境结合而从事农业生产，其农业的产业化程度较高，因此很适合于技术、资金相对密集的城郊和较发达城镇。吉林省为东北高寒地区，因此，该模式在吉林省主要形式有日光温室大棚，适合冬天生产反季节蔬菜。

典型案例：公主岭蔬菜设施栽培模式

石人粮蔬专业合作社成立于 2009 年，在公主岭市环岭街道西靠山村开发建设温室蔬菜产业园区，是集日光温室建设、蔬菜生产、技术指导、科技培训、试验示范推广、产品营销为一体的农业科技型企业。合作社拥有靠山和火炬两个日光温室蔬菜园区，占地面积 20 万 m^2，共建有 100 栋日光温室，是吉林省首例冬季不生火可以生产蔬菜的特色日光温室园区，也是全省百万亩棚膜工程的示范基地，成为公主岭市棚膜经济的龙头产业园区，石人粮蔬专业合作社打造了反季节蔬菜生产的样板。合作社现已发展分社 33 个，发展社员 1 036 人。合作社实行“公司 + 农户”的经营模式，坚持统一种植计划、统一供应种肥、统一生产标准、统一经营管理，包技术指导，包产品销售，引进反季节蔬菜品种，让市民在寒冷的冬日也能购买到当地的新鲜绿色蔬菜。2011 年，“石人”又投资 700 万元，兴建了火炬温室蔬菜产业园区。投入资金 1 100 万元，建起了集农业技术培训服务平台、农业信息服务平台、农产品检测中心、土壤化验中心于一体的培训办公综合楼和物流配送中心。目标就是努力把温室蔬菜园区建设成为绿色有机食品的生产基地，现代农业的示范基地，农民创业致富的辐射基地，人们休闲品味的采摘观光基地，设施农业的展示基地。

六、促进农业可持续发展重大措施

（一）工程措施

以“生态省”建设和加快农业现代化建设为契机，加强以农田水利为重点的基础设施建设，深入实施标准农田质量提升工程，着力改善农业生产条件，提高农业防灾减灾能力。防治水土流失危害，保护和合理利用水土资源而修筑的各项工程设施，包括治坡工程、治沟工程和小型水利工程。搞好水土保持和治理工作，为农业可持续发展创造良好的生态环境。大力加强生态经济产业建设工程、生态文化建设工程、生态经济城镇建设工程、循环经济和低碳经济建设工程等的建设实施，为吉林省率先实现农业现代化及实现农业可持续发展作出贡献。

（二）技术措施

制定适应吉林省情的可持续农业技术战略，逐步建立企业为主、政府支持的可持续农业创新体系。依托吉林农业大学、吉林大学和吉林省农业科学院等高等院校和科研院所的技术和人才资源，探索“产学研”合作和院地对接的新模式，为农业可持续发展提供技术保障。加强优质种苗、绿色防控、旱作农业、水土保持、沼气工程、农业废弃物资源化利用等关键技术攻关，要进行生态农业技术的创新。突破可持续农业发展的制约“瓶颈”。在整合现有农业生态建设工程基础上，按照农业资源与生态环境保护的新形势和新要求，强化土壤、水源和大气等保护与整治，统筹提升耕地、草原、水域等各类资源的保护建设能力。

（三）政策措施

1. 完善水利建设投入政策

建立政府投入、市场化筹资和依法组织农民投劳投资相结合的农村水利建设投入机制。各级政府要通过增加财政投入、加大政策扶持力度、引导群众投入、积极运用市场机制鼓励社会投入等措施，多渠道筹集农村水利建设资金，实行优先发展水利产业的政策，鼓励社会各界及境外投资者通过多渠道、多方式投资兴办水利项目。大中型农田水利工程建设以政府投入为主，鼓励社会资本投入。小型农田水利工程建设采取政府投入、农民投资投劳和社会资本投入相结合的方式。县级以上人民政府应当建立稳定的农田水利建设投入保障机制，按照有关规定从国有土地出让收益（入）中计提一定比例资金专项用于农田水利建设。

2. 加快农业科技进步政策推动

加强科技资源整合，打造科技创新团队，加大科研投入，加快建设以中国农业东北创新中心为龙头，农业科研院校（所）为依托，大型涉农企业为主体的农业科技创新体系建设，加强农业基础性、前沿性科学研究，加强科技联合攻关，做好科技成果转化和推广工作。以建设中部玉米带、西部水稻带、东部特产作物带等优势产业带为重点，加强农业科技技能培训力度，稳定基层农技推广队伍和人员，创新农技推广服务机制，鼓励和支持各级农业技术推广机构和各类社会化科技服务组织开展联合与协作，与农民、专业大户、合作组织和企业结成利益共同体，形成科技成果推广转化长效机制。

（四）法律措施

在现代农业发展投入、农产品质量安全、农业生态安全、农民利益保护和农村体制机制创新等方面加强立法，形成以《中华人民共和国农业法》为基础的农业法律法规体系，以及《吉林省耕地质量保护条例》《关于推进建设占用耕地耕作层土壤剥离工作的意见》《吉林省节约用水条例》《吉林省水能资源开发利用条例》《吉林省水能资源开发利用权有偿转让若干规定》等法规和政策，进一步加强耕地、水资源、种质资源等农业资源保护，强化以农产品质量安全、农业生态环境保护、农业废弃物处理与利用、农业水土保持、农业支持保护等为重点的农业立法和制度建设，为农业可持续发展提供有力的法律法规保障，有效提高环境保护的参与度。

（五）制度措施

1. 建立对农业生态环境的监测、评价制度

建立完善的农业生态环境监测与安全评估技术和标准体系，形成省级、市级、保护区等多层次

农业生态环境监测体系；采用遥感和地面监测等现代技术手段对森林、草地、湿地、农田、自然保护区、沙漠、水土保持、农业生态环境、生物多样性、大型生态建设工程、重点资源开发区及土地利用变化等进行有效监测与管理，建立生态环境数据库，建立生态环境安全评价及预警预报系统；建立与农业可持续发展相适应的资源生态环境评价指标体系和包括资源生态环境成本在内的核算体系，加强农村生态环境的监测、评价和农业自然资源资产化研究。

2. 建立资源生态环境补偿费征收制度

生态环境补偿费征收制度是为了防止生态环境破坏，以从事对生态环境产生或可以产生不良影响的生产、经营、开发者为对象，以生态环境整治及恢复为主要内容，以经济调节为手段，以法律为保障条件的环境管理制度。是利用经济激励手段，促使生态环境资源开发利用者保护和恢复生态环境资源，从而保证其合理利用和持续发展。吉林省作为国家较早批准的生态省，应抓紧制定生态环境补偿费征收管理办法。

3. 建立并完善农业资源环境的产权制度

规范资源环境的产权设置能够提高管理效率，并降低调控成本，减少对资源环境的外部性行为。首先，要强化农业资源环境的社会所有权，建立维护社会利益的排他性产权制度。其次，要通过市场运作和竞争的方式实现环境、资源的使用权，确保生态、经济、社会效益的同步增长；最后，要理顺与环境产权关联的各种权益，建立环境外部效应的补偿和投入机制。吉林省的草场所有权与牲畜所有权一直处于错位状态，必须进一步深化草原管理体制改革同时，建立草地使用权有偿转让制度，规范草地有偿转让使用的承包方式、方法和程序，以及在转让后承担的权利和义务。

参考文献

蔡荣 . 2010. 农业化学品投入状况及其对环境的影响 [J]. 中国人口 . 资源与环境（3）：107-110.

陈宝玉，王洪君，等 . 2013. 吉林省农田生态环境问题及其对粮食生产的影响 [J]. 农学通报（8）：32-37.

胡成彦，刘列涛 . 2007. 吉林省农业用水节水潜力分析 [J]. 吉林水利（11）：37-38.

刘英 . 2007. 吉林省农业资源可持续利用评价及对策 [D]. 长春：吉林农业大学 .

秦丽杰 . 2008. 吉林省生态工业园建设模式研究 [D]. 长春：东北师范大学 .

王洪丽 . 2005. 吉林省农业可持续发展的生态安全评价及对策研究 [D]. 长春：吉林农业大学 .

王子豪 . 2007. 吉林农农村剩余劳动力转移问题研究 [D]. 长春：东北师范大学 .

杨玉梅 . 2010. 着力打造吉林省百万亩蔬菜工程——访吉林省农业委员会园艺特产处处长张大明 [J]. 吉林农业，（4）：14-15.

张守莉，张海英，赵春雷，等 . 2014. 中国生猪流通现状及建议——以吉林省为例 [J]. 中国畜牧杂志，50（10）：7-11.

中国人民银行双阳支行课题组 . 2013. 现代农业开发的初步探索 [J]. 吉林金融研究（11）：51-55.

中国统计年鉴。各年。

周静 . 2008. 吉林省循环经济的状况评价与发展对策研究 [D]. 长春：长春理工大学 .

中华人民共和国国家统计局 . 2009. 中国统计年鉴 [M]. 北京：中国统计出版社 .

黑龙江省农业可持续发展研究

摘要：本研究以可持续发展理论为指导，采用最新权威数据，围绕农业与资源环境协调发展的主线，重点从供给角度深入分析黑龙江省农业可持续发展的资源环境承载能力、产业布局、发展模式、适度规模和政策措施等农业可持续发展的关键问题。本研究构建了黑龙江省农业可持续发展评价指标体系，并对黑龙江省农业可持续发展的经济可持续性、社会可持续性和生态可持续性进行分析。基于农业与非农业平衡发展思想，对黑龙江省农业适度经营规模进行了测算。基于黑龙江省区域农业发展条件的差异分析，提出5种规划，并对黑龙江省13市（区）区域农业发展典型模式进行归纳，最后系统探讨构建黑龙江省未来农业可持续发展的战略与路径。

21世纪以来，党和政府把“三农”工作作为重中之重。高度重视保护农业生态环境，充分利用农业资源，反复强调农业生态环境保护和资源可持续利用。黑龙江省作为农业大省，在保障国家粮食安全、生态安全、探索现代农业发展方面责任重大，系统深入研究农业资源环境问题和资源利用，实现农业可持续发展意义深远。

一、农业可持续发展的自然资源环境条件分析

（一）土地资源

1. 农业土地资源概况

第二次土地调查数据显示，黑龙江现有土地总面积4 525.4万hm^2（不包括加格达奇、松岭区面积1.82万km^2）。其中，耕地面积为1 586.6万hm^2，占总面积比重为35.1%。园地面积为4.5

课题主持单位：黑龙江省农业委员会发展计划处、黑龙江省委党校

课题主持人：刘国文

课题组成员：赫修贵、于涛、李伟、潘明海、朱孝荣、李春梅、王静波、张丽莉、孙平

万 hm^2，占总面积比重为 0.1%。林地面积为 2 183.7 万 hm^2，占总面积比重为 48.3%。草地面积为 206.3 万 hm^2，占总面积比重为 4.6%。城镇村及工矿用地为 116.6 万 hm^2，占总面积比重为 2.6%。交通运输用地为 57.3 万 hm^2，占总面积比重为 1.3%。水域及水利设施用地为 217.8 万 hm^2，占总面积比重为 4.8%。其他用地为 152.6 万 hm^2，占总面积比重为 3.4%。

2. 农业可持续发展面临的土地问题

(1) 土地退化问题突出　土地退化主要表现在城市近郊优质土地不断减少，水土流失、土壤沙化、土壤次生盐碱化、酸化严重，土地板结程度加重，吸水性和保水性大大降低。土壤有机质下降明显，目前全省土壤有机质平均含量比 1982 年第二次普查时下降 38%。土壤酸化、次生盐渍化严重。中部松嫩平原腹地，土壤质地黏重、土壤过湿、通透性差、有效养分释放缓慢，土壤聚集含盐水分，导致土壤不同程度的盐渍化。东部和东北部地区，出现了不同程度的土壤酸化现象。土壤养分库容减少，供肥能力下降。土壤缺氮、富磷、贫钾问题日益突出，肥力下降、施肥效益递减现象逐年加剧。土壤板结、退化程度仍然较重。虽然近年来，黑龙江省不断加大大机具配备和作业水平，积极推进标准化作业技术，春秋整地、深松深翻面积不断扩大，标准化水平逐年提高。但受农户分散经营影响，给大机械作业、标准化整地带来了较大影响。部分耕地没有有效打破犁底层，造成土壤板结现象十分严重。

就水土流失而言，黑龙江省多山前坡耕地，坡度较缓，汇水能力强，往往导致该区域的水土流失。黑龙江区域水土流失面积 500 万 hm^2，占全省总面积的 25%，其中耕地水土流失面积就达到 400 万 hm^2，占全部土地面积的比重近 30%，不少市县水土流失面积比重甚至达到 50% 以上，两大平原水土流失面积超过 30%。目前，全省已形成大型侵蚀沟 16 万多条。就土壤沙化而言，黑龙江省沙区处在北方万里风沙线的东部。主要位于黑龙江省西南部，分布在嫩江流域下游平原。数据显示，沙区总面积中，沙漠化土地面积达到 116.78 万 hm^2，其中潜在沙漠化土地的面积为 89.78 万hm^2。就土地盐渍化而言，盐渍化土壤集中于松嫩平原，不少市县土地盐渍化的面积占总面积的比例达到 60%。据统计，2012 年黑龙江省土地盐渍化面积为 7 796hm^2。土地退化严重制约着黑龙江省农业的健康持续发展。

(2) 土地污染严重　数据显示，黑龙江省土地污染面积高达 10 万 hm^2。工业生产活动所排放的废水、废气、废渣，农药、化肥使用后残留在土壤中的农业残留污染，农膜使用留在土壤中造成的白色污染，人们日常生活产生的各种污水、垃圾，不仅使得土壤理化性质变坏，降低土壤质量，影响作物正常生长，威胁食品安全，也终将会损害人类的健康。

(3) 黑土地品质下降　黑土地是自然界经过亿万年的沉积所形成，是黑龙江省的宝贵财富。近些年来，黑龙江珍贵的黑土资源侵蚀严重，土地表层黑土不断变薄。耕地黑土层的平均厚度从 20 世纪 50 年代 60cm 减少到了 35cm 左右，土地肥力下降，经专家测算，有机质含量亦从新中国成立之初的 9.5% 下降到 3.5%。表层黑土层变薄降低了土地供养能力，使得保水保肥能力下降，土地板结、钙化现象也较为严重。多处抽样结果显示，不渗水、不透气的岩石硬度的土层板结大面积存在。黑土地在短期内不可复生，因此，不仅要合理开发利用黑土地，更应充分补偿和保护黑土地，如果不采取系统、果断、有效的措施实现黑土地的科学利用、有效保护，黑土地的严重退化在不远的将来将是难以避免的现实。黑龙江省有中低产田 1 亿亩，占耕地面积近 50%。

(4) 毁林毁草盲目开垦问题严重　土地是农业生产的载体和重要的生产要素，虽然农业的发展需要一定的土地面积，但由于土地资源是整个自然界资源的一个有机组成部分，土地面积的过度增加并不利于自然界的平衡，甚至会导致生态的不可持续。2014 年 4 月 1 日，黑龙江省全面停止商业性森林砍伐。在此之前，大量的林地被开垦为农田。数据显示，黑龙江省 2.39 亿亩耕地其中有 3 000 万亩是来自开垦林地。草地资源已由立省之初的 2 亿亩锐减到 7 600 万亩。由于过度放牧和滥垦退化，湿地面积大幅度萎缩、功能退化。林地、草地的过度开垦，使得水土流失加剧，给生态系统带来极大的不稳定性，也终将会影响农业的可持续发展。

（二）水资源

1. 农业水资源概况

2013 年全省水资源总量为 1 419.6 亿万 m^3。其中，地表水资源量为 1 253.3 亿万 m^3，地下水资源量为 381.5 万 m^3。2013 年全省主要河流呼玛河流域面积 31 197km^2，河长 524km，年径流量 126.4 亿 m^3。逊毕拉河流域面积 15 739km^2，河长 279km，年径流量 50.15 亿 m^3。穆棱河流域面积 18 136km^2，河长 834km，年径流量 34.65 亿 m^3。挠力河流域面积 22495km^2，河长 596km，年径流量 47.71 亿 m^3。呼兰河流域面积 3 1424km^2，河长 523km，年径流量 79.6 亿 m^3。蚂蚁河流域面积 10 547km^2，河长 341km，年径流量 37.61 亿 m^3。汤旺河流域面积 20 557km^2，河长 509km，年径流量 82.18 亿 m^3。

2. 农业可持续发展面临的水问题

水利设施与农业发展需求相比仍很薄弱，水资源利用率比较低。水利设施不健全，渠系不贯通。绝大多数缺少标准化的引（提）水设施、灌溉渠系，导致地表水得不到控制和利用，使得大面积耕地旱不能灌，涝不能排，粮食生产受自然灾害影响严重。受基础设施、种植习惯和粗放经营方式影响，黑龙江省农业用水利用率不高，浪费比较严重。一些先进的农业节水技术和现代化的管理措施尚未得到大面积推广，渠系水利用系数低，灌水定额偏大。

由于农药、农肥等难控因素产生的面源污染，以及个别地区小型工业企业排污不达标，在一定程度上也造成了水质污染，影响了农业用水安全。

（1）水资源开发利用问题突出　国家对各地区用水实行指标控制，2015 年，国家下达黑龙江省的用水总量控制为 353 亿 m^3（地表水 245.45 亿 m^3，地下水 106.9 亿 m^3）。2020 年全省用水量为 353.04 亿 m^3（地表水 245.45 亿 m^3，地下水 106.9 亿 m^3）。可以看出，2015 年和 2020 年地表水和地下水的指标没有发生变化。2030 年全省用水总量 370.05 亿 m^3（地表水 257.73 亿 m^3，地下水 110.30 亿 m^3）。2030 年与 2015 年相比，地表水指标增加了 12.28 亿 m^3，地下水指标增加了 3.42 亿 m^3。从实际使用数来看，2013 年全省实际用水总量为 362.3 亿 m^3（境内水量为 352 亿 m^3），其中地表水为 194.9 亿 m^3（境内水量为 184.6 亿 m^3）、地下水 167.4 亿 m^3。与 2015 年用水量控制指标相比，2013 年全省的实际用水总量还有 1 亿 m^3 空间（地下水已经超采 60.5 亿 m^3，地表水还有 60.85 亿 m^3）。与 2030 年用水总量控制指标相比，2013 年全省境内实际用水总量为 18.05 亿 m^3（地下水已经超采 57.08 亿 m^3，地表水还有 78.13 亿 m^3 空间）。可以看出，黑龙江省水资源开发利用中，境内水资源已近极限且结构不合理，地下水超采，地表水利用不充分。而黑龙江等界江和其他江河水资源丰富，但被利用程度却很低。

（2）旱涝灾害频发　黑龙江省降水量在年际间变化较大，洪涝旱灾害频繁发生，年内通常出现春旱秋涝，多年间又有连旱连涝、旱涝交替特性，区域间则具有“西旱东涝”的特点。数据显示，黑龙江平均间隔 20 年发生 1 次超过 20 年一遇的洪水，嫩江每 18 年发生 1 次、松花江每 11 年发生 1 次。近几年，受全球气候变化的影响，旱涝灾害频发。部分地区暴雨频现，影响面也在不断扩大。西部地区以前是“十年九春旱”，而现在则几乎成为“年年春旱”。东部地区以前是“以涝为主"，而现在则呈现出"旱涝交替"的特点。全省先旱后涝、旱涝交替的现象也经常发生，影响范围从农村不断扩大到城乡。据统计，在1949—2013年的65年中，黑龙江省遭受洪涝和旱灾的年份占48年（遭受洪涝灾害的年份占27年，遭受干旱灾害的年份占33年，同时遭受洪涝和干旱灾害的年份占13年）。据估计，洪涝每年给黑龙江省带来的经济损失将近20亿元，干旱每年给黑龙江省带来的经济损失近30亿元，洪涝给黑龙江省带来的年均粮食损失近15亿kg。

（3）水体污染　黑龙江省地处边疆，是中国著名的生态大省，但伴随着城镇化进程的加快和农业现代化的推进，水质污染也越来越严重。黑龙江省对29条主要河流监测结果显示，除了源头之外，没有I类水质河段，丧失使用功能的超V类水质河段占10%。黑龙江省的水污染同全国一样，主要是工业生产污染和人们生活污染，江河受污染的程度高于湖泽。大城市的地下水也开始受到污染。全省2013年废污水排放量18亿t，废污水入河量15.06亿t，已经超过了水体容纳能力，致使水功能区水质达标率低。部分城市和地区浅层地下水超采，部分江河湖泊水质总体恶化的趋势虽有明显好转但尚未得到彻底根治（47.6%的地表水和86.4%的地下水为IV类以下水质）。水污染不仅影响到农产品的质量安全，甚至对人们的生活产生了直接威胁。

（三）气候资源

1. 气候要素概况

2013年，主要城市（区）年平均气温，哈尔滨4.3℃，齐齐哈尔3.6℃，北林3.6℃，大庆4.5℃，加格达奇0.1℃，爱辉0.8℃，伊春1.8℃，佳木斯3.3℃，鸡西4.3℃，牡丹江4.4℃，鹤岗3.7℃，双鸭山4.6℃，七台河4.0℃。2013年主要城市（区）年平均相对湿度，哈尔滨68%，齐齐哈尔66%，北林70%，大庆67%，加格达奇66%，爱辉73%，伊春73%，佳木斯70%，鸡西69%，牡丹江66%，鹤岗67%，双鸭山66%，七台河72%。2013年主要城市（区）年平均降水量，哈尔滨633.5mm，齐齐哈尔626.3mm，北林624.6mm，大庆606.2mm，加格达奇704.3mm，爱辉762mm，伊春744.3mm，佳木斯743.4mm，鸡西700.7mm，牡丹江768.3mm，鹤岗769.2mm，双鸭山697.5mm，七台河640.7mm。

2. 气候变化对农业的影响

气候变化给农业生产带来一系列问题。一是使农业生产的不稳定性增加，产量波动加大。二是带来农业生产布局和结构的变动。三是引起农业生产条件的改变，农业成本和投资大幅度增加。另外，CO_2等温室气体浓度增加是气候变暖的公认原因，但是CO_2又是植物光合作用的主要原料之一，在其他条件不变的情况下，其含量增加有利于植物生长，但是不同作物对CO_2浓度增加的反应不一。CO_2浓度增加可以使C_3作物光呼吸耗能减少，光合效率提高，这对小麦、水稻、豆类等作物有利，而C_4作物则对此反应不明显。CO_2浓度增加对植物生长有明显的正效应，同时也存在潜在的不利影响。在农业实践中，这种有利影响的实现还往往受制于土壤养分和水分的供应，不同作物对有限资源的竞争也使这种有利影响大打折扣。

（1）气候变化对农作物生长发育的影响　一方面是气温升高使作物生长发育加快，对于有限生长习性的谷物，由于生育期缩短而减少产量。而对于无限生长习性的作物如块根作物和牧草，则有利于生长期延长，增加产量。另一方面气温升高对作物产量的影响很大程度上受降水变化的制约。与此同时，气温升高对水分有效性也将产生影响。CO_2浓度增加减小叶片气孔开度，有利于提高水分利用效率，但气温升高使蒸发量增加，又会减小水分的有效性。如果气温升高和水分增加相匹配而且同季，农作物将增产；如果气温升高而水分减少，农作物将减产；如果气温升高而水分无变化，冷凉湿润地区作物将增产。气候变化还将影响土壤肥力，改变土壤中的有机质含量，从而改变土壤水平衡、土壤结构和土壤营养状况，大多数非灌溉耕地受到的影响将更加严重。同时，气温升高后，主要作物品种的布局也将发生变化。玉米的早熟品种逐渐被中、晚熟品种取代，同时可以改善目前热量条件不稳定、冷害频繁发生的状况，还可以提高复种指数，使农业生产更加稳定。

（2）气候变化对农业灾害的影响　在气候变化的大背景下，异常气候出现的概率将大大增加，尤其是极端天气现象的增多，势必导致粮食生产的不稳定，巨大损失在所难免。气候变化可能加快土地沙化、碱化和草原退化，引起区域气候灾害、荒漠化、沙尘暴的加剧。

（3）气候波动，特别是气候异常对农业的发展会产生巨大的不利影响　在不稳定的气候背景下再叠加气候变化带来的水分胁迫、高温热害、暴雨洪涝带来的危害等负面效应，很可能加大农业生产的不稳定性。气候变暖还会导致生物带的转移，使部分物种灭绝，农业病虫害频繁发生，作物和牲畜病虫害的地理范围扩大，为害期延长，直接影响农业的可持续发展。

二、农业可持续发展的社会资源条件分析

（一）农业劳动力

1. 农村劳动力概况

2013 年，黑龙江省乡村户数为 517.7 万户，乡村从业人员为 992.8 万人，男性为 554.6 万人，女性为 438.2 万人，农业从业人员为 666.7 万人。

2. 农业可持续发展面临的劳动力资源问题

近年来，农村中一些文化程度较高的青壮年劳动力纷纷外出寻找新的就业出路，留守的农村劳动力文化素质普遍偏低，农民素质不足以支撑农业可持续发展。

（1）农业人口数量充足但素质不高　2010 年，黑龙江具有大专以上学历的人口数量为 347.3 万，占人口总量的 9%。小学文化程度人口数量为 922.5 万，占比为 24%。文盲数量为 78.78 万，占比为 2%。2010 年的数据显示，黑龙江省农村劳动力受教育程度偏低，小学文化程度或不识字、识字很少的占 24.3%，初中、高中（中专）文化程度的占 74.6%，大专及以上文化程度的仅占 1.1%。大部分农民文化程度低，不仅仅是“科盲”，而且有许多文盲。文化程度低导致就业层次低，从事第一产业人员所占比重较大。劳动力素质低，技能差，不适应市场经济对劳动力资源的优化配置，劳动力向外转移数量少。各乡镇缺少农民技术学校和农业中等专业学校，对农民的技能培训不到位。

（2）优质人力资源流失严重　2011 年，黑龙江省首次出现人口负增长。除哈尔滨市、大庆市以外，其余市（区）总人口均负增长。从省内人口流动看，黑龙江人口呈现向哈尔滨市集聚的态势。黑龙江省农村外出务工人口数量为 500 多万，大部分为 16~40 岁的青壮年人口，2011 年净迁移率为 -0.91%。迁出人口多是高学历、高职称的人才和后备人才，而迁入的多是受教育水平和综合素质不高的农村人口。

（3）人口老龄化问题开始凸显　2010 年，黑龙江省 65 岁及以上老年人口的数量达到 319 万人。据相关预测，2020 年数量将增加到 459 万，占总人口的比重将由 8.3% 增加到 11.2%。2030

年，黑龙江省60岁及以上的老年人口将达到524万，占总人口的比重增加到13.7%。

(4) 劳动力生产生活水平不高 经济发展水平滞后，劳动者享有的物质水平低。黑龙江省人均GDP在全国排位17，但人均可支配收入却居于后列。尤其是城镇下岗职工群体、森林工人数量较多，收入低生活困难。特别是边境地区，土地面积占全省的33.8%，但地区生产总值仅占全省8%左右，人均地区生产总值占全国人均GDP的比重为75%左右。黑龙江属于高寒地区，经济社会发展成本高。取暖需要消耗大量煤、电、木材等能源资源。黑龙江省农业生产的周期短，一年只有不到半年的生产时间，也造成农业生产效率不高。

（二）农业科技

1. 农业科技发展概况

2013年年底，黑龙江省拥有的农业机械总动力为4 848.7万kW。其中，农用大中型拖拉机873 322台，总动力为2 345.7万kW。小型拖拉机为64.5万台，总动力为693.2万kW。大中型拖拉机配套农具为118万台，小型拖拉机配套农具为118.5万台。农用排灌动力机械中，柴油机为250 817台，总动力为253.8万kW。电动机为131 236台，总动力为114.1万kW。农用水泵为47.9万台。节水灌溉机械为36 912台（套），联合收割机为91 330台，总动力为686.6万kW。机动脱粒机为168 739台。农用运输车为158 895辆，总动力为231.8万kW。

2. 农业可持续发展面临的农业科技问题

农业社会化服务体系不完善，科技投入不足，多元化投入的格局尚未形成，科技体制和机制改革滞后，缺乏生机与活力。科技人员分布不合理。农业科技创新能力不强，农业科技推广和产前产后服务体系不完善，科技成果转化率不高。

(1) 农业科技自主创新力不强 黑龙江省虽然有较多的科研机构和涉农科研人员，但涉农科研机构和人员服务农业生产的能力不足。在农业良种和机械等领域对于进口的依赖性较强。黑龙江省自主研发的农业科技相对有限，对于农业生产的支持力度不足。数据显示，一半以上的鸡、猪、牛等家禽家畜良种以及将近90%的花卉品种，大量蔬菜良种都依赖于进口。用于农业生产的高端农机具绝大多数也是来自于进口。农业科技自主创新能力的不足既制约着黑龙江省农业的创新发展，也使得农业经营的利润有较大比例被外部获取，利润空间有限，也制约着农民的增收致富。

(2) 科技创新和推广协作力弱 农业科技创新体系应以企业为主体、市场为主导、生产单位、研究单位、主管部门有机协作、相互配合。从黑龙江省实际情况来看，农业科技创新及推广体系过于分散，各主体没有建立紧密联系，没有有效衔接为一体，而现代农业科技创新则要求各主体、各环节、各层级联成信息交流、价值增值、利益分配相衔接的统一体。农业科技创新的分散型、单打独斗式创新既不利于准确把握农业生产的实际科技需求，也不利于科技创新主体通过合作弥补自己的短板以实现优势互补，影响了科技创新体系的总体效率，不能形成一加一大于二的效果，实际上是科技资源有效利用的不足。

(3) 农业科技人才队伍建设滞后 农业发展既需要从事科学理论创新的人才，也需要基层农业科技推广人员和从事农业生产经营活动的劳动者。黑龙江省的农业科技人员无论是总量还是结构都不能很好地适应现代农业生产经营活动的需要，不能完全适应国家战略和定位的需要。据统计，黑龙江省的农业科技人才近80%集中分布在城市，只有不到20%的农业科技人才分布在县乡等基层单位。黑龙江省部分农业龙头企业职工学历也主要是中专以下，普遍存在素质不高的问题。

(4)“两大平原”现代农业综合配套改革给农业科技创新提出了新的要求　一是独特区位气候环境提出的要求。黑龙江省有多个积温带，不同区域适用的良种耕作技术差异大。黑龙江省水资源分布不均，西部松嫩平原干旱问题长期制约着玉米、大豆生产，水资源利用矛盾突出。三江平原地下水已明显下降，水资源的不足将限制水稻生产的持续发展。二是新型经营主体与规模化生产提出的要求。农业股份合作社、专业合作社、地方骨干龙头企业、家庭农场、专业大户、农垦大型农场、实现土地规模化经营需要相适应的农业科技。三是机械化耕作模式提出的要求。机械深松整地，防止水土流失，改善农作物生态。机械化播种，作业速度快，效率高。机械化收获，收割时不碎粒，粮食损耗少。四是实现改革试验目标提出的要求。规划提出到2020年改革目标，农民人均纯收入年均增长10%以上，土地适度规模经营面积达到一半以上，耕地质量平均提高1.5个等级以上，农田灌溉水有效利用系数达到0.6左右，水土流失治理面积累计达到9 800万亩，城镇化率达到70%以上。规划同时提出，良种覆盖率98%以上、大田作物综合机械化率90%、农药自给率50%、农业科技成果转化率70%、农机装备省内配套率10%、秸秆综合利用率80%等。这些都给农业科技发展提出了新要求。

(三) 农业化学品投入

1. 化学品投入概况

化学品投入包括化肥、农药、农膜等，2013年，黑龙江省化肥施用量为245万t。其中，氮肥为86.8万t，磷肥为50.9万t，钾肥为37万t，复合肥为70.4万t。2013年，黑龙江省农用塑料薄膜使用量为8.5万t，其中地膜使用量为3.3万t，地膜覆盖面积为34.02万hm^2。2013年，黑龙江省农药使用量为8.4万t。

2. 农业对化学品投入的依赖性分析

农业化学投入品使用不尽合理，由于安全用药、科学施肥技术水平不高，加上农民不按照操作规程安全合理使用农药和化肥，且施肥、施药配套技术和器械不完备，喷洒的农药实际附着率十分有限，化肥有效利用率始终滞缓在30%左右。农业废弃物处理不当。

由于化肥具有使用方便，效果比较明显等优点，其用量不断加大，传统农家肥和有机肥的用量不断减少，从而导致土壤有机质不断下降。全省秸秆还田质量不高，大量未腐熟的秸秆存在于土壤中，不仅没有提高土壤肥力，而且造成土壤物理性质恶化，大大降低了土壤的生产力，使作物的高产更加依赖化肥的投入，土壤的可持续生产能力越来越弱。

由于施药机械更新换代较慢，喷药效率较低，农药不仅浪费严重，而且施药效果较差，对土壤污染严重，较多的农药残留在土壤中，从而造成污染。新型的生物杀虫剂、生物杀菌剂，由于相对成本较高，用药技术比较复杂，效果较慢等原因，虽然对环境保护有利，但农民应用意愿不强，导致推广速度太慢。

由于农膜用量较大，地膜较薄，覆膜后地膜破损率高，不易回收，目前没有专业的地膜回收设备，只能靠人工捡拾，导致地膜残留在土壤中，且不易分解，长期存留在土壤中，致使土壤结构发生变化，影响作物根系发育。另外，目前没有专门的残膜回收利用企业，农膜回收利用率不高，对农业生态环境造成了一定影响。

三、农业可持续发展的适度规模分析

（一）种植业适度规模

1. 种植业资源合理开发强度分析

2013 年，黑龙江省农作物总播种面积 1 467.8 万 hm^2，粮食作物播种面积 1 403.7 万 hm^2，谷物 1 133.2 万 hm^2（包括水稻 403.1 万 hm^2，小麦 17.1 万 hm^2，玉米 709.9 万 hm^2，谷子 0.7 万 hm^2，高粱 2.2 万 hm^2），豆类 244.3 万 hm^2（包括大豆 230.2 万 hm^2），薯类 26.2 万 hm^2，油料 9.8 万 hm^2（包括油菜籽 0.008 6 万 hm^2，葵花籽 2.0 万 hm^2，白瓜子 5.1 万 hm^2），甜菜 3.9 万 hm^2，麻类 0.13 万 hm^2（包括亚麻 0.09 万 hm^2），药材 3.9 万 hm^2，烟叶 3.6 万 hm^2（包括烤烟 3.2 万 hm^2），蔬菜、食用菌 26.6 万 hm^2，瓜果类 6.4 万 hm^2，饲料作物 5.6 万 hm^2。

2. 粮食、蔬菜等种植产品合理生产规模

2013 年，黑龙江省粮食产量 6 004.1 万 t，包括谷物 5 495.9t。谷物中，水稻 2 220.6 万 t，小麦 38.9 万 t，玉米 3 216.4 万 t，谷子 2.4 万 t，高粱 16.4 万 t。豆类 400.2 万 t（大豆 386.7 万 t），薯类 108 万 t。2013 年，黑龙江省蔬菜、食用菌播种面积总计 265 670hm^2，包括白菜 74 193hm^2，黄瓜 20 449hm^2，萝卜 14 077hm^2。2013 年黑龙江省蔬菜、食用菌产量总计 9 461 458t，包括白菜 3 138 127t，黄瓜 7 835 589t，萝卜 488 111t。

从资源永续利用角度，黑龙江省种植业结构调整应把握好以下方向。一方面要稳步发展粮食生产。坚持稳定面积、主攻单产、改善品质、提高效益的总体思路，进一步提升粮食综合生产能力。建立起玉米、水稻、大豆“954”的种植结构，深入实施粮食高产创建活动，加快整乡整县整市创建步伐，加强标准化、规模化、专业化建设，巩固全国粮食总产和商品粮第一大省地位。扩大马铃薯种植面积，打造马铃薯生产和加工大省，要加快发展蔬菜产业，引进新品种，推广新技术，扩大无公害、绿色和有机蔬菜生产规模。加快发展设施蔬菜，推进蔬菜标准园创建，带动蔬菜生产向规模化、标准化、专业化方向发展。全省蔬菜（含食用菌）面积不断发展，常年地产蔬菜自给率提高到 85%，淡季自给率达到 65%。扩大特色产业规模。大力发展甜菜、亚麻、烟叶、蓝莓、北药、花卉等特色产业，扩大蚕、蜂、鹿、珍禽等养殖规模，建设一批生产规模大、市场相对稳定的标准化生产基地。调整品种结构，构建“一村一品”“一乡一业”发展新格局，打造各具特色的产业带。同时，积极拓展农业的旅游观光、文化传承、休闲娱乐等新型功能，进一步拓宽农民增收渠道。要拓展外向型农业。抓住沿边开发开放带建设即将上升为国家战略的难得机遇，深入实施农业“走出去”战略和“出口创汇企业振兴工程”，进一步扩大对俄农业开发合作，扶持发展果菜、杂粮杂豆、水稻、山特产品、畜产品五大优势出口基地，提高农产品贸易水平。全省对俄境外农业开发面积不断扩大，标准化农产品出口基地面积达到 300 万亩，农产品进出口贸易额快速增加。

（二）养殖业适度规模

1. 养殖业资源合理开发强度分析

2013 年，黑龙江省大牲畜数量为 531.7 万头，包括农役畜 30.1 万头，黄牛及肉牛 303.7 万头，奶牛 191.7 万头，马 24.6 万头，驴 8.4 万头，骡 3.3 万头。2013 年黑龙江省肉猪出栏数量 1 821.6 万头，猪年末数量 1 356.7 万头，羊年末数量 817.8 万头（包括山羊 247.1 万头，绵羊 570.7 万

头），家禽 14 158.5 万只。

2. 肉类、奶类等养殖产品合理生产规模

2013 年，黑龙江省肉类产量 221.2 万 t，包括猪牛羊肉产量 184.9 万 t（猪肉 133.4 万 t，牛肉 39.7 万 t，羊肉 11.8 万 t），禽肉 34.1 万 t。2013 年黑龙江省奶类产量 522.5 万 t，包括牛奶 518.2 万 t。2013 年黑龙江省绵羊毛产量为 32 129t（细羊毛 5 281t，半细羊毛 23 790t），山羊毛 2 089t，羊绒 494t，禽蛋 102.7 万 t，蜂蜜 18 023t，蚕茧 5 276t。

黑龙江省养殖业结构调整要把握好以下着力点。推进无规定动物疫病省建设，加快实施“五千万头生猪”和“千万吨奶”战略工程规划。进一步优化畜牧产业和产品结构，重点发展规模化养殖场、养殖小区和养殖大户，加快畜牧业集约化、产业化和市场化进程。推进苜蓿草和青贮饲料基地建设，种植苜蓿和青贮玉米面积不断增加。扩大水产养殖面积，加快名特新优水产品开发步伐，发展高效健康养殖，增加水产品生产总量。肉、蛋、奶产量持续增长。

四、农业可持续发展的区域布局与典型模式

（一）农业可持续发展的区域差异分析

黑龙江省的耕地资源主要分布在三江平原和松嫩平原两大平原，其面积占全省耕地总面积近 80%。林地主要分布在大小兴安林和东南部的山区。牧草地主要分布在松嫩平原的西部，占比近 80%。农业资源的集中分布有利于农业的规模化、集约化发展，但也对其他资源的集中配置提出了相应要求。

黑龙江省的水资源区域分布不均衡。平原区降水量少，山丘区降水量多，与农业生产力的布局不相匹配。中部山丘区（大小兴安岭和张广才岭、老爷岭等长白山余脉）耕地面积占全省耕地面积不足 20%，但多年平均地表水资源量却占全省降水量的一半以上，区内多年平均水资源总量占全省比重也近 50%。同时，水资源区域间配置不均衡。经济发达地区水资源较少，而经济欠发达地区水资源却较多，与人口、资源分布和经济布局不相匹配。2013 年，哈大齐地区人口数量占全省一半左右，地区生产总值占全省 60% 以上，但是该区域的水资源总量占全省的比重只有 20% 左右。煤炭、石油等能源资源丰富城市和地区也存在严重的水资源缺乏问题。以大庆地区为例，2013 年地区生产总值占全省总量的 1/4 左右，但大庆地区水资源总量占全省水资源比重为 2% 左右。而经济欠发达的大兴安岭地区人口为全省的 1.5% 左右，地区生产总值也仅为全省的 1% 左右，可该地区水资源总量占全省比重却达到 15%。

（二）农业可持续发展区划方案

根据黑龙江省资源禀赋、区位条件和现有基础，实行差异化区域发展战略，努力构建区域特色鲜明、分工布局合理、产业体系完备和梯次规模推进的现代化大农业发展新格局。

1. 先导引领区

主要指省农垦总局所属农场。做强现代粮食产业、绿色健康养殖业、生态经济型林业、农产品深加工业和新型农业服务业等五大产业，强化农业防灾减灾、科技研发推广、智力人才服务、经营机制创新等四大支撑，努力打造以贸易为龙头、加工为中轴、种养业为基础、社会化服务为保障、

涵盖整个农业经济链条的现代农业产业体系，打造具有强大经济实力和市场竞争能力能够代表国家参与国际农业合作竞争的超大型现代农业企业集团，建设引领全国现代农业发展的绿色垦区，基本形成北大荒绿色发展模式，九三粮油工业集团、完达山乳业、北大荒米业等十大龙头企业进一步发展壮大，北大荒集团进入世界500强。

2. 重点推进区

主要指地处松嫩、三江平原的县（市、区）。继续发挥本区域粮食生产优势，以建设主要粮食作物产业带为重点，深入开展粮食稳定增产行动，加强农田水利和旱涝保收高产稳产田建设，提高农机装备和作业水平，大力开展高产创建和科技指导服务，推广防灾减灾增产关键技术，加快选育应用优良品种，大幅度提高粮食综合生产能力。大力发展以“两牛一猪”为重点的规模化养殖，强化质量安全监管，巩固大宗畜产品供给保障区地位。以各级各类园区为载体，加快发展以绿色食品为主体的农产品加工业，提高优势农产品就地转化加工率。本区域内国家现代农业示范区、省级现代农业示范区建成全国一流的现代化大农业，其他县（市、区）基本建成现代化大农业。

3. 高效示范区

主要指12个市城郊的县（市、区）。在稳步发展粮食生产的同时，充分发挥基础设施完备、人才资源丰富、科学技术发达、信息传播快捷和财力普遍较强的优势，积极拓展农业的社会服务、生态涵养、休闲观光、文化传承等功能，特别要围绕统筹推进新一轮“菜篮子”工程建设，合理确定生产规模，大力发展蔬菜、水果、花卉等高效园艺产业和畜禽水产养殖业，提升“菜篮子”产品供给能力，提高农业效益，增加农民收入，实现经济效益、社会效益、生态效益相统一。本区域城市副食品供应保障能力明显提升，基本建成高效设施农业，辐射带动其他区域现代农业发展的能力明显增强，为推动形成城乡一体化发展新格局和探索“三化同步”路径发挥重要辐射带动作用。

4. 开放合作区

主要指沿边口岸的县（市、区）。抓住沿边开发开放带建设即将上升为国家战略的有利机遇，以提升现代农业国际竞争力为核心，重点推进以俄远东地区为重点的对俄境外粮食生产产业带。以边境口岸市县为重点的农产品出口及出口加工产业带建设。农业沿边开放领域不断拓宽，对外合作水平持续提升，农业国际竞争力显著增强。

5. 适度发展区

主要指地处大小兴安岭、张广才岭、老爷岭、完达山林区及草原、湿地生态区的县（市、区）。坚持生态优先、适度发展的原则，加强生态环境建设和保护，稳步推进“天保二期”、退牧还草、湿地保护等工程建设，提高森林覆盖率，改善生态环境，构建绿色生态屏障。在适度发展粮食生产的同时，充分利用独特的生态资源优势，大力发展有机食品种植和特色养殖，扩大食用菌、小浆果、坚果等山特产品生产规模，优化特色养殖业布局和结构，促进林、粮、牧、经均衡协调发展，提高经营水平和综合效益。

（三）区域农业可持续发展的功能定位与目标

基于农业可持续发展理念，结合区域特点确定各区农业的功能定位、发展目标与方向等充分利用耕地资源、气候条件和农业生产基础，大力发展优质、专用、绿色农产品生产，重点建设一批高油高蛋白大豆、优质玉米、脱毒马铃薯基地和糖、果蔬等经济作物生产基地，形成不同类型的标准化农业区。在大城市郊区，重点推进城郊都市型农业、高效设施农业和观光休闲农业发展。在平原区，重点培育粮食生产和畜牧养殖。在山区和半山区，依托丰富的林特产资源、气候和良好的生态环境，形成以生态农业、林下特色农业和庭院经济为主体的农业发展格局。在农牧区，以畜牧业为主导，发展生态复合农业，形成生态环境治理与农业综合发展的共生模式。在沿河、水库地区，依托丰富的水系资源和区位条件，发展设施农业、休闲农业和水产养殖业为一体的高效立体农业，形成有利于农业可持续发展的科学化区域布局。

（四）区域农业可持续发展典型做法推广

1. 大力推进优化发展布局

齐齐哈尔市充分重视农业生产区域布局和生产结构调整在农业可持续发展中的重要作用。种植业上，一是调优种植结构。按照产量、质量、结构、效益相统一的原则，依据资源优势，合理安排种植结构，适当压缩粮食种植面积，通过依靠科技，提高单产，确保粮食总量稳定的基础上，在“扩经、增特”上做文章。二是调优品种结构。应用适区种植、抗逆性强的农作物优质品种，努力提高农产品质量，作为当前种植业结构调整的主攻方向。三是调优区域布局。以种植业生产基地建设为重点，调整优化区域布局结构。具体要以产业化为依托，围绕区位优势和资源优势，确定主导产业和主导产品，合理规划，依靠科技进步，提高基地生产能力和生产水平，形成区域化、专业化的生产布局。养殖业上，一是优化产业结构。重点推广鱼—畜—禽，鱼—猪—稻等复合生态渔业模式，形成水陆生态良性循环，发挥综合效益。二是优化区域结构。三是优化品种结构。在渔业发展上紧紧围绕市场需求变化，加快品种更新换代，扩大良种覆盖率，实现由量的扩张向质的提高转变。四是优化经营方式。从由国有、集体的经营方式转向联合、个体的经营方式，采取松散型的契约合同制形式，以家庭经营为基础和轴心的微观组织链。

2. 高度重视保护耕地资源

哈尔滨市高度重视耕地资源保护在农业可持续发展中的作用。一是严格执行基本农田保护制度。严守耕地面积“红线”，切实加强土地整理、复耕和开发，增加土地有效利用面积，实现了耕地总量和质量的动态平衡。二是积极开展高标准农田建设。重点对五常市、方正县、木兰县、呼兰区等已经进行产地保护认证或优质商标注册，形成“龙头 + 合作社 + 基地”经营模式的项目区，集中资金，提高亩投入标准，全面加强水、田、林、路、育秧大棚等基础设施建设，采取水利、农业、林业和科技等综合措施，把项目区建成旱涝保收、高产稳产、节水高效的高标准农田。三是大力推进水土流失治理工程。从各地实际情况出发，采取修建梯田、地埂植物带、改垄、水土保持林、封禁治理等措施，加大治理水土流失工作力度。

3. 积极推进节约高效用水

大庆市高度重视水资源节约、高效利用对于农业可持续发展的重要作用，通过加大农业基础设施建设力度，不断强化水资源利用。一是夯实农业基础，积极推进现代农业发展。近些年来，大庆市不断加大抗旱水源井、旱田高效节水灌溉设备配套及水田灌区改造等工程建设投入力度。截至目前，抗旱水源大井达到 17 886 眼，小井 5 万多眼，配套各型喷灌和滴灌设备 1.6 万套。截至 2013 年年末，全市旱田高效节水灌溉面积达到 341 万亩，水田面积 150 万亩。二是强力推进节水型社会建设。在“世界水日”“中国水周”，通过设立水法宣传咨询站、宣传车、宣传板等形式，在全市范围内广泛开展水法宣传纪念活动。对全市 17 处地表和地下水源地进行现场调研，制订了应急预案，为依法科学管理水源地奠定了基础。三是积极落实最严格的水资源管理制度，把水资源评价、建设项目水资源论证、年度用水计划、取水许可、水资源费征收、水资源统一调度以及地下水保护作为重要抓手，协调好生活、生产和生态用水，做到“以水定量、量水而行、因水制宜”。

4. 时刻紧抓环境污染治理

伊春市充分认识污染物治理对于农业可持续发展的重要意义，不断加大控制农村环境污染力度，采取法制手段和经济处罚并用的综合措施，促进环境污染的治理工作，遏制环境污染由城镇向农村扩散。一是加大村屯绿化工程力度，营造优美环境。二是重视科学、合理地使用化肥、农药、农膜等化学农用物资。三是加强畜禽粪便的处理与利用，大幅度减少农业的面源污染。四是加强水源地保护和污染防治，确保农村饮用水安全。五是要加快太阳能、风能、小水电、生物质能源等新型能源建设。

5. 有效修复农业生态环境

佳木斯市通过一系列制度的建立和完善，为农业生态环境的维护奠定了长远基础。一是建立黑土资源保护机制。设置耕地保护专项资金，对实施测土配方施肥、深松整地、秸秆粉碎还田、施用有机肥等提高地力措施给予补贴。二是建立防护林建设投入机制。积极争取国家将公益林生态效益补偿标准提高到每亩 10 元，争取将一般公益林及商品林纳入生态效益补偿范围。三是完善草原生态补偿机制。将全市 260 万亩草原进行全面改良，全部纳入牧区半牧区生态补偿。四是建立湿地生态补偿机制。争取国家和省对重点湿地保护区域（湿地自然保护区和湿地公园）政策支持，按每亩 5 元标准给予补贴。五是建立鱼类养护和增殖放流补偿机制。

6. 勇于探索经营制度创新

绥化市先后制定出台了《推进土地流转规模经营指导意见》《大力发展农民专业合作社指导意见》和《创新农业生产经营主体实施方案》等政策文件，总结探索了“农民专业合作社 + 农户”“农业企业 + 基地”“农业企业 + 合作社 + 农户”“农业企业 + 种植大户（家庭农场）+农户”“村集体+合作社+农户”五种经营模式。一是通过采取一系列政策措施，加快完善服务体系，加强农村金融服务等举措，鼓励兴办能人领办、村组干部带动、涉农企业牵动、农机合作社承载、场县共建等各类型、多元化的合作社。二是加快建设和培育现代农机专业合作社。通过扶持政策吸引，推进专业大户组织化、规模化经营，加快向家庭农场和合作社转化。三是引导和鼓励具有一定规模、资金实力和专业特长的专业大户，发展成为家庭农场。四是引导家庭农场开展专业合作，鼓励合作组织、龙头企业和社会化服务组织为家庭农场提供生产和经营管理专业化服务。五是鼓励和引导城市工商资本到农村发展适合企业化经营的种养加工业，多主体创办农业企业。六是鼓励涉农企业领办农民合作社，推行“公司 + 合作社 + 农户（家庭农场）”经营模式。

鸡西市则通过发展农业集约经营，广泛推行套种套养模式，提高了土地复种指数和产出率，为农业可持续发展提供了有益经验。一是大量采用常规式可持续高产农业技术、高效节约型农业技术、土地整理与中低产田改造技术、资源多级循环与再生利用技术、生物工程技术。二是积极倡导立体种植，充分利用有限耕地资源，以合理利用资源和保护环境为重点的持续农业。针对在现代化农业发展过程中所面临的许多生态环境问题，开始强调农用耕地及森林利用的外在性价值，并注重对资源的合理利用和环境的有效保护，选择以有机物还田与合理轮作为基础，通过对人工合成化学制品的限制利用和生物肥料、生物农药的大力开发与扩大应用，鼓励秸秆还田，提高秸秆综合利用率，既培肥地力，又减少环境污染。把资源持续利用和环境保护同提高农业生产率紧密结合起来，促进农业的可持续发展，强调农业发展与生态环境保护相协调，实现生态和经济的良性循环，实现优质、高产、高效、生态、安全”的现代农业。

双鸭山市作为黑龙江省粮食主产区，抢抓宝清、集贤被批准为国家“两大平原”综合配套改革试验的试点县的政策机遇。依托现代农业示范带的载体作用，大力发展集约农业，不断提升农业可持续发展潜能。一是加强农村土地承包经营权流转管理和服务。完善县乡村三级土地流转服务体系，提升土地流转水平。支持承包土地向专业大户、家庭农场、农民专业合作社流转。大力发展土地股份合作，加快推进整村、整组连片集中委托流转。二是培育新型农业经营主体。充分尊重农民意愿，通过企业带动、能人领办、政策引导、依法管理等措施大力发展农民合作社、家庭农场、专业大户和农业企业等新型经营主体。在农产品优势产业带培育种养加销等各类专业大户，支持土地户均规模大的农户发展家庭农场。对经营状况较好、规模较大的家庭农场采取以政府补贴、低息或贴息贷款等形式给予扶持。鼓励发展多种形式的农民专业合作社，推广土地分配为主、国家财政投入收益平均分给入社成员、公积金记在个人账户等同投资、未分配盈余始终"为零"、合作社没有"无主"财产等内部运行机制。依法规范合作社发展，引导建立专业合作社联合社，实现农业资源集约化，促进农业可持续发展。

7. 充分利用农业科技创新

黑河市充分发挥科学技术进步在农业可持续发展中的重要作用，提出建设工程农业，发展工程农业。核心是以生物工程、生态工程为代表的现代农业科技体系，以工程为中心和纽带，采用工程企业化管理的办法来组织、引导、协调农业的生产、管理、经营的各个环节。在实施"科技兴农"战略时，抓好工程项目布局这个核心，促进农业科技成果转化为现实生产力。农业工程化有利于农业的规模集约化经营和产业化开发，因此在农业可持续发展上，把工程建设和项目产业化开发作为农业产业化经营的突破口，推进农业的产业升级。

8. 因地制宜发展特色农业

牡丹江市针对自身地域特点及农业发展优势，应加强以下几方面工作：一是大力推进食用菌全产业链发展。东宁县的食用菌产业经过多年的发展完善，已形成从食用菌研发与推广、食用菌标准化栽培示范、食用菌加工产业、废弃菌袋的回收再利用、食用菌仓储物流产业及产品销售等全产业链的发展格局。二是大力发展休闲观光农业。牡丹江市农村和林区山水风光独特、景色秀美，湖泊、水库众多。有多种特色农林牧副产品。延伸和发展现代农业多种功能的农业观光园、垂钓园、采摘园、体验园、创意园等新型业态，培育着"吃、住、行、游、购、娱、知、健"于一体的旅游型农业，发展成为农业农村经济的新增长极。三是大力发展林下经济产业。牡丹江市现有各类林下加工企业 200 多户，主要生产各类食用菌、山野菜、坚浆果、林药、林游、新能源等系列产品，初步形成了以绥阳木耳大市场为代表的一批市场展销平台，以木博会、黑木耳节、菌需物资展销会为代表的会展经济平台，以黑龙江省林业职业技术院、黑龙江省农业职业技术学院、绥化市林业科研所为代表的科技支撑平台的产供销一条龙的社会化服务体系。

七台河基于自身资源禀赋、产业特点，努力打造"农业特色之乡"，鼓励农户发展特色农业，将特色农业经济作物的种植向规模化、集群式发展，打造优质特色农产品品牌，铸造精品农产品，使之成为农民增收的主要途径。一是大力推进农产品深加工和努力建设完整的现代流通体系。二是大力支持本地区的蔬菜大棚、日光温室等高效农业设施的建设，建成投产一批高标准食用菌栽培基地。三是发展现代畜牧养殖业，建成一批标准化的模畜禽养殖场，努力将其打造成为全国绿色、安全、优质的畜禽产品基地。

大兴安岭地区结合自身特点，加格达奇地区、岭南、呼玛县重点发展以马铃薯、有机豆类、优质小麦为主的绿色（有机）农作物。呼中区、新林区、塔河县充分利用林区"三剩物"资源，以黑木耳为重点，加快猴头菇、香菇、金针菇、杏鲍菇等名贵优良菌种，形成黑木耳养殖基地。阿木耳林业局、图强林业局和漠河县努力构建野生浆果生态保护示范带，加格达奇林业局、十八站林业局和新林区构建野生浆果人工栽培驯化人工抚育基地。塔河县、呼玛县、十八站林业局、韩家园林业局和岭南发挥良好的生态及丰富的粗纤维饲料资源优势打造特色养殖业基地。新林区、韩家园林业局重点建设标准化鹿养殖基地。漠河和图强局为基本区域，重点建设狐貂标准化养殖基地。加格达奇区和加格达奇区林业局，重点建设蜜质优良的区域性蜜蜂养殖基地、生态柞蚕养殖基地。

五、促进农业可持续发展的重大措施

（一）工程措施

1. 基础设施建设工程

水利基础设施建设，加快水源控制、引调水、灌区等工程建设，建立起较为完善的水利基础设施保障体系，全面提升防洪抗旱减灾能力；农业机械化推进方面，加快发展现代农机专业合作社，重点装备深耕（松）整地、精量播种、水稻插秧、玉米收获等大型配套农机具，推进主要粮食作物生产全程机械化；旱涝保收高产稳产田建设按照“增量重点倾斜、存量整合优化”原则，建立多元投入机制，重点改善粮食主产区农田基础设施条件，达到田成方、渠相通、路相连、林成网、旱能灌、涝能排，确保旱涝保收高产稳产田面积逐年增加、质量逐步提高；高效农业设施建设，以水稻、蔬菜、食用菌、畜牧、水产等设施化生产为重点，大力发展钢架大棚、日光温室、智能温室，加快标准化生产基地建设，推进高效农业设施提档升级；新农村建设，加大农村基础设施和社会事业投入力度，努力改善农村生产生活环境，逐步实现城乡公共服务均等化。改善农村社会管理，促进农村和谐文明；生态建设，切实加强农业生态保护，构建农产品稳定增产的生态保障系统，促进农业可持续发展。

2. 服务体系建设工程

农技推广体系建设按照“统筹规划、因地制宜、地方为主”的原则和多功能、一体化的建设思路，加强县乡农业技术推广机构、推广服务设施建设，提高农业科技应用推广能力；现代种业发展上，深入实施农业良种化工程，稳步提高优质专用品种覆盖率及优良品种科技贡献率；动植物保护上，积极推进覆盖全省的有害生物预警与控制网络体系建设，完善省、市、县三级动植物防疫基础设施，增强重大动植物疫病监测预警、应急反应和群防群控能力；人工影响天气上，加强人工影响天气作业基础设施规范化、标准化建设，建设省级飞机人工增雨保障中心和抗旱分中心，扩大人工增雨飞机、火箭、高炮作业规模和覆盖范围，建立省、市、县三级作业指挥系统和作业效果评估系统，提高人工影响天气作业水平；农产品质量安全检验检测能力建设上，加强省、市、县、乡四级农产品质检中心（站）建设，强化监测预警功能，全面提升检验检测能力；农业信息化建设上，完善农业信息服务综合平台建设，畅通农业信息服务主渠道，加快现代信息技术的应用和集成。深化农业信息资源开发，满足“三农”对农业信息多样化、多层面的需求；农产品加工以农业增效和农民增收为核心，以提高资源综合利用率为目的，以绿色农产品加工为重点，以科技创新为动力，抓大企业、引大资金、上大项目、建大园区，提高全省农业产业化经营水平；现代流通体系建设上，强化农产品批发市场、仓储物流等流通基础设施建设，促进“农超对接”，进一步活化农产品流通，扩大农产品市场占有份额；新型农村人才培养上，以现代化大农业发展和农民科技需求为导向，以培养新型职业农民为目标，改善培训机构条件，提高培训服务能力，着力培养一大批适应现代化大农业发展的新型农村实用人才。

（二）技术措施

1. 提高农业科技创新能力

育种工作要满足高产稳产、种植结构调整、耕作模式变化的需要。加强适应不同积温带特点，耐寒、早熟、抗倒品种的研发，加强耐密、适合机械化收获籽粒品种的研发。水稻育种要注重研究黑龙江省稻瘟病菌生理组成，测定不同地区主栽品种的抗谱，搞清品种抗性与抗谱的关系。大豆育种应注重研究高脂肪含量、食用专用型的大豆品种，栽培技术注重研究与优良品种配套、中低产田均衡增产、绿色生态节水耕作、综合增产技术集成四个方向。农机装备技术研发要注重研究特殊需求机具和配套农具。要注重研究生物有机化肥农药，环保型杀虫剂、除草剂，控制释放长效剂型和农药化肥科技攻关技术。黑土保护与污染治理要注重研究提升土壤有机质含量、水土流失监测治理、秸秆还田处理以及农业面源污染防治。农产品质量安全技术要注重研究电子识别追溯技术、地理标志产品规范、快速简易检测装置等。农产品精深加工技术要注重研究精制农产品、粮食深度开发、功能休闲便捷食品、传统特色食品规范化等。

2. 创新农技推广方式

要加大农业科技成果推广力度，创新农业科技成果转化的体制机制。

（1）发展多元化农业科技服务组织　引导和鼓励农民专业合作组织、农业科研教育单位、涉农企业等开展农业技术推广，推进“农民专业合作组织带动”“企业＋基地”“院县共建”等推广模式的多元化发展。加快构建以“专家＋农技人员＋示范户”为主线，中央到地方农业科研专家、基层农技人员、科技示范户等上下贯通的新型农业科技推广队伍。

（2）全面推进农业科技进村入户，解决农技推广“最后一公里”问题　在县、乡、村广泛建立新品种和科研课题试验示范基地，加快新技术成果向生产的转化。建立科技人员直接到户、良种良法直接到田、技术要领直接到人的科技成果转化应用新机制，尤其要积极引导广大农业科技人员深入田间地头，直接面对农民传授农业技术，使科技成果尽快转化为现实生产力。在每个村组培养1~2个科技示范户，使其成为广大农民看得见、问得着、留得住的“乡土专家”。

（3）重视农业科技园区的示范作用　为科研单位、生产经营主体、农业科技园区的合作创造条件、提供便利。探索专利许可、科技成果入股等一切有利于农业科技成果转化的形式，提升科技服务农业的水平。

（4）加大农业科技人员和大学生到基层推广农业科技的支持力度　鼓励他们到基层创业。在科技成果的提供上，政府可以通过购买成果和服务的方式，吸引各类主体和资源参与到农业科技推广中来。加速建立完善农业科技推广的利益驱动机制，实行基层农技推广人员基本工资和绩效工资制；建立农科教产学研推相互衔接的机制。

3. 加强农业科学教育与普及

加大农村人力资源开发，探索提升农民职业能力的有效形式和有益做法，完善各层次的农民教育培训体系，最终达到现代农业的发展吸纳而不是排斥农民。加强农业科技教育与人才培养，以及农业科技创新团队建设。加大对基层农技人员、农村实用人才和新型农民培训力度。组织各级各类农业教育培训单位和社会培训力量，广泛开展以提高科技素质、职业技能、经营能力为核心的基层农技推广人员的分层分类培训。大规模开展农村实用人才培训，积极培养熟悉农业生产、了解农民需求、勤于同农民打交道、善于推广先进适用技术的实用型专家。

（三）政策措施

1. 扩大财政支持面

（1）扩大财政支持的覆盖面　坚持农业投入与国民经济增长相适应的原则，建立财政支农资金的稳定增长机制，保证财政支农资金总量在现有水平上逐年增加。加大对种子工程、畜禽水产良种工程、动植物保护体系建设投入，加快品种引进和改良；加大对农业科技推广项目、农业科技示范园区、现代农业示范基地及服务体系建设的支持力度。增加对农业基础设施建设的投入。积极向中央争取建立商品粮输出六大省份农业基础设施建设中央财政全额投入制度，改善农业生产条件和生活环境。增加补贴种类与数额。继续增加良种补贴、农机具购置补贴、农民种粮直补、农资综合直补等资金量，建立与化肥、农药、燃油等农业生产资料价格上涨等比例浮动的政策性补贴制度。增加对农村公共事业的投入。通过加大对农村文化、教育、卫生事业的支持，提高其人口素质和生活质量，加快农村现代化步伐。加大对农业结构调整的财政补贴力度。加快对名、特、优农产品生产的支持。对于生猪等重要畜牧业生产设立国家财政专项资金，设立规模经营直接补贴或牲畜圈养直补，重点支持达到一定规模的种养大户或规模化的圈养养殖户，以促其朝着农业规模化、专业化和集约化的发展。创新补贴方式改变单一的农业支农手段和方式，创新粮食直补、农资综合补贴、良种补贴、农机购置补贴、畜牧补贴、保险补贴等方式和方法，充分发挥财政支农政策的乘数效应，提高补贴效果。国务院《关于近期支持东北振兴若干重大政策举措的意见》提出：完善粮食主产区利益补偿机制，国家涉农资金进一步加大对东北地区倾斜力度，按粮食商品量等因素对地方给予新增奖励，视中央财力状况，增加中央财政对产粮大县奖励资金。我们应充分抓住并用好中央政策，建立起能够合理补偿粮食主产区的利益机制，充分调动各方积极性。

（2）创新资金整合方式　进一步落实两大平原资金整合方案要求，按照“钱随事走、集中力量、形成合力、解决问题”的原则，对 77 项财政支农资金进行整合，整合后的资金按照农业生产发展类、农村社会发展类和扶贫开发类 3 大类进行管理，将以往分散在各部门的财政支农资金集中起来，实行横向捆绑使用。根据任务需要，在三类资金内部，适当进行调剂统筹，进一步提高资金使用效率，集中解决制约现代化大农业发展的突出问题。

（3）强化资金监管　既要重视财政支农资金的投放，又要重视财政支农资金的管理和监督，要加快探索和建立资金、项目监督责任制和责任追究制。明确涉农资金整合的责任，省政府作为涉农资金整合的责任主体，负责确定两大平原改革试验年度重点工作任务和重点项目资金；市、县政府和省直各有关部门作为使用主体，要做好具体项目的组织实施，确保涉农整合资金能够用到实处、产生效果。

2. 创新农村金融服务

（1）创新金融机构　确立农业银行在农业现代化中的主渠道作用，体现政府的强力扶持的特征。资本金完全由政府注入，农贷资金绝大部分来源于财政的拨款或借款。发挥农村信用社的农村金融主力军作用，围绕《深化农村信用社改革试点方案》继续深化农村信用社改革。大力发展邮储银行服务现代农业建设，变“抽水机”为“蓄水池”。在政策上规定将邮政储蓄存款中来源于县及县以下的资金，通过人民银行以支农再贷款的方式，按年全额返还给资金有缺口的当地农村信用社，确保农村资金的合理需求得到满足。积极发展新型金融机构，积极支持发展农村合作金融组织；抓紧制定农村新办多种所有制金融机构的准入条件和监管办法；支持商业银行和农村合作银行在农村设立专门为现代农业服务的贷款公司；设立村镇银行，代理政策性银行、商业银行和保险公司、证券公司等金融机构的业务，拓展农业发展银行、国家开发银行等政策性银行业务。

（2）创新金融产品　根据黑龙江省现代农业改革发展的现实，金融创新特别要围绕农业支柱产业、特色产业及其龙头企业进行。重视订单、保单相结合的金融产品，开展“银行机构＋担保公司＋农民合作社”贷款模式。要把农业政策性和商业性保险制度建设纳入到完善农业支持保护政策的议事日程中来，建立符合实际的农业保险制度和体系，以降低自然灾害对农业和农民可能造成的利益损失，保护和支持现代农业的发展。

（3）创新金融服务　不断扩大抵押物的范围，制定切实可操作的土地经营权抵押贷款细则，推进各种金融机构针对各类新型经营主体的金融创新。不断完善金融中介服务体系，健全农村融资担保体系，组建担保公司，引导金融机构开展知识产权融资等业务。加强农村金融法律体系，为农村金融体系的运行创造一个良好的制度环境。加快农村金融基础设施建设，推进农户电子信用档案建立和农户信用评价工作，抓紧建立覆盖农村地区的企业、个人征信系统，完善失信惩戒制度，提高违约成本。

（4）创新金融环境　建立2级现代农业发展基金担保机构。中央与地方政府牵头建立2级现代农业发展基金担保机构，分别由中央和地方财政出资，建立农业担保基金；发展农业互助担保组织，建立农业互助担保基金。解决农业龙头企业和农户融资问题。加速建立与完善担保制度。积极推广农户联保制度，按互助联保，风险共担的原则分散风险。加快落实土地承包经营权和流转质押、担保贷款融资政策，使农民较为方便地获得急需的资金，也有利于促进农村土地流转，一举多得，提高农民获贷能力。创新贷款形式，以合作社代替散户统一贷款，即银行与合作社签订协议，以合作社股东发起人代替农户成为承贷主体，银行与粮食收购公司签订协议，将合作社贷款本息从粮食收购款中代扣，确保信贷安全。学习推荐黑龙江省齐齐哈尔市克山县农村信用体系建设的有益经验，在县域建立涵盖农户和新型农业经营主体信用信息的电子档案，相关单位能够做到资源共享。建立信用评级，对农户、新型农业经营主体和其他相关主体进行信用评级，并作为信贷投放的重要依据。

（四）法律措施

1. 完善法律法规

把农业资源保护上升到法律层面，加强农业的保护立法，对有关土地制度、农业开发、农产品流通等做出明确的法律规定，对有关农业信贷资金安排、农业税收、农业科技开发和推广、农产品价格等方面采取的保护措施法律化，避免以往用临时性政策解决农业发展问题，真正将农业和农村经济发展纳入法制化轨道。修订完善农业、土地、草原、森林、水土保持法、环境保护等法律法规，增强相关法律及规章制度的约束力。制定和完善配套政策，明确各级财政将农业资源保护资金列入财政预算，建立长期投资制度，进一步适应当前农业发展的需要。

2. 加大相关法律法规宣传力度

通过多种形式，广泛宣传农业资源类法律法规，积极传授规范的农业生产方式、科学的种养方法、合理的耕作制度，推广先进经验和模式，总结生态环境退化教训，提升社会各界对农业可持续发展重要性的认识。

3. 实行严格的考核制度

把依法管理纳入到各级政府的实绩考核体系，予以高度重视，提高各级干部对依法保护农业资源重要性的认识，确保各地把农业可持续发展纳入重要工作领域加以重点推进。

上海市农业可持续发展研究

摘要：通过对上海市农业发展现状的分析，得出以下几点结论：首先，上海农业面临土地资源数量和质量的双重约束，农地数量减少且后备资源不足。水资源总量相对丰足，但在时空分布上不均匀，水资源质量不高、农业水资源供需矛盾日益突出成为上海农业可持续发展的主要威胁。其次，随着城市化进程的不断发展，农业劳动力数量呈现下降趋势，新型农民培训工作力度不断加大，培训考核工作进一步完善。通过政策引导与资金支持，农业科技成果不断得到推广与应用，农业科技对农业生产的支撑、带动作用进一步增强；再次，上海农业可持续发展重在稳定现有农业用地，优化布局结构，促进农业用地适度规模经营。农业生产布局范围主要包括崇明、浦东、奉贤、金山、松江、青浦、嘉定、闵行、宝山等9个区县的涉农区域，以及域外现代农业示范区。根据市民需求及保障粮食安全的要求，上海水稻常年种植面积保持在155万亩左右，蔬菜生产面积50万亩以上，200万头出栏标准猪，14.25万t淡水水产养殖量。初步形成了畜禽污染治理模式、种植业面源污染防治模式、农业废弃物综合利用模式和渔业生态保护模式等农业可持续发展的典型模式。在此基础上，提出促进农业可持续发展的主要对策措施。《全国农业可持续发展规划（2015—2030年）》明确了农业可持续发展的指导思想，就是要加快发展资源节约型、环境友好型和生态保育型农业，切实转变农业发展方式，从依靠拼资源消耗、拼农资投入、拼生态环境的粗放经营，尽快转到注重提高质量和效益的集约经营上来。作为引领全国都市现代农业发展的上海，十分重视加快转变农业发展方式，明确任务、突出重点，全面实施农业生态环境保护和治理行动计划，加强农业生态环境保护与治理，促进农业可持续发展。本研究对上海农业自然资源、社会资源、农业适度规模、农业可持续发展评价指标及上海农业可持续发展的模式等进行了全面调查和系统分析，形成上海农业可持续发展的研究报告。

课题主持单位：上海市农业委员会农业资源区划办公室

课 题 主 持 人：应建敏、曾邦龙

课 题 组 成 员：汪湖北、侯明明、张莉侠、马佳、赵志鹏、蔡萌、汪琦、金峰、江立方、谢礼君

一、农业可持续发展的自然资源环境条件分析

（一）土地资源

1. 农业土地资源总量及结构

农业土地资源是指在农业生产上已经开发利用和尚未开发利用的土地数量和质量的总称，包括耕地资源、林地资源、草地资源、水面资源、滩涂资源等，是农业最核心的生产要素。从农业土地资源总量上看，2013 年，上海全市土地面积 6 340.5km^2，占全国总面积的 0.06%，是全国面积最小的直辖市，农业土地资源只有 30 余万 hm^2。从人均耕地来看，人均耕地仅 0.01hm^2，不到全国平均水平的 15%，也远低于 FAO 确定的人均 0.053hm^2 耕地面积警戒线（图 1–1）。

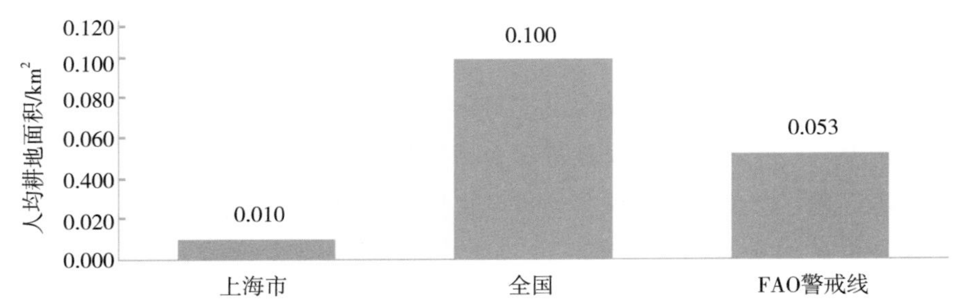

图 1–1　人均耕地面积对比

资料来源：《上海农村统计年鉴》2015 年

从农业土地资源结构上看，耕地面积比重最大，约占农业土地资源的 63%，林地约占农用地的 30%，园地较少，没有草地。

2. 农业土地资源的利用情况

上海土壤类型主要有水稻土、潮土、滨海盐土、黄棕壤 4 类，其中前两类占 93.2%，理化性状较好，有机质含量高，具有较高的农业生产力。最新耕地地力评价结果显示，耕地中高产田（一、二等地）占全市总耕地面积的 58.2%，中产田（三等地）占 26.46%，低产田（四、五等地）占 15.34%。

从上海土地资源的使用情况来看，2014 年，上海农作物总播种面积 35.89 万 hm^2，其中，粮食播种面积 16.49 万 hm^2，占总播种面积的 45.90%，经济作物播种面积 19.40 万 hm^2，占总播种面积的 54.10%。粮食播种面积中，夏粮 5.73 万 hm^2，秋粮 10.76 万 hm^2，单季稻 9.84 万 hm^2，小麦 4.39 万 hm^2，大麦 1.22 万 hm^2。经济作物种植面积较大的有蔬菜（12.74 万 hm^2）、园林水果（2.03 万 hm^2），其他经济作物播种面积都在 1hm^2 以内，具体分布情况见图 1–2。

从农业土地产出率上看，每 hm^2 稻谷产量 8.55t，每 hm^2 小麦产量 4.25t，每 hm^2 蔬菜产量 29.67t。2014 年全市平均复种指数 1.80，菜地复种指数高达 3.82。

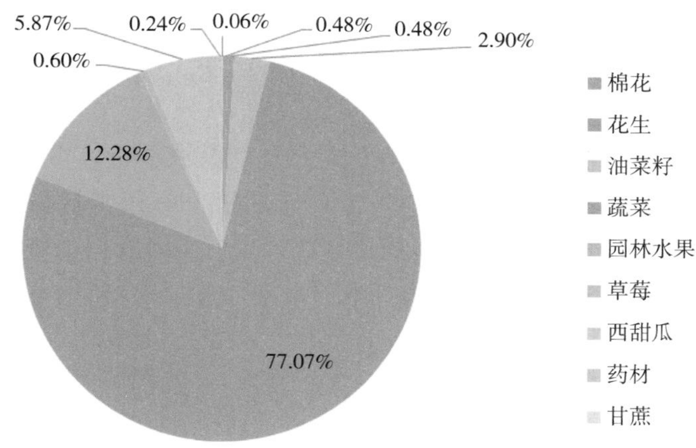

图 1-2　2014 年上海经济作物播种面积分布情况

资料来源:《上海农村统计年鉴》(2015 年)

3. 农业可持续发展面临的土地资源环境问题

农业土地资源是不可替代的稀缺资源。上海农业不仅担负着保证农产品安全的重任，要求农产品生产做到高质和高效，还发挥着生态、休闲观光、文化教育等多种功能，这都与农业土地资源密不可分。土地资源数量的减少、质量的下降都会严重制约农业可持续发展。上海农业可持续发展面临土地资源数量和质量的双重约束。

(1) 土地资源数量　农地数量减少且后备资源不足严重压缩上海农业可持续发展空间。2014 年中央一号文件强调粮食主销区的责任，主销区也要确立粮食面积底线，保证一定的口粮自给率，上海作为全国 7 个粮食主销区之一，责无旁贷。蔬菜、生猪、家禽、鲜蛋、鲜奶等主要农产品也都有最低保有量任务。城镇化与工业化的快速发展，使得上海农地的功能由以生产功能为主向生态功能与文化传承功能为主转变，一定农产品自给率基础上的“藏粮于土”是平衡居民对农地的生产功能、生态功能与文化传承功能需求和应对突发粮食等主要农产品紧缺的必然选择。

进入 21 世纪以来，随着国家建设项目、重大民生工程、产业升级、生态保护等用地的持续增长，城镇体系建设和基础设施配套的用地需求不断增加，林地面积增多，耕地逐渐减少（表 1-1）。根据《上海农村统计年鉴》数据，近 5 年，上海有效耕地面积从 308 万亩减少到 299 万亩，平均每年减少近 2 万亩。

表 1-1　近年土地面积情况

	2000 年	2011 年	2012 年
土地面积（km^2）	6 340.5	6 340.5	6 340.5
耕地面积（万亩）	428.85	299.40	298.5
林地面积（万亩）	17.58	145.88	150.75

资料来源:《上海统计年鉴》(2013 年)

(2) 土地资源质量　耕地质量的衰退使上海农业可持续发展基础受到威胁。一是占优补劣现象问题突出。随着城镇化和工业化进程的加快，部分基本农田被占用，补划的基本农田和复垦的不少耕地，质量都低于被占用耕地质量，新围垦滩涂和宅基地、鱼塘复垦多为低产田，耕地地力有一定程度下降。土壤物理性状普遍变差、耕层厚度日益变浅、土壤容重增加、土壤孔隙度减少。对农田的有机肥投入不足、重氮轻磷少钾的现象依然存在，中、微量元素不足，导致耕地养分不平衡性增大，保肥供肥能力下降。

二是部分地区耕地的重金属和农药残留问题凸显，其耕地质量和产地环境已不能满足无公害农产品生产的要求。工业三废、城市生活垃圾、矿质磷肥和有机肥料利用是引起土壤重金属累积的主要因素。根据2003年上海市农田环境质量普查结果，上海农田土壤环境质量总体尚可，但是局部土壤存在重金属风险，超过《农田土壤环境质量标准》（GB15618—1995），1级土壤占总样品的38.1%，2级土壤占总样品的47.9%，3级土壤占总样品的10.8%，不合格土壤占总样品的3.3%；2010—2011年上海市农产品产地重金属普查重金属累积性研究结果表明，与土壤背景值（未受人类污染影响的自然环境中化学元素和化合物的含量）相比，粮田和蔬菜土壤重金属都出现一定的累积，粮田17.6%土壤重金属处于1级（小于背景值加2倍标准差），78.6%土壤处于2级（轻度累积），3.4%土壤处于3级（中度累积），0.4%土壤处于4级（重度累积），土壤镉、汞、铬、铅、锌累积相对较重，砷铜累积较轻。蔬菜园艺场土壤重金属有不同程度的累积，8.8%土壤重金属处于1级（小于背景值加2倍标准差），86.7%土壤处于2级（轻度累积），3.80%土壤处于3级（中度累积），0.7%土壤处于4级（重度累积），其中锌、铜、汞、铬累积相对较重，其他重金属累积相对较轻。长期以来超量的化肥、农药流失到环境中，对土壤造成了严重污染，尽管近些年通过大力推行高效循环农业、大面积推广高效低毒低用量药剂、大力推广绿色防控技术和专业化统防统治等，肥料农药投入强度有减缓趋势，但情况仍不容乐观。2002年，上海化肥平均施用量37.4kg/亩，是全国平均水平的1.7倍；农药平均施用量2.04kg/亩，是全国平均水平的1.73倍；2013年，上海化肥平均施用量29.5kg/亩，略低于全国平均水平；农药平均施用量1.37kg/亩，是全国平均水平的1.37倍。

（二）水资源

1. 农业水资源及利用现状

水是农业生产最重要的自然资源，也是生态环境的资本要素。研究表明，水资源是推动农业发展的重要因素，并且随着时间的推移，水资源对农业发展，特别是农业经济功能、生态功能的影响逐步增强。丰沛优质水资源是上海实现农业可持续发展的重要条件。当前，上海农业水资源及利用现状特点主要表现为以下5个方面。

（1）水资源总量相对丰足　上海市位于长江三角洲东缘，太湖流域下游，东濒东海，南临杭州湾，北依长江口，水资源较丰沛。市内水资源流量主要由黄浦江水量及其他市内河道流量构成。黄浦江年均径流量300多m^3/s，年均流量100亿m^3，加上其他市内河道流量，上海市内水资源年均径流量为145亿m^3。根据上海水资源公报数据，2013年上海市年平均降水量1 020.8mm，属平水年。年地表径流量22.77亿m^3；浅层地下水资源量8.21亿m^3，地下水与地表水资源不重复量5.26亿m^3；过境水资源包括长江干流来水和太湖来水。2013年长江干流来水量7 884亿m^3，太湖流域来水量162.4亿m^3。

（2）水资源量在时空分布上不均匀　在时间分布上，上海水资源量的变化总体呈现明显的自然特性，一般有丰、平、枯年变化，洪、枯季变化和大、小潮流量变化等。在空间分布上，上海水资源呈现区域性动态的分布不均；外河水资源量大，内河水资源量小；郊区水资源量多，市中心区水资源量少；内河可调度水资源量大，实际调度水资源量小。水资源量在时空分布上的这种不均匀，决定了上海易受洪、涝灾害的侵袭。

(3) 农业用水占总用水量比重较大　2013 年上海市取（用）水总量 89.01 亿 m^3。按用水性质分，农业用水 16.26 亿 m^3，火电工业用水 35.98 亿 m^3，一般工业用水 10.25 亿 m^3，城镇公共用水 12.03 亿 m^3，居民生活用水 13.71 亿 m^3，生态环境用水 0.78 亿 m^3（图 1-3）。农业用水占全市总用水量的 18.3%，仅次于火电工业用水。

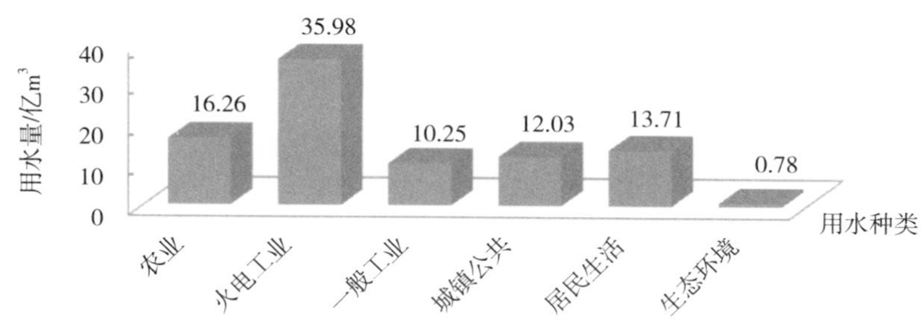

图 1-3　2013 年上海用水统计

资料来源：《上海农村统计年鉴》（2015 年）

(4) 农业水资源利用水平相对较高　上海农业水资源利用水平在不断提高，高于全国平均水平，接近世界先进水平。2013 年，上海农田灌溉亩均用水量 495m^3，较 2012 年的 504m^3、2011 年的 519m^3 有所下降；农田灌溉水有效利用系数为 0.727，较 2012 年的 0.718 有所上升，高于全国水平（0.50），与世界先进水平 0.7~0.8 基本接近。

(5) 骨干河道发挥重要作用　根据《上海市骨干河道布局规划》，全市骨干河道布局由“1 张河网、14 个水利综合治理分片、226 条骨干河道”构成。河道总长度约为 3 687km，其中，主干河道 71 条，规划河道总长度约 1 823km；次干河道 155 条，规划河道总长度约 1 864km。骨干河道河面率为 4.21%，其引、排水总量占全部河道引、排水总量的 75% 以上，纳污能力占全部河道纳污能力的 55% 以上，最大调蓄库容占全市规划河网最大调蓄总库容的 28.5%。

2. 农业可持续发展面临的水资源环境问题

农业用水的供需矛盾、水污染的状况等都对上海农业可持续发展形成严重制约。

(1) 农业水资源供需矛盾日益突出成为上海农业可持续发展的主要威胁　随着城镇化、工业化的快速推进，水资源需求竞争性不断加剧，农业水资源供需矛盾日益突出，可用于灌溉的水量有逐步减少的趋势。粮食生产是耗水量最大的产业之一。中国 70% 的粮食来自灌溉农业，农业灌溉用水量占总用水量的比重较大。随着全球气候变暖、热量资源的增加，农业对灌溉水的需求将随之增加。从资源角度看，农业水资源不足将使干旱成为农业可持续发展的主要威胁。

(2) 水资源质量不高成为上海农业可持续发展的重要“瓶颈”　2013 年，上海市主要骨干河道评价河长 719.8km，全年优于Ⅲ类水（含Ⅲ类）河长 210.6km，仅占评价总河长的 29.2%；Ⅳ类水河长 170.6km，占 23.7%；Ⅴ类水河长 63.1km，占 8.8%；劣Ⅴ类水河长 275.6km，占 38.3%（图 1-4）。水质污染以有机污染为主，主要污染项目为氨氮和高锰酸盐指数。水资源质量不高导致水资源有效利用减弱，同时，会给农产品质量安全带来一定风险，影响生态环境，严重制约上海农业可持续发展。

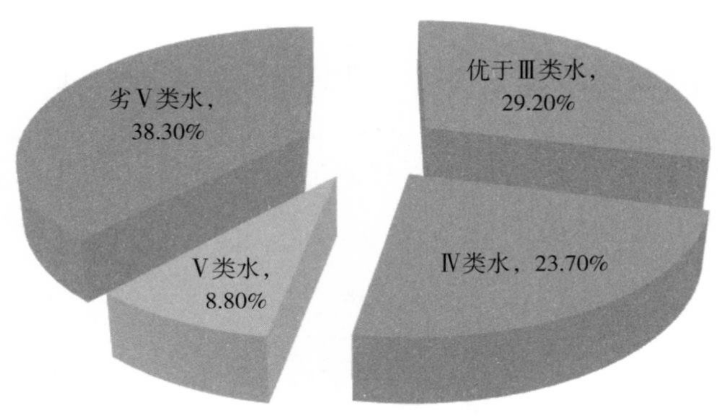

图 1-4　不同水质等级的河道比例

资料来源:《上海农村统计年鉴》(2015 年)

(三) 气候资源

1. 气候要素变化趋势

气候要素不仅是人类生存和生产活动的重要环境条件，也是人类物质生产不可缺少的自然资源，是影响农业生产的重要资源。

气候要素变化趋势　上海地处亚热带，位于东亚季风区内，纬度位置适宜，又濒临大海，受海洋湿润空气调节，气候温和湿润，降水丰沛。四季分明，日照充分，雨量充沛，具有典型的亚热带湿润季风气候的特点，受冬夏季风交替影响，春秋短而冬夏长，冬天约有 126 天，夏天约有 110 天，春、秋两季相加约 130 天。2010—2014 年年平均日照时数约 1 536 小时，太阳辐射总量多在 45~48J/cm^2，日照时数与太阳辐射量较稳定，光能资源较为丰富，能为农作物生长提供充足的能量。上海市郊 2010—2014 年平均温度约 17.3℃，年内最热月为 7 月，最冷月为 2 月，常年大于 0℃的持续期多年平均为 347~353 天，积温变化相对较稳定，全年无霜期多年平均为 222~235 天，为全年无间断的持续性耕作提供保障。2010—2014 年年平均降水量约 1 225mm，高于全国大部分地区（表 1-2）。

表 1-2　2010—2014 年上海气象情况

	2010 年	2011 年	2012 年	2013 年	2014 年
气温（℃）	17.4	17.2	17.1	17.6	17.0
日照（小时）	1 367	1 392	1 420	1 886	1 613
降水量（mm）	1 317	903	1 436	1 173	1 295

资料来源:《上海郊区 / 农村统计年鉴》(2011—2015 年)

上海气候变化趋势主要表现在以下 3 个方面：① 年平均气温呈上升趋势：上海是典型的河口型特大城市，城区面积大，人口高度密集，城市气候具有明显的城市热岛效应。在全球气候变化背景下，上海农业气候资源也在发生变化。上海年平均气温呈上升趋势，根据徐家汇观象台气象资料，近年来，上海年平均气温每 10 年上升 0.87℃，是全国年平均气温升温率的 3 倍。② 适宜农耕期呈增长趋势：日平均气温 5 日滑动平均稳定通过 0℃的时期为适宜农耕期，该时段的活动积温是农作物可利用的热量资源。日平均气温稳定通过 10℃的时期是越冬作物生长活跃期和喜温作物播种期与生长活动期，初、终日决定了喜温作物开始播种的日期，并影响到作物成熟和品质好坏。上海的日平均气温稳定通过 0℃、10℃活动积温呈现增加趋势，初、终日数呈现延长趋势。③降水量增加、暴雨等灾害天气多发：降水量呈增加趋势，台风、暴雨、极端高温、大雾、雷电、强对流、风暴潮等极端天气气候事件多发，其输入效应、连锁效应和放大效应将明显增强。

2. 气候变化对农业的影响

气候变化对农作物生长发育、气象资源、土地资源、水资源、农业灾害等都有较大影响，进而影响上海农业可持续发展，主要表现在以下 3 个方面。

（1）年平均气温上升、适宜农耕期增长对农作物生产有较大影响　农作物对温度的要求较敏感，每种作物都有适合自己生长的温度范围，过高或过低都对作物生长不利。气候变暖将缩短农作物的生育期，气温每升高 1℃，水稻、小麦的产量将减少 10%~17%。一方面，上海的日平均气温稳定通过 0℃、10℃活动积温的增加，初、终日数的延长，有利于农作物的生长，为干物质积累、产量形成提供了丰富的热量资源。上海热量资源一般能满足农作物三熟制需要，但年际差别大，在冷年三熟制存在风险。从 20 世纪 80 年代中期开始，上海单季晚稻种植面积逐步增加，逐步由三熟制转变为二熟制，热量资源的年际变化对作物的产量和品质有较大影响。另一方面，气候变暖可能使农业虫害的分布区扩大，从而影响农作物生长。冬季气温的高低对虫害的暴发有重要影响，严寒的冬季可以有效冻死害虫，而暖冬往往会对虫害大暴发提供机会。

（2）降水量增加、暴雨等灾害性天气多发易对农作物造成不良影响　农作物生产对气候依赖性较大，受气候变化的影响也较大。降水的丰富程度对农作物的品质和产量起决定性作用，但过于集中的降水，使农田受淹、肥料流失，给农业生产带来不利影响。暴雨、台风、极端高温、大雾等极端性气候对农业基础设施建设、功能及运行带来严重影响，对具有生态脆弱性特征的农业极易造成巨大不良影响，增加农业生产风险，影响农作物生产的不稳定性，影响农业可持续发展。

（3）气候变化可能导致农业生态环境恶化　受气候变化和人为因素影响，农地有地力下降甚至减产趋势。土地盐碱化等既是自然因素和人为活动的结果，也是进一步诱发农业生态环境灾害如旱灾等的重要因素。农业生态环境灾害降低土地生产力，削弱了区域农业可持续发展的潜力。农业生态环境对农业生产的影响表现虽然比极端天气缓慢，但后果严重且难以恢复。

（四）农村可再生能源资源

1. 上海农村可再生能源资源及利用现状

上海农村可再生能源是指沼气、风能、太阳能等清洁能源资源。上海十分重视农村可再生能源建设，把可再生能源利用与散养户环境治理和农业的发展、农民的增收结合起来，取得了较大进展。

（1）沼气能源建设蓬勃发展　沼气能源是上海最重要的农村可再生能源资源。截至 2014 年年底，上海有畜禽养殖场沼气工程 98 处，总池容量 11.64 万 m^3，年产沼气 1 993.48 万 m^3，装机容量 9 520kW，年发电量 1 429.02 万 kW·h，沼气供户 3 860 户。畜禽沼气节约了用电成本，产生直接的经济效益。沼渣沼液还田有效减少化肥投入，改善土壤结构，提高土壤肥力，较好地解决了畜禽场环境污染问题，改善了农村卫生环境和村容村貌，缓解了农村邻里矛盾，产生了明显的生态效益和社会效益。

从沼气项目规模看，上海有特大型沼气工程 4 座，大型沼气工程 45 座，中型沼气工程 41 座，小型沼气工程 8 座。从沼气项目分布看，崇明 45 座、光明 22 座、浦东 8 座、松江 5 座、奉贤 5 座、金山 4 座、青浦 3 座；此外，上海地区以外的农场还有沼气工程 6 座，即海丰农场 2 座、上海农场 2 座、川东农场 2 座。从沼气模式看，主要有三种类型：一是规模化畜禽养殖场自建的大型沼气工程。二是崇明中小型养殖场片区沼气工程（包括部分单体工程）。三是以消纳餐厨垃圾为主的组合式沼气工程。

（2）农村风能发电用途多样　上海市风力发电主要有三种用途：一是以 500kW 以上的风力发电为主，直接与电力公司对接。风力发电场包括奉贤区的海湾风力发电场、浦东新区的东海风力发电场、崇明县长兴风力发电场及上海农场海丰风力发电场等大型风力发电场。二是 5kW 以下为主的风力发电，供路灯用电的小型风力发电，由上海市农业委员会城镇规划处纳入新农村建设。三是公路 5kW 以下为主的风力发电，供路灯用电的小型风力发电，由市政公司纳入可再生能源示范路段建设。

（3）农村太阳能利用初具规模　农村太阳能利用主要分为植物吸收太阳能生长、生物吸收太阳能生长、微生物吸收太阳能生长等自然规律依靠太阳能生长部分；人为利用太阳能部分为阳光大棚（塑料大棚）、太阳能热水器、太光伏发电（太空光伏发电板）、微光伏发电（光伏发电水泵、光伏发电路灯及太阳能增温房）等。目前已选址确认 8 个已建畜牧场进行光伏发电。

2. 农村可再生能源资源对农业可持续发展的影响

能源是人类赖以生存的重要要素之一。随着工业化、城镇化进程的加快，农村经济的不断发展，能源消耗不断增加，能源供需缺口将进一步加大。同时，大量常规能源的消耗带来十分严重的后果，不仅加快传统化石能源的消耗速度，也给生态环境造成破坏，严重制约社会经济发展。因此，开发利用可再生能源，已成为可持续发展战略的重要组成部分。我国的可再生能源资源绝大部分分布在农村，大力发展和综合开发利用农村可再生能源，对改善农村地区农民生活用能结构，保护森林植被，逐步减少常规能源对生态环境的负面影响，改善生态环境，增加农民收入，发展生态农业，推进农业现代化建设，实现农业可持续发展具有重要意义。

二、上海农业社会资源现状

（一）农业劳动力

1. 农业劳动力数量情况

2011—2014 年以来，随着城市化进程的不断发展，上海农村户数逐年下降，由 119.02 万户下降到 98.54 万户，乡村人口数从 311.18 万人下降到 271.56 万人，农业劳动力数量呈现下降趋势。截至 2014 年年末，上海农业劳动力数量为 40.85 万人，其中，从事农业生产 37.84 万人，从事农林牧渔服务业 3.01 万人，服务业从业人员的比例逐年上升，农业劳动生产率近 85 000 元（表 2-1）。

表 2-1　上海市农村户数、人口和从业人员情况

指标	2011	2012	2013	2014
农村户数（万户）	119.02	112.08	107.05	98.54
乡村人口数（万人）	311.18	289.70	283.50	271.56
农村从业人员（万人）	188.32	187.45	181.21	168.45
第一产业	32.00	43.26	43.43	37.84
农林牧渔服务业	1.38	1.61	2.72	3.01

资料来源：《上海农村统计年鉴》（2015 年）

2. 农民培训情况

近年来，通过加强“产、加、销”一体化农业技术人才队伍建设，加强大学生“村官”和“三支一扶”大学生选聘和培养，为农村基层输送了新生力量，提升了农村基层人才队伍整体素质。以农民合作社管理人员、家庭农场主、农业企业骨干、村农副主任和“三支一扶”大学生等为重点，分区域、分行业开展农村实用人才培训，2011—2013 年，累计培训超过 4.5 万人次，“十二五”期间计划完成 7.5 万人次的培训。随着新型农民培训工作力度不断加大，培训考核工作的进一步完善，每年完成 1.5 万人的培训任务，截至 2014 年，全市农业从业人员持各类培训证书的农业劳动力占比为 43.67%。

（二）农业科技水平不断提升

紧密围绕建设都市现代农业、提高农业综合竞争力和打造上海农业科技强市的目标，通过政策引导与资金支持，农业科技成果不断得到推广与应用，农业科技对农业生产的支撑、带动作用进一步增强。温室面积由 2010 年的 30.41hm^2 增加到 2013 年的 34.18hm^2，增长幅度较大。农业生产基本实现良种化，上海郊区奶牛、生猪良种率达到 100%，水稻和蔬菜良种覆盖率达到 98% 以上，在郊区形成了有一定规模和市场影响力的特色农产品。

1. 农业科技投入不断加大

近几年，上海市财政农业科技投入对农业生产的支撑、带动作用不断增强，上海农业科技服务全国的能力已经逐步显现（图 2-1）。农业科技投入稳定增长，2014 年，仅科技兴农资金投入就达 2.7 亿元，比 2011 年增长 57%。从科技兴农项目结构来看，主要包括科技攻关、科技推广、技术引进、产业技术体系及种业。从投入的资金量来看，各类项目投入呈稳中有升的态势，其中科技攻关类项目投入的资金量最大。

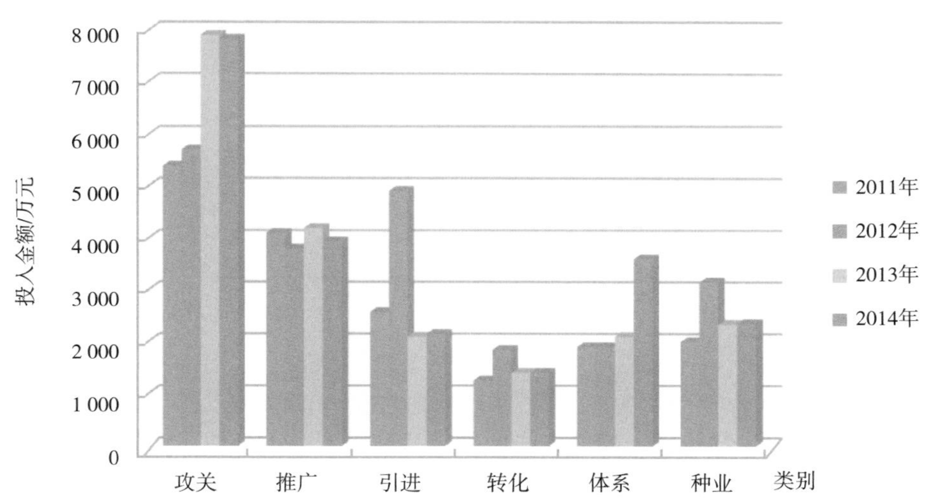

图 2-1　2011—2014 年上海市科技兴农资金投入金额

资料来源：上海市科技兴农办公室

表 2-2　上海市农业科研投入情况

年份	机构数（个）	课题数（项）	投入人力（人年）	投入经费（万元）
2010	18	770	968	23 290
2011	18	726	940	19 965
2012	19	721	930.4	26 734
2013	19	883	972	31 732

资料来源:《上海统计年鉴》(2011—2014 年)

2. 农业科技创新平台建设不断推进

上海围绕现代农业建设，有序推进农业科技创新平台建设，进一步加强了食用菌、蔬菜品种改良、水产养殖、设施园艺、远洋渔业等 20 余个省（部）级科技创新平台的建设。同时，启动实施水稻、绿叶菜、西甜瓜、中华绒螯蟹、果业、虾类及生猪 7 个产业技术体系建设，推进国家现代农业产业技术体系在上海的研究和试验推广工作，包括食用菌、大麦、桃、水禽等 16 位岗位科学家研发工作，以及油菜、大宗蔬菜、葡萄、肉鸡、大宗淡水鱼等 9 个综合试验站的推广工作，农业科技创新平台建设取得可喜进展。2011—2013 年，上海市农业科技成果获国家科学技术奖 3 项，获上海市科学技术奖一等奖 9 项，二等奖 15 项，三等奖 18 项，2013 年农业科技进步贡献率达 66%（表 2-3）。

表 2-3　上海农业科技项目获奖情况

	国家科学技术奖		上海科学技术奖		
	二等奖	上海所有奖项	一等奖	二等奖	三等奖
2011 年度	2	16	4	4	9
2012 年度	0	10	5	4	7
2013 年度	1	13	0	7	2
合计	3	39	9	15	18

注：2011 年颁发 2010 年度的奖项，后面 3 年以此类推

3. 农业科技成果转化水平不断提升

在设施园艺、食用菌、生物技术、粮油作物杂种优势利用、畜禽育种、动物胚胎工程、水产育种与养殖、现代农业装备、农产品安全检测技术等领域取得了一批国内领先或具有国际水平的科技成果。育成了世界首例旱稻不育系“沪旱 1A”，实现了杂交节水抗旱稻“三系”配套，育成的节水抗旱稻已在全国推广，并在非洲及亚洲贫水国家示范推广。在银鲳人工养殖上取得突破性进展，在国内首次成功繁育出全人工银鲳子一代苗种，相关技术已达到国际领先水平。标准化渔船节能技术集成应用与标准化渔船示范推广解决了中小型渔船船型降阻节能中的一些关键技术问题，取得的研究成果达到国际先进水平（表 2-4）。

（三）农业社会化服务水平不断提升

1. 农业科技服务

充分发挥上海农业科技成果优势，农业科技辐射长三角，服务全国，走向世界。以沪苏浙三院联合科技兴农服务团为载体，开展科技兴农服务活动，建立科技兴农联合示范基地；深入开展科技服务对口支援地区工作，与喀什市科学技术局、农业局、林业局、畜牧局签订了科技示范基地共建和科技成果示范的协议。国家食用菌工程技术研究中心在西藏日喀则地区挂牌成立示范基地，还组织专家团队赴云南丽江、贵州遵义、青海果洛等地区开展了层次多样、内容丰富的支援帮扶工作。节水抗旱稻也推广到印度尼西亚、多哥等 7 个非洲国家和老挝、缅甸、印尼等 5 个亚洲国家，为当地的粮食安全作出一定的贡献。

2. 农业机械化服务水平

近年来，上海市积极引导、大力扶持农业社会化服务组织发展，上海农机专业化服务稳步推进。目前，上海市经工商行政管理部门登记的农机专业合作社 155 家，服务面积覆盖率达 60%。合作社拥有各类农机具 15 000 多台，其中，大、中型拖拉机 6 897 台，联合收割机 2 927 台，插秧机 1 616 台，推土机 32 台，广大农机户也取得了较好的经济效益。政府积极探索适应家庭农场发展的农机服务新机制建设，以农机“一用就管”为抓手，巩固提高农机管理水平，提高农机装备服务能力。积极组织开展农机化教育培训大行动，实施农机管理、科技和服务人员专项培训，举办“新型职业农民”农机手培训。2014 年，共开展各类农机化培训 410 余期 18 200 人次，开展农机职业技能鉴定 200 余人，提高了农机作业和维修技能水平。

随着农机合作社的不断组建和优化，上海农业机械化服务水平全面提升。每万 hm^2 耕地农机总动力从 2010 年的 5.18 万 kW 增加到 2013 年的 6.29 万 kW，增长幅度较大。截至 2013 年，上海市农业机耕率已达到 99.1%，机灌率达到 98.0%。从 2010 年到 2013 年，粮食机种机械化水平由 29.6% 提高到 31.97%；粮食机收机械化水平由 92.5% 提高到 95.4%（表 2-4，表 2-5）。

表 2-4　上海农业技术应用和综合开发情况

指标	2010	2012	2013
机耕面积（万 hm^2）	39.47	38.61	37.23
机电排灌总控制面积（万 hm^2）	17.61	19.70	18.04
机种面积（万 hm^2）	5.30	5.15	5.39
占粮食播种面积（%）	29.6	27.5	28.9
机收面积（万 hm^2）	16.57	17.71	16.07
占粮食收获面积（%）	92.5	94.4	95.4
喷、滴管灌面积（万 hm^2）	0.80	0.90	0.93
温室面积（hm^2）	30.41	33.10	34.18
科技兴农项目数（个）	22.66	22.10	21.67
科技兴农项目定向总额（亿元）	44.89	39.43	38.09
设施菜田面积（万 hm^2）	11.84	10.99	10.78
精养鱼塘面积（万 hm^2）	22.78	21.28	21.20
粮食良种使用面积（万 hm^2）	0.70	0.58	0.50

资料来源：《上海统计年鉴》（2014 年）

表 2-5　上海农业机械化情况

指标	单位	2010	2011	2012	2013
每万 hm^2 耕地拥有农业机械总动力	万 kW	5.18	5.29	5.66	6.29
大中型拖拉机	台	288	321	323	375
	kW	12 043	12 680	13 973	16 236
小型拖拉机	台	288	263	227	195
	kW	2 655	2 430	2 070	1 776
联合收割机	台	111	119	128	159
	kW	4 238	4 790	5 718	7 203
插秧机	台	55	66	72	88
	kW	603	622	653	803
机动喷雾（粉）器	台	1 048	1 127	1 151	1 211
	kW	2 348	2 575	2 580	2 966
排灌电动机	台	669	666	660	728
	kW	10 839	11 062	12 708	13 172
机耕面积	万 hm^2	39.47	39.97	38.90	37.23
机耕率	%	98.4	99.8	99.1	99.1
粮食机种面积	万 hm^2	5.3	5.01	5.15	5.39
机种率	%	29.6	26.9	29.2	31.97
粮食机收面积	万 hm^2	16.57	17.18	17.59	16.07
机收率	%	92.5	92.2	99.8	95.4
机电灌溉面积	万 hm^2	17.61	19.76	19.70	18.04
机灌率	%	87.6	99.0	99.0	98.0

资料来源：《上海统计年鉴》（2011—2014 年）

3. 农业信息化服务水平

创新推广模式和服务载体，注重农业信息技术在农业生产经营、质量安全控制中的应用。继续推进为农综合信息服务平台服务拓展与应用，实现 1 391 个涉农行政村全覆盖，并在原有农业技术、病虫害预警、价格行情、供求信息、村务公开等信息服务的基础上，开发了涉农补贴资金监管平台和农村集体“三资”监管平台。目前涉农补贴资金监管平台已经涉及近 30 万余农户和 3 133 多个合作社和企业，中央、本市和区县水稻种植补贴、村庄改造等 45 项涉农政策（项目）资金 149.3 亿元，并在全市所有涉农行政村公开公示。农村集体“三资”监管平台覆盖全市 9 个涉农区县、6 个中心城区的 126 个涉农乡镇，1 711 个村，22 595 个生产队，涉及农村集体资产总额 3 328.6 亿元（其中净资产 983.5 亿元），并向本村农民公开村资产概况、收入情况、支出情况（含村干部报酬）、集体土地收益、农龄公示等信息。农村土地承包经营信息管理平台方面，建立了市、区县、乡镇和村四级联网的土地承包、流转管理数据库，全市农村 65 万份承包合同（占总承包户的 99%）已建立了电子档案。进一步完善蔬菜价格和生产成本等信息采集、预警分析和信息发布，继续开展田头价格监测和青菜成本调查。

4. 农村金融服务领域

上海由单一的商业银行提供涉农贷款逐步拓展为由商业银行、村镇银行、小额贷款公司等多种类型金融机构开展涉农贷款业务。通过建立支农贷款担保专项资金，开展“银保联合”贷款信用保证保险新模式。为进一步调动菜农生产的积极性和保护郊区菜农利益，在全国首创了淡季蔬菜成本价格保险，确保夏淡期间地产绿叶菜生产供应稳定，根据蔬菜种植特性，对冬淡、夏淡期间市场需求量大、价格易产生波动的青菜、鸡毛菜、米苋、生菜、杭白菜等五种绿叶菜蔬菜品种实施生产成本价格保险，并做到“申保尽保”。2013—2014 年“冬淡”保险面积 7.9 万亩次，总计保险赔款达 3 049 万元；2014 年“夏淡”投保面积 13.0 万亩，赔款金额 425 万元。2014 年在原有蔬菜生产险的基础上，试点探索露地绿叶菜气象指数保险，进一步完善金融保险对绿叶菜生产的保障机制。调整完善本市农业保险政策，全市纳入政府补贴范围的农业保险种类增加到 21 项，并提高了大部分财政补贴险种的保额标准，逐步建立完善财政支持的农业再保险体系，2013 年总保费收入 9.36 亿元，同比增长 15.4%；扩大信贷支持“三农”业务领域，创新金融政策，满足本市在新农村建设、农业生产、新型农业经营组织发展、农民生活等多样化的信贷需求。

（四）农业产业化发展

1. 地产农产品供给保障能力稳定

2014 年，上海农业总产值达 322.22 亿元，比 2010 年增加了 12.26%，图 2-2 为 2014 年上海农业总产值构成情况。截至 2013 年年底，全市累计建设设施粮田 130.5 万亩、设施菜田 28 万亩，标准化畜牧养殖场 300 家，标准化水产养殖场面积 16.78 万亩；截至 2013 年，全市有粮食生产家庭农场 1 893 户，具有一定经营能力的农民专业合作社 3 200 家，农业产业化龙头企业 380 家，各类农业经营组织带动农户 32.88 万户。农业综合生产能力不断增强，2013 年全年粮食总产量 114.2 万 t，蔬菜上市量 336 万 t，畜禽产品 51.13 万 t、水产品 27.13 万 t，地产农产品供应稳定、质量安全可控。

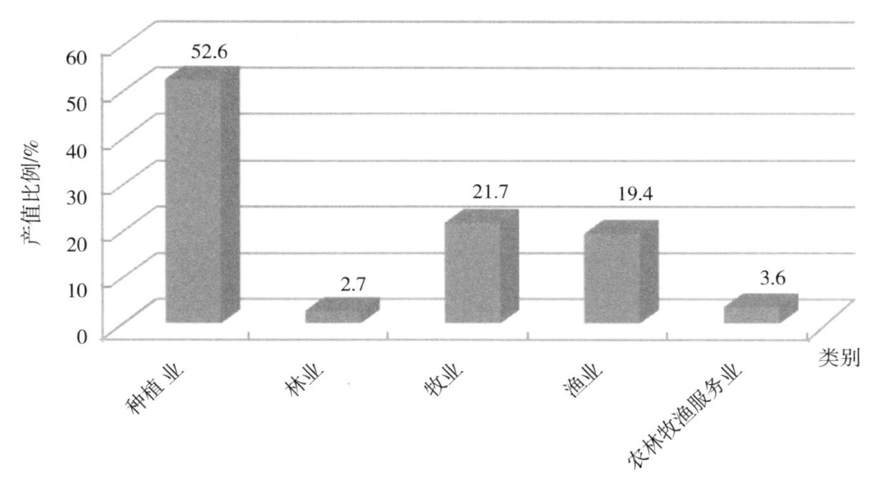

图 2-2　2014 年上海农业总产值构成

资料来源：《上海农村统计年鉴》（2015 年）

2. 农产品附加值显著提升

上海农产品深加工企业在运作机制上“一根扁担挑两头”，一头连着农民，一头连着市场。采用“公司 + 科技 + 基地（联农户）”和订单农业的模式，带领农民进行标准化生产、规模化经营，推动农业产业化、标准化、科技化。光明乳业、上海高榕食品公司、上海大山合集团等具有行业领先地位的企业，不仅提高了上海在农产品加工领域的地位，而且在更大范围内整合产业资源、提升产品的竞争力。上海崇明县的桑果（葚），被誉为“既是食品又是药品”的果实，通过对桑果进行深加工，生产优质的桑葚饮料、桑葚酒等，大大提高了附加值，解决了桑葚的出路，又丰富了市场，农民种植桑树，养蚕、摘果两相宜，具有较高的经济效益。汉德公司根据客户需求对南美白对虾进行深加工，有带头（无头）整虾的生虾制品、熟虾制品及综合调味虾食品和熟虾浅开背虾仁等，解决了生产的季节性和市场的均衡性矛盾，提升了农产品的附加值。

3. 特色经作优化提升

据初步统计，2014 年瓜果、草莓、鲜食玉米等经济作物种植面积 64.1 万亩次，总产值 46.9 亿元，较 2013 年增长 6.5 亿元，食用菌年产量 12.7 万 t、产值 9.9 亿元。全年推广应用特色经作优质新品种 63 个，推广面积达 61 万亩次，应用主推技术 47 项，组织行业协会开展草莓、西瓜、桃、柑橘“评优、推优”活动，引导农民科学生产管理，促进品牌做强做大，提升产品品质质量，带动种植效益提高。同时强化安全质量监管。突出草莓、西甜瓜等重点作物，强化安全生产培训指导，增加抽检频率，以田间档案为抓手，推进农产品安全质量可追溯体系建设，目前，已在 668 户经济作物科技示范户和 50 个生产基地开展了草莓田间档案记录，近 300 家合作社使用了约 280 万张“二维码”标签。

4. 种源产业平稳发展

上海种源产业的发展整体上呈现出比较平稳的上升态势，种源农产品产值由 2009 年的 12.96 亿元增加到 2013 年的 14.18 亿元（其中牧业占 57.02%、种植业占 18.58%、渔业占 15.58%、林业占 8.82%），5 年来种源农产品产值一直稳定在 14 亿元左右。

表 2–6 上海种源农产品生产基本情况

指标	2010	2011	2012	2013	2014	2014 年各产业种源农产品占比（%）
种植业（万元）	22 042	22 664	22 455	26 348	25 942	18.84
林业（万元）	9 724	9 621	11 345	12 507	8 592	6.24
牧业（万元）	77 225	83 943	88 425	80 840	76 738	55.74
渔业（万元）	25 739	29 351	22 230	22 088	26 389	19.17
合计（万元）	134 730	145 579	144 455	141 783	137 660	100

资料来源:《上海农村统计年鉴》（2015 年）

种源农产品生产区域主要集中在传统农业较发达的金山区、崇明县和浦东新区。2013 年，金山区、崇明县、浦东新区 3 区县种源农产品总产值占全市比重都超过了 10%，其中，金山区产值最高，达到 3.25 亿元，占全市比重为 22.93%；松江区、青浦区、奉贤区、闵行区等 4 区的种源农产品总产值占全市比重都超过 5%；宝山区和嘉定区的种源农产品总产值则相对较低。

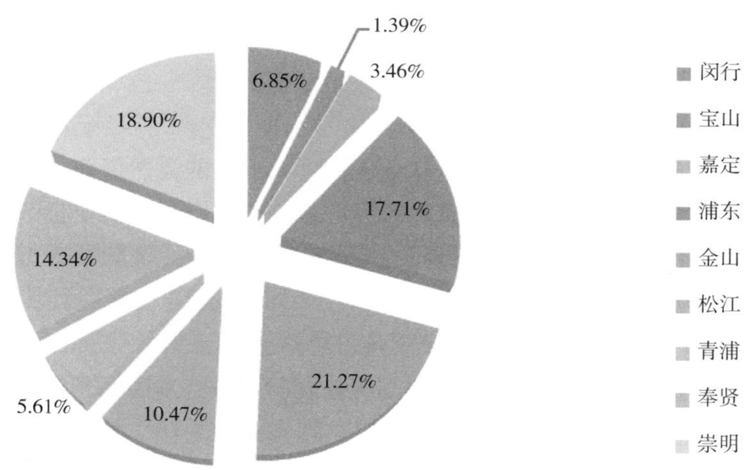

图 2-3　上海种源农产品生产分布情况

资料来源:《上海农村统计年鉴》(2015 年)

5. 农业旅游蓬勃发展

近年来，上海农业旅游蓬勃发展，截至 2013 年年底，上海已建成各类农业观光旅游景点 245 个，其中，年接待规模万人以上的景点 96 个，年接待游客 2 019.34 万人次；涉农旅游总收入 13.63 亿元，其中农副产品销售收入 6.2 亿元；解决农民就业 32 655 人。目前，已经初步形成六大类发展模式，分别是农家乐型、休闲农庄型、观光农园型、人工生态林公园型以及民俗文化村型，即具有乡村民俗、民风、民族文化元素的特色村庄。经过多年发展，上海农业旅游在推动上海都市现代化农业建设、促进农业结构调整和增长方式转变、优化农业生态环境和推动城乡交流等方面发挥了积极作用，基本实现了“农民增收的通道、新农村建设的载体、丰富市民生活的场所”的目标，成为上海农民增收、农业增效的重要途径和社会主义新农村建设的重要载体之一。

三、上海农业可持续发展的评价指标体系

（一）构建原则

1. 体现全面性和主导性原则

都市现代农业不同于传统农业，是集经济、生态、社会功能于一体的多功能农业。都市现代农业不仅要充分利用大城市提供的科技成果及现代化设施进行生产，为城市居民提供名、特、优、新农副产品，而且为城市居民提供优美生态环境，绿化美化市容市貌，提供旅游休闲场所，进行传统文化教育。因此，指标体系的构建在考虑经济效益的同时，应当兼顾生态、社会效益。

2. 突出都市现代农业的多功能性

都市现代农业不仅具有生产功能，还具有生态和生活功能。上海都市现代农业可持续发展就是要探索合理利用农业资源与保护生态环境相结合，实现城乡统筹、人与自然和谐统一的现代农业发展模式。具体而言，即以转变传统的农业发展方式为方向，以节约用地、节约用水、节约能源、循

环再利用资源及保护农业生态环境为重点，大力推广各种资源节约和环境保护的科学技术的应用，发展休闲农业、循环农业、生态农业、设施农业等有利于资源节约和环境友好的农业形态。因此，资源节约和环境保护是构建评价指标体系时应当考虑的重要因素。

3. 体现科学性与可操作性

农业可持续发展指标体系必须建立在遵循都市现代农业发展的自然规律、生态规律和经济规律等科学规律的基础上，所构建的指标体系不但能够客观地反映都市现代农业生产系统内部的运动及外部影响状况，做到全面准确反映实际状况，同时，指标体系的建立要兼顾数据收集处理在实际分析的可操作性，便于统计数据的获取。

4. 体现整体性和系统性

指标体系作为一个整体，应该较全面反映都市现代农业可持续发展的具体特征，即反映社会文化、经济产业、政策法律、科学技术发展的主要状态特征及动态变化、发展趋势。确定各方面具体指标时，必须依据一定的逻辑规则，体现出合理的结构层次。

5. 定性分析与定量计算原则

指标体系和评价体系应具有可测性和可比性，定性指标应有一定的量化手段，评价指标应尽可能采用量化的指标，但有些指标很难量化，可将它分成若干个等级，将定性指标定量化。

（二）上海农业可持续发展的评价指标体系构建

基于以上农业可持续发展评价指标构建的原则分析，结合上海市都市现代农业特色，将上海农业可持续发展评价的一级指标分为生态、社会和经济可持续发展指标，二级指标是在一级指标的基础上进行的分解，详见表 3–1。

表 3–1　上海农业可持续发展评价指标

指标名称		单位	2015 年基准值
一级指标	二级指标		
生态可持续发展指标	农业废弃物综合利用率	%	90
	设施农田林网控制率	%	90
	单位能耗创造的农林牧渔业增加值	万元 /t 标准煤	2.2
	均化肥使用减量	kg/ 亩	28.5
	亩均农药使用减量	kg/ 亩	1.30
	水产标准化健康养殖比重	%	65
	主要农作物秸秆综合利用水平	%	>91
	耕地质量（一、二等地占比）	%	53
	农田灌溉水有效利用系数	—	≥ 0.73
经济可持续发展指标	农业龙头企业、农民专业合作社带动农户比重	%	80
	主要农产品品牌化销售率	%	60
	土地适度规模经营比重	%	80
	农业投入产出比	—	0.6
	劳均农林牧渔业增加值	元 / 人	48 000
	农村居民家庭人均可支配收入	元	22 000
	农业劳动生产率	元 / 人	75 000

（续表）

指标名称		单位	2015 年基准值
一级指标	二级指标		
社会可持续发展指标	农业科技进步贡献率	%	70
	持证农业从业人员占农业从业人员比重	%	50
	“12316”等农业信息服务热线覆盖率	%	100
	乡镇农业公共服务体系健全率	%	100
	农业保险深度	%	3.5
	单位农林牧渔业增加值的信贷资金投入	元	0.98
	农林水事务支出占农林牧渔业增加值的比重	%	> 20
	农林牧渔业服务业增加值占农林牧渔业增加值比重	%	3.9
	无公害、绿色、有机农产品认证率	%	70

四、上海农业可持续发展的适度规模分析

上海市为典型的大城市、小郊区，由于地处城市近郊，耕地资源有限，大量的农村劳动力流向城市，劳动力成本高。家庭小规模经营将难以适应当前农业生产力发展的需要，逐渐暴露了农业劳动生产率低、农业商品量和商品率低、农业资本积累能力和吸纳新技术能力弱等缺陷和劣势。而农业的适度规模经营却能很好地解决这些问题，农业的适度规模化有利于整合整个农业资源，优化资源配置和组织结构，使农业真正迈向产业化、现代化，同时也有利于农户的增产和增效。

因此，适度规模经营中对于规模经营的适度性的分析是很重要的，依据规模经济理论，对于农业企业或农户来说，只要农业生产的长期平均成本是下降的，那么该种经营规模便是合理的，在长期平均成本最低值下的经营规模便是最优规模。本部分将根据上海都市现代农业的发展现状，重点分析上海农业资源合理开发情况、种植业和养殖业的适度规模经营情况，为上海农业可持续发展提供决策依据。

（一）农业资源合理开发强度

开发利用农业资源，既要考虑市场需求，又要考虑农业自然资源本身的特点，把资源开发与产品生产结合起来。目前，上海的耕地复种指数较高，2013 年，上海耕地面积为 18.98 万 hm^2，而农作物播种面积达 37.81 万 hm^2，为了保持上海农业的可持续发展，同时考虑保持上海农产品供给安全，对于农业资源的开发要注重生态循环利用。将农业资源开发与资源保护有机统一起来，开发资源的同时，要合理利用，提高资源的使用效率，注重经济效益的同时，兼顾生态效益和社会效益。因此，农业资源合理开发强度设定如下：耕地质量三等以上面积超过 90%；农作物播种面积化肥施用量年均每亩减少 2%，农业灌溉水有效利用系数达到 0.75；全面实施秸秆禁烧，秸秆综合利用率达到 95% 以上；全市畜禽粪便处理利用率达到 80%，规模场畜禽粪便实现零排放。

（二）种植业适度规模

当前，上海粮食、蔬菜实行最低保有量制度，围绕 250 万亩耕地保有量以及保持上海粮食、蔬

菜供给基本安全（目前，上海粮食自给率10%左右，蔬菜年消费600万t左右）。种植业规模设定如下。

1. 水稻

按照人均消费大米60kg/年估算，目前上海常住人口按照2 500万人计算，上海大米消费量达到150万t/年，加上餐饮业和食品工业对大米的消费，为了保证上海粮食安全，水稻常年种植面积保持在155万亩左右，粮食年生产能力10亿kg。

2. 蔬菜

蔬菜为人们日常消费的重要食物，其销售市场直接面对消费者，不仅需求总量大，而且需求呈多样化、多层次化，贯穿于一年四季，是人们饮食消费必不可少的餐桌食品。按照蔬菜生产责任制要求，各区县逐级明确工作责任，通过绿叶菜考核奖励资金、蔬菜农资综合补贴、农药补贴和绿叶菜种植补贴等政策的落实和引导，稳定蔬菜种植面积。整体来看，市郊蔬菜生产面积稳定，品种结构优化，供应基本均衡，价格稳定可控，质量安全保证，产销更加顺畅，风险保障增强。2014年蔬菜生产面积50万亩以上，其中绿叶菜生产面积不低于17.5万亩，绿叶菜年上市量不少于114万t。

3. 油菜及瓜果

在保障粮食安全的同时，推进特色经作结构的优化提升，2014年推广应用特色经作优质新品种63个，推广面积达61万亩次，应用主推技术47项，组织行业协会开展草莓、西瓜、桃、柑橘"评优、推优"活动，引导农民科学生产管理，促进品牌做强做大，提升产品品质质量，带动种植效益提高。在种植结构上，种植了20万亩适度规模的油菜；30万亩左右的西甜瓜种植。根据各区的耕种面积及农业生产特点，浦东新区、奉贤区、金山区保持20万亩左右；40万亩左右的采果面积，其中桃、葡萄、梨、柑橘四大主栽果树树种合计面积达到35万亩左右；种业产值占全市农业总产值的10%左右。

（三）养殖业适度规模

基于环境承载力角度的养殖规模上限，永久性基本农田承载能力是基于欧美发达国家的畜田配套比例和上海市的实际情况，按照1亩永久基本农田的40%可承载1.5头存栏标准猪计算（光明集团1亩永久基本农田的60%可承载1.5头存栏标准猪计算），全市共有225万亩永久基本农田，理论上可以承载285万头出栏标准猪。再经过城市规划要素及水源地影响等环境要素修正，结合上海市居民消费的实际情况，确定了本市养殖业的适度规模，2020年规划200万头出栏标准猪。

水产养殖来看，按照市民对水产品的消费需求测算，近5年来年人均水平为35kg，上海2 500万人口，需要87.5万t的水产品需求。根据国际性沿海大都市经验，水产品地产自给率为30%，上海需要解决26.25万t的水产品需求。

按照淡水养殖和远洋捕捞的比例，目前上海远洋捕捞可以解决12万t需求，上海域内淡水养殖需要解决14.25万t养殖量。因此，为保障上海2 500万人群水产品供应安全，规划水产养殖面积24.45万亩。

五、农业可持续发展的区域布局与典型模式

（一）农业可持续发展的区域差异分析

1. 农业基本生产条件区域差异分析

上海农业生产主要在崇明、浦东、奉贤、金山、松江、青浦、嘉定、闵行、宝山等9个区县的涉农区域，以及域外现代农业示范区。其中，崇明三岛（崇明岛、长兴岛、横沙岛）地处长江入海口，是世界最大的河口冲击岛，地势平坦，气候温和湿润，日照充足，雨水充沛，生态环境优良，是上海郊区规模最大、农业用地集中连片分布度最高、生态环境条件最优越的农业主产区。崇明三岛农业区农业生产用地约占上海郊区农业用地的34%。

浦东新区西南与奉贤区、闵行区接壤，西面与徐汇区、黄浦区、虹口区、杨浦区、宝山区等六区隔黄浦江相望，东北面与崇明县隔长江相望，为长江冲积层，具有明显的海洋性特征，年均气温15.7℃，年降水量1 100mm，是上海人口最多的行政区。农业耕地面积3.29万hm^2，以粮油、蔬菜和特色经作生产为主，其中粮食播种面积1.82万hm^2，粮食产量13.41万t，仅次于崇明和金山。

奉贤区地处上海南郊，东与浦东新区接壤，西与金山区、松江区毗邻，南临杭州湾，北与闵行区相隔黄浦江，有13.7km长的江岸线和31.6km的海岸线，属于长江三角洲冲积平原。常年降水量1 191.5mm，常年平均气温16.1℃。耕地面积占全市的11.40%，其中粮食播种面积1.58万hm^2，常年蔬菜种植面积7万亩。食用菌生产居市郊榜首，以粮食、水产、林果生产为主。

金山区处于太湖流域蝶型洼地南部，地势低平，耕地的土体原系以湖泊沉积、河湖交互沉积、江海交互沉积和江河冲击4种母质为基础，经过自然潜育与长期耕作形成的水稻土，其中以青黄泥、黄斑青紫泥、清黄土和黄泥头5个土种为主，占耕地面积的79.12%。土壤基本特点是高度熟化，有机质和全氮含量较高，部分缺磷，质地偏重，地下水位偏高。区境东南濒杭州湾，受海洋性气候影响，与西北部在热量条件上略有差异，温差较小，冬暖夏凉。河网水系为黄浦江上游支流水系，境内河流众多，水网密布。截至2014年年底，粮食播种面积3.09万hm^2，粮食产量21.23万t。

松江位于上海市西南，长江三角洲东南部黄浦江上游，东与闵行区、奉贤区毗邻，南、西南与金山区交接，西、北与青浦区接壤，黄浦江三大源流在松江南部汇合，东流出境。境内是典型的水网地带，年均气温15.4℃，年降水量1 103.2mm，易涝少旱。主要农产品包括粮食、蔬菜、生猪、淡水产品等，粮食播种面积为1.42万hm^2，产量达11.16万t。

青浦区地处上海市西郊，太湖下游，黄浦江上游，东与闵行区毗邻，南与松江区、金山区及浙江嘉善县接壤，西连江苏省吴江、昆山两市，北与嘉定区相接。青西地区紧临淀山湖，境内水网密布，河道纵横，水面面积占全区土地总面积的18.6%。日照充足，雨量充沛，年均气温17.7℃，年降水量1 049.1mm，年日照时数1 593.5小时。主要农产品有水生蔬菜、特种水产、特色果品，粮食播种面积1.29万hm^2，粮食产量9.33万t。具有一定市场知名度的农产品包括赵屯的草莓、练塘的茭白、现代农业园区的绿色大米、金泽的特种水产、赵巷的枇杷、白鹤的设施蔬菜、重固的绿叶菜和徐泾的蜜梨、夏阳街道的水产种源等。

嘉定区位于长江三角洲前沿，地处上海市西北郊，东与宝山、普陀两区接壤，西与江苏省昆山

市毗连，南与闵行、长宁、青浦三区相望，北依浏河，与江苏省太仓市为邻。全区水面率 7.71%。特色农产品包括湖羊、草莓、葡萄等。其中粮食播种面积 0.82 万 hm^2。

闵行区位于上海市地域腹部，东与徐汇区、浦东新区相接，南靠黄浦江与奉贤区相望，西与松江区、青浦区接壤，北与长宁区、嘉定区毗邻。吴淞江流经北境，黄浦江纵贯南北，分区界为浦东、浦西两部分。属北亚热带海洋性季风气候，日照足，雨量适中，季节分配比较均匀。粮食生产稳定，粮食播种面积 0.16 万 hm^2，有一定规模的设施化农业生产。

宝山区位于上海市北部，分成陆地和岛屿两部分。陆上，东北濒长江，东临黄浦江，南与杨浦、虹口、静安、普陀 4 区毗邻，西与嘉定区交界，西北隅与江苏省太仓市为邻，横贯中部的蕰藻浜将其分为南北两部。主要农产品包括水产、蔬菜、粮食等，其中粮食播种面积 0.17 万 hm^2。

综上所述，粮食主产区集中于远郊乡镇，浦东新区等区县虽然受到城市扩张的影响，农地资源减少快，但在各区中农作物播种面积中，以蔬菜种植为主的格局更加清晰。金山区的中北部地区、松江区的浦南地区、奉贤区和浦东新区的南部地区，以及光明食品集团的市郊南片农场，农业生产用地约占上海郊区农业用地的 30%，是上海郊区主要的蔬菜生产基地，也是粮食、蔬菜、特色瓜果、畜禽和水产养殖的多样化产区。青浦、松江、金山三区西部的黄浦江上游地区，农业生产用地约占上海郊区农业用地的 14%，是以水稻种植、水生蔬菜种植、水产养殖为主，科学配套畜禽养殖业的专业化、特色化产区。青浦区北部地区、嘉定区北部地区和宝山区西北部地区，农业生产用地约占上海郊区农业生产用地的 6%，以水稻和蔬菜生产为主，科学配套少量规模化的畜禽养殖场，适度发展优势特色瓜果和花卉园艺作物。

2. 农业可持续发展制约因素分析

尽管，上海在大市场大流通、科技水平、人才、财政投入等方面都较有优势，但上海农业可持续发展仍面临以下因素的制约。

首先，从存量土地资源看，随着上海城市化进程和“四个”中心建设的深入推进，使得本就不足的耕地面积愈发稀缺，从后备资源看，除了土地整治，滩涂资源开发是目前上海农业土地资源增加的主要途径，新中国成立以来，已围垦造地 7.3 万 hm^2。随着长江来水中含沙量的明显减少，滩涂拓展速度减慢，滩涂资源围垦开发有限。稳定主要农产品生产能力和确保主要农产品自给率的难度日益增大，有限的耕地能否维持现有本已不高的农产品自给率，满足日益增长的市场需求，是上海农业可持续发展面临的挑战。此外，农业产业发展中的农业用地矛盾较为突出，各类附属农业设施用地受制于用地指标的限制，这些都制约了农业可持续发展。尽管，上海采取一系列举措，但农业产业空间有被严重挤压的趋势。

其次，从生态环境看，上海属于长三角水网地带，虽河流众多，但高水质比重较低，生态环境十分脆弱。尽管，上海通过实施化肥农药减量化行动，从源头上控制与减少化肥农药的平均用量，调整优化种养结构，推广绿色生态防控技术，推进畜禽粪尿综合治理等举措，加强了对农业生态环境保护和治理，但工业生产造成的环境污染以及农业投入品利用率仍旧不高等造成的面源污染，也使得上海建成与国际大都市相匹配的都市现代农业面临巨大的生态环境约束困境，农业生态环境压力大。

再次，从农业劳动力的数量和质量看，受产业间比较优势的影响，本地农业劳动力不断向非农产业转移，本地农业劳动力高龄化、兼业现象明显。外来农业劳动力主要追求经济效益，生产方式上存在掠夺式经营倾向，不利于农业可持续发展。尽管，通过加强新型农业经营主体的培养力度，农业劳动力整体素质有所提高，但提高速度仍相对缓慢，难以满足农业可持续发展的需求。

最后，从竞争力来看，上海农业的生产成本偏高，因此，在与国际甚至国内其他地区的价格、品质、品牌影响力等竞争中都处于弱势地位，严重制约上海农业的可持续发展。

（二）农业可持续发展区域布局方案

1. 区域布局

上海农业可持续发展重在稳定现有农业用地，严守耕地和永久基本农田保护红线的基础上，优化布局结构，促进农业用地适度规模经营。上海农业生产布局范围主要包括崇明、浦东、奉贤、金山、松江、青浦、嘉定、闵行、宝山等9个区县的涉农区域，以及域外现代农业示范区。

按照现状基础、资源禀赋条件、未来发展需求及功能定位，近期，上海农业可持续发展综合布局规划为“5+1”空间区域。

（1）崇明三岛生产区　本区包括崇明、长兴和横沙三岛，由崇明县的农业产区、光明食品集团的崇明农场、上实现代农业园区构成，是上海郊区规模最大、农业用地集中连片分布度最高、生态环境条件最优越的农业主产区。崇明三岛农业区农业生产用地约占上海郊区农业用地的34%。本区是沪郊规模最大的绿色优质农产品产区，粮食、蔬菜、特色瓜果、畜禽、水产的综合产区。

（2）杭州湾北岸生产区　本区包括金山区的中北部地区、松江区的浦南地区、奉贤区和浦东新区的南部地区，以及光明食品集团的市郊南片农场，农业生产用地约占上海郊区农业用地的30%。本区是上海郊区主要的蔬菜生产基地，也是粮食、蔬菜、特色瓜果，畜禽和水产养殖的多样化产区。

（3）黄浦江上游生产区　本区包括青浦、松江、金山三区西部的黄浦江上游地区，农业生产用地约占上海郊区农业用地的14%。本区是以水稻种植、水生蔬菜种植、水产养殖为主，科学配套畜禽养殖业的专业化、特色化产区。

（4）沪北远郊生产区　本区包括青浦区北部地区、嘉定区北部地区和宝山区西北部地区，农业生产用地约占上海郊区农业生产用地的6%。本区以水稻和蔬菜生产为主，科学配套少量规模化的畜禽养殖场，适度发展优势特色瓜果和花卉园艺作物。

（5）环都市田园生产区　包括中心城区外围高度城市化地区，呈东北—西南向半椭圆状分布区域内的镶嵌于非农用地之间的小型组团式农地和零星农业地块，农业生产用地约占上海郊区农业用地的16%。本区是包括蔬菜、特色瓜果、经济林果和水稻等的多样化产区。

（6）上海域外农业生产区　域外农业是上海农业发展的重要补充，是上海农业布局的重要组成部分。上海域外农业主产区主要构建种源、粮食生产、畜禽养殖、水产养殖、区域生态人文建设为一体的高效生态循环农业体系，着力打造为上海市重要的农副产品生产供给保障基地、长三角现代农业集聚发展辐射基地、全国领先的生态循环农业示范基地。

远期，随着城镇化水平的进一步提升，将沪北远郊农业区和环都市农业区合并，形成新的环都市农业区，全市农业综合布局规划为“4+1”空间区域，包括崇明三岛、杭州湾北岸、黄浦江上游、新环都市区四大农业板块，保留并进一步发展域外现代农业示范区。

2. 产业布局

（1）种植业生产布局　粮食生产布局：规划粮田面积不低于100万亩，其中，重点抓好崇明三岛、黄浦江上游和杭州湾沿岸三大粮食主产区，主要包括崇明、金山、浦东、松江、青浦、奉贤六个区县的粮食主产区和光明食品集团的崇明农场粮食产区。

蔬菜生产布局：规划常年菜田面积不低于50万亩，其中夏淡绿叶菜田面积不少于21万亩。重点抓好杭州湾北岸的绿叶菜主产区、黄浦江上游特色水生蔬菜种植区、崇明三岛绿色优质蔬菜产区，以崇明、浦东、青浦、奉贤和金山等几大产区为主。

其他经济作物生产布局：以保护和升级已经形成的专业产区为主，地区之间错位发展，着力推进浦东新区西瓜、水蜜桃，奉贤区黄桃、蜜梨，松江区水晶梨，金山区蟠桃、特色瓜果，青浦区草莓，嘉定区葡萄，崇明县柑橘等十大特色经济作物产业园区建设。全市水果种植面积稳定在30万亩，新建100个优质果品标准化生产示范基地，面积5万亩以上。

（2）养殖业生产布局　畜牧业生产布局：以减量化调控为主，全面关闭不规范的小型养殖场，重点发展规模化养殖场，完成年生猪出栏100万头、奶牛存栏4万头、蛋鸡存栏200万羽的保有量指标。本市畜牧业布局重点稳定杭州湾沿岸、崇明三岛、黄浦江上游非生态敏感区域内的规模化养殖区。生猪、奶牛、肉禽养殖要向域外拓展，形成以域外基地为主的生产格局。

水产养殖业生产布局：以适度减量化控制为主，本市养殖池塘面积稳定在28.7万亩左右，地产水产品年总量稳定在14万t左右。重点稳定资源条件或发展特色较明显的优势产区，提升精品和特色虾、蟹、鱼养殖比重，积极拓展周边长三角地区的特色水产品养殖域外基地，发展海洋渔业。

（3）休闲农业和乡村旅游布局　根据市民多元化的精神文化需求偏好和消费能力，细分休闲农业和乡村旅游目标市场，打造多层次、多类型的旅游业，推动旅游个性化、特色化发展，打造休闲农业和乡村旅游升级版。近郊地区发挥交通区位和经济技术优势，重点发展市民农园、农业公园、科普教育园和农业观光园。中远郊地区重点发展休闲农业和乡村旅游，促进农业与旅游、文化创意、农产品精深加工和展销等深度融合发展，打造特色化、精品化、服务完善、深度参与体验型的休闲、度假、养老等多元化的旅游业。

（三）区域农业可持续发展典型模式推广

上海在推进农业污染减排、发展生态农业，减少农业面源污染方面做出了不少积极探索，形成了农业可持续发展的典型模式，主要包括畜禽污染治理模式、种植业面源污染防治模式、农业废弃物综合利用模式和渔业生态保护模式等。其中，畜禽污染治理模式包括标准化畜禽场建设、畜禽场沼气工程建设、崇明动物无害化处理站建设等关键技术；种植业面源污染防治模式包括化肥减施、农药减施、水肥一体化、农业面源污染防治示范区建设、农业环境监测系统建设等关键技术；农业废弃物综合利用模式包括农作物秸秆综合利用、蔬菜基地蔬菜废弃物综合利用设备配套、秸秆机械化还田、现代农业资源循环利用技术；渔业生态保护模式主要包括渔业资源增殖放流、标准化池塘养殖生态工程化技术等。

1. 畜禽污染治理模式与典型案例

畜禽污染治理模式主要是依据《畜禽养殖业污染物排放标准》（GB 18596—2001）、《沼气工程规模分类》（NY/T 667—2003）、《供配电系统设计规范》（GB 50052—2009）、《污水稳定塘设计规范》（CJJT 5554—1993）等规范性引用文件的要求，并紧密结合当地客观实际，正确处理集中与分散、处理与利用、近期与远期的关系，注重选址与布局的合理性，采用标准化畜禽场建设、畜禽场沼气工程建设、崇明动物无害化处理站建设等关键技术，实现畜禽养殖场污染治理和农业废弃物循环利用目标。2012—2014年，上海完成了25家标准化畜禽场建设，其中奉贤区12个、松江区4个、金山区4个、光明集团（江苏、崇明）4个、嘉定1个，详见表5-1；10个畜禽场沼气工程建设，其中浦东2个、崇明5个、松江2个、青浦1个，详见表5-2和崇明动物无害化处理站建设等。25个标准化畜禽场建设项目基本都建立和更新了配套的粪便、尿液和污水处理设施设备，设置污水、雨水集泄管网，建造污水净化处理等设施，实现雨污分流，干湿分离，畜禽养殖场污水排放COD和氨氮量总量大幅度下降，有效减少污染物排放，减少了对周边环境的污染，通过对周边水土环境质量变化状况定点监测，各监测指标处于正常水平，从掌握的分析数据来看，符合土壤环境质量二级标准以及农田灌溉水质标准，未对环境产生不良影响，实现了畜牧业的生态、可持续发展。其中，COD减排量三年累计达5 219.07t，氨氮减排量三年累计达543.78t。10个畜禽场沼气工程建设项目，基本都完成了养殖场粪污收集、输送、预处理以及粪尿污水厌氧发酵产沼气设施和综合利用系统的建设，通过生态还田、沼气工程等减排模式，实现畜禽场粪尿无害化处理和资源化利用。

表5-1　畜禽污染治理模式之标准化畜禽场建设典型案例

序号	项目名称	区县	品种	养殖规模
1	上海青村蛋鸡场标准化生态养殖基地	奉贤	蛋鸡	50 000羽
2	上海奉贤宝新种鸡场标准化生态养殖基地	奉贤	种鸡	25 000羽
3	上海梨园草鸡养殖专业合作社养殖基地	奉贤	蛋鸡	30 000羽
4	奉贤县柘林镇第一养鸡场标准化生态养殖基地	奉贤	蛋鸡	70 000羽
5	上海宝张湖羊养殖专业合作社标准化生态养殖基地	奉贤	湖羊	5 000头
6	上海市奉贤区钱桥东方牧场标准化生态养殖基地	奉贤	生猪	10 000头
7	上海风晨蛋鸡养殖专业合作社（二期）标准化生态养殖基地	奉贤	鸡	90 000羽蛋鸡 45 000羽青年鸡
8	奉贤区桂龙牧场标准化生态养殖基地	奉贤	生猪	5 000头
9	上海欣荣大皇鸽养殖专业合作社东星鸽场二分场标准化生态养殖基地	奉贤	鸽	乳鸽70 000羽 鸽蛋240万只
10	上海威原农业科技有限公司良种猪场畜牧标准化养殖基地	奉贤	生猪	10 000头
11	上海五四珍禽养殖基地标准化生态养殖基地	奉贤	珍禽	40 000羽
12	上海天羽鸽业有限公司标准化生态养殖基地	奉贤	种鸽	40 000对
13	新浜镇种养结合家庭猪场标准化生态养殖基地建设1	松江	生猪	500头
14	新浜镇种养结合家庭猪场标准化生态养殖基地建设2	松江	生猪	500头
15	泖港、小昆山镇种养结合家庭猪场标准化生态养殖基地	松江	生猪	500头
16	叶榭、小昆山镇种养结合家庭猪场标准化生态养殖基地	松江	生猪	
17	上海周山种鸽养殖专业合作社标准化生态养殖基地	金山	鸽	种鸽3万对 肉鸽48万只
18	金山区新农兴欣猪场标准化生态养殖基地	金山	生猪	8 000头
19	上海成微养殖有限公司标准化生态养殖基地	金山	鸽	种鸽1.5万对 肉鸽12万只
20	金山区宏欣奶牛场标准化生态养殖基地	金山	奶牛	220头
21	上海嗣翔养鸽专业合作社鸽场标准化生态养殖基地	光明 （崇明）	鸽	30 000羽
22	海丰标准化生态型蛋鸡养殖场	光明 （江苏）	蛋鸡	170 000羽
23	上海市川东农场畜牧场建川分场标准化猪场	光明 （江苏）	生猪	35 000头
24	上海黄海农贸总公司下明畜牧二场标准化生态养殖基地	光明 （江苏）	生猪	20 000头
25	嘉定区外冈镇第三牧场标准化生态养殖基地	嘉定	生猪	5 400头

表 5-2　畜禽污染治理模式之畜禽场沼气工程建设典型案例

序号	项目名称	区县	养殖类型	减排模式
1	上海东方种禽场有限公司减排项目	浦东	生猪	沼气工程
2	上海希迪乳业有限公司减排项目	浦东	奶牛	沼气工程
3	上海崇明星牧养猪场减排项目	崇明	生猪	沼气工程
4	上海牛奶集团瀛博奶牛养殖有限公司减排项目	崇明	奶牛	沼气工程
5	上海兴冠种畜有限公司减排项目	崇明	生猪	沼气工程
6	上海华晶养猪专业合作社减排项目	崇明	生猪	沼气工程
7	上海崇宝养猪场减排项目	崇明	生猪	沼气工程
8	上海松林工贸有限公司薛家猪场减排项目	松江	生猪	沼气工程
9	上海万谷种猪育种有限公司减排项目	松江	生猪	沼气工程
10	上海青浦白鹤太平牧场减排项目	青浦	生猪	沼气工程

2. 种植业面源污染防治模式与典型案例

种植业面源污染防治模式主要是将种植业面源污染防治的有效方式，涵盖种植生产的整个过程，不仅注重在生产中向无害化、绿色化、生态化调整，而且十分注重环境的监测以及相关技术的示范。因此，种植业面源污染防治模式决策科学合理且操作性较强，有利于科学使用化肥农药，减少农业面源污染目标的实现。2012—2014 年，上海完成了推广绿肥种植 90 万亩、有机肥 54 万t，有效推进了化肥减施。通过推广绿肥种植田块，实现平均化肥减量折纯氮达 2.3kg/ 亩，相当于尿素 5kg/ 亩，同时也增加了土壤磷肥与钾肥的养分；推广施用商品有机肥后，当茬作物每亩减施化肥折纯氮估算为 0.8kg/ 亩，相当于尿素 1.74kg/ 亩，同时对农田改良效果起到较好效果，对当季作物增产具有一定的促进作用；通过推广性引诱剂诱芯 35.5 万根、诱虫板 100 片、低毒农药推广 2 080t，实现水肥一体化面积 33 000 亩；通过推广应用性引诱剂、诱虫板等绿色防控技术，实现平均农药减施达 348g/ 亩；通过水肥一体化，实现节能降耗，以滴管灌溉类型每亩平均节水 50m^3、平均节肥 5kg，具体见表 5-3。

表 5-3　2012—2014 年种植业面源污染防治类项目实施效果

类型	实施规模	农户接受度（高、中、低）	实施效果（好、较好、一般、差）
绿肥推广（万亩）	150.8	中	较好
有机肥推广（万 t）	61.9	高	好
性引诱剂诱芯推广（万根）	35.5	高	好
诱虫板推广（万片）	100	高	好
低毒农药推广（t）	2 808	高	好
水肥一体化面积（亩）	33 000	高	好
农业环境监测系统（个）	6	高	好

嘉定华亭城市超市示范区、金山廊下稻麦粮食作物农业面源污染防治示范区、金山区吕巷蟠桃农业面源污染防治示范区、光明食品集团农业面源污染示范区、浦东新区农业面源污染防治示范区、青浦区茭白种植农业面源污染防治示范区等都是种植业面源污染防治模式的典型案例。其中，光明食品集团农业面源污染示范区，在实施第四轮三年环比行动计划的基础上，集成推广稻

麦农药、化肥减量栽培技术。实施区 6 279 亩化肥亩用量较实施前减少 5.67%，有效氮投入量减少 4.7%；农药有效量投入减少 9.14%。星辉公司结合蔬菜标准园项目建设，在采用翻压、覆盖、沤制等农业措施将蔬菜秸秆枝叶等废弃物直接在自然条件下分解还田的方式之外，依托科技兴农项目和年产 2 万 t 有机肥料厂的优势，通过添置耕翻机械设备、粉碎设备和小型运输设备，将蔬菜废弃物统一堆放发酵、加工制成有机肥，为蔬菜废弃物的全面回收利用奠定了基础，为农业面源污染的有效控制起到了较好示范引领作用。

3. 农业废弃物综合利用模式与典型案例

农业废弃物综合利用模式主要是通过农作物秸秆综合利用示范工程和秸秆机械化还田项目的实施，建造堆肥设施，收集蔬菜秸秆适当晒干、粉碎和堆置发酵，发酵后还田，增加有机肥的使用，减少化肥的使用，有效地增加土壤有机质和养分含量，增加土壤的保肥保水能力，为农作物的生长提供健康的土壤环境，示范带动效益明显。2012—2014 年，上海完成了推进 5 个农作物秸秆综合利用示范工程、50 个蔬菜基地蔬菜废弃物综合利用设备配套、秸秆机械化还田 580 万亩次以及两个有关农业资源循环利用的科研项目。具体见表 5-4。

表 5-4　2012—2014 年农作物秸秆综合利用示范工程实施效果

区县、集团	示范点（个）	示范区总面积（亩）	资金投入总额（万元）	综合处理能力（t）	示范带动面积（亩）	开展技术培训（人次）	农作物秸秆综合利用率（%）
奉贤	1	—	404.024	3 000	—	243	—
金山	1	3 100	98.7	1 500	2 500	20	98
嘉定	1	6 000	55	6 000	10 000	15	100
崇明	1	—	—	—	—	—	—
上实集团	1	30 000	654	1 000	20 000	30	100

蔬菜基地蔬菜废弃物综合利用即通过蔬菜废弃物还田、炭化、堆肥、回收等综合治理和综合利用，降低规模化蔬菜基地处理蔬菜废弃物的人工和经济成本，降低环境污染物的排放，改善生态环境，促进循环农业的发展，取得一定的社会、经济和生态效益。具体见表 5-5。

表 5-5　2012—2014 年蔬菜基地蔬菜废弃物综合利用实施效果

区县、集团	蔬菜综合处置点（个）	处置能力（t）	新购置蔬菜废弃物无害化处理设备（套）	资金投入总额（万元）	有机肥生产能力（t）	辐射带动的蔬菜生产基地		开展技术培训（人次）
						个数（个）	面积（亩）	
闵行	5	0.75	1	40.61	0.5	2	300	20
嘉定	8	2 000	—	—	—	8	3 919	—
宝山	5	620	3	45.3	198	5	1 360	1 065
浦东	9	1 500	9	30	500	12	6 000	500
奉贤	5	4 300	5	172	3 440	5	1 436	50
松江	25	10 145	7	245	7 420	25	7 219	869
金山	5	40	5	150	25	3	740	5
青浦	5	5 000	5	200	2 000	5	10 000	200
崇明	5	—	—	—	—	—	—	—
光明集团	1	2 000	1	32	10 000	1	3 000	20

通过现代农业资源循环利用技术的集成与示范项目的实施，在上海市农业科学院庄行试验站开展了种养结合、农业废弃物资源化利用、农业环境污染控制与修复、土壤地力培肥等关键技术的集成与示范，实现了农业废弃物利用率98%以上；通过生态循环农业发展模式及指标体系研究项目的实施，建立了生态农业评价指标体系，实现期内年出栏肉猪5万头，种植面积11 000亩，秸秆70%还田，30%处理后循环利用。

4. 渔业生态保护模式与典型案例

上海是中国南北海岸中心点，长江和黄浦江入海汇合处，水产资源丰富，共有鱼类177属226种，其中淡水鱼171种，海水鱼55种。但是由于环境污染、水网建设、围湖造田等原因，上海渔业资源处于衰退状态。因此，渔业生态保护模式主要采用渔业资源增殖放流（这是目前恢复水生生物资源量的重要和有效手段），契合了上海对于传统丰富水产资源的保护，有利于上海渔业经济的可持续发展。

2012—2014年，上海完成了渔业资源增殖放流2亿尾以及标准化池塘养殖的科研项目。通过渔业资源增殖放流项目的实施，一是促使部分经济鱼类的种群和数量都出现了比较明显的增加，有利于促进渔民的增收。二是由于合理的放流一定数量的鱼类苗种，使得部分水域的水质生态环境得到明显改善。三是通过增殖放流活动的开展，宣传了生态水环境保护的理念，有利于增强人们科学放生的意识，有效避免因不当放生带来的外来物种入侵；通过标准化养殖科研项目的实施，构建了立体混养模式及相关技术资料，增加了亩均效益，平均亩效益达7 000元以上，比传统养殖亩效益提高2 500元左右；建设3个标准化水产养殖场水质控制技术示范点，通过大棚温室控制技术、增氧技术、投饲技术、养殖水质调控技术，对标准化养殖场养殖水质进行有效控制；在县内推广辐射点4个，分别是宝岛蟹业有限公司，惠信水产合作社、渔越水产合作社、崇东水产合作社，推广面积1 550亩；建立了水产养殖水质在线监控系统，并多次组织培训，培训养殖户超过300人次。

六、促进农业可持续发展的主要对策措施

（一）加快转变农业发展方式，树立农业可持续发展的理念

农业是社会发展的基础，农业的可持续发展与国民经济的可持续发展密切相关，农业为其他产业的发展提供了强大的物质保障。环境资源是农业赖以发展并可持续发展的基础条件，如果自然资源和生态环境遭到破坏，农业的发展就会失去后劲和依托。尽管目前上海农业的GDP比重不足全市总量的0.6%，但上海农业仍然是上海特大城市不可或缺的重要组成部分，是保障主要农产品有效供给、改善生态环境、确保城市安全运行和社会稳定的重要基石。为此，要从根本上提高对农业环境保护的认识水平，全方位加强宣传，牢固树立农业可持续发展的理念。

（二）以规划为引导，明确重点领域与重点任务

上海农业可持续发展是个系统工程，基于《全国农业可持续发展规划》（2015—2030）、《上海市都市现代农业“十三五”规划》（送审稿）、《国家现代农业示范区三年行动计划》（2015—2017）等规划为引导，明确未来“十三五”时期的重点领域和重点任务，具体包括加快农业产业结构调整、开展粮食生产功能区建设、确保菜篮子产品供给稳定、切实加强地产农产品安全监管、积极发

展绿色低碳农业，培育发展新型经营主体，强化农业科技支撑能力，提升农业机械化水平，推进农田水利和林网化建设，推进体制机制创新等方面，为上海农业可持续发展提供了保障。

（三）完善支持政策，构建支农政策统筹机制

加大农业政策和资金对现代农业建设的投入力度，加强分类指导，针对各区县薄弱环节，给予资金和项目支持，采取有效措施切实提高财政资金投入绩效。加强支农资金整合优化，努力构建科学规范、富有活力、持续发展的支农政策统筹整合长效机制，整合资源形成合力，共同促进都市现代农业发展。创新农村金融服务，发挥投融资平台作用，吸引金融资本、社会资本支持示范区建设，鼓励金融机构为农业新型经营主体提供多种类型的金融创新服务。加强信贷支持新型农业经营主体力度，提高市、区级示范合作社专项担保贷款额度上限，并将家庭农场纳入市财政专项担保资金贷款范围。完善农业保险体系，将财政支持重点放在再保险保费补贴上，市级财政对农业保险机构购买再保险予以补贴。

（四）建立健全农业可持续发展法规体系

根据农业和农村经济发展形势，加强农业领域的地方立法工作，整合执法力量，强化农业法律的执行，成立社会监督执法体系，加大社会监督力度，真正做到“有法必依、执法必严、违法必究”，实现农业法制的现代化，更好地发挥农业法制在发展现代农业中的根本保障作用。深入开展农业农村普法宣传教育，提高农民群众的法律意识和自我保护意识。举办农业执法培训班，开展行政执法人员培训，增强依法行政意识，提高依法行政水平。

改革行政审批制度，深化行政体制改革，着力推动形成权界清晰、分工合理、权责一致、运转高效、法治保障的职能体系，减少政府微观管理事务，充分发挥市场在资源配置中的基础性作用，更好发挥社会力量在管理社会事务中的作用，提高规范化和管理科学化水平。

（五）培育新型经营主体

继续加大推进土地流转力度，提升土地规模化经营水平，确保粮食安全和主要农产品有效供给。因地制宜，分区施策，妥善处理好农业生产与环境治理、生态修复的关系，适度有序开展农业资源休养生息，加快推进农业环境问题治理，不断加强农业生态保护与建设，促进资源永续利用，增强农业综合生产能力和防灾减灾能力，提升与资源承载能力和环境容量的匹配度。推进种养结合，发展生态农业，积极培育家庭农场、农民专业合作社、龙头企业等新型农业经营主体，加快培育一批有文化、懂技术、会经营的新生代农民。

（六）强化科技支撑和人才支撑

紧紧围绕现代都市农业发展需求，整合科技力量，组织攻关设施农业、标准化生产等重大技术，研究化肥农药“双减”、种养结合、循环农业等关键技术，不断加强农业科技创新体系建设，进一步强化凸显科技支撑的重要作用。充分发挥政府主导作用，大力实施人才强农战略，以培养农业农村发展急需紧缺人才为重点，以人力资源能力建设为核心，加大工作力度，不断开创农业农村人才队伍建设新局面，提升农业劳动生产率。突出抓好以领军人才和创新团队为重点的农业科研人才队伍建设，切实加强以骨干农技人员为重点的农技推广人才队伍建设，全力推进以农村实用人才带头人和新型职业农民为重点的农村实用人才队伍建设。进一步完善人才工作运行机制，创新人才

评价体系，完善配套政策措施，加大人才工作宣传力度。

参考文献

马进 . 2011. 上海市水资源利用模式可持续性定量研究 [D]. 上海：复旦大学图书馆 .

全国农业可持续发展规划（2015–2030 年）. [EB/OL]http：//www.mof.gov.cn/zhengwuxinxi/zhengcefabu/201505/t20150528_1242763.htm.

上海市政府官网 [EB/OL]http：//www.shanghai.gov.cn/shanghai/node2314/node3766/node3773/node4834/userobject1ai334.html.

汪湖北 . 2011. 加强农业面源污染防治 发展上海生态农业 [J]. 上海农村经济,（3）：10–13.

汪松年 . 2001. 浅析上海水资源状况 [J]. 上海税务杂志,（2）：1–8

肖风劲，张海东，王春乙，等 . 2006. 气候变化对我国农业的可能影响及适应性对策 [J]. 自然灾害学报，（S1）：127–131.

江苏省农业可持续发展研究

摘要： 区域农业生态环境以及农业可持续发展问题愈来愈备受关注。本研究通过对2000—2012年来江苏省农业可持续发展状况的细致研究和科学评价，充分了解江苏省农业生态环境和农业资源可持续利用的现状及存在问题；同时为了有针对性地提出适合江苏省的农业可持续发展模式，对江苏省48县（市）的农业可持续发展水平进行了区域差异性评价与分析。结果表明，江苏省农业可持续发展水平总体上虽然呈逐年提高的趋势，但可持续发展内部子系统发展不均衡，主要表现为重经济发展、轻环境保护的态势；各县（市）之间的农业可持续发展水平差异较大，并且呈现出较为明显的区域性差异，苏北地区县（市）发展水平最高，其次是苏中地区县（市），苏南地区县（市）则相对较低。在这种区域差异性条件下，为保证全省农业资源利用和农业生态环境的可持续发展，因地制宜地制定适合各区域发展的农业发展模式显得尤为重要。

一、农业可持续发展的自然资源环境条件分析

（一）土地资源

1. 农业土地资源及利用现状

耕地是一种有限且不可再生的重要资源。我国是一个耕地资源相对短缺的国家，人均耕地只有世界平均水平的1/3，却以全球7%的耕地养活着全球22%的人口。有限的耕地资源面临着来自城镇化建设和粮食生产等多方面的压力，经济发展与耕地保护之间的矛盾日益突出。江苏处于全国生产力总体布局主轴线长江、淮河的结合部，是全国国土开发整治重点区域中的沪宁杭地区和徐淮地

课题主持单位： 江苏省农业资源区划办公室

课 题 主 持 人： 钟伟宏

课 题 组 成 员： 黄挺、孙锐、杨曼、王忠良、于堃、孙玲、卢必慧、毛良君

区的主要组成部分。江苏省下设 13 个省辖市，按地理位置可划分为苏南地区（苏州、无锡、常州、镇江、南京）、苏中地区（扬州、泰州、南通）和苏北地区（徐州、连云港、盐城、淮安、宿迁）。全省土地面积 1 026 万 hm^2，根据地形地貌的不同，可将其耕地资源划分为平原、丘陵和岗地 3 个地形地貌区，其中 90% 以上分布在长江三角洲、黄淮和沿海三大平原及一些小平原上，有 421.5 万 hm^2 为基本农田保护区。

江苏省耕地面积快速减少区集中在苏南地区，该地区经济发展速度与水平在江苏省处于较高层次。而耕地面积增加区域分布于苏中和苏北地区的盐城东部、淮安西南部地区。盐城东部具有大面积滩涂湿地，近几年在相关规划指引下进行有步骤开发，有效增加了耕地面积，淮安西南部地势低洼，坑塘与河流众多，许多湖泊、坑塘被开发或整理成耕地。此外，溧水县和句容市耕地也趋于增加，主要由于其耕地后备资源多，而且承担着南京与镇江市耕地占补平衡重任。

进一步计算江苏省不同时段耕地分布重心状况可知，2000 年耕地重心向西北方向偏移，偏移距离是 4.3km；2011 年耕地重心向东北方向偏移，偏移距离是 8.2km。这是由于苏南经济发展造成大量耕地流失，同时盐城东部地区耕地增加，在两者共同作用下耕地分布重心总体向东北方偏移。

2. 农业可持续发展面临的土地资源环境问题

（1）土地资源数量　江苏省土地面积 1 026 万 hm^2，占全国总面积的 1.06%，其中耕地面积 468.81 万 hm^2，不足全国耕地面积的 3.49%。新中国成立以来，江苏省耕地变化经历了几个发展阶段。新中国成立初期，江苏省耕地从 1949 年的 552.3 万 hm^2 增加到 1955 年的 593.5 万 hm^2。此后，耕地面积一直下降，到 2011 年全省累计净减少耕地 134.2 万 hm^2，降幅 22.6%，56 年间平均每年减少 2.4 万 hm^2。期间，1956—1960 年，曾因工业发展过快，对耕地保护不力，4 年耕地面积下降 15.5%，年均净减少耕地 18.4 万 hm^2；1992—1994 年，因过度开发，3 年净减少耕地 8.6 万 hm^2；2002—2004 年，在粮食连年丰收形势下忽视了农业发展，3 年又累计净减少耕地面积 17.9 万 hm^2。除去这 3 个时期，1955 年以来的其余 45 年平均每年减少耕地 1.9 万 hm^2。随着全省工业化、城市化进程的加快，耕地数量逐年下降，尤其是苏南一些经济发达地区耕地减少情况更严重，如环太湖地区人均耕地降到 0.62 亩，低于联合国规定的人均耕地警戒线 0.795 亩，大多数被占耕地的土壤有机质受到破坏而很难恢复到原始状态，因此这种减少是不可逆转的。

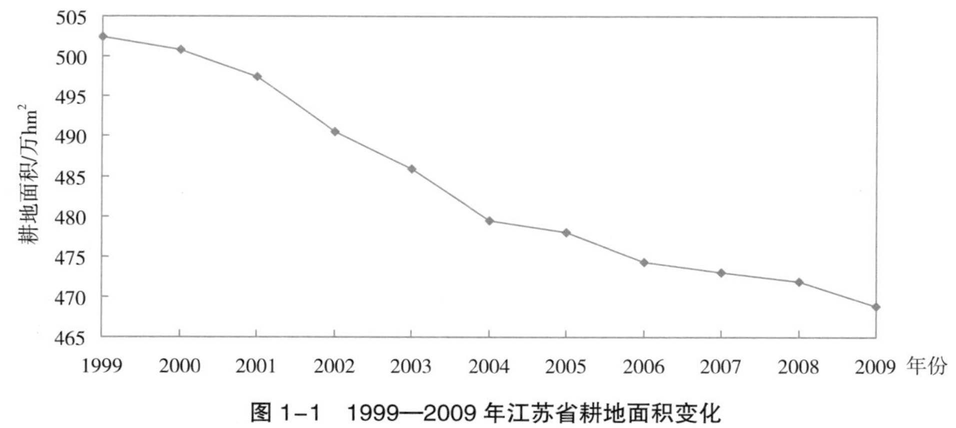

图 1-1　1999—2009 年江苏省耕地面积变化

（2）土地资源质量　在耕地数量下降的同时，耕地质量也不容乐观。江苏省一些大、中城市郊区的农田、菜地重金属污染情况十分突出，严重影响了农产品质量安全。江苏省沿江一些污染严重地区的农业灌溉只能依靠污水，造成万亩连片农田受镉、铅、砷、铜、锌等多种重金属污染，近10%的土壤基本丧失生产力。

（二）水资源

1. 农业水资源及利用现状

江苏地处江淮沂沭泗流域的下游，多年平均水资源总量为322亿m^3。目前江苏省基本建成了跨流域水资源调配工程体系，实现了长江、淮河和太湖三大水系的互调互济，江水北调、江水东引、引江济太工程为江苏经济社会发展提供了有效的水资源支撑和保障。江苏省也是全国淡水湖泊分布较集中的省区，淡水水域总面积占全省国土面积的1/6，常水位时的总容量为97.3亿m^3。目前，江苏省已建成大小水库1 130座，塘坝29万个，总库容达45.7亿m^3，灌区的面积已达31万hm^2。目前，江苏省农业用水占全省总用水量的50%以上，其中灌溉农业用水占全省农业用水总量的90%以上，水稻灌溉用水量又占灌溉农业总用水量的90%左右。

2. 农业可持续发展面临的水资源环境问题

水是农业的命脉，水质的变化情况会直接影响到农业灌溉用水的安全性，最终影响到农业的可持续发展。目前，江苏省水体的主要污染源为工业“三废”和城镇、农村生活废水，农业生产中化肥农药的残留，作物秸秆和畜禽排泄物等。

（1）水资源数量　尽管江苏省河网密布、湖泊众多，但人均水资源占有量低。同时，江苏省水资源还存在时空分布不均、水资源利用效率低等问题。江苏省过境水资源丰沛，多年平均过境水资源总量9 496亿m^3，是本地水资源量的30倍，但对过境水资源的利用及调配仍待优化。虽然近年江苏省在农田水利建设方面投入成效显著，2011年全省耕地有效灌溉率为83%，比1999年提高了6个百分点，但江苏省灌溉水利用系数仅0.57，低于以色列等节水先进国家的0.7~0.8，可见江苏省在农业水资源利用上仍有一定的提升空间。此外，江苏省有效灌溉面积存在明显的区域差异，表现为苏南地区有效灌溉面积呈减少的趋势，而苏中与苏北地区有效灌溉面积呈增加趋势。

（2）水资源质量　江苏省的河流已有63%不符合Ⅲ类地面水环境质量标准，为Ⅳ类、Ⅴ类或劣Ⅴ类水体，实际上已基本丧失了生活饮用水功能，甚至丧失了其他使用功能。在常量污染物污染如氮、磷超标的同时，持久性微量毒害污染物如重金属、难降解有机污染物、环境内分泌干扰物等在水体中日趋积累，已经成为了一个新的越来越严重的区域性水环境质量问题。监测资料显示，苏北地区所有监测河流和湖泊中，已无Ⅱ类水，达到Ⅳ类水的仅有淮河，而京杭大运河（市区段）、利农河为Ⅴ类水；清安河、排水渠和里运河均为劣Ⅴ类水体，洪泽湖总体水质达到Ⅲ类水，水体处于中度营养化。盐城市地面水环境以Ⅲ类和Ⅳ类水质为主，全市的10个入海河流断面基本为Ⅳ类水质。而苏南地区大部分城市内河道水质均为Ⅳ至劣于Ⅴ类，城市周边河道水质全部为Ⅴ类至劣于Ⅴ类，河水普遍出现黑臭。太湖全流域70%的河湖受污染，80%的水质达不到Ⅲ类水标准，此地区水质性缺水严重。

（三）气候资源

全球气候变暖影响着农业、水资源和生态环境等许多方面。尤其是对气候条件依赖性强的农业生产活动而言，气候变化对农作物产量、布局、结构都产生影响。为了确保江苏省粮食产量保持稳定增产，需要积极应对和主动适应气候变化，充分认识和利用当地气候资源，保障合理利用农业气候资源。

1. 气候要素变化趋势

（1）气温　近 50 年来，江苏省年平均气温呈波动上升趋势，其变化倾向率为 0.29℃ /10 年。20 世纪 60 年代气温呈波动下降，到 1969 年气温降低至最低点，比多年平均值低 1.1℃。70 年代起气温开始波动上升，到 1980 年气温又降至一个低值，为近 50 年来次低，仅比 1969 年高 0.08℃。1980 年以后气温逐步回升，但升温趋势较平稳。而 90 年代以来气温升高趋势比较明显，1990 年前气温大多低于平均值，1990 年之后气温几乎都在平均值以上，尤其以 2007 年平均气温最高，为 16.44℃。

从过去 50 年江苏省全年气温平均增幅空间分布上来看，以泰州市增温速率最高，为 0.47℃ /10 年，以淮安市最低，为 0.15℃ /10 年。苏南大部增温比较明显，而江淮东北大部（主要是盐城地区）和淮北南部大部分地区增温较慢。

从评价农业热量资源的重要指标之一的大于 10℃活动积温来看，江苏省近 50 年来大于 10℃活动积温最大值和最多日数同时出现在 2006 年，分别为 5 404.1℃ · d 和 252 天。而大于 10℃活动积温最小值和最少日数均出现在 1987 年，分别为 4 472.7℃ · d 和 206 天。大于 10℃活动积温 50 年平均值为 4 834.6℃ · d。然而，自 2000 年以来，除 2010 年低于该平均值以外，其余各年份均高于该平均值。

从空间分布上来看，江苏省大于 10℃活动积温均呈增加趋势，以苏州市增加速率最高，为 298.9℃ /10 年，以淮安市最低，为 33.9℃ /10 年。苏南大部增加较快，而江淮东北大部和淮北南部大部分地区增加较慢。

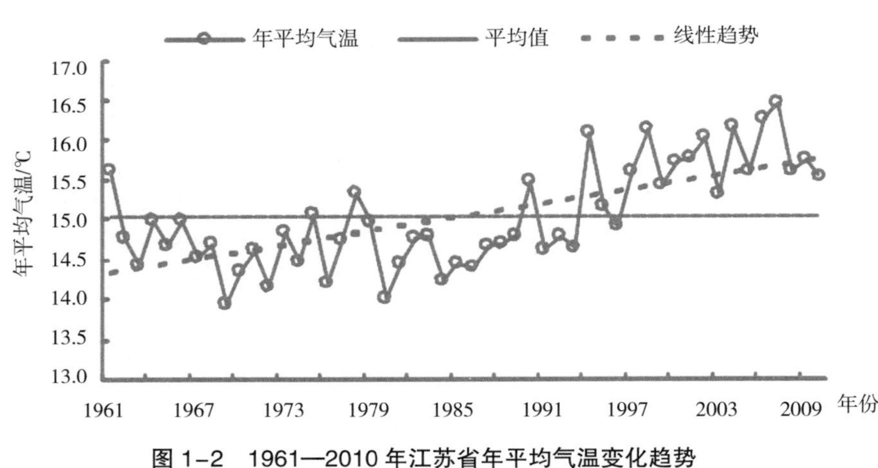

图 1-2　1961—2010 年江苏省年平均气温变化趋势

（2）降水　江苏省受高空西北环流和太平洋副热带两种大气环流影响，降水量充沛。多年平均降水量为 994.5mm，表现为自北向南递增。年降水量集中于汛期（5—9 月），汛期雨量多年平均为 676.6mm，表现为自西向东递增。多年平均非汛期雨量为 321mm，表现为自北向南递增。自然水体的蒸发量多年平均 973.1mm，自南向北递增，年内蒸发量最大的 4 个月为 5—8 月，蒸发量约占全年的 50%，且数值比较稳定，多年平均陆地蒸发量为 600~800mm。近 50 年来江苏省年降水量的变化不明显，呈线性略升趋势，最大值出现在 1991 年，为 1 451.65mm，最小值出现在 1978 年，为 562.26mm。近 10 年来仅有 3 年降水量在平均值以下。

从空间分布来看，江苏省大部分地区年降水量呈增加趋势，其中以苏州市增加最多，倾向率为60.04mm/10年，而扬州市增加最少，倾向率为0.99mm/10年。全省年降水量主要以苏南地区增加比较明显，而江淮东部和淮北北部大部分地区呈减少趋势。

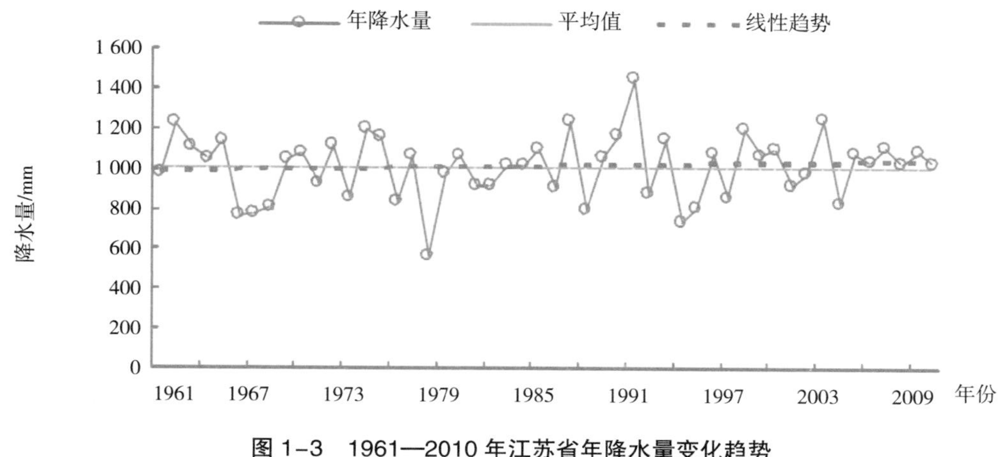

图 1-3　1961—2010 年江苏省年降水量变化趋势

(3) 日照时数　近 50 年来江苏省日照时数呈减少趋势，倾向率为 -67.1 小时 /10 年。平均日照时数为 2 122.04 小时，最大值出现在 1978 年，为 2 441.77 小时，最小值出现在 2003 年，为 1 889.82 小时。由于近年来空气污染加重，1996 年以后仅有 2004 年和 2005 年日照时数略高于和接近平均值，其他年份均在平均值以下，可见近 15 年日照时数减少趋势较明显。

从空间分布上来看，江苏省大部分地区年日照时数呈减少趋势，其中以徐州市减少最多，倾向率为 -157.89 小时 /10 年，南通市减少最少，倾向率为 -12.33 小时 /10 年。全省年日照时数主要以淮北地区减少较为明显，而苏州东北部也存在减少的高值区。

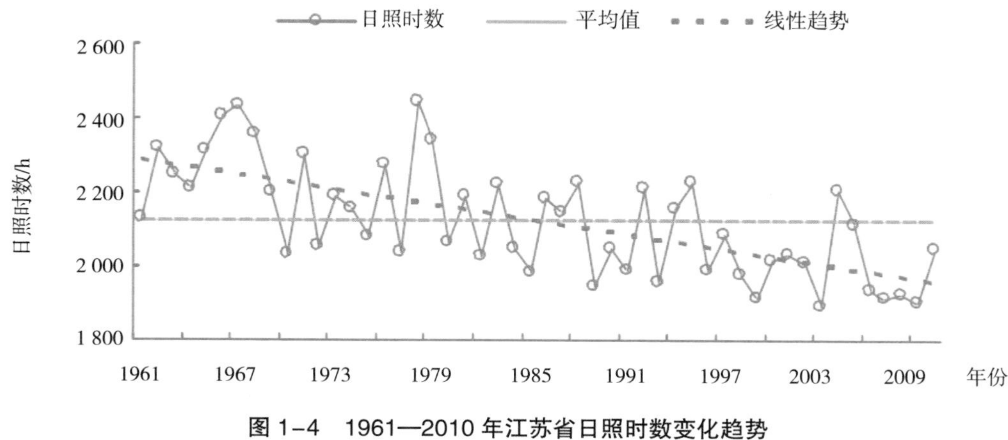

图 1-4　1961—2010 年江苏省日照时数变化趋势

2. 气候变化对农业的影响

气候变暖对农业生产有利也有弊。有利的方面表现为：气候变暖为作物增产提供较为丰富的热量资源，对江苏省调整农作物品种结构、延长作物生长期，增加产量十分有利。同时，作物生长的有效积温增加，生育期延长，可促进植物生长发育，减少早霜冻的危害。而有弊的方面表现在：气候变暖使早春植物提前返青，有可能受到较严重晚霜冻和春季干旱的威胁。同时，冬季气候变暖会有利于病虫越冬、繁殖，从而加重了病虫害对农业生产的危害程度，会导致农药使用量增加，不仅会提高农业生产成本，还会造成农药残留污染，危害人体健康以及生态环境。

降水量也是影响农业生产的一个重要因素。不同作物和品种在不同生长发育阶段对水分的要求不同，若水分季节分配刚好满足作物需要，就会促进其生长发育，获得丰产，若分配不均则会发生旱涝，便会抑制作物生长发育，导致减产。

日照时数同样影响农业生产。农作物生长发育离不开光照，而日照时间的长短则制约很多作物的开花、休眠、地下贮藏器官的形成过程。例如，日照时数减少会导致作物生长期间光照不足，光照强度过弱，往往会阻碍作物的发育速度，导致延迟开花结果，最终会使作物产量产生波动。

二、农业可持续发展的社会资源条件分析

（一）农业劳动力

1. 农村劳动力转移现状特点

自 1999—2013 年江苏省从事农业劳动的人口数量持续减少，由 1 505.01 万人下降至 776.05 万人，净减少 728.96 万人，年均减少 52.07 万人。江苏省农业劳动力人口减少，一方面与整体农村人口持续减少，耕地面积不断收缩有关。另一方面，也受城镇化进程加快的影响，越来越多的农业人口转行进入非农产业。这一方面存有较为明显的区域差异，在经济发达的苏南地区，农业劳动力人口在 1999—2013 年减少了 95.42 万人，其中苏中地区减少 292.9 万人。对于苏南地区，由于城镇化起步早，发展速度块，使得其农业劳动力人口在江苏省农业劳动力人口中的比重较小，目前已度过大规模农业劳动力向非农行业转换的阶段，趋于相对平稳的发展态势，而苏中地区则处于这一转换的高峰时期，越来越多的农业劳动力人口转入其他非农行业，加快了该区域城镇化的进程，提高了对农业剩余劳动力资源的有效利用。相比于苏南和苏中地区，苏北地区的农业劳动力人口在全省农业劳动力人口中占据的比重较大，这与该地区耕地面积较大有关，另一方面也受限于其相对较低的经济发展水平，使得农业劳动力人员没有较高转投非农行业的积极性，加之城镇化道路发展缓慢，使得苏北地区农业劳动力人口维持在一个较高水平。

2. 农业可持续发展面临的劳动力资源问题

尽管江苏省的农村劳动力文化素质逐步提升，但长期以来对农村教育投入的欠缺，造成农村整体劳动力文化素质难以在短时间内迅速改变。而农村劳动者文化素质低，使其对新兴的农业科技、现代化的生产经营方式缺乏接纳、吸收能力。导致许多农业科技成果和先进机械装备难以推广应用，新技术优势得不到充分的发掘，阻碍经济发展和农业现代化的发展进程。同时，高文化素质农村家庭呈现出“文化素质高—收入高—教育投资多—文化素质更高”的良性循环，而有相当一部分低文化素质劳动者家庭则陷入“文化素质低—收入低—教育投资少—文化素质更低”的恶性循环。

（二）农业科技

1. 农业科技发展现状特点

“十一五”以来，江苏省坚持把科教兴农作为推进现代农业发展的主体战略，作为提升农业核心竞争力的关键举措，加强科技创新体系、农技推广服务体系、农民教育培训三大体系建设，大力实施农业三新工程，加快农业科技成果转化和推广，农业科技水平不断提高，为粮食增产、农业增效和农民增收发挥了强大的支撑作用。围绕农业品种创新与繁育、农业技术集成、农业科技成果转化，以农业三新工程项目为载体，组织实施农业三新工程项目 1 000 余项，安排专项资金超过 20 亿元，重点推广农业新品种 200 个、农业新技术 50 项、农业新模式 30 项。

（1）加强种苗创新，建设种业强省　围绕 16 个优势农产品产业，在稻麦棉油、特粮特经、家禽、生猪、林木种苗、花果茶、蚕桑等领域，建设 25 个省级农业种质资源基因库，支持引进优异种质资源，已累计投入专项经费 5 000 多万元。建成一批特色鲜明，资源丰富的种质创新平台，促进了全省农业品种创新从资源分散走向集中，从目标分散走向产业集聚，初步建立了适应现代农业发展需求的农业品种创新体系。“十一五”以来，全省审定农作物品种 295 个。品种产量潜力明显提高，武粳 15、宁粳 4 号、南粳 44 号等 16 个水稻新品种被农业部认定为超级稻品种，占全国超级稻品种认定总数的 16%，全省农作物良种覆盖率达 95%以上。畜禽品种选育取得突破性进展，苏太猪、苏姜猪、邵伯鸡、扬州鹅、京海黄鸡等新品种通过了国家级审定。

（2）强化种苗繁育，建立农业种苗繁育基地　“十一五”期间，江苏省投入 8 000 多万元，支持了 74 个农业种苗创新繁育中心，在农业三新工程项目支持下，发展壮大了一批园艺种苗中心、畜禽良种繁育中心，为现代高效农业发展提供了大量优质种苗、良种，有力地提升了江苏省农业种业竞争力。全省重点推广农业、畜牧、园艺新品种 200 个。苏太猪育种中心，在全省建立 30 家苏太猪扩繁场，推广规模超过 800 万头，并推广到全国 29 个省（区、市）。

（3）加强农业种业发展，建成一批特色产业基地　利用区位优势与地理优势，以品种为突破口，江苏省发展了一批弱筋小麦、设施蔬菜等生产基地。目前，江苏省弱筋专用小麦品种占据全国主导地位，年推广面积 133 万 hm^2 以上，在长江中下游弱筋小麦产业带的推广应用面积占 70%以上。

2. 农业可持续发展面临的农业科技问题

（1）农业科技投入幅度有待提高　2000—2013 年间，江苏省财政总收入由 865 亿元增长到 17 328.8 亿元，增长了 20 倍；江苏省财政支出由 591.28 亿元增长到 7 798.47 亿元，增长了 13.2 倍。同期江苏省财政支农支出由 93.54 亿元增长到 868.34 亿元，增长了 9.2 倍。可见，江苏省财政支农支出的年增长率要明显低于江苏省财政收入和财政支出的年增长率。其中，自 2009 年到 2012 年间，江苏省农业科技投入仅从 10.04 亿元增加到 18.03 亿元，占财政收入和财政支出的比重都呈下降趋势。按照中央一号文件关于“对农业科技公共投入比例增速应高于同期财政增长比例”的要求，国家对农业及农业科技的总体投入应占财政总收入的 8.8%，而江苏省财政收入对农业科技资金投入的比例约为 0.12%，这说明江苏省农业科技资金投入仍需进一步提升。

（2）农业科技成果转化率仍需提高　江苏省在农业科技发展过程中的成果总量很大，但是真正运用于生产并产生实际经济效益的科技成果并不多，主要由于农业科技成果与生产相脱节，成果转化所需的技术难以配套，推广经费缺乏。江苏省目前的农业科技成果转化率约为 35% ~40%，高产出低转化，在一定程度上造成有限农业科技资源的浪费，阻碍农业科技的发展和成果水平的提高。因此，需针对目前的实际情况继续加大农业科技成果转化力度。

（三）农业化学品投入

1. 农业化学品投入现状特点

在过去的十几年里，江苏省的化肥平均施用量增长了近两倍，位居全国第二位，是全国平均水平的 2 倍多，是发达国家的 8 倍，是世界平均水平的 7 倍，远超过发达国家为防止化肥污染水体而设置的安全上限。除了化肥施用量过高，还由于施肥结构不合理，致使化肥的施用对农业生态环境造成了一定的影响。如氮肥施用量占化肥施用量的 80% 以上，但有效利用率仅为 30% ~40%，有 2/3 以上的氮肥流失于环境中，而磷肥也有 80% 残留在土壤或水体中。

目前，江苏省的农药使用量占到全国农药生产总量的 15% 以上。在当前发达国家不断降低农药使用量的情况下，省内目前农药的亩均用量仅与发达国家 20 世纪 80 年代的水平持平。尽管江苏省现正积极推行高效低毒广普的农药，但由于长期大量使用毒性大、难降解的有机氯农药，太湖和长江地区的水体沉积物和农田土壤中均检测出有机氯农药残留。

2. 农业对化学品投入的依赖性分析

过去十几年里，江苏省化肥使用水平一直居高不下，2012 年江苏省每公顷耕地化肥使用量达到 720.5kg，投入施用已经达到一个很高的强度。化肥的高用量投入也直接反映在了粮食作物单产和农业经济产值的逐年增加的趋势上，2012 年江苏省每公顷粮食作物产出量达到 6 320kg。

从农药使用总量来看，与 2000 年相比，到 2012 年时农药用量下降了 8.52%，全省农药投入使用量有缓慢的下降趋势，但是用药强度达到 18.22kg/hm^2；农膜用量呈现的是不断增加的趋势，农膜投入使用量在 13 年间增加了 4.75 万 t，总用量年平均增长速度为 5.61%。

三、农业发展可持续性分析

（一）农业发展可持续性评价指标体系构建

1. 指标体系框架

在总结国内外现有研究成果的基础上，结合了江苏省农业发展的特点，从农业生产可持续性、农业经济可持续性、农村社会可持续性、农业资源与环境可持续性四个层面出发，选取了 28 个评价指标构建江苏省农业可持续发展评价的指标体系。

（1）农业生产可持续性　主要选取了人均粮食作物播种面积、人均水产养殖面积、粮食作物单产、人均粮食产量、人均畜产品产量、人均水产品产量 6 项指标。前 3 项指标反映了农业生产的种植信息，后 3 项指标体现农业生产的产出情况。

（2）农业经济可持续性　从农业经济产出的结构和效率方面出发，选取了第一产业占 GDP 比重、种植业产值比重、牧业产值比重、渔业产值比重、人均农业增加值、农业劳动生产率、农业土地生产率、农业财政投入比重等 8 项指标。

（3）农村社会可持续性　从人口与居民生活这两方面选取了人口自然增长率、农村人口比重、农村劳动力比重、城乡居民收入差异系数、农村居民人均纯收入、农村居民人均住房面积、农村居民恩格尔系数等 7 项指标。

（4）农业资源与环境可持续性　选取了农村人口人均耕地面积、人均水资源量、有效灌溉率、复种指数、化肥施用量（折纯量）、农药施用量、自然灾害受灾面积比例等 7 项指标。

2. 指标具体解释

各项指标的具体解释和计算方式如下：

人均粮食作物播种面积（C1）：全年粮食作物播种面积 / 总人口数；

人均水产养殖面积（C2）：水产养殖面积 / 总人口数，这里的水产养殖面积包括内陆养殖和海水养殖；

粮食作物单产（C3）：全年粮食总产量 / 粮食作物播种总面积；

人均粮食产量（C4）：全年粮食总产量 / 总人口数；

人均畜产品产量（C5）：主要畜产品（猪牛羊肉）总产量 / 总人口数；

人均水产品产量（C6）：水产品总产量 / 总人口数；

第一产业占 GDP 比重（C7）：第一产业增加值 / 地区生产总值 ×100%；

种植业产值比重（C8）：种植业产值 / 农林牧渔总产值 ×100%；

牧业产值比重（C9）：畜牧业产值 / 农林牧渔总产值 ×100%；

渔业产值比重（C10）：渔业产值 / 农林牧渔总产值 ×100%；

人均农业增加值（C11）：第一产业增加值 / 地区总人口数；

农业劳动生产率（C12）：第一产业增加值与第一产业从业人员数之比；

农业土地生产率（C13）：农林牧副渔总产值 / 耕地总面积，综合反映土地生产力水平；

农业财政投入比重（C14）：农业财政投入占财政总支出的比例；

人口自然增长率（C15）：统计年鉴数据直接获取，反映人口增长速度的重要指标；

农村人口比重（C16）：农村人口总数 / 地区总人口数 ×100%；

农村劳动力比重（C17）：农村劳动力人数占农村总人口的比重；

城乡居民收入差异系数（C18）：城镇居民人均可支配收入与农村居民人均纯收入之比，一定程度上可以反映出城乡居民的贫富差距情况；

农村居民人均纯收入（C19）：统计年鉴数据直接获取，指的是按农村人口平均的“农民纯收入”，反映的是一个国家或地区农村居民收入的平均水平；

农村居民人均住房面积（C20）：统计年鉴数据直接获取，指按居住人口计算的平均每人拥有的住宅建筑面积；

农村居民恩格尔系数（C21）：食品支出金额 / 生活消费总支出金额 ×100%，可以衡量一个地区或者国家的贫富程度，系数越大，表示越贫穷，反之生活富裕；

农村人口人均耕地面积（C22）：年末耕地面积 / 农村人口数，反映区域耕地资源丰裕状况；

人均水资源量（C23）：水资源总量 / 总人口数，反映区域水资源的人均占用情况；

有效灌溉率（C24）：农田有效灌溉面积 / 耕地总面积 ×100%，在一般情况下，有效灌溉面积应等于灌溉工程或设备已经配备，能够进行正常灌溉的水田和水浇地面积之和，它是反映区域耕地抗旱能力的一个重要指标；

复种指数（C25）：复种指数是指年内耕地上农作物总播种面积与耕地面积之比，反映区域耕地利用强度；

单位耕地面积化肥施用量（C26）：每亩耕地面积上施用的化肥量（折纯量）；

单位耕地面积农药施用量（C27）：每亩耕地面积上施用的农药量；

自然灾害受灾面积比例（C28）：农业自然灾害受灾面积占农作物播种面积的比重。

表 3-1　江苏省农业可持续发展研究的评价指标体系

目标层 A	准则层 B	指标层 C	单位	指标类型
江苏省农业可持续发展评价指标体系	农业生产可持续性（B1）	（C1）人均粮食作物播种面积	亩 / 人	正向指标
		（C2）人均水产养殖面积	亩 / 人	正向指标
		（C3）粮食作物单产	kg/hm^2	正向指标
		（C4）人均粮食产量	kg/ 人	正向指标
		（C5）人均畜产品产量	kg/ 人	正向指标
		（C6）人均水产品产量	kg/ 人	正向指标
	农业经济可持续性（B2）	（C7）第一产业占 GDP 比重	%	正向指标
		（C8）种植业产值比重	%	正向指标
		（C9）牧业产值比重	%	正向指标
		（C10）渔业产值比重	%	正向指标
		（C11）人均农业增加值	元 / 人	正向指标
		（C12）农业劳动生产率	元 / 人	正向指标
		（C13）农业土地生产率	元 / 亩	正向指标
		（C14）农业财政投入比重	%	正向指标
	农村社会可持续性（B3）	（C15）人口自然增长率	%	逆向指标
		（C16）农村人口比重	%	逆向指标
		（C17）农村劳动力比重	%	逆向指标
		（C18）城乡居民收入差异系数	/	逆向指标
		（C19）农村居民人均纯收入	元 / 人	正向指标
		（C20）农村居民人均住房面积	m^2/ 人	正向指标
		（C21）农村居民恩格尔系数	%	逆向指标
	农业资源与环境可持续性（B4）	（C22）农村人口人均耕地面积	亩 / 人	正向指标
		（C23）人均水资源量	m^3/ 人	正向指标
		（C24）有效灌溉率	%	正向指标
		（C25）复种指数	%	正向指标
		（C26）单位耕地面积化肥施用量	kg/ 亩	逆向指标
		（C27）单位耕地面积农药施用量	kg/ 亩	逆向指标
		（C28）自然灾害受灾面积比例	%	逆向指标

（二）农业发展可持续性评价方法

考虑到所构建的江苏省农业可持续发展评价指标体系中以定量指标居多，并且指标数据大多来源于统计数据，因此本文主要采用多元统计分析方法中的主成分分析法和因子分析法作为基本评价方法，并结合聚类分析方法对因子分析的结果进行进一步的分类，以便于评价分析。

（三）农业发展可持续性评价

数据主要来源于《江苏省统计年鉴》（2001—2013）、《江苏省统计公报》（2001—2013）、《江苏省农村统计年鉴》（2001—2013）以及江苏省水利、林业、农委等相关部门提供的统计资料。

运用 Z-Score 法对指标原始数据进行标准化处理，得到标准化后的数据矩阵。运用 SPSS 统计分析软件对江苏省农业可持续发展综合水平和各个子系统发展水平分别进行主成分分析和因子分析。

1. 主成分分析

（1）相关系数检验　对标准化后数据进行主成分分析，首先可以得到原始变量的相关系数矩阵。从检验结果来看，原始变量间的相关系数大部分均大于 0.3，符合进行主成分分析的要求。

（2）提取主成分　计算各个成分的特征值、方差贡献率和累计方差贡献率。根据前述的选取主成分的累计贡献率准则和特征根大于 1 准则，提取前 5 个成分作为最终的主成分（表 3-2）。从表中可以看出，前 5 个主成分的累计贡献率达到了 93.79%（超过一般标准 85%），信息量损失仅 6.21%，以较小的信息损失反映了江苏省农业可持续发展状况，因此选择前 5 个主成分代替原 28 个指标。

表 3-2　解释原有变量的总方差

成分	初始特征值			提取平方和载入		
	特征值	方差贡献率（%）	累计方差贡献率（%）	特征值	方差贡献率（%）	累计方差贡献率（%）
1	17.668	63.102	63.102	17.668	63.102	63.102
2	3.533	12.619	75.721	3.533	12.619	75.721
3	2.486	8.879	84.600	2.486	8.879	84.600
4	1.451	5.183	89.783	1.451	5.183	89.783
5	1.122	4.005	93.789	1.122	4.005	93.789

（3）对主成分进行解释　分析过程中得到了五个主成分与各指标变量间的载荷矩阵，即初始因子载荷矩阵，每一个载荷量分别代表该主成分与其对应的变量间的相关系数。第一个主成分拥有全部信息量的 63.10%，是一个十分重要的因子，它与农业生产子系统中的（C1）农村人均粮食作物播种面积、（C2）农村人均水产养殖面积、（C6）人均水产品产量、农业经济子系统中的（C7）第一产业占 GDP 比重、（C11）人均农业增加值、（C12）农业劳动生产率、（C13）农业土地生产率、（C14）农业财政投入比重、农村社会子系统中的（C16）农村人口比重、（C18）农村居民人均纯收入、（C19）农村居民人均住房面积，农业资源与环境子系统中的（C21）农村人口人均耕地面积、（C23）有效灌溉率、（C25）垦殖指数、（C26）化肥施用量等这些指标密切相关；第二主成分拥有全部信息量的 12.62%，它与农业经济子系统中的（C8）种植业产值比重，农村社会子系统中的（C15）人口自然增长率、（C17）农业技术人才比重、农业资源与环境子系统中的（C27）农药施用量指标密切相关，与农业生产子系统中的指标均无关；第三主成分拥有全部信息量的 8.88%，它与农业生产子系统中的（C3）粮食作物单产、（C4）人均粮食产量，农业经济子系统中的（C10）渔业产值比重，农业资源与环境子系统中的（C28）自然灾害受灾面积比例指标密切相关；第四主成分拥有全部信息量的 5.18%，它与农业生产子系统中的（C5）人均畜产品产量，农业资源与环境子系统中的（C22）人均水资源量等指标密切相关；第五主成分拥有全部信息量的 4.00%，它仅与农业经济子系统中的（C9）牧业产值比重指标紧密相关。

（4）计算特征向量　初始因子载荷矩阵中的相关系数除以主成分所对应的特征值开平方根，就能得到该主成分中每个指标所对应的系数，也就是特征向量。

由此，可以得到计算 5 个主成分得分的函数，如下：

$F_1=0.2326X_1+0.2062X_2+\cdots\cdots-0.0480X_{27}+0.1484X_{28}$

$F_2=0.0695X_1-0.04396X_2+\cdots\cdots+0.2589X_{27}-0.0414X_{28}$

$F_3=0.0550X_1+0.2568X_2+\cdots\cdots+0.4419X_{27}-0.3311X_{28}$

$F_4=-0.0750X_1+0.1151X_2+\cdots\cdots+0.1372X_{27}+0.4616X_{28}$

$F_5=0.0377X_1-0.0761X_2+\cdots\cdots+0.2551X_{27}+0.0156X_{28}$

其中，X_i 代表第 i 个指标的数据标准化后数值。

2. 因子分析

由主成分分析最终得到的是农业可持续发展水平的综合得分，不能反映出 4 个子系统的发展水平，因此接下来将采用因子分析法来对农业可持续发展的各个子系统进行分析，以包括 C7~C14 指标的农业经济子系统为例。

（1）因子分析检验　同样从前述标准化后的指标值出发，对指标变量进行相关系数矩阵、KMO 和 Bartlett 检验，如表 3-3 和表 3-4 所示。结果表明，指标变量间的相关系数绝大部分均大于 0.3，KMO 值为 0.603（大于 0.5），Bartlett 检验值为 215.547，尾概率 Sig 值接近 0，说明适合对该子系统中的指标变量进行因子分析。

（2）提取公因子　计算农业经济子系统因子解释原有变量总方差、农业经济子系统因子分析的初始解，如表 3-5 所示。根据提取公因子的累计方差贡献率大于 85% 准则和特征根大于 1 准则，从中提取前两个成分作为公因子。第一个公因子解释了原有 8 个变量总方差的 72.51%，第二个公因子解释了原有变量总方差的 14.92%，累计方差贡献率为 87.43%，可见旋转前后方差贡献率只是发生了微小的变化，而且两个公共因子的重要性地位未发生变化，且总信息量也未发生改变。这说明所有变量的共同度都很高，本次因子分析的效果较好。

方法

表 3-3　原始变量间的相关系数矩阵

	变量	C_7	C_8	C_9	C_{10}	C_{11}	C_{12}	C_{13}	C_{14}
相关系数	C7	1.000	0.812	0.212	−0.788	−0.797	−0.798	−0.795	−0.892
	C8	0.812	1.000	−0.176	−0.732	−0.502	−0.496	−0.497	−0.644
	C9	0.212	−0.176	1.000	−.403	−0.255	−0.273	−0.269	−0.185
	C10	−0.788	−0.732	−0.403	1.000	0.713	0.716	0.724	0.697
	C11	−0.797	−0.502	−0.255	0.713	1.000	1.000	0.999	0.943
	C12	−0.798	−0.496	−0.273	0.716	1.000	1.000	0.999	0.941
	C13	−0.795	−0.497	−0.269	0.724	0.999	0.999	1.000	0.938
	C14	−0.892	−0.644	−0.185	0.697	0.943	0.941	0.938	1.000

表 3-4　KMO 和 Bartlett 的检验

方法		数值
取样足够度的 Kaiser-Meyer-Olkin 度量		0.603
Bartlett 的球形度检验	近似卡方	215.547
	Df	28
	Sig.	0.000

表 3-5　旋转前后的因子解释原有变量总方差情况

成分	初始特征值			提取平方和载入			旋转平方和载入		
	合计	方差的 %	累积 %	合计	方差的 %	累积 %	合计	方差的 %	累积 %
1	5.801	72.509	72.509	5.801	72.509	72.509	5.768	72.099	72.099
2	1.194	14.919	87.428	1.194	14.919	87.428	1.226	15.328	87.428
3	0.750	9.372	96.800						
4	0.204	2.546	99.345						
5	0.037	0.462	99.807						
6	0.015	0.182	99.990						
7	0.001	0.010	100.000						
8	0.000	0.000	100.000						

（3）对公因子进行解释　通过对原来的因子载荷矩阵进行旋转，得到了旋转后的因子载荷矩阵。结果表明，第一因子主要用来解释（C7）第一产业占 GDP 比重、（C10）渔业产值比重、（C11）人均农业增加值、（C12）农业劳动生产率、（C13）农业土地生产率、（C14）农业财政投入比重，主要反映了农业经济产出效率的信息；第二公因子主要用来解释（C8）种植业产值比重、（C9）牧业产值比重，反映的是农业经济产出的结构信息。可见，相对于主成分分析而言，因子分析所解释的信息更有层次性，也具有条理性。

（4）计算因子得分　根据输出得到的因子得分系数矩阵，可以得到农业经济子系统因子得分函数如下：

$$F_1=-0.170X_7-0.162X_8+0.014X_9+0.143X_{10}+0.156X_{11}+0.155X_{12}+0.155X_{13}+0.168X_{14}$$

$$F_2=0.122X_7+0.486X_8-0.737X_9+0.045X_{10}+0.103X_{11}+0.116X_{12}+0.114X_{13}-0.027X_{14}$$

同理，可用因子分析法得到其他三个农业子系统的农业可持续发展水平得分函数，分别如下：

农业生产子系统因子得分函数为：

$$F_1=0.300X_1+0.510X_2-0.021X_3-0.207X_4+0.127X_5+0.343X_6$$

$$F_2=0.026X_1-0.270X_2+0.324X_3+0.479X_4-0.378X_5-0.032X_6$$

农村社会子系统因子得分函数为：

$$F_1=-0.033X_{15}+0.307X_{16}-0.187X_{18}+0.225X_{19}+0.288X_{20}+0.226X_{21}$$

$$F_2=-0.417X_{15}-0.180X_{16}+0.754X_{18}+0.086X_{19}-0.110X_{20}-0.001X_{21}$$

农业资源与环境子系统因子得分函数为；

$$F_1=0.342X_{22}+0.077X_{23}+0.216X_{24}+0.378X_{25}-0.164X_{26}+0.173X_{27}+0.024X_{28}$$

$$F_2=0.099X_{22}-0.126X_{23}-0.158X_{24}+0.314X_{25}+0.264X_{26}+0.569X_{27}-0.207X_{28}$$

$$F_3=0.065X_{22}+0.718X_{23}+0.033X_{24}+0.015X_{25}-0.045X_{26}-0.093X_{27}-0.437X_{28}$$

表 3-6　主成分权重

主成分	方差贡献率（%）	累计方差贡献率（%）	主成分权重
F_1	63.102	93.789	0.6728
F_2	12.619	93.789	0.1345
F_3	8.879	93.789	0.0947
F_4	5.183	93.789	0.0553
F_5	4.005	93.789	0.0427

3. 指标权重确定

主成分分析和因子分析的权重为主成分或公因子的方差贡献率与各个主成分或公因子的累计贡献率的比值，主成分权重的计算结果见表 4–6 所示，由于各个子系统提出的公因子个数差异，因此公因子权重结果不便于具体列出。

4. 评价结果分析

由上述主成分和因子分析的得分函数公式，并结合各自主成分和公因子的权重，可以计算得到 2000—2012 年江苏省农业可持续发展及其 4 个子系统的发展水平得分（表 3–7）。

表 3–7　江苏省农业可持续发展和 4 个子系统发展水平得分

年份 / 得分	农业生产子系统	农业经济子系统	农村社会子系统	农业资源与环境子系统	农业可持续发展综合得分
2000	−0.557 4	−1.176 6	−0.609 8	0.064 5	−3.335 4
2001	−0.622 9	−1.011 7	−0.594 4	−0.526 4	−2.988 2
2002	−0.598 1	−0.938 2	−0.476 0	−0.099 5	−2.448 7
2003	−1.249 7	−0.588 9	−0.949 1	0.449 7	−3.218 3
2004	−0.483 8	−0.429 8	−0.934 9	−0.588 4	−1.666 4
2005	−0.394 0	−0.152 3	−0.453 1	−0.404 2	−1.248 2
2006	0.080 7	0.226 1	−0.126 5	−0.724 7	−0.323 7
2007	0.269 1	0.070 9	0.032 8	−0.376 1	0.109 7
2008	0.330 8	0.053 6	0.158 3	−0.394 0	0.891 2
2009	0.478 2	0.469 6	0.578 3	−0.015 7	1.934 9
2010	0.727 6	0.741 1	1.066 3	0.413 8	3.231 4
2011	0.938 3	1.128 4	1.091 1	1.181 5	4.223 8
2012	1.081 0	1.607 8	1.216 9	1.019 7	4.838 1

（1）农业综合发展水平分析　从整体上来看，在 2000—2012 这 13 年中，江苏省农业可持续发展的综合发展水平比较稳定地逐年提高，综合评价指数从 2000 年的 −3.335 4 上升到 2012 年的 4.838 1，综合发展水平提升较大，转折点（由负变正）出现在 2007 年；从年度间的波动幅度来看，除了 2003 年综合发展水平出现小幅度下降外，其余年份均是以不同幅度在提升，其中 2008—2010 年期间农业可持续发展综合水平提升幅度较大。

（2）子系统可持续发展分析　农业 4 个子系统的可持续发展水平大体上呈现不断上升的趋势，最终也体现在农业系统可持续发展综合水平的增长趋势上。4 个子系统在 2000—2012 年，农业可持续发展水平均有了不同程度的提升。从发展速度上来看，4 个子系统的发展速度依次为：农业经济子系统 > 农村社会子系统 > 农业生产子系统 > 农业资源与环境子系统，呈现出重经济发展，轻环境保护的态势（图 3–1，图 3–2）。

从表中数据来看，各个子系统间稳定性不一，农业生产子系统和农业资源与环境子系统波动相对较大，农村社会子系统与农业经济子系统发展较为平稳。农业生产子系统发展水平在 2003 年出现一定程度的下降，主要是因为 2003 年全省农业自然灾害受灾面积较大，导致粮食作物单产、人均粮食产量、种植业产值比重和农村居民人均纯收入等指标值的降低，在一定程度上也影响农村社会子系统的稳定性。

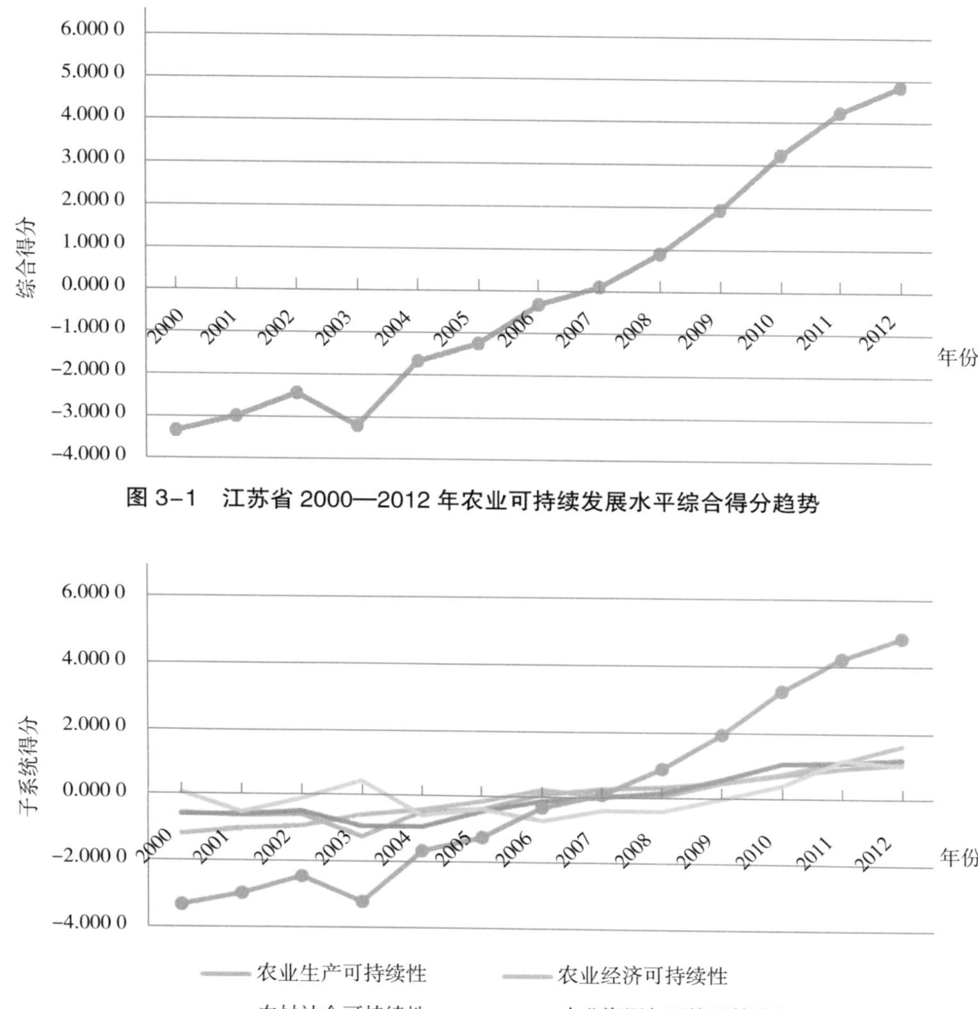

图 3-1　江苏省 2000—2012 年农业可持续发展水平综合得分趋势

图 3-2　江苏省农业可持续发展评价子系统得分趋势

四、农业可持续发展的适度规模分析

适度规模分析主要是根据农业可持续发展中的农业生产子系统的可持续性发展趋势来进行预测。根据现有的 2000—2012 年的指标数据，通过线性拟合法推算到 2020 年为止该子系统中各指标的合理范围，并通过因子分析法验证在该指标值范围内，农业生产子系统的发展是否可持续。其中，种植业适度规模映射指标体系中的农村人均耕地面积指标，粮食作物种植合理生产规模映射人均粮食作物播种面积、粮食作物单产两项指标；畜禽养殖业中，合理生产规模映射指标人均畜产品产量（肉类和蛋奶按一定比例关系估算）；水产养殖业适度规模分析中，合理开发强度和合理生产规模分别映射系统中的人均水产养殖面积和人均水产品产量这两个指标。

（一）种植业适度规模

1. 种植业合理开发强度分析

根据对农业生产的可持续性、农业经济的可持续性、农业社会的可持续性以及农业资源与环境的可持续性的综合分析结果，结合当前江苏省种植业的发展规模，若要维持种植业发展的可持续性，到2020年江苏省种植业规模应维持在2.68~3.17亩/人。

2. 粮食作物种植合理生产规模

根据分析，若要维持农业生产的可持续性，20年内江苏省粮食播种面积需保持在531.9万~572.5万hm^2，粮食单产维持在7 050~7 350kg/hm^2，2020年全省粮食总产潜力则可以达到3 736万~4 100万t左右，比2011年可提高12.97%~23.97%（表4-1）。

表4-1 江苏省粮食生产能力预测

年份	粮食播种面积（万hm^2）	粮食单产（kg/hm^2）	粮食总产（万t）
2020	520.5~548.9	6 600~6 750	3 736~4 100

（二）养殖业适度规模

1. 畜禽养殖业适度规模

（1）畜禽养殖合理开发强度分析　与种植业适度规模和水产养殖适度规模的分析方法不同，畜禽养殖业合理养殖规模主要是以目前水资源的环境承载力来预测的。根据国家《畜禽养殖业污染物排放标准》（GB18596-2001）中对集约化畜禽养殖业污染最高允许的氨氮（标准值为80mg/L）和总磷（以P计，标准值为8mg/L）日均排放浓度的规定，测算当前水资源量所能承载的N或P的总量，各种畜禽（主要是猪牛羊）的废弃物日均排放量（包含粪便和尿）以及废弃物中所含的N和P量取自相关文献（表4-2，表4-3），最终通过计算得到当前水资源所能承载的畜禽养殖合理生产规模应维持在2 474万~2 764万头（只）。

表4-2 主要畜禽的废弃物日均排放量

	畜禽废弃物日均排放量（kg）		
	猪	牛	羊
粪	3.5	25	0.8
尿	3.5	10	0.2

表4-3 畜禽废弃物所含养分的养分系数

	各畜禽废弃物的养分系数（g/kg）					
	猪		牛		羊	
	N	P	N	P	N	P
粪	0.6	0.3	0.47	0.82	0.74	1.55
尿	0.4	0.07	0.43	0.08	0.47	0.03

（2）畜禽养殖合理生产规模　根据分析，若要维持农业生产的可持续性，到2020年江苏省畜

产品总产潜力则可达到665万~728万t左右，其中肉类产品约为388万~417万t，蛋奶类产品为277万~311万t，人均畜产品产量可达到79.24~81.56kg（表4-4）。

表4-4 江苏省畜禽养殖生产能力预测

年份	畜产品总产（万t）	肉类产品（万t）	蛋奶产品（万t）	人均畜产品量（kg）
2020	665~728	388~417	277~311	79.24~81.56

2. 水产养殖业适度规模

（1）水产养殖合理开发强度分析　根据对农业生产的可持续性、农业经济的可持续性、农业社会的可持续性以及农业资源与环境的可持续性的综合分析结果，结合当前江苏省水产养殖发展规模，若要维持水产养殖发展的可持续性，到2020年江苏省水产养殖规模应维持在0.45~0.55亩/人。

（2）水产养殖合理生产规模　根据分析，若要维持农业生产的可持续性，到2020年江苏省水产品养殖面积需保持在74.8万~75.0万hm^2，单产维持在8 220~10 270kg/hm^2，全省水产品总产潜力则可以达到615万~770万t左右，人均水产品产量达到75.88~92.66kg（表4-5）。

表4-5 江苏省水产养殖生产能力预测

年份	水产养殖面积（万hm^2）	单产（kg/hm^2）	总产（万t）
2020	74.8~75.0	8 220~10 270	615~770

五、农业可持续发展的区域布局与典型模式

农业生产是依赖自然资源进行的生产活动，自然环境中的土壤、水体、大气等自然资源对于农业生产来说，既是资源要素，又是环境要素。因此，农业生产与农业资源可持续利用二者之间是相互依存密不可分的。

（一）农业可持续发展的区域差异分析

1. 农业基本生产条件区域差异分析

江苏省13个市农业基本生产条件中耕地资源、水资源、气候资源和农村劳动力资源存在一定的区域差异。

（1）耕地资源　江苏省13个市的耕地资源空间分布表现为淮安市、盐城市的耕地资源较为丰富，再加上人口压力较小，缓解了耕地资源的压力状况，耕地资源安全等级高。宿迁市、连云港市、扬州市、镇江市、泰州市、南通市、徐州市的耕地资源安全状况属于临界级别，应该引起政府的重视。苏州市、常州市、无锡市、南京市的耕地质量、粮食生产稳定性、耕地产出效益、耕地投入等都处于较高的水平，但不能抵消由于人均耕地减少、人均粮食产量不足等问题，这4个地区耕地资源安全等级低。

（2）水资源　江苏省13个市的多年平均水资源总量空间分布表现为盐城市、淮安市、连云港市、徐州市和宿迁市的多年平均地表水资源总量最为丰富，总量均超过25亿m^3；南京市、苏州市、南通市、扬州市和无锡市的多年平均地表水资源总量处于全省中等水平，总量在18~25亿m^3

之间；镇江市、常州市和泰州市的地表水资源总量处于全省较低水平，地表水资源总量低于18亿m^3。

（3）气候资源　江苏省13个市的多年平均降水空间分布表现为南通市、无锡市、苏州市、南京市、常州市和镇江市的多年平均降水量均超过1 100mm；扬州市、淮安市和泰州市的多年平均降水量在1 000~1 100mm；连云港市、宿迁市、盐城市和徐州市的多年平均降水量在800~1 000mm。

江苏省13个市的多年平均气温空间分布表现为苏州市、无锡市、常州市、南京市、南通市、扬州市和镇江市的多年平均气温均超过16℃；泰州市、徐州市、淮安市、连云港市和盐城市的多年平均气温在15~16℃；宿迁市的多年平均气温低于15℃。

（4）劳动力资源　江苏省13个市的多年平均农村劳动力资源空间分布表现为徐州市、盐城市、南通市、宿迁市、淮安市和连云港市的农村劳动力总量均超过100万人；泰州市、扬州市、南京市和苏州市的农村劳动力总量在45万~100万人之间；而常州市、镇江市和无锡市的农村劳动力总量在37万人以下。

2. 农业可持续发展制约因素区域差异分析

江苏省苏南、苏中、苏北三大地区的农业可持续发展水平存在较为明显的差异，对这三个区域的农业可持续发展制约因素分析如下。

（1）苏南地区　苏南地区作为江苏省经济发展最发达的区域，其农业可持续发展水平落后于苏北和苏中地区，首先最主要的原因在于其农业基本生产条件的贫乏，表现为人口众多，人均耕地资源少，其中无锡市处于全省最低水平，仅为0.27亩/人；水资源量远远小于苏中和苏北地区，人均水资源量较少，其中苏州市仅为278m^3/人；苏南地区对农业的财政投入力度也要落后于苏北和苏中地区。这些制约因素导致苏南地区城市在农业生产方面的可持续发展水平偏低，农业经济在整个经济产业结构中地位较小。另外，受气候条件的影响，苏南地区易发生气象灾害的特点也对农业生产造成一定的不利影响。而该区域的农村社会可持续发展水平在三大地区中最为突出，主要是由于农业人口相对较少，人口增长速度平均为1.26%，低于全省水平的2.45%，住房、医疗和教育等资源在人均配置程度上较高，农民收入较高，因此生活质量水平要优于苏中和苏北地区。

（2）苏中地区　苏中地区的农业总系统可持续发展水平得分排名处于中间位置，各个子系统可持续发展水平也大致处于中间位置。苏中三市均位于长江沿岸，素有“鱼米之乡”和“水产之乡”的美誉；土壤肥沃，耕地资源也较为丰富；四季分明，日照充足，雨量丰沛，因此该地区水资源丰富，水产养殖业也较为发达，其中2012年南通市人均水产品量为116.22kg，仅次于盐城和连云港。有利的农业自然资源条件都为该区的农业可持续发展奠定了良好基础。此外，苏中地区农业人口较多，其中从事农业活动人员比重平均约为56%，这也就意味着该区域有着大量剩余劳动力。随着苏中地区城镇化进程的不断加速，农村剩余劳动力向城市转移，有利于增加农民经济收入和三大产业的结构优化，实现经济社会的可持续发展。

（3）苏北地区　该区域的农业可持续发展水平处于全省领先位置，这与它得天独厚的自然资源条件和地理位置优势是离不开的。苏北地势以平原为主，耕地资源在全省范围内最为丰富，农作物种植面积很广；辖江临海，交通发达，物产丰富；位于中国东部沿海经济带，气候条件和生态环境优越，海域资源丰富，水产养殖业发达。因此，作为江苏重要的农副产品生产基地，农业在苏北地区经济发展中处于十分重要的地位，苏北地区城市在农业生产、农业经济和农业资源环境方面的可持续发展水平较高。但由于该区域农业人口在总人口中所占比例较大，人口自然速度较快，虽然农业从业人员比重较大，平均约为57.82%，但是农民文化素质水平偏低，农业技术人才缺乏，不利于增加农民收入导致其农村社会可持续发展水平偏低，这是制约其农业可持续发展水平的重要因素。

（二）农业可持续发展区划方案

运用主成分分析法和因子分析法对2012年江苏省48县（市）的农业可持续发展现状以及各自所包含的农业子系统进行评价分析，计算得到各县（市）农业可持续发展水平及其子系统发展水平的得分，见表5-1所示。

表5-1　江苏省48县（市）农业可持续发展水平及其子系统发展水平得分

县（市）	农业生产子系统	农业经济子系统	农村社会子系统	农业资源与环境子系统
溧水县	-0.271 1	-0.458 0	0.364 3	0.597 7
高淳县	-0.466 6	0.567 5	0.226 6	-0.270 7
江阴市	-1.059 2	-0.607 8	1.833 6	-0.217 1
宜兴市	-0.572 6	-0.798 3	1.000 0	0.001 0
丰县	-0.305 1	-0.265 1	-0.707 2	-0.664 5
沛县	-0.288 5	0.335 0	0.074 4	-1.133 3
睢宁县	0.138 5	0.205 0	-0.610 6	-0.943 9
新沂市	-0.017 2	0.172 1	-0.619 6	0.195 1
邳州市	-0.332 9	0.097 0	-0.254 3	-1.083 3
溧阳市	-0.146 3	-0.425 5	0.046 2	-0.488 3
金坛市	-0.133 2	-0.130 5	0.531 8	-0.001 5
常熟市	-0.959 5	-1.137 7	2.321 4	-0.389 8
张家港市	-0.944 6	-1.308 8	1.339 2	-0.483 2
昆山市	-1.048 5	-0.692 3	1.667 2	0.008 7
太仓市	-0.661 0	-0.323 7	2.071 2	-0.275 0
海安县	-0.012 4	0.452 7	-0.111 8	-0.720 3
如东县	0.999 5	0.521 8	-0.164 9	0.631 1
启东市	0.131 5	0.976 5	-0.006 9	0.376 4
如皋市	-0.354 0	-0.353 1	-0.429 5	-0.350 9
海门市	-0.812 1	0.056 3	0.419 8	-0.101 2
赣榆县	0.272 0	1.017 9	-0.647 9	-0.055 4
东海县	0.341 8	0.133 7	-0.813 2	0.039 0
灌云县	0.175 6	0.545 4	-0.986 8	-0.812 3
灌南县	0.124 4	0.351 5	-0.912 8	-0.515 9
涟水县	0.216 5	-0.298 0	-1.051 8	0.337 4
洪泽县	0.697 0	0.427 3	-0.184 6	-0.410 1
盱眙县	0.950 7	-0.072 3	-0.411 2	0.278 6
金湖县	1.093 5	0.016 8	-0.105 7	0.692 8
响水县	0.368 5	0.416 0	-0.899 6	1.089 7
滨海县	0.227 2	0.223 3	-0.790 3	0.276 0
阜宁县	0.587 5	0.609 2	-0.507 1	-0.085 7

（续表）

县（市）	农业生产子系统	农业经济子系统	农村社会子系统	农业资源与环境子系统
射阳县	0.720 5	0.921 6	−0.608 3	0.488 8
建湖县	0.339 4	0.609 9	−0.142 7	0.263 4
东台市	0.588 1	0.452 1	0.045 8	1.284 4
大丰市	0.961 4	0.590 7	0.278 0	0.954 5
宝应县	0.788 0	0.882 7	−0.071 6	0.793 3
仪征市	−0.429 5	−0.867 2	0.342 0	0.065 5
高邮市	0.792 4	0.738 3	−0.213 0	0.063 0
丹阳市	−0.478 1	−0.723 9	0.646 3	0.133 3
扬中市	−0.559 7	−1.015 7	0.267 5	1.012 6
句容市	−0.468 6	−0.600 0	−0.190 7	1.049 8
兴化市	0.583 4	0.459 5	−0.093 7	0.132 6
靖江市	−0.546 9	−0.880 6	0.621 5	0.192 0
泰兴市	−0.365 5	−0.437 3	−0.142 7	0.591 1
姜堰市	−0.185 6	−0.742 5	0.088 2	−0.411 5
沭阳县	−0.182 3	−0.416 8	−0.961 6	−0.926 5
泗阳县	−0.049 2	0.047 1	−0.808 8	−0.499 1
泗洪县	0.584 2	0.460 2	−0.667 2	−0.159 8

为了更进一步明晰江苏省各县（市）农业可持续发展水平在区域空间上的分布特征，将这 48 县（市）的四个农业可持续发展子系统得分作为新变量进行了层次聚类分析，将各县（市）农业可持续发展状况聚类成 5 个水平层次，最终的聚类结果见表 5−2，同时绘制江苏省农业可持续发展水平空间分布图，如图 5−1 所示。

表 5−2　江苏省 48 县（市）农业可持续发展水平聚类分析结果

聚类类别	所含县（市）	农业可持续发展水平
第 1 类	宝应县、如东县、启东市、高邮市、兴化市、新沂市、赣榆县、东海县、涟水县、洪泽县、盱眙县、金湖县、响水县、滨海县、阜宁县、射阳县、建湖县、东台市、大丰市、泗洪县	高水平
第 2 类	海安县、丰县、沛县、睢宁县、邳州市、灌云县、灌南县、沭阳县、泗阳县	较高水平
第 3 类	高淳县、溧阳市、金坛市、如皋市、海门市、姜堰市、	中等水平
第 4 类	溧水县、宜兴市、丹阳市、扬中市、句容市、仪征市、靖江市、泰兴市	较低水平
第 5 类	江阴市、常熟市、张家港市、昆山市、太仓市	低水平

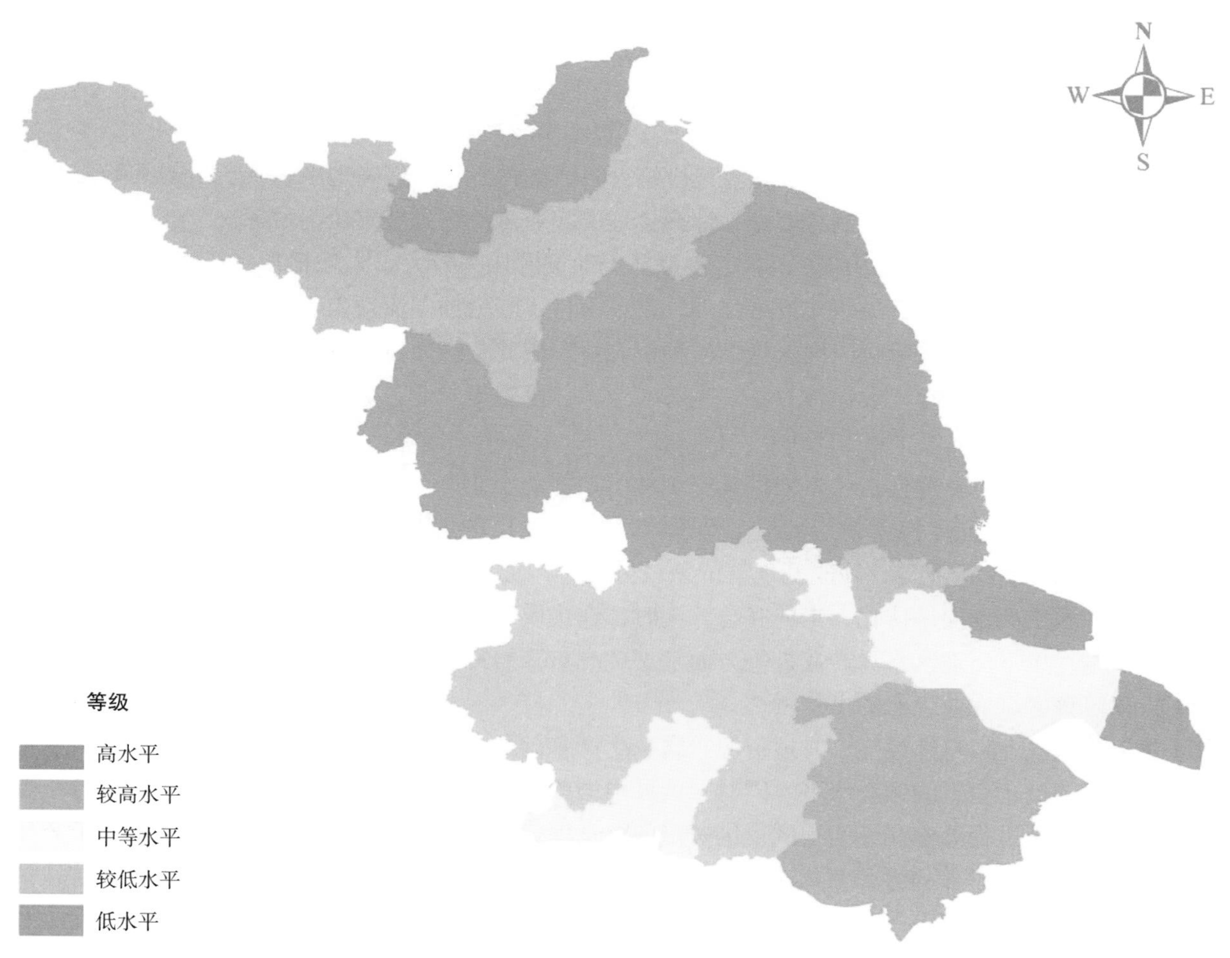

图 5-1 江苏省各县（市）农业可持续发展水平空间分布

以上主成分分析、因子分析和聚类分析的结果表明：

（1）江苏省 48 县（市）的农业可持续发展水平存在明显差异 江苏省农业可持续发展水平优势区主要集中在苏北地区的县（市），如响水县、射阳县、阜宁县、东台市、大丰市、泗洪县、洪泽县、盱眙县、金湖县等，其农业可持续发展水平要高于全省平均水平；而农业可持续发展水平的劣势区主要集中在苏南地区的县（市），如江阴市、常熟市、张家港市、昆山市、太仓市、江阴市、宜兴市等，其农业可持续发展水平要低于全省平均水平；苏中地区县（市）间的农业可持续发展水平差异较大，一部分是以宝应县、如东县、海安县、高邮市、兴化市等为典型的农业可持续发展水平较高的县（市），另一部分县（市）的农业可持续发展水平较低，主要为仪征市、靖江市、泰兴市、海门市、姜堰市等。

（2）从各县（市）所处的区域位置来看，苏南、苏中和苏北三大区域的农业可持续发展水平差异也较为明显。总体上来说，三大地区农业可持续发展水平高低表现为：苏北地区 > 苏中地区 > 苏南地区，其中苏北地区县（市）的农业可持续发展水平要远高于苏南地区。

（3）江苏省 48 县（市）各自的四个农业子系统的可持续发展水平存在地域差异 从大区域上来评价，农业生产子系统可持续发展水平高低排序为：苏北地区 > 苏中地区 > 苏南地区；农业经济子系统可持续发展水平高低排序为：苏北地区 > 苏中地区 > 苏南地区；农村社会子系统可持续发展水平高低排序为：苏南地区 > 苏中地区 > 苏北地区；农业资源与环境子系统可持续发展水平高低排序为：苏北地区 > 苏中地区 > 苏南地区。

（三）区域农业可持续发展的功能定位与目标

江苏省社会经济发展较快，其农业发展应结合自身的特点，在保障地区粮食安全的基础上，结合农业生产资源的区域分布及制约因素，选择合理的农业可持续发展定位与目标。

苏南地区尤其是太湖周边的苏、锡、常地区土地资源压力较大，人均粮食生产能力严重不足，经济发展水平高、速度快、城市化发展强劲、常住人口不断增加、流动人口数量巨大、区域的农业可持续性较差，已经不适宜再发展大规模的种植农业。因此，该区域在确保耕地面积和粮食种植面积不动摇的前提下，着重发展循环农业、生态农业、休闲观光农业，尽可能维系该区域农业可持续发展和农业生态安全。

苏中地区农业可持续性居中，根据其资源环境条件及农业产业化基础，应着力推进该地区农业产业化经营，尤其是对于扬州（宝应）、泰州（兴化）两市的莲藕产业，涉及扬州（江都）、南通（如皋）的花卉苗木产业等，须改变现有的条块分割、产加销脱节的管理体制，打破区域界限、行业界限，使农工商走向一体化，走向联合。同时，在优质稻米产业带、特色蔬菜产业带、沿江花卉苗木产业带、里下河地区水禽产业带等方面发展“亮点”与特色，提升该地区优势农产品的产业化水平，保障该区域农业生产的可持续性。

苏北地区农业可持续性强，耕地资源丰富，生产基础条件及生产环境较好，总产、单产以及人均粮食产量均处于全省的领先水平。同时，区域内的粮食生产能在满足自给的前提下还能够向外输出，因此该区域可为苏中和苏南地区提供一定的粮食保障。区域内有丰富的滩涂资源，受河海交互作用，滩涂整体呈淤涨趋势，每年滩涂净增面积约为 165hm^2，同时根据《江苏沿海地区发展规划》到 2020 年将围填 18 万 hm^2 海域滩涂，预计可新增农业用地 10.8 万 hm^2，加之该区域农业劳动力资源比较丰富，农业气候条件较为优越，因此该区域是江苏省最适宜发展种植农业的地区。

（四）区域农业可持续发展典型模式推广

生态循环农业本质上是一种低消耗、低排放、高循环、高效率的新型农业，与现代常规农业相比，生态循环农业主要有 4 个特点：一是农业生产清洁化。二是产业内部资源利用链条化。三是产业间废弃物利用资源化。四是农产品消费绿色化。因此，在全省大力推广生态循环农业将有助于缓解当前农业生态环境的压力，提高农业资源环境的承载能力。针对区位优势可借鉴江苏省已试点的几种生态循环农业典型模式。

1. 环太湖生态农业圈生态循环农业

环太湖地区是江苏省经济发达地区，人口众多，环境压力巨大，因此该地区有条件也有必要发展生态循环农业。江苏省已在太湖流域建设规模化生态循环农业工程 300 多个，覆盖面积达 30 多万亩，带动新增绿色、有机认证面积 50 多万亩。示范工程立足畜牧、农业生态发展，重点强调种植业基地对畜禽养殖业粪污的利用环节。种植园区内建有配套工程设施，收集周边畜禽养殖场粪污制作有机肥施用，在预处理环节建有“一棚一池”，在运输环节购置“一固一液车”，在利用环节配置有机肥还田机械设备及喷滴灌设施，在净化环节改造生态沟渠塘。项目区农业有机废弃物利用率达 90% 以上。其中，金坛市江南春米业在长荡湖畔集中连片流转农田 5 000 多亩，通过种植绿肥、秸秆和畜禽粪便堆沤还田，配置杀虫灯、防虫网等物理防治设施，使用生物农药，以稻麦两季折算，年可替代纯氮 30kg/ 亩、化学农药商品用量 1.8kg/ 亩，其生产的“苏”牌软米通过了国家有机食品认证，被选送为国家钓鱼台国宾馆专用大米。因此，这种农业资源可持续利用模式既保护了生态环境，也取得良好的经济效益，值得在全省范围内的其他流域（淮河流域等）加以推广。

2. 种养结合的生态循环农业

（1）稻田种养结合模式　该模式充分利用了生物共生的优势。一方面，养殖的水生动物以害虫、杂草、钉螺、蚂蟥等为食，其排泄物又可增加土壤中的磷、钾元素，有利于水稻生长。另一方面，降低了稻田的化肥、农药施用量。江苏省南通市在稻田开展种养结合模式每年每亩田可收获水稻 400~500kg，水产品 40kg，并减少了农药化肥的购置费用，比单种水稻增加净收入近千元。

（2）“猪—沼—菜”种养结合模式　畜禽粪便既是一个严重的环境污染源，又是一种宝贵的资源。通过沼气设施处理，可以生产沼气、沼液、有机肥。沼气可用做燃料、发电、照明，沼液可作为有机肥用于蔬菜生产。这种能源生态模式，不仅可解决污染问题，还可提供清洁能源和优质有机蔬菜。江苏省连云港的赣榆县沙河镇和欢墩镇已推广“猪—沼—菜”种养结合模式上万亩，实现户年增收入 7 000 元。

（3）农业废弃物综合利用的生态循环农业　目前，江苏省农作物秸秆总量约为 3 900 万 t，主要来源于稻谷、麦类、玉米和油料的种植，上述四种作物产生的农业废弃物占秸秆总量的 88%。江苏省秸秆总养分含量达 98 万 t，水稻秸秆和小麦秸秆的养分含量占到总养分含量的 75%。从氮磷钾含量看，农作物秸秆中的养分以含钾量最多，为 58 万 t；其次为含氮量，为 33 万 t；含磷量最低，为 6 万 t。因此，如果能将这些废弃物充分利用起来，不但避免农业秸秆的环境污染，还能大大减少化肥的施用。

2012 年，全省新建各类秸秆综合利用及收贮项目 448 处，其中规模化秸秆综合利用及收贮项目 30 个，形成秸秆利用主体 2 067 家。通过推广秸秆能源化、肥料化、饲料化、基料化和工业原料化等“五位一体”的秸秆综合利用模式（图 5-2），目前江苏省的秸秆综合利用量 3 240 万 t，其

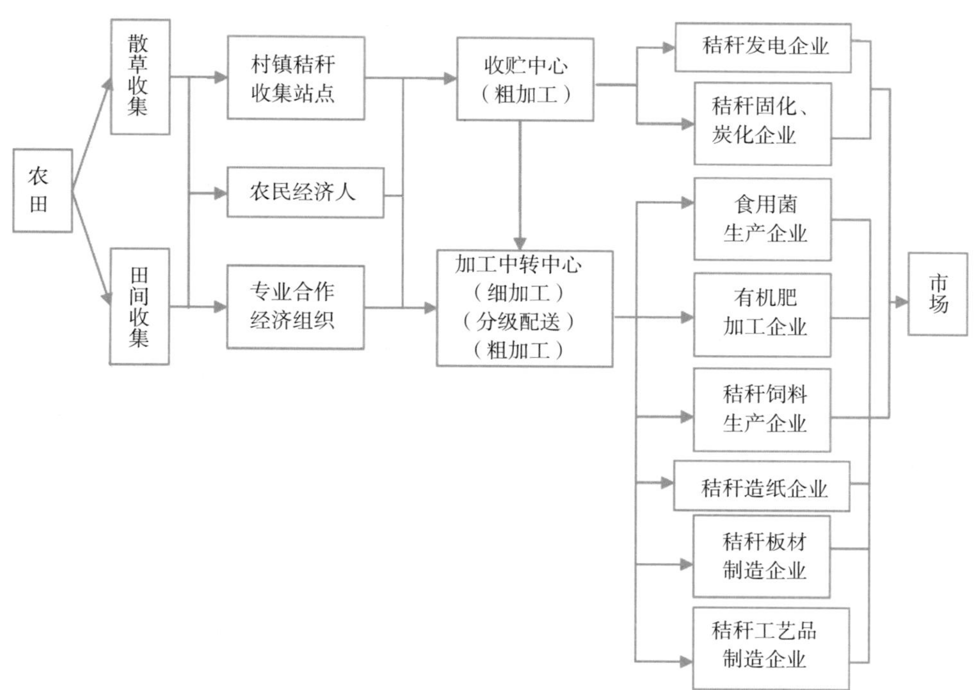

图 5-2　秸秆收贮“五位一体”利用模式

中多种形式利用量 2 040 万 t，全省秸秆综合利用率超过 80%。

六、促进农业可持续发展的重大措施

（一）工程措施

1. 构建村镇面源污染生态拦截系统

面源污染的控制一般可由两方面入手，一方面对污染源的控制，即从源头上控制，控制污染物进入水体，这也是控制面源污染控制最有效的方法。另一方面，对污染物迁移转化途径的控制，改变或者切断污染物的传播途径。村镇面源污染物生态拦截系统属于后者，建议针对不同情况构建村镇面源污染物生态拦截系统。

（1）滞留池　常年保持固定容积的水在池内，采用增大水力停留时间来减小洪峰流量和去除污染物，其处理过程包括固体沉降作用，污染物衰减作用等。

（2）草沟　草沟指种植草类防止冲蚀的土筑沟渠。主要目的为宣泄径流和防土壤冲蚀，去除污染物和净化水质的原理主要是以植物缓冲产生的沉降及过滤等机制。

（3）植生滤带　植生滤带作为一种缓冲区或过滤带，使径流流经草带时降低流速，减缓对水体的直接冲击。草带的功效在洪水平原、湿地附近、河岸以及缓坡特别显著。

（4）生物滤槽　生物滤槽是通过由沙、有机质、土壤和其他基质组成的滤床，以过滤、存水区固体沉淀、植物吸附和生态修复等方式去除污染物，对固体悬浮物、磷、氮、油脂、重金属等大部分污染物具有较好的去除作用。

（5）人工湿地　人工湿地是指人工开挖或使用挡水设施构建的洼地，其内部经常保持湿润或有浅层的积水，并种植水生植物，达到去除颗粒性及溶解性污染物的目的。

村镇面源污染物生态拦截系统构建地点应重点针对村庄居住点周边淤积严重，恶性杂草泛滥成灾，系统自净功能逐步丧失，内源污染不断积累的黑臭河塘、支浜。利用该系统可对农村水环境生态系统进行综合整治和生态化改造，恢复农业自然湿地，构建生态屏障，对富营养水体氮、磷的拦截净化效率可达 30% 以上，控制断面污染负荷削减 15% 以上，实现“恢复生态、综合控污、养分平衡、美化环境”的目标。

2. 推广经济实用的农村生活污水处理方法

随着江苏省农村生活水平的不断提高，以及农村畜禽养殖、水产养殖和农副产品加工等产业的发展，村镇的污、废水排放已严重破坏了农村的生态平衡。但目前的污废水治理仍较落后，部分镇区未建生活污水处理厂，污水和雨水一并进入合流管道，就近排入河道，使河道、湖泊受到严重污染，进行污水处理已迫在眉睫。如何选择村镇生活污水的处理技术，关键问题是要适应目前村镇的实际情况，除能达到国家排放标准的要求，更重要的是建设投资要省，运行管理要方便，运行费用要低。除建立集中接管处理外，还应根据村镇的实际情况选择如下生活污水处理模式：一是有动力处理，如膜处理和 SBR（序列间隙式活性污泥法）处理技术等，主要是新建的规模较大的农村集中居住区采用，该类方法建设和运行成本较高；二是微动力—人工湿地生态净化处理，主要针对经济较为发达的苏南地区，该类方法建设和运行成本适中；三是无动力处理设施，主要针对经济相对薄弱及农业资源较为丰富地区。对于前两种处理模式可采取如下方案将村镇污水处理技术加以整合：① 生活污水净化沼气池→污水灌溉；② 生活污水净化沼气池→氧化塘；③生活污水净化沼气池→微动力接触氧化池；④生活污水净化沼气池→人工湿地。

（二）技术措施

1. 推广肥料高效化、有机化利用方法

按照“减量化、无害化、资源化、生态化”要求，通过财政激励手段，包括：财政补贴、专项奖励资金等，积极引导生产商、经销商和农户扩大商品有机肥和有机无机复混肥料的生产、销售和施用。在此基础上，各级村镇应围绕“测、配、产、供、施”五大环节，扎实开展测土配方施肥技术普及行动和农企对接工作，积极推行“统一测配、定向生产、连锁供应、指导服务”，引导企业按方生产和供肥，指导农民施用配方肥和按方施肥。

2. 推进农药低毒化、低残留化利用方法

实行农药推介制度。由村级行政单位负责推广“主推农药”品种，引导农民科学用药。针对江苏省农作物防治对象，确定高效低毒农药品种进入主推名录，积极推广绿色防控技术，大力推广吡蚜酮、氟铃脲、烯啶虫胺、双酰胺类等一批高效、低毒、低残留农药品种，有效减少了化学农药用量。大力推进主要农作物重大病虫害农业专业化统防统治。加大生物农药推广力度，实行招标采购生物农药，免费发给农民试用，让农民切实体验到生物农药的优越性。同时，对生物农药项目实施财政补贴，达到降低生物农药价格的目的。

3. 加大农业废弃物资源化利用

近几年随着城市的发展和人口的增加，耕地大量减少，部分养殖场变得紧靠城镇，使得农牧分离、种养脱节的现象日趋严重。同时，由于畜禽养殖业向集约化、规模化方向发展，大量畜禽废弃物集中于局部地区，可利用耕地面积已无法满足消纳畜禽粪污的需要，使得原有传统农业的“畜—肥—粮”良性生态循环模式被打破。因此，应合理优化 13 个城市内的种植和养殖比例及布局，鼓励区域内发展种养结合的循环生态农业，促进畜禽养殖业健康发展，以引导有机、绿色农产品消费为手段，促进养殖企业由传统养殖方式向清洁养殖方式转变，鼓励发展农牧结合、种养平衡的环境友好型生态养殖方式。合理规划养殖场（小区）建设，提倡与农田、菜地、茶园、花卉苗木、水产养殖和山林统一布局，努力做到废弃物循环利用，粪污就近处理，减少污染物排放。同时，按照“减量化、无害化、资源化、生态化”要求，江苏省应继续强化对规模畜禽养殖场的有机废弃物的无害化处理和资源化利用，重点推广规模养殖场沼气工程、“三分离一净化”、农村户用沼气、畜禽粪便处理中心、发酵床生态养殖等处理模式，有效处理农村人畜粪便等生产生活废弃物。同时，应建立区域集中处理网络覆盖体系，确保全省 13 个城市中具有充足数量不同等级的农业废弃物资源化处理利用节点（图 6–1），使每个节点均能够辐射辖区内的范围，从而降低了农业资源废弃物收集、运输过程中的成本。

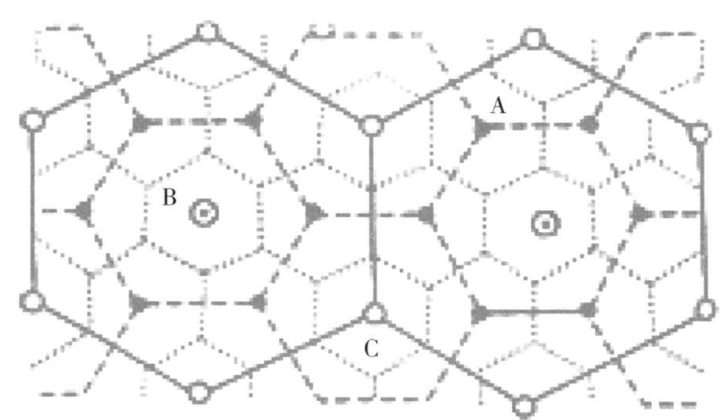

图 6–1 农业废弃物资源化处理利用节点示意图

（B 为市级处理节点；A 为县级处理节点；C 为村镇级处理节点）

（三）政策措施

1. 坚持发展经济与环境保护平衡

《增长的极限》让我们清楚地认识到经济发展一元论会导致的后果，如果要实现农业的可持续发展就要把经济发展和环境保护放在同等的位置上，“两手都要抓，两手都要硬”。政府机构要以严格的环境保护政策及合理的资源可持续利用激励机制引导农业生产单元充分认识到发展经济与环境保护同等重要，使经济发展与环境保护两者将最终统一于人类社会的可持续发展。通过政策引导农业生产单元在生产过程中合理利用自然资源，减轻甚至避免对环境的污染和对生态的破坏，加强对环境污染的防治，提高环境质量，最终促进农业生产的持续发展。环境保护存在于经济发展的全过程，经济发展将促进环境保护的顺利进行。保护环境的做法，使人类与环境协调并持续发展其实质在于更好地发展生产力。环境保护要与国际标准接轨，与世界其他国家与地区相互协作，吸取最先进的科学技术与最优秀的生产生活经验，促进环境保护与经济发展的共同利益，朝着经济利益和生态利益“双赢”的目标迈进。

2. 建立健全农业生产生态补偿体系

农业生态系统是在人类生产活动干预下经过长期发展和适应而形成的一种半人工生态系统，因而它也是受人类影响最大的生态系统，人类对农业自然资源的开发利用方式、采用的农业生产技术等都会影响到农业生态系统的可持续利用。通过建立健全农业生态补偿制度，一方面通过政府财政补贴等手段对农民的环保行为给予补偿，可以极大激励农民发展可持续农业生产。另一方面，也可通过这种补偿方式，使农民因采用有机农业、生态农业等生产方式而增加的成本和减少的产量得到经济补偿，弥补其减少的收益，使农民外部性贡献得以内部化。因此，建立健全农业生态补偿能够起到平衡农业可持续发展和农民经济利益的重要作用。首先，政府机构应统一规划，逐步扩展生态补偿的范围，从补偿的紧迫性和可操作性两个方面出发确定优先补偿项目。其次，根据省内不同地区的生态环境状况和经济发展水平差异，结合具体情况选择相应的生态建设项目进行补偿。第三，坚持政府主导、市场参与的指导思想，完善农产品的生态认证制度。最后，加强对农业生态系统服务理论的研究，在制定农业生态补偿政策前应开展农业生态补偿顶层框架设计研究，提出适合江苏省不同区域的农业生态补偿路径，明确区域内农业生态补偿的主体（谁来补）、客体（补什么）、对象（补给谁）、方式（怎么补）等内容，通过顶层框架设计，形成一整套规范化、制度化的生态补偿体系。

3. 着力发展生态循环和休闲观光农业

江苏省应继续加大对循环农业示范基地创建的扶持力度，重点扶持种植大户、合作社、企业或农业园区等主体建设废弃物循环利用、大田循环农业和秸秆大棚生态种植等项目。通过建设小型发酵池、沼液沼渣进出料设备等配套设施，有效处理蔬菜、水果等残次品及生产生活粪污废弃物；通过在成片粮棉油、果茶花生产种植基地内建设沼液沼渣贮存利用池及输送利用管网等，实现沼液、沼渣的利用；通过在设施大棚内深埋秸秆并利用特定菌种处理，有效消纳秸秆并增加棚内的气温、气肥和土壤肥料，提高作物品质。

近年来，江苏省休闲观光农业从业人员已超过 20 万人，其中农村人口约占 85%，年均接待游客超过 5 000 万人次，年均综合收入超过 140 亿元，休闲观光农业带来的经济与生态效益显而易见，应继续按照高效、外向、生态、观光的目标任务，积极拓展农业生产、生态、生活功能，以休闲农业与乡村旅游为载体，推进农业文化创意、农村生态文明，提升农业发展层次，促进农业可持续发展。开展休闲农业示范县（村）创建，强化示范引导、典型引路，以产业特色鲜明、自然风光优美、乡土文化浓郁、政策扶持有力、示范带动作用强为标准，在全省开展省级休闲农业示范县和江苏最具魅力休闲乡村评选。大力发展创意农业，着力开发创意农产品和多功能、体验型的休闲农业服务项目，提升休闲农业的文化软实力和持续吸引力，更好地满足城乡居民休闲消费需求。加强休闲农业宣传推介，组织举办休闲农业宣传推介活动，推介发布休闲农业精品线路，支持各地举办农业节活动，培育壮大一批休闲节庆区域品牌，扩大行业影响力。

4. 构建均衡的流域水环境污染监控防治系统

目前，江苏省每年都安排太湖治理省级专项资金及中央财政太湖治理“以奖代补”资金。自2007年起，江苏省级财政每年投入20亿元专项资金用于太湖治理，对推动太湖流域面源污染治理提供了必要保障。然而，在淮河流域，农业治污专项资金没有落实，客观上导致两大流域工作不能协同推进。尤其是国家下达畜禽减排考核任务后，淮河流域经济基础相对薄弱，农业面源污染治理资金支持渠道窄、量不足，地方自我投入有限，淮河流域已成为畜禽养殖污染减排的重点和难点区域，严重制约了全省流域水环境污染物监控防治工作的进度。因此，在关注太湖流域的同时，应把下一步的流域水环境污染监控防治工作重心向淮河流域倾斜，从政策上和财政支出上给淮河流域水环境污染监控防治更多的扶持，使全省南北两大流域的水环境问题尽早得到均衡、有效地防控。

5. 加强区域农业及非农业面源污染支持力度

农业及非农业面源污染治理涉及的面广量大环节多，缺乏有效的管理机制保障，法律、法规、政策、机构人员、管理手段等方面都难以满足工作需求，亟须行政管理部门与高校科研院所的大力协作推进，也需要各级政府管理部门的政策支持。因此，需在中央财政支农资金支持下设立生态友好型农业发展或农业生态环境建设专项资金用于支持秸秆综合利用和畜禽粪便无害化处理与资源化利用，与现有中央财政农村清洁能源项目的基础设施建设功能加以区分。建议国家对淮河流域应参照中西部地区，实行农业及非农业面源污染治理中央财政转移制度，建立稳定的资金投入渠道，国家、省、省级以下按照一定比例予以补助。

（四）法律措施

(1)《江苏省耕地质量管理条例》明确了应当将耕地质量建设与保护纳入国民经济和社会发展规划，县级以上地方政府部门要按照各自职责，做好耕地质量建设与保护的相关工作，并建立相关的监督管理制度，严格保护耕地资源，以保证农业生产安全供给，实现农业可持续发展。

(2)《江苏省人民政府关于全面推进农作物秸秆综合利用的意见》明确到2015年，全省将基本形成秸秆收贮利用体系，秸秆综合利用率达到90%，基本杜绝露天焚烧秸秆。到2017年，形成布局合理、多元利用的秸秆综合利用格局，全省秸秆综合利用率提高到95%以上，实现全面禁止露天焚烧秸秆目标。

(3) 为保护和改善农业生态环境，合理开发利用农业资源，2004年江苏省修改并通过的《江苏省农业生态环境保护条例》中注重提出对固体废弃物、秸秆和畜禽粪便等农业废弃物的处理措施，改善农村生态环境，以实现农业可持续发展。

从现有的法律法规体系来看，江苏省农业可持续发展的法律措施应致力于农业资源与生态环境保护，如耕地质量和数量保护（尤其是严守耕地红线）、水资源的合理开发利用与污染防治、农作物秸秆综合利用等，同时以县级为单位的地方政府部门应当履行相应职责，在乡、镇、村宣传和普及相关法律知识，加强和提高农民法律意识，切实将农业可持续发展的法律保护工作落实到实处。

参考文献

曹玉华 . 2003. 论农业可持续发展的支撑体系和指标体系 [J]. 成都行政学院学报，10（4）：33–35.

程宁 . 2011. 福建省农业可持续发展能力评价 [J]. 台湾农业探索（1）：55–58.

戴向洋 . 2011. 湖南省农业可持续发展水平评价及其区域差异研究 [D]. 长沙：湖南师范大学 .

傅泽强，蔡运龙，杨友孝，等 . 2001. 中国粮食安全与耕地资源变化的相关分析 [J]. 自然资源学报，6（4）：313–319.

葛自强，孙政国 . 2011. 江苏省粮食生产现状及增产潜力分析 [J]. 江苏农业科学，39（3）：596– 598.

管琳 . 2011. 安徽农业可持续发展的主成分分析 [J]. 合肥师范学院学报，5（29）：68–72.

郭善民，谭金芳，蒋春红，等 . 2003. 河南农业可持续发展能力评价指标体系的建立及应用 [J]. 河南农业大学学报，2（37）：165–168.

黄莉新 . 2010. 加快发展农业适度规模经营积极推进农业现代化建设 [J]. 群众（1）：7–9.

江苏省统计局 .2013. 江苏统计年鉴 [M]. 北京：中国统计出版社，2001–2013.

金涛，陶凯俐，2013. 江苏省粮食生产时空变化的耕地利用因素分解 [J]. 资源科学，35（4）：758–763.

李竹 . 2007. 陕西省农业可持续发展能力评价与对策研究 [D]. 杨凌：西北农林科技大学 .

刘璐璐，俞文伟，徐会中 . 2011. 江苏发展农业适度规模经营的现状、模式与措施 [J]. 中国农技推广，12（27）：4–5.

鲁奇 . 1999. 中国耕地资源开发、耕地保护与粮食安全保障问题 [J]. 资源科学，21（6）：5–8.

彭万臣，张淑花，周利军 . 2005. 黑龙江省农业可持续发展评价与对策研究 [J]. 中国农业资源与区划，26（5）：18–22.

阙金华，周春和，吉健安，等 . 2008. 江苏省水稻品种推广利用现状与建议 [J]. 江苏省农业科学（4）：17–20.

谈存锋 . 2005. 甘肃农业与农村可持续发展水平和协调度的评价分析与对策建议 [D]. 兰州：甘肃农业大学 .

王宝海 . 2007. 江苏省蔬菜产业现状与发展对策 [J]. 中国蔬菜（3）：5–7.

王国成，魏正兴，龚顺 . 2012. 基于时间序列数据的甘肃农业可持续发展状况实证分析 [J]. 甘肃农业，13：24–25.

王立祥，廖允成 . 2013. 中国粮食问题：中国粮食生产能力提升及战略储备 [M]. 银川：阳光出版社 .

肖海燕 . 2010. 湖南省农业可持续发展研究 [D]. 长沙：湖南农业大学 .

许朗，李梅艳，刘爱军 . 2012. 江苏省粮食产量主要影响因素分析 [J]. 江苏农业科学，40（5）：4–6.

许信旺 . 2005. 安徽省农业可持续发展能力评价与对策研究 [J]. 农业经济问题（2）：58–61.

姚於康 . 2012. 江苏省粮食安全问题及其对策 [J]. 江西农业学报，24（1）：191–194.

余倩瑜，刘寒 .2014. 基于主成分分析法对湖南农业可持续发展水平的评价 [J]. 经济研究导刊（16）：31–32.

张红富，周生路，吴绍华，等 . 2011. 江苏省粮食生产时空变化及影响因素分析 [J]. 自然资源学报，26（2）：319–327.

张丽，刘越 . 2007. 基于主成分分析的农业可持续发展实证分析——以河南省为例 [J]. 经济问题探索（4）：31–36.

张正栋 . 2002. 区域农业可持续发展评价指标体系及综合评价模型研究 [J]. 海南师范学院学报，15（3/4）：63–68.

甄峰，顾朝林，黄朝永 . 2000. 江苏省可持续发展指标体系研究 [J]. 经济地理，20（5）：47–51.

周曙东，陈丹梅，吴强等 . 2005. 江苏省农业可持续发展的综合评价 [J]. 南京农业大学学报，28（2）：116–121.

周娅莎，朱满德，刘超 .2007. 农业可持续发展评价指标体系设计研究 [J]. 安徽农业科学，35（24）：7 694–7 696.

浙江省农业可持续发展研究

摘要： 围绕资源环境约束下的农业可持续发展问题，从浙江资源环境容量承载力、产业规模、区划布局和技术路线等方面开展系统研究。首先，在分析评价浙江自然资源环境条件和社会资源条件的基础上，通过构建农业发展可持续评价指标体系，对浙江农业发展可持续性进行定量分析，并提出粮食、蔬菜、畜禽等主要种养业可持续发展的合理生产规模。其次，分析浙江各区域农业可持续发展制约因素和差异性，从农业生态循环和资源集约利用的视角，提出发展循环型农业、集约型农业、立体种养型农业和设施型农业等区域农业可持续发展典型模式。最后，从工程、技术、政策、法律和制度等方面提出促进浙江农业可持续发展的若干对策措施和政策建议。

中国是世界最大的发展中国家之一，特殊的国情决定了农业在中国具有远比世界其他国家更为重要的地位，农业是安天下、稳民心的战略产业。虽然中国仅用世界不到7%的耕地，让占世界总人口22%的人口丰衣足食，被世人誉为"世界经济史上持续发展的一桩奇迹"。但是，中国人口规模的迅速扩张、生态环境的加剧恶化等却使未来农业发展面临多重危机。农业的可持续发展引起了社会各界的广泛关注。

浙江省地处中国东南沿海长江三角洲南翼，经济发达，市场繁荣，人均生产总值列全国各省市区第5位，农村居民人均纯收入连续29年居全国各省区首位。随着工业化、城镇化的快速推进，浙江农业在面临农产品需求呈刚性增长、农业多功能开发日益迫切的同时，面临农业资源"瓶颈"约束、农业生态环境退化、农业劳动力结构性不足、农业比较效益下降、自然风险和市场风险更趋频繁，加快现代农业建设，确保农业可持续高效发展是一项紧迫而艰巨的任务。对农业可持续发展的资源环境支撑能力进行研究，确立农业可持续发展的目标与任务，探索区域农业可持续发展方向与模式，探索出一条适合省情的、操作性较强的农业可持续发展之路，促进农业可持续发展步入良性循环发展轨道具有重要的理论意义和现实意义。

课题主持单位： 浙江省农业科学院农业区划研究所

课题主持人： 毛小报

课题组成员： 张大东、徐红玳、柯福艳、毛晓红

一、农业可持续发展的自然资源环境条件分析

（一）土地资源

1. 土地资源及利用现状

浙江省地形复杂，素有“七山一水二分田”之称。据 2013 年度土地变更调查统计，至 2013 年年末，浙江省各类土地面积为 1 055.22 万 hm^2，其中农用地 865.11 万 hm^2，占总面积 81.98%；建设用地 123.14 万 hm^2，占 11.67%；未利用地 66.97 万 hm^2，占 6.35%（图 1–1）。

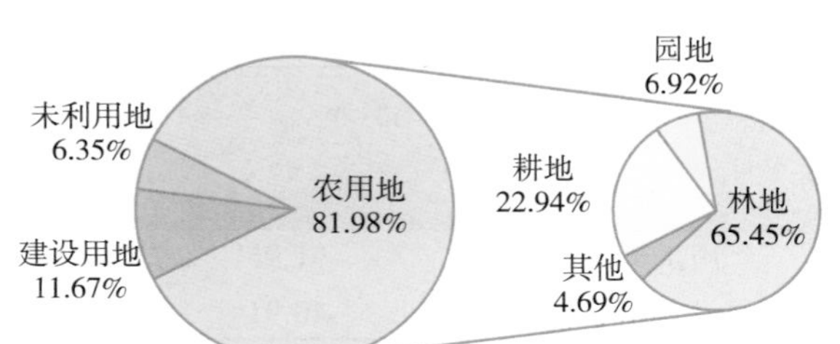

图 1–1 浙江省 2013 年土地利用结构

农用地中，耕地 198.48 万 hm^2，占全省农用地面积的 22.94%；园地 59.89 万 hm^2，占全省农用地面积的 6.92%；林地 566.23 万 hm^2，占全省农用地面积的 65.45%。

建设用地面积中，居民点及独立工矿用地 95.80 万 hm^2，占全省建设用地面积的 77.80%；交通运输用地 13.46 万 hm^2，占全省建设用地面积的 10.93%；水利设施用地 13.88 万 hm^2，占全省建设用地面积的 11.27%。

2. 农业可持续发展面临的土地资源环境问题

（1）耕地资源数量逐年缩减　浙江省国土资源厅、浙江省统计局 2014 年 6 月 19 日联合公布的全省第二次土地调查主要数据成果显示，全省 2009 年末耕地面积比 1996 年第一次调查时净减少 207.98 万亩，人均耕地从 1996 年第一次调查时的 0.72 亩下降到 0.56 亩，约相当于全国人均耕地的 1/3，低于联合国粮农组织确定的 0.8 亩的警戒线；全省 2009 年末建设用地面积比 1996 年第一次调查时净增加 608.65 万亩；人地矛盾突出、后备资源不足的基本省情没有改变，耕地保护形势十分严峻，节约集约利用土地十分迫切。

（2）土地资源质量持续下降　2005 年浙江省启动了耕地地力调查与评价工作，历时十年，对 86 个县（市、区）的耕地，包括水田、水浇地、旱地和部分园地（果园和茶园）地力进行调查和评价，参与评价的耕地总面积 3 135.2 万亩，其中一等田 932 万亩，占 29.73%；二等田 2 088.85 万亩，占 66.63%；三等田 114.35 万亩，占 3.65%。占一半的耕地存在有机质偏低、缺钾、缺磷，营养元素间比例失调，耕作层变浅，理化性状变差等问题。

据浙江省地质调查院对浙北、浙东和浙中的 236.5 万 hm^2 农用地调查结果，不适合种植绿色农作物的农用地面积为 47.2 万 hm^2，约占农用地面积的 20%；轻度、中度和重度土壤重金属污染面积分别占调查总面积的 38.12%、9.04%、1.61%，城郊传统的蔬菜基地和部分基本农田都受到了较严重的影响。

（二）水资源

1. 农业水资源及利用现状

浙江省全省内陆水域面积约 5 582.7km^2。多年平均水资源总量为 955.41 亿 m^3，其中地下水资

源总量为 22.37 亿 m^3，地表水资源量占水资源总量约 98%。浙江省每 km^2 水资源量 92 万 m^3，仅次于台湾、福建、广东，居全国第 4 位；耕地亩均水资源量约为全国平均值的 1.9 倍；人均水资源量 2 100m^3，略低于全国平均数 2 200m^3。

近年来，浙江农业用水量逐年下降，城镇公共用水量和生态环境用水量则呈逐年上升态势，各类用水量和结构见表 1–1。2013 年农田灌溉亩均年用水量为 346m^3，其中水田亩均灌溉年用水量 407m^3；灌溉水利用系数为 0.575。万元工业增加值用水量 35.9m^3。全省水资源利用率为 24.1%。

表 1–1　2013 年浙江省用水量组成与结构变化

项目	农业用			工业	城镇公共	居民生活	生态环境	总计
	小计	农田灌溉	林牧渔畜					
用水量（亿 m^3）	91.95	75.79	16.16	58.75	14.53	27.93	31.59	930.90
各类用水占比（%）	40.91	33.72	7.19	26.14	6.46	12.43	14.06	100.00

2. 农业可持续发展面临的水资源环境问题

(1) 水资源数量不足　总体上，浙江在全国属水资源较为丰沛的地区，但水资源在分布上具有时、空分布不均衡和水、土资源组合不平衡的显著特征。从时间分布看，降水量主要集中在 5—9 月，占全年的 60%~70%，由于降水集中，而且多以暴雨形式出现，易造成洪涝灾害。从空间分布看，全省水资源由西南向东北递减，水资源量地域分布很不均匀，而且与耕地面积分布不相适应。如苕溪、杭嘉湖平原、浦阳江、曹娥江、甬江一带，耕地面积占全省的 49.7%，而水资源量只占全省的 20.5%，亩均只有 1 418m^3；瓯江、飞云江、鳌江一带，水资源量占全省水资源量的 38.3%，而耕地面积只占全省的 23.8%，亩均水资源量达 5 478m^3，瓯江上游地区亩均水资源量则高达 11 765m^3。水资源量与人口分布更不匹配，沿海平原地区人口稠密、经济发达，山区人口稀少、经济相对滞后；但水资源分布状况却正好相反。人均水资源量沿海及海岛地区与内陆的差距为 6~13 倍。

(2) 水资源质量堪忧　多年来，随着经济的发展，由于缺少对水环境相应的保护，浙江省主要河流和平原河网受到不同程度的污染，水环境形势严峻。2013 年，全省地表水总体水质为轻度污染。221 个省控断面中，Ⅰ ~ Ⅲ类水质断面占 63.8%，Ⅳ类占 15.4%，Ⅴ类占 8.6%，劣Ⅴ类占 12.2%；满足水环境功能区目标水质要求的断面占 67.4%。全省八大水系和运河、湖库 177 个省控断面中，Ⅰ ~ Ⅲ类水质断面占 75.7%，Ⅳ类占 12.4%，Ⅴ类占 8.5%，劣Ⅴ类占 3.4%；满足水环境功能区目标水质要求的断面占 78.0%。全省平原河网 36 个省控监测断面水质为Ⅲ ~ 劣Ⅴ类，主要为劣Ⅴ类，占 52.8%；不满足水环境功能区目标水质要求断面占 83.3%，主要污染指标为总磷、氨氮和石油类。全省 96 个县级以上城市集中式饮用水水源地水质达标率为 86.1%，其中设区城市主要集中式饮用水水源地水质达标率为 92.5%。

（三）森林资源

1. 森林资源及利用现状

浙江森林植被丰富，素有“中国东南植物宝库”之称，据 2013 年度浙江省最新森林资源监测：全省林地面积 661.27 万 hm^2，其中森林面积 604.06 万 hm^2，疏林地 3.11 万 hm^2，一般灌木林地

15.08 万 hm^2，未成林地 8.85 万 hm^2，苗圃地 3.59 万 hm^2，无立木林地 10.06 万 hm^2，宜林地 16.52 万 hm^2。

全省森林面积中，乔木林占 68.89%，经济林占 16.80%，竹林占 14.31%。全省活立木总蓄积 28 224.83 万 m^3，其中：森林蓄积占 89.36%，疏林蓄积占 0.11%，散生木蓄积占 6.96%，四旁树蓄积占 3.57%。活立木总蓄积按组成树种划分：松木类蓄积占 27.81%，杉木类蓄积占 28.62%，阔叶树类占 37.64%，经济树种类蓄积占 3.70%，灌木树种类蓄积占 2.23%。全省毛竹总株数 24.41 亿株，毛竹林每 hm^2 立竹量 3017 株，当年生新竹占毛竹总株数的 16.61%。全省活立木蓄积总生长量与总消耗量之比为 2.16：1，活立木蓄积量继续呈现生长大于消耗的趋势。

全省森林覆盖率 59.34%，一般灌木林覆盖率 1.48%；若按浙江省以往同比计算口径，则森林覆盖率为 60.82%，位居全国前列。

2. 农业可持续发展面临的森林资源问题

（1）林业生态建设难度加大　从客观上看，随着国土绿化程度的提高，剩下的都属“硬骨头”工程，造林难度进一步加大、建设成本高，加上扶持标准依然偏低、群众积极性下降，工作推进难度增大。从主观上讲，也有部分地方存在自满松懈思想，工作上要求不高、管理不严，营林质量有所下降。

（2）森林灾害防控能力有待提升　森林火灾和松材线虫病仍然是困扰林业发展的两大“顽疾”，特别是 2013 年富阳市鹿山森林火灾事故和温岭市摩托车染疫木质包装箱外流事件，充分暴露个别地方工作上存在明显疏漏，森林灾害综合防控能力有待提升。

（3）应对自然灾害能力仍然较差　从总体来说，林业产业应对自然灾害能力依然不强，2013 年的高温干旱天气和超强台风对全省林业生产造成了严重影响，充分暴露出浙江省林业建设存在诸多不足，基础设施比较脆弱，政策性林木保险机制不够完善等。

（四）气候资源

1. 气候要素变化趋势

气温逐年升高。自 1961 年以来，浙江省年平均气温逐渐升高，线性回归计算增多趋势达到每 10 年 0.25℃。其中 20 世纪 80 年代以后年平均气温上升最显著，此间增温率为每 10 年 0.6℃。各季节的平均气温变化不尽相同，对气候变暖贡献最大是冬季，其次是春季，而夏、秋季平均气温只是在 90 年代之后才开始有升高趋势。

降水量逐年增加。1961 年以来，尽管年降水量存在一些振荡，总体上年降水量呈微弱的增加趋势，线性增加率为每 10 年 39.2mm。各地年平均降水量上升趋势有一定差异，东南沿海最明显，中部、北部不明显。全省降水量的季节分布出现明显变化，夏季、冬季降水趋于增加，秋季、春季降水明显减少。

日照逐年减少。近 50 年来浙江省年平均日照时数呈明显减少趋势，每 10 年达 85.4 小时，相当于浙江省的年平均日照量从 1961—2008 年减少了约 409 小时。浙西、浙北日照减少最明显，每 10 年在 100 小时以上。各季日照时数减少最明显为夏季，其次依次为冬季、秋季、春季。

风速减小。近 50 年来浙江省年平均风速总体上呈明显减弱趋势，其趋势为每 10 年降低 0.17m/s。除丽水地区风速变化不明显，其他地区年平均风速均呈减弱趋势，东部沿海减弱最多。

灾害性天气增多。近 50 年影响浙江热带气旋的强度和频率明显加强和增多，同时在省内登陆的台风数亦有增多趋势，台风来得更早，去得更晚，而且影响严重的台风明显增多，强度增大。自

20世纪80年代末以来，浙江各地暴雨频数呈一致性的增加趋势，其中浙江北部地区增加十分明显。因春秋季降水减少，这两季节干旱增多，尤其是秋季更易出现严重干旱。浙江中部干湿变化剧烈，中部受干旱影响增多。霾日数增多，是60年代的5倍。

2. 气候变化对农业的影响

气候变化对浙江省农业的影响利弊并存。一是温度升高，热量资源增加。全省热量资源增加，大于10℃的有效积温5300℃·d界线明显北移，至2005年近15年与前30年相比，北移面积约占全省陆地面积30%。二是冬春季节气温变暖，冻害发生率降低，有利于浙江省设施农业的生产和发展。三是未来气候变化及气象灾害的频发增加农业生产的不稳定性，如不采取适应性措施，将造成作物减产，品质下降；农业生产布局和结构将出现变动，作物品种将发生改变；农业生产条件变化，带来生产成本和投资需求将大幅度增加。同时，气候变暖造成的极端气候事件频发，干旱、暴雨、冰雪、地质灾害对森林的危害将进一步加剧，森林火灾频率将加大，病虫害及外来物种入侵发生的频率和强度可能增高；物种多样性将受到威胁。

二、农业可持续发展的社会资源条件分析

（一）农业劳动力

1. 农村劳动力转移现状特点

随着工业化、城镇化的快速发展，农村经济结构的不断转型，浙江农村劳动力的就业格局发生了巨大变化。浙江农村劳动力快速转移，就业多样化，呈现以下特征。

产业转移由农业向非农业转移。改革开放以来，浙江省农村劳动力的产业转移大致可分为1978—1988年，1989—1992年，1993—1996年，1996—1999年，2000年至今5个阶段。

1978—1988年，农业劳动力快速转移。十年来，农业劳动力占农村劳动力的比重由88.73%降至63.43%，下降了约25个百分点。

1989—1991年，农村劳动力转移一度陷于停滞状态。1989年的农业劳动力比重反而比1988年大，且这3年的农业劳动力占农村劳动力的比重始终在65%左右徘徊。

1992—1995年，农村劳动力转移规模进一步扩大。1995年农村劳动力在非农产业就业的比重达到46.42%，比1992年增加约10个百分点。

1996—1999年，农村劳动力转移速度有所减缓。1998年的农业劳动力绝对数量及农业劳动力占农村劳动力的比重与1997年基本相当，1998年在第二产业就业的农村劳动力比重甚至比1997年还低。

2000年至今，农村劳动力加速转移，农业从业人员占全社会从业人员的比率也持续下降，详见图2-1。近十余年来，全省农业从业人员占全社会从业人员的比率由2000年的36.56%下降到13.70%；农村劳动力总量增加了464.8万人，而相对应地农业劳动力减少了425万人。2013年全省农村劳动力2 662.73万人，其中农业劳动力589.91万人，占22.15%；第二产业就业的农村劳动力1 209.79万人，占45.43%，其中工业劳动力占38.58%、建筑业劳动力占6.85%；第三产业就业的农村劳动力659.85万人，占24.78%。

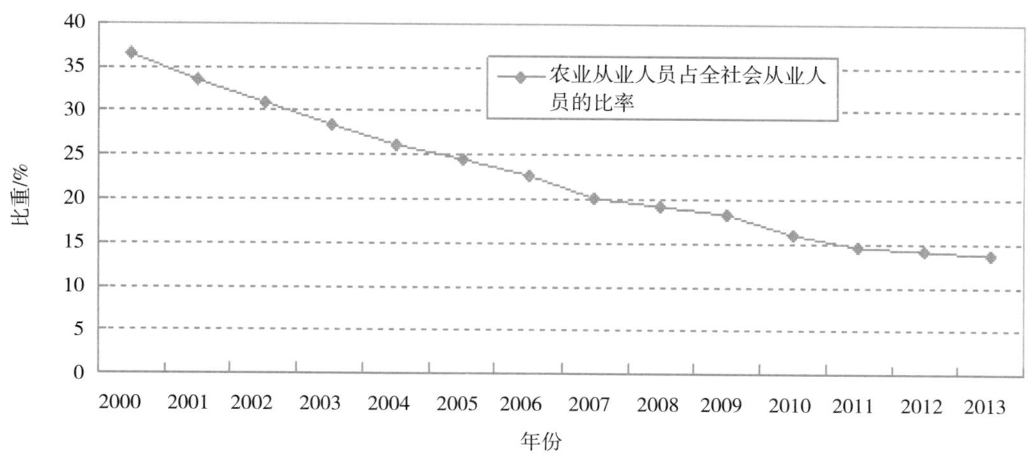

图 2-1　浙江省 2000—2013 年农业从业人员占总从业人员的比率

浙江农村劳动力区域转移以省内转移为主。从农村劳动力转移的地域特征分析，总体上以省内转移为主，2013 年省外转移的农村劳动力 144.93 万人，比重为 5.89%。即使省内转移也与当地的经济发展水平相关，经济较发达的浙东北的农村劳动力外出规模和比重大大低于欠发达的浙西南；从 11 个市看，衢州、丽水等欠发达地的外出比重较大，而嘉兴、宁波和杭州等较发达地的外出比重相对较小。而且据第六次人口普查资料和已往研究可知，浙江农村劳动力在县内转移的比重相当大。究其原因，很大程度上与浙江民营经济发达、非农产业的吸纳力较大有关。

2. 农业可持续发展面临的劳动力资源问题

2013 年，浙江农业劳动力占全社会劳动力的比重在 13.70%，如按第二次社会现代化启动阶段农业劳动力比重 10%，还需要下降 3.70 个百分点，即尚有农业劳动力 159 万人需要转移。表明农业劳动力总量富余，但农业劳动力结构和素质不容乐观。表现在农业劳动力老龄化。近年农业从业人员超过劳动年龄（男的 60 岁、女的 55 岁以上）的比率逐年上升（表 2-1），2013 年为 34.68%，比 2007 年高出近 15.12 个百分点。（注：劳动年龄内农业从业人员统计，是将非农部门从业的农村劳动力均统计在劳动年龄内，超过劳动年龄的农村劳动力均统计在农业从业人员中，这一统计方法是基于非农行业对从业人员的基本要求作出的判断）。

表 2-1　农业劳动力变化情况

年份	农业从业人员占全社会从业人员的比率（%）	农业劳动力（万人）	劳动年龄内（万人）	超过劳动年龄内的比率（%）
2007	20.07	688.04	134.61	19.56
2008	19.22	666.35	183.31	27.50
2009	18.32	653.55	182.28	27.89
2010	16.00	627.43	190.78	30.41
2011	14.57	616.76	185.20	30.03
2012	14.14	603.14	189.35	31.39
2013	13.70	589.91	204.58	34.68

资料来源：农业从业人员占比数据来自《浙江统计年鉴》，其余来自《浙江农业统计年鉴》

2012年，对慈溪市290个家庭农场农场主调查结果显示，农场主的年龄结构21~30岁的占2.8%，31~40岁的占16.3%，41~50岁的占43.1%，51~60岁的占33.6%，61岁以上的占4.2%，40岁以下的占比仅为19.1%。

农业劳动力文化水平较低。根据《浙江省第二次农业普查数据资料汇编》，全省农村劳动力资源中，文盲占6.3%，小学文化程度占36.6%，初中文化程度占44.8%，高中文化程度占11%，大专及以上文化程度占1.4%。农村劳动力文化程度主要集中在小学和初中水平，占劳动力资源总人数的80.4%。尽管这几年农村劳动力文化程度略有上升，但仍不容乐观。2012年，对慈溪市290个家庭农场农场主调查结果显示，文盲占1.1%，小学文化程度占7.4%，初中文化程度占45.2%，高中文化程度占27.6%，大专及以上文化程度占7.4%。作为新型农业经营主体的家庭农场主文化程度在初中及以下的占53.7%。

（二）农业科技

1. 农业科技发展现状特点

随着资源环境“瓶颈”约束日益强化和农产品刚性需求日益增长，浙江省依靠科技创新，实现了从传统种养业向现代多功能农业、农业机械装备和农产品食品加工业方向拓展，从主要追求农产品产量增长向更加注重质量安全和效益转变，重点加强了农业良种工程实施和蔬菜、茶叶、果品、畜牧、水产、竹木、花卉、蚕桑、食用菌、中药材等10个农业主导产业共性关键技术攻关、成果转化及示范推广，促进了浙江省农业土地产出率、劳动生产率和农业科技贡献率的提高。水稻亩产从2006年的418kg提高到2013年的430.2kg，农业劳动生产率由2006年的人均20 696元提高到2013年的30 297元，农业科技贡献率从2005年的56%提高到2013的62%，粮食生产耕种收综合机械化水平70.35%。十大农业主导产业产值占农业总产值的80%，茶叶、蚕茧、食用菌、蜂产品、花卉苗木、渔业等产业在全国位居前列。

2. 农业可持续发展面临的农业科技问题

浙江人多地少、环境承载容量有限，要确保农业可持续发展，必须形成耕地地力提升和资源节约型、环境友好型农业技术体系，但目前在农牧渔业废弃物处理与利用、农田污染防控与污染水土修复等技术大多还处于单项或实验室试验，综合集成的成果以及能够在生产上实用的成果还较少；节地、节水、节肥、节药、节能等减排技术及装备研究和推广应用还有待进一步加强，农业技术推广服务上的“最后一公里”问题依然存在；受农业劳动力素质的影响，凭经验用药用肥以及大水漫灌等现象普遍存在。

（三）农业化学品投入

1. 农业化学品投入现状特点

随着农业面源污染治理的积极推进，浙江省化肥平均施用量逐年下降，2013年，化肥平均施用强度为31.04kg/亩，是国际公认的化肥施用安全上限量15kg/亩的2倍多。用肥结构不合理，施肥方法不科学的现象仍较普遍，超量施肥、偏施氮肥（氮肥施用量占化肥施用量的54.59%），化肥利用率低的问题较为突出。过量施用化肥造成农田土壤板结酸化，氮、磷流失，加重水体富营养化。

全省农药平均施药强度为2.09kg/亩，利用率不足30%，无效流失高达70%以上，农药过量施用和无效流失不仅造成环境污染，还使水稻螟虫、稻虱等主要害虫产生严重的抗药性而导致农药剧增，农业面源污染加重，并对农产品安全构成严重威胁。

随着科技的进步和利益驱动，浙江省保护地栽培面积日益增多，农用塑料薄膜的使用量逐年增多，2013 年，全省农用塑料薄膜使用量 6.47 万 t，其中地膜使用量 2.89 万 t，地膜覆盖面积 248.34 万亩，设施大棚面积 126.36 万亩。农膜应用在增加农业效益的同时，由于农膜回收不彻底，使部分农膜残留土壤，造成“白色污染”。目前，全省农膜回收率为 75.19%。

表 2-2　浙江省 2000—2013 年化肥、农药、农膜使用量　（单位：万 t）

年份	农用化肥施用量	农药使用量	农用塑料薄膜使用量
2000	89.72	6.53	3.16
2001	90.32	6.63	3.54
2002	91.91	6.39	3.92
2003	90.38	6.17	4.24
2004	93.34	6.34	4.36
2005	94.27	6.56	4.47
2006	93.98	6.62	4.75
2007	92.82	6.49	4.92
2008	92.98	6.58	5.21
2009	93.60	6.55	5.44
2010	92.20	6.51	5.54
2011	92.07	6.39	5.84
2012	92.15	6.23	6.29
2013	92.43	6.47	6.22

资料来源：《浙江农业统计资料》

2. 农业对化学品投入的依赖性分析

分析农业对化学品投入的依赖主要有以下 3 个原因。

一是使用简便、效果好。据测算，生产 1t 农产品，其地力质量的贡献率一般占 50% 左右。近 30 年来，由于农村劳动力的大量转移，传统的农家肥积制与施用费工费时、又脏又累，遭到农民的抛弃，农业废弃物循环利用的链条断裂，致使农田地力下降、养殖对环境的污染加剧。由于耕地基础地力下降，保水保肥和耐水耐肥性能差，对干旱、养分的不均衡更为敏感，增加产量或维持高产，主要靠化肥、农药的大量使用。

二是土地利用上的短期行为。近年来，浙江土地流转率持续上升，在全国处于前列。截至 2013 年年底，全省流转面积 865.2 万亩，占总承包耕地面积的 45.3%。分析 2006—2013 年土地流转情况（表 2-3）发现，尽管签订土地流转合同的比率逐年上升，2013 年达到 77.0%，比 2006 年高 26.4 个百分点，但土地流转时间短的状况依然没有太大的改观，2013 年全省流转时间 5 年以下的比率占到 57.5%，只比 2006 年下降 12.21 个百分点，其中一年以下的比率占到 11.67%。土地流转时间短，也使经营户放弃对土地地力的培育，转向使用短期能见效的化肥等投入品。

表 2-3　2006—2013 年浙江省土地流转情况

年份	土地流转率（%）	其中 5 年以下的流转比率（%）	其中 1 年以下的流转比率（%）
2006	19.75	69.71	19.00
2007	23.47	70.70	18.59
2008	27.61	69.62	17.38
2009	32.36	65.07	16.89
2010	36.37	62.20	14.66
2011	40.33	60.87	13.81
2012	42.87	59.19	12.41
2013	45.3	57.50	11.67

资料来源：历年《浙江省农经统计资料简要本》

三是效益驱动。这主要体现在农膜应用上，设施大棚和地膜的应用使一些不太适宜在浙江发展的产业变得可能，如浙江的葡萄产业，应用设施大棚栽培后，呈现病害少、优质高效，近十多年来发展迅速，全省栽培面积近 40 万亩，成为南方葡萄产区。同时，农膜的使用，可使农作物育苗避免不良气候影响；更好地利用光热资源，使农产品提前或延后产出，提高效益。

三、农业发展可持续性分析

（一）农业发展可持续评价指标体系构建

1. 指标体系构建思路

以科学发展观为指导，综合考虑浙江社会发展、农业发展、自然资源等方面的特点，以系统全面构建农业发展可持续评价指标体系为总目标，合理分配农业生态系统指标、农业经济系统指标、社会发展系统指标三大指标体系之间的权重，使三者之间保持一定的协调性，一方面确保指标体系能够充分体现保护土地、水、森林等自然资源与农业清洁生产的重要性，另一方面确保指标体系能够充分体现开发利用农业资源是为了获得并持续满足当代与后代人们需要的发展内涵。

2. 指标体系构建原则

——科学性原则。指标体系建立在科学基础上，指标概念明确、内涵清晰，指标的设置尽可能科学客观地度量和反映浙江农业生态系统、农业经济系统、社会发展系统的复合功能、发展现状与发展趋势。

——重要性原则。指标体系力求简洁，尽量选择有代表性的综合指标和主要指标，既保持指标体系在全国具有可比性，又使指标体系能够体现浙江在耕地资源稀缺条件下取得突出成绩的重要性。

——层序性原则。指标体系作为一个有机整体，能比较全面地反映和测度被评价区域农业发展的主要特征、状况和重要目标，同时指标的组织必须依据一定的逻辑规则，具有显著的层次结构性。

——获得性原则。评价指标应简洁明了，便于获取与量化，数据能够通过统计资料整理、抽样调查或典型调查，或直接从有关部门获得，表达方式应选择大众熟悉的比重、单位面积产出、单位面积投入、人均占有量等方式进行表示。

3. 指标体系

浙江农业可持续性发展评价指标系统由农业生态系统、农业经济系统、社会发展系统三大指标系统组成。按照上述指标选取原则，结合浙江农业生产特点，构建浙江农业可持续发展系统指标体系如表 3–1。

表 3–1　浙江省农业可持续发展系统评价指标体系

一级指标	二级指标	三级指标
农业生态系统	耕地资源指标	农村人口人均耕地面积
		测土配方面积
		一等田占标准农田比重
		复种指数
		农田旱涝保收率
		水土流失面积比重
		农业受灾率
	水资源指标	地表水质指数
		耕地亩均用水量
		灌溉水利用系数
		水资源开发利用率
	农业清洁生产指标	每亩播种面积化肥施用量
		每亩播种面积农药施用量
		农膜回收率
		秸秆综合利用率
		规模化养殖废弃物综合利用率
		森林覆盖率
农业经济系统	农业生产率指标	农业成本利润率
		农业劳动生产率
		单位耕地面积粮食产量
		单位面积耕地油料产量
		单位面积耕地蔬菜产量
		单位面积耕地水果产量
	农业投入指标	农业劳动力数量
		农民组织化水平
社会发展系统	人均食物占有量	粮食
		猪牛羊肉
		水产品
	农业科技化水平	农业科技进步贡献率
		农业技术人才比重
	就业、财政与收入	农业剩余劳动力转移指数
		国家农业政策支持力度
		农村人均纯收入
		城乡收入差距系数

（二）数据处理

采用均值化方法进行数据处理，即每一变量除以该变量的平均值，标准化后各变量的平均值均为 1，标准差为原始变量的变异系数。但是，由于农业可持续指标系统内部，分为正向影响指标和负向影响指标，正向影响指标为越大越好，负向影响指标为越小越好，因此，对于两类指标的标准化作以下处理。

正向指标：$x_i^{'} = x_i / \bar{x}$

负向指标：$x_i^{'} = \bar{x} / x_i$

与其他方法相比，该方法在消除量纲和数量级影响的同时，保留了各变量取值差异程度上的信息，差异程度越大的变量对综合分析的影响也越大。该无量纲化方法在保留原始变量变异程度信息时，并不是取决于原始变量标准差，而是原始变量的变异系数，这也就保证了保留变量变异程度信息的同时数据的可比性问题。

表 3-2　浙江省农业可持续发展指标系统主要指标数据（2010—2013）

三级指标	单位	2010	2011	2012	2013
农村人口人均耕地面积	亩	0.78	0.77	0.77	0.75
测土配方面积	万 hm^2	244.00	206.90	211.80	221.10
一等田占标准农田比重	%	33.70	36.90	37.20	37.50
复种指数	—	1.25	1.24	1.17	1.31
农田旱涝保收率	%	55.16	55.49	56.59	55.49
*水土流失面积比重	%	27.882	27.875	27.906	27.880
*农业受灾率	%	2.37	1.81	2.19	3.98
*地表水质指数	%	10.50	26.50	18.50	20.80
*耕地亩均用水量	m^3	363.00	347.00	335.00	346.00
灌溉水利用系数	—	0.49	0.49	0.49	0.58
水资源开发利用率	%	23.00	23.30	23.30	23.50
*每亩播种面积化肥施用量	kg	24.70	24.50	25.10	20.70
*每亩播种面积农药施用量	kg	1.75	1.70	1.71	1.40
农膜回收率	%	73.74	75.37	76.15	75.19
秸秆综合利用率	%	75.00	76.00	77.00	78.00
规模化养殖废弃物综合利用率	%	95.00	95.00	96.00	96.50
森林覆盖率	%	59.10	59.10	59.50	59.30
农业成本利润率	%	167.50	166.30	168.30	170.20
农业劳动生产率	元	34 631.10	41 100.30	44 080.30	48 099.70
单位耕地面积粮食产量	kg/ 亩	258.60	262.30	258.30	246.30
单位面积耕地油料产量	kg/ 亩	13.20	13.40	12.90	12.70
单位面积耕地蔬菜产量	kg/ 亩	600.20	609.20	610.60	592.00
单位面积耕地水果产量	kg/ 亩	235.30	239.00	236.20	240.20
农业劳动力数量	万人	627.40	616.80	603.10	589.90
农民组织化水平	%	51.90	46.70	53.10	54.20

（续表）

三级指标	单位	2010	2011	2012	2013
人均粮食占有量	kg/ 人	143.75	143.29	140.55	150.04
人均猪牛羊肉占有量	kg/ 人	25.17	25.45	26.02	29.33
人均水产品占有量	kg/ 人	89.15	94.56	98.52	115.08
农业科技进步贡献率	%	57.50	58.10	60.10	62.00
农业技术人才比重	%	15.70	15.90	16.20	15.50
农业剩余劳动力转移指数	%	9.53	9.50	9.31	9.20
国家农业政策支持力度	%	1.05	1.16	1.18	1.22
农村人均纯收入	元	11 303.00	13 071.00	14 552.00	16 106.00
*城乡收入差距系数	--	2.42	2.37	2.37	2.35

注：表中*标注部分为负向指标，共 7 个

表 3-3 浙江省农业可持续发展指标系统主要指标标准化数据（2010—2013）

三级指标	2010	2011	2012	2013
农村人口人均耕地面积	1.017 5	1.006 6	1.003 8	0.972 0
测土配方面积	1.104 2	0.936 2	0.958 7	1.000 8
一等田占标准农田比重	0.927 7	1.015 8	1.024 1	1.032 3
复种指数	1.006 0	0.998 0	0.941 6	1.054 3
农田旱涝保收面积	0.990 6	0.996 6	1.016 2	0.996 6
*水土流失总面积	1.000 1	1.000 4	0.999 3	1.000 2
*农业受灾率	1.091 2	1.427 2	1.183 2	0.650 3
*地表水质指数	1.816 7	0.719 8	1.031 1	0.917 1
*耕地亩均用水量	0.958 0	1.002 2	1.038 1	1.005 1
灌溉水利用系数	0.958 4	0.958 4	0.958 4	1.124 7
水资源开发利用率	0.989 8	0.999 5	0.999 8	1.010 8
*每亩播种面积化肥施用量	0.961 0	0.968 9	0.948 2	1.145 8
*每亩播种面积农药施用量	0.938 6	0.962 4	0.958 0	1.174 2
农膜回收率	0.994 1	1.000 6	0.999 9	1.005 4
秸秆综合利用率	0.980 4	0.993 5	1.006 5	1.019 6
规模化养殖废弃物综合利用率	0.993 5	0.993 5	1.003 9	1.009 2
森林覆盖率	0.997 0	0.997 8	1.003 6	1.001 6
农业成本利润率	0.996 6	0.989 4	1.001 5	1.012 5
农业劳动生产率	0.825 0	0.979 1	1.050 1	1.145 8
单位耕地面积粮食产量	1.008 7	1.023 0	1.007 6	0.960 6
单位面积耕地油料产量	1.016 0	1.025 7	0.985 8	0.972 5
单位面积耕地蔬菜产量	0.995 4	1.010 3	1.012 6	0.981 7
单位面积耕地水果产量	0.990 1	1.005 7	0.993 7	1.010 4
农业劳动力数量	1.029 7	1.012 2	0.989 9	0.968 1
农民组织化水平	1.008 3	0.907 2	1.031 6	1.052 9
人均粮食占有量	0.995 4	0.992 3	0.973 3	1.039 0
人均猪牛羊肉占有量	0.950 1	0.960 6	0.982 2	1.107 1
人均水产品占有量	0.897 5	0.952 0	0.991 9	1.158 6
农业科技进步贡献率	0.967 6	0.977 7	1.011 4	1.043 3

（续表）

三级指标	2010	2011	2012	2013
农业技术人才比重	0.990 3	1.005 9	1.023 3	0.980 5
农业剩余劳动力转移指数	1.015 0	1.012 5	0.992 0	0.980 5
国家农业政策支持力度	0.911 0	1.004 6	1.024 1	1.060 3
农村人均纯收入	0.821 6	0.950 1	1.057 7	1.170 7
*城乡收入差距系数	0.982 7	1.003 9	1.001 8	1.012 1

注：表中 * 标注部分为负向指标，共 7 个

（三）农业发展可持续性评价

1. 评价方法

综合指数评价方法：

$$S=\sum_{i=1}^{34} w_i x_i$$

其中，S 为农业可持续指标系统得分，w_i 为各指标权重。

2. 指标权重确定

可持续发展评价指标体系中的指标内涵不同，对可持续发展的重要性也不同，在对其进行综合评价时，需要确定指标权重的大小，权重确定方法有专家咨询法、层次分析法、主成分分析法、灰色关联法等以及这些方法的综合应用。采用合理的方法来确定权重，能使确定的指标体系权重更符合客观实际和发展趋势。

本文采用层次分析法与专家打分法相结合的方法对系统中各指标进行打分。第一步，请 10 位专家对一级指标的权重进行赋值，各级指标权重之和为 1；第二步，请上述专家对二级指标的权重进行赋值，各子系统内部二级指标的权重之和为 1；第三步，请上述专家对三级指标的权重进行赋值，各子系统内部三级指标的权重之和为 1；第四步，将三级指标的最终权重得分进行排序，分析权重得分是否与重要性匹配，并根据专家意见再次进行调整，直至专家对结果的认可度达到 90% 以上。最终，形成三级指标权重分配表（表 3-4）。

表 3-4　浙江省农业可持续发展系统评价指标体系权重分配

一级指标	二级指标	三级指标	三级指标权重
农业生态系统（0.5）	耕地资源指标（0.5）	农村人口人均耕地面积	0.1
		测土配方面积	0.1
		一等田占标准农田比重	0.2
		复种指数	0.2
		农田旱涝保收面积	0.2
		*水土流失总面积	0.1
		*农业受灾率	0.1

（续表）

一级指标	二级指标	三级指标	三级指标权重
农业生态系统（0.5）	水资源指标（0.2）	*地表水质指数	0.2
		*耕地亩均用水量	0.3
		灌溉水利用系数	0.3
		水资源开发利用率	0.2
农业经济系统（0.3）	农业清洁生产指标（0.3）	*每亩播种面积化肥施用量	0.15
		*每亩播种面积农药施用量	0.15
		农膜回收率	0.15
		秸秆综合利用率	0.15
		规模化养殖废弃物综合利用率	0.2
		森林覆盖率	0.2
	农业生产率指标（0.6）	农业成本利润率	0.3
		农业劳动生产率	0.3
		单位耕地面积粮食产量	0.1
		单位面积耕地油料产量	0.1
		单位面积耕地蔬菜产量	0.1
		单位面积耕地水果产量	0.1
	农业投入指标（0.4）	农业劳动力数量	0.4
		农民组织化水平	0.6
社会发展系统（0.2）	人均食物占有量（0.3）	粮食	0.4
		猪牛羊肉	0.3
		水产品	0.3
	农业科技化水平（0.4）	农业科技进步贡献率	0.6
		农业技术人才比重	0.4
	就业、财政与收入（0.3）	农业剩余劳动力转移指数	0.2
		国家农业政策支持力度	0.3
		农村人均纯收入	0.3
		*城乡收入差距系数	0.2

3. 评价结果及其分析

（1）评价结果　根据上述数据标准化处理方法与综合指数评价方法，得出近 4 年浙江省农业可持续发展水平及三大子系统得分，列于下表 3–5 中。

表 3-5 浙江省农业可持续发展评价结果（2010—2013 年）

系统得分	2010	2011	2012	2013
农业生态系统得分	0.497 8	0.486 6	0.487 2	0.487 9
耕地资源指标系统	0.251 5	0.259 8	0.252 7	0.244 7
水资源指标系统	0.113 6	0.093 2	0.100 5	0.102 5
清洁生产指标系统	0.132 6	0.133 6	0.134 0	0.140 7
农业经济系统得分	0.280 7	0.281 3	0.292 5	0.297 5
农业生产率指标系统	0.158 6	0.167 4	0.170 7	0.175 3
农业投入指标系统	0.122 0	0.113 9	0.121 8	0.122 3
社会发展系统得分	0.285 7	0.295 1	0.302 4	0.316 9
人均食物占有量指标系统	0.085 7	0.087 4	0.088 3	0.098 6
农业科技化水平指标系统	0.117 2	0.118 7	0.121 9	0.122 2
劳动力转移、财政与收入指标系统	0.082 7	0.089 1	0.092 1	0.096 1
综合得分	1.064 1	1.063 0	1.082 1	1.102 3

（2）结果分析

① 系统评价

——农业生态系统：农业生态系统由耕地资源指标、水资源指标以及农业清洁生产指标三大子系统组成，该系统是农业可持续发展最重要的组成部分，系统得分越高，表示农业发展所处的生态环境改善。从表 3-5 可以看出，农业生态系统得分先降后升，从 2010 年的 0.498 7 下降到 2011 年的 0.486 6，之后便稳定上升至 2013 年的 0.487 9，但增速较慢且还没有恢复到 2010 年的水平。具体来看，耕地资源系统指标得分先升后降，且处于下滑趋势；水资源系统指标得分先降后升，但恢复速度较慢；农业清洁指标系统的得分一直平稳上升，显示出浙江近年来十分重视农业清洁生产，农业生产环境有所改善。参见图 3-1。

——农业经济系统：农业经济系统由农业生产率指标和农业投入指标两大子系统组成，其得分越高，表示农业在经济方面的可持续发展能力越高。从经济系统的得分来看，综合得分从 2010 年的 0.280 7 上升到 2013 年的 0.297 5，年均增长 0.56%，虽然增长速度不快，但增长步伐稳定。其中，农业生产率指标得分从 2010 年的 0.158 6 上升到 2013 年的 0.175 3，持稳步上升态势，表明浙江耕地的生产效率和劳动力的生产效率不断提升；农业投入指标得分先降后升，从 2010 年的 0.122 下降到 2011 年的 0.113 9，之后稳步上升至 2013 年的 0.122 3，主要是农业劳动力数量不断减少，且产业化带动水平有所波动引起。具体参见图 3-2。

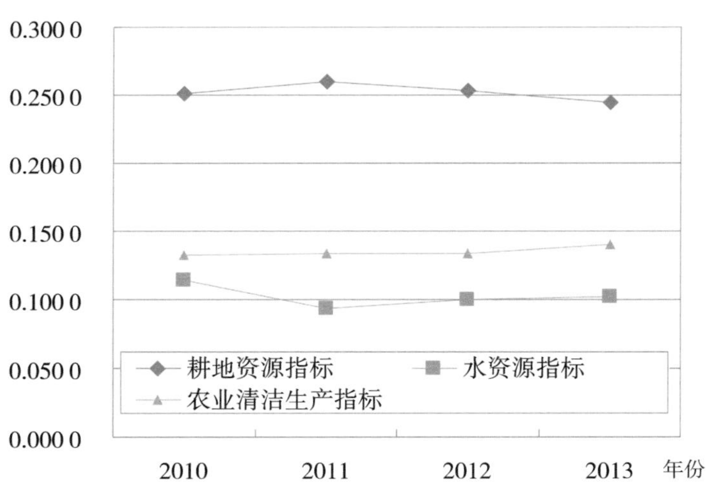

图 3-1 浙江农业生态系统三大子系统可持续发展能力变化情况

——社会发展系统：社会发展系统由人均食物占有量、农业科技化水平、农业剩余劳动力转移与财政支农力度等三大子系统组成，其得分越高，表示农业发展对社会贡献越大，可持续发展能力越强。社会发展系统综合得分从2010年的0.285 7上升到2013年的0.316 9，年均增长1.04%，增长步伐稳健，在三大子系统中增长幅度最快，成为浙江农业可持续发展能力增强的重要支撑。其中，人均食物占有量指标得分年均递增0.43%，这对于浙江这样一个耕地资源稀缺且人口不断增长的省份来说，具有十分重要的意义。农业科技化指标得分年均递增0.17%，主要是农业科技贡献率不断增长引起。劳动力转移、财政及收入子系统指标得分增长幅度最快，达到0.45%，这与浙江经济大省的身份较为匹配，在很大程度上受益于其经济快速发展对农村劳动力需求的增加以及财政支农力度的增强。

② 指标评价。从三级指标得分来看，一些关键指标得分变化的差异较大，可持续发展能力喜忧参半。其中，“喜”主要表现在三个方面，一是以一等良田占标准农田比重、耕地亩均用水量、每亩化学药品投入量、秸秆综合利用率和规模化养殖废弃物综合利用率为代表的农业生态系统指标持续向好；二是以农业成本利润率、劳动生产率、农民组织化水平为代表的农业经济系统指标稳步

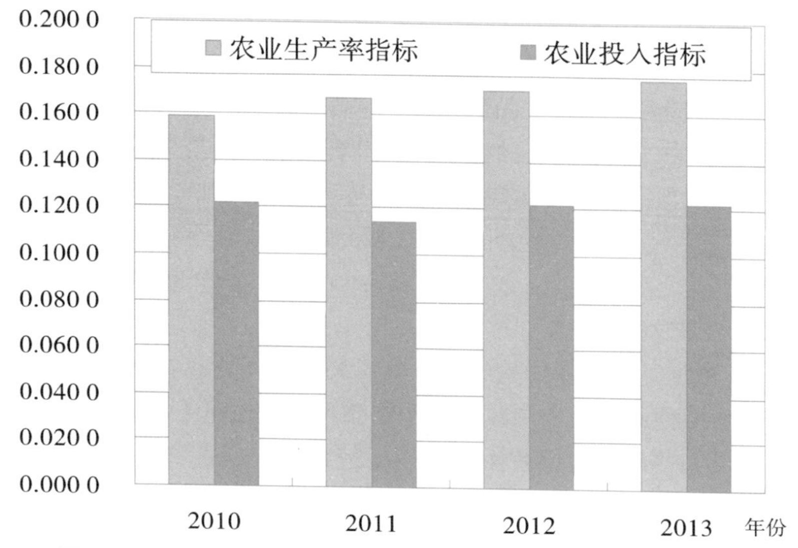

图3-2　浙江农业经济系统两大子系统可持续发展能力变化情况

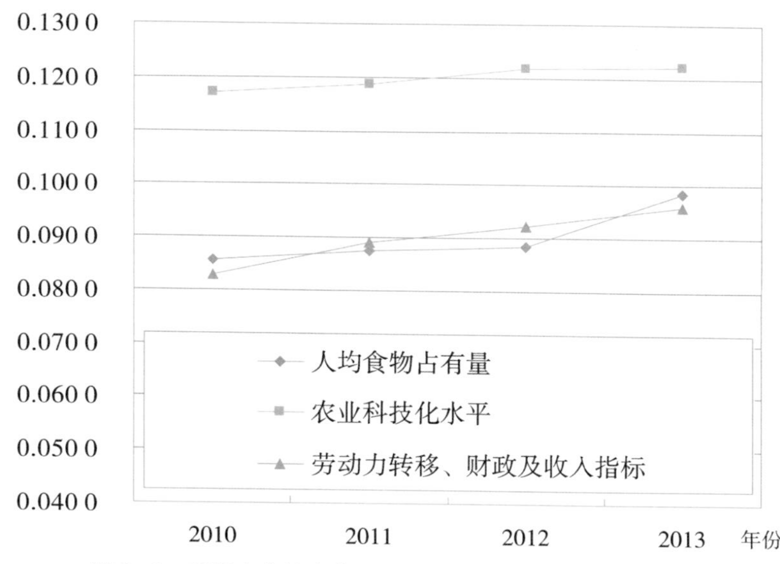

图3-3　浙江农业社会发展系统可持续发展能力变化情况

提高；三是以农业科技进步贡献率、政府支农力度、农民收入水平为代表的社会发展系统指标显著提高，城乡居民收入差距日益缩小。“忧”也表现在三个方面，一是农村人口人均耕地面积持续下滑，其指标得分从 2010 年的 0.025 4 持续下降到 0.024 3，农业发展空间不断下降；二是单位面积耕地粮油产量下降明显，其指标得分从 2010 年的 0.036 4 持续下滑至 2013 年的 0.034 8，浙江粮食生产安全问题日益突出；三是农业科技人员比重在 2013 年出现了下滑，其进一步发展的影响有待观察。

③ 总体评价。综合三大子系统的得分情况，浙江省农业可持续发展能力综合得分从 2010 年的 1.064 1 上升到 2013 年的 1.102 3，年均上升 1.27%，表明浙江省农业可持续发展水平逐年稳步提高，发展形势较为喜人，特别是农业经济系统和社会发展系统的可持续发展能力持续提高，对农业整体可持续发展水平的提高起到了强有力的支撑。但是，从单个指标的得分变化来看，虽然浙江在农业生态环境治理，提高农业劳动力效率，加大财政支农力度，提高农民收入等方面取得了不俗的成绩，但仍面临耕地面积减少、粮油生产水平下滑、农业科技人员比重降低等问题，应引起政府相关部门的足够重视。

四、农业可持续发展背景下的产业合理规模分析

（一）种植业合理规模

1. 种植业资源合理开发强度分析

20 世纪 90 年代，浙江加快农业结构结构调整，大力发展效益农业，蔬菜瓜果等经济作物面积快速增加，而粮食作物播种面积逐步调减，农作物播种面积也呈下降态势。“十二五”以来，深入实施农业“两区”建设，并加大对粮食生产政策扶持力度，全省农民种粮积极性有所提高，但粮食播种面积下降的态势难以扭转。2013 年，全省农作物播种面积 4 441.43 万亩，比 2000 年下降了 26.14%。其中，粮食作物播种面积 1 880.61 万亩，比 2000 年下降了 45.50%；蔬菜、水果、茶叶等经济作物播种面积 2 560.82 万亩，比 2000 年下降了 0.07%。粮经面积比由 2000 年的 57：43 调整为 2013 年的 42：58。耕地复种指数由 2000 年的 221.1% 下降到 2013 年的 149.9%（表 4-1）。浙江光热资源较为充足，种植业生产适合一年两熟至三熟，如果仅从气候资源考虑，种植业资源开发强度还有较大的提升空间，以 2000 年耕地复种指数测算，全省农作物播种面积可以增加 20% 左右。

表 4-1　2000—2013 年浙江省农作物种植结构调整情况表

指标	农作物播种面积（万亩）	其中：粮食作物（万亩）	经济作物（万亩）	粮经比	耕地复种指数（%）
2000	6 012.89	3 450.39	2 562.5	57.4：42.6	221.1
2001	5 573.42	2 813.4	2 760.02	50.5：49.5	202.7
2002	5 333.91	2 488.63	2 845.28	46.7：53.3	183.7
2003	5 008.43	2 141.66	2 866.77	42.8：57.2	178.1
2004	4 943.23	2 181.8	2 761.43	44.1：55.9	174.2
2005	5 051.56	2 266.19	2 785.37	44.9：55.1	178.1
2006	5 077.78	2 287.59	2 790.19	45.1：54.9	179.2
2007	5 041.02	2 237.4	2 803.62	44.4：55.6	176.2

（续表）

指标	农作物播种面积（万亩）	其中：粮食作物（万亩）	经济作物（万亩）	粮经比	耕地复种指数（%）
2008	4 573.19	1 907.45	2 665.74	41.7：58.3	155.4
2009	4 606.04	1 935.14	2 670.9	42.0：58.0	156.8
2010	4 499.48	1 913.75	2 585.73	42.5：57.5	152.2
2011	4 471.73	1 881.2	2 590.53	42.1：57.9	151.0
2012	4 529.63	1 877.33	2 652.3	41.4：58.6	153.4
2013	4 441.43	1 880.61	2 560.82	42.3：57.7	149.9

资料来源：浙江省 2000—2013 年农业统计资料

造成浙江省种植业播种面积下降的主要原因是农业的比较效益低，浙江经济发达，务工经商效益高于务农效益，农村劳动力正持续向工业和服务业转移。2000—2013 年，全省农业劳动力由 1 014.93 万人减少到 589.91 万人，年均下降了 4.1%；其中，从事种植业的农业劳动力由 831.86 万人减少到 470.47 万人，年均下降了 4.3%。再从农业水资源来看，近十年来，浙江农业灌溉用水量及其占总用水量的比例逐年下降，农业亩均灌溉用水量也越来越少。2000 年全省农田灌溉用水量为 111.05 亿 m^3，占总用水量的 55.2%；到 2013 年全省农田灌溉用水量下降为 75.79 亿 m^3，仅占总用水量的 33.7%。农田灌溉亩均年用水量由 2000 年的 508m^3，下降到 2013 年的 346m^3，下降了 31.9%。随着工业化、城镇化水平不断推进，未来几年浙江农业劳动力还将继续减少、农业用水量还将继续下降，可能会对省农业结构，尤其是种植业结构产生一定影响。

2. 粮食合理生产规模

粮食安全始终是关系我国国民经济发展、社会稳定和国家自立的全局性重大战略问题。而粮食生产不仅受到政府引导政策的影响，同时，也受到水、土等要素资源的制约，粮食生产规模可以从最大承载量和合理生产规模等两个方面来分析。

（1）浙江水资源的粮食承载力分析　反映粮食产量与所需水量的关系一般用水分生产率来表示，它是指单方水量所能产生的粮食（按 kg 计），可用耗水量生产率和灌溉水分生产率表示。若要建立粮食产量与农业灌溉水量的关系，可采用灌溉水分生产率。

根据 2000—2004 年浙江省单季稻的灌溉试验结果，多年平均净灌溉水分生产率各地略有差异，全省平均薄露灌溉约 2.4~2.5kg/m^3，群习灌溉 1.8~2.0kg/m^3；另据 1982—1990 年浙江省双季水稻各试验站的灌溉试验成果，多年平均净灌溉水分生产率 2.1~2.2kg/m^3，若考虑近几年农业灌溉水平的提高和农艺措施的改进，净灌溉水分生产率可以达到 2.4kg/m^3。按 2013 年农田灌溉水量 75.79 亿 m^3 计算，灌溉水利用系数 0.575，则实际能够到田间的净灌溉水量 43.58 亿 m^3，以目前浙江省最主要的粮食作物——水稻为分析对象，净灌溉水分生产率约为 2.4kg/m^3，可以推算出目前全省水资源量可以承载粮食生产约为 1 050 万 t，按 2013 年全省粮食平均产量 390kg/ 亩计算，全省水资源量可以承载粮食播种面积约为 2 690 万亩。

（2）粮食合理生产规模　浙江在 20 世纪 90 年代后期提出发展效益农业，主要是减粮增经，这也是根据市场导向、比较效益作出的战略性调整。但近十年来，粮食安全问题越来越受到各级政府重视，并实行了粮食生产行政首长负责制，基于当前浙江耕地资源数量和利用效率，省委、省政府作出确保 800 万 t 口粮自给的决定。在《浙江省粮食生产能力和功能区建设‘十二五’规划》中，提出“力争年粮食播种面积达到 1 950 万亩、总产量 800 万 t”，而且还深入推进粮食功能区建设，规划到 2018 年全省建成粮食生产功能区 800 万亩。至 2013 年年底，全省已建成粮食生产功能区 465 万亩，为提高浙江省粮食生产水平、保障粮食安全作出了积极贡献。由图 4-1 可知，近 4 年来全省粮食播种面积和总产量的减势趋缓。基于以上分析，再综合考虑口粮基本自给的总要求，浙江省粮食合理生产规模为 1 900 万 ~2 000 万亩。按照此粮食生产规模，以及当前的灌溉水利用系数、净灌溉水分生产率（2.4kg/m^3）测算，浙江省农田灌溉水量即使下降到 57.74 亿 m^3，全省水资源还是可以确保 1 950 万亩粮食生产；随着粮食生产机械化生产水平的不断提高，粮食生产劳动生产率的不断提高，农村劳动力也完全可以支撑 1 950 万亩粮食生产。

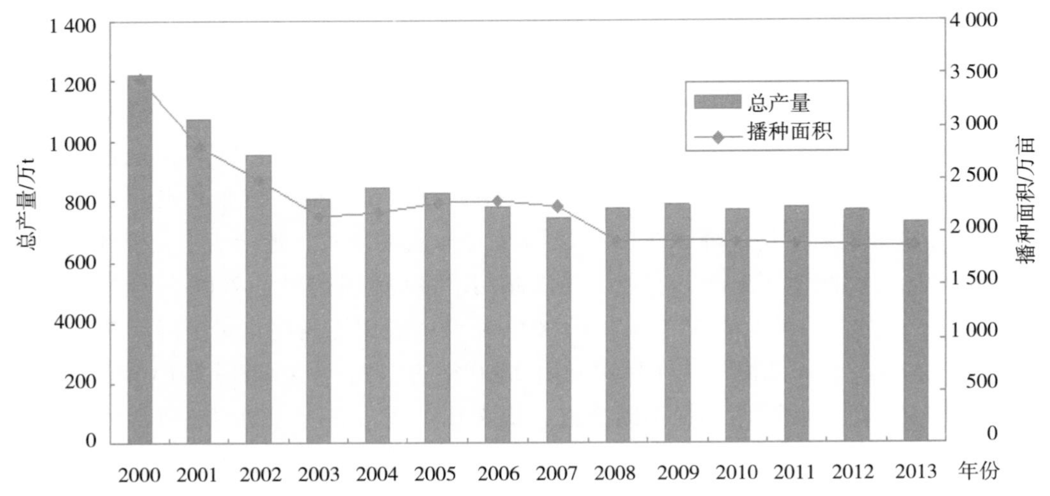

图 4-1　2000—2013 年浙江省粮食播种面积及总产量

3. 蔬菜合理生产规模

蔬菜是城乡居民生活必不可少的重要农产品，保障蔬菜供给是重大的民生问题，蔬菜生产与供给必须以资源优势为基础，以市场需求为导向，因地制宜，循序发展。因此，确定蔬菜的合理生产规模必须考虑市场化背景下蔬菜产需总体发展趋势，根据资源禀赋和比较优势，来确定蔬菜的合理生产规模。

改革开放以来，浙江蔬菜产业总体保持平稳较快发展，已成为浙江省十大特色优势农业产业之一，蔬菜总产值和总产量均居全省种植业首位，蔬菜产值占全省种植业的 30% 左右，出口创汇列全国前茅，蔬菜产业已成为全省农民从事农业生产取得经济收入的主要来源，为促进全省社会主义新农村建设、发展农村经济、农民收入发挥了十分重要的作用。

从蔬菜生产方面看，自 1985 年以来，浙江蔬菜播种面积呈现先增后减，然后趋稳的趋势。由 1985 年的 270.4 万亩增加到 2003 年的 1 051.2 万亩，增长了 288.7%，年均递增 7.9%；2003—2008 年，全省蔬菜播种面积减少了 11.8%，年均递减 2.5%；2008—2013 年，蔬菜播种面积基本维持在 930 万亩左右。而全省蔬菜总产量则呈现先增后稳，然后又增的趋势。1986—2003 年，全省蔬菜总产量增长了 136.1%，年均递增 5.2%；2004—2007 年，全省蔬菜总产量基本维持在 1 720 万t 左右；2007—2013 年，全省蔬菜总产量又增长了 5.7%，年均递增 1.3%。可以看出，近 4~5 年浙江的蔬菜播种面积基本维持稳定，而由于单产的提高，蔬菜总产量略有增长。

从蔬菜消费角度看（图 4-2），随着城乡居民生活水平的不断提高和农村人口向城镇转移加快，浙江蔬菜消费量呈现先增后减，然后趋于平稳的趋势。1985—2001 年，随着人民生活水平的提高和膳食结构的改善，蔬菜日益成为人们一日三餐的必需品，浙江省城乡居民蔬菜的消费量平稳增长，年均递增 4.8%。2001—2013 年，随着全省城镇化的推进，农村居民人均蔬菜消费量不断下降，而城市则相对稳定。据统计，农村居民的年人均蔬菜消费量从 2001 年的 109.3kg 下降到 2013 年的 87.6kg，年均下降 2.2%；而城镇居民的年人均蔬菜消费量先上升后下降，2011 年人均消费量为 110.2kg，与 2001 年相比差距不大。至 2006 年全省蔬菜消费量略有下降，年均递减不足 0.5%，而后趋于平稳。

根据以上蔬菜产需总体趋势分析，以市场供需为基础，以保障城乡居民菜篮子供给为重点，同时兼顾发展蔬菜加工及其出口创汇需要，浙江蔬菜产业的合理生产规模为年播种面积 930 万亩，蔬菜总产量约为 1 800 万 t。

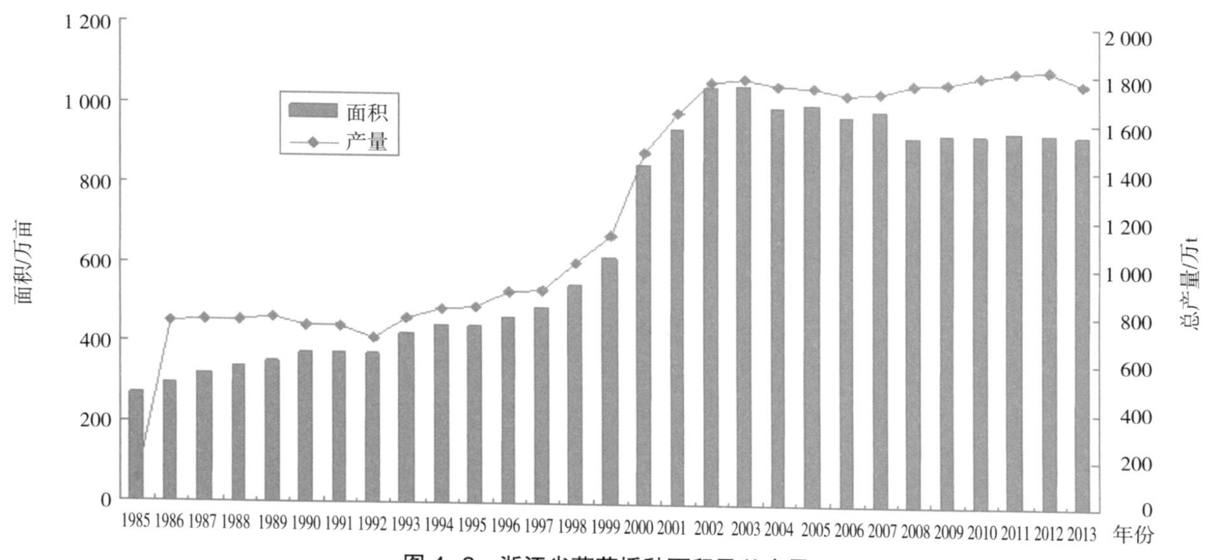

图 4-2　浙江省蔬菜播种面积及总产量

（二）养殖业合理规模

畜牧养殖业的适度规模，不仅与资源状况、消费需求等密切相关，而且还要求畜禽养殖规模与周边农田的粪污消纳能力相适应，建立农牧结合的生态养殖模式，走绿色、生态、健康养殖之路。

1. 耕地畜禽承载能力分析

随着城市化、工业化进程的加快和生态立省战略的实施，不断扩大的规模化养殖对有限的环境承载力构成严峻挑战，尤其是在“五水共治”大背景下，如何确定畜产品合理生产规模，实现规模养殖与生态环境保护的协调发展已成为亟待解决的难题。因此，按照土地的承载能力确定适度规模的载畜量，使土地能够具有足够的空间消纳利用粪污，促进畜牧业规模养殖与资源环境的协调发展，就成为当前浙江畜牧业发展的一项紧迫任务。

畜禽粪污的流失中氮素占一半左右，综合考虑作物生长发育氮肥的合理需求与降低农业面源污染风险的客观要求，开展基于氮素循环的耕地畜禽承载能力评估。基于氮素循环的耕地畜禽承载能力评估模型（N-LSCM）共由 6 个分析处理模块构成。参照国内外相关研究，结合浙江种养业生产及科技、管理水平，以《浙江省二〇一三年农业统计资料》中的主要作物产量和畜牧业生产数据为基础，由评估数学模型分析估算得出浙江省 2013 年农作物氮养分消耗量（TN2013）319 413.4t；耕地畜禽承载能力在非约束条件下（CNmax）10 285 万猪等值产量，在农牧结合、种养平衡状态下（CN2013）4 628.5 万猪等值产量（表 4–2）；耕地畜禽承载实际数量（LN2013）2 670.2 万猪等值产量；耕地畜禽负荷预警值（δ2013）为 0.26；可承载新增畜禽生产数量（VN）1 958.3 万猪等值产量。

表 4–2　在约束条件下 2013 年浙江耕地畜禽粪便负荷与承载能力

畜禽粪便有机氮占作物生产消耗总氮的百分比（%）	耕地畜禽粪便总负荷（折成纯氮 $t \cdot a^{-1}$）	耕地畜禽承载总量（猪等值产量）	单位耕地畜禽承载能力（头 $\cdot hm^{-2} \cdot a^{-1}$）
0	0	0	0
5	15 970.67	5 142 780	2.6
10	31 941.34	10 285 560	5.2
15	47 912.01	15 428 340	7.8
20	63 882.68	20 571 121	10.4
25	79 853.35	25 713 901	13.0
26.75①	82 921.05	26 701 742	13.5
30	95 824.02	30 856 681	15.6
35	111 794.69	35 999 461	18.2
40	127 765.36	41 142 241	20.8
45②	143 736.03	46 285 021	23.4
50	159 706.70	51 427 802	26.0
55	175 677.37	56 570 582	28.6
60	191 648.04	61 713 362	31.2
65	207 618.71	66 856 142	33.8
70	223 589.38	71 998 922	36.4
75	239 560.05	77 141 702	39.0
80	255 530.72	82 284 482	41.6
85	271 501.39	87 427 263	44.2
90	287 472.06	92 570 043	46.8
95	303 442.73	97 712 823	49.4
100	319 413.40	102 855 603	52.0

注：①为 2013 年浙江耕地畜禽承载实际负荷；②为浙江耕地畜禽承载能力临界点

根据作物种植对畜禽粪便有机肥氮养分的消纳能力，建立以适度规模畜禽标准化养殖经营为主体的农牧结合、种养平衡型现代畜牧业生产体系，是促进种养业副产品资源化循环利用，实现畜牧生产与生态环境协调发展的良好产业模式。根据 2013 年浙江省农作物种植等氮养分消耗总量，种养平衡状态下耕地畜禽承载能力为 4 628.5 万猪等值产量，而当前全省耕地畜禽承载实际数量为 2 670.2 万猪等值产量，耕地畜禽负荷预警值为 0.26（<0.45，属负荷预警 I 级），表明从整体上看浙江畜禽养殖规模较为合理，对环境不构成威胁。扣除当年耕地畜禽承载实际数量，浙江仍有新增 1 958.3 万猪等值产量的发展潜力。

2. 畜禽产品合理生产规模

以上计算分析中假定了将全省的所有畜禽粪便均匀分布到全省的耕地上，然而，实际的畜禽养殖往往集中在某些区域，这意味着在畜禽规模养殖密集区可能超过其允许总量，从而给土地和水环境造成较大压力。因此，畜产品合理生产规模需要在总量控制的前提下，优化畜禽结构及空间布局，在稳定生猪、奶牛生产基础上，大力发展家禽、兔、羊等节粮型畜牧业，积极拓展湖羊、浙东白鹅及长毛兔、獭兔等草食动物发展空间。

（1）生猪合理生产规模　从生猪出栏数来看，自 2000 年以来，浙江生猪出栏数呈现先快速增加，而后上下震荡波动的局面。生猪出栏数由 2000 年的 1 552.4 万头增加到 2004 年的 1 893.04 万头，增长了 21.95%，年均递增 5.1%；2004—2013 年，生猪出栏数基本维持在 1 870 万 ~1 950 万头左右上下波动，一般 3~4 年为一个波动周期，其中 2007 年为近十余年的最高值，达到 1 948.26 万头。

从猪肉消费来看，浙江猪肉的自给率在 85.0% 左右，还有较大的供需缺口。尽管当前浙江各地以“五水共治”为契机，全面开展畜禽养殖场整治工作，关停了一批养殖场，但无论从猪肉供需市场，还是耕地畜禽承载能力来看，未来一段时期内浙江生猪养殖规模不会、也不可能大幅下降，生猪养殖布局会有所调整，衢州、嘉兴等传统主产区过载区域生猪养殖规模将减少 400 万头，而温州、台州、宁波、丽水等地的养殖规模将适度增加，猪肉自给率将提高 10~15 个百分点，一增一减，浙江生猪养殖量还将会基本维持目前规模。因此，浙江省生猪合理生产规模为年出栏生猪 1 900 万头左右。

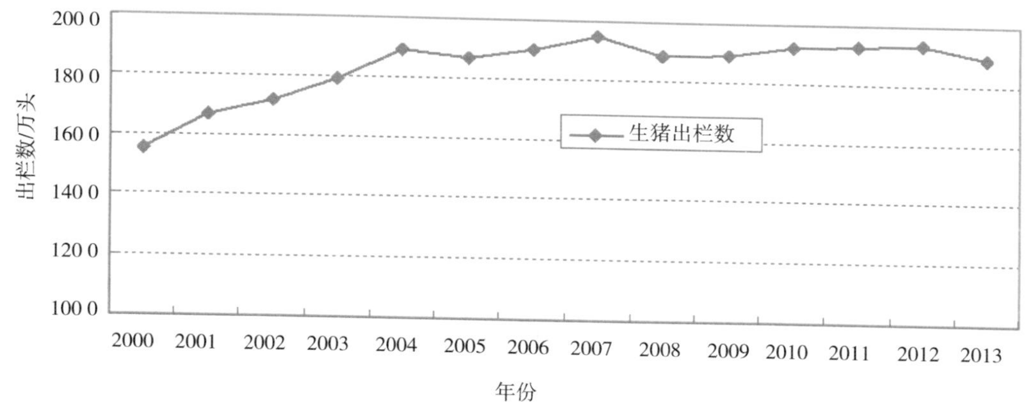

图 4-3　浙江省生猪年出栏数

（2）家禽合理生产规模　家禽养殖业是浙江畜牧业发展的另一个重要支柱，近 10 多年来，家禽养殖业获得了很大的发展。自 2000 年以来，浙江家禽出栏数呈现先增后减趋势。全省家禽出栏数由 2000 年的 15 840 万羽增加到 2008 年的 27 340 万羽，增长了 72.60%，年均递增 8.1%；2008—2013 年，全省家禽出栏数减少了 23.3%，年均递减 5.2%，考虑到 2013 年由于禽流感原因，当年家禽出栏数较上一年下降了 16.6%，2009—2012 年期间全省家禽出栏数基本维持在 24 000 万 ~ 26 000 万羽之间。

从家禽消费来看，目前浙江家禽的自给率不足 70.0%，在过去 20 多年里，禽肉和禽蛋一直是居民比较喜欢的家庭消费食品，其消费未来也有一定的增长空间。预计随着浙江省畜牧业养殖品种结构进一步优化调整，规模化的家禽养殖业会得到进一步发展，家禽养殖业将会恢复性增长，达到或超过 2008 年的规模。因此，浙江家禽合理生产规模为年出栏家禽 28 000 万 ~30 000 万羽，禽肉、禽蛋自给率达到 90% 左右。

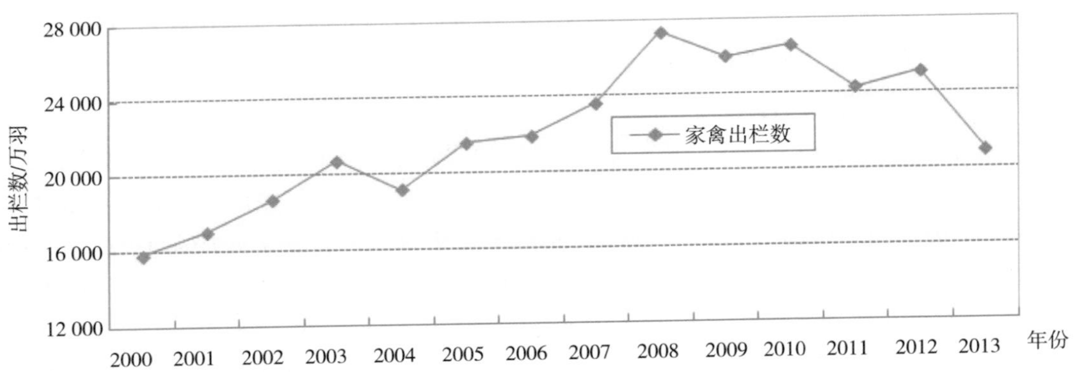

图 4-4 浙江省家禽年出栏数

五、农业可持续发展的区域布局与典型模式

（一）农业可持续发展的区域差异分析

浙江省东面临海，陆上多丘陵山地，农业受地形地貌的影响十分深刻，形成了北部平原、中部盆地丘陵、西部山区、东部沿海和岛屿 5 个区域类型。改革开放以来，浙江省农业取得了巨大成就，但在可持续农业发展过程中，还面临着许多制约因素，影响着不同区域农业可持续发展。

1. 北部平原地区农业可持续发展主要制约因素

平原地区海拔高程较低，地面平坦，土层深厚，宜种性广，是本省种养业的高产地区，而且经济水平相对较高，农业产业化经营水平也较高。该区域农业可持续发展主要制约因素有：一是水环境质量堪忧。平原地区有一半河段水质已是Ⅳ类、Ⅴ类或劣Ⅴ类，失去了作为饮用水源的功能；河网水体水质主要为Ⅳ类至劣Ⅴ类，且 80% 左右的断面不能满足功能要求，总体水质较差。二是土地资源紧缺。该区域工业化、城镇化水平较高，非农建设与农业争地的矛盾突出；而且部分城镇及工业区周边的农田污染严重，已经失去食用农产品生产功能。三是环境污染治理任务十分艰巨。主要表现在工业“三废”污染有增难减，水污染严重，化肥、农药、农膜的施用量和牲畜粪便排放等农业自身污染也在加剧，施用有机肥不断减少，土壤肥力下降等。四是局部地区易遭涝渍危害，嘉兴等地对地下水资源过度开采利用，已造成地表沉降，隐患严重。

2. 东部沿海地区农业可持续发展主要制约因素

东部沿海地区濒临东海，海域辽阔，港湾众多，岛屿、海洋、港湾相互交错，陆域地貌上以滨海平原、丘陵、山地阶梯式向内陆延伸，形成多样的土地类型。该区域农业可持续发展主要制约因素有：一是人均水资源占有量低，而且地表水和地下水已受到不同程度污染，有的地区污染严重，大部分水体已不能满足功能需求。据温州市 54 个监测断面监测，符合Ⅱ、Ⅲ类水质标准的水断面占 46.3%，劣于Ⅳ类的水断面占 53.7%，其中Ⅴ类、劣Ⅴ类水断面占 48.1%；平原河网以劣于Ⅴ

类的水为主，总体较差，大部分断面不能满足功能区要求。二是海洋环境质量仍不容乐观。主要是近海海域水体富营养化状况依然严重，中度富营养化和严重富营养化海域面积超过 50%，基本无Ⅰ类海水海域。据省海洋与渔业厅对岱山顶嘴门、嵊泗、象山港、三门湾、乐清湾、洞头等 6 个重点海水养殖区和 31 个海水养殖基地环境质量监测结果，海水养殖区域环境质量基本上能满足养殖环境要求，但水体的富营养化仍然是影响养殖基地水环境的主要因素。三是台风等农业气象灾害频繁，台风影响平均每年 3.4 个，主要集中在 7—9 月，而且自进入 20 世纪 90 年代以来，该地区伏秋干旱也明显增多。

3. 中部盆地丘陵区农业可持续发展主要制约因素

中部盆地丘陵区以盆地和低丘为主要特征，是全省最大的内陆盆地，也是浙北平原和浙西南山地的结合部，有小气候资源可供利用，历来是浙江省农业综合发展较好的区域。该区域农业可持续发展主要制约因素有：一是自然灾害频繁，既易旱又易洪，大雨则山洪成灾，易造成水土流失、山体滑坡等自然灾害；久晴无雨，易干旱成灾，威胁农业生产。二是畜牧业养殖污染严重，衢江、江山等地畜牧养殖过载，已超过区域耕地承载能力，造成水体富营养化、地下水水质恶化，甚至导致污染事故。三是土壤改良进程缓慢，中低产田、中低产园、中低产林比重较大，森林覆盖率偏低。四是部分江河流域受不同程度的污染，金华市江河流域受污染的河段在增长，水质合格率逐年下降，水质恶化程度上升。

4. 西部山区农业可持续发展主要制约因素

西部山区包括浙西南和浙西北山区，耕地资源特少、林地园地相对充裕，是农林牧混合经营区，也是浙江省八大水系的源头区域。该区域农业可持续发展主要制约因素有：一是水土流失严重，由于坡地、陡坡地过度开发，以及森林砍伐过度，导致区域生态环境恶化。二是局部地区经济林和食用菌开发过度，阔叶林资源遭破坏，森林生态功能减弱。三是农业投入严重不足，效益低下，山区农业开发的自然风险和市场风险较大，直接经济效益低，投资回收期长，由于投入不足，造成农业科技手段落后，农业新品种、新技术的推广和应用极为缓慢，农业科技人才不足且不断流失。四是农村劳动力素质下降，由于比较效率低，加上当地农村工业落后，农村年轻人大多外出务工，造成从事农业生产的劳动力素质下降，影响了农业的可持续发展。

5. 近海岛屿区农业可持续发展主要制约因素

近海岛屿区的海域辽阔，港湾众多，岛屿、港湾相互交错，滩涂面积大，海洋生物资源丰富，是浙江省海水养殖、海洋旅游、水产品加工业为特色的都市渔业区。该区域农业可持续发展主要制约因素有：一是淡水资源短缺，以舟山市为例，全市年人均水资源仅 556m^3，不到全国平均水平的 1/4，属典型的资源型缺水区。舟山本岛的年水资源总量是 2.79 亿 m^3，再加上时空分布不均，水资源组合不协调，年际变化大等因素，更加剧了水资源供需的不平衡，成为制约经济社会发展的“瓶颈”。二是台风等自然灾害频繁，舟山每年夏秋季是频繁受台风影响的季节，平均每年 3.8 个台风，其中对舟山造成较严重灾害的台风年平均 1.3 个。三是经济建设与海水养殖业争地越来越突出，近年来，港口建设、海洋旅游、临港工业等发展较快，占用了大量滩涂资源，海水养殖业的空间受到不断压缩。

（二）农业可持续发展区划

根据浙江各地气候、区位和资源条件、社会经济状况、农业发展基础与方向，运用聚类分析方法，把全省 90 个县（市、区）划分为浙东北水网平原农业可持续发展区、浙东南沿海农业可持续发展区、浙中盆地丘陵农业可持续发展区、浙西山区农业可持续发展区、近海岛屿农业可持续发展区五大功能区。

1. 浙东北水网平原农业可持续发展区

（1）基本概况　本区位于浙江省东北部，地处上海长三角都市圈和杭州、宁波都市区，包括杭州市区、嘉兴市区、海宁市、平湖市、嘉善县、海盐县、桐乡市、湖州市区、德清县、宁波市区、慈溪市、余姚市、绍兴市区等，总面积 1.75 万 km^2，总人口 1 572.66 万人，其中农业人口 738.52 万人，耕地 909.84 万亩。

（2）农业资源特征　区内地貌特征以平原为主，农业生产条件较好，土壤适种性广，有利于发展粮、油、菜、桑等多种农作物；同时，众多的湖荡水域还有利于发展淡水养殖业，是江南鱼米之乡、丝茶之府的代表区域。

（3）农业区域分布特征　近 20 年来，该区农业结构调整取得了明显成效，出现了低效的大宗农业产业向高效的特色产业，一般农产品向特色优势农产品集中，优势农产品向优势产区集中的趋势，具有本区地域特色的农产品产业体系已基本建立，成为全省农业产业结构调整的先行区。初步形成了水产、蔬菜瓜果、竹笋、畜禽、水果、花卉苗木、茶叶、蚕茧等 8 个优势农产品的产业带或产业区，涌现出杭州市区（萧山区、余杭区）、宁波市区、余姚市、慈溪市、嘉兴市区、嘉善县、桐乡市、绍兴市区（上虞区、绍兴区）等县（市、区）的蔬菜产业区；杭州市区（萧山区）、宁波市区、余姚市等市（区）的花卉苗木产业区；杭州市区、宁波市区、慈溪市、嘉兴市区、湖州市区、绍兴市区（上虞区、绍兴区）等县（市、区）的淡水产品生产基地以及海宁市、桐乡市、湖州市等的蚕茧生产基地。

（4）功能定位　以接轨大上海、服务城市为目标，体现江南农业鱼米之乡、丝茶之府区域特色农业的传承和发展，稳定粮油生产，重点发展水产、蔬菜瓜果、竹笋、畜禽、水果、花卉苗木、茶叶、蚕茧等 8 个优势农产品，进一步优化区域布局，抓好农产品保鲜、精细加工、品种改良和引进等关键环节，加快发展都市型农业，把该区建成全省现代农业的示范区。

（5）发展目标与方向　继续调整农业产业结构，限制粗放型、高污染的农业产业，增加高附加值的园艺类、休闲观光类农业产业发展；创新农作制度，推行水旱轮作，推进种养结合和废弃物循环利用，减轻水体污染；大力推广测土配方施肥和标准化生产技术，合理科学地施用化肥、农药、农膜，实现洁净生产；完善农田林网建设，加强农田防护，提高平原绿化水平。

2. 浙东南沿海农业可持续发展区

（1）基本概况　本区位于浙江省东南沿海，包括奉化、象山、宁海、三门、临海、台州市区、温岭、玉环、温州市区、乐清、瑞安、平阳、苍南等 13 个县（市、区），总面积 1.63 万 km^2，耕地 449.72 万亩，总人口 1 261.08 万人，农业人口 987.77 万人，是浙江人均耕地最少区域。

（2）农业资源特征　本区濒临东海，光照充足，雨水充沛，陆域地貌以滨海平原、丘陵、山地阶梯式向内陆延伸，形成多样的土地类型。区域内的温（岭）黄（岩）平原和温（州）瑞（安）平原，是浙江的主要平原，适宜蔬菜、瓜果、粮食等多种农作物生长；区内丘陵、山地适宜发展具有特色的茶、果和林业。

（3）农业区域分布特征　本区是浙江省水果重点产区，水果中上品有奉化水蜜桃、黄岩蜜橘、瓯柑、温州蜜柑、东魁杨梅、丁岙杨梅、路桥枇杷、楚门文旦、苍南四季柚、三门纽荷尔脐橙、温岭高橙等，主要分布在奉化市、象山县、宁海县、温州市区（瓯海区）、乐清市、苍南县、台州市区、三门县、玉环县、临海市、温岭市等县（市、区）。本区特种畜禽发展较快，主要有浙东白鹅、温岭草鸡以及奶牛、兔等，主要分布在象山县、温州市区（瓯海区）、瑞安市、乐清市、苍南县、温岭市等县（市、区）。此外，本区竹笋以盛产马蹄笋为主，主要分布在瑞安市、平阳县、苍南县，是浙江省马蹄笋主要产区；茶叶以生产特早名优茶、高山优质茶而著称，经过多年发展已涌现出“瑞安清明早”“平阳早”“苍南翠龙”等一批知名品牌，主要分布在瑞安市、平阳县、苍南县等县（市）。

（4）功能定位　充分利用光热资源，提高粮食生产能力。以发展特色优势农业为重点，积极培育蔬菜瓜果、水产品、特色水果、茶叶、竹笋（马蹄笋）和食用菌等特色产品，继续提高经济效益好、市场潜力大的特色农业比重，形成一批在省内外具有较强影响力和竞争力的特色优势农产品产业带、产业区，不断提升农业外向度。

（5）发展目标与方向　深化农业产业结构调整，积极实施“走出去”的发展战略，扩大对外交流，提高农业的外向度；积极采用生态农业的关键技术和关键产业，大力推广生态农业种养模式，扩大无公害农产品、绿色和有机农产品生产基地规模；积极开展农业面源污染治理、小流域综合治理以及生态牧业园区建设，提高生态农业整体水平；加强沿海防护林带、农田防护网建设，增强抵抗台风防灾的能力。

3. 浙中盆地丘陵农业可持续发展区

（1）基本概况　本区位于浙江中部，包括金华市区、兰溪、东阳、义乌、永康、武义、浦江、衢州市区、江山、常山、龙游、诸暨、嵊州、新昌、天台、仙居等 16 个县（市、区），总面积 2.51 万 km^2，拥有耕地 550.13 万亩，总人口 1 001.23 万人，其中农业人口 784.08 万人。

（2）农业资源特征　本区是全省最大的内陆盆地，红黄壤丘陵山地、园地资源相对丰裕，区域内光热条件优越，土地类型复杂多样，农产品种类丰富，有利于农林牧渔各业全面发展。通过农业结构调整和特色农业发展，涌现出一批特色农产品和全国“特色之乡”。

（3）农业区域分布特征　本区域坚持充分挖掘当地的资源优势，着眼于农产品品种和结构的调整创新，突出抓好农产品生产的特色化、名优化和规模化，逐步涌现出一批特色农产品和全国“特色之乡”。主要有诸暨的香榧、珍珠、麻鸭，新昌的小京生花生、长毛兔，嵊州、浦江的桃形李，新昌、嵊州的珠茶，武义、江山的猕猴桃，金华的佛手、生猪、奶牛，东阳、义乌、武义、龙游的黄花梨，天台、仙居的杨梅，天台的早熟水蜜桃，江山、常山的金针菇，常山的油茶，永康的灰鹅，仙居的三黄鸡，江山的白毛乌骨鸡、白鹅、蜂产品等。在此基础上，初步形成了相应的具有明显特色和区域优势的主要产品和产业区，已出现了兰溪、金华市区、衢州市区、常山、龙游县等地的柑橘生产基地；嵊州、新昌、武义的茶叶生产基地，以及诸暨、金华市区、衢州市区、常山、龙游的生猪生产基地。

（4）功能定位　以金华、衢州两市为轴心，浙赣铁路和杭金衢高速公路为轴线，以绍兴南部和台州西部为两翼，以综合性特色农业为主要发展模式，带动农业产业转换和升级，稳定发展水稻及旱粮作物，重点培育形成蔬菜、特色干鲜果、茶叶、花木、珍珠、优质畜禽、蜂产品、毛竹、食用菌等有特色、有较高成长性和成熟性的产业带或产业区。

（5）发展目标与方向　实施新一轮退耕还林还草工程，鼓励发展经济林，改善植被结构，提高森林覆盖率和水源涵养能力；创新农作制度，扩大豆科作物和绿肥面积，增施有机肥，不断改良土壤结构；加强小流域综合治理和水土流失治理，搞好水库配套工程、农田灌溉设施和标准防洪堤建设，增强防洪抗旱能力。

4. 浙西山区农业可持续发展区

本区位于浙江省的丘陵山区，农业生产历来以农林牧混合经营为主，也是浙江省八大水系的源头区域。根据山地丘陵所处位置和自然资源条件，本区又可分为浙西南和浙西北两个山区农业发展亚区。

（1）浙西南山区农业可持续发展亚区

① 基本概况：本亚区位于浙江省西南部，土地总面积 2.42 万 km^2，其中，山地占土地总面积 80% 以上，范围包括丽水市区、遂昌、松阳、龙泉、云和、景宁、青田、缙云、庆元、磐安、文成、永嘉、泰顺等 13 个县（市区）。

② 农业资源特征：本区域以中低山为主，山岭起伏，山峰林立。山地间有壶镇、丽水、碧湖、松古、云和、龙泉等山间盆地，是山区主要的农区；土壤以红壤、黄壤为主，土层深厚，肥力条件较好。自然生态条件优越，有利于林特产品生产，是浙江省主要林业基地。同时，该亚区是浙江省重要水果、高山蔬菜、名优茶主产区之一，也是浙江省重要的中药材基地。

③ 农业区域分布特征：本亚区是浙江省重要水果生产区，产品包括永嘉早香柚、莲都椪柑、青田杨梅、松阳脐橙、云和雪梨等，主要分布在永嘉县、丽水市区、青田县、遂昌县、松阳县等地。本亚区也是浙江省高山蔬菜主产区之一，主要分布在永嘉县、文成县、泰顺县、丽水市区、缙云县、遂昌县、松阳县等地。茶叶以特早茶、有机茶为主，主要产品有磐安云峰、永嘉乌牛早、文成半天香、泰顺三杯香、遂昌龙谷丽人茶、松阳银猴绿茶、景宁奇尔惠明茶等，主要分布于磐安、永嘉、文成、泰顺、龙泉、庆元、遂昌、松阳、景宁等地。中药材主要盛产厚朴、茯苓、白术、元胡、白芍、白菊花、贝母等品种，主要分布在磐安、龙泉、缙云、景宁等地，是浙江省重要的中药材基地。

（2）浙西北山区农业可持续发展亚区

① 基本概况：本亚区位于浙江省西北部，土地总面积 1.76 万 km^2，包括临安、富阳、桐庐、建德、淳安、安吉、长兴、开化等 8 个县（市）。

② 农业资源特征：本亚区地貌类型以低山丘陵为主，坡度较缓，土层深厚，境内有天目山、白际山、千里岗等山脉，主要河流属钱塘江水系和苕溪，拥有钱江源、千岛湖、莫干山名胜区以及西天目清凉峰、龙王山等国家、省级自然保护区，是长三角和杭嘉湖平原的生态保护区。

③ 农业区域分布特征：本亚区虽地处丘陵山区，但距上海、杭州、湖州、嘉兴等大中城市较近，交通便捷，多种经济特产作物在省内有着相当优势地位。特别是地形起伏多变，气候阴湿多雨，昼夜温差大，有利于茶叶、竹笋、高山蔬菜、山核桃、板栗等经济作物生长。目前以竹产业、高山蔬菜、山核桃为特色的特色农产品生产已形成相当规模且已成为区内最具竞争力的优势产业，其中笋干主要分布于富阳市、临安市、安吉县等地，产量位居全省第一，成为当地“拳头产品”。山核桃生产，驰名中外，盛产于临安市，桐庐县、淳安县也有少量分布。茶叶主要以建德市、桐庐县、富阳市、临安市、淳安县、安吉县、开化县为主产区。随着全省蔬菜产业的发展，本区利用山区小气候资源，充分利用海拔 600m 以上平缓地，开辟高山蔬菜基地，生产高山蔬菜，弥补了城市夏秋蔬菜淡季的空白。

（3）功能定位　以构筑具有浙西山区特色的绿色生态农业、特色农业和休闲观光农业为主导，积极打造浙江省的“绿谷”，重点发展形成高山蔬菜、食用菌、竹（笋）业、中药材、茶叶以及特色经济林果等优势产品基地和产业区，加强对天然林、自然保护区和湿地等区域的全面、重点保护，将该区建成浙江省重要的生物多样性和生物种质资源保护基地，以及有区域特色的经济林果商品生产基地。

（4）发展目标与方向　该区应成为南方山区高效生态农业示范区，突出农林牧渔混合经营的特色。在大江大河源头地区和库区水源保护地继续实行退耕还林、封山育林，构筑生态屏障；优化林分结构，恢复常绿阔叶林比重，加快速生菇木林的营造，加强水源涵养和生物多样性保护；促进食用菌转型发展，用非木质料替代原料生产食用菌；充分利用丰富的山地、林地资源，发展特色林果、名茶、竹业、高山蔬菜、特色养殖等特色农业产业；利用山区景观、文化、名村等资源，结合农耕文化、农民生活和农业设施，挖掘农业休闲功能，大力发展休闲观光农业，推进农业三产发展，扩大农村劳动力非农就业。

5. 近海岛屿农业可持续发展区

（1）基本概况　本区范围包括舟山市区、岱山、嵊泗、洞头等县（区）和台州列岛、南麂列岛、北麂列岛、东矶列岛等岛屿，以及全省沿海滩涂、浅海和岛屿的周边海域，土地总面积 0.13 万km^2。

（2）农业资源特征　本区域地貌特征为丘陵岛屿和海域相间分布，海域广阔，岛屿星罗棋布，港湾众多、滩涂面积大，加上气候温暖湿润，海域热量充分，海洋生物资源丰富，适宜多种鱼、虾、贝、藻等多种生物生长与繁衍，具有发展以海洋渔业和海岛农业为特征的沿海蓝色农业的得天独厚条件。

（3）农业区域分布特征　本区农业以海洋渔业为主，渔业总产值占全区农业总产值的 70% 以上，并辅以经济林果、畜禽和粮食产业。近海捕捞和远洋捕捞占海洋经济较大比重，海水养殖优势品种主要为对虾、青蟹、梭子蟹、大黄鱼、泥蚶、蛏子、文蛤、紫菜等。海水养殖由浅海、围塘、滩涂三大养殖区域组成，初步形成了大黄鱼养殖基地、梭子蟹暂养增养基地、浅海滩涂贝类养殖基地、围塘养殖基地、深水网箱养殖基地、藻类养殖基地等特色养殖基地。

（4）功能定位　以海洋渔业为重点，立足海洋资源优势，加快培育海洋经济与产业的新增长点，近海捕捞业要向渔家乐等多种功能拓展，重点发展远洋捕捞业，形成以海洋渔业经济为重点的集生态型海水养殖、远洋捕捞、水产品精深加工及休闲渔业为一体的产业格局，加快传统渔业向现代渔业转变。

（5）发展目标与方向　加强近海渔业资源保护，建设标准海塘和海岸防护林体系；加强海域的合理开发利用与保护，严格执行休渔期、禁渔区制度，加大放流增殖，减轻捕捞强度，重点发展浅海和滩涂养殖及休闲渔业，把发展休闲渔业、远洋捕捞和水产品精深加工作为新增长点；致力于增加海岛植被，提高森林覆盖率，增强区域水分涵养能力；加快农业水利设施建设，增强区域内蓄水能力，在有条件的地区，加强灌溉设施装备，试行和推广喷灌、滴灌等节水灌溉技术。

（三）区域农业可持续发展典型模式推广

近年来，浙江大力发展循环型农业、集约型农业、立体种养型农业和设施型农业，积极探索不同区域各具特色的农业可持续发展模式，取得了明显成效。

1. 循环型农业可持续发展模式

循环型农业是以农业资源的高效利用和循环利用为目标，以“减量化、再使用、资源化”为原则，以物质循环流动和能量梯次利用为特征的农业生产运行模式，它摒弃了传统农业的掠夺性经营方式，把农业经济发展与生态保护有机结合起来，是实现农业可持续发展的必然选择。发展循环农业，构建资源节约型、环境友好型生产体系，既有利于农业节能减排，减轻环境承载压力，又有利于提升农业产业发展水平，促进产业融合和农业功能拓展，推进农业转型升级。

循环型农业是浙江实现高效生态农业的重要途径，通常包括减量型模式、再使用型模式、再资源化模式等3类。浙江各地中最为突出的典型是：畜禽养殖业低排放与粪便利用的资源化、“稻、萍、鱼立体种养”“猪—沼—菜”“猪—蚯蚓—甲鱼”“猪（羊）—沼—粮（蔬果）”，以及稻鸭共育、茭白田养鱼、池塘混养模式、海湾鱼虾贝藻兼养模式、基塘渔业模式、稻田养殖模式、湖泊网围模式等。其中，在畜禽养殖排泄物生态消纳治理过程中，探索形成了由业主小循环、园区中循环、区域大循环组成的“三循环”高效生态农业。

2.典型案例

（1）业主小循环　业主小循环即农牧业由同一主体经营，将种养业结合起来，进行配套计划、循环发展。为降低畜牧业带来的环境污染，许多发达国家规定牧场周围必须有与之配套的农田来消纳畜禽粪污，从而在农场内部形成农牧良性循环体系。种养业主根据需要安排种植多种农作物，构建农牧结合的“畜禽—肥料—作物”“畜禽—沼气—作物”的生态循环模式，从而在牧场内部形成农牧良性循环体系，促进畜禽粪污的减量化、无害化和资源化利用。

典型案例：桐庐万强家庭农场小循环模式

桐庐万强农庄位于桐庐县分水镇新龙村，由杭州知青钱万强于1998年创建。农庄占地1 200亩，依山而建，年存栏2 200多头的猪场就坐落在山岙里；四面山坡种有500亩果园、200亩蔬菜和牧草，果园再套种番薯、萝卜、黑麦草等，作为生猪的青饲料，种养比为1亩地3.14头猪；山顶建有一系列休闲观光设施。

农场每年产出的4 800多t生猪粪尿通过机器干湿分离，2 000多t猪粪经过发酵，由工人运上山作为果蔬的有机肥料；尿液通过三级沉淀，直接通过高压泵抽到山顶的蓄肥池。用肥季节通过喷滴管系统，用于果园和牧草地。由于生产过程零排放，游客站在山顶，丝毫闻不到猪场的臭味。果园增施有机肥后，每亩可减少化肥施用量约65kg，水果产量和售价可分别提高20%。果园套种的青饲料饲喂母猪，节约饲料成本折合每头约20元，母猪产仔率也比平均水平提高5头左右。由于农庄原生态的果蔬生产方式紧贴市场消费需求，成为其发展休闲观光农业的一大卖点，每年接待游客达1.3万人次。

万强家庭农场小循环模式作为“适度规模、因地制宜、用地养地”的业主小循环范本，已在全国美丽乡村示范县桐庐的多个家庭农场成功复制，为全省家庭农场发展指明了方向。

（2）园区中循环　园区中循环则为在同一园区内，不同业主间将种植业和养殖业无缝对接。在现代农业园区建设过程中，通过政府政策激励，引导种养主体对接，实现农牧业在园区范围内循环利用，构建起产业间互为依赖、互为循环的现代农业园区生态系统，是浙江省农业“两区”生态循环农业发展的成功范本。

典型案例：龙泉市兰巨省级现代农业综合区中循环

龙泉市兰巨省级现代农业综合区是全省第一批25个省级农业综合区之一，总面积2.8万亩，是一个以特色茶叶、食用菌、生态畜牧业三大产业为主，协调发展果蔬种植、农产品加工和休闲观光旅游等，集生态、绿色于一体的现代农业综合区。园区始终将生态循环和可持续发展的理念融入建设中，积极推行“农牧、林牧、经牧”融合发展，重点推广“食用菌生态循环”“猪—沼—作物”生态循环、“畜禽立体生态养殖”等循环农业模式。园区内先后建成规模养殖场13个，万吨生产能力有机肥加工厂1个；完成种养结合、废弃物资源化循环利用面积19 000多亩；利用废弃菌棒生产秀珍菇、毛木耳达30多万袋，建立利用废菌棒为主要原料生产木炭加工厂2个，以废菌棒为原料或辅料有机肥加工厂5个，初步实现了综合区内生态效益、经济效益、社会效益的“三赢”。目前，兰巨省级现代农业综合区已成功创建省级循环农业示范点，浙江顶峰生态农业有限公司的“猪—沼—竹”生产模式也被评为浙江省生态循环农业十大创新模式。

（3）区域大循环　区域大循环则往往以县为单位整体实施，采取政府引导、企业运作的模式，使沼液得到资源化利用，从而将畜禽粪污与异地的种植业有机结合起来，形成一个区域良性循环的农业生态体系。区域大循环推行“沼气—种植—养殖”三位一体的发展模式，创新智能化沼液物流配送体系，实现种养业无缝对接，使沼液得到资源化利用。

典型案例：鄞州区域大循环模式

宁波市鄞州区早在2008年率先创建政府引导、市场化运作的沼液物流配送服务体系，引入专业沼液处理企业宁波长泰农业发展有限公司，为全区23家无法就近消纳排泄物的养殖场提供社会化服务，整县制推进排泄物资源化利用，为突破生态循环农业点状、线性、局部发展格局，提供了成功经验。公司分别与养殖企业和种植基地签订“沼液配送协议书”和“沼液储存池建设及使用协议书”，通过5辆8t沼液配送车，把23家养殖场沼液，按需配送到12个乡镇8万亩水稻、蔺草、花卉、茶叶、水果、蔬菜等农作物基地，日运输能力300t。公司每配送1t，获25元运输费补贴，其中20元来自政府补助，5元来自牧场，基地农户三年内免费使用。截至2013年，已累计配送沼液30余万t，解决了全区近50%的畜禽污水出路。全区先后在各种植基地建设13 475m^3沼液池，由农业部门的沼液配送物流指挥中心，根据GPS定位系统和肥力监测网所监测的沼液池贮存量、配送量、可灌溉面积现状等数据，经济合理制定沼液配送线路，进行在线调度，既保障精准施肥，又解决沼液二次污染的难题。

3. 节约型农业可持续发展模式

节约型农业是以提高资源利用效率和生态环境保护为核心，以节地、节水、节肥、节药、节能、节工等为重点的集约化农业。通过推广节约型的耕作、播种、施肥、施药、灌溉与旱作农业、集约生态养殖、秸秆综合利用等节约型技术，应用水土保持和保护环境等环保型技术，以减少农业面源污染和废弃物生成，减少农业资源消耗和物资投入，促进农业可持续发展。

该模式以最大限度地节约农业生产要素，达到最大限度地减弱农业生产的外部性副效应的目的，是浙江这样的资源小省实现农业可持续发展的重要模式。水网平原适合推广应用农作物“间套轮”种植模式：如“稻—稻—蔬菜”“稻—稻—绿肥”“稻—渔”“稻—虾”等。沿海地区适合发展农林复合系统立体种植和滩涂立体种植，推广“蔬菜—瓜果”“粮—（菜）瓜果”“粮—经济作物（果蔗）”等“多位一体”农业发展模式。盆地丘陵、山区和岛屿适宜发展节水型农业，推广微蓄微灌、雨水集蓄喷灌、滴灌、薄露灌溉、免耕直播和保护性耕作等节水技术，提高水资源利用效率，促进农业经济可持续发展。

典型案例：舟山海岛节水农业模式

舟山市地处浙江省东部岛屿，人均水资源量不到全国平均水平的1/4，属典型的资源型缺水区。近年来，全市大力发展节水型农业，通过集雨节灌、“水改旱”种植结构调整，尽可能节约农业用水量，以缓解日益突出的用水矛盾。水作改旱作，重点发展本地市场需求量较大的优质无公害蔬菜、瓜果及大豆、玉米、小番薯等旱粮作物，使农业用水的利用效率和农业效益得到有效提高。据估算，农户种植一亩水稻，从播种到收成，一般约需用水600m^3，而亩均毛收入仅为300元左右；相比较而言，种植1亩蔬菜的亩收入为5 000元，而水消耗量不足水稻的1/3，每年可节约农业用水上千万立方米。

4. 立体种养型农业可持续发展模式

立体种养型农业是多种相互协调、相互联系的种植业内部、养殖业内部、种养业之间，在空间、时间和功能上的多层次综合利用优化的高效农业结构，具有集约、高效、可持续和安全等优点。发展立体农业，可以充分挖掘土地、光能、水源、热量等自然资源的潜力，缓解人地矛盾，提高农业资源利用率；可以充分利用空间和时间，通过间作、套作、混作等立体种养、混养等立体模式，较大幅度提高单位面积的农业产出水平；可以提高化肥、农药等利用率，缓解残留化肥、农药等对土壤环境、水环境的压力，是遏制农业生态环境恶化和资源退化的有效途径。

浙江省人多地少、山多平地少，农业资源紧缺，发展立体农业是浙江现代农业主攻方向。盆地丘陵区适合推广低山丘陵“围山转”生态农业模式；河谷平原地带适合推广粮菜畜、粮渔、粮渔畜、粮果、粮经等农田、水体立体农业复合利用模式；西部山区遵循“山上戴帽、山腰种果、山下养猪、山塘养鱼”的山地立体开发思路，适合发展“林—粮—果”“粮—果—茶”“粮—经（药）—畜”“粮—畜—渔”“果（茶）—蔬—畜”“茶—果—蔬”等山区林地立体农业模式和高山台地立体农业模式，实现林果结合、林畜结合、林菌结合、林畜粮（经）结合，促进山区经济、社会和生态的协调发展。

典型案例：淳安县林下立体种养模式

近年来，淳安县制定了强有力的扶持政策，积极发展林下经济，成功摸索出了林桑菌、林茶、林药、林禽、森林游憩等多种林下经济发展模式，取得了显著的生态、经济和社会效益。大力鼓励山核桃林分套种油茶、茶叶、杨桐等木本常绿树种，或者套种白三叶、马棘、黑麦草等草本植物；鼓励农作物、经济林基地生态放养禽类；鼓励发展桑枝食用菌。目前，全县林下经济经营面积150万亩，实现林下经济产值55亿元，带动农户5万多户。

5. 设施型农业可持续发展模式

设施型农业以工业化装备和标准化、安全生产技术为基础，通过推广运用现代生物技术、信息技术和工程技术，培育农业生物技术产业、生物质能产业、信息产业，推动产业技术的交叉融合，大幅度提高农业劳动生产率和土地生产率，降低物耗、能耗和污染排放，实现农业可持续发展。该模式注重对新品种、新技术和新设施的推广应用，要求和现代农业设施、工厂化环境结合而从事农业生产，其农业的产业化程度较高，因此很适合于技术、资金相对密集的都市城郊和沿海较发达城镇。该模式主要形式有如水网平原推广的塑料大棚、避雨棚、玻璃温室等设施种植业，沿海及岛屿推广的热光大棚、高位池、网箱等设施渔业。

典型案例：嘉兴南湖区“万元千斤”设施栽培模式

“万元千斤”种植模式指在同一块土地上，冬春季种植大棚瓜类蔬菜，夏秋季种植晚稻，全年亩收入达到一万元钱，一千斤粮的农作制度。推广该种模式是浙江省嘉兴市南湖区农业转型升级的首推模式，目前主要有“大棚西甜瓜—晚稻”“大棚蔬菜—晚稻”“大棚生姜—晚稻”等复种模式。该模式是以高投入加新技术换来高产出，据统计，大棚小西瓜亩均产量 2 250kg，产值 10 125 元，成本 3 010 元，净收入 7 115 元，比露地栽培亩产值增加 3 倍，净收入增加 5.5 倍。

六、促进农业可持续发展的重大措施

（一）工程措施

以农业“两区”建设为契机，加强以农田水利为重点的基础设施建设，深入实施标准农田质量提升工程，着力改善农业生产条件，提高农业防灾减灾能力。加快河道疏浚清淤工程、大坝除险加固工程和小流域综合治理工程建设，搞好水土保持和治理工作，为农业可持续发展创造良好的生态环境。通过植被管护、退耕还林还草、封山育林等措施，增强西部山区涵养水源的功能；完善东部沿海防护林建设，构筑与沿海经济发达地区相适应、功能较完善、多层次的综合性防护林体系；加强北部水网平原绿化，建设适应农业可持续发展的良性生态环境系统。

（二）技术措施

制定适应浙江省省情的可持续农业技术战略，逐步建立企业为主、政府支持的可持续农业创新体系。依托浙江大学、浙江农林大学和浙江省农业科学院等高等院校和科研院所的技术和人才资源，以农业“两区”建设为重要平台，探索“产学研”合作和院地对接的新模式，为农业可持续发展提供技术保障。加强优质种苗、配方施肥、绿色防控、旱作农业、水土保持、沼气工程、农业废弃物资源化利用等关键技术攻关，重点对种养业循环模式、农牧业废弃物综合利用模式、种植业结构调整模式等强化技术支撑，突破可持续农业发展的制约“瓶颈”。

（三）政策措施

突出重点地区、重点产业、重点技术，精心设计实施载体和工作抓手，增强农业可持续发展的计划性、系统性和可操作性。制定农业可持续发展的政策意见，加大财政扶持力度，突出扶持重点，不断完善农业补贴政策。发挥财政资金的导向作用，调动农业生产经营主体和社会力量的积极性，形成以政府投入为导向、农民投入为主导、社会力量投入为补充的多元化农业可持续发展投入机制。全面落实强农惠农政策，围绕农业可持续发展，加强要素集约集成、资源环境保护、新型主体培育、金融保险支持、农业科技创新、农业基础设施改善、区域循环农业发展、农业资源保护和生态环境改善等方面政策研究，着力构建农业可持续发展政策保障体系。

（四）法律措施

全面贯彻执行《中华人民共和国农业法》《中华人民共和国农产品质量安全法》《中华人民共和国循环经济促进法》以及《浙江省农业废弃物处理与利用促进办法》等农业法律法规，加强普法宣传，深化农业综合执法，推进行政执法规范化，不断提升执法能力和依法行政水平。进一步加强耕地、水资源、种质资源等农业资源保护，强化以农产品质量安全、农业生态环境保护、农业废弃物处理与利用、农业水土保持、农业支持保护等为重点的农业立法和制度建设，为农业可持续发展提供有力的法律法规保障。

（五）制度措施

加快农村产权制度改革，创新农业经营和服务机制，优化资源与要素配置，推进适度规模经营，促进农业资源向利用效率更高的新型经营主体集中。进一步完善政绩考核机制，把农业可持续发展指标纳入考核范围，用考核这根指挥棒引导行政系统自觉自愿为农业可持续发展服务。加强同农业管理部门的沟通与联系，深入推进基层农技推广、种业科研、兽医和农场等方面管理体制改革，不断完善农业公共服务。整合利用农业科技资源，建立完善紧密型的农业科技创新与推广体制，加快优良品种、先进实用技术的研发和农作制度的创新。

参考文献

陈利江 .2013. 发展生态循环农业是实现农业可持续发展的有效途径 [C]//. 亚太地区农业可持续发展模式国际研讨会论文集 .

陈天宝，万昭军，付茂忠，等 . 2012. 基于氮素循环的耕地畜禽承载能力评估模型建立与应用 [J]. 农业工程学报（2）：191–195.

宫德峰 . 2013. 浅议我国农业可持续发展的制约因素 [J]. 农民致富之友（23）：74.

管琳，未良莉 . 2011. 安徽农业可持续发展的主成分分析 [J]. 合肥师范学院学报（5）：68–72.

何传新 . 2013. 国外农业可持续发展的模式与启示 [J]. 中国农业信息（3）：18–19.

冀旭 . 2014. 农业生态环境问题及应对策略 [J]. 北京农业（1）：228–229.

刘超，朱满德，周娅莎 . 2007. 我国现代农业可持续发展评价指标体系设计 [J]. 北京农业职业学院学报（4）：28–32.

宋小青，欧阳竹，柏林川 . 2013. 中国耕地资源开发强度及其演化阶段 [J]. 地理科学（2）：135–142.

万伦来，麻晓芳，方宝 . 2012. 淮河流域农业可持续发展能力研究 [J]. 农业环境与发展（6）：84–87.

卫新，毛小报 . 2004. 浙江省农业区域化布局与发展研究 [J]. 浙江农业科学（5）：211–216.

徐红玳 . 2009. 浙江城市化与农业资源优化配置研究 [M]. 北京：中国农业科学技术出版社 .

徐玉芳，吴伟，2009. 浙江省粮食生产能力的评估与分析 [J]. 浙江农业科学（3）：441–443.

于海燕，邵卫伟，韩明春，等 . 2010. 浙江省典型生态系统外来入侵物种调查研究 [J] 中国环境监测（5）：70–74.

张大东 . 2007. 浙江省循环农业发展模式研究 [J]. 中国农业资源与区划（6）：75–79.

张晓燕 . 2007. 论我国农业可持续发展的制约因素与发展对策 [J]. 生态经济（5）：91–93.

张玉领 . 2011. 当前我国农业生产适度规模经营问题分析 [J]. 吉林省经济管理干部学院学报（3）：60–64.

朱明芬，陈随军 . 2006. 浙江农业循环经济分区发展模式与对策研究 [J]. 浙江农业学报（6）：407–411.

安徽省农业可持续发展研究

摘要：本文针对安徽省农业可持续发展自然与社会资源条件进行归纳分析，深入研究安徽省农业可持续发展的利弊条件。研究构建农业可持续性分析模型，量化评价安徽省农业发展现状。依据各个地区资源禀赋、经济条件，学习和借鉴国内外先进发展经验，结合安徽省农业可持续发展现有模式，因地制宜，分区施策，发展生态农业模式、集约型可持续农业模式，建立经济、生态、社会效益相统一的高效农业，探索适宜安徽省的农业可持续发展模式，稳步推进安徽省农业可持续发展建设。

一、安徽省农业可持续发展的自然资源条件分析

（一）土地资源

1. 农业资源及利用现状

安徽省位于华东腹地，是我国东部近江近海的内陆省份，跨长江、淮河中下游，位于E114° 54′ ~119° 37′ 与 N29° 41′ ~34° 38′ 。东连江苏、浙江，西接湖北、河南，南邻江西，北靠山东。全省土地总面积 13.94 万 km^2，约占全国总面积的 1.45%。

全省地势西南高、东北低，地形地貌南北迥异，复杂多样。长江、淮河横贯省境，分别流经安徽省长达 416km 和 430km，将全省划分为淮北平原、江淮丘陵和皖南山区三大自然区域。淮河以北，地势坦荡辽阔，为华北平原的一部分；江淮之间西耸崇山，东绵丘陵，山地岗丘逶迤曲折；长江两岸地势低平，河湖交错，平畴沃野，属于长江中下游平原；皖南山区层峦叠嶂，峰奇岭峻，以

课题主持单位：安徽省区域发展与规划学会、安徽农业大学

课 题 主 持 人：闪辉

课 题 组 成 员：李向阳、徐冉冉、马友华、范珊珊、徐素云

山地丘陵为主。境内主要山脉有大别山、黄山、九华山、天柱山，最高峰黄山莲花峰海拔 1 860m。全省共有河流 2 000 多条，湖泊 110 多个，著名的有长江、淮河、新安江和全国五大淡水湖之一的巢湖。平原面积约占 24.82%，丘陵面积约占 29.01%，山地面积约占 29.52%，圩区面积约占 8.68%，水面面积约占 4.21%，洼地面积约占 3.77%。

安徽省现有总人口 6 082.9 万人，其中城镇人口 2 989.7 万人，乡村人口 3 093.2 万人。安徽省地势南高北低、西高东低，属于暖温带向亚热带的过渡季风气候，年均温 14~17℃，年均降水量 750~1 700mm，易诱发旱涝灾害，10℃以上活动积温为 1 620~5 300℃，年无霜期约为 200~250d；主要有红壤、黄壤、黄棕壤、棕壤、黄褐土、潮土、水稻土等土壤类型。

2. 农业可持续发展面临的土地资源环境问题

（1）土地资源数量　人均耕地面积持续减少，利用强度很大，后备资源不足。调查数据表明，2013 年安徽省耕地 595.77 万 hm^2，土地总面积 1 394.27 万 hm^2，占全省土地总面积的 42.5%。从地形和功能上看，其中山区 411.62 万 hm^2，平原 346.08 万 hm^2，丘陵 404.48 万 hm^2，圩区 120.97 万 hm^2，湖泊洼地 111.22 万 hm^2。土地资源中，其中常用耕地面积 418.81 万 hm^2，水田 260.54 万hm^2，占 43.73%；旱地 302.93 万 hm^2，占 50.85%。由于全省耕地地区分布不均，淮北平原占全省的 47.9%，江淮地区占 23.7%，大别山区占 2.3%，沿江地区占 20%，皖南山区占 61%。

从土地利用类型上来看，农用地面积为 1 122.76 万 hm^2，占总面积的 80.12%，建设用地的面积为 188.90 万 hm^2，占总面积的 13.48%，未利用地的面积为 89.74 万 hm^2，占总面积的 6.40%。这些数据表明，农用地仍然是目前安徽省最主要的土地利用类型，但是建设用地所占的比重已经超过 13%。2013 年安徽省土地利用类型如图 1–1 所示。

安徽省耕地面积总体上呈下降趋势，2001—2012 年，耕地面积减少 19.2 万 hm^2，平均每年减少 1.477hm^2。与此同时，人均耕地面积由新中国成立初的 0.183hm^2 下降到 2000 年的 0.067hm^2。预计到 2020 年，人均耕地面积将继续下降到 0.057hm^2，人地关系将日趋紧张。由于人均耕地面积的持续下降，增加了对耕地的利用强度。安徽省目前农田复种指数达 2.0~2.8，而全省中低产田面积占耕地总面积的 46.55%，其中淮北地区占 47.5%，江淮地区占 27.8%，其他地区 24.7%。全省水田耕作层有机质的平均含量为 19.6g/kg，60.3% 的耕地偏低；旱地有机质平均为 14.0g/kg，94.6% 的耕地偏低，24% 的耕地处于极低水平。

（2）土地资源质量　安徽省土地利用总体水平较高，土地集约节约化率较高。在安徽省各市中，土地利用率最高的是亳州市，高达 97.7%，较安徽省平均水平高 6.12%，土地利用率最低的是铜陵市，为 78.99%。由于安徽省农业部门及各市农业主管部门的农业开发政策，安徽省各地之间农业土地利用率差距较大，最高的黄山市达到了 92.6%，最低的铜陵市仅为 63.71%。在安徽省各市中，据统计，耕地复种指数高于 200% 的有合肥、芜湖、蚌埠、淮南、马鞍山、淮北、安庆、黄山、阜阳、巢湖、池州、宣城、滁州等 13 市，其中，耕地复种指数最高的是黄山市，高达 292%，由于黄山市水热条件好、耕地利用率高、无霜期长、总积温高、

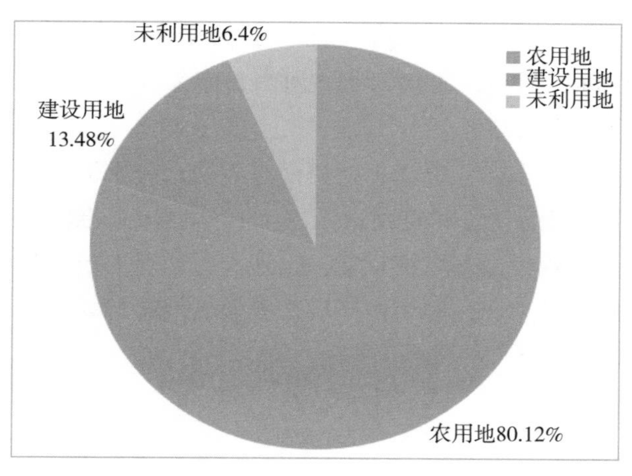

图 1–1　2013 年安徽省土地利用类型

水分充足，加上政府一系列支农政策的实施，致使耕地复种指数高；由于铜陵市当地自然条件以及政府相关部门重视工业的发展，忽视农业的发展，致使铜陵市的耕地复种指数最低，仅为186%。

安徽省各市垦殖系数差别较大。一个地区垦殖系数的高低与当地自然条件（地貌、土壤等）、经济条件密切相关。由于一些地区地处淮北平原及江淮平原，种植业在土地总面积中所占比重较高，如亳州、淮北、蚌埠、宿州、阜阳、淮南、合肥、滁州的垦殖系数高于50%，亳州市最高，达70.25%。由于黄山市、池州市地处皖南山区，可供种植业的土地资源较少，种植业在土地总面积中所占比重较少，因此黄山市、池州市垦殖系数较低，分别为6.66%、14.85%。

土地生态环境恶化。安徽省是全国水土流失严重省份之一，一般来说，山区面积越大，水土流失发生的可能性越大。安徽省山丘面积占全省总面积的68%以上，据统计，20世纪90年代初，全省水土流失面积占土地总面积21%，近年来平均每年治理面积约400万 hm^2，但新的水土流失控制不住，平均每年新增水土流失面积达600万 hm^2，治理速度赶不上新增速度，水土流失有继续恶化的趋势。

（二）水资源

1. 农业水资源及利用现状

（1）农业水资源　农业水资源的可持续利用是农业可持续发展的前提和保障。安徽省降水量比较多，多年平均降水量为800~1 800mm，多年平均径流深为100~1 200mm。全省多年平均径流总量为666亿 m^3，人均占有量为1 386m^3。由于降水年际变化大，地区分布不均衡，所以水资源的分布有很大差异。总的来说是自南向北递减，中西部多于中东部，山区多于平原，径流深从新安江流域1 200mm递减至淮北北部的100mm以下，各地区径流量的分布情况见表1–1。

表1–1　安徽省径流量的分布情况

地区	全省	淮北地区	江淮地区	皖西地区	沿江地区	皖南地区
径流总量（亿 m^3）	666	86	149	95	71	265
人均水量（m^3/人）	1 386	483	952	3 909	1 023	5 086

淮北有丰富的地下水，多年平均补给量为87亿 m^3，水质好，埋藏浅，是很好的灌溉水源。淮北地区现有淠史杭灌区，今后需做好续建配套工程，提高管理水平，还要做好渠道的防渗防漏，提高渠系的有效利用系数。皖东严重缺水区，应研究推广省水节能的灌水方法与灌水技术，提高渠系的有效利用系数，需进行南水北调，兴建引江济巢工程，解决本地区的缺水状况。皖南地区要扩大蓄水，充分利用当地径流，还应充分注意利用河川径流，这样可以有效地缓解皖南地区水资源的供需矛盾。

（2）农业水资源利用现状　据统计，2013年全省总用水量为296.02亿 m^3，其中，全省农业用水量165.09亿 m^3，占用水总量的55.78%，工业用水量98.43亿 m^3，城镇公共用水量7.24亿 m^3，居民生活用水量24.21亿 m^3，生态环境用水量4.05亿 m^3。2013年全省总用水量组成比例如下图1–2所示，2013年流域分区用水量如表1–2所示。

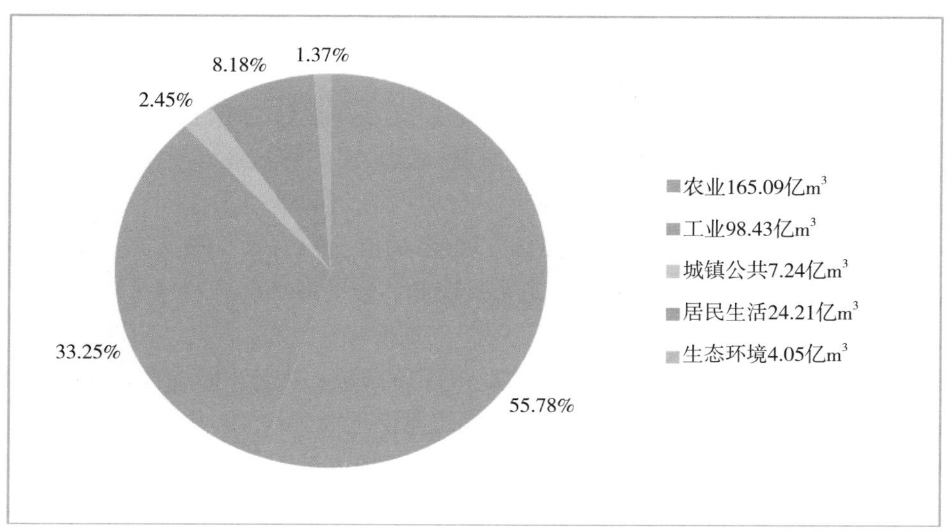

图 1–2　2013 年全省总用水量组成比例

表 1–2　2013 年流域分区用水量

流域分区	农业	工业	城镇公共	居民生活	生态环境	总用水量	人均用水量（m^3）
全省	165.09	98.43	7.24	24.21	4.05	296.02	490.90
淮河流域	79.60	28.21	2.36	12.59	1.13	123.89	367.50
淮北地区	38.98	19.07	1.10	8.34	0.47	67.96	294.70
淮南地区	40.62	9.14	1.26	4.25	0.66	55.93	525.10
长江流域	80.27	69.45	4.55	11.14	2.86	168.27	661.10
江北地区	53.99	17.55	2.61	7.10	1.24	82.49	495.30
江南地区	26.28	51.90	1.94	4.04	1.62	85.78	975.00
新安江流域	2.22	0.77	0.33	0.48	0.06	3.86	340.10

农业水资源的开发利用措施有蓄、引、提、灌。2013 年，已建水库 5 821 座，目前省内已建大中型水库两百多座，蓄水总量为 52.91 亿 m^3，比年初减少了 10.21 亿 m^3，其中大型水库年末蓄水量 44.30 亿 m^3，年平均蓄水量 52.39 亿 m^3，年内调蓄水量 46.96 亿 m^3。全省蓄水、引水、提水工程供水量分别为 115.85 亿 m^3、22.11 亿 m^3 和 116.24 亿 m^3。安徽省境内长江流域从淮河流域跨流域调水 5.94 亿 m^3。2013 年农田灌溉亩均用水量 313.9m^3，农业灌溉水利用系数 0.508。2013 年全省农业用水指标见表 1–3。

表 1–3　2013 年全省农业用水指标　（单位：m^3）

农田灌溉用水指标				林果	鱼塘补水
水田	水浇地	菜田	综合		
447.7	100.3	314.2	313.9	94.9	354.9

安徽省地处长江下游、淮河中游、钱塘江上游，气候复杂多样，全省水资源不仅在时空分布上

极不平衡，而且还受到地形、地貌和建设条件的制约，导致淮河以北地区的资源型缺水，沿淮沿巢湖地区的水质型缺水，山区、丘陵区和江淮分水岭地区的工程型缺水。安徽省地处华东腹地，淮河、长江横贯省境，将全省划分为两大流域和淮北、江淮、江南三大区域。长江、淮河流域面积为13.96 万 km^2，省境南部为新安江流域，面积 6 500km^2。特殊的地理位置和复杂的气候条件，导致旱涝等自然灾害频发。此外，存在农业用水定额偏高，灌溉水利用率低等问题。

2. 农业可持续发展面临的水资源环境问题

（1）水资源数量　水资源短缺。农业生产与水资源密不可分，因此，农业水资源状况的好与坏对农业生产的发展起着决定性的作用。从国家总体上看，我国是一个淡水资源紧缺的国家，农业用水所占的比重相当高，而水资源问题也成为阻碍安徽省农业发展的首要问题。由于安徽省降水量时空分布不均，导致安徽水资源现状不容乐观。2013 年，全省水资源总量 585.59 亿 m^3，地表水资源量 525.41 亿 m^3，地下水资源量 144.54 亿 m^3，年降水量为 1 427.44mm，各项数据指标均低于 2012 年的平均水平，2013 年的人均水资源量仅为 974.54m^3/ 人。全省入境水量 7 810 亿 m^3，出境水量 8 236.06 亿 m^3，分别比 2012 年减少 2 152.37 亿 m^3、2 244.14 亿 m^3。全省大中型水库 2013 年年末蓄水量 52.91 亿 m^3，较年初减少 10.21 亿 m^3。这些数据不仅表明安徽省水资源数量的多少，而且可以清楚地表明安徽省水资源的紧缺状况。2013 年全省平均年降水量 1 023.4 ㎜，折合水量 1 427.44 亿 m^3，降水量时空分布不均。流域分区年降水量如表 1–4，图 1–3。

表 1–4　2013 年流域分区年降水量

流域分区	计算面积（km^2）	降水量（mm）	降水量（亿 m^3）
全省	139 476	1 023.4	1 427.44
淮河流域	66 626	811.4	540.63
淮北地区	37 421	737.9	276.12
淮南地区	29 205	905.7	264.51
长江流域	66 410	1 181.9	784.92
江北地区	36 139	1 092.0	394.62
江南地区	30 271	1 289.4	390.30
新安江流域	6 440	1 582.1	101.89

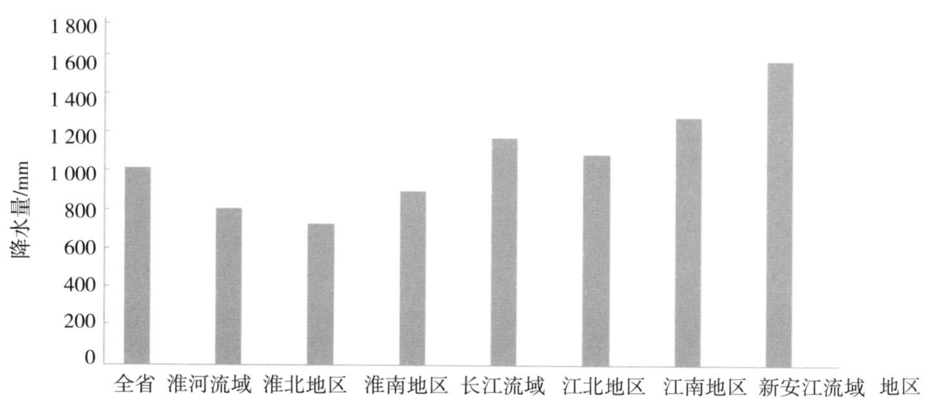

图 1–3　2013 年流域分区降水量

(2) 水资源质量　水资源污染问题突出。根据《安徽省统计年鉴》，2013 年，工业废水排放总量达 70 972 万 t，比上年增加 5.65%，工业废水中污染物排放量 95 536.76t，其中化学需氧量 87 135.07t，较上年持平；氨氮 7 651.61t，较上年减少 10.68%；工业固体废物产生量 11 936.74 万 t，比去年下降 0.71%。城镇生活污水排放量 195 091 万 t，比上年增加 4.34%；生活污水中化学需氧量排放量 436 388t，比去年下降 0.87%；生活及其他二氧化硫排放量 50 928t，比上年增加 3.08%。据调查，全省有 95% 的废水直接或间接排入江河，其中，30% 直接排入长江干流，20% 直接排入淮河，45% 排入长江淮河的各条支流，小部分排入新安江，其余排入沟塘和漫流。从数据总体上可以看出，全省污水和污染物总量正逐年加剧，每年都有大量的废水、废气、工业固体废弃物排放，导致水资源污染问题突出，河湖污染严重。在国家重点治理的“三河三湖”中，安徽的淮河和巢湖污染严重。

（三）气候资源

1. 气候要素变化趋势

安徽气候条件优越，气候资源丰富农业生产潜力大。安徽省属暖温带向亚热带的过渡型气候。年平均气温在 14~17℃，属于温和气候型，冬季 1 月平均气温在 -1~4℃，夏季 7 月平均气温为 28~29℃，年较差各地小于 30℃，所以大陆性气候不明显。总辐射量 4 540~5 460J/m^2，平均日照 1 800~2 500h，平均无霜期 200~250 天，年降水量在 750~1 700mm，有南多北少，山区多、平原丘陵少等特点。淮北一般在 900mm 以下，江南、沿江西部和大别山区在 1 200mm 以上，1 000mm 的等雨量线横贯江淮丘陵中部。山区降水一般随高度增加，黄山光明顶年平均雨量达 2 300mm。2013 年全年平均降水量 1 023.4 ㎜，比 2012 年少 12.8%，较常年值少 12.8%。年内降水时空分布不均匀。淮河流域年降水量 811.4 ㎜，较常年值少 14%，长江流域年降水量 1 181.9%，较常年值少 12.1%，东南诸河年降水量 1 582.1%，较常年值少 11.5%。安徽月平均气温月降水分布如图 1-4 所示。

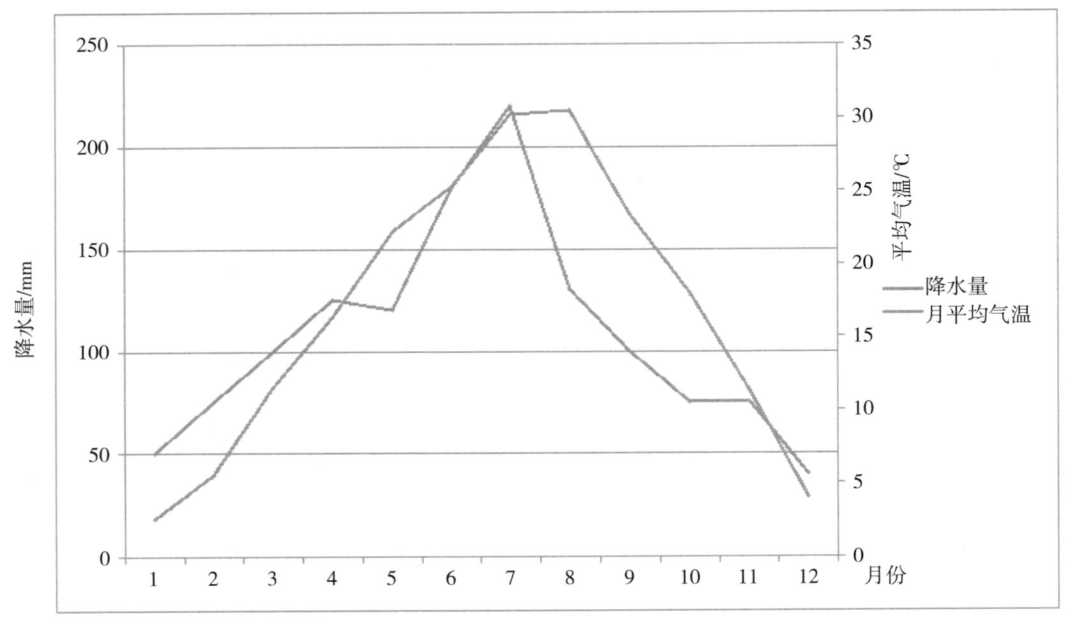

图 1-4　2013 年安徽月平均气温与降水量分布

安徽省春季气候时冷时暖、时雨时晴。春季气温上升不稳定，日际变化大，春温低于秋温，春雨多于秋雨。4—5月是冬季风向夏季风转换的过渡时期，南北气流相互争雄，进退不定，锋面带南北移动，气旋活动频繁，天气气候变化无常。3、4、5三个月降水量约占全年降水量的20%~38%，自北而南增大。江南雨季来得早，全年雨量集中期在4、5、6三个月，沿江西部、屯溪、祁门一带春雨甚至多于夏雨。春温低、春雨多，特别是长时间的低温连阴雨，对早稻及棉花等春播作物的苗期生长不利。秋季，除地面常有冷高压盘踞外，高空仍有副热带暖高压维持，大气层结构比较稳定，秋高气爽，晴好天气多。秋季9—11月降水量只占全年降水量的15%~20%，南北差异不大。因此，安徽省各地常出现夹秋旱和秋旱。少数年份，在夏季风撤退和冬季风加强过程中，气旋、锋面带来的秋风秋雨，对秋收秋种不利。

2. 气候变化对农业的影响

安徽省是农业自然灾害频发的地区，气候变化使其更加频繁地出现极端天气，如强暴雨、强雷暴、干旱化等。据统计，2013年安徽省农作物受灾情况合计229.74万hm^2，其中旱灾179.62万hm^2，洪涝灾29.66万hm^2。研究表明，气温每上升1℃，粮食产量将减少10%。高温条件下作物生育期缩短，生长量减少，可能会抵消全年生长期延长的效果。气温每升高1℃，省内水稻生育期将平均缩短7~8天，冬小麦生育期将平均缩短17天。由于生育期缩短，减少了作物通过光合作用积累干物质的时间，质量也会下降。在现有的种植制度、种植品种和生产水平不变的前提下，种植业生产潜力可能会下降，其中，灌溉和雨养春小麦的产量也将会减少，同时冬小麦、水稻、玉米生产潜力也将出现下降。

随着全球二氧化碳浓度持续升高促进了光合作用，农作物产量将得到提高，但海平面上升、极端气候事件频发及病虫害灾害高发等引起粮食产能的不确定性。近50年来，全国冬小麦、春玉米和水稻种植区明显北移、西移，水稻种植已扩大至最北部的三江平原，耕种面积大大扩张；但另一方面，全球变暖可能引发海平面上升，导致沿海平原地区土壤涝滞、盐碱化加剧，从而严重降低农作物生产力。极端气候变化的灾害性影响对农业破坏更为明显。2009年，全年有9次台风（热带风暴）登陆我国大陆地区，较常年多2个，受灾地区的农作物遭受毁灭性破坏。民政部数据显示，2009年农作物受灾面积4 721.4万hm^2，绝收面积491.8万hm^2。气候变化导致的持续性少雨，不仅在半干旱区十分明显，在湿润区同样可能诱发大范围干旱。据媒体报道，中国气象局2011年1月13日表示，华北、黄淮、江淮部分地区旱情严重，山东连续无降水天数破当地气象纪录。气候变化所引起的极端气象灾害严重威胁着农业的可持续发展。

二、安徽省农业可持续发展社会资源条件分析

（一）农村劳动力

1. 农村劳动力转移情况特点

安徽省是农业大省，也是人口大省，根据2013年《安徽省统计年鉴》显示，2012年安徽省户籍人口为6 902万人，农业人口比重为77.11%，非农业人口比重22.89%。可见全省的人口构成结构依然没有改变，仍是以农村人口为主，农村人口不仅绝对数量大，而且所占比重较高，是典型的人力资源大省。目前，安徽省农村经济的发展仍由第一产业带动，但随着城镇化的推进，从事第

二、三产业的人数呈快速增长趋势。

表 2-1　安徽省主要年份人口指标　（单位：万人）

年份	总人口	非农业人口	农业人口
1978	4 713	504	4 209
1980	4 893	556	4 337
1985	5 156	724	4 432
1990	5 661	843	4 818
1995	6 000	1 044	4 956
1996	6 054	1 086	4 968
1997	6 109	1 125	4 984
1998	6 152	1 166	4 986
1999	6 205	1 204	5 001
2000	6 278	1 230	5 048
2001	6 325	1 257	5 068
2002	6 369	1 289	5 080
2003	6 410	1 319	5 091
2004	6 461	1 342	5 119
2005	6 516	1 368	5 148
2006	6 593	1 433	5 160
2007	6 676	1 467	5 208
2008	6 741	1 498	5 243
2009	6 795	1 517	5 277
2010	6 827	1 550	5 276
2011	6 876	1 577	5 299
2012	6 902	1 580	1 580

由表 2-1 可以看出，1978 年改革开放以后，安徽省总人口增长明显，总人口数由 1978 年的 4 713 万人，增长到 2012 年的 6 902 万人，增长 2 189 万人，2012 年安徽省非农业人口达到 1 580 万人，而 1978 年的非农业人口数仅为 504 万人，增加了 1 073 万人，非农业从业人员数量增长迅速。为保证促进农村人口有序转移，近年来安徽省各级政府也采取了许多卓有成效的措施，稳步实施户籍制度改革，逐步把符合条件的农业转移人口转为城镇居民，有序推进农业转移人口市民化。

近年来，安徽省农村流动人口比例变大，流动性变强。2006 年，安徽省外出半年以上人口在总人口中所占比重为 20.89%，2012 年这一比重提高到 25.02%，安徽人口流动稳步提高。同时从人口流动的区域特征看，人口外流的主要区域主要集中在江苏、浙江、上海、广东和北京 5 个省（市），占流出省外人口的 85.12%，特别是江浙沪等“长三角”经济发达地区对劳动力的吸纳能力更强，占有较大比例的流动人口流向了“长三角”区域。就安徽省内不同市（区）的劳动力的转移情况来看又会有所不同，以上针对安徽省不同地区的流动人分析体现了省内不同地区的特征，可以看出，经济发达的沿江市流动的人口比例较小，而经济欠发达的皖北和大别山区流动的人口相对较多，说明经济差的地区吸收劳动力转移就业的能力也比较差。从性别特征来看，男性所占比例较大，但是女性也占据相当大的比例。此外，受高层次教育的外出务工人员比例严重偏低。

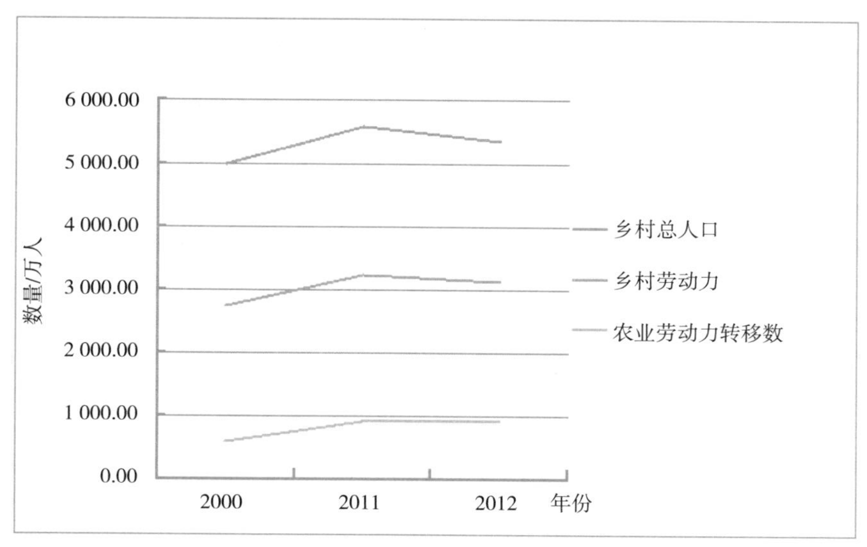

图 2–1　安徽省乡村劳动力人口指标趋势图

2. 农业可持续发展面临的农村劳动力资源问题

社会主义新农村建设的首要任务就是发展现代化农业，而农民作为新农村建设的主体起着决定性的作用，文化素质较高、生产技能丰富的年轻劳动力是农业持续、健康、稳定发展的保证。然而，大量文化素质较高的年轻劳动力的迁移导致从事农业生产的劳动力严重不足，让农村妇女和老年人从事农业生产势必会使生产效率降低、农业生产受到影响。目前，依靠先进的技术和科学的经营管理方式是发展现代农业的重要手段，但是综合素质较高的青壮年农村人口的迁移，缺少懂技术、有文化的新型农民，农业生产效率得不到提高，影响农村社会发展。

2013 年中央一号文件中首次出现“家庭农场”的概念，鼓励和支持承包土地向专业大户、家庭农场等新经营主体转变。家庭成员作为家庭农场的主要劳动力，从事规模化、集约化、商品化的农业生产经营活动，然而农村人口结构的变化，劳动力向城镇地区迁移导致农村家庭中没有足够的劳动力，对农业生产向规模化、集约化方向发展极为不利，影响“家庭农场”在农村地区的发展。

（二）安徽省农业科技

1. 农业科技发展现状

科学技术是第一生产力，发展农村经济，提高农业生产效率，必须依靠科学技术的进步。安徽省农业发展条件，发展水平和资源禀赋与其他各地有所不同。农业科技的进步与创新是未来农业经济增长的原动力。因此测算农业技术进步贡献率是十分必要的，它有助于从总体上把握农业技术进步的水平和发展潜力，对地区农业经济发展有一定的指导意义。

表 2–2　1990—2011 年安徽省各指标增长率及科技进步率　　（单位：%）

年份	总产值	物质消耗	耕地面积	劳动力	科技进步率
1990—2003	4.22	6.19	–0.36	0.48	1.66
2004—2011	4.56	7	0.26	–1.59	2.25

表 2-3　1990—2011 年安徽省各指标增长的贡献率及科技进步贡献　（单位：%）

年份	物质消耗	耕地面积	劳动力	科技进步率
1990—2003	58.73	-0.21	4.02	39.36
2004—2011	61.44	1.43	-12.21	49.34

从表 2-2 的测算结果来看，1990—2003 年安徽省农业科技进步率为 1.66%，科技进步对农业总产值增长的贡献为 39.36%，其中，农业物质费用的贡献率最大，为 58.73%。由于耕地面积出现负增长以及劳动力增长较慢，其对农业总产值增长的贡献率分别为 -0.21% 和 4.02%。2004—2011 年，安徽省农业科技进步率为 2.25%，对农业总产值的贡献率为 49.34%，在此期间，物质消耗贡献率为 61.44%，耕地面积和劳动力的贡献率分别为 1.43% 和 -12.21%。

根据安徽年相关农业投入与产出数据，可以看出农业科技进步对农业总产值的贡献呈现增长趋势。农业科技进步贡献率与物质消耗对农业总产值的贡献差距变小，说明农业科技进步对农业经济发展的促进作用越来越明显；安徽农业物质消耗对农业总产值增长的贡献依旧较高；劳动力的减少带来的负面效应日益明显。

2. 农业可持续发展面临的农业科技问题

安徽省农业发展目前处于技术驱动的阶段，但是由于安徽省耕地资源有限，劳动力相对过剩，资本具有边际产量递减的现象。因此，要依靠边际报酬递增的要素——科学技术来转变农业的生产方式，才是提高安徽省农业综合实力的根本出路。安徽省农业技术主要存在农业技术的改造和创新问题，同时把自主开发和引进新技术相结合，以让农业技术更好地因地制宜地发挥应有的作用，对农业人员综合素质培训，提高其生产技能和科学意识；更加健全农业科学技术的推广体系，发展技术市场和中介服务体系，避免农业科技与农业生产脱节的现象。

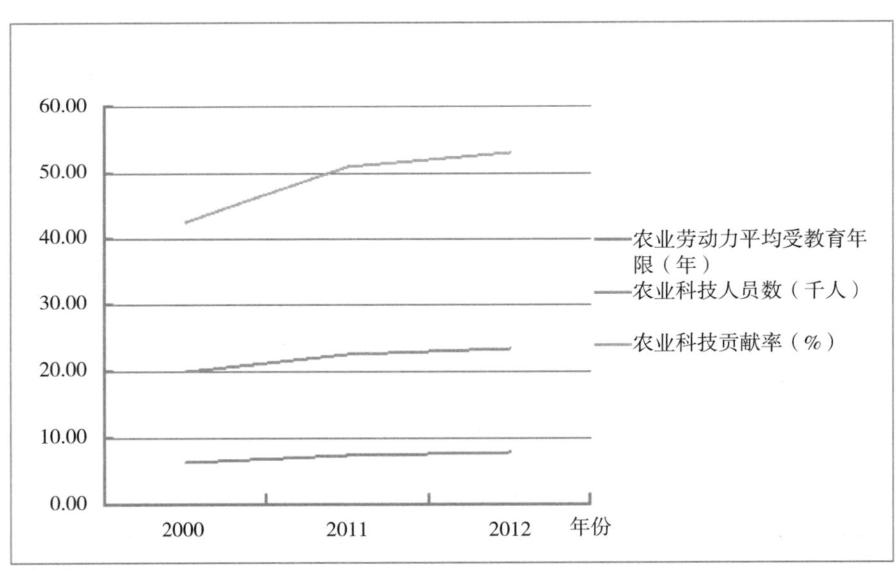

图 2-2　安徽省农业科技投入状况

（三）农业化学品投入

1. 农业化学品投入情况特点

新中国成立以后，农业生产发展迅速，特别是近 20 年来，粮棉油产量成倍增长，其中，肥料的大量投入对农业生产的发展产生了重大影响。现今，面对 21 世纪人口、粮食、资源、环境对农业发展构成的巨大压力和挑战，进一步重视和加强肥料的合理投入对实现安徽农业持续稳定发展至关重要。安徽施用化学品始于 20 世纪 30 年代，但为数甚微，直至新中国成立初期，化学品年用量只有 200t（折纯量，下同），而且仅仅是氮肥，只在局部地区试用。随着农业生产的发展和化学品工业的兴起，化学品施用量逐年提高。60—70 年代，在扩大氮肥施用外，开始施用磷肥，70 年代末，已出现钾肥和微量元素肥料的应用。尤其是从 20 世纪 80 年代起，全省化学品工业有了较大的发展，生产量迅速提高，加之农村经济体制改革的发展，调动了农民增施肥料的积极性，促使化学品用量呈大幅度增长。1980 年安徽年化学品用量为 54.93 万 t，2000 年达到了 253 万 t，增长了 3.6 倍。其中，氮、磷、钾和复合肥的用量分别增长了 2.4 倍、2.6 倍、18.6 倍和 37.9 倍。从 1980 年到 2000 年的 20 年间，年平均增加化学品用量 9.9 万 t。按 423 万亩耕地和 842 万亩播种面积（复种指数 199%）计算。2000 年安徽化学品施用量平均每公顷分别达到了 598kg 和 300kg，居全国中上水平。

2. 农业化学品投入依赖性分析

据安徽农业统计资料，1980 年到 2000 年的 20 年间，粮食作物播种面积一直保持在 600 万亩左右，粮食总产的增长主要是通过增施肥料提高单产的途径来实现的。而同期，经济作物种植面积迅速扩大，其中瓜菜增加 0.5 倍，果树增加 2.2 倍，油料增加 1.6 倍等。各类作物总施肥面积由 1980 年的安徽省位于长江中下游，现有耕地 423 万亩，是全国粮、棉、油的重要产区，境内中低产土壤占 60% 以上，增产潜力巨大。新中国成立以后，农业生产发展迅速，特别是近 20 年来，粮棉油产量成倍增长，其中，肥料的大量投入对农业生产的发展产生了重大影响。现今，面对 21 世纪人口、粮食、资源、环境对农业发展构成的巨大压力和挑战，进一步重视和加强肥料的合理投入对实现安徽农业持续稳定发展至关重要。

表 2-4　2000—2011 年安徽省农业化学品投入与粮食作物单产情况表

项目	2000	2011	2012
化学品用量（万 t）	417.424	8.643	5.637
农药用量（万 t）	355.791	8.078	5.367
农膜用量（万 t）	344.738	7.696	5.216
农膜回收率（%）	80.213	93.158	97.205
单位作物产量（万 t/ 万亩）	0.31	0.39	0.384

由表 2-4 可以看出，农作物产量与农业化学品投入的关系基本上成正比。据资料，安徽省 2000—2012 年 10 年的化学品用量与粮食总产，另根据对全省 336 个肥料田间试验分析，化学品的增产作用占到农作物产量的 40%~60%，合理施肥平均每 kg 化学品养分可增产小麦 6.2~12.6kg，稻谷 6.6~21.0kg，玉米 9.0~10.5kg，棉花 1.8~2.4kg，油菜籽 4.0kg~9.0kg。2012 年，安徽粮食亩

产达到0.384万t。每公顷产量平均年增长：小麦161kg，水稻196kg，棉花、油菜籽分别为38kg和56kg。农业增产固然是一些条件综合作用的结果，但如上所述，其中，化学品对农业生产的持续稳定增长有巨大贡献。

三、安徽省农业发展可持续性分析

（一）农业可持续发展指标体系的指导思想

从我国国情出发，依据《中国21世纪议程》中关于中国可持续发展战略的论述，借鉴已有国内外的研究成果和先进经验，建立可以实际操作的全面反映一个地区农业可持续发展状况与水平的指标体系和模型。

1. 农业可持续发展的核心是发展

“三农”问题根源在于农业与农村经济发展的落后与贫困，经济发展是妥善解决“三农”问题的物质基础，也是实现农业可持续发展的根本保障。农业与农村经济发展过程中出现的人口、资源、环境等问题必须在发展中解决，用停滞发展、限制发展的消极观点来谋求资源的持续利用和生态环境的改善是不符合我国国情的。

2. 农业可持续发展的主体是社会发展系统

农业可持续发展的最终目标是实现以人为主体的社会系统的可持续性，这要求既要考虑当前发展的需要，又要考虑未来发展的需要，不以牺牲后代人的利益为代价来满足当代人的利益和发展。这不仅仅限于农业这一行业和部门的工作重点的转变，更是全社会一种新的发展观的建立和新的发展战略的实施。

3. 农业可持续发展的重要标志是自然资源的永续利用和农业与农村生态环境的改善

没有资源的永续利用和良好的生态环境，农业及其他各项事业的发展都是暂时的、脆弱的、不能持久的。自然资源的永续利用是农业经济可持续发展的基础，生态环境的保护与改善是资源永续利用的基础。

4. 农业可持续发展的关键是处理好经济建设（包括农业经济与非农经济）与人口、资源、环境、社会要素之间的相互关系

过去由于种种原因，我们最忽视的是人与自然的关系，最突出的问题是经济建设与人口、资源、环境的关系，遭到了自然界的无情报复。作为一个平衡的大系统，经济的增长、人口的增长、生产方式与消费方式的建立都不能超出资源与环境的承载能力。

5. 影响农业可持续发展的要素具有明显的时间性、空间性及相互耦合的特征

因此，在运用这些要素时要充分考虑这些特征的影响。同时，对于一个地区来说，由于一些要素的时间和空间的不均衡性，存在着有与无、多与少的差别，因此需要与其他地区或全国以至全球范围内进行调节，所以指标体系的设置要具有动态、指标可替代的功能。

（二）指标体系制定原则

针对我国农业发展的特点与目标要求，结合一般指标体系设置的原则，我国农业可持续发展指标体系设置须遵循下列原则。

1. 系统性原则

由前面的分析可知，农业可持续发展涵盖的范围很广，对其评价几乎涉及农业与农村经济社会生活及其环境的各个方面。因此，农业可持续发展的指标体系必须以一定的统计核算体系为基础，但指标体系又不能局限于统计指标本身，更应有综合性指标体现可持续发展中涉及的新概念、新内容，如环境质量、资源存量、协调指数等，以体现农业可持续发展的内涵和目标。

2. 全面性原则

统计指标体系是数据收集的基准，因此明确界定指标体系的统计范围是必要的。农业可持续发展的评价指标体系应该能够反映人口、经济、社会、资源、环境发展的各个方面及其协调状况。可是，尽管农业可持续发展几乎涉及农业于农村活动的各个领域，但指标体系却不可能是包罗万象的，有些在统计上无法量化或数据不易获得的指标可暂不列入指标体系中。

3. 实用性和可操作性原则

指标体系最终要被决策者乃至公众所使用，要反映发展的现状和趋势，为政策制定和科学管理服务，指标只有对使用者具有实用性才具有实践意义。可使用的指标体系应易于被使用者理解和接受，易于数据收集，易于量化，具有可比较性等特点。

4. 层次性和简洁性原则

指标体系是众多指标构成的一个完整的体系，它由不同层次、不同要素组成。为便于识别和比较，按照系统论原理，需要将指标体系按系统性、层次性构筑。同时，指标体系的功能之一是简单明了，以不重复为前提。

5. 规范性和完整性原则

作为农业可持续发展指标体系的一般模式，规范性和完整性是极其重要的，这不仅有利于指导不同地区的发展实践，也有利于地区间的比较。

6. 动态性与静态性相联系的原则

农业可持续发展是一个不断变化的过程，是动态与静态的统一。农业可持续发展指标体系也应是动态与静态的统一，既要有静态指标，也要有动态指标。根据农业可持续发展的内涵、目标，结合上述理论框架和原则，以现有的统计资料和数据为基础，按可持续发展思想构建一个层次结构的评价系统。

（三）指标体系

指标系统采用自上而下、逐层分解的方法，把农业发展可持续性指标体系分为 3 个层次（目标层、准则层与指标层），每一层次又分别选择反映其主要特征的要素作为评价指标，以避免重要指标的遗漏和重复。然后按自下而上的方法，根据统计资料的可得性，结合专家意见，选取 25 个评价指标，分别对应生态可持续、经济可持续和社会可持续中的 5 大准则层，力求反映准则层的主要特征基础上，使指标具有良好的量化能力。第一层次是目标层（A），以农业可持续发展水平的综合评价为目标，用来反映区域农业可持续发展的总体特征。第二层次根据上述农业可持续发展理论框架中的三个系统设立的准则层（B），即“生态可持续性”，“经济可持续性”“社会可持续性”3 个准则，分别反映农业发展水平及其支持能力。第三层次是指标层（C），选择了 25 个具体的评价指标。

表 3-1　安徽省农业可持续发展评价指标体系

目标层	准则层	指标代码	指标层
农业可持续发展	生态可持续性指标	A1	农村人口人均耕地面积
		A2	土壤重金属污染比例
		A3	复种指数
		A4	耕地亩均农业用水资源量
		A5	农田旱涝保收率
		A6	亩农业化学品负荷
		A7	农膜回收率
		A8	水土流失面积比重
		A9	林草覆盖率
		A10	自然灾害成灾率
		A11	土壤有机质含量
		A12	地表水质指数
		A13	秸秆综合利用率
	经济可持续性指标	B1	农业劳动生产率
		B2	农业土地生产率
		B3	农业成本利润率
		B4	农产品商品率
		B5	农业产业化水平
		B6	农业工业化水平
	社会可持续性指标	C1	人均食物占有量
		C2	农业劳动力人均收教育年限
		C3	农业技术人才比重
		C4	农业剩余劳动力转移指数
		C5	国家农业政策支持力度
		C6	农业科技水平

1. 生态可持续性指标

生态作为农业可持续发展生产的主要衡量标准，直接影响到可持续发展能力与水平。区域人均耕地面积 A1 是主要衡量一个地区可用于农业生产的土地资源的丰裕程度，而由于关于土地质量（土壤质地、肥力等）方面的数据较为稀缺和难以计量，没有被纳入具体指标，水资源是农业发展的“血液”。土壤重金属污染比例 A2 表示重金属含量超标面积占总面积的比重；土地复种指数 A3 是一个反映农业气候和土地生产潜力的综合性指标之一，复种指数高说明农业气候条件较为优越、土地生产潜力较大，农业持续发展的条件和能力较好。耕地亩均农业用水资源量 A4 反映的是农业水资源的丰裕情况；农业旱涝保收率 A5，即耕地中旱涝保收面积占耕地总面积的比率，反映的是农业生产抵抗自然灾害的能力；亩农业化学品负荷 A6 是一个负作用的环境指标，使用化肥是农业增产的重要措施之一，同样随着单位面积土地使用量的增加，不仅增产的效果下降，而且会对土壤与地下水资源造成严重污染；农膜回收率 A7，即用有效回收农膜的耕地面积与总覆膜耕地面积的比值表示；水土流失面积比重 A8，是反映农业生态环境质量的一个指标，水土流失严重会对农业生产的物质基础造成直接损害；林草覆盖率 A9 是衡量农业环境容量与自净能力的一个综合性指标，森林对于保持水土、涵养水源、净化大气质量与粮食增产具有重要意义；自然灾害受灾率 A10，主要表征一个地区农业受自然灾害影响的广度，自然灾害频繁、受灾面积大，说明当地的生态环境恶化；土壤有机质含量 A11，主要反映土壤肥力的高低。地表水质指数 A12，即安徽省各县（市）区域内一定等级河流面积占总水域面积比率；秸秆综合利用率 A13，指秸秆实际利用量与可利用总量之比。所以，主要从土地、水、气候三方面的资源出发，概括资源系统的数量、质量、结构方面状况，上述 13 个指标从农业环境系统的外部污染水平、内部污染强度、环境容量、灾害发生强度与抗灾能力、水土保持状况等方面，概括了农业生态环境所受的压力和质量状况，通过对这 7 个方面的评估，基本上能反映当前我国农业发展的资源状况。

2. 经济可持续性指标

农业劳动生产率 B1，是农业劳动产出效益的度量之一，因为在占用同样农业劳动和其他各项生产要素的条件下，符合社会需求的农产品越多，农业经济效益相应就越高；农用土地生产率 B2，由于各种自然资源的生产率难以准确计量，用单位面积农产品产量表示综合反映土地生产力水平，大致表示自然资源的经济生产率；农业成本利润率 B3，是一年中的利润总额同成本总额的比率，反映每一元投入所创造的利润量。农产品商品率 B4，指一定时期内农业生产者出售的农产品收入占农业总产值的比重，综合反映农产品商品化程度；农业产业化水平 B5，是相对于传统自给自足生产而言对农业生产商品化和专业化在一定程度上的测度指标；农业工业化水平 B6，可用农村经济总收入中来自非农产业的收入表示，反映农业现代化进程和产业结构转型升级状况。上述经济系统指标主要从农业产出水平、农业要素生产率、农业产业化水平、农业市场化状况等方面对农业经济系统的数量、质量、结构作了较全面的概括。

3. 社会可持续性指标

人均食物占有量 C1，用区域粮食或肉类总产量与总人口的比值来表示，反映农业生产对人们最基本的消费需求的满足程度；农村劳动力人均受教育年限 C2，主要用来表征农民的人力资本状况；农业技术人才比重 C3，反映农业生产过程中科技人才的配备密度，农业发展的科技支持与服务能力越强，则说明农业可持续发展的能力就越大，农民文化水平和劳动技能的提高，一方面可以享受到城市化和工业化带来的众多非农就业机会，从而缓解人口对自然资源的压力，另一方面使农民易于接受和使用先进的农业生产工具，并增强抗风险的能力；农业剩余劳动力转移指数 C4，用农业实际转移人数与农村剩余劳动力的比例表示反映农村农业生产劳动力对农业资源的压力；国家农业政策支持力度 C5，用国家或者政府对于农业的投入与 GDP 之比反映了国家对于农业生产大力支持的决心和力度；农业科技水平 C6，可用农业科技贡献率来表示，反映农业科学技术转化为现实生产力的水平。综上所述，通过采用上述 6 个社会指标从社会的协调状况、发展水平、科技与支持能力条件等方面，基本上能反映农业发展的社会系统的发展水平与质量状况。

在 25 个评价指标中物理意义需要说明的有：农村劳动力人均受教育年限（C2），以人数构成比例为权重，它是劳动力不同文化程度的加权平均值，文化程度分识字或识字很少、小学、初中、高中、中专和大专以上 6 个等级，所代表的受教育年限分别按 2 年、5 年、8 年、n 年、13 年和 15 年计算；农业劳动生产率 B1，通过平均农业 GDP 来表示，其计算公式为农业 GDP/ 农业劳动力人数；土地生产率 B3 则为农业 GDP/ 耕地面积；水土流失面积比重 = 水土流失面积 / 安徽省区域面积；土地复种指数 A3= 农作物播种面积 / 耕地总面积；自然灾害受灾面积比例 A10= 自然灾害受灾面积 / 土地总面积。

（四）评价方法

农业可持续发展评估就是对已完成的、正在进行的或刚被提出来的与农业发展有关的所有活动的价值、优缺点、品质等作一判断。判断过程的实质就是判定什么是好的或希望的，什么是坏的或不希望，或者说，某种情况（事物）是不是好的或希望的。但是需要注意的是，可持续性发展不存在最后的状态，评估并不是测量我们离终点有多远，而是测量在人类和生态系统福利方式上取得了多大的进步（叶正波，2002）。即在某种意义上农业发展可持续性评估的最终蓝图是不存在的，因此，下面的评估模型我们是根据现有的价值观、认识水平及技术条件而构建的。

采用熵值评价法对安徽省农业 2000—2012 年的可持续发展能力进行综合测评。熵值法是一种客观赋值方法，其根据各项指标观测值所提供的信息的大小来确定指标权重。熵值法计算步骤为：

（1）为方便比较，消除指标间因计量单位差异造成的干扰，采用极差标准化方法对数据进行无量纲化处理。

$$Z_{ij} = \frac{\min Z_{ij} - Z_{ij}}{\max Z_{ij} - \min Z_{ij}}$$（用于正功效指标，指标值越大对系统正贡献越大）

$$Z_{ij} = \frac{X_{ij} - \min Z_{ij}}{\max Z_{ij} - \min Z_{ij}}$$（用于负功效指标，指标值越大对系统负贡献越大）

式中，Z_{ij}，指标标准化值；X_{ij}，某一指标属性值；max（Z_{ij}），min（Z_{ij}），某一指标的最大值和最小值。

（2）定义评价指标值的比重

$$Y_{ij} = \sum_{i=1}^{m} Z_{ij}$$

（3）计算各项评价指标的熵值

$$E_j = -k\sum_{i=1}^{m}(Y_{ij}\ln Y_{ij})$$

式中，k=ln m，m 为时间序列跨度，$0 \leqslant E_j \leqslant 1$。

（4）评价指标的差异性系数计算

$$D_j = 1 - E_j$$

衡量各指标之间的差异，E_j 越小，指标间差异系数 D_j 越大，指标就越重要，其描述了指标数值的变化的相对幅度，代表了该指标变化的相对速度。

（5）定义评价指标的权重

$$W_i = D_i \Big/ \sum_{i=1}^{n} D_i$$

（6）单项指标评价值

$$S_{ij} = W_i \cdot Z_{ij}$$

（7）第 i 年农业可持续发展能力的总值

$$\mathrm{SARD}_i = \sum_{i}^{n} S_{ij}$$

（五）安徽省农业发展可持续性评价

1. 数值标准化

所用农业相关指标原始数据来源于《安徽统计年鉴（2000—2010 年）》《安徽农村经济统计年

鉴》和《安徽 60 年》的农业相关数据统计资料，主要运用 ARCGIS9.2，Eiews3.1 和 Excel 软件处理图表数据。

以 2000 年为评价基年，采用比重法对上表中的数据进行标准化（无量纲化）处理，得出各项指标的评定系数（表 3-2）。

表 3-2 安徽省 2000—2012 年农业可持续发展系统主要指标标准化值

指标层	指标代码	2000	2011	2012
农村人口人均耕地面积	A1	1.225 8	1.278 6	1.341 4
土壤重金属污染比例	A2	1.115 5	1.108 5	1.149 9
复种指数	A3	1.883 9	2.131 6	2.327 2
耕地亩均农业用水资源量	A4	0.098 5	1.026 3	1.037 7
农田旱涝保收率	A5	1.690 7	1.834 1	1.894 7
亩农业化学品负荷	A6	0.890 9	0.801 3	0.788 5
农膜回收率	A7	1.199 8	1.240 0	1.248 6
水土流失面积比重	A8	1.500 1	1.685 1	1.755 1
林草覆盖率	A9	0.88 5	0.823 5	0.806 0
自然灾害成灾率	A10	1.096 3	1.154 4	1.221 5
土壤有机质含量	A11	1.060 2	1.467 9	1.531 0
地表水质指数	A12	1.138 7	1.206 9	1.314 6
秸秆综合利用率	A13	1.170 3	1.345 6	1.390 1
农业劳动生产率	B1	0.822 2	0.742 7	0.669 0
农业土地生产率	B2	1.281 7	1.357 8	1.456 9
农业成本利润率	B3	2.217 2	2.247 3	2.441 8
农产品商品率	B4	1.652 9	1.782 5	1.783 4
农业产业化水平	B5	1.771 4	2.128 5	2.132 5
农业工业化水平	B6	1.842 7	2.195 0	2.317 8
人均食物占有量	C1	1.260 2	1.407 9	1.531 0
农业劳动力人均收教育年限	C2	1.205 9	1.340 0	1.348 6
农业技术人才比重	C3	1.093 8	0.750 1	0.674 1
农业剩余劳动力转移指数	C4	1.087 6	1.476 5	1.488 3
国家农业政策支持力度	C5	1.148 6	1.782 2	1.785 4
农业科技水平	C6	1.126 4	1.184 5	1.185 4

2. 指标权重确定

定义评定指标的权重和熵值的公式将标准化后数据带入得出农业可持续发展系统评价体系、评价指标及权重（表 3-3）。

表 3-3 农业可持续发展系统评价体系、评价指标及权重

目标层	准则层	指标代码	指标层	熵值	冗余度	权重
农业可持续发展	生态可持续性指标	A1	农村人口人均耕地面积	0.813	0.187	0.045
		A2	土壤重金属污染比例	0.813	0.187	0.045
		A3	复种指数	0.865	0.153	0.028
		A4	耕地亩均农业用水资源量	0.912	0.088	0.021
		A5	农田旱涝保收率	0.805	0.195	0.046
		A6	亩农业化学品负荷	0.889	0.111	0.027
		A7	农膜回收率	0.840	0.160	0.038
		A8	水土流失面积比重	0.901	0.099	0.024
		A9	林草覆盖率	0.926	0.074	0.018
		A10	自然灾害成灾率	0.907	0.093	0.022
		A11	土壤有机质含量	0.821	0.136	0.043
		A12	地表水质指数	0.871	0.129	0.031
		A13	秸秆综合利用率	0.888	0.112	0.027
	经济可持续性指标	B1	农业劳动生产率	0.785	0.215	0.051
		B2	农业土地生产率	0.922	0.078	0.019
		B3	农业成本利润率	0.785	0.215	0.051
		B4	农产品商品率	0.834	0.166	0.039
		B5	农业产业化水平	0.834	0.166	0.039
		B6	农业工业化水平	0.848	0.152	0.036
	社会可持续性指标	C1	人均食物占有量	0.945	0.055	0.013
		C2	农业劳动力人均收教育年限	0.945	0.055	0.013
		C3	农业技术人才比重	0.764	0.236	0.056
		C4	农业剩余劳动力转移指数	0.892	0.109	0.026
		C5	国家农业政策支持力度	0.764	0.236	0.056
		C6	农业科技水平	0.898	0.102	0.024

3. 安徽省农业可持续性反战评价结果分析

由安徽省农业可持续发展综合评价得分（SARD）从 2000 年的 0.241 5 稳步增加到 2012 年的 0.642 1，累计增长了 0.400 6，年均增长率为 11.48%，总体而言，其农业可持续发展的整体水平呈现出上升的态势，其中，经济的可持续发展能力也顺应这个整体趋势，但生态子系统则有衰退趋势。据表数据计算可得，安徽省农业经济子系统、社会子系统、得分年增长率分别为 37.02%，10.46%。基于数据处理软件 Eview3.1 对 SARD 与 3 大子系统的相关系数进行计算，发现 SARD 与社会子系统、经济子系统的相关系数分别为 0.984、0.959，说明农业经济的快速增长，城乡差距的不断缩小是安徽省农业可持续发展水平的不断提高的主要动力因素；另外，安徽省农业生态子系统得分年增长率分别为 -0.462（负增长），可见生态子系统与 SARD 呈负相关关系，资源环境的持续恶化严重制约了安徽省农业的可持续发展；换言之，经济、社会、人口子系统对 SARD 的巨大贡献是建立在牺牲资源、环境子系统的基础上的；农业可持续发展的 3 大子系统的关系不甚合理、协调。因此，必须正确协调农村经济、社会发展和农业生态环境保护间的关系，按照可持续发展理念，积极构建“两型”农业农村发展体系，促进农业全面、协调、可持续发展。

表 3-4 安徽省 2000—2012 年农业可持续发展水平得分

年份	2000	2011	2012
生态可持续	0.095 70	0.074 94	0.074 84
经济可持续	0.012 93	0.276 00	0.301 53
社会可持续	0.065 84	0.183 08	0.174 70
SARD	0.241 49	0.601 23	0.642 05
协调度	0.490 73	0.285 09	0.297 61

4. 子系统可持续发展能力分析及政策建议

（1）经济可持续发展水平　由表可以看出，2000—2012 年，安徽省农业经济可持续发展水平保持着稳定增长态势，增幅较大，经济子系统持续发展能力由 2000 年的 0.012 93 上升到 2012 年的 0.301 53，累计增长了 23 倍之多，年均增长率高达 41.9%，说明安徽省的农业经济总体状态运行良好。数据统计可知，2012 年安徽省实现农村居民人均纯收入 5 285.2 元，同比增长 17.34%，农林牧渔业增加值 233.574 5 亿元，同比增长 15.62%。另外，通过对原始数据的计算分析发现，经济子系统各具体指标增速也存在明显差异，按照年均增长率大小排列各指标的前后顺序为：农业商品率（15.03%）> 农业劳动生产率（10.755）> 农业成本利润率（10.46%）> 农业产业化水平（8.63%）> 耕地亩均农业用水资源量（8.41%）> 农业工业化水平（4.9%）> 土地生产率（2.34%）> 农田旱涝保收率（1.37%）。说明安徽省农业经济增长的主要动力是资金等生产要素的投入，非农产业的异军突起成为农村经济新的增长点和内在驱动力，但也存在着粮食投入产出比不高、土地资源配置效率低等问题。针对这些农业经济问题，强化政府宏观调控机制，统筹人口—资源—环境的关系。着力推进农村经济结构调整和经济增长方式的根本性转变；继续加快非农产业发展步伐，提高粮食单产及土地配置效率，保障粮食安全；主动承接东部产业转移，积极融入“长三角”经济圈，推广生态农业和农村循环经济模式。

（2）社会可持续发展水平　2000—2012 年，安徽省农村社会子系统发展水平在 5 子系统中仅次于经济子系统，其得分从 2000 年的 0.065 84 增长到 2012 年的 0.174 7，累计增长了 0.108 9，年均增长率达到 11.45%，这主要受惠于政府政策的推动作用。具体从社会子系统各指标数据分析，人均粮食占有量，农业劳动力人均受教育年限，农业科技人才比重，国家农业政策支持力度，农业科技水平保持着稳定上升态势，其中人均粮食占有量增速尤为明显，年均增长率高达 20.26%，农业劳动力人均受教育年限，农业科技人才比重，国家农业政策支持力度和农业科技水平的年均增长率分别为 9.94%、4.43%、3.74% 和 1.35%。农业科技人才比重增长态势中，2012 年比 2000 年显著增长，年均增长率为 18.26%。劳动力转移人数由 2000 年的 433 万人增加到 2012 年的 1240 万人，累计增加了 1.86 倍，年均增长率 11.1%。这一定程度上说明了农村整体人口素质在逐步提高，农业劳动力转移进程有所加快，人口增长的惯性作用和人口基数大所产生的“分母效应”一定程度削弱了人口系统的可持续发展能力。因此，应继续贯彻实施计划生育和义务教育的基本国策，大力发展农村高等教育和职业教育，在稳定低生育水平前提下，提高农村人口的文化素质和职业技能，着力培养“新农民”；从农村社会子系统总体情况来看，随着国家对“三农”支持力度的加大，安徽省农村的基础设施建设得到明显改善，农民的生活质量越来越好，为新农村各项事业的发展奠定了坚实基础。但不容忽视的是城乡居民收入差距没有得到有效改善，随时有被加大的可能。因此，要继续加大对“三农”建设的支持力度，多渠道强化各级领导及公众的可持续发展意识，积极推进社会主义新农村各项事业的全面发展；建立、完善农村医疗、卫生等基础服务设施；继续发展农村教育事业，提升精神消费比重，缩小城乡差距，推进农村城镇化战略。

（3）生态可持续发展水平　生态的持续性为农业的生产发展提供基本的物质基础，可见资源的合理利用和有效保护是实现农业可持续发展的重要保障，环境的持续性能够为农业的生产发展提供良好的生态环境，是实现农业可持续发展的根本保证。总体来看，安徽省农业生态子系统持续性是3个子系统中发展水平最慢的，得分年均增长呈衰减趋势。其主要原因在于农业经济发展的过程对资源的掠夺性开发利用，导致资源对农业可持续发展的制约作用日益显现，必须引起有关方面的足够重视。资料统计表明，人均耕地面积由2000年的0.067 37hm^2/人减少至2012年的0.061 2hm^2/人，虽然降幅不大，但人口增长对土地资源的压迫性影响不容忽视，旱涝保收率2012年比2000年降低了6.37%，旱涝保收率的降低趋势一定程度说明了自然环境的变化对农业可持续发展的不利影响，农业的稳产高产受到巨大挑战，因此，应贯彻执行合理利用水、土资源和切实保护耕地的基本国策，鼓励节水农业、设施农业、绿色食品开发、生态农业等领域的发展。因地制宜，合理调整林地、耕地等的土地利用结构，科学构建农田防护林体系。人类农业生产中一系列不合理的开发利用活动所致的环境负面影响正在逐渐显现。农业生产过程中不合理的使用化肥、农药和农膜等农资易污染农业生态环境。安徽省化肥使用强度、塑料薄膜使用强度、农药使用强度分别由2000年的598.53，17.87和13.74kg/hm^{2}增长至2012年的764.77，27.89和19.30kg/hm^2，年均增长率分别为2.48%，4.55%和4.05%。局部性的自然灾害一直是安徽省农业生态环境安全不容忽视的影响因素，安徽省处在全国3条易灾带的北部地带，尤其是皖北平原春夏季节性干旱以及淮河、长江流域旱涝灾害危害严重。资料统计表明，安徽省2000—2012年农业成灾率和受灾率高低起伏呈现周期性波动特征，农业受灾率最高时达到41.07%，最低到7.77%，平均年受灾率为24.81%，成灾率最高时达到28.7%，最低到3.3%，平均年受灾率为12.56%；农业生态系统自我防护功能下降，人类为农业环境保护而付出的努力相应增加。安徽省森林覆盖率在2000年基本维持在26%，2012年增加至27.54%，低于最高水平。水土流失治理面积则呈现出持续增加的态势，从2000年的1 770hm^{2}增加至2012年的2 140万hm^2。因此，应统筹经济社会发展和环境保护系统发展，坚决摒弃“先污染后治理，边治理边污染”的发展方式，加强资源环境破坏与污染的源头控制，坚定走资源节约型和环境友好型发展的可持续发展的道路。具体而言，在主动承接东部产业转移过程中，应严格限制资源浪费、污染严重产业的规模和布局范围，重点加强对土壤肥力、水土流失，环境污染和自然灾害的监测和预警，特别是重点农业区的相关监测和预警。

（六）安徽省可持续发展存在问题

结合对安徽省农业可持续发展评价、综合协调能力评价和地区比较分析的结果，得到安徽省农业可持续发展存在的主要问题是：随着社会的发展、人口的快速增长，加之财政支农投入不足，技术力量落后，农业结构不尽合理、生产率较低、综合经济效益较差，导致农民增收困难，水土资源数量减少、质量下降，自然灾害（尤其是旱、涝灾害）得不到有效预防和控制；农民综合素质差，农村医疗、养老等社会保障水平提高缓慢，这些因素影响了农业综合系统的持续、快速、健康发展。具体问题如下：

1. 农业投入不足

安徽省农业投入不足主要表现在以下几个方面，一是当前安徽省步入新型工业化的起步阶段，部分地区出现重商轻农的思想，财政支农比重仅为7%，不到平均水平（7.9%），农业补贴、补偿等政策落实不到位；二是农业投入要以资金为投入形式，以财政为主要投入渠道，造成投入形式单调、渠道单一的局面；三是农业投资风险大，而且本身投资大、周期长、获利小，因此个人和金融机构普遍投资高利润行业，对农业投资较少；四是农民收入较低，2007年农民人均纯收入不足全国平均水平，农民投入力度十分有限。

2. 农业科技力量薄弱

安徽省农业科技体系较为薄弱，加快农村经济发展的要求相比存在较大差距。一是安徽省农业科技人员数量较少，农技人员比例仅为4.15人/万人；二是基层农技站精壮科技人员流失现象严重，总体水平较低，农业推广体系尤其是基层体系面临线断、网破、人散的状况，加之农技推广形式不灵活、渠道不畅通，导致部分农业科技成果得不到大面积推广，无法为发展农业和提高农民收入服务；三是农业科技经费少，无法满足农业科研、推广必需的基本条件。

3. 农民增收困难

就多数农民而言，经营农业收入和工资性收入，主要是从事二、三产业收入是农民收入的两大主要来源，但二者在促进安徽省农民增收方面的能力有限。一是农业综合经济效益差，对农民增收贡献较小。虽然安徽省农业结构不断优化调整，但是仍然是以种植业为主，渔业尤其是林业比重较小，同时种植业结构以粮食种植为主体，相关产业发展缓慢；农业单产效率低，淡水养殖、谷物、油菜、芝麻等主要农产品单位面积产量低于全国平均水平，导致农业经济效益差，对农民增收贡献较小。二是劳动力转移压力大，农业工资性收入有限。安徽省小城镇不发达，农村二、三产业相对落后，就地吸收劳动力能力有限；劳动力转移只能以外出务工为主，途径单一，剩余劳动力转移压力大；外出务工对促进农民增收的功能有待提高，安徽省农村人均纯收入中工资性收入为1 470.5元/人，小于国家平均水平（1 596.22元/人），这主要是因为安徽省农民素质不高、劳动技能有限，其工资待遇水平较低造成的。

4. 自然灾害尤其是旱涝灾害严重

安徽省气候条件特殊，江河自然状况复杂，水旱灾害频繁，灾害预警及抗旱排涝体系不健全，自然灾害成灾率高，对农业发展危害巨大。具体来看，安徽省整体防洪标准偏低，综合防洪减灾体系比较薄弱；淮河干流行洪不畅，淮北平原易涝地区排涝能力严重不足，涝灾问题突出；长江干流部分河段崩岸严重，河势不稳；农村水利基础设施薄弱，防旱排涝能力有待加强；安徽省易旱面积占全省国土面积的一半以上，尤其是沿淮淮北地区是我国七大流域中人均水资源量最低的地区之一。

5. 水土流失面积大，耕地数量降低、质量下降

近年来，安徽省水土流失治理取得了初步成效（水土流失治理率达到58.85%），但水土流失面积仍然较大，亟须治理的面积达到1.9万，占国土面积的13.63%，水土流失加重了农业土地资源尤其是耕地的养分流失，影响土壤肥力；安徽省大量化肥、农药施用会造成土壤酸化、板结等不良生态后果，不仅严重影响农产品质量，而且增加了农业生产成本；由于建设占用等原因，安徽省耕地资源不断减少，研究期内，耕地总面积减少了9 077.2hm^2，减幅为3.18%，而补充耕地存在质量较低的问题，对未来的农业发展、粮食安全等影响巨大。

6. 人口基数大，农民素质低，医疗、养老等社会保障体系覆盖面小

安徽省人口基数大是造成众多经济、社会、资源和环境问题的重要根源。农村居民受教育程度有限，素质相对较差，部分地区农民重男轻女现象严重，养儿防老的思想根深蒂固，观念陈旧落后，导致农村男女性别比例偏高，人口增长速度快，劳动力负担重，造成生活质量降低，进而导致人口预期寿命相对较低；农村公共卫生和基本医疗服务体系不健全，医疗服务网络有待完善，乡村每千人拥有医生人员数较少（1.5 人 / 千人），基层医院技术和能力有待加强；农村养老保险、医疗保险、社会保险和农村救助基金等社会保障覆盖范围较小，这也是造成养儿防老思想根深蒂固的深层社会原因。

四、安徽省农业可持续发展的区域布局与典型模式

（一）农业可持续发展的区域差异分析

1. 农业基本生产条件区域差异分析

农业生产条件是农业生存与发展的根本保证，也是一个地区、一个国家经济增长的主要基础。从总体上看，安徽省农业基本生产条件存在明显的区域差异。安徽省是我国农业大省之一，大体上可分为五个自然区域：江淮丘陵、皖西大别山区、皖南山区、沿江平原、淮北平原。农产品种类多、产量大、粮食综合生产能力较强，是我国 13 个粮食主产省、6 大余粮和粮食调出省之一，其中，江淮平原是我国重要的商品粮基地之一。

江淮丘陵地处亚热带与暖温带的过渡地区，年平均气温 15℃左右，无霜期 210~220d，水热等自然条件比较优越，利于发展农林牧生产，种植业以稻麦生产为主。皖西大别山区属于北亚热带温湿季风区，年平均气温 14~16℃，无霜期 210~240d，水热条件也较优越，但地貌类型复杂，垂直分异明显，耕作业的发展受到限制，气候条件适合松、杉、竹及茶树等亚热带经济林木及蚕桑等发展，农业生产以林茶为主。皖南山区在属于亚热带季风气候区，冷暖气团交汇频繁，天气变化大，多暴雨，特别是 6 月极易爆发山洪，引起水土过量流失。该地土壤土层浅薄、质地黏重、蓄水能力极弱、易遭旱灾。其次，皖南山区的基础设施滞后，皖南山区农业产业方面设施薄弱。原有的水利设施年久失修，水库的蓄水能力弱，沟、渠损毁严重，使得农业靠天吃饭的成分多。皖南山区的农业生产以林茶为主，是全省最重要的林茶基地和全国著名的茶区，全区拥有林业用地约 2 881.47 万亩，占全省的 61.8%，森林的蓄积量约 2 746.3 万 m^3，占全省的 58.8%，商品木材约占全省 80%，适合发展林茶粮等综合农业区。沿江平原农业区地跨长江两岸，年平均气温 15.7~16.6℃，无霜期 240d 左右，积温 4 000~4 130℃・d，水热条件优越，地貌以平原为主，适宜发展机耕作业，农业生产以种植业为主，农作物结构以粮油（菜）棉为主，是稻油（菜）棉的生态适宜区，适合以双季稻为主的多熟高产，是全省重要的粮棉油产区。

淮北平原在全国太阳能区划中，位于光能资源较富带的南缘，太阳辐射年总量达 5 200~5 400MJ/m^2，年日照时数 2 300h 以上，均高于沿江江南地区，居安徽省首位。但目前淮北平原光能利用率仅为 0.6%，低于全省平均水平。而农业科技示范园的光能利用率却高达 2% 以上，若淮北平原大田光能利用率普遍提高到 2%，则粮食产量可增加 3 倍多，由此可见，淮北平原光合增产潜力巨大。热量充沛，昼夜温差大，积温有效性高。淮北平原年平均气温为 14.7℃左右，无霜期达 206 天以上，完全可满足多种熟制的要求。气温日较差多年平均在 10℃以上，高于南方地区，气温日较差大，利于光合物质的积累，因而积温有效性高。淮北平原平均年降水量在 850mm 以上，为作物生长提供了丰富的降水资源，而且 95% 集中作物生长季节。水热同步，利于提高自然降水的利用效率。但是，旱涝灾害频繁是制约淮北平原旱地农业发展的主导因素。

2. 农业可持续发展制约因素区域差异分析

各地区经济发展不平衡。由于自然、经济、政策等因素的影响，虽然安徽省各地区经济总量保持持续增长，但是由于安徽省几个区域经济发展的不协调性，导致全省农业经济的不平衡发展。由于地区经济发展的不平衡，对农业投入、农业基本设施建设、农业科技发展、农民再教育及农民科技水平的普及上存在很大的差异，严重制约着农业可持续的发展，主要表现在以下几个方面。

（1）自然条件因素　农业比其他行业在更大的程度上依赖于农业自然资源及其环境。就安徽省而言，淮北平原农业区夏、秋旱涝发生概率大、危害重，严重影响农业收成，此外，夏收时的“烂场雨”，干热风和晚霜冻害也常有发生，造成产量低而不稳。江淮丘岗农业区夏季的丘岗、河湖平原的旱涝以及春季低温阴雨和秋季低温冷害，严重影响农业生产。皖西大别山林茶区多暴雨，伏旱和夹秋旱造成秋季农作物减产，春季低温阴雨和秋季低温易造成早稻烂秧，晚稻不实造成减产，冬季强寒潮侵袭，茶树、油茶造成严重冻害，制约农业生产发展。沿江平原农业区降水量较多，春夏水涝、夏秋干旱较严重，严重影响农业生产。皖南丘陵山地林茶粮区气候条件季节变化大，水资源分布不均，且多暴雨，常易发生洪涝、干旱和低温冻害，对农业生产危害较大。

（2）经济条件因素　由于安徽省内各地区资源禀赋、经济发展不平衡，在农业发展上，如何有效融通资金是值得关注的问题。皖北地区处于安徽北端，与江苏的苏北地区、山东的鲁西地区交界，道路设施落后，区域比较闭塞、交通不便、信息不灵，经济结构单一，几个中心城市的经济发展水平较为落后，难以对本区域的发展产生辐射和带动作用。皖北地区农业产业化程度较低，缺少精品农业。由于人口较多，人均 GDP 较低，农业产业化程度较低。江淮、沿江地区的区位优势相当明显。随着安徽的快速发展，合肥作为江淮地区的核心城市，经济发展速度快，对周边地区的辐射和带动效应将更为明显。皖江地区濒临被称为“黄金水道”的长江，在地理位置上临近经济发达的江苏省，加上原有的港口、码头等岸线设施以及后期桥梁等基础设施的兴建，经济发展较快。

（3）社会条件因素　安徽省农村地区劳动力资源比较丰富，据《安徽省 2014 年统计年鉴》显示，2013 年年底，全省总户数达到 2 144 万户，总人口 6 929 万人，其中农业人口 5 341 万人，占总人口比例为 77.08%，这充分表明安徽省不仅是农业大省，同时也是农村劳动力大省，主要表现在两个方面：第一，农村劳动力数量，从转移出去的劳动力数量上看，安徽省流向省外的人数从 2000 年的 433 万人增加到 2013 年的 1 130 万人（表 4-1），间接地说明了安徽省农村劳动力转移使农村出现大量的土地撂荒，导致农村土地无人耕种，制约农业可持续的发展。第二，农村劳动力质量，安徽省整体人口素质低，特别是农村劳动力文化程度普遍较低，由于中小学教育中涉及农业技术知识的内容很少，农业职业教育的普及率低，导致农民的科技素质不高，影响农业可持续的发展。

表 4-1　2000—2013 年安徽省劳动力流动情况

年份	非农业人口比重（%）	城镇人口比重（%）	流向省外的人数（万人）
2000	19.59	28.00	433
2005	20.99	35.50	842
2006	21.74	37.10	934
2007	21.98	38.70	1 005
2008	22.23	40.50	954
2009	22.33	42.10	992

（续表）

年份	非农业人口比重（%）	城镇人口比重（%）	流向省外的人数（万人）
2010	22.71	43.20	1 038
2011	22.93	44.80	1 199
2012	22.89	46.50	1 157
2013	22.92	47.86	1 130

(4) 政策条件因素　政府对农业投入不足，影响农业可持续的发展。农业属于“弱质”产业，农业特别是粮食开发的自然风险和市场风险较大，直接经济效益低，严重影响了农业的发展。近年来，安徽省农业投入的不足严重影响了农业的发展。由于投入不足，造成农业科技手段落后，农业新品种、新技术的推广和应用极为缓慢，加上农业科技人员的缺乏，影响了农业的可持续发展。在农产品补贴方面，安徽省财政资金投入力度不够，制约农业可持续的发展。农业科研方面，目前省农业科研经费占农业总产值比重比较少，农业技术推广费用占农业总产值的比重也比较少，这些都严重阻碍了农业的可持续发展。

（二）农业可持续发展区划方案

农业可持续发展是可持续发展战略的优先领域和重要内容。1985 年，美国加利福尼亚州议会在“可持续农业与教育法”中率先提出“可持续农业”；1998 年 10 月十五届三中全会通过的《中共中央关于农业和农村工作若干重大问题的决定》明确要求“实现农业可持续发展”；《中国 21 世纪议程——中国 21 世纪的环境与发展白皮书》提出中国农业与农村经济可持续发展的战略目标是“保持农业生产率稳定增长，提高食物生产和保障粮食安全。”安徽省按照不同农业地域作物熟制上的差异，划分为五个一级农业区，即淮北平原农业区、江淮丘岗农业区、皖西大别山林茶区、沿江平原农业区、皖南丘陵山地林茶粮区。

淮北平原农业区属于暖温带半湿润季风气候区，年平均气温 14~15℃，热量条件适于暖温带作物生产，年平均日照时数 2 200~2 500 小时，全年太阳辐射总量为 120~130kcal/cm^2，光热水等条件较好，适合农业的综合发展。该区土地总面积 393.89 万 hm^2，占全省土地总面积的 28.11%，全区人口占全省人口的 43%。作物布局以旱作为主，耕作制度多为两年三熟，也有较大部分一年二熟和三年五熟，远田薄地多实行一年一熟，复种指数 180% 左右。播种面积占全省 70% 以上的作物有甘薯、大豆、烤烟、高粱等，其中，占 60% 以上有小麦、玉米、芝麻等，占 40% 以上的有棉花、花生等。本区是安徽省重要的粮、棉、油、烟、麻、果产区，但目前粮食产量在全省处于中下等水平，低产面积还很大，低产土壤约占耕地面积的 60%，其中又以砂姜黑土面积最大，约有 1 800 万亩，棉花单产也较低，但从区内高产典型来看，增产潜力大，有广阔的发展前途，发展多种经营的条件较好。全区现有林地 116 万亩，桑园 0.5 万亩，果园 25.1 万亩，可以用来发展林果、蚕桑生产。该区果园面积占全省果园面积的 61.5%，年产果品种 113 万担，占全省果品的 54.2%，是安徽省重点果区。区内饲草、饲料资源较好，发展畜牧业的潜力较大。由于该区夏、秋旱涝发生概率大、危害重，严重影响农业收成，此外，夏收时的“烂场雨”，干热风和晚霜冻害也常有发生，造成产量低而不稳。

江淮丘岗农业区地处亚热带与暖温带的过渡地区，年平均气温 15℃左右，无霜期 210~220 天，水热等自然条件比较优越，利于发展农林牧生产，种植业以稻麦生产为主。该区土地面积 330

万 hm^2，耕地面积 1554.4 万亩，占全省耕地面积的 23.2%。农业人口 787.2 万，占全省农业总人口的 18.5%，人均耕地 1.97 亩。由于本区跨越两个温度带，因而农业区域差异明显，江淮分水岭以北属暖温带，农作物以小麦、大豆、甘薯、烟草等为主，水稻占总耕地面积的 20%~40%，耕作制度以一年两熟和两年三熟为主。江淮分水岭以南属北亚热带，农作物以水稻、油菜为主，水稻占耕地面积的 70%~80%，双季稻和较耐寒的亚热带经济林木，如油桐、茶树、毛竹等可以种植，耕作制度以一年两熟为主，也有部分一年三熟。水稻播种面积约占全年粮食播种面积的 38%，总产占全年粮食总产的 56.9%，小麦播种面积约占全年粮食播种面积的 30%，总产占全年粮食总产的 25%，杂粮、大豆等播种面积约占全年粮食播种面积的 32%，总产约占全年总产的 15%。土地资源比较丰富，全区有宜林地 200 多万亩，可供发展用材林、薪炭林和经济林，本区湖泊、水库、塘坝众多，约有水面 400 万亩，可供发展渔业生产，还有 200 多万亩草坡、草滩可发展牛、羊等食草牲畜。由于本区夏季的丘岗、河湖平原的旱涝以及春季低温阴雨和秋季低温冷害，严重影响农业生产。

皖西大别山林茶区属于北亚热带温湿季风区，年平均气温 14~16℃，无霜期 210~240d，水热条件也较优越，但地貌类型复杂，垂直差异明显，耕作的发展受到限制，气候条件适合松、杉、竹及茶树等亚热带经济林木及蚕桑等发展，农业生产以林茶为主，是安徽省仅次于皖南山区的第二个林茶基地，全区有林地面积 703.1 万亩，占全省有林地面积的 26.6%，蓄积量 1 193.9 万 m^3，占全省的 28.6%，商品木材约占全省的 15%，经济林中油茶、栓皮栎、漆树分别占全省面积的 49.3%、82.7% 和 47.2%，居全省之冠，板栗、油桐、乌桕在省内也占重要地位。全省有茶园 21.7 万亩，是安徽省外销绿茶和内销黄大茶产地。该区土地总面积 127 万 hm^2，耕地 156.8 万亩，占全省耕地 2.5%，林业用地 1 307.5 万亩，占 24.4%，人均耕地 0.73 亩，人均林业用地 6.1 亩，是全省耕地最少，林茶生产具有重要地位的一个农业区。“舒绿”“六安瓜片”“齐山云雾”“霍山黄芽”等驰名海内外，蚕桑生产占全省蚕茧产量的 27.2%，本区也是省内重要的土特产区之一。该区多暴雨，伏旱和夹秋旱造成秋季农作物减产，春季低温阴雨和秋季低温易造成早稻烂秧，晚稻不实造成减产，冬季强寒潮侵袭，茶树、油茶造成严重冻害。

沿江平原农业区地跨长江两岸，年平均气温 15.7~16.6℃，无霜期 240d 左右，积温 4 000~4 130℃·d，水热条件优越，地貌以平原为主，适宜发展耕作，农业生产以种植业为主，农作物结构以粮油（菜）棉为主，是稻油（菜）棉的生态适宜区，适合以双季稻为主的多熟高产，是全省重要的粮棉油产区。土地面积 295 万 hm^2，农业人口 1 117.2 万人，耕地 1 321.6 万亩，占全省的 19.7%。人均耕地 1.1 亩，是全省五个农业区中人口密度最大，人均耕地较少的一个农业区。粮棉播种面积分别占全省粮棉播种面积的 16% 和 20%，粮棉产量分别占全省粮棉产量的 24.6% 和 32%。油菜播种面积约占全省的 25%，是全省油菜籽最集中的产区。粮食、棉花平均亩产居全省首位，复种指数达 240%，高于省内各区，本区农田基本建设初具规模，农田保证灌溉面积占耕地的 67%，旱涝保收农田 685.7 万亩，占全区农田面积的 51.9%，居全省首位。本区还有一些荒山、荒丘、荒岗以及荒滩等闲置土地，可用来发展用材林、经济林、防护林、种植牧草以及发展水生植物等。由于本区降水量较多，春夏水涝、夏秋干旱较严重，严重影响农业生产。

皖南丘陵山地林茶粮区属于亚热带湿润地区，年平均气温 16℃左右，气候温暖湿润，农业生产以林茶为主，是全省最重要的林茶基地和全国著名的茶区，全区拥有林业用地约 2 881.47 万亩，占全省的 61.8%，森林的蓄积量约 2 746.3 万 m^3，占全省的 58.8%，商品木材约占全省 80%，休宁的“徽木”早在宋代就享有盛名，并拥有楠木、樟木以及华东黄杉等珍贵树种，其他经济林以及山区土特产在全省也占重要地位，茶叶生产的经营历史悠久，早在19世纪中叶，皖南茶叶就大批出口，到了20世纪30年代，皖南就已成为全国最主要的外销茶区。本区地貌类型多样，山地、丘陵和盆地交织，其中山地约占55%，丘陵约占35%，山间盆地、河谷平原和水域约占15%。土地总面积264万 hm^2，约占全省土地总面积的19%，农业人口374.4万人，人均占有林业用地7.2亩，适宜发展林业、畜牧业。由于本地区的年均降水量丰富，表明本地区的水热条件较好。此外，本地区存在较多的未利用地，土地后备资源丰富。由于本区气候条件季节变化大，水资源分布不均，且多暴雨，常易发生洪涝、干旱和低温冻害，对农业生产危害较大。

（三）区域农业可持续发展的功能定位与目标

区域农业可持续发展的功能定位包括直接的经济生产功能和非直接经济生产功能。其中，直接经济生产功能包括产品生产和经济收入，非直接经济生产功能丰富多样，涵盖环境、资源、文化、社会等各个方面。

区域农业可持续发展发展总目标可以基本确定为在继续强化农业经济生产功能的同时，通过生产布局调整和功能结构优化，充分重视和挖掘农业潜在的全面服务价值尤其是生态综合服务功能。区域农业可持续发展分目标主要包括以下几个方面：第一，产品供给目标——首要保障国内粮食供给安全。农业生产的最基本功能是为社会生产提供充足的农产品。中国作为一个农业大国，粮食供给不能完全依赖进口，否则将造成外交上的被动和国内社会的不稳定，必须提高粮食自给率。新区域农业可持续发展的首要目标是保障粮食安全，提高粮食自给率。第二，生态保育目标——形成可持续农业生产方式。当前我国农业过量施用化肥造成温室效应，而温室效应又造成气候变化、自然灾害和粮食减产，据有关研究，气温每上升1℃，粮食产量将减少10%，我国近年的气温升高使农作物受灾面积居高不下。今后应该重视可持续农业生产方式，通过农业修复，改善恶化的农业生态环境。第三，环境容纳目标——增强环境自净和碳汇减排能力。随着城镇化的快速发展，环境受到污染，农业作为一个巨大的生态调节系统及绿色产业，具有强大的碳汇吸收功能，今后农业发展应积极通过化肥、农药、农膜的施用技术的提高以及农业生产结构调整和碳交易制度创新，提高碳汇减排能力，这样有利于国家的碳减排和低碳经济的发展。第四，资源安全目标——重点提供食品安全保障程度。资源安全要求农业不仅要在数量上经济，及时提供足量的农产品，而且要在质量上提供能满足人们健康、营养、保健的优质农产品。今后农业的资源安全重要目标是改善农产品的质量，提高食品的安全程度以及保护农业生物多样性，防止外来有害物种侵害，保卫农业种质资源安全。第五，休闲审美目标——开辟资源与经济协调发展的新途径。与传统的发展途径相比，农业的休闲审美方向开发开辟了资源与经济协调发展的新途径，有利于实现增收与保护并举，有利于农业功能结构调整，有利于区域农业可持续发展的目标的实现，也是美丽中国和生态文明建设在农业上的重要实现途径。第六，经济收入目标——促进农民增收和扶贫开发的顺利进行。虽然城镇化率已经超过一半，但农村人口仍然较多，要想提高农民的收入，应该要大力发展农业，保护农业生态环境。第七，要素释放目标——释放更多的劳动力资源和土地资源。目前农村劳动力逐步老龄化，农村生态环境恶化，生产力下降，今后必须大力支持农业发展，重视农业科技的发展以及制度创新。

（四）区域农业可持续发展典型模式推广

安徽省可根据各个地区资源禀赋、经济条件，发展生态农业模式、集约型可持续农业模式，建

立经济、生态、社会效益相统一的高效农业。

体验式农业作为新型现代农业的一种，切合了城市居民需求与农村发展的共同诉求。目前，合肥市出现多种业态的体验式农业项目，部分取得不错效益，模式也较为成熟，未来体验式农业会有更大的发展前景。在农业特色产业方面，支持土地承包经营权向以农民为主体的专业大户、家庭农场、农民合作社、农业龙头企业流转，引导社会投资企业与农户、农民合作社建立紧密的利益联结机制，带动农民开展产业化经营，实现合理分工、利益共享。政府鼓励社会资本发展休闲观光农业和乡村旅游业。充分利用当地优势，农业的生产、生态、景观、文化等功能和环巢湖资源，建设一批高品质的乡村旅游休闲地。

安徽省休闲农业虽然起步晚，但是发展较快，目前已形成了以农家乐为主要形式的休闲农业发展态势。发展休闲农业既要市场基础，又要资源依托。安徽省休闲农业和乡村旅游资源丰富，休闲农业发展基本形成一定规模。现以安徽省几个代表性休闲农业园区为例介绍当前安徽省发展形势良好的不同休闲农业类型和模式。

（1）养生休闲游　养生休闲乡村游是指借助山水自然资源，结合镇、村为单位整体环境综合整治，将自然景观、生态理念与娱乐体验、科普教育、新农村建设创新结合的一种模式，既满足游客的休闲娱乐要求，又满足游客身心健康的需求。如安徽大王山国际山村度假群位于安徽省西南部的安庆市潜山县县城西北方向 8km 处，把山地生态环境建设、乡村休闲度假部落开发与生态休闲农业结合起来，以休闲长居、休闲养生、农耕体验、生态探险、时尚运动、休闲娱乐、山地运动为主线，建设“天人合一”的新型山地原生态休闲养生社区。合作社根据大王山项目基地特色资源的地域组合结构、类型结构，采取“一环、一轴、一心、一门、一园、一湖和十八谷”的开发格局。目前，安徽大王山国际山村度假群落已开发有关文化、旅行、务农等主题几十种旅游项目。

（2）参与体验休闲游型　参与体验休闲乡村游是指不仅仅让游客“走”和“看”，而是借助传统农业物产资源，以地方特色美食茶果花木为吸引点，结合当地名俗文化，让游客通过 DIY 模式进行深度体验，真切感受贴近大自然、农村生活和文化。如蚌埠禾泉农庄位于安徽省蚌埠市怀远县涂山风景区，拥有较为完善的基础设施，硬件设施也较为齐全。农庄主要发展以休闲、观光和体验旅游为主，同时积极发展体验式“农家乐”休闲观光旅游项目，推出“一日游”“农家菜展示活动”“露天烧烤篝火晚会”等内容的活动，满足城市居民亲近自然、仁爱自然、体验农耕文化，享受田园生活的需求。

（3）科技教育休闲游型　科技教育休闲乡村游以现代农业科技园区、动植物博物院等为重点，开发认识各类在城市极少看到的珍稀动植物、观看园区高新农业技术和品种、温室大棚内设施农业和生态农业等，使游客增长农业知识。阜阳生态园坐落在阜城西北城乡结合部，水面 110 亩，土山 11 座，园内种植各种树木 82 000 多棵，铺种草坪 40 多万 m^2，建造新颖别致的大小桥梁 15 座，可观赏的人文景观多达 150 多处。园区建设风格独特，集“农业示范、生态教育、休闲娱乐”等功能为一体。通过生态园游玩，游客可以认识许多稀有动物和植物，开阔视野，增长知识。

（4）农家乐休闲游型　农家乐休闲乡村游是指借助临近传统旅游区和城乡结合部、大中城市近郊的区位优势，面向小家庭的周末短期游而开发的集休闲、观光、住宿、餐饮、会议和农家体验等服务的项目。如老乡鸡家园位于肥西县境内中部山区三岗深处，为紫鹏山脉的英山区域，交通便捷。该区山清水秀、树木茂盛，是一座自然的生态植物园，同时也是中国第一家以鸡文化为特色主体的旅游度假村，让游客体验回归自然、舒适闲暇农家生活和乡村野趣。

（5）文化休闲游型　文化休闲乡村游是借助特色农俗文化，以乡间节庆、宗教、工艺、戏曲等为依托；或利用古镇房屋建筑、民居、街道、店铺、古寺庙、园林来发展观光、体验式旅游。例如，安徽省黟县西递、宏村是文化休闲式乡村游最典型的代表，其古民居位于中国东部安徽省黟县境内的黄山风景区，是安徽南部民居中最具有代表性的两座古村落，以世外桃源般的田园风光、保存完好的村落形态、工艺精湛的徽派民居和丰富多彩的历史文化内涵而闻名天下，因而成为安徽省内借助古村落开发，以村落建筑和民居生活形态为吸引物，发展文化休闲式乡村游典型的代表。

五、促进农业可持续性发展的主要措施

（一）大力推进农业结构的战略性调整和优化

面对入世以后国内外农产品市场变化的新形势，安徽省农业生产要适应新阶段的发展要求，在稳定关系到国计民生的粮食生产、确保主要农产品总量的同时，要大力推进农业结构的战略性调整，提高农产品品质，增加农民收入，发展农村经济。

1. 以稻田改制和优质稻开发为重点，推进粮食结构的进一步优化

安徽省当前的粮食生产存在稻谷占绝对主体的单一粮食结构和稻米品质欠佳的问题，粮食加工转化滞后，市场竞争力不强已越来越成为粮食发展的障碍因素。针对这种情况，粮食结构的调整和优化刻不容缓。第一，提高早稻的品质，适当压缩早籼稻面积。早稻历来在安徽省以至全国粮食生产中占有相当重要的位置，常年产量占全年粮食总产量的 40% 左右。早稻虽有一些优质品种，但总的来说米质较差，外观品质也欠优，早稻要高产、优质，就必须尽快选育出品质较优、产量高、抗性好、熟期适中的品种，同时适度压缩早籼稻的种植面积，通过挖掘一季稻和一季晚稻、旱粮生产的潜力，稳定粮食总产。第二，加快稻田改制，提高粮田效益。在确保水稻高产、稳产、优质的前提下，巩固扩大绿肥—双季稻、油菜—双季稻、麦类—双季稻、蔬菜—双季稻等复种面积，提高复种指数，普及推广先进的耕作栽培技术，挖掘稻田生产潜力，提高利用效率。第三，发展精品名牌优质稻、特种稻开发，打造优势品牌，增加稻米的市场竞争力。在全面提升安徽省水稻品质的同时，加快优质品牌大米为龙头的高档优质稻和特种稻开发，在优质稻开发方面，要通过亲本选用、常规育种、杂种优势利用、辐射诱变等新方法和途径，尽快培育出高产、优质、多抗的水稻新优质品种，并组织好生产示范和推广。第四，扩大旱粮生产能力，促进粮食总量平衡。

2. 以“三品两化”为重点，推进经济作物优势产业的形成

安徽省的经济作物产值占到种植业产值的 40% 左右，棉花、茶叶、油料、烤烟等在全国具有一定的地位。调整安徽省农业结构，经济作物的稳定发展不容忽视，特别是要在品种、品改、品牌等“三品”和布局区域化、产业化等“两化”上下功夫，实现新的突破，推进经济作物优势产业的形成与发展。目前要重点做好高效棉田的示范和建设，大力推行优质棉产业化经营；对于水果、蔬菜、茶叶等，实行品种改良和品质改造，提高它们的优质品率，要做好柑橘品种改良、时鲜水果种植示范，以及优质大宗绿茶、名优茶、AA 级绿色食品茶的茶园改造和高效商品蔬菜基地建设；积极发展花卉、药材、麻类、烤烟等市场前景较好、具有地域特色的经济作物。

3. 以发展草食动物和特种水产养殖为重点，推动养殖业结构的调整

生猪生产是安徽省畜牧业的优势产业，在继续稳定发展这一优势的同时，要发展水禽、家禽等的养殖，做好品改、防疫、加工，开辟外销渠道。在此基础上，尤其要把发展草食性动物作为畜牧

业结构调整的突破口，重点抓好奶业、肉牛、山羊开发。在奶业开发方面，要以亚华种业公司为依托，以南山牧场为基地，搞好奶牛开发区的建设，同时，并在合肥、芜湖、马鞍山等大中城市建立奶业基地，实现奶业的生产、加工、销售一体化。对于草食性动物的养殖和开发，要通过改放牧为圈养、改散养为规模养殖、改单一地方品种为地方良种与引进品种相结合、改单纯利用天然草地资源为农牧结合和种草养畜等手段，并进行基地示范，来推动本省牛羊生产的快速发展。水产养殖业方面，以抓名特水产与名优鱼类的养殖为重点。名特水产的养殖要重点发展乌龟、中华鳖、洞庭青虾、河蟹和珍珠。采用新的养殖技术如仿生态养殖、虾蟹池塘精养等，以提高其品质和产量，并推广（珍）珠—（水）鸭的配套养殖，以提高池塘的综合效益。名优鱼的养殖要重点发展鳜鱼、乌鳢、南方大口鲶、斑点叉尾鮰、长吻鱼、湘云鲫、异育银鲫等品种，推行集约化养殖，提高规模效益和商品化程度。与此同时积极开展稻田模式化养鱼、养虾、养蟹的渔业开发，推进高效渔业的稳定发展。

（二）积极推进农业产业化经营

农业产业化被认为是目前强化农业产业，提高农业比较利益，解决小生产与大市场矛盾的有效途径。其基本内涵是以市场为导向，以经济效益为中心，以资源优势为基础，围绕一个或多个相关农副产品项目的开发，将产前、产中、产后诸环节联结起来，实现种养加、产供销、贸工农、农科教一体化经营，所形成的产业区域化布局、专业化生产、企业化管理、社会化服务发展机制的新的产业系统。农业产业化有利于农民走向市场，促进农户小规模生产向社会化大生产的转变；有利于提高农业比较利益，实现农产品的多层次转化增值，增加农民收入，使农业走高产、优质、低耗、高效的发展道路。农业产业化是农户与企业、农业与工商业、农村与城市共同利益的体现，它的推进还有利于促进农村剩余劳动力向加工工业和服务业的转移，促进城乡一体化的发展。当前，推进安徽省农业进一步产业化的主要措施如下。

1. 狠抓农业商品基地建设，推进专业化规模经营

在抓好现有的各类商品生产基地建设的同时，要集中优势力量和资金，以名、特、优、新、稀农产品为重点，进行资源开发，建设区域化、专业化、规模化的新商品生产基地，如绿色食品基地、无公害茶叶和蔬菜生产基地等，促进农产品结构升级和农业外向度的增加。当前，要建设和完善绿色食品示范基地，开发绿色食品标志产品，使绿色食品产品以及新商品粮生产基地、优质稻生产基地县、特色商品基地县出口创汇农产品基地、无公害茶叶和蔬菜等产品生产基地的建设达到一定规模，并培植一批养殖业生产大县，逐步形成一县一品、一县一业的大规模、大批量的农业专业化生产经营格局，增强安徽省农产品的市场竞争力和出口创汇能力，提高农业经济效益。

2. 着力抓好龙头企业，推进农业产业的升级升值

以农产品加工、冷藏、销售企业为龙头，围绕主导产业或产品实行生产、加工、销售的一体化经营，形成“企业+农户”的经济模式，是农业产业化的较高级形态。安徽省农业的农产品加工历来是薄弱环节，同时也是农业发展的潜力所在。要着力抓好龙头企业的发展，通过它们的高效运作，带动全省农业结构的深度调整和向更高层次的发展。当前和今后一段时间，要按照政府的有关部署，重点抓好“555”农产品加工增值工程，即省里抓 50 家销售收入过亿元的农产品加工龙头企业，市、州抓 50 家销售收入过 5 000 万元的农产品加工龙头企业，县、市抓 500 家销售收入过 1 000 万元的加工企业，以此带动 1 000 万农户从事专业生产和经营。具体来讲，在优质稻开发上，要抓好秀龙米业、金健米业等 83 家优质稻龙头加工企业，创造优质米品牌；经济作物要抓好 100 万担棉花（种）产业化经营和蔬菜、瓜果的加工；养殖业要抓好龙头企业的进一步建设和发展。

3. 建设农产品专业市场，带动区域化、专业化商品生产

安徽省农村市场发育不全，综合性的小型集贸市场较多，大规模的农产品专业市场很少。要建设和发展一批农产品专业批发市场，特别是一些农业主导产品的专业市场，进行商贸辐射，带动农业区域化、专业化商品生产，形成“市场+基地+农户”的农业经济模式。目前，在继续抓好现有市场的改扩建基础上，要联合各级农业部门，吸引国内外投资，定点建设一批省级批发市场，在一些农产品商品集散地，按照新建与改建相结合、生产基地与市场相结合、销地与产地批发市场相结合的原则，搞好产地批发市场建设，以及农村购销组织建设。为展示全省农产品形象，开拓农产品市场，可继续规划和组织较大规模的农产品展销会、交易洽谈会、农业博览会、名特优新农产品展销活动，扩大农产品市场的商贸辐射范围。

4. 建立健全农业社会化服务、宏观调控体系，完善规范化经营机制

农业社会化服务体系是市场经济发展的产物。农业发展的产业化经营，要以社会化服务组织和科技协会（研究会）等中介组织为纽带，外联市场和企业，内联基地和农户，形成“公司（中心）+农户”“协会（研究会）+农户”的经济模式。这样一种经济模式，以市场为导向，以科技为依托，以“公司”为龙头，以“龙头”带基地，基地连农户，通过农协、研究会、公司和社区统一服务等多种形式，以及用经济合同的形式或直接利益机制，把市场、公司和分散的农户联结起来，形成技术、生产、供销为一体的经济利益共同体，可大大加快农业产业专业化的进程。农业作为基础产业和“弱质”产业，在生产经营上面临着气候条件和市场竞争的风险。发展市场经济环境下的农业产业化，要切实加强对农业的宏观调控和保护支持，政策、立法、计划、体制、税收、财政、金融等的协调配合，直接关系到农业产业化的成败，而这些都有赖于通过对宏观的调控，才能付诸落实。在市场经济条件下的农业产业化，还必须按照市场经济原则，不断完善经营机制，提高规范化程度，运用经济、法律等手段，妥善处理企业、农户和有关服务中介组织之间的关系，通过大力推行和不断完善合同制，实现合同化、契约化管理。要提倡一些企业实行股份合作制改造，吸收农民及技术服务组织入股，促进其关系更加融洽和紧密；要淡化行政干预，强化市场机制。

（三）安徽省农业社会可持续发展对策

农业与农村可持续发展是以人的发展为中心的人与自然、人与社会、人与自我协调与永续的综合发展。因此，实现农业与农村可持续发展首要解决的是农业人口可持续发展问题。人口可持续发展包括两方面的含义：一是控制人口的数量，二是提高人口的质量。为了促进安徽省经济社会的顺利发展，搞好计划生育、提高国民素质势在必行。安徽省是一个人口众多、人口密度比较高的省份，资源和环境的承载能力皆十分有限，控制人口数量、协调人地关系确属当务之急。现阶段计划生育工作的重点应放在农村，严格执行农村一对夫妇生育1~2个孩子的政策。2006—2020年安徽省人口的自然增长率争取控制在5.0‰以下，到2030年安徽省人口实现零增长。提高农村人口质量，首要的工作就是使尽可能多的人摆脱贫困，这就要求增加农村居民收入，积极扩大劳动就业，建立健全社会保障体系，尤其是解决农村贫困人口的生活问题。要做好医疗保险、工伤与生育保险、社会救济和社会福利。搞好卫生健康，要继续推行农村合作医疗政策，逐步建立适应安徽省农村经济发展水平的农村医疗保障体制。其次，要加强文化教育，突出教育的战略地位，巩固义务教育，发展中等教育，扩大高等教育，重视成人教育，推进素质教育，深化教育体制改革。提高农民科技素质，要激发农民对文化与科技的内在需求。大力发展农村教育事业，造就一代新型农民。第一，“以县为主”的农村教育投资体制难以有效解决农村义务教育经费投入不足的问题，国家应每年从新增加的财税收入中切出一定的比例，专门用于农村教育。第二，对低收入贫困家庭子女进行直接教育扶贫，切实解决读不起书的问题。第三，要从制度上进一步解决进城农村子女读书难的问题。一家一户的分散经营、粗耕简作的农业本身就缺乏使农民吸纳科学文化知识的内在动力。必须采取行之有效的措施，鼓励农民吸纳文化，运用科技的热情。将职业教育与基础教育结合起来，以文化知识普及、职业技术教育为主体，使农民在智力和技能方面得到大幅度提高，适应农业集约化和农村工业化、城市化的要求。在注重青少年教育、杜绝出现新的文盲和科盲，提高未来农业劳动力的科技文化素质的同时，要竭力抓好成年农民的科普教育，不断增强他们吸收科技和应用科技成果的能力。

加速农业科技发展与推广实施“科技兴农”战略“农业大省”要向“经济强省”跨越，农业科技至关重要。促进安徽省高科技农业的发展，主要措施是：

（1）深化农业科技体制改革，建立农业科技创新体系　根据国内外农业发展趋势和安徽省农业发展现状，农业科技体制要按照政府“调整结构、科学布局、一所两制、政事分开、理顺关系、增强活力”的改革思路，全面推进农业科研院校所的内部改革，建立快出人才、快出成果、快速发展的科技创新机制，围绕农业科研、农业科技服务和农业科技产业三大体系建设，转换机制，充分发挥市场配置科技资源、引导科技活动的基础作用，从大农业、大市场、大科技与可持续发展的角度出发，选择重点学科、专业设置研究中心，并运用现代生物技术和高科技手段，组织重点攻关，加快新技术的研究，促进农作物和畜禽鱼品种的更新换代、农产品精深加工综合利用、农产品贮运保鲜包装、农业降耗增效，以及种子种苗、加工贮藏、生态农业等技术的开发应用。为保证农业科技体制改革的顺利进行，政府要在科技、经济、教育、金融、财税、人事等方面，制定适宜农业科技发展的配套政策，并加大农业科研的投入，重点支持有重大技术创新、重大基础性研究，诸如农业生物工程技术的基因工程、细胞工程、发酵工程、酶工程、转基因培育、动物胚胎技术；农业信息技术的农业专家决策系统、农业自然灾害预警系统、农业生态环境监测系统、农作物产量和农业技术质量监测系统；以及农业工程技术、设施农业技术等，给予政策重点扶植和资金倾斜。

（2）建立健全农业科技推广体系，推进农业科技成果产业化　发展高科技农业，不但要强化农业科技推广体系的建设，包括建立健全县（市）农技推广中心和乡镇农技站，大力兴办农业技术市场和民间技术协会等，还要大力推进农业科技成果的产业化，使科技成果尽快转化为农业生产力和经济效益。在建立好全省农技推广网络体系的同时，要加强农技员的科技素质，培养一批懂技术、会经营的新型农技员。通过他们培育和带动一大批农业技术科技示范户，以科技示范作用，加快广大农村的科技普及与推广，使农业科普工作群众化、社会化和经常化。推进农业科技成果产业化，要把科研成果的研究、推广与应用一体化。首先，科研机构要根据农业生产经营的需要确定研究项目；其次，科研成果推广部门要配合研究机构及时把技术送到农民手中，并指导农民生产经营；第三，政府通过政策措施，协调农业科研、推广、应用三者的关系与利益。农业科研院、校、所可以组建科研—生产—经营一体化公司，形成科研开发与生产经营的良性循环。此外，要加强农业科技成果知识产权的保护，规范科技市场运行，以确保农业科技成果和知识产权的有偿使用，推动科学技术再生产的稳步发展。

（3）立足市场，大力推广高新技术和先进实用农业技术　依托安徽省雄厚的农业科研力量，立足国际国内市场，要大力推广农业高新技术的应用。近年来，根据农业高新技术发展的要求，相继建立了基地，培养了一批高科技人才，并为高科技成果大面积、大规模开发应用做出了示范，促进了高科技成果向专业化、集约化、规范化和产业化方向的发展。今后，要积极探索各种模式，进一步推进农业高新技术的转化，提高他们的科技贡献率。在先进实用的农业技术方面，要突出优质种苗的繁育、推广，在重点加强优质水稻、棉花、油菜、水果、畜禽、水产等主要动植物品种的选育与引进的同时，建立杂交水稻、杂交棉花、杂交油菜、杂交玉米、优质水果、生猪、草食性动物、家禽、水产等种苗繁育基地，确保省内主要农作物和畜禽的周期性准时更新。其次，要突出适用技术的组装配套，即将单项先进成熟的适用技术有机结合，建立配套的农业产业化体系，进行示范和推广，发挥多项技术组装的“整合效应”和大面积开发的“规模效应”。最后，要突出产后加工技术的应用。要发挥安徽省农产品总量大的优势，加强农产品产后加工技术的研究开发，如早籼米、柑橘、生猪、茶叶等，使这些大宗农产品通过加工转化而增值。

(4) 实施“科技兴村”富民计划，振兴农业和农村经济　为了使农业科技工作稳步发展和推进，按照政府的布置，做好“科技兴村”工作，以提高劳动者素质为核心，以兴办特色产业为重点，以促进农业和农村经济发展为最终目的，加快农村物质文明和精神文明建设，更好地实现科技、教育与生产的直接结合。与此同时，全面实施“绿色证书工程”“绿色电波入户工程”和“新世纪青年农民培训工程”，培养一批农村科技致富带头人，提高农民推广和应用农业新技术的能力，增强接纳新科技的主动性和积极性，使农业科研创新及时地转化为现实生产力，振兴安徽省农业和农村经济。

（四）加快农村城镇化进程

安徽省是一个传统的农业大省，农村地域广，农业人口的比重大。有计划地加快农村城镇化的进程，实现农村人口向城镇人口的有序转移，是促进农村消费和农村经济增长的强大动力，同时也是解决农业劳动力过剩的有效途径。针对湖南省当前农村城镇化水平较低的现状，加快城镇化与实现农业剩余劳动力的转移应采取如下主要措施。

1. 择优发展县城和条件较好的中心镇，做好示范城镇的建设

目前，安徽省农村城镇化的发展应实行非均衡发展战略，择优发展县城及一定数量的综合条件较好的中心镇。县城等中小城市的发展，要立足扩容提质，努力形成一批市场带动型、产业带动型、旅游带动型、资源带动型或复合型的各具特色的中小城市，通过它们的规模扩张和城市化来带动农村腹地经济的发展，逐步实现农村非农化的过程。其次，要有选择地发展一批有基础、有条件的重点中心镇，优先发展沿江、沿路、沿边城镇和大中城市的卫星城镇，以及经济活力较强的特色城镇。在此基础上，使大、中、小城市和小城镇协调发展，形成多层次、开放性、网络式、布局合理的现代城市体系。通过大力发展第二、三产业，吸纳农业剩余劳动力，尤其是小城镇的发展，可减少农业剩余劳动力的输出，缓解其对大、中城市的压力，带动农业和农村经济的农业可持续发展，促进安徽省经济社会持续、稳定、健康地增长。

2. 坚持产业兴镇，推进乡镇企业健康有序地发展

近 20 多年来，乡镇企业异军突起，对农村经济的发展作出了巨大贡献，但由于布局分散、信息滞后、人才缺乏、生产经营粗放，当前已处于徘徊和萎缩状态。因此，要采取积极稳妥的措施，支持乡镇企业既要离土又要离乡，适度集中到城镇或城市开发区，促进乡镇企业向小城镇的集中连片发展。值得指出的是，乡镇企业的发展要避免“村村点火，处处冒烟”式的重复建设。传统的乡镇企业模式的继续存在和扩张，必然会使安徽省人口多而人均占有资源相对不足的矛盾更加突出，加剧人口、资源、环境等三者关系的恶化。因此，发展乡镇企业，要重点抓好具有特色的农副食品的初级加工和精深加工，重点建设好名、优、特、新农产品批发市场，同时推动农村通信、保险、

金融、信息、技术服务等在农村的发展。只有这样，乡镇企业的发展才能有效地节省土地，保持耕地资源，减少工业化对环境的破坏和资源的浪费，达到资源持续利用的目的。同时通过吸纳农业剩余人口，实现剩余劳动力向工业和小城镇的转移。

3. 制订农村小城镇建设规划，启动示范工程，推进配套改革

安徽省农村小城镇的建设与发展，要在汲取国内外先进经验，建立适合安徽省省情和目前现状的、各具特色的小城镇发展模式的基础上，制订建设发展规划，科学地确定小城镇发展的数量、特色和优先发展顺序，协调小城镇和所依托的大中城市及其周边农村的发展关系，以极大地提高其综合效益。为了使建设规划实际可行，要尽快启动小城镇建设示范工程。根据“精心选择、科学设计、重点建设、典型示范、逐步推广”的原则和步骤，选择综合条件和发展前景较好的小城镇作为示范，推进小城镇管理体制、户籍制度、土地制度和投融资体制改革，在取得成功经验的基础上逐步推广。坚持依法建镇，坚持城乡一体化和可持续发展的方针，严格节约用地，保护生态环境，促进小城镇的健康发展。

（五）安徽省农业生态可持续发展对策

安徽省农业和农村经济要实现可持续发展，农业环境的质量状况将起到决定性的作用，十分关键。在治理生态环境和控制农业环境恶化方面，应采取如下措施：

（1）建立健全农业环保机构，加强农业环境保护的宣传和监管　农业环境保护机构是开展农业环境保护、宣传、监督管理的组织保障。目前，安徽省已建立了农业环保站，部分县（市）也已争取到农业环保专项事业经费，保证了农业环境保护工作的顺利开展。今后，要进一步加强这方面的工作，及时掌握农业环境污染和农业生态状况，并采取相应的防范和治理技术措施，有效防止或减轻污染和生态破坏的危害。要颁布实施农业资源与环境保护的法律法规和标准体系，并逐步进行完善，使安徽省农业环境的保护建立在法制的基础之上，依法治理农业环境。与此同时，严格执法程序，加大执法力度，把经常性的农业环境监督与开展执法检查结合起来，保证法律法规的有效实施。此外，要深入开展宣传教育，提高全民农业环境保护意识。通过开展农业环境保护的在职教育和岗位培训，提高环保队伍的政治与业务素质，把提高全民环境意识和培养环保专门人才结合起来；通过各种新闻媒体，深入广泛的开展多层次、多方位、多形式的农业环境保护宣传，增强全民保护农业环境的紧迫感和责任感。

（2）广泛开展生态农业建设，推广科学施肥、施药先进技术　生态农业是把农业生产和经济发展、生态环境建设与保护融为一体的农业生产体系，也是实施可持续发展的重要举措。目前，安徽省正在广泛开展生态农业建设，并已取得一定成效。在生态农业建设试点县，经济效益、生态效益和社会效益协调发展，农业生态环境质量明显改善。今后要推广试点县的经验，广泛开展全省农村生态农业建设，一是进行无公害农产品开发，建设以粮、菜、茶、果、水产品、畜产品为主的高标准无公害农产品示范基地；二是重点建设生态农业工程，推广山地林果粮立体开发、丘岗粮猪沼果渔综合开发等高效生态农业模式技术，促进农业环境质量全面健康发展和农业可持续发展。在科学施肥方面，要逐步推广土壤诊断和植物营养诊断技术，发展平衡施肥和配方施肥技术；逐步改善化肥结构，推广使用复合肥料，改变氮、磷、钾比例失调和营养元素单调的局面。同时，推广科学合理的耕作制度，有效减少化肥流失。对于化学农药的使用，要积极开发和使用高效、低毒、低残留的化学农药，并按安全使用标准，严格控制使用量，防止农药对农畜产品的污染。为有效地减少农药污染，保护农业环境，还可通过化学、生物、物理措施，综合防治农作物病虫害。

(3) 严格控制“三废”对农业环境的污染　“三废”污染构成了安徽省农业环境的主要污染源。控制和治理“三废”污染，首先，要加强对乡镇工业的规划和布局，结合小城镇建设、移民建镇等，建立乡镇工业园区，集中控制污染源；其次，要促进乡镇工业产品的升级换代，节约资源，减少污染物的排放，推广清洁生产技术；第三，建立农业环境排放污染物许可制度，并加强严格执法力度，强化对农业环境的保护和监管。

(4) 合理利用水资源，维修和扩建水利工程，尽量减轻旱涝威胁　合理开发、利用和保护水资源，对农业生产十分重要。要采取大面积封山育林，营造水土保持林，退耕还林，退田还湖等措施，恢复生态环境，减轻水土流失，涵养水源。同时要花大力气维修或改、扩建水库、塘坝、水闸、电力排灌等各种水利设施，确保水资源的有效利用。

在农业防灾减灾方面，一要有计划地加强“四水”及其小流域的治理，实施流域综合治理和区域综合开发战略，从整体上增强农业抗灾减灾和稳定持续增产的能力；二要加快洞庭湖区的综合治理，改善天然湖泊在安徽省自然生态系统中的协调平衡作用；三是要采取各种非工程性减灾措施，通过法律、政策、行政管理、经济和其他技术手段减灾、抗灾、防灾，并建立不同层次的灾害综合管理机构和减灾技术队伍，使防灾减灾工作社会化、产业化。

参考文献

安徽省农业委员会办公室 . 关于报送我省农业可持续发展有关材料的函 [Z].2014.01.16.

安徽省生态经济学会课题组 . 安徽省农业生态环境问题与农业资源可持续利用分析 [R].2014.

陈士军 .2010. 值得我国直接借鉴的国外发展现代农业经验 [J]. 农家致富顾问（9）: 6.

邓启明 . 2007. 基于循环经济的浙江现代农业研究：高效生态农业的机理、模式选择与政府管理 [D]. 杭州：浙江大学 .

甘强 .2006. 借鉴国外经验发展现代农业 [J]. 江苏农村经济（2）: 64.

李丽娜 .2009. 德国农业可持续发展的做法 [J]. 老区建设（15）: 60—61.

李小林 .2010. 发达国家现代农业的基本经验及发展趋势分析 [J]. 吉林农业 C 版（5）: 1.

刘辉，肖莎莎，唐跃玉 .2012. 国内外现代农业发展模式的比较及对湖南的启示 [J]. 经济视野（9）: 164—165.

刘彦随，吴传钧 .2001. 国内外可持续农业发展的典型模式与途径 [J]. 南京师大学报（自然科学版）（2）: 119—124.

司维 .2007. 农业循环经济发展模式构建与应用研究 [D]. 济南：山东大学 .

孙钰 .2003. 简论我国农业可持续发展存在的问题及对策 [J]. 经济与管理（6）: 18—19.

王峰 .2012. 国外发展现代农业面面观 [J]. 吉林农业（9）: 45.

王礼平 .2007. 西部现代农业发展与金融支持 [D]. 成都：西南财经大学 .

杨晓明 .2010. 中国农业循环经济发展模式研究 [D]. 武汉：武汉理工大学 .

周清明，黄大金 .2005. 建设节约型农业实现农业可持续发展 [J]. 湖南农业大学学报（社会科学版）（6）: 1—4.

福建省农业可持续发展研究

摘要：从可持续发展程度来看，闽西和闽北地区的农业资源可持续性较强，闽东地区的农业生态环境可持续性较强，闽西地区的农业社会经济可持续性较强，闽西和闽北地区的农业可持续发展综合指数较高。福建省耕地资源开发强度约45%，经济发展水平及资源禀赋差异，将导致开发强度结构差异化演进，进而形成开发强度的区域差异，总体上闽西的开发强度高于闽东、闽南。福建省的粮食合理生产规模为611万t，合理播种面积为111万hm^2，合理养殖规模应介于2 702.21万～3 543.82万头猪当量。将福建省划分为优化发展区、适度发展区和保护发展区，优化发展区包括福州市、泉州市、漳州市、莆田市、宁德市、厦门市、平潭综合实验区；适度发展区包括南平市、三明市、龙岩市；保护发展区主要包括闽东南海洋渔业区。

一、福建省自然资源环境条件分析

福建地处我国东南沿海，面对台湾，邻近港澳，北承长江三角洲，南接珠江三角洲，西连广阔内地，地理位置独特。全省陆地面积12.4万km^2，海域面积13.6万km^2，陆地海岸线长达3 751.5km，是中国大陆重要的出海口。

福建地形地貌复杂，地势西北高、东南低，与海岸线大体平行的武夷山脉、鹫峰山—戴云山—博平岭两列大山带斜贯全境，构成福建地形的主体框架。地貌类型多样，以山地丘陵为主，闽东北、闽中、闽西地区以低山和丘陵为主，分布着众多串珠状河谷盆地；东南沿海地区地势低缓，以平原和丘陵为主，海岸线漫长曲折，拥有众多港湾和半岛，岛屿星罗棋布。复杂的地形地貌条件自然形成了耕地、园地、林地和养殖地等多种土地类型。

课题主持单位：福建省农业区划研究所
课 题 主 持 人：叶夏、黄曦、宋秀高
课 题 组 成 员：白丽月、林宜辉、郑昆芃、洪雅芳、沈勤鲁

（一）土地资源

1. 农业资源及利用现状

福建素有“八山一水一分田”之称，全省土地总面积 1 239 万 hm^2，其中，农用地面积 1 096 万 hm^2，占土地总面积的 88.45%；建设用地面积 73 万 hm^2，占土地总面积的 5.89%；未利用地面积 71 万 hm^2，占土地总面积的 5.73%。

（1）耕地　全省耕地面积约 134 万 hm^2，占土地总面积的 10.80%。其中，灌溉水田 86 万 hm^2，望天田 23 万 hm^2，旱地 21 万 hm^2，其他耕地 4 万 hm^2，分别占全省耕地总量的 64.2%、17.2%、15.6% 和 3%。

（2）园地　全省园地面积约 80 万 hm^2，占土地总面积的 6.45%。园地以果园和茶园为主，其中，果园 54 万 hm^2，茶园 22 万 hm^2，分别占园地总量的 67.5% 和 27.5%。

（3）林地　全省林地面积约 836 万 hm^2，占土地面积的 67.5%。全省林地集中分布于内陆地区。内陆地区占全省林地总量的 65.78%，沿海地区占全省林地总量的 34.22%。

（4）其他农用地　全省其他农用地面积约 45 万 hm^2，占土地总面积的 3.6%，主要分布于沿海地区。

2. 农业可持续发展面临的土地资源环境问题

（1）土地资源的构成特点　一是土地资源绝对量少，人均耕地少。2012 年，全省土地总面积仅占全国的 1.30%，而人口占全国总人口的 2.70%，人均土地 5.25 亩，仅占全国平均水平的 48%；人均耕地面积 0.54 亩，仅占全国平均水平的 41%。二是宜林地多，宜耕地少。全省丘陵山地约占土地总面积的 90%，宜林地约占土地总面积的 74%，宜耕土地约占土地总面积的 12.50%，主要分布在平原和河谷盆地，少量分布在丘陵低山的缓坡上。三是耕地资源质量较低。全省耕地的土壤除河流沿岸、下游平原和沿海为冲积土、潮土与滨海盐土外，绝大部分是红壤、黄壤，肥力较低，有机质含量少，普遍缺磷、缺钾、偏酸，直接影响到耕地质地，造成高产田少，中低产田多。四是耕地分布零散，区域比重不均。全省耕地地块分散，集中连片较少。主要分布在沿海的冲积、海积平原和山间河谷盆地。以丘陵旱地和园地为主，田块小而狭长，山垄田块较多，平原水田较少。南平耕地面积最多，占全省的 17.6%；厦门和泉州两市比重较小，分别占 1.5%、5.6%；其余各设区市比重较为接近，约占 11.0%~14.5%。五是耕地类型较多，利用结构复杂。全省耕地利用类型包括了灌溉水田、望天田、水浇地、旱地和菜地等所有二级地类，水浇地、旱地和菜地则集中分布于沿海地区。根据农业种植结构的要求，全省耕地利用可分为粮食作物与非粮食作物两种利用方式。按播种面积计算，粮食作物与非粮食作物的比例 2003 年为 89：11，2012 年为 79：21，粮食作物播种面积比例下降。

（2）耕地资源数量及其分布　根据 2012 年福建省土地开发利用专项规划中期评估报告结果，全省耕地总面积为 134 万 hm^2，占土地总面积的 10.80%，其中内陆地区（南平、三明、龙岩）耕地面积占全省耕地的 43.10%，沿海地区（莆田、宁德、福州、漳州、泉州、厦门）耕地面积占全省耕地的 56.9%。

表 1-1　2012 年福建省各设区市耕地面积

地区	耕地面积（万 hm^2）	比例（%）
全省	134.05	100.00
福州市	16.19	12.10
莆田市	19.35	14.40
泉州市	7.49	5.60
厦门市	2.04	1.50
漳州市	14.68	11.00
龙岩市	16.15	12.10
三明市	18.01	13.40
南平市	23.62	17.60
宁德市	16.52	12.30

3. 耕地资源质量及其分布

对福建省耕地地力评价和等级分析表明，全省二、三等地占耕地总面积 78.07%，而一等耕地仅占 21.93%。从各等级耕地的数量及空间分布看，一等地多分布于水网密集、人口稠密、水源充沛的区域，其地势较平坦、开阔，水、土、光、热条件好，土壤肥力高，机耕条件好，有精耕细作的传统，属高产稳产农田或易建成高产稳产农田的地块。土壤类型多属潴育性水稻土，基本没有或有少量障碍因子。二等地占 32.09%，受不利因素影响较大，需采取一定的改良措施，其生产潜力才能得到发挥。三等地占 45.98%，受地形、海拔、坡度、气候、土壤及地下水等因子的影响大，产量低且不稳定，需要较大规模的农田基本建设和土壤改良，才能发挥生产潜力。

（二）水资源

1. 农业水资源及利用现状

（1）水资源基本情况　福建省多年平均水资源总量 1 210 亿 m^3，全省共有河流 663 条，总长 1.36 万 km，河网密度 112m/km^2，其中，流域面积 5 000km^2 以上的有 5 条，分别是闽江、九龙江、汀江、晋江和交溪。

（2）水资源利用现状　2012 年，全省有 21 座大型水库和 173 座中型水库，总蓄水量约 108 亿m^3。全省年用水总量为 200 亿 m^3，其中，农业用水量为 93 亿 m^3，占 46.5%；工业用水量为 76 亿 m^3，占 38%；城镇生活用水量为 19 亿 m^3，占 9.5%；农村生活用水量为 8 亿 m^3，占 4%。

表 1-2　2012 年全省大型和中型水库蓄水量　（单位：亿 m^3）

分区名称	大型水库	中型水库	上年末蓄水总量	年末蓄水总量
福州市	3	10	22.27	23.64
厦门市	0	5	0.61	0.63
莆田市	2	8	3.53	2.53
泉州市	2	17	6.92	7.87

（续表）

分区名称	大型水库	中型水库	上年末蓄水总量	年末蓄水总量
漳州市	2	22	2.93	2.49
龙岩市	3	25	11.42	17.40
三明市	4	37	23.94	33.79
南平市	2	27	5.73	6.60
宁德市	3	21	8.80	13.46
全省	21	173	86.16	108.47

2. 农业可持续发展面临的水资源环境问题

（1）水资源利用程度不高　福建河川坡陡、流急，汛期洪水径流难以利用，大量水资源奔腾入海，天然径流可利用率不高。2012 年，全省水资源开发率 16.3%，水资源利用率 15.8%，总体开发利用程度相对较低，但闽东南沿海水资源开发利用程度较高，利用率达到 25%以上。

（2）水资源时空分布不均　全省水资源较为丰富，但天然降水量时空分布极不均匀。4—9 月为丰水期，降水量和径流量均占全年的 70%~80%。降雨年际波动也较大，丰枯年份极值比 2~4。同时，水资源空间分布很不均匀，就人均占有量而言，闽西北与闽东南人均水资源极值比达 9 倍之多。

（3）水质状况总体良好　2012 年，全省各江河的干流和主要支流水质符合和优于Ⅲ类水的河长为 2 925km，占评价河长的 82.21%；污染（Ⅳ、Ⅴ类和劣Ⅴ类）河长为 633km，占 17.78%。全省 21 座大型水库，全年期评价水质符合Ⅰ～Ⅱ类标准的 9 座，占 42.86%；符合Ⅲ类标准的 11 座，占 52.38%。

多年来，福建省将改善农田水利设施作为服务“三农”的重要手段，围绕大中型灌区节水配套改造、中央财政小型农田水利重点县建设、全省初级水利化县建设等，进一步夯实了农业基础，为农业可持续发展提供了有力保障。

（三）气候资源

福建省地处东南沿海，属亚热带季风气候区，气候温暖湿润，热量资源丰富，水分资源充沛，雨热同季，无霜期长，农业气候资源丰富，农业气象灾害频繁。

1. 气候要素变化趋势

（1）降水　全省大部分地区雨量充沛，年均降水量 1 091~2 034mm，降水空间分布趋势是自东南向西北递增，南平、三明、宁德和龙岩等地降水量较大，厦门、泉州和漳州较少。地形对降水的空间再分配作用相当突出，全省有 4 个较明显的多雨地区，均处于闽西、闽中两大山带的暖湿气流迎风面上，海拔高的山区年降水量可达 2 200mm，两大山带之间的丘陵盆谷地带年降水量为 1 500~1 800mm，东南沿海大部分岛屿的年降水量不足 1 000mm。

（2）日照　全省年日照时数 1 200~2 000h，年太阳能辐射大部分地区为 4 000~ 5 200MJ/m^2。北部地区属中国太阳能资源四类区，南部属三类区。夏季热量丰富，冬季也能获得相当热量。

（3）气温　全省年平均气温 17~21℃，大部分地区≥ 10℃，积温超过 5 500℃。积温分布呈东南沿海向西北山区逐渐降低的趋势，西北地区平均气温日较差很大，有助于作物光合产物的积累，有利于提高农作物的产量和质量。

在全球气候变暖的大背景下，福建省气候变化明显。一是年平均气温升高，冬季变暖趋势渐显。最近50年，全省年平均气温上升了1℃左右，高温日数增多，低温日数减少。福州市2007年出现连续36天高温。二是年降水量略增，降水日数减少，暴雨日数有所增加，雨季尤为明显。三是极端天气气候事件频发，强度增强。2005年“龙王”台风和2006年“桑美”超强台风、2008年低温冻害、2010年雨季洪涝等灾害造成损失严重。

表1-3 2004—2012年气候变化

年份	年均降水量（mm）	年均气温（℃）	年均日照（小时）
2004	1 314.6	19.7	2 002.6
2005	1 816.3	19.7	1 583.7
2006	2 047.9	20.0	1 612.2
2007	1 452.9	20.1	1 659.7
2008	1 504.2	19.7	1 745.5
2009	1 350.6	20.0	1 889.7
2010	1 961.3	19.6	1 649.7
2011	1 274.2	19.4	1 690.9
2012	1 897.0	19.5	1 535.2

2. 气候变化对农业的影响

气候变化对农业可持续发展影响很大，福建主要气候灾害有旱、涝、风、寒、雹等。每年3—4月，气温仍然较低，遇到持续冷空气影响下的连阴雨天气，日平均气温可持续3天以上降到10℃以下，造成“春寒”或“倒春寒”的灾害天气，引起早稻烂秧。5—6月，较强降水的频繁出现，特别是持续时间长、范围广的大雨或暴雨，影响早稻孕穗，使空壳率增加。7—9月福建常受副热带高压控制，天气干热，常十几天不下雨，沿海一带干旱较为严重，此时也易受台风影响，常有大风暴雨产生，影响早稻收割；10月以后，北方冷空气活动又趋频繁，晚稻常受秋寒袭击。

二、农业可持续发展的社会资源条件分析

（一）农村劳动力

1. 农业劳动力转移现状特点

（1）劳动力规模　2012年年底，全省总人口3748万人，农村劳动力1 514万人，农业劳动力692万人，农业劳动力占农村劳动力的42.6%。

（2）劳动力的结构与分布　从性别上看，农村适龄劳动力中，男性从业人员明显多于女性从业人员。2012年，男性乡村从业人员占53.6%，女性乡村从业人员占46.4%。

2012年，全省青年劳动力（16~29岁）较多，占全部劳动适龄人口的35.45%；壮年劳动力（男30~54岁，女30~44岁）所占的比例最高，为全部劳动适龄人口的48.01%；老年劳动力（男

55~64 岁，女 45~55 岁）相对较少，约占全部劳动适龄人口的 16.54%。从年龄上看，青壮年劳动力比例高，但太多外出务工，留在农村从事农业生产的数量较少。

（3）农业劳动力转移　近几年，福建省转移了大批的农业劳动力，从时间上看，2000 年农业劳动力转移数为 598.9 万人，2012 年，农业劳动力转移 1 010.6 万人，增加了 411.6 万人，农业劳动力转移人数与从事农、林、牧、渔人数比例 62.2%。其中，福州、厦门、泉州、龙岩和莆田市的比例分别为 65%、72%、77%、61% 和 60%，其他地市比例在 50%~60%。

（4）农业劳动力转移特点　对福建省农村抽样调查表明，福建省农业劳动力转移呈现下面几个特点：劳动力转移输出地域呈广泛，输出劳动力从事的行业比较集中，转移层次偏低。主要转移到工业、建筑业、餐饮业、零售等劳动密集型产业，具有劳动时间长、强度大、技术要求低等特点。

转移的劳动力以中青年为主、素质较高，呈现精萃性。由于农村劳动力流向大中城市或沿海发达地区，大多从事城里人不愿干的脏、累、险等重体力活，这些工种需要的是青壮年劳动力。因此，外出者明显呈现精萃性特征。

劳动力转移具有“候鸟型”的特点，呈现兼业性。大多数山区外出劳动力在农村保留土地的承包权，他们在农忙时种地，农闲时外出打工，他们并没有完全脱离农业，放弃土地承包权，从事非农产业可以说是临时性的就业，并没有真正达到农村剩余劳动力的产业转移，随时可能重新回归土地。

2. 农业可持续发展面临的劳动力资源问题

（1）农业劳动力变化趋势　2000—2012 年，福建省人口数量发生了较大的变化，城镇人口大幅增加，农村人口大幅减少。总人口从 2000 年的 3 305 万人增加到 2012 年的 3 748 万人，增加了 443 万人，增长了 13%；2000 年年底，全省农村劳动力 1 368 万人，农业劳动力 768 万人，农业劳动力占农村劳动力的 56%。2012 年年底，农村劳动力 1 625 万人，增加了 257 万人；农业劳动力 692 万人，减少了 76 万人；农业劳动力占农村劳动力的 42.6%，降低了 13.5%。

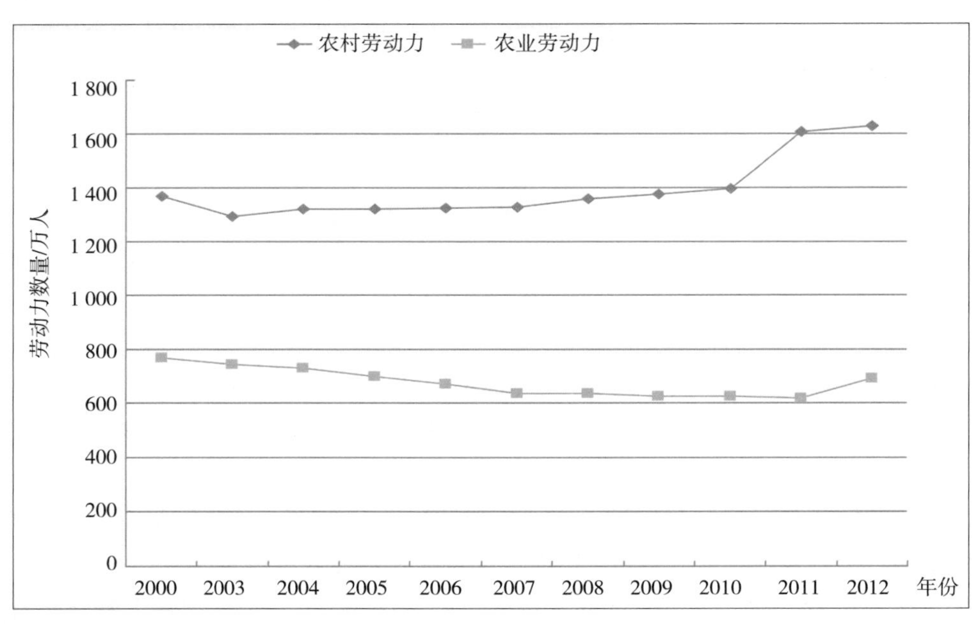

图 2-1　福建省农村劳动力及农业劳动力变化趋势

从图 2–1 可以看出，全省农村劳动力逐年递增、农业劳动力逐年递减，在调研中发现农村的大部分青壮年劳动力进城务工，一方面是由于务农比较效益低下，另一方面是由于机械化水平不断提高，所需的劳动力渐趋减少。

（2）农业劳动力资源问题 随着福建省工业化、城镇化进程加快，农业劳动力转移速度也随之加快，部分地区农业劳动力的快速转移已经对农业生产造成影响，并有加剧之势，农业生产方式和社会化服务不适应现代农业发展和农业劳动力紧缺的矛盾凸显，对稳定粮食生产、保障农产品有效供给造成威胁。主要表现为部分地区的本地农业劳动力总量有不足的风险。据农户抽样调查信息，农户的农业兼业性十分突出，劳动力的老龄化相当显著，新生代劳动力较少，现代农业面临后继乏人的问题。

（二）农业科技

1. 农业科技发展现状特点

（1）农技推广队伍 2012 年，全省县乡两级农技推广机构共有 734 个，农技推广人员 7 106 人。大专以上学历的农技推广人员有 4 468 人，占 63%；中级以上专业技术职称的有 3 707 人，占 52%；县（市、区）专业技术人员占 80% 以上，其中乡镇农业技术推广人员占 65%。

（2）新型职业农民培训 全省大力开展冬春农业生产技术，特别是防灾减灾和节本增效等关键技术培训，采取现场培训与远程培训相结合、入户指导与集中办班相结合、传统培训与现代培训相结合的方式，把农业新成果、新技术、新信息及时快捷地传递给农民。2012 年，全省共开展现场培训或指导 3.2 万场次，举办培训班 1 852 期，发放技术资料 80.3 万份，咨询服务 11.2 万人次，培训农民 20.8 万人次。

（3）农业“五新”示范推广 经过多年发展，福建省农业科技示范推广取得了重要进展。2012 年，全省推广新品种 110 多个、新技术 50 多项、新农药 100 多种、新肥料 50 多种、新农机具 6 000 余套。福建省农业厅分地域、分产业在 10 个县开展了农业“五新”集成示范推广工作，取得了良好的成效。粮油作物方面重点推广超级稻超高产及配套栽培技术，2012 年，在全省 8 个设区（市）20 个县（市）建立超级稻核心示范区，推广面积 16.3 万 hm^2，总产 137.62 万 t。此外，全年完成新肥料田间试验 40 个，建立中心示范片 150 个，示范面积 1 万 hm^2，辐射推广面积 14.7 万 hm^2，项目区肥料利用率提高 3%~5%，平均增产 5%~20%。

2. 农业可持续发展面临的农业科技问题

农技推广和社会化服务体系中专业人员老化比较严重。在调研中，专业技术人员偏少、人员老化现象十分突出。尤其是在乡镇一级生产服务体系中，服务于生产第一线的技术人员比例显著偏低，且人员老化严重。一线技术人员的断层现象同样值得高度关注，应采取措施予以有效缓解。

本地农业劳动力质量难以适应现代农业发展要求。由于本地农业劳动力老化现象十分严重，伴随的是劳动力质量的低下。其中，小学及以下文化程度的占总量的 31.9%，初中文化程度的占 47.7%，高中及中专文化程度的占 13.2%，高中以上文化程度的仅占 4.2%。从文化程度上看，农村适龄劳动力受教育程度还较低，高素质人才比较缺乏。因此，现有农业劳动力群体对农业新技术、现代农业经营理念和对新生事物的理解和接受能力都比较有限，真正“有文化、会经营、懂技术”的农户则寥寥可数，显著阻碍市郊农业现代化进程。

据统计，2011 年、2012 年福建农业科技贡献率分别为 54.3%、55.8%，毗邻的浙江省 2012 年的同期数据为 58%。福建农业科技投入相对不足，科研经费紧缺，难以有效组织重大技术攻关，农业科技推广经费也相当有限，制约了农业“五新”的研发、示范和推广。

（三）农业化学品投入

1. 农业化学品投入现状特点

（1）化肥　2000 年，全省化肥的施用量为 123.3 万 t（按实物量计算，下同），2012 年，施用量为 414 万 t，增长 235.76%。其中，使用最多的是氮肥，占全部化肥施用量的 41%，其次是复合肥和磷肥，各占 23%，最少的是钾肥，占 13%。

福建省自 2005 年开始实施测土配方施肥以来，累计投入测土配方施肥资金 1.4 亿元，推广面积 582 万 hm^2，实现节本增效 37 亿元。全省测土配方施肥的项目县逐年扩大，到 2012 年实现全省全覆盖。

（2）农用塑料薄膜　2000 年，全省农用塑料薄膜的使用量 2.12 万 t，2012 年达 5.87 万 t，增长 176.89%。

（3）农药　2000 年，全省农药使用量为 5.18 万 t（按实物量计算，下同），2012 年为 5.78 万t，增长 11.58%。

2. 农业对化学品投入的依赖性分析

虽然福建在可持续农业发展方面取得了一定的成效，但随着工农业的发展，化肥、农药和农膜等大量使用带来的农业面源污染，使土壤、水体和大量农产品受到污染，导致不少农作物高产地区的农田生态平衡失调。

（1）化肥用量持续增加　70 年代末，全省的化肥用量达到第一个 100 万 t，1982 年，突破第二个 200 万 t，1989 年实现 300 万 t，1997 年化肥用量达 410 万 t，2001 年化肥用量达 405 万 t，2012 年化肥施用量为 414 万 t，按照耕地面积计算，单位耕地面积化肥施用量达 206kg/ 亩左右。化肥长期大量使用，改变了土壤的物理性质，引起土壤板结，导致土壤肥力下降，给土壤安全带来了极大的威胁。

（2）农药用量逐年增加　福建省温暖湿润的气候为病虫害发生提供了适宜的条件，全省农作物病虫种类多，发生面积大，为害较重。2012 年，全省水稻主要病虫害总体为中等局部偏重发生，发生面积 2 100 万亩次，防治 3 500 万亩次；主要经济作物病虫害总体中等至偏重发生，蔬菜、果树和茶叶病虫害累计发生 3 000 万亩次，防治 3 900 万亩次。

2012 年，全省农作物播种面积为 3 422 万亩，农药使用量为 5.78 万 t，单位面积用药量为 1.69kg/ 亩，高于全国平均水平（全国 0.73kg/ 亩）；2012 年，福建农作物播种约占全国 1.4%，而农药的使用量约占全国的 3.2%。从 20 世纪 90 年代初到现在，虽然农药使用量的增幅不断减少，但农药使用量基本呈逐年增加的趋势。

（3）地膜污染　农业生产中的固体不可降解垃圾主要为地膜及其他塑料制品，农膜的大量使用带来了巨大的经济效益，但也给农田土壤带来了严重的“白色污染”。2012 年，全省农膜使用量达到 5.87 万 t，大多数农膜很容易破损，造成碎片残留且不易回收，使用后往往直接废弃于田间地头未回收处理，因其属于有机高分子聚合物，在土壤中难以降解，残留于土壤中会破坏耕层结构，影响土壤通气和水肥传导。

三、农业发展可持续性分析

（一）农业发展可持续性评价指标体系构建

1. 指标体系构建指导思想

从福建省的基本情况出发，依据《中国21世纪议程》中关于中国可持续发展战略的论述，借鉴已有的国内外研究成果和先进经验，明确农业可持续发展是以发展为核心、以社会发展系统为主体、以自然资源的永续利用和农业与农村生态环境的改善为重要标志、以处理好经济建设（包括农业经济与非农经济）与人口、资源、环境、社会要素之间的相互关系为关键，考虑农业可持续发展影响要素的时间性、空间性及相互耦合等特征，建立可以实际操作的全面反映福建省农业可持续发展状况与水平的指标体系和模型。

2. 指标体系构建基本原则

针对福建省农业发展的特点与目标要求，结合一般指标体系设置的原则，农业可持续发展指标体系设置须遵循下列原则：① 体现农业可持续发展内涵，突出农业可持续发展系统目标；② 指标体系要全面但不可包罗万象；③ 实用性和可操作性原则；④层次性和简洁性原则；⑤ 规范性和完整性原则；⑥ 动态性与静态性相联系原则。

3. 指标体系及指标解释

（1）农业发展可持续性评价指标体系的构建　根据农业可持续发展的内容，结合农业可持续发展指标体系构建的原则与方法，查阅国内外有关农业可持续发展指标筛选方法及其评估内容的研究成果，选取能够反映农业可持续发展内涵和目标实现程度的指标25项。首先，进行基本数据的收集整理和指标运算，对指标数据进行标准化处理和相关性分析后，剔除部分信息重叠的指标。然后，根据指标对可持续发展的影响，将其分为增长型指标和限制型指标，并进行归纳和分类。

① 指标数据来源：基础数据主要通过查阅统计年鉴和从相关部门获取，指标数据按照指标的相关计算公式进行运算。

② 指标数据标准化处理：利用SPSS软件，将各指标的历年数据分别进行标准差标准化处理，以消除量纲的影响。

③ 相关性分析：利用SPSS软件，进行两要素的相关分析，选取Pearson相关系数的绝对值大于0.8且双侧显著性概率Sig.（2-tailed）小于0.05（即在 $\alpha=0.05$ 的水平上高度相关）的指标，进行偏相关分析。根据区域农业可持续发展的内涵和目标，对偏相关系数的绝对值大于0.5且双侧显著性概率检验值小于0.05的指标进行取舍。偏相关分析结果表明，入选的指标中，农村人口人均耕地面积与林草覆盖率（r=0.917，Sig.（2-tailed）=0.000）呈高度相关（$|r|>0.8$），区域人均水资源量与人均粮食占有量（r=0.520，Sig.（2-tailed）=0.000）、单位播种面积农机总动力与水资源开发利用率（r=0.579，Sig.（2-tailed）=0.000）均呈中度相关（$0.5\leqslant|r|\leqslant0.8$）。根据相关性分析结果，经综合考虑，剔除林草覆盖率、人均粮食占有量和水资源开发利用率3个指标。

④ 指标体系构建：将最终确定的21个指标分为增长型指标和限制型指标，并按照农业资源、农业环境生态和农业社会经济3个方面进行分组，构建了农业发展可持续性评价指标体系，如表3-1所示。

表 3-1 福建省农业发展可持续性评价指标体系

目标层	准则层	指标层	单位
农业可持续发展水平 A	农业资源系统 B_1	农村人口人均耕地面积 C_{11}	hm^2/ 人
		复种指数 C_{12}	—
		区域人均水资源量 C_{13}	m^3/ 人
		耕地有效灌溉率 C_{14}	%
		单位播种面积农机总动力 C_{15}	kW/hm^2
		单位播种面积农业产值 C_{16}	元 /hm^2
	农业环境生态系统 B_2	耕地亩均农业用水资源量 C_{21}	万 m^3/hm^2
		化肥负荷 C_{22}*	t/hm^2
		农田旱涝保收率 C_{23}	%
		农药负荷 C_{24}*	t/hm^2
		农膜回收率 C_{25}	%
		秸秆综合利用率 C_{26}	%
		规模化养殖废弃物综合利用率 C_{27}	%
	农业社会经济系统 B_3	农业劳动生产率 C_{31}	万元 / 人
		农业土地生产率 C_{32}	t/hm^2
		农民人均纯收入 C_{33}	元
		人均肉类占有量 C_{34}	t/ 万人
		农业科技化水平 C_{35}	%
		农业劳动力人均受教育年限 C_{36}	年
		农业技术人才比重 C_{37}	人 / 万人
		国家农业政策支持力度 C_{38}	—

注：* 代表限制型指标，其余为增长型指标

（2）指标体系及相关指标的描述与解释 福建省农业发展可持续性评价指标体系分为目标层、准则层和指标层 3 个层次。第一层次是目标层（A），以农业可持续发展水平的综合评价为目标，用来反映区域农业可持续发展的总体特征；第二层次是准则层（B），即农业资源系统、农业环境生态系统和农业社会经济系统，分别反映农业发展水平及其支持能力；第三层次是指标层（C），已选取 21 项具体评价指标。将 21 项评价指标分别对应 3 个准则层，力求反映准则层的主要特征，并保证指标具有良好量化能力。

① 农业资源系统：农村人口人均耕地面积 C_{11} 反映区域耕地资源丰裕状况，即耕地面积 / 乡村总人口；复种指数 C_{12} 反映耕地利用程度，用农作物总播种面积与耕地面积之比表示；区域人均水资源量 C_{13} 反映农业中可利用的水资源量，即水资源总量 / 总人口；耕地有效灌溉率 C_{14} 反映农用土地资源利用水平，计算公式为有效灌溉面积 / 耕地面积 ×100；单位播种面积农机总动力 C_{15} 反映社会对农业装备投入水平，用来衡量农业持续发展的物质动力状况，即农机总动力与作物总播种面积的比；单位播种面积农业产值 C_{16} 的计算公式为农业总产值 / 作物总播种面积。

② 农业环境生态系统：耕地亩均农业用水资源量 C_{21} 反映农业水资源丰裕状况，即农业水资源用量 / 耕地面积；化肥负荷 C_{22} 用单位耕地面积化肥施用量表示，即化肥用量 / 耕地面积；农田旱涝保收率 C_{23} 反映农业抵抗自然灾害的能力，即旱涝保收面积 / 总耕地面积 ×100；农药负荷 C_{24} 用单位耕地面积农药施用量表示，即农药用量 / 耕地面积；农膜回收率 C_{25} 用有效回收农膜的耕地面积与总覆膜耕地面积的比值表示；秸秆综合利用率 C_{26} 指秸秆实际利用量与可利用总量之比；规

模化养殖废弃物综合利用率 C_{27} 指规模化养殖废弃物实际利用量与可利用总量之比。

③ 农业社会经济系统：农业劳动生产率 C_{31} 指每个农业劳动者在单位时间内生产的农产品量或产值，反映农业劳动者生产效率水平，即农林牧渔业总产值 / 农林牧渔业劳动力；农业土地生产率 C_{32} 用单位面积农产品产量表示，综合反映土地生产力水平，即粮食总产量 / 作物总播种面积；农民人均纯收入 C_{33} 反映区域农村经济发展水平的高低，是当地农民生活水平高低的重要指标之一；人均肉类占有量 C_{34} 反映农业生产对人们最基本的消费需求的满足程度，即肉类总产量 / 总人口；农业科技化水平 C_{35} 用农业科技贡献率来表示，反映农业科学技术转化为现实生产力的水平；农业劳动力人均受教育年限 C_{36} 反映农业劳动力的基本文化素质和农业劳动力接受现代农业生产技术的能力；农业技术人才比重 C_{37} 即万名农业人员拥有农业科技人员数，反映农业生产中农业科技人员配备密度；国家农业政策支持力度 C_{38} 反映政府对“三农”问题解决的决心和力度，即农业财政投入 / 地区生产总值。

（二）农业发展可持续性评价方法

1. 指标数据的标准化

由于各指标含义不同，指标值计算方法也不同，造成指标量纲各异。因此，为便于计算，必须进行标准化处理。利用 SPSS 软件对各指标的历年数据进行标准差标准化处理（Z-Score 法），标准差标准化处理公式如下：

$$X_{ij}' = (X_{ij} - \overline{X_i}) / s_i$$

式中，X_{ij}' 为标准化后第 i 项指标、第 j 年的指标值；X_{ij} 为第 i 项指标、第 j 年的统计值；$\overline{X_i}$和 s_i 分别为第 i 项指标的平均值和标准差。

2. 指标权重的确定

采用主成分分析法确定农业可持续发展指标体系中的指标权重。根据标准化处理后各指标的多年平均值，利用 SPSS 软件，对各准则层的指标数据进行主成分分析，采用 KMO 和 Barlett's test of SpHericity 对指标数据是否适合做主成分分析进行检验，在 KMO 值大于 0.5 前提下，选取所有初始特征值大于 1.0 或累计总方差贡献率达到 85% 的主成分，得到各指标分析结果。利用 SPSS 软件分析结果中的“解释的总方差”和“成分矩阵 [a]”两个表格，根据公式求得各指标的总排序权重 w_i 和各准则层中指标的单排序权重 w_i'，公式如下：

$$z_{ij} = | y_{ij} | / \sqrt{\lambda_j}$$

式中，z_{ij} 为第 i 项指标在第 j 个主成分线性组合中的系数；y_{ij} 为“成分矩阵 [a] 表”中的载荷数；λ_j 为“解释的总方差表”中第 j 个主成分的特征根。

$$k_i = \sum_{j=1}^{m} (z_{ij} \times \beta_j) / \sum_{j=1}^{m} \beta_j$$

式中，k_i 为第 i 项指标在综合得分模型中的系数；β_j 为“解释的总方差表”中第 j 个主成分的方差贡献率；m 为主成分的个数。

$$w_i = k_i / \sum_{i=1}^{n} k_i$$

式中，w_i 为第 i 项指标的总排序权重；n 为评价指标的个数。

$$w_i' = w_i / \sum_{i=1}^{e} w_i$$

式中，w_i' 为各准则层中第 i 项指标的单排序权重；e 为各准则层中评价指标的个数。

（三）可持续发展能力评价

（1）各项指标评价方法　将各指标分为增长型和限制型两类，以各项指标全省多年平均值（2011—2012 年）作为标准值，取各指标历年的实际值与标准值的比值作为评价可持续发展能力的依据，即：

$$\begin{cases} X_{ij}/X_{io} \text{（当 } X_{ij} \text{ 为增长型指标时）} \\ X_{io}/X_{ij} \text{（当 } X_{ij} \text{ 为限制型指标时）} \end{cases}$$

式中，P_{ij} 为第 i 项指标，第 j 年的评定系数（当 $P_{ij} \geqslant 1$ 时，取值 1）；X_{ij} 为第 i 项指标，第 j 年的统计值；X_{io} 为第 i 项指标的标准值。

（2）可持续发展能力综合评价　运用加权求和法，计算各准则层评价指数及综合评价指数，对可持续发展能力进行评价。各准则层的可持续发展评价指数和区域可持续发展综合评价指数，分别根据以下公式求得：

$$F_B = \sum_{i=1}^{e} P_i \times w_i'$$

式中，F_B 为各准则层的可持续发展指数；P_i 为第 i 项指标的评定系数；e 为各准则层中评价指标的个数。

$$F_A = \sum_{B=1}^{3} F_B \times w_B \text{或} \sum_{i=1}^{n} P_i \times w_i$$

式中，F_A 为区域农业可持续发展指数；w_B 为各准则层的权重；n 为评价指标的个数。F_A 值或 F_B 值越大，表示可持续性水平越高。

（四）农业发展可持续性评价

1. 数据标准化处理

经过对数据的收集、整理和运算，获得 2011—2012 年福建省各县（市、区）的指标数据。利用 SPSS 软件，分别对 2011 年和 2012 年的指标数据进行标准差标准化处理，并计算各指标的两年平均值。

2. 指标权重确定

根据 2011—2012 年各指标数据标准化结果的两年平均值，利用 SPSS 软件，采用主成分分析法（PCA），计算出农业可持续发展评价指标体系中全部指标的权重，结果如表 3-2 所示。

表 3-2　农业发展可持续性评价指标权重

目标层	准则层	指标层	总排序权重 wi	单排序权重 wi'
农业可持续发展水平 A	农业资源系统 B_1（0.304）	农村人口人均耕地面积 C_{11}	.	.
		复种指数 C_{12}	.	.
		区域人均水资源量 C_{13}	.	.
		耕地有效灌溉率 C_{14}	.	.
		单位播种面积农机总动力 C_{15}	.	.
		单位播种面积农业产值 C_{16}	.	.
	农业环境生态系统 B_2（0.301）	耕地亩均农业用水资源量 C_{21}	.	.
		化肥负荷 C_{22}*	.	.
		农田旱涝保收率 C_{23}	.	.
		农药负荷 C_{24}*	.	.
		农膜回收率 C_{25}	.	.
		秸秆综合利用率 C_{26}	.	.
		规模化养殖废弃物综合利用率 C_{27}	.	.
	农业社会经济系统 B_3（0.395）	农业劳动生产率 C_{31}	.	.
		农业土地生产率 C_{32}	.	.
		农民人均纯收入 C_{33}	.	.
		人均肉类占有量 C_{34}	.	.
		农业科技化水平 C_{35}	.	.
		农业劳动力人均受教育年限 C_{36}	.	.
		农业技术人才比重 C_{37}	.	.
		国家农业政策支持力度 C_{38}	.	.

注：各准则层的权重为准则层中所有指标的总排序权重之和

3. 评价结果分析

（1）福建省农业可持续发展评价指数计算　根据 2011—2012 年福建省各县（市、区）的指标数据，以 2011 年和 2012 年各项指标数据的全省平均值作为标准值，分别求出 2011 年和 2012 年各指标的评定系数，并计算 2011—2012 年各指标评定系数的两年平均值。

根据各指标的权重和具体评定系数，分别求出福建省各县（市、区）的农业资源可持续发展指数、农业环境生态可持续发展指数、农业社会经济可持续发展指数和农业可持续发展综合指数，计算结果如表 3-3 所示。

（2）福建省农业可持续发展评价结果分析

① 农业资源可持续发展水平：2011—2012 年，福建省各县（市、区）的农业资源可持续发展指数为 0.535~0.918。其中，可持续发展指数较低的 12 个县（市、区）（可持续指数 0.535~0.699）中，闽东地区 5 个，闽南地区 7 个；可持续发展指数中等的 23 个县（市、区）（可持续指数 0.710~0.796）中，闽东地区 7 个，闽南地区 7 个，闽西地区 8 个，闽北地区 1 个；可持续发展指数较高的 32 个县（市、区）（可持续指数 0.801~0.918）中，闽东地区 8 个，闽南地区 5 个，闽西地区 10 个，闽北地区 9 个。从总体上看，闽西和闽北地区的农业资源可持续发展指数较高，如图 3-1 所示。

表 3-3　2011—2012 年福建省农业可持续发展评价指数

编号	地区	F_{B1}	F_{B2}	F_{B3}	F_A	编号	地区	F_{B1}	F_{B2}	F_{B3}	F_A	编号	地区	F_{B1}	F_{B2}	F_{B3}	F_A
1	福州辖区	0.636	0.753	0.649	0.677	24	晋江市	0.597	0.954	0.675	0.735	47	沙县	0.855	0.921	0.937	0.906
2	福清市	0.667	0.993	0.791	0.812	25	南安市	0.652	0.822	0.813	0.764	48	将乐县	0.809	0.741	0.909	0.826
3	长乐市	0.699	0.876	0 822	0.799	26	惠安县	0.535	0.843	0.750	0.709	49	泰宁县	0.832	0.861	0.942	0.882
4	闽侯县	0.750	0.820	0.850	0.809	27	安溪县	0.768	0.779	0.733	0.758	50	建宁县	0.792	0.757	0.911	0.826
5	连江县	0.721	0.996	0.824	0.843	28	永春县	0.842	0.637	0.838	0.778	51	龙岩辖区	0.825	0.982	0.878	0.892
6	罗源县	0.862	0.890	0.879	0.877	29	德化县	0.796	0.898	0.915	0.872	52	漳平市	0.916	0.941	0.895	0.915
7	闽清县	0.867	0.882	0.860	0.869	30	漳州辖区	0.691	0.827	0.735	0.749	53	长汀县	0.724	0.819	0.911	0.823
8	永泰县	0.823	0.895	0.950	0.893	31	龙海市	0.751	0.897	0.818	0.820	54	永定县	0.826	0.801	0.900	0.846
9	平谭县	0.564	0.914	0.774	0.750	32	云霄县	0.756	0.864	0.834	0.818	55	上杭县	0.762	0.819	0.936	0.845
10	宁德辖区	0.816	0.988	0.816	0.868	33	漳浦县	0.750	0.870	0.797	0.804	56	武平县	0.749	0.846	0.970	0.862
11	福安市	0.794	0.961	0.837	0.861	34	诏安县	0.673	0.812	0.743	0.742	57	连城县	0.770	0.927	0.903	0.867
12	福鼎市	0.809	0.952	0.763	0.835	35	长泰县	0.865	0.873	0.926	0.890	58	南平辖区	0.805	0.888	0.891	0.863
13	霞浦县	0.795	0.898	0.805	0.830	36	东山县	0.710	0.784	0.817	0.773	59	邵武市	0.815	0.856	0.960	0.882
14	古田县	0.874	0.943	0.785	0.861	37	南靖县	0.906	0.787	0.822	0.838	60	武夷山市	0.867	0.805	0.887	0.856
15	屏南县	0.867	0.898	0.804	0.853	38	平和县	0.854	0.776	0.844	0.827	61	建瓯市	0.856	0.785	0.869	0.839
16	寿宁县	0.839	0.883	0.780	0.830	39	华安县	0.888	0.727	0.928	0.854	62	建阳市	0.893	0.852	0.866	0.870
17	周宁县	0.729	0.777	0.855	0.791	40	三明辖区	0.861	0.997	0.817	0.886	63	顺昌县	0.869	0.878	0.817	0.852
18	柘荣县	0.783	0.955	0.830	0.853	41	永安市	0.872	0.845	0.871	0.863	64	浦城县	0.764	0.864	0.851	0.827
19	莆田辖区	0.674	0.737	0.760	0.725	42	明溪县	0.816	0.827	0.936	0.864	65	光泽县	0.801	0.885	0.911	0.868
20	仙游县	0.755	0.790	0.741	0.760	43	清流县	0.770	0.919	0.945	0.881	66	松溪县	0.918	0.810	0.774	0.831
21	厦门市	0.776	0.868	0.666	0.762	44	宁化县	0.749	0.737	0.908	0.805	67	政和县	0.843	0.851	0.744	0.808
22	泉州辖区	0.551	0.835	0.718	0.700	45	大田县	0.719	0.907	0.848	0.825						
23	石狮市	0.585	0.883	0.773	0.746	46	尤溪县	0.802	0.946	0.885	0.877						

注：F_{B1}、F_{B2}、F_{B3}、FA 分别代表农业资源可持续发展指数、农业环境生态可持续发展指数、农业社会经济可持续发展指数和农业可持续发展综合指数。

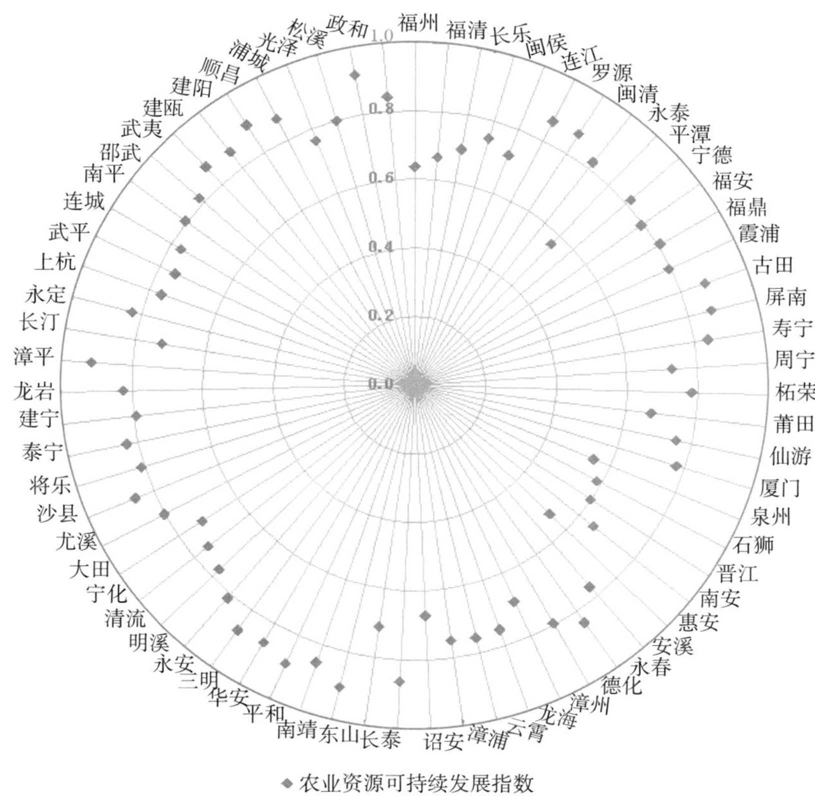

图 3–1　福建省各县（市、区）农业资源可持续发展水平[①]

② 农业环境生态可持续发展水平：2011—2012 年，福建省各县（市、区）的农业环境生态可持续发展指数为 0.637~0.997。其中，可持续发展指数较低的 14 个县（市、区）（可持续指数 0.637~0.790）中，闽东地区 4 个，闽南地区 6 个，闽西地区 3 个，闽北地区 1 个；可持续发展指数中等的 25 个县（市、区）（可持续指数 0.801~0.878）中，闽东地区 2 个，闽南地区 9 个，闽西地区 7 个，闽北地区 7 个；可持续发展指数较高的 28 个县（市、区）（可持续指数 0.882~0.997）中，闽东地区 14 个，闽南地区 4 个，闽西地区 8 个，闽北地区 2 个。从总体上看，闽东地区的农业环境生态可持续发展指数较高，如图 3–2 所示。

③ 农业社会经济可持续发展水平：2011—2012 年，福建省各县（市、区）的农业社会经济可持续发展指数为 0.649~0.970。其中，可持续发展指数较低的 19 个县（市、区）（可持续指数 0.649~0.797）中，闽东地区 8 个，闽南地区 9 个，闽北地区 2 个；可持续发展指数中等的 23 个县（市、区）（可持续指数 0.804~0.869）中，闽东地区 10 个，闽南地区 7 个，闽西地区 2 个，闽北地区 4 个；可持续发展指数较高的 25 个县（市、区）（可持续指数 0.871~0.970）中，闽东地区 2 个，闽南地区 3 个，闽西地区 16 个，闽北地区 4 个。从总体上看，闽西地区的农业社会经济可持续发展指数较高，如图 3–3 所示。

① 图 3–1 至图 3–4 中，图例“福州、莆田、三明、泉州、漳州、南平、龙岩、宁德”分别代表“福州市辖区、莆田市辖区、三明市辖区、泉州市辖区、漳州市辖区、南平市辖区、龙岩市辖区、宁德市辖区”，“武夷”代表“武夷山市”。

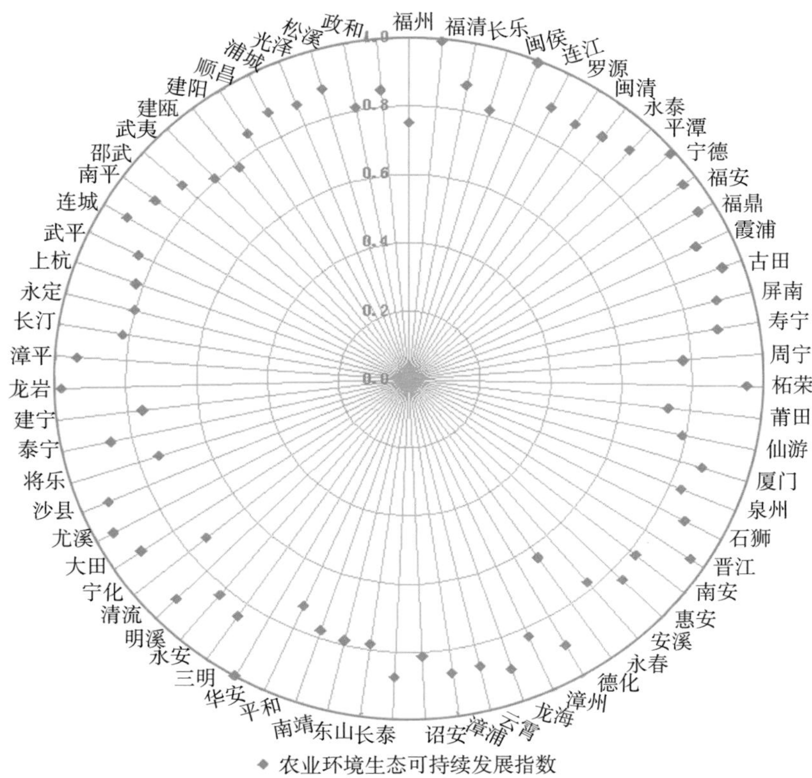

图 3-2　福建省各县（市、区）农业环境生态可持续发展水平

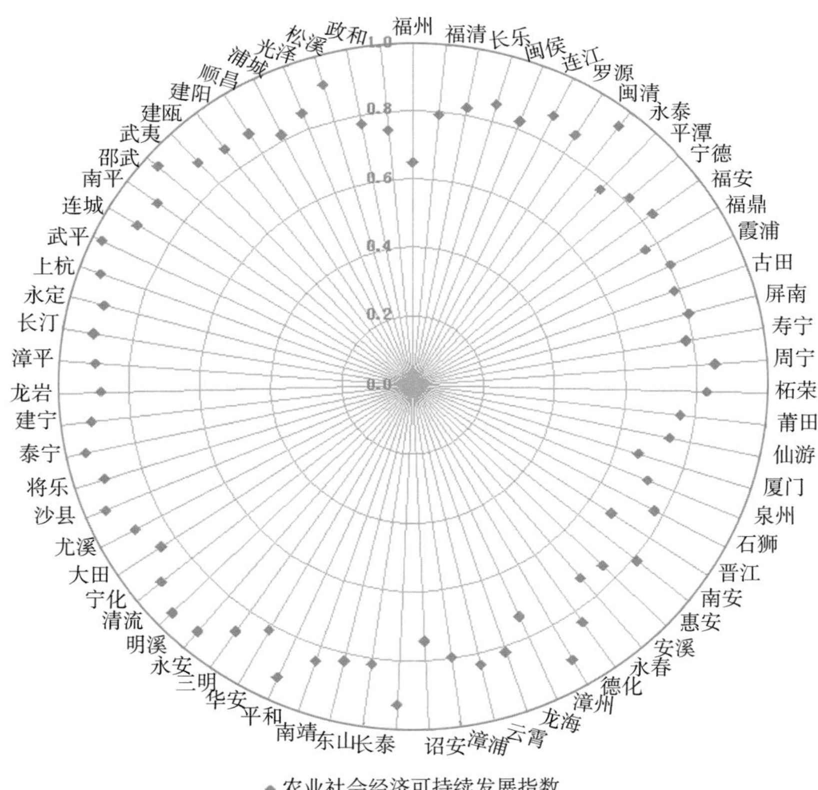

图 3-3　福建省各县（市、区）农业社会经济可持续发展水平

④ 农业可持续发展水平：2011—2012 年，福建省各县（市、区）的农业可持续发展综合指数为 0.677~0.915。其中，可持续发展指数较低的 15 个县（市、区）（可持续指数 0.677~0.778）中，闽东地区 4 个，闽南地区 11 个；可持续发展指数中等的 24 个县（市、区）（可持续指数 0.791~0.846）中，闽东地区 8 个，闽南地区 5 个，闽西地区 7 个，闽北地区 4 个；可持续发展指数较高的 28 个县（市、区）（可持续指数 0.852~0.915）中，闽东地区 8 个，闽南地区 3 个，闽西地区 11 个，闽北地区 6 个。从总体上看，闽西和闽北地区的农业可持续发展综合指数较高，如图 3-4 所示。

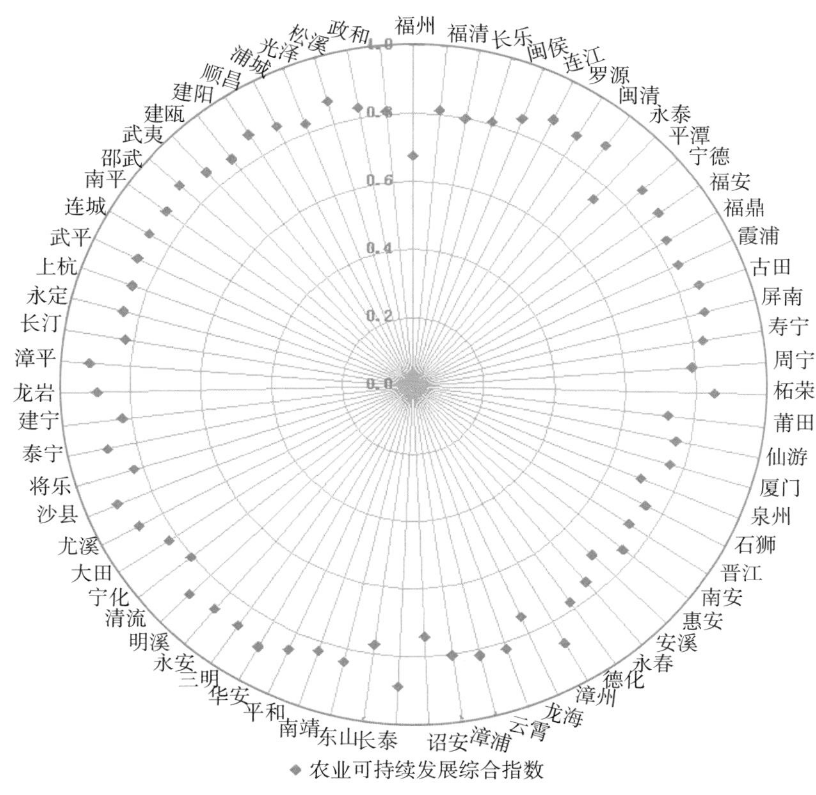

图 3-4　福建省各县（市、区）农业可持续发展水平

四、农业可持续发展的适度规模分析

（一）种植业适度规模

1. 种植业资源合理开发强度分析

种植业资源包括土地资源、水资源、气候资源和生物资源，耕地作为农业土地的重要类型，已成为中国当前转型发展的关键资源环境要素。因此，准确把握耕地资源开发强度及其演化阶段，对制定耕地资源管理政策及完善地域主体功能识别具有重要的实践价值。

耕地资源包括现状耕地和尚未开发的可耕地即耕地后备资源。耕地资源开发强度可以定义为：

在一定区域的一定发展阶段及技术条件下，为获得生存与发展所需的耕地产出，人们通过人工干预耕地资源而实现的对耕地产出能力的占用程度。从开发活动方式看，耕地资源开发强度可以理解为对耕地资源开发活动的广度、深度与频度的综合度量，评价方法如下：

（1）耕地资源开发广度　以下简称“开发广度”，即耕地资源数量的开发率：

$$Kg=s\times 100\%/S$$

式中，Kg 为开发广度；s 为现状耕地；S 为耕地资源总量，即现状耕地与耕地后备资源之和。

2012 年，全省耕地面积 133.8 万 hm^2，耕地后备资源总量约 32.5 万 hm^2，耕地后备资源开发利用受到来自生态环境保护等方面的制约，开发空间越来越小；土地整理成本提高、难度加大，新增耕地率低。计算得出，全省开发广度为 80%，大部分县（市、区）开发广度超过 90%。当前福建省已基本完成了外延式的耕地资源开发历程。

（2）耕地资源开发深度　以下简称“开发深度”，即粮食单产潜力的开发率：

$$Ks=w\times 100\%/W$$

式中，Ks 为开发深度；w 为单位播种面积粮食现实产量；W 为单位播种面积粮食产量潜力。

从农业生产条件来看，2012 年全省农业财政投入 210 亿元，农业机械总动力 1 287 万 kW，化肥折纯量 120.9 万 t。从粮食生产投入来看，亩均物质费用为 200 元，亩均化肥及农药费用为 150 元，亩均化肥及农药费用占物质费用比重的 75%。从粮食产出来看，粮食播面单产为 5 489kg/hm^2。根据相关研究，目前单位播种面积粮食产量潜力可达 9 000kg/hm^2，根据公式，2012 年全省耕地资源开发深度为 61%，大部分县耕地资源开发深度低于 65%。

（3）耕地资源开发频度　以下简称“开发频度”，即粮食复种潜力的开发率：

$$Kp=f_l/F_l=(f/F)\times(r/R)\times 100\%$$

式中，Kp 为开发频度；f_l 为现实粮食复种指数；F_l 为粮食复种指数潜力；f 为现实复种指数；F 为复种指数潜力；r 为现实粮作比；R 为粮作比潜力。

2012 年，全省农作物播种面积为 228 万 hm^2，其中粮食播种面积 120 万 hm^2，耕地复种指数为 170%，粮作比为 53%。根据福建省的自然资源条件及历史上的耕地复种指数情况，设定耕地复种指数潜力可达 250%，粮作比潜力可达 90%，2012 年全省耕地资源开发频度为 40%。为揭示开发频度的区域分异特征，将全省进行分区、排序，对比分析开发频度与经济发展水平的关系。在同一农业区内，随人均 GDP 增加，开发频度因种植业比较利益下滑而大致呈下降态势。

（4）耕地资源开发强度　以下简称“开发强度”，即粮食总产能的开发率：

$$K=Kg\times Ks\times Kp\times 100\%=t\times 100\%/T$$

式中，K 为开发强度；t 为现实粮食总产量；T 为粮食产量总潜力。

2012 年，全省耕地资源开发强度为 45%。如前所述，经济发展水平及资源禀赋差异，将导致开发强度结构差异化演进，进而形成开发强度的区域差异（图 4-1）。评价结果表明，提高开发深度及开发频度是强化粮食供给能力的出路。

2. 粮食、蔬菜等农产品合理生产规模

中国粮食统计口径，主要包括谷物、豆类和薯类。谷物是稻谷、小麦、玉米、高粱、谷子及其他杂粮的总称。

（1）粮食合理生产规模　2012 年，全省粮食播种面积 120 万 hm^2，总产量 659 万 t，其中谷物播种面积 83 万 hm^2，产量 504 万 t；薯类播种面积 24 万 hm^2，产量 114 万 t；其他杂粮 13 万 hm^2，产量 41 万 t。

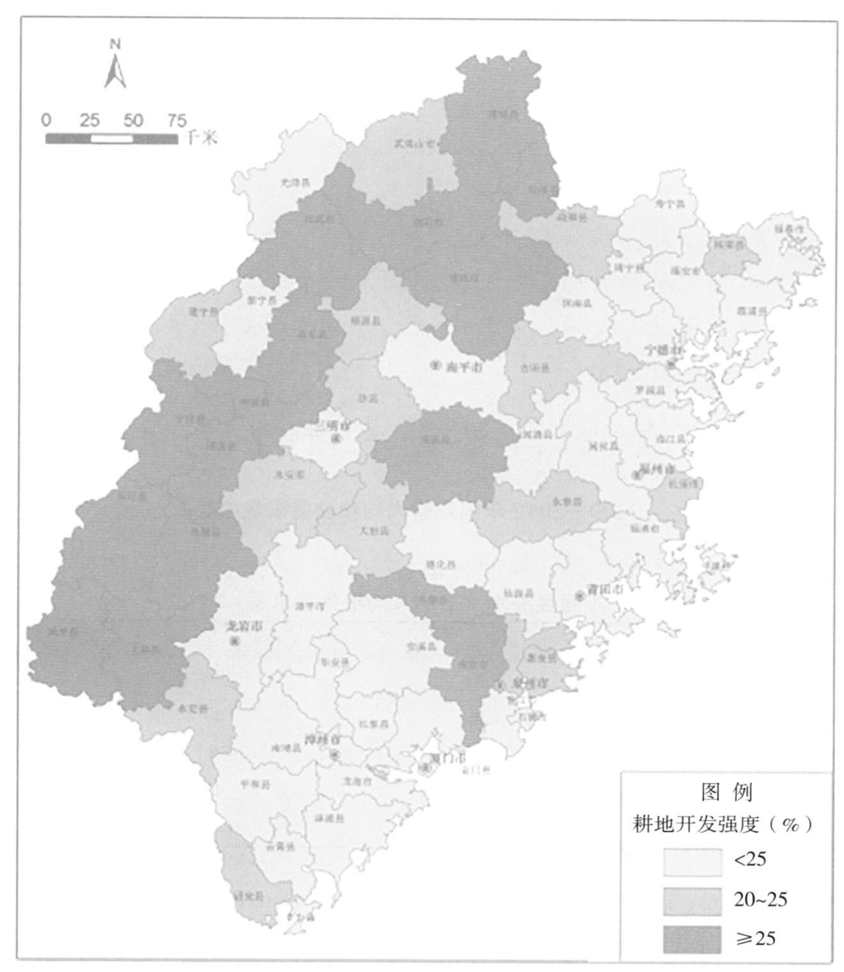

图 4–1　福建省耕地资源开发强度分级图

粮食生产规模合理性的衡量依据是粮食安全，粮食安全的根本目标是为了确保所提供的食物能够满足居民营养健康的需要，本报告采用人均粮食需求量、区域人均最小耕地面积等指标来计算粮食的合理生产规模。

①人均粮食需求量：粮食需求量一般包括口粮、饲料粮、种子用粮、工业用粮、损耗等消费量。粮食需求量的计算公式为：

粮食需求量 = 口粮 + 饲料用粮 + 工业用粮 + 种子用粮 + 损耗

——变化趋势。从图 4–2 可以看出，2000 年以来福建省人均粮食需求量基本上呈逐年递增的趋势，中间小幅波动，从 2000 年 400kg/ 年提高到 2012 年的 470kg/ 年，每年人均需求量增加了 70kg。究其原因，主要是生活水平提高，居民对畜禽等肉类产品的需求量增加，饲料用粮需求量必然大幅增加，最终导致人均粮食需求量提高。

——不同经济水平下的人均粮食需求量。应用福建省 2000—2012 年的粮食消费数据和人口数据，分析福建省历年人均粮食需求量的变化，求取高、中、低方案的人均粮食需求量，具体做法如下：求取每一年的人均粮食需求量，将最高值、平均值、最低值分别作为高方案、中方案、低方案的人均粮食需求量，分别为 470kg、447kg、423kg。

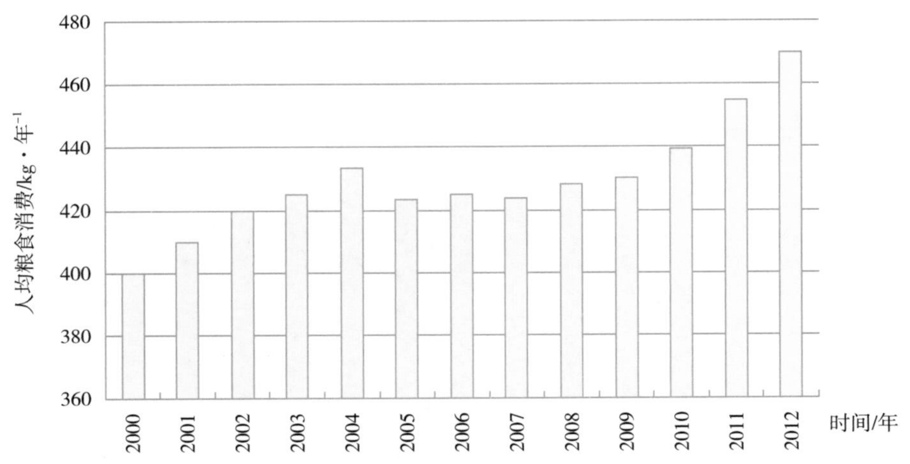

图 4-2 2000—2012 年福建省人均粮食需求量趋势

表 4-1 不同经济水平下的人均粮食需求量 （单位：kg·a^{-1}）

人均消费量	低方案	中方案	高方案
口粮	220	226	238
饲料粮	126	147	182
工业用粮	56	58	61
种子用粮	3	4	5
人均粮食需求量	423	447	470

② 平衡膳食模式下的人均粮食需求量：唐华俊[①]等人根据中国居民平衡膳食宝塔的标准，按低、中、高三个方案计算出人均口粮需求量分别为 219.4kg、275.9kg 和 335.2kg，在不考虑饲料用粮的情况下，相应的人均粮食需求量分别为 253kg、322kg、387kg。

表 4-2 平衡膳食模式下的人均粮食需求量 （单位：kg·a^{-1}）

人均消费量	低方案	中方案	高方案
口粮	219.4	275.9	335.2
损耗用粮	11.6	15.3	19.0
工业用粮	21.7	22.4	23.2
种子用粮	7.6	8.5	9.3
合计人均粮食需求量	253	322	387

表 4-3 不同方案下的人均粮食需求量比较 （单位：kg·a^{-1}）

	低方案	中方案	高方案
不同经济水平下的人均粮食需求量	423	446.5	470
平衡膳食模式下的人均粮食需求量	253	322	387

（2）人口规模预测 人口规模预测对粮食需求量预测和国家制定粮食发展政策具有重要的参

① 唐华竣，李哲敏. 基于中国居民平衡膳食模式的人均粮食需求量研究 [J]，中国农业科学，45（11）：2315-2327.

考依据。关于人口规模的预测，有多种研究方法，如定性分析法、时间序列平滑法、直线模型法、Logistic 曲线法、灰色模型法 GM（1，1）等，本报告采取运用较多的灰色模型法进行人口预测，预测结果见表 4-4。

表 4-4　福建省人口预测

年份	实际值（万人）	年份	预测值（万人）
2000 年	3 410	2013 年	3 709
2001 年	3 445	2014 年	3 721
2002 年	3 476	2015 年	3 732
2003 年	3 502	2016 年	3 745
2004 年	3 529	2017 年	3 756
2005 年	3 557	2018 年	3 769
2006 年	3 585	2019 年	3 782
2007 年	3 612	2020 年	3 794
2008 年	3 639	2021 年	3 808
2009 年	3 666	2022 年	3 820
2010 年	3 693	2023 年	3 834
2011 年	3 720	2024 年	3 848
2012 年	3 748	2025 年	3 861

由表 4-4 可知，2013 年的全省人口预测值为 3709 万人，根据《2014 年福建统计年鉴》人口数据，2013 年全省实际人口数为 3756 万人，与预测值相差 8 万人，误差在 1% 以内，可信度较高。

张胆[①]等人以 1978—2007 年福建省的人口统计数据为依据，采用饱和增长趋势模型中的修正指数模型、龚柏兹模型、逻辑斯蒂模型对福建省未来人口总量进行预测。根据预测结果进一步用三种模型进行组合得到组合预测模型，预测结果为 2015 年、2020 年福建省人口总量分别达到 3753 万人、3 833 万人。本研究预测 2015 年、2020 年的全省总人口分别是 3 732 万人、3 794 万人，与张胆等人的研究结果较相近，因此，本研究直接采用灰色模型预测结果预测的人口数量来测算粮食需求量，即 2015 年、2020 年、2025 年的人口规模预测值分别为 3 732 万人、3 794 万人、3 861 万人。

（3）全省粮食生产规模预测　根据粮食需求量计算公式预测 2015 年、2020 年、2025 年的粮食需求量，即粮食需求量 = 人均粮食消费量 × 总人口，经计算得出不同年份福建省的粮食需求量（见表 4-5）。

表 4-5　福建省粮食需求量预测　（单位：kg · a^{-1}，万 t）

	不同经济水平下的粮食需求量				平衡膳食模式下的粮食需求量			
	人均消费量	2015 年需求量	2020 年需求量	2025 年需求量	人均消费量	2015 年需求量	2020 年需求量	2025 年需求量
低方案	423	1 579	1 605	1 633	253	944	960	977
中方案	446.5	1 666	1 694	1 724	322	1 202	1 222	1 243
高方案	470	1 754	1 783	1 815	387	1 444	1 468	1 494

① 张胆，徐学荣，郑江桦 . 2009. 基于饱和增长趋势模型的福建人口预测 [J]. 龙岩学院学报，27（3）：82-85.

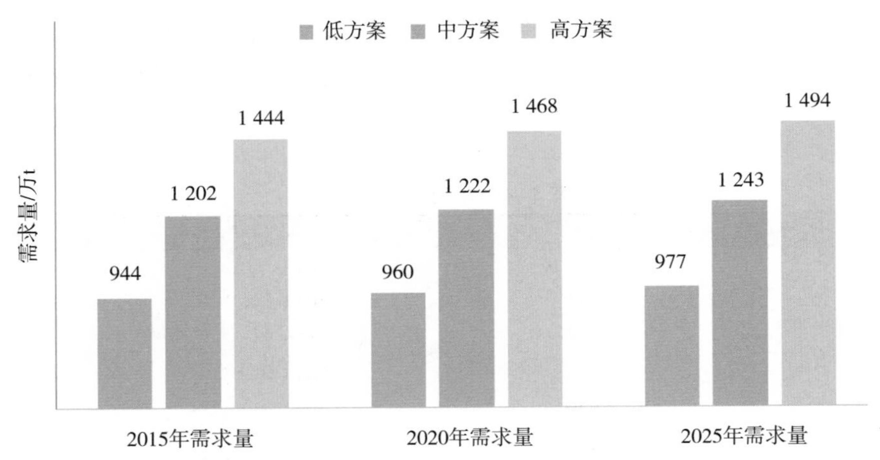

图 4-3　平衡膳食模式下的粮食需求量示意图

从计算结果可以看出，由于高、中、低方案的人均粮食消费量差别较大，导致粮食需求量预测值差异很大，最低仅需要 944 万 t，最高达到 1815 万 t，相差近一倍，主要原因如下。

第一，不同经济水平下的粮食需求量是根据近十几年福建省的粮食消费水平来计算，包含了口粮、工业用粮、种子用粮和饲料用粮，而饲料用粮在福建省历年粮食消费结构中占有相当的比例，并且随着城乡居民对肉禽蛋奶、水产品的消费明显增多，畜牧水产业消耗的饲料粮数量呈现出逐年递增的趋势，2012 年全省饲料粮需求量为 681 万 t、人均饲料粮需求量为 182kg，分别比 2003 年增加了 258 万 t、55kg/ 人，饲料粮占粮食消费总量的比重由 30% 提高到 39%。

第二，平衡膳食模式下的粮食需求量是建立在中国居民平衡膳食宝塔标准的基础上的，不考虑饲料用粮需求量。

综上所述，两种模式的主要区别在于是否考虑饲料用粮。从福建省的实际情况来看，福建省粮食生产以稻谷、薯类等口粮为主，以玉米、大豆为主的饲料用粮基本从省外或国外调入，因此，用平衡膳食模式下的粮食需求量来度量福建省的粮食合理生产规模应该更合适。按照中方案，至 2015 年、2020 年、2025 年全省粮食需求量分别为 1 202 万 t、1 222 万 t、1 243 万 t。

福建省素有“八山一水一分田”的称号，属于山地多、耕地少的省份，人均耕地面积只有全国平均水平的一半，长期以来都是属于粮食输入省份，属于粮食主销区，改革开放以来粮食自给率不超过 70%，近几年来福建省的粮食自给率已经低于 50%，省委省政府对粮食自给率的定位目标是达到 50%。按照这个目标，测算福建省未来的粮食合理生产规模（表 4-6），即至 2015 年、2020 年、2025 年全省粮食合理生产规模应达到 601 万 t、611 万 t、622 万 t 以上，根据 2012 年全省粮食单产平均水平（5 492kg/hm^2）计算，以上三个年份的粮食播种面积应达到 109.4 万 hm^2、111.2 万hm^2、113.2 万 hm^2。

表 4-6　不同年份的福建省粮食合理生产规模（自给率 50%）　　（单位：万 t）

	不同经济水平下的粮食生产规模			平衡膳食模式下的粮食生产规模		
	2015 年	2020 年	2025 年	2015 年	2020 年	2025 年
低方案	789	802	817	472	480	488
中方案	833	847	862	601	611	622
高方案	877	892	907	722	734	747

3. 蔬菜合理生产规模

（1）人均蔬菜需求量　2007 年出版的《中国居民膳食指南》设计了“中国居民平衡膳食宝塔”（以下简称平衡膳食宝塔），指出平衡膳食模式下中国一般成年人每天应摄入 300~500g 的蔬菜，即每年 109.5~182.5kg。按照平衡膳食宝塔的标准，按低、中、高三个方案计算出人均蔬菜需求量分别为 109.5kg、146kg 和 182.5kg。

（2）蔬菜需求量预测　结合人口总数，根据公式：蔬菜需求量 = 人均消费量 × 人口总数，计算不同年份全省的蔬菜需求量，结果见表 4-7。从表中可以看出，按照低、中、高三种方案计算出来的蔬菜需求量差异较大，2012 年分别为 410 万 t、547 万 t、684 万 t，实际上 2012 年全省蔬菜产量达到了 1586 万 t，远远超过需求量，大部分销往东南沿海省份和出口到东南亚国家。按照中方案的人均蔬菜消费量计算，至 2015 年、2020 年、2025 年全省蔬菜需求量预计将达到 545 万 t、547 万 t、564 万 t，变化不会很大。因此，各年份全省蔬菜的合理生产规模只要达到以上的需求量即可。

表 4-7　平衡膳食模式下的蔬菜需求量　（单位：$kg \cdot a^{-1}$，万 t）

	人均消费量	2012 年需求量	2015 年需求量	2020 年需求量	2025 年需求量
低方案	109.5	410	409	411	423
中方案	146	547	545	547	564
高方案	182.5	684	681	684	705

（二）养殖业适度规模

1. 养殖业资源合理开发强度

随着社会经济发展水平的不断提高，福建省畜禽养殖业迅速发展，畜禽粪便和养殖废水的排放量也随之大幅增长，给福建省生态环境带来巨大的污染威胁。2012 年，全省畜禽养殖业的总氮、总磷排放量为 13.95 万 t 和 4.82 万 t，分别占养殖污废物排放总量的 3.17% 和 9.17%。而随着居民的生活水平的不断提高，人均肉蛋奶的需求量在不断增大，畜禽养殖业还将进一步增长，因此，畜禽养殖业带来的污染压力势必持续加大。

标准化规模养殖是发展畜禽养殖业的主要思路，通过对畜禽粪污的集中设施化处理实现养殖的无害化或资源化。然而，在当前经济可行的技术条件下，畜禽粪便处理后得到的有机肥、沼液、沼渣仍然含有大量的氮磷元素，土地消纳仍是目前较为经济可行的处理手段。

从环境角度看，种养结合是解决当前畜禽粪便污染的一个重要途径。然而，土地对氮磷元素的承载能力有限，一旦污废物排放超过土地的氮磷承载力，便会形成污染。本报告将耕地作为畜禽粪便消纳地，通过估算福建省猪、牛、羊、禽，4 类畜禽的分别资源量以及粪便氮、磷产生量，并根据氮磷产生量比例，将其他畜禽折算成猪当量，对全省畜禽养殖的耕地氮磷承载力进行分析，估算省畜禽养殖的适度规模。具体评价方法①如下：

① 王奇，陈海丹，王会 .2011. 给予土地氮磷承载力的区域畜禽养殖总量控制研究 . 中国农学通报，27（3）：279-284.

（1）计算区域内总氮（总磷）允许排放总量：

$$PP=\sum_{i=1}^{n}(L_i\times\beta_i)$$

式中，*PP* 为允许的总氮或总磷量（kg）；*L* 为土地面积；β_i 为土地面积的总氮（总磷）承载量（kg/hm^2）。

欧盟农业政策中规定的年施氮量的限量标准为 $170kg/hm^2$，年施磷量为 $35kg/hm^2$。考虑到中国的耕作制度和种植方式与欧洲差异较大，而且福建省复种指数较高，农作物从土壤中吸收氮磷量也要高于欧洲，因此在参考欧洲标准和国内文献①的基础上，确定福建省耕地年施氮、磷的限量标准分别为 $219kg/hm^2$ 和 $63kg/hm^2$。

（2）计算区域内畜禽粪便总氮（总磷）实际产生量

$$M=\sum_{i=1}^{n}(Q\times a_i)$$

式中，*M* 为区域内一年畜禽粪便总氮（或总磷）产生量（kg）；Q 为第 i 种畜禽的年存栏量（头）；a_i 为 i 种畜禽一年产生的粪便总氮（或总磷）量（kg/ 头）；n 为畜禽种类。

表 4-8　单位畜禽一年粪便总氮和总磷产生量　（单位：kg/ 头）

种类	总氮	总磷
猪	5.88	3.41
牛	4.37	1.18
羊	7.12	2.47
禽	9.84	5.37

资料来源：国家环境保护总局 [2004]43 号

（3）折算猪当量　由于畜禽的种类较多，为了方便计算，一般以猪作为标准，即根据各类畜禽粪便氮磷排放量，构造猪当量指标，将各类畜禽折算成猪当量，从而用可比性强又符合实际的猪当量来统计全省畜禽允许养殖量。

表 4-9　各类畜禽的猪当量折算系数

	猪	牛	羊	禽
以 N 为标准的折算系数	1	0.74	1.21	1.67
以 P 为标准的折算系数	1	0.34	0.72	1.57

（4）计算允许的畜禽养殖总量（以猪当量计）

$$PL=PP/\delta$$

式中，*PL* 为允许的猪当量数；δ 为单位猪当量产生的粪便总氮（总磷）量。

① 沈根祥，钱晓雍，梁丹涛，等.2006 基于氮磷养分管理的畜禽场粪便还田利用匹配农田面积研究 [J]. 农业工程学报（2）：175-178.

表 4-10 福建省耕地承载力与实际使用情况测算结果

		允许量	实际量	资源使用率（%）
TN 产生量（万 t）		29.31	99.36	338.99
TP 产生量（万 t）		8.43	54.25	643.53
养殖量（万头猪当量）	以 N 为标准	3 543.82	16 865.85	475.92
	以 P 为标准	2 702.21	15 865.60	587.13

经过计算可得，2012 年福建省耕地的氮素和磷素最大可承载量分别为 29.31 万 t 和 8.43 万 t，相对应的允许养殖量为 3 543.82 万头猪当量和 2 702.21 万头猪当量。

而福建省 2012 年畜禽养殖粪便实际产生氮磷总量分别为 99.36 万 t 和 54.25 万 t。以粪便中 N 来计算，基于土地的畜禽允许总量使用率达到了 475.92%，若以粪便中 P 来计算，基于土地的畜禽允许总量使用率已达到 587.13%，严重超过了耕地的承载能力。

因此，在基于耕地承载力的前提下，福建省适度的养殖规模应介于 2 702.21 万 ~3 543.82 万头猪当量之间。

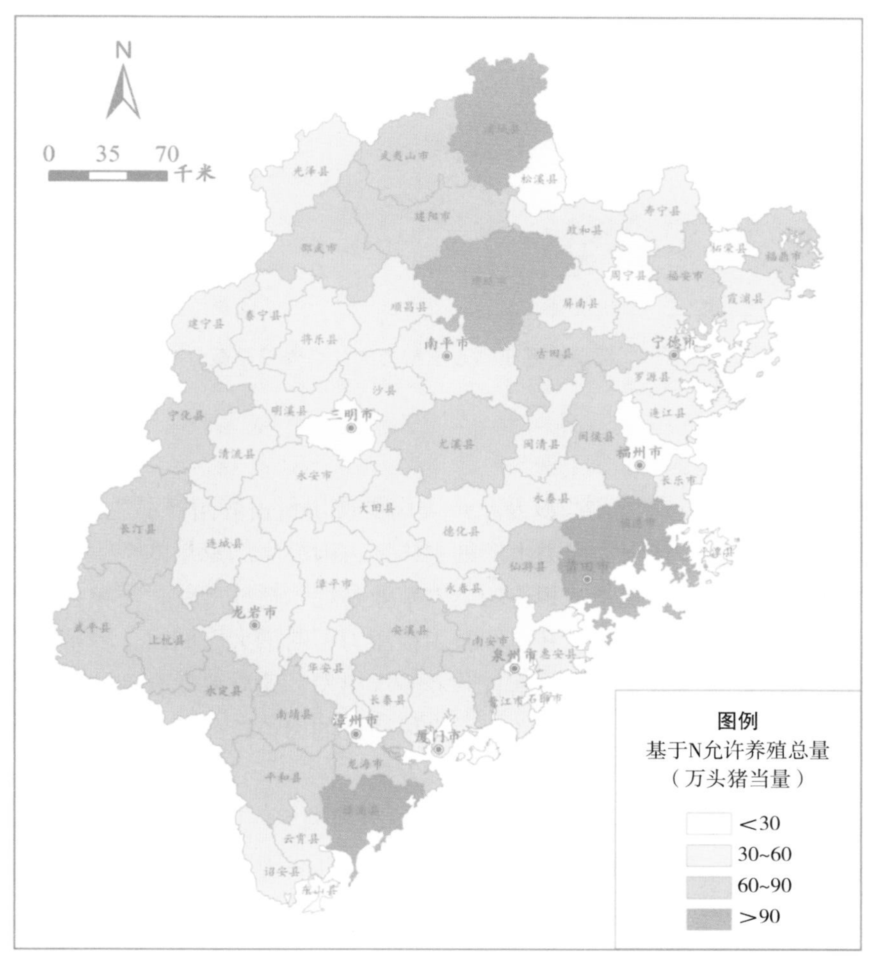

图 4-4 福建省基于耕地氮素承载力的允许养殖总量分布

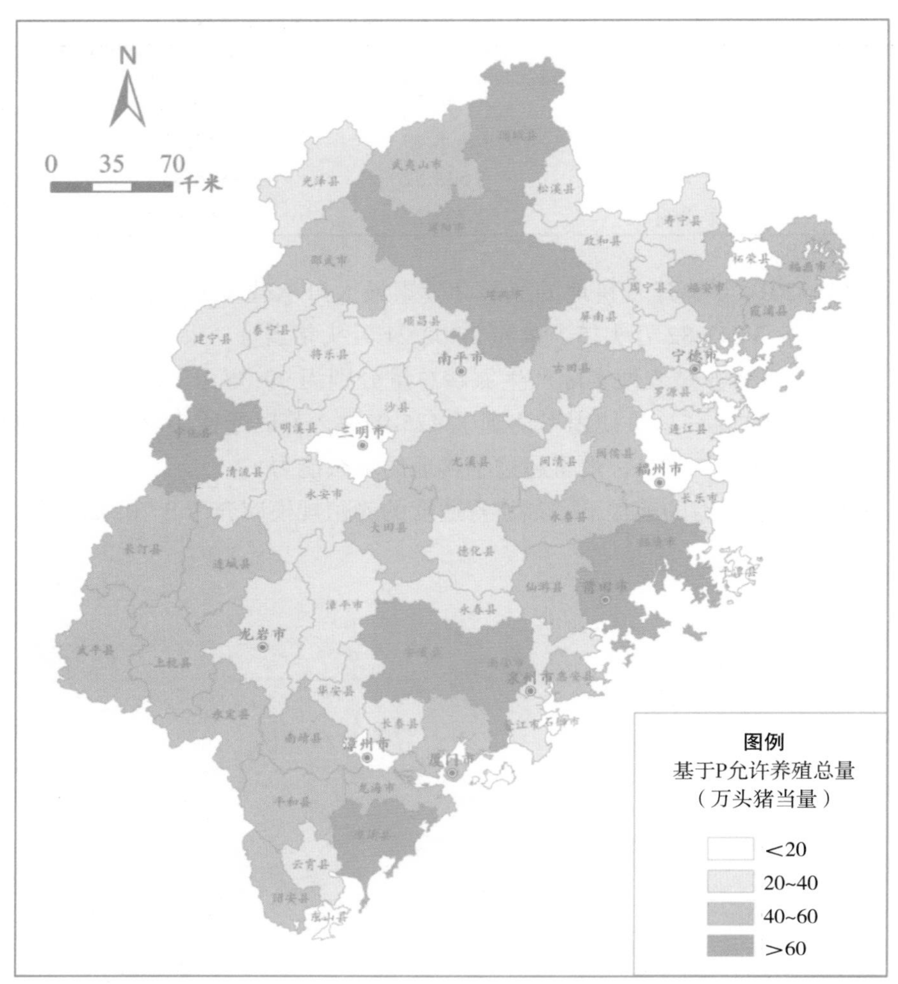

图 4-5　福建省基于磷素承载力的允许养殖总量分布

2. 养殖产品合理生产规模

福建省养殖产品主要包含肉蛋奶，以及水产。肉类产出量占养殖产品生产总量的 31.01%，而就肉类产品的具体品种而言，猪肉为肉类生产的主体，占肉类生产总量的 77.45%[①]。

养殖产品供求状况和粮食问题紧密相连的，养殖业是耗水耗地产业，与粮食生产争水争地。肉类需求的快速增长带动饲料粮需求量上升，饲料用粮压力不断增大。同时，养殖动物的排泄物已成为引起我省环境恶化的重要因素。从居民膳食营养需求出发，建立科学合理的肉类消费，从需求的角度考虑供需平衡，在全省有限的自然资源下，提供适度的肉类产品，不仅有利于居民营养健康的实现，也有利于资源优化配置，和养殖业的可持续发展。

在平衡膳食模式下我国一般成年人每天应摄入畜禽肉类 50~100g，蛋类 25~50g，300g 的奶类及奶制品，水产 50~100g。参照平衡膳食宝塔的标准，以低、中、高三种方案，计算得到年人均肉类需求量为 18.25~36.50kg，蛋类需求量为 9.12~18.25kg，奶类需求量为 109.50kg，水产需求量为

① 福建省统计局农村处 . 福建农村统计年鉴（2013 年）.

18.25~36.50kg[①]（表 4-11）。

表 4-11　人均养殖产品年需求量　（单位：kg）

	肉类	蛋类	奶类	水产
低方案	18.25	9.12		18.25
中方案	27.37	12.77	109.50	27.37
高方案	36.50	18.25		36.50

资料来源：依据《中国居民膳食指南》（2007）第三版数据整理计算得出

（1）肉蛋奶人均需求量预测　结合预测人口总数，根据公式：产品需求量 = 人均消费量 × 人口总数，计算不同年份全省的养殖产品需求量，结果见表 4-12~ 表 4-15。

表 4-12　平衡膳食模式下的肉类需求量　（单位：kg，万 t）

	人均需求量	2012 年需求量	2015 年需求量	2020 年需求量	2025 年需求量
低方案	18.25	68.40	68.11	69.24	70.46
中方案	27.37	102.58	102.14	103.84	105.67
高方案	36.50	136.8	136.22	138.48	140.93

表 4-13　平衡膳食模式下的禽蛋需求量　（单位：kg，万 t）

	人均需求量	2012 年需求量	2015 年需求量	2020 年需求量	2025 年需求量
低方案	9.12	34.18	34.03	34.60	35.21
中方案	12.77	47.86	47.65	48.45	49.30
高方案	18.25	68.40	68.11	69.24	70.46

表 4-14　平衡膳食模式下的奶类及奶制品需求量　（单位：kg，万 t）

人均需求量	2012 年需求量	2015 年需求量	2020 年需求量	2025 年需求量
109.50	410.41	408.65	415.44	422.78

表 4-15　平衡膳食模式下的水产产品需求量　（单位：kg，万 t）

	人均需求量	2012 年需求量	2015 年需求量	2020 年需求量	2025 年需求量
低方案	18.25	68.40	68.11	69.24	70.46
中方案	27.37	102.58	102.14	103.84	105.67
高方案	36.50	136.8	136.22	138.48	140.93

从以上表格中可以看出，按照低、中、高三种方案计算出来的肉蛋奶产品需求量差异较大，通过与 2012 年的实际数据对比，2012 年，福建省肉类产品的产量为 200.84 万 t，水产产品的产量

① 中国营养学会 . 2007. 中国居民膳食指南 [M]3 版 . 北京：人民卫生出版社 .

为 406.12 万 t，已远远超过平衡膳食模式下的需求量，肉类及水产产品已经可以实现自给自足。然而，蛋类和奶类产品的产出量仅为 25.36 万 t 和 15.39 万 t，还不能满足全省居民营养摄入的需求（表 4–16）。

表 4–16　2012 年养殖产品预测需求量与实际产量　（单位：万 t）

	肉类	蛋类	奶类	水产
预测值	68.40~136.8	34.18~68.40	410.41	68.40~136.8
实际值	200.85	25.36	15.39	406.12

（2）肉类产品人均需求量预测　根据《中国居民膳食指南》肉类每日推荐摄入量给出了一个区间值 50~100g，由于这个区间值跨度比较大，为了更加精确的计算肉类产品的消费量，本报告从居民营养素推荐量着手，推导为达到居民营养素需求所需要摄入肉类食物的数量。

福建省肉类产品种类主要为猪肉，牛肉，羊肉，禽肉。由于禽肉包含种类过多，本报告采用消费比例最高的鸡来代替禽类进行测算。计算方法如下：

依据《中国食物成分表》中牛肉、羊肉、猪肉和鸡的营养素含量，以各种肉类品种所占消费比例为权数，根据各子类食物营养素含量加权平均，计算某类食物的营养素含量。依李珏生等的研究表明，合理的肉类消费结构为猪肉、禽肉、牛羊肉所占比重分别为 62%、20%、15%。根据食品平衡法测算出牛羊肉消费量可拆分为 9%、6%。

计算公式为：

$$C_i = \sum_{j=1}^{n} R_{ij} \times f_{ij}$$

式中，C 为第 i 类肉类的某一营养素含量；R 为第 i 类肉类的第 j 个品种在第 i 类肉类中所占比例；f 为第 i 类肉类的第 j 个品种在食物成分表中的某一营养素含量[①]。

经过计算可得出，每百克的肉类能提供 307.3g 的能量，14.8g 的蛋白质和 26.9g 的脂肪。在 4 种主要肉类品种中，每百克猪肉脂肪含量最高，为 37g，因此所带来的能量也最多；每百克鸡肉的蛋白质含量最高，达到 19.3g，脂肪含量最低，仅 9.4g；每百克牛羊肉的蛋白质含量高于猪肉，而脂肪含量低于猪肉。

表 4–17　肉类消费量与营养素摄入关系

	消费量（g）	热量（kcal）	蛋白质（g）	脂肪（g）
肉类	100	307.30	14.80	26.90
猪肉	100	395.00	13.20	37.00
牛肉	100	190.00	18.10	13.40
羊肉	100	198.00	19.00	14.10
禽肉	100	167.00	19.30	9.40

① 戴炜，胡浩 .2013. 基于营养目标的我国禽蛋消费需求研究 [J]. 中国家禽，35（20）：32–38.

根据营养目标的标准换算，到 2025 年，成年人（18~59 岁）的平均能量摄入水平应该保持在 1 600~2 800kcal。按照高中低三个标准，每日人均肉类最低摄入 50g，平均水平摄入 75g，最高标准摄入 100g，即每年 18.25kg，27.37kg，36.5kg。按照合理的肉类消费结构猪肉 63%、禽肉 21%、牛肉 8%、羊肉 5.9% 来测算，基于营养目标的各种肉类年人均需求量见表。

表 4-18　基于营养目标的肉类年人均需求量　（单位：kg）

	能量水平（kcal）	肉类	猪肉	牛肉	羊肉	禽肉
低方案	1 600~1 800	18.25	11.32	16.42	1.09	3.65
中方案	1 800~2 400	27.37	17.16	2.55	1.82	5.84
高方案	2 400~2 800	36.50	22.63	3.28	2.19	7.30

五、农业可持续发展的区域布局与典型模式

（一）农业可持续发展的区域差异分析

1. 农业基本生产条件区域差异分析

（1）农业资源环境差异　从地形上看，福建省山地主体由闽西大山带和闽中大山带两大并列的山带构成，从闽西北地区到闽东南地区地势由高变低，地貌类型由山地逐步过渡为低山、丘陵和沿海平原。闽西北三市均处于内陆地区。因此，闽西北地区主要由山地组成，闽东南地区则主要是丘陵和平行于海岸的沿海平原组成。

从土地资源上看，2012 年闽东南地区土地面积占全省土地面积的 44.3%，耕地却占全省耕地的 55.7%，闽西北地区土地面积占全省土地面积的 55.7%，耕地占 44.3%。全省果、桑、茶等园的面积约 79 万 hm^2，其中分布在闽东南地区的园地面积占 70.2%，分布在闽西北地区的面积占 29.8%。全省林地面积约 837 万 hm^2，其中分布在闽东南地区的林地面积占 35.4%，分布在闽西北地区的林地面积占 64.6%。全省草地面积约 24 万 hm^2，分布在闽东南地区的草地面积占 57.6%，闽西北地区占 42.4%。土壤资源类型方面，闽东南地区主要分布南亚热带的地带性土壤——砖红壤性红壤，而闽西北地区分布的土壤主要为红壤、黄壤，同时，由于闽西北地区山地多，在一些山体比较高的山上，土壤的垂直地带性分布比较普遍和完整。

从农业气候资源上看，闽东南沿海地区属南亚热带气候，闽东北、闽北和闽西地区属中亚热带气候。热量资源方面，气温分布呈东南沿海向西北山区逐渐降低的趋势。闽东南地区温热条件尤为优越，年均温度比闽西北地区高 2~4℃以上，农作物可以一年多熟，并适于许多喜温的经济作物生长。闽西北地区纬度高，热量较差，但有两大山带（尤其闽西大山带）为屏障，削弱了冬季南下冷空气的袭击，加强了春夏海洋暖湿空气的调节，所以温、水条件比同纬度的江西等省较为优越，农业生产的气候条件较为有利。水分资源方面，闽北地区平均降水量较多，适于中性偏阴的杉木、竹子，喜阴湿、怕高温干旱的经济作物如茶叶、香菇、药材等经济价值较高的农林产品生长，闽东南地区平均降水量较少。光能资源方面，漳州地区、龙岩东南部、泉州南部地区、宁德沿海地区日照比较充足，三明地区、龙岩西北部、福州东北部、宁德大部分地区日照中等，闽北地区日照较少。

从水资源上看，2012 年闽东南地区水资源总量为 579 亿 m^3，占全省水资源总量的 38.3%，闽

西北地区水资源总量为 932 亿 m^3，占全省水资源总量的 61.7%。但在水域分布方面，闽东南地区的水域面积大于闽西北地区，可见闽东南地区水域面积大，但水资源总量小。水质状况方面，河流水体污染较严重的地区为闽东南地区，南部海域污染也比北部海域严重。闽东南地区Ⅰ～Ⅲ类河道长度占全省Ⅰ～Ⅲ类河道长度的 44.1%，闽西北地区Ⅰ～Ⅲ类河道长度占全省Ⅰ～Ⅲ类河道长度的 55.9%。闽东南地区Ⅳ～Ⅴ类河道长度占全省Ⅳ～Ⅴ类河道长度的 70.5%，闽西北地区Ⅳ～Ⅴ类河道长度占全省Ⅳ～Ⅴ类河道长度的 29.5%。

从生物资源上看，福建省水果资源丰富，呈现“五带一区”的格局，即福州以南地区的龙眼带、荔枝带、香蕉带，闽江中下游地区的甜橙带，闽西北山区的落叶果树带以及厦漳泉闽南金三角地区的芦柑和柚子栽培区。福建有丰富的畜禽品种资源，地方传统畜禽品种有：三大系传统猪种：华南小耳猪系，槐猪为其典型代表，分布于闽西南至闽南一带；华中型系，武夷黑猪为其代表，分布于武夷山脉地带；江海型系，福州黑猪为其典型代表。牛：闽南黄牛、福安水牛。家禽：河田鸡（主产于长汀、上杭）、白绒乌骨鸡（分布于东南部）、金定鸭（分布于东南临海）、山麻鸭（主产于龙岩）、莆田黑鸭、连城白鸭、番鸭（主产于古田、福州市郊和龙海等地）、长乐灰鹅、闽北白鹅等。

（2）农业社会经济状况差异　2012 年，福建省总人口为 3 748 万人，闽东南地区人口为 2 978 万人，占总人口的 79.5%，闽西北地区人口为 770 万人，占总人口的 20.5%。全省人口主要集中在闽东南地区，人口密度较大，每平方千米人数为 547 人，闽西北地区每平方千米人数则为 112 人。全省乡村劳动力为 1 625 万人，其中闽东南地区乡村劳动力占全省的 74.1%，闽西北地区乡村劳动力占全省的 25.9%。全省农林牧渔业劳动力为 615 万人，其中闽东南地区农林牧渔业劳动力占全省的 68.9%，闽西北地区农林牧渔业劳动力占全省的 31.1%。全省农业总产值为 1 264 亿元，其中闽东南地区农业产值占全省的 61.7%，闽西北地区农业产值占全省的 33.3%。

农业科技化方面，闽东南地区和闽西北地区农业科技人员数分别占全省农业科技人员数的 59.9% 和 40.1%，农业科技贡献率由大到小依次为福州 > 厦门 > 漳州 > 宁德 > 泉州 > 龙岩 > 莆田 > 三明 > 南平，总体上以闽东南地区较高。农业机械化方面，闽东南地区农机总动力占全省农机总动力的 66.1%，闽西北地区农机总动力占全省农机总动力的 33.9%。农业投入力度方面，闽东南地区农业财政投入占全省农业财政投入的 68.8%，闽西北地区农业财政投入占全省农业财政投入的 31.2%。农民收入方面，厦门市农村居民人均纯收入最高，其次为泉州市和福州市，总体上闽东南地区平均收入比闽西北地区高。

2. 农业可持续发展制约因素区域差异分析

以第三章中构建的农业发展可持续性评价指标体系为基础，根据公式，计算 2011—2012 年各项指标对农业可持续发展的限制系数，各子系统、区域农业系统中限制系数最大的指标为可持续发展的主要限制性因素，公式如下：

$$f=\max\{(X_i-1.00)\times w_i\}$$

式中，f 为农业可持续发展的限制系数；X_i 为标准化处理后第 i 项指标的两年平均值（2011—2012）；w_i 为第 i 项指标的权重。

根据农业可持续发展限制系数计算结果，得出 2011—2012 年福建省各县（市、区）农业可持续发展的主要限制性因素。结合福建省农业基本生产条件区域差异可知，闽东南地区农业生产上的地形相对平缓，光、热比较充足，生产潜力较大，园地面积、水域面积、未利用土地面积占全省的比例稍高。由于土地、林地、水资源等占全省的比例较低，总重较小，对农业生产起着重要作用的水热组合不理想。闽东南沿海地区耕地甚缺，后备资源有限，宜农荒地和滩涂可开垦为耕地的潜力也不大，使农业生产发展受到一定限制。闽东南沿海地区水资源较少，个别地区农业用水甚为缺乏。因此，土地、水资源是闽东南地区农业可持续发展的重要限制因素。闽西北地区水热组合较好，土地、林地、草地以及水资源等资源总量大，生产潜力总量也较大，但温度条件是闽西北地区农业可持续发展的一个制约因素。此外，闽东南沿海地区常年都有不同程度的台风和大风影响，局部地区还有冰雹等自然灾害，一旦发生，对农业生产影响显著。

（二）农业可持续发展区划方案

1. 研究方法

在全面评价福建省县域农业发展可持续性水平的区域差异基础上，运用因子分析与聚类分析等有关统计学方法，开展以县域为单元的农业可持续发展区划，并找出影响福建省县域农业可持续发展的主要因素。

2. 数据源与处理

把福建全省 67 个县、县级市、市辖区作为样本，以前文的农业可持续发展评价数据作为数据源，包括农业经济可持续、农业资源环境可持续、农业社会可持续三个方面，共 17 个评价指标在内的评价指标体系。利用 SPSS17.0 统计软件对 17 个指标数据进行因子分析，过程如下：

（1）KMO 检验　对标准化后的数据进行因子分析，首先要对因子分析的适宜性进行检验，结果（表 5-1）显示，KMO 检验结果为 0.720>0.500，Bartlett 球形检验的显著性水平为 0.000<0.005，说明原始数据适合做因子分析。

表 5-1　KMO 和 Bartlett 的检验

取样足够度的 Kaiser-Meyer-Olkin 度量。		.
Bartlett 的球形度检验	近似卡方	.
	df	
	Sig.	.

（2）聚类分析　在 SPSS17.0 的输出结果中，指标变量共同度（Communalities）显示的指标共同度均大于 0.6，且大部分在 0.9 以上，说明公共因子能较好地体现各指标的信息从公共因子中提取特征值大于 1 的因子，得到 3 个公共因子，各因子特征值与累计方差贡献率如表 5-2 所示。

表 5-2　旋转前后因子特征值及累计方差贡献率

主成分	初始特征值		
	特征值	单因子方差贡献率（%）	累积方差贡献率（%）
1	5.449	32.050	32.050
2	2.944	22.316	54.366
3	1.851	13.889	68.254
4	1.234	9.257	77.511
5	1.027	7.542	85.053

其中，5 个特征值大于 1 的公共因子累计方差贡献率为 85.05%，通常在提取主因子的时候，因子的初始特征值的累积贡献率要达到 80% 以上才能确定为主因子。基本上以这 5 个公共因子为指标，能够包含原来 17 个指标体系中 85.05%的信息，既起到了数据降维的作用，又最大程度保留了原始数据的信息，最后得到资源、经济、人口、环境、科技这 5 个主成分。

在因子分析的基础上，采用聚类分析的方法对地区农业发展状况进行分类，对分类结果与因子分析的结果进行验证和说明。

3. 农业可持续发展区划方案

针对各地区农业可持续发展面临的问题，综合考虑各地农业资源承载力、环境容量、生态类型和发展基础等因素，将全省划分为优化发展区、适度发展区和保护发展区。按照因地制宜、梯次推进、分类施策的原则，确定不同区域的农业可持续发展方向和重点。

表 5–3 福建省农业可持续发展区划方案

综合分区	分布范围
优化发展区	福州市：福州市辖区、闽侯县、闽清县、永泰县、连江县、长乐市、罗源县、福清市； 泉州市：泉州市辖区、安溪县、永春县、德化县、惠安县、晋江市、南安市、石狮市； 漳州市：漳州市辖区、华安县、南靖县、平和县、长泰县、云霄县、漳浦县、龙海市、东山县、诏安县； 莆田市：莆田市辖区、仙游县； 宁德市：福安市、福鼎市、古田县、宁德市辖区、屏南县、寿宁县、霞浦县、柘荣县、周宁县； 厦门市、平潭综合实验区。
适度发展区	南平市：南平市辖区、邵武市、顺昌县、松溪县、光泽县、建瓯市、建阳市、武夷山市、政和县、浦城县； 三明市：三明市辖区、将乐县、明溪县、宁化县、清流县、大田县、沙县、建宁县、泰宁县、永安市、尤溪县； 龙岩市：龙岩市辖区、连城县、上杭县、武平县、永定县、漳平市、长汀县。
保护发展区	海洋渔业区

(1) 优化发展区 包括闽东南沿海地区，即福州市、厦门市、泉州市、宁德市、莆田市、漳州市、平潭综合实验区，本区土地总面积为 5.5 万 km^2，占全省土地总面积的 44.5%。2012 年，耕地 74.5 万 hm^2，占全省耕地面积的 55.7%；园地 55.5 万 hm^2，占全省园地面积的 70.2%；林地 296.6 万 hm^2，占全省林地面积的 35.4%。

本区地貌以丘陵平原为主，涵盖了全省 4 大平原，即福州平原、兴化平原、泉州平原、漳州平原，热量资源全省最佳，土壤肥沃，农业生产条件好、潜力大，但也存在水土资源过度消耗、环境污染、农业投入品过量使用、资源循环利用程度不高等问题。

今后本区按照沿海蓝色产业带、山区绿色经济带和城郊高优农业示范区的农业区域布局，积极调整和优化农业产业结构，夯实基础产业，做强主导产业，发展壮大茶叶、食用菌、水产、果蔬、药材等特色农业产业链，建设无公害有机茶、水产品、食用菌、果蔬、禽畜、药材等六个生产（养殖）加工基地，转化“茶叶、食用菌、水产”资源优势为产业优势，带动现代绿色（生态）农业全面发展，实现生产稳定发展、资源永续利用、生态环境友好。

(2) 适度发展区 包括闽西北地区，即南平市、三明市、龙岩市的所有县（市、区），是福建省粮食主产区。本区土地总面积为6.86万km^2，占全省土地总面积的55.5%。2012年，耕地59万hm^2，占全省耕地面积的44.3%；园地23.5万hm^2，占全省园地面积的29.8%；林地540万hm^2，占全省林地面积的64.6%。

本区属中亚热带海洋性季风气候，光热富足，雨量充沛，水系发达，河流密布，全省径流量和降水量高值区多在本区域，是气温最低、相对湿度最大、降水量丰富的地区，对农业、林业、水电、水产等资源开发极为有利，为农业生产因地制宜、合理布局提供了客观条件。本区域生物物种资源丰富，自然植被和珍稀动植物种类繁多，国家级和省级自然保护区21个，占全省65.6%。本区域旅游资源也十分丰富，有著名的武夷山和太姥山以及建瓯万木林保护区、武夷山自然保护区、龙岩梅花山自然保护区等森林旅游资源。山地丘陵面积大，林业生产较为发达，茶叶面积也较大，种植业以水稻生产为主，粮食产量约占全省的50%，是省内具有战略意义的商品粮与林业生产基地。烟草是本区主要的经济作物，烤烟产量居各区之首，产品质量好。

今后本区在切实保护耕地，稳定粮食综合生产能力的基础上，加快优质水稻种质资源的引进与创新，选育、开发优质水稻品种，推进区域化、专业化、标准化生产，在商品粮基地县，建设一批无公害、优质水稻生产基地。加大林业资源培育力度，做强做大林、竹加工业，加快发展林业服务业，完善林业保障体系，扩大对外开放。加大园艺作物基础设施建设力度，继续推进园艺作物结构调整，加强园艺作物良种繁育体系建设，加速实用技术的推广，建立无公害园艺产品生产示范基地。

（3）保护发展区　近年来，海洋渔业区发展较快，也存在着渔业资源衰退、污染突出的问题。要坚持保护优先、限制开发，适度发展生态产业和特色产业，让海洋等资源得到休养生息，促进生态系统良性循环。这个区域今后要严格控制海洋渔业捕捞强度，限制海洋捕捞机动渔船数量和功率，加强禁渔期监管。稳定海水养殖面积，改善近海水域生态质量，大力开展水生生物资源增殖和环境修复，提升渔业发展水平，保护海洋渔业生态。到2020年，海洋捕捞机动渔船数量和总功率明显下降。

（三）区域农业可持续发展典型模式推广

经过多年的发展，福建农业已从单项技术研究发展到多项技术的综合配套，从户、村级的试点探索扩大到乡、县为单位的生态农业，逐步形成多种极具福建特色的农业可持续发展模式。

1.“猪—沼—果”模式

在吸收北方“牧—沼—果—草”模式的基础上，结合福建省实际，创新形成具有地方特色的“猪—沼—果”生态农业模式。其核心内容是把养殖业（猪）、农村能源建设（沼）和种植业（果）有机结合起来，以沼气综合利用为纽带，带动生猪和果业综合发展。该模式的推广，有利于生态环境治理和农业可持续发展。将“猪—沼—果”模式创新应用于丘陵山地，也可形成丘陵山地牧—草、果—菌—沼模式，实现以种植业为基础、养殖业为主导，沼气为纽带，综合利用为重点的生态种养模式，达到减少污染、降低成本的目标。

2. 立体种养生态农业模式

本模式把种植业、养殖业的使用空间有机结合起来，在系统中合理配置各级生态位和调控各投入因素，形成物质良性循环的立体种养生产体系。采用生态学原理和系统工程方法，在单位面积土地上（水域中）进行立体种植、立体养殖或立体复合种养，巧妙地借助模式内人工的投入，提高能量的循环效率、物质转化率及第二性物质的生产量，建立多物种共栖、多层次配置、多时序交错、

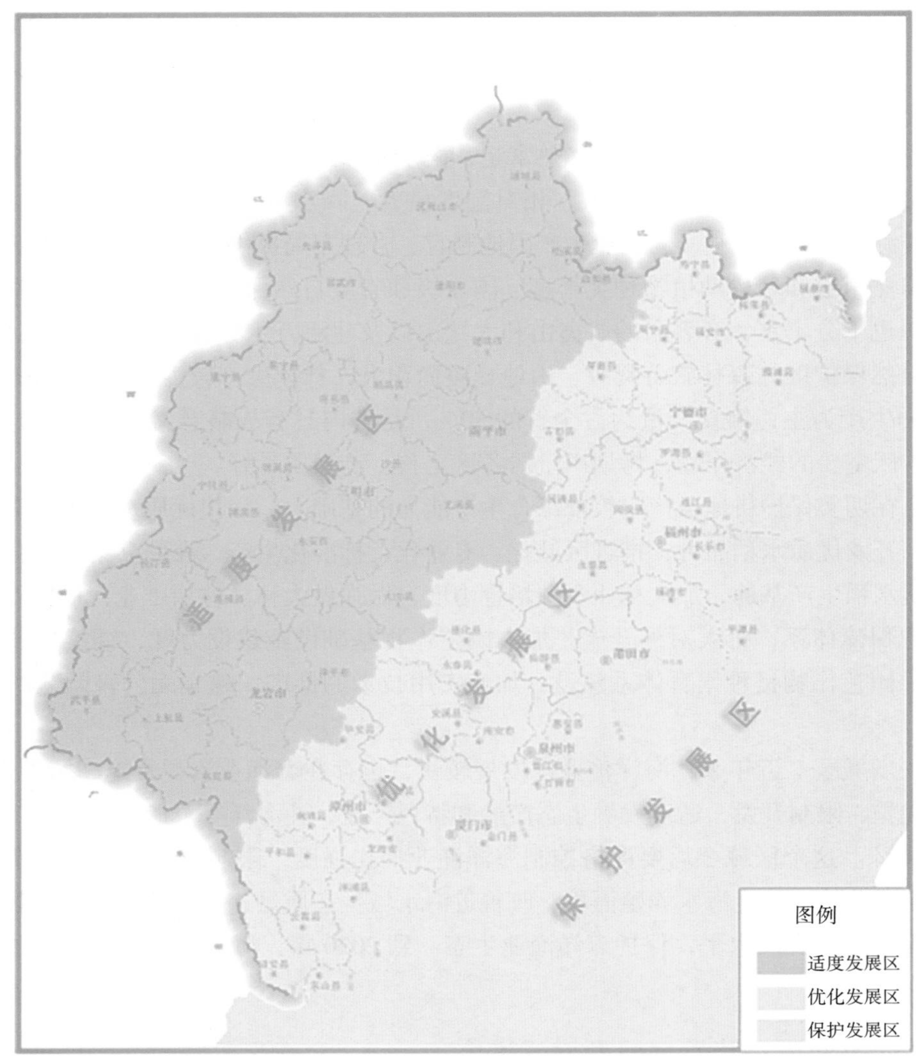

图 5-1　福建省农业可持续发展区划

多级质能转化的立体农业生产模式。如稻鱼共生技术，达到了稻、鱼、生态“三赢”效应，又如果树套种西瓜和花生立体农业发展模式，在幼林果树中套种西瓜和花生，用沼液浇灌，一方面可以使裸地重新构建生物循环系统，恢复绿色、涵养水分、保持水土、改善生态，另一方面还有利于集约利用土地，通过种养空间的合理利用，提高农业产出率，实现技术、劳力、物质、资金等方面的综合效益。

3. 丘陵山地农林复合模式

本模式以农林结合为核心，以整治水土流失为基础，利用森林的生态效应，设计自然能量多级利用技术体系。例如，福建省山丘立体布局的成功模式，即在丘陵顶部保持一片林木，向下建立梯田茶园，再向下又保留带状林木，然后种植果树，到了丘麓保留一条草带，或栽培绿肥，其下是稻田。又如林下立体发展模式。该模式利用林下土地资源和林荫优势，进行种植、养殖等立体复合生产经营，使农林牧各业实现资源共享、优势互补、循环相生、协调发展。具体模式方法有：① 林—经立体模式，可以充分利用丰富的林下土地资源和林荫优势发展种植业，因地制宜开发林果、林草、林花、林菜、林菌、林药等模式。② 林—禽、林—果—草立体种养模式。利用森林、果园、草场共生于同一环境的自然条件，在森林、草场发展草食性动物、畜禽动物为果园提供有机肥料。林业的发展防治了水土流失，保护了下层的果园和草场，果树大量使用有机肥能明显提高鲜果品质。无公害的草场为草食性动物的发展提供了优质的草源。

4. 水田高优生态农业模式

水田高优生态农业模式主要分布于全省粮田区，以稻田为中心，以间套种为主的立体种植方式，实行粮经作物多茬轮作，采用“稻—稻—菜”“烟—稻—菜”“瓜—果—稻”等传统复种技术，科学配置作物种群，全面提高光、温、水土资源的转化率和生产力。

5. 滨海砂地资源开发利用生态农业模式

福建省有三千多千米海岸线，分布着广袤的砂地，全省的滨海砂地面积达 4.06 万 hm^2，主要分布于平潭、长乐、莆田、惠安等 11 个县（市）。目前，全省有“龙眼—西瓜、萝卜、青菜”、桃—玫瑰茄—甘薯—青菜）模式、柑橘 +（花生 + 小白菜—甘薯—小麦）模式、柑橘 +（洋葱 + 小麦—秋大豆—大头菜）模式。通过 4 种模式的推广，改善了滨海沙地的生态环境，提高了土壤肥力及熟化度、沙地土壤酶活性，实现了经济、生态和社会效益的统一。

6. 休闲观光生态农业模式

该模式以生态农业建设为基础，利用区域内特有的自然和特色农业优势，实现农业与休闲观光旅游业互促互补发展的一种高效农业模式。其把农业生产、科技应用、艺术加工和游客参加农事活动融为一体，在生产农艺上，注重现代高科技和传统的精耕细作相结合，并按绿色标准规范生产过程，在模式上注重根据不同物种的特点，形成布局合理、内涵丰富、环境优美的休闲观光农业体系。最终实现三大效益（经济、社会、生态）的有机结合。目前福建省休闲农业已经逐步形成西部山区生态型休闲农业产业带、中部都市城郊型休闲农业产业带、东部滨海、岛屿蓝色型休闲农业产业带的格局。当前，福建休闲农业资源可划分为 6 种类型：特色农业资源、森林生态资源、休闲渔业资源、高优茶区资源、观光果园、民俗农庄资源。这 6 种资源类型都决定了相应的休闲农业技术创新方向。如位于闽侯县的龙台山生态园就属于观光果园型。园内种植种植美国纽荷尔脐橙、雪柑、千禧红福橘、蜜橙、塔罗科血橙、美国红葡萄柚、尤利克柠檬、日本黄金柿，我国台湾早春蜜桃、胭脂红、香柚、杨梅等水果供给游客观赏采摘。除此之外，还有推磨磨豆浆、垂钓等农乐项目。让市民体验了农村生活，园场主得到了资金支持。可加大新品种、新技术的引进，园场建设。又如高优茶区资源型；福建茶区栽培茶树经历千百年，有着丰富多彩的茶树品种资源。在闽南乌龙茶区，有铁观音、黄旦、闽南水仙、白芽奇兰、永春佛手、八仙茶等诸多品种；在闽北乌龙茶区，以武夷山品种为多，有四大名丛、武夷肉桂、闽北水仙等数百种之多。游客来到茶区，既可以欣赏当地美丽的风光，又可亲手采茶制茶，最后还可泡上一杯自己炒制的清茶，体验采茶、炒茶、品茶的乐趣，还可了解茶文化知识，从茶树性状、茶园风情、茶叶品类、名茶鉴赏、品茶美学、饮茶保健等全方位地展现茶的品性，可谓一举多得。通过以茶促游，不仅让爱好茶叶的休闲者尽了兴，也让农民得到实惠，增加了收益。构建茶乡特色旅游，将传统农业与现代休闲旅游结合起来，有效地延伸了茶叶产业链，提高了茶叶的附加值。

7. 庭院生态模式

以家庭园资源为基础，利用生态学和统筹学原理，按照“资源化、无害化、生态化、个性化”的原则，充分利用植—畜禽—沼气种养模式。建立“六个一”的生态庭园模式，即一个综合经济园、一口沼气池、一个卫生池（或自来水源）、一个太阳能热水器、一条入户路、一套生态农居。

地下建沼气池，屋顶安装太阳能，结合改院、改水、改禽舍畜圈及厕所，周边空闲地种一片经济作物园，沼气池采用人畜粪便、秸秆、菜叶作为发酵原料．所产沼气用于做饭烧水，沼液沼渣作为门前生产无公害蔬菜基地的有机肥料。通过生态庭园建设，实现家庭清洁化，庭院经济高效化，农业生产无害化。目前，此模式已陆续在福建许多经济状况较好的家庭推广应用，成为农村生态庭院建设的新亮点，也是社会主义新农村建设和农村生态环境保护的示范模式。

六、促进农业可持续发展的重大措施

（一）工程措施

1. 粮食生产能力提升工程

实施《福建省新增6亿斤粮食生产能力实施规划》，按照成片区开发、整体推进的原则，在16个产粮大县开展以小型农田水利设施、田间机耕路为重点内容的田间工程建设，逐步完善田间基础设施，把中产田建成旱涝保收的高产田，把低产田改造成产量稳定的中产田；加强以良种繁育、农业机械、试验站、监测点等为重点内容的农技服务体系建设，提升服务手段与能力。大力推进农业基础建设，实施中低产田改造、节水农业、测土配方施肥、土壤有机质提升等项目，提高耕地质量。

2. 新一轮“菜蓝子”与特色优势产业提升工程

进一步优化园艺作物和畜禽产品品种结构，发展设施装备，延长产业链条，构建品牌引领、龙头带动、产加销衔接、产业支撑完善配套的现代农业产业体系；加强新一轮“菜篮子”工程建设，加快建设设施化、标准化、集约化、规模化“菜篮子”产品生产基地；充分利用购机补贴政策，加快设施农业发展，加强保护地设施、集约化育苗设施等设施装备建设。建设20个千亩茶叶示范场、30个地方品牌优质品种水果示范基地、50个千亩高效蔬菜产业基地、500个大中型畜禽标准化示范场、50个蔬菜、水果、中药材等设施农业示范基地、50家现代茶叶清洁化加工示范企业、20家现代工厂化食用菌栽培示范企业，提高优势产业专业化生产能力和标准化生产水平。

3. 现代种业及农业“五新”推广工程

加快建设以主导产业为重点、企业为主体、基地为依托、产学研结合、育繁推一体化的现代农业种业体系。加大对种业基础性、公益性研究的投入，扶持建设一批研发中心、品种改良中心。推进种子种苗企业兼并重组，培育和扶持10~20家具有较强竞争能力的现代种业企业。围绕粮油、园艺、畜禽、水产和林业等大宗特色农产品，加强种质资源保护和利用，建设一批名优特品种的种质资源库、基因库，建设一批种质资源原生境保护区。完善种养业良种繁育基地建设，新建和改扩建一批国家级和省级良种场、扩繁场。健全种子种苗监管体系，建设一批农业品种试验基地和种子种苗质量检测中心，改善种子种苗品种审定与质量监管条件，提升种业市场监管能力。加快推广农业“五新”，单项示范与综合示范相结合，建设一批农业“五新”集成推广示范县、农业“五新”示范片，培育10 000个农业“五新”示范户，推广农业“五新”面积1亿亩以上。

4. 动植物保护工程

完善动物疫病预防控制、监测预警、监督执法、物资保障、动物标识及疫病可追溯等五大基础系统，加快建设省级和重点市、县（区）动物疫病预防控制中心生物安全实验室及300个乡镇兽医站基础设施，建设10个国家级和40个省级动物疫情测报站、600个动物检疫申报点、省和设区（市）以及部分县（市、区）动物卫生监督执法、31个省际公路动物卫生检查站等基础设施。完善农作物病虫害防控体系，加快推进农作物有害生物和重点检疫性有害生物预警与区域控制站、农作物有害生物信息网与数据库、重大植物疫情阻截带、主要农作物病虫绿色防控示范项目建设，建设完善1个省级预警与控制中心、9个区（市）、40个县级预警与控制区域站、17个农田灭鼠示范县、50个农作物病虫专业化统防统治示范县。

5. 农业资源保护开发工程

继续实施农村沼气工程，新建20万户农村户用（联户）沼气、250个规模养殖场大中型沼气、8个设区市沼气服务站、30个县级农村沼气服务中心、500个乡村沼气服务网点。推进畜禽粪便、秸秆等农业废弃物资源化利用，建立20个畜禽有机废弃物综合处理示范县，建设30个冬种紫云英、蚕（豌）豆绿肥种植基地县、20个稻田秸秆腐熟还田示范基地县。大力发展休闲农业，依托城市、旅游景区以及农业科技园区、生态果茶园、台湾农民创业园、农场等，发展具有浓郁农业特色的休闲农业。创建一批国家级、省级休闲农业示范县、示范点和休闲农业星级示范企业，提高休闲农业科学化规划、标准化管理、规范化运作的水平。实施"南方草原生态保护建设工程"，在13个县（市、区）建设围栏草地7.5万亩，改良草地22.5万亩、人工草地57.75万亩、草种原种基地1 000亩和草种扩繁基地4 000亩，恢复土地植被，保护草地生态环境。

6. 现代农业示范区建设工程

按照规模范围合理、主导产业清晰、先进性突出、整乡整县推进的要求，实施国家和省级现代农业示范区、农垦现代农业示范基地建设项目，创建一批国家级、省级现代农业示范区、农垦现代农业示范基地，壮大示范区（基地）主导产业，完善基础设施，改善生产条件，大力发展设施农业、高效农业、精致农业和农业新兴产业，拓展农业观光、休闲、教育、展示等功能，构建农业生产、加工和销售服务产业相配套的现代农业产业体系，把示范区建成现代农业生产与新型农业产业培育的样板区、农业科技成果和现代农业装备应用的展示区、农业功能拓展的先行区和农民接受新知识新技术的培训基地。

（二）技术措施

1. 积极发展生态农业与节水农业

积极发展生态农业可最大程度提升农业资源的利用率，保护生态环境平衡，从而推动福建省农业可持续发展。大力发展节水农业，通过渠道防渗技术、低压管道输水技术、喷灌技术、滴灌技术、渗灌技术、水肥一体化技术等节水灌溉方式提升水资源的利用率。

2. 大力发展绿色农业，推广节肥节药技术

测土配方施肥是以土壤测试和肥料田间试验为基础，根据作物需肥规律、土壤供肥性能和肥料效应，在合理施用有机肥料的基础上，提出氮、磷、钾及中、微量元素等肥料的施用数量、施肥时期和施用方法。测土配方施肥技术的核心是调节和解决作物需肥与土壤供肥之间的矛盾。同时有针对性地补充作物所需的营养元素，实现各种养分平衡供应，满足作物的需要，达到提高肥料利用率和减少用量，提高作物产量，改善农产品品质，节省劳力，节支增收的目的。通过降低农药用量技术，并采取合理轮作，合理间作套种等方式降低农药的使用量。采用先进的农药施用机械进行精准喷雾作业，提高农药利用率，减少农药用量。通过物理防治技术和生物防治技术来替代直接施用化学农药来减轻农作物的病虫害。

3. 科学利用耕地资源

采取深度开发的措施，在对现有耕地资源进行严格保护的基础上，运用现代化的科学技术如生物技术、工程技术等方式，通过综合治理和耕地改造，合理安排耕作制度，建立高效农作物生产基地。全省不同地区应该结合当地实际情况，积极发展多元化的经营模式，增加森林覆盖率，限制25° 以上的陡坡开发，将不适合耕种的陡坡地实施退耕还林。

4. 推广“资源—产品—再生资源”的循环经济模式

发展生态农业、建设绿色农业，必须坚持“资源化、减量化、廉价化”的原则组织生产。通过农林牧结合，强化资源综合利用。一是通过改进饲养技术，优化饲料配方，改造畜禽栏舍、清粪工艺，建立畜禽养殖的高产出、优品质、无污染的清洁生产体系，减少污水中污染物浓度。二是利用畜禽排泄物输入沼气池发酵制气，用于生活或发电，沼液肥田，实现养殖业污染物的零排放或达标排放。三是干粪肥田上山，或加工成有机复合肥，形成综合利用的产业链，促进资源利用步入良性循环的轨道。

5. 加强科学研究，推广绿色防控技术

加强科学研究，制定适合国情的生态环境战略，积极开展实用技术研究，大力开发综合利用技术，减少污染物的形成，加强农业生态保护。绿色防控是采取生态调控、生物防治和科学用药等手段控制农作物病虫害，确保农产品质量安全的重要措施。各级农业部门都应加大绿色防控技术研发、集成、示范和推广力度，推广应用杀虫灯、性诱剂、赤眼蜂、白僵菌等病虫害绿色防控技术，提高农产品质量安全水平，探索生物病虫防治方式、减轻面源污染和农药残留、促进农业可持续发展。

（三）政策法律措施

1. 加强管理，健全法律法规

改善环境立法和标准，加强生态环境的法制管理，制定生态环境标准，如土地质量标准、植被覆盖率标准、资源消耗标准，逐步做到生态环境定量管理。加强规划管理，把生态环境建设和保护真正纳入国民经济和社会发展计划；进行重点环境区域规划，建立生态功能区。

2. 加强政策引导，完善监管机制

各级政府应将治理农业面源污染提到议事日程，通过制定相关政策和法规，推进农用化学物质的合理利用，控制有机废弃物排放和高残留农药施用，最大限度地减少污染的产生，实现农业生产发展、农民增收与农业环境保护的“三赢”，不走“先污染、后治理”的老路。

3. 扩大宣传广度，树立环境保护意识

要充分利用各种媒体和各种农村宣传阵地，积极宣传循环经济理念，积极宣传循环经济对社会可持续发展的重要意义，宣传循环农业发展对农业和农村可持续发展、对农村生态环境的深远影响，特别是乡村废弃物处理和资源化利用的重要性。大力倡导全社会的绿色生产和绿色消费理念，特别是农民的绿色生产与消费理念，逐步改变传统的农业生产、农村生活和消费方式，增强资源忧患和环境保护意识，使人们自觉保护农业资源与环境，为农村循环经济发展创造良好的社会环境。

4. 执行农作物栽培技术标准，规范农用化学物质使用技术

认真贯彻执行农作物无公害栽培技术标准，规范农药、化肥、农膜和作物生长调节剂等可产生环境污染的化学物质的应用种类、数量和方法。严格管理农药登记，调整农药产品结构；采取化学、生物、物理措施综合防治作物病虫害。大力推广测土配方技术，推行平衡施肥技术，改善化肥

施用结构；研究应用合理的耕作制度，提高化肥利用率，减少化肥流失。增强破废地膜的回收与管理，防止破废地膜在土壤中积累；建立破废地膜收购和加工企业，通过适当提高收购价格促进破废地膜回收；加快可降解地膜的推广利用。

参考文献

程宁 . 2011. 福建省农业可持续发展能力评价 [J]. 台湾农业探索（1）：55–58.

戴炜，胡浩 . 2013. 基于营养目标的我过禽蛋消费需求研究 [J]. 中国家禽，35（20）：32–38.

福建省统计局农村处 . 2013. 福建农村统计年鉴 [M]. 北京：中国统计出版社 .

胡晓凯 . 2012. 山东省农业可持续发展评价分析及对策研究 [D]. 山东：中国海洋大学 .

唐华俊，李哲敏 . 2012. 基于中国居民平衡膳食模式的人均粮食需求量研究 [J]. 中国农业科学 ，45（11）：2315–2327.

李小静 . 2005. 河北省农业可持续发展指标体系及其评估方法研究 [D]. 河北：河北农业大学 .

刘玉杰，吴映梅，邓福英 . 2009. 中国农业可持续指数评价及类型区划分 [J]. 地域研究与开发，28（4）：110–114.

沈根祥，钱晓雍，梁丹涛，等 . 2006. 基于氮磷养分管理的畜禽场粪便还田利用匹配农田面积研究 [J]. 农业工程学报（2）：175–178.

宋小青，欧阳竹，柏林川 . 2013. 中国耕地资源开发强度及其演化阶段 [J]. 地理科学，33（2）：135–142.

王奇，陈海丹，王会 . 2011. 给予土地氮磷承载力的区域畜禽养殖总量控制研究 [J]. 中国农学通报，27（3）：279–284.

辛俊 . 2009. 安徽省农业可持续发展评价研究 [D]. 南京：南京农业大学 .

应风其 . 2002. 农业发展可持续性的评估指标体系及其应用研究 [D]. 杭州：浙江大学 .

张胆，徐学荣，郑江桦 . 2009. 基于饱和增长趋势模型的福建人口预测 [J]. 龙岩学院学报，27（3）：82–85.

江西省农业可持续发展研究

摘要：本文在调研基础上，分析了江西省农业可持续发展的自然资源环境条件、农业可持续发展的社会资源条件，构建了农业发展可持续性评价指标体系，评价了农业发展的可持续性，研究确立了农业可持续发展的适度规模、具体目标与任务，提出了不同区域农业可持续发展的方向与模式，探讨了适合省情区情的农业可持续发展技术和政策体系。研究结果对江西未来现代农业可持续发展、推进新农村建设具有重要指导意义。

江西农业按照“农村发展、农业增效、农民增收”发展思路，农业结构不断优化，农业产业化水平持续提高，区域主导产业正在逐步形成，与此同时，农业生态功能不断加强，农业开始向一、二产业延伸，乡村旅游、观光农业正在成为江西农业新的经济增长点。根据各县（市、区）自然、经济、政治和社会等要素的空间特征，结合“鄱阳湖生态经济区”发展战略，通过开展农业功能区划战略研究，对不同区域农业的主体与辅助功能进行界定，谋划区域农业功能拓展与现代农业发展战略，对引导和深化农业区域分工，促进区域农业协调发展，扎实推进新农村建设和发展现代农业具有十分重要的意义。

一、农业可持续发展的自然资源环境条件分析

（一）土地资源

1. 农业资源及利用现状

江西省处在我国东、西部地区的结合部，是国家实施沿长江开放开发战略，建设京九铁路经济

课题主持单位：江西省发展和改革委员会区划办

课题主持人：曾文明

课题组成员：曾文明、李春丽、王威、张志平、廖春光

带的重要区段，农业资源丰富，随着国家实施经济结构战略调整的各项政策措施逐步到位，有利于发挥区位优势，形成具有江西特色的地方经济。全省东、南、西三面群山环绕，内侧丘陵广亘，中北部平原坦荡，整个地势，由外及里，自南而北，渐次向鄱阳湖倾斜，构成一个向北开口的巨大盆地。全省面积 16.69 万 km^2，占全国的 1.7%。全境以山地、丘陵为主，山地占全省总面积的 36%，丘陵占 42%，岗地、平原、水面占 22%。

根据江西省土地资源遥感调查数据，江西省土地利用概况如下：耕地 20.81%、园地 1.17%、林地 62.93%、牧草地 0.02%、居民点及工矿用地 3.31%、交通用地 0.71%、水域 7.26%、未利用土地 3.75%。根据未利用地适宜性评价结果，未利用地中有宜耕地 118 400hm^2，宜园地 149 670hm^2，宜林地 468 860hm^2。同时，全省还有中低产田、低产园、低产林和低产水面 413 万hm^2，其中中低产田面积 218 万 hm^2，粮食增产潜力在 500 万 t 以上。全省土地资源的开发利用空间巨大，由于自然和社会经济条件的影响，全省集中连片的耕地主要分布在鄱阳湖平原和吉泰、赣州、抚州—南丰等盆地中；林地主要集中在赣、抚、信、饶、修五大河流发源地的边缘山区；水域主要集中在鄱阳湖平原；居民点及工矿用地和交通用地是北部平原丘陵区高于中部的盆地和丘陵区，中部盆地丘陵区高于南部及省境周边的山区。

2. 农业可持续发展面临的土地资源环境问题

（1）土地资源数量　江西土地总面积、人均土地和后备土地资源数量均居华东六省一市之首。但还存在着一系列问题：一是人地矛盾突出，随着工业、交通和城镇建设用地的增加，耕地面积以每年 1 万 hm^2 以上的速度减少，而人口却以 0.8%的速度增加，人均耕地面积不断减少，目前江西省人均耕地面积仅为 1.1 亩，占全国人均水平的 73.7%，在全国居 22 位，已经越过了世界人均耕地面积的警戒线，这种状况与江西省作为一个农业大省的地位极不相称。耕地是农业发展中最基本和最重要的不可替代的资源，如不保护好耕地，人地矛盾将更加突出，发展农业将成为“空中楼阁”。二是土地效益低，江西水田多，旱地少，劣质耕地多，优质耕地少。江西的土地产出率较浙江、广东、福建等周边省份低 30% ~45%，较相似生态经济条件的湖南低 10%以上，特别是林地的效益更低，占全省土地 60%以上的林地，产值仅占农业产值的 6%；三是后备土地资源少，据有关调查，江西省耕地资源分布不均，后备耕地资源仅为 13.22 万 hm^2，耕地主要集中于赣北、赣中；赣西、赣南耕地很少，同时耕地后备资源严重不足，都制约着江西农业的可持续发展。

（2）土地资源质量　土地是人类赖以生存与发展的重要资源和物质保障，在“人口—资源—环境—发展（PRED）”复合系统中，土地资源处于基础地位。随着现代社会人口的不断增长以及工业化、城市化进程的加速，人类对土地资源的开发利用强度不断增大，对土地资源的不合理利用，导致了严重的水土流失和生态环境恶化，人类面临的土地利用问题较历史上任何时候都更为突出。

一是水土流失逐年加剧。新中国成立初期，江西水土流失面积只有 110 万 hm^2，占全省土地面积的 6.6%；60 年代上升为 180 万 hm^2，占土地面积的 10.8%；70 年代扩大到 215 万 hm^2，占 12%；80 年代达 383.6 万 hm^2，占 23%，2013 年全省水土流失面积已高达 544.6 万 hm^2。水土流失的加剧给农业生产带来了严重的危害，不但造成土壤养分大量流失，而且扩大了沙化和落河田的面积，对农业的持续高产稳产带来严重影响。二是土壤污染严重。主要是工业“三废”增加，农药、化肥大量施用，以及酸雨的影响等，不仅使被污染的农田产量下降，生产力降低，而且使农产品品质变劣，严重影响人、畜健康，阻碍农业持续发展。三是土壤肥力下降。江西农田土壤的有机质含量与 50 年代相比，一般平均下降 0.5%~1%，农田缺素面积大，根据最新土壤普查资料，江西全省耕地土壤中有机质缺乏的占26%、全磷缺乏的占59.4%、全钾占26.6%、碱解氮占4.08%、速效钾占37.76%，土壤理化性状变劣，与50年代相比，耕种层一般变浅3~4cm，pH值下降0.1%~1%。

（二）水资源

1. 农业水资源及利用现状

江西境内水系发达，河流纵横，湖泊水库星罗棋布。全省有大小河流2 400多条，总长约18 400km，流域面积10km^{2}以上，其中，100km^{2}以上的河流451条。大部分河流汇向鄱阳湖，再注入长江，形成完整的鄱阳湖水系。鄱阳湖是全国最大的淡水湖，它是江西最大的聚水盆，长江水量的巨大调节器，也是沟通省内外各地航道的中转站。湖口站以上集雨面积为162 225km^2，其中，境内面积156 977km^2，占全省总面积的94%。境内除鄱阳湖水系外，还有北部直接汇入长江的长河、沙河等河流，西部有汇入洞庭湖水系的渌水、栗水等，以及南部汇入东江水系的寻乌、定南水等河流。主要河流有5条，即赣江、抚河、信江、修河、饶河。赣江全长751km，为本省第一大川，水量为长江第二大支流，它自南而北流贯全省，从赣州至湖口而入长江，通航里程5 000余km。

据《江西统计年鉴2013》资料显示：江西省2012年水资源总量为2 174.36亿m^3，年降水量3 614.53亿m^3，地表水资源量2 155.79亿m^3，地下水资源量162.28亿m^3。截至2012年年底，全省建成各类水利工程63万多座（处），其中水库27万座（大型27座，中型241座，小型9 562座），塘坝24万多座；总蓄水能力314.45亿m^3，堤防总长10 365.38km，保护耕地780.64千hm^2，保护人口1 314.45万人；水闸1312座。全省有效灌溉面积达到1 907.1千hm^2，机电泵井提灌面积140.2千hm^2；旱涝保收面积达到1520.4千hm^2，水土流失治理面积4 822.40千hm^2，已基本形成了一个较为完善的蓄水、引水、提水、排水、防洪、灌溉、发电和水土保持的水利工程体系。

2. 农业可持续发展面临的水资源环境问题

（1）水资源数量　尽管江西已建成数万座各种类型的水利、水保工程，一定程度上开发了水资源，为全省的经济发展和人民生活提供了不可替代的资源，但全省水资源利用程度很低，水资源利用率只有17.1%，没有达到全国平均水平，从而制约了国民经济的发展。究其原因，主要是由于水资源多集中于汛期，量大、峰高，很难充分利用，且水利工程调蓄水的能力不强，许多江河水白白流失；其次，水污染现象突出（近两年南昌、赣州、景德镇等城市水污染有加重的迹象）、水土流失严重、土地涵养的功能不强。旱涝频繁已成为省农业发展的重要制约因素。正因为上述水资源和降水的时空分布规律，再加上多年水环境的人为破坏，近年来洪灾和干旱经常光顾。1998年和2002年江西出现特大洪水，仅1998年的洪灾就给全省造成400多亿元的经济损失；而2003年江西是百年不遇的大旱年，该年的旱情使得全省20多万人饮水困难，还造成67亿元的直接经济损失，2006年又是大旱，全省受灾人口400万，56万人饮水困难。

（2）水资源质量　我国人均水资源量为2 240m^3，约占世界人均水量的1/4，工业用水增速较快，约为农业用水增速的4倍。水资源是农业的一种基础性资源。从产业结构来看，水资源对世界经济发展的制约主要集中在农业。由于农业是弱势产业，对水资源的利用效率和效益不高，难以与现代工业和服务业竞争。国外的经验显示，发达国家并没有因为农业的用水经济效益远远小于二、三产业而调整用水结构或压低对农业的供水比例。无一例外，世界各国都把农业作为基础产业予以扶持和保护。最主要的原因是除去经济效益外，农业还有更重要的、无可替代的生态效益和社会效益，特别是具有维护国家粮食安全的重要性。

（三）气候资源

1. 气候要素变化趋势

江西省气候四季变化分明。春季温暖多雨，夏季炎热温润，秋季凉爽少雨，冬季寒冷干燥。2012 年，全省平均气温为 18.1℃，降水量为 2 189mm，日照为 1 485.6 小时，年平均相对湿度为 79%。全年气候温暖，光照充足，雨量充沛，无霜期长，具有亚热带湿润气候特色。

江西省年平均气温 18.1℃左右。赣东北、赣西北和长江沿岸年均气温略低，约在 16~17℃；滨湖、赣江中下洲、抚河、袁水区域和赣西南山区约在 17~18℃；抚州、吉安地区南部和信江中游均在 18~19℃；赣南盆地气温最高，约为 19~20℃。全年全省极端最高温度南北差异不大，甚或略呈北高南低现象，但几乎都接近或超过 40℃，个别县区日最高温度曾经达到过 44.9℃。极端最低气温则南北差异较大，九江大部分地区在 -14~-12℃，个别县区还出现过日最低气温 -18.9℃的极端最低值；赣南则在 -5℃左右，全省其他地区一般在 -12~-7℃。江西年均日照总辐射量为 97~114.5kkal/cm^2，都昌县最多，铜鼓县最少。除庐山外，全省年均风速为 1~3.8m/s，最小为德兴市，最大为星子县。年均大风日 0.5~28.5 天，最少为宜黄县，最多为星子县。鄱阳湖滨，赣江、抚河下游和高山顶及峡谷区风能资源较为丰富，年均风速在 3~5m/s。

江西多雨，一般表现为南多北少、东多西少、山区多盆地少。武夷山、玉山和九岭山一带年均降水量多达 1 800~2 000mm，长江沿岸到鄱阳湖以及吉泰盆地年均降水量则约为 1 350~1 400mm，其他地区多在 1 500~1 700mm。全年降水季节差异很大。秋冬季一般晴朗少雨，1977 年大部分地区整个秋冬季以阴雨天气为主的现象较为少见。春季时暖时寒，阴雨连绵，一般在 4 月后全省先后进入梅雨期。5—6 月为全年降水最多时期，平均月降水量在 200~350mm 以上，最高可达 700mm。这一时期多大雨或暴雨，暴雨强度为日降水量 50~100mm，最大甚至可达 300~500mm 以上。7 月雨带北移，雨季结束，气温急剧上升，全省进入晴热时期，伏旱秋旱相连，而从东南海域登陆的台风将给江西带来阵雨，缓解旱情，消减酷热。降水量除季节分配很不均匀外，年际变化也相当悬殊，最多年份可达最少年份一倍以上。

2. 气候变化对农业的影响

江西处于北回归线附近，春季回暖较早，但天气易变，乍暖乍寒，雨量偏多，直至夏初；盛夏至中秋前晴热干燥；冬季阴冷但霜冻期短，尤其是近年，暖冬气候明显。由于江西地势狭长，南北气候差异较大，但总体来看是春秋季短而夏冬季长。全省气候温暖，日照充足，雨量充沛，无霜期长，为亚热带湿润气候，十分有利于农作物生长。

由于降水量在季节上分配不均匀，以及年际变化较大，所以历史上水旱灾害经常发生。局部性水旱灾害几乎每年都有，全省性的灾害相隔几年发生 1 次。特大的水旱灾害，发生概率虽然很小，但仍有明显的周期性，给全省农业生产带来夏涝秋旱的严重后果。据江西省水利厅统计，全省常年受洪涝威胁面积约有 46.67 万 hm^2，主要分布在赣、抚、信、饶、修等江河中（下）游和鄱阳湖地区。另外，在植被覆盖较差、水土流失较严重的丘陵地区，暴雨往往引起山洪暴发，对农业生产危害很大。干旱在江西省历史上出现很频繁而且造成的损失严重，干旱比洪涝影响的面积更大，目前全省有近 66.67 万 hm^2 农田受到干旱的威胁，是农业上的重要自然灾害。

二、农业可持续发展的社会资源条件分析

（一）农业劳动力

1. 农村劳动力转移现状特点

农村人口基数巨大，随着全省的工业化和城市化发展步伐的加快，农村人口和农业劳动力逐步向城市和非农产业转移是发展趋势。江西是我国农村劳动力外出就业大省，1993 年以后，江西每年都有数以百万计的农村剩余劳动力走出家乡，外出务工。农民进城就业已经成为江西农村劳动力转移的主要渠道，也是农民增收最直接、最有效的途径。

（1）农村外出务工人员逐年增多，收入增长较快　近年来，江西农民在省外务工遍及全国各地，远达海外，参与各地经济建设。据江西省劳动和社会保障厅的统计数据显示，2004 年江西省跨省劳务输出达 502.6 万人，农村剩余劳动力达 408.8 万人，占输出劳务的 81.3%，绝大多数流向了珠三角和长三角地区。2005 年，全省农民在省外务工人员达 541.32 万人，其中，在东部地区务工的占 84.11%，在中部地区务工的占 15.37%，在西部地区和其他地区务工的占 0.5%。在广东、浙江、福建三省务工的占 78.08%，这 3 省成为江西农民外出务工的主要地。来自江西劳动就业局的统计数据显示，到 2006 年年底，江西的跨省劳务输出达到 563 万人，比 2005 年增加 21.6 万人，人才跨省流动进出比达到 1∶1。2013 年，江西省年末从业人员 2 588.7 万人，比上年末增加 32.7 万人。全年城镇新增就业 54.1 万人。新增转移农村劳动力 57.5 万人。年末城镇登记失业率为 3.2%。年末农民外出从业人员 789.5 万人，增长 4.4%。其中，省外务工 540.7 万人，省内务工 248.8 万人。2013 年一季度江西省农村外出从业劳动力人数达 786 万人，比上年同期增长 3.9%；同时，农村外出务工人员工资水平持续提高，今年一季度江西农村外出从业劳动力人均月收入达 2 076 元，比上年同期增加 200.7 元，增长 10.7%。

（2）劳动力的转移存在明显的自发性　自打工热潮以来，自发性转移一直是该省农村外出人员最主要的方式。在当前农村劳动力市场还不发达的情况下，农村劳动力主要以“三缘关系”带动为主，即家庭成员带领，亲朋好友介绍，本地外出人员的示范，以及自行外出“闯世界”等方式。从总体上看，有组织外出打工的比重还太小，离劳务输出产业化经营目标还相差很远。

相关数据显示，有组织的外出务工人数仅占 0.85%，靠自发和亲属介绍外出人数占 81.35%，其他占 17.8%。可见农村劳动力转移以依托传统血缘、人际关系网络为主，同时存在着较大的盲目性，而政府有关部门组织的转移劳动力力度不够，缺乏对农村劳动力的总需求、总供给的调节，对农民的指导也很有限。此外，劳动力流动的服务体系及中介组织建设也严重滞后，因缺乏有关信息，或信息不准导致农村劳动力盲目流动，使大批劳动力徒劳往返，蒙受损失。

（3）转移人员以青壮年为主体，男性居多　外出劳动力以青壮年为主，且男劳动力多于女劳动力。外出务工人员中，男、女分别占 60.1%、39.9%，男女比为 1.5∶1。这说明婚后在外劳务的男人比女人多，女人婚后比男人更多地承担起照顾家庭的责任。目前，留在农村生产领域的大多是年龄偏大，文化水平较低，思想滞后的“九九三八”型劳动力（指老人和妇女）。在农村务农的青壮年数量越来越少，留下来的多数是在读书的孩子和已经失去劳动力的老年人及妇女。据抽样资料显示，劳动力转移中 16~35 岁的占 67.8%，36~40 岁的占 16.1%，41~45 岁的占 7.7%，45~50

岁的占4.2%，50岁以上的占4.2%。以上数据显示，在农村剩余劳动力转移中，青壮年是农村劳动力转移的主力军，16~40岁的占农村劳动力转移总量的83.9%。

2. 农业可持续发展面临的劳动力资源问题

对于江西省来说，农业的经济贡献率不是很高，同时，农民的工资性收入，特别是外出从业收入相应地逐年上升。这一系列变化，既具有自身的特殊性，也具有一定的代表性。在发展经济的大背景下，比较效益较低的农业在经济中的份额将会越来越低。但是，对于江西省农村来说，社会保障程度还较低，因此在农业可持续发展过程中还存在着劳动力资源问题。

（1）农村劳动力综合素质整体偏低　江西省外出务工人员大都文化程度低，劳动技能差，缺乏竞争力，导致他们就业门路窄，稳定性不高，只能从事一些苦、累、脏、强度大、技术含量小和收入低的重体力活。女的则多数是在各类饭店或服务业当服务员等。外出从事制造业、建筑业的人占60.56%，5.88%的人从事餐饮、服务业。农村劳动力就业转移较为困难，就业结构层次低，主要是由于劳动力文化素质和劳动力专业技术能力偏低造成的。受中国儒学思想的“中庸”潜移默化的影响，农民还未彻底摆脱自我服务、安土重迁的传统小农意识的束缚，对土地有严重的依赖意识，把土地视为命根子，安于现状，缺乏市场经济思想和竞争意识。

（2）转移的外部制度环境还不成熟　农村劳动力的转移需要宽松的政策环境，但是就全国范围来说，我国的户籍制度等一系列的制度还存在很大的缺陷，从而影响了劳动力的有序转移。我国正处在市场经济形成初期，劳动力、资金等生产要素符合市场经济规律的流动和组合制度尚未完全形成，劳动力在国民经济行业和地域下的合理配置还不能得到真正有效实现。目前的户籍制度、粮油供应制度已不再是影响劳动力向城镇转移的主要障碍，但是还存在对农民进城的各种隐性歧视政策，出现了一些不利于劳动力转移的新情况、新问题。如农民工的医疗卫生保障、子女接受教育、权益保护不断增多的就业办证收费项目，增加了农村劳动力转移的成本和求职风险，挫伤了农村劳动力向外转移的积极性。

（3）农村劳动力转移的机制不健全，政策有缺陷　据调查，江西外出务工的农民工只有20%左右是靠政府组织外出的，其余的80%基本上是自发外出的。即使是劳务输出搞得好的地方，自发性外出的也占绝大部分，且培训、维权等工作还不能满足农民工的要求。产生这些问题的根本原因是，全省没有一套完整的劳务输出机制，劳动就业部门大部分精力放在国有企业职工下岗再就业上，只有很少的精力放在农村劳动力转移上。目前，农民就业往往没有受到应有的重视。例如，用人单位如果安置国有企业下岗职工，在税收、行政性收费等方面可享受一定的优惠政策，甚至还会得到政府给予的一定的补偿，而招收农民工却享受不到这样的政策。另外，在农民工的医疗、养老、工伤保险及工资、福利等方面也存在政策上的缺失。

（4）农村剩余劳动力转移的信息不通畅　江西省在进行农村剩余劳动力转移的工作中，存在一个明显的问题就是信息渠道不通畅。农民不能及时收到当地政府的就业信息，这样便造成了一批劳动力的滞留。这是因为农村剩余劳动力数量较多，又没有建立起与之配套的完善的社会化服务体系及劳务中介机构，单靠各级政府很难为他们提供全面的就业指导和信息服务。同时，上级的就业信息难以直接而有效的传递到各县镇村，使得农村剩余劳动力难以实现充分就业和转移。目前城乡两方面在统一协调组织劳动力的有效转移方面，工作比较落后和被动，存在较多问题。农村剩余劳动力的转移存在很大程度的盲目性。

（二）农业科技

中央“一号文件”连续9年聚焦“三农”，2012年中央“一号文件”首次直面农业科技问题，明确提出实现农业持续稳定发展、长期确保农产品有效供给，根本出路在科技。农业科技创新是推动农业科技进步的核心，是实现农业高效、优质的关键，江西要实现从农业大省向农业强省的跨越就必须加快农业科技创新步伐。

1. 农业科技发展现状特点

江西的农业科技事业有了很大的发展，在促进农业技术进步，发展农业生产方面起到了十分重要的作用，成就令人瞩目。主要表现在：

一是农业科技体系形成规模。在科研机构方面，2012年全省目前已有研究机构单位7 922个，其中企业7 506个，科研机构117个，高等院校117个。在农技推广方面，全省各地进一步建立和完善了农技推广体系。农业教育出现了国家办学和地方办学，正规教育和农村职业技术教育并举的好势头。不少地方的职业技术学校成为培养新型农民的摇篮，一大批依靠科技致富的种植业、养殖业大王在广大农村正方兴未艾。

二是农业科技队伍不断壮大。据统计，2012年全省科技人员共112 168人，其中，大学本科及以上学历有55 353人，科研机构占5 688人，高等院校占27 985人。另外，还有不少县属和民办农业科研机构和人员。农业科技队伍的壮大，为全省科技事业发展提供了有力的保证。

三是农业科技投入态势良好。2012年全省农业科学领域经费收入56 539.3万元，经费支出50 629.8万元。全省专利申请数5 239件，其中发明专利2 118件；专利授权数1 072件，其中发明专利311件；有效发明专利数2 292件，发表科技论文30 509篇，出版科技著作649种。科技投入的态势良好，实施的“丰收计划”“火炬计划”“星火计划”等重点农业科技项目进展顺利，取得了可喜的成绩。

四是农业科技成果取得突破。近几年，江西省在提高大宗农作物产量和质量等方面取得了突破性进展，通过大力推广水稻杂交、旱床育秧、抛秧以及测土配方施肥、病虫害综合防治、间作套种、耕作改制等技术，为全省农业丰收，特别是粮食单产、总产均超历史数据。与此同时，红壤综合开发，中低产田改造，新型饲料开发等也取得丰硕成果，农业产业化和特色农业的发展逐步形成规模，依靠科技促进了省农业和农村经济的快速发展。

2. 农业可持续发展面临的农业科技问题

发展农业科技事业，历来是江西省委省政府关心、关注和支持的重点。经过多年的努力，江西已经建立了涵盖农、林、牧、水产、加工等产业、学科门类齐全、功能较为完备的农业科研体系，全省有地（市）以上农业科研所45家，在农业科技创新、科技兴农等方面取得了显著成效，农业科技开发和服务功能逐步增强。特别是近年来，全省农业科研院所紧紧抓住国家加大农业科技投入的有利时机，争取了一些国家重大科研项目，开展了一系列的科研攻关，取得了一批新成果，有力推动了江西现代农业的发展。

（1）科技创新能力较弱，整体竞争力不强　农业部科技发展中心对“十五”期间全国农业科研所的综合实力进行了评比，选取了科研人员、科研条件、课题活动、科研成果、人才培养、成果推广与转化等6大类22个指标进行综合评估。结果显示，在全国1 077个地（市）以上农业科研所的综合排名中，江西省参加评比的43个研究所中，没有一个研究所进入百强行列，排名居前的只有江西省农业科学院水稻研究所（综合排名第144位）、江西省农业科学院土壤肥料研究所（365

位），39 个研究所综合排名在 500 位之后。该评比结果比较客观地反映了省农业科技创新综合实力在全国同行中所处的地位。

（2）科研投入不足、创新手段落后　尽管近年来，江西省也加大了农业科研的投入力度，保持农业科研单位事业费增长，安排科技创新专项经费，投资建设重点科研设施等。如自 2005 年起，省财政安排 2 000 万元科技创新专项，并纳入财政预算基数，每年按 10% 的速度增长；2008 年，省政府批准安排专项资金 1 880 万元，用于江西省农科院建设海南育种基地。同时，各农业研究机构紧抓机遇，积极争取国家重大科技专项、国家农业科技成果转化基金、国家农业科技创新平台建设专项等农业科技投入，农业科技的投入正在逐步增加，农业科研平台也在逐步完善。但从总体上看，由于全国各地大幅度增加农业科研投入，江西省与周边省（市）的差距还在继续拉大。除农业科研基础设施落后外，江西省农业科研项目经费投入极低。据统计，江西省农业科学院“十五”期间科研项目平均单项经费仅为 4.17 万元，科技部门下达的重点攻关项目单项经费也只有 2 万 ~3 万元，少数超过 5 万元；而广东、湖南等省对科研项目的投入持续加大力度。如广东，从“十五”开始，着手实施单项经费投入 500 万元的重大科技专项计划；湖南从 2006 年开始设立并实施农业重大科技攻关专项和重点项目，重大科技专项每个项目投入 1 000 万 ~3 000 万元，重点项目每个投入 250 万 ~500 万元。在科研装备方面，全省缺乏必备的现代仪器设备，限制了转基因、分子育种等方面的研究和发展。

（3）科研资源分散、创新机制缺乏活力　江西省的 45 个农业科研所分别隶属于省农科院、省农业厅、各地（市）和江西农业大学。其中，省农科院拥有 14 个专业研究所，省农业厅下属 5 个科研所。众多的研究所由于隶属关系不同，管理体制、机制不同，各科研所之间既没有职能的划分，也缺乏分工协作的机制。同时，有些研究所既是科研机构，又是国有农场，事企不分，包袱沉重，科研工作名存实亡。在目前的体制机制下，有限的科研资源得不到有效整合，科研机构之间难以形成合力，未能在省优势学科领域建成具有重大影响的学科团队，由此影响江西省科技机构、专家纳入国家农业科技创新体系。

（三）农业化学品投入

农业投入品的滥用不仅对人民群众生命财产造成巨大损失，直接导致人民群众消费信心的快速下降，而且危及整个产业链条，影响社会稳定，影响政府公信力。近年来，国内市场发生了一系列农产品质量安全事件，如 2005 年的“孔雀石绿”“苏丹红红心蛋”事件，2006 年的大菱鲆硝基呋喃类“多宝鱼”事件，2008 年的“三聚氰胺奶粉”事件，2009 年问题饲料“咯咯哒鸡蛋”事件，2010 年农药残留超标的“毒韭菜”“毒豇豆”事件，2011 年的“双汇瘦肉精”事件，2012 年的“可口可乐致癌门”、白酒“塑化剂”事件等，都不断暴露出我国农产品质量安全存在的薄弱环节。

1. 农业化学品投入现状特点（化肥、农药、农膜等）

（1）农业化学物质的大量投入　表现在化肥、农药、除草剂等用量大幅度地增长。由于目前农业大量施用化肥和农药，特别是过量施用或不合理施用时（在水土流失的同时），大量氮磷元素及农药进入水体导致严重的水体污染。我国化肥施用量每 hm^2 平均施用 400kg，江西省则达 528kg/hm^2，远高于发达国家的 225kg，而利用率仅 30%~40%，余下 70%~60% 进入环境，污染水体和土壤；农药的使用量高达 1 200 万 t 以上，可见化肥农药对环境污染的明显性；另外，由于施用的氮、磷、钾三要素比例结构不尽合理，氮磷施用量偏大，加之施用方法不当，养分更容易流失而进入环境，造成环境污染。

（2）地膜残留污染　现代农业生产中地膜已被广泛应用，大棚蔬菜、瓜果栽培等都普遍使用地膜，地膜残留田间地头的现象已十分普遍，尤其是采用 HDPE、LLDPE 生产的超薄地膜，使用后易变成碎块，回收难度大，土壤残留量多，残膜率高达 35%~50%。据江西省统计局 2004 年统计，全省农膜年使用量为 42 828t，相当于全年有 14 990~21 414t 残膜进入土壤。

2. 农业对化学品投入的依赖性分析

（1）无农药污染优质农产品生产标准制定的力度不够　农产品的生产目前还没有一个生产执行标准。无论是绿色食品、有机食品，还是无公害农产品，都迫切需要有生产执行标准或生产规程作保证，就是将某农产品主要病虫的防治系统规范化，在作物不同生育期分阶段实施。制定这样的生产标准或规程，可以分步进行。第一步是政府投入，制定不同种类作物、不同类型田地的无农药污染生产规程。第二步，推广“公司＋农户”模式，实施农业产业化，公司按照农产品的市场要求，将农产品生产，从种苗到产品收获的田间作业内容，规范为若干个生产环节，便于农民实施，同时对这些环节进行监督，确保产品质量。

（2）农药市场准出入制度的制定不完善　加强农药市场的监督，根据区域布局，制定不同区域不同农药品种的准入制度。对一些国家明令禁止的农药品种和高毒、高残留的农药品种采取市场不准入制度。市场上买不到，农民也就不会用。

（3）无农药污染的农作物病虫草综合防治技术的研究与推广开展不开　坚持以农业防治措施为基础。关键是推广应用抗病虫品种。在育种时，应充分利用高科技手段引入抗病虫或驱避病虫基因，减少病虫的侵害，降低病虫草防治中农药的施用量。同时还应进一步研究推广简便易行的农业防治或避害措施，如进行水旱轮作，经常更换农作物新品种等。大力研究开发生物防治技术，包括害虫天敌的助迁，产业化繁殖释放，忌避物质和诱导农作物抗病虫的新型农药的研究开发，生物农药的推广应用等。充分利用各种诱杀技术。在害虫成虫盛期应用灯光诱杀、黄板诱杀、仿生诱杀等技术，重点研究诱杀未产卵雌蛾技术，提高诱杀的应用效果。加强病虫害抗药性监测治理，科学指导用药。各地要对当地主要病虫对主要农药的抗药性进行系统监测，并根据抗药性情况，制定出适合当地的抗性综合治理方案。在化学农药使用中，要坚持交替用药的原则，对同一种类型的农药，或同一种作用机制的农药在害虫的一个代次或一种作物同一生长季节中，最多只能施用 2 次，否则会加快病虫抗药性的产生。因此，应选择不同作用机制的农药交替、轮换使用。普及安全用药技术，选择经植保技术部门试验示范，证明防治效果好，对田间大多数天敌安全的低毒、低残留农药。针对当地某种农作物上主要害虫同期发生的其他害虫，选择具有兼治效果、无刺激增生负效应的农药，根据不同地域特点有针对性地选择农药。针对农作物种植模式选择安全、无残留污染的农药。根据作物病虫防治适期距收获期的时间合理选择不同安全间隔期的农药。禁止使用高毒、剧毒农药，慎重使用菊酯类农药，长残效农药；加强农药环境危害特性及规律的研究，提高农民文化素质，科学合理地使用农药。

三、农业发展可持续性分析

（一）农业发展可持续性评价指标体系构建

1. 指标体系构建基本原则

（1）代表性原则　为体现江西省农业功能定位的准确性和全面性，指标体系要兼顾多方面的均衡。首先，各个类别指标分别选取最有说服力的指标。

（2）系统性原则　江西省农业功能区划的评价指标应从系统的角度，全面、综合地反映江西11个地市99个县（区）的整体情况，抓住决定农业四大功能的主要影响因素，从四大农业功能定位的总目标出发，进行系统分解，逐层建立各有侧重、相互联系、系统集成的评价指标体系，保证综合评价的全面性与可信度。

（3）变异性原则　在所有的指标中，有些指标是存在关联的，但是在其他的许多地方是可变的，即存在差别。

（4）可操作性原则　由于在农业功能区划的研究过程中主要采用因子分析法、聚类分析法和判别分析法等进行数学计算，因此，结合区域的实际状况，选择指标的过程中注意含义要明确、通俗、易懂，数据易于搜集，可操作性强，便于统计分析。

2. 指标体系及指标解释

（1）生态可持续性指标

农村人口人均耕地面积。反映区域耕地资源丰裕状况。

复种指数。该指标反映耕地利用强度，是指农作物总播种面积与耕地面积之比。

耕地亩均农业用水资源量。反映农业水资源丰裕状况。

水资源开发利用率。指区域用水量占水资源总量的比率，反映水资源开发利用的程度。国际上一般认为，对河流的开发利用不能超过其水资源量的40%。

农田旱涝保收率。耕地中旱涝保收面积占总耕地面积的比例，反映农业抵抗自然灾害的能力。

亩农业化学用品负荷。用单位耕地面积化肥施用量、单位耕地面积农药施用量表示。

农膜使用率。用单位耕地面积农膜使用量表示。

水土流失治理面积比重。用水土流失治理面积与国土面积之比表示，反映农业生态环境质量。

森林覆盖率。指林地和草地面积与土地总面积之比。

（2）经济可持续性指标

农业劳动生产率。指每个农业劳动者在单位时间（一年）内生产的农产品量或产值（推荐用产值），反映农业劳动者生产效率水平。

农业土地生产率。用单位面积农产品产量表示，综合反映土地生产力水平。

农业产业化水平。可用农产品加工转化率表示（估算）。

农业工业化水平。可用农村经济总收入中来自非农产业的收入表示，反映农业现代化进程和产业结构转型升级状况。

农产品商品率。指一定时期内农业生产者出售的农产品收入占农业总产值的比重，综合反映农产品商品化程度。

（3）社会可持续性指标

人均粮食占有量。用区域粮食总产量与总人口的比值来表示，反映农业生产对人们最基本的消费需求的满足程度。

人均肉类占有量。用区域肉类（猪牛羊）总产量与总人口的比值来表示，反映农业生产对人们最基本的消费需求的满足程度。

农业科技化水平。可用农业科技进步贡献率来表示，反映农业科学技术转化为现实生产力的水平。

国家农业政策支持力度。用政府对农村和农业的财政支出与GDP之比表示，反映政府对“三农”问题解决的决心和力度。

（二）农业发展可持续性评价方法

参考借鉴有关方法，建立农业可持续发展定量评价方法模型。笔者构建的江西农业可持续发展能力指标体系，分为3个子系统，共19项指标。该指标体系由目标层、基准层和指标层构成，目标层为农业可持续发展能力；基准层根据构成农业可持续发展系统的3个子系统设置为生态、经济和社会3个指标。具体指标见表3–1。

（三）农业发展可持续性评价

1. 指标权重确定

确定评价指标权重的具体方法如下：

首先，反映各指标历年数据差异程度的变异系数：

$$\mathrm{var}_i = {}^{s_i}\!\diagup_{\bar{x}} \quad (i=1,\ 2,\ 3,\ \ldots,\ n)$$

式中，s_i，x_i 分别是第 i 项指标历年数据的样本标准差和平均值。则各项指标的权重为

$$w_i = \frac{\mathrm{var}_i}{\sum_1^n \mathrm{var}_i}$$

表3–1　江西农业可持续发展能力指标体系及其计算公式

目标层	基准层	指标层	计算公式
A农业可持续发展能力	B1生态可持续性	C1 农村人口人均耕地面积（hm^2）	耕地面积 / 农业人口
		C2 复种指数	农作物总播种面积 / 耕地面积
		C3 耕地亩均农业用水资源量	
		C4 水资源开发利用率	区域用水量 / 水资源总量
		C5 农田旱涝保收率	旱涝保收面积 / 耕地面积
		C6 化肥使用强度（$kg \cdot hm^{-2}$）	化肥用量 / 耕地面积
		C7 农药使用强度（$kg \cdot hm^{-2}$）	农药用量 / 耕地面积
		C8 农膜使用强度（$kg \cdot hm^{-2}$）	农膜使用量 / 耕地面积
		C9 水土流失治理面积比重 /（%）	水土流失治理面积 / 国土面积
		C10 林草覆盖率	林地和草地面积 / 土地总面积
	B2经济可持续性	C11 农业劳动生产率（kg/ 人）	农产品产量 / 农业人口
		C12 农业土地生产率（$kg \cdot hm^{-2}$）	农产品产量 / 耕地面积
		C13 农业产业化水平（%）	
		C14 农村工业化水平（%）	
		C15 农产品商品率（%）	
	B3社会可持续性	C16 人均粮食占有量（kg/ 人）	粮食总产量 / 总人口
		C17 人均肉类占用量（kg/ 人）	肉类总产量 / 总人口
		C18 农业科技化水平	用科技贡献率表示
		C19 国家农业政策支持力度（%）	农业财政支出 /GDP

表 3-2　2010—2013 年江西农业可持续发展能力各项指标值

指标代码	2010	2011	2012
C1	0.09	0.09	0.09
C2	1.82	1.78	1.79
C3	3 276.85	3 603.02	3 152.12
C4	10.54	25.33	11.15
C5	49.69	48.88	44.22
C6	1 371.15	1 370.82	1 382.04
C7	32.63	32.31	32.51
C8	14.62	15.36	16.27
C9	0.47	0.48	0.50
C10	63.10	63.10	63.10
C11	909.16	970.44	980.68
C12	9 897.09	10 300.67	10 443.25
C13	27.29	26.59	25.56
C14	13.55	16.73	15.15
C15	0.02	0.02	0.02
C16	438.05	457.35	462.89
C17	69.07	70.57	74.14
C18	42.64	49.45	52.39
C19	2.46	2.46	2.97

表 3-3　利用变异系数法确定指标的权重

指标代码	样本平均值	样本标准差	变异系数	权重
C1	0.09	0.00	0.01	0.011
C2	1.80	0.02	0.01	0.010
C3	3 344.00	232.83	0.07	0.054
C4	15.67	8.37	0.53	0.412
C5	47.60	2.96	0.06	0.048
C6	1 374.67	6.38	0.00	0.004
C7	32.48	0.16	0.00	0.004
C8	15.42	0.83	0.05	0.042
C9	0.48	0.02	0.03	0.026
C10	63.10	0.00	0.00	0.000
C11	953.43	38.68	0.04	0.031
C12	10 213.67	283.28	0.03	0.021
C13	26.48	0.87	0.03	0.025
C14	15.14	1.59	0.10	0.081
C15	0.02	0.00	0.02	0.014
C16	452.77	13.04	0.03	0.022
C17	71.26	2.60	0.04	0.028
C18	48.16	5.00	0.10	0.080
C19	2.63	0.30	0.11	0.087

2. 评价指标的无量纲化处理

为消除各指标量纲不同的影响，采用极差法对江西省农业可持续发展能力的各个指标进行无量纲化处理，效益型与成本型指标的无量纲化方法如下：

$$Y_{it}=(X_{it}-\min X_{it})/(\max X_{it}-\min X_{it});$$

无量纲化处理后的数据是介于 0~1 之间的数值，具体见表 3-4。

表 3-4　各指标无量纲化数据

指标代码	2010	2011	2012
C1	0.00	1.00	0.87
C2	1.00	0.00	0.22
C3	0.28	1.00	0.00
C4	0.00	1.00	0.04
C5	1.00	0.85	0.00
C6	0.03	0.00	1.00
C7	1.00	0.00	0.60
C8	0.00	0.45	1.00
C9	0.00	0.37	1.00
C10	0.00	0.00	0.00
C11	0.00	0.86	1.00
C12	0.00	0.74	1.00
C13	1.00	0.59	0.00
C14	0.00	1.00	0.50
C15	1.00	0.00	0.13
C16	0.00	0.78	1.00
C17	0.00	0.30	1.00
C18	0.00	0.70	1.00
C19	0.00	0.01	1.00

3. 江西农业可持续发展能力的综合评价

综合评价方法有综合指数评价方法和模糊综合评价法。由于综合指数评价方法具有考虑问题全面、综合性强、能充分体现农业可持续评价的原则和目的等优点，为此，选择综合指数评价方法对江西省农业可持续发展的能力进行评价。

综合指数评价方法的步骤：

（1）对基准层中各子系统的综合评价值 B_j 采用评价模型：

$$B_j=\sum_{1}^{n}W_{ij}Y_{ij}$$

式中，B_j 基准层中第 j 个子系统的综合评价值；n 为第 j 个子系统中所包含的评价指标个数；W_{ij} 为第 j 个子系统的第 i 个指标的权重；Y_{ij} 为第 j 个子系统的第 i 个指标的评价值。若后一期的值大于等于前一期的 B 值，则表明农业发展是可持续的，否则，农业发展的可持续性就存在问题。因此根据表 3-5 的数据可确定基准层的综合评价值（图 3-1）。

表 3-5　2010—2013 年江西农业可持续发展能力基准层的综合评价值

基准层代码	2010	2011	2012
B1	0.08	0.55	0.10
B2	0.04	0.14	0.10
B3	0.00	0.08	0.22

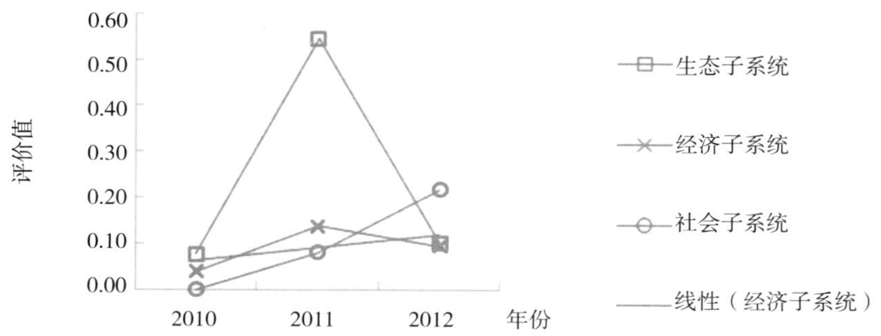

图 3-1　2010—2012 年江西农业可持续发展能力趋势

（2）对目标层综合评价值 A 采用评价模型：

$$A=\sum_{i=1}^{n}W_iC_i$$

式中，A 为农业可持续发展能力评价值；W_i 为第 i 个指标的权重；C_i 为第 i 个指标的评价值；n 为指标层中子系统的个数。2010—2012 年江西农业可持续发展能力指数（A）分别为 0.12，0.77，0.41。

4. 评价结果

通过对江西省农业可持续发展能力指标体系中指标的权重进行排序，可见影响农业可持续发展能力的前 10 项指标顺序是：C4 水资源开发利用率、C19 国家农业政策支持力度、C14 农村工业化水平、C3 耕地亩均农业用水资源量、C5 农田旱涝保收率、C8 农膜使用率、C11 农业劳动生产率、C17 人均肉类占用量、C9 水土流失治理面积比重、C13 农业产业化水平。这说明生态子系统中所占指标较多，对农业可持续发展能力的贡献较大，经济和社会子系统可持续发展能力次之。

江西省农业可持续发展能力总体呈良好发展趋势，但是生态子系统的可持续能力呈下降趋势且波动较大，从此方面可以带来启示，在发展经济的同时不能以牺牲环境为代价，因为资源和环境是农业可持续发展的基础。

四、农业可持续发展的适度规模分析

（一）江西省农业资源合理开发强度分析

根据中国生态足迹报告的研究成果，人类生态足迹在 2007 年已达到 180 亿全球 hm^2，而地球的生物承载力是 119 亿全球 hm^2，人均生物承载力是 1.8 全球 hm^2。这意味着生态系统已超载 50%，人类需要 1 个半地球才能满足需求，或者说，地球需要一年半的时间才能产生出人类 2007

年一年中消费的可再生资源和吸纳掉该年人类排放的二氧化碳，对人类来说可持续发展已迫在眉睫。1992 年，加拿大生态学家 William 提出生态足迹的概念，1996 年由其学生 Wackermagel 加以完善，生态足迹方法是近年来定量度量国家或地区发展的可持续方法和模型之一，为可持续发展的科学决策提供定量工具，目前已被广泛应用于对区域及城市可持续发展问题的定量研究。

表 4-1 江西省 2012 年江西省各主要消费项目的人均生态足迹分量

类别	总产量（t）	播种面积（hm^2）	世界年均产量（kg/hm^2）	人均生态足迹分量（hm^2/人）	生物生产面积类型
稻谷	1 976.1	3 328 300	2 744	0.000 0	耕地
小麦	2.4	11 900	2 744	0.000 0	耕地
玉米	11	26 970	2 415	0.000 0	耕地
大豆	21.3	97 830	1 856	0.000 0	耕地
花生	448 133	160 710	1 856	0.005 4	耕地
油菜籽	687 541	551 850	1 856	0.008 2	耕地
芝麻	34 476	31 230	1 500	0.000 5	耕地
棉花	152 203	85 000	1 000	0.003 4	耕地
烤烟	50 338	22 880	1 548	0.000 7	耕地
蔬菜类	12 131 089	548 430	1 800	0.149 6	耕地
小计				0.167 8	
猪肉	2 543 506		74	0.763 1	草地
牛肉	165 457		33	0.111 3	草地
羊肉	14 159		33	0.009 5	草地
牛奶	127 610		502	0.005 6	草地
禽蛋	564 337		400	0.031 3	草地
蜂蜜	12 899		4 893	0.000 0	草地
蚕茧	7 484		1 200	0.000 1	草地
小计				0.921 2	
水产品	2 370 007		29	1.814 5	水域
油桐籽	8 189		1 600	0.000 1	林地
水果	3 702 788	382 835	3 500	0.023 5	林地
小计				0.023 6	

在生态足迹账户核算中，生物生产面积主要考虑耕地、草地、林地、建筑用地、化石能源土地和水域 6 种生物生产面积类型。由于这 6 类生物生产面积的生态生产力不同，要将这些具有不同生态生产力的生物生产面积转化为具有相同生态生产力的面积，以计算生态足迹和生态承载力，需要对计算得到的各类生物生产面积乘以一个均衡因子。均衡因子是一个不同类型的生态生产性土地转化为在生态生产力上等价的系数，反映的是不同土地类型的平均生态生产力的差异。目前世界公认并采用的均衡因子分别是：耕地和建筑用地的均衡因子为 2.8，化石能源用地均衡因子是 1.1，草地的均衡因子是 0.5，林地的均衡因子为 1.1，淡水水域和海洋的均衡因子为 0.2；中国各类生物生产性土地的产量因子分别为：耕地和建筑用地产量因子为 1.66，林地的产量因子为 0.91，草地的产量因子为 0.19，水域的产量因子为 1，化石能源用地的产量因子为 0。

1. 数据处理与分析

（1）计算江西省 2012 年江西省各主要消费项目的人均生态足迹分量

表 4–2　江西省 2012 年能源人均生态足迹分量

能源类型	人均消费量（GJ/ 人）	全球平均产量（GJ/hm²）	人均生态足迹分量（hm²/ 人）	生物生产面积类型
煤炭	0.63	55	0.011 4	化石能源用地
汽油	0.38	93	0.004 1	化石能源用地
天然气	0.21	71	0.002 9	化石能源用地
液化石油气	0.35	23	0.015 0	化石能源用地
电力	10.95	34	0.321 9	化石能源用地
小计			0.355 4	化石能源用地

（2）计算江西省 2012 年人均生态足迹

表 4–3　江西省 2012 年人均生态足迹

土地类型	人均生态足迹分量（hm²/ 人）	均衡因子	人均生态足迹（hm²/ 人）
耕地	0.17	2.80	0.47
草地	0.92	0.50	0.46
林地	0.02	1.10	0.026
化石能源用地	0.36	1.10	0.39
建筑用地	0.00	2.80	0.00
水域	1.81	0.20	0.36
合计			1.71

（3）计算江西省 2012 年生态承载力

表 4–4　江西省 2012 年生态承载力

土地类型	均衡因子	产量因子	面积（hm²）	生态承载力分量
耕地	2.80	1.66	4.65	21.60
草地	0.50	0.19	0.10	0.01
林地	1.10	0.91	1.00	1.00
建筑用地	2.80	1.66	4.65	21.60
水域	0.20	1.00	0.20	0.04
扣除生物多样性保护面积（12%）			1.27	
生态承载力（hm²/ 人）		38.95		
生态盈余		37.24		

（4）结论　2012 年江西省人均生态足迹 Ef 为 1.71hm²/ 人，生态承载力 Ec 为 38.95hm²/ 人，Ef<Ec，表明 2012 年江西省存在生态盈余，处于生态可持续状态。

（二）种植业适度规模

江西省是我国粮食生产和输出的重要省份，为国家粮食保障目标的实现作出了重大贡献。种植制度结构的调整和优化不仅关系到粮食安全问题，对农业结构调整、农民增收及农业发展都具有重要意义。因此，在保障粮食的基础上，充分利用资源优势，优化种植业结构，提高种植业效益，探讨种植业的最优生产结构势在必行。

农业种植业优化模型算法是在统筹兼顾社会、生态、经济效益的基础上，以土地资源面积、农作物需水量、肥料、农业机械总动力等作为种植业规划的约束条件，以达到经济收益最大化的目标。为此，采用线性规划模型对江西省种植业生态系统结构优化。

$$\max Z=\sum_{j=1}^{n}c_j x_j$$

式中，Z 表示粮食、油料、棉花和蔬菜类 4 类农业种植业产值的最大值；C 为价值系数，指每公顷农作物的收益；x_1、x_2、x_3、x_4 分别表示粮食、油料、棉花和蔬菜类 4 类农业种植业面积比重，且 $x_1+x_2+x_3+x_4=1$；b_i（i=1 2 3 4）表示资源约束系数，即粮食、油料、棉花和蔬菜类 4 类农业种植业平均农作物需水量、平均农作物施肥量和平均农作物所需农业机械动力；a_{ij}（i=1，2 3，4；j=1，2，3，4）为资源消耗系数。根据《江西省统计年鉴 2013》查出 4 类种植业 2012 年单产、总产和总产值，见表 4–5。

表 4–5　2012 年 4 种农作物单位面积收益

	单　产（kg/hm²）	总产量（t）	总产值（元）	单位面积收益（元 /hm²）
x_1 粮食作物	5 672	20 848 000	5 210 844	1 417.685
x_2 油料	1 573	1 170 753	581 231	780.930 2
x_3 棉花	1 790	152 203	121 154	1 424.845
x_4 蔬菜类	22 120	12 131 089	2 778 761	5 066.832

约束条件

（1）面积约束　表示各种作物种植面积不能超过该地区总耕地面积。通过考察过去的统计数据，认为粮食种植面积比重不低于 0.62。

（2）农作物需水量约束　粮食、油料、棉花和蔬菜类 4 类农作物每公顷需水量分别为 3 780m³、2 350m³、3 300m³、4 300m³，平均需水量不超过 3 350m³。

（3）肥料约束　4 类农作物每公顷所需肥料分别为 428kg、548kg、520kg、440kg，平均所需肥料不超 470kg。

（4）农业机械总动力约束　4 类农作物每公顷所用农业机械总动力分别为 4.7 万、3.5 万、2.8 万、4.2 万 kW，平均所用农业机械总动力不超过 4.2 万 kW。

运用单纯形法进行计算机程序求解，可得优化结果为：x_1=0.62，x_2=0.28，x_3=0.081，x_4=0.02；maxZ 为 1 307.34，即粮食、油料、棉花、蔬菜分别占耕地比重为 0.62、0.28、0.08、0.02。

（三）养殖业适度规模

采用线性规划方法对江西省养殖业的农业生态系统进行分析，以提出江西省农业生态系统调整及区域农业长远规划的理论依据。

$$\max Z=\sum_{j=1}^{n}c_j x_j$$

式中，Z 表示猪、牛、羊、兔和禽类 5 类养殖业产值的最大值；C 为商品率，反映的是每种畜禽转化为肉类的比率；x_1、x_2、x_3、x_4、x_5 分别表示猪、牛、羊、兔和禽类 5 类养殖业的畜禽数量（头，只），且 $x_1+x_2+x_3+x_4+x_5=1$；b_i（i=1 2 3 4）表示资源约束系数，即猪、牛、羊、兔和禽类 5 类养殖业的饲料需求量、牧草需求量、有机肥产量和单位收益；a_{ij}（i=1，2 3，4，5；j=1，2，3，4，5）为资源消耗系数。见表 4-6。

运用单纯形法进行计算机程序求解，可得优化结果为：x_1=0.84，x_2=0.03，x_3=0.02，x_4=0.08；x_4=0.01；max$Z$ 为 520.5，即猪、牛、羊、兔和禽类 5 类分别占比重为 0.84、0.03、0.02、0.08、0.01。

表 4-6　2012 年 5 类畜禽收益

类型	当年出售和自宰肉用（头，只）	肉类总产量（t）	商品率（kg/头，只）	饲料需求量（kg/头，只）	牧草需求量（kg/头，只）	有机肥产量（kg/头，只）	单位收益（元/头，只）
猪	31 306 426	2 543 506	81.25	750	0	366	550
牛	1 438 420	165 457	115.03	800	1 200	1 971	1 800
羊	887 215	14 159	15.96	45	180	128	110
兔	3 451 451	5 749	1.67	25	18	27	25
禽	43 278	598 960	13 839.99	55	0	36	30

注：资料均来源于《江西省统计年鉴 2013》，有机肥产量为家畜粪便干物质产量，能值为 17.79MJ/kg

五、农业可持续发展的区域布局与典型模式

（一）农业可持续发展的区域差异分析

随着人口增长、土地退化和环境问题的日益加剧，人们已清醒地认识到不能靠剥夺开发利用农业资源和牺牲环境来换取经济的增长，必须实施可持续发展战略。可持续发展作为一种全新的发展理论被世界各国广泛接受，其传播速度之快、影响范围之广超出人们的意料。现在，它与生物多样性、全球变化问题一起成为当代生态环境科学的三大前沿。可持续发展被定义为“不以破坏子孙后代资源为代价的发展”，它要求人类“善待自然”，建立全新的人地共生关系，永续利用资源和保护环境。江西省是农业大省，也是农业发展相对落后的省份，走农业可持续发展道路具有重要意义。

众所周知，区域生产条件是决定区域发展水平和经济增长实力的关键因素。因此，充分了解江西省内不同地区农业可持续发展的实际情况，缩小区域差异，促进各地区平衡发展，已经成为农村经济全面协调发展亟待解决的问题。

区域有不同的划分方法，考虑到统计数据的来源和讨论问题的方便，文中所探讨的是基于地级行政区为“区界”的农业可持续发展的区域差异问题。

1. 江西农业基本生产条件区域差异分析

农业生产条件是农业生存与发展的根本保证，也是一个地区经济增长的主要基础。深入研究江西农业基本生产条件的区域差异，对于指导政府制定有效的政策，形成合理的生产布局，缩小各地区的贫富差距，建设社会主义新农村，有着重要意义。

（1）农业基本生产条件的指标体系设计　根据指标体系设计的原则，考虑到统计数据的来源，现选取了以下五个指标，作为江西省农业基本生产条件指标。X1 为各地区水资源总量占全省比例，X2 为各地区农村用电量占全省比例，X3 为化肥施用量（折纯量）占全省比例，X4 为农药使用用量占全省比例，X5 为农用塑料薄膜使用量占全省比例。

（2）农业基本生产条件的聚类分析　文中利用 SPSS 软件对表 5-1 中的数据进行标准化处理，这是为了消除量纲对分析结果的影响，然后进行系统聚类分析，聚类方法采用最远邻元素法，得到聚类树形图（图 5-1），可知，样本被分为 2 类、3 类时各包含的样本（表 5-2）。从表 5-1 和图 5-1 可以直观地看出具有不同生产条件的动态聚类过程、相互关系及细微差异。

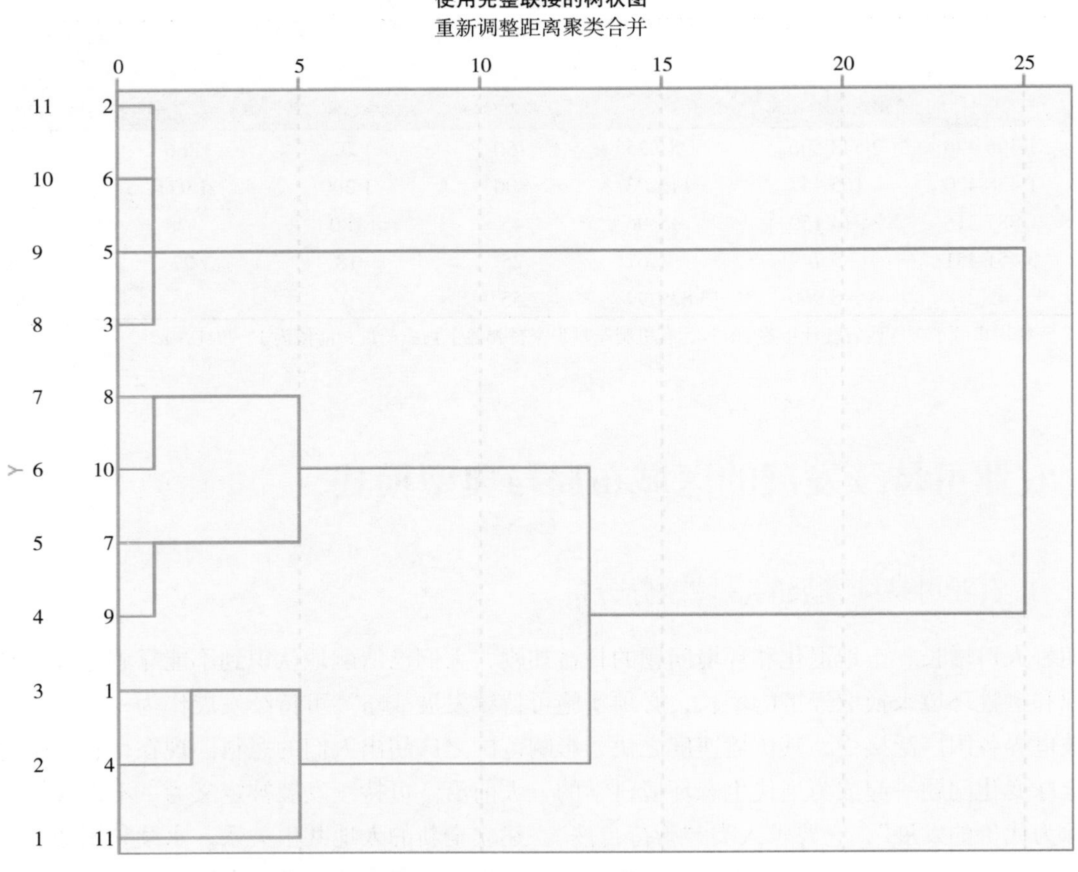

图 5-1　江西省各市农业基本生产条件最远邻元素法聚类树形

表 5-1　各类所包含的样本一览表

分 2 类		分 3 类		分 5 类	
类别	样本	类别	样本	类别	样本
类 1	上饶市	类 1	上饶市	类 1	上饶市
	九江市	类 2	九江市	类 2	九江市
	南昌市		南昌市		南昌市
	宜春市		宜春市	类 3	宜春市
	赣州市		赣州市		赣州市
	抚州市		抚州市	类 4	抚州市
	吉安市		吉安市		吉安市
类 2	萍乡市	类 3	萍乡市	类 5	萍乡市
	新余市		新余市		新余市
	鹰潭市		鹰潭市		鹰潭市
	景德镇市		景德镇市		景德镇市

（3）结果与分析　根据以上的聚类分析及具体指标值，可以看出，上饶市、九江市、南昌市属于农业生产条件最为优越的地区，在这三个地区中，上饶市比较特殊，单独构成一类。宜春市、赣州市、抚州市、吉安市属于农业生产条件较为优越的地区，成为一类。最后一类包括萍乡市、新余市、鹰潭市、景德镇市，属于农业生产条件最差的地区。江西省各地区农业生产条件的差异是客观存在的，有些确定也是很难改变的。因此，要根据各地区农业生产条件的优劣势分析，发展各地的特色农业，与此同时也要对农业生产条件落后地区进行扶持，尽力改善客观上可以改善的生产条件，努力实现江西省农业可持续协调健康发展。

2. 农业可持续制约因素区域差异分析

农业基本资源非农化进程加剧，水土资源危机和环境问题将是我国 21 世纪农业可持续发展面临的根本制约因素。虽然江西农业发展取得了一定成绩，但与《中国 21 世纪议程》中确立的建立可持续发展的经济体系、社会体系和保持与之相适应的可持续利用的资源和环境要求，深入分析和观察江西农业可持续发展的现状，会发现存在一些制约因素困扰着江西农业可持续发展。因此，本部分内容从江西农业可持续发展的制约因素入手，运用聚类分析法，分析江西省农业可持续发展制约因素的区域差异。在此，选取 5 个指标作为江西农业可持续发展的制约因素来分析，X1 表示各地区农林牧渔业商品率，X2 表示各地区农村扶贫人数占全省比例，X3 表示各地区初中文化以上人员占全省比例，X4 表示各地区农业科技贡献率，X5 表示各地区乡村劳动力占全省农业人口人数比例。

（1）农业可持续发展制约因素的聚类分析　文中利用 SPSS 软件对数据进行标准化处理，这是为了消除量纲对分析结果的影响，然后进行系统聚类分析，聚类方法采用最远邻元素法，得到聚类树形图（图 5-2），可知，样本被分为 2 类、3 类、5 类时各包含的样本（表 5-2）。从图 5-2 可以直观地看出具有不同生产条件的动态聚类过程、相互关系及细微差异。

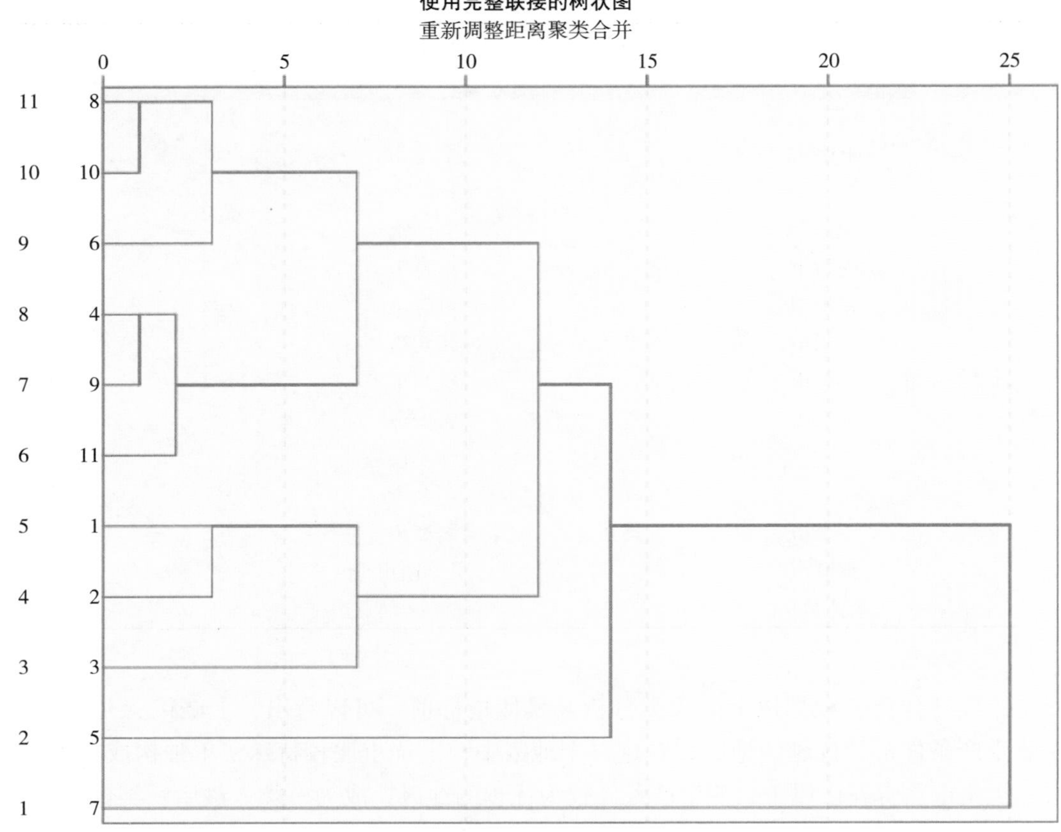

图 5-2　江西省各地区农业可持续发展制约因素最远邻元素法聚类树形图

表 5-2　各类所包含的样本一览表

分 2 类		分 3 类		分 4 类		分 5 类	
类别	样本	类别	样本	类别	样本	类别	样本
类 1	赣州市	类 1	赣州市	类 1	赣州市	类 1	赣州市
	新余市	类 2	新余市	类 2	新余市	类 2	新余市
	萍乡市		萍乡市		萍乡市		萍乡市
	景德镇市		景德镇市	类 3	景德镇市	类 3	景德镇市
	南昌市		南昌市		南昌市		南昌市
类 2	上饶市		上饶市		上饶市		上饶市
	宜春市	类 3	宜春市		宜春市	类 4	宜春市
	九江市		九江市	类 4	九江市		九江市
	鹰潭市		鹰潭市		鹰潭市		鹰潭市
	抚州市		抚州市		抚州市	类 5	抚州市
	吉安市		吉安市		吉安市		吉安市

（2）结果与分析　根据以上的聚类分析及具体指标值，可以看出，江西省各地区农业可持续发展制约因素的差异是客观存在的，赣州市属于农业可持续发展制约因素影响最低的地区，新余市属于农业可持续发展制约因素较低的地区，最后一类包括余下各地市，也就是农业可持续发展制约

因素较为复杂的地区。因此，要根据各地区农业可持续发展制约因素的优劣势分析，发展各地的特色农业，与此同时也要对农业生产条件落后地区进行扶持，尽力改善客观上可以改善的生产条件，努力实现江西省农业可持续协调健康发展。

（二）农业可持续发展区划方案

1. 农业可持续发展区划方法

（1）聚类分析法的步骤　本研究采用聚类分析来对江西省农业可持续发展功能进行区划。采用模糊聚类分析的方法，一般来说，聚类分析至少都应该包括以下四个步骤：首先，根据研究的目的选择合适的聚类变量；第二步计算相似性测度；第三步选定聚类方法进行聚类；最后是对结果进行解释和验证。

（2）区划范围及单元　江西省共设南昌、景德镇、萍乡、九江、新余、鹰潭、赣州、吉安、宜春、抚州、上饶 11 个地级市，13 个市辖区和 79 个县及县经市。考虑到综合平衡区划的变异性、精确度、准确度和资料的可获得性，本研究的区划基本单元为县。

2. 选择变量

选择变量时要注意克服“加入尽可能多的变量”这种错误倾向，并不是加入的变量越多，得到的结果越客观。所以聚类分析应该只根据在研究对象上有显著差别的那些变量进行分类。因此，研究者需要对聚类结果不断进行检验，剔除在不同类之间没有显著差别的变量。另一点应该注意的是，所选择的变量之间应该高度不相关。根据以上论述及所调查的数据，本文并没有将调查的全部数据用于聚类分析，而是选择了其中的 17 个变量进行分析，变量的选择、解释及相关描述见表 5–3。

表 5–3　变量的选择

功能层	变量名		变量含义
农产品供给功能	X1	乡村人口人均耕地面积	耕地面积 / 乡村总人口（hm^2/ 人）
	X2	耕地粮食单产	粮食总产量 / 耕地面积（kg/hm^2）
	X3	耕地肉类单产 X3	肉类总产量 / 耕地面积（kg/hm^2）
	X4	作物播种面积比重	作物播种面积 / 耕地面积
生活保障功能	X5	农民人均纯收入	元
	X6	第一产业增加值占地区总产值比重	第一产业增加值 / 农林牧渔业总产值
	X7	乡村劳动力占乡村总人口的比重	乡村劳动力 / 乡村总人口
	X8	农业劳动力转移数占乡村劳动力比重	农业劳动力转移数 / 乡村劳动力
生态功能	X9	林草覆盖率	（草地面积 + 林地面积）/ 土地面积
	X10	水土流失率	水土流失面积 / 土地面积
	X11	秸秆利用率	
	X12	农业自然灾害率	农业自然灾害面积 / 土地面积
	X13	耕地化施用量	化肥施用量 / 耕地面积（kg/hm^2）
	X14	耕地农药使用量	农药作用量 / 耕地面积（kg/hm^2）
	X15	耕地农膜使用量	农膜使用量 / 耕地面积（kg/hm^2）
	X16	旱涝保收率	旱涝保收面积 / 土地面积
	X17	农业水资源用量比重	农业水资源用量 / 水资源总量
文化功能	X18	农业非物质文化	存在记为 1，不存在记为 0
	X19	农业物质文化遗产	存在记为 1，不存在记为 0

3. 主成分分析

选择了聚类变量后，考虑到变量较多，需要进行因子分析（主成分分析），这就达到了数据降维的目的。

4. 计算相似性

在聚类分析技术的发展过程中，形成了很多种测试相似性的方法。每一种方法都从不同的角度测试了研究对象的相似性，主要分为相关测度、距离测度、关联测度。其中，相关测度和距离测度适用于间距测度等级及以上的数据，关联测度适用于名义测度和次序测度的数据。本课题的研究中采用的是距离测度。

5. 聚类

选定聚类变量得出了变量的主成分并计算出相似性矩阵之后，接下来的一步就是要对研究对象进行分类。这时主要涉及两个问题：一是选定聚类方法；二是确定形成的类数。因此，选择了非层次聚类法作为本课题的分析方法。在具体的方法选择中，选择了目前最为常用的非层次聚类方法中 K- 均值聚类法（K-means Clustering）。在进行聚类时，我们对 92 个县（市、区）进行聚类，聚为 3 类。

6. 判别分析

本文采用的是 Fisher 判别法进行分析。最后，经统计，在四大功能中，其中农产品供给功能组共 42 个县（市、区），生活保障功能组共 22 个县（市、区），生态功能组共 22 个县（市、区），文化功能组共 6 个县（市、区）。

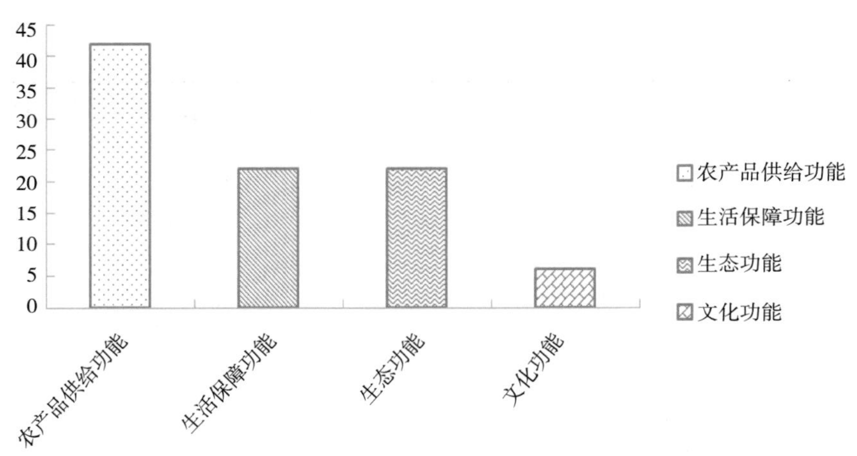

图 5-3　各类县（市、区）数量

7. 江西省各县、市、区农业功能区划方案

（1）区划方案　按照聚类分析和判别分析的结果，综合考虑各县（市、区）农业资源禀赋、人力资本、农业技术及区域发展战略等制度安排，按照现阶段农业主要功能排序变化及其趋势，统筹兼顾功能分区的静态与动态要求，在利用多种技术手段形成分区方案的基础上，最后做适当调整，得出江西省农业功能区划方案的结果如表 5-4：

表 5-4 江西农业功能区划表

设区市	农产品供给功能	生活保障功能	生态功能	文化功能	数量
南昌市	南昌县新建县进贤县安义县				4
景德镇市	昌江区乐平市		浮梁县		3
萍乡市	上栗县芦溪县湘东区	莲花县		安源区	5
九江市	都昌县湖口县武宁县永修县	修水县瑞昌市九江县德安县星子县	彭泽县	庐山区	11
新余市	分宜县渝水区	新余高新区			3
鹰潭市	余江县贵溪市				2
赣州市		寻乌县上犹县赣县安远县宁都县于都县兴国县会昌县石城县南康市	信丰县大余县瑞金县龙南县定南县全南县崇义县	章贡区	18
吉安市	吉安县吉水县峡江县新干县永丰县泰和县安福县青原区	遂川县万安县永新县	井冈山市	吉州区	13
宜春市	袁州区高安市奉新县宜丰县樟树市上高县		万载县靖安县铜鼓县		10
抚州市	崇仁县南丰县金巢区金溪县东乡县临川区	广昌县乐安县	黎川县宜黄县资溪县		11
上饶市	上饶县鄱阳县余干县万年县	横峰县	广丰县玉山县铅山县弋阳县德兴市	婺源县信州区	12
总计	42	22	22	6	92

（2）命名原则与方案说明　对于上述功能区划方案，需要说明的是：

① 农业功能区形成：农业功能区的形成是一个复杂的历史进程，存在着许多不确定性和不可预见性，除了一些自然、资源、经济、社会和人文属性较为明确，功能边界较为清晰、主导性功能较为单一的区域可以通过空间规划予以刚性确定外，多数农业功能区都不宜将初始规划赋予的农业功能永久化。

② 农业功能区调整：把农业主导功能区划视为引导农业发展的一个基础、一种手段，并使之保持一种开放状态。当区域发展条件和农业资源环境条件发生变化时，要对农业功能区规划进行调整，把调整后的区划作为新时期引导农业发展的工具，通过由上而下的规制及由下而上的反馈，最终形成合理的农业功能拓展格局。

（三）区域农业可持续发展的功能定位与目标

基于农业可持续发展理念，结合区域特点确定各区农业的功能定位、发展目标与方向。

1. 各功能区域比较优势分析

（1）农产品供给功能区　本功能区主要包括 42 个县（市、区），共有国土面积 39.84 万 km^2，耕地面积 17 227.71 万 hm^2；总人口 3 586.67 万人，农业人口 18 224.34 万人；GDP 总量为 4 560.93 亿元，农业总产值 1 214.87 亿元。该区域地势平坦，土地肥沃，水源充足，交通发达，京九、浙赣和皖赣铁路在此交汇，昌九、九景、京福和景婺黄高速公路纵横交错。国家规划建设的山东东营至香港高速公路大通道将纵向穿越本区域，特别是（南）昌万（年）公路、鄱（阳）余（干）公路的建设，使未来的对外通达度提升到一个新的层次，区域内外交通更加发达，各县（市）区的区位优势将更加凸显。本区域是江西省粮食、畜禽、蔬菜、水产、药材、棉、麻等经济作物的主要产区，农产品功能供给功能在此区域发挥得淋漓尽致。具体表现如下。

粮食业发达。环鄱阳湖平原地势平坦，土地肥沃，水源充足，是江西省乃至全国重要的商品粮食生产基地，是江西第一大粮仓。在该功能区中包括了 20 个商品粮食生产基地，分别为南昌县、进贤县、乐平市、渝水区、分宜县、余江县、袁州区、奉新县、上高县、宜丰县、樟树市、高安市、临川区、南城县、南丰县、崇仁县、金溪县、贵溪市、余干县、万年县。

经济园艺产业具有相当规模。区域中南丰县是南丰蜜橘的原产地和主产区，已有 1 300 多年的蜜橘栽培历史，列为中国柑橘商品基地县。南丰蜜橘以皮薄核少、汁多无渣、色泽金黄、甜酸适口、营养丰富，被斯大林赞誉为“桔中之王”。1962 年，南丰蜜橘被评为全国 10 大良种之一，1986 年、1989 年连续两届被评为全国优质水果，在“1999 中国国际农民博览会”上被评为名牌产品，被列为全国柑橘商品生产基地县的南丰县，1995 年被农业部命名为“中国南丰蜜橘之乡”，蜜橘产品遍及全国 20 多个大中城市，并远销港澳及东南亚市场，2005 年，南丰蜜橘种植面积已达 22 000hm^2，是解放初期的 127 倍，年产量达到 15 万 t，年产值 2 亿多元，占全县农业总产值的一半，南丰蜜橘生产已成为南丰县域经济的支柱产业。樟树市药业闻名全国，有“南国药都”誉称，亦有“药不到樟树不全，药不过樟树不灵”之说。全市有野生中药材近百科，上千种，可开发利用的有 156 种，其中尤以“三子一壳”闻名，“三子一壳”即黄栀子、吴茱萸、车前子和枳壳，都是在长期的种植过程中形成的道地药材。

蔬菜资源丰富，许多地方特有蔬菜是在该区特定的生态环境条件下，经长期自然选择与人工培育形成的，其品质好、抗性强，最佳适宜种植的区域较窄，如：鄱阳湖的藜蒿、慈姑、荸荠、水芹等水生蔬菜，南城淮山、上饶红芽芋、新建菖头、乐平小黄瓜等具有独特的地方特色，深受国内外消费者的青睐，市场竞争能力极强。同时，环鄱阳湖平原生态环境优越，污染源少，土地资源可直接用于发展无公害蔬菜生产，所需改善环境的费用少；劳动力富余、低格低廉，具有良好的发展无公害蔬菜生产的条件，蔬菜产品具有优越的竞争能力。永丰县的蔬菜远近驰名，有“全国辣椒之乡”“全省蔬菜大县”之称，2001 年获得“全国首批、全省唯一的无公害蔬菜生产示范基地县”，至 2005 年，该县已涌现出绿海茶油、绿丰蔬菜、永叔府豆腐乳、我家泡菜、“李族”薯丝等 18 家省市级“农”头企业，联系着全县 5 万多亩蔬菜基地。2005 年，全县无公害蔬菜总产值达 4.8 亿元，全县农民靠蔬菜一项人均年增收 1200 元。

畜禽业发展历史悠久。泰和县，中国乌鸡之乡，为正宗乌骨鸡产地，古代名医李时珍的《本草纲目》将其列为滋补健身之上品，早在 1915 年就在巴拿马太平洋万国博览会上被评为“观赏鸡种”，荣获金奖。2000 年，农业部将泰和乌鸡定为首批国家级畜禽保护品种；2002 年泰和乌鸡蛋在“神舟三号”宇宙飞船进行了太空生命科学试验，2004 年泰和乌鸡成为地理标志保护产品，2007 年 6 月参加世界地理标志大会展览并列入世界地理标志产品名录，受世界知识产权组织保护。目前全县共养殖 2 500 万只以上，加工企业 20 多家，产值 1.8 亿元，开发药酒、食品、饮料、保健品四大类，发展形势喜人。东乡县，是全国商品猪基地县、全国瘦肉型猪基地县，瘦肉率高达 70.4%，目前全县有年出栏万头以上生猪规模养殖场（户）22 家，有省一级种猪场 9 个，二级种猪场 20 个，建立标准化生态畜牧小区 40 个，全县瘦肉型猪良种覆盖率 95% 以上；万年县是传统的生猪养殖大县，近年来，万年县改变传统的生猪养殖模式，按照退出散养、退出庭院、退出村庄，进入规模养殖、进放养殖小区、进入市场循环的“三退三进”思路，大力发展生猪产业，实现了由家庭副业到县域支柱产业腾飞。

水产业发展优势明显。余干县是个历史悠久，闻名富饶的“鱼米之乡”，水产业发展条件优越，已形成了河蟹、乌鱼、黄鳝三大优势养殖产业，近年来，余干县按照“政府引导，市场运作，外资参与，全民开发”的发展模式，以实现农户增收为目标，一手抓规模养殖，一手抓渔业发展，产业规模不断扩大。目前全县水产养殖面积 35.8 万亩，养殖总产量达 10.1 万 t，总产值 10.02 亿元，人均增收 1 900 元。湖口县是全国商品鱼生产基地县，以鲫鱼、短吻银鱼和中华绒毛鱼驰名，鱼苗为传统外销品之一，“糊口糟鱼”是著名的美食；都昌县位于鄱阳湖北岸，是一个水产大县，全县水域面积达 185 万亩，素称“鱼米之乡”，被农业部命名为“中国淡水珍珠之乡”，占县域近一半的浩瀚水域，水产资源丰富，仅鱼类达 12 目 25 科 118 个品种，成为盛鲤、鲫、鳊、鳜、鲢，特产有银鱼、青是、珍珠、河蟹；鄱阳县，中国最大的淡水湖鄱阳湖主体发端于此，素有“鱼米之乡”之美誉。全县水面 125 万亩，以水产品最为著称，鄱阳湖银鱼、鳜鱼、甲鱼、鳗鱼、河蟹及东湖鲫鱼久负盛名，年水产品总量可达 112 万 t。

（2）生活保障功能区　本区域主要包括 22 个县（市、区），共有国土面积 46 745.28km^2，耕地面积 453.545 千 hm^2，总人口 1039.5 万人，农业人口 865.83 万人，GDP 总量为 1 492.68 亿元，农业总产值为 371.86 亿元。其中，大部分县（市）主要分布在赣南地区。该功能区内气候温和，土壤肥沃，耕层深厚，人口稠密，交通方便，市场体系比较健全，非农产业发达，是农村经济发展的一块宝地。

本区域的大部分县（市）位于赣南地区，是江西省打入国际市场的南大门与展示窗口。该区地处山区丘陵地带，木竹资源丰富，甘蔗、水果、烟叶、甜叶菊等经济作物发达。南康市是全国闻名的“中国甜柚之乡”，所产甜柚皮薄肉嫩，清心润肺，为历朝贡品，素有“天然罐头”美称。南康市现有甜柚种植面积达 11 万亩，已建成千亩连片甜柚基地 8 个，百亩连片基地 280 多个，产量 10 多万 t。兴国盒柿、赣县夏橙等各具特色的多果类生产丰富，南康、兴国、赣县等是江西省甘蔗的主产区。此外，广昌（白莲）、遂川狗牯脑及金桔等特色农产品远近闻名，为当地农民提供就业空间并拓展了增收渠道。改革开放以来，该功能区经济得到了迅速发展，综合经济实力不断增强，农村经济全面发展，农业的生活保障功能日渐增加。

另外，该功能区还包括瑞昌、九江、星子、德安等赣北 4 个县，这 4 个县是江西省水产业的优势主产区。九江县水产业是其传统优势产业具，特色水产品主要有河蟹、鮰鱼、小龙虾、黄鳝等，全县有渔户 897 户，渔业劳动力 554 人，水产养殖总面积 16 万亩，渔业总产值达 2.99 亿元。目前全县逐步形成了以赤湖、赛城湖为中心的虾蟹、以永安为中心的黄鳝，以赛城湖为中心的鮰鱼等三大特色水产养殖产业带。星子县依托本地优势资源，以发展珍珠、河蟹养殖为重点，全县珍珠、河蟹养殖发展加快。目前，全县珍珠养殖面积达到 1.7 万亩，河蟹养殖面积 2 万余亩，吊养珍珠蚌近千万只，珍珠养殖已成为星子县水产养殖的“半壁江山”，解决了当地农民的就业问题。

同时，本区域自然资源丰富，生态环境十分优越，具有发展特色、优质、绿色生态农业的良好基础。如修水、乐安、永新、寻乌、上犹、安远、会昌、宁都、于都等县的森林覆盖率较高，林业产品丰富，绿色生态农产品发展条件良好，为发展高效、优质、绿色生态农产品提供了良好的条件。同时森林覆盖率高对于降低大气中温室气体浓度、调节气候、维护生态平衡起着十分重要的作用。

（3）生态功能区　本区域共包括 22 个县（市、区），面积 38 244.07km^2，耕地面积 219.25

千 hm^2，总人口 683 674.2 万人，农业人口 537 706.6 万人，GDP 总量为 1 109.34 亿元，农业总产值为 274.96 亿元。这些县主要分布在江西省边界，大部分是边远山区，青山绿水，山地资源丰富，森林覆盖率高，是江西省重要的林区。

井冈山市具有辉煌的历史，绮丽的自然风光，革命人文景观与优美的自然景观交相辉映，浑然一体，是一个集风光旅游、传统教育于一身的红色旅游避暑胜地。先后被中共江西省委命名为“江西社会教育基地”、团中央书记处列为“首批全国青少年革命传统教育十佳基地”、国家文物局命名为“全国优秀社会教育基地”，三清山位于玉山县、德兴市的交界处，绿色植被覆盖率达 80% 以上。自古有“高凌云汉江南第一仙峰，清绝尘嚣天下无双福地”之美誉。1988 年，三清山被国务院批准列入第二批国家级风景名胜区名单。在 2008 年 7 月的联合国教科文组织新增的世界八大自然奇迹中，中国的三清山国家公园名列其中。

信丰，是“中国脐橙之乡”，经中国科学院南方山区综合考察队勘察认定，信丰是脐橙种植的特优区。1987 年和 1989 年，信丰“朋娜”“纽贺尔”脐橙在全国脐柚评比中分别荣获“国优”“部优”产品称号。1996 年，信丰朋娜、纽贺尔、奈沃里娜、华脐福罗特五个脐橙品种被农业部评为全国优质产品，信丰县被国家技术监督局列为全国唯一的脐橙标准化生产示范县，并被授予“中国脐橙之乡”称号，2001 年，信丰脐橙被国家绿色食品发展中心认定为绿色 A 级产品称号。2007 年脐橙面积 1.77 万 hm^2，其中投产面积 1.2 万 hm^2，年产脐橙 15 万 t，总产值约 4.5 亿元，农民人均脐橙收入 500 元。果业产业解决农村劳动就业 2 万余人，脐橙产业已成为该县农业和农村经济的支柱产业，是农民发家致富的桥梁。

浮梁县（浮红茶）、铜鼓县（绿茶）等县盛产茶叶，浮红茶是世界三大高山红茶之一，1988 年，在首届全国食品博览会上获得一级金奖。1997 年，浮梁县被农业部命名为“全国红茶之乡”；瑶里崖玉——荣获 1994 年“中国国际饮品暨技术展览会金奖”、2000 年“中国国际茶叶博览会金奖”；西湖珍芝——荣获 2000 年韩国国际茶叶研究会国际名茶评比银奖；铜鼓县盛产茶叶，曾有“十万亩，十万担”之称，且产茶历史悠久，茶叶品质好，为宁红之上品。铜鼓茶叶“唐载茶经，宋称绝品，明清入贡，中外驰名”，是中国历史名茶宁红茶原地，素有“宁红茶乡”之称。目前，该县已吸引多家客商投资建起有机农业生态园茶叶基地，茶园面积达 1.5 万余亩，年产销有机茶近 90 万 kg，实现综合收入 1.2 亿元，产茶区农民人均来自茶产业收入达 500~800 元。

（4）文化功能区　本区域包括安源区、庐山区、章贡区、吉州区、婺源县、信州区，共 6 个县（区），共有国土面积 4 395.77km^2，耕地面积 142.198 千 hm^2，总人口 118 352.7 万人，农业人口 67 100.34 万人，GDP 总量为 915.38 亿元，农业总产值为 47.79 亿元。本区域除婺源县外都是市辖区，文化底蕴深厚，具备人与自然和谐相处的良好环境，旅游资源十分丰富。

章贡区。景色秀丽，城郭雄伟，有“千里赣江第一城”之美誉，名胜广集，古迹荟萃，宋代文物尤为突出，有开城市“八景文化”之先河的八境台，名闻遐迩的郁孤台，迄今为止我国仅存的保护最好的宋代砖城墙、福寿沟，被誉为“江南第一石窟”的艺术宝库通天岩，有绝对年限可考的宋代慈云塔，江南形制等级最高的古代县学遗址文庙和宋代江南四大名窑之一的七里窑遗址，被誉为“宋城博物馆”。

庐山区。旅游资源丰富，文化积淀深厚。现有自然景观 16 处，目前已开发三叠泉、碧龙潭、吴楚雄关、马尾水、石门涧、剪刀峡、莲花洞、马祖山等 8 处。主要人文景观有 14 处，宋明理学鼻祖、文学家周敦颐长眠的濂溪墓，南宋著名理学家朱熹设坛讲学的白鹿洞书院，东晋著名高僧慧远所创佛教净土宗发祥地东林寺，苏轼驻足吟唱的西林寺，全省最大的女众丛林铁佛寺、佛教圣地莲花洞、道教圣地太平宫、千年古刹江矶寺，都星罗棋布点缀在山水之间，目前已开发东林寺、西林寺、铁佛寺、海会寺、白居易草堂等5处。区内有三叠泉森林公园、马祖山森林公园和天花井森林公园3处国家级森林公园。秀美的山水吸引了无数历史名人纷至沓来，留下了许多脍炙人口的诗篇、题词和佳话，现存诗文4 000余首，摩崖石刻900余处，碑刻300多块。集名山、名水、名湖、名寺、名人于一体，自然景观与文化景观交相辉映。荣获首批国家重点风景区、中国首批4A级旅游区、世界文化遗产地、世界文化景观，世界地质公园等一系列称号。

婺源县。境内山多地少、素有“八分半山一分田，半分水路与庄园”之称。有着深厚文化底蕴的婺源，自古以来，就被誉为“江南曲阜”“书乡”和“中国最美乡村”。此外，婺源的民间艺术也十分富有，典雅的徽剧是京剧的源流之一，古朴的傩舞被称为“古典舞蹈的活化石”，甲路抬阁艺术享有“中华一绝”的美名，独具韵致的茶艺表演风姿迷人。婺源生态旅游资源十分丰富，是全省16个生态农业先进县之一。文公山、鸳鸯湖、灵岩洞国家森林公园堪称“生态奇观”，江湾、李坑、汪口、思溪、理坑等许多保存良好的古村落，与青山绿水，与粉墙黛瓦、飞檐戗角构成一幅幅恬静自如、天人合一的画卷。婺源物产中外驰名。“四色”（红、绿、白、黑）是与“四古”（古村、古洞、古建筑、古文化）同样有着悠久历史和独特文化内涵的地方特色产品，“红”是“水中瑰宝”——荷包红鲤鱼，它肉嫩味美，具有食用、药用和观赏价值，被选入国宴；“绿”是婺源绿茶，它以“汤碧、香高、汁浓，味醇”等特色扬名天下，目前，全县已拥有茶园面积13万亩，其中，婺源有机茶凭借优良的品质，已销往美国、英国、德国、日本、韩国等20多个国家，欧盟市场上的有机茶一半以上产自婺源。“黑”是“砚国名珠”龙尾砚，其“声如铜，色如铁，性坚滑，善凝墨”的特征广为世人所知；“白”是江湾雪梨，体大肉厚，松脆香甜，当属果中上品。此外，还有甲路工艺伞、竹编、刺绣、木雕、根雕等民间工艺品，清华婺酒、赋春酒糟鱼、香菇、笋干、干蕨等特色山珍食品，均为馈赠亲友的上等佳品。再加上本区域大部分是地级市的政治、经济、文化、交通和信息中心，经济发达，人口高度密集，居民的生活和消费水平相对较高，对于农业的文化和休闲功能的需求量较大。因此，在该区域发展农业文化传承和休闲观光农业有着特殊的优势。

2. 各区域农业主导功能定位

确定各区域农业主导功能定位的目的，一是发挥各自的优势，实现各区域农业应有的发展；二是相互配合，相互补充，推动实现全省农业整体功能价值的最大化。从而使全省农业与资源环境协调发展。

总体而言，城市近郊要以生活为导向的文化传承和休闲观光功能为主，重点发展高科技设施农业、休闲观光农业和生态景观农业。城市中远郊要以生态为导向的生态调节功能为主，重点发展生态农业、高效农业、休闲观光农业和农产品加工业。城市外缘要以生产为导向的农产品供给功能为主，重点发展高效农业、生态农业和特色优势农业等有区域比较优势和较强综合竞争力的特色优势农业。

（1）农产品供给功能区　本区是江西省传统农业产区，有着环鄱阳湖平原和吉泰盆地这两个得天独厚的自然条件，气候温和，雨量充沛，光热资源丰富，生产功能强，应该进一步开发利用这些资源充分发挥农产品供给功能作用，保证农业生产问题维持在一定的水平。具体定位如下：

巩固和提高粮食生产能力。发挥鄱阳湖平原和吉泰盆地大型商品粮基地的作用，进一步巩固江西省粮食主产区地位。严格执行基本农田保护制度和耕地占补平衡制度，加快鄱阳湖大型优质粮食基地建设，发展吉泰盆地绿色大米生产基地，生产高产高效优质大米，加快粮食产品精深加工业，进一步提高效益，实施优质粮食产业工程，使粮食优质率达到100%。在稳定粮食生产面积、提高粮食单产的同时，大力发展油料、棉花等经济作物和饲料作物，满足工业原料和畜牧业生产及饲料工业发展的需求。同时加强农田基本建设，改善排灌设施，提高农业抗灾能力。

畜牧产业良性发展。该区域饲草丰富，应充分发挥草地、草坡、草洲潜力，大力发展生态畜牧养殖业，着力构建种养结合、资源循环、养殖健康、节约高效的现代生态畜牧生产体系，全面提升农业综合生产能力和畜禽供给能力，促进农业增效、农民增收和生态环保。如做强做大都昌、鄱阳、万年、东乡、乐平生猪市场份额，扩大余干乌黑鸡、东乡黑羽绿壳蛋鸡养殖规模，大力发展泰和乌鸡生产、培育乌鸡纯种，强化科学饲养，配套建设加工基地，加快推进产业化进程。

加快渔业产业化发展。按照全面提升渔业的综合生产能力和渔业经济的综合竞争力的要求，配套建设水产品加工体系，新建鱼片加工、酒糟鱼、醉鱼加工和珍珠深加工企业；水产品市场和流通体系，新建南昌、鄱阳、九江和上饶等渔港与水产品批发市场，建设产地专业交易市场；水产良种繁育体系，加快新建乌鱼、鮰鱼、鳜鱼、河蟹等6家省级水产原良种场，力争建成1~2家国家级水产原良种场；疫病防疫体系，重点建设10个县级水生物防治站；搞好水产品质检体系建设，全面提高水产品质量安全管理，不断完善产业发展的支撑体系建设。推进渔业产业化经营，加快鱼塘改造，推进宜渔低洼田、稻田养殖和湖库等大水面网箱养殖，使环湖地区真正成为全省乃至全国重要的优质淡水产品生产和供应基地。随着水面资源和渔业资源的合理开发利用，一批主导品种、主导产业和龙头企业快速涌现、渔业创汇规模不断扩大、渔民收入快速增加、渔业板块经济优势凸显基地，在全国形成一个快速发展的水产养殖业、健康有序的捕捞业、现代化的水产品加工业和货通其流的新型水产品物流业的淡水渔业中心。

提升园艺产业发展水平。把南丰蜜橘与新干柑橘打造成服务全国、辐射东亚、面向西方发达国家，具有国际竞争力的优良柑橘品种扩繁基地，高附加值柑橘种植基地，闻名全国的蜜橘深加工基地和柑橘产业循环经济基地；建立樟树市中药材基地，集“药地、药厂、药销”为一体，实行种、加、贸一体化经营，形成规模生产、重点建设好枳壳、黄栀子、吴芋蔓、蔓荆、木本药材、草本药材等基地；加快建立蔬菜基地，保存一批高经济价值的野生蔬菜种质资源和人工栽培品种的种质资源，扩大永丰蔬菜繁殖基地，完善相应的良种繁育体系，实现蔬菜种苗规模化、工厂化生产。建立健全蔬菜产业质量安全、科技创新、社会化服务、政策保障、工作指导和协调体系，提升蔬菜产业整体质量和效益。

（2）生活保障功能区　无论从全国来看，还是从江西省来看，目前农业收入还是农民收入的重来源之一。因此最大限度地发挥本区域的农业生活保障功能，对于吸纳更多富余劳动力就业，增加农民收入，形成农民增收的长效机制有着十分重要的意义。

本区域自然资源和劳动力资源丰富，适合农业多种经营，但由于该区域内的大多数农村经济较落后，农业结构不合理、农产品质量低，科技含量低，加工业发展滞后，制约了该区域农业生活保障功能的充分发挥。今后，应注重农业产业化经营，即以茶、鱼、水果、白莲等传统优势产业为主导，加工企业为龙头，名、特、新、稀农业资源为基础的农业产业化经营。通过农业产业化经营，延长产业链、提供更多就业岗位，促进农业生产发展，提高农业经营的经济效益，增加农民收入。具体定位如下：

建立外向型农业生产基地。寻乌、上犹、赣县、安远、宁都、于都、兴国、会昌、石城、南康等赣南县（市）毗邻广东、福建，区位优势明显，山地资源丰富。因此这些县（市）在农业定位上，一要针对沿海市场需求，二要发挥地方优势，重点放在橙柚、甘蔗、蔬菜、养殖及林业上，同时可适当发展花卉产业，并将橙柚生产发展为大规模出口创汇的基地。

重点发展绿色、生态农业。德安、星子、瑞昌、九江等县（市）水系发达，应大力发展水产业，加快发展水产品精深加工业，鼓励发展与渔业发展相适应的第三产业，建成水产养殖基地；加快发展特色渔业、生态渔业，进一步扩大水产总量和提高水产质量；另外，该区域还包括修水，浮梁、乐安、莲花、永新、遂川、广昌、横峰8个县，这8个县大部分有其特色农产品，如浮梁“浮红”茶、乐安毛竹、莲花白鹅、遂川狗牯脑和金橘、广昌白莲、横峰葛根，因此，应大力发展特色农产品，注重生态环境建设，推广绿色食品生产和深加工技术，提高绿色食品的转化能力和生产水平，发展绿色农业和生态农业。

（3）生态功能区　江西省生态环境良好，森林覆盖率达60%以上，居全国前列。本区域的主导功能是发挥生态调节功能作用，减少水土流失，恢复生态平衡，以实现生态环境与社会经济的协调发展。该功能区中农业气候条件比较优越，地形地貌丰富，境内生物种类繁多，动植物资源丰富，生态环境较好，因此，今后本区主要定位于发展生态有机绿色农业、生态旅游农业、特色农业。首先，发展生态有机绿色农业，正确处理开发与发展的关系，坚持可持续发展的原则，以改善生态环境为前提，深入开展农业结构调整，农业区域布局，充分发挥区域资源优势，依靠科技进步，大力推广生态农业生产实用技术，实施绿色农产品标准化生产，保护和优化农业生态环境，培育资源，发展生态效益农业，实现经济与环境的协调发展。规划实施一批生态效益农业项目，建设一批特色效益农业基地，如无公害名茶生产基地，无公害高山蔬菜生产基地、食草动物示范基地、生态规模养殖畜禽示范基地等。切实加强基地的辐射作用，建设一批特色生态效益农业示范村、示范户，促进生态效益农业上规模，上水平；其次，发展特色产业。信丰县是中国脐橙之乡，在现在基础之上，把信丰县建成“世界最优脐橙生产县”“中国最大脐橙出口县”，逐步推广红肉、福本、晚脐橙等新品种，加强精品果园和无公害、绿色食品生产基地建设，建设大型综合脐橙加工贮藏集散地。此外，铜鼓“宁红”茶、大余花卉、板鸭等特色农产品，在现有基础上做大做强，进行标准化生产和绿色无公害农产品生产，提高并推广农产品深加工技术，加快提升特色农产品的知名度，塑造品牌。最后，充分利用自然资源优势，科学合理开发与发展生态旅游农业，优化生态环境，保护生物的多样性，从而保护环境，持续发展。

（4）文化功能区　该功能区除婺源县外，大部分为市辖区，经济发达，农业文化根基深，休闲农业基础好，所以农业文化功能为该区的主导功能。

农业是一个古老的产业，人类自从劳动开始就与农业结下了不解之缘，从某种意义上看，农业的发展，农业新品种、新技术、新机具的推广和应用，与人类社会的发展息息相关，几千年的农业发展积淀了浓厚的文化。江西农业文化丰富，应大力发展各具特色的农业民俗文化，大力发展茶文化节、采茶戏、剪纸与纸扎、雕刻、赛龙舟等农业民俗文化活动，壮大名优特产，如婺源县的绿茶、章贡区的赣南小炒鱼、客家点心、擂茶等独具特色的客家风味小吃、庐山区的“一茶三石”（云雾茶、石鸡、石鱼、石耳）、安源区的火腿等，使农村文化产业发展壮大。但由于对农业文化遗产过度开发、缺乏村庄规划和古村民宅保护以及重视程序不够，一些农业文化正在慢慢消失。因此，应在此次农业功能区划广泛调查研究的基础上摸清家底，建立切实可行的管理体制和运行机制，制定保护和利用的规划方案，打造地方特色的农业文化品牌，更好地发挥本区域的农业文化功能。具体定位如下：

发展旅游业，打造农业旅游精品。安源区、信州区等红色文化资源丰富，充分挖掘安源、信州区等市（区）的红色资源，打造红色休闲旅游文化品牌。从工人运动摇篮安源、到军队摇篮南昌，再到上饶集中营革命烈士陵园，红色文化资源遍布江西各地。大力发展红色旅游业，打造红色旅游线路和经典景区，使旅游者既可以观光赏景，也可以吃红米饭、南瓜汤，品尝农家风味熏笋、熏肉、竹筒饭等，体验革命时代生活等，从而了解革命历史，增长革命斗争知识，学习革命斗争精神，培育新的时代精神，并使之成为江西弘扬先进文化的知识品牌。

建立旅游产业体系，形成特色旅游文化。突出“生态”“文化”“休闲”三大特色，切实做好自然景观开发、文化资源挖掘、旅游配套服务三篇文章。进一步打响“三叠泉”旅游品牌及庐山冰川石大峡谷漂流。结合社会主义新农村建设，以环庐山公路和105国道沿线为重点，打造一批集观光、休闲、度假为一体的城郊农家乐。

延伸乡村旅游产业链。以婺源县为代表，以乡村旅游为核心，以旅游经济为主导，实现从单一旺季向全年淡旺季均衡转变、从过境游向目的地和集散地转变、从短期观光游向休闲度假游和深度体验游转变，以扎实推进中国最美乡村和世界最大生态文化公园建设进程为婺源旅游产业的核心目标，同时，婺源绿茶驰名中外，应立足于其优势产品，发展高优农业产业，发展无公害农业、绿色农业和有机农业。

发展都市旅游，发掘农业休闲功能。该功能区包括吉州区、章贡区、贵溪市等市（区），这些地区大部分距离中心城市近，人口高度集中，客源充足，应大力发展城郊休闲观光农业、假日农业。大力发展农业示范园（以典型的农业模式示范先进的农业生产技术、品种、生产方式、经营模式、消费方式，对外进行技术培训、咨询服务等）、农业体验园（让游人亲自农田耕作，蔬菜、果树、花草栽培水产养殖与捕捞，农产品收摘和加工等）、农业观赏园、城郊森林公园等，以满足长期生活在城市的人们利用周末、黄金周离开城市，到郊区欣赏自然风光和田园景观，进行农业观光旅游，体验农家生活，回归和感悟大自然的需要，达到郊外观光旅游、休闲度假的目的，从而增加农民收入。

3. 各区域农业功能发展目标与方向

（1）农产品供给功能区　该区域主要由环鄱阳湖平原区域与吉泰盆地区域构成，鄱阳湖是长江中下游的生态防线，被国内外专家一致认为是中国最后的“一湖清水”，但是近年来受气候变化等因素的影响，枯水期长，鄱阳湖水位持续偏低，蓄水量少，逐渐丧失天然蓄水泄洪等调节功能，严重影响了鄱阳湖生态环境和生态平衡。由于水环境退化，鄱阳湖面临着巨大的生态环境压力。因此今后环鄱阳湖平原农业功能拓展在于利用鄱阳湖天然调节作用大力发展绿色生态农业，确保农产品质量安全，从根本上提高江西省农业的素质、效率和竞争力。发展高产优质的特色农业，做大做响优质特色农业品牌，提高质量和产量；充分利用环鄱阳湖平原生态资源，因地制宜发展资源环境可承载的特色生态农业和生态特色产业，实现人与自然和谐共存。

吉泰盆地位于江西省中部、赣江中游，是全省丘陵面积最大、最集中的地区，森林资源特别丰富，开发利用潜力巨大。但优势资源，低度开发，成为吉泰盆地农村经济发展的“低谷”。因此吉泰盆地应在保证农产品供给功能基础上，纵深开发利用吉泰盆地山上资源。区内森林面积大，木竹资源丰厚无比，市场看好，要充分发掘，经营利用。小山竹笋可加工罐头，远销日本、东南亚各国。毛竹是该区第一大产业，浑身是宝。竹梢可加工竹扫把，竹筒可雕刻各种各样的装饰品，竹身可加工竹席、竹地板等。同时，吉泰盆地油茶面积大，但单产极低，应致力提高单产同时进行绿色油茶生产，使之成为农村经济振兴的支柱。

（2）生活保障功能区　该区域大部分地区主要集中在赣南丘陵地区，森林生态旅游从1990年起步以来，得到迅速发展，取得了一些成绩。但是由于起步晚，基础差，发展相对缓慢，在全国知名度不高，还存在不少问题，如有的地方对开展森林生态旅游在认识上还存在一定差距，红色旅游、客家文化旅游没有很好地与绿色生态旅游有机结合，资源的挖掘程度不高，旅游产品单一等等。因此，在该区域应大力开拓森林生态旅游资源，大力发展具有特色的森林生态旅游，以优良的生态环境和丰富的森林动植物资源为依托，提倡绿色旅游方式，积极开展参与型、保健型等专项特色山地森林生态旅游以及综合型山地森林生态旅游，坚持“一区一品，区域联合，有序开发，资源共享”，既要突出每个景区的特色旅游资源，又要利用构建区域旅游景区网络，共同开发旅游线路和旅游市场。

生活保障功能区是全省农业发展相对落后而发展潜力较大的地区，既有进一步推进农业产业化、城镇化的内在要求，也有更多承担农产品供给任务的可能。因此要加快农村基础设施建设，促进农民增收和农业可持续发展。这里重点是要抓好以下几项工作：一是继续抓好农民饮用水工程、千库保安工程、农村河道建设工程、乡村康庄工程；二是扎实推进千万亩十亿方节水工程；三是进一步抓好农村中小型水利工程建设和水土保持工作。

（3）生态功能区　促进和改善生态功能，确保生态功能不受损害。生态功能区的生态环境质量关系到全省较大区域的生态安全。由于开发不当以及气候等自然条件的变化，全省生态调节功能区域的生态调节功能出现了减弱之势。因此：一是要加强生态资源的保护管理；二是加强野生动植物资源保护管理；三是加强水土流失等自然灾害的防控。

建立与生态功能区相容的农业产业体系，促进农业适度、有序发展。农业产业发展不仅不会影响农业生态功能的发挥，而且会使其功能更充分地发挥，实现发展与保护的良性互动，人类与自然的和谐相处。

（4）文化功能区　江西是农业大省，农业文化遗产丰富，诸如红色文化、客家文化、茶文化、陶瓷文化、傩文化等。但随着人们生活和生产方式的改变，祖祖辈辈传下来的老传统已经渐渐淡出现代生活，农业文化遗产面临着保护与发展的两难困境，因此应大力保护好发展好农业文化产业，拓展农业文化发展空间。一方面要充分利用丰富的文化遗产优势，运用群众喜闻乐见的形式开展多层次的农业文化活动，如开展游园、联欢和展示社区民俗风情等为主要内容的民俗节日和灯会、庙会，满足群众精神文化生活的需求，增强群众的幸福感。另一方面运用科技大力发展农村文化产业，通过产业的方式保持民俗民间文化旺盛的生命力，进一步做大做强农村文化产业，成为江西对外宣传特色文化的品牌。

（四）区域农业可持续发展典型模式推广

农业可持续发展是社会、经济可持续发展的基础和前提。农业是国民经济的基础，农业的可持续发展是整个社会发展的一个重要组成部分，同时也是其他各业可持续发展的重要基础和基本条件。农业可持续发展是现代农业发展的全新理念，是以经济和技术可行性及社会认同为前提。强调以现代科学技术和制度创新为动力和手段，并以高产、优质、高效、低耗为宗旨，实现经济系统、社会系统和生态环境系统的协调发展，尤其强调在满足人类需要的资源占有和财富分配上较好地把眼前利益和长远利益、局部利益和全局利益、自身利益和公众利益有机统一起来。

进入 21 世纪，我国农业向着可持续的方向发展，为顺应这一发展潮流、适应这一发展形势，江西省农业发展向着“可持续”阶段迈进。江西省农业可持续发展近年来取得了一些成果，据《江西日报》大江网报道，2012 年 8 月在江西上饶召开的全省农业科技园区现场经验交流会正式给新认定的 26 个省级农业科技园和 8 个省级鄱阳湖生态农业示范基地授牌。至此，江西省已建成 100 个农业科技园区（其中南昌、井冈山和新余 3 个国家农业科技园区；20 个鄱阳湖生态农业示范基地），无论是国家级还是省级农业科技园，数量均为全国之首。而截至 2013 年 10 月全省在此基础上又增加认定 31 个省级以上现代农业示范区，其中国家级增加 3 个，一年之内增加一倍。现对江西省可持续农业模式与典型案例作简要分析。

1. 案例 1：沼气生态农业模式——赣南“猪—沼—果”沼气生态农业模式

赣州的群众总结各地经验，创建了符合当地实际的“猪—沼—果”生态农业模式。具体做法是：一家农户将厕所、猪牛栏和沼气池（6~10m^3）结合在一起，养猪 4~6 头，种植果树 10hm^2 左右；人、畜粪便在沼气池发酵，产生的沼气用作家庭能源；沼液和沼渣作为栽种果树、粮食的肥料。这一模式深受农民欢迎，逐步在全省推广，衍生成“猪—沼—菜”“猪—沼—鱼”等多种模式，在山江湖开发治理的各项工程中广泛应用。

“猪—沼—果”模式以沼气池为核心，把种植（粮油作物、果树、蔬菜和牧草等）、养殖（猪、牛、鹅、鸭、水生物等）和生活三个孤立的活动组合成一个开放式的互补系统，使物质充分循环，让自然散发掉的生物质能集中利用，具体见图 5-4。

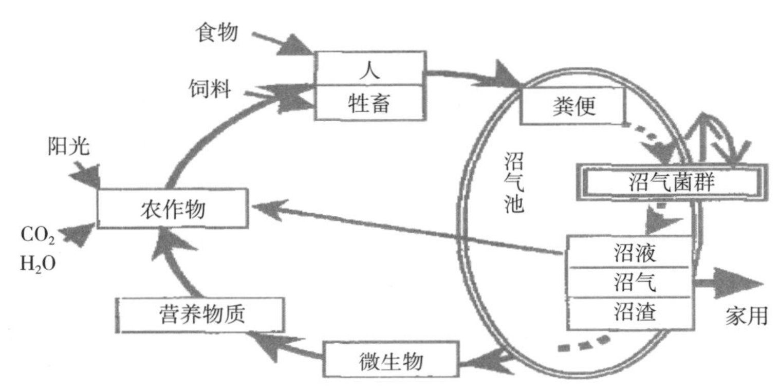

图 5-4 “猪—沼—果”生态农业模式

2002 年，赣州市通过“猪—沼—果”模式发展果业工程，全市果园面积已达 13.33 万 hm^2，果业总产值超过 20 亿元，仅南康市农民因此人均增收近 200 元，信丰县农民收入的六成来自生态农业。2004 年底，全省“猪—沼—果（菜、鱼等）”沼气生态农业生产示范户 3.42 × 105 户，作物种植面积 9.5 × 104hm^2，有效使用绿色食品标志的产品达 302 个，有机食品 98 个，列全国第一位；绿色（有机）产品实现销售收入 6.26 亿元，出口创汇 5.41 × 107 美元，带动农户 100 余户，农民户均增收 1700 多元。

过去 20 多年来，赣南农民创建的农户“猪—沼—果”生态农业模式。现在全省约 15% 的农户建设了户用沼气池，主要集中在赣南地区，包括龙南、兴国、会昌、寻乌、永丰等地。

2. 案例 2：萍乡市泰华猪场生态农业系统

泰华猪场位于萍乡市湘东区，当地以水稻种植和生猪养殖为主。泰华猪场的猪舍建在山坡上，南面有一个 0.4hm^2 的水塘，是农田灌溉水源之一，水塘下面有一灌溉水渠，灌溉全村的水田。猪场一年出栏肉猪 3 000 余头，一般存栏生猪 1 700 头左右。猪场先后修建 3 个沼气池共 270m^3。2005 年以前，与其他许多养猪场一样，沼气池产生的沼气除了自用外，直接排入大气；沼液排入水塘，农户取水灌溉时，沼液也进入稻田。由于氮元素过多，致使水稻“疯长”，严重影响水稻产量和质量。秋冬季节，稻田不需要灌溉时，沼液顺沟渠直接排放到下游水域中，对沿途水体、土壤造成污染。

2006年开始，在当地政府和南昌大学支持与帮助下，泰华猪场坚持“整体、协调、再生、循环”循环农业原则，结合当地自然、经济和社会状况，优化组合各种先进技术，包括传统农业中的有效技术，构建规模种养生态农业系统，综合利用沼气和沼液。第一，修建储气罐和铺设管道将沼气免费输送给周边100多家农户、镇敬老院和一家工业陶瓷公司作为生活用气。第二，将沼液和灌溉水塘、渠道进行分流，修建3级氧化沟自然曝氧处理，农民可以根据作物生长需要在任一级氧化沟出口处取用氮、磷等浓度不同的沼液。第三，把分散的养猪户组织起来，成立生猪协会，协会成员将冬闲田交给猪场，用沼液种植无公害蔬菜。第四，将周边山坡荒地开垦成旱地，用沼液做肥料种植红薯、油菜和果树。如果还有没用完的沼液经3级氧化后再向下游排放。系统结构如图5–5所示。

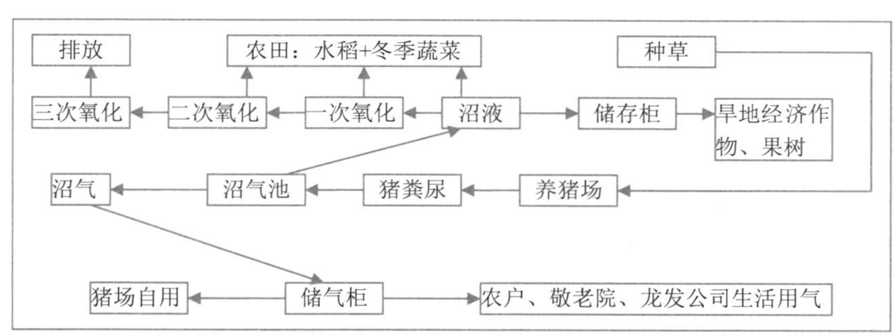

图5–5　萍乡市泰华猪场生态农业系统的结构

泰华猪场种养结合生态农业系统，使粪尿资源得到充分利用，效益非常显著。沼液三级氧化，并与灌溉水分流，保证了农户根据水稻生长需要来配水配肥，从根本上防止了水稻“返青”现象；沼气免费输送给农户、敬老院和企业使用，建立了和谐的邻里关系。冬季在水田里种植的蔬菜，经检验达到绿色农产品的质量要求，2006年获得利润79 850元，同时改善了稻田的土壤结构，增加了肥力，对第二年农户的水稻生产起到有益作用。旱地种植的红薯藤和红薯作饲料喂猪，减少了猪场的成本，农户在红壤山丘上栽种的果树年年丰收。

3. 案例3：旅游生态农业模式——江西省现代生态农业示范园

江西省围绕建设现代农业，促进农业可持续发展，开发了多种高效生态农业模式。江西省现代生态农业示范园是以产业为基础的旅游生态农业，“以农促旅，以旅强农，农旅结合”的模式，是深度开发农业资源，调整农业结构，发展可持续农业的一个示范平台。

江西省现代生态农业示范园成立于2009年，位于江西省南昌县黄马乡，距离南昌市主城35km，全园占地面积751.4hm^2，它依托鄱阳湖生态经济圈的生态环境优势，通过打造品牌，搭建平台、建设基地，使园区成为江西省农业可持续发展重要的展示、示范和引领窗口。

江西省现代生态农业示范园建设的宗旨是以产业为基础，以农旅为模式，以生态为主题，以科技为动力，以创新为生命，以文化为灵魂。理念是用现代设施装备农业、用现代科学技术改造农业、用现代产业体系提升农业、用现代经营形式推进农业、用现代发展理念引领农业，融生态农业、观光农业、设施农业于一体，走农业可持续发展的道路。

江西省现代生态农业示范园现已形成“八区三馆一站一基地”的整体格局，主要包括：观赏植物展示区、高效茶业展示区、高效蚕业展示区、现代果业展示区、现代养殖展示区、蔬菜瓜果展示区、高科技展示区、娱乐服务区、农机展示馆、蚕桑丝绸文化馆、地震科普体验馆、江西省现代农业院士工作站、水稻高产创建示范基地等。

园区先后被评为“江西省可持续农业示范基地”“江西省青少年科普教育基地”“全国科普教育基地”“江西金韵生态农业示范园”，2008 年获南昌县“最具开发潜力的旅游景区”称号。并于 2009 年申报成为全国特色林木种苗生产标准化示范区。2013 年被评为国家 4A 级旅游景区，成为南昌首批国家 4A 级景区之一，并获得南昌市旅游局 3A 品牌奖。同时也是“全国科普教育基地（2010—2014 年）”和“中国旅游协会休闲农业与乡村旅游分会理事单位”。

江西省现代生态农业示范园的建设，充分应用农业文化和科技的魅力，将旅游和生态结合在一起，成功推动传统农业向生态农业、现代农业、休闲农业转换，大力发展高产、优质、高效、生态、安全的现代农业，有效地促进了农民持续增收，并取得了较显著的社会效益、经济效益和生态效益，实现了科技性、示范性、生态性、可持续性发展目标，已经成为全省乃至全国休闲农业、农业文化产业、农业可持续发展的示范样板。

4. 案例 4：扬子洲生态科技园

扬子洲镇地处南昌城北，以赣江南桥贯通南昌中心市区，赣江北桥连接南昌昌北开发区，其四面皆为赣江环绕，是南昌市著名的水上绿洲。扬子洲镇作为全区的日光温室无公害蔬菜生产示范基地和昌东生态农业旅游观光区的旅游资源之一，目前，农业生产已取得了较好的经济效益，农民的积极性很高。在此基础上利用现有设施开发农业生态旅游餐饮项目，既能够对扬子洲镇农业产业化发展起到示范性和参考性的作用，又能够解决一部分农业剩余劳动力、增加农民经济收入，是一个一举多得的项目。

扬子洲生态科技有限公司斥资 1 000 多万兴建的“扬子洲生态科技园”，位于扬子洲镇中心公路一侧，占地总面积 46 200m^2。已开辟利用的水面面积达 3 800m^2，绿化覆盖率 83.8%，是以生态种植、养殖为主，集会展培训、休闲观光、花卉园艺、瓜果蔬菜、良种繁育于一体的纯绿色生态科技园区。属于青山湖区 18 个新项目签约仪式暨项目推进“百日大会战”昌东工业区现场会上签订的项目。项目建成后对带动全镇农业生产向科技化、现代化转变、提高农业生产效率和增加农民的收入具有积极推动作用。扬子洲生态科技园区现有员工 120 人，共培养创业带头人 20 名，扶持创业项目 20 个，直接引导周边闲置劳动力 150 余人就业，间接帮助 230 人成功创业，带动大批城乡劳动者实现就业。

“扬子洲生态科技园”总体上主要按五个区域划分，即观光自采果园区、有机养殖区、休闲垂钓区和特色餐饮区和观赏苗木区。垂钓区总面积 3 500m^2，观赏园艺和自采果园面积达 15 000m^2，园区内建设了徽派风格的园林景观 4 000m^2，停车场面积近 2 000m^2，餐饮区面积 2 000m^2，目前日接待能力达 800 人次以上，随着园区休闲度假以及餐饮设施的完善，预计年接待游客可达 40 万人，年营业额可望达到千万元以上。

扬子洲生态科技园的设计将利用原有的温室环境、钢架结构、良好的光线通透性等特点，通过造山、理水、种植等手法分隔出各种使用空间；设计师会将多种热带及亚热带植物巧妙地布置其中，将顾客簇拥环绕，云烟水雾在艺术制作的山峦间来回缭绕，缓缓下落。回归自然的都市人临溪而渔，天真活泼的儿童乐在其中。

花卉栽培区主要生产各种食用和观赏性花卉，供游人欣赏和购买消费。经过科学规划后的生态园，将会以生态农业作为生态园主要的“生态旅游”核心内容，体现“绿色、生态、示范”多种功能，可以成为观光农业生态园的旅游精品和主导产品。

一般来说，生态园区水系，道路即要蜿蜒曲折，又要充满人性化，能够引入步入各个区。假山，古树木要具有大、奇、美的特征，要高于生活实际。塑石塑木要刻有一定文化内涵的题字书法。而大面积的绿化景观要讲究层次，高低，多少，疏密布局，艺术家通过创作，营造一个有价值的原始生态的环境，一定是和谐的，绝不是一种堆积，一种拼凑。

扬子洲生态科技园的传奇之处是超越了今天盛行的生态园模式。今天，扬子洲生态科技园深刻剖析常规的生态园建设模式，以大智慧大胆略创新了“生态园”建设概念。同时，扬子洲生态科技园的高明之处是 80% 以上拒绝了假的花草枝叶，以独有的工艺发明将艺术制作和真生植物巧妙地结合融会一体，这是别的景观公司所不具备的思想和技术。

扬子洲生态科技园的策划主题鲜明，特色突出，境界超凡。扬子洲生态科技园区将新型生态园设计方向定位为现代、生态、自然综合体，以绿色、文化、环保、健康为主题，从整体规划到细心设计，严格围绕主题，大局恢弘，细节清晰；结构系统，布阵科学。相应地，对餐饮区所需的功能进行有效划分，将区域合理化、人性化、经济化，最终形成兼顾生态、经济和社会效益协调发展的观光农业生态园模式。

5. 案例 5：袁州区省级现代农业示范核心区

袁州区省级现代农业示范区是江西省第一批现代农业示范区。核心园区位于袁州区西村镇 320 国道旁，并与沪昆高速连接线相邻，南邻国家 4A 级景区明月山温泉风景名胜旅游区，东距宜春市区 10km，西距萍乡市区 50km。核心园区规划面积 $20km^2$，设有有机蔬菜展示区、高效养殖功能区、林果苗木繁育区、农产品加工区、休闲观光农业区等五个功能区。园区聘请湖南省农业经济和农业区划研究所进行高标准、高要求规划设计，规划设计总投资 19 亿元，按照“一年拉框架、两年见成效、三年成规模、四年显特色、五年成品牌”的总体要求，依托明月山风景区打造乡村一日游农业休闲观光基地，建成后年平均销售收入可达 10 亿元。

袁州区省级现代农业示范区核心区规划面积 7 000 亩，园区规划设立有机蔬菜示范基地、有机瓜果示范基地、有机水产养殖基地、肉食禽蛋基地、优质水稻与高产油菜轮作示范基地、农产品加工物流区、休闲农业示范区和园区发服务中心，重点发展有机蔬菜、高效养殖、粮食加工、饲料加工、有机肥加工等区域性支柱产业，江西省出口创汇农业基地，农产品深加工示范基地，高科技农业研发转化基地，创意型高附加值农副产品开发基地和赣西乡村旅游目的地。休闲农业与乡村旅游发展战略。休闲农业与乡村旅游的发展是好还是差，是短期发展、短期成功、短期示范，还是长期发展、长久示范、可持续发展。

园区近年来成功引进宜春市东升有机种植有限公司、江西星火农林科技发展有限公司、江西和顺景观园林建设工程有限公司、宜春市袁州区汇通种养殖专业合作社等 24 家农业企业，其中，省级农业龙头企业 1 家、市级农业龙头企业 2 家、农民专业合作社省级示范社 1 家、农民专业合作社市级示范社 1 家，初步形成集有机蔬菜种植、生猪养殖、林果苗木繁育、优质水稻生产、农产品加工、休闲观光等为一体的现代农业示范园区。2016 年通过大力开展平台招商、产业招商，现正与天稻良安、明月山米厂 2 家农产品加工企业和宜春市鑫平实业有限公司洽谈；已成功引进宜春瓷钰实业有限公司和宜春飞龙实业有限公司 2 家企业落户园区。2014 年上半年，园区生产蔬菜近 5 000t，花卉苗木 50 余万株，礼品西瓜 150 多万 kg，出栏生猪 4 万余头，草莓等 20 多万 kg，半年总产值达 4 亿元，解决 3 000 余人就业，户均增收 5 000 余元，辐射带动周边群众 1 万余人致富。

六、促进农业可持续发展的重大措施

十八大召开后，结合国家区域发展总体战略，《江西农业可持续发展报告》系统分析了农业可持续发展的资源环境支撑能力以及农业可持续发展面临的主要问题，确立农业可持续发展的目标与任务，提出不同区域农业可持续发展方向与模式，以期建立起适合国情省情的、操作性较强的区域农业可持续发展体系。实现江西农业可持续发展，必须综合分析并提出促进江西未来农业可持续发展的相关措施与政策，为江西农业发展保驾护航，推进新农村建设。

（一）工程措施

农业是以生物生产为基础的产业，这一特点决定了它对自然资源和生态的依赖性，保护农业生态环境实际上就是保护农业生产。

1. 加大对农业基础设施投入，重点是水利工程、农村交通、信息服务、环境保护、农技服务等设施的建设，提高农业抵御自然灾害的能力。尤其是农田水利设施的投入，要充分利用现有农村剩余劳动力。建设一批治理大江大河大湖的水利设施和引水工程，增加农田的浇灌面积，同时将现有浇灌面积中的相当一部分建成能够抵御旱涝灾害的稳定高产田。此外，还需建立和完善灾害监测系统和信息系统，预防和治理相结合，加强农业防范旱涝等自然灾害的能力。

2. 扩张无公害农畜水产品基地无公害农产品生产是生态农业的内涵与外延。要在农业各部门建设的高技术无公害农畜水产品生产示范基地的基础上，进行规模化推广实施。特别是挖掘山区潜力，开辟众多的新的清洁农产品基地。力争创出无公害绿色有机农畜水产品品牌，在省会及地市开创无公害绿色有机农畜水产品专柜或专卖店。并通过绿色通道，抢占国内及国际市场，提供优质、安全、低成本、低消耗的环保食品，使本省无公害绿色有机农畜水产品占有较大比重的市场份额。

3. 加强生态环境保护工程建设，建立资源有偿使用和经济补偿机制，切实保护和合理利用农业资源。继续开展农村小水电、太阳能、生物质能等多种能源利用的农村能源建设。因地制宜，多能互补。综合利益，讲求效益，将江西省农村能源建设纳入国家能源系统的持续发展之中。

4. 统筹规划，合理布局，将农业科技示范园建设纳入城乡规划的总体蓝图。农业示范园有区域性特点，是一定范围的样板，代表着这一区域未来的发展方向，并具特定的指导和推广意义。建立示范园要量力而行，因地制宜。各地自然资源禀赋不同，发展水平有差异，虽然作为示范园从规划设计上要有超前意识，科技含量要高，但要根据当地实际，符合当地条件，选择适宜的规模和设施条件实施，除了观赏性外，更重要的是实用并具有推广的可能性和价值，这才是建园的真正目的。

5. 加强农产品检验检测基础设施建设，提高检验检测装备和检测技术水平。加强对农业装备技术研究和示范推广的扶持，提高农业的机械化、设施化水平。

（二）技术措施

科学技术是第一生产力，在农业资源的开发利用中一定要重视科技的支撑作用，用现代科学技术改造传统农业。

1. 要增加农业科技投入，增强农业科技的创新能力，鼓励农业科技人员进行科技创新，大力开展新产品、新技术、新工艺的研发，不断研发出能够提高资源利用效率、农产品产量和品质并能

节省资源消耗的新型实用技术，如优质高产品种、高效种养技术、生态农业技术、绿色生产技术、节能降耗技术，推动科技向产业集聚，技术向产品集聚。

2. 要积极促进科技成果转化，大力推广先进实用的技术，促进科技成果转化为现实生产力，提高科技成果的转化效率，不断提高科技在农业资源利用开发和现代农业中的作用。

3. 建立农业资源保护和可持续利用的技术体系。如节水灌溉技术、土壤改良技术、水土保特技术，农业环境综合整治技术，生态农业技术等，高效利用农业资源，促进江西省农业可持续发展。一是要大力发展秋冬季农业和旱地农业，减少秋冬闲田提高土地的利用率；二是要合理开发后备土地资源，稳定耕地面积，同时，要不断提升耕地质量，提高耕地的综合生产力；三是要通过技术革新、新型生产模式的创建，提高光、热、水、肥等资源的利用效率；四是要加强对农业废弃资源的资源化利用，发展循环经济，通过资源和能量的多级利用，减少污染，提高资源利用效率；五是要大力发展绿色农业，将绿色农业的理念贯穿资源开发利用的全过程，大力发展资源节约型、环境友好型的生产模式，促进农业资源的可持续利用；六是要大力发展特色农业和设施农业，以通过特色农业的发展，促进当地资源的高效利用，通过设施农业提高土地的产出率。

4. 因地制宜建立低碳农业模式。根据江西不同区域自然资源的禀赋和农业结构的特点。科学规划，因地制宜建立应用低碳农业发展模式。推广立体种养模式，通过建立立体种植和养殖业的格局，组成各种生物间共生互利的关系，合理利用空间资源，并采用物质与能量多层次转化手段，促使物质再生和能量的充分利用。秸秆综合利用，发展循环农业。江西每年都产生大量的农作物秸秆，综合利用潜力相当大。要大力推进秸秆综合利用技术。采用秸秆还田培肥地力、秸秆氨化后喂畜、秸秆替代木材生产复合板材、利用秸秆种植食用菌、秸秆生物气化、秸秆发电等技术，提高资源利用效率。发展节能农业。测土配方施肥是世界科学施肥的发展方向。

5. 利用高新技术改造传统农业，提高农业生态经济的科技含量农业和农产品的竞争主要是科技含量的竞争。江西省在发展生态农业中，应加大应用生物技术保护环境和资源高效利用技术的科技创新和推广的力度，把无公害农产品、绿色食品特有的生产要求同先进的科学技术有机结合起来，制定出符合江西省情的生产操作规程。一是对江西出口创汇农产品主产区土壤环境质量进行调查、评价；二是开展污染生态学研究，有效控制农用化学物质污染；三是加强农用生物制剂（生物农药、肥料）的研制与利用；四是提高土、肥、水资源利用率技术（间作套种、平衡施肥、节水灌溉以及农业废弃物再利用）的组装配套。

（三）政策措施

科学技术是社会、经济发展的动力，农业的发展也同样不能离开科学技术。农业高新技术的推广和应用，能使农业增长从单纯依靠资源消耗的粗放式经营转变为依靠科技进步的低耗、高效的集约式经营。农业是一个基础产业，也是一个弱势产业，露天生产，受市场、气候双重风险制约，需要政府加大政策力度对农业进行扶持，因此，必须建立一套有利于科技进步的机制，利用江西农业资源的优势，大力发展农业高新技术产业，搞好农业资源的综合利用及深加工技术的开发、应用工作，合理发展多种经营，组建新的农业产业链，带动全省产业的整体发展，进一步促进江西可持续农业稳步发展。

1. 继续巩固现有的支农惠农政策，并不断推出更加优惠的政策支持农业资源开发利用，优化农业发展的政策环境；建立和完善相关政策，形成低碳农业发展的长效机制。

2. 逐步推行资源的资产化管理，实施资源有偿使用制度。积极推进农业资源的综合评价工作。

建立适合省情的农业资源核算制度，逐步推行资源的资产化管理，实施资源有偿使用制度。鼓励对资源再生产的投入，逐步建立正常的资源经济补偿机制，抑制资源的过高消费和浪费，保证江西省农业资源的可持续利用。

3. 深化改革，创新体制。首先，建立和完善农村市场经济运行机制和管理体制首先要赋予农民长期而有保障的土地使用权；其次，要妥善解决30年承包期内人地矛盾关系的调整问题，在总体上强调“增人不增地、减人不减地”的政策；第三，要建立土地使用权流转机制，积极稳妥地推进农业适度规模经营。

4. 更好地促进全省具有雄厚竞争力的生态经济有突破性发展，稳定农村政策。从政策上调动农民治山治水和改造中低产田的积极性；从制度上激发农业内在的活力，使农民心甘情愿地加大对农业基础设施的投入；从法制上保护农民的合法利益；从资金、技术等方面扶植种田大户、养猪状元等，通过他们的示范作用，带动农民搞好农村的各行各业，特别要防止各种“红眼病”的破坏作用，依法管好农业、农村和农民。要增加科技投入，开发适用技术的研究与推广，尤其要就区域生态农业持续发展体系，自然资源综合利用等方面加强研究和推广应用。要加大对外开放力度，全方位多渠道积极引进外资，加快土地资源开发利用和步伐，为江西省生态农业、农村经济乃至国民经济的持续发展作出新贡献。

（四）法律措施

政府通过制定相关制度政策，建立起完善配套的法律法规体系、政策支持体系。

1. 要在全省农村进行法律普及教育，增强农民保护环境的法律意识，加快农业生产生态环境保护的立法工作，加快农业生态环境保护环境的执法力度。江西省农业部门继续会同有关部门，有重点组织开展执法监督检查工作，对破坏农业生态环境的行为和单位都要依法处理。

2. 要从江西省“六山一水二分田，还有一分道路和庄园”地形貌出发，加强国土综合开发整治。要全民动员，大力植树造林，把植树造林、爱护树木作为公民的义务落实到实处，提高森林覆盖率，认真贯彻执行《水土保持法》，继续抓好水土保持重点区的治理工作，以点带面在稳定现有治理成果的基础上，进一步完善水土流失的预防、监督和治理体系，完善荒山、荒坡、荒滩、荒水面积使用权拍卖政策。调动广大农民治理开发“五荒”的积极性，掀起治山治水热潮，改善农业生态环境。合理有偿开发。

3. 完善有关法规保障建设加强学习、执行和宣传国家《农业法》《基本农田保护条例》和《环境保护法》等一系列法规和政策。同时，结合实际，加快本省《农业资源综合管理条例》《农业环境保护规程》《无公害农产品基地管理办法》等地方性政策法规的建设，不断调整与完善农业生态环境建设的政策法规、监测管理和农业环保、农产品检测技术服务体系，推进生态农业法制化进程，保障生态农业建设的有序进行和建设成果能够发挥作用。

（五）环境政策

农业可持续研究应改变过去树立可持续利用资源的观念，对生态旅游资源进行合理地开发和保护，要注意可持续发展原则，并将其放在生态旅游资源开发与保护的首位，要合理选择生态资源的开发模式，要做到“为开发而保护”和“为保护而开发”的和谐，要对生态旅游资源进行价值补偿，以保证其可持续发展。

由于我国至今仍是典型的城乡二元结构，农村愈加严重的环境问题至今仍被轻视。农业可持续发展研究是保护环境的一项重要的举措。将江西省各县分区后，根据不同农业功能区域的环境承载力，提出分类管理的环境保护政策和环境补偿政策，减轻各区域环境与经济发展的抵触压力，有效引导各区环境与经济协调发展。

而此目标的实现，需要按照市场经济规律的要求，运用价格、税收、财政、信贷、收费、保险等经济手段，调节或影响市场主体的行为，对他们进行基于环境资源利益的调整，从而建立保护和可持续利用资源环境的激励和约束机制。具体来说，环境政策有：绿色税收、环境收费、绿色资本市场、生态补偿、排污权交易、绿色贸易、绿色保险等。这些政策，在国内外学术界、各相关部门都已经反复探讨过，但是在我国政策实践中却迟迟没有推行。这是因为它涉及各个部门、各个地区之间的利益协调。因此，在设立各项环境政策时，应该在各部门间建立联合机制以促使环境政策的快速、顺利实施。

（六）财政政策

1. 加大生态农业建设资金投入。在政府增加投入的同时，吸引集体、企业等资金，同时引导个人投资。农民是生态农业建设的主体和直接受益者，要鼓励农户多投入，通过发展生态农业，增产增收，加快脱贫致富步伐。

2. 建立农业科技保险机制。政府投入是一方面，但要有相应的保险机构参与，例如探索建立一个完善的适合我国国情的农业风险投资体系，可以有效降低科技推广及成果转化衍生的系统性风险，减轻主办方和协同方的资金压力和风险成本。

3. 要深化农村金融制度的改革，努力消除制约农村发展的金融制度弊端，加快构建功能完善、分工合理、产权明晰、监管有力的农村金融体系，增强金融服务农业的能力。

4. 建立和完善与低碳农业相适应的扶持政策，充分运用和发挥各种财政和货币政策，完善税收、信贷、价格等经济杠杆系统协同作用。制定扶持性政策，运用贴息、补助等财政手段有效引导社会资本的流向，实现多渠道、多层次的低碳农业发展的资金供给体系。在低碳农业的重点区域进行风险评估，建立政策性农业保险金融机构及相关的农业保险偿付基金，从而有效规避生产中的风险，提高低碳农业生产的积极性。同时，应尽快建立健全低碳农业保障机制，完善相关法律和资金扶持政策，建立开展低碳农业交流合作平台，构建发展低碳农业的长效机制，有效推进低碳农业发展。

（七）其他政策

其他政策包括农业可持续发展功能绩效评价政策、政绩考核政策等。政绩考核是政府行为的指挥棒，农业可持续发展建设需要科学的政绩考核体制来保证。要以农业功能区的建设目标为导向，创新政绩考核指标，完善政绩考核体系。首先，政绩考核要因区域农业主体功能差异而定，不能用统一的方案来考核所有的农业功能区；其次，政府是政治组织，主要职能是提供公共服务，政绩考核不能简单沿用考核经济组织的指标和方法，要加强对提高资源环境承载力、促进区域合作等方面的考核。

参考文献

白蕴芳，陈安存 . 2010. 中国农业可持续发展的现实路径 [J]. 中国人口资源与环境（4）：117–122.

董亚珍 .2010. 我国农业可持续发展的瓶颈因素与对策 [J]. 经济纵横（5）：77–79.

郝翠，李洪远，孟伟庆 . 2010. 国内外可持续发展评价方法对比分析 [J]. 中国人口 . 资源与环境（1）：161–166

江西省统计局 .2012. 江西统计年鉴 [M]. 北京：中国统计出版社 .

江西省统计局 .2013. 江西统计年鉴 [M]. 北京：中国统计出版社 .

江西省统计局 .2014. 江西统计年鉴 [M]. 北京：中国统计出版社 .

江西省统计局 .2015. 江西统计年鉴 [M]. 北京：中国统计出版社 .

李娜 .2016.“新常态”下农业可持续发展的新问题及对策研究 [J]. 中国农业资源与区划，37（1）：30–33.

刘燕妮，任保平，高鹏 .2011. 中国农业发展方式的区域差异评价 [J]. 中国软科学（S1）：144–151.

彭晓洁，冀茜茹，张翔瑞 .2011. 江西农业可持续发展评价与对策研究 [J]. 江西省社会科学（9）：76–79.

王婷，陈玲玲 . 2009. 新形势下江西农业产业化问题研究 [J]. 价格月刊（11）：44–48.

赵波，韩坤 . 2011. 产业结构变化对江西经济发展的导向作用研究 [J]. 江西社会科学（8）：105–111.

中华人民共和国国家统计局 .2012. 中国统计年鉴 [M]. 北京：中国统计出版社 .

中华人民共和国国家统计局 .2013. 中国统计年鉴 [M]. 北京：中国统计出版社 .

中华人民共和国国家统计局 .2014. 中国统计年鉴 [M]. 北京：中国统计出版社 .

中华人民共和国国家统计局 .2015. 中国统计年鉴 [M]. 北京：中国统计出版社 .

周利 . 2014. 政府职能转变背景下农村劳动力有效转移的现实路径研究——以湖北省为例 [J]. 湖北农业科学（21）：5324–5328.

中国农业可持续发展研究

下 册

《中国农业可持续发展研究》项目组 著

中国农业科学技术出版社

图书在版编目（CIP）数据

中国农业可持续发展研究 /《中国农业可持续发展研究》项目组著 . — 北京：中国农业科学技术出版社，2017.8

ISBN 978-7-5116-2896-1

Ⅰ . ①中… Ⅱ . ①中… Ⅲ . ①农业可持续发展—研究—中国 Ⅳ . ① F323

中国版本图书馆 CIP 数据核字（2016）第 305764 号

责任编辑 于建慧 崔改泵
责任校对 李向荣 马广洋

出 版 者 中国农业科学技术出版社
北京市中关村南大街 12 号 邮编：100081
电 话 （010）82109708（编辑室）（010）82109702（发行部）
（010）82109702（读者服务部）
传 真 （010）82106629
网 址 http：//www.castp.cn
经 销 者 各地新华书店
印 刷 者 北京富泰印刷有限责任公司
开 本 889mm × 1 194mm 1 /16
印 张 68.5
字 数 1825 千字
版 次 2017 年 8 月第 1 版 2017 年 8 月第 1 次印刷
定 价 320. 00 元（上、下册）

《中国农业可持续发展研究》

指导委员会

主　　任　余欣荣
副 主 任　张合成
委　　员　周应华　刘北桦　张　辉　陈章全　王道龙

项　目　组

组　　长　刘北桦　王道龙
副 组 长　霍剑波　罗其友　陈世雄
主要成员　詹　玲　高明杰　刘　洋　唐鹏钦　金书秦
　　　　　马力阳　张　萌

前　言
PREFACE

21世纪以来，我国农业农村经济发展成就显著，但也付出了巨大代价，存在着隐忧。农业资源约束日益趋紧、农业面源污染加重、农业生态系统退化，传统的农业发展方式已难以为继，农业可持续发展面临重大挑战。我们必须立足世情、国情、农情，大力推进农业可持续发展战略，加快转变农业发展方式，全面推进农业资源永续利用和农业环境治理、生态保护建设，加快步入可持续发展轨道。

可持续发展是指能同时满足当代人和后代人需要的发展。它是在世界经济快速增长同时面临人口、资源、环境等重大危机双重背景下，为化解人类发展与环境冲突难题而提出的新发展理念。农业可持续发展则是可持续发展思想在农业领域的体现。农业可持续发展是20世纪80年代中期以来受到世界各国普遍关注、并被付诸实施的一种新的农业发展理论和战略。目前，世界各国都在积极探讨和践行农业可持续发展的战略与措施。1994年3月，国务院第16次常委会议通过的《中国21世纪议程》指出：农业和农村的可持续发展，是中国可持续发展的根本保证和优先领域。中国的农业和农村要摆脱困境，必须走可持续发展道路。2015年9月，中共中央、国务院印发了《生态文明体制改革总体方案》，要求以建设美丽中国为目标，以正确处理发展与保护关系为核心，解决生态环境领域突出问题为导向，以保障国家生态安全，推动形成人与自然和谐发展的现代化建设新格局。以可持续发展理论为指导，采用权威数据支撑，重点分析资源环境承载能力、产业布局、发展模式、适度规模和政策措施等农业可持续发展的关键问题，系统探讨构建我国未来农业可持续发展战略与路径，是新时期扎实推进中国特色新型现代农业和美丽中国建设的基础性工作。

2014年，农业部全国农业资源区划办公室组织开展农业可持续发展调研活动，启动了“农业可持续发展研究”工作。其中，国家层面的研究由中国农业科学院农业资源与农业区划研究所主持承担，省级层面的研究由各省（自治区、直辖市）农业资源区划办（所）、高校和科研院所等有关单位具体承担。研究工作历时两年，项目组做了大量深入调查研究工作，形成了一个全国农业可持续发展研究总报告、31个省级及新疆生产建设兵团农业可持续发展研究分报告，经过总结整理，将相关研究成果汇编形成了《中国农业可持续发展研究》一书。本书阐述了农业可持续发展的由来、概念与内涵，分析了农业可持续发展的资源保障能力和存在主要问题，系统评价了农业可持续发展能力的时空差异及其变化趋势，科学测算了现有技术经济条件下农业自然资源可承载的适度农业活动规模，提出了不同类型地区农业发展模式优化方向及其相关配套保障措施，为全国及地区转方式调结构、推进农业供给侧结构性改革和实施可持续发展战略提供了重要的科学依据，具有重要学术价值和广泛应用前景。希望本书的出版能为优化农业可持续发展空间布局，推动我国农业生态文明建设，实现生产、生态与生活协调发展提供参考和借鉴。

在项目实施过程中，中国工程院唐华俊院士、国务院发展研究中心的谷树忠研究员、中国农业大学陈阜教授、中国农业科学院农业资源与农业区划研究所姜文来研究员和尹昌斌研究员等院士专家贡献了大量建设性意见，在此一并表示诚挚的谢意！

《中国农业可持续发展研究》项目组

2016年7月28日北京

目 录
CONTENTS

山东省农业可持续发展研究

摘要：基础数据分析显示，山东省农业可持续发展的自然资源约束较为严峻，一是土地资源的数量和质量均呈现下滑趋势；二是水资源严重匮乏，数量与质量问题并存；三是气温回暖和降水量减少现象等气候要素变化明显。通过评价指标体系得出山东省农业的可持续尽管面临社会、资源、环境等压力但基本呈现可持续发展状态的结论。以生态足迹法进行建模分析，得出山东省严重生态赤字的结论，提出人口急剧增长、快速城镇等是严重生态赤字的主要原因。构建了作物生产表观生态经济适宜性评价模型，划分出山东省小麦、玉米、大豆、薯类、花生果、棉花六大粮经作物的最适宜、适宜和次适宜种植区域。对全省140个县（市、区）进行聚类分析，根据分析结果确立了六大功能区，依据不同功能区的特点确定了发展思路和发展目标，并对三类发展较好的模式进行了示范和推广。最后，针对存在的问题和障碍因素，从工程、技术、政策和法律四个层面提出了应对与解决措施。

农业兴，基础牢；农村稳，天下安。农业是国民经济的基础，是国家自立、社会安定的基础。农业资源是农业的基本要素，是农业发展的基础，也是人类生存和社会发展的根本。因而，农业资源的持续利用是人类社会可持续发展的条件和保障。山东省是人口大省、农业大省、粮食生产大省、农业劳动力输出大省、粮食转化加工大省，也是经济大省，在全国具有举足轻重的地位。山东省位于我国东部沿海，拥有丰富且宝贵的农业资源，只有更加充分、合理、高效、持续地开发利用，才能提高其可持续利用水平，促进山东农业与农村经济可持续发展。因此，本研究以可持续发展理论为指导，结合本地实际，立足于山东省农业资源利用现状，采用最新统计数据，围绕农业与资源环境协调发展的主线，重点从供给角度深度分析资源环境承载能力、产业布局、发展模式、适度规模和政策措施等方面，系统探讨构建本区域未来农业可持续发展的战略与路径，对促进我国农业可持续发展具有重要的现实意义。

课题主持单位：山东省农业区划办公室

课 题 主 持 人：郭鹏

课 题 组 成 员：郭鹏、李忠德、杨洁、杨萍、李新华、张进红、王猛、张奥、马荣、乔晓林

一、农业可持续发展的自然资源环境条件分析

（一）土地资源

山东省土地总面积 15.79 万 km^2，约占中国总面积的 1.64%，其中山地丘陵占全省总面积的 34.9%，平原盆地占 64%，河流湖泊占 1.1%。土壤呈多样化，共有 15 个土类、36 个亚类、85 个土属、257 个土种。

1. 农业土地资源及利用现状

统计数据显示，2013 年，山东省土地总面积为 1 571.26 万 hm^2，而农用地 1 151.84 万 hm^2，其中耕地 763.57 万 hm^2，园地 72.83 万 hm^2，草地 44.87 万 hm^2，林地 150.19 万 hm^2，其他农用地 120.38 万 hm^2；建设用地 273.54 万 hm^2，其中城镇村及工矿用地 230.62 万 hm^2，交通用地 20.05 万 hm^2，水利设施用地 22.87 万 hm^2；未利用地 145.88 万 hm^2。农用地、建设用地和未利用地在全省土地总面积中的比例分别为 73.31%、17.41% 和 9.28%。

2. 农业可持续发展面临的土地资源环境问题

（1）土地资源数量 山东省耕地面积新中国成立初期为 872 万 hm^2，1955 年增至 924 万 hm^2，此后呈现逐年下降趋势。据有关部门数据显示（图 1–1），到 2000 年山东省耕地面积为 767.20 万 hm^2，2011 年、2012 年和 2013 年分别减少为 764.69 万 hm^2、763.57 万 hm^2 和 763.35 万 hm^2，比 2000 年分别减少了 2.51 万hm^2、3.63 万 hm^2 和 3.85 万 hm^2。山东省耕地分布比较广泛，平原旱地主要分布在鲁西北平原、鲁中南山地和鲁东丘陵区山间平原；丘陵旱地主要分布在鲁中南山地和鲁东丘陵区；水田分布比较分散，且面积较小。在全省 17 个市中，潍坊市、临沂市和菏泽市耕地面积超过 80 万 hm^2，青岛市、济宁市、德州市和聊城市耕地面积在 50 万 ~70 万 hm^2，济南市、烟台市、泰安市和滨州市耕地面积在 30 万 ~50 万 hm^2，淄博市、枣庄市、东营市、威海市和日照市耕地面积在 20 万 ~30 万 hm^2，莱芜市耕地面积最少，仅有 7.26 万 hm^2。

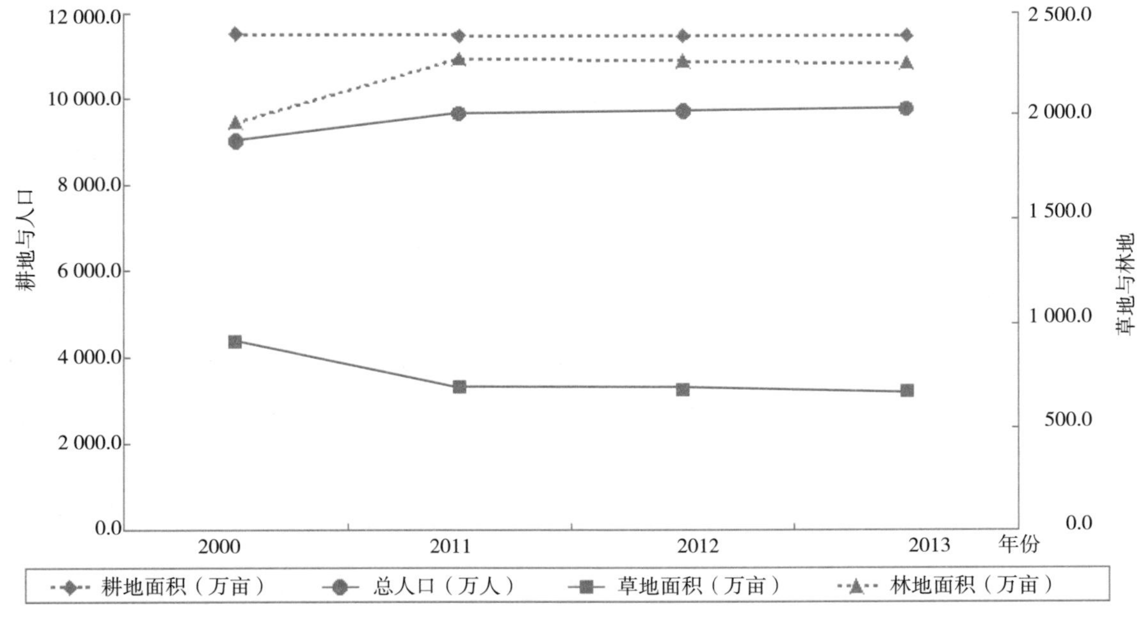

图 1–1 山东省耕地、林地、草地面积变化趋势

表 1-1　山东省耕地、林地、草地面积及人均变化分析

	2000 年	2011 年	2012 年	2013 年
耕地面积（万 hm^2）	767.20	764.69	763.57	763.35
草地面积（万 hm^2）	60.81	46.10	45.56	44.87
林地面积（万 hm^2）	130.84	151.66	150.96	150.19
总人口（万人）	8 997.0	9 637.0	9 685.0	9 733.0
人均耕地面积（亩 / 人）	1.279	1.190	1.183	1.176
人均草地面积（亩 / 人）	0.101	0.072	0.071	0.069
人均林地面积（亩 / 人）	0.218	0.236	0.234	0.231

山东省草地面积萎缩退化加剧，生态承载问题突出。2000 年，全省草地面积为 60.81 万 hm^2，2011 年、2012 年和 2013 年分别减至 46.10 万 hm^2、45.56 万 hm^2 和 44.84 万 hm^2，2013 年全省草地面积比 2000 年减少了 15.94 万 hm^2，降幅高达 26.22%，草地分布比较集中，主要分布在济南市、青岛市、潍坊市、莱芜市、威海市、枣庄市和泰安市，7 个市的草地面积占全省草地总面积的近 50%，其余市草地面积相对较小。

山东省气候为暖温带季风类型，有良好的水热条件和多种地貌类型。优越的环境孕育了丰富的树种资源，加上不断引进外来树种，省内树种资源不断优化。人们生态保护意识的逐渐增强，近年来山东省人工造林快速发展，林地面积不断增加，2000 年，全省拥有林地面积 130.84 万 hm^2，2013 年增至 150.19 万 hm^2，较 2000 年增加了 19.35 万 hm^2，增幅为 14.79%。山东省林地分布相对集中，烟台市、临沂市、德州市、青岛市、潍坊市、泰安市和威海市 7 个市的林地面积占全省林地总面积的 80%。

随着四个现代化进程的加快，山东省基础建设、城市开发、工业企业厂房建设等各类建设项目大量占用农业用地，造成耕地、草地数量逐年减少，质量也呈现逐年下降的趋势。2000 年，全省人均耕地和人均草地数量分别为 1.279 亩 / 人和 0.101 亩 / 人，2013 年降至 1.176 亩 / 人和 0.069 亩/ 人，降幅分别为 8.05% 和 31.68%。虽然近些年山东省林地面积增幅较大，但人均林地面积也仅为 0.23 亩 / 人左右，仅为较全国平均水平的 1/10。

（2）土地资源质量　山东省土地类型众多，土地面积中各类土地所占比重如图 1-2 所示。其中，可有效利用的耕地面积为 763.57 万 hm^2，约占全省土地总面积的 48.6%。

虽然山东省先后实施了农业综合开发、商品粮基地、中低产田改造、井灌工程配套等一大批支农强农项目，农业生产条件得到了较大改善，但据有关专家所作的土地资源质量评价可以看出，2013 年，山东省土地资源中好的和较好的一、二、三等地仅占 35.3%；耕地总量中，高产田 4 445.37 万亩，占全省耕地总面积 39%；中产田 4 362.20 万亩，占全省耕地总面积 38.2%；低产田 2 592.43 万亩，占全省耕地总面积 22.8%。随着山东省人口的大量增加，土地资源的承载力面临巨大压力，人增地减的逆向发展态势使得土地资源的有效供给与日益增长的社会需求之间矛盾更趋激化。随着耕作制度与种植方式的改变和复种指数的不断提高，因长期重用轻养，造成耕地地力后劲不足、土壤肥力和养分持续下降、面源污染持续加重、生态调节功能变差等系列问题日益凸显。主要表现有以下几个方面。

一是土壤养分损失大，耕地质量逐年下降。自家庭联产承包责任制推广以来，包产过户后每家拥有的耕地面积较少，减少了大型农用机械的使用，导致深耕减少，造成土地板结、耕层变浅、土壤酸化和盐碱化现象严重。同时由于复种指数的增加迅速，导致土壤肥力大幅下降。1980—2013

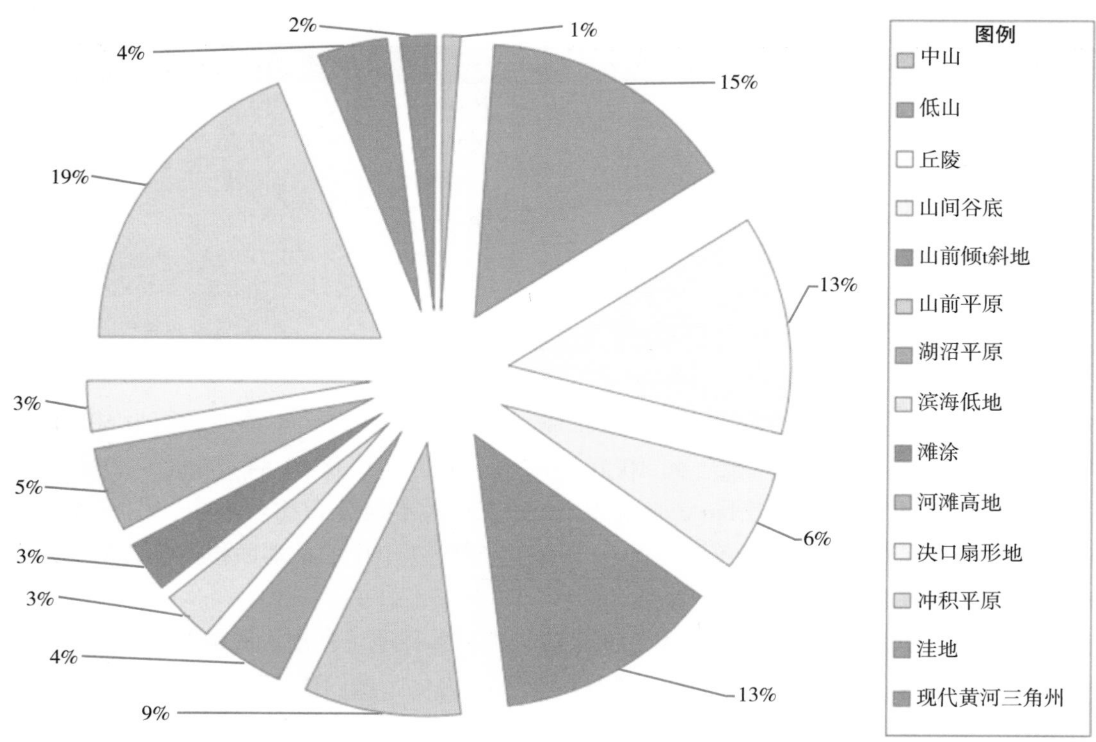

图 1-2　山东省土地面积中各类土地所占比重（2008 年）

年的 30 多年间，山东省耕地复种指数由 128% 上升到 144%，增加了 12.5%，复种指数的提高造成耕地的过度使用，加上生产中缺乏地力培肥，导致耕地肥力下降。

二是化肥过度施用，导致土壤酸化、次生盐渍化加重。2013 年，山东省亩平均化肥用量 27.2kg，比全国平均用量高 6kg，比世界平均用量高 19.2kg。近年来，土壤酸化速度加快，胶东地区尤为突出，pH 值小于 5.5 的酸化土壤面积已达 980 多万亩，有 260 万亩设施菜地发生次生盐渍化，严重影响作物产量和质量。

三是农药残留破坏生态平衡，导致耕地生产能力下降。山东省化学农药年使用总量一般在 16 万 t 左右，农药利用率不到 30%，比发达国家低 20 个百分点以上，导致病害加重，地力下降，破坏了生态平衡。

四是地膜残留破坏土壤结构，降低农作物产量。山东省地膜用量近 10 年来稳定保持在 14 万 t 左右，覆盖面积 3 600 多万亩。长期使用地膜覆盖的农田中，地膜残留量一般在每亩 4kg 以上，最高已达 11kg，不仅破坏了土壤结构，而且导致农作物减产 10% 以上。

五是秸秆综合利用技术不成熟，对农业生产产生不良影响。2013 年，山东省农作物秸秆总量达到 8 650 万 t，其中 7 000 万 t 得到综合利用，仅占秸秆总量的 81%。而部分地区因秸秆还田技术和配套措施不到位，连年直接还田后，对农作物生长造成病害加重、肥力下降等不利影响。

六是单位耕地畜禽粪尿超负荷，加重生态环境污染。2013 年，山东省年畜禽粪便产生量 1.89 亿 t、尿液 9 436 万 t 以上，每公顷耕地粪尿负荷达到 37.7t，比全国平均水平高 13t 以上，有 15 个设区市耕地粪尿负荷超过了欧洲每公顷 30t 的限量值。

（二）水资源

1. 农业水资源及利用现状

山东省位于中国东部沿海，地处黄河下游，水资源的补给来源主要为大气降水，贮存形式为地表水、地下水和土壤水。由于地理位置的特殊性，2013 年以前黄河以及淮河水为山东省的主要客水资源，提供了山东省农业生产及灌溉 70% 的用水量；2013 年以后，山东省大量引入长江水，长江水成为山东第二大客水资源。

表 1-2 山东省水资源情况一览表

年份	全国水资源总量（亿 m^3）	山东水资源总量（万 m^3）	山东水资源用量（万 m^3）	山东农业水资源用量（万 m^3）	山东占全国水资源总量的比重(%)	山东农业用水占水资源总量的比重（%）
2000	27 700.8	2 520 900	2 440 418	1 759 309	0.91	69.8
2011	23 256.7	3 476 100	2 240 521	1 542 653	1.49	44.4
2012	29 526.9	2 740 800	2 217 900	1 542 300	0.93	56.3
2013	27 957.9	2 917 000	2 179 400	1 497 200	1.04	51.3

山东省河流均为季风区雨源型河流，分属黄河、淮河、海河流域和独流入海水系。由于山东半岛三面环海，雨水集中，有利于河系的发育，全省平均河网密度为 0.24km/km^2，境内主要河道除黄河横贯东西，大运河纵穿南北外，其他中小河流密布全省，干流长度大于 10km 的河流有 1 552 条，可分为山溪性河流和平原坡水河流两大类。山溪性河流主要分布在鲁中南山区和胶东半岛地区，坡水性河流主要分布在鲁北平原区和湖西平原区。山东省的湖泊主要有淮海流域的南四湖、黄河流域的东平湖和小清河流域内的白云湖、青沙湖、麻大湖等。南四湖市山东省境内最大的淡水湖泊，湖面面积 1 266km^2，承接鲁苏豫皖 4 省 31 700km^2 流域面积的来水，库容约为十多亿 m^3。东平湖是山东省境内第二大淡水湖泊，是接纳和滞蓄黄河、大汶河洪水和特大洪水的调蓄水库，库区总面积 627km^2，库容也超过十亿 m^3。

2. 农业可持续发展面临的水资源环境问题

（1）水资源数量　2000—2013 年山东省供水总量波动较大，最大值与最小值相差 41.37 亿m^3；供水总量呈下降趋势。供水主要由地表水和地下水两部分组成，2000—2003 年地下水供给多于地表水，2004—2013 年地表水供给多余地下水，供给结构总体变动趋势是地下水供给所占比重不断减少，地表水供给所占比重不断增加。山东省用水总量波动也较大，最大值与最小值相差 45.08 亿 m^3；用水总量呈下降趋势；农业用水和工业用水也呈现下降趋势；而生活用水和生态用水呈现上升趋势，且增幅明显，生活用水和生态用水 2013 年所占比重分别是 2000 年左右的近 2 倍和 20 倍。

《2012 年山东省水资源公报》数据显示，2012 年山东省水资源总量为 274.08 亿 m^3，其中，地表水资源量为 182.17 亿 m^3，占 66.5%，地下水资源与地表水资源不重复量为 91.90 亿 m^3，占 33.5%。2012 年山东总供水量为 221.8 亿 m^3，其中，当地地表供水量占 29.4%，引黄供水量占 27.5%，地下水供水量占 40.2%，其他水源供水量占 2.9%，海水直接利用量为 61.5 亿 m^3。2012 年山东总用水量为 221.8 亿 m^3，其中，农田灌溉用水占 60.1%，林牧渔畜用水占 9.4%，工业用水占 12.7%，城镇公共用水占 3.3%，居民生活用水占 11.5%，生态环境用水占 3.0%。由此可以看出，山东水资源总量中地表水占绝对比重，当地供水以地下水为主，农田灌溉是山东用水大户。

（2）水资源质量　对比 2000 年、2011—2013 年的水资源监测数据可看出，山东省水资源总量年际间分布不均匀，大小年差距明显；随着科技进步和节水农业、高效农业的大力推广，水资源用量和农业水资源用量呈现逐年持续减少趋势；Ⅰ~Ⅲ类河道长度 2000 年仅有 467.2km，2011 年、2012 年、2013 年分别增加到 2 492km、3 612.7km 和 4 027km，是 2000 年的 5.33 倍、7.73 倍和 8.62 倍；Ⅳ~Ⅴ类河道长度 2000 年仅有 504km，2011 年、2012 年、2013 年分别增加到 2 644.4km、2 796.7km 和 3 255.2km，是 2000 年的 5.25 倍、5.55 倍和 6.46 倍；劣Ⅴ类河道长度 2000 年为 4 106.3km，2011 年、2012 年、2013 年分别降至 2 936.1km、3 533.9km 和 2 971.1km，较 2000 年降幅达 28.5%、13.9% 和 27.6%；近年来主要水体污染物种类有所增加，超标参数为总磷、氨氮、五日生化需氧量、化学需氧量、高锰酸盐指数等。

《2012 年山东省水资源公报》中的实测数据显示，全省重点水功能区中，年均值水质达到Ⅰ类标准的占 0.3%，达到Ⅱ类标准的占 14.8%，达到Ⅲ类标准的占 24.1%，达到Ⅳ类标准的占 22.3%，达到Ⅴ类标准的占 8.6%，水质为劣Ⅴ类的占 29.9%。全省检测评价的水功能区中，全年水质达标率为 42.0%；评价河长 9916.8km，达标率占 35.3%；评价湖库面积 1772.5 平方 km，达标率占 87.7%。

（3）水资源特点　山东水资源的特点主要表现为人均水资源占有量较少、单位耕地水资源占有量较少、水资源空间分布差异较大、水资源时间分布变化较大等。

① 人均水资源占有量分析：山东省是我国水资源严重匮乏的省份之一。2003—2013 年山东省平均水资源总量约为 334.37 亿 m^3，省人均水资源占有量约为 355.54m^3/人；而全国平均水资源总量约为 26 680.95 亿 m^3，全国人均水资源占有量约为 2 009.92m^3/人，山东省人均占有量仅为全国平均水平的 17.69%，不足世界平均水平的 4%。《中国统计年鉴 2014》数据显示，2013 年山东省人均水资源量为 299.7m^3/人，仅为全国人均占有量（2 054.6m^3/人）的 14.59%，位居全国 31 个省（市、自治区）的倒数第 7 位。根据瑞典水文学家 M. 富肯马克的“水紧缺指标”标准，人均水资源占有量低于 1 000m^3 的地区为水资源缺乏区，人均水资源占有量低于 500m^3 的为严重缺水区。由此标准可以看出，山东省属于严重缺水区。但山东仍然用全国 1% 的淡水资源，灌溉了全国 7% 的耕地，生产了全国 8% 的粮食，养育了全国 7% 的人口，创造了全国近 10% 的国内生产总值。

② 单位耕地水资源占有量分析：《中国统计年鉴》数据显示，2003—2013 年山东省水资源总量呈现逐年减少趋势，2013 年比 2003 年减少了 198 亿 m^3，降幅高达 40.4%；山东省的水资源在全国的占有量不足 2%，最高年份为 2003 年是 1.8%，而最低年份 2006 年近为 0.8%。山东省耕地面积相对较为稳定，十年间变化不大，基本稳定在 766.67 万 hm^2，占全国耕地总面积的 6% 左右。水资源的大幅减少和耕地资源的相对稳定，导致我省单位耕地水资源占有量出现大幅下降，其中 2006 年最低，跌至 173.2m^3/亩，不足全国平均水平的 1/7；而 2003 年和 2013 年，山东单位耕地水资源占有量分别为 424.6m^3/亩和 254.8m^3/亩，也仅是全国平均水平的 1/3 和 1/6。

③ 水资源空间分布差异分析：山东省水资源分布不均衡，在全省 17 个市中，临沂市和济宁市水资源数量在全省水资源总量中所占比重超过了 10%，分别为 19.68% 和 12.50%（2013 年数据）；潍坊市、烟台市、济南市、德州市和荷泽市所占比重在 5%~10% 之间；上述 7 市水资源数量之和约占全省的 70%；而日照市和威海市水资源数量在全省的比重不足 1%。水资源用量上差异也较

大，临沂市、济宁市和菏泽市用水量占全省用水总量的比重分别为 13.31%、11.06% 和 10.75%（2013 年数据）；德州市、潍坊市、济南市和烟台市的用水比重介于 5%~10%；以上 7 市的水资源用量之和超过了全省总用水量的 60%。农业水资源用量分布特点明显，平原地区显著高于丘陵山地。农业用水量最多的为济宁市，约占 12.68%；其次菏泽市，约占 11.05%；最后是德州，约占 9.57%；东部沿海丘陵区，农业用水量均低于 5%。

④ 水资源时间分布差异分析：山东水资源年际变化较大，经常出现丰水年和枯水年交替出现或连丰连枯的现象。从水资源的年内分布来看，山东水资源年内分布具有明显的季节性。全年降水量约有 3/4 集中在汛期，全年天然径流量约有 4/5 集中在汛期，特别是 7 月和 8 月两个月份，甚至集中在一两次特大暴雨洪水之中。这一特点使造成山东洪涝、干旱等自然灾害频繁发生的根本原因，也给水资源开发利用带来了较大的障碍。

（三）气候资源

1. 山东省气候资源概况

山东省气候温和，雨量集中，四季分明，属于暖温带季风气候。夏季盛行偏南风，炎热多雨；冬季多偏北风，寒冷干燥；春季天气多变，干旱少雨多风沙；秋季天气晴爽，冷暖适中。

（1）气温　全省年平均气温基本遵循由西南向东北递减的分布规律，但地区差别不大，多数都在 13℃左右。夏季太阳辐射最强，气温最高。7 月是山东大部分地区气温最高的月份，而半岛的东部和南部沿海受海洋气候的影响，8 月的气温才达到全年最高。8 月全省各地的平均气温在 21.5~27.5℃。从 1 月至 7 月，气温逐渐升高。8 月以后，各地气温逐月下降。山东无霜期一般为 174~260 天，其分布规律是南部多于北部，平原多于山地，沿海多于内陆。鲁南、鲁西南及鲁西北平原和沿海地区在 200 天以上，鲁中山区和半岛中部少数地区在 200 天以下。

（2）降水量　山东省大部分地区年平均降水量在 600~750mm，其分布特点是南多北少。山东各地年降水日数基本遵循从西北向东南递增的规律。鲁西北地区较少，多数在 65~70 天；鲁东南和半岛的东部地区是降水日数最多的区域，一般在 80~90 天；其他地区多数都在 70~80 天。泰山年平均降水日数高达 95.1 天。

（3）日照　山东年平均日照时数的分布和云量的分布规律相反，从南往北增多，大致呈西南—东北走向，全省变化范围为 2 200~2 800 小时。

2. 气候要素变化趋势

由于山东省地处暖温带季风气候区且地形复杂多样，区域间气候背景差异明显，导致不同地区间的农业气候资源存在不同程度的差异性，因此，分析和评价不同区域气候要素的时空变化特征，对于指导区域内农业结构调整、完善农业种植制度以及合理调配使用光、热、水等农业气候资源具有重要意义。

据有关资料显示，山东省近 50 年来气温变化的一个显著特征是，前期偏冷，后期偏暖，分界点是 1986 年，即 1961—1986 年为偏冷期，1987 年开始转入偏暖期。山东省年均气温 1990—2000 年和 2000—2010 年气温增幅显著，年均增幅分别为 0.6℃和 0.4℃；而 1961—2010 年 50 年间的年均气温增幅为 0.27℃，且这种趋势仍在继续，见图 1-3。

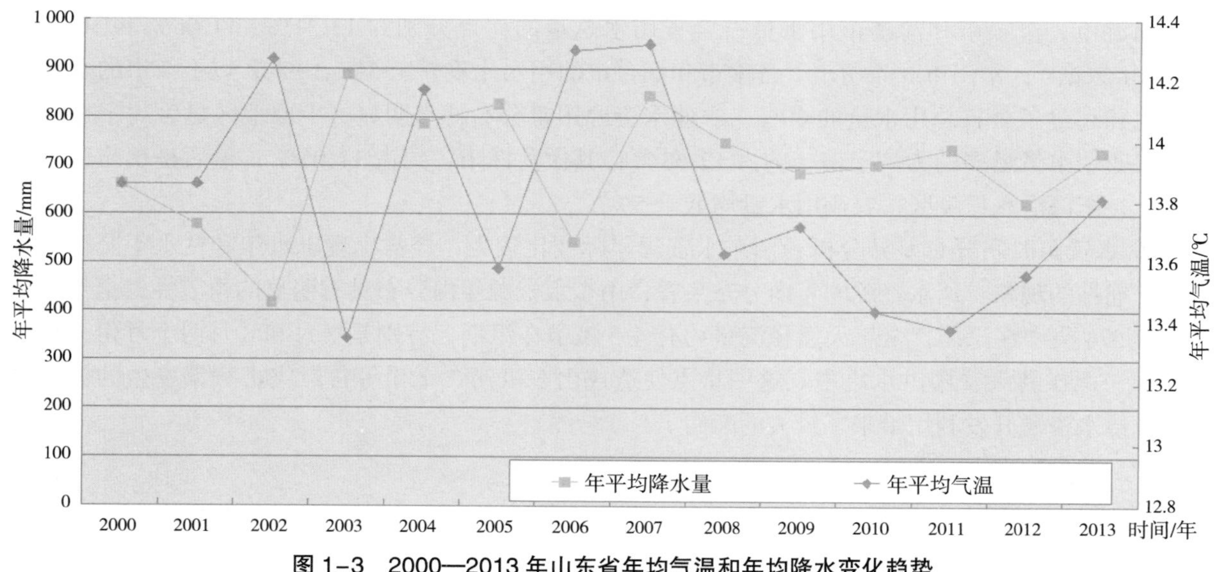

图 1-3　2000—2013 年山东省年均气温和年均降水变化趋势

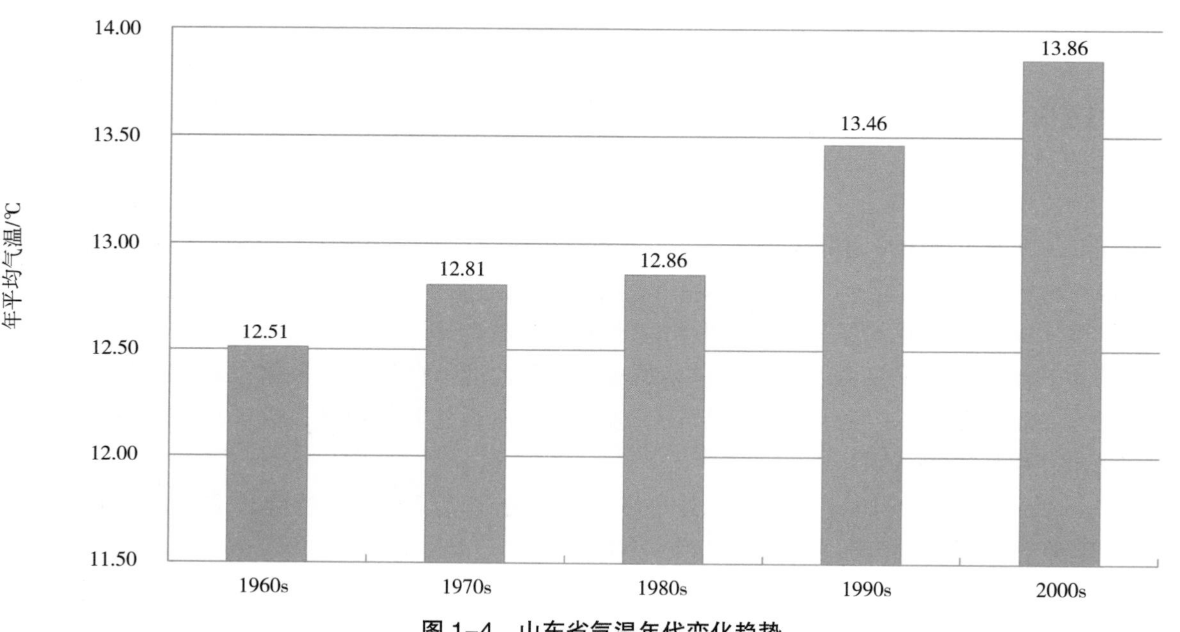

图 1-4　山东省气温年代变化趋势

山东省年平均降水量年际间差异也较大，丰水年有时为枯水年降水量的数倍，降水的季节分布也极不均匀，夏季（6—8 月）的降水量占全年降水量的 60% 左右。据有关数据显示，近 50 年来，山东省年降水量增减趋势持续时期基本与丰水期、缺水期相对应，1961—1964、1970—1975 和 1986—1995 年为丰水期，1965—1969、1976—1985 及 1995 年以后为缺水期，缺水期居多，占总时间的近 2/3。

近 50 年来，山东省平均降水量总体上呈现显著的下降趋势，倾向率为每 10 年减少近 32mm；年代降水量在 1980—1990 年间降幅最大，1991 年以后有所回升，见图 1-5。

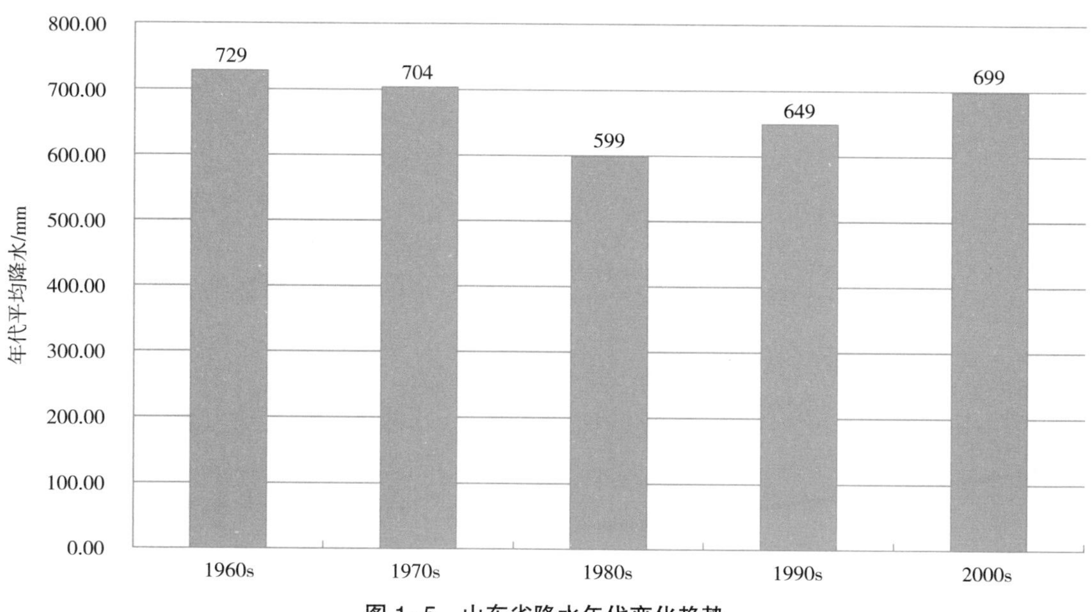

图 1-5　山东省降水年代变化趋势

3. 气候变化对农业的影响

（1）气候变化容易造成极端天气气候事件明显增加，使高温、旱涝、霜冻、大风等农业气象灾害的发生概率加大，使农业生产会面临更多的农业气象灾害的影响，增大农业生产的不稳定性，造成农作物和经济的产量产生波动，直接影响粮食生产安全。

（2）由于气温升高，使活动积温和有效积温相应增加，造成物候期提前，作物生长季相应延长，特别是冬季的增温改进了潍坊地区热量资源的利用的有效性，使得设施农业有条件实现快速发展，对生产有利。

（3）气候变暖使得本地区无霜期延长，复种指数也有相应的提高，会提高农业的土地利用效率。

（4）作物病虫越冬成活率与冬季温度有关，因此，冬季温度升高将导致作物病虫害呈现加重趋势，容易造成本地生态系统脆弱。

（5）光照减少，势必影响作物和物种的多样性，影响作物的产量和品质。

二、农业可持续发展的社会资源条件分析

（一）农业劳动力

1. 农村劳动力转移现状特点

山东省是一个经济大省，同时也是一个农业大省、人口大省。据统计，2000 年全省总人口 8 997 万人，其中乡村总人口 7 035.9 万人，占总人口的 78.2%。到 2013 年，全省总人口增加至 9 733 万人，其中乡村总人口 7 258.28 万人。农村劳动力转移是现代化进程中不可忽视的重要问题，近年来山东省农村劳动力转移有以下特征。

一是农村劳动力数量持续增长，但增加幅度趋缓。2000 年，山东省全省乡村劳动力数量

3 639.63 万人，2013 年增加至 4 110.48 万人，增加了 12.9%。虽然劳动力数量总量在持续增加，但增加的幅度在减小，2011—2013 年，逐年增加幅度平均为 0.3%。可能有两个原因导致了山东省乡村劳动力增加幅度渐趋缓慢，即不断下降的人口出生率、自然增长率，以及城市化水平的迅速提高。

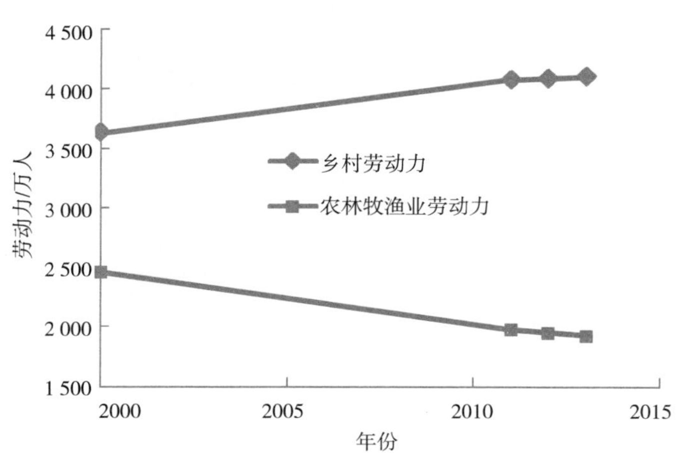

图 2-1　2000—2013 年山东省农村、农林牧渔劳动力变化趋势

二是农林牧渔劳动力数量呈逐年递减趋势。2000 年，山东省从事农林牧渔业生产的劳动力总数约为 2 462.6 万人，2013 年下降为 1 925.97 万人，净减少 536.63 万，下降幅度为 21.8%。2000—2013 年，山东省乡村劳动力数量与农林牧渔劳动力数量之间的差额越来越大，由起初的 1 177.03 万扩大到 2 184.51 万，这意味着已经有越来越多的农村劳动力开始由农业部门向非农业部门转移，见图 2-1。

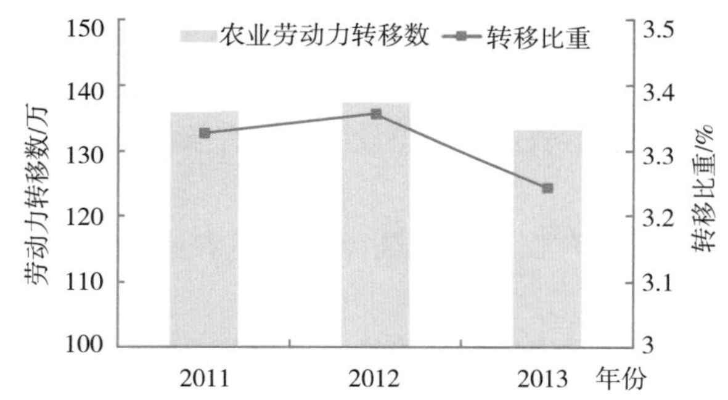

图 2-2　2011—2013 年山东省农业劳动力转移数和转移比重

三是农村劳动力转移总量基本稳定，但各地区转移数量差异大。2011—2013 年，山东省每年总的农村劳动力转移数量基本保持稳定，维持在 133 万 ~137 万；农业劳动力转移比重与农业劳动力转移数量有较强的一致性（图 2-2），可见，在全省城镇建设过程中，农村劳动力向城镇的流动程度，劳动力非农化程度基本保持稳定。其中，劳动力转移规模较大的地区主要包括农村劳动力输出为主的经济发展相对薄弱的聊城、菏泽、临沂、泰安等地区。威海、东营、莱芜、淄博等地区的农业劳动力转移规模较小，年农业劳动力转移人数均在 10 万以下。

四是就地性特点明显。目前，山东省农村剩余劳动力的转移，大多是属于就地性转移，基本上是离土不离乡，务工不进城。跨地区性质的转移，特别是跨省域转移的数量很少。

五是亦工亦农，兼业性强。目前，山东省转向非农产业的劳动力普遍属于亦工亦农性转移，劳动力的主体仍然保留着土地承包权。劳动力的主要劳动时间和大部分精力消耗在从事非农的相关产业，仅在农忙时节回乡参与农业生产，属于季节性转移，兼业时间的长短因家庭劳动力的多寡与劳动收入高低而有所不同。

2. 农业可持续发展面临的劳动力资源问题

农业作为国民经济的基础产业，只有稳定发展，才能有效保证整个国民经济的稳步前进，只有实现了农业现代化，才能实现国民经济的现代化。目前，山东省农业可持续发展面临的劳动力资源问题主要包括以下几点。

一是山东省农村剩余劳动力数量巨大，剩余劳动力就业转移任务艰巨。“十一五”时期，山东农村经济活动人口每年的净增量均在 50 万人以上。随着农村经济结构的调整优化，农村劳动生产率进一步提高，农村剩余劳动力资源将更加充足。2013 年，山东省农村从业人员约为 4 110 万人。根据每个劳动力所承担的耕地数量，山东全省目前种植业所需要的劳动力数量约为 1 000 万人，林、牧、渔业所需的劳动力约为 300 万人，全省当前阶段农业生产所需要的劳动力数量约为 1 300 万人，统计结果表明，目前至少有上千万的剩余劳动力等待转移。

二是农村高素质人才匮乏，青壮年劳动力比重下降。科学技术是第一生产力，而知识是人类进步的阶梯。因此在现代化农业的建设中，需要高素质、高技能的人才作为创新建设的主力军，但目前山东省农村地区却十分缺乏高素质、高技能的人才。2013 年，全省农业劳动力平均受教育年限为 10 年，农业科技人员数仅为 6 225 人，农村劳动力文化程度较低，接受新知识新事物的能力欠缺，积极性、主动性、创造性不足，这不利于农村剩余劳动力的转移，严重阻碍了山东省农业可持续发展战略的实施。另一方面，农村地区大量体格强健、劳动力量旺盛的青壮年都奔赴城市务工就业，留在农村的从业人员出现了以老人、儿童、妇女为主的人口结构，因而越来越多的“老人村”“小孩村”“妇女村”景象出现，导致农业发展的高素质劳动力资源缺乏，农业劳动生产率低下，阻碍了农业产业化和农业科技推广。

三是山东省地区发展水平存在差异，农村劳动力以就近就业为主，且主要集中于第一产业。山东省东部沿海、中南部山区、西北部平原的社会经济条件和自然条件差异巨大，地区之间的经济发展不平衡。从农村劳动力的就业去向看，大部分农村劳动力的就业仍集中于农林牧副渔等第一产业，2011—2013 年，农林牧副渔从业人员平均占农村劳动力总数的 47.7%。农村劳动力过于集中于吸纳能力有限且劳动力过剩的第一产业，就业吸纳能力强的二、三产业对农村劳动力的吸纳不足，有待进一步挖掘潜力，引导广大农村劳动力向二、三产业转移。另外，近几年山东省尽管有大量的劳动力剩余，但是绝大多数农村劳动力还是在农村地域内就近就业，没有很好地转移到大中城市，造成大量农业剩余劳动力资源的闲置和浪费。如何充分挖掘农村剩余劳动力的潜力，吸纳众多农村劳动力到城市就业定居，成为推动山东省城市化进程的焦点。

（二）农业科技

1. 农业科技发展现状特点

随着农业机械化程度的提高和农民知识水平的提升，山东省农业科技发展较 2000 年有了大幅提高，2013 年农村劳动力平均受教育年限为 9.4 年，比 2000 年增加了 1.3 年；农业科技贡献率达到 59.6%，高出全国 4.4 个百分点；农林牧渔业总产值从 2000 年的 2 294.35 亿元上升至 8 749.99 亿元，增加了 2.8 倍，多项农业指标位居全国前列。近年来，山东省农业科技发展现状具体如下。

一是农业科技支撑能力不断增强。山东省长期重视农业科技事业，围绕农业和农村经济发展中带有全局性、关键性、方向性的重大科技项目进行攻关，自主创新能力不断增强，农业科技支撑能力显著提升。2013 年，山东省现代农业产业技术体系创新团队总数达到 15 个，岗位专家 140 名，综合试验站 86 个，通过联合攻关，破解了一批生产一线中的关键技术难题。审定通过了小麦、玉米等 7 种主要农作物新品种 49 个，西瓜、黄瓜等 12 种非主要农作物新品种 29 个，加快了品种更新换代。“三大工程”培训农民 150 万人次以上，启动实施了新型职业农民培育试点，培训职业农民 1 200 人。在 754 个乡镇开展了基层农技推广服务体系条件建设，123 个县（市、区）实施了基层农技推广补助项目，农技推广基础条件得到改善。新认定省级现代农业示范区 21 家，总数达到 40 家。

二是农业综合生产能力稳步提升。山东一直注重农业新技术、新成果的推广应用，组织实施良种产业化工程，实施农业科技入户示范工程，农业科技水平显著提升，农业综合生产能力不断加强。2013 年，粮食总产达到 4 528.20 万 t，实现“十一连增”，围绕粮食生产，深入推进高产创建和产能建设，建成粮食整建制推进市 1 个、整建制县 6 个、整建制乡镇 36 个。小麦、玉米高产创建平均亩产分别达到 600.4kg 和 606kg，比全省平均亩产量高出 197.7kg、177.7kg。水肥一体化推广面积达到 65 万亩；推广使用配方肥 4 000 万亩次，节本增效 35 亿元。种植业综合机械化水平达到 80%，秸秆综合利用率达到 81%，年处理畜禽粪便和农业废弃物达 4 200 多万 t，农业面源污染治理取得初步成效。

三是农业产业化经营不断深化。山东是农业产业化的发源地，产业化经营经历了 20 世纪 80 年代中期的探索起步、90 年代的全面推进以及 21 世纪以来的深化提高 3 个阶段。2013 年，实施了农业产业化“五十百千万”工程，以龙头企业、农民合作社和家庭农场为代表的各类新型经营主体快速发育。据估算，全省规模以上龙头企业达到 9 100 家，销售收入突破 1.4 万亿元；新增国家级一村一品示范村镇 24 个、国家级农业产业化示范基地 7 个，农民合作社发展到 9.7 万家，家庭农场 1.2 万户。农产品出口预计 150 亿美元以上，连续 14 年“领跑”全国。农产品质量安全总体平稳向好，省级蔬菜农药残留例行监测合格率达到 98.5%。新制修订农业标准 76 项，编制简明技术规程 110 项，全省果菜标准化基地面积达到 1 996 万亩，占总面积的 61.7%，新认定“三品一标”产品 835 个，总数达到 6 100 个。

2. 农业可持续发展面临的农业科技问题

如何实现农业资源的可持续发展，使农业资源得以合理开发，实现人口、资源与环境的协调发展，只有加强农业科技创新，不断提高土地产出率和资源利用率。目前，山东省农业可持续发展面临的主要农业科技问题如下。

一是农业科技资源分散。山东省虽有数量较多的农业科研和教学机构，但相互之间缺乏有效的资源整合与联合共享机制，研究力量相对分散，制约了农业科技创新水平和能力的提高。主要表现在：一是现有科技体制层次不清、力量分散，创新效率有待提高；二是受地域和行业局限，科研院所条块分割、重复研究，造成人、财、物浪费；三是科研、开发与生产相互脱节，造成农业技术创新过程不畅，许多成果没有转化为现实生产力。目前山东省农业科技对农业生产的贡献率已经提高到了 60%，但同世界上的发达国家农业科技对农业生产的贡献率都在 80% 相比，还有很大差距，农业生产经营所急需的技术服务得不到满足。

二是农业科技投入不足。农业科研的公益性特点，决定了政府是农业科研的投资主体，资金投入不足是农业科技创新中的重要制约因素。近年来，虽然山东省对农业科研的投入有较大提高，但相对于所占农业 GDP 比例来讲仍然较低，所需经费仍有很大缺口，与发达国家相比差距较大。资料显示，英国、法国、德国和美国等国家的农业科技公共投资强度基本保持在 2.0%~2.5%，而山东仅为 1.3%。另外，农业科技成果推广经费缺乏，经费来源单一且不稳，使推广工作受到影响。农业科技创新及推广经费的不足，很大程度上影响了农业科技成果的转化，严重制约着农业科技的可持续发展。

三是农业科技人才缺乏。作为农业大省，在推进农业科技创新过程中需要大量人才。但现有的农业科技创新人才与现实需求相比，还有很大的差距，农业科技创新人才严重不足。2013 年，山东省农林牧渔劳动力 1 925.97 万人，农业科技人员为 6 225 人，即平均 3 000 多个农业劳动力中才有 1 名农业科技人员，而发达国家平均不足 400 人就有 1 名。农业研发机构中缺乏农业学科领军人物和科技尖端人才，导致高新技术研究乏力；缺乏市场意识强、管理水平高、开拓能力大的开发型人才，导致农业科技产业化发展滞后。另外，现有的机制还没有把技术创新与技术创新者的利益结合起来，农业技术创新主体收益偏低，使得农业科研部门优秀人才、中青年骨干流失较多，制约了农业科技创新水平的提高。

（三）农业化学品投入

1. 农业化学品投入现状特点

（1）化肥投入 由于化肥在农业生产中的重要作用，施用量逐年增加。山东省化肥施用量（折纯量，下同）从 2000 年的 423.19 万 t 上升到 2012 年的 476.26 万 t，增加了 11.7%。随着农民环保意识的增强，注重测土配方施肥，优化了施肥时间和施肥结构，2013 年，山东省化肥施用量较 2012 年有所较少，降低幅度为 0.76%（图 2-3）。从区域分布来看，潍坊、济宁、菏泽、聊城和临沂是施肥密集区，2013 年化肥施用量均在 40 万 t 以上，占山东省施肥总量的 49%。莱芜、威海、东营等地区化肥施用量相对较少，其中莱芜市施肥量 3.47 万 t，仅为施肥最高地区潍坊市的 6.4%。2010—2013 年，青岛、滨州、莱芜、日照和淄博等市的化肥施用量为负增长。

（2）农药投入 现代农业离不开农药的使用。每使用 1 元钱的农药，农业生产可获益 8~16 元。农药增加作物产量，增加农业收入，这种狭隘的认知导致了农药使用量不断增加。10 多年来，山东省农药使用量从 2010 年的 14.03 万 t 上升到 2011 年的 16.5 万 t。与化肥投入类似，随着人们环保意识的增强，2013 年农药施用量较 2011 年有所下降，降低幅度 3.9%。烟台、潍坊、临沂、济宁等地区 2013 年农药使用量均在 1.5 万 t 以上，远高于其他地区。2010—2013 年德州、枣庄和

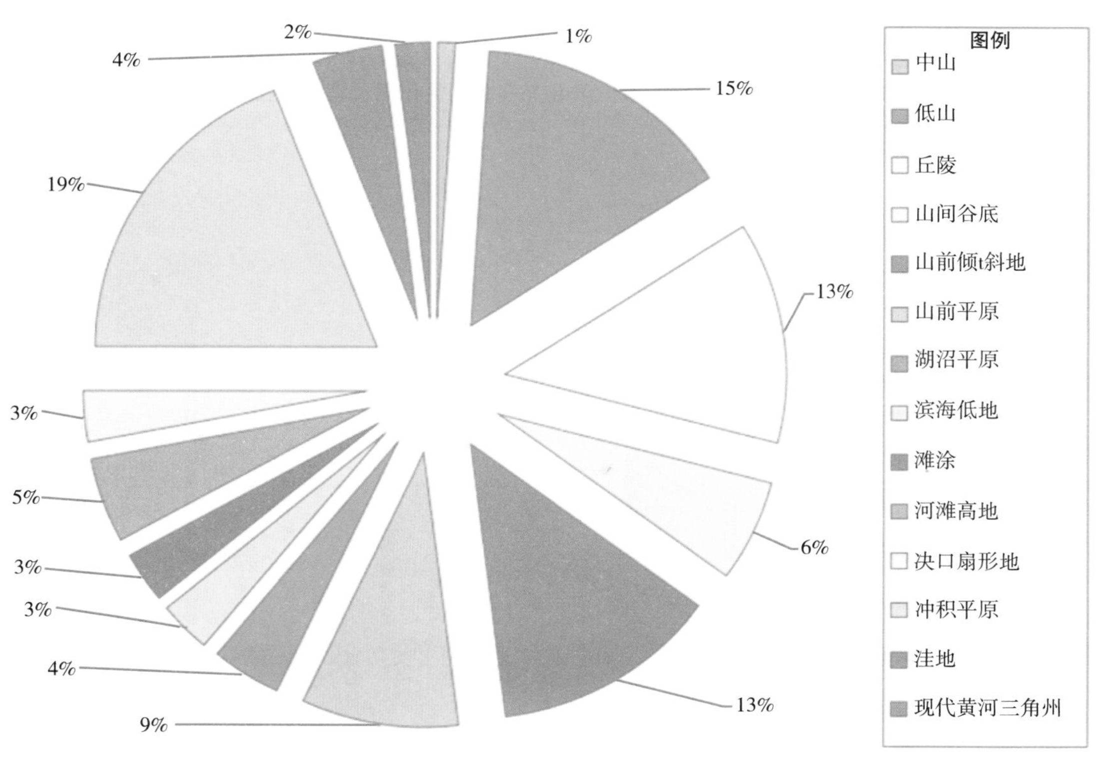

图 2-3 2010—2013 年山东省化肥、农药和农膜施用总量

东营三市的农药使用量增加速率较快，增幅均在 70% 以上，济南、莱芜、潍坊、日照等市区的农药使用量为负增长。

(3) 农药投入　山东省农膜的使用始于 20 世纪 70 年代，近十多年来，由于设施农业、保护地栽培和地膜覆盖技术的快速发展，各类农膜用量一直呈高速增长势头。2013 年，全省农膜年消耗量达到 31.9 万 t，较 2010 年增加了 41.6%。从各地区的具体施用情况来看，农膜施用量最多的 4 个市区分别是潍坊、临沂、德州和菏泽，2013 年 4 市区农膜施用总量占全省农膜施用总量的 55.2%；农膜施用量增长速度最快的是滨州、东营和临沂 3 市，增幅均在 80% 以上；烟台是唯一农膜施用量逐年递减的城市。

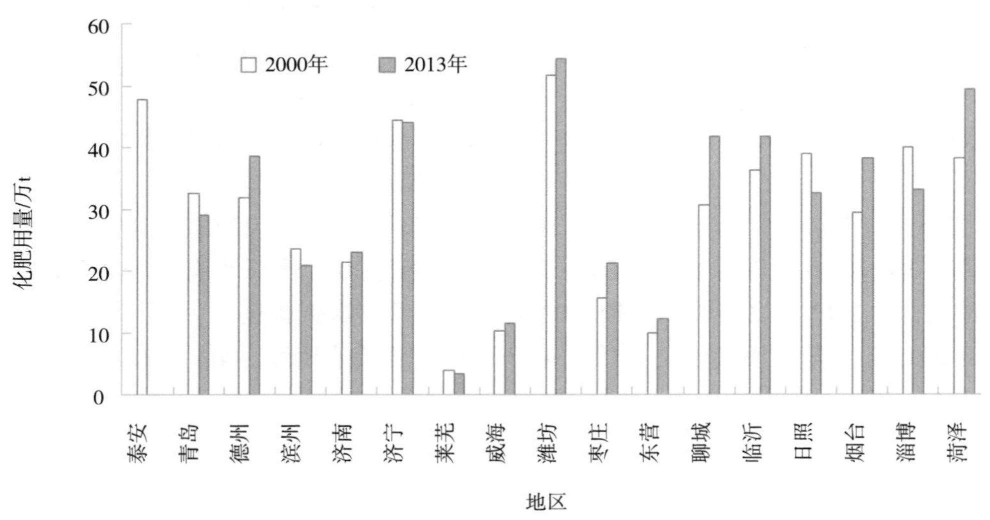

图 2-4（A） 2010 年和 2013 年山东省各地区化肥、农药和农膜用量

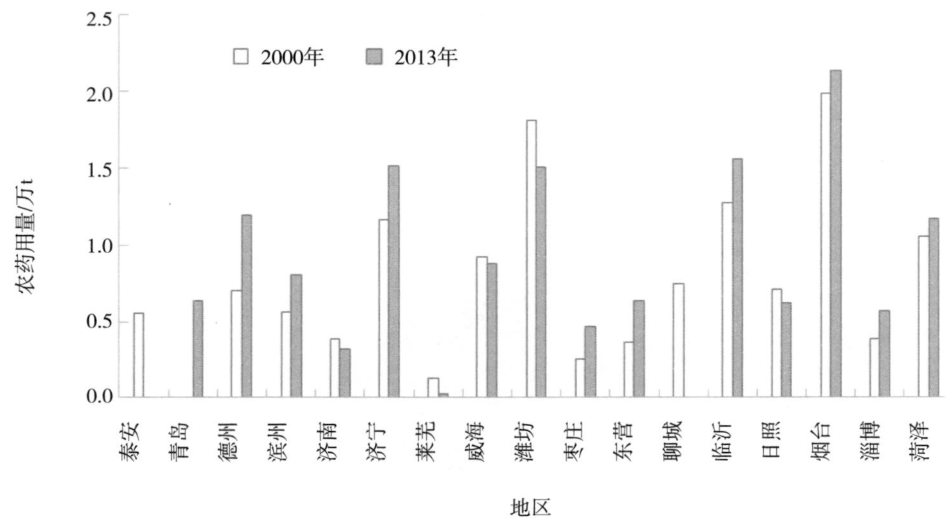

图 2-4（B） 2010 年和 2013 年山东省各地区化肥、农药和农膜用量

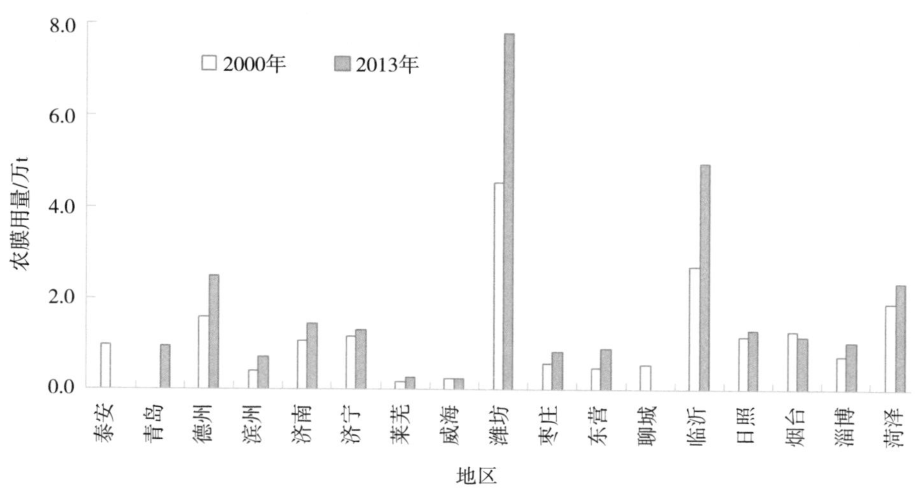

图 2-4（C） 2010 年和 2013 年山东省各地区化肥、农药和农膜用量

2. 农业对化学品投入的依赖性分析

与 2000 年相比，2011—2013 年 3 年平均作物总播种面积减少 943 万亩，化肥、农药和农膜用量分别增加了 51.0 万 t、2.1 万 t 和 9.3 万 t，作物总产量则增加 2 713 万 t。从 2011—2013 年的数据来看，化肥施用量呈下降趋势，与全省农业部门积极推广秸秆还田技术和测土配方施肥技术有关，减少了盲目施肥，做到了科学用肥；农药施用量也呈下降的趋势，与现在采取大量使用粘虫板、杀虫灯等生物防控技术，小麦“一喷三防”等集中防控有关，从而减少了高毒、高残留农药的使用；山东省是花生、蔬菜生产大省，2011—2013 年农膜施用量较大，基本保持在 31.8 万 t，主要与当年花生、蔬菜等作物的种植面积密切相关。综上分析，与 2010 年相比，2011—2013 年全省农业和农村经济发展对农业化学品投入的依赖度较高，但这种依赖度呈下降趋势。

三、农业发展可持续性分析

（一）农业发展可持续性评价指标体系构建

农业可持续发展评价指标体系是一个复杂的系统，涉及农业经济、社会、资源环境、科技等众多领域，但它又不只是这些领域统计指标的简单罗列、叠加。根据农业可持续发展的内涵及农业可持续发展评价指标体系构建指导思想及原则，并结合国内外已有的研究成果及山东省农业发展的实际情况，确定了农业经济、农村社会、农业资源和农业生态环境 4 个准则层，并选取了反映农业可持续发展内涵和水平的 25 项具体指标构成指标层（表 3-1）。

表 3-1 山东省农业可持续发展水平评价指标体系

目标层	准则层	指标层	单位
农业可持续发展	经济可持续能力	农业总产值	亿元
		农业增加值	万元
		农副产品进出口总额	亿美元
		农村人均用电量	kW・h/ 人
		农业机械总动力	万 kW
		科技支出	亿元
		农村居民人均纯收入	元 / 人
	社会可持续能力	农村恩格尔系数	%
		城乡收入差距	元 / 人
		每千人乡村卫生人员数	
		人口自然增长率	%
		初中及以上文化程度占有率	%
		文盲及半文盲率	%
		农业人口比	%
	资源可持续能力	耕地面积	千 hm^2
		农业用水总量	亿 m^3
		人均水资源量	m^3/ 人
		水土流失治理面积	千 hm^2
		有效灌溉率	%
		农药施用强度	t
	生态环境可持续能力	森林覆盖率	%
		地膜使用强度	t
		秸秆综合利用率	%
		化肥施用强度	t
		规模化养殖废弃物综合利用率	%

（二）农业发展可持续性评价方法

鉴于层次分析法可以大大提高评价的简便性、准度和效度方面的问题，本研究采用层次分析法（AHP）确定各项指标的权重，利用公式（$S=\sum_{i=1}^{n} w_i c_i$）综合发展指数模式计算农业系统可持续发展指数，根据农业系统可持续发展指数对山东省农业可持续发展水平进行评价分析。

（三）农业发展可持续性评价

1. 数据标准化处理

本研究确定采用直线型的指标数据标准化方法对指标数据进行标准化处理。采用直线型标准化方法中的比重法，本文用 2011 年数据作为评估基数，其他年份指标和基数相比，得到一个比例系数。经过运用比重法数据处理后，任何一项指标，只要评定系数是增大的，可认为该地区农业可持续发展情况是正向的，农业可持续发展的能力是有所提高的。经过运用比重法得出的山东农业可持续发展各评估指标的评分系数。

2. 指标权重确定

本研究利用层次分析法确定各指标权重。

表 3-2　1~9 标度的含义

标值	含义
1	表示两个指标相比，具有同样重要性
3	表示两个指标相比，一个指标比另一个指标稍微重要
5	表示两个指标相比，一个指标比另一个指标明显重要
7	表示两个指标相比，一个指标比另一个指标强烈重要
9	表示两个指标相比，一个指标比另一个指标极端重要
2、4、6、8	上述相邻判断的中值，需要折中是采用

表 3-3　农业可持续发展评价指标体系指标权重

权重指标		权重
经济可持续能力（0.449 8）	农业总产值	0.066 8
	农业增加值	0.098 4
	农副产品进出口总额	0.046 9
	农村人均用电量	0.036 8
	农业机械总动力	0.047 6
	科技支出	0.032 8
	农村居民人均纯收入	0.120 4
社会可持续能力（0.185 8）	农村恩格尔系数	0.024 7
	城乡收入差距	0.028 4
	每千人乡村卫生人员数	0.015 7
	人口自然增长率	0.020 9
	初中及以上文化程度占有率	0.026 7
	文盲及半文盲率	0.023 1
	农业人口比	0.046 4
资源可持续能力（0.229 1）	耕地面积	0.090 3
	农业用水总量	0.041 5
	人均水资源量	0.031 9
	水土流失治理面积	0.015 0
	有效灌溉率	0.050 4
生态环境可持续能力（0.135 3）	农药施用强度	0.018 1
	森林覆盖率	0.029 4
	地膜使用强度	0.029 4
	秸秆综合利用率	0.010 1
	化肥施用强度	0.030 2
	规模化养殖废弃物综合利用率	0.018 1

3. 评价结果分析

采用加权求和模型进行农业可持续发展水平的综合评价（$S=\sum_{i=1}^{n}w_i c_i$），根据农业系统可持续发展指数对山东省农业可持续发展水平进行评价分析。农业经济子系统、农村社会子系统、农业资源子系统和农业环境子系统的综合评价结果见图 3-1 和图 3-2。

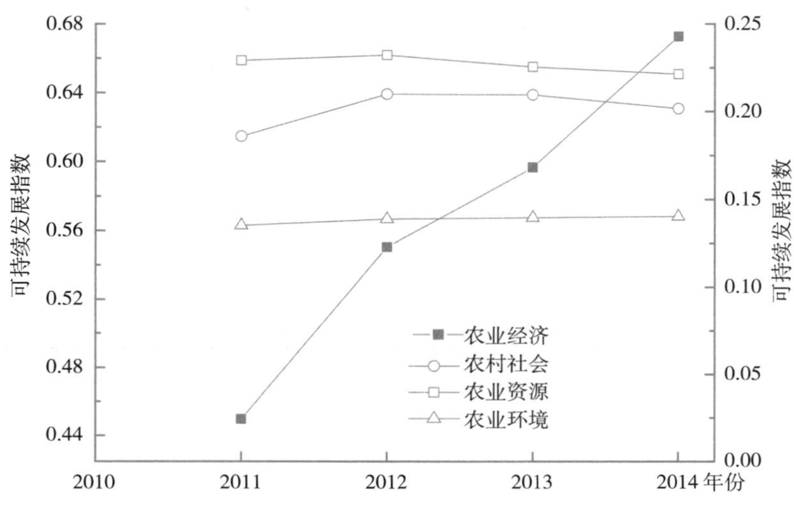

图 3-1 山东省农业可持续发展子系统评价

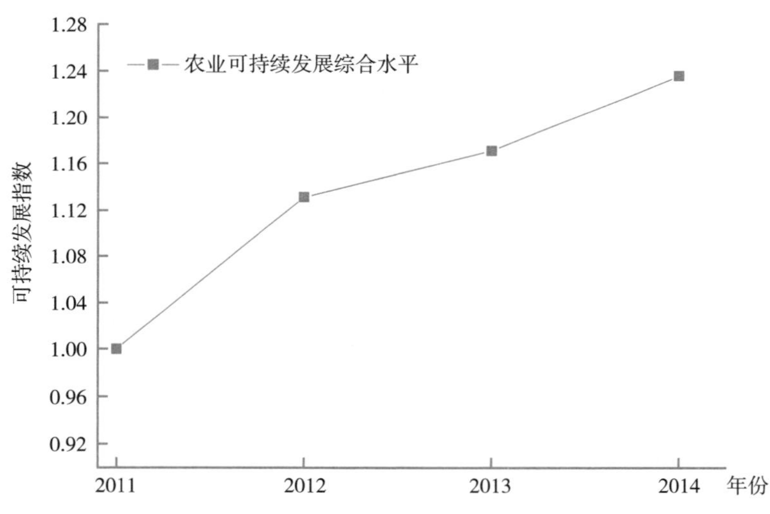

图 3-2 山东省农业可持续发展系统评价

（1）农业经济子系统 2011—2014 年间，山东省农业经济子系统的可持续发展水平一直保持增长水平。2011—2012 年间，山东省农业经济的可持续发展水平的增长得益于农业增加值和农民收入的持续增加。“十二五”期间，山东省农村居民人均纯收入一直保持较快的增长，2014 年农民人均收入达到了 2011 年的 1.9 倍。同时农业总产值和农业增加值也保持了较快的增长，二者均为 2011 年指标的 1.3 倍。而在经济可持续发展子系统中，农业机械总动力基本保持在原有的水平，2011 年农业机械总动力为 11 629 万 kW，而 2014 年为 12 739 万 kW，这表明山东省农业的机械化水平还有可提高的空间。

（2）农村社会子系统　山东省农村社会子系统的可持续水平在2011—2012年间可持续发展水平表现为增长，但2012—2014年间可持续发展水平有所降低。一方面农村医疗卫生及受教育水平有了一定提高，农业人口所占的比重也在逐年降低，推动了农村社会可持续水平的发展，另一方面恩格尔系数除2012年外，2013—2014年间均比2011年有所增加，处于较高水平，这说明农村居民中生活水平还较低，其消费结构处于初级阶段，温饱问题仍是消费的主要组成；城乡居民收入差距在逐渐拉大，说明农村与城市的协调发展还不一致，这不仅会影响经济的发展，还会影响社会稳定性，对农业的可持续发展有明显的负作用。

（3）农业资源子系统　山东省农业资源子系统的可持续发展水平和农村社会子系统相类似，在2011—2012年间可持续发展水平表现为增长，但2012—2014年间可持续发展水平有所降低。这表明山东省农业的发展面临资源衰减的巨大压力。2011—2014年间，耕地面积基本保持在红线水平，农业用水在逐年减少，但有效灌溉率并没有提高，说明水资源匮乏和浪费并存，节水灌溉技术的推广及农田水利设施的建设都有待提高。并且这期间水土流失治理面积在逐年减少，原因是水土流失面积减少还是治理措施不当还有待进一步探讨。

（4）农业环境子系统　2011—2014年间，农业环境子系统的可持续发展能力尽管比较缓慢，但总体在向正方向发展，这说明山东省农业的可持续发展仍然面临环境破坏的压力，如农药、化肥和地膜的使用强度仍保持在较高水平，对环境造成了很大的危害，导致环境污染加剧，农业生产和农产品质量安全情况受到严重影响。尽管实施了退耕还林、农林林网建设等生态恢复工程，但也存在滥砍滥伐等现象，使得山东省的森林覆盖率增加很少，依然低于全国平均水平。人工湿地面积的增加在某些功能上补偿了天然湿地的净丧失，但是天然湿地面积的减少威胁着滨海湿地资源的永续利用，使湿地调节水热状况、促淤保滩等生态功能削弱。同时秸秆资源化利用率和畜禽粪便处理率都还有待进一步提高。

（5）农业可持续发展总系统　2011—2014年间，山东省农业可持续发展综合水平呈明显上升趋势。尽管有些子系统部分指标显示出对山东省农业可持续发展的要求很大，压力很高，但是整体上山东省农业可持续发展水平有很大的提高。这些情况表明，山东省农业的可持续尽管面临社会、资源、环境等压力，但总体发展状况还是比较好的，农业基本呈现可持续发展状态。

四、农业可持续发展的适度规模分析

我国以所有权和使用权分离为典型特征的家庭联产承包责任制形式的土地制度，在20世纪80—90年代实施初期适应了当时的农业发展形式，极大调动了农民生产的积极性，使得我国农业生产和农村经济得到迅猛发展。但是随着时代的发展和社会形势的变化，一家一户的过度分散经营在现代农业发展过程中出现了不相适应的诸多矛盾，严重阻碍了农业规模化、产业化和现代化的进程，制约了农业和农村经济、社会的可持续发展。从经济学角度来讲，农业的经营规模不是越大越好，应当与资源、劳动力、资本、技术等多方面要素有机结合，使其发挥出最大边际效应。从资源永续利用的角度来讲，开展农业生产经营活动，既要考虑充分发挥资源的潜能，又要兼顾资源的承载能力，决不能以资源的粗放利用、浪费损毁为代价，这是促进农业可持续发展的基本原则。因此，加快推进土地的规模有序流转，发展农业适度规模经营，成为提升农业综合生产能力、确保国家粮食安全、保障农产品有效供给的必然选择，也是进行标准化、规模化、集约化、产业化农业生产经营的有效途径。发展多种形式适度规模经营是农业现代化的必由之路。

（一）农业资源合理开发强度分析

1. 山东省农业资源生态足迹计算

山东省是我国东部沿海的农业大省，也是经济大省、人口大省，随着经济的快速发展和五化同步的大力推进，山东省面临的资源约束趋紧、环境污染严重、生态系统退化的严峻形势日趋加剧。据山东统计部门数据显示，2013 年，山东省土地总面积为 1571.26 万 hm^2，其中农用地 1 151.84 万 hm^2（耕地 763.57 万 hm^2，园地 72.83 万 hm^2，草地 44.87 万 hm^2，林地 150.19 万 hm^2，其他农用地 120.38 万 hm^2），建设用地 273.54 万 hm^2（城镇村及工矿用地 230.62 万 hm^2，交通用地 20.05 万 hm^2，水利设施用地 22.87 万 hm^2），未利用地 145.88 万 hm^2。农用地、建设用地和未利用地在全省土地总面积中的比例分别为 73.31%、17.41% 和 9.28%。山东省地处暖温带季风气候区且地形复杂多样，区域间气候背景差异明显；年平均气温年际间波动性较大，近 50 年来年均气温增幅为 0.27℃，且气候转暖的趋势仍在继续；年平均降水量年际间差异较大，降水的季节分布也极不均匀，夏季的降水量占全年降水量的 60% 左右。山东省是我国水资源严重匮乏的省份之一。2003—2013 年山东省平均水资源总量约为 334.37 亿 m^3，省人均水资源占有量约为 355.54m^3/ 人，仅为全国平均水平的 17.69%，不足世界平均水平的 4%。2013 年人均水资源量为 299.7m^3/ 人，仅为全国人均占有量（2 054.6m^3/ 人）的 14.59%，位居全国 31 个省（市、自治区）的倒数第 7 位，属于严重缺水区。

2000—2013 年山东省人均生态足迹呈现快速上升态势，14 年间净增加 4.055hm^2，增加了将近 1 倍。耕地、草地、林地和水域呈现平缓的上升趋势，但化石燃料地人均生态足迹则上升势头迅猛，从 2000 年的 1.395hm^2/ 人快速增至 2013 年的 4.783hm^2/ 人，上升幅度高达 242.9%，这说明城镇化的迅速发展推动了山东省生产生活中能源消费的迅速增加，需要留作吸收 CO_2 的化石燃料用地需求也在逐步扩大。要维持山东省当年人口的生活水平，2000 年、2011 年、2012 年和 2013 年山东省的人均生态足迹分别为 4.341hm^2/ 人、7.817hm^2/ 人、8.138hm^2/ 人和 8.396hm^2/ 人。人均生态足迹的快速增长也反映了全省生态环境的压力越来越大，人类活动对生态系统平衡所造成的干扰和破坏是不可逆的，农业资源的可持续发展面临着严峻的威胁和挑战。山东省近 3 年的人均生态足迹是 8.117hm^2，与目前中国的人均生态足迹 1.6hm^2 相比高出了 6.517hm^2，与全球的人均生态

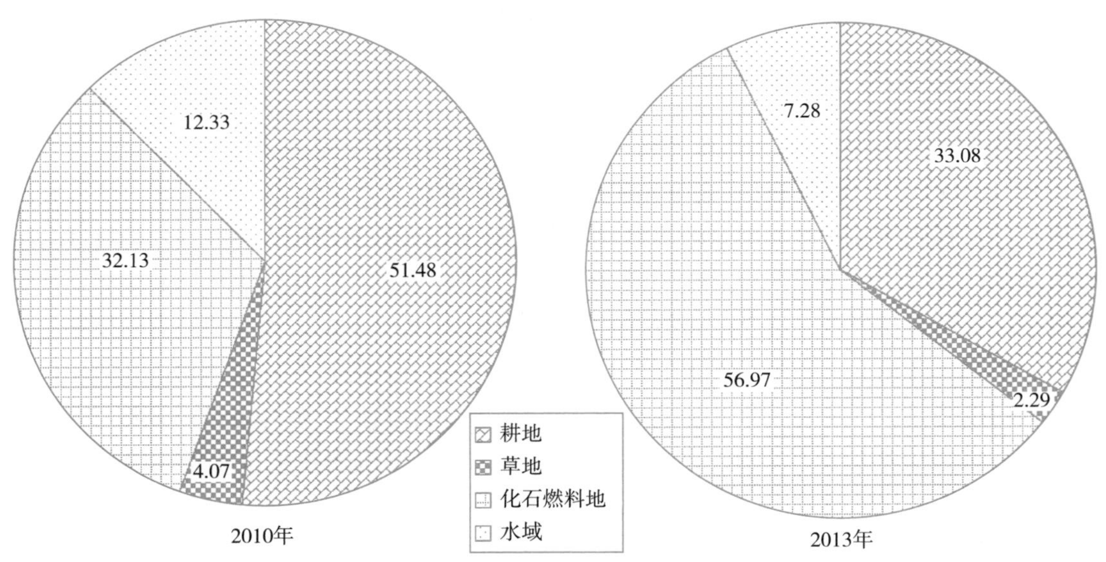

图 4-1　2000 年和 2013 年山东省人均生态足迹影响因素比例

足迹 2.2hm^2 相比高出了 5.917hm^2，分别是全国和全球平均的 5.1 倍和 3.7 倍，生态超载情况十分严重。

通过各地类的生态足迹变化情况和生态足迹影响因素的比重结构可以看到，耕地和化石能源用地的生态足迹占总足迹的主要部分，是山东省近年来人类消费的主要构成部分，其中 2000 年时耕地份额最大，约为 51.5%；化石能源用地第二，约占 33.1%；2013 年化石能源用地跃至首位，占比 57.0%，而耕地降为第二，占比为 33.1%。可见，耕地、草地和水域人均生态足迹占总生态足迹的比重在下降，而化石燃料用地的人均生态足迹占总生态足迹的比重在持续上升。耕地、林地、能源和水域足迹的持续不断增大，耕地和化石能源的消费对山东省的生态环境造成了很大的压力。复种指数的不断提高、大批量规模化畜禽养殖和水产品养殖项目的相继上马等系列现象均显示山东省对于耕地、水域等资源的开发利用在持续加大；而化石能源的过度开发对山东省的生态环境带来的问题更是不容忽视，提升到全球角度看是持续加重了厄尔尼诺现象，缩小至区域范围则导致了连续升温的暖冬、环境污染、水土流失、地表塌陷、物种灭绝等现象日益严重。

山东省 2000—2013 年人均生态承载力　生态承载力是指该地区所能提供的生物生产性面积的总和。人均生态承载力则是指人均占有的生态空间。由此整理山东省各种土地类型数据可得表 4-1。据山东省近些年的耕地、草地、林地、建筑用地、水域等物理空间的面积，与均衡因子和产量因子相乘，即可以得到人均生态承载力。本研究中的均衡因子和产量因子均采用国际、国内的经验数据。

2000—2013 年山东省人均生态承载力呈现波动性缓慢降低趋势，从 2000 年的 0.525 5hm^2/ 人下降为 2012 年的 0.504 4hm^2/ 人和 2013 年的 0.512 5hm^2/ 人，分别下降了 4.02% 和 2.47%。从各类用地的生态承载力和发展趋势来看，山东省人均耕地生态承载力的比重最大，其总体下降趋势也最为明显，从 2000 年的 0.369 3hm^2 下降到 2013 年的 0.364 5hm^2，占人均生态承载力的比重由 75.4% 下降至 71.1%；人均建筑用地的生态承载力从 2000 年的 0.112 2hm^2 上升到 2013 年的 0.130 6hm^2，占人均生态承载力的比重由 21.4% 提高至 25.5%。由此可见，城市化进程加快造成的建筑用地扩张和农业内部产业调整带动的土地利用结构调整是导致 2000—2013 年山东省人均生态承载力变化的主要原因。

表 4-1　2000—2013 年山东省人均生态足迹与人均生态承载力变化　（单位：hm^2/ 人）

年份	人均生态足迹（Ef）	人均生态承载力（Ec）	12% 的生物多样性保护面积	可利用的人均生态承载力	生态赤字（Ed）
2000	4.341 3	0.525 5	0.063 1	0.462 5	3.878 9
2011	7.817 0	0.507 6	0.060 9	0.446 7	7.370 3
2012	8.138 4	0.504 4	0.060 5	0.443 9	7.694 5
2013	8.396 1	0.512 5	0.061 5	0.451 0	7.945 1

通过对比山东省人均生态足迹和人均生态承载力数据可以明显看出，2000 年以来，山东省的生态足迹已远超出其生态承载力，生态赤字非常严重，总体呈现上升趋势的人均生态足迹和总体呈现下降趋势的人均生态承载力，使得人均生态赤字呈现日益上升趋势，这说明山东省的生产生活等消费活动对生态系统产生了相当大的压力，生态系统处于不可持续状态。

2000 年山东省人均生态赤字为 3.878 9hm^2，2011 年这一指标上升为 7.370 3hm^2，至 2013 年更是增至 7.945 1hm^2，较 2000 年来说 2011 年和 2013 年分别增长 90% 和 104.8%，14 年间年均增

长 7.5%。这明确反映了山东省由生态失衡状态持续加剧，已进入了不可持续发展的恶性循环模式之中。

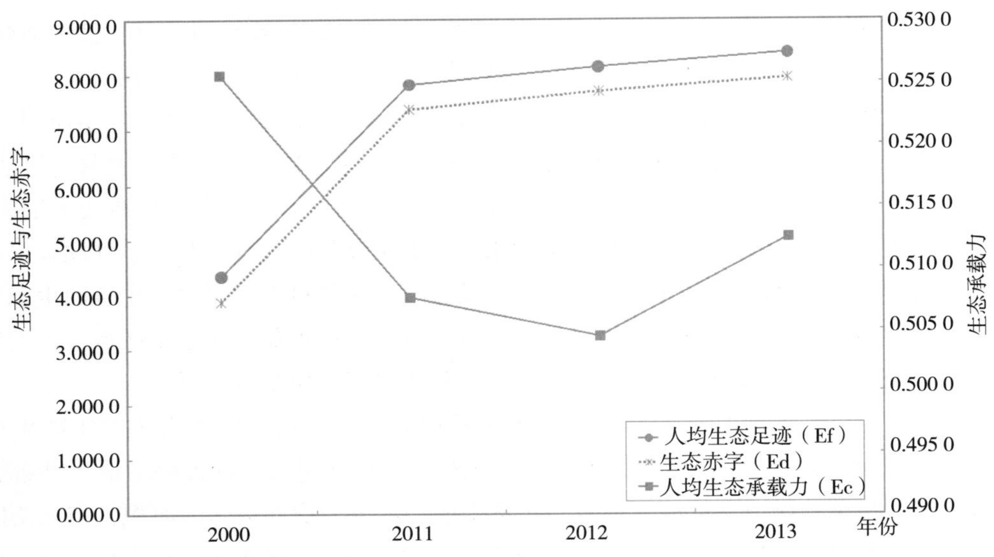

图 4-2 2000—2013 年山东省人均生态足迹与人均生态承载力变化趋势

山东省产生生态赤字和生态赤字日益上升的主要原因就是：人口的迅速增长、城镇化的快速推进和耕地、草地、林地面积的匮乏，使得人均供给土地面积的减少，同时对于某些农产品如肉类、禽蛋、水产品等的需求增加。同时，土地利用强度加大，由于人口增加及人类对于土地的不合理利用，使得水土流失、草场退化、荒漠化和环境污染等问题日益严重。

2. 山东省农业资源合理开发强度分析

随着经济快速发展与人口迅速增长，人类活动对地球生态系统的影响越来越大，面临的自然资源、环境与经济之间的矛盾日益严重，生物多样性锐减、草场退化、森林面积日益减少、土地沙漠化不断加剧、资源枯竭，可持续发展已成为人类摆脱困境的思维焦点，并被纳入 21 世纪各国政策制定的基本出发点。应用生态足迹方法对山东省 2000—2013 年可持续发展的程度进行的量化评估结果显示，山东省产生生态赤字和生态赤字日益上升的主要原因就是：人口的迅速增长、城镇化的快速推进和耕地、草地、林地面积的匮乏，使得人均供给土地面积的减少，同时对于某些农产品如肉类、禽蛋、水产品等的需求增加；土地利用强度加大，由于人口增加及人类对于土地的不合理利用，使得水土流失、草场退化、荒漠化和环境污染等问题日益严重。

目前山东省的生态环境处于不可持续的状态，且生态赤字主要是通过对自然资源过度利用来弥补的。这种资源的过度利用必将破坏生态系统的正常功能，降低生态系统的资源供给能力，进而又加剧了生态赤字，形成了生态系统恶化以及地区发展不可持续的恶性循环。因此，为改善山东省生态系统的可持续发展状况，需要对全省农业资源的开发利用制定中长期规划，以生活、生产、生态“三生”协调发展为准则，以提高农业综合生产能力和保障粮食安全为目标，合理、永续地开发利用有限的自然资源，建立健全生态环境补偿投资运行机制，逐步调整农业资源承载力和经济发展的关系，提高资源转化率，使农业资源在时间和空间上优化配置，达到农业资源的永续利用。主要应从以下四点着手进行改善：一是重视发展农业科技，提高科学技术在农业方面的转化应用和贡献率，提高自然资源如耕地、草地等单位面积的生产产量；二是改变人们传统的生产方式和生活方式，建立资源节约、低碳环保的社会生产和消费体系；三是注重发展知识经济和循环经济，积极开发利用山东的各种资源，提高资源利用效率以及资源的产出效率，合理控制人口增长；四是加大产业结构调整力度，使产业结构日趋合理，以低能耗实现高产出，缓解生态经济系统的内在矛盾。

（二）山东省主要农作物生产适度规模分析

利用相关文献研究构建的“作物生产生态经济适宜性评价模型”，对山东省小麦、玉米、大豆、薯类（按折粮计）、花生果、棉花等 6 种主要农作物，在山东省各县（市、区）生产的生态经济适宜性规模进行逐一评价，并根据其评价结果划分出每种农作物在山东生产的生态经济规模适宜区，为山东省各县（市、区）农作物规模结构调整和生产区域布局提供依据。

1. 作物生产表观生态经济适宜性含义

作物生产表观生态经济适宜性，是综合反映产业作物在某区域的自然、经济、政策等因素综合作用下生产的多年平均表现，是产业作物与当地社会、经济、技术条件相互磨合的结果，反映了一定时期、一定区域范围内社会对现实作物生产状况的生态适宜性、经济合理性、社会认同性的综合性量化认定。一个地区的作物生产表观生态经济适宜性是会随着社会经济、技术、政策等环境因素的变化以及社会对产业作物的价值观改变而不断变化。作物生产表观生态经济适宜性是假定社会对作物生产具有综合满足度要求，社会对作物生产具有较强的决策影响能力，尽管社会满足度内涵可能会发生变化，但是满足度要求的追求是永恒的、不变的，所以一个地区的作物生产必然会自发地向社会所需要的方向发展、进化。表观生态经济适宜性，是因为评价分析的依据都是生产的生态和经济类指标，具有相对性和实用性，这使得表观生态经济适宜性评价适用于评价不同作物、不同地区生产现状情况且结果具有可比性、实际意义强，可用于对不同地区作物生产进行综合性对比分析。

2. 评价结果

（1）主要作物生产区域表观生态经济适宜性分省比较分析　表观生态经济适宜性表示各作物在不同区域生产的现状优劣。其值越大，说明作物在该区域生产规模越大、单产水平越高、稳定性越好，生产现状优。对 6 种作物在全省 17 地市 2010—2013 年的生产分别进行表观生态经济适宜性分析，得到“作物—区域”组合表观生态经济适宜性指数情况表，对由每一作物各地市的表观生态经济适宜性指数组成的取值范围按等范围进行等级划分，分为 3 个等级，即：最适宜区域、适宜区域和次适宜区域。见表 4-2 至表 4-6。

2010 年，山东省各地市作物生产区域表观生态经济适宜性指数分析可得，小麦的表现生态经济适宜性指数平均值为 0.492 5，变幅为 0.315 2~0.575 6，其中，最大为德州（0.575 6），最小为莱芜（0.315 2）；玉米的表现生态经济适宜性指数平均值为 0.496 0，变幅为 0.411 4~0.553 4，其中，最大为德州（0.553 4），最小为东营（0.411 4）；大豆的表现生态经济适宜性指数平均值为 0.148 7，变幅为 0~0.239 1，其中，最大为临沂（0.239 1），最小为东营和滨州，均为 0.411 4；薯类的表现生态经济适宜性指数平均值为 0.177 2，变幅为 0.077 0~0.251 0，其中，最大为枣庄（0.251 0），最小为东营（0.077 0）；花生果的表现生态经济适宜性指数平均值为 0.279 3，变幅为 0.116 8~0.420 9，其中，最大为临沂（0.420 9），最小为东营（0.116 8）；棉花的表现生态经济适宜性指数平均值为 0.1678，变幅为 0.022 6~0.289 1，其中，最大为菏泽（0.289 1），最小为烟台（0.022 6）。

表 4-2　2010 年山东省 17 地市 6 种作物生产区域表现生态经济适宜性等级划分

2010 年	最适宜区域	适宜区域	次适宜区域
小麦	德州、菏泽、聊城、济宁、潍坊、青岛、临沂、滨州、泰安、济南	枣庄、淄博、烟台、日照、威海	东营、莱芜
玉米	德州、潍坊、烟台、青岛、聊城、济南、滨州、淄博、泰安	临沂、济宁、菏泽、威海	枣庄、日照、莱芜、东营
大豆	临沂、枣庄、威海、菏泽、济宁、泰安、烟台、济南、青岛、日照	潍坊、聊城、淄博、莱芜、德州	滨州、东营
薯类	枣庄、莱芜、威海、烟台、日照、济宁、济南	潍坊、青岛、淄博、聊城、泰安、菏泽	临沂、德州、滨州、东营
花生果	临沂、烟台、威海、青岛、日照、泰安	潍坊、济宁、枣庄、菏泽、聊城、济南、莱芜	淄博、滨州、德州、东营
棉花	菏泽、滨州、东营、济宁、德州、聊城、潍坊、济南	淄博、临沂、枣庄、泰安、青岛	日照、莱芜、烟台、威海

2011 年，山东省各地市作物生产区域表观生态经济适宜性指数分析可得，小麦的表现生态经济适宜性指数平均值为 0.4911，变幅为 0.306 4~0.577 6，其中，最大为德州（0.577 6），最小为莱芜（0.306 4）；玉米的表现生态经济适宜性指数平均值为 0.500 9，变幅为 0.412 7~0.556 0，其中，最大为德州（0.556 0），最小为东营（0.412 7）；大豆的表现生态经济适宜性指数平均值为 0.146 0，变幅为 0~0.232 7，其中，最大为临沂（0.232 7），最小为东营和滨州，均为 0；薯类的表现生态经济适宜性指数平均值为 0.175 6，变幅为 0.072 4~0.251 0，其中，最大为枣庄（0.251 0），最小为东营（0.072 4）；花生果的表现生态经济适宜性指数平均值为 0.420 7，变幅为 0.106 3~0.420 7，其中，最大为临沂（0.420 7），最小为东营（0.106 3）；棉花的表现生态经济适宜性指数平均值为 0.168 9，变幅为 0~0.292 2，其中，最大为东营（0.292 2），最小为威海（0）。

表 4-3　2011 年山东省 17 地市 6 种作物生产区域表现生态经济适宜性等级划分

2011 年	最适宜区域	适宜区域	次适宜区域
小麦	德州、菏泽、聊城、济宁、潍坊、青岛、临沂、滨州、泰安、济南	淄博、枣庄、烟台、日照、威海	东营、莱芜
玉米	德州、潍坊、烟台、青岛、聊城、济南、滨州、泰安、临沂、济宁	淄博、菏泽、枣庄、威海	日照、莱芜、东营
大豆	临沂、枣庄、菏泽、威海、泰安、济宁、烟台、济南、青岛、日照	潍坊、聊城、淄博、莱芜、德州	滨州、东营
薯类	枣庄、莱芜、威海、烟台、济宁、济南、日照	青岛、潍坊、淄博、聊城、泰安、菏泽、德州	临沂、滨州、东营
花生果	临沂、烟台、威海、青岛、日照、泰安	潍坊、济宁、枣庄、菏泽、聊城、济南、莱芜	淄博、滨州、德州、东营
棉花	东营、滨州、菏泽、德州、济宁、聊城、潍坊	济南、淄博、临沂、枣庄、泰安、青岛	日照、莱芜、烟台、威海

表 4-4　2012 年山东省 17 地市 6 种作物生产区域表现生态经济适宜性等级划分

2012 年	最适宜区域	适宜区域	次适宜区域
小麦	菏泽、德州、聊城、济宁、潍坊、临沂、青岛、滨州、济南、泰安	烟台、淄博、枣庄、威海、日照	莱芜、东营
玉米	德州、潍坊、聊城、烟台、青岛、济南、济宁、临沂、滨州、泰安、淄博	菏泽、枣庄、威海	日照、莱芜、东营
大豆	临沂、枣庄、威海、菏泽、泰安、济宁、烟台、青岛、济南、日照	潍坊、聊城、淄博、莱芜、德州	滨州、东营
薯类	莱芜、枣庄、威海、烟台、济宁、日照	济南、淄博、青岛、潍坊、聊城、德州、菏泽、泰安	临沂、滨州、东营
花生果	临沂、烟台、威海、青岛、日照、泰安	潍坊、济宁、菏泽、枣庄、聊城、济南、莱芜	淄博、滨州、德州、东营
棉花	东营、菏泽、滨州、德州、济宁、聊城、潍坊、济南	临沂、淄博、泰安、枣庄、青岛、日照	莱芜、烟台、威海

2012 年，山东省各地市作物生产区域表观生态经济适宜性指数分析可得，小麦的表现生态经济适宜性指数平均值为 0.487 9，变幅为 0.322 0~0.569 3，其中，最大为菏泽（0.569 3），最小为莱芜（0.322 0）；玉米的表现生态经济适宜性指数平均值为 0.497 1，变幅为 0.394 3~0.548 7，其中最大为德州（0.548 7），最小为东营（0.394 3）；大豆的表现生态经济适宜性指数平均值为 0.142 0，变幅为 0~0.224 8，其中，最大为临沂（0.224 8），最小为东营和滨州，均为 0；薯类的表现生态经济适宜性指数平均值为 0.177 2，变幅为 0.068 2~0.254 7，其中，最大为莱芜（0.254 7），最小为东营（0.068 2）；花生果的表现生态经济适宜性指数平均值为 0.278 2，变幅为 0.105 2~0.422 9，其中，最大为临沂（0.422 9），最小为东营（0.105 2）；棉花的表现生态经济适宜性指数平均值为 0.163 9，变幅为 0~0.280 2，其中，最大为东营（0.280 2），最小为威海（0）。

表 4-5　2013 年山东省 17 地市 6 种作物生产区域表现生态经济适宜性等级划分

2013 年	最适宜区域	适宜区域	次适宜区域
小麦	德州、菏泽、聊城、济宁、潍坊、临沂、青岛、滨州、济南、泰安	淄博、枣庄、烟台、日照、威海	东营、莱芜
玉米	德州、聊城、济宁、潍坊、临沂、青岛、济南、泰安、烟台	滨州、菏泽、淄博、枣庄	威海、日照、莱芜、东营
大豆	临沂、枣庄、威海、菏泽、济宁、烟台、泰安、济南、日照、青岛	潍坊、聊城、淄博、莱芜、德州	滨州、东营
薯类	枣庄、莱芜、威海、烟台、日照、济宁	济南、青岛、淄博、潍坊、聊城、菏泽、泰安	临沂、滨州、德州、东营
花生果	临沂、烟台、威海、青岛、日照、泰安	潍坊、济宁、菏泽、枣庄、聊城、济南、莱芜	淄博、滨州、德州、东营
棉花	菏泽、东营、滨州、济宁、德州、聊城、潍坊	济南、临沂、泰安、枣庄、淄博、青岛、日照、莱芜	烟台、威海

2013 年，山东省各地市作物生产区域表观生态经济适宜性指数分析可得，小麦的表现生态经济适宜性指数平均值为 0.485 0，变幅为 0.319 0~0.568 6，其中，最大为德州（0.568 6），最小为莱芜（0.319 0）；玉米的表现生态经济适宜性指数平均值为 0.485 7，变幅为 0.388 8~0.542 4，

其中，最大为德州（0.542 4），最小为东营（0.388 8）；大豆的表现生态经济适宜性指数平均值为0.135 4，变幅为0~0.213 9，其中，最大为临沂（0.213 9），最小为东营和滨州，均为0；薯类的表现生态经济适宜性指数平均值为0.161 3，变幅为0.065 4~0.237 9，其中，最大为枣庄（0.237 9），最小为东营（0.065 4）；花生果的表现生态经济适宜性指数平均值为0.277 7，变幅为0.100 2~0.425 8，其中，最大为临沂（0.425 8），最小为东营（0.100 2）；棉花的表现生态经济适宜性指数平均值为0.157 7，变幅为0~0.269 8，其中，最大为菏泽（0.269 8），最小为威海（0）。

表 4-6　近四年山东省 17 地市 6 种作物生产区域表现生态经济适宜性等级划分

作物	年份	最适宜区域	适宜区域	次适宜区域
小麦	2010	德州、菏泽、聊城、济宁、潍坊、青岛、临沂、滨州、泰安、济南	淄博、枣庄、烟台、日照、威海	东营、莱芜
	2011	德州、菏泽、聊城、济宁、潍坊、青岛、临沂、滨州、泰安、济南	淄博、枣庄、烟台、日照、威海	东营、莱芜
	2012	菏泽、德州、聊城、济宁、潍坊、临沂、青岛、滨州、济南、泰安	淄博、枣庄、烟台、日照、威海	莱芜、东营
	2013	德州、菏泽、聊城、济宁、潍坊、临沂、青岛、滨州、济南、泰安	淄博、枣庄、烟台、日照、威海	东营、莱芜
玉米	2010	德州、潍坊、烟台、青岛、聊城、济南、泰安、滨州、淄博	菏泽、临沂、济宁、威海	日照、莱芜、东营、
	2011	德州、潍坊、烟台、青岛、聊城、济南、泰安、滨州、济宁、临沂	菏泽、淄博、枣庄、威海	日照、莱芜、东营
	2012	德州、潍坊、聊城、烟台、青岛、济南、泰安、滨州、济宁、临沂、淄博	菏泽、枣庄、威海	日照、莱芜、东营
	2013	德州、潍坊、聊城、烟台、青岛、济南、泰安、济宁、临沂	菏泽、滨州、淄博、枣庄、	日照、莱芜、东营、威海
大豆	2010	临沂、枣庄、威海、菏泽、济宁、泰安、烟台、济南、青岛、日照	潍坊、聊城、淄博、莱芜、德州	滨州、东营
	2011	临沂、枣庄、菏泽、威海、泰安、济宁、烟台、济南、青岛、日照	潍坊、聊城、淄博、莱芜、德州	滨州、东营
	2012	临沂、枣庄、威海、菏泽、泰安、济宁、烟台、济南、青岛、日照	潍坊、聊城、淄博、莱芜、德州	滨州、东营
	2013	临沂、枣庄、威海、菏泽、济宁、泰安、烟台、济南、青岛、日照	潍坊、聊城、淄博、莱芜、德州	滨州、东营
薯类	2010	枣庄、莱芜、威海、烟台、日照、济宁、济南	青岛、潍坊、淄博、聊城、泰安、菏泽、	临沂、滨州、东营、德州
	2011	枣庄、莱芜、威海、烟台、济宁、日照、济南	青岛、潍坊、淄博、聊城、泰安、菏泽、德州	临沂、滨州、东营
	2012	莱芜、枣庄、威海、烟台、济宁、日照	青岛、潍坊、淄博、聊城、泰安、菏泽、德州、济南	临沂、滨州、东营
	2013	枣庄、莱芜、威海、烟台、日照、济宁	青岛、潍坊、淄博、聊城、菏泽、泰安、济南	临沂、滨州、东营、德州

（续表）

作物	年份	最适宜区域	适宜区域	次适宜区域
花生果	2010	临沂、烟台、威海、青岛、日照、泰安	潍坊、济宁、枣庄、菏泽、聊城、济南、莱芜	淄博、滨州、德州、东营
	2011	临沂、烟台、威海、青岛、日照、泰安	潍坊、济宁、枣庄、菏泽、聊城、济南、莱芜	淄博、滨州、德州、东营
	2012	临沂、烟台、威海、青岛、日照、泰安	潍坊、济宁、菏泽、枣庄、聊城、济南、莱芜	淄博、滨州、德州、东营
	2013	临沂、烟台、威海、青岛、日照、泰安	潍坊、济宁、菏泽、枣庄、聊城、济南、莱芜	淄博、滨州、德州、东营
棉花	2010	菏泽、东营、滨州、济宁、德州、聊城、潍坊、济南	淄博、临沂、枣庄、泰安、青岛、	烟台、威海、日照、莱芜、
	2011	菏泽、东营、滨州、德州、济宁、聊城、潍坊、	淄博、临沂、枣庄、泰安、青岛、济南	烟台、威海
	2012	菏泽、东营、滨州、德州、济宁、聊城、潍坊、济南	临沂、淄博、泰安、枣庄、青岛、日照	烟台、威海
	2013	菏泽、东营、滨州、济宁、德州、聊城、潍坊、	临沂、淄博、泰安、枣庄	烟台、威海

综合 2010—2013 年的农作物生产区域表观生态经济适宜性等级划分表，小麦、大豆、花生果三种作物的最适宜区域、适宜区域和次适宜区域中，各地级市的等级均没有发生变动。玉米、薯类、棉花三种农作物的各地市等级变化微小，只有图表中标注倾斜的地市略微有些变动。总体来讲6 种作物的表观生态经济是适宜性等级划分基本稳定。详见图 4-3 至图 4-8。

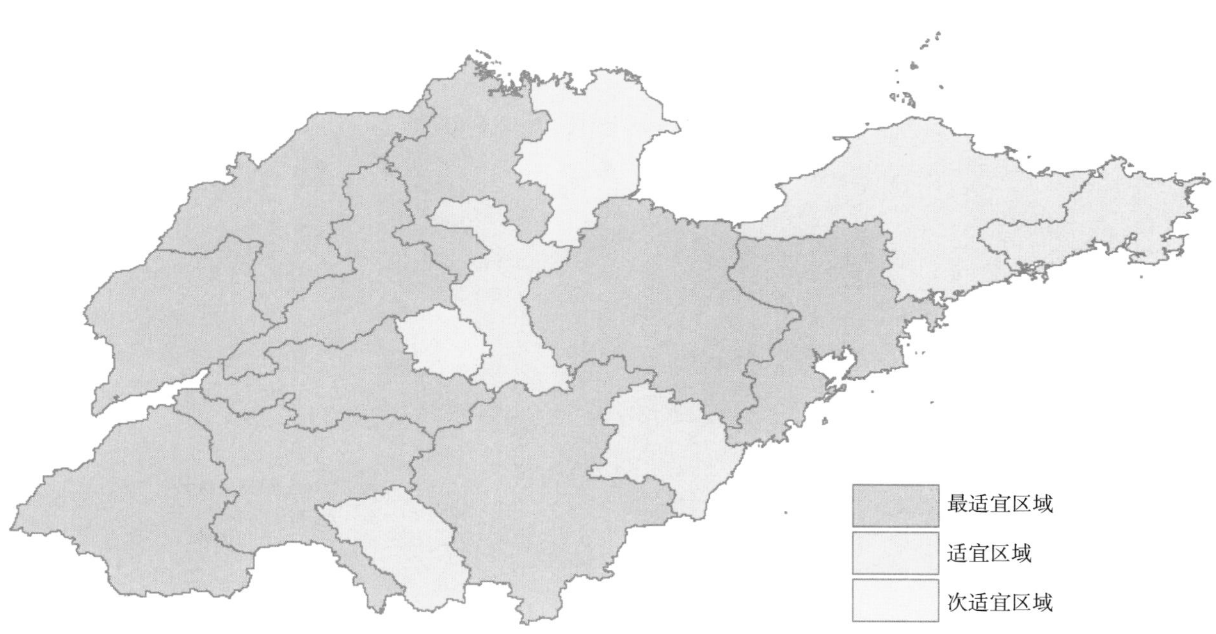

图 4-3　2010—2013 年山东省小麦生态经济适宜性区域分布

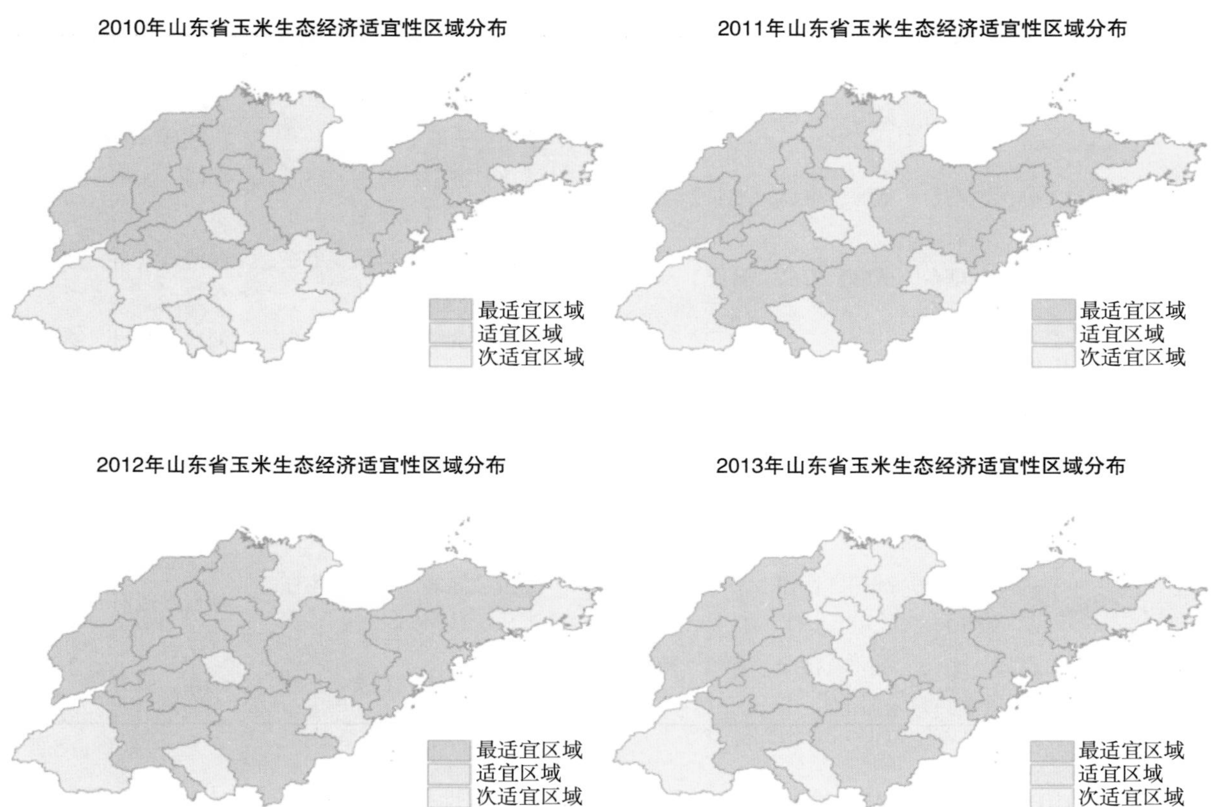

图 4-4　2010—2013 年山东省玉米生态经济适宜性区域分布

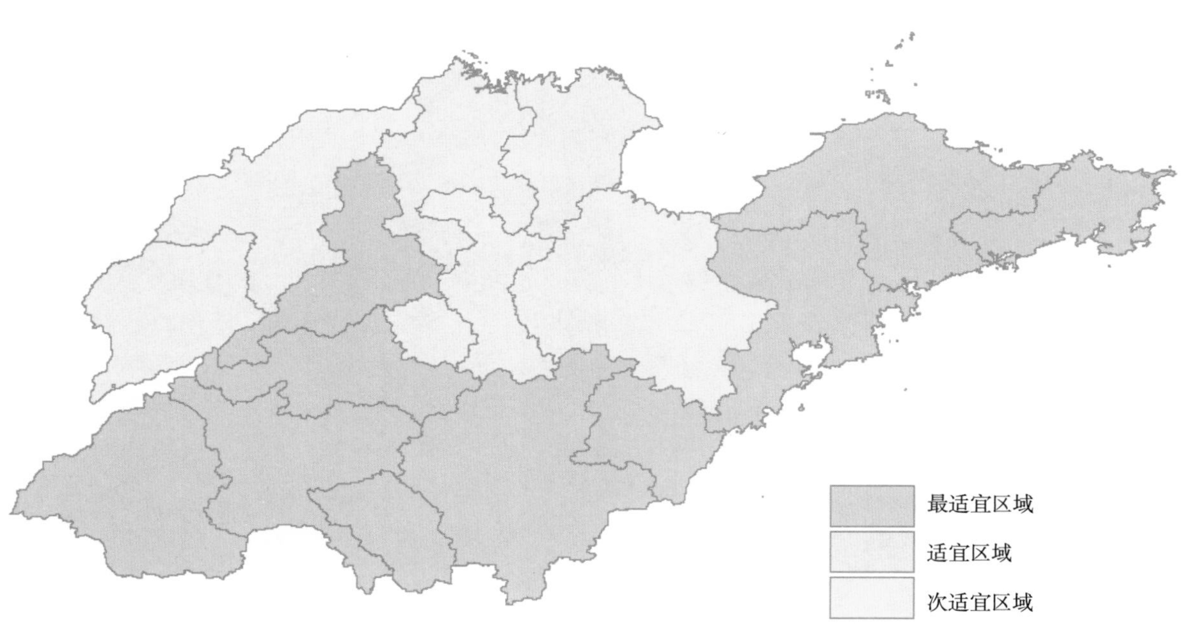

图 4-5　2010—2013 年山东省大豆生态经济适宜性区域分布

图 4-6　2010—2013 年山东省薯类生态经济适宜性区域分布

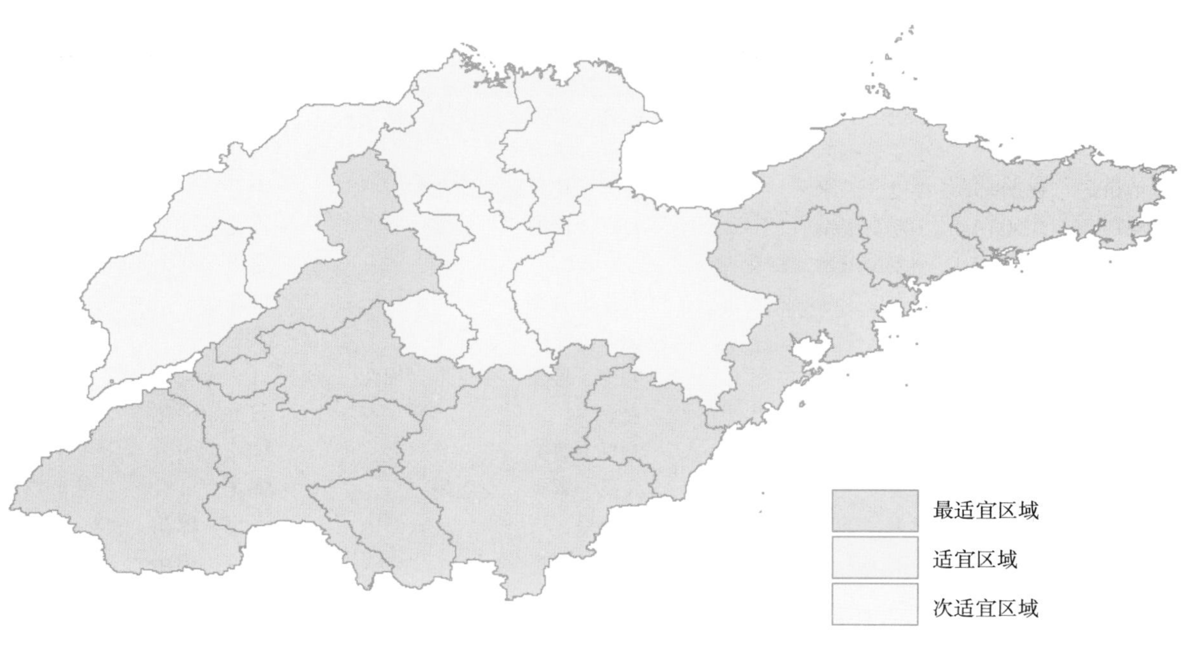

图 4-7　2010—2013 年山东省花生生态经济适宜性区域分布

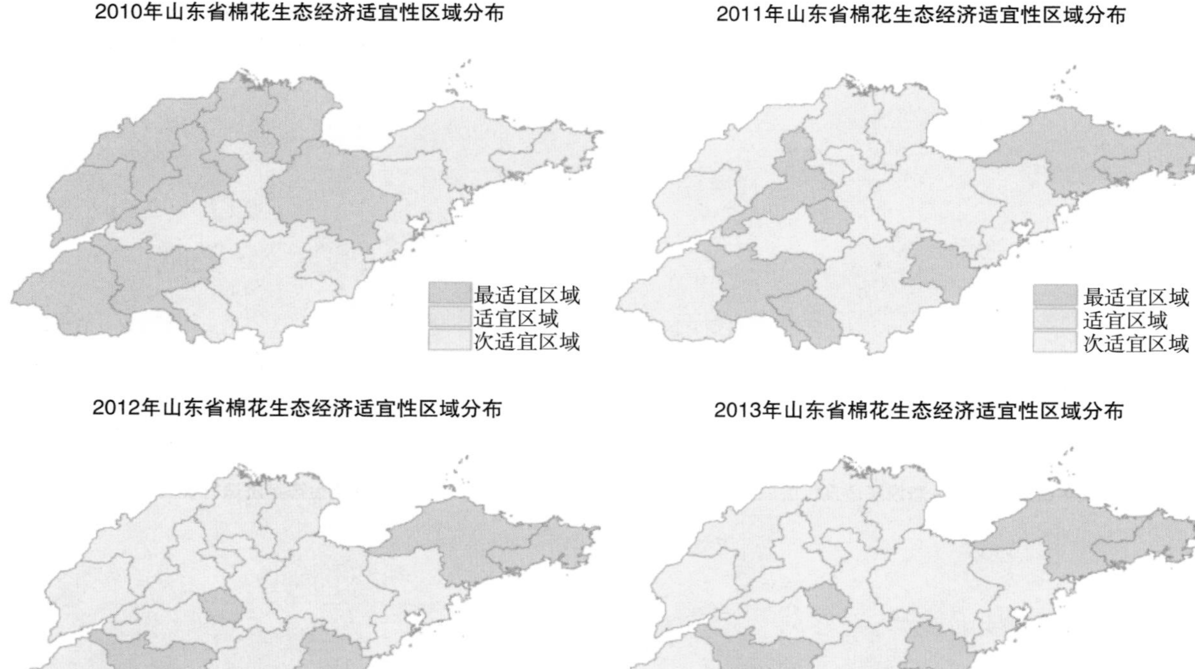

图 4-8　2010—2013 年山东省棉花生态经济适宜性区域分布

（2）各地市主要作物表观生态经济适宜性比较分析　与各作物表观生态经济适宜性指数平均值进行比较，高于平均值即为优势作物，低于平均值的一半为非优势作物。

表 4-7　山东省各地市主要农作物表观生态经济适宜性等级划分（2010 年）

区域	平均值	优势作物	次优势作物	非优势作物
济南市	0.308 2	小麦、玉米	大豆、薯类、花生果、棉花	
青岛市	0.319 7	小麦、玉米、花生果	大豆、薯类	棉花
淄博市	0.269 7	小麦、玉米	薯类、花生果、棉花	大豆
枣庄市	0.303 3	小麦、玉米	大豆、薯类、花生果	棉花
东营市	0.251 3	小麦、玉米、棉花		薯类、花生果
烟台市	0.308 9	小麦、玉米、花生果	大豆、薯类	棉花
潍坊市	0.317 4	小麦、玉米	薯类、花生果、棉花	大豆
济宁市	0.334 4	小麦、玉米	大豆、薯类、花生果、棉花	
泰安市	0.302 9	小麦、玉米、花生果	大豆	薯类、棉花
威海市	0.283 5	小麦、玉米、花生果	大豆、薯类	棉花
日照市	0.289 4	小麦、玉米	大豆、薯类、花生果	棉花
莱芜市	0.231 2	小麦、玉米、薯类	花生果	大豆、棉花
临沂市	0.323 6	小麦、玉米、花生果	大豆	薯类、棉花
德州市	0.289 5	小麦、玉米	棉花	大豆、薯类、花生果
聊城市	0.309 8	小麦、玉米	薯类、花生果、棉花	大豆
滨州市	0.312 4	小麦、玉米	棉花	薯类、花生果
菏泽市	0.323 7	小麦、玉米	大豆、花生果、棉花	薯类

表 4-8　山东省各地市主要农作物表观生态经济适宜性等级划分（2011 年）

区域	平均值	优势作物	次优势作物	非优势作物
济南市	0.308 2	小麦、玉米	大豆、薯类、花生果、棉花	
青岛市	0.319 7	小麦、玉米、花生果	大豆、薯类	棉花
淄博市	0.269 7	小麦、玉米	薯类、花生果、棉花	大豆
枣庄市	0.303 3	小麦、玉米	大豆、薯类、花生果	棉花
东营市	0.252 8	小麦、玉米、棉花		薯类、花生果
烟台市	0.308 9	小麦、玉米、花生果	大豆、薯类	棉花
潍坊市	0.317 4	小麦、玉米	薯类、花生果、棉花	大豆
济宁市	0.334 4	小麦、玉米	大豆、薯类、花生果、棉花	
泰安市	0.302 9	小麦、玉米、花生果	大豆	薯类、棉花
威海市	0.283 5	小麦、玉米、花生果	大豆、薯类	棉花
日照市	0.289 4	小麦、玉米、花生果	大豆、薯类	棉花
莱芜市	0.231 2	小麦、玉米、薯类	花生果	大豆、棉花
临沂市	0.323 6	小麦、玉米、花生果	大豆	薯类、棉花
德州市	0.289 5	小麦、玉米	棉花	大豆、薯类、花生果
聊城市	0.309 8	小麦、玉米	薯类、花生果、棉花	大豆
滨州市	0.313 4	小麦、玉米	棉花	薯类、花生果
菏泽市	0.323 7	小麦、玉米	大豆、花生果、棉花	薯类

表 4-9　山东省各地市主要农作物表观生态经济适宜性等级划分（2012 年）

区域	平均值	优势作物	次优势作物	非优势作物
济南市	0.308 2	小麦、玉米	大豆、薯类、花生果、棉花	
青岛市	0.319 7	小麦、玉米、花生果	大豆、薯类	棉花
淄博市	0.269 7	小麦、玉米	薯类、花生果、棉花	大豆
枣庄市	0.303 3	小麦、玉米	大豆、薯类、花生果	棉花
东营市	0.245 2	小麦、玉米、棉花		薯类、花生果
烟台市	0.308 9	小麦、玉米、花生果	大豆、薯类	棉花
潍坊市	0.317 4	小麦、玉米	薯类、花生果、棉花	大豆
济宁市	0.334 4	小麦、玉米	大豆、薯类、花生果、棉花	
泰安市	0.302 9	小麦、玉米、花生果	大豆	薯类、棉花
威海市	0.283 5	小麦、玉米、花生果	大豆、薯类	棉花
日照市	0.289 4	小麦、玉米、花生果	大豆、薯类	棉花
莱芜市	0.231 2	小麦、玉米、薯类	花生果	大豆、棉花
临沂市	0.323 6	小麦、玉米、花生果	大豆	薯类、棉花
德州市	0.289 5	小麦、玉米	棉花	大豆、薯类、花生果
聊城市	0.309 8	小麦、玉米	花生果、棉花	大豆、薯类
滨州市	0.309 3	小麦、玉米	棉花	薯类、花生果
菏泽市	0.323 7	小麦、玉米	大豆、花生果、棉花	薯类

表 4-10　山东省各地市主要农作物表观生态经济适宜性等级划分（2013 年）

区域	平均值	优势作物	次优势作物	非优势作物
济南市	0.308 2	小麦、玉米	大豆、薯类、花生果、棉花	
青岛市	0.319 7	小麦、玉米、花生果	大豆、薯类	棉花
淄博市	0.269 7	小麦、玉米	薯类、花生果	大豆、棉花
枣庄市	0.303 3	小麦、玉米	大豆、薯类、花生果	棉花
东营市	0.237 8	小麦、玉米、棉花		薯类、花生果
烟台市	0.308 9	小麦、玉米、花生果	大豆、薯类	棉花
潍坊市	0.317 4	小麦、玉米、花生果	薯类、棉花	大豆
济宁市	0.334 4	小麦、玉米	大豆、薯类、花生果、棉花	
泰安市	0.302 9	小麦、玉米、花生果	大豆	薯类、棉花
威海市	0.283 5	小麦、玉米、花生果	大豆、薯类	棉花
日照市	0.289 4	小麦、玉米、花生果	大豆、薯类	棉花
莱芜市	0.231 2	小麦、玉米、薯类	花生果	大豆、棉花
临沂市	0.323 6	小麦、玉米、花生果	大豆	薯类、棉花
德州市	0.289 5	小麦、玉米	棉花	大豆、薯类、花生果
聊城市	0.309 8	小麦、玉米	花生果、棉花	大豆、薯类
滨州市	0.301 2	小麦、玉米	棉花	薯类、花生果
菏泽市	0.323 7	小麦、玉米	大豆、花生果、棉花	薯类

在 2010—2013 年山东省各地市主要农作物表观生态经济适宜性等级划分表中不难看出，山东省独特的地理位置与地理条件，温度和土壤适合小麦和玉米的种植，全省 17 地市的优势作物均含有小麦和玉米。除此之外，小麦和玉米在山东省各地市的播种面积及单产逐年提高，有层次且稳定，在统计过程中也得出小麦和玉米的变异系数明显小于其他作物，其规模稳定性及单产稳定性高于其他作物，使得小麦和玉米一直作为稳定的各地市优势作物。从综合规模水平和相对规模水平来看，小麦和玉米在这两个指标上远大于其他作物。规模大、产出高、规模和单产稳定性强使得小麦和玉米成为各年份山东省所有地市的优势作物。山东省 17 地市对于小麦和玉米优势作物的选择整体性显著。

其他作物在山东省各地市对于小麦和玉米而言优势和竞争力偏小，且个别作物地域分布差异性明显。淄博、潍坊、莱芜、德州、聊城等鲁中及鲁西北地区，大豆属于非优势作物。在东营和滨州，大豆更是从 2000 年的大规模种植跌落到 2013 年的小规模种植，并且变异系数已经大于 1。山东中部、北部以及西北部的部分地市，大豆的优势及竞争力整体不高，上述地区地理区位优势不大，土壤的耕作条件却适宜薯类、棉花的生长。鲁南及鲁西南地区的部分地市，除小麦、玉米外，作物间的差异性不明显，均可种植但均不为优势作物。山东胶东地区（青岛、烟台、威海），花生果加工产业密集，对外出口量大导致花生果作为上述地区的优势作物。

五、农业可持续发展的区域布局与典型模式

（一）农业可持续发展的区域差异分析

1. 农业基本生产条件区域差异分析

山东省特殊的地理位置，使山东省成为沿黄河经济带与环渤海经济区的交汇点、华北地区和华东地区的结合部，在全国经济格局中占有重要地位。山东省发展现代农业的区位优势明显。土壤、耕地、水、气候等自然资源要素条件分析可参考第一章内容。

2. 农业可持续发展制约因素区域差异分析

（1）省内东、西部经济发展差异大　近年来，山东省各地区经济总量都保持持续的增长，但山东省东、西部经济差距也逐渐在拉大，进一步导致了全省农业经济发展的差异性，这种地区的不平衡发展还有进一步拉大的趋势。地区经济发展的不平衡导致在农业投入、农业基本设施建设、农业科技发展上出现了差别，同时，农民再教育及农民科技水平的普及都因财政投入的不同而差别很大。例如，2013 年山东省青岛市农业总产值是 6 118 581 万元，其地方农业财政投入为 526 435 万元；烟台市农业总产值是 7 474 478 万元，其地方农业财政投入为 714 836 万元；而枣庄市、泰安市和临沂市因经济总量较少其地方农业财政投入分别为 184 709 万元、38 900 万元和 463 267 万元。这些地区相对于经济发达的地方，农业投入总量相差很远，长此以往这些地区和先进地区必然差距越来越大必将使得全省丰富的自然资源和人力资源得不到充分发挥，严重影响山东省的农业可持续发展。

（2）各地区农业产业结构差异大　近年来，山东省农村经济发展迅速，取得了一定的成绩，但是整体来看山东省农业中传统的农业模式尚未有很大的转变，各地区农业产业结构差异较大。鲁北、鲁西南等地区的传统农业偏重于种植业如种植大面积的玉米和小麦等，而轻视养殖业、牧业及渔业等，同时比较不重视其他经济作物的生产。山东省拥有存量丰富的海洋资源，2013 年山东省农业增加值 2 649 亿元，林业增加值 84.8 亿元，牧业增加值 975.1 亿元，渔业增加值 857.1 亿元，相比于丰富的海洋资源，山东的渔业增加值较少。胶东半岛地区应大力发展渔业，不久的几年时间渔业的增加值必然会有很大幅度的增长。同时，山东省农村的非农产业发展总量不足，吸纳劳动力的能力不强，第三产业亟须大力发展，其发展有很大的空间。

（3）水资源短缺和浪费污染并存　山东省地下水近年来的年开采量远远超过合理开采量，这种情况使地下水位持续下降，使农业大部分水井灌溉设施报废，而在沿海地区因超量采取地下水，还造成了海水入侵倒灌等危机状况，给农业的可持续发展带来了严重影响。地下水位持续下降，全省很多农业地区是靠地下水来灌溉的，近十年间山东省农田的有效灌溉率持续下降。随着全省工业化的发展，工业用水也在大大的增加，这些工业用水在某些地区没有得到合理处理就排放出来，不仅是浪费了水资源并且造成了环境污染，有些地方排放的污水直接污染了当地的地下用水，导致更多的水资源遭到污染；在农业用水中，大多地区还是抽取地下水来实施浇灌种植作物的，这种浪费水资源的浇地方式，在山东使用很为普遍，直接造成了水资源严重浪费。随着工农业发展及水资源的浪费，山东省水资源总量连年下降，2003 年水资源总量为 489.69 亿 m^3，2004 年为 349.46 亿m^3，而到 2009 年时水资源总量仅为 284.95 亿 m^3。另外，山东省水资源分布也很不均衡，这也更加凸显了水资源短缺的问题。

（4）各地区土地资源管理问题突出　随着近年山东省城市化进程的推进，农村及农业用地形势比较严峻，尤其是胶东半岛等经济较发达地区。面对有限的耕地面积等情况，农业生产及农业土地资源的重要性更加得了重视，土地资源的问题已经关系到了整个山东省的政治、经济和社会的稳定发展。经过这些年城市化的发展，有效的耕地面积在逐渐变少，而人口却一直在增长，人地的矛盾变得尖锐起来。当前山东省人均耕地面积低于全国人均耕地面积；还有在不少县域，工业化进程加快，使较多农用土地转化为工业用地或准工业用地。同时，农村中的农用土地开发利用不尽合理，农村土地保护机制不健全，乱批乱占和浪费土地的现象严重，农民的利益得不到有效的保护。个别地方政府违规占地、非法批地及以租代征的等形式占用农用耕地的情况屡禁不止，给全省农业可持续发展带来了严重影响。

（5）生态环境污染问题越来越严重　近年来，随着山东省工农业生产的快速发展，环境污染问题越来越严重。大量污染物不断地排放到环境之中，使生态环境受到了严重污染，如空气质量下降、土壤重金属含量增多及农药残留成分得不到降解、水文系统及渔业产品都受到了来自环境的威胁。此外，在农业生产中超量施用化肥、农药、农膜，使农产品质量下降、土壤肥力也受到影响，尤其是在种植业中投入大量化肥农药来提高产量和在蔬菜瓜果种植业的土壤中实施剧毒农药消灭土壤中病菌等情况在农业生产中越来越普遍。这种短期性的行为不仅导致产品质量下降，而且生态环境也会有很大污染。在胶东半岛地区，伴随这个大量的污水注入海中，水质发生了很大的变化，海域中生物也遭受到了不同程度的污染。

（6）农村人口数量大　2010 年年底，山东省全省总人口为 9 579.31 万人，其中超过半数的是农村人口数量。在 2001—2010 年期间，人口自然增长率一直保持稳定的增长，再加上山东人口的预期寿命得到了增长，人口的数量只多不少，且人口随着经济发展保持持续的增长。庞大的人口数量给山东农村社会的可持续发展方面增大了压力。近几年山东人口增长部分之中，很大部分都是农村人口的增长。农村人口增长过快，农业经济增长有限，这严重影响了农业生产和农民生活水平的提高；同时，山东省农村人口老龄化问题日益突出，相关统计数据表明山东省自老年人口所占比重已接近 15%，老龄化问题突出。

（7）全省农村劳动力素质较低、大量剩余劳动力难以妥善安置　山东省中、西部地区农村教育条件相对较差，农村人口受教育程度较低，导致农村劳动力素质普遍偏低，农民受教育程度低，外加一些历史的原因，据相关统计我国文盲人口约占总人口的 8%，而文盲大部分分布在农村地区。同时，由于中小学义务教育中涉及农业技术知识的内容很少，农业职业教育的普及率低，使得农业劳动力素质比较低。

我国现今过剩劳动力约有 2 亿。最近几年我国每年新成长的农村劳动力以千万计。再加上农业用地减少和农村劳动生产率的提高，农村每年都会出现更多的剩余劳动力。具体到山东，有学者曾计算出 2008 年山东省农村农业剩余劳动力在 1 200 万 ~1 500 万，虽然随着时间的发展，山东省近几年剩余劳动力有逐渐减少趋势，但是这个数量基数依然庞大。同时因为各个产业对劳动力的需求逐渐疲缓，需求数量也慢慢变小，另外，农村劳动力素质相对较低，这些剩余劳动力得到妥善安置很有难度。多的剩余劳动力得不到就业安置，不仅仅是人力浪费问题，往往有可能造成社会不安定因素。

（8）农业科技水平较低　农业科技对农业增产和农民增收中的起到正向的促进作用。有关研究表明，我国每年取得 6 000 多项农业科技成果，但转化率为 30%~40%，而发达国家已达到 70%~80% 水平了。山东省虽在全国处于不错的水平，但和国外发达国家相比，仍有很长的路要走，应在这个方面继续努力，追赶发达国家。同时因为农民自身的科技文化素质偏低，外加上农业技术推广机制不够系统和灵活，造成许多先进的农业技术成果和机械装备无法推广应用。这些都是制约农业可持续发展的重要因素。

（二）农业可持续发展区划方案

初始聚类试验采用全部41个指标参与系统分类，几乎没有规律性可循，删除农产品规模与结构指标后，聚类分析相对集中，利用指标进行聚类，聚类结果基本符合不同功能区的属性。因农业比重较小，济南市的历下区、市中区、槐荫区和天桥区，青岛市的市南区、市北区和四方区、李沧区，烟台市的芝罘区，济宁市的市中区去除，不参与区划，归并到相应的地市直辖市区，剩余全省130个县（市、区）参与区划。结果存在个别特殊区或异常区，例如：金乡县、新泰市、兖州市、嘉祥县、泗水县、汶上县、梁山县、东平县、宁阳县、泰安市岱岳区等县（市、区）。根据以上问题进行分析，济宁市金乡县大蒜面积种植很大，是全国有名的大蒜之乡，粮食作物种植面积非常少，初始聚类划分为生态调节区，综合考虑应当将其划分为农产品供给区。初始聚类将兖州市、嘉祥县、汶上县、梁山县、宁阳县、东平县和山东省北部地区划为同类，属农产品供给区，按照区域资源环境相似性原则，将上述县（市、区）划到鲁西农产品供给区。通过查阅地形图，发现泰安市岱岳区、新泰市、泗水县地处鲁中南山地区域，与相邻县（市、区）属同类型地区，从生态调节功能角度考虑，将三个县（市）区划分到生态调节功能区，更符合区域特点。

基于农业自然资源环境条件、社会资源条件与农业发展可持续性水平的区域差异，以县级行政区为基本单元。根据聚类分析情况，考虑到各县（市、区）农业资源特点、地形地势特征、农业技术、人力资本及区域特色文化和发展战略等，在聚类分析的基础上对山东省农业可持续发展区划方案作适当调整，得出山东省各县（市、区）的农业功能区划方案如表5-1（因农业比重较小，济南市的历下区、市中区、槐荫区和天桥区，青岛市的市南区、市北区和四方区、李沧区，烟台市的芝罘区，济宁市的市中区去除，不参与区划，归并到相应的地市直辖市区）。综合分析全省农业可持续发展基本条件和主要问题的地域空间分布特征，根据聚类分析结果，提出了山东省农业可持续发展区划方案，采用地理方位加主导功能模式对分区进行命名，分为六大区域：鲁西南农产品供给可持续发展区、鲁北农产品供给可持续发展区、鲁中南生态调节可持续发展区、黄河三角洲生态调节可持续发展区、鲁东农产品供给可持续发展区、都市城郊休闲观光区。

表5-1　山东省农业功能区划方案

鲁西南农产品供给可持续发展区	鲁北农产品供给可持续发展区	鲁中南生态调节可持续发展区	都市城郊休闲观光区		黄河三角洲生态调节可持续发展区	鲁东农产品供给可持续发展区
26	19	27	40		10	18
金乡县	济阳县	沂源县	历下区	周村区	东营区	即墨市
鱼台县	商河县	山亭区	济南市中区	枣庄市中区	河口区	平度市
嘉祥县	桓台县	台儿庄区	历城区	薛城区	垦利县	胶南市
汶上县	高青县	滕州市	槐荫区	峄城区	利津县	莱西市
梁山县	滨城区	安丘市	长清县	福山区	广饶县	芝罘区
兖州市	惠民县	临朐县	天桥区	潍城区	寒亭区	莱山区
宁阳县	阳信县	诸城市	平阴县	坊子区	昌邑市	栖霞市

（续表）

鲁西南农产品供给可持续发展区	鲁北农产品供给可持续发展区	鲁中南生态调节可持续发展区	都市城郊休闲观光区		黄河三角洲生态调节可持续发展区	鲁东农产品供给可持续发展区
东平县	博兴县	微山县	章丘市	奎文区	寿光市	海阳市
肥城市	邹平县	泗水县	市南区	昌乐县	无棣县	牟平区
牡丹区	乐陵市	岱岳区	城阳区	高密市	沾化县	长岛县
曹　县	禹城市	新泰市	市北区	青州市		龙口市
定陶县	陵　县	东港区	黄岛区	济宁市中区		莱阳市
成武县	平原县	岚山区	四方区	任城区		莱州市
单　县	齐河县	五莲县	崂山区	曲阜市		蓬莱市
巨野县	武城县	莒　县	李沧区	邹城市		招远市
郓城县	夏津县	莱城区	胶州市	泰山区		文登市
鄄城县	临邑县	钢城区	淄川区	环翠区		荣成市
东明县	宁津县	河东区	张店区	德城区		乳山市
东昌府区	庆云县	郯城县	博山区	兰山区		
临清市		兰陵县	临淄区	罗庄区		
阳谷县		莒南县				
莘　县		沂水县				
茌平县		蒙阴县				
东阿县		平邑县				
冠　县		费　县				
高唐县		沂南县				
		临沭县				

（三）区域农业可持续发展的功能定位与目标

1. 鲁西南农产品供给可持续发展区

本区位于山东省的西南部，由 26 个县（市、区）组成，土地面积 29 610km^2，占全省土地面积的 13.4%；耕地面积 149.5 万 hm^2，占全省耕地资源的 23.9%；人均耕地面积 0.091hm^2（全省平均为 0.068hm^2）。

依托区域农业资源优势，以确保粮食安全、减轻农业就业与生活保障压力、改善农业生态环境为目标，以科技进步为动力，大力实施农业功能拓展战略，统筹粮林发展，改善生态环境，以粮保畜，以畜促粮，培植农产品加工与流通业，实现粮食在产业循环链条中互补增值。促进区域农业协调快速发展。本区是未来山东省农业可持续发展的重点区域，承担着山东大宗农产品的供给功能。该区位于豫、鲁、皖、苏四省交界处，区位优势明显，地势平坦，雨热同季，宜于农作物生长。因此，应加快粮、棉向优质、专用、特供的方向发展，统筹粮林发展，实现粮林产业双丰收，以科技促进粮食产量逐年增长和品质不断改善，努力推广应用优质高产新品种，普及粮食高产综合技术，推广测土配方施肥与病虫害综合防治技术，实现农田肥力提高、病虫害的及时发现与及时控制。加强农田水利基本建设，加大农业综合开发和中低产田改造力度，建设一批旱涝保收的高标准农田。该区域是黄牛、绵羊、肉鸽、麻鸭的重要养殖区。今后畜牧业的发展，应坚持以粮保畜、以畜促粮，实现粮牧业的良性循环，重视畜禽加工龙头企业的打造。辅以果菜、花卉、中药材、淡水养殖等产业的发展，拓展区域农业功能，优化农业产业结构，做大做强粮棉、畜牧优势产业。

本区工业化、城镇化水平较低，对劳动力的就业吸纳能力较弱，农业承担着重要的就业与生活保障功能，目前该区域农村劳动力的转移主要依靠跨区域转移为主。增加农民非农收入，减轻传统农业承担就业与生活保障压力，是该区域今后农业功能拓展的主要目标。因此，应引导农产品加工龙头企业向主导产业优势区域集中，培植一批产业关联度大、带动能力强的农产品加工龙头企业。

2. 鲁北农产品供给可持续发展区

本区位于山东省的北部，由 19 个县（市、区）组成，土地面积 18 828.7km^2，占全省土地面积的 13.74%。黄河横贯东西，地面坡降平缓，岗、坡、洼相间。全区耕地面积 113.9 万 hm^2，占全省耕地资源的 18.3%，人均耕地面积 0.069hm^2。

紧紧围绕建设京津冀重要农副产品生产供应基地，以确保粮食安全、减轻农业就业与生活保障压力、改善农业生态环境为目标，以科技进步为动力，大力实施农业功能拓展战略，打造棉粮高产区，延伸产业链，夯实农业基础，建设生态农业，促进区域农业协调快速可持续发展。本区是未来山东省农业可持续发展的重点区域，具备重点开发和优先开发的基本条件。随着山东社会经济的进一步发展，本区农业的供给功能将进一步增强，将承担着山东大宗农产品的供给功能。丰富的土地资源，充足的光照，相对较好的农田水利工程设施，适合大面积粮、棉等农作物种植，拥有一批国家商品粮基地县，是山东省传统的粮棉主产区。在稳定粮食生产，确保国家粮食安全的前提下，加快壮大畜牧和枣、梨等特色水果生产。围绕市场和加工龙头企业，推进畜禽饲料生产的规模化、标准化和畜禽品种良种化。调整果品种植结构，因地制宜发展小枣、梨，扩大加工专用型果品生产，建设鲁北枣业生产基地。目前，该区应努力维护和营造良好的环境资源，优化牧草种植和牛、羊品种规范生产过程，提高肉、奶品质，提升畜产品深加工的能力，推行特色水果的特别生产规范，尽早形成在国内外市场上有竞争力的特有优势。

该区存在着旱、涝、碱等生态问题。因此，充分发挥农业的生态调节功能至关重要，在今后农业生产中应处理好一些关系，抓好关键环节工作，如发展农业生产与搞好旱、涝、碱综合治理的关系，加快中低产田改造为标准农田的步伐，提升农业综合生产能力，提高农作物单位面积产量；扩大麦棉、小麦与玉米、小麦与大豆等两熟面积，提高复种指数，搞好间作套种，增加农民收入；增加对水利设施的投资，进一步改善灌溉条件，推行引黄灌溉、库灌、井灌等有机结合的用水模式，节约与合理用水，提高水资源利用率；增加对土地的投入，搞好农业综合开发，科学配方施肥，大力推广作物秸秆直接还田和过腹还田，培肥地力，提高农业可持续发展能力。

3. 鲁中南生态调节可持续发展区

本区位于山东省的中、南部，以山地、丘陵为主。境内中山、低山和丘陵并存，镶嵌着部分盆地和小平原，是全省区域经济发展“一体两翼”整体布局中的南翼主体，由 27 个县（市、区）组成，土地面积 40 914.0km^2，占全省土地面积的 26.0%。耕地面积 139.3 万 hm^2，占全省耕地资源的 22.3%，人均耕地面积 0.062hm^2，单位耕地面积粮食产量 6 731.9kg/hm^2。

依托区域丰富的农业资源和区位优势，以确保食物安全、生态安全为目标，优化产业布局，大力发展生态农业，构筑大宗及特色农产品种植产业带，打造农副产品加工基地，促进区域农业协调快速发展。该区包括临沂、泰安、莱芜、枣庄、济宁、日照的部分县（市、区），在农产品生产方面，以高标准建设粮食优势产区和花生、瓜菜、果品、黄烟、茶叶、蚕桑、中药材、饲草“八大特色种植产业带”为着力点，发挥资源优势，紧跟市场需求，推进名优特产品向优势区域集中，扩大基地规模，实现种植品种的优质化、生产的标准化、经营的规模化和产品的品牌化，推进主导农产品的生产与供给。蔬菜生产则要在规范化、标准化、优质化、特色化和规模化上下功夫，传统的特色菜也应重视研制再开发和深加工，以真正形成独特的市场竞争优势。畜牧业的发展，重点规范畜禽饲养，提高肉、蛋、奶品质，扩大养殖规模。着力抓龙头、养殖小区和合作社示范点的培植工作，以标准化为目标，通过龙头养殖企业带动一批加工企业发展，提高基地水准，推动区域畜牧业生产上水平上档次。以市场为导向，以合作社为纽带，确保畜禽效益，提高饲养场（区）管理水平，加大监管力度，从源头上控制畜产品质量。突出特色创品牌，开拓畜禽产品消费市场，加快无公害及绿色产品认证步伐，促进畜牧业快速健康可持续发展。重点培植以临沂为中心的我省西部花生加工企业群体，带动鲁南花生生产基地；培植鲁南干杂果加工企业群体，带动鲁中、鲁南林果业生产；重点发展鲁中南生猪加工企业群体，全面促进畜牧业产业发展。逐步形成干鲜杂果、植物油、肉制品、乳制品、蔬菜、茶叶、食用菌、桑蚕、中草药等农产品加工转化体系，延长农业产业链，提高农产品附加值，推动区域传统农业升级改造，再创区域农业新优势。

该区山地丘陵面积大，以小流域为单元，加强水土流失综合治理。水土流失治理坚持山、水、田、林、路统一规划，治、管、用一体化发展，建立工程、生物、农业措施紧密结合的防护体系，以植树绿化、沟河拦蓄为基础，以小流域综合治理为单元，以坡改梯拦沙谷坊、蓄水塘坝、顺河坝、坝头地等工程措施和发展种、养、加、沼、太阳能为一体的生态果园为突破口，加强对各种农业动植物资源的开发利用和保护，建立多层次山区立体生态防护体系，提高该区域生态防护功能。

4. 都市城郊休闲观光区

本区主要位于济南、青岛等大城市近郊，由 40 个县（市、区）组成，大部位于泰、鲁、沂山北及西侧以及地级市城市周边。境内以冲洪积山前平原为主，土地面积 24 810.0km^2，占全省土地面积的 15.8%，耕地面积 86.2 万 hm^2，占全省耕地资源的 13.8%。

立足本区的农业资源优势，以确保食物安全、生态安全、社会稳定为目标，大力发展循环农业和都市农业，打造蔬菜区（带），加快农业的工业化进程，建设现代农业产业体系，着力提高经济增长的质量和效益，促进区域农业协调快速发展。该区以农产品的标准化、规模化、优质化、产业化建设为主线，充分发挥粮食大县（市或区）、蔬菜和果品大县（市或区）等生产优势，进一步提升粮食生产能力，大力发展农产品储运、保鲜和物流业，辅以花卉、休闲观赏类农业，农村观光旅游等新兴产业，把该区农业建设成为在国内外具有较强市场竞争力的产业，在全省率先实现农业的现代化。

依托区域资源优势、技术优势、市场优势和区位优势，建立适应城市市场需求和吸纳城市扩散的市郊型农产品加工业，引导农产品加工龙头企业向主导产业优势区域集中，壮大一批农产品加工龙头企业。重点培植以潍坊、淄博、济宁为核心的粮食加工企业群体，辐射带动区域平原小麦、玉米生产基地；培植以潍坊为核心的蔬菜加工出口型企业群体，促进全省蔬菜产业的发展；构筑以济南为中心的济青沿线乳品加工、畜禽肉加工企业群体，全面促进畜牧业产业发展；培植以青岛为中心花生加工企业群体，带动区域花生生产基地。发展直接面向城市和农村的销售业、饮食业和各类服务业，充分利用区域农业资源和农村剩余劳动力，提升区域自然与人文资源的利用效率。

充分利用区域内丰富的历史、地理人文景观资源，大力发展休闲观光农业，为城乡居民生产出现代休闲与观光产品。在做好观光休闲农业规划的基础上，形成具有县域传统农业文化特色的观光农业产业和以现代农业生产方式为载体的观光农业产业。该区域包括济南、青岛、烟台、淄博、潍坊、德州、泰安、济宁、临沂、枣庄等 10 个市，是山东省经济最为发达的城市集中区，自然和人文资源丰富，都市文化较为发达，旅游消费市场巨大，观光农业发展较为迅速。加速农业文化、乡村旅游与旅游商品的结合，实现第一产业与第三产业互动，积极开发区内大中城市城郊园区农业建设，发展具有休闲、供给与生态调节功能的城郊农业。

该区是山东经济实力最强、人口最密集、城市最集中、交通十分发达的地区，然而，农业生态环境面临各种压力。因此，区域农业发展首先要以耕地资源为重点，实行最严格的耕地保护制度，减少耕地占用。严格禁止工业固体废弃物、危险废弃物、城镇垃圾及其他污染物向农村转移。

5. 黄河三角洲生态调节可持续发展区

本区位于山东省西北部，北邻京津冀，与天津滨海新区和辽东半岛隔海相望，东连胶东半岛，南靠济南城市圈，战略地位十分重要。该区由 10 个县（市、区）组成，土地面积 16 899.00km^2，占全省土地面积的 10.8%。耕地面积 47.0 万 hm^2，占全省耕地资源的 7.5%。

以建设黄河三角洲高效生态经济示范区为契机，发挥区位优势，以确保区域生态安全、提升特色农产品供给能力、降低农业就业与生活保障压力为目标，以科技进步为动力，大力发展生态农业，更新盐地植被，合理利用土地，提高资源利用率，改善生态环境，建设特色农产品产业带，发展外向型农业，支持壮大农业龙头企业，促进区域农业协调快速发展。黄河三角洲农业可持续发展的重点是发展高效生态农业，加快建设规模化优势产业带，依托资源优势和龙头企业，实施引进、试验、示范、繁育与推广工程，推广荒碱地治理与高效种养、立体高效农业、生物质能多层次利用和多能互补等技术，积极发展耐碱旱、优质、高产、高效、生态、安全农业，推进连片规模开发、集约高效发展，尽快形成特色化、规模化、专业化的产业格局。积极发展外向型农业，发挥濒临日韩优势，建立农产品出口预警系统，加强优势农产品出口基地建设。健全发展现代农业的产业体系，发展循环型、节约型农业，注重开发原料供给、就业增收、生态保护、观光休闲、文化传承等多种功能，向农业的广度和深度进军。以提高资源利用率，改善农民生产生活条件，保护农业生态环境为目标，通过政府财政补贴方式，大力推广利用沼气、太阳能、风能等可再生能源，加快农村清洁能源开发利用示范基地建设。

6. 鲁东农产品供给可持续发展区

本区位于山东省的东部，由 18 个县（市、区）组成，境内以低山丘陵为主，山丘外围分布山前冲洪积平原。土地面积 26 013.0km^2，占全省土地面积的 16.5%。耕地面积 88.5 万 hm^2，占全省耕地资源的 14.2%，区域总人口 1 200.4 万人，占全省总人口的 13.0%。该区同胶济山前平原，也是全省区域经济发展“一体两翼”整体布局中的一体的主干区，在省内经济社会发展中具有无可争议的主体地位，其基础设施、投资环境、产业结构、发展潜力等优势因素决定了该区域对山东省经济的带动作用。

依托区域丰富的农业资源和区位优势，抓住山东半岛城市群建设这一契机，以确保食物安全、生态安全为目标，优化产业布局，大力发展生态农业与外向型农业，深度开发和拓展农业新功能，调整农业产业结构，优化产业布局，构筑水果、油脂、水产品等大宗及特色农产品种植产业带，延长产业链条，通过城乡互动发展和产业融合，建设现代农业产业体系，提高农业发展的整体效益和竞争力，促进区域农业协调快速发展。鲁东丘陵农产品供给功能区海上资源丰富，丘陵地多，雨量充沛，气候适宜。水产、苹果、花生在全省占有举足轻重的地位，供给优势指数分别达 17.7、3.35 和 3.93。因此，该区域今后重点发展优质花生、特色水果、粮食、水产，辅以花卉、蔬菜、食用菌、畜禽等生产和加工。特别是水产、水果生产加工的已有优势明显，进一步强化精深加工、出口创汇和贸易基地建设，发展外向型创汇生态农业，努力建成东部沿海粮油、水果、水产品开发生态农业区。目前关键在于推广优良品种，研制特色品种，大面积地改善品种品质，规范生产过程，提高生产档次，尽快提升加工、深加工能力，提高产品的市场品位，尽早形成自己的品牌优势。

鲁东丘陵农产品供给功能区经济发展水平高、资金充足、农村劳动力素质较高，以及对外开放的地理优势，发达的海上交通运输，面临东亚国际市场，有利于进一步拓展与完善农业功能。充分利用农产品资源丰富的优势，大力发展外向型农业和附加值高、创汇能力强的特色农业。充分利用广阔的浅海滩涂资源，积极拓展海洋农业，大力发展规模水产立体养殖型生态农业和远洋捕捞。充分利用环境优美、名胜较多的优势，发展旅游型生态农业。推进农副产品和水产品的精深加工为主线，优化调整产业结构，实施以加工业为龙头、以基地为依托的农林牧渔旅游协调发展的生态农业发展模式。在生态环境建设与生态调节方面，应以拦蓄地表水和全面节水为主，推广旱作农业技术。充分利用农业废弃物资源，积极开发太阳能、风能、沼气等农村新能源。加快沿海防护骨干林带建设，构建以高效生态经济林为主体的多层次森林防护体系，充分发挥经济林的生态调节功能，促进区域农业生态环境改善，实现区域农业健康快速持续发展。

（四）区域农业可持续发展典型模式推广

1. 以水土资源保护为主的农业可持续发展模式

以鲁北平原、鲁西南黄淮平原为代表的农业发展区域具有传统农业优势明显，农产品供给能力强；区域社会经济发展水平低，农业就业与生活保障压力大；种植业为主的农业结构，凸显农业的生态调节功能的特点。区域内人多地少水少，被占用耕地的土壤耕作层资源浪费严重，占补平衡补充耕地质量不高。耕地质量下降，黑土层变薄、土壤酸化、耕作层变浅等问题凸显。农田灌溉水有效利用系数比发达国家平均水平低 0.2，我省鲁西北、鲁西南平原地区地下水超采严重。水土资源越绷越紧，确保国家粮食安全和主要农产品有效供给与资源约束的矛盾日益尖锐。因此，走以水土资源保护为主的农业发展模式是当今山东省农业可持续发展的重要趋势。依托区域农业资源优势，以水土资源保护为主，以确保粮食安全、减轻农业就业与生活保障压力、改善农业生态环境为目标，以科技进步为动力，大力实施农业功能拓展战略，统筹粮林发展，改善生态环境，以粮保畜，以畜促粮，培植农产品加工与流通业，实现粮食在产业循环链条中互补增值。通过走以水土资源保护为主的农业发展模式，努力构建与资源环境承载力相适应、粮食和“菜篮子”产品稳定发展的现代农业生产体系。

2. 高效生态农业可持续发展模式

以黄河三角洲为代表的区域农业发展具有特色农产品优势明显，且供给能力比较强；社会经济发展水平较高，农业仍承担着重要的就业与生活保障；土地资源丰富，生态环境脆弱等特点。发挥区位优势，以确保区域生态安全、提升特色农产品供给能力、降低农业就业与生活保障压力为目标，以科技进步为动力，大力发展生态农业，更新盐地植被，合理利用土地，提高资源利用率，改善生态环境，建设特色农产品产业带，发展高效生态农业。加快建设规模化优势产业带，依托资源优势和龙头企业，实施引进、试验、示范、繁育与推广工程，推广荒碱地治理与高效种养、立体高效农业、生物质能多层次利用和多能互补等技术，积极发展耐碱旱、优质、高产、高效、生态、安全农业，推进连片规模开发、集约高效发展，尽快形成特色化、规模化、专业化的产业格局。积极发展外向型农业，实施农产品质量提升工程，健全与国际接轨的农产品质量标准、质量检测和质量认证体系，抓好动植物防疫体系，推进无规定动物疫病区、无公害林果区和绿色蔬菜区建设，提高农业标准化生产水平。健全发展现代农业的产业体系，发展循环型、节约型农业，注重开发原料供给、就业增收、生态保护、观光休闲、文化传承等多种功能，向农业的广度和深度进军。大力推广利用沼气、太阳能、风能等可再生能源，加快农村清洁能源开发利用示范基地建设。

3. 休闲观光农业可持续发展模式

以鲁中南、鲁东为代表的农业发展区域具有区域城镇化、工业化水平高，农业就业与生活保障压力轻；传统农产品生产优势明显，供给能力强；农业生产水平高，农产品供给能力强；农业面源污染日益突出等特点。充分利用区域内的丰富的历史、地理人文景观资源，大力发展休闲观光农业，为城乡居民生产出现代休闲与观光产品。在做好观光休闲农业规划的基础上，形成具有县域传统农业文化特色的观光农业产业和以现代农业生产方式为载体的观光农业产业。该区域包括济南、青岛、烟台、淄博、潍坊、德州、泰安、济宁、临沂、枣庄 10 个市。该区域是山东省经济最为发达的城市集中区，自然和人文资源丰富，都市文化较为发达，旅游消费市场巨大，观光农业发展较为迅速。加速农业文化、乡村旅游与旅游商品的结合，实现第一产业与第三产业互动，积极开发区内大中城市城郊园区农业建设，发展具有休闲、供给与生态调节功能的城郊农业。以农产品的标准化、规模化、优质化、产业化建设为主线，充分发挥粮食大县（市或区）、蔬菜和果品大县（市或区）等生产优势，进一步提升粮食生产能力，大力发展设施栽培、立体种养、生态养殖、种养加一体化等循环农业和都市农业，建设一批特色明显、科技领先、效益突出的现代生态农业园区。

六、促进农业可持续发展的重大措施

（一）工程措施

1. 加强基础设施建设，改善农业生产条件

整合农业基本建设项目，以县为单位实施整体推进。把国土部门的高标准基本农田、土地综合治理、农业开发的高标准农田、中低产田改造、水利部门的小农水重点县建设以及新增千亿斤粮食规划工程的高产稳产田建设等农田基础设施建设的项目，以县为单位，进行统一整合。从某一区域开始，整体推进，既统一了标准又可实现逐步全覆盖，杜绝出现多年不能进行有效基础设施建设的农田断裂带，使有限的资源有效利用，实现投资效益最大化。

2. 推进农业产业化经营，着重发展农村专业合作组织

农业经济的发展壮大，需要靠企业的市场化运作，仅供满足农村当地需求的农业经济是不能壮大的，所以农业经济要得到发展，必须通过以企业为中介，以市场渠道“走出去”。因此，应坚持以市场为导向，立足现有农产品加工、保鲜、储运和销售等环节发展现状，使相关产品有产业化的发展趋势，通过对农产品的深加工方式来增加附加值，使农业和农民获得更多的经济效益。

3. 大力推进农业节能减排，发展循环农业

积极发展资源节约型和环境友好型农业，大力推广立体化种养、管道化灌溉、精量播种、培肥地力、农作物病虫害综合防治以及冬季农业、生态农业等节地、节水、节肥、节药、节能的节约型农业生产方式，形成“资源—产品—废弃物—再生资源”的循环农业模式。大力开展农作物秸秆、畜禽粪便等农业废弃物的无害化处理和资源化利用，积极探索利用现代生物技术治理农业面源污染的有效途径，修复农业生态环境，改善提升耕地质量，增强农业可持续发展能力。

（二）技术措施

1. 加大对农业科研机构的投入和对农业科技人才的培养力度

农业科技对农业的发展至关重要，所以在政府支农财政投入上应重点扶持农业科技的发展，落实到具体方式就是加大对农业科研机构的投入和对农业科技人才的培养方面。只有农业科研机构和农业科技人才得到了发展，农业科技才能创新，才能有新技术的突破，才能有新的成果被创造出来。同时，政府应该积极出台相关鼓励和优惠政策，鼓励和奖赏取得重大科技成果的工作人员，完善相关政策和措施，调动他们科研和技术推广工作的积极性。

2. 完善科技成果的转化机制，加快科技成果的应用

山东省农业增长依靠新科技这方面欠缺很大，有很大的发展空间。鉴于此，一方面，应该加大力度在新的技术上有所突破，另一方面，应该完善农业科技成果的转化机制，使其对农业增长落实到实处。其中农业科技服务推广体系是其重要作用的机构，应建立和农业相适合的农业科技服务体系，以促进科技成果的应用。

3. 加强对农民的教育，提高农民综合素质

现代化的农业是集科技和机械化于一体的，在农业操作中也是需要各种知识和技能。因此，需要加强对农民的教育，普及先进适用技术，推动农业科技服务从产中向产前、产后延伸，提高农民参与产业化经营的意识和参与市场竞争的能力。

（三）政策措施

1. 加大财政扶持力度

一是各级财政要加大对农业可持续发展的支持力度，政府财政每年要拿出一定数量的专项资金扶持可持续农业的发展。积极探索投资参股经营、以奖代补等新型扶持方式，提高财政资金的扶持效益。建立生态农业产业化发展基金，应对产业发展风险；二是认真贯彻落实国家系列强农惠农政策，全面落实粮食直补、农资综合补贴、良种补贴、生态养殖补贴、农机具补贴等政策；三是按照“资金捆绑、突出重点、部门上报、政府统筹”的原则，加大涉农项目和资金的整合力度，向主导产业倾斜，推进产业发展。

2. 发挥政策的既向作用

积极运用价格、税收、信贷、投资等经济杠杆和必要的行政手段，支持、鼓励发展那些资源含量低、科技含量高同时对生态环境负面影响小，有利于利用资源、保护资源与环境的产业和产品。限制发展那些浪费资源、污染环境的产业和产品。要改革和完善经济考核指标体系，把保护和合理开发利用资源与环境，提高社会效益、生态效益与经济效益作为考核地方经济和社会发展的重要指标和考核干部的重要内容。

（四）法律措施

1. 重视法律法规的宣传解释工作

目前我国已出台《中华人民共和国农业法》《中华人民共和国森林保护法》《中华人民共和国水利法》《中华人民共和国土地管理法》《中华人民共和国环境保护法》《中华人民共和国畜牧法》《中华人民共和国动物防疫法》《中华人民共和国食品安全法》《中华人民共和国农产品质量安全法》《种畜禽管理条例》《畜禽规模养殖污染防治条例》等关于农业生产经营活动及监管的法律法规，要

向广大群众大力宣传有关法律法规，使群众知法懂法，自觉依法办事。

2. 依法管理，把实现农业可持续发展纳入法制化轨道

目前，国家和山东省已出台了一系列控制人口增长、保护资源与环境的政策法规，要结合实际情况，进一步健全和完善这些法律法规。同时，要加大执法力度，做到有法必依，执法必严，违法必究。各级领导和广大干部要强化法律意识，提高依法行政水平。要进一步建立健全监管体系，特别重视发挥执法部门的作用，维护法律法规的严肃性、权威性。

参考文献

白金明 . 2008. 我国循环农业理论与发展模式研究 [M]. 北京：中国农业科学院 .

陈希玉，傅汝仁，丁希滨，等 . 1998. 山东省农业可持续发展战略研究 [J]. 中国人口·资源与环境，8（1）：37–41.

陈园园 . 2011. 山东省耕地资源安全评价 [D]. 曲阜：曲阜师范大学 .

董旭光，李胜利，石振彬，等 . 2015. 近 50 年山东省农业气候资源变化特征 [J]. 应用生态学报，26（1）：269–277.

段家芬 . 2013. 劳动力转移、人口"空心化"与农村土地规模化经营研究——以四川省金堂县为案例的调查分析 [D]. 成都：西南财经大学 .

高亚明 . 2004. 农村剩余劳动力转移研究——兼论江苏省镇江市农村剩余劳动力转移 [D]. 南京：南京农业大学 .

郭洪海，宫志远 . 2011. 黄淮海区域循环农业发展的认识与思考 [J]. 中国农业资源与区划，32（2）：27–33.

郭帅，张土乔 . 2008. 近 10 年我国水资源开发利用状况及发展变化趋势简析 [J]. 安徽农学通报，14（21）：68–70.

胡晓凯 . 2012. 山东省农业可持续发展评价分析及对策研究 [D]. 青岛：中国海洋大学 .

李翠菊 . 2012. 气候变化对山东省农业生产影响研究 [J]. 安徽农业科学，40（2）：998–999，1011.

李玫 . 2014. 山东耕地质量告急：政府将投资近千亿提升土地质量 [N]. 第一财经日报，12–20（B6).

李文华 . 2003. 生态农业——中国可持续农业的理论与实践 [M]. 北京：化学工业出版社 .

林春燕，2006. 循环农业模式初探 [J]. 科技信息（学术版）.243–244.

林孝丽，周应恒 . 2012. 稻田种养结合循环农业模式生态环境效应实证分析 [J]. 中国人口·资源与环境，22（3）：37–42.

刘建胜 . 2005. 我国秸秆资源分布及利用现状的分析 [D]. 泰安：山东农业大学 .

刘金花，郑新奇 . 2004. 山东耕地动态变化与粮食总产量相关分析 [J]. 地域研究与开发，23（6）：102–105.

刘喜广 . 2009. 山东省农业可持续发展能力评估及障碍因素分析 [J]. 中国农业资源与区划，30（3）：51–55.

吕敬堂，吕大明，刘海萍 . 2014. 贵阳市生态环境资源承载能力分析 [J]. 中国农业资源与区划，35（2）：24–28.

马其芳，黄贤金，彭补拙，等，2005. 区域农业循环经济发展评价及其实证研究 [J]. 自然资源学报，

20（6）：891–899.

宋明芳 . 2009. 湖南省主要农作物生态经济评价研究 [J]. 广东农业科学（9）：220–222.

孙开岗 . 2013. 山东黄河水资源管理制度研究 [D]. 济南：山东师范大学 .

王恩东 . 2012. 山东省耕地资源数量变化分析及保有量预测研究 [D]. 泰安：山东农业大学 .

王惠生 . 2007. 北方“四位一体”生态种养模式 [J]. 科学种养（1）：6–7.

王建源，薛德强，邹树峰，等 . 2006. 气候变暖对山东省农业的影响 [J]. 资源科学，28（1）：163–168.

王小天，李世杰，陈怀录，等 . 2001. 甘肃省临洮县生态环境保护与建设的初步研究 [J]. 农业系统科学与综合研究，17（4）：266–269.

徐钰，江丽华，张建军，等 . 2010. 气候变化对山东省农业生产的影响与对策 [J]. 中国农业气象，31（增 1）：23–26.

杨风 . 2015. 山东水资源可持续利用发展路径 [J]. 水利发展研究 ，1：46–50，65.

杨开忠，杨咏，陈洁 . 2000. 生态足迹分析理论与方法 [J]. 地球科学进展，15（6）：630–636.

张基凯，吴 群，黄秀欣 . 2010. 耕地非农化对经济增长贡献的区域差异研究——基于山东省 17 个地级市面板数据的分析 [J]. 资源科学，32（5）：959–969.

赵铭，林聪，王伟，等 . 2006. 京郊新“四位一体”生态模式 [J]. 可再生能源，1：56–58.

周贤君 .2009. 湖南省主要农作物生产生态经济适宜性评价及高效持续发展战略研究 [D]. 长沙：湖南农业大学 .

Mathis Wackernagel，Lewan L，Hansson C B. 1999. Evaluating the use of national capital with the ecological footprint：applications on sweden and subregions[J].Ambio logical，28（7）：604–621.

Medved S. 2006.Present and future ecological footprint of Slovenia：the influence of energy demand scenarios[J]. Ecological Modeling，192（1–2）：25–36.

Wackernagel M，Onisto L，Bello P，et al. 1999.National natural capital accounting with the ecological footprint concept[J]. Ecological Economics，29（3）：375–390.

Waekernagel M，Rees W E. 1997.perceptual and structural barriers to investing in natural capital：economics from an ecological footprint perspective[J]. Ecological Economic，20（1）：3–4.

河南省农业可持续发展研究

摘要：农业是国民经济和社会发展的基础，农业可持续发展是经济社会可持续发展的根本保证和领先领域。河南地处中原，是全国农业大省，长期以来，河南省为推动农业可持续发展不断努力和探索。本研究以可持续发展理论为指导，采用最新权威调查数据，围绕农业与资源环境协调发展的主线，系统探讨河南农业可持续发展的关键问题、战略与路径。

本研究的主要结论有：① 河南各县（市）农业可持续性评价结果显示，豫北地区总体情况较好，中东部地区其次，南部的驻马店、西部的洛阳和三门峡等地农业可持续性较差；② 河南农业资源合理开发强度分析结果显示，河南农业生态足迹需求明显大于生态承载力，生态赤字严重，整体来看，河南农业发展处于不可持续状态；③ 河南种植业和养殖业规模结构分析结果显示，未来河南农作物总播种面积不会有明显增加，粮食增产将主要有赖于玉米播种面积和产量的提升，同时牛羊等节粮型养殖业及家禽养殖业比重提高是有利于河南农业可持续发展的调整趋势；④ 基于可持续发展目标的河南农业区划方案是优先发展区包括山前平原、南阳盆地以及黄淮海平原北部和南部地区，适度发展区为中心城市周边地区，保护发展区为豫西北、豫西豫西南及豫南山地丘陵地区；⑤ 河南农业可持续发展探索推广的典型模式有：尉氏县微灌溉施肥技术模式、夏邑县食用菌栽培循环结构模式、新野县种养结合循环模式、西峡县“牧沼果”“秸沼菌”沼气综合利用模式等。

一、河南省农业可持续发展的自然资源环境条件分析

河南地处中原，多种多样的地貌类型和丰富的水热资源，为河南农业发展提供了有利条件，但

课题主持单位：河南省农业资源区划办公室

课 题 主 持 人：薛跃、高超

课 题 组 成 员：高超、吴海峰、陈明星、崔小年、魏娜、安晓明、刘佳、黄灿辉、周磊、贾德伟、李长安、何秀芹、赵彦增、汪松、余卫东、姬文杰

在工业化与城市化快速推进过程中，农业发展空间的压缩和水土流失的持续加剧了农业用地的紧张，水资源供需缺口的扩大加剧了农业用水的紧张，土壤污染和水污染的加重也使得农业安全生产形势更为严峻，而气候变化给河南省农业生产带来了更多的不稳定因素。

（一）土地资源

1. 农业土地资源及利用现状

河南省土地面积 16.7 万 km^2，在全国各省市区中居第 17 位，约占全国总面积的 1.73%。全省常用耕地面积 10 801.77 万亩。平原和盆地、山地、丘陵分别占总面积的 55.7%、26.6% 和 17.7%。

（1）耕地资源数量、构成及分布　据 2010 年河南省土地利用现状数据，全省现有耕地 817.75 万 hm^2，占全省土地总面积的 49.36%，主要集中分布在黄淮海平原和南阳盆地，其中，耕地数量排在前 5 位的南阳市、商丘市、信阳市、驻马店市和周口市耕地面积之和占全省耕地总面积的 54.05%。从耕地构成来看，水田 75.78 万 hm^2，占耕地总面积的 9.27%；水浇地 460.26 万 hm^2，占耕地总面积 56.28%；旱地 281.71 万 hm^2，占耕地总面积 34.45%。受水文和地形等条件的约束，水田、水浇地以及旱地均呈现出相应的地带性规律。其中，水田主要分布在淮河以南地区和黄河背河洼地区，尤以水热资源丰富的信阳市最集中，其水田面积占耕地面积的 74.93%，占全省水田面积的 82.91%；水浇地的分布除受水文、地形条件的影响外，还受社会经济条件的制约，主要分布在沙颍河以北、南水北调中线以东的黄淮海平原区以及南阳盆地的宛城区、新野县、邓州市和镇平县等地区；旱地主要分布在南水北调中线以西的黄土丘陵区以及丘岗山地区、淮河以北沙颍河以南的驻马店地区、南阳盆地的部分地区以及商丘的永城市。

（2）林地资源数量、构成及分布　据 2010 年河南省土地利用现状数据，全省现有林地 350.12 万 hm^2，占全省土地总面积的 21.13%，主要集中分布在豫北太行山、豫西伏牛山和豫南大别山—桐柏山一带，其中，林地数量排在前 4 位的南阳市、洛阳市、三门峡市和信阳市，四市林地面积之和占全省林地总面积的 72.21%。从林地构成来看，有林地 253.60 万 hm^2，占林地总面积的 72.43%；灌木林地 50.47 万 hm^2，占林地总面积 14.42%；其他林地 46.05 万 hm^2，占林地总面积 13.15%。

（3）荒草地资源数量、构成及分布　据 2010 年河南省土地利用现状数据，全省现有荒草地 67.49 万 hm^2，占全省土地总面积的 4.07%，主要集中分布在南阳市、洛阳市、三门峡市和信阳市四市，荒草地面积之和占全省荒草地总面积的 68.88%。

2. 农业可持续发展面临的土地资源环境问题

（1）土地资源数量有限，未来农业发展空间缩减　2013 年，河南省农业发展空间总面积 913.98 万 hm^2，占全省土地总面积的 55.17%。其中，耕地面积 814.07 万 hm^2，占全省土地总面积的 49.14%，占农业发展空间的 89.07%；农业发展空间包含 6.89 万 hm^2 的园地，比重 0.75%；其他农用地（扣除坑塘水面，下同）面积 69.84 万 hm^2，占土地总面积的 4.22%，占农业发展空间的 7.64%。2013 年，河南省农业发展空间用地结构见表 1–1。

根据预测，从全省整体的国土空间格局上看，全省农业发展空间适度减少、生态保护空间和城乡建设空间适度增加。农业发展空间将由 2013 年的 913.98 万 hm^2 减至 2020 年的 902.54 万 hm^2，到 2030 年减少至 897.17 万 hm^2，占土地总面积的 54.16%，共计减少 16.81 万 hm^2，特别是其中的耕地将由 2013 年的 814.07 万 hm^2 减至 2020 年的 805.42 万 hm^2，到 2030 年减少至 802.65 万 hm^2，共计减少 11.42 万 hm^2。

（2）土地资源质量降低，土壤污染加重　多年来，随着社会经济发展，农业环境特别是土壤重金属污染呈加重的趋势。河南省《关于土壤污染防治工作情况的报告》显示，全省土壤环境质量状况整体安全稳定，但局部地区土壤污染状况不容乐观，部分地区镉、钒、铅等无机污染物点位超标率较高。全省 18 个省辖市除濮阳外，其他各市调查点均有污染物超标现象。从污染分布情况看，重金属污染分布西部高于东部，北部高于南部，工矿业高于农业，大城市高于小城市，有机污染主要分布在东部和南部的农业生产区。

（二）水资源

1. 农业水资源及利用现状

全省多年平均水资源总量 403.53 亿 m^3，其中，地表水资源量 302.66 亿 m^3，地下水资源量 196.00 亿 m^3，重复计算量 95.13 亿 m^3。河南省海河、黄河、淮河、长江流域水资源量分别为 27.62 亿 m^3、58.54 亿 m^3、246.08 亿 m^3、71.29 亿 m^3，分别占全省总量的 6.8%、14.5%、61% 和 17.7%。全省水资源可利用总量为 195.24 亿 m^3，其中地表水为 121.73 亿 m^3，地下水为 99.35 亿m^3，重复计算量 26.04 亿 m^3。水力资源蕴藏量 490.5 万 kW，可供开发量 315kW。截至 2013 年年底，全省已修建水库 2 663 座，总库容 270 亿 m^3。农业有效灌溉面积 4 975.97 千 hm^2，实际耕地灌溉面积 4 345.37 千 hm^2，园地灌溉面积 44.66 千 hm^2。

2. 农业可持续发展面临的水资源环境问题

（1）人均水资源量紧缺，水资源数量供需结构不平衡　全省多年人均水资源量仅 407m^3，不足全国平均水平的 1/5，世界平均水平的 1/16，远远低于国际公认的人均 1 000m^3 的水资源紧缺标准；耕地亩均水资源量 373m^3，不足全国平均亩均水资源量的 1/4。按国际公认的人均 500m^3 为严重缺水边缘标准，河南省属于严重缺水省份。

2013 年，河南省水资源总量 215.20 亿 m^3，其中，地表水资源量 123.13 亿 m^3，地下水资源量 147.12 亿 m^3，地表水与地下水资源重复量 55.05 亿 m^3，而用水总量 236.27 亿 m^3，所以即使地表水和地下水都算在内，河南省的水资源总量都不能满足用水需求，缺口达到 21.07 亿 m^3。2013 年全省农业用水 135.52 亿 m^3，占用水总量的 57.36%。

一方面，从人均水资源量来看，河南省属于严重缺水省份；另一方面，近年来河南省用水总量和农业用水量都呈上升趋势（图 1-1），加剧了河南省水资源的供需矛盾。

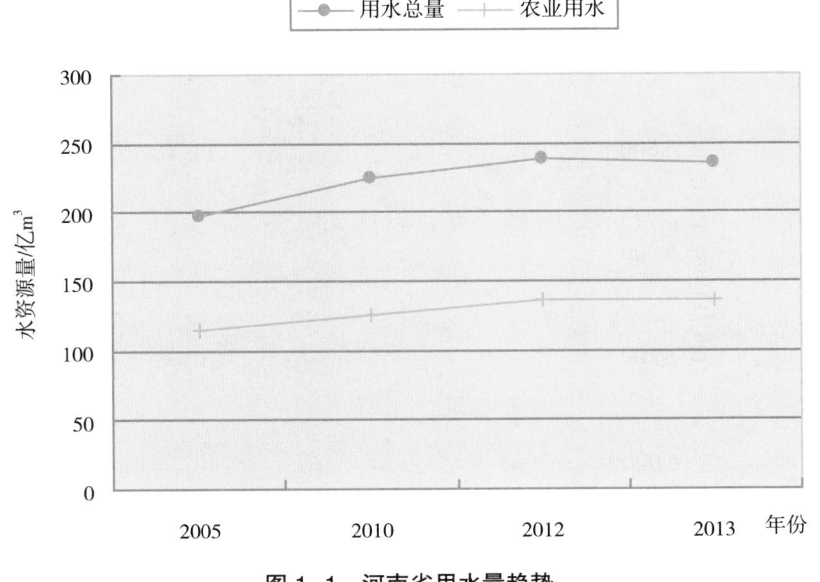

图 1-1　河南省用水量趋势

根据《河南省水中长期供求规划报告》预测，2020 年，全省多年平均状况下总需水量 319.331 亿 m^3，可供水量 282.733 亿 m^3，缺水量 36.598 亿 m^3，缺水率 11.5%。其中，在行业需水中，农业（包括农田灌溉、林果灌溉、池塘养殖、牲畜养殖）需水量

209.099 亿 m^3。到 2030 年全省多年平均总需水量 336.483 亿 m^3，可供水量 304.896 亿 m^3，缺水量 31.59 亿 m^3，缺水率 9.4%。其中，在行业需水中，农业（包括农田灌溉、林果灌溉、池塘养殖、牲畜养殖）需水量 206.432 亿 m^3。

（2）水资源质量也不容乐观　2013 年，化学需氧量（COD）排放量 135.42 万 t，其中，农业 COD 排放量 78.15 万 t，占总 COD 排放量的 57.71%。氨氮排放量 14.42 万 t，其中，农业氨氮排放量 6.11 万 t，占氨氮排放总量的 42.37%。

以《地表水环境质量标准》（GB　3838—2002）为依据，按全年期进行水质评价分析，对 2010—2012 年全省全年期水质进行监测评价结果表明，全省水质达到和优于Ⅲ类，符合饮用水源区要求的河长不足评价总河长的 40%，遭受严重污染、水质劣于Ⅴ类，失去供水功能的河长超过 1/3。

（三）气候资源

河南省地处北亚热带和暖温带地区，气候温和，日照充足，降水丰沛，适宜于农、林、牧、渔各业发展。其特点为：其一，过渡性明显，地区差异性显著。其二，温暖适中，兼有南北之长。其三，季风性显著，灾害性天气频繁。

1. 气候要素变化趋势

（1）活动积温　1992—2012 年，河南省 0℃以上积温平均为 5 485.5℃・日，最小值年为 1993 年（5 218.8℃・日），最大值年为 1998 年（5 700.0℃・日），平均每十年增加 39℃・日（图 1–3 上）。1992—2012 年，河南省 10℃以上积温平均为 5 480.8℃・日，最小值年为 1993 年（5 214.6℃・日），最大值年为 1998 年（5 696.0℃・日），平均每十年增加 39℃・日（图 1–3 下）。

河南省 1992—2012 年年平均 0℃以上平均积温为 4 638.2（栾川）~5 871.9℃・日（商城），豫西局部在 5 000℃・日以下；豫北、豫西、豫东大部、豫中部分地区及南阳局部在 5 000~5 500℃・日之间；其他地区在 5 500℃・日以上（图 1–3 上）。河南省 1992—2012 年 10℃・日以上平均积温为 4 632.9（栾川）~5 869.2℃・日（商城），豫西局部在 5 000℃・日以下；豫北、豫西、豫东大部、豫中部分地区及南阳局部在 5 000~5 500℃・日之间；其他地区在 5 500℃・日以上（图 1–3 下）。

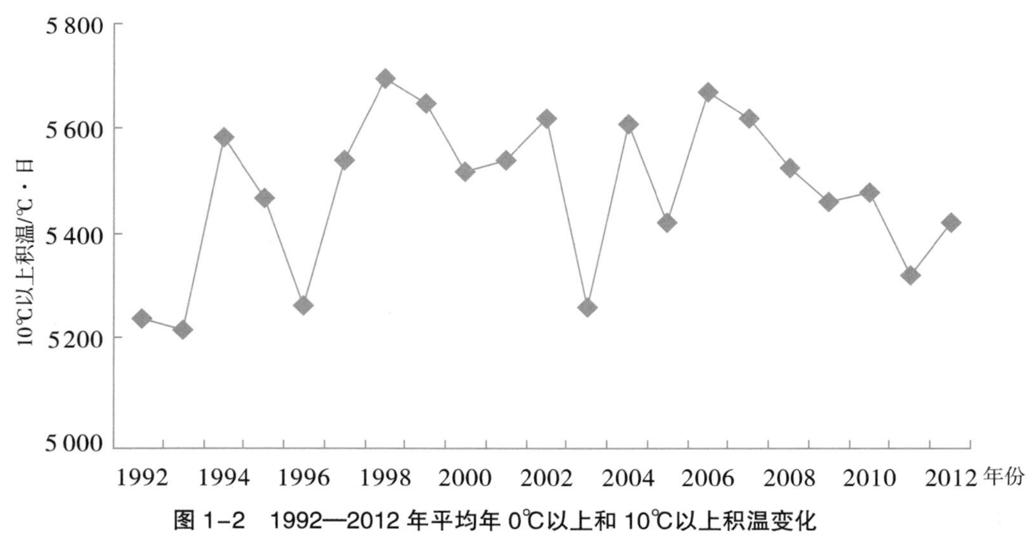

图 1–2　1992—2012 年平均年 0℃以上和 10℃以上积温变化

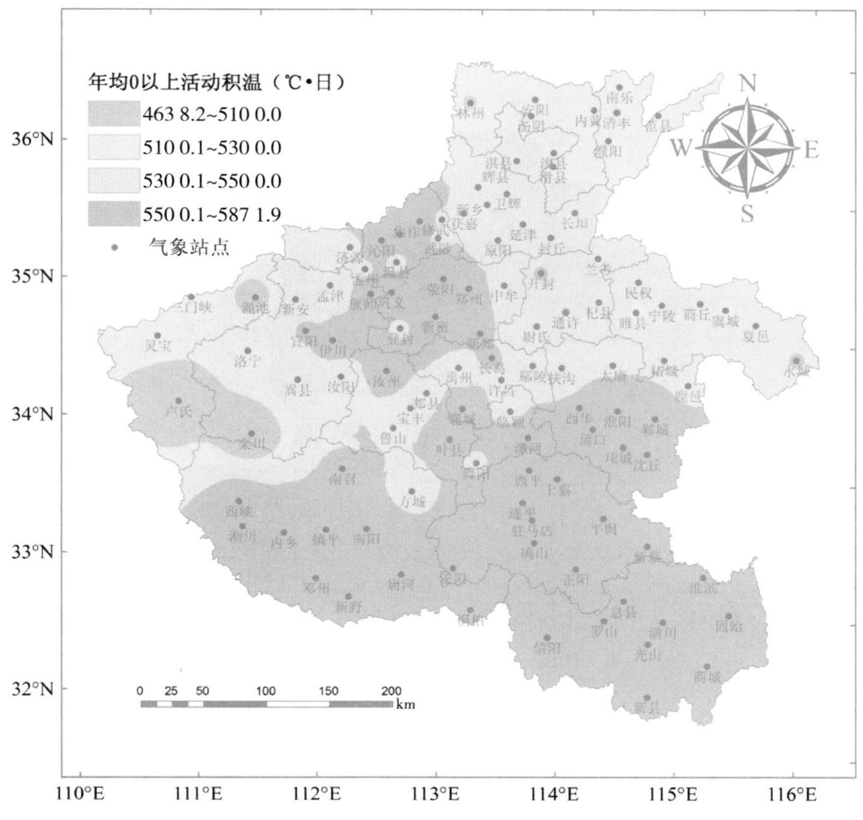

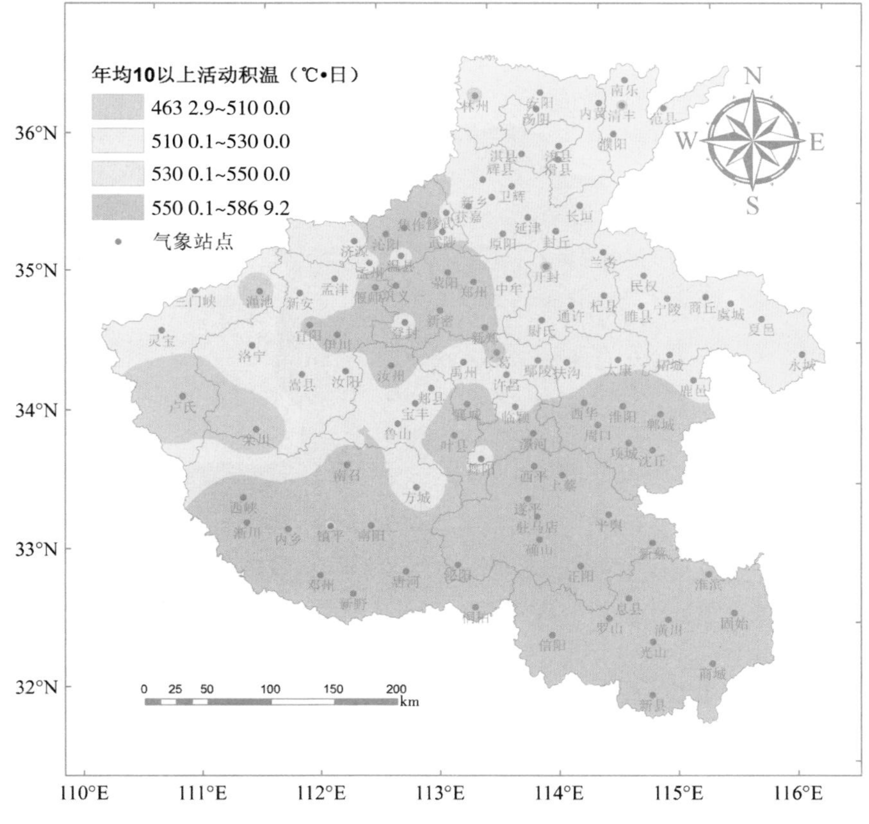

图 1-3　1992—2012 年年平均 0℃以上（上）和 10℃以上（下）积温分布

（2）气温 1992—2012 年，河南省年平均气温为 14.9℃，最小值年为 1993 年（14.1℃），最大值年为 1998 年（15.5℃），无明显变化趋势（图 1-4）。

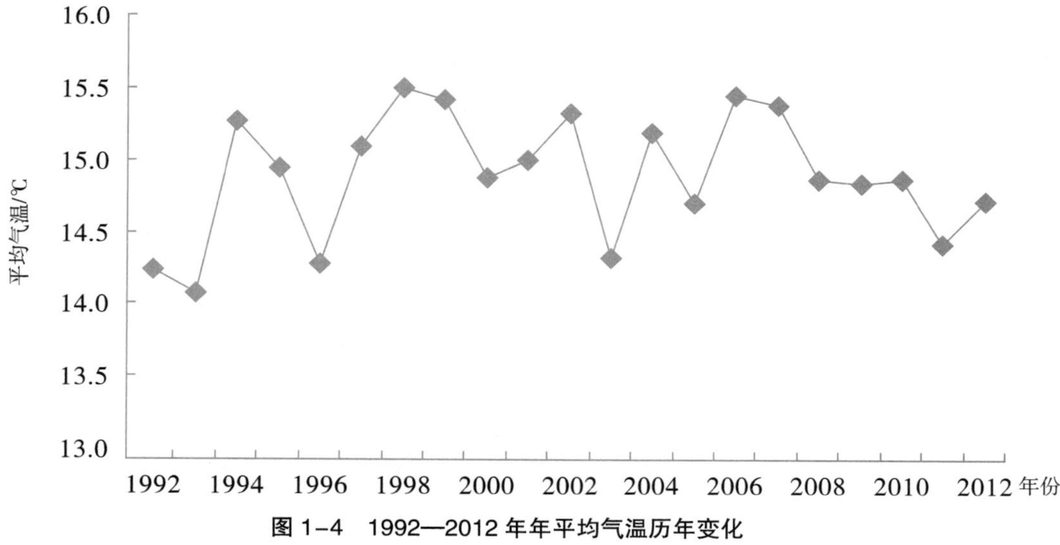

图 1-4 1992—2012 年年平均气温历年变化

河南省 1992—2012 年年平均气温为 12.5（栾川）~16.0℃（商城、固始），豫北北部及豫西西部在 14℃以下，其中豫西局部在 13℃以下；豫北及豫西局部、豫东南部、豫中部分地区及豫南大部在 15℃以上；其他地区在 13~15℃（图 1-5）。

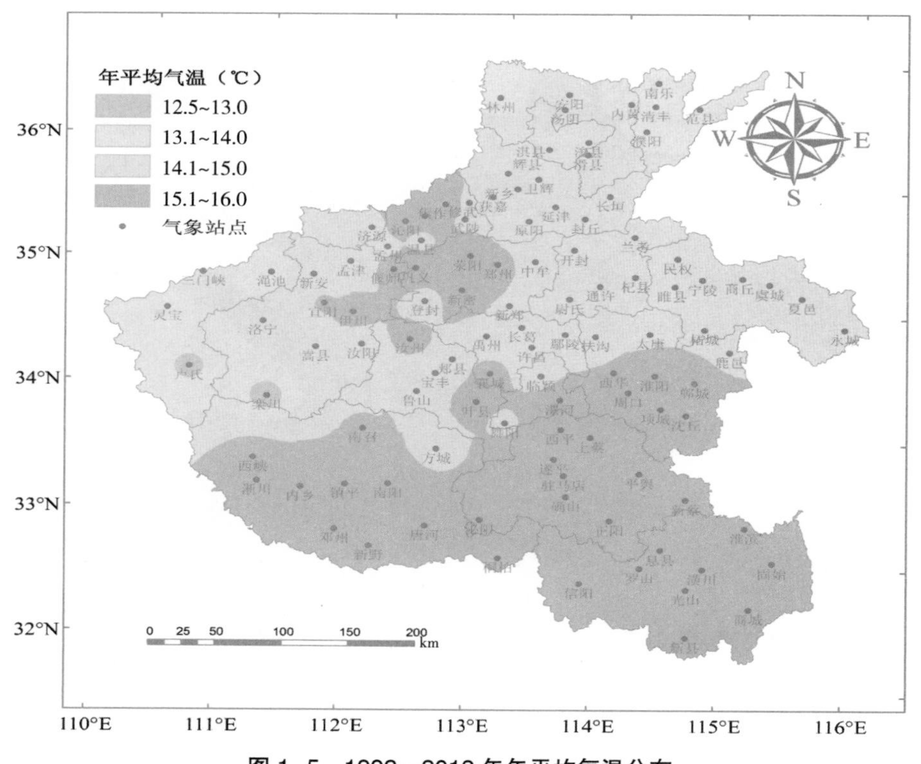

图 1-5 1992—2012 年年平均气温分布

（3）降水量　1992—2012 年，河南省平均年降水量为 727.5mm，最小值年为 1997 年（503.5mm），最大值年为 2003 年（1061.7mm），平均每十年增加 17mm（图 1-6）。

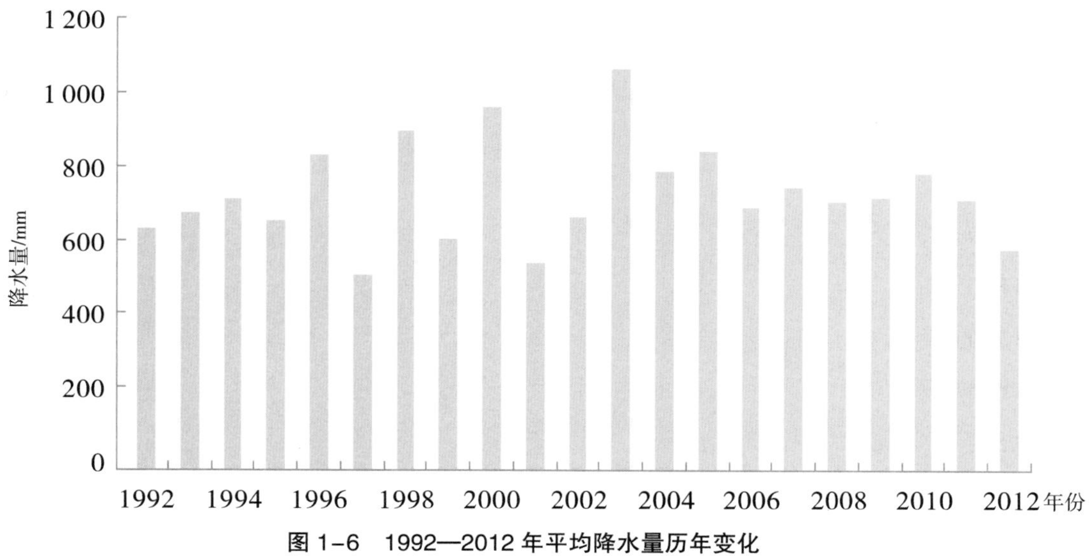

图 1-6　1992—2012 年平均降水量历年变化

河南省 1992—2012 年平均年降水量为 531.5（三门峡）~1 209.9mm（新县），豫北地区及豫西、豫中、豫东地区北部在 700mm 以下；沿淮及以南地区大部在 1 000mm 以上；其他地区在 700~1 000mm（图 1-7）。

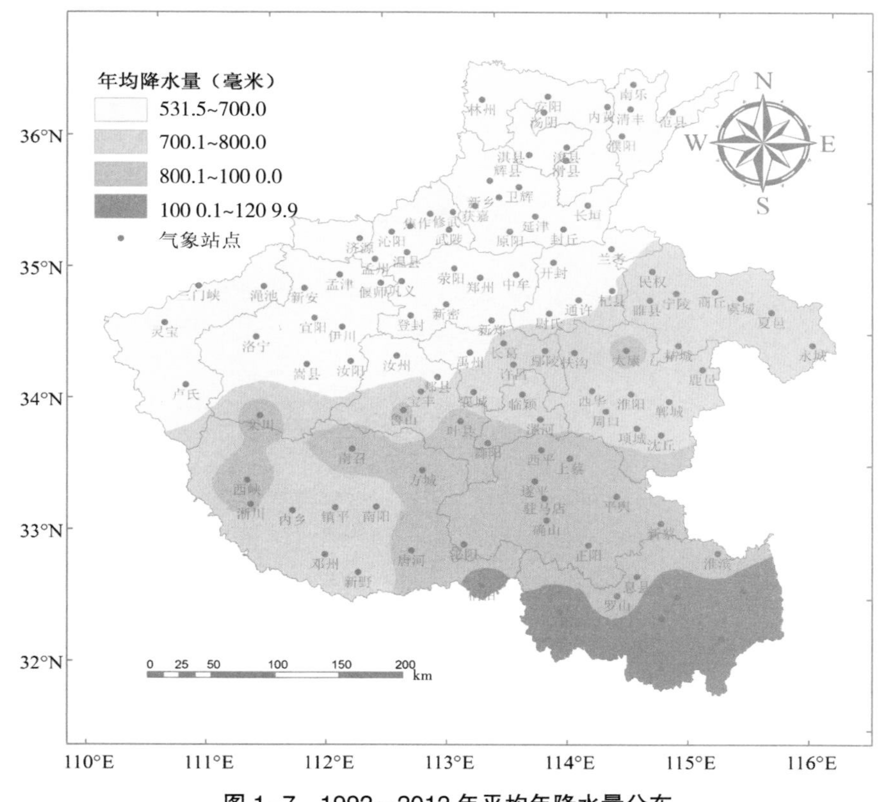

图 1-7　1992—2012 年平均年降水量分布

（4）日照时数　1992—2012 年，河南省年平均日照时数为 1 947.2 小时，最小值年为 2003 年（1 672.1 小时），最大值年为 1997 年（2 217.5 小时），平均每十年减少 179 小时（图 1–8）。

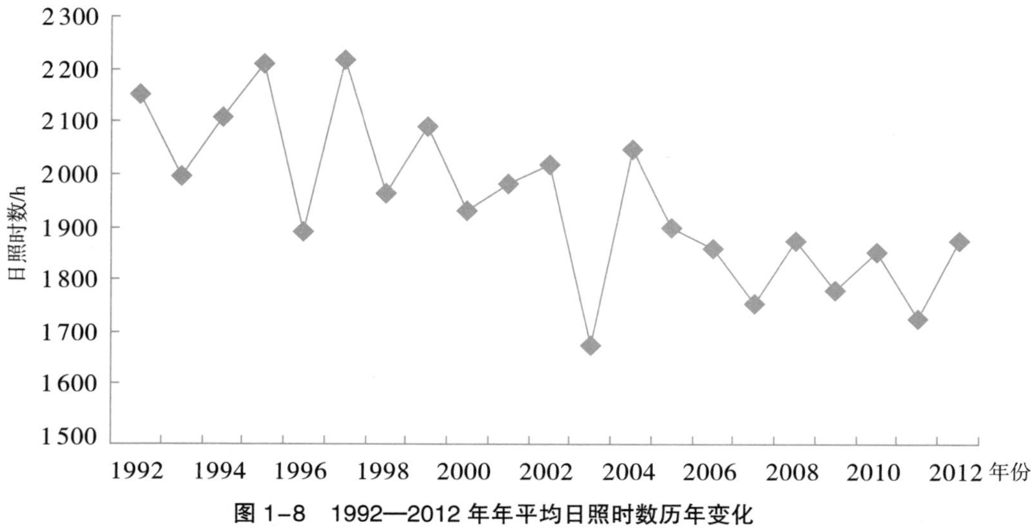

图 1–8　1992—2012 年年平均日照时数历年变化

河南省 1992—2012 年平均年日照时数为 1 684.2（新县）~2 276.2 小时（范县），豫西大部及豫北、豫中、豫东地区局部在 2 000 小时以上；新乡、平顶山局部及南阳、信阳部分地区在 1 800 小时以下；其他地区在 1 800~2 000 小时（图 1–9）。

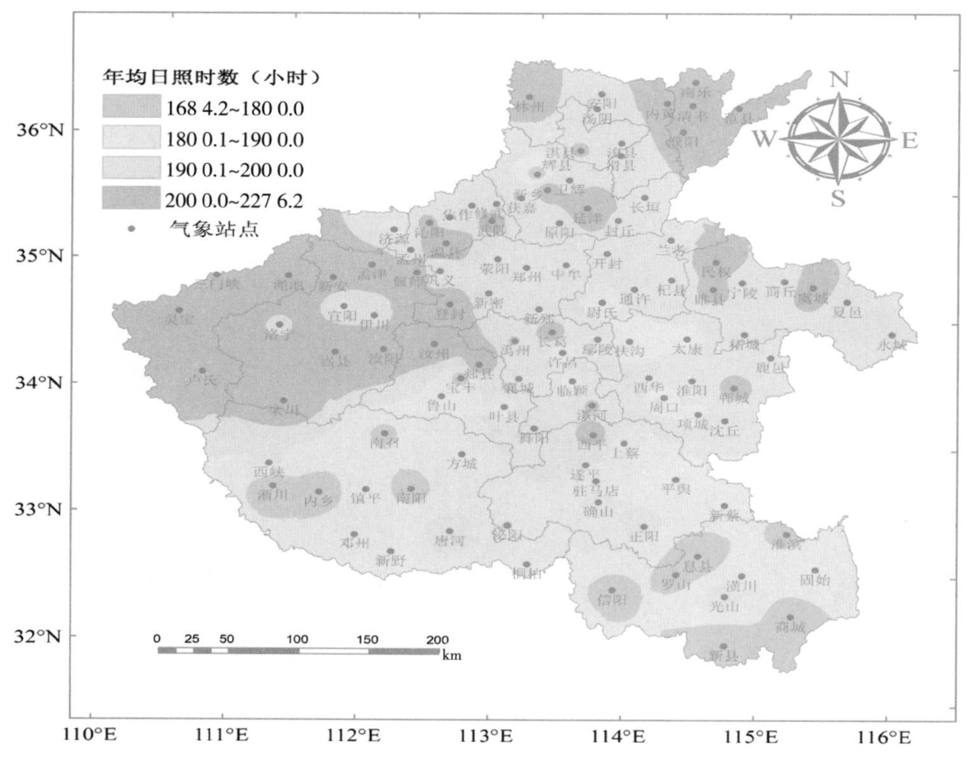

图 1–9　1992—2012 年平均年日照时数分布

2. 气候变化对河南省主要农作物的影响

(1) 对冬小麦的影响 未来气候变化对河南省冬小麦可能产生如下影响：一是发育期缩短，预计2011—2050年平均缩短4~7天。二是光温生产潜力降低。预计河南省大部分地区冬小麦光温生产潜力减小4%~8%，但局部地区如豫北及豫东平原也有增产趋势。三是雨养小麦产量有增有减。虽然局部地区随降水增多，产量可能增大，但全省整体平均为减产趋势，平均减产2%左右。四是灌溉小麦减产，平均减产4%左右，灌溉水利用效率降低。五是雨养小麦产量波动进一步增大，尤其是低产出现的概率增高，灌溉有一定缓解作用。

(2) 对夏玉米的影响 近30年以来，全省平均日照年际变化呈显著的下降趋势，夏玉米全生育期光能资源明显减少，一方面不利于玉米进行光合作用、积累干物质，另一方面可能影响玉米开花授粉，对提高产量不利。夏玉米主要生育期向后延迟，全生育期日数增加，对于玉米后期灌浆攻籽有利。影响夏玉米生产的10℃初日界限温度呈显著提前变化趋势，夏玉米生长季内温度及热量资源变化不显著。夏玉米全生育期降水量有不太显著的增加趋势，但拔节—抽雄期降水增加较显著对玉米苗期生长较为有利，抽雄—灌浆期降水有较显著的减少趋势对于籽粒灌浆及最终产量的形成有一定影响，干旱仍是影响玉米生长的重要因素。河南省夏玉米生育期内每年均有轻旱发生，发生范围的年际间变化趋势不显著；中旱和重旱涉及范围呈缓慢的下降趋势。大风倒伏一直是制约玉米稳产高产的重要因素，虽然大风日数整体呈减少趋势，但对玉米产量有决定作用的抽雄—乳熟期大风日数并没有明显减少，所以大风倒伏对夏玉米产量的危害并没有减轻。

(3) 对水稻的影响 近30年来，信阳地区水稻生长季（4—9月）温度总体表现为升高的趋势，特别是4—5月时段内，温度升高速度较快，每10年升高0.44℃。水稻生长季光照资源显著减少，特别是水稻生长中后期6—9月递减速度较快，日平均日照时数每10年减少0.47小时。水稻生长季降水资源总体表现为缓慢增加的趋势，但不同时段变化趋势不一致，其中4—5月降水量减少，6—7月降水量显著增加，8—9月降水量呈缓慢减少趋势。高温热害水稻孕穗期、开花期和灌浆期如遇35℃以上高温天气，均会造成产量降低。信阳地区水稻生长季4—9月35℃以上高温天气出现日数经历了20世纪80年代出现日数最少（平均每年出现2天）的情况，20世纪90年代开始又呈增多的趋势，平均每年出现5天；21世纪的10s年平均每年出现6天。受气候变化影响，水稻播种、移栽和抽穗日期呈现出逐渐提前的变化趋势，水稻成熟日期呈现为逐渐延后的趋势，延长了生育期。

二、河南省农业可持续发展的社会资源条件分析

农业社会资源条件不仅为农业生产提供劳动力、化学投入品等关键生产要素，农业科技也可以在很大程度上改变农业自然资源环境对农业生产形成的制约，农业自然资源条件是否能够得到充分开发利用与农业社会资源条件有很大关系。同时也必须认识到，农业社会资源条件的不当运用也会对农业自然资源条件产生负面影响，从而影响到农业可持续发展。因此，同自然资源环境条件相比，农业社会资源条件是农业资源中更为主动和活跃的因素，是农业可持续发展的关键。

（一）农业劳动力

河南农业劳动力资源丰富，但农业劳动生产率不高，农民收入较低，宏观经济环境的变化会对

未来农业剩余劳动力转移带来较大压力，农业劳动力年龄结构老化趋势不可避免，农业劳动力文化素质和科技素质亟待提高。

1. 农村劳动力转移现状及特点

（1）河南农村劳动力基数庞大，转移任务重　河南是全国农业人口大省，农村劳动力资源丰富。截至 2013 年年底河南总人口 10 601 万人，常住人口 9 413 万人，位居全国第三，农村人口 5 958 万人，城市化率 43.8%，低于全国平均水平的 53.73%，乡村劳动力 5 334 万人，乡村从业人员 4 851 万人。从三次产业从业人员结构上来看，2013 年年底河南农业从业人员 2 562.60 万人，占 40.12%，高于全国平均水平的 31.4%，第二产业和第三产业从业人员比重分别为 31.87% 和 28.01%。虽然从趋势上来看，河南城镇化率不断提高，农业从业人员比重不断下降（图 2-1），与 2005 年相比，截至 2013 年年底，河南城镇化率提高了 13.15 个百分点，农业从业人员比重下降了 15.32 个百分点，但与全国平均水平相比仍有较大差距。整体上看，河南农村劳动力基数庞大，城镇化水平相对较低，农业从业人员比重较高，农村剩余劳动力转移任务艰巨。

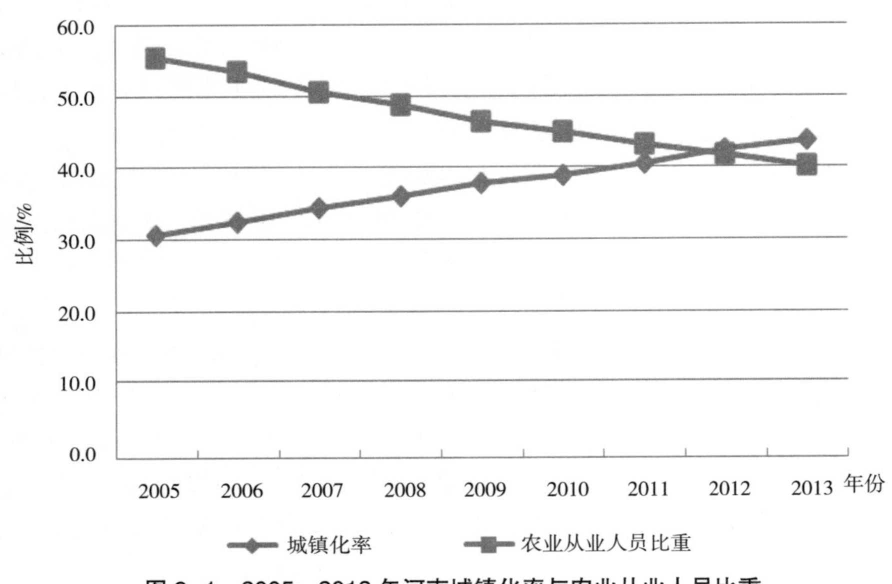

图 2-1　2005—2013 年河南城镇化率与农业从业人员比重

（2）农村劳动力转移人数稳步增加，就近转移比例不断提高　如表 2-1 所示，2014 年河南农村劳动力转移共计 2 741 万人，省内转移 1 589 万人，占 57.97%，省外输出 1 152 万人，占 42.03%，2008—2014 年农村劳动力转移人数不断增加，平均每年新增转移劳动力近 100 万人，且从 2011 年开始省内转移人数开始超过省外输出人数，劳动力省内就近转移比重呈现增加趋势，另据统计部门的相关报告显示，2014 年河南农村劳动力选择在本地（本县、本市）就业比例为 38.1%，比 2013 年增加 7.8 个百分点，农村剩余劳动力转移加速向本地回流，就业本地化趋势更加明显，预计未来河南农村劳动力省内转移人数和比重将会稳步增加。

表 2-1　2008—2014 年河南农村劳动力转移人数及分布　　（单位：万人）

年份	转移人数	省内转移	省外输出	新增转移人数
2008	2 155	946	1 209	215
2009	2 258	1 020	1 238	103
2010	2 363	1 142	1 221	105
2011	2 465	1 268	1 197	102
2012	2 570	1 451	1 119	105
2013	2 660	1 523	1 137	90
2014	2 741	1 589	1 152	81

（3）农村劳动力转移速度呈放缓趋势　如表 2-1 所示，近年来河南农村劳动力转移总量呈不断上升趋势，每年新增转移人数呈不断下降趋势，2008 年新增转移人数 215 万人，2009—2012 年新增转移人数维持在 100 万人，2013 年和 2014 年则分别下降为 90 万人和 81 万人，随着我国经济发展进入“新常态”，由高速增长转为中高速增长，将会对就业环境带来一定影响，加上劳动力年龄人口数量不断下降以及劳动力年龄人口的老龄化等因素影响，河南农村劳动力转移的速度也将会放缓。同时，经济结构的调整升级对劳动力技能要求也会相应提高，进一步加大农村剩余劳动力转移压力。

2. 农业可持续发展面临的劳动力资源问题

（1）农业劳动生产率偏低　农业劳动生产率是衡量农业劳动者生产效率的关键指标，通过农业劳动生产率可以反映出农业劳动力资源的综合利用效率，提高农业劳动生产率是农业现代化和农业可持续发展追求的主要目标之一。总体上来看，近年来河南农业劳动生产率虽然得以不断提高，但与全国水平相比存在较大差距，并且表现出差距不断扩大的变化趋势。如图 2-2 所示，河南农业劳动生产率自 2000 年以来整体上呈快速增长趋势，2013 年，河南省农业劳动生产率 15 638 元 / 人，相比 2000 年的 3 382 元 / 人，增长了 362.38%。但与全国平均水平相比差距明显，2013 年全国平均农业劳动生产率为 23 564 元 / 人，比河南高出 50.69%，而 2000 年这一差距仅为 22.60%，自 2007 年以来河南与全国平均水平之间的差距呈现逐年扩大的趋势。

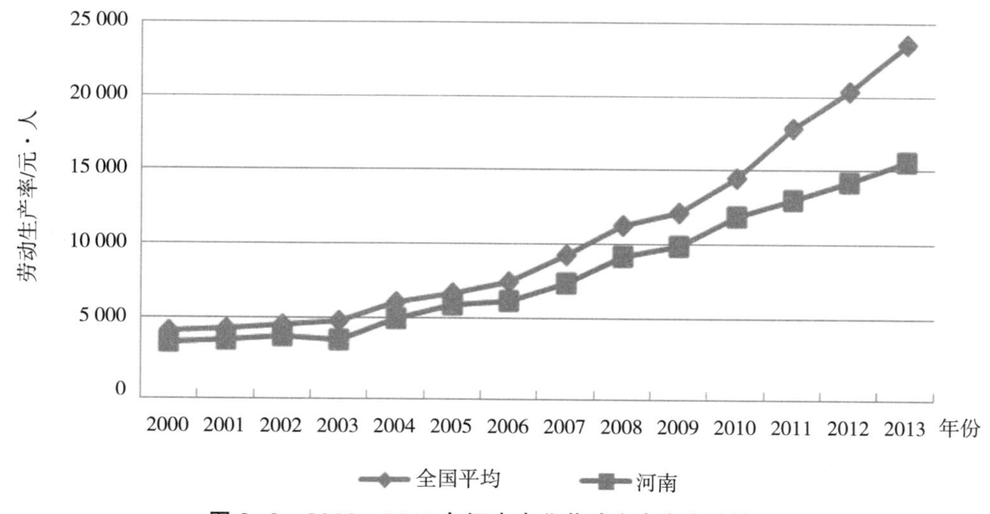

图 2-2　2000—2013 年河南农业劳动生产率变动情况

(2) 农业劳动力年龄结构老化　一方面，随着我国进入老年龄化社会，农业劳动力不可避免地也将受到影响，这是由整体就业年龄结构变化带来的负面作用；另一方面，随着河南城镇化和工业化进入快速推进阶段，农村劳动力转移过程中，大批农村青壮年劳动力向比较利益相对较高的二三产业流动，农业劳动力中中老年人员比重较大，青年劳动力的农业就业意愿偏低，这进一步加剧了农业劳动力年龄结构老化的趋势。农业劳动力结构老化趋势必然会造成农业劳动力的结构性短缺问题，从而会对河南农业可持续发展带来不利影响。如何提高青年劳动力的农业就业意愿，改善和优化农业劳动力结构，这是河南农业可持续发展面临的劳动力资源问题之一。

(3) 农业劳动力素质偏低　除农业劳动力年龄结构老化外，农业劳动力素质偏低，也是河南农业可持续发展面临的农业劳动力资源问题之一。首先，是农业劳动力受教育程度不高，据统计，2012 年河南 15 岁及以上乡村人口平均受教育年限为 8.08 年，男性人口 8.51 年，女性人口 7.67 年，受教育水平大致相当于初中程度，整体文化水平较低；其次，是具有新理念、新技能的新型职业农民数量不多，虽然近年来河南在培育新型职业农民方面取得了不小成效，但新型职业农民培育工作尚处于起步阶段，受过专业技能培训的农民比例较低，新型职业农民的规模相对偏小。

(二) 农业科技

近年来，河南农业科技上取得很大进展，但农业科技进步贡献率仍相对较低，农业科技投入不足，科研、推广与应用之间存在脱节。

1. 农业科技发展现状及特点

(1) 重大农业科技研发、科技专项取得显著成效　良种在农业增产中的科技贡献率达 40% 以上。近年来，河南省农业科技成果获得国家科技进步一等奖 4 项，二等奖 15 项，“郑单 958”连续 11 年居全国种植面积第一位，“浚单 20”累计推广种植面积 2.6 亿亩，是我国第二大玉米品种，“郑麦 9023”“矮抗 58”先后成为我国第一大小麦种植品种，全省累计通过审定的主要粮食作物新品种（系）260 个，小麦、玉米品种选育水平居全国前列。

(2) 现代农业技术创新平台建设不断完善　河南省 2010 年启动实施现代农业产业技术体系建设，整合农业科技资源，建立协同创新机制，开展了小麦、玉米、大宗蔬菜等 11 个农产品产业技术体系建设。目前已组建产业技术创新战略联盟 20 家，其中，国家级 5 家、省级 15 家。加强农业领域工程技术研究中心建设，现代农业领域省级以上企业技术中心 37 家，省级以上工程实验室和工程研究中心 26 家，其中，国家级企业技术中心 6 家。农业领域国家重点实验室建设实现新突破，在建或拟建的国家级工程实验室 6 个，建成农业部农产品质量监督检测检验中心等 60 多个国家及省级科研创新平台。

(3) 企业为主体的现代种业科技创新体系逐步建立　启动实施粮食作物种业企业育繁推一体化工程，择优培育了一批对产业发展具有示范带动作用的现代种业企业。2012 年，秋乐种业等 4 家企业获得了国家发展改革委员会、财政部、农业部的生物育种能力建设与产业化专项资金 4 200 万元，2013 年继续列入国家企业创新能力建设滚动支持计划。河南种业企业被农业部评为 3A 级种子企业 9 家、中国种业信用骨干企业 6 家。

(4) 科技成果转化及基层农技推广体系不断完善　以示范为主的科技成果转化推广体系稳步推进，“十一五”以来，建立各类科技成果示范基地 1 400 余个，推广新品种 150 余个、新技术 200 余项。以基层农技推广站为主的基层农技推广体系逐步完善，2011 年以来，共投入 4.65 亿元资金用于基层农技站建设，结合高标准粮田建设“百千万”工程，规划建设了 1 030 个基层农技推广站，基层农技推广补助项目覆盖122个农业大县、4.36万个行政村，基本实现了全覆盖。农业科技园园区建设稳步推进，建立国家级农业科技园区4家、省级农业科技园区25家。

(5) 农业信息化建设步伐加快　通过重点开展农村信息化示范工程建设，开发服务粮食生产等涉农信息系统近30个，取得了良好效果。依托河南农业信息网及河南省农业科学院、河南农业大学、省科技情报所的科技信息系统，初步建立了河南现代农业科技情报及应用信息体系。

(6) 农业科技创新人才团队进一步强化　建立了以杰出青年、杰出人才、中原学者、院士为梯队的农业科技人才培养和创新团队体系，培养中国工程院院士1名、中原学者31人，建立科技创新团队268个。

2. 农业可持续发展面临的农业科技问题

(1) 农业科技投入总量不足，政府对农业科研的投资强度较低　农业作为基础性和弱势产业，农业科技具有更强的公共品属性，河南农业科研投入在公共财政支出中的应有地位没有体现。2013年河南农业科技投资占农业生产总值比例为0.40%左右，与全国平均水平的0.55%相比，相对偏低，与世界平均水平的1.5%相比，更是存在很大差距，这一农业科技投入水平与河南农业大省的地位极不相符。另外，与国内经济发达的省份以及发达国家相比，河南农业科技成果转化投资也明显不足，农业科技成果转化环节较为薄弱，导致大量农业科技成果因缺乏资金支持而无法转化为现实生产力。

(2) 农业科研管理机制不完善，农业科研系统内部协作不够　河南现行农业科技创新体系在项目下达和管理上分属多个部门和单位，各创新平台之间相互独立，协调性较差，项目稳定支持比例较低，无法确保科研成果水平和研究经费使用效益，省、市农业科研院隶属不同行政区域，资源整合存在很大困难，科研资源和科研活动效率低下。

(3) 农业科研、推广与应用存在脱节　一方面表现在农业科技供给与需求脱节，农业科技的研发和推广往往忽视农民多样化需求，农民在农业科技应用上处于被动接受地位，这导致农业科技成果不能得到有效发挥，农民的实际需求不能得到有效满足。另一方面表现在农民素质偏低、农户经营规模偏小制约了农民采用新技术的能力，农民受教育程度不高，科技意识不强，导致文化素质和科技素质低下，采用新技术的意愿较低，而户均经营规模狭小，经营分散，同样给农业新技术的应用造成障碍，限制了农户对农业科技的需求。

（三）农业化学品投入

河南农业化学品投入逐年增长，虽增速近年来有所放缓，但总量投入过度，利用效率低下，农业生产对化肥和农药的依赖性较强，对农业生态环境形成较大压力。

1. 农业化学品投入现状及特点

(1) 化肥　首先，化肥施用量过高。2013年，河南化肥施用量共计696.37万t，单位耕地面积施用量853.73kg/hm^2，同期全国平均水平为436.67kg/hm^2，河南单位耕地面积化肥施用量是全国平均水平的1.96倍，而国际公认的单位耕地面积化肥施用量标准为225kg/hm^2，可以看出河南化肥施用量整体水平过高。其次，化肥有效利用率低。由于施用方式不科学，主要以表施、撒施为主，养分流失严重，豫西、豫南的山区丘陵地带尤为严重，氮肥当季利用率仅为30%~40%，磷肥为10%~20%，钾肥为35%~50%。大量未被利用的化肥通过径流、淋溶、硝化与反硝化等方式污染了地表水、空气等生态环境。最后，施用结构不合理。化肥投入量过大，有机肥施用量小，有机和无机比例不平衡；肥料资源配备不合理，过量施用氮肥和磷肥；化学肥料品种以复合肥和尿素为主，新型肥料如缓控释肥、聚能网尿素、腐植酸尿素、硫基尿素等应用较少。

（2）农药　首先，农药用量过度，利用率低。2013 年河南农药使用量 13.01 万 t，单位耕地面积使用量 15.95kg/hm²，远高于发达国家的农药用量水平，如美国为 1.5kg/hm²，欧洲为 1.9kg/hm²。农药用量过度的直接原因是农药利用率低，河南农药利用率仅为 20%~30%，平均约有 80% 的农药直接进入环境。其次，农药使用技术落后，安全意识差。农药用法和用量不科学，施药过程不规范，用药剂量和次数不断增加，传统的氨基甲酸酯类和无机类农药销售呈下降趋势，而有机磷杀虫剂类农药产量大幅度增加，农民缺乏农药安全施用知识，滥用乱用高毒剧毒农药。

（3）农膜　首先，农膜用量迅速增加。2013 年河南农膜用量 16.78 万 t，比 2000 年的 9.19 万t 增加了 82.59%。其次，农膜回收利用率较低，可降解农膜比例小。当前农户普遍使用的农膜不易降解，大量农膜残存在农田未能被回收利用，可降解农膜仅占 10% 左右。

2. 农业对化学品投入的依赖性分析

（1）化肥、农药总投入及单位播种面积投入情况　首先，河南农业生产中化肥施用量虽然仍逐年增长，但增长速度近年来有所放缓。如图 2-3 所示，河南化肥总施用量和单位播种面积施用量总体均呈现不断增加的趋势，2013 年化肥总施用量和单位播种面积化肥施用量分别为 696.37 万t 和 486.17kg/hm²，分别比 2000 年增长了 65.52% 和 51.81%，从增长速度上来看，2000—2008 年呈较高速度增长，2008 年以后增长速度呈放缓趋势。

其次，与化肥投入情况相似，河南农业生产中农药用量也呈现逐年增长态势，但增长速度近年来有所放缓，并且相对化肥投入，农药投入量近年来的增长速度相对较低。如图 2-4 所示，河南农药总用量和单位播种面积农药用量总体均呈现不断增加的趋势，2013 年农药总用量和单位播种面积农药用量分别为 13.01 万 t 和 9.08kg/hm²，分别比 2000 年增长了 36.23% 和 24.94%，相对化肥投入的增长情况，农药用量的增长幅度相对较低，另外，从增长速度上来看，与化肥投入类似，2000—2008 年呈较高速度增长，2008 年以后增长速度呈放缓趋势。

（2）粮食产量与化肥、农药投入情况　如图 2-4 所示，每生产一单位粮食所投入的化肥量呈现一定的增长趋势，每生产一单位粮食所投入的农药量则没有明显的增长趋势。计算粮食产量与化肥施用量、农药用量的相关系数，分别为 0.94 和 0.96，表明化肥、农药投入量均与粮食产量之间

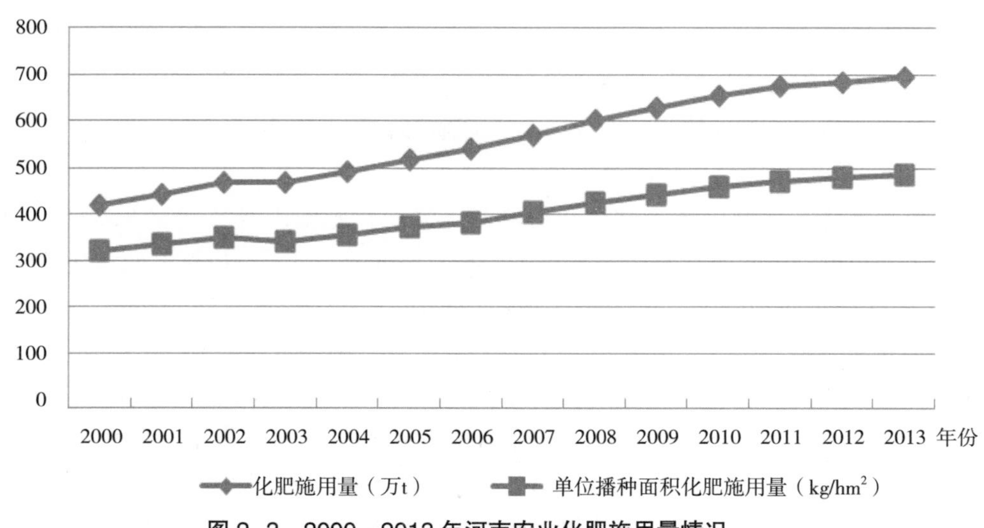

图 2-3　2000—2013 年河南农业化肥施用量情况

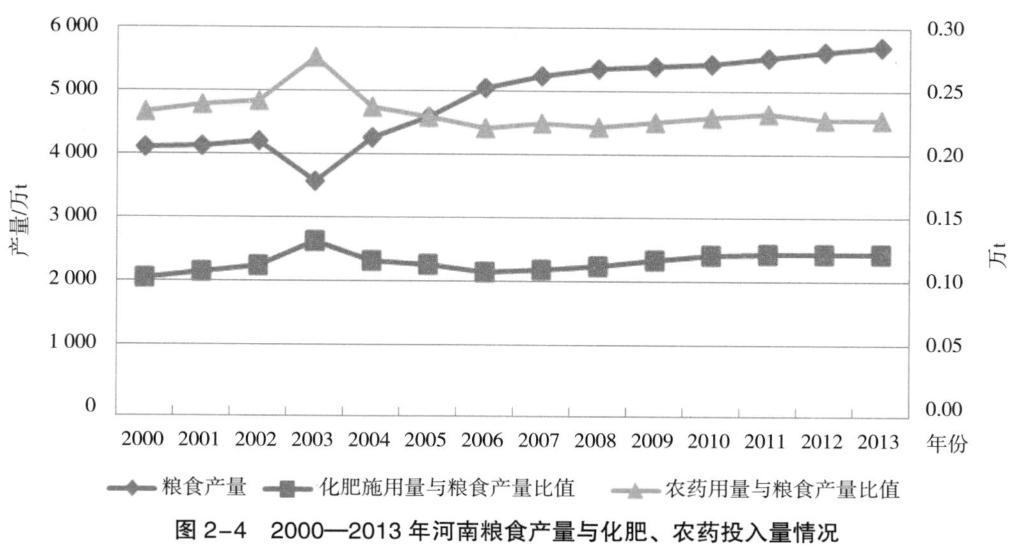

图 2-4　2000—2013 年河南粮食产量与化肥、农药投入量情况

有很强的正相关性，但通过计算粮食产量年增加量与化肥施用量年增加量、农药用量年增加量，得到相关系数分别为 0.62 和 0.67，这说明粮食产量增长与化肥、农药投入增长之间没有明显的相关性。这表明，河南粮食产量与化肥、农药投入量存在密切关系，但粮食产量的增长与化肥、农药投入量增长没有必然关联，这可以看作粮食生产中化肥和农药投入过度的一个证据。

通过上述分析可以看出，河南农业生产对化肥、农药具有较强的依赖性，化肥、农药投入总量不断增长，但近年来增长趋势有放缓趋势，并且河南粮食增产与化肥、农药投入量的增长之间不存在明显相关。

三、河南省农业发展可持续性分析

自然资源环境条件和社会资源条件是影响河南农业可持续发展的重要基础，在不同的自然资源条件和社会资源条件的约束下，不同区域的农业可持续发展状况会存在一定差异。本部分主要利用课题组搜集到的分县（市）的河南省农业可持续发展研究基础数据，构建农业可持续发展综合评价指标体系，通过多指标综合评价法，对河南各县（市）农业可持续发展进行评价。

（一）农业可持续性评价指标体系的构建

如表 3-1 所示，指标体系涵盖了农业可持续发展的 3 个方面：生态可持续性、经济可持续性以及社会可持续性。生态可持续性指标包括农村人口人均耕地面积、土壤有机质含量、土壤重金属污染比例、自然灾害成灾率等，共计 15 项指标；经济可持续性包括农业劳动生产率、农业土地生产率、农产品加工转化率以及农产品商品率等 4 项指标；社会可持续性包括人均粮食占有量、人均肉类占有量以及国家农业政策支持力度等，共计 6 项指标。各项指标数值均来自课题组对河南各县（市）的调查，相关指标数据时间节点均为 2012 年，部分数据为原始调查数据，部分数据为依据原始调查数据进行计算的结果。

表 3-1 农业可持续性评价指标体系

指标		指标解释	单位
生态可持续	农村人口人均耕地面积（X_1）	耕地面积 / 乡村总人口	亩 / 人
	土壤有机质含量（X_2）		%
	土壤重金属污染比例（X_3）	土壤重金属污染面积 / 土地总面积	%
	V 类水质以上河段比例（X_4）		%
	耕地亩均农业水资源量（X_5）	农业水资源量 / 耕地面积	m^3/ 亩
	水资源开发利用率（X_6）	区域用水量 / 水资源总量	%
	农田旱涝保收率（X_7）	旱涝保收面积 / 耕地面积	%
	单位耕地面积化肥施用量（X_8）	化肥用量 / 耕地面积	t/ 亩
	单位耕地面积农药用量（X_9）	农药用量 / 耕地面积	t/ 亩
	农膜回收率（X_{10}）	有效回收农膜耕地面积 / 总覆膜耕地面积	%
	水土流失面积比重（X_{11}）	水土流失面积 / 国土面积	
	秸秆综合利用率（X_{12}）	秸秆实际用量 / 可利用总量	%
	规模化养殖废弃物综合利用率（X_{13}）	规模化养殖废弃物实际利用量 / 可利用总量	%
	林草覆盖率（X_{14}）	林地面积和草地面积 / 土地总面积	%
	自然灾害成灾率（X_{15}）	农业自然灾害成灾面积 / 总播种面积	%
经济可持续	农业劳动生产率（X_{16}）	农林牧渔业总产值 / 农林牧渔业劳动力	元 / 人
	农业土地生产率（X_{17}）	农林牧渔业总产值 / 耕地面积	元 / 亩
	农产品加工转化率（X_{18}）	农产品加工量 / 农业总产量	%
	农产品商品率（X_{19}）	生产者出售的农产品收入 / 农业总产值	%
社会可持续	人均粮食占有量（X_{20}）	粮食总产量 / 总人口	t / 人
	人均肉类占有量（X_{21}）	肉类总产量 / 总人口	t / 人
	农业科技进步贡献率（X_{22}）		%
	农业劳动力中初中以上文化水平比例（X_{23}）		%
	农业技术人才比重（X_{24}）	农业科技人员数 / 乡村劳动力	个 / 万人
	国家农业政策支持力度（X_{25}）	农业财政投入 / 地区生产总值	

（二）农业发展可持续性评价方法

对河南农业可持续性评价是基于多指标的综合评价，属于多指标综合评价。对于多指标综合评价，学术界比较常用的方法有主成分分析法、熵值法、层次分析法、专家赋权法等。不同评价方法的差别主要集中在指标权重的确定方面，其中主成分分析法和熵值法在权重确定方面相对客观，而层次分析法和专家赋权法主观性较强，在指标权重确定方面主要依赖专家经验，评价过程易受评价者主观干预，使评价结果产生偏差。相对主成分分析法而言，熵值法对样本数据变异程度依赖较强，且缺乏各项指标之间的横向比较。而主成分分析法能将高维空间问题转化为低维空间处理，评价过程中自动生成各主成分权重，能够较好地保证评价结果的客观性，如实反映实际问题。因此，本研究选取主成分分析法。

（三）农业发展可持续性评价

根据指标权重的确定和主成分分析法综合主成分值的计算公式，得出河南各县（市）农业可持续发展的综合主成分值，以及各县（市）的排名情况，具体见表3-2。由于县（市）个数较多，为便于以省辖市为单位进行后续分析，综合主成分值及排名表仍以省辖市一般顺序排列。

根据可持续性评价结果来看，河南各县（市）中焦作地区整体可持续性最好，与焦作毗邻的济源和新乡地区次之，紧接着是安阳、鹤壁地区，以及与之毗邻的濮阳地区的多数县（市），这些可持续性较好的地区均位于黄河以北的豫北地区；许昌、漯河以及平顶山部分地区农业可持续性相对较好，大体处于中游偏上水平，开封、商丘、周口、信阳、郑州等地区多数县（市）农业可持续性处于中下游水平，洛阳、三门峡、南阳、驻马店等地区多数县（市）农业可持续性处于下游水平。从各省辖市内部来看，各县（市）可持续性同样存在差异，并且也同样表现出一定程度上地理位置的差异。

从表3-2可以看出，河南各县（市）农业可持续性表现出明显的地域上的差异，大体上来说，豫北地区总体情况较好，许昌、漯河、周口、开封、商丘等中东部地区其次，而南部的驻马店、西部的洛阳、三门峡等地农业可持续性较差，同一省辖市的不同县（市）之间也表现出明显的差异，这是农业可持续性受自然资源环境条件和社会资源环境条件共同作用的结果。虽然如此，但南阳各县（市）农业可持续性表现出了巨大差异，西峡、新野农业可持续性明显优于其余县（市），这在一定程度上说明，立足实际，通过转变农业发展方式，以发展特色农业和培育龙头企业等现代农业理念为引领，可以有效提升区域农业的可持续性。

表3-2　综合主成分值及排名

县（市）	得分	排名	县（市）	得分	排名	县（市）	得分	排名	县（市）	得分	排名
巩义	−0.717	93	汤阴	0.806	13	襄城	0.656	19	潢川	0.037	51
荥阳	−0.093	60	滑县	−0.074	58	舞阳	0.253	38	光山	−0.619	89
新密	−0.258	72	内黄	0.331	33	临颍	0.232	39	固始	−0.156	65
新郑	−0.268	73	浚县	0.152	45	义马	−0.346	76	商城	0.001	54
登封	−0.940	97	淇县	0.397	30	灵宝	−0.017	55	罗山	−0.414	79
中牟	0.322	34	卫辉	0.892	10	渑池	−1.024	100	新县	−0.199	67
杞县	0.810	12	辉县	0.945	8	陕县	−0.512	85	项城	−0.044	56
通许	0.617	20	新乡	2.433	2	卢氏	−1.217	103	扶沟	−0.715	92
尉氏	−0.133	63	获嘉	0.774	16	邓州	0.146	46	西华	0.190	41
开封	0.309	35	原阳	−0.257	70	南召	−1.057	101	商水	−0.305	75
兰考	0.184	42	延津	0.282	36	方城	−1.296	107	太康	−0.415	80
偃师	0.180	43	封丘	0.527	24	西峡	0.796	14	鹿邑	0.085	47
孟津	−0.140	64	长垣	0.074	48	镇平	−0.050	57	郸城	−0.503	84
新安	−0.408	78	孟州	1.485	3	内乡	−0.963	99	淮阳	0.442	27
栾川	−0.516	86	沁阳	1.073	6	淅川	−1.335	108	沈丘	0.368	31
嵩县	−0.549	88	修武	1.121	5	社旗	−0.207	68	确山	−1.242	105
汝阳	0.342	32	博爱	2.922	1	唐河	−0.458	81	泌阳	−1.219	104
宜阳	−0.212	69	武陟	1.130	4	新野	0.698	18	遂平	−0.112	62
洛宁	−1.424	109	温县	0.895	9	桐柏	−0.490	83	西平	0.530	23

（续表）

县（市）	得分	排名	县（市）	得分	排名	县（市）	得分	排名	县（市）	得分	排名
伊川	−0.077	59	清丰	0.547	22	永城	0.015	52	上蔡	−0.762	94
汝州	0.713	17	南乐	0.951	7	虞城	0.415	28	汝南	−0.947	98
舞钢	−0.257	71	范县	−0.109	61	民权	0.175	44	平舆	−0.477	82
宝丰	0.592	21	台前	−1.208	102	宁陵	0.073	49	新蔡	−0.644	90
叶县	−0.527	87	濮阳	0.775	15	睢县	0.486	26	正阳	−0.910	96
鲁山	−0.703	91	禹州	−0.190	66	夏邑	−0.287	74	济源	0.512	25
郏县	−0.357	77	长葛	0.875	11	柘城	0.058	50			
林州	0.012	53	许昌	0.255	37	息县	−1.257	106			
安阳	0.200	40	鄢陵	0.415	29	淮滨	−0.889	95			

四、河南省农业可持续发展的适度规模分析

农业可持续发展要求农业生产活动规模与农业资源环境承载能力相适应，一定的技术经济条件下，农业生产活动规模要限定在农业资源环境承载能力范围之内，超出农业资源环境承载范围，盲目追求农业经济生产功能的农业生产活动必然给其所依赖的资源环境条件带来负面影响，经济效益、社会效益和生态效益将不能得以协调一致，从而农业可持续发展将陷入困境。本部分在第三部分分县（市）农业可持续性评价的基础上，进一步从农业资源开发利用强度出发，对河南农业整体可持续性状况进行分析，并对现有技术经济条件下，河南农业合理生产活动规模进行探讨。

（一）河南农业资源合理开发强度分析

农业生产活动规模在很大程度上是农业资源开发强度的综合反映，农业资源为农业生产活动提供承载力，农业生产活动规模与农业资源承载可以看作是需求与供给关系，农业生产活动规模过小，则农业资源没有得到应有的合理开发，经济效益和社会效益得不到满足，农业生产活动规模过大，则农业资源被过度开发利用，生态效益丧失，经济效益和社会效益也会随之受到影响。因此，为追求生态效益、经济效益和社会效益相协调的农业可持续发展目标，农业生产活动规模与农业资源承载需要达到需求与供给的均衡状态，至少农业生产活动规模不能突破农业资源环境承载的极限。所以，探讨河南农业可持续发展的适度规模分析需要建立在对河南农业资源合理开发强度分析的基础上。

关于农业资源合理开发强度分析，也即农业资源承载力分析，学术界比较常用的分析方法是生态足迹法，该方法可以通过量化生产消费利用的资源，以及消纳废弃物所需的资源，比较资源的需求量与供给量，判断区域可持续发展状况，为测度区域可持续发展提供了一个新的审视角度。本文即选取生态足迹法对河南农业资源开发强度进行分析。

河南农业生态足迹计算时，按生物生产土地类型的不同，将生物资源项目分为耕地、草地、林地和水域四大类。其中耕地类型包括粮食作物、经济作物以及猪肉、禽肉、蛋类等，草地类型包括牛羊肉、奶类、羊绒以及羊毛，林地类型包括蜂蜜、蚕茧、食用坚果、木材等，水域类型包括水产品。这里需要指出的是，相关文献的生态足迹模型计算中，通常将动物性产品的生产全部划分为草地类型，本文则将动物性产品按耗粮型和节粮型区别对待，将猪肉、禽肉和蛋类生产土地类型归为

耕地，将牛羊肉、奶类生产归为草地类型。虽然从河南畜牧生产实际来看，牛羊肉及奶类生产的饲草原料有相当大比例也来自于耕地，但鉴于生态足迹模型计算过程中需要明确区分不同土地生产类型，因此本文仍将节粮型畜牧业生产归为草地类型，虽然这一划分会使草地生态足迹需求计算结果夸大。

表 4-1 显示了河南农业人均生态足迹需求，2013 年河南农业人均生态足迹需求为 0.824 3hm²/人，从不同土地类型生态足迹需求方面来看，耕地人均生态足迹需求是河南人均农业生态足迹需求的最主要部分，比重为 86.72%，其次为草地和林地，比重分别为 5.90% 和 4.85%，水域生态足迹需求最低，比重为 2.58%。

表 4-1　河南农业人均生态足迹需求

土地类型	人均面积（hm²/ 人）	均衡因子	均衡面积（hm²/ 人）
耕地	0.255 3	2.8	0.714 8
林地	0.036 4	1.1	0.040 0
草地	0.096 5	0.5	0.048 3
水域	0.106 4	0.2	0.021 3
人均生态足迹			0.824 3

表 4-2 显示了河南农业人均生态承载力，2013 年河南农业人均生态承载力为 0.391 4hm²/ 人，仅为人均生态足迹需求的 47.48%，人均生态赤字达到 0.432 9hm²/ 人。这说明河南农业生态足迹需求已经突破并大大超过农业生态承载力的支撑能力，河南农业的生产和生活消费给农业生态系统造成了非常大的压力，也就是说当前河南农业处于不可持续状态。这里需要指出的是，计算生态需求时，粮食、肉类等人均消费量为家庭人均购买量，由于户外消费数据难以获取，没有将其纳入考虑，故实际生态足迹需求以及生态赤字要比计算结果还要大。而从不同土地类型内部来看，产生生态赤字最为严重的是耕地，占全部生态赤字的 82.05%，其次是草地，占全部生态赤字的 11.02%，而林地和水域虽然也存在生态赤字，但程度较为轻微。如前所述，草地类型生态足迹需求计算中牛羊肉和奶类生产资源相当大比例来源于耕地生产的秸秆、饲草和精饲料，所以，草地生态赤字相对实际情况有所夸大，而耕地生态赤字相对实际情况有所缩小，也就说是河南当前耕地的生态赤字比计算结果还要严重。

表 4-2　河南农业人均生态承载力

土地类型	总面积（hm²）	人均面积（hm²/ 人）	均衡因子	产量因子	均衡面积（hm²/ 人）
耕地	8 192 000	0.087 0	2.8	1.66	0.404 5
林地	3 506 667	0.037 3	1.1	0.91	0.037 3
草地	680 000	0.007 2	0.5	0.19	0.000 7
水域	1 054 000	0.011 2	0.2	1.00	0.002 2
人均生态承载力					0.444 7
减去生物多样性保护面积（12%）					0.053 4
可利用的人均生态承载力					0.391 4

这里需要进一步指出的是，生态足迹模型有其弊端，如将不同消费项目简单地划归为某一生产土地类型，也即其土地功能“空间互斥性”假设，这与现实中土地功能多样性并不符合，这一方面会导致生态承载力计算结果偏低，另一方面也不能精确计算某些消费项目的生态足迹需求。虽然如此，生态足迹模型的计算结果仍然能够为区域可持续发展状况判断提供一个有价值的参考依据，可以大致反映出某一区域的可持续发展状态。

就本文生态足迹模型计算结果来看，生态足迹需求明显大于生态承载力，生态赤字严重，因此，可以作出河南农业发展处于不可持续状态的结论。河南农业的不可持续的原因在于两个方面，一是人口压力过大，二是土地资源、尤其是耕地资源相对短缺。提高河南农业可持续性一方面需要生产方式的转变，通过改善农业生态条件，推广先进的农业生产技术，高效利用土地资源，另一方面需要消费方式的转变，逐步建立节约型的消费观念和行为模式。

（二）种植业适度规模分析

种植业结构及其变动受多方面因素影响，一是水资源、土地、气候等自然资源环境条件，这是影响区域种植业结构形成的基础因素，种植业结构的调整及优化只能在自然资源环境条件所能提供的范围内进行；二是劳动力资源、农民收入、市场需求等社会条件因素，种植业结构的变动中受社会条件因素的影响更为明显，农户种植决策从根本上说是由自身特征和市场供需状况来决定的；三是政策因素，农业作为基础性产业，农产品作为最基本的生活消费品，其生产和市场状况必然受政府政策干预的影响。农业可持续发展目标下的种植业及养殖业适度规模是生态可持续、经济可持续和社会可持续的协调一致，一方面，种植业和养殖业结构调整要有利于农业生态环境的改善和资源利用率的提高，另一方面，要有利于农民收入的提高和农产品市场供求的稳定。

本文第一部分和第二部分分别就河南农业自然资源环境条件和社会资源条件进行了分析，在此基础上，下面对河南农业种植业适度规模进行分析。

1. 河南种植业结构及变动情况

（1）主要农作物播种面积情况　首先，主要粮食作物。2013 年，河南农作物总播种面积 14 323.54 千 hm^2，近年来农作物总播种面积不断增加，但增加幅度不大，相对 2007 年河南农作物播种面积增加了 1.67%，其中，粮食作物播种面积增加了 6.48%，小麦、玉米、水稻三大粮食作物播种面积呈现不同程度的增长，玉米播种面积增长幅度相对较大。如图 –1 所示，小麦和稻谷播种面积自 2007 年以来增长幅度比较缓慢，2013 年河南小麦和稻谷播种面积分别为 5 366.66 千 hm^2 和 641.33 千 hm^2，相对 2007 年分别增加了 2.94% 和 7.08%，玉米播种面积为 3 203.33 千 hm^2，增加了 15.26%，表现出较快的增长态势。其他粮食作物中，豆类播种面积 503.78 千 hm^2，相对 2007 年下降了 4.13%，红薯播种面积 301.92 千 hm^2，相对 2007 年增加了 7.83%。

其次，主要经济作物。主要经济作物播种面积中，除棉花播种面积大幅下降外，其余经济作物播种面积均表现出不同程度的增长趋势。如图 4–2 所示，2013 年河南棉花播种面积 186.67 千hm^2，相对 2007 年下降了 73.33%，下降幅度非常明显。油料、蔬菜及食用菌、瓜果类播种面积分别为 1 589.93 千 hm^2、1 745.78 千 hm^2 和 336.39 千 hm^2，分别比 2007 年增加了 6.18%、3.40% 和 2.93%，增长幅度相对平缓。烟叶和中药材播种面积分别为 137.15 千 hm^2 和 121.20 千 hm^2，分别比 2007 年增加了 34.01% 和 25.47%，表现出了较快增长。

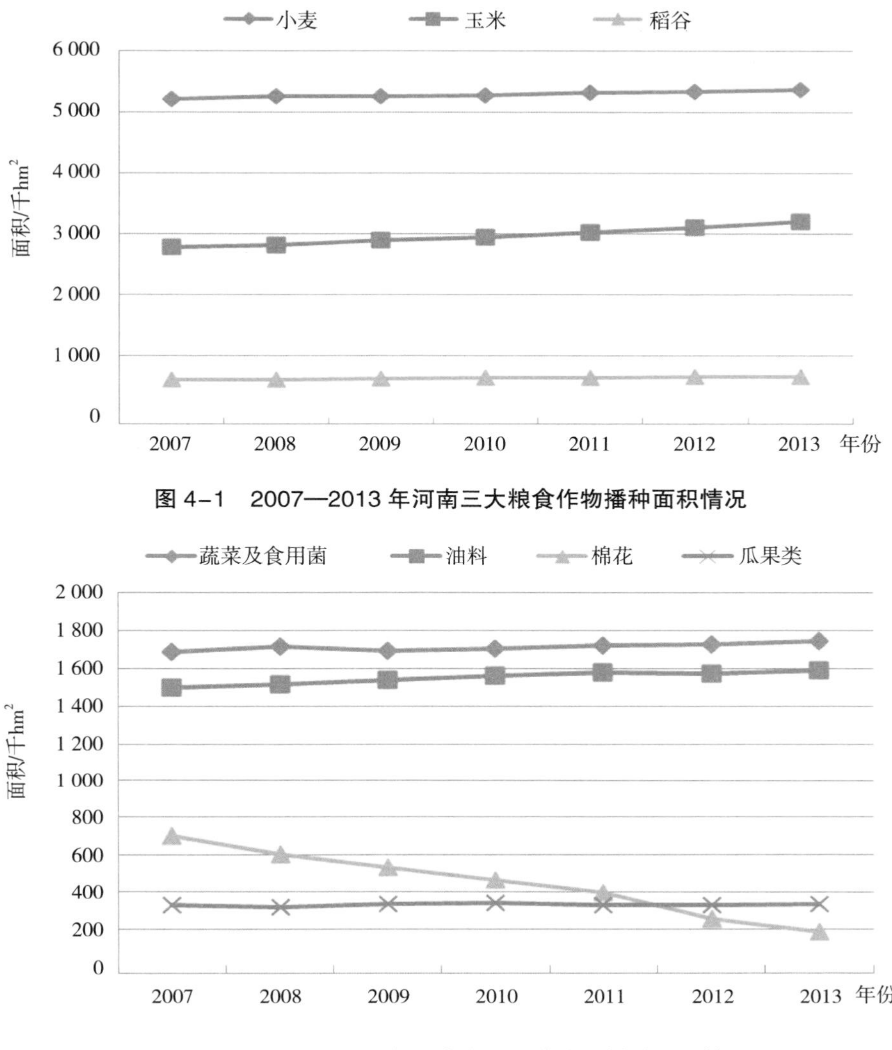

图 4-1　2007—2013 年河南三大粮食作物播种面积情况

图 4-2　2007—2013 年河南主要经济作物播种面积情况

（2）主要农作物种植结构情况　首先，从整体上来看，河南农作物种植结构相对稳定，粮食播种面积比重呈稳步小幅上升趋势，经济作物播种面积比重呈稳步小幅下降趋势。如表 4-3 所示，2013 年河南粮食作物和经济作物播种面积比重分别为 70.4% 和 29.6%，相对 2007 年分别上升和降低了 3.2 个百分点。

表 4-3　2007—2013 年河南主要农作物种植结构及变动情况　（单位：%）

年份		2007	2008	2009	2010	2011	2012	2013
粮食作物	小麦	37.0	37.1	37.1	37.1	37.3	37.4	37.5
	玉米	19.7	19.9	20.4	20.7	21.2	21.7	22.4
	稻谷	4.3	4.3	4.3	4.4	4.5	4.5	4.5
	豆类	3.7	3.9	3.7	3.6	3.5	3.6	3.5
	红薯	2.0	2.2	2.2	2.1	2.1	2.2	2.1
	共计	67.2	67.7	68.2	68.4	69.1	70.0	70.4

（续表）

年份		2007	2008	2009	2010	2011	2012	2013
经济作物	蔬菜及食用菌	12.0	12.1	11.9	12.0	12.1	12.1	12.2
	瓜果类	2.3	2.2	2.3	2.4	2.3	2.3	2.3
	油料	10.6	10.7	10.9	11.0	11.1	11.0	11.1
	棉花	5.0	4.3	3.8	3.3	2.8	1.8	1.3
	烟叶	0.7	0.8	0.9	0.9	0.9	0.9	1.0
	中草药材	0.7	0.8	0.8	0.9	0.9	0.9	0.8
	共计	32.8	32.3	31.8	31.6	30.9	30.0	29.6

其次，主要粮食作物种植结构中，玉米播种面积比重上升较为明显，从 2007 年的 19.7% 逐步上升到 2013 年的 22.4%，稻谷播种面积比重自 2010 年以后维持不变，为 4.5%，小麦播种面积比重自 2010 年后由 37.1% 小幅上升到 2013 年的 37.5%，豆类和薯类播种面积比重基本维持在 3.5% 和 2.1%，没有明显变动趋势。

第三，主要经济作物种植结构中，蔬菜及食用菌、油料播种面积比重相对较大，近年来没有明显变动趋势，基本维持在 12.1% 和 11.1% 的水平上，棉花播种面积比重下降较为明显，由 2007 年的 5% 下降为 2013 年的 1.3%，瓜果类、烟叶、中草药材等近三年基本维持不变。

从以上对河南主要农作物播种面积及种植结构变动的情况分析可以看出，河南农作物播种面积总体呈小幅度增加，种植结构基本维持稳定。主要粮食作物中，玉米播种面积增加较为明显，其他粮食作物种植面积及比重基本没有非常明显的变动，主要经济作物中，除棉花播种面积和比重有明显下降外，其余品种播种面积均有一定幅度的增加。

2. 河南种植业结构调整分析

（1）农作物播种面积　农作物播种面积首先受耕地面积与复种指数的直接影响，而决定某一地区复种指数的主要影响因素是热量、水分、土壤等自然条件，短期内这些影响因素不会有明显变化，所以影响农作物播种面积的关键在于耕地面积。从宏观经济环境上看，河南目前城镇化率只有 43.8%，低于全国平均水平近 10 个百分点，第二产业产值比重 55.4%，高于第三产业产值比重 23 个百分点，第一产业产值比重 12.6%，仍高于 10%，根据城市化和工业化阶段划分的相关标准，河南当前处于城市化的加速阶段，离城市化基本完成阶段的 70% 尚有很大差距，而工业化当前也处于中期阶段，未来河南城市化和工业化的持续推进将不可避免地挤占农业用地，因此，虽然近年来河南主要农作物播种面积表现出稳定的小幅增加趋势，预计未来河南主要农作物整体播种面积不会有明显增加，甚至随着城市化和工业化的不断发展，河南主要农作物整体播种面积可能会有所下降。

（2）粮食作物与经济作物种植结构　河南是农业大省和粮食大省，肩负着保障国家粮食安全的重任，不仅要解决本省人口的粮食消费问题，每年还要调出 200 亿 kg 以上的原粮及加工制成品。2013 年河南粮食产量 571.37 亿 kg，在资源环境约束趋紧的形势下实现了十连增，但与《河南粮食生产核心区建设规划（2008—2020）》制定的实现 2020 年粮食产量 650 亿 kg 的目标相比，尚有近 80 亿 kg 的增产任务，相当于 2014 年到 2020 年河南粮食年均增产 11.25 亿 kg 才能完成任务目标。而 2008—2013 年间河南粮食年均增加只有 7.81 亿 kg，如图 4-3 所示，只有 2008 年和 2011 年河

南粮食产量增量超过 10 亿 kg，可以看出，未来几年河南粮食生产面临较大压力，仍不能放松。根据 2014 年世界银行《中国经济简报》的预测，2012 年，我国人均粮食消费量为 445kg，预计 2020 年和 2030 年达到 479kg 和 491kg，粮食总需求由当前的 6 亿 t，预计 2020 年和 2030 年会达到 6.7 亿 t 和 7 亿 t，粮食产量的增长速度将远远低于需求的增速。河南作为粮食主产区在保障粮食供给方面承担重要责任，在农作物播种总面积不能明显增加的情况下，粮食作物种植面积及比重不能下降。虽然经济作物在带动农民增收方面作用较强，但综合考虑，预计河南经济作物种植比重将会继续有所下降，蔬菜、瓜果等种植比重的提高只能在经济作物内部结构中调整。

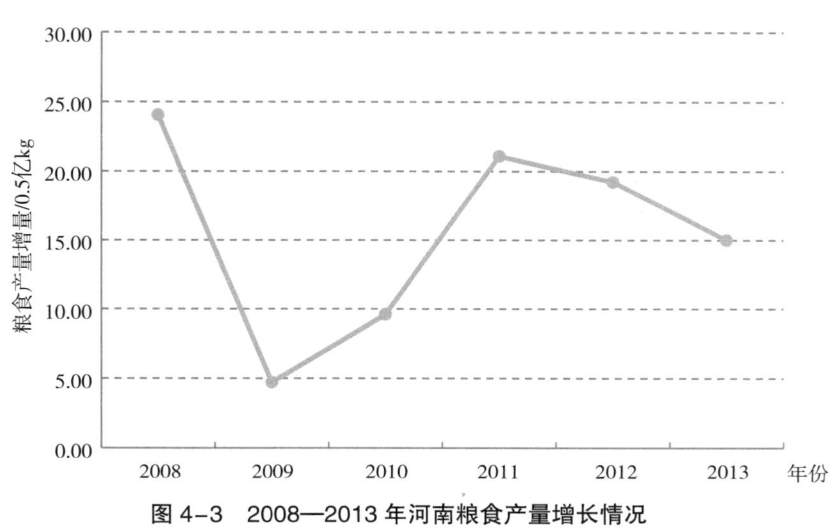

图 4-3　2008—2013 年河南粮食产量增长情况

（3）粮食作物内部结构　根据近年来河南主要粮食作物种植结构及变动情况，综合考虑河南粮食生产目标及政策环境，河南粮食增产潜力将主要有赖于玉米播种面积和产量的大幅提高。首先，小麦种植规模。河南小麦单产已经处于较高水平，2013 年亩产突破 400kg，位居全国第二位，预计到 2020 年小麦播种面积达到 8 300 万亩（1 亩 ≈ 667m^2，15 亩 ≈ 1hm^2），亩产提高到 425kg，总产有望达到 350 亿 kg，较 2013 年增产 27.5 亿 kg。其次，水稻、大豆等种植规模。受水资源约束，水稻面积和产量将基本保持不变。受人工成本、机械化程度、市场价格及宏观政策等因素影响，大豆、红薯、小杂粮等播种面积有缩小趋势，预计由目前的 1 300 万亩减至 1 000 万亩，而单产有所提高，总产基本保持稳定。最后，玉米种植规模。目前河南玉米平均亩产只有 374kg，尚低于全国平均水平的 401kg，增长潜力巨大，未来河南粮食产量的增长潜力将主要有赖于玉米单产和播种面积的增加，预计到 2020 年河南玉米播种面积增加 600 万亩，达到 5 400 万亩，平均亩产提高到 430kg。分区域来看，豫北五市的玉米亩产已经超过全国平均值 40kg 以上，处于较高水平，而豫西及豫西南丘陵旱作区受自然条件限制，增产潜力难以挖掘，未来玉米增长将主要依赖光热降水资源丰富、土壤条件较好的黄淮 4 市和南阳。

（三）养殖业适度规模分析

1. 河南主要畜禽产品存栏及变动情况

近年来河南主要畜禽产品存栏中，家禽和乳牛存栏量明显增长，羊存栏量表现出一定的下降趋势，肉牛存栏量波动情况较为明显，生猪存栏量保持稳定增长后有所下降。生猪存栏量在 2007—

2012 年之间逐年稳定增长，2013 年下降为 4426.7 万头，但仍位居全国第二位，肉牛存栏量在 2008—2011 年之间波动幅度较大，2011 年之后波动幅度趋缓，到 2013 年为 610.1 万头，同期乳牛存栏量保持稳定增长，2013 年存栏量 100.7 万头，比 2008 年增长了 40.27%，羊存栏量在 2008—2012 年之间持续下降，到 2013 年为 1 830.3 万只，比 2008 年下降了 10.19%，家禽存栏量增长比较明显，2013 年存栏量 68 100.2 万只，比 2008 年增长了 11.64%。

2. 河南养殖业结构调整分析

下面主要从饲料资源供给能力和畜禽粪污承载能力两个方面，对河南养殖业结构调整方向进行探讨。

（1）饲料资源　一是精饲料资源。总体来看，河南畜禽生产中本地供给精饲料能力不足，如 2012 年河南生猪出栏 5 711.3 万头，按常规出栏体重 100kg，综合料重比 3.2∶1，饲料中玉米成分 70% 粗略测算，仅生猪一个畜种就需要 1 200 万 t 以上的饲用玉米，约占河南玉米总产量的 73.12%，而作为蛋白饲料主要来源的大豆生产，2012 年河南豆类总产量仅为 78.13 万 t，可以说，不管是能量饲料还是蛋白饲料，河南本地的精饲料供给能力存在明显不足。

二是粗饲料资源。河南农作物秸秆资源丰富，粗饲料供给充足。参考中国农业大学谢光辉等对农作物秸秆系数的最新研究结论，按稻谷、小麦、玉米、豆类、红薯等主要粮食作物秸秆系数分别为 1、1.08、0.96、1.5、0.45，花生、油菜、芝麻等油料作物秸秆系数分别为 0.85、2.87、1.78，计算河南 2012 年主要粮食作物及油料作物产生秸秆共计 6 468.93 万 t，加上瓜果类等其他农作物秸秆，河南年产生可饲用秸秆 8 600 万 t，据测算目前全省牛羊消耗秸秆约 2 400 万 t，仅占可饲用秸秆总量的 28% 左右。根据河南出台的《农作物秸秆饲料化发展规划（2014—2020 年）》，预计到 2020 年河南秸秆饲料化利用量将达到 4 450 万 t，基本实现在目前基础上翻一番，可保障现有牛羊饲养量翻一番的粗饲料基本要求，节约饲料用粮 1 160 万 t。除丰富的秸秆资源外，河南还有天然草地 6 650 万亩、人工草场面积 320 万亩，为放牧和半放牧家畜提供饲草资源。

（2）环境承载能力　首先，从耕地承载畜禽粪污能力方面来看，河南养殖业发展整体空间充足，局部需要调整。根据河南畜牧部门的测算，按照环保部有关每亩土地年消纳粪便量不超过 5 头猪（出栏），200 只肉鸡（出栏）、50 只蛋鸡（存栏）、0.2 头肉牛（出栏）、0.4 头奶牛（存栏）的计算办法，2012 年河南共需消纳畜禽粪污耕地面积 4 698.95 万亩，占河南现有耕地面积 12 288 万亩的 38.24%，对能查到耕地面积的 160 个县（市）区进行统计分析，畜禽养殖量已经超过当地承载量的有 12 个县（区），剩余承载量不足 30% 的有 28 个县（区），可以看出整体上河南养殖业发展空间仍比较充足，只有部分地区承载过量。

其次，从畜禽粪便资源化利用方面来看，畜禽粪便的利用率不高。同全国大多数地区类似，河南畜禽粪便生产的有机肥主要用于蔬菜、花卉等经济作物种植，大田作物很少施用，这一方面受有机肥施肥所需劳动力较多，且往往需要农户具备专门的运输工具，经济效益较低等因素制约，另一方面与畜禽养殖场布局不合理，规模过大或场户过于集中，没有考虑畜禽粪便的有效消纳半径等有很大关系。

从以上对养殖业生产所需饲料资源供给及产生废弃物的环境承载能力来看，粗饲料资源和耕地承载能力，为河南养殖业进一步扩大发展规模提供很大空间，但精饲料资源供给不足在一定程度上会制约河南以生猪为主的耗粮型养殖业发展。有利于河南农业可持续发展的养殖业调整方向应该是提高牛羊等节粮型养殖业以及家禽养殖业比重。一方面，牛羊等节粮型养殖业可以充分利用河南丰富的饲用秸秆资源，节约河南本地供给不足的饲料用粮，家禽养殖业产生的废弃物相对易于商品化，运输消纳半径较大，且污水产生量很小，有利于畜禽粪便的处理及资源化利用；另一方面，增强牛羊肉、禽肉及奶类生产和供给能力，也符合居民肉类消费结构日益合理调整的变化趋势。

五、河南省农业可持续发展的区域布局与典型模式

各地在农业自然资源环境条件、社会资源条件及农业发展可持续性水平等方面的区域差异，所以各区域在农业可持续发展的功能定位及优化目标存在明显分异，并应根据实际因地制宜选择适宜的发展模式。

（一）农业可持续发展的区域差异分析

河南作为农业大省，由于各区域在资源禀赋、地理位置、发展阶段等方面的迥异，农业可持续发展的区域差异明显。

1. 农业基本生产条件区域差异分析

作为产粮大省和畜牧业大省，从区位条件和自然条件看，河南粮食生产以黄淮海平原、南阳盆地和豫北、豫西山前平原为主，主要包括豫北和豫中强筋小麦、豫南弱筋小麦、沿黄沿淮优质水稻、黄淮平原优质大豆及专用玉米等优势产业带（区），这些地区土壤肥沃，气候适宜，雨量充沛，水系发达，且水源涵养好，为农业灌溉提供了较充足的水源，是河南大型商品粮基地，也是加强国家粮食战略工程河南核心区建设的重点。河南肉类生产主要包括豫北肉鸡和豫南水禽产业带、中原肉牛肉羊产业带、京广铁路沿线生猪产业带，这些地区有丰富的畜禽品种资源和饲料饲草资源，畜产品的质量较好，具有较强的竞争力，全省 50% 以上的生猪、60% 以上的活牛及其产品调往北京、天津、上海、广州等地，已成为全国重要的畜产品生产基地。如今，随着畜牧业的功能在逐渐增强，作用在逐步加大，畜牧业作为农民收入增长的重要来源，已成为河南农业的重要组成部分，被放到农业和农村经济发展的重要位置。

2. 农业可持续发展制约因素区域差异分析

农业可持续发展除受制于耕地、水、气候等自然资源和劳动力、市场等社会资源，还与农业生态资源、农业休闲观光资源等农业多功能资源分布有关。前者在第一、第二部分已有叙述，这里主要围绕后者进行探讨。

在农业生态资源分布上，主要集中于豫西、豫南的山地和沿黄河的资源丰富、生态环境条件良好的地区，以及南水北调中线工程水源地。而在荥阳市、中牟县等地区，农业在生态调节功能方面显得较弱，许多地方盐碱化、水土流失问题比较严重。在农业休闲观光资源分布上，主要集中于全省的山区、丘陵和中心城市周边地带，资源丰富，市场潜力大。山区丘陵工业化和城镇化的规模和速度适中，对农业休闲观光资源的破坏较小，甚至在一定程度上推动了农业休闲观光资源的开发，因而也是全省农业旅游资源密集地区，由于与中心城市较为接近，农业休闲观光旅游的客源充足，农业旅游项目开发较多，经营效益较好。其次，中北部一些城区和临近大城市的郊县虽然农业休闲观光资源较为贫乏，目前存在的项目较少，但由于城镇化水平普遍较高，与郑州、洛阳等中心城市靠近，农业文化和休闲观光功能的市场潜力较大。农业的文化传承和休闲观光功能最不显著的地区主要分布在豫南尤其是豫东南的黄淮四市（个别县区除外），由于工业化和城镇化水平很低，农业

休闲观光资源受到的破坏较小，所以具备一定的农业休闲观光旅游资源，但是开发程度较低，且缺乏中心城市的带动，距离郑州、洛阳等特大城市距离较远，城市市场规模小、消费水平低，市场潜力较小。

（二）农业可持续发展区划方案

根据第三部分所构建的农业发展可持续性评价指标体系，本节将基于农业自然资源环境条件、社会资源条件与农业发展可持续性水平的区域差异，以县级行政区为基本单元，综合分析本地区农业可持续发展基本条件和主要问题的地域空间分布特征，应用主成分分析及聚类分析等定量方法，研究制定农业可持续发展区划方案。

根据聚类结果，结合调查所得指标数据的选项，综合考虑各县（市、区）农业资源禀赋、人力资本、农业技术及区域发展战略等因素，同时结合专家诊断系统，统筹兼顾功能分区的静态与动态要求，依据各区划单元与聚类中心点距离进行微调，确定各类包含的区划单元数量，得出河南省农业可持续发展区划（表 5–1）。在各类中，类别 1 农业生态可持续包括 25 个（将巩义市、偃师市、孟津县、安阳县、新乡县调整为类别 2，原类别 3 中的渑池县、鲁山县、舞钢市、宝丰县、林州市、桐柏县、淅川县、新安县、宜阳县、光山县、罗山县调整为类别 1），类别 2 农业经济可持续包括 12 个（将原类别 3 中的荥阳市、新郑市、登封市、中牟县、开封县调整为类别 2），类别 3 农业社会可持续包括 72 个，此外，根据粮食核心区规划，部分农业区如梁园区、睢阳区、浉河区、平桥区、驿城区、郾城区、宛城区、卧龙区等 8 个区，也作为类别 3。

表 5–1　河南省农业可持续发展区划方案

分区		所含县（市、区）	个数
保护发展区	豫西北山地丘陵区（3 个）	林州市、济源市、辉县市	25
	豫西豫西南山地丘陵区（17 个）	栾川县、嵩县、汝阳县、洛宁县、灵宝市、卢氏县、渑池县、鲁山县、舞钢市、宝丰县、南召县、西峡县、内乡县、淅川县、新安县、宜阳县、陕州区	
	豫南山地丘陵区（5 个）	商城县、新县、桐柏县、光山县、罗山县	
适度发展区	中心城市周边区（12 个）	新密市、义马市、巩义市、偃师市、孟津县、安阳县、新乡县、荥阳市、新郑市、登封市、中牟县、金明区	12
优化发展区	黄淮海平原北部地区（30 个）	杞县、通许县、尉氏县、兰考县、滑县、内黄县、浚县、原阳县、延津县、封丘县、长垣县、清丰县、南乐县、范县、台前县、濮阳县、禹州市、长葛市、许昌县、鄢陵县、襄城县、永城市、虞城县、民权县、宁陵县、睢县、夏邑县、柘城县、梁园区、睢阳区	80
	黄淮海平原南部地区（31 个）	汝州市、叶县、郏县、舞阳县、临颍县、息县、淮滨县、潢川县、固始县、项城市、扶沟县、西华县、商水县、太康县、鹿邑县、郸城县、淮阳县、沈丘县、确山县、泌阳县、遂平县、西平县、上蔡县、汝南县、平舆县、新蔡县、正阳县、浉河区、平桥区、驿城区、郾城区	

（续表）

分区		所含县（市、区）	个数
	山前平原区（11个）	卫辉市、获嘉县、汤阴县、伊川县、修武县、博爱县、武陟县、孟州市、沁阳市、温县、淇县	
	南阳盆地区（8个）	邓州市、方城县、镇平县、社旗县、唐河县、新野县、宛城区、卧龙区	

注：根据2015年行政区划调整，开封县、陕县已撤县设区，分别为开封市金明区、三门峡市陕州区

根据各类别在地理区位、农业资源禀赋、农业发展现状及农业发展可能性等方面的特征，在区划命名方案上主要采取功能导向的模式，将三个类别分别命名为保护发展区、适度发展区和优化发展区（见图5–1）。

（三）区域农业可持续发展的功能定位与目标

基于农业可持续发展理念，结合区域特点，分别确定各区农业的功能定位、发展目标与方向等。

1. 优化发展区

主要包括黄淮海平原、山前平原和南阳盆地的80个县（市、区），其中，黄淮海平原北部地区包括杞县、通许县、尉氏县、兰考县、滑县、内黄县、浚县、原阳县、延津县、封丘县、长垣县、清丰县、南乐县、范县、台前县、濮阳县、禹州市、长葛市、许昌县、鄢陵县、襄城县、永城市、虞城县、民权县、宁陵县、睢县、夏邑县、柘城县、梁园区、睢阳区30个县（市、区），该区域地貌类型主要是历史上黄河多次改道冲积形成，降水时空分布不均，常年受旱涝灾害影响，旱灾是主要威胁，农业基础设施脆弱，土壤肥力偏低，保水、保肥能力差；黄淮海平原南部地区包括汝州市、叶县、郏县、舞阳县、临颍县、息县、淮滨县、潢川县、固始县、项城市、扶沟县、西华县、商水县、太康县、鹿邑县、郸城县、淮阳县、沈丘县、确山县、泌阳县、遂平县、西平县、上蔡县、汝南县、平舆县、新蔡县、正阳县、浉河区、平桥区、驿城区、郾城区31个县（市、区），该区域处于淮河流域，降水量较大，洪涝灾害发生概率高；山前平原区包括卫辉市、获嘉县、汤阴县、伊川县、修武县、博爱县、武陟县、孟州市、沁阳市、温县、淇县11个县（市），该区域地貌类型主要是低丘、缓岗与倾斜平原，降水量少，干旱灾害频繁；南阳盆地区包括邓州市、方城县、镇平县、社旗县、唐河县、新野县、宛城区、卧龙区8个县（市、区），该区域地势低平，由北向南呈簸箕状，降雨时空分布不均、夏季暴雨强度较大，旱涝灾交替发生。

整体而言，优化发展区水土资源匹配、技术和基础设施都相对较好，农业发展潜力较大，是农产品的重要产区。这一区域主要定位就是农产品供给，主要目标是以市场为导向，以农业增效、农民增收为中心，围绕粮食、大宗农产品的可持续发展，加大农业基础设施投入力度，尤其是加强农田基本建设，并进一步调整产业结构、优化布局，积极发展循环农业，开展农业环境的突出治理。

2. 适度发展区

主要包括新密市、义马市、巩义市、偃师市、孟津县、安阳县、新乡县、荥阳市、新郑市、登封市、中牟县、金明区12个县（市、区）。这一区域毗邻区域性中心城市周边，工业化、城镇化发展基础较好，农业劳动生产率、农业土地生产率、农业产业化水平、农产品商品化水平较高，但农业发展的耕地、水等资源环境约束较强。因此，该区域的功能定位主要是农业文化传承和生态休闲

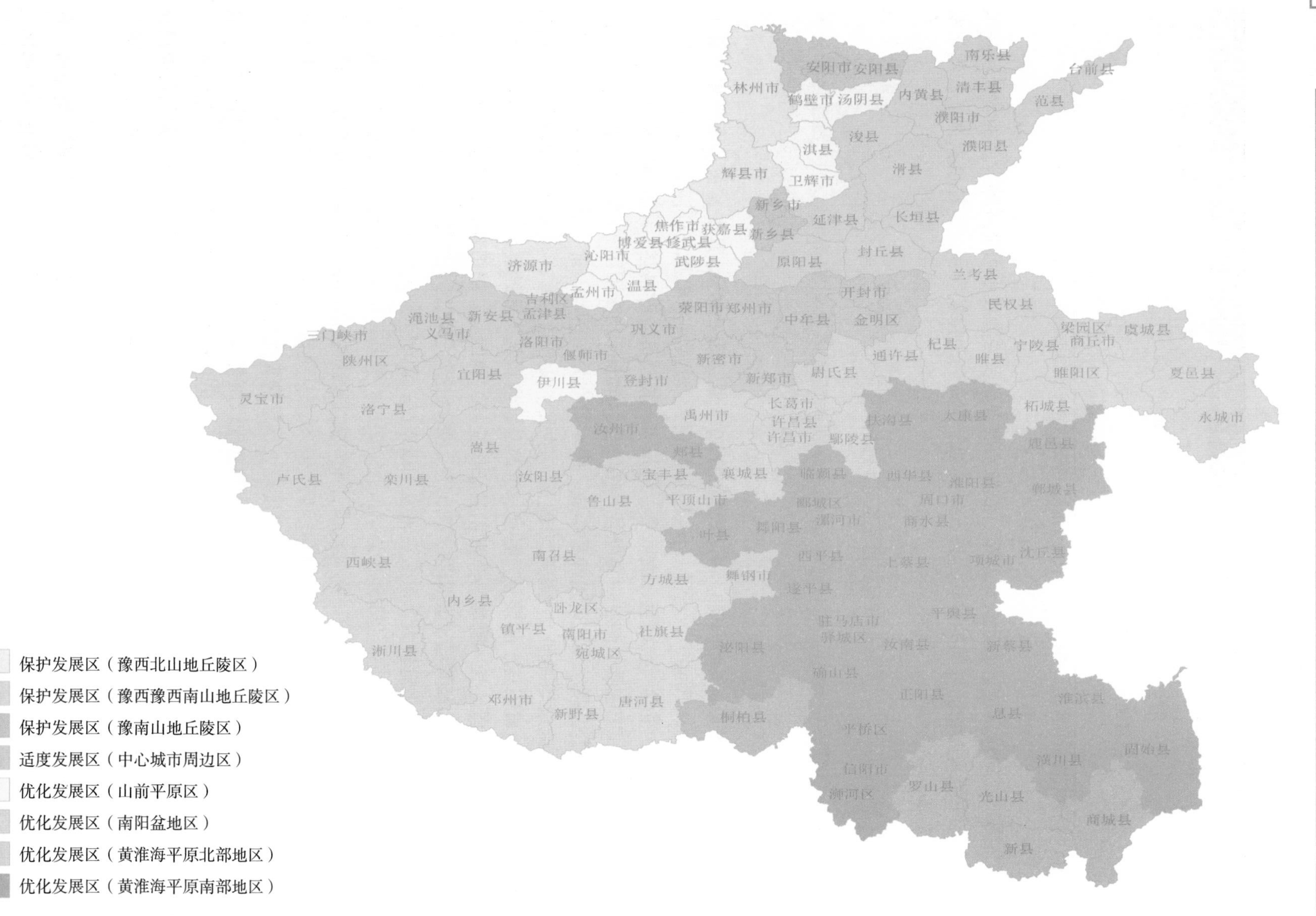

图 5-1　河南省农业可持续发展区划方案

农业，主要方向是以农业景观、文化资源、生态环境保护开发和利用为依托，加大生态环境保护力度，完善管理体制，提高服务质量，大力发展都市生态农业，增加农业观光旅游的文化内涵，扶持休闲、观光、都市生态农业旅游、教育、体验、科普等农业功能发展，注重农业生态和环境保护。

3. 保护发展区

主要包括豫西北、豫西豫西南及豫南的山地丘陵地带 25 个县（市、区），其中，豫西北山地丘陵区包括林州市、济源市、辉县市 3 个市，主要位于太行山脉；豫西豫西南山地丘陵区包括栾川县、嵩县、汝阳县、洛宁县、灵宝市、卢氏县、渑池县、鲁山县、舞钢市、宝丰县、南召县、西峡县、内乡县、淅川县、新安县、宜阳县、陕州区 17 个县（市、区），主要位于伏牛山脉；豫南山地丘陵区包括商城县、新县、桐柏县、光山县、罗山县 5 个县，主要位于桐柏山脉和大别山脉。

这一区域农业发展体现着其特有的涵养水源、防止洪涝灾害、处理有机废弃物、净化空气、提供绿色景观等功能，还包括作为南水北调中线工程水源地的淅川县，森林资源、旅游资源丰富，是重要的水源涵养地。因此，该区域的功能定位主要是农业生态调节，主要方向是以涵养水源、保持水土和保护生物多样性为重点，休养生息、恢复生态，不再进行大规模农业开发，大力建设水源涵养林、水土保持林等生态公益林，加强小流域的综合治理，加强资源开发和各类农业活动的水土保持监管，加大环境综合整治力度，保护饮用水源，大力发展生态农业、休闲观光农业，改善区域生态环境。

（四）区域农业可持续发展典型模式推广

在推进农业可持续发展的实践中，河南也结合实际，在农业面源污染治理、生态有机农业、良种良法配套、循环农业发展等方面进行了卓有成效的探索，并形成了一些具有自身特色的经验。

1. 资源高效利用模式

此类型主要是利用良种良法栽培配套技术，推广深翻深耕、秸秆还田、增施有机肥、测土配方施肥、建立喷灌滴灌节水系统工程、采用地膜覆盖和间接套种、立体种植、合理密植等技术，并注重绿色防控，以达到农作物优质高产。此类型适用于所有农区，尤其适用于优化发展区和部分适度发展区。

（1）高标准粮田建设　自 2009 年粮食核心区建设启动以来，河南高度重视农业基础设施建设。2012 年，在全国率先启动高标准粮田“百千万”建设工程，集中打造 6 000 万亩平均亩产超吨粮的高标准粮田，通过实施高标准粮田“百千万”建设工程，将百亩方、千亩方和万亩方划定为永久性基本粮田，确保粮食播种面积。根据集中连片面积，对耕地连片面积最少 100 亩，少于 1 000 亩的方为“百亩方”；大于或等于 1 000 亩，少于 10 000 亩的方为“千亩方”；大于或等于 10 000 亩的方划为“万亩方”。原则上“百亩方”不跨自然村，“千亩方”不跨行政村，“万亩方”不跨乡（镇）。“百千万方”实行统一编号，建档立牌。

在高标准粮田区域内，通过配套农田基础设施和农机物资装备，开展科技推广支撑条件建设，加强增产关键技术应用，增强抗灾减灾能力，实现稳产保收，粮食亩产超过吨粮水平。2012 年河南完善巩固建成高标准粮田 1 734 万亩，2013 年规划建设面积 900 万亩，实际建成面积 953 万亩，两年累计巩固建设高标准粮田 2 687 万亩，投入各类涉农资金 225 亿元，从而使得全省即使是在 2013 年极端不利的气候条件下，高标准粮田区域之内夏粮平均亩产仍达 499.91kg，秋粮平均亩产 545.49kg，增产优势初步显现。截至 2014 年年底，全省整合各类农田项目建设资金集中投入“百千万”方建设，已累计建成高标准粮田 3 687 万亩，确保了粮食总产量稳定在 550 亿 kg 以上。

(2) 测土配方施肥　自2005年农业部启动实施测土配方施肥补贴项目以来，河南紧紧围绕“测、配、产、供、施”五大环节，以服务农民和农业生产大局为出发点和落脚点，以提高测土配方施肥技术覆盖率、入户率为目标，以增强农民科学施肥意识，应用测土配方施肥技术为核心，按照“政府主导、部门主推、统筹协调、合力推进”的原则，积极探索整建制推进有效模式和工作机制，取得了由试点向全面推进的重大突破，项目实施单位达133个，覆盖了全省所有县级农业生产单位，实现了作物产量和农民收入“双增”，促进了生产成本和资源消耗“双节”，加速了施肥结构和肥料产业结构“双优”，推动了科学施肥水平和肥料利用率“双提”。该模式适用于所有农区尤其是粮食主产区。

截至2014年年底，全省累计推广应用测土配方施肥技术6.89亿亩次（其中配方肥施用面积达2.7亿亩）。测土配方施肥较习惯施肥平均增产7%~15%，亩均减少不合理用肥1.12kg（折纯），总节肥77.4万t（折纯），平均亩节本增效41.41元，总节本增效285.26亿元。同时，全省依托国家“一喷三防”项目实施，大力推广叶面喷肥，项目资金在叶面肥方面占40%左右，为提高粮食产量发挥了重要作用。

(3) 土壤有机质提升　耕地质量建设与管理，是河南农业生产的重要内容之一。特别是自2009年承担土壤有机质提升补贴项目以来，河南坚持把土壤有机质提升补贴项目作为有力抓手，大力推广增施商品有机肥、玉米秸秆粉碎还田腐熟、地力培肥综合技术三种技术模式，进一步完善耕地质量监测体系建设，积极开展补充耕地质量验收试点，全力推进耕地质量立法。截至2012年，全省32个项目县累计推广面积达309.62万亩次。项目区耕地地力明显提升，作物产量明显提高。既节本增效、减少污染，又提高农产品品质，保障了项目区粮食安全生产。该模式适用于所有农区尤其是粮食主产区。

以虞城县为例，虞城县是2012年土壤有机质提升补贴项目县，主要实施玉米秸秆粉碎还田腐熟补贴技术模式。项目投入资金150万元，对项目区集中连片实施玉米秸秆粉碎还田腐熟技术，给予补贴，每亩补贴15元，补贴面积10万亩，秸秆腐熟剂每亩用量不少于2kg。试点结果显示，玉米秸秆粉碎还田腐熟后可显著提高小麦产量，与对照田相比，产量由398kg/亩提高到423kg/亩，每亩增产25kg，增产率6.3%。同时，能有效改善耕层土壤理化性状，土壤容重由1.42g/cm^{3}降至1.41g/cm^3，降低0.01g/cm^3；土壤有机质含量由18.45g/kg升至18.6g/kg，增加0.15g/kg；全氮含量由1.01g/kg升至1.02g/kg，增加0.01g/kg；有效磷含量由20.98mg/kg升至21.4mg/kg，增加0.42mg/kg；速效钾含量增加4mg/kg。

(4) 微灌溉施肥技术实验示范　微灌溉施肥技术是利用滴灌、渗灌、微喷灌等微灌溉技术，把化肥溶入水中，结合微灌把肥料直接注入作物根际，起到节水节肥效果。开封市2009年在尉氏县日光温室内推广此技术，通过滴灌系统和施肥系统的推广应用，达到节水、节肥和省工的目的，较大幅度地提高作物单产、提高品质、降低成本、提高农产品竞争力，提高劳动生产率。主要表现在：一是节水，比喷灌节水一半以上。二是省肥，以水带肥，而且把肥料送到植株根际，避免了浪费，大幅度地提高了肥料的利用率。三是省药，滴灌大大降低了棚内湿度，病害发生很少。四是省工，灌溉全自动，将劳动力减至最低限度。五是提高产量，滴灌可以为作物创造最适宜的土壤水分、养分和通气条件，促进作物生长发育，从而提高产量。2011年在朱曲镇菜张村的40座日光温室内推广了该项技术，每座日光温室年增加经济效益1万元，40座日光温室年增加经济效益40万元；且节省肥水，减少工时，降低农药使用，生态效益、社会效益显著。该模式广泛适用于所有农区，应用前景十分广阔。

(5) 智慧农业　充分利用农业现代化与信息化的有机融合，以新品种、新产品、新技术研发应用为着力点，构建新型农业科技支撑体系。2012 年，河南在新郑、中牟建设了精准农业物联网示范基地，开发了郑州精准农业物联网监测监控系统。在种植大棚设置传感器，感知棚内温度、湿度、光照度、土壤有机质等参数信息，并将采集的信息转换成数据，传输到基地监控室。工作人员只需登录平台，即可了解农作物实时数据信息、视频信息及整个系统的运行情况。该系统具有远程操作、监测数据发布、自动控制等功能。精准农业物联网项目的实施，有利于农业生产数字化、精准化管理。该模式业广泛适用于所有农区，应用前景十分广阔。

近年来，鹤壁加快新品种研发、畜牧种源建设和新品种繁育推广，加快技术进步与改造，开发专、精、新、特农产品；物联网技术、遥感技术等多项信息技术得到广泛应用，极大地提高了劳动生产率，提高了农业的比较效益。特别是应用物联网"星陆双基遥感农田信息协同反演"技术，建设大田物联智能系统，农业信息化与现代农业的融合初见成效，农作物长势监控、病虫害监测预报等信息技术在大田种植特别是粮食高产创建中获得广泛应用，2013 年，62 万亩示范应用区共增收 1.364 亿元；示范区户均增粮 1 200kg，增收 1 320 元。未来，物联网技术还将运用到多种系统中，如畜禽养殖管理系统、林业应急管理指挥高度系统、农机监理监管信息直报系统等。

(6) 秸秆还田　小麦和玉米收获时，收割机配套秸秆粉碎装置进行直接粉碎还田，用以培肥地力，改良土壤结构。同时实行测土配方施肥，补充籽粒收获后的土壤氮磷钾及微量元素损失，始终保持土壤养分的动态平衡，实现农业的可持续发展。该模式适用于所有农区。

(7) 秸秆综合利用模式　多年来，濮阳对农作物秸秆综合利用进行了积极探索，主要做了三方面工作：一是充分发挥国家农机购置补贴政策杠杆作用，大力推广秸秆还田机、秸秆青贮等机械，年秸秆青贮量达到 100 多万 t。秸秆还田率逐年提高，其中玉米秸秆还田率达到 86.3%，创历史新高。二是积极推广秸秆生物反应堆技术。自 2008 年以来，已在全市 12 个行政村 10 多个作物上进行示范，累计推广 150 亩，每亩可利用干秸秆 3.5t（折合约 7 亩玉米干秸秆），并被中央电视台报道。三是主动探索秸秆燃料化利用途径。清丰县高堡乡西侯村 100 户粪便沼气池改为秸秆沼气池，年可解决干秸秆 150t；南乐县元村镇西什氏村建成的大型秸秆沼气工程年可利用干秸秆 1 100 多 t；河南巨烽生物能源开发有限公司（绿探集团）在濮阳县胡状乡、五星乡等地设秸秆收购站进行收购，用机械粉碎处理并压缩成生物质燃料块出售。以秸秆综合利用为基础，拉长产业链条，形成合力，带动循环农业的发展，同时，由于给秸秆找到一些出路，源头得到较好治理，使全市秸秆焚烧现象逐年减少、空气质量逐年提高。秸秆综合利用技术适用于所有农区。

2. 农业废弃物综合利用模式

此类型主要是对农业生产、生活中产生的农作物秸秆人畜粪便等综合治理和利用、水污染治理、土壤重金属治理等模式。此类型尤其适用于适度发展区和优化发展区，食用菌栽培循环结构模式也适用于保护发展区。

(1) 废弃物资源综合利用模式　按照生态系统能量流动和物质循环规律，使各种废弃物资源多层次循环利用，形成满足种植业畜牧业使用的肥料、饲料或转化为各种能源，提高资源利用率。一是运用残核腐生食物链开发利用农业废弃物模式，如饲料喂鸡，鸡粪加工后喂猪，猪粪养蚯蚓等；二是沼气发酵为纽带种养结合物质多层次循环利用模式；三是合成开发各类作物秸秆资源，将秸秆加工成饲料或高质环保型麦秸板、秸秆发电等。如综合利用平菇菌糠、啤酒糟、味精渣和鲜鸡粪等，生产优质酵母蛋白饲料，从而实现经济—生态—社会效益相统一；四是利用沼气池对有机废弃物（粪便、秸秆、树叶等）通过还原作用，生产农村能源、饲料和肥料，改善农村生态环境。

五是利用乡镇企业淀粉厂、酒厂、饮料厂等排放的废水、废渣、废料，回收利用并进行深层加工，生产生物制品、药品、工业原料、饮料和肥料等。该模式适用于黄淮海平原区、山地丘陵区、山前平原区等发展种养结合的地区。

（2）食用菌栽培循环结构模式　食用菌是可供人们食用的一类大型真菌，在物质循环过程中，不仅充当物质的还原者，又是对人类有贡献的次级生产者。按照循环农业的理念，食用菌产业与种植业、养殖业等有机结合，实现物质与能量的循环转化，对于提高农业废弃物利用的价值和效率，改善农业生态环境，降低农业生产成本等具有非常重要的意义。菌业循环就是以食用菌产业为纽带，链接种植和养殖业，实现农业废弃物资源高效循环利用。它赋予了食用菌产业在大农业生态体系中“还原者”的重要地位，成为原料和能量循环的“枢纽”。

例如，夏邑县利用麦草、稻草＋畜禽粪种草菇后再种双孢蘑菇，一个占地面积126m^2的菇房，层架种植，7层实际种植面积500m^2，利用麦草＋稻草16 500kg，畜禽粪11 000kg，产菇11 000kg，价值均11万元，扣除成本盈利6万元以上。灵宝市利用苹果树修剪枝条粉碎后在林下种夏香菇，1亩林地种8 000袋，用木屑16 000kg，产菇9 600kg，价值约96 000元，扣除成本盈利5万元以上。

目前，全省食用菌主要循环栽培结构模式有：

棉壳、玉米芯→平菇→菌楂→蘑菇、鸡腿菇→菌楂还田作肥料；麦草、稻草＋畜禽粪→蘑菇、草菇→菌楂＋麦草、稻草→草菇、蘑菇→菌楂还田作肥料。以上两种模式主要分布在全省平原地区。

林果木、柞桑木修剪枝条→香菇或木耳→菌楂＋棉壳或玉米芯→平菇→菌楂作肥料或燃料。该模式主要分布在豫西和豫南丘陵山区。

林菇间作。春栽香菇袋夏季在林下越夏，秋后出菇，冬栽香菇袋4月底5月初进林地，在林下夏季出菇。该模式主要分布在河南省三门峡、驻马店和新乡等地。

3. 循环农业发展模式

此类型主要包括：种养结合高效循环模式、多元复合生态农业模式、立体复合生态农业模式、庭院生态农业循环经济模式、基塘系统物质循环生态经济模式等。此类型适用粮食主产区、畜牧大县，尤其适用于适度发展区和保护发展区。

（1）种养结合循环模式　把种植业与畜禽养殖业有机结合起来的循环模式。例如，农牧结合，茶园养鸡、林下养鸡、养羊等。新野县是国家现代化农业示范区，国家级出口肉牛质量安全示范区，为提高农业效益探索推广“甜玉米种植＋肉牛养殖”农牧结合高效循环农业模式。创新“两茬甜玉米＋蔬菜”一年三熟种植模式每亩地净效益5 000元以上，其中每亩产秸秆3t，净收入600元。同时实现一亩地养一头牛转化效益3 000元。该模式既保证粮食安全，又获得优质廉价的饲料，降低了养牛成本，增加了农民收入，保护了生态环境。全县65%秸秆经养牛得到消化利用。8万t牛粪生产有机肥5万t，覆盖10万亩有机良田；粪尿通过沼气处理，沼液通过管道浇灌农田，实现土地消纳，有效防止了农业面源污染。

（2）“粮—饲—畜禽—沼气—沼肥”多元复合生态农业模式　该模式是将物质能量多重利用的生态食物链和废弃物资源综合利用相结合，种植业生产饲料饲草作物，通过秸秆青贮氨化和干堆发酵，开发秸秆饲料用于畜禽养殖业，规模化养殖场的畜禽粪便用来生产有机肥或进行沼气发酵生产沼渣沼液，开发优质有机肥，用于作物生产，形成以养殖为主体，沼气为纽带，种植为基础，促进能源、物流良性循环的多元复合生态农业模式。如中牟万滩镇规模化养牛场与本地食用菌生产企业结合，利用杂草、稻草或牧草喂牛，牛粪作蘑菇培养料，用蘑菇采收后的下脚料加工有机肥，有机肥发展生态蔬菜和瓜果，该模式在河南比较典型。

(3)“粮—经—林果—畜禽”立体复合生态农业模式 该模式是利用作物和林果之间时空上资源差异和互补关系，在林果株行距中间开阔地带种植粮食、经济作物、蔬菜、药材乃至瓜类，在适宜地带放养各种经济动物，生产优质、安全的畜禽产品，形成不同类型的农林牧复合模式。如农田林网生态模式，通过统一规划设计，利用路、渠、沟、河进行网格化农田林网建设以及部分林带或片林建设，一般以速生杨树为主，辅以柳树、银杏等树种，通过间伐保证合理密度和林木覆盖率，逐步形成与农田生态系统相配套的林网体系，这种模式以黄淮海地区的农田林网最为典型；荥阳高村林下养殖蛋鸡、土鸡和新密市尖山林下土猪养殖等，既提高经济林、生态林生长速度，又提高养殖鸡、猪的品质，这种模式在全省较普遍。

(4)大中型沼气工程商业化供气模式 林州市近年来强力推进大型沼气工程建设，把沼气作为一种产业来经营，经过探索实践，创造了独具林州特色的大中型沼气建设模式。例如林州市姚村镇柳林村依托晨鑫农村沼气专业合作社，投资50万元建立了地下隧道式大型沼气工程生态循环农业新模式示范基地，将养殖场畜禽粪便、作物秸秆、农户生活污水等废弃物，通过大型沼气工程为农户、农田、养殖场提供生活用能及沼液、沼渣有机肥，沼气发电为养殖场提供电能的同时，利用发电余热为养殖场、沼气工程提供热能，形成了全方位、立体化的“猪（秸秆、生活污水）—沼—粮（菜、花卉、电）”生态循环农业模式，日产沼气600m^3，供应全村350户用气，年节省燃煤费1万元，节省化肥、农药支出3万元，总收益达到17万元。截至2013年年底，林州市大中型沼气工程达到428座，沼气入户率达26%，整村集中供气的行政村达到40个，大中型沼气池总容量达到12万m^3，供气户2.9万户，取得了显著的经济效益、社会效益和生态效益。

(5)“牧沼果”“秸沼菌”沼气综合利用模式 西峡县沼气综合利用主要推行“牧沼果”“秸沼菌”两种模式，通过实施“百村万户亿元沼气生态富民工程”，在全县建设100个沼气百池村，鼓励万户农民以户为基本建设单元，以“一池三改”为基础，以养殖、种植、无公害果蔬生产、食用菌栽培为构成要素，通过沼气综合利用技术推广，发展“一池带五小”（即一座沼气池带一个小猪栏、小菌棚、小果园、小菜园、小鱼塘）的庭院沼气生态经济，逐步形成以菌、果为龙头，沼气为纽带，养殖为重点的生态农业良性循环链。例如在该县五里桥万亩有机猕猴桃生态示范园区，把沼气与猕猴桃种植相结合，在460个沼气用户果园地头各建一个5m^3的沼肥调配池，每个调配池可为200株果树施肥，共可为近万亩果园提供沼肥；该县木寨“秸沼菌果游”现代农业观光示范园建有1 000m^3秸秆发酵沼气池，供周围400余户用气，年处理秸秆50万kg，利用沼渣沼液栽培食用菌年产量200t，无土栽培草莓年产量2.5万kg，生产沼渣有机肥300t，配套有机猕猴桃果园180亩；该县简村建立的沼气管理、沼肥生产、沼液灌溉气肥一体化生产示范基地，年处理周边3个乡镇60多个中小型养殖户的粪污3万t，服务沼气用户2 800个，年产固体有机肥10 000t，配套实施水肥一体化沼液灌溉猕猴桃基地4 000亩。

(6)庭院生态农业循环经济模式 该模式以农户庭院为基地，充分利用庭院周围空地，使用各种实用技术与高新技术，开展家庭种植、养殖、加工以及种养加相结合等的多种形式的生态农业循环经济模式，可获得较高的经济效益与生态效益。其中庭院种植型模式是在庭院空间及空地生产各种林木、药材、果树、蔬菜产品；庭院养殖型模式是在庭院的猪棚上盖鸡舍，鸡舍上搭鸽舍等；庭院加工型模式是利用庭院进行农副产品深加工（加工面粉、小磨油、石制品、玉制品等）、编织、刺绣等；庭院种养结合型是在庭院地下层挖坑作塘养鱼，塘四周地表种植蔬菜、花卉、中药等，地上层种植葡萄、丝瓜等各种经济作物，空中养鸽等；庭院种养加复合型利用庭院进行种植业、养殖业生产，对农副产品进行深层次加工，在空间及时间上高效利用庭院资源，形成种、养、加、贸相结合的开发模式。

其他庭院模式包括在庭院内修建大棚以充分利用庭院小气候和太阳光能，一年可种植 2~3 茬蔬菜；早春利用地膜覆盖栽培瓜菜；在庭院挖土窑、室内窑等贮果品和蔬菜。

4. 生态农业发展模式

此类型主要包括：生态休闲观光农业模式、有机农业、绿色食品生态工程模式、水稻田生物物种共生的生态经济模式、丹江口库区大水面生态渔业发展模式、秸秆生成有机肥发展有机农业、建立野生猕猴桃、野生植物原生景保护区等。此类型尤其适用于适度发展区和保护发展区。

（1）绿色食品生态工程模式　以设施栽培蔬菜为主，提倡施用有机肥和生物农药，采用生物防治技术，大规模开发无公害绿色食品，如郑州市毛庄蔬菜基地、逐渐形成绿色食品开发产业化规模，经济效益显著。该模式尤其适用于中心城市周边区。

（2）生态休闲观光农业模式　该模式是城市近郊及农业资源、自然人文景观资源条件好的地区，在充分利用其资源优势基础上，通过以观光、体验、旅游内涵为主题的规划、设计与施工，把农业建设、农艺展示、农耕文化、农产品加工及旅游者体验融为一体，使旅游者充分领略现代新型农业艺术及生态农业的大自然情趣。河南生态休闲观光农业的主要形式有农庄经济型、园区农业型、特色产业型、现代都市型、农家乐型、乡土人文景观型、民俗节庆型。生态休闲观光农业发展，有助于农业结构调整、增加农民收入和城乡一体化发展。该模式适用于中心城市周边区和其他具有自然人文景观或农业资源特色的地区。

（3）水稻田生物物种共生的生态经济模式　该模式主要适用于濮阳、新乡等沿黄以及信阳等水稻产区。以食品生产为主，粮菜畜禽花草鱼多种经营，需光量多的作物与耐阴作物的分层种植，乔、灌、草结合，稻（藕）田养鱼（虾、泥鳅、蟹），苇（藕）鱼共生，稻田养鸭（鱼）等。如范县现有稻田面积 30 多万亩，藕田面积 5 万多亩，绝大部分适于泥鳅、虾蟹、甲鱼、田螺等水产养殖。尤其是泥鳅养殖，目前已发展稻田养殖泥鳅 3 000 亩，藕田养殖泥鳅 10 000 亩。此外，“灯—鱼—稻”与“灯—鱼—鸭”两种立体循环生态养殖模式也具有较好的经济、生态效益，据专家测算，稻田放养绿头野鸭，安装太阳能诱蛾灯，每亩可节省除草剂、农药成本 18~20 元，农药施用量可减少 70%，化肥施用量减少 80%，确保了稻米食用安全，且生产的优质稻价格比普通稻高 30%。

（4）丹江口库区大水面生态渔业发展模式　该模式主要是采取放养滤食性鱼类，净化水质，做到生态保护和优质渔业可持续协调发展。丹江口库区采取人工增殖放流、库区大水面人工增养殖和库湾拦网养殖等模式，大力发展净化水质能力强的匙吻鲟、鲢、鳙、鲴鱼等鱼类，消耗吸收水体中的营养物质，做到生态保护和优质渔业可持续协调发展。目前，丹江口库区已发展库湾拦网养殖 2.5 万亩，每年放养各类滤食性鱼类 20 万 kg 左右，生产优质水产品 200 万 kg。

六、促进河南省农业可持续发展的重大措施

要促进河南农业可持续发展，必须从工程、技术、政策、法律等多层面切实采取有效措施，保持农业生产率稳定增长，提高食物生产和保障国家粮食安全，发展农村经济，增加农民收入，改变农村贫穷落后状况，保护和改善农业生态环境，合理永续地利用自然资源特别是生物资源，真正满足当前和未来国民经济发展和人民生活的需要。

（一）工程措施

1. 深入实施高标准粮田“百千万”建设工程

坚持把保障粮食安全作为首要任务，全面深入推进国家粮食核心区建设。以改善农田水利条件为重点，持续加强农田基础设施建设，积极推广节水灌溉和水肥一体化技术，深耕深松，秸秆还田，扩大沃土工程规模，增加保水保肥能力，增强抗灾减灾能力。加大农业综合开发和农村土地整治力度，通过集中资金、连片治理、规模建设，强力推进中低产田改造，在高标准粮田区域开展耕地质量定向培育，不断提高耕地基础地力。

2. 积极推进地下水超采综合治理工程

大力开展水源替代和压采，积极推进地下水超采综合治理，科学划定下水禁采区和限采区。要把地下水超采治理与生态环境建设、农田水利建设、种植结构调整、城镇建设、水系建设有机结合起来，采取结构节水、农艺节水、工程节水、管理节水以及增加替代水源等综合措施。加强水利工程建设，完善大中型灌区工程配套，增加地表水灌溉面积确保压采目标的实现。大力发展节水农业，开展节水灌溉，积极推广抗旱节水品种、水肥一体化、深耕深松、循环水产养殖等农艺节水，开展人工增雨作业等气象服务，加大云水资源开发力度，建设人工增雨作业条件监测网，实施农业喷灌、滴管、精细化灌溉等。

3. 深入开展农业面源污染治理工程

一是提高化肥农药利用率。利用基层农技推广体系和农业科技人员，培训种粮大户、农民专业合作社、广大农民掌握科学施肥用药技能，强化源头管理，规范农民用药用肥行为，推进化肥减量提效、农药减量控害，推行精准施药和科学用药，实施化肥农药零增长行动。深入推广测土配方施肥，沼渣沼液，鼓励农民增施有机肥、高效缓（控）释肥、生物有机肥等新型肥料。对实施有机肥给予农民补贴。二是推进农业废弃物资源化利用。大力支持推广农业废弃物综合利用循环农业发展、支持秸秆还田、秸秆青贮微生物腐化等新技术推广示范，支持使用加厚或可降解农膜使用，鼓励企业回收加工废旧农膜，建立农药废弃物收集处理系统，减少农业面源污染。

4. 深入实施现代农业产业化集群培育工程

大力推进示范性农业产业化集群建设，加快国家级现代农业示范区建设。鼓励农业产业化龙头企业加快建设全产业链企业集团，实行标准化原料生产、规模化精深加工、现代化冷链物流一体化经营，增强优势企业上市培育力度。通过打造农业产业化集群，从农业生产标准、质量安全保证上，有效推进农业可持续发展。

5. 深入实施都市生态农业发展工程

推进农业产业结构战略性调整，积极发展绿色农业、高效农业、休闲农业、体验农业等新型业态，按照依托城市、服务城市和城乡发展一体化的要求，推进基地园区化、园区景点化，实现都市生态农业规划与产业规划、城镇化规划相衔接相统一，积极发展特色种植业、设施园艺业、生态休闲观光业、农产品加工和流通业，着力建设具有综合功能的农业园区，推动都市生态农业生产、生活、生态、观光多功能一体化协调发展，在全省范围内形成产业圈层分布特征明显、与现代城镇体系相结合的都市农业发展格局。积极促进现代农业“接二连三”，延伸现代农业的产业链条，使三产融合成为拉动农业农村经济发展新的增长极。

6. 深入实施生态脆弱区扶贫开发工程

深入实施“三山一滩”（大别山区、伏牛山区、太行深山区、黄河滩区）扶贫工程，把区域资源保护与精准扶贫结合起来，扎实推进黄河滩区居民迁建试点工作。加大基础设施建设和社会事业发展投入力度，重点扶持产业发展，积极发展特色农业产业和乡村旅游业，加快产业优化升级，支持发展绿色有机农业，促进贫困地区休闲农业与乡村旅游业发展。强化发展要素保障，逐步增加财政专项扶贫资金投入，在保障生态环境和节约集约用地的前提下，优先安排贫困地区重大基础设施和特色产业入园项目用地，引导和鼓励商业性金融机构创新金融产品和服务，增加生态脆弱贫困地区信贷投放。

（二）技术措施

1. 优质良种更新技术

加大主要农作物新品种选育力度，运用生物技术、核技术、光电技术，综合不同的优良性状，按人类需要有选择地定向塑造新的物种和类型，提高生物抗逆性。通过基因工程手段，设计、改造农作物、家畜、家禽的基因结构，获取物种的抗逆、抗病虫害和改良品质等性状，间接降低农业生产的风险与不稳定性。

2. 节约型农业技术

转变农业发展方式，推广节地、节水、节肥、节种等先进适用技术和生物有机肥、低毒低残留农药。如推广农业综合节水技术，研究节水型输水工程技术、田间工程节水技术、生物节水技术、农艺节水技术、管理节水技术以及空中水资源集约利用技术，以建立节水型的优质高效农业发展模式、提高区域农业水资源利用效率为目标，为节水条件下高效持续发展提高技术支持和示范模式。重点研究生物固氮技术、高浓度配方肥料、长效缓释肥料和有机无机复合肥施用技术，培育高肥料利用率品种，以减少肥料施用量、降低肥料流失和减轻水环境污染。广泛研究病虫害的综合防治技术，建立以系统工程管理为基础，以生物防治、低残留农药应用，多种防治技术集成配套为关键的长期有效策略。大力发展可降解地膜技术，克服农业白色污染的危害。

3. 农业资源高效循环利用技术

大力扶持推广生态农业、绿色农业、低碳农业、循环农业在农业生产中的应用，推进农业废弃物的循环利用，减少畜禽粪便、化肥、农药、农膜的面源污染。积极扶持秸秆综合利用、畜禽粪便资源化利用相关技术的研发、改进和普及，推进秸秆利用的肥料化、能源化、原料化、饲料化、基料化综合利用，争取成为全国秸秆综合利用和畜禽粪便资源化利用试点省份，推动主要依靠资源消耗型农业，向资源节约型、环境友好型农业发展。

4. 耕地质量修复与保育技术

加强对退化耕地修复技术的研究，包括矿区土地复垦技术、土壤重构与培肥技术、土壤复合污染修复技术等。积极推广合理的耕作技术，如改进土壤耕作方法、实施新的耕作制、平衡施肥技术以及研究不同机械作业压实对土壤结构的影响。加强盐渍、碱土以及酸性等贫瘠土壤的改良技术重点研究风蚀、水蚀等土壤侵蚀机制的研究及其防御对策。

5. 立体农业技术

利用各种植物、动物、微生物对环境要求的空间差和时间差，建立多物种共处、多层次配置、多级质能循环利用的新型农业生产结构，其发展符合我国人多地少、资源相对缺乏的省情。积极推广蔬菜、林果等作物的立体种植技术，研究开发大棚和日光温室内的立体种植技术、优质饲料饲草作物的立体种植技术。

6. 现代数字信息技术

加速农业基础设施的现代化和农业信息网络的完善，提升对生产过程的监控和调节能力。大力发展设施农业，利用工厂化种植和养殖、计算机农业控制等现代技术设施所装备的专业化生产技术，积极发展无土栽培技术，充分利用计算机智能化温室综合环境控制系统技术，实现栽培环境全自动控制，研制可完成多项作业的机器人，能在设施内完成各项作业、无人行走车等。大力发展农产品市场信息化、管理信息化技术，综合分析农资市场、气象、病虫害等情况，进行产量、产值的预测，为生产者决策提供依据。

（三）政策措施

1. 财政政策

一要加大农业可持续投入。坚持把三农作为财政支出优先保障领域，加快构建总量稳定增长、结构更加优化、效能明显提高的财政支农新格局。继续增加财政农业农村支出，基建投资继续向农业农村倾斜。优化财政支农支出结构，把农民增收、农村重大改革、农业基础设施建设、农业结构调整、农业可持续发展、农村民生改善作为支出重点。二要完善财政转移支付制度。积极对接国家对农业的转移支付政策，逐步完善农产品主产区转移支付办法，重点在于加大对限制开发区域的转移支付力度，发挥转移支付制度在农业发展中的引导与支持保障作用。三要逐步下放财权于农业主产区各县（市）。按照财权与事权相匹配的原则，理顺现行财政体制下各个行政级别的财政关系，重点增强限制开发区域各县（市）财政能力，下放财权于各县，逐步走省直管县的财政体制模式，强化各县（市）在农业生产中的干预能力，提供基本公共服务和落实各项国策省策的能力，使得各县（市）城乡居民收入和基本公共服务水平达到全省乃至全国平均水平。四要积极探索地区间横向援助机制。在省内以及国内寻求横向援助，重点对农业生态环境补偿、农业技术引进、农民种养技能培训等内容展开援助，弥补主产区经济能力的不足。

2. 投资政策

一要逐步增加投资强度，按限制开发区域的农业主产区定位安排政府预算内投资，并根据各县（市）农业生态修复、环境保护、基础设施建设以及农业综合生产能力建设现状，合理规划投资时序、布局投资空间范围，最大限度发挥政府投资对农业可持续发展的带动作用。二要细化投资领域，对于限制开发区域人口较为集中的县（市），要重点加强交通、能源、水利、环保等基础设施建设，并大幅提升农业主产区各县（市）国家与省支持建设项目的政府补助或贴息比例，降低或取消各县（市）政府配套资金比例。三要积极引导工商资本有序进入农业主产区，按照限制开发区域、重点开发区域功能定位与发展目标，积极引导工商资本有序进入农业主产区区域，并给予民间资本税收优惠、贴息政策等扶持方式，重点流向农业主产区基础设施建设、市政公用事业、农畜产品储藏、加工、运输物流等领域。

3. 产业政策

一要加快农业产业结构调整，合理布局限制开发区域农业产业。贯彻落实国家有关限制开发区域产业政策，按农业主产区产业空间布局编制专项规划、布局重大项目，加快农业产业结构、种养结构调整。二要强化限制开发区域产业规制。按照限制开发区域农业主产区的要求，执行严格的市场准入制度，实行差别化的土地政策、价格财税政策、资源配置等经济规制政策，同时加强工业“三废”企业的管制，严格控制高污染、高消耗企业进入农业主产区。此外，通过设备折旧补贴、土地调整等手段，加快不符合农业主产区发展的产业的转移与退出。三要大力支持循环农业、节约型农业、生态友好型农业发展，促进资源节约和循环利用。

4. 土地政策

一要制定分类管理的土地政策，农业主产区要执行严格的耕地保护制度和基本农田制度，确保耕地数量与质量。在城镇化和工业化进程中，适度增加城市居民住房用地，严格控制工业建设用地规模，科学控制交通、基础设施建设用地。在新农村和美丽乡村建设过程中，加强对农村闲置住房实行分类、分批改造，扩大农村绿化面积、耕地面积。二要统筹城乡区域用地，逐步建立城乡统一的建设用地市场，严格遵照国家法律法规的相关规定，集体土地与国有土地享有平等权益。实行城乡之间用地增减挂钩政策，城镇建设用地增加规模与本地区农村建设用地减少规模挂钩。

5. 农业政策

一要认真落实强农惠农政策，优先保证农业可持续发展投入，认真落实各项惠农补贴和奖励补助政策，不断提高惠农补贴的针对性、精准性和实效性。二要构建科学合理的可持续农业技术体系，改革农业科技管理体制，加强农业技术创新，加快农业技术成果转化，提升农业技术水平与综合生产能力。三要增加绿箱支持总量，改革绿箱支持结构，以加强中小型基础设施建设、改革农业科技体制、开展农民教育与培训为重点，建立和完善良种繁育体系、农业信息和市场体系、农产品质量安全体系、动植物防疫检疫体系、农业资源与生态保护体系，完善农业社会化服务体系，强化农业可持续发展的能力。四要充分利用黄箱政策的空间，调整黄箱政策支出方向，以建立新型价格支持政策、扩大良种补贴范围和完善农资补贴为重点，运用挂钩的直接收入支持方式，优化黄箱支持结构，提高支持力度。五要着力扶持新型农业经营主体。要创新农业经营方式，以农户家庭经营为基础，积极扶持发展专业大户、家庭农场、农民合作社、农业产业化龙头企业为骨干，其他组织形式为补充的新型农业经营主体。鼓励农民在自愿前提下采取互换并地方式解决承包地细碎化问题，鼓励承包农户依法采取转包、出租、互换、转让及入股等方式流转承包地，鼓励土地经营权在公开市场上向专业大户、家庭农场、农民合作社、农业企业流转，发展多种形式规模经营，重点支持发展粮食规模化生产。

6. 科技政策

一要加大农业科技创新的投入和支持力度，增加农业科技创新补贴，设立农业科技创新专项，重点支持应用诱变、转基因、分子定向等高科技育种技术，培育高产优质动植物新品种，推出一批在全国有重大影响的农业优新品种。二要加快培养农业科技创新型人才，在全省确立一批科技创新骨干，重点培育一批在国内外有影响的学科带头人。三要培育新型职业农民。通过加强农民技能培训和职业培训等手段，为全省 4.7 万多个村每村培养 1 名实用型、技能型人才，造就一支适应现代农业发展的高素质职业农民队伍。四要加大对农业技术成果的推广应用支持，建立健全农业科技推广体系，加大农业先进适用技术推广应用力度，大力推广节本增效和农产品生产标准化等实用配套技术，不断提高农业科技进步贡献率。

7. 环境政策

一要加强水资源管理，积极推行节水型农业、开发污水资源，保护淡水资源。二要大力实施农业结构调整、退耕还林、流域综合治理，加强耕地资源保护，不断提升耕地质量。三要加强天然林资源保护，加强林业生态省建设，为农业可持续发展提供必要的外部农业生态环境。四要实施农业面源污染防治、水土流失综合治理、地下水超采综合治理、土壤生态建设等一系列大型生态环境保护工程，切实改善农业生态环境。五要强化农业生态资源监管，建立完善的全区环境质量监测网络，全面推行规划环评和重大决策环评，加强重点区域、流域的环境监管。设立严格的环境准入制度，按照限制开发区域农业主产区之功能定位，建立严格的排污许可制度，严格控制污染物排放。六要对水资源实行最严格的管理制度，适度开发水资源，农业主产区及相关区域均应实现全面节水工程。七要完善农业生态补偿机制，按照谁受益谁分摊的原则，逐步在森林、草原、湿地等领域建立健全的农业生态补偿机制，以改善农业生态环境。

8. 主体功能区政策

配合主体功能区的定位，实施分类管理的财政、投资、环境、产业、土地、人口等区域政策，逐步完善利益补偿机制，逐步完善产业结构调整，形成适应主体功能区要求的政策体系。实行按主体功能区安排与按领域安排相结合的政府投资政策，按主体功能区安排的投资主要用于支持限制开发区域的重点生态功能区和农产品主产区，按领域安排的投资要符合各区域的主体功能定位和发展方向，并根据主体功能定位引导社会投资方向。

（四）法律措施

1. 建立健全支持区域农业可持续发展的法律体系

加快农业地方立法步伐，逐步建立符合河南农业农村大省实际、适应农业可持续发展需要的地方涉农法规规章体系。根据党的十八届四中全会提出的依法赋予设区的市地方立法权，要充分利用这一权限，在现行《中华人民共和国农业法》《中华人民共和国农业技术推广法》等法律框架下，结合区域实际，进一步细化，明确各项支持政策的力度、支持标准和条件、支持方式、投入资金来源等具体内容，为具体的政策措施提供可操作的依据。尽快出台《河南省高标准粮田保护条例》《河南省湿地保护条例》，加快农业资源环境保护立法。针对农田保护、农业投入、良种、农药、农资生产与流通、农业保险、农产品价格稳定、农产品质量安全、农业专业合作组织、农业劳动力转移培训、贫困地区援助、灾害救助、农业生态环境保护等，出台专门法律法规，建立农业可持续发展支持政策的法律保障体系。

2. 调整和改革促进区域农业可持续发展的管理体制

对现行的农业管理体制进行调整和改革，强化农业管理部门对农业产业链条和乡村综合发展的一体化管理职能，建立一个综合统一、措施配套、职能完善的农业管理部门，真正形成符合市场经济运行规律、结构合理、配置科学、程序严密、制约有效的农业管理体制。政府农业管理部门的职责范围，从横向看，除了包括种植业、养殖业和渔业外，还应包括与农业密切相关的其他行业，如农田水利建设、农业资源管理、农业教育、农业科研与推广、农民组织和农村发展等，突出乡村综合发展和可持续发展的理念；从纵向看，除了管理农产品生产这一“产中”环节外，还要管理农资生产等“产前”环节和农产品加工、储存、运输、销售、质量及卫生检查监督、消费指导等“产后”环节，从而实现对生产、加工、销售的一体化管理与协调，突出农业产业链条的一体化发展理念。

3. 建立支持区域农业可持续发展的财政预算体制

明确各级政府在财政支农方面的职责和界限，并纳入各级政府预算。增加中央和省级政府的财政支农责任，形成以中央和省级政府为主，以市、县、乡为辅的政府财政支农投入体制。中央政府重点负责对全局性的农业和农村经济发展事项，包括大中型农业基础设施建设项目、重要农业科技项目、全国性或跨区域性的农业公共服务体系等。地方中小型基础设施建设和对于地方经济有重要作用的农产品科研、公共服务，则纳入各级政府特别是省级政府的基建投资范畴。

4. 稳步推进促进区域农业可持续发展的农村土地制度改革

稳定农村土地承包关系并保持长久不变，在坚持和完善最严格的耕地保护制度前提下，加快农村土地承包经营权确权登记颁证，赋予农民对承包地的占有、使用、收益、流转及承包经营权抵押、担保权能。坚持土地集体所有，实现所有权、承包权、经营权三权分置，引导土地有序流转，发展多种形式的适度规模经营。有条件的县（市）积极争取农村土地征收、集体经营性建设用地入市和宅基地制度改革国家试点。积极推进城乡建设用地增减挂钩、人地挂钩等试点，促进土地集约节约利用。加快组建省市县三级农村土地信托中心新载体，赋予其土地收储、供应、交易、抵押担保等功能，使其成为土地承包经营权流转的主平台。

5. 建立农业资源有偿使用制度和农业生态补偿法律制度

运用市场规律推进农业生态权益保护，建立反映市场供求和资源稀缺程度、体现生态价值和代际补偿的农业资源有偿使用制度和生态补偿制度。积极探索农地发展权、水权、碳排放权、农业排污权等交易机制，构建发展碳汇农业的长效机制。健全法律责任追究和赔偿制度，构建让污染者付费、利用者补偿、开发者保护、破坏者恢复的农业生态权益保障体系。

参考文献

蔡荣 . 2010. 化学投入品状况及其对环境的影响 [J]. 中国人口　资源与环境，20（3）：107–110.

程序 . 2004. 当今世界农业发展状况与中国农业发展（上、中、下）[J]. 中国职业技术教育，（9）.

程序 . 2004. 当今世界农业发展状况与中国农业发展（上、中、下）[J]. 中国职业技术教育，（10）.

程序 . 2004. 当今世界农业发展状况与中国农业发展（上、中、下）[J]. 中国职业技术教育，（11）.

高尚宾，张克强，方放，等 . 2011. 农业可持续发展与生态补偿——中国—欧盟农业生态补偿的理论与实践 [M]. 中国农业出版社 .

靳之更 . 2008. 沈阳市农业生态足迹初步分析 [J]. 环境保护科学，34（1）：50–52.

李竹，王龙昌 . 2007. 陕西省农业可持续发展能力主成分分析 [J]. 干旱地区农业研究（2）：180–184.

潘瑜春，孙超，刘玉，等 . 2015. 基于土地消纳粪便能力的畜禽养殖承载力 [J]. 农业工程学报，31（4）：232–239.

彭念一，吕忠伟 . 2003. 农业可持续发展与生态环境评估指标体系及测算研究 [J]. 数量经济技术经济研究，20（12）：87–90.

孙维，余成群，李少伟 . 2008. 日喀则市农业生态足迹研究 [J]. 环境科学研究，21（5）：214–218.

唐冲，马礼，魏爱青，2007. 河北省坝上地区农业生态足迹计算与分析——以河北省尚义县为例 [J]. 中国生态农业学报，15（3）：150–154.

王祖力，肖海峰 . 2008. 化肥施用对粮食产量增长的作用分析 [J]. 农业经济问题（8）：65–68.

吴海峰 . 2015. 河南蓝皮书：河南农业农村发展报告（2015）——推进现代农业大省建设 [R]. 北京：社会科学文献出版社 .

夏玉莲 . 2014. 农地流转效益、农业可持续性及区域差异 [J]. 华中农业大学学报（社会科学版）（1）：100–106.

谢光辉，王晓玉，韩东倩，等 . 2011. 中国非禾谷类大田作物收获指数和秸秆系数 [J]. 中国农业大学学报，16（1）：9–17.

谢红霞，任志远，莫宏伟 . 2005. 城市生态足迹计算分析——以西安市为例 [J]. 干旱区地理（2）：215-218.

徐中民，张志强 . 2000. 甘肃省 1998 年生态足迹计算与分析 [J]. 地理学报（5）：607-616.

张冬咏，李钧，李炳军，等 . 2001. 区域农业可持续发展水平的评估方法及应用 [J]. 河南农业大学学报，35（2）：172-174.

张宏亮，何波 . 2013. 从承载力的属性分析承载力研究的理论基础 [J]. 中国国土资源经济（8）：57-60.

张丽 . 2007. 基于主成分分析的农业可持续发展实证分析——以河南省为例 [J]. 经济问题探索（4）：31-36.

湖北省农业可持续发展研究

摘要：在湖北农业农村经济取得巨大成就的同时，过度开发农业资源、过量使用农业投入品、超采地下水以及农业内外源污染相互叠加等带来的一系列阻碍农业可持续发展的问题也日益凸显。一方面，工业和城市污染向农业农村转移排放，农产品产地环境质量令人担忧；另一方面，化肥、农药等农业投入品过量使用，畜禽粪便、农作物秸秆和农田残膜等农业废弃物不合理处置，导致农业面源污染日益严重，加剧了土壤和水体污染风险。实现湖北农业健康可持续发展，确保全省农产品产地环境安全，是确保粮食安全和农产品质量安全的现实需要，是促进全省农业资源永续利用、改善农业生态环境的内在要求。本研究以可持续发展理论为指导，采用充实完整的基础数据，系统分析了湖北农业可持续发展的自然资源条件、社会资源条件、农业可持续性分析和农业可持续发展适度规模分析，依据农业资源合理配置、产业合理布局、种养互为依托、生产加工协调、区域差异互补、分类指导的原则，确立农业可持续发展的目标与任务，探索区域农业可持续发展方向与模式，探索出一条适合省情的、操作性较强的农业可持续发展之路，提出了促进本地区未来农业可持续发展的相关措施与政策。对促进湖北农业可持续发展步入良性循环发展轨道具有重要的理论意义和现实意义。

生态危机、环境危机、能源危机不断频发，给既定的不可持续的经济社会发展模式敲响了警钟。为此，联合国环境规划署提出了“全球绿色新政”和“发展绿色经济”的倡议，强调了经济“绿色化”转型的重要意义，并提出了一系列促进环境与经济共赢的相关措施。

党的十八大提出，要大力推进我国生态文明建设，并将其融入“五位一体”总体布局的战略构

课题主持单位：湖北省发展改革委区划办公室

课题主持人：刘无成

课题主持人：晏群

课题组主要成员：晏群、朱泽民、罗超、黄邦全、李兆华、李惠萍

课题协作单位：黄石市、襄阳市、荆州市、宜昌市、十堰市、孝感市、荆门市、鄂州市、黄冈市、随州市、恩施州、仙桃市、潜江市、天门市和神农架林区等发展改革委员会区划办。

想。党的十八届五中全会强调，必须牢固树立并切实贯彻创新、协调、绿色、开放、共享的发展理念，实现人民富裕、国家富强、中国美丽。党中央、国务院高度重视生态文明建设，先后出台了一系列重大决策部署，推动生态文明建设取得了重大进展和积极成效。但从总体上看，我国生态文明建设水平仍滞后于经济社会发展，资源约束趋紧，环境污染严重，生态系统退化，发展与人口资源环境之间的矛盾日益突出，已成为经济社会可持续发展的重大“瓶颈”制约。

在全国经济普遍放缓的大背景下，湖北省 2014 年经济发展保持了“稳中有进、进中向好”的良好态势，延续了“高于全国、中部靠前”的发展势头。全年完成生产总值 27 367.04 亿元，增长 9.7%，增速居全国第七位、中部第一位。主要经济指标均高于和好于全国平均水平，增速在全国位次前移。在湖北农业农村经济取得巨大成就的同时，过度开发农业资源、过量使用农业投入品、超采地下水以及农业内外源污染相互叠加等带来的一系列阻碍农业可持续发展的问题也日益凸显。一方面，工业和城市污染向农业农村转移排放，农产品产地环境质量令人担忧；另一方面，化肥、农药等农业投入品过量使用，畜禽粪便、农作物秸秆和农田残膜等农业废弃物不合理处置，导致农业面源污染日益严重，加剧了土壤和水体污染风险。实现湖北农业健康可持续发展，确保全省农产品产地环境安全，是确保粮食安全和农产品质量安全的现实需要，是促进全省农业资源永续利用、改善农业生态环境的内在要求。同时，农业是高度依赖资源条件、直接影响自然环境的产业，实现全省农业可持续发展，可以充分发挥农业的生态服务功能，把农业建设成为美丽湖北的“生态屏障”，为加快推进湖北的农业生态文明建设作出更大贡献。

一、农业可持续发展的自然资源环境条件分析

湖北省位于我国中南部，长江中游。湖北在中国中部、长江中游、洞庭湖以北，介于北纬 29° 05′至 33° 20′，东经 108° 21′至 116° 07′；北接河南省，东连安徽省，东南和南邻江西、湖南两省，西靠重庆市，西北与陕西省为邻。东西长约 740km，南北宽约 470km，面积 18.59 万km^2，占全国总面积的 1.95%，居全国第 14 位。省会是中部地区唯一的副省级城市、中部地区龙头城市——武汉市。因地处洞庭湖以北，故称“湖北”，简称“鄂”。古称“荆楚”。

湖北省处于中国地势第二级阶梯向第三级阶梯过渡地带，地貌类型多样，山地、丘陵、岗地和平原兼备。山地约占全省总面积 55.5%，丘陵和岗地占 24.5%，平原湖区占 20%。地势高低相差悬殊，西部号称“华中屋脊”的神农架最高峰——神农顶，海拔达 3 105m；东部平原的监利县谭家渊附近，地面高程为零。全省西、北、东三面被武陵山、巫山、大巴山、秦岭、武当山、桐柏山、大别山、大洪山等山地环绕，山前丘陵岗地广布，中南部为江汉平原，与湖南洞庭湖平原连成一片。全省地势呈三面高起、中间低平、向南敞开、北有缺口的不完整盆地区域。同时，湖北省境淡水湖泊众多，有“千湖省”之称，省内浅层地下水储藏量丰富，储量稳定，除供生活和工业用水外，农业上也逐步开发利用。湖北省光热水条件优越，土壤类型多样，光照充足，热量丰富，雨热同季，植被资源丰富，无霜期长，降水丰沛，利于农业生产，也有利于植物的混生繁衍，为农林牧渔的综合发展提供了良好的发展基础。

湖北省地处中国中部、长江中游，农业资源十分丰富，是中国重要的农产品生产基地。湖北素称“鱼米之乡”，是全国重要的商品粮、棉、油生产基地和最大的淡水产品生产基地，油菜籽、淡水鱼产量全国第一，棉花、水稻排位也在前列，农副产品的生产及其加工有着巨大的潜力。湖北省

农业资源优势明显，生产规模总量大，产品质量优，商品率高。

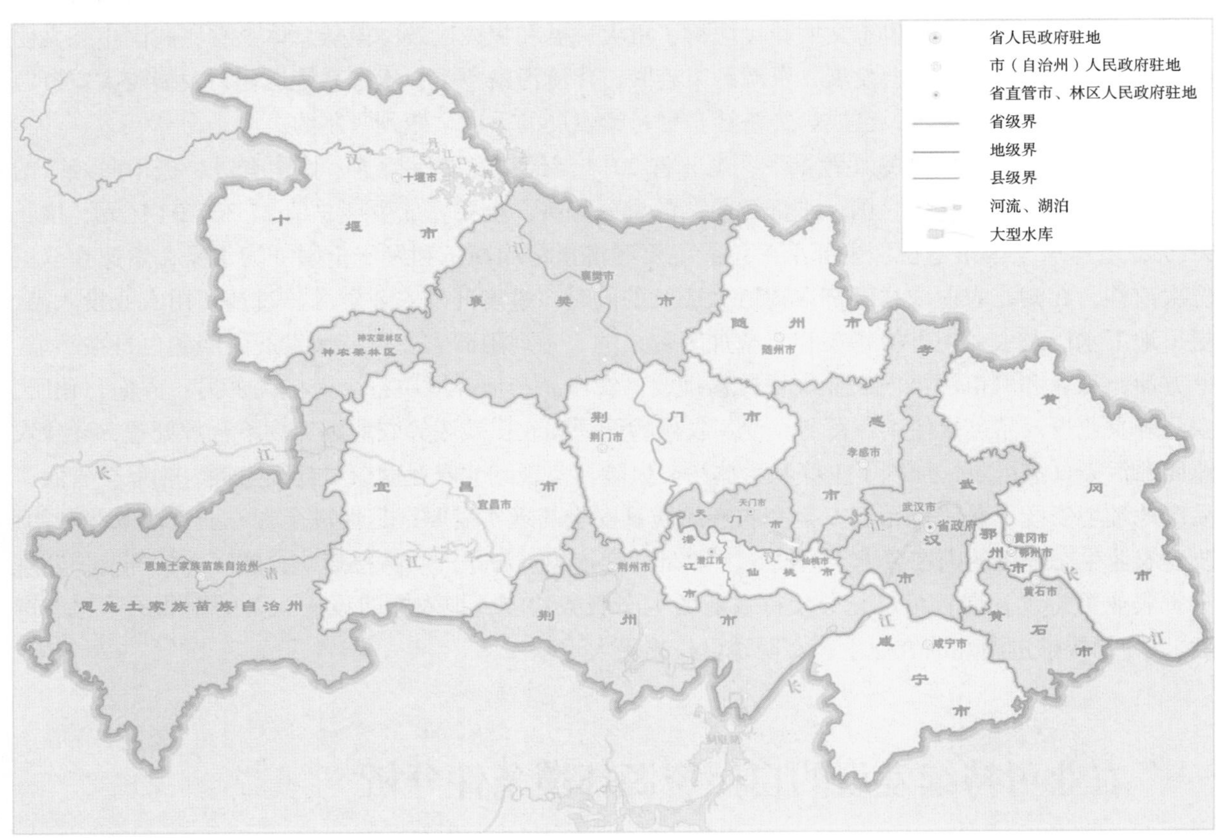

图 1–1　研究区范围

（一）土地资源

1. 农业土地资源及利用现状

（1）农业用地面积　2014 年，湖北省耕地面积 342.05 万 hm^2（表 1–1）。湖北省耕地主要分布于江汉平原、鄂东沿江平原和鄂北岗地，此区域耕地集中连片，其余部分分布于山地和丘陵之中的小盆地、河谷平原。从耕地所处的地形部位来看，湖北省约 82% 的耕地分布在地形平坦的平原。其中，林地占 22.4%，灌木林地占 10.3%，其他林地占 14.09%。山地中有林地居多，丘陵中则其他林地居多，灌木林分布广泛。湖北省近年的牧草地面积变化幅度不大。湖北省草地多分布于海拔较高、地形起伏较大的山地。总体分布特征是鄂中江汉平原最少，向西、北、东山丘区，牧草地资源逐步递增。

（2）农业用地结构　湖北省位于长江中下游，地跨东经 108° 21′ 42″ ~116° 07′ 50″、北纬 29° 01′ 53″ ~33° 16′ 47″，总面积 18.59 万 km^2，占全国总面积的 1.94%，居全国第 16 位。根据湖北省统计年鉴，2014 年境内山地占 56%，丘陵占 24%，平原湖区占 20%；耕地面积 3 420.51 千hm^2，居全国第 13 位。水田面积 1 986.01 千 hm^2，旱地面积 1 434.51 千 hm^2；2014 年全年湖北粮食种植面积 437.03 万 hm^2，比 2013 年增加 16.79 万 hm^2；棉花种植面积 34.48 万 hm^2，减少 10.62 万 hm^2；油料种植面积 154.25 万 hm^2，增加 2.56 万 hm^2。

（3）农业用地结构变化情况　从湖北省农业用地变化趋势看，2011—2013 年，全省耕地、林地以及草地面积并无大幅度增加，保持相对稳定。耕地中，水田仍占绝对优势，水田增长幅度相对于旱地增长较大。

表 1-1 耕地面积变化 （单位：千 hm^2）

年份	年末实有耕地面积	水地	旱地
2012	3 390.06	1 963.13	1 426.93
2013	3 409.91	1 976.12	1 433.79
2014	3 420.51	1 986.01	1 434.51

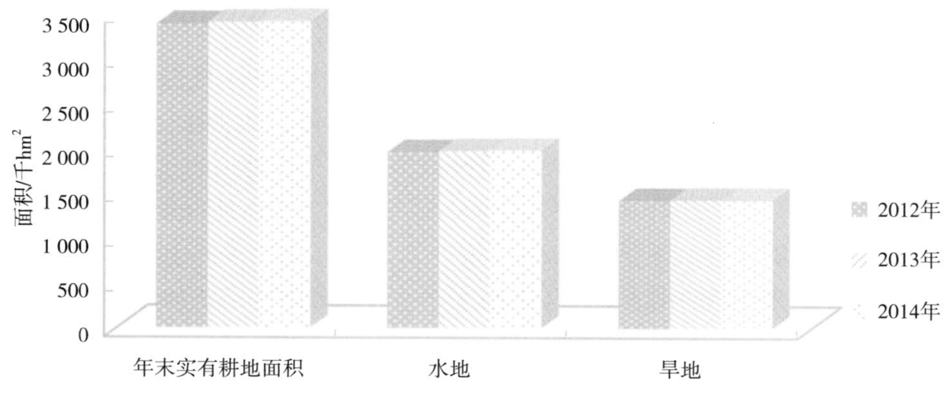

图 1-2 耕地面积变化

表 1-2 草地面积变化 （单位：千 hm^2）

年份	草地总面积	可利用草地面积	累计种草保留面积	当年新增种草面积
2011	6 352.22	5 071.54	218.23	93.75
2012	6 352.22	5 071.54	220.53	89.22
2013	6 352.22	5 071.54	48.42	36.98

注：数据来自国土资源部

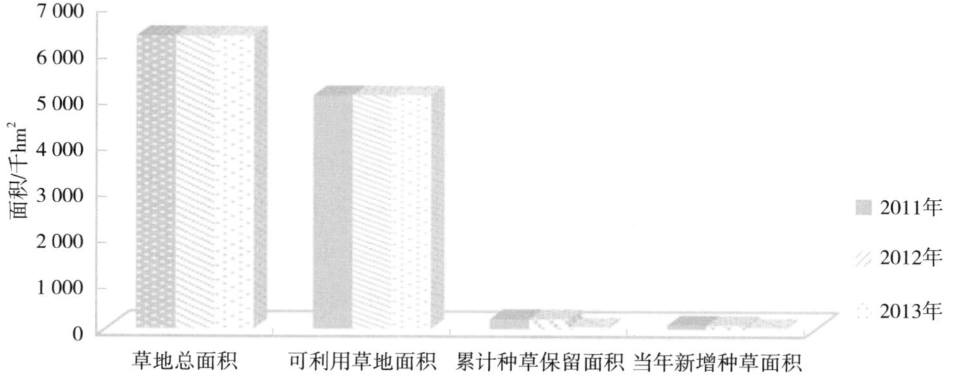

图 1-3 草地面积变化

（4）农业用地空间布局　根据《湖北省统计年鉴》，近几年湖北省农业用地空间布局变化幅度不大。从空间布局来看，湖北省大部分的耕地集中在丘陵和平原地区。鄂北岗地、汉江中下游河谷平原、江汉平原和鄂东沿江平原地区集中了湖北省大多数耕地资源，而鄂西北和鄂北地区等地区主要以山地为主，受地势的影响，耕地资源相对不足，山区各县的耕地约占全省总量的 18%。

湖北省林地面积约占全省土地总面积的 39.96%，主要分布在鄂西地区、鄂中的大洪山区以及鄂东南的幕阜山区。总体来看，湖北省林地资源较为丰富，林地资源分布比较均匀。

湖北省草地面积占全省土地总面积的 0.96%，主要分布在鄂北及鄂南地区，在鄂中地区分布较少。

湖北省水域面积较大，占全省土地总面积的 3.88%。湖北较大的水域多出现在长江、汉江等流域、江汉平原以及武汉市周边的湖泊群区，这是湖北省水域分布的主要区域，此外，鄂西北地区的丹江口水库区水域比例也较大。

2. 农业可持续发展面临的土地资源环境问题

（1）土地资源数量

① 耕地数量并无大幅度增长，人多耕地少的矛盾依旧尖锐。利用最近的三次土地调查资料和历年的统计资料，对湖北省土地资源的数量进行分析，结果表明，湖北省的实际耕地面积是统计年鉴中数字的 1.2~1.3 倍，这种现象的出现，并不意味着湖北省的耕地面积比原来增加，主要原因在于统计数据的问题。近年来由于建设用地不断增加，致使湖北实际耕地数量有减少趋势，只是由于统计数据的释放，湖北耕地面积总量是增加的。同时，由于水土流失和土地污染的加剧，优质耕地数量减少，这使得湖北耕地的供求差距不断拉大，给湖北省农业经济的可持续发展带来严峻的挑战。

② 草地面积相对稳定，但近年增长面积减少。湖北省草地面积占农业用地面积的 0.96%，相对而言，湖北草地面积比较稳定，变化不大。但近年来湖北草地面积增长减少。

③ 水土流失和农业自然灾害问题日益严重。近年来，由于水土流失、土地污染、湖泊调节作用削弱的影响，导致湖北土地生态环境恶化，土体变薄，土壤层变浅，砾石增多，土质变劣，肥力下降，低产地增多，而且淤塞河道和水库，使洪水威胁日益严重。近年来湖北省水土流失和农业自然灾害问题日益严重。

（2）土地资源质量

① 土地利用程度较低，土地利用强度和深度较差。湖北省土地类型多样，由于受土地利用条件与社会经济发展水平的影响，部分地区土地利用难度较大，各地域间土地利用率也存在差异，在已利用土地中，利用不充分、利用效益低下的现象也比较普遍。

② 优质耕地数量日趋减少而使耕地总体质量下降。近年来，由于经济活动大多集中在耕地优良的平原地区，每年经济建设所占用的耕地有 70% 以上是土质、地形、水热光等条件都十分优越的一、二等耕地。而由开垦、复垦、整理等新增加的耕地则往往是劣等耕地。这一增一减，即使能保持耕地总量的动态平衡，也只是保持了数量的平衡，实际上湖北耕地的总体质量下降明显。

③ 土壤质量下降，成本提高，出产率却下降。由于工业排污和生活污水的无序排放，而治理措施未能及时跟上，致使城郊环境、水域、耕地均受到不同程度的污染。农药、化肥、农膜等的过度使用，造成土壤结构不良，土壤质量下降，同时农业成本不同程度增加，土壤出产率却下降。

④ 林地、草地资源等优势未能充分发挥。湖北省土地利用率为 88.6%，部分荒山荒水未得到开发利用。在已利用土地中，利用不充分、利用效益低下的现象也比较普遍，低产田、低产园、低产林、低产水面大量存在。据调查，湖北省耕地中，中低产田面积占 71.1%，这些中低产田的产量仅及当地高产稳产田产量的 60%~80%。现有园地中，低产园地面积占 37.8%，粗放经营现象较为普遍。林地利用率只有 60% 左右，与一般 80% 的水平相差较大。可养水面利用率为 80.8%，其

中可养湖泊、水库的放养率分别为 65.8% 和 63.3%。湖北省林地、草地资源等优势未能充分发挥。

（二）水资源

1. 农业水资源及利用现状

（1）湖北省水资源概况　湖北省地表水资源分属长江和淮河两大水系。包括长江流域、淮河区两个一级区；乌江、宜宾至宜昌、宜昌至湖口、湖口以下干流区、洞庭湖水系、汉江、淮河上游七个二级区。湖北省境内河网密集，水系发达。长江横贯东西，汉江是长江中游段最大的支流，在湖北省它由西北郧县入境，向东南流经 13 个县（市）后在武汉与长江汇合，全程 858km。除长江和汉江外，省内各级河流河长在 5km 以上的共有 4 228 条，其中河长在 100km 以上的有 41 条。湖北省又被称之为“千湖之省”。全省现有百亩以上的湖泊 574 个，总面积为 2 727km^2。其中，面积大于 100km^2 的湖泊有洪湖、梁子湖、斧头湖和长湖。

湖北省水资源主要来源于大气降水，水资源由地表水资源和地下水资源构成，地表水资源量是本区水资源的主体。2013 年湖北省水资源总量为 790.15 亿 m^3，其中，地表水资源量为 756.64 亿m^3，地下水资源量为 251.51 亿 m^3。另外，过境客水所占比重较大也是湖北省水资源的特点，全省多年平均径流量为 1 030 亿 m^3。

（2）利用现状　农业用水包括农田灌溉用水和林牧渔用水。根据 2014 年《湖北省水资源公报》，2014 年湖北省用水总量为 291.8 亿 m^3，其中农业用水量 159.61 亿 m^3，占用水总量的 53.1%。

根据 2014 年国家统计局数据，2014 年湖北省人均用水量为 504.06m^3。2014 年湖北省各水资源供水量占总供水量的比重中，地表水供水量占 48%，地下水供水量占 3.14%，污水处理再利用量占 0.38%。水资源利用中，水资源会损耗一部分，就是用水消耗量，具体来讲它指在输水、用水过程中，通过蒸腾、土壤吸收、产品带走、居民和牲畜饮用等各种形式消耗掉，而不能回归到地表水体或地下含水层的水量。

表 1–3　湖北省水资源情况　（单位：亿 m^3）

年份	用水总量	农业用水量	地表供水量	地下供水量	人均用水量（m^3/ 人）
2012	296.70	142.26	286.19	9.66	516.70
2013	299.29	146.44	288.20	10.14	518.86
2014	291.80	159.61	282.63	9.17	504.06

注：数据来自国家统计局

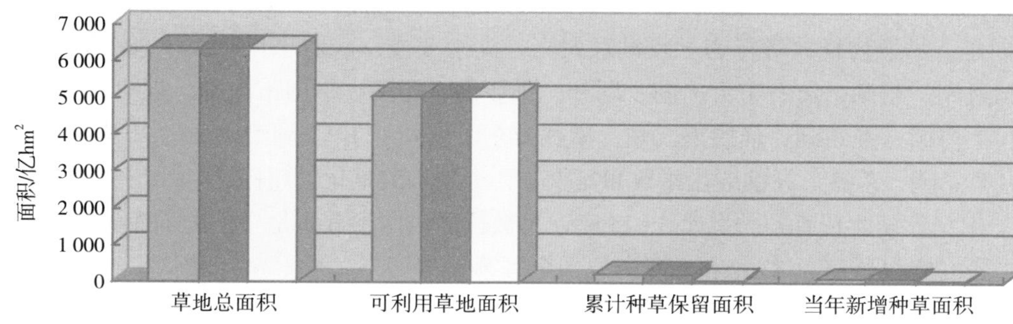

图 1–4　湖北省水资源情况

2. 农业可持续发展面临的水资源环境问题

（1）水资源数量 湖北省优越的地理位置及气候资源使得全省地表水及地下水资源丰富。湖北省内的河流达 4 000 余条。湖北省地表水资源量即天然河川径流量 1 239.07 亿 m^3，位居全国第四。长江流经全省的面积最大、区域最多，其流程达 1 041km。长江不仅在生产生活方面为居民提供了便利，而且在发电、航运、环境等方面发挥着举足轻重的作用；汉江是武汉的母亲河，并在武汉汇入长江，武汉市民的饮用水大都提自汉江。湖北省境内的河流多发源于山地且地势落差较大，故河流的水能资源颇丰，其中落差最大的当属长江和汉江。全世界著名的三峡大坝就位于湖北省宜昌。两江每年通过水能可为本地及全国提供电力达 3 000 万 kW 以上，位居全国第七位。湖北省属季风气候，全年降水丰沛，故地下水颇丰。湖北省地下水在日常生产生活及调蓄环境等方面发挥了非常积极的作用。

目前，湖北省自产水资源总量为 1 028 × 10^8m^3，其中，地表水 995 × 10^8m^3，地下水 298 × 10^8m^3，同时，湖北省拥有客水资源 6 298 × 10^8m^3。总体来看，湖北省虽然客水资源丰富，但自产水资源十分有限。

（2）水资源质量

① 河流水质。湖北河流众多。长江自西向东横贯全省，并有洞庭湖的湘、资、沅、澧四水和汉江汇入干流。省内中小河流密如蛛网，河长 100km 以上的河流有 40 条，河长 10km 以上的河流有 1 700 多条。境内除长江、汉江干流外，各级河流河长 5km 以上的有 4 228 条，河流总长 5.92 万 km。

湖北省河流在流经县镇城关、大中城市、工矿企业集中以及农业生产密集较高的地方，由于工业废水、城镇居民生活污水、农田上肥流失的影响，致使部分河流出现局部的污染。由于全省降水量充沛，多年平均降水量为 1 177.6mm，天然水补给量大，对毒物有较强的稀释作用，不致造成大的污染。但是，由于降水量年内分配不均匀以及年际间的分配不匀，丰水年与枯水年水量之比可达 2 倍左右。这样，在枯水期出现局部污染，对流量大、河面宽的大江大河来说会出现不同程度的污染带，对水量小的河流，接纳的废污水量大，稀释能力低，污染就较严重。

② 湖泊水质。湖北素有千湖之省的美誉。但由于过度围湖填湖，使湖泊面积普遍缩小，不少中小湖泊完全消亡。据统计，目前该区域面积大于 0.1km^2 的湖泊为 958 个，比 20 世纪 50 年代的 1 106 个略有减少。但现存的湖泊面积为 2 438.6km^2，只有 50 年代的 34%。湖北全省大于 1km^2 以上的湖泊为 217 个，比 20 世纪 50 年代的 522 个减少了一大半。

湖北省水面较大的乡村湖泊水质较好，基本能达到Ⅲ类水标准，人类活动产生的各类污染源以及水利工程导致河湖阻隔是湖泊水质持续恶化的主要原因。随着人类活动的加剧，围湖造田、城市扩张、水利工程兴建、污染物排放等行为导致湖底淤高、湖水变浅、水质恶化、水体自净能力下降。其中武汉市汤逊湖、东湖，黄石市大冶湖、网湖、朱婆湖、磁湖，荆门市南湖，荆州市崇湖、淤泥湖、牛浪湖、上津湖、菱角湖，仙桃市五湖，孝感市东西汉湖等 14 个湖泊水质为Ⅴ类或劣Ⅴ类，主要超标项目有总磷、总氮、高锰酸盐指数和氨氮等，个别湖泊氟化物超标。

③ 水库水质。据统计湖北现有各类水库 5 825 座，总数位居全国第五，是全国的水库大省。其中，大型和中型水库的座数分别为 53 座和 234 座位列全国第一和第三。小（一）型水库 1 084 座，小（二）型水库 4 465 座。全省水库承雨面积 5.98 万 km^2，占全省自然面积的 32%，总库容 260 亿 m^3。《2010 年湖北省水资源公报》显示，尽管“千湖之省”湖北省境内水系发达、河流纵横、湖泊众多，但干旱缺水问题同样日益突出，水生态环境压力也越来越大，部分中小河流湖泊水质

状况不容乐观。根据《2010年湖北省水资源公报》，2010年湖北省降水偏丰，全省水资源总量为1 268.72亿m^3，比常年偏多22.5%。但是偏多的降水却带来了地表水水质比往年略有下降的结果。2010年，全省地表水监测河流总长8 385.5km，其中劣于三类的河流占到了总评价河长的22.8%。2010年全年期共评价26个湖泊，评价面积1 552km^2，其中劣于三类水的湖泊共有15个，评价面积占总评价面积的51.6%。其主要污染物包括氨氮、总磷、高锰酸盐指数等。

水库在城市供水、工业用水、水产养殖、农业灌溉、水利防汛以及景观旅游等方面发挥着重要的作用。但随着社会经济的发展，部分水库的富营养化状况日益严重，水库水质变差，成为影响社会经济发展的重大环境问题。通过对湖北省30座主要大中型水库进行布点采样，对水体的水质状况分别进行了调查、监测。结果表明：30座大、中型水库中有14座水库水质类别为Ⅱ～Ⅲ类，占46.7%。有8座水库水质类别为Ⅳ类，占26.7%。有8座水库水质类别为Ⅴ类或劣Ⅴ类，占26.7%。除白云湖水库为轻富营养化外，其余29座水库均属中营养状态，氨氮、磷作为营养物质是这些水库富营养化的主要影响因素。溶解氧对水体富营养化有重要影响。总氮、水温和有机物污染对水体富营养化产生较大影响。

（三）气候资源

1. 气候要素变化趋势

湖北省地处亚热带，气候类型为亚热带季风气候，属于亚热带向暖温带过渡的地区。气候条件良好，热量丰富，光照条件好，雨热同期且无霜期长，非常有利于农业的生产。全省多年年平均气温为16℃左右，三峡河谷地带以及东部沿江地带气温较高，可达16℃左右，北部气温较低，在16℃以下，山地的气温随海拔的升高而降低。一年之中一月的气温最低，大部分地区的平均气温为3℃左右；7月平均气温最高，可达27~29° C，极端最高气温出现在江汉平原，气温可达4℃以上。

全省年平均降水量可达1 194mm，受地形和夏季风来源的影响，湖北省降水量在空间上分布不均匀，鄂西南地区降水量较多而鄂西北地区降水量较少，总体呈现出由南向北递减的趋势。夏季风主要有两个来源：来自太平洋的东南季风和来自印度洋的西南季风。大概每年的5月雨带移动到长江流域，5—6月湖北省因准静止锋形成“梅雨”天气，降水集中且多暴雨，6—7月随着雨带北移至华北地区，湖北省受副热带高气压控制形成“伏旱”天气。冬季主要受到来自西伯利亚的冷气团控制，降水量小且气温较低。

2. 气候变化对农业的影响

湖北省地处亚热带，气候类型为亚热带季风气候，属于亚热带向暖温带过渡的地区。气候条件良好，热量丰富，光照条件好，雨热同期且无霜期长，非常有利于农业的生产。气候整体特征表现为：四季分明，气候比较温和，雨量丰沛，热量充足，无霜期长，光热水同季。加之境内地形复杂多样，形成了丰富多彩的小气候，为区域农业发展提供了有利的气候条件。但由于受季风和地形地貌的影响，降水量年际变率大，光、气温、降水时空分布不均，低温、冷冻、旱涝灾害天气时有发生。

二、农业可持续发展的社会资源条件分析

（一）农业劳动力

1. 农村劳动力转移现状特点

（1）流向仍以东部地区为主　2014 年上半年，在省外务工的农民工人数为 728.4 万人，占外出农民工的 64.2%。其中，到广东、浙江、北京、上海、江苏等东部经济发达地区的为 615.5 万人，占省外务工农民工的 84.5%。在省内务工农民工人数为 406 万人，占外出农民工的 35.8%。外出农民工区域分布详见表 2-1。

表 2-1　外出农民工区域分布　（单位：万人，%）

外出地区	外出农民工人数	比重（%）
合计	1 134.4	—
省内	406.0	35.8
乡外县内	111.5	9.8
县外省内	294.5	26.0
省外	728.4	64.2
东部地区	615.5	54.3
其中：广东	355.9	31.4
浙江	101.2	8.9
北京	33.9	3.0
上海	36.5	3.2
江苏	46.9	4.1
中部地区	67.4	5.9
西部地区	42.3	3.7
其他地区	3.2	0.3

（2）外出类型主要集中在县级以上城市　在外出地区类型中，直辖市占 7.2%，省会城市和地级市占 72.8%，县（市）城区占 14.1%，村委会及其他地区占 5.9%。外出农民工外出地区类型构成详见图 2-1。

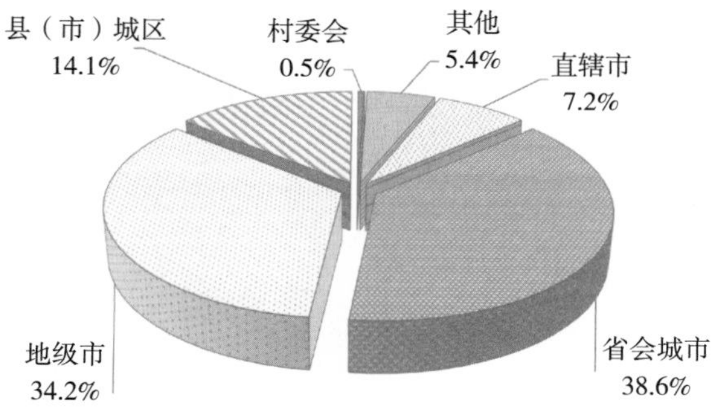

图 2-1　外出农民工地区类型

（3）从事行业以制造业和建筑业为主　在外出农民工中，从事制造业的比重最高，为45.5%；建筑业排在第二，比重为22.4%；排在第三位至第五位的分别是居民服务和其他服务业占6.7%，批发和零售业占6.4%，住宿和餐饮业占5.1%；其他占13.9%。外出农民工从事的行业构成详见图2-2。

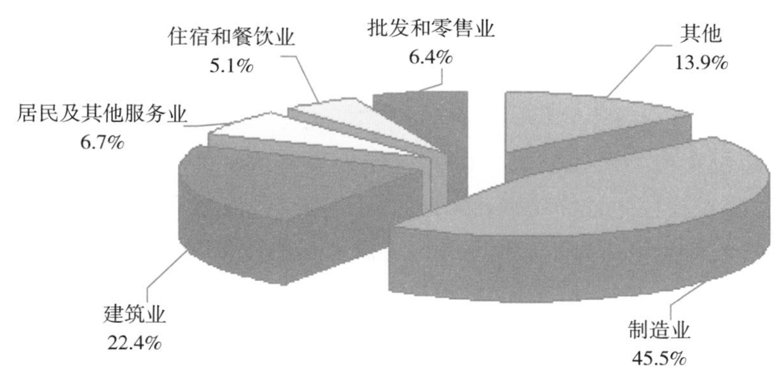

图2-2　外出农民工行业构成

（4）高收入比重提高较快　2014年上半年，外出农民工月均收入在3 000元以上的占52.5%，比上年同期提高了12.5个百分点；月均收入在2 000元以内的占7.5%，比上年同期回落1.9个百分点。平均每月寄回或带回现金831.3元，用于本人生活消费805元，分别同比增长11.6%和12.4%。外出农民工月均收入水平分组构成情况详见表2-2。

表2-2　外出农民工月均收入水平分组构成情况　（单位：%）

月均收入水平	2014年上半年	2013年上半年
1 000元以下	0.1	0.3
1 000~1 500元	2.2	4.5
1 500~2 000元	7.5	9.4
2 000~3 000元	37.7	45.8
3 000~5 000元	48.2	36.8
5 000元以上	4.3	3.2

（5）就业环境有了进一步改善　一是从事目前工作的时间固定，2014年上半年从事目前工作3年以上的比例为55.1%，比上年同期提高0.7个百分点；二是在以受雇形式从业的外出农民工中，与雇主或单位签订劳动一年及无固定期限合同的比例由47.7%提高到50.4%。

2. 农业可持续发展面临的劳动力资源问题

（1）创业资金紧缺，信息服务较少　虽然政府提供了很多的自主创业扶持政策，但是仍普遍存在农民工返乡创业启动资金或流动资金不足的问题。还有部分农民工手头有资金，但创业的信息来源较少，无法及时获得合适的项目和相关技术知识，使得返乡农民工创业出现盲区。

（2）就业结构性矛盾突出　一方面，农民工就业需求提高较快，另一方面，返乡农民工整体年龄偏大，女性偏多，文化水平普遍不高，导致“就业难”“招工难”等问题在一些地区同时存在。

(3) 返乡创业竞争力不强　部分劳动力考虑各种因素选择回乡创业，但他们在项目选择、市场定位等方面能力缺乏，加上管理水平和相关素质较差，难以将企业做大做强，容易在市场竞争中被淘汰出局。

(4) 社会保障程度偏低　在本乡就业的农民工不少以打零工为主，无所谓劳动合同，更没有工伤、养老、失业、生育等社会保障。

（二）农业科技水平

本文选取全省高校在校生数占总人口的比重作为科技水平的衡量指标。根据《湖北省统计年鉴》，2014 年，全省高校在校生数为 129.024 万人，其中，武汉城市圈为 104.23 万人，占总人口的比值为 1.83%，鄂西生态文化圈为 24.79 万人，占总人口的比值为 0.43%，根据趋势预测，预计到 2020 年二者的比例分别为 2.17% 和 0.66%。具体情况见表 2-3。

表 2-3　湖北省部分地区高等院校人数分布及从事科研活动人员情况　（单位：万人）

	黄石	黄冈	十堰	襄阳	鄂州	荆门
高等院校人数	3.69	4.64	4.97	5.26	1.48	2.04
从事科研活动人员	1.32	0.92	1.45	2.97	0.32	0.72

注：数据来源于 2014 年《湖北省统计年鉴》

1. 农业科技发展现状特点

(1) 形成健全的农业科研机构和推广体系　目前，湖北省有农业科研机构 50 多个，从业人员 5 000 余人，其中，有 4 家省属农业科研机构；13 家市州级农业科研机构；4 个中央在鄂农业科研机构；1 所全国重点农业大学。此外，还有几十所高校开设了涉农专业，开展了涉农专业的教学和科研工作，这些机构初步形成了国家、省、市三级农业科技创新体系。根据农业部评估，“十五”以来，湖北省农科院、恩施州农科院进入全国百强；从省份来看，湖北省农业科研综合实力居全国第 13 位，居中部地区首位。

(2) 先进的农业科技创新平台初步形成　目前，湖北省已建成国家级农业工程技术中心 4 个，重点实验室 21 个，国家级检验测试中心 12 个，省级农业工程技术中心 18 个，国家级科学研究中心 1 个，形成了较为完备的农业科技创新平台。这些工程中心分布在育种、加工、养殖等农业主要领域，覆盖了水稻、油菜、棉花、柑橘、马铃薯、家畜、淡水鱼等主要的作物和畜禽、水产等品种。

(3) 有良好的农业科技人才优势　湖北省农业科技人才资源规模总量在全国位居前列，在中南地区处于领先地位。全省现有农业科技人员 5 000 多人，其中，涉农院士 12 名，高级职称人员 1 581 人。这是一支学科较齐全、创新能力较强、在全国具有较强实力和较大影响的农业科研创新队伍。

(4) 农业科技优势领域突出　湖北省农业科技优势领域主要包括：水稻研究领域，整体水平处于全国先进水平，其中，早稻育种、转基因水稻以及红莲型水稻研究处于国内领先地位；油菜研究领域，油菜种植面积、产量以及加工能力居全国首位，育种水平保持全国领先地位；畜禽领域，湖北三元瘦肉型猪选育在国内处于领先水平，首次在国内成功培育出转基因健康猪；淡水生物及水产科研工作一直居全国前列，瓜菜和特色水果研究也是我省的优势领域。

2. 农业可持续发展面临的农业科技问题

（1）农业科技资源布局分散，科研活力不够　湖北省现有多个农业科技创新与推广机构，分别隶属各级政府、教育部门、农业部门、科技部门、林业部门。存在机构数量较多，但资源布局分散，难以适应现代农业专业化、区域化、规模化生产和经营的发展需要，致使农业科技研发的活力不够。

（2）农业科技进步贡献率不高　湖北作为一个农业大省，要为建设社会主义新农村和中部崛起作出贡献。而这一目标的实现更加迫切需要依靠科技进步，改变农村经济增长方式，尽快实现农业生产和农村经济由资源依赖型向科技依赖型转变。但是与发达国家和国内先进地区相比，湖北农业科技进步贡献率依然较低，提升空间还很大，农业科技应用的发展潜力巨大。

（3）农业科技推广体制不完善　农业科技诉求是农民表达需求的基本形式，是实现农业科技可持续发展的重要环节。由于农业技术服务机构自身缺乏有效组织管理体系，农业科技服务人员缺乏工作积极性，同时信息推广的渠道也十分有限，农民无法充分享受其带来的利益。目前，湖北农业科技服务通道并没有实现“村村通”的完整覆盖，服务网络信号只覆盖全省所有行政村和自然村的 87%，还有部分地区的农业科技信息亟须得到推广。

（三）农业化学品投入

1. 农业化学品投入现状特点

（1）化肥使用量过高，但有明显下降趋势　化肥、农药等农用化学品的使用是现代常规农业发展的必须，它们能够对农业产值带来利益。而对于化肥的使用主要有氮肥、磷肥、钾肥及复合肥等。据统计发现，湖北省农业发展中的化肥使用量自 2000 年开始，由 247 万 t 迅速增长到 2010 年的 350 余万 t，可见农业发展中对化肥的依赖度之大。但是自 2011 年开始增长幅度有所减缓，呈缓慢增长，到 2013 年开始出现了下降趋势（图 2-3）。

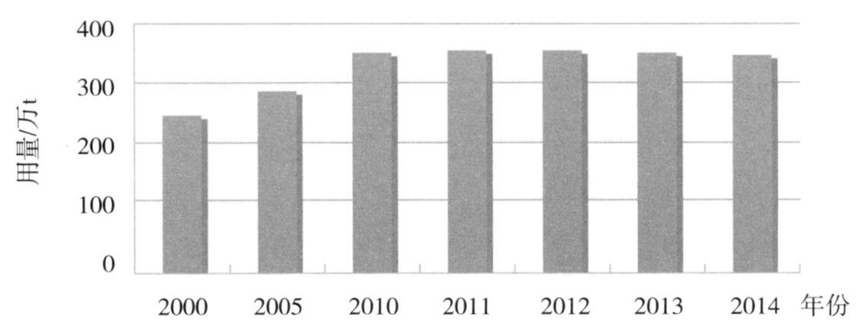

图 2-3　2000—2014 年化肥使用情况

（2）农药使用量较少，但呈微小的波动式变化　农药的使用量较化肥的使用情况来说，变化不大（图 2-4）。以 2010 年为界呈缓慢变化趋势，在 2000—2005 年间，一直在 11 万 t 以内徘徊，2005—2010 年间，迅速增长，由 11.02 万 t 变为 14 万 t，自 2010 年之后基本出现稳步下降的状况。以咸宁市为例，从 2000—2012 年间的情况来看，2000 年，每亩耕地农药使用量为 1.29kg，到 2011 年，每亩耕地农药使用量为 0.99kg。2012 年为 1.03kg 每亩，相比 2011 年之前，出现了反弹现象。（图 2-4）

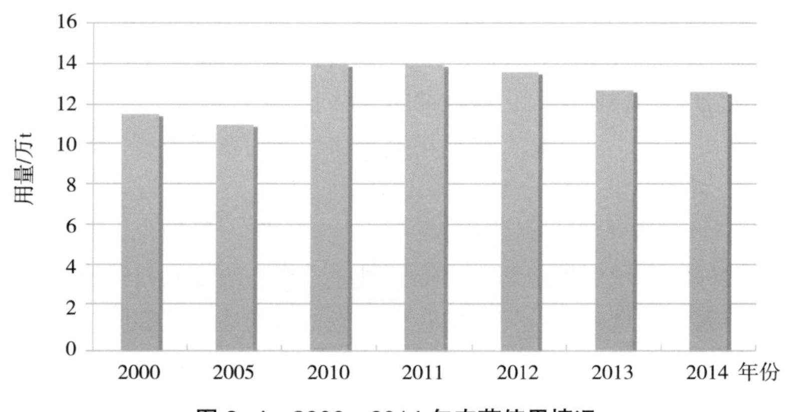

图 2-4　2000—2014 年农药使用情况

(3) 农膜的使用量和使用范围较大，但变率较稳定　农膜覆盖技术可以提高土地利用率，增加农产品的产量。随着人口数量的增长，对农产品的产量需求有所增加，到 20 世纪 90 年代以来，农膜的用量和使用范围迅速增加。使用量由 2005 年的 5.46 万 t 增长到 2010 年的 6.38 万 t，2011 年以来一直保持在 6 万 ~7 万 t，变化幅度较稳定（图 2-5）。

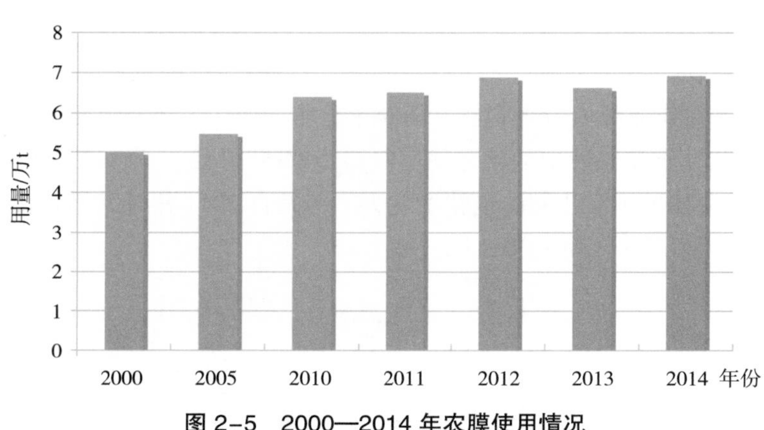

图 2-5　2000—2014 年农膜使用情况

2. 农业对化学品投入的依赖性分析

(1) 农业化肥的使用及影响　通过对化肥的使用现状特点分析，得知湖北省农业发展对化肥的依赖性非常大。一般而言，化肥的使用能够在一定时期内维持农业产量的稳定和提高，但也会带来一系列不可避免的生态负面影响。不仅能够对土壤肥力和理化性状产生不良影响，进而影响农产品的品质，同时由于化肥利用率低，大量氮肥流失或者通过径流、农田排水或淋溶等途径转移至水体，造成水体污染等。

(2) 农药的使用及影响　农药的使用可以杀除病虫害，保护农作物少受病虫伤害，进而保证作物产值。就湖北省对农药的使用情况来看，虽然量不大，但是它一定程度上也来带来一些负面影响。它能够破坏土壤结构，造成土壤污染，还可以污染水源，同时，在动、植物体产生了化学农药的残留、富集和致死效应，已经成为破坏生态环境、生物多样性和农业持续发展的一个重大问题，由于农药不易被降解，会富集在生物链比较高级的生物体内，威胁人类的健康。

(3) 农膜的使用及影响　农膜覆盖技术逼近可以提高土地利用率，还可以增加农产品的产量。

随着对农产品产量需求的增加，20 世纪 90 年代以来，农膜的用量和使用范围迅速增加。但是农膜在自然状态下极难降解，严重影响了土壤的物理性质，抑制作物根系的生长发育和水肥运移，致使农业减产。近年来，农膜的使用量逐渐减少，一些地区已经得到了有效控制，但是废弃的农膜还未探索出更好的处理办法，回收率也有待提高。

三、农业发展可持续分析

（一）农业发展可持续评价指标体系构建

1. 指标体系构建思路

（1）农业可持续发展研究概述　对农业可持续发展的研究随着人类对可持续发展不断的加深而不断深化。联合国粮农组织（FAO）对其定义是管理和保护自然资源，实行技术变革和体制改革以确保当代及后代人的需求得到持续的满足。这种可持续发展、包括农业林业和渔业都能维持土地、水、动植物遗传资源，它是环境非退化的，技术上适当、经济上有活力并能为社会所接受。而在此概念基础上建立的各种指标体系则是对农业系统可持续发展状况的监测和评价，并不断促进农业的可持续发展。

（2）指标体系构建指导思想　农业可持续的定义有多种多样，但从上述定义可以看出，农业可持续包括两个密切相关的内容：一是保证人类及其后代能够在地球上继续生存和发展；二是保持资源的供需平衡和生态环境的良性循环。农业可持续探讨农业生产力与经济收入之间、资源利用与环境保护之间、人类富裕生活与健康安全之间有效结合途径。农业的可持续性是囊括农学的、环境的、社会的、经济的及政策的多维目标。它本身属于一种长期而不是短期的经济学范畴，其目的在于建立一种生产区域专业化、经营管理集约化、资源优化，并能在区域内实施操作的农作体系。

农业的可持续性必须实现三种平衡：一是经济平衡：生产力与收入；二是环境平衡（资源利用与保护）；三是社会平衡（农民家庭富裕生活与农村文明进步）。首先，农业可持续发展观是一种与传统农业发展观或发展模式截然不同的发展理念和发展模式，它强调了自然资源和生态平衡，防治环境污染；又重视利用现代工业、现代科学技术的一切积极有效的成果。其次，农业可持续发展是“生态—经济—社会”三维复合的整体。经济可持续性是主导，生态可持续性是基础，而社会可持续性则是目标。这种关系是由可持续发展的基本思想所决定的。

2. 指标体系构建原则

（1）坚持农业发展与资源环境承载力相匹配　坚守耕地红线、水资源红线和生态保护红线，优化湖北农业生产力布局，提高农业经营的规模化、集约化发展水平，确保主要农产品有效供给。根据湖北实际，因地制宜，分区施策，妥善处理好农业生产发展与农业生态环境管理、农业生态修复的关系，适度有序开展农业资源休养生息，不断加强农业生态保护与建设，促进农业资源永续利用，增强湖北农业综合生产能力和防灾减灾能力，提升与农业资源承载能力和农业生态环境容量的匹配度。

（2）坚持资源利用与环境治理相结合　设置必要的区域农业资源开发利用准入条件，把转变发展方式作为湖北农业可持续发展的主要途径。充分考虑对自然生态系统的影响，积极发挥农业的生态、景观和间隔功能，严禁有损自然生态系统的开荒以及侵占水面、湿地、林地、草地等农业开发活动，加强对农业环境治理和农业生态建设的政策支持，大力发展绿色农业、循环农业和低碳农业，不断提高农业资源再利用水平。

（3）坚持当前利益与长期利益相统一　既要立足当前，也要着眼长远；既要立足农业，又要跳出农业看农业；既要立足省内，也要放眼全国。牢固树立绿水青山就是金山银山、保护生态环境就是保护生产力、改善生态环境就是发展生产力的理念，把农业生态建设与管理放在更加突出的位置。从当前湖北农业可持续发展的突出问题入手，统筹利用自然资源和经济社会资源，兼顾农业内源外源污染控制，加大保护治理力度，推动构建湖北农业可持续发展长效机制，促进湖北农业资源永续利用，农业环境保护水平持续提高，农业生态系统自我修复能力持续提升。

（4）坚持体制创新与科技进步相衔接　一方面，稳定和完善农村基本经营制度，不断深化农村改革，推进农村土地经营权合理流转，创新农业经营模式，培养壮大新型农业经营主体，大力发展种养大户、家庭农场和专业合作社，增强农业发展活力。另一方面，强化农业可持续发展的科技创新，完善农技推广体系，加强农村科技人才培养，造就一批懂科技、会管理、善经营的新型职业农民，提升农业可持续发展的技术整合集成和转化推广应用水平，促进湖北农业增长向主要依靠科技进步、劳动者素质提高和管理创新转变。

（5）坚持统筹城乡与农村发展相协调　正确处理资源保护与开发利用、结构调整与环境承载、粮食增产与农民增收、政府主导与农民参与等关系，建立城乡统一的环境治理体系，统筹城乡发展，统筹农业与农村、人与自然协调发展，强化湖北血防疫区农业综合防治，保护农业生态环境，促进全省农业和农村经济全面、协调、可持续发展。

3. 指标体系

根据农业可持续性发展的内涵和特征，结合湖北省实际情况，从农业生态系统、农业经济系统、社会发展系统 3 大类构建湖北农业可持续发展的评价指标体系，具体如表 3-1 所示。

湖北省农业可持续发展指标系统主要指标数据（2000—2012 年）如表 3-2 所示。

表 3-1　湖北省农业可持续发展系统评价指标体系

一级指标	二级指标	三级指标
农业生态系统	耕地资源指标	土地面积
		耕地面积
		草地面积
		林地面积
		土壤有机质含量
		土壤重金属污染面积
		作物总播种面积
		旱涝保收面积
		水土流失面积
		农业自然灾害成灾面积

（续表）

一级指标	二级指标	三级指标
农业生态系统	水资源指标	水资源总量
		水资源用量
		农业水资源用量
		Ⅰ～Ⅲ类水质河道长度
		Ⅳ～Ⅴ类水质河道长度
		劣Ⅴ类水质河道长度
	农业清洁生产指标	化肥用量
		农药用量
		农膜用量
		农膜回收率
		秸秆综合利用率
		规模化养殖废弃物综合利用率
		草畜平衡指数
农业经济系统	农业生产指标	地区生产总值
		第一产业增加值
		农林牧渔业总产值
		粮食总产量
		肉类总产量
	劳动力指标	乡村总人口
		乡村劳动力
		农林牧渔业劳动力
		农业劳动力转移数
		农业劳动力平均受教育年限
	农业科技指标	农业科技人员数
		农业科技贡献率
	收入与财政指标	农村居民人均纯收入
		农产品销售收入
		农业财政投入

表 3-2　湖北省农业可持续发展指标系统主要指标数据（2000—2012 年）

项目 \ 单位	数据来源	指标备注	年份		
			2000	2011	2012
土地面积（km^2）	统计部门		168 725.64	178 051.64	168 918.89
耕地面积（万亩）	统计部门		4 484.67	4 877.51	5 009.18
草地面积（万亩）	统计部门		624.57	653.70	652.88
林地面积（万亩）	统计部门		11 637.47	12 644.98	13 458.00
总人口（万人）	统计部门		5 020.51	5 467.38	5 196.23
乡村总人口（万人）	统计部门		3 482.23	3 741.81	3 621.24
乡村劳动力（万人）	统计部门		1 817.06	2 229.57	2 126.02

（续表）

项目＼单位	数据来源	指标备注	年份 2000	2011	2012
农林牧渔业劳动力（万人）	统计部门		1 006.53	896.72	919.27
农业劳动力转移数（万人）	估算		651.30	1 077.37	1 043.30
农业劳动力平均受教育年限（年）	统计部门		9.87	11.76	11.58
农业科技人员数（人）	农技部门		57 413.00	65 492.00	65 023.00
农业科技贡献率（%）	测算		76.19	92.26	89.94
粮食总产量（万 t）	统计部门		2 107.62	2 595.25	2 267.73
肉类总产量（万 t）	统计部门		297.87	506.75	497.04
地区生产总值（万元）	统计部门	2000 年不变价	36 961 792.57	118 007 738.98	122 587 909.65
第一产业增加值（万元）	统计部门	2000 年不变价	8 256 635.30	20 886 086.96	20 979 523.62
农林牧渔业总产值（万元）	统计部门	2000 年不变价	13 210 548.87	32 267 106.92	32 549 759.69
农村居民人均纯收入（元）	统计部门		57 409.73	162 855.70	166 529.68
农产品销售收入（亿元）	统计部门		414 390.91	6 112 183.05	8 076 074.44
农业财政投入（万元）	统计部门		846 556.65	2 689 455.35	2 344 264.09
土壤有机质含量（%）	估算		14.32	15.84	15.93
土壤重金属污染面积（万亩）	估算		90.42	113.10	111.74
主要土壤污染物	环保部门				
水资源总量（万 m^3）	统计部门		10 691 573.10	11 127 088.47	10 221 056.65
水资源用量（万 m^3）	统计部门		1 845 425.05	1 957 448.09	2 086 314.69
农业水资源用量（万 m^3）	统计部门		1 332 349.34	1 348 092.59	1 112 557.58
Ⅰ～Ⅲ类水质河道长度（km）	环保部门		11 192.52	12 109.99	11 900.08
Ⅳ～Ⅴ类水质河道长度（km）	环保部门		4 302.89	4 643.94	4 253.48
劣Ⅴ类水质河道长度（km）	环保部门		4 599.36	4 831.22	7 285.51
主要水体污染物	环保部门				
作物总播种面积（万亩）	统计部门		7 853.36	9 608.81	8 607.45
旱涝保收面积（万亩）	统计部门		2 325.40	2 450.02	2 221.41
农业自然灾害成灾面积（万亩）	统计部门		1 161.47	1 834.65	1 490.46
化肥用量（t）	统计部门		3 899 067.16	3 854 350.60	3 522 197.10
农药用量（t）	统计部门		115 284.08	123 186.12	115 963.73
农膜用量（t）	统计部门		48 843.83	60 516.18	52 806.22
农膜回收率（%）	估算		46.78	61.30	62.40
水土流失面积（km^2）	统计部门		52 308.60	37 717.97	44 282.53
秸秆综合利用率（%）	估算		46.00	58.79	63.42
规模化养殖废弃物综合利用率（%）	估算		72.65	88.87	90.35
草畜平衡指数	草原站等草地管理部门		641.21	713.82	788.92

（二）农业发展可持续性评价

湖北农业虽然取得了巨大的成功，但同时也带来了严重的环境问题。特别农田、农村畜禽养殖和城乡结合部的生活排污是造成水体氮、磷富营养化的主要原因，其贡献率大大超过来自城市生活污水和工业点源污染。另外，土壤退化、农业化学品污染、农村家庭和社区的资本损失等问题也比较突出。

基于湖北农业现状及可持续性发展方向，结合指标体系构建原则，可以从状态指标出发，对全省农业系统的可持续发展进行评价、比较和检测。由于系统当前状态不但是过去各种威胁和压力的表现，而且也是系统未来发展方向和能力的集中表现，故构建湖北农业可持续发展指标体系，必须从以下几个方面考虑：一是系统范围界定。广大农村地区，尤其是城郊地区。包括农业、农民、农村的全面发展。二是指标基准层。

（1）生态健康　管理和保护自然资源，减少农业对生态环境的污染等不良影响，使资源可持续利用，达到代际公平。

（2）经济活力　有较高的生产率，能不断满足社会对农业的要求，提高效率。

（3）社会认可　以人为本，全面促进农村的发展。生态健康是整个评价的基础，社会认可是最终目的，而经济活力则将两者紧密结合起来。

1. 数据标准化处理

湖北农业可持续发展选择社会、经济、生态指标体系共 3 个基准层，10 个二级指标，3 个三级指标，如图 3–1 所示。

2. 指标权重确定

（1）三级指标的综合性算法　参照联合国开发计划署的民生发展指数的计算方法综合为农民发展指数。

（2）二级指标的综合性算法　首先确定权重，为了实现动态测定，权重应该能够随着指标数值的变化而变化，以突出重点。通常采用如下方法。

将各个指标实际值转化为 0~1 之间的分析值。如亩产品化学用品负荷，根据实际数值确定最大值和最小值，然后按照（亩产品化学品用量 – 最小值）/（最大值 – 最小值）转化为 0~1 之间的数值。其中，有实际测量值的套用此算法进行计算，其余百分率指标本体就是 0~1 的形式，不必计算。计算出的结果得到 A1，A2，…，An。

将 A1，A2，…，An 减去可持续状态的指数如图所示，标明“+”号的即为数值越大越优化的指标，其值减 1；标明 – 号的即为越小越优化的指标，其值减 0，然后取绝对值，得到距可持续发展状态的离差度。结果得到 B1，B2，…，Bn。

离差度越大，对可持续发展影响越大，则其占权重越大。但这是非线性关系，为了放大增益效果，可以用幂函数来表示效果：$Y=Bn^2$，将离差度（B1，B2，…，Bn）转化为 0~1 之间的数值，计算结果为 C1，C2，…，Cn。

在各基准层下，计算各指标的权重 D1，D2，…，Dn。例如社会认可有两个指标，上一步的计算结果为 C1，C2，则权重的计算公式分别为 C1/（C1+C2），C2/（C1+C2）。从而使权重能够随着指标的占比（即重要性）而变化，减少了主观性，增加了动态监测和评价。

最后在各基准层下，将权重乘以第一步得出的数值（A1，A2，…An），综合成指数形式。为了强调生态指标的不可替代性和对系统发展的重要性，生态指标采用加权积的方法综合，而另外两个基准层则按照加权和的方法进行综合。

3. 评价结果分析

本报告采用层次分析法与专家打分法相结合的方法对系统中各指标进行打分。并根据上述数据标准化处理方法与综合指数评价方法，综合评价三大子系统情况。总体评价表明，湖北省农业可持续发展水平逐年稳步提高，发展形势较为喜人，特别是农业经济系统和社会发展系统的可持续发展能力持续提高，对农业整体可持续发展水平的提高起到了强有力的支撑。但是，从单个指标的得分

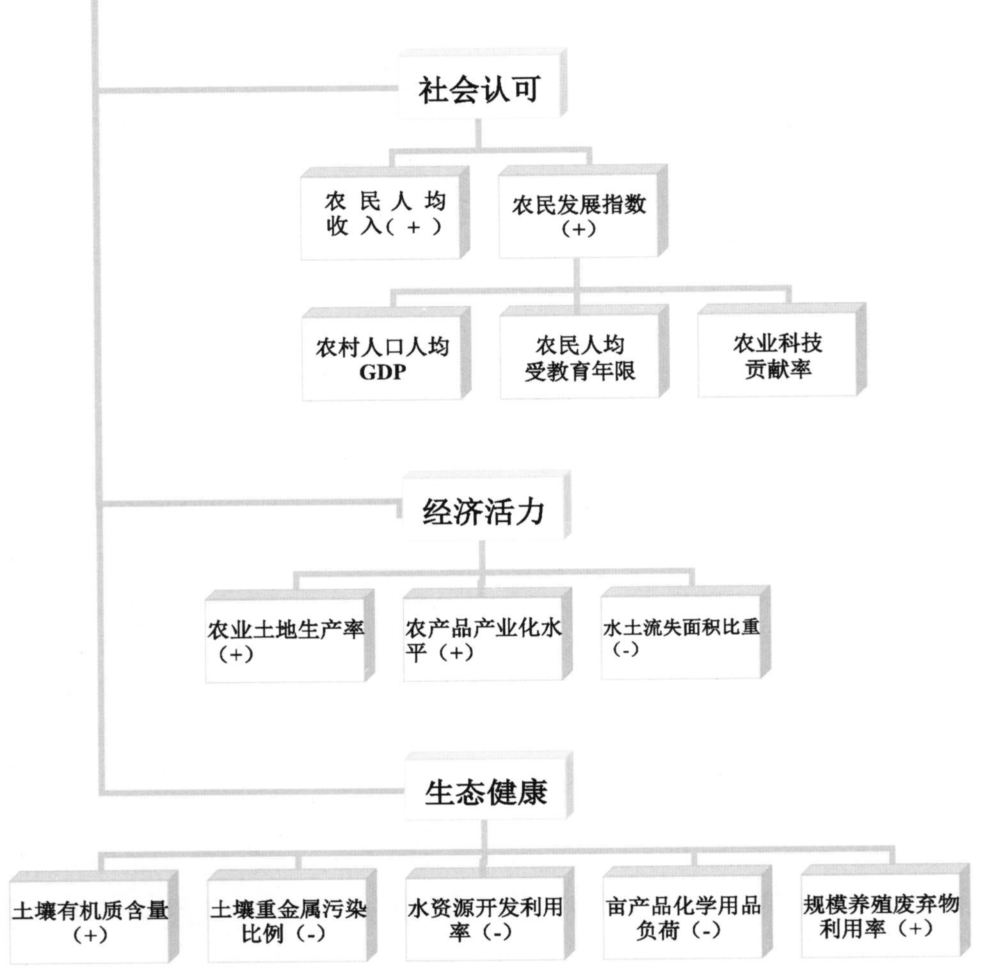

图 3-1　湖北农业可持续性发展的评价和监测指标

变化来看，虽然湖北省在农业生态环境治理、提高农业劳动力效率、加大财政支农力度、提高农民收入等方面取得了很大的成绩，但仍面临耕地面积减少、粮油生产水平下滑、农业科技化水平有待提高等问题，应引起政府相关部门的足够重视。

四、农业可持续发展背景下的产业合理规模分析

（一）种植业合理规模

1. 种植业资源合理开发强度分析

（1）粮食生产面临的问题

① 耕地资源数量减少，耕地质量下降。总体上，湖北省耕地面积和人均耕地面积呈下降趋势。

全省耕地面积从 1995 年的 7 469.6 万亩减少的 2007 年底的 6 995.03 万亩，平均每年减少 39.55 万亩。目前，湖北省人均耕地面积 0.77 亩，仅为全国人均耕地面积的 2/3，低于联合国粮农组织提出的 0.8 亩的警戒线。由于长期过度利用耕地，地力明显下降，湖北省土壤缺钾面积由 1982 年的 20% 上升到 2005 年的 80%，缺硼、锌等微量元素面积达 4 000 多万亩。长期不合理施用化肥，土壤板结严重，有机质明显降低。

② 农业基础设施老化，抗灾能力不强。据调查，湖北省现有农田水土流失严重，全省水土流失面积达 7.8 万 km^2。尽管年降水量不少，但由于降雨时空分布不均匀，且与人口、耕地分布不相匹配，造成“十年九涝、三年两旱”的局面。近些年来，国家和省逐步加大对大型泵站更新改造，大型灌区续建配套与节水改造、病险水库除险加固等重点水利工程的投入力度，部分骨干水利设施状况有所改善，但田间工程的整治相对滞后，渠道输水缓慢，渗漏严重，灌区渠系水利用系数和灌溉水利用系数分别只有 0.45~0.55 和 0.45 左右，50% 以上的排灌设施带病运行，抗御旱涝灾害的能力十分脆弱。

③ 粮食生产效益偏低，农民种粮积极性难以维持。近几年，国家实施了粮食最低收购价、粮食直补、良种补贴、农机补贴、农资综合补贴等惠农政策，并取消了农业税，农民种粮效益明显提高，农民种粮积极性有所增强，但由于化肥、农药、种子、农膜、农用柴油等农资价格不断上涨，劳动力成本大幅上涨，粮食比较效益仍然偏低。据测算，全国粮食与棉花效益比约为 1：5，粮食与蔬菜效益比约为 1：4。由于比较效益偏低，农民不愿增加投入和精耕细作，不愿从事劳动强度大的双季稻生产，不愿主动采用新技术、新良种，在一定程度上制约了粮食单产提高。

④ 农业机械化和规模化经营程度不高，粮食生产效率偏低。我国国情决定“一家一户”分散的经营模式在相当长时期内仍将占主体地位，在劳动力大量外流的情况下，这种经营模式的传统优势正逐步减弱。分散的家庭经营不利于土地集中连片实行规模经营，不利于大面积地应用机械化，不利于推行农业标准化生产和农业产业化经营，不利于采用良种和推广新的适用技术，制约了粮食生产效率提高。

（2）耕地压力指数变化　湖北省耕地压力指数整体表现出下降的趋势，2003—2012 年十年来的耕地压力指数分别为 1.605 1、1.306 1、1.208 5、1.061 6、1.087 9、1.052 0、0.981 8、0.993 2、0.929 8 和 0.896 2，平均值为 1.112 2。大部分的年份耕地压力指数均大于 1，这说明湖北省作为全国的产粮大省和人口大省，全省人均耕地实际值小于最小人均耕地面积，粮食的供给水平低于粮食消费水平，耕地压力较大（图 4-1，图 4-2）。

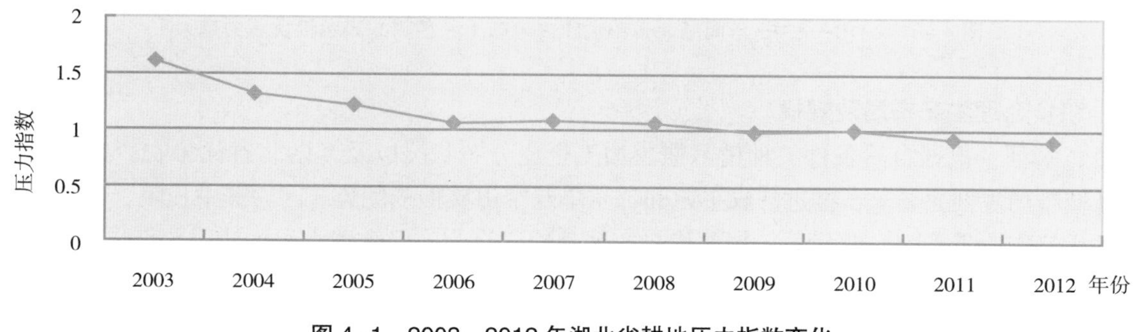

图 4-1　2003—2012 年湖北省耕地压力指数变化

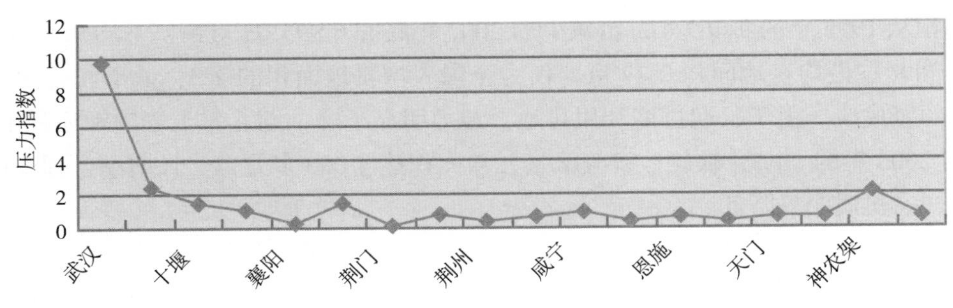

图 4-2　2010—2012 年湖北省各市耕地压力指数

（3）粮食生产的发展潜力　据有关部门和专家反复论证，如果措施得力，到 2020 年通过扩大面积和提高单产，湖北粮食总产达到 275 亿 kg 左右，再增产 50 亿 kg 完全可行。近年来，湖北科技进步对粮食生产的贡献率逐年提高，但与发达国家 70% 以上相比，仍有很大差距。因此，“科技增粮”仍是今后农业发展的重中之重。湖北省计划，通过系列措施，力争到 2020 年，全省农业科技贡献率从现在的 55.2% 提高到 70%。按目前科技贡献率每增加 1 个百分点、粮食单产增加约 2kg 测算，2020 年粮食单产可比 2010 年提高 32kg，仅按现有粮食面积测算，新增粮食产能可达 20 亿 kg（图 4-3）。

图 4-3　2010—2012 年间湖北省粮食压力分布（颜色越深表示粮食压力越大）

2. 粮食合理生产布局及规模

（1）水稻　根据自然条件、种植习惯、加工企业分布状况以及《湖北省优势农产品及特色农产品区域布局规划》要求，推进江汉平原和鄂东单双季优质籼稻优势产区、鄂中丘陵、鄂北岗地单季籼稻优势产业带和鄂东北优质、粳稻优势产区基地建设，确保全省水稻种植面积稳定在 3 200 万亩左右，其中优质稻种植面积达到 2 500 万亩。

（2）小麦　根据农业部制定的《小麦优势区域布局规划（2008—2015 年）》安排，结合湖北农业可持续发展过程中结构调整的趋势、加工企业分布情况，以及大众消费特点，重点抓好鄂中丘陵、鄂北岗地优质中筋小麦优势区和江汉平原、鄂东弱筋专用小麦优势区基地建设，全省小麦种植面积稳定在 1 500 万亩、优质专用小麦种植面积为 1 200 万亩。

（3）玉米　服务饲料加工业和养殖业发展需要，大力促进湖北玉米产业发展，稳定种植面积，着力提高单产，加强技物配套，发展订单生产，提高全省玉米综合生产能力和加工转化能力，重点促进鄂西山地玉米区、鄂北岗地玉米种植区、江汉平原及鄂中丘陵区玉米种植业的发展。全省玉米种植面积稳定在 850 万亩，单产提高到 340kg。

3. 油料作物合理生产布局及规模

在湖北境内的长江、汉江沿岸地区与鄂东、江汉平原、鄂中北地区集中建设 30 个“双低”油菜标准化生产示范区（基地），确保全省油菜面积达到 1 900 万亩以上，油菜“双低”优质率和商品率分别稳定在 95% 和 65% 以上。在汉江中游和鄂东大别山建设 300 万亩花生、芝麻板块。

4. 蔬菜合理生产布局及规模

按照建设“两型社会”和发展绿色农业、循环农业、生态农业、低碳农业的要求，全省积极推进蔬菜产业向环境友好型、资源节约型、生态保育型的“三型”产业转变。到“十三五”末（2020 年），全省蔬菜（含西甜瓜、魔芋、食用菌）基地面积稳定在 1 000 万亩，播种面积稳步发展到 1 900 万亩。根据湖北省政府 2008 年制定的《湖北省马铃薯产业发展规划》，重点抓好鄂西高山种薯优势生产区，鄂西低山粮、加、饲产业区，平原菜用、加工薯产业区和鄂东南丘陵特色商品薯产业区的基地建设，力争各类马铃薯基地建设突破 500 万亩，包括商品薯生产基地建设和种薯繁育基地建设。

5. 棉麻桑蚕合理生产布局及规模

进一步提升湖北省的棉麻生产优势，建设适纺 50 支纱以上的中长纤维原棉生产基地和适纺 30 支纱以下的中短纤维原棉生产基地，通过建设江汉平原、鄂东和鄂北三大优质棉板块，棉田面积稳定在 700 万亩左右。建设优质苎麻生产基地，通过建设鄂南优质苎麻板块，苎麻种植面积恢复到 30 万亩左右。桑园面积发展到 40 万亩。大力推广多丝量优质蚕品种，主推小蚕共育、省力化养蚕，方格蔟营茧等集成技术，大力开展桑蚕茧综合利用，提高综合效益。

6. 果茶药合理生产布局及规模

做好水果市场细分，加快品种结构调整，抓好“早熟”“晚熟”品种发展，实现均衡上市，果园面积发展到 580 万亩。突出名优茶生产，大力推广茶树无性系良种繁育栽培技术，提高茶园整体素质，茶园面积稳定在 350 万亩左右。强化中药材规范化种植，大力推广高产栽培和无公害生产技术，重点发展黄连、茯苓、板党、玄参、白术等品种，中药材留存面积发展到 500 万亩，年度播种面积稳定在 130 万亩。

（二）养殖业合理规模

1. 生猪养殖合理生产布局及规模

以长江流域县（市、区）为重点，建设与龙头企业相配套的生猪产业板块基地。包括襄阳、松滋、钟祥、随县（含曾都）、仙桃、潜江、当阳、夷陵、枝江、京山、南漳、恩施（市）、枣阳、鄂州、天门、黄陂、武穴、沙洋、宜城、通城、公安、宜都、江夏、监利、老河口等 25 个国家生猪调出大县和汉川、安陆、大冶、阳新、巴东、利川等县（市、区）。

2. 草食畜牧合理生产布局及规模

肉牛。肉牛基地以汉江流域、大别山肉牛产业带为主。

肉羊。肉羊基地主要集中在以清江流域的建始、巴东、恩施、宜都、长阳等县（市、区），汉江流域的丹江口、郧西县、房县、老河口、襄阳、枣阳、南漳、谷城、宜城、随县、曾都、广水等县（市、区），大别山区域的麻城、罗田、蕲春、英山等县（市、区）。

奶牛。奶牛基地以武汉为中心，联合黄石、鄂州、黄冈、孝感、咸宁、仙桃、天门和潜江等8市共同打造武汉城市圈奶业基地。其中，黑白花高产奶牛生产基地主要包括武汉、黄冈、黄石、咸宁、孝感、咸宁市郊；奶水牛生产基地主要包括鄂州、天门、潜江、仙桃4市及黄冈、咸宁、孝感3市所辖部分县（市、区）；"黄牛奶改"发展区域主要包括黄冈、咸宁、孝感3市所辖县（市、区）。

3. 禽蛋合理生产布局及规模

——肉鸡。一是打造鄂北双亿只肉鸡产业带。二是建设鄂南亿只优质黄羽肉鸡养殖基地；三是建设千万只生态土鸡养殖基地。形成湖北3亿只肉鸡主产区和精深加工集中地。

——蛋鸡。以湖北神丹、湖北神地、武汉灵星等蛋品生产加工龙头企业为依托，以建设京山、应城、云梦、安陆、钟祥、沙洋、仙桃、公安、荆州（区）、石首、新州、浠水、团风等蛋品大县（市、区）为重点，形成鄂中、鄂东存笼过亿只的蛋鸡板块。

——肉鸭。以汉口精武和飘飘鸭业、周黑鸭、鸿翔等肉鸭加工龙头企业为依托，建设以"8+1"武汉城市圈为主的亿只肉鸭产业基地。

——蛋鸭。以仙桃九珠、荆州离湖、荆州小胡鸭等蛋鸭加工龙头企业为依托，建设以江汉平原为主的6 000万只蛋鸭养殖基地。

——鹅。生产基地集中在江汉平原、鄂中产业区和鄂南产业区。

4. 水产业合理生产布局及规模

根据农业部制定的《特色农产品区域布局规划（2013—2020年）》和《全国优势农产品区域布局规划（2008—2015年）》要求，结合湖北省各地自然条件、养殖习惯以及加工企业分布状况，在稳定发展"青、草、鲢、鳙、鲤、鲫、鳊、鲂"等8大常规当家品种的基础上，按照区域化、专业化、标准化、产业化的要求，大力推进特色水产品养殖。重点发展小龙虾、河蟹、斑点叉尾鮰等三大出口优势水产品和鳜鱼、黄颡、鳝鳅、龟鳖、乌鳢、鲶鱼、青虾、长吻、鲌鱼、罗非鱼、大鲵、胭脂鱼、鲟鱼等特色品种（除小龙虾、鲌鱼、罗非鱼、大鲵、胭脂鱼、鲟鱼外，其他各品种均被纳入全国特色农产品和优势农产品区域布局规划）。

（1）良种繁育布局　在潜江、洪湖、仙桃、鄂州、嘉鱼、监利、孝南、沙洋、应城、黄陂、浠水、天门、新洲、赤壁、蕲春、黄州、钟祥、汉川、宜城、武穴等县（市、区）建设名特水产品省级苗种繁育基地。

（2）示范养殖布局　在潜江、洪湖、仙桃、鄂州、嘉鱼、监利、孝南、沙洋、应城、黄陂、浠水、天门、新洲、赤壁、蕲春、黄州、钟祥、汉川、宜城、武穴、公安、石首、广水、黄梅、大冶、枝江、江夏、荆州、沙市、阳新、蔡甸、东西湖、汉南、松滋、江陵、团风、当阳、随县、京山、东宝、云梦、大悟、安陆、麻城、咸安、通城、老河口、枣阳、孝昌、襄阳等县（市、区）健康养殖示范基地。

（3）规模养殖布局

——鳜鱼。以洪湖、江夏、嘉鱼、鄂州、公安、黄陂、仙桃、监利、石首、汉川、应城、武穴、钟祥、天门、松滋、沙洋、浠水、蕲春、阳新、通山等县（市、区）为重点。

——黄颡鱼。以公安、荆州、嘉鱼、赤壁、新洲、鄂州、石首、监利、洪湖、云梦、汉川、天门、潜江、蕲春、黄州、松滋、江夏、黄陂、浠水、老河口等县（市、区）为重点。

——鳝鳅。以仙桃、监利、洪湖、嘉鱼、阳新、汉川、孝南、天门、沙洋、潜江、公安、鄂州、赤壁、咸安、通城、大悟、广水、蔡甸、武穴、汉南等县（市、区）为重点。

——龟鳖。以应城、京山、公安、沙市、天门、浠水、孝南、沙洋、黄陂、洪湖等县（市、区）为重点。

——乌鳢。以阳新、嘉鱼、云梦、汉川、沙市、监利、洪湖、公安、鄂州、蔡甸、浠水、黄梅、大冶、沙洋、当阳等县（市、区）为重点。

——鲶鱼。以监利、公安、嘉鱼、枝江、当阳、丹江口、麻城、天门、随县、阳新等县（市、区）为重点。

——青虾。以黄梅、监利、嘉鱼、鄂州、大冶、江夏、阳新、赤壁、洪湖、沙洋等县（市、区）为重点。

——长吻鮠。以石首、洪湖、长阳、钟祥、蕲春、夷陵区、当阳、宜都、枝江、汉川等县（市、区）为重点。

——鲌鱼。以丹江口、大冶、公安、当阳、宜城、黄梅、嘉鱼、咸安、江夏、鄂州等县（市、区）为重点。

——罗非鱼。以英山、天门、浠水、沙洋、潜江、钟祥、赤壁、应城、洪湖、襄阳等县（市、区）为重点。

——大鲵。以宣恩、咸丰、恩施、鹤峰、竹溪、房县、竹山、丹江口、嘉鱼、当阳、夷陵、五峰、京山、神农架、东西湖、郧西等县（市、区）为重点。

——胭脂鱼。以孝南、东西湖、荆州区、嘉鱼、当阳等县（市、区）为重点。

——鲟鱼。以荆州区、宜都、长阳、当阳、蔡甸、麻城、仙桃、洪湖、广水、沙市等县（市、区）为重点。

五、湖北农业可持续发展的区域布局

（一）农业可持续发展制约因素区域差异分析

1. 武汉城市圈都市生态型农业可持续发展区制约因素

武汉城市圈在建设资源节约和环境友好型农业方面，虽然取得了阶段性成效，但农业和农村经济要从根本走上科技含量高、经济效益好、资源消耗低、环境污染少的全面协调可持续发展道路，当前仍然面临着诸多薄弱环节。

（1）农业经济实力不强　主要表现在优质高效的农业标准化生产基地建设不够，规模不大，优势特色农业主导产业有待进一步做大做强；经济实力强、科技水平高、带动力大的农业龙头企业少，农民专业合作社发展不够，整体实力较弱，素质不高；在全国知名的品牌农产品较少；农村集体经济薄弱，农民持续快速增收的长效机制尚未完全建立起来。

（2）农业生产经营仍然粗放　传统农业仍有相当比重，农业基础设施脆弱，农业科技装备水平不高，小规模分散经营与大市场对接的矛盾依然制约着现代农业的发展，农业低效、高耗、污染重的情况尚未从根本上扭转，“减量化、再循环、再利用”的农业持续发展体系尚未完全建立起来。

（3）农业科技推广应用水平不高　农业后备劳动力缺乏，现有农业劳动力的生产技术水平有待进一步培训提高；农业技术公共服务体制机制有待进一步改革创新，农业科技成果的引进、转化能力不强，农业科技投入相对不足，农业新品种、新技术、新模式、新设备的覆盖面有待提高。

（4）政策法律制度尚待完备　农业生产环节农药、化肥、激素、添加剂等过多过滥使用；人畜粪便、薄膜、生资包装袋等农业面源污染严重；土地撂荒、半撂荒现象存在，耕地有机质不高，地力下降；湖泊、水库过度养殖，水体遭到破坏；工业及生活污水排放污染农业生产环境的情况时有发生，农村人居环境恶化等，都需要制定保障农业可持续发展的配套政策、法律制度。

（5）体制机制有待进一步创新　农业可持续发展涉及农业、林业、畜牧、水产、农机、能源、环保、农产品加工、农用工业等各产业，涉及金融、财政、税收等各方面，涉及政府、科研院所、企业、农民等不同的主体，涉及政策、宣传、教育等不同环节，推动武汉城市圈农业可持续发展的体制机制有待进一步建立和完善。

2. 鄂西生态文化旅游圈特色农业可持续发展区制约因素

（1）总体发展滞后　鄂西生态文化旅游圈圈域面积占全省总面积的70%，但2013年圈域生产总值只占全省的40.1%。从旅游资源开发看，虽然鄂西圈聚集了全省大部分旅游资源，但2013年旅游总收入占全省的比重不到35%，旅游业与其他关联产业结合还不够紧密。

（2）市场化程度偏低　目前，鄂西圈过亿元的市场投资主体达165家，但生态文化旅游龙头带动型企业不多，缺乏高水平的项目策划，企业投资意愿不强。鄂西圈建设面临较大的融资压力，很多地区在旅游开发上主要依赖政府投入，吸引社会资本能力不强，建设投入不足。

（3）生态资源保护压力较大　山区、库区仍存在水土流失情况，矿区资源开发有待规范，城镇生态环境比较脆弱，农村环境污染问题比较突出，滑坡、泥石流、崩岸等地质灾害防治任务艰巨。同时，在推进城镇化与新农村建设进程中，也出现建设性破坏生态问题。

（4）工作机制有待进一步完善　圈内协调、沟通、合作机制不够完善，部门与部门、规划与规划、项目与项目之间统筹协调不够。跨区域景区资源整合和协同发展面临较大困难。圈域人才机制不活，高端人才缺乏。

3. 长江经济带现代农业可持续发展示范区制约因素

（1）长江湖区湿地农业可持续发展区的制约因素　一是湖泊湿地的大规模围垦削弱了其调蓄和净化功能。长江湖区的湖泊湿地，通过其调蓄作用维系着长江水系的水量平衡；通过湖泊湿地的沉沙、营养物质的吸收、降解和转化等的净化作用，保护着长江水系格局的相对稳定和水体质量的优良，延缓长江的自然变迁速率。围垦不仅使湖北的湖泊面积锐减，同时也使湖泊蓄水容积减少。二是湖泊湿地的大规模丧失加剧江湖的洪涝灾害威胁。湖泊调蓄容积的减少，直接导致江河的来洪无地可蓄或难蓄纳，蓄泄功能严重失调。在相当程度上，引发了江湖洪水位的不断升高，所谓的最高洪水位被不断突破，湖区出现了“平水年景，高洪水位”的异常现象，还在一定程度上加剧了江湖水体的富营养化和水质恶化过程。三是湖泊建闸和筑堤封堵割裂了江湖天然的水力和生态联系。湖泊经过建闸控制后，原江湖间的水力直接联系被隔断，湖泊丧失了自然吞吐江河的功能，鱼类资源群体得不到来自江河的适时补充，入湖水系上游河道也因建闸控制使原有的鲥鱼以及青、草、鲢、鳙等一些重要产卵场地随之消失，严重影响渔业资源的自然增殖。而且，珍稀鸟类的栖息地、越冬地的生境也遭受了破坏，湖泊生物多样性已受到严重威胁，影响了长江水系的生物多样性和水域生态系统的平衡，破坏了农业可持续发展的生态基础。

（2）鄂东山地丘陵农业可持续发展示范区的制约因素　一是对高效特色农业的认识存在误区。政府对特色农业的重视程度不够，基层干部在推进高效特色农业中缺乏正确引导，在农业发展方向上一味强调粮食生产，在高附加值特色农业上没有做足文章，对特色农产品的扶持力度不够。二是发展高效特色农业前期投入巨大。在中西部地区由于消费水平的限制，特色农产品的本地市场容量很小。高效农业是技术与资金密集的产业，资金的筹集、技术的获得是发展高效特色农业的必备条件。发展特色农业必须突破规模的限制。零星种植与养殖无力承担广告宣传、市场开拓、技术指导、产品运输等交易成本，只有形成规模才能把这些成本消化在规模收益中。三是农民文化素质与农业技术水平有待提高。多数有文化和技术的农民流向了城市，留在农村从事农业生产的多是文化水平偏低、缺少技术与资金的农民。知识化、技术化是高效特色农业持续发展的关键，而鄂东丘陵地区的农民群众的科技素质不高与发展高效特色农业的差距明显。四是土地流转存在问题。高效特色农业要实现效益必须采取规模经营，但是鄂东丘陵地区土地零碎，在一块相对完整的地块上，只要一两户农民不愿意出租土地，就会影响灌溉、供电、施药等田间作业，会极大增加经营成本。五是缺乏生态产品品牌意识。鄂东丘陵地区拥有良好的生态环境，在特色农副产业上有很强的竞争优势，但过度分散的经营模式使得现有特色农产品还远未形成知名品牌，尤其在板栗、茯苓、食用菌类、桐油等代表性区域特色农产品上缺乏知名品牌。

4. 汉江生态经济带生态农业可持续发展区制约因素

汉江流域自然资源丰富、经济基础雄厚、生态条件优越，是连接武汉城市圈和鄂西生态文化旅游圈的重要轴线、连接鄂西北与江汉平原的重要纽带，具有“融合两圈、连接一带，贯通南北、承东启西”的功能，在湖北省经济社会发展格局中具有重要的战略地位和突出的带动作用。但是目前汉江生态经济带农业可持续发展面临的“瓶颈”制约也非常明显：一是资源约束加剧。随着社会经济的不断发展，以及工业化、城镇化的加速推进，人地矛盾日益突出，土地资源紧缺将成为汉江生态经济带农业可持续发展的最大制约因素。汉江生态经济带人均耕地面积远不到 1 亩，尤其是丹江库区、南水北调工程淹没耕地、沿库区周边 1km 限制耕作等都对农业可持续发展造成消极影响。二是生产方式粗放。汉江生态经济带部分地区仍存在农业生产方式粗放的问题，农田耕种技术和管理水平不高，水资源利用效率低，而化肥和农药等物质资料消耗过高。另外，不合理的耕作制度和农艺生产技术加剧了农业生态环境的恶化。三是农业产业化水平偏低。农产品加工业增加值与农业增加值比例仅为 1.3：1，远低于全国平均水平。农业企业普遍存在加工设备落后、生产能力有限的问题，多数企业从事的是简单的产品分拣、包装或者初级加工，产品科技含量低，在农产品精深加工和产业链条延伸方面明显不足。四是农业环境污染问题突出。农业面源污染与耕地重金属污染对农业可持续发展形成制约。来自农村的面源污染主要是农田面源、畜禽养殖和农村生活三部分。

（二）湖北农业可持续发展区划方案

按照生产发展、生活富裕、生态良好“三生农业”的总体要求，依据农业资源合理配置、产业合理布局、种养互为依托、生产加工协调、区域差异互补、分类指导的原则，将全省分为武汉城市圈都市生态农业区、鄂西生态文化旅游特色农业区、长江经济带现代农业示范区、汉江经济带农业发展区共 4 个农业可持续发展区域。

1. 武汉城市圈都市生态型农业可持续发展区

（1）规划范围及基本概况　武汉城市圈是以武汉市为中心，由武汉及周边 100km 范围内的黄石、鄂州、孝感、黄冈、咸宁、仙桃、天门、潜江 9 市构成的区域经济联合体，是湖北省产业和生产要素最密集、最具活力的地区，是湖北省经济发展的核心区域。武汉城市圈 9 市辖 25 个区、25 个县（市）、638 个街、乡、镇、场（71 个乡、322 个镇、182 个街、63 个农场），12 964 个行政村（队），501.33 万农户。农业人口 1 914 万，占圈域人口的 60.7%。农业劳动力 968.4 万，占农业人口的 50.6%。农用土地资源面积 6 036.8 万亩，其中，耕地面积 2 072.9 万亩，占农用土地资源面积的34.3%；可养水面805.7万亩，占农用土地资源面积的13.3%；林地面积2 461.8万亩，占农用土地资源面积的40.8%；可开发利用的“四荒”面积696.46万亩，占农用土地资源面积的11.5%。该区域交通、区位、市场和人力资源优势明显，资本、技术等现代化生产要素充足，是湖北农业集约化、规模化程度较高和多功能农业发展较好的地区。率先实现该区域农业现代化，对于加快全省农业可持续发展步伐具有重要意义。

（2）发展定位与发展方向　武汉城市圈立足自身优势和特点，着眼国际国内两大市场，进一步优化圈域农业可持续发展战略布局，各市在因地制宜建设一批差异明显、特色鲜明的优势农产品基地的同时，更应依托大武汉，整合资源，集中优势，共同打造事关强化农业基础，影响圈域农业可持续发展全局的几个关键性产业，形成农产品加工中心、种子种苗研发繁育中心、循环农业示范中心、乡村旅游与休闲农业产业中心、农业科教中心和农村综合产权交易中心等“六大中心”。

优势农产品产业带。一是武汉市及周边商品蔬菜产业带。圈域内具有蔬菜、冷食瓜和莲藕的生产优势，尤其是莲藕等水生蔬菜生产优势明显。冬季露天叶菜、苔菜、根菜类在长江以北地区有明显的市场优势。二是优质水产品产业带。以梁子湖、保安湖、西凉湖、龙感湖为核心的鄂州、黄梅、大冶、江夏、咸安、赤壁、嘉鱼等沿湖县（市），重点发展大水面河蟹、青虾等特种养殖；以新洲、汉南、鄂州、大冶、江夏、汉川、天门、仙桃、咸安、赤壁、嘉鱼等县（市）为主的精养鱼池为基地，主要发展乌鱼、龟鳖、黄鳝、鳜鱼、泥鳅等名优水产品。三是优质稻米产业带。该区域布局包括孝南、孝昌、安陆、应城、团风、浠水、蕲春、武穴、黄梅、崇阳、咸安、嘉鱼、阳新、仙桃、天门、潜江等县区。四是优质棉花产业带。该产业带可分为东西两部分。其中，圈西优质棉花产业带系中长纤维棉区，包括天门、潜江、仙桃、汉川4市，面积150万亩；圈东优质棉花产业带为长纤维棉区，包括黄梅、麻城、武穴、黄冈4个县（市）。同时，发展圈域优质棉纺织品加工和服装生产产业链配套体系。

循环农业示范中心。按照“减量化、再循环、再利用”的原则，着力推广以沼气为纽带的能源生态模式、以食用菌为纽带的废物利用模式、以动植物互利为纽带的种养结合模式和农产品循环精深加工等循环农业模式。大力推广节地、节水、节药、节肥、节种、节粮、节能、节时型农业技术，促进农田内循环、种养循环和生物链循环等农业循环模式的不断发展。加强生态农业建设力度，采取切实措施推进农业面源污染防治，提高农村清洁能源开发利用水平，深入开发农业的多功能。在重点产业、重点领域、基地园区和企业、街（镇、乡、场）、村开展农业循环经济示范，促进圈域形成循环农业示范中心。

乡村旅游与休闲农业产业中心。充分发挥武汉城市圈生态旅游资源丰富、交通区位和市场优势明显的特点，积极打造圈内“两轴、三圈、多节点”的乡村旅游与休闲农业产业带。“两轴”即：沿长江—汉江人文旅游发展轴，包括东西向，沿汉江流域的仙桃、天门、潜江、汉川；沿长江的武汉、黄冈、鄂州等临江地区；沿京珠生态休闲旅游发展轴，包括南北向，沿京珠高速、京广铁路、107国道交通要道的地区，包括赤壁、嘉鱼、咸宁市区、武汉（江夏、蔡甸等）、孝感、孝昌、大悟等地区。“三圈”即内圈：环武汉城郊游憩带，区域范围包括黄陂、新洲、蔡甸、东西湖、江夏、汉南、洪山7个近郊区。中圈：环武汉都市文化休闲圈，区域范围包括鄂州、黄陂、大冶、黄冈、团风、浠水、孝感、孝昌、汉川、云梦、咸宁、赤壁、嘉鱼。外圈：环武汉山水生态休闲圈，区域范围包括孝感的应城、安陆、大悟，黄冈的红安、麻城、罗田、英山、黄梅、蕲春、武穴，黄石的阳新、咸宁的通山、崇阳、通城，仙桃、天门、潜江，以及洪湖、京山。“多节点旅游明星城镇”包括武汉木兰镇、孝感汤池镇、鄂州梁子镇、黄冈九资河镇、咸宁赤壁镇、黄冈七里坪镇、黄冈五祖镇、咸宁九宫山镇、孝感宣化店镇、黄石大冶王英镇等，是最具发展潜力的旅游明星乡镇。要通过建设打造，使圈域成为中部地区若干线路一线串珠、旅游景点纷呈的乡村旅游与休闲农业的中心区域。

2. 鄂西生态文化旅游圈特色农业可持续发展区

（1）规划范围及基本概况　鄂西生态文化旅游圈包括神农架林区，恩施州利川市、巴东县、建始县、恩施市、咸丰县、来凤县、宣恩县、鹤峰县，十堰市张湾区、茅箭区、郧县、郧西县、房县、丹江口市、竹山县、竹溪县、保康县，宜昌市夷陵区、兴山县、秭归县、长阳县、五峰县、宜都市、当阳县、兴山县等 26 个县（市、区）。区内生态赋存良好，已有国家级生态示范区 5 个，国家级自然保护区 9 个，省级自然保护区 10 个，分别占全省总数的 71%、90% 和 59%。水能资源丰富，可开发水能资源占湖北省的 90% 以上，占全国可装机总容量的 8.7%。物种丰富，有国家重点保护野生植物 51 种，野生珍稀动物金丝猴等 120 种，分别约占全国的 18.55% 和 31.75%。森林覆盖率高达 35.2%。目前，鄂西圈已经形成了以粮棉油蔬菜种植与水产家禽家畜养殖为基础，以干果、菌类、茶叶、烟叶、中药材和生态旅游为主要内容的特色农业体系。

表 5-1　鄂西山区山地农业区农业资源利用情况

科目		面积（千 hm^2）	产量（万 t）	占全省比重（%）	备注
粮食作物	水稻	135.7	91.0	5.9	播面占比
	小麦	101.85	28.9	8.9	播面占比
	玉米	308.73	139.5	51.8	播面占比
经济作物	油料	206.87	32.3	13.7	播面占比
	棉花	0.25	0.025	0.06	播面占比
畜禽产品	生猪出栏（万头）	—	1 093.14	22.12	出栏占比
	禽蛋	—	9.6	4.5	产量占比
农特产品	茶叶	170. 8	12.9	61.3	面积占比
	烟叶	69.25	14.0	96.1	面积占比
	干鲜果	170.0	208.7	42.4	产量占比
蜂产品		—	0.22	10.9	产量占比

（2）发展定位及发展方向　生物多样性保护区。按照湖北省主体功能区划定位，着力推进退耕还林、石漠化综合治理，森林覆盖率提高到 60% 以上；加强生态公益林保护，禁止乱砍滥伐；加强高山草甸生态系统保护，禁止垦草造田，加强清江、漳河、汉江上游等中小河流域综合治理，确保入河口水质达到国家Ⅱ类标准；支持濒危动植物种养，丰富生物基因库；支持建立省级以上的植物园、动物园以及地质公园和森林公园；支持建立农业生物档案馆和博物馆，形成较为完整的生物多样性保护体系，为全省农业可持续发展提供生态支撑。

生态农业发展先行区。加强优势特色农业板块基地建设，支持茶区、烟区、果区建立清洁喷灌体系；围绕茶叶、烟叶、柑橘、核桃、香菇等优势农特基地，开展山、水、林、田、路等综合建设，丰富特色农业的文化内涵，形成旅游观光景品、景区；大力发展草食畜牧业和蜂产业，形成空间立体生态大农业格局，实现保护与开发双赢；大力培植产业化龙头企业，形成有机、绿色、无公害食品企业集群和品牌集群。

农业环境污染治理示范区。支持建设以沼渣、沼液、畜禽养殖废弃物以及农产品加工废弃产品为原料的生物有机肥厂；支持乡镇、中心村镇建立污水处理厂和人工湿地，实现雨污分流；支持建立村收集、乡转运、片处理的农村固体废弃物垃圾处理长效机制；支持建立山田雨污分流的排水体系，减轻农田土壤侵蚀；加强农田施肥监督管理。

3. 长江经济带现代农业可持续发展示范区

（1）规划范围及基本概况　长江湖区湿地农业可持续发展示范区。长江湖区湿地农业可持续发展示范区包括武汉市汉南区、蔡甸区、江夏区、黄陂区、新洲区，荆门市东宝区、辍刀区、京山县、钟祥市、沙洋县，荆州市荆州区、沙市区、江陵县、洪湖市、松滋市、公安县、石首市、监利县，鄂州市、天门市、仙桃市、潜江市，黄石市区、大冶市，孝感市孝南区、汉川市，咸宁市咸安区、嘉鱼县、赤壁市，黄冈市黄州区、黄梅县、武穴市，宜昌市区、枝江市、当阳县、龙感湖农场等 36 个县（市、区）。海拔在 10~100m，太阳年辐射总量 90~110kcal/cm^2，多年平均日照时数 1 200~1 800 小时，无霜期 290~300 天，多年平均降水 1 100~1 500mm。土壤由近代河流冲积物和新生代第四纪黏土沉积物形成，以水稻土、潮土为主体。地势平坦，土地肥沃，光能充足，热量丰富，无霜期长，降水充沛，雨热同季，适宜多种农作物、水生物生长发育。

表 5-2　长江湖区湿地农业区农业资源利用情况

科目		面积（千 hm^2）	产量（万 t）	占全省比重（%）	备注
粮食作物	水稻	1 332.9	1 036.5	58.0	播面占比
	小麦	476.5	156.3	41.7	播面占比
	玉米	109.9	62.5	18.5	播面占比
经济作物	油料	891.8	196.7	59.2	播面占比
	棉花	333.3	48.6	79.9	播面占比
畜禽产品	生猪出栏（万头）	—	2 253.23	45.6	出栏量占比
	禽蛋	—	95.38	44.8	产量占比
水产品		—	383.9	80.0	产量占比
蜂产品		—	1.22	60.9	产量占比

表 5-3　鄂东山地丘陵农业区农业资源利用情况

科目		面积（千 hm^2）	产量（万 t）	占全省比重（%）	备注
粮食作物	水稻	432.79	294.2	18.8	播面占比
	小麦	84.66	21.92	7.4	播面占比
	玉米	26.22	9.57	4.4	播面占比
经济作物	油料	273.42	53.69	18.1	播面占比
	棉花	32.95	5.11	7.9	播面占比
畜禽产品	生猪出栏（万头）	—	583.27	14.7	出栏量比
	禽蛋	—	54.0	25.4	产量比
农特产品	茶叶	65.57	4.59	23.5	面积占比
	烟叶	—	—	—	忽略
	水果	53.1	24.75	13.3	产量占比
蜂产品		—	0.18	8.9	产量占比

鄂东山地丘陵农业可持续发展示范区。鄂东山地丘陵农业可持续发展示范区主要包括大悟县、孝昌县、红安县、麻城市、罗田县、英山县、团风县、蕲春县、通山县、通城县、崇阳县、阳新县等12个县（市、区）。大别山、幕阜山属北亚热带温暖湿润季风气候区，具有典型的山地及丘陵气候特征。海拔20~1 770m，无霜期179~190天，太阳年辐射总量90~110kcal/cm^2，日照时数1 400~1 600小时，年平均降水1 500~1 832mm，≥10℃积温4 500~5 500℃·d。中高山面积约占全部山区的15%，60%为山间丘陵谷地，土壤以冲积土、水稻土为主，宽广开阔，适宜农牧渔及多种特产作物生长。

（2）发展定位及发展方向

① 长江湖区湿地农业可持续发展区定位。农业资源循环利用高效区、国家粮棉油安全保障区、淡水湖泊湿地农业示范区。

农业资源循环利用高效区。利用稻花、棉花、油菜花资源，大力发展蜂产业；利用稻田、堰塘、湖泊等水面，建立若干个水生蔬菜、小龙虾、河蟹、鳜鱼、鱼鳖等健康养殖科技创新示范小区；在大力开展农产品精深加工的基础上，利用加工副产品大力发展饲料工业，形成若干个“千头、万只”以及若干个“150”畜禽养殖小区，利用养殖废弃物、富氧塘泥等，大力开发生物有机肥，建成国家级农业资源循环高效利用区。

国家粮棉油安全保障区。耕地面积稳定在1 690hm^2，复种指数降至200%左右，耕地地力平均等级达到3级以上水平，粮食作物以优质籼稻为主，播种面积稳定在1 332千hm^2，占全省水稻播种面积的60%，实施稻—油、稻—麦、稻—棉、稻—虾等轮作连作制度，农作物秸秆、养殖废弃物还田分别达80%和90%，维持耕地能量收支平衡，建立安全稳定的农田排灌系统，形成国家级粮棉油安全保障区。

淡水湖泊湿地生态农业示范区。重点疏通斧头湖、洪湖、梁子湖、长湖、西凉湖等大水体淡水湖泊河湖入口，清理河道淤塞，保持河湖通畅。修建改造河闸和引水泵站，兴建深孔引水闸和深水灌溉闸，恢复湖面常态水位和水生植被，建立完整的污水拦截系统，完善湖边、路边、沟边、集镇边防护林体系，开展变荆江分洪为蓄洪的可行性研究，防范因客水减少对湿地生态的重大影响，形成国家级淡水湖泊湿地生态农业示范区。

② 鄂东山地丘陵农业可持续发展示范区定位。国家级粮、油、茶、桑生产基地，长江下游生态安全屏障，山区农特业产业化发展示范区。

长江下游生态安全屏障。巩固山地地貌类型区退耕还林成果，对大于25°的坡耕地继续实施退耕还林，加强石漠化治理、中小河流域治理和农田面源污染治理，开展路边、渠边、湖边的生态修复，推进山田雨水隔离沟工程建设，农村居民户全面实施“一建三改”，中小河流控制断面水质达到国家Ⅲ类以上标准，形成长江下游生态安全屏障。

粮、油、茶、桑生产基地。加强山间谷地地貌类型区基本农田建设，建立安全稳定的农田排灌系统，粮食作物以优质籼稻、小麦为主，实施稻—油、稻—麦等轮作连作制度，播种面积稳定700千hm^2，占全省比重达到15%。油料作物以花生为主，播种面积稳定280千hm^2，占全省比重达到18.8%。因地制宜，不断提高茶叶、药材、板栗、蚕桑等特产基地栽培水平。努力推进“猪、沼、粮（茶、药、菜）”循环种养模式，提高农作物秸秆、养殖废弃物利用率，建成国家级粮、油、茶、桑“三品”农业基地。

山区丘陵农特业产业化发展示范区。大力实施百亿园区、百亿产业、百亿企业“三个一百”工程。围绕大别山区丰富的粮食、油料、药材、畜禽、桑蚕、茶叶、花生、果蔬等优势农产品，大力发展粮油精深加工、茶叶精深加工、桑茧精深加工和果杂精深加工，壮大一批带动力强的农产品加工企业，培育一批知名度高的农产品品牌，建成一批有较强实力的农产品加工园，形成山区农特产业产业化发展示范区。

4. 汉江生态经济带生态农业可持续发展区

（1）规划范围及基本概况　汉江中游及鄂北岗地旱作农业区。主要包括襄阳市高新区、樊城区、襄城区、襄州区、宜城市、谷城县、枣阳市、老河口市，随州市曾都区、随县、广水市和孝感市安陆市等 12 个县（市、区）。海拔在 20~150m，太阳年辐射总量 100~110kcal/cm^2，多年平均日照时数 1 300~1 900 小时，无霜期 250~280 天，多年平均降水 750~1 000mm，多集中在 6—8 月。土壤以黄棕壤为主体，约占 58%，质地黏重，有机质含量低，地势平坦，光能充足，雨热同季，水土易流失，适宜旱地农作物生长发育。

表 5-4　汉江中游及鄂北岗地旱作农农业区农业资源利用情况

科目		面积（千 hm^2）	产量（万 t）	占全省比重（%）	备注
粮食作物	水稻	397.73	369.91	17.3	播面占比
	小麦	478.56	245.80	41.9	播面占比
	玉米	150.85	84.7	25. 3	播面占比
经济作物	油料	135.06	37.72	9.0	播面占比
	棉花	50.67	6.93	12.2	播面占比
畜禽	生猪出栏（万头）	—	997.14	20.18	出栏量比
	禽蛋	—	53.9	25.3	产量比
水产品		—	40.3	8.4	产量比
蜂产品		—	0. 39	19.4	产量比

（2）发展定位及发展方向　资源节约、循环利用示范区。大力发展粮油、棉麻精深加工以及饲料加工，建成一批产能过 10 亿的加工业园区；大力发展以生猪为主的畜禽养殖业，建成一批“150”专业养殖小区；利用农作物秸秆、养殖废弃物和农产品加工副产品生产生物有机肥，推进深耕、深施和测土配肥农业技术，大力提高农田排灌水平，集中连片建成一批滴灌、喷灌示范小区。

国家商品粮棉生产基地。耕地面积稳定 665 千 hm^2，复种指数降至 160% 左右，耕地地力平均等级达到 4 级以上水平，粮食作物以小麦、粳稻、玉米为主，推行小麦—棉花、小麦—粳稻、小麦—玉米以及油菜—玉米等连作轮作制度，粮食作物播种面积稳定在 1 040 千 hm^2，占全省同类粮食作物播种面积的比重为 21%，其中小麦播种面积调增至 500 千 hm^2，占全省比重达到 48%。油料作物以“双低”油菜、花生为主，播种面积调减至 84 千 hm^2，占全省油料播种面积的比重为 5.6%。经济作物以优质棉花为主，播种面积稳定在 49.6 千 hm^2，占全省棉花播种面积的比重达到 12%。

旱作农业环境连片治理标志区。大幅削减化肥、农药施用量；成片设置土壤侵蚀拦截沟，建设沉砂池，及时清塘还田；推行“畜禽—沼渣—农作物”的有机农业利用模式，沿汉江两处滩涂建立水土保持林带，沿路、沿沟、沿渠设立防护林网，禁止工业及矿区污水进入农田生态系统，形成清洁、安全、高效的旱地农业生态环境治理标志区。

全国生态农业示范带。转变传统农业生产方式，推行“三型”生态种养模式，走产业化之路，为推进农业可持续发展提供示范。通过开展生态农业示范基地、示范村、示范县创建工作，建设全国生态农业示范带。支持“三谷”试点示范建设。发挥荆门“中国农谷”、襄阳“中国有机谷”和十堰“中国养生谷”的示范作用，创新生态农业生产和发展新模式，为湖北汉江生态经济带转变农业发展方式探索新路径。

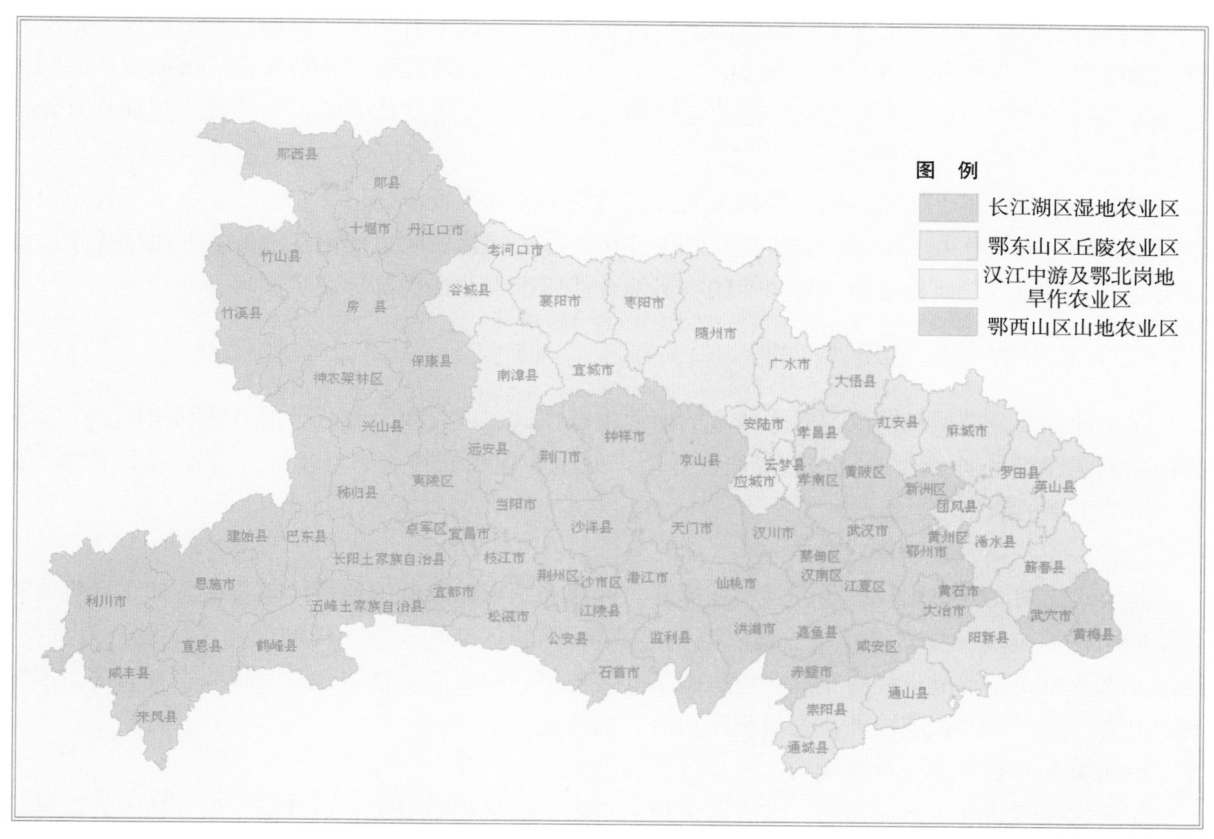

图 5–1　湖北省农业可持续发展区域布局

六、区域农业可持续发展典型模式推广

由于湖北各地自然资源、农业资源、地理状况和经济状况的差异，各地循环农业模式发展类型为多样性。归纳起来，主要有农业省工节本降耗类型、农业种养结合类型、农产品加工产业链耦合类型和农村生态家园类型等 4 大类型 11 种模式，为全省循环农业的发展起到了示范作用，取得了明显成效。

（一）农业省工节本降耗模式类型

农业省工节本降耗类型包括农业生产省工省力模式、节本降耗模式和立体种养模式。让农民摆脱繁重的体力劳动，提高农产品产量和品质，降低生产成本，增加农民收入。

1. 平原立体农业模式

此模式在江汉平原应用广泛。江陵县资市镇寺桥居委会高级技师谢登明承包了一块面积为

$0.28hm^2$ 的低产冷浸田，就地取土挖沟抬高田块，沟里养鱼，地面种植瓜果蔬菜，空中全部被葡萄架覆盖。经过几年时间的努力，谢登明将 $0.28hm^2$ 一年只能种一季水稻的低产冷浸田变成了柑橘园、葡萄园、蔬菜园和鱼池。总收入达到几万元。这一种植模式经国家农业部门和中国科协有关专家论证后，被命名为平原立体种养模式。

2. 水体立体养殖模式

此模式主要分布于湖网地带。监利县南昌村农家女陈六喜发展“水面养鸭、水中养鱼、箱里养鳝、池埂种豆”立体养殖业，在一块 $2hm^2$ 的已荒水面上，发展黄鳝与麻鸭套养，增加鱼苗、饲料鱼配套养殖，水中养鱼、水面养鸭、池边建猪圈、池埂种黄豆等立体养殖，年总收入达到 9 万元。

3. 山地“三维”生态模式

此模式主要分布于鄂西山区。宜都市充分利用荒山荒坡等资源，引导农民依托山水资源建设生态庄园，建立山上种果、山下种农作物、水库养鱼、库旁喂猪、院里建沼气池的农业循环体系。沼气池上带养殖业，下促种植业，种养业的有机结合使该市农业在内部形成了循环。

（二）农业种养结合模式类型

农业种养结合类型包括以沼气为纽带的能源生态模式、以食用菌为纽带的废物利用模式、以动植物互利为纽带的种养模式。有效提高农业生产效率，保护农村生态环境，让农民过上节约、安全、清洁卫生的新生活。

1. 猪—沼—菜（果、茶）模式

此模式在湖北分布比较广泛，其中在鄂北、鄂西和鄂东丘陵低山地带比较普遍。如，襄樊市谷城县平川村通过统一规划设计“一建三改”、院落、围墙标准和式样，规划设计了“猪—沼—菜”的循环农业模式。示范户院落布局合理、施工安装规范，厨房卫生整洁，厕所猪圈整齐有序，沼气池的出料口统一设计在围墙外，直接利用沼渣、沼液施肥菜园。

2. 地栽菇—农家肥—粮食模式

此模式在湖北处于推广初期。如应城市田店镇农业服务中心引进“地栽菇”农业技术，试种后发现，“地栽菇”的培养草料能给稻田带来良好的培肥地力、改善土壤条件等效益，$1hm^2$ 地栽菇，投入 4.5 万元，产出 60t。田店镇在确保油菜、小麦等夏收作物面积的基础上，选派技术指导人员 4 名，因势利导，建立以肖黄村为主的 $6.6hm^2$ 地栽菇示范基地，对种植户实行“三包”（包技术、包产量、包销路），全镇地栽菇创产值 200 余万元。

3. 稻虾连作和稻鸭共育模式

此模式主要分布于江汉平原和鄂东沿江平原。如潜江大力推广虾稻连作种、稻虾共生模式，使潜江大面积低洼冬闲田得以充分利用，并且形成了一个庞大的龙虾产业，经过 15 年的发展，小龙虾产业已成为潜江农业经济的支柱产业、特色产业，2014 年潜江市小龙虾产业综合产值突破 100 亿元，在小龙虾加工能力、出口创汇方面连续九年雄居全国第一。调查显示，“稻鸭共育”的早稻增产 $225kg/hm^2$，中稻增产 $300kg/hm^2$，种稻节省农药成本 300~450 元 /hm^2，养鸭每只节省成本 3~4 元。通过“稻鸭共育”，农民亩平增收 135 元，人平增收 215 元。全市 1 $466hm^2$ 的“稻鸭共育”示范区，为农民增收 297 万元。

（三）农产品加工产业链耦合模式类型

农产品加工产业链耦合类型包括食品饮料加工、蔬菜加工与生物有机肥加工相耦合、肉制品加

工与畜禽加工相耦合、油脂加工与饲料加工相耦合、木材加工企业间相互耦合等。推动农产品加工业效能提升，增强竞争力。

1. 酒—饲料—肥料—粮食—酒模式

代表企业为稻花香集团。该集团位于宜昌市夷陵区，以生产白酒为主。几年来，按照生态化发展战略，积极探索循环经济发展之路。在白酒主业发展上，他们形成的基本产业链条是："酒（饮料）—饲料—肥料—粮食（水果）—酒（饮料）"，即将白酒、饮料生产剩余的酒糟、秸秆加工成有机饲料，用于发展养殖业，再将养殖业产生的废料、粪便加工成有机肥料发展粮食及水果种植，而最终却又回到白酒及饮料生产上，从而使资源在不断进行的经济循环中得到充分、合理、持久利用，推进企业持续、稳定、健康发展。

2. 牛奶—有机肥—蔬菜（粮食）—秸秆—奶牛模式

代表企业为武汉市东西湖东流牧业园。该园是武汉奶牛养殖基地，建设了 5 个正规化奶牛小区，形成小区存栏 7 500 头的规模。牧业园引导农民利用秸秆养奶牛，每年消耗秸秆 7 万 t 左右，秸秆又让农民增加效益 1 500 多万元。规模化养殖在带来经济效益的同时，也产生了大量的牛粪和污水。牧业园牛粪排放量达 9 万 t，污水排放量为 68 万 t。中化东方肥料有限公司投资 780 万元兴建生物有机肥料厂，将东流洪牧业园养殖小区产生的牛粪和部分尿液利用现代方法发酵脱臭变成高效有机肥，每年产值 400 多万元、利税 40 万元，这些有机肥再提供给兹惠、径河等生态农业基地生产无公害蔬菜和绿色粮食，粮食秸秆再来养牛，从而实现生物循环。循环经济拉长了农业产业链，促使农业实现了连环增值。

（四）农村生态家园类型

农村生态家园类型的形成，有利于节约资源、保护环境的生产方式和生活方式，走农业可持续发展道路。

1. 农家乐模式

在一些城郊结合村，农村沼气生态家园建设与农家乐开发紧密结合。如宜昌市梅子垭村通过生态家园建设，呈现出"栋栋楼房座山间，水泥道路紧相连，屋旁片片柑橘林，房前鱼池映水天，'一池三改'全配套，生态家园富农民"的景象。全村经营农家乐餐馆、沼气火锅、生态垂钓、休闲农业等第三产业的农家近 100 家，年营业额 400 多万元，增加农民收入 160 多万元。

2. 特色民居模式

恩施州许多县（市）将生态家园建设与少数民族的民居改造有机结合，改变了旧山村原始落后的生活生产条件，既保持和发扬了土家山寨苗族村落的优秀的建筑文化特色和人文韵味，又透露出现代新农村的气息。在咸丰小模村、官坝村、来凤黄柏村、鹤峰四坪村、宣恩封口坝村、恩施灯笼坝村等村庄，隔远遥望，一个个雕檐垛脊的土苗山寨、斗拱飞檐式的土家干栏吊脚楼群坐落在青山碧水间、绿树掩映中，成为大山别样的风景。大部分农户已完成"一池三改"，传统与现代、人文与自然结合，凸显了民居特色。

3. 资源再利用模式

目前农村养猪业正在由分散养殖向规模化小区发展，集中规模化养殖同时也带来了养殖粪污对周边环境的污染问题。荆州、恩施、十堰等地农村的一些"煮酒 + 养猪"生产模式的农户开展沼气生态家园建设后，建一个 20~50m^3 的沼气池，将污染源转变为优质有机肥料，促进周边绿色农产品的生产，同时可以获得优质清洁的沼气能源，环境、经济、社会效益显著。

七、促进农业可持续发展的重大措施

（一）工程措施

加强水土资源生态保护工程，在保护农地、水等自然资源和保护生态环境的前提下进行农业安全生产，提供安全、卫生的农产品；开展农业生态系统修复工程，使遭受破坏的农业生态系统逐步恢复并向良性循环方向发展；实施农业农村环境治理工程，加强农业面源污染治理，推动农业循环经济发展，调整产业结构，优化资源配置，改善环境质量；完善农村绿色能源建设工程，紧密结合新农村建设，加强农村生态文化建设、推进城乡一体化；坚持产业产能提升工程，注重农业科技创新，从资源禀赋出发探索集约型现代农业发展新模式；通过农业持续发展示范工程，在体制机制创新方面取得突破，形成可复制可推广的农业可持续发展模式和道路。

（二）技术措施

结合湖北省农业可持续发展目标任务，制定农业可持续发展主推技术、实施方案和扶持措施，总结推广农业加强资源利用类技术、环境治理类技术、农业生态保护与建设类技术、现代农业生物技术，加快发展现代农业和建设农业强省，为农业可持续发展提供技术保障。采用配套生态工程技术发展丘陵山地农业生态产业，提高丘陵山地资源的生产潜力和利用效率。大力推进秸秆综合利用技术，以秸秆肥料化、饲料化、新型能源化为主攻方向，优化秸秆“五料”（肥料、燃料、食用菌基料、工业原料）利用结构，提高综合利用率。大力推广“猪—沼—渔”“猪—稻—鸭”“稻鳅共生”“种青养育”等多种立体养殖技术，实现畜牧业与种植业、农村能源、渔业等产业的有机结合，着力解决农业及规模养殖畜禽粪便污染问题，最大限度降低养殖业污染。大力推广绿色模式、绿色工艺、绿色技术、推进生态农业技术模式推广的“三结合”。大力推广以测土配方施肥为核心的节约型施肥技术，加快推广高效、低毒、低残留农药新品种和病虫草鼠生态控制技术。通过各类资源节约措施和节能减排技术的运用推广，提高资源综合利用率，改善生态环境。

（三）政策措施

加强对湖北农业可持续发展的组织领导，制定湖北农业可持续发展规划和实施方案，努力推动规划实施；加强科技支撑，按照统一管理、分工负责、公开透明、多方参与的原则，统筹协调省级农业可持续发展体系建设和标准制定工作，大力推广农业可持续发展先进实用技术，加大对与农业可持续发展有关技术和管理人员的培训，提高业务能力、技术水平和综合素质；完善财税金融、土地经营、投资、产业等扶持政策。对纳入农业可持续发展试点的县（市）区，中央财政适当提高转移支付系数，增加转移支付额度；省级财政要提高转移支付水平，延长省级财政性资金扶持政策执行期限，适当提高农业可持续发展项目的财政补助标准，进一步加大对农业可持续发展企业用地支持力度，增加中央和省级预算内资金投入，向可提高资源利用效率、减少农业环境污染以及生态环境保护建设等方面的农业可持续发展项目倾斜。

（四）法律措施

建立健全农业法律法规体系。重点制定、修订《湖北省农业自然资源综合管理条例》《湖北省农村土地承包经营管理条例》《湖北省农村能源管理条例》《湖北省实施动物防疫法办法》《湖北省实施农业技术推广法办法》《湖北省耕地质量和肥料管理条例》《湖北省饲料和饲料添加剂管理条例》《湖北省农业机械管理安全监督管理办法》《湖北省农民教育培训条例》等法规规章，为农业农村可持续发展提供法制保障。建立健全农业执法监督体系。加强执法能力建设。加大对执法工作的投入，切实解决执法检查、人员培训、交通通信及其他执法装备所需经费，保证农业执法工作正常有效开展；坚持开展农资执法打假专项治理行动，强化对种子、农药、化肥、饲料、兽药、农机具等农资铲平的市场监管和依法查处各类农业违法案件的力度；加强农产品质量安全监管执法力度，通过执法打假，净化农产品质量市场，保障农产品质量安全；深入开展农业普法宣传教育，采取多种途径和措施，重点做好《中华人民共和国农业法》《中华人民共和国农产品质量安全法》《中华人民共和国渔业法》等的宣传普及工作，通过强化普法宣传，增强全社会的农业法律意识。

（五）制度措施

深化体制改革。推进政府职能转变，完善和规范行政服务职能和信息公开制度，推行首问负责制、服务承诺制、限时办结制、全程帮办制，实行一个窗口对外，一条龙服务，加强对农业可持续发展项目、企业落地的服务工作。构建各种所有制经济依法平等使用生产要素、公平参与市场竞争、同等受到法律保护的体制环境，更好地促进非公有制经济发展。积极发展服务“三农”和农业可持续发展企业的中小金融机构；深化土地改革。强化保护耕地资源，严格基本农田保护。加强土地承包权和林权的流转和服务。推进股份制合作经营，维护农民的土地租金收益和股份分红的权利。开展宅基地和林地的抵押融资，完善配套政策；创新工作机制。以农业可持续发展为工作抓手，集中人力、财力、物力，向重点区域倾斜，在重要领域和关键环节率先突破，破除制约经济社会发展的体制机制障碍。按照国际通行规则，鼓励对外投资和跨国经营，在境外建立生产加工基地、营销服务网络和研发机构，完善境外投资协调机制和风险控制机制。

参考文献

白瑞娜，谢世友，赵昆昆 .2011. 区域农业土地资源可持续利用研究 [J]. 安徽农业科学，39(30)：18784–18785，18789.

高冠民，窦秀英 .1986. 湖北省自然条件与自然资源 [M]. 武汉：华中师范大学出版社 .

湖北省农业区划委员会 .1993. 湖北省农业资源与综合农业区划 [M]. 武汉：湖北省科学技术出版社 .

湖北省统计局，国家统计局湖北调查队．2011. 湖北统计年鉴 2011[M]. 北京：中国统计出版社 .

湖北省统计局，国家统计局湖北调查队．2012. 湖北统计年鉴 2012[M]. 北京：中国统计出版社 .

湖北省统计局，国家统计局湖北调查队．2013. 湖北统计年鉴 2013[M]. 北京：中国统计出版社 .

湖北省统计局，国家统计局湖北调查队．2014. 湖北统计年鉴 2014[M]. 北京：中国统计出版社 .

湖北省统计局．2010. 湖北农村统计年鉴 [M]．北京：中国统计出版社 .

湖北省统计局．2011. 湖北农村统计年鉴 [M]．北京：中国统计出版社 .

湖北省统计局．2012. 湖北农村统计年鉴 [M]．北京：中国统计出版社 .
湖北省统计局．2013. 湖北农村统计年鉴 [M]．北京：中国统计出版社 .
湖北省统计局．2014. 湖北农村统计年鉴 [M]．北京：中国统计出版社 .
王凌云 . 2008. 农业土地资源可持续利用水平综合评价研究 [D] . 南京：南京农业大学 .
叶学齐，等 . 1988. 湖北省地理 [M]. 武汉：湖北教育出版社 .

湖南省农业可持续发展研究

摘要：湖南物产富饶，俗有“湖广熟，天下足”之谓，是著名的鱼米之乡。优良的自然条件使湖南省农业的发展具有得天独厚的优势，近年来湖南省农业总产值在社会总产值中所占比重呈逐年下降态势，说明湖南正处于农业主导型向工业主导型转变时期，在向工业转型过程中农业的基础地位不可忽视，应加强农业的基础地位。湖南省种植业和畜牧业产值占农业总产值八成以上的局面无显著改变，农、林、牧、渔所占比重的变化显示湖南省农业生产结构还需要有所改善。本课题研究从农业可持续发展出发，对湖南省农业生态环境与农业资源可持续利用进行了客观准确的分析，并对其可持续发展能力进行评估研究。

一、湖南省农业可持续发展的自然资源环境条件分析

（一）湖南省土地资源

1. 湖南省土地资源及利用现状

湖南位于江南，中国东南腹地，属于长江中游地区，东临江西，西接重庆、贵州，南毗广东、广西，北与湖北相连。土地面积 21.18 万 km^2，占中国国土面积的 2.2%，在各省市（区）面积中居第 10 位。土壤类型多、资源丰富，其中红壤面积占 50% 左右，是全省主要旱作土壤。水稻土占 16.5% 左右，是粮、棉、油的主要生产基地，但湖南地貌以山地为主，土地分布大体是“七山一水二分田”，耕地所占比例较小，且由于人为破坏、自然灾害等原因，全省水土流失严重、耕地数量逐年减少。2000—2012 年间全省水土流失 4 400.5 万 hm^2，增加耕地面积 24.1 万 hm^2，到 2012

课题主持单位：湖南省农业资源区划办公室
课 题 主 持 人：张永忠
课题组主要成员：何贵新、周卫军、李晓蓉、于闽、刘沛、谭洁、邓冉、陈恋、曹胜、曹宁秋

年只有耕地面积 411.9 万 hm^2，人均耕地面积 0.055hm^2，低于国际粮农组织规定的人均耕地面积 0.08hm^2 的警戒线，人多地少、人地关系紧张、矛盾加剧。

2000—2012 年间，湖南省耕地面积呈波动变化，大体趋势缓慢增加。从 2000 年 387.73 万hm^2，逐年增长到 2011 年的 411.05 万 hm^2，2012 年的 411.89 万 hm^2。除了长沙在这 12 年间有小幅的缩减，由 2000 年的 28.59 万 hm^2 到 2012 年的 28.03 万 hm^2，减少了 0.56 万 hm^2，其余市（州）耕地面积都有增加。其中，常德地区增加面积最多，由 2000 年的 46.77 万 hm^2 增加到了 2012 年的 50.42 万 hm^2，增幅达 3.65 万 hm^2。其次，怀化、邵阳、衡阳增幅也都超过 3 万 hm^2。湖南省耕地面积变化图见图 1-1。

2000—2012 年 12 年间，耕地资源根据《中国统计年鉴》2012 年数据，2011 年年底湖南省耕地面积有 411.05 万 hm^2，占全国耕地面积比重为 3.11%，人均耕地为 0.06hm^2，全国排名第 25 位，低于我国人均耕地 0.092hm^2 的标准线，但高于国际公认人均耕地 0.053hm^2 警戒线标准。到 2012 年年底，湖南人均耕地减少到 0.047hm^2，已低于国际公认警戒线标准。湖南省的人均耕地在全国不占优势，并且耕地承载压力较大。湖南省耕地结构具有与众不同的特点，如表 1-1 所示，我国耕地结构中旱地的比重是 55.0%，以旱地为主，但由于湖南省地处水热条件好的地区，灌溉水田的比重占耕地比重为 76.9%，而旱地仅达 21.8%，这也意味着湖南省在全国耕地中的重要性。

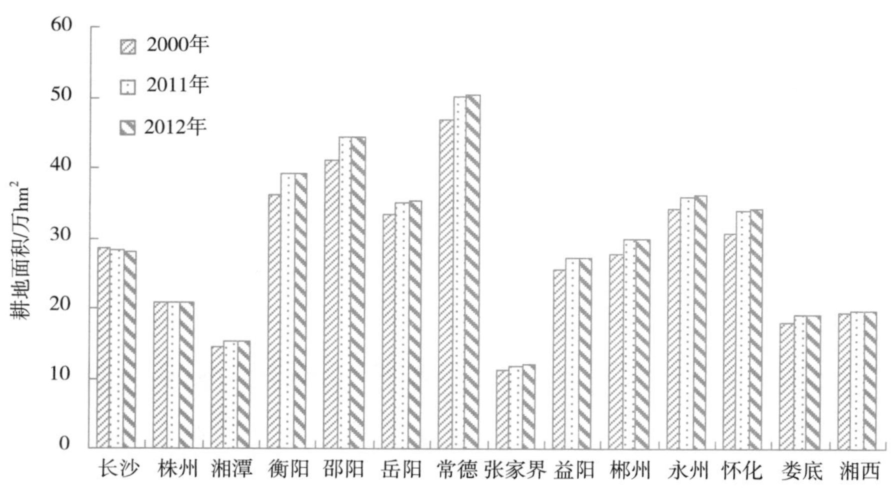

图 1-1　湖南省耕地面积年变化

表 1-1　2012 年湖南省耕地结构

地区	耕地面积（千 hm^2）	比重（%）		
		水田	水浇地	旱地
全国	135 158.5	26.0	19.0	55.0
湖南	6 178.4	76.9	1.3	21.8

2000—2012 年间，耕地资源总量增加 224.96 千 hm^2，各年内增加总耕地面积起伏不定，其中，变化的最大值出现在 2010 年，增幅达 319.79 千 hm^2。年内减少总耕地面积在 2000—2003 年间一路上扬，减少总量达到 87.86 千 hm^2，此后开始下降，但也在 2006 年迎来了另一个相对高峰 28.39 千 hm^2，2007 年开始减少的速度开始放慢，但这 8 年的耕地总量还是减少的趋势。随后，从 2008

年开始持续上升，直至 2012 年年末的 4 146.56 千 hm^2。随着经济社会的发展，耕地面积减少的趋势仍会继续，但减少速度可能逐步趋缓。

2012 年全省森林面积 948.17 万 hm^2，活立木蓄积量 3.14 亿 m^3，自然环境保护区面积 1 197 千hm^2，森林覆盖达 56%，但人均占有量不足，林种结构不合理，森林既没有充分发挥经济功效，也没有充分发挥涵养水源、保持水土的作用。各市（州）林地面积变化不大，除了全省林地面积最大的怀化市略有减少，从 2000 年的 3 050.47 万 hm^2 减少到 2012 年的 2 994.39 万 hm^2，其他 13 市（州）都有少量增加，其中，以邵阳地区增长最多，由 2000 年的 1 716.88 万 hm^2，增长到 2012 年的 1 859.42 万 hm^2。其次，郴州和张家界的林地面积增长量也都超过 100 万 hm^2。增长幅度最小的是湘西，2000—2012 年，仅林地面积仅增加了 8.28 万 hm^2。湖南省林地面积变化如图 1-2 所示。

2. 农业可持续发展面临的土地资源环境问题

（1）人均耕地面积减少，接近危险点 近 15 年来，湖南人口每年增加 72 万多人，相当于一个大县的人口，而耕地面积每年减少 1.133 万多 hm^2，相当于一个小县的耕地。人均拥有耕地由 1978 年的 0.067hm^2 减少到 1996 年的 0.051hm^2，已突破联合国规定的人均耕地 0.053hm^2 的危险点，而且人增地减的现象有扩大的趋势。到 2012 年年末，湖南人均耕地由 0.051hm^2 减少到 0.047hm^2，耕地资源。

（2）土地退化严重，农业生产受到严重威胁 据统计全省 2012 年水土流失面积为 295.94 万hm^2。前几年全省各地的开发区遍地开花，大搞开发区热和房地产，大量占用良田，使耕地大量减少。湖南省每年都有不同程度的旱涝灾害，20 世纪 90 年代以来，水灾相当严重，频繁爆发特大洪水，受灾面积在 2000 年和 2011 年超过了 300 万 hm^2。据统计，新中国成立以来，湖南平均每年水土流失的增长速度为 1.59%，治理增长速度却只有 0.54%。另外，生产建设造成的水土流失面积每年也达 667 千 hm^2。到 2012 年，全省水土流失面积为 295.94 万 hm^2。耕地质量下降，据调查，全省水田速效氮的含量普遍上升，而磷和钾的含量普遍下降，72% 的田地缺磷，70% 的田地少钾。氮磷钾三要素比例严重失调，由于以上因素的影响，湖南现有耕地中一等地只占 29.0%，二等地占 44.8%，三等地占 26.2%。据统计，湖南现有乡镇企业达 200 多万个，其中，国家限制乡镇发展的小型造纸厂、制革厂、电镀厂等 8 个行业企业的生产值占乡镇企业生产总值的 22.6%，约 1/3 的污

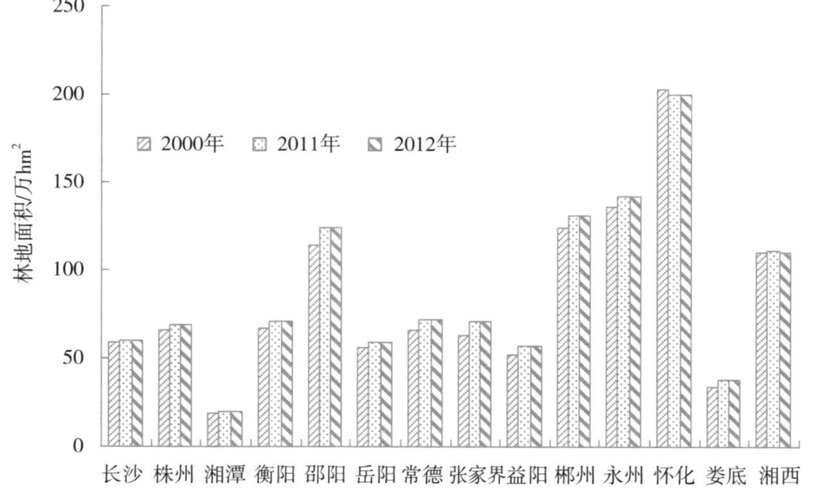

图 1-2 湖南省林地面积年变化

染源来自乡镇企业，导致大气和水资源污染严重。

（二）湖南省水资源

1. 湖南省水资源及利用现状

湖南省河网密布，流长 5km 以上的河流 5 341 条，总长度 9 万 km，其中，流域面积在 55 000km^2 以上的大河 17 条。省内除少数属珠江水系外，主要为湘、资、沅、澧四水及其支流，顺着地势由南向北汇入洞庭湖、长江，形成一个比较完整的洞庭湖水系。湘江是湖南最大的河流，也是长江七大支流之一；洞庭湖是湖南省最大的湖泊，跨湘、鄂两省。湖南省水资源丰富，水资源蕴藏量达 1 500 万 kW，水资源总量 2 082.8 亿 m^3，人均水资源量约 2 500m^3/ 人，高于全国平均水平。但目前湖南省水资源开发利用率只有 20% 左右，同时工业用水需求增加，农业用水浪费严重，水资源供应日趋紧张。全省农业用水量约占总用水量的 70%，但由于农村水利设施建设不足，农业灌溉技术、方式落后等原因，农业用水浪费严重，2012 年全省农业灌溉用水有效利用率不到 50%。

2. 农业可持续发展面临的水资源环境问题

（1）水资源数量　2012 年，全省年平均降水量 1 692.3mm，折合水量 3 585 亿 m^3；地表水资源总量 1 981 亿 m^3，折合年径流深 935.3mm；地下水资源总量 410.3 亿 m^3，水资源总量为 1 989 亿 m^3；人均综合用水量 495m^3；万元 GDP、万元工业增加值用水量分别为 148m^3、107m^3。与全国相比较，万元 GDP 用水量低于全国平均值，但人均用水量、农田实灌亩均用水量则高于全国平均值。湖南水资源总储量丰富，用水量居全国前列，但水资源时空分配不均，人均水资源量低，可利用率低。此外，全省水资源的主要来源是降雨，湖南省年平均降水量为 1 200~1 700mm，雨量相对充沛。但由于受中亚热带季风湿润气候的影响，且境内山地较多，全省降水在年内及年际间变化较大，全年 4—7 月降水量占 50%~60%，而 11 月至翌年 2 月间的降雨总量不到 17%，容易发生洪涝灾、旱灾，严重影响全省农业生产能力的提高。

（2）水资源质量　水污染严重，水质下降，影响农业灌溉。一是在农业生产中施用大量的化肥、农药，随雨水冲入水体中后造成污染；二是长株潭地区和中小城市的工业污染和生活污染。前者虽然有所控制，但生活污染渐趋加重。三是在降水过程中由于空气污染严重，使一些有害物质携带到水体中，成为水体的污染源之一。2012 年，全年期Ⅱ类水质河长为 4 714.9km，占 64.3%；Ⅲ类水质河长为 2 283.6km，占 31.2%；Ⅳ类水质河长为 288.3km，占 3.9%；Ⅴ类水质河长为 44.0km，占 0.6%。据统计，湖南省 80% 城市、城镇的河段已受到较严重污染，许多水体失去了饮用功能，见之发黑，闻之发臭，甚至不适合农业生产使用。湖南在今后的几十年中正处于经济腾飞阶段，在这个阶段，无论是工业还是城市生活用水需求都会大大提高，而且，工业和生活用水基本上无季节性，所以，在农业需水高峰期难免会与工业及生活用水产生冲突。

（三）湖南省气候资源

1. 湖南省气候资源及利用现状

湖南地处中亚热带东部与西部的结合部，典型的中亚热带季风湿润气候。除了山地外，部分地区可种植双季稻或一年三熟。平均降水量多于同纬度的赣、浙等省，是全国多雨地区之一。太阳年总辐射量高于西部的四川省，且光能利用潜力较大。同时，湖南省光热水基本同步。全省 4—10 月总辐射量占全年总辐射量的 70%~76%，水量则占全年总降水量的 68%~84%，大于 10℃积温占全年的 77%~80%。这种光热水的同步配合，有利于发挥气候资源的整体利用效率，提高农业植物的单位面积产量。湖南省气候资源的优势是热量丰富、雨量充沛、光照充足。作物可全年生长，最适宜于双季稻加冬种一年三熟。但近年来受全球气候变暖等因素的影响，干旱现象加剧，出现春旱的地区增多，春旱程度加剧。

湖南热量丰富。年气温高，夏热期长，积温多，生长季节也长，全省位于亚热带地区，辐射较强，气温较高，年平均温度在 16~18℃，自东南向西北逐渐降低。大致在醴陵、衡阳、东安一线以南地区，年平均温度一般在 17℃以上。耒阳、宜章、新田、道县等县在 18℃以上，此线以北多在 17℃以下，湘西北龙山、花垣在 16.5℃以下。湖南省年均气温变化见图 1-3。

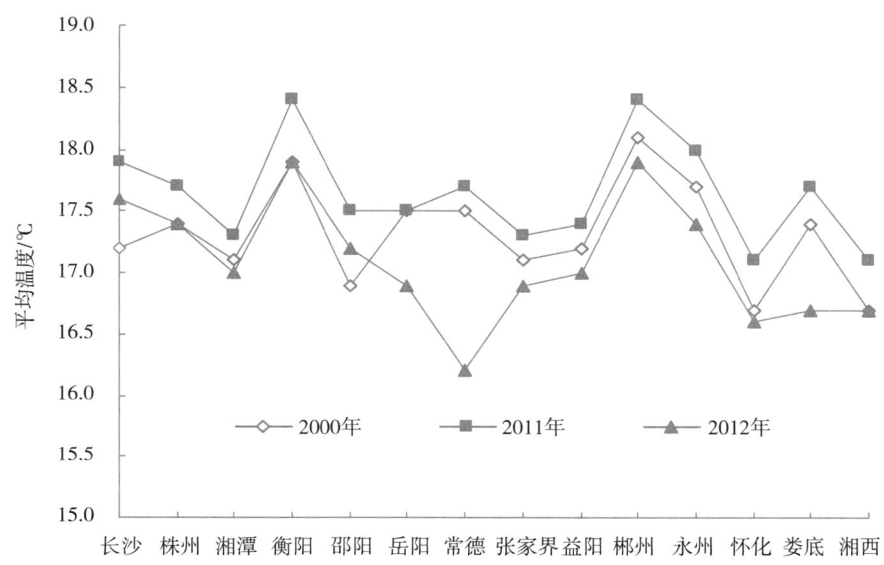

图 1-3　湖南省年均气温变化

湖南境内多年平均降水量在 1 200~1 700mm，雨量充沛，各地降水量大于 1 000mm 的保证率在 90% 以上；大于 1 200mm 的保证率有 70%~80%，在雨量的地域分布上具有“三多三少”的特点。春夏多雨，秋冬少雨，降水资源整体变化趋势不明显，东部有增多趋势，西部呈减少趋势。其中，益阳降水量增长最多，由 2000 年的 1 369mm 增长到 2012 年的 1 959mm，平均增长 590mm。而降水量减少量最多的邵阳，有少许下降，2000 年到 2012 年由 1 384mm 减少到 1 329mm，平均仅减少 55mm。湖南省降水量变化见图 1-4。

2. 气候变化对农业的影响

气候变化造成湖南省农业气候资源的变化，使湖南主要农作物种植结构发生变化。对油菜、柑橘、油茶等越冬农作物生产有利，表现为最适宜种植面积增大；对双季稻、棉花、烟叶等夏季农作物生产有不利影响，表现为最适宜种植面积减小。对夏季作物产生不利影响；热量资源增加，有利于冬作物生长，作物生长期缩短，热量资源增加较多的湖南北部地区可以考虑增加农作物品种。西部山区雨水资源和湘江流域光照减少均不利于农业生产。气候变化同样导致农业生产不稳定性增加、产量波动加大。今后应加强气候变化影响评估、模拟和预测方面的研究，合理利用气候资源，以提高农业对气候变化的适应能力和对气象灾害的应变防御能力。

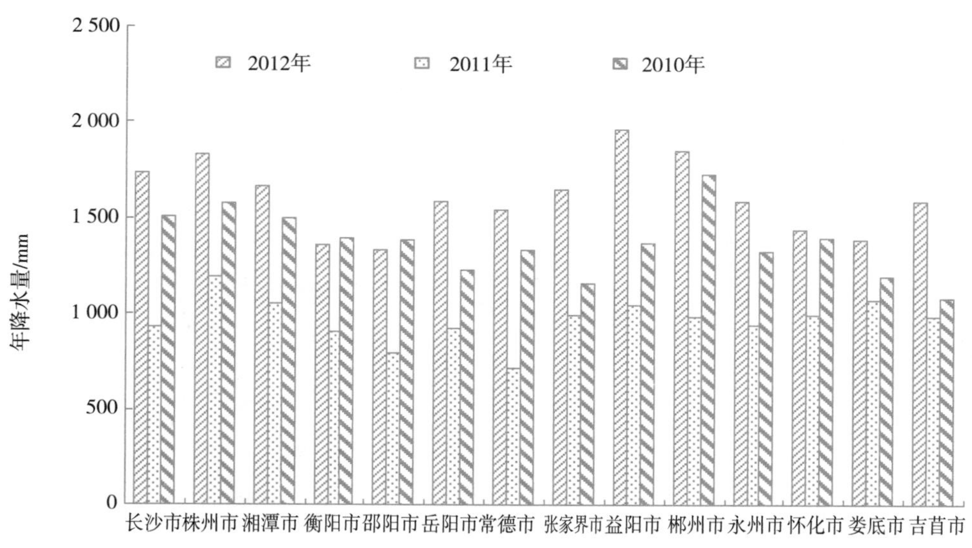

图 1-4　湖南省降水量变化

二、湖南省农业可持续发展社会资源条件分析

（一）农业劳动力

1. 农村劳动力转移现状与特点

（1）农村劳动力资源情况　2000 年，全省总人口为 6 562.05 万人，从业人员 3 577.58 万人（占总人口的 54.52%）。城镇从业人员达到 745.54 万人，农村从业人员为 2 832.04 万人。按照国民经济行业划分，其中，第一产业从业人员为 2 120.98 万人，占 59.29%；第二产业从业人员 840.52 万人，占 23.49%；第三产业从业人员 616.08 万人，占 17.22%。

2012 年，全省总人口为 7 179.87 万人，从业人员 4 019.31 万人（占总人口的 55.98%），相比 2000 年增加了 441.73 万人，年均增长率为 0.97%，扭转了近年来从业人员逐年减少的不利势头。其中，城镇从业人员达到 1 475.17 万人，增加 729.63 万人，年均增长率为 5.85%（表 2-1）。加快推进工业化和城镇化进程，就业结构调整步伐明显加快，第一产业从业人员比重迅速下降，从业人员为 1 668.99 万人，占 57.3%，比上年下降 0.65 个百分点，其中以 2003—2004 年为下降幅度最大的一年；第二产业从业人员 948.78 万人，占 23.61%，上升 1.73 个百分点；第三产业从业人员 1 401.54 万人，占 34.87%，上升 0.65 个百分点（表 2-2）。

表 2-1　2000—2012 年湖南省从业人员城乡结构统计　（单位：万人）

年份	年末从业人员	城镇从业人员	农村从业人员
2000	3 577.58	745.54	2 832.04
2012	4 019.31	1 475.17	2 544.14
平均增长率	0.97%	5.85%	-0.89%

表 2-2　2000—2012 年湖南省从业人员产业结构统计　　（单位：万人）

年份	年末从业人员	第一产业	第二产业	第三产业
2000	3 577.58	2 120.98	840.52	616.08
2012	4 019.31	1 668.99	948.78	1 401.54
平均增长率（%）	0.97	−1.98	1.01	7.09

2000 年，湖南省共有 598 个乡镇，乡镇总户数 1 874.87 万户，乡村总人口 4 609.84 万人，共有乡镇从业人员 2 850.93 万人，其中男劳动力占 54.20%，女劳动力占 45.80%。随着城镇化的发展，乡村劳动力格局发生了很大的变化。2012 年，湖南省共有 2 083 个乡镇，乡镇总户数 2 224.69 万户，乡村总人口 3 830.46 万人，相比 2000 年，减少了 799.38 万人，相反，乡镇劳动力增加到 3 197.33 万人，年均增长率为 0.96%。从农村劳动力的性别来看，男劳动力 1 737.40 人，占 54.34%，女劳动力 1 459.93 万人，占 45.66%。从上面的分析中我们可以看出，男从业人员较女从业人员多，并且男从业人员的增长速度也更快。农林牧渔业劳动力 1 857.39 万人，相比 2000 年的 2 065.92 万人，减少了 208.53 万人，农业劳动力锐减。

（2）农村劳动力转移就业现状　2000 年，湖南总人口分布主要集中在长沙、衡阳、邵阳、岳阳、常德和永州，其中，以邵阳为总人口规模最大的市州，达 722.69 万人。发展到 2011—2012 年，湖南省总人口规模超过 700 万的市州主要有长沙、衡阳、邵阳。湖南省人口分布最少的市州是张家界，2000—2012 年，张家界总人口数都未超过 160 万人，其次是湘潭和湘西自治州。株洲、益阳、郴州、怀化和娄底人口总规模主要集中在 400 万人左右。各市州在 2000—2012 年期间总人口变化幅度不大，除长沙、衡阳以外，其余市州总人口变化较小。其中总人口逐年增加的市州有长沙、衡阳、株洲、岳阳和郴州。其余九个市州总人口数呈下降趋势（图 2-1）。

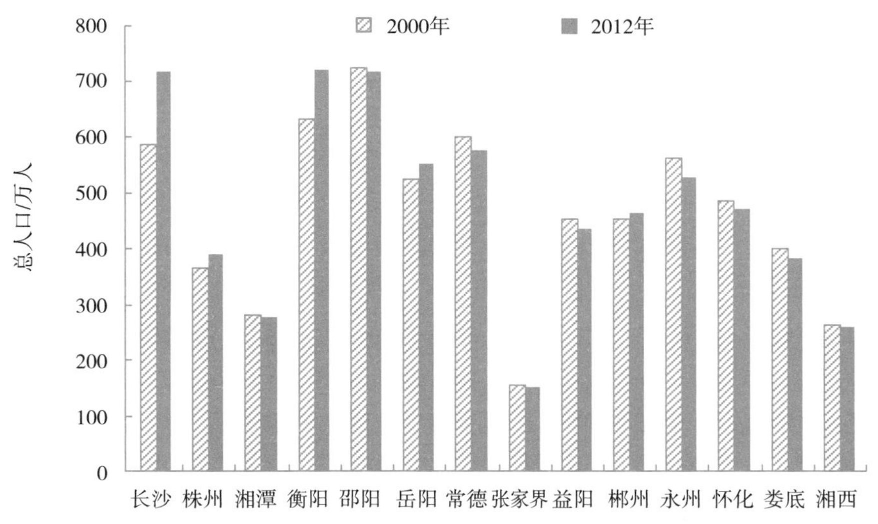

图 2-1　2000 年、2012 年湖南省各市（州）人口变化

2000 年，湖南省农村总人口为 4 609.84 万人，农村人口占总人口的 70.25%，其中，第一产业人数为 2 120.98 万人；总就业人数为 3 577.58 万人，农业劳动力占总就业人数比为 59.29%。随着城镇化的发展，农村总人口规模逐渐缩减，截至 2012 年，农村总人口下降到 3 830.46 万人，减幅

达 779.38 万人，农村人口占总人口的比重也下降到 50% 左右，与此同时，随着就业人数总规模的不断扩大，农业从业人员并没有同比增长，相反，农业从业人员占就业人数比重大幅下降，缩减规模达 10%。

据省统计局、统计数据，湖南省农业劳动力由 2000 年的 2 065.92 万人减少到 2012 年的 1 857.39 万人，农业劳动力只减少 8.2 万人。非农产业劳动力在 2000—2012 年期间起伏不定，由 2000 年的 766.12 万人上升到 2003 年的 838.69 万人，开始小幅下跌，但在 2006 年增加到了顶峰 972.41 万人，然后开始持续下降，降到 2012 年的 686.75 万人，年转移速度为 0.91%。

2. 农业可持续发展面临的劳动力资源问题

(1) 农村劳动力流失严重，农业劳动力老龄化　政府对农村劳动力流动政策的放宽，农民有了择业的自由，大大加快了农村劳动力流出，大量农村劳动力流出，加快了城镇地区的发展；农村外出读书的年轻人越来越多，大部分都不会再回农村从事农业劳动，大大降低了年轻农业劳动力储备，又由于国家采取的不平衡经济发展战略，使得沿海和城镇地区经济社会发展加快、城乡产业，报酬差距不断拉大，诱使越来越多的农村劳动力外出务工，进一步加快了农村青年劳动力流出，加剧了农业老龄化。

(2) 农村教育发展缓慢，劳动力素质低　近年来，随着接受教育成本的增加和分配制度的改革，农村教育经费投入不足成为制约农村教育发展的主要问题，其次，农民对教育仍然抱着“淡漠”的态度，不少农村的孩子初中毕业就外出打工，更多的中青年民工因在外打工而把孩子留在家乡让老人看护，“留守儿童”“留守老人”成为当前农村一种比较普遍的现象。因此，农村教育出现危机，农村劳动力素质大大低于全国平均水平，农民文化素质的偏低使他们很难适应农业现代化的转变和国家工业化发展的需要。对于人多地少的湖南省来说，会使大批农村劳动力从农业行业转移出来，留下来的部分劳动力能够充分就业，提高了劳动生产率，对农业生产不会造成损失。21 世纪头 20 年湖南农村“更高水平的”小康目标能否实现，在很大程度上取决于农村剩余劳动力问题是否能够较好地得到解决。农村人口能否实现转移及就业，是事关湖南经济发展、社会安定的重要因素，也是构建社会主义和谐社会的关键。

（二）农业科技

1. 农业科技发展现状特点

“十五”以来，湖南省不断加强农业科技创新能力建设、农民科技能力培养及农业科技推广，全省农业科技基础不断增强，发展步伐不断加快。一是农业科技投入不断增加，加大对农业科技经费、农业研究与试验经费的投入，2000 年，湖南省农业财政投入 159 578 万元。发展到 2012 年，农业财政投入上涨到 3 512 717 万元。2000—2012 年，全省农业财政投入涨幅达 3 353 139 万元。各市（州）逐年不断加大对农业的财政投入，投入力度较大的市（州）有常德、邵阳、永州、衡阳和长沙，涨幅都超过了 300 000 万元。二是农业科技基础增强，随着农田基本建设的发展，农业机械化事业和化肥工业的发展，全省的农业生产物质条件不断改善，农业已经转移到了依靠科技进步和提高劳动者素质的轨道上。全省农业机械总动力不断增大，2000 年农业机械总动力 2 209.74 万 kW，2012 年达到 5189.24 万 kW。农业机械化装备有了较大的提高。农机发展已由 20 世纪 50 年代的“重点发展传统的中小农具为主，引进实验和推广新式农具和改良农具”变到 80 年代的有步骤、有选择地进行机械化、半机械化、手工工具并举，人力、畜力、机电动力并用，工程措施和生物措施相结合上来。

农田水利设施已基本上形成了大、中、小相结合，蓄、引、提相补充的防洪、灌溉、发电、供水体系。2012 年，乡办水电站 1 058 个。全省有效灌溉面积自 2000 年来基本上维持在 2 700 千 hm^2 左右，占耕地的 70% 左右；2011 年，旱涝保收面积维持在 2 265.51 千 hm^2，占耕地的 58%。

农业技术人员总量继续增长、素质技能不断提高，2012 年全省拥有农业技术人员 30 662 人。目前全省拥有农业科研院所、大专院校等各级各类农业科研教育机构 106 个，平均每年向社会输送科技人员 5 000 多人，培训各类实用技术人员 100 多万人次。

三是农业科技推广力度加大：一方面，开展多层次、多形式的技术培训与入户指导，印发各类技术资料，并加强对农民科技能力的培养；另一方面，继续推进农业科技入户工程，加大科技项目、新品种、新技术的推广。同时国家对湖南大型优质稻基地建设和优质粮食产业工程也加大了投入力度。农产品加工、农业机械工业、农产品市场和粮库建设的投入同时也得到重视。国家现代农业高科技术产业化专项投入，为湖南省农业增添了优质新鲜血液。湖南各地坚持把农产品加工作为推进农业产业化的中心环节来抓，使农产品加工业得到快速发展。

2. 农业可持续发展面临的农业科技问题

湖南省农村的科技水平仍然不高，这是一个不争的事实。据专家推算，2012 年，湖南省农业科技进步贡献率为 50.94%，农业科技水平不高与工业化时期的轻农思想、投入不足以及农民素质低下密切相关。

(1) 农业科技投入严重不足　农业科技投入不足和资金分配上的分散性等种种原因，致使湖南一些至关重要的农业基础理论研究薄弱，除超级稻外，近年来缺乏类似杂交水稻的重大突破性农业科技新成果。农技推广部门，尤其是乡镇农技站，更是“缺钱养兵，无钱打仗”。农业科学人才储备严重不足，农业科技创新队伍萎缩、老化，缺乏生机，知识结构不合理，创新意识不够，特别是缺乏能够挑大梁、担重任的青年杰出人才。历年来，农业基建投入在湖南基本建设总投资中的比重偏低。农业科技投入强度严重不足，农业生产本身对科技成果的有效需求不足，致使农业科技进步转化率低下。

(2) 科技创新不适应农业发展需要，农产品科技含量不高　湖南农业生产 90% 仍然依靠传统技术来维系。落后的技术没有变革，而一些有利于农业持续性发展的传统技术逐步被遗弃。如绿肥种植面积大量减少，制堆肥、沤凼肥等农家制肥方式已很少见到。农产品多而不优、优而不多，品质结构矛盾突出，产后加工技术薄弱，附加值低，生产成本和市场价格偏高。湖南各级农业科研单位都把水稻作为研究和推广的重点，而对全省缺口较大、发展前景较好的旱、杂粮则研究和推广较少；生产决策技术、农副产品储藏、保鲜、运输、市场营销和深加工等多层次增值技术十分缺乏；湖南农业科研后劲不足，像隆平高科、金健米业、省蔬菜所、省棉科所那样真正做到研究一个项目、取得一个成果、开发一个产业，如“湘研”品牌系列辣椒新品种的研发“辣”出一个“甜”产业的科研单位和企业并不多。除作物杂种优势利用、鱼类细胞工程和牛胚胎移植等单项技术之外，湖南在农业高新技术领域空白较多，与国际上以现代生物技术和信息技术为主导的农业高新技术的距离正在逐步拉大。

(3) 农业科技人才供给不足　从农业劳动力占总劳动力的比重来看，发达国家的这一比重已下降到 6% 以下，而湖南这一比重却高达 50% 以上。农业人口压力阻碍着现代农业要素对传统农业要素的替代，阻碍着农业技术特别是体现现代农业重要特征的机械技术的广泛应用和不断进步，同时也成为制约湖南经济发展的关键因素之一。农业科技人才是现代农业发展中最活跃、最关键的因素，农业科研人员不仅担负着农业研究的工作还担负着农业科技的推广重任。湖南农业科研人员相对数值仅为 2，不到发达国家的 1/10。据统计，近 10 年来，流失的农业科技人员约占科技人员总数的 20%，并且大多是中青年科研骨干。特别是最近几年，一些地方的农技推广机构受到大冲击，由于被撤并、“断奶”，造成人员流失，严重影响了农技推广队伍的稳定，也严重影响着湖南现代农业发展的软实力。

（三）农业化学品投入

1. 农业化学品投入现状与特点

湖南农用化学品投入的增加主要开始于 20 世纪 70 年代，迅速发展于 80—90 年代。经过 40 多年的现代化，农用化学品已经达到相当高的水平。改革开放以来，集约化农业使湖南农村、农业经济取得了很大进步，化肥和农药是重要的农业生产资料，对提高作物产量、改善农产品品质至关重要。正因如此，以化肥、农药为主的农用化学品使用量呈急剧增加趋势。

（1）化肥的投入　从化肥的总施用量来看，2000 年，湖南省化肥施用量为 182.15 万 t。2012 年，湖南省农用化肥施用量达 249.11 万 t，相比 2000 年上涨了 66.96 万 t。从区域分布来看，湘南地区是施肥密集区，占全省施肥总量的 35.81%，其次是湘北地区，占全省 32.12%；湘中地区化肥施用总量为 55.21 万 t，占全国 22.16%，湘西地区化肥施用总量为 24.68 万 t。从化肥使用强度的区域分布来看，2012 年化肥使用强度较大的地区主要是湘北地区，分别是益阳、湘潭、常德和岳阳。2000 年，除湘西地区张家界、怀化和湘西土家族苗族强度较小之外，2000—2012 年间，化肥使用强度变化较大的城市是益阳市，12 年间涨幅达 590.66t/ 万亩（图 2-2）。

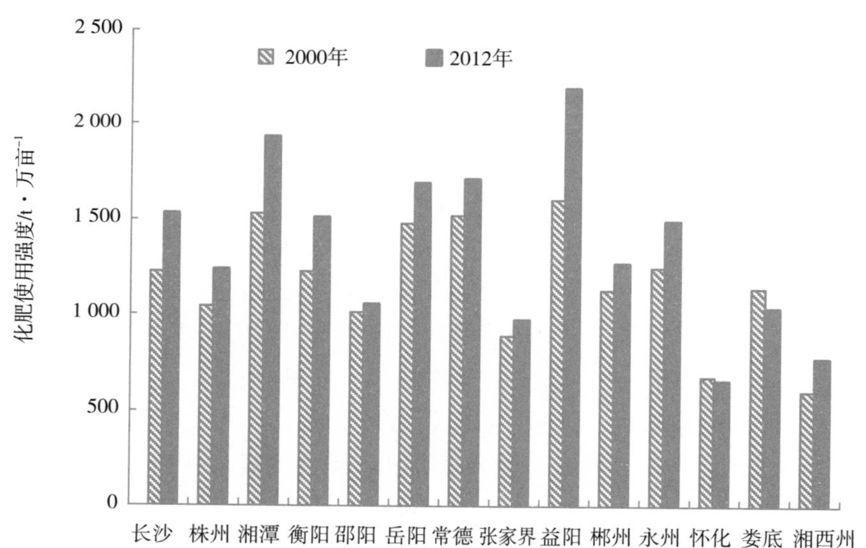

图 2-2　2000 年、2012 年湖南省各市州化肥使用强度变化

化肥的投入种类主要是以氮肥、磷肥、钾肥和复合肥为主。随着施肥总量的增加，同样各类化肥投入量也在逐年增长，其中，以复合肥和钾肥的年平均增长率最高。2000 年复合肥（实物量）施用量 669 895t，2012 年施用量达 1 490 920t，年均增长率为 6.89%。钾肥施用量（实物量）从 2000 年的 600 221t 上升到 2012 年的 860 551t，年均增长率 3.05%。

（2）农药的投入　农业生产投入品中另外一个重要的化学物质是农药。现代农业离不开农药的使用，施用量也在逐年增加。从 2000 年的 85 611t 上升到 2012 年的 122 980 吨，涨幅达 37 369t。除 2001 年农药施用量有微量的减少外，其中以 2003 年、2004 年的涨幅最为明显，分别比前一年增加了 8 388t 和 14 133t（图 2-3）。其次，化学农药生产也具有一定的水平。以湖南农药厂、株洲化工厂、资江农药厂为主体的农药生产企业，可生产农药品种 20 多个，部分品种已达到国内领先和国际先进水平。

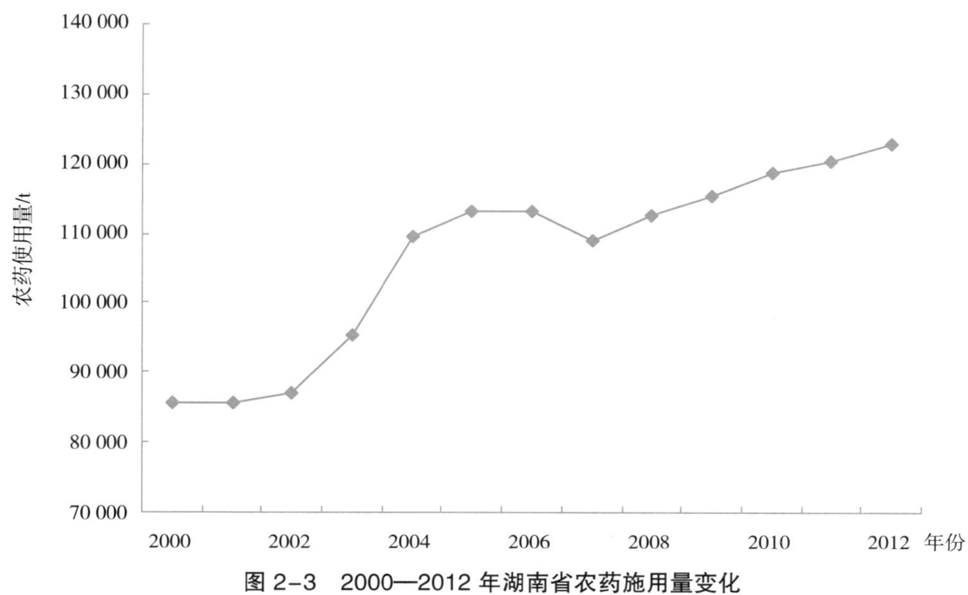

图 2-3　2000—2012 年湖南省农药施用量变化

湘中地区农药使用量明显高于其他地区，2000 年农药使用强度为 65.36 t / 万亩，2012 年上涨到 79.77 t / 万亩。其次是湘南地区和湘北地区，2012 年农药使用强度分别为 77.65 t / 万亩和 75.14 t / 万亩。但湘北地区的农药使用强度近年来增长速度明显快于湘南、湘中和湘西地区，2000—2012 年涨幅达 30.01 t / 万亩。湘北地区中以岳阳农药使用强度增长速度最快，2000—2012 年上涨了 21.31 t / 万亩（图 2-4）。

（3）农膜的投入　自 2000 年开始，湖南省农膜使用量逐年跳跃式的增长。2000 年农用薄膜使用量 40 446t，2012 年增长 96.65% 至 79 536t，平均增长率为 5.8%。2000 年地膜覆盖面积达 31 3340hm^2，占耕地面积的 7.99%。2012 年地膜覆盖面积扩大到 701 082hm^2，占耕地面积达 17.02%。2000—2012 年，地膜覆盖面积年均增长率达 6.94%。2000 年地膜的使用量达 25 309t，占农用薄膜使用量的 62.57%，以年均增长率为 6.73% 的速度，在 2012 年增长到 55 312t。

其他农业化学品投入，主要有农用电的使用以及农用柴油的使用。2000 年湖南省农村用电量达 44.53 亿 kW・h，以 7.85% 的年平均增长速度，增长到 2012 年的 110.23 亿 kW・h。2000 年，湖南省农用柴油使用量为 224 315t，发展到 2012 年达 406 122t，年平均增长率达 5.07%。

2. 农业对化学品投入的依赖性分析

农业增长与劳动力、土地、化肥、农业机械等生产性投入有关，也与国家财政支持、农村经济制度、农业技术进步等因素密切相关，其中，化学品的投入对于农业经济增长具有重要贡献。

（1）农业增长与化肥投入　由湖南省历年化肥用量、粮食总产和粮食单产的数值变化可以得出，随着化肥用量的增加，粮食总产和粮食单产在不断提高，可见，化肥养分资源为实现粮食增产

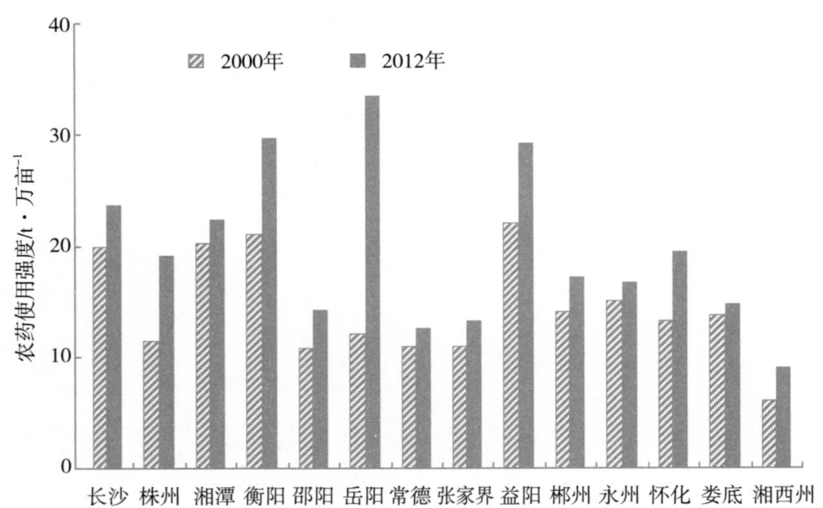

图 2-4 2000—2012 年湖南省各市州农药使用强度变化

发挥了巨大作用。湖南省 2012 年农业总产值为 2 651.69 亿元，比 2000 年增加近 318.35%。2012 年全省化肥施用总量（折纯）为 249.11 万 t，平均每公顷农作物播种面积化肥施用量达 292.66kg，湖南省每公顷农作物播种面积化肥施用量（折纯）从 2000 年的 227.63kg 增加到 2012 年的 292.66kg。单位面积化肥投入每增加 1%，农业经济增长 0.6%，证明化肥投入是农业经济增长的源泉之一。

（2）农业增长与农药投入　湖南省农村人均纯收入从 2000 年 2 197.16 元，随着单位粮食播种面积上农药使用量的增加，以 10.07% 的年平均增长速度，提高到 2012 年的 7 440 元。同时单位面积的粮食产量和粮食总产量也在大幅上升。

（3）农业增长与农用薄膜投入　地膜覆盖栽培，一般可使农作物增产 30%~50%，对粮食作物、油料、棉花等作物增产稳定、可靠；用塑料大棚生产蔬菜，一般增产 50% 以上，塑料日光温室蔬菜栽培，一般可增产 80%；农膜的增产增收效果明显，在高温多雨的南方地区，可抗早春低温，防止土壤流失。农膜增产效果一般可达 30%~50%，甚至高达 80%~100%。

（4）化学品投入对环境的影响　随着氮肥用量的增加，地下水中硝酸盐的含量将升高，从而导致部分地区地下水和饮用水硝酸盐污染。湖南省许多农田均受到不同程度的农药污染，而农药直接施入土壤的地区造成的土壤污染最为严重。农药对水体的污染主要来自直接向水体施药、地表残留的农药随雨水迁移、空气中的农药雾滴或微粒沉降、施药工具和器械的清洗等途径。土壤中含废旧农膜过多，土壤通气性和透水性降低，影响了水分和营养物质在土壤中的传输，阻碍农作物种子发芽、出苗和根系生长，造成作物减产。连续覆膜的时间越长，残留量越大，对农作物产量影响越大，连续使用 15 年以后，耕地将颗粒无收。

三、湖南省农业发展可持续性分析

（一）湖南省农业发展可持续性评价指标体系构建

根据湖南农业可持续发展指标体系建立的基本思路和基本原则，并结合湖南省及其各区域农业农村发展的现状，从农业生态、经济、社会可持续三个方面入手，将湖南省农业可持续发展系统分成三个层次、三子系统，并选取了25个有代表性的指标，构建湖南省农业可持续发展水平的评价指标体系。（表3-1）

表3-1　湖南省农业可持续发展水平的评价指标体系

目标层	子系统层	指标层	计算方法
湖南农业可持续发展评价（A）	农业生态可持续发展（B1）	农村人均耕地面积	耕地面积/农业人口
		土壤有机质含量	按统计资料收集
		土壤重金属污染比例	重金属污染面积/土地总面积
		复种指数	作物总播种面积/耕地面积
		耕地亩均农业用水资源量	农业水资源用量/耕地面积
		水资源开发利用率	区域用水量/水资源总量
		农田旱涝保收率	旱涝保收面积/总耕地面积
		亩农业化学用品负荷	化肥施用量+农药施用量/耕地面积
		农膜回收率	按统计资料收集
		水土流失面积比重	水土流失面积/总土地面积
		秸秆综合利用率	按统计资料收集
		规模化养殖废弃物综合利用率	按统计资料收集
		林草覆盖率	林地面积+草地面积/土地总面积
		自然灾害成灾率	农业自然灾害成灾面积/作物总播种面积
	农业经济可持续发展（B2）	农业劳动生产率	农林牧渔业总产值/农林牧渔业劳动力
		农业土地生产率	农林牧渔业总产值/土地总面积
		农业成本利润率	农林牧渔产值-农业财政投入/农业财政投入
		农民组织化水平	农林牧渔业劳动力/乡村劳动力
		农产品商品率	农产品销售收入/农林牧渔总产值
	农业社会可持续发展（B3）	人均食物占有量	粮食+肉类总产量/总人口
		农业科技化水平	农业科技贡献率
		农业劳动力受教育水平	农业劳动力平均受教育年限/9
		农业技术人才比重	农业科技人员/乡村总人口
		农业剩余劳动力转移指数	农业劳动力转移数/乡村劳动力-农林牧渔业劳动力
		国家农业政策支持力度	农业财政投入/地区生产总值

农业生态可持续性强调的是农业生产活动所依赖的自然资源的可持续利用、农业生态环境保护的可持续等方面。主要包括耕地总量能否达到动态平衡、土壤肥力能否得到持续稳定或逐步提高、水资源是否可持续利用等。具体指标为：农村人均耕地面积、土壤有机质含量、土壤重金属污染比

例、复种指数、耕地亩均农业用水资源量、水资源开发利用率、农田旱涝保收率、亩农业化学用品负荷、农膜回收率、水土流失面积比重、秸秆综合利用率、规模化养殖废弃物综合利用率、林草覆盖率、自然灾害成灾率等指标。

（二）湖南省农业发展可持续性评价

根据湖南省农业可持续发展评价指标体系的多维性和多目标的特点，选择了主成分分析方法，因子分析方法及层次聚类法对湖南省农业可持续发展及其区域差异进行综合评价和分析。运用SPSS统计分析软件对湖南省农业可持续发展指标的标准化后数据进行主成分分析，根据确定主成分的累计贡献率达到85%且特征根大于1准则，计算得出的主成分特征值及贡献率和初始因子载荷矩阵。

代入湖南省各区（县）2012年湖南省农业可持续系统指标数据后，得到5个主成分及最后的综合得分。同理可得湖南省各地市2012年湖南省农业可持续评价综合得分（表3–2）。

表3–2　湖南省各地市农业可持续评价综合得分

地市名称	第一主成分得分	第二主成分得分	第三主成分得分	综合得分	排名
长沙	3.349 0	2.398 3	0.344 7	3.007 8	1
湘潭	3.677 4	0.146 8	−2.186 1	2.808 0	2
株洲	1.799 5	1.291 0	0.906 9	1.670 7	3
岳阳	2.128 2	−1.016 5	−0.177 7	1.573 0	4
衡阳	1.706 4	−0.188 1	0.419 5	1.379 6	5
常德	1.870 2	−1.401 9	0.312 1	1.355 7	6
益阳	0.490 5	−1.278 4	0.363 4	0.266 1	7
娄底	0.150 3	−0.153 2	−0.222 0	0.085 4	8
永州	0.027 4	−1.264 3	0.902 2	−0.063 7	9
郴州	−1.099 2	0.446 0	0.575 7	−0.785 7	10
邵阳	−1.367 9	−0.244 1	−0.627 5	−1.175 8	11
怀化	−3.384 8	0.837 4	0.213 3	−2.601 7	12
张家界	−4.117 2	0.088 7	0.308 1	−3.273 8	13
湘西土家族苗族自治州	−5.229 8	0.338 3	−1.132 6	−4.245 7	14

（三）湖南农业发展可持续性评价结果分析

由上述分析综合评价结果可以看到湖南省各市（州）、区县农业可持续发展综合水平大致呈环洞庭湖区由东至西逐渐递减的趋势。长株潭、湘北地区优于湘南地区，湘南地区优于湘西地区（见图3–1）。

农业可持续发展评价得分较高的第一类地区：长沙、株洲、湘潭、岳阳、常德、益阳、衡阳，区县排序为：芙蓉区＞开福区＞宁乡县＞望城区＞岳麓区＞湘阴县＞南县＞长沙县＞石峰区＞天心区＞韶山市＞雨花区＞攸县＞岳塘区＞雨湖区＞临澧县＞岳阳楼＞天元区＞资阳区＞浏阳市＞荷塘区＞双峰县＞醴陵市＞沅江市＞武陵区＞湘潭县＞衡山县＞君山区＞鼎城区＞祁阳县＞祁东县＞汉寿县＞冷水滩区＞郝山区＞资兴市＞安仁县＞芦淞区＞澧县＞株洲县＞华容县；长沙各区

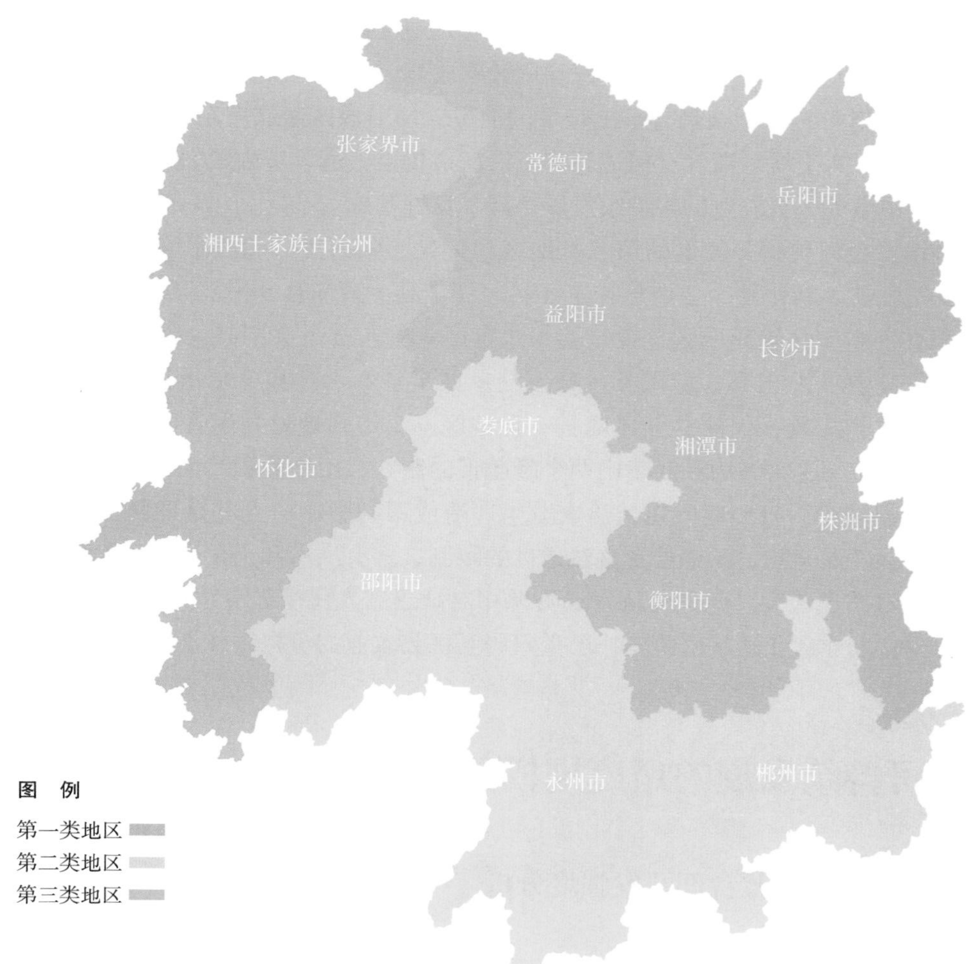

图 3-1 湖南省各地市农业可持续评价分类概况

县在科技投入、农民培训、投资政策倾斜、基础设施建设和新农村建设等方面的显著成就使得长沙各区县在农业可持续发展水平评价得分中高居榜首。株洲、湘潭是湖南重要的粮食、肉类生产基地；长株潭城市群建设“两型社会”综合配套改革试验区提供了难得的重大历史机遇，株洲国家级高新技术产业开发区农业科技园、湘潭高新区这为区县农业可持续发展提供了保证。岳阳、益阳、常德三地区属环洞庭湖区是我国重要的商品粮、淡水鱼、棉、麻生产基地，洞庭湖区在国家总体区域发展战略中的重要性，促使各区县在农业可持续发展评价中得分位居前列。衡阳“有色金属之乡”、省域副中心城市，是国家承接产业转移示范区以及全国加工贸易重点承接地；农业产业化立足本地资源，带回外地客商、资金、技术，回乡创业，为本区域的经济发展谋取了更大的发展空间。

农业可持续发展评价得分第二类地区：邵阳、娄底、永州、郴州，区县排序为：洞口县 > 双清区 > 桃源县 > 嘉禾县 > 衡阳县 > 桃江县 > 湘乡市 > 茶陵县 > 永兴县 > 汨罗市 > 岳阳县 > 南岳区> 道县 > 衡南县 > 娄星区 > 津市 > 安乡县 > 常宁县 > 邵东县 > 临湘市 > 东安县 > 新田县 > 双牌县 > 零陵区 > 涟源市 > 衡东县 > 云溪区 > 新邵县 > 北塔区 > 苏仙区 > 武冈市 > 宁远县 > 石门县 > 宜章县 > 北湖区 > 江永县 > 耒阳市 > 中方县 > 炎陵县 > 临武县 > 汝城县 > 武陵源；这五个市州农业可持续发展水平得分排名处于中间位置，这四个市州地区地处湖南南部地区，便于发展农林牧渔各业和多种经营；农业资源条件较好，资源利用效率较高，有利的农业自然条件和农业资源条件使该区农业生产在湖南省乃至全国具有举足轻重的地位。加上该区南靠广东、广西沿海经济开发区，邻近中国港澳地区，离上海、浙江、福建等华东沿海市场也不远，省内紧邻经济发达、优越的地理位置、便利的交通条件，为农业的可持续发展奠定了良好基础。

农业可持续发展评价得分较低的第三类地区：怀化、张家界、湘西土家族苗族州，区县排序为：洪江市 > 桂阳县 > 新化县 > 蓝山县 > 芷江县 > 江华县 > 溆浦县 > 平江县 > 冷水江市 > 隆回县> 大祥区 > 邵阳县 > 新宁县 > 鹤城区 > 绥宁县 > 永定区 > 桂东县 > 会同县 > 吉首市 > 桑植县 > 沅陵县 > 泸溪县 > 安化县 > 龙山县 > 麻阳县 > 辰溪县 > 城步县 > 永顺县 > 靖州县 > 慈利县 > 通道县 > 花垣县 > 新晃县 > 古丈县 > 保靖县 > 凤凰县；该地区三个市州地处湖南省西部区域，位于云贵高原的边缘地区，地势深受雪峰山和武陵山两个隆起带的制约，山地面积广大，由于山区地势和降水的影响，生长积温较少，日照时间短，给农业生产造成不利影响；尤其是湘西土家族苗族自治州的花垣县、古丈县、保靖县、凤凰县受自然条件的限制，常有洪涝和干旱灾害发生，易发生水土流失、土地沙化、地质灾害等。此外经济发展资源相对缺乏，人民受教育程度偏低，外来流动人口、技术、资金偏少，农业产业链基础薄弱，严重阻碍了区县农业的可持续发展。

四、农业可持续发展的适度规模分析

（一）湖南省农业资源合理开发强度分析

1. 湖南省生态足迹分析

本专题采用有关均衡因子和产量因子的取值均来自 Wackernagel 等人在计算中国生态足迹时所采用的数据。以下是各类生态生产性土地所对应的均衡因子和产量因子的取值情况（表 4–1）。

表 4–1　六大土地类型的均衡因子和产量因子

土地类型	主要用途	均衡因子	产量因子	备注
化石燃料用地	吸收化石燃料燃烧所排放的 CO_2	1.1	0	以全球生态平均生产力为 1。按世界环境与发展委员会（WCED）的报告《我们共同的未来》建议，生态供给中扣除 12% 的生物多样性。在实际中，人们并没有留出 CO_2 用地
耕地	种植农作物	2.8	1.66	
林地	提供林产品和木材	1.1	0.91	
草地	提供畜产品	0.5	0.19	
建筑用地	人类定居和道路	2.8	1.66	
水域	提供水产品	0.2	1	

湖南省生物资源消费账户及能源消费账户中各种产量、消费量、人口数、生态赤字驱动力因子等数据取自于《湖南省统计年鉴》（2012 年），由于统计数据中的贸易进出口的数据比较笼统，生物资源消费量采用的是生产量，能源资源消费量采用的是消费量。数据处理上用 Excel 进行统计计算及制作图表，利用 SPSS 作相关分析及主成分分析，利用灰色软件做预测分析。

（1）生物资源足迹　根据统计数据，查询计算得出湖南省各种生物资源的消费量以及全球的平均产量，依据计算生态足迹的公式，进行计算，具体见表 4–2。

表 4–2　湖南省生物资源消费生态足迹账户（2011 年）　（单位：万 m^3）

生物资源消费类型	全球平均（kg/hm^2）	湖南省生物量（t）	毛生态足迹（hm^2）	人均生态足迹（hm^2/人）	生产面积类型
牛羊肉	33	461 658	18 939 686	0.196 054	草地
奶类	502	746 328	1 486 709	0.020 835	
禽蛋	400	938 449	2 346 123	0.032 879	
肉禽类	764	773 125	1 011 944	0.014 182	
粮食	2 744	29 393 500	10 711 917	0.150 119	耕地
豆类	1 856	410 500	221 175	0.003 100	
薯类	12 607	57 000	4 521	0.000 063	
油料	1 856	2 152 868	1 159 950	0.016 256	
棉花	1 000	227 000	227 000	0.003 181	
麻类	1 500	42 249	28 166	0.000 395	
烟叶	1 548	246 529	159 256	0.002 232	
蔬菜	18 000	33 374 000	1 854 111	0.025 984	
甘蔗	18 000	722 298	40 128	0.000 562	
茶叶	566	132 787	234 606	0.003 288	
水果	3 500	5 298 949	1 513 985	0.021 217	
油桐籽	1 600	43 400	27 125	0.000 380	林地
油茶籽	1 600	516 808	323 005	0.004 527	
松脂	1 600	35 777	22 361	0.000 313	
竹笋干	3 000	26 974	8 991	0.000 126	
板栗	3 000	87 830	29 277	0.000 410	
木材	1.99	599.93	3 014 724	0.042 249	
水产品	29	897 654	30 953 586	0.433 791	水域

（2）能源资源足迹　根据统计数据，列出湖南省的各种主要能源年消费量及全球的平均产量，根据折算系数，依据第二章的计算生态足迹的公式，进行计算。

（3）总人均生态足迹　根据生态足迹的计算公式将湖南省的生物资源和能源资源消费转化成提供这类消费所需要的生物生产性的土地面积，各种生物资源和能源消费的生态足迹构成了湖南省年生态足迹具体见表 4–3。

表 4-3 湖南省年人均总生态足迹（2011 年）

土地类型	生态足迹的人均需求		
	人均面积（hm^2）	均衡因子	均衡面积（hm^2/ 人）
耕地	0.210	2.8	0.570
林地	0.070	1.1	0.080
草地	0.260	0.5	0.130
水域	0.430	0.2	0.090
化石燃料用地	0.690	1.1	0.760
建筑用地	0.060	2.8	0.160
总足迹需求	1.720		1.790

(4) 2011 年生态承载力计算结果　据获得的湖南省 2011 年的数据，依据生态承载力计算方法，得到人均生态承载力，结果如表 4-4 所示。据此计算得出湖南省 2011 年的人均生态承载力为 0.545 704hm^2/ 人。同时在计算湖南省生态承载力时扣除了的生态生产性土地面积用来保护生物多样性，通过相关计算，得到 2011 年湖南省人均可利用的生态承载力为 0.480 220hm^2/ 人。

表 4-4 湖南省生态承载力（2011 年）

土地类型	生态足迹的人均需求		
	总面积 hm^2/ 人	产量因子	均衡面积（hm^2/ 人）
耕地	0.052 4	1.66	0.243 6
林地	0.142 7	0.19	0.142 9
草地	0.001 4	0.91	0.000 1
水域	0.019 0	1	0.003 8
化石燃料用地	0.000 0	0	0.000 0
建筑用地	0.033 4	1.66	0.155 3
总供给足迹			0.545 7
扣除生物多样性保护面积（12%）			0.065 5
生态承载力			0.480 2

(5) 2011 年湖南省生态可持续发展结果

① 从上述表中我们可以看出 2011 年湖南省的人均生态足迹是 1.790hm^2，而可利用的生态承载力却只有 0.480 2hm^2，我们可以看出，人均生态足迹是人均生态承载力的 3.73 倍，处于生态赤字状态达到人均 1.31hm^2 的赤字，可见人们对自然的影响已经远远超出了自然的负荷，人们目前的这种消费水平不利于湖南省的可持续发展。

② 从生态足迹的构成来看，各种土地利用类型的生态足迹差异性大，林地的生态足迹才占到总人均生态足迹 4.3%，这说明湖南省在林地持续发展方面取得了一定的成绩，特别是人造林。而作为一个农业大省，耕地及草地开发的强度过大，必须适度发展，这两项的生态足迹超过了总人均生态足迹的 1/3，农业发展很不持续，对于以后湖南省的发展存在很大的弊端。化石燃料用地的生态足迹占到了总人均生态足迹的 42.5%，由于工业发展投入能源较大，以及人们生活用能加大，排放 CO_2 过度，不利于可持续发展。

在对 2011 年的生态足迹及生态承载力进行分析时存在两个影响因素：由于贸易的影响，一个地区的生态足迹是跨越界限的，故要进行贸易调整。因有些统计数据的统计途径不一，有些产品直接采用消费量的统计数据，而某些产品的进出口数据存在缺失，以生物产量作为数据，会对结果产生一定的偏差。同时，由于这个生态足迹模型是侧重于生态承载力，忽略了环境、经济、社会等其他各个方面因素的影响，故实际的生态赤字会更大。

（二）湖南省主要农作物生产适度规模分析

1. 作物生态经济适宜度计算

根据生态学耐受性定律可知，以及湖南省农作物生产区域实际和已有的相关经验，并经主成分分析，构建了湖南省主要作物生产生态经济适宜性评价指标体系，进而对指标因子的标准化和单因子隶属函数值进行了界定，最后提出作物生态经济适宜度和区域作物生产生态经济适宜性综合表现率的计算公式。

2. 湖南省水稻生产适度规模

利用构建的上述“作物生产生态经济适宜性评价模型”，对湖南省早稻、中稻、晚稻在湖南省各市（州）生产的生态经济适宜性规模进行逐一评价，并根据其评价结果划分出早稻、中稻、晚稻在湖南生产的生态经济规模适宜区，为湖南省各市州水稻规模结构调整和生产区域布局提供依据。

（1）早稻生态经济适宜区域分布及生产适度规模

① 早稻生态经济适宜区域分布：湖南省 14 个市（州）的早稻生态经济适宜性指数，平均为 0.498，变幅在 0.13~0.70，其中，邵阳最高（0.70），湘西最低（0.13）。根据早稻生态经济适宜性指数，结合近年湖南省早稻生产实际状态，从生态经济适宜性的角度，把湖南省 14 个市（州）分为早稻生产生态经济最适宜、适宜、次适宜和欠适宜 4 个区域（图 4-1）。

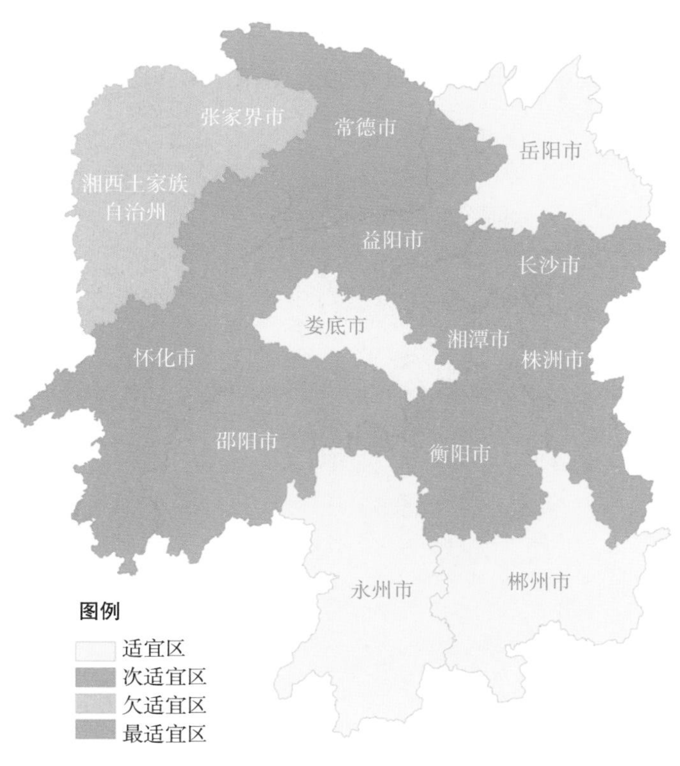

图 4-1　湖南省早稻生产生态经济适宜区域分布

② 早稻各区域生产适度规模：从图 4-1 中看出，湖南省早稻生产生态经济最适宜区，主要分布于湖南中东部，包括邵阳（0.70）、株洲（0.64）、衡阳（0.60）、湘潭（0.58）4 个市。该区域面积为 52 474km^2，占全省 24.7%，人口为 2 150.13 万人，占全省 31.7%；种植规模为 43.56 千hm^2，占全省 23%。湖南省早稻生产生态经济适宜区，主要包括岳阳（0.56）、郴州（0.56）、娄底（0.55）、永州（0.54）4 个市。该区域面积为 64 917km^2，占全省 30.60%，人口为 1 990.3 万人，占全省 29.4%；种植规模为 75.82km^2，占全省 40.0%。早稻生产生态经济次适宜区，主要包括益阳（0.51）、怀化（0.50）、长沙（0.47）、常德（0.43）4 个市，该区域面积为 69 733km^2，占全省 32.9%，人口为 2 208.91 万人，占全省 32.6%，种植规模为 44.3km^2，占全省 23.4%。早稻生产生态经济欠适宜区，主要包括张家界（0.13）、湘西（0.13）2 个市（州）。该区域面积为 25 139km^2，占全省 11.8%，人口为 428.91 万人，占全省 6.3%，种植规模为 25.76 千 hm^2，占全省 13.6%（表 4-5）。

表 4-5　湖南省早稻生产规模布局

早稻分布区域	适宜性等级	区域面积（km^2）	种植规模（千 hm^2）	种植规模占全省比率（%）
邵阳、株洲、衡阳、湘潭	最适宜	52 474	43.56	23
岳阳、郴州、娄底、永州	适宜性	64 917	75.82	40.00
益阳、怀化、长沙、常德	次适宜	69 733	44.3	23.40
张家界、湘西	欠适宜	25 139	25.76	13.60

（2）中稻生态经济适宜区域分布及生产适度规模

① 中稻生态经济适宜区域分布：湖南省 14 个市（州）的中稻生态经济适宜性指数，平均为 0.486，变幅在 0.30~0.69；其中，邵阳最高（0.69），衡阳（0.302）最低。同上，把湖南省 14 个

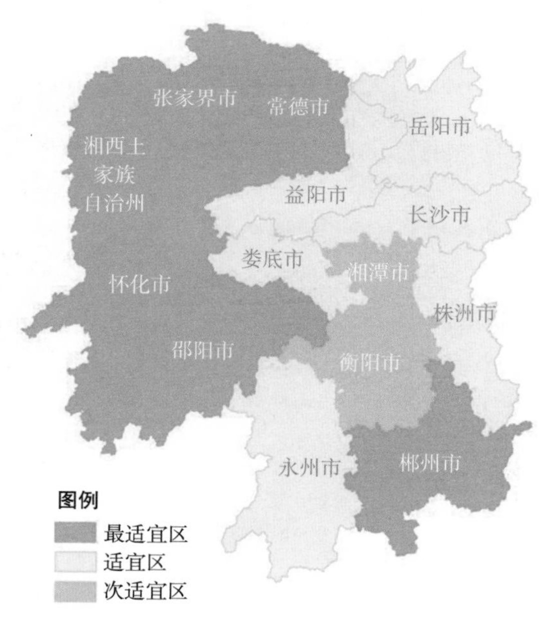

图 4-2　湖南省中稻生产生态经济适宜区域分布

市（州）分为中稻生产生态经济最适宜、次适宜和不适宜 3 个区域（图 4-2）。

② 中稻各区域生产适度规模：湖南省中稻生产生态经济最适宜区，主要分布于湖南西部，包括邵阳（0.69）、怀化（0.63）、常德（0.60）、郴州（0.55）、张家界（0.55）、湘西（0.52）6 个市州。该区域面积为 111 204km^2，占全省 52.4%；人口为 2 737.72 万人，占全省 40.4%，种植规模为 97.94 千 hm^2，占全省 51.7%。中稻生产生态经济适宜区，主要包括岳阳（0.48）、永州（0.46）、益阳（0.45）、娄底（0.42）、株洲（0.42）、长沙（0.41）6 个市。该区域面积为 80 733 千 hm^2，占全省 38.0% 人口为 3 031.5 万人，占全省 44.7%；种植规模为 76.54 千 hm^2，占全省 40.4%。中稻生产生态经济次适宜区，主要包括湘潭（0.33）、衡阳（0.30）2 个市，面积 20 326km^2，占全省 9.6% 人口为 1 009.03 万人，占全省 14.9%；种植规模为 14.96 千 hm^2，占全省 7.9%（表 4-6）。

表 4-6　湖南省中稻生产规模布局

中稻分布区域	适宜性等级	区域面积（km^2）	种植规模（千 hm^2）	种植规模占全省比率（%）
邵阳、怀化、常德、郴州、张家界	最适宜	111 204	97.94	52
岳阳、永州、益阳、娄底、株洲、长沙	适宜	80 733	76.54	40.40
湘潭、衡阳	次适宜	20 326	14.96	7.90

（3）晚稻生态经济适宜区域分布及生产适度规模

① 晚稻生态经济适宜区域分布：湖南省 14 个市（州）的晚稻生态经济适宜性指数，平均为 0.513，变幅在 0.15~0.72。其中，长沙最高（0.72），湘西最低（0.15）。同上，把湖南省 14 个市（州）分为晚稻生产生态经济最适宜、次适宜、不适宜和最不适宜 4 个区域（图 4-3）。

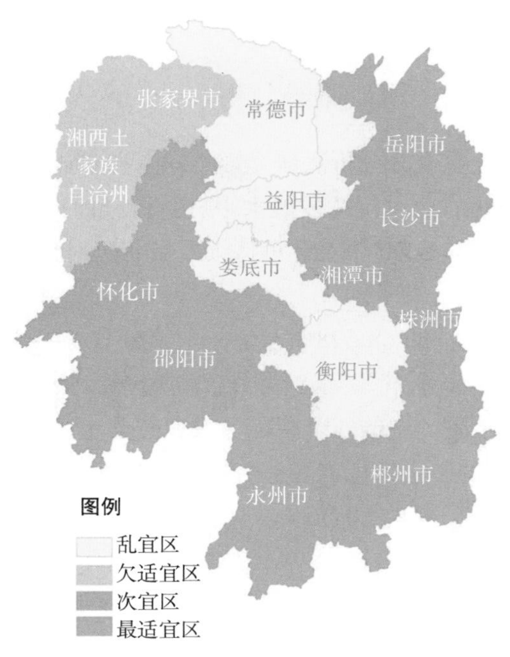

图 4-3　湖南省晚稻生产生态经济适宜区域分布

② 晚稻各区域生产适度规模：湖南省晚稻生产生态经济最适宜区，主要分布于湖南中东部和西南部，包括长沙（0.72）、株洲（0.70）、邵阳（0.66）、永州（0.65）、湘潭（0.64）、岳阳（0.62）6个市。该区域面积为86 364km^2，占全省40.7%；人口为3 186.46万，占全省47.0%；种植规模为84.97千hm^2，占全省44.97%。晚稻生产生态经济适宜区，主要分布于湖南省中北部，包括常德（0.56）、益阳（0.56）、衡阳（0.54）、娄底（0.52）4个市。该区域面积为53 760km^2，占全省25.3%；人口为2 202.68万，占全省32.5%；种植规模为48.89千hm^2，占全省25.8%。晚稻生产生态经济次适宜区，主要包括郴州（0.35）、怀化（0.35）2个市。该区域面积为47 000km^2，占全省22.1%；人口为960.2万，占全省14.2%；种植规模为29.82千hm^2，占全省15.7%。晚稻生产生态经济欠适宜区主要包括张家界（0.16）、湘西（0.15）2个市（州）。该区域面积为25 139km^2，占全省11.8%；人口为428.91万，占全省6.3%；种植规模为25.76千hm^2，占全省13.6%（表4-7）。

表4-7 湖南省晚稻生产规模布局

晚稻分布区域	适宜性等级	区域面积（km^2）	种植规模（千hm^2）	种植规模占全省比率（%）
长沙、株洲、邵阳、永州、湘潭、岳阳	最适宜	86 364	84.97	45
常德、益阳、衡阳、娄底	适宜	53 760	48.89	25.80
郴州、怀化	次适宜	47 000	29.82	15.70
张家界、湘西	欠适宜	25 139	25.76	13.60

五、湖南省农业可持续发展的区域布局与典型模式

（一）湖南农业可持续发展的区域差异分析

根据湖南省行政区划，通过主成分分析法研究影响湖南省农业可持续发展的主要因子，在此基础上，通过因子分析法对各市州农业可持续发展水平进行得分评价。为了便于将2012年湖南省14个市（州）农业可持续发展水平与2000年农业可持续发展状况对比分析，以2000年湖南全省的各指标数据作为基准数据。

第一个主成分拥有全部信息量的68.528%，是一个十分重要的因子，它与农业生态子系统中的5个指标“耕地亩均农业用水资源量”“水资源开发利用率”“亩农业化学用品负荷”“农膜回收率”“林草覆盖率”，农业经济子系统中的3个指标“农业劳动生产率”“农业土地生产率”“农业成本利用率”，农业社会子系统中的2个指标“农业劳动力受教育水平”“国家农业政策支持力度”密切相关。第二主成分拥有全部信息量的10.36%，与农业社会子系统中“人均食物占有量”指标密切相关。第三主成分拥有全部信息量的6.409%，与农业经济子系统中的指标“农业成本利用率”指标密切相关。因此，可得出影响湖南省农业可持续发展的主要因子（表5-1）。根据表5-1，结合湖南省农业经济、社会和生态系统的变化趋势，可以归纳出影响和制约湖南省农业可持续发展的主要以下几个方面。

表 5-1　影响湖南省农业可持续发展的主要因素

农业可持续子系统	主要影响因子
农业生态可持续性	耕地亩均农业用水资源量、水资源开发利用率、亩农业化学用品负荷、农膜回收率、林草覆盖率
农业经济可持续性	农业劳动生产率、农业土地生产率、农业成本利用率
农业社会可持续性	人均食物占有量、农业劳动力受教育水平、国家农业政策支持力度

1. 湖南省农业可持续发展区域差异分析

为了进一步分析湖南省 14 个地州（市）农业可持续发展水平的差异，在主成分分析的基础上，用初始因子荷载矩阵中的相关系数数值除以主成分所对应的特征值开平方根，得到该主成分中每个指标所对应的系数（特征向量）。

4 个主成分计算公式分别为（Xi 代表第 i 个指标的数据标准化后数值）：

$F_1=0.3336X_1+0.3238X_2-0.3034X_3+\cdots\cdots-0.3063X_{11}$

$F_2=0.1929X_1+0.1723X_2+0.3194X_3+\cdots\cdots-0.2360X_{11}$

$F_3=-0.0488X_1-0.3942X_2-0.0789X_3+\cdots\cdots-0.3120X_{11}$

代入湖南省 14 市（州）2012 年湖南省农业可持续系统指标数据后，得到 4 个主成分及最后的综合得分（表 5-2），其中主成分的权重为某主成分的方差贡献率与各主成分的累积贡献率的比值。

表 5-2　农业可持续发展综合得分

地区	主成分 1	主成分 2	主成分 3	综合得分	排名
长沙	3.349 0	2.398 3	0.344 7	3.007 8	1
株洲	1.799 5	1.291 0	0.906 9	1.670 7	3
湘潭	3.677 4	0.146 8	−2.186 1	2.808 0	2
邵阳	−1.367 9	−0.244 1	−0.627 5	−1.175 8	11
岳阳	2.128 2	−1.016 5	−0.177 7	1.573 0	4
永州	0.027 4	−1.264 3	0.902 2	−0.063 7	9
怀化	−3.384 8	0.837 4	0.213 3	−2.601 7	12
常德	1.870 2	−1.401 9	0.312 1	1.355 7	6
张家界	−4.117 2	0.088 7	0.308 1	−3.273 8	13
益阳	0.490 5	−1.278 4	0.363 4	0.266 1	7
郴州	−1.099 2	0.446 0	0.575 7	−0.785 7	10
娄底	0.150 3	−0.153 2	−0.222 0	0.085 4	8
湘西土家族苗族自治州	−5.229 8	0.338 3	−1.132 6	−4.245 7	14
衡阳	1.706 4	−0.188 1	0.419 5	1.379 6	5

进一步通过因子分析法，把农业可持续发展的三个子系统分别进行因子分析，并通过最大方差正交旋转法进行了因子旋转，使因子载荷矩阵中因子载荷的平方值向 0 和 1 两个方向分化，使大的载荷更大，小的载荷更小。最终，得到农业可持续发展水平综合得分和各个子系统得分综合表（表 5-3）。

表 5-3　湖南省各市（州）农业可持续发展水平综合得分与子系统得分

地区	农业生态子系统得分	农业经济子系统得分	农业社会子系统得分	农业可持续发展水平综合得分
长沙	0.607 0	1.085 6	0.858 7	3.007 8
株洲	1.078 7	0.326 3	0.701 1	1.670 7
湘潭	0.985 7	0.371 7	0.831 2	2.808 0
邵阳	0.156 6	−0.543 3	−0.427 1	−1.175 8
岳阳	−0.364 2	0.563 2	0.406 9	1.573 0
永州	−0.104 1	0.184 8	0.079 4	−0.063 7
怀化	0.763 5	−0.786 0	−0.596 2	−2.601 7
常德	−0.817 6	0.510 4	0.654 8	1.355 7
张家界	−0.944 4	−1.132 6	−0.685 4	−3.273 8
益阳	−1.331 6	0.081 3	0.173 5	0.266 1
郴州	−0.030 1	−0.314 3	−0.135 5	−0.785 7
娄底	0.114 1	0.244 0	−0.264 5	0.085 4
湘西土家族苗族自治州	0.058 8	−1.336 8	−1.794 9	−4.245 7
衡阳	−0.172 4	0.746 0	0.198 1	1.379 6

由表 5-3 可知，湖南省各市（州）农业可持续发展综合水平大致呈环洞庭湖区由东至西逐渐递减的趋势。其中，农业可持发展水平得分高于湖南省平均水平的市（州）有长沙、株洲、湘潭、岳阳、常德、益阳、娄底、衡阳，其农业可持发展水平得分高低排序为：长沙 > 湘潭 > 株洲 > 岳阳 > 衡阳 > 常德 > 益阳 > 娄底；农业可持发展水平得分低于湖南省平均水平的市（州）有邵阳、永州、怀化、张家界、郴州、湘西土家族苗族自治州，其得分高低排序为：永州 > 郴州 > 邵阳 > 怀化 > 张家界 > 湘西州。二是湖南省各市（州）农业生态、经济和社会子系统可持续发展存在水平差异。近年来，湖南农业可持续发展水平和能力有所提高，但在农业系统内部存在着农业生态、农业经济与农村社会的发展不协调，农业系统内部各个子系统之间可持续发展能力存在差异。从地区差异来看：农业生态子系统可持续发展水平得分高低排序为：株洲 > 湘潭 > 怀化 > 长沙 > 邵阳 > 娄底 > 湘西土家族苗族自治州 > 郴州 > 永州 > 衡阳 > 岳阳 > 常德 > 张家界 > 益阳；农业经济子系统可持续发展水平得分高低排序为：长沙 > 衡阳 > 岳阳 > 常德 > 湘潭 > 株洲 > 娄底 > 永州 > 益阳 > 郴州 > 邵阳 > 怀化 > 张家界 > 湘西土家族苗族自治州；农业社会子系统可持续发展水平得分高低排序为：长沙 > 湘潭 > 株洲 > 常德 > 岳阳 > 衡阳 > 益阳 > 永州 > 郴州 > 娄底 > 邵阳 > 怀化 > 张家界 > 湘西土家族苗族自治州。

（二）农业可持续发展区划方案

1. 湖南各市（州）农业可持续发展聚类分析

利用表 5-3 中 14 个市（州）农业可持续发展的 3 个子系统及综合得分作为新变量进行了层次聚类分析，分析结果如图 5-1 所示。可以得到：当聚类结果分为四类时，表明湖南省 14 个地区可合并为 4 类：第一类为长沙、湘潭、株洲。第二类为岳阳、常德、益阳、衡阳。第三类为邵阳、永州、郴州、娄底。第四类为怀化、张家界、湘西土家族苗族自治州。将聚类分析结果与之前的因子分析结果进行对比，聚类分析的每一类别内部各市（州）农业可持续发展水平差异不大，得分排名都比较接近，与因子分析结果有比较好的匹配性。

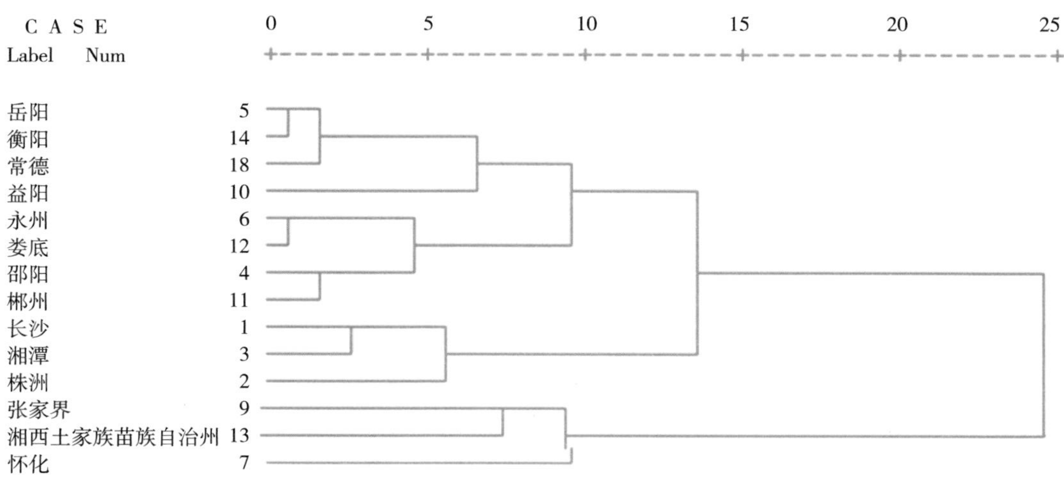

图 5-1　湖南省农业可持续发展聚类

2. 湖南农业可持续发展区划方案

根据国家农业可持续发展规划要求，结合湖南省农业可持续发展现状的主成分分析和聚类分析的结果，可将湖南省农业可持续发展分为三大区域（图 5-2）。

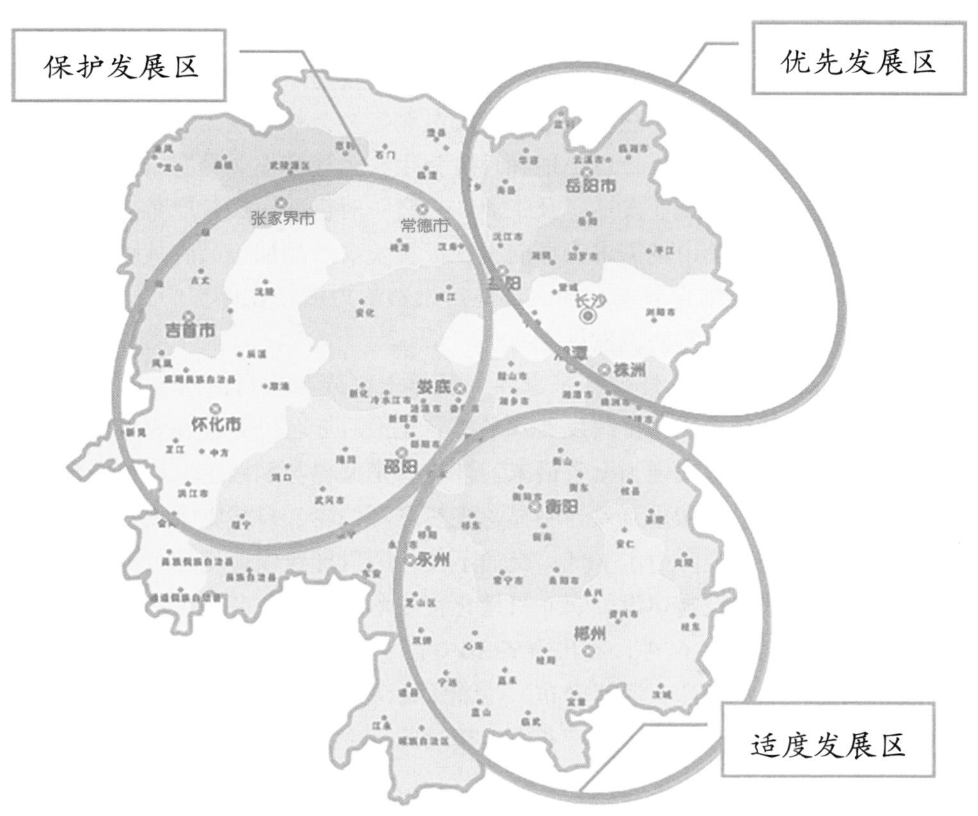

图 5-2　湖南省农业可持续发展区划

（1）优先发展区　该区域主要包括长沙、株洲、湘潭、岳阳、常德、益阳、衡阳。这 7 个市（州）地区位于湖南东北部地区，多属环洞庭湖区，该片区域地势平坦，光热水资源充足，农业用地面积大，适宜多种农作物生长，农业可持续发展整体水平相对较高，农业经济可持续发展系统处于全省领先地位。其中，长、株、潭3市作为全国资源节约型和环境友好型社会建设综合配套改革试验区，位于我国京广经济带、泛珠三角经济区、长江经济带接合部，区位和交通条件优越，是湖南省经济增长的核心，这3个市（州）农业总系统可持续发展水平排名为前三名，各子系统可持续发展水平靠前。岳阳、常德、益阳、衡阳4市农业可持续发展水平较高，农业总系统可持续的分较高，紧跟长株潭地区。农业经济子系统和农业社会子系统中可持续发展水平得分较高，农业生态子系统可持续发展水平得分相对偏低。其中，岳阳、常德、益阳3市属于国务院批复同意《洞庭湖生态经济区规划》范围，由于其特殊的地理位置和独特的水系结构，是我国重要的商品粮基地和水稻种植区、棉、油、茶、猪、鱼生产基地，未来将成为继长株潭之后的湖南经济的第二增长极。衡阳地处湘中南，紧邻珠三角城市群，是全国商品粮、猪、油重点生产基地之一，被国务院确定为湘南农业综合开发区，也具有良好的农业生产条件与发展前景。因此，该区域今后要围绕粮食、大宗农产品的可持续发展，调整产业结构、优化布局。还要加强农田基本建设，积极发展循环农业，做好农业环境治理工作。

（2）适度发展区　该区域包括邵阳、娄底、郴州、永州。这4个市（州）农业总系统可持续发展水平得分在14个市（州）中处于中等偏下位置，各个子系统可持续发展水平也大致处于中等位置，其中生态子系统可持续发展水平得分相对较高。其中，邵阳、娄底处于湖南省中偏南部，以丘陵、岗地和盆地为主，农业自然条件相对优越；较湘西山区，该区域农业生产水平较高，饲养业较为发达。但与长、株、潭3市以及湘北洞庭湖平原区域相比，农业生产整体实力较低，人均拥有的自然资源相对较少，水土匹配欠佳，矿业产生污染在省内较为严重，影响农业的可持续发展。郴州和永州位于湖南省的最南端，处于热带和亚热带的过渡气候，林业较为发达，种植业和畜牧业发展水平也较高，但两市地貌复杂多样，以山地和丘陵为主，大规模作业具有难度，农业机械化水平不高，同邵阳、娄底一样，工矿企业发达，及工业“三废”对耕地污染较严重。因此，该区域应积极发挥区位优势，以中国粤港澳市场需求为导向，积极实施农产品加工品牌战略，把开发与节约资源、保护环境、保护耕地有效结合起来，加大环境污染整治力度，在保护中开发，在开发中保护，促进湘南地区经济效益和生态效益协调发展。

（3）保护发展区　该区域包括怀化、张家界、湘西土家族苗族自治州。这3市是农业可持续发展水平最低的地区，农业总系统可持续发展水平排名是最后3名，并且在农业经济子系统和农业社会子系统中可持续发展水平也表现为全省最末。怀化、张家界与湘西土家族苗族自治州地处湖南省西部，山地面积大，地域差异和垂直差异明显，光热资源偏少，自然灾害成灾率远超省内其他地区，农业生态环境比较脆弱，生产力水平低，交通不便等因素导致农业用地资源效益不高，农业土地生产率全省最低。农业基础设施建设、农业机械化程度落后，农业劳动生产率全省最低。但该区域生物资源丰富，森林覆盖率达67%，高出全省10%以上，为全国九大生态良好区域之一，是湖南巨大的碳汇区和氧吧；水系发达、河流密布，是湘资沅澧四大水系发源地、湖南水资源重点涵养区。因此，该区域作为资源能源保障区、产业发展接续区、生态环境保护区和民族融合区，应充分发挥其在土壤保持、水源涵养、环境净化、气候调节、物种保育等方面的重要作用，大力加强生态建设和环境保护，全面实施小流域综合治理和城乡污染防治工程，努力拓展区域环境容量和资源承载力，构筑可持续发展的生态安全体系。

（三）湖南省农业可持续发展的功能定位与目标

1. 总目标

深入贯彻落实科学发展观，紧紧围绕湖南省委、省政府“四化两型”战略，以促进现代农业发展、加快社会主义新农村建设为主题，以促进农业增效、农民增收和农村经济社会繁荣为目标，从湖南农业发展现实与未来发展需求出发，在继续强化农业经济生产功能的同时，调整生产布局和优化功能结构，提高农业综合能力，重点挖掘农业潜在的全面服务价值尤其是生态综合服务功能，切实解决农业资源利用和生态环境保护中的突出问题，加快转变农业发展方式，持续提高农业综合生产能力，实现湖南农业农村的可持续发展。

2. 功能定位

（1）经济功能　农业的经济功能具体来说，一方面，继续发挥湖南农业资源丰富的优势，确保重要的商品粮生产、畜牧业生产、农产品加工等农业产业基地的建设，为农产品供给安全提供保障；另一方面，根据市场需求的变化不断优化农业产业结构，通过产业化经营，提高现代农业的生产效益，增加农户收入，在实现农业经济效益的同时实现农业的可持续发展。

（2）生态功能　土壤保持、水源涵养、气候调节、生物多样性维护等生态功能是农业可持续发展的重要组成。湖南省是全国资源禀赋和生态条件较好的区域之一，因此，湖南省农业可持续发展，需要积极发展资源节约型和环境友好型农业，在农业生产获得所需产品的基础上，通过农业修复，改善日益恶化的农业生态环境，充分发挥可持续农业的生态调节功能，发展农业生产力和保护生态环境三者统一。

（3）休闲审美功能　传统的农业发展方式使经济与资源环境协调发展成为一对难以调和的矛盾，随着我国经济、社会的繁荣稳定与持续发展，农业的休闲审美方向逐步发展成为农业可持续发展的一个新方向。农业资源与环境要素不直接进入生产领域，也能创造较好的经济效益，有利于实现增收与保护并举，为资源用途激烈竞争下农业功能结构调整提供了现实可能，是新时期农业可持续发展的重要目标之一，也是美丽中国和生态文明建设在农业上的重要实现途径。

（四）区域农业可持续发展典型模式推广

1. 优先发展区——高新技术型可持续农业模式

高新技术型可持续农业模式是以农业可持续发展为目标，以资源的可持续利用和良好的生态环境为基础，以高新技术为手段的农业可持续发展模式。适合于技术、资金相对密集的长株潭及湘北优先发展区。

案例 1：废弃畜禽无害化处理及畜禽粪便处理新模式

湖南泰谷生物科技股份有限公司依托高校的“废弃畜禽蛋白制取农用氨基酸及衍生生物肥料生产技术”，项目技术平台将以常德澧县养殖业、种植业为承载，通过打造湖南区域内的废弃畜禽无害化处理及畜禽粪便处理新模式产业，解决目前困扰湖南养殖行业已久的畜禽病死残体及畜禽废弃物处理的问题，并且变废为宝生产出国际领先的“全元生物有机肥”和“含氨基酸水溶肥”，打造国内首家废弃畜禽无害化处理及生物肥料制造平台，以高新技术成果的转化推动绿色农业发展，实现了农村环保与农产业增效相结合。

案例 2：油菜全程机械化高效生产模式

在油菜全程机械化高效生产模式示范基地，通过对国家油菜产业技术体系、国家科技支撑计划、国家863计划等研究项目获得的成果进行集成和中试熟化，采用油菜播种机、低空喷雾遥控飞机、联合收割机和分段收割机、全自动化旋耕机等农机农艺设备，实现土壤适墒管理、机械化品种、密度调控、缓控释全营养一次施肥、联合机械播种、芽前封闭除草、“一促四防”、机械收获和秸秆快速腐解9项核心技术在油菜生产种、管、收各个环节运用，实现了油菜的全程机械化，每亩平均用工量从传统模式10个工减少到不到0.8个工，使劳力繁重、效益低下的传统油菜种植方式告别历史，开启了我国油菜生产方式变革之门，将促进油菜生产实现“三高”（高产、高抗、高效）、“五化”（机械化、轻简化、集成化、规模化、标准化），从而大幅提高我国油菜生产水平，增强食用油自给能力。

2. 适度发展区——集约型可持续农业模式

集约型可持续农业模式是指在农业现代化进程中，优化农业产业和产品结构，改进资源利用方式，提高农业综合生产力，实现集约化经营的资源节约型农业。适合于人多地少，人均资源相对短缺，经济、技术基础相对薄弱的湘南适度发展区。

案例 1：鸭鱼共生产业化发展模式

临武鸭产业的发展，主要是以舜华鸭业公司“公司＋协会＋农场”发展模式，推行“立体养殖”，带动全县临武鸭及相关配套产业的发展。舜华鸭业公司执行标准化、集约化经营，在养殖过程中实行严格的“三统一”管理，由公司统一提供纯种临武鸭鸭苗；统一提供定点企业生产的标准饲料；统一提供免费防疫服务。除了标准化养殖外，舜华鸭业公司还注重人与动物、自然的和谐相处，从生态环保的角度出发，实行“水面养鸭、水下养鱼”的生态立体化养殖方式。鱼、鸭生态养殖是利用鱼、鸭互利共生原则进行的混养方式，实现饲料喂鸭、鸭粪肥水养鱼，上鸭下鱼双收和净化水质“一举双用”的生态效果。目前，养鸭专业户每年的养鸭规模平均在5万羽左右，同时可配套养鱼5 000kg，每年养殖鸭鱼纯收入在16万元左右。

案例 2. 能源综合利用模式

永州市大力发展沼气综合利用模式，已累计建设600~1 000m^{3}大型沼气池15处。永州职业技术学院养殖场所需要水、电、热能全部“自给自足”，主要利用猪粪转化而成的沼气发电技术，成为了一个典型的循环经济示范区。祁阳县三口塘镇民康养殖公司建成800m^{3}沼气池，沼气发电主要用于饲料加工和猪舍空调降（增）温。江华县王老三乳制品厂利用豆制品废渣、废水建设沼气发电，厂区生产生活用电全部自给。江永县永顺养殖有限公司，沼气发电项目采用USR（升流式）一体化中温厌氧发酵工艺，为能源生态型沼气站，利用养殖场粪污为发酵原料，然后转化“三沼”——沼气、沼液、沼渣。建成后，沼气站年有效处理粪污3.43万t，沼气年产量为15.33万m^3，沼液年产量3.25万t，沼渣年产量953.8万t，其中沼气主要用来发电，年发电可达20.44万kW·h，沼液用于养殖场附近的农田果园施肥，沼渣进行制肥外售。实现养殖场粪污零排放，同时给养殖场带来可观经济收入，是生态农业和循环经济示范工程，是新农村建设示范点。

3. 保护发展区——生态农业型可持续农业模式

生态农业型可持续农业模式以生态学理论为主导，运用系统工程方法，以合理利用农业自然资源和保护良好的生态环境为前提，因地制宜地规划、组织和进行农业生产的一种农业。适合于大湘西生态条件相对脆弱的保护发展区。

案例 1：特色植物资源综合开发

武陵山区仅药用植物就有 273 科、1 020 属、2 461 种，约占全国药用植物总数的 22%，全省药用植物总数的 67%，是我国药用植物资源最为丰富的地区之一。中草药蕴藏量达 400 多万 t，其中，500 t 以上的野生植物药材有 40 余种，200t 以上的有 70 余种。在武陵山片区，以特色植物资源开发利用为基础的产业初具规模，湘西土家族苗族自治州现有植物提取、中药材开发、绿色食品等中小微型企业 80 多家，拥有湘泉制药、华立制药、奥瑞克化工、恒远植物、晓园生物、龙山现代生物、老爹生物、黄金茶、喜阳食品、边城醋业等骨干企业，其中 8 家通过 GMP 认证，取得“国药准字”文号 58 个，具有数百种饮片的生产加工能力，开发了一系列高新技术产品，实现了生物资源产品的综合利用。这些企业的发展较好地改善了农民对植物资源“乱采滥挖、肆意采集”所带来的过度开发和生态环境恶化问题，促进了武陵山区特色植物资源产业集群的发展。

案例 2：休闲农业发展模式

湘西土家族苗族自治州充分利用其区位、交通和观光资源优势，推进农村休闲观光产业的发展，提高休闲观光产业的档次和质量。在继续全力打造凤凰古城、德夯苗寨风情、猛洞河漂流、红石林、坐龙峡、王村古镇、边城、里耶古城等休闲农业景点的同时，进一步开发老司城、栖凤湖、高望界等开发潜力很大的休闲线路。逐步在吉首市形成以林果、特种养殖为主的农业观光区；在保靖县形成生态休闲观光渔业区及特色体验农业区；在泸溪县建成以湖南最大的椪柑生产观光基地；在花垣县建成金秋梨观光示范区；在龙山建设百合生产观光示范区；在永顺县、凤凰县建成猕猴桃观光基地；在吉首、古丈、保靖 3 县（市）联合打造全省最大的茶叶休闲观光示范区；并在吉首市和凤凰县建成集生态、休闲、度假、餐饮、娱乐为一体的综合型农业观光项目。将打造出一批不同类型、不同风格、不同特色具有观光、品尝、体验、休闲、度假、购物、疗养、健身、教育等多种功能的休闲观光农业景区。

六、湖南省促进农业可持续发展的重大措施

湖南省作为农业大省，要充分发挥优势，赶超发达地区，实现农村社会、经济的稳定发展，只有实行农业可持续发展的战略。而要实现这一战略，就要不断地积极探索发展农村社会和农村经济的新思路、新对策、新途径和新举措，以达到农业增效、农民增收的目的，最终提高湖南省农业经济的整体素质和效益，实现农业与农村的可持续发展。农业可持续发展的关键在于保护农业自然资源和生态环境，把农业发展、农业资源合理开发利用和资源环境保护结合起来，尽可能减少农业发展对农业资源环境的破坏和污染，置农业发展于农业资源的良性循环之中。农业可持续发展是指农村经济和社会全方位的持续发展，要实现农民日益富裕、农业社会全面进步，使农村的资源环境、人口、经济和社会相互协调，共同发展。湖南省农业可持续发展可在工程、技术、政策、法律方面

采取如下措施对策。

（一）工程措施

农业可持续发展是科学发展观在农业上的具体体现，要实现农业的可持续发展，需要多方面因素的共同努力，任何一个单方面的工作是无法实现可持续发展战略下农业的科学发展的。农业的可持续发展，首当其冲的是对与农业联系最为密切的农业各项工程提出了新的要求，农业工程必须顺应农业的发展趋势作出相应的改革和调整，如此才能实现农业的可持续发展。针对湖南省情实际情况，需要多方面的共同改进，主要从以下几个方面来进行分析。

1. 实施高标准农田建设工程

湖南省发展改革委牵头会同财政、国土、水利、烟草等部门制定了《高标准农田建设综合改革试点工作方案》（以下称《方案》），统筹整合各项涉田资金，推进规划统一、标准统一、资金统一的综合改革。改革试点方案的主要内容分为 4 个部分：一是试点区域。即首先在浏阳市、茶陵县、湘乡市、平江县、石门县、耒阳市、武冈市、慈利县、安化县、宜章县、蓝山县、溆浦县、新化县 13 个省直管县（市）开展试点。二是试点目标。提出 13 个试点县（市）6 年规划任务 4 年完成。三是试点要求。该《方案》提出 4 项要求，即“四个一”：一个规划，就是要求按新编制的高标准农田建设规划实施；一套标准，就是要求统一按新发布的湖南省高标准农田建设标准执行；一个平台，就是以县为平台进行资金整合，统筹使用；一次考核，就是对试点县（市）年度任务完成情况进行一次统一考核验收。四是保障措施。主要从资金、政策、制度和组织 4 个方面提出了一系列保障措施。试点县（市）整合土地综合整治、农业综合开发、新增粮食产能田间工程、小农水重点县、基本烟田土地整理 5 项涉农专项资金，从田、土、水、路、电、林、技、管 8 个方面提出统一的标准和要求，通过“多个龙头进水，一个池子蓄水、一个龙头放水”的模式，集中资金和力量推动高标准农田建设。按规划，湖南到 2020 年要建成集中连片、旱涝保收的高标准农田 3 316 万亩，使区域亩均粮食综合生产能力提高 100kg 以上。

2. 实施农田水利工程

农田水利建设就是通过兴修为农田服务的水利设施，包括灌溉、排水、除涝和防治盐、渍灾害等，建设旱涝保收、高产稳定的基本农田。通过兴修各种农田水利工程设施和采取其他各种措施，调节和改良农田水分状况和地区水利条件，使之满足农业生产发展的需要，促进农业的稳产高产。湖南省的水利工程建设正在随着经济水平的不断进步在不同的地区进行着不同程度的调整，有一些全局范围内的大型水利工程，同时也有各自水流流域内的一些小型水利工程。无论是大型的水利工程还是小型的水利工程，它们都要为农业灌溉服务，对于这些水利工程，特别是以农业灌溉为主要的水利工程，必须重视工程技术措施在整个工程设计中的运用，其中主要包括整修田间灌排渠系统，平整土地，扩大田块，改良低产土壤，修筑道路和植树造林等；采取蓄水、引水、跨流域调水等措施调节水资源的时空分布，为充分利用水、土资源和发展农业创造良好条件；采取灌溉、排水等措施调节农田水分状况，满足农作物需水要求，改良低产土壤，提高农业生产水平。

3. 实施农业节水工程

包括土地平整、深翻深松、免耕少耕，平衡施肥、秸秆还田和增施有机肥，提高土壤肥力，改进种植结构和耕作技术，以及防风林建设和水土保持，此类措施的基本作用是提高农作物产量和产品质量，降低农田水分蒸发耗水量。在耕地表面覆盖塑料薄膜、秸秆或其他材料抑制土壤蒸发，减少地表径流、蓄水保墒，提高地温改善土壤物理性状，达到蓄水保墒，提高水的利用率，促进作物增产的良好效果。秸秆覆盖一般可节水15%~20%，增产10%~20%，覆盖塑料薄膜可增加耕层土壤水分1%~4%，节水20%~30%，增产30%~40%。

除滴灌和地下灌溉形式外，其余节水灌溉形式都难以减少作物的棵间蒸发，通常推广的农业节水技术有耕作保墒技术，如“虚实并存”耕作技术；秸秆、地膜覆盖技术；喷洒抗旱剂如旱地龙；使用保水剂；采用抗旱新品种等农业种植结构的调整应该遵循的一个基本原则就是因地制宜，针对不同的地区特征来选择不同的农业种植结构。

4. 实施“百千万”可持续农业发展工程

在湖南省实施“百企千社万户”现代农业发展工程，扶持100家成长性好、带动能力强的农业产业化标志性企业，力争10家企业上市，培育10个驰名商标，农产品加工产值与农业产值比提升至2 : 1；扶持1 000个作业服务功能强、示范效应大的现代农机合作社；培育10 000个农林种养大户，其中培植1 500个家庭农（林）场，培植7 500个以上种粮大户，培植1 000个左右的经济作物大户。根据湖南土壤重金属污染分布情况和优势农产品布局情况，实施“百片千园万名”科技兴农工程，用3年时间，对全省100片（100万亩）重金属污染稻田改种棉花、花卉苗木、烟草、蚕桑、黄红麻、蓖麻等经济作物；发展多种形式、多类别的农业科技示范园（区）1 000家；组织10 000名省直科研院所、农技推广机构、企业科技人员下乡进行农业新技术、新品种的推广运用。

（二）技术措施

1. 实现农业节水灌溉的技术

节水型输水工程技术、田间工程节水技术、生物节水技术、农艺节水技术、管理节水技术以及空中水资源集约利用技术，建立节水型的优质高效农业发展模式、提高区域农业水资源利用效率为目标为节水条件下高效续发展提高技术支持和示范模式。推广节水灌溉，发展节水农业是促进农业生产结构调整、加强水资源管理的重要措施。通过加强农业用水管理，制定科学的灌溉制度，完善工程设施，因地制宜地推广各种节水技术，可以有效地提高水的利用率，促进传统农业向集约化农业转变，形成一批优质高效农业生产基地，提高农业经济效益，形成了工程节水、农业节水、管理节水的农业高效用水技术体系，使水利用率得到提高。农业综合节水技术是一种综合技术体系，必须把节水灌溉工程技术与田间农业综合节水技术和节水管理技术有机结合起来，互相配合，互相补充，从而形成从水源管理，经输水到作物吸收利用的农业综合节水技术体系。技术具体实施过程中可以采取以下措施：一是充分利用天然降水。做好土壤墒情测报工作，根据土壤墒情含水量和作物在不同生长期需水量不同，确定作物是否受旱，及时收听收看天气预报，在不影响作物生长的前提下，利用雨水达到灌溉目的。在灌溉地作物；先灌墒情好的作物；先灌经济作物，后灌其他耐旱作物。短窄畦灌溉。畦长30~50m，畦宽1.5~1.6m，这样灌溉水的流程减少了沿畦产生的深层渗漏损失，可节约用水量。二是耕作保墒。采用深耕松土，中耕除草，改善土壤结构等方法，可促进作物根系生长，增加雨水下渗速度，减少水分蒸发。三是覆盖保墒。播种后，在地面覆盖塑料薄膜、秸秆或其他材料，可以抑制土壤水分蒸发，减少地表径流，起到蓄水保墒、提高水利用率的作用。通常情况下，覆盖秸秆可节水15%~20%，覆盖塑料薄膜可节水20%~30%。调整作物种植结构，选用优质抗旱高产品种。利用不同作物的需水特性。四是合理调整作物种植结构。合理搭配作物品种，充分发挥品种的增产潜力，通过选择耗水少而水利用率高的优良品种来达到节水的目的，可使作物产量提高15%~25%。五是化学调控节水。为在作物生长发育期抑制水分过度蒸发，可使用无毒的保水剂、复合包衣剂及多功能抑蒸抗旱剂等，同时多施磷肥，有利于促进根系下扎吸水，以提高作物抗旱能力。

2. 克服农业资源短缺的关键技术

（1）立体农业技术　立体农业利用各种植物、动物、微生物对环境要求的空间差和时间差，建立多物种共处、多层次配置、多级质能循环利用的新型农业生产结构，其发展符合湖南省人多地少、资源相对缺乏的国情。面对目前种植业结构的战略性调整，要特别重视蔬菜、林果等作物的立体种植技术，研究开发大棚和日光温室内的立体种植技术、优质饲料饲草作物的立体种植技术。

（2）退化耕地修复技术　随着经济的发展，湖南省受到污染或由于开矿剥离表土而失去耕作功能的土地面积逐年上升，尤其是高产的农业土地往往分布在工矿业集中及交通发达的区域，因此更容易受到退化的威胁。为了减缓耕地不断减少的趋势，今后还需加强对退化耕地修复技术的研究，包括矿区土地复垦技术、土壤重构与培肥技术、土壤复合污染修复技术等。

（3）耕地质量保育与地力培育技术　由于大量施用化肥或不当的耕作方式会带来土壤有机物减少等诸多弊端，因此，这一领域重点可以考虑以下几方面：①合理的耕作技术，如改进土壤耕作方法、实施新的耕作制、平衡施肥技术以及研究不同机械作业压实对土壤结构的影响；②盐渍、碱土以及酸性等贫瘠土壤的改良技术；③重点放在研究风蚀、水蚀等土壤侵蚀机制的研究及其防御对策上。

（4）利用农业生物资源开辟新型食品与饲料技术　在已记录的 27 000 种高等植物中，大约有 7 000 种在农业中应用，仅水稻和玉米、小麦就提供了人类热量来源的一半，而家养及牧场喂养获得肉食则提供了另一半热量。因此，利用现有的农业生物资源开发新型食品与饲料仍具有广泛的可能性。今后，应积极挖掘野生植物资源开发新型食品及饲料，进行野生动物驯养，开发食用昆虫；开发微生物食品资源，直接从微生物的菌体获得食品物料，促进以动、植物“二维结构”为主的传统农业向动物、植物、微生物三者并重的“三维结构”的现代农业转变。

3. 克服农业不稳定性的关键技术

在一定程度上说，由自然灾害、病虫害爆发而导致的农业不稳定性带有不可抗拒性，因此，为了规避农业不稳定性带来收益损失的风险，还需大力发展抗逆物种培育技术与设施农业技术。

（1）抗逆物种培育技术　根据需要，通过基因工程手段，设计、改造农作物、家畜、家禽的基因结构，以获得物种的抗逆、抗病虫害和改良品质等性状，可以间接降低农业生产的风险与不稳定性。根据国内外农业生物技术发展的概况，农业生物技术发展的优先领域与方向如下：① 研究主要农作物、畜禽、病原微生物的基因组结构和功能，以及涉及重要性状的基因的表达和调控机制。② 运用生物技术、核技术、光电技术，综合不同的优良性状，按人类需要有选择地定向塑造新的物种和类型，提高生物抗逆性。③通过无性繁殖途径，发展人工种子制造技术；利用胚胎移植和分割技术，发展动物胚胎生产、贮存、运输与利用技术；利用动物的生长激素基因转移技术，加快畜禽性别鉴定技术，进行定向繁育和饲养等。

（2）设施农业技术　设施农业技术是指工厂化种植和养殖、计算机农业控制等现代技术设施所装备的专业化生产技术，由于植物生长周期缩短，单产水平高，可有效抵御自然灾害对农业不良影响。与设施农业相关的主要关键技术有：① 无土栽培技术；② 计算机智能化温室综合环境控制系统技术。不仅要实现栽培环境全自动控制，而且还要综合分析农资市场、气象、病虫害等情况，进行产量、产值的预测，为生产者决策提供依据；③ 管理信息化、机械化技术。研制可完成多项作业的机器人，能在设施内完成各项作业、无人行走车等。

4. 克服农业效率效益低下的关键技术

随着人们生活水平的提高，消费者需求的是更高品质的产品；生产者对于提高劳动生产率和增

加劳动舒适性的要求也越来越高，而且面临农产品市场竞争的压力，现代农业只有通过进一步提高生产效率、提高产品品质才能生存。从这些新的需求出发，农业生产必然向着高效率、高效益的纵深方向发展。

（1）农业“三化”的技术支撑　未来农业机械“三化”的重点发展领域为：① 农田的数字化。开发一整套现代化农事操作技术与管理的系统，包括全球定位系统、农田信息采集系统、农田遥感监测系统、农田地理信息系统、农业专家系统、环境监测系统，为实现精准农业提供支撑；② 发展设施农业环境控制技术。根据被控对象不同生长阶段对生态环境的要求，进行光、温、水、气、肥等环境因子的智能调节；③ 研究开发田间农田作物的“三化”作业机械技术，如播种机、收获机、移栽机等。

（2）农产品深加工技术　不断提升农产品品质与加工水平，是提高农业生产效益、增加农民收入的重要手段。从中长期来看，该领域技术研究的重点为：着力发展以提高农作物品质为宗旨的转基因工程；加强农产品加工生物技术的研究，包括新酶种筛选技术、食品发酵工程技术等；针对目标物提取困难等问题，着力发展亚临界和超临界萃取、微波萃取等高效分离技术；大力发展各类能源植物的开发利用技术，研究开发生物质能高效低成本转化技术；利用生物反应器技术，生产具有重要价值的基因工程药物或次生代谢物；加强农产品加工废弃物循环利用技术的研究。

5. 克服农业不安全性的关键技术

为减轻有机废弃物的污染，应加强作物残茬与畜禽粪便的资源化利用技术。针对化肥施用量较高的实际，要重点研究生物固氮、高浓度配方肥料、长效缓释肥料和有机无机复合肥施用技术，培育高肥料利用率品种，以减少肥料施用量、降低肥料流失和减轻水环境污染。同时，要广泛研究病虫草害的综合防治技术，建立以系统工程管理为基础，以多种防治技术集成配套为关键的长期有效策略。为了克服农业白色污染的危害，应大力发展可降解地膜技术。实践过程中应注重上述各种技术的集成与组装，以及与常规农业技术的融合、交叉、渗透，组成一个有机复合技术群，从而达到整体大于个别之和的效果。综合技术群的作用将对我国农业的可持续发展产生重要的影响。

（三）政策措施

1. 经济政策措施

（1）稳定粮食生产，大力推进农业结构的战略性调整和优化　面对入世以后国内外农产品市场变化的新形势，湖南省农业生产要适应新阶段的发展要求，在稳定关系到国计民生的粮食生产、确保主要农产品总量的同时，要大力推进农业结构的战略性调整，提高农产品品质，增加农民收入，发展农村经济。主要措施是：① 以稻田改制和优质稻开发为重点，推进粮食结构的进一步优化。湖南省当前的粮食生产存在稻谷占绝对主体的单一粮食结构和稻米品质欠佳的问题，粮食加工转化滞后，市场竞争力不强已越来越成为粮食发展的障碍因素。针对这种情况，粮食结构的调整和优化刻不容缓。第一，提高早稻的品质，适当压缩早籼稻面积。第二，加快稻田改制，提高粮田效益。第三，发展精品名牌优质稻、特种稻开发，打造优势品牌，增加稻米的市场竞争力。第四，扩大旱粮生产能力，促进粮食总量平衡。② 以“三品两化”为重点，推进经济作物优势产业的形成。湖南省的经济作物产值占到种植业产值的 40% 左右，棉花、柑橘、茶叶、苎麻、油料、烤烟等在全国具有一定的地位。调整湖南省农业结构，经济作物的稳定发展不容忽视，特别是要在品种、品改、品牌等“三品”和布局区域化、产业化等“两化”上下功夫，实现新的突破，推进经济作物优势产业的形成与发展。做好柑橘品改、时鲜水果种植示范，以及优质大宗绿茶、名优茶、AA 级绿色食品茶的茶园改造和高效商品蔬菜基地建设；积极发展花卉、药材、麻类、烤烟等市场前景较好，具有地域特色的经济作物。③以发展草食动物和特种水产养殖为重点，推动养殖业结构的调整。生猪生产是湖南省畜牧业的优势产业，在继续稳定发展这一优势的同时，要发展水禽、家禽等的养殖，做好品改、防疫、加工，开辟外销渠道。重点抓好奶业、肉牛、山羊开发，以亚华种业公司为依托，以南山牧场为基地，搞好奶牛开发区的建设，并同时在长沙、株洲、湘潭、衡阳等大中城市建立奶业基地，实现奶业的生产、加工、销售一体化。对于肉牛的开发，要利用汨罗、长沙、武冈、洞口、隆回、宜章等玉米生产大县的饲料资源，开展农牧结合，发展肉牛生产；利用新宁、城步、通道、新化、安化、道县、永顺、新晃、邵阳、桑植等草场资源丰富的山区县，开发利用草地资源，发展肉牛生产；推广浏阳黑山羊、石门马头羊等本地优良品种，并引进如波尔羊等外地优良品种，在龙山、保靖、凤凰、泸溪、会同、溆浦、沅陵、石门、慈利、浏阳、平江、绥宁等县（市），加大山羊开发力度。水产养殖业方面，重点发展乌龟、中华鳖、洞庭青虾、河蟹和珍珠，推行集约化养殖，提高规模效益和商品化程度；与此同时，积极开展稻田模式化养鱼、养虾、养蟹的渔业开发，推进高效渔业的稳定发展。

（2）以市场为导向，积极推进农业产业化经营　推进湖南省农业进一步产业化的主要政策措施是：① 狠抓农业商品基地建设，推进专业化规模经营。如绿色食品基地、无公害茶叶和蔬菜生产基地等，当前，要建设和完善 50 个绿色食品示范基地，使全省基地面积超过 100 万亩；新开发 10 个绿标产品，使绿色食品产品达到 100 个以上；以及 30 个新商品粮生产基地、30 个优质稻生产基地县、30 个特色商品基地县、20 个出口创汇农产品基地、50 个无公害茶叶和蔬菜等产品生产基地的建设与完善发展，并培植一批养殖业生产大县，逐步形成一县一品、一县一业的大规模、大批量的农业专业化生产经营格局。② 着力抓好龙头企业，推进农业产业的升级升值。湖南省农业的农产品加工历来是薄弱环节，要着力抓好龙头企业的发展，通过它们的高效运作，带动全省农业结构的深度调整和向更高层次的发展。

（3）建设农产品专业市场，带动区域化、专业化商品生产　目前，在继续抓好现有市场的改扩建基础上，要联合各级农业部门，吸引国内外投资，定点建设一批省级批发市场，如祁东、安化、澄县等。与此同时，在一些农产品商品集散地，按照新建与改建相结合、生产基地与市场相结合、销地与产地批发市场相结合的原则，搞好桃源、邵阳等产地批发市场建设，以及岳阳君山、浏阳市农村购销组织建设。为展示湖南省农产品形象，开拓农产品市场，可继续规划和组织较大规模的农产品展销会、交易洽谈会、农业博览会、名特优新农产品展销活动，扩大农产品市场的商贸辐射范围。

2. 社会政策措施

（1）控制农村人口的数量，提高农村人口的质量　湖南省是一个人口众多、人口密度比较高的省份，资源和环境的承载能力皆十分有限，控制人口数量、协调人地关系确属当务之急。现阶段计划生育工作的重点应放在农村，严格执行农村一对夫妇生育 1~2 个孩子的政策。2006—2020 年湖南省人口的自然增长率争取控制在 5.0‰以下，到 2030 年湖南省人口实现零增长。其次，要提高农民科技素质，大力发展农村教育事业，造就一代新型农民。第一，“以县为主”的农村教育投资体制难以有效解决农村义务教育经费投入不足的问题，国家应每年从新增加的财税收入中切出一定的比例，专门用于农村教育。第二，对低收入贫困家庭子女进行直接教育扶贫，切实解决读不起书的问题。第三，要从制度上进一步解决进城农村子女读书难的问题。必须采取行之有效的措施，鼓励农民吸纳文化，运用科技的热情；在注重青少年教育、杜绝出现新的文盲和科盲，提高未来农业劳动力的科技文化素质的同时，要竭力抓好成年农民的科普教育，不断增强他们吸收科技和应用科技成果的能力。

（2）实施“科技兴村”富民计划，振兴农业和农村经济　全面实施“绿色证书工程”“绿色电波入户工程”和“新世纪青年农民培训工程”，培养一批农村科技致富带头人，提高农民推广和应用农业新技术的能力，振兴湖南省农业和农村经济。政府要在科技、经济、教育、金融、财税、人事等方面，制定适宜农业科技发展的配套政策，并加大农业科研投入，重点支持有重大技术创新、重大基础性研究。发展高科技农业，建立健全县（市）农技推广中心和乡镇农技站，还要大力推进农业科技成果的产业化，建立好全省农技推广网络体系；政府通过政策措施可以组建科研—生产—经营一体化公司，形成科研开发与生产经营的良性循环。近年来，湖南省相继建立了“湘云鲫（鲤）中试基地”“优质稻示范基地”“出口猪推广示范基地”“肉类加工示范基地”，培养了一批高科技人才，并为高科技成果大面积、大规模开发应用做出了示范，促进了高科技成果向专业化、集约化、规范化和产业化方向的发展。今后，进一步推进农业高新技术的转化，突出优质种苗的繁育、推广；在重点加强优质水稻、棉花、油菜、水果、畜禽、水产等主要动植物品种的选育与引进的同时，建立杂交水稻、杂交棉花、杂交油菜、杂交玉米、优质水果、生猪、草食性动物、家禽、水产等种苗繁育基地，确保全省主要农作物和畜禽的周期性准时更新；加强农产品产后加工技术的研究开发，如早籼米、柑橘、生猪、茶叶等，使这些大宗农产品通过加工转化而增值。

（3）加快农村城镇化进程，实现农业剩余劳动力的妥善转移　目前，湖南省农村城镇化的发展应实行非均衡发展战略，择优发展县城及一定数量的综合条件较好的中心镇。县城等中小城市的发展，首先要立足扩容提质，努力形成一批市场带动型、产业带动型、旅游带动型、资源带动型或复合型的各具特色的中小城市，逐步实现农村非农化的过程。其次，要有选择地发展一批有基础、有条件的重点中心镇，优先发展沿江、沿路、沿边城镇和大中城市的卫星城镇，以及经济活力较强的特色城镇。近几年，全省重点抓好 50 个经济强镇的建设示范，力争临公路建设 200 个新型小城镇，建设经济强镇 400 个。在此基础上，使大、中、小城市和小城镇协调发展，形成多层次、开放性、网络式、布局合理的现代城市体系。坚持产业兴镇，推进乡镇企业健康有序地发展。采取积极稳妥的措施，支持乡镇企业既要离土又要离乡，适度集中到城镇或城市开发区，促进乡镇企业向小城镇的集中连片发展。发展乡镇企业，重点抓好具有特色的农副食品的初级加工和精深加工，重点建设好名、优、特新农产品批发市场，同时推动农村通信、保险、金融、信息、技术服务等在农村的发展，吸纳农业剩余人口，实现剩余劳动力向工业和小城镇的转移。汲取国内外先进的经验，建立适合湖南省省情和目前现状的、各具特色的小城镇发展模式的基础上，制定建设发展规划，科学确定小城镇发展的数量、特色和优先发展顺序，协调小城镇和所依托的大中城市及其周边农村的发展关系，启动小城镇建设示范工程，根据“精心选择、科学设计、重点建设、典型示范、逐步推广”的原则和步骤，选择综合条件和发展前景较好的小城镇作为示范，推进小城镇管理体制、户籍制度、土地制度和投融资体制改革，在取得成功经验的基础上逐步推广。

3. 生态政策措施

湖南省农业和农村经济要实现可持续发展，农业环境的质量状况将起到决定性的作用，十分关键。在治理生态环境和控制农业环境恶化方面，应采取如下措施。

（1）建立健全农业环保机构，加强农业环境保护的宣传和监管　农业环境保护机构是开展农业环境保护宣传、监督管理的组织保障。目前，湖南省已有 9 个地市和 36 个县（市）建立了农业环保站，部分县（市）也已争取到农业环保专项事业经费，保证了农业环境保护工作的顺利开展。今后，要进一步加强这方面的工作，及时掌握农业环境污染和农业生态状况，并采取相应的防范和治理技术措施，有效防止或减轻污染和生态破坏的危害。要颁布实施农业资源与环境保护的法律法规和标准体系，并逐步进行完善，使湖南省农业环境的保护建立在法制的基础之上，依法治理农业环境。与此同时，严格执法程序，加大执法力度，把经常性的农业环境监督与开展执法检查结合起来，保证法律法规的有效实施。此外，要深入开展宣传教育，提高全民农业环境保护意识。通过开展农业环境保护的在职教育和岗位培训，提高环保队伍的政治与业务素质，把提高全民环境意识和培养环保专门人才结合起来；通过各种新闻媒体，深入广泛的开展多层次、多方位、多形式的农业环境保护宣传，增强全民保护农业环境的紧迫感和责任感。

（2）广泛开展生态农业建设，推广科学施肥、施药先进技术　生态农业是把农业生产和经济发展、生态环境建设与保护融为一体的农业生产体系，也是实施可持续发展的重要举措。目前，湖南省正在广泛开展生态农业建设，并已取得一定成效。在生态农业建设试点县，经济效益、生态效益和社会效益协调发展，农业生态环境质量明显改善。今后要推广试点县的经验，广泛开展全省农村生态农业建设，一是进行无公害农产品开发，建设以粮、菜、茶、果、水产品、畜产品为主的高标准无公害农产品示范基地；二是重点建设浏阳、南县等 5 个生态农业工程，推广山地林果粮立体开发、丘岗粮猪沼果渔综合开发等高效生态农业模式技术，促进农业环境质量全面健康发展和农业可持续发展。

在科学施肥方面，要逐步推广土壤诊断和植物营养诊断技术，发展平衡施肥和配方施肥技术，逐步改善化肥结构，推广使用复合肥料，改变氮、磷、钾比例失调和营养元素单调的局面。同时，推广合理和科学的耕作制度，有效减少化肥流失。对于化学农药的使用，要积极开发和使用高效、低毒、低残留的化学农药，并按安全使用标准，严格控制使用量，防止农药对农畜产品的污染。为有效减少农药污染，保护农业环境，还可通过化学、生物、物理措施，综合防治农作物病虫害。

（3）严格控制“三废”对农业环境的污染　“三废”污染构成了湖南省农业环境的主要污染源。控制和治理“三废”污染，首先要加强对乡镇工业的规划和布局，结合小城镇建设、移民建镇等，建立乡镇工业园区，集中控制污染源；其次，要促进乡镇工业产品的升级换代，节约资源，减少污染物的排放，推广清洁生产技术；最后，建立农业环境排放污染物许可证制度，并加强严格执法力度，强化对农业环境的保护和监管。

（4）合理利用水资源，维修和扩建水利工程，尽量减轻旱涝威胁　合理开发、利用和保护水资源，对农业生产十分重要。要采取大面积封山育林、营造水土保持林、退耕还林、退田还湖等措施，恢复生态环境，减轻水土流失，涵养水源。同时要花大力气维修或改、扩建水库、塘坝、水闸、电力排灌等各种水利设施，确保水资源的有效利用。在农业防灾减灾方面，一要有计划地加强四水及其小流域的治理，实施流域综合治理和区域综合开发战略，从整体上增强农业抗灾减灾和稳定持续增产的能力；二要加快洞庭湖区的综合治理，改善天然湖泊在湖南省自然生态系统中所取的协调平衡作用；三是要采取各种非工程性减灾措施，通过法律、政策、行政管理、经济和其他技术手段减灾、抗灾、防灾，并建立不同层次的灾害综合管理机构和减灾技术队伍，使防灾减灾工作社会化、产业化。

（四）法律措施

1. 建立健全有关农业可持续发展的法律法规

制度是规制人们经济行为的一系列规则，有利于降低经济运行中的交易成本，提高资源配置效率，而健全的法律法规是实现农业可持续发展的重要制度保障。政府应积极推动植物疫病防治、农业支持保护、农业资源与生态环境保护等方面的立法，并加强其配套规章制度的建设，为农业可持续发展提供强有力地制度保障。其中，耕地、水等自然资源及生态环境保护的立法又尤为重要，政府应当以法律的形式明确各类农业资源的产权，使各类资源得到合理利用。目前湖南省已经制定了《湖南省农业环境保护条例》《湖南省耕地质量管理条例》《湖南省水能资源开发利用管理条例》等相关的法律法规，但相对农业可持续发展涉及的内容及范围来说还是远远不够的，且其中的一些法律规定难以实际操作，且缺少像奖罚条例等配套制度。另外，农业生产过程中农药、化肥等化学物质产农业科研具有较强的公益性，政府仍是农业科技投入的主要承担者，但同时也应建立多种融资渠道、多种形式的投资机制，鼓励金融机构、企业、社会团体、个人及国外资金向农业科技各环节进行投资，推进农业科技更好更快的发展。

2. 建立健全农业环保机构，加强农业环境保护的宣传和监管

目前，湖南省农业环境立法仍然存在重污染防治轻生态保护、重源头污染轻区域治理和重两端控制轻全程控制等问题，应加强农业清洁生产、生态环境保护等薄弱环节的立法，完善土壤污染、流域污染的防治、环境安全事件管理等方面的立法，健全农业生态环境的相关标准、技术规范和操作规程，切实保护农业资源和生态环境。通过权威性的法律，禁止浪费与低效使用农业资源及破坏农业生态环境的行为，鼓励农业资源的高效、循环使用，大力支持循环农业理论和技术的研究；同时推广清洁生产和生态、循环农业，促进农业可持续发展。目前，湖南省已有 9 个地市和 36 个县（市）建立了农业环保站，部分县（市）也已争取到农业环保专项事业经费，保证了农业环境保护工作的顺利开展。今后，要颁布实施农业资源与环境保护的法律法规和标准体系，与此同时，严格执法程序，加大执法力度，把经常性的农业环境监督与开展执法检查结合起来，保证法律法规的有效实施。

3. 充分发挥政府主导的宣传和教育作用

农业可持续发展是一项系统性强、范围广的浩大工程，它的实现不仅需要政府的支持，更需要社会各界特别是广大农民的认可和积极参与。因此，应当加大可持续农业发展理念的宣传与教育，引导农民科学合理使用农药、化肥、农膜等化学物质，自觉选择有利于环境保护、资源节约的生产方式。同时农业可持续发展又是一个多元化系统，需要各部门、各阶层的共同参与合作，政府应将可持续农业发展理念融入各项经济活动中，增强全民的可持续发展意识，引导全社会积极参与进来。深入开展宣传教育，提高全民农业环境保护意识。通过开展农业环境保护的在职教育和岗位培训，提高环保队伍的政治与业务素质，把提高全民环境意识和培养环保专门人才结合起来；通过各种新闻媒体，深入广泛的开展多层次、多方位、多形式的农业环境保护宣传，增强全民保护农业环境的紧迫感和责任感。

4. 加强农业产业链的法制监管，提高农业产业绿色水平

农产品从生产到餐桌，要经过生产、加工、流通等诸多环节。湖南可先在长株潭“两型”社会试验区尝试推行农产品“绿色通行证”管理，以大力提高农产品生产和加工各环节的生态质量。湖南有关职能部门，应在参考 ISO 9000 和 ISO 14000 两个标准的基础上，修订和完善生态食品的生产标准，尝试农产品“绿色通行证”管理，让人们获得包括农产品的具体收获时间、具体生产田块、具体生产负责人、具体生产方式等信息，真正消费上“绿色”食品。在步骤上，也可先在长株潭“两型”社会试验区内的可持续农业示范区、示范镇、示范园内取得成效，然后在全省典型示范和普及推广，以推动可持续农业全面、协调、可持续发展。

5. 政府全面加强可持续农业发展规划的编制和实施

可持续农业强调以大农业为出发点，根据各地环境条件、自然资源、经济社会发展状况和农业、农村、农民情况，按“循环、再生”的原则，发挥农业生态系统的整体功能。各级政府对可持续农业进行全面规划，包括长期目标、阶段性目标和近期目标，人、财、物的投入，调整和优化农业结构，如在长沙、株洲、湘潭近郊和远郊选择富有典型性、代表性和针对性的相关区域，科学布局和建设各种类型的可持续农业示范区、示范镇、示范园等，从而使各业之间、各示范区之间互相支持，相得益彰，提高可持续农业生产能力、经济效益和生态效益。各级政府出台和完善各种鼓励和支持各级政府组织编制可持续农业发展规划，一方面，探索各地区可持续农业发展的新思路，另一方面，加大检查、督促与奖惩力度，激发广大“三农”工作者的积极性、主动性和创造性，为可持续农业的发展提供动力。

参考文献

陈国生 . 2005. 湖南农业可持续发展面临的生态危机及应对措施 [J]. 云南地理环境研究，17（2）：47-50.

陈家骥 . 1998. 中国农业生态与环境 [J]. 调研世界（11）：8-12.

崔和瑞 . 2008. 河北省农业可持续发展状况的综合评价 [J]. 统计与决策（12）：103.

顾铭洪 . 1998. 我国农业可持续发展的存在问题与对策 [J]. 扬州大学学报（人文社科版）（1）：1-5.

郭显光 . 1994. 熵值法及其在综合评价中的应用 [J]. 财贸研究（6）：56.

国家统计局农村社会经济调查总队 . 2000. 新中国五十年农业统计资料 [M]. 北京：中国统计出版社 .

国家统计局农村社会经济调查总队 . 2003. 中国农村统计年鉴 2003[M]. 北京 : 中国统计出版社 .

韩瑛，韩珺 . 2009. 区域农业可持续发展的生态安全评价——以宁夏红寺堡移民区为例 [J]. 山西师范大学学报（自然科学版）（1）：89-90.

何秀丽，张平宇 . 2008. 东北地区农业可持续发展地域分异与总体评价 [J]. 农业现代化研究（4）：413.

何忠伟，罗慧敏，龙方 . 2000. 湖南农业可持续发展的目标及对策 [J]. 湖南农业大学学报（社会科学版）（1）：57-59.

湖南省国土规划办公室 . 1997. 湖南省国土综合开发整治规划（修订本）[C]. 长沙：湖南科学技术出版社 .

湖南省农业区划委员会 . 1985. 湖南省农业区划 [C]. 长沙：湖南科学技术出版社 .

湖南省统计局 . 2003. 湖南统计年鉴 2003[M]. 北京：中国统计出版社 .

湖南统计年鉴编辑委员会 . 2005. 湖南统计年鉴 [M]. 北京：中国统计出版社 .

雷玉桃，王雅鹏 . 2001. 论农业资源高效利用与粮食生产可持续发展 [J]. 生态经济（12）：30-32.

李庆东 . 2003. 我国农业可持续发展研究 [J]. 农业与技术，23（4）：25-28.

李芝兰 . 2000. 河南农业可持续发展研究 [D]. 郑州：河南农业大学 .

罗平 . 2009. 资源节约型和环境友好型社会建设与都市农业发展 [J]. 农业现代化研究（11）：656.

马忠玉，吴永常，王道龙，等 . 1998. 可持续农业：未来中国农业持续发展的必然选择 [J]. 国土开发与整治（1）：24-27.

彭廷柏，肖庆元 . 1995. 湘北红壤低丘岗地农业持续发展研究 [M]. 北京：科学出版社 .

全国农业区划办公室，全国农业区划学会 . 1990. 中国农业资源与利用 [M]. 北京：中国农业出版社 .

沈钦霖，郑林华 . 1994. 闽北山区农业资源开发前景与项目 [J]. 中国农业资源与区划（5）：47–49.
孙艳玲，黎明 . 2009. 基于数据包络分析的四川农业可持续发展研究 [J]. 科技进步与对策（2）：35–36.
王凯荣，陈朝明，龚惠群，等 . 1998. 工矿污染农田生态整治与安全高效利用模式研究 [J]. 中国环境科学，18（3）：97–101.
王克林，章春华，易爱军，等 . 1998. 重新审视洞庭湖堤防工程治水作用与流域发展战略 [J]. 应用生态学报（6）：561–568.
王镇龙 . 2006. 湖南省农业可持续发展研究 [D]. 长沙：湖南大学 .
文余源，邓宏兵 . 2002. 基于 GIS 和 SPSS 的湖北省可持续农业发展能力研究 [J]. 中国人口・资源与环境（4）：89–90.
许联芳，刘新平 . 2006. 湖南省农业可持续发展的生态安全评价 [J]. 资源科学（5）：87.
许信旺. 2005. 安徽省农业可持续发展能力评价与对策研究 [J]. 农业经济问题（2）：58.
杨勋林，王克林，许联芳，等 . 2003. 发展高效生态农业调整农业产业结构 [J]. 中国农业资源与区划，24（3）：31–34.
张尔升，王勇 . 2008. 海南省农业可持续发展的评价与策略 [J]. 山东农业大学学报（社会科学版）（1）：58.
张丽 . 刘越 . 2007. 基于主成分分析的农业可持续发展实证分析——以河南省为例 [J]. 经济问题探索（4）：31–32.
张丽 . 2006. 新疆农业可持续发展实证分析 [J]. 新疆社会科学（6）：32–34.
张卫民，安景文，韩朝 . 2003. 熵值法在城市可持续发展评价问题中的应用 [J]. 数量经济技术经济研究（6）：116.
张燕，张洪，彭补拙 . 2008. 土地资源、环境与经济发展的协调性评价——以通州市为例 [J]. 长江流域资源与环境（4）：529.
张义丰，王化信，王又丰，等 . 2003. 农业资源的综合利用与农业可持续发展 [J]. 核农学报，17（2）：160–164.
章瑞 . 1997. 论农业资源的优化配置 [J]. 黑龙江社会科学，40（1）：39–41.
赵军 . 2003. 农业资源环境保护与农业可持续发展 [J]. 环境保护科学，120（39）：37–39.
赵莉，王生林 . 2010. 甘肃省定西市农业可持续发展能力评价与分析 [J]. 沈阳农业大学学报（社会科学版）（2）：150–152.
赵文焕 . 2001. 对农业可持续发展概念的商榷 [J]. 生态经济（12）：50.
赵学平，陆迁. 2007. 区域农业可持续性定量评价研究——以陕西省为例 [J]. 华南农业大学学报（社会科学版）（1）：17.
中国农村统计年鉴编辑委员会 . 2005. 中国农村统计年鉴 [M]. 北京：中国统计出版社 .
中国农村统计年鉴编辑委员会 . 2006. 中国农村统计年鉴 [M]. 北京：中国统计出版社 .
中国农村统计年鉴编辑委员会 . 2007. 中国农村统计年鉴 [M]. 北京：中国统计出版社 .
中国农村统计年鉴编辑委员会 . 2008. 中国农村统计年鉴 [M]. 北京：中国统计出版社 .
中国农村统计年鉴编辑委员会 . 2009. 中国农村统计年鉴 [M]. 北京：中国统计出版社 .

广东省农业可持续发展研究

摘要：促进农业可持续发展，是贯彻党的十八大和十八届三中全会关于生态文明建设的重大举措，是加快转变农业发展方式、增强农业发展后劲、确保粮食安全的迫切需要，十分重要。广东省农产品供需形势严峻，耕地和水资源紧缺、环境污染和生态退化、自然灾害多发重发等问题日益突出，农业发展面临的挑战和风险不断加大，迫切需要推进农业可持续发展。

在综合分析广东各区域资源环境保护与利用状况的基础上，承接广东省《主体功能区规划（2010—2012年）》中农业生态区相关规定和广东农业开发战略格局中“四区两带”的区域、产业战略格局，优化农业可持续发展区域布局。珠三角地区土地等农业资源较少，也是全省工业化水平最高的地区，土地非农化速度快且不可逆转，决定了该区域农业必须以空间节约集约利用的可持续农业发展道路为主，发展资本密集型、技术密集型的安全、无污染的现代农业；潮汕平原精细农业区定位为特色效益农业功能区，大力发展品质优良、特色明显、附加值高的名优特新农产品，如蕉柑、青榄、青梅、茶叶等传统特色产品产业；粤西热带农业区发挥土地、区位、关联产业等资源优势，发展农业规模化、产业化经营模式；北部山地生态农业区充分利用山区土地资源、农林资源、水资源以及山区气候资源等优势，以“资源—产品—废弃物—再生资源”的循环生产方式为途径，建立良性的生态农业循环模式；南亚热带农业带大力发展“订单农业”“科技农业”“绿色农业”“生态农业”；沿海海水养殖农业带充分利用沿海滩涂，重点建设珠江口咸淡水优质鱼养殖以及深水网箱和沉箱养殖、粤东网箱养殖和工厂化养殖鲍鱼、粤西珍珠和对虾、贝类养殖等现代化示范基地。

课题主持单位：

课题主持人：万忠

课题组成员：林伟君、方伟、梁俊芬、周灿芳、刘序、雷百战

一、农业可持续发展的自然资源环境条件分析

（一）土地资源

1. 农用地现状

广东省农用地主要包括耕地、园地、林地和牧草地，4 类农业用地类型面积共 1 443.70 万hm^2。耕地共 268.80 万 hm^2，约占总农用地 19%，其中，水田 164.68 万 hm^2，约占耕地 61%，旱地 93.38 万 hm^2，约占耕地 35%，水浇田为 10.73 万 hm^2，约占耕地 4%。园地共 133.61 万 hm^2，约占总农用地 9%；果园 111.10 万 hm^2，约占园地 83%；茶园 2.40 万 hm^2，约占园地 15%；其他园地 20.10 万hm^2，约占园地 2%。林地共 1 011.67 万 hm^2，约占总农用地 70%，其中，有林地 893.38 万hm^2，灌木林地 24.97 万 hm^2，其他林地 93.33 万 hm^2。牧草地共 29.62 万 hm^2，约占总农用地 2%，天然牧草地 0.20 万 hm^2，人工牧草地 0.11 万 hm^2，其他牧草地 29.31 万 hm^2。

2. 农用地利用存在问题

近年来，广东省耕地面积逐年减少，后备资源缺乏。2004—2013 年，全省耕地减少 42.31 万hm^2，年均减少 4.23 万 hm^2，可开垦耕地后备资源相对较少。园地利用效率低，利用质量有待提高，近年来因人为开垦和保护不力造成土壤结构、水分和养分等肥力退化现象。林地保护与利用矛盾突出，生态功能有待改善，总体质量不高，生产力低下，生态功能脆弱。

（二）土壤资源

1. 土壤资源现状

广东省土壤类型众多，主要包括赤红壤、红壤、水稻土、黄壤、水稻土和砖红壤等，不同土壤类型分布范围存在差异，详见表 1–1。

表 1–1　广东省主要土壤类型面积及分布

土壤类型	面积（km^2）	比例（%）	分布
赤红壤	65 836.8	44.67	北纬 25° 35'~24° 30' 东省中部，南亚热带低丘台地
红　壤	32 393.4	20.99	北纬 24° 30' 以北的重压热带海拔 300~800m 低山丘陵区
水稻土	21 760	14.77	珠江、韩江、鉴江、南渡河等各大江河出海的河口三角洲平原以及丘陵山地的宽谷盆地等冲积洪积平原地区较为集中
黄　壤	8 725.5	5.29	海拔 700 以上的中低山地，垂直分布于山地红壤之上
砖红壤	6 527.6	4.43	电白、化州、高州和廉江的南部、茂名市茂南区和雷州半岛
其　他	11 650.68	7.32	山区海拔 800m 以上山顶部位；山地丘陵上部或滨海丘陵台地；粤北连山、连县、连南、英德等；南雄盆地、罗定盆地、怀集盆地等；河流沿岸河滩、河心洲或河流冲积平原、三角洲平原或谷地；海岸沿线；粤西、雷州半岛沿岸及岛屿滨海地区

资料来源：广东省土壤资源及作物适宜性图谱

赤红壤适种性广，生产潜力大，典型地带性土壤，宜种多种林果及粮食经济作物、糖油料作物和水果等。红壤光热水条件好，有机质丰富，土壤自然肥力较高，适宜种植一般的粮、油、甘蔗、糖等。水稻土以种植水稻为主，可种植小麦、棉花、油菜等旱作。黄壤有机土壤深厚，肥力高，是发展食用菌类、喜湿药用植物和高山明茶的理想土壤类型选择。砖红壤主要种植花生、甘蔗、薯类等作物，荒山、林地种植橡胶、剑麻、桉树、菠萝、荔枝和龙眼等热带亚热带经济作物。另有其他土壤类型包括山地草甸土、粗骨土、火山灰土、石灰土和紫色土等。

2. 土壤资源利用存在问题

随着经济的不断发展，广东省土壤逐渐出现耕地养护不力、有机肥施用不足和土壤肥力下降等现象。工业、城市化的发展、矿产资源的开采、山区种植结构的调整等破坏了不少森林植被和坡地原来的稳态结构，导致水土流失的产生。工业“三废”的排放直接或间接加大了环境压力。化肥的过量使用，导致土壤的酸性增加，有机质减少，土壤板结，土壤质量下降，作物受污染。农药的不科学合理使用，导致农业环境的污染和农产品的农药残留。

（三）气候资源

1. 气候资源现状

广东省是全国光、热和水资源最丰富的地区之一，近年来每年的年平均气温在 19~24℃，降水充沛，雨季长，雨热同季。广东省从北向南分别为中亚热带、南亚热带和北热带气候，南北气候差异较明显，同一纬度东西气候也有差异。该气候背景下使得广东省动植物种质资源极其丰富，作物和畜禽全年生长，茬代更新快，为农业发展奠定了宝贵的种源基础。依据相关原则和指标，广东农业气候可分为 5 区，分别是粤北山区农业气候区、粤中北山地丘陵农业气候区、粤中丘陵山地农业气候区、粤中南丘陵平原农业气候区和粤西丘陵台地农业气候区。

2. 气候资源对农业的影响

广东省既拥有能够促进农业发展的气候资源，如日照适宜、热量降水充足等，但同时也存在制约农业发展的气候类型，如寒潮、霜冻和台风、干旱和洪涝等，详见表 1–2。

表 1–2　广东省气候资源对农业的影响

影响	因素	主要影响
有利影响	日照	平均日照时数为 1 647h，4—9 月平均日照时数为 800~1 100h，生长季光照条件较好，能满足作物各个生长时期对光照的需求
	热量	无霜期长，冬季温暖，有助于大多数喜温作物生长；雨热同季，夏季高温与多雨相结合，冬季温凉与少雨同在，在农业上很好地做到光、热、水共济
	降水	农作物生长季降水量约为 1 176mm，约占全年降水量的 63%，十分有利于农作物的生长；春季降水次数和降水量较多，满足作物播种和苗期生长的需求
不利影响	寒潮	初春常见的“倒春寒”对粮食生产、春花作物和大棚西瓜、蔬菜、果树、茶树等作物的生长情况都会产生不利影响
	霜冻	引起作物水分减少，产生“脱水”现象，因水分减少而枯萎或死亡。作物在开花时遭遇霜冻还会严重影响坐果率和产量
	台风	直接毁坏农作物，易造成病害的暴发成灾；引发泥石流、山崩、滑坡等次生灾，破坏农业耕地质量，影响农作物的生长，引发海水倒灌从而导致农田受淹，污染灌溉水
	干旱	影响耕作计划和生长结果、作物因缺水而死亡或减产等
	洪涝	淹没农田园林、毁坏农舍设施、土壤耕层缺氧、作物烂根，开花结构受影响等

（四）水资源

1. 水资源现状

广东省是全国水资源较丰富的地区，水资源总量丰富，年均降水量丰沛，河流众多，地下水综合补给量丰富，开发潜力巨大。省内主要河流有西江、北江、东江、韩江、漠阳江和鉴江等，珠江为广东省最大河系（西江、北江和东江汇集）。农业水资源中，2013 年全省农业用水量 223.7 亿m^3，占总用水量的 50.5%。灌溉用水面积 205.07 万 hm^2，其中，耕地灌溉面积 177.08 万hm^2，约占 86.35%；园地灌溉面积 23.83 万 hm^2，约占 11.62%；林地灌溉面积 3.98 万 hm^2，约占 1.94%；其他灌溉面积约为 0.18 万 hm^2，约占 0.09%。

2. 农业水资源利用存在问题

相关研究表明，广东省水资源并未得到充分利用，其利用率仅为 20%~30%，其中，农业用水占 50% 以上，尚以大排大灌为主，灌溉水利用率只有 40%。一方面，表现为存在不同程度的季节性缺水，水资源浪费、降水时空分布不均与农业需水时间供需错位，导致季节性干旱，影响作物生长；另一方面，管理落后，工程配套不足以及传统灌溉方式造成水资源利用率不高。目前广东农田灌溉不少地区还是采用比较传统粗放灌溉方式，用水效率低，浪费严重。

（五）生物资源

广东省光、热、水资源丰富，四季常青，动植物种类繁多，具有农业开发利用的巨大优势和潜力。广东省内众多的生物资源按照农业用途主要分为粮食作物、经济作物、畜禽资源、水产资源等。其中，粮油作物以水稻、玉米、甘薯、小麦、大豆、马铃薯为主；经济作物以花生、甘蔗、蔬菜、果树、花卉、烟叶、茶叶、木薯、南药、蚕桑为主；畜禽资源包括家畜和家禽，家畜以猪、牛、羊、兔为主，家禽以鸡、鸭、鹅为主；水产资源以罗非鱼、罗氏沼虾、鳗鱼、加州鲈、甲鱼等为主，各类农业生物资源详见表 1-3。

表 1-3 广东省农业生物资源情况

类型		主要品种（类型）
农作物	水稻	五优 308、深优 9516、金农丝苗、粤晶丝苗 2 号、合美占、深两优 5814、美香占 2 号、玉香油占、合丰占等
	玉米	新美夏珍、粤甜 10 号、珠甜 2 号、金银粟 2 号、粤甜 13 号、正甜 68、广甜 3 号、粤甜 16 号、华美甜 168、华美甜 8 号、广糯 1 号（2011 年退出）、仲糯 1 号、粤白糯 1 号等
	甘薯	广紫薯 2 号、普薯 28 号、广薯 205、广薯 79、广薯 87 等
	花生	粤油 7 号、粤油 20 号、粤油 13 号、汕油 162、汕油 188、汕油 199、汕油 21、仲恺花 1 号
	甘蔗	粤糖 03-393、粤糖 04-245、粤糖 93-159、粤糖 94-128、粤糖 96-835、粤糖 89-240 等
蔬菜	根菜、白菜、芥菜、甘蓝、绿叶菜、葱蒜、茄果、瓜、豆、薯芋、水生类等	
果树	荔枝	黑叶、白蜡、桂味、怀枝、妃子笑、白糖罂、糯米糍、仙进奉、观音绿、井岗红糯、岭丰糯、新兴香荔、增城挂绿、双肩玉荷包、鸡嘴荔等
	龙眼	石硖、储良、古山二号、草埔种等
	橘类橙类	蕉柑、椪柑、雪柑、沙田柚（金柚）、十月橘（砂糖橘）、年桔、新会橙、红江橙、化州橙、马水橘、温州蜜柑、金柑等
	香蕉	香蕉、大蕉、粉蕉、龙牙蕉等

（续表）

类型		主要品种（类型）
果树	菠萝	黄金菠萝、金菠萝、甜蜜蜜、Josapin、卡因、泰国卡因、柔佛、Perola、金钻、N36、巴厘、无刺卡因等
	其他	芒果、杨梅、橄榄、猕猴桃、番石榴、黄皮、火龙果、葡萄、板栗、西番莲、番木瓜、杨桃等
家禽	生猪	两广小花猪、桃园猪、大花白猪、蓝塘猪等
	牛羊	尼里—拉菲水牛、摩拉水牛、雷州黄牛、奶牛、金堂黑山羊、雷州山羊等
	鸡	岭南黄鸡、三黄胡须鸡、清远麻鸡、杏花鸡、中山沙栏鸡、阳山鸡、怀乡鸡等
	鸭鹅	中山麻鸭、连山麻鸭；饶平、澄海狮头鹅，清远乌鬃鹅、阳江鹅、开平马冈鹅等
水产	罗非鱼、鳗鱼、罗氏沼虾、加州鲈、甲鱼（鳖）等	

二、农业可持续发展的社会资源条件分析

（一）广东省社会经济条件分析

广东省位于中国大陆最南端，陆地面积 18 万 km^2，海岸线长 3 368km，常住人口 10 644 万人，管辖 21 个地市，是中国最早和最重要的对外通商口岸之一，中国历史上著名的“海上丝绸之路”就是从广东开始的。

作为中国改革开放和现代化建设的先行地区，广东坚定不移地推进以市场为取向的经济体制改革，不断扩大对外开放，经济社会面貌发生了翻天覆地的变化，从原来一个以农业为主、经济比较落后的省份一跃成为中国比较发达的第一经济大省，连续 25 年地区生产总值位居全国之首。2013 年，全省地区生产总值 6.23 万亿元，超过 1 万亿美元（图 2-1）；人均地区生产总值 58 500 元，按平均汇率折算为 9 453 美元。广东省内珠三角地区经济发展优于其他区域（表 2-1）。

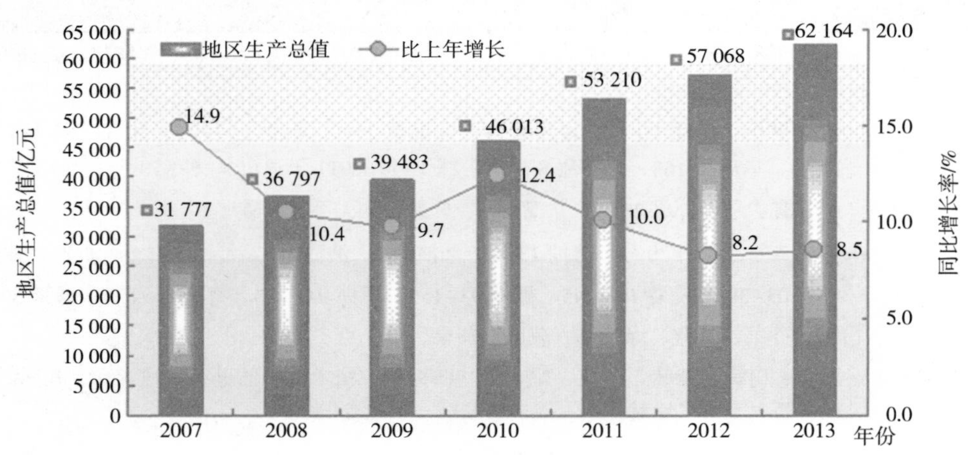

图 2-1　2007—2013 年广东省生产总值及其增长速度

表 2-1　2013 年广东省各区域主要经济指标

区域	GDP（亿元）	GDP 增长（%）	第三产业增加值增长（%）	第三产业增加值占 GDP 比重（%）	地方公共财政预算收入（亿元）	地方公共财政预算收入增长（%）
珠三角	53 060.48	9.4	11.5	52.7	4 666.82	13.0
东翼	4 623.35	10.5	10.5	35.4	263.92	16.7
西翼	5 260.01	12.0	12.0	39.0	249.96	17.2
山区	4 185.76	8.4	8.4	42.0	328.31	17.7

（二）广东省农业在全国的地位

1. 农业规模总量占全国份额下降明显

改革开放初期，广东省农业增加值仅为 94 亿元左右，占全国农业增加值总量的 6% 左右，到 1990 年增长至 5 062 亿元，这一比重上升至 7.6%；此后，伴随全国其他农业优势区域的加快发展，广东农业发展速度相对变慢，在全省经济占全国份额比重不断提升的背景下，农业增加值占全国农业增加值的份额持续下降，至 2014 年仅占全国的 5.4% 左右，农业增速低于全国平均水平。

2. 农业对外国际合作在全国仍占居重要地位

2005 年，广东省海关农副产品及其加工品贸易总额达到 189.9 亿美元，占全国海关农副产品及其加工产品贸易总量的 36.8%，其中，进口额和出口额分别占 21.4% 和 15.4%，在全国农产品对外贸易格局中发挥重要的贸易门户枢纽作用。尽管近些年来，全省的贸易总额比重趋于下降，但近年来仍稳定在 24% 以上（图 2-2），2012 年，广东海关农副产品及其加工品贸易总额达到 378.1 亿美元，占全国比重达到 24.7%，领先优势较为明显。

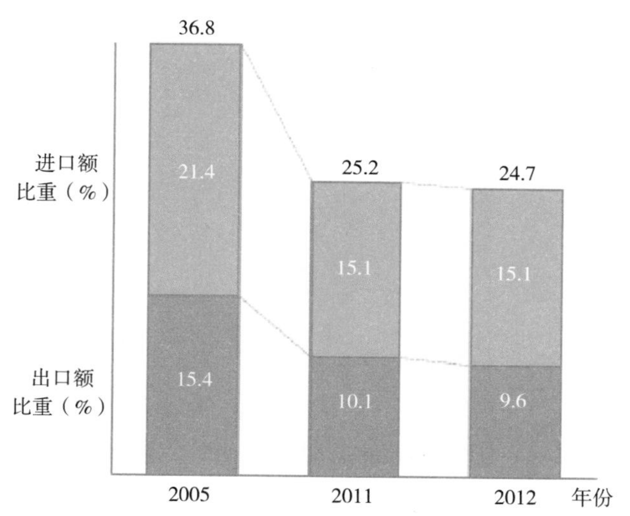

图 2-2　广东海关农产品贸易占全国比重

（三）农业经济效益在沿海省份中属中等水平

1. 劳动力经济效率位居沿海省份中游

广东省农业劳动力产出的经济效率不断提高，但仍有较大提升空间。随着生产规模的扩大、技术水平进步、要素投入增加，广东省第一产业劳动生产率不断提高（图 2–3）。2013 年，广东省劳均农林牧渔增加值已达到 2 1671.9 元 / 人，比 2005 年提高了 1.4 倍，年均增速达到 11.8%。

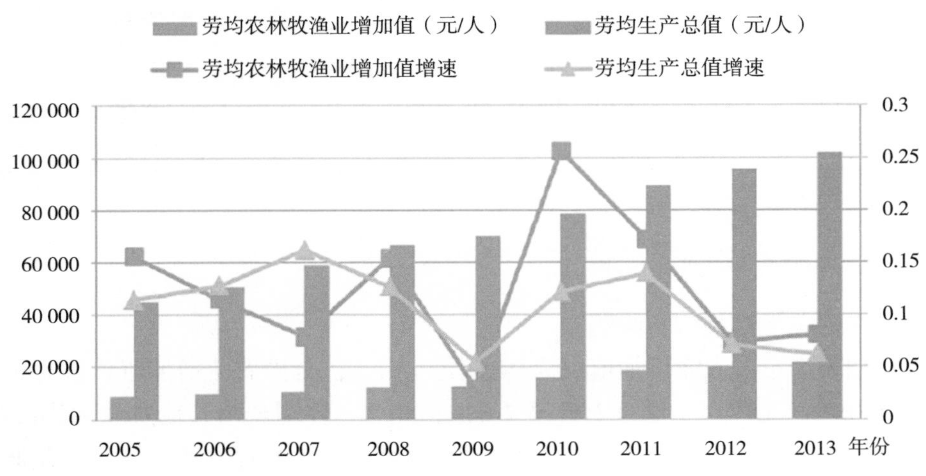

图 2–3 广东省第一产业劳动生产率的变化情况

广东省农业劳动生产率仍有较大提升空间。一方面，从广东省内部比较来看，农业劳动生产率与其他部门相比仍存在较大差距，2005—2013 年间劳均农林牧渔增加值仅为劳均生产总值的 1/5 左右。另一方面，从横向比较来看，广东省劳均农林牧渔增加值尚未达到全国平均水平（图 2–4），且与江苏省、浙江省、福建省相比差距较大，分别为这三个省的 56.9%、61.6% 和 68.9%。

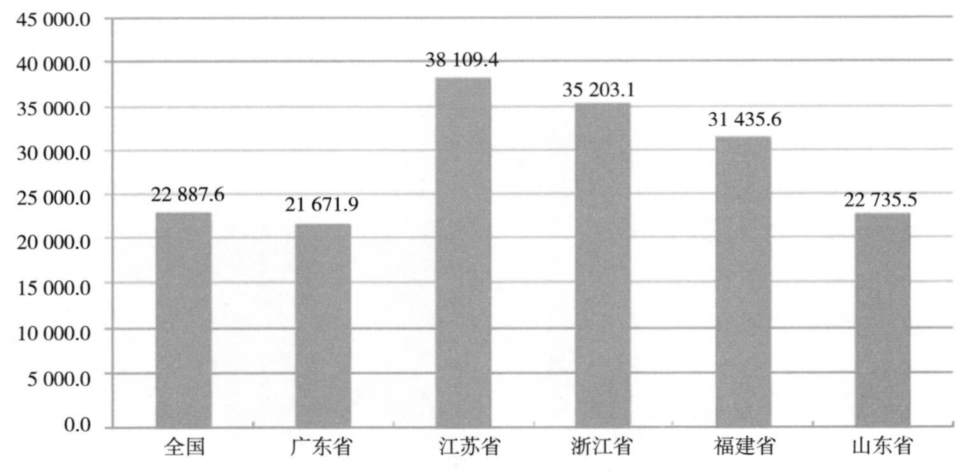

图 2–4 劳均农林牧渔业增加值的横向比较（单位：元）

2. 土地产出经济效率位居沿海省份中下游

2013 年，广东省单位播种面积种植业产值和单位水产养殖面积渔业产值的分别为 3 469 元 / 亩、11 404 元 / 亩，如以 2000 年的农产品生产者价格指数为基数，扣除价格因素后单位播种面积种植业产值和单位水产养殖面积渔业产值的实际值分别为 2 002.6 元 / 亩和 7 227.6 元 / 亩（图 2–5），比 2000 年分别提高了 91.7%、59.6%。产出效率的不断提高拉动了第一产业的快速增长，2000—2013 年，单位播种面积种植业产值和单位水产养殖面积渔业产值的年均增长率分别为 5.1%、3.7%，而同时期农作物播种面积下降了 0.7 个百分点，水产养殖面积增长了不到 1 个百分点。

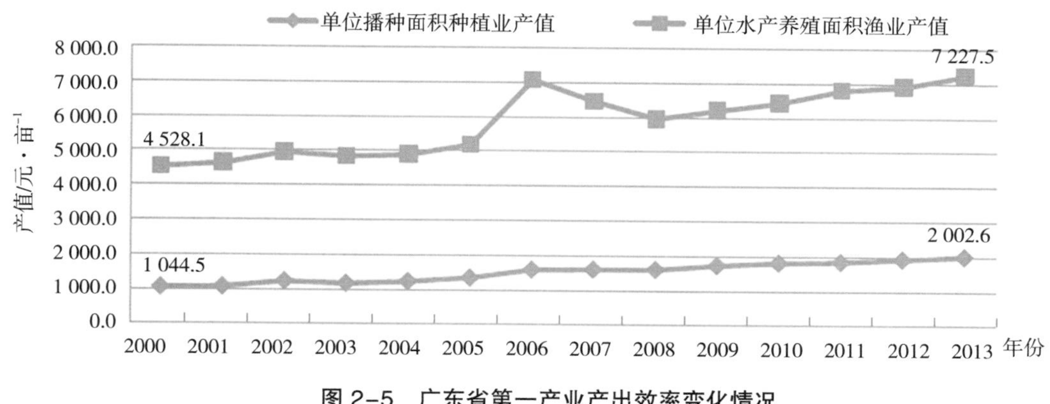

图 2-5　广东省第一产业产出效率变化情况

注：按 2000 年不变价调整后的

从与沿海地区的比较上来看，广东省第一产业的产出效率基本处于沿海发达地区的平均水平，但与福建省和浙江省存在一定的差距，尤其是种植业差距较大，还有很大的发展空间（图 2-6）。

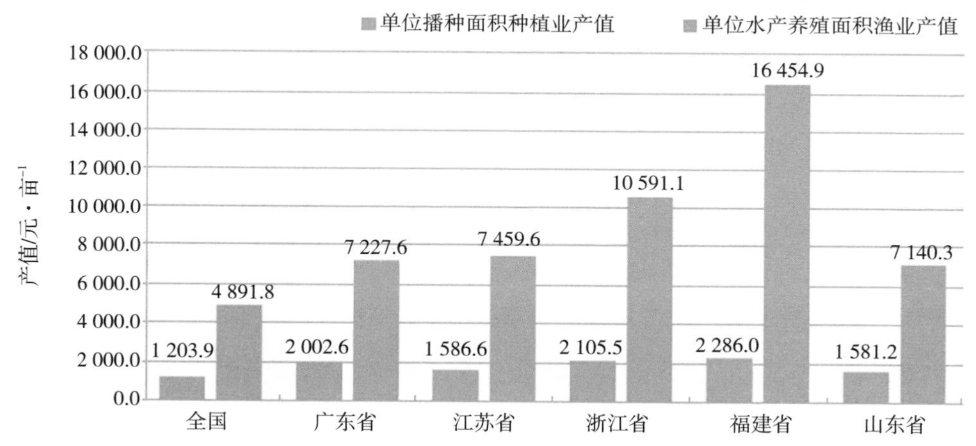

图 2-6　第一产业产出效率的横向比较

注：按 2000 年不变价调整后的

（四）农业投融资与经济强省地位不匹配

1. 农业固定资产投资强度并未领先

广东省不断加大对农田水利、农业机械化以及农业科技支撑的投入，第一产业固定资产投资迅速增长，生产能力不断提高，为第一产业的稳定增长奠定了基础。2013 年，广东省第一产业固定资产投资总额达到 398.5 亿元，比 2003 年增长了 6 倍，年均增速达到 21.5%，比第一产业增加值增速高 10.7 个百分点。从单位固定资产投资额来看，2013 年，第一产业劳均固定资产投资额和单位耕地面积固定资产投资额分别达到 2 833.5 元 / 人、1 933.2 元 / 亩，年均增速均达到了 23.2%，快于第一产业固定资产投资总额。如图 2–7 所示。

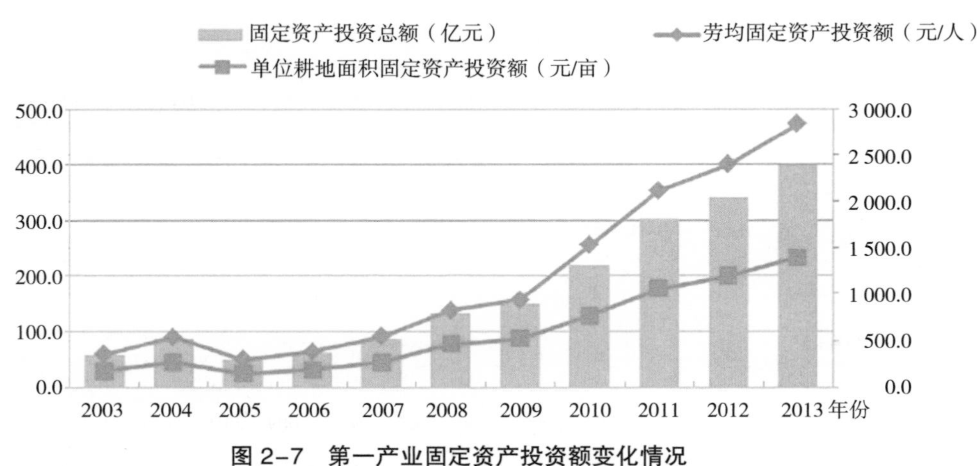

图 2–7　第一产业固定资产投资额变化情况

从横向比较来看，广东省第一产业固定资产投资强度相对较低，与农业强省和经济强省的地位不相匹配（图 2–8）。2013 年，广东省第一产业固定资产投资额占全国第一产业固定资产投资总额的 3%，而第一产业增加值占全国第一产业增加值的 5.5%。并且，由于人多地少，广东省出现较高的单位耕地面积固定资产投资和较低的劳均固定资产投资。另外，广东省第一产业劳均固定资产投资额和第一产业单位耕地面积固定资产投资额均低于浙江省、福建省和山东省，特别是第一产业劳均固定资产投资额，仅为上述三个省的 53.3%、54% 和 55.5%。

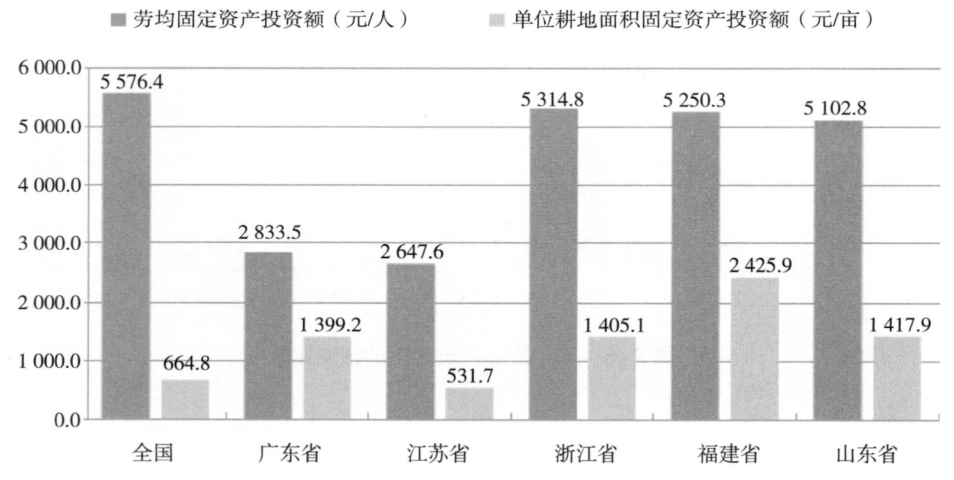

图 2–8　第一产业固定资产投资额的横向比较

（五）化肥农药施用量偏大

2012 年，广东省森林覆盖率以及有效灌溉面积较 2011 年有略微的提升，增幅都为 0.07%。农村居民家庭经营耕地面积 2012 年与 2011 年虽然为相同的 0.53 亩 / 人，但比 2010 年的 0.65 亩 / 人下降了 22.64%。同时，化肥的施用量比 2011 年较大，达 245.38 万 t，涨幅 1.69%，农药施用量虽然比 2011 年减少 0.02 万 t，但 11.39 万 t 的施用量比 2010 年的 10.44 万 t 高了 8.33%。这表明广东省农业的发展是以高农药、化肥施用的以牺牲环境为代价的增长模式，这种粗放的发展方式是不可持续的。

三、农业发展可持续性分析

改革开放三十年多年来，广东省农业可持续发展取得显著成绩，通过大力推广良种良法、配方施肥、退耕还林等，探索种养业循环、农牧业废弃物综合利用等成功模式，促进了农业资源保护和生态环境改善。在“十二五”期间，广东省农业和农村经济继续保持续稳定健康发展的良好势头，农民收入快速增长，特色优势农业蓬勃发展，农业结构战略性调整上取得新突破。但在未来攻坚期，广东省农业和农村经济发展仍然面临着严峻的挑战，各方面结构性矛盾仍然突出，迫使在今后的农业发展规划和实施中必须改革创新，继续实施农业可持续发展战略。

（一）广东农业可持续发展的成就和基础

1. 农民收入快速增长，城乡居民收入差距缩小

2010 年农民人均纯收入达到 7 890 元，比 2005 年增长 68.2%，年均增长 10.5%。城乡居民收入比由 2005 年的 3.12 : 1 缩小到 2010 年的 3.03 : 1。农业效益显著提高，耕地产出效益取得新突破。特色优势农业蓬勃发展，2010 年全省甘蔗、油料、水果、蔬菜和肉类产量分别为 1 286.4 万 t、88.3 万 t、1 131.9 万 t、2 662.4 万 t 和 440 万 t，分别比 2005 年增长 15.4%、14.7%、36.1%、2.5% 和 11%。主要农产品销售额或产量位于全国前列，花卉销售额第一，饲料产量第一，水产品产量第二，水果和糖料产量第三，肉类产量第六，蔬菜产量第七。

2. 积极开发应用先进适用技术，提高农业机械化水平

2010 年全省农机总动力达到 2 345 万 kW，水稻耕种收综合机械化水平从 2005 年的 30.5% 提高到 2010 年的 52%。加快推进农业产业化经营，转变农业经营方式。截至 2010 年年底，全省各类农业产业化组织 15 132 家，其中，农业龙头企业 2 225 家，带动农户 386 万户，户均增收 2 823 元；农民专业合作社 6 715 个，建成省级以上农业标准化示范区 490 个。逐步健全农产品质量安全检测体系，在保障农产品质量安全上取得新突破。农业交流合作日益频繁，大力发展农业会展经济，打响了广东现代农业博览会、广东种业博览会和养猪博览会等展会品牌。

3. 广东省有效灌溉面积稳定增加，灌溉水平不断提高

2012 年，广东省有效灌溉面积为 1 874.44hm^2，比 2011 年增加 1.28hm^2，比 2002 年增加 449.48hm^2。有效灌溉面积的增加，为农业的发展创造了有利的条件，广东省的农业产值与增加值在 11 年间都有了较大提升。

（二）广东农业可持续发展面临的问题

1. 农业空间逐渐压缩，发展压力加重

由于快速的工业化和城市化使耕地流失严重，广东省农业发展空间逐渐压缩，耕地面积、有效灌溉面积和旱涝保收面积都在逐渐减少。珠三角还有相当部分耕地受到污染，这些都对广东省农业强省建设带来严峻挑战，为广东省农业发展带来了沉重压力。

2. 自然灾害多发，市场变动因素突出

广东处于沿海地区，属于亚热带气候，洪、涝、旱、台风、地质灾害频发，历史上几乎每年至少出现一两次较大的自然灾害，对农业发展影响较大。同时，随着市场全球化的发展，国际国内两个市场变动导致农业产业竞争同时受到国际市场的走势与国内市场的变动双重影响。

3. 生产集中度待提高，规模发展受限

推进农业开发，必须将小规模、分散的个体生产转变为集中的、大规模的社会生产。目前，广东省农业开发仍然存在集中度不高，生产分散，这在一定程度上限制了广东省农业产业的做大做强，导致农业资源优势难以转化为经济优势，地方主导产业无法成长为优势竞争产业。

面对着农业发展进程中许多仍待解决的问题和严峻的挑战，必须坚持科学发展观，贯彻实施广东省农业可持续发展战略、走具有广东特色农业发展可持续道路、打造“四区两带”特色区域布局是促使广东省现代农业强省建设的重要举措，依托广东地理经济独有优势，利用经济全球化，促进农业产业结构的合理调整和发挥具有更大的市场空间，使得广东省加快加入我国转变农业发展方式取得重大突破的先进行列，促使农业经济结构成分比重更加合理、农业质量效益更加显著，切实推进具有明显广东地方特色优势的高效益绿色生态农业可持续发展模式，建成现代化农业强省。

4. 化肥农药施用量偏大

2002—2012 年，广东省化肥施用量由 196.44 万 t 增长到了 245.38 万 t，增幅为 24.91%。同时，广东省的化肥有效利用率又很低，利用率仅有 30%~35%，而在发达国家或地区化肥的有效利用率可以达到 70% 左右。化肥施用量的持续增加，为单位面积种植业增产的同时，也成为广东省农业污染的主要来源之一。

农药施用方面，2012 年广东省达到了 11.39 万 t，比 2002 年的 8.47 万 t 增长了 2.92 万 t，增幅为 34.47%，并且高残留、高毒的药种仍然占有相当的比重。同时，由于农民对农药基本知识的缺乏，只能依靠增加使用农药来防治病虫。而盲目地大量使用农药，对环境也造成了更大的破坏。

四、农业可持续发展的适度规模分析

（一）种植业

1. 功能定位

充分利用有限的耕地、园地、林地等土地资源为城乡居民生活提供丰富、优质、安全的粮油、水果、蔬菜和花卉等农产品，逐步发挥种植业在改善城乡生态环境方面的作用，注重发挥种植业在乡村休闲旅游和社会文化融合等方面的功能。

2. 发展目标

种植业区域布局更趋协调，特色效益农业加快发展，实现粮食作物与经济作物、园艺作物均衡发展；技术装备水平显著提升，农产品供给和质量安全得到有效保障，产品市场竞争力增强；农产品精深加工和休闲观光农业等产业功能进一步拓展；实现经济效益、社会效益和生态效益同步提高，可持续发展能力明显加强。最终将广东种植业发展成为我国精品种植示范、休闲文化传播和生态文明发展的典范之一。

3. 发展思路

优化调整种植业结构和区域布局，大力发展园艺产业、南亚热带农业等效益特色农业，加快优势产业区、产业带建设，因地制宜，做大、做强特色主导产业和主导农产品。推进环境友好型种植业快速发展，提升农产品加工流通水平，拓展生态种植业休闲旅游功能，有效提高综合生产能力与资源利用率。

4. 典型模式

环境友好型种植业模式惠州、江门等地主要采用化肥减量控污、农药减量控害、稻菜轮作、瓜菜轮作、稻薯轮作和水旱轮作等措施来降低化肥与农药施用量和提高其利用率，扩大农业技术装备应用，减少化肥与农药流失。以惠州市蔬菜种植为例，生产过程中肥料以有机肥为主，控制病虫害以预防为主，兼用稻菜轮作、太阳能杀虫灯等多种方法；安装自动喷灌设备，实现水肥一体化，提高水肥药利用率，减少对生态环境的污染；部分龙头企业和大型菜场建立以“公司 + 科研 + 基地 + 农户 + 直营连锁店”的经营形式，通过科技创新、绿色品牌创建、多种营销渠道和观光旅游等方式扩大蔬菜产品销售，以自身壮大发展实实在在带动当地农民致富和新农村建设，实现蔬菜种植业的可持续健康发展。

5. 生态农业休闲观光模式

依托自然资源、农业资源和农耕文化资源，发展集观光休闲、旅游度假和科普体验于一体的生态农业休闲旅游。例如，广州、东莞、深圳、佛山等珠三角地区发展融农耕文化、农业采摘体验和娱乐度假于一体都市农业休闲观光，东南部滨海热带农业休闲观光和北部山区生态农业休闲度假旅游。不仅拓展了农业产业功能，而且也有效带动了当地社会经济的发展和资源环境的可持续利用。

6. 发展重点

珠三角地区重点发展优质稻、甜玉米、冬种马铃薯、优质蔬菜、观赏花卉、岭南特色水果和休闲观光农业等；粤东地区重点发展杂交水稻、鲜食甜糯玉米、岭南特色水果及加工、加工型蔬菜、花卉、单枞茶叶和优质甘薯等；粤西地区重点发展优质稻、甜玉米、热带水果、北运菜、糖蔗、花生、南药和蚕桑等；粤北地区重点发展优质稻、夏秋反季节蔬菜、优质玉米、茶叶、岭南特色水果、花生、油茶、南药、蚕桑和生态休闲农业等。

（二）畜牧业

1. 功能定位

在资源高效利用、生态有效保护的前提下，为城乡居民生活提供丰富、优质、安全的各种特色畜产品。以畜禽良种繁育、生产和畜产品加工、流通与服务为主体，推进畜牧业特色化、标准化、品牌化、生态化，构建安全、规范、优质、高效现代畜牧业生产体系；通过畜禽饲养规模化、生态化、健康化和畜产品加工化、流通网络化、服务社会化和疫病防控科学化，构筑畜产品生产、供应的安全保障体系和动物疫病防控体系。

2. 发展目标

以满足城乡居民对畜产品质量安全与多样化需求为目标，以市场为导向，以科技为支撑，以品牌为龙头，以畜产品加工、储运为基础，以质量安全检测和疫病监管控制为保障，全方位建成与资源环境保护相协调、社会经济发展相适应的现代畜牧业产业体系。

3. 发展思路

围绕稳定畜产品供给，优化现代畜牧业产品结构和区域布局，强化畜禽良种繁育体系建设，推进产业转型升级，积极推进畜牧业产业化经营，建设现代畜牧业服务体系，抓好动物疫病防控、饲料、兽药和生鲜乳质量安全监管，稳步提高优势产区产量质量，稳定销售区域自给率。

4. 典型模式

引导养殖场引进现代环保型养殖工艺和技术，加强畜禽养殖场粪污处理和综合利用；鼓励养殖场充分利用条件发展多元立体养殖，建立“养殖和种植”“生产、生态、生活”协调发展的良好模式，实现养殖场粪污减量化、资源化和无害化。例如，全省生猪养殖主要采取能源环保型、能源生态型及高床发酵型新式养猪三种模式。能源环保型模式主要是珠三角地区大型标准化养猪场依靠建造鱼塘和水生植物塘，养殖废水在经厌氧消化处理和沉淀后，再经过适当的工程好氧处理，如曝气、物化处理等，最终达标排放；能源生态型模式主要是惠州、河源等地区养猪场依靠附近的农田、果园、菜场以及水生植物塘完全消纳经前期处理后的废水和有机肥，使养殖废弃物多层次资源化利用，并最终达到区内的“零排放”；“高床发酵型”新式养猪模式主要是河源、韶关等粤北地区，坚持养殖场废弃物治理减量化、生态化、循环化原则，对猪舍设计进行创新，利用高床发酵技术等，实现猪粪便100%用于生产有机肥，废水可减少80%~90%，剩余废水经深度处理后全部循环利用，实现零排放。

5. 发展重点

珠三角地区以发展大型标准化规模生猪养殖场为主，重点发展瘦肉型猪，加快粤东、粤西和粤北地区生猪养殖发展；家禽以黄羽肉鸡和水禽为产业重点，发挥珠三角高科技和良种优势，带动全省建立黄羽肉鸡、水禽产业带和产业区，加快发展蛋禽和肉鸽产业；奶牛以发展珠三角、粤北地区等大中城市郊区养殖为重点；17个地方品种主要在原产地进行保护、开发和利用；在粤东西北地区因地制宜发展肉牛、肉羊、肉兔、肉鹅等特色草地畜牧业。

（三）水产业

1. 功能定位

充分利用水产业资源、海洋渔业资源和自然生态资源，大力发展规模化、集约化、标准化、健康生态循环、资源高效利用的水产养殖和水产品精深加工及水产品冷链物流，为城乡居民生活提供丰富、优质、安全的特色水产品；有效拓展水产业功能，大力发展观赏鱼和休闲渔业。

2. 发展目标

基本建成现代水产强省。水产业经济稳定发展，综合实力显著提升，科技实力大大增强，水产品质量安全水平大幅提升，水产业资源和生态环境有效改善，产业结构得到优化，区域布局更趋合理，现代水产业体系基本形成。

3. 发展思路

按照资源节约、环境友好、设施先进、产业化经营的发展要求，以加快转变水产业发展方式为主线，以现代科学技术和物质条件装备为支撑，着力加强健康生态水产养殖、精深水产品加工、水产品冷链物流、水产品质量安全和生态休闲渔业等方面建设。

4. 典型模式

中山市目前已经建设了包括南美白对虾、“四大家鱼”、脆肉鲩、罗氏沼虾、甲鱼、桂花鱼、鳗鱼、白蚬、海鲈、观赏鱼、禾虫和泰国笋壳鱼的十二大优势水产品养殖基地，七成水产品为“名特优”产品。以南美白对虾养殖为例，中山市主要推广高位池分级生态养殖模式，养殖过程实现不用药、零污染、零排放，实现生态健康养殖。一是其养殖排泄物集中排出、经专门生化处理沟处理，再晒干外销作为肥料，实现对环境的零排放、零污染；二是养殖过程中，养殖用水每天 24 小时循环流动，先入沉淀沟、再经过蛋白分离器进行胶氮处理再流入池塘，确保良好的养殖水质；三是在保护生态环境和良好水质、对虾抗病能力强的基础上，养殖过程中不用任何药物，保障对虾零药残，保证质量安全；四是由于采用高密度、适度立体混养，亩产量较传统养殖超出 1 倍，商品虾规格整齐、个体较大，效益大幅增加，农民显著增收。

5. 发展重点

珠三角地区发展具有都市特色，集集约化养殖、休闲渔业、观赏鱼为一体的现代水产业；继续巩固发展鳗鱼、四大家鱼等，加强以桂花鱼、加州鲈、海水优质鱼为主的特色养殖；建设以广州、东莞等地为主的观赏鱼产业带；珠三角城郊及沿海区域发展休闲渔业；建设具有岭南特色的都市型、外向型现代水产园区。粤东、粤西发展现代资源深度综合利用型水产业；粤西以对虾、罗非鱼养殖为主，粤东以鲍鱼、石斑鱼、鳗鱼等优质海水鱼养殖为主；发展远洋捕捞、近海养殖、海产品深加工等；建设滨海港湾休闲渔业带，培育“黄金海岸”“生态海岛”和“休闲胜地”等旅游品牌。粤北山区发展生态循环型现代水产业，形成以鳜、欧鳗、大鲵等一批暖水性、冷水性名优品种养殖为主的规模化生产格局；构建集休闲、旅游、观光为一体的生态型特色渔村。

五、农业可持续发展的区域布局与典型模式

在综合分析广东各区域资源环境保护与利用状况的基础上，按照耕地和水资源配置、产业合理布局、种养业匹配、生产与加工协调等原则，结合广东省农业资源分布特点和区域产业开发现状，承接广东省《主体功能区规划（2010—2012 年）》中农业生态区相关规定和广东农业开发战略格局中“四区两带”的区域、产业战略格局，优化农业可持续发展区域布局，形成优势突出、特色鲜明、效益显著的广东可持续发展农业经济区。

（一）珠三角都市农业区

该区域位于我国南部沿海和珠江流域结合部，覆盖广佛肇（广州、佛山、肇庆）、深莞惠（深圳、东莞、惠州）、珠中江（珠海、中山、江门）3 个经济圈、9 个市。

1. 农业资源环境保护与利用状况

珠三角地区是城市和工业发展的主要区域，因城市化水平和人口密集度较高，农地资源匮乏，且存在不同程度面源污染。该地区河网密布，其天然水资源较为丰富，但由于经济发达、人口众多，向水环境中排放的污染物日益增多，加上农民大量使用化肥、农药等，造成水资源水质性缺水现象。

在农业发展方面，珠三角地区由于经济发展较快，其农业基础设施条件好，农业机械化水平较高，同时拥有较多的观光农业设施，农业景观、自然景观丰富，具有较强的城市居民休闲娱乐功能。且农业科技水平、农业劳动力素质、农业品牌、市场成熟度和农产品出口份额较高，特别是绿色无公害、名优农产品比例大，种业科技位居全球领先地位。

2. 农业空间布局与农业产业发展现状

（1）产业结构调整完成由传统农业向优质高效农业转变　随着城市化进程的不断加快，开放程度的逐步提高，珠三角传统农业如粮食、糖蔗、油料、蚕桑等生产规模已大幅缩减；优质、高效、特色农业如蔬菜、花卉、休闲、旅游、科教等高效农业快速兴起，农业的多功能性（食物安全

保障、生态保护、休闲观光等）愈加凸显。

（2）农业产业链条相对完善，农产品加工流通率高于其他区域　珠三角地区农产品市场发展较快，平均每个乡镇农村集贸市场2.9个，综合市场2.2个，专业市场0.7个，明显多于东西两翼，比北部山区则多出数倍，农业商品率达85%；在加工方面，农副食品加工业总产值占全省的58.8%，食品制造业总产值占全省的80.53%，区域农产品加工整体水平较高。

（3）农业空间布局总体呈现非均衡分布状态，但各区域发展特色明显　珠三角九市中，广州、肇庆、佛山、江门、惠州等地农业产值占珠三角的85%以上，呈非均衡分布状态。在产业布局中，花卉产业主要集中于广州、佛山和中山地区；广州、珠海等地的休闲农业发展如火如荼；深圳市着力打造“现代农业生物育种创新示范区”，生物育种产业发展成绩斐然；广州、惠州是广东省蔬菜主产区；肇庆和江门的水稻产量位于珠三角前列；水果产业各区域都有分布，但尤以肇庆的柑橘、广州的香蕉、惠州的龙眼产量最大；优质水产品养殖业主要分布于中山、珠海、佛山、肇庆等水资源较丰富的区域。

3. 农业可持续发展的特点：定位、思路、模式

（1）功能定位　充分考虑现有农业资源因素，发展集约高效的现代都市农业，进一步拓展珠三角现代农业的科技功能、生态功能、旅游休闲功能，为引领、示范、辐射全省现代农业、循环农业及低碳高效农业作出应有贡献。

（2）发展思路　按照高产、优质、高效、生态、安全的要求，整合资源、优化产业、集聚发展，重点发展蔬菜和优质稻、畜禽和水产，以及花卉园艺和观光休闲农业，建立起具有岭南特色的都市型、外向型、科技型、生态型现代都市农业产业体系。

（3）发展模式　珠三角地区人均土地和其他农业资源远少于其他地区，也是全省工业化水平最高的地区，土地非农化速度快且不可逆转，决定了该区域农业必须以空间节约集约利用的可持续农业发展道路为主，发展资本密集型、技术密集型的安全、无污染的现代农业。

集约型可持续农业是在节能、节肥、节地、节约和节水的基础上，运用现代科学技术和现代管理手段装备农业、管理农业，以最少的资源消耗获得最大的经济和社会收益，保障经济、社会可持续发展。深圳市是其典型代表，深圳凭借其经济和技术优势，以国家农业科技园区和现代农业生物育种创新示范区为载体，构建了完善的新兴产业支撑体系和发展体系，现代农业生物产业发展迅速；深圳农业现代化示范区和碧岭生态示范园，已建设成为集科研、生产、培训、示范、科普等多种功能于一体的现代化农业科技示范园区，并成为展示深圳现代农业的窗口，为推动珠三角地区实现农业装备现代化、农业资源利用高效化、农业技术高新化起到了示范带动作用。

4. 区域农业布局优化

根据都市型现代农业特点，整合区域资源优势，将该区域分为优质农产品生产加工区、现代农业科技示范区、都市农业休闲度假区、现代农业物流会展区和都市农业生态屏障区五个亚区。具体布局为：

——优质农产品生产加工区。依托珠三角现有的九大农业现代化示范园区，在番禺、从化、斗门、东莞建立南亚热带水果生产加工带；在花都、荔湾、从化、顺德、中山建立岭南花卉、观叶植物及绿化苗木生产加工带；在增城、南海、惠城、惠东、中山建立无公害蔬菜生产加工带；在番禺、南沙、中山建立淡水鱼养殖加工带。在惠阳、惠东建立三黄胡须鸡、梅菜生产加工带；在斗门、中山分别建立白鸽鱼、淡水河虾生产加工带。通过实施标准化、绿色农产品生产，提升加工水平，打造农业品牌。

——现代农业科技示范区。依托珠三角现有的农业高新技术示范园区，择优建立农业科技示范区。重点依托深圳华大基因研究院深圳盐田区打造中国种业硅谷；依托中国农业科技华南创新中心在广州市中心城区（天河、白云、越秀、萝岗、黄埔、番禺）建立广东现代农业科技研发与自主创新基地；依托珠海现代农业高新技术示范区在珠海市香洲区打造全省农业科技示范推广与科普中心。通过广州、深圳、珠海三地科研中心的提升打造，建成农业科技引进、创新、研发、孵化基地、农科教结合的基地，并通过示范效应、扩散和催化效应，夯实珠三角农业总部经济的科技基础。

——都市农业休闲度假区。依托珠三角现有的农业自然资源，打造都市农业休闲度假区。重点在珠三角都市城郊、外围如在台山、福田、南山、宝安、罗湖、龙岗、金湾、蓬江、江海、新会等地建立珠三角农耕文化与农业采摘体验区、南部滨海农业观光区等。充分挖掘珠三角农耕文化资源和自然资源，缘承人脉、水脉、文脉、史脉，发展集观光、休闲、旅游、体验和科普于一体的农业主题生态休闲旅游，为广州、深圳、香港、澳门等发达地区开辟都市后花园。

——现代农业物流会展区。依托珠三角现有的农业物流网络和合作平台，打造现代农业物流会展区。重点依托海珠区广州琶洲国际会议展览中心成熟的农业物流会展平台，加强农业国际合作，打造物流平台，拓展外向型农业广度和深度。

——都市农业生态屏障区。依托保护区域内依法设立的国家级、省级自然保护区、风景名胜区、森林公园、重要水源地、湿地公园等，打造珠三角都市农业生态屏障区。重点配合清城、三水、高明、鹤山、开屏、恩平等珠三角外围生态保护区域的生态建设，打造都市农业生态屏障。加强农业面源污染防治，保护耕地，控制开发强度，优化开发方式，发展循环农业，促进农业资源的永续利用。

（二）潮汕平原精细农业区

该区域位于珠三角以东，主要包括以下区域：揭阳市区、揭东县、潮州市区、潮安县、饶平县、汕头市区、潮阳区、澄海区。

1. 农业资源环境保护与利用状况

该区地理气候条件优越、物种资源和生态多样性极其丰富，具有发展精细农业得天独厚的资源优势，且具有优良传统及独特的技术优势特征。但农业生态环境日趋恶化，来自农业内部的环境污染也日趋严重。该区域由于人多地少，农业较为发达，在历史上有精耕细作的传统，土地利用率较高。食品需求及长期的生产实践形成了农业生产的精耕细作及土地的高复种指数、高产出率和农产品的多样性。

2. 农业空间布局与农业产业发展现状

农业特色产品突出，具有精细高效农业特点：优质水稻、岭南佳果、优新蔬菜、高效花卉、名贵南药、名优茶叶、海水产品等特色产品为该功能区的主导产品和支柱产业。且该区域是广东省农作物单产最高的区域，水稻、蔬菜亩产位于全省前列。

农产品加工流通率低、产业链短：该区域农产品加工以渔业加工为主，其他行业农产品加工水平较低，农产品多为初级加工，产业链不长，农产品附加值不高，加工率仅为33%。该区域农产品消费流通仍以传统的市场批发和集市贸易为主，现代流通方式发展迟慢。

3. 农业可持续发展的特点：定位、思路、模式

（1）功能定位　特色效益农业功能区。围绕自身独特资源优势，通过提产提质，发展特色高效农业，以为全省及中国港澳台提供特色农产品为主要功能。

（2）发展思路　根据资源禀赋和农业发展特点，建设一批具有地方特色和市场优势的加工型蔬菜、蕉柑、茶叶、花卉、特色水果、水稻、以肉牛为主导产品的畜牧产业、以网箱养殖为主导的海水养殖产业等农产品生产加工基地，培育和发展一批生产标准化、加工专业化、布局区域化、组织规模化、产品市场化、利益联结规范化的精致农业产业体系。

（3）发展模式　发展精细高效特色农业产业模式，主要包括优质水稻、名优茶叶、以网箱养殖为主导的海水养殖产业以及近年加快发展的新兴花卉产业。

精细高效特色农业是指利用现代化的物质手段和区域内独特的优势农业资源，通过精耕细作开发和生产出市场竞争力强的农产品及其衍生品的特殊农业类型。如位于该区域的揭阳市，其通过制定"一镇一品"发展规划，确立各个镇的主导产品和主导产业。依据各地资源禀赋和区位优势，调整优化农业生产结构，大力发展品质优良、特色明显、附加值高的名优特新农产品，如蕉柑、青榄、青梅、茶叶等传统特色产品产业，取得了较好的经济效益和较高的市场知名度。

4. 区域农业布局优化

——优质农产品生产带。主要有揭阳市区（榕城区）、潮州市区（湘桥区）、饶平县、潮安县、揭东县5个市（县），主要发展龙眼、菠萝、蔬菜、花生、茶叶、花卉等优质高效精细农业。揭阳要加强茶叶、水果、药材、蔬菜、花卉、优质粮食和水产养殖等基地建设，发展优势农产品精深加工和综合利用，提高农产品附加值。

——精细农产品加工带。包括种植作物加工和水产品加工，种植作物加工布局区域分别为金平区、龙湖区、澄海区、濠江区蔬菜精细加工区域，濠江区、潮阳区、潮南区和南澳县为薯类精细加工区域。水产品加工区域主要包括濠江区和南澳县，主要水产品有对虾、罗非鱼等。汕头要大力发展渔港经济，建成一批节约型、生态型的特色水产养殖基地，发展效益渔业，加快海门中心渔港、云澳中心渔港、达濠一级渔港建设，规划建设粤东水产品储运交易集散中心。汕尾要加快打造特色农产品基地和优势商品粮基地，重点建设水稻、蔬菜等农业种植基地，生猪、黄牛、肉鸡等畜禽养殖基地，加快发展现代渔业，提升海洋渔业产业化水平。

（三）粤西热带农业区

该区域地处广东省西南部，包括湛江市和茂名市的茂南、茂港两区。

1. 农业资源环境保护与利用状况

该区域地理气候条件优越、物种资源和生态多样性极其丰富，农业资源环境承载能力较强、土地资源丰裕，农业发展潜力雄厚，农产品生产能力较强，是广东省重要的农产品生产基地。农业规模化、机械化发展程度较高，其中，湛江市农机总动力居全省首位。

2. 农业空间布局与农业产业发展现状

（1）农业规模化程度高，多项农产品产量位居全省前列　该区域农业生产因自然条件丰厚而具备了较高的规模化程度。第一产业增加值常年占据全省总量的近1/3，是广东重要的海洋经济和现代农业生产示范区。稻谷、糖蔗、咸淡水产品、北运菜等产品生产在全省占据重要地位。其中，湛江是广东农业第二大市、渔业第一大市、糖蔗产量占全省糖蔗产量的90%左右。

（2）农产品深加工不足，物流业未得到充分发展　该区域因缺乏技术优势和大型龙头企业带动，农产品精深加工不足，产业链条不长，高附加值的产品少。海岸线长，天然良港众多，是广东对内面向我国西南和对外面向东盟国家发展外向型农业的重要门户和桥头堡。但农业物流和农业会展等高端农业流通、消费产业尚未得到充分发展，农业物流配套设施短缺。

3. 农业可持续发展的特点：定位、思路、模式

（1）功能定位　热带南亚热带农业功能区，全省北运菜及南亚热带农产品生产基地；海峡两岸农业合作示范区，辐射带动茂名、阳江市开展对台农业合作。

（2）发展思路　立足特色，突出科技，加快转变农业发展方式，围绕具有海洋资源优势、产业基础和市场潜力的特色农产品，培育和发展标准化、规模化经营的特色农业产业体系。重点发展热带作物及畜禽水产主产功能，打造体现区域特色并在全国具有重要影响的农产品主产区。加快农产品加工组团式布局，积极推进农业生产规模化、产业化发展。

（3）发展模式　发挥土地、区位、关联产业等资源优势，发展农业规模化、产业化经营模式。该区域土地资源丰富，农业发展空间大，并形成了一个个在全国都赫赫有名的农产品生产基地，如全国最大的糖蔗基地、北运菜基地、菠萝基地、剑麻基地、对虾基地、珍珠基地、桉树基地、富贵竹基地、红橙基地等。具有发展农业规模化和产业化的优势。如湛江市水产产业已经形成了从种苗繁育、饲料生产、科学养殖、加工保鲜、市场销售到出口创汇完整的产业链，成为湛江市的农业支柱产业。但其他产业发展相对较慢，产业化程度低，可以借鉴水产业的发展模式，通过发展壮大农业龙头企业、农民专业合作经济组织等措施，完善产业链条，促进农业向规模化、产业化方向发展。

4. 区域农业布局优化

——热带作物及畜禽水产规模化主产区。在雷州、遂溪、廉江打造粮食主产区，大力发展优质水稻生产和优质粮食加工业；在麻章、廉江、遂溪城郊打造花卉苗木基地，整合南国花卉科技园、华南热带植物研究所等综合市场、科研院所，提升花卉品质和产出水平；在廉江、遂溪、雷州、徐闻、吴川等地，打造以冬种蔬菜、热带水果（香蕉、菠萝、龙眼）为主的热带特色果蔬主产区；在遂溪、雷州、徐闻、吴川等地开展糖蔗、花生生产基地建设，集中发展甘蔗深加工、油料深加工，形成糖蔗和花生产业带；在廉江、遂溪、雷州等地，打造畜禽水产养殖基地，加强生猪、肉牛繁育体系建设，发展对虾、罗非鱼等咸淡海水专业化、集约化、绿色生态养殖。

——现代渔港经济区。充分利用粤西热带农业区海岸线长、海洋资源丰富的优势，加大渔港基础设施建设投入，重点扶持近海养殖业、远洋捕捞业、农海产品精深加工业、海洋生物药业和滨海农业旅游等产业。特别在赤坎、霞山、坡头、东海、茂南、茂港择优建设我国南方外向型水产品养殖、加工基地和科研中心；完善流通网络，打造内联我国西南陆、外接东盟国家的区域性水产品流通枢纽。

（四）北部山地生态农业区

该区域包括韶关市除新丰县以外的所有区域，梅州市所有市县、连州市、连南县、连山县、阳山县、英德市、河源市区、连平县、和平县、龙川县、陆河县。

1. 农业资源环境保护与利用状况

粤北山区生态资源优越，形成自然结构复杂、生物种类繁多、物资能量交换频繁的特点，森林覆盖率在65%以上，其地貌及生物复杂性、多样性在广东省、乃至全国都具有重要的地位。由于山区有大量的农业用地资源，发展特色农业具有比较大的优势，特别是发展生态农业方面具有得天独厚的条件。属国家和省的限制开发区域。

2. 农业空间布局与农业产业发展现状

农用地资源丰富，是全省重要的粮农生产基地：粤北山区具有丰富的农业用地，种植业所占比重高于全省平均及其他三个区域，粮食以水稻为主，经济作物以花生、烟叶、茶叶、大豆、柿子、木薯等农产品为主。粮食作物播种面积占全省的33.14%，总产量占全省33.32%；其中稻谷播种面积与产量分别占全省的34.06%和35.45%，继续担当着全省重要的粮农基地。

农产品加工业稳步发展，市场流通体系逐渐成熟：近年来，北部山区充分利用自然资源优势，大力发展农业龙头企业，在全省304家龙头企业中，山区有81家，占了26.64%，农产品加工能力逐渐加强；一批农产品专业批发市场已建成，农产品市场流通体系比较成熟，农产品商品率为70%。

3. 农业可持续发展的特点：定位、思路、模式

（1）功能定位　生态农业功能区。结合生态资源的保护和科学利用，发展以市场拉动型的生态绿色食品，以针对珠三角区域的补充性农产品消费为主，发展安全绿色食品，如供中国港澳地区的安全肉制品、有机蔬菜等“菜篮子”工程。建设具有粤北山区特色的种、养生态农业产业带。凭借优越的生态资源，发展生态林、食用菌、水果、蔬菜、生态茶园等基地。

（2）发展思路　在不损害生态功能和严格控制开发强度的前提下，因地制宜适度发展资源开采、农林牧渔产品生产和加工，重点发展水稻、水果、反季节蔬菜、马铃薯、烟草、生态茶园和山区特色养殖等产业。发挥生态资源优势，重点建设特色农产品生产基地，适度推动生态休闲旅游产业的发展。

（3）发展模式　可持续发展的生态农业循环模式。充分利用山区土地资源、农林资源、水资源以及山区气候资源等优势，以“资源—产品—废弃物—再生资源”的循环生产方式为途径，建立良性的生态农业循环模式。

如河源市灯塔盆地，在发展农业的过程中坚持生态保护与生态建设并举的原则，推广畜牧业与种植业、林果业有机结合的生态种养方式，发展立体生态农业。该模式将粮食及蔬果和林业副产品转化为饲料，饲料喂养牲畜，产出肉、蛋及深加工产品，牲畜的粪便经过加工处理，发展沼气和复合有机肥，生成新的资源用于种植业或林果业，不仅使资源得到高效循环利用，还有效保护水资源、土地资源和生物资源免受污染，生态环境得到良性发展。

4. 区域农业布局优化

——生态绿色农产品带。主要生产优质稻、反季节蔬菜、水果、油茶、南药、花生、茶叶、肉牛和生猪等生态环保的绿色农产品。生产地区包括浈江区、武江区、曲江区、梅江区、梅县、五华县、兴宁市、陆河县、连州市、英德市。

——休闲旅游农业带。主要发展以休闲农业和旅游农业为主，突出生态旅游，发展地区主要包括南雄市、始兴县、翁源县、仁化县、新丰县、乳源县、乐昌市、龙川县、蕉岭县、大埔县、丰顺县、平远县、连南县、连山县、阳山县、连平县、和平县。

（五）南亚热带农业带

1. 农业资源环境保护与利用状况

南亚热带农业带横跨广东省西南部、中部和东南部，具体包括化州、高州、电白、阳江、云浮、高要、四会、清新、佛冈、新封、龙门、东源、紫金、汕尾、揭阳，属于国家和省重点生态功能区的重要组成部分，是全省最大的亚热带农业带。

该地区地处低纬，背靠大陆，面临海洋，既有光热资源相对丰富的大陆性气候特点，又有降水充沛、空气湿润的海洋性气候特征，是全省光、热、水、土资源最丰富的地区。物种资源丰富多样，农业综合利用条件较好。

2. 农业空间布局与农业产业发展现状

农业生产具备一定的区域化、标准化水平，并初步形成了一些特色优势明显的生产加工地带，成为全省重要的亚热带农业作物生产区域和粮食主产区。现为全国最大的柑橘橙、荔枝、香蕉、龙眼等南亚热带水果以及蔬菜生产、运输基地，特别是粮食、花生、生猪、肉牛等生产在全省占据重要地位。农业产业化水平、组织化程度较高。特别是在粮食、生猪、蔬菜、农副产品加工方面已经具有一定的农业龙头企业带动效应，并具备了一定品牌农业产品实力。

该地区因内联我国西南地区和我省北部山地生态区域，外接珠三角和东盟区域，是广东与国内外农产品物流的重要通道。但该区域农业物流和农业会展等高端农业流通、消费产业尚未得到充分发展，农业物流配套设施等相对短缺。

3. 农业可持续发展的特点

（1）功能定位　以粮食生产以及荔枝、龙眼、柑橘等亚热带水果生产为主，重在发展南亚热带作物主产功能，全面提高产品集约化生产和供给水平。利用区域南亚热带气候和丰富的农业产出资源，加快农业物流平台建设，为省内外提供农业产品及农业服务。

（2）发展思路　南亚热带季风气候水热充足，全年都适合于农作物生长，在我国 1 月平均气温 14.5℃以上的南亚热带季风气候区域不足国土面积的 2%。因此，要充分发挥南亚热带农业带在气候、地理和交通方面的优势，大力发展优质粮食、名优南亚热带水果、北运菜、特色番薯、高山花卉和南药和有机茶生产，积极推广优良新品种，形成集生产、科研、观光和休闲等种植产业园区。

（3）发展模式　大力发展“订单农业”“科技农业”“绿色农业”“生态农业”。建立和完善农业信息网，发展网上交易，同时积极引进、培育、开发优良新品种，广泛采用先进适用的种养、保鲜、加工技术，减少“大路货”，推进“科技农业”的发展。按照农产业生产标准和农业无公害生产意见，提高农产品质量，促进“绿色农业”的发展。加快南亚热带农业示范区和南亚热带农业旅游观光带的建设，广泛推行“山顶—片林、山腰—围果、山脚—口塘、塘边—栏禽畜”的立体农业种植模式，加快“生态农业”发展。

4. 区域农业布局优化

根据南亚热带特色农业特点，围绕优化产品结构、保障粮食供给的战略目标，调整优化农业区域布局（表 5–1），重点发展优质粮食、水果、糖蔗、北运菜、冬玉米、咸淡水产等生产、加工、流通，全面构建以热带农业资源和海洋综合资源相结合的农业生产格局。具体分为三个亚区，每个亚区由各具特色的南亚热带农业板块组成，具体布局为：

——优质粮食主产加工区。以国家级和省级粮食生产基地为基础，在高州、化州、信宜、电白、阳春、怀集、高要、罗定、郁南、紫金等地，打造全省的粮食主产及加工流通区。大力发展优质水稻生产和优质粮食加工业，提升水稻种业和耕种收综合机械化水平，全力提升粮食供给水平。

——亚热带特色园艺作物主产流通区。重点打造柑橘橙、荔枝、龙眼、蔬菜、茶叶等南亚热带园艺作物标准化生产基地。通过培育标准化生产基地、农业龙头企业和提升加工技术，加快园艺作物生产标准化、绿色化、产业化、组织化、市场化流通水平，扩大销售市场。具体为：在博罗、鼎湖、佛冈等地，建立无公害绿色蔬菜生产基地，发展特色效益农业；在龙门、广宁、四会、德庆、封开、清新、普宁、源城等地，发展柑橘橙、香蕉、荔枝、龙眼等南亚热带水果生产加工；在阳东、德庆、广宁、东源建立南药、茶叶生产区等；在汕尾城区、红海湾开发区、海丰、江城、海陵建立特色农产品加工流通区。

——畜牧业标准化生产区。以生态养殖、良种引进、特色养殖为重点，促进畜牧的规模化养殖、标准化管理、专业化生产和产业化经营，发展高产、优质、高效、生态、安全的特色现代畜牧业。具体为：以当地农业龙头企业为依托，在高州、化州、电白、博罗、高要、新兴等地改扩建规模化标准化生猪养殖场，加强生猪繁育体系建设；在陆丰、阳西、阳春、云安等地，建设标准化肉牛养殖基地，在新兴、云城建设肉鸡标准化养殖基地，开展专业化、集约化、绿色生态养殖。

表 5-1　南亚热带农业区划及功能布局

主体功能区	功能亚区	覆盖区域	主要功能
南亚热带农业带	优质粮食主产加工区	高州、化州、信宜、电白、阳春、怀集、高要、罗定、郁南、紫金（水稻） 惠来（甘薯）	水稻、甘薯等粮食主产及加工流通
	亚热带特色园艺作物主产流通区	博罗鼎湖、佛冈（蔬菜） 龙门、广宁、四会、德庆、封开、清新、普宁、源城（南亚热带水果） 阳东、德庆、广宁、东源（南药、茶叶）、 汕尾城区、红海湾开发区、海丰、江城、海陵（农产品加工流通） 揭西（薯类、荔枝、龙眼、茶叶）	柑橘橙、荔枝、龙眼、蔬菜、茶叶、优稀水果、南药等南亚热带园艺作物标准化生产及流通
	畜牧业标准化生产区	高州、化州、电白、博罗、高要、新兴（生猪） 陆丰、阳西、云安（肉牛） 新兴、云城（肉鸡）	生猪、肉牛、肉鸡生态养殖、良种引进、特色养殖

（六）沿海海水增、养殖农业带

1. 农业资源环境保护与利用状况

沿海海水增、养殖农业带位于沿广东省海岸线的沿海各市县，主要包括珠江口、粤东及粤西各沿海城市，是唯一以海洋渔业为主导产业的地区。

广东海岸线漫长，海域辽阔，海洋资源丰富，海洋生物资源包括海洋动物和植物资源，远洋和近海捕捞以及海洋网箱养鱼和沿海养殖的牡蛎、虾类等海洋水产品养殖面积大，产量高，是全国著名的海洋水产大省。广东省的海洋资源即集中于该地带。

2. 农业空间布局与农业产业发展现状

该地区农业生产以渔业养殖为主，有海洋捕捞产品、远洋捕捞鱼类、海水养殖、淡水捕捞及淡水养殖鱼类、甲壳类（对虾和蟹）、贝类、藻类及其他海产品。

农业加工以水产品加工为主，主要有水产品加工、冷冻、鱼糜制品及干腌制品、藻类加工、罐制品、水产饲料、鱼油制品等。广州港、深圳港、汕头港和湛江港是国内外对外交通和贸易的重要通道，拥有众多优良的港口资源，水产品消费和流通业发达，是全国水产品的主要集散地。

3. 农业可持续发展的特点

（1）功能定位　重点建设珠江口咸淡水优质鱼养殖以及深水网箱和沉箱养殖、粤东网箱养殖和工厂化养殖鲍鱼、粤西珍珠和对虾、贝类养殖等现代化示范基地。

（2）发展思路　充分利用该地区区位和资源优势，整合农业资源和产业基础，充分利用沿海滩涂，大力发展海洋渔业农产品生产、加工，以海洋农产品的深加工为重点发展方向，提高产品附加值。

（3）发展模式　鱼虾混养模式：①在虾池中混养一种或几种不同食性和生性的鱼类，对改善虾池生态环境具有积极意义，虾池中搭配少量的鲈鱼、大黄鱼，虾虎鱼等肉食性鱼类，不但能吃掉与对虾争饵的小杂鱼种，还能吞食病虾，从而减少了病虾的链式传染。②虾贝混养模式：适于在虾池综合养殖的贝类种类有很多，主要有埋栖型的毛蚶、泥蚶、菲律宾蛤仔等，还有附着或固定型的扇贝、贻贝和牡蛎等。贝类主要以小型浮游植物和悬浮有机颗粒物质为食，能防止虾池有机污染，保持水质稳定，提高虾池能力转化效率。埋栖型贝类还能利用沉入水底的有机碎屑，减少底质中有机物含量，降低底质污染。并且，通过其掘足的埋栖运动和水管的进出水运动，可以增强虾池底泥水界面的氧气通量，促进底泥有机物质的氧化和无机盐的释放，提高虾池氮、磷的利用率。目前，虾贝混养已在许多虾池显示了其显著的生态效益和经济效益。

4. 区域农业布局优化

该地带位于广东省沿海岸线各市县的海域，主要包括珠江口附近的广州南沙区、东莞市、珠海市、中山市、深圳市，粤东沿海地区潮州市饶平县、汕头市濠江区、澄海区及南澳县，汕尾陆丰县和海丰县，揭阳市惠来县以及粤西沿海地区的江门台山市、阳江阳西县、阳东县、江城区和海陵区，湛江徐闻县、雷州市和吴川市。

——海洋及远洋捕捞产品。主要以各种鱼类为重点发展产业。主要地区包括饶平县、汕头濠江区、澄海区和南澳县、海丰县、惠来县、广州番禺区、东莞市、珠海市、江门台山市、阳西县、阳东县、江城区、海陵区、电白县、徐闻县和雷州市。

——海水及淡水养殖产品。主要以各种鱼类、贝类和对虾为主要养殖产品，养殖地区包括潮州市、饶平县、南澳县、濠江区、澄海区、陆丰县、海丰县、揭阳市、惠来县、南沙区、中山市、金湾区、龙岗区、盐田区、台山市、阳西县、阳东县、海陵区、电白县、徐闻县、吴川市。

——水产品加工。包括淡水加工产品和海水加工产品，水产品冷冻、鱼糜制品及干腌制品、藻类加工、罐制品、鱼粉及鱼油制品等各种水产品加工产品。发展地区主要有饶平县、南澳县、澄海区、陆丰县、中山市、珠海市、台山市、阳西县、阳东县、电白县及吴川市。

表 5-2　沿海海水增、养殖农业带区划及功能布局

主体功能区	主体功能	覆盖区域	主要功能
沿海海水增、养殖农业带	海洋及远洋捕捞产品	饶平县、汕头濠江区、澄海区和南澳县、海丰县、惠来县、广州番禺区、东莞市、香洲区、金湾区、斗门区、台山市、阳西县、阳东县、江城区、海陵区、电白县、徐闻县和雷州市	各种鱼类
	海水及淡水养殖产品	湘桥区、饶平县、南澳县、濠江区、澄海区、陆丰县、海丰县、揭阳市、惠来县、南沙区、中山市、金湾区、龙岗区、盐田区、台山市、阳西县、阳东县、海陵区、电白县、徐闻县、吴川市	各种鱼类、贝类和对虾
	水产品加工	饶平县、南澳县、澄海区、陆丰县、中山市、珠海市、台山市、阳西县、阳东县、电白县及吴川市	淡水加工产品和海水加工产品，水产品冷冻、鱼糜制品及干腌制品、藻类加工、罐制品、鱼粉及鱼油制品

六、促进农业可持续发展的重大措施

（一）加强组织领导

各相关部门要充分认识农业可持续发展的重要性和必要性，切实加强对农业可持续发展规划的组织领导，制订实施方案，明确工作分工，完善工作机制，落实工作责任。农业可持续发展战略是一项复杂的工程，要成立专门领导小组及管理机制，加强组织和引导，有序推进农业可持续发展建设。同时成立由农业、林业、水产、畜牧、农机、环保、气象、农村能源等部门专家组成的专家顾问小组，负责农业可持续发展建设中的技术指导。

（二）强化科技支撑

科技支撑是农业可持续发展得以实现和延续的根本。建立和完善与农业可持续发展相协调的科技支撑体系，加大农业科技投入的力度，加强新品种培育、良种良法配套、农机农艺融合、应对农业灾害、节水增效等重大关键技术攻关。强化农业基础研究，加大农业生物技术、精准农业等前沿技术研发力度。推进良种繁育、节水灌溉、农机装备、新型肥药、加工贮运等实用技术的组装与应用集成。不断地探索创新，强化科技支撑，提高农业科技进步率和贡献率，以实现农业可持续发展的目的。

（三）完善扶持政策

加大对农业可持续发展的扶持力度，完善和落实扶持力度大、可操作性强的配套扶持政策体系。鼓励发展资源节约型生态友好型农业，积极引导农民转变农业发展方式。扶持绿色生产资料生产与推广应用，对农民增施有机肥、生物肥和生物农药施用与物理防治病虫害方法使用给予扶持，启动高效缓释肥补贴试点，开展低毒低残留农药补贴试点。完善沼气扶持政策，加快健全服务体系，抓好“美丽乡村”创建试点。开展地下水超采漏斗区综合治理试点，通过以奖代补方式，大力推广节水农艺措施，按照“农民自愿、试点先行”的原则，稳妥推进结构调整。

（四）强化法制保障

不断完善法律法规，为农业可持续发展提供保障。以农业可持续发展为导向，加强立法工作，使农业可持续发展有法可依。针对我省实际，当务之急是要完善农业资源环境保护立法，进一步修改现有法规，相应出台发展循环农业、实施清洁生产、资源保护开发利用和环境保护等方面的配套法律法规。不断增强人们的法律意识和环保意识，积极预防农业环境被污染和破坏，全面促进农业的可持续发展。此外，还要加强执法监管体系建设，强化法制保障，本着“谁污染、谁负责”的原则，依法严厉查处破坏生态、污染环境的案件。

（五）创新体制机制

创新体制机制是发展现代农业、促进农业可持续发展的需要。创新体制机制能有效地优化农业资源配置方式，提高农业综合生产能力。加强农业资源环境制度建设，实行最严格的源头保护制度、损害赔偿制度和责任追究制度，增强企业减少污染、治理污染的内在动力。探索建立排污权和碳排放权有偿使用和交易制度。探索建立重点污染区域生态补偿制度，促进农业环境和生态改善。

（六）扩大对外开放

扩大对外开放，是实现农业可持续发展的需要。积极引进外资、技术、设备、人才和管理经验，积极发展集约型、节能高效性和外向型农业。统筹好国内生产、国际贸易及农业“走出去”的关系，切实解决农业资源利用和生态环境保护中的突出问题，加快转变农业发展方式，持续提高农业综合生产能力，努力探索农业可持续发展道路。

参考文献

白蕴芳，陈安存 . 2010. 中国农业可持续发展的现实路径 [J]. 中国人口・资源与环境，20（4）：117-122.

陈俊红，王爱玲 . 2011. 北京农业可持续发展指标体系研究 [J]. 中国农学通报，27（11）：135-139.

傅丽萍 . 2014. 层次分析法的广东省农业可持续发展研究 [D]. 长沙：中南林业科技大学 .

高鹏，刘燕妮 . 2012. 我国农业可持续发展水平的聚类评价——基于 2000—2009 年省域面板数据的实证分析 [J]. 经济学家（3）：59-65.

王圣云 . 2009.1990-2006 年中国农业可持续发展定量分析 [J]. 亚热带资源与环境学报，4（2）：9-16.

谢强，王红亚 . 2000. 试论区域持续发展中的资源导向模式 [J]. 地理科学进展，19（1）：80-87 .

徐祥华，杨贵娟 . 1999. 可持续农业综合评价指标体系及评价方法 [J]. 中国农村经济（9）：52-55 .

广西壮族自治区农业可持续发展研究

摘要：课题全面总结了农业可持续发展的经典理论和实践经验，系统分析了广西壮族自治区（以下简称广西）农业可持续发展的资源环境条件，构建了广西农业可持续发展能力、规模养殖和种植强度、可持续发展区划布局评价分析数学模型，并从工程、技术、政策、法律等方面提出措施建议。课题研究创新点在于：一是构建了广西农业可持续发展能力分析评价数学模型，较为准确地反映广西农业可持续发展的现状特点、存在问题，并为下一步提高农业可持续发展能力指明了努力方向。二是建立了种植业、养殖业规模强度分析评价数学模型，提供了一种定量评价规模化种植、养殖强度的直观方法。三是合理构建了广西农业持续发展区划布局，提出各个区的功能、目标定位和重点发展方向。区划布局符合因地制宜、分类施策的原则，契合现状特点和未来发展的要求，有较强的指导性。四是提出的促进农业可持续发展的重大措施对策建议，既有宏观层面的对策，又有微观方面的措施，针对性、可操作性强。

一、广西农业可持续发展的资源环境条件分析

（一）农业可持续发展的自然资源条件分析

1. 土地资源

（1）农业自然资源及利用现状

——农用土地数量与结构。2013 年，广西总面积 23.67 万 km^2，占全国土地总面积的 2.5%，其中，耕地面积 6 308.65 万亩，占全区土地面积的 18.08%，林地面积 20 685.32 万亩，占全区土

课题主持单位：广西壮族自治区农业资源与区划办公室
课 题 主 持 人：谭明
课 题 组 成 员：黄文校、李国平、钟文干、贤海华、何琦、黄志岳、钟蕾、蒋怀志、梁华腾

地面积的 59.29%；草地面积 1 415.17 万亩，占全区土地面积的 4.06%，园地面积 1 453.96 万亩，占全区土地面积的 4.17%（图 1–1）。

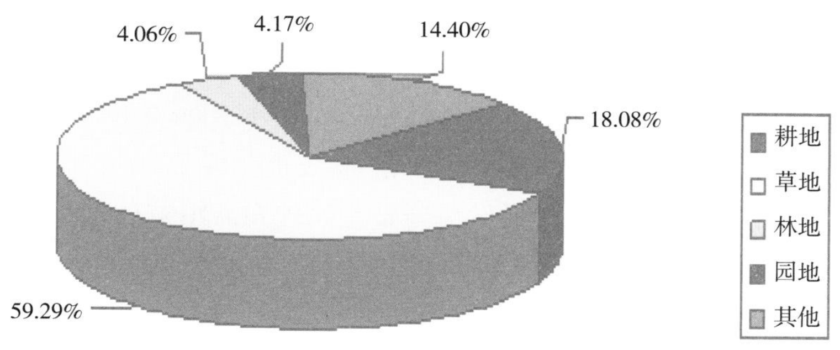

图 1–1　广西农用土地结构

——耕地数量、结构与分布。从耕地的存量看（图 1–2），耕地面积总体上呈下降趋势，2013 年耕地面积略有上升。2013 年，全区耕地面积为 441.94 万 hm^2，比 2009 年下降了 0.25%，但与 2012 年相比，耕地面积增加了 0.52 万 hm^2。主要原因在于，近年来，随着农业结构调整及城镇化进程的推进，耕地被占用、耕地保护意识不强等情况较为突出，导致耕地面积有所减少。不过，随着对耕地保护越来越受重视，始终坚持最严格的耕地保护制度和节约用地制度的贯彻落实，坚决守住耕地保护红线和粮食安全底线，耕地面积逐步减少情况将得到好转。

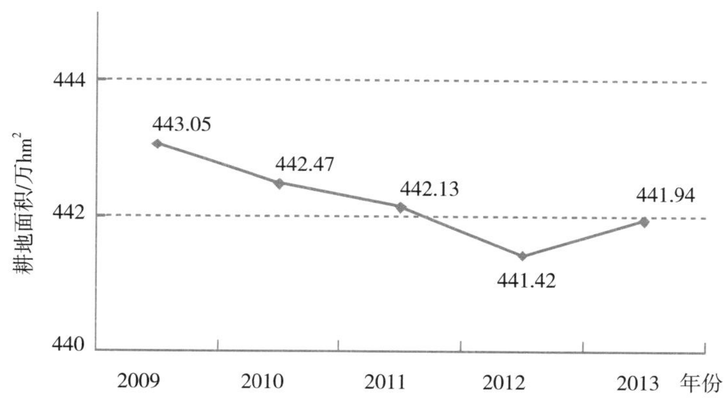

图 1–2　广西近年耕地面积变化

数据来源[①]：自治区国土部门年度土地利用变更调查结果

从人均耕地面积来看，全区人均耕地面积由 2009 年的人均 1.31 亩增至 2013 年的人均 1.38 亩，但 2011—2013 年间人均耕地面积又有所下降。2013 年全区人均人均耕地面积 1.38 亩，但是仍未达到 2013 年全国人均耕地 1.52 亩的平均水平，更远不及世界人均水平的 3.38 亩。其中，南宁、柳州、防城港、来宾、崇左等市的人均耕地面积相对较高，高于全区平均水平，而桂林、梧

① 由于耕地面积的统计口径不一，尤其是 2009 年第二次土地普查的统计标准与以前不一样，为了确保数据的准确性与数据之间的可比性，课题组在分析耕地情况时主要采用自治区国土部门提供的 2009 年国土第二次统计调查后的数据。

州、钦州、贵港、玉林等地市的人均水平偏低，这一方面与该地区的耕地面积相对较少有关，另一方面也与这些地区的人口数量相对较大密切相关。

从耕地结构上看，耕地结构以旱地为主，水田面积在耕地中的比重逐渐下降。2009 年，水田面积占耕地的比重为 44.63%，而 2013 年水田面积 196.30 万 hm^2，占耕地面积的 44.49%，所占比重较 2009 年下降了 0.14%。而 2013 年全区旱地面积约 245.30 万 hm^2，占耕地面积的 55.51%，比 2009 年增长了 0.14%。从总体上看，2013 年全区旱地面积比 2009 年增加了 0.35 万 hm^2，水田面积呈下降趋势，2013 年的面积比 2009 年减少了 0.72%。

从耕地的分布看（图 1-3），耕地的地区性分布差异较大，70% 分布在桂东、桂东南的平原、台地及丘陵区中，而桂西及桂西北山区，尤其是岩溶山区，耕地则零星分布于山间谷中。目前，大面积连片的耕地相对集中在浔江平原、南流江三角洲、宾阳—武陵山前平原、玉林盆地、左江河谷、南宁盆地、湘桂走廊、贺江中下游平原、郁江横县平原、钦江三角洲、宁明盆地等。

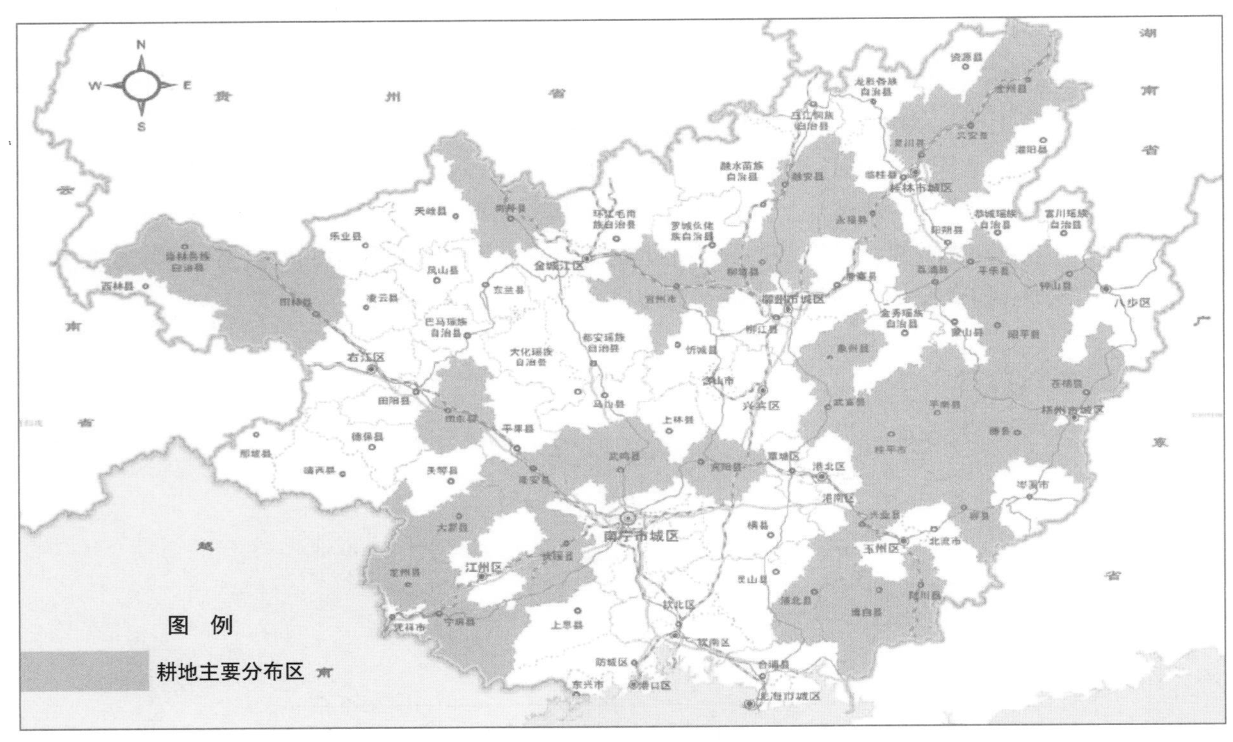

图 1-3 广西耕地分布

——耕地质量。从有效灌溉面积、旱涝保收面积看，近年来，广西农田有效灌溉面积和旱涝保收面积增长平稳，2013 年比 2000 年分别增加了 208.75 万亩、207.72 万亩。其中，农田有效灌溉面积在作物总播种面积的比重由 2000 年的 25.18% 增长至 2013 年的 25.85%，旱涝保收面积的比重由 2000 年的 18.72% 增长至 2013 年的 19.79%。

从耕地土壤主要养分看，广西土壤分布有 18 个土类、109 个土属、327 个土种，以红壤为主，土壤的有机质及磷、钾等矿物元素含量低，而且大多数耕地土层比较浅薄，土壤较为贫瘠。据土壤普查，在耕地面积中缺氮的占 83%，缺磷的占 85%，缺钾的占 87%；耕作的土壤有 67% 是酸性土，碱性土占 33%。近年来，广西大力实施“沃土工程”项目，土地质量得到明显改善，实施“沃土工程”面积 630 万亩，平均亩增水稻 20kg，增加产值 3 亿元。中低产田改良技术推广 300 万亩，平均亩增水稻 30kg，增加产值 2.25 亿元；全区 52 个项目县实施稻田秸秆还田面积超过 461 万亩。在梧州、钦州、河池、桂林和来宾等市组织开展以农业部门为主、国土部门参与的补充耕地质量评定工作，评定面积超过 2 万亩。

从地力分级和地力变化情况看，广西积极做好全区 7 个国家级和 35 个自治区级土壤监测点工作，分析掌握全区耕地地力变化动态和趋势。广西国土部门大力建设 3 个国家基本农田保护示范区、18 个高标准基本农田示范县，项目区耕地质量整体提高了 1~2 等。

中、低产田（地）比例方面，从总量上看，中低产田（地）占全区耕地面积比例较大，全区中低产田（地）约 3 500 万亩，占总面积的 79.5%，其中，中低产田 1 800 万亩，占水田面积 69%，中低产地 1 700 万亩，占旱地总面积的 94%。从中低产田的改造情况看，长期以来，广西十分重视中低产田的改造，尤其是 20 世纪 90 年代以来，在中低产田改造方面开展了一系列重要工作，为全区中低产田改造，提高农业综合生产能力积累了不少经验。自 2006 年起，广西推广测土配方施肥技术，通过“测、配、产、供、施”5 个环节和土壤测试等 11 项重点工作，实现“科学种田（地）”“用地养地相结合”，科学合理利用土壤资源，保证土壤资源的可持续利用。认真实施土壤有机质提升补贴项目，通过采取补贴的方式，调动农民积极性，引导农民使用培肥耕地地力技术，保护耕地和改良土壤。同时，推广农田节水技术，实施广西沃土工程，并在靖西等 8 个重点县（市）组织实施“中低产田综合改良技术推广示范”项目，针对广西具有代表性的碳酸盐渍田、浅瘦田、潜育型田、咸酸田四大中低产田类型进行综合改良，取得了良好的成效。

——土地生产率。从单位面积产值来看，2000 年，广西农林牧渔总产值为 1 062.35 亿元，2013 年达到 3 759.87 亿元，增长了 2.54 倍，年均增长了 207.50 亿元。从农林牧渔总产值占 GDP 的比例来看，占比逐渐下降，结构趋于合理。但与全国相比，广西农林牧渔总产值在 GDP 中的占比仍然比较重，2013 年广西农林牧渔总产值占 GDP 的比重为 27.75%，而全国的占比为 17.05%，相差 10.7 个百分点。

从单位面积产值来看，广西农林牧业单位面积产值飞速增长。农业单位面积产值由 2000 年的每亩 145.79 元增长至 2013 年的每亩 3 101.79 元，增长了 20.27 倍。林业单位面积产值相对农业而言增长较慢，但也增长了近 4 倍，由 2000 年的 33.3 元 / 亩增长至 133.04 元 / 亩。畜牧业单位面积产值整体呈增长趋势，只有 2012 年的产值相对下降，2013 年的单位面积产值为 8 798.44 元 / 亩，比 2000 年增长了 247.61%。

单位面积产量。农作物单产水平是反映土地利用效益的重要指标。近年来，广西农作物的单产水平总体呈现增高趋势（图 1-4）。粮食单产由 2000 年的 316.16kg/ 亩提高到 2013 年的 333.48kg/ 亩，增长 5.48%。近 3 年的甘蔗单产较 2000 年有所下降，但整体呈增长趋势，由 2011 年的 2 788.62kg/ 亩增长至 2013 年的 3 388.09kg/ 亩。油料单产在 2013 年有所回落，但整体上呈增长趋势，由 2000 年的 235.83kg/ 亩增至 2012 年的 688.50kg/ 亩，增长了 1.92 倍；2013 年油料单产为 515.03kg/ 亩，比 2012 年减少 173.47kg/ 亩，下降了 25.2%。蔬菜单产由 2000 年的 1 208.72kg/ 亩提高到 2013 年的 1455.67kg/ 亩，增长 20.43%。木薯单产由 2000 年的 413.07kg/ 亩提高到 2013 年的 578.81kg/ 亩，增长 40.12%。水果单产由 2000 年的 313.28kg/ 亩提高到 2013 年的 710.44kg/ 亩，增长 1.27 倍。桑蚕单产由 2000 年的 100.17kg/ 亩提高到 2013 年的 158.94kg/ 亩，增长 58.67%。

从与全国平均水平的比较来看，广西与全国单产水平的差距越来越大。粮食单产由 2010 年的 307.6kg/ 亩提高到 2012 年的 322.5kg/ 亩，与全国粮食单产水平相比差距增大，由相差 21kg/ 亩增至 31.0kg/ 亩。其中，水稻单产由 2010 年的 356.9kg/ 亩提高到 2012 年的 369.7kg/ 亩，与

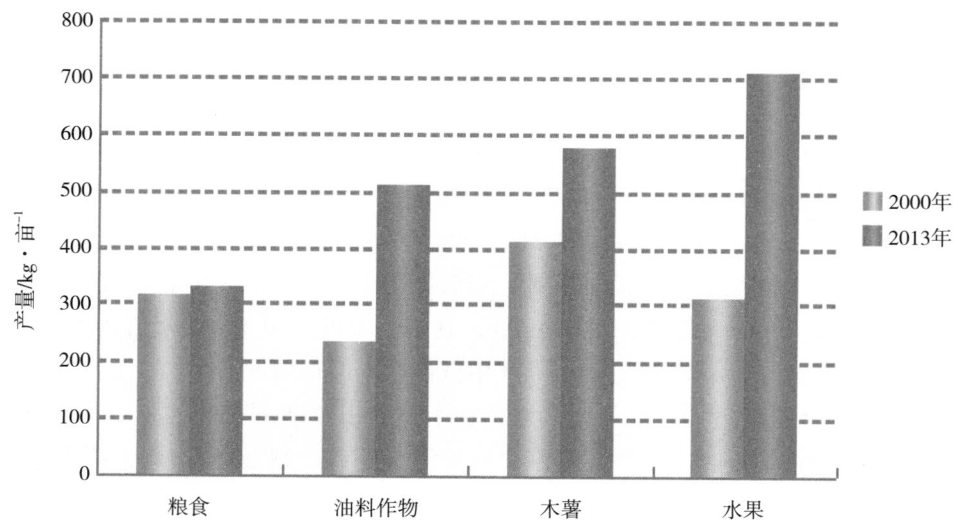

图 1-4　广西部分农作物单位面积产量对比

全国相比，差距有所缩小；而玉米单产水平逐步提升，从 2010 年的 258.3kg/ 亩增至 2012 年的 287.8kg/亩，但与全国相比，差距增大，由 2010 年的相差 105.3kg/ 亩增加至 109.2kg/ 亩；豆类的单产水平不稳定，2011 年出现一个小高峰，相比 2010 年、2012 年在全国省份中的排名要靠前，与全国的差距缩小至 5.4kg/ 亩；薯类的单产水平起伏不定呈波浪状，2012 年 168.8kg/ 亩，与全国相比相差 78.3kg/ 亩。

（2）农业可持续发展面临的土地资源环境问题

——耕地非农占用多。随着城镇化步伐的不断加快，工厂企业、城市交通、住宅等也不断扩大对土地的占用，这使得相当部分的耕地被转为非农用地，而且随着社会经济的快速发展，这部分占地越来越多。尽管《中华人民共和国土地管理法》规定土地施行“耕地占补平衡”制度，按照“占多少，垦多少”的原则，但是在实际的操作中存在着后补耕地数量不真实、质量不保证等问题。

——耕地撂荒面积多。由于农业生产利益较低，大量农民外出就业，仅留下妇女或年老的劳动力从事农业生产，农田搁置撂荒，耕地利用率不高。此外，由于近年粮价低迷，国家积极推进农业结构调整，一些耕地改种果树等经济效益较好的作物，甚至改种速生桉等速生丰产林，严重影响了耕地质量。虽然粮食价格有所上涨，但与发展林果业相比，粮食的种植效益较低，为了追求较高的经济效益，农民不愿意恢复粮食生产，大量耕地流失，耕地质量显著下降。

——自然灾害损毁耕地多。广西是典型的喀斯特地貌地区，主要分布在桂西北（河池市）、桂西（百色市）及桂中地区（南宁、崇左、来宾等市）。这些地区自然条件恶劣，水土流失较为严重，旱涝等灾害频繁，生态环境非常脆弱，以“石漠化”为特征的土地退化日益蔓延。近年来，广西加强对自然灾害的预防、治理，虽取得了一定成效，但是自然灾害对耕地的损毁依然比较严重。以水土流失为例，2000 年全区水土流失面积约为 1 845 万亩，占全区耕地面积的 44.05%；2013 年全区水土流失面积较少至 1 620 万亩，比 2000 年较少了约 225 万亩，但水土流失的面积仍占耕地面积的 25.68%。

——土壤污染较为严重。广西是全国 14 个重金属污染重点防控省区之一，主要土壤污染物有铅、镉、铬、砷、汞、钼、锰等元素及地膜、塑料包装物、铅锌农膜和农药、硫化铁、废弃物、垃圾、化肥、重金属、有机磷等，其中，重金属污染较为严重。以河池市为例，监测结果表明，该市耕地土壤重金属污染严重。2013 年国家环保部环境规划院对河池土壤环境质量进行监测调查，共设置土壤采样点 603 个，土壤超过三级标准的样品点 197 个，占 32.67%，约 1/3 的土壤监测点超标，超标点位主要集中在南丹县、金城江区、环江县和罗城县，分别占超标点位数的 22.84%、20.81%、19.29% 和 13.71%。此外，随着工业“三废”的大量排放、土地过度利用和未利用地的开垦，也造成了环境污染日益严重、生态退化，从而广西导致耕地质量降低。

2. 水资源

（1）农业水资源及利用现状

——水资源总量。水是生命之源，水资源的供给能力直接制约着农业发展，维系着农业生态系统安全。广西是全国水资源丰富的省区，主要河流分属珠江流域西江水系，长江流域洞庭湖水系，桂南直流入海域与百都河红河水系。2013 年水资源总量为 2 368.29 亿 m^3，占全国水资源总量的 7.12%，居全国省份第 5 位。

从降水量看，近几年广西降水量不均匀，呈现波浪状，有些年份高，有些年份低，年均降水量呈增长趋势，但地表水资源量、地下水资源量及人均水资源量呈波浪状。2010 年年均降水量为 1 300.86mm，2013 年年均降水量增至 1 692.50mm，比 2010 年增加了 391.64mm；而地表水资源量、地下水资源量及人均水资源量几个指标均是 2012 年出现峰值，比 2011 年、2013 年的值高，2011 年，地表水资源量为 1 350.02 亿 m^3，到 2012 年，地表水资源量升至 2 086.36 亿 m^3，增加了 736.34 亿 m^3，而 2013 年地表水资源量又降到 2 057.33 亿 m^3，减少了 29.03 亿 m^3。原因在于广西区内的水资源主要来源于大气降水，这是气候变化影响强烈导致的结果。

——工程供水能力。近年来，广西加大资金投入，积极建设适度规模集中供水，不断加强供水工程的规划设计，兴建人畜饮水储水工程，巩固修复广大农村病险水库、老化农田水利设施，工程供水能力不断增强。从水库有效库容来看，全区水库有效库容量总体上呈增长趋势，2013 年比 2000 年增长了 16.8 倍。

——从用水情况看，农业水资源用量总体比较稳定，2012 年的农业水资源用量相对较多，达 2 011.87 亿 m^3，比 2011 年、2013 年分别增加了 10.59 亿 m^3、2.56 亿 m^3。从农业用水比例看，总体呈增长趋势，2012 年的农业水资源用量占水资源用量的比重相对较高。农业用水比例从 2011 年的 66.49% 增长到 2013 年的 67.92%，增长了 1.43 个百分点；2013 年又比 2012 年下降了 2 个百分比。由此可见，广西农业水资源用量起伏与农业用水比例波动是同步的，农业用水在全区用水量中依然占据较高的比重。

——农业用水有效利用率。从农业水资源利用效率情况看，广西农田有效灌溉面积逐年增长，由 2000 年的 1 447.14 千 hm^2 增加到 2013 年的 1 586.37 千 hm^2，增长了 9.62%。同时，近年来广西加快了农业节水灌溉技术的发展，提高了农业用水的效率。以节水灌溉为例，2003 年全区节水灌溉面积为 661.9 千 hm^2，占有效灌溉面积的 43.64%，2013 年为 800.47 千 hm^2，占有效灌溉面积的 50.46%，增长了 20.94%，也就是说目前全区有一半以上的农田灌溉面积已经采用了节水灌溉技术。但是，就全国而言，广西与发达省区相比还存在很大差距，并且节水灌溉设备品种和质量也不能满足节水灌溉的发展需要。广西的耕地有效灌溉保障率与全国平均水平相比仍然存在差距，需要进一步加大投入力度。

（2）水质量

——水质达标情况。根据广西环保部门最新的监测数据统计，2013 年全区 39 条主要河流的 72

个监测断面中，水质符合Ⅰ～Ⅲ类标准的断面有67个，占93.1%，与2012年相比下降了2.7%。共有5个断面水质超标，其中，1个断面属珠江流域，4个属独流入海河流，超标因子为氨氮、总磷。在水环境质量方面，属珠江水系的西江干流、柳江支流、桂江支流、郁江支流和属长江水系的河流水质状况总体均为“优”，其中，珠江流域广西重点河流断面整体水质达标率保持100%，但是独流入海河流水质状况总体为“轻度污染”。2013年，全区城市集中式饮用水水源地水质达标率为98.4%，比2012年上升0.4个百分点。除南宁市、玉林市外，其他12个设区市的集中式饮用水水源地水质达标率均为100%。

——水污染情况。从总体上看，广西大部分河段的水质能达到Ⅲ类标准，主要水体污染物以生活污水和工业废水为主，水质污染类型有大肠杆菌、氨、氮、砷、铅、铬、锌、碳、磷、铜、化学需氧量和悬浮物及农药等。从分布上看，广西大部分城市的水质较好，但是也有部分城市的水资源污染比较严重，其中，贺州、百色等地的劣Ⅴ类河道长度较多，水质情况较差。

（3）农业可持续发展面临的水资源环境问题

——水资源数量。广西水资源量虽然较为丰富，但水资源分布不均，季节性、区域性缺水尤为严重，农业灌溉保证率不高，农业用水量占总供水量的60.97%，人增地减水缺的矛盾将长期存在。同时，水土流失比较严重，2013年全区水土流失面积比2000年较少了约225万亩，但占耕地面积的25.68%。此外，石山区干旱缺水、石漠化等问题较为严重。

——水资源质量。随着广西工业化和城镇化步伐的加快，工业污水、生活污水等的排放不断增多，而治理相对滞后，导致水污染呈发展趋势，水资源质量受较大影响。此外，由于农业中化肥和农药的大量使用，每年由陆地被暴雨径流带入河流的水体的沉积物中携带大量的氮、磷、钾等化合物，使水体遭到污染，特别是对于湖泊、水库等，容易造成高营养化，影响水产，污染环境，容易危及人体健康。

3. 气候资源

（1）气候资源及变化趋势　气候资源决定了农业生产所需的光、热、水、气等资源，气候变化趋势对农业生产有着重要的影响，主要从热量资源、光资源和水资源来分析。

——热量资源变化情况。热量是主要的农业气候特征之一，也是作物生存的必备条件，热量条件很大程度上决定了一个地方的农业生产布局、农作物种类、品种的引种扩种和种植制度以及农作物产量。从广西年平均气温的分布特点特征上看，全区年均气温由北向南递增，由河谷平原向丘陵山区递减，各地年平均气温在8~24℃，其中大部分地区为16~22℃。从月平均气温的时空分布特征来看，广西各月平均气温的地域分布特征与年平均气温基本相似，自北向南、由丘陵山区向河谷平原递增。各地逐月平均气温随时间的变化趋势基本一致，月平均气温年变化基本上都是1月最低，7月最高。从2月开始至7月，气温逐渐升高，其中，2月为缓升，3—5月急升，7月升至最高；从8月开始至次年1月为气温逐渐降低阶段，其中，8月开始缓降，10—12月急降。从2011—2013年的年均气温变化情况看，全区年均气温起伏较大，2012年的年均气温相对较低，分别比2011年、2013年低了0.58℃、0.5℃。

——光照资源变化情况。太阳辐射是绿色植物通过光合作用制造有机物质的唯一能量来源，广西地理环境复杂，其光能资源的分布具有明显的地域性。从广西年日照时数的分布上看，除右江河谷外，全区具有自西北向东南递增的地理分布特点，在同纬度条件下，山区的日照时数普遍低于平原和河谷。从广西各月日照时数变化上看，呈现出冬末春初最少，春末夏初逐渐增多，盛夏至秋季充足，深秋以后由逐渐减少的特征。1—2月的日照时数分布规律相近，高值区分布在桂西北和桂

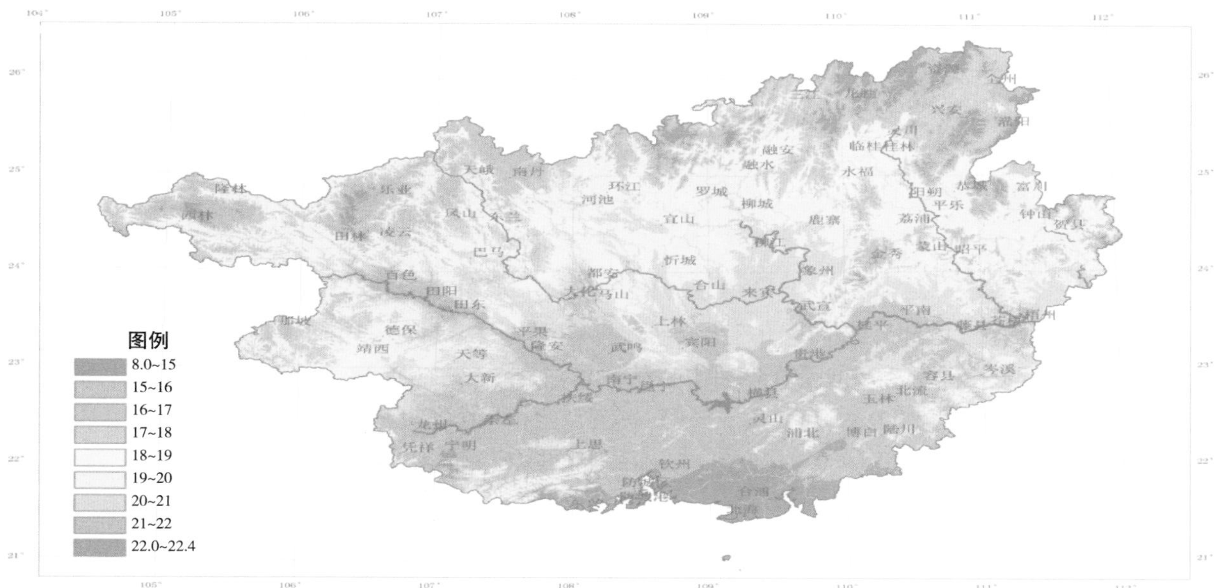

图 1-5　广西年均气温变化情况

东南的区域；3—6 月的各月日照时数分布规律相似，都是自西南向东北方向递减的趋势，高值区出现在百色市为主的桂西北区域和以桂西南为主的桂南地区，低值区主要分布在桂东北区域；7—12 月的各月日照时数和年日照时数基本一致，除了右江河谷以外，全区大部有自东南向西北递减的趋势，高值区主要出现在桂东南及沿海区域，低值区主要分布在桂西北区域。一般来说，广西大部分地区 1—3 月日照时数为低值时段，在 40~177h，其中，2 月日照时数最少，只有 40~107h。

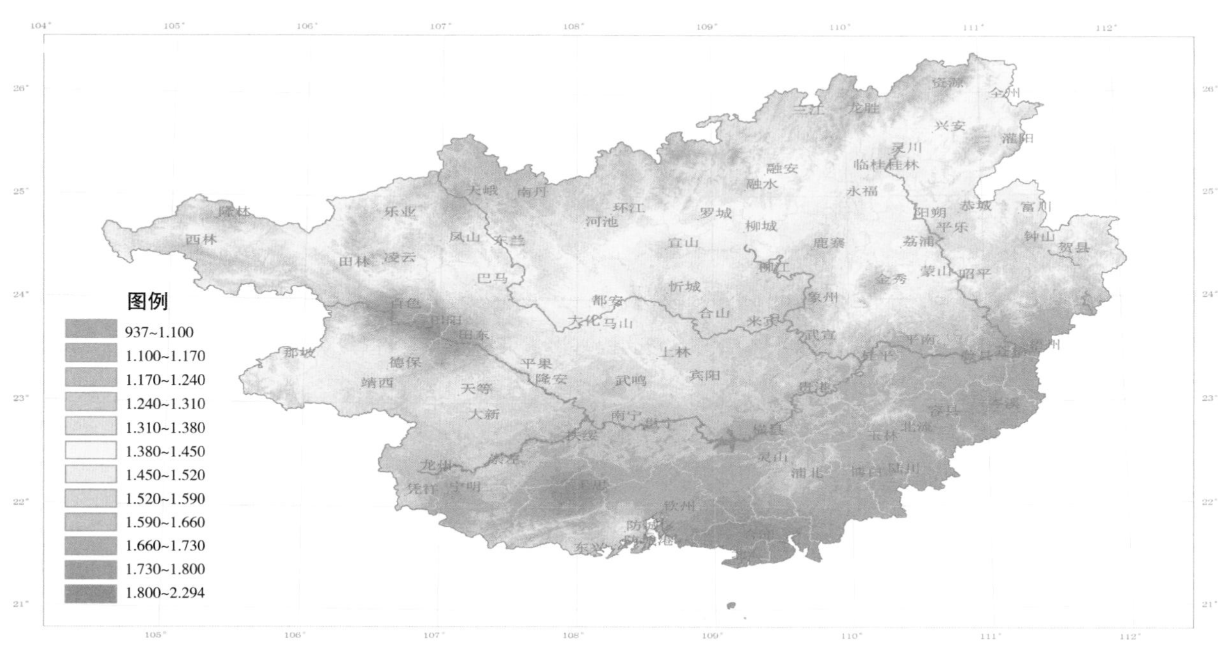

图 1-6　广西年日照时数分布情况

——水资源变化情况。水资源是一种重要的气候资源，水资源和光、热资源的相互配合决定一个地区气候资源的优劣和农业生产潜力的高低。从年降水量分布的基本特征来看，广西大部地区年降水量在 1 081~2 000mm，最多可达 2 755mm。由于受季风和特殊地理环境的影响，广西降雨的时间变化特点是夏季多雨、秋冬春季少雨，东部北部雨季来得早，西部南部雨季迟；而降水量的地域分布明显不均，具有东多西少，南北多、中间少，夏季迎风坡多，背风坡少，丘陵山区多，河谷平原少等特点。各地月降水量变化大。11 月至翌年 2 月是冬干少雨期，各地降水量最少；3—5 月降雨较多，是春雨渐增期；6—8 月最多，是夏湿多雨期；9—11 月较少，是秋雨锐减期。一年中月降水量最少的月份是 12 月，月降水量为 11~54mm，月降水量次少的月份是 1 月和 11 月，月降水量在 9~85mm；月降水量最多的月份是 7 月，达 129~582mm，月降水量次多的月份是 6 月和 8 月，在 114~530mm。从 2011—2013 年的降水量变化情况看，整体上呈增长趋势，2013 年的年均降水量为 1 692.50mm，比 2011 年增长了 30.11%。

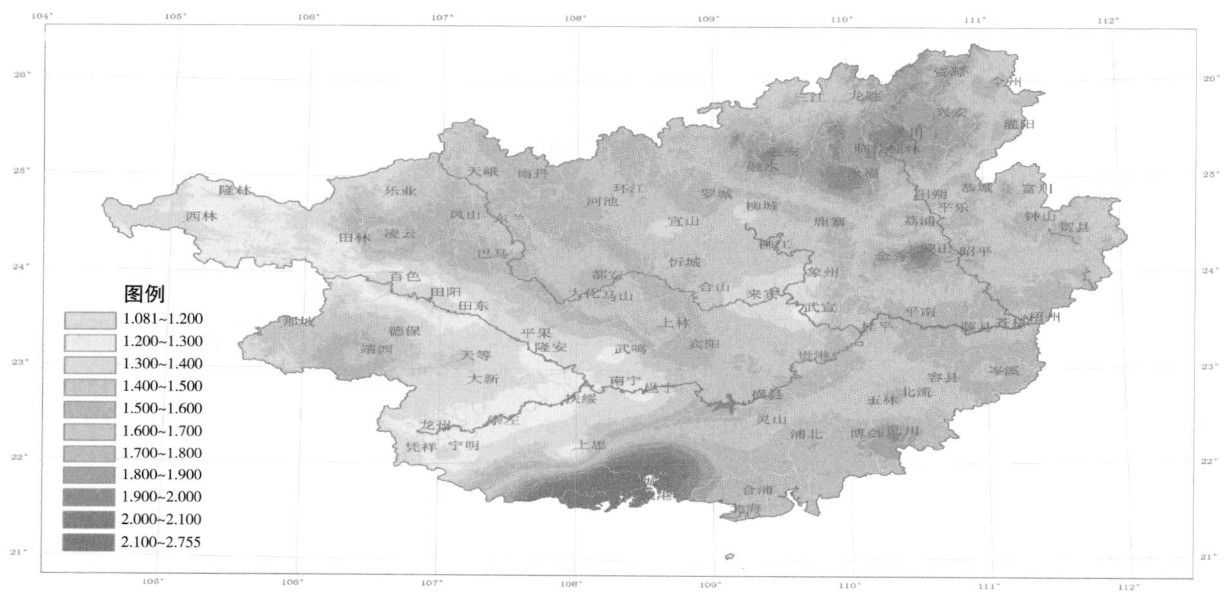

图 1–7　广西年降水量分布情况

（2）气候变化对农业的影响　广西是我国气象灾害最严重的省区之一，气象灾害种类多、分布广、活动频繁、危害严重。常见的气象灾害有干旱、洪涝、热带气旋、冰雹、大风、雷暴、低温冷害、霜冻等。这些灾害的频发，给广西经济社会发展，尤其是农业生产发展带来的损失较大，制约广西经济社会可持续发展。以 2013 年为例，年内主要气象灾害有热带气旋、暴雨洪涝、局地强对流、低温雨雪霜（冰）冻、干旱等，共有 9 个热带气旋影响广西，较常年偏多 5 个，影响个数为 1974 年以来最多。全年因气象灾害共造成农作物受灾面积 69.5 万 hm^2，绝收面积 2.0 万 hm^2，受灾人口 764 万人次，死亡 88 人，失踪 6 人，直接经济损失 62.4 亿元。与 2012 年相比，农作物受灾面积增多 12 万 hm^2，死亡人数增多 35 人，受灾人口减少 80.1 万人，直接经济损失增多 16.7 亿元。

——干旱。据统计，新中国成立以来，广西几乎年年有干旱，尤其是 20 世纪 80 年代末以来干旱频发，有时甚至发生严重的春、夏、秋连旱，导致生产绝收，农业灌溉遭受的破坏大，中小型水库低于死水位或干涸，对农业生产影响极大。如 2010 年全区 14 个市中有 12 个市出现旱情，农作物受旱面积 784.45 万亩，因旱导致 176.46 万人、87.09 万头大牲畜饮水困难，其中，桂西北达到特大干旱等级，东兰等县一些水库库底甚至出现 10cm 左右的裂缝，严重影响了农业生产发展。

——洪涝。广西属亚热带季风气候区，受从太平洋上吹来的东南季风和从印度洋上吹来的西南夏季风的影响，夏季风很不稳定，容易造成旱涝灾害。据统计，20 世纪 80 年代以来，广西发生的暴雨洪涝灾害也较频繁，如 2001 年 7 月、2005 年 6 月等发生的特大洪涝灾害，广西连日降雨导致 25 个县（市、区）发生洪涝灾害，造成 9.65 万人受灾，农作物受灾面积 6.08 千 hm^2，严重损坏农房 140 户 354 间，给工农业生产和人民生命财产造成重大损失。

——热带气旋。近 50 年来，影响广西的热带气旋平均每年有 5 个，最多的年份达 9 个。从多年情况来看，5—12 月都有热带气旋影响广西，影响集中期是 7—9 月。热带气旋所经之地，往往会出现狂风、暴雨，造成风灾和洪涝灾害。例如，2001 年 7 月由第 3、4 号台风引发的暴雨导致左江、右江、邕江、郁江、浔江江水暴涨，洪水泛滥。百色市遭遇了百年不遇的洪涝，南宁市发生了 1913 年以来最大的洪涝，贵港市出现了有水文记录以来最大的洪涝，广西因灾死亡 24 人，直接经济损失 159.03 亿元以上，其中南宁市损失 12 亿元。

——寒冻害。水热资源丰富，具有发展热带、亚热带作物的优越气候条件，但是冬季寒潮入侵所带来的低温，常给农业生产带来不同程度的损失。当强冷空气入侵时，广西极端最低气温桂北可低达 -5℃以下，桂中 -5~-2℃，桂南大部也有 -2~-1℃，大部地区可出现霜冻或冰冻天气，给蔬菜、热带、亚热带水果、水产养殖等造成灾难性后果。在春季 2—4 月，北方有较强的冷空气南下，与南方暖湿气流交汇，使得广西大部分地区出现较长时间的低温阴雨天气，影响早稻适时播种，甚至造成大量烂秧。据统计，中等以上烂秧天气十年八遇。在寒露节前后，北方冷空气开始南侵，遇有较强冷空气时，也会造成低温天气（称寒露风），影响晚稻的正常抽穗、开花和灌浆，增加空壳率。

——强对流天气。冰雹、大风、雷暴、台风等强对流天气也是广西的主要气象灾害之一，其中，以冰雹、大风和雷暴对工农业生产、交通、通信、电力设施及人民生命财产造成的危害较大。广西每年都受到大风袭击，大风日数最多的地方是涠洲岛，平均每年有 31 天，其余大部地区平均每年有 1~9 天，夏季大风日数占全年的 42%，春季占 30%，秋季占 16%，冬季占 12%。广西是我国雷暴日数最多的省区之一，尤其在 4—9 月雷暴活动最频繁。各地的雷暴日数有明显的地域性分布特征，主要是南部多，北部少。地处十万大山南坡的东兴市年雷暴日数多达 105 天，是广西雷暴最多的地方；雷暴最少的地方是天峨、南丹两县，年雷暴日数 54 天。强对流天气往往来势凶猛，破坏力强，损失严重，例如，台风“威马逊”“海鸥”先后肆掠，破坏力极大，南宁、北海、钦州、防城港、崇左等地深受打击袭击，一些水产养殖户损失惨重、甘蔗大面积倒伏、香蕉种植户绝收，交通基础设施损毁严重，据不完全统计，农作物受灾面积 1 154.18 千 hm^2，农业经济损失 23.75 亿元，有些地方生产甚至 2 年都难以恢复，造成了巨大的经济损失。

（二）农业可持续发展的社会资源条件分析

经济社会环境的可持续性直接影响着农村社会的稳定和农业的可持续发展。近年来，广西经济社会环境条件持续改善，为农业的可持续发展奠定了良好的基础。

全区人口总量和乡村总人口都在逐年增加，而乡村人口在总人口中的占比逐步下降，由 2000 年的 84.1% 下降到 2013 年的 80.01%。全区地区生产总值不断壮大，产业结构更趋合理，第一产业增加值逐年增长，农林牧渔总产值占 GDP 的比重逐渐下降。农民人均纯收入逐步增长，农民生活水平不断提高。2013 年全区农村居民人均纯收入为 6 790.90 元，是 2000 年的 3.64 倍。农业生产条件大大改善，2000 年农业机械总动力为 146.79 亿 W，2013 年增长至 338.43 亿 W，比 2000 年增长了 130.55%。

1. 农业劳动力

(1) 农村劳动力现状　劳动力是农业生产要素中最关键的因素。随着改革开放的不断深化，农业生产得到较快的发展，生产力得到了有效释放，而农村劳动力由农业向第二、第三产业的转移的人员越来越多。

从劳动力总量看（图 1-8），广西总人口和农业人口总体上呈增长趋势，农村劳动力人数逐年增加，但是增长的幅度逐渐放缓。2013 年，广西总人口为 5 341.26 万人，乡村总人口为 4 277.73 万人，乡村劳动力 2 563.47 万人，分别比 2000 年增长了 23.94%、18.02% 和 27.98%。其中，2013 年乡村劳动力的年均增长率为 19.2‰，比 2012 下降了 2‰。

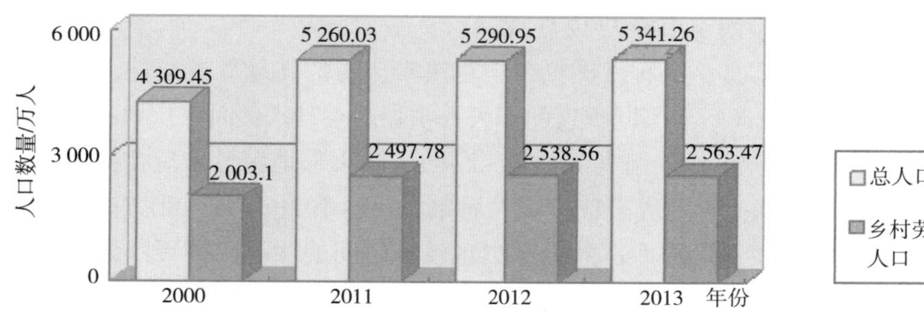

图 1-8　广西劳动力情况

从劳动力结构来看，乡村劳动力在总人口中所占的比重不断提高，但农林牧渔业劳动力在乡村劳动力中的比重逐渐下降。2013 年，乡村劳动力 2 563.47 万人，占总人口的 47.99%，比 2000 年增长了 1.51%；农林牧渔劳动力 1 614.01 万人，占乡村劳动力的 62.96%，比 2000 年降低了 7.69%。

从农业劳动力平均受教育年限来看，农村社会的发展是可持续的。广西的受教育水平逐年提升，2013 年，农村劳动力受教育年限约 8.2 年，比 2000 年提高了 17.48%，其中，南宁、桂林、来宾等市的农村劳动力受教育年限较高，基本普及了九年义务教育。

(2) 劳动力转移特点　从劳动力转移情况看（图 1-9），广西农业劳动力转移数逐年增多，转移人口占农林牧渔劳动力的比重越来越高。2013 年农业劳动力转移数达 725.75 万人，比 2000 年增长了 62.20%；转移人口占农林牧渔劳动力的比重由 2000 年的 31.62% 增长到 44.97%，13 年内

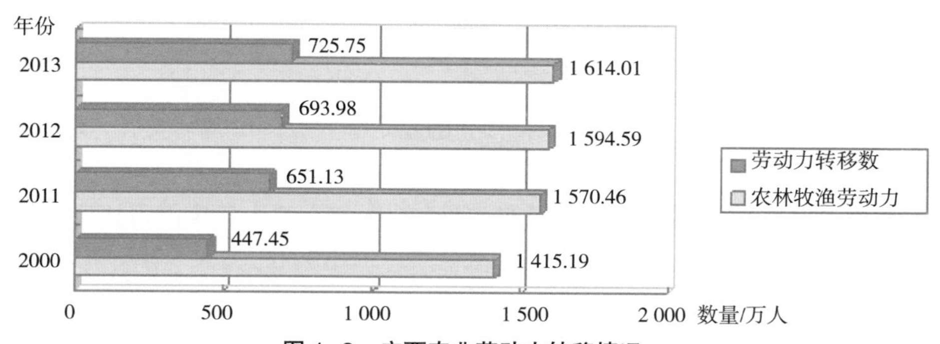

图 1-9　广西农业劳动力转移情况

农业劳动力转移了278.3万人，即在农村劳动力中，从事非农业生产的人数逐年增加，而从事农林牧渔业的劳动力相对减少。

2. 农业可持续发展面临的劳动力资源问题

（1）农业劳动力供求矛盾　随着工业化、城镇化的发展，大部分广西农村劳动力转移步伐进一步加快，农村劳动力结构发生了根本性变化，农业劳动力供求矛盾将进一步加剧。从劳动力供给上看，农林牧渔业劳动力占乡村劳动力的比重逐渐下降，直接在一线从事农业生产的劳动力比重逐渐下降。2013年，广西农林牧渔业劳动力占乡村劳动力的比例为62.96%，而2000年该比重为70.65%，同比下降了7.69%。从劳动力需求上看，随着农村劳动力的不断转移，农村青年劳动力十分短缺。调查显示，目前，全国34岁以下劳动力占总劳动力比重约为占20.5%，预计到2020年仅为12.1%，5年间陡然下降近10个百分点，“青壮年劳动力荒”将成为常态。广西作为后发展地区，青壮年劳动力转移到城市发展的趋势还将进一步加大，而农业劳动力将进一步下降，这对于广西的转变发展方式、经济可持续发展都有难以估量的负面影响。

（2）农业劳动力老化　随着大量农业劳动力的转移，农村大量年轻人外出务工、经商，势必带来农业劳动力老龄化问题，农村空心化、农业劳动力老龄化进一步加剧。调查显示，农村劳动力流出每增长1%，农业劳动力老龄化就会上升0.067%，农村劳动力流出增加将加剧农业劳动力老龄化。2013年，广西外出务工农民工有1 100多万人，约占乡村劳动力的42.91%，这对农业的可持续发展带来了较大的影响。一方面，农业劳动力的老龄化使得农村土地撂荒和变相撂荒的现象严重。另一方面，随着农业人口老龄化的加剧，赡养老人的比重也随之提高，农民个人负担将不断加重，农业投资相对缩小。

（3）现代农业发展与劳动力需求不适应　由于大量青壮年劳动力的大量外流，农业劳动力老龄化现象日益严重，农村劳动力素质结构性下降趋势明显，影响着现代农业的发展。一方面，老年劳动力文化程度较低，对新品种、新技术的接受能力不断下降，不利于现代农业科技的推广和普及，加剧了培养新型农民、配套跟进新型农业社会化服务的难度。另一方面，老年劳动力由于体能的下降，无法承担繁重的农业劳动，更缺乏劳动的创新力，容易造成农业粗放经营，导致农业生产率和创新能力的降低。

3. 农业科技

（1）农业科技发展现状特点

——农业科技支撑能力显著增强。科学技术是第一生产力，农业科技是充分合理地利用资源，改善现有农业生产技术装备水平，提高农业经济效益的有力途径。广西虽为欠发达、后发展地区，但科学技术在农业生产中的运用一直长抓不懈，农业科技发展取得了较大的进步。

一是农业科技体系建设方面。近年来，广西加强农科教、产学研结合，大力推广新技术，引进一批大学、科研院所和著名企业集团共建创新载体，广泛开展各类农业科技共建，形成了比较完备的农业科研体系，人才队伍建设不断加强，科研条件不断改善。2009年，自治区人民政府聘请了13名两院院士形成自治区主席农业顾问团，涵盖农、林、畜牧、水产等重点特色农业领域，为广西农业发展出谋划策。

二是在农业科技成果转化与技术推广方面。通过农业科技入户示范工程等的实施，广西形成了农业科技入户工作的行政推动体系、专家网络体系和技术指导与服务体系。近年来，先后组织实施了“千万亩粮食增产综合技术开发”、科技兴糖“1105工程”等重大科技工程与专项，突破了农作物新品种选育、牛繁殖技术等一批农业关键技术，培育了一批农作物新品种。在木薯、桑蚕等重大产业技术领域熟化了一批核心技术，研制了一批技术规范、操作规程和技术标准，推广应用了一大批主导品种和主推技术。从近年广西农业科技贡献率的情况看，农业科技贡献率逐年提升，2013年农业科技贡献率超过 50%，比 2000 年增长 25.9%。

——农业科技投入水平不断提高。近年来，广西农业科技投入不断增加，增幅明显，形成了多元化、多渠道、多层次的农业科技投入体系。从农业财政投入情况来看，财政对农业的投入逐年增加，2011—2013 年农业财政投入分别为 186.25 亿元、236.60 亿元、260.23 亿元，比 2000 年增长了 2.85 倍、3.89 倍、4.38 倍。

——农业科技进步促进增长方式转变。科技进步是促进经济增长方式转变的有效手段。近年来，广西致力于农业科技成果的转化和应用，通过“火星计划”等项目的实施，将大批先进、适用技术等在广大农民中推广，极大促进了农村经济增长方式的转变。同时，农业、科技等部门积极引导并建立资源循环、投入节约、生态高效的循环农业产业体系，大力推广组装配套的生态农业技术、循环经济技术、产业链拓展技术等，促进农业产业转型升级和生产方式的转变。先后组织制定了木薯、桑蚕等一大批中央品种生产、加工技术规范、操作规程和技术标准等，依靠农业科技进步推动农产品质量安全快速升级。

——农业科技对外合作与交流不断加强。广西各级政府高度重视加强区域间、国家的科技合作，通过技术合作，引进了一大批优良的种质资源、先进技术和研究成果，提高了农业科学技术研究。广西农业优势产业和农业技术在东盟国家具有较好的实用性。近年来，广西在大力推进北部湾经济区建设，不断深化与泛珠三角等区域农业合作的同时，积极推动与泛北部湾区的农业合作，不断加强同东盟国家的农业科技合作与交流，并在科技部的支持下，建立了中国—东盟技术转移平台，进一步扩大了对东盟推广应用农业技术和优良品种以及加快劳务输出的规模，提高了广西农业企业在东盟市场的国际竞争力，促进了广西特色优势产业做大做强。在农业资源综合利用和节约技术的应用方面，大力推广了先进节水技术、沼气技术和秸秆综合利用技术等，同时，还积极探索了循环经济开发技术和生态农业模式及其配套技术等。

(2) 农业科技发展存在问题

——科技投入不足，自主创新能力不强。综观世界各国农业发展情况，一般认为，只有当农业科技投入占农业总产值的比重达到 2% 左右，才能使农业与国民经济其他部门实现协调发展。目前，广西农业科技投入强度偏低。2013 年，农业科技财政投入占农业总产值的比重为 0.69%。据统计，发展中国家农业科技投入占农业总产值的比重一般在 1% 以上，发达国家一般为 2%，美国高达 3%，相比之下，广西农业科技投入不足，在一定程度上制约了广西农业科技进步和农业经济的发展。此外，广西农业科技投入重应用研究轻基础研究现象较为明显，据不完全统计，广西农业科技基础研究投入占应用研究方面投入不到 20%。同时，广西农业科技投入渠道狭窄、政府投入比重较高。据统计，目前广西 90% 以上的农业科技投入来源于各级财政拨款，非政府投入比重较低。相比之下，美国农业科技投入主体呈多元化，非政府投入达 1/3 以上。此外，广西农业自主创新能力不强，具有核心竞争力的一些技术掌握较少，一些关键领域核心技术依然难以突破。

——农业科技队伍力量薄弱，农业科技含量与发达国家差距较大。从农业科技人员的人数上看，整体上在不断增长，但是增速较慢，农业科技人员总量较小。2013 年，广西农业科技人员有 27 290 人，虽比 2000 年增长了 22.13%，但年均增长率仅为 1.54%。农业科技人员队伍力量较弱，防城港、钦州等地市农业科技人员数量尚不足千人。科技人员增长缓慢，贵港市农业科技人员甚至 13 年没有增长，玉林市的农业科技人员数量近年来出现下降现象。

从农业科技含量上看，广西农业科技含量及技术转化效率偏低。据统计，发达国家科技进步对农业生产的贡献份额为60%~80%，而广西目前的农业科技贡献率不足50%，其中，农业科技贡献率较高的南宁市该项指标也仅为62%，还存在比较大的差距。

——农业科技成果转化率偏低，农业科技成果推广力量不足。近年来，广西农业科技贡献率虽然逐步提高，但年均增长率仅为1.94%，农业科技贡献份额分布也不均衡，南宁、玉林、来宾、崇左等地的贡献率相对较高，而钦州、贺州等地的贡献率比较低。在科技成果转化方面，科研与经济脱节、立项与生产实际脱节。据统计，有将近2/3以上的农业科技成果得不到有效转化，农民增收、企业增效对先进适用技术的巨大需求与供给不足的矛盾依然突出。此外，科研推广力量薄弱、农业科技成果转化资源配置不足、成果转化与推广工作利益诱导机制缺失，农业科技成果辐射渠道不畅，农业科技推广经费不足，使得农业科技成果得不到有效推广，先进实用技术不能有效应用于农业生产。

——科技资源布局分散，农业科技整合能力较弱。目前，广西农业科技资源比较分散，主要分布在农业、科技、工信、教育、财政等部门以及各高校、科研院所，存在多头管理、条块分割、交叉重复等问题，部分人、财、物管理分离，自治区科研院所与地市农科院所与地市县农科所的联系不紧密，没有形成上下联动机制，研究成果没有及时得到转化和推动。

4. 农业化学品投入

（1）农业化学品投入现状特点

——农业化学品施用量持续增加。从表1-1可见，广西近年来的农业化学品用量逐年提高。化肥用量（折纯量）由2000年的237.16万t增长至2013年的255.7万t，年均增长5.8‰。农药、农膜的用量也均呈现较大幅度的增长，2013年农药用量为7.96万t，比2000年增长了65.14%；农膜用量从2000年的2.59万t增长至2013年的5.18万t，增长了100.39%。

表1-1　历年广西农业化学品使用情况

指标	2000年	2011年	2012年	2013年
化肥用量（万t）	237.16	242.71	249.04	255.7
农药用量（万t）	4.82	7.21	7.36	7.96
农膜用量（万t）	2.59	4.50	4.87	5.18

——每亩施用量指标偏高。从每公顷化肥施用量来看，广西化肥用持续增加，2000年全区每公顷化肥使用量为412.70kg，2013年增长至每公顷416.71kg，增长了9.7‰。从世界公认的安全标准来看，2013年广西每公顷化肥施用量是世界公认安全警戒上限225kg/hm^{2}的1.85倍；而从国内施用水平来看，全国化肥平均用量的为400kg/hm^2，相比之下，广西的施用量稍微偏高。

——有机肥施用逐渐被重视。随着人民生活水平的提高，对“无公害农产品”“绿色食品”和“有机食品”等产品的需求越来越大，以及对耕地用养结合的注重，使有机肥料的使用逐渐被重视。国家实施有机质提升补贴项目，广西组织全区实施测土配方施肥普及行动，建立土壤养分数据库，扎实肥料利用率测算专题工作，加快测土配方施肥整建制推进。如利用秸秆与动物粪便进行高温堆沤发酵后作食用菌基质，然后用下脚料堆沤还田；通过稻草覆盖免耕种马铃薯，甘蔗叶隔垄沟底平铺覆盖直接还田，玉米秆切短或整秆垄沟底平铺覆盖直接还田等。2013年，广西有机肥料资源总量约2.42亿t，其中，农家肥18 300万t，秸秆5 184万t，绿肥570万t，沼气液150万t，饼肥13万t。

（2）农业对化学品投入的依赖性分析

——农业对化学品投入是保证农产品产量的需要。农业化学用品在农业生产过程中具有不可替代的增产作用。随着化肥等在农业生产领域的广泛使用，农业生产和粮食产量得到了前所未有的快速发展。据统计，我国曾对粮食生产的七大要素即化肥、灌溉、农机、良种、役畜、农药、农膜对粮食的贡献率进行评价，其中，化肥贡献率居七大要素之首，对粮食生产的贡献率为32.09%，其中，西部地区的贡献率为42.98%。但是，长期施用大量元素肥料，也会造成土壤中微量元素比例失衡，特别是经济条件好的地区，大量施用高浓度化肥、复合肥和钾肥，使土壤磷等元素养分严重富集，中微量元素严重流失。此外，大量农膜的使用，尤其是残留在土壤里的农膜没办法降解，形成不易透水、透气的难耕作层，将加速耕地的“死亡”。

——农业过度依赖化学品，危及农产品质量安全。研究表明，农业依赖大量化学物质投入已成为现代农业的突出特点，但危害甚多，不可持续。它不仅需要开采大量矿山、石油等，使污染和温室气体排放加剧，大量化学品投入耕地，造成耕地污染后，不利于植物生长，导致农作物减产甚至绝收，有些甚至威胁到食品安全。以农药的大量使用为例，目前主要以杀虫剂为主，其中，高毒农药品种仍然占有相当高的比例，这些毒性较大、对农产品与人畜危害风险较高的品种长期以来一直是农药销售中最常见、最易购得的品种，其中有机磷、氨基甲酸酯类杀虫剂中的高毒品种用量在整个农药用量中占有较高的比重，危害着农产品质量安全。此外，农药科学知识普及率低，农民科学用药的意识淡薄，片面追求防治效果和经济效果，认为农药施肥的浓度越高，效果越好，特别是在蔬菜、水果、茶叶等作物上使用过量的农药，甚至是明文禁止使用高毒农药，容易引发农产品质量安全问题。

——化学用品的不合理施用危害大。传统农业化学用品对土地和水资源的污染非常严重，目前化工生产中仍使用一些剧毒的物质为原料，如剧毒的光气、氢氰酸、苯类为原料和中间体的生产工艺，生产所产生的化学废弃物无限制排放，既污染土地也污染水源，直接影响农业的基础要素。有些地区还肥过量或不合理施用，破坏土壤理化性质和土壤团粒结构的形成，造成土壤板结，导致耕地质量退化。此外，肥料投入结构不平衡，N、P、K养分比例不协调，一些地区的农户为了节省时间，“重基肥轻追肥”的现象十分普遍，且过度依赖无机化肥，忽视传统农家肥和有机肥的投入，使得有机肥在施肥中的份额逐年下降。同时，农民对有机肥料的重要性认识不足，缺乏肥料使用的技术培训，往往根据自身按确定施肥数量、施肥时间及施肥结构，不能根据作物产量水平和土壤肥力状况合理投入，而是盲目地、尽可能地多投入化肥，不注重施肥方式，广泛采用铵态氮肥表施、施肥后大量灌水、磷肥撒施等不合理的方式，不仅造成养分的大量流失，也造成负面的环境影响。

二、农业发展可持续性分析

（一）农业发展可持续性评价指标体系构建

1. 指标体系及指标解释

确定农业持续发展评价指标体系的方法有很多。刘军（2011）使用四个层次建立了湖南省农业资源可持续利用评价指标体系，其中，最高层次是可持续利用水平，第二层次分解为生态、经济、社会三个截面，第三层次是进一步分解和描述为土地、水、生物、社会、经济等资源层，第四个层次是具体的指标层[①]。邱化蛟等（2005）提出了生态、经济和社会 3 个准则层 10 个二级指标、3 个三级指标作为农业可持续性发展的评价和监测指标[②]。崔和瑞等（2004）基于系统理论建立了由农业生产、农业经济、农村社会、农业资源环境和农业技术等 5 方面组成的区域农业可持续发展能力评价体系[③]。褚保金等（1999）应用面向对象分析的方法建立了由环境资源、农业经济、农村社会、农业科技、外部环境 5 个方面 43 项指标的综合评估指标[④]。吴传均院士在 2000 年主持了农业部农业资源区划管理司的立项课题，采用了地理、经济、生态、社会等多学科的理论和研究方法，通过对不同类型地区进行实证研究，从理论高度比较完整地提出了农业可持续发展的指标体系[⑤]。该体系是国内相对比较权威，并得到农业部农业资源区划管理司认可的农业可持续发展指标体系。该体系设置了目标层、控制层、基准层和指标层四个层次，共 41 个指标。

结合广西的区情，本文采用农业资源可持续性[⑥]、农业环境可持续性、农业经济可持续能力和农业社会可持续性等 4 个标准层（一级指标）、24 个指标（二级指标）建立广西农业可持续发展能力指标体系，如表 2-1 所示。

表 2-1　广西农业可持续发展能力指标体系

评价目标	标准层	指标层	指标代号
农业可持续发展能力	资源可持续性	农村人口人均耕地面积（亩）	C1
		土壤有机质含量（%）	C2
		复种指数（%）	C3
		草畜平衡指数（%）	C4
		耕地亩均农业用水资源量（m^3/ 亩）	C5
		水资源开发利用率（%）	C6
		旱涝保收率（%）	C7
		林草覆盖率（%）	C8
	环境可持续性	* 亩农业化学用品负荷（kg/ 亩）	C9
		* 土壤重金属污染比例（%）	C10
		农膜回收率（%）	C11
		* 水土流失面积比重（%）	C12
		秸秆综合利用率（%）	C13
		规模化养殖废弃物综合利用率（%）	C14
		* 自然灾害成灾率（%）	C15
	经济可持续性	农业劳动生产率（元 / 人）	C16
		农业土地生产率（kg/ 亩）	C17
		农村居民人均纯收入（元）	C18
		农产品商品率（%）	C19
	社会可持续性	人均食物占有量（kg/ 人）	C20
		农业科技化水平（%）	C21
		农业劳动力人均受教育年限（年）	C22
		农业技术人才比重（人 / 万人）	C23
		国家农业政策支持力度（%）	C24

注：表中的 * 亩农业化学用品负荷（kg/ 亩）、土壤重金属污染比例（%）、水土流失面积比重（%）、自然灾害成灾率（%）4 项指标为负向指标

① 刘军 . 湖南省农业资源可持续利用评价研究 [J]. 江西农业大学学报（社会科学版），10（3）：66-67 .

② 邱化蛟，常欣，程序，等 . 2005. 农业可持续性评价指标体系的现状分析与构建 [J]. 中国农业科学，38（4）：736-74 .

③ 崔和瑞，张淑云，赵黎明 . 2004. 基于系统理论的区域农业可持续发展系统分析及其评价：以河北省为例 [J]. 科技进步与对策，21（5）：150-151.

④ 诸保金，游小建，卢朝辉 .1999. 应用面向对象分析思想构建农业可持续发展评估指标体系 [J]. 农业经济问题（11）：18-22.

⑤ 吴传均 . 2001. 中国农业与农村经济可持续发展问题——不同类型地区实证研究 [M]. 北京：环境科学出版社 .

⑥ 资源和环境的因素也是生态系统的主要因素，即也可以将农业资源可持续性和农业环境可持续性合称为生态可持续性 .

（二）农业发展可持续性评价

1. 指标权重确定

（1）广西农业可持续发展能力标准层的权重确定　使用层次分析法（AHP），建立农业资源可持续性、农业环境可持续性、农业经济可持续性、农业社会可持续性 4 个标准的两两比较矩阵，一致性检验结果为 CR=0.0744<0.1，检验通过，结果可用。

（2）农业资源可持续性指标的权重确定　一致性比例 CR=0.090 9<0.1，结果可以接受，对“广西农业可持续发展能力”的权重为：0.425 8。

（3）农业环境可持续性指标的权重确定　一致性比例 CR=0.085 4<0.1，结果可以接受，对“广西农业可持续发展能力”的权重为：0.360 7。

（4）农业经济可持续性指标的权重确定　一致性比例 CR=0.001 6<0.1，结果可以接受，对“广西农业可持续发展能力”的权重为：0.086 7。

（5）农业社会可持续性指标的权重确定　一致性比例 CR=0.061 3<0.1，结果可以接受，对“广西农业可持续发展能力”的权重为：0.126 8。

（6）计算广西农业可持续发展能力　分别计算广西农业生产可持续发展能力以及农业资源、环境、经济、社会和科技 4 个可持续发展能力在 2000 年、2011 年、2012 年、2013 年的情况，结果如图 2-1 和图 2-2 所示。

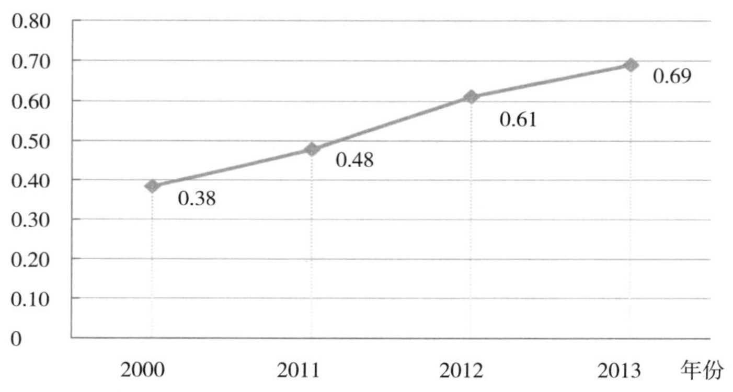

图 2-1　2000 年、2011—2013 年广西农业可持续发展能力

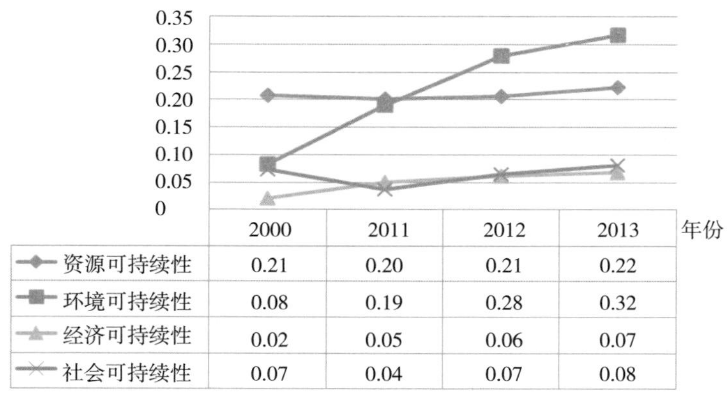

	2000	2011	2012	2013
资源可持续性	0.21	0.20	0.21	0.22
环境可持续性	0.08	0.19	0.28	0.32
经济可持续性	0.02	0.05	0.06	0.07
社会可持续性	0.07	0.04	0.07	0.08

图 2-2　2000 年、2011—2013 年广西农业资源、环境、经济、社会可持续发展能力

2. 评价结果分析

通过比较国内各省区农业可持续发展能力的定级分析，拟定广西农业可持续发展能力定级对照表如 2-2 所示。

表 2-2 广西农业可持续发展能力定级对照

等级	评定值范围	定性描述
Ⅰ	0.85~1.0	农业发展水平很高，可持续发展能力很强
Ⅱ	0.70~0.85	农业发展水平较高，可持续发展能力较强
Ⅲ	0.60~0.70	农业发展处于中上水平，有一定可持续发展能力
Ⅳ	0.50~0.60	农业发展水平一般，持续发展能力较差
Ⅴ	0.40~0.50	农业发展水平较差，可持续发展能力较低
Ⅵ	小于 0.40	农业发展水平很低，不具备可持续发展能力

（1）广西农业有一定的可持续发展能力　由图 2-1 可知，广西农业可持续发展水平由 2000 年的 0.38 提升到 2013 年的 0.69，从一个不可持续发展的状态发展到有一定可持续发展能力的水平，取得了较大的成绩。而且在 2011—2013 年，每年可持续能力平均提升 0.07，提升比超 11%，说明近年来广西通过大力抓农业产业结构调整，发展现代农业，建设现代特色农业核心示范区，改善农田水利基础设施，发展良种标准化种养等措施的成效较为显著。

（2）广西农业资源保持稳定，可持续性好　由图 2-2 可知，广西农业资源可持续性从 2000 年以来都是稳定在一定的水平上，主要原因是人均耕地面积、土壤有机质含量、复种系数和旱涝保收面积等主要的资源指标也稳定在一定的水平，这也说明了农业资源存量比较稳定，农业生产资源可持续性较强。

（3）广西农业生产环境不断改善提升　由图 2-2 可知，2000 以来，农业环境可持续性提升速度很快，2013 年较 2000 年提升了 4 倍，2011 年以来，年均提升 30.8%。这说明了近年来即使在自然灾害有所增多的情况下，通过大力发展现代农业、大量使用有机肥料、持续减少使用农业化学用品、实施土壤重金属污染和水土流失治理、加大农膜回收和规模化养殖废弃物综合利用的力度等措施，有效地改善了农业的生产环境，增强了农业生产的可持续性。

（4）广西农业经济可持续性不断增强　由图 2-2 可知，2013 年农业经济可持续能力比 2000 年增长了 250%，且 2011 年以来，每年保持了 18% 以上的增长速度。反映了由于农业现代技术不断应用，农业劳动生产率和农地生产效率有了较大提升，同时由于农业规模化经营不断扩大，农业产品商品化率业不断提高，推动了农业经济可持续性不断发展。

（5）广西农业社会可持续性总体稳定　由图 2-2 可知，除了 2011 年出现较大的下降外，其他年份保持了 0.07~0.08 的稳定水平。虽然农业劳动者平均受教育年限和农业技术人才的比重有所增加，但是农业财政支出的比例和人均粮食和肉类占有量却始终在一个较低的水平上，所以总体上农业经济可持续性稳定在一定的水平上。同时也说明了要提高农业社会可持续性，要提高粮食单产水平、增加提高粮食总量，增加农业财政投入的力度。

三、农业可持续发展的适度规模分析

农业可持续发展必须保证土地、水等生态自然资源能够得到合理的开发利用。广西人多地少，土地贫瘠、石漠化严重、水土流失面积广、旱涝等自然灾害频发，如果过度追求发展规模，无异于杀鸡取卵，因此在现有技术经济条件下，探讨自然资源可支撑的合理农业活动规模具有重大意义。

（一）种植业适度规模

在有限的耕地存量和一定的土壤情况下，有限度地扩大粮食作物和经济作物的种植面积，可以提高粮食自给水平和农业经济效益，但这个规模必须是在资源可承受的范围内。

1. 种植业资源合理开发强度分析

种植业资源开发强度可以理解为在一定的耕地存量资源上进行农业种植生产活动的数量、规模和频次，主要内涵包括资源开发规模、开发深度与开发利用频度[①]等。本文从资源的永续利用角度出发，对种植业资源合理开发强度采取以下评价方法。

（1）种植业开发的规模 S，即主要粮食作物和经济作物实际播种面积情况与最大潜在播种面积之比，其中最大潜在面积取 2000 年以来最高值。

$$S(\%)=\frac{\text{作物实际播种面积}}{\text{潜在播种面积}}\times 100$$

（2）种植业开发的深度 D，即主要粮食作物和经济作物平均单产水平，其中潜在单产水平取全国平均数。

$$D(\%)=\frac{\text{实际单产水平}}{\text{潜在单产水平}}\times 100$$

（3）种植业开发的频度 F，即主要作物的复种频次。

$$F(\%)=\frac{\text{年均作物播种面积}}{\text{耕地面积}}\times 100$$

（4）种植业开发强度 I，综合考率种植业开发的规模、深度和频度，得出开发强度为：

$$I=w_1S+w_2D+w_3F$$

式中，w_i 为权重，其中 i=1–3。

通过查询广西历年统计年鉴和农业持续发展调查统计数据，使用上述公式建立广西水稻、玉米、豆类、薯类和糖料蔗等主要种植业强度分析数据，如下表 3–1 所示。

对种植业开发的规模 S、种植业开发的深度 D、种植业开发的频度 F 建立层次分析矩阵，采用层次分析法确定 w_1=0.739 6，w_2=0.166 6，w_3=0.093 8（注：具体计算过程略）。并根据公式计算出水稻、玉米、豆类、薯类和糖料蔗种植强度如图 3–1 所示。按照以下设定组距判定种植业强度。

① 周炳中，包浩生，彭补拙 . 2000. 长江三角洲地区土地资源开发强度评价研究 [J]. 地理科学，20（3）：218–223.

表 3-1　种植业开发强度分析数据

目标层	标准层	作物	指标层		
			2011 年	2012 年	2013 年
种植业开发强度	开发规模	水稻	94.29	91.85	90.62
		玉米	96.91	97.94	98.70
		豆类	42.22	55.56	35.11
		薯类	72.73	81.82	78.53
		糖料蔗	98.34	100.00	98.79
	开发深度	水稻	81.69	77.99	82.25
		玉米	71.04	75.23	72.49
		豆类	83.59	95.48	85.69
		薯类	64.56	77.43	68.31
		糖料蔗	100.17	101.18	102.06
	开发频次	以水稻为主	94.89	96.30	97.28

① 0.9~1.0 为高强度开发：水稻是广西最主要的粮食作物，糖料蔗是最主要的经济作物，自2000 年以来，水稻和甘蔗的播种面积分别占所有农作物面积的 34% 和 18%，消耗的农膜、农药和化肥等农用化学品超过全部农业的 60%，属于高强度开发种植业，因此，水稻、甘蔗的种植面积继续扩大的空间已经很小，环境资源容量接近上限。要确保粮食自给率维持 2013 年的 73% 左右的水平，稳定糖料蔗产量，必须在改善土壤肥力，提高旱涝保收率，提升高单产水平上下功夫。

② 0.8~0.9 为中高强度开发：玉米是广西仅次于水稻的第二大粮食作物，在全区 14 个市（区）均有种植。作为口粮用的甜、糯玉米主要种植在在广西中、西、北部地区的旱地、山坡地和石山区，基本为单季生产。这些地区多为少数民族聚居区，经济水平相对较落后，玉米是作为这些地区农民的主要口粮消费，以玉米为主要口粮的人口约为 1 000 万人。玉米种植面积占农作物播种面积的比例从 1995 年以来就一直维持在 9.6% 左右，种植规模较为稳定，属于种植中高强度。随着玉米作为口粮、蔬菜的需求增大，采取适度调增玉米的种植面积，提高玉米的品种品质，提高单产水平是可行的主要措施。

③ 0.7~0.8 为中强度开发：薯类属于中强度开发的种植业，它是重要的粮食作物和经济作物，而且耐旱耐贫瘠，在广西遭遇大旱年份，薯类的价值更加得以体现，许多因灾不能播种水稻或玉米的地区改种马铃薯等薯类作物，可以最大程度弥补旱灾带来的损失。广西薯类种植面积和产量居全国中上水平，主要以红薯、马铃薯为主。其中，红薯播种面积和产量分别占薯类的 82.50% 和 71.76%，为广西薯类最大播种品种。随着城镇居民饮食习惯和观念的改变，薯类作为健康养生的需求不断增长，适度扩大种植面积，改良薯类品种品质，不断满足人民群众的消费需求。

④ 0.7 以下为低强度开发：豆类种植开发属于低强度开发种植业。从历史数据来看，2000 年广西大豆生产发展到一个高点，播种面积 422.1 万亩，之后，广西大豆播种面积逐年下降。2008 年，大豆面积降至 217.2 万亩。2009 年通过大力推广发展间套种，大豆面积回升到 237.9 万亩，但都没恢复到 2000 年的水平。随着北部湾港口进口大豆和外省调入大豆的量不断增多，广西自产大豆的需求会有所下降，适当调减油类大豆的种植面积是可行的，同时种植改良品种的特色大豆，逐渐增加种植特产食品类大豆的有很大的市场前景。

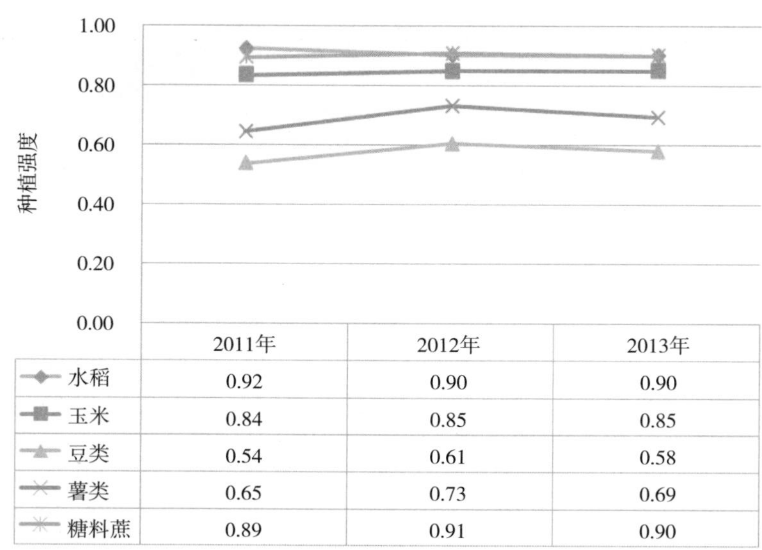

图 3-1　广西主要作物种植强度

另外，由于广西也是蔬菜种植大省、“南菜北运”主要基地，所以从 2000 年以来，蔬菜的种植面积一直稳定扩大，2011—2013 年，蔬菜种植面积占农作物播种面积分别为 17.4%、17.7% 和 17.8%。但是近年来，广西产蔬菜也频繁出现“菜贱伤农”的问题，除了考虑蔬菜流通的因素外，种植的规模已经接近饱和也是不争的事实，因此蔬菜种植总体属于过度开发种植业，要适当引导农民种植蔬菜的品种，提高标准化种植、有机化种植的水平，保持蔬菜供应量的稳定，提升蔬菜的质量水平，巩固和提升广西作为“南菜北运”基地的地位。

2. 粮食、蔬菜等种植产品合理生产规模

根据上述种植业强度分析的情况，粮食、蔬菜等产品的合理生产规模的确定，必须重点考虑粮食安全、主要农产品的供给能力和农民持续增收等因素，要在提高单产水平、提升品种品质和品牌上下功夫，持续改善农业生态条件，建立农业投入长效机制，夯实农业经济发展基础，因此粮食、蔬菜等种植产品合理生产规模是：

——粮食播种面积稳定在 4 700 万亩左右，其中水稻播种面积稳定 3 100 万亩左右，玉米 900 万亩，薯类 400 万亩，大豆 120 万亩，其他 180 万亩。

——糖料蔗种植面积 1 400 万 ~1 500 万亩，其中包含 500 万亩高产高糖基地，确保原料蔗产量在 9 000 万 t 以上。

——蔬菜播种面积 1 600 万亩，其中秋冬菜播种面积 1 300 万亩。

（二）养殖业适度规模

畜禽养殖业是农业重要组成部分，是人们食物的重要来源，而且随着科技加工水平的提高，畜禽养殖业还成为了一些医药行业、轻工业的重要原料来源[①]。但是随着养殖规模的不断扩大，带来的环境污染问题也不断增多，主要是由于种养脱节，无机化肥对有机肥料的替代性强，导致过剩的畜禽粪便大量污染环境，如水体、空气污染以及病菌传播等。严格控制发展规模是确保养殖业可持

① 袁果．对发展适度畜禽养值业的思考．当地畜牧，2013 年 1 月下旬刊．

续发展的必由之路。

1. 养殖业资源合理开发强度分析

广西养殖业大省，尤其是畜牧养殖，2013 年生猪出栏、存栏量以及肉类、禽蛋产量均居全国前列，如表 3-2 所示，其中，肉猪出栏量达 3 456.7 万头，据全国第 7 位；人均肉类 59.3kg，比全国平均水平 48.6kg 高出 22%；人均禽蛋 4.8kg，只有全国平均水平 14.37kg 的 33.4%。

表 3-2　2013 年广西畜牧养殖情况

肉猪出栏（头）	猪年底存栏（头）	肉类		禽蛋	
		总量（万 t）	猪羊牛人均（kg）	总量（万 t）	人均（kg）
3 456.7	2 471.5	420	59.3	22.7	4.8

（1）从种养结合方面分析　按照国内外养殖业与种植业结合的经验，最合理的理论养殖业规模就是畜牧养殖产生的粪便能通过种植业消纳。但是实践上养殖业产生的粪便远远超过种植业的消纳能力。例如，英国、荷兰、比利时等国家的畜禽粪便量大大超过农田生产施用量①，成为环境污染的主要因素。另根据上海农业科学院的测定（李国学，1999），如果用于耕地还肥，1 头猪每年生产的粪便至少应有 1 亩耕地来消纳。从这些实践和研究的结论可以判断：即使耕地不使用化学肥料，也不能全部消纳生猪养殖产生的粪便，如果算上牛羊、家禽产生的粪便，按照目前耕地施用农家肥的量估算，大约有 50% 以上畜牧粪便无法通过耕地来消纳，说明畜牧养殖规模在局部区域已经大大超过土地环境承载能力。

（2）从生产与消费平衡方面分析　广西肉类总量、人均水平已经超过全国平均水平，意味着肉类尤其猪肉的生产能力大大超过区内消费能力，即目前养殖的生猪等畜牧产品的养殖规模必须通过外销渠道来平衡，这意味畜牧养殖已经局部过剩。

2013 年，广西海水养殖产品为 105.56 万 t、淡水养殖 135.08 万 t，在几个沿海省区排名靠后。按照人工养殖与天然水产的比例，广西海水养殖是天然生产的 1.62 倍，比全国平均水平 1.24 倍稍大；淡水养殖是天然生产 10 倍，低于全国平均水平 12.15 倍，总体上养殖强度不算大。

2. 肉类养殖产品合理生产规模

综上所述，广西养殖业规模总体上总体偏大，带来的农业面污染成为环境污染的主要来源。为了保护生态环境，确保区内肉类供应能力，满足中国粤港澳畜牧家禽产品的需要，稳定提高农民养殖业的收入，必须加大规模化养殖废弃物回收利用的力度，推广养殖业—种植业—生物质能循环利用的模式，同时严格养殖业的规模。因此建议广西养殖业合理生产规模为：

——年肉类生产总量控制在 420 万 t，其中，猪年出栏头数控制在 3 400 万头，猪年底头数控制 2 400 万头。

——水产品养殖产品总量保持年均增长 6%，其中，淡水养殖与天然生产的比例控制在 14 : 1，海水养殖与天然生产的比例控制在 1.8 : 1。

① 张晖 . 2010. 中国农业面污染研究：基于长三角地区生猪养殖户的调查 [D]. 南京：南京大学 .

四、农业可持续发展的区域布局与典型模式

（一）农业可持续发展的区域差异分析

1. 农业基本生产条件区域差异分析

从耕地的分布看，耕地的地区性分布差异较大，70% 分布在桂东、桂东南的平原、台地及丘陵区中，而桂西及桂西北山区，属于石漠化地区，人多地少，耕地则零星分布于山间谷，连片耕地很少，素有“一个斗笠盖三块田”的说法，而且耕地土层薄、肥力浅。

从水资源分别看，桂中、桂西、桂西北水资源总量比较充裕，但是工程性缺水，可利用率不高，导致亩平均农业水资源量较少，主要原因是这些地区属于熔岩地漏地区，土壤保水能力差，干旱现象多发。

从农业生产门类来看，水稻在广西 14 地（市）都有种植，但优质稻生产主要以玉林、桂林、南宁、贵港、钦州、梧州等市为重点，双季生产。玉米是广西仅次于水稻的第二大粮食作物，主要种植在桂中、西、北部地区的旱地、山坡地和石山区，基本为单季生产。豆类生产主要是以桂中、桂西地区的南宁、来宾、崇左、百色、河池等市为重点，主要种植方式与甘蔗、玉米、木薯等作物套种。禽畜养殖主要分布在桂东南的梧州、玉林、贵港等。海洋渔业、水产养殖集中钦州、北海和防城港。甘蔗和桑蚕集中南宁、崇左、来宾和柳州。

从农业技术措施来看，桂东南、桂中等地连片土地较大，易于采用现代农业机耕技术进行集约化、规模化种植，农业技术推广应用较为领先。而桂西、桂西北地区连片土地少，石漠化严重，机械化操作较差，种植单产水平也较低。

从社会经济发展条件看，桂东南人口密度大，从事农业劳动的人员相对较多，农业现代化水平较高，从事农业劳动的收益率较好，农业经济社会可持续性较好；桂西北、桂南相对从事农业劳动的人数少，少数民族人口，规模化种植和养殖的不多，农民增收手段不多，贫困面较大，农业经济基础较差。

2. 农业可持续发展制约因素区域差异分析

从资源、环境、社会、经济 4 个农业可持续发展的条件看，不同的区域可持续发展的制约因素有所不同。

（1）桂东、桂东南地区　人口多，人均耕地较少，如梧州、玉林人均只有 0.5 亩左右，远远低于全国平均耕地面积的水平，工业“三废”和城市生活等外源污染较多。

（2）桂南　自然灾害多，尤其是台风天气多，水涝、风灾等自然灾害多，种植业和养殖业都会容易因台风造成绝收，农业生产相对效益不高，土地撂荒多。

（3）桂中　属于熔岩地漏地区，林草覆盖率低、土壤保水能力差，干旱现象多发。

（4）桂西、桂西北　镉、汞、砷等重金属污染问题突出；连片土地少，石漠化严重，土层薄、肥力浅；机械化操作较差，种植单产水平也较低；同时生态环境脆弱，发展畜牧业也很受限。

（5）桂北地区　农业产品商品率，农业财政投入相对较少；旅游开发程度较大，农业用地面临萎缩。

（二）农业可持续发展区划方案

农业可持续发展区划要基于农业自然资源环境条件、社会资源条件与农业发展可持续性水平的区域差异，坚持农业生产发展与资源环境承载力相匹配，优化农业生产力布局，提高规模化集约化水平，不断加强农业生态保护与建设，增强农业综合生产能力和防灾减灾能力，提升与资源承载能力和环境容量的匹配度，促进资源永续利用[①]。

1. 农业可持续发展区划的指标体系

根据农业可持续发展区划指标的代表性、相关性和独立性，在这里同样选取了资源、环境、经济和社会4方面的24个指标，如下表4–1所示。

表4–1　农业可持续发展区划的指标体系

目标层	准则层	指标层
农业可持续发展区划指标体系	资源条件	农村人口人均耕地面积（亩）
		土壤有机质含量（%）
		复种指数（%）
		草畜平衡指数（%）
		耕地亩均农业用水资源量（m^3/亩）
		水资源开发利用率（%）
		旱涝保收率（%）
		林草覆盖率（%）
	环境条件	亩农业化学用品负荷（kg/亩）
		土壤重金属污染比例（%）
		农膜回收率（%）
		水土流失面积比重（%）
		秸秆综合利用率（%）
		规模化养殖废弃物综合利用率（%）
		自然灾害成灾率（%）
	经济条件	农业劳动生产率（元/人）
		农业土地生产率（kg/亩）
		农村居民人均纯收入（元）
		农产品商品率（%）
		人均食物占有量（kg/人）
	社会条件	农业科技化水平（%）
		农业劳动力人均受教育年限（年）
		农业技术人才比重（人/万人）
		国家农业政策支持力度（%）

2. 农业可持续发展区划的方法

农业区划的方法同样有层次分析法、熵值法、主成分分析法和聚类分析法等，在本文选取主成分分析法对广西各县（市、区）农业可持续区划进行基本评价。

（1）主成分法的基本原理　主成分分析法是一种可降维的数学统计方法，它借助于向量的正

① 《全国农业可持续发展规划（2015—2030年）》

交变换，对多维变量系统进行降维处理，把高维变量系统换成低维变量系统，再通过构造适当的评价函数，进一步把低维变量系统转化成一维函数表达式。因主成分分析法的计算步骤有众多参考书籍，因此具体的计算步骤在本文中不详细介绍。

（2）农业可持续发展区划主成分分析　选取了全区 109 个①县（市、区）的农村人口人均耕地面积（亩）、土壤有机质含量（%）、复种指数（%）等 24 个指标作为主成分分析的数据变量，组成一个 109 × 24 阶的矩阵，记为变量矩阵 $X_{109\times24}$。使用 SPSS 软件对这些数据进行"降维—因子分析"分析，因子抽取方法使用主成分分析法，设定提取的特征值大于 0.8，运行分析得出分析结果如下。

① 提取主成分及其特征值 λ_n：从解释的总方差中可以看出，当提取 13 个成分作为主成分时，特征值为 0.823 大于设定提取的特征值 0.8，且此时累积总方差为 81.685%，说明此时选取的 13 个主成分能够反映原有 109 个县（市区）农业可持续发展区划 24 个指标的大部分信息，仅仅有部分信息丢失，主成分分析效果较好。从表 4-2 中也相应获得 13 个主成分的特征值分别为：λ_1=3.933，λ_2=2.757，λ_3=1.825，λ_4=1.615，λ_5=1.424，λ_6=1.289，λ_7=1.164，λ_8=1.094，λ_9=0.967，λ_{10}=0.955，λ_{11}=0.912，λ_{12}=0.849，λ_{13}=0.823。

②对各个主成分进行再命名：根据旋转成分矩阵各个主成分的载荷量，截取载荷量大于 0.6 的变量②。第 1 主成分，主要包含农业土地生产率（kg/ 亩）、复种指数（%）、旱涝保收率（%）等资源与土地生产能力等信息条件，可以命名为资源成分；第 2 主成分，主要包含农业劳动生产率（元/ 人）、农村居民人均纯收入（元）等生产效率信息，可以命名为农业劳动生产率成分；第 3 主成分，主要包含秸秆综合利用率（%）等资源循环利用信息，可以命名为农业循环经济成分；第 4 主成分，主要包含农业科技贡献率（%）等农业科技信息，可以命名为农业科技成分；第 5 主成分，主要包含土壤重金属污染面积比例（%）等农业环境影响信息，可以命名为农业环境成分；第 6 主成分，主要包含人均食物占有量（kg/ 人）等农业供给信息，可以命名为农业供给能力成分；第 7 主成分，主要包含农业劳动力平均受教育年限（年）等农业劳动整体素质信息，可以命名为农业劳动者素质成分；第 8 主成分，主要包含一个地区水资源开发利用率信息，可以命名为水资源开发利用成分；第 9 主成分，主要包含一个地区农业自然灾害成灾信息，可以命名为农业自然灾害成分；第 10 主成分，主要包含耕地亩均农业用水资源量（m^3/ 亩）等信息，可以命名为农业用水成分；第 11 主成分，主要包含农产品商品率（%）等信息，可以命名为农业商品贸易成分；第 12 主成分，主要包含土壤有机质含量（%）等信息，可以命名为有机农业成分；第 13 主成分，主要包含农业产品销售收入等信息，它与第 11 成分有关联，可以命名为农业商品经济规模成分。

计算主成分的特征向量 a_n。从 SPSS 软件的分析结果中得到成分矩阵表。根据特征值与特征向量的关系，将每列分别除以特征值的开二次方$\sqrt{\lambda}$即可以得到特征向量 a_n，由 a_n 组成的特征向量矩阵记为：

$$A=\begin{bmatrix} a_{11} & \cdots & a_{1,13} \\ . & \cdots & . \\ a_{24,1} & \cdots & a_{24,13} \end{bmatrix}$$

计算各个主成分得分 F_n 和综合评价得分 F。对 109 个县（市、区）的 24 个指标进行标准化，

① 调查统计中数据中缺少防城港市港口区的，故其不在分析范围内。港口区与防城区同属一个生态环境区域，有较多的相似处，可根据防城区的数据进行大致分析，对全部的分析结果影响较小。

② 一般来说，载荷量大于 0.3 才有解释意义，在这里因为变量较多，只截取大于 0.6 的变量来进行解释。

将标准化的数据组成一个 109×24 阶矩阵，记为：

$$X'_{109\times24}=\begin{bmatrix} x'_{11} & \cdots & x'_{1,24} \\ . & \cdots & . \\ x'_{109,1} & \cdots & x'_{109,24} \end{bmatrix}$$

在这个矩阵中，每个县（市、区）的标准化数据对应一个行向量，由此可求得每个县（市、区）i 的得分情况，其中每个主成分得分为：

$$F_n=\begin{bmatrix} x'_{i1} & \cdots & x'_{i,24} \end{bmatrix}\times\begin{bmatrix} a_{n1} \\ . \\ a_{n,24} \end{bmatrix}，\ i=1,2，\cdots，109$$

农业区划综合得分为：

$$F=\frac{\lambda_1}{\lambda_1+\ldots+\lambda_{13}}F_1+\frac{\lambda_2}{\lambda_1+\ldots+\lambda_{13}}F_2+\ldots\ldots+\frac{\lambda_{13}}{\lambda_1+\ldots+\lambda_{13}}F_{13}$$

根据公式计算得 109 个县（市、区）在每一个主成分上的得分，其中，在每个主成分得分前 10 名的县（市、区）如表 4-2 所示。可以按照前述主成分的命名，对这些得分结果进行评价，但因为主成分由正向和负向指标组成，得分靠前并不代表这些地方条件较好，如在第 1 成分得分靠前的北流市、阳朔县等县（市、区）的农业资源条件较好，而在第 9 成分得分前 10 位的县（市、区）的农业自然灾害较多，不利于农业可持续生产。

表 4-2 主成分得分前 10 名的县（市、区）

主成分 F_1		主成分 F_2		主成分 F_3		主成分 F_4		主成分 F_5	
县（市、区）	得分	县（市、区）	得分	县（市、区）	得分	县（市、区）	得分	县（市、区）	得分
北流市	5.83	宁明县	4.91	隆安县	7.36	港北区	7.22	兴安县	6.21
阳朔县	5.40	海城区	4.07	那坡县	4.84	隆安县	6.98	岑溪市	3.74
灌阳县	4.49	银海区	4.00	上林县	4.17	武鸣县	5.42	资源县	3.53
资源县	3.76	龙州县	3.38	钟山县	3.78	田林县	4.64	阳朔县	3.46
灵川县	3.65	兴宁区	3.21	武鸣县	3.61	柳北区	3.47	金秀县	3.21
长洲区	3.61	天等县	2.86	凌云县	3.31	西乡塘区	2.94	北流市	2.95
岑溪市	3.45	合浦县	2.82	西林县	3.24	德保县	2.94	灌阳县	2.94
藤县	3.22	防城区	2.57	乐业县	3.02	蒙山县	2.74	柳北区	2.87
八步区	3.17	良庆区	2.35	港南区	2.87	岑溪市	2.62	灵川县	2.76
兴安县	3.14	右江区	2.30	兴宁区	2.64	隆林县	2.59	钦南区	2.69
天等县	5.28	大化县	4.20	凌云县	5.02	凌云县	3.85	港南区	3.55
宁明县	4.45	岑溪市	3.78	那坡县	4.02	上思县	3.21	上林县	2.88
那坡县	4.33	都安县	3.49	港南区	2.51	钟山县	3.10	秀峰区	2.46
柳城县	3.87	钟山县	3.37	靖西县	2.05	海城区	2.98	叠彩区	2.42
兴安县	3.04	天等县	2.14	蒙山县	1.95	田林县	2.24	覃塘区	2.13
鹿寨县	2.91	武宣县	1.99	武鸣县	1.88	福绵区	2.13	苍梧县	2.05
环江县	2.72	罗城县	1.95	兴宁区	1.78	武鸣县	2.05	上思县	1.83
大新县	2.67	雁山区	1.85	福绵区	1.75	城中区	1.97	西乡塘区	1.77
柳北区	2.61	象山区	1.63	青秀区	1.64	良庆区	1.81	昭平县	1.71
德保县	2.59	凌云县	1.56	隆安县	1.63	天等县	1.75	钟山县	1.67
岑溪市	4.15	宁明县	3.14			岑溪市	4.58		

（续表）

主成分 F_1		主成分 F_2		主成分 F_3		主成分 F_4		主成分 F_5	
县（市、区）	得分	县（市、区）	得分	县（市、区）	得分	县（市、区）	得分	县（市、区）	得分
港北区	3.60	阳朔县	2.25			港北区	3.99		
柳北区	3.13	岑溪市	2.25			大化县	2.89		
阳朔县	2.70	荔浦县	2.25			资源县	2.81		
城中区	2.54	恭城县	2.21			秀峰区	2.60		
平果县	2.44	福绵区	2.06			都安县	2.53		
鱼峰区	2.34	蒙山县	2.05			龙胜县	2.12		
江南区	2.27	玉州区	1.85			天等县	2.10		
天等县	2.27	兴安县	1.75			武宣县	1.76		
雁山区	2.01	柳南区	1.73			蒙山县	1.65		
象州县	1.67	灵川县	1.65			天峨县	1.61		

根据计算得 109 个县（市、区）的农业可持续区划评价综合得分见表 4-3。

表 4-3　109 个县（市、区）农业可持续区划评价综合得分

县（市、区）	综合得分 F	排名	县（市、区）	综合得分 F	排名	县（市、区）	综合得分 F	排名
兴安县	1.830 6	1	陆川县	0.454 2	26	上林县	0.041 0	51
岑溪市	1.330 0	2	德保县	0.448 7	27	融安县	0.019 1	52
资源县	1.122 3	3	恭城县	0.425 0	28	象山区	0.010 5	53
阳朔县	1.109 9	4	龙胜县	0.420 8	29	兴宁区	0.008 9	54
金秀县	1.016 2	5	全州县	0.410 3	30	东兴市	−0.024 4	55
北流市	1.015 5	6	平南县	0.360 4	31	浦北县	−0.041 5	56
灌阳县	0.954 1	7	柳城县	0.354 5	32	钦北区	−0.086 3	57
柳北区	0.925 7	8	博白县	0.336 3	33	右江区	−0.102 8	58
灵川县	0.800 6	9	临桂县	0.323 7	34	青秀区	−0.103 1	59
钦南区	0.766 4	10	永福县	0.311 2	35	都安县	−0.105 6	60
蒙山县	0.753 0	11	昭平县	0.309 3	36	横县	−0.135 3	61
桂平市	0.687 2	12	荔浦县	0.278 6	37	隆安县	−0.141 6	62
八步区	0.686 9	13	苍梧县	0.277 1	38	大化县	−0.146 9	63
天等县	0.600 4	14	乐业县	0.259 0	39	金城江区	−0.147 9	64
钟山县	0.579 0	15	合浦县	0.248 5	40	海城区	−0.162 6	65
福绵区	0.566 9	16	港北区	0.200 7	41	银海区	−0.164 4	66
武鸣县	0.560 4	17	兴业县	0.198 6	42	宁明县	−0.174 4	67
雁山区	0.559 4	18	玉州区	0.188 6	43	平果县	−0.183 6	68
良庆区	0.542 8	19	象州县	0.150 5	44	城中区	−0.223 6	69
鹿寨县	0.537 4	20	长洲区	0.142 1	45	防城区	−0.233 3	70
平乐县	0.536 5	21	平桂管理区	0.133 2	46	柳南区	−0.234 2	71
田林县	0.530 3	22	容县	0.124 2	47	邕宁区	−0.271 7	72
鱼峰区	0.519 2	23	叠彩区	0.122 8	48	秀峰区	−0.275 5	73
藤县	0.503 3	24	天峨县	0.092 4	49	富川县	−0.417 4	81
港南区	0.500 8	25	田阳县	0.075 7	50	武宣县	−0.422 0	82

（续表）

县（市、区）	综合得分 F	排名	县（市、区）	综合得分 F	排名	县（市、区）	综合得分 F	排名
西林县	−0.425 9	83	江州区	−0.566 8	91	西乡塘区	−1.135 2	106
灵山县	−0.451 5	84	融水县	−0.595 7	92	大新县	−1.154 0	107
那坡县	−0.479 2	85	覃塘区	−0.597 5	93	兴宾区	−1.168 6	108
江南区	−0.486 2	86	铁山港区	−0.771 3	101	扶绥县	−1.485 7	109
南丹县	−0.503 6	87	巴马县	−0.772 3	102			
隆林县	−0.504 8	88	七星区	−0.841 6	103			
上思县	−0.517 2	89	凭祥市	−0.903 3	104			
田东县	−0.538 2	90	合山市	−1.094 6	105			

（3）广西农业可持续发展分区　根据《全国农业可持续发展规划（2015—2030 年）》，依据各个县（市、区）的可持续发展区划综合得分首先进行如下大致区间划分：综合得分 0.5 以上，为优化发展区；0~0.5 为重点发展区；−0.5~0 为适度发展区；−0.5 以下为保护发展区（含海洋）。再根据农业区划的一般原则，在同一个分区内部应保持一致性，同时空间分离的两个地方即使可持续发展区划综合得分落在同一个区间里面，也不能划在同一个分区内。综合各地的农业资源环境和农业经济社会条件，广西农业可持续发展分区如下表 4−4、图 4−1 所示。

表 4−4　广西农业可持续发展分区范围

分区		区域范围
优化发展区	桂北区	桂林市：象山区，秀峰区，叠彩区，七星区，雁山区，临桂区，阳朔县，临桂县，灵川县，全州县，平乐县，兴安县，灌阳县，荔浦县，资源县，永福县，龙胜各族自治县，恭城瑶族自治县
重点发展区	桂东区	贺州市：八步区，平桂管理区，钟山县，昭平县，富川瑶族自治县
	桂东南区	梧州市：岑溪市，万秀区，苍梧县，藤县，蒙山县，长洲区；玉林市：玉州区，福绵管理区，北流市，容县，陆川县，博白县，兴业县；贵港市部分地区：港南区，桂平市，平南县
适度发展区	桂中—桂南—桂西区	贵港市：覃塘区，港北区； 南宁市：青秀区，兴宁区，西乡塘区，良庆区，江南区，邕宁区，武鸣县，隆安县，马山县，上林县，宾阳县，横县； 钦州市：钦南区，钦北区，灵山县，浦北县； 北海市：海城区，银海区，铁山港区，合浦县； 防城港市：港口区，防城区，东兴市，上思县； 崇左市部分地区：宁明县；河池市部分地区： 东兰县，都安瑶族自治县，大化瑶族自治县
保护发展区	桂西—桂中区	柳州市部分地区：融安县，融水苗族自治县，三江侗族自治县； 百色市：右江区，凌云县，平果县，西林县，乐业县，德保县， 田林县，田阳县，靖西县，田东县，那坡县，隆林各族自治县； 河池市：金城江区，宜州市，天峨县，凤山县，南丹县，罗城仫佬族自治县， 巴马瑶族自治县，环江毛南族自治县

图 4-1　广西农业可持续发展分区

（三）区域农业可持续发展的功能定位与目标

针对各个县（市、区）农业可持续发展面临的问题，综合考虑农业资源生态承载力、环境容量和农业发展基础等因素，按照上述划分，将广西划分为优化发展区、重点发展区、适度发展区和保护发展区。基于农业可持续发展理念，按照因地制宜、分类施策的原则，确定各区农业的可持续发展的功能定位、发展目标与重点方向。

1. 优化发展区

主要是桂林市。该地区有 6 个国家级产粮大县，3 个自治区粮源基地，是广西粮食主产区之一，自然生态环境较好，农业生产条件好、潜力大，但也存在水土流失重、水土资源过度使用、农业化学品过量使用、农业自然灾害多等问题，要确保耕地红线不突破，坚持农业生产优先，兼顾水土流失治理、优化种植结构，稳步提升粮食等主要农产品综合生产能力，保护好农业资源和生态环境，实现生产稳定、资源永续使用、生态环境和谐友好。综合治理水土流失，实施保护性耕作，增施有机肥，到 2020 年，深耕深松全覆盖，土壤有机质提升 4% 以上，水土流失面积控制在 3% 以内，农业自然受灾面积稳定在 40 万亩以下。推广农业节水节肥技术，到 2020 年亩均农业用水不超过 450m^3，亩农业化学用品负荷比 2013 年下降 20%。合理安排粮食作物和经济作物的种植比例和种植结构，大力推广规模化种植，提升农业品种、品质和品牌。

2. 重点发展区

主要包括桂东贺州市、桂东南梧州、玉林和贵港的港南区、桂平市和平南县，该区有 2 个国家

级产粮大县，11 个自治区粮源基地，是广西最大粮食主产区，处于西江、河江流域河谷地带，耕地面积多、水资源丰富，农业生产条件好，现代农业基础好，但也存在水土资源消耗过多，农药化肥过度使用，工业化对土地污染日益严重，城镇化扩张过多占用耕地等问题。要确保建设用地占优补优，严守耕地红线，大力推动农田水利建设，提升农业规模化经营和农业机械化水平。

——贺州地区，要大力开展工业污水治理，实施保护性耕作，增施有机肥，到 2020 年，深耕深松全覆盖，土壤有机质提升 4% 以上。严格控制水果、瓜子等经济作物的种植面积，确保粮食作物耕种面积不减少。

——梧州、玉林、贵港地区，构建与资源环境承载力相适应，粮食和“菜篮子”产品稳定发展的现代农业规模化经营生产体系，适度推动农业规模化、公司化经营，提高农业产品的商品率，建立水稻、生猪、畜禽循环生产模式，巩固农产品主产区供给地位，到 2020 年，农业产品商品率平均达 80% 以上，每个县域至少建成 1 个以上广西现代农业核心示范区。调整优化畜禽养殖布局、严格控制畜禽养殖总规模，稳定生猪、肉禽和蛋禽生产规模，加强畜禽粪便污染处理设施建设，推广应用“畜禽养殖—生化工程—沼气发电（照明）—废水（物）无害化处理—有机肥料—种植（达标排放）”的养殖模式等无害化养殖种植循环模式，到 2020 年规模化养殖废弃物循环利用率达 100%。

3. 适度发展区

主要包括桂中柳州、来宾，北部湾南宁、钦州、北海和防城港，崇左和河池部分地区。该区有 8 个国家级产粮大县，10 个自治区粮源基地，也是广西粮食主产区之一，甘蔗、桑蚕等经济作物主要发展区，该区地势平缓、耕地资源多、农业生产基础好，但也存在干旱、台风、洪水灾害等自然灾害多，水土资源消耗多，水土流失严重、工业化城镇化建设用地与农业生产用地“零和博弈”等问题。要严格耕地红线，大力实施干旱治理，实施土地大块并小块，增强土地肥力，提高农业生产的基础条件。

——南宁、柳州、来宾地区，大力实施治旱工程，推广应用节水灌溉技术，提高水资源的利用效率，到 2020 年力争实现节水灌溉全覆盖。适当调整甘蔗和桑蚕的种植面积，实施甘蔗“高糖高产”建设，确保面积调减而产量不减，加快实现甘蔗生产全程机械化。逐步扩大水稻、玉米的种植面积，提高单产水平，提高粮食自给水平。建立农业农膜回收利用机制，确保 2020 年农膜回收利用率达到 100%，有效减少农膜对耕地的污染。

——钦州、北海、防城港地区，加强农田水利工程建设，完善排水灌溉设施，减少水涝面积。开展海边盐碱地治理和利用，提升低产地亩产水平。大力推动土地流转和集中规模经营，有效减少土地撂荒。严格控制海洋养殖规模和渔业捕捞强度，规范养殖品质，加强禁渔期监管。严格控制填海造地规模和违规占用养殖滩涂，稳定海水和滩涂养殖面积和天然红树林面积。加大海洋渔业生态保护力度，严格控制临海工业废弃物排放，改善近海水域生态质量。积极发展海洋牧场，推动发展 -20m 以下深海养殖。到 2020 年，在有效海洋捕捞机动渔船数量和总功率明显下降的情况下，确保海洋渔业规模有效扩大。

4. 保护发展区

包括桂西崇左、百色，桂西北河池和桂中柳州部分地区。该区有丰富的生态、矿产资源，也是石漠化比较严重的地区，一直以来，由于矿产资源的开采、生态环境遭到一定破坏，土地重金属污染严重，水土流失面积较大，但该区也是广西贫困人口集中区，扶贫任务艰巨，因此，生态保护和经济社会发展都具有战略地位。要突出生态屏障、特色农产品主产区、稳农增收三大功能，大力实施干旱治理工程，完善农田水利基础设施建设，发展高效旱作节水农业。修建防护林带，减少水土流失，增强水源涵养功能。实施矿山治理和土壤重金属污染治理，恢复和提高土壤肥力，到2020年实现耕地地力等级和土壤有机质水平提高，重金属污染面积大大减少。大力建设“南菜北运”基地，大力发展特色农产品。严格控制羊、牛等养殖规模，调整养殖结构，适度发展农牧业。发展生态林业，推广种植经济价值较高的水果、坚果和香杉木等林木，到2020年实现农村居民人均纯收入在西部小康水平。

（四）区域农业可持续发展典型模式推广

广西是农业大省，在推进农业可持续发展方面形成了一些典型的发展模式，并在实践中得到广泛的推广应用。

1. 生态循环养殖业

玉林市畜牧业比较发达的地区，该市大力优化畜牧业结构，转变养殖方式，推行畜禽养殖业清洁生产和标准化规模养殖，推进建设玉林市现代养殖业示范园，大力发展陆川猪、三黄鸡等名优特色畜禽产品，取得经济与生态双赢的效果。其主要做法是：重点推广“猪＋沼＋果（菜、粮、蔗）＋灯＋鱼”“猪＋沼＋稻＋灯＋鱼”“稻＋灯＋鱼”“猪＋沼＋淮山”“果＋灯＋鸡”等立体种养殖融合循环模式，引导养殖户集中到养殖园实现规模化、集中化、生态化养殖，建设畜禽粪便的无害化处理设施，加强畜禽粪便的无害化处理，通过推广沼气池，有机堆肥发酵处理，制作有机、无机复混肥，对畜禽粪便进行综合利用和深加工，最大限度地减少养殖污染；同时，建立农业与工业对接渠道，建设玉林市畜禽渔产品加工园区，大力发展畜禽产品深加工，提高农产品产业化率，提升农产品的市场竞争力。

2. 农业龙头企业生态示范工程

利用龙头带动作用，建立畜牧、种植业和工商业一体化发展的模式。如某企业的生态养鸡循环农业示范工程的具体做法是：使用生态化养殖方式，将养鸡产生的鸡粪便进行深加工生产生物复合肥并用于种植有机大米，生态鸡产品和有机大米供应该企业的农产品深加工工厂和连锁餐饮店，餐饮废弃物作为养殖场饲料和沼气池的原料，形成“养鸡—种稻谷—深加工—消费—还肥”一体化的循环利用体系。又如某农业龙头企业在养猪场采用生化工程，利用猪粪进行沼气发电和照明，进一步将猪粪和废水进行有机无害化处理为有机肥用于种植剑麻，形成“生化工程—沼气发电（照明）—废水（物）无害化处理—有机肥料—种植（达标排放）”的养殖种植生物质能利用联动模式。

3. 特色农业核心示范区建设

从2014年开始，广西出台了《广西现代特色农业（核心）示范区创建方案》和相关的管理办法，将现代特色农业（核心）示范区创建与乡村建设整体考虑、统筹规划、共同推进，把山水田园路、农林牧副渔系统安排，点、线、面连片创建，生产、生态、生活协调发展，推动体制机制创新，并对获得“广西现代特色农业（核心）示范区”的地区给予以奖代补扶持。短短不到一年，特色农业核心示范区建设便在全区开展起来，预计在2017年，每个县（市、区）都将建成1个以上示范区，可以有效带动农业规模化经营水平和促进农民增收。

4.“恭城模式”——中国农业可持续发展的典范

广西恭城瑶族自治县是一个传统山区农业县，这里的土地并不肥沃，能源也不富足。从20世纪80年代初，该县开始建设沼气，并从建沼气中得到启发，沼气既可以代替能源，沼液沼渣还是种果种菜的上好有机肥。县委、县政府因势利导，大力发展“养殖—沼气—种植”三位一体的发展模式。以养殖为龙头，以种植为重点，举全县之力，大力发展以柑橙、月柿为主的水果产业，形成了“一池带四小”（即一个沼气池带一个小猪圈、一个小果园、一个小菜园、一个小鱼塘）的庭院循环经济格局，实现了经济、社会、人口与环境的全面、协调、可持续发展。如今，昔日的少数民族山区贫困县一跃成为“全国生态农业示范县”，成为联合国“发展中国家农村生态经济发展的典范”。

五、促进农业可持续发展的重大措施

总体思路是：按照稳粮增收、提质增效、创新驱动的要求，以保护、改善和有序利用农业资源为基础，调整农业结构，推进农业发展方式由粗放向集约转变、由分散生产向规模经营转变、由资源消耗型向环境友好型转变、由封闭向开放转变，建设现代农业，增强农业综合发展能力，延长农业产业链、价值链，促进农业增长由依靠增加投入品向依靠科技和提高劳动者素质转变，持续提高科技进步贡献率和资源利用率，在确保农产品供给能力的同时，不断质量和安全水平。具体措施有以下四大方面。

（一）工程措施

包括水利、土地、道路、园区和生态等方面的建设，以保证农业生产的基础。

1. 水利工程

一是重大水利枢纽建设。加快大藤峡水利枢纽、桂林市防洪及漓江补水枢纽工程、桂中治旱乐滩水库引水灌区一期工程等项目实施进度，尽早发挥效益。全力推动桂中治旱乐滩水库引水灌区二期、落久水利枢纽、驮英水库及灌区、洋溪（含梅林梯级）水利枢纽等已列入国家近期和“十三五”期间加快推进重大水利工程的项目，尽快实现开工建设。二是旱片治理。以桂中旱片、左右江旱片、桂西北旱片为重点，突出抓好321个中型灌区，尤其是68个重点中型灌区的节水配套改造工程建设，争取一批重点项目列入国家“十三五”专项规划，完善大中型灌区续建配套，建设灌区骨干工程，大幅提高灌区灌溉效益。三是中小型水库新建及除险加固。加快推进列入全国中型水库建设总体安排（2013—2017年）的50座水库项目，争取国家支持，将广西新建中型水库的中央补助比例提高到80%，将投资超过4亿元的项目按总投资的50%予以补助。持续推进病险水库除险加固工作，每年开工一批，尽快消除隐患。四是完善农田水利设施。持续开展农田渠道改良、清淤、防渗配套以及灾毁工程修复等专项行动，恢复改善灌溉面积，加强集中连片整体推进节水灌溉工作。

2. 土地工程

总结推广利用冬闲田、季节性流转的“百色模式”，农户土地合作，引入社会资本的“朝南模式”，统一规划、反包给农户的“金穗模式”，土地托管、标准化管理的“浦北模式”，以小并大、带地入股的“贵港模式”，连片租赁的“平果模式”等土地流转模式，大力支持开展“小块并大块”耕地整治，提高耕地质量，推进农业生产规模化、集约化、机械化，提高农业规模效益，减少劳动力需求，使更多农民得以摆脱土地束缚。在城镇化地区、农村地区、生态保护区、矿产资源开发地区及海岸带和海岛开展“四区一带”国土综合整治工程，统筹协调土地整治、地质灾害治理、矿山地质环境管理、工矿废弃地复垦利用等各项工作。加大城镇低效用地开发，加快工矿废弃地、基础设施等重大项目建设临时用地的复垦和整治。推进旱坡地开发改造利用，把“望天地”变成“保收田”。

3. 道路工程

在国家大力支持下，广西高速公路建设及行政村沥青（水泥）路改造成效显著，高等级公路网络逐步完善，农村道路硬化率较大提高，但普通国省干线公路及县乡道建设较为滞后，目前，普通国省干线及县乡道技术标准低、路况水平差，严重制约了新型城镇化发展和新农村建设。因此，“十三五”要重视加快对普通国省干线公路及县乡道建设，进一步提升农村公路通行能力和网络化水平。此外，广西的田间道路大多数还是土质路面，在加快实现村村通沥青水泥路的同时，要把农村道路硬化工作进一步延伸至田间地头，打通农产品外运的“最初一公里”。

4. 园区工程

把现代农业园区建设作为加快发展现代农业、推进农业可持续发展的有效载体和有力抓手，按照“市场主导、政府引导、多元投入、特色兴区”的原则，强化物质装备建设、强化科技人才支撑、强化政策扶持引导，着力发展壮大新型农业经营主体、着力输入现代农业生产要素、着力构建新型农业经营体系，突出经营组织化、装备设施化、生产标准化、要素集成化、特色产业化，高起点规划、高标准建设、高水平管理，建设一批要素集中、产业集聚、技术集成、经营集约的现代特色农业示范区，每年选取 20~30 个进行重点扶持，争取用 3~5 年时间，使每个涉农县都建成 1 个以上自治区级现代特色农业示范区。加强农村商品生产基地的基础设施和基础部门建设，快速发展交通通信事业，突出特色，合理布局，相对集中，逐步形成与本地资源特点适应的格局。

5. 生态工程

深入推进九洲江、贺江、龙江、刁江等流域治理，争取纳入国家“十三五”重点流域水环境整治工程。推广与广东联合治理九洲江的成功做法，强化与周边省份的流域跨界水环境保护和治理合作。推进重金属污染、土壤污染、水土流失等专项治理工程，加强岩溶地区石漠化防治，加快沿海盐碱化土地改良和沙化土地治理。推进新一轮退耕还林工作，努力巩固退耕还林成果。深入持续开展“美丽广西·生态乡村”活动，加快推进农村环境连片整治项目，强化农村环境综合整治。

（二）技术措施

健全农业科技创新体系和推广应用服务体系，以提高农业种养品种的单位产出率和提升农业综合效益为目标，加强现代农业技术研发和推广应用，强化农业常规技术与高新技术的结合，发展高产、优质、高效、生态、安全农业，发挥科技对农业可持续发展的引领作用。重点发展以下几个领域。

1. 良种繁育

开展种质资源的收集、保存、评价、创新和利用的研究，加强种质创新与新品种培育，引进和培育农作物、畜禽、水产、林木等优良新品种。重点开展优质、高产、高效、抗病虫、抗逆性好、适应性广的主要农作物和林木新品种的选育，高生物量的甘蔗、木薯等能源植物新种质的创新，以及畜禽优良品种、优质高产水产养殖品种的引进和培育。

2. 高效种养

开发和推广主要农作物优质、高产、高效、生态、安全生产技术，开展工厂化设施种养技术、主要经济作物避灾保护栽培技术。构建水稻、玉米等大宗粮食作物和果蔬、油料、薯类、甘蔗、烟草等经济作物的标准化绿色生产体系，研究、引进、开发粮食果蔬作物的有机健康栽培技术。加强森林定向培育技术和人工速生林丰产栽培技术。引进和选育高产、优质牧草新品种，研究开发粗饲料资源高效利用技术，畜禽、水产标准化和规模化养殖、无公害养殖等技术，重点突破奶水牛和黄牛高效养殖关键技术、名特优水产高效养殖技术、畜禽水产主要疫病综合防治技术。加强高效无公害生态肥料、生态农药、种养副产物综合利用等技术研究开发。大力开发和推广适应广西地形特点的水稻插秧机、水稻联合收割机、甘蔗种植机、中耕培土机、甘蔗联合收割机等智能化、经济型农业装备设施。

3. 水资源可持续利用

总结推广甘蔗种植高效节水灌溉经验，制订广西地方标准，加快把以喷灌、管灌和滴灌为主导的高效节水灌溉技术推广到全部甘蔗种植和其他旱地作物，同时进一步加强糖料蔗的水分生理特性和需水规律研究、糖料蔗灌溉定额和灌溉制度研究以及新能源在高效节水灌溉中的应用研究，不断提高水平。开展水资源可利用量与承载力研究，开发水资源高效利用、灌区现代化管理和农村生活污水处理技术。

4. 农产品精深加工与保鲜储运

开展特色植物、药食兼用植物功能成分和活性物质的分离、提纯及其功能研究，开发功能性食品生产技术。研究亚热带优势水果和大宗蔬菜的保鲜贮运技术与深加工技术、粮油精深加工技术、烟草加工增值技术。发展畜产品和水产品保鲜及深加工技术，重点引进、消化、开发先进乳制品加工技术，开发水牛奶新产品。研究开发新鲜蔬菜、时鲜瓜果、生鲜蛋、鲜奶、鲜活水产品和禽畜等鲜活农产品冷链物流、保鲜等技术及设备。

5. 生态环保

研究脆弱生态系统动态监测、评估、生态区划与区域生态功能定位，探索适用不同生态系统的修复、重建技术和方法，重点开展石漠化区、桂东南红壤侵蚀区与矿区生态恢复重建，地质环境保护与地质灾害防治，沿海防护林建设，小流域综合治理等方面的技术研究。开展大气、水、土壤污染综合防治技术研究，重点开展土壤重金属和持久性有机污染物防治和修复技术、污染土壤物理化学和其他新修复技术及后续生物质废料的清洁处置技术、农业农村面源污染控制技术、畜禽养殖废弃物综合处置及资源化利用技术、病死猪无害化处理技术等研究。

6. 农业信息技术集成与应用

构建“数字农业”基础框架，建立农业信息资源共享平台，围绕农业生产产前、产中、产后及农业技术培训等需求，重点开发计算机农业专家系统等应用软件和农业虚拟技术及精准技术，健全农业科技信息服务体系。支持信息服务技术发展，重点开发信息采集和管理信息、农村远程数字化和可视化、气象预测预报和灾害预警等技术。

（三）政策措施

研究制定自治区关于农业可持续发展的专门文件，瞄准农业生产产前、产中、产后各环节的关键要素需求，精准施策，务求实效。

1. 拓宽农业资金投入渠道

建立以财政投入为引导，企业为主体，金融信贷为支撑，农业保险和社会资金为补充的多渠道现代农业投入机制。自治区财政直接投入重点用于关系全区农业和农村发展的公益性、基础性项目建设，同时通过财政补贴、以奖代拨等方式，支持现代农业企业等农业经营主体发展，生产基地及市场建设等方面。抓住农村金融改革不断深化的机遇，大力推广田东县农村金融综合改革试点经验，加强金融组织、金融产品和服务方式、信贷抵押担保方式，以及建立村级“三农”金融服务室、征信体系、“三农”信贷风险补偿和奖励机制、适应“三农”特点的金融政策指导体系和监管体制等方面的创新，加快构建商业性金融、合作性金融、政策性金融相结合，适应现代农业发展需求的农村金融体系和服务网络。进一步明确现有农业信贷投入体系的组织定位、支农业务范围和支农业务重点，为现代农业项目的实施提供更好的金融服务。区分商业性农业保险与政策性农业保险体系，大力构建政策性农业保险体系，鼓励商业银行开展农业保险业务。发挥政府投入的导向作用，以民营投资为依托、信贷投入为补充，通过直接投入、税收优惠、贴息、补贴等各种行之有效的手段，调动广大农户和集体经济组织增加投入的积极性，引导社会资金投入现代农业的发展。

2. 加快调整农村产业结构

现在耕地从面积上发展已经没有空间，关键是调整产业结构，从提高产量、提高品质、提高服务上要效益。种植方面，要确保粮食安全，积极发展优质稻，同时大力发展马铃薯等其他适宜的粮食类作物。适当减少糖料蔗种植面积，主要通过建设500万亩“双高”糖料蔗基地来确保制糖业原料供应。从严格控制速生类树种的种植面积。要大力发展林下养殖、林下种植等林下经济，激发林改后的活力。要发挥亚热带水果、反季节蔬菜等方面优势，积极推广新品种，发展名特优稀农产品，打造无毒、无残留、无公害农产品精品名牌，使名、特、优产品形成批量。养殖方面，要推动畜牧业转型升级，走农牧结合、生态养殖、循环发展、综合利用的生态养殖路子。加快建设畜禽产品原料生产基地，大力发展草食动物养殖，做强奶水牛、香猪、黑山羊、优质家禽、优势水产品等在全国具有明显优势的品牌。要做足海洋捕捞和养殖文章，稳步发展对虾、珍珠、文蛤、大蚝、方格星虫、青蟹、弹涂鱼等名优品种养殖，继续鼓励捕捞渔民转产转业，推行淘汰小船更新大船，积极、稳妥发展以南沙、公海渔业资源利用为主体的外海渔业和远洋渔业，使养殖区域由沿岸滩涂浅海向离岸深水海域拓展，结构由重养殖捕捞向构建现代海洋渔业产业体系延伸。农产品加工方面，要更加重视发展精深加工，用工业的理念谋划农业的发展，用工业的钥匙开启农业持续发展之门。要完善提升以蔗糖、粮油、水果、蔬菜、畜禽、水产品为主的食品加工产业，以林纸、林板、林化为主的林浆纸产业，以及茧丝绸、现代中药加工等为支撑的其他产品加工产业，通过精深加工延伸产业链，提高农产品附加值，更好地促进农业增效、农民增收。“三产”方面，要突出发展与现代农业相互支撑、整合发展的服务业，构建现代农业综合服务体系，鼓励发展农业科技、涉农物流、农产品质量安全、农村劳动力培训等专业服务，形成“一三产”无缝对接的产业链、价值链。尤其是网上销售、冷链物流等新业态、新模式要尽快建立起来，以适应消费形势的变化，提高农产品配送能力，促进产销顺畅对接。

3. 推进农业经营体制机制创新

在坚持家庭承包经营为基础、统分结合的双层经营体制前提下，稳步推进转包、出租、互换、转让、股份合作等形式的土地承包经营权流转，引导发展多样化的经营模式。种植以小规模家庭经营为主、大农场经营为辅，养殖则以适度规模养殖为主、农户散养为辅；家庭经营要向采用先进科技和生产手段、创造高效益的方向转变，规模经营要发展农户联合与合作。大力引进培育龙头企业，推动原先分散的小农式经营向适度的规模化经营过渡，促进土地、劳力、资金、技术、设备等重新组合，形成全新的效益型经营模式。推广“龙头企业＋合作组织＋基地＋科技人才＋农户”的科技应用模式。因地制宜选择合理适当的农业产业化组织形式，如农产品市场体系比较完善、农民市场意识较强的地方选择“专业批发市场＋农户”形式，而生产专业性较强、又有一定的企业作为依托的地方，则应选择“公司＋农户”的产业化组织形式。积极推进标准化生产，全面提高农产品质量和标准化程度。

4. 加快培育新型农业经营主体

可持续发展的理念、技术能否被广大农业经营主体掌握并付诸实践，是农业可持续发展战略能否落实的关键所在。新型农业经营主体仍然是以农民为主，要大力实施农民培训工程，加快培育适应现代农业发展需要的新型职业农民。结合实际从居住地域、生产经营规模、农业劳动时间、素质能力水平等方面制订认定标准，作为培育和扶持的依据。着重抓好家庭农场主、农民专业合作社理事长、种养大户、科技示范户等的培养，发挥示范带动作用。吸引和支持农民工返乡务农，鼓励和支持新生代农民工子承父业。以中等职业教育为平台，公共财政支持扩大“阳光工程”“百乡、千村、万户农民培训工程”等创业培训规模经营，开展多形式、经常性的职业教育、实用技能培训。完善绿色证书制度，健全农业技能持证上岗制度，探索把绿色证书作为认定职业农民的重要依据，并与农业扶持政策挂钩。此外，要加强与中国农业大学、华南农业大学等国内外著名农业院校在研究生培养、干部挂职培养等方面的合作，培育壮大现代农业急需的农产品社区渠道主管、物流、移动互联网、财务管理以及农企职业经理人等高端人才、专业人才队伍。

5. 打造新型社会化服务体系

加快构建以公共服务机构为依托、合作经济组织为基础、龙头企业为骨干、其他社会力量为补充，公益性服务和经营性服务相结合、专项服务和综合服务相协调的新型农产品生产社会化服务体系。支持供销合作社、农民专业合作社、专业服务公司、专业技术协会、农民经纪人、龙头企业等提供多种形式的生产经营服务。积极发展物流配送、连锁经营、网上交易等现代流通方式，推广“农户＋超市”的直接流通模式，大力建设功能齐全、设施先进、辐射能力强的农产品专业批发市场，构建农资和农产品连锁经营服务网络。鼓励龙头企业在全国乃至国外建立展销、批发和配送中心，逐步建立面向全国的农产品市场营销网络和农产品现代物流体系。健全乡镇或区域性农业技术推广、动植物疫病防控、农产品质量监管等公共服务机构，逐步建立村级服务站点。加强气象现代化建设，建立以高科技为基础的气象监测网，形成现代化程度较高的防灾减灾和农业气候综合利用的气象服务体系。探索和完善新形势下农民专业合作社的指导服务体系，构建县、镇、村三级服务平台，建立市场经营主体与农户利益紧密联结的机制，鼓励和引导农民以土地入股的形式加入合作社，实现从松散型向以资金、技术、土地、品牌等其他参股合作形式的紧密型转变。

6. 扩大和深化农业开放合作

发达地区现代农业发展的实践表明，实现农业可持续发展，开放合作不可或缺。要坚持开放这一根本出路，不断引入创新理念、市场化理念、集约化理念、标准化理念改造传统农业，推动广西农业在国际分工、国内分工中占有地位，掌握一定的话语权。一是推动各类区外生产要素进入广西。消除要素自由流通障碍，使资金、先进农业科学技术、管理经验、优良品种、好项目、人才、先进的机械设备和仪器等都进得来、留得住。二是加强与东盟国家的双边农业合作。对东盟许多国家来说，广西的农作物优良品种、农业机械化成套设备和技术都处于先进水平，物美价廉，要充分发挥自身的技术优势、利用东盟的资源优势加强农业合作，置换东盟农业要素促进广西农业可持续发展。三是加强合作平台建设。加快把中国—东盟（广西百色）现代农业合作示范区、海峡两岸（广西玉林）农业合作试验区、玉林—文莱合作开发水稻基地等建设成为高水平的、带动作用强、示范效应明显的示范平台。同时要放宽视野，谋划推进与欧美等地先进国家合作建设更多的合作平台。

7. 建立完善促进农业可持续发展的体制机制

重点是确保各级财政对农业投入增长幅度高于经常性收入增长幅度的农业投入保障制度、逐年较大幅度增加农民种粮补贴的机制、与农业生产资料价格上涨挂钩的农资综合补贴动态调整机制、农产品价格保护制度、农业生态环境补偿制度、基层政府考核机制和财税分配体制、粮食主产区长效补偿机制、农村集体经营性建设用地使用权转让机制、产业链利益分配机制等。

（四）法律措施

在细化落实国家有关法律法规的基础上，针对广西的农业特色制定地方性法规条件，规范特色产业发展，同时加强普法教育提高群众法律意识，加大违法行为的查处力度，为农业可扶持发展提供坚强法律保障。

1. 制定落实国家法律法规的细则或办法

进一步加强调查研究，积极探索实践，全面准确把握《中华人民共和国农业法》《中华人民共和国环境保护法》《中华人民共和国基本农田保护法》等有关法律法规的内涵和要求，强化相关配套制度、机制建设，特别是在农业环境资源保护规划、农业环境监测、农业环境资源保护责任、农业生态环境综合整治考核等重点方面制定相应的实施细则或方案，切实把国家的各项法律规定和要求落到实处。

2. 制定完善地方特色的法规

重点在糖料蔗、桑蚕等特色农业发展、石漠化治理、生态农业建设管理、农业节约用水、肥料管理、生物质能源发展、废弃农药瓶处置等方面，从广西实际出发，制定完善相关的地方性法规条例。

3. 加强普法教育

把相关法律的学习宣传工作作为当前及今后的一项重要任务，上下互动，同步推进，广泛深入开展学习宣传活动，使农业系统的干部职工和广大农民都能尽快准确把握相关法律法规的基本内容，深刻领会精神实质，切实做到正确、科学、规范、严格依法开展农业生产和管理。注重发挥广大农技人员的基础作用，发挥农民专业合作社和种植大户的传带作用，扩大宣传范围和对象，切实提高法律法规的社会认知度、影响力和执行力，不断增强全社会特别是广大农业生产经营者的法律意识。

4. 加强涉农法律服务与司法救助

农村法律工作者要主动为各类农业合同提供起草、审查和公证服务，为农民提供免费的法律培训，由侧重事后法律救济转为事前防范法律风险。成立村级法律服务室，设定“律师接待日”，由农民被动寻找法律服务转为主动提供服务。进一步完善涉农立案服务措施，实行“一站式”快捷立案，由农民群体登门申诉转为司法主动为民。通过加强法律服务与司法救助，切实保障农民平等行使诉讼权利，维护农民弱势群体合法权益，平衡农村社会利益，化解农村社会矛盾，促进农村社会和谐，为农业可持续发展营造良好的社会氛围。

5. 强化对违法、渎职行为的查处

加大对农村地区破坏环境违法行为的查处力度，依法惩治盗伐滥伐林木、偷排偷放、非法采矿采沙、非法占用农地、破坏耕地等多发性违法犯罪，探索通过停止侵害、排除妨碍、恢复原状或修复环境、赔偿损失等多种式，降低对环境资源的损害程度。重点查办退耕还林、水土保持、农村饮水安全、污水垃圾处理等领域的职务犯罪，对在农村生态环境保护领域违法行使职权或不行使职权的政府机构或公职人员，探索运用督促起诉、提起公益诉讼等方式，督促其依法履行职责。

6. 积极鼓励扩大公众参与

加快建设以公民监督举报制度、信访制度、听证制度、环境影响评价公众参与制度、新闻舆论监督制度、公益诉讼制度等为主要内容的公众参与制度。建立信息公开机制，推行政务公开，定期发布政策法规、项目审批和案件处理等信息，确保公众的知情权。建立公众参与决策机制，在制定法律法规过程中，将公众参与作为重要环节，使法律法规更符合公众需求实际。建立公众参与监督举报机制，畅通群众举报投诉渠道，充分发挥人民的力量，形成对违法行为的全方位、全天候监督。

参考文献

曾献印 . 2005. 农业可持续发展评估：理论与应用——以河南省为例 [D]. 郑州：河南大学 .

陈家金，李丽纯，李文 . 2008. 福建省农业资源可持续利用综合评估方法研究 [J]. 中国生态农业学报，16（5）：1235.

崔和瑞，张淑云，赵黎明 . 2004. 基于系统理论的区域农业可持续发展系统分析及其评价——以河北省为例 [J]. 科技进步与对策（5）：150-151.

韩伯棠 . 2005. 管理运筹学（第 2 版）[M]. 北京：高等教育出版社 .

刘军 . 2011. 湖南省农业资源可持续利用评价研究 [J]. 江西农业大学学报（社会科学版），10（3）：66-67.

邱化蛟，常欣，程序，等 . 2005. 农业可持续性评价指标体系的现状分析与构建 [J]. 中国农业科学，38（4）：736-740.

吴传均 . 2001. 中国农业与农村经济可持续发展问题——不同类型地区实证研究 [M]. 北京：环境科学出版社 .

张晖 . 2010. 中国农业面污染研究——基于长三角地区生猪养殖户的调查 [D]. 南京：南京大学 .

周炳中，包浩生，彭补拙 . 2000. 长江三角洲地区土地资源开发强度评价研究 [J]. 地理科学，20（3）：218-223.

诸保金，游小建，卢朝辉 . 1999. 应用面向对象分析思想构建农业可持续发展评估指标体系 [J]. 农业经济问题（11）：18-22.

海南省农业可持续发展研究

摘要： 通过对海南省农业发展可持续性分析发现，2000—2012 年海南省农业综合系统的可持续发展能力保持逐年增强的态势，三个子系统除了生态系统在一定时期内有所波动，经济系统和社会系统的可持续水平稳中有升，其中社会系统的增长情况最为明显，对整个农业综合系统可持续水平的提高贡献最大。在农业发展规模方面，海南省应适当增加粮食作物和水果的播种面积；适当增加牛和羊的养殖，减少耗粮量较高、收益状况一般的禽类和生猪养殖。对于海南省农业可持续发展的区域布局，综合考虑了各地农业资源承载力、环境容量、生态类型、社会、经济发展基础等因素，将海南全省划分为优化发展区（包括海口市、三亚市）、适度发展区（包括文昌、琼海、临高、东方、澄迈、万宁、儋州、定安、屯昌、昌江、陵水等 11 个市县）和保护发展区（包括乐东、琼中、保亭、白沙、五指山等 5 个县（市）。

一、海南省农业可持续发展的自然资源环境条件分析

海南省位于中国最南端，北以琼州海峡与广东省划界，西临北部湾与越南民主共和国相对，东濒南海与台湾省相望，东南和南边在南海中与菲律宾、文莱和马来西亚为邻。海南省的行政区域包括海南岛和西沙群岛、中沙群岛、南沙群岛的岛礁及其海域。全省陆地（包括海南岛和西沙、中沙、南沙群岛）总面积 3.5 万 km^2，海域面积约 200 万 km^2。海南岛形似一个呈东北至西南向的椭圆形大雪梨，总面积（不包括卫星岛）3.39 万 km^2，是我国仅次于台湾岛的第二大岛。海南岛与广东省的雷州半岛相隔的琼州海峡宽约 18 海里，南沙群岛的曾母暗沙是我国最南端的领土。

海南岛四周低平，中间高耸，以五指山、鹦哥岭为隆起核心，向外围逐级下降。山地、丘陵、

课题主持单位：海南现代生态工程研究所、海南省农业资源区划办公室
课题主持人：傅国华
课题组成员：罗富晟、郭烈忠、黄润庭、林爱杰、曹志磊

台地、平原构成环形层状地貌，梯级结构明显。海南岛的山脉多数在 500~800m，海拔超过 1 000m 的山峰有 81 座，海拔超过 1 500m 的山峰有五指山、鹦哥岭、俄鬃岭、猴弥岭、雅加大岭和吊罗山等。这些大山大体上分三大山脉：五指山山脉位于海南岛中部，主峰海拔 1 867.1m，是海南岛最高的山峰；鹦哥岭山脉位于五指山西北，主峰海拔 1 811.6m；雅加大岭的山脉位于岛西部，主峰海拔 1 519.1m。海南岛比较大的河流大都发源于中部山区，组成辐射状水系。全岛独流入海的河流共 154 条，南渡江、昌化江、万泉河为海南岛三大河流，其流域面积占全岛面积的 47%。

（一）土地资源

1. 海南省农业土地资源及利用现状

海南岛是我国最大的“热带宝地”，土地总面积占全国热带土地面积的 42.5%，可用于农、林、牧、渔的土地人均约 0.48hm^2。由于光、热、水等条件优越，生物生长繁殖速率较温带和亚热带为优，农田终年可以种植，不少作物年可收获 2~3 次。按适宜性划分，海南岛的土地资源可分为 7 种类型：宜农地、宜胶地、宜热作地、宜林地、宜牧地、水面地和其他用地。全省可用于发展热带高效农业的土地约有 33 906.7km^2，其中，宜农地 9 733.3km^2，宜橡胶地 7 173.3km^2，宜热作地 1 626.7km^2，宜林地 10 040.0km^2，宜牧地 2 073.3km^2，内陆水域 1 366.7km^2，其他地 1 893.3km^2。

海南岛的地貌特点是中高周低，由山地、丘陵、台地、阶地、平原、滨海沙滩逐级过渡，呈不对称的环状—层状结构，其中，海拔 500m 以上山地占 25.4%，500~100m 丘陵占 13.4%，100m 以下台地占 32.6%，阶地占 16.9%，平原占 11.3%，陆地水域占 0.4%，海岸线长 1 528.4km，岛北以台地平原为主，岛南山地丘陵多，70% 的土地在海拔 200m 以下，这些特征各异的地貌类型在农业开发利用上各有不同的意义。海南省农用地占土地总面积近 80%，显示农业在海南省占有重要地位；园地林地占土地总面积 55% 以上。2011 年，海南省未利用地面积为 41.29 万 hm^2，占土地总面积的 11.68%，未利用土地以荒草地为主，并且大多集中连片，表明海南省开发整理土地潜力大。2000—2011 年主要年份海南土地利用总体结构如表 1-1 所示。

表 1-1　海南省土地利用总体结构[①]　（单位：万 hm^2）

		2000 年		2005 年		2011 年	
		面积	比重（%）	面积	比重（%）	面积	比重（%）
规划地类合计		353.54	100.00	353.54	100.00	353.54	100.00
农用地	小计	282.61	79.94	282.64	79.95	281.01	79.48
	耕地	76.23	21.56	72.76	20.58	70.29	19.88
	园地	52.24	14.78	53.31	15.08	87.53	24.76
	林地	143.93	40.71	148.33	41.96	113.06	31.98
	牧草地	1.94	0.55	1.94	0.55	3.97	1.12
	其他农用地	8.27	2.34	6.30	1.78	6.16	1.74

2013 年海南岛的常用耕地面积 41.82 万 hm^2，占全省土地总面积的 11.8%。根据海南省经济社会发展要求和《全国土地利用总体规划纲要（2006—2020 年）》下达给海南省的土地利用主要调控

① 资料来源：根据海南省土地利用总体规划（2006—2020 年）、海南省土地开发整理规划（2004 年）以及海南省 2011 年土地利用现状变更调查等资料整理

指标，规划期内，全省努力实现以下耕地土地利用目标。到2010年和2020年确保全省耕地保有量分别不低于72.27万hm^2（1 084.1万亩）、71.80万hm^2（1 077.0万亩），到2020年确保全省基本农田保护面积不低于62.33万hm^2（935.0万亩）。保护农田基础设施完备，耕地质量、基本农田质量不断提高。到2010年和2020年，全省建设用地占用耕地控制在0.93万hm^2（14.0万亩）以内和2.47万hm^2（37.1万亩）以内。国家下达给海南省的土地利用调控指标如表1-2所示。

表1-2　国家下达给海南省的土地利用主要调控指标　（单位：万hm^2）

主要调控指标		2005年	2010年	2020年	指标属性
总量指标	耕地保有量	72.76	72.27	71.80	约束性
	基本农田面积	–	62.33	62.33	约束性
	园地面积	53.31	55.33	60.00	预期性
	林地面积	148.33	151.60	155.60	预期性
	牧草地面积	1.94	1.90	1.83	预期性
	建设用地总规模	29.26	31.80	35.71	预期性
	城乡建设用地规模	19.45	20.35	22.21	约束性
	城镇工矿用地规模	7.39	8.40	10.50	预期性
	交通、水利及其他建设用地	9.81	11.45	13.50	预期性

海南省资源禀赋和产业结构特色鲜明。全省土地利用的主要特点是：中部高、四周低的岛屿地貌形态，决定了圈层分布的土地利用空间格局；农用地的多宜性特征明显，林地和园地面积比重大；以旅游业为主导的产业特点，客观上要求土地利用保持低容积率、低建筑密度和高植被覆盖率，土地节约集约利用总体水平还较低；滨海平原地区既是优质耕地和基本农田集中的地区，也是人口集中和产业集聚的地带，保护耕地与保障发展用地的矛盾较为突出。

2. 海南省农业可持续发展面临的土地资源环境问题

上述丰富多样、适宜性广的土地资源具有高价值的生产能力和开发潜力，但由于存在种种的农用土地资源生态环境等问题而没有充分发挥出来，总体土地资源数量有限，耕地后备资源并不十分充裕，制约着海南省农业的可持续发展。

（1）土地资源数量　从国家下达给海南省的土地利用主要调控指标可以看出，到2020年，全省耕地保有量下降到71.80万hm^2，园林和林地面积也在增加，建设用地规模上升到35.71万hm^2。虽然目前全省也在积极开发未利用的土地，毕竟海南省总体土地面积小，等到未开发的土地都开发尽了将无地可以开发，那么，园地、林地和建设用地数量的增加挤占了一部分的耕地数量。

（2）土地资源质量　耕地土壤养分少，地力水平逐渐降低，土壤酸化趋势明显。据近年相关土壤检测数据，全省耕地土壤有机质平均含量为20.8‰，为三级水平；四级水平以下占48.52%，属低等水平。碱解氮平均含量80.42mg/kg，为四级水平；四级水平以下占58.74%，属低等水平。有效磷平均含量21.68mg/kg，为二级水平；四级水平以下占53.09%，属中低等水平。速效钾平均含量53.49mg/kg，为四级水平；四级水平以下占84.17%。从耕地质量等级分布情况看，全省一等地仅占5.2%、二等地仅占24.1%、三至六等地占70%以上，大部分为中等偏下水平；从有机质含量看，二级以上水平（含量3%以上）仅占4.18%，而三级水平（2%~3%）和四级水平（含量1%~2%）分别高达30.35%和59.05%。土壤酸化比较严重，全省98.18%的耕地pH值低于6.0（最适宜作物生长的酸碱度为6.2~7.2）。

（二）水资源

1. 海南省农业水资源及利用现状

海南省具有热带季风和热带海洋性气候的特色，雨量充沛，年平均降水量 1 500~2 600mm，海南淡水资源总量为 319 亿 m^3，人均水资源量 4293m^3，高于全国人均水资源量 2 200m^3，属于水资源相对较丰富的地区，但却不到世界平均水平的一半。

根据海南省历年水资源公报统计，全省常年（多年平均值）水资源量为 307.14 亿 m^3，丰水年水资源量 333.12 亿 m^3，偏枯水年水资源量为 227.59 亿 m^3，枯水年水资源量为 171.14 亿 m^3。海南省水资源量若按平水年 307.14 亿 m^3 为约束计算，则按照联合国规定的人均水资源丰水线（3 000m^3/人）和警戒线（1 700m^3/人），海南省水资源可以承载的最佳人口规模 1 023.8 万人，最大人口规模 1 806.7 万人。

海南岛地势中部高四周低，比较大的河流大都发源于中部山区，组成辐射状水系。全岛独流入海的河流共 154 条，其中水面超过 100km^2 的有 38 条。南渡江、昌化江、万泉河为海南岛三大河流，三条大河的流域面积占全岛面积的 47%。南渡江发源于白沙县南峰山，斜贯岛北部，至海口市入海，全长 311km；昌化江发源于琼中县空示岭，横贯海南岛西部，至昌化港入海，全长 230km；万泉河上游分南北两支，分别发源于琼中县五指山和风门岭，两支流到琼海市龙江合口咀合流，至博鳌港入海，主流全长 163km。海南岛上真正的湖泊很少，人工水库居多，著名的有松涛水库、牛路岭水库、大广坝水库和南丽湖等。

2008 年，海南岛的农业用水量为 35.95 亿 m^3，农业用水占整个用水量的 76%，而工业用水为 4.95 亿 m^3，农业用水是工业的 7 倍多。由此可见，海南省的总体水资源较丰富，为农业的发展提供了绝对支持。

2. 海南省农业可持续发展面临的水资源环境问题

（1）海南地表径流空间分布不均　中部高四周低是海南的地势特点，大小河流从中高处向四周分流入海，构成海南的放射性的水系形态，所以海南岛的河流都比较短，河床陡峭，汇流快，洪峰高，持续时间短，再加上缺乏水利设施，大量的水资源无效地流入大海，上游大片台地及平原，所需浇灌用水却没有保证；一些沿河低洼地区又由于排水不畅，致使经常发生洪涝灾害。另外，由于各河流的流量和出海位置不同，造成沿海地带地表水资源分布不平衡，非河口地区缺水，河口地区水源较丰富，三大河流出口的水资源占地表水资源总量的 53%。

（2）海南降水资源的时空分布不均　首先，海南岛降水地域分布不均。降水量呈现出中东部多雨、西部和西南部少雨的特点，降水量以中部五指山山脉为界，偏东的山区降水较多，年均降水量 2 000~2 400mm；东北部年平均降水量一般在 1 500~2 000mm；西南部降水偏少，年降水量仅 1 000~1 200mm。其次，海南岛降水时间分布不均，干湿季十分明显。全年大部分降雨集中在 5—10 月，占全年降水量的 80% 左右，降水量分布的时空不均，导致了冬春干旱时常发生，也导致了海岛西南部昌江、乐东等地区的干旱缺水。此外，降水量年际间相差悬殊，大部分地区超过 19%，个别市县甚至达 22%。虽然海南的降水充沛，但由于海南省的降水区域和时间的分布不均匀以及蓄水设施严重缺乏，导致约一半的降水流失入海，可直接用于农业生产的水资源量甚少。海南又是农业省，常年气温高，农业生产蒸发蒸腾量极大，加上农业产业结构、输水效率、灌溉模式等因素的综合影响，导致农业生产用水量大，耗水率高。2009 年全省总用水量 44.64 亿 m^3，其中，农田灌溉用水量占总用水量的 62.19%。可知，海南省虽然总体水资源丰富，但是能用于农业生产的水资源利用率较低，制约着海南省农业可持续发展。

（3）海南水资源存在污染问题　海南的江河流域普遍存在破坏水源林、生活垃圾乱堆乱倒、生活污水直接向河流排放、工业废水不达标排放等问题。南渡江、藤桥河下游段，由于污染问题，水体水质已经降至Ⅳ类，陵水、东方、文昌、白沙 4 县（市）的县城生活水源为Ⅲ类水质。受到污染的水无法满足生活和农业生产的需要。

（三）气候资源

海南地处热带北缘，属热带季风气候，素来有“天然大温室”的美称，这里长夏无冬，年平均气温 22~27℃，大于或等于 10℃的积温为 8 200℃·d，最冷的 1 月温度仍达 17~24℃，年光照为 1 750~2 650 小时，光照率为 50%~60%，光温充足，光合潜力高。海南岛入春早，升温快，日温差大，全年无霜冻，冬季温暖，稻可三熟，菜满四季，是中国南繁育种的理想基地。

海南是我国最具热带海洋气候特色的地方，全年暖热，雨量充沛，干湿季节明显，常风较大，热带风暴和台风频繁，气候资源多样。大部分地区降水充沛，年降水量在 1 000~2 600mm，有明显的多雨季和少雨季。每年的 5—10 月是多雨季，总降水量达 1 500mm 左右，占全年总降水量的 70%~90%，雨源主要有锋面雨、热雷雨和台风雨；每年 11 月至翌年 4 月为少雨季节，仅占全年降水量的 10%~30%，少雨季节干旱常常发生。中部和东部沿海为湿润区，西南部沿海为半干燥区，其他地区为半湿润区。降雨季节分配不均匀，冬春干旱，夏秋雨量多。

气候变化是人和自然综合作用的结果，存在着不确定性。当前来看，全球气候变化以温度上升、气候变暖为主要特征，对当今世界经济、生态和社会系统产生了重大影响，并通过农业生产及其相关产业威胁着国家和全球粮食安全，已成为当下全球环境变化关注的热点问题。农业生产直接关系人类生存发展与社会稳定，气候变暖、气候要素的扰动性与振荡性加剧、极端气候事件增多以及海平面上升等显著气候变化特征，将对农业生产系统产生深远影响。

二、海南省农业可持续发展的社会资源条件分析

（一）农业劳动力

1. 海南省农村劳动力转移现状特点

农村有限的土地资源与不断增加的人口数量是农民贫困的矛盾性历史根源。农村富余劳动力向非农产业和城镇转移，是传统农业社会向现代工业社会转变的必经之路，是工业化和城镇化建设的必然趋势。

（1）海南省农村劳动力整体情况　海南省农村劳动力人数呈逐年上升的趋势，2003 年海南农村劳动力人数为 240.27 万人，到 2013 年达到 301.51 万人，10 年间增长了 25.5%，见图 2-1。从年龄结构上看，20~29 岁的劳动力所占比重为 22.3%；30~40 岁的劳动力所占比重为 50.8%；41~50 岁的劳动力所占比重为 29.8%。从文化程度上看，劳动力文化水平整体偏低，初中学历、高中学历、大学专科学历和大学本科学历劳动力分别占整体农村劳动力的比重为 65.7%、14.3%、6.6% 和 2.1%。

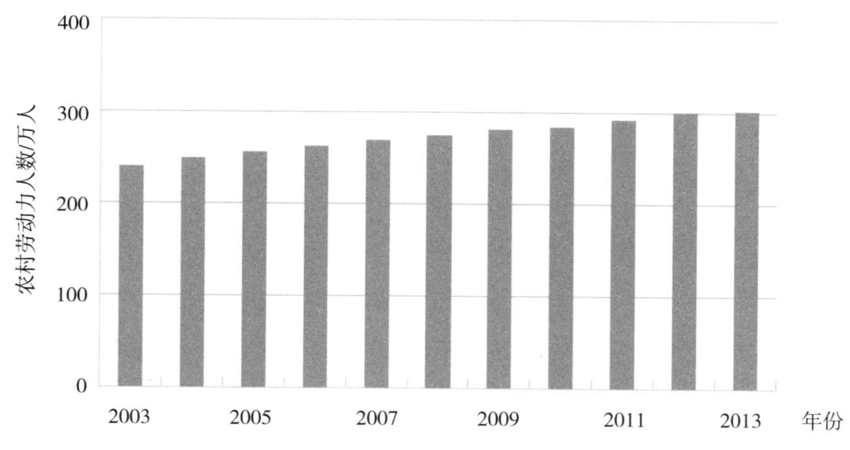

图 2-1　2003—2013 年海南农村劳动力人数

（2）海南省农村劳动力转移特点　海南农村劳动力外出从业人员增多，收入稳步增长。2014 年农村劳动力外出从业人数与上年同比增幅为 10.2%；外出从业人员人均月收入 2199 元，与上年相比增加了 191 元，增长 9.5%。可以看出，农村劳动力外出从业愿望逐年增强，并将其视为增收的重要渠道。

劳动力转移主要以省内为主。从外出地域分布上看，劳动力外出地区主要集中在省内。由于地理条件及传统观念的影响，占总人数 80% 以上的外出劳动力在省内就业，还有 15% 的劳动力主要流向东部沿海和珠三角等地区。

从行业分布上看，多为劳动密集型产业。海南农村劳动力转移人员就业仍以住宿和餐饮业、居民服务业及制造业为主。从事住宿和餐饮业、居民服务和其他服务业、制造业的人数，占全部外出劳动力的比重分别为 32.6%、25.5% 和 8.6%。

福利保障情况仍然偏低。从外出从业劳动关系上看与雇主签订一年及以上劳动合同（包括无固定期限劳动合同）所占比重为 31.9%，同比略增 0.5 个百分点；没有与雇主签订劳动合同外出人员的所占比重依然较大，为 57.2%。单位或雇主给外出农民工上“五险一金”的比重虽然依然较低，但是与 2013 年同期相比有明显改善：养老保险、工伤保险、医疗保险、失业保险和生育保险的比重分别为 15.7%、22.2%、16.3%、13.7% 和 9.9%，同比分别提高了 4.1、7.3、2.9、2.7 和 0.3 个百分点[①]。

2. 海南省农业可持续发展面临的劳动力资源问题

农业在中国是具有特殊重要地位的。从整个国民经济体系的发展要素看，农业仍具有保障国民经济协调和持续发展的重要作用；从中国社会整体发展角度看，农业是中国的战略性产业。而海南省属于农业劳动力资源较为丰富的南部沿海欠发达地区，但由于众多原因，海南省农业劳动力资源仍然存在诸多约束，主要包括农业劳动力各方面素质偏低、劳动力资源配置不合理、劳动力老龄化等问题。

（1）农业劳动力各方面素质偏低　劳动力素质对农业可持续发展有着尤为重要的意义，影响到农业生产力水平的提高。

① 数据摘录自海南省人民政府网站统计调查 http：//www.hainan.gov.cn/hn/zwgk/tjdc/hndc/201503/t20150303_1526948.html

第一，农村劳动力资源文化素质偏低、教育环节薄弱。据2012年对海南部分县（市）的调研统计结果显示，目前农民工具有初中及以下文化水平的达76.2%，其中，初中文化程度占57.2%，不识字或识字很少的占2.20%，高中程度的占21.4%，大专及以上文化程度的仅占2.4%。究其原因，一是由于部分农村较为贫困，教育经费不足，造成农场人才培训模式、教育内容和教学方法都不同程度地存在着脱离农村实际的现象；二是相对于城镇青年多元化教育相比，农村教育趋于单一化。

第二，技术人员数量少、科技素质不高。在当前的海南农村劳动力中，受专业培训人员所占比例较低，存在着劳动力专业技能匮乏、动手能力较差等问题。同时农业科技人员的待遇低，工作与生活条件差等因素，在一定程度上导致了一线力量少、引进人才少、留守人才少。劳动力资源中，低素质的劳动力供大于求，而高素质的劳动力供不应求且没有得到充分的利用。

第三，劳动力身体素质状况不佳。由于营养、卫生、医疗、保健等方面的原因，部分农民的身体素质水平偏低。在一些海南贫困地区，仍然存在着许多农民住房、卫生、医疗设施等方面的问题，严重影响着农民身体素质的提高，继而影响着农业可持续发展。

（2）劳动力资源配置不合理 农业劳动力比重的大小是衡量一个国家经济发展程度的重要标准之一。随着海南省市郊区域经济和非农产业的高速发展，农业劳动力开始大规模向非农产业转移，再加上近几年农村劳动力向城镇的大规模转移，大部分劳动力均选择从事第二、第三产业，这一方面导致了农业劳动力存量不足；另一方面由于原本的农业劳动力就业范围较为狭窄，大多数转移的劳动力集中于建筑制造、批发零售、住宿餐饮等行业，以至于出现部分行业劳动力溢出等现象。劳动力资源配置出现偏差，这不仅给社会造成较大的经济负担，更令农业有可能仅仅停留在维持生计的水平上，使得农业的可持续发展无从谈起。

（3）农村劳动力老龄化问题严重 文化素质相对较高、体力好的年轻人纷纷离开农村走向城市，并呈逐年递增趋势，这是造成海南省农村劳动力老龄化的主要原因。依靠老年劳动者支撑的农业无疑使原本弱质的农业更为弱化，老龄化的劳动者队伍对农业发展的支撑力是极其有限的。

（二）农业科技

雄厚的农业科技力量是一个区域农业经济发展的基础，也是区域农业科技创新的支撑。海南是全国最大的热区农业省份，农业科技在该地区经济中处于重要地位。

1. 海南省农业科技发展现状与特点

从国内来看，海南省处于中国对外开放的南方前沿阵地，位于“泛珠三角”经济区，该区域内广东、中国香港和中国澳门等地区的科技水平高，科技资源丰富，对区域内其他地区的科技发展具有很强的带动和辐射作用。此外，该区域农业资源各具特色，农业经济要素分布差异显著，互补性极强，利于各地区开展农业科研领域合作，使各地区间在科技力量、科技资源方面实现互补、共享、整合资源联合攻关成为可能。从国际来看，海南位于亚太地区的中心地带，是我国与世界各国特别是东南亚国家联系的枢纽。随着西太平洋经济循环圈的形成和中国—东盟自由贸易中心的建立，海南省将在吸引外资、科技等方面处于更加有利的位置。

全国唯一的专门研究热带农业和培养热带农业人才的中国热带农业科学院及其下属科研单位主要集中在海南省，这对海南热带农业的发展起到重要的科技创新和技术支撑作用。海南儋州国家农业科技园区发挥了园区示范、辐射作用，加快了农业科技成果转化和产业化。海南省农业科技110为农民提供了一种制度性、社会化的农业科技与信息服务保障体系，开创了农业科技服务新模式。

中国热带农业科学院的科教优势结合与海南儋州国家农业科技园区的示范、辐射作用，辅之以农业科技 110 崭新的农业科技服务模式，构建了海南农业科技互动发展的新机制、新格局，彰显了海南科研、教学、产业开发、经济开放发展的新优势。

2. 海南省农业可持续发展面临的农业科技问题

（1）农业科技资源投入不足　农业科技人力资源总量不足，高层次农业科技人员缺乏。2013 年，海南省共有农业技术人员 1.85 万人，占农业从业人员的 0.68%，每万人农业从业人员拥有农业技术人员 67.8 人，略高于全国平均水平 59.4 人，但在热区 8 省中处于中下水平，远低于福建省（150.5 人）。从国有企、事业单位专业技术人员总量上来看，海南省仅拥有农业专业技术人员 3 791 人，占我国农业专业技术人员总量的 0.5%，为 8 个主要热区省最低者，远低于倒数第 2 位的福建省（2.2%），与最高省份四川省（6.9%）差距更为显著。2013 年，海南省共有农业科技活动人员数 2 147 人，占全省科技活动人员的 21%，其中，科学家和工程师 661 人，占农业科技活动人员的 31%，远远低于同期全国平均水平（66.2%）。从上述数据中不难看出，海南省农业科技人员无论是绝对数量还是相对数量都远远低于热区其他省份和全国平均水平。造成这种差异的原因主要是海南省虽然也处于改革开放的前沿阵地，但是由于自身科技资源的存量有限，科技投入过低，对人才的吸引和引进的力度不够，从而无法形成科技和人力资源的良性循环。

农业科技经费投入不足，经费来源渠道狭窄。近年来海南省农业科技机构经费内部支出呈现增长趋势，每年平均以 19.2%的速度增加，农业科学类经费支出也呈现相应增长趋势，平均增长速度为 14.7%，这表明海南省已逐渐重视农业科研，并加大对农业科研的投入。从筹集资金来源来看，政府和企业仍然为筹集资金的主要来源，但政府拨款比例呈现显著的降低趋势，从 2009 年 0.62 降至 2013 年的 0.30，同期企业筹集资金比例呈现显著上升趋势，从 2009 年 0.25 提升至 2013 年的 0.64，表明政府不再是农业科研投入的主体，而企业愈加重视科技作用，正逐步加大科研投资力度。多渠道集资的新格局表明，海南省科研投资趋势朝合理方向发展。尽管从纵向来看，海南省农业科研投资呈现增长趋势，但是横向与同期国家总体水平比较，仍然存在较大差距。从整体科研投入来看，2009 年，全国农业科研经费内部支出为 3 003.1 亿元，占 GDP 的 1.47%。海南省农业科研经费内部支出为 2.1 亿元，仅占 GDP 的 0.20%，在热区 8 省中居于末位，在所有 31 个省市中仅比西藏（0.17%）略高，与全国较高水平省份天津（2.18%）、上海（2.50%）、北京（5.50%）相距甚远。

（2）海南科技产出水平有待提高　科技论文方面，2009 年，热区 8 省在 SCI、EI 和 ISFP 上收录的论文数仅占全国的 12.59%，而全国最多的北京已达到了 22.67%，海南省仅有 54 篇，只占全国的 0.04%，在热区 8 省中位于末位，在全国范围内仅比宁夏、西藏略高，可见海南省在高质量科技论文产出绝对量方面比较薄弱。从论文总量来看，热带地区 8 省论文分布不均衡。广东、四川、湖南 3 省的科技论文数占了热区的 70%，而其他 5 省仅占 30%，海南仅只有 643 篇，只占热区 8 省的 0.60%。从万名科学家和工程师论文数来看，同样是严重的不均衡。热区 8 省平均水平只有 1 640.98 篇，低于全国的平均水平（1 977.28）。在热区 8 省中，海南万名科学家和工程师论文数，仅比广西略高，低于 8 省的平均水平，由此可见，海南省在科技论文产出方面劣势明显。专利方面，2009 年热区 8 省专利授权量为 68 338 件，占全国比例为 30.50%，其中，发明专利 4 773 件，占总专利数的 19.03%，略高于全国平均水平 1.20%。海南省专利授权量 248 件，其中发明专利 39 件。从专利授权总量上看，海南省仅占全国的 0.11%，在 8 省（市）中居末位，同全国最高水平的广东省（19.40%）差距较大。从发明专利总量上看，海南省发明专利也仅占全国的 0.16%，同样在8省（市）中居末位，同全国最高水平的北京（34.40%）差距更为明显。在万人专利授权量方面，热区8省（市）平均水平为1.65件，基本持平全国平均水平（1.70件）。海南省万人专利授权量为0.30件，在热区8省（市）中为末位，远低于全国平均水平（1.70件），与广东省（4.68件）及全国最高水平的北京（7.1件）相差较大。

(3) 科技成果产业化程度不强　从技术市场成交合同数来看，海南省2009年成交合同130项，占全国的0.06%，远低于热区8省（市）的平均水平1.94%，在8省（市）中位于末位，同期广东省、北京市成交合同数所占比例则分别达到5.89%和38.4%。从技术市场成交金额来看，海南省为8 535万元，占全国的0.06%，远远低于8省（市）平均水平（1.38%），仅为广东省的1/125、全国最高水平北京的1/800。从市场成交金额占GDP比重来看，海南省仅为0.08，比贵州省（0.02%）略高，8省（市）中居于倒数第2位，低于8省（市）平均水平（0.32%）以及全国平均水平（0.86%），同全国最高水平北京（8.87%）相比差距较为悬殊。以上分析表明，海南省总体科技产出整体水平落后，科技产出能力较弱，科技对经济增长的贡献较小。科技对经济所产生的直接效益与全国水平差距极显著，这表明科技投入远未转化为相应的产出。因此，海南省应遵循加强技术创新、发展高科技、实现产业化的指导方针，坚持突出特色、集成资源、整体优化、联动推进原则，实施科技发展战略，以科技创新来提升海南的整体竞争力。

（三）农业化学品投入

改革开放以来，集约化农业促使我国农村、农业经济取得了很大进步，其中，化肥和农药的投入起到了举足轻重的作用。施用化肥不仅能提高土壤肥力，而且也是提高作物单位面积产量的重要措施。农药能够减少因病虫害和草害所引起的农作物的产量损失，施用量也在逐年增加。然而，农业化学品的大量使用在带来经济效益的同时，也产生了明显的负外部性影响，农业面源污染问题随化肥、农药投入的增加而不断加剧。

1. 海南省农业化学品投入现状特点

(1) 农业化学品使用量分析　由于化肥在农业生产中的重要作用，其施用量逐年增加。表2-1对我国以及海南省从2000—2013年的化肥使用量进行统计。

表2-1　2000—2013年全国及海南省化肥使用量　（单位：万t）

年份	全国					海南省				
	农用氮肥	农用磷肥	农用钾肥	农用复合肥	总量	农用氮肥	农用磷肥	农用钾肥	农用复合肥	总量
2000	2 161.5	690.5	376.5	917.9	4 146.4	10.7	1.8	2.8	11	26.3
2001	2 164.1	705.7	399.6	983.7	4 253.8	8.9	6.1	2.6	9.4	27
2002	2 157.3	712.2	422.4	1 040.4	4 339.4	9.6	2	3.6	13.8	29
2003	2 149.9	713.9	438	1 109.8	4 411.6	11.6	2.5	4.1	15.8	33.9
2004	2 221.9	736	467.3	1 204	4 636.6	12.21	6.5	4.8	17.6	41.1
2005	2 229.3	743.8	489.5	1 303.2	4 766.2	12.2	2.4	35.19	0.96	37.31
2006	2 262.5	769.5	509.7	1 385.9	4 927.7	11.9	2.6	5.7	19.3	39.5
2007	2 297.2	773	533.6	1 503	5 107.8	11.6	2.7	12.47	42.21	41.7

（续表）

年份	全国					海南省				
	农用氮肥	农用磷肥	农用钾肥	农用复合肥	总量	农用氮肥	农用磷肥	农用钾肥	农用复合肥	总量
2008	2 302.9	780.1	545.2	1 608.6	5 239	13.9	3	13.7	43.72	45.6
2009	2 329.9	797.7	564.3	1 698.7	5 404.4	13.9	3.1	13.92	44.68	46.3
2010	2 353.7	805.6	586.4	1 798.5	5 561.7	13.8	3.1	14.36	44.82	46.4
2011	2 381.4	819.2	605.1	1 895.1	5 704.2	13.84	3.13	7.52	23.24	47.73
2012	2 399.9	828.6	617.7	1 990	5 838.8	14.3	3.2	8	20.1	45.5

由上表可知，我国化肥使用量从 2000 年的 4 146.4 万 t 上升到 2012 年的 5 838.8 万 t，可见，近年来我国化肥使用量增长较快；与此同时，海南省化肥施用量从 2000 年的 26.3 万 t 上升到 2012 年的 45.5 万 t，占全国化肥使用量的 0.78%。

现代农业离不开农药的使用。据估计，在中国每使用 1 元钱的农药，农业生产可获益 8~16 元。农药可以增加作物产量，也可以增加农业收入，这种狭隘的认知导致了中国农业农药使用量不断增加。近 10 多年来，海南省农药使用量（折纯量）增长迅速，表 2-2 为海南省从 2008 年到 2012 年化学农药使用情况。

表 2-2　海南省 2008—2012 年化学农药施用情况　（单位：万 t）

年度	2008	2009	2010	2011	2012
农药使用量	3.24	4.68	4.55	3.63	3.96

海南省化学农药使用增长较快，从 2005 年的 1.81 万 t，增长到 2008 年的 3.24 万 t，增长了 1.43 万 t，从 2008 年之后速度相对平稳，2010 年之后有下降趋势。

（2）农业化学品投入现存问题　过量投入。海南省化肥使用量从 2000 年的 26.3 万 t 上升到 2012 年的 45.5 万 t，增加了 73%。据世界粮农组织（FAO）统计分析，目前世界上平均每公顷耕地化肥施用量约为 120kg。因此，海南省化肥单位面积用量已经远远高于世界平均水平。据农业部门的调查，当前，我国化肥有效利用率仅为 30% ~40%，而发达国家为 60% ~70%。所以，海南省目前存在化肥投入过量，其效率相对低下的问题。图 2-2 则为海南省 2000—2012 年农业化肥施用情况。

目前，我国已经成为世界上最大的农药施用国。我国农药施用量从 1995 年的 8.36kg/hm^2 上升至 2004 年的 10.66kg/hm^2，10 年间增加了 27.5%。海南省单位面积农药施用量远远超过了全国平均水平，2004 年达到 17.93kg/hm^2。远远超过世界平均水平。图 2-3 为海南省 2008 年到 2012 年化学农药使用情况。

结构失衡。海南省农业化学品投入结构失衡，肥料投入结构不平衡，氮、磷、钾养分比例不协调，有机肥料在施肥中的份额逐年下降。尽管氮肥和磷肥的使用比例在逐年缓慢减少，钾肥和复合肥的使用比例在逐年缓慢增加，但施用结构仍存在很大的问题。据中国年鉴数据统计，图 2-4 为海南省 2000—2012 年各类化肥使用情况。

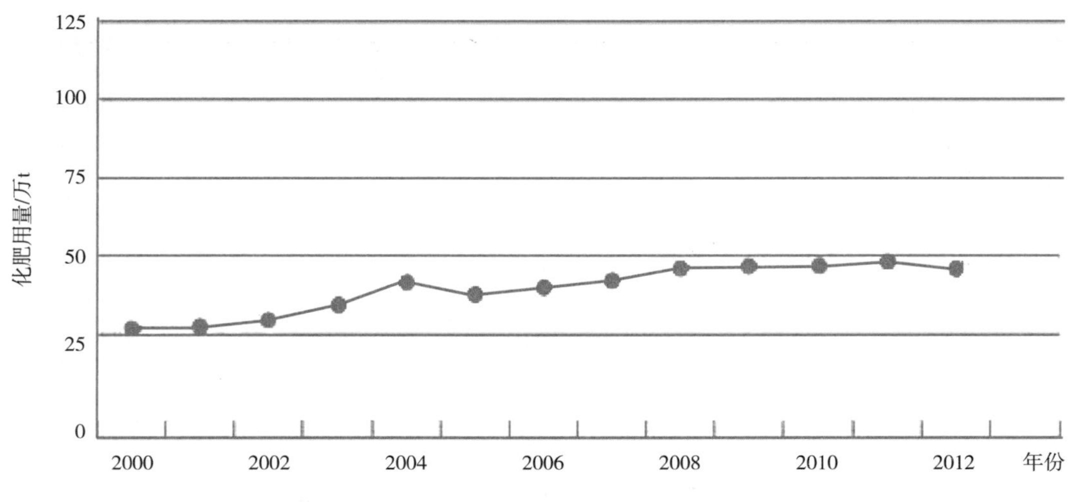

图 2-2　2000—2012 年海南农用化肥施用情况

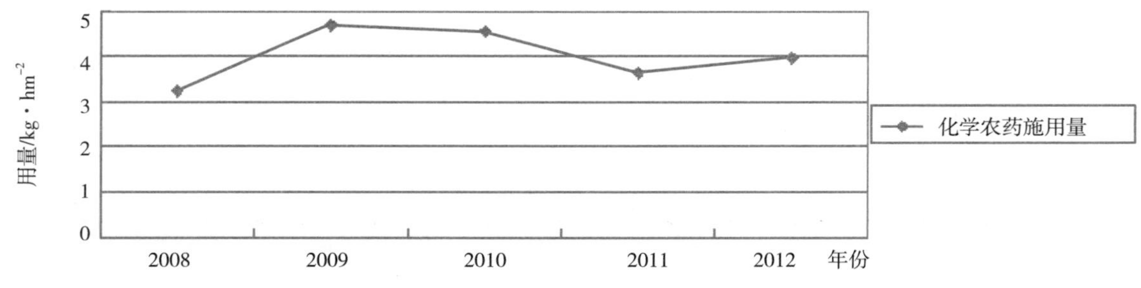

图 2-3　2008—2012 年海南化学农药施用情况

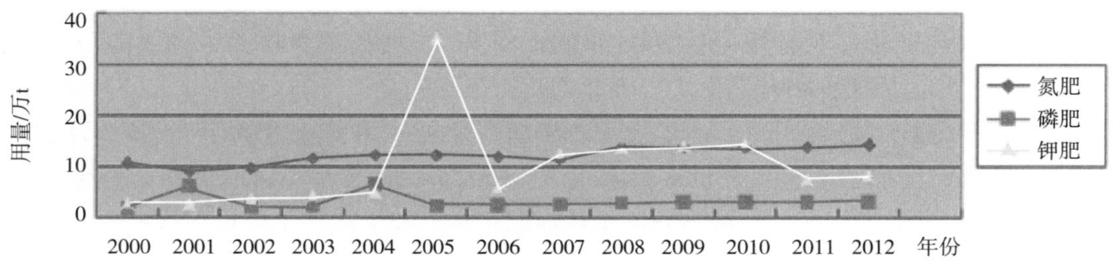

图 2-4　2000—2012 年海南各类农用化肥施用情况

很显然，氮肥和磷肥的投入过量，钾肥的投入相应过少。另外，有机肥的投入与无机化肥相比也显得不足，其作用很大程度上被忽视了。氮肥和磷肥使用量变化相对平稳，而钾肥的变化波动较大；海南省长期以来土地复种指数高，化肥施用不合理，土壤普遍酸化、有机质含量有所下降，部分地区出现富磷情况。海南省绿肥面积显著减少，大量作物秸秆被废弃或焚烧，畜禽粪便未被很好利用，各种营养元素配比不科学。

技术落后。农民缺乏肥料使用的技术培训，往往根据自身经验确定施肥数量、施肥时间及施肥结构，不能根据作物产量水平和土壤肥力状况合理投入，而是尽可能地多投入化肥。农户为了节省时间，“重基肥轻追肥”的现象十分普遍，且过度依赖无机化肥，忽视传统农家肥和有机肥的投入。在施肥方式上，铵态氮肥表施、施肥后大量灌水、磷肥撒施等不合理的方式广泛存在，不仅造成养分的大量流失，也造成负面的环境影响。农药科学知识普及率低，农民科学用药的意识淡薄，片面追求防治效果和经济效果，认为农药施用的浓度越高，效果越好，特别是在蔬菜、水果、茶叶等作物上使用过量的农药，甚至是明文禁止使用的高毒农药。现在还有少部分农民不能按照农作物品种、农药种类来选择不同的施药时间，只凭主观认知盲目选择。而且，施药装备比较落后，跑、冒、滴、漏问题突出，农药施用中造成严重的浪费，甚至有时引发人畜中毒事件。

2. 农业对化学品投入的依赖性分析

作为一种工业品和极其重要的农业生产资料，化肥为国民经济的发展，尤其是农业增产作出了巨大贡献。在我国经济发展过程中，面临着耕地减少且人口增加的严峻考验，而在诸多影响粮食产量的因素中，施用化肥是最快、最有效、最重要的增产措施。20 世纪 90 年代中后期我国农业生产全面丰收，一个重要的原因是，我国 1985—1988 年后化肥施用量快速递增，10~15 年连年叠加的化肥后效发挥了重要作用。从 1980 年起，据《中国统计年鉴》数据可以算出中国化肥施用量以年均 4% 的速度增长，从世界范围来看中国已成为世界上最大的化肥生产国和消费国。化肥的使用对农业的发展起了重大的作用，据联合国粮农组织（FAO）统计，1950—1970 年的 20 年间，世界粮食总产增加近 1 倍，其中，由于单位面积产量提高所增加的产量占 78%；在各项增产要素中，西方及日本科学家一致认为，化肥的施用要起到 40%~65% 的作用。2011 年中国化肥施用量达到 6 027.0 万 t，化肥的平均施用量是发达国家化肥安全施用上限的 2 倍。因此，化肥的施用为我国的粮食安全起到了不可替代的保障作用。

（1）化肥施用量与粮食产量　19 世纪德国杰出化学家李比希（Liebig）创立养分归还学说，也叫养分补偿学说。该学说认为，作物生长需要从土壤带走养分，土壤中的养分将越来越少，要恢复地力就应该向土壤施加肥料以归还从土壤中拿走的全部养分，否则产量将会下降。养分归还学说为化肥施用提供了基本的理论基础。

1978 年以来，我国粮食产量与化肥施用量之间存在较强的正相关性。可以把化肥施用量与粮食产量之间的关系划分为三个阶段：1978—1998 年，我国粮食产量达到历史最高点，化肥施用量由 1978 年的 884 万 t 增加到 1998 年的 4 083.7 万 t，年均增长率为 8.0%；粮食产量由 1978 年的 30 476.5 万 t 增加到 1998 年的 51 229.5 万 t，年均增长率为 2.6%。1998—2003 年，化肥施用量增长速度出现下降，由以前的年均增长 8.0% 下降到 1.56%，与此同时，粮食产量也连续 5 年出现下滑。随着种植业结构的调整，化肥施用量也改变了过去 20 年保持连续上升的态势，增长趋于稳定。2003—2006 年，化肥施用量增长速度又开始回升，由上一阶段的年均增长 1.56% 提高为 7.8%，粮食产量也相应地出现恢复性增长，由 2003 年的 43 069.5 万 t 增加到 2006 年的 49 747.9 万 t，接近历史最高水平，我国的粮食问题得到了一定程度的缓解。

从粮食单位面积产量的角度来考察，化肥施用量与粮食单位面积产量之间存在着更为明显的相关关系。从 1949 年新中国成立初期到 1985 年化肥施用量增长与粮食单位面积产量增长之间的关系可以看出，化肥施用量保持了稳步增长的趋势，相应地，粮食单位面积产量也保持了较强增长趋势。伴随着化肥施用量的每次增长趋缓，单位面积粮食产量均出现了增长趋缓的现象甚至是下降。这就说明，化肥施用量与粮食产量之间有着较强的依赖关系，化肥施用量越多，粮食单位面积产量也越高。

（2）化肥施用量对粮食产量增长的贡献率　粮食生产的影响因素主要包括：土地要素、劳动力要素、化肥投入、其他物质投入以及成灾面积等。根据不同时期粮食产量及各影响因素的变化率可以计算得出化肥投入对粮食产量增长的贡献率水平。由研究数据可知，1978—2006 年，化肥投入对粮食产量增长的贡献率达到 56.81%，在所有的投入要素中贡献最大；1978—1998 年，化肥投入对粮食产量增长的贡献率为 46.24%，依然是所有投入要素中贡献最大的；1998—2003 年，化肥投入水平在这一阶段有所下降，导致化肥投入对粮食产量增长的贡献率从 46.24% 减少到 24.36%，减小近一半；2003—2006 年，由于化肥投入的力度加大，化肥投入对粮食产量增长的贡献率又回升到 44.95%，重新成为所有要素中贡献最大的。可以明显地看出，化肥投入对粮食产量增长的贡献率与化肥投入在各个阶段的增长率呈相同的变化趋势，即由 1978—1998 年的高水平下降到 1998—2003 年的相对较低水平，再由 1998—2003 年的相对较低水平回升到 2003—2006 年的相对较高水平。

根据以上分析可以得出如下主要结论：1978 年以来，我国粮食产量与化肥施用量之间存在较强的正相关性，化肥施用量越多我国粮食产量越高；从粮食单位面积产量的角度来分析，化肥施用量与粮食单位面积产量之间存在着更为明显的相关关系，化肥施用量越多粮食单位面积产量也越高；以及化肥投入对粮食产量增长的贡献率与化肥投入在各个阶段的增长率呈相同的变化趋势。这些都表明，除粮食播种面积和其他物质投入之外，化肥投入是影响粮食产量增长的第三大重要因素，增加化肥投入仍然能够带来较大的粮食产量增长。

三、海南省农业发展可持续性分析

（一）海南省农业发展可持续性评价指标体系的构建

本研究根据农业可持续发展指标体系建立的基本思路和基本原则，并结合海南省农业农村发展的现状，同时参考了诸多学者已有的研究成果后，将海南省农业可持续发展系统分成 3 个子系统，并选取 24 个有代表性的指标，以此构建了海南省农业可持续发展水平的评价指标体系（表 3-1）。

（二）海南省农业发展可持续性评价方法

一般来说，评价是人们根据所设标准对评价对象的价值或者能力水平的高低进行比较判断的认知过程，同时也是一种决策过程。在众多评价方法中，多指标综合评价方法是通过把用来描述评价对象各个方面且有量纲差异的诸多绝对指标转化为无量纲的相对评价值，再对这些无量纲的相对评价值经过一定的计算和综合后得到对研究对象的整体评价结果。在国内外对农业可持续发展评价的研究中，所使用到的综合评价方法有很多，其中，最常见的有系统分析方法和多元统计分析方法。其中，系统分析方法主要是模糊数学评价法、加权综合评分法、人工神经网络评价法、灰色系统评价法等，多元统计分析方法中使用较多的是主成分分析法、判别分析法、因子分析法、聚类分析等。综合说来，这些方法在应用上都有着各自的特点和适用范围，考虑到农业可持续发展是一个多层次的复杂系统，本研究根据上述 24 个农业可持续发展评价指标体系的多维性和多目标的特点，选择了主成分分析方法、因子分析方法对海南省农业可持续发展能力进行综合评价和分析。

表 3-1 海南省农业可持续发展水平评价指标体系

目标层	子系统层	指标层	计算公式	单位
海南省农业可持续发展水平评价（A）	农业生态可持续发展（B1）	农村人口人均耕地面积（C11）	耕地面积 / 农村人口数	hm^2/ 人
		复种指数（C12）	农作物播种面积 / 耕地面积 ×100%	%
		农田旱涝保收率（C13）	旱涝保收面积 / 总耕地面积 ×100%	%
		亩均农药用量（C14）	农药使用量 / 耕地面积	t
		亩均化肥用量（C15）	化肥施用量 / 耕地面积	t
		区域废水排放量密度（C16）	总废水排放量 / 土地面积	万 t/km^2
		森林覆盖率（C17）	森林面积 / 土地面积 ×100%	%
		自然灾害成灾率（C18）	农业自然灾害成灾面积 / 总播种面积 ×100%	%
	农业经济可持续发展（B2）	农业劳动生产率（C21）	农林牧渔业总产值 / 第一产业就业人数	元 / 人
		第一产业 GDP 比重（C22）	从《海南省统计年鉴》中获取	%
		人均农业 GDP（C23）	农业 GDP/ 总人口数	元 / 人
		农民人均纯收入（C24）	从《海南省统计年鉴》中获取	元
		农业土地生产率（C25）	种植业总产值 / 总耕地面积 ×100%	万元 $/hm^2$
		种植业比重（C26）	种植业产值 / 第一产业总产值 ×100%	%
		林业比重（C27）	林业产值 / 第一产业总产值 ×100%	%
		牧业比重（C28）	牧业产值 / 第一产业总产值 ×100%	%
		渔业比重（C29）	渔业产值 / 第一产业总产值 ×100%	%
	农业社会可持续发展（B3）	城乡居民收入差异系数（C31）	城镇居民人均可支配收入 / 农民人均纯收入	
		恩格尔系数（C32）	《海南省统计年鉴》中直接获取	%
		农业技术人才比重（C33）	农业科技人数 / 农业劳动者	人 / 万人
		国家农业政策支持力度（C34）	农林水事务项目财政支出 / 财政一般预算支出 ×100%	%
		农村居民家庭年末楼房住房面积（C35）	《海南省统计年鉴》中直接获取	m^2/ 人
		农民人均生活消费支出（C36）	《海南省统计年鉴》中直接获取	元
		每千农业人口乡镇卫生院人员数（C37）	《海南省统计年鉴》中直接获取	人

（三）海南省农业发展可持续性评价

本文运用 SPSS 统计分析软件对海南省 2000—2012 年农业可持续发展指标的标准化后数据进行主成分分析。最终得到海南省农业系统可持续发展水平得分如表 3-2 所示。

总体而言，2000—2012 年海南省农业综合系统的可持续发展能力保持逐年增强的态势（图3-1），三个子系统除了生态系统在一定时期内有所波动，经济系统和社会系统的可持续水平稳中有升，其中社会系统的增长情况最为明显，对整个农业综合系统可持续水平的提高贡献最大；其次是农业经济系统，虽然 2007 年之前一直在低位徘徊，但 2007 年国家农业税的取消在很大程度上刺激了海南农业经济可持续程度的增长，并在此后维持着稳中有升的状态；生态系统的波动相对较大，特别是由于自然灾害和人为过度开发的影响，生态系统的可持续能力一直较低，但自 2010 年海南国际旅游岛战略制定和实施的背景下，为了更好地保护岛内的生态环境，提供丰富的生态旅游资源，生态系统的可持续能力又有了明显的改善和提升。虽然农业综合系统的可持续水平不断提高，但系统内部的3个子系统可持续能力的增长速度和发展水平存在较为明显的差异，表现出各个子系统之间发展的不协调。具体来讲：

表 3-2　海南省农业系统可持续发展水平得分

年份	农业生态子系统得分	农业经济子系统得分	农业社会子系统得分	农业可持续发展综合得分
2000	0.599 1	0.150 9	4.595 0	0.909 9
2001	0.848 2	0.129 1	4.695 1	0.996 5
2002	0.667 0	0.172 2	5.141 1	1.193 4
2003	0.672 3	0.205 4	5.637 9	1.361 2
2004	1.255 6	0.293 7	6.256 0	1.850 9
2005	0.114 7	0.476 7	6.602 4	2.360 8
2006	1.508 8	0.421 6	6.837 1	2.220 1
2007	0.356 9	0.704 3	7.644 1	2.906 2
2008	0.237 6	0.859 9	8.561 0	3.318 4
2009	0.490 0	0.905 5	9.931 4	3.797 0
2010	0.506 3	1.133 3	9.774 1	4.124 5
2011	0.216 2	1.420 1	11.891 9	4.930 5
2012	1.149 2	1.545 3	12.867 1	5.651 8

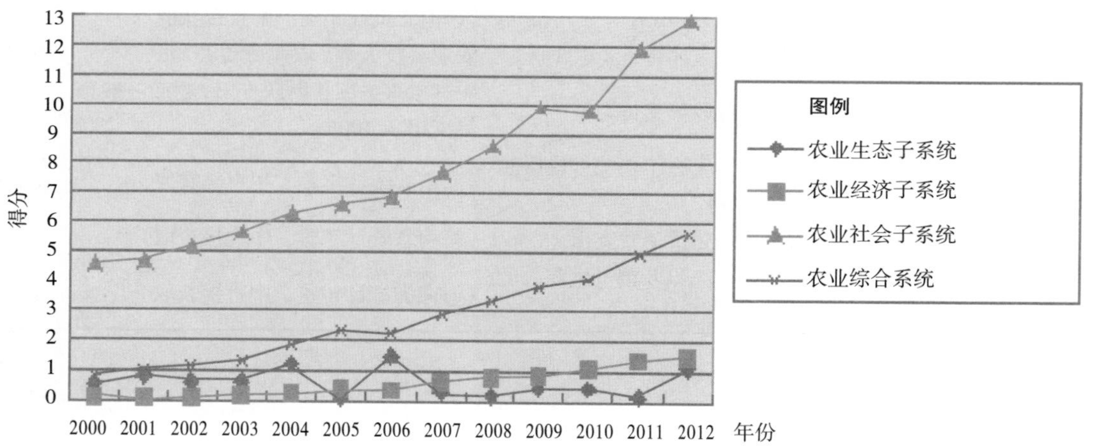

图 3-1　海南省农业可持续发展水平得分趋势

（1）农业生态系统　可持续发展能力略有起伏，始终处于低位，具有较为广阔的发展空间。从原始数据的情况来看，出现这一现象的主要原因在于森林覆盖率和旱涝保收率的提高，化肥、农药等农田化学用品的负荷量的增大以及农民人均耕地面积的减少。尤其是耕地资源的逐年减少，相比于2000年的人均耕地面积，2012年大幅缩水，跌幅达到55%，而在省政府的大力倡导和鼓励下，海南的自然环境得到一定的保护，相比于2000年的森林覆盖率，2012年有了明显的改观，涨幅为31%，此外，频发不断的自然灾害也在一定程度上制约了生态的可持续性。最终，在几个因素的共同影响和作用下，生态系统在低位震荡，也充分说明了海南农业生态系统的内部发展呈不平衡的状态。

（2）农业经济系统　可持续发展能力逐年增强，且在近几年有了明显的改善和好转。从原始数据的情况，这主要是由于劳动生产率、土地生产率以及农民的人均纯收入的大幅提高引起的，从侧面反映出海南土地的生产力状况良好，农民的生产效率和生活质量都有了明显的提高，也说明了随着海南农业经济结构的优化和农业现代化的推进，农业向集约型的发展方向转变，农业经济效益提升显著，农民的增收创收水平不断上升，农业经济发展呈现较好的发展势头。

（3）农业社会子系统　可持续发展能力始终保持高速发展的态势，在农业可持续发展综合系统中占据重要的地位。对该系统作出主要贡献的是农村恩格尔系数的下降、人均消费支出的上升、政府的农业政策扶持力度以及居住、医疗、卫生条件的改善。说明农村居民家庭的生活水平有了较大的提高，海南省政府持续关注“三农问题”，不断加大对其的财政投入，并取得初步的成效，虽然城镇居民与农村居民的收入还存在一定的差距，但近几年也并没有进一步扩大的趋势，再加上农民生活居住环境的逐年改观和好转使得农业社会的可持续能力不断增强。

四、海南省农业可持续发展的适度规模分析

（一）海南省农业生态系统的可持续发展研究

海南省 2012 年农业资源生态足迹分析。海南省农业生态承载力的定义是：一定自然环境和社会经济条件下，农业生态生产性土地的最大值。生态承载力的计算与生态足迹类似，不同的是，生态足迹的计算是以人们对稻谷、玉米、油料、花生、蔬菜、水果、木材等农业生物资源和能量资源的实际消费量为基础；而生态承载力则是以可耕地、牧草地、森林、建成地和水域的实际拥有面积为基础，经过产量调整和等量化处理得到。基于生态足迹的海南省生态系统承载力分析，是通过分别计算海南省 2012 年的农业资源（包括水资源、土地资源等）的生态足迹以及海南省的农业资源提供生态服务的能力即生态承载力，用以判别海南省农业资源的生态压力，进而分析海南省农业生态可持续性状况。在计算生物资源消费账户中的谷物、豆类、薯类、水果、蔬菜、油料作物人均生态足迹分量时，采用 FAO 发布的各年每种作物的全球平均产量，各种消费项目的年人均消费量的原始数据来源于《海南省统计年鉴》（2013 年）。其中，农业的能源消费量由于数据的缺失，本研究采用几何平均法算出 2009—2011 年的每年平均增长率，从而计算出 2012 年的农业能源消费量。计算的过程和结果如表 4-1 至表 4-6 和图 4-1 所示。

表 4-1　2012 年海南省各主要消费项目的人均年消费量值

生物资源消费类型	生物量（t）	人均消费量（kg）
稻谷	1 557 600	180.372
玉米	113 400	13.132
豆类	23 500	2.721
薯类	300 100	34.752
油料	103 600	11.997
花生	101 500	11.754
甘蔗	4 159 000	481.617

（续表）

生物资源消费类型	生物量（t）	人均消费量（kg）
蔬菜	4 990 000	577.847
瓜类	955 200	110.613
水果	4 287 100	496.451
木材（万 m^3）	112	0.130
橡胶（t）	395 052	44.561
松脂	3 773	0.437
竹笋片	320	0.037
猪肉	481 200	55.723
羊肉	10 300	1.193
牛肉	25 100	2.907
牛奶	2 300	0.266
禽蛋	35 800	4.146
水产品	1 727 300	200.023

注：2012 年海南省常住人口为 863.55 万人

表 4-2　海南省主要能源的年消费量与人均消费量

能源消费类型	年消费量（GJ）	人均消费量（GJ/ 人）
汽油	1 250 596	0.141
柴油	32 071 455	3.618
液化石油气	753 000	0.085
电力（万 kW・h）	1 184 000	0.134

表 4-3　海南省 2012 年生物资源生态足迹

类型	生物量（t）	全球平均产量（kg/hm^2）	人均生态足迹（hm^2/ 人）	土地生产面积类型
稻谷	1 557 600	2 813	0.064 1	耕地
玉米	113 400	2 744	0.004 8	耕地
豆类	23 500	1 856	0.001 5	耕地
薯类	300 100	12 607	0.002 8	耕地
油料	103 600	1 856	0.006 5	耕地
花生	101 500	1 856	0.006 3	耕地
甘蔗	4 159 000	70 587	0.006 8	耕地
蔬菜	4 990 000	18 000	0.032 1	耕地
瓜类	955 200	18 000	0.006 1	耕地
水果	4 287 100	3 500	0.141 8	林地
木材（万 m^3）	112	2	0.064 8	林地
橡胶	395 052	3 700	0.012 0	林地
松脂	3 773	3 500	0.000 1	林地
竹笋片	320	3 900	0.000 0	林地
猪肉	481 200	74	0.753 0	草地
羊肉	10 300	33	0.036 1	草地

（续表）

类型	生物量（t）	全球平均产量（kg/hm²）	人均生态足迹（hm²/人）	土地生产面积类型
牛肉	25 100	33	0.088 1	草地
牛奶	2 300	400	0.000 7	草地
禽蛋	35 800	502	0.008 3	草地
水产品	1 727 300	258	0.775 3	水域

表 4-4 海南省 2012 年能源生态足迹

类型	全球平均能源足迹（GJ/hm²）	折算系数	人均消费量（GJ/人）	人均生态足迹（hm²/人）	土地生产面积类型
汽油	93	43.1	0.141	0.001 5	化石燃料地
柴油	93	42.7	3.618	0.038 9	化石燃料地
液化石油气	93	50.2	0.085	0.000 9	化石燃料地
电力	1 000	3.6	0.134	0.000 1	建筑用地

表 4-5 海南省 2012 年人均生态足迹

土地类型	生态足迹的人均需求		
	总面积（hm²）	均衡因子	均衡面积（hm²/人）
耕地	0.131 0	2.8	0.366 8
草地	0.886 2	0.5	0.443 1
林地	0.218 9	1.1	0.240 8
化石燃料地	0.041 3	1.1	0.045 4
建筑用地	0.000 1	2.8	0.000 3
水域	0.775 3	0.2	0.155 1
总足迹需求	2.052 7		1.251 4

表 4-6 海南省 2012 年人均生态承载力

土地类型	生态足迹的人均供给（生态承载力）			
	总面积（hm²）	产量调整因子	均衡因子	均衡面积（hm²/人）
耕地	0.081 9	1.99	2.8	0.456 3
草地	0.107 1	0.5	0.5	0.026 8
林地 / 园地	0.241 9	0.77	1.1	0.204 9
建筑用地	0.033 0	1.99	2.8	0.183 9
总供给面积				0.871 9
扣除生物多样性保护面积（12%）				0.104 6
总可用面积				0.767 3

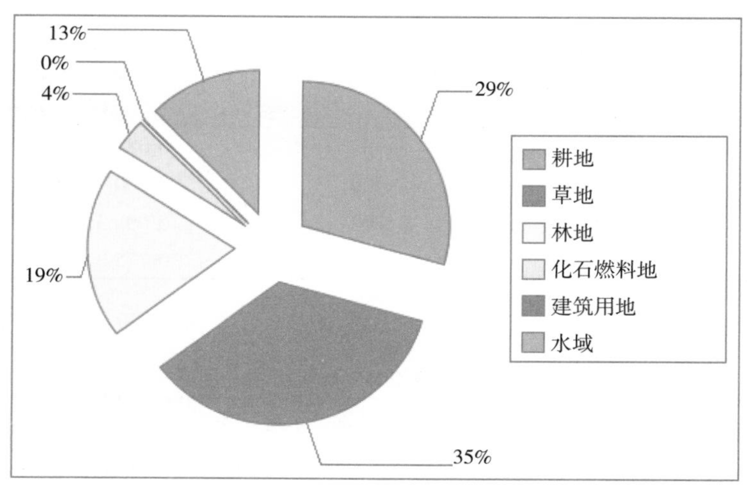

图 4-1　2012 年海南省农业资源利用的土地类型占生态足迹比例

通过图 4-1 可以清楚地看出各种土地类型在总生态足迹中所占的比例相差比较大，草地的消耗对农业生态足迹的影响最大，占总的生态足迹需求的 35%，耕地为 29%、林地（园地）为 19%。农业生态足迹中各土地类型影响程度的排序为：草地 > 耕地 > 林地（园地）> 水域 > 化石燃料地> 建筑用地。2012 年，海南省人均农业资源的生态足迹 Ef=1.251 4/ 人，人均生态承载力 Ec=0.767 3/ 人，Ef>Ec，表明 2012 年海南省在农业资源的利用方面存在生态赤字，生态赤字为 0.484 1/ 人，人均生态需求量接近于生态可承载力的两倍，处于生态不可持续状态。因此，海南省在农业发展过程中要坚持科学的可持续发展理念、减少农业生态足迹占有量、缓解农业生态赤字，遏制农业生态环境的恶化，为减少农业人均生态足迹，应当高效利用现有农业资源量，改变居民的生产和生活消费方式，在海南省这样一个相对独立、热带农业资源总量相对丰富的地理区域，更要提高农业资源的利用效率，建立资源节约型的社会生产和消费体系。

（二）海南省种植业适度发展规模研究

1. 数据的处理和说明

由于海南省粮食、水果、蔬菜这三种作物的种植面积在全部农作物面积中占有 85% 以上的水平，具有较强的代表性，因此本研究选取这三个变量作为多目标线性规划模型的决策变量，单位为hm^2，对应的单位面积产量和单位面积产值均为海南省 2012 年水平，原始数据来源于《海南省统计年鉴》(2013)。其中，粮食的相关数据（包括单位面积产量、化肥施用量等）均以稻谷的情况来表示，其他农产品的产值均按 2012 年市场平均收购价格测算得出，具体情况如表 4-7 所示。

表 4-7　海南省主要农产品的有关种植参数

作物名称	变量	2012 年单位面积产量（kg/hm^2）	2012 年单位产值（元 /hm^2）	氮磷钾化肥适宜用量（kg/hm^2）	作物水分生产率（kg/mm^2）	用水量（mm）
粮食	X1	4 801.55	13 449.14	183	8.34	835
水果	X2	22 012.86	47 327.65	1 050	90.78	906
蔬菜	X3	21 740.06	34 153.63	700	133.82	400

2. 模型的设计

种植业结构的优化就是为了寻求最佳的经济、社会和生态效益，实现种植业生态系统的良性循环，使各种资源永续利用，进而推动农业高效持续发展。为此，本研究基于全面、准确、简便、适用和可控的原则，建立多目标线性规划模型以实现上述目标。该模型主要设置两大目标，一是经济效益目标（包括两个目标函数），二是生态效益目标（包括两个目标函数），尽管没有单独设置社会效益目标，但该模型的两大目标已经涵盖了相当部分社会效益目标的内容。约束条件共设置了三大类，一是种植业生态总面积的约束，这是一个总量控制约束，主要由海南省政府对其耕地面积总量的规划所决定；二是生态水资源情况的约束，其设置的上限主要由当地的可用水资源决定；三是农作物面积约束。本文通过海南 1978—2012 年农作物种植面积数据的观察发现，其农作物种植面积的变化幅度不大于 50%，因此本研究以 1978—2012 年各个农产品种植面积的几何平均数为基准，上下波动幅度的约束条件设置为 50%。由此可得，其目标函数为：

（1）总产值最大：$\text{Max } f_1(x_i)=\sum_{i=1}^{n} p_i x_i$

（2）总产量最大：$\text{Max } f_2(x_i)=\sum_{i=1}^{n} y_i x_i$

（3）总化肥施用量最小：$\text{Min } f_3(x_i)=\sum_{i=1}^{n} b_i x_i$

（4）总水分生产率最高：$\text{Max } f_4(x_i)=\sum_{i=1}^{n} c_i x_i$

式中，p_i（i=1，2，…，n）为第 i 种作物单位产值系数；y_i（i=1，2，…，n）为第 i 种作物单位面积产量系数；b_i（i =1，2，…，n）为第 i 种作物化肥施用系数；c_i（i=1，2，…，n）为第 i 种作物水分利用系数。

则海南省种植业的目标函数表达式为

$$\text{Max } f_1(x_i)=1.34x_1+3.16x_2+3.42x_3$$

$$\text{Max } f_2(x_i)=4.8x_1+66.6x_7+2.17x_8$$

$$\text{Min } f_3(x_i)=183x_1+698x_2+700x_3$$

$$\text{Max } f_4(x_i)=8.34x_1+85.26x_2+133.82x_3$$

相关的约束条件为：

耕地面积约束[①]：$718\,000 \leqslant \sum_{i=1}^{n} x_i \leqslant 722\,700$

水资源量约束：$\sum_{i=1}^{n} d_i x_i \leqslant \text{W}$

其中，d_i（i=1，2，...，n）为第 i 种作物耗水量系数，则海南省农作物水资源的约束条件为：

$$0.835x_1+1\,050x_2+400x_3 \leqslant 4.53\times 10'$$

农作物种植面积约束：

$252\,453 \leqslant x_1 \leqslant 757\,358$；$89\,893 \leqslant x_2 \leqslant 269\,679$；$63\,247 \leqslant x_3 \leqslant 189\,740$

3. 模型求解

在实际问题中，每个目标函数往往都具有不同量纲、不同类型和不同的物理含义，各个目标函数的数值可能相差很大，如果不加处理地用线性加权法去求解，会得到与事实不相符的结果，因

① 资料来源：《海南省土地利用总体规划》（2006—2020 年）

此，必须统一每个目标函数的量纲。首先，单独考虑每一个目标函数 f_i（i=1，2，3，4），设 x_i 的可行域为 D，在可行域内求出每个目标函数的最优值 f^*_i=Max [Min] ($f_i|x_i \in D$)，并构造新的无量纲目标函数，再进行线性加权化为单目标函数，以消除不同量纲带来的负面影响。经求解，上述 4 个目标函数的极值分别为：

$$f_1^* = 1.31 \times 10^{10}\text{（元）},\ f_2^* = 1.52 \times 10^{9}\text{（kg）}$$

$$f_3^* = 1.82 \times 10^{8}\text{（kg）},\ f_4^* = 3.8 \times 10^{7}\text{（kg·mm}^{-1}\text{）}$$

构造新的单目标线性规划模型：

$$\text{Max}\,[F(x)] = w_1\frac{f_1}{f_1^*} + w_2\frac{f_2}{f_2^*} - w_3\frac{f_3}{f_3^*} + w_4\frac{f_4}{f_4^*}$$

其中，w_i（i=1，2，3，4）为权重，$w_1+w_2+w_3+w_4=1$。考虑到海南省的实际情况，可将权重设定如下：w_1=0.3，w_2=0.2，w_3=0.3，w_4=0.2。

$$\text{s.t}\quad \begin{cases} 718\,000 \leqslant \sum_{i=1}^{n} x_i \leqslant 722\,700 \\ 0.835x_1+867x_2+400x_3 \leqslant 4.35 \times 10^7 \\ 252\,453 \leqslant x_1 \leqslant 757\,358,\ 35\,581 \leqslant x_2 \leqslant 106\,743,\ 63\,247 \leqslant x_3 \leqslant 189\,740 \end{cases}$$

利用 Matlab 软件对上述单目标线性规划模型进行求解可得，x_1=446 220，x_2=215 947，x_3=189 740。

4. 最优结果分析

由表 4-8 可知，粮食作物的最优种植面积应为 446 220hm^2，水果的最优种植面积为 215 947hm^2，蔬菜的最优种植面积为 189 740hm^2，将各个农产品的最优值与 2012 年的播种面积进行比较可发现，应适当地增加粮食作物和水果的播种面积，但粮食的播种面积增加的幅度有限，应大力鼓励单位产量和产值较高的水果作物的种植，以此增加农民的经济收入；减少化肥施用量较高的蔬菜作物种植，维持生态环境的平衡和可持续发展。

表 4-8　种植业结构调整线性规划结果分析

种类	变量	最优解	2012 年实际值	变化率（%）
粮食	x_1	446 220	438 610	1
甘蔗	x_2	215 947	179 786	20
蔬菜	x_3	189 740	229 530	−17

5. 结论

种植业结构调整是项复杂的系统工程，不仅要考虑土地资源、水资源和气候资源的时空分布规律，还要考虑农作物适宜生长的自然环境，以及降水、土壤、气候之间的交互作用，同时，还必须结合市场和社会的需求特点，统筹考虑社会经济发展及生态环境保护等多方面的问题，本研究中所采用的多目标线性规划模型能很好地解决这种复杂的系统规划问题，为种植业结构调整提供了科学的方法论。另外，该模型具有较强的可操作性，可通过适当调整模型部分约束条件的结构和弹性，以达到人们期望的最优结构。由于社会经济条件和技术条件的不断变化，以及其他一些不确定因素，多目标线性规划模型的相关参数可能会发生相应的变化。因此，应基于对自然资源和自然环境的分析结果，对种植业结构调整的多目标线性规划模型进行及时修正，只有这样才能使种植业结构调整在系统环境发生巨大变化时保持相对稳定，以满足社会经济发展的需要。

（三）海南省畜牧业适度规模发展研究

1. 数据处理和说明

海南畜牧业的生产主要以农户散养为主，且在畜种结构中，耗粮型的猪禽占据较大的比例，奶牛养殖在海南几乎还是空白。因此本研究采用的畜禽产品主要有散养生猪、小规模肉鸡、散养肉牛及散养肉羊，其中，肉牛和肉羊的成本收益情况由于数据的缺失，采用全国的平均水平进行替代，数据均来源于2012年《全国农产品成本收益资料汇编》，则海南省单位畜禽成本收益情况如表4–9所示。

表4–9　单位畜禽成本效益核算

种类	投入项						总产值（元）	纯收益（元）
	劳力数量（人）	人工成本（元）	物质与服务费用（元）	精饲料（kg）	耗粮量（kg）	合计成本（元）		
禽类（每百只）	5.43	304.08	2 032.35	465.5	325.85	2 338.2	2 559.45	221.25
牛	13.42	789.03	6 660.32	503.49	364.1	7 450.87	9 798.9	2 348.03
羊	5.69	325.96	654.5	65.17	46.62	980.46	1 178.3	197.84
猪	9.89	553.73	1 090.62	280.93	150.87	1 644.35	1 689.65	45.3

2. 模型的设计

线性规划是合理利用现有资源并发挥最大效益的问题。它所研究的问题主要有两类：一类是在一定数量的人力、物力、财力及其他生产资源条件下，如何安排生产经营活动，以取得最大的收益。另一类是在任务一定的情况下，如何合理地配置备种资源，以最少的消耗去完成任务。这两类问题从本质上都是在一定的限制条件下，寻求最大的经济效果。而生产结构的优化目的就是在充分利用现有资源情况下，取得最大经济效益，以最大限度满足人民生活需要的问题，因而本文采用线性规划法。鉴于海南省拥有丰富的草山资源，且开发利用的程度相对较低，因此在畜牧业养殖过程中，主要考虑经济效益的目标，其约束条件的设置主要有农业劳动力总量、粮食消耗量、精饲料用量等，其中精饲料的上限本文以2012年海南省配合饲料产量来衡量，数据均来源于《海南省统计年鉴》。

（1）目标函数

$$\mathrm{Max}[f(x)]=221.25x_1+2\,348.03x_2+197.84x_3+45.3x_4$$

（2）约束条件

$$s.t\begin{cases}5.43x_1+13.42x_2+5.69x_3+9.89x_4\leqslant 3.01\times 10^7\\3.26x_1+3.64x_2+0.47x_3+1.51x_4\leqslant 2\times 10^7\\4.66x_1+5.03x_2+0.65x_3+2.81x_4\leqslant 1.9\times 10^8\\x_1,x_2,x_3,x_4\geqslant 0\end{cases}$$

3. 模型的求解

利用 Matlab 软件对上述目标函数进行计算，得出最优结果为：

$x_1=3.5\times10^5$，$x_2=9.8\times10^5$，$x_3=7.3\times10^5$，$x_4=3.12\times10^6$

4. 结果分析

由表 4-10 可知，禽类的最优饲养量应为 3 500 万只，肉牛的最优饲养量为 98 万头，肉羊的最优饲养量为 73 万只，将各肉猪的最优饲养量为 312 万头。将禽产品的最优值与 2012 年的饲养情况进行比较可发现，应适当地增加牛和羊的养殖，充分利用海南天然丰富的林草资源，以此增加农民的经济收入；适当减少耗粮量较高、收益状况一般的禽类和生猪养殖，实现地区畜牧业的稳定、可持续性发展。

表 4-10 海南省畜牧业结构调整线性规划结果分析

种类	变量	最优解	2012 年实际值	变化率（%）
禽类	x_1	350 000	432 277	-19
散养肉牛	x_2	980 000	873 900	12
散养肉羊	x_3	730 000	660 300	11
散养生猪	x_4	3 120 000	4 337 800	-28

五、海南省农业可持续发展的区域布局

（一）农业可持续发展的区域差异分析

1. 农业基本生产条件区域差异分析

全省 18 个市（县）农业生产的基本条件水资源、土壤、温度、劳动力、农业现代化程度等方面存在差异（表 5-1）。

表 5-1 2012 年海南省各市（县）农业生产基本条件区域差异

农业生产基本条件	指标	最大值	最小值	极差	变异系数
水资源	水库数（座）	130	17	113	0.502
	年均降水量（mm）	2 383.2	1 318.2	1 065	0.157
土地	耕地面积（hm^2）	53 778	2 764	51 014	0.625
	土壤有机含量（%）	6.77	1.12	5.65	0.554
气温	年均相对湿度（%）	89	74	15	0.041
	年均温度（℃）	26.2	23.8	2.4	0.026
劳动力	农村家庭农业从业人员（人）	231 816	28 050	203 766	0.489
农业现代化	亩均农药用量（kg）	6.47	0.56	5.90	0.675
	亩均化肥用量（t）	0.43	0.07	0.36	0.434
	农业机械总动力（kW）	572 815	15 990	556 825	0.685
	农村用电量（万 kW·h）	26 463	182	26 281	1.409

在水资源方面，选取各市（县）的水库数和年均降水量作为主要指标。拥有水库数量最多的是海口市为130座，拥有水库数最少的是昌江县为17座，两者相差113座。变异系数是用来衡量一组数据的离散程度的绝对值，是用一组数据的标准差除以均值计算得到。系数值越大，说明数据离散程度越高。2012年各市（县）的水库数的变异系数值为0.502，说明各市（县）的水库数分布不均程度较高，差异较大。相比水库数，年均降水量最高的是定安县为2 383.2mm，最少的是临高县1 318.2mm。年均降水量的变异系数为0.157，说明各市（县）的年均降水量存在一定程度的差异。

在土地方面，选取耕地面积和土壤有机含量为主要指标。耕地面积最大的是儋州市为53 778hm^2，最小的是五指山市为2 764hm^2，两者相差51 014hm^2。土壤有机含量最高的是万宁为6.77%，最低的是保亭为1.12%。耕地面积和土壤有机含量的变异系数分别为0.625和0.554，说明18个市县的土地方面存在较大的差异。

在气温方面，选取年均相对湿度和年均温度作为主要指标。从年均相对湿度和年均温度的分析结果可以看出，各市县的年均相对湿度和年平均温度都较为接近。

在农业劳动力方面，农村家庭农业从业人员最多的是儋州市231 816人，最少的是五指山市为28 050人，前者是后者的8倍多。变异系数达到0.489，表明各市县农业劳动力方面存在较大程度差异。

在农业现代化方面，选取亩均农药用量、亩均化肥用量、农业机械总动力、农村用电量作为主要指标。亩均农药用量最多的是三亚市为6.47kg，最少的是定安县0.56kg，变异系数高达0.675。亩均化肥用量最多的是琼海，最少的是琼州，变异系数也较高，为0.434。农业机械总动力和农村用电量的极差都很高，变异系数分别高达0.685和1.409，综合来看，18个市县的农业现代化程度存在很大的区域差异。

2. 农业可持续发展制约因素区域差异分析

选取部分制约海南省农业可持续发展的因素分析各市（县）的差异状况。这些因素包括人均占有量、农业财政投入、环境的破坏、劳动力短缺等。用农村人口人均耕地面积作为人均占有量的指标，用农业土地生产率表示农业生产力因素，用每公顷土地废水排放量表示农业环境的破坏程度，用劳动年龄内上学的学生数、不足劳动年龄而参加劳动的人口数和超过劳动年龄而参加劳动的人口数之和衡量劳动力短缺状况，地方政府的农林水事务支出作为农业财政投入指标。

计算可知，农村人口人均耕地面积、农业土地生产率、每公顷土地废水排放量、劳动力短缺和农林水实物支出的变异系数都较高。最低者为0.32，最高者为1.2，这表明海南省农业可持续发展的制约因素在各市县存在较大的差异。

（二）农业可持续发展的区划方案

根据主成分分析结果可得（表5-2），评分在1以上的市县只有海口、三亚，可将其视为第一层次；评分在0~1的7个市（县）有文昌、琼海、临高、东方、澄迈、万宁、儋州，可将其视为第二层次；评分在-1~0的9个市（县）有定安、昌江、陵水、乐东、屯昌、琼中、保亭、白沙、五指山，可将其划分为第三层次。

表 5-2　海南省农业可持续发展评分

地区	主成分 1	主成分 2	主成分 3	主成分 4	主成分 5	综合得分	排名
海口	0.510	3.878	3.071	-1.530	0.511	1.660	1
三亚	2.251	2.358	-1.197	-0.212	0.697	1.063	2
文昌	2.647	-0.593	1.666	0.872	-1.835	0.899	3
琼海	3.861	-0.153	-1.650	0.205	1.156	0.894	4
临高	0.426	3.454	0.187	-1.000	-1.437	0.776	5
东方	-0.830	-0.315	2.205	3.023	0.015	0.536	6
澄迈	2.024	-0.744	-0.088	0.345	-0.280	0.399	7
万宁	1.143	0.419	-0.636	-0.369	-0.219	0.238	8
儋州	0.200	-1.459	1.884	0.685	0.167	0.189	9
定安	-0.458	0.363	0.559	-1.128	0.270	-0.039	10
昌江	-0.876	0.443	0.461	-0.853	0.849	-0.066	11
陵水	1.048	-0.523	-2.214	1.113	-2.305	-0.397	12
乐东	0.136	-0.903	0.914	-2.484	-0.864	-0.411	13
屯昌	-0.892	-0.296	0.381	-0.280	-1.426	-0.445	14
琼中	-3.103	-0.285	1.082	1.011	0.677	-0.554	15
保亭	-1.398	0.746	-2.660	0.033	1.829	-0.587	16
白沙	-2.312	-1.191	0.189	0.821	0.397	-0.799	17
五指山	-2.281	-2.188	1.564	0.733	-0.742	-0.887	18

（三）区域农业可持续发展的功能定位与划分

1. 功能定位

可持续发展农业的功能结构可分为直接经济生产功能和非直接经济生产功能。直接经济生产功能，又称农产品供给功能，主要指通过生产并向全社会提供农产品以获得经济收入；非直接经济生产功能涵盖环境、资源、文化、社会各个方面，主要包括生态调节功能，就业与生活保障功能，休闲与文化传承功能等。

（1）农产品供给功能　尽管农业多功能特征凸现，但农产品供给功能仍然是农业的主导功能之一，表现是为全社会提供农产品的数量和质量。农产品供给一般可以划分为食品供给和原料供给两大部分，保障农产品的供给，特别是保障粮食的供给是农业最基本、最重要的功能。随着人口的增加和工业的发展，对农产品的需求持续增加，除直接食用外，食品加工、酿酒、油脂、纺织、皮革、生物质能源和生物质材料等产业发展都需要农产品作为原料，这就要求提升农业综合生产能力，不断向社会增加优质、安全和多样性的农产品供应，确保农产品的有效供给。

农产品供给能力的大小受制于自然资源条件、农业生产水平等影响，也正是土地资源禀赋差异性形成农产品供给的地域特征。因此，在描述农产品供给功能时，需要参考资源禀赋指标与农产品生产规模与结构指标。

（2）生态调节功能　现代农业的生态调节功能是指作为具有自然再生产特征的产业部门，现代农业具有显著的土壤保持、水源涵养、气候调节、生物多样性维护等生态调节作用。其可分为环境容纳功能、生态保育功能、资源安全功能三种类型。其中，环境容纳功能指农业对生产建设过程中有害物质排放的消解作用；生态保育功能指环境友好的农业技术对生态环境的保护、涵养功能；

资源安全功能指农业为生产生活提供足够必需的优质自然资源的能力。

农业本身就是自然再生产的部门，同时农业种植过程的本身就是对生态进行调节的过程，只是不同的种植方式对生态的调节及影响的程度不一样而已。要使现代农业充分发挥生态调节功能，必须科学、合理地利用各种农业资源，不适当的农业生产方式，将直接影响农业生态调节功能的发挥，并且也会产生巨大的负外部效应，最终不利于现代农业的可持续发展。现代农业的发展不能以消耗资源和牺牲环境为代价，现代农业是资源节约型和环境友好型农业，作为生态系统的一部分，现代农业要做到合理利用自然资源、发展农业生产力和保护生态环境三者的统一。

农业与工业最大的不同就是生态调节和约束功能显著。需要用农田生态指标、生态约束指标与农业发展现代化程度等 3 组指标描述农业的生态功能。

（3）就业与生活保障功能　就业和生活保障功能在这里包含两层意思：一是指农业为农村人口提供就业机会，农户通过农业生产劳动获得相应的生活资料；二是指随着现代农业主导功能的拓展，农业部门吸纳劳动力的能力增强，还能够吸纳城市和其他部门分离出来的劳动力，为其他部门创造就业机会，从社会层面上实现农业的就业和生活保障功能。

随着现代农业的发展，农业的主导功能由单一功能向多元功能拓展，现代农业的生产力迅速提高，农业部门创造的剩余越来越多，不仅能够解决农村人口的就业问题，还创造出更多的就业岗位，为相关部门创造就业机会。随着就业竞争和压力的不断增大，第二、第三产业吸纳劳动力的成本不断增加，而农业部门的就业成本相对较低，并且农业对劳动力素质的包容空间较大，能够吸纳不同文化层次的人口就业，事实上，虽然越来越多的高新技术应用于农业部门，但是农业部门同样也需要很多从事体力劳动的农业种植者，因而在现阶段，农业部门还是可以吸纳一部分文化素质较低的劳动力。

就业与生活保障功能的体现需要参考农业劳动力、农业收入、就业压力、人均收入等指标。

（4）休闲与文化传承功能　农业的休闲功能主要以休闲农业的形式出现。休闲农业是农业现代化和产业化发展的一种形式，拓宽了农业的功能定位。城市居民消费观念的改变，使其更多地倾向于更加生态、更加自然的消费和休闲方式；同时，我国广大农村的自然风光、农耕文化、民风民俗等是吸引城市居民释放各种压力、休闲和观光旅游的主要因素。

另外，现代农业还承担起文化传承的功能。随着工业化和城市化的迅速推进，很多城市的古院落、古街道、古建筑被摧毁，城市文化的载体迅速消失，城市文化开始断层，城市形象的地域差别迅速缩小。相较于城市文化的变化，长期以来，由于农业的落后，我国的广大农村和外界交往较少，农村受外来文化的冲击较少，我国广大农村的文化保存较为完整，方言、民俗、民风、民族工艺品、民间舞蹈等都是农村文化的表现形式。农村文化是农业耕作的产物，大多数都是口口相传，并具有强烈的地域色彩。当城市文化迅速解体的时候，现代农业便承担起了文化传承的重任。

反映文化传承的农业非物质文化及物质文化遗产等指标，可在分区论述时进行定性分析；同时居民休闲指标，可用问卷调查的方式来描述区域农业的休闲功能。

2. 具体划分

针对海南各市（县）农业可持续发展面临的问题，根据前文的区划层次划分，综合考虑各地农业资源承载力、环境容量、生态类型、社会、经济发展基础等因素，将海南全省划分为优化发展区、适度发展区和保护发展区。按照因地制宜、梯次推进、分类施策的原则，确定不同区域的农业可持续发展方向和重点。

（1）优化发展区　包括海口、三亚地区，其社会、经济可持续发展条件好、潜力大，但也存在水土资源过度消耗、环境污染、农业投入品过量使用、资源循环利用程度不高等问题。要坚持生产优先、兼顾生态、种养结合，在确保主要农产品综合生产能力稳步提高的前提下，保护好农业资源和生态环境，实现生产稳定发展、资源永续利用、生态环境友好。

第一，发展利于土地集约利用的园艺业和蔬菜业。海口市和三亚市是海南省经济发展比较好的两个地区，存在着城乡建设占用大量耕地的现象。在海口和三亚可以发展利于土地集约利用的园艺业和蔬菜业，这样就可以节约土地，在农业发展的同时，也不影响城市发展建设的进度。以园艺业和蔬菜业为主的农业结构，保障了海口和三亚城市的消费需求，提升了城市消费质量，同时为城市农产品加工业提供了丰富的原料来源，促进了城镇化的持续健康发展。

第二，发展外向型农业和农产品加工物流业。依据海南的热带海岛优势和海口、三亚临海的地理位置，可以采取大进大出的贸易方式发展外向型农业和农产品加工物流业。海南作为我国唯一的热带岛屿省份，是国家热带现代农业基地，是国家重要的冬季“菜篮子”和热带“果盘子”。海口和三亚不仅有数量众多的优良港口，还拥有两个航空港，可以快速地将海南的瓜果蔬菜运送到全国各地。现在海南的瓜果蔬菜年出岛量600多万t，供应全国170多个大中城市。利用海口和三亚的经济基础和便捷的交通来发展农产品加工物流业，包括特色农产品深加工、木材深加工、水产品深加工等，将低价的初级农产品，通过加工后，以高附加值出售，获取更多利润。

第三，推进农业生产的设施化、工厂化和科技化。海南是一个人多可耕作土地面积少的省份，尤其是在海口和三亚土地资源非常稀缺。因此，当地农民最关心的一个问题，就是如何提高单位面积产值，获得最大效益。很明显，种植瓜果蔬菜的土地经济效益要高于一般的大田种植业，而温室生产又优于露地生产。在海口和三亚可以大力发展室内瓜果蔬菜的种植，利用温室种植的特点进行农业工厂化生产，蔬菜、水果等大部分农产品在室内的温度、湿度、光照、施肥、用水、病虫害防治等都可以在计算机监控下生产，不仅作物产量很高，还可采用无土栽培方法，全年可以生产，节省了大量土地，提高了土地效益，也能缓解海南部分时间蔬菜价格居高不下的难题，保障海南人民的正常生活。

第四，发展休闲农业园区。观光休闲农业园区是指以农业休闲服务为主要开发内容的都市型现代农业园区，一般以农业、农村、农民为依托，以农村风光、农事体验和农家生活为主要吸引物，使旅游者能够享受田园自然风光、体验农耕生活、感受农村文化、购买新鲜和特色农产品、品尝农家美食，达到提高农业经济效益和农民生活质量、增强生态效益和社会效益的目的。发展休闲农业，有利于促进农业的转型升级，有利于推广和集成应用现代农业科技，有利于培育区域公共品牌，有利于拓展农业功能，促进农民增收。

第五，积极调整农业组织结构，推动农业生产的组织化经营。由于农民生产经营的项目很多都相同，因而具有相同的市场地位。为了防止无序竞争，基于共同利益，可联合各农户组成各种合作社，涉及农业的产前、产中和产后各个环节，并逐步发展成为服务较为全面的、市场应变较快的社会化服务网络体系。其具体形式有：① 采购合作社。其职能主要是为农民提供种源、肥料、饲料等。② 信用合作社。对农民的农业生产、设备更新等起到资金保障作用。③ 销售合作社。帮助农民用最短的时间完成交易，这样既通过缩短流通时间来保障农产品的鲜活品质，又能提高交易效率。④ 服务合作社。这类合作社根据服务不同又可包含农机服务合作社、农产品储运、互助保险公司等，这些组织在维护农民自身利益、保障生产、提高收入、规避市场风险等方面会发挥很大作用。

对于海口市和三亚市不同的地理环境和经济基础，它们又有其各自的发展重点。

——海口市。以治理控肥控药和废弃物资源化利用为重点，构建与资源环境承载力相适应、

粮食和“菜篮子”产品稳定发展的现代农业生产体系。大力推广配方施肥、绿色防控技术，推行秸秆肥料化、饲料化利用；调整优化畜禽养殖布局，稳定生猪、肉禽和蛋禽生产规模，加强畜禽粪污处理设施建设，提高循环利用水平。

——三亚市。发展生态农业、特色农业和高效农业，构建优质安全的热带农产品生产体系，建设海南国家南繁育种基地。大力开展专业化统防统治和绿色防控，推进化肥农药减量施用，建设生态绿色的热带水果、冬季瓜菜生产基地。加强天然渔业资源养护、水产原种保护和良种培育，扩大增殖放流规模，推广水产健康养殖。

（2）适度发展区　包括文昌、琼海、临高、东方、澄迈、万宁、儋州、定安、屯昌、昌江、陵水 11 个市（县），农业生产特色较为鲜明，但生态脆弱，资源环境承载力有限，农业基础设施和社会、经济可持续发展能力相对薄弱。要坚持保护与发展并重，立足资源环境禀赋，发挥优势、扬长避短，适度挖掘潜力、集约节约、有序利用，提高资源利用率。

——文昌、琼海、万宁。控制海洋渔业捕捞强度，保证海洋捕捞机动渔船数量和功率不过快增长，加强禁渔期监管。稳定海水养殖面积，改善近海水域生态质量，大力开展水生生物资源增殖和环境修复，提升渔业发展水平。积极发展海洋牧场，保护海洋渔业生态。

第一，发展热带水产品苗种产业。2015 年海南省海洋与渔业厅发布《海南省热带水产苗种产业发展行动计划》。海南省将加快推进热带水产苗种产业发展，力争到 2019 年基本形成以产业为主导、企业为主体、基地为依托、产学研相结合、“育繁推一体化”的具有国内先进水平的现代水产种业产业体系，水产苗种业产值由目前的约 20 亿元增长到 40 亿元，实现翻番。按照计划，到 2019 年海南水产苗种繁育能力将达到 1 500 亿尾，全省水产苗种良种覆盖率达到 85% 以上，除满足本省水产养殖业发展、渔业资源生态修复和水生动植物种质资源保护需要外，80% 以上的苗种将外销。

第二，转变水产养殖方式，推广健康养殖。健康养殖是指根据养殖对象的生物学特性，运用生态学、营养学原理来指导养殖生产，也就是说要为养殖对象营造一个良好的、有利于快速生长的生态环境，提供充足的全价营养的饲料，使其在生长发育期间最大限度地减少疾病的发生，使生产的食用产品无污染、个体健康、肉质鲜嫩、营养丰富与天然鲜品相当。

第三，提升远洋捕捞能力。远洋渔业是指在公海和他国管辖海域从事海洋捕捞以及与之配套的加工、补给和产品运输等渔业活动。由于过度的开发和海域环境的严重污染，海洋生态环境遭到破坏，使得近海渔业资源严重衰退。面对近海渔业资源的枯竭，渔业部门虽然采取了休渔、放流、引导渔民转产等措施，虽然有一定的成效，但是实现海洋经济的可持续发展，不能仅仅依靠近海资源，必须要充分开发利用深海及公海资源。随着近海渔业资源不断的枯竭，深海捕捞已成为发展趋势。

第四，建设大型渔业养殖生产基地。组织实施深水网箱、鱼种鱼苗饵料、海上大型生产生活平台、能源淡水供应、污水垃圾回收处理等联合攻关，筹建大型渔业养殖生产基地，以底播和深水网箱养殖为主开展渔业生产。

——澄迈、儋州、临高、东方。按照“废弃物 + 清洁能源 + 有机肥”三位一体技术路线转变发展方式，改造完善规模畜禽场粪污治理设施，提高废弃物综合利用水平。推广地膜覆盖等旱作农业技术，建立农膜回收利用机制，逐步实现基本回收利用。

第一，畜禽养殖场粪尿资源综合利用。将集约化畜禽养殖场粪尿进行资源化、减量化、无害化处理，实现粪尿污水再利用、再循环，是减轻养殖场周边农业生态环境的污染、充分利用资源的有效措施。畜禽养殖场粪尿经过厌氧处理，不但粪便污水得到有效净化，减少畜禽养殖场周边的环境污染，其发酵产生的沼气，可以用于发电或供民用炊事；沼气残留物的沼液、沼渣，可以用于无公害农产品和绿色食品的生产，另外养殖场干捡收集的粪便经过发酵处理，还可以生产成有机肥料，用于种植业生产。对于养殖规模大、粪尿污水多的养殖场，建造的沼气池容积在 $100m^3$ 以上、甚至 $1\ 000m^3$，粪尿废弃物资源化利用综合效益显著。对于普通农户建造沼气池，实行“养猪—沼气—果菜”的生态循环农业发展模式也有很好的综合效益。

第二，推广地膜覆盖等旱作农业技术。地膜覆盖是指用地膜对地表进行覆盖，实现集雨、保墒、增温、抑制杂草等综合作用的节水农业技术模式。其特点是通过起垄覆膜、地面覆盖，减少地表径流，抑制田间无效蒸发，保蓄土壤水分，增强作物抗旱能力，缓解干旱对农业生产的影响。虽然海南具有热带季风和热带海洋性气候的特色雨量充沛，但由于海南省的降雨区域和时间的分布不均匀以及常年高温农业生产用水蒸发蒸腾量极大，导致冬春干旱时常发生。地膜覆盖等旱作农业技术可以有效缓解干旱对农业发展产生的不利影响。

第三，废旧农膜回收利用。随着地膜覆盖面积的增加，残膜污染问题日趋严重。在地膜覆盖节水技术推广中，要积极探索新机制、新方法，加大残膜回收利用工作力度。① 严格用膜标准。引导农民采用厚度 0.01mm 以上的地膜。国家和地方财政支持的项目，宜采用厚度 0.01mm 以上的地膜，降低废旧地膜回收难度。② 试验示范生物全降解农膜。试验成功后在全省范围内全面推广生物降解农膜、套袋等新材料，从根本上解决农膜塑料废弃物的污染问题。③ 扶持废旧农膜回收企业，建设基层废旧农膜回收网点。制定相关优惠政策，扶持残膜回收加工企业，探索建立以企业为龙头，农户参与、政府监管、市场化运作的农田残膜回收利用体系，实现资源利用最大化和环境污染最小化。

——定安、屯昌、昌江、陵水。做好“无疫区”工作，建立健全动物防疫、兽医、动物卫生监督、疫情报告、屏障、法律等六大体系，打造“无疫区”品牌。以青贮饲料、新型能源、有机肥配料、还田回收为主要方向，分类推广应用较成熟的技术，提高秸秆综合利用率。

第一，继续推动“无疫区”建设。“无疫区”即无规定动物疫病区，是指在特定地域、规定期限内无特定动物疫病。无规定动物疫病区建设则是指在国家认可的特定地域及其周边一定范围内，对动物和动物产品、动物源性饲料、动物遗传材料等流通实施有效控制，达到无规定动物疫病区标准。2009 年，海南“无规定动物疫病区示范区”率先通过国家评估验收，填补中国没有“无疫区”的空白，“为中国畜牧业树起一座里程碑。”海南“无疫区”建设最大受益人是海南农民。1999 年，海南农民人均畜牧业收入仅为 239 元；而到了 2008 年，海南农民人均畜牧业收入达到 870 元，10 年增长近 3 倍。继续推动“无疫区”，打造“无疫区”品牌，这在海南畜牧业发展和农民畜牧业增收上，品牌效应不可估量。

第二，农作物秸秆综合利用。农作物秸秆的综合利用是将农业生产过程中的农作物秸秆，通过加工处理转变为有用资源循环利用，实现秸秆资源化（肥料、饲料、原料、能源等），消解对环境的污染和生态破坏，保障农业可持续发展战略的实施。①农作物秸秆肥料化：是利用秸秆富含有机质，利于改良土壤结构，增强保水保肥能力。是建设循环农业经济，实现农业可持续发展的重要措施。主要技术有秸秆直接还田、堆肥还田、过腹还田等。②农作物秸秆饲料化：是利用水稻、花生、玉米等秸秆富含高营养成分，通过青贮、微储及氨化等处理，使其纤维素、木质素细胞壁膨胀疏松，便于牲畜消化吸收，达到减少草原资源破坏的目的。③农作物秸秆原料化：一是利用秸秆作为造纸原料，利用秸秆制取糠醛、纤维素，稻谷生产免烧砖、酿酒，稻草制取膨松纤维素、板材，作物秸秆还可以制作餐具等；二是利用稻草编织草席、草绳等；三是秸秆可以制作食用菌等。④农作物秸秆能源化：一是秸秆进入沼气池发酵制取沼气，作为生活能源之用；二是秸秆气化作为生活能源；三是秸秆燃烧直接发电等。

（3）保护发展区　包括乐东、琼中、保亭、白沙、五指山5个市（县），其在生态保护与建设方面具有特殊重要的战略地位。五指山、白沙等中部地区是海南省三大河流南渡江、昌化江和万泉河的发源地和重要的生态安全屏障，热带特色农业资源丰富，但生态十分脆弱。要坚持保护优先、限制开发，适度发展生态产业和特色产业，让森林等资源得到休养生息，促进生态系统良性循环。

——五指山、保亭、白沙、琼中、乐东。突出江水源头自然保护区的生态保护，实现农业生态整体保持优良状态，构建稳固的海南生态安全屏障。在保持当时生态环境不被破坏的同时，适度发展海南特色热带经济作物。

根据当地的资源条件以及可发展的规模，再结合可持续发展的能力，具体规划布局如下。

（1）热带水果

龙眼：保亭、白沙、乐东。

橙和柚：琼中。

主攻方向：培育优良新品种，增加品种数量，发展早、晚熟品种，提高均衡上市能力；开展技术示范和技术培训，提高产品品质和商品一致性，加强采后处理和保险技术研发，开发新加工产品、开拓新市场；加强对引进品种和种苗的检疫性病虫害检疫管理工作，强化对重点病虫害的防患；健全果品品种、安全标准和监督、管理机制，加强果品产地认证。

（2）热带（经济）作物

天然橡胶：白沙、乐东。

茶叶：五指山

主攻方向：培育优良新品种，增加品种数量，发展适应海南地方特色的品种；加大力度扶持采后加工处理技术的研发和技术的推广，提高产品附加值品质。

（3）南药作物

槟榔：保亭、琼中两县海拔600m以下的地区。

益智：琼中、白沙、保亭、五指山。

砂仁：白沙、五指山。

牛大力：白沙、保亭、琼中、五指山。

沉香：琼中、白沙。

主攻方向：通过科学规划，合理布局，加快南药标准的研究和建立，建设海南省南药产业化示范基地，为产业的发展奠定基础，进一步挖掘南药黎药的价值，不断开发新产品助推产业化发展，抓住主导新产品开发的市场和企业，多举措让相关企业广发参与南药黎药的产业化发展。

六、促进海南省农业可持续发展的重大措施

（一）工程措施

促进农业可持续发展应以治理水土流失为中心，即以小流域为治理单元，合理布局水土保持各

项生物与工程措施，依据系统工程方法，安排农、林、牧、渔、副各业用地，使各项措施互相协调，互相促进，形成综合防治技术体系。

1. 海南水土资源保护工程

（1）永久基本农田保护项目

① 实行严管严控措施，确保基本农田数量不减少：永久基本农田一经划定，必须永久保护，任何单位和个人不得改变或者占用，也不得擅自通过规划调整占用基本农田。国家能源、交通、水利和军事设施等重点建设项目确需占用基本农田的，按法定程序报国务院批准。对违法违规占用永久基本农田的行为要严格执法、从重问责。

海南省拟划定永久基本农田面积 940 万亩，较国家下达给海南省永久基本农田保护指标 935 万亩多划 5 万亩。列入县、乡级土地利用总体规划设定的交通走廊内，或已经列入土地利用总体规划重点建设项目清单的民生、环保等特殊项目占用多划基本农田的，在不突破多划基本农田面积额度的前提下，按一般耕地办理建设用地审批手续，不需另外补划基本农田。

② 实施高标准农田建设，确保永久基本农田质量不下降：结合实施高标准农田建设，通过改善灌溉条件、土壤改良、移土培肥，提高基本农田质量。重点对海口市、儋州市、文昌市、琼海市、万宁市、东方市、安定县、澄迈县、临高县、乐东县等 10 个市（县）的耕地以及基本农田分布相对集中的区域展开集中整治。重点推动海口市南渡江流域土地整治重大工程、万泉河流域基本农田整治示范重大工程及松涛水库灌区基本农田整治示范重大工程项目，确保实现到 2015 年海南省建设旱涝保收高标准农田面积不少于 229 万亩、到 2020 年，海南省建设旱涝保收高标准农田面积不少于 450 万亩的目标。

（2）耕地地力改良与提升项目

① 实施沃土工程：实施土壤有机质提升项目，通过实施秸秆腐熟还田等培肥地力措施，提升耕地有机质含量，活化土壤生物性能，促进作物生长，改善农产品质量；推广秸秆还田技术；推广机械化秸秆还田技术，引进秸秆粉碎还田机械、秸秆青贮机械等先进适用的农业机械，充分提高作物秸秆利用率，提高土壤有机质含量；增施有机肥，通过施用人、畜的粪、尿肥及堆肥、沤肥、绿肥等有机质含量高的农肥来增加和保持土壤有机肥含量，有条件的地方可大量施肥（河泥、草碳等），对提高土壤有机质含量有明显作用；合理轮作，这是用地养地的耕作方式，在轮作中注意两点：一是适当增加豆科作物种植面积，在轮作过程中 4 年左右种一茬豆科作物可增加土壤中氮素含量，同时豆科绿肥作物经翻压入土后，大量的根、茎、叶能够增加土壤有机质，改善土壤理化性质，提高土壤肥力；二是种植耗地力作物要控制年限，如甜菜要 7 年轮一次，葵花要 4 年轮一次，豆类和瓜类作物不重茬、不迎茬，要 5 年以上轮作，这样有利于恢复地力，又防治病害；种草肥田，应大力提倡种植牧草来培肥地力，增加经济产量。目前可种植的牧草有红萍、紫云英等，以此来改善土壤，培肥地力，提高土壤生产能力；合理调整农、林、牧用地比例，林业的发展恢复是平衡生态，改善气候条件，变恶性循环为良性循环的有力措施。合理的畜牧发展可以为土壤提供大量有机质，是培肥地力，提高农作物产量的直接措施。

② 改造中低产田：工程改造。耕层薄，砂（粘）层出现浅的土壤，可采用淤积泥土（铺砂）、搬运黄土、深耕等措施来打破砂（粘）层或加厚耕层；对于耕层较厚，砂层出现部位较深的土壤，要勤施肥、勤灌水；施用土壤调理剂，改善土壤性状，以海南省中低产田为主要对象，重点开展优质安全有机肥与无机肥配合应用技术示范推广；大力推广旱作农业技术。大力推广以蓄水、保水、调水、集水、节水为主要内容的旱作农业技术；以农机购置补贴为抓手，推进农业机械化，引导农

民开展农机深耕深松作业和秸秆（枝叶）还田，在18个市县应用推广水稻秸秆还田技术；优化果园农艺措施，提高果园土壤水肥利用效率；实施集水补灌工程。对于季节性水源充沛而缺乏灌溉条件的地方，可在农田整治的基础上，结合地形特点，修筑旱井、旱窖、人字闸等集水工程，并配套节水补灌设施，以满足作物苗期和生长关键期对水分的要求。

③适度改变耕作制度：在海南省内适宜农田推广免耕或减耕加覆盖方式的保护性耕作技术。结合海南省自然条件和资源分布，产业布局规划，推进土地耕作制度改革。在水田开展水稻和瓜菜轮作，水稻与红萍、紫云英等绿肥轮作。集成适宜于具体地域的轮作、间作、套作栽培模式，并进行示范推广；在旱地开展改种玉米等作物，示范推广粉垄耕作技术，以及免耕、少耕，秸秆还田等保护性耕作技术；在坡地开展果园、热作园合理规划与实施轮作计划，槟榔、橡胶林下种植花生、大豆、绿肥、蔬菜、番薯、生姜等矮作植物，套种绿肥，或采用多样性作物种植模式，减少化肥使用量，提高土壤有机质含量。

（3）大中型水利枢纽工程

① 南渡江引水工程：海口市西南羊山地区现有耕地较多，光热条件好，降水相对充沛，具有发展热带经济作物和高效农业的条件。但该地区位于火山喷发沉积岩地区，农业灌溉设施缺乏，干旱季节缺水严重，大部分耕地因无水灌溉导致农业生产力低下，农民收入增长缓慢，脱贫困难，致使羊山地区经济文化水平相对落后，经济和社会发展后劲不足。该地区尚有 8 380hm^2 未灌土地可同发展水果业、花卉、优质蔬菜等，预计 2030 年羊山地区农业需水（P=90%）达到 1.65 亿 m^3，由于现有水源工程供水能力有限，预计 2030 年农业供水缺口（P=90%）将达到 0.52 亿 m^3，急需建设骨干水源工程解决灌溉缺水问题。

南渡江为海南省第一大河流，水量丰沛，其水量最终流经海口市入海，龙塘断面实测多年平均径流量 52.56 亿 m^3，枯水期 95% 的平均流量为 32.4m^3/s，迈湾水库建成后 2030 年枯水期 95% 平均流量可以提到 46.1m^3/s，可以作为海口市的城市供水水源解决城市用水问题，保障供水安全。南渡江引水工程的建设可使羊山地区新增灌溉面积 6 773hm^2，其中耕地 5 673hm^2，园地 1 100hm^2，项目实施后最大每年可新增灌溉效益 8 837 万元，可极大地促进当地农业的发展，提高农民收入水平，符合社会主义新农村建设的需要。

② 其他水库：猫尾水库：位于屯昌县中建农场，总库容 2 800 万 m^3，兴利库容 1 700 万 m^3，改善灌溉面积 1 363hm^2。

道霞水库：位于临高县临城镇，总库容 6 800 万 m^3，兴利库容 6 690 万 m^3，改善灌溉面积 2 000hm^2。

天角潭水库：位于儋州市大成镇，总库容 13 200 万 m^3，兴利库容 11 000 万 m^3，设计灌溉面积 5 667hm^2。

石坡水库：位于乐东县利国镇，总库容 3 100 万 m^3，兴利库容 2 430 万 m^3，改善灌溉面积 1 667hm^2。

珠碧江水库：位于白沙县七坊镇，总库容 9 741 万 m^3，兴利库容 5 212 万 m^3，改善灌溉面积 800hm^2。

石碌水库：位于昌江县石碌镇，总库容 20 560 万 m^3，兴利库容 13 300 万 m^3，改善灌溉面积 2 333hm^2。

鸡心水库：位于昌江县石碌镇，总库容 4 167 万 m^3，兴利库容 3 300 万 m^3，改善灌溉面积 2 333hm^2。

（4）高效节水项目　重点发展管道输水灌溉，推广喷灌、微灌、集雨节灌和水肥一体化技术，实现高效节水和自动施肥。海南罗牛山花城农业有限公司建设高效综合节水示范工程。该公司计划建设花卉、绿化苗木喷灌、滴灌节水工程 240hm^2，利用罗牛山沼液污水和地下水作为灌溉水源，配套集中供水设备、供水管道、田间喷灌、滴灌系统、施肥设备，实现花卉高效节水和自动施肥。预计该项目能节水 40%，增效 30%，省工 30%，实现花卉优质增产、水资源高效利用的目标。该项目建成后，通过综合农业节水措施的实施，一是减少了水资源的浪费，涵养了水环境；二是避免了沼液污水随意排放，治理了环境污染；三是减少了田间农药和化肥的使用量，减轻了农药和肥料残留对产品和水土环境的影响；四是减低了水土流失的可能性，改善了生态环境。

（5）耕地资源管理信息系统和耕地质量预警监测项目

① 开展耕地质量调查：在全省范围内开展耕地质量调查，收集整理现有土壤数据资料，建立耕地质量信息数据库，运用层次分析法、特尔菲法、综合地力指数法等方法模型和地理信息系统技术对耕地质量进行评价并分等定级，定期发布重点监控田洋土壤质量状况。

② 构建耕地质量信息共享平台：在系统收集、整理、分析海南耕地质量数据基础上，开发海南省土壤质量信息共享平台，以专题图浏览、统计图表分析、数据统计分析与数据报表等服务方式为高效施肥、耕地改良、品种推荐、病虫害绿色防控等技术的研究与决策提供数据支持；研究专题图动态生成与服务实时发布技术，实现各课题的高效施肥、耕地改良、品种改良、病虫害绿色防控等技术成果专题图动态更新，实时发布，提高技术发布效率，使相关部门和人员及时掌握土壤养分动态。

2. 海南农业农村环境治理工程

（1）畜禽废弃物综合利用项目　按照“废弃物 + 清洁能源 + 有机肥”三位一体技术路线转变发展方式，改造完善规模畜禽场粪污治理设施，提高废弃物综合利用水平，实现经济和生态效益双赢。

① 完善规模畜禽场基础设施：先进实用的养殖设施，完备的生产工艺，为畜禽生长创造最佳环境，满足标准化生产需要，既是提高畜禽生产水平的需要，也是提高养殖效益和劳动生产力的需要。一是要大力推广新型实用墙体建筑材料，如玻璃纤维板、彩钢板、泡沫板等建造畜舍。二是要采用自动化和半自动化的养殖设施，如自动饮水、自动喂料、自动通风、湿帘降温、自动保温的设施。三是对生猪、家禽、牛羊等规模畜禽场进行基础设施改造，建设固液分离、雨污分流、粪便储存及输送管网设施。

② 建设有机肥加工中心：目前，粪便还田是世界范围内畜禽粪便最主要的处理途径。不过由于大中型畜禽养殖场的崛起、养殖场周围的土地有限、运往远处费用过高、农户使用化肥的便利及主要劳动力的转移等原因，使粪污大量积压。通过将畜禽粪便便配以辅料，经过堆置发酵等工艺流程，加工成优质高效的有机肥，是今后畜禽粪便处理的发展方向之一。政府应该加大对相关企业扶持力度，建设有机肥加工中心，提高处理畜禽粪污的能力，提升有机肥加工的产能，减少畜禽粪便对农村生态环境的破坏。

③ 完善沼气工程：支持规模养殖场配套建设沼气工程，包括大中型沼气工程、养殖小区及联户沼气工程，将农村沼气建设和畜牧业发展相衔接，提升年处理粪污能力和沼气产能。加强技术研发推广，提升沼气综合效益，将沼气技术与种植、养殖等适用技术进行优化组合，与生态环境保护和社会经济建设紧密结合。以沼液管网建设为重点，大幅提高沼液综合利用率。为提高业主建设的积极性，建议将其纳入农机购置补贴目录，按照 50% 的标准进行补贴。

（2）化肥农药氮磷控源治理项目

① 深化测土配方施肥，建立海南省肥料指标体系：组织有关专家汇总分析土壤测试和肥料效应田间试验数据，根据气候、地貌、土壤类型、作物品种、耕作制度等差异，合理划分施肥类型区，审核测土配方施肥参数，建立施肥模型，分区域、分作物制定肥料配方；推广测土配方施肥摸屏系统，每个乡镇配备 2 台测土配方施肥摸屏系统，方便农户查询土壤养分信息和施肥方案。

② 加强新型肥料及施肥方式的推广应用：依托科研院校、企业，不断加大新型肥料的研发、引进、示范和推广工作，开展液体配方肥、缓释肥推广应用。推广增施有机肥，推广高效肥和化肥深施、种肥同播等技术。在已建设或有条件建设微滴灌设施的区域或设施大棚推广“水肥一体化”技术，有效提高水肥利用率，减少因过量施肥而带来的土壤污染，提高农田地力水平。

③ 实施平缓型农田氮磷净化，开展沟渠整理，清挖淤泥，加固边坡，合理配置水生植物群落，配置格栅和透水坝；实施坡耕地氮磷拦截再利用，建设坡耕地生物拦截带和径流集蓄再利用设施。实施农药减量控害，推进病虫害专业化统防统治和绿色防控，推广高效低毒农药和高效植保机械。

（3）农膜和农药包装物回收利用项目

① 继续开展废旧农膜和农药包装物回收处置工作：扶持废旧农膜和农药包装物回收企业，建设基层废旧农膜和农药包装物回收网点。制定相关优惠政策，扶持残膜和农药包装物回收加工企业，探索建立以企业为龙头，农户参与、政府监管、市场化运作的农田残膜和农药包装物回收利用体系，实现资源利用最大化和环境污染最小化。2013 年，海南省正式启动了废旧农膜和农药包装物回收处置试点工作，计划在海口、三亚、澄迈、安定等市县瓜菜、水果的主要产区、组织实施地貌、农药包装物等田间废弃物回收处置工作。到目前为止回收地膜 850 t，农药包装物 10 t。实现试点市县废旧农膜和农药包装物回收 75% 以上，有效减少地膜和农药包装物对农业环境的污染。

② 加快推广使用 0.01 mm 以上较厚的地膜和可降解农膜：引导农民采用厚度 0.01 mm 以上的地膜。国家和地方财政支持的项目，宜采用厚度 0.01 mm 以上的地膜，这样可以降低废旧地膜回收难度。试验示范生物全降解农膜。试验成功后在全省范围内全面推广生物降解农膜、套袋等新材料，从根本上解决农膜塑料废弃物的污染问题。

（4）秸秆综合利用项目　实施秸秆机械还田（肥料化），实施秸秆青黄贮饲料利用（饲料化），实施秸秆材料化致密成型（原料化），实施秸秆气化集中供气、供电和固化成型燃料供热（能源化）等项目。配置秸秆还田深翻、秸秆粉碎、捡拾、打包等机械，建立健全秸秆收储运体系。

① 农作物秸秆肥料化：是利用秸秆富含有机质，利于改良土壤结构，增强保水保肥能力。是建设循环农业经济，实现农业可持续发展的重要措施。主要技术有秸秆直接还田、堆肥还田、过腹还田等。② 农作物秸秆饲料化：是利用水稻、花生、玉米等秸秆富含高营养成分，通过青贮、微贮及氨化等处理，使其纤维素、木质素细胞壁膨胀疏松，便于牲畜消化吸收，达到减少草原资源破坏的目的。③ 农作物秸秆原料化：一是利用秸秆作为造纸原料，利用秸秆制取糠醛、纤维素，稻谷生产免烧砖、酿酒，稻草制取膨松纤维素、板材，作物秸秆还可以制作餐具等；二是利用稻草编织草席、草绳等；三是秸秆可以制作食用菌等。④ 农作物秸秆能源化：一是秸秆进入沼气池发酵制取沼气，作为生活能源之用；二是秸秆气化作为生活能源；三是秸秆燃烧直接发电等。

（5）农村环境综合整治项目　采取连片整治的推进方式，综合治理农村环境，建立村庄保洁制度，建设生活污水、垃圾、粪便等处理和利用设施设备，保护农村饮用水水源地。实施沼气集中供气，推进农村省柴节煤炉灶炕升级换代，推广清洁炉灶、可再生能源和产品。引导农民建沼气池，改猪栏、改厕所、改灶台，实行“养猪—沼气—果菜”的生态循环发展；引导农民以家庭为单位发展“一口井、一栏猪、一个沼气池、一个种植园”的小庄园经济，实行集约化、立体化经营，建设现代生态循环农业示范区。

3. 海南农业生态保护修复工程

（1）湿地保护项目 海南省已建立6个湿地公园，即东寨港湿地公园（海口市）、海南新盈红树林国家湿地公园（儋州市、临高县）、海南南丽湖国家湿地公园（安定县）、三亚珊瑚礁保护区湿地（三亚市）、清澜港湿地（文昌市）、大洲岛自然保护区湿地（万宁市）。

在湿地公园内禁止下列行为：开（围）垦湿地、取土、修坟以及生产性放牧等；填埋、排干湿地或者擅自改变湿地用途；取用或者截断湿地水源；从事房地产、度假村、高尔夫球场等任何不符合主体功能定位的建设项目和开发活动；排放生产生活污水或倾倒固体废弃物；破坏野生动物栖息地、鱼类洄游通道，采挖野生植物或者捕猎野生动物；商品性采伐红树林；猎捕鸟类和捡拾鸟卵等行为。

（2）水域生态修复项目 在淡水渔业区，推进水产养殖污染减排，升级改造养殖池塘，改扩建工厂化循环水养殖设施，对湖泊水库的规模化网箱养殖配备环保网箱、养殖废水废物收集处理设施。琼中县政府为保护琼中县境内淡水渔业资源和生态环境，设立休渔期。休渔期内，琼中全县区域范围内，禁止一切捕捞和销售水生野生动物的行为。组织有关人员对琼中境内大河流进行巡查，预防和打击各种违法捕捞和“电、毒、炸”鱼违法行为，对违法行为，要严肃查处。

在海洋渔业区，禁止围填海、截断鱼类洄游通道等开发活动；禁止采挖海砂；不得新增入海陆源工业直排口；严格控制河流入海污染物排放；对已遭受破坏的区域，实施可行的整治修复措施，恢复原有生态功能；实行海洋垃圾巡查清理制度，有效清理海洋垃圾。在重要渔业资源的产卵育幼期禁止进行水下爆破和施工；控制养殖规模，鼓励生态化养殖。另外，渔业生产活动不得妨碍海上航运等船舶通行安全。为更好地保护海洋渔业资源，可以配置海洋渔业资源调查船，建设人工鱼礁、海藻场、海草床等基础设施，发展深水网箱养殖。继续实施渔业转产转业及渔船更新改造项目，加大减船转产力度。

在水源涵养区，综合运用截污治污、河湖清淤、生物控制等整治生态河道和农村沟塘，改造渠化河道，推进水生态修复。开展水生生物资源环境调查监测和增殖放流。在海南省水源涵养区内未经依法批准不得从事一切形式的开发建设活动。此外，加强水源涵养区的保护，还要合理规划水源涵养区域的涵养林种植，鼓励水源涵养区内群众，因地制宜，充分利用荒山、荒坡和房前屋后植树种草，提高植被覆盖率，大力发展农村沼气和其他能源，减少薪材采伐，保护植被。探索建立水源涵养区内居民的直接权益损失生态补偿机制。

（3）地下水保护项目 开展海南省地下水污染调查和评估，重点开展工业园区、垃圾填埋场、高尔夫球场、规模化养殖、加油站等对地下水的调查和评估。严格控制地下水补给区的各类项目建设，防止建设项目对地下水的污染。加强地下水水质监测，在海南省重点区域建设地下水环境监测井网络。在文昌、陵水等高位池养殖区和海水入侵地区开展地下水污染防治和修复示范工程。

合理开发利用地下水，要基本到达采补平衡，遏制地下水水位持续下降的趋势，防止发生环境地质灾害。划定地下水饮用水水源保护区，保护水质。建立比较完善的地下水管理体系和监测监督系统，实现地下水资源的可持续利用。对一些地下水水质背景值高，不适宜作为饮用水的地区，应考虑采用其他符合饮用水标准的水源。

（4）农业生物资源保护项目 开展农业野生植物多样性调查和评估，建立农业野生植物多样性信息网络和监测网络。开展以自然保护区为主体，以多种生态保护地为辅的农业野生植物多样性就地保护。合理布局自然保护区空间结构，注重农业野生植物多样性迁地保护。在海南省中部山区和海岸带选择自然本地状况较好、生物多样性丰富的区域，开展农业野生植物多样性保护示范和减贫示范工程。

加强生物物种资源保护和监管，完善林木、药用植物、野生花卉、畜禽水产、微生物等各类种质资源保存体系。加大野生动植物保护执法力度，严禁非法猎杀、出售、食用野生动物及乱采滥挖野生保护植物。建设海南省重要物种资源库，严格保护海南坡鹿、坡垒、野生稻等野生动植物资源。建设物种保护小区，对重要物种资源、遗传资源开展就地及迁地保护。严格控制掠夺式捕捞和养殖方式，加强对幼鱼、幼虾和海龟等珍稀海洋动物重点繁殖地的保护。

加强外来入侵物种和转基因生物的安全管理。建立外来物种引入及转基因技术应用的生态环境安全评估制度，对从海南省外地区引入外来物种实行严格的生态环境安全风险评估、入境检疫审批和监测监管。开展外来入侵物种调查和风险评估，建立转基因生物环境释放监管机制。强化南繁育种基地转基因安全管理和外来物种引进监管，确保农业和农作物生态安全。

（二）技术措施

1. 加强海南农业可持续发展的科技研究

在种业创新、耕地地力提升、化学肥料农药减施、高效节水、农田生态、农业废弃物资源化利用、环境治理、气候变化、草原生态保护、渔业水域生态环境修复等方面推动协同攻关，组织实施好相关重大科技项目和重大工程。

建立起不同生态区不同作物病虫害监测预报与防控系统，对其发生期、发生量、损失量做到准确预测，加强对农业防治、物理防治、生物防治以及化学防治技术的组装，尤其灯诱、色诱、性诱等物理防治新技术的示范与推广；建立土壤养分与测土施肥咨询系统，对全省土壤养分进行分区，建立瓜菜科学的施肥指标体系，因土因作物施肥。

重点研究基于功能基因组的动植物疫病（包括外来物种）分子诊断、预警和防控技术，重点开展植物检疫性有害生物普查及关键防控技术，重要植物病虫害化学防治与生物防治协调应用技术，重要植物病虫害生态调控和物理防治技术，重要植物病虫害可持续控制技术体系的聚成与推广应用，农作物病虫害预警与监测的信息化技术。按照“公共植保、绿色植保”的理念，尽快制（修）订适合海南省有关植保方面的地方法规和相关技术标准与规程。

2. 加快构建热带农业产学研科技创新体系

创新农业科研组织方式，建立全国农业科技协同创新联盟，依托农业科技园区及其联盟，进一步整合科研院所、高校、企业的资源和力量。充分发挥中国热带农业科学院、省农业科学院、省林业研究所和南繁基地等科研单位的作用，围绕农业发展的重大需求和关键技术问题，全面推行以任务分工为基础、以权益合理分配和资源信息共享为核心、以项目为纽带的协作攻关机制。发挥海南大学等高校以及市县农业技术推广中心的作用，进一步推进科研机构、推广机构、教学机构、企业等协同创新，强化科技资源开放共享，提升科技创新与应用的合力。加强各主体之间资源共享机制、资本融合机制、联合攻关机制、成果分享机制、效益分配机制、风险分担机制六个方面的研究与探索，形成促进协同创新的长效机制。进一步开展合作交流，在国外热带作物新品种、先进技术和管理经验及资金引进、境外热带农业资源开发等领域取得进展。

3. 建设热带农业科技技术集成园区

积极争取财政、发展改革委等部门扩大资金投入，强化仪器设备、野外设施、化学试剂、实验动物、图书文献等科研条件建设，大幅度提高农业科研设施条件水平。以国家现代农业产业技术体系、省部重点实验室、国家和省级工程技术中心、国家农业科技园区和国家农业科技创新与集成示范基地建设为重点，促进相关学科群建设，打造农业科技技术集成园区。提高农业科技成果转化率，建立科技成果转化交易平台，按照利益共享、风险共担的原则，积极探索“项目 + 基地 + 企业”“科研院所 + 高校 + 生产单位 + 龙头企业”等现代农业技术集成与示范转化模式。

4. 优化海南农业科技推广体系

充分发挥海南各级农技推广机构的作用，着力增强基层农技推广服务能力，推动家庭经营向采用先进科技和生产手段的方向转变。引导高等院校、科研院所成为公益性农技推广的重要力量，鼓励教学科研人员深入基层从事农技推广服务。支持高等学校、科研院所承担农技推广项目，把农技推广服务绩效纳入专业技术职务评聘和工作考核，推行推广教授、推广型研究员制度。探索以首席专家团队为技术支撑，以本地农技推广组织为纽带，以项目为载体，以基地（园区）、龙头企业、专业合作组织为主要工作平台，形成 1 个首席专家团队 + 1 个地方农技推广组织 + 若干农业经营主体的农技推广模式。通过政府订购、定向委托、招投标等方式，扶持农民专业合作社、供销合作社、专业技术协会、农民用水合作组织、涉农企业等社会力量广泛参与农业产前、产中、产后服务。

（三）政策措施

1. 加大投入力度，争取专项资金

健全农业可持续发展投入保障体系，推动投资方向由生产领域向生产与生态并重转变，投资重点向保障粮食安全和主要农产品供给、推进农业可持续发展倾斜。充分发挥市场配置资源的决定性作用，鼓励引导金融资本、社会资本投向农业资源利用、环境治理和生态保护等领域，构建多元化投入机制。完善财政等激励政策，落实税收政策，推行第三方运行管理、政府购买服务、成立农村环保合作社等方式，引导各方力量投向农村资源环境保护领域。将农业环境问题治理列入利用外资、发行企业债券的重点领域，扩大资金来源渠道。切实提高资金管理和使用效益，健全完善监督检查、绩效评价和问责机制。

积极争取农业部“化肥农药减施综合技术研发”重点专项资金支持，从现代农业发展专项资金中切块安排支持生态循环农业相关项目，将规模畜禽场环保改造和青贮饲料体系纳入现代农业发展资金支持范围。以政府购买服务模式，支持农业投入品废弃物污染防治重点工作。对海岛素等生物农药和生物菌剂进行补贴。海南省生物农药和生物菌剂在推广过程中，主要面临成本问题，从海南农产品质量安全和品牌农业发展大局出发，使用生物农药和生物菌剂更加划算。

2. 加强科技队伍建设

依托农业科研、推广项目和人才培训工程，加强资源环境保护领域农业科技人才队伍建设。充分利用农业高等教育、农民职业教育等培训渠道，培养农村环境监测、生态修复等方面的技能型人才。在新型职业农民培育及农村实用人才带头人示范培训中，强化农业可持续发展的理念和实用技术培训，为农业可持续发展提供坚实的人才保障。注重基层科技人员和农民技术员的培养，按照“一户带多户，多户带全村”的思路，树立好的典型，发挥示范带动作用。

3. 强化市场信息管理与服务功能

加强信息机构建设，服务农业生产。通过海南农业信息中心，与国家信息中心、中国商品交易中心、中国农产品信息网和全国各大农产品批发市场、超级市场、农业院校网站链接，建立农副产

品供求、价格、技术信息采集、分析与对内对外发布信息的通道。健全与无公害农产品生产配套的农产品质量与环境监测检验管理中心，强化无公害农产品信息管理与服务功能。借助多双边和区域合作机制，加强海南与国内农业资源环境与生态等方面的农业科技交流合作，加大国外先进环境治理技术的引进、消化、吸收和再创新力度。

4. 健全完善农业可持续发展扶持政策

实施并完善测土配方施肥、耕地质量保护与提升、农作物病虫害专业化统防统治和绿色防控、农机具购置补贴、动物疫病防控、病死畜禽无害化处理补助、农产品产地初加工补助等政策。研究实施精准补贴等措施，推进农业水价综合改革。建立健全农业资源生态修复保护政策。支持秸秆还田、深耕深松、生物炭改良土壤、积造施用有机肥、种植绿肥；支持推广使用高标准农膜，开展农膜和农药包装废弃物回收再利用。继续开展渔业增殖放流，落实好公益林补偿政策，完善森林、湿地、水土保持等生态补偿制度。建立健全江河源头区、重要水源地、重要水生态修复治理区和蓄滞洪区生态补偿机制。完善优质安全农产品认证和农产品质量安全检验制度，推进农产品质量安全信息追溯平台建设。

（四）法律措施

1. 完善相关法律法规与标准

对已有的法律，如《中华人民共和国农业法》《中华人民共和国农业技术推广法》等，进一步细化，明确各项支持政策的力度、支持标准和条件、支持方式、投入资金来源等具体内容，为具体的政策措施提供可操作的依据。针对耕地质量保护、农药管理、肥料管理、农业环境监测、农田废旧地膜综合治理、农产品产地安全管理、农业野生植物保护、农资生产与流通、农业保险、农产品价格稳定、农业专业合作组织、农业劳动力转移培训、贫困地区援助、灾害救助、农业生态环境保护等，出台专门法律法规，建立农业支持政策的法律保障体系。完善农业和农村节能减排法规体系，健全农业各产业节能规范、节能减排标准体系。制修订耕地质量、土壤环境质量、农用地膜、饲料添加剂重金属含量等标准，为生态环境保护与建设提供依据。

完善并实施环境技术政策法规。实施环境技术政策法规提高能源和资源利用效率、减少污染物的排放，保护农村生态环境。鼓励工业企业在进行技术改造时，采用先进的技术和清洁生产工艺，提高资源、能源的利用率。对企业严重污染环境的落后工艺和设备实行限期淘汰。鼓励农资生产企业开发无毒、无害或低毒、低害的农药产品。

2. 加强永久基本农田保护

探索构建激励机制，充分调动多方积极性参加基本农田建设和保护。完善保护永久基本农田的激励政策，激发基本农田保护责任主体的积极性。多方筹措资金，加强对基本农田保护，对使用主体特别是种粮大户、家庭农场、农民合作社、农业企业和农村集体经济组织进行适当的补贴或奖励。

建立完善共同责任机制，强化永久基本农田保护合力。建立完善基本农田保护共同责任机制，各级政府对本行政区域范围内的基本农田保护工作负总责，将基本农田保护纳入政府年度综合考评，从严考核，并落实奖惩机制；各相关部门要认真履行基本农田保护的组织协调、监督管理等职责，国土部门与监察、公安、法院、检察等部门建立土地案件查处的协调机制，密切配合、联合办案、形成合力，加大对违法乱占滥用耕地特别是基本农田的查处力度，依法追究相关人员的责任；农村集体经济组织和承包农户负有保护其所有（承包）基本农田的直接责任，不得撂荒、闲置。同时，要严禁破坏耕地行为，在严格控制永久基本农田“非农化”的同时，确保永久基本农田主要用于种植业生产，防范“非粮化”倾向。

3. 加大执法与监督力度

建立健全执法队伍和执法监督机制，独立进行环境监管、行政执法和执法监督。整合执法力量，改善执法条件，加大执法力度，严格监管所有污染物的排放，依法严厉查处破坏生态、污染环境等环境违法行为。落实农业资源保护、环境治理和生态保护等各类法律法规，加强跨行政区资源环境合作执法和部门联动执法，依法严惩农业资源环境违法行为。开展环境保护执法监督，对因决策失误、失职渎职引发的重大环境污染和生态破坏事件，以及发生事件后隐瞒、拖延不报或是在调查处理过程中存在干预执法、包庇行为的相关人员依法追究责任。开展相关法律法规执行效果的监测与督察，健全重大环境事件和污染事故责任追究制度及损害赔偿制度。建立企业环境信用评价制度，将环境违法行为与信贷支持、税收优惠、财政补助和证券融资挂钩，提高企业的环境违法成本。

参考文献

白全民 . 2011. 我国农业中间投入问题研究 [D]. 青岛：中国海洋大学 .

包菁 . 2009. 贵州省农业功能区划研究 [D]. 贵阳：贵州大学 .

陈楚天 . 2014. 青岛产业结构与就业结构协调发展研究 [D]. 青岛：中国海洋大学 .

崔言民 . 2012. 山东省无公害蔬菜生产组织模式比较及优化研究 [D]. 青岛：中国海洋大学 .

丁武民 . 2010. 乡村发展过程中的金融支持研究 [D]. 青岛：中国海洋大学 .

方辉振 . 2007. 农村公共品供给：市场失灵与政府责任 [J]. 理论视野（8）：52–54.

付华超，杨飞 . 2008. 我国农业科技成果转化现状及对策研究 [J]. 齐齐哈尔师范高等专科学校学报（1）：22–23.

盖丽丽 . 2010. 中国农村金融监管：变迁、效果及改进 [D]. 青岛：中国海洋大学 .

顾瑞珍，胡浩 . 2009. 加快农业科技成果转化强化扩大内需引擎——科技部、财政部有关负责人谈农业科技成果转化工作 [J]. 中国农村科技（6）：32–34.

郭建强，高英，冯开文 . 2010. 国外农业科技成果转化模式比较与借鉴 [J]. 中国渔业经济（3）：76–80.

侯晓丽，贾若祥 . 2008. 我国主体功能区的区域政策体系探讨 [J]. 中国经贸导刊（2）：46–48.

侯增周 . 2011. 胜利油田东营区域生态农业发展问题研究 [D]. 青岛：中国海洋大学 .

黄碧华 . 2006. 福建省农业科技成果转化问题分析与对策探讨 [J]. 福建农业科技（6）：76–78.

黄钢 . 2011. 农业科技成果转化的双创理论与实践 [J]. 农业科技管理，30（1）：1–5.

黄天柱，夏显力 . 2010. 新时期我国农业主导功能的定位 [J]. 改革与战略，26（12）：71–73.

冀纯国，霍晓明 . 2011. 浅论农业科技成果转化中存在问题及其解决措施 [J]. 中国新技术新产品，200（10）：144–145.

赖永树 . 2014. 转变发展方式推进水产养殖健康发展 [J]. 农民致富之友（10）：284.

李慧 . 2010. 海南省农业发展方向探讨——设施农业与有机农业 [J]. 热带农业工程，34（3）：40–43.

李梅，聂呈荣，张凤娴，等 . 2007. 珠江三角洲经济发达地区农业发展综合评价 [J]. 农业系统科学与综合研究，23（3）：364–367.

李鹏 . 2011. 我国乡镇企业吸纳农民非农就业税制研究 [D]. 青岛：中国海洋大学 .

李强，罗仁福，刘承芳，等 . 2006. 新农村建设中农民最需要什么样的公共服务——农民对农村公共物品投资的意愿分析 [J]. 农业经济问题，27（10）：156.

李正风 . 2009. 中国科技政策 60 年的回顾与反思 [J]. 民主与科学（5）：20–23.

刘喜波 . 2011. 区域现代农业发展规划研究 [D]. 沈阳：沈阳农业大学 .

罗坤，徐明，李宏，等 . 2010. 以企业为平台加快农业科技成果转化的探索 [J]. 农业科技管理，29（2）：79–82.

吕令华 . 2009. 当前我国农业科技成果转化问题探析 [J]. 农业科技通讯（4）：17–19.

马骁 . 2011. 浅谈我国农业科技成果转化的运行机制 [J]. 吉林农业（4）：30.

牛斌，何真，白成云 . 2011. 农业科研单位在农业科技成果转化体系中的地位思考 [J]. 山西农业科学 39（3）：206–209.

牛德强 . 2011. 我国农村信用社绩效评价体系研究 [D]. 青岛：中国海洋大学 .

潘文华 . 2009. 黑龙江省农业科技中介组织体系研究 [D]. 哈尔滨：东北农业大学 .

史良秀 . 2008. 农业科研院所科研成果转化率低的自身因素探讨 [J]. 西南农业大学学报（社会科学版），6（1）：205–207.

谭华，王开义，刘忠强 . 2010. 非政府单位为主体的农业科技成果转化模式研究 [J]. 中国农村科技（9）：40–43.

王东 . 2009. 农村发达地区人才集聚问题研究 [D]. 青岛：中国海洋大学 .

王海，孙晓明，魏勤芳，等 . 2007. 澳大利亚、新西兰农业技术推广和科技成果转化机制 [J]. 农业工程技术（农产品加工）（3）：8–16.

王伟，仝霞 . 2014. 海南省品牌农业发展现状及对策分析 [J]. 绿色科技（10）：36–38.

王文，林茂 . 2011. 海南省农业节水灌溉的发展现状研究 [J]. 热带农业工程（1）：49–52.

王庸金 . 2008. 我国农业科技成果转化存在问题与对策研究 [J]. 中共郑州市委党校学报（1）：66–67.

卫思祺 . 2011. 中国农业科技成果转化现状及对策分析 [J]. 中国农村小康科技（2）：85–87.

吴妤，张艳华，汤丽 . 2009. 基于项目集成管理的农业科技成果转化机制研究 [J]. 科技管理研究（6）：71–73.

夏敬源 . 2008. 改革创新农技推广服务中国特色农业现代化建设 [J]. 中国农技推广（4）：4–7.

肖乐，刘禹松 . 2009."健康养殖"：中国水产养殖可持续发展必由之路——访农业部渔业局养殖处处长丁晓明 [J]. 中国水产（3）：9–11.

谢妍，曹树育 . 2011. 关于海南省财政支持中部地区农业发展现状的调查与思考 [J]. 行政事业资产与财务（7）：35–38.

信乃诠 . 2009. 新中国农业科技 60 年 [J]. 农业科技管理，28（6）：1–11.

徐彬，揭筱纹，郑浩文 . 2010. 共生环境中的农业科技成果转化模式研究 [J]. 农村经济（11）：91–95.

许昕，王嘉，唐晓东 . 2007. 加快农业科技成果转化，促进县域经济发展 [J]. 黑龙江农业科学（2）：89–91.

薛庆林 . 2009. 我国区域农业科技成果转化运行机制与模式研究 [D]. 天津：天津大学 .

杨辰海，李岩，尹庆珍，等 . 2008. 我国农业科技成果转化率低的外因分析 [J]. 河北农业科学 12（4）：163–164.

杨景萍 . 2011. 促进现代化农业发展，保证经济可持续性 [J]. 科技资讯，27：160.
杨培源 . 2011. 以功能多元化促进农业可持续发展 [J]. 宏观经济管理（5）：47–48.
叶良均 . 2008. 农业科技成果转化问题研究 [D]. 北京：中国科学技术大学 .
袁天泽，许明陆，黄仁军，等 . 2010. 成果转化促增收科技助推新农村——“三峡库区农业科技成果转化示范海螺基地”建设的实践与启示 [J]. 南方农业，4（1）：5–6.
张冬，刘曲玮，赵凌云 . 2014. 我国农业科技成果转化的制约因素及对策研究 [J]. 黑龙江畜牧兽医（4）：35–40.
张富刚，刘彦随，张潆文，等 . 2009. 改革开放以来中国东部沿海发达地区农业发展态势与可持续对策 [J]. 资源科学，31（8）：1335–1340.
张梅申，王慧军 . 2011. 农业科技成果转化的长效机制及实例分析 [J]. 农业科技管理，30（2）：24–28.
张攀春 . 2012. 现代农业的主导功能及其可持续发展 [J]. 农业现代化研究，33（5）：38–41.
张学军 . 2007. 交易成本、交易界面与农业科技成果转化模式 [J]. 技术与创新管理，28（1）：60–61.
张银定 . 2006. 我国农业科研体系的制度变迁与科研体制改革的绩效评价研究 [D]. 北京：中国农业科学院 .
张雨 . 2005. 农业科技成果转化运行机制研究 [D]. 北京：中国农业科学院 .
赵国晶，邹炳礼，徐云，等 . 2006. 科研为先导，构建农业科技成果转化服务体系 [J]. 云南农业科技（5）：10–13.
赵忠义 . 2007. 农业科技成果转化的障碍和对策探讨 [J]. 科技成果纵横（1）：16–18.
周红燕 . 2014. 我国渔业品牌价值评估及提升研究 [D]. 青岛：中国海洋大学 .
周会祥 . 2012. 我国主体功能区产业集群发展问题研究 [D]. 北京：中共中央党校 .

重庆市农业可持续发展研究

摘要：保护农业生态环境，推进农业可持续发展，是贯彻落实党的十八大、十八届三中、四中全会、中央农村工作会议，中共重庆市委四届三次、四次及五次全会精神的重要举措，是加快转变农业发展方式，增强农业可持续发展能力，确保粮食安全的迫切需要。近几年来，重庆市不断加强农业基础设施建设，改良土壤土质结构，防止农业面源污染，为保护农业生态环境，促进农业可持续发展奠定了基础。但是，重庆市部分地区耕地土层浅薄，土地贫瘠，资源贫乏，水土流失较重，农业生态环境保护与推进农业可持续发展受到了影响。本研究从自然资源、土壤结构、水利资源、森林资源和生产环境等方面概括了重庆市农业生态环境现状；从粮食基础能力建设、耕地土壤监测分析、农业面源污染防治、农业生物资源保护、农村环境质量监测和农业生产灾害防御等7个不同层面总结了重庆市保护农业生态环境，推进农业可持续发展开展的主要工作，从耕地质量提升、土地治理加快、灌溉能力增强、生产环境改善、涵养能力加强和石漠化治理明显等方面总结了全市保护农业生态环境，推进农业可持续发展取得的主要成效；从中低产田比重大，低产土地类型多，土地资源耕层薄，地面水土流失严重，耕地土壤养分失衡，缺乏合理施肥，耕地质量退化，土壤酸化加剧，重金属含量增多，污染物未正确处理，基础设施损坏大，降雨范围时段集中等方面查找分析了重庆市农业生态环境保护与推进农业可持续发展存在的主要问题及原因。同时结合不同区域的气候特点、土壤结构和产业基础，提出了以粮油、蔬菜、畜牧、柑橘、林果、中药材、花卉、茶叶、蚕桑和烟叶等优势特色产业推进可持续发展的设想，明确了推进农业可持续发展的重点工作任务和保障措施。

课题主持单位：重庆市农业资源与区划办公室

课题主持人：余小林

课题组成员：纪滨、杜成才、杨海林、冉春芳、袁昌定、罗雪峰

一、农业可持续发展的自然资源条件分析

（一）自然地理

重庆土地类型多样，主要是水稻土、黄壤、紫色土，全市耕地面积 3 300 万亩。辖区内，北有大巴山、东有武陵山、南有大娄山，地形由南北向长江河谷倾斜。海拔最高 2 796.8m，最低 73.1m，高差达到 2 723.7m。海拔在 500m 以下的 3.18 万 km^2，占 38.61%，500~800m 的 2.09 万 km^2，占 25.41%，800~1 200m 的 1.68 万 km^2，占 20.42%，1 200m 以上的 1.28 万 km^2，占 15.56%。山地面积占 76%、丘陵占 22%、河谷平坝仅占 2%。渝东北生态涵养发展区和渝东南生态保护发展区境内，山高谷深，沟壑纵横，适合动植物多样性生长。

（二）土壤结构

耕地在海拔 175~400m 约占 18%，400~600m 的约占 17%、600~800m 的约占 25%，800~1 000m 的约占 25%，大于 1 000m 约占 15%。6° ~10° 的坡耕地占旱耕地的 13.6%，11° ~25° 的占 52.3%，大于 25° 的占 34.1%。主要有水稻土、紫色土、黄壤、石灰岩土、冲积土、粗骨土、黄棕壤、棕壤、红壤等土壤类型。

（三）水利资源

重庆境内长江、嘉陵江、乌江等流经的过境水 3 863.86 亿 m^3，流域面积在 3 000km^2 的河流 10 条，在 30~50km^2 的河流 436 条，本地水资源总量 478.27 亿 m^3，年降水量 1 026.9mm，多年人均水资源占有量仅 1 705m^3，只有全国平均水平的 3/4，世界人均水平的 1/5 左右，在我国属中度缺水城市。在空间分布上，西部丘陵地区水资源相对贫乏，东南部山地相对较丰。在季节分配上，夏秋多，冬春少，中小河流在伏旱期及冬季断流现象时有发生。

（四）灌溉水质

据对重庆市部分区县的基本农田农灌水 pH、Pb、Cd、Hg、As、Cr^{6+} 等指标的定点监测，比照《农田灌溉水环境质量标准》，部分区县无超标现象，表明重庆市基本农田农灌水质量整体状况良好。从城市规划区域看，综合污染系数最高的是工矿区，其次为中等城市郊区，主城郊区的综合污染系数最低。随着重庆创造全国环境模范城市的不断推进，农灌水综合污染系数连续呈下降趋势。

（五）灌溉能力

地域内地表水资源 545.85 亿 m^3，地下水资源量 101.81 亿 m^3。2013 年，新建或续建城市防洪工程 32 处、中小河流治理项目 73 处，9 个大中型灌区配套节水改造，新增、恢复和改善灌面 44.2 万亩，其中新增耕地有效灌面 21.5 万亩，累计达到 1 012.8 万亩。

（六）森林资源

2013 年，重庆市森林覆盖率 42.1%，林木蓄积量 1.9 亿 m^3，森林单位面积蓄积量 63.5m^3/hm^2，

林业产业基地面积 1 400 多万亩。78 个国家和市级森林公园 298.5 万亩，11 个湿地自然保护区 116 万亩，52 个林业自然保护区 1 036 万亩。全市森林面积达到 3.36 万 km^2，按每 km^2 森林年蓄水 3 万 m^3 计算，每年可增加水源涵养能力 10.1 亿 m^3。

（七）生产环境

农村户用沼气使用户 155.8 万户，占农户总数的 22.1%，占适宜农户的 77.6%，现有大、中和小型沼气工程 2 286 个，遍及 37 个区县 800 多个乡镇的 5 600 个行政村，受益群众 500 余万人。形成年产沼气 5.73 亿 m^3，可替代燃煤 89.6 万 t，减少薪柴使用 178.5 万 t，相当于 520.4 万亩林地的年林木蓄积量。每年减少 CO_2 排放量 371 多万 t。通过沼渣沼液还田还果园还苗圃，示范区域每年减少 20% 以上的农药和化肥施用量，粮食每亩增产 15%~20%，蔬菜每亩增产 30%~40%，每年为沼气用户农业生产节本增效 9 亿元，使用户每年节支增收效益 1 300 元左右。

（八）测土配方

现有测土配方施肥面积 3 279 万亩，涉及农户 562 万户，形成肥料配方 417 个，配方施肥总量 56 万多 t，减少不合理施肥 3.19 万 t。随着测土配方施肥技术的推广，使秸秆还田、秸秆覆盖栽培面积增加，农家粪肥、尤其是大型养殖场粪便利用率提高，化肥用量结构明显改善，提高了土壤肥力，既减少化肥流失、降低农村面源污染，又提高了农作物品质，保证了农业可持续发展。

（九）劳动力资源

全市农村劳动力 1 366.9 万人，占全市农业人口的 58.1%，城乡从业人员的 75.1%。农村劳动力受教育程度不高，其中文盲占 6.1%，小学文化占 37.2%，初中文化占 47.6%，高中文化占 8.4%，大专及以上文化占 0.7%，接受过职业技能培训的仅占农村劳动力总数的 6.5%，其中接受过非农职业培训的仅为 3.4%（图 1–1）。

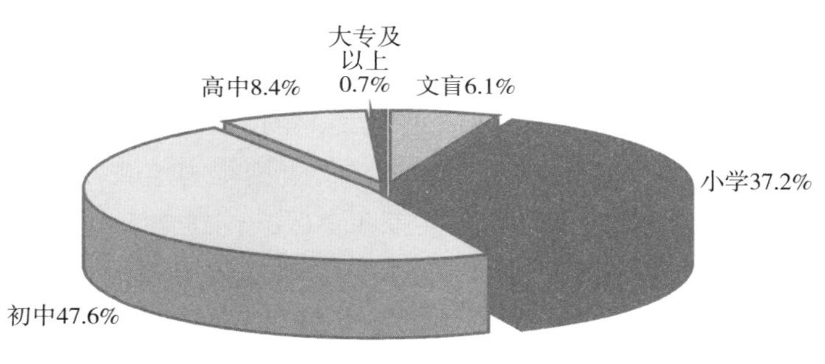

图 1–1　重庆市农村劳动力文化程度

二、重庆市农业可持续发展的基础现状

近年来，重庆市加大农业基础设施建设、农业面源污染防治、生物资源保护、农村环境质量监测和石漠化综合治理等方面的工作，农业生态环境不断优化，为推进农业可持续发展奠定了有力基础。

（一）主要工作举措

1. 加强粮食基础能力建设

一是编制规划实施方案。编制完成 33 个区县和 389 个镇（乡），《重庆市新增千亿斤粮食生产能力规划（2009—2020年）》《重庆市新增千亿斤粮食生产能力规划（2010—2012年）实施方案》和《重庆市新增千亿斤粮食生产能力规划（2010年）田间工程实施方案》的上报工作，已经通过国家发改委评审，并下达了投资计划，现进入实施阶段；二是推进粮食生产高产创建。在32个区县开展粮油万亩高产创建，在潼南、巫溪2个县和9个乡镇整建制推进高产创建及增产模式攻关试点，全市高产示范面积300万亩左右；三是扩大测土配方施肥区域。实施测土配方施肥项目区县由2个增加到36个，面积从80万亩增加到3 275万亩，在减轻农业面源污染，改善农作物品质结构，促进农业节本增效，农民增产增收等方面发挥了重要作用；四是推进土壤有机质提升。在涪陵、南川、潼南等27个区县的重点镇（乡），实施秸秆腐熟还田，推广商品有机肥和恢复种植绿肥面积达到331万亩，实施区域土壤有机质提升到15%，每亩节省化肥使用量5~10kg，减少生产成本投入81.8元，土壤耕层结构得到有效改善。

2. 加强耕地土壤监测分析

制定《重庆市新增耕地质量标准》《重庆市中低产田土类型划分及改造质量规范》和《重庆市土地开发整理项目竣工验收管理暂行办法》等耕地质量评价有关规定，先后开发整理中低产田土工程项目245个，有效扩大耕地面积17.8万亩。在南川、潼南、荣昌、梁平等22个区县，开展耕地地力评价，采集土壤样品20万个，分析测试有机质、pH、氮磷钾、中微量元素以及重金属等10余项指标，实施1 000个田间肥效试验，利用GIS技术完成耕地地力测试。为加快中低产田土改良，提升耕地质量水平和优化农业产业布局提供了科学依据。结合山地、丘陵和平坝等地形气候特点，在全市有代表性的土类和主要农作区，建立国家级土壤肥力监测点6个，通过监测数据整理分析，不仅掌握了土壤地力变化情况，而且为地力培肥提供了科学依据，为建立全市耕地质量预测预警积累了基础资料。

3. 加强农业面源污染防治

重庆市建立10个农业面源污染定位监测点，针对性的实施农艺管理，推广农业面源污染防治技术。开展地表径流、地下淋溶、土壤肥力监测，调查病虫害发生规律，探索病虫害防控技术。在江北、江津、大足和开县等四个区县，建立5个农业面源污染综合防治示范区，形成了“猪—沼—果”“作物生产—秸秆还田（沼液还田）—作物生产”等生态循环经济模式，促进了循环农业发展。在粮油生产、果树种植、畜禽养殖等环节，推广应用清洁生产技术，废弃物无害化处理技术和农药化肥减量技术，农业面源污染得到有效遏制。同时加强了长江、嘉陵江、乌江、涪江等14条河流农村面源污染防治，推广“生态家园富民工程”，促进了低碳绿色农业发展。

4. 加强畜禽养殖污染治理

市政府出台畜禽养殖布局区划方案，各区县编制了规模养殖场适养区、限养区和禁养区。在禁养区搬迁各类畜禽养殖场2 771个，占应搬迁的94.6%，涉及各类畜禽388万头（羽），拆迁圈舍面积达到116万m^2，减少畜禽养殖污染面源，支持规模养殖场发展种养结合的立体生态农业，开展沼渣沼液综合利用，形成“猪—沼—果”“猪—沼—菜”和“猪—沼—鱼”等循环生态农业。

5. 加强农业生物资源保护

开展野生兰科、野生百合科、野生柑橘和野生莲调查。建立江津、云阳和开县野大豆、石柱莼菜、酉阳金荞麦等6个国家级农业野生植物保护区，并将已有的29种农业野生植物纳入农业部编制的《农业生物资源保护工程“十二五”规划》。组织开展了全市农业外来入侵生物普查，初步掌握了分布区域和危害面积等方面资料，完善了信息数据库和监测预警系统。编制《重庆市农业野生植物资源调查实施方案》和《重庆市外来入侵生物调查灭除实施方案》，增强了预防和处理突发事件的能力。采取人工防除、化学药剂防除和生物技术防除等措施，遏制外来入侵生物扩散蔓延，全市清除水花生、水葫芦和福寿螺等外来入侵生物260多万亩。

6. 加强农村环境质量监测

开展农村生活污染源调查监测，普查监测对象达到4.1万余个，其中种植业1 007个、畜禽养殖业1.71万个、水产养殖业1.93万个、三峡库区农村生活污染源3 539个。掌握了各类主要污染物产出排放、农业资源利用和农村环境污染治理等方面的情况。开展主要次级河流及水库渔业水质监测，重点区域农产品产地质量安全监测，无公害农产品、绿色食品基地环境和产品认证监测，蔬菜基地质量安全监测，农业污染事故调查鉴定等监测工作，抽取各类监测样本2 321个，获得监测数据2.9万个，为提高农产品安全水平，促进农业长期可持续发展作出了贡献。

7. 加强农业灾害防御

新增气象信息员3265名，累计达到20 910人，村级覆盖率达100%。“气象灾害应急准备认证”工作持续开展，全市新增认证乡镇（街道）175个，总数920个。建立了9.9万余名防灾应急处置人员组成的“直通式”预警信息发布对象群，接入电子显示屏2 579块、专用预警终端2 380台、农村大喇叭66 396只。发布气象预警、森林火险预警、山洪地质灾害风险预警以及市政府重要信息1 994万余条次。全年围绕增雨防雹、净化空气、森林灭火、水库蓄水等开展人影作业，发射高炮弹26 012发、火箭弹2 844枚，飞机作业18架次，防雹保护面积2.1万km^2，增雨4.1亿m^3。为避免暴雨洪涝、天晴干旱和大风冰雹等自然灾害起到预防作用。

（二）主要工作成效

1. 农业耕地质量提升

通过基本口粮田、三峡库区基本农田和农田节水工程等项目建设，全市耕地质量得到明显好转。一是在全市34个区县启动了226.5万亩巩固退耕还林成果基本口粮田建设，实现退耕还林农民人均0.5亩的高产稳产基本口粮田的基本目标，确保了退耕还林区农民耕地面积有效保障；二是三峡库区周边绿化带基本农田建设达到62.2万亩，其中一、二级高标准基本农田21.2万亩，粮食生产能力在原有基础上，平均每亩提高100kg，库区农民生产条件明显改善；三是在大足、荣昌、潼南等13个区县建立农田节水工程示范片6.3万亩，在江津、丰都、忠县和巫溪等区县建立节水农业示范基地1.6万亩，示范区每亩节水40~60m^3，每亩提升粮食生产能力50kg，增强了农业可持续发展能力。

2. 农村土地治理加快

五年多来，改造治理土地面积461.3万亩，其中改造中低产田210万亩、完成生态综合治理87万亩、建设高标准农田94万亩，改善灌溉面积76.5万亩。2013年，新增粮食生产能力6 145万kg，新增种植业总产值7.3亿元，促进项目区农民年均增收2.7亿元。治理水土流失面积479km^2，累计面积达到2.5万km^2。

3. 农业灌溉能力增强

完成各类水利投资222亿元，比上年增长7.8%。金佛山大型水库主体工程开工，46处重点水源工程（其中33处中型水库）全面推进。完成小Ⅱ型病险水库除险加固450座，全面完成规划内重点小Ⅱ型病险水库除险加固任务。山坪塘整治开工18 492口，完工12 105口。推进9个大中型灌区配套节水改造，新增、恢复、改善灌面44.2万亩，其中新增耕地有效灌面21.5万亩，累计达到1 012.8万亩。

4. 农民生产环境改善

实施了 620 个行政村环境连片整治。全市建设集中式污水处理设施 937 套、分散式污水处理设施 60 979 套，新增生活污水处理能力 8.88 万 t/ 日；建设垃圾收集点（箱、桶）65 518 个、垃圾中转站 219 个，购置垃圾中转箱体 1 411 个、专业垃圾机动车 156 辆，新增垃圾处理量 682t/ 日；建设集中式畜禽养殖污染治理设施 188 套、分户畜禽养殖污染治理设施 927 套，新增畜禽养殖粪污处理及综合利用能力 1 117t/ 日，直接受益 195 万余人。新建农村清洁工程示范村 45 个，累计建设部市两级农村清洁工程示范村 120 个，带动区县建设农村清洁工程示范村 450 个。全年减少畜禽养殖 COD 排放总量 12.7 万 t，氨氮排放 1.3 万 t，农村垃圾产生量约 140 万 t。

5. 水源涵养能力加强

完成营造林 555.6 万亩，其中人工造林 233.4 万亩、封山育林 120.2 万亩、中幼林抚育 202 万亩。新建林业产业基地 54.6 万亩，其中速丰林 9 万亩、优质笋竹基地 10 万亩、香料 4.3 万亩、油茶 10.6 万亩、中药材 9 万亩、干果 6.3 万亩、花卉苗木 5.4 万亩，基地总规模 1 400 万亩。完成绿化长江 87.4 万亩，提前启动实施 25 度以上坡耕地退耕还林 33 万亩，绿化长江累计完成 316.9 万亩。建成 78 个国家和市级森林公园 298.5 万亩，11 个湿地自然保护区 116 万亩，52 个林业自然保护区 1036 万亩。全市森林面积达到 3.36 万 km^2，按每 km^2 森林年蓄水 3 万 m^3 计算，每年可增加水源涵养能力 10.1 亿 m^3。

6. 石漠化治理成效明显

已治理岩溶面积 1 468.7km^2、石漠化面积 618.4km^2，分别占计划的 95.9% 和 96.8%。在 15 个石漠化治理重点县共完成封山育林 3.8 万 hm^2、改良草地和人工种草 4 165hm^2，初步建立了以林草植被为主的生态系统，项目区生物多样性得到有效保护。实施坡改梯 457hm^2，修建灌排沟渠 234km、沉沙池 1 200 口，减少土壤流失 200 余万 t，有效缓解了洪涝、泥石流、滑坡、崩塌等自然灾害发生，有力保障了三峡库区生态安全。结合项目区资源禀赋，因地制宜发展竹木、花椒、枇杷、板栗、核桃、香椿等特色经济林，已陆续产生经济效益，成为项目区农民收入增长的重要支撑。实施石漠化综合治理以来，项目区生产总值年均增长 16.8%、农民人均纯收入年均增长 16.9%，比全市平均值增速分别高出 2.5 和 0.9 个百分点。

三、农业可持续发展的主要问题及原因

重庆市地形地貌复杂，境内山高谷深，沟壑纵横，耕地土层浅薄，土地贫瘠，资源贫乏，有效耕地面积少，水资源利用率低。农业可持续发展存在六个方面的问题及原因。

1. 中低产田比重大，低产土地类型多

重庆市耕地资源约 3 389.4 万亩，其中水田资源 1 260.8 万亩、旱地资源 2 097.6 万亩。按照《全国耕地类型区及耕地地力等级标准》划分，中低产田土面积占耕地总面积的 71%，其中，中产田土占 40%、低产田土占 31%。究其原因是重庆市耕地结构主要以缺素培肥型、瘠薄增厚型、质地改良型、陡坡改梯型、渍涝潜育型和矿毒污染型为主，是造成中低产田土比重大的重要原因。

2. 土地资源耕层薄，地面水土流失重

全市近 25% 的坡耕地土层厚度不足 30cm，抗旱能力低，土壤保水保肥能力弱，是典型的低产土壤。主要原因是坡耕地面积广，造成水土流失严重。在 6° 以上的旱地达到 1 931.3 万亩，占旱地

资源的 91.6%，11° ~25° 的坡耕地 1 104 万亩，占旱地资源的 52.3%。形成地貌起伏大、水土流失严重，流失面积达到 5.2 万 km^2，年土壤流失量 1.8 万亿 t，径流泥沙 84.9 万 t，导致坡耕地土层浅薄。

3. 耕地土壤养分失衡，缺乏合理施肥

据对全市 32 个测土配方施肥项目区县的 14.3 万个土壤样品调查分析，土壤有机质含量下降达到 60%，速效钾含量下降 71.1%，重庆市 92.2% 的土壤水溶态硼含量偏低。造成土壤养分失衡，除自然环境因素外，其主要原因有两个方面。一是重用轻养，耕地撂荒，致使土地耕性变差，土壤结构变劣，养分失衡，肥力下降；二是不合理施肥，有机肥用量比重不足总肥料用量的 30%，化肥使用量呈现高速递增，氮肥季节性利用率只有 30%，农业生产陷入高投入、高污染、低效益的恶性循环之中。

4. 耕地质量退化，土壤酸化加剧

城市发展新区、渝东北生态涵养区和渝东南生态保护区的一些区域，呈现耕地质量下降退化，农作物产量不高，适宜种植品种不多，重金属含量超标等方面问题。其主要原因是土壤酸化加剧。据对重庆市近 3 年来采集的 14 万个耕地土壤测试分析，pH 小于 5.5 的酸性土壤达到 44.8%，较 20 世纪 80 年代上升 26 个百分点，pH 值小于 4.5 的强酸性土壤占 6%，甚至一些土壤 pH 低于极限值 4.0。pH 值在 6.5~7.5 的中性土壤，由原来的 35% 下降低到 19%。

5. 重金属含量增多，污染物未正确处理

有些区域稻田土壤重金属污染综合指数达到 0.85、旱地土壤 1.46，分别达到警戒级和轻污染级标准。渝东北生态涵养区土壤中的汞、隔、砷、铅和锌五种重金属含量积沉增多，镉和铅尤为突出，较 1993 年增加一倍以上。主要原因有四个方面：一是生活垃圾污染面大。有 71.4% 乡镇未对生活垃圾进行无害化处理，90% 的行政村和农户没有排污水渠和处理设施，生活污水无序排放。一些地方将城镇生活垃圾、屠宰场废弃物以及城市污泥等作为“有机肥料”投入农田。致使重金属直接进入土壤，不仅导致土壤污染，还造成大气、地表水和地下水污染。二是工业固体废弃物和废水无序处理。近五年以来，每年平均排放 150.8 万 t 工业固体废弃物，4 841.4 万 t 未达标工业废水，甚至一些农民将工业废渣作为“肥料”使用，一些地方将农田作为消纳“三废”的场所。三是农药不规范使用。一些农民农药使用过量，造成环境污染超标，在一些地方甚至检测出国家禁止使用的“六六六”土壤残留量。四是化肥超量使用。化肥年施用量 91.8 万 t，单位面积施肥量 411kg/hm^2，超过国际公认安全上限标准 1.8 倍。造成土壤结构恶化，地表水富营养化，地下水硝态氮超标、氧化亚氮排放量增加，农业承载力下降等问题。

6. 基础设施损失大，降雨范围时段集中

近五年来，损坏中小型水库 63 座、灌溉设施 6 395 处、冲毁塘坝 3 280 座，水利储存能力减弱，遇到高温干旱天气，土壤旱情加重。近年以来，平均每年受旱灾面积达到 581 万亩，粮食生产受到影响。主要原因是我市降雨范围时段集中，雨量强度偏大，山洪集中暴发，引发泥石流，山体崩塌、泥土滑坡等自然灾害，导致耕地冲刷，基础设施毁损。

四、以特色产业促进农业可持续发展

结合重庆现代农业实际，要实现长期可持续发展，必须以推进优势特色产业规模化、区域化和

集约化发展为引领和带动。按照城市发展新区发展城郊特色效益农业，渝东北生态涵养发展区发展生态特色效益农业，渝东南生态保护区发展高效生态农业示范区和特色农业基地的总体功能定位，以及区域气候特点、土质结构、产业基础和区域优势，加快发展粮油、蔬菜、畜牧、柑橘、渔业、林果、中药材、茶叶和烟叶等特色优势产业。

（一）粮油

1. 510 万亩优质商品粮水稻基地

以稻—油、稻—菜、中稻—再生稻模式为主，在大足、潼南、铜梁、永川、江津、合川、梁平、垫江、忠县、开县、万州、云阳、南川、秀山、綦江、巴南、涪陵、荣昌 18 个区县布局高产优质水稻基地 500 万亩，形成年产能 150 万 t 以上的商品粮核心基地。在合川、永川等建成一批集中连片 2 万 ~3 万亩的粮油高产示范区，在开县—忠县、大足—铜梁—合川、永川—江津建设沿江再生稻产区。实现亩均产值 2 000 元、亩效益 950 元以上。

2. 10 万亩特色水稻基地

在南川、永川、江津、酉阳、秀山、石柱、丰都、彭水、奉节等区县建立有机稻、富硒水稻等特色水稻生产基地 10 万亩，产能 5 万 t。实现亩均产值 4 000 元（图 4–1）。

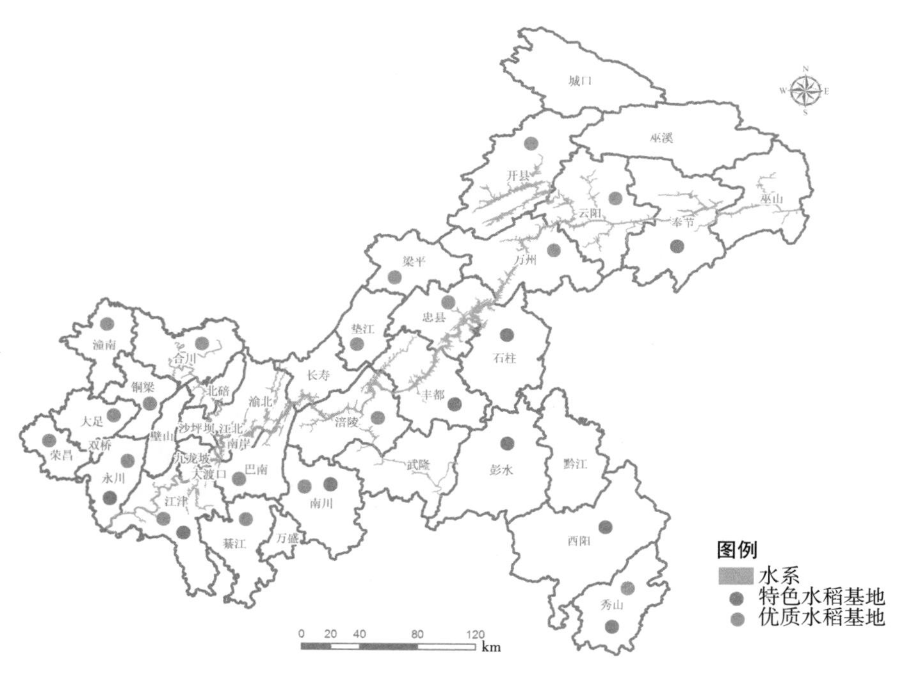

图 4–1　重庆优质商品粮水稻基地布局示意图

3. 300 万亩优质“双低”油菜基地

在潼南、合川、垫江、梁平、秀山、忠县、南川、万州、黔江、石柱、永川、荣昌、大足、丰都、奉节、开县、彭水、酉阳、云阳、江津等产油大县推广“双低”优质油菜品种（图 4–2），建立 300 万亩“双低”优质油菜生产基地，形成休闲观光基地，发展乡村旅游。培育油菜籽加工龙头企业 20 家以上，全市油菜产业（包括旅游、加工等）产值达到 30 亿元以上。

图 4-2　重庆优质“双低”油菜基地布局示意图

4. 60 万亩鲜食加工甜糯玉米基地

发展鲜食甜糯玉米，基本满足市场需求。推进甜糯玉米由鲜食及鲜食加工向休闲食品发展。鲜食甜糯玉米亩产值 1 600 元以上（玉米棒 1 400 元、秸秆 200 元），总产值 10 亿元，带动 30 万农户，人均增收 1 000 元以上。

5. 30 万亩酿酒高粱及再生高粱基地

在永川、璧山、铜梁、荣昌、垫江、合川、江津、大足、万州、丰都 10 个区县（图 4-3），建立 30 万亩酿酒高粱及再生高粱生产基地。建设高粱品种改良中心、亲本园扩繁基地、良种制（繁）种基地。生产优质酿酒高粱 6 万 t 以上，实现产值 5 亿元以上。

6. 20 万亩优质荞麦生产基地

在酉阳、开县、黔江、彭水、城口、奉节、云阳、秀山 8 个区县建立荞麦原种繁殖基地和荞麦生产基地 20 万亩。建立优质荞麦生产经营标准和质量监督检验体系，扶持荞麦加工专业合作社。实现产量 2 万 t 以上、产值 3 亿元以上。

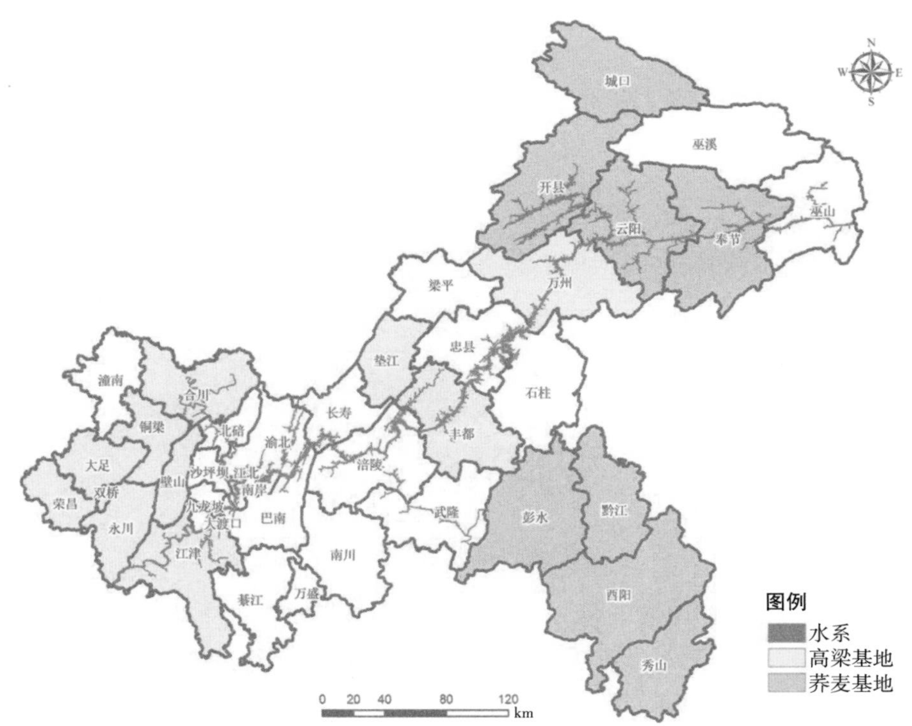

图 4-3 重庆高粱及优质荞麦基地布局示意图

7. 300 万亩特色薯类生产基地建设

在全市旱地集中区建设优质、保健特色薯类生产基地 300 万亩（图 4-4），实现亩产值 2 000~5 000 元，亩效益 1 000~2 500 元。在万州、巫溪、巫山、奉节、云阳、武隆、石柱、开县、涪陵、丰都、黔江、城口、酉阳、彭水、巴南、秀山、永川、大足、荣昌 19 个区县，建立 280 万亩优质菜用马铃薯商品基地；在渝北、江津、铜梁、梁平 4 个区县，建立 20 万亩优质菜用甘薯，保健型紫马铃薯、紫甘薯生产基地。

8. 130 万亩绿色生态小杂粮油生产基地

围绕优质花生及黑花生、大豆、食用蚕豆、绿豆、芝麻、红小豆、向日葵等特色作物（图 4-5），发展生态、绿色、高效的小杂粮基地 130 万亩，实现产值 10 亿元。

（1）优质花生及保健黑花生生产基地 30 万亩　重点布局在大足、荣昌、开县、江津、垫江、梁平 6 个区县。

（2）优质高蛋白及菜用大豆基地 50 万亩　重点布局在巴南、长寿、垫江、忠县 4 个区县。

（3）优质食用蚕豆基地 30 万亩　重点布局在巫山、合川、垫江、江津、永川 5 个区县。

（4）优质保健杂豆生产基地 15 万亩　其中绿豆生产基地 10 万亩，重点布局在潼南、铜梁等 2 个县，优质红小豆生产基地 5 万亩，重点布局在奉节、巫山、云阳 3 个县。

（5）优质保健油料生产基地 5 万亩　其中芝麻生产基地 4 万亩，重点布局在巫山、云阳、奉节 3 个县。观光向日葵示范区 1 万亩，重点布局在潼南、渝北、涪陵、开县 4 个区县。

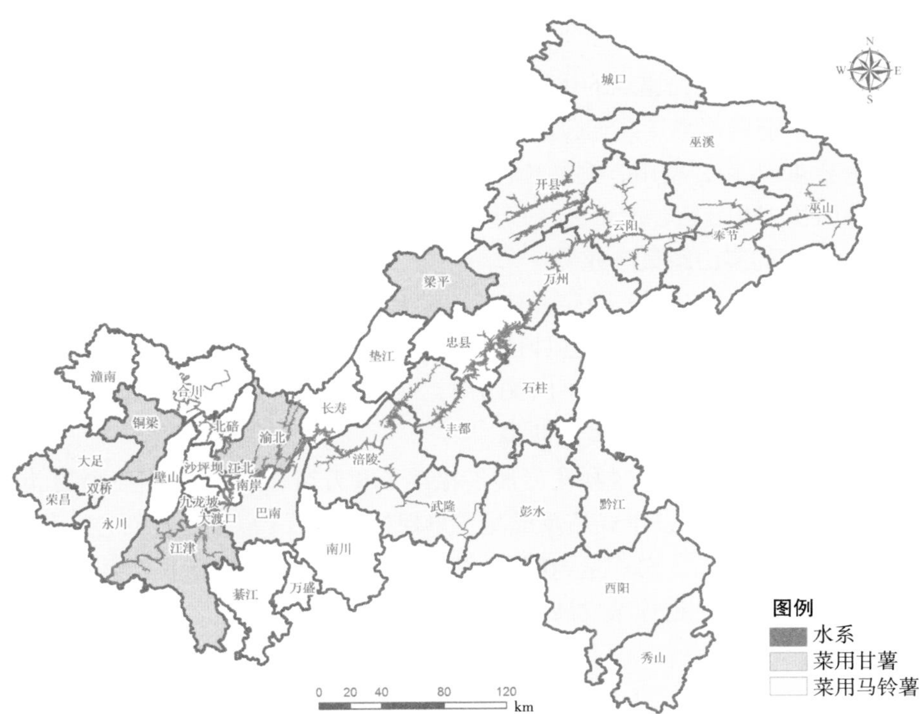

图 4-4 重庆特色薯类基地布局示意图

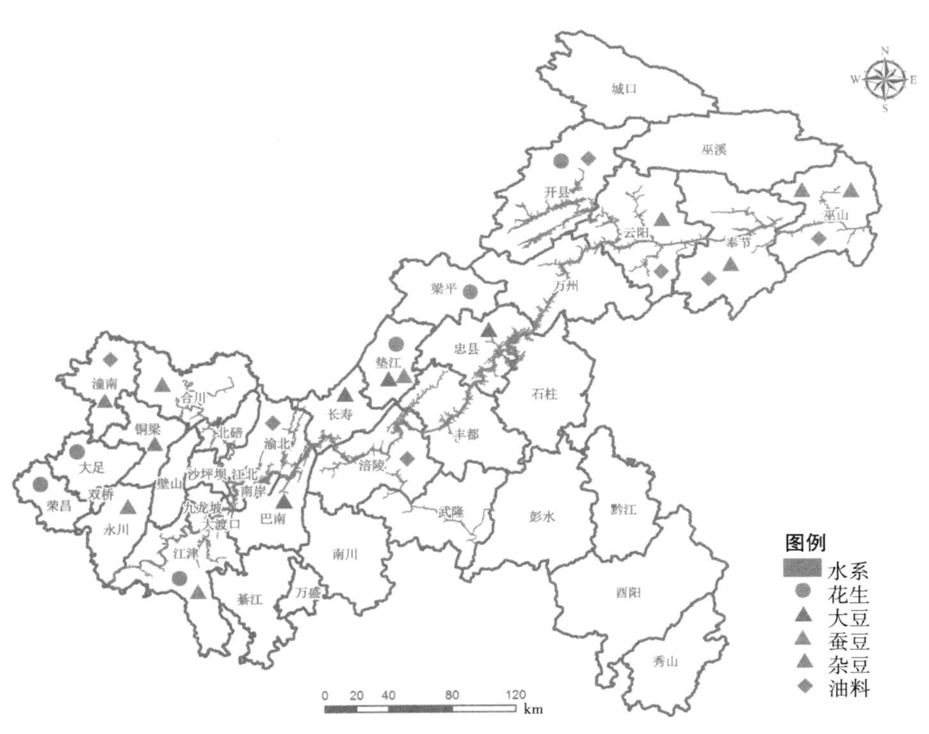

图 4-5 重庆绿色生态小杂粮油生产基地布局示意图

（二）蔬菜

1. 以渝遂高速公路沿线为重点的优势蔬菜产业带

在潼南、璧山、铜梁等渝遂高速公路沿线打造优势蔬菜产业带，建成蔬菜基地基地面积 60 万亩，其中，潼南县 40 万亩，璧山、铜梁县各 10 万亩，重点发展精细蔬菜、早春设施蔬菜和秋冬特色蔬菜，总播种面积 170 万亩，产量 340 万 t，商品菜产量达到 200 万 t 以上（图 4-6）。

2. 以武隆为重点的高山蔬菜产业带

以武隆为重点打造高山蔬菜产业带，建成蔬菜基地面积 40 万亩，其中武隆县 20 万亩，南川、丰都、石柱、黔江、彭水、酉阳等区县种植设施蔬菜面积 10 万亩，重点发展秋季鲜销蔬菜和夏季特色蔬菜，种植面积 60 万亩，总产量约 100 万 t，商品菜产量达到 60 万 t 以上。

3. 以三峡库区为重点的加工蔬菜产业带

在长江沿线的涪陵、万州等区县发展加工榨菜 150 万亩，其中涪陵区 70 万亩，万州区 35 万亩，加工青菜头 200 万 t 以上，半成品及成品产量保持 100 万 t 以上；在石柱、綦江等区县发展加工型辣椒，种植辣椒 50 万亩，总产量 50 万 t。把石柱建成全国辣椒产业"第一县"，把青菜头打造成为重庆蔬菜"第一品牌"，把榨菜发展成为长江沿线农业特色产业之一。

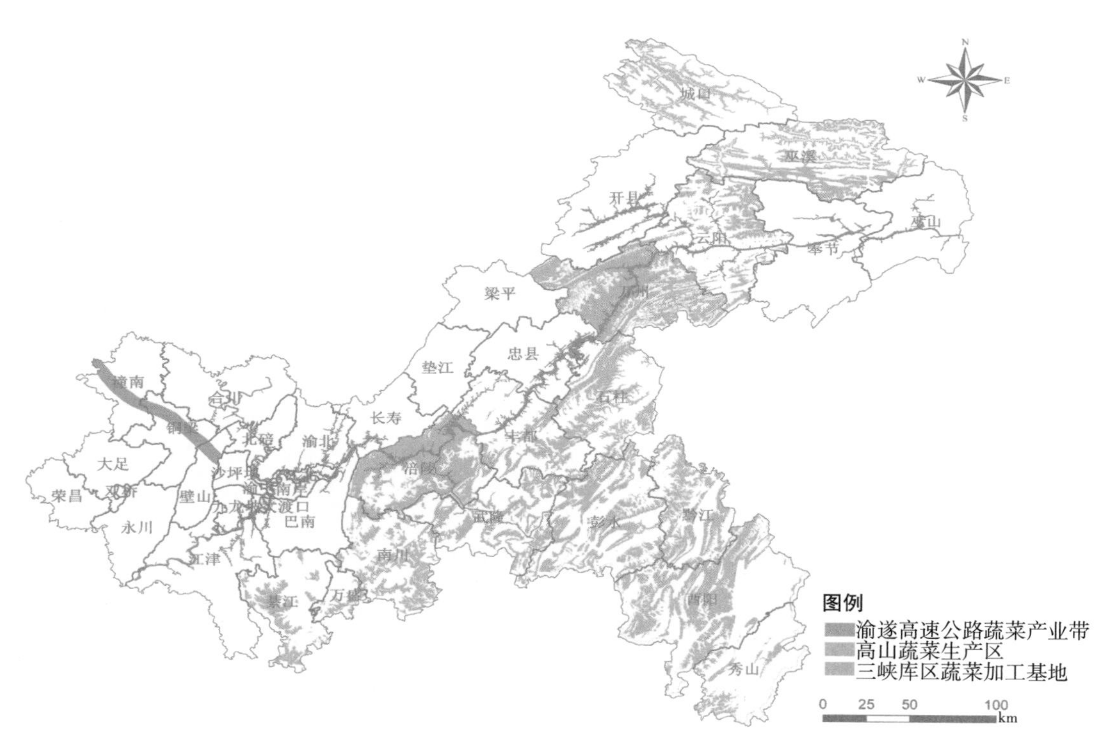

图 4-6　重庆蔬菜重点产业带

（三）畜牧

生猪重点布局在荣昌、合川、江津、万州、涪陵、黔江、永川、南川、开县、云阳、长寿、綦江、垫江、奉节、梁平、潼南、大足、铜梁、忠县、丰都、酉阳、彭水、巫山、武隆、巫溪、秀山等26个优势基地区县（图4–7）。地方优良品种荣昌猪、合川黑猪、渠溪猪、罗盘山猪和盆周山地猪保种场和保护区，分别布局在荣昌、合川、涪陵、丰都和潼南等有条件的区县。肉牛布局在丰都、云阳、酉阳、石柱、彭水等5个县。奶牛布局在巴南、渝北、荣昌、长寿、合川、万州、垫江、黔江等8个区县。山羊布局在涪陵、酉阳、云阳、巫溪、开县、巫山、奉节、武隆、城口等9个区县。家兔布局在开县、渝北、巴南、江津、璧山、永川、綦江、万州、忠县、石柱等10个区县。肉鸡布局在城口、秀山、巫溪、南川、渝北、涪陵、江津、潼南、璧山、丰都、忠县、开县、奉节、巫山、武隆等15个区县。蛋鸡布局在长寿、巴南、合川、潼南、大足、垫江、黔江等7个区县。水禽（鸭鹅）布局在铜梁、垫江、梁平、永川、酉阳、荣昌等6个区县。蜜蜂布局在南川、城口、彭水、荣昌、大足、梁平、酉阳、石柱等8个区县。

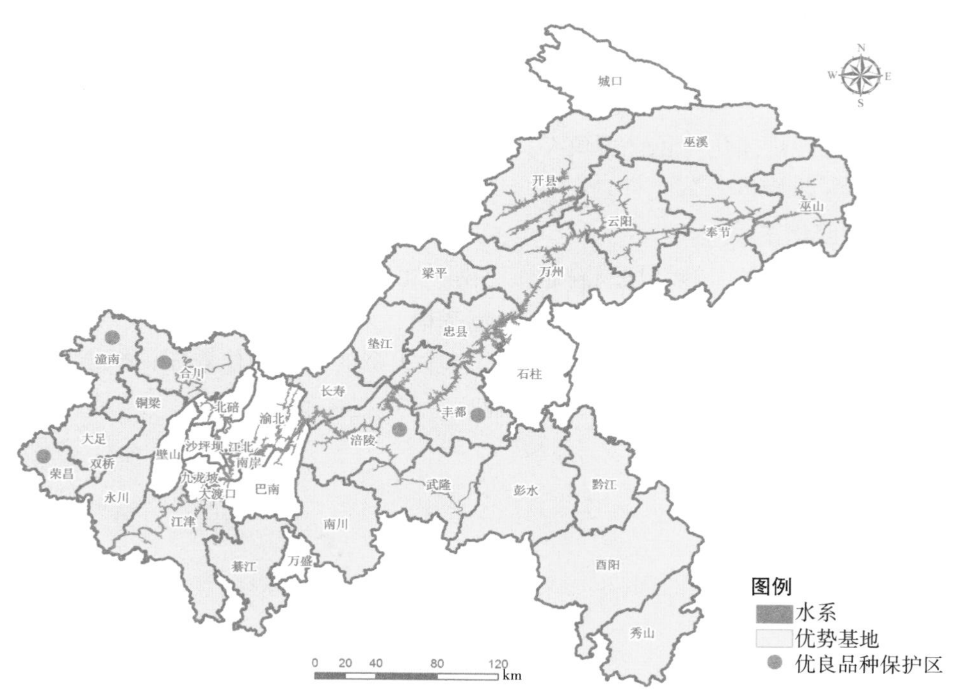

图4–7　重庆生猪优势区县产业发展布局示意图

（四）柑橘

布局在永川、江津、巴南、渝北、长寿、涪陵、丰都、武隆、石柱、万州、开县、云阳、奉节、巫山、巫溪、忠县等16个区县。重点发展永川、江津、长寿、垫江、忠县、万州、开县、云阳、奉节、巫山10个区县，突出发展奉节、云阳、开县、忠县、长寿5个核心区县。

（五）渔业

1. 池塘吨鱼万元工程

布局在渝西地区和梁平、开县、涪陵、万州、垫江、长寿、綦江、巴南、北碚等区县，通过新建规模化商品鱼养殖基地、成片改造旧塘、推广“一改五化”综合增产技术及“鱼菜共生”种养模式和高附加值品种主（混）养等池塘高效生态渔业模式，带动全市池塘渔业保供增收能力明显增强。

2. 稻鱼同田工程

布局在渝西地区、垫江、忠县、梁平、丰都等区县，重点通过建设高水平的鳅苗繁育基地、进一步抓好示范基地建设、积极探索稻田养鱼的新模式，带动全市宜渔稻田渔业深度开发，提高稻田资源的综合利用效益。

3. 生态渔场工程

布局在巫山、巫溪、奉节、云阳、万州、开县、忠县、丰都、石柱、涪陵、武隆、长寿、渝北、巴南、北碚、江津等16个区县，通过全面实施资源增殖、水域牧场、湿地渔业和质量品牌、人才培训工程，精心培育、苗种繁育体系、技术支撑体系、渔业监管体系、现代营销体系，建成三峡库区天然生态渔场，努力构建兴渔富民的产业平台。

4. 资源开发工程

布局在武隆、南川、城口、巫山、巫溪、万州、黔江、秀山、彭水、石柱、酉阳、奉节等“两翼”区县，通过建设规模化特色土著鱼类良种繁育基地和规模化养殖示范基地，带动山区渔业资源开发，凸现重庆渔业特色。

5. 观赏鱼产业化工程

布局在南岸、九龙坡、沙坪坝、渝北、巴南、北碚、璧山、渝中区等主城区县，通过强化中高端观赏鱼品种引进、打造市级观赏鱼精品示范基地、采用“4S”模式发展观赏鱼租摆产业，带动全市观赏鱼产业上档升级，同时积极引导城市资本投资建设高品位农庄，探索发展高档次的垂钓、鱼餐饮、鱼文化和休闲鱼食品等主题休闲渔业。

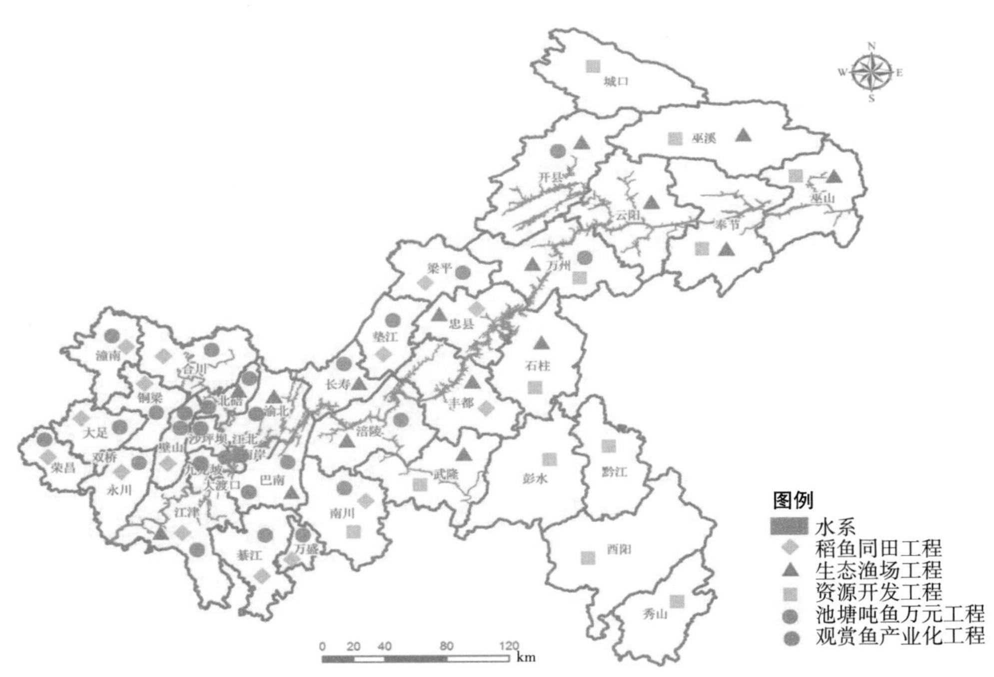

图 4-8　重庆渔业产业发展区域布局示意图

（六）林果

1. 都市农业观光休闲果业圈

主要布局在主城 8 区、江津、合川、永川，重点发展桃、李、南方梨、葡萄、枇杷、杨梅、蓝莓、草莓、樱桃、西瓜等。

2. 武陵山区生态高效水果生产带

主要布局在黔江、酉阳、彭水、武隆、南川，重点发展南方梨、猕猴桃、核桃、板栗、杨梅、蓝莓、银杏、猪腰枣等。

3. 长江两岸生态景观果业带

主要布局在万州、城口、巫山、巫溪、开县、云阳、奉节、丰都，重点发展核桃、板栗、李、梨、葡萄、西瓜、蓝莓、草莓等。

图 4–9　重庆林果产业发展区域布局示意图

围绕区域特色，发展特色水果，主攻优、鲜、特和绿色无公害水果，重点实施三大工程。

——良种创新工程。引进名优新品种，建设良种繁育基地，推广脱毒和容器育苗技术，设立引种专项，每一个种类建立一个品种展示园进行示范推广。

——标准化果园建设工程。建立和完善生产技术支撑体系，推广避雨栽培、防虫网等栽培技术，全面提升特色水平栽培技术水平，发展标准化生产和休闲观光示范果园。重点进行低产果园基础设施改造，对 100 万亩低产果园的路网、水网、理化防控设施改造进行补贴，提升果品品质；创建 100 个规模集中成片 1 000 亩以上特色水果标准化示范园；扶持有机肥提升、橘渣、秸秆、沼液还田，推广低碳循环经济发展模式，实现可持续发展。

——建设特色优势园区。建立以主城区为主的都市农业观光休闲果业圈、渝东南为主的武陵山区生态高效水果生产带和渝东北长江两岸生态景观果业带。进行“一县一特”“一乡一品”打造，适度控制发展规模，形成特色水果优势产业园区，综合发展都市休闲、体验农业，整体策划和开拓营销，带动二三产业发展，实现绿化、美化和果化的有机结合。

（七）中药材

渝东南、渝东北为主要发展区域，建立两个具有明显聚集效应的中药产业带，10 个以上具有较强辐射能力的示范区县。

——渝东北中药材产业带。重点布局在城口、巫山、巫溪、奉节、云阳、开县等县，主要发展川党参、天麻、佛手、厚朴、木香、太白贝母、独活、桔梗、淫羊藿等药材品种。

——渝东南中药材产业带。重点布局在石柱、涪陵、武隆、彭水、酉阳、秀山、南川等区县，主要发展黄连、青蒿、金银花、玄参、白术、何首乌、续断、百花前胡、紫苏、金荞麦、厚朴、粉葛等品种。

——非重点区（都市周边区）：铜梁枳壳、北碚槐米、合川葛根、垫江丹皮。

图 4–10　重庆中药材产业发展区域布局示意图

表　重庆主要中药材种植基地分布

区县	主要种类	区县	主要种类
秀山	金银花、白术	城口	川党参、独活、太白贝母
酉阳	青蒿、白术、粉葛	巫溪	川党参、太白贝母、桔梗
黔江	青蒿	开县	厚朴、木香
武隆	厚朴、续断、玄参	奉节	川党参、牛膝
南川	玄参、白芷、栀子	巫山	川党参、独活
涪陵	百花前胡、金荞麦、紫苏、白花前胡	云阳	佛手、淫羊藿
石柱	黄连、何首乌、金荞麦	北碚	槐米
垫江	丹皮、丹参	铜梁	枳壳
合川	粉葛		

主要任务：

(1) 优势中药材良种选育与推广　重点推广已经获得良种证书的药材，如粉葛、青蒿、紫苏、银花、槐米；支持开展重庆市道地药材的品种选育，如厚朴、佛手、黄连、印花、青蒿、川党参、木香、玄参等重庆大宗优势药材。开展大宗药用植物种质资源的收集、保存与利用平台建设，保存种质资源，为产业可持续发展奠定基础。

(2) 中药规范种植技术推广与GAP药材基地建设　主要建设重点药材GAP种植基地，编写教材，开展技术培训，推广目前重庆市已经成熟的高产优质高效种植技术。

(3) 道地优势中药材良种繁育场建设　建立重庆大宗优势药材优良种子种苗基地，重点建设已获良种证书药材品种的良种繁育基地，实行良种良法配套，提高种植效益。加大对规模种植基地的大户、专业合作社、龙头企业给予补贴。建设太极集团、三牧集团两大企业药源基地，打造太极中药工业园。

(4) 建设药材质量与安全性评价体系　全面评价重庆产药材的质量、安全现状，建设市级药材质量与安全性评价组织体系，确保药材优质、安全。

(5) 现代中药农业产业技术体系　设置科学家岗位、区域试验站、推广站等，建立中药材产业推广体系和技术支撑体系，建设重庆市现代中药农业产业技术体系，为产业发展提供可持续的支撑。

(6) 扶优扶强重点龙头企业　大力发展中药材加工业，推动产业链上下游整合，通过资产重组等方式实现强强联合，尽快形成一批市场竞争力强的龙头企业。坚持发挥龙头优势，努力形成一批在全国具有较强竞争力的行业拳头产品，打造优良品牌、著名品牌，大力提升市场占有率。

(7) 加强中药材流通体系建设　支持秀山建成武陵山中药材电子交易平台，为30个以上大宗中药品种、超过10万中药材行业用户提供信息服务及远程电子交割系列服务，有效提升武陵山中药材与全国市场的对接能力，构建武陵山中药材行业现代流通体系。完善太极集团桐君阁、云阳中药材和万州中药材等交易市场。

(八) 茶叶

区域布局（图4-11）：

——武陵山区高山名优茶产业带

以秀山、南川、武隆为重点，建成3个10万亩级茶叶基地，辐射带动万盛、巴南、黔江、西阳等区县，发展名优茶叶 44 万亩。

——渝西特早名优茶产业带

以永川为重点，建成 1 个 10 万亩级茶叶基地，辐射带动荣昌、江津、合川、铜梁等区县，发展特早名优茶叶 28 万亩。

——三峡库区生态、有机茶产业带

以万州或开县为重点，建成 1 个 10 万亩级茶叶基地，辐射带动奉节、云阳、巫溪、城口、涪陵等区县，发展生态有机茶叶 28 万亩。

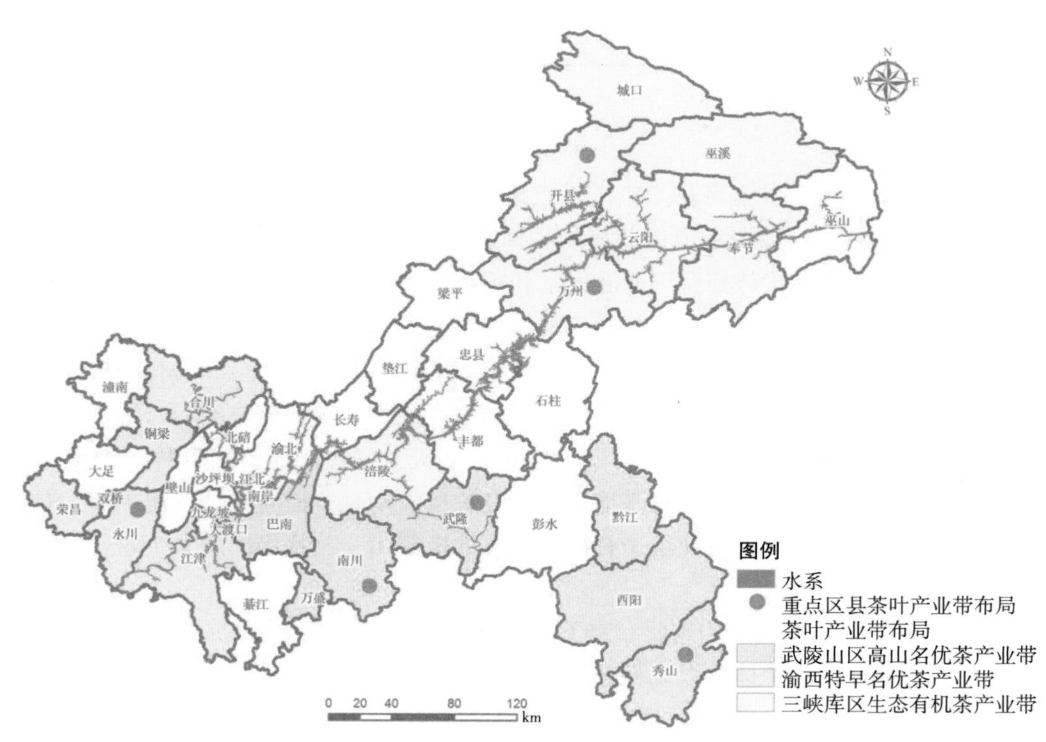

图 4-11　重庆茶叶产业发展区域布局示意图

主要任务：按照全国茶叶优势区域发展规划，实施茶业“振兴计划”，建成全国知名的优质特早名优茶、生态、有机茶、高山名优绿茶、有机红茶生产基地，实现茶叶产业向重点优势区域集中。重点实施四大工程。

（1）实施茶树无性系良种工程　进一步升级和完善巴南重庆国家级茶树良种繁育基地、秀山武陵山区区域性茶树良种示范基地，库区区域性茶树良种示范基地，形成茶树良种繁育体系网络，形成年供苗能力 5 亿株以上的能力，提高茶树良种苗木自给率，加大茶树良种苗木补贴力度。对新发展无性系良种茶园和低产茶园改造在良种苗木、茶园开垦、幼苗期管护方面给予补贴。

（2）实施茶叶加工厂房、设备升级改造工程　通过茶叶标准园创建和万亩级茶叶标准园区创建，推进和实施绿色综合防控技术、茶叶生产标准化、清洁化技术、GAP 良好农业规范，对龙头企业实施现有茶叶生产设备的升级换代，促进标准化生产，确保茶叶产品质量和安全水平的全面提高。建成名优茶机械化、连续化、智能化、清洁化示范生产线，大幅提高成套名优茶生产线比例。提高茶园生产管理机械和茶叶加工设备的补贴力度和范围。

（3）实施龙头企业培育、品牌提升工程　通过加强招商引资，引进全国知名的茶叶龙头企业；通过加强资源整合，支持龙头企业强强联合，形成具有巨大带动力的龙头企业集群。壮大一批上规模、有实力、带动强的茶叶产业化龙头企业、培育打造三峡库区、武陵山区等区域性公共品牌。通过税收、直补、贴息等优惠政策，对龙头企业技术改造、基地建设、新产品开发给予支持。对龙头企业和专业合作社在开拓市场、三品一标论证、名牌产品创建、市场销售规模升级等方面给予补贴和奖励。

（4）实施茶叶市场开拓工程　进一步支持全市 3 家茶叶专业批发市场的发展和建设，建立茶叶产销信息共享平台。通过举办和参加各种茶叶专业和农产品节会、采茶节、茶文化休闲旅游活动和各类媒体营销、推广重庆名优茶产品，提升重庆茶叶的知名度。对举办和参加各种茶叶专业和农产品节会、采茶节、茶文化休闲旅游活动给予补贴。

（九）烟叶

1. 烟区分布

重庆烟叶种植主要分布在三峡库区和渝东南少数民族地区（图 4–12）。目前全市共有产烟区（县）12 个产烟区（县），其中，20 万担以上区（县）有 4 个，10 万 ~20 万担区（县）有 5 个，5 万 ~10 万担区（县）有 2 个，5 万担以下区（县）有 1 个，烟叶种植农户 29265 户，种植面积 68.9 万亩，预计收购量 177.5 万担。

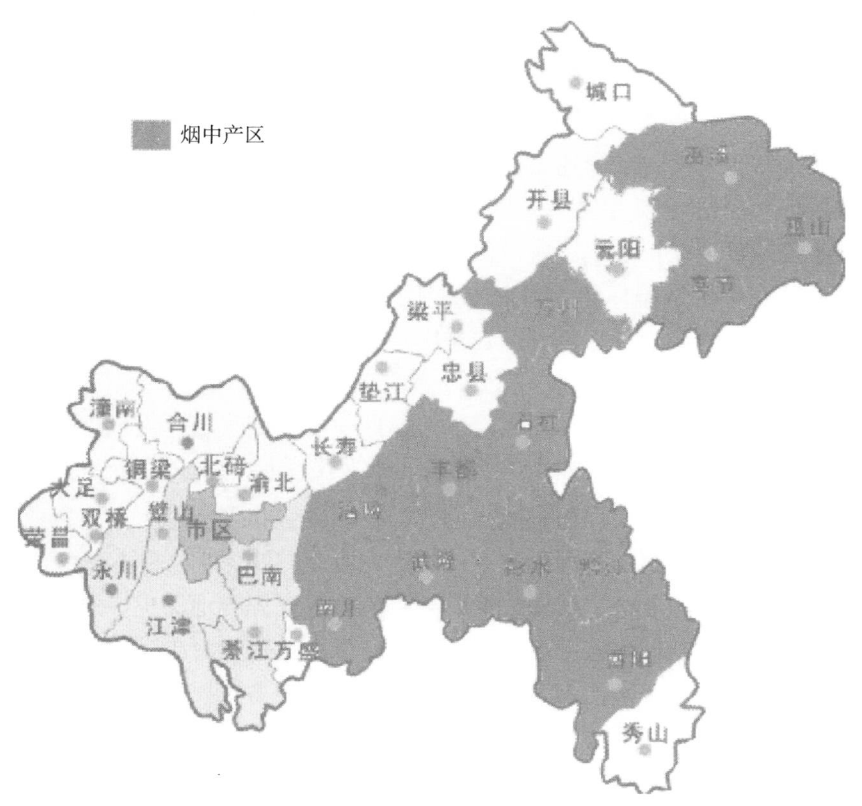

图 4–12　重庆烟叶种植分布

2. 产量布局

按照“合理规划、科学布局”的原则，综合考虑重庆市烟叶生产现状、烟区调整、基础设施、气候条件等各项因素，结合既定目标，对各区县2012—2017年烟叶生产计划作出初步规划。到2017年，重庆市20万担以上区县将达到5个，分别为彭水、黔江、酉阳、武隆、巫山；10万~20万担区县将达到4个，分别为丰都、奉节、石柱、万州；5万~10万担区县将达到1个，即涪陵；5万担以下区县为2个，分别南川、万州。实现80%以上的区县达到现代烟草农业基地单元建设5万担以上的要求。

五、促进农业可持续发展的重点工作

（1）改善农业生产条件，夯实农业发展基础　重点加强耕地质量，农田水利和农业综合开发等三个方面基础设施建设。一是加强耕地质量保育。高标准实施有机质提升，测土配方施肥，巩固退耕还林成果基本口粮田，石漠化综合治理基本农田，新增农资综合补贴用于粮食基础能力建设。改革耕作方式，防止土壤退化和污染，培肥地力和平衡土壤养分，加快补充耕地的土壤熟化进程。改善农田水利、林网、道路等基础设施，提高耕地地力水平。2015年年底，改造中低产田300万亩，高产稳产农田达到1 500万亩，土地产出能力实现每亩5 000元，年均递增4%。二是全面加强农田水利建设。以粮食、蔬菜主产区和重点产业基地为重点，完善农田灌溉设施，加快推进万州等8个大型灌区建设，完成10个中型灌区建设，大力推进小水窖、小水池、小泵站、小塘坝和小水渠为重点的小型农田水利建设，保障农业灌溉用水需求。加快推进灌溉水源工程建设，优先实施优势产业基地灌溉设施建设，大力推广防渗渠道、管道等节水灌溉设施，提高水资源利用率。加大国家现代农业示范区、市级现代农业示范园区农田水利建设力度。三是加大农业综合开发力度。加强以农田水利为重点的农业基础设施建设，投入农业综合开发资金40亿元，改造治理土地200万亩，建设高标准农田300万亩，配套建设优质柑橘基地20万亩、优质蔬菜基地50万亩。

（2）加强资源保护，优化农业生态环境　重点加强农业资源环境保护和防止养殖污染两个方面工作。一是农业资源环境保护。开展农田保护性耕作，推广轮作、少耕、免耕和秸秆还田等新技术，充分利用农家肥和种植绿肥作物，培育土壤肥力。加强灌溉水质、土壤墒情、河流泥沙监测，防治农药、化肥和农膜等农业面源污染，加强土壤污染防治监督管理。建立农业面源污染综合防治示范园区60个。强化石漠化综合治理，至2015年年底，治理水土流失5 000km^2、石漠化900万亩。加强森林资源和野生动植物保护，加大自然保护区建设管理，新建森林、野生动植物和湿地自然保护区5个，新增保护区面积20万亩。开展山、水、田、林和路综合整治，耕地保护由数量型向数量、质量和生态复合型转变。保护农业生物资源，保持生物多样性，实施农业生物资源安全保护与利用工程。开展农业野生植物资源调查，选建农业野生植物保护区和外来有害生物防治示范基地，建设农业野生植物保护园5个，实施农业珍稀野生植物资源异地保护，建设和完善农业生物资源监测预警体系。在长江及支流水域开展渔业资源和珍稀濒危水生野生动物增殖放流，实施草地植被恢复与建设。二是全面防治养殖污染。二环以内全面禁止畜禽规模养殖，对新建大中型畜禽养殖场实行环评，采用先进工艺，增设污染处理设施，对现有畜禽养殖场粪便进行减量化处置、无害化处理和资源化利用，大力推广畜禽生态养殖、粪便厌氧发酵和商品有机肥料生产等成熟技术，建立大中型能源环境示范工程。至2015年年底，大中型畜禽养殖场沼气工程普及率达到95%以上。

（3）开展森林资源建设，提升生态系统功能　积极推进速丰林、低效林、经济林和村镇造林等四个方面森林资源建设。一是建设500万亩速丰林。主要布局在坡耕地、宜林荒山和通道两侧。其中，以酉阳为重点的渝东南造林200万亩，以丰都为重点的渝东北造林150万亩，以永川为重点的城市发展新区造林150万亩；二是改造985万亩低效林。主要是风景林、防护林、用材林和经济林，其中城市发展新区69.5万亩，渝东北生态涵养区和渝东南生态保护区915.5万亩；三是建设110万亩经济林。其中柑橘基地80万亩，南方早熟梨基地10万亩，特色水果基地10万亩，干果及桑树基地10万亩；四是绿色村镇造林215万亩。以城市发展新区的95个中心镇和3 000个绿色村庄为重点，在路、河、库及农田周边建设农田林网，在街旁、房前、屋后、宅旁进行庭院绿化。其中农田林网30万亩，庭院绿化40万亩，生态林建设145万亩。

（4）大力发展低碳农业，改善农村生态环境　通过加大循环农业、节能减排、农村能源、生活污染治理和农村清洁工程建设等，着力改善农村生态环境。一是发展循环农业。削减农业化学投入品，倡导农业清洁生产，拓宽秸秆利用途径，提高秸秆利用效率。推广种养结合的生态循环农业和农村沼气建设，提高农业废弃物资源利用率。到2015年年底，适宜农户沼气入户率达到60%以上，大中型养殖场沼气工程基本实现全覆盖，沼液沼渣等农业废弃物综合利用率达90%以上。二是推进农业节能减排。加快低碳技术研发应用，控制农业领域温室气体排放。引导农民群众应用节约型农业技术和节能型农业装备，推进农业废弃物无害化、能源化和资源化利用，走农业资源保护性利用之路。加强农作物秸秆综合利用，倡导农民科学利用秸秆。到2015年年底，基本建立较完善的秸秆还田、收集、储运体系，基本形成布局合理、多元利用的秸秆还田和产业化综合利用格局，解决秸秆废弃和焚烧带来的资源浪费和环境污染问题，秸秆肥料化利用比例由2010年的10%提高到20%，秸秆综合利用率由30%提高到86%。三是加快农村能源发展。重点发展农村户用沼气和大中型养殖场沼气工程，鼓励有条件的地方发展太阳能、风能、小水电和农作物秸秆碳化等综合利用。到2015年底，户用沼气池发展到227万口，适宜农户沼气入户率达到60%以上，大中型沼气工程发展到556个，形成年产气10亿m^3以上的产气规模，农村沼气社会化服务基本实现全覆盖。四是加强生活污染治理。开展农村垃圾分类收集与处理。生活垃圾分类收集，有机垃圾分离还田，无机垃圾规范清运，城市和县城周边村庄推行“户分类、村收集、乡运输、县处理”方式，边远山区交通不便村庄推行“统一收集，就地分类，综合处理”模式。加强对农村地区电子废弃物、有毒有害废弃物的分类、回收和处置。在人口集中、经济发达、排污量大、污染较严重的村镇，建设污水集中处理设施，位于城市污水处理厂有效范围内的村镇，污水纳入城市污水收集管网统一处理，对居住比较分散、经济条件较差村庄的生活污水，采用生活污水净化池、小型人工湿地等低成本、易管理的方式进行分散处理。到2015年年底，农村垃圾处理率达到50%，生活污水净化率达到60%。五是实施农村清洁工程。以自然村为单元，集成配套推广节水、节肥、节能等环境友好型技术，因地制宜建设田园清洁设施、家园清洁设施和村级公共卫生设施，对农作物秸秆、人畜粪便、生活垃圾和生活污水等生产生活废弃物，进行无害化处理和资源化利用，建立农村物业化服务体系，构建农村自我服务、自我管理的长效运行机制。到2015年年底，农村清洁工程示范村达到500个，示范村农村清洁率达到95%以上。

（5）增强灾害防控能力，减少农业受灾损失　加强动物疫病防控，农业有害生物预警控制，防汛抗旱预警和自然灾害应急救援能力建设，减少农业受灾损失。一是提高重大动物疫病防控能力。加强无规定动物疫病区后续建设，进一步完善动物疫病预防、卫生监督和防疫屏障体系，确保动物疫病快速监测、动物疫情快速预警、突发疫情快速处置，动物及其产品质量全程监督。到

2015年年底，重大动物疫病和人畜共患病实现全面控制，建成达到国际标准的无规定动物疫病区，有效控制口蹄疫、高致病性禽流感、高致病性猪蓝耳病、猪瘟、新城疫等重大动物疫病，把猪、禽、大牲畜死亡率，分别控制在5%、13%和1%以下。基本建成市、县两级水生动植物疫病监测、重大疫病控制和渔用药检验与药残监控三大系统，全面提高水生动植物疫病防治水平，鱼、虾养殖因病害造成的死亡率下降5个百分点，基本控制水生动物重大病害。加强陆生野生动物疫源疫病监测，开展预警体系、信息报告管理体系和疫情应急处置体系建设，新建20处国家级监测站、7处市级监测站，完善已建的8个国家级和6个市级监测站，建设1个市级监测中心和监测信息管理平台，组建1支应急处置专业预备队，建立1处野生动物疫源疫病监测防控培训演练基地和1个应急储备库。二是提高农业有害生物预警控制能力。建设完善农作物、森林有害生物预警与控制、植物检疫防疫系统，提高重大病虫害和植物疫情监测预警、应急控制综合能力。实现对检疫性有害生物和国外危险性有害生物入侵的全面监控，建成渝东北生态涵养区柑橘非疫区。有力控制阻止外来检疫性有害生物传入蔓延，提高农作物有害生物预报准确率。到2015年，新建植物保护工程8个，续建10个，重大病虫害长期预报准确率由80%提高到85%以上，中期预报由85%提高到90%以上，林业有害生物成灾率控制在3‰以下。重大农作物有害生物一般发生区危害损失率控制在3%左右，重发生区危害损失率控制在5%左右。三是提高防汛抗旱预警能力。加强水文站、水位站和雨量站建设，初步建成覆盖全市重点城（集）镇及重点工程的水文水资源监测与预警预报体系，初步建立山洪灾害预警预报系统，初步制定防汛抗旱调度及应急管理制度，全面建成防汛抗旱指挥系统，防洪保安、抗旱减灾能力全面提高。四是建立自然灾害应急救援体系。建立农作物种子救灾储备体系，种子储备总规模达到市场需求量的10%左右。完善防汛抗旱组织机构，加强防汛抗旱服务组织及网络化建设，加快防汛抗旱物资储备库建设，提高应急抢险能力。加强气象雷达系统建设，加强地震、暴雨监测和预警预报，增强冰雹、雷电、大风及其衍生灾害综合防御、应急处置和救助保障能力，完善水情监测系统。完善各种重大地质灾害群策群防体系，建立地质灾害应急反应机构队伍，地质灾害监测网和防灾预警系统。

六、推进农业可持续发展的保障措施

（一）强化科技支撑

重点加强农业科技体系，科技成果转化和科技推广体系建设。一是构建农业科技体系。实施以种养业良种自主研发创新中心，配套技术为载体的农业科技创新工程。大力推进原始创新、集成创新和消化吸收再创新，增强自主创新能力，形成以农业科研院所、大专院校和具备研发能力的龙头企业为主的三大科技主体。在动植物品种改良、生物技术、节本增效技术、动植物疫病防治、农产品质量安全、生态环境保护和资源高效利用等七大关键技术领域取得新突破。二是加强科技成果转化。加快高效栽培、疫病防控、农业节水等领域的科技集成创新和推广应用，实施水稻、玉米等主要农作物病虫害专业化统防统治。大力推广先进实用、节本增效技术、农业标准化生产技术，在农产品优势区域选建农业科技成果中试基地、农业科技成果转化中心等，加快农业科技成果向现实生产力转化。到2015年年底，农作物新品种选育和引进筛选能力进一步增强，良种覆盖率明显提高，农业科技成果转化率达到80%以上，农业科技贡献率提高到60%。三是创新科技推广体系。推进农业技术集成化、生产过程机械化、生产经营信息化。推进制度创新，引入竞争机制，支持农业科研单位、教育机构、涉农企业、技术团体等开展技术承包、技术转让、技术培训等农技推广服务。以农技推广机构为主体，创新农业专家大院，“校—县”或“院—区”科技合作平台、专业技术合作组织等高效农业科技服务新模式。到 2015 年年底，新建科技专家大院 100 个，新派科技特派员 3 000 人，覆盖全市 70% 以上乡镇。

（二）加大政策扶持

坚持集中力量办大事的原则，整合现有资源，统筹市级农发资金安排，引导支农资金和社会资本重点投向优势特色产业发展。争取金融、税收、保险支持，加快建立有利于现代农业产业发展的政策体系。一是财税政策。坚持总量持续增加、比例稳步提高的原则，建立投入稳定增长的长效机制。财政支出要优先支持农业农村发展，确保各级财政对农业的投入增长幅度要高于财政经常性收入增长幅度。市财政设立特色效益农业专项资金，每年财政用于优势特色产业发展的资金达到 10 亿元以上，并力争做到每年增加 20%。各区县要进一步加大对“三农”的投入，安排落实配套资金。并引导城市工商资本、社会资本积极参与，向重点产业增加投入。加大税收扶持力度，农民专业合作社销售本社成员生产的农业产品，视同农业生产者销售自产农业产品免征增值税；对从事食品加工的市级以上农业产业化龙头企业缴纳的企业所得税地方留成部分在 2017 年前全额补助企业。二是产业政策。认真落实中央粮食直补、良种补贴、农机具购置补贴和农资综合直补。完善对 11 个重点产业的扶持政策，加大对生产大县的奖励补助。市级特色效益农业专项资金按照“政府引导、市场运作、统筹整合、切块下达、规定用途、市级监管”的原则，主要用于良种繁育体系建设补助、种养殖集成技术培训、农业产业化龙头企业、农民专业合作社等直接补贴或贷款贴息等与产业发展直接相关的项目。三是金融政策。深入开展农村“三权”抵押融资，扩大“三权”抵押融资风险补偿资金规模，探索建立“三权”抵押资产回购机制。加强涉农贷款融资担保平台建设，发展涉农担保公司、村镇银行、农村资金互助社。金融企业涉农贷款损失准备金税前扣除政策延长至 2017 年年底，金融机构对农业新增贷款产生的营业税地方所得部分，给予等额财政补贴。充分发挥重庆兴农融资担保公司、重庆农业担保公司作用，引导金融机构增加重点产业的信贷额度。按政府补贴保费的 70%、农民承担 30% 的基本缴费标准，在重点产业大力推进政策性农业保险。探索建立主导产业风险防范机制。

（三）扩大对外开放

一是实施“引进来与走出去”战略。适应我国对外开放以进出口、吸收外资和对外投资并重的新形势，加快“走出去”步伐，提高“引进来”质量。引导和鼓励企业“走出去”，建立以东南亚、南美、非洲为重点的农产品生产加工基地。积极参与“南南合作”等国际项目，推动农业人才、技术走进非洲，加快实施中国政府援建坦桑尼亚农业技术示范中心和重庆老挝农业综合开发园区等项目。在“十三五”期间，建设一批优势农产品出口基地，培育一批有较强国际竞争力的龙头企业，实施一批国际农业合作项目，农产品出口贸易额 7 亿美元以上，出口增长率年增 10% 以上，农业农村项目每年招商 100 亿元以上。二是加大农业项目引资引智力度。积极搭建招商引资平台，营造良好的农业投资环境，完善农业招商引资项目库，定期发布农业招商项目，吸引外商、外资企业、民营工商资本投资农业。加快重庆台湾农民创业园、江津现代农业园区等园区建设。积极争取利用世界银行、亚洲开发银行等国际金融机构的优惠贷款和外国政府援助、合作项目，充分利用重庆·中国西部农产品交易会、中国国际农产品交易会及国际知名展会等平台推动招商引资。拓宽技术引进渠道，利用双边、多边和区域合作，重点引进农产品生产加工、农产品质量安全管理、环境保护、种养业品种改良、旱作农业等技术。三是提升农产品国际贸易水平。加快农产品出口基地建设，培育生猪、蚕桑、茶叶、榨菜等骨干产业，到 2015 年年底，建成农产品标准化出口示范基地 100 个，培育外向型龙头企业 100 家。实施出口市场多元化和优质化战略，鼓励开展国际品牌认证，引导、支持农产品生产、加工和贸易企业到国（境）外开拓市场，巩固欧盟、日韩、印度、中国香港等传统市场，积极开拓东盟、非洲等新兴市场；四是推进农业区域合作。加强与发达省市和地区农业合作，吸引东部企业到市内发展农产品生产、加工和流通基地。进一步深化渝陕、渝川、渝黔等农业合作，加强农产品绿色通道建设，充分利用三峡库区和扶贫开发对口支援优势，加大“两翼”地区农产品外销和农业项目合作力度。推动市内农业产业化龙头企业到周边省区发展农产品生产基地及加工业。

（四）加强组织领导

一是强化基础地位。始终把农业可持续发展工作，作为事关统筹城乡综合配套改革全局的大事来抓，强化党委统一领导、党政齐抓共管、农村工作综合部门组织协调、有关部门各负其责的农村工作领导体制和工作机制，在工作安排、财力分配、干部配备和资源利用上，切实体现重中之重的要求。主城以外的区县党政主要负责人要把更多精力集中在抓农业和农村经济的发展上。二是改革管理体制。进一步改革行政管理体制，强化社会管理和公共服务职能，实现政府部门对农业农村工作全覆盖。按照精简、统一、效能的原则，合理调整农业管理机构和职能，理顺关系，解决层次过多、职能交叉、职责不清、运行不畅等问题。深化乡镇机构改革，按照现代农业发展要求配置乡镇行政资源，把提供农村公共产品、发展农村社会事业和改善农村居民生产生活条件设定为主体职能。三是强化考核管理。按照科学发展观要求，把各领域支持现代农业发展的成效作为统筹城乡综合配套改革实施成效的重要考核指标之一，使政府管理体制、职能转变更加适应生产力发展需要。特别要根据重庆优势农产品区域布局和多种型态现代农业的发展模式，完善主体功能定位，建立分类指导的绩效评价和政绩考核机制。建立现代农业发展奖励机制，分年度评选表彰农业产业化龙头企业、重点产业大户和农民专业合作社等。

参考文献

胡晓群 . 2015. 完善新型农业治理体系的几点思考 [J]. 农业决策要参（10）：115–119.

唐洪军，袁得胜，白洁生 . 2015. 重庆市基本农田和高标准农田保护与建设 [J]. 当代农村，7（1）：37–39.

重庆市农业局 . 2007. 城乡统筹战略发展若干问题研究 [M]. 北京 : 中国农业出版社 .

重庆市统计局，国家统计局重庆调查总队 . 2014. 重庆统计年鉴 2014[M]. 北京：中国统计出版社 .

重庆市统计局，国家统计局重庆调查总队 . 2015. 重庆统计年鉴 2015[M]. 北京：中国统计出版社 .

四川省农业可持续发展研究

摘要： 研究报告以可持续发展理论为指导，采取实地调研与座谈交流相结合，基于各市（州）、县（市、区）报送数据和省级有关部门提供数据，围绕加快农业发展方式转变、实现农业与资源环境协调发展的主线，重点深度分析了四川耕地、水、气候等自然资源环境承载能力和农业劳动力、农业科技、农业投入品等社会资源现状特征，提出农业发展可持续性评价指标体系，进行农业可持续发展现状评价和挑战分析，并开展了对种植业适度规模经营和养殖业适度规模经营的分析，规划布局农业可持续发展的区域，总结了可推广的资源利用典型模式，最后提出促进农业可持续发展的措施与政策。

四川地处祖国西南腹地，地域辽阔，物产丰富，人口众多，是全国农业大省。共有 18 个地级市、3 个民族自治州，183 个县（市、区），2 463 个乡，1 927 个镇，47 399 个村。常住人口 8 140.2 万人，其中农村人口 4371.3 万人。户籍人口 9 159.08 万人，其中农业人口 6 465.12 万人。全省农民人均纯收入 8 803 元。推动农业可持续发展，是四川深入实施“三大发展战略”、奋力推进“两个跨越”的必然选择，是实现农业现代化、建设幸福美丽新村的内在要求。根据《全国农业可持续发展规划（2015—2030 年）》要求，为编制《四川省农业可持续发展规划（2015—2030 年）》，指导全省农业可持续发展，开展了农业可持续发展研究工作，并撰写《四川农业可持续发展研究报告》。

农业资源是指人们从事农业生产或农业经济活动中可以利用的各种资源，包括农业自然资源和农业社会资源。农业自然资源主要是指自然界存在的，可为农业生产服务的物质、能量和环境条件的总和，包括土地、水、气候、生物资源；农业社会资源是指社会、经济和科学技术因素中可以用于农业生产的各种要素，包括农业资本、劳动力、农业科技资源。农业生产是自然再生产与经济再生产相交织在一起的过程，其与周围的自然环境有着不可分割的联系，光、热、水、土等自然条件对农业生产具有特别重要的意义。本研究报告主要研究四川省域范围内与农业尤其是粮食生产密切

课题主持单位： 四川旅游学院、四川省农业资源区划办公室
课 题 主 持 人： 杨祥禄
课 题 组 成 员： 刘文龙、李劲、罗江龙、彭华、陈玉建

相关的耕地、水、气候等自然资源和农业劳动力、农业科技、农业投入品等社会资源。

一、农业可持续发展的自然资源环境条件分析

（一）耕地资源

1. 耕地资源数量

耕地是最为重要的农业生产资料。耕地资源对保障国家粮食安全和农产品有效供给具有十分重要的意义。根据土地变更调查数据成果，2014 年，四川省年内因建设占用、灾毁、生态退耕等因素减少耕地面积 23.1 万亩，通过土地整治、农业结构调整等途径增加耕地面积 31.7 万亩，年内净增加耕地面积 8.6 万亩，2014 年全省耕地面积为 10 111.2 万亩。2014 年四川耕地保有量目标为 8 922.0 万亩，基本农田保护面积为 7 706.3 万亩，全部超额完成年度目标任务。2014 年四川严格落实非农建设占用耕地占补平衡制度，按照“占一补一、占优补优”“占水田补水田”的要求，完成了耕地占补平衡任务。划定永久基本农田 6 106.1 万亩。伴随工业化、城镇化和农业现代化发展，农村劳动力大量转移，农业物质技术装备水平不断提高，通过土地流转发展农业适度规模经营已成必然趋势。四川积极引导农村土地规范有序流转，2014 年全省家庭承包耕地流转面积 1 482.3 万亩，占家庭承包耕地总面积的 25.4%，同比提高 2.1 个百分点。流转 10 亩以上的面积占流转总面积的 56.1%；流转 50~99 亩的比重最大，增长速度亦最快，分别达 23.1% 和 15.4%。专业大户、家庭农场、农民合作社、农业产业化龙头企业蓬勃发展，新型农业社会化服务体系初步建立，形成了以小规模农户为基础、以新型农业经营主体为骨干、农业社会化服务贯穿全程、各类主体利益关系相互联结的农业经营格局。

2. 耕地资源质量

根据《中华人民共和国土地管理法》和《四川省〈中华人民共和国土地管理法〉实施办法》相关规定，按照国土资源部统一部署安排，2011 年底开始，以基于第一次全国土地利用现状调查的耕地质量等别成果为基础，四川省与全国同步开展了耕地质量等别补充调查和更新评价工作，全面查清了全省耕地质量等别及其分布状况，形成了基于第二次全国土地调查的最新耕地质量等别成果。耕地质量等别反映了耕地生产能力的高低。四川省耕地质量等别调查与评定总面积为 10 070.94 万亩（以评定基期年耕地面积数据为基础），全省耕地评定为 15 个等别，1 等耕地质量最好，15 等耕地质量最差。四川省耕地质量等别面积及比例见表 1–1。

表 1–1　四川省耕地质量等别面积及比例

等别	面积（万亩）	比例（%）
1	0.00	0.00
2	0.00	0.00
3	0.00	0.00
4	6.91	0.07
5	53.13	0.53

（续表）

等别	面积（万亩）	比例（%）
6	169.22	1.68
7	685.26	6.80
8	1 889.99	18.77
9	2 468.55	24.51
10	2 902.55	28.82
11	1 346.88	13.37
12	473.64	4.70
13	74.82	0.74
14	0.00	0.00
15	0.00	0.00
合计	10 070.94	100.00

其中1~4等为优等地、5~8等为高等地、9~12等为中等地、13~15等为低等地。四川省优等地面积为6.91万亩，占0.07%；高等地面积为2 797.59万亩，占27.78%；中等地面积为7 191.61万亩，占71.41%；低等地面积为74.82万亩，占0.74%（图1-1）。四川省耕地质量等别总体偏低，中、低等耕地面积占耕地评定面积的72.15%。

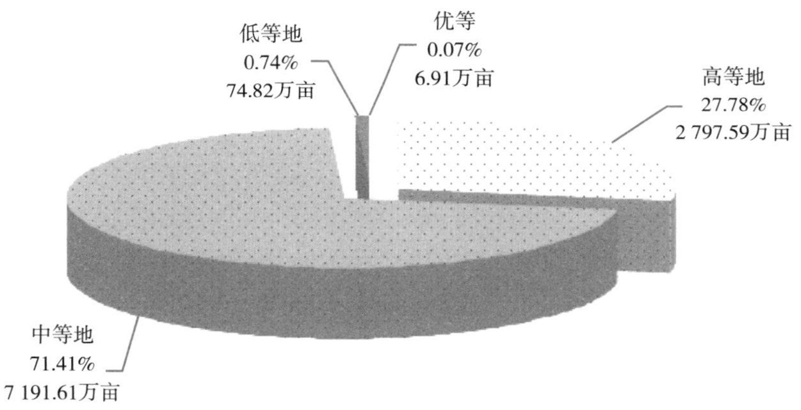

图1-1　四川省耕地质量等别面积比例

3. 农业可持续发展面临的耕地资源环境问题

近年来，随着工业化、城镇化快速发展，四川优质耕地不断占用，面源污染程度加剧，农业生态系统退化，重金属污染趋势加重，缺素现象十分突出，土壤酸化严重，生态环境承载能力越来越接近极限，已经亮起了“红灯”。突出表现在：全省耕地酸化面积达到39%，其中pH值在5.5以下的达到15%；耕地中土壤有机质、全氮、有效磷、速效钾处于较缺乏水平的比例分别为42.3%、24.2%、44.9%、70.9%；土壤污染点位超标率达到28.7%，其中耕地是34.3%；农业污染源中化学需氧量、总氮和总磷排放量分别占污染物总排放量的28.4%、52.6%、57.1%。四川省首次土壤污染调查成果显示，攀西地区、成都平原区、川南地区的部分区域土壤污染问题较为突出，镉是土壤污染的主要特征污染物，全省土壤总的点位超标率为28.70%，其中轻微污染点位占22.60%、轻度污染点位占3.41%、中度污染点位占1.59%、重度污染点位占1.07%。全省土壤污染主要以无机类型为主，其超标点位占93.9%，镉、汞、砷、铜、铅、铬、锌、镍等8种无机污染物点位超标率分别为20.80%、0.76%、1.98%、3.77%、1.44%、1.79%、0.61%、9.52%；其次是有机型污染和复合型污染，但占比较小，有机污染物中六六六、滴滴涕、多环芳烃的点位超标率分别为0.04%、1.22%、0.57%。不同土地利用类型的土壤其环境质量状况表现各异，耕地土壤的点位超标率为34.30%，主要污染物为镉、镍、铜、铬、滴滴涕、多环芳烃；林地土壤的点位超标率为10.07%，主要污染物为镉、砷、滴滴涕；草地土壤的点位超标率为38.30%，主要污染物为镉；未利用地土壤的点位超标率为32.00%，主要污染物为镉、铜。高土壤环境背景值、工矿业和农业等人为活动是造成土壤污染的主要原因。

（二）水资源

1. 水资源数量

2014年，四川现有各类水利工程123万处，其中，水库7 706座（大型9座，中型120座，小型7 577座），蓄引提水能力332亿m^3（其中水库总库容160亿m^3）。有效灌溉农田面积累计达到4 000万亩，占全省耕地面积的40%（按国土资源厅耕地数据计算）。年实际供水量达到199亿m^3（未含发电供水量）。全省水资源总量为2 557.66亿m^3，比上年增加3.54%，比常年减少2.16%。其中，长江流域水资源总量为2 491.21亿m^3，比上年增加2.62%，比常年减少2.94%；黄河流域水资源总量为66.45亿m^3，比上年增加56.10%，比常年增加39.95%。年内平原降水补给量为9.97亿m^3，平原区河川基流量为8.82亿m^3。水资源总量中，地表水资源量为2 556.51亿m^3，比上年增加3.54%。其中，长江流域地表水资源量为2 490.06亿m^3，比上年增加2.62%；黄河流域地表水资源量为66.45亿m^3，比上年增加56.10%（表1-2和图1-2）。从市（州）分布来看，全省21个市（州）中，甘孜、阿坝、凉山、雅安、乐山、达州等6个市（州）水资源总量较大，分别为410.34亿m^3、674.91亿m^3、348.66亿m^3、155.35亿m^3、121.83亿m^3、109.10亿m^3，分别占全省水资源总量的16.04%、26.39%、13.63%、6.07%、4.76%、4.27%，合占全省的71.16%；水资源总量最少的为遂宁市和自贡市，分别为12.38亿m^3、17.10亿m^3，分别占全省水资源总量的0.48%、0.67%（表1-3）。

表1-2　2013年、2014年四川省分区水资源总量

流域一级名称	年份	计算面积（km^2）	地表水资源量（亿m^3）	平原降水补给量（亿m^3）	平原区河川基流量（亿m^3）	水资源总量（亿m^3）	与上年比较(±%)	与多年平均比较（±%）
长江流域	2013	467 292.0	2 426.51	12.00	10.85	2 427.66	−14.49	−5.42
	2014	467 292.0	2 490.06	9.97	8.82	2 491.21	2.62	−2.94
黄河流域	2013	16 960.0	42.57	0.00	0.00	42.57	−20.30	−10.34
	2014	16 960.0	66.45	0.00	0.00	66.45	56.10	39.95
合计	2013	484 252.0	2 469.08	12.00	10.85	2 470.23	−14.59	−5.51
	2014	484 252.0	2 556.51	9.97	8.82	2 557.66	3.54	−2.16

表 1-3　2014 年四川省行政分区水资源总量

市（州）	计算面积（km²）	地表水资源量（亿 m³）	多年平均径流量（亿 m³）	地下水资源与地表水资源不重复量（亿 m³）	水资源总量（亿 m³）
成都市	12 072	68.88	79.56	0.81	69.69
自贡市	4 380	14.47	14.79	0.00	14.47
攀枝花市	7 446	41.10	48.19	0.00	41.10
泸州市	12 241	66.59	61.58	0.00	66.59
德阳市	5 981	27.63	30.36	0.32	27.95
绵阳市	20 244	86.83	114.16	0.02	86.85
广元市	16 227	69.89	83.85	0.00	69.89
遂宁市	5 330	12.38	11.35	0.00	12.38
内江市	5 418	17.10	15.10	0.00	17.10
乐山市	12 893	121.83	118.97	0.00	121.83
宜宾市	13 282	87.29	91.14	0.00	87.29
南充市	12 590	39.32	41.23	0.00	39.32
达州市	16 556	109.10	103.71	0.00	109.10
雅安市	15 059	155.35	168.54	0.00	155.35
广安市	6 358	39.78	29.64	0.00	39.78
巴中市	12 312	88.83	71.68	0.00	88.83
眉山市	7 231	56.09	59.88	0.00	56.09
资阳市	7 945	20.14	20.97	0.00	20.14
阿坝州	82 409	410.34	391.18	0.00	410.34
甘孜州	148 222	674.91	659.87	0.00	674.91
凉山州	60 056	348.66	398.48	0.00	348.66
四川省	484 252	2 556.51	2 614.23	1.15	2557.66

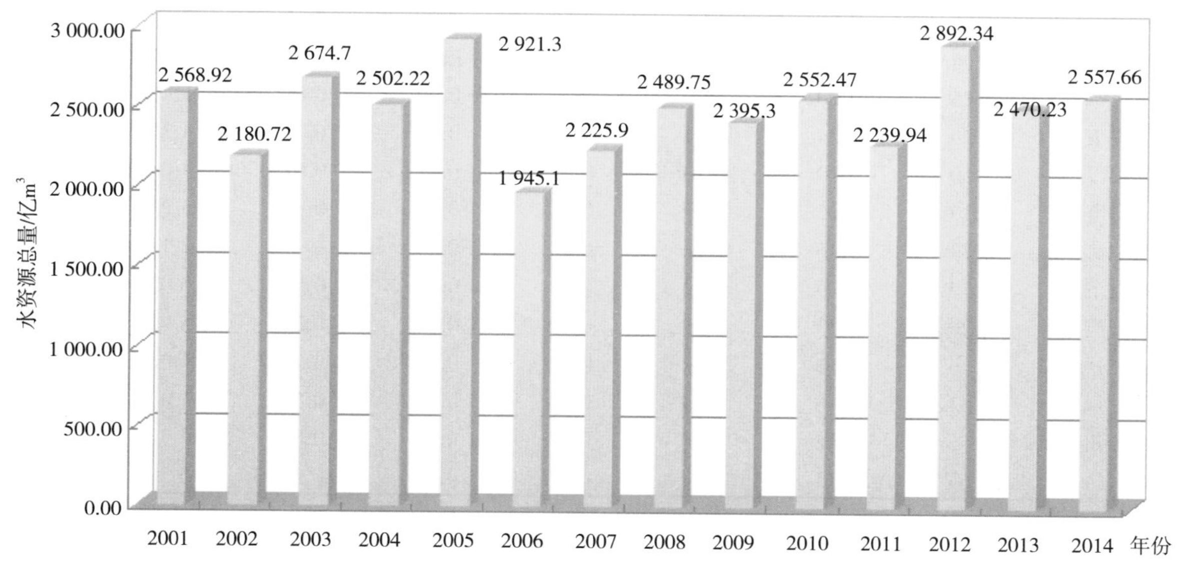

图 1-2　四川省历年水资源总量变化

其中，农业用水量为145.37亿 m^3，比上年增加5.42亿 m^3。在农业用水量中，农田灌溉用水量为124.64亿 m^3，林牧渔业用水量为20.73亿 m^3（其中牲畜用水量为7.56亿 m^3）。从行政分区农业用水量来看，2014年21个市（州）中，耕地用水量以成都、凉山、德阳和绵阳用水量较大，分别为24.28亿 m^3、14.66亿 m^3、12.82亿 m^3、12.50亿 m^3，分别占全省耕地用水总量的19.48%、11.76%、10.29%、10.03%，合占51.56%；林地用水量以成都、绵阳、巴中用水量较大，分别为1.81亿 m^3、0.70亿 m^3、0.46亿 m^3，分别占全省林地用水量的35.15%、13.59%、8.93%，合占57.67%；园地用水量以绵阳和成都用水量较大，分别为0.95亿 m^3、0.77亿 m^3，分别占全省园地用水量的31.46%、25.50%，合占56.96%；牧草地用水量分布于泸州、遂宁、内江、眉山、达州、雅安、阿坝、甘孜和凉山等9个市（州），以甘孜最多，用水量为0.10亿 m^3，占全省牧草地用水量的37.04%。其次为凉山，用水量为0.05亿 m^3，占全省牧草地用水量的18.52%，二者合占55.56%。2014年四川省行政分区农业用水量情况见表1-4。

表1-4　2014年四川省行政分区农业用水量情况

市（州）	农业用水量							
	农业灌溉				鱼塘补水（亿 m^3）	牲畜用水（亿 m^3）	小计（亿 m^3）	其中地下水（亿 m^3）
	耕地（亿 m^3）	林地（亿 m^3）	园地（亿 m^3）	牧草地（亿 m^3）				
成都市	24.28	1.81	0.77	0.00	0.60	0.87	28.33	0.35
自贡市	2.55	0.00	0.00	0.00	0.39	0.28	3.22	0.00
攀枝花市	1.89	0.03	0.03	0.00	0.00	0.11	2.06	0.00
泸州市	3.57	0.16	0.14	0.01	0.11	0.44	4.43	0.08
德阳市	12.82	0.09	0.00	0.00	0.00	0.01	12.92	0.21
绵阳市	12.50	0.70	0.95	0.00	0.30	0.05	14.50	0.99
广元市	2.86	0.09	0.03	0.00	0.13	0.44	3.55	0.12
遂宁市	3.07	0.12	0.06	0.03	0.17	0.14	3.59	0.17
内江市	3.30	0.20	0.00	0.01	0.16	0.24	3.90	0.00
乐山市	6.39	0.11	0.01	0.00	0.96	0.12	7.59	0.00
宜宾市	4.94	0.11	0.00	0.00	0.39	0.48	5.91	0.00
南充市	5.25	0.00	0.00	0.00	0.00	0.00	5.25	0.29
达州市	3.29	0.24	0.14	0.02	0.34	0.31	4.34	0.39
雅安市	1.60	0.19	0.20	0.01	0.47	0.61	3.08	0.00
广安市	3.10	10.25	0.59	0.46	10.48	0.91	5.21	0.87
巴中市	6.83	0.46	0.16	0.00	0.23	0.48	8.17	0.00
眉山市	5.09	0.05	0.02	0.03	0.04	0.81	6.03	0.21
资阳市	5.26	0.23	0.06	0.00	0.08	0.27	5.90	0.47
阿坝州	0.86	0.01	0.04	0.02	0.00	0.38	1.31	0.08
甘孜州	0.53	0.16	0.14	0.10	0.00	0.54	1.47	0.00
凉山州	14.66	0.12	0.27	0.05	0.35	0.82	16.27	0.02
四川省	124.64	5.15	3.02	0.27	4.73	7.56	145.37	3.75

2. 水资源质量

由于工业“三废”和城市生活等外源污染向农业农村河道、农田等扩散，化肥、农药等内源污染通过径流、渗透、漂移进入水环境，畜禽粪污有效处理率不高，农村垃圾处理严重不足，农村生活污水基本未处理直接排放，四川一些河段生态基流不足，局部河段水污染严重。

3. 农业可持续发展面临的水资源环境问题

（1）旱洪灾害严重　四川全年70%左右的降水集中在5—10月，且大多以洪水形式流失，人口耕地集中、生产总值占全省80%的盆地腹部区水资源量仅占全省的20%。十年九旱、洪水频发、旱洪交错是四川的基本水情。受全球气候变暖影响，近年来全省极端天气事件频发，旱洪灾害日趋严重，部分区域水资源日益短缺，给群众生命财产安全和经济社会发展造成较大损失。

（2）水资源开发利用率低　四川水利工程蓄引提水能力占水资源总量的比例为12%，不到全国平均水平的1/2；已成大中型水库只有127座，其中大型8座，中型119座，其蓄水能力占水资源总量的比例为4%，不到全国平均水平的1/5；已成水源工程渠系配套建设滞后，农田灌溉"最后一公里"问题仍然突出。

（3）保障能力亟须加强　四川耕地有效灌溉面积仅占耕地面积的40%，大部分耕地"靠天吃饭"；人均有效灌溉面积仅0.44亩，为全国平均水平的2/3；工程性、季节性、区域性缺水严重；随着"四化"同步发展，供需水矛盾日益突出。渠江、沱江缺乏防洪控制性水库，"六江一干"等主要江河堤防工程建设滞后，量大面广的中小河流和山洪沟治理任务繁重，大多数沿江河城市尚未达到国家规定的防洪标准，部分城市内涝问题突出。病害水利工程存在安全隐患，制约工程效益发挥。

（4）水生态安全形势严峻　全省水土流失面积12.1万km^2，占辖区面积的25%；一些河段生态基流不足，局部河段水污染严重。

（三）气候资源

四川盆地属亚热带湿润气候，气温较高，无霜期长，雨量多，日照少，年均气温17.0℃，无霜期250~340天；年降水量1 079.7mm，年日照时数968.6小时，为全国最低值区之一。

川西南山地冬暖夏凉，四季不分明，但干湿季明显，垂直变化大，年均气温16.0℃，无霜期200~300天；年降水量1 000.5mm；年日照时数2 046.2小时。其中攀枝花一带被称为长江上游的"金三角""聚宝盆"，年平均气温20.9℃，可满足一年三熟，与南亚热带水平接近；盛产粮、蔗和亚热带水果，是全国的芒果、石榴、葡萄生产最适宜地区。

西部高山峡谷高原冬寒夏凉，水热不足，但日照充足，气候垂直变化显著，年均气温9.1℃，无霜期20~100天；年平均降水量1 674多亿m^3，年降水量704.1mm；年日照时数1 935.0小时，超出盆地966.4小时。

1. 气候要素变化趋势

2014年，四川省年平均气温为15.3℃，较常年偏高0.4℃，为1961年以来第6高位；年平均降水量为992.1mm，较常年偏多34.9mm，偏多4%。全省冬季气温偏低，春秋季气温偏高，夏季气温与常年持平；冬春季降水偏少，夏秋季降水偏多。汛期暴雨范围广、频次多、局地强度大，气象干旱总体不明显；攀西地区夏季出现异常高温天气；盆地秋绵雨偏强；川西高原和攀西地区出现较强低温冷冻和雪灾；大风冰雹灾害性天气影响范围小；汛期和秋季气象地质灾害较多。经综合分析，2014年，全省气候年景为正常偏好年。气温动态变化情况是：

（1）年平均气温　2014年，四川省年平均气温为15.3℃，较常年偏高0.4℃，为1961年以来年平均气温第6高年份。其中盆地区年平均气温为17℃，较常年偏高0.2℃；川西北高山高原区年平均气温为 9.1℃，较常年偏高 0.7℃；川西南山地区年平均气温为 16℃，较常年偏高 0.6℃。

（2）月平均气温 2014 年，四川省各月平均气温中，除 2 月、5 月、6 月、8 月偏低外，其余月份均偏高。其中，4 月平均气温位居历史同期第 3 高位，10 月平均气温位居历史同期第 2 高位。

2. 降水量动态变化分析

（1）年平均降水量 2014 年，四川省年平均降水量为 992.1mm，较常年偏多 34.9mm，偏多 4%。盆地区东北部、南部、西南部及川西南山地区大部分地区为 900~1 200mm，达州、广安、雅安、乐山 4 市部分地区在 1 500mm 以上；川西北高山高原区西部、阿坝州南部和东北部、盆地区中部局部地区为 500~700mm，省内其余地区为 700~900mm。峨眉山站全年降水量达 1 958.5mm，为全省之冠，得荣县降水量 289.5mm 为全省最少。与常年相比，盆地区东北部、川西北高山高原区北部及盆地区南部大部分地区普遍偏多 0~3 成，而川西北高山高原区西南部、川西南山地区大部分地区、盆地区中部及西北部大部分地区、盆地区西南部局部地区偏少 0~3 成。

（2）月平均降水量 2014 年，四川省各月降水量中，1 月降水量偏少 63%，位居历史同期第 4 少位；6 月降水量偏多 21%，位居历史同期第 5 高位。

3. 暴雨情况及其衍生灾害

2014 年，四川省暴雨发生范围广，但区域性暴雨较常年偏少偏弱，起讫时间偏晚，灾害损失较轻，属暴雨一般年份。全省 156 站中有 147 站发生了暴雨，其中 54 站发生了大暴雨，广安、邻水、蓬溪 3 站发生了特大暴雨，暴雨和大暴雨站数分别比常年多 12 站和 8 站。全省共计发生暴雨 452 站次，大暴雨 68 站次，分别比常年多 55 站次和 7 站次，其中开江发生 8 次暴雨，岳池发生 3 次大暴雨，分别是全省暴雨和大暴雨最多的地方。盆地区东北部、西部和南部部分地方，以及凉山州中部和川西北高山高原区中部，暴雨较多，暴雨日数在 3 天以上，其中达州、广安、巴中、乐山等市部分地方，暴雨日数超过 5 天，局部达到 7 天，开江、峨眉山达到 8 天。与常年比较，达州南部、巴中西部、广元东部，以及广安、成都、泸州、凉山等市（州）暴雨日数偏多 1~4 天，雅安、宜宾、资阳、绵阳、南充等市的大部分地方，以及达州北部、巴中东部暴雨日数偏少 1~3 天。

2014 年全省最大降水量达 269.9mm（以全省 156 个县级站计），9 月 12 日 20 时至 9 月 13 日 20 时发生于广安。金川、广安、德昌等 3 站日降水量创新了新的历史纪录。平昌、丹巴、道孚、广安、南部等 5 站过程降水量突破历史极值。2014 年四川省气象干旱总体不明显，春旱发生范围小、程度轻；夏旱发生范围较大，局部程度重；伏旱发生范围小、程度轻。有 62 个县（市）先后发生了春旱，其中 32 个县（市）分布在盆地地区。春旱中轻旱 18 个县（市）、中旱 16 个县（市）、重旱 10 个县（市）、特旱 18 个县（市）。春旱主要分布于盆地区西北部、川西南山地区和甘孜州境内，盆地区干旱范围小，重、特旱县少。有 122 个县（市）先后发生了夏旱，夏旱范围比常年偏大，属局部偏重年份，其中，84 个县（市）分布在盆地区。夏旱中轻旱 52 个县（市）、中旱 44 个县（市）、重旱 19 个县（市）、特旱 7 个县（市）。主要分布于盆地区西北部、川西南山地区及宜宾市、自贡市、乐山市和甘孜州的部分地区，其中，广元市、绵阳市大部分地区、攀枝花市、甘孜州南部边缘出现中重度以上干旱。有 50 个县（市）发生了伏旱，其中 41 个县（市）分布在盆地区。伏旱中轻旱 41 个县（市）、中旱 7 个县（市）、重旱 2 个县（市），无特旱县（市）。主要分布于盆地区东北部、中部和南部部分地方，局地程度偏重。

2014 年四川省大风冰雹天气主要发生在达州、广安、南充、成都、阿坝、遂宁等市（州）的部分地区。3 月 19—20 日，受冷空气影响，四川达州等部分地区遭受风雹灾害，造成玉米、辣椒、三七、果树等作物受灾，部分房屋受损。其中，达州大竹县 2 400 余人受灾，400 余间房屋损坏，农作物受灾面积 1 500 多亩，直接经济损失近 400 万元。4 月 17—19 日，四川东北部地区普降暴雨，并伴有大风、冰雹和雷电等强对流天气，成都、南充、广安等 11 市 19 个县（市、区）35 万人受灾，1 人因房屋倒塌死亡，200 余人紧急转移安置，1 500 余人需紧急生活救助；400 余间房屋倒塌，1.3 万间不同程度损坏；农作物受灾面积 16.05 万亩，其中绝收 2.25 万亩；直接经济损失 1.5 亿元。4 月 17—18 日凌晨，遂宁市遭受风雹灾害袭击，全市 3 个县（区）3 个乡（镇）20 856 人受灾；紧急转移安置受灾群众 10 人；农作物受灾面积 1.39 万亩，成灾面积 0.94 万亩，绝收 720 亩；倒塌房屋 89 户 179 间；直接经济损失 671.7 万元。5 月 19—20 日，阿坝州松潘、茂县、小金县等部分地区遭受风雹灾害袭击，导致 1.1 万人受灾，蔬菜、油菜、花椒、果树等农作物受灾面积 1.65 万亩，其中绝收 0.3 万亩，直接经济损失 1 900 余万元。

4. 气候变化对农业的影响

农业气候条件对农作物生产有利有弊，局地夏旱偏重，高温伏旱突出，制约了粮食产量的进一步提高。2014 年四川冬干春旱影响范围小、程度轻，较好的水分条件为夏收作物生长提供了十分有利的保障，大部分农区气候条件有利于作物正常生长；但后冬初春季节大部分农区阴雨日数较多，一定程度上诱发了小麦条锈病、赤霉病等病害发生；春季大风、冰雹等强对流天气对部分农区作物产量形成带来一定损失。秋种作物生长期间，播栽期光温水条件良好，夏季水热条件匹配，有利于作物实现满载满插；暴雨、大风、冰雹等强对流天气及病虫为害总体偏轻，对作物产量形成影响较小。但由于 5 月中旬至 6 月上旬，攀西地区出现异常高温天气，有 10 站的连续高温天数位列历史最长纪录；7 月中旬至 8 月上旬，盆地区中东部和南部出现大范围明显高温天气，开江县连续半月气温在 35℃以上，全省 156 个县级站日最高气温≥ 35℃日数位列 1961 年以来第 12 高位，112 个站出现了日最高气温在 35℃以上的高温天气，盆地区东北部、南部和攀西地区有 28 个站的日最高气温在 39℃以上，6 月 4 日，仁和站最高气温达到 42.2℃，全省有 14 个站的日最高气温突破了历史极大值纪录，导致盆地区和攀西地区局地夏旱偏重，盆地区东北部、中部丘陵地区高温伏旱较为突出，在一定程度上制约了全省粮食产量的进一步提高。2014 年，四川省粮食产量为 3 374.9 万t，比 2013 年减少 0.36%。

二、农业可持续发展的社会资源条件分析

（一）农业劳动力

四川是人口大省、农业大省。全省户籍人口 9 159.08 万人，其中农业户籍总户数 2 080.4 万户，农业户籍人口 6 465.12 万人，占户籍人口的 70.6%。

1. 农村劳动力转移现状特点

2014 年全省现有乡村劳动力资源数 4 221.7 万人，乡村从业人数 3 942.7 万人，转移输出农村劳动力 2 472.2 万人，同比增长 0.7%。其中省内转移 1 313.1 万人，同比增加 66.3 万人；省外输出 1 154.6 万人，同比减少 45.5 万人；外派劳务 4.5 万人。全省实现劳务净收入 3 252.4 亿元，比上年增长 13.2%。自 2009 年以来，四川省转移输出农村劳动力增速总体呈下降趋势，其中有人口老龄化程度加剧，大量劳动力退出“舞台”，同时新增劳动力减少等原因。四川省农村为城镇二、三产业提供劳动力，已到达顶峰，很难再有明显增长。2014 年全省农民工人均劳务收入 1.3 万元，

同比增长 12.4%，几乎比 4 年前翻了一番。劳动力供给收紧，将倒逼省内企业转型升级。同时，产业升级对劳动力质量要求更高，职业教育、技能培训需求增加。

2. 农业可持续发展面临的劳动力资源问题

近年来，四川省农业劳动力面临四大问题：一是数量萎缩。当前农民工总量约有 2 450 万人，务农农民尤其是青壮年农民急剧减少，农村出现空心化。二是结构失衡。目前，四川省务农农民平均年龄接近 50 岁，农业劳动力年龄结构老化，性别结构呈妇孺化。三是素质堪忧。由于转移出去的劳动力大多是有文化的年轻人，留在农村的农业从业人员素质有逐步降低的趋势。小学、初中文化程度占到 70% 以上。四是后继乏人。长期以来的农业低效益，种地不如外出打工，普遍出现 70 后不愿种地，80 后不会种地，90 后不谈种地。有些村子几乎看不到年轻人，种地的人中 70 岁以上的占 80%。农村新生代劳动力绝大部分在结束求学后选择“跳农门”、进城务工，务农农民成了国民素质的“低洼地带”，高效率农业设施装备难以利用、高水平农业科技成果难以转化，成为制约现代农业发展的突出“瓶颈”问题。我国农业职业教育“轻农、去农、离农”现象已经相当严重。即便是就读农科类专业，毕业生也争相“跳农门”。“谁来实现农业现代化”已经成为社会各界关注的重大问题。

据四川省农业厅 2012 年年底对 30 个县 60 个乡镇、120 个村、2 207 户农户的调查，共有劳动力 15.7 万人，其中，外出务工 7.3 万人，占 46.5%（丘陵地区为 52.9%、山区为 49.2%）；在家务农劳动力年龄偏大，接受调查的 2 207 户农户中，在家务农的只有 4 322 人，其中 40 岁以上占 84.2%；新生代农民绝大多数不会种田、不愿务农。

（二）农业科技

1. 农业科技发展现状特点

四川历来高度重视农业科技工作。“十二五”以来，四川坚持走创新型农业发展道路，农业科技对农业综合生产能力的稳步提升、现代农业产业的快速发展、农民收入的持续增加发挥了重要支撑作用。2014 年，全省粮食总产量达到 3 375 万 t，粮食主产区地位得到巩固；油菜籽总产达到 230.9 万 t，居全国第二，连续 13 年创历史新高；马铃薯产量稳居全国第一；茶叶产量上升到第二，蔬菜产量上升到第三，水果、食用菌、中药材、蚕桑、花卉产量进入全国前列；肉、蛋、奶产量稳定增加，生猪、水禽、兔、蜂群生产继续保持全国第一大省地位；水产品产量达到 132.6 万 t。2014 年，全省农民人均纯收入达到 8 803 元。

2010 年四川启动基层农技推广体系条件建设项目，2012 年全省乡镇或区域性农技推广机构条件建设实现全覆盖，2009 年开始实施农技推广改革与建设补助项目，在 2012 年覆盖全省所有 178 个涉农县（市、区）。截至 2014 年，四川有各类农业科研教学单位 40 多家（其中省级农业科研机构 5 家，区域性农业科研院所 15 家，农业大中专院校 10 多家）、农业类国家级重点实验室和创新中心 41 个、专职农业科研人员 2 000 多名、各级各类农技推广机构 11 746 个（其中乡镇或区域性农技推广机构 9 310 个）、在编农技推广人员 5 8573 人。四川有经工商登记的农民合作社 47 329 个，其中国家级示范社 462 个、省级示范社 1030 个，各类农业产业化龙头企业 8 700 多个，其中国家级重点龙头企业 60 个、省级 589 个。现有现代农业产业技术体系创新团队 12 个，成为农业科研人员和专家学者参与农业科技服务的重要平台。全省认定或达到认定条件的新型职业农民近 6 万人。“十二五”期间，全省育成并通过国家审定农作物新品种、畜禽品种 357 个，省级审定 444 个，畜禽国家保护品种达到 11 个；创制育种材料 300 多份；研究集成新技术、新模式、新工艺 240 多项，研发新产品 20 多个；获得植物新品种授权及专利 84 项，形成技术标准和技术规程 50 多个；获得国家及省级科技进步奖励 140 多项。2014 年全省农业科技成果转化应用率达到 71.8%，主要农作物和畜禽良种覆盖率分别达到 95% 和 85% 以上，主导品种和主推技术入户率达到 80% 以上，主要农作物耕种收综合机械化水平超过 50%，病虫害综合损失率控制在 4% 以内，畜禽强制免疫做到了应免尽免，农业科技进步贡献率达 55%。

2. 农业可持续发展面临的农业科技问题

当前，四川耕地、淡水等资源的刚性约束日益加剧，生态环境保护的压力不断加大，农业劳动力成本和农业生产资料价格不断上涨，土地流转成本不断提高。面对保障粮食安全和主要农产品有效供给的重任，迫切需要加快农业科技创新步伐，强化农业科技的支撑作用；适度规模种养大户、家庭农场、农民合作社和农业企业等新型农业经营主体，对农业关键生产环节的技术服务需求巨大；需要继续发挥农科教、产学研大联合、大协作的优势，进一步加强现代农业产业技术体系四川创新团队建设，以产业发展为导向、以基地建设为纽带，把创新、教育、推广各方力量配置由重复分散转向科学分工与联合协作相结合，加快农业科技创新成果转化与推广，用先进科学技术改造农业、武装农业、提升农业；要求大力培育“有文化、懂技术、会经营、善管理”的新型职业农民，持续推动现代农业发展，使传统农业向高效农业、生态农业、体面农业转变，改变传统农业“苦、脏、累”的形象，激励和吸引一批有志于在农村创业兴业的劳动者从事适度规模农业经营，推动形成新型职业农民队伍。为适应加快转变农业发展方式、加快发展现代农业面临的新形势与新任务，四川应突出解决科技创新管理体制机制不活、农业科技自主创新能力不强的问题，进一步完善农业科技服务体系、加快培育农业科技应用主体，不断提高农业科技成果转化与推广效率，全面提升现代农业发展科技支撑能力。

（三）农业化学品投入

1. 化肥

四川是全国化肥生产和使用大省。据统计，2014 年全省农用化肥使用量 252.1 万 t（折纯，下同）。由于耕地基础地力偏低，化肥施用对粮食增产的贡献率在 40% 以上。近十年来，全省化肥施用量增幅呈先增后减趋势，随着测土配方施肥技术的推广，化肥施用量增长势头得到有效控制，呈现减量态势。当前全省化肥施用上存在四个主要问题：一是亩均施肥量较高。2014 年全省农作物亩均化肥使用 15.9kg（按种植面积计算），低于全国平均水平（21.9kg），但仍远高于世界平均水平（每亩 8kg）。二是区域施肥量不均衡。据全省 96 440 户农户施肥调查数据显示，成都平原区、川西南山地区化肥亩均施用量较高，川西北高原区最低。设施农业作物、蔬菜、果树、花卉等附加值较高的园艺作物过量施肥现象比较普遍。成都平原区和川西南山地区园艺作物发展快速是导致整体施肥量偏高的重要原因。三是施肥结构不尽合理。农户施肥大数据调查显示：化肥施用结构中 $N:P_2O_5:K_2O$ 比例为 1∶0.43∶0.29，氮肥和磷肥施用水平较高，钾肥施用水平偏低；化肥与有机肥中养分总量比例为 4.25∶1，有机肥使用偏少。导致施肥结构不平衡的原因主要是施肥普遍存在“四重四轻”（重化肥、轻有机肥，重氮肥、轻磷钾肥，重大量元素肥料、轻中微量元素肥料，重基肥、轻追肥）。四是施肥方式仍然落后。随着测土配方施肥技术推广，传统施肥方式有所转变，复混肥料（配方肥）受到农民群众青睐，水肥一体化技术应用、器械施肥、机械化施肥等在新型农业经营主体中悄然兴起。然而，传统落后施肥方式仍占据较大比例，传统人工施肥方式占主导地位，机械施肥所占比例极低，化肥撒施、表施现象比较普遍，化肥利用率总体较低。

四川常年有机肥资源量1亿t（干重）以上，总养分约240万t，实际利用不足40%。据2013年土肥专业统计数据，全省农作物秸秆资源量4 517万t，还田率51.7%，畜禽粪便6 500万t左右，加工成有机肥还田率在50%左右，绿肥种植面积70.5万亩，远低于历史最高种植面积820万亩。

2. 农药及农药包装物

四川农药年施用量在5.5万t左右，折纯量在1.8万t左右。农药面源污染呈现“面广、点多、源杂、分散隐蔽、不易监测、难以量化”的特点，已成为农村面源污染一个重要内容。主要有以下几大特点：一是化学农药使用量占比较大。化学防治作为一种最重要的植保措施，迄今一直在农业生产中发挥着不可替代的作用，但由于不正确的过度施药，引发的农药残留、农业有害生物抗药性增强与农业有害生物再猖獗等危害凸显出来，成为严重影响农业生态的主要问题之一，化学农药使用量居高不下，占比超过85%。二是农药使用不合理、不科学现象严重。目前农药市场上农药品种较多，质量良莠不齐，大多数农户对施用的农药品种、施药时间、施药量不是很清楚，往往有盲目施药防治的现象。农民环保意识偏弱，长期养成了随地乱扔农药空包装的不良行为习惯。全省每年废弃的农药包装物超过1.5亿个（件），重量0.5万t以上。按照危险化学品环保有关规定，农药包装废弃物需由环保公司进行无害化处理。由于缺乏刚性措施，农药废弃包装物回收与资源化利用工作有较大差距，农民群众对农药包装废弃物的处理主要有以下几种方式：随意丢弃在农田中，占90%以上；从农田带回倒在垃圾箱中，约10%；定点收集并集中处置。三是农药利用率较低。四川农药利用率在30%左右。造成这种现象的原因有：一是施药机械落后。农药的施用一半以上靠手动喷雾器来完成。二是农药漂移现象严重。农药雾滴随气流飘失到空气中，以细小雾滴为主，占20%左右。三是落后药械跑冒滴漏现象严重，流失或撒落到地面的药液占10%左右。

3. 农膜

据调查，2013年四川农用塑料膜使用强度8.97kg/亩，按照南方湿润平原区大田种植回收条件下农膜残留系数8.7%计算，农用塑料膜残留量至少有1.15万t。在农膜覆盖量大、残膜问题突出的地区，要结合有关项目实施农膜回收工程，一是采取政府引导，企业带动、市场运作的方式，推广应用厚度不低于0.008mm的地膜，严格限制使用超薄地膜。二是通过新闻媒体、标语、横幅等方式加强宣传，使农民充分认识地膜残留的严重危害，树立主动回收残膜保护耕地的意识。三是开展农艺措施防治地膜污染的技术试验示范，分作物建立防治残膜污染示范田，加强可降解膜研发，加大降解膜的示范推广力度。大力推广秸秆覆盖技术，根据品种的要求尽量采取以秸秆覆盖取代地膜覆盖。四是扶持建设一批废旧地膜回收加工网点，建立健全废旧地膜回收加工网络，逐步建立地膜使用、回收、再利用等环节相互衔接的废旧地膜回收利用机制。

三、农业发展可持续性分析

（一）农业发展可持续性评价指标体系

1. 指标体系构建指导思想

指标体系构建要全面反映和综合体现农业可持续发展的指导思想，牢固树立“创新、协调、绿色、开放、共享”五大发展理念，坚持产能为本、保育优先、创新驱动、依法治理、惠及民生、保障安全的指导方针，加快发展资源节约型、环境友好型和生态保育型农业，切实转变农业发展方式，从依靠拼资源消耗、拼农资投入、拼生态环境的粗放经营，尽快转到注重提高质量和效益的集约经营上来，确保粮食等主要农产品供给、农产品质量安全、农业生态系统功能增强和农民持续增收。

2. 指标体系构建基本原则

一是生产发展指标与资源环境承载力指标要匹配。建立农业生产与环境治理、生态修复关系的指标，健全开展农业资源休养生息，加快推进农业环境问题治理，不断加强农业生态保护与建设的指标，以促进资源永续利用，增强农业综合生产能力和防灾减灾能力，提升与资源承载能力和环境容量的匹配度。

二是调整结构指标与优化布局指标要结合。在种植结构调整指标上，要支持开展粮改饲试点，重点推进玉米种植结构调整，推广粮豆轮作，促进粮经饲协调发展。在产业结构调整指标上，要大力发展畜牧业，推进农牧结合，实现种养循环，加快发展农产品储藏、保鲜、加工、流通、营销等，促进产业融合。在农业生产布局指标上，要引导优势农产品向优势产区集聚，提高区域化、规模化、标准化、集约化水平。

三是创新驱动指标与依法治理指标要协同。在指标确定上，要大力推进农业科技创新和体制机制创新，释放改革新红利，推进科学种养，着力增强创新驱动发展新动力，加快转变农业发展方式。强化法治观念和思维，完善农业资源环境与生态保护法律法规体系，实行最严格的制度、最严密的法治，依法促进创新、保护资源、治理环境，构建创新驱动和法治保障相得益彰的农业可持续发展支撑体系。

3. 指标体系主要指标

一是资源节约指标。主要有：耕地保有量、基本农田保护面积、耕地复种指数、人均占用耕地面积、农业用水量、高效节水灌溉面积、农业灌溉水有效利用系数、化肥利用率、农药利用率、农膜回收率、秸秆综合利用率、主要农作物绿色防控技术覆盖率、专业化统防统治覆盖率等。

二是环境友好指标。主要有：耕地有效灌溉面积，土壤污染，森林覆盖率，规模化养殖场（小区）配套建设废弃物处理设施比例，草原综合植被盖度，农业科技进步贡献率，农村户用沼气数量，沼气工程建设数量，水土流失面积，农村居民和农村学校师生饮水不安全数量，幸福美丽新村建设数量，化肥、农药使用量减少数量，农药包装废弃物回收比例等。

三是生态保育指标。主要有：高标准农田建设面积，耕地质量等别，土壤有机质、全氮、有效磷、速效钾成分，“千斤粮万元钱”“吨粮五千元”粮经复合产业基地面积，主要农作物耕种收综合机械化水平，主要农作物和畜禽良种覆盖率，治理水土流失面积，标准化规模养殖基地数量，水产生态健康养殖面积，湿地自然保护区、湿地公园和湿地保护小区数量，退耕还林还草面积，天然草原退牧还草面积，石漠化治理面积等。

（二）农业发展可持续发展现状评价

21 世纪以来，四川现代农业加快发展，物质技术装备水平不断提高，农业资源环境保护与生态建设力度加大，农业可持续发展取得积极进展。农业综合生产能力和农民收入持续增长，农业资源利用水平稳步提高，农业生态保护建设力度不断加大，农村人居环境逐步改善。与此同时，农业资源过度开发、农业投入品过量使用以及农业内外源污染相互叠加等带来的一系列问题日益凸显。

1. 农业资源过度开发严重

人多地少、耕地质量不高是四川的基本省情。全省新增建设用地占用耕地年均约 23 万亩，被占用耕地的土壤耕作层资源浪费严重，占补平衡补充耕地质量不高，守住基本农田 7 706 万亩的压力越来越大。目前，全省中低产田土比重大，复种指数过高，土壤酸化板结、缺素等问题突出。耕地有效灌溉面积仅占耕地面积的 40%，大部分耕地“靠天吃饭”。预计 2015 年全省耕地复种指数近 250%，部分地区复种指数在 300% 以上。

2. 农业环境污染问题突出

一是农业外源性污染突出，工业“三废”和城市生活等外源污染向农业农村扩散，镉、汞、砷等重金属不断向农产品产地环境渗透，全省土壤主要污染物点位超标率为 28.7%，其中耕地 34.3%。二是农业内源性污染严重，不科学合理使用农药现象普遍，全省农药利用率仅为 35%，通过径流、渗透、漂移进入土壤和水环境的问题突出。农膜回收率不足 2/3，畜禽粪污有效处理率不到一半。农田灌溉“最后一公里”问题突出。农村垃圾、污水处理严重不足。农业农村环境污染加重的态势，

3. 农田生态系统退化明显

四川农田生态系统退化，生态环境承载能力越来越接近极限，已经亮起了“红灯”。突出表现在：全省耕地酸化面积达到 39%，其中 pH 值在 5.5 以下的达到 15%；耕地中土壤有机质、全氮、有效磷、速效钾处于较缺乏水平的比例分别为 42.3%、24.2%、44.9%、70.9%；农业污染源中化学需氧量、总氮和总磷排放量分别占污染物总排放量的 28.4%、52.6%、57.1%；全省水土流失面积 12.1 万 km^2，占辖区面积的 25%，一些河段生态基流不足，局部河段水污染严重。高强度、粗放式生产方式导致农田生态系统结构失衡、功能退化，农林、农牧复合生态系统亟待建立。

4. 草原退化与生物灾害严重

四川草原近 80% 地处青藏高原东缘，分布在 3 500m 以上的高海拔地区，气候条件恶劣，牧草生育期短，自然恢复演替能力弱。加之牧区产业结构十分单一，生态补偿机制仍不健全，草原畜牧业主要依靠牲畜数量增长，超载过牧现象突出。草原退化、鼠虫害、毒害草、沙化十分严重，天然草原可食牧草比例下降，植被盖度降低，毒害草孳生，土壤裸露、板结化。据监测，全省退化草原面积 15 646.1 万亩，占可利用草原的 59.0%，草原鼠虫害面积 5 661 万亩，毒害草分布面积 9 400.7 万亩，牧草病害面积 279.4 万亩，草原沙化面积 305 万亩。严重影响草原生态系统的良性循环，制约了草原畜牧业的可持续发展。

5. 体制机制尚不健全

水土等资源资产管理体制机制尚未建立，山水林田湖等缺乏统一保护和修复。农业资源市场化配置机制尚未建立，特别是反映水资源稀缺程度的价格机制没有形成。循环农业发展激励机制不完善，农业废弃物资源化利用率较低。农业生态补偿机制尚不健全。农业污染责任主体不明确，监管机制缺失，污染成本过低。全面反映经济社会价值的农业资源定价机制、利益补偿机制和奖惩机制的缺失和不健全，制约了农业资源合理利用和生态环境保护。

四、农业可持续发展的适度规模分析

当前，四川新型工业化、城镇化快速发展，“谁来种地”问题比较突出，许多地方已经具备了发展规模经营的条件，必须加紧培育规模经营主体。同时，也必须看到，农村劳动力向城镇转移具有反复性、曲折性，再加上农民恋土情结浓厚、农村社保体系不健全等因素制约，实现规模经营将

是一个长期过程。既要充分认识发展规模经营的必要性、紧迫性，明确长期的发展目标，又要坚持尊重农民意愿，因地制宜、分类指导，使规模经营发展速度与二、三产业发展水平、农村劳动力转移程度相适应。粮棉油大宗农产品生产，主要通过发展专业化服务，实现适度规模经营；蔬菜、园艺等高效种植业，主要通过专业合作、土地股份合作、土地租赁等形式实现适度规模经营；畜牧、水产等特色养殖业，主要通过发展规模养殖与推进加工流通合作，实现适度规模经营。中国特色农业现代化发展道路的基本特点，就是"家庭经营＋社会化服务"。发展农业规模经营，就是要在稳步扩大家庭经营规模的同时，大力扶持各类社会化服务组织的发展。

（一）种植业适度规模

1. 种植业资源合理开发强度分析

四川主要粮食作物有禾谷类、豆类、薯类三大类。主要经济作物有油菜、棉花、甘蔗、蚕桑、水果、茶叶、蔬菜、烟叶、麻类、花卉、药材和经济林木等。2014 年，全省有国家级现代农业示范区 7 个，建设现代农业万亩亿元示范区 1 000 个，其中省农业厅认定 600 个。新建和改造提升"千斤粮万元钱""吨粮五千元"粮经复合产业基地 640 万亩。2009 年省政府确定 60 个现代农业产业基地强县培育县，2012 年底 59 个县得到省政府认定。2013 年省政府确定第二轮 60 个现代农业重点县。

2. 粮食、蔬菜等种植产品合理生产规模

经营规模的变化，会对土地产出率、劳动生产率产生不同的影响。如果土地经营规模太小，虽然可以实现较高的土地产出率，但会影响劳动生产率，制约农民增收；如果土地经营规模过大，虽然可以实现较高的劳动生产率，但会影响土地产出率，不利于农业增产。因此，发展规模经营既要注重提升劳动生产率，也要兼顾土地产出率，把经营规模控制在"适度"范围内。规模经营适度范围的确定，因区域、作物、生产力水平不同而有所差异。应充分考虑劳动力数量、农业机械化水平、经营作物品种、土地自然状况等因素，因地制宜确立适度标准，实现土地生产率与劳动生产率的最优配置。从吸引青壮年劳动力从事农业的角度看，土地经营的适度规模，就是实现种地收入与进城务工收入相当。按此标准，若从事粮食作物生产，在四川大多数平原丘陵地区家庭经营的适度规模在 100 亩左右。

（二）养殖业适度规模

1. 养殖业资源合理开发强度分析

四川为全国五大牧区之一。全省有畜禽地方品种 57 个，其中进入省级保护名录 38 个；天然草场 3.13 亿亩，其中可利用草场 2.65 亿亩，主要分布在甘孜、阿坝、凉山三州。盆地以饲养猪、牛、小家畜家禽为主，高原高山地区以饲养牦牛、绵羊为主。2014 年四川已建成现代畜牧业重点县 46 个，正在建设 40 个（含 4 个深化提升县），其中有 46 个得到省政府命名。创建部、省级畜禽养殖示范场 130 个，畜禽标准化适度规模养殖场（小区）发展到 21 034 个，生猪适度规模养殖面达到 67%。2014 年全省新增水产示范基地 55 个、健康养殖示范场 30 个，池塘标准化改造面积 3.5 万亩。

2. 肉类、奶类等养殖产品合理生产规模

近年来，四川畜禽标准化养殖比重逐步提高，农牧互动、种养结合、环境友好、循环发展的生产模式成为主要生产方式；国家优质商品猪战略保障基地建设质量和水平稳步提升，全国第一生猪

大省地位得到巩固；产业结构调整优化，畜牧业产值占农业总产值的比重、非猪产值占畜牧业产值的比重、经济作物和饲料作物占种植业的比重每年都有提高。在发展路径上，平原丘陵地区科学规划布局主导产业、养殖基地，配套优质种畜禽、饲料、养殖、加工、储运等各环节产能，走基地发展规范有序、龙头企业做大做强、产业经营形式创新的发展路子。盆周山区利用丰富的草山草坡、林地、秸秆资源，加大龙头企业引进培育力度，打造标准化示范小区（场），带动农户发展标准化适度规模养殖，建设草食牲畜和林下养殖基地。高原牧区坚持生态优先、生产生态有机结合的基本方针，统筹兼顾草原生态保护、牧业生产发展、牧民生活改善，推进标准化草场和“三通四有五推广”为主要特征的现代家庭牧场由点到线到面发展，建设现代草原养殖基地。

以家庭承包经营为基础，以专业大户、家庭农场为骨干，以专业合作社和龙头企业为纽带，以各类社会化服务组织为保障的新型农业经营体系有效促进了畜牧业生产经营的集约化、专业化、组织化和社会化。各地坚持“政府引导、市场主导、企业自主、农户自愿”原则，完善推广温氏订单模式、铁骑力士“1211”代养模式（即“1 栋圈、2 个人、年出栏 1 000 头，利润 10 万元”）等利益兜底的产业发展机制，带动引导养殖农户加快转变发展方式，实现生产转型升级。做到了凡是形成一定规模主导产业的，都有各种形式的龙头带动；凡是发展的主导产业，都要农民为主体的专合组织；凡是统一规划的产业基地，都探索“大园区、小业主”模式。

五、农业可持续发展的区域布局与典型模式

（一）农业可持续发展区域布局方案

基于农业自然资源环境条件、社会资源条件与农业发展可持续性水平的差异，以县级行政区为基本单元，依据耕地面积、乡村劳动力人数、粮食总产量、农林牧渔业总产值、农村居民人均纯收入、土壤有机质含量、农作物总播种面积和化肥施用等指标，综合分析农业可持续发展基本条件和主要问题的地域空间分布特征，考虑各地农业资源承载力、环境容量、生态类型和发展基础等因素，将全省划分为优化发展区、适度发展区和保护发展区。按照因地制宜、梯次推进、分类施策的原则，确定不同区域的农业可持续发展的功能定位与发展方向。

1. 优化发展区

包括平原地区和丘陵地区，具体指平原地区 22 个县（市、区），丘陵地区 70 个县（市、区），共 92 个县。

——平原地区。为四川重要的商品粮油、蔬菜生产基地，一年三熟，热量充足，风速小，早春回暖早，湿度大，光照少，是四川农业发展水平最高的地区，对全省农业有较强的带动作用。存在问题是生态环境持续能力低，城市化、工业化的发展，特别是成都高新工业基地及周边卫星城市和工业园区的建设，占用大量优质耕地；土壤和水源污染严重，重金属等有害物质含量增多，有机质含量下降，农药、化肥和农膜使用过度，秸秆综合利用率低、农业投入品利用率低、资源循环利用程度不高，土地生态系统质量呈现持续下降趋势。发展途径是一是依靠科技进步，提高农业比较效益，提高农产品的质量品位；二是增加农业投入，调整农业产业结构，发展特色农业、生态农业、高效农业、观光农业、科技农业为一体的都市现代农业生态园区；三是引进优质品种，推广生物化肥和生物农药；四是狠抓生态环境建设，控制农田污染和水污染，建立生态建设和环境保护补

偿机制。

——丘陵地区。为四川重要的商品粮油生产基地和养殖业基地，土壤有机质含量高、灌溉有保障、农业生产条件好、潜力大，农产品品种丰富，大宗农产品和特色农产品生产历史悠久，发展水平较高。存在问题是由于农业发展长期处于“小而全”的发展模式，现代化发展水平不高。具体表现一是耕地分散，土壤肥力中等，污染、酸化严重；二是化肥、农药和地膜使用过度，生产垃圾、生活垃圾和生活污水管理不善；三是秸秆利用率低，循环农业沼气利用技术推广有限。发展途径一是合理利用耕地、林地、淡水、生物、光热等各种自然资源，充分利用自身的优势条件提高绿色有机农产品所占的比重；二是坚持生产优先、兼顾生态、种养结合，确保粮食等主要农产品综合生产能力稳步提高；三是保护农业资源和生态环境，实现生产稳定发展、资源永续利用、生态环境友好。

2. 适度发展区

包括大部分盆周山区和川西南山地区，具体指盆周山区 17 个县（市、区），以及川西南山地区的凉山州和攀枝花市 10 个县，共 27 个县。

盆周山区由低山、中山组成，呈棱形分布于四川盆地边缘，而川西南山地区属于高海拔、低纬度、高原型地山。该区生产结构以粮食生产和生猪繁育为主，其中川西南山地光热资源丰富，表现出明显的热带、南亚热带特色。具有产品珍稀、品质优良、效益突出，是四川省内最大限度发挥错季节农产品上市的优势区域。存在问题一是受山地自然环境和地理条件的限制，田块落差大、灌溉系统不配套、地块小；二是农业生产物质投入高，转化率低，水土流失严重，土壤肥力中等；三是农业基础设施相对薄弱，配套设施不全，交通不便，农业生产的风险和难度较大；四是生态脆弱，资源性和工程性缺水严重，资源环境承载力有限。发展途径一是在保证食物安全的基础上，把生态保护和建设放在突出位置，充分发挥林、草等植被的生态屏障作用，发挥自然界生态系统的自我修复功能；二是结合退耕还林工程的实施，大力发展茶叶、林竹、干果、中药材等山区特色农产品，逐步建立名特优农产品生产基地和加工基地；三是保护农业自然资源，改善农业生态环境，把农业发展、农业资源合理开发利用和资源保护结合起来，尽可能减少农业发展对自然资源及环境的破坏和污染，搞好水土保持治理，推进废弃物的减量化、无害化和资源化利用，发展循环农业、集约农业，不断改善外部生态环境，实现农业的可持续发展；四是继续立足资源环境禀赋，发挥反季节生产优势、扬长避短，适度挖掘潜力、集约节约、有序利用，提高资源利用率。

3. 保护发展区

包括盆周山区、川西南山地区和川西高原区，具体指盆周山区的 11 个县（市、区）、川西南山地区的 15 个县和川西高原区的 31 个县（市、区），共 57 个县。

该区主体为甘孜州、阿坝州和凉山州等民族地区，地域辽阔，地处长江上游，是四川省重要的生态安全屏障，光热条件差异大，在生态保护与建设方面具有特殊重要的战略地位。川西南山地区生物资源多种多样，降水充沛，且地形复杂，立地类型多样，农作物优质高产，具有发展多熟种植和立体农业的潜力和优势。存在问题一是生态系统结构单一，功能脆弱，自身恢复能力极差，农牧业发展主要靠天吃饭，人与自然资源关系紧张；二是水土流失、土地荒漠化和草地退化极其严重；三是农业基础设施建设极为缓慢，表现为坡耕地多，灌溉农田面积少，且水利设施不配套；农田林网稀少，耕地缺少保护；农业机械化程度低，管理粗放，经营落后；交通、通信等条件差。发展途径一是开展退耕还林还草工程，大规模植树种草，减少裸地面积，同时加强水土保持、防沙治沙和草地改良；二是建立节水、节地的集约化农业生产体系，因地制宜集约高效地利用土地资源；三是加快农业产业结构调整，注重特色农产品产地环境保护，实施保护性耕作，发挥特色农业、绿色农业的优势；四是积极推广沼气等农村能源综合利用技术，发展生态农业，保护生态环境。总之，要坚持保护优先、限制开发、适度发展生态产业和特色产业，让草原、森林等资源得到休养生息，促进生态系统良性循环。

（二）农业可持续发展典型模式推广

1. "畜—沼—作物"农业生态循环模式

在实践中，有"畜—沼—（鱼、蚯蚓、蝇蛆）—果（粮、林、菜、草）"等多种创新实践，利用种植粮食作物、蔬菜、果树、花草、牧草和速生林吸纳养殖粪污，并进行了利用粪污养殖蚯蚓、蝇蛆等利用方式的探索，建立种养紧密结合的畜牧业生态经济体系，显著改善了养殖场环境污染治理工作。目前规模养殖场（养殖小区）都普遍接受这种方式。特别是有些养殖单元自身土地不能消纳粪污，通过无偿向周边农户提供种植用肥，达到种养循环。各地成功经验证明，树立可持续发展农业的思想，发展生态型畜牧养殖，促进生态环境良性循环，畜牧业是可以实现循环利用的绿色产业。位于眉山市洪雅县的新希望示范奶牛场处理模式——牛粪、尿干湿分离，尿液和污水进入沼气池处理，牛粪经发酵、烘干、粉碎制成有机肥或利用牛粪养蚯蚓，沼液、有机肥施入草场，牧草用来喂养奶牛，形成有效循环的生态养殖模式。这种例子在全省大中型养殖场很普遍。

2. "猪—沼—果（粮、菜、茶）"生态农业模式

这是沼气建设与庭园经济、生态农业相结合的一种生产模式。它以农户庭园为生态单元，以沼气为纽带，按照生态经济学、系统工程学原理，通过生物能转换技术，将沼气池、猪舍（圈）、厕所、果园（经济园）、微水池有机整合，组成科学、合理的，具有现代化特色的农村能源综合利用体系。其核心是把畜禽养殖和林果、粮食、蔬菜等种植业连接起来，畜舍粪便入池发酵生产沼气和沼肥，沼气用于烧菜煮饭，沼肥用于种植，既解决了农户生活用能和农田种植灌溉问题，又从根本上解决了沼渣、沼液的二次污染，形成农业生态良性循环。一是解决了农村养殖粪污处理问题；二是通过生产沼气解决了农户生产生活用能问题；三是通过对沼渣沼液的利用，解决了农田种植灌溉问题和沼渣、沼液的处理问题；四是通过使用沼渣沼液这种优质有机肥，提高了种植产品的产量和质量；五是帮助了农户节支增收，农户通过使用沼气减少了生活用能开支，使用沼肥减少了购买肥料开支，更高产量和更好质量的种植产品提高了农户的收入。在全省建设使用沼气的地区推广应用，每年农村能源项目共生产沼渣 1 499 万 t，沼液 7 057 万 t。

3. 秸秆综合利用模式

一是秸秆 + 有机肥生产模式。主要利用水稻、小麦秸秆，经过粉碎、发酵和腐熟等处理，生产有机肥，主要分布在成都平原区和丘陵地区，主要由企业组织实施。二是秸秆 + 腐熟还田（堆沤还田、覆盖还田、粉碎还田）模式。每年应用面积 1 000 万亩以上，主要分布在全省水稻、小麦、油菜等主产区。采取政府引导、农机补贴、物资补助、农机作业补贴等方式，引导农民或专业合作社等实施。三是"秸秆—牛羊"的节粮型养殖模式。川东北地区、川南地区、川西地区（凉山州和攀枝花市）和盆中丘陵，推广应用秸秆青贮、氨化、微贮等饲料化养畜技术。采取政府引导和项目扶持等方式，引导肉牛、奶牛、肉羊养殖企业、专合组织和养殖场户实施。四是秸秆 + 食用菌 + 有机肥模式。包括"水稻—蘑菇""麦 / 玉 / 豆秆 + 大棚 / 菇房食用菌""农作物秸秆 + 种苗/花木 / 草坪"等基料利用和菌渣循环高效肥料化利用。主要分布在成都平原区和丘陵地区，主要由企业组织实施。

4. 畜禽粪污综合利用 PPP 模式

坚持农牧结合、种养循环的思路，在西充县、蒲江县、大安区、射洪县、古蔺县、大邑县 6 个县（市、区）实施以政府农业主管部门作为项目发起人，以政府采购依法公开选择合作伙伴，以财政补贴为主要投资方式的畜禽粪污异地循环综合利用，按照补偿成本、合理收益、优质优价、公平负担的原则，合理确定养殖户付费标准、财政补助标准、种植户使用付费标准，确保合作伙伴维持运行并实现适当的盈利，实现年处理粪污 60 万 m^3，实现沼肥异地还田 19.8 万亩，耕地地力水平提升最高达 0.5%，促进循环农业产业发展，促进耕地地力水平提升。

六、促进农业可持续发展的措施与政策

四川提出，到 2020 年要实现“一控两减三基本”目标，即控制农业用水总量，农业灌溉用水量保持在 62.5 亿 m^3，农业灌溉水有效利用系数达到 0.55，化肥施用量实现零增长，农药使用量实现负增长，秸秆综合利用率达 85% 以上，畜禽规模化养殖场粪便利用率达到 85% 以上，农田残膜回收率达到 80% 以上，农业面源污染加剧的趋势得到有效遏制的目标。为此，必须加大对促进农业可持续发展的措施与政策实施力度。

（一）工程措施

1. 加强高标准农田建设

认真落实省政府建设 1 000 万亩高标准农田建设规划纲要和《四川省高标准农田建设总体规划（2011—2020 年）》，坚持投资渠道不变，管理主体不变，资金性质不变，统一规划设计，统一质量标准，统一建设区域，集中连片，整体推进。在已建成高标准农田示范区基础上串点连片，串片成面，实现规模拓展、质量提升。全面开展已建标准农田验收认定。编制 2020—2030 年全省高标准农田建设规划，充分发挥高标准农田建设联席会议职能，做好相关部门规划对接，搞好统筹协调，全面推进高标准农田建设，以田网、渠网、路网和地力培肥为重点，积极推进机械化、规模化、标准化“三化”联动，努力实现农田灌排能力、农机作业能力、耕地生产能力“三力”提升，确保耕地持续、高效产出。在农业资源与生态突出问题的地区，大力推行政府购买服务，鼓励和引导社会力量参与项目实施，重点支持种植业大户、家庭农场和农民合作社等新型农业经营主体承担项目任务。各市（州）在实施耕地保护与质量提升项目中，至少在 1 个县开展 PPP 模式运行试点。到 2020 年，全省建成高标准农田 4 430 万亩，耕地土壤有机质提高 0.5 个百分点。

2. 实施耕地重金属污染治理项目

在农产品产地土壤重金属污染突出区域，通过严格阻断污染源避免新增污染的同时，实施以农耕农艺措施为主的修复治理，在轻中度污染区改种低积累水稻、玉米等粮食作物和经济作物，在重度污染区改种非食用作物或高富集树种；完善耕地保护与土壤改良配套设施，建立健全重度污染区农作物秸秆“收、储、运、用”的综合利用运行机制。到 2020 年，全省土壤重金属污染得到有效遏制

3. 实施水土保持与治理项目

规划实施重要江河源头区水土流失预防项目，重点区域水土流失综合治理、坡耕地水土流失综合治理和综合治理示范区建设重点治理项目。重要江河源头区水土流失预防项目实施范围包含嘉陵

江上中游、岷江上游和澜沧江、怒江、金沙江三江并流地区。重点区域水土流失综合治理项目范围包含嘉陵江沱江中下游水土流失综合治理、岩溶石漠化水土流失综合治理、青藏高原河谷农业水土流失综合治理重点项目区。坡耕地水土流失综合治理项目主要集中在坡耕地多、人均耕地少、水土流失严重地区实施。重要功能区域水土流失综合治理示范区建设项目选择 5 个县（市、区）实施。

4. 实施农业生态保护修复工程

按照水功能区管理要求，控制入河排污总量，严格入河排污口设置审批。加强重要饮用水水源地保护，完善突发水污染事件应急预案，提高突发水污染事件应急处置能力。大力推进重点流域和区域水生态修复，保障河道生态基流，积极开展水生态文明试点城市、水利风景区建设，促进生态四川和长江上游生态屏障建设。坚持自然连通与人工连通相结合，构建合理的江河湖库水系连通体系，增强水资源调配能力。

5. 实施高效节水项目

加强已成灌区续建配套与节水改造，改善灌溉条件，加强坡薄耕地改造，提高耕地保水保土能力。大力推广秸秆覆盖保水、水稻旱育秧、旱地规范改制、旱地集雨节灌、聚土垄作和横坡种植等农业节水技术。合理调整旱地作物生产布局，推广节水抗旱品种，优化种植制度，改进耕作方式。在都江堰灌区、玉溪河灌区等大中型灌区的田间，围绕花卉、优质水果、蔬菜等高附加值经济作物的产业布局发展低压管道输水灌溉、喷灌技术。在川南和川东北经济区发展低压管道输水灌溉，推广使用轻小型喷灌机组、半固定喷灌、固定式喷灌等，形成丘陵经济作物喷灌模式。在川东北山区探索推广旱山村雨水集蓄微灌模式。在攀西经济区地形坡度大的丘陵、阶地地区，推广管道输水灌溉技术；在耕地小而分散地区，适宜利用小水源发展轻小型喷灌机组；在坡陡、水源位置高的地区推广微灌技术。在川西北生态经济区的牧区发展大型喷灌机组、固定式喷灌等，在农区推广喷灌、微喷等高效节水灌溉技术。

6. 实施草原保护与建设项目

继续实施草原生态保护补助奖励机制政策、天然草原退牧还草工程、南方现代草地畜牧业推进行动和川西藏区草地生态系统保护与建设工程，大力开展草原防灾减灾避灾工程，启动甘孜等高寒草原生态修复工程，继续实施石漠化草地综合治理工程，加强草原监理体系和草业科技支撑建设。全面落实草原长期有偿承包责任制，加大保护、治理和建设力度，推广先进实用技术，实行围栏、封育和轮牧，兴建一批生态牧业基地；力争使“三化”草地基本得到治理，1/2“三化”草地得到恢复，逐步扭转草地生态环境恶化的趋势。

7. 实施新一轮退耕还林还草项目

在符合条件的 25° 以上非基本农田坡耕地、重要水源地 15° ~25° 非基本农田坡耕地实施退耕还林还草，增加林草覆盖。同时，在生态优先的前提下，因地制宜发展退耕还林（草）后续产业。

（二）技术措施

1. 强化农业技术服务体系建设

健全种养业良种培育、选育和引育体系。完善动植物疫情监测预警、突发疫情应急管理、疫病防控技术支撑、农药兽药质量安全监管、监督执法和疫病防控信息化管理体系，强化重大疫病的诊断监测、预警预报、防治防控、检验检疫、应急处理手段，加强乡村基层防控体系建设，全面增强对重大疫病的防控能力。加快农业技术推广体系、农业生产资料供应保障体系和农户储粮技术服务体系建设。发展农业技术职业教育，提高广大农民素质。建立健全政府购买机制，推进农业服务全程社会化。

2. 推广草地先进实用技术和节水灌溉技术

加强草地生态工程建设，禁止开垦草地，对已开垦的宜草不宜耕的地区，逐步退耕还草；积极贯彻实施《中华人民共和国草原法》，加强草原管理法规体系建设，走依法治草的道路；全面落实草原长期有偿承包责任制，加大保护、治理和建设力度，推广先进实用技术，实行围栏、封育和轮牧，兴建一批生态牧业基地；力争使“三化”草地基本得到治理，1/2“三化”草地得到恢复，逐步扭转草地生态环境恶化的趋势。开展旱作节水农业建设，在干旱地区建设区域性调水、拦蓄洪水等工程的同时，全面实施农田水利蓄水工程，大力推广先进的节水灌溉技术。继续扩大旱作节水农业示范基地面积，力争建立和完善田间蓄水、抗旱保水、节灌补水和土壤培肥等体系，提高农业抗灾能力。

3. 推行农艺节水保墒技术

改进耕作方式，调整种植结构，推广抗旱品种，发展节水农业。加大粮食主产区、严重缺水区和生态脆弱地区的节水灌溉工程建设力度，推广管道输水、喷灌、微灌等节水灌溉技术，完善灌溉用水计量设施。加强现有大中型灌区骨干工程续建配套节水改造，完成已成灌区续建配套与节水改造任务，着力解决农田灌溉“最后一公里”问题，增强农业抗旱能力和综合生产能力。

4. 集成创新绿色防控技术和粮经复合模式

全面加强农业面源污染防控，科学合理使用农业投入品，提高使用效率，减少农业内源性污染。推广高效、低毒、低残留农药、生物农药和先进施药机械，推进病虫害统防统治和绿色防控，减少化学农药使用。通过建设绿色防控示范基地、建立综合示范区，加强宣传培训，集成创新绿色防控技术体系等措施力争至 2020 年，全省绿色防控覆盖率达到 30%，化肥农药使用量实现零增长，农药利用率提高到 40%。推广“稻鱼”“鱼菜”共生模式等水产健康养殖技术，发展粮经复合稻田养鱼。积极推进农业科技创新，加快选育高产稳产、优质高效新品种，推进农机农艺融合、种养结合，深化“四新”（新品种、新技术、新模式、新机制）示范和“六良”（良种、良法、良制、良壤、良灌、良机）集成推广，建设提升“千斤粮万元钱”“吨粮五千元”粮经复合产业基地。

5. 推行“生态养殖 + 沼气 + 绿色种植”发展模式

按照“植物生产、动物转化、微生物还原”的思路，实行区域内种植业为养殖业提供饲料，养殖业为种植业提供有机肥等资源，大力推行“生态养殖 + 沼气 + 绿色种植”发展模式，推广“高效种植业—生态养殖业—沼气工程—有机肥料”等模式，建设一批种养循环农业示范区，构建种养平衡、农牧互动、生态循环、环境友好的产业发展体系。一是坚持养殖规模与资源环境承载能力相适应。根据环境容量确定畜牧业发展禁养区、限养区、适养区，合理安排区域载畜量，科学规划布局标准化规模养殖基地。二是坚持畜牧业布局与种植业发展相对接。根据规划建设的现代农业示范区对有机肥的需求配套布局规模相应的畜禽标准化养殖场，发展种养加循环、林养加循环，推行“畜—沼—菜”“畜—沼—果”等循环经济模式。三是坚持畜牧养殖与环保产业发展相促进。加大畜禽养殖废弃物资源化利用力度，发展有机肥加工等新兴产业，鼓励大型养殖场利用沼气发电。四是坚持养殖小区建设与幸福美丽新村建设、城镇化建设相结合。在规划建设的幸福美丽新村中合理布局标准化规模养殖基地，配套搞好沼气池建设。到 2020 年，全省规模化养殖场（小区）配套建设废弃物处理设施比例达 85% 以上，农作物秸秆、畜禽粪便和残膜基本得到资源化利用。

（三）政策措施

1. 加大投入力度

健全农业可持续发展投入保障体系，推动投资方向由生产领域向生产与生态并重转变，投资重点向保障全省粮食安全和主要农产品供给、推进农业可持续发展倾斜。充分发挥市场配置资源的决定性作用，鼓励引导金融资本、社会资本投向农业资源利用、环境治理和生态保护等领域，构建多元化投入机制。完善财政等激励政策，落实税收政策，推行第三方运行管理、政府购买服务、成立农村环保合作社等方式，引导各方力量投向农村资源环境保护领域。切实提高资金管理和使用效益，健全完善监督检查、绩效评价和问责机制。

2. 健全扶持政策

落实好国家草原生态保护补助奖励、测土配方施肥、耕地质量保护与提升、农作物病虫害专业化统防统治和绿色防控、农机具购置补贴、动物疫病防控、病死畜禽无害化处理补助、农产品产地初加工补助等政策。积极探索 PPP 模式在推进农业面源污染防治畜禽粪污综合利用领域的应用和推广。建立健全农业资源生态修复保护政策。支持各地因地制宜优化粮饲种植结构，开展青贮玉米和苜蓿种植、粮豆粮草轮作；大力推广秸秆还田、深耕深松、生物炭改良土壤、积造施用有机肥、种植绿肥等耕地保护修复技术；支持推广使用高标准农膜，开展农膜和农药包装废弃物回收再利用。落实好国家渔业增殖放流和公益林补偿政策。积极探索江河源头区、重要水源地、重要水生态修复治理区和蓄滞洪区生态补偿机制。完善优质安全农产品认证和农产品质量安全检验制度，推进农产品质量安全信息追溯平台建设。

3. 推进农业适度规模经营

扎实开展土地承包经营权确权登记颁证，强化土地承包经营权物权保护，夯实农村土地流转、发展农业适度规模经营基础。坚持农户家庭经营的基础地位，以放活土地经营权、发展多种形式的适度规模经营为重点，以保障粮食安全、促进农业增效和农民增收为目标，推动资本、技术、人才、管理等生产要素向农业集聚，大力培育新型农业经营主体，推进农业经营方式转变，让农民成为土地流转和规模经营的主体和受益者。坚持“稳制、分权、搞活”，依法、自愿、有偿，“三个不得”，适度规模经营的原则，引导农村土地经营权规范有序流转。鼓励创新土地流转形式，严格规范土地流转行为，加强土地流转管理和服务，建立以县级为中枢、乡级为平台、村为网点的土地流转服务平台和土地流转监测体系，健全土地流转管理制度，加强对工商企业租赁农户承包地的监管和风险防范。加大土地流转扶持力度，落实土地流转用地、用电和用水政策；加大土地流转财政扶持，加大农业金融支持，加大对粮食规模经营主体的扶持。到 2020 年，全省土地流转面积占耕地总面积的 40% 以上，适度规模经营面积占流转面积的 2/3 以上，粮食适度规模经营面积达到 1 000 万亩。

4. 加快农业信息化进程

实施农业物联网区域试验工程，加快推进设施种植业、畜禽水产养殖、质量安全追溯等领域物联网示范应用，有效提高农业生产智能化和精准化水平。以电子商务和信息平台为抓手，实现农业信息化管理，加快农业综合信息服务平台、农业生产信息化体系、农产品经营信息化体系建设，全方位提高信息服务与处理水平，推动信息化和农业现代化深度融合。支持和鼓励各类专业合作社、种养企业和大户入驻农业电商平台，实现产销对接，贯通产供销全产业链。推进农业云、农业大数据建设和应用，提升农业生产要素、资源环境、供给需求、成本收益等综合分析和监测预警水平。

强化农业综合信息服务能力，大力实施信息进村入户工程，完善农业信息发布制度。

5. 健全市场化资源配置机制

加快培育专业大户、家庭农场、农民合作社、农民经纪人、经销商、农产品批发市场经营管理者、农产品流通企业及市场流通服务企业在内的流通主体队伍，促进新型流通主体发展，支持新型流通主体充分利用各类流通与交易平台，拓宽农产品交易渠道，提高主体在市场中的竞争地位与竞争能力。大力推动农产品流通创新，积极推进发展农产品电子商务，力争在重点地区、重点品种和重点环节率先突破。进一步完善农产品市场监管体系，综合运用自律、经济、行政、法律等手段建立多部门联动的市场监管工作机制，着力清除农产品市场壁垒，重点打击通过不正当竞争抢占市场和垄断、控制市场交易等行为。建立完善投诉举报机制，充分发挥媒体、群众等社会力量的监督作用，打造“社会防火墙”。

（四）法律措施

1. 积极推进农业立法

紧密结合农业农村改革发展进程，强化农业立法和改革决策的衔接，抓紧修订不适应形势发展的法律法规，积极推进农业支持保护、农业资源环境保护、农村基本经营制度完善等重点领域的立法，做到立法主动适应农村改革和农业可持续发展需要。

2. 大力实施农业法律法规

全面掌握、施行农业法律法规，认真落实农业行政权力清单制度和责任清单制度，做到法定职责必须为、法无授权不可为。

3. 加大农业执法力度

整合农业执法职能，健全综合执法体系，坚定不移推进农业综合执法。以农业投入品和农产品质量安全执法为重点，推动综合执法机构统一行使农业部门行政执法职能。加强农业执法规范化建设，严格实行执法人员持证上岗和资格管理制度，推进执法人员专职化。改进执法方式，强化日常执法，加大农业投入品和农产品质量安全执法力度，严厉打击破坏农业资源环境的行为。

4. 加强农业普法宣传

强化涉农干部学法用法教育，增强法律至上意识、权力法定意识、权责一致意识，做遵法学法守法用法的模范。采取通俗易懂、喜闻乐见的方式深入开展普法宣传教育，不断增强农村干部群众和涉农生产经营者守法用法的意识和能力。

参考文献

四川省农业厅 . 2015. 四川省 2005–2014 年农业统计资料 [M].

四川省农业资源区划办公室 . 2015. 四川省农业资源状况报告（2014）[M].

杨祥禄 . 2015. 强化农业资源保障能力与确保粮食生产稳定发展 [J]. 农村经济（4）：20–24.

杨祥禄 . 2010. 四川耕地质量和管理亟需引起重视 [J]. 四川省情（5）：38.

贵州省农业可持续发展研究

摘要：本研究通过对贵州省88个县（市、区）数据资料进行统计汇总、比较和可靠性评价，并对2000—2012年省级统计资料进行反复推敲，分析省级指标和县级指标的协调一致性和可获得、可量化性，按照科学性、综合性、代表性、层次性、可操作性原则，确定以27个指标构建贵州省农业可持续发展评价指标体系。采用多元统计主成分分析法和因子分析法作为基本评价方法。结果显示，2000—2012年的13年间，贵州农业可持续发展水平逐渐向好，阶段明显，整体处于基本可持续状态。2000—2003年，处于不可持续阶段，其中2000年处于偶然波动状态；2004—2008年，处于基本可持续阶段；2009—2011年，处于较强可持续阶段；2012年进入强可持续阶段。反映了贵州农业从不可持续→基本可持续→较强可持续→强可持续的发展过程，说明贵州农业系统的结构从不合理到逐渐趋于合理，从合理到不断优化的调整过程。从各子系统的可持续发展水平看，具体表现为经济可持续性快速增长、社会可持续性不断提升、资源可持续性先降后升，环境可持续性有下降趋势。说明贵州山地特色农业发展过程中，农业资源与环境的保护任务相当艰巨。一方面受城市不断发展的影响，农业资源不断受到吞噬；另一方面，粗犷的土地利用方式亟须改善，化学农药、肥料、除草剂的过量使用，废水、废气污染，投入品包装物、农用薄膜残留以及生活垃圾造成的面源污染等，有导致农业资源与环境可持续性不断下降的趋势，农业系统可持续发展面临严峻挑战。

课题主持单位：贵州省农业工程学会、贵州省农业资源区划研究中心

课题参加单位：贵阳市农委综合处、安顺市农委区划办、遵义市区划办、六盘水市农委计划科、铜仁市农委土肥站、毕节市农委农业区划中心、黔南州农委区划办、黔东南州农委项目科、黔西南州农委区划办

课题负责人：吕大明、顾永忠

课题主持人：吕敬堂、段云

课题组成员：顾永忠、刘海萍、黄宇杰、柏建国、段全珍、魏琨、伍兴照、李玲、徐雅妮、包菁、龙芸

一、贵州农业可持续发展现状

（一）贵州农业可持续发展成效

1. 农业增加值和农民收入快速增长

2012 年，第一产业增加值完成 891.91 亿元，是 2000 年 270.99 亿元的 3.29 倍，年均递增率为 10.34%。在家庭经营收入稳定增加、工资性收入较快增长等多种因素作用下，农民人均纯收入达到 4 753 元，是 2000 年 1 374.16 元的 3.46 倍，年均递增率为 10.89%。从图 1-1、图 1-2 和图 1-3 看出，2005 年以后，一产增加值和农村居民可支配纯收入增长加快，两者之间呈线性正相关关系。

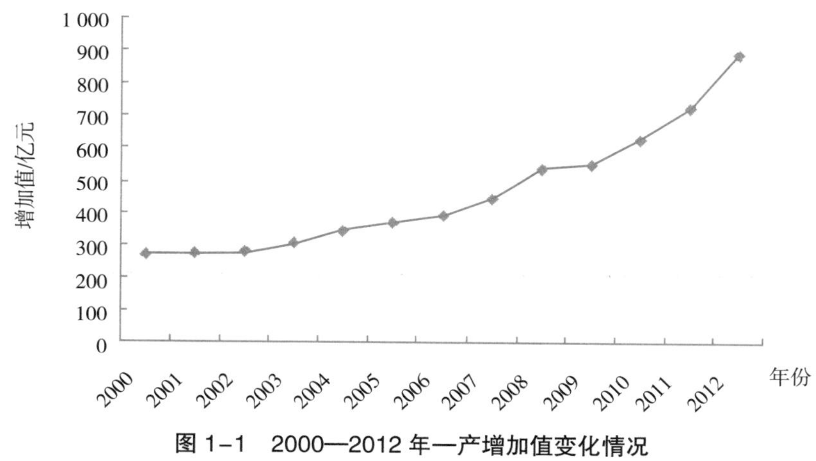

图 1-1　2000—2012 年一产增加值变化情况

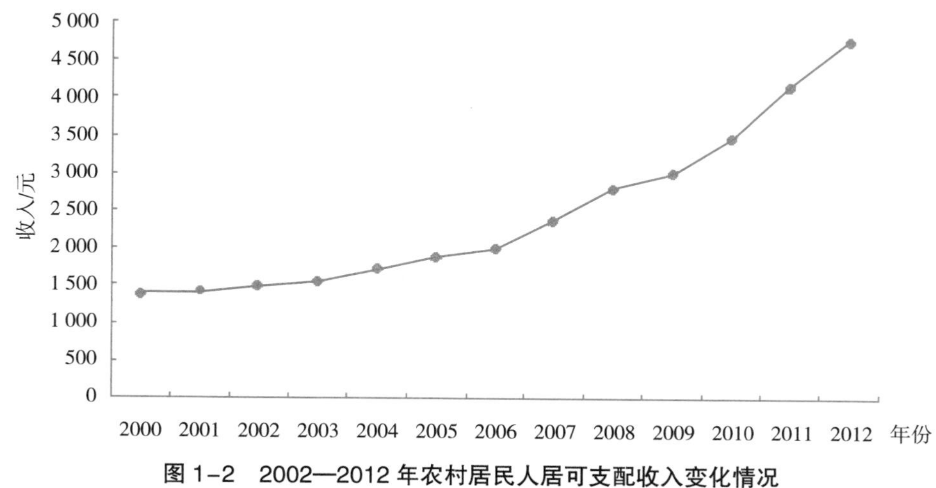

图 1-2　2002—2012 年农村居民人居可支配收入变化情况

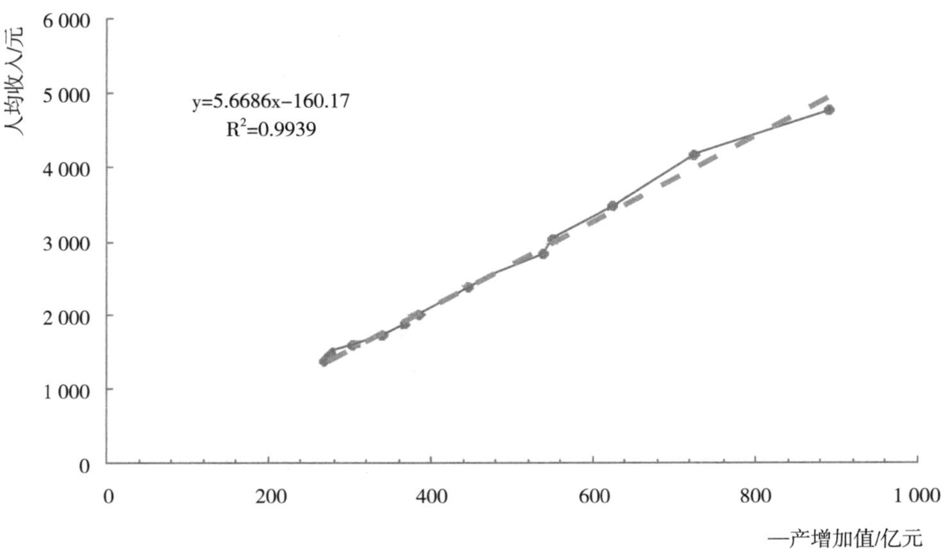

图 1-3　2000—2012 年贵州省一产增加值与农村居民人均可支配收入之间的关系

2. 粮油肉菜等主要农产品产量稳中有升

2000—2012 年，在耕地缩减的情况下，粮食总产量仍然稳定在 1 100 万 t 左右；肉类、禽蛋、蔬菜、水果等主要农产品持续增产，有效保障了城乡供给和农民增收，见表 1-1。

表 1-1　2000—2012 年贵州省主要农产品产量和年均递增率

序号	指标	单位	2000 年	2012 年	年均递增率（%）
1	粮食作物产量	万 t	1 161.3	1 079.5	-0.61
2	肉类总产量	万 t	124.06	190.27	3.63
3	蔬菜产量	万 t	595.12	1 375.63	7.23
4	水果产量	万 t	58.33	147.72	8.05
5	油料总产量	万 t	74.34	87.38	1.36
6	禽蛋总产量	万 t	6.53	14.65	6.97
7	水产品产量	万 t	6.24	13.47	6.62
8	牛奶总产量	万 t	1.69	5.1	9.64
9	烟叶总产量	万 t	33.79	39.28	1.26

3. 农业产业结构调整步伐加快

粮食生产稳定发展，为农业结构调整提供了重要保障。烤烟、油菜等传统优势产业不断巩固提升，畜牧业、蔬菜、茶叶、马铃薯、精品水果、中药材、小杂粮等特色优势产业加快发展，围绕优势产业、龙头企业和市场需要，建成一批规模化发展、区域化布局、专业化生产和产业化经营原料基地，逐步引导优势产业、优势企业向优势区域的集聚。

2012 年，畜牧业产值在第一产业中占比约 1/3，草食牲畜比重提高，猪、牛、羊存栏分别为 1 604.9 万头、461.4 万头、290.09 万只；优势产业持续发展，全省蔬菜、茶叶、水果、中药材、高粱面积分别达 1 750 万亩、524 万亩、405 万亩、341 万亩和 170 万亩，分别比 2011 年增长 24.5%、30.7%、34.5%、70.7% 和 71.3%。

4. 产业综合竞争力增强

经过多年的努力，培育形成在全国具有比较优势和特殊地位的优势产业，夯实了推进现代农业发展的基础。从产业发展看，牛、猪、羊存栏在全国分别排名第 6 位、第 11 位和第 21 位；茶产业实现跨越式发展，茶园面积居全国第 1 位；烤烟种植面积、产量均居全国第 2 位；油菜种植面积居全国第 6 位；马铃薯种植面积和产量分别居全国第 2 位和第 5 位，成为全国马铃薯大省；蔬菜是与云南一道同时进入全国夏秋菜和冬春菜两大功能区的两个省份之一，目前贵州省蔬菜面积可进入全国前五位；苹果、猕猴桃、火龙果等优质精品水果品质优势突出，火龙果种植面积居全国第 1 位；中药材在半夏、太子参、桔梗、白术、石斛等一些品种种植规模、产品品质上在全国均具有一定竞争力。赫章半夏和施秉、黄平太子参种植规模占全国份额 1/3 以上，已成为其产品市场的“晴雨表”。薏苡仁、荞麦种植面积分居全国第 1 位和第 3 位，芸豆是全国第 3 大出口省。

另外，依托资源优势、自然禀赋和市场需要，培育形成的特色产业，具有独特市场竞争力。围绕茅台为主的白酒工业需要建成 60 万亩酒用高粱基地，以黔西南为核心的桐油产量约占全国市场份额的 1/4。

5. 产业化经营组织快速发展

全省农业产业化经营组织不断发展壮大，已成为推进优势特色产业发展和现代农业进程的重要载体。据统计，2011 年，全省农业产业化经营组织 12 526 个，固定资产总额 224.5 亿元，从业人员 110.9 万人、累计带动农户 586 万户，农户因从事农业产业化经营获得收入 58.7 亿元，分别比 2002 年增长 13.92 倍、4.52 倍、2.17 倍、3.02 倍和 3.12 倍。产业化运行模式和利益联结机制不断完善，龙头企业、中介组织、专业市场带动型的产业化经营组织分别占 12.47%、45.55% 和 2.9%，采取以合同、合作和股份合作方式联结的分别占 19.13%、21.47% 和 7%。

6. 龙头企业实力明显增强

2011 年，全省市级以上产业化经营重点龙头企业 794 家，其中，国家级 25 家，省级 227 家，市级 543 家，分别比 2002 年增长 5.29 倍、3.42 倍、9.46 倍和 4.56 倍，重点龙头企业基本覆盖全省优势产业，初步形成蔬菜、辣椒、茶叶、中药材等优势特色产业集群，产业集聚效应不断显现。据统计，251 家省级以上重点龙头企业中生态畜牧业 61 家、果蔬 36 家、茶叶 60 家、马铃薯 6 家、中药材 19 家、优质粮油 32 家、特色杂粮 5 家。2011 年，省级以上龙头企业资产总额 195 亿元，销售收入 210 亿元，上缴税金 9 亿元，利润 11.9 亿元，同比分别增长 1%、7%、28% 和 7%，建立原料基地 790 万亩，带动农户 351 万户。目前，全省工商注册登记农民专业合作社 7 726 家，基本实现优势产业、优势区域全覆盖，已成为调整农业结构、提高农民组织化程度的重要载体和落实惠农强农政策的有效渠道。

7. 品牌建设取得积极成效

2012 年，全省累计通过认定无公害农产品 1 281 个、绿色食品 68 个、有机食品 6 个、地理标志保护产品 7 个，8 个农产品晋级“贵州自主创新品牌 100 强”。赤水乌骨鸡、贵定云雾贡茶、安顺山药、湄潭翠芽、都匀毛尖、贵定雪芽、石阡苔茶等特色产品获地理标志保护。老干妈风味辣椒食品、牛头牌牛肉干制品、同济堂仙灵骨葆、茅贡米、湄潭翠芽等 30 余个商标分别获得中国驰名商标和贵州省著名商标。

8. 科技进步对农业增长的作用进一步提高

种养业良种繁育体系、农业科技创新与产业技术体系、动植物保护体系、农产品质量安全体系、农产品市场信息体系、农业资源与生态保护等体系建设加强，农业社会化服务与管理体系建设取得重要进展。农业科学研究、技术推广和农民培训工作加强，农业科技水平有所提高，农业科技进步对农业增长的贡献率达到47%左右。

（二）主要农业资源的利用

1. 耕地资源

据贵州统计年鉴，2010年末常用耕地面积176.156万hm^2（2 642.34万亩），其中，稻田75.69万hm^2（1 135.42万亩），占总耕地面积的42.97%；旱地100.466万hm^2（1 506.92万亩），占总耕地面积的57.30%。田土之比为1∶1.33。

由于土地构成要素先天不足，后天开发利用不合理，致使耕地限制因素多，质量较差。通常将全省耕地分为三等：地面较平、土层较厚，土壤肥力较高，水利条件较好，限制因素少的坝田、坝土为一等耕地，约占耕地总面积的14.4%；地面不甚平坦，土层不厚，土质偏黏，肥力中等，水利化程度不高的坝田、坝土、沟田、沟土及低塝田土为二等耕地，约占44.6%；地面坡度较大，土层较薄，水土流失严重，肥力较低，土质黏重而又无水灌溉的高塝田土或石芽丛生的石旮土和冷、滥、阴、锈田为三等耕地，约占41.0%。全省中下等田土共占耕地总面积的85.6%。在稻田中，高产田占24.0%，中产田占55.1%，低产田占20.9%。旱地中、高产土占10.1%，中产土占39.9%，低产土占50%。

据省国土厅相关资料，自1990年以来贵州省耕地数量的变化趋势是逐年递减，“八五”期间，耕地数量以每年1 360hm^2递减；“九五”期间以每年26 617hm^2递减；“十五”期间以每年51 327hm^2递减；2005—2008年，以每年6 563.48hm^2递减。2006年农用地数量为15 268 847.90hm^2，2010年农用地数量为14 838 662.16hm^2，减少430 185.74hm^2，平均每年减少107 546.44hm^2。

耕地面积减少的主要原因是工业化、城镇化、新农村进程的稳步推进、国家和省重点项目增多占用农用地，以及自然灾害损毁。

2. 水资源

贵州的水资源主要靠天然降水补给，属雨源型河流。全省年径流总量均值为1 035亿m^3，丰水年为1 201亿m^3，枯水年为735亿m^3。全省平均每亩土地有391m^3。另外，贵州地下水资源丰富，据贵州省水利科学研究所调查，全省地下水总量258.68亿m^3。

贵州省水资源虽然比较丰富，分布面广，但存在时间和地区分布不均衡等问题。一是在农田需水较多的春末和夏初，降水量偏少，水源不充裕，易发生季节性旱灾。二是贵州坡陡土层薄，森林覆盖率低，涵养水源的能力低，降水很快形成地面径流下泄，降水利用率低。

1979—1984年，全省有效灌溉面积始终在675万亩左右徘徊。1985—2000年，逐步建立了多渠道多层次集资、投资机制，采取了多种建设模式，全省农田水利基础设施建设有了较大的转变。到2000年，全省有效灌溉面积达到了980.1万亩，较建国初期增加774.15万亩，增长了3.8倍；旱涝保收面积达到796.1万亩，增加了648.2万亩，增长了4.4倍；万亩以上的灌区发展到76处，面积146.1万亩；实行引蓄结合、骨干工程与“三小”（小水窖、小山塘、小水库）工程并举，使大部分稻田得到了灌溉，旱地灌溉也开始起步；上游修筑水库拦洪蓄水、下游打洞筑堤排洪泄洪相结合的措施，使全省一半以上的易涝农田受到保护。到2010年末，全省有效灌溉面积达到了1 792.00万亩，旱涝保收面积达到969.03万亩。

3. 肥料施用量及利用率

“十一五”期间，全省每年平均用化肥总量 83.29 万 t，亩平均化肥施用量 31.78kg，化肥当季平均利用率：N 为 35%、P_2O_5 为 30%、K20 为 30%。其中，2006 年用化肥 80.23 万 t，亩平均化肥施用量 30.51kg；2007 年用化肥 82.05 万 t，亩平均化肥施用量 31.22kg；2008 年用化肥 83.09 万 t，亩平均化肥施用量 31.58kg；2009 年用化肥 86.54 万 t，亩平均化肥施用量 32.82kg；2010 年用化肥 86.53 万 t，亩平均化肥施用量 32.75kg。

4. 农作物秸秆

农作物秸秆是贵州省主要有机肥资源之一，目前全省投入农田的肥料中，90% 以上的钾来自有机肥料，而秸秆的含钾量在有机肥料中最多的。秸秆还田不仅可以提高土壤有机质，而且能起到延缓土壤钾素的大量亏损，而且是补充有机质和钾素最主要的渠道。据调查和测算，2012 年年底，全省农作物秸秆理论量约为 1 870 万 t，其中：水稻秸秆约为 640 万 t，玉米秸秆约为 730 万 t，油菜秸秆约为 210 万 t，小麦秸秆约为 60 万 t，其他秸秆约为 230 万 t。2012 年年底，全省农作物秸秆可收集量约为 1 360 万 t，其中：水稻秸秆约为 440 万 t，玉米秸秆约为 530 万 t，油菜秸秆约为 180 万 t，小麦秸秆约为 30 万 t，其他秸秆约为 180 万 t。2012 年年底全省农作物秸秆利用量约为 780 万 t，其中：用作肥料约为 250 万 t，用作饲料约为 345 万 t，用作食用菌基料约为 45 万 t，用作燃料约为 140 万 t。全省农作物秸秆综合利用率约为 57%，其中，秸秆综合利用率最高的为水稻，约为 74%，秸秆综合利用率最低的为油菜，约为 35%。

据调查，目前，全省推广农作物秸秆还田面积 845 万亩，示范 39.17 万亩。其中，留高茬还田 562 万亩，示范 16.3 万亩；覆盖还田 185 万亩，示范 10.1 万亩；机械粉碎还田 56 万亩，示范 10.6 万亩；腐熟剂堆腐还田 42 万亩，示范 4.4 万亩。2009 年以来，贵州省农作物秸秆还田方式除了传统的过腹还田、垫圈还田等形式外，重点推广秸秆粉碎还田、覆盖还田、留高茬还田和秸秆腐熟剂堆腐还田等四种方式，还田的作物秸秆主要有小麦、水稻、玉米、油菜、大豆、马铃薯等作物秸秆。

全省农作物秸秆综合利用率达 61% 左右，主要方式：一是秸秆直接还田，秸秆还田率达 8%；二是过腹还田，达 20%；三是垫圈还田，通过青贮、微贮、氨化把秸秆转化为优质饲料，还田率为 30%~32%；四是生物堆腐还田，达 2%~3%；五是引进先进的秸秆综合利用新技术大力发展食用菌，增加了农民收入，减轻秸秆对环境的污染，此种方式目前数量较少，利用率不到 1%。另外，还有部分边远且燃料比较困难的地方，将玉米、油菜秸秆作为燃料；仍有部分秸秆由于劳力紧张及没有饲养牲畜被农户直接烧掉。

2010—2012 年，贵州省实施秸秆肥料化、饲料化和燃料化重点工程，累计投入资金 6 600 万元，形成秸秆综合利用能力 85 万 t/ 年。

① 实施秸秆肥料化工程：2010—2012 年，在平坝县、息烽县、西秀区、普定县、盘县、紫云县、修文县、开阳县、清镇市、六枝特区等共 10 个县，推广快速腐熟还田技术，累计补助资金 3 000 万元，累计实施面积 100 万亩，形成秸秆综合利用能力 50 万 t/ 年。

② 实施秸秆饲料化工程：2010—2012 年，在遵义、毕节推广秸秆膨化、压块和发酵等生物化技术，累计补助资金 600 万元，支持一批秸秆饲料加工企业，形成秸秆综合利用能力 20 万 t/ 年。

③ 实施秸秆燃料化工程：2010—2012 年，在全省推广秸秆高效低排整体炉 30 万台，累计补助资金 3 000 万元，形成秸秆综合利用能力 15 万 t/ 年。

5. 绿肥资源

据统计，目前全省绿肥种植面积稳定在 670 万亩左右，绿肥鲜草平均单产 1 283kg/ 亩，鲜草总量836万t，直接还田754.5万t，占鲜草总量的90%，81.5万t用作饲料，占鲜草总量10%。其中冬绿肥620万亩，绿肥鲜草平均单产1 250kg/亩，总产量775万t，直接翻压还田697.5万t，占绿肥鲜草总量的90%，有77.5万t绿肥鲜草用作饲料，占绿肥鲜草总量的10%；春夏绿肥中有紫云英、碗胡豆等专兼用绿肥30万亩，其鲜草平均产量为900kg/亩，总产量为27万t，直接还田数量为23万t，占鲜草总量的85%，有4万t用作饲料，占鲜草总量的15%。水生绿肥细绿萍20万亩，平均单产1 700kg，总产量为34万t，全部直接还田。

6. 人畜粪尿等资源

根据全省大牲畜（牛、马、猪、羊、家禽）统计头数、人口统计数据及平均每日排泄量（牛、马按5kg/日头（匹），猪3kg/日头，羊2kg/日只，人1kg/日人，家禽0.5kg/日只），预计每年可产生人畜粪尿12 684万t，堆沤发酵利用9 234.6万t，占73%。其中牛马粪尿4 263万t，猪粪尿5 580万t，羊粪尿135万t，人粪尿2 526万t，家禽粪便180万t，其中仅有4万t用于肥料生产，占2%。根据全省油菜籽产量及出油率统计，全省油菜籽饼肥约178万t，其中71.2万t用作肥料，占饼肥总量的40%，其余106.8万t用作饲料，占饼肥总量的60%。油桐饼10万t，其中4万t用作肥料，6万t用作饲料生产。

7. 有机肥工厂化生产

据统计，目前全省有机肥料工厂有17家，其中，按产品类型分：有机无机肥料厂8家、生物有机肥料厂8家、精制有机肥仅1家。总生产规模较小，年实际生产能力超过2万t的仅有3家，由于受原料、发酵堆腐技术、加工工艺流程等因素的影响，产品单价相对较无机复混肥高，加之有机肥料肥效缓长和农民认识上的不足，致使有机无机肥料或单纯的商品有机肥料在市场上还未真正推广开。

8. 农膜使用

全省农地膜覆盖栽培技术广泛用于粮食、烤烟、果蔬生产，对农业生产的持续稳定发展、农民增收，特别是粮食生产起到了重要的促进作用。据贵州统计年鉴，2003年全省农膜使用量为17 188吨，2006年为30 681吨，2011年达到40 857吨，比2006年增长33.17%。

据统计，近年来，贵州省在水稻育秧上农地膜育秧秧田面积达82万亩，玉米145.42万亩，烤烟144.67万亩，蔬菜112.78万亩，使用总量已超过2.2万t/年，亩均用量4.5kg。农膜在增加农作物产量的同时，其残留造成了农业面源污染。全省废旧农膜残留每亩平均达2.5kg，部分高寒地区农膜的使用量更大，如：威宁县曾经年农膜使用量超过1 000t，绝大部分农膜没有回收处理。由于回收率低和难于分解，直接破坏耕作层结构，造成耕地退化和作物减产。与此同时，随着农、地膜的推广适用逐年扩大，残留在土壤中的农膜也逐年增加，影响了土壤的通透性，形成了人们常说的“白色污染”，且日趋严重，给贵州省农业生产的持续发展带来了一定的影响。

二、贵州农业可持续发展的制约因素

（一）水土流失较为严重

贵州水热条件良好，适宜多种林木生长。但是，贵州喀斯特（出露）面积约占全省国土总面积的61.9%，由于喀斯特生存环境具有土壤植被不连续、土层浅薄、土壤蓄水性差、地表干燥等特点，对林木生长不利。因此，贵州喀斯特天然林的分布十分有限。加之近数十年人口剧增，盲目扩大耕地，对喀斯特森林的破坏较为严重，留存较少。目前，全省除荔波茂兰、施秉云台山等少数地区尚有连片的喀斯特天然林外，其余各地均十分少见。在喀斯特地区分布的其他类型森林也遭到严重破坏。严重的毁林开荒、农村缺煤地区大量砍伐薪柴、农村建房以及森林火灾和森林病虫害均造成森林资源的过度消耗。加上人口密集，森林的人均占有量远比其他非喀斯特地区低。此外，贵州喀斯特地区的森林存在质量差、林种结构不合理等问题，也极大地削弱了森林涵养水源、保持水土、调节气候等功能，在很大程度上影响了全省生态环境的质量，也是全省各种生态性灾害频繁发生的原因之一。

贵州自然条件复杂，水热条件优越，为形形色色的植物和动物提供了良好的生态条件，因此，植物和动物的种类较为丰富，生态系统的类型也复杂多样。但在近数十年，受人为活动的影响，尤其是在 90 年代以前的长时间内，全省存在大量砍伐森林、毁林开荒、森林火灾等现象，使生态环境受到严重破坏，受威胁的野生动植物物种也不断增多。此外由于人类活动的影响，自然生态系统中喀斯特天然森林遭到大量砍伐，喀斯特天然湖泊因人为开发而变枯竭，灌丛、灌草丛因开垦而变为耕地等，使喀斯特生态系统的多样性也遭受损失，复杂的自然生态系统正在被单调的人工生态系统所取代。

贵州地处长江和珠江上游分水岭地带，区内山高坡陡，水流湍急，土层易受流水冲刷侵蚀。加上森林植被不足和人为活动的干扰影响，水土流失较为严重。据 2000 年第二次全国水土流失遥感调查结果，全省水土流失总面积为 73 179.01km^2，占土地总面积的 41.54%，年土壤侵蚀量 25 215.38 万 t，侵蚀模数 1 432t/（km^2.a）。其中长江流域水土流失面积 51 646.82km^2，占其土地总面积的 44.98%，珠江流域水土流失面积为 21 532.19km^2，占其土地总面积的 35.10%。不同强度等级水土流失面积分别为：轻度水土流失面积 41 415.30km^2，中度水土流失面积 22 424.44km^2，强度水土流失面积 8 016.86km^2，极强度水土流失面积 1 322.41km^2。从水土流失的地域分布看，西部、西北部及东北部流失最为严重，强度等级以上的水土流失主要分布在这一区域，从水土流失的流域水系分布看，长江流域水土流失以乌江水系和赤水河水系及珠江流域南北盘江水系最为严重。水土流失面积占国土面积比例大于 50% 的县（市、区）有近 20 个；中部、东部地区较为严重，流失面积占国土面积的比例一般在 30%~50% 范围内；南部、东南部地区水土流失程度略有减缓，流失面积一般在 30% 左右，主要为轻度流失强度等级。

水土流失的特点：一是以水力侵蚀为主，兼有重力侵蚀，滑坡、泥石流。二是在水土流失的地类上以坡耕地的水土流失最为严重。三是水土流失具有隐蔽性。现有林地大多结构不合理，林种单一，仍存在不同程度的水土流失。如马尾松纯林，具有“远看绿油油、近看水土流”的特点，形成了青山绿水掩盖下的水土流失。水土流失的危害主要表现在：一是泥沙淤积，降低了水利工程效益；二是土壤涵养水源功能下降，农村人畜饮水困难；三是表层土壤营养成分大量流失，土地生产能力下降；四生态环境失调，自然灾害频繁，威胁人民生命财产安全；五是表土流失，基岩裸露，呈现“石漠化”。喀斯特地区土被不连续，土层浅薄。水土流失的发生使得地表土壤大量流失，基岩逐渐裸露，最终导致土地“石漠化”。

通过多年的努力，贵州省水土保持综合治理取得了一定的成效，水土流失的面积在减小，流失程度在减轻，水土保持生态环境状况总体上正逐渐改善，但由于水土保持生态环境建设资金投入不足，治理力度不够，加之生产建设活动产生的人为水土流失没有得到有效控制，“边治理，边破坏”现象还时有发生，导致水土流失综合治理成果得不到应有的保护，效益未能充分体现。治理的速度还远远不能满足生态环境改善的迫切需要。

（二）生态环境脆弱，土地石漠化严重

石漠化是指在喀斯特的自然背景下，受人为活动干扰破坏造成土壤严重侵蚀、基岩大面积裸露、生产力下降的土地退化过程，所形成的土地称石漠化土地。贵州由于喀斯特地区特殊地质条件的影响，不少地方生态环境脆弱，水土流失、土地石漠化严重，是世界上石漠化最严重的地区之一。根据国家林业局的监测结果显示，目前贵州岩溶面积为11.22万km^2，占全省土地面积的63.71%；石漠化面积为3.31万km^2，占国土面积的18.8%，是全国岩溶地（西南8省区）石漠化面积的26%。石漠化程度的分布情况为：轻度、中度、重度石漠化面积分别为1.06、1.73、0.52万km^2，分别占石漠化面积的32%、52%、16%，并占全国岩溶地区相关程度石漠化面积的30%、25%、15%，是全国石漠化面积最大、等级最齐、危害最重的省份。西部大开发以来，贵州借助退耕还林、天然林保护等生态建设工程和易地扶贫搬迁等其他工程，从不同角度对石漠化进行防治，取得了一定的成效，但由于这些工程对石漠化治理的针对性不强，石漠化有效治理速度仍赶不上扩展速度，使得贵州石漠化面积每年仍以2%~3%的速度扩展。土地的石质荒漠化不仅使土地丧失生产力，破坏生态环境，而且还严重影响农业林牧生产，甚至使人类丧失生存的基本条件，极大地制约了全省农业的可持续发展。

（三）矿产资源开发造成的环境问题日趋突出

矿产资源是贵州的优势资源，近几十年来贵州矿产资源的大量开发产生了明显的经济效益，但同时也产生了不少环境问题，除采矿空洞和矿业“三废”造成对生态环境的不良影响外，矿业荒漠化土地的形成和迅速扩大，也成为贵州重要的环境问题之一。贵州开发的主要矿产中有很多是露天开采，如铝土矿、磷、石灰石、砂石、砖瓦黏土以及锰、铁等。露天开采要进行大量表土剥离，因而对地表植被与地貌景观造成严重破坏，形成土地荒芜、岩石裸露、乱石遍地的矿业荒漠化土地。加上因矿产开发产生的“三废”对土地和植被造成的不良影响，更使土地遭受严重破坏。

据调查，20世纪80年代初期全省已累计有矿业荒漠化土地450km^2，到1994年，又增至1 290km^2，约占全省国土面积的0.73%。而且这类土地又主要分布于喀斯特强烈发育的黔中、黔西地区，如贵阳、开阳、瓮安、福泉、清镇、修文、遵义、六盘水、盘县、毕节、晴隆、大方、织金等地。在1983—1994年这11年间，全省矿业荒漠化土地平均每年增加76.3km^2左右，预计在未来20~30年内，全省矿业资源开发导致的荒漠化土地面积仍将以每年30km^2左右的速度增长，将成为严重威胁全省农业生态环境的重要问题之一。

（四）土地资源利用效率低，未利用地开发难度大

一是土地资源利用效率低。贵州土地利用以农用地为主，对地区生产总值贡献大的建设用地比例小、仅占土地总面积的3.20%，而且农村居民点面积偏大，土地浪费现象严重。已利用的建设用地，土地利用效率低，2008年地均生产总值为3.99万元/亩，仅相当于全国平均水平的58.64%。二是未利用地开发难度大。在全省200多万hm^2未利用土地中，难以利用的裸岩石烁地占58.07%，开发难度大，可开垦的耕地后备资源匮乏。三是土地资源利用方式亟待转变。农村居民点散乱，空心村、闲置地大量存在。城镇、工矿等粗放利用土地的现象依然突出。建设用地的粗放、闲置、低效利用，进一步加剧了土地供需矛盾。一方面因城镇的扩建、集市和园区建设等对好田好土的大量

侵占，特别是分布极其有限的喀斯特坝子地正在因非农业利用而在逐渐缩小，甚至消失，如贵阳中曹司盆地、普定城关坝子等，导致人均耕地进一步减少，一些喀斯特县（市）人均耕地占有面积的减少率都在50%以上。另一方面，部分地区人们为解决粮食问题又盲目扩大耕地，不惜毁林毁草开荒，陡坡开荒，在石质山地进行垦殖，结果造成陡坡耕地面积大增。这种对土地资源利用的严重错位，不但浪费了宝贵的土地资源，而且又加剧了生态环境的恶化。

（五）频繁发生的旱涝及地质灾害

在频繁的人类活动影响下，气候异常，再加上生态环境恶化，抗御自然灾害的能力降低，致使自然灾害频繁发生。在贵州这样的喀斯特地区尤以干旱与洪涝、凝冻灾害最为突出。频繁发生的旱涝灾害对农业生产影响极大，是导致贵州喀斯特地区农村贫穷落后的重要原因之一。旱灾已由新中国成立前的“三年一小旱，十年一大旱”演变为六年五旱、连年发生干旱的局面，其频率明显加快。特别是20世纪80年代后期的连年干旱，造成大范围的旱情，农业生产遭受严重损失。洪涝灾害在90年代初及中期以后更是频繁发生，其中1991年、1996年、1997年和1998年的大范围暴雨洪涝灾害涉及面广，强度大，受灾严重。喀斯特地区的部分地貌形态和喀斯特盆地、洼地，常因排水不畅而产生洪涝的现象则更为普遍，尤以喀斯特强烈发育的黔西南州较为常见。有的喀斯特盆地坝子遇雨则涝遇晴则旱。近年来，全省极端性气候灾害如凝冻等，有日渐频繁逐步加重的趋势，2008年初发生的凝冻天气，造成农作物受灾面积305.8万亩，成灾135.7万亩，绝收12.8万亩。

人类一些不良的、强度较大的人为活动还会引起自然界中地质发生形变或位移，形成地质灾害。贵州喀斯特地区主要的地质灾害有滑坡、泥石流、崩塌、塌陷等。这些地质灾害由于发生突然、规模大、时间不定，因此人们难以预防，常常造成巨大的经济损失和人畜伤亡。贵州的地质灾害还随着近期人为活动的频繁影响和生态环境的恶化，呈日渐频繁之势。严重的地质灾害不但造成人民生命财产的巨大损失，而且影响工农业生产建设，并使喀斯特生态环境进一步恶化。

（六）耕地少，质量差，人地关系紧张

贵州地质、地貌、土壤、气候条件复杂，地面破碎程度高、地力变异大，是我国喀斯特岩溶地貌发育最为集中的地区，生态系统脆弱，石漠化严重。贵州山地多，平地少，是全国唯一没有平原支撑的喀斯特山地省份。平地主要集中在河谷、山间盆地和溶蚀洼地中，面积窄小，分布零星6°~15°耕地占耕地总面积的35.67%，15°~25°的坡耕地占耕地面积的29.44%，25°以上的坡耕地面积为17.92%，耕地分布的自然坡度多在15°~20°之间。贵州省的地质、地貌和气候使得耕地大多土层薄，自然坡度大，肥力低下，水土保持能力差，投入产出率低，耕地质量差。

由于全省工业化、城镇化、新农村进程的稳步推进、国家和省重点项目增多占用农用地，以及自然灾害损毁，自1990年以来，贵州省耕地数量的变化呈逐年递减趋势，“八五”期间，耕地数量以每年1 360hm^{2}递减；“九五”期间以每年26 617hm^{2}递减；“十五”期间以每年51 327hm^{2}递减；2005—2008年以每年6 563.48hm^{2}递减。

（七）农村经济发展缓慢

由于历史、地理、社会和经济等方面的原因，贵州经济发展水平较低。据贵州统计年鉴，2011年，贵州省地区生产总值在全国排第26位，第一产业产值排22位，第二产业产值排27位，第三产业产值排25位，人均生产总值排31位。贵州产业结构中，以第一产业为主，二、三产业不发

达；农业内部结构中，种植业比重大，林、牧、渔业比重小，农产品商品率低，长期处于传统农业自给半自给状态，远不适应农业可持续发展的需要。同时，由于国家长期在资源配置上的倾斜政策，农村投资比重小，农业基础设施不健全，造成长期以来贵州部分地区农业一直保持着家庭式的、自给自足的发展状况，农业协作程度低、技术落后、生产率低下，机械化程度低，家庭小农经济的特点还非常突出，从而使农业经济发展缓慢。另外，国家对农业的土地所有权也在一定程度上影响了农民的耕作积极性。比如国家在城市化的过程中，占用农民耕地，并未能给予足够的赔偿，这也在一定程度上挫伤了农民的劳动积极性。

三、贵州省农业可持续发展评价

农业可持续发展评价是为决策者在农业发展进程中应优先解决什么问题提供参考，同时为公众了解和认识农业可持续发展进程提供有效信息。要判断农业的可持续发展水平，必须建立一套能度量可持续发展趋势的指标体系和有效监测方法，以便于评价农业活动及其可持续发展政策和措施的影响及实施效果。

（一）农业可持续发展评价指标体系设计

1. 评价指标选择

根据构建贵州省农业可持续发展指标体系的指导思想和基本原则，本研究对全省 88 个县（市、区）填报的资料进行统计汇总、比较和可靠性评价，并对 2000—2012 年省级统计资料进行反复推敲，分析了省级指标和县级指标的协调一致性和可获得、可量化性，最终选择用 27 个指标来构建贵州省农业可持续发展评价指标体系。

2. 评价指标体系构建

用所选指标构建由 3 个层次、4 个子系统、27 个指标组成的贵州省农业可持续发展评价指标体系。采用自上而下、逐层分解的方法，把农业可持续发展指标体系分为 3 个层次（目标层、准则层与指标层），每一层次又分别选择反映其主要特征的要素作为评价指标；按自下而上的方法，根据统计资料的可得性，力求反映准则层的主要特征基础上，使指标具有良好的量化能力。见表 3-1。

（二）评价方法选择和指标权重确定

1. 评价方法选择

农业可持续发展评价体系是一个多个层次、多项指标的复杂评价体系。采用多指标综合评价模型，必须确定各指标的权重。指标权重的确定有主观法和客观法两大类。

选择评价方法时把握两点：一是准确把握被评价系统的类型；二是清晰界定被评价系统内部结构关系。一般来说，含有主观指标的评判和定性分析含有更多的模糊性，适合采用主观法（如层次分析法等）；对客观指标或统计指标的评价，可采用多元统计方法。

由于贵州省农业可持续发展评价指标体系中主要是定量指标，并且指标数据大多来源于统计年鉴，因此本研究主要采用多元统计分析方法中的主成分分析法和因子分析法作为基本评价方法。

表 3–1　贵州省农业可持续发展评价指标体系

目标层	准则层	指标层	变量	单位	指标极性	指标类型
贵州省农业可持续发展水平A	资源可持续性系统B1	区域人均耕地面积	C11	亩 / 人	+	正向指标
		区域水资源密度	C12	万 m^3/km^2	+	正向指标
		土地复种指数	C13	无量纲	+	正向指标
		耕地有效灌溉率	C14	%	+	正向指标
		农村人口人均耕地面积	C15	亩 / 人	+	正向指标
	环境可持续性系统B2	森林覆盖率	C21	%	+	正向指标
		农药施用强度	C22	kg / 亩	—	逆向指标
		化肥施用强度	C23	kg / 亩	—	逆向指标
		塑料薄膜使用强度	C24	kg / 亩	—	逆向指标
		农业自然灾害成灾面积比	C25	%	—	逆向指标
		水土流失面积比例	C26	%	—	逆向指标
	经济可持续性系统B3	区域人均农业 GDP	C31	万元 / 人	+	正向指标
		农业劳动生产率	C32	万元 / 人	+	正向指标
		农业土地生产率	C33	万元 / 亩	+	正向指标
		农业比较优势	C34	%	+	正向指标
		农产品商品率	C35	%	+	正向指标
		单位国土面积农业产值	C36	万元 /km^2	+	正向指标
		农村居民人均纯收入	C37	元 / 人	+	正向指标
	社会可持续性系统B5	区域人口密度	C41	人 /km^2	—	逆向指标
		农村劳动人口比重	C42	%	+	正向指标
		农村纯农业劳动力比重	C43	%	—	逆向指标
		农村劳动力人均受教育年限	C44	年	+	正向指标
		每万农业劳动力拥有的农业科技人员数	C51	人 / 万人	+	正向指标
		区域城市化水平	C52	%	+	正向指标
		区域公路密度	C53	km/km^2	+	正向指标
		城乡居民收入差异系数	C54	无量纲	—	逆向指标
		人均食物占有量	C55	kg / 人	+	正向指标

2. 基础数据收集整理

本研究通过两种途径收集评价指标计算所需数据：一是通过《贵州省统计年鉴》《贵州省领导干部手册》《贵州省国民经济和社会发展公报》《中国统计年鉴》等收集 2000—2012 年贵州省 48 个指标，共计 624 个原始数据，用于计算评价指标原始值；二是由贵州省资源区划研究中心制定统计表格下发，请各市州县填报，收到 88 个县 2000 年、2011 年和 2012 年共计 3 年的填报数据约 13 500 个，由于各县填报的数据单位不统一、逻辑错误较多，最后以 2012 年各县填报数据为基础，补充查阅相关市州及县级农业发展资料，统计汇总得到 2012 年 88 个县 52 个指标的数据 4 576 个，用于筛选计算县级农业可持续发展评价指标值。

3. 原始指标值计算

利用收集到的基础数据，通过分析、比较和逻辑分析，筛选出 27 个指标构建贵州省农业可持续发展评价指标体系，并根据具体指标的含义确定其计算方法，得到各个指标的原始值。其中，省级指标值 351 个，县级指标值 2 376 个。

4. 原始指标数据的标准化处理

数据标准化方法选择。评价指标的原始数据绝大多数都有量纲，含义和性质不同，不具有可比性，必须进行标准化处理，消除各量纲影响、缩小指标间的数量级差。对指标数据进行标准化的方法可分为直线形、折线形和曲线形三种。由于贵州省农业可持续发展评价体系中，同时存在正向指标和逆向指标，故选用直线形方法中的极值法对指标数据进行标准化处理。

5. 主成分分析

用 SPSS13.0 统计分析软件对贵州省农业可持续发展评价指标标准化后的数据进行主成分分析，得到以下结果：

贵州省农业可持续发展综合得分模型为：

$F=0.041978x_1+0.004242x_2+0.040626x_3+\cdots+0.028120x_{27}$

（三）权重分配与评价标准

1. 权重分配

贵州省农业可持续发展评价体系各具体指标的权重如表 3–1 所示。权重总和为 1，各子系统权重分配见表 3–2。

表 3–2　贵州省农业可持续发展各子系统权重分配

子系统	资源可持续	环境可持续	经济可持续	社会可持续	合计
权重	0.1813	0.2150	0.3271	0.2766	1.0000

2. 评价标准

将贵州省 2000—2012 年各具体指标的原始数据标准化后代入综合评价模型，可计算出各年度农业可持续发展的评价值与 13 年的平均值，并参考相关研究文献成果和贵州实际，建立一个相对的评价标准，据此来判断贵州农业可持续发展的状况（表 3–3）。

表 3–3　贵州省农业可持续发展评价标准

综合评价值	0~0.3	0.3~0.5	0.5~0.7	0.7~1
评价标准	不可持续	基本可持续	较强可持续	强可持续

（四）评价结果与综合分析

依据贵州省农业可持续发展评价指标标准化值，利用综合得分模型可计算出贵州 2000—2012 年的农业可持续发展综合评价值及其可持续等级，见表 3–4。

表 3-4 贵州农业可持续发展综合评价值（2000—2012 年）

年份	资源可持续	环境可持续	经济可持续	社会可持续	综合评价值	可持续状况
2000	0.046 8	0.129 5	0.045 6	0.087 6	0.309 4	基本可持续
2001	0.036 0	0.139 2	0.037 5	0.080 1	0.292 8	不可持续
2002	0.025 9	0.123 7	0.032 9	0.074 9	0.257 4	不可持续
2003	0.019 5	0.126 3	0.050 3	0.067 1	0.263 2	不可持续
2004	0.023 0	0.126 8	0.072 8	0.082 2	0.304 8	基本可持续
2005	0.053 1	0.120 6	0.088 7	0.108 5	0.370 9	基本可持续
2006	0.045 9	0.124 2	0.082 8	0.104 4	0.357 3	基本可持续
2007	0.064 8	0.122 0	0.127 4	0.124 2	0.438 4	基本可持续
2008	0.087 8	0.084 7	0.159 9	0.151 8	0.484 1	基本可持续
2009	0.113 0	0.093 2	0.164 8	0.164 7	0.535 7	较强可持续
2010	0.146 7	0.103 8	0.209 3	0.195 6	0.655 5	较强可持续
2011	0.160 7	0.080 2	0.224 1	0.179 9	0.645 0	较强可持续
2012	0.177 4	0.094 4	0.287 8	0.210 4	0.770 0	强可持续

计算结果显示，2000—2012 年的 13 年间，贵州农业可持续发展水平逐渐向好，阶段明显，整体处于基本可持续状态。2000—2003 年，评价值在 0.263 2~0.3 094 之间，处于不可持续阶段，其中，2000 年评价值为 0.309 4，应属于偶然波动状况；2004—2008 年，评价值在 0.3~0.5 之间，处于基本可持续阶段；2009—2011 年，评价值在 0.5~0.7 之间，处于较强可持续阶段；2012 年，评价值达到 0.77，进入强可持续阶段。评价值的变化反映了贵州农业从不可持续→基本可持续→较强可持续→强可持续的发展过程。同时，也说明了贵州农业系统的结构从不合理到逐渐趋于合理，从合理到不断优化的调整过程。2012 年以后，贵州农业进入强可持续发展区，内部结构将更加优化，见图 3-1。

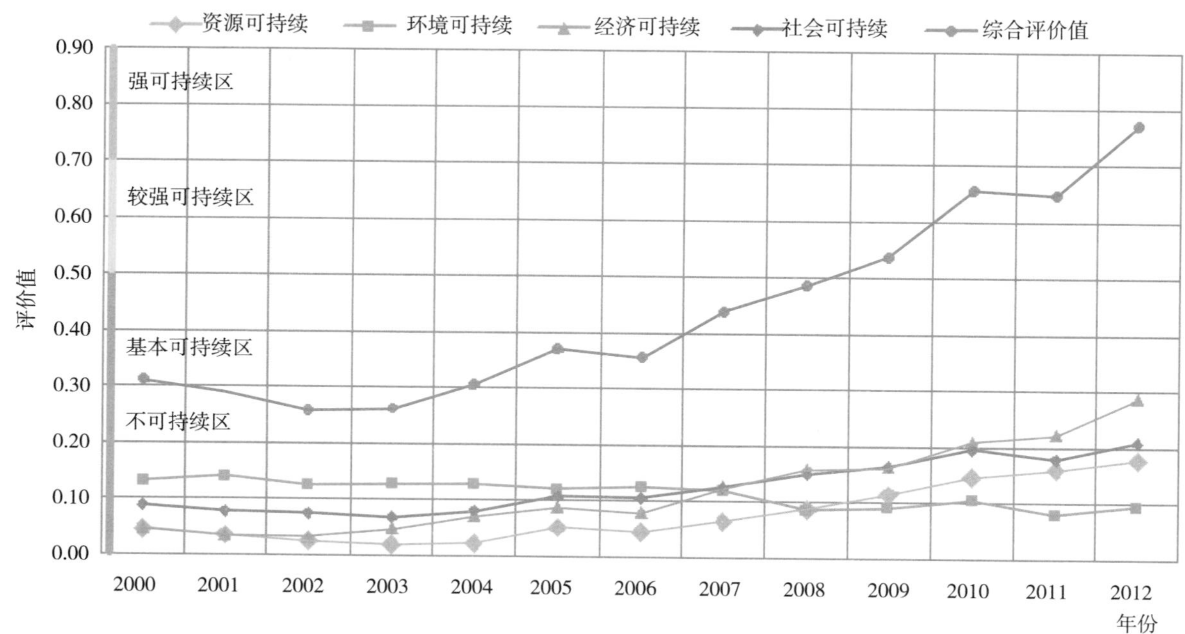

图 3-1 贵州农业可持续发展评价

从各子系统的可持续发展水平看，具体表现为经济可持续性快速增长、社会可持续性不断提升、资源可持续性先降后升，环境可持续性有下降趋势。说明贵州山地特色农业发展过程中，农业资源与环境的保护任务相当艰巨。一方面受城市不断发展的影响，农业资源不断受到吞噬；另一方面，粗犷的土地利用方式亟须改善，化学农药、肥料、除草剂的过量使用，废水、废气污染，投入品包装物、农用薄膜残留以及生活垃圾造成的面源污染等，有导致农业资源与环境可持续性不断下降的趋势，农业系统的可持续发展将面临严峻挑战。

（五）县级评价值计算结果

将 2012 年贵州省 88 个县（市、区）农业可持续发展评价对应指标的标准化数据代入综合得分模型，计算出 2012 年贵州省各县的农业可持续发展评价值。

从计算结果看，88 个县（市、区）可分为基本可持续和较强可持续两个农业可持续发展等级。其中：

属于基本可持续的有 74 个县（市、区），占 84.09%。这些县分别是：云岩区、花溪区、清镇市、钟山区、六枝特区、水城县、盘县、汇川区、桐梓县、正安县、道真县、务川县、凤冈县、湄潭县、习水县、仁怀市、西秀区、平坝县、普定县、镇宁县、关岭县、紫云县、碧江区、江口县、玉屏县、印江县、德江县、沿河县、松桃县、万山特区、兴义市、兴仁县、普安县、晴隆县、贞丰县、望谟县、册亨县、安龙县、七星关区、大方县、黔西县、织金县、纳雍县、威宁县、赫章县、凯里市、黄平县、施秉县、三穗县、镇远县、岑巩县、天柱县、锦屏县、剑河县、台江县、黎平县、榕江县、从江县、雷山县、麻江县、丹寨县、凯里经济开发区、都匀市、福泉市、荔波县、贵定县、瓮安县、独山县、平塘县、罗甸县、长顺县、龙里县、惠水县和三都县，可持续发展综合评价值在 0.367 9~0.496 9 之间。

属于较强可持续的有 14 个县（市、区），占 15.91%。这些县分别是：南明区、乌当区、白云区、开阳县、息烽县、修文县、红花岗区、遵义县、绥阳县、余庆县、赤水市、石阡县、思南县和金沙县，可持续发展综合评价值在 0.500 3~0.588 8 之间。

当然，以上农业可持续发展评价是相对的。尤其是县级评价结论与各县填报资料的完整性、合理性、真实性和可靠性有关。

四、农业可持续发展的适度规模分析

贵州没有平原支撑，山多耕地少；水土流失和石漠化较严重，生态脆弱；土地零星，农业机械化难度大，农业劳动生产率不高。农业与其他省份相比，在规模上没有优势。因此，贵州农业的发展，重点是做品质，而不是做规模。通过对贵州农业系统结构的分析和长期的农业发展实践经验总结得出结论：贵州农业的总体方向，是不断调整优化农业结构，提高农业产业化水平，推进农业发展方式转变，打造贵州原产地名优特农产品品牌，建立高产、优质、生态、安全的现代山地特色高效农业产业体系，将贵州建设成无公害绿色有机农产品大省，确保贵州农业系统的可持续发展。

农业可持续发展适度规模分析，以 2020 年将要达到的规模作为衡量的时间节点。

（一）种植业适度规模

（1）强化农田基础设施建设，继续实施粮增工程和高产创建工程，着力提高粮食单产，力争稳定现有粮食作物播种面积，确保粮食产量稳定在 1 100 万 t 左右。

（2）茶园种植面积达到 700 万亩以上。

（3）发展夏秋蔬菜、早熟蔬菜、反季节蔬菜，提高蔬菜商品化、规模化、标准化发展水平，建成万亩以上蔬菜基地 20 个以上，蔬菜种植面积达到 2 000 万亩。

（4）调整精品水果种植结构，重点发展火龙果、猕猴桃、刺梨、葡萄、蓝莓等，果园面积达到 700 万亩。

（5）发展核桃产业，建成核桃生产基地 600 万亩。

（6）推进中药材规范化、标准化种植，开发种植石斛等 18 个地道特色中药材，建设一批规范种植及良种繁育基地，使中药材种植面积达到 600 万亩。

（7）打造 120 个现代烟草农业基地单元，稳定烟叶种植面积达到 20 万亩左右。

（8）发展优质稻米、薏苡、荞麦、酒用高粱、芸豆等特色食粮，使优质稻种植面积达到 300 万亩；薏苡种植面积达到 100 万亩；荞麦种植面积达到 100 万亩。

（9）稳定发展油菜和花生，提高种植效益，使油料种植面积稳定在 880 万亩左右，其中油菜种植面积稳定在 780 万亩。

（10）在适宜地区发展油茶产业，使油茶种植面积达到 400 万亩。

（二）养殖业适度规模

健全畜禽良种繁育、饲草饲料生产供应和动物疫病防控体系，打造一批规模化、标准化、产业化的生态养殖基地，使畜牧业产值占农业总产值的比重达到 34% 左右。

（1）大牲畜年末存栏 550 万头。

（2）肉猪年末存栏 1 700 万头。

（3）肉羊年末存栏 300 万只。

（4）肉类总产量达到 260 万 t。

（5）牛奶产量达到 11 万 t。

（6）禽蛋产量达到 25 万 t。

（7）水产品产量达到 22 万 t。

（三）保障适度规模农业可持发展的主要措施

1. 农业可持续发展基础设施建设

加快现代农业水利建设，完善农田灌溉设施，使农田有效灌溉面积达到 2 600 万亩；加大机耕道建设力度，使每亩耕地平均占有机耕道路 7m 以上，田间生产作业道路 14m 以上；推进农村输变电设施进现代高效农业示范园区、大型养殖企业、连片种植基地和农产品加工企业，确保农业生产用电稳定、安全。

2. 推进农业“接二连三”融合发展

发展农产品加工、贮藏、保鲜、分级、包装和运销，培育一批省级农产品加工试点示范企业，推动粮经饲统筹、农林牧渔结合、种养加一体、一二三产业融合发展。使农产品加工率达到 50%，省级以上龙头企业达到800个以上。扩展农业功能，因地制宜发展乡村旅游和休闲观光体验农业。

3. 发展环境友好型农业

一是发展节水农业，完善农田灌排设施，推进小型农田水利工程和节水灌溉工程建设。二是减少化肥和农药使用量，推广农业绿色生产技术和绿色增产模式，提高有机肥施用比例和肥料利用效率，实现化肥、农药使用量零增长。三是推进农业废弃物回收利用，建立农药、肥料、农膜等包装废弃物收集处理系统，有效控制农业面源污染。

五、农业可持续发展的区域布局

（一）农业可持续发展的区域差异分析

根据农业可持续发展评价值的计算结果，我们从整体上清楚了贵州农业系统2000—2012年所处的可持续发展水平。如果把2012年88个县（市、区）的综合评价值按一定范围聚类，可看出贵州农业可持续发展的空间分布状况。

1. 按综合评价值聚类

将综合评价值划分为：0.4以下（较低），0.4~0.45（一般），0.45~0.5（中等），0.5以上（良好）4个区间，可得到表5-1的聚类结果。

表5-1　贵州88县（市、区）农业可持续发展水平聚类结果

空间类型	评价值β范围	县数	所含县（市、区）	农业可持续发展水平
一类	$0 \leq \beta < 0.4$	6	盘县、普安县、普定县、镇宁县、大方县、纳雍县。（β平均值=0.387 9）	较低
二类	$0.4 \leq \beta < 0.45$	32	钟山区、六枝特区、水城县、务川县、湄潭县、西秀区、平坝县、关岭县、紫云县、兴仁县、晴隆县、贞丰县、册亨县、安龙县、七星关区、黔西县、织金县、威宁县、赫章县、黄平县、三穗县、镇远县、岑巩县、锦屏县、台江县、榕江县、从江县、麻江县、丹寨县、荔波县、罗甸县、龙里县。（β平均值=0.422 5）	一般
三类	$0.45 \leq \beta < 0.5$	36	云岩区、花溪区、清镇市、汇川区、桐梓县、正安县、道真县、凤冈县、习水县、仁怀市、碧江区、江口县、玉屏县、印江县、德江县、沿河县、松桃县、万山特区、兴义市、望谟县、凯里市、施秉县、天柱县、剑河县、黎平县、雷山县、凯里经济开发区、都匀市、福泉市、贵定县、瓮安县、独山县、平塘县、长顺县、惠水县、三都县。（β平均值=0.473 9）	中等
四类	$0.5 \leq \beta < 1$	14	南明区、乌当区、白云区、开阳县、息烽县、修文县、红花岗区、遵义县、绥阳县、余庆县、赤水市、石阡县、思南县、金沙县。（β平均值=0.519 7）	良好

表5-1反映了贵州农业系统可持续发展的空间分布状态。可看出，贵州农业可持续发展水平

在空间上可分为4类不同的区域：

一类：农业可持续发展综合评价值 β 在0.4以下，可持续水平较低，包含6个县，占总县（市、区）数的6.82%。

二类：农业可持续发展综合评价值 β 在0.4~0.45，可持续水平一般，包含32个县（市、区），占总县（市、区）数的36.36%。

三类：农业可持续发展综合评价值 β 在0.45~0.5，可持续水平中等，包含36个县（市、区），占总县（市、区）数的40.91%。

四类：农业可持续发展综合评价值 β 在0.5以上，可持续水平良好，包含14个县（市、区），占总县（市、区）数的15.91%。

2. 农业生产条件区域差异分析

区域农业生产条件受到该区域人口、社会、经济、资源、环境等诸多因素影响。而且，各因素之间也是相互影响的，分析起来比较复杂。为了清楚地看出各区域之间农业生产条件的差异，分别计算各类型区的指标平均值与农业系统整体平均，通过区域平均值与系统整体平均值的比较，即可看出各区域之间的差异（表5-2）。

表5-2 各类型区人口子系统指标平均值比较

指标	单位	一类区	二类区	三类区	四类区	平均值
区域人口密度	人 /km^2	552.04	558.44	632.35	1021.40	691.06
农村劳动人口比重	%	64.48	64.77	66.36	71.53	66.78
农村纯农业劳动力比重	%	56.17	54.65	48.24	50.46	52.38
农业劳动力受教育水平	%	45.84	52.03	70.40	78.47	61.68

表5-3 各类型区人口子系统指标平均值偏移量

指标	单位	一类区	二类区	三类区	四类区
区域人口密度	单位	-139.02	-132.62	-58.71	330.34
农村劳动人口比重	人 /km^2	-2.30	-2.02	-0.42	4.74
农村纯农业劳动力比重	%	3.79	2.26	-4.14	-1.92
农业劳动力受教育水平	%	-15.85	-9.65	8.72	16.78

表5-4 各类型区社会子系统指标平均值比较

指标	单位	一类区	二类区	三类区	四类区	平均值
每万农业劳动力拥有的农业科技人员数	人 / 万人	17.18	22.88	27.21	29.26	24.13
区域城市化水平	%	11.53	12.86	17.89	30.03	18.08
区域公路密度	km/km^2	0.46	0.51	0.65	1.04	0.67
城乡居民收入差异系数	无量纲	4.06	3.99	3.45	2.85	3.59
人均食物占有量	kg/ 人	271.78	308.29	327.62	323.69	307.84

表 5-5　各类型区社会子系统指标平均值偏移量

指标	单位	一类区	二类区	三类区	四类区	平均值
每万农业劳动力拥有的农业科技人员数	人 / 万人	−6.95	−1.25	3.08	5.13	24.13
区域城市化水平	%	−6.55	−5.21	−0.19	11.95	18.08
区域公路密度	km/km^2	−0.21	−0.16	−0.01	0.38	0.67
城乡居民收入差异系数	无量纲	0.48	0.40	−0.14	−0.74	3.59
人均食物占有量	kg/ 人	−36.06	0.44	19.78	15.84	307.84

表 5-6　各类型区经济子系统指标平均值比较

指标	单位	一类区	二类区	三类区	四类区	平均值
区域人均 GDP	万元 / 人	13 423.47	11 651.56	15 771.03	26 092.14	16 734.55
农业劳动生产率	万元 / 人	0.77	1.02	1.52	1.94	1.31
农业土地生产率	万元 / 亩	0.15	0.29	0.38	0.34	0.29
农业比较优势	%	14.26	21.57	20.69	16.62	18.29
农产品商品率	%	36.22	42.95	47.03	46.72	43.23
单位国土面积农业产值	万元 $/km^2$	144.43	109.74	86.77	152.02	123.24
农村居民人均纯收入	元	4 714.67	4 880.23	5 705.05	7 334.35	5 658.57

表 5-7　各类型区经济子系统指标平均值偏移量

指标	单位	一类区	二类区	三类区	四类区	平均值
区域人均 GDP	万元 / 人	−3 311.08	−5 082.99	−963.52	9 357.59	16 734.55
农业劳动生产率	万元 / 人	−0.55	−0.29	0.21	0.62	1.31
农业土地生产率	万元 / 亩	−0.14	0.00	0.09	0.05	0.29
农业比较优势	%	−4.02	3.29	2.40	−1.67	18.29
农产品商品率	%	−7.01	−0.28	3.80	3.49	43.23
单位国土面积农业产值	万元 $/km^2$	21.19	−13.50	−36.47	28.78	123.24
农村居民人均纯收入	元	−943.91	−778.34	46.48	1 675.77	5 658.57

表 5-8　各类型区资源子系统指标平均值比较

指标	单位	一类区	二类区	三类区	四类区	平均值
区域人均耕地面积	亩 / 人	1.69	1.33	1.31	1.45	1.45
区域水资源密度	万 m^3/km^2	106.88	86.62	64.83	60.74	79.77
复种指数	无量纲	0.97	1.63	1.65	1.42	1.42
坡度在 15° 以下的面积比例	%	48.54	37.71	37.72	56.61	45.14
耕地有效灌溉率	%	24.45	43.16	48.83	36.19	38.16
农村人口人均耕地面积	亩 / 人	1.92	1.51	1.56	1.95	1.73

表 5-9　各类型区资源子系统指标平均值偏移量

指标	单位	一类区	二类区	三类区	四类区	平均值
区域人均耕地面积	亩 / 人	0.25	-0.11	-0.14	0.00	1.45
区域水资源密度	万 m^3/km^2	27.11	6.85	-14.94	-19.03	79.77
复种指数	无量纲	-0.45	0.21	0.23	0.00	1.42
坡度在 15° 以下的面积比例	%	3.40	-7.43	-7.43	11.47	45.14
耕地有效灌溉率	%	-13.71	5.00	10.67	-1.97	38.16
农村人口人均耕地面积	亩 / 人	0.18	-0.23	-0.18	0.22	1.73

表 5-10　各类型区环境子系统指标平均值比较

指标	单位	一类区	二类区	三类区	四类区	平均值
森林覆盖率	%	33.85	44.10	47.94	44.27	42.54
化学农药施用强度	kg/ 亩	0.10	0.39	0.33	0.28	0.27
化学肥料施用强度	kg/ 亩	37.23	40.28	29.18	31.68	34.59
塑料薄膜	kg/ 亩	3.40	-7.43	-7.43	11.47	45.14
使用强度	%	0.43	0.90	1.30	0.87	0.87
农业自然灾害成灾面积比	%	12.00	10.29	7.74	3.54	8.39
水土流失面积比重	%	76.32	49.37	31.89	28.91	46.62

表 5-11　各类型区环境子系统指标平均值偏移量

指标	单位	一类区	二类区	三类区	四类区	平均值
森林覆盖率	%	-8.69	1.56	5.40	1.73	42.54
化学农药施用强度	kg/ 亩	-0.18	0.11	0.06	0.00	0.27
化学肥料施用强度	kg/ 亩	2.64	5.68	-5.41	-2.91	34.59
塑料薄膜使用强度	kg/ 亩	-0.45	0.03	0.42	-0.01	0.87
农业自然灾害成灾面积比	%	3.61	1.90	-0.65	-4.86	8.39
水土流失面积比重	%	29.69	2.75	-14.73	-17.71	46.62

从表 5-2 至表 5-11 知，就每个子系统而言，针对具体的评价指标值偏离系统平均值的偏移量大小，可以看出各类型区之间的差别。但应特别注意：正向指标是在正方向偏离平均值越大越好；逆向指标是在负方向偏离平均值越大越好（即负的绝对值越大越好）。为了更清楚起见，我们再挑几个逆向指标放在一起进行比较，见表 5-12。

表 5-12　农业可持续发展逆向指标偏离平均值的情况比较

指标	单位	一类区	二类区	三类区	四类区	平均值
化学农药施用强度	kg/ 亩	-0.18	0.11	0.06	0.00	0.27
化学肥料施用强度	kg/ 亩	2.64	5.68	-5.41	-2.91	34.59
塑料薄膜使用强度	kg/ 亩	-0.45	0.03	0.42	-0.01	0.87
农业自然灾害成灾面积比	%	3.61	1.90	-0.65	-4.86	8.39
水土流失面积比重	%	29.69	2.75	-14.73	-17.71	46.62
区域人口密度	单位	-139.02	-132.62	-58.71	+330.34	691.06
农村纯农业劳动力比重	%	+3.79	+2.26	-4.14	-1.92	52.38
城乡居民收入差异系数	无量纲	0.48	0.40	-0.14	-0.74	3.59

放在表 5-12 中比较的 8 个逆向指标，指标值负得越多越好，正得越多越差。所以，我们把“-”评价为“好”，把“+”评价为“差”。可以看出：一类区有 3 个“好”，“好”占 37.5%；二类区有 1 个“好”，“好”占 12.5%；三类区有 6 个“好”，“好”占 75%；四类区有 6 个“好”，“好”占 75%。各区域之间的差异明显。

（二）农业可持续发展区划方案

前面按农业可持续发展综合评价值把贵州省的 88 个县（市、区）划分为 4 个类型区，它表达了 2012 年全省农业可持续发展水平的空间分布状态，其实也可以把这种划分结果作为农业可持续发展区域的分区方案。但是，由于没有消除原始统计数据的真实性和可靠性的影响，划分区域零星、不连续，不利于制定相关政策分类指导区域农业可持续发展。为此，利用 88 个县（市、区）填报的原始数据，计算出 27 个指标变量的值，进行标准化处理后，用 SPSS13.0 统计分析软件重新进行聚类分析，并对输出结果进行适当、少量的调整，得到最终分区方案，见表 5-13。

表 5-13　贵州省农业可持续发展分区方案

区号	分区名称	县（市）区数	所含县（市、区）
Ⅰ	都市现代农业可持续发展区	21	南明区、云岩区、花溪区、乌当区、白云区、开阳县、息烽县、修文县、清镇市、钟山区、红花岗区、汇川区、遵义县、西秀区、平坝县、碧江区、兴义市、七星关区、凯里市、凯里经济开发区、都匀市
Ⅱ	农产品供给与就业生活保障农业可持续发展区	37	六枝特区、水城县、盘县、桐梓县、绥阳县、正安县、道真县、务川县、凤冈县、湄潭县、余庆县、习水县、赤水市、仁怀市、普定县、镇宁县、关岭县、紫云县、江口县、石阡县、思南县、印江县、德江县、沿河县、松桃县、万山特区、兴仁县、普安县、晴隆县、贞丰县、大方县、黔西县、金沙县、织金县、纳雍县、威宁县、赫章县
Ⅲ	生态调节与就业生活保障农业可持续发展区	16	施秉县、三穗县、天柱县、锦屏县、剑河县、台江县、黎平县、从江县、雷山县、丹寨县、镇远县、榕江县、黄平县、岑巩县、麻江县、玉屏县
Ⅳ	环境保护与就业生活保障农业可持续发展区	14	望谟县、册亨县、安龙县、福泉市、荔波县、贵定县、瓮安县、独山县、平塘县、罗甸县、长顺县、龙里县、惠水县、三都县

通过聚类和综合分析，将全省 88 各县（市、区）划分为 4 个农业可持续发展区（图）：

Ⅰ. 都市现代农业可持续发展区（含 21 个县）；

Ⅱ. 农产品供给与就业生活保障农业可持续发展区（含 37 个县）；

Ⅲ. 生态调节与就业生活保障农业可持续发展区（含 16 个县）；

Ⅳ. 环境保护与就业生活保障农业可持续发展区（含 14 个县）。

（三）区域特征指标计算

根据各县填报数据，选择 18 个指标说明区域的基本特征，计算结果见表 5-14。

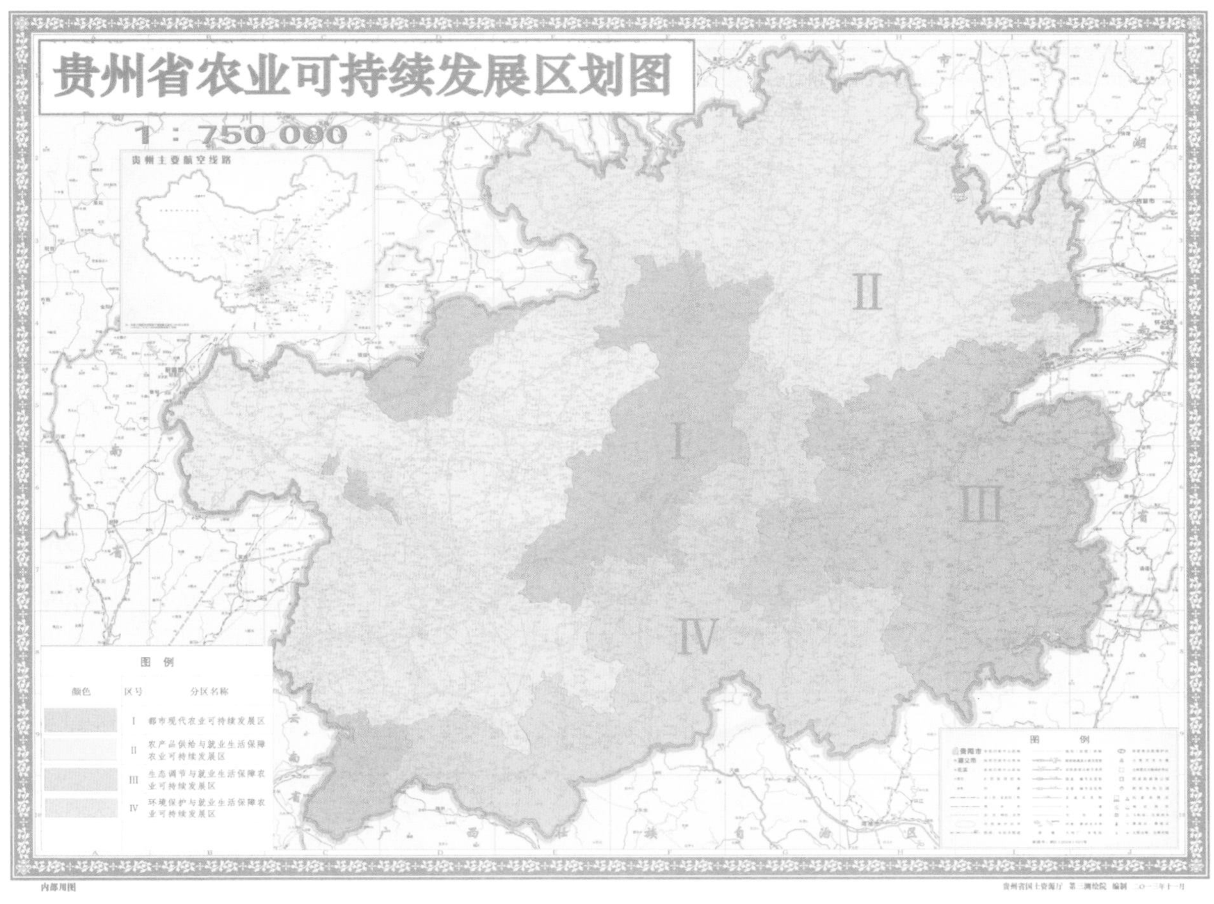

图 贵州省农业可持续发展区划图

表 5–14 贵州省农业可持续发展分区基本情况统计计算

序号	指标	单位	Ⅰ区	Ⅱ区	Ⅲ区	Ⅳ区
1	土地面积	km^2	26 995.81	78 863.98	29 420.35	31 789.26
2	耕地面积	万亩	1 236.75	3 727.78	550.09	425.30
3	草地面积	万亩	252.17	1 283.32	446.69	691.62
4	林地面积	万亩	1 603.99	5 886.27	3 005.50	2 310.57
5	总人口	万人	1 227.20	2 201.52	427.11	459.57
6	乡村总人口	万人	716.06	1 962.94	374.16	423.83
7	乡村劳动力	万人	464.29	1 317.39	243.41	284.82
8	农林牧渔业劳动力	万人	221.55	671.08	133.30	152.21
9	农业劳动力转移数	万人	132.08	390.83	78.81	24.50
10	粮食总产量	万 t	236.75	650.26	108.27	138.79
11	肉类总产量	万 t	64.89	104.66	16.80	22.25
12	水资源总量	万 m^3	1 802 430	5 297 719	1 590 631	2 003 900
13	作物总播种面积	万亩	1 661.83	4 590.51	767.94	928.16

（续表）

序号	指标	单位	Ⅰ区	Ⅱ区	Ⅲ区	Ⅳ区
14	旱涝保收面积	万亩	235.18	537.23	208.49	136.99
15	农业自然灾害成灾面积	万亩	68.08	294.93	85.47	115.21
16	化肥用量	t	486 692	1 046 005	157 163	146 735
17	农药用量	t	2 084	5 306	2 091	2 312
18	农膜用量	t	9 953	23 257	3 046	6 307

（四）区域农业可持续发展功能定位与目标

1. 总体思路

深入贯彻落实党的十八大和十八届三中全会以来的精神，牢固树立生产、生态、生活“三生共赢”的理念，以转变农业发展方式为主线，以促进农业农村经济可持续发展为主攻方向，以保障粮食等主要农产品有效供给和促进农民增收为前提，以科技创新与技术推广为动力，以资源环境可持续利用为原则，借鉴历史和国内经验，深入分析贵州省农业可持续发展所面临的严峻挑战与已有的工作基础与条件，协调好稳定农业生产、增加农民收入和促进可持续发展的关系，平衡好生态建设、环境保护与农业生产的关系，处理好区域资源环境承载力、生产力布局与产业结构的关系，坚持分区分类指导，突出重点任务，谋划重大举措，切实推进农业可持续发展。

2. 基本原则

坚持以保障粮食等主要农产品有效供给和促进农民增收为根本前提，坚持资源高效利用、环境保护与可持续开发相结合，坚持科技和人才支撑，坚持政府支持、农民主体、社会参与，坚持分区分类指导、重点突破，坚持合理利用各种资源等原则；通过高标准农田建设，可为推广科学施肥、节水技术创造条件，增强耕地蓄水保墒能力，促进土壤养分平衡，从而降低水资源消耗和化肥施用量，减轻农业面源污染，促进农业可持续发展，保护和改善农村地区生态环境，推进生态文明建设。

3. 发展目标

——到 2020 年，全省现代农业发展取得较大进展，技术装备先进、经营机制完善、功能完备的产业化经营体系基本形成，基本建成我省循环农业经济管理与服务体系，构建技术信息支撑平台，把发展循环农业与社会主义新农村建设和推进现代农业建设结合起来，以“高产、优质、低耗、高效、生态、安全”生产目标，不断提高农业生产技术水平，实现物质和能量的多级利用、高效产出和持续利用，建立结构清晰、功能和谐、耦合密切的循环农业系统，建成农村自然资源永续利用、生态系统良性循环、人与环境和谐相处的循环经济型农业生产模式，为初步建立资源节约型、环境友好型社会奠定基础，推动全省农村经济全面、协调和可持续发展。

——全省主要农业产业园区和生产基地基本形成主导产业与辅助产业优化互促的格局，实现资源利用集约高效，农业废弃物循环利用，标准化生产技术普及率达到 90% 以上。耕地保灌面积达到 60% 以上。

——科技进步对农业增长贡献率达到 53%。主导产业优良品种覆盖率达到 100%，主推技术指导覆盖率 100%，质量安全关键技术到位率 100% 以上，病虫害统防统治覆盖率 100%；农作物耕种收综合机械化率达到50%（以种植业为主导产业的园区）。畜禽粪、稻草及其他农作物残料与菌糠二次利用的综合利用率达到85%以上。

——养殖标准化生产比例达到80%。建成动物防疫、产品质量安全、投入品监管等为主体的追溯体系，人畜粪便处理利用率达到95%以上；病死畜禽无害化处理率达到100%。

（五）农业可持续发展重点区域布局

1. 种植业

（1）粮食作物

① 水稻：重点布局在黔北的遵义、桐梓、务川。黔东南的思南、江口，黔南的惠水、平塘、瓮安，黔西南的安龙以及黔东南州的黎平、天柱、从江、榕江等46个县（市、区）。

② 玉米：重点布局在黔西北、黔西南的毕节、大方、威宁、水城、盘县，黔中、黔北的清镇、息烽、开阳、瓮安、金沙、遵义、习水、桐梓、正安，黔南、黔东的沿河、思南、石阡、罗甸、平塘等65个县（市、区）。

③ 小麦：重点布局在黔北的仁怀、习水，黔西北的毕节、大方、盘县，黔西南的兴义、兴仁，黔南的惠水，黔东的沿河，黔中的关岭等26个县（市、区）。

（2）特色优势农产品

① 蔬菜：重点布局建设杭瑞、兰海、沪昆高速公路沿线三条夏秋喜凉蔬菜产业带和兴义—三都—贵广（三都以南）高速公路沿线冬春喜温蔬菜产业带，建成一纵三横四条优势蔬菜产业带。特色辣椒重点布局在杭瑞高速公路沿线产业带，其次是经、沪昆高速公路沿线产业带。依托四条优势蔬菜产业带大力发展食用菌和各类名优特产蔬菜。

在四条产业带上新建基地300万亩，改造和提升原有基地300万亩，重点建设47个商品蔬菜大县，通过建设，形成40个重点县，其商品蔬菜产量占全省蔬菜产量的60%以上。在省会城市、市（州、地）所在中心城市和主要工矿区重点建设17个保供蔬菜基地，依托保供基地和产业带，构建城市蔬菜圈。

② 茶叶：贵州是全国唯一兼具高海拔、低纬度、寡日照、多云雾、无污染的全境茶叶产区，目前面积接近700万亩，主要分布在遵义、铜仁、黔南州等40余个产茶重点县。要按照区域化、集约化、规模化和以农户为主体的要求，推进茶园向优势区域集聚，连点成线、连线成片，提高茶园集中度。要加强投产茶园管护，建成国内面积第一、产量第一、质量安全第一的茶叶原料基地。在茶叶上打造无公害农产品、绿色有机食品第一产业大省。把茶园建设成为农民持续稳定增收的重要渠道，成为贵州“四在农家·美丽乡村”的典范，成为旅游休闲度假的重要目的地。

③ 油菜：继续加强和拓展黔北、黔东北、黔中、黔东优质油菜优势生产区，逐步扩大黔南、黔西优质油菜产区。重点布局在黔北的遵义、湄潭，黔东的思南、德江，黔中的开阳、西秀，黔南的平塘、都匀，黔西北的黔西、毕节，黔西南的兴义等50个县（市、区）。

④ 中药材：重点建设七个中药材生产发展区域，即：黔西北及黔西中药材生产发展区、黔北中药材生产发展区、黔南中药材生产发展区、黔东南中药材生产发展区、黔西南中药材生产发展区、黔中中药材生产发展区、黔东中药材生产发展区，重点建设一批中药材主产县（市、区）。

⑤ 特色杂粮：薏苡重点布局在兴仁、晴隆、普安、安龙、册亨、紫云、六枝、织金等8个县（特区）；苦荞重点布局在威宁、纳雍、赫章、盘县、水城、六枝、沿河等7个县（特区）；芸豆重点布局在威宁、毕节、大方、纳雍、赫章、织金等6个县；优质酒用高粱重点布局在仁怀、习水、

金沙、黔西、桐梓、正安、道真、务川等8个县；芭蕉芋重点布局在兴义、兴仁、安龙、盘县等4县（市、特区）。

2. 养殖业

（1）肉牛产业　以黔西北、黔北、黔东北及南北盘江为重点区域，培植优质肉牛产业带，全省选择40个县（市、区）为快速发展区域，其余县为稳定发展区域。

（2）肉羊产业　以贵州白山羊、贵州黑山羊、黔北麻羊、黔东南小香羊、威宁绵羊、贵州马头山羊等地方优良品种为主体，以黔东北、黔西北和黔北为重点区域，在全省55个县（市、区）建立优质肉羊产业带，其中：沿河、德江、威宁、赫章、务川、道真、晴隆、普安、水城、盘县等10个县（特区）为重点县。

（3）生猪产业　在10个地方优良品种资源原产地建设10个核心育种场（原种场）。以黔中为重点区域，辐射带动其他地区，选择40个县（市、区）为快速发展区域，其余县为稳定发展区域。

（4）家禽产业　以贵黄、贵新、贵遵、贵广等高等级公路为主线，兼顾9个市（州、地）所在地，培育优质肉鸡、蛋鸡产业带。在森林覆盖率较高地区，加快发展林下养鸡。在水源条件较好区域，充分利用地方品种资源，加快发展肉（蛋）鸭及肉鹅产业。

（5）奶产业　以贵阳市为中心，辐射9个市（州、地）所在地及附近区域，建设生鲜乳生产基地。

（6）渔业　在黔南、黔东南、铜仁、贵阳、遵义等市（州、地）建40个大鲵驯养繁殖基地；在铜仁、贵阳、安顺、黔西南等市（州、地）的20个县（市）发展以鲟鱼、鲑鳟鱼为主的冷水鱼养殖；在遵义、毕节、黔南、铜仁等市（州、地）开展中华倒刺鲃、裂腹鱼、斑鳠、鲴鱼、墨头鱼、鲈鲤、金线鲃、唇鱼等土著鱼类驯养繁殖，扩大养殖规模。在贵阳市、遵义市建观赏鱼养殖基地；在乌江水库、万峰湖、三板溪水库、构皮滩、彭水、思林等大型水库实施以鲢、鳙、斑点叉尾鮰、长吻鮠、罗非鱼、大口鲶等主导品种和优势品种为主的不投饵健康养殖。在黔东南、黔南、遵义、铜仁等市（州、地）稻田养殖重点区域的30个县（市）巩固和完善实施稻田养鱼。在贵阳、黔南、遵义、六盘水等市（州）建"四大家鱼"、鲟鱼、鳟鱼、黄颡鱼等水产良种场；在长江、珠江支流建立水产种质资源保护区；在龙里、松桃、江口建立大鲵保护区。

3. 农产品加工业

以种植业、畜牧业、渔业的产业布局为基础，支持和引导农产品加工企业向优势区域集中，推进形成分工合理、优势互补、协调发展的农产品加工布局，实现农产品加工与农业生产布局的良性互动，促进农产品加工业与农业的协调发展。

六、贵州农业可持续发展的典型模式

（一）小流域综合治理模式

对于水土流失、石漠化等生态破坏比较严重的地区，应以流域为单元进行综合治理，采用生物措施和工程措施相结合，以治理水土流失、防治石漠化为重点，使被破坏的生态环境得到恢复，然后逐步建立林—草—粮—果—畜禽—加工业结合的产业系统。

如安顺市普定县蒙铺河小流域面积69.4km^2，1982年垦殖指数为51%，森林覆盖率仅有

5.6%，水土流失面积达 75.5%，石漠化面积超过 20%，是一个“山光水枯人贫”的穷山沟。1983 年随着长防林工程启动实施流域综合治理，共封山育林 27.9km^2，退耕 5.07km^2，种植经济林 85.46 万株。同时，结合修水利、坡改梯等措施，短短 6 年时间，小流域生态环境就发生了显著变化。林草覆盖率上升到 55.4%，水土流失面积下降到 22.17%，人均耕地虽由 1.57 亩降到 1.2 亩，但人均粮食却由 198.5kg 增加到 399kg，增长了 98.2%，人均纯收入增加了 3.24 倍。普定坪上乡是一个典型的喀斯特农业区，在生态农业建设中结合小流域综合治理，种植 8 000 亩冰脆李，同时在林下种植中药材金银花，林草覆盖率上升到 35.4%，水土流失面积下降到 26%，农民收入每年人均增加 300~400 元。

（二）立体农林复合型生态农业模式

在地势高差大、生存条件恶劣又无处可迁移的喀斯特山地生态环境严重失衡区，可以从坡改梯和农田水利建设入手，发展立体农林复合型生态农业。

如兴义市则戎乡是一个典型的裸露型喀斯特生态环境崩溃的石漠化山区，总面积 38.46km^2。1974 年未治理前，全乡森林覆盖率仅 8%，粮食总产 130 万 kg，每亩单产 150kg，人均口粮不足 100kg，人均纯收入不到 500 元。为求生存，该乡积极兴建立体农林复合型生态经济系统。到 1994 年，该乡共炸石砌坎造田 5 200 亩，占原有耕地的 70%；修建山塘 185 个，人畜饮水池 1 556 口；在山体中上部实行乔灌草结合，种植水保林—用材林；在山体中下部种植泡桐、棕榈、香椿、杜仲、柑、桃、李等经果药材林 300 多万株；在坡脚砌坎修梯土梯田。到 1994 年，该乡年产棕片 5 万多 kg，柑橘、桃、李近 20 万 kg，森林覆盖率上升到 28%，粮食单产增至每亩 280kg，人均口粮是原来的 3 倍，人均纯收入增 11 倍，农业生态环境开始步入良性循环。

又如，关岭的板贵乡、贞丰的牛场乡在水土流失严重的喀斯特山区进行大规模的坡改梯，种植花椒、木豆、砂仁，既控制了水土流失，又促进农民增加收入，取得了明显的社会、经济、生态效益。

再如，三都县是典型的喀斯特地区，全县 357 万亩耕地，95% 是坡耕地。县政府因地制宜，在“退耕还林”和“珠防”建设中每年拨出 400 万元，发展 8 万亩麻竹和 6 万亩九阡李。既改善生态环境，又发展了地方经济。在实现农村粮食基本自给的同时，种植农户年增加收入达 2 000~3 000 元。

（三）农牧结合型模式

目前，国际上先进发达国家的畜牧业产值已经占农业总产值的 50% 以上，中国是 40%，贵州只有 29%。在生态农业建设中，大力发展畜牧业是贵州农业发展的必由之路。贵州现有各类型可利用的草地 4.287 万 km^2，生长着可饲食性牧草和灌木 140 多种，温和湿热的气候条件极有利于牧草的生长，发展以牛羊为主的草食性畜牧业条件优越。特别是在一些人口密度相对较小，草地面积较大的地区（如威宁、大方、水城、罗甸、望谟、独山、沿河等），应充分利用这一优势发展牧农结合型的生态农业，以草养畜、以畜养农，并进一步发展农牧产品的深加工业。

改革开放以来，贵州畜牧业获得了持续健康发展。兴建了各种畜禽生产基地、良种繁育基地、牧草种子繁殖基地和奶牛生产基地，取得了一批草地畜牧业科研成果，引进和培育了一批优良牧草和畜禽品种。先后在威宁、水城、花溪、惠水、凯里、龙里和丹寨建成了 7 个草地畜牧业示范项目，在德江县、安龙县、仁怀县、织金县、晴隆县和天柱县等 6 个县实施了国家天然草地保护与建设项目。在中国工程院院士任继周教授的指导下，1986 年，贵州与甘肃草地生态研究所合作成立了贵州省高原草地实验站和贵州省威宁县灼圃示范牧场，实行科研、示范、推广三结合，完成了 3 个国家科技攻关项目，均获得了国家重大科技成果奖。特别是近年来，通过项目实施、对外交流合作和科技攻关，使贵州生态畜牧业已进入一个新的发展阶段，初步走出了一条低成本、低投入、高效益的发展路子，取得了建立草地畜牧业系统的经验，具有发展贵州草地畜牧业的科技储备和技术基础、实践基础。

例如，龙里县毛栗寨是一个山高坡陡、生产落后、交通闭塞的贫困村，1993 年前，玉米亩产只有 100kg 左右，人均粮食占有量不足 150kg。1993 年，在科技人员的帮助下，推广优质蛋白玉米，发展养猪和沼气，实现粮—猪—沼—菜结合。后来，玉米产量达到 500kg，户均养猪收入达到 8 000 元，实践了循环经济的理论，实现粮多—猪多—肥多—粮多的良性循环。

（四）林果药为主的林业先导型模式

林业是生态农业建设的主体。离大中城市较远的地区，可选择林—果—药业作为生态农业建设的突破口。一方面，可以绿化荒山，改善生态环境；另一方面，较之传统的种植业而言，可以更快地增加农民收入。

如安龙县德卧镇大水井村是个坐落在石旮旯里，有 800 多人，人均不到半亩地的穷山村。几年前，在半裸的石灰岩区种植了 1 200 多亩金银花。1998 年，采摘金银花 30t，收入 40 多万元。种植户均 3 000 多元，多的达 2 万元，人均产粮 380kg，人均纯收入 1 560 元。该村不仅因种金银花脱贫致富，而且原来 1 200 多亩半裸的石头山也披上了绿装，农业生态环境条件大为改善。

（五）节水农业型农业模式

喀斯特地区特殊的地质地貌条件，常常使一些地方出现干旱缺水的现象。水成为制约贵州喀斯特生态农业发展的重要因素，发展节水型农业是推进生态农业的重要途径。多年来，贵州大力实施“渴望工程”，推广节水农业，采用“小水窖工程”、管道灌溉等方法解决农业用水和人畜用水，取得良好成效。

如关岭大峡谷附近的板贵乡等在 20 世纪 80 年代就开始推广“小水窖工程”，鼓励农民挖窖蓄水，将雨季的地表径流收集起来，以备旱季使用。一个水窖可供一户乃至一组村民使用，可灌溉 2~5 亩耕地，较好地解决了干旱缺水季节时的用水问题，并以节水农业带动种植业、畜牧业、林果业（花椒、板栗、香椿等）和加工业的发展。

（六）生态农庄型模式

这是一种以种养业为中心，兼有生态建筑物（农居）、休闲、娱乐、度假、生态、旅游观光经营为一体的生态大农业，是一种新型的生态农业发展模式。如贵阳市乌当区、花溪区利用自然资源条件建设的旅游度假山庄；深港的一些投资商，在惠水县购买 2 万亩荒山草坡建立深黔新村惠水现代生态农庄等。这种生态农业发展模式，前期建设需要较大的投入，但中后期的综合效益显著。

（七）庭院生态特色农业模式

农户充分利用住宅的房前屋后、田间地块周围的空闲地和富余劳动力，将自己所经营的田、土、水面、林地、菜地、果园、院落等空闲资源，与其他生产要素组合，按生态农业原理，种、养业相结合，发展特色农业，形成生态、生产、生活良性循环。庭院生态农业具有投资省、见效快、经营灵活等特点，很适合在贵州广大农区推广。

在生态农业建设中，罗甸、望谟、大方、威宁、绥阳在贵州省农业科学院李桂莲研究员的指导下，依靠科技，因地制宜，发挥优势，把发展早菜、冬果菜、反季节蔬菜生产，实施水旱轮作，粮菜轮作，实现了粮—猪—沼—菜结合，种地又养地，推动了富有地方特色的蔬菜产业化经营，取得了很好的社会、经济、生态效益。

贵阳市乌当区围绕市场培育特色农产品基地取得良好效果，认真分析农业结构的现状，根据城市农业的特点进行科学规划，合理布局，建立万亩优质米基地；扩大“阿栗”牌杨梅和“永”字牌艳红桃两个省优农产品牌优质水果的种植面积，分别达到 1 万亩和 8 000 亩；推广梨树高枝嫁接技术，改良品种，确保 4 万亩优质水果增产 10% 以上；种植 2.3 万亩次早熟、晚熟蔬菜；发展 2.5 万亩无公害特色蔬菜；建设近 3 000 亩地道中药材生产基地；发展以奶牛、肉牛和瘦肉型猪、家禽为主的生态养殖业，使农民增收实现重大突破。在发展生态农业的过程中，依托科技发展外向型农业是庭院生态特色农业的又一特点。贵州各地发挥本地资源优势，创建无公害农产品生产基地 100 多个，面积 20 余万亩，已经成功实现织金优质肉牛直接运达香港；清镇、开阳等地生产的无公害高标准荷兰豆，顺利通过 43 项商品性、安全性检查，进入日本、东南亚、韩国市场；绥阳、红花岗的青花菜已经进入美国等。外向型农业发展为促进全省发展生态农业和农业结构调整，增加农民收入产生了积极作用。在省委、省政府的领导下，贵州以农业综合开发、优势农产品和特色农产品基地建设、扶贫开发、“两江”流域治理等方式，为贵州的特色产业建设拓宽了路子，农业生产结构正在进行重大的调整，农业产业化的水平有了很大的提高，一批特色产业正在兴起。例如，辣椒系列产品、特种养殖、特种药业和香精、精品水果、特种蔬菜、竹产业、特色农产品核桃乳、银杏天宝，已经收到较好的效果。

贵州庭院生态特色农业还有很大的发展潜力。近年来，贵定县的百合、罗甸县的砂仁和精品水果、安龙县的金银花、龙里县的天麻、清镇县的天冬等一批新兴的以庭院生态农业为主，带有地方特色的区域性产业项目正在实施，有些已经开始进入产业化建设阶段，将成为县级经济发展的新增长点。特别是贵州优质稻米、优质蛋白玉米、优质油菜产业化建设和生态畜牧大省的建设，在今后贵州农业产业结构调整中将产生重大影响。

七、促进农业可持续发展的措施建议

（一）加强组织领导，形成协同推进机制

农业可持续发展示范建设，需要上上下下、方方面面的协调和配合，需要强有力的组织保障。为加快农业可持续发展，各级要成立农业可持续发展协调领导小组，由分管政府领导任组长，相关单位负责人为成员，全面负责可持续农业的领导、组织和协调工作。实行目标管理。要把推进农业可持续发展进程的工作业绩纳入省、市、县、乡各级党委、政府及相关部门的考核内容，形成省、市、县、乡统一领导、分级负责、目标明确、上下联动、协调推进持续农业发展的工作机制。

（二）强化科技支撑，构建科技支撑体系

完善农业科技创新体系，加快推进农业技术集成化，重点开展原始创新、集成创新和引进消化吸收再创新，全面提高农业科技自主创新能力；重点在良种培育、高效栽培、节能减排、动植物疫病防控、农业生态环境建设技术等方面实现新突破。

重视对生态农业技术的研发、转化和已有成功生态农业模式的总结和推广，建立激励机制，充分运用生物技术、信息技术、新材料技术以提升种子种苗、种植养殖和农产品精深加工水平。要对传统农业技术的精华进行提炼、集成，大力推广应用，大幅度提高农业的科技含量和科技贡献率。

重点支持基础较好的科研机构、大学和企业充分整合利用现有科技资源，开展生物多样性资源普查工作，全面掌握生物多样性资源状况，加强对生物多样性资源的基础研究和开发利用，摸清部分野生动植物资源的开发利用价值及其市场前景，建立部分野生动植物的资源圃并开展人工驯化和产业化关键技术研究集成，争取实现多个以上生物多样性资源的产业化。

围绕特色优势产业、农产品加工业、生态农业物流业的发展，以国家公益性农业科技推广机构、农业产业化经营龙头企业、农民专业合作社和农业规模经营大户为载体，创新管理体制，健全运行机制，提高人员素质，完善设施条件，全面提升农业技术推广和服务能力。以农科教联合和产学研结合为纽带，以开展新型农民科技培训为抓手，大力示范推广优良新品种、无公害标准化生产技术、节能减排技术、农机化技术、设施农业技术等生态农业新型实用技术。

按照“减量化、资源化、再利用”的原则和“资源—产品—废弃物—再生资源”的循环农业发展方式，加快秸秆及畜禽粪便处理利用、精量播种、测土配方、绿色植保、节地节水节能和以农作物秸秆为主要原料的生物质燃料、食用菌基质、肥料、饲料运用等节能减排技术的示范推广，大力推广“畜—沼—粮（菜、果）”等循环农业模式，积极发展低碳和循环农业。

大力提高农机装备水平，推进农机服务产业化，重点加快特色优势产业的机械化作业水平，重点加快农产品加工机械化步伐。注重示范推广现代设施农业技术，重点示范推广大棚或大棚＋小拱棚设施栽培、遮阳网和防虫网设施栽培、避雨设施栽培、滴灌喷灌、大棚育苗、容器育苗、标准化养殖房、标准化菇房、低温保鲜库等设施农业技术。

（三）建立多元化、多层次投入机制

建立各级财政资金为引导、企业和农民投资为主体、银行贷款、社会融资等相结合的多元化、多层次投入机制，保障规划实施的资金投入。

加大财政投入。一是充分利用国家政策和投资意向，积极与国家“十二五”总体规划及产业发展规划和各种专项规划的有效衔接，争取国家的财政投入。二是全面落实财政支农政策，逐步增加省、市、县各级财政对生态农业发展的投入。省、市、县三级财政每年均应预算安排生态农业发展专项资金，用于扶持重点产业、特色产业发展以及培育重点龙头企业、重点农民专业合作社等。三是整合项目，整合资金。对规划的重点建设项目，按照“统一规划、协调分工、职责不变、渠道不乱、各记其功”的原则，统筹各方项目和资金，实行重点倾斜。四是对农业龙头企业申报国家、省扶持的高新技术产业化推进项目、农产品深加工项目和技改贴息项目，实行优先推荐上报。

加大信贷投入。政策性银行、商业银行把支持生态农业发展作为信贷支农的重点，在信贷规划上给予倾斜。特别是农业发展银行、农业银行应从每年的信贷总规模中安排一定比例的资金，专项用于扶持农业产业化龙头企业。允许农业产业化龙头企业以自有不动产、动产以及注册商标等无形

资产进行抵（质）押贷款，有关部门要做好权证确认和相关服务工作，抵（质）押登记部门要尽量给予优惠和便利。扶贫、金融等相关部门要合理运用扶贫贷款资金、小额扶贫信贷资金，支持龙头企业建设生产基地。农村信用社要继续加大对农村、农业和农户的信贷投入，积极为农业产业化经营、龙头企业和生产基地提供金融服务，当年新增贷款的70%以上要投向生态农业发展。

加大社会融资。创新投融资体制，鼓励、引导各类社会资本投向生态农业发展，努力拓宽投融资渠道。进一步改善农业投资环境，实施引进来、“走出去”战略，加大农业招商引资力度，吸引省内外企业和资金来贵州投资兴业。

（四）健全法律法规，完善生态农业政策法规保障体系

要健全和完善生态农业的有关配套政策、措施，使生态农业建设走上规范化、法制化轨道。扶持的重点要从一产为主向一、二、三产并重的方向转移，对参加生态农业生产的企业、农户给予一定的补贴，使企业、农户自觉自愿地发展生态农业。创新农作制度，变偏施化肥为多施天然有机肥，变大水漫灌为节水灌溉，变滥用农药为科学使用农药。

（五）创新体制机制，积极推行农业标准化生产

一是要尽快建立和完善与国际接轨、统一的农业标准体系。二是要搞好标准的贯彻实施，建立农业标准化实施运行机制。三是要建立完善监督体系。要按照农业部“三位一体，整体推进”的统一部署，形成以无公害农产品认证为主体，以绿色食品、有机食品及农业投入品认证为补充的认证体系。要完善相应的法律法规，建立推进农业标准化工作的长效机制。

（六）重视农村经济发展，缩小城乡差距

实现城乡一体就业政策。作为贵州城市发展特点之一的“不协调”，一个重要方面反映在城乡发展上，贵州城市发展转型的城乡关系，应从过去的城乡分割向城乡一体化转型，包括政策、产业结构、城市基础设施要不断向农村延伸，包括就业问题，应该实现城乡一体的就业政策，使农民和城市居民享有相同的就业机会和致富机会。

户籍改革已是当务之急。多年来的户籍管理制度和建设用地管制政策是造成城乡两极化的重要原因。户籍制度是计划经济下的产物，与当今社会主义市场经济条件融合性越来越低，阻碍了全省农村经济的发展和农民的流动。

（七）让农业成为体面职业

“三农”问题的核心是农民问题，是农民的收入问题，前些年，贵州出现了农业增产不增收，农民增收幅度下降的现象。原因应该说是多方面的，诸如农业个体经营，难以满足市场化农业的要求；农业劳动率低下；农业规模不经济等。但其中一个重要原因是城乡二元体制造成的农民的非国民待遇。

给予农民应有的“国民待遇”，使农民成为体面职业，真正使农民与城市居民享有相同的国民权利。贵州目前尚未真正把农民当作“国民”，最多只是“准国民”待遇，但这两者却是千差万别。我们没有理由认为生产钢铁的就比生产粮食的要先进，身份不同已使城乡差距越来越大，成为社会不稳定的重要因素。全面取消城乡分割的户籍制度，使农民工享受同等的劳动权益和就业机会，给农民和国有土地拥有者以及城市其他土地拥有者同等的土地权利，使农村和城市居民同等享有义务

教育的权利，以及城乡居民逐步享受同等的社会保障。

（八）大力发展农业科学技术研究和创新

大力发展农业科技的研究和创新，首先需要政府的大量资金投入和对农民生存状况的足够重视。在进行传统农业科技创新的同时，也可以开始运用物联网与农业发展相结合的尝试，发展一套高效的农业生产产业链，大力扶持农民的自主农业经营，提高农民生产积极性。

（九）政府政策的强有力支持与引导

实现农业的可持续发展还需要政府政策的强有力支持与引导。加快“三农”建设、社会主义新农村建设。按照工业反哺农业、城市支持农村和“多予少取放活”的方针，有计划有步骤地推进，确保农民安居乐业，使农民实现现实利益和长期稳定收入，充分提高农民在农业方面的生产积极性。

云南省农业可持续发展研究

摘要：系统分析云南省农业可持续发展的自然资源环境、社会资源条件，农业经济增长方式正由粗放型向集约型转变，农业可持续发展能力逐步增强；研究提出农业可持续发展六种典型模式，提出加强农业资源保护、重金属污染防治、农业面源污染防控、发展环境友好型农业、改善农村人居环境、完善政策措施等促进农业可持续发展的重大举措。

一、农业可持续发展的自然资源环境条件分析

（一）土地资源

1. 农业土地资源及利用现状

根据《云南统计年鉴 2015》（表 1-1），全省 2014 年农用地面积为 3 295.44 万 hm^2，占全省土地调查面积的 86.0%。其中，耕地、园地、林地、牧草地面积分别为 620.98 万 hm^2、163.65 万hm^2、2 302.65 万 hm^2、14.75 万 hm^2，分别占全省土地调查面积的 16.2%、4.3%、60.1% 和 0.4%。

根据二次土地调查 2014 年土地变更调查数据（表 1-2），全省 50.8% 的农用地在普洱市（12.6%）、红河州（8.3%）、文山壮族苗族州（7.8%）、大理白族自治州（7.6%）、楚雄州（7.4%）和曲靖市（7.2%）6 个州市；其中 71.4% 的园地在西双版纳州（34.4%）、普洱市（16.4%）、红河州（10.5%）和临沧市（10.2%）4 个州市，82.6% 的牧草地在迪庆藏族州（59.0%）、丽江市（12.2%）和昭通市（11.3%）3 个州市。

课题主持单位：云南省农业厅
课 题 主 持 人：谭鸿明
课 题 组 成 员：谭鸿明、宗晓波、张灿修、赵岗、杨卫平、杨明、肖植文

表 1-1　2014 年云南省农业用地情况

（单位：万 hm^2）

项目	土地调查面积	农用地	耕地	园地	林地	牧草地	其他农用地
面积	3 831.89	3 295.44	620.98	163.65	2 302.65	14.75	193.41
占总面积（%）	100	86.0	16.2	4.3	60.1	0.4	5.0

资料来源：《云南统计年鉴》（2015）

表 1-2　2014 年云南省各州（市）农业用地情况

（单位：万 hm^2）

州市	土地调查面积	农用地	占全省面积（%）	其中：园地	其中：牧草地
全省	3 831.89	3 295.44	100.00	163.65	14.75
昆明	210.13	162.02	4.92	5.22	0.30
曲靖	289.35	236.48	7.18	3.18	0.89
玉溪	149.42	127.92	3.88	2.69	0.02
保山	190.62	169.72	5.15	6.04	0.15
昭通	224.40	187.80	5.70	3.71	1.67
丽江	205.54	172.74	5.24	1.71	1.80
普洱	442.66	416.53	12.64	26.82	0.08
临沧	236.20	215.10	6.53	16.67	0.20
楚雄	284.38	242.40	7.36	3.77	0.00
红河	321.73	272.63	8.27	17.21	0.09
文山	314.08	257.47	7.81	6.67	0.15
西双版纳	190.96	179.82	5.46	56.22	0.01
大理	282.99	249.18	7.56	9.34	0.22
德宏	111.72	103.16	3.13	3.98	0.04
怒江	145.85	119.12	3.61	0.18	0.41
迪庆	231.86	183.35	5.56	0.25	8.71

资料来源：《云南统计年鉴》（2015）

2. 农业可持续发展面临的土地资源环境问题

（1）耕地质量总体不高，后备资源开发不易　云南省属高原山区省份，山中有坝，原中有谷，组合各异，空间分散，高海拔和陡坡土地所占比重较大，全省土地总面积为 57 477.9 万亩，山地占 84%，高原、丘陵约占 10%，坝子（盆地、河谷）仅占 6%。据《云南省第二次全国土地调查主要数据成果公报》，2009 年，全省耕地面积 9 365.84 万亩，人均耕地 2.05 亩，略高于全国人均耕地；与第一次调查结果相比，全省净减少耕地 266.52 万亩，其中水田减少了 207.4 万亩，人均耕地减少 0.33 亩；全省耕地中有旱地 7 108.57 万亩，占 75.90%，有 1 361.37 万亩（含梯田）位于 25° 以上陡坡，其中有相当部分需要根据国家退耕还林、还草和耕地休养生息的总体方案作逐步调整；有相当数量的耕地位于石漠化地区，地块破碎、耕作层浅，耕种难度大；还有一定数量的耕地因地质洪涝灾害造成地表土层破坏，难以恢复耕种。

（2）土壤障碍因素多，耕地质量有所下降　据全省耕地地力评价结果显示，云南省耕地土壤养分失调且已呈劣化趋势。全省耕地土壤的 pH 值 5.5 以下的酸性土壤占 2 000 余万亩，土壤酸化明显加剧；土壤有机质平均含量为 32.61g/kg，较第二次土壤普查（1983 年，以下简称“二查”）

的 56.2g/kg 下降 41.98%以上，不足 20g/kg 的耕地占 37%，远低于发达国家 40~50g/kg 的水平；有效磷含量平均达 21.79mg/kg，较“二查”时增加 54.76%，居部地区富集明显，而速效钾含量平均为 145.12mg/kg，较“二查”时下降 13.64%；全省土壤中有 78.26% 缺硼、48.34% 缺钼、28.84% 缺锌、16% 缺镁、7% 缺锌，但局部地区含量又达作物中毒水平。

（3）“外源”“内源”污染风险加剧，耕地质量保护刻不容缓　据《云南省 2014 年环境状况公报》，全省 2014 年废水排放总量 15.75 亿 t（其中，工业废水排放量 4.04 亿 t，生活污水排放量 11.69 亿 t），工业废气排放总量 16 664.09 亿标 m^3（其中烟粉尘排放量 36.68 万 t），一般工业固体废物产生量 14 480.63 万 t（其中危险废物产生量 239.72 万 t），工业“三废”、生活污水等一旦进入耕地，毒害程度之深、修复难度之大难以估计。据调查，个旧矿区周边的农田土壤含砷浓度平均值为 1 146mg/kg，严重超出国家标准规定的允许值（30mg/kg），平均超标 57 倍；加上化肥、农药和畜禽粪便等农业投入品的过量使用，部分茶叶、三七、卷烟等农产品中近期也出现重金属超标的问题。

（二）水资源

1. 农业水资源及利用现状

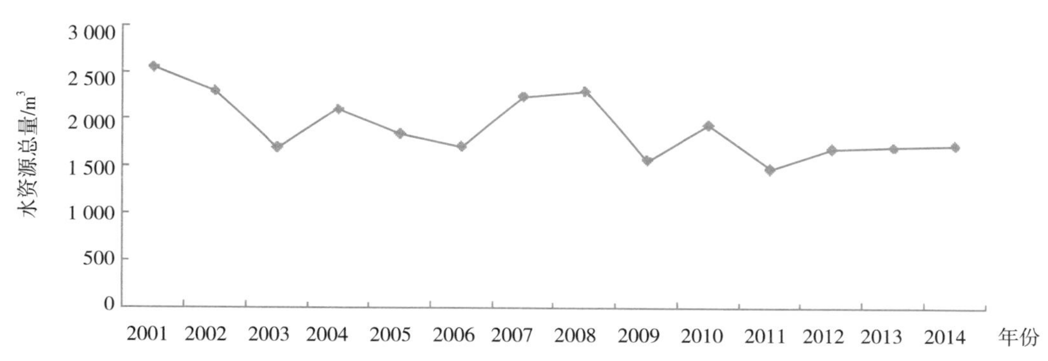

图 1-1　云南省水资源总量（2001—2014）

资料来源：《云南统计年鉴》（2015）

根据《云南统计年鉴》（2015）（图 1-1），2001—2014 年，云南省水资源总量基本维持在 1 500 亿 ~2 500 亿 m^3 之间，其中，2008—2009 年跌幅最大，达到 46.8%，出现了史无前例的连年旱灾，之后几年全省水资源总量在 1 700 亿 m^3 上下。

根据 2014 年《云南省水资源公报》，2014 年，全省年平均降水量 1 143.4mm，折合降水总量 4 382 亿 m^3，比常年偏少 10.6%，比上年偏少 3.9%，属偏枯水年。全省入境水量 1 467 亿 m^3，比常年减少 11.1%，从邻省入境水量 1 449 亿 m^3，从邻国入境水量 18.28 亿 m^3；出境水量 3 021 亿m^3，比常年减少 21.2%，流入邻省 1 341 亿 m^3，流入邻国 1 680 亿 m^3。全省 10 座大型水库、224 座中型水库以及小型水库和坝塘年末蓄水总量 82.11 亿 m^3，比上年增加 6.5%；九大高原湖泊年末容水量 290.8 亿 m^3，与上年基本持平。全省人均综合用水量 317m^3，万元国内生产总值（当年价）用水量 117m^3，万元工业增加值用水量 63m^3，农田亩均灌溉用水量 397m^3，城镇人均生活用水量 127L/ 日，农村人均生活用水量 71L/ 日。

由表 1-3 可知，2014 年，全省农业用水量为 103.30 亿 m^3，占用水总量的 69.14%。其中，红河州、普洱市、大理州农业用水量分列前三，分别为 10.07 亿 m^3、9.97 亿 m^3、9.08 亿 m^3，分别占全省的 9.75%、9.65%、8.79%；德宏州、普洱市、临沧市、西双版纳州 4 个州（市）农业用水量占用水总量的比例超过 80%，分别达到 84.80%、82.42%、81.91%、81.37%，昆明市最低，仅为 43.01%。

表 1-3　2014 年云南省各州（市）用水情况　（单位：亿 m^3）

州市	用水总量	农业	占总量(%)	占全省(%)	工业	生活	生态
全省	149.40	103.30	69.14	100	24.59	19.51	2.02
昆明	18.30	7.87	43.01	7.62	5.69	4.16	0.58
曲靖	13.78	7.89	57.24	7.64	3.69	2.15	0.06
玉溪	8.18	5.08	62.17	4.92	1.89	1.08	0.13
保山	10.76	8.34	77.52	8.07	1.40	0.99	0.03
昭通	8.92	5.58	62.52	5.40	1.69	1.60	0.05
丽江	5.94	4.70	79.21	4.55	0.63	0.44	0.17
普洱	12.10	9.97	82.42	9.65	0.92	1.09	0.12
临沧	9.85	8.07	81.91	7.81	0.83	0.91	0.04
楚雄	9.10	7.13	78.42	6.91	0.97	0.90	0.09
红河	14.59	10.07	69.02	9.75	2.37	2.01	0.15
文山	9.13	6.50	71.21	6.29	1.13	1.24	0.26
西双版纳	5.59	4.55	81.37	4.41	0.48	0.49	0.07
大理	12.83	9.08	70.80	8.79	2.07	1.52	0.15
德宏	7.14	6.05	84.80	5.86	0.44	0.59	0.06
怒江	1.72	1.35	78.16	1.30	0.17	0.17	0.03
迪庆	1.50	1.07	71.24	1.03	0.23	0.20	0.00

资料来源：《云南统计年鉴》（2015）

表 1-4　2014 年云南省各州（市）农用化肥、农药及农用薄膜使用量　（单位：万 t）

州市	化肥施用量	氮肥	磷肥	钾肥	复合肥	农药使用量	农用塑料薄膜
全省	227.01	113.29	33.41	24.80	55.37	5.72	11.10
昆明	19.62	10.44	3.72	1.30	4.16	0.45	1.49
曲靖	38.67	17.71	7.86	3.71	9.35	0.65	2.46
玉溪	9.21	5.23	1.16	2.16	0.66	0.50	0.79
保山	13.35	7.10	1.58	1.91	2.77	0.50	0.64
昭通	14.74	8.80	2.04	1.68	2.22	0.15	0.67
丽江	8.86	3.30	2.17	0.88	2.51	0.15	0.36
普洱	8.72	5.80	0.75	0.91	1.25	0.42	0.39
临沧	19.93	7.69	0.74	1.25	10.25	0.26	0.37
楚雄	15.07	8.35	2.84	0.64	3.25	0.33	0.77
红河	26.50	12.83	3.82	3.30	6.55	0.95	1.54
文山	17.54	9.09	2.42	1.97	4.06	0.33	0.58
西双版纳	6.33	3.00	0.57	1.85	0.92	0.36	0.05
大理	18.10	7.34	2.62	2.19	5.95	0.46	0.65
德宏	7.81	5.50	0.76	0.95	0.61	0.17	0.23
怒江	1.06	0.53	0.08	0.03	0.39	0.01	0.05
迪庆	1.49	0.57	0.29	0.08	0.48	0.03	0.07

资料来源：《云南统计年鉴》（2015）

2. 农业可持续发展面临的水资源环境问题

（1）农业用水资源紧缺矛盾越来越突出　2009年以来的连续干旱暴露了云南省工程性缺水的突出问题，云南省水库调蓄能力弱，人均蓄水库容不到全国的1/2，人均用水量只是全国平均水平的70%，水利工程人均供水能力仅为全国64%，特别是山区各族群众储水设施严重不足，供水保障程度低；农田有效灌溉面积仅占常用耕地面积的40%，还有60%的耕地“靠天吃饭”。随着人口增长，特别是工业化、城镇化进程的加快，工农之间、城乡之间用水矛盾进一步加大，农业缺水形势日益严峻，保障农业灌溉用水的难度不断增加。

（2）湖库水质污染依然严重　根据《2014年云南省水资源公报》，2014年，全省监测评价河流16 831.2km，其中符合地表水Ⅰ～Ⅲ类水质标准的河长13 785.2km，占评价总河长的81.9%；Ⅳ类水质的河长1 467.4km，占8.7%；Ⅴ类水质的河长264.7km，占1.6%；劣于Ⅴ类水质的河长1 313.9km，占7.8%。全省监测评价46处主要供水水源地，其中地表水水源地38个，地下水水源地8个，集中式供水水源地总体达标率为91.7%。

九大高原湖泊中程海水质为劣Ⅴ类，营养状况属中营养；泸沽湖水质为Ⅰ类，营养状况属贫营养；滇池水质为Ⅳ类至劣Ⅴ类，营养状况均属中度富营养；阳宗海为Ⅲ类，营养状况属中度富营养；抚仙湖水质大部分为Ⅰ类、局部为Ⅱ类，营养状况属中营养；星云湖、杞麓湖、异龙湖均为劣Ⅴ类，营养状况均属中度富营养；洱海水质大部分为Ⅱ类、局部为Ⅲ类，营养状况属中营养。

2014年参加评价的水库62座。符合Ⅰ～Ⅲ类水质标准的有54座，Ⅳ类有4座，Ⅴ～劣Ⅴ类有4座，主要超标项目为总磷、五日生化需氧量、高锰酸盐指数；62座水库中有54座水库属中营养，3座属轻度富营养，5座属中度富营养；5座大型水库（不包括水电站）中，云龙水库、独木水库水质均为Ⅱ类，属中营养；渔洞水库、松华坝水库水质为Ⅲ类，属中营养；柴石滩水库水质为Ⅲ类，轻度富营养。

（三）气候资源

1. 气候要素基本情况

云南气候基本属于亚热带高原季风型。由于地形复杂和垂直高差大等原因，立体气候特点显著，类型多样。最突出的是年温差小、日温差大，干湿季节分明，气温随地势高低呈垂直变化异常明显。

从各地区来看，滇西北属寒带型气候，长冬无夏，春秋较短；滇东、滇中属温带型气候，四季如春，遇雨成冬；滇南、滇西南的低热河谷区，有一部分在北回归线以南，进入热带范围，长夏无冬，一雨成秋。在一个省区内，同时具有寒、温、热（包括亚热带）三带气候，这是其他省区所少见的。同时，因境内多山，而河床受侵蚀不断加深，不少地区山高谷深，气温垂直变化显著，由河谷到山顶因高度上升而产生不同的气候类型。一般海拔高度每上升100m，气温平均下降0.6~0.7℃。“一山分四季，十里不同天”正是云南山区立体性、多样性气候的写照。

全省平均气温，最热（7月）月均气温在19~22℃，最冷（1月）月均气温在6~8℃之间，年温差一般只有10~12℃。一天的温度呈现早晚较凉，中午较热，尤其是冬、春两季，早晚日温差可达12~20℃。

全省大部分地区年降水量在1 000mm以上，但在季节上和地域上的分配极不均匀。85%的降雨集中在5—10月的雨季，11月至翌年4月为旱季，降水量只占全年的15%，天晴日暖的时间较长；降水地域也很不均匀，最多的地方年降水量可达2 200~2 700mm，最少的地方仅有584mm。

云南无霜期长，南部边境地区全年无霜，偏南地区无霜期为300~330天，中部约为250天，比较寒冷的滇西北和滇东北也达210~220天。

2014年，云南年平均气温17.5℃，较常年偏高0.8℃，比2013年偏高0.2℃，是1961年以来的第二高年份，20世纪80年代以来，气候变化的趋势持续进行，给农业生态环境与资源利用带来新的挑战。

2. 农业可持续发展面临的主要气候问题

（1）干旱　水分是农作物生长中不可或缺的一个要素。史料记录中，云南出现明显旱灾始于明清，旱灾逐年增多，特别是到21世纪初，旱灾呈现加重趋势。云南旱灾具有分布广泛、持续时间长、灾害损失大等特点。导致连年受旱致使灾害叠加效应明显，小春作物大面积减产甚至绝收，水库塘坝干涸，部分山区、半山区群众生活困难程度进一步加剧。2009—2012年出现了史无前例的连年旱灾，仅2013年因为旱灾造成的农作物受灾面积就达807.41千hm^2，农作物绝收面积达106.55千hm^2。从时间跨度上来看，小旱年年有，大旱平均2~3年发生一次。云南省一年中各月都有干旱现象出现，不同的是出现的区域、受旱面的大小及干旱的持续时间长短。按其出现的时间顺序及受旱性质不同，一般习惯上分为春旱、夏旱、秋旱、冬旱，其中：春旱最为频繁，在近30多年来的严重旱灾年中，春旱占70%以上。严重影响了小春作物的播种与收成；夏旱、秋旱、冬旱出现的频率依序次之，但直接影响到大春作物的生长、收成和蓄水。

（2）低温　低温灾害，是指在无霜、雪现象时，气温降低到大小春作物生长临界值以下，而又未降至凝霜的温度值所造成的对农作物的危害。主要是出现在3—4月的“倒春寒”和“8月低温”（部分地区在9月），尽管一直以来云南地区的气候温和，四季差异性较小，但相应的，当面对突发性的，例如气温骤降等天气变化时，自身的抵御能力是比较脆弱的，所以一旦发生降温天气，对于农业尤其农作物的威胁是很大的。它对云南省农业生产的影响程度仅次于干旱而大于其他灾害，低温冷冻灾害主要对三七、橡胶、咖啡、香蕉、茶叶、甘蔗、花卉等经济作物和蚕豆、油菜、蔬菜等小春作物冻害极为严重，对农户的生产生活造成严重影响和损失。云南省范围内平均每年有700万亩农田受到低温影响，1974年8月低温，使云南省粮食大减产。云南省的低温灾害，主要出现在冬春季的12月至翌年4月和夏末秋初的8月、9月两个时段。12月至翌年4月，主要出现在南部和北部的金沙江河谷地区，对不耐低温的经济作物和早稻造成危害；8—9月的低温主要出现在滇中和北部地区，对水稻等作物危害较大。大面积的低温灾害，平均3年1次。

（3）生物灾害　生物灾害包括病虫灾害、生物入侵等。云南农业受灾主要是病虫灾害，据统计，平均每年有数百万亩农作物遭受病虫灾。虫灾不仅危及粮食，对森林的危害更为惊人。在正常年景，每年都有森林遭受害虫袭击，造成木材损失每年达1亿元左右。仅2013年生物灾害就造成19万人受灾。此外，影响云南农业增长的自然灾害还有霜冻、冰雹、地震、风灾、雪灾、鼠灾等。

二、农业可持续发展的社会资源条件分析

（一）农业劳动力

1. 农村劳动力转移现状

根据云南省第二次全国农业普查结果，2006年年末，全省农村劳动力资源总量2 156.83万人，

其中，男劳动力占 51.95%。农村从业人员 2 043.32 万人，占农村劳动力资源总量的 94.74%。农村外出从业劳动力 266.19 万人，其中男劳动力占 65.45%。

根据《云南统计年鉴》2015，第一产业年末就业人员数已由 20 世纪 80 年代占比 80% 以上、90 年代 75% 左右，2014 年降低到 53.7%；第三产业增幅最大，由 80 年代的 6.9% 增加到 2014 年的 33.1%，达到 980.75 万人。

2. 农业可持续发展面临的劳动力资源问题

① 农村劳动力总体文化素质不高。根据云南省第二次全国农业普查结果，按文化程度分，未上学占 15.27%，小学占 56.35%，初中占 26.04%，高中占 2.18%，大专及以上占 0.16%。

② 农村劳动力中中青年流失较多，多出外打工。

③ 农业从业人数不断减少，其所占全部从业人员比例也不断下降，从 1980 年的 85% 下降至 2014 年的 53.7%。

（二）农业科技

1. 农业科技发展现状特点

据测算，1990—1994 年、1995—1999 年、2000—2004 年三个时期云南省农业科技贡献率分别为 31.25%、31.69%、35.41%，十二五期间达到 52% 左右；其中，农业劳动生产率和土地生产率的增长都以依靠物质投入为主，但农业科技进步对两者的作用在逐渐加强，其与物耗投入贡献的差距在缩小。云南省与全国平均水平的差距在逐步缩小，但仍有较大差距；农业经济增长方式正处在粗放型向集约型转变过程中。

2. 农业可持续发展面临的农业科技问题

科技创新机制不健全，新产品研发能力不足，产品开发层次低，产业链短、附加值低，市场竞争力不强。实用技术示范、推广滞后，良种良法推广应用率和科技成果转化率低，良种基地建设数量不足，良种供应能力较弱。高素质科技和管理人才不足，科技研发与市场消费需求脱节，科技成果转化慢，适用技术普及率低。

（三）农业化学品投入

1. 农业化学品投入现状特点

2014 年云南省折纯化肥施用量达 227.01 万 t，较 2009 年 172.4 万 t，增加 53.59 万 t，年均增长 7%，亩均用量 33.07kg，超量化肥投入，造成云南省土壤酸化、板结加重，pH 值小于 5.5 的酸化土壤面积已达 2 000 万亩，严重影响作物产量和品质。

全省化学农药年使用总量一般在 6 万 t 左右，亩均用量 0.83kg，农药利用率不到 30%，比发达国家低 20 个百分点以上，其中大部分农药残留消解在土壤、水体等环境介质中，破坏生态平衡，导致土传病害，耕地生产能力下降的提升，农残超标直接影响农产品质量安全，危及公众身体健康。

2014 年，全省地膜覆盖面积 1 535 多万亩，用量 8.95 万 t，较 2009 年 6.31 万 t，增加 2.64 万t，年均增长 9.1%，由于地膜厚度小、易破损，回收率较低，残留地膜不仅破坏土壤结构，降低透气性、透水性，而且影响作物出苗，阻碍根系生长，严重时可导致农作物减产 10% 以上。

2. 农业对化学品投入的依赖性分析

据联合国粮农组织研究统计，化肥对农作物的增产作用占 60%；如果不施用化肥，农作物产量会减产 40%~50%；国家土壤肥力监测结果表明，施用化肥对粮食产量的贡献率平均为 57.8%。国际公认的化肥施用安全上限是 225kg/hm^2，云南省化肥施用水平早已经远远超过该上限。云南省从 2006 年开始在全省逐步实施了测土配方施肥全覆盖工程，培养了一大批专业技术服务人员，增强了农民科学施肥意识。随着农药科学的发展，越来越多的农药剂型在市场上出现，加上植保技术服务的及时跟进，农户用药意识的逐步提高，大大提高了病虫害防治的效率，但用药成本近几年居高不下，据调查，云南省三七、葡萄等经济作物 2012 年的农药使用成本均比 2002 年提高 70% 以上。

云南省水资源空间分布不均、空间分配错位，加之冬春干旱严重、光照时间长、蒸发量大等因素，农膜节水、保湿、抑草等多重功能广受农户推崇，施用量近年增长迅猛。

总体看来，化肥、农药和农膜总投入不断增加，农业化学品使用存在过量投入、投入结构失衡和施用技术落后等问题；农业化学投入品的过量使用势必造成环境污染，不得不引起高度重视。

三、农业发展可持续性分析

（一）农业发展可持续性评价指标体系构建

1. 指标体系构建指导原则

可持续发展评价指标体系的建立应遵循以下原则：

（1）科学性原则　选择能够反映区域农业可持续发展的内涵和目标的实现程度的指标要素。

（2）系统性原则　农业可持续发展是生态、经济和社会相协调的发展，因此建立的评价指标体系应包括这三方面。

（3）区域特色原则　区域农业可持续发展指标体系应能充分反映不同区域的特色。

（4）可操作性原则　指标的选择应考虑到指标的量化及数据采集难易程度和可靠性，选择有代表性的综合指标和主要指标。

（5）动态性原则　可持续发展能力是评价一个区域内一定时间范围内的发展能力，因此，在指标的构建上必须考虑时间尺度上的问题，即考虑指标的动态特征。

2. 指标体系构建基本原则

在可持续发展理论框架下，结合国内外相关研究，借鉴北京市做法，采用理论分析法、频度统计法和专家咨询法等，遵循建立指标体系的一般原则，从生态、经济和社会三个方面选择了 13 个具体指标，构成云南省农业可持续发展评价的一般性指标体系（表）。

3. 指标体系及指标解释

生态可持续是云南省农业可持续发展的资源环境基础。在这一级指标下设 6 个二级指标，分别是森林覆盖率、人均耕地面积（耕地面积 / 农村常住人口）、单位农业产值用水量（农业用水 / 农业总产值）、单位耕地面积化肥施用量、单位耕地面积农药施用量和复种指数。经济可持续是云南省农业可持续发展的核心。在这一级指标下设 3 个二级指标，分别是：农民人均纯收入、劳均一产增加值（一产增加值 / 一产从业人数）和土地产出率（单位耕地面积上的产值）。

社会可持续是云南省农业可持续发展的保障。在这一级指标下设 4 个二级指标，分别为农村固定资产投资、农机化水平（采用机耕、机播、机收面积比例的平均值）、农村信息化指数（百户农户拥有计算机数量）、农业从业比率（农林牧副渔从业人数占总从业人数比例）。

表　云南省农业可持续发展评价指标体系

一级指标（相对权重）	二级指标（相对权重）	单位	权重
生态可持续性指标（0.50）	森林覆盖率（0.236）	%	0.117 9
	人均耕地面积（0.136）	hm^2/万人	0.068 1
	单位农业产值用水量（0.340）	m^3/元	0.170 1
	单位耕地面积化肥施用量（0.101）	吨/hm^2	0.050 5
	单位耕地面积农药施用量（0.101）	吨/hm^2	0.050 5
	复种指数（0.086）	%	0.042 9
经济可持续性指标（0.25）	农民人均纯收入（0.46）	元/人	0.115 0
	人均一产增加值（0.32）	万元/人	0.079 7
	土地产出率（0.22）	万元/hm^2	0.055 3
社会可持续性指标（0.25）	农村固定资产投资（0.36）	万元	0.091 0
	农机化水平（0.23）	%	0.056 5
	农村信息化指数（0.28）	台	0.071 2
	农业从业比率（0.13）	%	0.031 3

（二）农业发展可持续性评价方法

采用多目标线性加权函数法，也称综合评价法对第 t 年度的可持续发展指数（K_t）进行计算。其表达式为：

$$K_t = \sum_{i=1}^{13} P_i C_i$$

式中，P_i 是第 i 项指标的权重；C_i 为第 i 项指标无量纲化处理后的值。K 是一个介于 0 和 1 之间的数，其值越接近 1，表明农业可持续发展能力越强。

（三）农业发展可持续性评价

1. 数据标准化处理

鉴于各指标的单位不同，不具有可比性，所以要进行无量纲化处理。采用极差法对指标进行无量纲化处理，其中效益型指标和成本型指标计算公式如下：

$$Y_{it} = (X_{it} - \min\{X_{it}\}) / (\max\{X_{it}\} - \min\{X_{it}\})$$
$$Y_{it} = 1 - (X_{it} - \min\{X_{it}\}) / (\max\{X_{it}\} - \min\{X_{it}\})$$

2. 指标权重确定

指标权重准确与否在很大程度上影响评价的科学性和正确性。本研究中，一级目标指标主要依据实践经验和主观判断来确定权重；二级目标指标权重通过层次分析法确定。

3. 评价结果分析

综合评价结果显示，云南省农业的可持续发展能力呈持续增强趋势。近年来，随着经济与社会的快速发展，农业投入不断增加，农业科技不断进步，对资源环境的保护意识不断提高以及保护措施不断完善，云南省农业的可持续发展能力也逐步增强。

四、农业可持续发展的典型模式

立足气候、资源优势，结合云南实际，省委九届四次全会提出要“形成一大批高原特色农业精品庄园”，大力推进农业可持续发展。按照农业庄园展示的不同功能，主要分为以下六种模式：

（一）生态农场模式

根据生态学的理论，充分利用自然条件，因地制宜合理安排农业生产布局和产品结构，投入最少的资源和能源，取得尽可能多的产品的农庄模式。该农庄具有自己的农产品品牌，并建立有完整的农产品质量安全追溯体系，保持生态的相对平衡，实现农业生产全面协调的发展。

典型：褚橙庄园。

（二）产业化模式

立足于丰富的农业资源优势，以主导产业、产品为重点，优化组合各种生产要素，集研发、种植、加工、生产、销售为一体的农庄模式。该农庄以市场为导向，以经济效益为中心，大投入、高产出，讲求规模效应，注重综合开发，注重对土地、资金、劳动力、技术及设备等生产要素的优化组合。

典型：摩尔农庄。

（三）养生休闲模式

以青山绿水的田园风光为基础，集养生、度假、娱乐、体验、休闲为一体，以提供休闲观光为主的农庄模式。该农庄建立在集中度较高的特色产业聚集区，配套休闲观光、旅游设施，配套“田园超市”“开心农场”和“家禽果木认养”等亲力亲为的体验项目。

典型：柏联普洱茶庄园。

（四）都市田园模式

一般建设在大城市郊区，以采果园、挖掘园、观光花园以及药材园等形式，提供居住、种田、养殖、垂钓等田园生活体验的农庄模式。该农庄将特色农业与城乡统筹发展、新农村建设相结合，打造特色农业小镇，将乡村度假、农业观光、郊野休闲充分融合，契合都市人追求慢节奏生活的心态。

典型：凤仪山庄。

（五）文化展示模式

以乡村游乐体验、回味农耕文明为主题，将近郊农业文化、休闲娱乐功能相结合，集美食、娱乐、购物于一体的农庄模式。该农庄以农耕文化和特色农产品为基础，结合特色景观和特色文化，生产、加工、销售农耕文化产品，体验农耕文化、观光地方文化特色，集生产、加工、经营、旅游观光、农事体验等多种功能为一体。

典型：高黎贡山茶庄园。

（六）技术研发模式

集技术研发、技术示范推广、品牌产品销售为一体的农庄模式。该农庄具备在种养殖业种子种苗、农产品深加工、农药、兽药、肥料、农机等从概念、计划、开发、测试到发布的技术研发能力，具备技术成果转化能力，拥有自主知识产权的品牌产品。

典型：百草园庄园。

五、促进农业可持续发展的重大措施

云南是一个资源丰富的省份，但人均资源短缺，而且各种农业资源之间的配置不佳。农业环境治理与农业资源可持续利用面临的形势非常严峻，任务十分繁重。要坚持开发与节约并重、节约优先，按照“谁污染谁治理、谁治理谁受益”的要求，以发展循环经济为主线，以提高资源利用效率为核心，以技术进步和创新为依托，以节地、节水、节肥、节药、节种、节能和资源循环利用为重点，以转变生产生活方式为手段，建立起“资源—产品—消费—再生资源”的循环农业模式，促进农业和农村经济的可持续发展。

（一）进一步加强农业资源保护

农业是资源型产业，保护农业资源就是保护农业生产力，就是保护粮食安全。一是切实保护耕地资源。实行最严格的耕地保护制度和最严格的节约用地制度，严守耕地保护红线，将坝区80%以上的现有优质耕地和山区连片面积较大的优质耕地划为基本农田，实行永久保护。加强耕地质量建设与管理，实施土壤有机质提升补贴项目，推进沃土工程建设，以培肥地力、养分平衡、土壤改良、耕地修复为重点，着力提升耕地质量。加强高标准农田建设力度，实现田成方、渠成网、路相通，沟、路、桥、涵、闸配套，灌溉条件和土壤肥力得到有力改善。防治土地退化，改善耕作方式，合理施用化肥，加大土壤酸化、板结化治理力度。适度调整滇中地区、西双版纳和德宏等州市耕地复种指数，有序实行耕地休养生息。二是高效利用农业水资源。加强灌溉水质监测与管理，严禁未经处理的工业和城市污水灌溉农田。落实最严格水资源管理“三条红线”控制指标及考核办法。实施节水减排战略，加快农业高效节水体系建设，推广应用农业节水技术，遏制农业粗放用水，提高农业用水效率。加强水窖、水池、坝塘、泵站、沟渠和渠道防渗、管道输水、喷灌、滴灌等节水灌溉工程建设及改造，推行农艺节水保墒技术，改进耕作方式，在滇中等水资源问题严重地区，适当调整种植结构，选育耐旱新品种。三是开展草原生态保护。实行基本草原保护、禁牧休牧和草畜平衡制度，做好草原确权登记和颁证工作。有计划地推进退耕还林还草，继续实施草原生态保护补助奖励政策，稳定和扩大天然草原退牧还草工程实施范围，推动实施农牧交错带已垦草原治理、牧区草原畜牧业转型示范和现代草地生态畜牧业等工程项目。加强人工饲草基地建设，突破饲草不足“瓶颈”。大力开展草原防灾减灾工作。四是推进渔业资源养护。在具有代表性的水生生态系统、珍稀濒危水生野生动植物物种的天然集中分布区分别建设省级、州（市）级、县级水生动植物自然保护区。在具有较高经济价值和遗传育种价值的渔业资源主要生长繁育区建立省级水产种质资源保护区。以水产技术推广机构为基础，在重点渔业水域建设水生动物保护与救护站。在重点湖泊、大型水库和重点边境水域建设渔港，规范渔业生产秩序，控制捕捞强度，对渔船进行有效管理。加大金沙江、珠江禁渔工作力度，逐步在澜沧江、红河云南境内江段开展禁渔。严格执行涉渔工程环境影响评价审批制度。健全涉渔工程建设资源生态补偿机制。完善水生野生动植物经营利用管理制度，严厉打击非法捕捞、经营、运输水生野生动植物及其产品的行为。五是抓好农业物种资源保护。加快省级种质资源库建设，推进种质资源保护和利用，编制农作物种质资源保护与利用中长期发展规划，积极开展种质资源普查和抢救性收集。实施农业野生植物原生境保护点、自然保护区建设，建立完善农业野生植物监测预警制度，构建农业野生植物资源鉴定评价体系。把好云南边境口岸一线的国门关，加强薇甘菊、紫茎泽兰、福寿螺等农业外来入侵物种管理，建立健全预警监测体系，推进外来入侵物种综合防治和资源化利用示范建设，切实做好外来入侵物种灭除和应急防控。

（二）切实加强重金属污染防治

按照源头控制、结构调整、土壤改良的思路，重点治理云南省耕地镉砷污染突出问题。一是推进污染普查与预警。云南是国家确定的重金属污染治理重点地区，要加快推进全省农产品产地土壤重金属污染普查，开展土壤重金属污染加密调查和农作物与土壤的协同监测。摸清农产品产地重金属污染底数、特征和边界，分析稻米和土壤重金属污染的相关关系，为开展产地分级管理、土壤重金属污染修复、种植结构调整及指导农业安全生产提供科学依据。二是实施治理修复示范。根据农业部《农业环境突出问题治理总体规划（2014—2018 年）》，编制云南省的实施规划，在昆明、红河、曲靖、文山、保山、玉溪、怒江等州（市）重金属污染防治的重点地区，实施耕地重金属污染治理示范工程。在轻度污染区，通过灌溉水源净化、推广低镉累积品种、加强水肥管理、改变农艺措施等，实现水稻安全生产；在中、重度污染区，开展农艺措施修复治理，通过品种替代、粮油作物调整和改种非食用经济作物等方式，因地制宜调整种植结构；少数污染特别严重区域，划定为禁止种植食用农产品区。三是建立污染防治长效机制。建立滇中、滇南等重点区域农产品产地环境质量档案，实行农产品产地分级管理。加强科研及治理示范力度，探索适合大面推广、实用的耕地重金属污染修复技术与模式。建立产地安全预警机制，及时掌握重金属污染的动态变化。加强土壤重金属污染防范和应急管理，强化产地土壤、农产品重金属污染突发事件的应急处理能力。建立农业生态补偿机制，确保农民利益和农产品质量。

（三）全面开展农业面源污染防控

按照源头控制、过程拦截、末端治理与循环利用的要求，建立健全农业面源污染治理机制。一是有效减控种植业源污染。深入开展测土配方施肥、精准农业技术，鼓励开展秸秆还田、种植绿肥、增施有机肥，合理调整施肥结构，改进施肥方式，提高肥料利用率。科学合理使用高效、低毒、低残留农药和先进施药机械，建立多元化、社会化病虫害防治专业服务组织，大力推进专业化统防统治和绿色植保技术，减少农药用量。在洱海、滇池等九大高原湖泊实施农业面源污染综合治理示范区建设，在平坝集约化农区推广农业面源污染防控关键技术体系，在山地农林区实施水土流失控制关键技术，配套建设农田氮磷生物拦截带和畜禽养殖种养一体化工程等设施，积极探索流域农业面源污染综合防治的有效机制，实现对农业面源污染的分散控制和就地削减。二是切实抓好养殖源污染防治。科学规划布局畜禽养殖，推行畜禽清洁养殖和规模化养殖场标准化建设。因地制宜推广“三改两分再利用”（即改水冲地面粪污为人工清理干粪，改无限用水为控制用水，改明沟排污为暗道排污；固液分离—粪便与尿液分离，雨污分离—雨水和污水分离；将粪污进行无害化处理达到排放标准后进入牧场进行再利用）等技术模式，规范和引导畜禽养殖场做好规模化畜禽养殖废弃物资源化利用。建设病死动物无害化处理设施，严格规范兽药、饲料添加剂生产和使用。加强标准化水产健康养殖示范场（区）建设，推广安全高效配合饲料、工厂化循环水产养殖模式和节水、节能、减排型水产养殖技术，减少养殖污染排放。三是着力解决农田残膜污染。将生产和使用厚度 0.008mm 以下地膜列为农资打假范围。争取国家支持，加大财政对地膜回收利用农业清洁生产示范项目支持力度，扩大新标准地膜推广补贴试点范围。扶持建设一批废旧地膜回收加工网点，逐步健全废旧地膜回收加工网络。加快生态友好型可降解地膜研发，在特定地区和特定农作物品种开展可降解地膜的对比试验。加快推进地膜残留捡拾和加工机械产学研一体化进程。

（四）发展环境友好型农业

按照减量化、再利用、资源化的原则，完善再生资源回收利用体系，全面推行清洁生产，形成可持续利用机制，促进农业资源的综合利用、循环利用、持续利用、高效利用。一是实施农业标准化生产。不断完善高原特色农产品地方标准和种植养殖业技术规范，大力开展园艺作物标准园、畜禽规模化养殖、水产健康养殖创建活动，示范推广标准化生产技术。稳步发展无公害农产品、绿色食品、有机农产品和地理标志农产品。健全农业投入品质量监测与监督管理制度，控药、控肥、控添加剂，规范农业生产过程。加快全省农产品质量追溯管理信息平台建设，指导农产品生产企业和合作社建立产地证明准出制度，推行农产品质量标识制度，强化产地准出与市场准入衔接。二是推进农业清洁生产。转变过度依赖大量外部物质投入的生产方式，推广科学施肥、安全用药、绿色防控、农田节水等清洁生产技术。改进种植和养殖技术模式，实现农业资源利用节约化、生产过程清洁化、废物再生资源化。建设种植业清洁生产、畜禽清洁养殖、地膜回收利用等为载体的农业清洁生产示范区，积极探索先进适用的农业清洁生产技术模式。建立完善高原特色农业清洁生产技术规范和地方标准体系，构建高原特色农业清洁生产认证制度。三是发展生态循环农业。大力推进农作物秸秆全量化利用和畜禽养殖粪便资源化利用试点示范，因地制宜推广以沼气和农作物秸秆为纽带的生态循环农业模式。实施涵盖生态循环农业示范基地、微生态循环都市农庄等不同主导产业类型的现代生态农业示范基地建设，积极探索高效生态农业模式，构建现代生态农业技术体系、标准化生产体系和社会化服务体系。实施循环农业示范县建设。

（五）全面改善农村人居环境

按照全面建成小康社会和建设社会主义新农村的总体要求，以保障农民基本生活条件为底线，以村庄环境整治为重点，以建设宜居村庄为导向，从实际出发，循序渐进，突出特色，分类指导，逐步改善农村人居环境。一是大力发展农村新能源。加大适宜地区户用沼气建设力度，大力发展大中型沼气工程。开展秸秆固化、气化等能源化利用新技术示范，推广高效低排省柴节煤炉具（灶）。推广应用太阳能、风能、微水电等可再生能源和产品，鼓励农民使用太阳热水器、太阳灶。推广应用保温、省地、隔热新型建筑材料，引导农民建设节能型住房。推进农村节能减排，改善农民生活用能状况。二是推进农村环境整治。科学编制村庄环境整治规划，实施“一池三改”和农村清洁工程建设，配套建设生活垃圾、污水、农作物秸秆和人畜粪便处理工艺与配套设备，建设水源清洁、家园清洁和村级公共清洁等设施。建立物业化服务体系，开展农村生活垃圾专项治理，及时处理村庄生活垃圾。建立农村生产生活垃圾治理长效机制，鼓励农民积造农家肥，推进人畜粪便、生活垃圾和污水的收集处理与资源化利用，有效解决农村环境脏乱差问题，美化乡村环境。

（六）进一步完善政策措施

按照调整优化存量、努力增加总量的原则，加大各级财政资金对农业环境问题的治理投入力度，采取多种方式鼓励和引导社会资本参与农业环境问题治理。一是完善补偿机制。进一步完善《云南省农业环境保护条例》等农业资源环境保护的政策法规体系，建立健全农业资源环境保护规范和标准体系。加大农业资源环境保护财政资金投入力度，发挥市场作用，不断拓宽经费渠道，逐步形成稳定的资金来源。探索建立流域农业生态补偿机制，鼓励和引导农民采取环境友好型农业生产资料和农业清洁生产技术。建立完善农业资源环境的应急管理和监管机制。二是加强监测预警。建立完善耕地质量、草原灾害、外来生物入侵、农产品产地环境、农业面源污染等监测网络，实现农业资源环境监测的常态化和制度化运行。构建长效监测预警机制，及时掌握各区域农业资源环境动态变化状况。加强农业资源环境监测机构建设和人才培养，提升农业资源环境例行监测、监管执法、仲裁监测和应急处理能力。三是强化科技支撑。整合优势科技力量，强化农业资源环境保护高新技术的研发与成果转化，重点在农业资源动态监测、农业清洁生产、耕地重金属污染修复、农业面源污染防控、农业废弃物高效循环利用和生态友好型农业等方面取得突破，尽快形成一整套适合省情的高效实用技术和模式，有效突破农业资源环境开发利用与保护的技术“瓶颈”。四是推进公众参与。建立完善云南农业资源环境信息系统和数据发布平台，推动环境信息公开，及时回应社会关切的热点问题。畅通公众表达及诉求渠道，充分保障和发挥社会公众的环境知情权和监督作用。开展多渠道的宣传培训活动，切实提高公众节约资源、保护环境的自觉性和主动性，为推进农业资源环境保护的公众参与创造良好的社会环境。

西藏自治区农业可持续发展研究

摘要：本报告分析开展西藏自治区农业可持续研究的背景意义，在探讨西藏自治区农业可持续发展面临的主要问题及其成因基础上，评估了农业可持续发展状态的变化趋势，研究提出了若干促进西藏自治区农业可持续发展对策建议。

西藏自治区气候条件特殊，生态环境脆弱，被称为亚洲“江河源”“生态源”“地球第三极”。藏北草原海拔 4 500m 以上，藏东南谷地海拔在 1 000m 以下。从东南到西北呈现出热、温、寒三带不同的气候类型，依次出现了森林、草甸、草原和荒漠，复杂的地形和多样的气候，使西藏自治区成为一个生物资源非常丰富的地区。国土面积 120 多万 km^2，呈现着蓝天碧水和广袤的草原，是世界上少有的一片“净土”，素有“世界屋脊”之称。

西藏自治区生物物种种类繁多，蓄量丰富，拥有多样化、有代表性的动物种群、植被类型。目前列入国家级的珍稀动植物保护种类共计 164 种，自治区定为重点保护的物种 16 种。目前全区拥有高等植物 6 800 多种，隶属 270 多科、1 510 多属，被列为国家重点保护的珍稀野生植物有 39 种。西藏自治区有野生脊椎动物 700 种，其中 125 种被列为国家保护。

迄今为止，西藏自治区的水、气环境一直保持着比较良好的状态，主要江河都能达到地面水环境质量国家标准的三类水域标准，大气环境的悬浮颗粒物浓度、二氧化硫、氮氧化物主要指标均能满足国家环境空气质量标准的二级标准。西藏自治区植物的纯净度远远超过国家标准，检测表明生长在西藏自治区的植物几乎没有受到任何污染。西藏自治区目前仍是全球生态环境最好的地区之一，但是同时也是最脆弱的地区，生态环境一旦破坏将难以或无法恢复。

课题主持单位：西藏自治区农牧厅　西藏农牧科学院农业资源与环境研究所

课 题 主 持 人：索朗罗布

课 题 组 成 员：旺久、金涛、孙全平、宋国英、秦基伟

一、西藏自治区农业可持续发展面临的主要问题

（一）草地退化

草地生态系统整体退化是西藏自治区面临的主要生态环境问题之一。西藏自治区拥有各类天然草地面积 8207 万 hm^2，约占全国天然草地面积的 1/5。草地面积占西藏辖区总面积的 68%。2003 年，全国政协人口资源环境委员会专家组对西藏自治区 7 个地（市）草地资源进行调查后发现，西藏自治区草地有退化迹象的面积已达 4 266.7 万 hm^2，占草地总面积的 50% 以上，其中严重退化的草地面积占草地总面积的 30% 左右。

高寒类草地占全区草地面积的 70.17%，但由于自然、尤其是人为的各种因素，引起的大范围、长时间的草地退化，如无声的危机，正在日益加深，成为人们生存与发展的巨大隐患。包括荒漠型退化、黑土滩型退化、毒杂草侵害造成退化、虫、鼠类危害猖獗引起退化等，在西藏自治区各地都有不同程度的显现和发生。如那曲地区，人口和家畜比 40 年前分别增加了 3.7 倍和 3.0 倍，全地区 2 500 万 hm^2 可利用草地，已退化 1 200 万 hm^2，退化面积占草地面积的 50%，沙化面积占全区土地面积的 17% 以上，每年还以 5% 的速度扩大和递增。退化草地牧草覆盖率仅为 20%~70%，牧草高度降低 20%~60%，产草量减少 20%~50%。据 1992 年调查，高寒类草地产草量比 20 世纪 80 年代降低 22.53%，沼泽草甸类产量比 50 年前降低了 66% 左右。草地退化仍呈日益严重的趋势。

西藏自治区草地退化的原因主要表现在以下几方面。

1. 西藏自治区草场生态环境恶劣，植物生长期短、生长量低

西藏自治区的草原绝大多数地处高寒缺氧、气候干旱，多沙漠，光、热、水资源配合不均衡，植被稀疏，生长量低，牧草质量较差，载畜能力低。

西藏自治区天然草场海拔通常在 4 300m 以上，年平均气温在 0℃左右，最低温度在 -20℃以下，最高温度达不到 20℃。自然条件严酷，冷季漫长，通常都位于干旱半干旱区，年降水量不足 300mm，无霜期 60~90 天，牧草生长期短，仅 3~5 个月，而枯草期长达 7~9 个月，甚至更短，适宜植物生长的生长期不到 90 天。低温是重要的限制因素，在这样的温度水平，无论采取任何技术，绝大多数的饲草都只能维持基本的生存，难以有效生长。在海拔 4 300m 以上的高寒牧区，割草地贫乏，可供割草的草地面积不及草地总面积的 0.1%，牲畜必须终年放牧，冷季放牧草地面积小、利用期长、载畜力低；暖季放牧草地面积大、利用期短，冷、暖季草地分布不平衡、载畜力不协调。水源是最基本的限制因素。大部分高寒牧区的地势很高。水往低处流，在地势高的地方无论是地下水，还是地表径流水都很少，植物生长受限。西藏自治区草地平均年产草量 69.6kg/ 亩，低于 50kg 的草地占草地总面积的 49.5%，50~100kg/ 亩的占 28.7%，100~200kg/ 亩的占 15.9%，200kg/ 亩以上的占 5.9%。

2. 草场退化

目前，西藏自治区天然草场中沙化、石质化、低质化草场达 243 万 hm^2，占天然草原面积的 30%，（其中重度退化约占一半）。草地的退化、沙化严重影响了草地的产草量和载畜量，草场优良牧草成分也日趋减少。仅那曲一带，其高寒草甸与高寒草原两大草地的平均产草量就从 20 世纪 60 年代的 2 760kg/hm^2 与 175kg/hm^2，分别减至 90 年代的 1 107kg/hm^2，竟减少了 50%~60%。

3. 超载过牧

20 世纪 80 年代末，90 年代初，许多学者从西藏自治区草地生产潜力和载畜能力进行了研究，并普遍认为西藏草地承载量在 4 000 万 ~6 000 万只羊单位。近年来的研究报告也指出西藏自治区草地的承载能力在 3 419 万只羊单位，考虑到目前西藏自治区草地生产能力平均已降低了 20%，并且短期内难以扭转过度放牧、草地退化和生态环境恶化的局面等因素，应用 GIS 技术进行分布特点研究，结果表明：西藏自治区天然草地承载能力不到 3 000 万只单位，充其量为 2 963 万只羊单位左右，平均单位面积载畜能力约 40 只羊单位 /100hm^2，而且分布状况极不容乐观，广大的藏西北牧区，单位面积的承载能力仅 15~40 只羊单位 /100hm^2；面积较大，地势平坦的藏中南，如日喀则地区绝大部分也仅 41~70 只羊单位 /100hm^2；而藏东南深谷坡度较大地区达 71~300/100hm^2，高的可达 300~520 只羊单位 /100hm^2。

西藏自治区实际的牲畜数量不详，其他地方是统计数据低于实际数据，而西藏自治区却恰恰相反，统计数据远低于实际数据；笔者 2008 年在墨竹工卡县斯布村调查时，县里打牲畜疫病预防针的兽防技术员告诉我们，原先报的牦牛数量是 4 000 多头，实际上有 6 000 多头，由此可见西藏自治区草场超载的严峻性。究其原因：一方面各级政府在尽力采取多种措施提高牲畜出栏率；另一方面西藏牧民不愿卖畜的传统观念还根深蒂固，在政府提高出栏率的巨大压力下，自然会隐瞒谎报家中的牲畜数量。

早在 1994 年有关专家对西藏自治区草原的载畜量的开发潜力分析中就指出天然草地超载 94.17 万绵羊单位，2004 年藏西北高寒牧区超载率达到 59.18%，实际超载率数字还更高。2005 年西藏自治区牲畜存栏总数为 2 415 万头（只、匹），2006 年自治区实行了草场承包责任制，实施了退牧还草工程，大规模建设了网围栏，人们期待着草场压力会有所缓解。但年末牲畜存栏总数却达到 2 438 万（只、匹），比上年增加近 1%，增幅虽不大，但趋势堪忧。而中国科学院长期从事青藏高原和沙漠化研究的程国栋院士指出“各级政府尤其是中央近期加大了对高原牧区建设的资金投入。如：在草地围栏、牧民定居、畜棚等方面的投入相当大。但是各类项目和措施未收到应有的效果，使得草地退化的过程并没有得到彻底的遏止”。此话虽逆耳，却令人深省。2006 年 11 月，中国科学院地理科学与资源研究所郑度院士、中国农业大学草地研究所杨富裕研究员等指出，那曲的理论载畜量只有 700 多万只绵羊单位，但事实上却承载了 2 000 多万只。那曲地区正与整个青藏高原一起，被荒漠的阴霾所笼罩，甚至可能成为未来中国最大的沙尘暴源地。

4. 草原鼠虫害猖獗

鼠虫啃食牧草，对草原破坏极大。高原鼠兔掘洞堆土，覆压牧草，形成众多土丘，造成大面积风蚀和水土流失。草原毛虫以牧草茎叶为食，严重时将牧草采食殆尽。鼠、虫害面积约占 1/4，在一些地区，鼠害已成为草原的最大天敌，致使草地有效利用面积减少。近年来，鼠虫害的危害面积不断扩大，这也是造成草原严重的沙化、退化的主要原因之一。

鼠虫害的主要原因是认为的滥捕滥杀天敌动物以及人工投放毒饵，致使狐狸、狼、鹰、鸟等天敌动物濒临灭绝，破坏了生态平衡的结果。

5. 草场开发利用短期行为普遍

草原地区地广人稀，交通不便，生产力水平低下，劳动者文化教育水平低，科学技术落后，草场利用的短期行为普遍，不仅超载过牧，甚至不惜用破坏草原的代价来换取暂时的利益，对草原进行掠夺式经营。在常年放牧地区草场严重超负荷，影响草原的再生产，而偏远无人地区，牧草自生自灭，几乎得不到利用，自然优势不能转化为经济优势，一年四季之间草畜搭配不尽合理，冬春草场超载过牧，夏秋草场供需有余。全区冷季草场超载 1 800 万羊单位，冷季严重超载过牧导致草原退化、沙化。

许多地方盲目按照农区种地的方法对退化草场的人工补播，造成了较为严重的土地退化现象。天然草地千百年来草场积累的土层厚度就是那么薄薄的一层，一般不超过 30cm，以下全是沙砾。耕翻后极易把底层的沙砾翻耕到地表，即便播种后草能长出来，牧民通常急于当年放牧或刈割，头年的草被吃光或割掉后，因严酷的气候条件，草再生的可能性近乎于 0。西藏自治区每年 10 月至翌年 3 月，降水量少，被称为“干季”，也叫“风季”。没有植物覆盖的地表，大量疏松的土壤裸露在地表，一到冬春风季那薄薄的土壤极易被风给吹跑了，2~3 年后，原先耕过的草场就因风蚀而沙漠化了。即便不被牲畜啃食，经翻耕后的草场也容易遭受风蚀的危害，除非能长时间（2 年以上）的围栏禁牧，否则其最终结果还是沙化、荒漠化。相关调查数据表明，自 20 世纪 50 年代以来，我国累计开垦草原约 2 000 万 hm^2，其中近 50% 已被撂荒成为裸地或沙地。一些地方不合理开采草原水资源，致使下游湖泊干涸，绿洲草原及其外围植被不断消失。

（二）土地退化

1. 沙漠化问题日益突出

西藏自治区是我国土地沙漠化的重要地区之一，土地沙漠化的类型多、面积大、分布广、危害重。西藏自治区沙漠化土地占地率平均为 16.784%，达到中度程度。西藏自治区沙漠化土地与潜在沙漠化土地面积占全区总土地面积的 18.17%，比全国 15.9% 的比例高出 2.3 个百分点。沙漠化土地规模大、分布广，全自治区各类沙漠化土地分布在 69 个县（市、区）。在“一江两河”中部流域地区 18 县（市、区）中，有沙漠化土地与潜在沙漠化土地 42.39 万 hm^2。在全区 2 183.93 万 hm^2 沙漠化土地与潜在沙漠化土地中，中度沙漠化占 51.9%，轻度沙漠化土地占 30.73%；潜在沙漠化土地和严重沙漠化土地分别占 6.25% 和 1.54%。

处于西藏自治区的腹心地带的“一江两河”中部流域地区同样面临着严重的沙质荒漠化（沙漠化）威胁（董光荣等，1994），其中以拉萨河中下游至与雅砻河交汇区属“中度沙漠化区”，其他属轻度沙漠化区，总面积达 582.66 万 hm^2（刘毅华等，2008）。调查研究表明，西藏自治区河谷地带在过去的 30 年间荒漠化程度明显加大，增长率达 8.3%。

2. 土壤侵蚀及退化严重

西藏自治区的土壤侵蚀主要包括水力侵蚀、风力侵蚀和冻融侵蚀三大类。此外，在一些地区重力侵蚀和泥石流也很严重。水蚀主要集中于藏东的“三江”流域、雅鲁藏布江流域中游等降水较多的湿润、半湿润地区。该区由于降水强度大、暴雨多，加之高山冰川融水形成大量的地表径流，故水蚀比较严重。在雅鲁藏布江中游，水土流失面积占流域面积的 80% 以上。另外，由于山高坡陡，表层岩石破碎，土壤熟化程度低，土层砾石含量高，一旦地表植被遭到扰动或破坏，极易造成大面积的侵蚀，甚至诱发滑坡、泥石流，引发严重灾害。西藏自治区的风蚀比较严重，主要集中在阿里地区、那曲地区的中西部及加查山以西的雅鲁藏布江河谷区。这些地区土质疏松，加之干旱少雨，地表植被稀疏，在大风的作用下，地面细颗粒物质随风飘移，造成了严重的风力侵蚀。冻融侵蚀分为冰川侵蚀和冻土侵蚀，主要分布在降水较多、土壤水分含量较高的高海拔地区。雅鲁藏布江南侧海拔 4 200~4 780m 的地带亦为季节性冻土区。随着人口的增长、社会经济的发展和人类活动的加剧，工程活动范围不断扩大，对自然资源开发利用力度也越来越大，新增水土流失越来越严重。同时陡坡地开垦逐年增多，草原过度放牧，致使草场沙化、退化，人为造成的水土流失逐渐加剧。

（三）自然灾害频繁

西藏自治区的植被资源，特别是作为该区农业生态系统调节核心的森林植被的破坏，造成了生态平衡的失调。从而加剧了低温霜冻、干旱、大风等自然灾害。这已成为该区农业发展的严重问题。根据统计资料，全年霜日（最低气温 0℃的日数）各地都在 200 天以上，海拔 4 300m 以上任何月份都会出现霜冻的可能。个别年份 7—8 月和 5—6 月的早晚霜威胁更大。如 1989 年 5 月中旬的晚霜冻，使处于分蘖、拔节、抽穗期的青稞、小麦和开花期的桃、苹果等普遍遭受冻害，造成不同程度的损失。至于干旱，更是西藏最常见的灾害，常常冬、春、初夏连旱，最长连旱日数在 156~280 天。此外 6—8 月的“盛夏”干旱频率均在 4.0% 左右。1983 年的特大干旱，不仅使该区粮食产量比 1980 年以来的平均值减少 29%，而且人工种植的幼树不少干枯，牧草死亡。刮大风，山南泽当最为常见，全年有 108 天左右，其余的地区也在 30~60 天，主要集中于冬春季节，使土壤蒸发量增加、干旱加剧、风蚀沙化严重。

20 世纪 20 年代以前，西藏自治区各地的森林资源破坏十分严重，造成大面积山体裸露，原始森林面积不断减少。近年来，天然林面积以每年 8 700hm^2 的速度递减，同期增加的人工造林面积已有一半以上因此而抵消。未更新的采伐地在 40 000hm^2 以上，大多已演化成荒山灌丛。森林采伐地多集中在交通方便的公路沿线，江河两岸，山体下部。造成大量山体滑坡、泥石流、沟蚀等水土流失现象。特别是森林采伐混乱，乱砍滥伐，采好留坏，采近留远，造成森林资源集中过伐。此外，森工企业结构单一，技术设备落后，长期不能对木材进行深加工；木材利用率只有 30%~50%，造成资源严重浪费。天然林分布集中，防护林面积小，在涵养水源、保持水土、防风固沙、调节气候、净化空气、改良环境等方面的整体功能不强，生态系统自我调节能力和抵御自然灾害的能力下降，造成洪涝、干旱、冰雹、暴雨等频繁发生。水土流失加剧，农牧业生产条件日趋恶化。牧区边缘森林资源减少，导致草场质量降低，草地向沙漠化方向演变，导致生态环境恶化。

西藏自治区是我国地质灾害最严重的地区之一，每年因地质灾害造成的直接经济损失达亿元以上，制约了西藏自治区经济的正常发展。主要地质灾害类型有泥石流、崩塌、滑坡、冻胀融沉、碎石流和冰湖溃决等。泥石流主要发育在地形较为陡峻的大江大河两岸及其 1~2 级支流内。已知西藏自治区发育各类泥石流 3 054 处，根据航、卫片解译的有 7 210 处。泥石流强烈发育区分布于昌都地区中南部、林芝地区大部及那曲地区嘉黎县，面积 130 200hm^2，泥石流密度 >50 个 /100hm^2。分布集中、暴发频繁、规模巨大的泥石流主要出现在怒江、帕隆藏布、尼洋河及其支流的两侧。

二、农业可持续发展的主要影响因素

（一）气候变化

西藏自治区是气候变化的敏感区，是全球气候变化的驱动机与放大器，是各类气象灾害的重灾区。伴随全球气候持续变暖，受高原独特气候条件和复杂地形的影响，西藏自治区农业生产中面临着干旱、雪灾、局地强降水、霜冻、冰雹、沙尘、大风、雷击等气象灾害以及山洪、山体滑坡、泥石流、森林和草场火灾、草原虫灾和作物病虫害等灾害频繁发生，给农业生产造成的损失和影响不断加重。据统计每年各种自然灾害所造成的损失中 95%以上是由气象及其衍生灾害带来的。

西藏自治区拥有大面积的冰川、冻土和多年积雪，冰川融水径流 325 亿 m^3，约占全国冰川径流融水的 53.6%。这些是西藏自治区农业赖以生存的基础。近 30 年来，喜马拉雅山脉冰川已成为全球冰川退缩最快的地区之一，近年来正以年均 10~15m 的速度退缩，如喜马拉雅山中段北侧的朋曲流域冰川面积减少了 8.9%，冰储量减少 8.4%。珠峰地区绒布冰川在 1967—1997 年期间退缩了 270m，东绒布冰川退缩了 170m，远东绒布冰川退缩了 230m；1997 年以后，该区域冰川的退缩速率有所增加。高原冰川加剧融化在短时间内会导致冰川融水补给量大的河流流量增加，造成中下游的洪水频繁发生。近年来，由于气温上升、降水量增加和冰川融化，使得内陆湖泊呈较显著扩张的趋势。以色林措为例，在 1976—2006 年，湖泊水面面积扩张了 8%，淹没了 400 余 km^2 草场，成为目前西藏自治区面积最大的湖泊。但从长期而言，冰川的持续退缩也会使冰川融水补给的河流流量逐渐减少，直接威胁到河谷农业的可持续发展。

（二）人口增长

新中国成立初期，西藏自治区人口稀少，对生态环境的干扰程度较低，藏东及藏东南地区森林生长茂密，森林覆盖率高；同时，西藏自治区中西部地区由于放牧强度不大，草地退化程度比现在低，故生态环境质量较好。50 年代以来，西藏自治区人口增长较快，从 1952 年的 115 万人增长至 2011 年的 300 万人。随着人口的增长，人类的生活需求不断增大，导致陡坡开垦造成水土流失，过度放牧导致草地退化，大量砍伐森林导致其对生态系统的调节功能下降，致使生态环境质量降低。目前西藏人口正处于增长阶段，随着人口压力的进一步加大，人类活动将会进一步扩大。为了满足日益增长的人口对农畜产品的需求，特别是畜产品主要依靠扩大牲畜数量和增加放牧强度来实现。这必将导致草场过牧更加严重，且草场质量进一步下降，草场退化、沙化进一步加剧。另外，人类经济活动对自然环境的破坏也越来越强烈。虫草采挖、毁林开荒、砍伐森林、陡坡垦殖、道路边坡开挖等破坏山地自然生态环境现象将会逐渐加剧，进而会加剧崩塌、滑坡、泥石流的发生和发展，其范围也将逐渐扩大。如不采取行之有效的措施加以保护和建设，生态环境质量将会越来越差，带来的经济、社会、生态损失也难以估计。

随着设施农业的规模化发展和地膜覆盖技术的广泛应用，农业生产环境的“白色污染”愈加严重、土地营养成分贫瘠现象日益突现、有害物质残留明显加快等，已成为农业生态环境的潜伏危机。

随着城镇化建设的加快和矿产业的开发建设，建筑垃圾已上升为农业环境污染的主要因素，大批良田的征用被占已成为妨碍农业生产环境进一步改善和生产进一步发展的因素之一。

（三）三料缺乏

肥料、饲料、燃料的“三料”问题是长期困扰西藏自治区农区经济、社会、生态发展的核心问题。粮食作物的副产品——秸秆是农区最主要的饲料来源，秸秆原本可以通过牲畜过腹还田提高土壤养分，实际上牲畜粪便却被做成牛粪饼，成为农户取暖和做饭的燃料，不足的靠薪材和砍挖灌木，粮食生产也只能靠广种薄收维持。随着农业生产水平的提高，化肥施用量的大幅度增长及化肥利用率的普遍不高，在导致土壤板结、土质理化性质恶化的同时，化肥大部分流失造成地表水富含营养化和地下水硝酸盐污染。结果是燃料缺乏导致“滥樵”，饲料缺乏导致“滥牧”，肥料缺乏导致“滥垦”和化肥的“滥施”。由于相对封闭、严酷的自然环境、落后的生产力、自给自足的生产方式，“三料”问题长期得不到解决，造成“人缺粮油、畜缺草料、地缺肥水”，牲畜“冬瘦、春死、夏肥、秋壮”的恶性循环，滥垦、滥樵、滥牧的现象十分普遍，加之以牲畜数量的多少来显示家庭贫富的传统观念的影响，人为地推动了地区土地退化的发展。在“三料”中，饲料的匮乏是造成该地区土地退化、程度加重的最主要推动因素，其次为燃料和肥料。

因此，“三料”问题不解决就不可能消除影响“一江两河”中部流域土地退化的人为因素。其结果必然是荒漠化的日益加重。

三、西藏自治区农业可持续发展能力分析

西藏自治区由于特殊的地理条件，人口密度低和经济发展滞后、缓慢，使整体的农业生态环境和可持续发展能力仍处于良好的状态。其主要标志为：大气环境质量在全国处于最好状态；西藏自治区境内水环境质量达到了 1 级；西藏自治区东南原始森林保持了原始的状态。

迄今为止，西藏自治区的水、气环境一直保持着较好的状态，主要江河都能达到地面水环境质量国家标准的三类水域标准，大气环境的悬浮颗粒物浓度、二氧化硫、氮氧化物主要指标均能满足国家环境空气质量标准的二级标准。现有的工业企业少而小，无重大污染企业，工业污染主要来自拉萨附近的少量水泥厂的粉尘和皮革厂的污水。对拉萨的监测表明，这座城市的大气和水质都干净，是中国污染最轻的城市之一。西藏自治区植物的纯净度远远超过国家标准，检测表明，生长在西藏自治区的植物几乎没有受到任何污染。

由此可以说明西藏自治区仍是全球生态环境最好的地区之一。

四、西藏自治区农业可持续发展的对策措施

总体上讲，目前西藏自治区的农业生态系统仍然处于一个相对独立的封闭环境，受外界因素的影响、干扰和破坏较少。因此，目前西藏自治区的农业环境相对较好，但随着形势及自然条件的发展和变化，全区农业环境依然面临着工业污染、气候变化、人类生产与开发等带来的不利影响和潜在危机，务必要求我们从思想上、行动上引起高度警觉和重视，并积极做好应对措施，切实做好综合治理工作，从源头上抓起，力争将各种不良因素和影响控制在初发时期、消灭在萌芽状态，永保西藏的蓝天碧水和“净土”。

（一）完善政策

在加大学习、宣传、贯彻和落实《中华人民共和国农业法》《中华人民共和国环境保护法》等法律、法规的基础上，根据西藏自治区农业生产环境保护现实需要，认真制定《西藏自治区农业生产环境保护条例》，将对大气、水质和土地等保护工作纳入法制化轨道，进一步修改和完善《西藏自治区农业生产环境监测监察制度》，强化定期、定点检测和执法检查工作，严查和严惩各种破坏农业生产环境行为。抓紧制定“西藏自治区农业生态环境补偿”政策，制定良田、草场保育政策，以村为单位，对耕地、草场地力进行定期限监测，对采取施用有机肥、秸秆还田、保护耕地、保护草场等措施的农户，给予一定的补贴，积极引导农牧民收集、利用农村生产生活废弃物，实现废弃物资源化利用。建立农牧区物业化管理和废弃物资源化利用补贴机制，对农牧区物业管理的基础设

施建设、人员培训等进行政府财政补贴。依据最低激励、成本补偿和收入补偿的原则，选择农业污染敏感区或高风险区，建立农业污染控制生态分类补偿试点区，探索适合西藏特点的农业污染防治生态分类补偿机制。制定更加优惠的政策，充分调动和广泛吸纳社会各界关心、支持、参与农业生态环境保护的积极性、主动性和能动性，形成部门协作、齐抓共管、人人参与农业生产环境保护和建设的新机制、新格局。

（二）天然草场的可持续利用

1. 西藏自治区天然草场定位于生态保护与恢复、适度利用

中央第五次西藏自治区工作座谈会将西藏自治区定位为重要的国家生态安全屏障。草原生态系统是青藏高原的主体，也是生态安全屏障建设的重点。西藏自治区的草原不仅是畜牧业生产和牧民生计的基础，而且也是影响大气环流的重要下垫面，它不仅是重要的生产资源，同时也是一个对欧亚大陆的生态环境产生着重大影响的“生态卫士”。后者的功能是国内其他牧区草原所不能比拟的。西藏自治区的草地虽很广阔，但在荒漠化、沙漠化的威胁下，草场载畜能力和生产能力大大下降，生态系统正在退化。西藏自治区草地已经到了必须下决心加以保护、适度利用的阶段了。今后的发展必须在生态保护的前提下适度利用。

因此，继续大力开展大范围的退牧还草、禁牧封育等，在科学、真实、有效地摸清实际牲畜存栏数的基础上，以低于理论载畜量的数量，严格实行以草定畜、合理轮牧、生态修复等措施，长期坚持“有限发展草地畜牧业”的发展思路，走可持续发展的道路，从根本上解决草原生态日趋退化的局势。

草地畜牧业有限发展与草地严格保护是草地畜牧业的发展之路。

2. 严格监督草场承包、草场补贴制度，改钱补为草补

当前西藏自治区草地畜牧业的关键是减少牲畜存栏头数、恢复植被、遏制草场沙化，走以草定畜的路子，刻不容缓。2005 年，在中央支持下，西藏自治区党委、政府为切实解决西藏自治区草畜矛盾突出、草地退化严重、草地生产能力下降等问题，在“草场公有、承包到户、自主经营、长期不变”政策的前提下，做出了进一步落实完善草场承包经营责任制的决定。截至 2009 年年底，全区共在 52 个县、279 个乡、2 109 个村落实了草场承包经营责任制，覆盖农牧户达 13.2 万户、71 万人；累计承包到户草场面积达 5.5 亿亩，占可利用草场面积的 66%。实现了草原经营机制改革的新突破。

但在政策执行中，存在着两方面的问题：一是部分群众只顾拿钱，瞒报漏报、该出栏却不出栏的现象依旧比较突出，严重影响了制定该政策的初衷。需在今后加强监督，制定奖惩措施，严格督促落实；二是给群众的补偿资金用在草场建设上的也微乎其微，在很大程度上制约了政策的有效性。单纯的现金补偿，不如政府用其中部分资金购买优质饲草发放给群众的效果好。这样还可以带动西藏相关草产业（草种子产业、培育草种植户、运输业等）的发展。

（三）建立综合防护林体系

鉴于西藏自治区独特的气候条件和生态系统的脆弱性，应在认真保护、科学经营现有森林资源的基础上，以河谷地带为重点，如雅鲁藏布江中段、拉萨河和年楚河谷地为主线，重点建设若干条林灌草相结合的综合防护林带；按土地条件积极营造薪炭林、适当发展用材林和林卡（含经济果树）；同时以增加森林面积、扩大森林覆盖率为中心，有计划、有步骤地对现有低海拔灌木林地、

疏林地进行改造，对稀疏灌丛草地及河谷水土流失和风沙危害严重地段进行生物治理，全力加快造林绿化步伐，改善生态环境质量，逐步建立防（止风沙危害）、治（治理水土流失）、保（保障农牧业稳产高产和水利设施发挥长期效能）、用（用材、薪材、放牧）的林灌草有机结合的综合防护林体系。

(1) 恢复植被，综合治理水土流失　在西藏“一江两河流域”等地区，应以恢复植被为主要技术手段，综合治理水土流失，是改善农业生态环境的关键任务。水土流失治理须把握两方面的关键措施：一是主攻河滩地，控制沙源。西藏河谷的滩地是主要的沙源地，风将河滩的沙粒吹向山坡。该区荒滩、荒坡面积较大，植被稀疏，是水土流失的重要地区。因此，应以治理荒滩、荒坡为重点，最有效的措施是恢复植被，但由于面积大，劳力不足及土地条件的限制，应采取建立草方格、植树与工程措施相结合的方法，推行条状造林或带状造林，扩大“乔灌草”的种植面积，造就多层次、高密度、多功能的水土保持植被。

(2) 改造河滩疏林地　该区有一定的植被基础，水热等自然条件良好，在禁止人畜危害的前提下，全面封禁是一项实现自然恢复植被的好模式。对疏林地应进行人工补播、补植，人工补种的树种要针阔结合，力求改变当前林种单一、土质差的现状。

(3) 小流域综合治理　小流域综合治理的目标在于减少水蚀。彻底改观多年来人类不合理开发自然资源所造成的水土流失绝非易事，必须进行长期的综合治理。要坚持以小流域为单元，因地制宜综合治理，坡沟兼治、农林牧齐抓、生物措施与工程措施相结合，以形成环境质量高，农林牧全面发展、结构稳定、功能高的农业生态体系。

在一些较难开发的区域可以采取引入民间资本出售荒滩荒坡长期使用权的模式，进行改造。在操作过程中须注意选用本地的优势林灌草品种，如杨、柳、沙棘、沙生槐、白茅等。

(4) 大力发展人工草地建设　通常西藏自治区牧区牦牛存栏期为7~9年，羊的存栏期为3~4年。因此，牲畜大部分时间都处于“饥饿半饥饿”状态，饲草饲料供应量的多寡直接造成了牲畜“冬瘦、春死、夏肥、秋壮”的恶性循环，其关键也是草。从经济学的原理来看，饲料供给不足的解决途径无非从两方面入手，一是减少需求；提高牲畜出栏率、减少存栏数量，前面已详述；二是提高供给，提高饲料的供应量。提高饲草供应量，长途调运不经济，只有人工种草一条路。

（四）农区农牧结合，种草养畜

农区大力发展人工草地建设是遏制西藏自治区河谷农区和半农半牧区荒漠化及土地退化发展趋势的最适宜的措施。农区、半农半牧县区自然条件好于纯牧区。土地平整、集中、灌溉条件好、人均耕地面积大，海拔都在4 200m以下，降水量300~400mm，农作物产量较高，若种草产量是天然草场的10倍以上。

据笔者长期研究，“一江两河”流域利用休闲耕地种草，生态、经济效益极为显著，春播的冬闲地可以种植抗逆性强、生长迅速的小黑麦等饲料作物，冬季刈割可收获鲜草800kg/亩，翌年5月初还可收获鲜草2 000kg/亩以上，不但可有效缓解饲料缺乏的问题还可改革耕作制度，提高冬春季农田覆盖率，减少冬春季大风对耕地土壤的侵蚀；春夏季可以利用麦类作物收获前后的余热套种、复种多种饲料作物，可产鲜草1 000~3 000kg/亩，其效益也极为显著，同时可有效减少水蚀造成的水土流失。

农区单播饲料作物的产量也极高，饲用燕麦亩产鲜草3~4t、紫花苜蓿亩产鲜草5t，单季地膜覆盖玉米的亩鲜草产量超过6t，饲用甜菜亩产量可达12t。因此，在解决了温饱问题的农户中可以拿出小面积的耕地种植饲料作物，不但调整了种植业结构，而且经济、生态效益极为显著。该区域还有很多荒滩荒坡可以开发利用，只需用围栏围起来在雨季到来的时候种植多年生混播饲草，即可成为极好的人工草地，还可保护这些裸露土地免遭风蚀而荒漠化。

据调查西藏自治区全区还没有专业的饲草饲料市场，但阿里地区改则、措勤等县近年自发形成的市场“草”（青稞秸秆）的价格为4~5元/kg，日喀则市附近乡镇2008年一手扶拖拉机的麦类秸秆（重量约800kg）卖价700~900元，2008年4月白朗县嘎东镇秸秆卖价0.9元/kg，2009年已升至1.2元/kg。山南地区的紫花苜蓿通常可以刈割3茬，群众割了2茬后，秋末最后一茬还可卖900元（鲜草重约1 200kg）。

围绕农田牧场保护、地力培育和提高综合生产能力等目标，积极推广应用测土配方施肥、保护性耕作、土壤改良等技术，大力推进有机肥收集、生产和使用，加快建立农田牧场保育的长效机制和政策保障体系。

西藏自治区牧民的市场意识淡薄、惜杀惜卖、以牲畜数量为衡量财富等都是老调重弹、经常提到的对西藏牧民评述。西藏自治区高原牧民世世代代以逐水草而居的游牧生活，以畜换钱、换生活用品。在相对封闭、落后的生产模式下，牧民的生产目的不是市场销售获利，而是以自给自足为主。当牧民定居工程启动，有了住所，需要家具、家电等现代生活用品的时候，牧民们自觉自愿的出售牲畜，甚至简单加工酸奶、皮毛和肉等向市场销售。种草养畜，是在市场发育成熟、市场拉动明显、养畜趋利性较强的牧民群体和牧区发展起来的。西藏自治区牧民的市场意识已经唤醒，在不久的将来，在市场的拉动下、在养畜趋利的推动下、在过上现代生活的强烈欲望中，西藏自治区的牧民群众将会种草养畜，或者会弃牧从商、弃牧务工。我们科技人员和政府需要做的事是准备好种草技术，向牧民传授；组织好牧民，进城务工；引导好牧民，保护草原生态；关心好牧民，解决民生问题。

因此，不能要求和期待着牧民在短时间内，在如此严酷和恶劣的自然环境条件下，种好草，在高寒牧区大面积、大规模、生态环保地种好草，需要几代人的教育、培训、探索和实践。

（五）土壤培肥

随着燃料问题的缓解和初步解决，肥料问题也因农户放弃使用牲畜粪便燃料而得到了一定程度的缓解，但长期对土壤养分的掠夺式的生产方式已对西藏农区土壤造成了严重破坏，如：绝大多数耕地面临长达6~7个月的裸露期，加剧了土壤风蚀、沙化进程；长期连年种植麦类作物，造成地力衰竭；长期忽视秸秆还田和有机肥的作用，过度依赖化肥，已造成土壤有机质下降，生产力下降。对比20世纪80年代西藏自治区土壤普查数据和近年的土壤分析数据，有机质含量下降了大约1个百分点。土壤肥力的迅速下降已经严重制约着西藏农业生产的发展和产量的提高。

研究表明，长期秸秆与化肥配合施用是提高土壤肥力的有效措施之一，有机肥的大量施用也能有效提高土壤肥力。随着有机肥（牲畜粪便）不再用作燃料，给秸秆过腹还田，恢复地力创造了良好的契机。多种措施引导农民利用秸秆、牲畜粪便积造农家肥也是解决肥料问题的有效途径之一。除此之外，豆科作物参与下的合理的轮作倒茬制度和保护性耕作技术都能有效提高土壤有机质。尤其是豆科作物参与轮作系统，不但能有效解决饲草缺乏问题，还能恢复地力、培肥土壤的作用；另外，目前在西藏河谷农区推广应用的保护性耕作技术，既能有效减少西藏河谷干旱半干旱农区土壤风蚀形成的荒漠化，又能有效提高土壤肥力和水分含量，增加作物产量，研究表明，保护性耕作能够提高年土壤有机质0.04%。保护性耕作不仅在农区具有明显的生态、经济、社会效益，同时在西藏自治区天然草场的补播，提高草地的植被覆盖度方面也有着广阔的应用前景。

由于西藏自治区自然条件限制因素较多，经济基础薄弱，加之全球气候变化、生态环境恶化、水土流失、沙漠化和土壤次生盐渍化严重发展，当前西藏农业生态环境保护形势仍然相当严峻，生态恶化趋势尚未得到有效遏制，部分地区生态破坏程度还在加剧，有向中度和重度荒漠化发展的趋势；加之西藏自治区农业仍以传统农业为主，牧业绝大部分还是游牧放养，农业现代化水平低，有些地方还保留二牛抬杠的落后经营方式。农业生态环境保护工作任重而道远、艰巨而紧迫。欣慰的是，2009 年国家通过了《西藏生态安全屏障保护与建设规划（2008—2030 年）》，投巨资在西藏自治区建设生态安全屏障保护与建设工程包括保护、建设和支撑保障 3 大类 10 项工程。该规划中包含了“农牧区传统能源替代工程，人工种草与天然草地改良工程”等规划项目。该项目的实施，不仅能使西藏自治区“一江两河”流域地区的荒漠化趋势得到逆转，生态环境发生巨大改善，同时也能明显改变全区的生态环境发展趋势。2014 年、2015 年，中央一号文件中都提出了“我国将建立农业可持续发展长效机制，促进生态友好型农业发展，开展农业资源休养生息试点，加大生态保护建设力度”的目标，实现了从上而下的对农业生态环境问题的高度重视，引导各方面力量参与农业生态环境保护，发展可持续农业已成为各级政府的共识；加之，随着西藏自治区经济发展的加快和对外交流的拓展，西藏自治区群众已经意识到农业生态环境对于农业可持续发展的重要性和紧迫性，必将采取有效措施应对。

（六）发展旱作节水农业，提高水资源利用率

在干旱地区，特别是以靠降雨生产的区域，建立综合示范基地，通过使用旱作品种、建设土壤水库、集水补灌、生物节水、技术支撑与服务能力等五大工程，推广土壤水库营造、保护地节水灌溉、集雨补灌、固土保墒耕作、生物节水与高效种植、新型节水剂应用和保苗播种、覆盖保墒、农田护坡拦蓄保水和非充分灌溉等旱作节水技术，提高水资源利用率，增强抗旱、减灾、避灾能力，缓解资源型缺水和季节性干旱对农牧业生产的威胁。

（七）切实抓好燃料替代工程

近些年来，在国家的大力支持下，西藏自治区农村通过建设农户沼气、发展太阳能应用等措施缓解了燃料紧缺问题，并大规模地开展了植树造林活动，尤其是建设薪炭林，也能提供一定数量的燃料。目前农村生产生活中燃料用牛粪的用量逐渐减少。西藏通过沼气、太阳能等能源替代工程已经解决了一部分的燃料问题，但由于管理等多方面的原因，其中的成效并不是很明显，需在今后工作中根据沼气应用中出现的冬季气温低、产气量少、维护困难等实际问题，大力推广“温室＋沼气”生态农业模式及以沼气为纽带、集种植业和养殖业为一体的生态农业循环经济模式，在有效解决农牧区燃料缺乏、减少群众滥采植被的同时，提高农牧业生产综合效益，将沼气工程办成切实解决燃料问题的民心工程。并通过沼气建设，积极做好农牧区改厕、改圈建设，降低农牧区人畜粪便污染。

在农牧区重点推广太阳灶、太阳能房、小型风力发电、水电站和省柴节能灶等农牧区“五小”工程，最大限度地替代传统的牛羊粪、刺柴等燃料，减少农牧区空气污染。全面实施农牧区能源替代战略，加快新能源的应用进程。

参考文献

白涛 . 1995. 西藏水利产业化 [M]. 北京：中国藏学出版社 .

白涛 . 2004. 从传统迈向现代 [M]. 拉萨：西藏人民出版社 .

董光荣，董玉祥，金炯，等 . 1994. 西藏“一江两河”中部流域地区土地沙漠化的成因与发展趋势 [J]. 中国沙漠，14（2）：9-17.

董玉祥 .2001. 藏北高原土地沙漠化现状及其驱动机制 [J]. 山地学报，19（5）：385-391.

贺素雯 . 2008 半荒漠草原围栏封育试验 [J]. 农业科技与信息（9）：56-57.

贾立君 . “世界第三极”冰川退缩之谜被揭开 [EB/OL]. 新华网西藏频道，2004-09-24. http ：//www.xz.xinhuanet.com/wangtan/2004-09/24/content_3890994.htm.

刘燕华 .1992. 西藏自治区土地资源评价 [M]. 北京：科学出版社 .

刘毅华，董玉祥 .2008. 西藏沙漠化程度及其分区评价 [J]. 干旱区资源与环境，22（11）：1-5.

农业部 . 2008. 全国草原保护建设利用总体规划 .

苏大学 . 1995. 西藏草地资源的结构与质量评价 [J]. 草地学报，3（2）：144-151.

王圣志 . 青藏高原荒漠化程度加剧 [N/OL] 新华每日电讯，2005-02-19. http ：//news.xinhuanet.com/st/2005-02/10/content_2568823.htm.

杨改河 . 1994. 西藏一江两河农业开发潜力与模式及其理论研究 [M]. 西安：陕西科技出版社 .

陕西省农业可持续发展研究

摘要：陕西省耕地资源、水资源匮乏，关中、陕北和陕南地区分布差异大、水土流失、重金属污染、高氨氮含量已成为耕地和水资源面临的严重问题。气候变化造成农业灾害危害加重、农业污染加重。评价陕西省农业可持续发展能力结果表明，农业可持续发展能力与资源系统达到极显著正相关，这说明陕西省农业采取的是不断消耗自然资源和牺牲生态环境的发展模式。陕西粮食生产现状可以总结为，耕地面积减少较多、复种指数增加、单产增加、总产稳定或缓慢增加，人均粮食拥有量虽处于安全状态，但尚不足以满足小康水平。养殖业对环境影响的分析，陕西养殖业生产规模可以在目前基础上提高 20%~30% 仍可以达到可持续发展的目的。

一、农业可持续发展的自然资源环境条件分析

（一）土地资源

1. 农业土地资源及利用现状

陕西省土地总面积 20.6 万 km^2，按地貌可分为陕北黄土高原、关中盆地和秦巴山地 3 种类型（分别占 45%、19%、36%）。土壤类型多样，共有 22 个土类，50 个亚类，149 个土属，400 多个土种，主要土类有栗钙土、黑垆土、棕壤、褐土、黄棕壤、黄褐土、风沙土、黄绵土、塿土、水稻土、潮土、新积土、沼泽土和盐碱土等。

全省土地利用现状为：耕地面积 6 075 万亩，占土地面积的 19.7%；园地面积 1 249.5 万亩，占土地面积的 4.1%；林地面积 16 816.5 万亩，占土地面积的 54.5%；草地面积 4 317 万亩，占土

课题主持单位：陕西省农业资源区划办

课 题 主 持 人：文引学、廖海泉

课 题 组 成 员：李文祥、孙力、汪婷、凌莉、田涛、殷亚楠、高华、宋雯、李盼盼、张凯煜

地面积的14.0%。截至2013年年末，全省农业常用耕地面积4 291万亩，其中，旱地2673万亩，占62.3%，较全国平均水平高出13%；农田有效灌溉面积1 618.6万亩，旱涝保收面积1401.7万亩，分别占耕地面积的37.7%和32.7%，较全国平均水平低13%和2.9%。

2. 农业可持续发展面临的土地资源环境问题

（1）土地资源数量　2013年末，陕西省土地总面积20.56万km^2，其中，农用地28 051.14万亩，常用耕地4 291万亩，较2000年减少8.1%，其中旱地2 673亩，较2000年减少39%；园地1 275.17万亩，较2000年增加39.6%；林地16 847.82万亩，较2000年增加15.9%；牧草地3 303.95万亩，较2000年减少31.2%。2003—2013年10年间，全省年均耕地减少38.6万亩，粮食播种面积年均减少78.3万亩，短时间内这种趋势仍难以改变。全省农民人均耕地1.65亩，关中、陕南、陕北地区人均耕地面积差异较大，关中地区渭南市人均耕地面积最高为1.8亩，杨凌示范区最低为0.75亩；陕南地区安康市人均耕地面积最高为1.2亩，商洛市最低为1.05亩；陕北地区榆林市人均耕地面积最高为3.15亩，延安市最低为2.25亩；陕北地区人均最高耕地面积是关中地区的1.75倍，是陕南地区的2.6倍。

（2）土地资源质量　陕西省属人地关系紧张的省份，人均耕地面积1.59亩，不到世界人均水平的一半，耕地资源十分宝贵，但在实际利用中却存在着诸多问题，随着人类活动的加剧以及不合理的利用方式，全省农业自然资源质量下降，农业生态环境恶化具体表现为：一是水土流失严重，造成土壤养分流失，土壤肥力下降；二是重金属通过灌溉、施肥、大气沉降等方式进入农田土壤环境，造成农田土壤环境受到污染。

通过GIS技术对陕西省土壤肥力及重金属污染建立数据库，土壤相关数据主要来自陕西土壤、陕西省第二次土壤普查数据集、陕西各地区土壤志或土种志土壤剖面属性，并参照了《中国土种志》、陕西省第二次土壤普查有关记录。

① 陕西省土壤肥力水平：陕西省总面积为205 810.45km^2，根据各评价单元的多因子综合评价指标IFI分级图转换为等级图，得到陕西省土壤肥力评价等级图（图1-1），并统计出各个土壤肥力等级的面积及其所占比例（表1-1）。

表1-1　陕西省土壤肥力等级划分及评价结果

等级 Grade	IFI	面积（km^2）Area	比例（%）Percent	等级 Grade	IFI	面积（km^2）Area	比例（%）Percent
1	>0.70	32 323.68	15.71	4	0.40~0.50	37 438.11	18.19
2	0.60~0.70	37 452.22	18.20	5	0.30~0.40	37 127.94	18.04
3	0.50~0.60	41 226.74	20.03	6	<0.30	20 241.75	9.84

注：利用累加模型计算土壤肥力综合指数，对应于每个图斑的土壤肥力综合评价指标值（Integrated Fertility Index，IFI）

由表1-1可知，陕西省土壤肥力水平以2~5级为主，占总面积的74.4%，其次为1级土壤肥力水平，面积为32 323.68km^2，占总面积的15.7%，6级土壤肥力水平面积为20 241.75km^2，占总面积的9.84%。陕西省土壤肥力水平地域分布特点是，陕北北部土壤肥力很低，以5~6级为主，延安南部地区土壤肥力较高，以1~2级为主；关中地区各级土壤肥力均有分布，以3级水平居多，1~2级肥力水平主要分布在西安西南部、宝鸡南部及西北部地区；陕西南部山区土壤肥力水平整体较高，以1~3级为主，主要分布在汉中安康地区，由于山区地势复杂，土壤肥力水平差异较大。

陕西省整体土壤肥力水平趋势是南高北低。

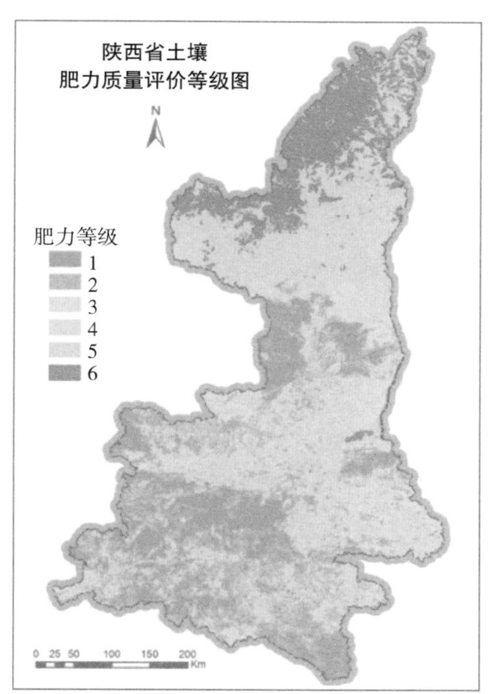

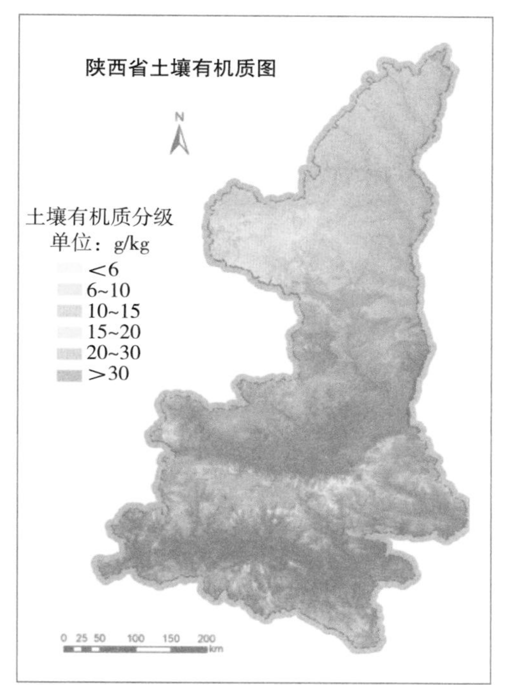

图 1–1　陕西省土壤肥力评价等级

利用 GIS 将土壤肥力评价结果与行政区划图进行叠置，分析各行政区域内土壤肥力水平的分布状况。西安、宝鸡、汉中及安康地区土壤肥力水平以 1~3 级为主，分别约占各地区面积的 75%、83%、91% 和 83%；咸阳、渭南和商洛地区土壤肥力水平以 3 级、4 级为主，分别约占各自面积的 73%、72% 和 66%；铜川地区土壤肥力主要集中在 2~4 水平；延安地区土壤肥力主要 4~5 级为主；榆林地区土壤肥力水平最低，以 6 级为主，占该区面积的 90% 以上。

② 陕西省土壤重金属分布：在水平方向上陕西省土壤有效锌、有效锰、有效铁含量呈现由北向南递增的分布规律（图 1–2）。处于陕南秦巴山地地形的土壤有效锌、有效锰、有效铁含量均居于较高的水平，多属 3~4 级，局部地区可以达到 5 级。关中地区土壤有效锌呈现东西部高，中部地区低的趋势，有效锰和有效铁无明显趋势，总体处于平均水平。陕北沙漠高原、黄土高原地形，因土壤黏粒、有机质与土壤有效锌、有效铁及有效锰含量有显著的相关性，土壤无结构，黏粒及有机质含量均很低，故该区土壤中的有效锌、有效锰和有效铁含量较低。土壤有效硼含量与上述 3 种微量元素含量正好相反，有北高南低的趋势。由于受母质的影响，沉积岩上发育的土壤比火成岩发育的土壤含硼量高，黄土母质上发育的土壤又高于沉积岩。陕西省土壤和各种成土母质中，以黄土母质面积最大，且广泛分布于陕北黄土丘陵及关中地区，形成了陕西省北高南低的分布规律。

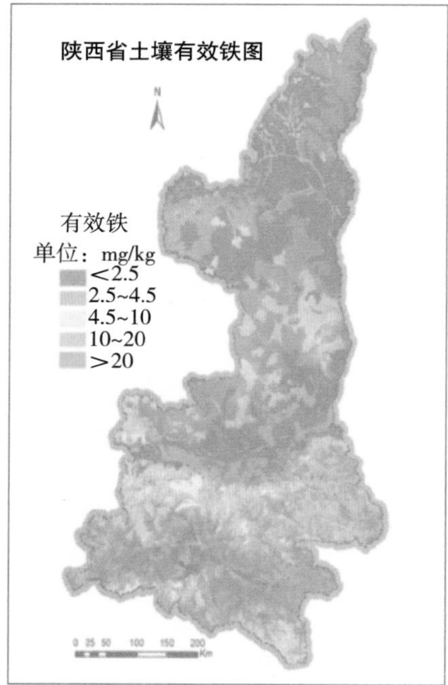

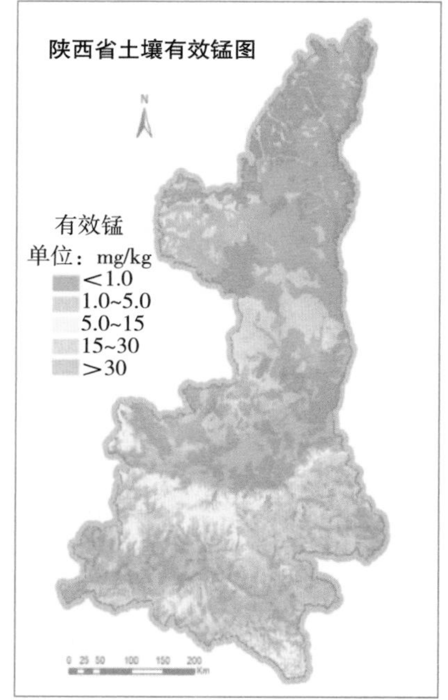

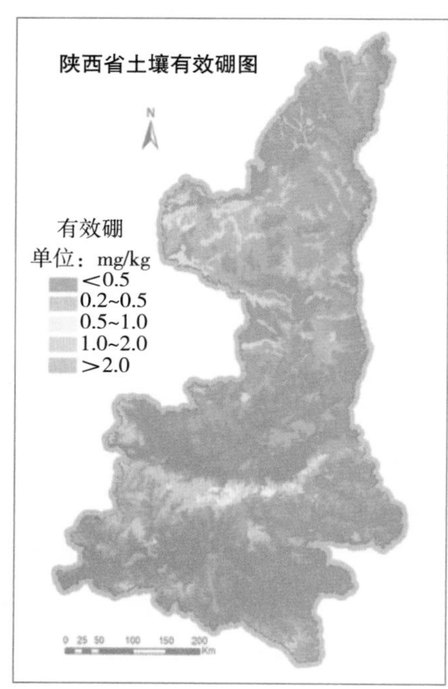

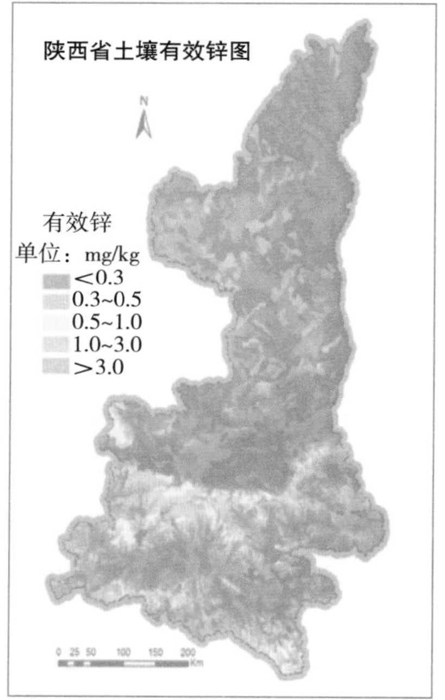

图 1–2　陕西土壤重金属分布

（二）水资源

1. 农业水资源及利用现状

陕西是典型的旱作农业省份，横跨黄河、长江两大水系。截至 2013 年年末，陕西省水资源总量为 693.16 亿 km^3，包括当地地表径流、地下水两部分。其中地表径流包括黄河流域 114.42 亿 km^3，占总水资源的 16.5%，长江流域 461.09 亿 km^3，占总水资源的 66.5%。地下水资源总量为 63.65 亿 km^3，占总水资源的 9.2%。全省用水总量 89.207 4 万 m^3，其中农业用水 49.572 6 万 m^3，占用水总量的 55.6%。关中地区用水总量为 52.774 7 万 m^3，农业用水 26.1048 万 m^3，占用水总量的 49.5%；陕南地区用水总量为 25.838 0 万 m^3，农业用水 18.094 2 万 m^3，占用水总量的 70.0%；陕北地区用水总量为 10.594 7 万 m^3，农业用水 5.373 6 万 m^3，占用水总量的 50.7%。

2. 农业可持续发展面临的水资源环境问题

（1）水资源数量　陕西省是全国水资源最紧缺的省份之一。省内河流较多，绝大部分为外流河，内流河流域面积只占全省面积的 2.3%。我国两大水系黄河与长江分别从陕西北部与山西交界处穿过，但黄河及其支流在陕西能够进行灌溉的流域面积却不大；长江支流汉江与嘉陵江从陕西南部穿过，而秦岭以南水资源条件较好，秦岭以北的广大地区水资源条件较差。全省水资源总量 4 421.1 亿 m^3，人均 1 437m^3，耕地亩均水资源 784m^3，分别为全国平均水平的 51.4% 和 42%。秦岭以南的秦巴山地水资源丰富，关中地区水资源短缺，陕北地区水资源严重缺乏。

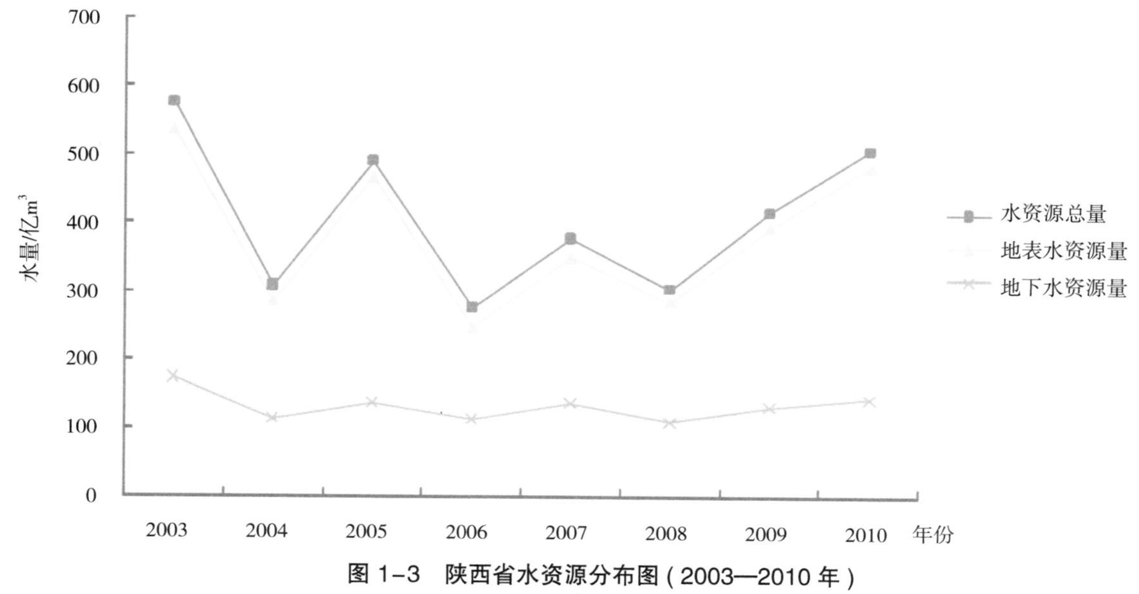

图 1-3　陕西省水资源分布图（2003—2010 年）

① 地表水资源概况：2010 年，陕西省地表水资源量为 537.57 亿 m^3，相应年径流深为 261.46mm，比多年平均增多 26.3%。其中，黄河流域自产地表水资源量为 128.76 亿 m^3，比多年平均偏多 20.8%；长江流域自产地表水资源量为 408.82 亿 m^3，比多年平均增加 28.1%。2010 年陕西省各市地表水资源量均比多年平均偏多。

② 地下水资源：2010 年，陕西省平原区浅层地下水天然资源量为 59.38 亿 m^3，较上年增加 8.46 亿 m^3。其中黄河流域 50.90 亿 m^3，较上年增加 6.71 亿 m^3，长江流域 8.48 亿 m^3，较上年增加 1.75 亿 m^3。2010 年降水入渗补给 35.51 亿 m^3，比上年增加 5.63 亿 m^3，地表水体补给 21.51 亿m^3，比上年增加 1.87 亿 m^3。表 1-2 为平原区地下水位降落漏斗变化。

表 1-2　陕西省平原区地下水位降落漏斗变化情况（2010 年）　（单位：km^2）

漏斗名称	所属平原名称	漏斗性质	漏斗中心位置	漏斗面积		
				年初	年末	年增减值
沣东漏斗	关中平原	浅	秦都区	49.8	52.3	2.5
兴化漏斗	关中平原	浅	兴平县	40.3	29.89	-10.41
鲁桥漏斗	关中平原	浅	三原县	7.56	7.39	-0.17
渭滨漏斗	关中平原	浅	渭滨区	13.5	11.8	-1.7

（2）水资源质量　据陕西省污染源普查，结果表明，陕西省农业污染源排放总量为 218 714t，其中排放总磷 4 505t、总氮 69 100t、氨氮 6 929t、COD138 092t、铜 56t、锌 33t、农药 0.23t。排放数量较多的污染物是 COD、总氮，分别占总量的 63.1%、31.6%；COD 主要来源于畜禽养殖业，占陕西省 COD 排放量的 98.9%，总氮主要来源于种植业、畜禽养殖业，分别占全省排放量的 71.7% 和 28.0%。种植业排放总量为 56 030t，占全省的 25.6%；畜禽业排放总量最多，为 160 870t，占全省的 73.6%；水产业排放总量为 1783t，占陕西省的 0.8%。这些污染物经过地下淋溶、地表径流等方式进入地表水和地下水，造成不同程度的水体污染。

以 2010 年陕西省水质污染调查为例，2010 年陕西省废污水排放总量 10.968 亿 t，其中，第二产业废水 7.515 亿 t，占废污水排放总量的 68.5%，第三产业废污水排放量 0.776 亿 t，占废污水排放总量的 7.1%；城镇居民生活废污水排放量 2.677 亿 t，占废污水排放总量的 24.4%。2010 年陕西省各市废污水排放量见图 1-4。

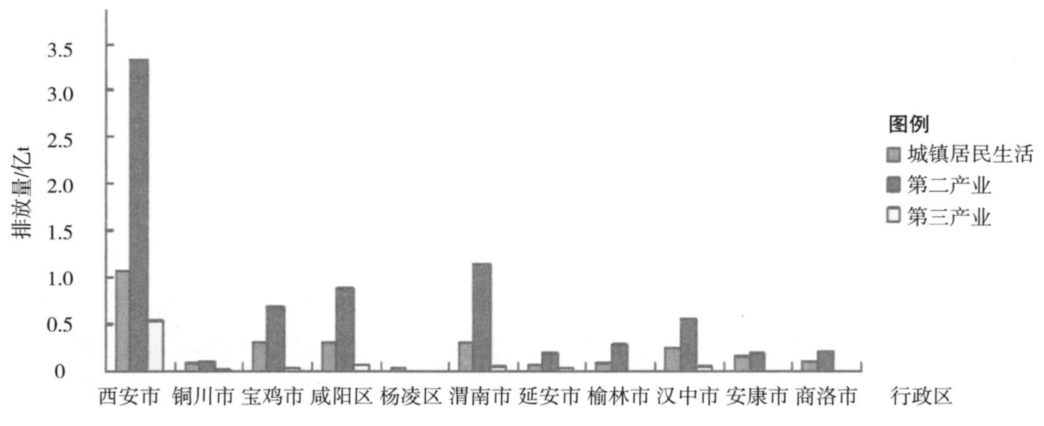

图 1-4　陕西各市污水排放量

（三）气候资源

1. 气候要素变化趋势

陕西横跨三个气候带，南北气候差异较大。陕南属北亚热带气候，关中及陕北大部属暖温带气候，陕北北部长城沿线属中温带气候。其特点是：春暖干燥，降水较少，气温回升快而不稳定，多风沙天气；夏季炎热多雨，间有伏旱；秋季凉爽较湿润，气温下降快；冬季寒冷干燥，气温低，雨雪稀少。年平均气温在 9~16℃，其中陕北 7~12℃；关中 12~14℃；陕南 14~16℃。全省无霜

期一般在160~250天。气温分布基本上是由南向北、自东向西逐渐降低。

2.气候变化对农业的影响

气候变化主要包括二氧化碳浓度升高、全球气温升高、降水分布及降水量变化等。气候变化对所在区域农业的影响主要包括：农业用水的变化、农业技术利用率的变化、施用化肥及农药量的变化、区域种植结构的变化、农作物产量的影响等。以黄河流域中游陕西段气候变化对农业的影响为例，进行具体分析。

（1）对农业资源及投入的影响　降水和蒸发的变化对河流产生了一定程度的影响。我国主要江河重点控制站实测径流量总体呈现减少趋势，其中，淮河流域、黄河流域和辽河流域减少显著。黄河流域每10年递减14%。调查发现，黄河流域中游支流无定河、延河流域的径流量呈明显减少趋势，渭河流域在夏季则易造成洪涝灾害。而受气候变化的影响，农业灌溉用水增加。研究气候预测表明，在IPCCSRESA2和B2情景下，模式预估到2020年中国对灌溉净需求将增加2%~15%。

气候变化对陕西省水资源产生重大影响：一是水资源严重不足。目前全省缺水量达到20亿m^3，如遇持续干旱，将更进一步扩大水资源供需矛盾。二是水污染严重。约80%未经处理的工业废水及生产生活废水未经处理就直接排入径流水，导致黄河流域部分河道的水体丧失使用价值。在农村地区，由于化肥、农药施用过量，通过灌溉系统的往复循环导致地下水体污染，使缺水地区对水资源的需求加大。三是水资源消耗大。社会经济的发展加剧了对水资源的短缺矛盾，而农业生产用水在这种形势下的有效利用相当有限。近几年，陕西省农业用水变化也部分说明了这样的问题：2008年，农业用水量为85.46亿m^3，2009年降至84.34亿m^3，至2010年降至83.40亿m^3。

（2）对农业技术利用的影响　我国农业属于自由高消耗低效益生产模式，粮食作物光合利用率在0.5%以下，农田灌溉水利用效率在30%~40%，化肥利用效率仅占36%，氮肥损失达70%~80%。随着我国农业基础设施的不断投入和对气候变化问题的关注和研究，我国农业生产资源利用效率、农业产出技术效率有所提高。2005年，农业产出技术平均效率0.837，但中西部地区技术利用效率近0.75左右，远低于东部地区。加强中西部地区农业技术推广和技术补贴是提高农业技术利用的直接途径，这不仅为应对气候变化提供技术支持，同时也说明应对气候变化对农业技术的依赖，农业技术利用率低的地区对气候变化或气象灾害带来的影响更敏感。

研究区内的黄河流域面积宽广，土壤结构复杂，土地不平整，包括大面积的坝地、坡地、台地等，退耕还林还草使农业种植面积更加有限。水资源有限且时空分布很不平衡，节水保墒、秸秆还田、微集水等旱作农业技术的扩大应用对本区农产品的产量和品质提高都有很大作用。渭南地区实行设施农业，种植经济作物如日光温室种植蔬菜、果树等附加值较高的农产品。在延安地区设施农业主要种植蔬菜，但由于资金投入较大，水资源缺乏，基础设施不完善，技术也不成熟，政府扶持力度不够，设施农业发展很缓慢。农业生产条件较好、有可利用水资源的关中平原区，农业生产新技术的接受和推广较容易，非常有利于促进农业的发展。近年来，极端气候的频发对农业生产的稳定性和农民对以往技术的掌握程度都有很大影响。随着气候变化和气象灾害的频繁发生等外界环境的改变，农民对技术的掌握程度相对下降。此外，在灾害发生过程和灾后的恢复应对能力很差。

（3）对施肥量和农药使用的影响　化肥、农药的施用量是作为农资品的技术应用的，但化肥农药不局限农业技术。随着我国农业生产方式的改变和发展，化肥、农药使用普遍且影响广泛，逐年增长的施用量带给农产品的产量和品质影响存在争议，合理的施肥能提高作物产量和农产品品质，喷施农药能够防止大面积的作物病虫害。然而，过量施用带来的农业污染同时引起专家和人们关注。

气候变化对化肥、农药的使用量有很大影响，气候变化使化肥、农药使用量不稳定且施用效力发生变化。例如温度的增加、降水量的变化和极端气象事件的频发改变作物对化肥、农药的正常需求。在温度升高和极端气候事件增的气象条件下，作物的生长环境发生变化，对作物病虫害的发生有利，将导致作物系统和产量的加速下降，降水量的增加可能加重作物病虫害的受害程度。气候变化还可能提高外来种的传播速度。气温升高可能导致农业病、虫、草害发生的区域扩大，使病虫害的生长季节延长，害虫繁殖代数增加，为害时间延长，作物受害程度加重，二氧化碳浓度增加，有利于小麦条锈病越冬、越夏和南下流行，加重杂草蔓延，黏虫在各地的年发生时代将普遍增加一代，从而增加农药和除草剂的使用量。黄河流域内的耕地大多为集约化生产，农民掌握科技水平低，每年向耕地中投入大量的化肥和农药（图 1-5），以确保耕地的作物生产产量。但目前的作物产量提高模式已经不适应研究区域暖干化趋势和极端气候事件增多增强的趋势。

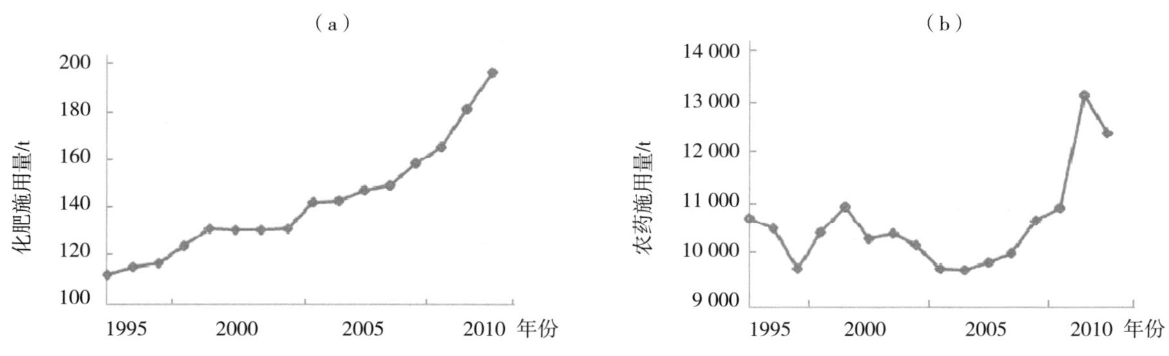

图 1-5　陕西省 1995—2010 年化肥（a）、农药（b）施用量

（4）对农业种植结构的影响　气候变化与农业生态环境的关系是相互影响、相互制约的。农作物生长依赖气候环境和微环境，气候条件发生变化影响到生物界的生存和发展，尤其是要求产量和经济效益的农作物和农产品，黄河流域中游生态系统相对脆弱，持续干旱、阴雨、暴雨等气象灾害将使流域水土流失加剧，对梯田、坝地和已有水利工程造成破坏。

在气候变化条件下，人们介入作物进行育种栽培、使用新的农业技术生产、使用化肥和农药，可能改变植被的组成、结构及生物量，作物的病虫害分布、生物学特性发生也会变化，最终农业生态系统的多样性发生变化，使农业生态处于动态环境。依据研究区气候变化特征分析，黄河流域中游陕西段的热量资源更加丰富，特别是陕北地区，有效积温的增加，对农业生产较为有利。陕西果业的主导产区可以向北扩展；随气温升高，陕西省冬小麦种植区北界向北扩展，但降水减少和干旱加剧使小麦生长受限区扩大。

研究区降水量减少、温度升高将增加作物蒸散量，作物生长对水的需求也增加，面临水资源的过度开发利用的问题。事实证明，由于我国工业化发展对水资源的需求，黄河中游陕西段流域内河流径流量大幅减少。“十二五”规划加大对小流域水利设施建设投入，使农业资源过度开发。

各地扩大了冬性稍弱但丰产性较好的品种，产量有所提高；使西北东部冬小麦种植北界向北扩展 50~100km，不但西伸明显，而且从海拔高度 1 800~1 900m 向 2 000~2 100m 扩展，种植高度提高 200m 左右，种植面积扩大 10%~20%。气候变化也可能带来复种指数增加，中高纬度地区，温度的升高可以延长作物生长季、减少作物冷害，使作物向更高纬度扩展，农业种植面积扩大。

（5）对产量的影响　气候变化将对农作物产量产生很大影响。根据动力模式模拟研究的结果，在二氧化碳加倍的条件下，气候变化对我国作物产量有很大的影响，其中，小麦玉米和水稻最高产量变化幅度为 -21%~55%，大豆为 -44%~80%，棉花为 13%~93%，其变化幅度随不同的气候情景和地点而不同。如果不采取任何适应措施，到 2030 年，我国种植业生产能力在总体上因气候变暖可能会下降 5%~10%，其中小麦、水稻和玉米三大作物均以下降为主。2050 年后受到冲击更大。有研究指出，气候变暖对春小麦产量的影响大于冬小麦，灌溉区小麦所受影响小于雨养区小麦。从表 1-3 看出，自 1989—2010 年研究区各地区粮食产量呈逐年增加趋势。在过去 21 年，气候变化对粮食总产量影响并不大。

表 1-3　黄河流域中游陕西段各地区 1994—2010 年粮食作物产量（kg）

年份 Year	榆林 Yulin	延安 Yan' an	西安 Xi' an	总产量 Total grain yield
1989	930	1 815	3 600	6 345
1991	870	1 860	3 675	6 405
1992	1 125	2 070	3 840	7 035
1993	1 815	2 625	3 990	8 430
1994	1 826	2 642	3 283	7 751
1996	2 261	2 817	3 968	9 046
1997	982	1 972	4 260	7 214
1998	1 651	3 016	4 525	9 192
1999	765	2 242	4 320	7 327
2000	1 436	2 393	4 342	8 171
2001	1 277	2 368	4 360	8 005
2002	2 423	2 927	4 402	9 752
2003	2 466	3 001	4 082	9 549
2004	3 013	3 277	4 656	10 946
2005	2 237	3 430	4 797	10 464
2006	2 209	3 511	5 025	10 745
2007	2 248	3 129	4 417	10 745
2008	2 816	3 475	5 102	11 393
2009	3 135	3 690	5 205	12 030
2010	3 311	3 915	5 348	12 574

3. 农业应对气候变化存在的主要问题

（1）气候暖干化趋势明显，对农业影响范围广且不确定　国家气候中心通过不同气候模型对陕西省未来 100 年气候变化情况的模拟结果均表现为气温升高、降水增加，降水变化幅度比较大，目前，陕西仍处于相对少雨阶段（陕西省政府办公厅，2008），强降水集中在 7—9 月，预测未来 100 年降水的增加不能消减温度持续升高给农业生产带来的影响。未来 10 年，黄土高原光热资源增加，降水量减少 10%~15%，气候将以暖干化为主要变化趋势（陕西省政府办公厅，2008）。

农业气候资源的变化也促使农事活动做出调整。受气候变化和农业科学技术发展影响，目前，农业生产过程中更换作物品种的次数增加，种植形式发生变化，作物产量增加。光热资源增加有助于扩大黄土高原作物种植范围，延长作物适宜生长季，提高作物复种指数，但光热资源增加必然增大作物田间蒸散量，再叠加降水量减少的可能，黄土高原干旱风险程度将可能增大。依据区域气候变化特征分析，黄河流域中游陕西段的热量资源更加丰富，特别是陕北地区，有效积温的增加对农业生产较为有利。陕西果业的主导产区可以向北扩展。陕北冬小麦种植区北界向北扩展，但降水减少和干旱加剧使小麦生长受限区扩大。对果树的研究表明，气候变暖导致果树花期普遍提前，增大了果树花期冻害发生概率和风险。增温引起春小麦三叶期和孕穗期光合速率下降，穗粒数减少，千粒重下降，最终导致减产。冬季气温升高使小麦发生冬旺，甚至反季节拔节，而夏初的干热风又使小麦青干，造成严重减产。气候变化对作物生长及农业生产影响范围广泛，从而也导致其影响的不确定性。

（2）气候变化使生态脆弱区农业气象灾害及其损失更严重　黄河流域中游的气候条件以干旱为主，生态环境脆弱，水资源有限且时空分布很不平衡。流域面积宽广，土壤结构复杂，土地不平整，包括大面积的坝地、坡地、台地等，耕地面积有限。生态系统相对比较敏感，气候变化将改变区域降水量和降水格局，北方江河径流量减少，年均蒸发量增大，黄河及内陆河地区的蒸发量增加约 15%，导致流域流量下降乃至断流。

陕西省近 10 年的气象观测表明，平均气温不断升高，降水大幅度减少，极端天气与气候事件增多，夏季反常高温、旱灾频繁、洪涝灾害加剧。陕西省由农业气象以干旱、雨涝为主，造成损失严重，以 20 世纪 90 年代为例，大旱年陕西省农业受旱率在 30% 以上，成灾率在 20% 以上表（1–4）。在已有气候变暖的影响下，绝大部分农业气象灾害危害加重、发生频繁，特别是极端气候事件发生频率加大，极大地威胁着中国粮食生产的安全。

表 1–4　1951—2000 年陕西省旱涝出现概率（%）

	雨涝	较重雨涝	干旱	较重干旱
陕北	28	14	26	16
关中	26	14	36	14

（3）气候变化进一步加重农业污染

① 农民对气候变化使农业污染问题进一步加重的认知程度有限，农业污染因其难以识别、难以控制且非固定排放源而被称为非点源污染。其主要来源化肥、农药的不合理应用，以及畜禽粪便、水产养殖、农作物废弃秸秆、农业废弃塑料薄膜、农村生活垃圾和污水等的不合理排放。农业污染产生的大气、土壤和水污染越来越严重。农民对农业污染有比较客观的认识，认为化肥残留和农药残留属农业污染，地膜虽有节水保墒的作用，但其一次性使用造成白色污染，但对农作物秸秆的污染认识较低，其原因是研究区域内采用秸秆还田技术，对保墒和培肥地力有一定作用。牲畜粪便和生活排污污染农业和农村环境，只要方法得当，可以减少农业污染并愿意配合农业污染的治理。从调查中发现，农民对减少和治理农业污染问题的认识程度非常有限。由于此次调查地区条件和管理的差异，对农业污染治理的成果主要在新农村的建设方面，如农村秸秆、牲畜人粪便、农村卫生等的治理，而对农业生产的污染，例如地膜污染、化肥的过量使用造成的土壤板结和农产品重金属污染、农药的过量使用导致农产品尤其是蔬菜类农药残留问题都没有得到很好的关注和解决。

② 气候变化加重农业生产中的污染问题：随着 CO_2 浓度升高、气候变暖、降水时空分布不均增多，气候变暖后，土壤有机质分解加快，化肥释放周期缩短，气温增加 2℃或 4℃，氮素每次施用量需增加 8% 或 16% 左右（气候变化国家评估报告，2007）。在较暖的气候条件下，土壤有机质

的微生物分解将加快，长此下去将造成地力下降。在高二氧化碳浓度下，虽然光合作用的增强能够促进根生物量的增加，在一定程度上可以补偿土壤有机质的减少，但土壤一旦受旱后，根生物量的积累和分解都将受到限制。这意味着需要施用更多的肥料以满足作物的需要。肥效对环境温度的变化十分敏感，尤其是氮肥。温度增高 1℃，能被植物直接吸收利用的速效氮释放量将增加约 4%，释放期将缩短 3.6 天。

因此，要想保持原肥效，每次的施肥量将增加 4% 左右。施肥量的增加不仅使农民增加投入，而且对土壤和环境也不利。农业污染因其难以识别、难以控制且非固定排放源而被称为非点源污染。其主要来源于化肥、农药的不合理应用，以及畜禽粪便、水产养殖、农作物废弃秸秆、农业废弃塑料薄膜、农村生活垃圾和污水等不合理排放。农业气象条件变化致使农业污染产生的大气、土壤和水污染越来越严重。农药、化肥、农用塑料薄膜的使用量逐年增加，造成的污染问题更加严重。由于农民素质及教育水平的差异，对农药、化肥的使用量、使用时间和种类选择上存在很大的误区，盲目增加施肥和农药用量会造成土壤板结、土壤结构破坏、部分土壤养分含量富集、农产品污染及环境恶化等问题进一步加重。

二、农业可持续发展的社会资源条件分析

（一）农业劳动力

1. 农村劳动力转移现状特点

陕西是一个典型的农业大省，农村劳动力基数大，增速快。此外，陕西二元经济结构明显，城乡差距显著，全省农民人均收入仅是城镇居民人均收入的 1/3。陕西省第六次人口普查结果显示，截至 2011 年，陕西省总人口共 3 732 万人，其中，农村人口为 2 717 万人，农村人口占总人口的 72.8%，农村人口中劳动力人口为 1 450 万人，占陕西省农村人口比例为 53.4%。扣除其他因素的影响，劳务输出量的增长速度仍远远低于农村劳动力的增长速度，农村劳动力就业问题仍然十分严峻。现阶段陕西农民人均收入远远低于全国平均水平，农民生活依然贫困，而就业问题始终被看作核心问题，依靠传统农业增加农民收入的作用不明显，农村剩余劳动力从农业转向非农产业，是实现农民增收、改善农民生活质量的客观要求。因此，陕西农村剩余劳动力的转移就业成为陕西经济社会发展的一件大事。务工收入是输出地农民收入的一个重要来源，已经成为农民增收的重要途径，农民生活水平也得到了很大的提高，在解决“三农”问题上也发挥了重要作用。鉴于农村劳动力转移为农民增收及城乡协调发展所作出的巨大贡献，劳动力转移已被陕西省政府当作一项产业来抓，陕西农村剩余劳动力的有效就业和有序转移，是陕西经济发展的客观要求。

陕西省农村劳动力转移特点从以下几个方面反映。

（1）陕西省农村劳动力的就业构成　以 2010 年统计为例，陕西省农村人口 2 028 万人，其中，农村从业人员共 1 376 万人。按产业和行业划分：陕西省第一产业农村从业人员人数为 848.7 万人，占总农村从业人数的 61.7%。第二产业农村从业人员数为 289.6 万人，占总农村从业人员数的 21.0%，其中：制造业农村从业人员数为 133.4 万人，占总农村从业人员数的 9.7%；建筑业农村从业人员数为 156.2 万人，占总农村从业人员数的 11.4%；第三产业农村就业人员数为 237.6 万人，占总农村从业人数的 17.3%。从事第三产业农村就业人员中，交通运输、仓储和邮政业农村

从业人数为 57.2 万人，占总农村从业人数的 4.2%；信息传输、计算机服务和软件业农村从业人数为 8.2 万人，占总农村从业人数的 0.6%；批发和零售业农村从业人员数为 59.9 万人，占总农村从业人数的 4.4%；住宿和餐饮业农村从业人员数围为 45.8 万人，占总农村从业人数的 3.3%；其他行业农村从业人员数为 66.5 万人，占总农村从业人数的 4.8%。

从图 2-1 可以很清楚地看到陕西省农村劳动力就业在三次产业之间的分布情况。

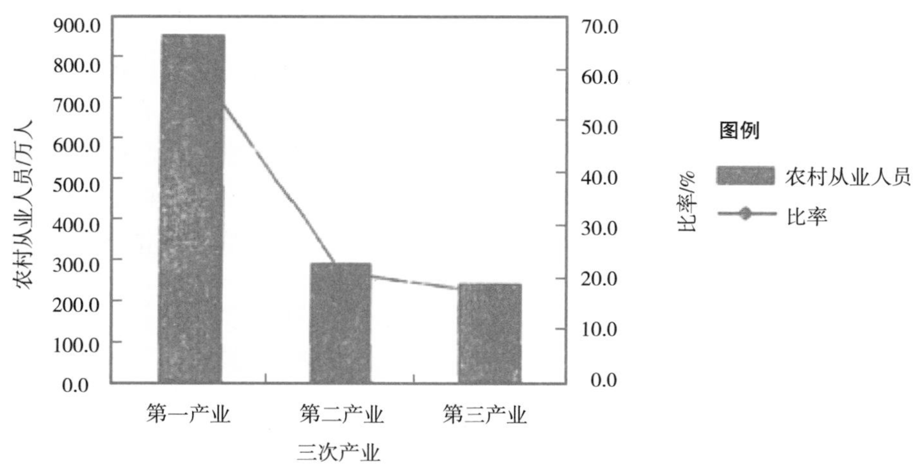

图 2-1　2010 年陕西省农村劳动力就业产业分布情况

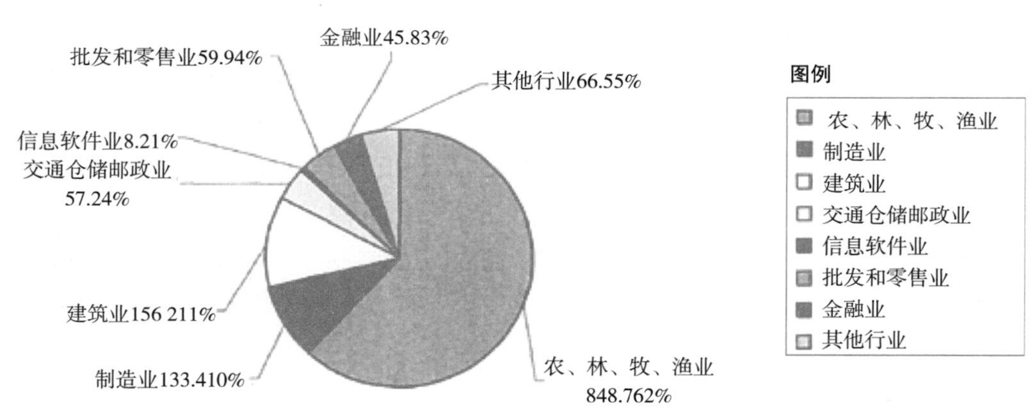

图 2-2　2010 年陕西省农村就业人员行业分析分布情况

随着农村城镇化和工业化进程的加快，向二、三产业转移的农村剩余劳动力不断增加。根据 1978—2010 年《陕西省统计年鉴》可以看出，陕西省农村剩余劳动力在三次产业之间的分配发生了很大的变化，第一产业就业人数比率不断下降，从 1978 年的 0.711 下降至 2010 年的 0.413；第二产业呈现不稳定的上升趋势，但上升缓慢，1978 年就业人数比率是 0.179，2010 年上升至 0.270；第三产业就业人数比率不断增加且增速较快，1995 年第三产业就业人数比率为 0.201，超过了第二产业就业人数比率。

从图 2-3 可以更直观地看出陕西省农村就业人员 1978—2010 年三次产业之间分布的变化情况。

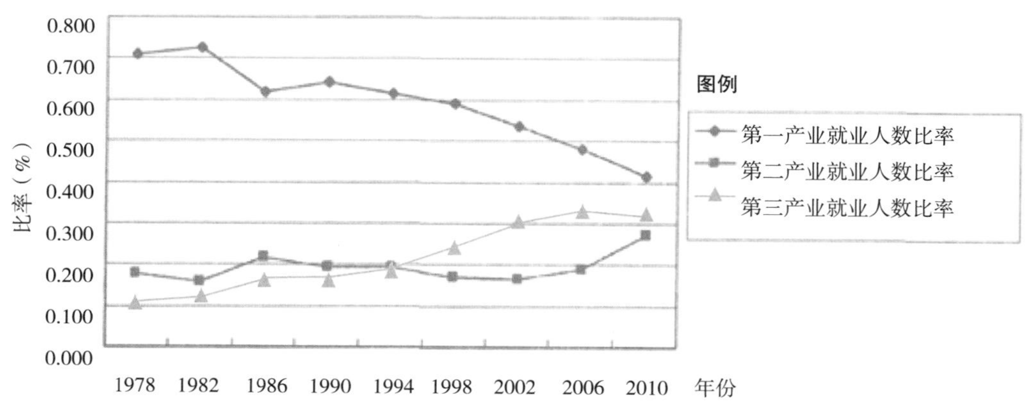

图 2-3　1978—2010 年陕西省农业就业人员产业分布变化

农村剩余劳动力在从农业部门向第二产业和第三产业不断转移，且向第三产业转移的更多。图 2-3 可以很清楚的展示出农村剩余劳动力在三次产业之间的转移情况。一方面从事传统农业生产的农村劳动力仍然很多；另一方面吸纳农村剩余劳动力的方向在向二、三产业转移，其从业人数增幅大，特别是第三产业。

（2）农村剩余劳动力文化素质　根据陕西省人力资源和社会保障厅统计，2009 年陕西省农业人口 2 784 万人，其中，农村劳动力 1 574 万人，农村剩余劳动力 728 万人左右。在农村剩余劳动力中，初中及其以下文化的占绝大多数，约占 86%，中专、技校毕业及高中文化占 12%，大专以上文化仅占 2%（图 2-4）；从技能构成看，劳动力整体素质偏低，技术型劳动力缺乏，受过专业技术培训的人员比例较低。

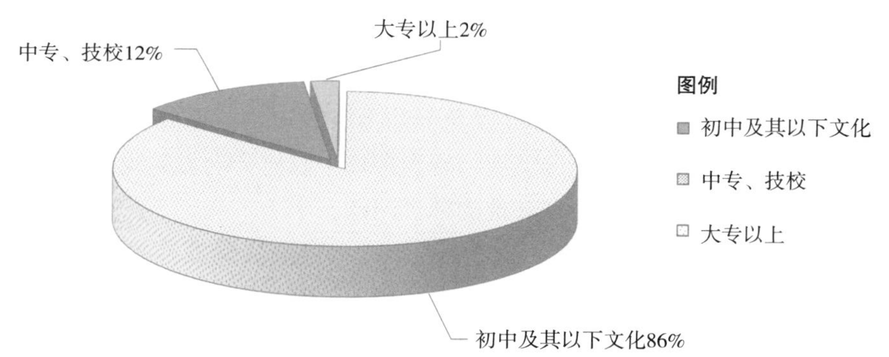

图 2-4　陕西省农村剩余劳动力文化素质水平

陕西省统计局在 2009 年春节期间对 104 个县区的 12 634 名外出务工返乡人员进行的快速调查显示：在 12 634 名外出农民工中，高中及以上文化程度的占 23.4%，初中文化的占 69.5%，小学及以下的占 7.0%（图 2-5）。调查资料显示，农民工收入高低与文化程度密切相关，高收入人群中高中以上文化程度比例大，低收入人群中初中及以下文化程度比例大。

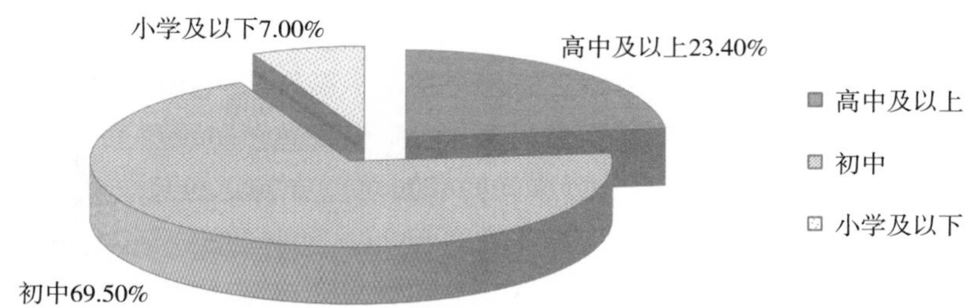

图 2-5　2009 年陕西省转移农村劳动力文化素质构成

（3）陕西农村剩余劳动力流向　陕西省农村剩余劳动力外出务工工作地点分布广泛，足迹涉及全国大部分省区，但流动区域相对集中，劳动力转移在地域选择上具有较明显的特点。陕西省第二次农业普查主要数据公报显示，2006 年陕西农村剩余劳动力在省内就业的比例高达 61.9%，其中，乡外县内从业的劳动力占 23.7%，县外市内从业的劳动力占 19.7%，市外省内从业的劳动力占 18.5%，而去省外从业的劳动力占 38.1%。从以上数据我们可以看出，相当一部分农村剩余劳动力选择就地转移。

从省内转移情况看，陕西省三大地区中，陕北地区在本地找工作的剩余劳动力较多，就地转移的比率 46.6%，异地转移比例小；关中地区的农村剩余劳动力在县、市、省和省外的分布比较均匀；陕南农村剩余劳动力的就业模式比较接近全国和西部地区，即跨省就业的比率较大，达到 62.6%，就地转移比率较小，仅 14.2%。

2. 农业可持续发展面临的劳动力资源问题

影响农业可持续发展的因素很多，如国家的制度政策制定，工农业生产技术，自然资源状况，生产消费观念，人口及其劳动力数量等都不同程度地影响着农业的可持续发展。在诸多因素中，农村劳动力资源是农业可持续发展重要的决定因素之一。要保证农业的可持续发展，关键在于减少农村人口，在现实情况下，减少农村人口的关键又在于农村剩余劳动力的合理转移。因此，合理转移农村剩余劳动力是农业可持续发展的内在要求，是实现农业现代化的前提。

（1）通过农村剩余劳动力的转移　可以避免劳动力资源浪费，充分有效地开发和利用丰富的农村劳动力资源，实现农村劳动力的充分就业，并发挥每个农村劳动力的积极性和创造性，使其转化为现实的社会财富，同时可以避免引发其他的社会问题。

（2）农村剩余劳动力的合理转移有利于促进农村经济全面协调发展　在农村剩余劳动力从第一产业向二、三产业转移，从贫困地区向发达地区转移，从农村向城市转移的过程中，农村劳动力在第一产业中所占比重逐渐下降，而在第二、第三产业中所占比重逐渐上升，使得农村劳动力在各产业中的分配逐渐趋于稳定，结构逐步趋向合理，从而促进农村经济的全面协调发展。就陕西省而言，农村劳动力在第一产业中所占比重由 2007 年的 64.2%降为 2012 年的 60.8%，而二、三产业比重则从 35.8%升为 40.3%。由此可见，农村劳动力的合理转移在近几年农村的持续发展中起到了至关重要的作用。

（3）随着社会的发展和农业现代化的推进，农业人口会不断减少，但现代农业对农业劳动力素质的要求不断提高，因而增加劳动力资源积累，对于农业的可持续发展至关重要　劳动力资源积累能提高自然资源的利用效率。人力资本的提高，将通过劳动者技能的提高，技术工艺操作水平的不断改善而增进物质资本及自然资本的使用效率，节约自然资源和物质资本，使农业的可持续发展成为可能。

(4) 农村劳动力资源的优势没有得到充分发挥　农村人口的增长使人均农业资源量减少，人口对自然资源的压力增加；农村人口的过快增长将会产生更多的剩余劳动力，农村剩余劳动力增多，直接影响农村经济的可持续发展；农村人口的过快增长不利于劳动者素质的提高；农村人口的过快增长不利于生态环境的改善。

(5) 有效控制农村人口，提高人口素质　努力控制农村人口过快的增长速度，以便减轻农业人口对资源和环境的压力。大力发展文化科技教育事业，提高农村人口素质，是农业可持续发展的保证，是形成自觉保护资源环境的前提。

（二）农业科技

1. 农业科技发展现状特点

陕西省大力实施科技兴农战略，加快全省农业科技发展，农业科技成果转化率达到35%，科技贡献率提高到53%。

(1) 科技成果总量多，但产学研结合较差　2006—2010年，陕西省选育和引进各类农作物品种153个，园艺作物品种100多个，良种覆盖率不断提高，推广一批粮食优质高产农业、测土配方施肥、苹果生产“四大技术”等关键新技术，确保了农产品有效供给和现代农业发展需求。但总体来看，农业科技推广没有形成合力，科技成果转化率不高。

(2) 科技推广队伍不断壮大，但人才匮乏问题严重　目前，全省已有各种农业科技推广人员10万人，包括各级政府农技推广队伍、大专院校科研院所科研推广队伍、各类龙头企业及农民专业协会推广队伍。以杨凌为例，有推广专家和推广型教授2 000多名，但高级农业科技人才队伍总体数量不足，结构不合理，一般型人才多，领军型人才少，单学科人才多，复合型人才少，传统学科人才多，新兴学科人才少，人才的综合素质有待提高。现有的基层农技队伍30 854人中专业结构不合理，人才结构不合理，非专业人员比例过大，整体专业技术素质偏低问题严重，调查显示：县乡两级机构的非专业人员比例分别为38%和51%，加之现有基层农技人员整体年龄偏大，中老年农技人员数量多，知识结构老化，严重影响了农业科技推广应用。

(3) 多元化的服务体系基本建立，但难以满足技术服务要求　陕西省初步形成了农技推广机构、龙头企业、农民合作组织或农村专业技术协会、农村科技中介机构共同组成的农业科技推广体系，探索出宝鸡市农业科技专家大院、西北农林科技大学“地方政府＋大学专家教授＋基层农技人员＋农户”的大学试验示范基地等农技推广模式，但推广管理体制不顺、运行机制不活、人员素质不高、工作条件较差，难以满足技术服务要求。全省县乡两级农技人员大学及以上学历3874人，仅占13.8%，非专业人员比例过大，人员知识老化，缺乏在岗培训；基层农技机构普遍缺办公用房，全省种植业系统乡镇站有办公用房的仅占54.5%，其他的乡镇站借用乡政府房屋或租用民房办公，且多数乡镇站没有基本的仪器设备。

(4) 攻克了一批农业关键技术，但农业科技发展后劲严重不足　陕西省在农业生物技术研究、果业提质增效关键技术研究、设施农业关键技术研究和农作物主要病虫害绿色防控等一批关键技术取得了新进展，加快了技术集成、配套、熟化和示范。然而，由于省农业科研与推广经费紧缺问题异常突出，造成发展后劲严重不足，各级财政在农技推广上基本未投入经费，县级财政只保障人员工资，没有工作经费，导致不少单位“有钱养兵，无钱打仗”，农业科技服务能力受到了很大限制。

(5) 农村劳动力开发不断深化，但农业科技推广对象不断缺失　近年来，陕西省实施农民培训阳光工程、雨露工程、人人技能工程等项目，每年培训农民100多万人次，农民劳动技能得到很大提高。但随着工业化、城镇化步伐的加快，青壮劳力和农村中的精英分子纷纷转移，留在农村经营土地的多为老人、妇女和儿童，出现了较多的“空壳村”。据统计，全省 16~45 周岁的农村富余劳动力中初中以下文化程度的有 547.6 万人，占知识的 75.8%，高中以上及技校等专业技术培训机构毕业的 140 万人，仅占 24.2，而且大部分进城打工，造成了农业科技推广对象的缺失。

2. 农业可持续发展面临的农业科技问题

（1）农业科技创新体系不健全，科技创新没有做到持续化　农业科技创新队伍力量分散，存在“各自为政、小而全、低水平重复”现象，近几年在小麦、玉米、蔬菜等育种方面缺乏大的突破。现有科技成果转化难，关键技术不到位。

（2）农业科技队伍专业素质不高，整体素质普遍偏低　表现为学历低、职称低、技能低。全省 3.7 万名农技员中，81.5% 为大专以下学历，中高级职称仅占 23.8%，76.2% 为中级以下职称；农技人员结构不合理，年龄偏大、非专业人员占比大。

（3）农业科技服务体系条件建设不强　近几年虽然加大了投资力度，但由于历史上欠账太多，全省农技体系特别是县乡一级基础建设依然薄弱，普遍表现为四缺。缺办公用房，全省种植业系统乡镇站有办公用房的仅占 54.5%；缺仪器设备，多数乡镇站没有基本的仪器设备；缺交通工具，乡镇一级配备面包车或摩托车的仅占 7.5%；缺练兵阵地，70%的乡镇站无科技示范基地。在技术推广上存在有技术、有人员、没经费，打仗缺少武器弹药，关键技术到位率低。

（4）农村土地制度不利于农业科技的推广　在土地分散经营的条件下，单户农民拥有的土地面积不大，农民接受一项新技术，需要较高的投入，对经营面积很少的农户来说，其带来的收入却有限，农民也就没有增加科技投入的内动力，尤其是不利于一些大型综合性现代农业技术的推广和应用；与此同时，分散的农户经济也没有足够的财力和物力对传统农业进行现代技术改造，却有相对充足的劳动力继续传统农业的生产方式，导致了农业科技成果的客观有效需求不足，也增加了农业科技成果转化的成本，阻碍了农业科技的推广应用。

（5）资源环境压力加大，亟须农业科技创新促进农业可持续发展　随着资源环境对农业发展的约束日益加重，农业面源污染不断加剧，污染物无害化处理能力低等问题日益突出。缓解资源压力需要加强资源环境领域重大共性关键技术研究，大力发展节约型农业、生态农业、循环农业、低碳农业技术，加快开发清洁生产技术，建立实现“低耗、高效、持续”的农业发展模式，大幅度提高资源利用率，促进资源、人口、经济和社会的和谐可持续发展。

（三）农业化学品投入

1. 农业化学品投入现状特点

化肥、农药、农膜是当前陕西省用量最大的农业化学品，是不可缺少的农业生产资料，它们对提高作物产量、改善农产品质量起着举足轻重的作用。

（1）陕西省化肥使用现状　陕西是传统农业产区，其中，关中平原是小麦和玉米主产区，陕南是水稻产区。随着农业的进一步发展，农户对化肥的需求有增加的趋势。化肥中的污染源主要是氮磷污染，进入水体引起河湖富营养化，恶化水体环境。长期以来，陕西省化肥施用的品种构成较单一，主要是氮肥、磷肥和钾肥，而复合肥、微肥、有机肥的施用较少。氮肥的施用中，主要以尿素和碳酸氢铵为主，而磷肥的施用主要以含磷较低的普通过磷酸钙为主。

对位于关中地区的杨凌市的农户化肥施用状况调查显示，小麦生产过程中，60%~70% 农户使用碳酸氢铵和过磷酸钙的配合，仅有 30%~40% 农户使用尿素和磷酸二铵的配合，而前者使用的碳酸氢铵的含氮量仅有 17%，过磷酸钙含磷仅 12%。对汉中市的调查发现，陕南水稻种植中，65% 的农户使用 50kg 碳酸氢铵和 50kg 过磷酸钙，而仅有 35% 农户使用 50kg 碳酸氢铵和 25kg 高浓度硫酸钾复合肥，而高浓度硫酸钾复合肥中 N、P_2O_5、K_2O 含量分别达到 14%、16%、15%。

（2）陕西省农药使用现状　根据 2008 年的农村调查显示，作物在生长期间，农户常用的农药种类较多，而且有机磷、有机氯、有机胺类农药的使用仍然存在，如氧化乐果、辛拌磷、三唑膦胺等农药。

（3）陕西省农膜使用现状　目前，陕西省农业生产中所使用的农膜主要是不可降解的农膜，农膜在耕地中的污染表现为降低耕作质量，影响作物生长。农膜污染可用农膜耕地负荷来大致衡量，耕地负荷越大，农膜施用越多，越易引起污染。依据统计资料，以 2008 年陕西省各地区农膜施用情况为例，2008 年，陕西省农膜施用量已达 27 880t，施用量最高的是渭南，达 5 269t；咸阳次之，为 4 495t；杨凌最少，仅为 10t。农膜耕地负荷因地区不同也具有很大差异。2008 年，全省农膜耕地负荷平均为 9.85kg/hm^2，铜川、咸阳、渭南、延安、汉中和安康均高于全省平均水平，其中延安最高，达 13.73kg/hm^2。农膜耕地负荷最小的是杨凌，仅为 0.24kg/hm^2。

2. 农业对化学品投入的依赖性分析

依据化肥污染程度的衡量方法，以 2008 陕西省各地区化肥投入数据进行测算分析。2008 年陕西省化肥施用量为 165.8981 万 t，渭南、咸阳、西安施用量较高，分别达到 35.90 万 t、31.22 万 t 和 22.59 万 t，铜川、延安、商洛、杨凌化肥投入总量较低。化肥耕地负荷反映了单位土地面积上的化肥投入，能较好反映化肥投入对耕地的潜在危害。2008 年全省平均化肥耕地负荷为 585.84kg/hm^2，其中西安、铜川、宝鸡、咸阳、渭南、汉中和杨凌均高于全省平均水平，分别高达 867.01、719.68、588.19、872.23、691.39、698.78 和 808.17kg/hm^2，其中，以西安最高；化肥耕地负荷最小的榆林，仅为 212.92kg/hm^2，而 2008 年全国的化肥耕地负荷为 430.43kg/hm^2，世界平均化肥耕地负荷是 104.85kg/hm^2，陕西大多地区已远远超过世界平均值及发达国家为控制化肥污染所设定的 225kg/hm^2 的施用水平上限，同时也大大超过全国平均化肥耕地负荷。目前，陕西施肥量平均水平是全国的 1.36 倍，是世界平均水平的 5.59 倍。然而陕西的农业生产方式仍然很落后，高科技水平和农业现代化管理在农业生产中应用很少，在过量的化肥施用水平下，必将引起肥料流失，导致化肥污染的发生。

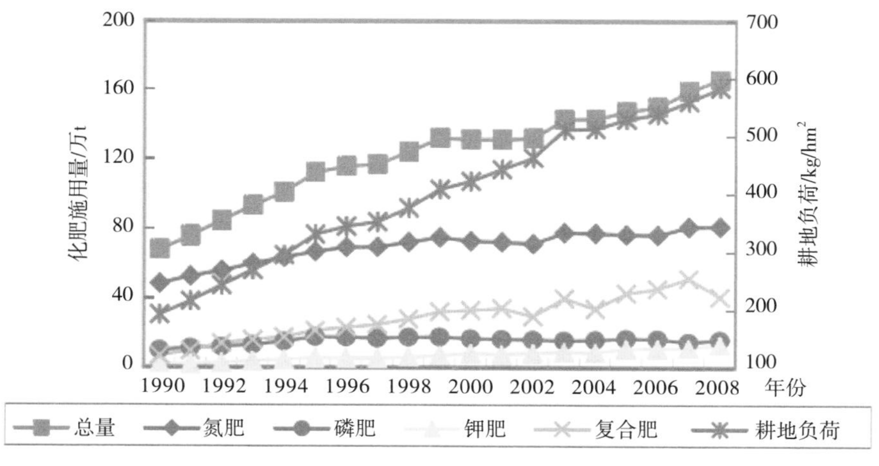

图 2-6　1990—2008 年陕西省化肥施用趋势

依据历史统计资料，对 1990—2008 年陕西省的化肥施用变化趋势和耕地负荷情况（图 2-6）

进行分析。陕西省的化肥施用总量持续增加，1990 年仅为 67.90 万 t，2008 年已高达 165.90 万 t；化肥中，氮肥、磷肥、钾肥和复合肥施用量均呈增加的趋势，1990 年其分别为 48.60、10.10、2.30 和 6.90 万 t，至 2008 年已高达 81.28、16.04、13.10 和 40.95 万 t。化肥耕地负荷也呈快速增长的趋势，1990 年仅为 192.19kg/hm^2，低于发达国家为防止化肥污染发生所设定的上限（225kg/hm^2），然而到 2008 年已快速增加至 582.43kg/hm^2，远远高于 225kg/hm^2。

依据历史统计资料，得出陕西省农药施用水平和耕地负荷趋势（图 2-7）。自 1990 年以来，陕西省的农药施用量总体维持在 1.0 万 ~1.1 万 t。2008 年全省的农药施用量达 1.10 万 t，和 1990 年的消费总量接近。但是，虽然农药施用量变化不大，但耕地面积因为经济发展、城市建设、公路交通等对耕地的占用而减少，实际上陕西省农药耕地负荷呈逐年增加的趋势。1990 年陕西省农药耕地负荷为 3.06kg/hm^2，到 2008 年已经增加至 3.85kg/hm^2。

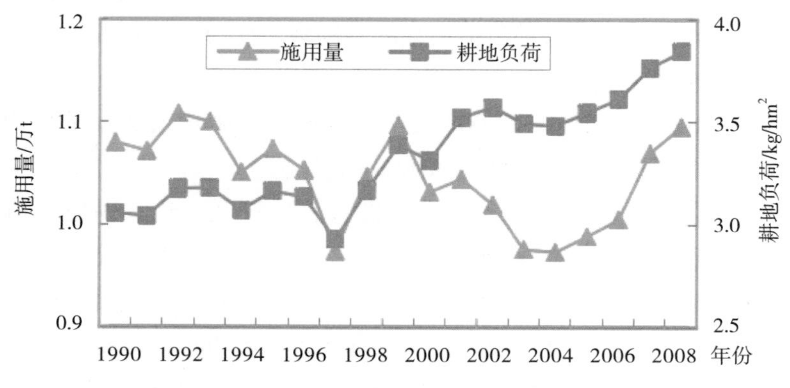

图 2-7　1990—2008 年陕西省农药消费量趋势

依据历史数据，计算陕西省历年农膜施用趋势（图 2-8）。陕西省农膜施用量和耕地负荷，总体呈现增长的趋势，但是不同年份也有波动。1990 年，全省农膜施用量仅为 0.53 万 t，1999 年快速增长至 2.83 万 t，之后出现下降，2002 年下降到 2.06 万 t，从 2003 年开始，又继续持续增长，2008 年达 2.78 万 t。1990 年农膜耕地负荷仅为 1.50kg/hm^2，1999 年增长至 8.74kg/hm^2，之后快速下降至 2002 年的 7.22kg/hm^2，然后又开始上升，到 2008 年增加至最高水平，达 9.69kg/hm^2。

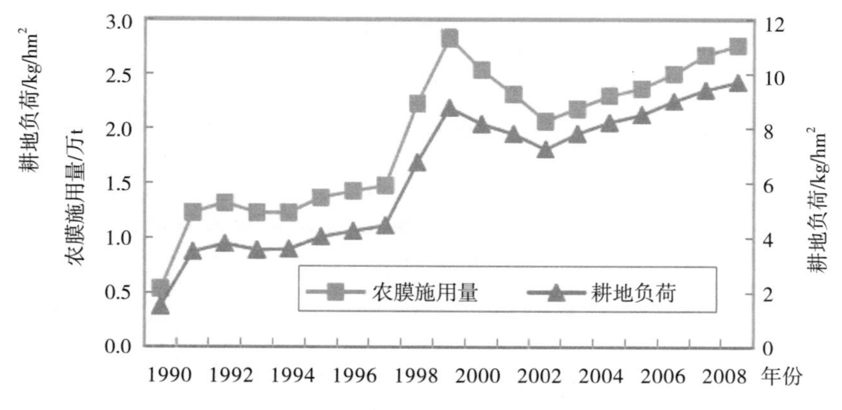

图 2-8　1990—2008 年陕西省农膜施用趋势

三、农业发展可持续性分析

（一）农业发展可持续性评价指标体系构建

指标体系及指标解释

本指标体系分为三层（图 3-1）：目标层（A）、准则层（B）和指标层（C）。第一层次是目标层（A），指农业可持续发展能力的综合评价，用来反映农业可持续发展的总体特征。第二层次是准则层（B），是指根据农业可持续发展能力总体特征而设立的五个相互关联的子系统，即资源系统、经济系统、社会系统。从不同层面反映农业可持续发展能力。第三层次是指标层（C），选择了 20 个具体评价指标，用来反映农业可持续发展的实际状况。

（1）资源系统　农村人口人均耕地面积反映区域耕地资源丰裕状况。土壤有机质含量反映土壤自然肥力高低。复种指数反映耕地利用强度。耕地有效灌溉率是用来衡量农用土地资源的开发程度和利用水平的一项指标，有效灌溉率越高，说明耕地资源的开发和利用水平就越高。水资源开发利用率指区域用水量占水资源总量的比率，反映水资源开发利用的程度。农田旱涝保收率反映农业

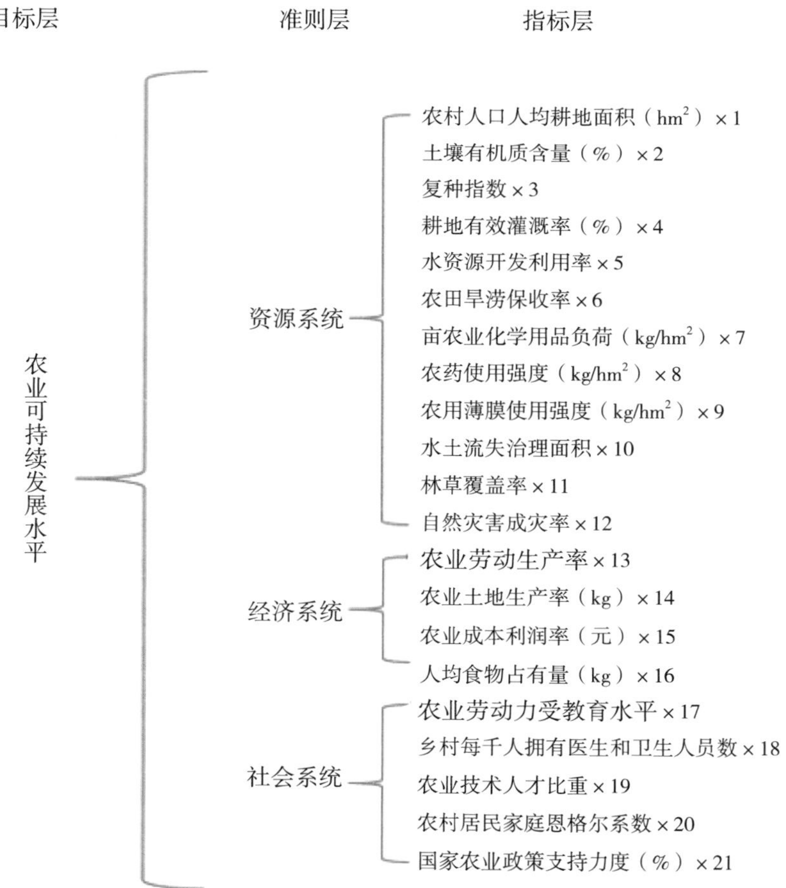

图 3-1　农业可持续发展能力评估指标体系

抵抗自然灾害的能力。亩农业化学用品负荷，用单位耕地面积化肥施用量、单位耕地面积农药施用量表示。农药使用强度是用来表征对环境的污染程度，一方面农药能有效防治病虫草害，另一方面，高强度地使用农药会对农产品和土壤产生毒害作用，严重污染食品和环境；不合理的使用化肥同样会造成环境污染，虽然化肥是农业增产的重要措施之一，但是随着单位面积使用量的增加，增产效果会明显下降，同时会造成地下水资源的严重污染。水土流失面积比重，用水土流失治理面积反映治理农业生态环境质量。林草覆盖率指林地和草地面积与土地总面积之比。自然灾害成灾率，农业自然灾害成灾面积与总播种面积的比值。

（2）经济系统　农业劳动生产率指每个农业劳动者在单位时间内生产的农产品产值，反映农业劳动者生产效率水平。农业土地生产率，用单位面积农产品产量表示，综合反映土地生产力水平。农业成本利润率是一年中的利润总额同成本总额的比率，反映每一元投入所创造的利润量。

（3）社会系统　人均食物占有量，用区域粮食或肉类（猪牛羊）总产量与总人口的比值来表示，反映农业生产对人们最基本的消费需求的满足程度。农业劳动力受教育水平，用农业劳动力平均受教育年限或农业劳动者中初中及以上文化劳动人口比例来表示，反映农业劳动力的基本文化素质和农业劳动力接受现代农业生产技术的能力。农业技术人才比重，即万名农业人员拥有农业科技人员数，反映农业生产中农业科技人员配备密度。乡村每千人拥有医生和卫生人员数主要是用来衡量农村的医疗卫生条件，其发展程度对农业生产有一定的影响。农村居民恩格尔系数是反映农民生活水平的重要指标，恩格尔系数越大，说明农民消费中用于食物的消费比例越大，农民的生活水平就越低，其消费结构处于低层次水平。国家农业政策支持力度，用政府对农村和农业的财政支出与GDP之比表示，反映政府对“三农”问题解决的决心和力度。

（二）农业发展可持续性评价方法

陕西省农业可持续发展能力采用主成分分析法。

（三）农业发展可持续性评价

1. 指标权重确定

陕西省农业可持续发能力评估所需的数据资料主要来源于2001—2012年《陕西统计年鉴》《中国农业年鉴》等，有些指标是经过整理换算后得到的。将标准化后的数据做主成分分析。分别求出人口、经济、社会、资源和环境等各子系统的相关系数矩阵、特征值、贡献率和累积贡献率。当主成分数为2时，累计贡献率为72.455%，已基本反映了原始变量的主要信息。因此，将其分成两个主成分。

为更好地比较陕西省各年农业可持续发展能力的优劣，将各主成分的方差贡献率作为权重，来构造评价函数。评价函数如下：

$$F=0.58139F_1+0.14316F_2$$

根据此函数，可以求得陕西省2001—2012年农业可持续发展能力的各主成分得分和综合得分（表3-1），表中得分为正表示可持续发展高于平均水平，为负表示低于平均水平，为零表示处于平均水平。方法原理同上，分别可计算出资源、经济、社会子系统的变化趋势（表3-2），利用上述计算所的综合得分值绘制其趋势图（图3-2）。

为了更清晰的掌握农业可持续发展与各子系统的关系，现将农业可持续发展能力综合得分值与各子系统的综合得分值进行相关分析。

2. 评价结果分析

根据以上测算结果，对陕西省农业可持续发展能力分析见下表 3-1：

（1）资源系统中　区域人均耕地面积在不断下降说明陕西省用于农业生产的土地资源在下降；土壤有机质含量不断下降说明陕西省用于农业生产的土壤资源质量在下降；土地复种指数高说明了陕西省农业气候条件较为优越、土地生产潜力较大，农业可持续发展的条件和能力较好；耕地有效灌溉率很不稳定，说明陕西省农田水利设施存在诸多不稳定因素，亟须得到改善；水资源开发利用率不断升高但远低于水资源利用临界线，说明陕西省对水资源的开发仍存在巨大潜力；农田旱涝保收率很不稳定，说明陕西省农业抵御自然灾害的能力较弱，仍需要气象、水利、农业等部门积极配合；亩农业化学用品负荷、农药使用强度、农用薄膜使用强度不断升高，说明随着农业的发展种植业对化学用品的依赖性不断增强，这几个指标对环境起负面作用，它们的增大说明了陕西省农业环境状况进一步的恶化；水土流失治理面积不断增加，说明陕西省在水土流失治理方面取得了一定的成绩，同时保证了土壤质量；林草覆盖率在缓慢上升，说明农业环境与自净能力在缓慢提高；自然灾害成灾率时高时低，说明了陕西省农业受自然灾害影响的范围较大，自然灾害频繁，农业生产的生态环境恶化。

在经济系统中，所选取的几项指标都是在持续增长的，说明陕西省农业经济实力在增强，劳动产出效益在提高，社会对农业的装备投入水平在上升，农民人均收入在增加。但是，不可忽视的问题是农业中间消耗也在不断增长。

在社会系统中，人均食物占有量缓慢上升，说明陕西省农业生产能力在不断适应人们对消费需求的满足程度；农村劳动力受教育的年限在持续上升，说明陕西农业劳动力的基本文化素质和农业劳动力接受现代化农业生产技术的能力不断提高；每万农业劳动力拥有的农业科技人员数增加说明了农业发展的科技支持与服务能力在不断增强；乡村每千人拥有医生和卫生人员数不断增加，说明农村的医疗卫生条件得到了提高，其发展程度对农业生产有一定的影响；农村居民恩格尔系数在减小，说明农民的生活水平在提高；国家农业政策支持力度不断增强，说明陕西省政府对“三农”问题解决的决心和力度在不断增强。

（2）陕西省农业可持续发展能力综合得分在逐年下降，从发展历程来看，陕西省农业可持续发展分为两个阶段　2005 年之前可持续发展能力高于平均水平，虽然高于平均水平，但是可持续发展能力是呈逐年下降态势，从 2001 年的 1.07 下降到 2006 年的 –0.08。总体而言，陕西省农业可持续发展能力呈下降趋势。从 F_1、F_2 来看，各主成分得分有频繁变动的情况，时正时负，说明陕西省农业可持续发展还存在诸多隐患。

表 3-1　综合主成分值

年份	第一主成分 F_1	排名	年份	第二主成分 F_2	排名	年份	综合主成分 F	排名
2001	1.70	1	2005	3.70	1	2001	1.07	1
2006	0.84	2	2004	1.15	2	2004	0.97	2
2003	0.84	3	2001	0.71	3	2002	0.48	3
2002	0.77	4	2002	0.32	4	2005	0.47	4
2004	0.75	5	2010	0.30	5	2003	–0.02	5
2005	0.45	6	2009	0.05	6	2006	–0.08	6
2012	–0.03	7	2008	0.03	7	2012	–0.09	7
2008	–0.29	8	2012	–0.13	8	2008	–0.09	8

（续表）

年份	第一主成分 F_1	排名	年份	第二主成分 F_2	排名	年份	综合主成分F	排名
2009	−0.81	9	2003	−0.56	9	2009	−0.27	9
2007	−1.17	10	2011	−0.61	10	2010	−0.39	10
2010	−1.52	11	2006	−0.66	11	2011	−0.95	11
2011	−1.54	12	2007	−1.10	12	2007	−1.10	12

（3）从图 3-2 可以看出，各子系统发展趋势不尽相同，虽然资源系统和经济系统与农业可持续发展趋势相同，都是在持续增长，但是社会系统的发展趋势却在不断下降，且分别在 2004—2010 年出现可持续发展能力低于平均水平的情况。

表 3-2　陕西省农业可持续发展能力评价综合结果

	资源系统	经济系统	社会系统
2001	0.38	0.36	0.32
2002	0.32	0.14	0.02
2003	0.40	0.45	−0.88
2004	0.09	−0.03	0.92
2005	0.70	−0.46	0.23
2006	0.20	−0.14	−0.14
2007	−0.66	−0.31	−0.12
2008	−0.17	−0.25	0.33
2009	−0.18	−0.10	0.01
2010	−0.49	0.00	0.10
2011	−0.70	0.13	−0.37
2012	0.11	0.20	−0.40

（4）农业可持续发展能力与资源系统达到极显著水平，且呈正相关作用，相关系数为 0.795，

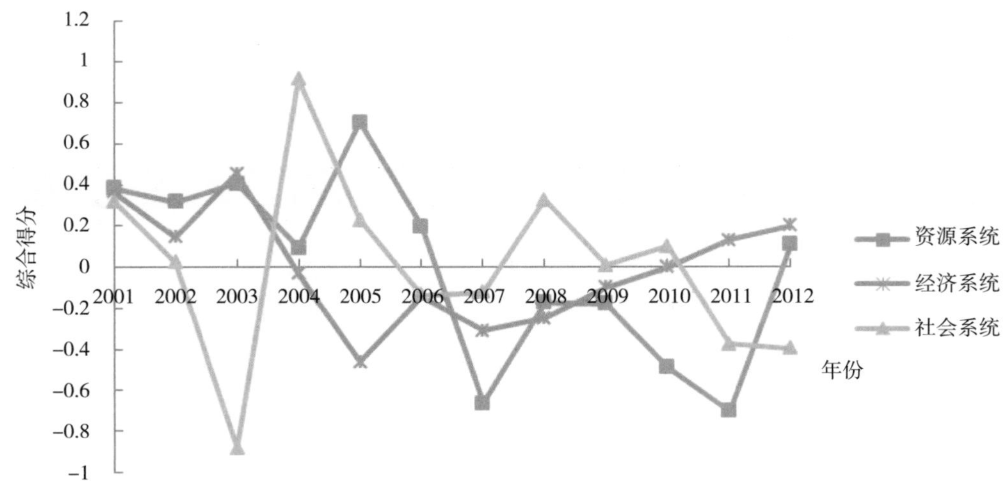

图 3-2 陕西省农业可持续发展水平综合得分

这说明农业可持续发展与资源系统的发展是息息相关的；农业可持续发展与社会系统也达到了显著水平，相关系数为 -0.585。这说明陕西省农业采取的是不断消耗自然资源和牺牲生态环境的发展模式。

四、农业可持续发展的适度规模

（一）种植业适度规模

1. 种植业资源合理开发强度分析

近几年，受农业产业结构调整、生态退耕、自然灾害损毁和非农建设占地等综合因素的影响，全省耕地呈现出面积减少、质量下降的趋势。据调查，陕西粮食播种面积由 1996 年的 6 079.4 万亩下降到 2012 年的 4 600 多万亩，减少 1 400 多万亩，年均减少 110.0 万亩；人均耕地由 2000 年的 2.02 亩下降到 2012 年的 1.5 亩。人均占有水资源约为 1 130m^3，仅为全国平均水平的 50%，每年农业生产缺水 20 多亿 m^3，水资源分布极不平衡，水土资源不匹配。干旱、土壤贫瘠和病虫草害等生物与非生物逆境危害日趋加剧，水土农业资源严重短缺，已成为粮食产量增进过程中不可逾越的障碍因素。随着陕西省畜牧业和社会经济的快速发展，饲料用粮、工业用粮出现大幅增长，粮食供需矛盾日益加剧，确保粮食供给难度越来越大。

目前，陕西粮食生产现状可以总结为：耕地面积减少较多、复种指数增加、单产增加、总产稳定或缓慢增加，人均粮食拥有量虽处于安全状态，但尚不足以满足小康水平。

2. 粮食、蔬菜等种植产品合理生产规模分析

表 4-1　陕西各地区潜力开发情况

地市名	气候生产潜力（t/hm^2）				实际粮食单产（t/hm^2）				潜力开发度（%）			
	小麦	玉米	水稻	马铃薯	小麦	玉米	水稻	马铃薯	小麦	玉米	水稻	马铃薯
西安	7.5	13.4			4.9	5.4			36.6	40.3		
铜川	6.3	9.7			2.9	6.1			29.9	62.9		
宝鸡	7.8	12.2			4.5	4.8			36.9	39.3		
咸阳	6.3	12.2			4.5	5.4			36.9	44.3		
渭南	9.8	17.1			4.0	5.1			23.4	29.8		
延安		8.8		22.4		6.2		17.1		70.5		76.3
榆林		6.4		21.6		5.9		16.3		92.2		75.5
汉中	8.5	12.8	11.9	28.5	2.8	3.1	6.0	13.2	21.9	24.2	50.4	46.3
安康	9.7	15.1	14.3	29.4	2.6	2.9	6.6	14.1	17.2	19.2	46.2	48.0
商洛	8.1	10.8		24.9	2.3	3.8		13.5	21.3	35.2		54.2
平均									28.0	45.8	48.3	60.1

陕西省各地市的粮食生产潜力及其开发现状见表 4-1 和表 4-2。采用气候潜力的开发度评价，陕西粮食生产总的潜力开发度小麦最低为 28%，马铃薯最高为 60.1%，平均不足 50%。从这个角

度看，陕西粮食具有再增加 1 200 万 t 的潜力。榆林玉米多属于水浇地，其气候潜力的实现率最高，几无潜力可挖。延安的玉米、马铃薯潜力开发度也较高，增产潜力不大。铜川、宝鸡、咸阳、西安尚有一定潜力可挖掘，渭南、陕南气候潜力大，目前开发度低，开发潜力较大。

表 4-2　耕地可实现增产潜力及其可实现总产潜力

市名	可实现利用强度	可实现增产潜力（kg/hm²）	耕地面积（103hm²）	可实现总产潜力（104t）
西安	0.645	4 663.7	504.04	233.7
铜川	0.743	1 342.1	77.33	10.4
宝鸡	0.504	3 998.4	441.84	176.7
咸阳	0.614	3 265.0	543.10	177.3
渭南	0.664	2 153.3	704.83	151.8
延安	0.494	3 411.6	244.34	83.4
榆林	0.715	1 895.5	563.7	106.8
汉中	0.523	2 053.5	493.0	101.2
安康	0.747	1 439.4	421.30	60.6
商洛	0.847	820.15	271.02	22.2
平均			4 264.50	1 124.2

注：可实现利用强度为区域实际最高单产 / 区域理论单产；可实现潜力为区域最高单产减去

根据《陕西省农业资源开发潜力与模式研究》一文对陕西省土壤等级评价显示，其高等级土壤面积比例很少，大多数等级集中在中低产等级。一等地面积 42.30 万 hm^2，占 5.49%，二、三、四等地面积差异不大，占总面积 32.23%、37.57%、25.3%，其四个等级的土地的生产力系数分别为 0.83、0.23、0.16、0.13，渭北旱塬和关中平原、陕南的一等地面积较大。其估计的土壤生产力系数全省面积加权为 0.2，其评价的土地粮食增产潜力更大。

通过以上分析，可以有如下结论：即假设每个地区粮食单产都能达到该地区的最高单产水平，那么陕西粮食增产尚有 1 200 万 t 的提升空间，陕西粮食就可以翻番（2009 年粮食总产 1 200 万 t）。粮食增产潜力最大的地区是关中地区，粮播面积减少而总产不降的主要原因，主要是水浇地面积增加、集约化经营、土地整治和退耕还林措施的实施。

（二）养殖业适度规模

1. 养殖业资源合理开发强度分析

近些年来，陕西省畜禽养殖业传统散养生产模式逐步退出生产领域，规模化、集约化养殖快速发展，百万头生猪大县、万头生猪养殖专业村、千头奶牛场和奶牛标准化示范小区等规模养殖成为畜禽养殖业发展重点。结合陕西省畜禽养殖业发展实际情况和《中国畜牧业年鉴》统计数据对养殖业规模进行划分（表 4-3）。经统计，2003 年陕西省仅有规模养殖场 436 家，其中养猪场 205 家、奶牛场 80 家、肉牛场 49 家、蛋鸡场 77 家、肉鸡场 25 家，数量和产能都非常低（表 4-3）。而 2012 年年底，陕西省共有规模养殖场总数达到 3 384 家，其中规模化养猪场 2 461 家、奶牛场 413 家、肉牛场 87 家、蛋鸡场 271 家、肉鸡场 152 家，见表 4-4。规模化养猪场年生猪出栏量占到总量的 24.06%，规模化奶牛场存栏量、肉鸡场出栏量分别占总量的 18.93% 和 19.85%，而肉牛养殖、蛋鸡养殖的规模化程度仍然较低，产能仅分别占总量的 2.80% 和

10.10%（图 4-1）。

与 2003 年相比，2012 年陕西省畜禽养殖业规模化程度总体上有了很大提高，特别是生猪规模养殖比例，已超过全国平均水平。据农业部统计，2012 年我国养殖规模在 500 头以上的养猪场年出栏量占全国总量的 23%，养殖规模在 1 万头以上的养猪场年出栏量占全国总量的 5%，陕西省分别为 24.06% 和 6.16%。尽管陕西省畜禽养殖规模化发展非常迅速，但与发达国家相比差距仍非常大，如美国排名前 20 位的养殖企业生猪年出栏量能占到总供应量的 70% 以上；荷兰 2006 年存栏量 1 000 头以上的猪场数量已达到 8 000 个占养猪场总量的 40% 以上。目前在陕西省畜禽养殖生产中，小规模低水平的传统散养模式仍占很大的比重，严重制约养殖业的持续健康发展。为此，陕西省加大对畜禽养殖业的资金扶持，以生猪、奶牛养殖为发展重点，实施现代畜牧业产业化工程，积极开展畜禽养殖标准化、现代化建设，不断加强畜禽养殖污染防治工作，到 2020 年，形成关中奶畜、陕北羊子、渭北肉牛和陕南生猪生产基地，年存栏量 100 头以上奶牛、年出栏量 500 头以上生猪规模化养殖比重分别超过 38% 和 50%，畜禽规模化养殖场（小区）畜禽粪污无害化处理设施覆盖面达到 50%。

表 4-3　畜禽养殖业规模划分

（单位：头 / 只）

	猪出栏量	奶牛存栏量	肉牛出栏量	蛋鸡存栏量	肉鸡出栏量
散养户	99 以下	19 以下	49 以下	1 999 以下	1 999 以下
次规模	100 ~ 499	20~99	50~99	2 000~9 999	2 000~9 999
小型规模	500 ~ 2 999	100~199	100~499	10 000~49 999	10 000~49 999
中型规模	3 000~9 999	200~499	500~999	50 000~99 999	50 000~99 999
大型规模	10 000 以上	500 以上	1 000 以上	10 万以上	10 万以上

表 4-4　2003 年陕西省畜禽养殖规模统计

	生猪养殖		奶牛养殖		肉牛养殖		蛋鸡养殖		肉牛养殖	
	场（户）数	总出栏数（万头）	场（户）数	总存栏数（头）	场（户）数	总出栏数（万头）	场（户）数	总存栏数（万只）	场（户）数	总出栏数（万只）
散养户	2 781 950	988.77	107 101	285 359	371 139	74.58	2 403 220	4 953.67	688 822	130 484
次规模	2 625	48.31	654	26 415	283	1.89	1 683	573.9	546	206.32
小型规模	187	16.73	48	6 461	37	0.8	77	114.79	25	60.29
中型规模	17	9.56	27	7 290	8	0.43	0	0	0	0
大型规模	1	3	5	3 775	4	0.82	0	0	0	0
规模化数	205	29.29	80	17 526	49	2.05	77	114.79	25	60.29
总数	2 784 780	1 066.37	107 835	329 300	371 471	78.52	2 404 980	5 642.36	689 393	1 571.42
规模化比率	0.01%	2.75%	0.07%	5.32%	0.01%	2.61%	0.00%	2.03%	0.00%	3.84%

表 4-5　2009 年陕西省畜禽养殖规模统计

	生猪养殖		奶牛养殖		肉牛养殖		蛋鸡养殖		肉牛养殖	
	场（户）数	总出栏数（万头）	场（户）数	总存栏数（头）	场（户）数	总出栏数（万头）	场（户）数	总存栏数（万只）	场（户）数	总出栏数（万只）
散养户	1 835 502	992.78	139 006	420 086	304 062	75.33	988 633	2 780.08	394 536	1 495. 49
次规模	16 629	280.58	1 161	43 301	151	1.03	4 119	1 356.57	858	372.07
小型规模	2 110	183.97	209	30 182	77	1.56	262	378	137	244.34
中型规模	268	116.09	175	51 764	10	0.64	6	37	4	30.26
大型规模	83	103.35	29	26 257	0	0	3	49.8	11	187.85
规模化数	2 461	403.41	413	108 203	87	2.2	271	464.8	152	462.45
总数	1 854 592	1676.77	140 580	371 590	304 300	78.56	993 023	4 601.45	395 546	2 330.01
规模化比率	0.13%	24.05%	0.29%	18.93%	0.03%	2.80%	0.03%	10.10%	0.04%	19.85%

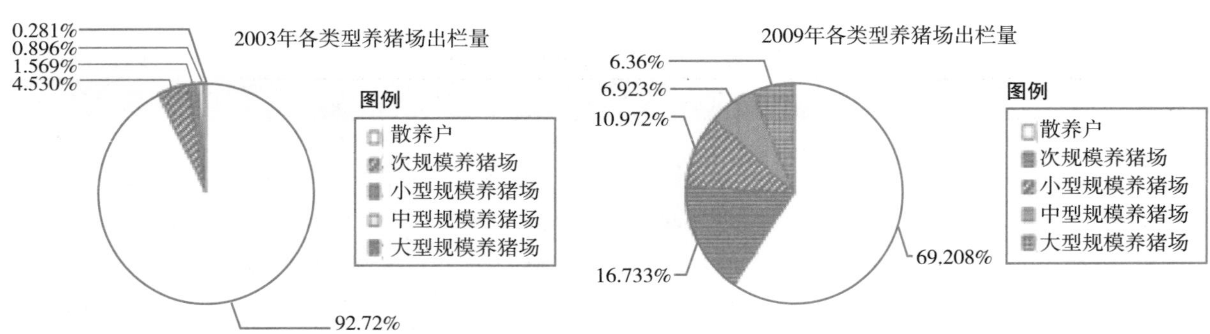

图 4-1　2003 年、2009 年陕西省各类型养猪场生猪出栏量

2. 肉类、奶类等养殖产品合理生产规模

单位耕地面积上的畜禽粪污负荷量可用来间接衡量当地畜禽养殖污染状况。由于不同畜禽粪污的养分肥力差异较大，农田耕地对其的吸纳量也有较大差异，因此在计算耕地负荷量时，根据各类畜禽粪污不同的含氮量，将其换算成猪粪当量后叠加。各类畜禽粪污含氮量与其猪粪当量换算系数表 4-6，其中羊尿的换算系数 2.38 为最高，牛粪的换算系数 0.52 为最低。将各类畜禽粪污的猪粪当量总和平均到单位耕地即为畜禽粪污负荷量。

表 4-6　各类畜禽粪污含氮量与猪粪当量换算系数

	猪粪	猪尿	牛粪	牛尿	羊粪	羊尿	畜禽粪
N%	0.65	0.4	0.31	1.1	0.75	1.43	1.09
换算系数	1.0	0.67	0.52	1.84	1.25	2.38	1.83

畜禽粪污猪粪当量负荷的计算公式：

$$Z_i = \frac{c_i - \overline{c_i}}{S}$$

式中，L 为畜禽粪污负荷量（t/hm^2a）；Y 为各类畜禽粪污年排放量（t/a）；k 为各类粪污的猪

粪当量换算系数；S 为有效耕地面积（hm^2）。

一般认为，种植耕地在习惯施用 $225kg/hm^2$ 的化肥纯氮基础上，畜禽粪污负荷量以 15~$30t/hm^2 \cdot a$ 为宜，最大施用上限为 $45t/hm^2 \cdot a$，过多施用畜禽粪肥会造成土壤富营养化。这里取 $30t/hm^2 \cdot a$ 为理论适宜量，进行畜禽粪污负荷量警报值计算和分级。

负荷警报值计算公式为：

$$f=L/e$$

式中，f 为负荷警报值，L 为畜禽粪污实际负荷量，e 为畜禽粪污理论适宜量 $30t/hm^2 \cdot a$。

f 值越大，畜禽粪污对环境造成污染威胁就越来越大，对负荷警报值进行分级，来表明畜禽粪污对耕地的污染威胁程度（表 4–7）。

表 4–7 畜禽粪污负荷警报值分级

警报值 f	≤ 0.4	0.4~0.7	0.7~1.0	1.0~1.5	1.5~2.5	2.5 ≤
级数	Ⅰ	Ⅱ	Ⅲ	Ⅳ	Ⅴ	Ⅵ
污染威胁性	无	稍有	有	较严重	严重	很严重

根据《中国统计年鉴》统计数据陕西省 2004 年和 2012 年耕地面积分别为 5 140.5 千 hm^2 和 4 050.3 千 hm^2，经计算 2004 年和 2012 年陕西省各类畜禽粪污的猪粪当量分别为 4 655.768 万 t/a、3 884.637 万 t/a，畜禽粪污负荷量分别为 $9.057t/hm^2 \cdot a$ 和 $9.591t/hm^2 \cdot a$，负荷警报值分别为 0.302 和 0.320，不会对耕地产生污染威胁。若按照《陕西省统计年鉴》统计的耕地面积计算，陕西省 2004 年和 2012 年耕地面积分别为 2 795.52 千 hm^2 和 2864.29 千 hm^2，畜禽粪污负荷量分别为 $16.654t/hm^2 \cdot a$ 和 $13.638t/hm^2 \cdot a$，负荷警报值分别为 0.555 和 0.455，对耕地产生污染威胁较小。根据以上对养殖业对环境影响的分析，陕西养殖业生产规模可以在目前基础上提高 20%~30% 仍可以达到可持续发展的目的。

五、农业可持续发展的区域布局与典型模式

（一）农业可持续发展的区域差异分析

陕西省地域狭长，地形复杂，海拔高度、雨热资源和生态条件差异大，按照地貌地域特征分为陕南、陕北和关中三大块。综合考虑气候条件、资源条件、历史渊源、经济发展水平和农业产业，可细分为 6 大农业经济区，分别为：陕北长城沿线风沙区、黄土高原丘陵沟壑区、渭北高原区、关中灌区、汉江月河盆地川道区和秦巴山区。

农业可持续发展制约因素区域差异分析

（1）长城沿线风沙滩地区 本区人均耕地 4.0 亩。种植制度为一年一熟，以马铃薯、玉米、设施果蔬和小杂粮为主。是我国北方农牧交错区的典型地段，养殖业以肉羊为主，约占全省羊只的 1/3。

本地区优势是土地广阔，地势平坦，光热充足，水资源比较丰富且易于开发利用，民间资本雄厚，农业发展潜力巨大。缺点是土壤沙化严重，地力贫瘠，有机质含量低；降雨稀少，蒸发量大；

植被覆盖率低，生态脆弱。

(2) 黄土高原丘陵沟壑区　农业人均耕地 4.1 亩。耕作制度为一年一熟。种植业以小杂粮、马铃薯和春玉米为主，林果产业以红枣、山地苹果为主，畜牧业以肉羊产业为主。

本地区优势是土地广袤，土层深厚，光热充足。缺点是生态环境脆弱，植被覆盖率低；土壤贫瘠，以黄绵土、黑垆土为主，土质疏松，水土流失面积占总土地面积 80%，为黄河中游水土流失重点地区；干旱威胁大，蓄水保墒能力差，农业广种薄收，产量低而不稳。

(3) 渭北高原区　农业人均耕地 3.6 亩。耕作制度以一年一熟为主，局地有二年三熟，为雨养农业区。本区沟壑众多、塬高沟深，兼有丘陵、川道和土石山地，土壤以垆土、黄绵土为主，是苹果最佳优生区的核心地带，也是陕西省重要的旱作粮食主产区。养殖业以肉羊、肉牛为主，种植业以小麦、玉米为主。

本地区优势是塬面开阔平坦，土层深厚肥沃，昼夜温差大，光照充足。缺点是水土流失严重，水蚀、风蚀较为严重；干旱缺水，塬面地表水缺乏，地下水埋藏很深，开采利用困难。

(4) 关中灌区　农业人均耕地 2.0 亩，耕作制度一年两熟。本区是陕西省主要灌溉农业区，农业生产水平较高，是小麦、玉米等主要商品粮生产基地，其中秦岭北麓是猕猴桃优生核心区。

本地区优势是地势平坦，土层深厚，土壤肥沃；四季分明，光热充足，水利设施较好；科技实力强，市场区位优，产业基础好，社会经济条件优越。缺点是雨量偏少，伏旱严重；灌溉用水多，机械作业环节多，生产成本高；化肥用量多，地力维持困难；用地强度大，耕层过浅，犁底层致密。

(5) 汉江、月河盆地川道区　农业人均耕地 1 亩，其中水田 0.7 亩。种植制度多为两年三熟。本区是全省农业生产精华之地，物产富饶，素有“鱼米之乡”之称，是陕西省水稻和油菜的集中产区。

本地区优势是水资源充裕，水利发达；地势平缓，地层深厚，土地肥沃；雨热同季，光热资源丰富，发展多种经营条件优越，生产潜力大。缺点是人多地少，用地强度大，化肥用量多，地力维持困难，劳动力成本高。

(6) 秦巴山区　农业人均耕地 1.7 亩。种植制度一年两熟、两熟间套、一年一熟兼而有之，为水稻、油菜的最适宜区，增产潜力大，是全省茶叶、柑橘的唯一主产区，也是桑蚕、柞蚕的集中产地。由于地貌复杂，立体农业特点明显。本区是我国生物多样性最为丰富的地区之一，是陕西省茶叶、中药材的主产区，盛产蚕桑、柑橘。同时，本区是汉江、丹江、嘉陵江和黑河、石头河等重要河流的发源地，为国家南水北调中线调水工程重要水源涵养区，是陕西省的重点生态功能区。

本地区优势是生态优越，光热充足，水资源丰富，立体农业特点明显，生物资源多样，特色产品种类繁多。缺点是境内地形复杂，土层浅薄，土壤类型多，多为黄泥巴土，质地差异大，多数耕地海拔高，坡度大，水利条件差。

(二) 农业可持续发展区划方案

按照陕西省地理分布特点，将陕西省划分为关中、陕南和陕北地区，分别对三个区域县区筛选，选取关中、陕南和陕北地区具有代表性的耀州县、印台县、咸阳秦都区、洛南县和宜君县作为陕西省县区代表，分别选取下图 5-1 项指标对陕西省区县可持续发展进行分析。

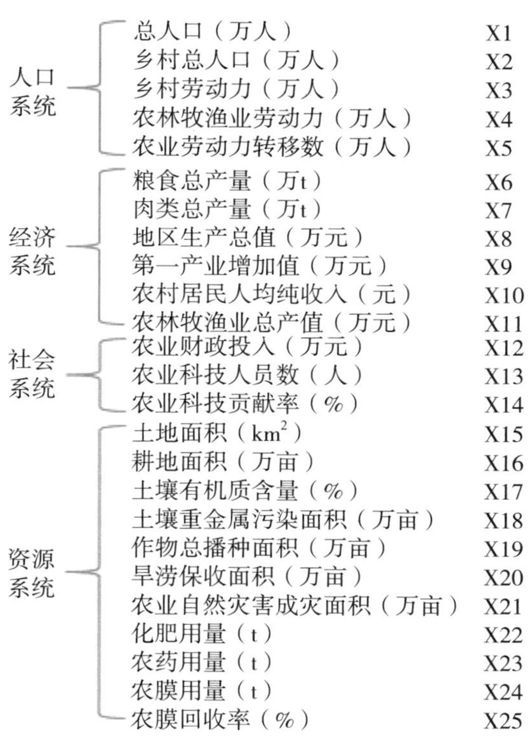

图 5-1 陕西区县测算指标

1. 区域可持续发展能力的测算

(1) 数据来源　本项目的分析资料主要来源于 2012 年《陕西统计年鉴》《陕西农业统计资料》及各地区统计数据。

(2) 各地区农业可持续发展能力测算与分析　将标准化后的数据做主成分分析。分别求出人口、经济、社会、资源各子系统的相关系数矩阵、特征值、贡献率和累积贡献率。由表 5-1 可知，当取 2 个主因子时，累计方差贡献率 76.634%，已基本反映了原始变量的主要信息。因此，我们将其分成 2 个主成分。

表 5-1 主成分系数、特征值、贡献率和累积贡献率

成分	初始特征值			提取平方和载入		
	合计	方差的 %	累积 %	合计	方差的 %	累积 %
1	13.239	52.957	52.957	13.239	52.957	52.957
2	5.919	23.678	76.634	5.919	23.678	76.634
3	3.599	14.396	91.03	3.599	14.396	91.03
4	2.242	8.97	100	2.242	8.97	100

(3) 计算陕西省各地区农业可持续发展得分及排序　为了便于各地区行政部门因地制宜地制定农业可持续发展战略，将各因子的方差贡献率作为权重计算综合得分，其数学模型如下：

$$F=0.52957F_1+0.23678F_2$$

由此求得各因子得分大小以及按综合得分大小的各地区排序（表 5-2）。

表 5-2 地区各因子得分及综合得分

地区	第一主成分 F_1	排名	地区	第二主成分 F_2	排名	地区	综合主成分 F	排名
印台县	-0.01	4	印台县	-0.40	4	印台县	-0.08	3
耀州县	0.10	1	耀州县	0.00	3	耀州县	0.09	2
宜君县	0.02	3	宜君县	-0.63	5	宜君县	-0.09	4
秦都区	-0.14	5	秦都区	0.13	2	秦都区	-0.10	5
洛南县	0.03	2	洛南县	0.56	1	洛南县	0.12	1

方法原理同上，分别可计算出个地区人口、经济、社会、资源、子系统的农业可持续发展能力得分（表 5-3）。

表 5-3 陕西省各地区农业可持续发展能力评价综合结果

地区	人口系统	经济系统	社会系统	资源系统
印台县	-0.057 79	-0.040 12	0.003 174	0.017 920
耀州县	0.028 019	0.016 795	0.028 807	0.011 517
宜君县	-0.075 93	-0.036 85	-0.015 90	0.039 608
秦都区	-0.026 55	-0.057 19	-0.042 12	0.028 835
洛南县	0.112 360	0.105 645	0.029 267	-0.127 870

2. 区域农业可持续发展聚类分析

为了进一步明晰陕西省农业可持续发展状况的空间分布特征，利用表 5-3 中的 4 个因子得分作为新变量进行聚类分析，结果如图 5-2 所示：

图 5-2 的聚类结果显示，当聚类标度为 25 时，陕西省 5 个县区可合并为 2 类：第一类是印台

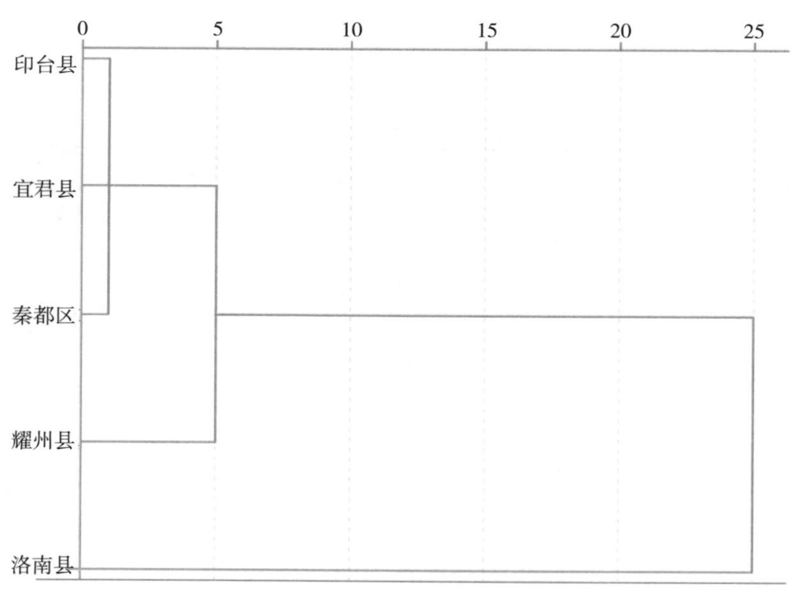

图 5-2 陕西省各地区农业可持续发展聚类

县、宜君县、秦都区、耀州县；第二类是洛南县。依据上述聚类结果，结合陕西省农业可持续发展的现状，分析结果如下：第一类地区关中地区在人口、经济、社会和资源系统的得分表现较好，是农业可持续发展水平较高的地区。这些地区资源条件较好，资源利用效率较高，农业经济、社会发展中的社会投入水平也高。再加上该区优越的地理位置，良好的气候环境，便利的交通条件，这些都为农业的可持续发展奠定了良好基础。第二类地区陕南地区在人口、经济和社会等子系统的得分表现较好，说明该区的劳动力资源丰富，经济发展水平较高。资源和环境子系统得分较低是因为该区处在山区，耕地和水资源匮乏，有效灌溉率十分的低，限制了土地的开发，这些都严重阻碍了该区的农业可持续发展。

3. 农业可持续发展区划方案

通过对陕西各地区进行可持续发展能力的测算，结果表明陕西省各区域按人口、经济、社会、资源进行分析，可以划分为关中、陕南和陕北三个农业区域。

（1）关中地区　通过地理地貌将关中地区划分为渭北黄土高原区和关中灌区。

① 渭北黄土高原区。农业规划方案，一是建设旱涝保收高标准农田 100 万亩，大力发展集雨窖，推广集雨补灌技术。二是推行压夏扩秋，压缩低产小麦，扩大地膜玉米。开展旱作农业，实现适宜地膜覆盖的种植区域全覆盖，新增地膜覆盖技术应用面积 600 万亩，累计增产粮食 120 万 t。推广少耕免耕保护性耕作技术面积 800 万亩，实行小麦“高留茬、全程覆盖”的秸秆还田技术和玉米秸秆粉碎还田技术，实行耕种收全程机械化作业，减少土壤水蚀 80%，减少地表径流 50%，提高水分利用率 12%~16%，降低作业成本 10% 以上。三是果业坚持提质增效战略，新发展矮化苹果 200 万亩，应用推广滴灌及水肥一体化技术，带动全省苹果转型升级发展，针对现有乔化果园进行改造更新，实行宽窄行栽培，达到通风透光、机械进园。四是推行果—畜—沼生态循环模式，加快畜牧业发展，重点扶持秦川肉牛和肉羊产业，新增肉牛出栏 6 万头，肉羊 80 万只。

② 关中灌区。农业规划方案，一是建设整镇连片现代粮食示范基地 200 万亩，重点推广塑料管道输水、长畦改短畦、宽畦改窄畦、隔沟交替灌溉等节水灌溉技术 600 万亩以上，节约用水 20%，增产粮食 30 万 t。二是实施小麦—玉米一体化技术，推广小麦宽幅条播及机械镇压技术 200 万亩，提高播种质量，增产粮食 10 万 t。推行秸秆还田，实施土壤机械深松作业，增强耕地的蓄水保墒能力，解决在“铁板上种庄稼”的问题，力争实现关中地区 1 050 万亩粮食种植区域全部深松两次，增产粮食 10%~15%，亩增加蓄水 60m^3 以上，灌水利用率提高 30%，累计增产粮食 50 万 t。三是大力发展设施蔬菜，带动滴灌、喷灌、水肥一体化技术的推广应用，实现节水、节肥、省工、增产、增效的目的。猕猴桃实行秦岭北麓东西两头延伸，扩大规模至 100 万亩，推行标准化生产。四是积极推广“粮经饲草”四元种植，适度扩大青贮玉米种植面积，加强青贮设施建设，发挥粮食主产区农作物秸秆丰富的优势，抓好“双奶源”基地建设，新增奶牛存栏 10 万头，奶山羊 120 万只，肉牛出栏 6 万头。

（2）陕南地区　通过地理气候将陕南地区划分为汉江、月河盆地川道区和秦巴山区。

① 汉江、月河盆地川道区。农业区划方案，一是重点打造 100 万亩油菜水稻一体化功能区，推广水稻集中育秧、机械插秧和机收技术，解决因劳动力成本过高而出现种植面积萎缩的问题，亩均节本增收 600 元，稳步提升粮油综合生产能力。二是开展深松深耕，推行秸秆还田，改良土壤。三是大力发展标准化规模养殖，不断提升以生猪为主的畜牧业发展水平，新增生猪出栏 200 万头。四是通过建设沼气工程和有机肥加工厂，加快畜禽粪便科学利用，促进农牧经济循环发展。

② 秦巴山区。农业区划方案，一是建设集雨池塘，发展补充灌溉，开展改土、平整土地和秸

秆还田。重点推广坑、条、垅“三田”种植技术，提高农田蓄水能力，促进作物增产10%以上。二是推行压麦扩薯，发展地膜马铃薯间套玉米吨粮技术600万亩，亩产鲜薯1 500kg，使复种指数达到150%以上，年产粮食180万t（折粮）。三是新增茶园140万亩，构建现代茶产业体系，开展无性系良种繁育，持续抓好标准化示范园建设，加快红茶、黑茶开发，打造有机、绿色茶产业基地。四是发展中早熟猕猴桃生产，打造陕南猕猴桃基地，进一步做大柑橘产业，新增猕猴桃30万亩、柑橘5万亩。五是配合陕南移民搬迁和城镇化进程，扶持建设现代农业园区，发展劳动密集型产业，为广大农民群众提供就近就业平台。依托优美的自然环境、丰富的农业资源，发展休闲观光农业。六是积极实施退耕还林工程，在陕南重点流域及饮用水源地等生态敏感区划定畜禽禁养区，确保畜禽养殖场的选址、布局达到环保要求，鼓励利用废弃地和荒山、荒沟开展生态畜牧养殖，扶持陕南白山羊加快发展。

（3）陕北地区　通过地理地貌将陕北地区划分为陕北长城沿线风沙区和黄土高原丘陵沟壑区。

① 陕北长城沿线风沙区。农业区划方案，一是以恢复和改善生态环境为出发点，实施草原生态补偿和京津冀风沙源治理，舍饲养羊，大规模开展植树种草，增加植被，防风固沙，保持水土。二是结合土地综合整治，完善农田水利配套设施，加强渠道衬砌，建设整镇连片现代粮食生产示范基地30万亩，大力营造护田林网，减少土壤水分蒸发。有序开采地下水，配套扶持建设大型自走式喷灌面积20万亩，推广应用水肥一体化技术。三是压缩小杂粮面积，扩大地膜玉米、马铃薯生产，发展适水作物种植。大力推广玉米全膜双垄沟播、地膜马铃薯技术，提高耕种收全程机械化应用水平，挖掘旱地增产潜力。建设大漠日光温室蔬菜基地，配套发展温室膜面集雨，推广应用膜下滴灌等高效节水技术，大幅度提高水资源利用效率。累计新增地膜覆盖技术应用面积600万亩，节水30%，增产粮食120万t。四是针对本地区降雨稀少，难以应用秸秆还田进行培肥地力的实际，采取种养结合方式，提升土壤有机质，增强可持续发展能力。五是大力发展优质苜蓿、饲用玉米等优质饲草种植，推广秸秆青贮技术，积极发展肉羊、白绒山羊、奶牛等适度规模养殖，提升规模化、标准化养殖水平。累计新增人工种草保留面积40万亩，新增加肉羊出栏200万只。

② 黄土高原丘陵沟壑区。农业区划方案，一是在保证粮食自给情况下，改广种薄收为少种高产，压缩农用陡坡地，逐步退耕还林还草，加强植被建设，发展舍饲养羊，从根本上治理水土流失。新增人工种草保留面积50万亩，肉羊出栏200万只。二是通过在沟道打坝淤地，分节拦蓄降水，开展治沟造地6万亩。在缓坡地修筑水平梯田，建设旱涝保收高标准农田50万亩，兴修集雨窖池，尽可能蓄住天上水，发展雨养农业。三是针对沟壑纵横，难以利用机械深松深翻、秸秆还田的实际，通过增施有机肥、草田轮作、适当增施化肥等办法，增加土壤肥力。四是实施苹果北扩战略，利用坡沟地发展优质山地苹果，避免与粮争地。压缩小杂粮面积，扩大地膜玉米、马铃薯种植规模，大力推广玉米全膜双垄沟播、地膜马铃薯技术，实现适宜地膜覆盖的种植区域全覆盖，新增地膜覆盖技术应用面积500万亩，增产粮食100万t。推广安塞山地设施蔬菜模式，配套应用膜面集雨，推广滴灌及水肥一体化技术，提高水资源利用率。

4. 区域农业可持续发展的功能定位与目标

全省六大农业经济区的功能定位与目标分别为：

（1）长城沿线风沙滩地区　功能定位：由于区内受风蚀沙化严重侵袭，植被稀少，生态环境十分脆弱，所以植树种草、防风固沙，控制荒漠化扩大趋势，引水拉沙造田、改良风沙农田和沙滩地，适度发展农牧业为该区的主要任务。

目标：一是以恢复和改善生态环境为出发点，实施草原生态补偿和京津冀风沙源治理，舍饲养羊，大规模开展植树种草，增加植被，防风固沙，保持水土。二是结合土地综合整治，完善农田水利配套设施，加强渠道衬砌，建设整镇连片现代粮食生产示范基地30万亩，大力营造护田林网，减少土壤水分蒸发。有序开采地下水，配套扶持建设大型自走式喷灌面积20万亩，推广应用水肥一体化技术。三是压缩小杂粮面积，扩大地膜玉米、马铃薯生产，发展适水作物种植。大力推广玉米全膜双垄沟播、地膜马铃薯技术，提高耕种收全程机械化应用水平，挖掘旱地增产潜力。建设大漠日光温室蔬菜基地，配套发展温室膜面集雨，推广应用膜下滴灌等高效节水技术，大幅度提高水资源利用效率。累计新增地膜覆盖技术应用面积600万亩，节水30%，增产粮食120万t。四是针对本地区降雨稀少，难以应用秸秆还田进行培肥地力的实际，采取种养结合方式，提升土壤有机质，增强可持续发展能力。五是大力发展优质苜蓿、饲用玉米等优质饲草种植，推广秸秆青贮技术，积极发展肉羊、白绒山羊、奶牛等适度规模养殖，提升规模化、标准化养殖水平。累计新增人工种草保留面积40万亩，新增加肉羊出栏200万只。

（2）黄土高原丘陵沟壑区　功能定位：区内沟壑纵横，地形破碎，气候干旱，植被稀少，水力重力侵蚀剧烈，水土流失面积占90%以上，是黄河中游和全国水土流失最严重的地区之一，也是“三北”防护林建设的重点区域。所以退耕还林还草、保持水土、农林牧综合协调发展为该区主要任务。

目标：以清涧河、佳芦河、无定河、延河、洛河等治理为骨干，以小流域为单元，按其地貌自然形态，因地制宜地采取措施进行治理；以修建水平梯田和沟坝地为突破口，缓坡地改宽幅梯田，荒沟改坝地，建设高产稳产基本农田；推广旱作农业技术，发展窖灌农业，实行荒山、陡坡地造林种草，建立林草—果树—粮田生态经济复合系统。一是在保证粮食自给情况下，改广种薄收为少种高产，压缩农用陡坡地，逐步退耕还林还草，加强植被建设，发展舍饲养羊，从根本上治理水土流失。新增人工种草保留面积50万亩，肉羊出栏200万只。二是通过在沟道打坝淤地，分节拦蓄降水，开展治沟造地6万亩。在缓坡地修筑水平梯田，建设旱涝保收高标准农田50万亩，兴修集雨窖池，尽可能蓄住天上水，发展雨养农业。三是针对沟壑纵横，难以利用机械深松深翻、秸秆还田的实际，通过增施有机肥、草田轮作、适当增施化肥等办法，增加土壤肥力。四是实施苹果北扩战略，利用坡沟地发展优质山地苹果，避免与粮争地。压缩小杂粮面积，扩大地膜玉米、马铃薯种植规模，大力推广玉米全膜双垄沟播、地膜马铃薯技术，实现适宜地膜覆盖的种植区域全覆盖，新增地膜覆盖技术应用面积500万亩，增产粮食100万t。推广安塞山地设施蔬菜模式，配套应用膜面集雨，推广滴灌及水肥一体化技术，提高水资源利用率。

（3）渭北高原区　功能定位：该区域干旱缺水，大型水利设施少，水利条件差，冰雹、大风等灾害较多。农业可持续发展的主攻方向是保护天然林资源，封山育林，增加植被。发展节水灌溉、窖灌农业和旱作农业，提高农业综合生产能力，形成农林果牧全面发展，林（果）田综合开发相结合的良性农业生态系统。

目标：一是建设旱涝保收高标准农田100万亩，大力发展集雨窖，推广集雨补灌技术。二是推行压夏扩秋，压缩低产小麦，扩大地膜玉米。开展旱作农业，实现适宜地膜覆盖的种植区域全覆盖，新增地膜覆盖技术应用面积600万亩，累计增产粮食120万t。推广少耕免耕保护性耕作技术面积800万亩，实行小麦“高留茬、全程覆盖”的秸秆还田技术和玉米秸秆粉碎还田技术，实行耕种收全程机械化作业，减少土壤水蚀80%，减少地表径流50%，提高水分利用率12%~16%，降低作业成本10%以上。三是果业坚持提质增效战略，新发展矮化苹果200万亩，应用推广滴灌及水肥一体化技术，带动全省苹果转型升级发展，针对现有乔化果园进行改造更新，实行宽窄行栽培，达到通风透光、机械进园。四是推行果—畜—沼生态循环模式，加快畜牧业发展，重点扶持秦川肉牛和肉羊产业，新增肉牛出栏 6 万头，肉羊 80 万只，

（4）关中平原区　功能定位：区内农田林网规模小、质量差，干旱频繁，水源不足，部分区域土壤盐渍化，城市供水、工农业争水矛盾突出。农业可持续发展的主攻方向是：建设和完善农田林网，大力造林绿化。保护天然林资源，综合治理水土流失。稳定粮食生产面积，提高粮食产量。发展畜禽、园艺生产，满足大中城市需求。

目标：一是建设整镇连片现代粮食示范基地 200 万亩，重点推广塑料管道输水、长畦改短畦、宽畦改窄畦、隔沟交替灌溉等节水灌溉技术 600 万亩以上，节约用水 20%，增产粮食 30 万 t。二是实施小麦—玉米一体化技术，推广小麦宽幅条播及机械镇压技术 200 万亩，提高播种质量，增产粮食 10 万 t。推行秸秆还田，实施土壤机械深松作业，增强耕地的蓄水保墒能力，解决在“铁板上种庄稼”的问题，力争实现关中地区 1 050 万亩粮食种植区域全部深松两次，增产粮食 10%~15%，亩增加蓄水 $60m^3$ 以上，灌水利用率提高 30%，累计增产粮食 50 万 t。三是大力发展设施蔬菜，带动滴灌、喷灌、水肥一体化技术的推广应用，实现节水、节肥、省工、增产、增效的目的。猕猴桃实行秦岭北麓东西两头延伸，扩大规模至 100 万亩，推行标准化生产。四是积极推广“粮经饲草”四元种植，适度扩大青贮玉米种植面积，加强青贮设施建设，发挥粮食主产区农作物秸秆丰富的优势，抓好“双奶源”基地建设，新增奶牛存栏 10 万头，奶山羊 120 万只，肉牛出栏 6 万头。

（5）汉江、月河盆地川道区　功能定位：该区地势较平坦，是陕西省水稻和油菜的集中产区，畜禽生猪养殖规模较大，农业面源污染潜在风险较高。农业可持续发展的主攻方向是：稳步发展水稻、玉米、油菜、生猪、柑橘、茶叶、大棚蔬菜、食用菌等优势特色产业，推广节能减排技术，减少农业面源污染。

目标：一是重点打造 100 万亩油菜水稻一体化功能区，推广水稻集中育秧、机械插秧和机收技术等，稳步提升粮油综合生产能力。二是开展深松深耕，推行秸秆还田，改良土壤。三是大力发展标准化规模养殖，不断提升以生猪为主的畜牧业发展水平，新增生猪出栏 200 万头。四是通过建设沼气工程和有机肥加工厂，加快畜禽粪便科学利用，促进农牧经济循环发展。

（6）秦巴山区　功能定位：该区域山大沟深，雨量充沛，人均耕地少，且坡耕地多，水土流失严重；森林资源过度采伐，保水保土能力差。汉江、丹江流域是我国南水北调中线工程实施的重要水源保护和涵养区。农业可持续发展的主攻方向是：退耕还林、控制水土流失，发展生态循环经济、保护生态环境，控制畜禽养殖，防治面源污染。

目标：一是建设集雨池塘，发展补充灌溉，开展改土、平整土地和秸秆还田。重点推广坑、条、垅“三田”种植技术，提高农田蓄水能力，促进作物增产 10% 以上。二是推行压麦扩薯，发展地膜马铃薯间套玉米吨粮技术 600 万亩，亩产鲜薯 1 500kg，使复种指数达到 150% 以上，年产粮食 180 万 t（折纯粮）。三是新增茶园 140 万亩，构建现代茶产业体系。四是发展中早熟猕猴桃生产，打造陕南猕猴桃基地，进一步做大柑橘产业，新增猕猴桃 30 万亩、柑橘 5 万亩。五是配合陕南移民搬迁和城镇化进程，扶持建设现代农业园区，发展劳动密集型产业，为广大农民群众提供就近就业平台。依托优美的自然环境、丰富的农业资源，发展休闲观光农业。六是积极实施退耕还林工程，在陕南重点流域及饮用水源地等生态敏感区划定畜禽禁养区，确保畜禽养殖场的选址、布局达到环保要求，鼓励利用废弃地和荒山、荒沟开展生态畜牧养殖，扶持陕南白山羊加快发展。七是大力发展多种经营，加大推进生态循环农业的广度、深度，提高农民收入水平。

5. 区域农业可持续发展典型模式推广

根据陕西省农业发展的实际情况，以节能减排、高效利用、保护生态环境为原则，实现农业可持续发展的过程中，主要推广了以下生产模式：

（1）种植业主要模式

a. 种植结构调整模式。因地制宜，重点发展玉米、马铃薯等抗旱、高产、适应性强、市场潜力大的优势作物，逐步确立了作物生育阶段需水与降水季节分配相匹配的种植结构。一是在渭北推行压夏扩秋。压缩低产小麦 200 万亩发展地膜玉米，使春玉米播种面积占粮食播种比重提高了近 5 个百分点。二是在陕北推行压杂扩薯。扩大旱地马铃薯，种植面积近 400 万亩，使陕北马铃薯种植面积占到全省总播种面积的 65% 左右，带动全省马铃薯种植面积在过去的 10 年间几乎翻了一番。三是陕南丘陵区推行压麦扩薯。发展地膜马铃薯间套春玉米，使复种指数达到 150% 以上，提高了土地产出率。合理的种植结构，科学的用水技术，使有限的水土资源利用率逐年提高，带动了旱作区粮食综合生产能力的全面提升。

b. 节灌补灌技术模式。近五年来，全省累计发展节水灌溉工程面积 1 270 万亩，以渠道防渗控制为主，面积约 720 万亩，其他还有管道输水 323 万亩，喷灌 59 万亩，微灌 23 万亩等。田间集雨节水具有区域特点，在关中灌区推广“窄短畦、小白龙”等节灌技术；按照“南塘、北窖”的建设思路，陕北、渭北发展集雨窖、陕南建设蓄水池，发展集雨补灌技术，通过集雨补灌技术的推广，使降水利用率提高了 20 个百分点以上，每亩增产粮食 40kg 以上，降水利用率由 30% 提高到 50% 以上。陕西省设施产业发展迅猛，带动了滴灌、喷灌、水肥一体化技术的推广应用，全省 60% 设施大棚配备了滴灌、喷灌设备，不同程度应用了水肥一体化技术，节水、节肥、省工、增产、增效。

c. 覆盖技术模式。一是地膜覆盖。在玉米、薯类、烤烟和蔬菜等作物上大规模应用，重点是在陕北、渭北推广覆膜垄沟技术，充分利用雨水和光能，最大限度发挥保墒、增温、早熟、增产的作用。陕北全膜双垄沟播技术是近年全力推广的一项新技术，一般可增产 30% 以上，2010 年 7.52 万亩、2011 年 16.35 万亩、2012 年 22.17 万亩、2013 年 48.45 万亩，2010 年定边县 10 086 亩全膜玉米示范田平均亩产量达 819kg，2011 年靖边县 1.76 万亩全膜玉米产量达到 833.2kg/ 亩，2012 年定边县 1.2 万亩全膜玉米亩产达到 900.7kg，定边县和靖边县的 10 万亩示范区平均亩产 782.7kg，创造了全国旱作玉米 10 万亩连片亩产超过 780kg 的示范典型。二是秸秆覆盖还田技术。渭北旱原推广“小麦高留茬、少耕翻、全程覆盖”的秸秆还田技术、玉米秸秆粉碎还田技术，使自然降水保蓄率由传统的 25%~30%，提高到 50%~60%，每亩多蓄水 40~60m^3。

d. 抗旱耕作技术模式。在渭北旱原和陕北地区重点推广少耕免耕保护性耕作技术，减少土壤水蚀 80%，减少地表径流 50%~60%，年增加有机质含量 0.03%~0.06%，提高水分利用率 12%~16%。小麦、玉米平均增产 10%。降低作业成本 10%~15%；增加农民收入 20%~30%。陕南丘陵区重点推广坑、条、垅“三田”种植技术，提高了农田储蓄降水的能力，促进作物增产 10% 以上。

（2）农业产业化经营主要模式

a. 合作经济模式。农业产业化经营是我国农业发展的主要方式，其中包括：大户带动、家庭农场带动、龙头企业带动、专业合作社带动等，但农村多样化的合作经济组织是发展的主要方向，并不断走向公司制和企业化时期发展的主要趋势。

新中国成立 60 年、改革开放 30 年来，中国农民有增无减，农业仍然没有解决规模狭小分散的小农经济，从中外农业发展的来看，在小农经济的背景下，农户分散的小规模经营只会走向相对贫穷。改革开放30年来，我国农业的生产力水平得到了长足的发展，传统的分散的小农经济已不适应现代农业、生态农业、有机农业、循环农业发展的要求，必须通过多样化的合作经济组织把分散的农户组织起来。目前农业合作经济组织多样，从不同角度划分有：专业性合作组织和社区性合作经济组织；农产品销售型、农业生产资料供应型、产加销一体化经营型、技术服务型等合作经济组织。农业合作经济组织是推进农业产业化发展的有效和重要的组织内容。

b.“政府 + 农户 + 企业”三位一体产业化组织管理模式。秦巴山区生态环境建设与绿色农业开发应依靠政府引导和推动。农民是在服从国家生态环境改善政策前提下进行的服从性产业结构调整，农民的自主选择性受到了一定程度的约束。政府在整个生态环境建设中是直接的组织者、引导者、参与者和风险共担者，而不是旁观者。政策宣传中政府显身，经济风险中政府隐退的角色定位，将导致追求经济目标而偏离生态目标。因此，“政府 + 农户 + 企业”三位一体应是秦巴山区农业结构调整的主要模式。

“政府 + 农户 + 企业”三位一体产业化组织管理模式，是指以主导产业为支撑，以项目为依托、以合同为纽带、以生态补偿为辅助，将政府、农户、企业三方连接，风险共担，策划、生产、销售一条龙式的运作机制。在机制中政府负责支持、引导与服务，农民负责按订单生产，政府扶持的收购企业负责销售。

c.优势产业农业科技示范带动模式。沿袭传统农业生产经营方式，资源优势未必能转化为产品优势和经济优势，而且土地生产力和劳动生产力低下，易导致资源环境恶化、退化。选择农业科技先导型开发模式，配置、开发区域性优势农业或主导产业，通过科学论证、设计、规划并建立科技示范基地或样板，以科学技术为支撑和先导，促进优势农业和主导产业的技术进步，使开发建设建立在高技术含量的高起点之上，通过技术引导和示范、辐射，带动优势农业、主导产业形成和发展。这也是农业科技切入秦巴山区农业开发建设主战场的有效方式与途径之一。

d.“一坡三带”立体农林业开发治理模式。在秦巴山区海拔800~1 000m的低山丘陵区如汉水谷地、西乡盆地、丹凤、商南等地人多地少，经济发展缓慢，生态环境脆弱。在改善当地生态环境的同时，应充分兼顾发展经济，提高农民收入。在治理上可采用“一坡三带”治理模式，即山顶营造水土保持林，山腰营造防护用材林，山脚营造防护经济林，实现林业生态效益与经济效益的双赢。本模式适宜在人口较多、交通便利、经济意识相对较强的区域实施，已成为商南县退耕还林的示范样板，使生态环境得以大幅度改善。林业结构已由单一的粗放经营转为综合集约化经营，实现了高效的生态、经济、社会效益。

e.农林复合生产经营模式。农林复合经营在空间上具有提高土地利用率和劳动密集程度，发挥科技整体优势的特点。农林复合建设治理模式是指经济林树种与其他作物间作的模式。该模式在深层开发农业资源，提高单位土地生产力，加快林业生态治理和建设方面具有良好的效益水平，综合防护能力强，同时能兼顾到林业的经济效益和社会效益，可实现长、中、短效益相结合。可在秦巴山区大力推广，并有望成为陕南山区今后农林业可持续发展的新思路。

林—粮间作模式：在陕南土层深厚、水肥条件较好的低山丘陵退耕地，可采用此模式。宜选择品质优良、市场前景好的名特优新经济林树种和粮食作物混作，树种有板栗、核桃、银杏、枣、柿等。栽植后加强林地管理，及时中耕除草，并增施有机肥。该模式可有效提高单位土地面积的生产力，经济效益提高35%~45%。

林埂经作结合模式：在坡耕地埂上栽植板栗、核桃、杜仲、花椒等经济树种，块状混交。该模式已在秦岭南坡如镇安、商南等低山向阳区推广。镇安县栗园建成后，5~7a即获得较好的经济效益，板栗每公顷可产 300 多 kg，产值达 3 000 元。栗叶、栗枝、栗苞还可继续利用，发展食用菌。

林—药复合模式：林木可选择用材林或经济林，林下间作金银花、厚朴、贝母、党参等药用植物。该模式一般选用山区丘陵坡地，栽培时注意蓄水保墒，控制水土流失，及时松土除草，以利于药用植物的生长发育。勉县以培育杉木、水曲柳等商品用材林为主，短期间作金银花，每公顷栽植药材 1 500~2 250 株，价值 1.5 万 ~3 万元。

林—茶复合模式：如在西乡、平利、紫阳等地的经济林木柑橘、漆树、板栗等与富硒茶的混作，可使当地农民每年因此增收 450~600 元。

林—菌经营模式：在疏林下，利用木材加工物培养木耳、香菇、天麻等。该模式已在勉县、城固、商南等地区推广，效果显著，已成为当地农民增收的重要来源，且推广区域不断扩大。

（3）循环农业形成的主要模式

a.“猪（羊）—沼—菜（粮、果）”模式：全省近 60 万户农民，通过发展农村户用沼气，把沼气建设与改厕、改厨、改圈相结合，与庭院美化、绿化、净化相配套。开展庭院“猪（羊）—沼—菜（粮、果）”循环利用模式，促进了农户养殖业发展，带动了沼气农户使用和利用的积极性，提高了粮、果、菜的品质和产量，增加了农民的经济效益，实现了农业“低消耗、高利用、低排放、再利用”的目的，达到了经济发展、环境保护相协调，推动了农村资源循环利用和现代农业可持续发展。

b.“猪—沼—菜—休闲农庄”等模式：全省目前以企业为龙头带动当地畜禽、种植协调发展的典型有 10 余家，其中，以汉中军鑫农业发展有限公司和洛川明景农牧公司的模式具有代表性。汉中军鑫农业发展有限公司依托自有的五个生产基地（饲料生产基地，生猪良种繁育基地，育肥猪生产基地，粪污处理有机肥生产基地，钧鑫农场蔬菜种植配套休闲农庄经营基地），打造以养殖为中心，沼气为纽带，种植为基础的“猪—沼—菜—休闲农庄”为一体的生态农业发展新模式，初步实现经济、生态和社会效益有机统一的良性循环。

洛川明景农牧公司“典型示范、辐射带动、综合利用、循环发展”模式。该公司一是以基地的 120 亩苹果、100 亩核桃、300 亩玉米作为沼肥试验基地，提高了果农使用沼肥的认识。二是无偿提供沼肥在周边农村培养沼肥使用示范户，辐射带动沼肥推广。三是组建果畜合作社，为会员优先、优价提供沼肥。四是坚持肥气并举。五是充分利用资源，良性循环发展。公司利用集雨池收集雨水，以集雨水作为补充、应急水源，用肥水作为沼气生产原料，用沼肥作为果树和粮食的有机肥料，并用粮食的主副产品作为养殖补充饲料，真正形成了“果（粮）、沼、畜”循环发展的产业格局。

c. 社区实践模式。全省 300 多个乡村、合作社组织，结合“一村一品、一乡一业”发展规划，坚持农村能源建设与产业发展相结合，主打品牌战，提高经济收益，利用养殖、沼气、种植循环体系，发展循环农业，并总结出以沼气为纽带的立体循环农业集成技术。

d. 园区发展模式。全省 80 余个农业科技示范园，结合自身产业特点，打造高效化、立体化、综合化能源利用模式。神木县丰禾生态农业科技示范园，先后建设大型沼气工程 1 座（$800m^3$），养殖小区沼气工程 1 处（$100m^3$），温室沼气 40 口（$8m^3$），该园区拥有万只鸡场、万头猪场和千头牛场，建成设施蔬菜生产基地 500 亩，良种苗木繁育基地 500 亩，长柄扁桃丰产栽培试验示范基地 1 000 亩，优质水果采摘园 50 亩，食用菌平菇栽培基地 4 $500m^2$，休闲度假山庄（“零碳馆”）3 $000m^2$，馆内采用日光温室技术、太阳能转换技术、沼气生产利用技术、立体栽培技术等一系列现代先进技术，不用空调设备可实现馆内冬暖夏凉、四季如春。园区内生活垃圾和养殖场粪污全部进入沼气池，生产沼气用于温室大棚二氧化碳施肥和馆内取暖、照明、厨房用气等，生产高效有机沼肥用于农业科技示范园。

e. 循环型社会模式。渭北、延安地区是我国苹果优生区，从 2009 年开始，陕西省农业厅在渭北苹果产业带的洛川、澄城、旬邑三县实施百万头生猪大县建设工程项目。生猪产生的粪便基本满足果树、蔬菜、粮食的有机肥需求，从而实现种养平衡。洛川县果园有机质由 2008 年的 0.94 提高到 1.2，亩均产量提高 5% 以上，苹果优果率提高了 10 个百分点，亩均增收 800~1 000 元。旬邑县苹果亩均增产 18%，优果率提高了 15 个百分点。实现了以猪优果、以猪促粮、以猪扩沼、以猪增收，形成的“畜—沼—果”循环模式，走出一条种养结合的有机发展路子。

六、促进农业可持续发展的重大措施

（一）工程措施

（1）旱涝保收高标准农田建设工程　加强中低产田改造力度，整合各相关项目资金，开展基本口粮田、小型农田水利设施建设，配套实施土地平整、机耕道、农田林网、土壤改良培肥等工程。借鉴浙江省经验，在粮食主产县建设旱涝保收基本农田示范县，建设集中连片的粮食生产功能区。开展小型农田水利工程配套改造、雨水集蓄利用和农业节水工程建设。

（2）旱作农业示范工程　提升陕西省旱作农业生产水平，打造全省“第二粮仓”。在渭北旱塬区，组织实施旱地粮食增产提质工程，围绕旱地小麦、玉米生产，集成推广“优良品种、机械宽幅条播、地面覆盖、合理密植、宽窄行种植、适时晚收”等高产栽培技术模式，建设标准化的玉米地膜覆盖垄侧种植技术示范区；在陕北玉米、马铃薯主产区，组织实施春玉米、马铃薯高产增效示范工程，集成推广“高产耐密品种、地膜覆盖、机械化作业”等陕北春玉米、马铃薯高产栽培技术模式，建设全膜双垄沟播技术示范区。实施保护性耕作工程，在 75 个县（市、农场）建设保护性耕作工程示范区 450 万亩。实施农作物秸秆综合利用，推广小麦、玉米联合收割、秸秆直接粉碎还田机械，小麦秸秆捡拾打捆机械。实施高效节水示范，推广喷灌、微灌、滴灌等先进灌溉技术设备。

（3）主导产业提升工程　粮食上，调整优化 30 个生产大县，培育 20 个以旱作农业为主的粮食生产潜力县，打造关中 800 万亩小麦玉米一体化吨粮田、渭北陕北 650 万亩旱作高产玉米、陕南 200 万亩油菜水稻一体化，陕南陕北 600 万亩高产高效马铃薯生产基地。果业上，苹果北扩西进，适度扩大规模，发展山地优质苹果，建设渭北黄土高原国家级苹果优势产业带。猕猴桃东西两头延伸，建设秦岭北麓、渭河以南猕猴桃优势产业带。健全苗木繁育体系，加快品种结构调整，抓好老果园改造和新果园标准化生产，加快欧盟地理标志保护果品和有机果品发展。加快发展现代化冷链设施，优化果品贮藏布局，全面提高果品贮藏能力。大力发展果品精深加工。整合果业品牌，加强市场推介，加大国际市场开发力度，提高果品市场覆盖度和占有率，推进果业国际化进程，实现由果业大省向果业强省转变。畜牧业上，围绕“北羊、南猪、关中奶畜”，引进优良品种，逐步形成覆盖全省的良繁体系。以家庭适度规模为基础，以标准化养殖为主攻方向，建成一批生产基地和产业板块。陕北扶持肉羊专业育肥和适度规模养殖模式，扩大养殖规模，建设有机羊产业带；渭北实施果畜结合，大力发展生猪产业，加大秦川牛杂交改良力度，建设生猪、肉牛产业带；关中重点抓好奶牛、奶山羊和生猪产业，建设高端奶畜和生猪产业带；陕南支持生猪产业联盟发展，做大生猪产业基地，打造绿色生态猪品牌。蔬菜上，在大中城市周边建设现代化蔬菜生产基地。加快新品种选育、新技术引进试验，建设种苗繁育基地，开展标准园创建活动，改造、新建一批设施蔬菜重点基地；加快建设田头预冷、保鲜贮藏等设施。

(4) 农产品加工与流通工程　优化农产品加工企业布局，引导农产品加工业向种养业优势产区集中，创建认定 100 个省级农产品加工型产业园区，发展精深加工，提升加工比重，推进全产业链开发，使主要农产品加工转化率达到 70%，农产品加工业产值与农业产值之比达到 1.9∶1。加强农产品流通基础设施建设，加快洛川和眉县国家级农产品批发市场建设。建设 50 个优势农产品区域性产地批发示范市场，在全国建立“陕西优质农产品专营店”，使陕西特色农产品品牌销售率达到 60% 以上。

(5) 现代农业园区建设工程　继续实施农业园区“321 工程”，积极引导各地园区建设，使全省各级各类农业园区数量达到 2 000 个以上，园区面积占到全省总耕地面积 15% 以上。加强园区耕地保护，拓展园区功能，培育园区知名品牌，提高现代装备水平。加大 4 个国家级现代农业示范区建设力度。

(6) 新型经营主体培育工程　以新型职业农民培育为重点，组织实施市场主体培育工程，加快构建立体式复合型现代农业经营体系。一是培育龙头企业。围绕优势产业发展，择优筛选实力强、知名度高、发展潜力大的龙头企业，加强贷款贴息、技术培训、市场推介，铸造行业典范，推进农业产业化。二是建设高级示范社。选择规模大、管理规范、带动能力强的合作社，重点扶持生产经营、加工储运、品牌创建、市场营销等薄弱环节，引导合作社兴办经济实体，推进合作联合社发展。三是发展家庭农场。制定出台全国统一的家庭农场认定管理办法，在土地流转、农机补贴、抵押贷款等环节予以重点支持，引导家庭经营方式转型。四是培育职业农民。突出种养大户、家庭农场主、青壮年农民、返乡创业农民和农科类大中专毕业生等 5 类对象，规范资格认定，系统培育一支新型职业农民队伍。

(7) 农业面源污染防治工程　继续推广普及测土配方施肥、开展农作物病虫害绿色防控，推动建立农药包装废弃物回收制度，降低农药包装废弃物不当处理造成的农业面源污染影响。实施畜禽养殖污染综合防治、开展农村环境综合整治、农业清洁生产示范建设等。

（二）技术措施

(1) 加大相关技术的集成研发力度　加快旱作品种选育、加大集雨窖灌、地膜覆盖、保护性耕作、微喷灌等旱作农业技术的研发、集成、推广力度，形成一套完整的旱作农业节水技术，切实提高水分利用率。

(2) 强化农业面源污染防治科技支撑　加快农业资源环境保护科技创新，研发一批适用于不同类型区域的农业面源污染监测、防控技术和模式，为农业面源污染防治提供科技支撑。进一步调整农业科技发展方向，从偏重土地产出率向注重土地产出率与劳动生产率、资源利用率协调转变，从偏重粮食农业向注重粮饲农业及大食物农业转变，从偏重生产过程研究向注重产地环境、农产品质量安全、生产加工的全过程全要素研究转变。围绕农业资源动态监测、农业清洁生产、耕地重金属污染治理修复、农业面源污染防控、农业废弃物高效循环利用等重大关键技术问题，加强基础研究和技术攻关，形成一整套农业资源环境保护利用的先进实用技术和模式。

（三）政策措施

（1）提高粮食补贴强度 在提升粮食生产能力和保证主要农产品供应方面出台更有利的政策。在扭转“粮食生产副业化”倾向上应有更具针对性的政策，如促进国家层面粮食最低保护价的提高，出台省域内直接面向生产大户（企业）的补贴政策，对粮田保护以奖代补等。在国家粮食直补政策的基础上，应出台粮食规模经营补贴，重点支持合作社、家庭农场、生产大户等。

（2）创新机制，加大金融支持力度 一是适应国家加快农村土地承包经营权确权登记、农村产权制度改革的形势，把土地使用权抵押作为农村信用化的突破口，鼓励金融机构探索开展农村土地承包经营权、宅基地、农房等抵（质）押贷款业务，推动农村生产要素资本化，有效解决农民的抵押难问题。二是积极发展政策性涉农信用担保机构，鼓励政府出资的各类信用担保机构和现有商业性担保机构开拓农村担保业务，吸引民间资本进入农村担保领域，建立政府主导、社会参与的担保公司，为“三农”提供担保，帮助银行分担风险。三是制定扶持政策，强化金融机构支农职能，对涉农金融机构，设定考核指标，引导资金向农村农业回流。四是扩面增量，提高农业保险覆盖水平，建议协调有关部门，加大对我省农业保险中央保费补贴力度，将苹果、猕猴桃等纳入中央补贴地方特色险种，扩大全省小麦、玉米等大宗农作物试点规模。

（3）不断加强农业资源环境保护法规制度建设，形成政府大力推动，部门上下联动工作机制 一是加强农业面源污染防治相关法规建设。长期以来，我国农业环境法规体系不健全。目前，我国也没有一部专门的农业环境保护法，且在一些重要农业生态环境领域存在立法空白，如土壤污染防治等方面的立法。陕西省曾在 1993 年制定的《陕西省农业环境保护管理办法》，因各种原因也已经被废止。因此，急需启动农业资源环境保护立法等工作，从而实现农业可持续发展的资源环境保护工作“有法可依、违法必究”。工作机制上形成“行政推动、项目带动、技术集成、专家领军、环保搭台、大家唱戏”的运行机制，实现多种有利因素优势互补、多种力量合作共赢。遵循“谁污染谁治理”的环保工作理念，整合农技、农机、果业等系统相关资源，发挥陕西省农业资源环境保护“监督员”的力量和工作优势，从农业清洁生产、节能减排、循环农业、生态农业等多方面着手，抓好宣传培训和组织动员。一方面在政府机构、农业部门技术单位宣传，加强组织管理，另一方面做好对农民的宣传工作，向广大农民群众宣传普及农业环境保护基本知识，提高环境保护意识，形成人人参与、大家受益、农业可持续发展的良好产业格局。建立多元稳定投入机制，加大对“一控两减三基本”（农业用水总量控制；化肥、农药施用量减少；地膜、秸秆、畜禽粪便基本资源化利用）等农业环境保护重点工程的政策支持与资金投入力度。完善农业补贴制度，建立绿色农业经济核算体系和生态技术补贴机制。创新农业环保产业财税支持政策，通过价格、税收等政策支持促进资源节约型和环境友好型技术、产品、服务的一体化发展。

参考文献

高蓓 . 2014. 基于 GIS 的陕西省气候要素时空分布特征研究 [D]. 西安：陕西师范大学 .

姜红红 . 2011. 陕西省农村剩余劳动力转移的问题与对策 [D]. 西安：西北大学 .

李竹 . 2007 . 陕西省农业可持续发展能力评价与对策研究 [D]. 杨凌：西北农林科技大学 .

刘京 . 2010. 陕西省土壤信息系统的建立及应用 [D]. 杨凌：西北农林科技大学 .
王炯 . 2012. 陕西省水资源可持续利用分析及对策研究 [D]. 无锡：江南大学 .
张亲脑 . 2012 . 陕西省农村剩余劳动力就地转移研究 [D]. 西安：西安工业大学 .
周忠惠 . 2012. 气候变化对黄河流域陕西段的农业影响研究 [D]. 杨凌：西北农林科技大学 .

甘肃省农业可持续发展研究

摘要：本研究立足于甘肃农业区域资源与环境优势，分析了甘肃农业可持续发展的社会经济条件，通过确立甘肃农业可持续发展的指标体系，选择适宜的农业可持续发展的评价方法，对甘肃农业可持续发展进行分析评价，对甘肃农业未来目标进行了定位分析，确立了粮食、马铃薯、草食畜等8大产业为未来的农业发展的主要产业方向；在区域布局上，未来甘肃农业可持续发展将主要体现在河西走廊现代农业生产区、黄河干流及其主要支流沿岸现代农业生产区、中部重点旱作农业及生态保护区、陇东雨养农业生产区、陇南特色农业及生态保护区和祁连山区及甘南高原畜牧业生产及生态保护区等六个区域，同时，研究从工程措施、技术措施、政策措施及法律措施等提出促进农业可持续发展的重大措施。

在中国经济进入新常态条件下，以创新驱动、经济结构调整为特征的经济发展进入了一个新阶段。经济增长的速度有所下降，经济发展面临的问题和挑战也日益复杂。在这一背景下，农村经济的发展，受到了消费需求、投资需求、资源环境约束的深刻影响。现代农业发展水平是农业持续发展及其收益的重要组成部分。农业资源的可持续利用直接影响着农业可持续发展。同时，在新的背景下，如何利用现有农业资源，充分发挥甘肃区域资源优势，提高农产品产出率，改善品质，增加农民经济收入，则需要从新的宏观经济背景、新的视角、新时期甘肃农业发展的定位出发，重新系统分析甘肃农业可持续发展的资源环境支撑能力及农业可持续发展面临的主要问题，研究确立农业可持续发展的目标与任务，提出不同区域农业可持续发展的方向与模式，以期建立起与省情相适应的区域农业可持续发展体系。

课题主持单位：甘肃省农业区划办公室、西北民族大学经济学院
课 题 主 持 人：刘遇林、祁永安
课 题 组 成 员：张平、马乐军、郭明华、石利兵、魏宁邦

一、甘肃农业可持续发展的自然资源环境条件分析

甘肃总土地面积为 42.58 万 km^2，地形呈狭长状，东西长 1 655km，南北宽 530km。地貌复杂多样，山地、高原、平川、河谷、沙漠、戈壁，类型齐全，交错分布，地势自西南向东北倾斜，大致可分为陇南山地、陇中黄土高原、甘南高原、河西走廊、祁连山脉、河西走廊以北地带六大地形区域。大部分地区气候干燥，属大陆性很强的温带季风气候，省内年平均气温在 0~16℃，年降水量在 36.6~734.9mm。

区域自然资源及条件是农业可持续发展的基础。各种资源的数量、质量及区域空间的配制，对于农业可持续发展具有基础性的意义。

（一）土地资源

1. 土地资源及利用现状

甘肃总土地面积居全国第 7 位，耕地、园地、林地、牧草地等农业用地面积占土地总面积的 53.53%，耕地面积 462.47 万 hm^2（6 937.05 万亩）（统计数 355.51hm^2（5 332.65 万亩）），其中旱地 70% 以上，水地不到 1/3，是典型的山地型高原地区。甘肃是全国五大牧区之一，现有天然草场 1 793.33 万 hm^2，占总土地面积的 39.4%，其中高寒草甸类草场 427.53 万 hm^2（26 899.95 万亩），占全省草场面积的 24%；草原类草场 572.87 万 hm^2（8 593.05 万亩），占 32%；荒漠草场 627.33 万 hm^2（9 409.95 万亩），占 35%。全省可利用草场总面积 1 606.67 万 hm^2（24 100.05 万亩）。虽然农用地占土地面积的一半以上，但土地资源的质量不高，制约了开发利用。

甘肃土地资源的基本特点：一是山地多、平地少，耕地中就有近 65% 为山地，增大了利用的成本，且水土流失严重，肥力不高；二是农业用地面积虽大，但耕地所占的比重小，仅占土地总面积的 10.90%；三是森林面积和水域面积小，草地面积虽广，但大部分是荒漠草场，产草量低，载畜量有限，也不利于改善生态环境；四是土地瘠薄，受干旱的影响大，土地的生产能力不高，农田、林地、草地的平均生物产量都处于较低水平；五是有 40% 的土地为沙漠戈壁，农业上难以利用。

2012 年，全省耕地面积 5 332.65 万亩，人均耕地面积 2.07 亩，农田有效灌溉面积 1946.37 万亩，农田实灌面积 1 621.17 万亩，节水灌溉面积 1 341.98 万亩，林果灌溉面积 170.67 万亩，草场灌溉面积 71.51 万亩，鱼塘补水面积 13.22 万亩。从耕地的类型来看，水浇地主要集中于河西、中部河流沿岸地区，天水、庆阳、平凉及临夏甘南地区水浇地比较较低。各地区土地资源现状见表 1-1。

2012 年，甘肃省林地面积 15 639.75 万亩，占全省总土地面积的 23.18%。森林面积包括有林地和国家特别规定灌木林地面积 7 611.75 万亩，森林覆盖率 11.28%。天然林主要集中分布于陇南、甘南、临夏、祁连山及黄土高原石质山地，其他多人工林。2008—2012 年，甘肃省共完成天然林保护、退耕还林、三北防护林等林业重点工程和造林补贴试点营造林任务 1 100.85 万亩，义务植树 4.45 亿株。在河西风沙前缘建起了长达 1 200km、面积 750 多万亩的防风固沙林带，基本

实现了农田林网化，高产农田得到有效庇护，保障了农业稳定增产[①]。

甘肃省共有牧草地2.14亿亩，居全国第5位，有天然草地、人工草地和半人工草地三种。其中：天然草地2.10亿亩，占牧草地总面积的97.74%；改良草地和人工草地共有483.15万亩，只占2.26%。天然草场。主要分布在甘南草原、祁连山地、西秦岭、马衔山、哈思山、关山等地，这些地方海拔一般在2 400~4 200m之间，气候高寒阴湿，特别是海拔在3 000m以上的地区牧草生长季节短，枯草期长；年均降水量多数地区大于400mm，唯祁连山西部渐减至200~300mm。这类草场可利用面积为6 413万亩，占全省利用草场总面积的23.84%，年平均鲜草产量273kg/亩，总贮草量约175kg，平均牧草利用以50%计，约可载畜600万只羊单位。人工及半人工草地，在河西灌区亩产鲜草可达3 500~4 000kg，陇东塬区和陇中南部亩产2 000~2 500kg。在山旱农作区种植品种主要有草谷子、草高粱、苏丹草、燕麦和少量的箭舌豌豆、毛苕子、饲料玉米；在高寒牧区则以黄燕麦和青燕麦为主。

尚未利用的土地占全省总土地面积的37.85%，包括沙漠、裸地、冰川及永久积雪、盐碱地、沼泽等。

表1-1　甘肃省2012年各市（州）土地资源现状

地区	耕地面积（万亩）	人口（万人）	人均耕地面积（亩）	有效灌溉面积（万亩）	农田实灌面积（万亩）	节水灌溉面积（万亩）
嘉峪关市	4.26	23.43	0.18	5.37	5.19	3.26
酒泉市	367.06	110.44	3.32	289.17	292.74	179.57
张掖市	387.50	120.76	3.21	321.99	313.59	175.45
金昌市	101.31	46.74	2.17	86.57	72.69	71.55
武威市	379.19	182.16	2.08	283.85	265.55	275.49
兰州市	314.45	363.05	0.87	173.03	122.85	133.17
白银市	456.86	171.92	2.66	204.00	144.15	164.24
定西市	771.14	276.92	2.78	115.41	78.42	97.94
天水市	568.43	328.22	1.73	87.87	58.46	41.25
陇南市	430.86	256.95	1.68	110.13	79.37	68.75
平凉市	558.74	208.19	2.68	69.96	49.49	55.50
庆阳市	674.76	221.84	3.04	76.13	58.56	49.44
临夏州	216.38	197.62	1.09	101.99	67.92	65.78
甘南州	99.86	69.31	1.44	20.93	12.21	10.08
全省	5 332.65	2 577.55	2.07	1 946.37	1 621.17	1 391.45

资料来源：2013年《中国水利年鉴》，长江出版社；其中，耕地面积数据来源于甘肃省统计局

2. 农业可持续发展面临的土地资源环境问题

随着人口数量的增加及社会经济的快速发展，土地资源的数量及其质量有了显著的变化。用地

① 甘肃加强林业建设森林覆盖率增加，大公网 http：//finance.takungpao.com/hgjj/q/2014/0304/2321342.html

结构及效益也出现新的变化，专业化、规模化发展水平显著提高。

（1）土地资源数量　近10年来，甘肃省耕地总面积有一定程度的增加（表1-2）。全省总耕地面积增加了287.52万亩，增长5.7%。增量耕地主要分布于河西地区的源泉、张掖和金昌三市，其他市州，基本维持在原来的水平。

表1-2　近10年来甘肃各地耕地面积的变化

	2002年	2007年	2012年
嘉峪关市	4.26	4.26	4.26
酒泉市	168.20	214.96	367.06
张掖市	319.95	331.51	387.50
金昌市	68.55	87.44	101.31
武威市	383.91	383.35	379.19
兰州市	318.86	315.23	314.45
白银市	446.72	449.59	456.86
定西市	772.28	770.15	771.14
天水市	573.27	573.97	568.43
陇南市	433.96	433.47	430.86
平凉市	579.09	558.85	558.74
庆阳市	659.97	665.17	674.76
临夏州	214.80	215.13	216.38
甘南州	101.31	101.03	99.86
全省	5 045.13	5 104.11	5 332.65

资料来源:《甘肃统计年鉴》(2013)等

甘肃省林业用地面积在国家林业政策的有效支持下，获得稳定增长。一方面，森林保护和抚育政策，使天然林受到保护；另一方面，人工林的增植，使绿化面积稳定增加。同时，林果业的发展，使特色林果业面积持续增加。部分县（市）在特色林果业的发展过程中，已经形成规模，建立了种植基地，开拓了市场空间。2012年全省经济林总面积达到640.95万亩，比2005年213.9万亩，增加了200%。

牧草地面积维持基本状态。近年来，甘肃以发展草食畜牧业为抓手，在稳定草场面积及质量的前提下，明晰草地使用权，加强草场的保护，减少生态危害及公共草地的悲剧；荒漠草原基本以禁牧为主体，推行舍饲养殖，提高了畜牧业的生产效益。以牧草地为基础的畜牧业成为群众致富增收的主要渠道。

（2）土地资源质量　根据甘肃的基本情况，水土流失是甘肃省最为主要的土地退化类型。全省每年的治理面积约为水土流失面积的1/4，其治理的途径基本是通过水土保持林建设、基本农田建设、封禁治理、种草、经济林等途径来治理，治理的重点主要集中于平凉、庆阳、陇南、临夏等市州。表1-3是2012年甘肃水土流失及治理的基本情况。

表 1-3 2012 年甘肃水土流失治理情况 （单位：万亩）

地区	原有水土流失面积	水土流失治理面积							本年新增治理面积	梯田面积	
		小计	基本农田	水土保持林	经济林	种草	封禁治理	其他		小计	本年新增
嘉峪关	148.68	37.19	5.78	23.27	3.15	0.69	4.31	0.00	0.09	0.00	0.00
酒泉市	16 032.83	195.44	0.00	1.97	0.02	0.02	193.02	0.42	2.25	0.00	0.00
张掖市	2 590.94	622.01	0.00	251.21	27.35	5.31	338.15	0.00	0.00	0.00	0.00
金昌市	827.55	237.57	0.51	162.05	1.56	9.65	59.51	4.31	0.60	0.51	0.51
武威市	4 472.10	1 092.99	48.27	308.49	24.23	59.61	160.77	491.63	4.76	27.33	3.32
兰州市	1 243.92	587.67	239.79	202.08	16.49	52.07	77.21	0.05	9.00	148.80	6.23
白银市	2 178.00	899.93	335.55	291.15	28.53	184.08	60.62	0.00	21.75	241.26	16.13
定西市	2 447.49	1 390.55	599.19	485.79	34.74	166.74	104.09	0.00	77.82	547.28	35.54
天水市	1 446.35	828.69	399.69	254.12	49.46	66.74	54.03	4.67	27.00	365.36	23.93
陇南市	2 287.28	1 275.80	222.11	394.22	145.23	64.65	312.20	137.40	21.00	208.58	14.45
平凉市	1 323.27	815.84	342.92	397.71	0.00	40.29	34.92	0.00	27.00	336.30	25.20
庆阳市	3 493.77	1 455.95	585.92	438.18	130.53	256.44	44.88	0.00	33.18	583.43	19.31
临夏州	882.69	418.97	173.79	106.61	43.32	46.05	49.20	0.00	58.50	152.46	19.50
甘南州	2 818.40	917.75	51.96	194.66	1.74	177.44	491.25	0.71	2.61	29.30	0.02
全省	42 193.25	10 776.30	3 005.46	3 511.47	506.33	1 129.76	1 984.13	639.17	285.56	2 640.59	164.10

资料来源：《甘肃省水利年鉴》（2013）

土壤有机质的变化。自 2000 年以来，全省测土培肥工作的有效开展，土壤有机质含量有了稳定增长。全省 87 个县级单位的有机质含量均有稳定提高，2000 年全省平均 14.040 4 单位，到 2010 年全省平均达到 17.284 4 单位，2011 年达到 17.754 3 单位。其中最小值出现在民勤县沙土质土壤中，最高值出现在草原土壤中。

（二）水资源

甘肃位于我国西部，地处黄河上游，位于黄土高原、青藏高原和内蒙古高原三大高原交汇地带，深居内陆腹地，全省大部分地区属于干旱半干旱地区，常年干旱少雨，降水极不稳定，且水资源时空分布不均，资源型缺水严重。省内湖泊数量少、面积小，水环境主要以河流环境为主，集中在黄河、长江、内陆河三大流域九个水系，黄河流域位于省中东部地区，总面积 14.60 万 km^2，主要有黄河（包括支流庄浪河、大夏河、祖厉河及直接入干流的小支流）、洮河、湟水、渭河、泾河五个水系；长江流域主要分布在甘肃省陇南地区，总面积 3.80 万 km^2，除汉江水系八庙河外都属嘉陵江水系；内陆河流域位于河西走廊东端的乌鞘岭以西，总面积 27 万 km^2，从西到东分布有疏勒河（含苏干湖区的哈尔腾河等）、黑河、石羊河三个水系，全省河流年总径流量 600 多亿 m^3。全省水资源分区见表 1-4。

表 1-4 甘肃省水资源分区

水资源分区名称			水资源分区代码	面积（km^2）
一级	二级	三级		
西北诸河	河西走廊内陆河	石羊河	K020100	40 687
		黑河	K020200	59 354
		疏勒河	K020300	169 983
	小计			270 024
黄河	龙羊峡以上	河源至玛曲	D010100	6 502
		玛曲至龙羊峡	D010200	3 678
		小计		10 180
	龙羊峡至兰州	大通河享堂以上	D020100	2 525
		湟水	D020200	1 302
		大夏河	D020300	5 878
		洮河		25 225
		龙羊峡至兰州干流区	D020400	10 701
		小计		45 631
	兰州至河口镇	兰州至下河沿	D030100	29 752
		清水河与苦水河	D030200	1 233
		小计		30 985
	龙门至三门峡	北洛河状头以上	D050200	2 330
		泾河张家山以上	D050300	30 979
		渭河宝鸡峡以上	D050400	25 790
		小计		59 099
	小计			145 895
长江	嘉陵江	广元昭化以上	F040100	38 313
	汉江	丹江口以上	F080100	171
	小计			38 484
合计				454 403

资料来源：《甘肃省水资源公报》

2012 年全省平均降水量 287.7mm，折合水量 1 307.446 亿 m^3；自产地表水资源量 292.727 亿m^3，地下水资源量 139.134 亿 m^3，全省入境水资源量 328.387 亿 m^3，出境水资源量 537.816 亿m^3，水资源总量为 300.688 亿 m^3。省内大中型水库年末蓄水总量 38.5701 亿 m^3。全省供水总量 123.0844 亿m^3，用水总量 123.0844 亿 m^3，耗水总量 80.5603 亿 m^3，耗水率 65.45%。全省水资源及开发利用概况见表 1-5。

表 1-5　2012 年甘肃省水资源及开发利用概况

项目			单位	数量
降水量	降水量		mm	287.7
	降水总量		亿 m^3	1 307.446
地表水资源量	自产水	自产水量	亿 m^3	292.727
		径流深	mm	64.40
	入境水量		亿 m^3	328.387
	出境水量			537.816
	地下水资源量			139.134
	水资源总量			300.688
供水量	地表水源	蓄水工程	亿 m^3	35.570 1
		引水工程		40.971 1
		提水工程		17.102 3
		跨流域调水		2.232 4
	地下水源	浅层水		25.744 4
	其他水源	污水处理回用		0.286 7
		雨水利用		1.175 5
	合计			123.084 4
用水量	地表水	农业		76.133 3
		工业		13.027 3
		城镇公共		1.411 6
		生活		4.833 2
		生态		1.934 6
	地下水	农业		18.991 1
		工业		2.668 0
		城镇公共		0.582 9
		生活		2.445 8
		生态		1.056 6
	总用水量			123.084 4
耗水量	农业			67.750 3
	工业			5.158 2
	城镇公共			1.205 8
	生活			4.498 7
	生态			1.947 3
	合计			80.560 3

数据来源：《甘肃省水资源公报》

1. 农业水资源及利用现状

根据甘肃水资源的利用现状，农业用水总量为95.124 4亿m^3，其中，地表水为76.133 3亿m^3，地下水为18.991 1亿m^3。农业用水中，主要集中于水浇地、菜地等用水，其他如林果灌溉、牲畜用水等占有较小比重。就全省来说，农业用水占各行业用水总量的77%，用水比重较大的地区集中于河西、白银、临夏等市州。其中，农业用水比例最高的是张掖市，农业用水占比达到94.14%。雨养农业区的庆阳、平凉用水分别占各行业用水总量的30.32%、52.15%，是全省农业用水比率较低的。

目前，甘肃水资源短缺与粗放低效利用的状况并存，而水资源的粗放低效利用，又加剧了水资源短缺程度。由于输水方式、灌溉方式、农田水利基础设施、耕作制度、栽培方式等方面的问题，使得农业用水的利用率很低。在节水农业发展过程中，往往只注意单项的工程技术，如渠道防渗、低压管道输水、喷灌和微灌的推广，缺乏将这些技术和农业措施紧密结合的综合集成技术。甘肃推广喷滴灌面积2.870万hm^2，微灌面积0.510万hm^2，管灌面积3.710万hm^2，分别占全省总耕地面积的0.5%、0.1%和0.7%，除微灌面积占耕地面积的比例达到全国平均水平外，喷滴灌、管灌的比例分别低于全国平均水平1.1个百分点和2.0个百分点[①]。

表1-6　2012年甘肃行政区农业用水量现状　（单位：亿m^3，%）

	水田	水浇地	菜地	林果灌溉	草场灌溉	鱼塘补水	牲畜用水	各行业用水总量	农业用水比
嘉峪关		0.381 6	0.011 7	0.050 5			0.004 3	1.895 4	23.64
酒泉市		20.035 8	3.377 5	1.469 4	0.269 2		0.227 3	28.862 2	87.93
张掖市	0.0837	17.066 3	2.949	1.661 6	0.141 6		0.168	23.443 7	94.14
金昌市		4.563 1	0.505 5	0.154 6	0.045		0.043 5	6.512 2	81.57
武威市		11.794 1	2.621 5	0.039 5	0.037 4		0.219 6	17.200 1	85.53
兰州市	0.0096	3.291 4	2.835 1	0.140 5		0.067 2	0.057 9	14.713 5	43.51
白银市	0.4186	5.323 4	1.678	0.011 6			0.122 1	9.280 8	81.39
定西市		2.050 4	1.001 9	0.001 4		0.028 2	0.079 6	4.200 1	75.27
天水市		1.621	0.940 6	0.095 5			0.08	4.345 1	62.99
陇南市	0.3098	0.722 9	0.456				0.073 9	2.513 4	62.17
平凉市		1.136 1	0.720 5	0.02	0.010 8	0.020 8	0.079 4	3.811 3	52.15
庆阳市	0.0435	0.224 1	0.199 8	0.0371		0.004 4	0.129 7	2.106 3	30.32
临夏州		1.372 4	1.390 1	0.026 6			0.087 1	3.655	78.69
甘南州		0.121 2	0.102	0.003 1	0.008 6	0.000 7	0.048 5	0.545 3	52.10
全省	0.8652	69.703 8	18.789 2	3.711 4	0.512 6	0.121 3	1.420 9	123.084 4	77.28

资料来源：《中国水利年鉴》（2013）

① 高云，谢莉．可持续发展视阈下的甘肃农业水资源利用[J]. 甘肃科技，2008，24（23）：1-3.

2. 农业可持续发展面临的水资源环境问题

(1) 水资源数量　甘肃农业水资源的利用基本与甘肃所处的自然条件格局相一致。水资源的利用以种植业的利用为主体。甘肃地处我国西北干旱地区，水资源的消耗较大。农业水资源的利用与水利设施、水浇地的分布相一致。河西地区相对干旱，水利设施相对较好，水资源利用率较高；甘肃黄河流域，由于地处黄土高原，属干旱、半干旱地区，为工程性缺水地区，开展水资源利用、提高水资源的利用率，必然加强水利设施建设；甘肃长江流域，是甘肃水资源相对丰富的区域，但是由于地形限制，农业水资源的利用，主要集中于河流沿岸，工程性水资源利用率相对较低。畜牧业对水资源的利用相对比重较小，集中于祁连山区及甘南高原地区。

甘肃省现有耕地面积为 499 万 hm^2，其中旱地占 375.27 万 hm^2，高达 75.2%，而水浇地（包括林草地浇灌面积）123.74 万 hm^2，仅占 24.8%。由于干旱缺水，全省每年都有 100 万 ~133.4 万hm^2 耕地不同程度受旱。甘肃省人均水资源量为 1 150m^3，是世界人均水平的 1/8，全国人均水平的 1/2，平均耕地水资源量只有 5 670m^3/hm^2，约为全国平均耕地水资源量的 1/4，其中黄河流域水资源量最少，人均占有量只有 750m^3，耕地平均水资源量仅为 3 660m^3/hm^2。

年降水量区域分配不均衡，年际变化大。一是全省各区域年降水量分配不均衡。全省年均降水量仅 300mm 左右，不到全国年均降水量的 1/2，70% 的地域年降水量少于 500mm，自东南向西北由 760mm 降为 42mm。河西走廊年均降水量除祁连山区为 200~400mm 外，大部分地区为 42~200mm，是降水量最少的地区，陇中一般为 200~500mm，陇东为 350~700mm，陇南和甘南为 450~760mm。二是年际降水变化幅度大。降水量最多年份年降水量可达最少年份的 3 倍以上，相对变率以河西最大，达 20%~40%，中部和陇东为 15%~25%，陇南为 15%。同时在年内，降水主要集中在 6—9 月，春季（3—5 月）、夏季（6—8 月）、秋季（9—10 月）、冬季（11 月至翌年 2 月）的降水分别占年降水的 15%~25%、45%~70%、10%~30% 和 8% 左右。全甘肃有 70% 以上是旱作农业区，农业用水主要靠自然降水，这对于地表、地下水源俱缺、降水偏少的中东部地区来说，更加剧了水资源的紧缺。

(2) 水资源质量　根据 2012 年《甘肃水资源公报》，全省共选用 108 个水质监测断面的资料，对地表水水质状况进行评价，其中内陆河 30 个，黄河流域 64 个，长江流域 14 个。

全省工业、生活及混合类污水排放入河污水量 6.057 亿 t，主要污染物中化学需氧量 11.969 万t，氨氮为 1.729 万 t。内陆内陆河流域排污口 30 个，入河污水总量 1.057 亿 t，入河主要污染物中化学需氧量 2.219 万 t，氨氮 0.544 万 t，黄河流域排污口 442 个，入河污水总量 4.836 亿 t，氨氮 1.609 万 t；长江流域排污口 130 个，入河污水总量 0.216 亿 t，入河主要污染物中化学需氧量 0.156 万 t，氨氮 0.024 万 t，全年评价河长 6 137.1km，其中Ⅰ～Ⅲ类水的河长 3 865km，占 63.%，Ⅳ类水河长 378.7km，占 6.2%，劣Ⅴ类水的河长 1 521.7km，占 24%。

上述水资源的污染分布与全省重工业及人口的分布有着紧密联系。黄河流域是甘肃工业相对集中与人口相对密集的区域，其污水排放量为全省污水排放量的 80% 左右。其他地区的污染主要集中于内陆河流域，而长江流域污水总量相对较少。

（三）气候资源

1. 气候要素变化趋势

甘肃是我国大陆的地理中心。西北干旱区、东部季风区及青藏高原气候区三大气候带交汇地。气候复杂多样，包括干旱区、半干旱区、半湿润区和湿润区是气候变化的敏感区（特别农牧交错带）、生态环境的脆弱区。

前文述及，甘肃降水具有降水稀少、年际波动大、地域差异显著。全省“十年九旱”，旱地占全省总耕地面积的76%，干旱频率高、范围广、影响大，旱作农业区占该地区总耕地面积的88.6%，每年平均受旱面积近1 000万亩，减产粮食近10亿kg。21世纪以来干旱半干旱区总面积增加约1.5万km^2，湿润区面积减少约2.5万km^2，甘肃省中东部地区气候干旱化趋势明显。

甘肃省内光照充足，光能资源丰富年日照时数为1 700~3 300小时，太阳总辐射达4 800~6 400MJ/m^2。具有气候干燥，光照充足的特点。

甘肃年平均气温区域差异大，由东南向西北降低，年气温平均在0~14℃之间。陇南高于14℃，祁连山区局部低于1℃。日较差大，气温日较差最大为13~16℃，甘肃气温年较差大，7月平均气温比1月平均气温高26.1℃出现于冬季各月，河西为－32~－23℃；中部、陇东为－29~－23℃；甘南、祁连山区及马鬃山－34~－25℃，是全省极端最低气温最低的地区；陇南为－20~－8℃，为极端最低气温最高的地区。近50年来，甘肃省32℃以上平均高温日数增加。2000年夏季，甘肃省气温持续偏高，有46站出现极端高温天气，其中30站突破了历史极值。甘肃省低温日数呈明显减少趋势，极端低温造成的危害加大。

大风沙尘暴灾害主要出现在河西，影响最大的是安西、玉门镇、鼎新、金塔、民勤等地。每年大风日数有3~69天，全省沙尘暴日数为1~37天，全省每年受风沙危害的农田达60万亩。甘肃省年平均沙尘暴日数呈显著减少趋势，但沙尘暴带来影响加剧，经济损失增大。

除台风灾害外，我国其他气象灾害在甘肃省均有发生，是全国气象灾害种类最多的省份之一。影响大的灾害主要有干旱、暴雨洪涝及引发的山洪等地质灾害、沙尘暴、冰雹和霜冻等。中东部干旱、冰雹多发，东南部暴雨洪涝多发，河西大风、沙尘暴多发。

2. 气候变化对农业的影响

综合多项研究成果得到，西北地区气候暖干化对作物的影响是多方面的、复杂的、且利弊并重，适生区域和种植面积发生重大改变。喜温作物、越冬作物和喜凉作物种植高度分别提高100~150m、150~200m和100~200m。玉米、冬小麦向更高纬度扩展，品种熟性向偏中晚熟高产品种发展，受热量条件影响较大的喜温作物和越冬作物以及高原地区的冷凉气候区的作物种植面积迅速扩大。同时，气候暖干化使作物生长发育速度发生明显的变化。使春播作物提早播种，苗期生长发育速度加快，营养生长阶段提前，生殖生长阶段和全生育期延长。使秋作物发育期推迟，尤其生殖生长阶段和全生长期延长。使越冬作物推迟播种，冬前生长发育速度推迟；越冬死亡率降低，种植风险减少；春初提前返青，生殖生长阶段提早，全生育期缩短。

对灌溉区作物而言，总体来说利多弊少。气候变暖，温度升高，光照充足，又有灌溉条件，极有利于发挥作物的强项，更有利于发展喜温的具有特色的价格比高的优质作物种植，可充分利用气候变暖带来的发展机遇。对于雨养旱作区作物而言，总体来说弊远大于利，气候暖干化，蒸发量加大，土壤水分不足，进一步降低了作物气候生态适应性的弱项，对作物生产带来了一系列不利的影响。

二、农业可持续发展的社会资源条件分析

（一）农业劳动力

劳动力是产业发展过程中最为主动的因素，是促进产业提高劳动生产率、增加总量的直接要素。随着甘肃城镇化的快速推进，农村劳动力转移进一步加速，现在农村出现了村镇空心化，人口老龄化或低龄化的倾向。

1. 农业劳动力转移现状特点

根据 2012 年统计资料，甘肃全省人口的总量及其分布，农村人口总量约为 2 077 万人，约占全省总人口的 76%，乡村劳动力人口为 1 122 万人，农林牧渔业劳动力人口 697 万人，农村劳动力的转移约为 424 万人，与曾家洪（2007）研究的数据大体相当。农业劳动力析出的规模都在不断增加基本维持在每年 450 万以上，农业剩余劳动力的总量规模较大[①]。

2007 年以来，随着国家和省政府对“三农”问题的重视，赋予了城乡就业新的含义，取消了农民进城就业的各种不合理限制，甘肃农村劳动力进入了规范转移的新阶段。随着国家农民工培训规划“阳光工程”等措施的实施，有效调动了农民转移的积极性。甘肃开始有计划、有组织地安排农村剩余劳动力输转，农村剩余劳动力进入了稳定增加和转移阶段。

随着我国农业技术的进步和农业机械化程度的提高，农业生产对劳动力的需求在日益减少，农村劳动力向城镇转移不断增加。农村劳动力的转移目前主要是通过非组织化的传统的社会资源，如亲缘、血缘和地缘关系网络等，自发性转移特点明显。从农村劳动力转移年龄结构来看，以 40 岁以下的中青年劳动力为主。从农村劳动力转移性别结构来看，男性比重明显高于女性；在农民工知识结构中，初中以下文化程度占 75% 以上，与城镇就业人口相比，农民工受教育程度总体上偏低。从收入结构来看，工资性收入在农村居民人均纯收入中所占的比例在逐年增加。调查显示，省内劳动力的主要输出地以省内为主，收入结余逐年增长。就业的渠道呈现多元化状态，高龄农民工倾向于兼职工作，而低龄农民工则谋求城市的生活等[②]。

2. 农业可持续发展面临的劳动力资源问题

总体来看，全省劳动力资源的总量增长已经减缓，人口红利期基本结束。同时，随着城镇化的快速发展，大量青壮年劳动力进入城镇就业，学校毕业的“两后生”一方面受到城镇生活的吸引，另一方面受国家就业政策的支持，学习一技之长，基本走向于城镇定居。因而农村则出现了老人、学龄前儿童集中于农村的情况，农村生产劳动力的高龄化现象显现，青壮年人口比重下降；同时由于大量人口的外迁，使农村相应出现了空心化问题，大量房屋闲置无从居住，景象破败；在滞留于农村的人口中，大龄男性青年多于女性，未婚者男性居多，婚姻困难。

① 曾家洪 .2007. 新形势下我国农村剩余劳动力转移的有效途径分析 [J]. 中国农村经济，（7）：18-20.

② 李琰 .2014. 我国农村劳动力转移的趋势与政策建议 [J]，农业现代化研究，35（2）：188-191.

（二）农业科技

1. 农业科技发展现状特点

（1）选育和应用了一批优良品种　“十一五”以来，培育小麦、玉米、杂粮、马铃薯、胡麻、油菜、棉花、蔬菜等新品种46个，其中，通过省级审定认定30个，申请植物新品种保护5个，陇薯6号、陇亚9号、甘啤4号等品种获甘肃省科技进步一等奖，促进了农作物品种的更新换代，提高了粮食等主要农产品供给能力，确保了全省粮食和主要农产品的持续增长。

（2）农业适用技术应用与推广　旱作农业技术大幅度提高了旱地作物产量和水分利用效率。研究并示范推广了全膜双垄沟、秋覆膜、顶凌覆膜、一膜两用为核心的旱作农业技术，大幅度提高了旱地作物产量和水分利用效率。

农田节水技术节水增产增收明显。以制种玉米、马铃薯、瓜菜等作物为主的垄膜沟灌，以啤酒大麦、小麦为主的垄作沟灌和免冬灌等农田节水技术，节水增产增收明显。

农作物病虫害综合控制技术广泛应用。重点应用了以陇南小麦条锈菌越夏菌源区种植结构调整优化、抗病品种基因优化布局为基础的小麦条锈病综合防控技术，对确保国家小麦安全生产起到了重要的作用。研制了新型安全高效植物源农药和杀虫剂、微生物类生物农药、抗病虫草调节物质等生物农药，建立了生物农药产业化生产工艺流程和产品质量标准，构建了生物农药与化学农药田间高效安全施用技术体系。

设计和应用了设施农业关键技术与产品，显著提高了农业效益。设计建造了不同类型的西北型标准化节能日光温室，强化了温室的采光、保温、集水、节水功能，研制出具有自主知识产权的温室保温材料等配套产品。在河西走廊沿山高海拔冷凉地区大力开发利用冷资源，发展低温食用菌种植和红提葡萄延后生产成效显著，在戈壁荒漠区发展日光温室有机生态无土栽培，为扩大和延伸现代农业技术的应用范围提供了样板。

膜下滴灌及水肥联供节水灌溉技术效能显著。以棉花、瓜菜为主的膜下滴灌及水肥联供节水灌溉技术，最大限度地发挥了节水技术的效能，并显著降低了病虫害发生。

（3）特色农产品安全高效技术的创新与推广　开发了一批提升马铃薯、啤酒大麦、高原夏菜、苹果、肉羊等区域特色优势产业发展的关键技术[①]，从品种、栽培、抚育、养殖及其环节管理入手，增加了生产过程中的技术含量和管理水平，同时，也提升了农业产业化水平研究。

2. 农业可持续发展面临的农业科技问题

第一，农业科技成果开发工作不到位。长期以来，甘肃省的科研力量和科技成果主要集中在大专院校、科研院所，游离于从事生产和销售的企业之外，造成科技与经济相互脱节。一方面，企业急需的科技成果无处可寻；另一方面，农业科研单位、大专院校开发的科技成果无人问津。第二，农业产业化发展组织程度低，使农业科技的利用成本上升、效果不明显。第三，农民科学文化水平的高低和采用科学技术意识的强弱程度，也直接影响着农业科技成果的转化。甘肃省大部分地区的农民受教育程度都比较低，文化水平不高，对科学技术也没有足够的认识，致使农民习惯于他们所掌握的落后生产方式，不愿或不敢接受新的科学技术[②]。

---

① 吕迎春.2010.加强农业科技创新，支持甘肃现代农业发展[J].农业科技管理，29（3）：36-38.

② 丁磊，陈秉谱.2007.甘肃省农业科技成果转化的研究[J]，安徽农业科学，35（26）：8404-8405.

（三）农业化学品投入

1. 农业化学品投入现状特点

随着现代农业的发展，农业生产过程的化学品投入已经成为农业发展的重要投入要素。2000年，甘肃省化肥投入总量为246.31万t，到2012年全省化肥投入量已经达到304.14万t，年增长率为1.9%。2012年全省平均使用量57kg/亩，总体趋势是农业发展现代化程度相对较好的市域化肥使用量较大，其中嘉峪关、金昌、武威等市亩均使用量超过100kg以上，牧区使用量相对较低（表2-1）。

表2-1 近年来甘肃农业化学品投入情况

	化肥用量（t）			农药用量（t）			农膜用量（t）		
	2000年	2011年	2012年	2000年	2011年	2012年	2000年	2011年	2012年
嘉峪关	3 951.66	9 045.5	9 316.72	25.7			130.89	279.8	299.94
酒泉市	147 276.4	207 727.6	214 323.54	1 001.33			5 873.33	10 404.92	12 136.38
张掖市	207 917.6	307 414.5	331 809.07	1 476.07			5 353.89	10 943.86	13 542.35
金昌市	105 341.3	139 068.7	156 738.38	234.95			907.21	1 196.04	1 327.23
武威市	308 953.8	450 203.1	451 433.87	766.2			7 038.98	18 125.9	20 072.2
兰州市	106 156.2	139 492.9	142 677.32	1 526.38			5 027.23	8 726.14	9 099.54
白银市	491 931.6	163 717.4	166 671.45	860.95			7 922.35	16 459.97	15 469.83
定西市	204 881.9	313 581.7	299 187.2	617.47			6 102.83	21 251.94	16 626.04
天水市	224 177.8	337 503.6	295 646.92	1 375.4			5 489.71	19 778.69	19 273.48
陇南市	164 164	221 328.4	220 563.64	1 328.29			5 762.15	6 024.04	5 433.32
平凉市	223 288.9	310 813.3	327 215.03	568.25			4 151.6	8 025.03	10 993.95
庆阳市	209 691.7	299 325	338 385.87	522.06			5 237.11	13 557.63	16 557.7
临夏州	59 947.24	74 827.78	79 209.88	707.83			3 998.11	5 911.13	6 966.79
甘南州	5 448.84	7 927.01	8 184.09	70			414.59	706.93	732.16
全省	2 463 129	2 981 976	3 041 362.98	11 080.88			63 409.98	141 392	148 530.9

资料来源：《甘肃农村统计年鉴》，2011年、2012年缺农药用量资料

（1）农药的使用　总体来说，甘肃由于气候干旱，病毒、虫害的发育条件不好，相对东部省区，农药使用总量偏少。2000年全省农药使用总量为1.11万t，亩均使用量约为0.2kg，使用量较多集中于嘉峪关、兰州等市。从近年的情况来看，使用量有一定增加，对农业产品品质均有一定影响。

（2）农膜的使用　农膜的推广使用，有效改变了土壤的水分条件和温度，对农作物生产的产量、品质及上市时间的控制产生了巨大的功效。农膜利用主要用于蔬菜种植或粮食作物的种植。其中双垄沟播技术加地膜玉米种植是甘肃粮食增产的重要增长点。目前，农膜已经成为甘肃农民增产增收的重要手段。近10多年来，农膜的利用总量一直处于快速增长状态。2000年全省农膜利用总量约为6.34万t，到2012年全省农膜利用总量达到14.85万t，年增长7.86%，平均每亩利用2.78kg。利用量较大的为嘉峪关、武威、天水、白银等市。主要集中分布于农业发展水平相对较高

的地区。

2. 农业对化学品投入的依赖性分析

根据农业现代化发展的趋势，生态农业及有机农业的发展将是今后农业发展的方向。但其对化学品的依赖性在近年内也不可能得到减少。从甘肃目前的化学品使用情况来看，化肥、农药、农膜的使用量每年均得到显著增长，同时，农业发展水平相对较高的地区具有较高的使用量，成为农业产出增长的重要因素。因此，在短期内要保持农业产品的稳定增加，化学品的投入量不可能降低。当然在化学品使用的过程中，其对土壤的影响可以探讨通过其他途径进一步消化或降解。如灌溉、降解品的使用及废弃品的回收，将会减轻对土壤的危害。

三、农业发展可持续性分析

本研究试图在广泛吸收前人相关研究成果的基础上，采用主成分分析和动态聚类分析方法等，对甘肃农业可持续发展在定量研究方面作些尝试，通过对其定量评价，分析其整体系统协调、持续状况并预测其未来的持续能力。

（一）农业发展可持续性评价指标体系构建

1. 指标体系构建指导思想

进行甘肃农业可持续发展评价时，首先要根据农业可持续发展系统发展特征确定评价指标，然后以各指标为基础构成评价指标体系。各级指标均是对不同层面的甘肃农业可持续发展客观状况的一种刻画、描述和度量，是一种“尺度”和“标准”，构成评价指标体系的指标有直接从原始数据而来的基本指标和通过数据挖掘求出的深层次指标，用以反映子系统的特征，又有对基本指标的抽象、综合和总结的综合指标，用以说明各子系统之间的联系及农业可持续发展系统的整体特征，如各种“度”“率”及“指数”等，农业可持续发展指标体系实际上是一个区域的以指标为基本元素、由若干个指标组成的发展条件和结果的集合。

2. 指标体系构建基本原则

由于农业可持续发展系统结构复杂、层次多、子系统种类多、子系统之间的关联关系十分复杂的复杂大系统。大系统某些层次或元素或子系统的变化可能导致整个系统结构和功能的变化。根据矛盾运动的观点可以判断，在不同的时期，农业可持续发展系统中总是有一些对系统的变化起着主导作用、反应最为灵敏、能够度量且内涵丰富的层次或子系统或某些系统因素。用这些指标来评价农业可持续发展状态，容易反映农业可持续发展的真实面貌。但选取这些指标不是简单的事，它除了要符合统计学的基本规范外，要遵循如下的原则：

（1）全面系统性原则　可持续发展的理论核心，实质是围绕着两条主线进行，“其一，努力把握人与自然之间关系的平衡；其二，努力实现人与人之间关系的和谐”。“人与自然”和“人与人”之间的关系归纳起来可以概括为人口、经济、社会、资源、环境各要素之间的关系。农业可持续发展的目标就是通过调整农业经济与农村人口、社会、资源、环境之间的关系，使其维持协调、良性的循环发展。基于此，甘肃农业可持续发展水平评价指标体系的设置必须涵盖农业与农村人口、经济、社会、资源环境的内容。

（2）可操作性原则　设置评价指标体系只是手段，最终的目的是要依据它对农业与农村可持续发展水平进行量化测度。若设置出的指标体系过于追求全面和科学，而脱离了社会统计体系范畴，无法取得统计数据，那这样的指标体系就是毫无意义的。本指标体系的设置，既涵盖了人口、社会、经济、资源、环境各方面的指标，又考虑了指标能较准确的量化，如环境质量的好坏目前很难量化，可以用环境治理投入指标代替。而如农村制度、组织等一些软指标，目前无法获取量化资料，只能舍弃。

（3）特殊性原则　社会经济的差异性是区域经济研究中的基本特征之一，作为区域经济研究领域的省级农业可持续发展水平评价指标体系的设置，也必须体现这一特征。特殊性原则要求设置指标体系时，要充分考虑到当地经济、社会、资源环境的独特性和发展的非均衡性。本研究充分考虑了甘肃农业发展的滞后、农业自然条件的恶劣及生态环境的脆弱，因此指标体系中着重设置了经济增长、经济效益、经济结构等经济发展指标，生态环境质量和治理等环境指标，人口发展、科教水平等农村社会指标。

（4）可比性原则　农业和农村可持续发展水平的量化测度只有与标准值或目标值比较才能对其发展水平进行评价，因此，指标体系应考虑不同时期的动态对比以及不同地区空间对比的要求。该指标体系既有静态指标，又包括反映不同时期的动态指标。此外，考虑到空间可比性，指标设置中力求做到统计指标的统一性和包容性，以利于实际比较分析的应用。

（5）目标性原则　《中国21世纪议程》指出，我国农业可持续发展的目标是：保持农业生产率稳定增长，提高食物生产和保障食物安全；发展农村经济，增加农民收入，改变农村贫困落后状况；保护和改善农业生态环境，合理、永续地利用自然资源，特别是生物资源和可再生能源，以满足逐年增长的国民经济和人民生活的需要。该指标体系的设置除了遵循以上目标外，根据甘肃农业发展状况，应把发展经济、解决贫困、缓解自然生态环境恶化作为主要目标。

甘肃省农业可持续发展评价指标体系共包括4项一级指标，22项二级指标，指标构成如表3-1所示：

表3-1　甘肃省农业可持续发展评价指标体系

一级指标	二级指标（单位）
农业基本条件	机耕面积占总面积比重（%）
	人均草地面积（亩/人）
	人均林地面积（亩/人）
	人均耕地面积（亩/人）
	人均水域面积（m^3/人）
农业投入水平	农林牧渔业从业人员数（万人）
	农业科技人员数（人）
	农村用电量（万kW）
	化肥施用量（t）
	塑料薄膜使用量（t）
	机电井眼数（眼）
	农机总动力（kW）
	农业机械化投入（万元）

（续表）

一级指标	二级指标（单位）
农业产出水平	农林牧渔业发展速度（%）
	农民人均纯收入（元）
	人均粮食产量（t/ 万人）
	人均蔬菜产量（t/ 万人）
	人均油料产量（t/ 万人）
	人均水果产量（t/ 万人）
	人均食肉产量（t/ 万人）
生态恢复能力	人均造林面积（亩 / 人）
	治理水土流失面积比重（%）

（二）农业发展可持续性评价方法

由于农业发展可持续性评价的特殊性，受多方面因素的影响和制约，构成复杂，情况多变，具有较大的模糊性和随机性，而且这些因素对于农业可持续发展的影响都有着密切的相关联系，并且因素之间往往具有不同程度的相关性，不恰当的组合反而有可能导致错误的判断。实践中往往需要对反映农业可持续发展的多个变量进行大量的观测，但在一定程度上增加了数据采集的工作量，更重要的是在大多数情况下，许多变量之间可能存在相关性而增加了问题分析的复杂性，同时对分析带来不便。因此本研究认为有可能用较少的综合指标分别综合存在于各变量中的各类信息。主成分分析就是这样一种降维的方法。

设有原始变量：X_1，X_2，…，X_m。原始变更与潜在主成分间的关系可以表示为：

$$\begin{cases} X_1=b_{11}z_1+b_{12}z_2+\cdots+b_{1m}z_m+e_1 \\ X_2=b_{21}z_1+b_{22}z_2+\cdots+b_{2m}z_m+e_2 \\ X_m=b_{m1}z_1+b_{m2}z_2+\cdots+b_{mm}z_m+e_m \end{cases}$$

其中，z_1~z_m 为 m 个潜在主成分，是各原始变量都包含的主成分，称共性主成分；e_1~e_m 为 m 个只包含在某个原始变量之中的，只对一个原始变量起作用的个性因子，是各变量特有的因子。共性主成分与特殊因子相互独立。找出共性主成分是因子分析的主要目的。

由此可以建立甘肃省农业可持续发展定量评价模型。

（三）农业发展可持续性评价

1. 描述统计量

以 2012 年甘肃省 87 个县级行政区数据为样本，利用 SPSS 进行分析，其描述统计量如表 3-2 所示。

表 3-2 描述统计量

变量名称	均值	标准差	样本数
机耕面积占总面积比重（%）	59.28	26.17	87
人均草地面积（亩 / 人）	138.08	733.37	87
人均林地面积（亩 / 人）	31.08	124.45	87
人均耕地面积（亩 / 人）	2.23	1.39	87
人均水域面积（m^3/ 人）	22.17	43.55	87
农林牧渔业从业人员数（万人）	13.27	8.76	87
农业科技人员数（人）	238.20	167.81	87
农村用电量（万 kW）	5 309.99	5 251.34	87
化肥施用量（t）	35 622.52	38 223.56	87
塑料薄膜使用量（t）	1 712.35	1 815.67	87
机电井眼数（眼）	553.20	1 053.31	87
农机总动力（kW）	3 861.17	4 950.10	87
农业机械化投入（万元）	457 394.06	654 179.00	87
农林牧渔业发展速度（%）	106.98	0.92	87
农民人均纯收入（元）	5 386.44	2 976.49	87
人均粮食产量（t/ 万人）	5 117.54	5 386.74	87
人均蔬菜产量（t/ 万人）	6 351.62	8 038.91	87
人均油料产量（t/ 万人）	317.45	372.83	87
人均水果产量（t/ 万人）	1 358.39	1 918.77	87
人均食肉产量（t/ 万人）	15.25	20.31	87
人均造林面积（亩 / 人）	0.11	0.12	87
治理水土流失面积比重（%）	0.42	0.17	87

2. 主成分提取

碎石图（图 3-1）显示从第 4 个因子开始，下降趋势较为平缓，说明提取 4 个主成分较为合理。提取 4 个主成分的旋转后方差积累贡献为 60.1%，代表了全部解释变量的绝大多数信息。

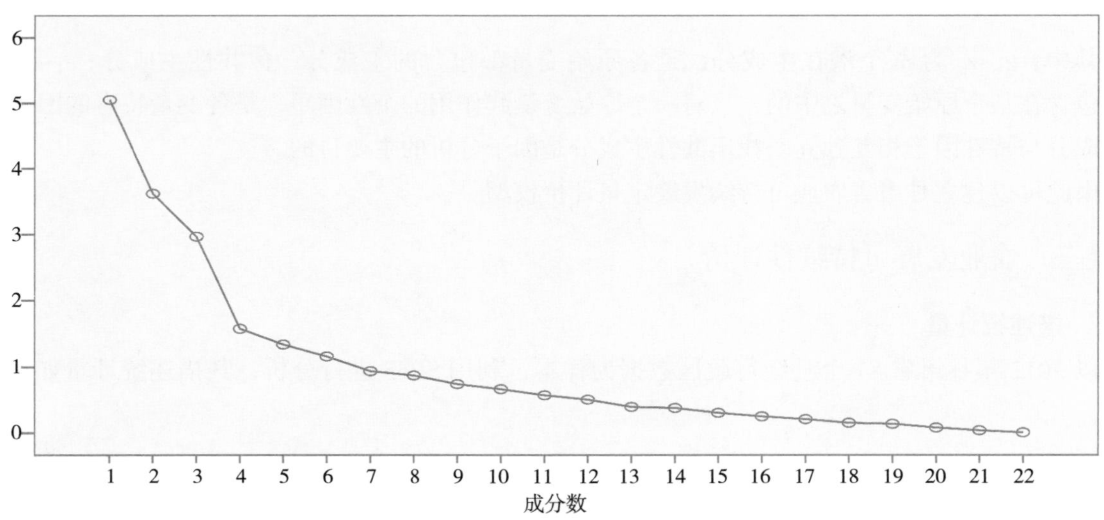

图 3-1 碎石图

表 3-3　方差累积贡献情况

成分	初始特征值			提取平方和载入			旋转平方和载入		
	合计	方差的 %	累积 %	合计	方差的 %	累积 %	合计	方差的 %	累积 %
1	5.05	22.97	22.97	5.05	22.97	22.97	4.31	19.57	19.57
2	3.62	16.47	39.44	3.62	16.47	39.44	3.47	15.78	35.35
3	2.97	13.49	52.93	2.97	13.49	52.93	3.13	14.24	49.59
4	1.58	7.17	60.10	1.58	7.17	60.10	2.31	10.51	60.10

3. 评价结果

对甘肃省 87 个地区的农业可持续发展水平进行评价，结果如表 3-4 所示。

表 3-4　甘肃省农业可持续发展能力测算结果

地区	农业基本条件	农业投入水平	农业产出水平	生态恢复能力	综合得分
城关区	1.80	1.16	0.53	2.66	6.14
七里河区	1.87	1.27	0.89	1.82	5.85
西固区	1.74	1.27	1.02	2.35	6.39
安宁区	1.85	1.25	0.96	2.13	6.19
红古区	1.09	1.15	1.37	3.57	7.18
永登县	1.87	2.62	1.89	1.88	8.27
皋兰县	1.66	1.74	2.23	2.34	7.97
榆中县	1.72	2.61	1.72	2.07	8.12
嘉峪关市	1.34	0.66	0.77	3.41	6.18
金川区	1.79	1.59	1.14	3.25	7.77
永昌县	1.88	2.52	2.61	3.42	10.44
白银区	1.65	1.49	1.27	2.85	7.26
平川区	1.63	1.47	1.37	2.84	7.31
靖远县	1.51	3.69	2.27	2.78	10.24
会宁县	2.35	3.01	2.31	0.97	8.65
景泰县	2.00	1.65	2.86	2.34	8.84
秦州区	2.36	2.38	2.92	0.55	8.22
麦积区	1.82	2.57	1.56	1.13	7.08
清水县	1.87	1.99	2.65	1.17	7.67
秦安县	2.13	3.10	1.98	0.56	7.78
甘谷县	1.87	2.93	1.62	0.88	7.30
武山县	1.68	3.25	1.68	1.54	8.16
张家川县	1.87	1.88	1.74	1.07	6.57
凉州区	1.64	7.64	1.00	3.89	14.17
民勤县	1.85	3.17	3.98	4.08	13.08
古浪县	2.08	3.26	2.14	2.20	9.68
天祝县	1.89	1.83	1.56	2.24	7.53
甘州区	2.00	2.00	2.00	2.00	8.00
肃南县	3.15	1.17	1.84	2.62	8.78
民乐县	2.03	1.94	2.90	2.49	9.36

（续表）

地区	农业基本条件	农业投入水平	农业产出水平	生态恢复能力	综合得分
临泽县	1.61	1.80	2.67	3.50	9.58
高台县	1.13	1.81	2.51	4.17	9.62
山丹县	2.26	1.80	2.65	2.54	9.25
崆峒区	1.78	2.48	1.56	1.71	7.53
泾川县	2.00	2.29	2.35	1.52	8.16
灵台县	2.36	1.72	3.38	1.32	8.78
崇信县	1.87	1.12	2.80	1.54	7.32
华亭县	1.97	1.39	2.03	1.36	6.74
庄浪县	2.03	2.57	2.33	0.93	7.86
静宁县	2.30	2.77	3.08	0.76	8.91
肃州区	1.32	3.05	1.65	4.81	10.83
金塔县	1.31	1.54	2.50	4.59	9.94
瓜州县	2.26	1.88	1.84	3.52	9.51
肃北县	8.68	1.56	1.53	2.84	14.60
阿克塞县	6.84	1.24	1.17	3.04	12.29
玉门市	1.86	1.74	1.96	3.72	9.28
敦煌市	1.95	1.80	1.38	3.76	8.90
西峰区	2.17	2.63	1.52	2.22	8.54
庆城县	2.11	1.66	2.97	1.88	8.62
环县	3.11	3.59	3.13	0.60	10.43
华池县	2.54	1.40	3.25	1.39	8.58
合水县	2.28	1.59	2.79	1.94	8.60
正宁县	2.48	1.98	2.55	1.61	8.62
宁县	2.11	2.58	2.02	1.84	8.56
镇原县	2.57	3.07	2.81	1.18	9.63
安定区	1.83	3.31	1.70	1.77	8.62
通渭县	2.17	2.79	2.69	0.80	8.46
陇西县	2.02	2.78	1.59	1.04	7.43
渭源县	1.63	1.99	1.96	1.34	6.92
临洮县	1.71	3.07	1.64	1.48	7.90
漳县	1.66	1.46	1.78	1.46	6.35
岷县	1.70	2.00	1.41	0.79	5.90
武都区	1.58	3.01	1.05	1.25	6.89
成县	1.77	1.50	1.52	1.16	5.95
文县	1.40	1.74	2.18	2.03	7.36
宕昌县	1.60	1.40	1.42	0.96	5.37
康县	1.69	1.25	2.04	1.20	6.18
西和县	1.66	2.10	1.56	1.14	6.46
礼县	1.83	2.27	1.63	0.70	6.43
徽县	1.67	1.21	1.12	1.33	5.33
两当县	1.40	0.60	8.43	2.77	13.19
临夏市	1.71	1.68	0.69	2.52	6.60

（续表）

地区	农业基本条件	农业投入水平	农业产出水平	生态恢复能力	综合得分
临夏县	1.87	1.91	1.75	1.38	6.91
康乐县	1.91	1.68	1.85	1.40	6.84
永靖县	1.82	1.89	1.99	1.92	7.61
广河县	1.85	1.51	1.48	1.83	6.67
和政县	1.95	1.01	2.35	1.62	6.94
东乡县	1.64	1.64	1.40	1.53	6.21
积石山县	2.12	1.46	2.23	1.25	7.06
合作市	1.30	0.58	1.14	1.93	4.94
临潭县	1.50	1.06	1.27	1.42	5.26
卓尼县	1.48	0.52	2.05	1.71	5.77
舟曲县	1.28	0.88	1.08	2.05	5.30
迭部县	1.45	0.55	0.92	1.92	4.84
玛曲县	1.43	0.43	0.92	1.91	4.69
碌曲县	1.44	0.44	0.92	1.89	4.69
夏河县	1.37	0.56	1.21	1.87	5.01

利用动态聚类分析，对上述得分进行5次凝聚中心计算，可以得到甘肃省县域农业可持续发展能力的初步划分结果，如表3-5所示。其中河西农业主产区可持续发展能力最高，为第一类地区，可持续发展能力平均得分为10.82分；陇东农业主产区可持续发展能力较强，为第二类地区，可持续发展能力平均得分为8.06分；城镇人口密集区和陇南、临夏、甘南地区的农业可持续发展能力较低，为第三类地区，可持续发展能力平均得分为6.05分。

表3-5　甘肃省县域农业可持续发展能力划分

类别	县区名称	可持续发展能力平均得分	区域特征
第一类地区	肃北县、凉州区、两当县、民勤县、阿克塞县、肃州区、永昌县、环县、靖远县、金塔县、古浪县、镇原县、高台县、临泽县、瓜州县、民乐县、玉门市、山丹县	10.82	主要为河西农业主产区，农业生产现代化水平相对较高
第二类地区	静宁县、敦煌市、景泰县、肃南县、灵台县、会宁县、庆城县、正宁县、安定区、合水县、华池县、宁县、西峰区、通渭县、永登县、秦州区、武山县、泾川县、榆中县、甘州区、皋兰县、临洮县、庄浪县、秦安县、金川区、清水县、永靖县、天祝县、崆峒区、陇西县、文县、崇信县、平川区、甘谷县、白银区、红古区、麦积区	8.06	主要为陇东、陇中农业主产区
第三类地区	积石山县、和政县、渭源县、临夏县、武都区、康乐县、华亭县、广河县、临夏市、张家川县、西和县、礼县、西固区、漳县、东乡县、安宁区、嘉峪关市、康县、城关区、成县、岷县、七里河区、卓尼县、宕昌县、舟曲县、临潭县、夏河县、合作市、迭部县、玛曲县、碌曲县	6.05	主要为城镇人口密集区及陇南、临夏、甘南地区。其农业生产差异大

四、农业可持续发展的适度规模分析

农业的可持续发展必须从资源永续利用及生态环境保护的角度来探讨现有技术经济条件下，本地区自然资源可支撑的合理农业活动规模和目标。

（一）甘肃省农业生产的基本定位

依据全国农业生产对甘肃省的基本定位及甘肃的自然资源条件特征、市场经济条件下农业可持续发展的水平和现状，甘肃农业生产适度规模确定的总体指导思想是："以实施可持续发展战略为中心，以高效合理利用农业资源、规范农业发展空间秩序为目标，确定突出地域特色的农业发展方向，合理调整农业生产结构，在保障农业生产基本需求的前提下，以市场为导向，促进甘肃农业功能区内部和区际之间农业资源生态功能和生产功能的合理配置。要求在保证区域农业特色生产和基本需求的基础上，发挥区域生态功能、就业和生活保障功能、文化传承和休闲功能，有效地实现区域农业功能与人口资源环境的协调发展"。在此指导思路下，甘肃省应当依据各县（区）农业主体功能定位（表 4-1），合理定义农业适度规模。

1. 主要农产品供给区

将主要承担为全社会提供农产品，确保国家食物安全，输送工业所需的原材料与出口商品，其农业适度规模应当以完成农产品生产目标来确定。

表 4-1　甘肃省农业功能区划分结果

休闲功能区 （10 县区）	生态调节功能区 （37 县区）	农产品供给功能区 （11 县区）	就业和保障功能区 （29 县区）
兰州休闲功能区:（5 区） 城关、安宁、西固、七里河、红古 酒（酒泉）-嘉（嘉峪关）休闲功能区:（2 区） 嘉峪关、肃州 平凉休闲功能区:（2 县区） 崆峒、泾川 临夏休闲功能区:（1 市） 临夏市	陇中生态调节功能区:（13 县区） 麦积、清水、武山、临洮、漳县、岷县、临夏县、康乐、永靖、广河、和政、东乡、积石山 陇南生态调节功能区:（9 县区） 武都、康县、文县、西和、礼县、两当、徽县、成县、宕昌 河西生态调节功能区:（7 县（市）） 民勤、天祝、肃南、瓜州、肃北、阿克塞、敦煌 甘南生态调节功能区:（8 县（市）） 合作、临潭、卓尼、舟曲、迭部、玛曲、碌曲、夏河	河西农产品供给功能区:（11 县） 金塔、临泽、高台、民乐、金川、永昌、凉州、古浪、甘州、山丹、玉门	陇中就业和生活保障功能区:（18 县区） 永登、皋兰、榆中、白银、平川、靖远、会宁、景泰、秦州、张家川、安定、静宁、庄浪、通渭、陇西、渭源、秦安、甘谷 陇东就业和生活保障功能区:（11 县） 崇信、华亭、西峰、庆城、环县、华池、合水、灵台、镇原、正宁、宁县

2. 休闲和文化传承功能区、生态调节功能区、就业和生活保障功能区

要求在保证农产品生产规模的基础上，以农耕文化保护和传承为特色，充分发挥都市农业的文化效应，提升现代农业生产的效益，促进人的发展与农业生产文化的和谐统一；对于生态调节功能区的发展，要通过发挥农业生产过程中的生态效应，促进人与自然的和谐发展。而就业与生活保障则主要反映了该区域具有一定的农业生产能力，但其生产的规模、效益明显不足，农业商品生产能力相对较低。正是由于人口的自然分布格局，必然形成一种人口与农业生产的“自产自销”的对应关系，也承担了人口的就业与社会保障的职能。

（二）农业适度规模发展

农业的适度规模生产是指在市场经济条件下，能够最大限度地生产农业产品并产生最大经济、社会效益及生态效益的生产过程。在农业资源条件相对稳定的基础上，应该说农业的适度规模生产与农业生产结构的变化有着重要联系。但在市场经济条件下，农业的适度规模或结构很难有一个标准，即何种条件下，何种规模或结构是适度的规模或结构，就甘肃农业生产发展的思路及结构调整来说，农业生产即是按照有效市场需求，最大限度地发挥资源条件优势，来组织生产获得最大经济、社会效益及环境效益，即是适度规模生产。因此，本研究的分析基于对农业生产现实格局的分析，突出特色农业在农业经济中的作用和功能。

1. 粮食生产

粮食生产作为农业发展的核心，在一个地区社会经济发展中具有核心地位。计划经济时期，我国粮食生产基本以省区平衡为主，各市州并不要求实现平衡。最大限度地发挥了各地的生产优势，以经济效益为目标，改善各地农业生产结构，提高农业生产效能。改革开放后，我国农业生产实行粮食生产的国家平衡战略，强调在“绝不放松粮食生产”的前提下，调整农业生产结构。这一基本原则，在更大范围内，发挥各地区资源优势，按照市场需求，开展粮食生产。在农业生产服务的层面上，一方面实现了粮食生产专业化、基地化，突出各地各种优势，粮食生产取得巨大丰收，在河西、陇东、中部地区具有突出表现。另一方面，增强农业生产的自主权，调整了农业生产结构，增强了经济效益。

甘肃粮食产量从 1983 年首次突破 500 万 t，到 2011 年首次突破 1 000 万 t 大关。在自然条件并没有发生根本性变化的前提下，不到 30 年的时间粮食总产量翻了一番。尤其从 2009 年开始，实现了跨越式发展。2009 年，甘肃省粮食产量首次突破 900 万 t，2011 年又突破了 1 000 万 t，2012 年达到 1 033.29 万 t。相关研究表明，甘肃省粮食产量的影响因素主要有粮食播种面积、受灾面积、有效灌溉面积、粮食种植结构、农业机械总动力、粮食价格、政策因素等。

要求调整粮食结构，稳定粮食生产面积 4 000 万亩以上，突出发展玉米和马铃薯两大高产作物，稳定小麦、大麦和小杂粮生产。近年来，依靠科技支撑，大力推进 1000 万亩国家级旱作农业示范区和 500 万亩省级旱作农业示范区建设，推广全膜双垄沟播技术 1300 万亩，全膜覆土穴播小麦扩大到 200 万亩，实施 1000 万亩脱毒马铃薯全覆盖工程，把中东部旱作农业区培育成甘肃粮食生产新的增长区。同时，依据市场需要及农民的意愿，大力发展特色种植，提高经济收益。

2. 马铃薯产业

马铃薯产业是甘肃省重要的战略性主导产业。以定西为中心的马铃薯生产基地，是我国重要的产业化基地。根据甘肃省农牧厅《关于进一步加快发展马铃薯产业的意见》(2008)，规划经过 3~5 年的努力，马铃薯生产基地稳定在 1 000 万亩以上，力争生产鲜薯总产量达到 1 500 万 t。年产脱毒

原种 8 000 万粒，脱毒原种 3 万 t，脱毒良种繁育基地面积达 75 万亩，年产一、二级脱毒良种 150 万 t，脱毒种薯普及率达 90%以上。精淀粉生产能力稳定在 60 万 t 左右，全粉生产能力达到 5 万t，速冻薯条、薯片生产能力达到 1 万 t，企业实际加工量在现有基础上平均提高 50%以上。

加快新品种选育，优化品种结构，实现脱毒种薯全覆盖。抓好四大基地建设：以定西市、兰州市等为主的中东部高淀粉、菜用型马铃薯生产基地；以张掖市、武威市祁连山沿线等为主的食品加工专用型马铃薯生产基地；以陇南市、天水市为主的早熟菜用型马铃薯生产基地；以定西高寒阴湿区和武威市、张掖市冷凉灌区为主的优质种薯生产基地。加强马铃薯仓储能力建设，完善市场体系；抓好以定西市为主的精淀粉及变性淀粉加工、以河西沿山冷凉灌区和沿黄灌区为主的马铃薯全粉和薯条薯片等休闲食品加工。整体推进，形成技术研发、良种繁育、原料基地、加工企业、市场流通、信息发布相互配套的产业体系，建设马铃薯生产大省。

近年来，进一步加大投入，提高马铃薯生产加工的能力。强化马铃薯一、二级脱毒种薯扩繁、二级脱毒种薯库建设。全省各地调运贮备原种 10 703 万粒，原种 2.14 万 t，一级种薯 20.9 万 t，二级种薯 107.2 万 t。全省共播种一级种薯生产面积 15.4 万亩，播种二级种薯生产面积 131.2 万亩，播种脱毒种薯达到 978.5 万亩，全省已基本实现了脱毒种薯全覆盖。

3. 草食畜产业

草食畜牧业是甘肃的传统优势产业，也是推动农业转型跨越发展的重要突破口。近年来，在全国牛羊存栏总体下降的情况下，甘肃牛羊存栏保持两位数增长，在全国的位次分别提升到第 11 位和第 6 位，草食畜牧业增加值占全省畜牧业的比重达到 53%，牛羊肉外调量每年超过 12 万 t，已成为全国重要的牛羊肉生产供应基地，特别是 50 个牛羊大县年出栏量已占全省的 80% 以上，初步建成了一批区域性的牛羊产业基地。2012 年，全省牛羊产业收入占农民人均现金收入的比重超过 20%，同时还为 200 多万农牧民提供了稳定的就业机会。

在发展草食畜产业的过程中，以肉牛、肉羊产业大县建设为重点，以特色化、规模化、标准化为基础，逐步向养殖园区化发展，着力推进规模养殖和健康养殖；加快牛羊品种改良步伐，建立健全牛羊良种繁育体系、动物疫病防控体系和畜牧业信息化体系；全力推进草业开发与秸秆青贮氨化利用；完善活畜及畜产品交易市场。实施牛羊产业进位工程，确立战略性主导产业地位，建设草食畜牧业强省。

实践证明，大力发展草食畜牧业是甘肃调整优化农业结构，加快转变农业发展方式，推进现代农业建设的必由之路。

4. 水果产业

甘肃是我国北方水果生产大省，是全国苹果的优势产区。有 18 个县被农业部确定为全国苹果优势区域重点县，苹果、梨、葡萄等水果生产在全国具有明显的竞争优势和发展潜力，果品产业已真正成为农民增收致富的支柱产业。2012 年，全省水果面积已达 665.67 万亩，产量达到 353.54 万 t，产值将突破 100 多亿元。面积稳居全国第二位，产量上升至全国第五位。2014 年，全省水果总产值有望突破 200 亿元大关，其中，苹果产值超过 140 亿元。与 2009 年相比较，水果面积增长幅度是 20%，水果、苹果产值分别是 2009 年的 4.1 倍、4.3 倍[①]。

目前，甘肃果品生产正在不断向优势区域集中，呈现出规模化、区域化、产业化的发展格局。陇东的平凉、庆阳已成为全国知名的红富士苹果生产基地，天水和陇南礼县的元帅系苹果在国内一

① 康天兰，王新海 .2014. 甘肃省果品产业现状与发展对策 [J]. 甘肃农业（21）10-11.

枝独秀，已成为全国最大的元帅系苹果生产基地。

在果品产业发展过程中，平凉、庆阳、天水、陇南等市的重点县区发展苹果产业，建立规范的良种苗木繁育基地，稳步适度扩大优势区域种植面积，调整优化品种和布局结构，改善果园基础设施条件，深入开展标准果园创建活动，提高综合生产能力；加强科研和技术攻关，加快科技进步和自主创新，强化果农技术培训，提高果农果园水平；扶持果农专业合作经济组织发展，提高组织化程度；推进贮藏加工业发展，拓展延伸产业链条。创建品牌，拓宽营销渠道，扩大出口，增加效益。果品产业已经成为区域农民收入的重要来源。

5. 蔬菜产业

蔬菜产业是甘肃现代农业发展的突出亮点和农民增收的重要支柱。甘肃立足区域资源优势，紧盯市场需求，大力发展特色优势蔬菜产业，强化扶持引导，注重品牌培育，以蔬菜为主的“菜篮子”产品实现了产销两旺。2012 年，全省蔬菜面积 640 万亩、产量 1 360 万 t，分别比上年增加 20 万亩和 60 万 t。其中，高原夏菜外销量由 2007 年的 100 多万 t 增加到 2012 年的 400 多万 t，高峰期外销量由 2007 年的每天 3 000t 增加到 6 000t；产品由 10 多个种类增加到 20 多个种类；外销区域由 50 多个大中城市发展到 80 多个大中城市[①]。

近年来，在蔬菜产业发展过程中，河西及沿黄灌区、渭河流域、泾河流域、陇南两江一水沿岸和陇东川区等优势产区蔬菜基地，创建国家级蔬菜标准园和标准化生产基地，推进绿色食品、有机食品认证；加快新品种选育、引进和推广、集约化育苗，大力发展设施蔬菜生产；加快产地市场体系、冷链设施和加工能力建设，增强均衡供应和市场调节能力，提升产业发展水平；打造“高原夏菜”品牌，建设全国重要的“西菜东调”基地和西北地区冬春淡季蔬菜供应中心。使蔬菜产业成为甘肃现代发展的重要组成部分。

6. 种子产业

甘肃独特的水土光热资源及干燥的气候是发展种子产业最具优势的地区。经过多年努力，甘肃已建全国最大的杂交玉米制种基地、马铃薯脱毒种薯生产基地和全国重要的瓜菜、花卉制种基地，其中，玉米制种基地 150 万亩，马铃薯脱毒种薯生产基地 125 万亩，瓜菜、花卉种子生产面积 25 万亩。种子优势产业集群初步形成。目前，河西走廊已形成全国最大的杂交玉米种子生产基地，甘肃的啤酒大麦种子和马铃薯、花卉、蔬菜、牧草种子基地在全国也是独占鳌头，制种业已经成为全省农业的优势产业。中国种业 54 家骨干企业中已有 41 家在甘肃省建立了加工中心和生产基地，全省种子生产优势产业集群初步形成。

全省已经建成了玉米、小麦、啤酒大麦、胡麻和马铃薯改良分中心及一批品种区域试验站。目前，全省共选育审定（认定）农作物新品种 1469 个，其中审定玉米品种 175 个、马铃薯品种 47 个；种子企业单独选育审定的新品种数量占省级品种审定总数的 70% 以上，“吉祥 1 号”玉米、“陇薯 6 号”马铃薯等成为最具优势和潜力的新品种。

全省制种业带动 94 万农户增收超过 120 亿元，其中，全省玉米制种带动 39 万农户增收超过 35 亿元，临泽县等玉米制种主产区农民人均玉米制种收入达 4 000 元，占农民人均纯收入的 70% 以上，成为河西走廊产业化程度最高、联系农户最广、农民收入比重最大、农业效益最为显著的支柱产业和“黄金产业”。同时，甘肃省作为全国三大核心制种基地之一，生产种子的质量和数量涉及全国农业用种及粮食生产安全，特别是杂交玉米制种基地年制种面积和产量分别占全国玉米制种

① 王朝霞．甘肃省蔬菜产业成为农业发展突出亮点，甘肃日报，2013-01-15.

总面积、大田玉米用种量的40%和60%以上，是保障全国粮食生产用种安全的战略性基地①。

目前，甘肃种子产业着力打造以河西走廊及沿黄灌区杂交玉米、瓜菜，以定西市为主的脱毒马铃薯种薯、天水市为主的航天育种及以临夏州为主的油菜等国家级标准化种子基地；扶持育—繁—推一体化的现代种业龙头企业发展；加强种子质量检测体系建设；健全农作物种子质量监督检测网络和完善种子检验设施，提高种子检测能力，保障用种安全。加强种子市场监管，维护诚信种子企业的合法权益，促进种子基地健康有序发展。

7. 中药材产业

甘肃是中药材产业最具潜力的地区之一。经过多年的蓄势发展，甘肃省中药材产业正在向一流生产基地、一流加工物流中心、道地药材价格形成中心和信息发布中心迈进，多年来中药材面积位居全国第一，产量在全国占比重较大，形成了特色鲜明的四大优势道地产区，建成了一批中药材规范化生产基地，建成六个区域性专业市场，中药材产业对推进贫困地区发展，促进农民增收的作用进一步提高。

2012年，全省中药材种植面积316.8万亩，产量达75.94万t。主产区集中于定西和陇南两市，占全省面积的64.3%。全省有18个县（区）成为中药材年种植面积在5万亩以上的大县。其中，陇西、岷县、渭源3个县每年药材种植面积超过20万亩，武都、宕昌、漳县3个县（区）每年药材种植面积达10万亩以上。全省有3处中药材种植基地获得国家GAP基地认定；7个基地通过农业部无公害基地认证；有12个道地中药材品种获得国家原产地标志认证②。

甘肃现有6家中药材专业市场，包括陇西县文峰中药材市场、陇西县首阳中药材市场、岷县当归城、渭源县渭水源药材市场和宕昌县哈达铺中药材市场及兰州安宁“黄河”药材市场，年交易量100万t，交易额90多亿元，是我国“南药北储、东药西储”的天然仓库。

甘肃道地药材初加工发展迅速，中药材年初加工量约12万t，加工产值约15亿元。全省有70多家中药材初加工企业获得国家GMP认证。有88家中药饮片加工企业，其中超过一半分布在定西市。在陇西、岷县、渭源等主产区，还涌现出了如首阳镇首阳村、岷阳镇南川村、梅川镇店子村、会川镇西关村等一批中药材加工专业村。同时，甘肃中药材深加工也有了长足进步。

近年来，中药材产业主要以稳定种植面积，优化品种结构，提高产品品质，加快推进标准化、规范化生产，建立《中药材生产质量管理规范》认证基地为重点，在陇西、陇南、河西等4大优势产区，重点建设10大陇药和3大濒危资源保护抚育生产基地。加强仓储和流通能力建设，建立健全中药材质量检测体系；积极培育发展龙头企业和专业合作组织，支持建设一批产品达到《药品生产质量管理规范》标准的中药材饮片加工和浸膏提取生产企业，提升中药材精深加工层次和市场竞争能力，建设全国一流的优质中药材药源基地、饮片加工基地、储运交易中心、道地药材价格形成中心和信息发布中心。

8. 酿酒原料产业

甘肃河西走廊是酿酒原料（啤酒大麦、啤酒花、酿酒葡萄）产业的重要发展区域。酿酒原料产业经过20多年的发展，已从无到有、从小到大发展成集科研、生产、加工于一体，在国内外市场具有较强竞争力的特色优势产业。随着人民生活水平的提高，啤酒、葡萄酒已经成为生活中的必需品，优质产品生产离不开高质量的原料，甘肃河西走廊正是酿酒原料的最佳产地。

---

① http：//fbh.gscn.com.cn/system/2014/07/03/010747243.shtml，《甘肃省农作物种业发展规划（2014—2020年）》新闻发布会材料

② 张晟．千里陇原药飘香——甘肃省中药材产业发展综述[N]. 甘肃农民报，2014.12.23

甘肃立足于市场需求和自然条件，大力发展酿酒原料产业，走出了一条带动区域发展的路子。2012 年，全省啤酒大麦种植面积约 120 万亩，较去年增加约 10 万亩，增长 9%；预计生产总量约 47 万 t，产量占全国啤酒大麦 20% 以上。目前，甘肃省有 40 多家麦芽加工企业，设计加工能力 80 多万 t，实际加工量约 40 万 t，一半以上产能闲置，开工严重不足，大部分麦芽加工企业处于微利或亏损境地，生产经营困难。2008 年甘肃啤酒花种植面积约 5 万亩，到 2013 年，全国酒花留存面积仅 3.4 万亩，其中新疆 1.8 万亩，甘肃 1.8 万亩，均以农垦、兵团为主[①]。啤酒花产业的发展缩减明显。甘肃省葡萄酒行业快速发展，形成武威、张掖、嘉峪关三大产业基地，拥有酿酒葡萄种植面积 24.51 万亩，比 2010 年净增 12 万亩，成为我国酿酒葡萄种植大省；2012 年，8 家重点企业销售收入达 12.78 亿元，连续三年保持 27% 以上的增长率。

近年来，甘肃围绕这一产品优势，建设一批以啤酒大麦、酿酒葡和萄啤酒花为主的规模大、质量优的优质酿酒原料标准化生产基地，扶持一批经济实力强、技术含量高、带动能力大的加工龙头企业，但各主要品种市场情况并不尽相同。加快区域化、专业化、标准化、品牌化、产业化建设步伐，提升酿酒原料产业综合生产能力和产业化水平，形成研发能力强、生产规范、质量优、加工水平高的酿酒原料产业基地，仍然任重道远。

五、农业可持续发展的区域布局

（一）农业可持续发展区划方案

基于农业自然资源、社会资源条件与农业发展可持续性水平的区域差异，以县级行政区为基本单元，综合分析本地区农业可持续发展基本条件和主要问题的地域空间分布特征，在应用主成分分析的基础上，以动态聚类分析研究制订农业可持续发展区划方案（表 5-1，图 5-1）。

表 5-1　甘肃省农业可持续发展区划方案

序号	区域名称	下辖地区	主要县区
1	河西走廊现代农业生产区	酒泉、张掖、金昌、武威的走廊诸县	金川区、永昌县、凉州区、民勤县、古浪县、甘州区、民乐县、临泽县、高台县、山丹县、肃州区、金塔县、瓜州县、玉门市、敦煌市
2	黄河干流及其主要支流沿岸现代农业生产区	临夏州、兰州市、白银市的沿黄河灌溉农业区	城关区、七里河区、西固区、安宁区、红古区、永登县、皋兰县、榆中县、白银区、平川区、靖远县景泰县、永靖县
3	中部重点旱作农业及生态保护区	白银市会宁县、定西市、天水市所属县区、临夏州大部县（市）	会宁县、秦州区、麦积区、清水县、秦安县、甘谷县、武山县、张家川县、安定区、通渭县、陇西县、渭源县、临洮县、漳县、岷县、临夏市、临夏县、康乐县、广河县、和政县、东乡县、积石山县
4	陇东雨养农业生产区	平凉市、庆阳市所县区	崆峒区、泾川县、灵台县、崇信县、华亭县、庄浪县、静宁县、西峰区、庆城县、环县、华池县、合水县、正宁县、宁县、镇原县

① 王大和，马连清．中国啤酒花产业的问题和革新方向 [J]. 啤酒科技，2014.09.

（续表）

序号	区域名称	下辖地区	主要县区
5	陇南特色农业及生态保护区	陇南诸县	武都区、宕昌县、成县、康县、文县、西和县、礼县、两当县、徽县
6	祁连山区及甘南高原畜牧业生产及生态保护区	河西祁连山区及甘南州	天祝县、肃南县、肃北县、阿克塞县、合作市、临潭县、卓尼县、舟曲县、迭部县、玛曲县、碌曲县、夏河县

图 5-1　甘肃省农业可持续发展区划方案

（二）区域农业可持续发展的功能定位与目标

基于农业可持续发展理念，结合甘肃区域农业资源的分布及利用特点，依据“发挥优势、突出特色、注重效益、持续发展”的原则，明确区域农业的功能定位、发展目标与方向。

1. 河西走廊现代农业生产区

该区域是甘肃光热水土资源组合最好的地区，是甘肃典型的绿洲农业区。农业生产条件较好、农业经济发展较快、现代化水平较高，是主要的灌溉农业区。

发展方向：该区域以建设节水高效现代农业为主要发展方向。稳定玉米、专用春小麦、酿酒原料等生产，重点发展杂交玉米、瓜菜花卉为主的制种产业及蔬菜、棉花、酿酒原料等产业化种植业；建设国家级玉米制种基地、专用马铃薯和酿酒原料（啤酒大麦、啤酒花、酿酒葡萄）基地；大力发展草畜产业和瘦肉型生猪规模养殖、冷水鱼养殖产业，建成牛羊产业和草产业基地；逐步形成

种植、养殖、饲草（料）加工、农产品加工及冷链贮藏物流体系协调发展的现代农业产业体系。推进现代农业示范区、高效节水农业示范区、循环农业示范区建设，引领全省现代农业发展和循环农业发展。积极探索资源节约型农业可持续发展的新路子。北部地区应大力推进防沙治沙工程，严禁开荒造地，提高区域可持续发展能力。

2. 黄河干流及其主要支流沿岸现代农业生产区

该区域具有巨大的农牧业发展优势。第一，具有黄河这一天然的水源优势，在干旱、半干旱地区大力发展灌溉农业，使农业资源得到有效利用；第二，兰州市是甘肃省重要的人才集聚的地区，具有农业生产的技术优势及人才优势，已经形成和正在推进的多项农业生产技术，增强了区域农业竞争力；第三，该区域是人口相对稠密、设施农业相对集中的区域。农业经济发展条件好，农业现代化水平相对较高。

发展方向：建设沿黄灌区及其主要支流沿岸粮食生产基地，重点发展高原夏菜、设施农业、瓜果、奶牛和生猪为主的设施养殖等高效农业，积极发展城郊农业，提高农产品的加工层次和贮运能力。积极推进禁牧工程，发展舍饲养殖，通过品牌产品的发展，提高市场认可度和农民的经济收入。积极开展小流域综合治理，有效利用城郊发展格局，开发休闲旅游业等，一方面减轻水土流失，另一方面提高经济效益，扩大就业。

3. 中部重点旱作农业及生态保护区

该区域降水较少，时空分布不均，耕地多山旱地，是全省主要的旱作农业区，也是今后甘肃重要的粮食增产区。该区农业生态条件相对脆弱，水土流失严重，开展小流域的综合治理，将成为生态环境良性发展的基础。

发展方向：该区域以旱作集雨农业为主要特色，重点发展全膜双垄沟播玉米、马铃薯等高产高效粮食作物，积极发展区域特色小杂粮生产与加工；推进现代旱作农业示范区建设，提高粮食单产和品质；建设优质中药材基地，开展深加工，延长产业链。推进猪、禽规模化、牛羊标准化养殖，提升水平和层次，进一步推进封育措施，积极开展流域治理，减轻水土流失；积极结合区域旅游特色，开展休闲农业及度假旅游等活动，进一步扩大农民就业面，提高经济效益。

4. 陇东雨养农业生产

该地区属温带气候，川塬面积大，地势相对平坦，土层深厚、肥沃，便于机械作业；林地面积大，林业资源丰富；干旱草场面积大，发展畜牧业具一定优势。在生产上，本区以肉羊、肉牛、山羊毛及苹果、玉米等产品为主。该区的苹果生产，是全国知名的优质红富士苹果生产基地。

发展方向：以粮食生产为主体，大力发展优质苹果产业基地、蔬菜、苜蓿草、白瓜籽、黄花菜等地方特色优势农产品生产与加工，建立名优及创汇农产品基地。积极推进猪、禽规模化，牛羊标准化养殖，提升水平和层次，实现陇东现代农业发展新突破。

5. 陇南特色农业及生态保护区

该区域自然条件好，降雨充沛，气候湿润，垂直差异较大，农业生物资源丰富，果品、蔬菜、中药材和食用菌等特色产业区域优势明显。区域地质环境脆弱，滑坡、泥石流多发，是甘肃地质灾害多发区域，也是长江流域生态环境综合治理的重要地区。

发展方向：该区域以发展山地特色高效农业为主。突出发展油菜、特色林果、冬春蔬菜、中药材、猪（禽）养殖、食用菌等特色产业（产品）；建设特色林果基地及“两江一水”流域设施及冬春蔬菜基地、特色中药材基地、猪（禽）规模养殖基地；积极发展茶叶、油橄榄、蜂产品及蚕丝等特色产品精深加工。积极开展我国长江上游生态防护林建设区域和长江生态治理，努力扩大森林覆盖率，营造良好生态环境，塑造青山绿水。

6. 祁连山区及甘南高原畜牧业生产及生态保护区

该区域是我国西部青藏高原地区及河西走廊重要的水源补给区和生态屏障。

发展方向：该区域以保护生态、突出特色、发展生态畜牧业为主要发展方向。继续实施退牧还草工程，落实草原生态补偿机制，加强草原生态环境保护与恢复。切实保护祁连山水源涵养林区；转变发展方式，推进草原畜牧业健康发展。积极发展乳制品、清真牛羊肉等畜产品精深加工，着力抓好青稞、油菜、藏中药材等特色农产品基地建设。

（三）行业布局调整

1. 种植业

按照“稳面积、攻单产、提质量、增效益”的发展思路，促进粮食、蔬菜、特色农产品等大宗农产品生产，努力提升农产品的品质及保证率。粮食生产要以中部干旱地区旱作农业及节水农业示范为突破口，利用双垄沟播技术，实现粮食总量的稳定增收。同时，抓好适宜地区油料作物增产。推行农作物机械化耕种收，减轻农业生产劳动力强度，降低生产成本，提高效益。特色优势农产品的产业化发展，着力打造以河西地区及沿黄灌区为主的玉米制种、以定西市为主的马铃薯脱毒种薯繁育、以临夏州等地为主的油菜制种等三大种子生产基地。发挥区域特色优势，积极建设蔬菜、花卉制种、中药材、水果、蔬菜、酿酒原料标准化生产基地，提升特色产业发展水平。积极发展区域性地方特色产品，建设小杂粮、黑白瓜籽、食用菌、兰州百合、庆阳黄花菜等特色产品生产基地，以品质、规模和品牌为抓手，提升特色产品发展的层次和效益。

2. 畜牧业

依托农区作物秸秆资源、人工种草和草原牧草资源，大力发展农区畜牧业，构建以农业为基础，牧业为辅助的生态农业产业链条，积极发展标准化、规模化养殖，加快畜牧业发展方式转变。以牛羊产业大县为重点，发展标准化、规模化养殖，推广养殖综合配套技术，加快畜牧业生产方式转变；建立健全畜禽良种繁育体系，提高能繁母畜比例，增强畜牧业发展后劲；积极发展清真牛羊肉加工，大力培育产品品牌，提高畜牧产业化水平，增强辐射带动能力。

立足牧区发展基础和资源优势，在保障草地生态系统良性循环的前提下，进一步优化区域布局和畜群结构，以牦牛、藏羊、甘肃高山细毛羊为重点，发展高原特色畜牧业。

建立和完善猪禽良种繁育体系，积极推进规模化、标准化生产，提高养殖管理和产品质量安全水平；积极发展肉蛋加工，推动加工转化升值。

发挥区域特色优势，保护和发展区域性特色养殖业。开展天祝白牦牛、早胜牛、河曲马、甘肃黑猪、陇东黑山羊、河西绒山羊等地方畜种资源保护，积极开展肉牛、肉羊品种选育、改良和开发，形成畜牧业发展新的增长点。在适宜地区积极发展养蜂、养蚕及特种养殖，拓宽畜牧养殖新领域。

3. 果品业

以平凉、庆阳、天水、陇南等地为核心，发展苹果生产。要求在进一步更新苗木品种的基础上，扩大适宜区栽培范围，在保障品质特征的前提下，稳定提高产量；加强科研和技术攻关，加快科技进步和自主创新，强化果农技术培训，提高果农果园水平；扶持果农专业合作经济组织发展，提高组织化程度；推进贮藏加工业发展，拓展延伸产业链条。提高综合生产能力创建品牌，拓宽营销渠道，扩大出口，增加效益。

以天水、兰州为基地的桃生产、民乐为中心的苹果梨生产。保持苗木的正常更新，有效利用现有科技作好病虫害防治，扩大适宜区栽培范围，稳定提高生产总量和经济效益。扶持果农开展专业合作经营，推进组织化程度，延长产业链条。

六、促进农业可持续发展的重大措施

甘肃省农业可持续发展系统是一个区域复合系统。作为一个农业生产系统，要实现其可持续发展，应该紧紧围绕农业、农民、农村和资源环境问题，调整和优化系统的内部结构，增强其有利因素，克服其不利因素，完善系统的流通渠道和机制，促进系统内部物质流、能量流和信息流的总量不断增强，提高耕地的产出率、劳动生产率和资源环境的支持能力。根据前文探讨的甘肃农业可持续发展的主要问题和发展思路，提出推动甘肃农业可持续发展的几点措施。

（一）工程措施

1. 资源保护与开发工程

土地整治工程。有效利用国家相关政策，加大投入力度，通过改造中低产田、工矿企业的废弃地复垦、荒地开发，在科学认证的基础上，适度扩大土地整治规模，提高土地资源的利用效率。

高标准农田建设工程。大规模开展高标准农田建设，完善田间道路、农田防护林网，改善农田田间生产条件，提升耕地基础地力，提高土地生产能力。加快灌区节水工程改造与更新，加大旱作农业区梯田、集雨蓄水设施建设力度。开展农家肥积造和秸秆还田，大力推广提高土地肥力和耕地质量的先进适用技术。

草原生态保护与建设。加大退牧还草工程实施力度，加强草原“三化”治理和有害生物防控，全面推行禁牧休牧轮牧制度和草畜平衡制度；落实草原生态保护补助奖励机制，促进农牧民增收；扶持草场围栏及游牧民定居工程，转变传统草原牧业发展方式，加强草原服务体系建设。

渔业生态保护建设。建设渔业生态保护区，建立渔业生态保护区资源与环境监测体系，开展渔业生态保护区相关科研工作。实施人工放流增殖，设立水生珍稀濒危野生动植物保护机构，制定水生野生生物保护地方性法规。

农村清洁工程建设。以自然村为基本单元，开展秸秆、粪便、生活垃圾等有机废弃物无害化处理和循环利用，推进人畜粪便、生活垃圾、污水向肥料、饲料、燃料转化；扶持废旧农膜回收与加工利用，治理白色污染；继续实施农村面源污染治理工程。

保护性耕作工程。实施保护性耕作工程项目，推动耕作制度改革。在河西灌区和陇中黄土高原旱作区选择建设保护性耕作示范区，建设省级保护性耕作工程技术中心支撑体系。

资源保护与监控工程。农业资源的利用和保护是农业生产发展的基础，要建立农业资源的动态监测系统，通过分析土地中的各种微量元素、肥力及影响因素的变化，为农业生产提供可靠的基础数据，增强影响土地生产过程的有效性。基本实现农地测土配方的全覆盖。

重大病虫害综合防控工程。加强农作物重大病虫害监测预警体系建设，准确及时发布预报信息，大力推进各种农作物专业化统防统治。同时，开展农业防灾减灾，把灾害损失降至最低程度。

2. 产业开发工程

种子工程。要通过先进的育种技术，实现甘肃农业种子的更新及种子产业的发展。要以河西为基地，进一步强化玉米、瓜菜种子的产业化发展。进一步引进适宜新品质，提高产品产量和品质，增强适应性，使农业产业化发展能有丰富的资料保障。

“菜篮子”建设工程。以河西走廊及沿黄灌区、泾渭河流域、徽成盆地等蔬菜重点产区、牛羊产业大县和猪禽生产重点县及特色渔业基地为重点，提高蔬菜、肉、蛋、奶、水产品等“菜篮子”产品均衡供给能力。新建和改造一批综合批发市场、产地专业批发市场，完善交易基础设施，提高“菜篮子”产品流通效率。健全农产品质量检测监管体系，推进产地准出和市场准入，进一步提高“菜篮子”产品质量安全水平。

“四个 1 000 万亩”产业发展工程。1 000 万亩“全膜双垄沟播”技术推广工程。以中东部旱作农业区、河西沿祁连山地旱作农业区为重点，积极调整种植结构，全力推广“全膜双垄沟播”和“全膜覆土穴播”技术，实施旱作农业新增 25 亿 kg 粮食生产能力建设项目，主攻单产，增加总产，建成在全国具有引领作用的旱作农业示范区。1 000 万亩马铃薯“脱毒种薯”种植工程。推进以定西市为主的马铃薯“脱毒种薯”繁育基地建设，实现全省马铃薯种植“脱毒种薯”全覆盖，狠抓高产创建、贮藏与加工，推进定西马铃薯产加销一体化示范区建设，提升马铃薯产业整体水平。1 000 万亩农田高效节水工程。实施好河西走廊及沿黄灌区农田高效节水示范工程，创建国家级节水农业示范区。进一步优化种植结构，压减高耗水作物种植面积。将工程节水、农艺节水、管理节水有机结合，大力推广膜下滴灌、管灌、垄膜沟灌、垄作沟灌等高效农田节水技术，构建高效节水农业技术体系。1 000 万亩优质林果工程。重点建设以中东部及天水苹果为主的水果标准化生产基地，创建一批苹果标准园，努力提高果品品质和效益。

循环农业工程。以实施《甘肃省循环经济总体规划》为契机，以循环农业综合示范区、循环农业示范项目和循环农业技术推广为平台，以资源利用节约化、生产过程清洁化、废弃物利用资源化为主线，积极实施循环农业项目。

农村能源工程建设。积极发展农村户用沼气，加快养殖小区和联户沼气工程、大中型养殖场沼气工程建设，加强农村沼气服务网点建设。扶持藏区、贫困地区及移民集中地区发展太阳能等清洁能源，示范推广秸秆固化替煤燃料、省柴节煤灶、节能炕、高效低排节能炉等能源利用新模式。

3. 生态环境保护工程

河西北部风沙沿线防沙治沙工程。应用防沙固沙技术，继续利用国家“三北”防护林建设，继续推进沙漠化的预防和治理。减小沙化对绿洲的侵害。

祁连山水源涵养林保护工程。继续对祁连山水源涵养林进行保护。以核心区及缓冲区为核心，强化保护，进一步优化外围区林木结构，合理开发旅游资源，开展生态补偿和生态产业，增强区域可持续发展能力。

甘南草地湿地系统保护工程。以区域内牧民的定居工程为契机，减少区内承载的畜牧总量及人口总量，减少对草地的影响，提高草地湿地系统的生态恢复能力。

黄土高原综合治理工程。以山坡的治理、沟坝地开发为主体，实施退耕还林（牧），因地制宜地开展经济林、灌木林、饲草种植等，增加地表植被覆盖度，减少水土流失，增加保水能力，促进周边生态环境的改善。

陇南山地生态防护工程。以治沟、治坡相结合，努力增加山地林木的覆盖度，扩大耕地面积，以稳沟护坡及必要的工程措施为手段，减少滑坡、泥石流的发生，减少水土流失。充分利用陇南气候条件，大力发展适宜经济林，在保障生态环境稳定的基础上，提高经济收入水平，减少贫困的发生。

（二）技术措施

1. 资源利用技术

继续探索和推广应用“全膜覆盖双垄沟播”旱作农业生产技术。甘肃中部干旱地区节水保墒以该技术为重点，扩大推广适用面积，探索适宜作物品种，提高作物产量和品质，增强发展能力。

继续探索和推广应用“灌溉节水”技术。要通过常规节水技术和高科技节水技术推广应用，配套建设相应的设施，重点推广膜下滴灌、垄膜沟灌、垄作沟灌等先进节水技术，把水资源的利用效率提高到一个新水平。努力提高耕地水资源的保证率。

雨水集流（水窖—庭院经济）技术。干旱地区要注重雨水的收集，通过水窖等设施，积蓄水资源，发展庭院经济，解决日常生活的蔬菜等之需。

日光温棚设施的高效农业生产技术。有效利用光照充分及地形特点，大力发展设施农业，通过增加棚内温度、分享光照，拓展农业生产的空间，利用反季节生产，增加收益。

2. 环境治理技术

坡面治理技术。地表植被覆盖度不高，是甘肃发生水土流失的根本原因。要实施包括退耕还林（草）在内的环境治理工程，通过增加坡面植被覆盖度，提高水土保持能力；同时，通过对沟坝地的改造，蓄水保土，扩大耕地面积或增加经济林木面积，达到稳定生态环境的目的。

防沙固沙技术。甘肃河西地区北部是土地沙化的重要地区。要继续实施以“方格沙障”为主体的防沙固沙技术，通过物理方法，减轻沙化对农田的侵害；通过适宜植物的种植，增大地表粗糙度，按照生物学方法固沙防风，保护绿洲；绿洲外围要预留生态用水，保障绿洲外围防沙植物的正常生长，同时，减少人为干扰和破坏，增强防沙固沙能力。

草场保护技术。要通过保护生物天敌的方法，减少草场的鼠害，提高草场的生殖及蓄水能力。加强草场的管护，减少人为挖药对草场的破坏；按照以草定畜的原则，核定草场的承载能力。

3. 农业生态保护与建设技术

退耕还林（牧）技术。根据国家要求及甘肃实际，要求对大于25°的山坡地实现退耕还林（牧），发展适宜的经济林（牧草），充分利用自然条件，增加山坡植被覆盖度，减少水土流失，保护生态环境。

沼气发生技术。沼气是农村地区生物质能源进一步转换而发生的新能源，是减少环境污染，提高资源利用效率的有效方式。要积极探索在低温条件下沼气发生的新技术，改善沼气废渣的清除方式，提高无害化处理技术，增强其适应性。

（三）政策措施

1. 加强组织领导

农业的可持续发展是一项涉及农业资源有效利用，减少生产过程中污染排放或对其他环境要素产生影响，增强农业经济实效，实施生态良性循环的可持续发展模式。不仅涉及当前，而且顾及长远；不仅顾及农业产品的生产（经济效益），也要关顾生态环境的改善，更要兼顾人口发展的大问题。由此，必须加强组织领导，建立起强有力的由农业综合部门组织协调、各涉农部门各负其责的农业工作领导体制和工作机制。建立部门间快速、高效的工作协调机制。针对农业生产、生态环境改善、循环农业建设、农业资源的保护等方面进行统一协调，增强其发展的系统性和宏观性。避免在发展过程中走资源过度消耗、危及生态环境的路子，强调循环农业的有效发展，增强其市场适应性和经济有效性。

2. 强化科技支撑

加强新品种、新技术、新设备、新工艺、新管理方式的研发，增强农业发展、资源保护、生态循环和可持续发展的后劲。按照推进现代农业产业体系建设，推进农业科研、教学、推广结合，加强农业科技推广与服务体系建设、能力建设及人才队伍建设，加快农业科技、农业资源保护、生态环境治理等成果转化，强化科技推广，提高科技对可持续发展农业的贡献率。加强农业科技示范展示基地建设，实施粮棉油高产创建和果品蔬菜标准园创建，推进农产品标准化生产。提高农产品科技水平和质量安全水平。实施农业资源的保护与开发工程，推进生态环境的保护工程，为农业的可持续发展创造良好的外部条件。推进家庭农场农业经济的有效发展，促进农村人与自然的和谐。

3. 完善扶持政策

农业资源和生态环境的保护是公益性的，需要政府财政资金的有效扶持。各级政府必须制定农业资源和生态环境保护的规划，明确资源及生态环境的保护范围和重点，明确保护政策，制定相应的措施。一是通过项目建设，增加项目投入，严格实施项目管理，达到项目设施目标；二是加强农业资源和生态环境的保护管理，要通过明确责任，强化日常管理，促进生态环境的良性循环。三是加强配套设施建设，提升资源和生态环境保护的效益。

充分发挥市场的决定性作用，促进农业产业的高效发展。一是明确农业产业发展政策，对于战略性、基础性的粮食生产等，强化粮食补贴政策，充分调动农民的生产积极性，扩大生产规模，提高产品品质。二是有效利用现代科技手段，按照市场需求，组织农业生产。重点通过对全省八大（马铃薯、酿酒原料、种子、草食畜牧业、果品、蔬菜、中草药、草业等）农业产业化发展的有效扶持，使其成为甘肃特色农业发展的品牌或名片。三是积极扶持生态农业的有效发展。按照生态循环的模式，组织农业生产及其生产环节的循环。通过旱作农业产业发展及高效节水农业的示范，扩大覆盖面积，提高经济效益。

进一步完善促进农业循环发展的配套设施建设。市场、流通渠道、水利设施、交通设施、金融服务设施等均是现代农业快速发展的重要保证。通过建立公平、公正的市场环境，促进农产品的有效流通；通过水利设施和交通基础设施，使农产品的生产条件和流通条件得到保障，使市场需求能够及时反馈到生产环节中，同时，生产、流通、结算等过程能够得到现代金融业的有效支持。

4. 加强部门协作

农业生产是一个综合性的生产，涉及农业、林业、畜牧业、渔业、土地等管理部门。各个管理部门应该树立一盘棋的思想，充分认识部门间虽有不同的分工，但都是促进农业发展的重要组成部分，对推动农业发展负有不可推卸的责任。农业结构的调整是产业间数量关系的变革，调整是为了发展，发展一定需要调整，调整的过程中必然涉及部门间利益的消长关系。各部门不能仅以数量的增长作为部门发展和部门政绩的唯一评价指标，要树立全局的观点，从推进农业可持续发展的实际出发，认真对待结构调整中部门利益的消长问题，要以提高耕地的产出率和劳动生产率为共同目标，加强协作，消除部门分割、互相扯皮造成的不可持续发展问题和障碍，如在调整农业用地结构中，经济作物面积的扩大必然使粮食作物面积缩小，在农林交错地带、林牧交错地带，土地面积将互为消长，管理上可能出现职能的交叉，要处理好粮食部门、畜牧业与林业部门间的合作关系，防止冲突和矛盾。农村城镇化的发展必然要占用一些土地，应该积极地看待耕地减少问题，农村城镇化是转移剩余劳动力和促进农业集约化、规模化经营的重要过程，不能简单地认为城镇化占用了一些土地，就认为这不是农业可持续发展，而实际上这是农业结构调整的必然过程，是提高资源使用效率、走向可持续发展的一种方式。

5. 创新体制机制

体制机制创新是实现农业可持续发展的不竭动力。一是加快推进土地流转速度和步伐。在稳定家庭承包制的前提下，按照依法自愿有偿的原则，因地制宜采取土地入股、租赁、互换、转包、转让等形式流转土地承包经营权，激发农民参与土地流转的积极性。对农民的土地经营权进行确权后，让农民直接拿土地、宅基地、荒山林地参与流转经营，政府进行指导服务，规范土地流转办法，确保双方利益。二是完善专业合作社组织体系。进一步加大对专业合作社的扶持力度，增加资金数量，对与农户利益联结机制紧密、参与产加销各个环节、辐射带动能力强的专业合作社给予重点支持。同时，成立农业专业合作社协会，在政府的指导下，研究解决专业合作组织发展中的各类问题，自强自律，发挥其创新体制机制、化解经济纠纷和社会矛盾、研究拓展市场、带动农户抵御自然灾害和市场风险等方面的积极作用，促进特色优势产业健康发展。三是对于涉及农业生态环境保护与建设的内容，可以探索定额委托承包经营及管理制度，使责权利相统一。

6. 扩大对外开放

进一步加强农业可持续发展的对外交流与合作。要通过“走出去”、请进来相结合的办法，加强与农业发达国家或地区交流与合作，充分利用甘肃的自然、农业产品等有利条件，开展农业技术合作研究与开发，特别是适宜甘肃生产农产品的开发研究，也可以通过合作开发和经营，把甘肃的农产品推广到新的市场空间，进一步加强农业可持续发展的技术人才的培养，通过农业科技人才推广，提高农业科技的推广与应用率，把甘肃农业的现代化水平提升到一个新的高度。

（四）法律措施

进一步加快农业可持续发展的相关法律法规建设。为规范农业行政行为，切实解决农业和农村经济发展中突出矛盾与问题奠定法制基础。加强在农业投入品监管、农产品安全、农业产业安全和生态安全等重要领域的农业立法，不断提高农业地方立法质量。要把农业资源的开发与保护、循环农业建设与发展、农业生态环境的治理与保护等纳入法制化轨道，要让广大群众了解实现农业可持续发展的重要性，同时，要让广大群众成为法制的守护神或保护者。加大农村普法教育，增强农业系统干部、农村基层干部和农民群众的法律意识；加强农业法制宣传，为农业和农村经济健康发展提供宽松、公平的法制环境。

进一步推进现行农业可持续发展相关政策、法规的落实与实施。维护公平的发展环境，增强区域农业可持续发展能力；通过依法行政，提高政策、法规的公信力，增强广大群众维护农业可持续发展的自觉性，把农业可持续发展的基本理念贯穿于群众生产、生活中。

参考文献

曾家洪 . 2007. 新形势下我国农村剩余劳动力转移的有效途径分析 [J]. 中国农村经济（7）：18–20.

丁磊，陈秉谱 . 2007. 甘肃省农业科技成果转化的研究 [J]. 安徽农业科学，35（26）：8404– 8405.

高云，谢莉 . 2008. 可持续发展视阈下的甘肃农业水资源利用 [J]. 甘肃科技，24（23）：1–3.

康天兰，王新海 . 2014. 甘肃省果品产业现状与发展对策 [J]. 甘肃农业（21）：10–11.

李琰 . 2014. 我国农村劳动力转移的趋势与政策建议 [J]. 农业现代化研究（2）：188–191.

吕迎春 . 2010. 加强农业科技创新，支持甘肃现代农业发展 [J]. 农业科技管理 29（3）：36–38.
王朝霞 . 甘肃省蔬菜产业成为农业发展突出亮点 [N]. 甘肃日报，2013–01–15.
王大和，马连清 . 2014. 中国啤酒花产业的问题和革新方向 [J]. 啤酒科技（9）：2–4.
张晟 . 千里陇原药飘香——甘肃省中药材产业发展综述 [N]. 甘肃农民报，2014–12–23.

青海省农业可持续发展研究

摘要： 青海作为青藏高原的重要组成部分，是长江、黄河、澜沧江的发源地，是我国淡水资源的重要补给地，是青藏高原生物种质资源重要集中地，生态环境问题事关全国甚至全球。农牧业是该省赖以生存的民生产业，同时也是基础条件极为落后的弱质产业。长期以来，由于受历史、自然、人为等多重因素影响，气候干旱、水土流失、草地超载过牧、土壤盐碱化、面源污染等问题不断加剧，导致农牧业的持续发展能力下降，农牧民增收空间受限，农牧业生态资源永续利用面临严峻挑战。本研究通过农业要素发展现状分析，采用主成分、生态足迹等可持续研究，针对不同区域模式发展探索，提出农业可持续发展方向、重点和举措，为制定农业“十三五“规划提供理论支撑。

一、农牧业可持续发展的自然资源环境条件分析

青海位于我国西部，地处青藏高原东北部。该省农业区主要集中在西宁和海东地区，海南、海北、海西和黄南是半农半牧区，玉树和果洛藏族自治州为牧业区，属典型的大陆性气候，海拔高，气温低，昼夜温差大、日照时数长、辐射量大、降水少。气候冷凉，年平均气温偏低，农作物多属喜冷凉作物，一年一熟制。

（一）土地资源

青海省是青藏高原的重要组成部分，平均海拔在 3 000m 以上，国土面积 72.12 万 km^2，占全国土地总面积的 7.5%，仅次于内蒙古、西藏、新疆，位居全国第 4。现有耕地面积 550.12 千 hm^2

课题主持单位： 青海省农牧业区划资源办公室
课 题 主 持 人： 马统邦、王迎春
课 题 组 成 员： 阎高峰、马海荣、吴庆猛、王迪

（2012 年数据），草原面积 36 467 千 hm^2，其中，可利用面积 31 600 千 hm^2。

1. 土地资源主要类型

青海土地资源共有 14 个一级类型。种植业优势区主要有六类：一是平地，主要集中分布于柴达木盆地、青海湖盆地、共和盆地、门源盆地和青海省东部的山间盆地。二是平缓地，除高寒的青南高原、祁连山高寒地区以及柴达木盆地西部外，其他地区均有分布。三是河湖滩地及湿地，主要分布在柴达木盆地、茶卡盆地、青海湖盆地和海晏盆地。四是河谷沟谷地，广布于青海河漫滩、河谷阶地。五是绿洲地，主要集中分布在柴达木盆地和共和盆地。六是台地，主要分布在东部湟水、黄河谷地、海南台地等。这六类土地类型地势相对平坦，有一定的水源供给，土壤有机质含量较高，种植业发展条件较好。

草地畜牧业优势区主要类型有两类：一是低山丘陵地，一般分布在高度小于 100m 的山体下部，除青南高原和祁连山高寒地区外，各地区均有分布，尤其是东部地区较为常见。二是山原，分布于青南高原和祁连山地表面起伏较小、河流切割程度轻的高原面上，两类型土地面积较大，地势平坦，是青海主要草地之一。

此外，中山地、高山地、极高山地气温较低，沙漠、戈壁、荒漠化土地植被稀疏、土壤有机质含量低、水源利用不足，土地资源难以开发，不适宜农牧业发展。

2. 土地资源的主要特征

（1）土地面积大，但耕地质量差，优质土地少　青海海拔高，气温偏低，大多数地区降水少，土地发育程度低。从土地类型来看，高山地多，山旱地多，戈壁、沙漠多，冰川、寒漠地多，土层薄和质地较粗的土地多，土地质量较差。相对而言，东部河湟地区的黄土区或红土区，土层深厚，气候温暖，降水较多，共和盆地和柴达木盆地，气候温暖，部分地区具有水源灌溉条件，种植业发展条件较好。

（2）土地类型多样，垂直分布明显　青海省土地广阔，南北纬度相差 8°，构成了众多的垂直分带。海拔 1 650~2 000m，可以种植冬小麦；海拔 2 000~2 800m 主要种植春小麦、马铃薯、蚕豆、豌豆等温性作物（为主要农业地带）；海拔 2 800~3 300m，主要种植青稞、油菜等耐寒作物，还有天然草地和森林，为农林牧地带；海拔 3 300~3 900m 为牧业用地。

（3）草地多，适宜农林土地少　青海是全国五大牧区之一，草地面积大，占全省总土地面积的 50.65%；宜农土地面积仅占全省总土地面积的 1.54%；宜林土地仅占全省总土地面积的 6.1%。

3. 农牧业土地资源利用现状

据青海省第一地质水文大队测算资料，青海省土地总面积中，海拔 1 650~3 000m 的面积约占 15.33%；海拔 3 000~4 000m 的面积约占 23.78%；海拔 4 000~5 000m 的面积约占 53.99%；海拔 5 000m 以上的面积约占 6.9%。农用地面积 43 706.3 千 hm^2，占土地总面积的 60.92%。其中，耕地 550.12 千 hm^2，占土地总面积的 0.96%；园地 7.44 千 hm^2，占 0.01%；牧草地 36 467 千hm^2，占 50.65%；林地 2 638.3 千 hm^2，占 3.68%；其他农用地 158.8 千 hm^2，占 0.22%。建设用地 319.6 千 hm^2，占全省土地总面积的 0.45%。未利用地面积比重大，面积达 27 722.2 千 hm^2，占全省土地总面积的 38.64%。见图 1–1。

从各地区土地利用率高低来看，黄南藏族自治州居全省之首，总利用率达 95.1%，其次是果洛藏族自治州，达 90.93%，海南藏族自治州、西宁市、玉树州为 80% 左右，海北州和海东市在 70% 左右，最低的是海西蒙古族藏族自治州，利用率仅为 34.06%，海西州是青海省最大的土地资源储备基地。（图 1–2）。

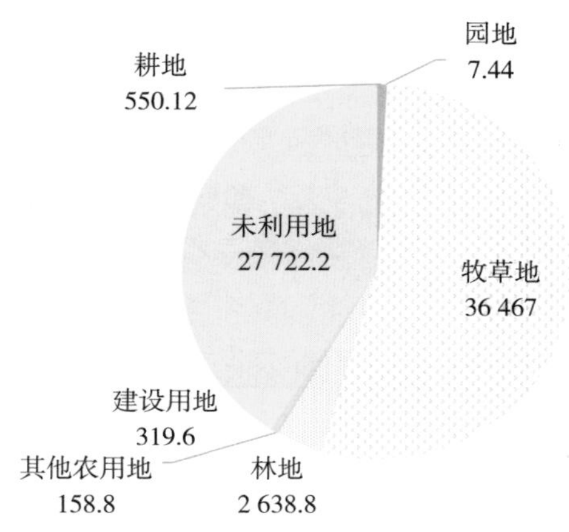

图 1-1 土地利用示意图

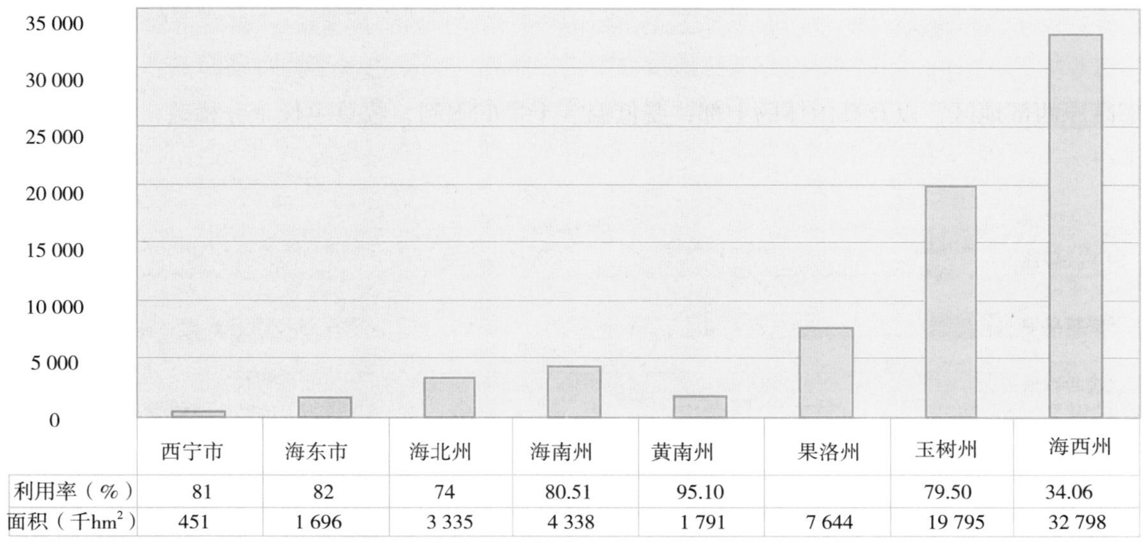

	西宁市	海东市	海北州	海南州	黄南州	果洛州	玉树州	海西州
利用率（%）	81	82	74	80.51	95.10		79.50	34.06
面积（千 hm^2）	451	1 696	3 335	4 338	1 791	7 644	19 795	32 798

图 1-2 青海省各地区土地面积及利用比例构成

从耕地质量看，2012 年，青海耕地面积 550.12 千 hm^2，其中，有效灌溉面积 186 千 hm^2，占耕地总面积的 33.81%，依靠天然降水的山旱地 364.12 千 hm^2，占 66.19%。一等宜农耕地 181.7 千 hm^2，约占宜农耕地的 33.02%，主要分布于东部河湟地区的河谷阶地，海拔为 1 650~2 800m，土层深厚，土壤肥沃，灌溉方便，热量条件好，部分耕地可复种，粮食亩产一般在 400kg 以上，是青海稳产高产农田。二等宜农耕地 285.6 千 hm^2，约占宜农耕地的 51.92%，一般亩产粮食 250~400kg。三等宜农耕地 82.82 千 hm^2，约占宜农耕地 14.88%，主要分布于河湟地区海拔 2 800~3 300m 和青南地区 3 600~3 900m，水土流失严重，地形破碎，土壤退化、贫瘠，粮食亩均产只有 100kg 左右。见图 1-3。

从草地利用情况看，一等宜牧土地约占 3%，主要分布于河湟地区、环湖地区和青南东部地区，该土地类型气候较温和，降水较多，土层较厚，宜于牧草生长发育，牧草单产较高，是重要的冬季牧地。二等宜牧土地约占 50%，主要分布于全省海拔较低的河谷地带，土地潮湿，地表水分条件好，是主要牧地。三等宜牧土地约占 20%，主要分布于柴达木盆地四周和祁连山、青南高原的西部地区，牧草稀疏、草质较差。四等宜牧土地约占 27%，主要分布于柴达木盆地和祁连山、

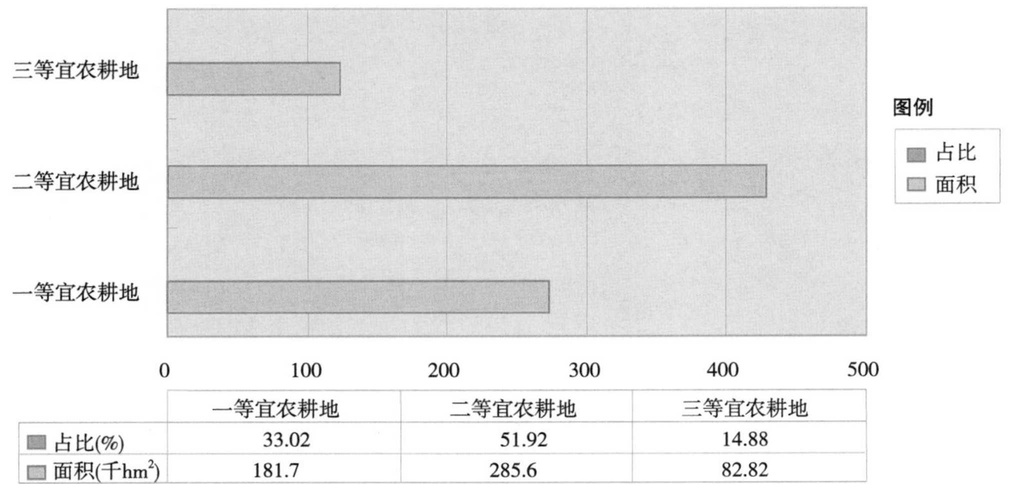

	一等宜农耕地	二等宜农耕地	三等宜农耕地
占比(%)	33.02	51.92	14.88
面积(千hm^2)	181.7	285.6	82.82

青南高原西部地区，以及高山体的上部，受低温、干旱的限制，牧草生长十分稀疏，单产很低（见图 1–4）。

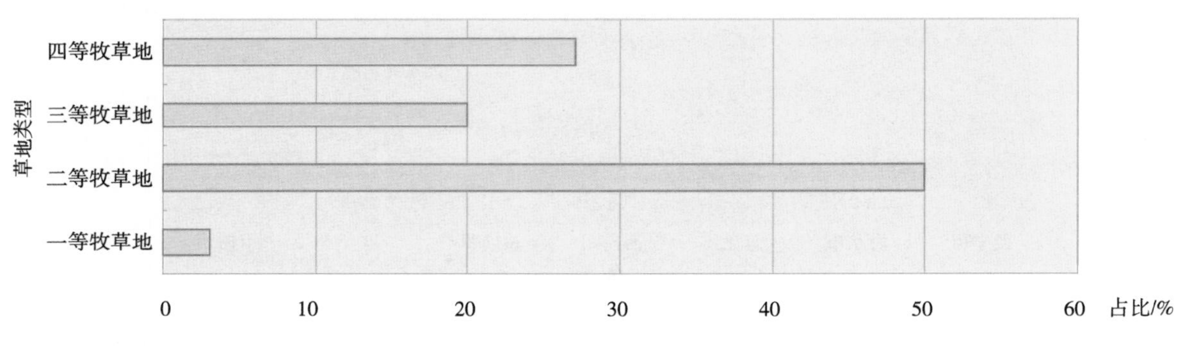

图 1–4　青海宜牧土地类型占比

4. 土地资源质量

（1）耕地质量　2000—2012 年，受退耕还林还草和城市建设用地等因素影响，青海土地减少了 64.51 千 hm^2，除海南、海西外，各市州均有减少，其中，海东市减少了 62.66 千 hm^2。海南耕地增加 48.8 千 hm^2，海西增加 16.83 千 hm^2，增加耕地的土壤质量、灌溉条件等都有所下降，土地资源总体呈下降趋势。

（2）草地质量　2014 年，协同农业部遥感中心利用 MODIS 卫星遥感数据和青海省的地面样方调查数据计算了 26 个牧区县和 4 个半牧区县的合理载畜量，通过对比实际载畜量，分析牧区和半牧区县（市）的实际载畜平衡状况（图 1–5）。

调查的青海 30 个牧区、半牧区县草地总面积 39 000 千 hm^2，合理载畜量为 2 401 万羊单位，实际载畜量为 3 300 万羊单位，载畜平衡指标为 37.46%，处于超载状态（图 1–6）。从空间格局上看，总体上东部地区处于超载状态，西部地区处于载畜平衡或不足状态。载畜不足的县有 5 个，占青海草地面积的 33.50%，合理载畜量为 340 万羊单位，而实际载畜量为 191 万羊单位；载畜平衡的县有 6 个，占青海草地面积的 32.51%，合理载畜量为 582 万羊单位，实际载畜量为 566 万羊单

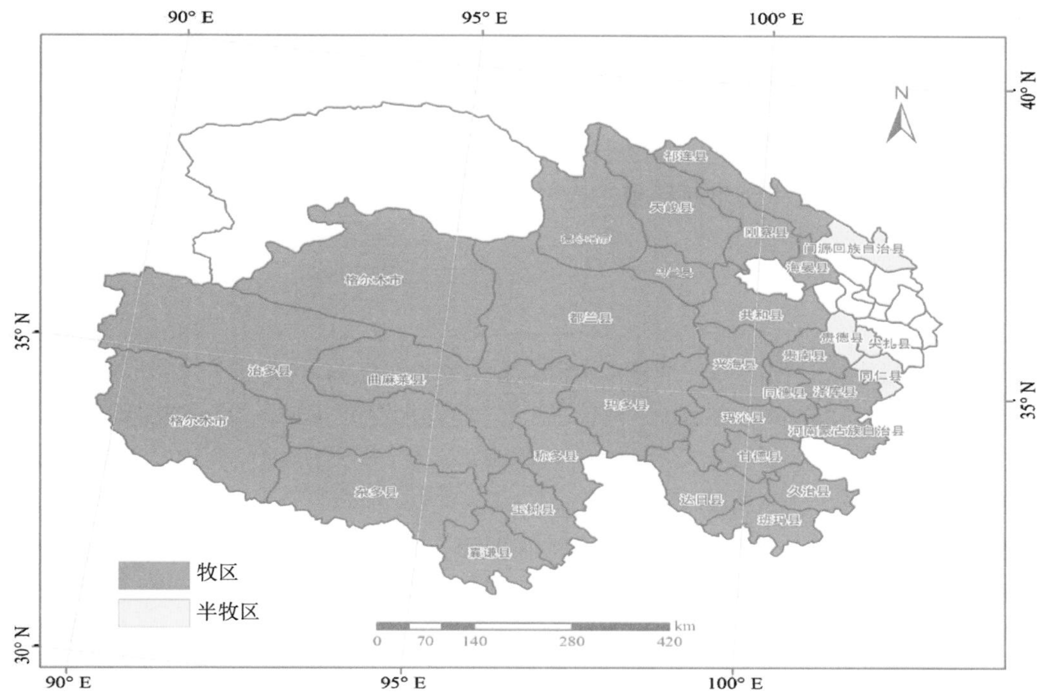

图 1-5 青海省牧区和半牧区县分布

位；超载的县有 12 个，占青海牧区、半牧区草地面积的 21.35%，合理载畜量为 942 万羊单位，实际载畜量为 1 449 万羊单位；严重超载的县有 6 个，占牧区、半牧区草地面积的 12.65%，合理载畜量为 537 万羊单位，实际载畜量为 1 094 万羊单位。

5. 农牧业土地资源突出问题

随着人口增多，农产品需求增大，青海土地资源面临许多问题：一是土地利用率低，占全省国

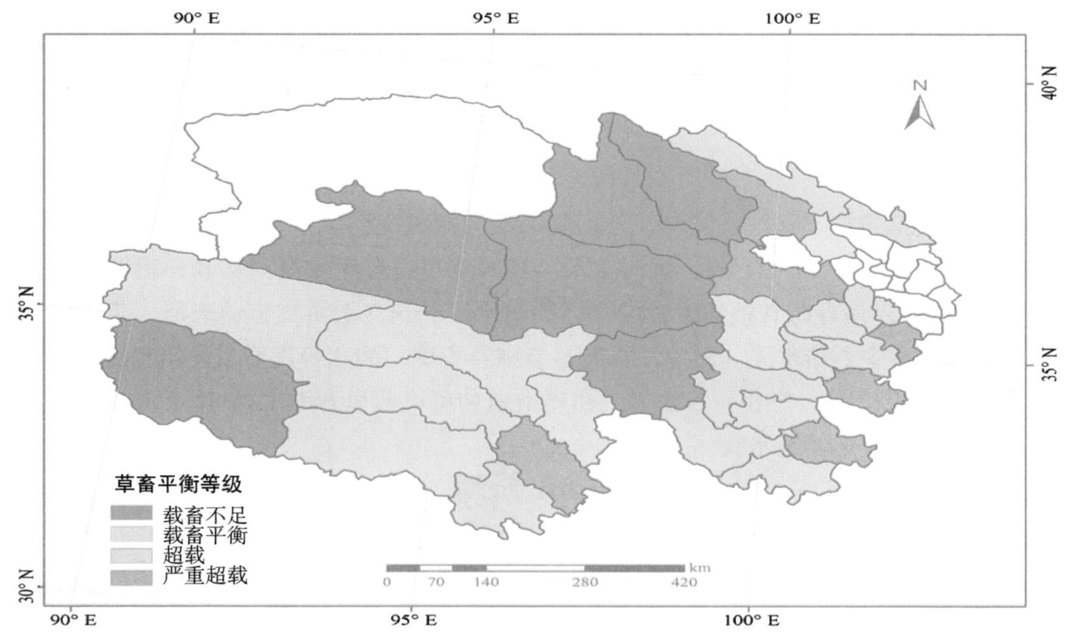

图 1-6 牧区、半牧区县总的草畜平衡状况

土面积的35.92%未利用，大部分分布在柴达木盆地和青南地区，由于资金和技术的限制，开发十分困难。二是随着城镇化步伐的加快，优质平地被大量占用，而占补土地多为山地，土地质量不断下降。三是地膜、化肥、农药等面源污染严重，加之工业化污水等影响，土壤质量不断恶化。四是草地生态系统的稳定和平衡遭到破坏，由于草原超载放牧和鼠虫害加剧，草场退化严重，减畜与肉奶需求矛盾突出。五是土地荒漠化面积和荒漠化程度加重，重点区域为柴达木盆地和青海西南的高寒山区。

（二）水资源

青海水资源总量丰富，据测算，全省水资源总量为629.3亿m^3，全省平均产水模数为8.8万m^3/km^2，人均水资源量11 184m^3（按2012年人口），但全省水资源总量的93%流向下游，可利用水有限。

1. 水资源主要类型

青海水资源储量主要有冰川、地表水、地下水等。冰川储水总量3 987.87亿m^3，占全国总储量的7.80%，冰川平均年径流量622.0亿m^3，其中，黄河流域209.00亿m^3、长江流域177.00亿m^3、澜沧江流域107.00亿m^3、内陆河流域129.00亿m^3（图1–7）。冰川作为固体水库，主要对河川径流起调节作用。

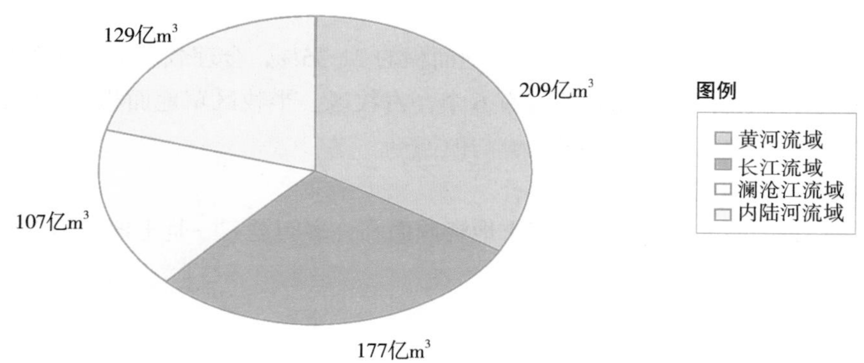

图1–7　青海省冰川各大水系年径流量（单位：10^8m^3/年年均径流量）

河流地表水包括黄河、长江、澜沧江及内陆河四大流域九个水系，境内集水面500km^2以上的河流271条，河流总长约27 711km。黄河水系流经的西宁、海东及海南共和、贵德、贵南、黄南同仁、尖扎等18县，是青海省粮油果蔬主产地的给水线。长江上游支流通天河，是青南地区的玉树市、称多县种植业主要给水线。澜沧江水系是囊谦县青稞、油菜等作物主要给水线。内陆河流域柴达木、青海湖、哈拉湖、茶卡—沙珠玉、祁连山地和可可西里6大水系87条河流，是柴达木地区、环湖地区等农牧业重要给水线。

青海省湖水面积大于1km^2的天然湖泊有265个，湖水总面积1.27万km^2，占全国湖泊总面积的15.8%，占全省土地总面积的1.77%，湖泊水质矿化度低，可用于灌溉和发展养殖业，但除青海湖恢复裸鲤生产，可鲁克湖、托素湖等少数湖泊用于灌溉和水产养殖外，大部分尚未开发利用，目前鱼湖泊开发面积仅0.76万km^2。

青海省地下水资源总量为265.93亿m^3/年，其中，黄河流域90.38亿m^3/年，占资源总量的

33.99%；长江流域 65.82 亿 m^3/ 年，占资源总量的 24.75%；澜沧江流域 38.06 亿 m^3/ 年，占资源总量的 14.31%；内陆河流域 71.67 亿 m^3/ 年，占资源总量的 26.95%（图 1-8）。

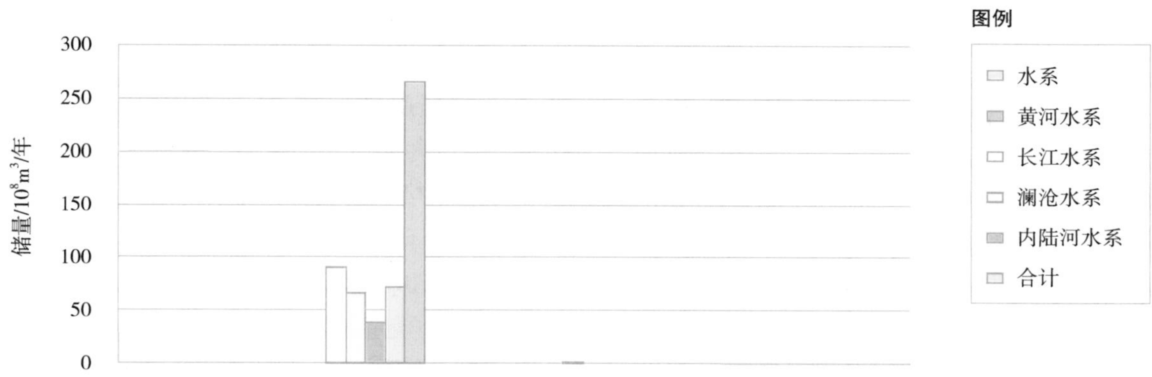

图 1-8　青海省地下水资源储量

2. 青海水情特点

青海省水情可以总结为“天上缺水，地上有水，输送了水，用不到水”。天上缺水，年平均降水量不足全国的 1/2，属于干旱或半干旱地区；地上有水，人均水资源量相对丰富，超过 1.1 万 m^3，约为全国平均水平的 5 倍；输送了水，处于全国水生态体系的高端，每年为下游各地输送近 600 亿 m^3 的优质水；用不到水，全省水资源利用率仅 5.24%，为全国平均水平的 1/4，留不住水、调不动水、用不到水的问题十分突出。

3. 农牧业用水现状

2012 年，全省总供水量 36.23 亿 m^3，其中，农田灌溉用水量 18.40 亿 m^3，占总用水量的 50.8%；林牧渔用水量 5.91 亿 m^3，占总用水量的 16.3%，农田灌溉亩均用水量 719m^3，农业灌溉水有效利用系数 0.41，第一产业用水比重偏高，用水效率总体偏低。见图 1-9。

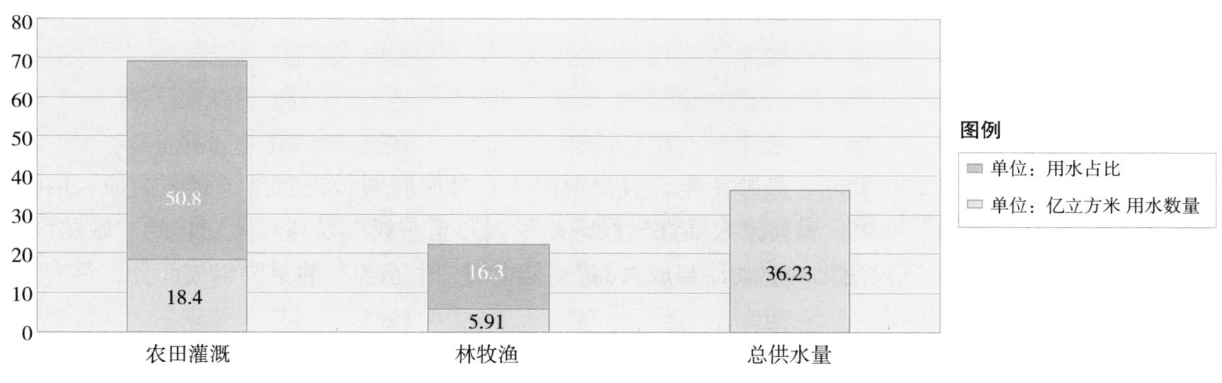

图 1-9　青海农业用水比重

青海重点农业区用水情况如下。

（1）湟水流域　水资源总量为 22.23 亿 m^3，水资源可利用量为 9.26~12.41 亿 m^3，现状用水消耗量为 7.40 亿 m^3，水资源开发已经接近上限。今后随着东部城市群和农业灌溉面积的发展，用水总量将有较大的增长，资源性缺水问题将十分突出。

（2）黄河流域　现状耗水量 11.1 亿 m^3，水资源消耗率为 5.32%，现状地表水用水量为 15.5 亿 m^3，占地表水资源量的 7.50%，水资源开发利用程度不高。但地表用水要受到“87 分水指标”分配的 14.1 亿 m^3 的限制，目前地表耗水量为 9.8 亿 m^3，已经达到分水指标的 70%，仅有 4.3 亿m^3 的利用空间。

（3）柴达木盆地　水资源总量为 52.70 亿 m^3，水资源可利用量为 17.92 亿 m^3，现状耗水量 8.39 亿 m^3，具有较大的利用空间。但格尔木河、巴音河、察汗乌苏河、都兰河等河流现状开发利用程度较高，资源性缺水严重，需通过工程措施，开发利用那棱格勒河、香日德河等水资源相对丰富的河流，对缺水地区进行调配。

（4）共和盆地　2012 年灌溉需水量为 5.22 亿 m^3，其中，农田灌溉 3.97 亿 m^3，目前现状供水量为 2.25 亿 m^3，缺水 1.72 亿 m^3。

（5）祁连山流域　2012 年灌溉需水量为 1.69 亿 m^3，其中，农田灌溉 1.19 亿 m^3，目前现状供水量为 1.69 亿 m^3，其中农田灌溉供水量为 1.19 亿 m^3。

4. 水资源质量

青海省工业发展程度滞后，工业废水、废气、重金属等污染排放少，农药、化肥等化学品投入低，水体污染程度相对较轻。农业用水污染主要集中在湟水河流域。2010 年以前，93% 的工业废水排入湟水河，酚、汞、铬、氨氮等 20 多种污染有害物质随灌溉水入田，造成土壤质量急剧下降。2010 年后，西宁市投资 5.6 亿元、海东市投资 2.9 亿元，采取截污纳管、封堵拆除以及废水处理回收利用等措施，实现废水零排放，极大地改善了农业用水条件，目前水污染主要来源于 COD 及铵态氮等。

5. 农牧业水资源突出问题

青海省农牧业水资源主要制约因素表现为“不均、不易、不高”。一是时空分布不均。全省水资源总量 629.3 亿 m^3，但在时间和空间上的分布与人口、耕地、生产力发展布局不相匹配，区域水资源供需矛盾突出，湟水流域和柴达木盆地尤为明显。二是开发利用不易。由于青海省大部分地区地势高耸，气候寒冷，干旱少雨，蒸发强烈，且 93% 水量输向流域中下游地区，水资源开发利用难度大。三是开发利用程度和效率不高。受青藏高原特定的自然地理环境影响，水资源开发利用率只有 5.8%。

（三）气候资源

青海省年均降水量 290.5mm，高寒干旱，昼夜温差大，日照时间长，兼具了青藏高原、内陆干旱和黄土高原三种地形地貌，属高原大陆性气候，是我国乃至东亚气候与环境变化的“敏感区”和“脆弱带”，是“全球气候变化的驱动器与放大器”，是中国“生态源”的重要组成部分，具有维系国家生态安全的重要作用。

1. 气候要素变化的趋势

（1）气温　1960 年以来，青海省年平均气温呈明显升高趋势。年平均气温的阶段性变化极其明显（图 1–10）。近 50 年来，全省年平均气温升温率为 0.37℃ /10a。明显高于近 50 年全球、全国每 10 年 0.13℃、0.22℃的水平。其中，东部农业区、三江源区、柴达木盆地、环青海湖区气温变化率分别为 0.27℃ /10a、0.36℃ /10a、0.42℃ /10a、0.36℃ /10a，柴达木盆地年平均气温升温率最大。

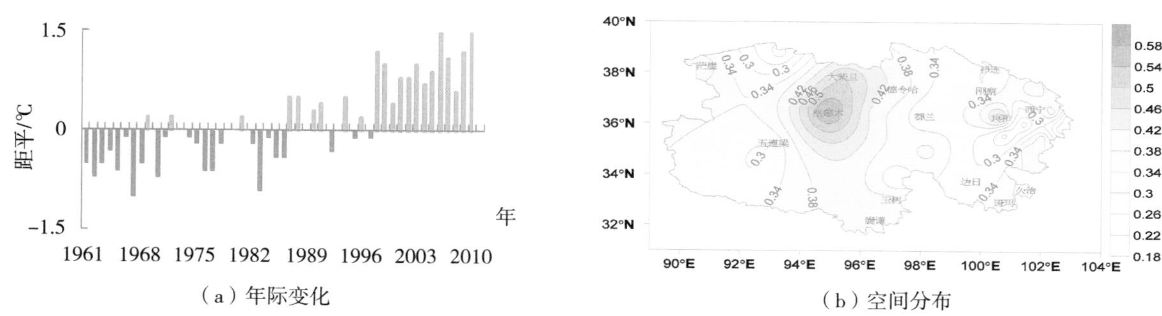
（a）年际变化　　（b）空间分布

图 1-10　全省年平均气温阶段性变化（单位：℃、℃ /10a）

（2）降水　1960 年以来，全省年降水量呈现出微弱增多趋势，增幅为 4.6mm/10a。年降水量的阶段性变化明显（图 1-11）。从季节看，春、夏增幅较为明显，增加率分别为 2.06mm/10a 和 2.03mm/10a；秋、冬增幅不大。从地区看，三江源地区中西部、柴达木盆地东部增加明显，其中德令哈增幅尤为显著，达 25.1mm/10a；环湖地区增幅不大；东部农业区、三江源地区东部有所减少。

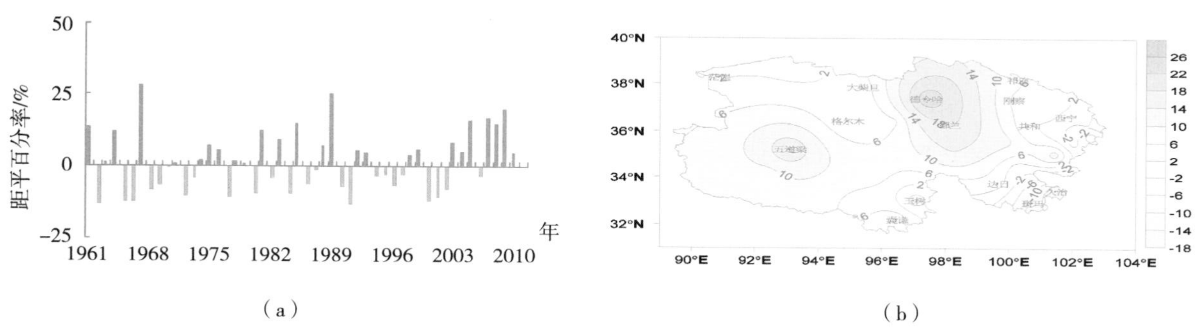
（a）　　（b）

图 1-11　1961—2010 年青海省年降水距平百分率变化（a）、降水变化率空间分布（b）（单位：%、mm/10a）

（3）日照时数　1960 年以来，全省年平均日照时数均呈减少趋势（图 1-12），减少率为 16.3h/10a。其中，柴达木盆地减少最为明显，减少率为 41.3h/10a；三江源地区呈增加趋势，增

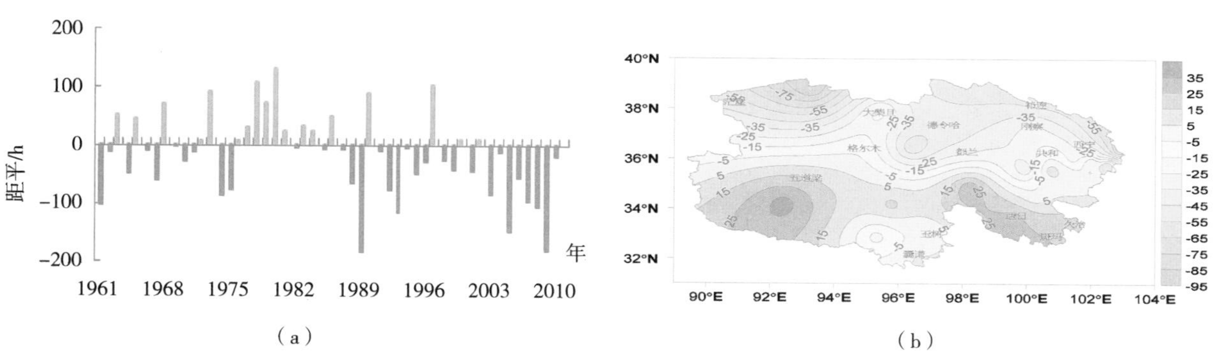
（a）　　（b）

图 1-12　1961—2010 年青海省年平均日照时数距平变化（a）及变化率空间分布（b）（单位：h、h/10a）

加率为 8.1h/10a。夏季减少率最大，为 8.72h/10a，其次为冬季，减少率为 4.05h/10a。2010 年全年平均日照时数为 2 773.0h，较 1971—2000 年气候平均值偏少 0.6%。

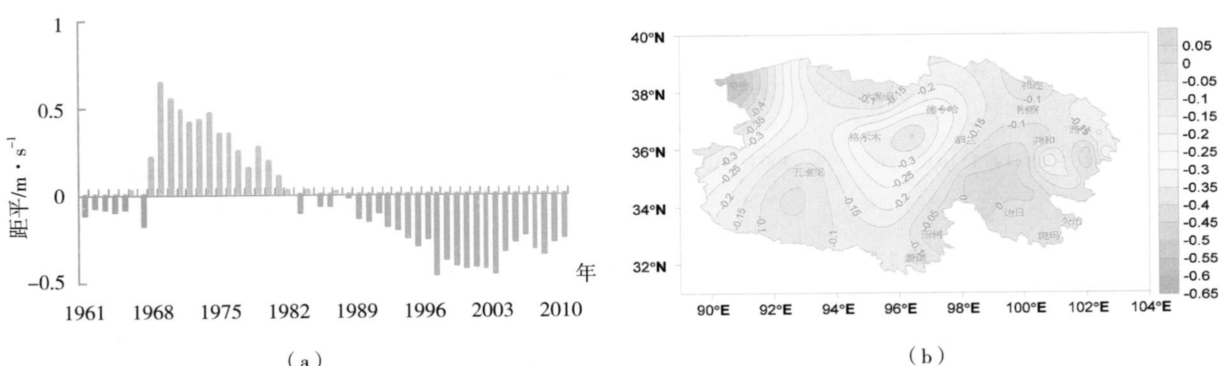

图 1-13　1961—2010 年青海省年平均风速距平变化（a）、变化率空间分布（b）（单位：m/s、m/s · 10a）

（4）风速　1960 年以来，全省年平均风速减小趋势明显（图 1-13），减小率为 0.14m/s · 10a，柴达木盆地最为显著，为 0.28m/s · 10a；三江源地区减小率最小，为 0.06m/s · 10a。

2. 青海省未来气候变化趋势

根据国家气候中心 2009 年 11 月发布的中国地区气候变化预估数据集（2.0 版本），在未来温室气体中等排放情景下（SRESA1B 情景），2020 年全省年平均气温将升高 1.44℃（与 1961—1990 年基准年相比），其中三江源地区升高幅度最大，为 1.48℃，其次为柴达木盆地和环湖区，升高幅度分别为 1.46℃和 1.44℃，东部农业区升高幅度最小，为 1.38℃（图 1-14）。

与气候基准年相比，2020 年全省平均降水距平百分率为 4.18%，柴达木盆地降水距平百分率

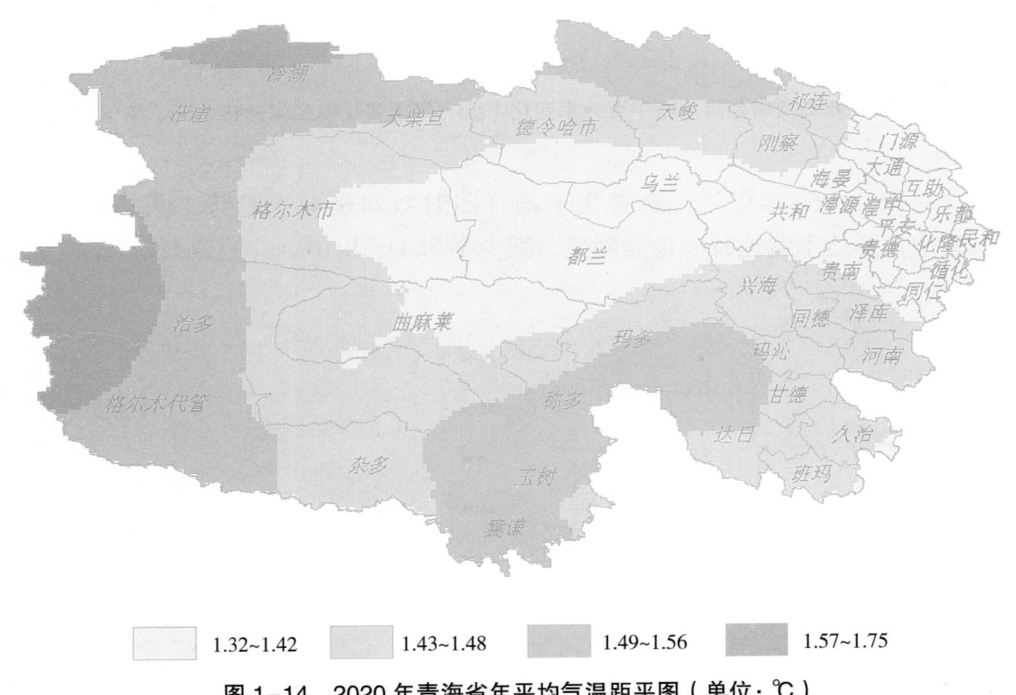

图 1-14　2020 年青海省年平均气温距平图（单位：℃）

最大为5.20%，而东部农业区降水量增加幅度最小为2.90%，增加幅度呈西多东少的趋势。

3. 气候变化对种植业的影响

（1）对种植面积和产量的影响　热量条件和水分是影响青海省农业区作物生长发育的最主要因子。气候变暖，热量条件改善，有利于调整农业品种布局，主要表现在：农牧交错带逐步向地势较高的草原推进，宜农土地增多；玉米等大田作物、核桃、大樱桃等特色经济作物种植面积不断增大；冬小麦等作物复种指数提高，单产大幅提升（图1-15a）。

（2）对产量的影响　气候变暖，积温增多，≥0℃、≥10℃活动积温明显增加，青海省干旱区农作物生长期长度每10年延长1~4天，增温使农作物播种期提前，无霜期延长，有利于青海省作物生长季的延长、干物质的积累以及冬小麦的正常越冬和安全返青，作物产量逐年增大。粮食作物单产由1985年的2 595kg/hm^{2}提高到2010年的3 716kg/hm^2，油料作物单产由1985年的1 046kg/hm^{2}提高到2010年的2 012kg/hm^2（图1-15b）。

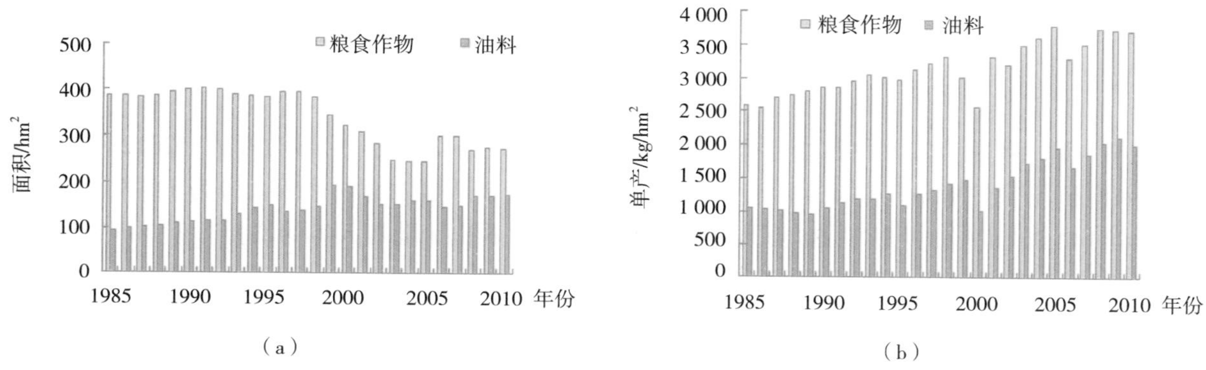

图1-15　1985—2010年青海省种植结构（a）及主要农作物单产（b）变化

（3）对病虫害发生的影响　秋、冬增温，越冬虫源、菌源基数容易增加，农作物、牧草病虫害的发育速度和繁殖指数加快，虫害扩散面范围增大，农田、草场多次受害的程度增加，造成农业成本和投资增大，同时，造成农药等化学品投入增多。

（4）对农业气象灾害的影响　气候变暖使最低气温显著升高，初霜日期明显推迟，作物生长发育进程加快，早霜冻的危害会明显减少；但因作物播种期提前，出苗、返青期随之提前，晚霜冻危害可能加重。气候变暖，水分蒸发加快，可能导致东部农业区旱情加重。

4. 气候变化对畜牧业的影响

一是气候变暖，牧草返青期提前，黄枯期推后，生育期延长（平均3~5天），草地天然放牧可利用时间延长。二是牧草高度与覆盖度明显增加，草场植被退化趋缓，草产量年增长约6%，载畜量明显提高。三是气温上升利于牲畜越冬，出栏率持续增长，幼畜死亡率大幅下降。2010年，青海省牲畜出栏率和幼畜死亡率分别为36.57%和2.41%，比2001—2009年平均值分别增加了16.8%和减少3.9%（图1-16）。

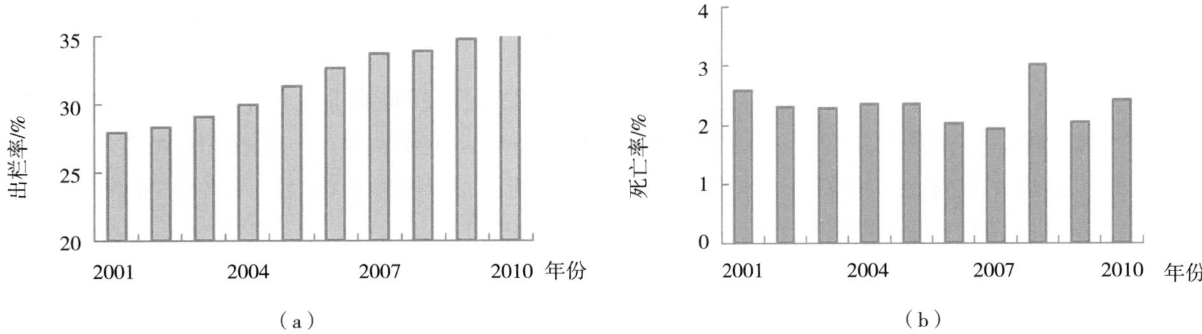

图 1-16　2001—2010 年青海省牲畜出栏率（a）及成幼畜死亡率年际（b）变化

二、农牧业可持续发展的社会资源环境条件分析

（一）农业劳动力

2012 年，乡村人口为 385.2 万人，比 2000 年 336.59 万人增加了 48.7 万人，2012 年从业人员 228.8 万人，比 2000 年 171.97 万人增加了 56.83 万人；从事农林牧渔业人口为 114.9 万人，比 2000 年 142.25 万人减少了 27.35 万人。从上面数据可以看出，随着人口的增长，就业人员不断增加，但从事农林牧渔的人员反而不断减少，见图 2-1。

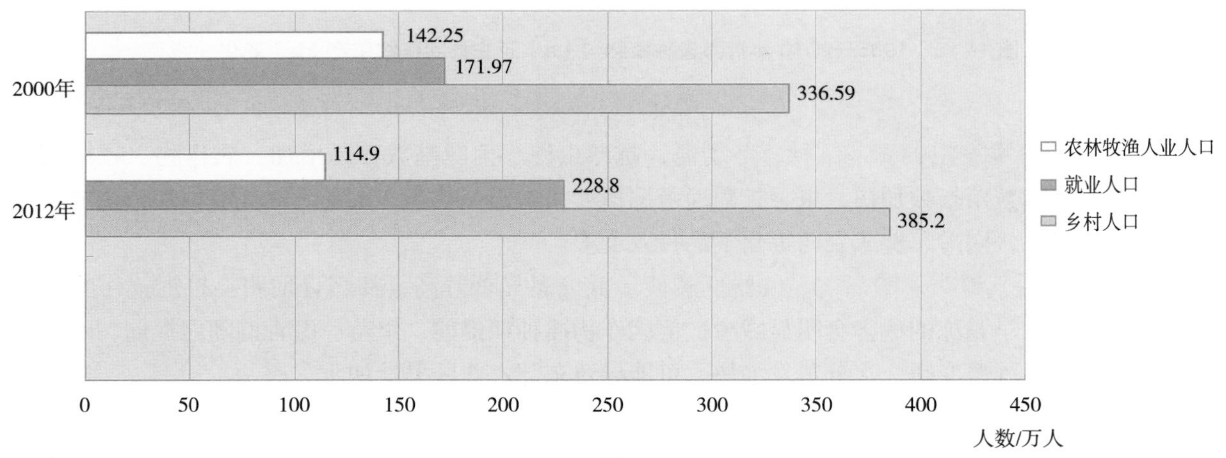

图 2-1　青海省农村劳动力就业结构情况

1. 农业劳动力转移现状特点

一是农村牧区剩余劳动力大规模涌向城市，其中绝大部分完全脱离农牧业生产，成了名副其实的“务工族”。二是农村牧区转移劳动力以男性青壮年为主，40 岁以下的青壮年劳动力占八成多。三是劳务收入已成为农牧民收入增加的重要来源。据青海人力社会保障厅统计，2013 年 1—11 月，青海省农牧民转移就业 115 万人次，其中跨省转移就业 35.1 万人次，现实劳务收入 56 亿元，农牧民务工收入的比例不断增加。

2. 农业可持续发展面临的劳动力资源问题

青海省农区劳动力资源外流严重，村里只有老弱病残人员留守，务农人员文化层次偏低，技能欠缺，现代机械闲置，农机农艺得不到很好发展，导致农作物种植结构发生改变，一些水浇地变成了永久的苗木基地，脑山部分坡地出现撂荒现象。相反，牧区劳动力剩余较多，受地域民族文化影响，外出转移较少，全省劳动力资源严重失衡。

（二）农业科技

1. 农业科技发展现状特点

2012 年，青海省农业技术推广机构 847 个，从事农业科技人员 7 736 人（不含各大院校），比 2000 年 3 876 人增加了 99.6%；2012 年农业劳动力受教育年限 7.47 年，比 2000 年 5.76 年增加了 1.71 年；2012 年农业科技贡献率 51.3%，比 2000 年 26.6% 增加了 24.7 个百分点（表 2–1）。2012 年培训新型职业农民 7 万人，农业科技发展形势良好，农牧民科技素质大幅提升。

表 2–1　青海农业科技进展情况

年限	农业科技人员数（人）	受教育年限（年）	农业科技贡献率（%）
2000 年	3 876	5.76	26.6
2012 年	7 736	7.47	51.3

2. 农业可持续发展面临的农业科技问题

青海省农业科技进步贡献率只有 51.3%，比国家 53.5%（2012 年）低 2.2 个百分点，农业科技水平滞后，主要存在以下问题：一是科研投入没有在公共财政中列支，农业科研资金不足，致使人才稳不住、留不下，农业科研人才队伍严重流失。二是农业科技团队规模还不够强大，难以形成大的科研成果。三是农业科技领头人、新兴学科和交叉学科的高素质人才缺乏，科技创新难以有大的突破。

（三）农业化学品投入

1. 农业化学品投入情况

据统计，2012 年青海省化肥使用量为 63 420t，比 2000 年 84 350t 减少了 20 930 吨；农药使用量为 1 734.2t，比 2000 年 1 913.5 少了 179.3t；农膜使用量为 4 361.8t，比 2000 年 320t 增长了 12.6 倍（图 2–2）。从以上数据可以看出，化肥和农药的使用量明显减少，而农膜使用量急剧增

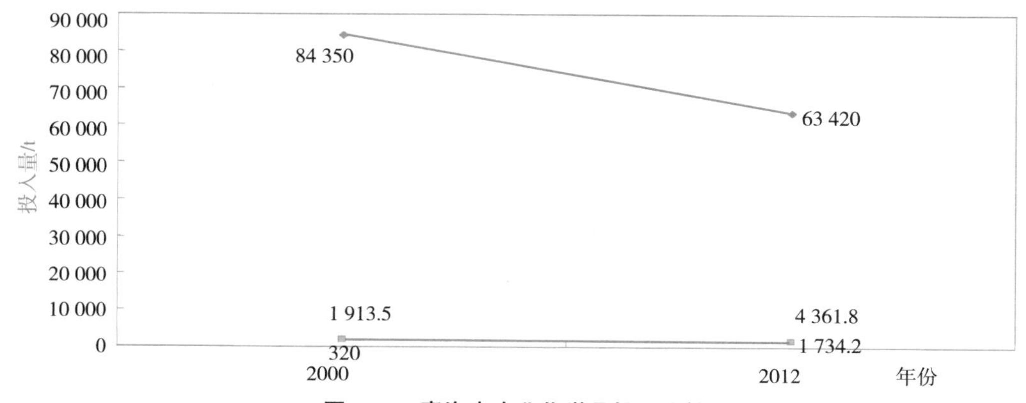

图 2–2　青海省农业化学品投入比较

加。农膜残留问题将是全省土地污染的最大问题。

2. 农业对化学品投入的依赖性分析

青海省农牧业具有“天然、富足、稀有”的资源优势，“绿色、有机、养生”的高原特色，农牧业发展条件和潜力得天独厚。近年，畜禽规模化养殖场发展迅速，构建了有机肥加工、秸秆还田、沼气工程等可持续循环生态链，化肥使用量将大量减少。随着气候变暖，青海省农作物病虫害可能加剧，农药需求量将增加，但随着绿色防控等技术应用，增幅不会太大。由于马铃薯、玉米种植面积增大，农膜使用量会有增加趋势。

三、农业发展可持续性分析

（一）生态足迹法

1. 典型地区生态足迹分析结果

（1）西宁市大通县

表 3-1　2012 年大通县人均生态足迹

土地类型	生态足迹的人均需求		
	总面积（hm^2）	均衡因子	均衡面积（hm^2/人）
耕地	0.111 8	2.8	0.313 0
草地	2.497 5	0.5	1.248 7
总足迹需求			1.561 7

表 3-2　2012 年大通县人均生态承载力

土地类型	生态足迹的人均供给（生态承载力）			
	总面积（hm^2）	产量因子	均衡因子	均衡面积（hm^2/人）
耕地	0.101	1.66	2.8	0.469
草地	0.292	0.19	0.5	0.028
总供给面积				0.497
扣除生物多样性保护面积（12%）				−0.059 6
总可利用面积				0.437 4
生态盈余：−1.124 3				

结果分析：耕地 Ef=0.313 0hm^2/人，Ec=0.469hm^2/人，生态盈余 0.156hm^2/人，Ef ＜ Ec，处于可持续发展状态；草地 Ef=1.248 7hm^2/人，Ec=0.028hm^2/人，生态赤字 1.220 7hm^2/人，Ef>Ec，处于不可持续发展状态。综合分析，2012 年大通县人均生态足迹 Ef=1.561 7hm^2/人，Ec=0.437 4hm^2/人，生态赤字 1.124 3hm^2/人，Ef>Ec，表明 2012 年大通县处于生态不可持续发展状态。

（2）西宁市湟中县

表 3-3　2012 年湟中县人均生态足迹

土地类型	生态足迹的人均需求		
	总面积（hm^2）	均衡因子	均衡面积（hm^2/ 人）
耕地	0.141 5	2.8	0.396 2
草地	2.545 6	0.5	1.272 8
总足迹需求			1.669

表 3-4　2012 年湟中县人均生态承载力

土地类型	生态足迹的人均供给（生态承载力）			
	总面积（hm^2）	产量因子	均衡因子	均衡面积 /（hm^2/ 人）
耕地	0.117 3	1.66	2.8	0.545 2
草地	0.130 8	0.19	0.5	0.012 4
总供给面积				0.557 6
扣除生物多样性保护面积（12%）				−0.078 9
总可利用面积				0.578 7
生态盈余：−1.09				

结果分析：耕地 Ef=0.396 2hm^2/ 人，Ec=0.545 2hm^2/ 人，生态盈余 0.149hm^2/ 人，Ef < Ec，处于可持续发展状态；草地 Ef=1.272 8hm^2/ 人，Ec=0.012 4hm^2/ 人，生态赤字 1.260 4hm^2/ 人，Ef>Ec，处于不可持续发展状态。综合分析，2012 年湟中县人均生态足迹 Ef=1.66 9hm/ 人，人均生态承载力 Ec=0.578 7hm^2/ 人，生态赤字 1.09hm^2/ 人，Ef>Ec，表明 2012 年湟中县处于生态不可持续发展状态。

（3）西宁市湟源县

表 3-5　2012 年湟源县人均生态足迹

土地类型	生态足迹的人均需求		
	总面积（hm^2）	均衡因子	均衡面积（hm^2/ 人）
耕地	0.067 83	2.8	0.189 9
草地	2.694 4	0.5	1.347 2
总足迹需求			1.537 1

表 3-6　2012 年湟源县人均生态承载力

土地类型	生态足迹的人均供给（生态承载力）			
	总面积（hm^2）	产量因子	均衡因子	均衡面积（hm^2/ 人）
耕地	0.110 8	1.66	2.8	0.515
草地	0.258 4	0.19	0.5	0.024 55
总供给面积				0.539 5
扣除生物多样性保护面积（12%）				−0.064 7
总可利用面积				0.474 8
生态盈余：−1.062 3				

结果分析：耕地 Ef=0.189 9hm²/ 人，Ec=0.515hm²/ 人，生态盈余 0.325 1hm²/ 人，Ef < Ec，处于可持续发展状态；草地 Ef=1.347 2hm²/ 人，Ec=0.024 55hm²/ 人，生态赤字 1.322 6hm²/ 人，Ef>Ec，处于不可持续发展状态。综合分析，2012 年湟源县人均生态足迹 Ef=1.537 1hm²/ 人，人均生态承载力 Ec=0.474 8hm²/ 人，生态赤字 1.062 3hm²/ 人，Ef>Ec，表明 2012 年湟源县处于生态不可持续发展状态。

（4）海东市

表 3-7　2012 年海东市人均生态足迹

土地类型	生态足迹的人均需求		
	总面积（hm²）	均衡因子	均衡面积（hm²/ 人）
耕地	0.109 68	2.8	0.307 1
草地	2.599 4	0.5	1.299 7
总足迹需求			1.606 8

表 3-8　2012 年海东市人均生态承载力

土地类型	生态足迹的人均供给（生态承载力）			
	总面积（hm²）	产量因子	均衡因子	均衡面积（hm²/ 人）
耕地	0.126 8	1.66	2.8	0.589 4
草地	0.371 6	0.19	0.5	0.035 3
总供给面积				0.624 7
扣除生物多样性保护面积（12%）				−0.075
总可利用面积				0.549 7
生态盈余：−1.057				

结果分析：耕地 Ef=0.307 1hm²/ 人，Ec=0.589 4hm²/ 人，生态盈余 0.282 3hm²/ 人，Ef < Ec，处于可持续发展状态；草地 Ef=1.299 7hm²/ 人，Ec=0.035 3hm/ 人，生态赤字 1.264 4hm²/ 人，Ef>Ec，处于不可持续发展状态。综合分析，2012 年海东市人均生态足迹 Ef=1.606 8hm²/ 人，人均生态承载力 Ec=0.549 7hm²/ 人，生态赤字 1.057hm²/ 人，Ef>Ec，表明 2012 年海东市处于生态不可持续发展状态。

（5）海西州

表 3-9　2012 年海西州人均生态足迹

土地类型	生态足迹的人均需求		
	总面积（hm²）	均衡因子	均衡面积（hm²/ 人）
耕地	0.116 8	2.8	0.327
草地	1.927 3	0.5	0.963 7
总足迹需求			1.290 7

表 3-10　2012 年海西州人均生态承载力

土地类型	生态足迹的人均供给（生态承载力）			
	总面积（hm^2）	产量因子	均衡因子	均衡面积（hm^2/人）
耕地	0.177 7	1.66	2.8	0.825 8
草地	34.492 3	0.19	0.5	3.276 8
总供给面积				4.102 6
扣除生物多样性保护面积（12%）				0.492 3
总可利用面积				3.610 3
生态盈余：2.319 6				

结果分析：耕地 Ef=0.327hm^2/人，Ec=0.825 8hm^2/人，生态盈余 0.498 8hm^2/人，Ef < Ec，处于可持续发展状态；草地 Ef=0.963 7hm^2/人，Ec=3.276 8hm^2/人，生态盈余 2.313 1hm^2/人，Ef < Ec，处于可持续发展状态。综合分析，2012 年海西州人均生态足迹 Ef=1.290 7hm^2/人，人均生态承载力 Ec=3.610 3hm^2/人，生态盈余 2.319 6hm^2/人，Ef < Ec，表明 2012 年海西州处于生态可持续发展状态。

（6）海南州

表 3-11　2012 年海南州人均生态足迹

土地类型	生态足迹的人均需求		
	总面积（hm^2）	均衡因子	均衡面积（hm^2/人）
耕地	0.148 8	2.8	0.416 6
草地	2.121 6	0.5	1.060 8
总足迹需求			1.477 4

表 3-12　2012 年海南州人均生态承载力

土地类型	生态足迹的人均供给（生态承载力）			
	总面积（hm^2）	产量因子	均衡因子	均衡面积（hm^2/人）
耕地	0.173 1	1.66	2.8	0.804 5
草地	6.757 5	0.19	0.5	0.641 9
总供给面积				1.446 5
扣除生物多样性保护面积（12%）				0.173 6
总可利用面积				1.272 9
生态盈余：-0.204 5				

结果分析：耕地 Ef=0.416 6hm^2/人，Ec=0.804 5hm^2/人，生态盈余 0.387 9hm^2/人，Ef < Ec，处于可持续发展状态；草地 Ef=1.060 8hm^2/人，Ec=0.641 9hm^2/人，生态赤字 0.418 9hm^2/人，Ef>Ec，处于不可持续发展状态。综合分析，2012 年海南州人均生态足迹 ef=1.477 4hm^2/人，人均生态承载力 Ec=1.272 9hm^2/人，生态赤字 0.204 5hm^2/人，Ef>Ec，表明 2012 年海南州处于生态不可持续发展状态。

（7）海北州

表 3-13　2012 年海北州人均生态足迹

土地类型	生态足迹的人均需求		
	总面积（hm^2）	均衡因子	均衡面积（hm^2/ 人）
耕地	0.113 5	2.8	0.317 8
草地	2.978 7	0.5	1.489 9
总足迹需求			1.807 7

表 3-14　2012 年海北州人均生态承载力

土地类型	生态足迹的人均供给（生态承载力）			
	总面积（hm^2）	产量因子	均衡因子	均衡面积（hm^2/ 人）
耕地	0.143	1.66	2.8	0.664 7
草地	7.917 6	0.19	0.5	0.752 2
总供给面积				1.416 9
扣除生物多样性保护面积（12%）				−0.170 0
总可利用面积				1.246 9
生态盈余：−0.5608				

结果分析：耕地 Ef=0.317 8hm^2/ 人，Ec=0.664 7hm^2/ 人，生态盈余 0.346 9hm^2/ 人，Ef ＜ Ec，处于可持续发展状态；草地 Ef=1.489 9hm^2/ 人，Ec=0.752 2hm^2/ 人，生态赤字 0.737 7hm^2/ 人，处于不可持续发展状态。综合分析，2012 年海北州人均生态足迹 Ef=1.807 7hm^2/ 人，人均生态承载力 Ec=1.246 9hm^2/ 人，生态赤字 0.560 8hm^2/ 人，Ef>Ec，表明 2012 年海北州处于生态不可持续发展状态。

（8）黄南州

表 3-15　2012 年黄南州人均生态足迹

土地类型	生态足迹的人均需求		
	总面积（hm^2）	均衡因子	均衡面积（hm^2/ 人）
耕地	0.074 3	2.8	0.208 0
草地	2.651 6	0.5	1.325 8
总足迹需求			1.533 8

表 3-16　2012 年黄南州人均生态承载力

土地类型	生态足迹的人均供给（生态承载力）			
	总面积（hm^2）	产量因子	均衡因子	均衡面积（hm^2/ 人）
耕地	0.045 5	1.66	2.8	0.211 5
草地	5.723 7	0.19	0.5	0.543 8
总供给面积				0.755 3
扣除生物多样性保护面积（12%）				−0.09
总可利用面积				0.665 3
生态盈余：−0.868 5				

结果分析：耕地 Ef=0.208 0hm^2/ 人，Ec=0.211 5hm^2/ 人，生态盈余 0.003 5hm^2/ 人，Ef ≈ Ec，基本处于发展平衡状态；草地 Ef=1.325 8hm^2/ 人，Ec=0.543 8hm^2/ 人，生态赤字 0.782hm^2/ 人，Ef>Ec，处于不可持续发展状态。综合分析，2012 年黄南州人均生态足迹 Ef=1.533 8hm^2/ 人，人均生态承载力 Ec=0.665 3hm^2/ 人，生态赤字 0.868 5hm^2/ 人，Ef>Ec，表明 2012 年黄南州处于生态不可持续发展状态。

（9）玉树州

表 3-17　2012 年玉树州人均生态足迹

土地类型	生态足迹的人均需求		
	总面积（hm^2）	均衡因子	均衡面积（hm^2/ 人）
耕地	0.014 6	2.8	0.040 9
草地	1.956 4	0.5	0.978 2
总足迹需求			1.019 1

表 3-18　2012 年玉树州人均生态承载力

土地类型	生态足迹的人均供给（生态承载力）			
	总面积（hm^2）	产量因子	均衡因子	均衡面积（hm^2/ 人）
耕地	0.0288	1.66	2.8	0.1339
草地	40.4330	0.19	0.5	3.8411
总供给面积				3.9750
扣除生物多样性保护面积（12%）				0.4770
总可利用面积				3.4980
生态盈余：2.4789				

结果分析：耕地 Ef=0.040 9hm^2/ 人，Ec=0.133 9hm^2/ 人，生态盈余 0.093hm^2/ 人，Ef < Ec，处于可持续发展状态；草地 Ef=0.978 2hm^2/ 人，Ec=3.841 1hm^2/ 人，生态盈余 2.862 9hm^2/ 人，Ef < Ec，处于可持续发展状态。综合分析，2012 年玉树州人均生态足迹 Ef=1.019 1hm^2/ 人，人均生态承载力 Ec=3.498 0hm^2/ 人，生态盈余 2.478 9hm^2/ 人，Ef < Ec，表明 2012 年玉树州处于生态可持续发展状态。

（10）果洛州

表 3-19　2012 年果洛州人均生态足迹

土地类型	生态足迹的人均需求		
	总面积（hm^2）	均衡因子	均衡面积（hm^2/ 人）
耕地	0.002 59	2.8	0.007 3
草地	3.776 4	0.5	1.888 2
总足迹需求			1.895 5

表 3-20　2012 年果洛州人均生态承载力

土地类型	生态足迹的人均供给（生态承载力）			
	总面积（hm^2）	产量因子	均衡因子	均衡面积（hm^2/ 人）
耕地	0.003 3	1.66	2.8	0.015 3
草地	87.62	0.19	0.5	8.324 3
总供给面积				8.338 7
扣除生物多样性保护面积（12%）				-1.000 6
总可利用面积				7.338 0
生态盈余：5.442 6				

结果分析：耕地 Ef=0.007 3hm^2/ 人，Ec=0.015 3hm^2/ 人，生态盈余 0.008hm^2/ 人，Ef ＜ Ec，处于可持续发展状态；草地 Ef=1.888 2hm^2/ 人，Ec=8.324 3hm^2/ 人，生态盈余 6.436 1hm^2/ 人，Ef ＜ Ec，处于可持续发展状态。综合分析，2012 年果洛州人均生态足迹 Ef=1.895 5hm^2/ 人，人均生态承载力 Ec=7.338 0hm^2/ 人，生态盈余 5.442 6hm^2/ 人，Ef ＜ Ec，表明 2012 年果洛州处于生态可持续发展状态。

2. 生态足迹研究结论

根据对青海省生态足迹的分析，农区耕地生态盈余，有进一步发展空间，草地发展赤字，需调整牲畜养殖模式；牧区耕地生态基本平衡，海西、海南、海北、黄南生态盈余，玉树、果洛生态持平，尚有发展草业空间。从草地发展情况看，海西、玉树、果洛生态盈余，但受主体功能区限制，发展潜力不大，海南、海北、黄南生态赤字，处于不可持续发展状态。分析认为，青海省农牧业应进一步强化生态第一的发展战略，确立农牧一体化发展方向，以全国草地生态畜牧业试验区建设为抓手，走生态有机路线，牧区进一步提升草地承载力，做到减畜不减收，农区、半农半牧区利用生态盈余大力发展草产业，进一步加强畜禽规模化养殖场（小区）建设，以农补牧，保证肉奶供给；同时，以飞地经济建设为抓手，解决蔬菜、果品等资源短缺问题；深化粮油等农产品资源进口，解决城镇需求。

（二）主成分分析法

运用 SPSS 统计分析软件对青海省 43 个市县（区）农业发展可持续性指标进行主成分分析：选取耕地面积、草地面积、总人口、粮食总产量、农业劳动力转移数、农业劳动力平均受教育年限、土壤有机质含量、化肥用量、水土流失面积等 31 项与农业发展可持续性相关的指标进行数据分析。并对选取的 31 项指标数据进行标准化操作。根据主成分综合模型计算综合主成分值，2000 年和 2012 年全省各地区主成分评价综合排名见表 3-21 和表 3-22。

主成分分析研究结论。2000—2012 年青海省农业可持续发展能力总体平稳，略有下降，农区总体情况变化不大，可持续发展能力较好，牧区可持续发展能力变化明显，整体可持续发展能力下降。互助县、门源县、大通县、格尔木市、湟中县稳居前五名，都兰、乐都、化隆县排名上升至前 10 名，主要经验是加快转变现代农牧业发展模式，互助、门源、大通县等现代农业示范区示范引领作用明显，共和县、刚察县、海晏县排名退出前 10 名，主要是草地畜牧业发展过快，农区规模化养殖补充相对缓慢，造成草畜失衡，可持续发展能力下降。分析认为，青海省农牧业发展应遵循生产、经济、生态全面协调发展、整体推进、完善提高的原则，合理开发利用和保护农牧业自然资源，进一步加快转变现代农业发展模式，加强农业基础设施建设，集约发展规模化特色产业，提高农业科技支撑，开拓资源节约型农业发展道路，建立支撑农业持续发展的投入体系。

表 3-21　2000 年青海省各地区综合排名

地区	综合主成分 F	排名	第一主成分 F_1	排名	第二主成分 F_2	排名	第三主成分 F_3	排名	第四主成分 F_4	排名	第五主成分 F_5	排名	第六主成分 F_6	排名	第七主成分 F_7	排名	第八主成分 F_8	排名
互助县	18.691 6	1	10.953 3	1	2.878 1	2	−0.218 6	20	1.709 3	3	1.779 5	2	1.484 3	4	−0.359 0	30	0.464 8	14
门源县	10.869 0	2	2.749 8	6	0.796 1	16	−0.794 1	31	1.738 1	2	5.354 6	1	−2.390 1	42	1.903 6	2	1.511 0	5
格尔木市	10.718 5	3	−2.292 3	33	4.955 6	1	9.483 3	1	0.664 1	8	0.142 6	16	−0.829 2	36	−0.445 5	32	−0.960 1	39
大通县	10.489 1	4	8.375 4	3	1.394 2	10	−0.258 0	21	0.163 3	15	0.059 3	19	1.145 8	5	−0.838 1	39	0.447 3	15
湟中县	8.316 9	5	9.462 7	2	1.520 9	8	−0.487 4	28	−1.213 0	41	−1.558 6	40	0.899 9	6	−0.295 2	28	−0.012 4	21
共和县	6.426 0	6	0.515 3	11	−1.499 7	34	1.135 5	6	−0.444 8	21	−0.194 0	22	3.782 0	1	5.045 3	1	−1.913 6	41
刚察县	3.382 4	7	−0.947 6	23	−0.701 3	29	−0.671 6	30	8.625 4	1	−3.599 2	43	−0.605 9	33	0.640 5	5	0.642 1	9
民和县	2.798 8	8	6.399 6	4	−0.052 7	25	0.175 0	15	−1.449 9	43	−1.973 4	41	−0.782 0	34	−0.229 8	26	0.712 0	8
玛沁县	1.951 9	9	−3.203 3	42	1.902 1	6	−0.379 3	25	−0.674 5	32	−0.402 3	28	2.201 6	2	−0.215 1	25	2.722 6	1
海晏县	1.832 1	10	−0.470 4	18	−2.056 2	38	0.489 7	10	−0.123 1	18	1.538 7	3	−1.013 9	38	1.584 2	3	1.882 9	2
天峻县	1.388 8	11	−1.056 7	24	1.083 8	12	−1.072 4	36	0.953 7	5	1.107 7	5	1.617 1	3	−1.716 6	43	0.472 1	13
都兰县	0.945 0	12	−0.748 6	22	−0.224 1	27	0.700 2	8	0.260 7	14	0.909 4	7	0.402 1	14	−0.358 7	29	0.004 1	20
化隆县	−0.032 9	13	2.728 7	7	0.053 4	24	−0.390 6	26	−0.894 9	37	−0.618 7	35	−2.474 2	43	1.294 8	4	0.268 5	18
乐都县	−0.286 5	14	5.794 4	5	−0.736 6	30	0.364 1	11	−1.349 9	42	−2.313 5	42	−1.322 6	40	0.033 2	19	−0.755 6	36
乌兰县	−0.320 3	15	−1.386 0	27	0.365 3	21	0.177 1	14	0.391 5	10	0.619 6	12	−0.242 4	26	0.357 2	9	−0.602 5	33
德令哈市	−0.324 6	16	−2.077 4	32	−0.678 6	28	0.688 7	9	0.677 7	7	−0.414 2	29	0.611 1	13	0.061 3	17	0.806 9	6
治多县	−0.389 0	17	−3.585 0	43	2.616 8	3	−0.356 6	24	−1.025 8	40	−0.802 9	37	0.686 9	11	0.228 2	12	1.849 3	3
玉树市	−1.153 6	18	−1.780 3	30	1.735 5	7	0.217 3	13	−0.765 7	34	−0.245 4	23	−0.598 8	32	0.523 8	7	−0.240 0	24
杂多县	−1.750 3	19	−2.705 1	38	2.108 6	5	−0.668 1	29	−0.665 9	30	−0.542 9	32	0.274 2	16	0.069 5	15	0.379 3	17
同仁县	−1.795 0	20	−0.216 9	14	−2.335 0	39	0.882 0	7	0.272 6	12	0.752 3	9	−0.153 2	24	−0.187 4	24	−0.809 3	38
祁连县	−1.803 9	21	−1.354 7	26	−0.185 4	26	−0.430 9	27	0.572 5	9	0.756 2	8	−0.084 6	22	−0.287 3	27	−0.789 7	37
曲麻莱县	−1.926 4	22	−3.161 8	40	2.456 3	4	−0.307 6	22	−0.965 3	39	−0.834 6	38	0.029 9	19	0.258 7	10	0.597 9	10
贵南县	−2.012 7	23	−0.429 7	16	0.259 0	22	−0.822 1	33	−0.091 5	17	0.402 5	15	−0.130 2	23	−0.473 4	33	−0.727 3	35

（续表）

地区	综合主成分 F	排名	第一主成分 F_1	排名	第二主成分 F_2	排名	第三主成分 F_3	排名	第四主成分 F_4	排名	第五主成分 F_5	排名	第六主成分 F_6	排名	第七主成分 F_7	排名	第八主成分 F_8	排名
城东区	−2.021 2	24	−0.409 6	15	−4.129 4	42	1.839 2	2	−0.264 2	19	0.113 6	18	0.7619	8	−0.6520	34	0.7194	7
城中区	−2.107 3	25	−0.742 4	20	−4.137 7	43	1.781 2	3	−0.034 8	16	0.455 4	14	0.732 2	10	−0.739 2	36	0.578 0	11
同德县	−2.262 2	26	−0.719 0	19	−0.912 0	32	−0.037 7	18	0.933 6	6	1.315 0	4	0.130 6	18	−1.506 8	42	−1.465 9	40
城西区	−2.309 1	27	−1.076 4	25	−3.480 9	41	1.459 6	4	−0.845 0	35	−0.067 6	20	0.738 6	9	−0.740 2	37	1.702 9	4
兴海县	−2.414 9	28	−1.617 7	29	0.439 4	19	−1.067 8	35	0.262 2	13	0.719 4	11	0.616 8	12	−1.225 0	41	−0.542 3	32
城北区	−2.547 7	29	0.418 8	12	−3.348 5	40	1.216 8	5	−0.468 6	23	−0.262 4	24	0.295 4	15	−0.803 0	38	0.403 7	16
贵德县	−2.674 5	30	−0.046 0	13	−1.750 0	35	0.267 2	12	−0.332 1	20	0.488 9	13	−0.030 2	20	−0.739 1	35	−0.533 2	31
泽库县	−2.737 3	31	−0.468 1	17	0.710 5	17	−1.736 4	41	0.322 2	11	0.725 2	10	0.228 6	17	−0.431 0	31	−2.088 3	43
囊谦县	−2.880 4	32	−1.816 7	31	1.475 4	9	−0.970 2	34	−0.499 2	24	−0.454 5	30	−0.796 8	35	0.553 9	6	−0.372 2	27
循化县	−2.928 2	33	0.560 8	10	−0.891 4	31	−0.174 9	19	−0.655 6	29	−0.568 8	34	−0.872 3	37	−0.019 4	20	−0.306 6	25
湟源县	−2.950 1	34	1.360 9	8	−1.286 6	33	−0.320 5	23	−0.446 3	22	−0.552 7	33	−1.232 1	39	0.167 8	13	−0.640 6	34
河南县	−3.110 1	35	−1.467 5	28	0.065 1	23	−1.756 0	42	1.117 7	4	1.096 5	6	0.865 2	7	−0.973 9	40	−2.057 3	42
尖扎县	−3.545 3	36	−0.746 2	21	−1.763 7	36	0.081 6	17	−0.554 8	26	0.120 9	17	−0.499 4	30	−0.120 7	21	−0.062 9	22
称多县	−3.802 3	37	−2.415 2	34	1.204 9	11	−1.099 4	37	−0.919 7	38	−0.667 6	36	−0.557 1	31	0.477 0	8	0.174 9	19
玛多县	−4.136 4	38	−3.172 3	41	1.004 2	14	−1.562 0	40	−0.667 1	31	−0.508 0	31	−0.045 2	21	0.254 5	11	0.559 6	12
平安县	−4.334 4	39	1.142 6	9	−1.998 9	37	0.169 0	16	−0.854 3	36	−0.855 1	39	−1.535 3	41	0.119 4	14	−0.521 7	30
久治县	−4.394 6	40	−2.753 3	39	0.983 1	15	−1.352 2	38	−0.544 9	25	−0.113 1	21	−0.351 0	28	0.065 7	16	−0.328 9	26
班玛县	−4.419 0	41	−2.561 2	37	1.028 9	13	−0.814 2	32	−0.627 6	28	−0.320 3	27	−0.470 4	29	−0.163 9	22	−0.490 3	29
达日县	−5.006 7	42	−2.558 9	36	0.693 5	18	−1.871 2	43	−0.557 6	27	−0.278 7	25	−0.267 8	27	0.045 6	18	−0.211 7	23
甘德县	−5.433 3	43	−2.476 0	35	0.438 1	20	−1.507 5	39	−0.728 6	33	−0.308 8	26	−0.219 5	25	−0.163 9	23	−0.466 9	28

表 3-22　2012 年青海省各地区综合排名

地区	综合主成分 F	排名	第一主成分 F_1	排名	第二主成分 F_2	排名	第三主成分 F_3	排名	第四主成分 F_4	排名	第五主成分 F_5	排名	第六主成分 F_6	排名	第七主成分 F_7	排名	第八主成分 F_8	排名
互助县	13.945 0	1	10.640 6	1	2.515 9	5	0.962 7	7	−0.861 7	33	0.405 6	9	−0.106 0	23	1.830 9	2	−1.442 9	42
门源县	12.929 8	2	2.656 1	7	0.493 8	20	1.419 7	3	−1.244 8	37	4.339 6	2	3.746 3	1	0.187 3	20	1.331 7	3
大通县	10.413 4	3	8.912 2	3	1.284 6	9	0.176 5	14	0.047 0	15	−0.458 5	27	−0.142 0	25	0.824 0	8	−0.230 4	24
格尔木市	9.561 9	4	−1.362 1	25	1.227 0	12	1.656 0	2	7.228 0	1	−0.860 2	39	1.662 1	3	0.790 3	9	−0.779 3	38
湟中县	8.407 3	5	9.118 0	2	1.044 8	16	−0.390 1	24	−0.137 3	23	−0.229 8	23	−1.014 9	42	0.707 0	10	−0.690 5	36
玛沁县	7.195 6	6	−3.099 5	40	2.808 6	3	0.226 4	13	1.596 7	3	1.325 6	5	−0.412 4	36	0.504 7	12	4.245 5	1
民和县	4.732 2	7	8.128 4	4	0.252 3	22	−1.783 0	43	0.714 9	10	−3.368 6	43	−0.759 2	41	−1.427 6	40	2.974 9	2
都兰县	3.937 1	8	0.863 5	12	−0.621 7	28	0.828 2	8	1.575 0	4	−0.345 6	26	0.364 8	6	0.383 6	14	0.889 4	5
乐都县	3.294 2	9	5.125 1	5	−0.346 7	27	−0.347 5	23	0.009 0	18	−0.861 0	40	−0.688 8	39	0.115 9	22	0.288 1	10
化隆县	2.398 5	10	3.931 1	6	−0.294 3	26	−0.749 2	30	−0.458 4	28	1.006 6	6	3.335 7	2	−4.108 6	43	−0.264 5	25
祁连县	1.839 4	11	−1.517 3	29	0.401 0	21	1.157 0	5	−0.834 3	32	1.375 1	4	−0.332 2	32	1.055 5	5	0.534 6	7
兴海县	1.785 5	12	−1.273 5	23	1.112 6	15	0.299 6	12	−0.929 0	34	0.680 7	8	−0.336 3	34	0.947 7	7	1.283 7	4
共和县	1.585 4	13	1.153 2	8	−0.236 7	25	1.158 5	4	2.226 8	2	4.773 5	1	−4.643 3	43	−2.433 6	42	−0.413 0	31
海晏县	0.897 3	14	−0.275 6	15	−1.718 9	38	−0.013 4	17	−0.126 6	22	1.606 5	3	1.528 2	4	0.382 6	15	−0.485 4	32
天峻县	0.876 0	15	−2.227 9	33	0.542 6	19	1.007 4	6	−0.349 5	27	0.404 0	10	0.077 9	16	2.045 4	1	−0.692 2	37
治多县	−0.080 3	16	−3.348 8	42	3.094 3	2	−0.303 8	21	1.330 2	6	−0.926 9	41	0.207 5	10	−0.019 5	24	−0.113 4	20
刚察县	−0.548 1	17	−1.220 0	22	−1.667 6	36	8.545 8	1	−1.653 0	41	−2.971 4	42	−0.261 1	28	−1.614 3	41	0.293 6	9
杂多县	−0.800 5	18	−2.397 0	34	2.703 4	4	−0.336 7	22	0.421 9	13	−0.607 2	33	0.219 7	8	0.201 0	19	−1.005 7	40
曲麻莱县	−0.802 2	19	−3.313 8	41	3.379 6	1	−0.269 0	19	1.188 9	7	−0.717 4	36	0.349 9	7	−0.113 3	28	−1.307 0	41
贵南县	−1.058 5	20	−0.024 8	14	0.000 0	24	−0.113 6	18	−1.019 6	35	−0.053 0	18	0.212 7	9	0.232 3	18	−0.292 4	26
德令哈市	−1.133 1	21	−0.921 6	20	−1.599 2	34	0.160 6	15	1.433 4	5	−0.503 1	30	0.376 2	5	0.252 1	17	−0.331 4	29
湟源县	−1.533 0	22	1.120 2	10	−1.107 6	32	−0.270 5	20	−0.188 3	24	0.046 5	15	−0.330 7	31	−0.136 3	29	−0.666 4	34
同德县	−1.575 8	23	−0.364 8	16	−1.052 7	30	0.025 0	16	−0.679 5	29	0.229 8	14	0.195 4	12	0.373 8	16	−0.302 8	28

（续表）

地区	综合主成分F	排名	第一主成分F_1	排名	第二主成分F_2	排名	第三主成分F_3	排名	第四主成分F_4	排名	第五主成分F_5	排名	第六主成分F_6	排名	第七主成分F_7	排名	第八主成分F_8	排名
玉树市	−1.668 6	24	−1.395 2	26	1.514 0	7	−0.590 9	28	0.029 7	17	−0.002 9	17	−0.299 2	30	−0.721 6	36	−0.202 5	23
循化县	−1.680 7	25	1.123 0	9	−1.094 3	31	−0.990 8	37	−0.100 1	20	−0.618 5	34	0.196 6	11	−0.104 6	27	−0.092 1	19
乌兰县	−1.796 7	26	−1.506 9	27	−0.900 0	29	0.612 9	9	0.518 6	11	0.955 5	7	−0.701 8	40	−0.250 3	31	−0.524 7	33
河南县	−1.842 8	27	−2.013 1	31	0.032 6	23	0.574 4	10	−2.159 2	42	0.283 8	12	−0.400 0	35	1.584 3	3	0.254 3	12
平安县	−1.985 5	28	0.930 2	11	−1.697 7	37	−0.740 0	29	−0.057 7	19	−0.305 1	24	0.098 1	15	−0.067 3	26	−0.146 0	21
泽库县	−2.142 5	29	−1.514 1	28	0.610 7	18	0.306 9	11	−2.210 5	43	0.235 8	13	−0.524 8	38	0.998 3	6	−0.044 8	16
贵德县	−2.243 5	30	0.195 3	13	−1.637 1	35	−0.517 0	27	0.037 5	16	−0.126 7	20	0.099 2	14	0.068 8	23	−0.363 4	30
囊谦县	−3.231 7	31	−1.586 6	30	2.366 2	6	−0.460 1	26	−0.754 1	31	−0.213 7	22	−0.105 5	22	−0.999 5	38	−1.478 5	43
城北区	−3.774 3	32	−0.712 3	18	−3.685 8	42	−0.859 7	32	0.863 8	9	−0.338 0	25	0.101 3	13	0.590 0	11	0.266 4	11
同仁县	−4.142 1	33	−0.418 2	17	−2.261 6	39	−0.405 4	25	−0.247 7	25	0.331 7	11	−0.427 0	37	−0.032 5	25	−0.681 4	35
甘德县	−4.498 5	34	−2.949 3	37	1.281 3	10	−1.078 2	40	−1.066 9	36	−0.146 8	21	−0.333 6	33	−0.733 1	37	0.528 1	8
城西区	−4.639 7	35	−2.094 1	32	−3.095 5	40	−0.874 7	33	0.073 2	14	−0.482 5	29	−0.255 9	27	1.332 4	4	0.757 5	6
城东区	−4.737 7	36	−1.203 4	21	−4.038 8	43	−0.884 6	34	0.889 1	8	−0.002 5	16	0.072 9	17	0.490 4	13	−0.060 9	18
称多县	−4.773 9	37	−2.495 4	35	1.276 9	11	−0.763 0	31	−0.338 0	26	−0.519 4	31	−0.053 3	20	−1.092 0	39	−0.789 8	39
玛多县	−4.874 4	38	−3.375 1	43	1.133 5	14	−0.885 6	35	−0.753 7	30	−0.801 7	38	0.007 0	18	−0.324 8	32	0.125 9	13
城中区	−5.249 2	39	−0.861 5	19	−3.533 1	41	−1.171 2	41	0.483 0	12	−0.100 6	19	−0.052 3	19	0.155 4	21	−0.169 0	22
达日县	−5.390 3	40	−3.096 1	38	1.295 8	8	−0.999 8	38	−1.421 3	39	−0.781 0	37	−0.089 2	21	−0.412 6	33	0.113 9	14
班玛县	−5.572 2	41	−2.900 2	36	0.628 5	17	−0.975 5	36	−1.414 8	38	−0.549 4	32	−0.178 7	26	−0.212 8	30	0.030 9	15
尖扎县	−5.943 2	42	−1.330 3	24	−1.576 9	33	−1.297 7	42	−0.119 9	21	−0.474 0	28	−0.136 9	24	−0.709 9	35	−0.297 5	27
久治县	−6.011 3	43	−3.098 5	39	1.166 1	13	−1.046 5	39	−1.540 8	40	−0.634 8	35	−0.266 7	29	−0.539 4	34	−0.050 8	17

四、农业可持续发展的适度规模分析

采用净初级生产力的人类占用方法分析进行评价。从 2001—2013 年《青海省统计年鉴》及青海省农业相关部门获得农业相关数据，整理后用 HANPP 法对青海省农牧业进行可持续发展评价。

1. HANPP 法对各州分析结果

（1）西宁市　西宁市位于青海省东部，是青海的省会，是青海省第一大城市，也是整个青藏高原最大的城市。2000 年以后，该市可利用土地面积一直在增加，从 2001 年的 666 897.25hm^2 增加到 2013 年的 712 482.27hm^2，增加了 6.8%。该市潜在净初生产量也有所增加。

从表 4-1 可以看出，该市 2000 年以后，无论是收获的植物生物量还是牲畜动物消耗掉的生物量，均呈现持续上升的形势，HANPP 值稳步增加。该市以经济快速发展为最终目标，人类对净初生产力的占用程度随着土地的开发以及生产技术的提高只增不减。

另外，HANPP 率也基本呈现持续增加的趋势，表明该地区生态系统压力持续增加。2010 年以后，该值超过了 100%。一部分原因是由于西宁市农业条件相对优越，农业生产技术较高，使该地区实际植被的净初生产力高于水热匹配已十分优越的自然状况。实际植被的净初生产力在人类的干预下被大大提高，加上土地利用效率的提高，生态系统的生物多样性和稳定性就会越低，使生态系统面临较大风险，不利于当地农业的可持续发展。2006 年 HANPP 率超过了 100%，部分原因可能是由于当年该区年降水量仅 352.3mm，使得该年天然植被的潜在净初生产力相对偏低造成的。

表 4-1　2001—2013 年西宁市净初生产力的人类占用

年份	收获植物生物量（万 t）	牲畜所需生物量（万 t）	HANPP（10^4t/a）	HANPP 率（%）	人口	人均 HANPP（t/a）
2001	65.74	260.25	325.99	70.19	1 764 205	1.85
2002	61.42	284.53	345.94	76.18	1 783 713	1.94
2003	64.26	286.05	350.31	58.30	1 809 616	1.94
2004	66.02	318.47	384.49	77.28	1 832 417	2.10
2005	71.58	353.24	424.82	76.99	1 848 065	2.30
2006	71.70	362.82	434.52	103.74	1 867 779	2.33
2007	75.61	363.54	439.15	74.51	1 900 321	2.31
2008	100.62	293.22	393.84	88.21	1 923 843	2.05
2009	111.34	381.54	492.87	93.38	1 939 439	2.54
2010	116.39	389.56	505.96	106.82	1 960 060	2.58
2011	119.17	404.27	523.44	114.12	1 974 175	2.65
2012	109.41	421.10	530.51	103.02	1 984 602	2.67
2013	108.84	417.79	526.62	102.60	2 002 515	2.63

（2）海东市　海东市位于青海湖以东，资源相对丰富，人口相对集中，经济较为发达，是青海重要的农牧业经济区和乡镇企业较发达地区之一。该地区土地利用面积相对较大，2000 年以后，开发的可利用土地面积持续增长，相对于 2001 年，2013 年该区增加了 13.8%，比省会城市西宁市

还高。2007 年该区降水量充沛，NPP 值高达 809.19 万 t。2002 年该区年降水量仅 233.2mm，NPP 值相对较低。

从表 4-2 看出，2000 以来，海东地区 HANPP 值基本呈持续增加的趋势，其中 2008 以后，收获植物生物量相对于 2008 年以前有较大的增加量，2010 年及 2011 年两年的 HANPP 超过了 600 万 t，其中 2011 年 HANPP 率达到了 119.63%，使得该区生态系统压力最高，2012 年及 2013 年两年迅速得到了控制。

2002 年与 2006 年，该区降水量很低，分别为 233.2mm 和 273.8mm，潜在的天然植被的净初生产力相随较低，使得 2002 年的 HANPP 率接近 100%，2006 年的 HANPP 率超过了 100%。

表 4-2　2001—2013 年海东地区净初生产力的人类占用

年份	收获植物生物量（万 t）	牲畜所需生物量（万 t）	HANPP（10^4t/a）	HANPP 率（%）	人口	人均 HANPP（t/a）
2001	80.59	346.91	427.50	69.91	1 488 001	2.87
2002	78.95	376.24	455.19	96.57	1 488 364	3.06
2003	85.78	396.34	482.11	68.32	1 482 207	3.25
2004	82.68	419.59	502.27	73.99	1 484 896	3.38
2005	91.51	448.47	539.98	83.17	1 491 957	3.62
2006	85.33	464.95	550.28	100.21	1 509 943	3.64
2007	99.53	461.08	560.61	69.28	1 554 098	3.61
2008	124.60	353.79	478.39	63.50	1 575 177	3.04
2009	131.74	455.63	587.37	76.14	1 613 591	3.64
2010	137.83	462.86	600.70	91.81	1 617 835	3.71
2011	155.86	460.89	616.75	119.63	1 648 876	3.74
2012	142.09	396.24	538.33	71.60	1 677 638	3.21
2013	138.80	386.90	525.69	83.21	1 703 359	3.09

（3）海西州　海西州位于青海省的西部，大部分地区都在柴达木盆地内，属于典型的高原大陆性气候，日照时间长，太阳辐射强，昼夜温差大，常年干旱、多风、少雨。90% 左右的降水都集中在 5—9 月。其面积占青海省总面积 45%，但难利用面积所占的比重较大，故被利用的土地面积为 1 300 万 hm^2 左右，2013 年比 2001 年可利用土地面积增加了 4%。该区年均降水量年际之间波动较大，潜在净初生产力也在 3 000 万 ~7 500 万 t 之间的较大范围内波动。

从表 4-3 来看，该地区收获的植物生物量及牲畜消耗的生物量均呈现逐年增加的趋势。2009—2013 年净初级生产力的人类占用量均维持在 450 万 t 左右，该区 HANPP 率略有增长，2013 年达到了 14.76%。与 2001 年相比，2013 年该区人口增长了 23.7%，人均 HANPP 无较大波动。该地区人类对净初生产力的占用率较低，生态压力相对较低，农业可持续发展的前景较好。

表 4-3 2001—2013 年玉树州净初生产力的人类占用

年份	收获植物生物量（万 t）	牲畜所需生物量（万 t）	HANPP（10^4t/a）	HANPP 率（%）	人口	人均 HANPP（t/a）
2001	10.47	396.77	407.24	10.71	330 053	12.34
2002	11.41	358.60	370.01	5.40	334 722	11.05
2003	10.32	371.49	381.81	8.22	340 246	11.22
2004	11.78	378.91	390.69	5.92	360 326	10.84
2005	13.09	381.12	394.21	7.45	362 491	10.88
2006	13.78	384.06	397.84	11.61	368 114	10.81
2007	15.44	390.01	405.45	7.04	374 434	10.83
2008	16.36	265.10	281.46	4.89	381 100	7.39
2009	16.14	417.94	434.08	5.83	385 899	11.25
2010	18.33	433.41	451.74	7.33	390 743	11.56
2011	16.31	446.12	462.42	11.63	395 888	11.68
2012	14.62	444.45	459.07	6.53	403 067	11.39
2013	14.25	447.31	461.56	14.76	408 200	11.31

（4）海南州 海南州地形以山地为主，四围环山，盆地居中，高原丘陵和河谷台地相间其中，地势起伏较大，复杂多样。该区可利用土地面积达 400 万 hm^2 左右，2000—2013 年共增长了 1.6%，其中农业用地比重小，牧业用地面积较大，占该区土地总面积的 78% 左右。各年份的潜在净初生产力均在 2 000 万 t 以上，基本无增长。

从表 4-4 可以看出，该区每年收获的植物生物量仅有十几万 t，而牲畜所消耗掉的生物量在 2011 年及 2012 年高达 1 000 万 t 以上。2006 年以后，该区明显扩大了畜牧养殖业的规模和范围，牲畜养殖量开始突增并逐年增加。净初生产力的人类占用量在 2010 年以后持续均三年均维持在 1 000 万 t 以上。HANPP 率从 2006 年开始超过其上限值。该区人口数量涨幅也较大，2013 年与 2001 年相比，该区人口数量增加了近 20%，人均 HANPP 量也持续增加。

该区近年来不断扩大畜牧业的规模，使得 HANPP 率持续增加，生态压力逐年增加，不利于当地农业的可持续发展，应开始采取适当措施，保护该区的生态系统多样性。

表 4-4 2001—2013 年海南州净初生产力的人类占用

年份	收获植物生物量（万 t）	牲畜所需生物量（万 t）	HANPP（10^4t/a）	HANPP 率（%）	人口	人均 HANPP（t/a）
2001	13.45	646.48	659.93	27.49	389 274	16.95
2002	12.63	631.06	643.69	28.28	391 052	16.46
2003	12.83	637.16	649.99	33.38	394 084	16.49
2004	14.47	871.05	885.52	34.77	395 482	22.39
2005	15.15	647.30	662.45	24.93	397 709	16.66
2006	14.73	930.04	944.78	39.78	406 057	23.27
2007	16.80	995.22	1012.03	42.51	414 986	24.39
2008	29.28	687.74	717.02	28.54	426 772	16.80
2009	26.94	998.56	1 025.50	42.26	440 488	23.28
2010	26.89	968.20	995.09	42.27	446 849	22.27
2011	19.21	1 030.22	1 049.43	46.39	450 677	23.29
2012	20.02	1015.89	1 035.91	43.57	457 052	22.66
2013	21.66	997.06	1 018.72	49.93	463 440	21.98

(5) 海北州　海北藏族自治州是青海省的主要畜牧业基地和油菜基地之一，开发利用的土地面积相对较大。13 年以来，可利用土地面积仅增加了 2%。该地区的单位面积 NPP 值在根据李比希最低因子定律判定的原则条件下，除了 2013 年，其余年份都取的是据年平均气温计算得到的 Y_1 值。由于土地面积接近 300 万 hm^2，其各年份的潜在净初生产力均在 2 000 万 t 以上，且波动较小。

由表 4-5 可以看出，该地区收获的植物生物量明显较少，而牲畜所需生物量逐年增加，畜牧业相对发达，人类占用的净初生产力逐年增加，到 2013 年达到了 768.81 万 t。2008 年 HANPP 值仅 438.11 万 t，可能与当年的降水量等天气环境有关。

虽然该地区人类占用的净初生产力维持在较高的水平，且逐年持续增长，但该区 HANPP 率始终维持在较低水平内，均低于 Vitousek 等估计的全球 HANPP 上限值 39% 以内。从这个角度来看，该地区的农牧业基本维持在可持续发展的状态。但从 HANPP 率略微增加的趋势来看，若该区持续扩大畜牧业的发展规模，一味追求经济效益，忽略生态多样性的保护，几年以后，HANPP 率也会超过 39% 这个上限值，面临生态系统方面的压力。另外，该区畜牧业相对发达，人口较少，人均 HANPP 值相对较高。

表 4-5　2001—2013 年海北州净初生产力的人类占用

年份	收获植物生物量（万 t）	牲畜所需生物量（万 t）	HANPP（10^4t/a）	HANPP 率（%）	人口	人均 HANPP（t/a）
2001	8.64	536.80	545.44	25.02	262 980	20.74
2002	7.77	546.24	554.01	25.87	265 730	20.85
2003	7.47	554.41	561.88	25.77	267 533	21.00
2004	7.50	643.72	651.22	31.25	269 581	24.16
2005	9.53	679.56	689.09	30.24	271 790	25.35
2006	7.76	672.25	680.01	30.64	273 773	24.84
2007	9.65	691.74	701.39	32.16	276 466	25.37
2008	9.51	428.60	438.11	20.26	278 486	15.73
2009	10.53	717.86	728.38	32.51	280 137	26.00
2010	8.81	721.44	730.24	32.60	283 230	25.78
2011	12.73	724.48	737.21	34.41	285 471	25.82
2012	10.11	740.22	750.33	35.34	289 878	25.88
2013	10.10	758.71	768.81	35.30	292 617	26.27

(6) 黄南州　黄南藏族自治州地势南高北低，南部泽库、河南两县属于青南牧区，海拔在 3 500m 以上，气候高寒，是自治州发展畜牧业的主要基地。该区土地面积相对较大，2013 年可利用的土地面积比 2001 年增长了 3%。各年份潜在净初生产力基本维持在 1 000 万 t 以上。2007 年该区年均降水量达 516.3mm，当年的潜在净初生产力达到了 1 495.49 万 t。

如表 4-6 所示，黄南州每年收获的植物生物量均维持在 5 万 t 以下，13 年来基本没有扩大种植业的规模，且所占农业的比重非常小，而牲畜养殖量始终维持在较高水平并略有增加。2005 年牲畜所需的生物量达到了 826.96 万 t，当年的 HANPP 达到了 831.72 万 t，而其他年份均保持在

500万~600万t之间，根据统计年鉴中的数据，该年年末存栏的绵羊多达333.7万只，使该年净初生产力的人类占用量较大。该地区各年份的HANPP率相对较高，绝大多数年份均超过了其上限值，但13年基本无增长。另外，该区畜牧业相对发达，人口较少，人均HANPP值相对较高，各年均在20t以上。

可以看出，从2000年以后，青海省并未对黄南区进行较大的土地开发利用，但该区的畜牧业对自然植被的占用量始终维持在较高水平，使得该区生态压力较大，不利于农业的可持续发展。

表4-6　2001—2013年黄南州净初生产力的人类占用

年份	收获植物生物量（万t）	牲畜所需生物量（万t）	HANPP（10^4t/a）	HANPP率（%）	人口	人均HANPP（t/a）
2001	4.89	521.20	526.08	57.77	207 579	25.34
2002	4.80	553.05	557.85	51.38	209 018	26.69
2003	4.29	555.68	559.97	40.00	212 584	26.34
2004	5.09	542.47	547.56	40.02	215 113	25.45
2005	4.76	826.96	831.72	62.11	220 637	37.70
2006	4.22	547.71	551.93	49.87	224 549	24.58
2007	4.42	563.26	567.68	37.96	231 706	24.50
2008	4.56	433.52	438.09	31.52	240 279	18.23
2009	4.69	582.42	587.11	46.23	247 180	23.75
2010	4.67	578.75	583.41	45.42	254 033	22.97
2011	4.71	588.71	593.42	42.74	257 974	23.00
2012	4.62	591.62	596.24	45.74	262 754	22.69
2013	4.67	564.80	569.47	54.05	268 061	21.24

（7）玉树州　玉树州位于青海省西南青藏高原腹地的三江源头，平均海拔在4 200m以上。该区总土地面积占青海省的37%，地域辽阔。属典型的高原高寒气候，全年无四季之分，只有冷暖两季之别，冷季长达7~8个月，暖季只有4~5个月。

该区可利用土地面积达2013年比2010年增长了10.5%，各年份的潜在净初生产力波动较大，这与当地气温与降水量变化有关，2010年以后，该区NPP值连续三年维持在14 000万t以上。2009年该区平均降水量达604mm，NPP值达到了16 663.65万t。

该区同样以畜牧业为主要产业，由表4-7可以看出，牲畜所需生物量从2001年开始基本是逐年增加，2009—2013年五年的畜牧业消耗生物量均稳定维持在800万t以上，人类占用的净初生产力同样逐年增加。该区各年份HANPP率值均在10%以下，略有增加。人口数量较少，人均HANPP值各年均稳定在20~30t之间。该区HANPP率显示，人类占用的净初生产力比率维持在较低水平，生态系统压力较小，可持续发展的前景较好。

表 4-7　2001—2013 年玉树州净初生产力的人类占用

年份	收获植物生物量（万 t）	牲畜所需生物量（万 t）	HANPP（10^4t/a）	HANPP 率（%）	人口	人均 HANPP（t/a）
2001	2.39	736.79	739.18	5.27	258 709	28.57
2002	2.13	721.80	723.93	6.93	263 040	27.52
2003	1.61	723.25	724.86	4.57	274 789	26.38
2004	2.19	762.14	764.33	6.01	283 144	26.99
2005	2.22	760.28	762.50	4.96	297 004	25.67
2006	1.06	785.12	786.18	6.70	302 781	25.97
2007	1.92	834.08	836.00	7.45	310 818	26.90
2008	2.08	673.29	675.37	4.64	331 832	20.35
2009	2.23	832.32	834.55	5.01	357 267	23.36
2010	1.95	863.54	865.49	6.99	373 427	23.18
2011	2.01	867.93	869.94	5.86	385 084	22.59
2012	1.88	841.76	843.64	5.78	391 829	21.53
2013	1.90	826.38	828.28	5.63	394 803	20.98

（8）果洛州　果洛藏族自治州地处青藏高原腹地，黄河源头，位于青海省的东南部，可用土地面积达 700 万 hm^2 左右。具有显著的高寒缺氧、气温低、光辐射强、昼夜温差大等典型的高原大陆性气候特点。该区的单位面积潜在净初生产力基本上是取由年平均气温计算的 Y1 值，NPP 值在 4 500 万 ~5 000 万 t 之间。

从表 4-8 可以看出，该区每年收获的植物生物量仅维持在 0.1 万 ~0.2 万 t，而牲畜消耗的生物量从 2001 年的 700 万 t 以上下降到 2013 年的 500 万 t 左右，HANPP 值也在持续下降，HANPP 率同样在持续下降并始终维持在 11%~15% 较低的水平上。该区人口数量虽然持续增加，从 2001 年的 13 万人增加到 2013 年的 19 万人，增加了近 44%，但相对于较大的土地面积来讲，人口数量相对少，故人均 HANPP 值不低，但同样保持持续下降的趋势。可以看出，该区采取了一定的有效措施控制畜牧业的发展规模，降低人类对净初生产力的占用，维护农业生态的可持续发展。

表 4-8　2001—2013 年果洛州净初生产力的人类占用

年份	收获植物生物量（万 t）	牲畜所需生物量（万 t）	HANPP（10^4t/a）	HANPP 率（%）	人口	人均 HANPP（t/a）
2001	0.25	728.95	729.20	15.79	134 075	54.39
2002	0.12	714.18	714.30	15.61	135 364	52.77
2003	0.18	716.31	716.49	14.67	138 624	51.69
2004	0.18	704.59	704.77	15.55	144 529	48.76
2005	0.18	686.86	687.04	14.46	149 412	45.98
2006	0.16	679.63	679.79	14.09	150 468	45.18
2007	0.16	670.10	670.26	13.85	155 306	43.16
2008	0.16	522.98	523.14	11.01	160 023	32.69
2009	0.17	612.47	612.64	12.09	166 155	36.87
2010	0.17	613.75	613.92	12.46	173 541	35.38
2011	0.15	614.93	615.08	12.71	177 705	34.61
2012	0.15	538.88	539.03	11.04	188 710	28.56
2013	0.14	511.73	511.87	10.89	192 926	26.53

2. 各州 HANPP 相关因子前后 10 年的变化分析

（1）各市州 NPP10 年前后的变化　如图 4-1 所示，青海省玉树州可利用土地面积最大，其 NPP 值大大高于其余各市州。除海西州以外，其余各市州 10 年后的 NPP 值相较于 10 年前略有增加，增幅不大。

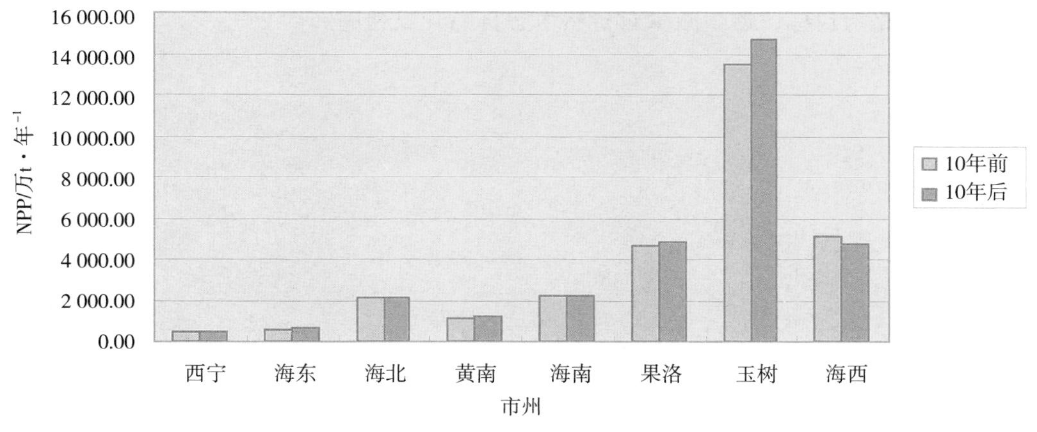

图 4-1　各市州 NPP 值

（2）各市州 HANPP10 年前后的变化　如图 4-2 所示，与 10 年前相比，除果洛州以外，10 年后其他各市州 HANPP 值均有不同程度的增加，其中海南州涨幅最明显。说明 10 年之间，青海省绝大部分地区都加大了对潜在天然植被净初生产力的占用，加大了生态系统资源的开发利用。

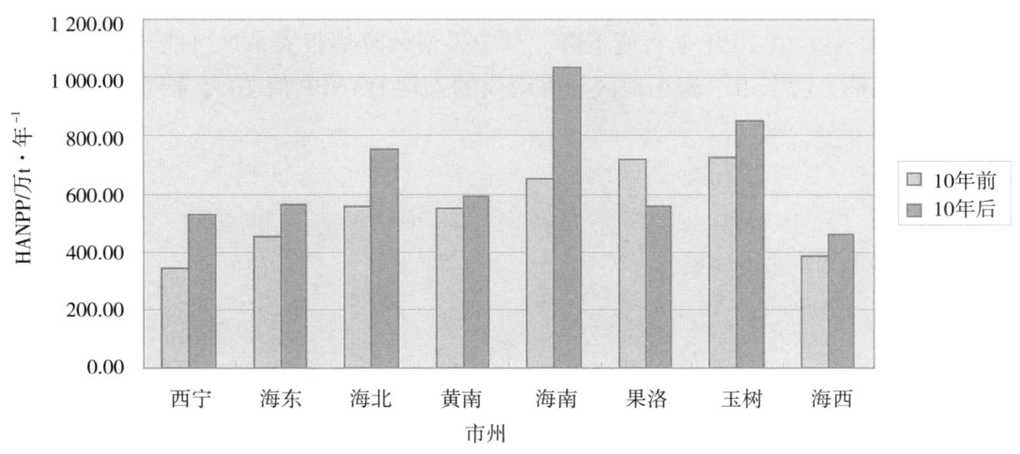

图 4-2　各市州 HANPP 值

（3）各市州 HANPP 率 10 年前后的变化　如图 4-3 所示，10 年来，除果洛州的 HANPP 率略有下降，其余各市州的 HANPP 率均有不同程度的增加，其中，西宁市作为省会城市，10 年间经济快速发展，对潜在净初生产力的占用率涨幅最大，超过了 100%。西宁市与海东地区的 HANPP 率远远高于其他各州，表明这两个地区对自然资源的开发利用程度最大。从图中可以看出，果洛州、玉树州、海西州三个地区的 HANPP 率较低，未超过 20%，处于可持续发展状态；海北州的

HANPP 率快要超过上限值 39%，如不及时采取措施保护生态资源，也将发展成为不可持续状态；黄南州及海南州的 HANPP 值超过了其上限值 39%，在 50% 以内，这两个地区应采取相应措施进行补救，调整农牧业发展的各方面人为因素，减少对自然资源的开发与利用，保护生态系统多样性，走可持续发展的道路；西宁市及海东地区是青海省经济发展较为快速的地区，其 HANPP 率远远超过了上限值，处于不可持续的状态，应开始转变经济发展思路与模式，将可持续发展作为社会整体发展的核心思路与目标，逐步减少对自然生态自愿开发利用。

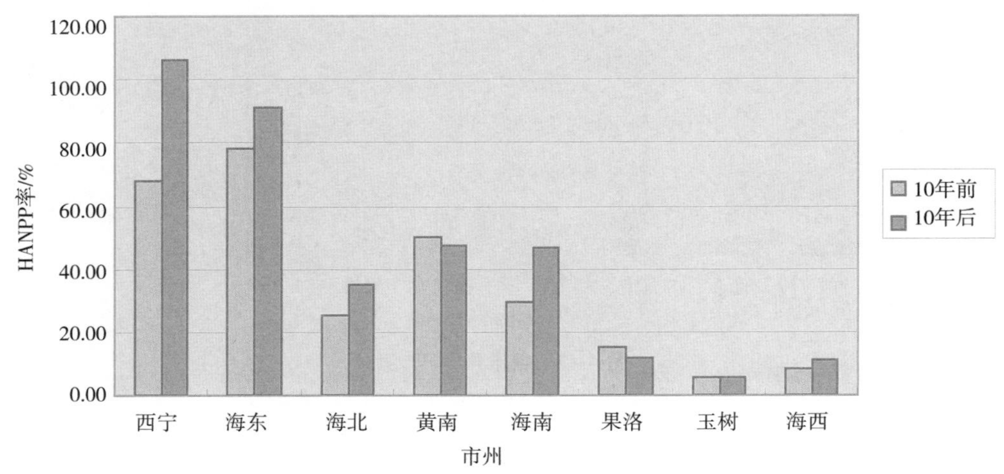

图 4-3　各市州 HANPP 率

（4）各市州人均 HANPP10 年前后的变化　人均 HANPP 值是由各地区 HANPP 总量除以当地人口得来，因此，该值受上述两方面因素的影响。由图 4-4 可以看出，黄南州、果洛州、玉树州及海西州的人均 HANPP 值 10 年来有所下降，其中果洛州降幅很大，这可能与该地区 10 年来人口涨幅较大有较大关系；西宁市、海东地区与海南州的人均 HANPP 值 10 年来略有增加。

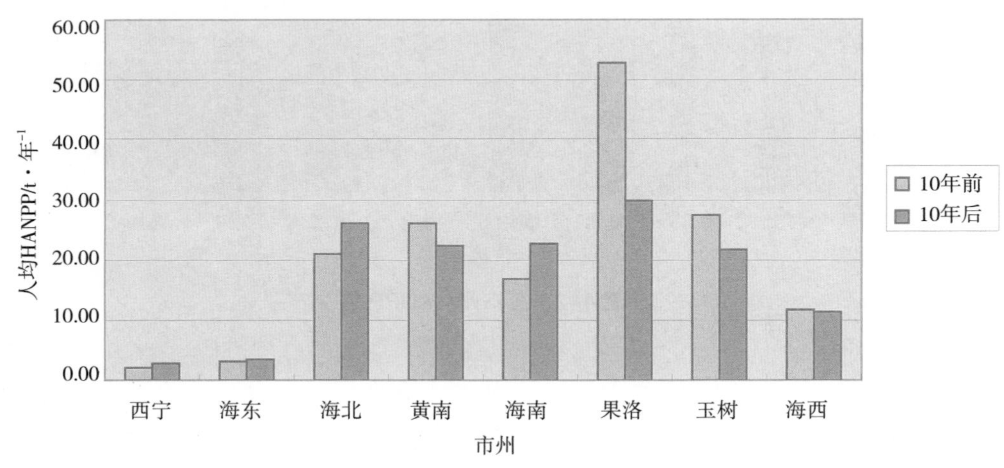

图 4-4　各市州人均 HANPP

（5）各市州“单位面积 NPP”“HANPP”“HANPP 率”对比分析　如图 4-5 所示，玉树州的单位面积 NPP 无论是在 10 年前还是现状年都处于青海省各市州的最高水平，表明该地区水热条件相对优越，生物潜在净初生产力相对较高。其次是海北州、西宁市、黄南州的单位面积 NPP 值在 $7t/hm^2 \cdot a$ 左右，处于青海省的中等水平。而海西州的单位面积 NPP 在 10 年前以及现状年均处于整个青海省的最低水平，仅 $4t/hm^2 \cdot a$ 左右，这与该区常年干旱、多风、少雨的恶劣自然环境条件有主要关系。

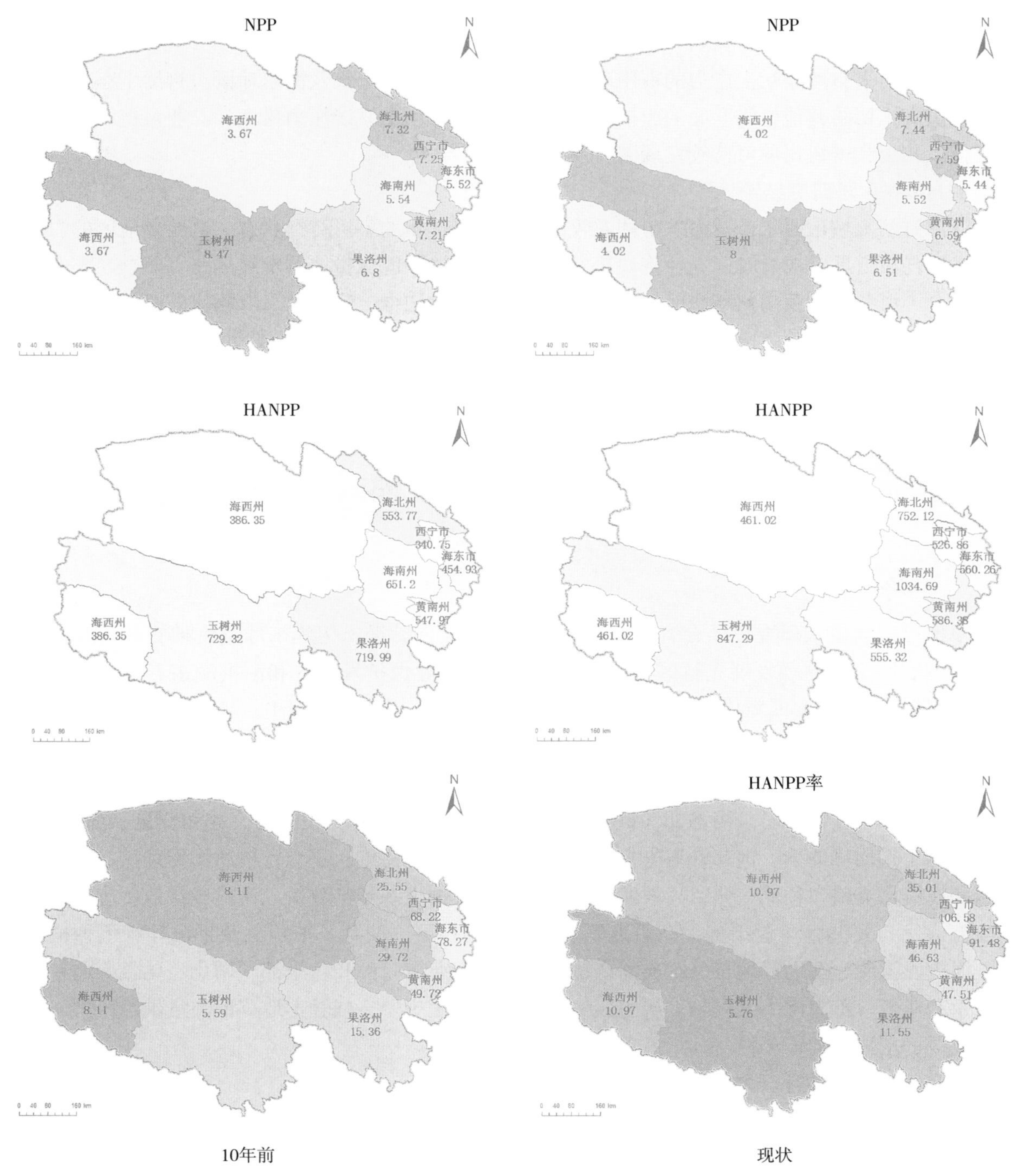

图 4-5　青海省各市州现状年及 10 年前“单位面积 NPP”、“HANPP”、“HANPP 率”对比

10年前，位于青海省南部的两个州玉树州及果洛州净初生产力的人类占用量HANPP值为青海省最高水平，果洛州仅比玉树州低10万t/年；西部的省会城市西宁市的HANPP值最低，仅340万t/年，其次是海西州，仅386万t/年。而现状年HANPP值最高的为海南州，超过了1000万t/年，其次是玉树州，超过了800万t/年，海西州的HANPP值为青海省的最低水平。

如图4-5所示，青海省西部市州的HANPP率整体上处于较高水平，大大高于西部各州。10年前HANPPP率最高的为海东市与西宁市，最低的为玉树州，仅5.59%。现状年西宁市的HANPP率超过了100%，为青海省最高水平，理论上该区人类对大自然潜在净初生产力的占用程度超过了其耐受能力；最低的仍为玉树州，仅5.76%。

从人类对大自然净初生产力的占用率角度来看，青海省西宁市及海东地区对自然生态系统造成的干扰最大，留给其他生物发展的净初生产量最少，该区生态系统压力最大，农业可持续发展的潜力最低。相反，玉树州的可持续发展潜力及空间最大。

3. HANPP法研究结论

青海省两大城市西宁市及海东市的农牧业发展处于严重的不可持续状态，这两个地区的农业可持续发展任重道远，应及时确立经济快速发展与生态环境资源保护协调发展思路，兼顾经济发展与生态安全。海北州、黄南州与海南州在可持续发展状态的边缘，应积极采取相应的有效措施进行补救，目光放远，努力走上农业可持续发展的道路。果洛州、玉树州及海西州处于可持续发展的状态，有进一步发展的空间。

五、农业可持续发展的区域布局与典型模式

（一）区域布局

根据可持续模式研究，结合青海地域特点和资源优势，提出构建东部特色种养高效发展示范区、环湖农牧交错循环发展先行区、青南生态有机畜牧业保护发展区和沿黄冷水养殖适度开发带“三区一带”农牧业发展新格局，探索一条产业集约循环、资源永续利用、环境有效治理、三生互利共赢的农牧业可持续发展之路。

1. 东部特色种养高效发展示范区

包括西宁市4区3县、海东市1区5县。区域具有人口密集、积温高、光照充足、降水不足、山旱地多、人均耕地少、饲草资源丰富、规模养殖比重高等特点，是全省粮油作物种植、设施农业发展和规模化养殖“种养一体”高效发展的主战场。根据生态足迹分析，该地域耕地生态盈余，草地生态赤字，要调整产业结构，在重点发展小麦、马铃薯、油菜、蚕豌豆及果蔬等特色种植基础上，湟中、湟源、互助等地打造优质高产饲草套复种产业带，民和、乐都、循化、化隆等地打造青贮玉米产业带，扩大肉牛、肉羊、奶牛、生猪、兔禽养殖规模，减轻本地草地肉量供给压力，同时保障牧区一定数量的饲草料。

2. 环湖农牧交错循环发展先行区

包括海南州共和、贵德、贵南3县，黄南州尖扎、同仁2县；海北州4县，海西州2市3县和大柴旦、茫崖、冷湖3行政委员会。区域地处农区与牧区接合部，总体上气候温和、气温东高西低、昼夜温差较大、日照充足、水资源和降水量自西向东逐渐增多、土地草原资源相对丰富、草地

生态环境脆弱、草原畜牧业相对发达，农牧交错发展比较优势明显，是养殖业牧繁农育的转移带，也是特色种植业、生态畜牧业和循环农牧业“农牧交错”循环发展的主战场。根据生态足迹分析，海西州耕地和草地均处生态盈余状态，可利用广阔的地域优势重点发展柴达木盆地绿洲农业，打造青稞产业带、优质油菜产业带、春小麦产业带和蔬菜产业带，做大做强柴达木福牛产业和设施果蔬产业，把海西州建成全省农牧业产业化示范区、种养一体化循环农牧业示范区。海北州耕地生态盈余，草地生态赤字，要以海晏、门源两个国家级示范区为带动，全面推广牦牛、藏羊优良品种，大力发展舍饲半舍饲养殖业，建设草业与养殖业耦合发展示范基地，把海北州建成草畜联动循环农牧业示范基地和全国生态畜牧业示范基地。海南州耕地生态盈余，草地生态赤字，要充分发挥沿黄地区气候多宜、农牧业结构多元的优势特点，推进农牧业产业融合，推进农牧业产业链条延伸，大力发展高原生态畜牧业，把海南州建成全国生态畜牧业国家可持续发展实验区。黄南州尖扎、同仁耕地生态盈余，草地生态赤字，要发挥地缘优势，实施“扩薯、减麦，扩草、控量、增效”战略，大力发展饲草产业，大力发展畜禽标准化规模养殖，把同仁、尖扎 2 县打造成东部现代农业的延伸带，生态畜牧业的承接带，本地和河南、泽库牧区饲草料的补给带。

3. 青南生态有机畜牧业保护发展区

包括黄南州泽库、河南 2 县，海南州兴海、同德 2 县，果洛州 6 县，玉树州 1 市 5 县、海西州格尔木市唐古拉镇。区域位于青藏高原腹地，是国家三江源草原草甸湿地生态功能区和三江源自然保护区的主体区域，生物资源丰富、高寒草甸草原面积大，草地生态环境极其脆弱、生态地位十分重要，草原畜牧业为支柱产业，是发展草地生态畜牧业和有机畜牧业，实现生态、生产、生活“三生共赢”的主战场。根据生态足迹分析，海南、黄南州生态赤字，可持续发展能力不足，玉树、果洛州生态盈余，处于可持续发展状态，但受《青海省总体功能区建设规划》影响，发展空间受限，应充分发挥区位优势，发挥精优产品。海南兴海、同德要加快转变农牧业发展方式，重点发展生态畜牧业，把兴海、同德 2 县建成青南藏区重要的绿色农畜产品生产加工基地，高原特色生态畜牧业推广示范基地。黄南州河南、泽库要充分利用国家有机产地地理优势，加快有机畜牧业示范园区建设进度，以减畜提质降低载畜量，把河南、泽库打造成全省乃至全国知名的有机畜牧业生产示范基地。果洛州要严格以草定畜，推进草畜平衡管理向深度发展，形成草原生态保护补助奖励长效机制。以全国草地生态畜牧业试验区建设为抓手，转变经营方式，加强畜牧业基础设施和人工草地建设，适度发展牦牛、藏羊产业，把果洛州建成全国重要的生态安全屏障和全省重要的高端牛羊肉供给基地。玉树州要坚持生态保护第一原则，加大退牧还草工程、三江源生态保护和建设二期工程实施力度，发挥独特的高原自然生态资源优势，适度发展牦牛藏羊产业，挖掘中藏药材、野生动植物资源潜力，发展生态经济，把玉树建成国家生态屏障和全国生态畜牧业示范区。

4. 沿黄冷水养殖适度开发带

重点包括黄南州尖扎县，海南州共和、贵德 2 县，海西州德令哈、格尔木 2 市。区域水域面积大、气候冷凉、水温 2~22℃、常年不封冻，水面水体洁净、水质优良，冷水鱼养殖条件得天独厚，是国内鲑鳟鱼网箱养殖的重要产区。重点按照渔业资源保护与适度开发并重的原则，合理控制库湾水体养殖强度，推广保水节水渔业，提升渔业资源保护和养殖渔业制种繁种水平，改善现代渔业物质装备条件，加快打造沿黄现代渔业示范园区和水产健康养殖示范场，形成以黄河为纽带，以湖泊、库区为节点的冷水鱼养殖产业带。

（二）典型发展模式

青海立足高原特色农牧业发展实际，先行先试，生态畜牧业发展基础牢固，经验丰富，模式可行，可持续发展能力较强。循环农牧业发展潜力较好，政府主导作用突出，长足发展优势明显。

1. 草地生态畜牧业建设模式

青海作为全国五大牧区之一，96% 是牧区。多年来，坚持生态优先原则，不断转变畜牧业生产发展方式，探索了一条具有青海特色的生态畜牧业可持续发展路子。生态畜牧业科学内涵为：以保护生态环境为前提，以科学利用草地资源为基础，以转变生产经营方式为核心，以建立牧民合作经济组织、优化配置生产要素为重点，通过组织化生产、集约化经营、产业化发展，促进草畜平衡、提高畜牧业综合效益，实现人与自然和谐和畜牧业可持续发展。其根本成效为：实现了“两减”“两优”“两增”，即：减少了草地承载农牧业人口、减少了草原载畜数量，优化了资源配置、优化了牧业结构，增加了牛羊肉产量、增加了农牧民收入。其基本建设模式为：股份制、联户制、代牧制和大户制四种主要模式。

（1）股份制　股份制是以草场承包经营权、牲畜所有权作价入股，牲畜重新按类组群、草场按畜群重新划分利用，劳动力专业分工，生产指标细化量化，用工按劳取酬，利润按股分红为主的风险共担利益共享的经营模式。

主要特点：组织化程度高，劳动效率高，分配合理。

发展优势：通过将草地承包经营权、牲畜所有权股权化，实现了草地规模经营，提高了资源配置和利用效率，能够解决分散经营中草地资源不断碎化的问题。调研的 50 个示范社中，有 38 个实行股份制方式，以草定畜，对牲畜按类重新组群、草场按群重新划分轮牧、劳力按技能重新分工，牧户入社率和牲畜、草场集约率分别达到 72.5%、67.8% 和 66.9%，分别比全省平均水平高出 15.2、15.6 和 15.7 个百分点。

应用前景：该模式由海西州天峻县新源镇梅陇村首创，又称“梅陇模式”，在海西州和环湖地区广泛应用，目前向逐步向全省推广。

（2）联户制　联户制是社员间以若干户联合形成生产单元（联户经营组），组内通过股份或权益方式进行资源重组，合作社为联户经营组统一提供服务、统一进行畜产品营销，收益合作社以组核算、各组以股（权）核算的经营模式。

主要特点：联户经营组内成员多以亲友构成，方便沟通协调，利于合作社运行和民主管理。

发展优势：易于组建和优化资源、分工生产，便于小作坊等小规模畜产品加工生产。在海北州海晏县调研的 25 个合作社中，有 18 个生态畜牧业合作社组建了联合社，兴建畜产品交易市场，统一进行畜产品营销，提升了产值。

应用前景：海北州、海南州广泛应用，其他牧区逐步推广。

（3）大户制　大户制是在牧区已形成的养殖大户基础上，大大联合组建生态畜牧业合作社的经营模式。

主要特点：资源向大户流转，实行规模化经营，便于资源管理和技术推广。

发展优势：促进合作社统一管理，便于规范养殖大户草场和牲畜流转，方便先进技术推广应用。2012 年，牧区牦牛复壮面同比增加 18.75 万头，藏羊本品种选育面同比增加 27 万只；藏羊高效养殖技术示范村母羊枯草期失重比传统放牧母羊减少 8kg，羔羊繁活率提高 5 个百分点，羔羊 6 月龄活重提高 14~21kg，确保了牧区在减畜情况下牛羊肉产量持续增长，且天然草场产草量提高 12.19%。

应用前景：该模式在黄南州试点应用，玉树州、果洛州逐步推广。

（4）代牧制　代牧制是在合作社统一组织和管理下，合作社为入社成员提供和创造代牧条件，制定并规范代牧办法。

主要特点：牧户间在合作社统一组织和监督下进行相互代牧，信任度高，易于推行，便于适度规模经营。

发展优势：提升生产经营效益，同时也解放更多的劳动力从事其他行业，利于一、二、三产融合。海南州生态畜牧业合作社中 65% 以上均开办有不同规模的特色畜产品、民族工艺品加工厂，有 12 个合作社利用旅游资源发展餐饮、住宿业。二、三产业的快速发展，改变了牧民过去以畜牧业为主、采集业为辅的二元收入结构。

应用前景：本模式在海西州首先试点应用，目前海南州、海北州逐步推广。

各地牧民在建设实践中，根据实际，在四种模式基础上，又衍生出了股份 + 联户、股份 + 代牧、联户 + 大户等复合型建设方式。六州牧区在连年减畜的情况下农牧业增加值达到年均递增 6.8%。

2. 农牧交错带草畜联动建设模式

青海西宁、海东、黄南、海南等地在农牧交错带，积极探索种草养畜、草畜联动、畜粪还田、循环利用、集约经营的发展模式，基本形成了资本运作、种草养畜、半舍饲半放牧饲养、规模化经营的畜牧业生产经营方式，在全国率先探索出了农牧交错带现代畜牧业可持续发展道路。较为典型的有湟源模式和贵南模式。

（1）湟源模式　积极探索以草业建设为基础、规模化养殖基地为中心、产业化龙头企业为带动的草食畜养殖业，形成了“草业建设—牛羊育肥—畜产品加工—有机肥生产—返田”的现代农牧业大循环的发展新模式。

主要特点：以专业化合作社为引领，发展订单产业，走“农户十基地十专业合作社 + 公司”合作化路子，辐射带动农牧民集约化经营的发展。以民营企业为龙头，实行土地流转，依托企业进行农畜产品深加工，深化种养结合，有效提升资源循环利用率。

发展优势：湟源县将草业发展作为现代畜牧业的支柱性资源产业。2012 年全县饲草种植面积突破 20 万亩，全部实行订单种草，占全县 31.8 万亩总耕地面积的 62.9%，年饲草总量达 47.63 万t，实现种植收入 11 250 万元，比传统种植每年增收 475.5 万元。依托三江一力、富农草业等龙头企业进行饲草加工，生产的面包草，与喂食传统饲草相比，出栏率提高了 30 以 % 以上，缩短育肥肉牛羊出栏时间 35 天，从经济上看带动 2 000 余农户直接增收 1 254 万元。在生态循环方面，积极探索“畜禽养殖—粪便—沼气无公害农产品生产循环模式”，通过在规模养殖场（户）大力实施“沼气工程”，使大量畜禽粪便得到无害化处理，生成了新能源和资源，减少了污染，构建了了以草业建设—绿色养殖—畜产品深加工—市场销售—有机肥加工为一体的现代畜牧业良性循环发展模式，在减轻草场压力的同时达到减畜增收的目标，体现了生态畜牧业的理念。在龙头企业发展方面，积极探索订单养殖和公司化运作模式，实施“公司 + 基地 + 农户”的订单模式，农户按合同要求向企业提供优质商品牛，企业按高于市场价格 300~400 元 /t 的价格收购，保证了企业收购的肉牛质量和农户养殖利润。

应用前景：该模式适宜在草业种植条件良好，规模化养殖条件成熟的湟源、共和、都兰、门源、同仁等农牧结合地区应用。

（2）贵南模式　贵南县依托当地丰富的退耕还林还草和天然草场资源，集中力量打造上规模的草产业发展示范区、辐射三江源区的饲草种植基地和青南地区抗灾保畜饲草料储备基地。开展了以合作社＋农户＋基地的公司与农户互惠互利的“双赢”模式。

发展优势：在草产业“双赢”模式发展中，贵南县农牧部门积极与公司合作，带动500余户种植户和30余户农机大户开展打草、机械装卸车、加压、搬运草捆等草产业集约化生产，每年生产加工燕麦等青干草6万余吨，带动了当地牛羊育肥、畜产品初级加工等产业发展，逐步形成了以养殖带动种植、以种植反哺养殖的经营格局。同时每年保证3 000t青干草，供给青南地区防灾抗灾之需。同时，为扩大生产规模，贵南草业积极发展飞地产业，与俄罗斯维克多利亚公司签订合同，租赁耕地81 120亩、草场20 000亩，用于农业种植和牲畜养殖，解决省内农牧业资源不足的问题。

应用前景：该模式适用于贵南、海晏、祁连等牧区周边农业带。

3. 农区循环农牧业建设模式

针对青海农区生态盈余，牧区大部分生态赤字的实际，坚持农牧结合、种养循环、草畜配套的高原特色循环农业建设理念，鼓励农业区实施粮草轮作发展饲草种植和农区畜牧业，构建“牧草生产—饲草料加工—牲畜养殖—畜粪处理与有机肥生产—牧草生产”的农牧耦合技术体系。探索出了一些针对性、操作性很强的成功模式，其中比较有代表性的有民和、大通等发展模式。

（1）民和模式 以全膜双垄青贮玉米、马铃薯栽培技术为重点，大力发展旱作节水农业。以“农畜联动、草畜结合”工程为抓手，发展“粮—草—畜—沼—果”循环农业。

主要特点：坚持原生态、循环、高效的现代农业发展理念，推广全膜双垄栽培技术，有效解决了“蓄住天上水、保住地里墒”的难题。发挥地域优势，全力发展以农促牧、以牧带农为主的循环经济。

发展优势：据统计，全膜玉米平均每亩产量达到600kg，产秸秆1 500kg，与小麦种植相比，增产450kg，亩均增收824元：马铃薯亩均产量达到2 300kg，增产900kg，亩均增收540元。以农牧结合循环经济为核心，积极实践“粮—草—畜—沼—果”循环发展模式，通过建设沼气池、推广有机肥，高原生态高效农业发展迅速，粮草畜果蔬循环一体化产业发展强劲。

应用前景：该模式适用于气候条件较好，适宜作物覆膜和玉米等草业发展的民和、乐都、平安、化隆、循化、尖扎、贵德等地。

（2）大通模式 “大通模式”为农业部在2012年调研时提出。“大通模式”即：因地制宜，扬长避短，大力发展以设施农业为主体的集约农业、以沼气种养为纽带的循环农业、以流通销售为导向的市场农业、以生产娱乐为一体的休闲农业、以民族文化为特色的创意农业，创出了一条农业设施化、产业规模化、要素循增环化、产品品牌化、销售市场化的现代农业发展模式。

主要特点：发挥现代农业示范区优势，集中科技力量，创造地方特色品牌品牌，拓展农业功能，集中打造高效益农业。

发展优势：大通县形成了循环农业与科技、经济、环保实现相互支持、良性互动的发展格局。2012年，全县农村户用沼气数目达2.42万座，完成“一池三改”沼气池2.3万座，有力地推进了种养结合、农牧互补的农业要素循环利用。以创建名、精、优、新农产品牌为战略方向，以“驰名商标”“地理标志”“名牌产品”为建设重点，着力打造“绿草源”牛羊肉、“老爷山”蔬菜、“大通马铃薯”“雪域纯”蚕（豌）豆系列产品等一批彰显大通现代农业品质和特色的农产品品牌，产品远销到港澳、上海、广州、北京、厦门、西安等地区。

应用前景：该模式适宜于地理区位明显、特色产业突出、旅游资源优越的大通、互助、门源、海晏、循化等地区。

六、促进农业可持续发展的重大措施

从推动全省农牧业可持续发展，初步建成现代农牧业的需求出发，以重点建设工程为抓手，进一步保护耕地资源，恢复草地生态环境，提升农业用水效率，建立健全政策保护机制，逐步形成农牧业生态资源永续利用，农牧业持续发展的良好势头。

（一）保护和开发耕地资源

从土地资源可持续利用分析看，草地资源已达到发展上限，大部分区域处于不可持续发展状态，只能在保护恢复的基础上走生态有机精专路线，努力做到减畜不减收。相对而言，耕地发展潜力空间较大，保护和开发耕地资源对提升青海农牧业可持续发展至关重要。

1. 加强耕地保护和修复

划定耕地保护红线，严格控制非农业建设用地总量，建立以粮食生产为主的永久性基本农田保护区；进行城市、工业园区及其周边的土壤治理修复，加强耕地、菜地、经济作物产地的土壤保护。推广综合保护性耕作和深耕深松技术，应用深耕深松机械、免耕播种和秸秆粉碎还田，提高耕地持续利用能力。

2. 加强高标准农田建设

实施湟水流域高标准基本农田整治重大工程，以现代农业园区综合开发为引领，加强旱作示范基地和旱涝保收标准农田建设，节约集约用地，合理利用资源，增大土地产出率，提升耕地综合利用水平。

3. 实施农区水土流失、沙化治理

启动黄土高原和柴达木地区生态保护和综合治理工程，重点实施沙化、荒漠化草地治理、水土流失预防和治理、耕地保护与质量提升、退耕还草等项目工程，持续推进林草植被保护和建设，防止耕地资源流失。

4. 加强土壤地力培育

实施耕地质量提升工程，建设新型肥料研发基地、精准施肥研发基地、有机肥资源综合利用研发基地、耕地改良与培肥研发基地；建立省级耕地质量监测中心、分中心、区域站；建立综合示范基地，积极推进土壤污染防治和技术改良工作，进行土壤污染状况调查，加强监测监控，加强工业排污、土地白色污染、农药化肥残留和土壤改良治理等，提升耕地质量。

5. 推进农田防护林建设

继续推进天然林资源保护、三北防护林、湟水流域百万亩农田防护林等工程建设，加强农牧交错区已垦草原治理，建立耕地资源防护屏障。

6. 合理开发后备土地资源

启动“引江济柴”工程，跟进水利灌溉等设施，开发柴达木盆地耕地储备力量。推广海南高原生态现代农业光伏产业园发展模式，合理开发海南共和盆地土地资源，发展果蔬产业。

（二）保护草地生态环境资源

1. 加强全国草地生态畜牧业试验区建设

以提高养殖效率和水平，推动草畜平衡为重点，加强舍饲养殖，发展特色养殖，加快牲畜出栏，推进草原畜牧业生产方式转变，启动新一轮农牧区农牧民安居工程、有机畜牧业生产基地建设、草食畜牧业建设、饲草料生产基地建设、生态畜牧业发展等工程建设，提升草地生态畜牧业可持续发展能力。

2. 推进农牧业资源和生态环境保护

按照“生态工程全覆盖，农牧业资源全方位保护”的思路，坚持草原生态保护与治理并重，重点实施三江源二期、祁连山生态保护与建设、青海湖流域生态环境保护与综合治理二期、自然保护区（或国家公园体制）建设等工程项目，加大退牧还草力度，扩大草原生态补助奖励额度和覆盖面。

3. 坚持发展生态畜牧业

调整优化畜牧业产业结构，实现畜牧业生产方式的新转变，牧区继续做好减畜工作，实行大轮牧、羔羊犊牛育肥、舍饲半舍饲养殖，达到草畜平衡。农区、半农半牧区加强规模化养殖场（小区）建设，发展饲草产业，以农补牧达到牧减农增的效果。

4. 推进防灾减灾体系建设

加强省、州（市）农作物重大有害生物防控与应急体系基础设施建设，建立土壤墒情固定监测点；继续加强鼠虫害、毒杂草防治工程建设；建立完善的草原监测网络；完善草原防火体系和物资储备库建设；加快农牧业遥感中心建设，提升草地监测能力。

5. 开展农业资源休养生息试点

在湟水河流域湟源、湟中、平安、乐都等县（区），祁连山水源涵养区祁连、刚察、门源等县划定区域，开展湿地生态效益补偿和退耕还湿试点。

（三）提高农业节水能力

1. 加强农田水利基本建设

在海南共和台地、柴达木盆地实施万亩灌区续建配套与节水改造工程；在湟水流域建设高标准农田水利配套工程；在东部浅山干旱地区实施水利综合开发工程；在设施农业区、低丘缓坡和经济园区等地区建设高效节水灌溉工程。

2. 发展雨养农业

重点建设农田雨水集蓄和集雨补灌设施，在旱平地和缓坡地，建设沟垄种植、集雨坑、径流面等农田集雨设施；在坡耕地、山丘地建设旱井、水窖、地表蓄水池、集雨径流场等集水补灌设施；在丘陵、山丘因地制宜建设旱井、水窖、水池等集水设施，提高抗旱能力。

3. 发展高效节水农业

在湟水流域及东部脑山地区继续推广全膜双垄栽培、膜下滴灌旱作节水技术；在黄河流域推行灌区田间节水增效技术；在柴达木地区广泛应用喷灌技术、微灌技术和精准控制灌溉技术，减少土壤水分蒸发，大力提高土壤保墒蓄水能力。

4. 加强重点梯田、等高田建设

提高降水就地入渗量，减少农田水分流失，提高旱薄农田蓄水保墒能力。

（四）构建政策保护措施

1. 构建农业生态环境保护法律法规体系

建立健全农业生态环境保护法律体系，完善相关标准、技术规范和操作规程。制修订耕地质量、土壤环境质量、农用地膜使用等标准，为生态环境保护与建设提供依据。加大执法力度，落实农业资源保护、环境治理和生态保护等各类法律法规，切实保护好耕地、草地、水域的生态环境和野生植物等农牧业资源。

2. 保护和提升种质资源

畜禽良种重点改造升级种牛场、种羊场、种猪场、保种场，增建建标准化牛改点、羊改点等。种子工程重点加强农作物种质资源繁殖更新与引种基地、农作物品种区域试验站、农作物新品种示范展示中心和种子质量检测站建设，提高粮油生产基地建设、粮食高产创建示范建设杂交油菜制种基地建设水平。水产良种重点加强青海湖裸鲤增殖试验站、工厂化循环水苗种培育中心、裸鲤增殖放流站等建设。牧草良种重点加强优质牧草良种基地建设。加大各项良种补贴力度。

3. 推进循环农牧业发展

按照“农牧结合、草畜联动”的思路，推进种养一体化循环农牧业，重点实施循环农牧业示范、农村沼气、农村清洁能源推广、农村污染防治推广示范、循环农业示范县创建等工程建设，推进农牧高效复合循环、秸秆资源化利用、废旧农膜回收、化肥农药减量增效、畜禽规模养殖粪污资源化利用等工程建设。

4. 建立农牧业科技创新与人才培养长效机制

健全农业可持续发展投入保障体系，推动投资方向由生产领域向生产与生态并重转变，实施科技成果推广、农牧业人才队伍建设和新型职业农牧民培育等，发挥科研院所、农牧业科技实验基地、现代农业示范区培训和示范引领作用，增强科技人才支撑可持续发展能力。

5. 转变农牧业发展模式

加快土地的合理流转、转包，实行现代规模化经营，提高土地生产率。加强草原流转，实行生态规模化养殖，保证草地资源永续利用。

6. 建立健全农业保险机制

拓宽农业灾害保险救助范围，有效提升保险在灾害救助体系中的积极作用。

7. 提升农牧业法治监管能力

加强农牧业投入品监管，建立健全农牧业综合执法机构，建设农药、化肥、兽药、饲料等投入品检测机构，建立农产品投入品可追溯体系，健全草原渔政监理体系，保证生态资源逐步向好、农牧业健康持续发展。

参考文献

蔡晓剑 . 2011. 青海省绿色农业发展优势与现状浅析 [J]. 青海农技推广（12）：不详 .

李凤霞，严进瑞，等 . 2011. 青海高原环境与农业可持续发展研究 [J]. 国土与自然资源研究（3）：不详 .

李生梅，周强 . 2011. 青海省农业经济可持续发展制约因素与对策研究 [J]. 青海农林科技（2）：

46–49.

李双元 . 2011. 青海省草地生态畜牧业发展模式现状、评价与政策思路 [J]. 中国农业资源与区划，32（2）：38–43.

刘小虎 .2005. 无公害农产品生产中的农药、化肥、农膜残留污染及对策 [J]. 青海农技推广（2）：13.

刘晓平 . 2011. 青海省湟水流域农业循环经济发展模式分析 [J]. 产业与科技论坛（11）：34–36.

马瑞涛，马彪 . 2009. 青海省农业可持续发展能力评价研究 [J]. 甘肃科技纵横，38（1）：75–76.

祁英香 . 2009. 青海湖地区草地载畜量及畜牧业可持续发展研究 [J]. 安徽农业科学，37（33）：16551-16553.

青海省气象局 . 2012. 青海省气候变化评估报告 [M]. 北京：气象出版社 .

熊国富 . 2008. 青海农业水资源可持续发展与开发利用 [J]. 河北农业科学，12（6）：62–63.

杨红 . 2007. 青海省农村劳动力转移就业现状、问题及对策 [J]. 开发研究，129（2）：54–57.

张云杰 . 2012. 青海省水资源调查与节水农业发展对策建议 [J]. 青海农技推广（4）：32–37.

宁夏回族自治区农业可持续发展研究

摘要： 通过对宁夏回族自治区农业可持续发展的研究，根据宁夏的自然资源环境条件及社会资源环境条件，对全区农业发展可持续性评价体系及适度规模分析，提出三种宁夏回族自治区农业可持续发展的区域布局与典型模式：一是旱作农业，包括地膜覆盖旱作技术模式、节水控灌技术模式、微灌、管灌节灌技术模式、黄河水蓄水沉淀工程 + 滴灌（喷灌）+ 节水管理技术模式、复种两熟栽培模式、压砂栽培技术模式、激光平地技术模式、保护性耕作生态农业模式、测土配方施肥模式、多种形式经营模式、坡改梯建设技术模式；二是草畜产业：突出特色经济的泾源发展模式、合作互助发展，特色鲜明、示范带动效应凸显的“石羊模式”、产业各环节统筹协调、一体化运作、全方位发展的“夏华全产业链发展模式”；三是瓜菜产业：以水定需，量水而行，依水而建，确定瓜菜产业的合理开发规模和适宜布局区域、建设瓜菜可持续生产基地。

一、农业可持续发展的自然资源环境条件分析

（一）土地资源

1. 农业土地资源及利用现状

宁夏耕地面积 111.02 万 hm^2，人均耕地近 0.2hm^2，居全国第 4 位。尚有宜农荒地近 66.67 万hm^2，是全国 8 个宜农荒地超千万亩的省区之一，有宜渔荒滩 13.33 多万 hm^2。近年来，引黄灌区大力实施中低产田改造为重点的农业综合开发项目，不断扩大老灌区面积，提高耕地质量；中部干旱地区实施扬黄扩灌工程，先后兴建了固海扬水、盐环定扬水和“1236”扶贫扬黄灌溉工程；南部山区开

课题主持单位： 宁夏回族自治区草原工作站

课 题 主 持 人： 于钊

课 题 组 成 员： 于钊、王全祥、张宇、王蕾、罗晓玲、苏海鸣、黄文广、孙玉荣、贾雨晗

展了高标准旱作水平梯田建设。

宁夏草原总面积 244.33 万 hm^2，占全区总面积的 47%，自南而北，依次分布着草甸草原、干草原、荒漠草原等，其中以荒漠草原面积最大。作为全区自然植被主体的草原植被，植被覆盖度一般为 30%~60%，鲜草产量 2 700~4 500kg/hm^2。2003 年自治区党委、政府在全国率先提出全区境内实施封山禁牧，是全国第一个全区禁牧的省区。随着禁牧封育、退牧还草、草原补奖等生态建设项目的实施，草原植被得到了快速、稳定的恢复。

宁夏林地面积 77.16 万 hm^2，园地面积 5.16 万 hm^2。

2. 农业可持续发展面临的土地资源环境问题

（1）土地资源数量　土地总面积小，人均占有量相对较大。宁夏土地总面积 51 954.34km^2，占全国总土地面积的 0.54%，按 2012 年年末人口计算，人均土地面积 0.8028hm^2，高于全国人均 0.78hm^2 的平均水平。耕地面积 24 828.45 万 hm^2，占全国耕地面积的 0.97%，人均耕地 0.384hm^2。

耕地后备资源较多，土地开发大有潜力。全区尚有宜农荒地 41.52 万 hm^2，主要分布在中北部地区，其中大部分光热条件较好，土地平坦、集中连片，通过引、扬黄河水可用于农业开发。

可耕地的数量直接影响农产品的产量，人口增长、经济发展都需要日益增加农产品供给，以满足对粮食和原料的需求。而且农地非农化的趋势，即在工业化和城市化进程中因办厂、新建住房和建设道路等基础设施的需要，不可避免要占用相当数量的农（耕）地，从而造成农业发展与经济建设的矛盾。因此，土地资源的丰裕与否不仅关系到农产品的产量，而且决定了当地经济发展的空间大小，而这反过来又影响对农业发展的反哺力量。

（2）土地资源质量　宁夏农业资源条件优越，特别是引黄灌区，为西部地区与成都平原、关中平原、河西走廊和伊犁河谷并称的西部“五大粮仓”，更是西北地区重要的商品粮基地，单产水平在全国名列前茅（水稻单产超过 9 000kg/hm^2，麦套玉米单产 15 000kg/hm^2）。被中外经济学家誉为“大有发展潜力的灌区”“发展农业不可多得的地区”。

土地质量差异大。从耕地类型看，耕地中旱地占 63%，因受水资源限制，十年九旱，旱作农业很不稳定。从土地肥力状况看，肥力较高的灌淤土和黑垆土仅占 11.7%，引黄灌区中低产田面积约占 2/3。肥力较低的灰钙土、黄绵土、风沙土、新积土、粗骨土等占 78.0%。未利用地中难以利用的流动沙丘、裸岩、冲沟、石砾等地类面积占 11.4%。全自治区水土流失面积占 75.0%，土壤沙化面积占 24.19%，是我国水土流失和土地沙化严重地区之一：灌区土地土壤次生盐渍化较严重，尤其是银北地区，土壤次生盐渍化面积占耕地面积的 2/3。

土地垦殖率高，除引黄灌区外，生产力较低下。宁夏耕地垦殖指数 24.31%，高于全国平均水平，南部黄土丘陵区耕地垦殖指数高达 38.4%，但旱耕地产量低而不稳，大丰收的 1996 年，粮食平均单产也只有 996kg/hm^2，仅为引黄灌区粮食单产 7 022kg/hm^2 的 1/7。

与土地数量相比，土地（壤）质量或肥力对农产品产量的影响具有同等重要的作用。宁南一些地区，由于对土地投入减少，搞掠夺式经营，致使土地使用过度，土地资源质量严重下降，体现在具体表征上就是土地沙化现象愈演愈烈，农产品产出量大幅度下降。因此，土地资源特别是优等地的有限性给农产品供给的增长设置了自然界限。

（二）水资源

1. 农业水资源及利用现状

宁夏地处我国内陆中部偏北，距海遥远，降水稀少，水资源严重短缺。当地人均水资源占有量

仅为黄河流域的1/3，全国的1/12。人均水资源可利用量仅有670m^3，为全国平均值的1/3，呈现资源型、工程型、水质型缺水并存的局面。

目前，宁夏经济发展整体欠发达，引黄用水以农业为主，且比例高出全国平均水平的22%，工业用水中能源、重化工等高耗水项目所占比重较大。随着国家西部大开发的深入和地区城市化进程的加快，全自治区水资源供需矛盾将进一步加剧。

平原地区在农业上采取大水漫灌，大引大排的粗放型灌溉方式，排引比高达0.58左右；渠系年久失修，漏水渗水严重，渠系水有效利用率低，引黄区为0.43，扬黄区为0.63。水稻毛灌溉定额和水浇地毛灌溉定额大大超过作物实际需水量。大水漫灌还引起了土壤的盐渍化，使得耐水粮食产量变低，仅为31kg。

2. 农业可持续发展面临的水资源环境问题

（1）水资源数量　由于宁夏特殊的地理位置，受位置尤其是纬度以及地形状况的影响，宁夏降水稀少，蒸发强烈。宁夏自南向北，降水由675mm下降为138mm，在地域分布上，降水的分布也极不均匀，与同纬度我国东部地区相比较，具有明显的干旱性，地表缺乏植被覆盖，蒸发强烈，大部分地区蒸发量为降水量的5~10倍，年蒸发量为1 200~2 400mm，全自治区平均蒸发量高达1 250mm，是降水量的4倍。干燥度（k=可能蒸发量/降水量）大部分地区大于2，有一半以上地区大于3。多年平均降水量289mm，不足黄河流域平均值的2/3，且年内分配很不均匀。6—9月降水量约占全年的70%，且多以暴雨形式出现，开发利用难度大。

宁夏水资源有黄河干流过境流量525亿m^3，可供宁夏利用40亿m^3（实际利用仅为33.0亿m^3，且逐年减少），地区水资源禀赋差。水能理论蕴量195.5万kW。水利资源在地区上的分布是不平衡的，绝大部分在北部引黄灌区，水能也绝大多数蕴藏于黄河干流。而中部干旱高原丘陵区最为缺水，不仅地表水量小，且水质含盐量高，多属苦水或因地下水埋藏较深，灌溉利用价值较低。宁夏9.49亿m^{3}地表水资源量中苦咸水占22%，达2.13亿m^3，占全自治区总面积57%。主要分布在中部的苦水河中下游、红柳沟和黄河右岸诸沟，南部的祖厉河、清水河中游及葫芦河流域。南部半干旱半湿润山区，河系较为发达，水利资源较丰富，但其实际利用率较小。

全区地表水多年平均径流量为8.89亿m^3（不计黄河干流），另有黄河干流过境流量325亿m^3，为农业生产提供了有利的条件。其中，清水河是黄河在宁夏境内的最大支流，河长320km，年径流量仅为2.53亿m^3。

宁夏地下水资源约26.51亿m^3，其分布地区很不平衡，以较湿润的南部山区及平原区为多，引黄灌区水资源丰富，仅银川平原和卫宁平原共有地下水天然资源82亿m^3。干旱的黄土丘陵地区少，占总面积13%的平原区地下水量占总储量的63.8%，而占面积69%的黄土丘陵及低缓丘陵地区，其地下水量仅占16.2%。地下水中17%为苦咸水，达3.99亿m^3，主要分布在苦水河、黄河右岸诸沟，盐池内流区的部分地区，清水河、葫芦河等流域以及银北灌区。全自治区当地实际可利用水资源量仅有4.5亿m^3。

（2）水资源质量　黄河干流按《地表水环境质量标准》（GB 3838—2002）评价，黄河宁夏入境断面夏河沿全年水质量类别为Ⅲ类，入境水质较好。黄河宁夏出境段面麻黄沟全年水质类别为Ⅳ，主要污染项目为化学需氧量。

引黄灌区排水沟　引黄灌区中卫四排、北河子沟、大河子沟、金南干沟、清水沟、中干沟、东排水沟、第二排水沟、银新沟、第三排水沟水体水质类别均为地表水劣Ⅴ类，主要超标项目为氨氮、总磷、高锰酸盐指数等；第一排水沟、第四排水沟、第五排水沟水体水质类别为地表水Ⅴ类，主要超标项目为氨氮。

山区主要河流　清水河原州水文站以上河段水质较好，水体水质类别为地表水Ⅱ；口水和上中游河段基本没有人为污染，下游河段有少量工业废污水汇入，但由于各支流高矿化度水汇入，造成苦水河水质差，为劣Ⅴ类水质，主要污染项目为氟化物。

引黄灌区主要沟渠和容泄区　由于大量接纳城镇废污水，引黄灌区各主要沟渠和容泄区水质均为劣Ⅴ类，水体污染非常严重，主要水功能区达标率不足30%，进一步加剧了水资源短缺形势。污水灌溉和化肥、农药的大量使用，造成土壤板结、硬化、有毒，肥料吸收率下降，肥力降低，作物生长受到抑制。有毒物质受灌溉和降雨径流，进入地表河流或渗入地下，危害农业环境。宁夏第一次农业污染源普查数据显示：全区畜禽养殖污水产生量和排放量分别占农业源污水产生量和排放量的2.95%和2.4%，而污染物产生量和排放量分别占农业源污染物产生量和排放量的99.11%和88.29%。其中，有些污染物与饮用水源地距离太近，已经危及饮水安全。

水对所有生物来说都是非常重要的，农业生产更是离不开水。水不仅是农业发展的一种动力资源，而且是动植物生命体的重要组成部分，动植物通过吸收水分来提供其生长所必需的养分。农田灌溉条件的优劣直接影响农作物的生长发育，进而影响其产量。水是生命和粮食安全的重要资源，世界未来的粮食生产取决于是否有充足的水资源。此外，随着农村人口的增加和农村工业化的发展，对水资源的需要量越来越大，非农产业与农业之间争水现象时有发生，对农业的可持续发展发出了严重的警告。

（三）气候资源

1. 气候要素变化趋势

宁夏引黄灌区2000年降水量110.0mm，2012年降水量295.1mm，比2000年增加168.27%，干旱山区2012年降水量比2000年增加33.50%；引黄灌区和干旱山区2012年无霜期天数与2000年相比无明显变化；引黄灌区2012年初霜日期比2000年早2天，干旱山区2012年初霜日期比2000年晚16天（表1-1）。

表1-1　全区降水量、无霜期和初霜日期变化表

年份	降水量（mm）		无霜期（天）		初霜日（日/月）	
	引黄灌区	干旱山区	引黄灌区	干旱山区	引黄灌区	干旱山区
2000	110.0	214.0	181	181	15/10	1/11
2011	188.7	218.0	236	208	14/10	15/10
2012	295.1	285.7	190	188	17/10	17/11

2012年全区天然地表水资源量8.447亿m^3，折合径流深163.mm，与上年增加23%，比多年平均偏小11%（表1-2）。

2. 气候变化对农业的影响

宁夏地处内陆，属温带大陆性干旱半干旱气候，属高热值地区，昼夜温差大，是农作物高产、优质的理想区域。年日照时数3 000小时以上，年太阳辐射总量623.42kJ/cm^2。年平均气温5~10℃，大于10℃的有效积温中北部3 000~3 300℃，南部2 000~2 400℃，昼夜温差13~15℃，无霜期140~160天。

农业生产在很大程度上是一个通过利用植物在光合作用中固定太阳能的能力、利用太阳辐射能来生产生物产品和生物能源的过程。因此，气候条件是农业自然再生产的一个基本前提。气候（主要是光、热、水）的不同对农作物的种植制度、抗病虫害能力、施肥量和肥效、降水量等有明显影响。首先种植制度的合理安排取决于当地气候资源在时空上的分布状况和与气候紧密相关的农业技术措施。其次，气候资源的不同，尤其是日照和气温的差异，将对农田作物结构、栽培管理条件等多方面产生影响，从而导致病虫草害的消长。在较高温度条件下，微生物分解有机质的速率将提高，CO_2 的浓度也会发生改变，并进而对作物生长、生理特性、产量产生影响。

表 1-2　宁夏 2012 年流域分区水资源总量　（单位：亿 m^3）

流域分区	年降水总量（P）	地表水资源量（R）	地下水资源量	重复计算量	水资源总量	R/P（%）
引黄灌区	17.393	2.204	17.556	16.58	3.18	12.7
祖厉河	2.567	0.086	0.033	0.026	0.093	3.4
清水河	50.73	1.377	0.921	0.524	1.774	2.7
红柳沟	3.439	0.066	0.019	0.008	0.077	1.9
苦水河	15.254	0.144	0.067	0.045	0.166	0.9
黄右区间	16.475	0.134	0.037	0.019	0.152	0.8
黄左区间	16.584	0.738	1.2	0.451	1.487	4.5
葫芦河	15.559	1.107	0.421	0.322	1.206	7.1
泾河	22.611	2.445	1.288	1.209	2.524	10.8
盐池内流区	14.945	0.146	0		0.146	1
宁夏全区	175.557	8.447	21.542	19.184	10.805	408

二、农业可持续发展的社会资源条件分析

（一）农业劳动力

1. 农业劳动力转移现状特点

外出务工外出就业的主动性与过去比明显增强。基层政府除季节性集中引导示范性组织输出外，积极鼓励推动劳务中介公司和劳务经纪人担当市场化转移就业的主角，通过市场配置转移就业的人数超过宁夏农村劳动力转移就业总数的 50% 以上。农村劳动力转移就业逐步走上了依靠市场手段良性发展的轨道，除因灾和鼓励困难人员外，政府直接出钱送人的现象已经很少，完全依赖政府安排就业的旧观念已基本改变。

农民工市场化就业质量逐步改善。宁夏各地充分依托就业基地和规模化组织、市场化转移的优势，绝大多数人员到达就业地后都能顺利上岗。而且由于多年政府和人力资源社会保障部门服务引导，部分农民转移前已接受了职业技能培训，通过务工学会了技能，积累了经验，增强了就业竞争力，农民工自主选企业、选岗位、比报酬、看条件的日益增多，就业质量明显提高。更多的转移就业人员已经越来越谋求个人今后的出路和长久在城市的就业问题，开始跨越“春天出门，秋天回家”的阶段性务工模式。

转移人员日趋技能型和年轻化。这一方面表明城市对年轻有技能的劳动力更加青睐，另一方面反映出农村劳动力在职业选择与职业分工上已经越来越有准备、有追求、重效益。此外，女性转移就业人员近年来大幅度增长，显示出宁夏农村女性（尤其是少数民族女性）劳动力不愿外出的传统观念正在发生转变。

先培训后转移的观念深入人心，转移就业人员日趋技能化。由于市场对技能型劳动者需求旺盛的拉动和无技能劳动力找岗位困难且劳动报酬低、不稳定的鲜明对照，农民工主动要求参加职业技能培训的愿望越来越强烈，而且基层领导也迫切希望对农民的培训更规范更严格和质量更高，推动宁夏各地更加重视农业劳动力的职业技能培训工作，基本形成了以转移带培训、以培训提技能、以技能助转移的培训模式，全区接受过各类技能培训的转移就业人员每年以 16% 以上的比例增加。

农民务工选择更加理性现实。近年随着农业产业化推进和设施农业、农副产品加工业的发展，形成了新的市场需求，很多农业劳动力选择了在当地就近务工增收，种田挣钱过日子都能兼顾。

农民务工时间和务工收入大幅度增加。在自然条件很差的山区和人多地少的川区地方，农民外出务工时间占了全年劳动的大部分时间，务工的工资收入占全部收入的比重远远超过 50%。

农民的农业收入水平对农业发展有重要影响，农民是富于经济理性的，农民在处理成本、收益及风险时是进行计算的经济理性人。事实证明，在极端贫困条件下，保护环境的社会公德和政策法规在农民的生存压力面前往往会苍白无力，此时农民更倾向于采取短期行为，结果造成农民只重视短期直接经济产品的供给，而忽视环境产品的供给，从而造成自然环境的严重破坏，不仅导致农业的不可持续发展，而且使农民生活陷入贫困的锁定状态。农业可持续发展的核心是发展，只有经济发展了，收入增长了，人们（包括农民）才有可能对环境产生更高层次的需求，才有保护环境的积极性和所必需的资金实力，从而促进农业的可持续发展[3]。

2. 农业可持续发展面临的劳动力资源问题

文化素质低。农村劳动力受教育程度是衡量农村人力资源素质的主要指标。我区农村劳动力平均受教育年限仅为 6.79 年（城市为 10 年），在 15~64 岁农村劳动力中，受过大专以上教育的不足 1%，比城市低 13%，其中初中及以下文化程度占 87.72%。近几年，在各级政府的努力下，大力发展农村各项教育，农村劳动力文化基础有一定的提高，但是，离现实的要求还有很大的距离。

思想素质不高。由于农民长期生活在农村，处于半封闭状态，形成勤劳、淳朴、善良的优良性格。但是，也使他们形成小农意识，容易满足于现状，缺乏经济意识和奋斗精神。缺乏大局观念和互助精神。法制观念不强，政治思想道德意识水平低。自觉遵纪守法意识差，依法保护自己合法权益能力差。他们的这些思想问题，致使农村治安较差，小偷小摸、宗族械斗等案件频繁发生，影响和谐社会建设。他们安于现状的小农思想，影响剩余劳动力的向外转移。

（二）农业化学品投入

自合成化学农药使用以来，其用量呈不断上升之势，其残毒性使土壤、水体深度污染，不洁的环境培育出不洁的粮食和蔬菜，而不洁的粮食又造成畜禽食品的污染，毒素经过生物链的循环可以几百万倍地提高浓度，直接威胁人类健康。施肥对农业环境的污染也存在相类似的问题，由于化肥中含有砷、镉、铅、氟、汞等成分，大量使用会污染土壤，致使其肥力下降；同时化肥中的氮和磷等元素会导致水体富营养化，而且氮在土壤中由于微生物等作用而形成硝态氮，随水进入地下水，会引起地下水污染。

据调查统计，全宁夏农用塑料薄膜年使用量约为 1 7601t，其中，地膜使用量 11 440.8t，占农

膜使用量的65%。地膜年残留总量约为2 437t，残留量占使用量的21.3%。地膜使用后残留于土壤，自然降解缓慢，导致土壤的地膜污染严重，影响了出苗率和农作物的正常生长，造成耕地退化和作物减产。残膜在分解过程中还会析出铅、锡、钛酸酯类化合物等有毒物质，造成新的土壤环境污染，降低了农产品质量安全水平，直接影响到农业生态环境的平衡。

三、农业发展可持续性分析

自然资源在人类的影响和控制下，形成了不同的农业发展系统。人类按照自己的需要和愿望，调整生产方式，控制作物、家禽的遗传性，并通过对土地的利用控制直接影响作物和动物的个体发育和群体结构，于是产生了土地系统基础上的农业生态系统。农业可持续发展理论是对可持续发展观念与理论在农业方面的吸收和深化，但农业可持续发展理论又具有特殊性。农业可持续发展实质上是谋求农业生态系统中各要素及其相关各系统之间、系统与外部环境之间的有序化与整体持续运作的过程，其核心是农业系统能否保持良性循环和生产力的可持续性。因而，农业系统理论、生态经济学理论和系统控制理论等客观上为农业可持续发展提供了重要的理论依据。

（一）农业可持续性评价指标体系构建

农业可持续发展中人口、经济、社会、资源与环境各系统的发展水平和状况，是通过一系列的统计指标反映出来的。由上可见，农业可持续发展意味着人口的可持续性、生态可持续性、经济可持续性和社会可持续性。即要求在农业与农村经济所依赖的自然资源可持续利用和发展所影响的生态环境得以良好维持的前提下，农业经济活动能持续维持较高的产出水平，并能够获得盈利，可以自我维持、自我发展，同时使人口数量控制在一定水平、人口素质不断提高，社会环境得到良性发展，农村劳动力以适当的速度不断地从农业领域转移出去，消灭农村贫困[4]。

农业与农村人口的可持续发展，包括人口的数量、质量和结构三个方面的问题，即人口数量控制在一定水平、人口素质不断提高、农村劳动力以适当的速度从农业领域转移出去。就农业与农村人口数量而言，多了不行，它会造成资源、环境与社会过大的负担，因为农业与农村的人口承载力是有限的，超过了承载力就会带来资源的过度开发、环境的严重破坏，甚至危及社会的稳定；少了也不行，因为农业生产和农村社会是由一定数量的人来承担和组成的，过少的人口会影响农业生产的正常进行。人口质量包括文化素质和体能素质等，人具有两重性，高素质的人口是生产力，低素质的人可能成为纯消费者，甚至是破坏者。人口结构包括年龄、职业的比例等，年龄结构不合理会造成劳动人口负担过重、老龄化问题等，从业结构不合理会影响农业与农村社会的多样性、丰富性和影响社会的力量，如在某一产业或资源上沉积的过多的劳动力，就会导致资源和劳动边际生产力的下降，使抗御自然灾害的力量削弱，从而导致建设当地社会经济综合发展的力量减弱[5]。

生态可持续性是农业所依赖的自然资源的可持续利用和农业所处及所影响的生态环境的良好维护。农业生态系统是农业生产的基础，农业生产既受制于各类生态系统，又对生态系统产生巨大影响。如果在农业生产中不顾生态效益而只顾经济增长，就会造成对生态资源的掠夺性利用，破坏生态平衡，最终必然导致农业经济再生产的萎缩。只有在农业生产过程中注意运用生态经济规律，使农业的经济再生产建立在保持各类生态系统的生态平衡的前提下，才能使农业的水土资源、光热资源和各种生物资源得到合理开发、利用和保护，使各种农作物、森林、畜禽、鱼类等各种动植物的自然再生产得以正常进行。就资源方面而言，包括土壤肥力的稳定和提高，水资源的可持续利用、耕地总量的稳定以及生物资源的保护等，并且能受到保护生物多样性中持续不断地获取改良品种性状的遗传资源。就环境方面来说，需要保持良好的土壤、大气、地表水地下水环境及农民工作环境的健康卫生与农产品的安全无毒，可持续的农业系统应能防治水土流失和土壤退化，具有较强的防抗洪涝灾害能力。

经济可持续性要求农业可以自我维持、自我发展，农业作为一种产业，经营的可获利性是决定其自身存在的内在依据，只有可盈利的农业系统才最终是可持续的。在市场经济中，一个农业经营单位（农户、农场）只有能获得正的收益，可以进行经济的简单再生产或扩大再生产，才有可能进行农业的再生产。随着市场经济体制在中国的逐步建立和完善，农户的经济主体地位的确立，经济可持续日益成为中国农业可持续发展的必要条件。同时，我国人口基数大，人口数量增长快，而农业人均产出量比较低，所以可持续的农业必须应是能够保证食物安全的农业。

社会可持续性要求人口数量控制在一定水平、素质不断提高，农村劳动力以适当的速度从农业领域转移出去的前提下，通过加强科技投入、提高社会化服务水平，不断提高农民的物质文化生活水平，与整个社会的进步相适应。

（二）农业可持续发展的基本要求

1. 千方百计提高整个农业生产、加工、销售和消费体系内的效率，尽可能减少浪费和污染，由产量速度型农业逐步向质量效益型农业转变。

2. 在利用自然资源和物质投入过程中，要力求维护和提高其再生产能力，增强发展后劲，促进资源和投入物的利用与生物多样化，以适应各种多变的外界条件，减少风险，稳定收成。

3. 努力开展多种经营，实行产供销一体化，促进产前、产中和产后系统方面的多样性，向农业生产的广度和深度进军，从多方面增加农民收入，实现农村各种产业的持续、稳定、协调发展。

四、农业可持续发展的区域布局与典型模式

按照中国 2014 年中国农业资源环境政策方向，结合宁夏资源、产业现状，总结农业可持续发展布局与模式如下：

（一）旱作农业

1. 地膜覆盖旱作技术模式

此模式是以“四膜”（即秋季覆膜、一膜两季、留膜留茬越冬）、三补（集雨补灌、扬黄延伸补灌、压砂补灌）、一集（微集水技术）为主体的旱作节水农业生产技术体系。适用旱作农业区的玉米、瓜菜、马铃薯等稀植作物。秋覆膜在一般年份种植马铃薯比春覆膜增产 30%左右，种植玉米增产 20%以上，种植西瓜增产 30%~40%，春旱年份可增产一倍以上，西瓜、玉米综合节本增收可达 1 800 元 /hm^2，马铃薯达 3 000 元 /hm^2。

2. 节水控灌技术模式

主要技术措施包括小畦灌溉、沟灌和作物需水关键期限量控灌，适用地区为宁夏引黄、扬黄和库井灌区。其中，小畦灌溉是替代大水漫灌的一种行之有效的技术，小畦面积一般为 0.2~0.3hm^2，

节水达 20% ~30%，增产 15%。

3. 微灌、管灌节灌技术模式

主要包括滴灌、喷灌、小管出流等设施节灌技术，适用于集约化设施农业和大田高效作物，节水效果明显，经济效益显著。与大水漫灌相比，每 0.067hm^2 节水 30%~50%，增收效益 500~1000 元。其中效果较好的模式主要总结以下两种：

库、井 + 滴灌（喷灌）+ 节水管理技术模式。由于水源水质条件相对较好，尤其是泥沙含量小，适宜滴灌与喷灌工程，因此是今后节水灌溉改造的第一选择。该模式年耗水 4500m^3/hm^2 以下，节水量 30%~70%。改造平均投资 15 000~22 500 元 /hm^2。新增节水灌溉措施亩均增产 30% 以上。

4. 黄河水蓄水沉淀工程 + 滴灌（喷灌）+ 节水管理技术模式

由于水质泥沙含量大，盐碱化指标相对较高，因此沉淀与过滤是灌溉必须考虑的问题。投资较库井节水灌溉增加 4 500~7 500 元 /hm^2。与当前渠水灌溉方式比较，节水而不减产，高效而节约劳力，适宜科学管理与集约化经营。

5. 复种两熟栽培模式

此模式充分利用宁夏丰富的光热资源，同一块土地上在一年内连续种植两茬作物的种植制度。冬麦后复种的多种反季节蔬菜新增收益 16 203 元 /hm^2；冬麦后复种向日葵新增收益 294 元 /hm^2。冬麦后复、套种青贮玉米单产为 4.8t/hm^2，新增收益 2 784.15 元 /hm^2。

6. 压砂栽培技术模式

是指用砂石覆盖土壤表层以蓄水保墒、提高地温、防止风蚀的抗旱栽培模式，主要适宜地区为宁夏中卫市、中宁县、海原县的环香山地区，适宜作物为西甜瓜。近年来一直保持在 6.67 万 hm^2 左右，产量达到 15 000kg/hm^2 以上。由于应用此项技术，可产西瓜 47~100kg/m^3，产值达 24~50 元/m^3，远高于粮食作物。

7. 激光平地技术模式

近年来，在黄灌区大面积利用激光平地机实施的平整土地技术，不仅可以快速完成土地平整工程，极大地提高农业机械化水平，减轻农民劳动强度，节约灌溉用水。通过调查，需要投资总额为 975 元 /hm^2，使灌溉用水效率比整地前提高 10%，水稻产量增产 1500kg/hm^2，节水 30% 左右。

8. 保护性耕作生态农业模式

免耕、旋耕、深松等机械化保护性耕作技术的应用。可使农田减少降雨径流损失 50%，土壤蒸发量减少 20%，休闲期土壤储水量增加 15%，降水利用率提高 20%，减少扬沙、扬尘 35%，节本增收 798~1 386 元 /hm^2。

9. 测土配方施肥模式

2013 年，全区实施测土配方施肥田间试验 573 个；建立小麦、玉米、水稻、枸杞、马铃薯测土配方施肥核心示范区 257 个，实施测土配方施肥面积 15.92 万 hm^2。枸杞节省化肥成本 3654 元/hm^2，增收 1 344 元 /hm^2，节本增收 4 998 元 /hm^2。马铃薯增产鲜薯 538.5kg/hm^2，增收 430.5 元/hm^2。

10. 多种形式经营模式

宁夏农业产业发展中，各有关县（区）从政府引导、市场化运作、产业化经营等方面创新机制，经过长期的探索和优化组合，形成了“整村推进”型发展模式、“经济合作组织带动”型发展模式、“龙头企业带动”型发展模式等符合实际的运行机制和发展模式，提升农业产业发展的科技含量和社会化服务水平，推动产业增长方式转变。宁夏葡萄基地建设、枸杞特色产业、供港蔬菜基地建设等产业发展过程中，通过合作社、公司 + 农户、企业独立经营等形式，连片承租当地农户耕地，实现集约化经营管理，形成了土地流转新“气候”。

11. 坡改梯建设技术模式

在南部山区，由于广泛分布的黄土丘陵地形地貌特征，大面积的坡耕地跑水、跑土、跑肥。但是由于投资约束，建设规模限制，建设速度趋于缓慢。从原州区和彭阳县机修水平梯田调查成果分析，投资已达 12 000 元 /hm^2，旱作条件下，增产幅度 20%~50%。

（二）草畜产业

1. 泾源模式

泾源县依托资源优势，在自治区有关部门的大力支持下，通过政策扶持、机制创新、科技支撑，加快了以肉牛养殖为主的草畜产业发展步伐，走出了一条富有地方特色和符合县域经济发展之路。肉牛产业已成为泾源县县域经济发展的主导产业，并鲜明地形成了创新工作机制，转变发展方式，突出特色经济的泾源肉牛发展模式。

2. 石羊模式

原州区头营镇石羊村是一个纯回族聚居村，全村有 8 个自然村，543 户 2 934 口人，耕地 767.87hm^2。石羊村素有养殖传统，2007 年，该村养殖大户马万武在区、市、县畜牧技术推广部门的引导支持下，牵头成立了富源肉牛养殖专业合作社。几年来，采取“合作社 + 基地 + 养殖农户”的形式，将分散的养殖户组织起来，与变化的大市场有效链接，探索出了一条合作互助发展肉牛养殖、带动群众共同致富的好路子，形成了特色鲜明、示范带动效应凸显的“石羊模式”。

3. 夏华模式

宁夏夏华清真肉食品有限公司始建于 1999 年，成立初期以牛羊屠宰加工为主。在自治区相关各部门和当地政府的帮助下，夏华公司完善生产经营思路，转变产业发展方式，通过机制创新、科技支撑、设备升级、规模扩张、市场开拓、品牌创建，实现了企业成功转型和快速发展，形成了产业各环节统筹协调、一体化运作、全方位发展的“夏华全产业链发展模式”（简称夏华模式）。

（三）瓜菜产业

1. 以水定需，量水而行，依水而建，确定瓜菜产业的合理开发规模和适宜布局区域

以市场需求为导向，以科技创新为支撑，以产业化发展为方向，不断优化产品生产、茬口安排、季节供应结构，着力加强基地基础设施建设，着力加强市场流通体系建设，着力加强质量安全体系建设，不断提高蔬菜生产经营专业化、规模化、标准化、集约化和信息化水平，努力构建生产稳定发展、产销衔接顺畅、质量安全可靠、市场波动可控的现代瓜菜产业体系。

2. 建设瓜菜可持续生产基地

新建、改造高标准蔬菜生产基地 1 万 hm^2。全区新建、改造高标准蔬菜生产基地 2 万 hm^2。到 2020 年打造永久性蔬菜生产基地 2 万 hm^2。到 2020 年在蔬菜产业大县建设 15 个一批年育苗能力达 3 000 万株以上育苗中心。围绕瓜菜产业，每年扶持培育“种、代耕、代管、代收”组织 10 个，到 2020 年培育 70 个。以蔬菜生产园区为单位，年建设农产品质量可追溯体系 20 个，到 2020 年建成 120 个。年建设占地面积 1 000m^2，储藏能力 100 吨 / 次的冷库 10 个，到 2020 年建设 60 个。年建立直销窗口 20 个，到 2020 年建设 120 个；每年安排 1 000 万元用于生产风险调节。重点对露地种植的番茄、辣椒、芹菜进行价格保险保费补贴，每年补贴保费 4 万 hm^2，到 2020 年累计补贴保费 28 万 hm^2。按照“一县一业，一品为主，合理搭配”的发展思路，以县（区）为单位，突出特色，发展优势产业。培育 15 个瓜菜产业大县，每县打造 1~2 项主导产业，面积达到 0.33 万 hm^2 以上。

参考文献

陈钰 . 2008. 农业可持续发展与生态经济系统构建研究 [D]. 乌鲁木齐：新疆大学 .

宁夏回族自治区统计局，国家统计局宁夏调查总队 . 2012. 宁夏统计年鉴 [M]. 北京：中国统计出版社 .

宁夏回族自治区统计局，国家统计局宁夏调查总队 . 2013. 宁夏统计年鉴 [M]. 北京：中国统计出版社 .

牛冰娟 . 2013. 宁武县农业可持续发展研究 [D]. 太原：山西大学 .

应风其 . 2002. 农业发展可持续性的评估指标体系及其应用研究 [D]. 杭州：浙江大学 .

新疆维吾尔自治区农业可持续发展研究

摘要： 新疆（维吾尔自治区，以下简称新疆）地域辽阔，气候典型，干旱少雨，生态脆弱，资源富足，特色鲜明，优势突出，农业发展成效显著。课题组坚持科学发展观，贯彻习近平总书记“四个全面”指示，落实中央两次新疆工作会议精神，以“保护资源、建设生态、突出优势、彰显特色、找准差距、分析问题、因地制宜、科学适用”为理论指导，采用最新权威数据，围绕新疆农业与资源环境协调发展这一主线，重点从发挥利用优势资源角度，分析农业资源科学利用、生态环境保护建设、功能区划、适度规模、产业布局、工程建设、文化建设、科技支撑、服务引导、政策保障等关键问题，系统探讨新疆农业可持续发展目标任务和战略重点，以期助力丝绸之路经济带核心区农业资源可持续、农村经济可持续、农村社会可持续。

一、新疆农业资源环境条件分析

（一）自然资源环境

典型的大陆性气候、天然的绿色农产品生产基地、别具一格的绿洲农业、丰富的动植物品种，是新疆农业可持续发展的优势资源和基础条件，所产瓜果、棉花、牛羊肉、香料、中药材、冷水鱼等各类特色农产品，香酥脆，味甘甜，口感爽，营养丰，无污染，誉他乡。

课题主持单位： 新疆维吾尔自治区农业资源区划办公室
课 题 主 持 人： 马成
课 题 组 成 员： 徐涛、陈德峰、雷钧、程海、王锡波、史彦江、张娜 、杜晓蓉、瞿建蓉 、陈正国、朱兴、胥沅、阿不都热西提、王艺燕、杨芬、黎凌、杨玲、董海丽、杨蕾蕾、刘晓晨、肖崇慧、王兰
撰稿人： 程海、陈德峰、瞿建蓉、张娜、陈正国、王锡波、史彦江、杨蕾蕾
统稿人： 程海
审稿人： 雷钧、徐涛

——独特气候优势

新疆属典型大陆性干旱半干旱气候，空气干燥，热量丰富。年日照时数 2 550~3 500 小时，太阳辐射量 5 000~6 490MJ/m^2，≥ 10℃有效积温 3 000~4 000℃·d 以上，最高达到 5 500℃。年均气温 10.4℃，南疆气温比北疆高 3~5℃。昼夜温差 12~16℃，高的时候超过 20℃。6 月中下旬植物生长旺盛期日照时间达 14 个小时，直到 9 月初昼夜温差都在 15℃以上。两大盆地冬季“冷湖”形成山地明显逆温带。水分蒸发量远高于降水量，不同区域间的降水分布不均，北疆年均降水量 256.6mm，南疆 66.4mm，东疆 16.1mm。东疆年均气温、日照时数高于南疆和北疆。农业生产局部遭受自然灾害，全局影响不大，丰歉波动较小。

高温高热，干旱少雨，降水量少，蒸发量大，日照时间长，昼夜温差大，有效积温高，小气候分布区域广，极端天气多，对果实营养物质积累极为有利，以瓜果为代表的新疆特色农产品营养物质含量普遍很高，世界上仅有中亚、地中海沿岸地区、南非、大洋洲、美国加利福尼亚州等少数几个地区具有可比性。

——生态环境优势

新疆生态系统是由干旱的盆地与相对湿润的山地组成，水热条件悬殊，大陆性气候复杂，生态系统多样性明显。主要有森林生态系统、草地生态系统、荒漠生态系统、高山湖泊生态系统、盆地湖泊生态系统、平原绿洲农业生态系统。农业生态系统也具明显的多样性，包括种植业系统、草原及畜牧业系统、渔业生态系统、农牧区内残留野生生态系统和自然保护区内及周围农区系统等。湿地资源种类多样，分布零星，总面积 5 922 万亩，居全国第五位，其中湿地保护面积 3 170 万亩。湿地的广泛分布，对新疆生态建设、生态维护与修复起着决定性作用，对全国生态保护和生态建设发挥着十分突出的屏障作用。沙漠面积 42.3 万 km^2，占新疆国土总面积 25.45%。塔克拉玛干沙漠 32.4 万 km^2，占新疆国土总面积 19.6%，为世界第二大流动沙漠。戈壁面积 29.3 万 km^2，占新疆国土总面积 17.67%。沙漠、戈壁隔离分割绿洲，两者间或呈交错分布格局，绿洲处于沙漠、戈壁包围之中。新疆的绿洲有自然绿洲和人工绿洲，合计面积不到国土面积 5%，分布相对分散孤立。

荒漠面积大，工业企业少，农牧区几乎没有污染；耕地区间距离远，对保证农产品品质、保持品种纯度和防控病虫害都极为有利；再加上气候干燥，冬季气温低，夏季气温高，风沙天气多，农作物果树病虫害发生率极低，成就了新疆瓜果生态天然的优良品质。

——绿洲灌溉优势

新疆年均降水量 147mm，不足全国平均降水量 1/4，且分配不均，西部多于东部，北疆多于南疆，山地多于平原，84% 降水在山区，16% 降水在平原。大小冰川 1.86 万条，总面积 2.3 万 km^2，占全国冰川面积 42%；冰储量 2.13 亿 m^3，占全国总量 50%，是新疆农业的天然“固体水库”。冰川积雪孕育汇集成 580 多条河流、270 多处山泉。湖泊水域面积 5 504.5km^2。2013 年，新疆地表水资源量 905.58 亿 m^3，地下水资源量 561.27 亿 m^3，人均占有量 4 223m^3。农业用水约占总用水量 95%。现有耕地 7 964 万亩，林地 10 147 万亩，天然牧草地 76 671 万亩。人均耕地 3.45 亩。荒地 15.33 亿亩。绿洲主要分布于盆地边缘、河流流域，面积超过 2 万亩的人工绿洲全疆有 200 多个。人工绿洲是生产绿色生态瓜果的优势条件。

绿洲农业特点明显，耕地多是 1 000 亩以上大条田，个别超过 1 万亩，农业集约化、标准化、专业化、机械化程度高，浇灌冰川雪水，集成应用高效节水、机采模式等先进农业技术，实现了根据植物营养生长和生殖生长需要，科学调控水肥供给，为作物果树提供了良好生长条件，保障了特色农产品应有的营养物质含量，内地省份爱莫能助。

——种质资源优势

新疆拥有世界上最为丰富的种质资源和基因资源，共有高等植物 4 081 种、野生脊椎动物 717 种、大型真菌 200 余种，其中特有植物种 1 773 种，仅次于云南，是我国第二大种质资源省份。极为丰富的种质资源，是发展新疆特色农业的基础条件和生产要素。

（二）区位优势条件

新疆位于亚欧大陆腹地中亚地区东部，与 8 个国家接壤，现有一类口岸 17 个、二类口岸 12 个，国务院批准设立了霍尔果斯、可克达拉 2 个口岸城市。新疆地处亚欧大陆桥西出口，是实施“一带一路”战略的“桥头堡”，向东依托国内可拓展东南亚市场，向西可开拓中亚、辐射西亚和欧洲国家，有利于新疆加强农业国际合作。

新疆自古就是我国的西出口和“丝绸之路”核心区。汉武帝刘彻时期，开通了大汉帝国通向中亚、西亚等地商道，最初主要是交换绸缎、粮食、瓜果、马匹、毛皮等农副产品，后来发展成为各类农副产品、各种物资交流和经济技术合作，形成了举世闻名的“丝绸之路”。唐太宗李世民的“贞观之治”促成了盛世大唐，树立起中华民族世界大国形象，长安一度成为最繁华的国际大都市，农副产品、物资、技术等交流合作十分频繁，“丝绸之路”兴盛之至。

同时，新疆远离国内市场，即便距离最近的兰州市都有 2 000km，农产品的运输成本远高于内地，不利于新疆特色农产品的全国市场供应，因此只有打造名牌，才能将特色鲜明、品质极优的新疆瓜果畅销出去。

（三）历史文化资源

兴于汉朝、盛于大唐的“丝绸之路”，加强了各国间农副产品交换、物资技术贸易和政治合作，树立起中华民族大国形象，形成了独特丝路文化，加快了农业物种引进交流，造就了品质极优、特色鲜明的新疆瓜果，构建并赋予了丝路文化更多内涵。

“丝绸之路”加快了农业物种引进交流，推进了区域生物多样性，丰富了世界各地的农副产品，提高了人们的生活质量。很多物种引入新疆后，典型自然气候和独特生态环境改变了原有品性，表现出极优品质特征，形成了独具特色的新疆瓜果，构建并丰富了丝路文化。

以农业文化为主体的丝路文化，在新疆境内留下了许多印记和遗产。作为丝路文化构成元素，吐鲁番葡萄、哈密瓜、库尔勒香梨等新疆瓜果，伴随着日月的阴晴圆缺和时令的四季更替，已经在这里繁衍生息了数千年，用鲜活生命力传承丝路文化、西域文化精髓。

传承丝路文化的新疆瓜果、古人智创的“坎儿井”、天山南北广泛分布的历史遗址，它们都经历过汉唐时期中华民族与西方国家友好交往的波澜壮阔、陪伴过古代丝路商贾的旅途辛劳、见证过西域三十六国的纵横捭阖、目睹过四大文明的交汇融合，印证并丰富了古代西域、现今新疆的辉煌历史，托起了新疆厚重而悠远的农耕文明、农业文化、丝路文化、西域文化。它们是丰富新疆瓜果历史文化内涵、打造特色名牌国际名牌、加快新疆特色农产品走向国内外、推动新疆特色农业可持续发展的文化资源和优势条件。

（四）资源综合利用案例分析

发展外向型特点明显的新疆农业，既要有基础条件的强力推动，也离不开文化内涵的软性助力，必须“两条腿”有机结合、刚柔相济、科学互动，才能增强新疆农业的综合竞争力，才能加快新疆瓜果外销，才能实现新疆特色农业健康持续“奔跑”。

国家扶贫开发重点县、每年沙尘天气超过 220 天的和田县，发挥光热生态资源优势，成功创建绿色食品标准化生产基地、打造出 30 万亩精品核桃园，围绕连片核桃园和千里葡萄长廊，设计开发出了核桃王公园、核桃博物馆、恰勒瓦西长寿村、约特干古遗址、无花果王公园、饮水思源纪念馆等景点的绿色生态一日游线路，大力发展农业旅游，将农业经济优势“苞芽”嫁接于文化旅游“砧木”之上，打造出了特色名牌“和田薄皮核桃”，实现了产业增效、农民增收，拉动新疆薄皮核桃整体稳居 30 元 /kg 以上的合理价位。

若羌县变恶劣自然条件为农业资源优势，倾力打造中国最优红枣基地，改善了当地生态环境，所产灰枣当属干果红枣极品，还利用境内楼兰遗址等景点发展旅游业，采用举办红枣节、编排文娱节目、撰写文艺著作、拍摄影视作品、建设市场体系等措施，着力实施品牌战略，把“若羌红枣”做成了我国枣业界知名度、市场影响力、消费者美誉度均为最高的特色名牌，产地售价连年大涨后高位企稳在 30 元 /kg 以上，亩均效益超过 10 000 元。因红枣强力带动，该县农民人均纯收入 2014 年已达 26 500 元，连续六年稳居西部 12 省（区、市）首位。

和田、若羌等南疆自然环境恶劣重点县，利用经济建设文化建设“两条腿”走路，改善了农业生态环境，实现了优势资源的科学利用，丰富了农业文化内涵，树立起区域特色名牌，促成了特色产业的“奔跑”，实现了县域经济“跨越”，为特色农业可持续发展奠定了基础。

二、新疆农业发展可持续性分析

（一）新疆农业可持续发展成效显著

自 2014 年第二次中央新疆工作座谈会以来，自治区党委政府高度重视农业可持续发展，在强化农业基地建设、科技支撑、加工转化、市场开拓四大能力建设，深入实施优质资源转换战略、科教兴农战略、品牌化战略、农产品市场开拓战略的同时，着力实施“环保优先，生态立区”战略，遵循“资源开发可持续、生态环境可持续”原则，坚持走资源节约型、环境友好型农业发展之路，农业农村经济发展成效显著，物质技术装备水平全国领先，农业资源保护利用成效明显，农业生态环境得到改善，粮食自给保障有力，新疆瓜果国内外供应量逐年增长，农业可持续发展取得了新的进展。

1. 农业综合产能持续增强

产业基地已经形成，粮食、棉花、林果、畜牧和设施农业、特色农业等六大产业成为主导。粮食年产量接近 1 400 万 t，保持了区域稳定供给；优质棉花基地超过 3 000 万亩，年产皮棉 350 万 t；培育起了中国最大、面积达到 2 300 万亩的特色瓜果园，2014 年有 1 000 多万 t 新疆瓜果畅销区外；建立起了蜚声海外、总面积约 400 万亩的红色产业基地，红花年出口量超过全国出口总量 90%，“精河枸杞”在中药材市场独树一帜，色素辣椒在国内外都占有重要地位，番茄酱年出口量约占世界贸易总量 40%；反季节设施农产品年度供给量超过 300 万 t；新疆牛肉成为一线城市特色酒店必备食材，伊犁河谷熏马肠在内地城市供不应求；每年 3 万 t 特色冷水鱼销往国内外。构建起了以援疆省市为重点、覆盖全国及东南亚地区的市场营销体系，部分满足了国内外的新疆特色农产品消费需求。农牧民收入连续几年增幅达 1 000 元左右，2014 年达到 8 296 元，同比增长 13.7%（表 2-1）。

表 2-1　农村居民生活水平情况

年份	农村人均纯收入（元）	城镇居民人均可支配收入（元）	城乡居民收入差距倍数	农村居民家庭恩格尔系数（%）
2000	1 618	5 645	3.49	50.10
2001	1 710	6 215	3.63	50.40
2002	1 863	6 554	3.52	49.00
2003	2 106	7 006	3.33	45.50
2004	2 245	7 503	3.34	45.20
2005	2 482	7 990	3.21	41.80
2006	2 737	8 871	3.24	39.90
2007	3 183	10 313	3.24	39.90
2008	3 505	11 432	3.26	42.50
2009	3 883	12 258	3.16	41.60
2010	4 643	13 644	2.94	40.30
2011	5 442	15 514	2.85	36.10
2012	6 393	17 921	2.80	36.1
2013	7 296	19 874	2.72	33.9
2014	8 296	22 160	2.67	

2. 资源利用水平稳步提高

不断增强农业科技支撑能力，严格控制水土资源开发，推广实施高效节水、机采模式、测土配方施肥、控制性水利枢纽工程、高标准农田建设等资源保护，以及高效利用新技术新产品，水、土、种等农业资源利用效率明显提高，农田灌溉水有效利用系数由 2005 年的 0.43 提高到 2014 年的 0.513。创建国家级现代农业示范区 7 个，认定自治区级现代农业示范区 10 个，创建农业科技示范基地 300 个，培育科技示范户 2 万户，辐射带动 50 万户，主导品种、主体技术入户率达到 95%。测土配方施肥县（市）区全覆盖，总面积 4 233 万亩。皮棉单产超过 135kg，高出全国平均水平 40%。环塔里木盆地周边地区普遍推行果粮经、果经草等间作套种“多熟制”模式，提高了光热、水土、种质等资源利用率。农机化水平全国领先，农林牧渔综合机械化作业水平达到 65%，主要作物耕种收机械化水平达到 84%。沙漠区特色经济植物种植面积达 142 万亩，深加工、沙物质建材、特色旅游业总产值 41.7 亿元。特色种质资源保护利用取得新成效。木垒哈萨克自治县农技人员从几十粒原原种做起，培育出了鹰嘴豆优良新品种，推广种植 12.7 万亩。

3. 农业高效节水全国领先

新疆资源型缺水问题突出。为破解这一难题，自治区着力加快农业高效节水技术研发和工程建设，成为我国北方干旱半干旱地区农业高效节水技术和工程建设的示范区。截至 2014 年年底，累计建成高效节水面积 4 180 万亩，约占全疆总灌溉面积的 45.1%。

实现了节水、节肥，高产、高效，促进农业生态环境改善、农村生产经营方式转变的“两节、两高、两促进”良好效果。以滴灌为主的高效节水灌溉技术，较传统地面灌溉减少灌溉用水量 30%~50%，抑制地下水位抬高和土壤盐渍化。滴灌施肥氮肥利用率由地面灌施肥的 30% 提高到 70%~80%、磷肥由 20% 提高到 30%~40%，节约化肥农药，降低了面源污染。作物增产幅度达到

20%~40%，棉花亩增皮棉20~40kg，小麦亩增产60~100kg，加工番茄亩均商品量增加2t，鲜辣椒亩增产约600kg。提高土地利用率5%~7%，亩均节支劳力投入30%~50%，机耕费20%~40%。

为农业机械化、信息化、智能化管理搭建了平台。改变了种植模式，种植业由分散低效经营转向集约高效经营，形成了节水灌溉与经营管理融合式发展。玛纳斯县30万亩节水农业示范区，由农民专业合作社管理经营，应用大田滴灌小流量标准化设计和自动化控制技术，亩均减少灌溉水用量120m^3、节本增效500元。每年节约灌溉用水3 600万m^3，减少开采地下水1 300m^3。

4. 生态环境建设步伐加快

新疆启动实施了水土保持、沙化治理、盐渍化治理、西北防护林建设、退耕还林还草、退牧还草、草原生态保护、清洁农业等一批重大工程，加强农田、绿洲、草原、河流、湖泊、湿地等生态系统保护建设，防控外来物种入侵，遏制了农业生态环境恶化趋势。退耕还林造林1 172万亩，退牧还草工程建设围栏4 160万亩，累计实现禁牧草场326.7万亩、限牧草场406.3万亩。绿洲森林覆盖率由14.95%提高到23.5%。湿地保护面积3 170万亩，占湿地总面积5 922万亩的53.52%，保护率远高于全国43.51%的平均水平。2014年，新增废旧地膜再生塑料颗粒加工能力26 498t，地膜回收率70%，资源化率75%。

从2013年起，自治区持续实施了一批重点河流湖泊流域治理、草地生态置换、防沙治沙等重大工程，构建起一批生态长廊、生态新区域，绿洲生态环境改善。森林覆盖率现已上升到4.24%，绿洲总面积超过8万km^2。农田防护林、村庄绿化、道路绿化工程深入推进。累计治理沙化土地2 500多万亩。林果总面积超过2 300万亩。自治区级以上自然保护区28个，合计面积2.9亿亩，占新疆国土总面积11.7%。

5. 绿色有机农业态势向好

截至2014年年底，共制定农业地方标准574项，推广应用农作物和果树生态绿色防治技术，创建国家级标准化示范县12个、示范区86个，累计认证“三品一标”2 398个，建立林果标准化示范园75万亩，加快发展绿色有机农业，巩固提高了农产品质量，每年300多万t绿色有机食品销往疆外，国内外亿万消费者对新疆特色农产品的生态天然印象更加深刻。国际名牌“吐鲁番葡萄”“哈密瓜”“库尔勒香梨”消费者美誉度得到提升，新生代名牌“伽师瓜”“哈密大枣”“木拉格葡萄”“和田薄皮核桃”市场影响力不断增强，特色品牌认知度和文化软实力明显提高。“阳光沙漠”玫瑰精油、“解忧公主”薰衣草精油等高端化妆品，成为女性消费者的挚爱。“红帆”番茄红素、“托美托”番茄籽油等极优保健品，深受广大消费者青睐。民丰县安迪尔牧场地处塔克拉玛干沙漠腹地，极度干旱，光热富足，全年风沙天气接近300天，当地人休耕轮作，所产“安迪尔河”甜瓜生态天然，甘甜脆爽，畅销沪粤。

6. 农村人居环境逐步改善

加快推进安居富民、抗震安居、牧民定居、水库移民安居、农村危房改造、标准化养殖、秸秆综合利用、农村沼气、“气化南疆”、农村饮水安全等工程建设，加强生态村镇、美丽乡村创建和农村文化建设，发展休闲农业和农业旅游，农牧民收入逐年增长，农村牧区人居环境逐步改善。2011—2014年，新疆累计投入986.32亿元资金，开工建设安居富民房126.23万户，共有480多万名各族农民群众喜迁新居。截至2014年年底，新疆创建国家级生态村7个、自治区级生态村915个。全区建成户用沼气62.14万座、养殖场大中型沼气工程89处、养殖小区沼气工程536处、农村沼气服务网点2 864个。有2个行政村荣获“中国最有魅力休闲乡村”称号。哈密地区安排财政专项，捆绑使用各类项目资金，按照“五通、四有、五配套”标准，对符合条件的村实施了“整村推进”。

（二）新疆农业可持续发展面临的挑战

地下水超采、个别地区农业用水没有保障、土壤沙化盐渍化加重、低产田增多、种源保护乏力、面源污染加剧、草原退化严重、农产品精深加工能力缺乏、冷链物流跟不上需要、市场体系建设滞后等问题日益突出，外向型特点明显的新疆农业可持续发展面临诸多挑战。

1. 水资源利用率低下，增加农业产能的任务更加艰巨

新疆河流水量少，下游河道断流，地下水位大幅下降，地表水年径流量 900 亿 m^3 左右，仅占全国地表水年径流量的 3%，降水集中在夏季，春冬两季来水很少。全疆 580 多条河流的年径流变率 40%~70%，地表水除伊犁河流域等有较大增水潜力外，其余大多数河流潜力很小。新疆农业主要依靠冰川融化形成的数百条河流灌溉，绿洲农业对水资源的大量消耗，农业用水比重高居全国之首。2014 年，新疆农作物总播面积 8 991.74 万亩，园林水果 2 095.73 万亩。种植面积过大，种植结构不合理，水资源匮乏，生态环境恶化趋势加剧，已成为制约新疆农业可持续发展的“瓶颈”问题。

2. 种源保护利用不够，拓宽增收门路的任务更加艰巨

新疆种质资源丰富，但区域独有的种质资源大多没有科学保护和利用，没有繁育出更多专用型优良新品种供给农户，去实现良种良法、标准化生产，即或是形成了一些初具规模的特色农产品，也多是名牌少、产业弱，促进当地农村经济发展和增加农牧民收入作用不够，助力新疆农业可持续发展的潜力没有发挥出来。

3. 草地资源环境恶化，保障肉食供给的任务更加艰巨

新疆是全国第二大牧区，但草原资源退化、生态环境恶化日趋严重，天然草场 85% 出现不同程度的退化和沙化、盐渍化现象，其中，30% 严重退化，草地产草量和植被覆盖度不断下降，产草量与 20 世纪 60 年代相比，下降了 30%~60%。沙尘暴、干旱、鼠虫害等自然灾害频发。随着牧区牲畜存栏头数不断增加，部分地区严重超载，草原生态失调，草地资源退化明显。

4. 生态保护建设不力，发展绿色农业的任务更加艰巨

现有农田 2/3 以上是低产田，一半以上耕地属于干旱区半干旱区，1/3 耕地受洪水干旱威胁。脆弱的农业生态环境遭到人为破坏，一些地方水、土、气等农业生态环境每况愈下，已经成为农业可持续发展的重要制约因素。人为造成新疆沙漠化土地迅速扩大，仅半个世纪塔里木盆地沙漠化面积就扩大了 8 600km^2。低产田占比较大，土地盐渍化加剧，现有耕地中盐渍化面积 1 335 万亩。地膜覆盖技术的广泛应用，农田残留地膜长期积累，土壤污染日渐加剧，破坏土壤结构，降低土壤肥力，造成土壤次生盐碱化，播种不均匀，缺苗断垄，影响施肥和作物根系生长，阻塞水分养分，产量下降。

5. 体制机制尚不健全，构建制度体系的任务更加艰巨

引导服务能力不强，农业生产要素资产管理体制机制尚未建立，种质资源没有科学利用，山水林田河湖等缺乏统一保护和修复。农业资源市场化配置机制尚未建立，反映水资源稀缺程度的价格机制没有形成。循环农业发展激励机制不完善，种养业发展不协调，产业结构不合理，农业废弃物资源化利用率不高。农业生态补偿机制尚不健全。农业污染责任主体不明确，监管机制缺失，污染成本过低。全面反映经济社会价值的农业资源定价机制、利益补偿机制、奖惩机制缺失和不健全，制约了农业资源合理利用和生态环境保护。

（三）新疆农业可持续发展的大好机遇

1. 农业可持续发展的共识日益广泛

党的十八大将生态文明建设纳入“五位一体”总体布局，为农业可持续发展指明了方向。全社会高度关注资源安全、生态安全和农产品质量安全，绿色发展、循环发展、低碳发展深入人心，绿色生态的新疆瓜果备受国内外广大消费者青睐，为新疆农业可持续发展聚集了社会共识，提供了巨大发展空间。

2. 新疆农业可持续发展能力逐步增强

从中央到地方，各级政府强农惠农政策力度持续加大，新疆农业可持续发展的物质基础日益雄厚。高效节水、机采模式、信息技术、种源保护等方面技术模式不断创新，生态农业、循环农业在南北疆各地普遍兴起，农业可持续发展的科技支撑能力日益坚实。新疆特色农产品国内外市场需求量越来越大。

3. 新疆农业已经走上了符合区情的可持续发展道路

自治区极其重视农业可持续发展，各地加快转变发展方式，大力发展资源节约型、环境友好型农业，注重农业资源休养生息，加快建立农业可持续发展长效机制，坚定不移走节水型农业之路，坚定不移走“生态效益第一”的林业可持续发展之路，坚定不移走畜牧业绿色发展之路，坚定不移走环境友好型农业之路，建立健全农业可持续发展的制度保障体系，新疆农业可持续发展走上了符合区情的道路。

4. 全国援疆推动新疆农业可持续发展

国家制定的全局性、战略性结构调整对策，促进了新疆农业的发展；“稳疆兴疆、富民固边”战略的深入实施，加大了对新疆农业的支持力度。2010 年中央新疆工作座谈会提出，要建立起人才、技术、管理、资金等全方位新一轮对口支援新疆的有效机制，把保障和改善民生放在支援的优先位置，全力支持新疆特色优势产业发展。第二次中央新疆工作座谈会上，李克强总理强调，新疆的发展要用好特色优势资源，在资源开发利用上，要让新疆更多受益，提高当地加工、深加工比例，把资源优势转化成为经济优势，增强地方自我发展能力，更好地造福当地各族人民。援疆力度逐渐加大，尤其是从内地带来了新思想、新观念和新科技、新产品，助推了新疆农业发展水平的全面提升。

5. 丝绸之路经济带建设助推新疆农业可持续发展

在全国各地及世界几十个国家积极参与实施“一带一路”战略大背景下，新疆及时提出建设丝绸之路经济带核心区“三个通道、五大中心、三大基地、十个产业聚集区”，以中亚及周边国家为重点，优化农业区域合作功能及规划，把农业作为向西开放的切入点，推动新疆农业对外合作“六基地、两平台”建设，打造农产品国际贸易绿色通道，构建农产品生产、加工、贸易、物流、销售全产业链，发展外向型农业，加快新疆农业“走出去”步伐，助推新疆农业可持续发展。

（四）新疆农业可持续发展基本原则

以“突出优势、彰显特色、创新驱动、依法治理、保护资源、建设生态、因地制宜、优化产能、规模适度、绿色有机、协调发展”为理论指导，转变农业发展方式，培育新型主体，力推集约化经营，确保粮食和牛羊肉区内供给、特色农产品区外供应、农产品质量安全、生态安全、农牧民持续增收，走符合新疆实际的农业可持续发展道路。

1. 坚持产能建设与资源承载相匹配

坚守耕地红线、水资源红线和生态保护红线，提升农业高效节水技术水平，加快农业高效用水工程建设，加强特色种质资源有效保护和科学利用能力建设，优化农业布局和产业结构，提高规模化、集约化、专业化、合作化、产业化、法制化水平，确保主要农产品区内市场供给，增强特色农产品区外市场供应。因地制宜，分别对待，妥善处理好农业生产与资源保护、环境治理、生态修复的关系，加强水资源保护，有序开展耕地资源休养生息，加快面源污染、土壤沙化盐渍化等农业环境治理，加大非法开垦土地强制退耕执行力度，加强农业生态保护与建设，提升资源保护利用水平，增强农业综合生产能力和防灾减灾能力，发挥并提升与资源承载能力和环境容量的匹配度。

2. 坚持创新驱动与依法治理相协同

力推农业科技创新和体制机制创新，释放改革新红利，推进科学种养和高效节水技术、农牧林循环发展方式、果粮经和果粮草间作套种模式研究、林果和特色农作物采收机械、农产品精深加工技术研发、绿色生态果园建设、肉羊良种繁育体系建设、区域特色农业产业体系建设、新型农业经营体系建设、外向型农业市场营销体系建设等方面的创新，增强创新驱动发展新动力，加快新疆农业转型升级。强化法治观念和思维，完善农业资源环境与生态保护法律法规体系，实行最严格的制度、最严密的法治，依法促进创新、保护资源、治理环境，构建创新驱动和法治保障相得益彰的农业可持续发展支撑体系。

3. 坚持当前治理与长期保护相统一

牢固树立保护生态环境就是保护生产力、改善生态环境就是发展生产力的理念，把生态建设与管理放在更加突出的位置，从当前突出问题入手，统筹利用区内外各方面优势资源，兼顾农业面源污染控制和土壤沙化、盐渍化治理，以及湿地、绿洲保护建设，加大保护治理力度，推动构建农业可持续发展长效机制，在发展中保护、在保护中发展，促进水、土、种等农业资源永续利用，农业环境保护水平持续提高，农业生态系统自我修复能力持续提升。

4. 坚持试点先行与示范推广相统筹

充分认识农业可持续发展的综合性和系统性，统筹考虑南北疆各地不同类型的资源禀赋和生态环境，围绕主导产业发展和存在的突出问题开展试点工作，着力解决制约农业可持续发展难题，着力构建有利于促进农业可持续发展的运行机制，探索总结可复制、可推广的成功模式，因地制宜地扩大示范推广范围，稳步推进农业可持续发展。

5. 坚持市场机制与政府引导相结合

按照“谁污染、谁治理”“谁受益、谁付费”要求，着力构建公平公正、诚实守信的市场环境，积极引导鼓励各类社会资源参与农业资源保护、环境治理和生态修复，着力调动农民、企业和社会各方面积极性，努力形成推进农业可持续发展的强大合力。政府在推动农业可持续发展中起主导作用，应做好顶层设计、政策引导、投入支持、执法监管等服务管理工作。

6. 坚持保障自给与满足区外相协调

新疆特色农产品产量丰富，品质优良程度世人公认，但自我消化能力有限，除粮食、牛羊肉外，大部农产品分销往区外，决定了新疆农业的外向型特点。必须做好统筹规划，既要保障粮食、肉食等主要农产品自给，又要满足国内外对新疆特色农产品的消费需求。科学利用农业资源，优化调整六大主导产业，统筹兼顾，互相补充，协调并进，推动新疆农业可持续发展。

（五）新疆农业可持续发展目标任务

到 2020 年，新疆农业可持续发展取得资源节约、环境友好的初步成效，经济、社会、生态效益明显。农业发展方式转变取得积极进展，水、土、种质等农业资源保护水平与利用效率显著提高，面源污染、沙化、盐渍化等农业环境突出问题治理取得明显成效，绿洲、森林、草原、河流、湖泊、湿地等生态系统功能明显增强，农业综合生产能力稳步提升，农业主导产业结构更加优化，建成六个“千万”工程（包括小麦高产田达到 1 000 万亩以上，玉米高产田达到 1 000 万亩以上，棉花高产田达到 1 000 万亩以上，绿色生态果园达到 1 000 万亩以上，新增肉羊肉牛年出栏数 1 000 头只以上，区域特色农业高效田达到 1 000 万亩以上），农产品质量安全水平不断提高，绿色有机农业发展水平明显提升，生物多样性保护与建设取得明显成效，农牧民人均纯收入达到 14 800 元。

到 2030 年，新疆特色农业可持续发展取得显著成效。基本形成资源利用高效、产地环境良好、生态系统稳定、种养结构科学、自给保障有力、区外市场畅销、农民生活富裕、田园风光优美的新格局。

三、新疆农业可持续发展区划分析

课题组结合各地实际，参考相关研究报告的综合评价测评，以全疆所有县级行政单位为基本单元，将新疆农业基本功能划分为农产品供给、就业和生活保障、生态调节、文化传承和休闲观光四大类，并将新疆农业主导功能确定为复合功能。此研究主要分析农产品供给、生态调节、文化传承和观光休闲三大功能。

（一）区划解析

1. 农产品供给复合功能区

以农产品供给功能为主导，划分为农产品供给 + 生态调节功能区、农产品供给 + 就业和生活保障功能区、农产品供给 + 文化传承与居民休闲功能区三种复合功能类型。此研究主要讨论农产品供给 + 生态调节功能区、农产品供给 + 文化传承与居民休闲功能区两种类型。功能区主要包括 26 个县级行政区，均为自治区粮食、棉花、林果、畜产品或水产品生产大县，是新疆农产品生产的重点区域。

（1）农产品供给 + 生态调节功能区　该功能区各县（市）是区内粮食、棉花、林果产品、畜产品和特色水产品生产重点县，农产品供给能力强，同时，生态调节功能特征较为明显。

（2）农产品供给 + 文化传承与居民休闲功能区　各县（市）区内粮食、棉花、特色果品生产重点县，同时由于具有对传统民间艺术、工艺、民俗、文化娱乐形式、特有农作物物种保护和传承的内容，以及发展旅游休闲农业的资源和条件，因而具有农业文化传承的功能和发展旅游休闲农业的优势和潜力。农产品供给功能区划布局在下一章细述。

2. 生态调节复合功能区

以农业生态调节功能为主导，划分为生态调节 + 农产品供给功能区、生态调节 + 文化传承与居民休闲功能区两种复合功能类型，包括 30 个县（市）区，大多生态环境恶劣，其农业系统的生态功能对维护区域生态环境至关重要。

（1）生态调节 + 农产品供给功能区　南疆 13 个县地处塔克拉玛干沙漠周边地区，区域生态环境的约束较强，因此，必须把强化其农业生态调节功能放在首位。北疆和布克赛尔县、伊宁县、青河县、托里县的林草地生态调节功能较强，托里县老风口数十千米的生态防护林在调节气候、改善区域生态环境中发挥了非常重要的作用。

（2）生态调节 + 文化传承与居民休闲功能区　阿图什市、阿克陶县、和田市 3 个县（市）农田生态调节功能较为突出，林地草地面积较大，生态调节作用较强，农耕文化传承，特有物种保护方面作用重要。博湖县有博斯腾湖，湿地面积大，在补充地下水、保护生物多样性方面的生态调节功能显著；自然景观独特，距中心城市近，有旅游休闲服务功能。特克斯县主要依靠山区天然林和天然草地系统发挥涵养水源、保护生物多样性和防止水土流失的生态养护功能，林地草地面积占县域总面积 2/3 以上，“八卦城”是历史文化名城，草原牧区是哈萨克游牧文化主要分布区域。东疆托克逊县荒漠化面积大，水资源紧缺，农业生态调节功能对维护区域生态环境十分重要。

3. 文化传承和居民休闲复合功能区

文化传承和居民休闲复合功能区，以农业文化传承和居民休闲功能为主导，可划分为文化传承和居民休闲 + 农产品供给功能区、文化传承和居民休闲功能区 + 生态调节功能区两种复合功能类型。

表 3-1　各县（市）区农业功能区划分方案

复合功能		布局
主导功能	辅助功能	
农产品供给 26 个县（市）区	生态调节功能	富蕴县、博乐市、温泉县、轮台县、尉犁县、库车县、新和县、叶城县、巩留县、新源县、昭苏县
	就业和生活保障	奇台县、额敏县、精河县、沙雅县、麦盖提县、沙湾县、温宿县
	文化传承和居民休闲	察布察尔县、霍城县、福海县、英吉沙县、莎车县、伽师县、呼图壁县、玛纳斯县
就业和生活保障 14 个县（市）区	农产品供给	巴楚县、和硕县、阿瓦提县
	文化传承和居民休闲	克拉玛依区、白碱滩区、乌尔禾区、木垒县、裕民县、哈巴河县、阿克苏市、泽普县、乌鲁木齐县、吉木萨尔县、库尔勒市
生态调节功能 29 个县（市）区	农产品供给	托里县、和布克赛尔县、若羌县、且末县、拜城县、乌什县、阿合奇县、皮山县、于田县、民丰县、伊宁县、青河县、乌恰县、疏附县、和田县、墨玉县、洛浦县
	就业和生活保障	柯坪县、策勒县、奎屯市、吉木乃县、岳普湖县
	文化传承和居民休闲	特克斯县、阿图什市、托克逊县、博湖县、阿克陶县、塔什库尔干县、和田市
文化传承和居民休闲 19 个县（市）区	农产品供给	昌吉市、米东区、尼勒克县、焉耆县、疏勒县
	就业和生活保障	高昌区、鄯善县、塔城市、哈密市、乌苏市
	生态调节功能	巴里坤县、伊吾县、伊宁市、阿勒泰市、和静县、喀什市、达坂城区、阜康市、布尔津县

（1）文化传承和居民休闲 + 农产品供给功能区　文化传承和旅游休闲功能主要体现在城市周边乡村旅游休闲和草原风光游，对民间文化艺术“花儿”和维吾尔农耕文化、草原游牧文化的传承，同时该区也是粮食、糖料、畜产品和特种经济作物供给能力较强的县。

（2）文化传承和居民休闲 + 生态调节功能区　除喀什市外，其余县（市）区草原畜牧业历史悠久，颇具特色，大部分县（市）山区森林、草地资源丰富，依托草原自然风光发展旅游业的优势突出；作为新疆干旱区生态的重要调节区，涵养水源、调节气候、保护生物多样性生态功能明显，更需加强生态保护和建设。

（二）功能定位

根据全区各县（市）区农业复合功能区划方案，归并同类主导功能和辅助功能，形成农产品供给功能、生态调节功能、文化传承和居民休闲功能大区，并按照新疆农业生产布局、发展战略和农业功能区域分异特征，对四大功能进行定位。

农业功能定位，是依据新疆不同农业生态区的区域特征、农业产业发展及粮食、棉花、林果、畜产品等四大支柱产业战略布局，按环塔里木盆地周边（简称南疆区）、环准噶尔—塔额盆地 + 伊犁河谷（简称北疆区）和吐哈盆地（简称东疆区）三个区域描述，南疆区包括巴音郭楞蒙古自治州（简称巴州）、阿克苏地区、克孜勒苏柯尔克孜自治州（简称克州）、喀什地区、和田地区 5 地州，北疆区包括乌鲁木齐市、克拉玛依市、昌吉回族自治州、伊犁州哈萨克自治区直、塔城地区、阿勒泰地区和博尔塔拉蒙古自治州（简称博州）6 个地州市，东疆吐哈盆地农业功能区包括吐鲁番市和哈密地区。

1. 农产品供给功能区

表 3-2　各县（市）区农业功能划分

农业功能区	主导功能区	辅助功能区
农产品供给	察布察尔县、霍城县、福海县、英吉沙县、莎车县、伽师县、呼图壁县、玛纳斯县、富蕴县、博乐市、温泉县、轮台县、尉犁县、库车县、新和县、叶城县、巩留县、新源县、昭苏县、奇台县、额敏县、精河县、沙雅县、麦盖提县、沙湾县、温宿县	昌吉市、米东区、尼勒克县、焉耆县、疏勒县、托里县、和布克赛尔县、若羌县、且末县、拜城县、乌什县、阿合奇县、皮山县、于田县、民丰县、伊宁县、青河县、乌恰县、疏附县、和田县、墨玉县、洛浦县、巴楚县、和硕县、阿瓦提县
就业和生活保障	克拉玛依区、白碱滩区、乌尔禾区、木垒县、裕民县、哈巴河县、阿克苏市、泽普县、乌鲁木齐县、吉木萨尔县、库尔勒市、巴楚县、和硕县、阿瓦提县	高昌区、鄯善县、塔城市、哈密市、乌苏市、奇台县、额敏县、精河县、沙雅县、麦盖提县、沙湾县、温宿县、柯坪县、策勒县、奎屯市、吉木乃县、岳普湖县
生态调节	托里县、和布克赛尔县、若羌县、且末县、拜城县、乌什县、阿合奇县、皮山县、于田县、民丰县、伊宁县、青河县、乌恰县、疏附县、和田县、墨玉县、洛浦县、柯坪县、策勒县、奎屯市、吉木乃县、岳普湖县、特克斯县、阿图什市、托克逊县、博湖县、阿克陶县、喀什库尔干县、和田市	富蕴县、博乐市、温泉县、轮台县、尉犁县、库车县、新和县、叶城县、巩留县、新源县、昭苏县、巴里坤县、伊吾县、伊宁市、阿勒泰市、和静县、喀什市、达坂城区、阜康市、布尔津县
文化传承和居民休闲	高昌区、鄯善县、昌吉市、米东区、尼勒克县、焉耆县、疏勒县、塔城市、哈密市、乌苏市、巴里坤县、伊吾县、伊宁市、阿勒泰市、和静县、喀什市、达坂城区、阜康市、布尔津县	察布察尔县、霍城县、福海县、英吉沙县、莎车县、伽师县、呼图壁县、玛纳斯县、克拉玛依区、白碱滩区、乌尔禾区、木垒县、裕民县、哈巴河县、阿克苏市、泽普县、乌鲁木齐县、吉木萨尔县、库尔勒市、特克斯县、阿图什市、托克逊县、博湖县、阿克陶县、塔什库尔干县、和田市

农产品供给功能区包括51个县级行政区，农产品供给主导功能区26个县（市），农产品供给辅助功能区25个县（市）区。南疆区农产品供给功能定位于特色林果产品区外供应功能区、粮食区域供给功能区、优质商品棉供给功能区、优质肉禽产品区内供给功能区。北疆区农产品供给功能定位于优质商品粮区内供给功能区、优质棉花供给功能区、优质畜产品区内供给功能区、特色农产品区外供应功能区。

2. 农业生态调节功能区

农业生态调节功能区共有49个县（市）区，主要分布在南疆环塔里木盆地生态调节功能区、北疆环准噶尔—塔额盆地+伊犁河谷生态调节功能区、吐哈盆地生态调节功能区三个区域。

（1）环塔里木盆地周边生态调节功能区　包括若羌县、且末县、博湖县、尉犁县、轮台县、和静县、拜城县、乌什县、库车县、新和县、柯坪县、阿图什市、阿克陶县、阿合奇县、乌恰县、疏附县、岳普湖县、喀什市、塔什库尔干县、叶城县、策勒县、和田市、和田县、墨玉县、洛浦县、皮山县、于田县、民丰县等28个县（市）。区域降雨稀少，气候干旱，属干旱极干旱气候区，大部分县（市）地处天山南麓和昆仑山北麓，塔克拉玛干沙漠边缘的绿洲平原，由于沙漠面积和荒漠化面积大，占区域土地总面积64.74%，生态环境极其脆弱，受荒漠化、盐渍化、草地退化胁迫，农业发展的生态约束明显，农田生态和林草生态在维护区域生态环境中起着重要作用，是新疆生态环境保护建设的重点区域。该区域棉花种植面积过大，农田土壤环境污染较重，土地沙化、盐渍化严重。农业生态调节功能要以提高水资源利用率，增强农田和林地草地生态功能为核心。

（2）环准噶尔—塔额盆地+伊犁河谷生态调节功能区　包括达坂城区、阜康市、奎屯市、伊宁市、伊宁县、特克斯县、巩留县、新源县、昭苏县、托里县、和布克赛尔县、博乐市、温泉县、阿勒泰市、布尔津县、富蕴县、吉木乃县、青河县等18个县（市、区）。林地草地占区域土地总面积86.13%，荒漠化面积占3.65%。属温带干旱、半干旱和大陆性中温带气候，气候类型多样，分布于天山北坡和阿尔泰山的山区天然林、天然草地，是主要水源涵养地。长期过度采伐、超载放牧、滥垦乱挖和气候变化，森林和草地面积减少，草地“三化”现象普遍，生态环境恶化，水源涵养作用减弱，农业生态调节功能趋弱，由此形成对本区域农产品供给功能的生态约束。农业功能定位要以恢复和强化农田、林地、草地生态功能为核心。

（3）吐哈盆地生态调节功能区　包括托克逊县、巴里坤县、伊吾县3个县。属于温带干旱气候区，水资源紧缺、生态环境恶劣。林地草地是维系区域生态安全的重要生态系统。区域农业生态调节功能定位要以加强林草地生态功能建设，保护和改善农业生态环境为核心。

3. 农业文化传承和休闲功能主导区

农业文化他传承和居民休闲功能区共有45个县（市、区），主要分布在南疆环塔里木盆地文化传承和居民休闲功能区、北疆环准噶尔—塔额盆地+伊犁河谷文化传承和居民休闲功能区、吐哈盆地文化传承和居民休闲功能区三个区域。

（1）环塔里木盆地文化传承和居民休闲功能区　包括库尔勒市、博湖县、焉耆县、和静县、阿克苏市、阿图什市、阿克陶县、喀什市、疏勒县、英吉沙县、莎车县、伽师县、泽普县、塔什库尔干县、和田市等15个县（市）。区域历史文化、民族文化、绿洲农耕文化、草原游牧文化等多种文化汇集，底蕴深厚；自然风光、民俗风情、古丝绸之路干线上的历史人文景观、乡村旅游休闲资源丰富，类型多样；中心城市交通便利，农业文化传承和居民休闲功能逐步显现。库尔勒市、喀什市、阿克苏市、阿图什市既是南疆的政治、文化中心，也是新疆著名的旅游城市，该区域农民可以利用当地丰富的人文、自然、民俗、古迹、传统工艺等旅游资源，经营旅游服务业和发展“农家乐”乡村旅游。农业功能的定位，以强化文化传承和居民休闲功能为核心。

（2）环准噶尔—塔额盆地 + 伊犁河谷文化传承和居民休闲功能区　包括伊宁市、尼勒克县、察布查尔县、霍城县、特克斯县、塔城市、乌苏市、裕民县、阿勒泰市、布尔津县、福海县、哈巴河县、克拉玛依区、白碱滩区、乌尔禾区、昌吉市、阜康市、呼图壁县、玛纳斯县、吉木萨尔县、木垒县、达坂城区、米东区、乌鲁木齐县等24个县（市、区）。各县（市、区）地理位置和交通条件优越，乌鲁木齐—克拉玛依沿线旅游景点多，旅游资源有特色，观光休闲农业开发较早，已形成一定规模，是区域内城镇居民休闲度假重要目的地。伊犁河谷草原文化旅游区，有塞外江南之美称，伊犁河风光、唐布拉克草原、果子沟、特克斯八卦城等，既是传承草原文化的载体，也是旅游休闲的景点。阿勒泰地区是多民族聚居区，也是典型的游牧地区，有喀纳斯自然保护区、蒙古图佤族草原游牧文化等独特的旅游资源和人文环境，草原游牧文化内涵丰富。该区域农业功能定位应以乡村旅游休闲和草原游牧文化传承功能为主。

（3）吐哈盆地文化传承和居民休闲功能区　包括高昌区（原吐鲁番市）、鄯善县、托克逊县、哈密市、巴里坤县、伊吾县等6个县（市、区）。高昌区是古“丝绸之路”重镇，曾是西域政治、经济、文化中心，哈密是丝路古道的要冲。区域历史悠久，文化璀璨，地貌奇特，风光秀美，瓜果飘香，民俗独特，是世界著名的旅游胜地。区域农业功能的定位应以旅游观光休闲和文化传承为主。

四、新疆农业适度规模分析

（一）农业结构调整优化综合分析

目前，新疆农业结构问题主要表现为棉花面积过大、特色作物规模小，农作物单播面积大、间作套种面积小，果树单一品种面积大、错开上市果品规模小，趋同性果树面积大、特色果品面积小，鲜果比例大、干果份额小，密植林果规模大、生态健康果园面积小，粮经果间作面积大、果经草套种面积小，草原畜牧业比例大、农区畜牧业份额小，种养殖单一经营比例大、实行循环式发展份额小，农作物果树有机肥需求量大、农家肥产出量越来越小，国内外市场对新疆特色农产品的需求量大、新疆农业的优质农产品供给能力弱等问题，集约化经营、规模化生产、标准化管理、品牌化营销、合作化发展水平难以提高，严重影响了农业综合产能的持续增强，严重制约着新疆农业的可持续发展。

综合分析新疆农业自然资源、生态资源、社会资源、文化资源，以及国内外市场需求和发展趋势，确立“稳粮、调棉、强果、兴牧、优设、育特”的思路，科学制定新疆农业可持续发展规划，结合六个“千万”工程建设，调整确定主导产业适宜发展规模、区域和方向，稳定粮食生产，确保粮食安全；调减棉花种植面积，完善调控运行机制；建设绿色生态果园，增强优质果品产能；加强产业体系建设，提高畜牧生产能力；调整优化产业结构，提高设施农业效益；做强区域特色农业，提高农业竞争能力。

粮食，稳定面积，提高单产，保障区内自给、略有节余。

棉花，种植面积过大，棉价前景不明，调减压缩种植规模，全疆总面积稳定在2 000万~2 500万亩、年产总量保持300万~350万t为宜。

红枣、核桃、杏子、加工番茄、甜菜、孜然等优势明显的特色产业，种植面积较大，生产能力较强，从市场需求考虑，调整优化基地产能，关键是强化科技支撑、发展精深加工业、形成产业集群、提升产业化经营水平、完善市场营销体系。

哈密瓜、伽师瓜、打瓜籽、加工辣椒、鲜食葡萄等特色产业，以及制种玉米、制种瓜菜等优势旱作种业，市场需求量稳中有增，可稳步扩大基地规模。应注重发展冷链物流和精深加工业、提高农民组织化程度、加强经济组织能力建设和国内外市场开拓与把控。

库尔勒香梨、皮亚曼石榴、莎车巴旦姆、精河枸杞等地域特色农产品，只在原产地表现出良好特性，其他地方不宜发展。原产地要注重资源有效保护与科学利用相协调，突出资源优势，彰显产品特色，挖掘历史文化，构建集约化经营、标准化生产、名牌化促销、合作化发展、法制化保障的完整产业链，促进区域特色农业健康持续发展。

阿克苏苹果、酿酒葡萄、木垒鹰嘴豆、红花、薰衣草、玫瑰、恰玛古、阿魏菇、新疆白蒜、白燕麦、白胡麻、熏马肠、地域土鸡、特种畜禽、特色冷水鱼、雪莲、大芸、驴胶、驴奶、驼奶、鹿茸、孕马尿、中草药、沙棘、无花果、樱桃李、黑加仑等独具特色的地域农产品和精深加工产品，市场前景看好，增加农牧民收入的潜力巨大，应加大投入，构建起较为完善的产业体系，从保护资源、夯实基地、科技支撑、打造名牌、增强能力等方面入手，着力加快发展。

雪菊、啤酒花等需求量不大的“小品种”，市场价格波动大，须依照订单在适宜区域种植，其他地方不宜盲目发展。

畜牧业，应加大政策支持力度，转变畜牧业经营方式，加强饲草料基地建设，推广应用先进养殖技术，扶持培育新型经营主体，加快发展农区畜牧业和城镇带畜牧业，加快传统畜牧业转向现代畜牧业，增加肉羊、肉牛生产加工能力，在保障肉蛋奶市场供给的同时，也为农经作物和果树营养需求提供足够的农家肥，巩固提高农产品品质。

（二）主导产业适度规模与区域布局分析

1. 粮食产业

（1）发展形势　新疆粮食产业发展态势总体较好，2013 年，总面积 3 306.3 万亩，总产量 1 360.83t，人均粮食产量 605.2kg。粮食在南北疆均有分布，北疆占 54.74%，伊犁州直、昌吉回族自治州和塔城地区是主产区，占全疆粮食播种面积 45.52%、占北疆粮食播种面积 83.15%。南疆占 45.26%，喀什、阿克苏和和田三地区是主产区，占全疆粮食播种面积 39.63%、占南疆粮食播种面积 87.57%（图 4-1）。新疆粮食作物主要是小麦、玉米和水稻。2013 年的 1 360.83 万 t 粮食总产量中，三大作物就有 1 330.92 万 t（图 4-2）。

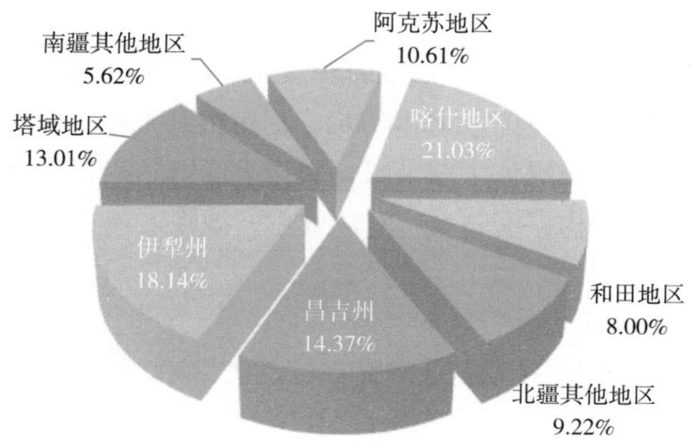

图 4-1　各地粮食作物播种面积比例

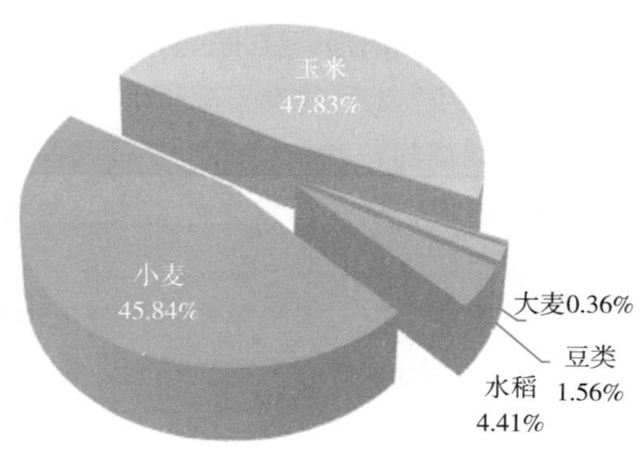

图 4-2　2013 年全疆粮食产量结构

小麦，北疆主要分布在呼图壁县、昌吉市、奇台县、吉木萨尔县、阜康市、木垒县、昭苏县、新源县、巩留县、尼勒克县、伊宁县、塔城市、额敏县等13个县（市），2013年，播种面积587.55万亩，占当年北疆小麦播种面积70.37%，产量224.62万t，占当年北疆小麦总产量的74.56%。南疆产区主要分布在库车县、沙雅县、拜城县、莎车县、英吉沙县、疏附县、疏勒县、叶城县、伽师县、墨玉县等10个县，2013年播种面积352.05万亩，占当年南疆小麦播种面积48%，产量145.4万t，占当年南疆小麦总产量50%左右。

玉米，北疆主要分布在昌吉市、奇台县、玛纳斯县、伊宁县、察布查尔县、霍城县、新源县、塔城市、乌苏市、额敏县、沙湾县、裕民县、福海县等13个县（市），2013年播种面积457.8万亩，占当年北疆玉米播种面积65.43%，产量366.01万t、占当年北疆玉米总产量的66.43%。南疆主要分布在库车县、拜城县、疏附县、疏勒县、英吉沙县、麦盖提县、伽师县、巴楚县、莎车县、叶城县、阿克陶县、墨玉县等12个县，2013年播种面积342.45万亩，占当年南疆玉米播种面积60%，产量177.02万t，占当年南疆玉米总产量的60.5%。

水稻，主要分布在伊宁市、察布查尔县、新源县、米东区、阿克苏市、温宿县、拜城县、乌什县、莎车县、和田县、墨玉县和于田县。

（2）适度规模　新疆粮食产业的发展，必须以“稳定面积、提高单产、保障供给”为目标，实现粮食总产量年均增长2%，力争2020年达到1 500万t。未来一定时期总播面积应稳定在3 000万亩，其中，小麦52.25%、玉米41.37%、水稻2.93%、其他3.45%。北疆粮食总播种面积稳定在1 650万亩，南疆粮食总播种面积稳定在1 350万亩。

（3）产业布局　加大粮食主产区政策扶持和资金投入，主攻单产，增加总产，降低成本，节水增效，充分发挥主产区的产业效能。以伊犁河谷、天山北坡、塔额盆地、天山南缘、塔南绿洲等五个粮食产业带为“骨架”，以优质高产、稳定粮食生产大县种植规模为前提，优先实施小麦、玉米两个1 000万亩粮食高产区建设，使高产区小麦单产较全疆平均高出20%，总产贡献率达到70%；玉米单产高出20%，总产贡献率95%。

到2020年，全疆9个粮食主产区合计3 000万亩基本粮田得到确立，其中，小麦1 560万亩、玉米1 240万亩、水稻75万亩。伊犁河流域主产区以小麦、玉米、水稻为主，总面积555万亩。天山北坡中段主产区以小麦、玉米、水稻为主，总面积330万亩。天山北坡东段主产区以小麦、玉米为主，总面积315万亩。塔额盆地主产区以小麦、玉米为主，总面积315万亩。东疆山地主产区以小麦为主，总面积30万亩。阿勒泰高寒地主产区以小麦、玉米为主，总面积112万亩。焉耆盆地主产区以小麦、玉米为主，总面积52万亩。塔河中上游主产区以小麦、玉米、水稻为主，总面积345万亩。喀叶绿洲主产区，以小麦、玉米、水稻为主，总面积705万亩。和田河流域主产区以小麦、玉米、水稻为主，总面积270万亩。

2. 棉花产业

（1）发展形势　棉花是我国重要的经济作物，既是最重要的纤维作物，又是重要的油料作物，还是含高蛋白的油料作物和精细化工原料。30多年来，新疆棉花单产水平、种植规模和总产均呈倍数增长。2013年，种植面积2 577.45万亩，占全国总面积近40%；总产量351.8万t，占全国总量56%；亩均单产137kg，高出全国平均水平40%，连续21年稳居全国首位。新疆还是全国唯一长绒棉种植区域，播种面积超过50万亩，主要分布在阿瓦提县和阿克苏市。

棉花约占新疆农作物播种面积1/4，主要分布天山南北两侧绿洲带。北疆主要分布在昌吉市、玛纳斯县、呼图壁县、乌苏市、沙湾县、博乐市、精河县等7个县（市），合计面积占全疆棉花总播面积27.98%，占北疆83.32%。南疆主要分布在库尔勒市、尉犁县、轮台县、和硕县、阿克苏市、温宿县、库车县、沙雅县、新和县、阿瓦提县、莎车县、麦盖提县、巴楚县、疏勒县、伽师县等15个县（市），合计面积占全疆棉花总播面积56.6%，占南疆85.25%。上述22个县（市）占全疆棉花总播面积84.58%。

兵团创造了多项世界植棉史奇迹，高新节水灌溉技术全国领先，农机化水平居全国之首，棉花良种覆盖率100%，农业科技贡献率近60%，集约化程度高，职工人均经营规模近40亩。

国家每吨皮棉19 100元的目标价格改革试点，但受国际市场影响，疆棉价格周期性波动较大。随着主要生产资料价格大幅上涨，棉花生产成本不断提高（图4–3），市场价格起伏不定，棉价没有随着生产成本的上升而提高，广大棉农扩大面积、提高单产的增产所得被生产成本的上涨所吞噬，加之疆棉销售难，导致棉农增收难，会影响疆棉产业的持续发展。

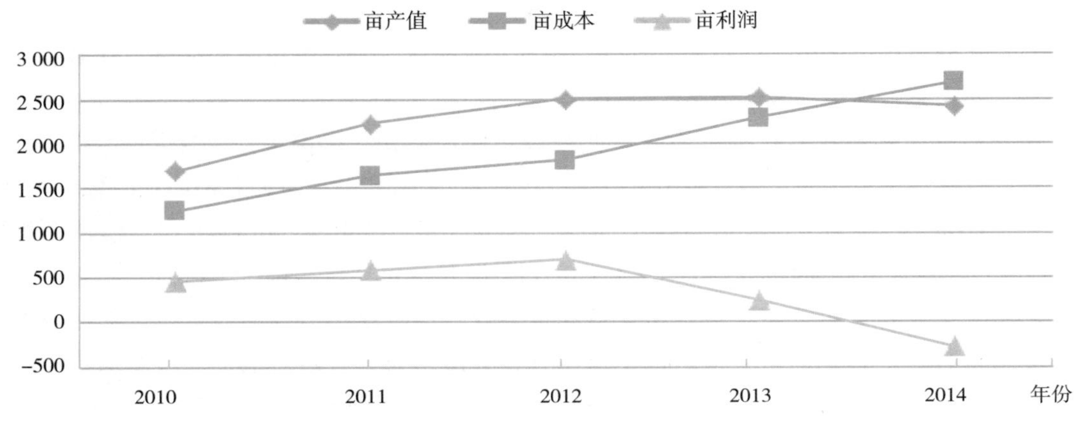

图4–3　2010—2014年新疆棉花单位产值成本与利润对比分析

（2）适度规模　以“调规模、提单产、优品质”为目标，“十三五”期间棉花种植面积应当调减到2 000万~2 500万亩。2020年，全疆皮棉平均单产水平达到145kg/亩，总产量435万t；良种覆盖率100%，县域棉区主栽品种控制在5个以内且覆盖率达到90%。建成集高产栽培、绿色防控、技术推广、装备现代、节水普及等多种功能示范区的1 000万亩高产田。新型机采棉技术体系基本建立，专用品种推广率30%以上，棉花杂质率、纤维损伤率、机采损失率大幅度降低。

（3）产业布局　巩固新疆棉花生产优势，实行集中种植、规模发展，促进棉田进一步向比较效益高、生产潜力大、竞争优势强的产区集中，实现棉花品种区域化种植，提高原棉质量。围绕天山南北坡形成棉花生产布局，通过优质棉高产田建设，实现棉花高效生产。

喀什绿洲主产区，种植面积控制在450万亩以内，包括喀什地区和克州的13个植棉县（市），以及兵团第三师植棉团场，建立莎车、巴楚和麦盖提等三个优质棉高产田示范区。

塔里木河中上游主产区，种植面积控制在750万亩，包括阿克苏地区6个植棉县（市）和巴州轮台县，以及兵团第一师阿拉尔市周边植棉团场，建立以阿瓦提县、阿克苏市、阿拉尔市、库（车）沙（雅）新（和）等4个优质棉高产田示范区。

塔里木河下游主产区，种植面积300万亩以内，包括巴州除轮台县以外的8个植棉县（市）和兵团第二师植棉团场，建立以库尔勒市、尉犁县和兵团塔里木垦区为中心的三个优质棉高产田示范区。

天山北坡主产区，种植面积900万亩以内，包括昌吉市、玛纳斯县、呼图壁县、乌苏市、沙湾县、博乐市、精河县和兵团第五师、第六师、第七师、第八师植棉团场，建立昌吉市、玛纳斯县、沙湾县、乌苏市、精河 / 博乐等五个优质棉高产田示范区。

3. 特色林果业

（1）发展形势　进入21世纪以来，新疆特色林果业在生产规模、质量效益两方面都取得了突破性进展，已成为促进区域经济发展、实现农民持续增收的一大支柱。2014年，林果总面积达到2 300万亩（其中园林水果2 095.73万亩），果品总产量达到800万t，林果业总产值450亿元，1 300万各族农民人均单项收入1 400元。建立标准化示范基地23个、面积225万亩。在全国率先提出生态健康果园理念。果品加工贮藏保鲜企业380多家，年贮藏保鲜与加工处理能力突破300万t。吐鲁番葡萄、库尔勒香梨、哈密大枣、和田玉枣、若羌红枣、木纳格葡萄、皮雅曼石榴、莎车巴旦姆、阿克苏核桃、和田薄皮核桃、叶城核桃、阿克苏苹果、精河枸杞等名牌果品获得了地理标志保护产品认证，国内外畅销。果品产地价格和市场售价多年来一直居高。

构建起了环塔里木盆地周边以红枣、核桃、杏、香梨、苹果、石榴、巴旦姆、酿酒葡萄为主的南疆特色林果主产区，面积达到1400万亩，成为举世瞩目的大果园；吐哈盆地以鲜食制干葡萄、大枣为主的优质高效林果基地；伊犁河谷和天山北坡以鲜食葡萄、酿酒葡萄、枸杞、小浆果等为主的特色林果业主产区。

（2）适度规模　到2020年，林果总面积达到2 500万亩，优质果园1 800万亩，绿色生态果园1 000万亩以上，干鲜果品总产量1 600万t，绿色果品1 000万t，果品贮藏保鲜率55%以上，加工率45%以上，机械化程度达到70%，高效节水占林果总面积70%左右，特色林果业国内外市场竞争力明显增强，建立健全特色林果产品质量安全认证体系、可追溯体系、市场营销体系和现代林果产业体系，建成绿色生态林果业强区，农民林果业纯收入超过3 000元。把新疆建成国家特色林果业科技研发平台、特色林果产品生产基地、特色林果产品加工物流配送基地、特色林果产品出口基地、特色林果业技术示范基地。

（3）产业布局　绿色生态果园建设环塔里木盆地周边900万亩、吐哈盆地100万亩、伊犁河谷和天山北坡100万亩，新增果品冷藏保鲜能力130万t，新建果品精深加工企业40家，精深加工能力达到300万t，在乌鲁木齐市、高昌区、库尔勒市、阿克苏市、喀什市合计建设面积10.5万m^2、年交易量600万t、辐射全国的大型果品批发市场。新建防控物资储备库和良种穗条低温储藏库140座。建设61个木本油料重点县（市），木本油料种植面积发展到近1 350万亩。

4. 现代畜牧业

（1）发展形势　种类繁多的畜禽种质、绿色生态的天然牧场、极为丰富的农作物秸秆，是新疆畜牧业的优势资源，畜禽产品品质优良，供不应求，羊肉、牛肉、牛奶年产总量均在全国占有相当份额。2013年，全区年底牲畜存栏4 228.14万头（只），全年牲畜出栏3 862.06万头（只），肉、奶、蛋产量分别达到139.26万t、139.19万t和28.17万t。畜牧业总产值604.20亿元，占农林牧渔业总产值的23.80%。新疆羊肉区内市场供给吃紧，特色畜禽产品疆内外市场俏销，营养成分最接近人奶的驴奶畅销大中城市。

（2）适度规模　到2020年，全疆新增肉牛肉羊1 000万头（只）工程顺利完成，牲畜年出栏达到5 000万头（只），肉、蛋、奶产量分别达到320万t、50万t和450万t。优质细羊毛产量稳定在2万t，优质山羊绒产量达到2 000吨。畜牧业产值占农业总产值的比重达到35%以上。初步形成畜产品现代产业体系；农区畜禽标准化规模养殖比重75%以上，牛、羊、猪禽良种率分别达到85%、80%和95%；草原畜牧业基本实现舍饲半舍饲，农区牲畜全年舍饲圈养；畜产品优势特色产业带巩固加强，产业化带动养殖户80%以上；肉食品精深加工率30%以上，牛奶加工率80%以上。基本完成基本草原划定工作，草原保护法制化建设取得积极成效；草原禁牧1.5亿亩，5.4亿亩草原落实草畜平衡制度，基本实现草畜平衡，草原生态持续恶化趋势得到遏制。全区定居游牧民20.4万户以上，定居率达到100%。

（3）产业布局　加快建设奶牛优势产业带、肉牛肉羊优势产业带、细毛羊优势产业带、生猪产业区、家禽产业区、特色养殖产业区和优质牧草产业带优势区。因地制宜推进都市城郊型、绿洲平原规模经营型、沿边口岸外向型等现代畜牧业生态区建设，健全现代畜牧业产业体系，提高优势产品产业比重和区域优势布局。

牛产业带，以天山北坡、伊犁河谷、塔额盆地、焉耆盆地、额尔齐斯河流域以及哈密地区为重点，支持建设10个存栏10万头、个体平均单产7t以上的奶牛生产大县，30个存栏5万头、个体平均单产6.5t以上的奶牛主产县。

肉牛肉羊产业带，以南疆铁路沿线、天山北坡、伊犁河流域、额尔齐斯河流域、塔额盆地为重点，建设30个年出栏3万头以上优质肉牛或30万只以上优质肉羊的生产大县，100个年出栏1万头以上优质肉牛或5万只以上优质肉羊的乡镇和养殖小区。

细毛羊产业带，以伊犁州直、塔城地区、博州、昌吉回族自治州、阿克苏地区、巴州为主，建成10个年产500t 66支以上细羊毛县（市）。

生猪产业区，以天山北坡、昌吉回族自治州东部至哈密地区、伊犁河谷、塔额盆地、焉耆盆地、库尔勒市至阿克苏市、喀什市、克拉玛依市为重点，支持建设5~7个年出栏100万头以上生猪的调出大县，50~100个年出栏生猪5万头以上的乡镇和养殖小区。

家禽产业区，建设乌鲁木齐市、昌吉回族自治州、伊犁州直、博州、巴州和阿克苏、喀什、和田三地区优质肉禽产业区和禽蛋产业区，建设年出栏商品肉鸡1 000万羽以上县（市）5~10个，年出栏商品肉鸡100万羽以上的乡镇和养殖小区50~100个；建设蛋鸡饲养量50万羽以上县（市）10~20个、10万羽以上的乡镇和养殖小区50~100个。

特色养殖产业区，建设阿勒泰、塔城、阿克苏三地区绒山羊产业区，和田、喀什、阿克苏三地区和巴州毛驴产业区，伊犁州、昌吉回族自治州、阿勒泰地区、塔城地区、哈密地区部分县（市）马产业区，巴州、克州、喀什地区牦牛产业区，伊犁州、昌吉回族自治州、巴州、阿勒泰地区马鹿产业区；支持伊犁州直、阿勒泰地区、巴州发展养蜂业，有条件地区发展鸽、狐、兔、特禽等特种经济动物养殖业。

以天山北坡、伊犁河谷、塔额盆地、焉耆盆地、阿勒泰山南坡、吐鲁番盆地为重点，建设北方干旱半干旱优质牧草产业区。

5. 设施农业

设施农业已成为新疆现代农业建设的载体和外向型农业重要内容，每年以10万亩以上速度增长。2013年，全疆设施农业总面积约120万亩，其中吐鲁番市高昌区、鄯善县设施农业面积均超过10万亩。生产各类反季节农产品约300万t，其中地方产量250万t。

到2020年，设施农业规模达到180万亩。东疆地区45万亩，兼顾发展深冬生产型、春秋生产型日光温室和拱棚；北疆地区60万亩，平原地区以大力发展拱棚和春秋生产型日光温室为主，山区逆温带发展深冬生产型日光温室；南疆地区达到75万亩，以发展深冬生产型日光温室和春秋生产型拱棚为主，兼顾发展春秋生产型日光温室。

立足区内市场，主攻周边市场。在乌鲁木齐市、昌吉回族自治州、吐鲁番市、哈密地区、巴州、和田地区建设保障区内产品供应的设施农业生产基地，在伊犁河谷、塔额盆地、喀什、阿克苏、阿勒泰、克州等地建设面向中亚及周边国家市场的反季节出口蔬菜基地，在吐鲁番市、哈密地区建设面向内地市场的反季节哈密瓜、葡萄基地。

6. 区域特色农业

（1）发展现状　新疆物种资源丰富，区域特色农产品驰名中外，特色农作物种业应当成为农村经济又一支柱。2014 年，新疆特色农作物播种总面积约 1 000 万亩，共有 1 200 万 t 特色农产品销往国内外，但生态天然的区域特色农产品绝大多数没有实现规模化生产，没有形成响亮品牌，没有形成真正意义上的产业，没有带动当地农村经济实现发展。例如，新疆白蒜、恰玛古、阿魏菇、白胡麻、樱桃李、沙棘、黑加仑、无花果，吐鲁番斗鸡、塔里木马鹿、拜城油鸡、黑头羊、驴奶、高原中草药等，都没有生产出批量产品上市销售，没有充分发挥出本有的膳食保健功效，原产地一些农户仍是脱贫困难。

（2）存在问题　一是种源保护乏力。新疆种质资源极其丰富，但大多没有进行有效保护和科学利用，没有繁育出更多专用型优良新品种供给农户，去实现良种良法、标准化生产和增收致富。伽师县是国家级扶贫开发重点县，县种子站科研力量很弱，勉为其难地承担起伽师瓜新品种培育重任，虽建立了 300 亩的传统优良伽师瓜品种“卡拉库赛”提纯复壮面积，每年能产出 3 000~4 000kg 良种，绝大多数瓜农还是选择自留种子解决用种问题，其结果是品种退化，品质变劣。

二是规划依据缺失。在加快发展新疆特色农业的进程中，一些地州及县（市）或多或少地存在规划依据缺失、发展思路模糊、指导手段匮乏等问题。新疆中药材资源丰富，特色中药材药用价值得到了业界公认；但因少有专业机构潜心研究，缺乏药用理化分析和产业化发展研究，无加快发展的理论依据和科学规划，更谈不上规模化生产、集约化经营、产业化发展、品牌化促销和市场化运作，农民看上年行情种植，企业看今年产量出价，企农间很难联结合作，基本上是企业盲动、农民盲从。与甘肃、安徽等中药材大省相比差距很大。

三是精深加工缺少。农产品加工经营企业有较强经营能力和竞争实力的不多，有产品研发能力和精深加工能力的就更少。新疆特色农产品的加工转化率和附加值都很低，加之运距远和物流体系建设没跟上，导致新疆特色农产品产地售价暴涨暴跌，资源优势并没有发挥出应有的价格优势和经济优势。目前，新疆特色农产品大多数都是光有基地，没有品牌，没有产业，基本处于当地农民经纪人组织货源、外地经销商出钱收购，将“原字号”产品卖出去的状态。种植规模过百万亩的打瓜籽、色素辣椒等特色农产品，都受制于外地经销商的策略调整和商家多少，其产地售价连年大幅涨跌，总是让农民朋友忐忑不安。种植面积不大的高山雪菊、恰玛古等境况就更糟。

四是服务引导缺位。新疆区域特色农产品普遍都是名牌少，产业弱，对促进当地农村经济发展和增加农牧民收入作用不够。伊犁河谷薰衣草没有形成真正意义上的产业，吐哈两地哈密瓜品牌维权手段匮乏，原因是缺乏政策保障，自治区虽设立了 2 000 万元专项资金，但规模太小，覆盖率低，难以拉动全区特色农业发展；缺乏技术支撑，政府对区域特色农业的科技投入始终不足，良种良法配套生产技术推广慢，农机装备水平低，特色农产品基地生产环境认证、产品认证步伐缓慢，检验检测及相关管理工作还不能适应发展要求。

（3）规模产业可持续发展分析　促使新疆区域特色农产品形成真正意义上的产业，实现集约化经营、科学化生产、品牌化营运、市场化销售，成为满足国内外亿万消费者生活所需、自治区各级政府发展农村经济、实现农牧民持续稳定增收的又一支柱，这是一个重大而持久的研究课题。此次研究，课题组选择部分代表性初具规模的特色农产品，进行浅显探讨。

——色素辣椒。辣椒红色素用途广泛，市场需求量逐年增长。出产于新疆的色素辣椒，辣椒红色素含量很高，色价指标达到 18 以上，个别地方甚至高达 24，远高于内地 14 的最高值，加之新疆种植色素辣椒产量相对较高、较内地色素辣椒多了股甜香味。种植色素辣椒亩均效益达到 2 000 元以上，个别超过 3 000 元。新疆色素辣椒种植面积的连年大幅增长，天山北坡适宜区域、焉耆盆地、环塔里木盆地周边都在大面积地种植。据不完全统计，2013 年，全疆色素辣椒总面积 135 万亩，总产量 50 万 t 左右，总产值超过 40 亿元。

目前，新疆色素辣椒产业还处于“规划依据缺失、服务管理缺位、科技支撑缺力、带动企业缺少，自然条件极优、色价指数极高、面积扩张极快、发展前景极好”的“四缺四极”境地；随着辣椒红色素需求增长，种植规模会大幅增加，成为新疆农村经济的朝阳产业，如何实现优势产业健康发展，关键是色素辣椒产业的理论体系建设、科技支撑能力建设、社会化服务能力建设和市场经营能力建设。

——鹰嘴豆。鹰嘴豆营养物质含量丰富，药膳功效明显，广泛适用于蒸、煮、炒或泡汤，可作为主食、甜食和炒制食品，制作罐头或蜜饯等风味小吃，加工成淀粉等。主产地木垒县已发展了 11.7 万亩，木垒县农业技术推广站培育出的优良新品种几乎覆盖了所有种植面积，且制定并全面推广了鹰嘴豆标准化生产规程，鹰嘴豆亩均产量提高到了 150kg 以上，超过 200kg 的普遍存在。该县与科研院校合作，研发生产出了系列鹰嘴豆天然营养食品，畅销全国，出口到了中亚、欧洲。

鹰嘴豆产业现已经呈现出种植面积稳步增加、单产水平不断提升、产地售价稳中有增、精深加工能力逐步增强、市场占有率不断提升、农民收益连年提高的较好发展态势，从 10 多年前的田边地角零星种植，逐渐成为增加农民收入的支柱产业。课题组认为，鹰嘴豆市场前景极为看好，木垒县及周边适宜区域都可加快发展这一特色产业，增加投入，建立基地，把面积扩大到 30 万亩以上，加强产能建设，强化经营能力，培育新型经营主体，力促鹰嘴豆产业可持续发展。

——红花。红花是一种集药用、油料为一体的特种经济作物。其品质主要取决于羟基黄色素 A 含量，国家标准为 1%，内地红花多为 1.5%~1.7%，疆红花基本都在 2% 以上，其中，“吉木萨尔红花”最高达到 2.3%，在中药材市场十分抢手。花油兼用的疆红花品质优良，红花绒年产量占全国总量 90% 以上，在我国中药材市场上独树一帜。内地除藏红花略具规模外，其他省份基本没有大面积种植。

红花在天山南北已有两千多年种植历史，全疆总面积近两年保持在 60 万 ~100 万亩。吉木萨尔县聚集的几家红花（籽）加工龙头，在全疆各地建立了 5 万亩有机红花基地、20 万亩标准化种植基地和自治区级企业技术研发中心，建置了国内最先进的精炼油生产线，红花籽年消化能力可达 10 万 t，所产红花油产品质量远高于国家标准，在全国各地建立了近 200 家销售网点，发展了 500 多家代理商。该县既是新疆红花（籽）主销地，又是红花（绒）集散地，每年 5 000~6 000t 疆红花 70% 以上在这里交易，销售到了国内外。

课题组认为，随着国际上中医中药热度快速上升，红花的价格和出口量都会大幅增长；红花发展空间巨大，政府应转变发展方式，制定长远规划，彰显地域特色，适度扩大种植规模，培育经营主体，不断提升集约化、科学化、品牌化、合作化、市场化水平，构建现代红花产业体系，赋予疆红花更多绿色、有机和文化内涵，以提高特色产业发展水平和增值空间，持续健康发展新疆红花产业。

——伽师瓜。因生长地域而得名的伽师瓜，是新疆甜瓜中极晚熟厚皮脆肉型农家品种，芳香独特，香脆爽口，甘甜多汁，易储耐运，堪称瓜果极品。伽师县及周边区域将独特资源优势转化成为农村经济优势，把伽师瓜做成了促进当地农民持续增收的支柱产业。伽师瓜产业已呈现出种植面积稳中有增、资源利用科学有效、综合品质巩固提高、市场份额逐渐扩大、瓜农收入持续增长的良好发展态势。近几年，每年伽师瓜种植规模约 30 万亩，外销优质商品瓜 50 万 t 左右，种植业总产值 10 亿 ~12 亿元，亩效益普遍达到 4 000 元。

实现伽师瓜产业可持续发展，应增强伽师瓜产业科技支撑能力，建立起种质资源保护基地，生产出足量的优质良种，让瓜农全面应用良种良法，实现较高的单位面积效益；加大宣传推介，扩大伽师瓜销量，提升消费者美誉度；稳步扩大伽师瓜生产规模，以满足国内外消费需求，提高当地农民单项收入。

——哈密瓜。哈密瓜是在吐哈盆地（哈密地区和吐鲁番市辖区）特殊的地理环境和气候条件下，所产果面网纹细密，布满瓜的整体外皮，瓤脆多汁、清香味美、品质优良的厚皮脆肉型网纹甜瓜。地理标志产品保护规定，仅在新疆维吾尔自治区哈密地区、吐鲁番市、昌吉州、兵团六师、阿勒泰市等五个严格规范标明地区，所产厚皮脆肉型网纹甜瓜才能称为“哈密瓜”，其他地方生产的任何甜瓜产品概不能称哈密瓜。近年来，市场上的冒牌货比正宗“哈密瓜”至少多出 10 倍，扰乱市场秩序，损坏“哈密瓜”美誉。资料显示，2013 年，全国共种植甜瓜 615 万亩，总产量超过 1 300 万 t，除青海、西藏外，其余 29 个省份均有种植，约 1 000t 甜瓜多是套用哈密瓜名称卖出去的；而新疆哈密地区、吐鲁番市的哈密瓜种植面积加起来不到 30 万亩，销往国内外市场的正宗哈密瓜不足 60 万 t。

健康发展哈密瓜产业，最紧要的是打击假冒伪劣，但对于哈密地区和吐鲁番市来说，远去销售市场执法难上加难。因此，建议国家部委组织产地和销地政府，开展联合执法，形成长效机制，“哈密瓜”才不会被“李鬼”所害，才有利于特色产业的可持续发展。

——薰衣草。薰衣草，是一种名贵的香料植物，不仅能够制造名贵香水，而且具有独特的双向调节生物学功能。伊犁河谷薰衣草油质清纯，香味浓郁，可同法国普罗旺斯和日本北海道薰衣草产品媲美，统称为世界薰衣草三大产区。紫花薰衣草香味浓郁，既可用来炼制粗油，作为高档化妆品的原料，又可以晾晒干花当作香料产品卖。1964 年，兵团 65 团开始引种，2000 年面积达到 5 000 亩，大规模发展是最近 10 年，目前种植规模约 3 万亩。受种植技术低下、加工能力较弱、特色品牌没有形成、薰衣草旅游业开发不够、产业技术体系尚需构建等原因所致，没有实现产业化发展。

课题组认为，形成兵地协同的促进薰衣草产业发展工作机制，加快推进薰衣草产业科技支撑、经营能力、名牌带动、市场营销、产业延伸等方面能力建设，形成 10 万亩以上规模化产业。

——加工番茄。加工番茄曾是新疆农业增效、农民增收的优势产业，但因番茄酱出口价格近年来一直没有较大涨幅，原料收购价一直很低，种植户效益始终不高，亩均纯收入很难达到 1 500 元，新疆加工番茄种植业已经失去了大规模发展的潜力，全疆面积在 2010 年达到近 140 万亩之后，再没有大幅增长。

龙头企业利用番茄皮渣、番茄籽，采用高科技工艺，生产出番茄红素、番茄籽油等产品，延伸了加工番茄产业链。从发展态势看，精深加工延伸产业链，是新疆加工番茄产业可持续发展的必由之路。

五、新疆农业可持续发展重大举措

（一）工程技术措施

根据新疆农业可持续发展实际需要，以最急需、最关键、最薄弱环节和领域为重点，统筹安排国家项目资金和自治区财政资金，调整盘活财政支农存量资金，安排增量资金，带动社会资金，组织实施一批重大工程，全面夯实自然资源、社会资源、文化资源基础，加强生态环境建设，发挥生态资源优势，彰显农产品的鲜明特色，加快新疆现代农业建设，推动新疆农业可持续发展。

1. 种植业四个“千万”亩农田建设工程

以小麦、玉米、棉花、区域特色农产品主产区为重点，兼顾油料、糖料等重要农产品优势产区，开展土地平整，建设田间沟渠、抽水机井、小型太阳能、节水灌溉、小型蓄水等基础设施，修建农田道路、农田防护林、输配电设施，安装观测、监测、遥感、“互联网+”等现代农业设施设备，集成应用膜下滴灌、机采模式、测土配方施肥、统防统治等先进适宜农业技术。加快种子工程建设，其中，小麦良繁田60万亩、玉米制种100万亩以上，累计建成区域特色农作物种源保护利用基地60万亩以上。到2020年，小麦良种覆盖率98%以上，玉米良种覆盖率100%，棉花良种覆盖率100%，区域特色作物良种覆盖率90%以上。深入开展土壤改良、地力培肥和养分平衡，加大土地沙化、盐渍化、面源污染治理，加强农田防护林建设和农业生态保护，增强农业抵御自然灾害的能力，着力提高耕地基础地力和农业产出能力。全面完成四个“千万”工程建设，分别建成小麦、玉米、棉花高产田和区域特色农作物高效田1 000万亩以上。

2. 高效用水示范区建设工程

结合工程节水、农艺节水和管理节水，加强基础建设，健全技术支撑体系，应用互联网技术，提高灌溉系统信息化水平，完善微灌规划设计技术体系和地方标准，运用节水新技术、新产品、新材料和新设备，推动农业节水低成本、低能耗、高性能、规范化、集约化，探索林果应用高效节水技术，提高并增加粮食、区域特色农作物、饲草高效节水应用面积，全面提升南北疆各地高效节水整体水平，促进高效节水向高效用水转变，着力建设农业高效用水标准化、规范化示范区。到2020年，新增高效节水面积1 400万亩以上，总面积达到6 000万亩，结合农作物四个“千万”亩、绿色生态果园“千万”亩工程建设，基本实现适宜农田、适宜作物、适宜果树高效节水全覆盖，高效节水新技术示范区实现高效用水。

3. 农业生态环境保护建设工程

结合肉羊肉牛“千万”工程建设，加快发展农区畜牧业，增加农家肥、有机肥产出量，实施秸秆机械还田、青黄贮饲料化利用，推广测土配方施肥，加强排碱排水沟渠整理，到2020年，全疆测土配方施肥技术推广覆盖率90%以上，化肥利用率提高到80%以上，实现化肥施用量零增长。

推广使用加厚地膜、可降解农膜和农田残膜回收技术，建设废旧地膜回收网点和再利用加工厂，到2020年农田废旧地膜回收率80%，资源化利用率80%。实施农药减量控害，推进病虫害专业化统防统治和绿色防控，推广高效低毒农药和高效植保机械，有效防范动植物疫病。开展农产品产地环境监测与风险评估，实施重度污染耕地用途管制，建立健全全疆农业环境监测体系。

落实草原生态保护补助奖励机制，推进退牧还草、风沙治理和草原防灾减灾。坚持基本草原保

护制度，开展禁牧休牧、划区轮牧，推进草原改良，促进草畜平衡，推动传统游牧转向现代畜牧业。推行农牧结合，实现畜牧业和种植业、林果业良性互促，减少草原载畜量，促进草原生态可持续。搞好草原生态效益补偿，制止林草植被破坏行为，保护和恢复森林草原生态功能。强化草原自然保护区建设。

健全农业生态建设体系，继续实施退耕还林还草、退牧还草、沙漠化治理、防风固沙林带建设等措施，加大农业生态建设力度，修复农业生态系统功能。实施天然林保护工程，加大河谷林、荒漠林保护，扩大退耕还林范围，结合自治区退地减水，做到应退则退；全面改造提升农田林网化，扩大绿洲面积；在塔克拉玛干沙漠边缘构筑绿洲外围生态屏障，在北疆天山北坡交通、流域构筑绿洲生态屏障，在全疆范围形成若干个绿洲外围、中部和内部梯度生态网格化新格局，到 2020 年森林覆盖率达到 5%。

加强畜禽遗传资源和农业野生植物资源保护，加强野生动植物自然保护区建设，扩大濒危野生动植物拯救保护范围，开展濒危动植物物种专项救护，加大珍稀野生动植物资源规模化繁育，完善野生动植物资源监测预警体系，遏制生物多样性减退速度。建立农业外来入侵生物监测预警体系、风险性分析和远程诊断系统，建设综合防治利用示范基地，严格防范外来物种入侵。

科学编制村庄整治规划，加快农村环境综合整治，保护饮用水水源，加强生活污水、垃圾处理，构建农村清洁能源体系。推进规模化畜禽养殖区和居民生活区的科学分离。开展生态村镇、美丽乡村创建，加快富民安居、牧民定居、危房改造、水库移民安居等工程建设，保护和修复自然景观和田园景观，开展农户及院落风貌整治和村庄绿化美化，推进农村河道干支渠综合治理。在城镇周边规模化养殖带建设畜禽粪便集中堆肥设施和有机肥加工厂，新建大中型沼气工程 100 处，规模化养殖场粪污无害化处理 80% 以上。推广太阳能采暖房 1 万户，清洁能源取暖设施 10 万户。推进休闲农业持续健康发展。采取流域内节水、适度引水等措施，增加塔里木河流域、玛纳斯河流域水量，实现流域生态修复与综合治理。

加强特色冷水鱼种质资源保护区建设，继续实施增殖放流，推进水产养殖生态系统修复。

4. 绿色食品生产基地创建工程

坚持标准化管理、规模化生产、集约化经营、产业化发展，自治区农业地方标准达到 700 个，基本实现食用农产品全覆盖，创建农产品质量安全县 50 个，创建县食用农产品全部通过“三品一标”认证，辐射带动能力和增收效果明显。“三品一标”认证面积达到全区食用农产品生产面积 50%，主要农资产品质量抽检合格率 90% 以上，全面建立农业投入品销售台账、生产使用档案记录制度，杜绝假劣农资导致的重大恶性农产品质量安全事件，从源头上保障农产品质量安全。

优化调整种养殖结构，农林牧结合，提升果经草、果粮草、粮经草间作水平。结合两个“千万”亩工程建设，支持粮食主产区发展畜牧业，改秸秆还田为牲畜过腹还田。支持苜蓿和青贮玉米等饲草料种植，加快发展种养结合型循环农业，推进肉牛肉羊养殖“千万”工程建设，保障牛羊肉区内供给。结合区域特色农业“千万”亩建设工程，加快现有生产基地绿色食品原料标准化认证，新建基地首先通过绿色认证。集成应用节约型农业技术，因地制宜推行农牧果和“猪沼瓜”“猪沼果”等模式，加快发展沙漠产业、冷水渔产业等生态农业。引导个别极度干旱地区休耕轮作，种植绿肥，培肥地力，保护生态环境，发展生态农业。支持鼓励绿色生态型休闲农业，提升农业旅游发展水平。到 2020 年，70% 以上的食用农产品生产基地通过绿色、有机认证，原产地农产品 100% 通过地理标志产品认定。

5. 农业有害生物预警与控制体系建设工程

实施农业有害生物预警控制指挥中心及基地建设、农业有害生物防控区域中心建设、专业化统防统治工程建设、绿色防控工程建设、重大外来有害生物防御体系建设。建设自治区农业有害生物预警控制中心、植保现代化试验示范基地，在重点区域设置站点，建设10个枢纽站和40个终端站；在全疆建设农业有害生物防控中心5个，包括北疆北片区、东疆片区、乌伊公路沿线片区、南疆北片区、南疆南片区；建设农作物病虫害专业化统防统治示范县50个，新农药、新药械、新技术试验示范基地20个；引进、消化、吸收先进绿色防控技术，在全区建立病虫害绿色防控示范基地50个，开展不同作物病虫害绿色防控关键技术的试验示范；在疫情发生区建设防控示范区25个，建立健全监测站点102个，阻截已发生的马铃薯甲虫、小麦重大病害、苹果蠹蛾等重大疫情；在64个县建立完善259个林果疫情监测预报站点。到2020年，全疆农作物果树病虫害统防统治覆盖率达到40%，努力实现农药施用量零增长。

6. 绿色生态果园“千万”亩建设工程

结合绿色生态果园“千万”亩工程建设，加快主要林果树种科研工程中心建设和科研基础条件建设，在果树品种资源保护和新品种繁育、营养诊断、林果最佳采收期、间作条件下林果丰产栽培技术、林果机械采摘设备技术、林果采后处理与精深加工、现代节水灌溉、林果业综合效益评价体系建设、特色林果业长效运营机制研究等关键技术，进行研究、深化和提升，不断提高特色林果业科技支撑能力和绿色果品综合产能。到2020年，建成林果标准化基地1 800万亩，其中绿色生态果园1 000万亩以上，优质干鲜果品（不含西甜瓜）区外市场供给量达到1 500万t以上，出口果品力争达到500万t。

7. 新型农业经营主体培育工程

龙头企业、农民专业合作社、家庭农场、专业大户等农村经济新型组织，是加快农产品外销、带动产业发展和农民增收的重要力量。政府要出台的政策措施，提高服务引导能力，扶持培育新型农业经营主体。通过五年发展，农产品经营企业和农民专业合作社建设进一步规范，全区农民专业合作社达到25 000家，自治区级示范社2 500家以上，合作社成员及带动农户数占全疆农户总数60%以上，合作社成员收入高于当地非成员农户20%以上，合作社带动引领作用明显增强。培育500家示范性家庭农场。通过加大政策扶持，开展示范引导，完善管理服务，推进新疆特色农业现代化建设，确保农民收入持续稳定增长。

8. 丝绸之路经济带农业合作项目工程

把握丝绸之路经济带核心区“三通道、三基地、五大中心、十大进出口产业聚集区”建设的重大机遇，以中亚及周边国家为突破口，优化农业区域合作功能及规划，将新疆农业作为我国向西开放的切入点，推进新疆农业对外合作“六基地、两平台”（优势特色农产品标准化种植基地、优质农产品加工基地、外向型农业装备制造基地、农作物品种良繁基地、农产品国际贸易物流基地、外向型农业合作基地和农产品国际贸易物流平台、国际农业科技文化交流平台）建设，打造农产品国际贸易绿色通道，打造农产品生产、加工、贸易、物流、销售全产业链，发展外向型农业，加快新疆特色农业“走出去”。

9. 特色品牌文化挖掘整理维护引擎系统建设工程

品牌美誉度源于产品自身的内在品质和文化内涵。汉唐“丝绸之路”国际贸易是由丝绸、瓜果等农副产品开启的，农业文化在其中的主体地位毋庸置疑。丝路文化是树立新疆特色名牌的文化瑰宝，因此，组织探究品牌建设的专家学者，对新疆的数十个农产品公共品牌，深入开展调查研究，构建新疆农业公共品牌文化挖掘整理维护引擎系统，形成利用现代文化表现方法，挖掘利用丝路文化和西域文化，保护农业文化遗产，打造新疆特色名牌，加快新疆特色农产品外销，促进新疆农业发展的理论体系和可行性报告，为各级政府打造区域公共品牌拿出抉择依据，为农产品经营龙头树立企业品牌提供学习参考。编撰《新疆农业公共品牌文化元素》文字、电子两种出版物，建设“丝绸之路农产品公共品牌数据库”，以备各地、各企业树立特色名牌选用；定期出版《丝路农品》期刊，建立同名网站，关注、反映、交流各地各企业打造地域特色名牌的动态信息、方式方法，进行理论探讨，更新品牌品质元素和文化元素，系统化维护丝路文化和特色名牌内在品质、文化内涵。

10. 农业可持续发展试验示范区建设工程

结合新疆农业六个“千万”工程建设，选择不同发展基础、资源禀赋、环境承载能力的区域，建设霍城县农牧结合可持续发展、沙湾县农业机械化带动农业集约化、阿勒泰市农村环境整治、玛纳斯县农业高效节水、木垒哈萨克自治县有机食品鹰嘴豆产业可持续发展、巴里坤哈萨克自治县农牧交错带草食畜牧业发展、尉犁县农业生态环境治理、若羌县红枣促进生态改善农民增收、阿克苏市畜禽污染治理、伽师县“伽师瓜”产业可持续发展等10个类型的农业可持续发展试验示范区。加强相关农业园区之间的衔接，优先在具备条件的国家现代农业示范区、国家农业科技园区内开展农业可持续发展试验示范工作，通过集成示范农业资源高效利用、环境综合治理、生态有效保护等领域先进适用技术，探索适合新疆不同区域的农业可持续发展管理与运行机制，形成农业可持续发展典型模式和样板。

（二）政策法律措施

1. 加强优势资源保护，确保资源永续利用

确立水资源开发利用控制红线，到2020年，全疆农业灌溉用水量要从目前的95%降到90%以下。确立用水效率控制红线，到2020年和2030年农田灌溉水有效利用系数分别达到0.55和0.6以上；严格控制非法垦荒，严格执行应退即退政策，实施地下水资源管理红线，力推地表水过度利用和地下水超采综合治理，适度退减灌溉面积。严格执行非法垦荒强制退耕制度和退耕还林还草政策，实施退耕还林还草，宜乔则乔、宜灌则灌、宜果则果、宜草则草，有条件的适宜区域实行林草果草结合，增加植被盖度。

严格执行耕地保护制度。以水定地；划定永久基本农田，按照保护优先的原则，将城镇周边、交通沿线、粮棉果特生产基地的优质耕地优先划为永久基本农田，实行永久保护；因地制宜，因势利导，支持重度盐碱地、重度沙化地、瘠薄地有序退耕植林种草。

加快发展农区畜牧业，采取增施有机肥、种植绿肥、秸秆还田、深耕深松等土壤改良方式，增加土壤有机质，提高土壤肥力。构建养分健康循环通道，促进农业废弃物和环境有机物分解。开展土地综合整治、沙化治理、盐碱地改造、中低产田改造、农田水利设施、高效节水等工程建设，加快高标准农田建设。到2020年和2030年，全疆耕地基础地力提升0.5个等级和1个等级以上，粮、棉、果、特的优质率和产出率稳步提高。严格控制工矿企业排放和城市垃圾、污水等农业外源性污染。尽快建立农产品产地土壤分级管理利用制度。

加强区域特色种养品种资源保护工程建设，政府应列支财政专项，出台奖励政策，创造有利条件，营造良好氛围，制定科学规划，形成学术理论和政策体系；科研院校要主动担负起职责，种子企业要加强育、繁、推能力建设，学科带头人要协助政府制定出保护措施。着力加快高标准种质资源保护基地建设，深入研究优势特色物种资源，尽快培育出能适应市场和产业发展需要的专用型优

良新品种，繁育出更多优质良种满足发展特色种养业的需求。

2. 增强科技支撑能力，推动农业产能建设

出台政策措施，增加科技投入，深入实施科教兴农战略，充分发挥科技创新驱动作用，加强农业科技自主创新、集成创新与推广应用，力争在高效节水技术提升、果树上应用节水滴灌、特色物种资源保护与利用、提高棉花单产、农产品精深加工等技术领域率先突破。大力推广良种良法，到2020年，农业科技进步贡献率达到60%以上，粮食作物良种覆盖率98%以上，棉花良种覆盖率100%，经济作物良种覆盖率90%以上，果树良种覆盖率90%以上，牛、羊、猪、禽良种覆盖率分别达到85%、80%和95%，着力提高农业优势特色资源利用率和产出水平。大力发展农机装备，推进农机农艺融合，到2020年，主要农作物耕种收综合机械化水平达到90%以上，果树机械化程度达到70%以上，果树和特色农作物机械采收率明显提高。加强农业基础设施建设，提高农业抗御自然灾害的能力。加强农业集约化经营能力建设，全面增强农业产能。

加快六个“千万”工程建设。提高粮食单产，加强仓储转运设施建设，改善粮食仓储条件。提高单位产量，完善政策支持体系，建立政策保障机制和宏观调控机制，巩固疆棉优势，保障棉农增收。加强绿色有机瓜果生产能力、贮藏保鲜能力、市场经营能力建设，到2020年，瓜果总面积保持2 500万亩左右，优质果品年产量1 800万t以上，商品率达到85%以上，鲜果贮藏保鲜率55%以上。加强饲草粮基地建设能力、畜禽品种繁育能力、牛羊猪鸡养殖能力、区域市场供给能力、农家肥产出能力建设，到2020年，肉、蛋、奶产量分别达到320万t、50万t和450万t，优质细羊毛产量稳定在2万t，优质山羊绒产能达到2 000t。加强特色种质资源保护能力、农产品精深加工能力、新疆特色名牌打造能力和市场开拓能力建设，到2020年，区域特色农作物总面积达到1 000万亩以上，各类特色农产品产量成倍增长，优质率普遍达到85%以上。

3. 增强服务引导能力，培育新型经营体系

新疆是少数民族地区，也是一个屯垦移民区，周边与8个国家接壤，四大文明交汇于此。文化融合出现些小分歧在所难免，政府主导在这里尤为重要。强调政府主导，重点是增强服务能力、提高服务质量。加快6个“千万”工程建设，实现新疆农业可持续发展，特别是构建集约化、专业化、组织化、社会化相结合的新型农业经营体系，实行专业化管理、组织化经营、社会化服务，须要政府发挥主心骨的支持引导和协调服务职能。一是针对新疆农业“大产业，小服务”情况，建立以公益性服务机构为主导、多元服务主体广泛参与的农业社会化服务体系，需要政府参与和引导。二是建设现代农业示范园区和农业产业化示范区，培育壮大一批龙头企业，引导龙头企业进入园区形成聚集，需要政府协调服务。三是构建多层次制度保障体系，推动新型农民专业合作经济组织向更高层次和更广范围发展，需要政府支持服务。四是健全质量标准与安全体系，加强生产加工技术创新、增强企业竞争力，加快企业人才队伍建设，加大农牧民科技培训力度，加强农村信息网络建设，发展绿色有机农业，需要政府帮扶引导。五是加快冷链物流体系、市场营销体系、社会化服务体系建设，与周边国家加强贸易合作，吸引外商投资新疆农业发展，打造农产品加工贸易中心，加强农业国际交流合作，需要政府支持和服务。

4. 加大政策支持保护，营造良好发展环境

建立农业可持续发展政策保障机制，落实并用好用足惠农政策，加快农业基础设施建设。完善支持政策体系，通过贴息、税收、补贴、财政等政策措施，大力支持农业六大主导产业发展，加快6个“一千万”工程建设。加大财政支持力度，健全农业投入稳定增长机制，优化财政投入结构，加大现代农业产业基地建设投入力度。科学统筹使用支农资金，切实发挥财政政策和涉农资金的合力效应。推进农村金融组织创新、产品创新、服务创新、制度创新，发展各类新型金融组织，建立多层次、广覆盖、可持续的农村金融体系，引导金融机构增加用于现代农业发展的各项贷款。扩大农业保险覆盖区域，支持开展农村商业保险和政策性保险，推进涉农保险协调机制建设。建立国家、集体、个人和社会等多渠道、多层次、全方位筹集资金的投资体系。构建“投、建、管”三位一体的支农项目建设机制，吸引民间和社会资金，投入现代种植养殖生产、加工、营销、仓储物流等领域。充分利用外来资金加快新疆特色农业发展，推动现代农牧业建设。突出生态屏障、特色产区、稳农增收三大功能，坚持因地制宜，加大资金支持，建立健全农牧民收益保障制度，加快发展高效节水农业、草食畜牧业、循环农业、绿色生态农业，加强中低产田改造和土壤沙化、盐渍化治理，通过政策引导、措施推动、宏观调控，完善新疆特色农业可持续发展的政策理论体系、科技支撑体系、农产品冷链物流体系、市场营销体系、引导服务体系，逐步建立起农业生产力与资源环境承载力相匹配的农业生产新格局，实现生产、生活、生态互利共赢。

5. 加强兵地融合发展，共建良好农业生态

新疆农业可持续发展是个有机系统，人为分割既不利于生态系统维护和修复，更有可能对生态系统造成新的损伤。因此，建立兵地农业可持续发展统筹规划协调机制，总体规划资源再分配长效机制，是共建新疆良好农业生态的前提条件。依托兵地之间的优势互补，依法开展兵团与地方间土地流转，使有限的土地资源动起来，发挥更大的效能；采取“走出去”、“请进来”等方式，实现相互间农技、农艺融合和农业产业化经营方式有效互补；进一步推进水资源管理体制改革，实现同一生态区域水资源合理利用和保护；全面深化兵地农机产权改革，共同组建股份制农机服务公司，提高单一农机产权者抵御市场风险能力。共建新疆农业生态，关键在于以“平台化”建设为载体的融合。在总体规划的宏观调控下，围绕共建良好农业生态这条主线，兵地合作共建农、工、商“三个平台”。一是建设兵地农业综合开发合作区，转变农业综合开发方式，实现由规模扩张式综合开发转向质量效益同抓、生态资源共管的可持续综合开发，协力推进 6 个“千万”工程建设，实现新疆优势农业资源永续利用。二是建设兵地特色农产品综合加工合作区，统筹规划、合理布局，推进疆内农产品加工企业向合作区聚集，形成产业集群，优化产能结构、提升技术与装备水平，生产出高品质精深加工产品，实现农业经济发展可持续。三是围绕打造农产品国际贸易绿色通道和农产品生产、加工、贸易、物流、销售全产业链，建设兵地农产品商贸物流合作区，形成农业合作区、加工合作区、商贸合作区，实现平台联动、产业循环和价值提升，协力推进新疆农业对外合作，发展外向型农业，加快新疆特色农产品外销。

参考文献

新疆维吾尔自治区统计局 . 2013. 新疆统计年鉴 [M]. 北京：中国统计出版社 .

戴健，艾则孜 · 克尤木 . 2012. 新疆维吾尔自治区农业功能区划研究 [J]. 中国科技成果（23）：67.

王荣栋，孔军，陈荣毅 . 2005. 新疆小麦品质生态区划 [J]. 新疆农业科学（5）：309-314.

梅方权 . 2006. 粮食与食物安全早期预警系统研究 [M]. 北京：中国农业科学技术出版社 .

新疆生产建设兵团农业可持续发展研究

摘要： 本研究以可持续发展理论为指导，采用最新权威数据，围绕农业与资源环境协调发展的主线，重点从供给角度深度分析资源环境承载能力、产业布局、发展模式、适度规模和政策措施等农业可持续发展的关键问题，系统探讨构建地区未来农业可持续发展战略与路径。可以看出，新疆生产建设兵团农业水、土、气候资源对于农业发展约束趋紧，农业劳动力、科技资源具有相对优势，农业化学品使用接近极限，通过农业发展可持续性评价指标体系建模分析，认为兵团农业产出与自然、社会资源消耗呈显著正相关关系，开展兵团农业可持续发展主要行业门类适度规模分析，依据资源和环境分析提出兵团可持续发展的区域布局和典型模式，综合分析提出促进兵团未来农业可持续发展工程、技术、政策和法律措施。

一、新疆生产建设兵团农业可持续发展的自然资源环境条件分析

（一）土地资源

1. 农业土地资源及利用现状

兵团土地总面积 7 057.9 千 hm^2。按地貌可分为阿尔泰、天山、昆仑山山脉等山地，准噶尔盆地、塔里木河盆地两大盆地以及流域冲积扇平原等三种类型，团场基本上位于平原区，平原面积占总面积 68.6%，山区少，土壤类型分为 27 个土纲、22 个土类、72 个亚类、88 个土属，耕地土壤 12 个土类，分为潮土、草甸土、沼泽土、黑钙土、栗钙土、棕土、灰钙土、灰漠土、灰棕漠土、总漠土、风沙土等（表 1–1）。

课题主持单位： 新疆生产建设兵团农业资源区划办
课题主持人： 朱新祥
课题组成员： 李文彬、卢玉文、汪贤云、罗万云、齐晶、张淑花、汪洋、张倩、强蛟、殷亮、杨芬、马彦梅、陈士斋

表 1-1　新疆生产建设兵团主要耕地土类养分情况

土类	有机质（g/kg）	全氮（g/kg）	碱解氮（mg/kg）	有效磷（mg/kg）	速效钾（mg/kg）	pH 值
潮土	11.99	0.62	55.17	27.38	155	7.9
草甸土	11.60	0.81	70.85	20.20	215	7.7
沼泽土	27.48	2.03	131.45	27.20	254	8.1
盐土	19.80	0.48	77.16	9.54	169	7.4
黑钙土	71.36	3.56	157.04	19.45	429	7.5
栗钙土	41.83	0.96	107.33	16.12	311	7.8
棕钙土	16.89	1.18	65.81	13.35	182	7.7
灰钙土	16.01	1.11	63.00	16.53	235	7.4
灰漠土	10.40	0.52	50.83	22.32	283	7.9
灰棕漠土	17.23	0.95	79.40	34.67	246	8.1
棕漠土	15.32	0.77	65.33	18.49	169	8.2
风沙土	7.61	0.28	51.58	8.01	155	7.3

农用地土地面积为 4 309.4 千 hm^2，占比 61.1%，其中耕地面积 1 248.1 千 hm^2，占农用地面积 28.96%；园地面积 150.5 千 hm^2，占 3.49%；林地面积 914.86 千 hm^2，占 21.23%；牧草地面积 1 721.45 千 hm^2，占 39.95%；其他农用地 274.44 千 hm^2，占 6.37%。建设用地 278.36 千 hm^2，占土地总面积 2.94%；未利用土地 2 470.19 千 hm^2，占土地总面积 35%。

表 1-2　新疆生产建设兵团土地资源类型

类型	面积（千 /hm^2）	占比（%）
土地总面积	7 057.94	100
农用地	4 309.39	61.06
耕地面积	1 248.14	28.96
园地面积	150.50	3.49
林地面积	914.86	21.23
牧草地面积	1 721.45	39.95
其他农用地	274.44	6.37
建设用地	278.36	3.94
未利用地	2 470.19	35.00

2. 农业可持续发展面临的土地资源环境问题

（1）土地资源数量　2014 年，土地面积相比 2006 年减少 398.33 千 hm^2。农业用地 4 309.39 千hm^2，相比于 2006 年增加 110.83 千 hm^2。2006—2014 年，耕地面积增长 205 千 hm^2，面积大多数用于种植棉花。截至 2014 年，兵团人均耕地高于新疆人均 3.3 亩，高于全国人均 5.5 亩，各师中人均耕地面积最高是第一师（人均 8.4 亩），人均耕地面积最少的十二师 2.9 亩。

（2）土地资源质量　土地资源量大，但能利用土地占比不到 70%，团场多处于河流下游、扇缘及潜水溢出带，盐碱化土壤占 43.36%，土壤有机质和全氮含量低，80% 分布在国家分级标准 4~6 级，耕地质量不高，中低产田改造任务大。农业自然资源质量下降，造成土壤养分流失，土壤肥力下降，重金属通过灌溉、施肥、大气沉降等方式进入农田土壤环境，造成农田土壤环境污染。

根据第二次土壤普查，土壤有机质含量丰富的占 10.8%，一般的占 55.97%，缺乏的占 33.88%，土壤总体上养分含量处于缺氮、少磷、钾有余状况，在微量元素方面，除硼和铜较丰富外其他几种微量元素均缺乏。

（二）水资源

1. 农业水资源及利用现状

兵团是典型干旱区绿洲农业，主要水源来自冰川融雪、山地降雨及基岩裂隙水。由于特殊管理体制，与地方共同使用流域水资源，具体流域实际使用水资源量需参照实际分水协议。2014 年，新疆地表水资源量 854.2 亿 m^3，地下水资源量 557.0 亿 m^3，水资源总量 903.2 亿 m^3。2014 年，兵团实际灌溉面积 1 522.88 千 hm^2，兵团引水量 121.76 亿 m^3，占新疆水资源总量 13.4%。2006—2014 年，兵团实际灌溉面积增加 266.79 千 hm^2，年引水资源总量下降 3.77 亿 m^3。

1985 年以来，兵团用水结构中，农业用水占总用水量 95.49%，农业开发大量占用水资源。1985 年兵团总灌溉面积 1 158 万亩，农业总用水量 88.15 亿 m^3，农业综合灌溉毛定额 765m^3/ 亩，灌溉水利用系数 0.364；2014 年兵团总灌溉面积 2283 万亩，农业（大农业）总用水量 119.19 亿m^3，农业综合灌溉毛定额 616m^3/ 亩，灌溉水利用系数 0.452。

表 1–3　新疆生产建设兵团用水结构变化　（单位：亿 m^3）

时间	生活用水	工业用水	农业用水	生态用水
1985	0.49	0.3	88.56	0.48
1995	0.59	0.77	95.97	0.65
2005	0.72	0.83	117.56	1.16
2014	1.78	1.4	116.28	2.3

2. 农业可持续发展面临的水资源环境问题

（1）水资源数量　新疆是全国水资源最紧缺的区域之一，境内大多为内陆河流，内陆河径流量占到全疆水资源的 80% 以上，兵团引水量约占全疆的 12%，地下水资源引用量 21.89 亿 m^3，单位面积产水量仅为 12.19m^3/km^2。按 14 个师分布情况，可以把兵团在疆水资源分为 4 个区域，第四、第九、第十师水资源总量、人均水资源总量最为丰富，3 个师水资源总量占到兵团总量 34%，人均水资源量是兵团人均水资源 3 倍。

2014 年，兵团引水结构中，地表水为 95.6 亿 m^3，占比为 78.47%，地下水为 26.21m^3，占比为 21.52%。其中农业用水大部分来自地表水，城城镇工业用水大多来自于地下水。

表 1–4　兵团利用水资源结构

	引水量（亿 m^3）	占比（%）
饮用水	121.76	100.00
地表水资源（引用量）	95.55	78.47
地下水资源	26.21	21.52

截至 2014 年，兵团自有水库 135 座，实际水库蓄水量为 33.58 亿 m^3。近年来，由于部分河道

下游断流，水资源短缺矛盾加剧，许多已开垦土地因无水灌溉而弃耕。沙漠化形势同样十分严峻，有121个团场分布在沙区边缘，占农牧团场数70.35%，其中88个团场分布在两大沙漠边缘，土地沙漠化面积已占到兵团土地总面积的20.50%。沙尘、大风、干旱、洪害、雪灾、寒流霜冻、病虫害等各类自然灾害发生频繁，严酷的农业生产自然条件给农业可持续发展形成挑战，制约农业可持续发展。

（2）水资源质量　2014年，兵团工业废水和生活污水年排放量2.2亿m^3，其中工业废水80%以上未经任何处理直接排放江河湖。据普查，兵团农业污染源排放总量2714t，其中排放总磷1232t、总氮245t、氨氮334t、COD 245t、铜56t、锌33t、农药0.23t。

排放数量较多的是COD、总氮，分别占总量63.1%和31.6%，COD主要来源于畜禽养殖业，总氮主要来源于种植业、畜禽养殖业。种植业排放总量为56 030t，畜禽业排放总量最多，为16 0870t，这些污染物经过地下淋溶、地表径流等方式进入地表水和地下水，造成不同程度水体污染。

各师所在河流水化学类型以HCO_3^-Ca型为主，个别河流呈SO_4^-Ca或Cl^-Na型；大多数河流水体背景值较低，融雪径流补给量大，各种离子含量都很低，出山口后沙漠化逐渐显著，偏离背景值程度明显增大；河流矿化度、总硬度在区内变化范围较大，表现出明显的地域特征，总趋势是南部大于北部、东部大于西部、平原大于山区。

表1–5　兵团所属各流域水质情况

流域区	包括诸小河	水质
准噶尔盆地—天山北坡诸小河流域区：	乌鲁木齐河、白杨河、玛纳斯河、奎屯河	二、三类、部分河段劣五类
伊犁河—额尔齐斯河外流区	特克斯河、巩乃斯河、喀什河、伊犁河干流、乌伦古河、额尔齐斯河	二、三类
塔里木盆地—塔里木河流区域：：	阿克苏河、叶儿羌河、和田河、喀什河、开都孔雀河	二、三类
吐鲁番哈密盆地诸小河流区域：	头道沟、	二、三类

（三）气候资源

1. 气候要素变化趋势

根据气象记录分析，近40年来，北疆、南疆、天山山区年平均温度呈明显增高趋势，北疆增温率达0.36℃/10a，南疆、天山山区增温率达0.19℃/10a。三大区域看，近40年年降水量呈持续增多趋势。1959—1998年，南疆增水率达4.2mm/10a。2001年以来年降水量比前10年偏多20.5mm，增幅为13%，成为我国降雨增加最多区域。

新疆气候变化与全球全国趋势基本一致，但又具有显明区域性特点：气候逐渐变暖，增湿势头不减，与此相伴随的暴雪、暴雨、低温冷害和干旱等气候极值事件频频出现，寒潮天气明显减少，导致冬季增温高于夏季，光热资源变幅及时空分布发生变化。尤其是近10多年来，气候明显变化对生态环境产生影响。

（1）气温变化　北疆、天山山区、南疆各分区年平均气温均呈显著上升趋势，升温速率分别为0.32℃/10a、0.37℃/10a、0.34℃/10a、0.26℃/10a。

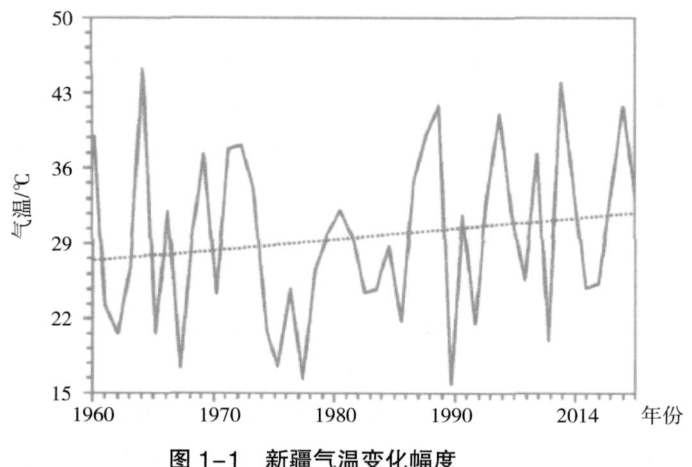

图 1-1 新疆气温变化幅度

（2）降雨变化 新疆地域辽阔，地形复杂，降水分布极不均匀。图 1-2 中可见，分布规律主要为北部多于南部，西部多于东部，从西北向东部逐渐减小；山区多于平原，迎风坡多于背风坡；大降水中心位于中、高山带；盆、谷底为少雨中心。

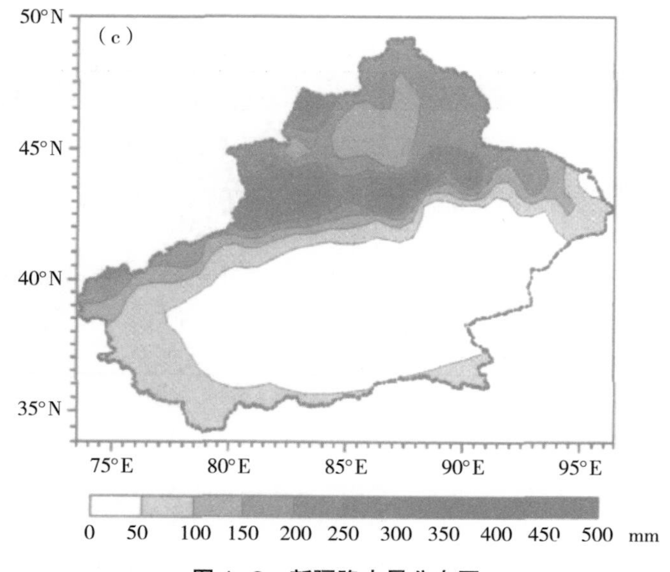

图 1-2 新疆降水量分布图

从降水量时间变化可见，新疆地区降水量表现为明显上升趋势，降水增长率达到 815mm/10a，四季降水（春季 3—5 月，夏季 6—8 月，秋季 9—11 月，冬季 12 月至翌年 2 月）变化，在近 45 年里依次增长了 110mm、319mm、115mm 和 117mm，其中夏季增长的绝对值最大，冬季增加比重最大。

2. 气候变化对农业的影响

对区域农业影响主要包括：农业用水变化、技术利用率变化、施用化肥及农药量变化、区域种植结构变化、农作物产量影响等。

（1）对不同农作物影响 种植业方面，气温上升，降雨增加，对兵团大部冬麦区、春小麦、玉米等农作物种植较为有利，对棉花幼苗生长较有利，但受4月中旬寒潮天气影响，北疆棉花普遍遭受霜冻危害，如第一、第二师等南疆师棉区棉花生长发育进程晚于常年，对已出苗棉花生长及近期播种和受霜冻后重播的棉花出苗均产生不利影响。

畜牧业方面，有较为有限的有利影响，3月上旬牧区牲畜开始转场、产羔，4月牧草陆续返青，全疆牧区气温偏高，对牲畜转场及产羔育幼有利，但4月中旬寒潮天气对牧草返青、牲畜转场及产羔育幼有不利影响，5月全疆牧区光照充足，温度偏高，大部牧区有不同程度降水，气象条件对牧草生长有利。

林果业方面，3月下旬，林果树陆续开始进入开花期，受4月中旬寒潮天气影响，部分地区出现明显降温、降雪，对林果生长危害较大。进入5月以后，全疆林果树由南至北相继由开花盛期进入坐果期，部分地区温高少雨，较有利林果开花授粉和坐果。

（2）对农业技术利用的影响　兵团农业属于高消耗、高产出生产模式，粮食作物光合利用率在0.8%以上，农田灌溉水利用效率50%~60%，化肥利用效率50%以上，氮肥吸收率40%~56%左右。气候变化对兵团绿洲农业技术带来新挑战，包括现代节水、机采棉模式下高产栽培滴灌系统、水肥药一体化技术、滴灌粮食作物应用、灌区水利信息化、水资源调控及水灾害防污、低碳畜牧养殖、规模化养殖场粪污控制、抗逆及高光效品种培育、高产栽培、农作物品种选育、农业防灾减灾、农业环境治理、林果丰产高效栽培、农业新能源开发利用、种植养殖行业温室气体排放监测、典型区域气候变化数据收集分析与建模预报、节水灌溉与现代农业对温室气体排放影响分析与评价、农业领域碳减排计量与碳市场（CCER）项目开发技术等。

（3）对施肥量和农药使用的影响　气候变化使化肥、农药使用量不稳定且施用效力发生变化。如温度增加、降水量变化和极端气象事件频发改变作物对化肥、农药正常需求，研究指出，温度升高加速土壤中化肥的分解速率，有些元素易被土壤微生物氧化成不能被土壤吸附的负离子。在温度升高和极端气候事件气象条件下，对作物病虫害发生有利，导致作物系统和产量下降。气候变化还可能提高外来种传播速度。气温升高可能导致农业病、虫、草害发生的区域扩大，使病虫害的生长季节延长，害虫繁殖代数增加，为害时间延长，作物受害程度加重。二氧化碳浓度增加，从而增加农药和除草剂使用量（图1-3）。

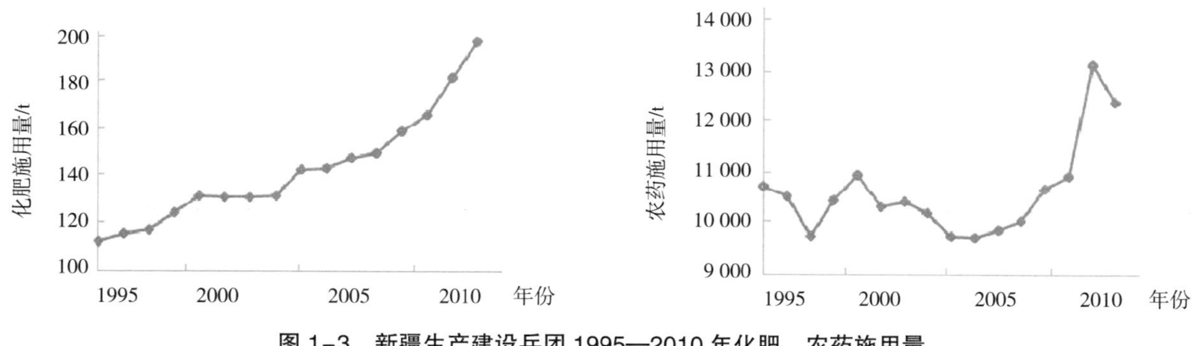

图1-3　新疆生产建设兵团1995—2010年化肥、农药施用量

（4）对农业种植结构影响　气温上升，降水量增大，冰川融雪增多，最终表现在年积温增加，可利用水资源等农业资源要素的增加，对种植结构产生潜移默化但深远影响。

二、新疆生产建设兵团农业可持续发展的社会资源条件分析

（一）农业劳动力

1. 农业劳动力现状及特点

2014年年末，兵团农业人口124.48万人，占兵团总人口的47.63%。2004—2014年，非农产业从业人员由117万人迅速升至136万人，增加19万人，年均人口增长2.7万人。2014年，非农从业人员比重52.38%。

表2-1　新疆生产建设兵团劳动力情况

类别	单位	1990年	2000年	2010年
总人口数量	万人	214.35	242.79	260.72
15~60岁人口数量	万人	144.26	175.78	193.73
15~60岁人口占比	%	67.3	72.4	74.3

兵团农业对劳动力需求预测。建立GM模型，相应函数为：

CYRY=（T+1）=29 747 990.291 233$e^{0.014\,827t}$−29 251 683.291 233。

其中CYRY表示第一产业从业人员数量，t表示时间。得出到2020年、2025年、2025年、2030年兵团农业发展对劳动力需求数量。其中农业劳动力在总需求中的占比不断降低。

表2-2　新疆生产建设兵团农业对劳动力需求预测

类比	2015年	2020年	2025年	2030年
农业劳动力需求（万人）	56.3	60.7	65.3	70.4
占比（%）	39.96	37.10	34.39	31.93

（1）农业劳动力就业结构　2014年，从事农业产业人口数量38.45万人，三次产业就业占比持续下降，从事种植业人口数量为37.81万人，占比98.34%。

表2-3　新疆生产建设兵团农业产业就业人口数量

类别	总人口数量（万人）	占比（%）
农、林、牧、渔业	38.45	
种植业	37.81	98.34
林业	0.02	0.05
畜牧业	0.52	1.33
农、林、牧、渔服务业	0.11	0.28

近年来，兵团产业结构从“一、二、三”转变为”二、三、一”，第一产业从业人员比重稳步下降，第二产业和第三产业从业人员比重在逐步上升。但产业结构偏离度却较大，1978—2009年，

产业结构偏离度始终在20%左右波动，2008年以来产业结构偏离度高于20%。表明兵团人力资源就业结构和产值结构不协调，1978—2012年第一产业均表现为正向偏离，波动幅度基本维持在5%~25%之间，说明第一产业中存在大量剩余劳动力急待转移；第二产业均表现为负向偏离，整体呈下降趋势，表明第二产业所吸纳劳动力数量增长远远低于产值增长，产值比重和劳动力比重非常不协调，具有很大的吸收劳动力潜力；第三产业偏离度整体业结构存在明显偏差，产业结构效益较低，呈上升趋势，产值结构和就业结构基本平衡。

（2）农场劳动力文化素质结构　据统计，2014年农业人口124.48万人，其中团场劳动力87.3万人，初中及其以下文化约占86%，中专、技校毕业及高中文化占12%，大专以上文化仅占2%，劳动力整体素质偏低，技术型劳动力缺乏，受过专业技术培训人员比例较低（图2-1）。2013年，针对14个师市1.3万名外出务工返乡人员调查显示，高中及以上文化程度占23.4%，初中文化占69.5%，小学及以下占7.0%。

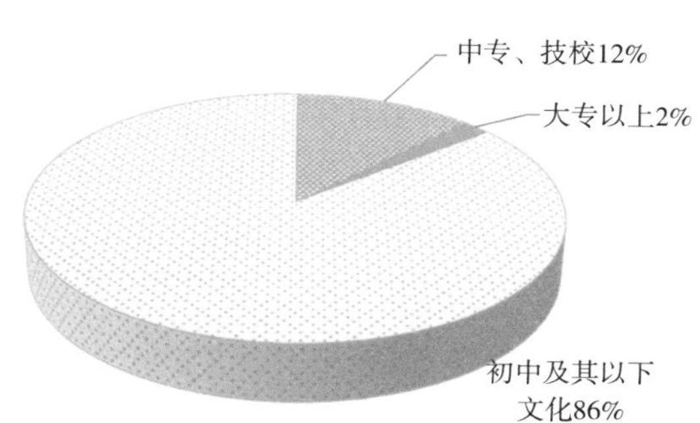

图2-1　团场劳动力文化素质水平

2. 农业可持续发展面临的劳动力资源问题

团场劳动力资源是农业可持续发展重要的决定因素之一，现实情况下关键在于团场剩余劳动力转移。

（1）基层团场劳动力人口锐减　由于团场实施职工身份“只出不进”政策，导致基层团场从事农业生产工作的职工大多年龄大，所掌握的科学技能较为低下和单一。2006—2014年，团场职工数量年均降幅达到8%，农业生产力量薄弱。

（2）劳动力资源优势没有充分发挥　团场人口增长使人均农业资源量减少，人口对自然资源压力增加，人口过快增长将会产生更多剩余劳动力，直接影响经济的可持续发展，人口过快增长也不利于劳动者素质提高，不利于生态环境保护。

（二）农业科技

1. 农业科技发展现状及特点

（1）农业支撑科技体系基本形成　形成了以石河子大学、塔里木大学和新疆农垦科学院“两校一院”为主、各农业龙头企业及师级农科所为补充的农业科技创新体系，建立3个国家重点实验室培育基地和9个兵团重点实验室、节水灌溉国家工程技术研究中心（新疆）、国家级现代规模化猪禽天康养殖工程技术研究中心，兵团彩色棉工程技术研究中心、兵团棉花工程技术研究中心”等5个兵团级工程技术研究中心，2个兵团级产业技术创新战略联盟，3个国家级农业科技园区，10个兵团级农业科技园区。除第十四师以外，每个师均建立了不同级别农业科技园区，成为农业现代化示范区。建立了兵团农业技术推广总站、师农业技术推广站、团技术推广站、农家大院、科技示范户、科技特派员创业链、农业科技创新能力评价及提升对策研究科技创业培训基地等形式多样的农业技术推广转化体系。

（2）农业科研基础设施条件改善　兵团农业科研基础平台建设主要由重点实验室、区域创新基地、农业科技资源共享平台和农业科技园区四个部分组成。目前有兵团部共建国家重点实验室培育基地3个，兵团级重点实验室12个，15个实验室中与农业科技创新有关的12个，承担在研项目768项，在研科研经费3.36亿元，拥有科研仪器设备总数2 796台（套），总值1.72亿元，在职研究人员 466 人，其中副高以上职称 267 人，博士 174 人。

表 2-4　新疆生产建设兵团农业科技平台

序号	重点实验室名称	依托单位	批准时间	备注
1	新疆兵团绿洲生态农业重点实验室	石河子大学	2003.1	省部共建国家重点实验室培育基地
2	新疆兵团绵羊繁育生物技术重点实验室	农垦科学院	2005.1	省部共建国家重点实验室培育基地
3	兵团塔里木盆地生物资源保护利用重点实验室	塔里木大学	2010.2	省部共建国家重点实验室培育基地
4	兵团塔里木畜牧科技重点实验室	塔里木大学	2005.6	
5	兵团现代农业机械重点实验室	石河子大学	2006.3	
6	现代节水灌溉兵团重点实验室	塔里木大学	2009.1	
7	谷物品质与遗传改良兵团重点实验室	塔里木大学	2010.3	
8	南疆特色农产品深加工兵团重点实验室	塔里木大学	2012.12	
9	棉花遗传改良与高产栽培兵团重点实验室	塔里木大学	2012.12	
10	作物种质创新与基因资源利用兵团重点实验室	塔里木大学	2012.12	
11	动物疾病防控兵团重点实验室	石河子大学	20.13.7	
12	园艺作物栽培生理与种质资源利用兵团重点实验室	石河子大学	2014.1	

资料来源：兵团科技工作年度报告（2013）

（3）科技成果总量多，但产学研结合较差　2006—2014 年，选育和引进各类农作物品种 123 个，园艺作物品种 100 多个，良种覆盖率提高，推广了一批粮食优质高产农业、测土配方施肥、节水灌溉、农业机械等核心关键技术，确保了农产品有效供给和现代农业发展需求。2013 年，第九届新疆维吾尔自治区农作物品种审定委员会共审定品种 57 个，其中兵团 28 个，占同期新疆品种审定数的 47%。兵团申请的与农业相关专利数由 2009 年的 171 个，增加到 2013 年的 787 个，增长 3.6 倍。

表 2-5　2009—2013 年新疆生产建设兵团通过自治区品种审定委员会审定的品种数量

年份	棉花	玉米	小麦	油葵	食葵	大豆	甜瓜	甜菜	水稻	合计（个）
2009	11	6	3							20
2010	9	3		2		2	2		1	19
2011	8	4	5		1	1		1		20
2012	9		2	2	1	1	1			16
2013	14	4	3	1	3	3				28

资料来源：兵团科技工作年度报告

2. 农业可持续发展面临的农业科技问题

（1）人才队伍结构与分布不合理　据 2013 年统计数据，兵师两级科研单位从事科研活动 1136 人，从事农林牧渔水利业 1111 人，大多集中在高等学校、科研院所、企业从事科研开发和推广应用的人员很少，从事应用开发型高层次专业人才缺乏，引入市场化研究机构和项目不多。

（2）科技原创能力不强　现有农业科研项目大多是区域性研究大，适用范围窄，原创性的成果少，高新技术成果少，前瞻性的成果少，“短、平、快”技术多，常规技术多，引进示范推广的成果多，“三少三多”现象严重影响兵团农业发展。由于科研经费有限，科研机构发展能力低，原始创新能力不足，存在“科技与市场两张皮”，科研成果市场化转化机制落后。

（3）市场化农业科技服务体系未能建立　现有“七站八场”农业科技服务体系隶属事业单位管理，人员、资金、设备配置受行政管理束缚较大。广大团场农户和企业对种苗栽培、田间管理、农艺培训技术等多方面农业生产技术有较大需求，现有农业科技服务体系难以满足市场化需求。

（三）农业化学品投入

1. 农业化学品投入现状及特点（表 2-6）

（1）化肥　2006—2014 年，化肥施用量增加 123.36 万 t，年增长率为 19.82%。化肥施用品种构成较单一，主要是氮肥、磷肥和钾肥，复合肥、微肥、有机肥施用较少。氮肥主要以尿素和碳酸氢铵为主，磷肥主要以含磷较低的普通过磷酸钙为主。

（2）农膜　2006—2014 年，农膜施用量增加 2.1 万 t，年均增长 4.74%。目前使用的主要农膜不可降解，降低耕作质量，影响作物生长。

（3）农药　2006—2014 年，农药施用量增加了 3558.44t，年均增长率 4.51%。作物在生长期间，职工常用农药种类较多，而且有机磷、有机氯、有机胺类农药使用仍然存在，如氧化乐果、辛拌磷、三唑膦胺等农药。

表 2-6　2006—2014 年新疆生产建设兵团农业化学品投入　（单位：t）

年份	化肥施用量	农膜施用量	农药施用量
2006	379 779	46 919	8 416
2007	419 173	48 762	8 510
2008	472 104	52 639	8 886
2009	495 469	54 225	9 244
2010	1 187 312	53 361	8 733.89
2011	1 251 588	55 391	9 368.16
2012	1 326 390	57 358	9 930.08
2013	1 419 528	60 173	10 344.00
2014	1 613 457	67 963	11 974.44
年均增长率（%）	19.82	4.74	4.51

2. 农业对化学品投入的依赖性分析

依据化肥污染程度衡量方法，以各师市各化肥投入数据进行测算分析，2014 年兵团化肥施用量为 1 613 457t，化肥耕地负荷反映了单位土地面积上的化肥投入，能较好反映化肥投入对耕地潜在危害。2014 年兵团平均化肥耕地负荷为 86.19kg/ 亩，全国为 60.82kg/ 亩，世界是 8.06kg/ 亩，兵团全国 1.4 倍，是世界平均水平 10.69 倍（表 2–7）。

表 2-7　2014 年新疆生产建设兵团各师化肥施用量情况

各师	实有耕地（千 hm^2）	耕地负荷			
		化肥施用量（t）	兵团（kg/ 亩）	中国（kg/ 亩）	世界（kg/ 亩）
合计	1 248.14	1 613457	86.18	60.82	8.06
一师	174.30	403 449	154.31	60.82	8.06
二师	77.78	157 727	135.19	60.82	8.06
三师	97.88	131 743	89.73	60.82	8.06
四师	117.09	122 978	70.02	60.82	8.06
五师	61.24	92 937	101.17	60.82	8.06
六师	183.89	123 810	44.89	60.82	8.06
七师	115.57	111 268	64.19	60.82	8.06
八师	237.41	263 646	74.03	60.82	8.06
九师	67.39	37 483	37.08	60.82	8.06
十师	60.43	66 943	73.85	60.82	8.06
十一师	0.28	307	73.10	60.82	8.06
十二师	19.05	16 975	59.41	60.82	8.06
十三师	26.33	46 375	117.42	60.82	8.06
十四师	9.50	37 816	265.38	60.82	8.06

三、农业发展可持续性分析

（一）农业发展可持续性评价指标体系构建

（1）理论依据　农业可持续发展实质是谋求农业生态系统中各要素间、系统与外部环境间有序化与整体持续运作过程，核心是农业是否保持良性循环和生产力的可持续性，主要依据人口承载、人地系统、生态经济学、农业系统及农业控制理论。

（2）构建原则　坚持科学性和实用性、可操作性和可比性、全面性和简要性、系统性和层次性、静态性和动态性结合统一原则。

（3）指标体系及指标解释　运用层次分析法分 3 个层次构建兵团农业可持续发展能力评价指标体系。

表 3-1　兵团农业可持续发展评价指标体系

目标层	原则层	指标层
农业可持续发展	自然系统	人均耕地面积（C1）
		土壤有机质含量（C2）
		耕地有效灌溉面积（C3）
		亩化肥施用量 kg/ 亩（C4）
		亩农用薄膜使用强度 kg/ 亩（C5）
		林草覆盖率（C6）
		自然灾害成灾率（C7）
		亩灌溉用水 m^3/ 亩（C8）

（续表）

目标层	原则层	指标层
农业可持续发展	经济系统	人均农业产值（C9）
		农民人均纯收入（C10）
		农村恩格尔系数（C11）
		农业机械总动力（C12）
		职工平均工资（C13）
	社会系统	农业劳动力受教育水平（C14）
		团场每千人拥有医生和卫生人员数（C15）
		农业技术人员比重（C16）
		团场职工家庭恩格尔系数（C17）
		国家农业政策支持力度（C18）

第一个层次本指标体系分为三层：第一层次目标层（A），综合评价，用来反映农业可持续发展总体特征；第二层次准则层（B），五个相互关联子系统，即资源、经济及社会系统；第三层次指标层（C），选择 18 个具体评价指标。

（二）评价方法

主成分分析法是研究用变量族的少数几个线形组合来解释全部多维变量协方差结构。

（1）原始数据标准化　由于各指标的含义不同，指标值的计量单位也不同，各指标的量纲各异。为了对各指标数据进行综合分析，必须对指标数据进行标准化处理。标准化公式为：

$$Z_i = \frac{c_i - \overline{c_i}}{S}$$

式中，c_i 为被评价方案指标数据值，c_i 为该项指标平均值，S 为标准差，Z_i 为被评价方案指标得分值（即评定系数）。

（2）计算标准化后变量的相关系数矩阵 R。

（3）求特征方程 $|\lambda I-R|=0$ 的非特征根 λ_i（$i=1$，…，m）及特征向量 $y=(y_1, \cdots, y_m)$。

（4）通过 λ_i 计算各主成分的贡献率：

$$g_i = \frac{\lambda_i}{\sum_{i=1}^{m} \lambda_i}$$

式中，g_i 为第 i 个主成分的贡献率，该值越大，则说明该主成分概括各指标数据的能力越强；m 为全部主成分的个数。

（5）选取主成分个数　表示前 k 个主成分的累积贡献率，即前 k 个主成分从原始变量中提取的信息量。当该信息量已达到全部信息量的绝大部分时，可以认为前 k 个主成分已基本反映了原始变量主要信息，$m-k$ 个主成分省略掉。确定该系统指标的主成分（新变量）为 $y=(y_1, \cdots, y_m)$，新变量的权重为 g_1，…，g_k。

（6）计算综合得分值 F：

$$F=g_1y_1+g_2y_2+\cdots+g_ky_k$$

F 即为某系统的综合得分值。

（三）农业发展可持续性评价

（1）数据标准化处理　所需数据资料主要来源于2001—2015年《兵团统计年鉴》《中国农业年鉴》等，有些指标经整理换算后得到。

（2）指标权重确定　用SPSS软件对表中影响农业可持续发展的数据进行主成分分析。对农业经济可持续的7个指标进行分析后，选出3个主成分，方差贡献率分别为93.02%、3.74%、2.04%，累计贡献率为98.8%。

（3）评价结果分析（表3-2）　资源系统以2011年为拐点，2006—2011年，可持续发展为正值，2011—2014年，资源系统为负值，与兵团农业生产投入量相吻合。兵团经济系统与社会系统可持续发展趋势相同，2006—2014年连续保持增长。

表3-2　新疆生产建设兵团农业可持续发展能力评价综合结果

年份	资源系统	经济系统	社会系统
2006	0.38	0.12	0.13
2007	0.32	0.18	0.14
2008	0.29	0.2	0.16
2009	0.24	0.21	0.2
2010	0.2	0.25	0.22
2011	0.17	0.37	0.23
2012	−0.12	0.38	0.28
2013	−0.23	0.39	0.31
2014	−0.35	0.4	0.35

可以看出（图3-1），兵团经济、社会系统可持续发展是建立在以消耗资源为代价基础上，农业可持续发展能力与资源系统达到极显著水平，相关系数0.876；农业可持续发展与社会系统也达到显著水平，相关系数为−0.585，说明农业消耗自然资源水平较高。

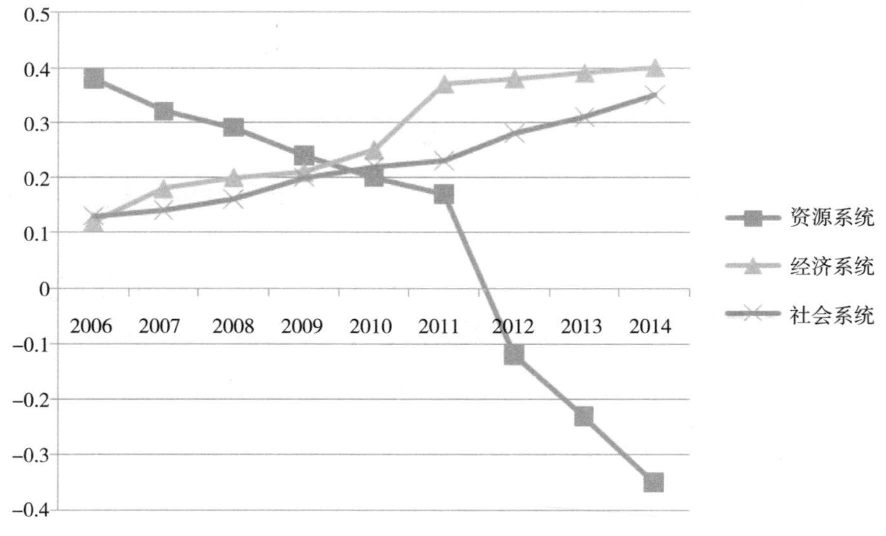

图3-1　兵团农业可持续发展水平综合得分

四、农业可持续发展的适度规模分析

（一）种植业适度规模

1. 种植业资源合理开发强度分析

2014 年，农作物播种面积 11 320.57 千 hm^2，粮食总产 187.13 万 t，人均占有量 706.5kg。2014 年，人均占有水资源 890m^3，仅为全国平均水平 50%，每年季节性农业生产缺水 20 多亿 m^3。2015 年，植棉面积 915.3 万亩，退出 100 余万亩棉田均为次宜棉区和低产棉区。同时，经过多年高强度种植，各师市土地均出现土地肥力下降，农膜污染加剧，农业面源污染扩大等，成为种植业不可逾越的障碍，农产品持续增长和安全生产对农业生态环境不断恶化矛盾突出，农业可持续发展压力加大。

2. 粮食、蔬菜等种植产品合理生产规模

（1）粮食　立足国家粮食安全后备基地，保证自给、略有盈余，稳定规模，提高效益。口粮面积 200 万亩左右，满足玉米等饲料粮的需要。

（2）棉花　围绕国家优质棉花生产基地建设，保持现有宜棉区规模，建设天山北坡、南疆垦区优质高产棉区和宜棉区，优质棉基地面积 750 万亩，总产 130 万 t 以上。

（3）林果业　建设干鲜果品产业基地。第一、第二、第三、第十三、第十四师为主要区域，发展苹果、香梨、杏、桃等传统特色果品。

（4）蔬菜瓜果　建设特色瓜菜产业基地。加工番茄以第二、第五、第六、第七、第八、第九师为主要区域；西、甜瓜产业以第三、第六、第八、第十、第十三师为主要区域；在优势产区发展工业辣椒和其他传统露地蔬菜生产。

（5）设施园艺　围绕城市和团场城镇，建设城郊园艺蔬菜生产基地，围绕边境口岸，建设蔬菜、林果、花卉、食用菌出口基地；建设设施育苗基地。

（二）养殖业适度规模

1. 养殖业资源合理开发强度分析

2014 年，兵团牲畜存栏 660 万头（只），肉类总产 36.5 万 t，牛奶总产 58 万 t，禽蛋总产 6.7 万 t。“十二五”期间，实施畜牧业倍增工程，建成规模养殖场（含小区）885 个，达标创建全国标准化示范场 43 个，发展养殖大户 2 457 户，总体规模化养殖水平为 29%，其中奶牛、生猪、肉牛、肉羊规模化养殖水平分别为 60%、57%、40% 和 18%。

2. 肉类、奶类等养殖产品发展

重点扶持以第一、第四、第六、第七、第八、第十二师为主的优势奶牛生产区，以第一、第二、第四、第五、第六、第七、第八、第十三师为主的生猪生产区，以第三、第四、第六、第八、第九、第十、第十三、第十四师为主的优势牛羊肉生产区，因地制宜发展重点家禽业产业带。到 2020 年，总体规模养殖水平达到 50% 以上，畜禽良种化率达到 90% 以上，畜牧业产值占农业总产值的比重达到 30%。

五、农业可持续发展区域布局与典型模式

（一）农业可持续发展的区域差异分析

1. 农业基本生产条件区域差异分析

（1）南疆生产区　位于天山山脉以南，包括第一、第二、第三、第十四师，总播种面积 414.28 千hm^2，属暖温带极端大陆性干旱荒漠气候，极端最高气温 35℃，极端最低气温 -28℃，太阳辐射年均 133.7~146.3kcal/cm^2，年均日照 2 556.9~2 991.8 小时，日照率为 58%~69%，垦区雨量稀少，冬季少雪，地表蒸发强烈，年均降水量为 40.1~82.5mm，年均蒸发量 1 876.6~2 558.9mm，主要利用昆马力克河、哈拉玉尔滚河、阿克苏河、多浪河以及叶尔羌河、和田河、喀什河、和田河等河水。

（2）北疆生产区　位于新疆天山山脉以南，包括第十三、第十二、第六、第八、第七、第五、第四、第九、第十师，总播种面积 889.43 千 hm^2，农业生产总值 522.57 亿元，属中温带大陆性气候，干旱、低温，光照时数多，昼夜温差大，气温变化剧烈，春秋季节不明显，冬寒夏热，具有显著的大陆性特征，垦区大致可分为南部山区、北部沙漠和中部平原 3 个气候区。

2. 农业可持续发展制约因素区域差异分析

（1）南疆生产区　种植制度一年一熟和一年两熟，以小麦、玉米等粮食作物，长绒棉、红枣、核桃等经济作物为主，是典型干旱区绿洲农业，养殖业以山区畜牧业、农区畜牧业为主。地区优势是土地广阔，地势平坦，光热充足。该区是兵团主要的粮、棉、瓜果生产基地，是国家特大型棉花生产基地。

作物产量低，光能利用率不高。由于农业技术水平、耕作制度、作物品种以及特殊气候要素等限制，农作物单产水平不高。光合辐射利用率仅为 0.58%~0.64%，光合有效辐射利用率仅 0.97%~1.07%，距国内外认的 6% 以上高光能利用率的水平相差很远。如果采取合理的种植制度，其光能利用率达 2% 以上，每公顷作物增产 1.2 万 kg 以上。

水资源利用率低，浪费严重。农田毛灌溉定额 18 600m^3/hm^2，较冬小麦合理耗水量 3 700m^3/hm^2 多消耗 80.11%，再以大田棉花为例，灌溉量 770mm 与绿洲棉花需水量 507.3mm 相比，水资源浪费率为 51.77%。

生态破坏，土地退化。由于人口增多和生态意识单薄，片面追求扩种，忽视养地增产，导致生态恶化，加剧土地退化和水土流失。大量施用化肥，忽视增施有机肥，造成土壤理化改善恶化，地下水污染。另外，还有农药、地膜等的污染，造成生态环境日益恶化。外围自然环境严峻，自然灾害频繁。农业开发垦荒过度，水源不足，形成新沙漠化、盐碱化，给农业生产带来很大危害。

（2）北疆生产区　种植制度为一年一熟，主要种植小麦、玉米等粮食作物，番茄、蔬菜等经济作物，部分区域植棉。养殖业以农区畜牧业和山区畜牧业为主。

本地区优势是地势平坦，土层深厚，土壤肥沃；四季分明，光热充足，水利设施较好；科技实力强，市场区位优，产业基础好，社会经济条件优越。缺点是灌溉用水多，机械作业环节多，生产成本高；化肥用量多，地力维持困难；用地强度大，耕层过浅，犁底层致密。

（二）农业可持续发展区划方案

1. 数据来源

主要源于 2012 年《陕西统计年鉴》《兵团统计年鉴》及各师市统计数据。

2. 研究方法

为准确评估新疆生产建设兵团各师农业综合生产能力，构建兵团农业生产能力指标体系。着眼完整性、可操作性原则，参考已有研究指标体系，根据新疆生产建设兵团特征，选取代表新疆生产建设兵团 13 个农业师的农业发展状况的 8 个指标，包括：X_1—人均耕地面积、X_2—有效灌溉面积、X_3—单位面积机械动力、X_4—农业劳动力比重、X_5—单位面积化肥施用量、X_6—单位农业劳动力产值、X_7—经济作物单位产量、X_8—农民人均纯收入。

利用 SPSS17 软件对数据作降维处理，然后做主成分分析，通过方差分析可以看出，前三个主成分累计方差贡献率达到 82.92%，前四个主成分的累计方差贡献率达到 92.545%，就是说必须要达 85%以上，所以再做一次降维处理，得出如下结果（表 5-1，表 5-2）：

表 5-1 新疆生产建设兵团各师农业指标

	人均耕地面积（hm^2/人）	有效灌溉面积（hm^2）	单位农田机械总动力（kw/hm^2）	农业劳动力比重（%）	单位化肥施用量（kg/hm^2）	单位农业劳动力产值（万元/人）	经济作物单产（kg/hm^2）	农民人均纯收入（元/人）
农一师	1.19	152.45	3.2	50.28	1 707.35	7.69	84 019	10 875.15
农二师	0.84	71.14	3.32	60.57	1 268.64	4.74	193 862	10 101.9
农三师	0.64	93.02	2.39	74.01	1 025.4	3.1	94 622	8 219.16
农四师	0.91	78.99	2.34	57.09	765.18	3.1	200 350	7 555.62
农五师	1.02	57.13	4.26	54.11	1 168.94	4.7	197 597	9 327.91
农六师	0.11	175.09	3.04	51.95	523.59	4.14	211 261	9 026.45
农七师	1.47	106.51	2.57	35.92	767.93	7.06	262 641	9 569.44
农八师	0.97	186.03	2.85	42.11	872.14	4.5	229 779	10 211.4
农九师	2.04	45.42	2	46.89	439.24	1.09	217 963	6 870.34
农十师	2.25	58.7	3.28	34.88	801.33	6.7	164 885	7 777.38
农十二师	0.39	16.02	4.88	47.75	937.92	2.85	167 167	8 053.47
农十三师	0.49	21.96	5.08	65.03	1 162.81	3.1	100 657	8 680.9
农十四师	0.26	4.08	4.86	81.56	1 537.33	1.58	104 565	5 154.68

表 5-2 初始特征值

成分	合计	初始特征值方差的 %	累积 %	合计	提取平方和载入方差的 %	累积 %
人均耕地面积 X_1	3.537	44.216	44.216	3.537	44.216	44.216
有效灌溉面积 X_2	1.995	24.934	69.15	1.995	24.934	69.15
单位农田机械总动力 X_3	1.102	13.77	82.92	1.102	13.77	82.92
农业劳动力比重 X_4	0.77	9.624	92.545			
单位化肥施用量 X_5	0.253	3.165	95.71			
单位农业劳动力产值 X_6	0.188	2.355	98.065			
经济作物单产 X_7	0.116	1.454	99.518			
农民人均纯收入 X_8	0.039	0.482	100			

利用 DPS 数据处理软件得出 4 个公共因子系数，如下表（表 5-3）：

表 5-3 新疆生产建设兵团农业发展状况主成分载荷

成分	合计	初始特征值方差的 %	累积 %	合计	提取平方和载入方差的 %	累积 %
人均耕地面积 X_1	3.537	44.216	44.216	3.537	44.216	44.216
有效灌溉面积 X_2	1.995	24.934	69.15	1.995	24.934	69.15
单位农田机械总动力 X_3	1.102	13.77	82.92	1.102	13.77	82.92
农业劳动力比重 X_4	0.77	9.624	92.545			
单位化肥施用量 X_5	0.253	3.165	95.71			
单位农业劳动力产值 X_6	0.188	2.355	98.065			
经济作物单产 X_7	0.116	1.454	99.518			
农民人均纯收入 X_8	0.039	0.482	100			

3. 各师市农业可持续发展能力测算与分析

根据新疆生产建设兵团各师农业发展状况综合得分，结合各师实际情况和区域特色，可将新疆生产建设兵团 13 个师分为 4 个等级：得分大于 0.6 的农业核心区为第七师；得分在 0~0.6 的农业优势发展区有第十、第五、第八、第十二、第三、第二、第一、第六师；得分 -0.6~0 的农业综合发展区有第十三、第九、第四师；得分小于 -0.6 的农业生态发展区有第十四、第三师（表 5-4）。

表 5-4 新疆生产建设兵团农业发展状况主成分得分及排序

	农业投入因子	农业质量因子	农业规模因子	农业技术因子	综合得分	排序
农七师	1.115 6	0.921	0.848 6	0.060 8	0.7468 35	1
农十师	0.031 1	-0.047 2	2.359	0.394 5	0.515 1	2
农五师	0.176 9	0.388 2	0.059	1.086 1	0.355 818	3
农八师	0.886 4	1.111 8	-0.593 9	-0.643 2	0.349 465	4
农十二师	0.731 3	-0.34	-0.499 6	1.804 6	0.290 34	5
农二师	-0.245 8	0.567 8	-0.270 7	0.155 7	0.081 953	6
农一师	-2.000 7	1.815	0.649 3	-0.461 3	0.077 603	7
农六师	1.205	0.574 1	-1.715 2	-0.725 7	0.038 799	8
农十三师	-0.608 9	-0.270 9	-0.550 6	1.321 7	-0.129 58	9
农九师	0.951 2	-1.731 3	1.206 3	-1.090 6	-0.225 39	10
农四师	0.388	-0.726 1	-0.170 1	-0.944 3	-0.308 7	11
农十四师	-1.349 5	-1.652 6	-0.735 5	0.733 2	-0.877 54	12
农三师	-1.280 6	-0.609 7	-0.586 6	-1.691 5	-0.914 67	13

基于农业自然资源环境条件、社会资源条件与农业发展可持续性水平区域差异，以县团级行政区为基本单元，综合分析本地基本条件和主要问题地域空间分布特征，应用主成分分析或聚类分析等定量方法，研究制定农业可持续发展区划方案。

（三）区域农业可持续发展的功能定位与目标

1. 粮食主产区

（1）功能定位　立足国家粮食安全后备基地的定位，在保证自给、略有盈余的前提下，稳定规模，提高效益。

（2）发展目标　口粮面积稳定在200万亩左右，保证各垦区自给有余，同时满足玉米等饲料粮的需要。

（3）重点方向　重点发展第二师焉耆垦区、第四师昭苏垦区、第六师奇台垦区、第九师塔额垦区、第十三师哈密山北垦区小麦生产。稳定发展第一师沙井子垦区、第四师伊犁河谷垦区水稻生产。在气候条件适宜的垦区建设马铃薯、大麦、大豆等杂粮生产基地。

2. 棉花优势产区

（1）功能定位　合理布局，保持现有宜棉区规模，着重建设天山北坡、南疆垦区优质高产棉区和宜棉区。生产重点向宜棉区、高产区集中。

（2）发展目标　750万亩优质棉花生产基地。

（3）发展重点　棉花主产区为第一、第二、第三、第五、第六、第七、第八师，在阿拉尔、沙井子、库尔勒、塔里木、前海、博乐、芳新、车排子、莫索湾、下野地、哈密等垦区建设优质棉生产基地。

3. 果蔬园艺产业区

（1）功能定位　优质果蔬生产基地。

（2）发展目标　红枣、核桃等干果产业以第一、第二、第三、第十三、第十四师为主要区域，并根据气候和资源条件，发展苹果、香梨、杏、桃等其他传统特色果品。鲜食、加工葡萄产业以第二、第十三师和天山北坡各师为主要区域，发展枸杞等特色果品。

4. 瓜果蔬菜生产

（1）功能定位　特色瓜菜产业基地。

（2）发展目标　加工番茄以第二、第五、第六、第七、第八、第九师为主要区域；西、甜瓜产业以第三、第六、第八、第十、第十三师为主要区域；在优势产区发展工业辣椒和其他传统露地蔬菜生产。因地制宜发展甘草、熏衣草、薄荷、万寿菊、啤酒花、大芸等特色作物。

5. 设施园艺产业基地

（1）功能定位　设施园艺产业基地。

（2）发展目标　围绕城市和团场城镇，建设城郊园艺蔬菜生产基地，围绕边境口岸，建设蔬菜、林果、花卉、食用菌出口基地；围绕加工番茄育苗生产，建设设施育苗基地。

6. 现代畜牧业产业区

（1）功能定位　农区与山区相结合的现代生态循环畜牧业。

（2）发展目标　重点扶持和加快以第一、第四、第六、第七、第八、第十二师为主的优势奶牛生产区，以第一、第二、第四、第五、第六、第七、第八、第十三师为主的生猪生产区，以第三、第四、第六、第八、第九、第十、第十三、第十四师为主的优势牛羊肉生产区，因地制宜发展重点家禽业产业带。构建龙头、基地、良种、防疫、科技、现代化管理和服务相配套的现代畜牧业产业体系。

7. 农产品加工产业区

（1）功能定位　外向型农产品加工。

（2）发展目标　依据“产地加工、规模化生产、产加销一条龙”的原则，在石河子、阿拉尔打造现代棉纺基地、纺织品和服装加工出口为重点的加工业基地。果蔬加工业集中在石河子、五家渠、图木舒克、阿拉尔、北屯等城市和重点团场城镇、工业园区。肉制品加工业重点在第一、第三、第四、第六、第八、第九、第十师等垦区发展，乳制品加工业重点在第一、第七、第八、第十二师等垦区和团场发展。

（四）区域农业可持续发展典型模式推广

（1）国家级现代农业示范区　进一步完善提升五家渠和阿拉尔现代农业示范区，按照“成熟一个、发展一个”原则，重点扶持，精心培育，申报创建一批科技含量高、产业规模大、示范作用强的国家级现代农业示范区。

（2）天山北坡农业现代化示范带　以第六师五家渠垦区国家级现代农业示范区为核心，以第六师芳新垦区、第八师莫索湾垦区—石河子总场为重点，形成沿甘莫公路、石莫公路“一线四区”跨师域天山北坡兵团腹心团场农业现代化示范带。重点对农业节水灌溉、农业机械化、现代农业进行全面集中示范，创建农业现代化与新型工业化、城镇化协调发展的新模式，打造国内领先的现代农业综合示范样板区。

（3）兵师级现代农业示范区　各师根据各自产业规模、发展方向，重点选择具有较强代表性团场，创建一批兵团级、师级现代农业示范区和示范团场。根据粮棉、林果、设施农业、机械化、节水灌溉、农产品加工、循环农业的优势区域布局和产业发展需要，示范各有侧重，产业各有不同，引领各区域及产业发展。

六、促进农业可持续发展的重大措施

（一）工程措施

（1）农业节水工程　全面推进节水灌溉示范基地建设。继续把推广节水灌溉作为革命性措施抓紧抓好，大力推广渠道防渗、管道输水等综合节水技术，建立完善绿洲生态良性循环生产模式和技术体系，建立行政主导推动、企业示范推广、职工积极参与、社会广泛支持机制，加快工程建设，强化管理改革，健全服务体系，使有限水资源发挥最大效益，促进提高农业综合生产能力和农工增收。持续开展农田水利基础设施建设，抓好大型中型灌区续建配套和节水改造，恢复和改善灌区骨干渠系输配水能力。

（2）生态农业工程　按照“减量化、再利用、再循环”原则，结合兵团农业技术经济特点和集成技术，示范多模式循环农业，及时总结经验加以推广。推进农业废弃物资源化利用，畜禽粪便沼气化利用和渣液还田、畜禽粪便归集和商品有机肥生产、食用菌基质和秸秆还田以及蔬菜藤茬沤制还田，提高农业废弃物资源化再利用率和利用水平。发展以节能日光温室为主的设施园艺，推广绿色高效栽培模式和工厂化育苗、有机生态型无土栽培技术，发展种、养、沼气、洁净环境“四位一体”生态型温室。

（3）农业机械化工程　以推广应用现代新型农具、发展高效、宽幅、低耗、自动化、智能化现代作业机具为基础，构建以公司化农机服务组织和农机企业为主体新型农机社会化服务体系。建立棉花全程机械化推广基地，推广应用机械化采收及清理加工技术设备，实现棉花全程机械化。加快推进玉米、马铃薯等其他农作物全程机械化。引进开发配套畜牧业机械化技术，重点推广成熟的牧草收获机械和初加工机械，提高畜牧业机械化水平。加快林果、蔬菜生产机械化示范建设，推进园艺业机械化进程。以推广节种、节肥、节水、节药、节能和资源综合利用机械化技术为重点，推进农业机械化节能减排技术。大力推广少耕深松、免耕播种、秸秆还田、杂草和病虫害防治等保护性耕作机械化技术，实施兵团特色的保护性耕作工程。

（4）农业防灾工程　强化农业气象服务和防灾减灾体系建设，提高天气预报准确率，全面提升防灾减灾能力。积极探索农业保险运作模式，切实增强农业生产的保障能力。加强农产品质量安全体系建设，全面推行农业标准化，建立农产品生产、加工、管理、服务标准、安全优质高效生产技术规程、质量等级及安全高效农业投入品标准等系列化标准体系，实现原料生产、加工转化、物流营销各环节全程质量监控。完善动物疫病预防控制、动物疫情监测预警、动物卫生监督、动物防疫物资保障及技术支撑体系，增强综合防控能力和重大动物疫病应急处置能力。全面建设兵、师两级种子管理和质量监督检测体系，建立产地检疫和调运检疫的追溯体系，规范种子管理，提高种子质量。

（二）技术措施

（1）科技支撑体系建设　推动科技资源整合，把科技研发、科技推广和农业生产这三个层面紧密结合起来，形成以新疆农垦科学院、石河子大学、塔里木大学、师农科所和兵团、师、团场三级农业技术推广站以及科技示范户四个层次构成的农业科技创新推广体系，提高农业科技创新能力和科技成果转化应用水平。与国内外农科研机构合作，进行联合攻关，突破关键环节，提高研发能力和科技攻关的针对性。以兵、师、团三级农业技术推广站和科技示范户为主体，充分发挥农业科技特派员作用，全面推广农业六大精准技术以及种植业、畜牧业、果蔬园艺业三个“十大主体”技术，重点突破优异种质资源利用及生物育种技术，开展农业生物、现代节水、农机装备和农业信息四大技术研究与应用，力争动植物良种繁育、高效节水技术集成与示范、农机装备等技术达到国内领先水平。

（2）农业面源污染防治工程　加快农业资源环境保护科技创新，研发一批适用于不同类型区域的农业面源污染监测、防控技术和模式。调整农业科技发展方向，从偏重生产过程研究向注重产地环境、农产品质量安全、生产加工的全过程全要素研究转变。围绕农业资源动态监测、农业清洁生产、耕地重金属污染治理修复、农业面源污染防控、农业废弃物高效循环利用等重大关键技术问题，加强基础研究和技术攻关，形成一整套农业资源环境保护利用的先进实用技术和模式。

（三）政策措施

（1）加强组织领导　要把农业现代化建设摆在重要位置，建立主要领导亲自抓、分管领导具体抓、牵头部门协调落实、相关部门协作配合领导机制。进一步解放思想，主动适应农业现代化建设的要求，创新发展理念，调整工作思路和工作方法，建立“条块结合、分工推进、上下联动”工作机制，明确任务，强化责任，找准定位，以示范区建设为载体，以重点工程项目建设为平台，实施动态管理，加强督促检查，探索新问题、新思路、新途径。

（2）改革农业经营体制　突破行政分割、绿洲经济局限和所有制界限，构建兵团控股或优势企业控股、各师团参股的农业产业化大企业集团，形成充满活力、富有效率、更加开放、有利于跨越式发展的农业经营管理体制。深化农牧团场经营管理体制改革，以职工家庭承包为基础，以提高农业组织化程度和多元化、多层次、多形式的经营服务体系为支撑，强化公司化运作，完善符合现代农业发展的实现形式，积极发展“公司化经营、规模化承包、指标化管理、超产分成”新型生产经营方式，加快劳动力向城镇转移。处理好团场与职工之间、不同利益群体间分配关系，重视公共积累，提高福利待遇。

（3）建立投融资保障机制　整合各类涉农资金，突出重点，统筹安排，集中使用，提高资金使用效益。建立风险应对机制，健全政策性农业保险制度，争取国家支持，扩大农业保险覆盖面，增加农业保险品种。创新投融资体制，建立现代农业发展担保公司，建立大宗农产品应对市场波动补贴基金，构建包括金融资本投入、社会资本投入在内的新型农业投入机制，拓宽融资渠道，激发市场主体参与农业现代化建设积极性。

参考文献

曹靖，王力 . 2002. 兵团农业化学污染与防控 [J]. 新疆农垦经济（4）：34–35.

陈砺，ChenLi. 2010. 土地资源可持续利用及协调发展研究——以新疆兵团为例 [J]. 新疆农垦经济（12）：19–21.

陈砺 .2010. 土地资源可持续利用及协调发展研究 [J]. 新疆农垦经济（7）：19–23.

冯思，黄云，许有鹏 . 2006. 全球变暖对新疆水循环影响分析 [J]. 冰川冻土，28（4）：500–505.

高华君 . 1987. 我国绿洲的分布和类型 [J]. 干旱区地理（4）：21–29.

顾焕章 . 2003. 农业技术经济学 [M]. 北京：中国农业出版社 .

郭敏 . 2013. 兵团各师人口可持续发展水平的比较研究 [D]. 石河子：石河子大学 .

郭永奇 . 2011. 基于生态安全的新疆兵团农地利用评价及优化研究 [D]. 石河子：石河子大学 .

胡汝骥，樊自立，王亚俊，等 . 2001. 近 50 年新疆气候变化对环境影响评估 [J]. 干旱区地理，24（2）：97–103.

纪晓宇 . 2010. 新疆兵团人力资源可持续发展实证分析 [D]. 石河子：石河子大学 .

贾宏，赵成义，巴特尔・巴克，姜逢清，等 . 2009. 新疆气候变化影响的观测事实及其对农牧业生产的影响 [J]. 干旱区资源与环境，23（11）：71–76.

李景慧，李保成 . 2010. 新疆兵团农业产业化现状及发展对策 [J]. 现代农业科技（20）：351 –353.

李培基 . 2001. 新疆积雪对全球变暖的响应 [J]. 气象学报，59（4）：491–500.

李新贤 . 1996. 新疆主要河流水质变化趋势分析 [J]. 干旱区研究，13（1）：1–5.

利普 . 1981. 新疆水资源及其利用 [M]. 乌鲁木齐：新疆人民出版社 .

刘诚明 . 2000. 新疆地下水资源及其保护 [J]. 新疆水利（4）：20–23.

刘永泉，吴颜 . 2007. 全球变暖对中国新疆地区的可能影响及对策浅议 [J]. 新疆师范大学学报：（自然科学版）26（3）：214–216.

刘月兰 . 2008. 基于主成分分析的新疆兵团人口可持续发展研究 [J]. 西北人口，29（4）：69–71.

聂华林 . 2010. 区域农业可持续发展论 [M]. 北京：民族出版社 .

齐晓辉 . 2009. 实施可持续农业技术促进新疆兵团农业持续发展 [J]. 农业经济（4）：77 –78.

强始学 . 2003. 经济发展新论新疆 [M]. 乌鲁木齐：新疆人民出版社 .

孙法臣，胡洁 . 2007. 新疆兵团农业产业化问题研究 [J]. 新疆农垦经济（12）：31 –36.

孙卫青 . 2007. 兵团资源承载力研究 [J]. 新疆农垦经济（7）：31–38.

王馥棠，赵宗慈，王石立，等 . 2003. 气候变化对农业生态的影响 [M]. 北京：气象出版社 .

王红菊 . 2006. 阿克苏地区主要农业气候资源分析 [D]. 乌鲁木齐：新疆师范大学 .

王晓娟，黄益宗 . 2004，科技进步与新疆兵团农业可持续发展问题探讨 [J]. 科技进步与对策，21（4）：49–51.

王晓娟，黄益宗 . 2011. 科技进步与新疆兵团农业可持续发展问题探讨 [J]. 新疆农垦经济（7）：31–38.

王晓娟 . 2001. 兵团科技进步对经济增长贡献率的分析 [J]. 兵团党校学报（1）：22–23.

王晓梅，田惠平，刘卫平 . 2008. 乌鲁木齐市 1955–2007 年日照特征变化分析 [J]. 沙漠与绿洲气象，2（5）：38–40.

夏克尔·赛塔尔 . 2006. 新疆水资源开发利用引发的环境问题和对策［J］. 中南民族大学学报：(人文社会科学版)，26(1)：23 –25.

谢芳 . 2011. 兵团绿洲现代农业发展模式研究 [D]. 石河子：石河子大学 .

新疆生产建设兵团国家统计调查队 . 2015. 新疆生产建设兵团统计年鉴 2015[R]，北京：中国统计出版社 .

新疆维吾尔自治区水利厅，新疆水利学会 . 1998. 新疆河流水文水资源 [M]. 新疆：新疆科技卫生出版社 .

邢文渊，马雷凯，肖继东，等 . 2009. 北疆地区地表湿润指数变化分析 [J]. 沙漠与绿洲气象，3（4）：9–12.

徐进祥，尚庆生 . 2007. 西北干旱区农业生产对气候变化的响应评价初探 [J]. 干旱区资源与环境，21（6）：122–123.

姚勇 . 2002. 新疆生产建设兵团人口素质刍议 [J]. 西北人口(3)：23–26.

张捷斌 . 2001. 新疆水资源可持续利用的战略对策 [J]. 干旱区地理（3）：217–222.

张学文，张家宝 .2006. 新疆气象手册 [M]. 北京：气象出版社 .

周蕾 . 2011. 新疆水资源利用情况分析与兵团农业可持续发展的策略研究 [J]. 安徽农业科学，39（31）：193.